天线手册（第22版）

【美】美国业余无线电协会 著 / 匡 磊 译

THE ARRL ANTENNA BOOK FOR RADIO COMMUNICATIONS

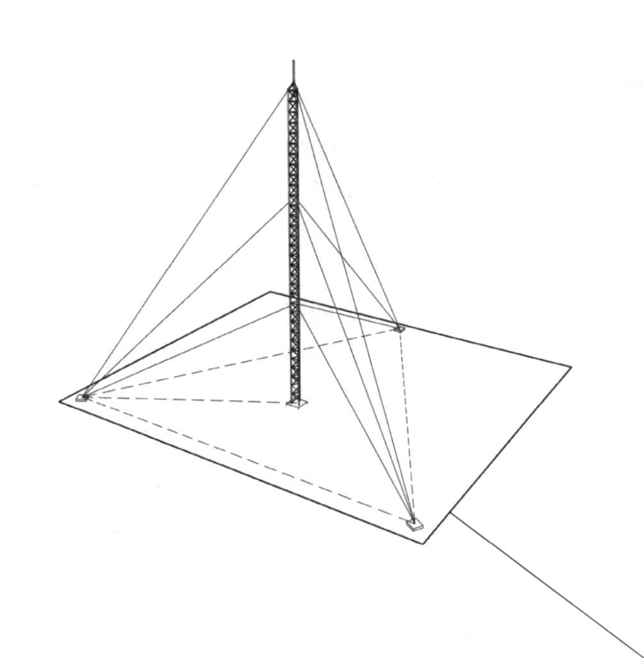

人民邮电出版社

北 京

图书在版编目（C I P）数据

天线手册 ：第22版 / 美国业余无线电协会著 ；匡磊译. -- 北京 ：人民邮电出版社，2016.4
ISBN 978-7-115-40592-0

Ⅰ. ①天… Ⅱ. ①美… ②匡… Ⅲ. ①天线－技术手册 Ⅳ. ①TN82-62

中国版本图书馆CIP数据核字(2015)第244871号

内 容 提 要

《天线手册（第22版）》是美国业余无线电协会经典技术手册之一，包含了设计完整的天线系统所需的所有信息。

本书中既有现代天线理论，也含有大量实用的天线设计与制作的实例。通过使用本书，读者不仅可以获得最基本的天线设计知识，如线天线、环形天线、垂直极化天线、八木天线等，并且以这些知识为基础，还可以进一步了解高等天线的理论和应用。

本书译自英文原版第22版，该版经过广泛修订，在原来版本的基础上补充了大量的信息，全新改写了“建造天线系统和铁塔”“地面效应”“移动甚高频和超高频天线”“移动和海事高频天线”等章节，并提供了很多令人兴奋的新天线项目，如C型极子不受地面影响的高频天线，在微波应用中的贴片天线和Vivaldi天线，用于八木天线的一组新的半构件设计等。英文原版书所附光盘文件可到《无线电》杂志官方网站www.radio.com.cn下载。

本书适合业余无线电爱好者阅读，还非常适合天线技术和射频技术等相关专业的工程师、技术人员及大专院校师生阅读，本书的权威内容将为他们的学习与实践提供非常有益的帮助。

◆ 著　　　　［美］美国业余无线电协会
　译　　　　匡　磊
　责任编辑　房　桦
　责任印制　周昇亮

◆ 人民邮电出版社出版发行　　北京市丰台区成寿寺路 11 号
　邮编　100164　　电子邮件　315@ptpress.com.cn
　网址　https://www.ptpress.com.cn
　涿州市般润文化传播有限公司印刷

◆ 开本：880×1230　1/16
　印张：50.75　　　　2016 年 4 月第 1 版
　字数：1 690 千字　　2024 年 12 月河北第 23 次印刷

著作权合同登记号　图字：01-2013-7917 号

定价：298.00 元

读者服务热线：(010) 53913866　印装质量热线：(010) 81055316
反盗版热线：(010) 81055315
广告经营许可证：京东市监广登字 20170147 号

专家序

由人民邮电出版社《无线电》杂志社组织翻译的第 22 版的美国业余无线电协会《天线手册》又将面世了。作为一位长期从事天线理论和技术方面的研究与教学工作者，以及该书前一版（第 21 版）译稿的审稿人，我愿意借此机会谈谈对本书的一些看法，或许对读者选择与使用这本手册有所帮助。

当前无线技术与系统在通信、雷达、遥感、导航、物流等领域的应用越来越广泛，天线作为无线系统的不可或缺的关键部件之一，一直受到从事该领域的工程师、学者和有关大专院校的师生的关注。天线技术方面的书籍大致可以分为两类。一类是天线教科书，其注重于天线本身的知识体系结构，适于本科生或研究生的教学应用；另一类是天线专著与天线手册。天线专著主要介绍有关天线方面的研究成果，专业性较强，而天线手册注重于介绍各种具体天线技术、设计方法、制作以及应用等，覆盖面较广。美国业余无线电协会的《天线手册》属于后一类。

从 1939 年出版的第 1 版起，到即将出版的第 22 版《天线手册》的中译本，其间已经历了 70 多年。每一版的内容都有较大的修订与充实，这在科技图书史上是非常少见的。这不但反映了天线理论与技术方面日新月异的进展，而且也充分说明这本手册的生命力与价值。第 22 版的《天线手册》相对于其前一版在内容编排上有较大的调整，从本人的观点看，新版的内容编排更系统、合理，在有关天线和无线电波传播的基础理论方面的内容有了加强。这对天线技术的初学者以及普通天线技术人员无疑是有利的。这本手册的内容非常丰富，总计 28 章的内容涉及了天线和无线电波传播的基础、天线建模与系统规划、多种应用天线、天线阵列、天线材料与附件、天线的接地系统与地面对天线和电波传播的影响、传输线，以及天线与传输线的测量等。

作为一本权威业余无线电协会的天线手册，其主要内容涵盖了业余无线电频段的几乎所有的主要天线形式，如各种振子天线、环天线、八木天线、多波段天线、宽带天线、对数周期阵列、方框阵列、测向天线、便携天线、移动天线和水上天线、中继台天线系统、VHF 和 UHF 天线，以及用于空间通信的螺旋天线和反射面天线等；同时对业余无线电频段（包括 HF、VHF 和 UHF 频段等）的各种电波传播特点与组织通信的方式等给出了详细的描述。虽然该《天线手册》历史悠久，但通过一次次再版的修改与补充，因此内容不乏新的天线和电波传播技术，如相控阵天线的理论与设计实例，如应用当代计算机建模软件分析、设计天线和进行电波传播预测等。

与其他天线类手册不同的是，这本《天线手册》还对如何设计、制作、测试和调试所需要的天线，对架设和维护天线系统提供了相当丰富的信息。在如何应用先进的计算机建模技术，如何选择天线、天线杆的材料，如何注意天线设计、架设和维护中的电气、人身和 RF 安全等各方面都有很详细的介绍。除提供了大量的加工图，给出加工数据之外，甚至还给出了业余条件下物美价廉的替代方法和建议。书中附有很多天线的实例，这不仅对业余无线电爱好者中的动手派是一种福音，也可为天线工程师和天线制造企业提供一种很好的参考。

除了关注业余无线电频段的人员之外，这本手册以其对天线与无线电波传播技术的广泛的覆盖，以及其中一些很有特色内容，对其他从事天线研究与应用的人员，甚至对天线技术的初学者都会有很好的借鉴作用。相信它可以成为我国从事天线技术工作的科技人员、射频工程师以及相关大专院校师生的一本很好的天线参考书。

华东师范大学电子工程系教授　朱守正

译者序

美国业余无线电协会的《天线手册》自1939年至今已出到第22版。其生命力之强，影响范围之广，自不必言说。译者有幸受编辑部之约，参与了第21版《天线手册》的翻译，成书于2009年，修订于2011年。现今，在第22版的翻译过程中，译者发现其在编排和内容上均进行了较大修订与补充。

在编排方面，每一章中均添加了节目录，能让读者很快了解该章的内容结构，且对前一版的部分内容在行文顺序上做了新的安排，更易于读者系统地、连贯地理解与掌握。

在内容方面，秉承《天线手册》的一贯风格，既有理论上对天线系统理论、设计方法和计算机建模分析的介绍，也有制作上对天线类型和相关材料的选择、替代方法、架设和维护天线系统及安全性等细节的详尽介绍。其中，这一版较之前对以下章节做了较大修改和补充：

第2章增加了偶极子天线的介绍，详细描述了其基本电参数。

第3章修改并补充了地面效应对天线影响的介绍。首先，在近场地面效应中介绍了地表电学特性、土壤趋肤深度、土壤中的波长和馈点阻抗与距地高度的关系。然后，在垂直单极子天线的接地系统中详细补充了线接地系统和架空接地系统。最后，分析了地面条件对安装在较低处的垂直极化天线的重要性，并介绍了获取地面数据的方法。

第5章增加了大环天线的介绍，具体给出了方形环天线、三角形环天线、水平环天线和半波环天线的方向图等参数。

第9章增加了单波段中、高频不同天线的设计方法。让读者了解各种极化方式的优缺点，可根据相应的环境，做出与设计目标需求相适应的选择。

第15章增加了VHF、UHF频段八木天线的介绍，讨论了不同工作频段及不同形状的八木天线。

第16章介绍了主流的VHF、UHF移动天线类型，并讨论了有关安装技术的问题，在旧版基础上进行了修订与更新。

第17章介绍了应用于卫星通信和月面反射通信的天线。按天线类型重新对内容进行了编排，并对每种工作类型的具体特点进行了讨论。

第19章介绍了更多具有代表性的便携式天线，以及它们的安装方式和支撑方式，通过这些新颖的例子启发读者如何设计满足自身实际需求的便携天线。

第20章探讨了在给定环境条件下如何架设最优性能的天线，目的是让读者学习如何利用可用的资源进行实际设计工作。

第22章在测向天线的基础上增加了对接收天线的介绍，并对测向天线的内容做了新的修订与编排。

第26章增加了在树、桅杆和铁塔上安装天线的方法，及对铁塔和桅杆的设计，还介绍了所涉及的工具、安全和维护问题。

第28章详细介绍了天线系统的故障排除方法，为读者提供一些查找问题的系统方法和一般指导原则。

亟此翻译工作完成之际，译者非常感谢华东师范大学信息科学与技术学院朱守正教授的支持与审校。还要感谢本书翻译中与我一起工作的研究生，他们是华东师范大学的张世豪、俞晨洋和王太磊，及复旦大学的黎贵玲和陈昊。此外，华为技术有限公司陈荣标老师和中国科学技术大学集体电台成员参与完成的第21版《天线手册》译著为本版的翻译提供了大量有用参考，译者对此表示诚挚的感谢。鉴于译者时间和经验的限制，书中难免译词不妥，敬请读者不吝指正。

匡 磊

2015年10月

于华东师范大学

前 言

早在第二次世界大战前，随着业余通信服务的增长，《业余无线电手册（The ARRL Handbook）》这本在当今包罗万象的技术参考资料就已经开始发展了。这本第一部致力于天线、传输线及无线电波传播的参考书令人关注。ARRL《天线手册》（第 1 版）于 1939 年出版，阐述了当今业余爱好者都了解的一点——天线及其相关技术的概念和系统是业余无线电成功的关键。对这些技术的关注使 ARRL《天线手册》至今出版到第 22 版。

天线不但是业余无线电的基础，还激发了业余爱好者的兴趣，使他们期望尝试一系列不断完善设计和配置的开发和制作。甚至在一个电子小型化和软件复杂化的时代，每一位业余爱好者仍能获取天线系统的一些服务。美国联邦通信委员会中的关于业余通信服务的基础和目的，明确说明了"业余爱好者能力的延续和扩展有助于无线电技术的进步。"天线处于实现这一目标的最前端。

本版《天线手册》保持了 70 多年前建立的传统，即总结了大量业余爱好者团体感兴趣的天线技术。本书既能用作教学资料，也能作为天线系统的设计说明及相关信息的原始资料。在本书中，你会看到由知识渊博、经验丰富的业余爱好者提供的理论资料以及实用的、亲手实践的建议——仅在文本中就列出或引用了 213 位不同作者的作品。我们重新编排了新稿件以及先前版本中的内容，以提供一个更有效的、紧密结合实际设计的学习经验。

特别是，我们有幸在书中包含了 EZNEC ARRL 5.0 天线建模软件，作者是 oyLewallen（W7EL），他获得了 2011 年美国业余无线电节 Dayton Hamvention 技术卓越奖。天线建模从根本上改变了天线的设计和发展，同时 EZNEC 软件设立了业余标准。一整章的天线建模和 Greg Ordy（W8WWV）拓展的 EZNEC 教程也包含在原版书的光盘文件中。由本书前编辑 Dean Straw（N6BV）编写的一款流行软件，也包含在本版中：HFTA（高频地形分析）、TLW（Windows 系统下的传输线）和 YW（Windows 系统下的八木天线）。（注：原版书附加光盘文件可到《无线电》杂志网站 www.radio.com.cn 查询下载。）

你也会注意到，我们更多地使用了友好组织英国广播协会（RSGB）的内容。RSGB 的出版物以其质量而闻名，并且提供了天线主题的不同观点和处理方式。澳大利亚无线电研究所（WIA）的文章亦有出现。我们非常感谢他们在新版本中给予的支持。

天线系统设计是该版本的一个新重点。先前分布在全书的内容已被集中到一个单独的章节"高频天线系统设计"中，涉及了当地地形的影响、天线高度、地面电导率、预期覆盖的"足迹"和其他类似的主题。本书帮助业余爱好者或专业人士在选择天线系统的部件时做全面的考虑，使他们做出更好的选择，实现理想的通信目的。

全新和完全重写的内容包括：

- Steve Morris（K7LXC）编写的"建造天线系统和铁塔"。
- Rudy Severns（N6LF）编写的"地面效应"，包括辐射系统和架高地网的一个主要更新。
- Alan Applegate（KØBG）编写的"移动的甚高频和超高频天线"。
- 以及由 Alan Applegate（KØBG）和 Rudy Severns（N6LF）重新编写的"移动和海事高频天线"章节。
- 天线系统材料和服务的供应商表格已经更新，可在本书的新网站上进行下载：www.arrl.org/antenna-book。

在"便携式天线"以及"隐身和有限空间的天线"等新章节中，我们可以认识天线使用和安装的新途径。这些章节在未来的版本中肯定会有所扩展。一个长期未被强调但对所有业余爱好者和专业人士都有价值的领域现在也有了自己的章节——"天线系统的故障排除"。

ARRL《天线手册》的每一个版本都以一些令人兴奋的新天线项目为特征。本版包含了 Brian Cake（KF2YN）的 C 型极子不受地面影响的高频天线；在微波应用中的贴片天线和 Vivaldi 天线；Kent Britain（WA5VJB）的著名的用于甚高频和超高频的"廉价八木天线"；Dave Leeson（W6NL）的 40m 莫克森横梁；John Stanley（K4ERO）的电视到业余无线电的对数周期转换天线；Gary Breed (K9AY)的环天线设计的细节处理；Stan Stockton（K5GO）的用于八木天线的一组新的半构件设计。

本书的结构遵循 2011 年的《业余无线电手册》的改进布局——有一个更加详细的主目录并且在每章开头都有一个，编号分为三层，使本书浏览起来更容易。

我们希望你能够认同这个新版本的 ARRL《天线手册》，它不只是紧跟业余无线电中天线技术的步伐，包括新的内容和软件，而且还为了更好学习和应用进行了重新编排，所有这些都是为了能本书成为一个更有用的参考和学习工具。哪里有业余无线电，哪里就一定有天线，同样哪里也一定有 ARRL《天线手册》。

David Sumner(K1ZZ)

首席执行官

纽因顿，康涅狄格州

目 录

第 1 章

天线基本理论

尽管生活中有大量的各种各样天线，但是它们的基本特征相同，并且其设计目的都是为了发射或接收电磁波。在本章中，首先介绍电磁波的定义以及如何描述电磁波；然后对天线的重要特征进行定义和说明，即阻抗、方向性和极化，以及这些参数的测量和显示；最后，该部分论述了暴露在电磁波环境中的人体所受到的伤害，同时介绍了人们在使用所有天线过程中的必要措施和电磁波安全问题。

1.1 电磁场和电磁波的介绍

1.1.1 电场和磁场

1820 年，Hans Oerstad 发现，电流流经导线时，会使导线附近的磁针发生偏转。我们把这归因于电流的磁效应或者磁场，在其周围任何给定位置上用字母 H 表示。磁场既有大小（A/m，安培每米），又有方向（方向也可以说是一个关于参考方向的相位值）。因为磁场既包括大小，又有方向，故是一个矢量。

图 1-1 中所示是一个典型的实验。图中小磁针的排列就是磁场的形状。该场分布与竖直天线的场分布极其相似。

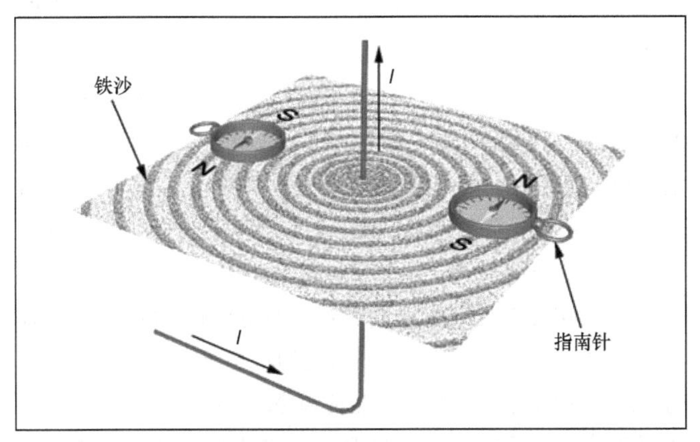

图1-1 磁场的可视图。电流流经导体时周围的磁场形状，用小磁针的分布表示。磁针的指向即磁场（H）的方向。小磁针的分布大致给出了与导体垂直的平面内的磁场形状。

小磁针（本身就是一个小的磁体）总是试图与磁场 H 的方向保持平行。当磁针围绕导体运动时，磁针的指向也随之改变。磁针的指向就是磁场 H 的方向。当你试图将磁针从原来的位置移开时，你会发现存在一个力阻止磁针离开原来的位置。力的大小与磁针所在位置处的磁场强度成正比——称之为该点的场强或 H 的幅度。导体中的电流变大时，由它产生的磁场也会变大。流经天线的电流也会产生磁场，该磁场即为近场的一个分量。如果导体中所流过的电流增大，那么 H 的幅值也会相应地增大。天线导体中的电流也会产生磁场。

天线周围还存在电场（E），该电场可以通过一个平板电容进行观察，如图 1-2 所示。将一节电池（其电势为 V_{dc}）连接在平板电容的两端，电容两板之间的电场为 E，如图中带箭头的线条所示。矢量 E 的单位 V/m（伏特每米），所以电容两端电势为 V，距离为 d 时，$E = V/d$(V/m)。V 增大或 d 减小，则 E 增大。天线中，天线的各部分之间，天线与地面之间存在交流电势差。这些电势差确定了与天线相关的电场。

数学教程

在本书中，你将会遇到很多中间级的数学运算，如果你愿意重新复习一下你的数学计算技巧或者了解一些你不熟悉的方法，那么 ARRL 网站的“数学教程”专栏（网址为 www.arrl.org tech-prep-resource-library）都列出了一系列免费的在线数学教程。

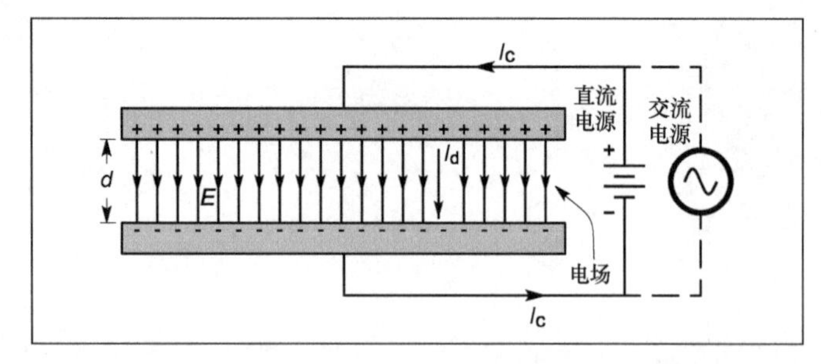

图1-2　电场的可视图。$E=V_{dc}/d$。用交流电源替换直流电源，电容两板之间将出现位移电流（I_d）。

1.1.2　传导电流和位移电流

如图 1-2 所示，用交流电源替换直流电源时，由于电荷的移动（通常是电子），一个稳定的交流电流将在直流电源和电容两板之间流动。但是电容两板之间，特别是当两板之间是真空时——没有电荷的载体来传输该传导电流。然而，电流仍然能够在整个电路中流动，这是因为电容两板之间存在一个位移电流（I_d）——它保证了整个电路中电流的连续性。位移电流和传导电流是两种不同的电流形式。一些观测者更倾向于把传导电流直接称为“电流”，而把位移电流称为“假想”电流，无论使用哪种术语都是可以的。电路中包含电容时，对两种电流都要加以考虑。公认惯例中所使用的术语为位移电流。

1.1.3　电磁波

电磁波，顾名思义，是由随时间变化的电场和磁场组成。不随时间变化的电场和磁场被称为静电场，例如由直流电电压和电流创建的电场。无线电波的电磁场是由天线中的交流电流产生，其通常为正弦波形式。因此，无线电波中的电磁场有相同的正弦波模式，即大小和方向都随着交流电流的频率 f 周期性的改变。这是电子运动的一种方式——特别是随着交流电流往复的加速和减速，进而产生了无线电波。

电磁波中电场和磁场的方向是相互垂直的，如图 1-3 所示。图中术语“力线”的含义是表示一个电子在电场中所感应到的力的方向或者一个磁体在磁场中所感应到的力的方向。电场和磁场的直角是顺时针方向的还是逆时针方向的，这是由电磁波的传播方向决定的，正如图 1-3 所示那样。因此，电磁波又被称为行波。

对于一个停留在某个地方的观测者，例如一个静止的接收天线，随着波的“经过”，波中的电场和磁场就会在该处出现振荡。也就是说，场给天线中的电子施加了作用力，使得电子按照正弦波的形式做加速和减速运动。随着不断改变的场引起电子运动，行波中的一些能量就转移到了电子上。这样在天线中就产生了一个正线电流，其频率是由电磁波经过时场强的变化速率决定的。

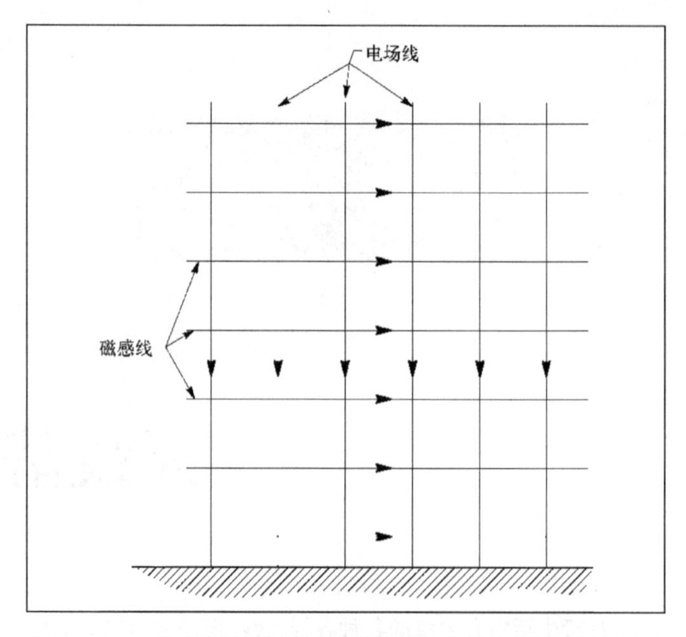

图1-3　一个电磁波波阵面中电力线和磁力线的示意图。沿着地表传播的垂直极化平面波的电场和磁场示意图。箭头代表垂直于纸面向读者传播的无线电波的场的瞬时方向。反转一组场线（电场线或磁感线）的方向将会改变无线电波的传播方向。

然而，如果一个观测者的移动速度和方向与电磁波的传播速度和方向一样，那么电场的强度将不会改变。对于该观测者而言，电场和磁场的强度是固定的，就像是两者处于一张照片中一样。电磁波的波阵面如图 1-3 所示，是一个平面或者是电场和磁场以一个恒定的速度平移地穿过空间。

就像无数个瞬态电压(每一个都略大于或略小于前一个电压值）构成一个交流电压一样，无数个波阵面就构成了一个传播的电磁波，一个跟着一个的就像一副卡片。波传播的方向就是波阵面移动的方向。只要经过一个固定的位置，连续波阵面中每个波阵面处的场都有一个稍微不同的强度，被检测到的场强同样发生改变，这个固定的观测者“看到的”是一个强度随正弦变化的场。

如果我们可以突然冻住所有的波阵面，同时测量出每个波阵面的强度，就可以描绘出图 1-4 所示的画面。在这个例子中，电场位于水平面，磁场位于垂直面，电场中的每一条垂直线都可以被认为是一个波前（波阵面）。所有的波阵面都沿着图 1-4 所示的方向移动，即它们作为一组集合以相同的速度一起运动。随着波传播时经过接收天线，不同波阵面所对应的不同场强就被认为是一个连续改变的波。实际上，我们是将空间传播的一组完整波阵面集合称为波。

关于电磁波还有重要的一点：即电场和磁场是耦合的，它们是电磁波实体的两个方面，它们不是仅仅发生在同一地方、同一时间的两个正交的电场和磁场。尽管可以利用电场力或磁场力来测量场中的能量，但是它们的场是不能分开的。它们共同构成了一个单一的实体——电磁波——由发射天线中运动的电子产生的。

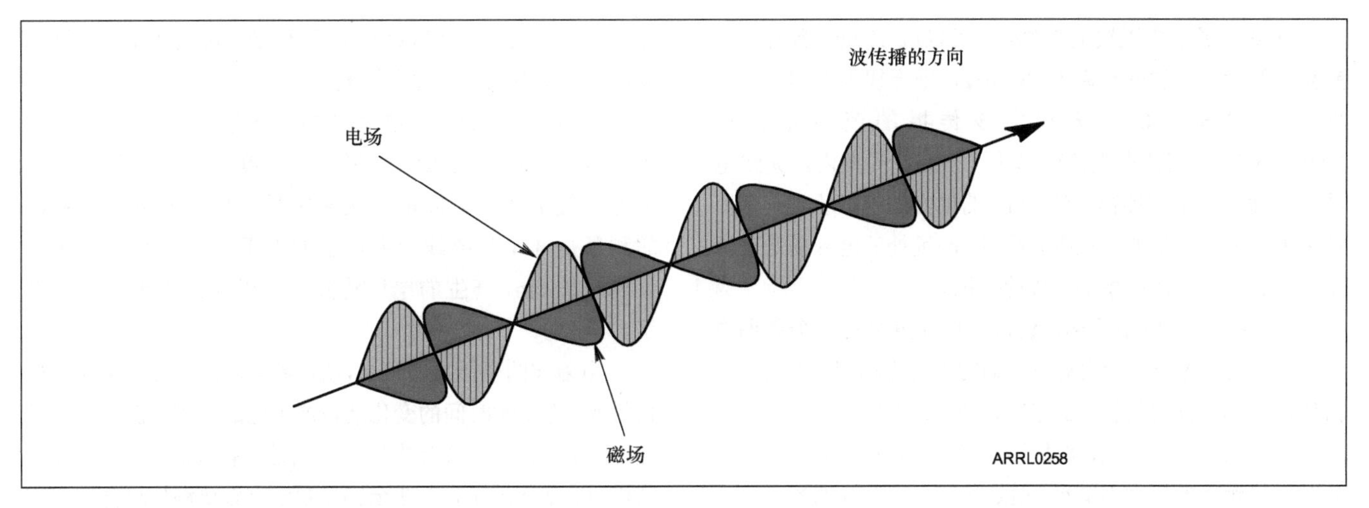

图1-4　电磁波电场强度和磁场强度的描述。在图中电场位于垂直方向，磁场位于水平方向。

传播速度和波长

由于无线电波传播的速度是如此之大，以至于我们趋于忽略它。无线电波只需要 1/7 s 的时间就可以绕地球走一圈，但是在天线工作的时候，时间因子极其重要。波的概念演变，由于在一个线圈（天线）中的交流电流的流动会产生变化的电场和磁场。在有意识地或者其他不引入传播时间的情况下，我们将根本不能讨论天线理论或性能。

电磁波在其所传播的媒介中以光速进行传播。在真空中光速是最大的，大约是 300000000m/s。为了方便记忆，常常写作 300m/μs（更精确的值为 299.7925m/μs）。这个就被称为波的传播速率，其表示符号就是大家所熟悉的光速符号 c。

波长是指波在一个完整的周期上所传播的路程，知道一个无线电波的波长也是有用的。当一个周期的时间是 $1/f$，波的速度是光速 c 时，波长 λ 就为

$$\lambda=c/f \quad (1\text{-}1)$$

在真空中，

$$\lambda=299.7925\times10^8/f$$

其中真空中的波长单位是米。

在无线电领域中，常用的近似公式是

$$\lambda(m)=300/f(\text{MHz}) \quad (1\text{-}2)$$

$$\lambda(ft)=983.6/f(\text{MHz}) \quad (1\text{-}3)$$

波在媒介中的传播速度与波在真空中的传播速度的比值被称为该媒介的速度系数（VF），其值介于 0 和 1 之间。在空气中，当频率低于 30MHz 时，传播速度的减小量在大多数讨论中可以忽略不计。在甚高频以及更高的频率上，媒介的温度和湿度对通信范围有递增效应，这个将在后面“无线电波传播”章节中讨论，在类似于玻璃或塑料的材料中，波的传播速度相对于真空中的波速更小。例如，在聚乙烯（通常用作同轴电缆的中心绝缘体）中，波速只是真空中波速的 2/3；在蒸馏水（一种很好的绝缘体）中，波速为真空中波速的 1/9。

波的相位

本书中将有很多章节讨论相位、波长和频率。为详细了解天线的设计、安装、调整或使用，匹配系统或者传输线，必须清楚地了解相位、波长和频率的意义。在本质上，相位意味着时间。当事物进行周期性变化时，例如交替变化的电流，相邻周期内对应时刻的相位相同。

区分相位和极化是非常重要的一件事，极化仅仅是一个约定，即给波指定正向和负向或者惯例。反转馈线中的引线仅仅颠倒波形信号的极化方向，并不改变它的相位。

相位是一个波形内和波形之间相对时间的测量。图 1-5 中点 A、B 和 C 是同相的。它们是电流中距离间隔为 1 个波长的对应时刻。这是一个传统的正弦变化电流，随着时间向右传播。如果水平轴表示的是距离而不是时间，这将代表一个传播场强度的快照。A 与 B 或 B 与 C 之间的距离为一个波长。场强分布遵循正弦曲线，而振幅和极化严格对应着产生电磁场的电流随时间的变化。请注意，这是一张包含很多波阵面（类似于图 1-4 所示）的瞬时图。

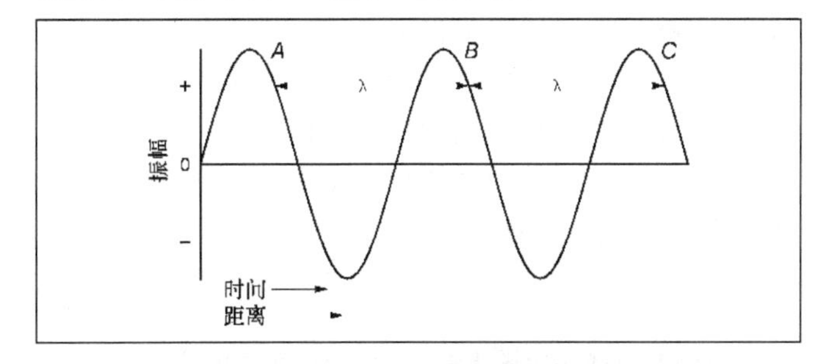

图1-5　这幅图给出了场（包括电场和磁场）的瞬时幅度随时间的正弦变化。由于场以恒定的速度传播，本图也代表了在波的路径上场强的瞬时分布。相位相同的两点之间的距离为一个波长，譬如A-B和B-C之间的距离。

无线电通信中无线电波的频率可以从 10 000 到几十亿赫兹。假设电磁波的频率为 30MHz，则无线电波的一个周期为 1/30 000 000s。无线电波传播的速度是每秒 30 000 000m，因此在电流变化的一个完整周期内，无线电波只传播了 10m。距离天线 10m 的地方的电磁场是一个周期之前电流所产生的。距离天线 20m 远处的电磁场是在两个周期之前电流所产生的，以此类推。

如果电流在每个周期内仅仅简单地重复前一个周期内的电流，则在每个周期内对应时刻的电流将相同。由这些电流所产生的场强也将相等。随着离开天线的距离变远，电磁场包围的面积变得越大，而场强变得越小。它们的振幅随着离开天线距离的增大而减小，但是与产生它的周期的瞬时相比它们的性质不会改变。它们同相并且保持同相。在上面的例子中，在离开天线向外测量的 10m 间隔内，每个给定时刻无线电波的相位是相同的。

这些球面是先前所描述的波阵面，当球足够大以至于表面基本可看成是平的，这时的波阵面被称为平面波，在该平面（波阵面）的每个部分，其相位是相同的。在任何给定的时刻，若两个波阵面对应的相位相同，则这两个波阵面之间的距离就是波长，该距离被测量时，测量线必须沿着波的传播方向，同时垂直于波阵面。

波的极化

图 1-3 所示的无线电波是沿着电力线方向极化的，这时为垂直极化，因为电场线的方向垂直于地球表面。如果电力线的方向是水平的，就可以说该无线电波是被水平极化的。水平极化波和垂直极化波一般都属于线性极化的范围。线性极化可以是介于水平极化和垂直极化之间的任意一种极化状态。在自由空间中，“水平”和“垂直”是没有任何意义的，这是因为缺少作为参考的水平地球表面。

在许多情况下，电磁波的极化状态不是固定的，而是连续地旋转，有时候是随机的。这种情况下电磁波是椭圆极化。在介质中极化逐渐旋转的现象称为法拉第旋转现象。在空间通信中，通常采用圆极化以消除法拉第旋转效应影响。电磁波在介质中传播一个波长时，圆极化电磁波的极化状态旋转 360°。从发射天线观测旋转的方向，则圆极化可以定义为右旋圆极化（顺时针）和左旋圆极化（逆时针）。线极化和圆极化可以认为是椭圆极化的特例。

场的强度

电磁波传播的能量随着离开源点的距离的增大而减小。这一强度的减小是因为随着离开源点距离的增加，电磁波的能量在越来越大的球面上扩散。

离开发射天线一定距离的电磁波强度用场强来表示，这就是电场强度。电磁波的强度由波阵面所在平面上电力线上两点之间的电压来衡量。标准的电磁场强度的测量是 1m 长的线上所产生的电压，表示为 V/m（如果导线长 2m，产生的电压将除以 2 以给出每米电压所表示的场强）。

电磁波的电压通常很小，所以测量时的单位是毫伏或微伏每米。电压随时间的变化就像产生电磁场的电流的变化一样。测量时像其他交流电压一样测量其有效值，有时候测量其峰值。幸运的是，在业余工作中没有必要测量场强的真实值，因为这需要精心制作的仪器。我们仅仅需要知道调整是否是有益的，所以相对测量通常可以满足需求。这些可以很容易地通过自制的仪器来实现。

波的衰减

在自由空间中，天线辐射的远场区域，场的强度随着离开源点距离的增大而减小。如果离开源点 1 英里处场强为 100mV/m，则在 2 英里处场强的大小将是 50mV/m，以此类推。电场强度和功率密度之间的关系类似于普通电路中电压和功率的关系。它们由自由空间中的波阻抗所联系，约为 377Ω。1V/m 的电场强度对应的功率密度为

$$p=\frac{E^2}{Z}=\frac{1(\mathrm{V/m})^2}{337\Omega}=2.65\mathrm{mW/m^2} \qquad (1\text{-}4)$$

由于电压和功率之间的关系，功率密度因此随着电场强度的平方根变化，或者说与距离的平方成反比变化。如果在 1 英里处功率密度为 4mW/m^2，则在 2 英里处功率密度为 1mW/m^2。

在考虑天线的性能时，记住所谓的传播损耗很重要。增益只能通过将天线辐射方向图变窄来达到，它将辐射的能量集中在需要的方向。不存在可以增加总的辐射能量的“魔术天线”。

实际中，电磁波能量的衰减要比距离反比定律预测的大得多。波不是在真空中传播，此外接收天线很少被放置在具有清晰视线的位置。地球是球形的，电磁波不会可观地穿透其表面，因此在视距之外的通信中必须是一些使得电磁波沿着地球曲率的方向弯曲的方式。这些方式将会引起额外的能量损耗，使得随着距离的路径衰减高于理论上真空中损耗因子所预测的。

1.2 天线阻抗

1.2.1 辐射阻抗

加在天线上的功率通过两种途径消耗掉：一种是以电磁波的形式辐射出去；另一种是以热能的形式在导线和附近的电介质中损耗掉。辐射出去的功率是我们所要的，是有用的部分，但同样可以认为辐射出去的功率也是一种“损失”，就像以热能形式损耗掉的那部分一样。在以上两种情况中，所消耗的功率都等于 I^2R。

在热能损耗的情况，R 代表真实的电阻。但是，在辐射的情况，R 是一个“虚”的电阻。这个电阻值如果用真实的同阻值的电阻来代替，会消耗和天线实际辐射出去的功率相同的能量。这个电阻称为辐射阻抗。于是，天线的总功率等于 $I^2(R_0+R)$，其中 R_0 为辐射阻抗，R 为总的损耗电阻。

在业余无线电频率上工作的普通天线，导体中的热损耗不超过加在天线上的总功率的百分之几。用分贝表示的话，这种损耗小于 0.1dB。即使是使用 14 号这么细的铜导线，其射频损耗电阻相对于辐射阻抗来说也是十分小的——只要天线周围没有太多物体，也不是太靠近地就行了。因此你可以认为只要天线的架设地点合理，其热损耗是可以忽略的，而天线的总的阻抗（馈电点处的阻抗）就是辐射阻抗。作为电磁波的辐射体，这样的天线是一个效率很高的设备。

1.2.2 电流和电压分布

当用电源对天线进行馈电时，其电流和电压随着天线长度的变化而变化。不管天线的长度是多少，电流的最小值都位于两端。由于天线两端的电容效应，实际上电流的最小值也不可能为 0。绝缘体、天线两端的环和支持线都会产生电容效应，该效应也被称为边缘效应。射频电压正好与之相反，即电压的最大值在两端。

在半波天线的例子中，如图 1-6 所示，电压的最大值和电流的最小值在天线的中心。其模式为：以 1/4 波长的间隔交替改变电压和电流的最小值，并沿着一个线天线以间隔 1/2 波长重复一次交替过程，如图 1-6（B）所示。在每个连续的半波部分电流和电压的相位都被反转。

电压的最小值不是 0，这是因为天线存在阻抗，这些阻抗包括导线的射频阻抗（欧姆式的损耗阻抗）和前面提到的辐射阻抗。

1.2.3 馈电点阻抗

天线的第一个重要特性是馈电点的阻抗。我们业余

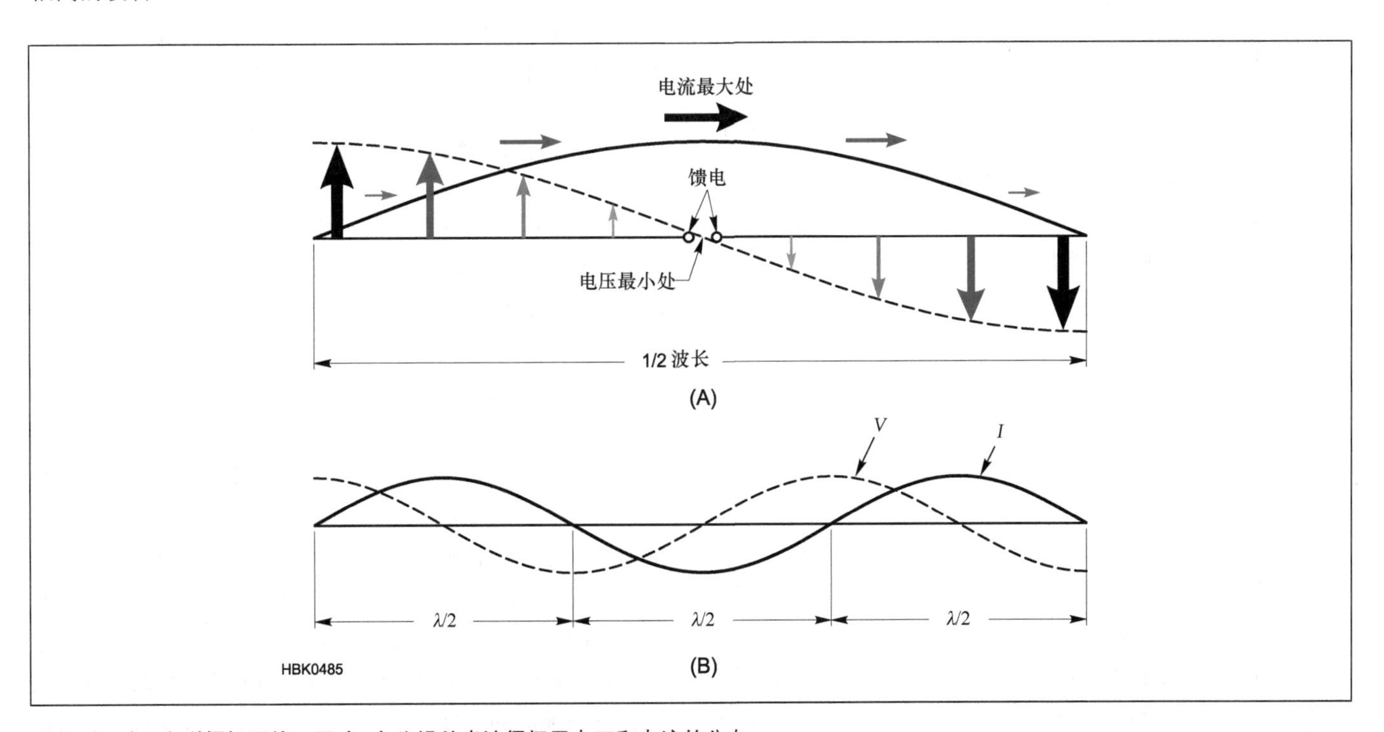

图1-6　对于串联偶极天线，图（A）为沿着半波偶极子电压和电流的分布。

无线电爱好者可以在指定的频段内选择工作频率，因此我们必须了解一副天线的馈电点阻抗是怎样在一个波段内随工作频率变化的。如果打算在多个波段使用一副天线，我们还要了解天线馈电点的阻抗在各个不同波段中的变化情况。

天线有两种形式的阻抗：自阻抗和互阻抗。和你设想的一样，自阻抗是天线完全远离其他任何导体时在馈电点终端所测得的阻抗。

自阻抗

电流要流过天线的馈电点，必须要有一定的电压。天线的自阻抗是馈电点电压与电流的比。如果电压与电流同相，那么自阻抗是个纯电阻，即电抗部分为零。这时的天线是“谐振”的（业余无线电爱好者通常对“谐振”一词的使用不是很严格，通常仅是指“几乎谐振”或“接近谐振”）。只有它是纯电阻时，谐振和阻抗的值才没有任何关系。

除了在真正谐振的频点上，天线的电流和电压的相位是不同的。换句话说，此时天线表现为馈电点阻抗，而不是纯电阻。馈电点处的阻抗是由容抗或感抗与串联的电阻共同组成的。

互阻抗

互阻抗又称为耦合阻抗，是由于附近导体的寄生效应而产生的，也就是说，互阻抗是由于有导体处于天线的电抗性近场区产生的。互阻抗包括地的影响——地是一个有损的导体，但它毕竟是一个导体。和自阻抗一样，互阻抗也是由欧姆定律定义的。不过互阻抗是一个导体中的电压和另一个（耦合）导体中的电流的比。相互耦合的导体会使有高度方向性的天线的方向图发生扭曲，也会改变馈电点处的阻抗。互阻抗将会在“高频八木天线和方框天线”章中详细介绍，这对正确操作这些波束天线是至关重要的。

是否需要谐振？

应该注意到天线不需要谐振就可以成为有效的辐射体，事实上这对谐振天线来说没什么奇怪的，但前提当然是你要用有效的办法对天线馈电。很多业余无线电爱好者使用非谐振（甚至是任意长度的）天线，这些天线使用明线传输线馈电并且用到了天线调谐器。这种天线系统和使用同轴电缆与谐振天线的系统是一样的辐射信号，这种天线通常还可以在多波段上使用。在这个系统中，应该使所有的损耗达到最小。

1.3 天线方向性和增益

1.3.1 各向同性辐射

在讲述实际中的天线之前，我们必须首先介绍一种纯理论化的天线——各向同性辐射体（isotropic radiator）。想象一下，一副在外层空间中与所有其他东西完全隔离的无限小的天线，其形状为一点。再想象一下，有一个无限小的发射机给这副无限小的点天线馈电。现在你该对各向同性辐射体有了一点印象了吧。

这种仅在理论上存在的点源天线的唯一有用的特性是它向所有方向辐射相等的能量。这就是说，各向同性辐射体对任何方向都没有偏向性，换句话说，它完全没有方向性。这种各向同性辐射体作为一种比较的尺度在实际测量一副天线时是很有用的。

稍后，你会发现所有的天线都会有一定程度的方向性，也就是说在某个方向辐射强些，在其他方向上辐射弱一些。实际使用中，天线不会在所有方向上有相同的辐射强度，在某些方向上其辐射强度甚至可能为零。天线的这种方向性（而各向同性辐射体是没有方向性的）并不意味着这是一件坏事。例如，接收从某个方向过来的信号的天线可以消除其他方向上的干扰和噪声，从而提高信噪比。

1.3.2 方向性和辐射方向图

天线的方向性是与其在自由空间中辐射出去的场强图样联系在一起的。这种显示在离天线固定远处，场强随天线的方向变化而变化的函数关系的真实或相对的图样，称为天线的方向图。我们虽然不可能实际地看见由天线辐射出来的电磁波所形成的方向图样，但我们可以考虑一个类似的情况。

图 1-7 显示了在一个完全黑暗的房间里的一束电筒发出的光。为了量化我们的眼睛所看到的东西，我们使用摄影师所用的光强计来测量，并把其亮度分为 0～10 级。我们把光强计放在电筒的正前方，并调整光强计与电筒的距离，使光强计读数为 10，即满量程。我们还要认真地记下光强计与电筒的距离。然后，保持光强计与电筒的这个距离以及光强计离开地面的高度，把光强计按箭头所示方向绕电筒移动，在若干个不同的位置记下光强计的读数。

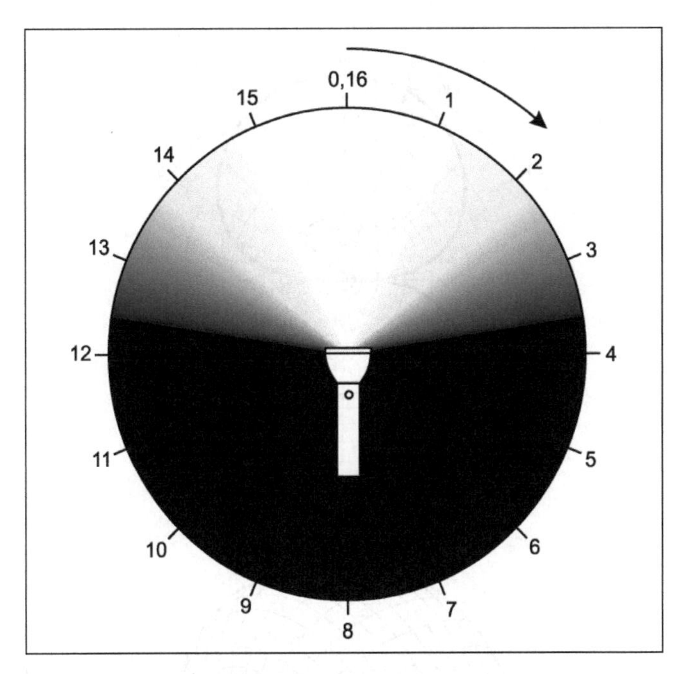

图1-7　电筒照亮整个黑暗区域的光束情况。读数来自照相用的光度计沿着圆圈取16个点值，用于表示出电筒的照射图形。

记下所有读数后，我们把这些读数记在极坐标纸上，如图 1-8 所示。完成后，我们就能画出电筒光的方向图样了。

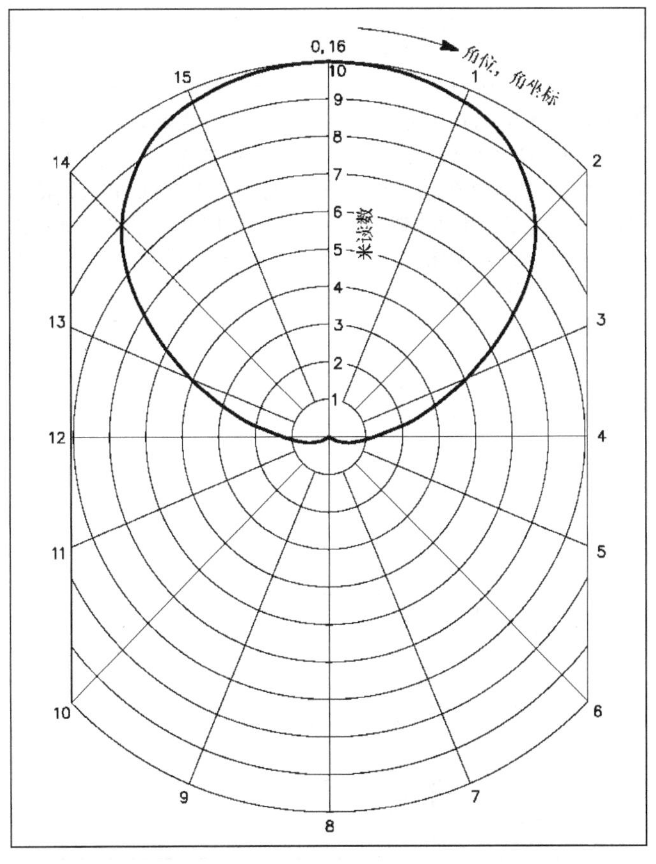

图1-8　图1-7中电筒光的照射图形。这些测量值用平滑曲线连接起来而画出。

天线的方向图也可以用类似的方法进行测量。对待测的天线加上一定的功率，用场强仪测量信号的强度。我们可以转动待测的天线，而不是移动测量仪器。我们也可以利用天线的互易原理，天线的接收图样和发射图样是一样的。给小功率发射机接上天线，对待测天线发射，而待测天线则连接到测量仪器上。另外关于测量天线方向图的技术在“天线和传输线测量”一章中介绍。

1.3.3　近场和远场

一些必要的预防措施可以保证测量的精确度和重复性，最重要的是防止源和接收天线之间相互耦合（它可能改变你正试图测量的方向图）。

这种相互耦合会在离待测天线很近的区域发生。这个区域称为天线的电抗性近区场区域。“电抗性”指的是发射天线和接收天线的互阻抗在本质上可以呈容性，也可以呈感性。电抗性近区场有时也被称为感应场，意思是在这个区域中，磁场通常相对于电场来说处于支配地位。这时，天线就像一个非常大的集总参数的电感或电容，在近区场储存着能量而不是通过空间发射出去。

对简单的导线天线来说，电抗性近区场通常被认为是离天线辐射中心半个波长的区域。在稍后提及八木天线和方框天线的章节中，你会发现天线单元之间的相互耦合可以被有目的地用来改变天线的方向图。但对测量天线的方向图来说，我们不希望两副天线离得太近。

在电抗性近区场中，场强随待测天线距离变化的规律是十分复杂的。越过电抗性近区场后，天线的辐射场又分为辐射近区场和辐射远区场。历史上，辐射近区场和远区场曾被分别称为 Fresnel 场和 Fraunhöfer 场。但这两个术语已经很少用了。虽然在电抗性近区场中，电抗性场占主要地位，但辐射场与电抗性场是共存的。

这些区域的界线十分模糊，专家们也一直为哪里是一个区域的开始、哪里是一个区域的结束而争论不休，但辐射近区场和辐射远区场的界线的定义则被广泛接受为：

$$D=\frac{2L^2}{\lambda} \qquad (1\text{-}5)$$

其中 L 为天线的最大物理尺寸。这个定义的单位仍为波长λ。请记住，有很多天线并不严格地遵守式（1-5）的规定。图 1-9 描述了普通线天线的 3 种场。

在本书余下的内容中我们主要讨论天线的辐射远区场，正是天线的辐射远区场把电磁波传播开去的。远区场辐射的一个显著特点是场强与距离成反比，而且虽然电场与磁场在波前处是正交的，但在时间上是同相的。全部能量在电场与磁场间平均分配。离天线数个波长以

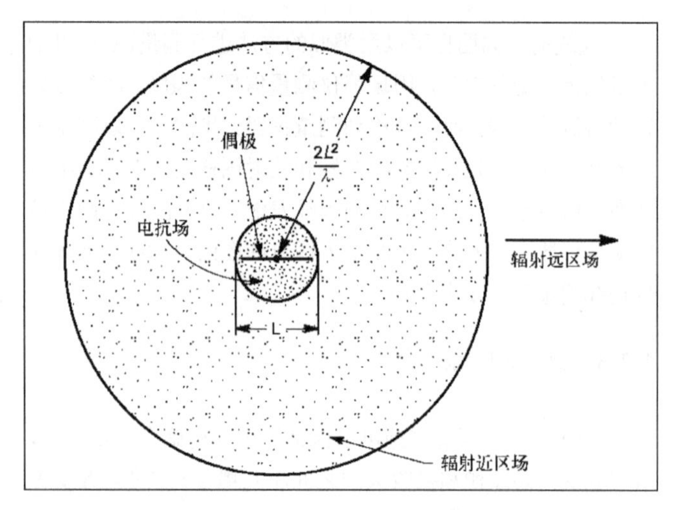

图1-9 辐射天线周围的场。非常接近天线的是电抗场区域，在这个区域内，天线与任何其他测量天线都存在互阻抗。在电抗场外围是近场辐射区，直到大约为$2L^2/\lambda$，其中L为天线最大尺寸长度。在近场/远场区边界之外，存在远场辐射，其功率密度随着辐射距离的平方倒数变化。

外，就是我们要考虑的全部的场了。要准确地测量天线的辐射场，我们必须把测量仪器放在离待测天线数个波长以外的地方。

1.3.4 辐射方向图的类型

在电筒光强的测量例子中，所测量平面上的离地面的距离都是一样的。在自由空间放置一个半波偶极天线（见“偶极和单极天线”章节），在单个平面上对其进行测量（包括天线的连接线在内）所得到的方向图与图 1-10（A）相似，该天线位于双箭头所指定方向的中心处。在其连接线的轴向位置辐射最强，越到两端时，天线几乎没有辐射。

辐射方向图是描述一个天线方向性的图形。该图形一般画在极坐标系中，角度量表示图中中心位置到外环的方向和大小。像 8 字形的平滑曲线表示了在每一个角度上天线辐射信号的相对强度。

图 1-11 所示的方向图给出了零点（辐射强度最小的点）位置和波瓣（两个零点之间的曲线）形状。除了特别注明和几个图形之间的对比之外，主瓣是指在整个波瓣中辐射强度最强的那一瓣，以下两种情况除外，即特别注明的一些较大辐射强度和几个对比图显示的最大辐射强度。主瓣峰值所在的外环位置被当作一个参考点。主瓣峰值可以位于任何角度。其他所有的波瓣都被称为旁瓣，而且其位置也可以是任何角度，包括天线的背面。方向图中除了主瓣和零点之外，还标出了所谓的“半功率点”，这些点处的功率是主瓣峰值的一半。

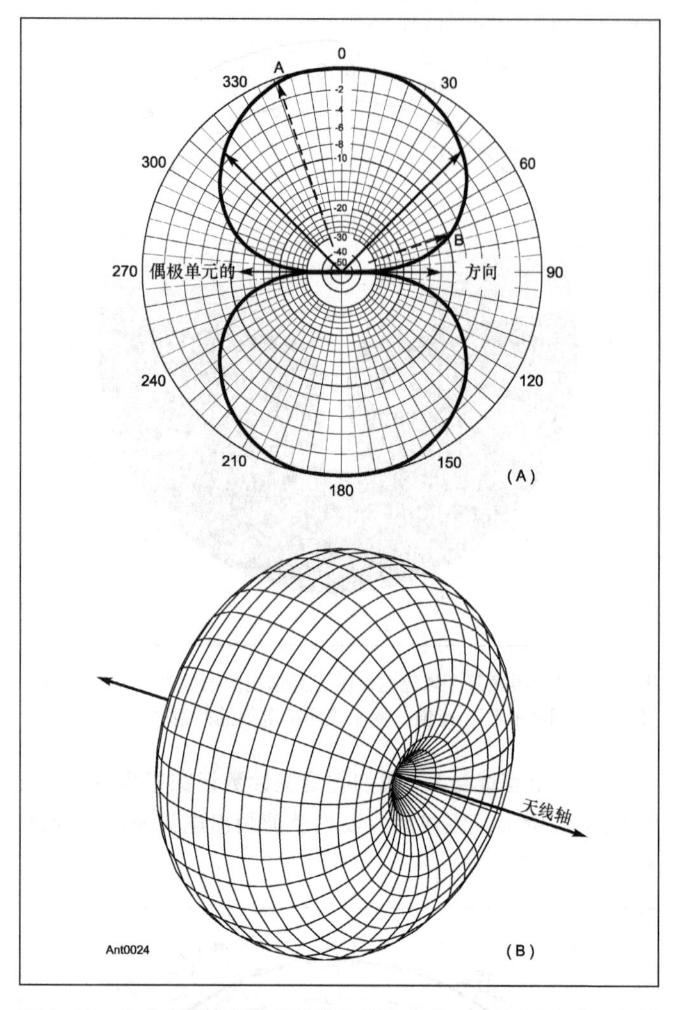

图1-10 自由空间中偶极天线的辐射方向图。在图（A）中，辐射图形平面包含了导线轴线，每个虚线箭头长度表示了在此方向上，与导线轴线成直角方向的最大辐射为参照的相对场强。在大约45°和315°的箭头为半功率或-3dB点。图（B）所示的网格线表示了同一天线的立体辐射图。这些同样的辐射图可以用于任何短于半波长度的中心馈电偶极天线。

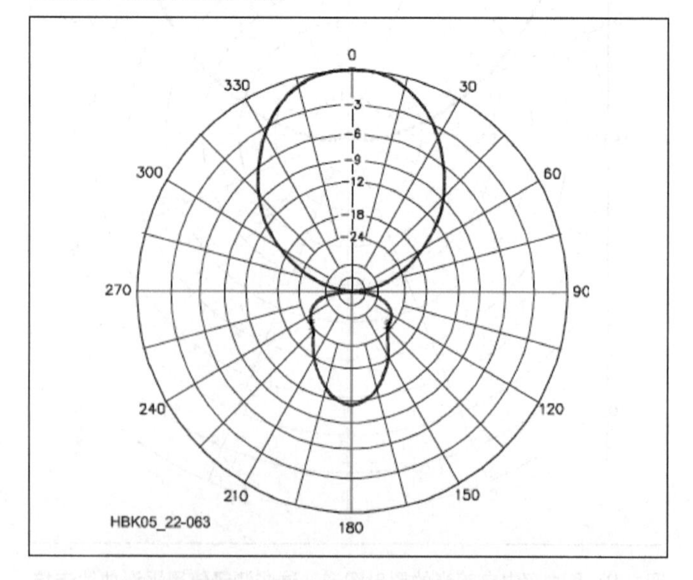

图1-11 自由空间中一个三单元八木定向天线的方位角方向图，八木天线的横梁沿0°～180°的轴，定向单元在方向图平面内。

实际上，任何天线的方向图都是三维的，因此单个平面上的绘制是不够的。自由空间中的立体方向图是通过测量离天线中心等距离的球面（想象中的球面）上每一个点的强度构建的。这样测得的信息就可以构成一个立体的图样。在任何给定的方向上，如图 1-10（B）所示，球面上的点到固定点（天线的位置）的距离都和天线在该方向上的场强是成正比的。图 1-10（B）所示为半波偶极子天线的三维立体辐射方向图。图 1-10（A）可以被看作是三维立体图在其天线轴上的一个横截面。两个这样的图（即一个包含偶极天线的直导线，一个包含垂线）可以传达大量的信息。通过观察这两个平面图，然后再经过头脑的想象和加工，我们就可以虚构成相对精确、完整的立体方向图，前提是这种天线就像图 1-10 所示的简单偶极子天线一样，而且它的方向图是平滑的。

方位角和仰角方向图

当天线架设在地面上而不是在自由空间时，对于该天线的方向图，我们将自动得出两个参考框架——方位角和仰角。方位角通常以天线的最大辐射角度为参照，并把此角度定义为 0°，或者以地理正北作为方向角的参考，地理正北是指实际指南针所指的方向。

分贝的介绍

天线的功率增益通常用分贝表示。分贝是实际中常用来衡量功率比值的单位，因为这种表示方法比功率比本身更紧密地把功率在远处产生的实际作用联系在一起。一个分贝代表了刚好可以检测到的信号强度变化，而不论信号强度的实际值是多少。例如，20 分贝（dB）的信号强度，代表了检测到了信号强度增加了 20 格。20 dB 相对应的功率比（100：1）在通信中则是比较夸张的想法。任何功率比所对应的分贝值等于功率比的常用对数值的 10 倍，即

$$dB=10\log_{10}\frac{P_1}{P_2}$$

如果给出的是电压比，则分贝值等于电压比的常用对数值的 20 倍，即

$$dB=20\log_{10}\frac{V_1}{V_2}$$

在使用电压比的时候，所测得的两个电压值必须是在相同阻抗的前提下得出的，否则得出的分贝值是没有意义的，因为从根本上说测量电压比就是为了测量功率比。

使用分贝表示的主要原因是连续的功率增加用分贝表示时，只需把分贝值简单地相加。因此增益 3 dB 再增益 6 dB 后，其总增益为 9 dB。如果用普通的功率比，这些比值就要相乘了。

功率的减小也只需简单地减去相应的分贝值就可以了。因此，功率减小为原来的一半对应于分贝值减小 3dB。例如，如果在系统的其中一部分中功率增加到原来的 4 倍，而在另一部分中功率减小为原来的一半，则总功率增益为 4×0.5=2，也就是 6−3=3 dB。功率的减小或“损失”用分贝表示只需简单地在分贝值前加上一个负号。

当 P_2 和 V_2 是一些固定的参考值，所添加的字母“dB”是指关于参考值的分贝。这也允许电压和功率的绝对值用 dB 表示。在业余无线电中，你常常会碰到 dBm（P_2=1mW）和 dBμV（V_2=1μV）。

更多关于分贝的信息请阅读 ARRL 网站上“分贝和功率”栏目，其网址为 www.arrl.org/files/file/Get%20Licensed/PowerAndDec.pdf.

仰角是以地表水平面为参照，认为地表水平面是 0°。虽然地球是圆的，但是由于其曲率很大，所以在这里可以认为天线下方所处的区域是平的。90° 的仰角就是天线的正上方（顶角），然后这个角度朝后减为 0，即天线的正后方。（专业的天线工程师描述天线方向时以天线正上方的点作为参考，即使用顶角。仰角可以由 90° 减去顶角得到。）

图 1-11 所示为一个方位角或者顶角方向图。从图中可以看出该天线在所有水平方向上的增益。与地图一样，0 度角在最上方，其他角度沿着轴线顺时针的增加。（这个不同于产生数学函数的极坐标图，即 0° 在最右边，其他角度沿着轴线逆时针的增加。）

图 1-12 所示为同样天线的一个仰角方向图。不过这次从图中看到的是该天线在所有垂直方向上的增益。在负仰角处，地面反射了或阻碍了电磁波的辐射，这就没有必要画出地下辐射图。在自由空间，该辐射图不包括底部−90° 的半圆。然而，若没有参考地面，术语“仰角”就没有多大意义了。

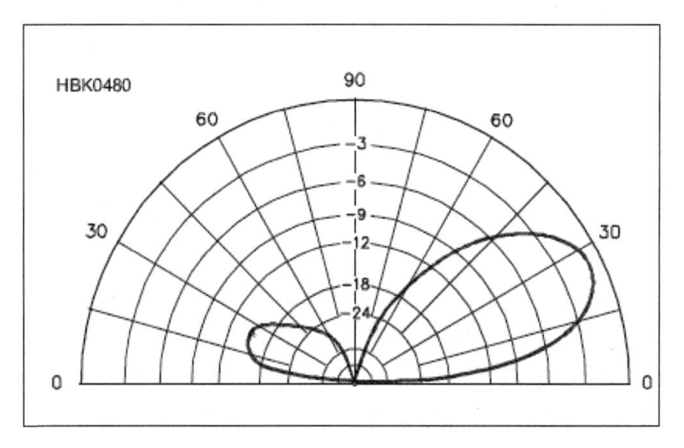

图1−12　高于地面1/2波长的三单元八木天线的仰角图，八木天线的横梁沿0°到0°的轴，并且在同一轴上单元都垂直于纸面。

在业余无线电领域，场强的相对值就足够了。换句话说，我们并不需要知道在天线加入一定功率下，在离天线 1 英里处会产生多少±V/m 的电场（但在 FCC 标准中，这是 AM 广播天线系统必须符合的规定）。

无论收集到（或用理论公式计算出来）什么数据，我们经常对其值归一化，使最大值刚好达到图表的外沿。在极坐标系中，方向图的形状并不会随归一化而改变，改变的只有方向图的大小。（请参阅本章最后的侧栏“辐射方向图的坐标尺度”——关于如何选择坐标尺度的信息。）

E 面和 H 面方向图

你也会碰到 *E* 面和 *H* 面辐射方向图。这些可以显示与天线电场或磁场平行平面的辐射方向图。对于具有水平单元的天线，电场位于水平平面，所以 *E* 面辐射图和天线的方位角辐射图是一样的。由于磁场方向和电场方向是垂直的，所以 *H* 面辐射方向图所在的平面和 *E* 面辐射方向图所在的平面也是垂直的。如果 *E* 面辐射方向图是一个方位角式的方向图，那么 *H* 面辐射方向图将会是一个仰角式的方向图。

注意 *E* 面和 *H* 面辐射方向图和地球表面没有固定的关系，记住这一点是非常重要的。例如，一个水平偶极子天线的 E 面辐射方向图是一个方位角式的方向图，如果该天线处于垂直方向，那么其 *E* 面辐射方向图就随之变为一个仰角式辐射方向图。因此，大部分的 *E* 面辐射方向图和 *H* 面辐射方向图在自由空间中的天线系统中被创造。

1.3.5 方向性和增益

现在让我们更深入地讨论方向性问题。如前所述，所有实际中的天线，即使是最简单的天线，都会有一定程度的方向性。这里有另一幅图可以用来解释方向性的概念。图 1-13（A）所示为吹成正常球体形状的气球。这表示一个“参考的”等方向性源。在图 1-13（B）中，挤压气球中部，产生一个像 8 字形的偶极天线，它在顶部和底部的峰值比参考等方向性源的要大，将它与图 1-13（C）相比较，挤压气球的底端，产生一个辐射图，它的增益比参等方向性源的要大。

自由空间中的天线的方向性可以在数量上把它的三维方向图与各向同性天线比较。在假想的半径为数个波长的理想球体中心放置各向同性天线，其场强（单位面积的能量，或称为“功率密度”）在假想球体的表面的每一点都是一样的。而在这个相同的假想球体的表面，待测天线辐射出与各向同性天线相同的功率，其方向性导致在某些点处功率密度大些，而在另一些点处功率密度小些。最大功率密度与整个假想球体表面的平均功率密度（等于各向同性天线在相同条件下的功率密度）之比可以用来衡量天线的方向性。也就是：

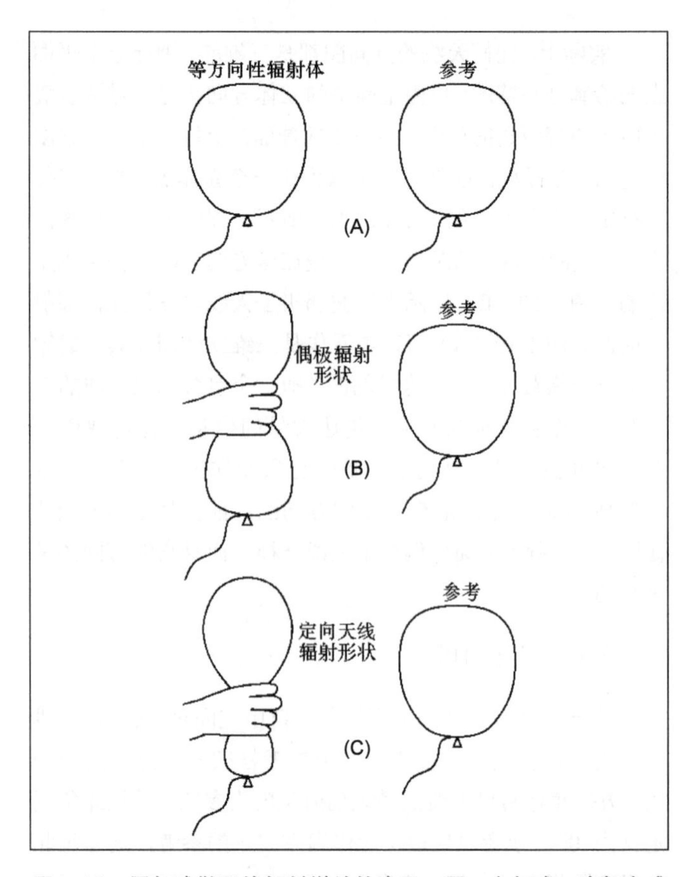

图1-13　用气球做天线辐射增益的演示。用一个气球，吹起来成为一个大概的圆形，看作等方向性辐射体的辐射形状，接下来，再吹一个同样大小、形状的气球，并告知听众把它当作参考天线，见图（A），然后挤压第一个气球中间，形成一个8字形状，这就是一个偶极天线辐射形状，并将最大尺寸与参考天线作比较，见图（B）。偶极天线可以看作相对于参考的等方向辐射体有一些“增益”。接下来，再将第一个气球尾部进行挤压，变成一个香肠的样子，这就演示了某类定向天线产生的辐射形状。

$$D=\frac{p}{p_{av}} \tag{1-6}$$

其中 D 称为“方向系数”，P 为假想球体表面最大功率密度，P_{av} 为平均功率密度。

天线的增益与天线的方向系数密切相关。因为天线的方向系数只由天线的方向图决定，它并不关心实际天线中的任何功率损失。在计算增益的时候，必须把这些损失从加在天线上的功率中减去。一般来说，这些功率损失占天线输入功率的一个固定的百分比，因此天线的增益为

$$G=k\frac{p}{p_{av}}=kD \tag{1-7}$$

其中 G 为天线的增益（以功率比表示），D 为方向系数，k 为天线效率（辐射功率除以输入功率），P 和 P_{av} 如前面定义。

对业余无线电用得很多天线来说，天线的效率是很高的（损耗部分只占总功率的百分之几）。这时，天线增益可近似地认为等于天线的方向系数。天线的方向图压缩得

越厉害——或者用通用的术语说，天线的波瓣越尖锐，天线的增益就越高。得出这个结论是很自然的，天线的辐射功率要在某个方向上比较大，其他方向上自然比较小，那么天线的波瓣就比较窄了。这样天线辐射出去的能量就集中在某些方向上，其他方向上能量就比较小。一般来说，在相同波瓣半径的三维方向图中，波瓣体积越小，功率增益越高。

如前所述，天线的增益与方向系数有关，而方向系数又与方向图形状有关。天线方向图主瓣宽度是一个常用的衡量天线方向性的指标，这也是与天线增益相联系的。这个宽度以两个半功率点即−3dB 点之间所夹的角度表示，常被称为“半功率波束宽度”。

这一信息只能给出天线相对增益的大体概念，而不是确切的测量。因为绝对数据的测量需要知道假想球体表面上每一个点的功率密度，而单个平面的方向图只能表示出球体中的一个大圆所在平面的情况。习惯上，在对几副天线进行对比之前，必须起码测量各自的 E 面和 H 面方向图。

可以用公式（1-8）来估算天线相对于各向同性天线的增益，但条件是天线的副瓣相对于主瓣较小，而且天线在电阻上的（热）损耗也较小。如果天线的方向图比较复杂，就需要用数值方法才能得出实际的增益了。

$$G \approx \frac{41253}{H_{3\mathrm{dB}} \times E_{3\mathrm{dB}}} \tag{1-8}$$

其中 $H_{3\mathrm{dB}}$ 和 $E_{3\mathrm{dB}}$ 分别表示对应平面上的半功率瓣宽，单位为度。

方向图的坐标尺度

在画天线的方向图时，有几种不同的坐标尺度可供使用。业余无线电爱好者们有时会见到使用矩形网格坐标系方向图，但极坐标系统则更为常用。极坐标系统可分为 3 类：线性、对数以及改良对数。

必须记住的一点是，天线方向图的形状是和其坐标系有关的。图 1-A 所示就是一个例证。这里把一副定向天线的方向图画于 3 个不同的坐标系中。

线性坐标系

图 1-A（A）就使用了线性极坐标系，同心圆的距离是相等的，并被分别标为 0～10。这种坐标系可用来线性表示天线的方向图。为了便于比较，我们把这几个等距同心圆的标注用分贝代替，以最外沿的圆为 0 dB。这时，副瓣被抑制了。比主瓣低 15 dB 左右的副瓣则由于太小而完全看不见了。这种表示方法对有高方向性的低副瓣的天线阵列很好用。不过，线性坐标网格不常用。

对数坐标系

天线生产商常用的另一种坐标系是对数坐标系。同心圆的距离是以信号电压的对数值来取定的。如果把这些以对数距离取定的同心圆用相距适当距离的以对数标注的同心圆代替，这时这些对数坐标圆的距离就是线性的了。从这个角度来看，对数坐标系可以称为线性-对数坐标系，即用对数校正过的线性分隔的坐标系。

这种坐标系增大了副瓣的显著度。如果你的目的是要显示出一个阵列有一定的全向性，那么这种坐标系刚好合此目的。在圆周内有 8 dB 或 10 dB 的方向性差异的天线在这个坐标系中看起来更接近全向性，见图 1-A（B）。

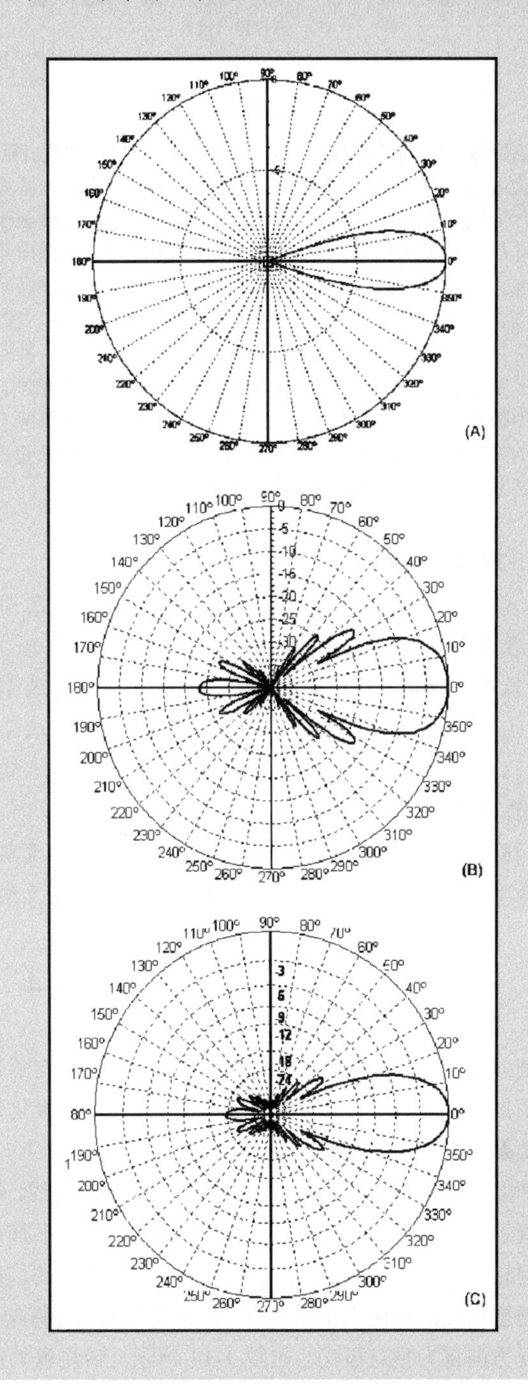

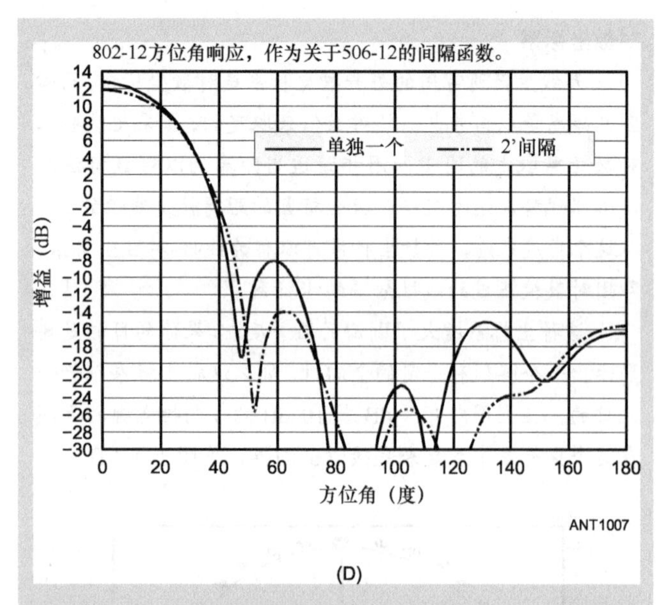

图1-A，不同坐标系中的高增益八木天线辐射方向图曲线。图（A）所示为线性功率（dB）网格坐标下的方向图，注意该坐标系不会显示详细的旁瓣结构。图（B）所示为同样的方向图被画于一个包含5dB常量的网格坐标，当使用这种坐标时，旁瓣电平就会被夸大。图（C）所示为ARRL改良过的对数坐标系来显示该方向图，在这种坐标网格中，侧瓣和背瓣很容易被看出。在这3个坐标系统中，同心圆环都是以dB为单位进行划分的。并且最外环的参考值为0dB。虽然这些辐射方向图看上去很不相同，但是它们都表示同一个天线响应。图（D）所示为两个甚高频八木天线的方位角方向图（直角坐标系），该例子表明利用直角坐标系更容易对比天线方向图的非主瓣区域。

ARRL 对数坐标系

ARRL 使用的改良过的对数坐标系中同心圆间隔为信号电压对数值的 0.89 倍。在这种坐标系统中，比主瓣低 30～40dB 的副瓣也可以识别出来。这样的副瓣在 VHF 和 UHF 中是比较引人关注的。0～−3dB 的距离明显比−20～−23dB 的距离大，而后者又明显比−50～−53dB 的距离大。

这些距离大体显示了它们对天线性能变化的重要程度。本书中的天线方向图都是在 ARRL 对数坐标系上绘制出来的，见图 1-A（C）。

直角坐标网格

天线辐射方向图也可以被画在直角坐标系上，其中水平轴为角度，垂直轴为天线增益，如图 1-A（D）所示。相对于极坐标系，直角坐标系在描述多个方向图时更加容易。使用直角坐标系可以很容易地估算出旁瓣电平，尤其是当几个天线在一起进行对比时，这个坐标就更加有用。

1.3.6 辐射方向图的测量

给定了基本的辐射方向图和坐标系，通过对天线方位角辐射方向图进行对比，可以很容易地定义出一些有用的测量方法和参量。对定向天线来说，除了增益，最常用的参量是前后比率（简称为前后比 F/B），即指定的前向方向增益和后向增益之差，其单位为 dB。图 1-11 所示天线的前后比约为 11dB。假设辐射方向图是对称的，还常常用到前侧比的概念，即前向天线增益和侧向（与前向成直角的方向）增益的差值，这种一般多见于有平行阵列的八木天线和方框天线。在图 1-11 中，前侧比率大于 30dB。因为天线的背向方向图的幅值有很大的波动，所以有时才会用到“前背比率”这个概念。前背比率使用的值为指定角度上背向增益的平均值，该角度方向通常是天线最大增益的 180° 半圆反方向，而不是与前向夹角正好为 180° 的单个增益值。

如图 1-11 所示，天线的波束宽度为 54°，这是因为方向图与−3dB 增益刻度的交叉点到天线峰值某一侧的夹角为 27°。若天线方向图具有很小的波束宽度，那么该方向图被称为“锐化”或“窄化”方向图。

在一个天线的方位角方向图中，若所有方向上的天线增益是相等的，该天线则被称为全向性天线。这和各项同性天线是不一样的，各项同性天线是指其在水平和垂直面上的所有方向都具有相同的增益。

1.4 天线极化

前面我们已经讨论了天线的两个重要参数：方向图和馈电点阻抗。天线的第 3 个重要参数是极化。天线的极化是以天线辐射最大方向的电磁波中电场强度来定义的。

例如，一副水平架设在地面上方的半波偶极天线，电场在垂直于天线轴（即与导线垂直）方向最大，并且平行于地表。因此，在这个例子中，由于最大的电场是水平的，我们规定这副天线的极化也是水平的。如果偶极天线竖直架设，其极化方向将为垂直极化，如图 1-14 所示。请注意如果天线是在自由空间中，由于没有参照平面，其极化方向就无法确定了。

由几个半波长单元排列而成的天线各单元的轴向相互平行或重合，因此天线的极化方向与任意一个单元的极化方向一致。例如，由一组水平极化偶极天线组成的阵列是水平极化的。但是，如果天线阵中同时使用水平极化和垂直极化单元，并按同相关系辐射电磁波，极化方向就要看每个单元对辐射出去的电磁场的贡献了。在这种情况下，

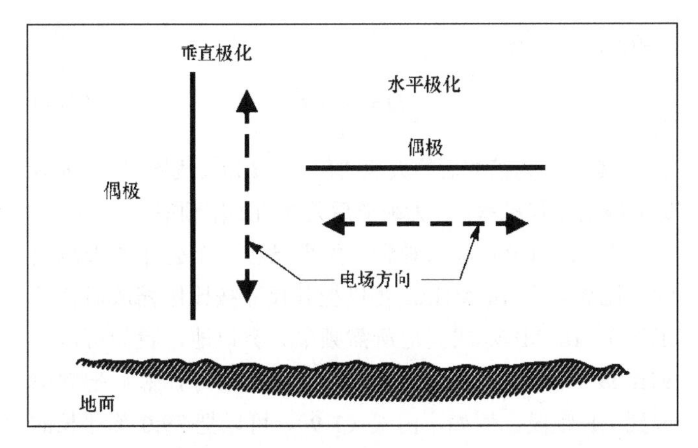

图1-14　地面上偶极天线的垂直与水平极化。极化方向为最大电场方向相对于地面的方向。

天线的极化方式仍为线极化，但会在水平极化与垂直极化之间发生倾斜。

在辐射并非最强的方向上，即使是简单的偶极天线所辐射出去的电磁波也是由水平极化波与垂直极化波组成的。在水平架设的偶极天线末端辐射出去的电磁波实际上是垂直极化的，只是其幅度远小于整副天线辐射的水平极化波——极化是会随方向而变化的。

因此，在分析天线时，经常在球坐标系中分析天线的方向图，而不只是线性地在水平或垂直面上分析。见图1-15。球坐标系中的参考轴在天线下方垂直于地面。顶角通常用θ表示（希腊字母 theta），方位角通常用φ表示（希腊字母 phi）。大部分业余无线电爱好者都不喜欢用顶角，他们更熟悉仰角。当顶角为0°的时候，仰角为90°，也就是在头顶正上方。美国人写的NEC或MININEC天线分析程度使用顶角而不用仰角，但大部分商用版本可以自动地把仰角转化为顶角。

如果天线阵的垂直极化和水平极化单元采用非同相馈电（馈电给垂直极化单元的射频信号与馈电给水平极化单元的射频信号在时间上非同相），这时天线的极化方式为椭圆

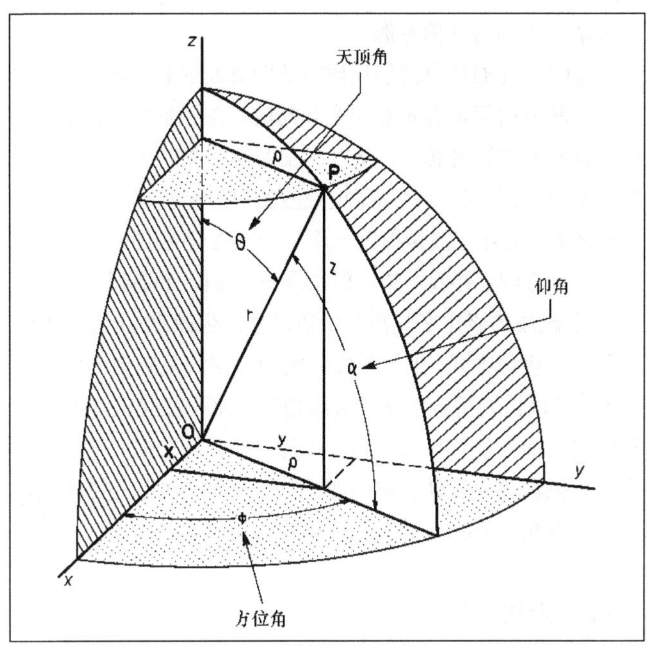

图1-15　图中表示了位于虚拟球面上P点的点源天线。该坐标系角度的变化以x轴、y轴和z轴为参考。

极化。圆极化是椭圆极化的一个特例。圆极化波（经过固定观察者时）看起来是在旋转的，每个周期变化 360°。在每一时刻，场强都是相等的。圆极化波常用于空间通信。我们会在“空间通信天线”章节中详细讨论。

天波传播通常会改变电磁波的极化方式（在“无线电波传播”中会详细讨论）。因此，在3～30mHz这个频率范围，由于几乎所有的通信都是通过天波来传播的，接收天线和发射天线的极化方式不需要相同（除几英里距离的情况外）。在这个频率范围中，天线的极化方式通常由天线实际可以达到的高度、附近人为射频噪声源的极化方式、可能由于附近物体而出现的能量损失、干扰邻近广播或电视接收的可能性以及天线架设的方便程度等因素共同决定。

1.5　其他天线特征

除了阻抗、方向图（增益）和极化外，天线还有一些其他有用的特性。

1.5.1　收发互易性

谐振天线在接收上的很多特性或参数在发射时也是一样的。天线的接收和发射方向图是一样的。当接收天线正对着其辐射的最大方向时，它传给接收机的信号强度也最大。在相同的测量方法下，接收天线和发射天线的阻抗也是一样的。这就是互易定理。

天线处于接收状态下时，它是接收机的信号来源，而不是功率的负载（天线处于发射时才是这种情况）。当接收天线的阻抗与接在其上的负载相一致时，天线才会有最大的输出。我们说天线与它的负载“匹配”。

在满足一定条件时，天线在接收状态下的增益和在发射状态下是一样的。其中一个条件是在这两种情况下负载阻抗都必须和天线阻抗相匹配，以使两种情况下天线都可以传输出最大的功率。另外，作比较的天线的架设时方向应正确，以使它能对测试中的信号有最大的响应。也就是说，天线的极化应与信号的极化相一致，并且其架设方向应满足天线的

最大增益方向对准信号源。

但是，在通过电离层反射的长距离发射和接收中，天线的接收和发射可能并不是完全互易的。这是因为电磁波并不总是按相同的路径传播，所以在发射和接收时间不同时，可能会有所差别。另外，如果电磁波的反射涉及超过一层电离层时（见“无线电波传播”一章），即使沿着相同的路径，有时在一个方向上接收不错，但在另一个方向有可能比较差。

电磁波的极化在电离层中通常会发生改变。不管发射天线是什么极化方式，到达接收天线的电磁波是趋向于椭圆极化的。可以认为垂直极化的天线相对于水平极化天线在接收和发射上的性能可以认为是一样的。但总的来说，不管电离层使电磁波发生了什么样的变化，在一个方向上发射性能好的天线在相同方向上的接收性能也不会差。

1.5.2 天线带宽

天线带宽一般是指天线工作的频率范围，在该频率范围内天线可以实现其所指定的性能指标。带宽的单位是 MHz 或 kHz，或者是天线设计频率的百分比率。对于业余天线爱好者来说，最受欢迎而且最常用于描述天线带宽的术语为“2∶1 驻波比”。例如“2∶1 驻波比是指 3.5～3.8MHz 的频率范围”，或者“天线有 10%的驻波比带宽”，或者“在 20m 处，天线有一个 200kHz 的驻波比带宽”（驻波比的介绍见“传输线”章）。我们也用到了其他一些特定的带宽术语，如增益带宽（增益超过某一指定值时所对应的带宽）、前后比增益带宽（前后比率超过某一指定值时所对应的带宽）。

就 kHz 级或 MHz 级的频率范围而言，随着工作频率的降低，同样百分比的带宽所对应的频率范围也变窄了。例如，带宽为 21MHz 时，5%的带宽为 1.05MHz（这对于覆盖整个带宽是足够宽的），但在 3.75MHz，其相对应的带宽就只有 187.5kHz。因为在较低频段上，有宽的比例带宽，所以导致很难去设计一个覆盖整个带宽的天线。

驻波比带宽和增益带宽之间并不总是存在直接的关系，认识到这一点是非常重要的。假设天线调谐器可以使发射机和负载相匹配，那么根据馈电线损耗的数值，一个相对窄（2∶1 的驻波比带宽）的 80m 偶极子天线在带宽两端仍可以辐射出良好的信号。频带扩增技术有助于扩大驻波比带宽，例如将偶极子天线的远端展开即可用来模拟锥形偶极子天线。

1.5.3 频率缩放

任何天线尺寸的设计都可以按照用于其他频率或另一个业余频段的天线尺寸进行缩放。天线的尺寸可以按照式（1-9）进行计算。

$$D=\frac{f_1}{f_2}\times d \tag{1-9}$$

其中 D 为缩放后的天线的尺寸，d 为天线原尺寸，f_1 为原天线的工作频率，f_2 为缩放后天线的工作频率。

从式（1-9）可以看到，如果已有一个公布的天线尺寸，比如说在 14 MHz，可以把其尺寸按比例缩放后使其工作于 18 MHz 或其他所需频率。类似地，我们可以在 VHF 或 UHF 频段通过实验得出天线的尺寸，然后把它缩放到 HF 频段。例如，由式（1-9），可以把 39.0 英寸长的 144 MHz 天线缩放到 14 MHz：D＝144/14×39＝401.1 英寸，即 33.43 英尺。

对天线进行缩放时，天线的所有尺寸都必须缩放，包括天线单元长度、单元间距、主梁直径和单元直径。长度和间距都可以用上面的方法直接缩放，但单元直径就有点麻烦。例如，假设设计 14 MHz 天线时，先得出 144 MHz 天线的数据，而这副 144 MHz 天线的单元为直径为 3/8 英寸的圆柱。如果直接缩放到 14 MHz，天线单元也应为圆柱形，其直径为 144/14×3/8=3.86 英寸。在现实主义的立场，直径为 4 英寸是可以接受的。但一个长 33 英尺、直径约为 4 英寸的圆柱是多么笨重啊（而且很贵，更不要说它的重量了）！唯一可行的方案是另外选择单元直径。

直径缩放

在偶极型天线设计中，简单地把单元直径直接缩放而不对单元长度进行修正并不十分令人满意。这是因为改变单元直径就改变了原设计方案的波长直径比，这样就改变了天线单元的谐振频率。必须对天线单元的长度进行修正以补偿直径偏差所产生的后果。

但是，准确地说，直径缩放的目的并不是保持单元的谐振频率不变，而是保持工作频率上自电阻与自电抗之比不变——也就是说缩放后的 Q 值应该相等。在使用缩节形的管子作天线单元时，这一点并不总能准确做到。

缩节形天线单元

可旋转的定向天线的天线单元通常是用金属管架成的。在 HF 波段中，常用的方法是使用像望远镜那样的缩节形的管子。管子的中心部分直径较大，而末端则相对较小。这样不仅可以减轻重量，也可以减小天线的材料成本。缩节形高频八木天线将在“高频八木天线和方框天线”章中详细介绍。

缩节形天线单元长度的修正

缩节形天线单元在效果上改变了它的电长度。也就是说，两根长度相同的天线单元，一根是圆柱形，另一根是缩节形，大家的平均直径一样，但它们并不会谐振在同一个频率上。要得到相同的谐振频率，缩节形单元必须取得长一些。

Dave Leeson（W6NL，曾用呼号 W6QHS）编写了一个计算缩节形单元长度的程序。这个程序是基于 Schelkunoff 在贝尔实验室中的研究成果写出来的，这在 Leeson 写的《八木天线的物理设计》(Physical Design of Yagi Antennas）一书中有详细说明。本书附带的软件中有一个名为 EFFLEN.FOR 的子程序，可以计算缩节形单元的有效长度。这个程序使用 W6NL- Schelkunoff 算法，并且每一步都有注释。这个程序只计算天线的一半，因为该程序假设天线单元是相对于横梁对称的。

同样，可以看一看 SCALE.TXT，这个 SCALE 程序可以自动地进行复杂的数学计算，把八木天线尺寸从一个频率缩放到另一个频率，或者把一副缩节形单元天线缩放到另一个频率。(SCALE 和 EFFLEN.FOR 可以在网址 www.arrl.org/antenna-books 上下载并阅读。)

1.5.4 有效辐射功率（ERP）

在很多情况下，估计整个天线系统的发射机在发射信号时的效率是重要的。一般通过计算系统的有效辐射功率（ERP）即可完成。ERP 的计算公式为：ERP 等于发射机输出功率（TPO）减去传输线的衰减和所有连接器的损耗或者发射机和天线之间其他设备的损耗，再加上天线的增益。如果天线增益的单位是 dBi，其相对应的是有效同性辐射功率（EIRP）。ERP 和 EIRP 的计算经常用于与频率协调相关的无线电领域，这部分将在“中继器天线系统”章中叙述。

下面是一个典型的中继器天线系统的计算实例。

TPO=100W=50dBm

传输线衰减=2.4dB

高频连接器和天线耦合网络的损耗=1.7dB

天线增益=7.5dBi

EIRP=50 dBm-2.4dB-1.7dB+7.5dBi=53.4dBm=219W。

1.6 射频辐射和电磁场安全问题

业余无线电活动基本上是一项安全的活动。但是，在近些年里，有很多值得思考的讨论，以及一些关于电磁辐射（EMR)的关注，包括射频能量和电力工作频率(50～60 Hz）的电磁（electromagnetic EM）场可能产生的危险。美国联邦通信委员会（FCC）的规章为无线电发射机工作时所产生的最大允许辐射量（MPE）设定了限制。但是这些规则不能替代射频安全措施。以下的部分将会涉及射频安全问题的话题。

这一部分的资料是由 ARRL 射频安全委员会的成员精心准备的，并由 Dr Robert E. Gold（WBØKIZ）整理。它总结了现在普遍认可的是什么，并且提供了一些基于长期研究试验基础的安全防范措施。

所有地球上的生物都已经适应了生存在一个脆弱的、自然的、低频电磁场（除了地球的静态电磁场之外）的环境中。自然的低频电磁场主要有两大来源：太阳，雷暴活动。但是在最近的 100 年里，人为制造的具有更高强度的及不同频谱分布的电磁场已经改变了地球上原有的电磁背景，而这一过程到现在也没有完全搞清楚。研究员们则继续检测这些具有很宽频谱和很宽能量等级的射频辐射所产生的影响。

射频和 60 Hz 的电磁场都被划分为非电离辐射。因为这些频率都比较低，不能为电离原子提供足够的光子能量。电离辐射，例如 X 射线，伽马射线，甚至是一些紫外线，都具有足够的能量去撞击电子，使它们摆脱原子的束缚。当这一过程发生的时候，阳离子和阴离子就产生了。尽管如此，电磁辐射如果具有足够高的能量密度，肯定同样会对健康造成危害。自从早期的无线电射频能量可以通过加热人体组织来引起伤害，人们就已经认识到这一点了（任何曾经不正确地触摸了接地的无线电设备外壳，或者触摸被激励的天线受到射频灼伤的人，都会认为这种类型的伤害是十分痛苦的)。在极端案例中，射频灼伤发生在眼部时，还会导致白内障，甚至导致失明。过量的射频灼伤生殖器官，还会导致不育。这些与灼伤有关的健康危害称为“热效应”。微波炉就是热效应的正面应用。

现在也有一些研究是关于在能量等级较低以至于不会引起热效应的射频能量等级面前，生理机能的改变。这些生理功能都会在电磁场消失后恢复正常。尽管研究还在继续，但是还没有把有害健康的结论和这些生理机能的转变联系起来。

除了继续研究之外，有很多其他关于这方面的事情已经开始做了。举个例子，美国联邦通信委员会规章就对无线电发射机的辐射量设定了限制。国际电子电气工程师协会、美国国家标准化协会、国家辐射防护测量委员会和其他一些组织，已经推荐了一些非官方的指导方针，用来限制射频能量对人体的辐射。美国业余无线电协会（ARRL）已经成立了由医学博士和科学家组成的射频安全委员会，他们都自愿为电磁场方面的科学研究提供指导，并且为业余无线电爱好者提供安全措施方面的建议。

1.6.1 射频能量的热效应

人体组织在遭受到很高能量等级的射频辐射后，会遭遇严重的热破坏。这些效应取决于能量的频率，照射人体的射频电磁场的能量密度，还有其他的一些因素，比如电磁波的极化。在靠近人体自然共振频率的时候，射频能量将会更加有效地被人体吸收，这还会加重热效应的伤害。对于成年人而言，假如人体接地，则这个共振频率大约为 35MHz，如果人体没有接地，那么这个共振频率大约为 70MHz。而身体的各个不同部位，它们的共振频率又是不一样的。例如，成年人的头部的共振频率在 400MHz 左右。而婴儿的头部体积较小，其共振频率接近 700MHz。因而身体的尺寸决定了哪个频段的能量最容易被身体所吸收。当频率远离共振频率时，这些频率的射频能量对身体灼伤的可能性就会越小。吸收率（SAR）是用来描述在生物组织中不同频率的射频能量被吸收的比率。

最大容许照射量（MPE）限制是基于增加了包括标准和规定中的部分额外安全系数的整个身体的吸收率。这一点可以用来解释为什么这些安全辐射量的值会随着频率的变化而变化。最大容许照射量限制规定了电场磁场强度的最大值，或者这些场形成的平面波的等效能量密度，这样也许可以使一个人在暴露于射频辐射的环境时，不会受到有害的影响，并且有一个可接受的安全系数。这个规定假设一个人受到的射频照射是在指定的（安全的）最大容许照射量的等级范围内，那么他的身体对射频能量的吸收同样也是处在一个安全的吸收率水平。

然而，射频能量的热效应却没有引起业余无线电爱好者足够的重视，因为我们通常所使用的射频能量等级并不高，并且绝大多数的业余无线电爱好者使用无线电基站时都是断断续续的。比起发射信号，通常业余无线电爱好者花在接收信号上面的时间更多。许多业余无线电工作者发射连续波（CW）和单边带调制波（SSB）时，使用的是低占空因数模式（虽然使用调频（FM）和无线电报（RTTY）时，在每次发射过程中，射频能量连续地处于它的最大能量等级处）。无论如何，业余无线电爱好者遭受到足够强剂量的射频电磁场辐射，导致产生了热效应都是比较罕见的，除非他们处在一个正在受激励的天线或者是一个未加屏蔽的功率放大器附近。在本章后面的部分我们将会给出一些如何消除额外射频辐射的特殊建议。

1.6.2 电磁辐射的非热效应

有关人体暴露于低等级的能量场中产生的可能的健康方面的作用，即非热作用的研究有两个最基本的类型：流行病学研究和实验室研究。

由于电磁辐射可能会对动物以及人类产生影响，科学家们将生物机能引入到实验室研究中。流行病学家们通过统计学的方法，来观察大规模人群中的健康形态。这些流行病学方面的研究都是非决定性的。通过他们的基础性工作，这些研究都没有展示出诱因和影响，同时他们也没有主张疾病机能为事实。相反，流行病学家们希望在环境因素和已经观察到的疾病类型之间找到结合点。例如，在最早的关于疟疾的研究中，流行病学家们观察到了疟疾高发的人群和他们接近大量滋生蚊子的沼泽地有关。而分离那些血液中含有疾病引起疟疾的人，以及同样在蚊子中分离出这样的生物体的这些事情则留给了生物学家和医学家们。

在非热作用的情况下，一些研究确认了在工作场合或者是在家中暴露在电磁辐射下和各种不同的恶性疾病（包括白血病、脑癌等）之间存在着一些微弱的联系。但是许多其他同样精心设计的并且很好地执行的研究并没有发现这一联系。在一些积极的研究中，一个风险概率为 1.5～2.0（观察到恶性事件的数量为 1.5～2.0 次，这是人们所希望的在人群中发生的次数）。流行病学家们通常认为在研究中风险概率达到 4.0 或者更大的话，就说明在诱因和结果之间存在着很强的联系。例如，那些每天吸一包烟的人，他们的肺癌发病率增长为不吸烟的普通人的 10 倍，而每天吸两包烟的人其发病率则增长为不吸烟的普通人的 25 倍。

但是流行病学研究本身是很少有决定性意义的。流行病学研究只确认群体性的健康类型——且通常并不会得出决定它们的诱因是什么。通常还会有一些失败的因素：我们当中的大多数人都暴露于一些环境危害中，这些危害可以通过各种不同的途径影响到我们的健康。而且，并不是所有关于人暴露在高剂量的电磁辐射中的研究都会产生相同的结果。

近些年里，还有一些值得考虑的关于电磁辐射生物效应的实验室研究同时出现。例如，一些独立的研究发现，即使是相当低能量等级的电磁辐射，也可以改变人体的生理规律，影响免疫系统中 T 淋巴细胞的活动规律，改变电化学信号通过细胞膜在细胞间的通信传递等。尽管这些研究非常的新奇，但是它们也没有说明任何这些低能量等级的电磁场对所有生物体的作用。

现在更多的研究聚焦在低频磁场，或者是经过键控的脉冲调制的、或者是较低音频（一般小于 100Hz）调制的射频电磁场。一些研究认为，人类和动物相对于间断键控的经过调制的射频载波，更加容易适应一个稳定的射频载波。

在这个领域内的研究结果以及一些关于不同类型调制的影响的争论，过去有争议并且现在仍然存有一些争议。到目前为止，所有的研究都没有表明低能量等级的电磁辐射可以对健康有什么反作用。

基于这个事实，现在有大量正在进行的研究在调查暴露在电磁场中对健康造成的影响。美国物理学会（一个由具有很高声望的科学家们组成的全国性的团体）在 1995 年 5 月发表了一份声明，这份声明基于对现有的关于癌症与暴露在 60Hz 的电磁场中可能存在联系的数据所进行的评论。这份报告非常详尽，而且所有对电磁场有浓厚兴趣的人应当好好地阅读。其中大体的结论如下：

（1）无论是科学文献，还是其他专业人员的评论报告，都没有显示在癌症和电力线电磁场之间有可靠的、有效的联系。

（2）还没有可接受的、非常微弱的 60Hz 电磁场系统地引起并加剧癌症的生物物理学机能被识别出来。

（3）虽然不能证明暴露在任何环境因素中没有对健康产生有害的影响，但是在得出这种影响的确存在之前，证明其中可靠的、有效的、有因果的关系是非常有必要的。

国家科学院的国家研究会下属的一个委员会在一份 1996 年 10 月 31 日的报告中得出结论：没有清晰的令人信服的证据来证明在住宅里面暴露于众多电磁场中，会对人体的健康造成危害。

1997 年 7 月，一项国家肿瘤学会关于住宅内磁场照射和儿童急性淋巴母细胞白血病的流行病学研究，在《新英格兰医学杂志》(《New England Journal of Medicine》）上发表。这份长达 7 年的研究最终得出了这样的结论，如果说它们之间在本质上一定存在什么联系的话，那么这种联系也会由于极其微弱而不能被人察觉。

当更深层次的研究被发表时，读者可能会进一步关注这个话题。但是业余无线电爱好者应当知道，无论如何，暴露于所有能量等级和频率的射频无线电和低频（60Hz）电磁场中所产生的影响还没有完全研究透彻。“谨慎避免”所有可以避免的电磁辐射总是一个好主意。谨慎避免不是说业余无线电爱好者应当害怕使用他们的无线电设备。绝大多数无线电爱好者工作环境中的电磁照射量是在最大容许照射量的限值内的。如果有一些危险确实发生了，几乎可以肯定这些危险的起因是在我们所罗列的可以导致电磁照射伤害你身体的诱因里面（在你汽车里面的清单的另一端）。但是，它确切的用意是：“业余爱好者们”应当意识到暴露在他们的无线电工作站中存在的潜在的危险，采取任何他们可以采取的措失，尽量减少工作站本身的辐射和他们自身受到的照射。

安全照射剂量水平

多大的电磁能量是安全的呢？科学家和管理者投入了大量的精力，对安全电磁照射剂量限制作出研究。这是一个非常复杂的问题，牵涉到对公众健康和经济问题的考虑。在这些年中，建议的安全能量等级一次又一次地被向下调整，甚至是今天，并不是所有的科学团体都对这一问题达成了共识。国际电子电气工程师协会（IEEE）标准的电磁照射剂量限制在 1991 年公布（见参考书目）。它取代了 1982 年美国国家标准化协会（ANSI）的标准。在新标准中，绝大多数允许照射剂量水平被修订得更低（变得更为严格），以便更好地反应出最新的研究。新的国际电子电气工程师协会（IEEE）标准在 1992 年被美国国家标准化协会（ANSI）采用。

新的 IEEE 标准推荐了一些随频率以及时间变化的最大容许照射剂量的水平。与早期版本的标准不同的是，1991 年版本的标准建议了在受限制的环境中（在这里，能量的等级可以被精确地控制，并且环境中的每个人都知道有电磁场的存在）和未受限制的环境中（能量的等级是不知道的，并且人们可能也没有意识到自己处于电磁场环境中）不同的射频照射剂量限制。美国联邦通信委员会（FCC）规章中也包含了受限制的/职业的以及未受限制的/普通的人群的照射环境。

图 1-16 中的曲线图描述了 1991 年版的 IEEE 标准。这的确是一个重要的复杂曲线图。因为在这个标准中，不仅仅存在着受限制环境和未受限制环境的不同，而且还存在着电场和磁场的不同。基本上，最低的电场照射剂量限值是频率为 30～300MHz，而最低的磁场照射剂量限值是频率为 100～300MHz。ANSI 标准将在受限制环境下，频率在 30～300MHz 的电场最大辐射剂量限值设为能量密度为 1mW/cm^2(61.4V/m)，但是在未受限制环境下，这个限值仅为受限制环境下的 1/5（0.2mW/cm^2 或者是 27.5V/m）。磁场在受限制环境下，频率在 100～300MHz 的照射剂量限值下降到 1mW/cm2（0.163A/m），在未受限制环境下这个限值仅为 0.2 mW/cm^2（0.0 728A/m）。在频率低于 30MHz（对于磁场是低于 100MHz）和高于 300MHz 时，可以容许有更高的能量密度限值。这是基于这样一个观念：在那些频率范围内，身体的共振将不会发生，因此将会吸收更少的电磁能量。

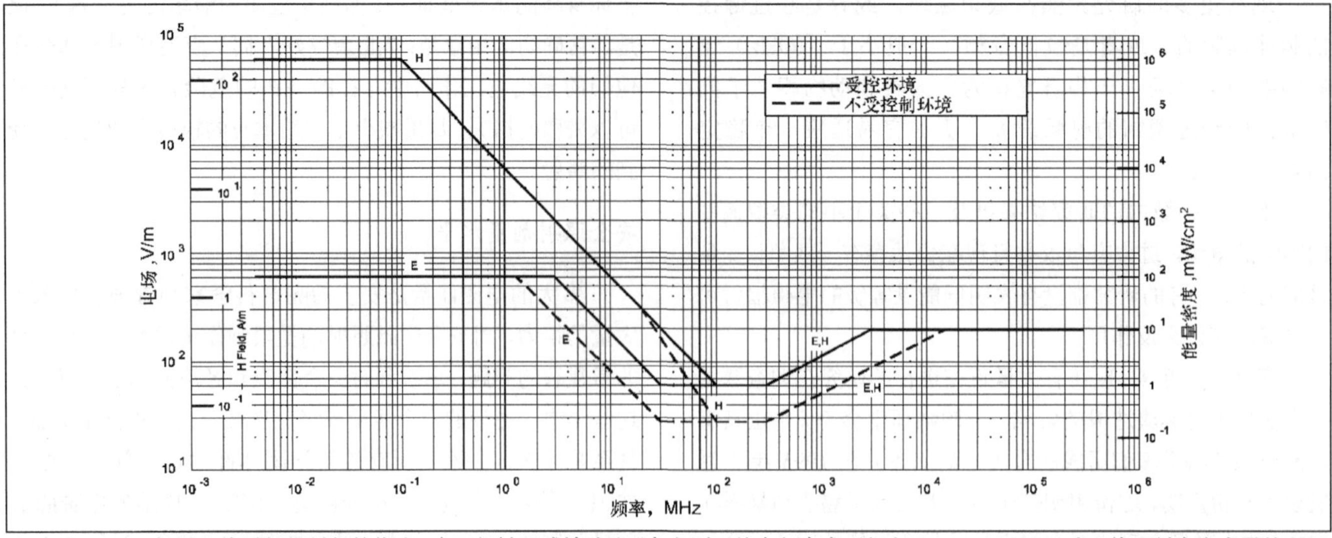

图1-16　1991年版人体射频照射保护指南。它已经被正式地称为“考虑到无线电频率电磁场（3 kHz～300 GHz）人体照射安全水平的IEEE标准”。

FCC（美国联邦通信委员会）射频辐射规范

FCC规范控制了从无线电基站中工作时辐射出来的射频辐射的剂量[§§97.13，97.503，1.1307（b）、（c）、（d），1.1310和2.1093]。这个规范将从所有无线电服务中使用的发射机所辐射的射频能量限制值设置在最大容许辐射剂量（MPE）。它们同样也要求确定所估算的基站类型，以便来确定它们是否遵守了在规范中所规定的MPE值。FCC同样也需要将5个有关射频环境安全措施问题加到初学者、专业技术人员和一般许可证的考试中。

对于新建的基站或者是给FCC提交Form605申请书的基站，这些规范在1998年的1月1日生效。其他一些已经存在的基站可以放宽到2000年9月1日来遵守这些规范。

规则

最大容许辐射剂量（MPE）

所有受FCC管理的无线电基站都必须遵守MPE的要求，甚至是功率只有几瓦特或者更低的低发射功率无线电基站也必须遵守。MPE随着频率的变化而变化，如表A所示。MPE限制值被详细地分类为，频率低于30 MHz的最大电磁场，频率高于300MHz的功率密度和频率为30～300 MHz时所有的3种量。为了一致，所有这些限制值都应当分开考虑。如果这些量中的任何一个值超标了，那么基站就应当停止使用。

这些规范控制了人体在射频电磁场中所遭受的辐射剂量，而不是射频电磁场的强度。在这里没有限制一个电磁场的强度应该为多少，只要没有人暴露在它的辐射中，尽管FCC规范需要业余无线电爱好者任何时候都使用所需的最小功率（§97.311[a]）。

环境

FCC定义了两种照射环境——受控的环境和非受控的环境。受控的环境就是被电磁场所辐射的人知道他处在辐射环境中，并且如果合适的话，他可以采取一定的措施来减小辐射照射。而在非受控的环境中，被电磁场辐射的人通常并不知道他们处在电磁场的辐射中。非受控环境的限制值通常要比受控环境的限制值要严格得多。

尽管受控环境通常意味着是一个职业工作环境，FCC仍然决定将它推广应用到业余无线电工作者和他们的家庭成员。在大多数情况下，受控环境的限制值可以应用到你的家还有其他你可以控制物理通路的产权范围。非受控环境通常的定义是那些公众可以接近的场合，例如你邻居的设备。

MPE水平是基于平均辐射量的。通常在受控环境中使用6min的平均时间，对于非受控环境通常使用30min的平均时间周期。

基站评估

FCC需要对确定的业余无线电基站进行评估，以确定它们是否符合MPE的要求。尽管业余无线电爱好者可以让其他人来做这项评估，但是让业余爱好者们自己对自己的无线电基站进行评估是困难的。ARRL的书《RF Exposure and You》中包含了大量关于这些规范的信息，同时还有一大章的表格给出了特殊的天线和功率水平对应的适应距离。这些表格中的一些还被FCC的资料OET Bulletin 65和它的附录B所引用。但是，如果业余爱好者们愿意，他们自己可以做更加广泛的计算，使用计算机对他们的天线及其辐射进行建模，或者进行一些实地的测量。

无条件免评估

一些类型的业余无线电基站不需要进行评估，但是这些基站必须仍然遵守 MPE 的限制值。基站的负责人应当对确保他们的基站符合这些要求负责。

FCC 免除了这些基站要进行评估的要求，是因为这些基站的输出功率、工作模式和频率被假定是符合规则要求的。

无线电基站使用功率等于或者小于表 B 中的功率水平不需要进行评估。例如，对于 100 W 射频业余无线电基站，评估只需要对 12 m 和 10 m 进行。

手持式无线电设备和车载移动无线电设备在工作时使用 PPT 按钮同样也免于接受例行评估。使用功率小于 500W 的有效辐射功率的中继站或者是那些天线没有安装在楼顶的中继站，如果它们的天线至少高于地面 10 m，同样也不需要进行评估。

校正问题

绝大多数业余爱好者都已经遵守 MPE 要求了。一些业余无线电爱好者，尤其是那些使用室内天线或者大功率高占空比模式，例如 RTTY 公告无线电基站和地月通信运转的专门基站，可能需要调节它们的基站或者是运转模式以符合规范要求。

FCC 允许业余无线电爱好者相当弹性地遵守这些规范。举个例子，业余爱好者们可以调节他们的工作频率、模式或者功率来达到 MPE 限制值的要求。他们同样也可以调整他们的操作习惯或者控制天线辐射方向的指向。

更多的信息

这里的讨论只提供了关于 MPE 这个话题的一个综述观点，更多的信息资料可以在 ARRL 的网站 www.arrl.org/rfexposureregulations-news 上找到《RF Exposure and You》这本书来了解。ARRL 的网站还有到 FCC 网站的链接，你可以得到《OET Bulletin 65》和附录 B，同时也可以连接到一些业余爱好者们用来评估自己的无线电基站的软件。

表 A （来自 1.1310）最大容许照射剂量（MPE）限值

（A）职业的/可控的辐射剂量限制

频率范围（MHz）	电场强度（V/m）	磁场强度（A/m）	功率密度（mW/ cm^2）	平均时间（min）
0.3～3.0	614	1.63	(100) *	6
3.0～30	1 842/f	4.89/f	(900/f^2) *	6
30～300	61.4	0.163	1.0	6
300～1 500	—	—	f/300	6
1 500～100 000	—	—	5	6

f=以 MHz 为单位的频率

* = 平面波等效功率密度（见注解 1）

（B）一般种类的/非受控的辐射剂量限制

频率范围（MHz）	电场强度（V/m）	磁场强度（A/m）	功率密度（mW/ cm^2）	平均时间（min）
0.3～1.34	614	1.63	(100) *	30
1.34～30	824/f	2.19/f	(180/f^2) *	30
30～300	27.5	0.073	0.2	30
300～1 500	—	—	f/1 500	30
1 500～100 000	—	—	1.0	30

f=以 MHz 为单位的频率

* =平面波等效功率密度（见注解 1）

注解 1：这就意味着计算或者测量得到的具有电场或者磁场成分的等效远场强度。这种等效在天线的近场并不能得到很好的应用，使用下面的关系式可以得到在远场或者近场区域范围内的等效远场功率密度：$P_d = |E_{total}|^2 / 3770\text{mW/cm}^2$，或者是 $P_d = |H_{total}|^2 \times 37.7\text{mW/cm}^2$。

表 B 业余无线电基站的功率门槛例行估算

波长带	如果功率*（W）超量时需要的估值
MF（中频）	
160m	500
HF（高频）	
80m	500
75m	500
40m	500
30m	425
20m	225
17m	125
15m	100
12m	75
10m	50
VHF 甚高频（所有波段）	50
UHF（超高频）	
70cm	70
33cm	150
23cm	200
13cm	250
SHF 超高频（所有波段）	250
EHF 极高频（所有波段）	250
中继站（所有波段）	非建筑物安装的天线：高于地面到天线最低点的高度＜10m，同时功率＞500W 有效辐射功率 安装在建筑物上的天线：功率＞500W 有效辐射功率

*发射机功率=天线的输入峰值包络功率。仅仅对于中继站而言，功率排斥是基于 ERP（有效辐射功率）的。

一般而言，1991 年版的 IEEE 标准需要通过平均时间周期在 6～30min 范围内的能量水平来计算能量密度，同时也取决于工作频率和其他的一些变量。ANSI 标准规定未受限制环境中的照射剂量限值要低于在受限制环境中的限值，但是为了补偿这一差值，这项标准允许取更长时间的周期来计算平均值（一般为 30min）。对于给定功率水平和天线配置的情况，这个较长的平均时间则意味着一个间歇工作的射频发射源（例如一个业余无线电发射机）相比于一个连续运行的无线电基站，将会表现出较低的能量密度。

时间平均是基于这样一个观念：相比于较长的时间周期，人的身体在较短时间周期里可以经受更大量级的身体热效应（因此，也就意味着一个更高能级的射频能量）。但是当考虑到射频能量的非热作用时，时间平均也可能是不合适的。

IEEE 标准把任何发射功率在 7 W 以下的发射机都排除在考虑范围之外。因为这样一个低功率的发射机将不能够产生出足够的全身热效应（近来的研究发现，在头部一些手持式的无线电收发机产生的能量密度高于 IEEE 标准）。

在科学界有关于这些射频照射剂量的指导方针有不同的意见。IEEE 标准仍然在试图从根本上解决热效应的问题，在低能量水平的情况下，没有能量辐射。一个为数不多但是足够引起重视的科学家群体现在越来越相信，同样应该对非热作用进行深入的研究。一些欧洲国家和美国的一些地方已经采用了比更新过的 IEEE 标准更为严格的执行标准。

在美国另一个国家性的团体，国家辐射防护测量委员会（NCRP）同样也已经采用了推荐的照射剂量指导方针。NCRP 强烈要求频率在 30～300MHz 范围内，非职业工作环境中的辐射剂量限定为 0.2 mV/cm^2。NCRP 的指导方针与 IEEE 的相比，有两点显著的不同：它重视在射频载波上调制产生的影响，也没有将发射功率小于 7 W 的发射机排除在考虑范围之外。

FCC 的 MPE 的规章是基于 1992 年的 IEEE/ANSI 标准和 NCRP 的建立的。在规章中，MPE 的标准与 IEEE/ANSI 标准规定的限值有些许的差别。应当注意到 FCC 的 MPE 标准将会应用到于 1998 年 1 月 1 日对业余无线电爱好者生效的 FCC 规则中。这里的 MPE 标准并没有反应和包含 IEEE/ANSI 标准中所有的假设和排除。

心脏起搏器和射频安全

人们广泛地持有这样的意见：当心脏起搏器暴露在电磁场中时，它们的功能将会受到不利的影响。那些安装有心脏起搏器的业余无线电爱好者应当问一问，他们所从事的工作是否会危及他们自身或者到工作站中参观且安装有心脏起搏器的访问者的生命。因为这个原因，以及其他电磁场产生源产生的相似的利害关系，心脏起搏器制造商应用了一些设计方法，在极大程度上让起搏器电路不受相对高强度的电磁场的影响。

我们建议任何身体内安装有心脏起搏器或者正在打算安装一个心脏起搏器的业余无线电爱好者，应当和他们的医生详细讨论这个问题。医生可能会根据他们的实际情况，让业余无线电爱好者和一些在技术上有代表性的心脏起搏器厂商联系。这些有代表性的技术一般都是非常好的办法，并且他们有一些来源于实验室或者是临床实验关于特殊类型心脏起搏器研究的数据。

一项研究调查了一个最新的（双心室）心脏起搏器在业余无线电基站工作站里面和周围的工作情况。心脏起搏器的发电机中有一个电路用来接收和处理由心脏产生的电信号，同时它自身也产生一个电信号来激励（驱动）心脏。在一系列的实验中，心脏起搏器和一个心脏模拟器相连接。这个系统被安置在一个 1kW 的高频线性放大器的小柜子上，放大器以单边带调制波（SSB）和连续（CW）波工作。在另外一项测试中，这套系统被安置在非常靠近 1～5 W 的 2 m 波段手持式无线电收发机附近。在第三个实验中，和心脏模拟器相连的心脏起搏器被放在地面上，上面 9 m 高和后面 5 m 远的地方，是一个 3 单元的高频八木天线。这些实验都没有观察到业余无线电基站对心脏起搏器性能产生了干扰。

尽管通过这些少量的观察并不能完全排除干扰出现的可能性，但是这些实验相比于一个业余无线电爱好者在通常情况下会遇到的电磁照射（常识中认为的平均量），设定了更加苛刻的暴露在电磁场辐射中的情况。当然，审慎地规定，安装有心脏起搏器使用手持式甚高频无线电收发机的业余无线电爱好者，应当尽可能地保持天线远离心脏起搏器电源植入的位置。他们也应当使用可以保持适当的通信所需要的最低的发射机输出功率。对于高能量的射频发射，天线应当尽可能地远离工作的位置，并且所有的工作设备都应该进行良好地接地。

低频电磁场

尽管 FCC 并不管制 60 Hz 的电磁场。但是相对于射频能量而言，近年来关于电磁辐射的关注则更加集中在低频能量。尽管在典型的家用环境中还有很多其他的电磁场源，但是业余无线电设备仍然会成为一个重要的低频磁场源。磁场可以使用很多制造商生产的便宜的 60 Hz 测量仪表进行相对准确地测量。

表 1-1 给出了业余无线电设备以及其他各种家用电器典型的磁场强度。因为这些电磁场随着距离的增加消散得很快，“谨慎避免”可能就意味着和绝大多数的业余无线电设备保持 12～18 英寸的距离（与带有 1kW 射频放大器的电源则应该保持大约 24 英寸的距离）。

表 1-1　业余无线电设备和交流电家用设备周围典型的60Hz 磁场

值的单位为 milligauss（毫高斯）		
条目	场	距离
电热毯	30～90	表面
微波炉	10～100	表面
	1～10	12 英寸
IBM 个人电脑	5～10	显示器顶部
	0～1	距离屏幕 15 英寸
电钻	500～2000	手柄处
电吹风	200～2000	手柄处
高频无线电收发机	10～100	机壳顶部
	1～5	距离前部 15 英寸
1kW 射频放大器	80～1 000	机壳顶部
	1～25	距离前部 15 英寸

（来源：测量的结果由 ARRL 射频安全委员会的成员完成）

确定辐射功率的密度

令人遗憾的是，测量由业余无线电设备产生的射频电磁场的功率密度并不像测量低频电磁场那样简单。尽管一些尖端的复杂精密测量仪器可以用来精确地测量射频功率密度，它们的耗费也是非常昂贵的，而且还需要频繁地重新校准。绝大多数业余无线电爱好者没有机会使用这些设备，同时我们手中现有的一些便宜的场强测量仪表又不适合测量射频能量密度。

表 1-2 给出了 1990 年美国联邦通信委员会和美国环保署在业余无线电基站中，得到的一些抽样测量结果。正如表中给出的，一个很好地离开居民区的天线在 IEEE/ANSI 标准下不会带来任何危害。然而，FCC/EPA 的测量仍然显示业余无线电爱好者应当小心使用室内的或者是安装在阁楼上的天线、移动式天线、低方向性天线，或者其他任何靠近居民区的天线，尤其是在使用较大发射功率的时候。

表 1-2　业余无线电天线周围典型的射频电磁场强度

美国联邦通信委员会和环境保护局 1990 年测量得到的采样值				
天线类型	频率（MHz）	功率（W）	电场（V/m）	位置
阁楼上的偶极天线	14.15	100	7～100	在家中
阁楼上的盘锥形天线	146.5	250	10～27	在家中
半异径接头天线	21.5	1 000	50	距离基座 1m
7～13 英尺高偶极天线	7.14	120	8～150	距离地面 1～2m
垂直天线	3.8	800	180	距离基座 0.5m
60 英尺高 5 单元八木天线	21.2	1 000	10～20	在收发室内
			14	距离基座 12m
25 英尺高 3 单元八木天线	28.5	425	8～12	距离基座 12m
22～46 英尺高倒 V 形天线	7.23	1 400	5～27	天线下方
地面上的垂直天线	14.11	140	6～9	在屋内
			35～100	天线调谐器处
车顶移动天线	146.5	100	22～75	2m 天线
			15～30	在车辆中
			90	在后座位置
20 英尺高 5 单元八木天线	50.1	500	37～50	10m 天线

理想条件下，在使用任何接近于居民区的天线之前，你都必须测量一下天线的功率密度。如果这点不太切实可行的话，那么下一步最好的选择就是要留意表 1-3 中列出的安全建议，尽可能地选择安全的地方来安装天线。

表 1-3　射频常识方面的一些原则

这些原则是由 ARRL 射频安全委员会发展出来的，是基于表 1-3 中 FCC/EPA 的测量结果以及其他一些数据的。

■ 尽管天线在信号塔（很好地远离人群）上并没有表现出辐射暴露问题，但是仍然要确信射频辐射被限制在天线的辐射元器件自身附近。提供一个单一的、好的基站接地，消除来自传输线的辐射。使用质量好的同轴电缆或者是其他一些合适的馈电线。避免在你的天线系统和馈电线上出现严重的失衡。对于大功率设备来说，避免直接接入发射机部分的末端馈电天线靠近操作人员周围的区域内。

■ 任何人不应靠近正在工作（发射）的天线。尤其是对于移动天线或者安装在地面上的垂直天线而言更是如此。在 1kW 的发射功率水平下，高频和甚高频天线都应当高于人类的活动区域至少 35 英尺。如果完全有可能的话，避免使用室内天线或者安装在阁楼顶的天线。如果使用裸线馈电线，确保人（或动物）是没有机会触碰到馈电线。

■ 不要在机盖移开时，对大功率放大器进行操作，尤其是当放大器的工作频率在甚高频或者超高频频段。

■ 在超高频/特高频范围内，千万不要用眼睛从波导管或者微波扬声器天线的一端看进去，或者是使它的一端对着某个人（如果你这样做了，你很可能会使你的眼睛遭受到超过射频辐射最大容许辐射剂量的辐射）。永远不要将高增益窄带宽天线（例如，抛物面天线）对着别人。在打算使用 EME（月球反射技术）天线阵列指向地平面时，使用警告标识；EME 天线阵列所传递的有效发射功率大约为 250000W 或者更高。

■ 使用手持式无线电收发机时，保持天线远离你的头部，并且使用可以保障通信的最小功率。使用和收发机相分离的话筒，并且使设备尽可能地远离你的身体。这样做将会降低你所遭受的射频辐射能量。

■ 不要在加载有射频功率的天线上进行操作。

■ 当交流电源打开时，不要站在或者坐在靠近供电电源或者线性放大器的周围。应当与电力变压器、电风扇和其他一些具有大功率水平的 60Hz 的磁场源保持至少 24 英寸的距离。

当然，使用简单的方程来计算天线周围大概的功率密度仍然是有可能的。但是这样的计算有很多的缺陷。举例来说，这种可以计算的位置大多是功率密度大到足够可以被察觉的近场处。但是这些近场处，接地的交互作用以及其他的变量产生的功率密度并不能通过简单的算法来计算出。只有在远场的时候，条件的预测才可以通过简单的计算变得更加容易。

远场和近场之间的分界线取决于发射机所发送信号的波长和天线的物理尺寸及构造。对于一架天线的远场和近场之间的分界线大概是距离天线几个波长远的地方。

计算机天线模拟程序是另外一个你可以使用的方法。MININEC 或者是其他源于计算电磁学编码的程序代码也适合用来估算业余无线电天线系统周围的射频电磁场。

以上的这些模型都有局限性。接地交互作用在估算近场功率密度的时候必须要考虑。同时“正确地接地”也必须进行建模。计算模型通常并不能足够精确地来预测近场区的“热点”。由于对附近物体的反射，这里的场强可能会比预想中的要高很多。另外，“附近的物体”还会经常随天气和季节的变化而改变，所以那些经过艰苦设计的计算模型还很有可能不能代表真实的情况。而在这个时候，它已经开始在计算机中运行进行计算了。

局部强烈增加的场一般可以被专业测量仪器探测到。这些“热点”常常在工作站内靠近电源线的地方，还有金属物体附近（例如天线杆和仪器柜等处）被发现。哪怕是使用最好的测量仪器和测量方法，这些近场区的测量结果仍然有可能出现错误。

但是，人们不需要有更加精确的测量方法和更加精确的天线系统建模来发展一些天线计算周围的相关场的想法。在通常情况下，运用精密的几何近似方法和精确的天线功率输出近似，计算机建模已经可以满足要求了。那些熟悉 MININEC 的人可以通过计算机建模来估算他们的天线系统的功率密度，那些可以有机会使用专业的能量密度测量仪器的人可以得到有效的测量结果。

当我们首要考虑的一般都是天线辐射出来的信号的能量密度时，我们也应当记住还有其他一些潜在的功率源应当考虑。当功率放大器在工作的时候，没有进行恰当地屏蔽，你同样也有可能直接暴露在它的射频照射之中。在一些条件下，传输线也会辐射出明显剂量的能量。质量较差的微波波导连接头或者是没有正确组装的连接器是另外一个容易产生辐射的辐射源。

更深层次的射频辐射建议

一些潜在的可能引起辐射的位置应当给予足够的重视。基于 FCC/EPA 的测量结果和其他的一些数据资料，表 1-3 中给出的“射频意识”指导方针已经被 ARRL 的射频安全委员会进行了改进。Ivan Shulman，MD，WC2S 在 QST 上发表了指导方针的一个更长的版本，这个版本包含了全部参考数目的列表。（“业余无线电对我们的健康有害吗？”，QST，1989 年 10 月，第 31～34 页）更多的信息和背景可以参照下一章射频安全问题参考书目列表。

另外，ARRL 还出版了一本书—《RF Exposure and You》。这本书可以帮助“火腿族”们照做 FCC 的射频辐射规章。同时 ARRL 还在它的主页上专门开辟了关于射频辐射新闻的网页。您可以连接到 www.arrl.org/rf-exposure。这个网站还包含了一些精选的关于射频辐射的 QST 文章的复印版，同时这个网站上还有一些链接，你可以连接到 FCC 或者是其他一些有用的网站。

1.7 参考文献

参考书目

C. A. Balanis, *Antenna Theory, Analysis and Design* (New York: Harper & Row, 1982).

D. S. Bond, *Radio Direction Finders*, 1st ed. (New York: McGraw-Hill Book Co).

W. N. Caron, *Antenna Impedance Matching* (Newington: ARRL, 1989).

K. Davies, *Ionospheric Radio Propagation—National Bureau of Standards Monograph 80* (Washington, DC:U.S. Government Printing Office, Apr 1, 1965).

R. S. Elliott, *Antenna Theory and Design* (Englewood Cliffs, NJ: Prentice Hall, 1981).

A. E. Harper, *Rhombic Antenna Design* (New York: D. Van Nostrand Co, Inc, 1941).

K. Henney, *Principles of Radio* (New York: John Wiley and Sons, 1938), p 462.

H. Jasik, *Antenna Engineering Handbook*, 1st ed. (New York: McGraw-Hill, 1961).

W. C. Johnson, *Transmission Lines and Networks*, 1st ed. (New York: McGraw-Hill Book Co, 1950).

R. C. Johnson and H. Jasik, *Antenna Engineering Handbook*, 2nd ed. (New York: McGraw-Hill, 1984).

R. C. Johnson, *Antenna Engineering Handbook*, 3rd ed. (New York: McGraw-Hill, 1993).

E. C. Jordan and K. G. Balmain, *Electromagnetic Waves and Radiating Systems*, 2nd ed. (Englewood Cliffs, NJ: Prentice-Hall, Inc, 1968).

R. Keen, *Wireless Direction Finding*, 3rd ed. (London: Wireless World).

R. W. P. King, *Theory of Linear Antennas* (Cambridge, MA: Harvard Univ. Press, 1956).

R. W. P. King, H. R. Mimno and A. H. Wing, *Transmission Lines, Antennas and Waveguides* (New York: Dover Publications, Inc, 1965).

King, Mack and Sandler, *Arrays of Cylindrical Dipoles* (London: Cambridge Univ Press, 1968).

M. G. Knitter, Ed., *Loop Antennas—Design and Theory* (Cambridge, WI: National Radio Club, 1983).

M. G. Knitter, Ed., *Beverage and Long Wire Antennas—Design and Theory* (Cambridge, WI: National Radio Club, 1983).

J. D. Kraus, *Electromagnetics* (New York: McGraw-Hill Book Co).

J. D. Kraus, *Antennas*, 2nd ed. (New York: McGraw-Hill Book Co, 1988).

E. A. Laport, *Radio Antenna Engineering* (New York: McGraw-Hill Book Co, 1952).

J. L. Lawson, *Yagi-Antenna Design*, 1st ed. (Newington: ARRL, 1986).

D. B. Leeson, *Physical Design of Yagi Antennas* (Newington: ARRL, 1992).

P. H. Lee, *The Amateur Radio Vertical Antenna Handbook*, 2nd ed. (Port Washington, NY: Cowen Publishing Co., 1984).

A. W. Lowe, *Reflector Antennas* (New York: IEEE Press, 1978).

M. W. Maxwell, *Reflections III - Transmission Lines and Antennas*, 3rd edition (CQ Communications, 2010).

G. M. Miller, *Modern Electronic Communication* (Englewood Cliffs, NJ: Prentice Hall, 1983).

V. A. Misek, *The Beverage Antenna Handbook* (Hudson, NH: V. A. Misek, 1977).

T. Moreno, *Microwave Transmission Design Data* (New York: McGraw-Hill, 1948).

L. A. Moxon, HF *Antennas for All Locations* (Potters Bar, Herts: Radio Society of Great Britain, 1982), pp 109-111.

Ramo and Whinnery, *Fields and Waves in Modern Radio* (New York: John Wiley & Sons).

V. H. Rumsey, *Frequency Independent Antennas* (New York: Academic Press, 1966).

P. N. Saveskie, *Radio Propagation Handbook* (Blue Ridge Summit, PA: Tab Books, Inc, 1980).

S. A. Schelkunoff, *Advanced Antenna Theory* (New York: John Wiley & Sons, Inc, 1952).

S. A. Schelkunoff and H. T. Friis, *Antennas Theory and Practice* (New York: John Wiley & Sons, Inc, 1952).

J. Sevick, *Transmission Line Transformers* (Atlanta: Noble Publishing, 1996).

H. H. Skilling, *Electric Transmission Lines* (New York: McGraw-Hill Book Co, Inc, 1951).

M. Slurzburg and W. Osterheld, *Electrical Essentials of Radio* (New York: McGraw-Hill Book Co, Inc, 1944).

G. Southworth, *Principles and Applications of Waveguide Transmission* (New York: D. Van Nostrand Co, 1950).

F. E. Terman, *Radio Engineers' Handbook*, 1st ed. (New York, London: McGraw-Hill Book Co, 1943).

F. E. Terman, *Radio Engineering*, 3rd ed. (New York: McGraw-Hill, 1947).

G. B. Welch, *Wave Propagation and Antennas* (New York: D. Van Nostrand Co, 1958), pp 180-182.

The GIANT Book of Amateur Radio Antennas (Blue Ridge Summit, PA: Tab Books, 1979), pp 55-85.

Radio Broadcast Ground Systems, available from Smith Electronics, Inc, 8200 Snowville Rd, Cleveland, OH 44141.

Radio Communication Handbook, 5th ed. (London: RSGB, 1976).

Wiley Electrical and Electronics Engineering Dictionary (Wiley—IEEE Press: 2004)

第 2 章

偶极天线和单极天线

偶极天线和单极天线不仅是常用的天线类型，它们以及波束天线也是业余爱好者们用以构建大多数天线的基本单元。本章探讨了这些天线的基本特征。了解这些将帮助我们学习后面的内容。与以前的版本相比，本章吸取了 ON4UN's Low-Band DXing（第 5 版）偶极天线与垂直天线一章的相关内容，因此将更加翔实。

2.1 偶 极 天 线

偶极天线是最基本的天线类型——半波（λ/2）偶极天线是偶极天线中最常用的形式。同时，它也是许多复杂形式天线的基本构成单元。偶极天线由两根导体组成，两根导体上施加的电压极性相反，如图 2-1 所示。当偶极天线的电气长度是 λ/2 的奇数倍时将发生谐振，以至于电线中的电流和电压有 90° 的相位差，如图 2-2 所示。

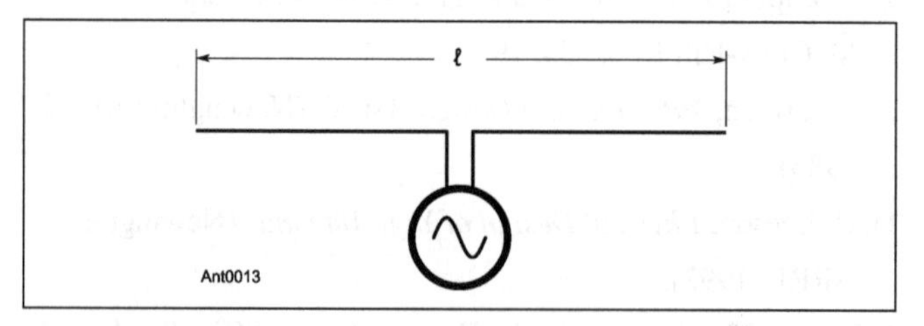

图2-1　中心馈电偶极天线。图中假设电源不经过任何中间传输线直接加载在天线馈点上。虽然业余偶极天线的长度通常是1/2λ，但是也可以是波长的任意倍数。

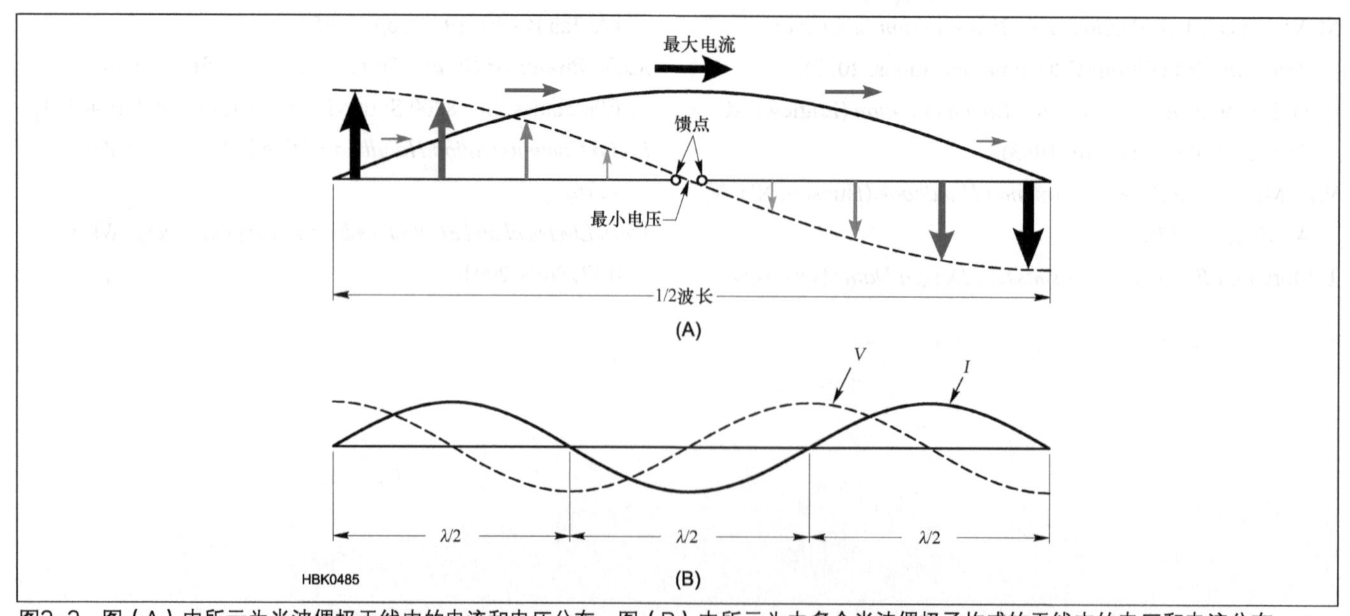

图2-2　图（A）中所示为半波偶极天线中的电流和电压分布。图（B）中所示为由多个半波偶极子构成的天线中的电压和电流分布。

2.1.1　辐射方向图

自由空间中，偶极天线的辐射在与导线垂直的方向上最强，如图 2-3 所示。实际应用中，由于地面和其他传导表面的反射，图中数字 8 所对应的方向图会有所不同。当偶极天线距离地面的高度达到 $\lambda/2$ 或更高时，天线两端的零点将变得更加明显。使天线对地倾斜，并与馈线进行耦合，得到的方向图将发生轻微的扭曲。

将水平偶极天线靠近地面，地面反射将使方向图在不同角度上出现波瓣，如图 2-4 所示。波瓣的形状和方向与天线高度有关。图 2-5 所示为离地高度为 $\lambda/2$ 时，偶极天线的三维方向图，原天线两端很深的零辐射处不再为零，辐射强度大大增加。

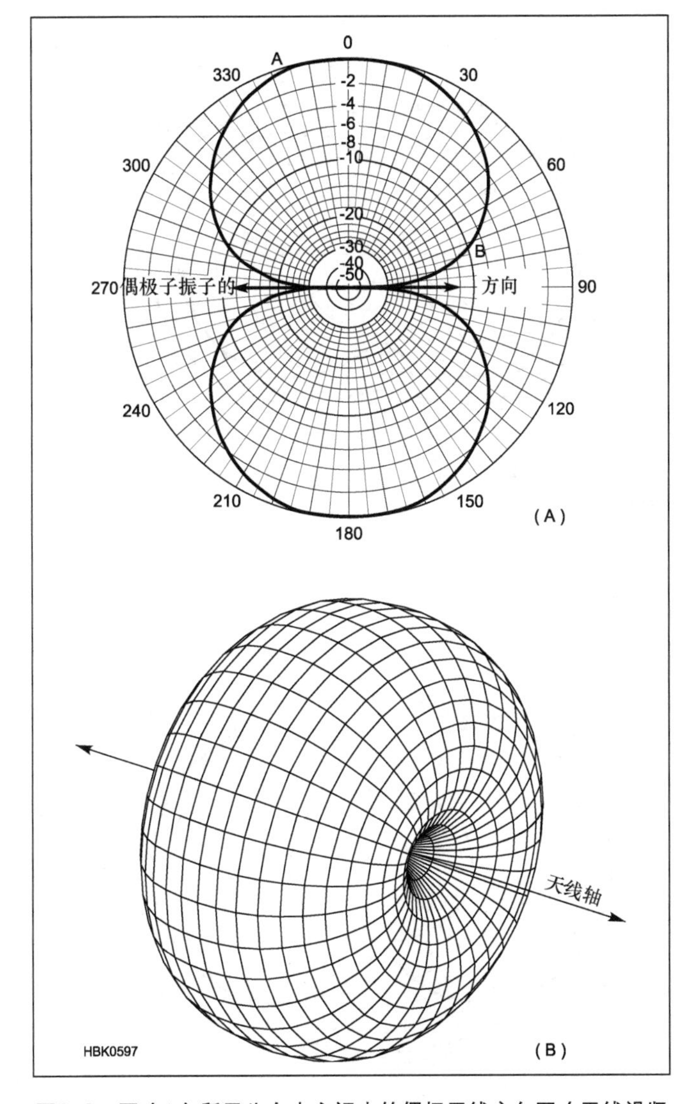

图2-3　图（A）所示为自由空间中的偶极天线方向图（天线沿竖直方向放置），图（B）中所示为三维空间中的方向图。图（A）为三维方向图沿天线轴方向所截取的横截面。

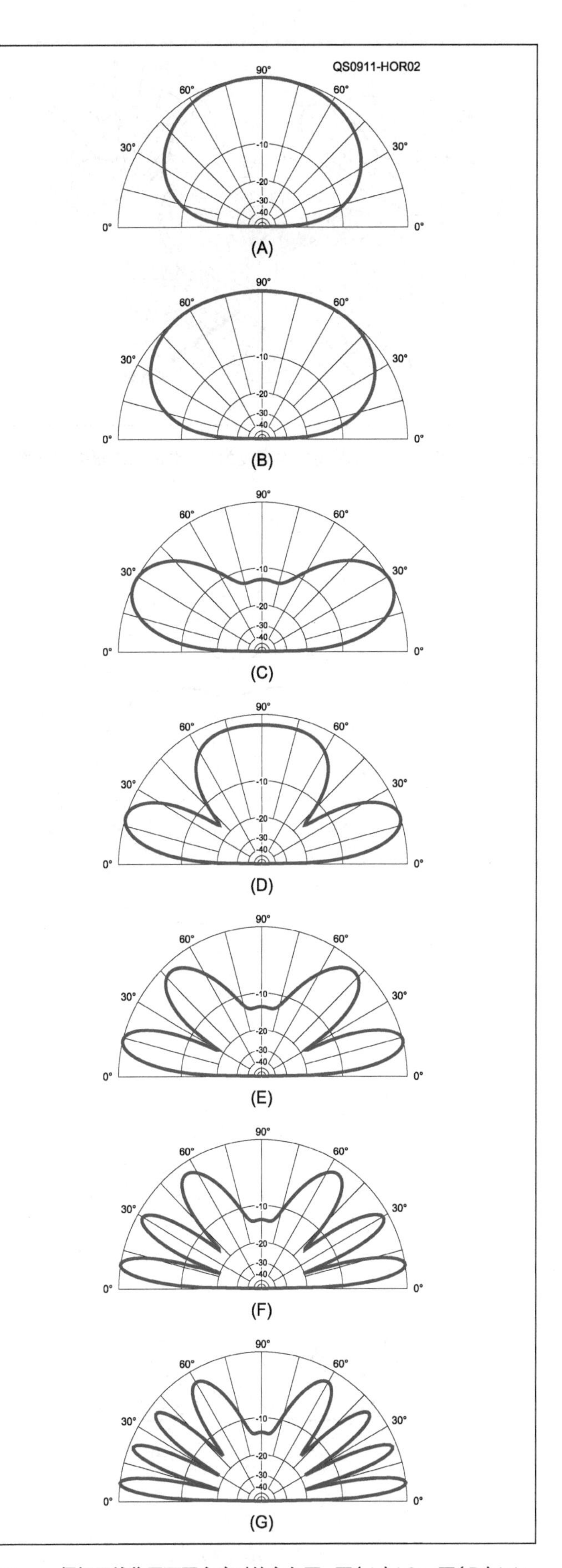

图2-4　偶极天线位于不同高度时的方向图：图（A）1/8λ，图（B）1/4λ，图（C）1/2λ，图（D）3/4λ，图（E）1λ，图（F）3/2λ，图（G）2λ。

图 2-6 中所示为距离地面高度不同时，偶极天线不同仰角（15°～60°）对应的方向图。如图所示，距离地面高度较低时，(1/4λ) 偶极天线的方向图在仰角大于 60°时，几乎是各向同性的。

地表类型也将影响偶极天线的辐射方向图。图 2-7 中给出了两种不同地表所对应的方向图：非常贫瘠的土壤（沙漠）和海水。对于业余爱好者来说，这两种类型的地表环境比较极端，大多数情况下，我们遇到的地表类型处于二者之间。

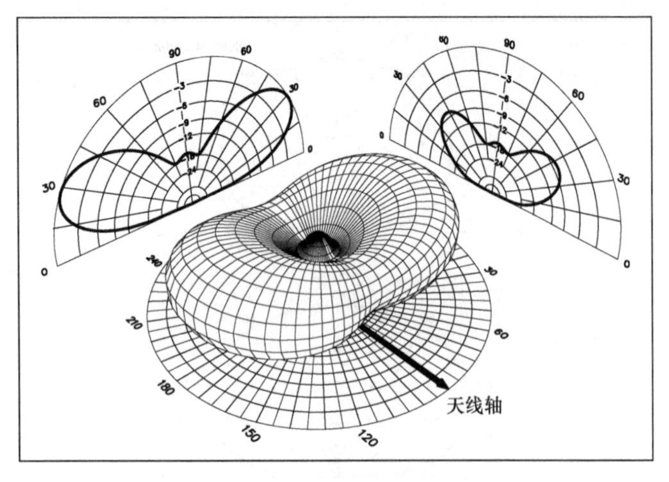

图2-5　半波偶极天线距离地面高度为1/2λ时的三维辐射方向图。

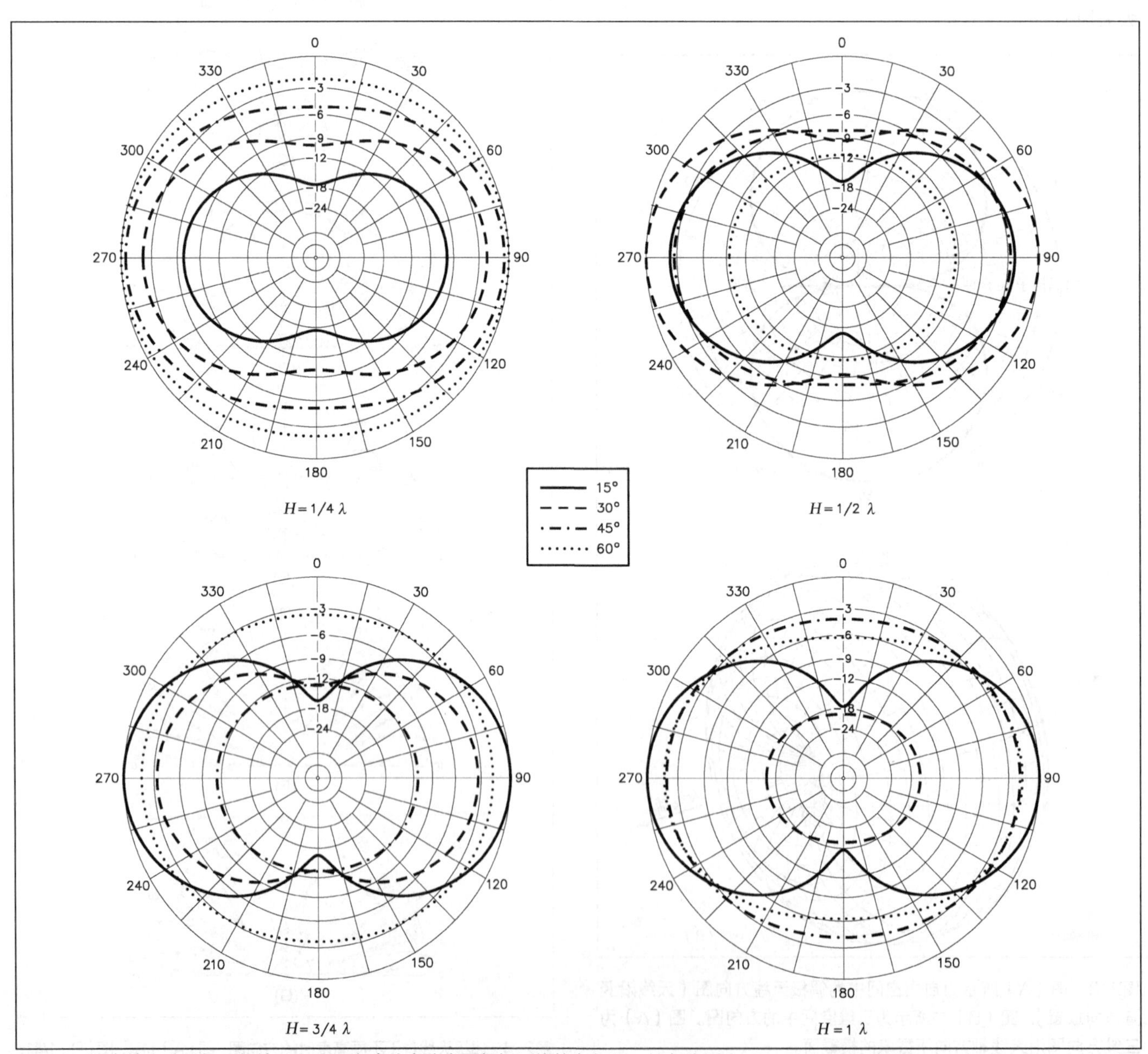

图2-6　距离地面（模拟理想地面）不同高度处半波水平偶极天线的方向图，仰角分别为15°、30°、45°和60°。

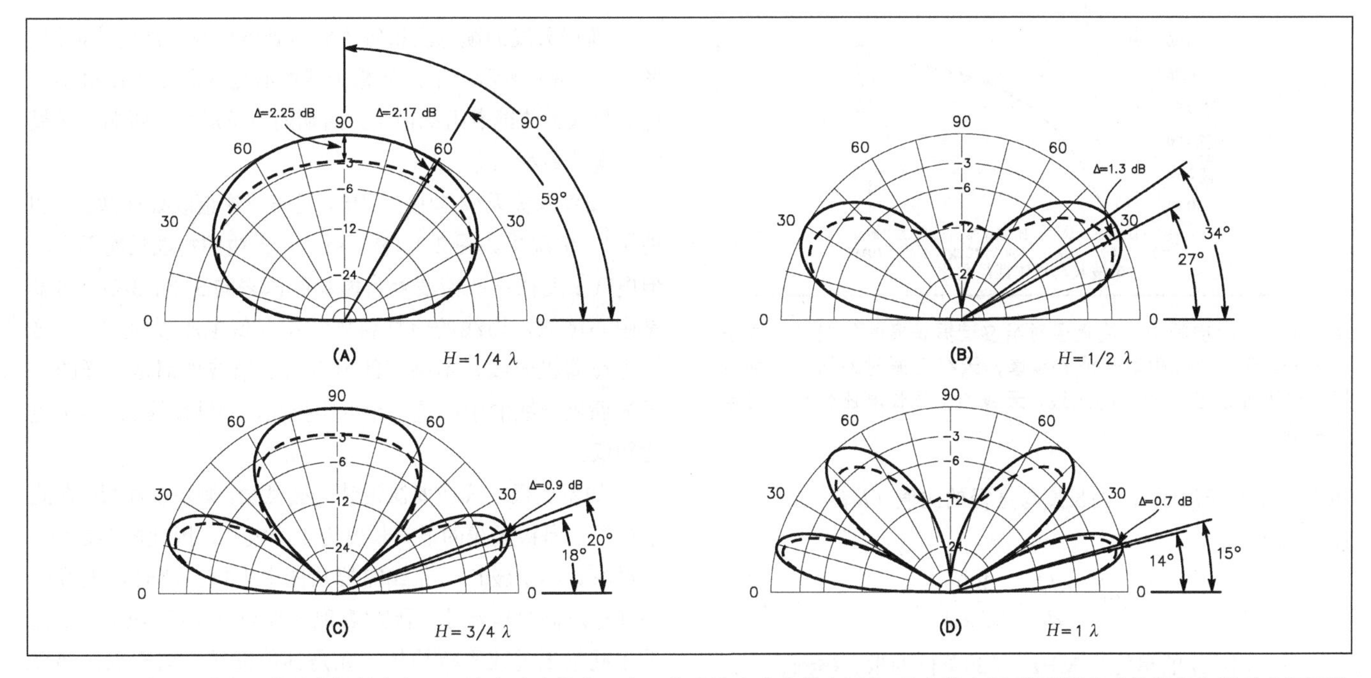

图2-7　两种不同地表上的垂直辐射方向图：海水（实线表示）及贫瘠地表（虚线表示）。图中给出了4种不同高度处仰角和增益在不同地表上的差异。

2.1.2　导体直径的影响

谐振 1/2λ 天线的物理长度不会完全等于工作波长的一半，而是取决于导体相对于波长的厚度，如图 2-8 所示。天线距离地面的高度也会影响天线的物理长度。表 2-1 中所示为 20m 半波偶极天线在不同高度处的谐振。周围环境中的传导表面和物体也将影响谐振长度。

表 2-1　偶极子性能与高度的变化关系

频率为 14.175MHz 时的高度，单位为 λ（英尺）	谐振长度，单位为英尺（Lx/f）	馈点阻抗，单位为Ω（SWR）	最大增益（dBi）@角度（度）
1/8(8.8)	33.0(467.8)	31.5(1.59)	7.4@90
1/4(17.4)	32.9(466.4)	81.7(1.63)	5.6@62
1/2(34.7)	34.1(483.4)	69.6(1.39)	7.4@28
3/4(52.0)	33.4(473.4)	73.4(1.47)	7.3@18
1(69.4)	33.9(480.5)	71.9(1.44)	7.7@14
1½(104.1)	33.8(479.1)	72.0(1.44)	7.8@9
2(138.8)	33.8(469.1)	72.3(1.45)	7.9@7

线天线两端（以及馈点处）的绝缘子将使天线的等效物理长度缩短，因为通过绝缘子的导线环路相当于在系统中增加了电容，这称为端缩效应。

下面的公式可用于精确计算频率低于 10MHz，且距离地面高度为 1/8λ 到 1/4λ 的偶极天线的长度。下列公式中半波天线长度单位为英尺（ft）。

$$长度(\mathrm{ft})=\frac{492\times0.95}{f(\mathrm{MHz})}-\frac{468}{f(\mathrm{MHz})} \tag{2-1}$$

以 7150kHz（7.15MHz）的半波天线为例，使用上述公式计算其长度为 468/7.15 = 65.5 英尺（约 65 英尺，6 英寸）。

对于更高频率及（或）距离地面更高位置处的天线，上述公式中分子的值与自由空间中的值比较接近，例如在 485～490MHz。对于已经安装在预定位置处的天线，可以准备一些连接有绝缘子的导线，用以调整天线的长度。

30MHz 以上的天线（尤其是使用棒或管构造的天线）使用下面的公式进行计算。系数 K 取值如图 2-8 所示。

$$长度(\mathrm{ft})=\frac{492\times K}{f(\mathrm{MHz})} \tag{2-2}$$

$$长度(\mathrm{in})=\frac{5904\times K}{f(\mathrm{MHz})} \tag{2-3}$$

以 50.1MHz 的半波天线为例，如果天线使用直径为 1.2 英寸（in）的管子制作而成，则在 50.1MHz 时，空间中的半波长度为 492/50.1=9.82 英尺（ft）。

1/2 波长与导体直径的比值为 9.82ft×12in/ft /0.5in = 235.7。根据图 2-8，得到 $K=0.945$。根据 2-2 计算得到天线长度为：492×0.945/50.1=9.28ft。以英寸为单位，则按 2-3 进行计算得到天线长度为：5905×0.945/50.1=111.4in。

天线的阻抗和谐振频率也受构成天线的导体直径（相对于波长）的影响。随着导体直径增加，单位长度的电容将随之增加，单位长度的电感将随之减小。这将降低天线的谐振频率，如图 2-8 所示。天线的电气长度为 1/2λ 时，导体直径

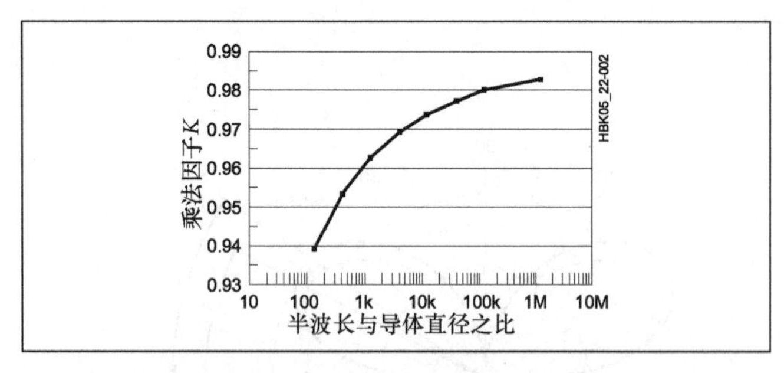

图2-8　自由空间中天线直径对半波谐振长度的影响，以乘法因子*K*表示。导体相对于波长越厚，天线谐振时的物理长度越短。对于安装在地面上的天线，天线的电气长度还受其他因素的影响。

越大（相对于波长），则长度与直径的比值（*l*/*d*）越小，谐振频率越低。

$$l/d=\frac{\lambda/2}{d}=\frac{300}{2f\times d} \tag{2-4}$$

上式中，*f* 的单位为 MHz，*d* 的单位为米。举例说明：#12 AWG（直径 0.081 英寸）电线制作而成的 7.2MHz，1/2λ 偶极天线，其 *l*/*d* 的值为：

$$l/d=\frac{300}{2f\times d}=\frac{300}{2\times7.2\times\dfrac{0.081\,\text{in}}{39.37\,\text{in}/\text{m}}}=10126 \tag{2-5}$$

l/*d* 的影响可近似于图 2-8 中的影响因子 K。*l*/*d* 值为 10126 时，*K* 的对应值约为 0.975。此时，天线的谐振长度为 *K*×（300/2*f*）=20.31m（自由空间中为 20.83m）。

在 HF 段，大多数线天线的 *l*/*d* 的取值范围在 2500～25000，对应的 *K* 的取值范围在 0.97～0.98。考虑 *K* 的影响，多数情况下，半波偶极天线长度的经典计算公式为：468/*f*（单位：MHz）。如果 *K* 的取值为 1，公式变为：492/*f*（单位：MHz）。

对于单线高频天线，在实际应用中，考虑地表影响和进行天线构建时，*K* 的精度要求不必太高。VHF 段以上（含），必须考虑 *l*/*d* 的影响，因为此时的波长较短。

虽然辐射电阻受 *l*/*d* 的影响相对较小，但是 *L*/*C* 值的降低将导致天线的 *Q* 值减小。这意味着天线阻抗随频率的变化较小，增加了天线的 SWR 带宽。根据这一点，常使用一个笼子或风扇中的多个导体来降低 *l*/*d*，以提高在（低端）HF 频段的性能。

2.1.3　馈点阻抗

馈线一般直接连接在偶极天线的中心（中心处通过一个绝缘子将天线导体分割成两部分）。这样的偶极天线一般称为中心馈电偶极天线。馈线通过一个导体与天线的两个部分相连。馈线接入点称作馈点。

偶极天线的馈点阻抗等于馈点处电压与电流的比值。如图 2-2（A）所示，半波偶极天线中心处（此处电压最小，电流最大）的馈点阻抗最小，两端的阻抗最大（两端电压最大，电流最小）。

如果偶极天线是中心馈电，且在三次谐波处被激励（加能量），情况将如图 2-2（B）所示。天线的物理长度不变，但电气长度在三次谐波处将增加到原来的 3 倍：3/2λ。如果是中心馈电，馈线的阻抗将同样小（低电压/大电流）。这一点在偶极天线基本频率的所有奇次谐波处都是一样的，因为偶极天线的中心是一个低阻抗点，同轴馈线的 SWR 也比较低。

如果偶极天线在偶次谐波处被激励，则情况相反。在此情况下，偶极天线的电气长度为 1 个波长，因此图 2-2（B）中最右边半个波长的曲线需要从图中去掉。此时，天线中心处电压高且电流小，因此表现为高阻抗和高 SWR，无论采用同轴电缆或平行导体，还是其他馈线。这一点在偶极天线基本频率的所有偶次谐波处都是一样的，有时也被称为反谐振。

对于处于谐波之间的频率，馈点的阻抗也取在中间值。如果采用的是平行导线进行馈电，以及大范围的阻抗匹配单元，该偶极天线几乎可以工作在任意频率，包括非谐振频率。（“单边带 MF 和 HF 天线”一章中给出了一种这样的天线系统。）

偶极天线可以在天线的任意位置进行馈电，虽然天线的阻抗将随电压和电流比值的变化而发生改变。一种常见的变化是偏心侧馈（OCF）偶极天线，其馈点偏离天线中心，并通过一个阻抗变换器与同轴电缆的高阻抗（在几个波段上）进行阻抗匹配。

自由空间中的馈电点阻抗

在自由空间（意思是天线远离任何其他物体）用无限细的导体做成物理长度为半波长的偶极天线的阻抗理论值为 73+j42.5Ω。这种天线的电阻和电抗同时存在。+j42.5Ω中的正号表示天线在馈电点呈现电感性。与确切的谐振长度相比，这时天线的电长度稍长了一点。在谐振时，天线的电抗为零。

任何天线的馈电点的阻抗都会受波长与导体直径之比（λ/*D*）的影响。理论家们喜欢假设天线是“无限细的”，因为这在数学上比较容易处理。

如果我们保持天线的物理长度不变，而改变导线的粗细会出现什么情况呢？进一步想，如果我们改变工作频率，从刚好低于谐振频率到刚好高于谐振频率，天线馈电点处的阻抗又会怎样变化呢？图 2-9 给出了自由空间中用极细的导线做成的 100 英尺长、中心馈电的偶极天线的阻抗变化图。导

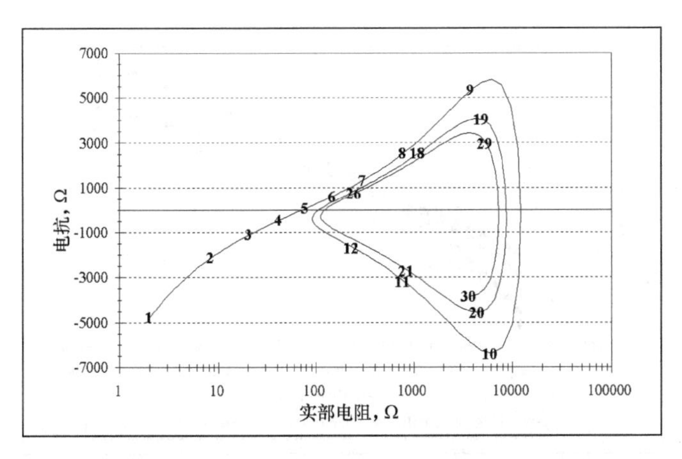

图2-9 理想情况下，自由空间中100英尺长偶极天线的馈电点阻抗与频率的关系，中心馈电并且导线直径精确为0.001英寸。*y*轴中间零线的上方为正（感性）电抗值，下方为负（容性）电抗值。这些电抗值范围在−6 500～+6 500Ω之间。注意，由于*x*轴表示馈电点阻抗电阻的实际范围很大，从2～10 000Ω，因而采用对数方式。沿着曲线标注的数值为以MHz为单位的频率值。

线的直径只有 0.001 英寸。这里的 100 英尺并没有特别的意思，这只是有具体数字的一个例子。

实际上，我们不可能架设这么细的天线（我们也不可能把它架设在“自由空间”中），但我们可以用强大的计算机软件 NEC-4.1 模拟出天线的工作情况。天线建模的详细过程见“天线建模”章。

图 2-9 中，加在天线上的频率从 1～30MHz 变化。由于在频率范围内天线阻抗变化很大，所以对 *x* 轴取了对数，而 *y* 轴则表示是线性的，代表阻抗的电抗部分。在 *y* 轴上感抗是正的，而容抗是负的。螺旋线上的粗体字是以 MHz 为单位的频率。

在 1MHz 上，天线的电长度非常短，其电阻部分大约为 2Ω，而其电抗呈容性，比电阻高几个数量级，大约 −5 000Ω。在接近 5MHz 处，螺旋线经过零电抗线，这意味着天线在此达到半波谐振。在 9～10MHz 时，天线达到感抗的峰值，约为 6 000Ω。在 9.5～9.6MHz 时，天线达到全波谐振（再次通过零电抗线）。大约在 10MHz 处，电抗峰值约为−6 500Ω。大约在 14MHz 处，再次通过零电抗线，意味着天线在这里达到 $3\lambda/2$ 谐振。

在 19～20MHz 时，天线达到 $4\lambda/2$ 谐振，此频率为全波谐振频率的 2 倍，半波谐振的 4 倍。如果你还想观察一下在超过 30MHz 时天线的情况，它最终会螺旋下降到电阻部分为 200～3 000Ω的某处。因此，我们可以从另一个角度来看天线——可以把它看成把自由空间中的阻抗变换成在天线馈电点处看到的阻抗的一种变压器。

现在请看图 2-10。图 2-10 所示的是和图 2-9 相似的螺旋线，只不过图 2-10 中的天线比图 2-9 的天线粗得多，其导线直径为 0.1 英寸。这个导线直径比较接近 10 号导线，实

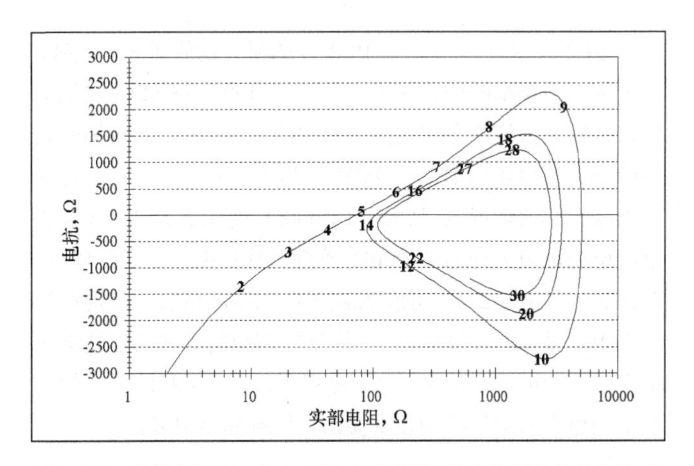

图2−10 理想状况下，自由空间中100英尺长度偶极天线的馈电点阻抗与频率关系，中心馈电并且导线直径为0.1英寸（#10）。可以看到电抗的变化范围比图2−9给出的小，在−2700Ω～+2300Ω。其最大的电阻值，大约在5000Ω，也比图2−9的细导线大约10000Ω的阻值低。

际上我们也很有可能用这种导线来架设一副实用的偶极天线。图 2-10 的电抗范围为−3 000～+3000Ω，而图 2-9 的电抗范围为−7 000～7000Ω。在 1～30MHz，图 2-10 中天线电抗变化范围为+2 300～−2 700Ω。而在图 2-9 的极细的天线中，在 1～30MHz，电抗变化范围为+5 800～−6 400Ω。

图 2-11 所示的是用真正比较粗的直径为 1 英寸的导线做成的 100 英尺长偶极天线的阻抗变化图。其电抗的变化范围为+1 000～−1 500Ω，这再次表明了直径较大的天线其电抗随频率变化的偏移相对较小。注意在比 5MHz 稍低一点的半波谐振点处，其电阻部分仍为 70Ω，这和用直径小得多的导线所做成的天线是一样的。虽然在全波谐振点处，粗一点天线的阻抗值比较小，但天线的半波辐射电阻不会像电抗那样，随导线直径的变化而有太大的改变。

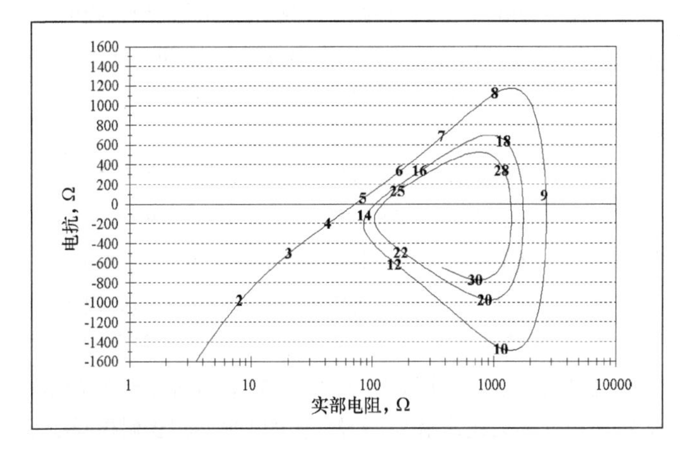

图2−11 理想状况下，自由空间中100英尺长度偶极天线的馈电点阻抗与频率关系，中心馈电并且导线直径为1英寸。可以再次看到，在整个频率范围的电抗和电阻两者的波动范围，粗导线的都要比细导线的范围窄。

图 2-12 所示为直径为 10 英寸的粗天线的情况。这时，电抗部分随频率的偏移就更小了：从+400～−600Ω。注意这副特别粗的天线的全波谐振频率大约为 8MHz，而较细的天线的全波谐振频率则接近 9MHz。另外还要注意的是，这副粗天线的全波谐振电阻大约为 1 000Ω，而图 2-9 中的天线的全波谐振电阻大约为 10 000Ω。不管天线的振子直径是多少，在图 2-9～图 2-12 中显示的几副天线的半波谐振频率均在接近 5MHz 处。再次说明一下，这副非常粗的天线的半波谐振电阻为约 70Ω，这说明在这个频率附近，非常粗的天线的半波谐振电阻与细天线的差别要比其他频率小得多。

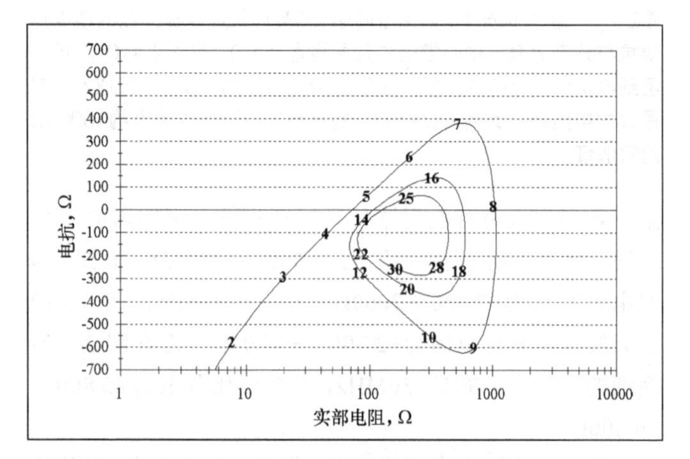

图2-12 理想状况下，自由空间中100英尺长度偶极天线的馈电点阻抗与频率关系，中心馈电并且使用直径很粗为10英寸的导线。这个长度与直径的比率，与在432MHz频率上常用的棒状偶极单元一样的。现在其最大电阻大约为1 000Ω，最大电抗范围从−625～+380Ω。这种做法在“笼状”偶极天线中可以看到，采用数根并排的导线模拟一根粗导体。

你可能觉得奇怪，这副 100 英尺长的天线要用直径 10 英寸的导线做成。但这副天线的长度和直径之比为 120∶1，这与一副 432MHz 上直径为 0.25 英寸的半波偶极天线的长度/直径比是非常相近的，其比值为 109∶1。换句话说，这副 100 英尺长、10 英寸粗的天线的长度/直径比在实际的 UHF 频段上是十分平常的。

图 2-13 是突出天线电阻与电抗变化关系的另一种表示方法。图中把在半波谐振频率附近，从 4～6MHz 处的曲线展宽了。在这个区域中，每条螺旋线都十分接近直线段。细天线（直径为 0.001 英寸）所代表的直线段的斜率比粗天线（直径为 0.1 英寸和 1 英寸）所代表的直线段的斜率大。图 2-14 是研究天线半波谐振频率附近阻抗数据的又一种途径。此图所对应的天线是用 14 号导线做的 100 英尺长偶极天线。这里没有显示出频率，而显示的是波长，这样这幅图的通用性就更强了。

图 2-15 所示的是处理这些天线数据的又一种方法。这里引入一个常数“K”，用来与自由空间的半波长相乘，作为

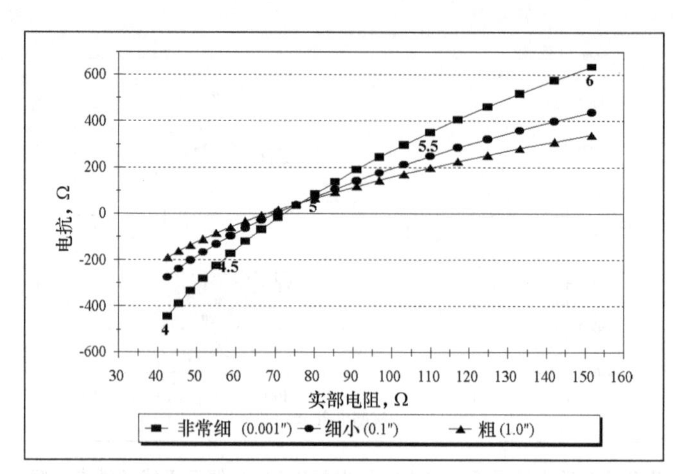

图2-13 3种不同粗细直径中心馈电偶极天线，在半波谐振点附近频率范围的扩展情况。频率用单位为MHz沿着曲线标注的数字标注。串入电抗与串入电阻的变化斜率，较细天线的要比1.0英寸直径天线的变化陡峭，表明了细直径天线的Q值要高些。

半波长和导线直径比的函数。这条曲线的 K 值在导线无限细的情况下逼近 1.00，也就是说，在半波长/直径比为无穷大的时候，K 值等于 1。

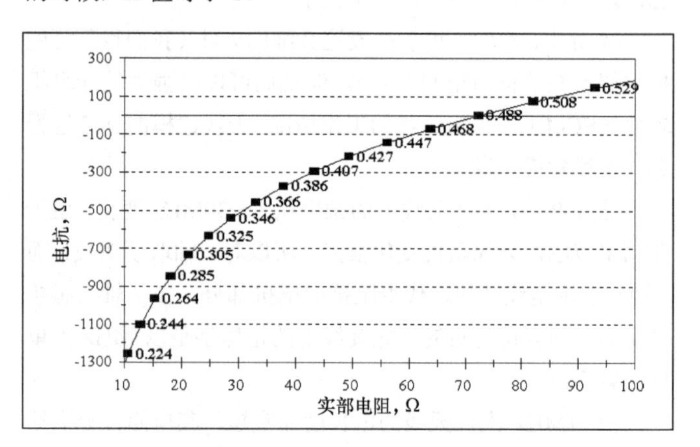

图2-14 另一种观察该100英尺长，中心馈电#14号导线构成的自由空间偶极天线数据的方式。沿着曲线标注的数值表示小数波长，而不是像图2-13那样表示频率。可以看到天线通过半波长谐振点长度是0.488λ，而并不刚好是准确的半波长物理长度。

具有不同 λ/D 的天线的影响与具有不同 Q 值的普通串联谐振电路的影响相对应。当电路的 Q 值较小时，电路的电抗也较小，在谐振频率附近电抗随频率的变化也较小。如果电路的 Q 值较大，则上述结论的反面成立。低 Q 值电路的频率响应曲线比较宽，而高 Q 值电路的频率响应曲线则比较尖锐。对应于天线的情况，粗天线的阻抗在较宽的频率范围内变化较慢，而细天线则变化较快。天线的 Q 值由下式定义：

$$Q=\frac{f_0\Delta x}{2R_0\Delta f} \tag{2-6}$$

其中 f_0 为中心频率，Δx 为随频率改变量 Δf 改变的电抗变化量，R_0 为 f_0 处的电阻。对图 2-9 中的直径为 0.001 英寸的细天线来说，频率从 5.0MHz 变化到 5.5MHz，电抗从 86Ω

变化到 351Ω，而 R_0 为 95Ω。因此 Q 值为 14.6。对图 2-11 中的直径为 1.0 英寸的粗天线来说，$\Delta x=131\Omega$，R_0 仍为 95Ω，Q 值为 7.2，大约为细天线的一半。

让我们重温一下前面的内容。首先我们把天线描述为一个变换器，然后把它描述为变换一系列自由空间阻抗的一种变换器。现在，我们又把天线与串联调谐的电路进行比较。在半波谐振频率附近，中心馈电的半波偶极天线的特性和这种电路非常相近。在真正谐振的频点上，馈电点的电流和电压是同相的，馈电点的阻抗值为纯电阻。在低于谐振频率处，电流的相位领先于电压的相位，此时天线的电抗呈容性；在高于谐振频率处，情况恰好相反，电流的相位落后于电压的相位，此时天线的电抗呈感性。就像普通的串联调谐的电路一样，天线的电抗和电阻决定着它的 Q 值。

距离地面高度对馈点阻抗的影响

由于地面反射和吸收能量的影响，馈点阻抗将随天线距离地面的高度变化。例如，中心馈电的半波偶极天线在自由空间中的馈点阻抗为 75Ω左右，但根据图 2-15，我们发现只有在距离地面的电气高度取某些特定值时，其馈点阻抗才为 75Ω。馈点阻抗随高度的变化可以从极小（靠近地面）变化到约 100Ω（最大值，距离地面 0.34λ），随着高度继续增加，阻抗将在 75Ω 上下变化。在实际应用中，水平偶极天线距离地面的高度约为 1/2λ，3/4λ，1λ 时，馈点阻抗才有可能为 75Ω。这也是为什么很少中心馈电偶极天线的馈电阻抗为 75Ω，即使发生谐振。

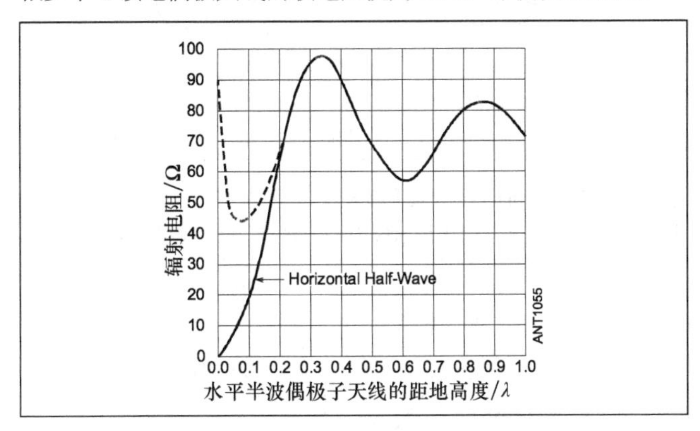

图2-15 水平半波偶极天线辐射电阻随距离地面高度变化的曲线。虚线所示对应的地面为平均真实地面，实线所示为理想传导地面。

图 2-15 还比较了在天线高度较低时，理想地表和典型土壤的影响。对于水平半波偶极天线，天线高度大于 0.2λ 时，天线高度对辐射阻抗的影响不是那么强烈。低于这个高度时，在理想地表上，辐射阻抗迅速下降到零。而在真实地面上时，下降的速度没有那么快，且当高度下降到 0.15λ 时，阻抗停止下降，之后阻抗随高度减小而增大。这是因为当高度小于 1/4λ 时，天线发射的能量越来越多地被地面吸收，进而表现为馈点阻抗的增加。

2.1.4 频率对辐射方向图的影响

较早前，我们看到了中心馈电的偶极天线馈电点处的阻抗随频率变化的情况。这种天线的方向图又是怎样随频率改变的呢？

总的来说，中心馈电天线的长度越长（以波长为单位），其方向图就分割出越多的波瓣。所有这些方向图的一个共同特点是：主瓣——在固定距离下强度最大的点所在的波瓣——总是和天线成最小的角度。而且当天线长度增长时，这个角度减小。

让我们看看用 14 号（#14）导线做成的 100 英尺长偶极天线的自由空间方向图是怎样随频率变化的（改变频率也就是改变固定长度天线的波长）。图 2-16 显示了在 4.8MHz 半波谐振点处天线的 E 面方向图。这是偶极天线的典型方向图，其相对于各向同性天线的自由空间增益为 2.14dBi。

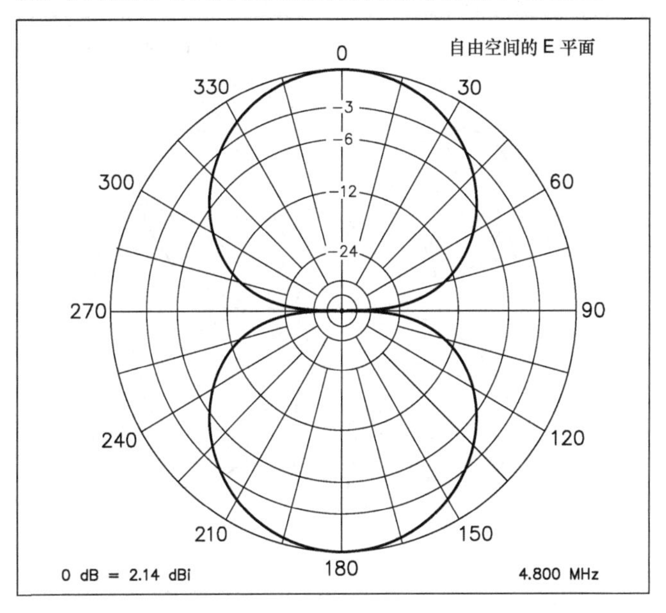

图2-16 自由空间100英尺长度偶极天线，工作在4.80MHz半波谐振频率时的E平面辐射图。该天线增益为2.14dBi，偶极天线沿着90°～270°方向摆放。

图 2-17 显示了相同天线在 9.55MHz 全波（2λ/2）谐振点处的 E 面方向图。请注意这个方向图被“夹紧”了。换句话说，在这个频率上，两个主瓣变得更尖锐了，增益变成了 3.73dBi，比半波频率时高。

图 2-18 显示了相同天线在 14.6MHz（3λ/2）谐振点处的 E 面方向图。比起图 2-16 来说，这时出现了更多的波瓣。这意味着功率被分散到更多的波瓣中，因而天线的增益降低了一点，为 3.44dBi。这仍比半波频率时的增益高，但比全波频率时的增益低。图 2-19 显示了相同天线在 19.45MHz 两倍波长（2λ）谐振点处的 E 面方向图。现在方向图又重新合并成只有 4 个波瓣了。而增益上升为 3.96dBi。

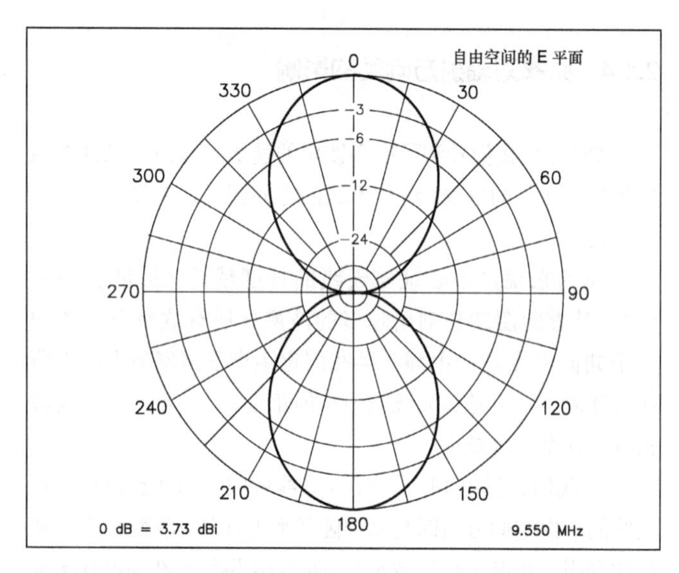

图2-17　自由空间100英尺长偶极天线，工作在9.55MHz全波谐振频率时的E平面辐射图。增益增加到3.73dBi，因为其主瓣相对λ/2频率时要集中和尖锐些。

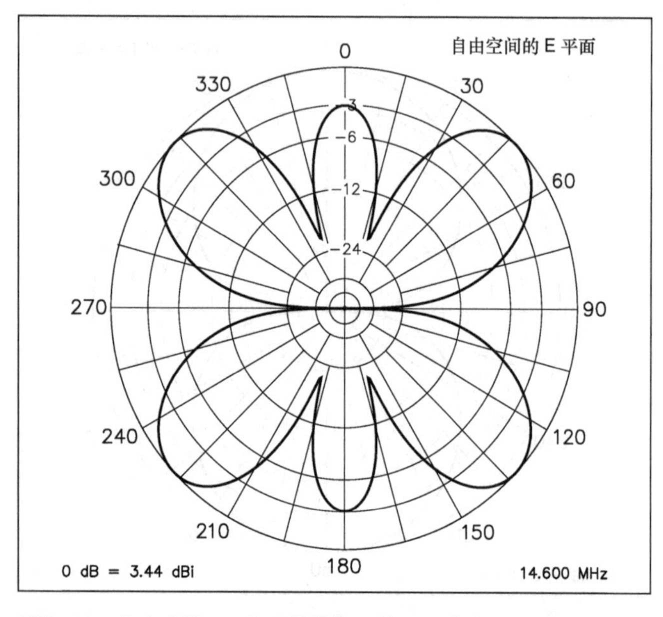

图2-18　自由空间100英尺长偶极天线，工作在14.60MHz、3λ/2谐振频率时的E平面辐射图。辐射形状裂为6个波瓣，因此最大增益下降为3.44dBi。

图 2-20 中在 24.45MHz（5λ/2）谐振点处，情况又复杂起来了，一共有 10 个波瓣。虽然有很多副瓣，但增益为 4.78dBi。最后，图 2-21 中在 29.45MHz 3 倍波长（3λ）谐振点处，虽然波瓣数目少了，但增益又略为下降到 4.70dBi。

固定长度天线的方向图——并由之而决定天线的增益——随频率变化得相当显著。当然，如果把频率固定下来，而改变天线的长度，情况是一样的。在这两种情况下，波长都是在变化的。另外，还可以明显地看出，在某些天线长度上天线增益得以增强。如果天线的方位角不变，当频率改变时，峰值增益处的位置也是要改变的。也就是说，主瓣的位置也会随频率的变化而变化。

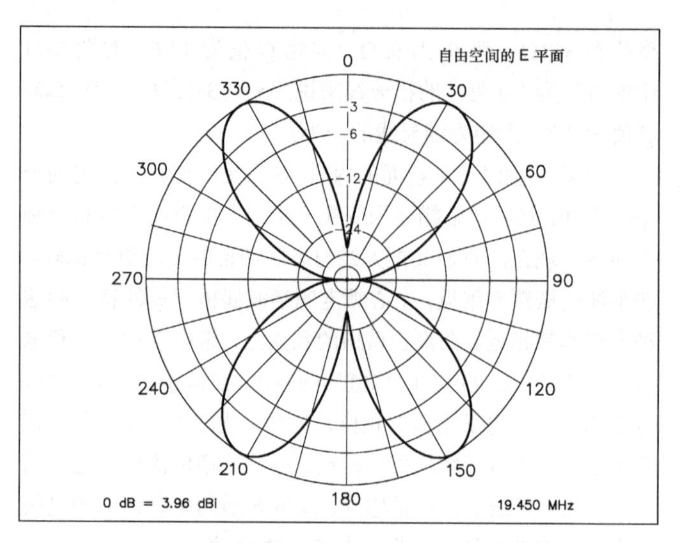

图2-19　自由空间100英尺长偶极天线，工作在19.45MHz、两倍全波长谐振频率时的E平面辐射图。辐射形状裂为4个波瓣，最大增益为3.96dBi。

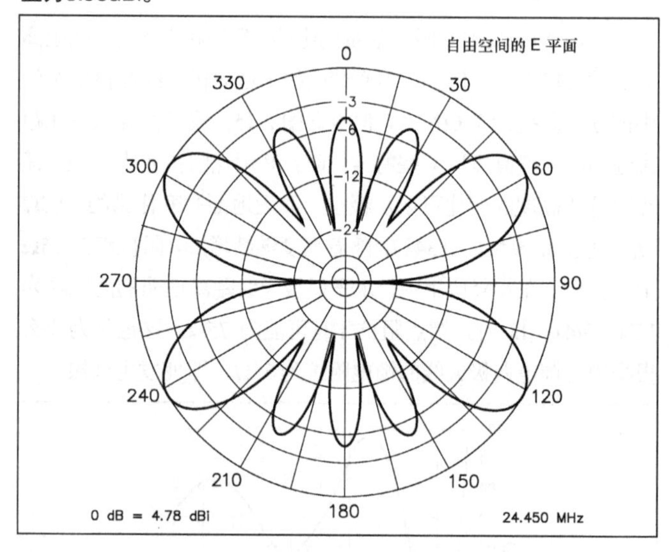

图2-20　自由空间100英尺长偶极天线，工作在24.45MHz、5λ/2谐振频率时的E平面辐射图。辐射形状裂为10个波瓣，最大增益为4.78dBi。

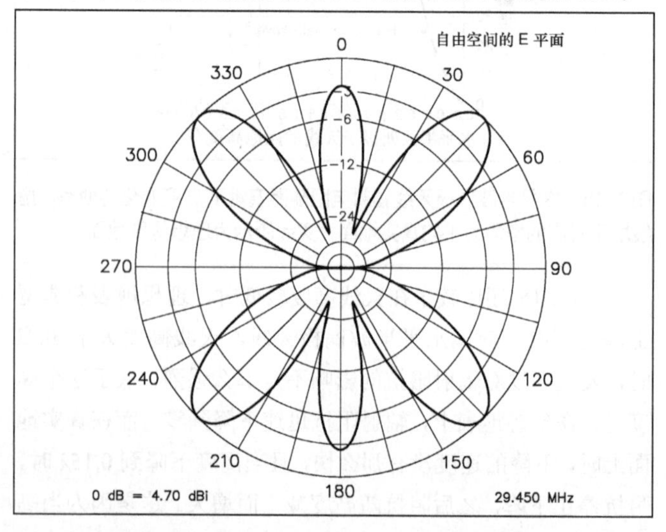

图2-21　自由空间100英尺长偶极天线，工作在29.45MHz、谐振频率时的E平面辐射图。辐射形状又裂为4个波瓣，最大增益为4.70dBi。

2.1.5 折合偶极天线

图 2-22 所示为使用明线传输线制作而成的折合偶极天线。折合偶极天线由长为 1/2λ 的明线传输线制成，两根导体在天线两端处连接在一起。上面的导体从一端到另一端是连续的，下面的导体在中间处断开，并在断开处与馈线相连。使用明线传输线与发射机相连。

折合偶极天线的阻抗和方向图与单线偶极天线一样。但是，由于上下导体间的相互耦合，馈点处电压与电流的比值（馈点阻抗）要乘上天线所使用导体数的平方，因此其馈点阻抗是单线偶极天线的 4 倍。3 线折合偶极天线的馈点阻抗将是单线的 9 倍，以此类推。不过，如果各导体的直径不同，所乘倍数将不再精确等于导体数的平方。

折合偶极天线常用于需要增大天线馈点阻抗，以便更好地与高阻馈线进行阻抗匹配的场合。例如，如果所需的馈线很长，则最好使用明线馈线，因为损耗较低，此时可通过提高偶极天线的馈点阻抗，使 SWR 低于明线馈电的单线偶极天线。

2.1.6 垂直偶极天线

将水平半波偶极天线垂直于地面放置，就成为垂直偶极天线。其方向图是全方向性的。天线下面和附近地面的特性对它的辐射方向图影响巨大，如图 2-23 所示。

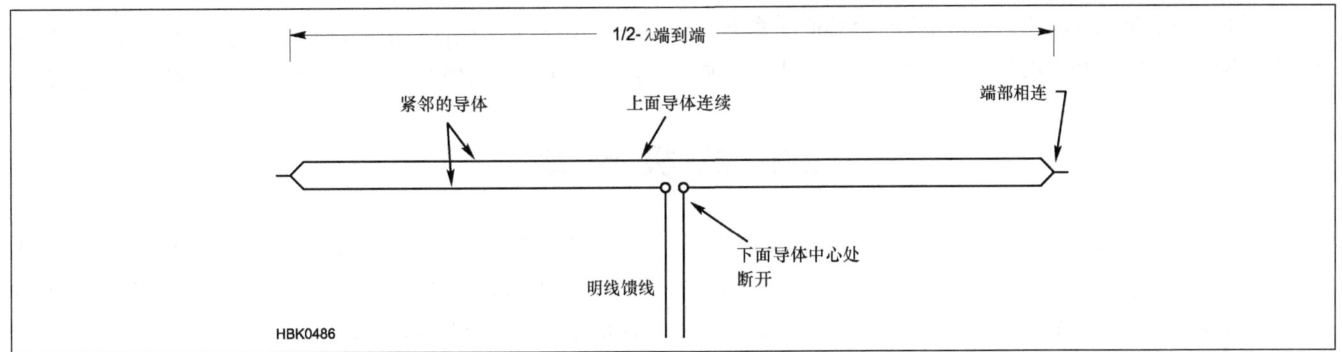

图2-22　折合偶极天线大多数由两端连接在一起的明线传输线制成。相比单线偶极天线，所使用的两根导体间的邻近效应及耦合作用，相当于一个阻抗变换器，使得馈点处的阻抗增大为单线偶极天线的4倍。

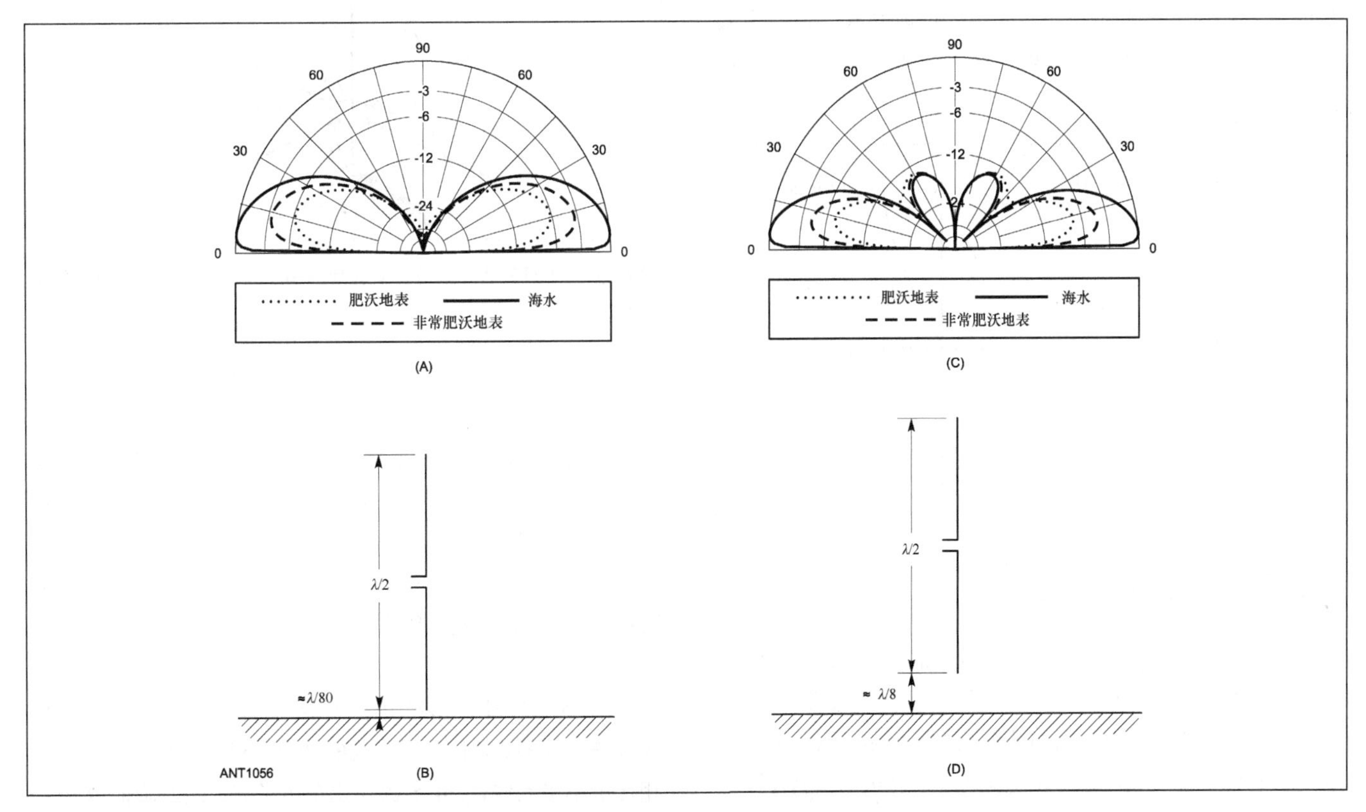

图2-23　图（A）和图（B）中所示为不同地面上的中心馈电垂直半波偶极天线（底端离地面很近）的垂直辐射方向图。增益高达6.1dBi，馈点阻抗为100Ω。图（C）和图（D）中所示为底端距离地面高度为1/8λ的垂直半波偶极天线的垂直辐射方向图。注意高仰角时辐射方向图中的波瓣。

图 2-23（A）和（B）中，垂直偶极天线的底端离地面极近（1/80λ），且地表类型为海水时，增益可达 6.1dBi。地表类型为肥沃土壤时，增益将至 0dBi 左右，地表类型为贫瘠土壤时，增益将更低。与所有的垂直天线一样，垂直偶极天线作为小角度辐射器其性能主要取决于天线所接近的地面的质量，如“地面效应”一章中所述。增加天线距离地面的高度，将在方向图中产生多个波瓣，如图 2-23（C）和（D）所示（天线底端距离地面 1/8λ）。

垂直偶极天线的辐射阻抗也取决于天线底端距离地面的高度，如图 2-24 所示。与水平偶极天线一样，其辐射阻抗在 73.5Ω（自由空间中的值）上下变化，但变化不如水平天线那么大，因为其馈点距离地面更远。

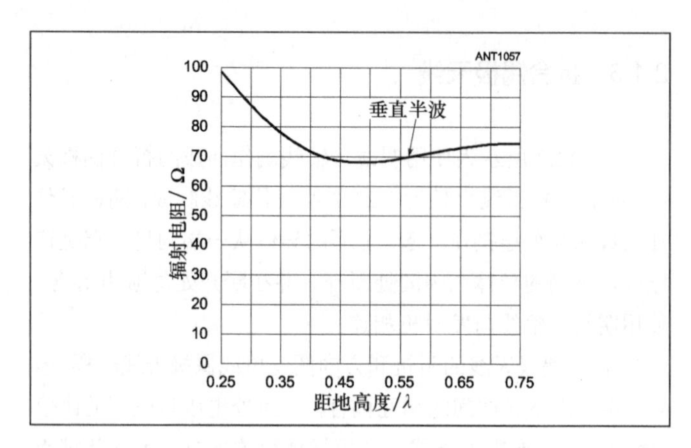

图2-24　垂直半波偶极天线辐射阻抗随馈点距离地面高度的变化曲线。

实际应用中，在 HF 段，由于上下两部分与地面的关系不一样，垂直偶极天线上下两个部分中的电流不可能对称。此外，馈线也将引入第三个导体，从而对天线产生影响（除非能够去除耦合）。因此，实际应用中的方向图不太可能与理想方向图一致。

2.2 单极天线

单极天线是发展自偶极天线的另一种简单的天线。顾名思义，单极天线是偶极天线的一半。单极天线总是和地平面一起使用。地平面起着电镜像的作用。图 2-25 所示是半波偶极天线与 λ/4 单极天线的对比。单极天线的镜像天线在地平面的下方，用虚线表示出来。单极天线的镜像形成了天线的“缺少的另一半”，使单极天线等价地变成一副偶极天线。通过这样的解释，你可以理解为什么有时把地平面称为镜像平面。

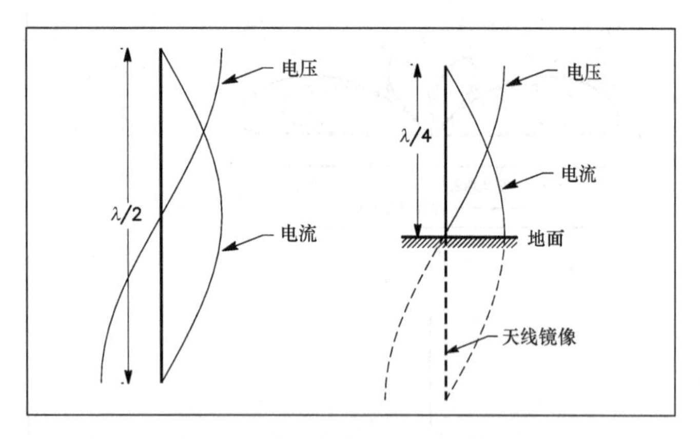

图2-25　λ/2偶极天线与λ/4地网平衡系统，“缺失”的λ/4由良好的（就是高传导率的）地面镜像来提供。

实际中的单极天线通常是相对于地面垂直架设的。这样的天线称为“垂直单极天线”或简称为“垂直天线”。实际中的垂直天线通常在辐射器与地系统之间馈电。地系统通常由一些平行导线做成，这些导线排列成辐射状，位于天线的底部。这些导线称为“辐条”。

“地平面”一词也用于使用“平衡系统”的 λ/4 垂直天线上。“平衡系统”是对提供另一半天线的地平面的另一种叫法。有地平面的天线平衡系统由 4 条安装在地面上方的 λ/4 辐条组成的，如图 2-26 所示。

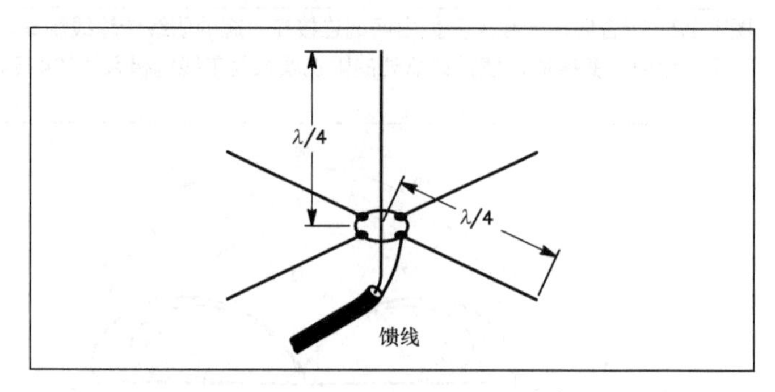

图2-26　地网天线。能量加载在垂直辐射体底部与4根地网导线的中心。

“地面效应”章中把更多的注意力集中在垂直单极天线对高效接地系统的要求。“单波段中频和高频天线”章给出了更多关于实际接地平面高频垂直天线的信息。较高频的接地平面天线在“VHF 和 UHF 天线系统”和“移动 VHF 和 UHF 天线”章中讨论。

2.2.1　λ/4 单极天线的特性

在自由空间中，λ/4 单极天线的方向特性与半波长偶极天线是一样的。λ/4 单极天线的增益稍微小一些，这是因为相比于单极天线，λ/4 单极天线是由半波天线压缩而成。

像 λ/2 一样，λ/4 单极天线在垂直于单极的平面上是全向的。

λ/4 单极天线的电流分布是呈正弦变化的（和半波偶极天线一样），电流最大点为单极与地平面的连接处。而射频电压则在天线的开路（顶）端达到最大，在地平面处最小。带有“理想地平面”的垂直单极天线的 λ/4 谐振时，其馈电点阻抗是半波偶极天线半波谐振时的阻抗的一半。这是因为全尺寸 λ/2 偶极天线的一半辐射阻抗被电镜像替代，这种电镜像实际并不存在，因而不能辐射功率。

在提及底部在地面上或地面上方附近的垂直天线时，“高度”一词是很常用的。在这里，高度和半波偶极天线的“长度”的意思是一样的。在前面的内容中，高度经常指以自由空间波长（360°）为参照的角度，但在这里高度是以自由空间波长为参照的长度。

图 2-27 显示了用 14 号（#14）导线做成的 50 英尺长的带有理想地平面的垂直天线的馈电点阻抗。这个图覆盖了整个短波段。和半波偶极天线一样，这里选择 50 英尺为垂直辐射体的长度并没有什么特别之处，只不过是为了计算方便罢了。

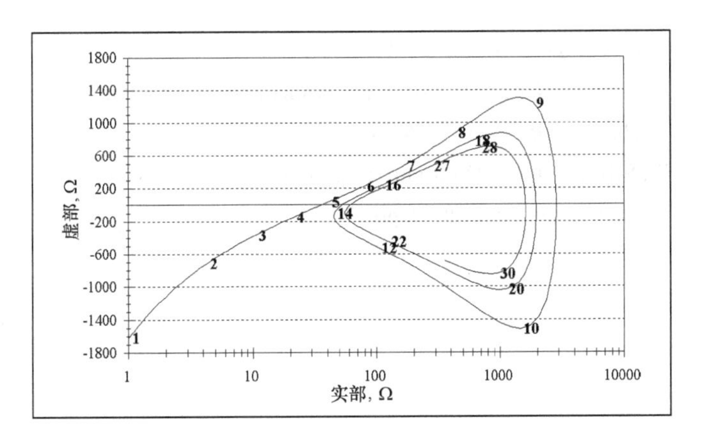

图2-27　一副理想50英尺高度#14导线构成的地网垂直单极天线的频率与馈电点阻抗关系。沿着曲线标注的数字是以MHz为单位的频率值。该图表是在“良好”地面条件下计算所得的，实际地面损耗将会增加在一个实际天线系统的馈电点阻抗体现出来。

图 2-28 把在 λ/4 谐振点附近的阻抗关系展宽了，但此时长度按波长表示。注意这副天线在 0.244λ 处获得 λ/4 谐振，而不是刚好在 0.25λ 处。就和半波偶极天线一样，其谐振长度随导线的直径变化。图 2-28 所示的范围为 0.132λ～0.300λ，相对应的频率范围为 2.0～5.9MHz。

单极天线的辐射阻抗随着长度或高度的变化而变化。图 2-29 所示为 0°到 270°之间的变化图。注意到 λ/4 单极天线（一个 90°的长度）的辐射阻抗为 36.6Ω，这是 λ/2 偶极天线辐射阻抗的 1/2。应该在电流最大处测量辐射阻抗。这对长于 λ/4 的单极天线来说将会高于天线的底座。

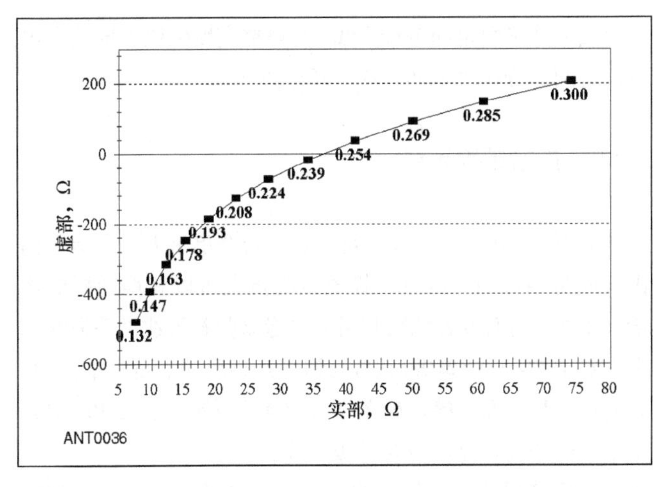

图2-28　与图2-25相同天线的馈电点阻抗，但采用波长而不用频率作为变量，从0.132λ～0.300λ，涵盖了λ/4谐振上下的范围。

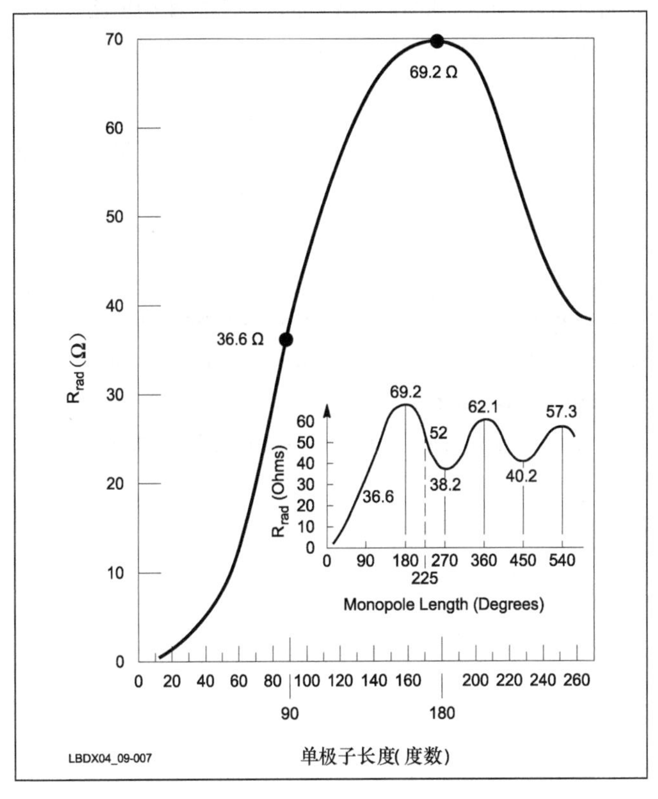

图2-29　正弦电流分布的单极天线的辐射阻抗（在电流最大处）。该图也可以用于偶极天线，不过图中所有的值都要变为原来的2倍。

馈电点阻抗的电抗部分高度依赖于导线长度与直径的比值，这和前面讨论的水平中馈偶极天线是一样的。图 2-25 和图 2-26 所示为#14 AWG（美国导线规格）导线的阻抗曲线，其长度与直径的比值约为 800∶1。正常情况下，在给定的高度中，较粗的天线都会有较小的阻抗，较细的天线正好与之相反。

真实地面上垂直天线的效率相对于 λ/2 天线更显著。若没有一个较为复杂的地面系统，其效率是不可能超过 50% 的，甚至更小，特别是对于 λ/4 高度以下的单极天线。另外，一个接近地平面角的单极天线，其增益高度依赖于地面导电率。这两部分在“地面效应”章中进一步讨论。

2.2.2 折合单极天线

如图 2-30 所示，我们可以认为折合单极天线和折合偶极天线是相似的，两者在馈电点阻抗上可以获得同样的增量。此外，地面或者地网利用电镜像来弥补天线“丢失的一半”。对于 λ/4 折合单极天线，与馈电点相反的点是电中性的，因而可以与地面连接，如图 2-30（A）所示。图 2-30（B）所示为一个商业化的折合单极天线。

由于在馈电点有较小的电流，所以折合单极天线增加的馈电点阻抗经常被误认为是减少了地面损耗。这种分析忽略了附件折合导线与地面之间流过的、同等大小的电流。流过地面系统的全部电流因而和非折合单极天线中的一样，并没有减少地面损耗。

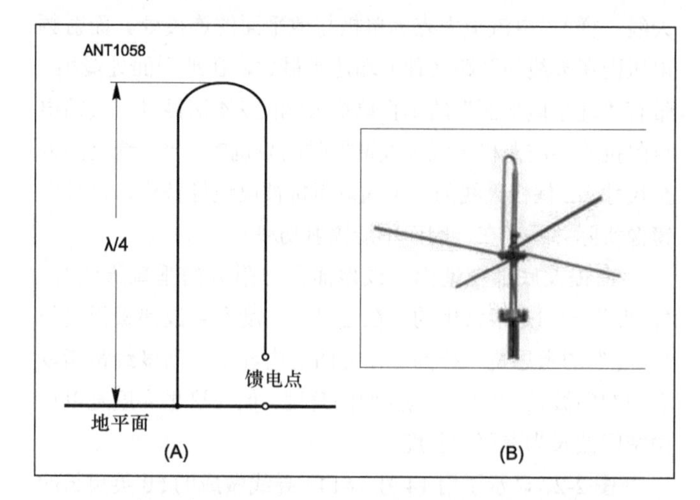

图2-30　加上地面系统或利用电镜像为天线提供地网以弥补“丢失的一半”，这时折合单极天线图（A）和折合偶极天线明显是相似的。图（B）为一个商用折合偶极天线的例子。

2.3 参考文献

更多关于单极天线和偶极天线的参考文献见“天线基本理论”章中的参考文献。

The dipole and monopole are discussed extensively in the references listed in the Bibliography for the **Antenna Fundamentals** chapter.

J. Devoldere, *ON4 UN's Low-Band DXing*, Fifth Edition (Newington: ARRL, 2010).

W. Silver, “Hands-On Radio: Experiment #84—Antenna Height,”*QST*, Nov 2009, pp 64-65.

W. Silver, “Hands-On Radio: Experiment #92—The 468 Factor,”*QST*, Sep 2010, pp 53-54.

第 3 章

地面效应

在“天线基础”一章中，我们主要讨论了自由空间中的理想天线模型，没有考虑地面的影响。然而，任何实际的天线都是设置在地面上空的，有时也可能刚好位于地面上，甚至在地下。地面对天线馈点阻抗、效率、辐射方向图等影响极大。本章，我们将集中讨论天线与地面之间的互感，以及减少靠近天线的地面损耗的方法。在本章中，“土壤”和“地球”都等同于“地面”，有时候，“地面”也可能是淡水或海水。

首先，我们将了解典型地面的特性，接下来，将一步学习天线和地面之间的相互作用。天线与地面之间的互感依据发生地点与天线之间的距离可以分为两种：近场感应区和远场辐射区。近场感应只存在于距离天线非常近的区域，基本在一个波长之内。在这个区域，天线如同一个大型的集总常数 R-L-C 调谐电路——能量大部分储存在天线中，只有极少部分被辐射出去。天线中的 RF 电流将使地面产生感应电流，该感应电流反过来又会影响天线中的电流。这些电流会改变天线的馈点阻抗，同时，因为地面中的电流，能量损耗也会增加。这些损耗即为从发射机传输到天线但未被辐射出去的那部分能量。因此，对于给定的天线输入功率，输出信号强度相比有所减少。对于安装在距离地面较近的垂直天线，这一点极为重要。

在远场辐射区，地面将很大地影响天线的辐射方向图。天线相对于地面的极化方式不同，它们之间的互感也不同。对水平极化天线而言，在竖直平面内，辐射方向图的形状主要取决于天线距离地面的高度。对垂直极化而言，在竖直平面内，辐射方向图的形状和强度很大程度上取决于地面本身的性质和天线距离地面的高度。

本章中假设天线附近的地面为平坦地面。如果想了解地面为非平坦地面时的情况，请参考“HF 天线系统设计”一章，该章中还会讲到 HFTA 地形分析软件（由 Dean Straw/N6BV 设计）的使用。

3.1 近场地面效应

对于本章 3.1 节和 3.2 节的内容，原作者（Rudy Severns/N6LF）根据新的工作实践在上一版的基础上进行了扩展和修改。

3.1.1 地表的电学特性

要研究一份土壤样品的特性，可以制作一个如图 3-1 中所示的平板电容。首先，在电容两板之间无任何土壤时测量它的容值（C_s）和分流电阻（R_s）。我们希望得到的 R_s 的值非常高，而 C_s 的值比较适中，该 C_s 的值与板的面积成正比，与两板间的距离成反比。接着，在电容两板之间填满土壤（样品），然后测量 R_s 和 C_s，我们将发现二者的变化很大：R_s 显著变小，C_s 显著变大。这个实验告诉我们，土壤类似于一个有损电容。当土壤中有 RF 电流流过时，R_s 上将产生损耗。因此，要注意防止土壤中出现 RF 电流，至少是天线附近的土壤中不要有。

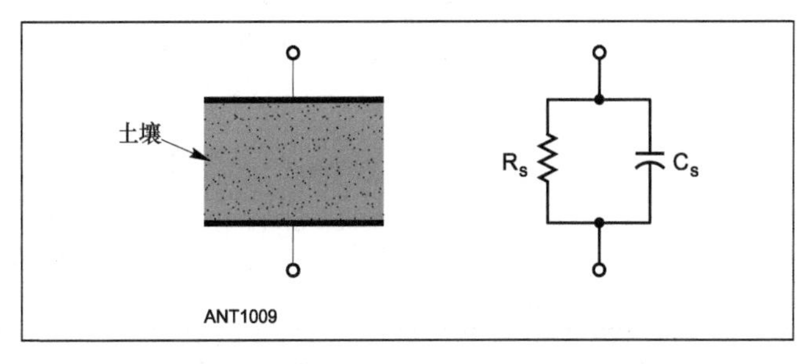

图3-1　土壤等效电路。

R_s与土壤的电导率（σ）负相关，C_s则与土壤的介电常数（ε_r）直接相关。我们可以根据有土壤和无土壤时电容的测量结果推导出σ和ε_r的值。σ的单位为西门子/米（S/m），ε_r无量纲。在 HF 段，σ和ε_r对于计算地面损耗或天线辐射方向图起着决定性的作用，是天线模型的重要组成部分。

针对不同土壤百年来的测量结果表明σ和ε_r的取值范围很大，与所在区域，土壤成分，土壤层理，土壤含水量，以及大量其他因素有关。表 3-1 列出了各种典型地面的典型特征。

对于真正的土壤，我们很难精确地得到它的σ和ε_r值。对于给定的σ，ε_r的变化范围很大。σ和ε_r将随土壤湿度的增大而增大，因此，一般来说，如果σ的值比较大，则ε_r的值也会比较大。不过，也有可能σ的值比较适度，而ε_r的值非常大。含有黏土成分的土壤，其ε_r值通常就很大。对于 23℃的淡水，ε_r=78，这时你可能想知道土壤的ε_r值为什么比水还高。这是由黏土中的极化效应引起的。至少在 HF 的低频段，ε_r的值非常可能>100。一般情况下，电导率将随频率的升高而增大，而介电常数在 HF 低频段将随频率升高而减小，随频率继续升高，将达到平衡。

大部分的土壤传导率数据其对应频率皆为广播频率。图 3-2 所示为美国的典型地面电导率。这些数据对于 BC（AM 广播）电台非常有用，但对于业余爱好者来说其作用有限，因为这些数据是很大一片区域的平均电导率，其主要关注的也是 BC 频段的地面波传导。业余爱好者通常更关心天线附近的土壤电导率，而它与大片区域的平均值有着极大的差异。

表 3-1　　不同类型的地表的导电率和介电常数

地表类型	介电常数	导电率（S/m）	相对品质
淡水	80	0.001	
盐水	81	5.0	
田园，低矮的山坡，肥沃的土壤——Dallas，TX 到 Lincoln，NE 地区之间的典型地面	20	0.030 3	很潮湿
田园，低矮的山坡，肥沃的土壤——OH 和 IL 地区的典型地面	14	0.01	
平坦的乡村，沼泽，茂密的树林——密西西比河附近 LA 地区的典型地面	12	0.007 5	
田园，中等高度的山丘和森林——MD，PA，NY 地区的典型地面（不包括山区和沿海地区）	13	0.006	
田园，中等高度的山丘和森林，厚重的黏土——VA 中部的典型地面	13	0.005	平均地表
富含岩石的土壤，陡峭的山坡——典型的山区	12～14	0.002	干燥
沙质，干燥，平坦——沿海地区	10	0.002	
城市，工业区	5	0.001	很干燥
城市，重工业区，高程建筑	3	0.001	相当干燥

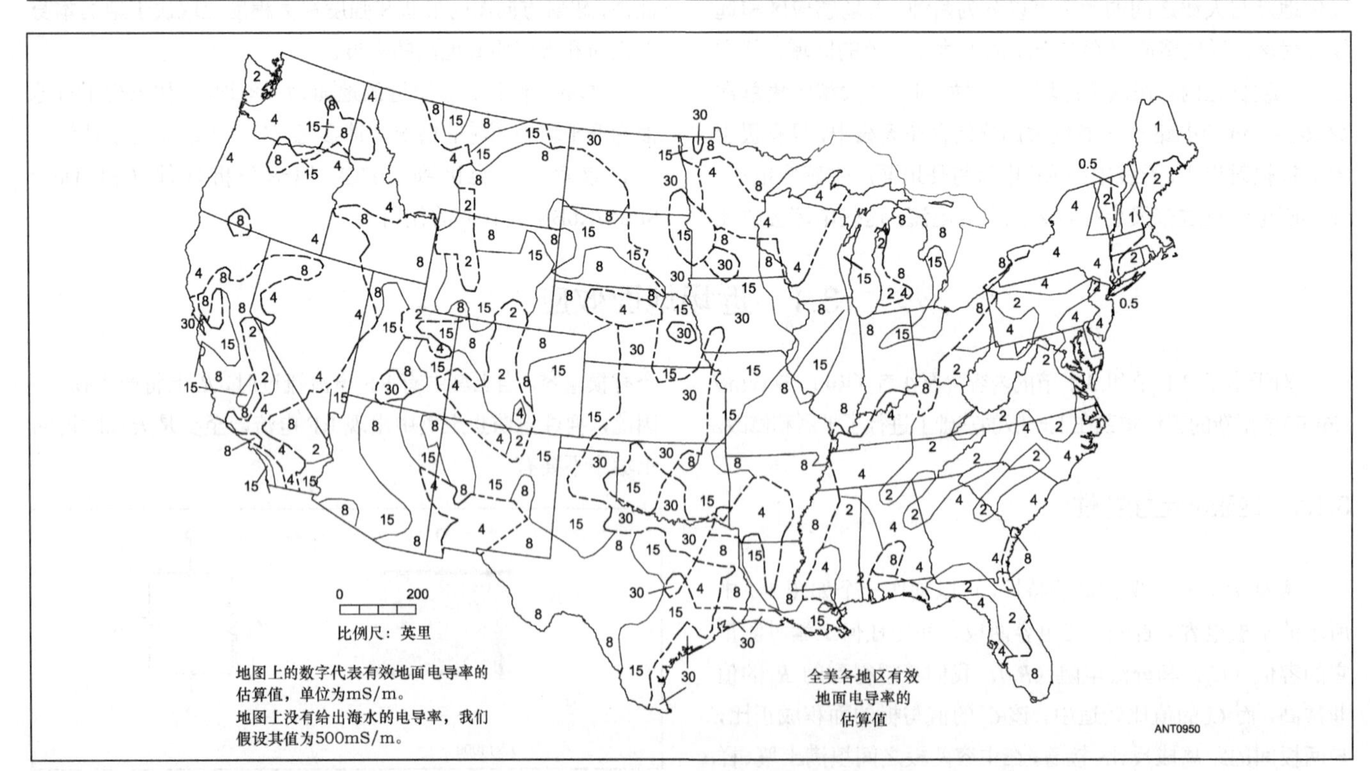

图3-2　美国有效地面电导率估计值。FCC地图给出了美国大陆的典型地面电导率，用于广播服务。这些值对应频率为500～1500kHz，对应地形为平坦，开阔的空间，通常不包括其他类型的常见地形，例如海岸，河床等。

土壤特性不仅与位置和时间有关，还与频率有关。图 3-3 和图 3-4 中所示为典型 QTH（N6LF）处两处土壤的 σ 和 ε_r 与频率的变化关系。关于天线建模与设计中地面参数的测量方法请参考本章中的“天线分析中的地面参数”部分。

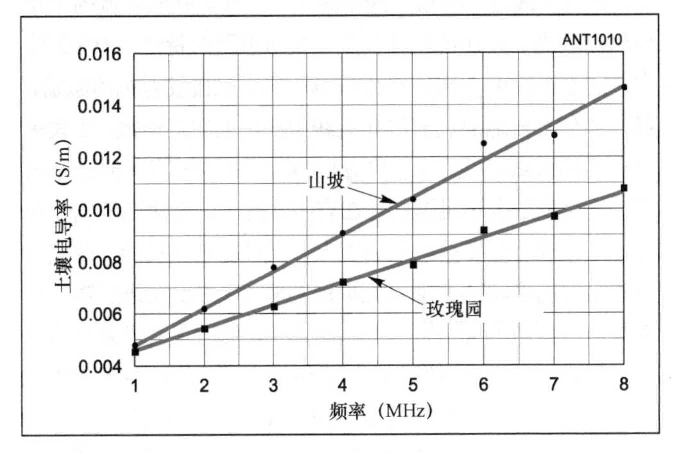

图3-3 典型土壤电导率随频率的变化关系。

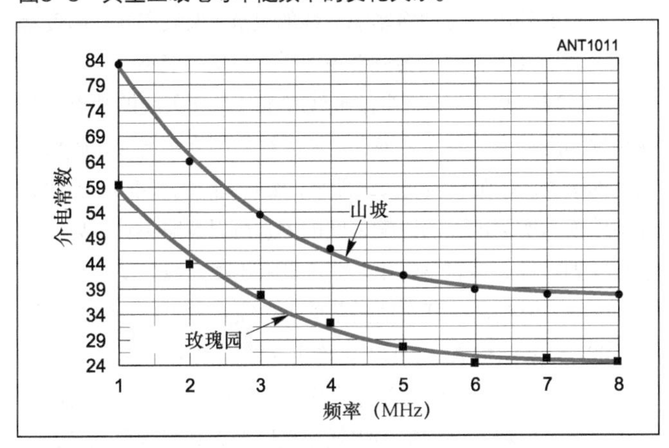

图3-4 典型土壤介电常数随频率的变化关系。

针对世界不同地方，George Hagn 和他的同事在 SRI 进行了大量的地面特性测量。[1] 图 3-5 中所示为他们的工作结果。

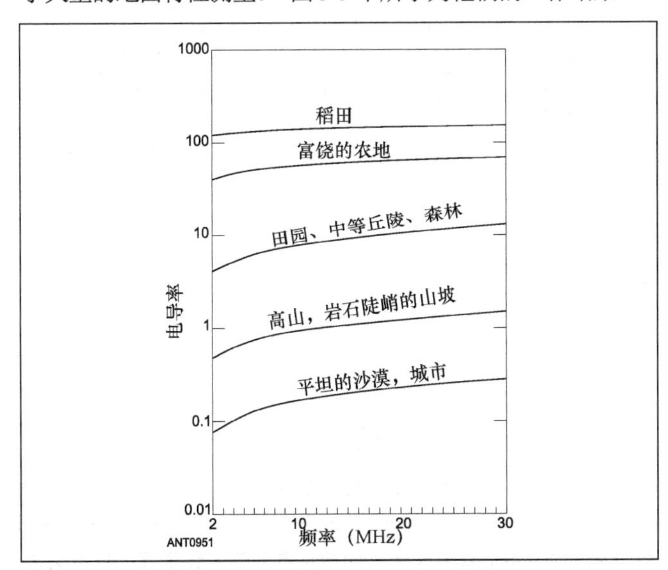

图3-5 不同地面上电导率随频率的变化关系。

3.1.2 土壤趋肤深度

对于给定的某个位置，其土壤结构很可能是分层的（随深度变化），因此需要计算其平均值。问题是平均值对应的深度应该是多少。我们的回答是，这个深度由 RF 电流在土壤中的穿透深度决定。该穿透深度通常称之为“趋肤深度”。趋肤深度（δ）等于电流或场衰减到原来的 1/e（e=2.71828...）或 37%时的地面深度。趋肤深度在计算地面损耗时也会用到。

已知 σ 和 ε_r，可以根据下面的公式计算得到趋肤深度：

$$\delta=\left(\frac{\sqrt{2}}{\omega\sqrt{\mu\varepsilon}}\right)\left[\sqrt{1+\left(\frac{\sigma}{\omega\varepsilon}\right)}-1\right]^{-1/2} \qquad (3\text{-}1)$$

其中：

δ= 趋肤深度或穿透深度[m]

$\omega=2\pi f$，f= 频率[hz]

σ= 电导率[S/m]

$\mu=\mu_r\mu_o$= 磁导率

μ_o= 理想磁导率 $=4\pi 10^{-7}$ [h/m]

μ_r= 相对磁导率[无量纲]

$\varepsilon=\varepsilon_r\varepsilon_o$= 介电常数[f/m]

ε_o= 理想介电常数= 8.854×10^{-12} [f/m]

ε_r= 相对介电常数[无量纲]

图 3-6 中所示为典型地面上式（3-1）对应的曲线。

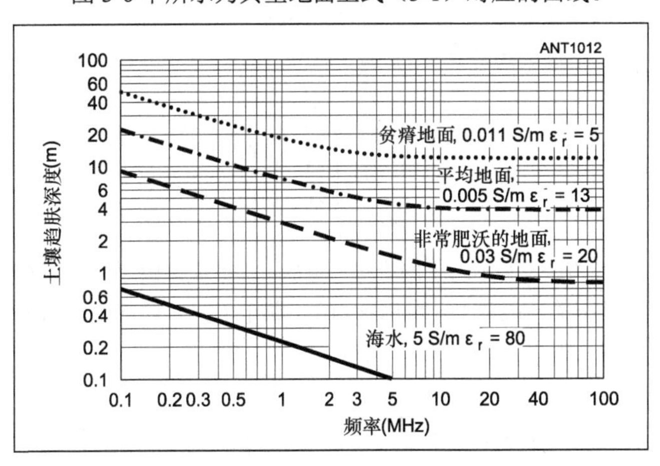

图3-6 不同地面上趋肤深度随频率的变化关系。

趋肤深度将随频率和土壤特性变化。例如，频率为 1.8MHz 时，海水中趋肤深度约为 16cm，贫瘠土壤中约为 15m。随频率升高，趋肤深度减小，与 $1/\sqrt{f}$ 成正比，到某个点后保持平缓。

图 3-6 中的土壤类型代表了天线建模中常用的值。图 3-7 中所示为 $\sigma=0.001$ 和 0.01S/m 时，不同 ε_r 所对应的曲线关系。从图 3-7 中我们可以看到一些有趣的东西。在低频段（BC 波段），δ 对于不同的 ε_r 差别不大。这就是 BC 波段对

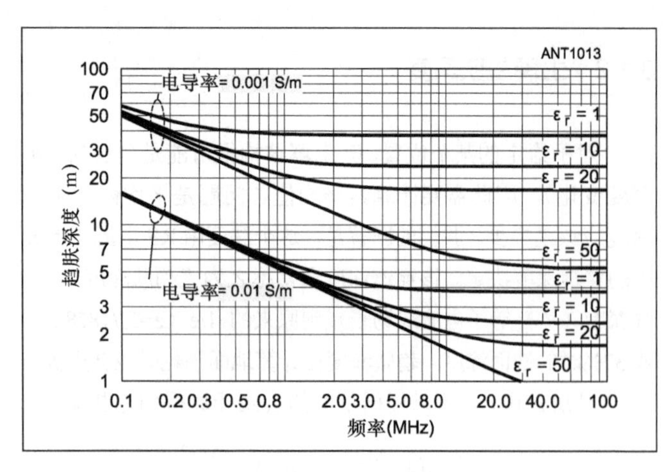

图3-7　两种不同电导率下趋肤深度与频率和ε_r的变化关系。

应的土壤特性数据很少包含介电常数的原因之一。随着频率继续增大，曲线逐渐变得平坦，取值取决于 σ 和 ε_r。

3.1.3　土壤中的波长

土壤是一种复杂的介质，它的 σ 和 ε_r 的值与自由空间中的值差别很大，因而土壤中的波长可能与自由空间中的波长有很大的不同。这一点对天线和地面附近或地面下的地网系统来说很重要。土壤中的波长一般大大短于自由空间中的波长，在建模过程中进行线分割时必须考虑这一点。

自由空间中的波长（λ_0）为（单位：m）：

$$\lambda_0 = \frac{299.79}{f(\text{MHz})} \tag{3-2}$$

土壤中的波长（λ）为（单位：m）：

$$\lambda = \frac{\lambda_0}{\left[\varepsilon_r^2 + \left(\dfrac{\sigma}{\omega\varepsilon_0}\right)^2\right]^{1/4}} \tag{3-3}$$

图 3-8 所示为不同土壤，海水，淡水及自由空间中波长与频率的曲线关系。可以看到，土壤中的波长通常比自由空间中小得多。

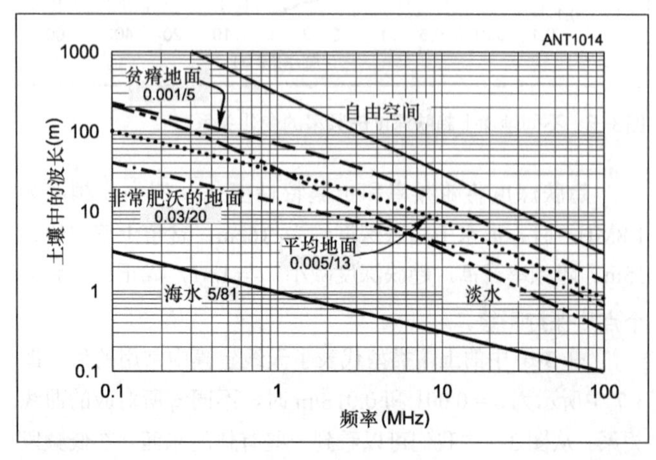

图3-8　一般土壤中波长与频率的变化关系。

3.1.4　馈点阻抗与距地高度

天线向下的辐射将被地面反射，反射信号方向竖直向上，穿过天线时，将在天线中感应出电流。感应电流的大小和相位取决于天线的距地高度及反射表面的特性。#10 天线中总的电流由两个部分组成：第一部分来自发射机的激励，第二部分来自地面反射波在天线中产生的感应电流。在大多数有用的天线高度上，第二部分电流虽然比第一部分小很多，但绝不是微不足道的。在有些高度上，这两部分电流可能是同相的，而在另一些高度上，又可能是异相的。改变天线的距地高度将改变馈点处电流的幅度（假设天线的输入功率是一个常数）。同样的输入功率，电流越大说明天线的有效电阻越小，反之亦然。换句话说，天线的阻抗由于天线下方地面与天线的交互作用而受到天线距地高度的影响。

地面的电学特性将影响反射信号的强度和相位。因此，天线下方地面的电学特性将影响天线的阻抗。架设在同一高度上的天线由于其下方的土壤特性不一样，阻抗可能不一样。

图 3-9 所示为垂直半波天线和水平半波天线的馈点电阻随距地高度的变化关系。垂直半波天线的高度是指天线底部到地面的距离。对水平半波天线而言，如果天线的高度大于 0.2λ，理想地表和实际地面的影响之间的差别可以忽略不计。高度小于 0.2λ 时，理想地表条件下，馈点电阻随着天线高度的减小而急剧降低，但是，在真实地面条件下，馈点电阻在天线高度低于 0.08λ 时开始增大，如图中虚线所示。原因在于，在天线高度很低时，天线场与地面的相互作用更加强烈，其结果就是增大了地面的损耗。该增加的损耗即表现为天线馈点阻抗增大。

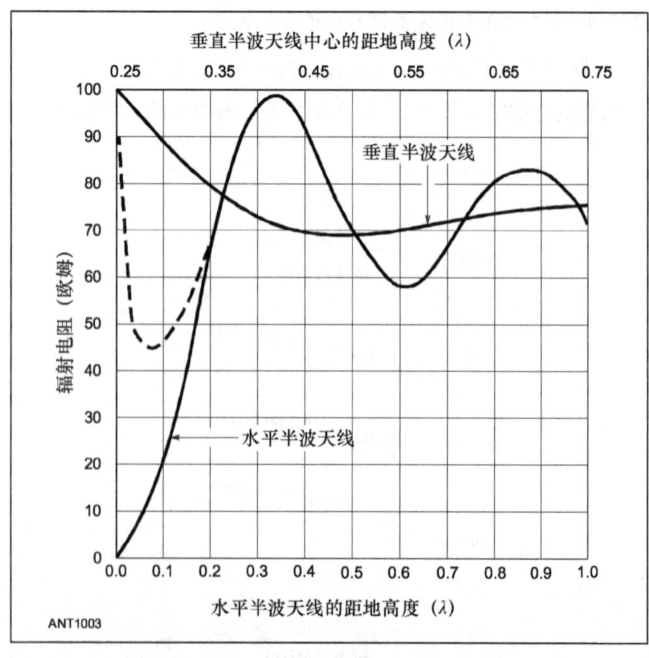

图3-9　水平和垂直半波天线的馈点电阻随天线高度（单位为波长）的变化关系。

3.2 垂直单极子天线的接地系统

这部分，我们将集中讨论垂直单极子天线（长度小于 λ/2）。单极子天线需要某种接地系统来构成天线“遗失”的另外一半，减少近场区的能量损耗。（本章中，“垂直天线”理解为安装在地面上或靠近地面的垂直单极子天线。）

首先，我们将对天线附近的电场和磁场强度进行研究，因为天线附近土壤中的损耗是这两个量函数。接下来将研究垂直天线底部附近土壤中的真实损耗和损耗分布。最后，我们将学习可以大大减少这种损耗的接地系统。

3.2.1 天线底部附近的场

本节我们将分析典型垂直天线天线底部λ/2 区域内地面上的 E 和 H 场。（请参考“天线基础”一章中有关 E 和 H 场的讨论）。可能比较概括，但是它可以帮助我们了解垂直天线底部附近土壤中发生了什么，让我们知道地面中电流的位置，大小及相关损耗。这些信息将指导我们设计和优化接地系统。

垂直天线的两个场分量E_z和H_Φ将在天线附近的地面中感应出电流。图 3-10 所示为垂直天线附近区域内电场分量（E_z，V/m）和磁场分量（H_Φ，A/m)的示意图。这两个量都将在土壤中感应出电流（I_V和 I_H)）。天线附近土壤的电阻通常相对较高，因此会产生能量损耗。地面中耗损的能量来自于天线的输入能量，因此该耗损会导致信号变弱。

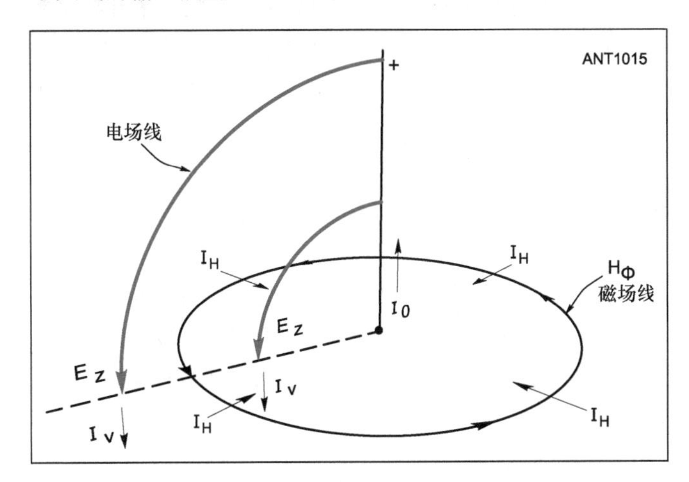

图3-10 垂直天线附近的场和电流。

如图 3-10 所示，H 场的切向分量（H_Φ）在土壤中的感应电流为水平流动电流（I_H），E 场垂直于地面的分量（E_z）在土壤中的感应电流为垂直流动电流（I_V）。随土壤深度增加，场感应电流将按土壤趋肤深度的变化曲线减小。

> **图计算电子表格**
>
> 本章中的很多图是使用 Excel 电子表格按场计算方程产生的。“Chapter 3-Figures.xls” 对应的电子表格可以在《无线电》杂志网站 www.radio.com.cn 上本书相关的文件中找到。电子表格中的变量是“活”的——你可以根据你自己的地面条件和天线参数进行调整。文件中的初始工作表提供了额外的信息。

E_Z和 H_Φ的值可以通过模拟（使用基于 NEC 的软件进行进场计算）或按公式计算得到。事实证明，真实地面和理想地面中，天线底部附近（<λ/2）的场强值非常接近。这意味着，我们可以使用比较简单的模型或方程来得到 E_Z和 H_Φ的值。下文中与场强相关的图都假设对应的是理想地面。

表 3-2 中为不同高度（*h*）处天线底部的馈点电阻和电流。电流值都假设是输入功率为 1.5kW，位于理想地面上的理想垂直天线的数据。

表 3-2 天线底部激励电流与垂直天线高度 *h*(λ)的函数关系

输入功率为 1500W		
h (λ)	I_o (A)	R_r (Ω)
0.050	39.7	0.95
0.125	15.1	6.57
0.250	6.45	36.1
0.375	2.53	234

图 3-11 所示为对应 4 种不同高度（*h*）：0.05λ、0.125λ、0.250λ 及 0.375λ，垂直天线天线底部 λ/2 区域内的 H 场场强；图 3-12 所示为 E 场场强。两幅图中我们发现有两个相同点：

1）随着到天线底部的距离减小，场强迅速增大，尤其在半径<λ/8 的区域内。

2）输入功率相同时，天线越短，场强越大。

对于 E 场，最小场强出现在 *h* = 0.25λ 时，*h* 超过 0.25λ 后，场强随 *h* 增加而增加。地面损耗与场强的平方成正比。换句话说，如果场强加倍，则损耗将变为原来的 4 倍。这告诉我们，必须特别注意距离基 λ/8 的区域内的接地系统构造，尤其是对于较短的垂直天线要特别注意。

另外，根据图 3-12 我们可以推断天线上的电压很高，天线越短上面的电压越高，功率越大。对于长度比 λ/4 长的垂直天线，其靠近天线底部处的电压将非常高。这将是一个安全隐患！发射信号如果碰触垂直天线可能导致严重的 RF 烧伤。

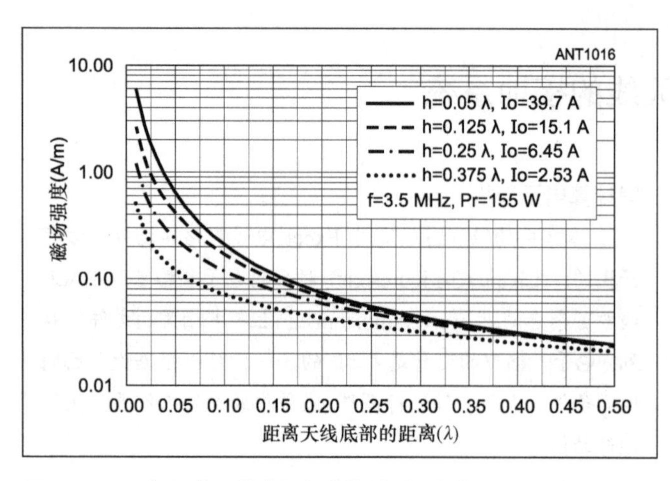

图3-11 H_Φ与距离天线底部距离的关系，频率为3.5MHz。

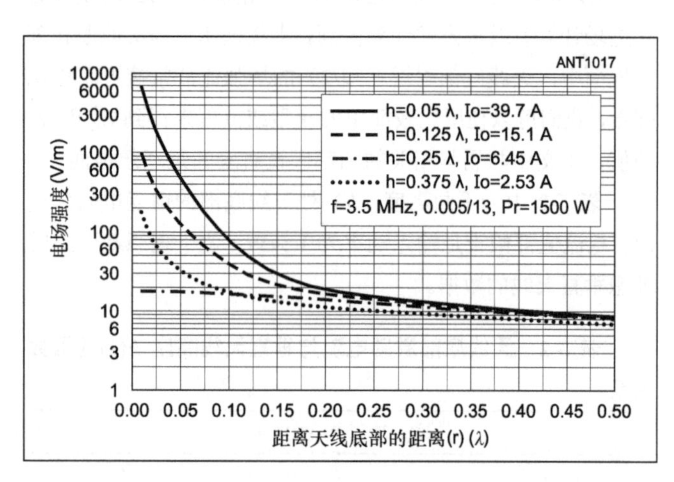

图3-12 E_Z与距离天线底部距离的关系，频率为3.5MHz。

图 3-13 和图 3-14 所示为频率在 1.8～28MHz 时 λ/4 天线的场强。在给定的（距离天线底部）距离处（单位 λ），E 场和 H 场的场强随频率升高而增大。但是，如图 3-13 中虚线所示，在一个给定的物理距离处，H 场是恒定的，不随频率变化。相对而言，如图 3-14 中虚线所示，在一个给定的物理距离处，E 场随频率升高而增大。

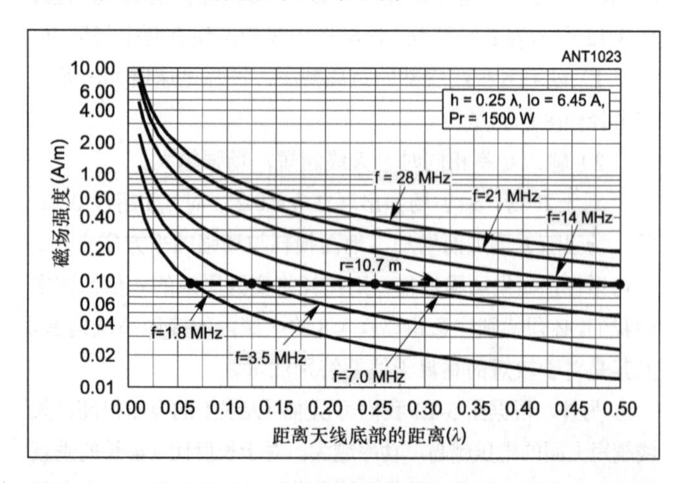

图3-13 λ/4垂直天线的H_Φ与距离天线底部距离（单位λ）的关系。

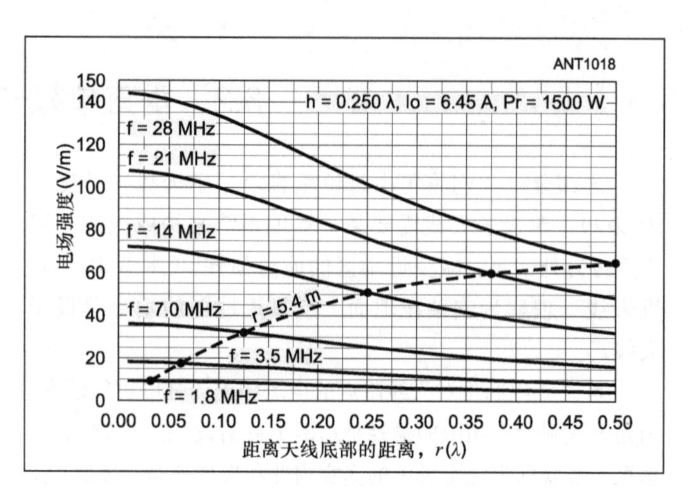

图3-14 λ/4垂直天线的E_Z与距离天线底部距离（单位λ）的关系。

由于场分布不随频率线性变化，所以其行为显得有些奇怪！请记住，在所有频率处，天线底部的电流都被设为 6.45A（P_r=1500W，h=0.250λ）。随频率变化，垂直天线的距地高度将从 1.8MHz 时的 135 英尺降低到 28MHz 时的 8.8 英尺。对于垂直天线（$h \leqslant \lambda/4$），天线底部处的电流最大，顶端的电压最高。当我们改变频率和 h 时，H 场主要受天线底部处电流（该电流自身的幅度和位置未发生改变）的影响。但是，E 场主要受垂直天线顶部（随频率升高天线顶部距离地面的高度越小）的大电压的影响。通常我们使用频率来度量接地系统的尺寸。例如，如果波长为 40m，λ/4 长的地网线其长度即为 34 英尺，波长为 20m 则为 17 英尺。问题在于场无法用频率进行度量。对于给定距离（单位：λ）处的场，场强的变化率比频率高。这些结果告诉我们对于给定尺寸（单位：λ）的接地系统，地面损耗将随频率升高而增大！

前面我们提到过，土壤的电导率一般随频率升高而增大，但由于其变化范围太大，可能对我们的帮助不大。因此最好保守一点，不要计算 σ 的增加量，除非你实际测量过你的土壤的特征参数。

3.2.2 辐射效率及土壤中的能量损耗

使用图 3-15 所示的等效电路模型模拟馈点阻抗中的电阻部分，并在此基础上对天线效率进行讨论。假设天线底部中的电流（I_o）要流过一个电阻，此处称之为辐射电阻（Rr），则辐射功率(P_r)为：

$$P_r = R_r I_O^2 \tag{3-4}$$

同样，可以引入一个与 R_r 串联的损耗电阻 R_g 以计算地面中的能量损耗：

$$P_g = R_g I_O^2 \tag{3-5}$$

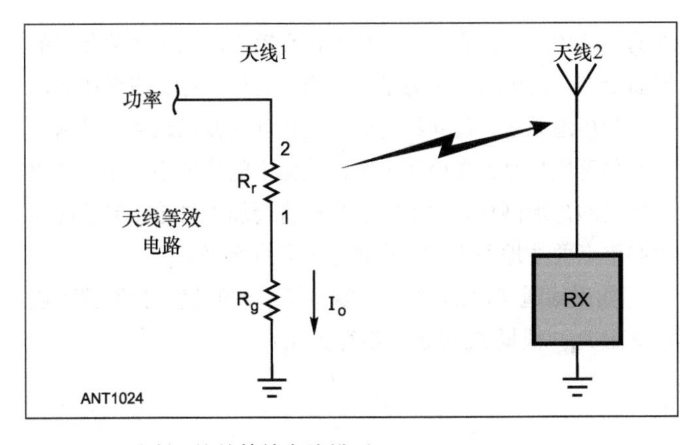

图3-15　垂直天线的等效电路模型。

导体、负载线圈等导致的其他能量损耗也可以通过在等效电路中串入损耗电阻来进行计算。对于这些能量损耗，尽管在真实天线中可能很大，但我们暂不讨论。此时，输入总功率（P_T）可简单等同为 P_r 和 P_g 的和。

垂直天线的效率（η）为：

$$\eta = \frac{P_r}{P_r + P_g} = \frac{P_r}{P_T} \tag{3-6}$$

将上式用电阻表示为：

$$\eta = \frac{R_r}{R_r + R_g} = \frac{1}{1 + \frac{R_g}{R_r}} \tag{3-7}$$

本质上，效率就是辐射功率与总的输入功率的比。另一种说法是，效率取决于地面损耗电阻与辐射电阻的比。输入功率一定，则 R_g 越小辐射功率越大。因此，接地系统的目标就是要减小 R_g。

可以通过前面讨论过的 E 场和 H 场来确定垂直天线附近的 P_g。根据 P_g 和 I_o，我们可以计算出 R_g，进一步得到天线的辐射效率。此处，我们没有涉及数学细节，如果你想了解，可以参考我们前面提到过的电子表格。

下面的讨论中假设辐射功率恒为 1.5kW。相比辐射功率，总输入功率可能会大很多，因为对于那些只有有限接地系统的短天线，土壤中耗损的能量可能非常大。图 3-16 和图 3-17 所示为接地系统仅仅由天线下方一根打入地下的长桩构成的天线的地面损耗。从图中我们可以看到损耗的大小，也使我们清楚认识到在天线底部附近增加接地系统的必要性。

图 3-16 中所示为，频率为 3.5MHz，地面为平均地面（σ=0.005S/m，ε_r=13）时，不同高度的垂直天线天线底部附近给定半径（单位：λ）区域内的总的地面损耗。虽然所有高度的天线的损耗都很显著，但对于非常短的天线，其损耗简直是一个天文数字。例如，0.050λ（频率为 3.5MHz 时，约为 13 英尺）的垂直天线，其相关损耗约为 14dB；换句话说，如果要产生 1.5kW 的辐射的功率，地面中的损耗将达 20kW。表 3-3（使用表 3-2 中的 R_r 值）中所示为不同天线的效率。

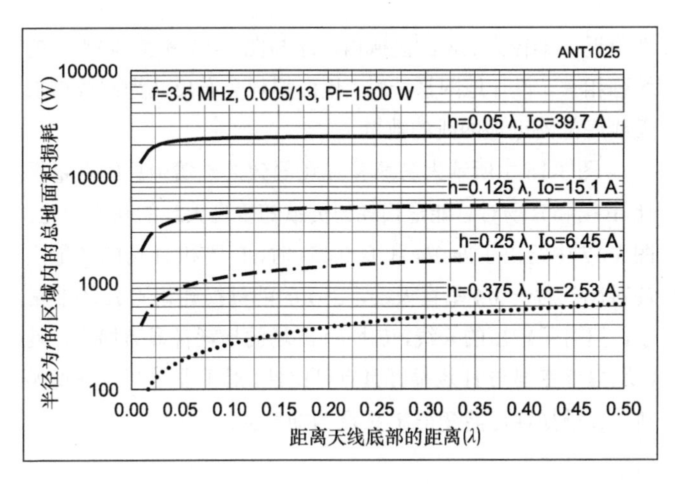

图3-16　频率为3.5MHz时，不同高度的垂直天线天线底部固定半径区域内的总地面损耗。

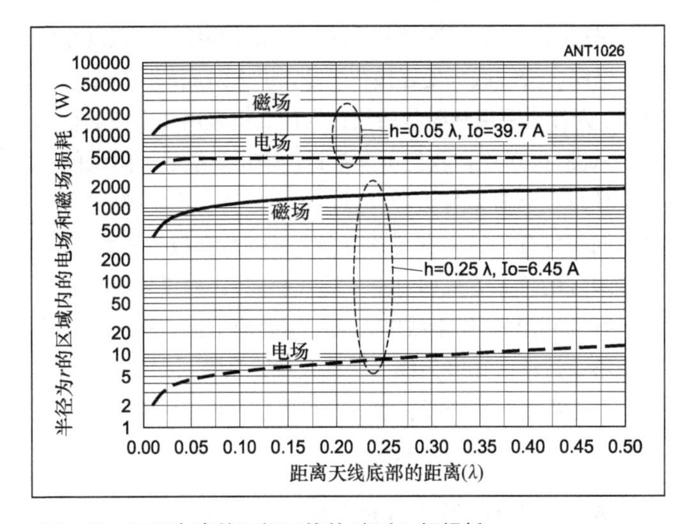

图3-17　不同高度的两根天线的E场和H场损耗。

表 3-3　位于平均地面上，接地系统仅含一根接地桩的不同高度处的垂直天线的效率

高度（*h*）	效率	能量损耗
（λ）	（%）	（dB）
0.050	4	–13.8
0.125	21	–6.7
0.250	46	–3.4
0.375	71	–1.5

根据表 3-3 中的数据，我们可以清楚地知道，大多数情况下，为什么有必要增加额外的接地系统，而不是仅仅依靠一根简单的地桩。请注意这些数据是针对某种特定的地面类型的（平均地面）。贫瘠地面的损耗将更高，而肥沃地面的损耗要低一些。对于给定的输入功率，即使是 λ/4 垂直天线也会有超过 3dB 的信号损失，因为过半的能量被耗散在土壤中了。这告诉我们，垂直天线越短，接地系统越关键。

从图 3-16 中我们看到大多数的能量损耗发生在天线底

部附近，半径为 $\lambda/8$ 的区域内，这与图 3-13 和图 3-14 中的场强相关。设计地网系统时，地面损耗分布反映为需要增加天线底部附近地网线的数量。

图 3-16 中所示为 E 场和 H 场导致的土壤中总的能量损耗。E 场和 H 场对总能量损耗的贡献随垂直天线的高度变化。图 3-17 中给出了 $h=\lambda/4$ 和 $h=0.05\lambda$ 时，E 场和 H 场的能量损耗对比。对于 $\lambda/4$ 垂直天线，E 场的能量损耗相比 H 场非常小，但对于较短的天线，E 场和 H 场的损耗都显著增大，且 E 场损耗变得与 H 场损耗具有可比性。对于非常短的垂直天线，E 场损耗可能变得比 H 场的损耗大。

3.2.3 线接地系统

图 3-18 中所示为一个"径向"接地系统。该接地系统中，电线在天线底部处连接在一起，沿天线底部向外沿径向分布。为什么采用辐射状的线？为什么不采用环形或其他形状？从图 3-10 中，我们可以看到，垂直天线底部附近的 H 场呈环形。当 H 场穿过导体时，将在导体中产生感应电流，其方向在垂直于 H 场矢量的方向上。因此，在线接地系统中，电线最佳的排布方式即垂直于场（径向）。如果电线分布与场平行（环形），则电线中无法产生感应电流，那么电流将在土壤中流动。在多天线（垂直天线）系统（例如天线阵）中，径向线接地系统可能就不再实用了，此时可能需要使用其他形式的粗网格接地系统。

地下或地面上的径向线接地系统

安装线接地系统有几种不同的方法：线埋在地下几英寸处的土壤中，直接安装在地面上，或者架设在距地数英尺的地面上空，甚至这几种方法的组合。另外，对于假设在地面上空的接地系统，径向线之间可能相互连接以达到"平衡"。另一种可能性是，在地面上空或地面上的接地系统中，使用一种粗的矩形网格。对于它们我们将会加以讨论，但是现在我们重点关注地面上和埋在地下的径向系统。

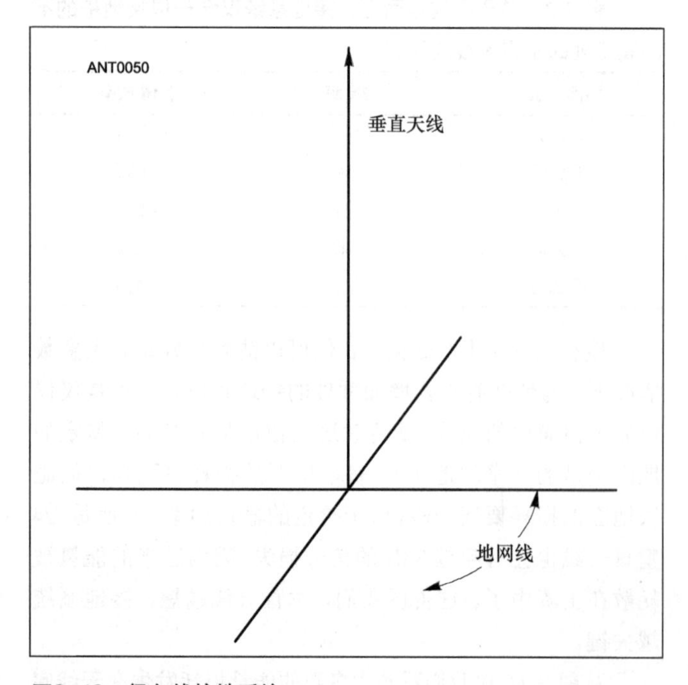

图3-18 径向线接地系统。

如果知道 E，H，I_0 和土壤特征参数的值，我们就可以计算出 P_g。根据 P_g 可进一步得到 R_g：

$$R_g = \frac{P_g}{I_0^2} \tag{3-8}$$

R_g 不可以通过欧姆表测量得到。它反映的是某垂直天线的地面损耗（P_g）与激励电流（I_o）之间的关系。反过来，P_g 不仅取决于土壤的特征参数，还取决与 I_o 及垂直天线自身的特性，例如高度、负载等。因此，对于某个接地系统，如果我们改变垂直天线的特性，R_g 将随之改变，即使土壤特性和地面系统的物理特性未发生改变。

理想接地屏

首先我们假设接地系统是理想接地系统：天线底部附近半径为"r"的区域内的土壤被高电导率的接地屏覆盖。对于某个给定半径内的区域，理想接地屏能提供最小的 R_g。接下来我们将分析只有有限数目地网线的实际径向线接地系统的 R_g。根据理想接地屏的相关信息，我们可以知道最好能达到什么状态，并明确到何时会面临：无论怎样增加地网线的数量也只能带来很小的改进。令人惊讶的是，地网线的数量不需很大就可以近似达到理想接地屏的效果。

图 3-19 中所示为频率为 3.5MHz 时，平均地面条件下，不同高度的天线其 R_g 值与地面屏半径的变化关系。正如我们在图 3-16 中所看到的，垂直天线底部附近的总地面损耗较大，逐渐远离天线底部，额外的能量损耗大大减小。这意味着 R_g 随 r 的增加迅速减小，但随 r 增大，R_g 减小的速率将降低。

使用表 3-2 中 R_r 的值，并结合图 3-19 中 R_g 的值，按照公式（3-8），我们可以得到图 3-20。效率用 dB 表示，从图中我们可以直观地知道随地面屏半径增加，信号所对应的增大量。例如，对于 $h=0.25\lambda$ 的垂直天线，屏半径从 0.01λ 增大到 0.125λ 时，信号增大了 1.5dB。半径继续增大到 0.25λ，信号将继续增大 0.6dB；半径增大到 0.375λ，信号继续增大 0.4dB。显然，接地屏的半径为 $\lambda/8$ 时，信号显著增强，此后随半径继续增大，信号的增加量减小了许多。在业余应用中，考虑到花费的成本和精力，至少在低频段（160m 和 80m），屏的半径一般不会超过 $\lambda/4$。但是，正如前面所指出的，在高频段，我们可能需要更大尺寸的接地系统。

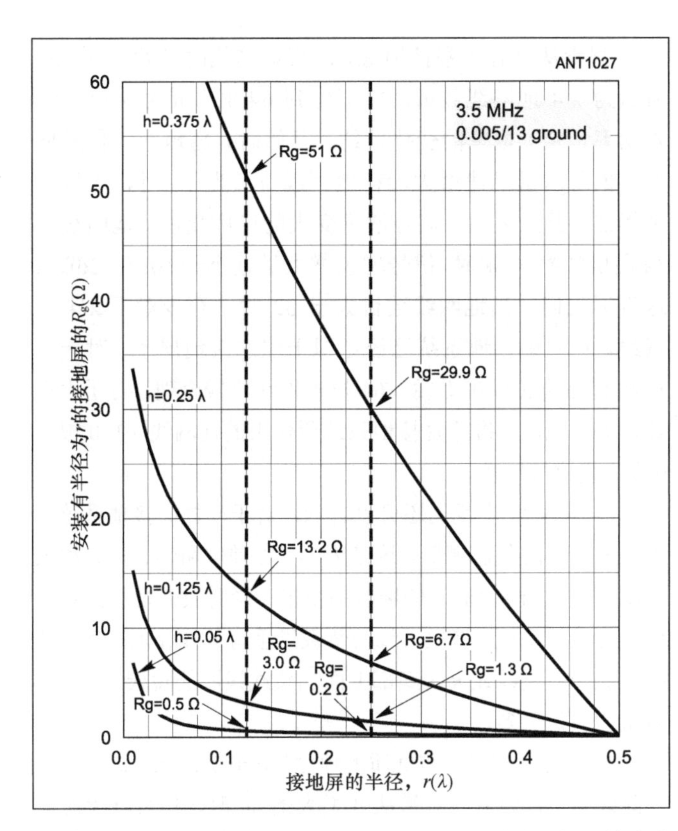

图3-19　R_g与接地屏半径的变化关系。以r=0.5λ处的损耗为基础进行归一化处理。

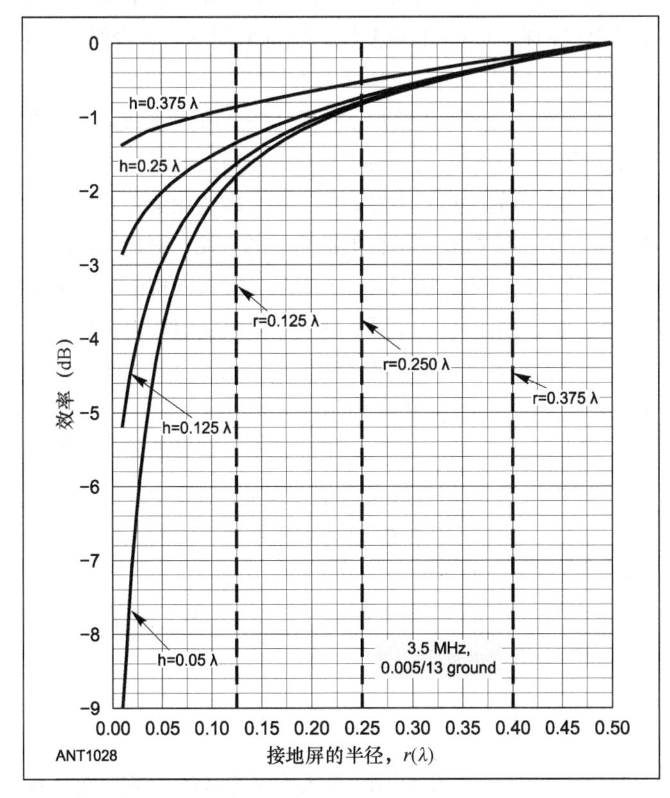

图3-20　效率（dB）与地面屏半径的函数关系。

图 3-19 所示为确定频率确定地面参数条件下对应的 R_g 值。图 3-21 和图 3-22 所示为天线高度（本例中为 λ/4）确定，频率或地面特征改变时的 R_g 的变化曲线。

图 3-21 所示为对应不同的接地屏半径，R_g 随频率的变化关系。该图对应平均地面上 λ/4 垂直天线。从图中我们可以看到，对于某一屏半径，R_g 将随频率升高显著增大。例如，r=λ/4 时，R_g 在频率为 3.5MHz 时等于 7Ω，在频率为 28MHz 时等于等于 12Ω。频率为 28MHz 时，如果将屏半径增大到 0.375λ，R_g 将减小到 5Ω。频率为 28MHz 时，将屏的半径从 λ/4（2.7m，即 8.8 英尺）增大到 3/8λ（4m，即 13.2 英尺）非常实用。即：随频率上升我们需要使用半径更大或地网线数量更多的接地系统。幸运的是，随频率升高，波长将随之变短，在保持总线长不变的条件下，要增加地网线的数量或长度都比较容易。

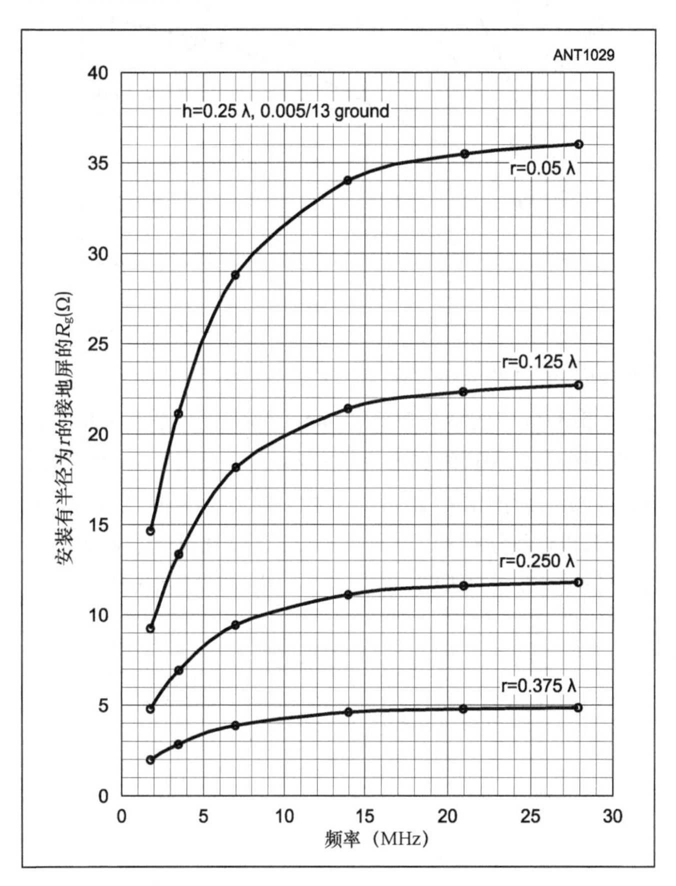

图3-21　平均地面条件下，对应不同的接地屏半径，λ/4垂直天线的R_g随频率的变化关系。

从图 3-22 中我们可以看到，对于较低质量的土壤，R_g 值明显较高，也更需要一个更大的接地系统来维持天线效率。

真实径向线接地系统

实际应用中，通常使用形似电扇的线接地系统，如图 3-18 所示。相比理想接地屏，要知道实际接地系统的性能，可以通过数学分方法进行分析，使用 NEC 软件进行模拟仿真，或者对实际天线进行测量。前面 3 种方法都可以得到同样的答案。后文中，我们通过实际测量和 NEC 建模进行分析。

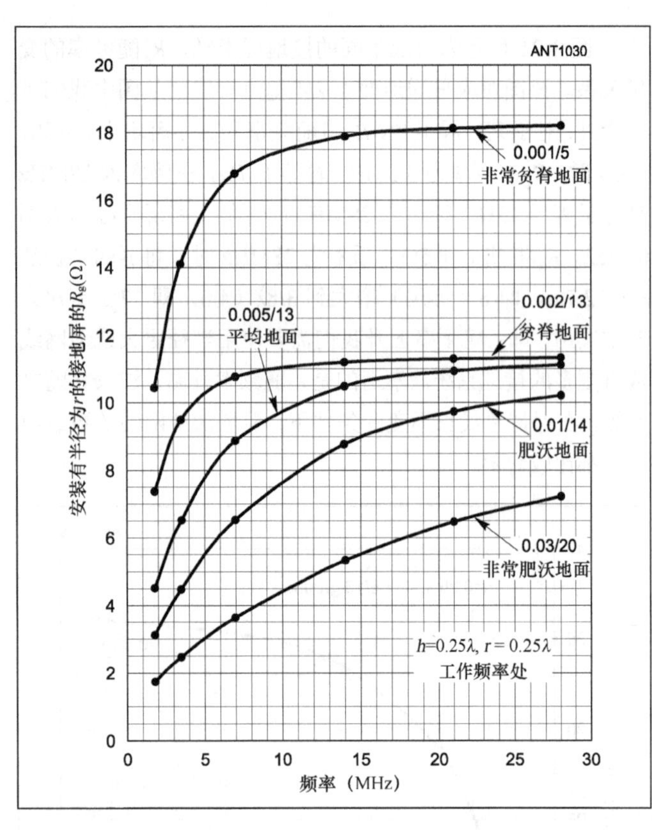

图3-22 $h=r=\lambda/4$时，R_g随频率的变化关系。

图 3-23 中所示为波长为 40m 的 4 种不同垂直天线，其接地系统为安装在地面上半径为 λ/4（33 英尺）的径向线系统时，所对应的信号增加量。4 种天线为：λ/4 垂直天线、顶端加载以达到谐振的 λ/8 垂直天线、天线底部处加电感以达到谐振的 λ/8 垂直天线，以及 7.5 英尺移动鞭状天线。

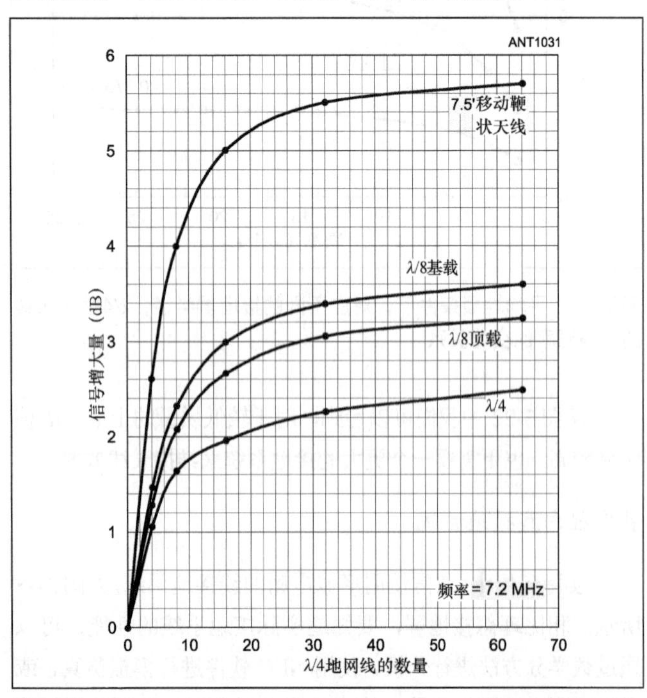

图3-23 常见40m垂直天线在地网线数量从0增加到64时所对应的信号增加量。

测量从只有一根接地桩，没有地网线时开始。图 3-23 所示为 λ/4 地网线数量从零变化到 64 时，信号强度（输入功率恒定）增量的变化曲线。开始时，随地网线数量增加，信号增量迅速增大，在地网线数量为 16 时，出现一个拐点，此点之后，信号增量变大的速度变慢。地网线从 32 根增加到 64 根时，信号增量增大量远小于 1dB（0.2dB）。这告诉我们，当地网线数目大于 32 时，至少对于 λ/4 地网线，径向扇接地系统已经近似于理想接地屏了。对于贫瘠地面上的加载短天线，64 根地网线比较合理。对于大多数设备来说，标准广播接地系统所使用的地网线（120 根，0.4λ）量比较浪费。

从图 3-23 中我们还可以看到，对于同样的接地系统，加载短天线的获益更多。这是因为（如前文所述）短天线天线底部附近的 E 场和 H 场要强得多。同时我们发现，对于同样的接地系统，将短天线的负载沿垂直天线移动，例如顶端加载的短天线或天线底部上面加负载线圈的短天线，信号增量增大得更多。

本实验中使用非常优质的地面（σ=0.015S/m, ε_r =30）。在此地面上，地网线数量从 0 增大到 64 时，信号增量的最大值在 2.5～5.7dB（对应不同天线）。在贫瘠或平均地面上，信号增量的最大值要大得多。图 3-23 也显示了至少拥有一个简单径向接地系统的重要性。实际应用中，最少需要 16 根地网线，尤其地面为贫瘠土壤时。

对于输入功率恒定的天线，测量它的信号强度，可以直接帮助我们评估何时会面临：无论怎样增加地网线的数量也只能带来很小的改进。虽然如此，对大多数业余爱好者来说不太实用。不用担心，还有更加简单的方法。测量馈点阻抗将更加直接、简单。图 3-24 中所示为输入阻抗中的电阻部分与地网线数量的变化关系。图 3-24 中的天线与图 3-23 一致。请注意，对于 7.5 英尺移动鞭状天线，负载线圈的串接电阻不包含在测量得到的馈点阻抗中。

假设 $R_{in}=R_r+R_g$，其中 R_r 不随地网线数量的增加而改变（合理近似）。在地网线数量大于 16 时，曲线变缓，即意味着对应该长度地网线的 R_g 已达到最小值。再次，我们看到当地网线数量为 16 时，R_{in} 已经非常接近最小值，当地网线数量增大到 32 时，R_{in} 的变化量非常小。从图 3-23 和图 3-24 中我们得到类似的结论。

优化地网线长度

现实世界中能用来构建接地系统的线的数量可能是有限的。我们应该如何使用这些线呢？分割成几根长的地网线还是一束短的地网线？[2、3、4]我们可以通过 NEC 建模来解答该问题。图 3-25 和图 3-26 中所示为信号增加量与地网线数量和长度之间的变化关系。两幅图皆假设地面为平均地面

（ σ=0.005S/m， ε_r=13），频率为 1.8MHz。图 3-25 所示对应 h=λ/8 的天线，图 3-26 所示对应 h=λ/4 的天线。这些数据提供了大量的重要信息，将指导我们在可用线长度固定的条件下，对接地系统中的地网线进行优化。0dB 对应 4 根 λ/8 地网线。从两幅图中我们都可以看到，使用较长的地网线时，如果地网线的数量较少（<16），则信号增量很小。根据实验和仿真，我们可以认为数量较少的长网线地面系统比较差。[5] 从图中我们可以看到，较长的网线只有在数量增加时才比较有效。

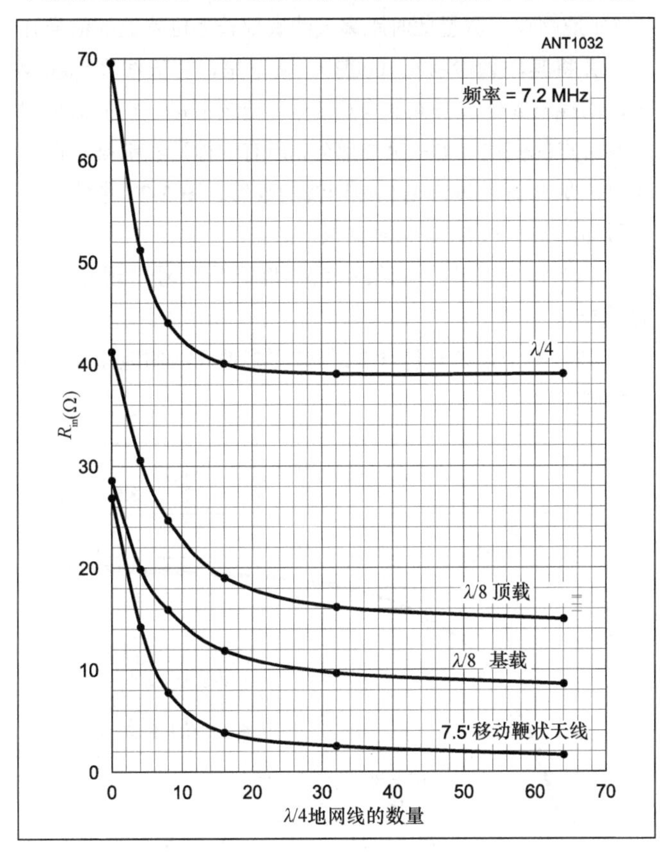

图3-24 R_g与λ/4地网线数量间的函数关系。

这些图告诉我们在地网线总长固定时应当怎样优化信号。图中虚线连接的点对应的地网线总长相同。例如，如果地网线总长为 2λ，我们将它分割为 4 根 λ/2 地网线或 8 根 λ/4 地网线或 16 根 λ/8 地网线。从图中我们可以看到，总长为 2λ 时，最佳的方案包含 16 根 λ/8 地网线，其对应的信号增量，相对 λ/8 垂直天线为 3dB，相对 λ/4 垂直天线为 1dB。类似地，总长为 4λ 时，最佳的方案包含 32 根 λ/8 地网线。当总长为 8λ 时，情况有所不同。对于 h=λ/8 的天线，64 根 λ/8 地网线与 32 根 λ/4 地网线的工作性能相同。但是，对于 h=λ/4 的垂直天线，最佳选择将是 32 根 λ/4 地网线。大量短的地网线能有效工作的直接原因在于垂直天线底部附近的高场强。我们最先需要关注的是减少天线底部附近的地面能量损耗。随着使用的地网线越来越多，天线底部附近的损耗已经被减少，接下来需要考虑的即是减少更远处的地面损耗。

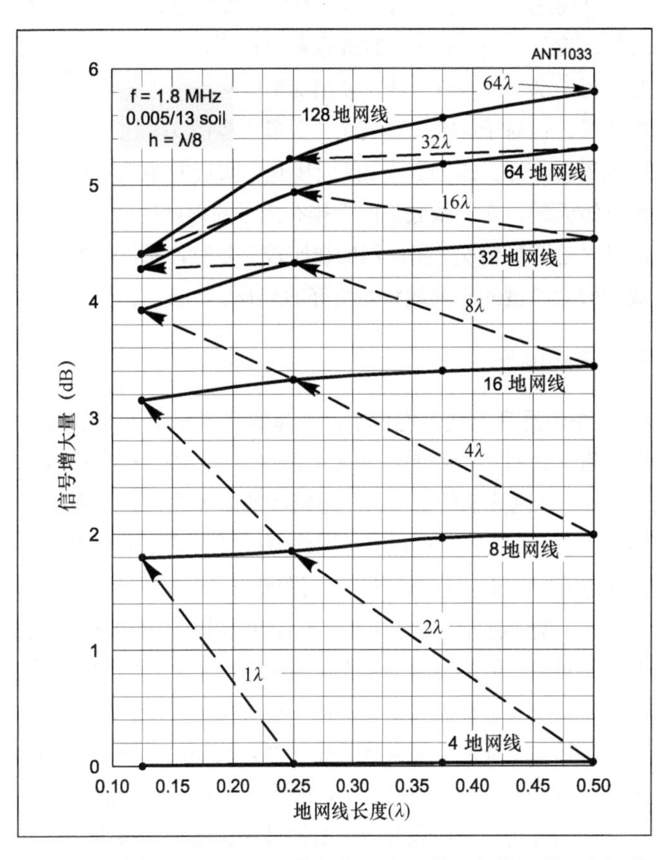

图3-25 总长固定时，地网线长度（λ）和数量与信号增量之间的关系。本例中h=λ/8。

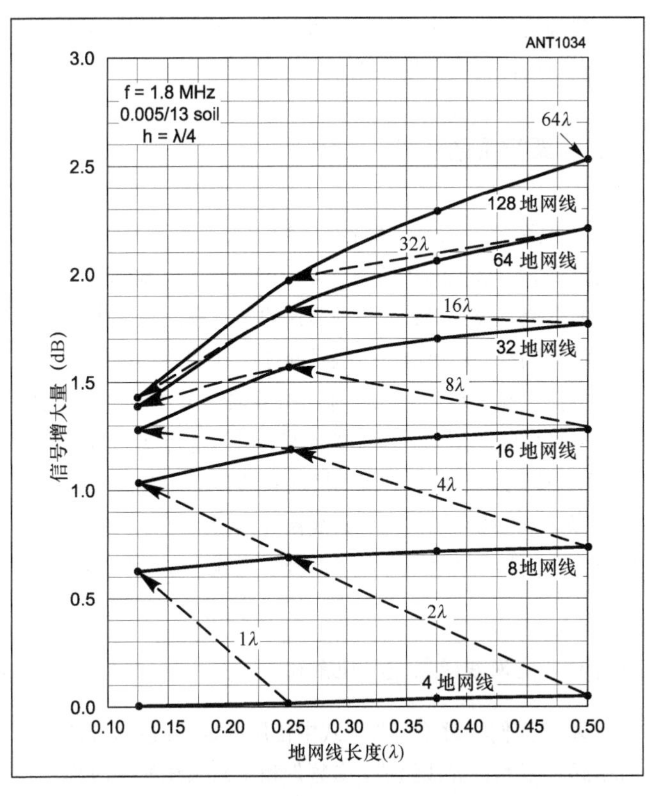

图3-26 总长固定时，地网线长度（λ）和数量与信号增量之间的关系。本例中h=λ/4。

业余爱好者们都知道“地网线的长度应该近似于垂直天线的高度”。图 3-25 和图 3-26 也可以证明这一点。总长为 8λ 时，对于 λ/8 的垂直天线，使用 λ/8 地网线可以得到比较好的效果，但对于 λ/4 垂直天线，数量较少的 λ/4 地网线的使用效果要更好。原因在于 λ/8 天线底部附近的场强大得多。对于短天线，在天线底部附近排布大量的地网线非常重要。但是对这两种情况，当可用的线比较充足时，通常认为较少数量较大长度的地网线将是更好的选择。

不完整径向屏

许多垂直天线可能位于诸如建筑物或车道之类的障碍物附近，此时，接地系统不太可能具有呈 360° 对称的地网线排布。地网线系统某一片中地网线的缺失将导致地面损耗的增大，因为这一片中没有地网线可以阻止场在土壤中产生感应电流。此外，还可能导致方向图变形。根据缺失地网线的尺寸和土壤的特性，信号减少和方向图变形可达几个 dB。[6]这显然不可取，但是有时却是无法避免的。如果障碍物是建筑物，且天线安装在建筑物的一侧，则缺失地网线的片将对应 180° 的区域。此时，如果将天线移到建筑物的角落处，对应区域将减小到 90°，相比之下，改善极为显著。从前面的讨论中我们知道，天线底部附近的区域最关键。如果可能，应移动天线以保证能在缺失地网线的偏重插入短地网线。当然，建筑物本身可能对天线有相当大的影响。一般来说最好使天线离建筑物尽可能远。如果受空间限制，也应尽量保证能在天线周围排布短的地网线。

3.2.4 架空接地系统

接地系统可以安装在地面上空（架空系统），并与地面电气隔离。最常见的系统包含 4 根或更多 λ/ 4 地网线，安装在地面上空几英尺处。另一种形式的架空系统包含大量长度 <λ/4 的地网线，还可能：这些径向地网线的外部端通过一根线连接在一起，靠近天线底部的内部端也相互连接在一起。还有一种可能的形式是架空线网格。后两种形式通常被称为“平衡”接地系统或“电容”接地系统。安装有几条（通常是 4 条）λ/4 地网线的垂直天线被称为接地平面天线。接地平面天线的相关内容请参考“偶极子天线”与“单极子天线”一章。

使用简单地网线的架空接地系统

本节我们将讨论单带天线中使用的地网线系统，该系统由相同长度的直导线组成。多频带和平衡系统相关内容将在后面部分加以讨论。

多年来已经有许多讨论，研究了埋在地下或地面上的接地系统相比架空系统的优点。不过，NEC 仿真结果表明，某些架空系统其效果与包含大量地网线的地面接地系统一样好。仿真还表明，信号随架空系统（即使是小型的）的高度升高提高得很快。为了验证这些仿真结果，我们精心设计了一系列实验。实验直接对 7.2MHz 时，使用地面接地系统（包含大量地网线）和架空接地系统（仅包含几根地网线）的垂直天线的信号进行了比较。

实验开始时，垂直天线天线底部周围的地面上排布了 4 根 λ/4 地网线，测量此时距离天线底部较远位置处的信号强度，并将其作为参考点（0dB）。接下来，将天线底部和 4 根地网线一起逐步升高到 48 英寸。记录下每一点上信号相对参考点的变化。实验第二部分，所有的地网线都排布在地面上，从 4 开始逐步增加地网线的数量。图 3-27 中给出了实验的结果，与 NEC 仿真结果一致：

（1）即使是小型的架空系统也能使信号出现相当大的差异。

（2）架空系统与包含 32 根或更多地网线的地面系统效果相同。

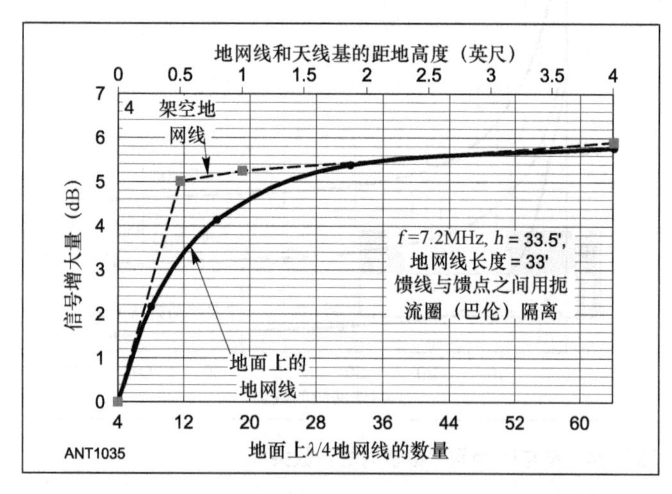

图3-27 包含4根λ/4地网线的架空系统与λ/4地面系统之间的对比。注意本图有两条不同的横轴。箭头所指的曲线对应相应的横轴。

关于本实验还有一点需要强调。为了使 4 线架空系统的性能与多线地面系统一样好，实验过程中需要保证地网线的排布高度对称，地网线长度一致，地网线中的电流强度相等，且与下面将讨论的天线底部电流同相。

架空地网线的安全考虑

在寻找有关架空系统与地面地网线系统等效的直接说法之前，我们必须先考虑一个安全问题。与安装在地面上的垂直天线一样，架空的垂直天线上将存在高电压，此外，架空地网线系统将在地网线上及附近产生很强的场和很高的电压。图 3-28 中所示为 4 根、12 根和 32 根 λ/4 地网线系统中一根地网线上的电压。

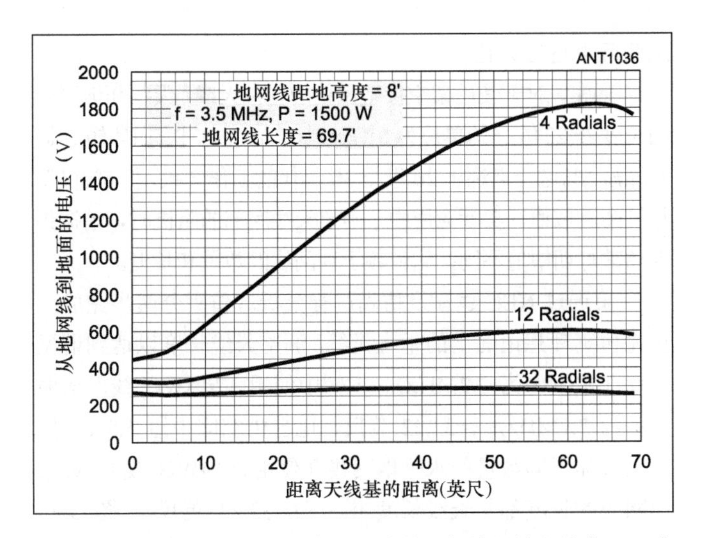

图3-28　地网线数量不同的架空系统的一根地网线上的电压。该例中，垂直天线输入功率为1500W，工作频率为3.5MHz，架空系统距离地面8英尺。

注意到电压从 $250V_{RMS}$ 变化到 $2000V_{RMS}$！由于电压与成 $\sqrt{P_{in}}$ 正比，如果输入功率从 1500W 降低到 100W（15：1)，电压下降到的值将高于原来的 1/4。因此，即使输入功率为 100W，电压依然非常高！出于安全考虑，架空系统通常安装在头部以上高处，8 英尺或者更高，这样做可以避免人或动物不小心碰到地网线，也可以避免地网线上的高电压（尤其是端点位置处）导致的 RF 烧伤。该危险非常典型。

考虑到地网线端点处的高电压，应该在地网线端点位置使用高质量的绝缘子。除了高电压之外，地网线端点周围的 E 场也很强。这意味着可能产生电晕放电，从而导致电线甚至塑料绝缘子被损坏。由于地网线连接在绝缘子上，所以要注意电线不要有尖端以形成电晕放电点。通常电线端点处会有一个焊锡球。随着电台的海拔高度升高该问题将变得更加严重。

替代方案

有时候天线底部不能安装在地面上空。例如，20m 的 λ/4 垂直天线长度仅为 17 英尺左右，使用小直径的铝管制作而成。要把它安装在地面上空可能难度不大。但是，对于 160m 的 λ/4 垂直天线，其长度将达 160 英尺，可能是使用塔段或重管制作而成，这时要将天线底部安装在很高的位置处就不太可能了。作为替代，架高的地网线可以按图 3-29 中所示的几种方法进行安装。如图 3-29（B）所示，当天线底部离地面较近时，最简单的办法就是将地网线倾斜一定角度。虽然这种方法可以保证地网线的顶端高于人的头部，但仍然有很大部分的高度较低。另一种方法如图 3-29（C）所示，将地网线沿 45° 倾斜向上，高度达到 8 英尺后，地网线的剩余部分保持水平。这被称为“欧翼”地网线。[8]

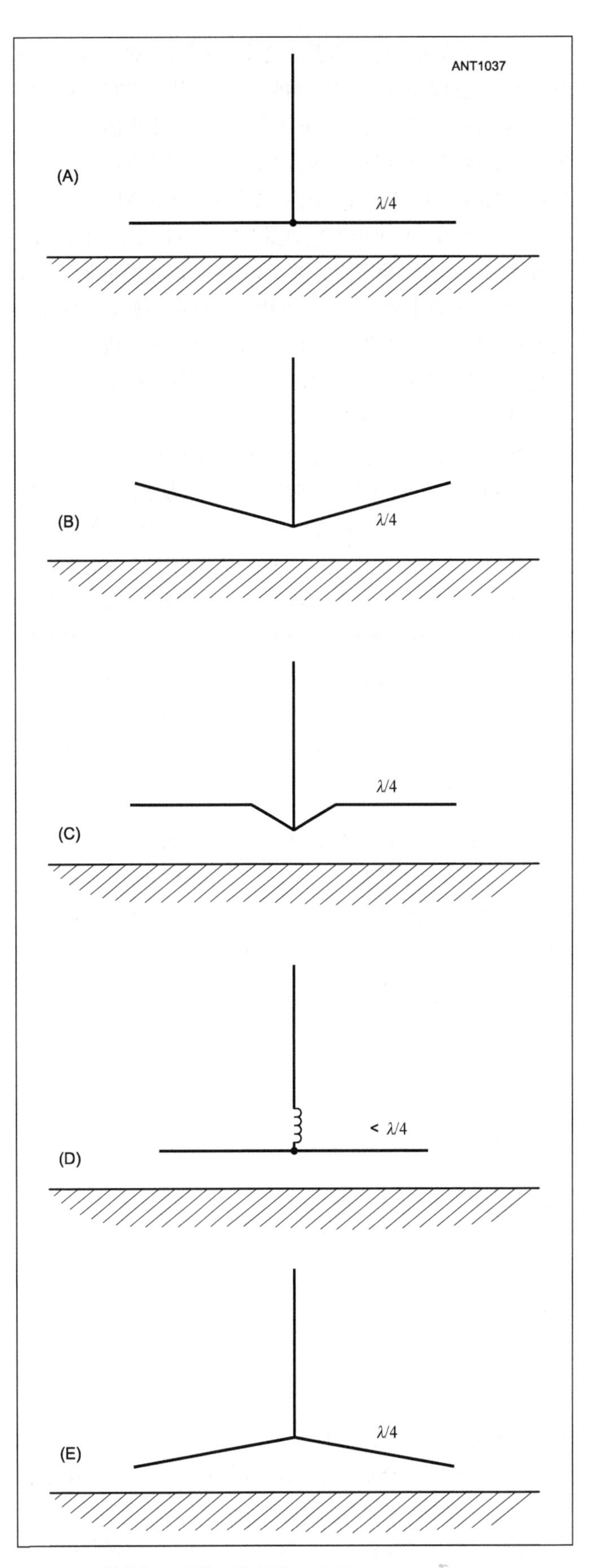

图3-29　其他架空接地系统结构示意图。

另一个经常出现的问题（尤其当波长为 80m 和 160m 时）是可能没有足够的空间容纳 λ/4 地网线。没有关系，如图 3-29（D）所示，可以在天线底部处加一个电感以达到谐振，此时就可以使用短一些的地网线了。[9]（注意，可以在每根地网线上加独立的绝缘子，这将帮助平衡地网线之间的电流分布。）另一种可选配置如图 3-29（E）所示，该配置中，天线底部的位置比地网线的端点位置高。该配置通常用在波长为 20m 及以上的天线中，其中，地网线为独立的导体。当地网线仅仅固定在天线底部处时，有些下垂到地网线的外端是正常的。有时我们有意使地网线向下倾斜以增大馈点阻抗及降低 SWR。需要指出的是，配置图 3-29（B）和图 3-29（C）所对应的馈点阻抗较低，SWR 带宽有所减少。[7]

这就提出了一个问题，使用这些替代方案，性能将下降多少？该问题同样可以通过仿真或实验进行解答。前面用于比较架空系统和地面系统的实验经扩展后也可以用来比较图 3-29 中的替代方案。实验结果如表 3-4 所示。实验中频率为 7.2MHz，所有方案都使用 4 根地网线。方案图 3-29（D）中使用的调谐电感的 Q 值为 350。以常规系统（地网线和天线底部的高度相同）作为 0dB 参考点。除了图 3-29（E），所有替代方案的性能降低得都很小（−0.5dB 量级），这在大多数情况下都是可接受的。

表 3-4　不同架空地网线系统的信号比较

地网线系统配置	相对信号
（A）天线底部和地网线位于地面上空 4 英尺处	0.00 dB
（B）天线底部位于地面上，地网线末端位于地面上 4 英尺处	−0.47 dB
（C）天线底部位于地面上，“欧翼”地网线，末端位于地面上 4 英尺处	−0.65 dB
（D）天线底部和地网线位于地面上 4 英尺处，使用 L=2.2μH 的 λ/8 地网线	−0.36 dB
（E）天线底部位于地面上 4 英尺处，地网线末端位于 3 英尺处	+0.10 dB

有关架空地网线的问题

只有三四根地网线的架空系统很有吸引力，因为至少在理论上，它们具有与含有许多地网线的地面接地系统等同的性能。但是正如上文提到的那样，只有几根地网线的架空系统对地网线的机械特征非常敏感：例如长度、垂度、排布时的对称性、周围的导体环境等。即使只有一点不对称，输入阻抗、地网线中的电流分布、辐射方向图、谐振频率及天线效率等也会受到影响。实验证明，地网线排布不对称 [9]、地网系统下方地面特征不规则 [10] 都有可能引发问题。下面将对这些问题进行讨论。

通常，对于使用架空接地系统的垂直天线，天线和地网线的长度 $L=234/f$（f 的单位为 MHz），比自由空间中的 λ/4 短 5%。要缩短 5%这一点源于 20 世纪 30 年代的工作结果，但 5%仅仅是一个近似值。实际应用中，确定天线底部的阻抗时，谐振频率通常与期望值不同，它依赖于地网线的数量和长度。

可通过 NEC 建模及仿真进行分析。仿真分两步完成：首先仿真理想地面上的垂直天线，调整天线长度以达到谐振频率（本例中为 7.2MHz）。本例中使用 12#AWG 线，谐振频率为 7.2MHz，h=32.22 英尺，比自由空间中短 5.5%。接下来添加不同数量的水平地网线（使用#12AWG 线）。每根地网线的长度都与天线长度相同（L=32.22 英尺）。图 3-30 中所示为谐振频率域地网线数量的变化关系，图中地网线数量的取值范围在 2～128。

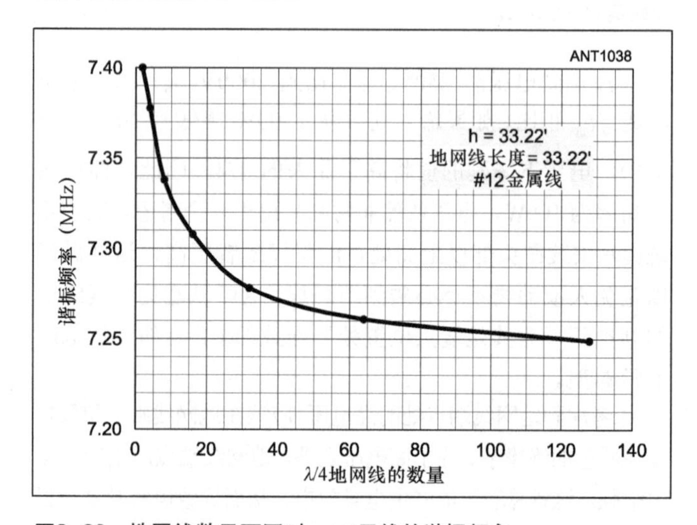

图3-30　地网线数量不同时，λ/4天线的谐振频率。

有地网线的天线的谐振频率接近 7.2MHz，但无法达到，即使使用了大量的 λ/4 地网线，与无限理想地面仍然不一样。通常，先设定架空系统的地网线和垂直天线的长度等于自由空间中的值 λ/4（$L=246/f$，f 的单位为 MHz），接着调整地网线的长度使天线达到谐振频率。之所以开始时将长度设置得较长还有一个原因。当调整地网线长度达到谐振时，地网线长度比期望值要短一些。这可以节省时间，减少电线的浪费。

在架空系统中一个普遍的问题是，地网线的长度不太可能完全一致。实验表明，还将导致电流在地网线中的分配不均，从而对天线的性能产生极大的影响。[9] 我们可以通过一个实例来说明这种影响有多大。图 3-31 对应于有 4 根地网线的 40mλ/4 垂直天线。天线底部和地网线距地高度为 8 英尺，地面为平均地面（σ=0.005S/m，ε_r=13）。地网线 1 和 2 相对，长度=L；地网线 3 和 4 相对，长度=M。我们对 L=M 和 L≠M 时的情形进行了仿真。天线和地网线的初始长度为 34.1 英尺，在 7.2MHz 处谐振。

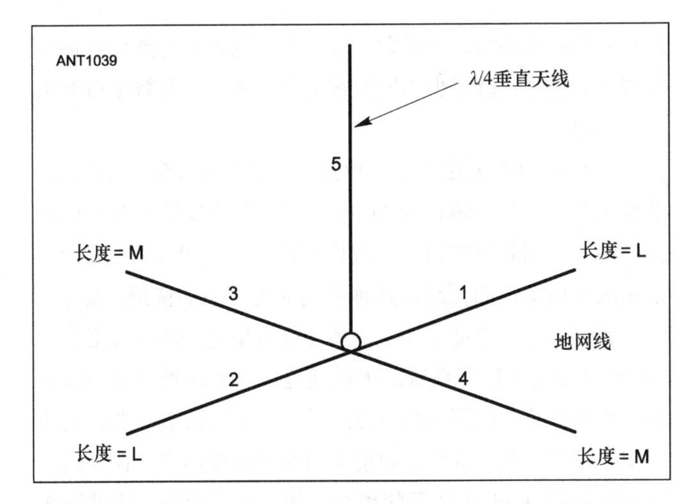

图3-31　有4根地网线的40mλ/4垂直天线，天线长度34.1英尺。地网线长度可变。

图 3-32 中所示为 3 种不同长度的地网线配置所对应的馈点阻抗仿真结果（7.0～7.3MHz），横纵坐标分别为 R_{in} 和 X_{in}（$Z_{in}=R_{in}+jX_{in}$=馈点阻抗）。左边那条线对应的是所有地网线长度相同时的情形（$L=M$=34.1 英尺）。右边的曲线对应的是 L=35.6 英尺，M=33.1 英尺时的情形，有±2.9%的长度误差。中间的曲线对应的是 L=34.6 英尺，M=33.6 英尺时的情形，有±1.4%.的长度误差。显然，即使地网线长度只有很小的差别，这种不对称性对馈点阻抗和谐振频率的影响也很大。谐振频率即为 X_{in}=0 处。

地网线长度的非对称性所影响的不仅仅是馈点阻抗。图 3-33 中所示为频率为 7.25MHz 时，对称和不对称系统所对应的辐射方向图仿真结果。辐射方向图的变形量将从 7.0MHz 时的不足 1dB 增加到 7.25MHz 时的 3dB。此外，相比对称系统，不对称系统各个方向上的增益都更小。根据图 3-33 计算两个系统的平均增益，计算结果显示相差约 1.6dB。这告诉我们，不对称的地网线将导致更大的地面损耗。

不对称系统之所以会导致方向图变形及地面损耗增加，是因为它的地网线中的电流与对称系统相比有很大的不同。图 3-34 中给出了一个示例。图中竖条代表垂直天线底部处的电流强度，该例中所有地网线与天线底部紧邻。黑色竖条对应对称系统（$L=M$=34.1 英尺），红色竖条对应不对称系统（L=35.1 英尺，M=33.1 英尺）。对称系统中，每根地网线中的电流强度为 0.25A，总和为 1A，等于垂直天线底部中的电流。地网线中的电流与天线底部中的电流同相。

对于不对称系统，其电流分布将大大不同：1、2 中的电流幅度与 3、4 中的电流幅度不同，且它们的和不等于 1A，将大得多。这似乎违背了基尔霍夫定律（节点处电流的矢量和为零）。在不对称系统中，两对地网线中的电流是不同相的，也与天线底部中的电流异相。相比天线底部电流，1 和 2 中的电流有 - 62° 的相移，3 和 4 中的电流有 +89° 的相移。这些电流的矢量和仍为 1A。这些大的不对称电流将有助于解释地面损耗的增加和方向图的变形。

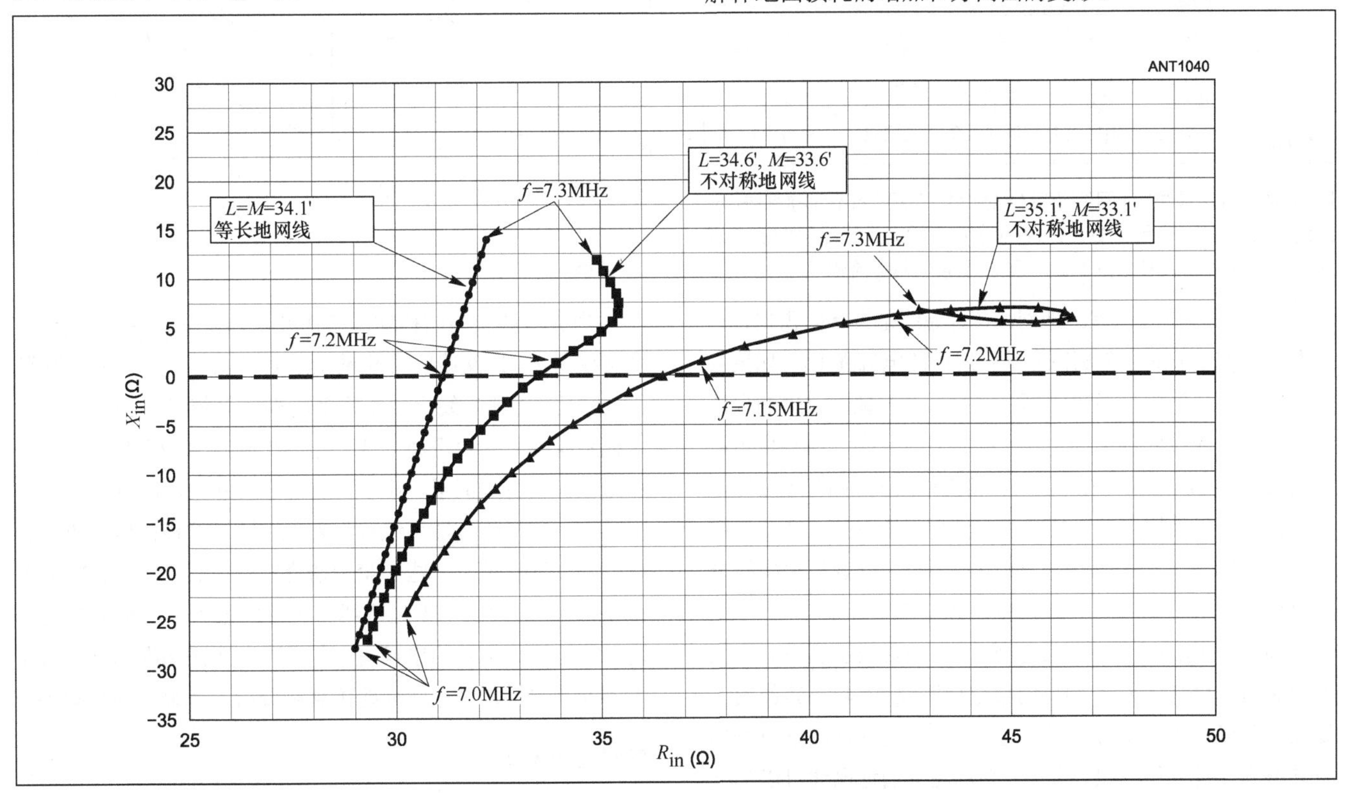

图3-32　频率从7.0MHz变化到7.3MHz时，具有对称和不对称长度地网线的垂直天线的馈点阻抗（$Z_{in}=R_{in}+jX_{in}$）。

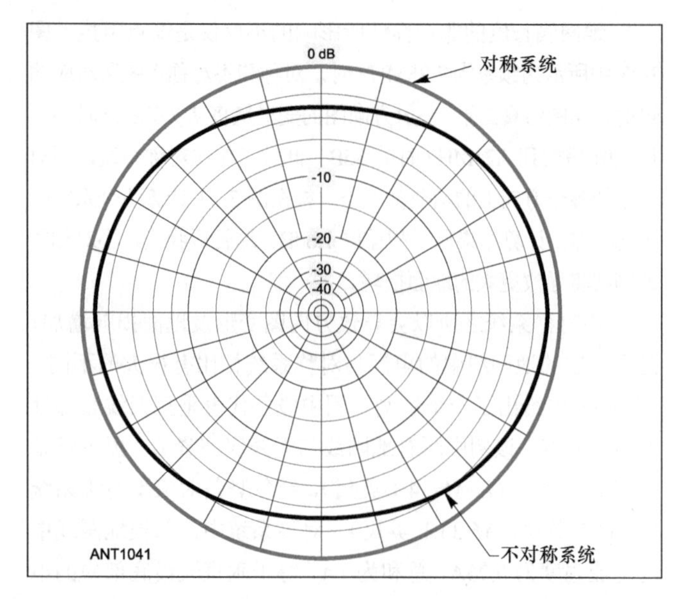

图3-33　频率为7.25MHz，仰角为22°时，对称（L=M=34.1英尺）和不对称系统（L=35.1英尺，M=33.1英尺）的方位向辐射方向图。

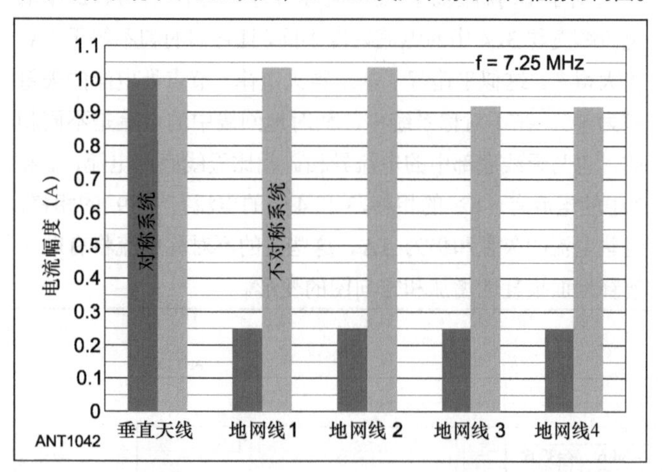

图3-34　对称系统（地网线长度L=M=34.1英尺）和不对称系统（地网线长度L=35.1英尺，M=33.1英尺）中，垂直天线底部中的电流对比图。地网线编号与图3-31一致。竖条代表电流幅度。

如何才能判断已有的地网线接地系统是否有问题呢？一个办法是测量天线底部周围各地网线中的电流强度。[13]如果各地网线中的电流强度显著不同，并且（或）地网线中的电流幅度和大于天线底部中的电流，那么就有问题。该测量可以使用RF电流表完成。如果要更加精确地测量，同时还要知道其相位，可以使用电流互感器和示波器（请参考“多元天线阵列”一章中“相控阵设计实例”一节），或者矢量网络分析仪来完成（请参考“天线及传输线测量”一章）。[13]

如果使用的地网线的数量很大，对地网线长度不对称性的敏感度将降低。对于额外的架空地网线（>4），其作用主要在于降低对不对称性，附近的导体，地面或地网下方物体电导率变化等的敏感度，此外，使用更多的地网线可以降低地网线上的电压，如图3-28所示。更多的地网线还可以削弱地网下方的电场。只要有可能，请使用包含10根或更多地网线的架空系统，这样做，系统的性能将很可能达到你的期望值。包含数量很少的地网线的架空系统，其效果可能很差甚至没有。

有时候可能无法排布对称的λ/4地网线系统。该情况通常发生在波长为160m或80时。因为每个安装都有自己独特的地方，因此很难给出一般性的建议。但可以肯定的是，首先应该模拟你的天线在几种不同的地网下的情形，以便了解到底怎样它们才能工作。一种可选方案是：使用长度小于λ/4的扇形对称地网系统。可以通过以下方法使垂直天线谐振：增加电感，如图3-29（D）所示，顶端加载，加长天线长度，或者三者相结合。如果使用的是短地网线，在天线末端加形如图3-35中所示的裙线可能会有所帮助。为地网系统加裙线会减小天线底部负载电感的尺寸。

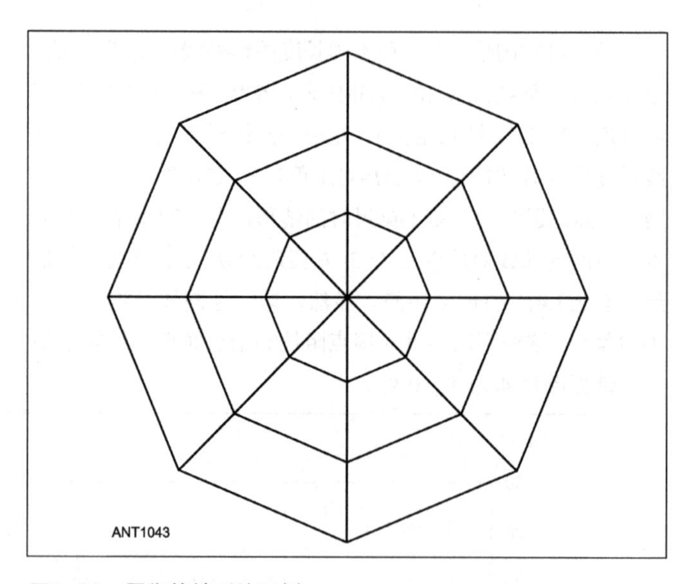

图3-35　平衡接地系统示例。

平衡接地系统

在无线电发展的初期，工作波长通常在几百或几千米。通常使用λ/4地网线的接地系统不太可能。那时，人们发现了一种比λ/4地网线尺寸小很多的架空系统，其效果非常好，这种系统称之为“平衡”或“电容”接地系统。图3-35所示为一个典型的例子，其形状非常像蜘蛛网。使用矩形网格制成的矩形平衡接地系统也很常见。针对这种接地系统，业余爱好者们也做了一些实验和研究工作。10波长为80m或160m时，一般的λ/4地网线系统可能太大了，平衡接地系统可能是比较实际的选择。但是，我们建议在实际安装之前，先对推荐的系统进行仔细地仿真和分析，以避免出现意外。

架空地面系统隔离

在架空接地系统中，最好使用共模扼流圈（电流型巴伦——请参考“传输线耦合和阻抗匹配”一章）隔离馈线。

仅仅将同轴馈线与天线进行连接后安装在地面上，这可能会增大地面损耗，某些情况下，还会对谐振频率和整个频段的阻抗产生很大的影响。根据安装细节的不同，不对馈线进行隔离带来的影响可能很小，也可能很大。只有少量地网线的架空系统对此尤为敏感。此外，不对称地网线可能会大大增加巴伦两端的电压，从而导致巴伦上产生更大的损耗。

3.2.5 不同地网系统间的差异

对于架空接地系统，地面上或埋在地面下的接地系统，其效果可能都比较好，但实际使用中仍有所不同，对这些不同需要进行确认。图 3-36 所示为 3 种接地系统中 $\lambda/4$ 地网线上的电流分布。

地网线离地面较近时，沿径向传播速度变慢，结果就是地网线的有效电气长度变长，电流的最大值点向外移动到地网线上，如图 3-36（B）所示。这会导致：第一，地面损耗增加；第二，垂直天线的馈点阻抗和谐振频率受到影响。[14,15] 根据电流分布，我们可以认为比起埋在地下的接地系统，地面接地系统的行为与架空系统更相似。地面上的地网线会影响天线的谐振频率。

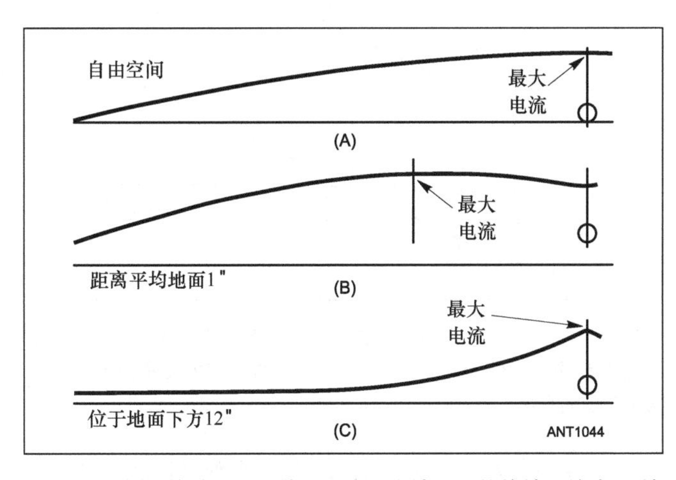

图3-36　架空接地系统，地面上或埋在地面下的接地系统中$\lambda/4$地网线上的电流分布。

图 3-37 中我们给出了一个示例。实验开始时，除了一个接地桩未安装任何地网线。逐步增加地网线数量，并测量对应的天线谐振频率。开始时，天线谐振频率增大得很快，地网线数量增加到 32 之后，这种增大的速度开始变慢，谐振频率变得稳定。地网线数量<8 时，增加的地面损耗非常显著，这也是为什么不使用只有几根长地网线系统的另外一个原因所在。[14]

对于埋在地下的裸地网线，由于土壤电导率的阻尼效应，地网线中的电流将呈指数分布［见图 3-36（C）］。通常，对于地下地网系统，改变地网线的数量对谐振频率的影响并不大，除非土壤的电导率很低。将地网线从地面上移到地面下时，它上面电流分布的改变并不大。地面下和地面上的地网线的行为非常相似。改变量取决于土壤特性，因此当你发现随着地下地网线数量增加，谐振频率发生偏移时，请不要惊讶。

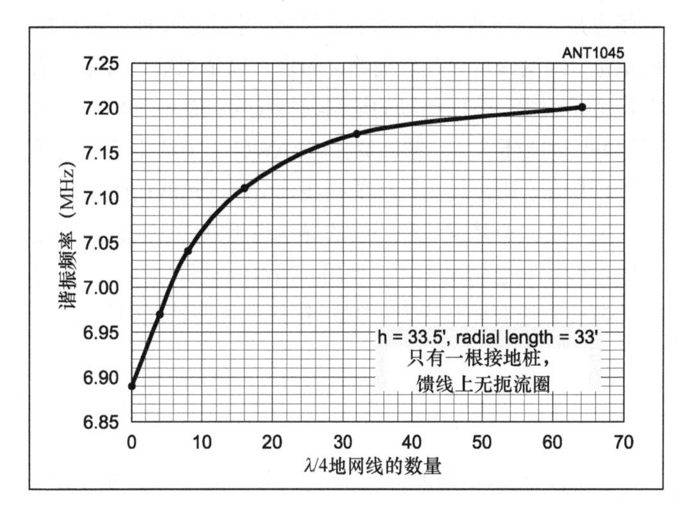

图3-37　地网线数量对谐振频率的影响的典型示例。

多频带地网线系统

多频带垂直天线非常流行，那么它们需要什么样的接地系统呢？在实践中，最常见的是地面接地和架空接地系统，这些系统对应每个频段都有 4 根 $\lambda/4$ 地网线。例如，如果天线工作频率为 7MHz、14MHz、21MHz 和 28MHz，则总共需要 16 根地网线，总长为 280 英尺。多频段接地系统经实验证明，效果很好。尽管在最常见的系统中，对应每个频段只有 4 根地网线，但地网线之间的耦合作用能够减少前文讨论过的架空系统中的问题。对于 40～10m 的垂直天线，还有一种方案（无论是地面还是架空接地系统）：使用 30 根（或更多）40m $\lambda/4$ 地网线。该方案中不使用长度较短对应较高频段的地网线。与标准系统相比，该方案性能提升约为 1dB。但是，30 根 40m 地网线的总长为 2100 英尺，其长度几乎是标准系统的 8 倍！

有关接地系统的一些建议

虽然地面系统有如此多的配置和方案可供选择，且地下、地面或架空接地系统都可能非常有效。但是，无论选择哪种配置，只由几根长的地网线构成的接地系统都不会是令人满意的方案。如果你想得到非常有效的接地系统，请不要吝啬地网线！地上接地系统中至少需要 20 根或更多的地网线，架空系统则需要 10 根或更多。

地网线的尺寸和材料

如果使用了推荐数量的地网线，那么系统中地网线的尺寸对电学性能的影响将很小。能使用的铜的量相同时，最好使用数量较大直径较小的地网线，以代替数量只有几根的大直径地网线。实际问题更多是机械上而非电学上的：例如导线是否坚固到能够满足安装要求，或者能与土壤接触较长时间而不损坏；在架空系统中，电线能否达到拉伸的强度需求，气候也是一个问题：在结冰的天气里，电线强度能否承受冰的重量。地网线可以是表面绝缘的也可以是裸线，虽然在地下接地系统中，表面绝缘的地网线抵抗腐蚀的时间较长。如果地网线的数量较大，那么诸如#22AWG一类的小尺寸电线也可以接受。可以使用铜线或铝线。虽然钢丝线的强度非常高，也不贵，但是铜线和铝线的导电性更好。一般来说，镀锌铁丝线在紧急情况下才会使用。铝线的吸引力很大，因为相比铜线铝线要便宜很多，但是，铝线的抗腐蚀能力差更多，不太适合安装在大部分土壤中。此外，铝线很难焊接，通常需要采用机械连接，这对于需要长期暴露的系统不太可靠。地网线可以是实心线也可以是绞合线，虽然在地下接地系统中实心线的抗腐蚀能力更强。在结冰严重的架空系统中，需要使用包铜钢丝或包铝钢丝。包铜钢丝和包铝钢丝可以同时满足强度和导电性能上的要求。但是，如果钢丝外面的覆盖层被破坏，钢丝将暴露在外面，从而被腐蚀。

外表面绝缘的铜线通常比裸线便宜，并且有好多种可以非常廉价地从过剩物资中获得。使用时没有必要将电线外面的绝缘层剥掉，除非要将它与天线底部或其他地网线进行连接。在架空系统中，绝缘层可能会使地网线的电气长度增大2%～3%，但附加的损耗很小。地下系统中带绝缘层的地网线的抗腐蚀能力更强。

3.3 远场地面效用

天线远场区地面的特性非常重要，尤其是对于前面所讨论的垂直极化天线而言。对于垂直极化的天线，与理想地表条件下的分析结果相比，即使在近场感应区通过使用最优化的地网线系统，有效地减小了地面损耗，地面的电特性在远场区仍将使系统的性能降低。关键在于垂直极化波和水平极化波的地面反射有很大的不同。

对比早期版本，本节中的 k 和 ε_r 指代同样的量，可以互换。σ 和 G 同理。两种在技术文献中都很常用。

3.3.1 一般反射

首先，考虑平坦地面。平坦地面条件下，在远场区，天线发射的水平或垂直极化波向下传播，入射到地面上后被地面反射，反射方式同光波的镜面反射相似：反射角等于入射角。例如入射角为15°时，反射角也为15°。

反射波以各种方式与直达波（辐射角在水平线以上）进行叠加。叠加方式受各种因素的影响，如天线的高度、长度，地面的电特性，波的极化等。在水平线上的某些仰角角度上，直达波和反射波同相——也就是说，在空间中的同一点上两者同时达到最大场强，并且场的方向相同。此时，合场强由两者直接相加可得（在这些角度上，与自由空间相比，场强增加了6dB）。

还有一些仰角角度上，两者是反相的——同一时刻二者的场强大小相等，方向相反，此时两者的场互相抵消。在其他的角度上，合场强取上述两种情况的中间值。因此，地面效应在一些仰角角度上使辐射场强增强，在另外一些角度上使之减弱。如“天线基本理论”一章中所指出的那样，在竖直面方向图中，将出现波瓣和零点。

*天线*理论对分析反射效应非常有用。如图3-38所示，由于AD等于BD，反射波就像是直接由地面下与A点对称位置处的虚拟天线B（其特性与天线A一致）发出来的一样。

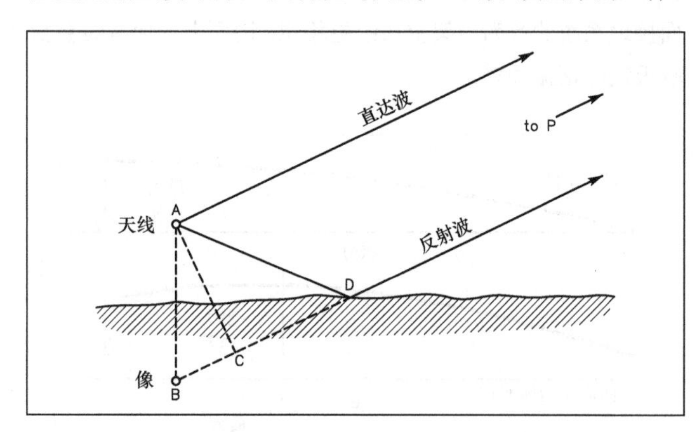

图3-38 远处任意点P的场强是反射波和直达波场强的矢量叠加。反射波就像是从像天线（B）处发出的一样，它的传播路径比直达波长BC的距离。

如果我们从地面上一个比较远的点观测理想地面上的天线及它的像，我们将发现水平极化天线和它的像中的电流朝着相反的方向流动，即两电流反相。而垂直极化天线和它的像中的电流流向相同——它们是同相的。因此，水平极化波和垂直极化波的地面反射波之间存在180°的相位差，它们与其对应的直达波的最后叠加，结果因而大为不同。

3.3.2 远场反射和垂直天线

垂直极化天线在方位向上是全方向性的。理想传导地面上的 $\lambda/2$ 垂直天线的竖直面方向图如图3-39中实线所示。真实地面条件下的情况更接近图中的阴影部分所示。因为实际上不可能获得理想地表，因此只需要考虑小角度辐射的情况。

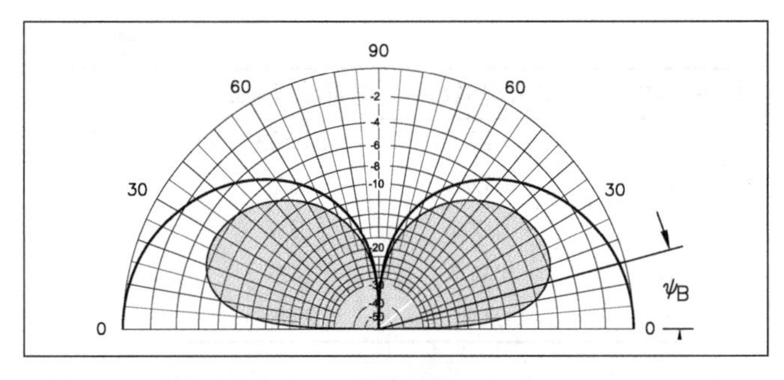

图3-39　安装在地面上的$\lambda/2$垂直天线的竖直面方向图。实线代表理想地表条件下的方向图。阴影代表频率为14MHz，平均地表（k = 13, G = 0.005 S/m）条件下的方向图，此时pseudo-Brewster角（PBA）ψ为14.8°。

图 3-40（A）比较了两副半波偶极子天线在频率为14MHz时的竖直面方向图。一副水平取向，位于地面上$\lambda/2$处，另一副垂直取向，其中心离地面超过$\lambda/2$（因此天线底端并没有触到地面）。地面取平均地面，介电常数为13，电导率为0.005S/m。仰角为15°时，水平极化偶极子天线的增益比垂直极化偶极子天线多7dB。比较图3-40（A）和图3-40（B），海面（在RF段为理想反射面）上的垂直极化半波偶极子天线的峰值增益在15°时，与水平极化的偶极子有可比性，仰角小于15°时，则大大超过水平极化的偶极子。

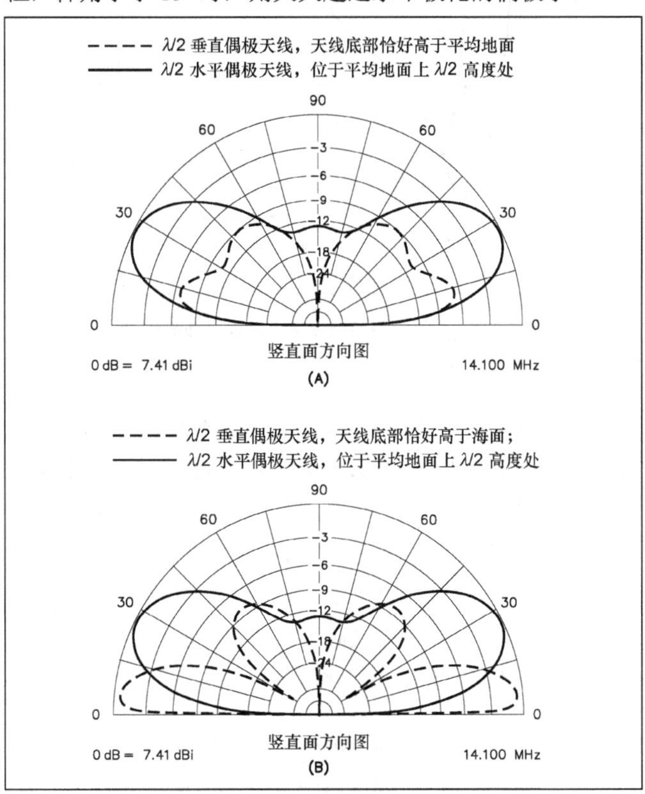

图3-40　图（A）中对平均地面（k = 13, G = 0.005 S/m）上水平极化和垂直极化的半波偶极子天线的竖直面方向图进行了对比。水平极化天线位于地面上$\lambda/2$处，垂直极化天线的底部略高出地面。与垂直天线相比，水平天线受远场区地面损耗的影响要小得多。图（B）为将地面替换为海面时的情形（天线的工作波长为20m）。海面对垂直极化天线极为有利！

真实地面

本章在讨论地面的影响时，都假设天线周围的地面为平坦地面。在大多数实际安装中这显然并不现实。我们将在“HF天线系统设计”一章中对非平坦地面的影响加以讨论，同时还将进一步探讨HFTA地形分析软件（由Dean Straw/N6BV设计）的使用。

为了定性地理解为何地面不“理想”时垂直天线的小角度辐射不再适用，我们研究了图3-41（A）。各个天线段发出的波经两条路径到达P点，一条经AP从天线直接到达P点，另一条经地面反射，沿路径AGP到达P点。（注意：因为P点离得比较远，因此角度变化很小——为方便处理，假定到达P点的两束波互相平行。）

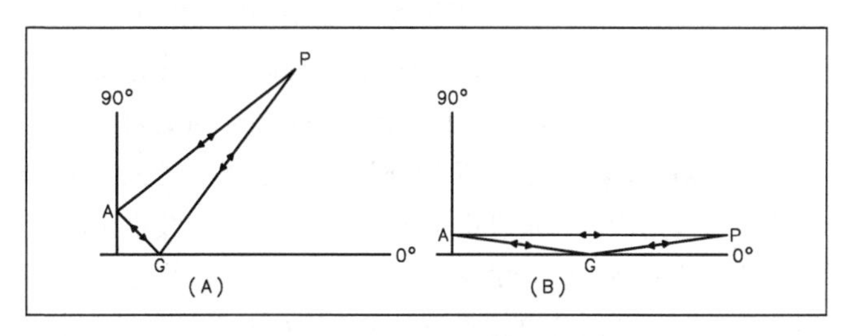

图3-41　反射波和直达波在P点叠加得到该点的合场强（P距离天线非常远）。图（A）中AP和AGP两条路径的长度略有不同，图（B）中两条路径的长度几乎相等。

如果地面是理想传导地面，垂直极化波经G点反射后不会发生相移。由于传播路径的长度不同，两束波到达P点时相位不同。两束波传播路径长度的不同，正是自由空间中天线辐射方向图与地面上天线辐射方向图不同的原因所在。

如图3-41（B）所示，P点位置接近水平线。由于传播路径AP和AGP的长度近似相等，辐射角为零度时，P点的合场强达到最大。双向箭头表示发射和接收时的情况 相同。

但是，在真实地面条件下，垂直极化天线发出的波经地面反射后相位和幅度都会发生改变。事实上，仰角足够小时，反射波的相位改变了180°，它的幅度将从直达波的幅度中减去。出射角为零时，与直达波相比，幅度基本保持不变，相位180°反相。

这一点同低仰角处水平极化波的情况极为相似。事实上0°处，如果反射波和直达波完全抵消，方向图中将出现很深的零点，辐射和接收将被抑制。真实地面条件下，相对于水平极化天线，仰角较小时，垂直极化天线将失去理论优势。图3-40（A）清楚地表明了这一点。

相对于水平极化天线，仰角较小时，垂直天线占优势的程度取决于垂直天线周围的地面特性。下面我们将对这一点加以讨论。

3.3.3 PSEUDO-BREWSTER角（PBA）与垂直天线

下面有关pseudo-Brewstes角的资料大部分来源于Charles J. Michaels/W7XC(SK)在1987年7月的QST上发表的文章，其他的来源于The ARRL Antenna Compendium, Vol 3。

渔夫们发现，太阳比较低的时候，太阳光被水面反射使得水面变得非常耀眼，难以看清楚水面下的事物。而太阳比较高时，光线可以穿透水面，因而能够清楚地看到水面下的事物。从前者变换到后者的临界入射角就是Brewster（布鲁斯特）角——用苏格兰物理学家David Brewster（1871—1868）先生的名字命名的。

垂直极化天线中也存在类似的情形，RF射线的传播模式同可见光相似，天线下面地面的作用与水面相同。pseudo-Brewstes角（PBA）指相对于直达波，反射波发生90°相移时的角。之所以说是“准”Brewstes角是因为取该角度时，RF反射波发生90°的相移，此现象与可见光系统中的现象极为相似。角度小于PBA时，与直达波相比，反射波的相移在90°和180°之间，直达波与反射波将发生某种程度的互消。0°附近消减得最厉害。从0°变化到PBA的过程中，这种消减效应逐步减弱。

PBA的值与天线本身无关，*而是取决于天线周围的地面特性*。这些特性中最重要的是地面的电导率σ（度量土壤导电的能力），其大小等于电阻率的倒数，单位为S/m。第二个影响因子是地面的介电常数ε_r（度量地面的电容效应，无量纲）（请参考本章前面部分有关σ和ε_r的讨论）。对垂直天线而言，这两者的值越大地面越理想。影响PBA的第三个因素是给定位置处的工作频率。其他条件相同时，频率越高，PBA越大。

随频率的增加，介电常数对PBA的影响越来越大。表3-5给出了PBA随地面电导率、介电常数和频率的变化关系。表3-5表明PBA的取值取决于地面特性和频率。

表3-5 PBA与频率、介电常数和电导率的变化关系

频率（MHz）	介电常数	电导率（S/m）	PBA（度）
7	20	0.0303	6.4
13	0.005	13.3	
13	0.002	15.0	
5	0.001	23.2	
3	0.001	27.8	
14	20	0.0303	8.6
13	0.005	14.8	
13	0.002	15.4	
5	0.001	23.8	
3	0.001	29.5	
21	20	0.0303	10.0
13	0.005	15.2	
13	0.002	15.4	
5	0.001	24.0	
3	0.001	29.8	

角度小于PBA时，垂直极化波的反射波需要从直达波中减去，结果导致辐射场强迅速减小。类似地，角度大于PBA时，反射波与直达波相加，此时的辐射方向图接近理想地面条件下的情形。图3-42给出了发射系数与PBA之间的变化关系，PBA记作ψ_B。

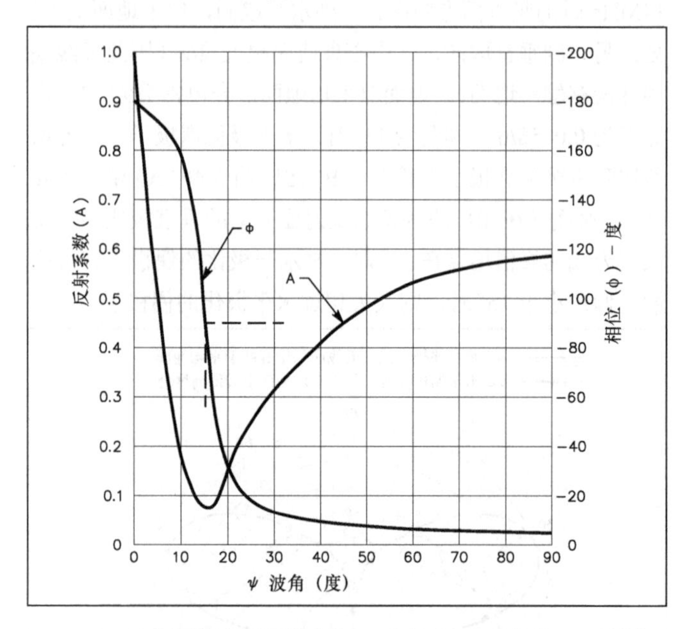

图3-42 垂直极化波的反射系数。*A*为幅度，*Φ*为相位，*ψ*为波角，地面特性取平均值(k = 13, G = 0.005 S/m)，工作频率为21MHz。

画真实地面上垂直天线的辐射方向图时，将天线段的反射波与垂直极化波反射系数相乘，乘积与直达波进行矢量叠加就可以得到最后结果。该反射系数由衰减因子*A*和相位*Φ*两部分组成，通常写作$A\angle\Phi$（*Φ*总是取负值，因为这种情况下地面如同一个有耗电容）。任意频率点的地面导电率、介电常数和仰角（在许多文献中也叫做波角）已知时，可使用下面的公式来计算垂直极化波的反射系数。

$$A_{Vert}\angle\phi=\frac{k'\sin\psi-\sqrt{k'-\cos^2\psi}}{k'\sin\psi+\sqrt{k'-\cos^2\psi}} \tag{3-9}$$

其中：

$AV_{ert}\angle\Phi$为垂直极化波的反射系数，ψ=仰角。

$$k'=k-\mathrm{j}\left|\frac{1.8\times10^4\times G}{f}\right|$$

k：地面的介电常数（空气中 k=1）

G：地面的电导率，单位 S/m

f：频率，单位 MHz

j：−1 的平方根

（注意：k 和 ε_r 指代同样的量，可以互换。σ 和 G 同理。两种在技术文献中都很常用。）

选取几个点解该方程，计算结果表明在给定的频率范围内，某个位置处的地面是怎样影响垂直极化信号的。图 3-42 给出了反射系数同仰角的关系曲线，此时工作频率为 21MHz，地面特性取平均值（G=0.005S/m，k=13）。注意到，相位曲线过 90°时，ψ的取值与衰减因子（A）取最小值时的取值相同。该角度即为 PBA。仰角等于该角度时，反射波不仅与直达波相位相差 90°，它的幅度也非常小，不能使直达波显著增大。图 3-42 中 PBA 取值约为 15°。

PBA 随地面特性的变化关系

要从公式（3-9）中推导出各种地面条件下的 90°相位点或衰减曲线的最小值点比较麻烦。作为替代，PBA 可以由下式计算得到：

$$\psi_B = \arcsin\sqrt{\frac{k-1+\sqrt{\left(x^2+k^2\right)^2\left(k-1\right)^2+x^2\left[\left(x^2+k^2\right)^2-1\right]}}{\left(x^2+k^2\right)^2-1}} \tag{3-10}$$

其中 k、G、f 的定义同公式（3-9）一样，并有：

$$x=\frac{1.8\times10^4\times G}{f}$$

图 3-43 给出了不同地面条件下，工作频率在 1.8～30MHz 时，由公式（3-10）推导得到的一组曲线。同预期的一样，贫瘠地面的 PBA 较大。遗憾的是，PBA 的取值在高频区（在 DX 中小角度辐射非常重要）最大。发射和接收时的 PBA 相同。

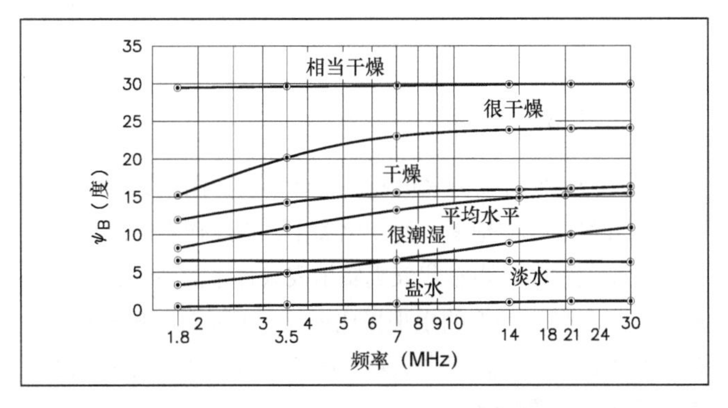

图3-43 工作频率在1.8～30MHz，不同地面条件下，PBA（ψ）同频率的变化关系。注意频率刻度按对数标示。各条曲线所采用的地面特性在表3-5中给出。

PBA 与位置和频率的关系

表 3-2 列出了各种土壤的电导率和介电常数。注意，一般而言，越肥沃的土壤介电常数和电导率越大。因此可以根据地面特性简单地将土壤分为：相当贫瘠、很贫瘠、贫瘠、平均水平、肥沃等，而不需要对两个参数进行分别对待。

淡水和海水是两个特殊的例子。虽然淡水具有高电阻率，但它的 PBA 只有 6.4°，并且在 30MHz 以下几乎不受频率的影响。由于海水的电导率相当高，在 30MHz 以下，它的 PBA 不会超过 1°。表 3-5 中一些城市的地面导电率特别低（最后一种情况），其原因不仅在于实际的土壤特性，更多是由四周建筑和其他障碍物的杂乱回波导致的。根据图 3-43 中的曲线，可以找到给定频率点任意位置处的 PBA。（图 3-2 给出了美国大陆不同地区的电导率的近似值。）

3.3.4 平表面反射和水平极化波

水平极化天线同竖直极化天线的情形不同。图 3-44 给出了频率为 21MHz 时平均地面条件下水平极化波的反射系数。此时，反射系数的相位从零度开始变化，但始终不会变得很大。衰减因子——导致了大波角处的大部分损耗——在小波角处接近 1。土壤越贫瘠，衰减因子越大。

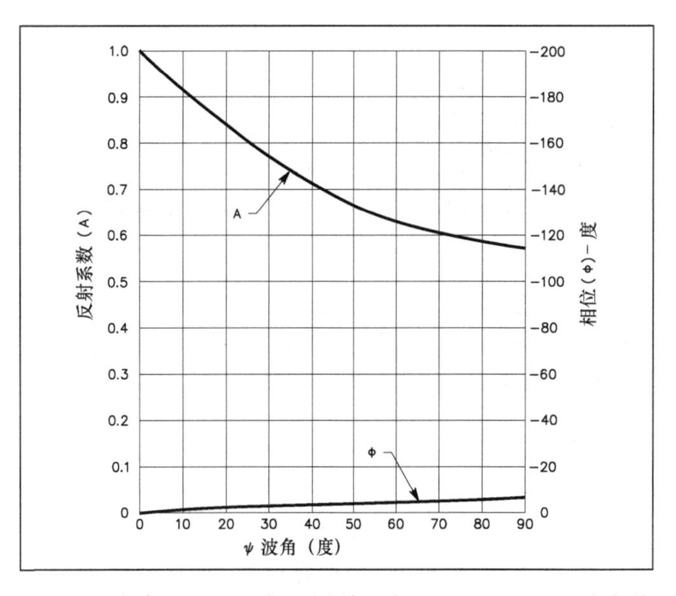

图3-44 频率为21MHz时，平均地面（k=13, G=0.005S/m）条件下水平极化波的反射系数（幅度用A，相位用Φ表示）。

计算水平半波偶极子天线的侧射方向图时，理想地面条件下的像电流（与真实天线的电流大小相等，相位相反）需要乘上反射系数（按公式<3-11>）计算得到）。计算结果与直达波矢量叠加便得到最终结果。水平极化波的反射系数可按下式计算得到：

$$A_{\text{Horiz}}\angle\phi=\frac{\sqrt{k'-\cos^2\psi}-\sin\psi}{\sqrt{k'-\cos^2\psi}+\sin\psi} \qquad (3\text{-}11)$$

其中：

$A_{\text{Horiz}}\angle\Phi$：水平极化波反射系数

ψ=仰角

$$k'=k-\text{j}\left(\frac{1.8\times10^4\times G}{f}\right)$$

k：地面的介电常数

G：地面的电导率，单位 S/m

f：频率，单位 MHz

对于地面附近的水平极化天线，其合成方向图可以通过对自由空间中水平极化天线的辐射方向图进行修正得到。图 3-45 中给出了理想导电平表面条件下，水平极化 λ/2 天线方向图的修正过程。左边是从天线一侧看去得到辐射方向图，右边是从天线末端看去得到的辐射方向图。将天线离地面的高度从 λ/4 变到 λ/2，方向图中大辐射角部分将发生显著的变化——主瓣幅度变小。

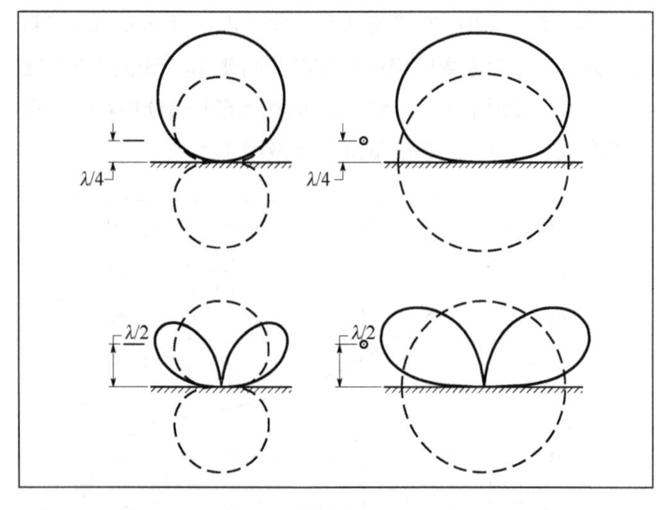

图3-45 地面对λ/4和λ/2高度处半波水平偶极子天线辐射方向图的影响。虚线代表不存在地面反射时的情形（自由空间）。

天线高度为 λ/2 时（见图 3-45 底部），理想传导地表条件下，由于反射波与直达波存在相位差，方向图在仰角为 90°的位置出现零点。真实地面条件下，地面损耗使大仰角时不能发生理想反射，90°时结果不再为零。

仰角为零度位置处，水平极化天线的方向图出现零点，因为此时经地面反射发生相移的反射波与直达波互相抵消。仰角从零度开始增大时存在填充效应（使反射波和直达波的合场强不再为零），导致仰角较小时，与垂直极化波相比，水平极化波的辐射得到加强。通常，特别是工作在较高频段，地面为耗损地面时，水平极化天线比垂直极化天线更适合用在小角度 DX 作业中。

比较图 3-42 和图 3-44（绘制两幅图时，所使用的地面特性参数、频率都一致，所以可以直接进行比较）可以知道：在大部分角度上垂直极化波和水平极化波的反射系数有很大的不同，原因前面已经提到过，水平极化天线的像天线与其本身是反相的，而垂直极化天线与其像天线是同相的。

结果就是，在各个仰角上，水平极化天线和垂直极化天线反射波的相移和幅度相差很大。垂直极化波反射系数的幅度在小仰角时最大（接近 1），相位接近 180°。正如前面提到过的那样，小仰角时反射波和直达波几乎完全互相抵消。在相同的角度范围内，水平极化波反射系数的幅度同样接近 1，但是相位接近 0°。（条件与图 3-42 和图 3-44 一致。）这使水平极化波的辐射方向图在小仰角时得到加强。在大仰角时（示例中该角度约为 81°），水平极化波和垂直极化波反射系数的幅度和相位都相同，此时，地面反射对水平极化和垂直极化信号的作用效果相同。

3.3.5 真实地表条件下的方向图

在“天线基础”一章中已经讨论过，天线的辐射方向图是三维的，分析不同高度处的竖直面方向特性对帮助我们理解天线的工作模式非常有用。可以给出以天线轴为中心的各个方向上的竖直面方向图。研究天线的侧射方向图（与天线轴垂直的宽边方向）和断射方向（沿天线轴方向）图，可以为研究水平半波偶极子天线提供大量的有用信息。

地面的反射效应可以用一个方向图因子（用分贝表示）来表示。任意仰角位置，将自由空间中的天线方向图与这个因子代数相加可以得到最终的合成方向图。极端情况是直达波与反射波同相或反相，此时直达波和反射波幅度相同（假定此时没有地面损耗）。前面一种情况，天线在远场区的合场强比自由空间中大 6dB（为自由空间中远场区场强的 2 倍），后面一种情况，天线在远场区的场强为零。

水平极化天线

图 3-46 中所示为平坦地面条件下，方向图因子随水平极化天线高度（距地面）的变化关系。实线代表理想传导地面条件下的情形，阴影代表真实地表条件下的情形。这些方向图适用于任意长度的水平极化天线。实际上，下面这些图是水平单线天线（偶极子天线）的侧射方向图。切记：这些图仅代表方向图因子。

图 3-47 中所示为不同天线高度（距地面）处，水平半波偶极子天线的竖直面方向图（端射）。这些方向图都经过

了尺度缩放，以便能够直接与图 3-46 中相应高度处的方向图进行比较。图 3-46（A）和图 3-46（B）中理想地表条件下的方向图与图 3-45 中上面部分的图相同，图 3-47（B）和 3.46（D）中理想地表条件下的方向图与图 3-45 中下面部分的图相同。小仰角时，与侧射方向图相比，端射方向图的强度要小很多。图 3-47 中也清楚表明，在某些高度处，仰角比较大的位置上，侧射方向图与端射方向图的强度几乎一样，这说明天线本质上是全方向辐射体。

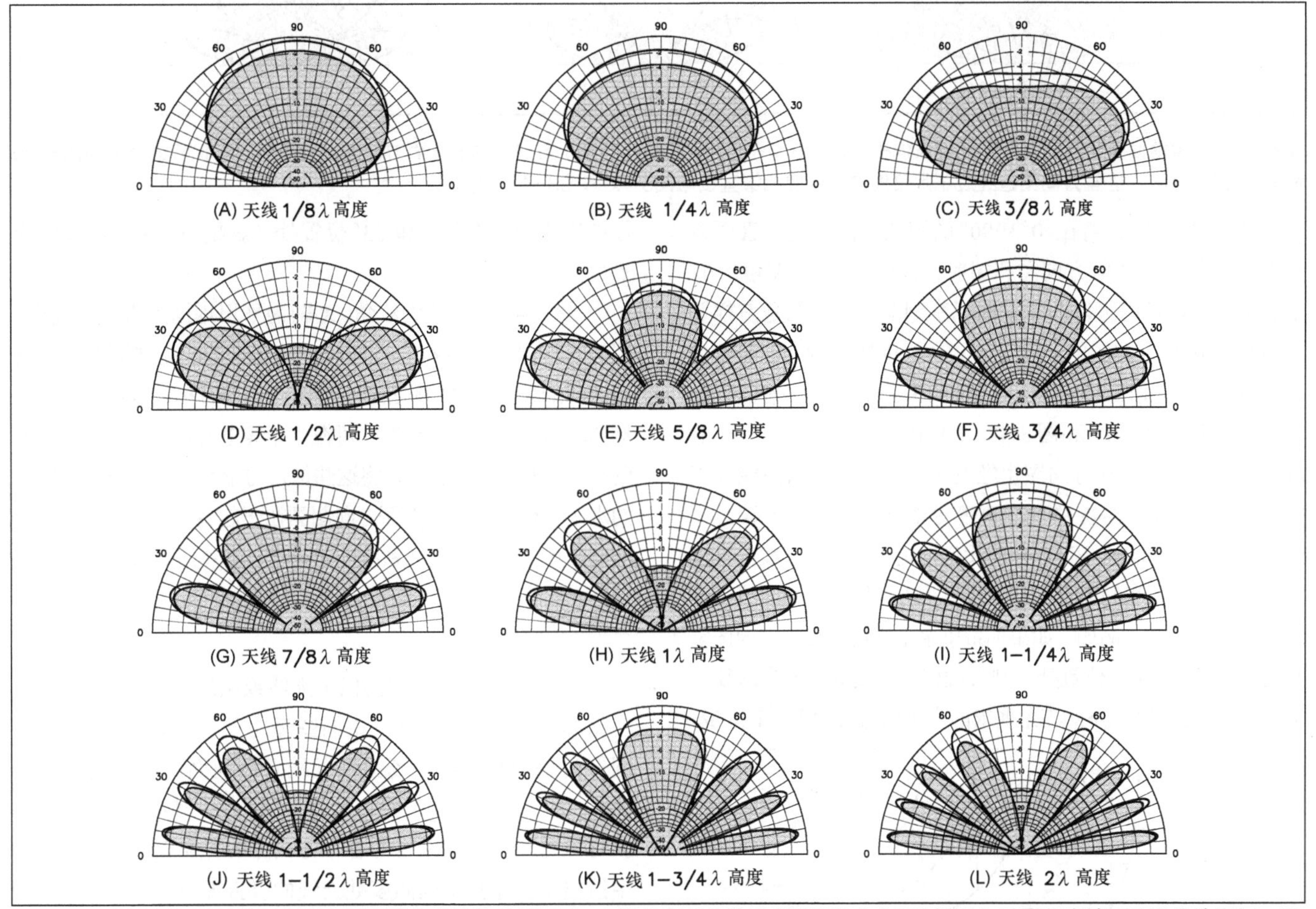

图3-46 水平偶极子天线距离平表面不同高度处的反射因子。实线代表理想地表条件下的方向图（侧视），阴影代表地面为平均地表（k=13, G=0.005S/m），频率为14MHz时的情形。反射因子将使偶极子的绝对增益（dBd）比自由空间中大7dB，或者说增益（dBi）增加9.15dB。例如，仰角为25°，高度为5/8λ时，理想地表条件下的峰值增益为7dBd（或9.15dBi）。

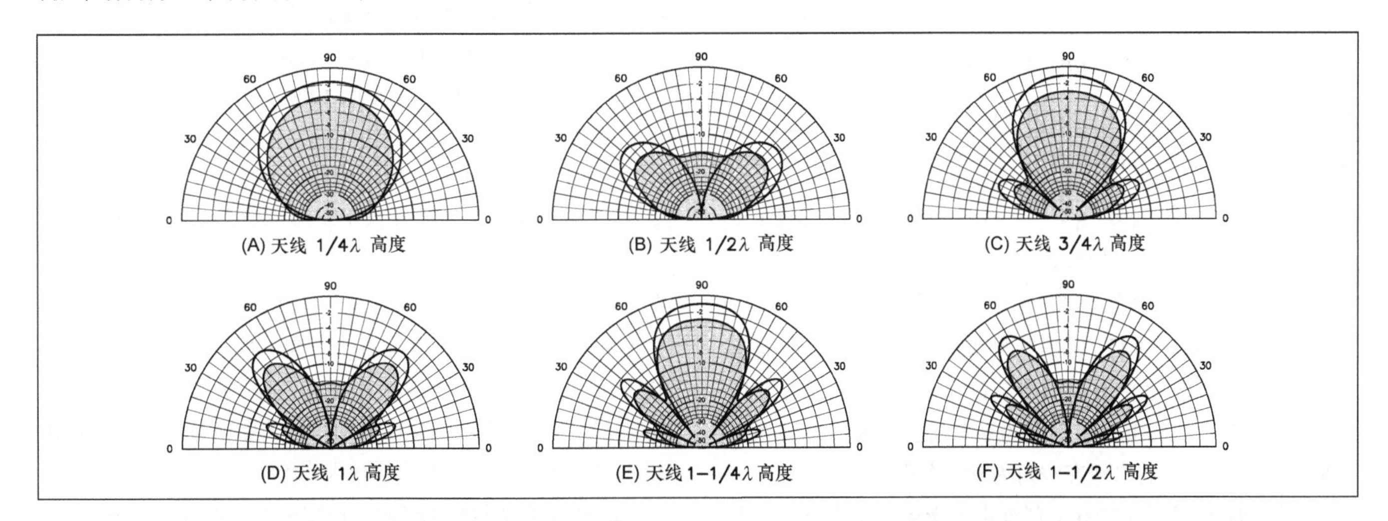

图3-47 半波水平偶极子天线的端射方向图。实线代表理想平地面条件下的方向图，阴影代表地面为平均地面（k=13, G=0.005S/m），频率为14MHz时的情形。假定最大增益方向的主瓣峰值为0dB（作为参考值）。反射因子将使偶极子的绝对增益（dBd）比自由空间中大7dB，或者说增益（dBi）增加9.15dB。

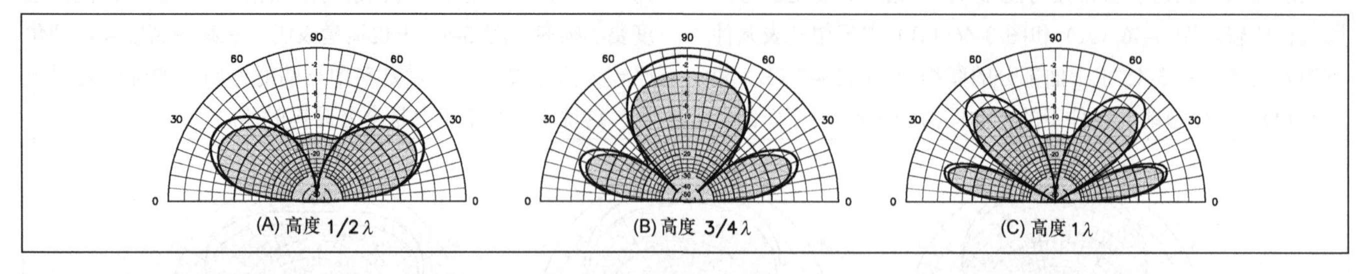

图3-48 平坦地面条件下，水平极化半波偶极子天线在45°（与天线轴的夹角）方向上的竖直面方向图。实线和阴影代表的意义与图3-46和图3-47中相同。这些方向图也经过了尺度缩放，以便能够直接与图3-46和图3-47进行比较。

与天线轴的夹角在 0°～90°的那些方向上的竖直面方向图的形状介于边射方向图和端射方向图之间。将夹角从0°变化到90°，我们可以非常好地观察到端射方向图是怎样逐步变化到边射方向图的。图 3-48（A）中所示为 λ/2 高度处半波偶极子天线在 45°（与天线轴的夹角）方向上的竖直面方向图。图 3-48（B）和图 3-48（C）中的天线分别位于 3 /4λ 和 1λ 高度处。这些方向图也经过了尺度缩放，以便能够直接与图 3-47 和图 3-48 中相应高度处的方向图进行比较。

图 3-49 中的曲线可以帮助我们决定水平极化天线的高度——该高度处，我们期望的仰角位置上方向图的最大值或最小值得到最大加强。例如，如果你希望水平极化天线的方向图零点出现在仰角 30° 位置处，则天线架设高度的取值为虚线与 30° 线的交点的横坐标。满足要求的高度取值有两个：1λ 和 2λ。

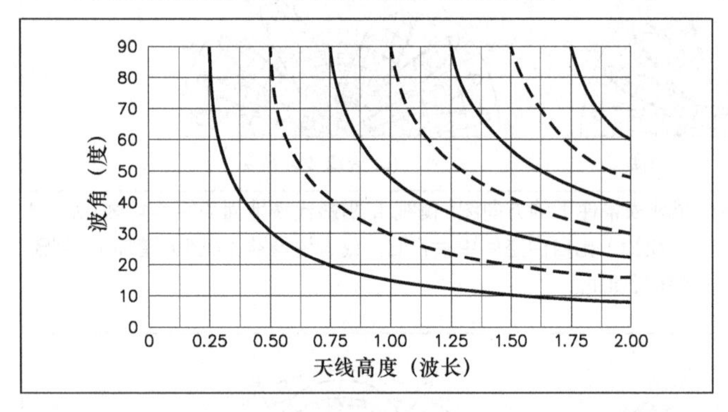

图3-49 平坦地面条件下，反射因子为零和最大（6dB）时的水平极化天线高度和波角的关系曲线。这里天线高度不超过2λ。实线代表最大值，虚线代表零点。可参见文章中的例子。仰角值可以根据三角关系确定：$\theta=\arcsin(A/4h)$，其中θ代表波角，h代表用波长度量的天线高度。对于第一条最大值曲线A为1，第一条零值曲线A为2，第二条最大值曲线A为3，第二条零值曲线A为4。

再举一个例子说明。如果你希望仰角为 20° 时，地面反射能使水平极化天线的直达波得到最大增强，则天线架设高度应为 0.75λ。该高度处方向图的零点出现在波角为 42° 位置处，第二旁瓣峰值出现在波角为 90° 位置处。

图 3-49 还可以帮助我们观察水平极化天线的竖直面方向图。例如，如果天线位于 1.25λ 高度处，它的主瓣在 12°、37° 和 90° 处（实线与 h=1.25λ 线的交点的纵坐标）。该方向图的零点出现在 24° 和 53° 位置处（虚线与 h=1.25λ 线的交点的纵坐标）。

图 3-49 中 Y 轴为波角，X 轴为平坦地面上天线的高度，用波长度量。图 3-49 中没有给出与我们感兴趣的目标位置进行实际通信时所需的仰角值。有关与全球目标位置进行通信时仰角取值范围的更多细节，可在“无线电波传播”一章及本书附带的光盘文件中找到。将这些仰角与平坦地面上不同高度处的水平极化天线的竖直面方向图画在一起将非常有用。有关这点将在后面“高频天线系统的设计”一章中进行详细介绍。

垂直极化天线

对于垂直极化半波偶极子天线或接地平面天线来说，在任意仰角位置天线的水平方向图都是一个简单的圆（虽然不同仰角处天线的实际场强随天线距离地面的高度变化而变化）。因此，在给定天线高度处，只通过一幅竖直面方向图就可以得到与轴线垂直的各个方向上的完整信息了。图 3-50 中给出了一系列不同高度处天线的竖直面方向图。将各幅图绕 90° 轴旋转便可得到相应高度处天线的三维方向图。

图中实线代表理想传导地面上不同馈点高度处垂直极化半波偶极子天线的辐射方向图。图 3-50 中阴影代表相同高度相同天线在平均地面（G=0.005S/m，k=13）上的辐射方向图，频率为 14MHz。PBA 取 14.8°。

简单来说，垂直极化天线的远场区损耗在很大程度上取决于天线周围地面（离天线底部最远处超过任意地网线的末端，近场感应损耗就发生在这个区域）的电导率和介电常数。对一个垂直极化的单极子天线来说，在天线底部周围铺设更多的地网线可减小近场区的地面感应损耗，但是仰角较小时不会使远场区的辐射增强，除非各个方向上地网线的长度都超过 100 个波长！除非将天线搬到虚拟的“海水覆没的高山顶上”，否则几乎不可能通过改变地面的特性来影响真实垂直极化天线的远场区响应。有关垂直极化天线的经典文献中一般都会给出“无限宽、理想传导地平面”上的竖直方向图。电导率有限，非理想介质的真实地面会极大地减弱仰角较小时的辐射，原本在这些角度上垂直极化天线的辐射很强。

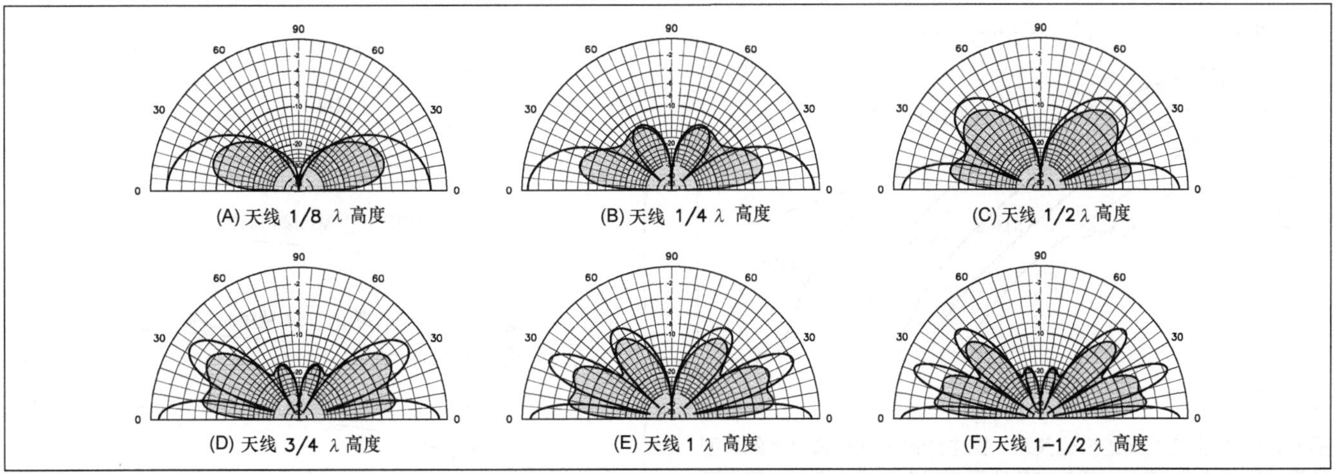

图3-50 平坦地面上接地平面天线的竖直面方向图。此处高度指的是接地平面的高度，该平面中有4根水平的地网线。实线代表理想地面条件下的方向图，阴影代表真实地面条件下的方向图。这些阴影方向图经过了尺度缩放，以便能够直接与实线方向图进行比较，从而比较任意仰角处的损耗。真实地面取平均地面（k=13，G=0.005S/m），频率为14MHz。这些条件下PBA为14.8°。与自由空间相比，绝对增益（dBd）增大了6dB。

虽然真实地表上的垂直天线在仰角较小时的辐射并不是很理想，但是由于其性价比高，安装比较容易，因此老手们仍然极为推崇垂直极化天线。在波长160m和80m波段，由于天线在实际安装时，业余爱好者们不能将天线架设得足够高，因此水平极化天线的小仰角辐射并不是很有效率。1.8MHz时半波偶极子天线安装在273英尺高度处，但即使如此高，对水平天线而言，其峰值辐射所对应的仰角也将为30°，这比远程通信所需的值大。有合理的径向场的安装在地面上的垂直天线，其性能在这种情况下也总是好得多。

3.4 天线分析中的地面参数

本节的内容来源于R. P. Haviland(W4MB)发表在《*The ARRL Antenna Compendium*》第5卷上的一篇文章。过去，业余无线电爱好者们很少关注（与天线相关的）地面的特性。这是因为：第一，地面的特征参数不容易测量——即使使用最好的设备，也需要花费极大的精力；第二，几乎所有业余爱好者必须在已有条件下进行工作——很少有人能够负担起（仅仅因为所处位置贫瘠的土壤所导致的）搬迁所需的花费。另外，对于大多数流行的天线而言，地面的影响并不是那么大——例如40英尺或更大高度处的三波段八木天线，或者屋顶高度处的2m垂直天线。

即便如此，业余爱好者们也一直希望能够得到地面的相关数据，及数据的使用方法。它对垂直极化天线来说非常重要。通常，地面数据对安装在较低高度处的天线，以及诸如贝佛莱日（Beverage）接收天线之类的特殊天线比较有用。这些天线的性能随地面的变化将发生很大的改变。

3.4.1 地面条件的重要性

为了理解地面条件为什么重要，让我们来看一些数据。在频率为10MHz时，CCIR Recommendation 368（见参考文献）给出了信号相比自由空间下降10dB时所需的距离：

电导率（mS/m）	下降10dB所需的距离（km）
5000	100
30	15
3	0.3

海水的电导率较高。在加勒比岛际，40m波段和80m波段比较容易工作，但如果是在美国，由于土壤的电导率低很多，40m波段的地面波通信就比较困难。另一方面，Beverage天线却因为土壤的低电导率而能够工作。

图3-51中所示为一个频率范围内，一组典型的期望传输曲线。数据来自CCIR Recommendation 368，其对应的地面为相对贫瘠的土地，其介电常数为4，电导率为3mS/m（1mS/m即为0.001mho/m）。这些数据也可用于《Radio Propagation Handbook》。该手册也有类似的FCC曲线，无线电工程师从其中可找到所需的参考数据——只有160m波段附近的才有用。在佛罗利达很难通过地面波收听到整个城市的电台，这反映了当地贫瘠的土壤条件——反射的天波信号通常要更强。

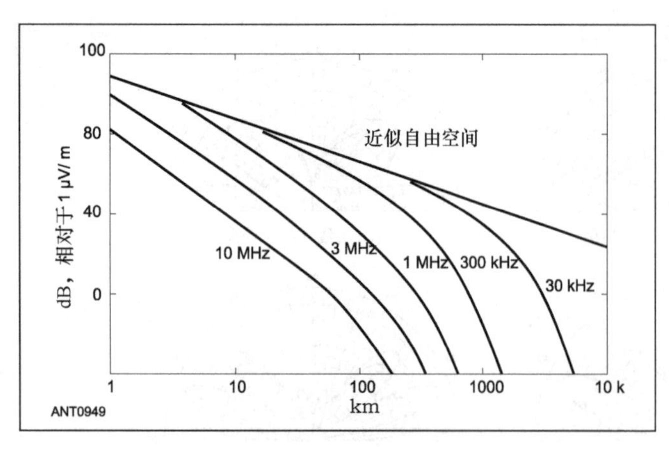

图3-51　场强与距离的变化关系。图中给出了几个频段上的典型场强。数据来自CCIR，其对应的地面为相当贫瘠的土地，其介电常数为4，电导率为3mS/m。肥沃地面和海水所对应的曲线更接近自由空间中的曲线。

3.4.2　获取地面数据

要解决地面数据的问题有两种基本方法，一是使用该地区的通用数据；二是进行测量——这实际上并没有真的变得简单。对大多数业余爱好者来说，最好的办法似乎是将它们结合起来：进行一些简单的测量，然后使用通用的数据进行更好的估计。考虑到设备成本和测量的困难，对大多数爱好者来说，得到的数据都不会很精确。但这也比仅靠预设的条件进行分析要好得多。在分析中，能有一组比较好的数据作为基础，将为你评估一个新的天线项目提供帮助。

通用数据

通过与广播站的发牌程序建立连接，FCC 公布了全国的通用数据，如图 3-2 所示——图中所示即为“美国有效地面传导率估计值”，其范围为 1～30mS/m。我们也提供了加拿大的类似数据，最初数据保存为 DOT 文件，现在为 DOC 文件。

当然，当你要使用这些数据时需要进行一些调整。广播电台一般位于比较开阔的区域，所以这些数据对于位于城市中心的天线来说当然不适合。靠近海边较低站点处的电导率有可能好于图中俄勒冈海案所对应的电导率。除了这些因素，该图给出的数据很有用，可与其他方法得到的数据进行交叉验证。

还有一份 FCC 公布的数据，其来源为当地广播电台的牌照申请。这份数据包括计算和测量结果。它可能包括特定的地面数据，或对 CCIR 覆盖曲线与 FCC 数据进行比较后给出的地面电导率估计值。另一组地面条件曲线由 SRI 提供（见参考文献）。这些曲线给出了典型地形条件下电导率和介电常数与频率的变化关系。对这些曲线重绘后如图 3-52 和

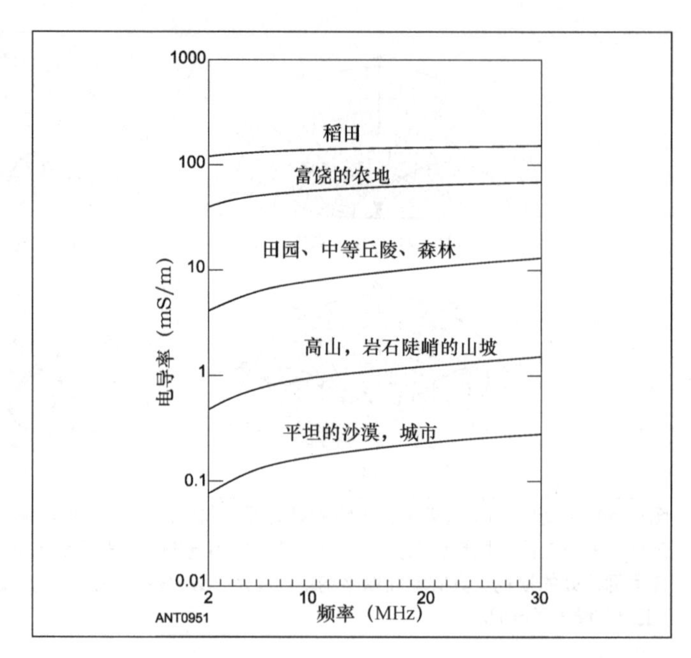

图3-52　针对5种不同土壤类型，典型地形电导率与频率的变化关系。该曲线对应的数据由SRI测量得到。电导率的单位为mS/m。海水的电导率通常取5000mS/m。淡水的电导率与所含的杂质有关，可能很低。为了推断图3-2中某一特定区域在不同频率处的电导率，可从图的最左边沿曲线移动到所需频率对应位置处，此时对应的纵坐标即为电导率的值。例如，对应新罕布什尔州的岩石地面。在BC频段其电导率为1mS/m，频率为14MHz时，有效电导率近似为4mS/m。

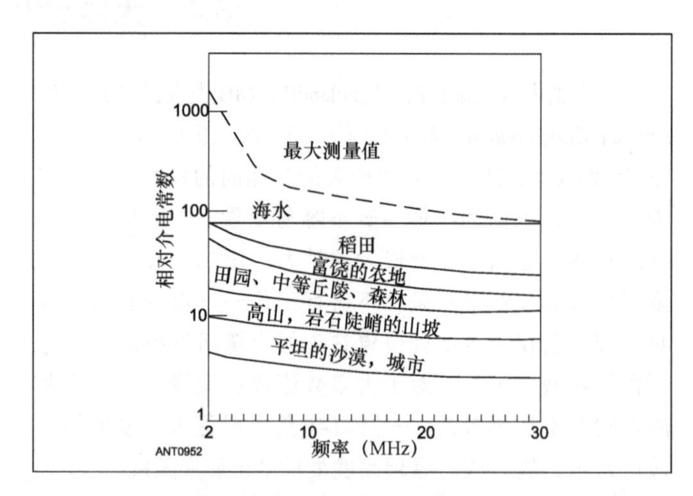

图3-53　针对与图3-52相同的5种土壤类型和海水，典型地形相对介电常数与频率的变化关系。虚线代表报道过的最大测量值，通常表明该处土壤矿化。

图 3-53 所示。通过检查你自己的站点，你可以选择最适合你的地形的曲线。这些曲线乃是基于美国大量站点的测量结果，取值为这些测量的平均值。

图 3-54 到图 3-56 中的数据来自这些测量。图 3-54 给出了地面耗散系数：海水的损耗低（耗散系数大），而沙漠和城市中土壤的损耗很大，其耗散系数小。图 3-55 给出了土壤的趋肤深度。趋肤深度代表信号衰减到表面时的 63%时信

号在地面中的深度。土壤传导率大时，穿透深度小，传导率小时，穿透深度大。图 3-56 给出了土壤中的波长。例如，在 10m 波段（30MHz），海水中的波长不到 0.3m，沙漠中约为 6m。这就是为什么埋天线具有特殊性质的一个原因。如果缺少其他资料，在进行天线建模时可使用图 3-52 和图 3-53 中的数据。

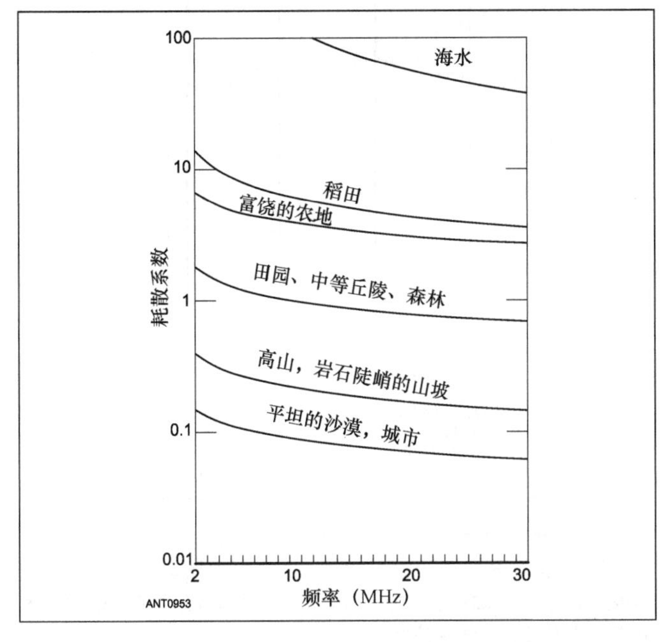

图3-54　耗散系数典型值。土壤的行为类似漏电介质。图中曲线为各种土壤和海水的耗散系数（无量纲）与频率的变化关系。耗散系数与电导率呈负相关。耗散系数大，说明信号强度随穿透地面/水的深度的增大而迅速减小。

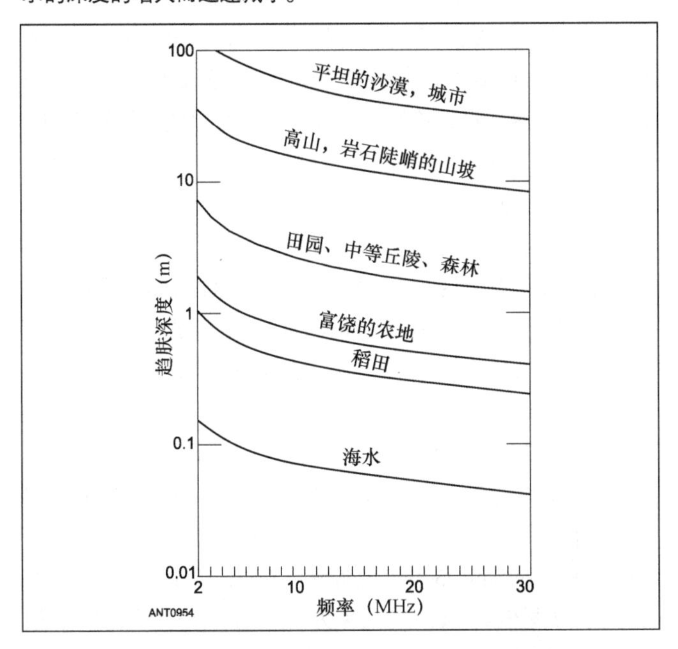

图3-55　趋肤深度典型值。趋肤深度指的是信号强度下降到表面的1/e（约30%）时的深度。地面环境为海水时，在地面上的有效高度等于物理高度。但是，在沙漠中时有效长度要大得多。对于实际的天线，这将增强小角度辐射，但是同时也会增大地面损耗。

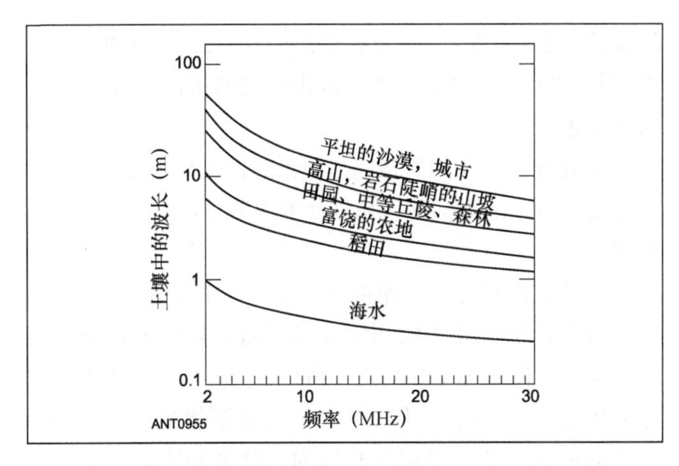

图3-56　土壤中波长的典型值。因为土壤的介电常数，土壤和水中的波长要比空气中的波长短得多。这一点可能很重要，例如在矩量法中其精度受每个波长中段的数量的影响。根据使用的程序，调整天线（全部或部分在土壤中的天线，接地棒，距离地面很近的天线）段的数量。

地面条件测量

M.C. Waltz/W2FNQ (SK) 发现了一个可以简单地测量低频地面电导率的方法。该方法已经被 Jerry Sevick/W2FMI (SK)使用过。测试设置如图 3-57 所示，使用的方法是非常古老的四端电阻率测量法。探头直径为 9.16 英寸，间隔为 18 英寸，深入地面深度为 12 英寸时，电导率计算公式为：

$$G = 21V_1/V_2\text{mS/m} \tag{3-12}$$

电压可使用精度约为 2%的数字电压表进行测量。在适合耕种的土壤中，探头的材质可以是铜或铝。而在硬土中，根据强度要求，可能需要包铁或包铜钢丝。一块钻有导向孔的 2cm×4cm 或 4cm×4cm 的木板可以帮助保持合适的探头

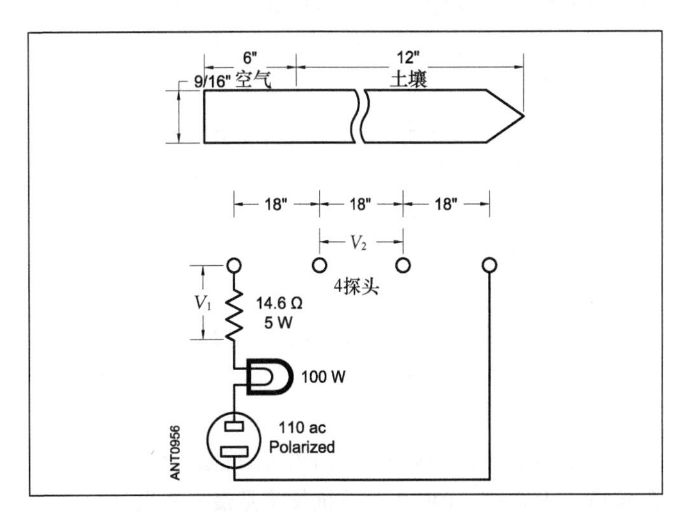

图3-57　低频电导率测量系统。图中系统为60Hz测量系统，其设计者为W2FNQ，使用者为W2FMI。该系统的基础系统广泛应用于地球物理学领域。使用时请确保插头连接正确。要改善此系统可使用更低的电压和隔离变压器。不加电的条件下测量V_2，可能存在地面杂散电流，尤其当附近有发电站或电气化铁道时。

间隔，并使其垂直对齐。测量时要务必小心——有触电的危险。使用 24V 的二级隔离变压器代替 120V 的隔离变压器可以减少这种危险。

即使在一个小的区域内地面条件的变化范围也很大。因此最好对天线周围的区域进行多次测量，然后计算其平均值。

虽然该测量方法只能得到低频时的地面电导率，但是可以利用它选择图 3-52 中的对应曲线，以此来对业余无线电频率下的地面电导率进行估计。例如可根据 60Hz 时的值选取对应的曲线，然后在曲线上找到横坐标为 2MHz 时所对应的，该点的纵坐标即为该频率下的电导率值。还可以根据低频下的测量结果推测其他土壤条件下的曲线——以测量结果对应的点为出发点，绘制与现有曲线平行的曲线。

还可以进一步提炼。如果图 3-53 中的介电常数与图 3-52 中的电导率是同一频率下测得的两组相对应的值，则可以据此得到一幅散点图。该图可表明介电常数随电导率增大而增大的关系。频率为 14MHz，介电常数与电导率的关系为：

$$k = \sqrt{1000/G} \tag{3-13}$$

其中 k 为介电常数，G 为电导率。在 MININEC 或 NEC 计算中使用这些值进行计算，所得到的估计值比全国范围内的平均值更好。

地面特性直接测量

要得到比较好的值，电导率和介电常数都需要在工作频率下通过测量得到。George Hagn 的文章 [1] 和参考文献 16 中介绍了一种两探头技术可满足该测量需求。该技术即为前文提到过的数据获取技术，如图 3-52 至图 3-56 所示。基本原理如图 3-58 所示。本质上，两个探头构成了短的开路双线传输线。根据该类型传输线对应的计算公式，其输入阻抗是介质的电导率和介电常数的函数。要依靠单次测量得到计算结果将很困难，因为必须确定两个探头的末端效应，但是如果它们很容易被驱动，该确定过程将很复杂。按固定比例改变探头的长度，然后进行多次测量，可大大简化计算。这是因为测量结果的差异主要是由双线长度的改变引起的（部分由土壤湿度随深度的变化引起）。

由于传输线的长度较短，被测的阻抗值将比较大，因此阻抗桥不太合适。RF 矢量阻抗仪将是最好的选择，例如 HP-4193A。实在不行，也可使用 RF 导纳测量电桥作为第二选择，例如 GR-821A。此外，也可以使用 Q 表。由于大多数业余爱好者都不可能有这些设备，因此本文中不再进一步探讨具体的测量方法。

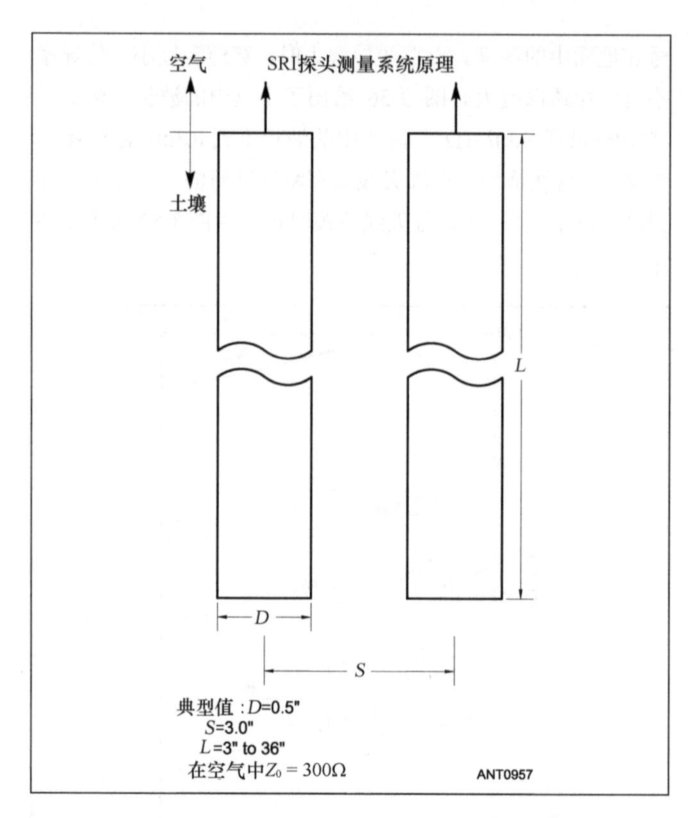

图3-58　高频电导率/介电常数测量系统。可测量频率高达100MHz下的地面条件，由SRI设计。图3-52至图3-56中的曲线根据该方法得到。基本上，这是一段使用土壤作为介质的传输线。需要高阻抗测量的准确性较好。

间接测量

终端阻抗和谐振频率将随天线距地高度的变化而变化，因此可通过对一或多个高度处的天线进行测量，进而对地面参数进行分析。该方法先按预先假设的地面条件计算天线的驱动阻抗，然后将计算结果与实测值进行比较，如果不同，则改变地面条件，然后重复此过程。关于如何设置地面条件，最好有一个计划。

关于对传输线的研究，Walt Maxwell/W2DU 在 20m、40m 和 80m 波段进行了这样的测量。他的书中包含了部分测量所得数据。[17] 下例即基于他在 80m 时测量所得的数据。数据来源于他书中的表 20-1，该数据对应于使用#14AWG 电线制作而成的，位于地面上 40 英尺处的 66 英尺，2 英寸偶极子天线。他的表中，在 7.15MHz 时天线的阻抗为 72.59+j1.38Ω。

表 3-6 中为 3 种不同电导率 3 种不同介电常数下（9 种不同的地面条件）的天线阻抗计算结果。3 种电导率分别为 10mS/m、1mS/m 和 0.1mS/m，3 种介电常数为 3、15 和 80。驱动阻抗的计算值与测量值最接近时电导率为 0.1mS/m，介电常数为 3。根据图 3-52 和图 3-53 所示可知其对应地面类型为平坦的沙漠地形和城市地面。对天线性能的影响如图 3-59 所示。地面为城市地面时的最大增益比高电导率高介电常数地面条件下的增益小 2dB 还多。请注意，最大值对应的仰角方向竖直向上。

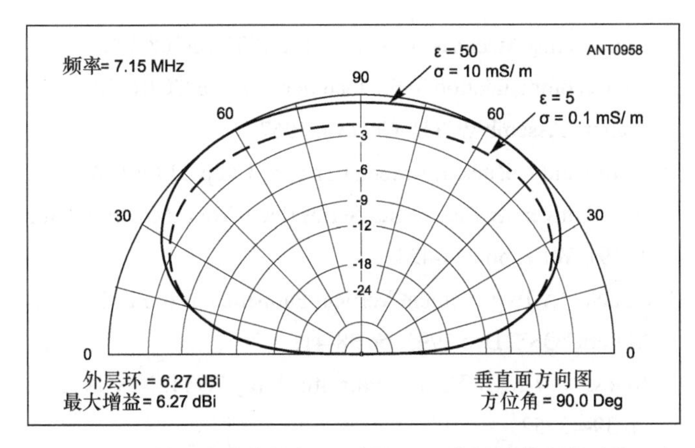

图3-59 40英尺高度处波长40m偶极子天线的计算所得垂直面方向图，对应两种不同的地面环境：贫瘠地面（介电常数为3，电导率为0.1mS/m）和肥沃地面（介电常数为50，电导率为10mS/m）。注意到对于高度较矮的天线，其大角辐射受贫瘠地面的影响最大，小角辐射受肥沃地面的影响最小。

W2DU 的 QTH 是在佛罗里达的郊区，此处被低矮的原生植被所覆盖。地面沙化严重，海拔在 60～70 英尺。测量是在佛罗里达干旱季快结束时进行。水位估计在表面下 20～30 英尺处。可以看到，计算值与实测值一致性很好。

进一步分析发现，使用电导率在 0.1mS/m，介电常数在 3 左右的值，地面参数的估计结果将更好。但是，真实值与估计值还是会有偏差，因为计算机建模的条件比较苛刻，对测量的要求极高。天线不能有凹陷，天线的长度和高度必须精确。例如测量同轴电缆表面导体上的电流时，必须使用精确的设备，没有偏差。必须估量馈入间隙的影响。另外，天线下方的地面必须是平坦的，地面特征参数恒定。

表 3-6　　驱动电阻的计算值

电导率和介电常数取不同值时，位于 40 英尺高度处，40m 波段偶极子天线的驱动电阻（欧姆）			
电导率（mS/m）	介电常数		
	--------3--------	--------15--------	--------80--------
10	89.78–j12.12	88.53–j10.69	88.38–j7.59
1	80.05–j17.54	83.72–j10.23	87.33–j6.98
0.1	76.44–j15.69	83.18–j9.85	97.30–j6.46

W2DU 测得的值为 72.59–j 1.28Ω，最接近贫瘠地面条件（介电常数=3，电导率=0.1mS/m）下的值。

最后，将与天线相连的传输线馈端的测量值进行变换时，要求对馈线长度和传输线速度常数的测量比较精确。因为每一点都可能导致错误。最好在两个到三个频段，及两个到三个高度处进行多次测量。将天线调整到与原有取向垂直的方向上再测一次，这可能会有帮助。显然，这将涉及大量具体的工作。

作者未能找到有关如何选取最佳高度和频率的指南。文章《Exact Image Method for Impedance Computation of Antennas above the Ground》中指出高度取 0.3λ 时，对地面条件的灵敏度较高。[18] 高度非常低时，结果可能会混淆，因为几组不同的地面参数组合可能会给出几乎一样的驱动电阻测量结果。该文中的数据和相关经验信息表明在高度大于 0.75λ 时，对地面条件的灵敏度很低，甚至可忽略不计。

如果需要有关地面特征的总体结论，我们可以从第一段开始重述——对大多数常用的水平极化天线安装来说并不是很重要。但是，如果你的行为需要偏离一般情形，或者需要考虑垂直极化天线的性能时，它还是值得一看的。这里列出的技术将为你提供帮助。

3.5　参考文献和参考书目

参考文献

1. George H. Hagn, SRI, “HF Ground Measurements at the Lawrence Livermore National Laboratory (LLNL) Field Site,”Applied Computational Electromagnetics Society Journal and Newsletter, Vol 3, Number 2, Fall 1988.
2. Christman, Al, K3LC, “Ground System Configurations for Vertical Antennas,”QEX, Jul/Aug 2005, pp 28-37
3. Christman, Al, K3LC, “Maximum-Gain Radial Ground Systems for Vertical Antennas,”National Contest Journal, Mar/Apr 2004, pp 5-10.
4. Stanley, John, K4ERO, “Optimum Ground Systems for Vertical Antennas,”QST, Dec 1976, pp 13-15.
5. Severns, Rudy, N6LF, “An Experimental Look at Ground Systems for HF Verticals,”QST, Mar 2010, pp 30-33.

6. Severns, Rudy, N6LF, "Experimental Determination of Ground System Performance for HF Verticals, Part 7, Ground Systems with Missing Sectors,"QEX, Jan/Feb 2010, pp 18-19.
7. Severns, Rudy, N6LF, "Experimental Determination of Ground System Performance for HF Verticals, Part 3, Comparisons Between Ground Surface and Elevated Radials,"QEX, Mar/Apr 2009, pp 29-32.
8. Christman, Al, K3LC, "Gull-Wing Vertical Antennas,"National Contest Journal, Nov/Dec 2000, pp 14-18.
9. Dick Weber, K5IU, "Optimum Elevated Radial Vertical Antennas,"Communications Quarterly, Spring 1997, pp 9-27.
10.Doty, Frey and Mills, "Efficient Ground Systems for Vertical Antennas,"QST, Feb 1983, pp 20-25.
11. Brown, Lewis and Epstein, "Ground Systems as a Factor in Antenna Efficiency,"Proc. IRE , June 1937.
12. C. J. Michaels, "Horizontal Antennas and the Compound Reflection Coefficient,"The ARRL Antenna Compendium, Vol 3 (Newington: ARRL, 1992).
13. Severns, Rudy, N6LF, "Experimental Determination of Ground System Performance for HF Verticals, Part 1, Test Setup and Instrumentation", QEX, Jan/Feb 2009, pp 21-25.
14. Severns, Rudy, N6LF, "Experimental Determination of Ground System Performance for HF Verticals, Part 2, Test Setup and Instrumentation,"QEX, Jan/Feb 2009, pp 48-52.
15. Severns, Rudy, N6LF, "Experimental Determination of Ground System Performance for HF Verticals, Part 6, Ground Systems for Multi-band Verticals,"QEX, Nov/ Dec 2009, pg. 19-24
16. Severns, Rudy, N6LF, "Measurement of Soil Electrical Parameters at HF,"QEX, Nov/Dec 2006, pp 3-8.
17. M. W. Maxwell, Reflections III—Transmission Lines and Antennas, 3rd edition (New York: CQ Communications, 2010).
18. I. Lindell, E. Alanen, K. Mannerslo, "Exact Image Method for Impedance Computation of Antennas Above the Ground,"IEEE Trans. On Antennas and Propagation, AP-33, Sep 1985, pp 937-945.

参考书目

有关本章主题的源材料和进一步讨论可在下面的参考文献和“天线基础”一章末尾列出的书籍中找到。

B. Boothe, "The Minooka Special,"QST, Dec 1974, pp 1519, 28.
G. Brown, "The Phase And Magnitude Of Earth Currents Near Radio Transmitting Antennas,"Proc. IRE, Feb 1935, pp 168-182.
CCIR Recommendation 368, Documents of the CCIR XII Plenary Assembly, ITU, Geneva, 1967.
R. Collin and F. Zucker, Antenna Theory, Chap 23 by J. Wait, Inter-University Electronics Series (New York: McGraw-Hill, 1969), Vol 7, pp 414-424.
T. Hulick, "A Two-Element Vertical Parasitic Array For 75 Meters,"QST, Dec 1995, pp 38-41.
R. Jones, "A 7-MHz Vertical Parasitic Array,"QST, Nov 1973, pp 39-43, 52.
T. Larsen, "The E-Field and H-Field Losses Around Antennas With a Radial Ground Wire System,"Journal of Research of the National Bureau of Standards,
D. Radio Propagation, Vol 66D, No. 2, Mar-Apr 1962, pp 189-204.
D. A. McNamara, C. W. I. Pistorius, J. A. G. Malherbe, Introduction to the Geometrical Theory of Diffraction (Norwood, MA: Artech House, 1994).
C. J. Michaels, "Some Reflections on Vertical Antennas,"QST, Jul 1987, pp 15-19.
Radio Broadcast Ground Systems, available from Smith Electronics, Inc, 8200 Snowville Rd, Cleveland, OH 44141.
Reference Data for Radio Engineers, 5th edition (Indianapolis: Howard W. Sams, 1968), Chapter 28.
R. Severns, "Verticals, Ground Systems and Some History,"QST, Jul 2000, pp 38-44.
J. Sevick, "The Ground-Image Vertical Antenna,"QST, Jul 1971, pp 16-19, 22
J. Sevick, "The W2FMI 20-Meter Vertical Beam,"QST, Jun 1972, pp 14-18.
J. Sevick, "The W2FMI Ground-Mounted Short Vertical,"QST, Mar 1973, pp 13-18, 41.
J. Sevick, "A High Performance 20-, 40-and 80-Meter Vertical System,"QST, Dec 1973, pp 30-33.
J. Sevick, "The Constant-Impedance Trap Vertical,"QST, Mar 1974, pp 29-34.
J. Sevick, "Short Ground-Radial Systems for Short Verticals,"QST, Apr 1978, pp 30-33.
J. Sevick, "Measuring Soil Conductivity,"QST, Mar 1981, pp 38-39.
J. Stanley, "Optimum Ground Systems for Vertical Antennas,"QST, Dec 1976, pp 13-15.
F. E. Terman, Radio Engineers'Handbook, 1st ed. (New York, London: McGraw-Hill Book Co, 1943).

第 4 章

无线电波传播

因为无线电通信是通过电磁波在地球大气层中传播来实现的，因此了解电磁波的特性以及它们在传播媒质中的特性极其重要。大多数天线将有效地辐射施加给它的功率，但是没有任何天线在所有环境下可以同样地做好所有的事情。无论你自己设计并建立天线，或购买天线，并由专业人士架设，你都应该了解电波传播知识，使得无论是在规划阶段还是在你的基站运行阶段，怎么才能达到最好的结果。

CarlLuetzelschwab（K9LA）对本章的材料已经进行了更新，其中包括太阳黑子 24 周期的进展情况和最近有关太阳信息的来源。

4.1　无线电波的性质

关于电磁无线电波的传播行为和基本概念已经在“天线基本理论”章中进行了介绍。本节讨论无线电波的其他特征，这些特征对我们学习电波传播来说有非常重要的作用。

4.1.1　无线电波的弯曲

无线电波和光波都以电磁能量的形式传播。他们主要的差异是波长，因为以波长表示的无线电波的反射表面通常比光波的要小得多。在给定电导率的材料中，长波比短波穿透得要深，因此在良好反射时需要厚的物质。但是对于波长很长的无线电波来说，薄的金属却是良好的反射体。对于较差的导体，例如地球的地壳，长波可以穿透到地表下好大英尺内。

我们认为光从光源到球面上任一点的传播路径都是一条直线——球的半径。球面上一个观察者可能认为该球面似乎是平的，就像地球上的我们认为地球是平的。无线电波从距离足够远的源头传播过来后会成为一个平面式的波，该波就被称为平面波。在这里，我们主要讨论的就是平面无线电波。

根据波长（也就是频率），无线电波可以被建筑物、树木、车辆、路面、水、大气上层的电离层或者是空气中不同温度和湿度的界面等反射。实际上，电离层和大气条件在远超过本地距离的通信中重要得多。

折射是在一定角度下射线由一种介质传播到另外一种介质时发生的弯曲。当一个直棒以一定角度放入水中时看起来变得弯曲，这就是众所周知的光的折射。无线电波在空气和其他介质中弯曲的程度取决于它们的频率。高频波段在无线电波的大气中会产生轻微的弯曲。在 28MHz 时会变得显著，50MHz 时尤其明显，在甚高频、超高频和微波传播时这个因素会变得更显著。

光在坚固的墙上发生的绕射使得在远离源点的墙的背面并非完全黑暗。这主要是由无线电波在墙的顶端发生的扩散引起的，是由波束中一部分波与其他部分之间的干涉所引起的。当无线电波遇到地球表面的障碍物时，障碍物表面的介电常数会影响在无线电阴影中非完全黑暗区域的状态。有关地球表面绕射所产生的影响的更多信息，请参考“地面效应”一章。

反射、折射和绕射这 3 种现象在无线电时代开始之前就已经使用。无线电波传播几乎总是这几种现象的混合。它们发生在我们收听广播时，不能轻易识别或将它们分开。本书倾向于在讨论中使用弯曲和散射这两个名词，在必要时做出适当的修正。重要的是需要记住从天线开始能量在路径上的任何改变几乎总会影响正在发射电波的结果，这就是本书讨论天线时，为什么加上“无线电波传播”这一章的原因。

4.1.2 地波

正如我们已经看到的，无线电波在它所传播的介质中受到许多因素的影响。这导致了在早期关于无线电波传播的文献中一些概念的混淆。无线电波在接近地面的传播中有好几种方式，其中一些与地面本身的作用相对很小。在关于天线的文献中地波有几种意思，但是它被认为是任何接近于地球表面传播的无线电波，在到达接收点之前没有离开过地球的低层大气。这将地波与在发射天线与接收天线之间依靠电离层传播的天波区分开。

当发射天线和接收天线足够高时，以至于它们可以相互“看见”对方，电波就可以在它们之间直接传播，这通常被称为直达波。地波也可以通过接收天线和发射天线之间的地表的反射或绕射进行传播。受地表影响的无线电波可以和直达波发生作用，这样在接收天线处的电场是一个矢量和的形式。

在通用术语中的地波，我们也将包括在低层大气中由于地球的曲率所发生的弯曲或对流层发生的弯曲等现象，这些现象的发生通常离地面高度不超过几英里，一般称为对流层弯曲。这种传播模式在高于 50MHz 的业余通信中是一个重要的影响因素。

4.1.3 表面波

实际上地波在传播过程中与地面发生相互作用，这种地波被称为表面波。在传播过程中，随着频率的升高，没有过多能量损失的表面波其传播距离越来越短。表面波传播时与地表相互作用。在白天标准的调幅广播中可以提供 100 英里的覆盖范围，但是衰减也比较高。正如图 4-1 所示，衰减随着频率的增加而增大。除了 1.8MHz 以外，表面波在业余通信中的应用不大。必须使用垂直极化的天线，将大的垂直极化系统建立在限制业余表面波通信的地方，在这些地方，就必须使用垂直极化的天线。

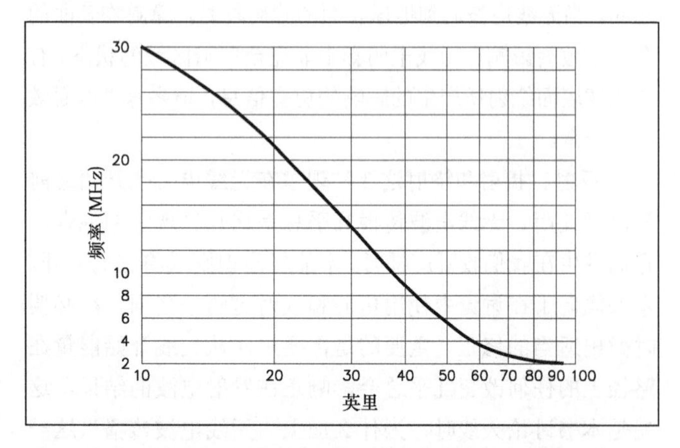

图4-1 典型的高频波段地波的作用距离与频率的函数关系。

4.1.4 空间波

图 4-2 所示给出了在两个天线的视距内电波的传播。天线间能量直接传播时的衰减与自由空间中的一样。除非天线非常高或者非常靠近，否则会有相当一部分能量在地面处发生反射。这一反射的无线电波与直达波相互作用，会对实际接收到的信号产生影响。

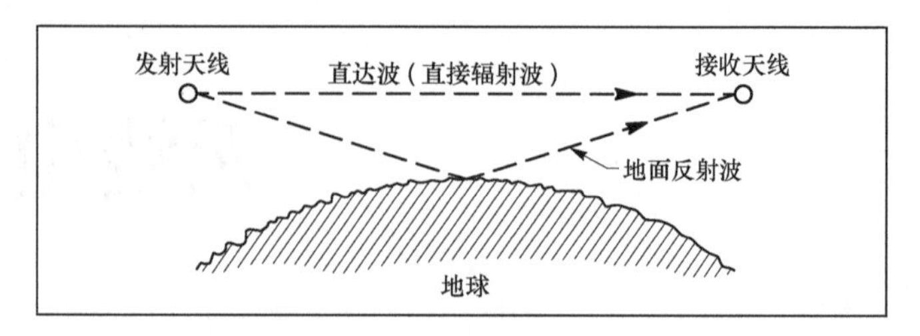

图4-2 直接由发射天线到接收天线传播的直达波与在地表反射的空间波发生作用。对于水平极化的电磁波，在图中所示地表处发生反射时相位将反转。

在大多数地球表面两个基站的通信中，电波入射到地表的角度很小。对于水平极化的信号，这样的反射使得波的相位发生反转。如果无线电波传播的两个不同路径的距离相等，两部分到达时的相位将相反，因此互相抵消。图 4-2 中地面反射波将传播得远一些，因此二者之间的相位差取决于以波长表示的路径长度。在这种类型的通信中使用的波长对于决定有用信号的强度非常重要。

如果路径差为 3m，对于波长为 160m 的无线电波相位差仅为 $360° \times 3/160 = 6.8°$。这与由表面反射所引起的 180° 的相位差相比可以忽略不计，因此两个波之间的抵消使得在路径上的有效信号强度依然很小。但是对于波长为 6m 的电波，相位将是 $360° \times 3/6 = 180°$，与表面反射所引起的额外的 180° 相位差相同，两束波将同相相加。因此在低频时空间波可以忽略不计，但是当频率升高时，它会变得有用。在业余通信中 50MHz 或者频率更高时，这将是一个主要的影响因素。

直达波和反射波的相互作用是在固定和移动基站之间的甚高频通信中所观测到的移动干扰的主要因素之一。当两个基站之间分开得足够远时，表面反射波变得无关紧要，使得移动干扰减小。在甚高频天线的测试中，反射波的能量也可以干扰场强的测量值。

与大多数传播的解释相比，这里简化了双空间波图像的解释，并且经过实际的考虑对它做了修改。无线电波在地表反射时总会有能量的损失。进一步地，由于地表反射引起相位的变化并不是很精确地为 180°，因此无线电波并非完全抵消。在超高频，地表反射损耗可以通过高方向性天线来显著地减小或消除。通过将天线的方向图限制在类似于手电筒的波束内，几乎所有的能量都包含在直达波内。这将导致很低的能量损耗，例如微波中继站可以在几百甚至几千英里外的范围内以中等的功率电平工作。因此我们可以看到，尽管空间波在低于 20MHz 时不是很重要，但它可以在甚高频或者更高的领域内作为主要的资源。

4.1.5 视线外的 VHF/UHF 传播

从图 4-2 可以看出空间波的使用取决于通信基站中天线的视在距离。尽管在早期业余无线通信中频率超过 30MHz 时这一概念是常见的，在字面意义上这是不正确的。当高效使用的仪器出现以及天线技术改进之后，关于甚高频无线电波，实际上通过几种方式变得弯曲或散射的这一概念迅速变得清晰，这使得在两个基站的视在距离之外的通信变得可行。对于低功率的简单天线，这仍然是正确的。平均通信距离可以由无线电波在直线间的传播距离来估算，但是这时地球的半径需要增加三分之一。雷达天线到地平线之间的视在距离变为

$$D = 1.415\sqrt{H_{\text{feet}}} \tag{4-1}$$

或

$$D = 4.124\sqrt{H_{\text{meters}}} \tag{4-2}$$

其中 H 为反射天线的高度，如图 4-3 所示。该公式假设地球在直到地平线处都是平的，所以在路径上的任何障碍都必须予以考虑。对于升高的接收天线通信距离为 $D+D1$，也就是两个天线的水平视距之和。图 4-4 给出了无线电波的水平视距图。对于平表面上的两个基站，一个天线离开地面的高度为 60 英尺，另一个是 40 英尺，可以产生的视在通信距离为 20 英里（11 英里+9 英里）。地表并非完全平坦，但是对可靠通信而言，沿着路径的变化可能会增加或者减小距离。记住在所有通信情况下能量都会被吸收、反射或者散射。假设用户是可以移动的简单全向天线，则公式或图对于估算甚高频调频转接器的潜在覆盖半径起一个良好的向导作用。对优化的本地基站，高增益方向性阵列，以及 SSB 或者 CW 的覆盖范围则是另外一种情形。另外一个详细的估算 50MHz 以上频率的无线电波覆盖范围的方法将在本章中后面的内容进行讲述。

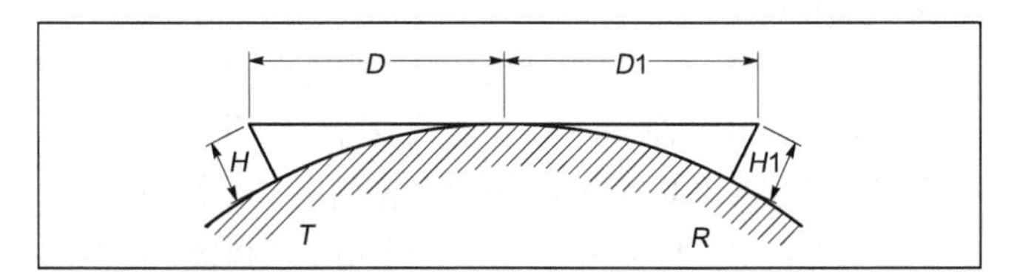

图4-3 高度为*H*的天线到地平线的距离*D*由文中的方程给出。两个高架的天线之间的最大视在距离为图中所示的两个天线各自到地平线的距离之和。

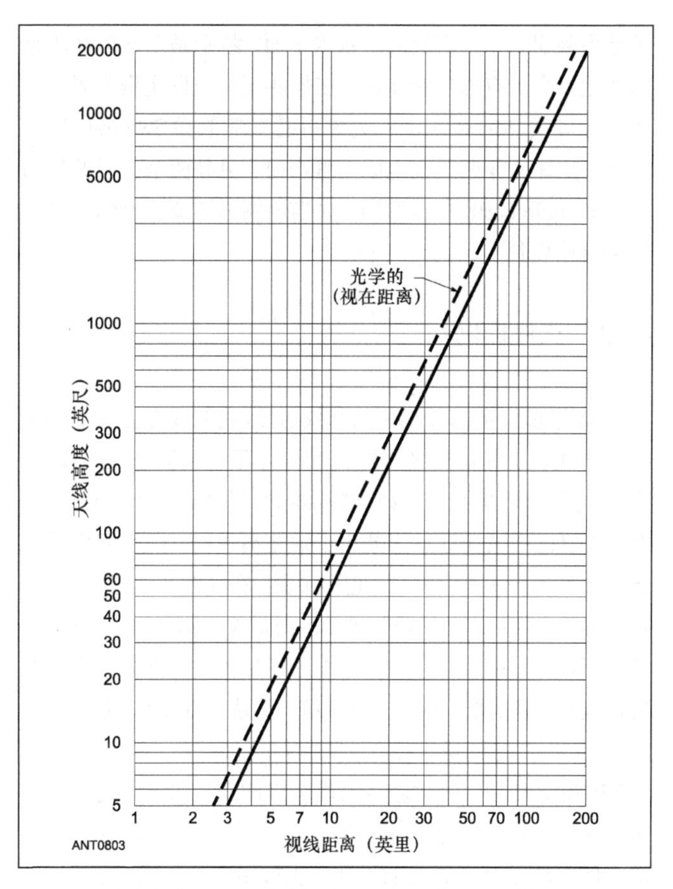

图4-4 给定高度的天线到地平线的视在距离。实线考虑到了空气的折射，虚线给出了光学的视在距离。

为最大地利用一般的空间波，最重要的是使天线架设得尽可能地比附近的建筑物、树木、电线和周围的地形高。一座比周围村庄高的山对于任何种类的业余基站来说都是一个很好的位置，特别是对于频率高于 50MHz 以上的广泛覆盖而言。这种高地中最高点对于天线来说并非是最好的位置。在图 4-5 所示的例子中，对于所有方向，山顶是一个很好的位置。但是如果对于处在右边目标来说，要达到最好的性能，在仅低于山顶处的一个点可以更好。这是以减小相反方向的覆盖范围作为代价的。相反地，对于坐落在左边的天线，降低山丘，可能会对左边比较好，但是几乎肯定的是，这会使右边的性能变得低劣。

为无线电波的基站选择一个最佳的地址是一个很复杂的问题。一个甚高频爱好者梦想能有最高的山峰，一个 DX 高频的业余无线电爱好者将更多地被含盐的沼泽地附近的

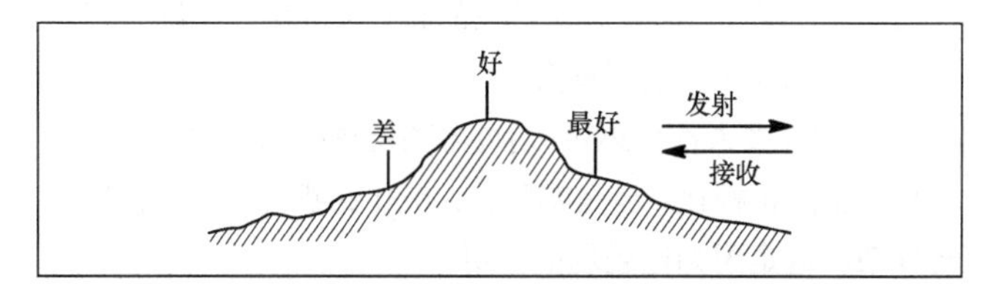

图4-5 当天线位于稍低于山顶朝向基站的点传播性能最好。在通信方向天线前方路径中有突然升高的障碍物时通信性能很差。

干地所吸引，一个广泛的海水水平面，特别是在一个高的悬崖旁边，会更有DX的味道。在购买无线电固定资产时，一个可移动的转向系统可以为你所感兴趣的频率提供使用的方便。在评估业余无线电固定资产时，另外两个有用的技巧则是Google Earth和地形图（去当地图书馆或者上网都可以找到这些资料）。

4.1.6 天线极化

如果仅仅考虑长距离的有效通信，我们或许会涉及能量在地平线以上最低角度辐射。然而，由于业余爱好者的参与，会对我们的天线工程施加一些实际的限制。例如，1.8MHz和3.5MHz的波段通常主要用于短距离通信，因为它们所服务的天线架设不是很困难，也不昂贵。在几百英里的范围，简单的导线天线对这些波段都可以达到要求，即使它们的辐射角度离开地平线很高。垂直系统对于远距离使用效果或许会更好，但是它们需要广阔的地面系统，以达到良好的性能要求。

水平天线在角度较低时辐射性能良好，并且可以在7MHz或更高频率时比较容易地竖立起来，水平导线和阵列在7～29.7MHz时几乎是标准的做法。垂直天线，譬如一个单一的多波段全向天线的设计，也被用在这个频率范围内。对于一个小地段的居民或者在一个公寓居住的居民来说，这种类型的天线或许是解决空间问题的一个良好方案。

高增益的天线几乎都用于50MHz或更高的频率，并且多数是水平的。主要的例外是手机中通过转发器的调频通信，这已经在“中继台天线系统”章中进行了讨论。对甚高频爱好者来说，高度问题可以简单地回答为：越高越好。

在高频波段，离开地表高度的理论上和实际中的影响在“地面效应”章中详细讨论。注意，以波长表示的高度很重要，一个很好的理由认为是，波长多用米制单位表示，而不是以英尺和英寸单位来表示。

在业余频段的工作中，最佳的结果将在两个基站中同样的极化状态间获得，除非很少存在地形障碍和建筑物反射所造成的极化转移。当观测到这样一个偏移时，高于100MHz时的大多情况下，水平极化要比垂直极化工作得好。这主要用在短路径条件下，因此并非十分重要。极化转移往往在长路径中发生，对流层弯曲是一个因素，但是在这里这种效果往往倾向于随机。由电离层产生的长距离通信产生随机极化效应，因此极化匹配不重要。

尽管许多人都描述过：通过电离层进行的高频长距离通信会产生随机极化，但是实际上，极化比我们知道的情况还要复杂，这是因为地磁场的作用。

处在地磁场中的电离层是一种双折射介质。那就是说，当电磁波进入电离层时，会耦合出两条特征波，即正常波和非常波。

在高频波段（3.5MHZ 及以上频率），这两者都是圆极化波，传播中都有相似的电离层吸收率。因此就极化而言，在高频使用水平极化天线和垂直极化天线是毫无意义的，因为将会有一条或另一条或两条特征波传播。这表明使用圆极化天线的基站将比使用线极化天线的基站有3dB的优势。另外，使用圆极化天线的基站在很大程度上可以抵消衰落。关于圆极化天线的实践有3篇较好的文章，即B. Sykes/G2HCG 1990年11月在Communications Quarterly上发表的“The Enhancement of HF Signals by Polarization Control”、George Messenger/K6CT (SK) 1962年12月在The RSGB Bulletin上发表的“Polarization Diversity Aerials”以及Joe Marshall（WA4EPY）1965年1月在73 Magazine上发表的“So We Bought A Spiralray”。

在1.8MHz处，会出现两个有趣的效果，这是因为工作频率接近电离层的电子回旋频率。首先，相对于寻常波，非寻常波具有明显的吸收率，所以对于所有意图和目的只有一个特征，即在160m电磁波可以传播；第二，正常波是高度椭圆极化的，接近线性极化。对于北半球中高纬度地区的基站，垂直极化会在正常波上耦合大部分能量——因此垂直极化通常是达到“Top Band”的最佳方式。但对其他效果来说，例如扰动传播或高角度模式，有时就不得不采用水平极化。在160m，经常重复的一句话的起源为：“在‘Top Band’，你不能有足够的天线。”

50MHz以上的极化因素

在大多数短路径的甚高频通信中，空间波的极化状态保持不变，极化辨别比较高，一般会高于20dB，因此在电路的两端应该采用同样的极化状态。在50MHz以上水平极化，垂直极化和圆极化均有其特定的优点，因此对于它们中的任意一个没有完全的标准。

水平极化比较流行，部分原因是它倾向于拒绝人为噪声，因为人为噪声中大多数为垂直极化。有些证据表明在山区，与水平极化转变为垂直极化相比较，垂直极化会更容易地转变为水平极化。采用大的阵列，水平系统可以很容易地竖立起来，如果观测到不同的现象，可以在非规则地区给出更高的信号强度。

实际工作中，所有甚高频手机都采用垂直系统。在一个甚高频转发器系统的使用中，垂直天线可以在不损失设计的全向性能的情况下具有增益。在移动基站中，一个小的垂直鞭状物具有明显的审美优势。往往一个用于广播接收的伸缩式鞭状物天线可以用来服务于144MHz调频设备中。在汽车顶部装载更有优势，但是广播鞭状天线是一个实际的折中。关于转发器的一个实验表明，水平极化可以给出相对比较大的服务区域，但是垂直系统在机械方面的优势使得它们在甚高频调频通信中成为公认的选择。除了在转发器领域之外，几乎在任何地方标准甚高频系统都采用水平系统。

在地球—月球—地球（EME 月面反射）通信路线中，极化状态是模糊的，对于这样一个多元化的媒质是可以预料到的。如果月球是一个平的目标，我们可以期待在月表反射过程中有一个 180°的相移，但是月表是不平的。再加上月球的天平动（从地球上观测时月球表现出来的较慢的振动），以及无线电波必须穿越整个地球的大气层和磁场，这增加了干扰相位和极化的其他变化因素。建立一个非常大的阵列天线来跟踪月球，使其增益超过 20dB，相位改变和极化问题对大多数 EME 通信爱好者来说提供了足够的工作。这其中通过单元平面的旋转来帮助稳定信号的电平已经被尝试过，但是这并没有被广泛采用。

4.1.7 甚高频无线电波远距离传播

甚高频基站的无线电能量在它们到达无线电的水平视野之后，并不是简单地消失。它被散射，因此在某种程度上，可以在几百公里以外的地方被接收到，这远超过视距的范围。地球上的一切事物，在空间中至少达 100 英里的范围，都是潜在的前向散射物体。

对流层的散射始终伴随着我们。它的效果往往是隐蔽的，被在低频上更有效的传播模式所掩盖。但是如果我们使用它的话，从甚高频开始，低层大气的散射显著地扩展了可靠区域。所谓对流层散射，就是后面将要讨论的产生曲线部分近乎平直的原因（在这部分你可以计算可靠的甚高频覆盖范围）。对一个合适的基站，你可以始终如一地使对流层散射在甚高频和超高频超出 300 英里，特别是在你不介意使用微弱信号和可信度小于 99% 时。早在 20 世纪 50 年代，甚高频爱好者发现在甚高频竞赛中可以凭借大功率、大天线和在噪声中良好的听觉来获胜。它们现在仍然可以。

电离层散射跟对流层散射的机理差不多，只是散射介质比较高，散射主要是在电离层的 E 区，但是也需要 D 层和 F 层的一些帮助。在最大使用频率以上，电离层的散射很有用，因此它可用的频率范围是依赖于地点、时间、季节、太阳状态。具有几乎最大的功率，良好的天线和安静的地点，从流星电离余迹，随机电离的小区域，宇宙尘埃，卫星和 50～150 英里以上范围内，其他可以进入天线方向图区域的电离层的散射可以填充可读信号的跳跃区。这几乎是 E 层的工作，所以它在所有 E 层距离内工作得很好。良好的天线和敏锐的听觉是很有帮助的。

贯穿赤道传播（TE）是在 1946—1947 年间 50MHz 的一项业余发现。所有大陆的业余爱好者通过 3 个单独的南北路径几乎同时观测到了它的存在。即使在有利条件的白天，预测到的最大使用频率在 40MHz 左右，这些业余爱好者还是尝试着在 50MHz 通信。第一个成功来自于最大可用频率被认为较低的晚上。一个值得注意的由欧洲、塞浦路斯、津巴布韦和南非的业余爱好者所推出的研究计划最终提出了技术上正确的理论，用来解释当时未知的模式。

多年来人们已经了解到最大可用频率比较高，在贯穿赤道的电路中季节性变化不大，但是对于全方位差异在业余爱好者没有发现之前对其没有全面的了解。正如在后面的章节中将要详细讲到的，赤道区域的电离层比其他区域的更高、更厚、更密集。由于它更加经常地暴露于太阳辐射中，赤道带具有较高的夜间时间最大使用频率（MUF）的可能性。贯穿赤道传播通常在 144MHz 的边上工作，并且偶尔在 432MHz 工作。潜在的最大可用频率随着太阳活动而变化，但是它没有达到传统的 F 层传播那样的程度。这是一个一天中较晚时刻的模式，当正常的 F 层传播结束时发生。

横穿赤道的区域通常在地磁赤道任何一边不超过 4 000km（2 500 英里）的范围内。地磁轴相对于地球的地理轴心有偏移，因此 TE 带看起来像传统世界地图上的一个曲线带，如图 4-6 所示。作为一个结果，与在欧洲和亚洲相比较，TE 带在美国有一个不同的纬度覆盖范围。TE 带在刚好到达美国大陆南部，波多黎各、墨西哥，甚至是南美北部的基站时，比美国陆地地区的基站更经常遇到该模式。在墨西哥城和布宜诺斯艾利斯发现工作在 50MHz 的 TE 带并不是一个偶然的事件。

在全球优化的范围内，TE 模式将有用的 50MHz 波段扩展到远超过传统的 F 层传播范围，因为实际的 TE MUF 是正常的 F2 工作模式的 1.5 倍。所有季节性和日间特性都是 50MHz 传播的正常扩展。在美国北纬 20° 以南的区域，TE 的存在影响着频段使用的所有特性，特别是在太阳活动频繁的年份。

气候 VHF/UHF 对流层传播的影响

媒质介电常数的改变可以影响传播。大部分地球表面变化的天气可以引起温度和湿度特征非常不同的空气分界面。这些边界的范围可以从局部异常到大陆部分的空气循环模式。

在稳定的天气条件下，大质量的空气每次可以保持其特征数小时或几天不变，如图 4-7 所示。从北美五大湖到大西洋海岸的区域内，在凉爽湿润大气之上的分层温暖干燥大气，可以提供用于在 144MHz 或更高业余频段在东方和西方通信的媒质，通信距离可以远达 1 200 英里。但是在这种情况下，更常见的通信距离介于 400～600 英里。

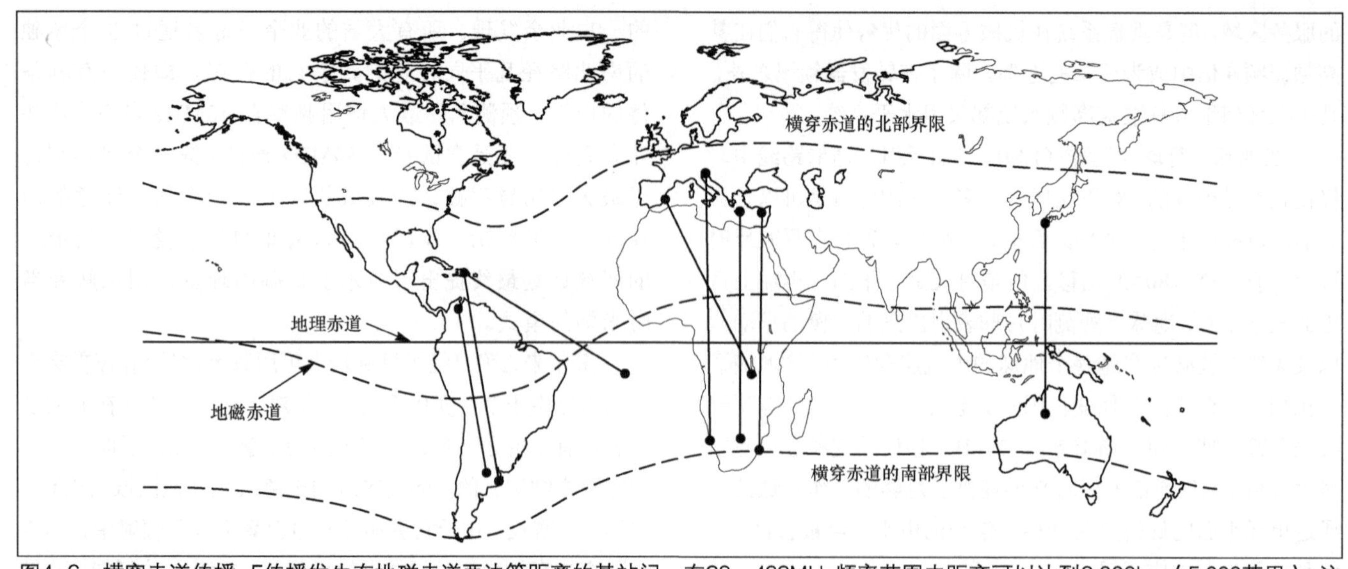

图4-6　横穿赤道传播-F传播发生在地磁赤道两边等距离的基站间，在28～432MHz频率范围内距离可以达到8 000km（5 000英里），注意在西半球地磁赤道明显地在地理赤道以南。（图片由ARRL《业余无线电手册》提供）

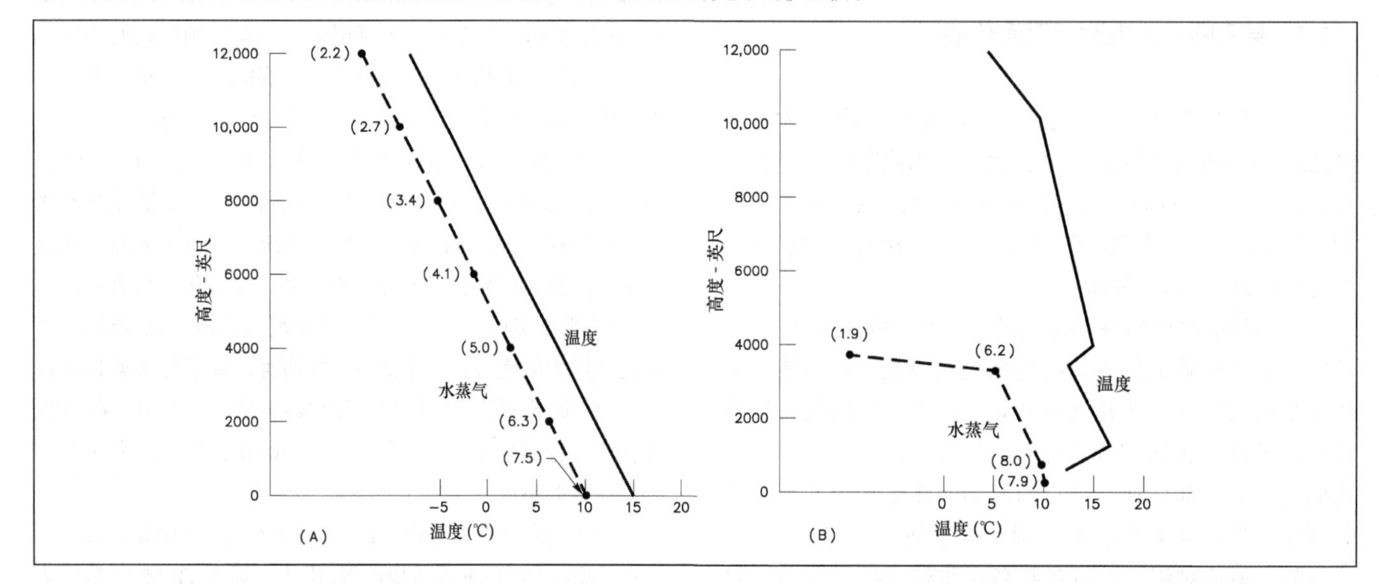

图4-7　在甚高频波段产生扩展距离通信的大气条件。图（A）给出的是美国标准大气曲线。湿度曲线（点线）给出了从地面到12 000英尺高度范围内相对湿度为70%时的结果，在此标准条件下仅有微弱的折射。图（B）给出了典型的甚高频无线电波的折射，图（A）中圆括号内为混合比率，即每千克干燥空气中水蒸气的质量（以克表示）。注意，两条曲线中尖峰出现在3 500英尺的高度。

在大西洋海岸由于热带风暴所带来的一个类似的反转，可以使甚高频和超高频通信从加拿大的沿海诸省扩展到Carolinas 地区。跨越墨西哥湾的传播，有时会使甚高频在从佛罗里达州到得克萨斯州的沿海地区有很高的信号电平。从旧金山湾地区下面到墨西哥的加利福尼亚州海岸，在比较温暖的月份受到一种相似的传播影响。热带风暴从低于夏威夷群岛的太平洋向西移动时，可以提供一种横跨太平洋的长距离的甚高频媒质。在 1957 年，业余爱好者首先在 144MHz、220MHz 和 432MHz 使用这一特性。从那时起，这一特性被相当频繁地在夏季利用，虽然不是一整年内。

上面指出的远程工作的例子可能很少发生，但是几乎每天都存在着最短作用距离的小的扩展情况。在最低的条件下，在任何时间都可以在工作的路径上有增强的信号。

温带气候有一个昼夜效应。在日出时与低处的空气相比，高处的空气温度急剧升高，在一天中较晚时刻随着太阳角度变低，高层空气的温度保持温暖，而地面温度降低。同样地，像在日出和日落时，温度倒置的平静天气可以改变视线内信号的强度，与太阳角度高时相比较最高可达 20dB。日间的变化也可使给定强度的作用距离扩展 20%～50%。如果你乐意使用一个新的甚高频天线，应该首先在日出前后使用。

局部大气和地形条件还会产生一些其他的短路径效应。流动的冷空气进入谷底，使热空气上升，这被称为下陷，是一个在夏季傍晚常发生的事情。在夏季海岸地区，每天近海岸海上风力的转移造成日间的转移，使得海岸地区成为备受甚高频青睐的地点。这一点可以询问居住在内陆几千米处任何热心的 144MHz 操作者。

对流层的影响可以出现在任何时间和任何季节。暮春和初秋是最容易发生的季节，尽管冬季气候变暖的趋势可以产生强大而稳定的反常现象，使得甚高频工作的机率和春秋季经常出现的时间相等。

对于气候受大区域水体影响的区域会极大地受到对流层弯曲的影响，炎热干燥的沙漠地区则很少受到上述情况的影响，至少是上面所描述的形式。

对流层大气波导现象

甚高频和超高频的对流层传播会影响从本地到超过 4 000km（2 500 英里）的所有距离内的信号电平。我们将模式分为两类，本地扩展和长距离。这一概念必须根据所考虑的频率来修正，但是在甚高频的范围内本地扩展效应会让步于一个类似于波导中微波传播的形式，成为大气波导，转变距离一般在 200 英里左右，其区别在于大气条件产生的弯曲是局部的还是在大陆范围内的。记住，我们这里讨论的频率范围是甚高频，或许会高达 500MHz。例如在 10GHz，范围要小得多。

在甚高频传播中超过数百英里的范围，会涉及不止一种天气的状况，但是无线电波主要是在逆温层和地表之间传播。在海洋表面的长距离路径中（两个著名的例子是在加利福尼亚州和夏威夷，以及阿森松岛至巴西之间的传播），传播多发生在两个大气层之间。在这样的电路中传播，基站天线必须在波导中，或者是能够强烈传输到波导中。这里我们又一次看到了天线的位置和辐射角的重要性。对传导来说，在波导中的微波低频极限是至关重要的。在长距离传导中这可能是经常容易变化的。机载仪器表明在阿森松岛西部的稳定大气中，在高频范围内都存在波导效应。在夏威夷和加利福尼亚南部的一些通信是在对流层波导中进行的。或许在这些路径上，144MHz 和更高频段上的传播都是由波导传播所引起的。

在对流层传播的发现和最终解释中，业余爱好者起了很重要的作用。在最近几年，他们证明，与早时期广泛存在的理论相反，在某种程度上通过使用对流层模式进行的远距离通信，使用从 50MHz 到至少 10 000MHz 的业余频率是可能的。

4.1.8 可靠的甚高频覆盖

在前面的章节中，我们讨论了高于 50MHz 的业余频率被间歇地用在远远超过视线范围的通信中的方法。在强调距离时，我们不应该忽略甚高频波段的另一个重要特性，即相对较短距离的可靠通信。与低于 30MHz 的频率相比，甚高频远远不受局部地区通信中断的影响。由于大部分的业余无线电通信本质上是局部的，我们的甚高频作业可以承受大的负载，并且这样使用甚高频波段将有助于解决较低频率所带来的干扰问题。

因为陈旧的观念，我们对甚高频波段可以获得的覆盖范围的错误理解一直持续着。这反映了甚高频无线电波仅沿着直线传播的想法，除非碰巧存在着上述描述的 DX 模式。不过，在现代无线电波传播知识的基础之上，让我们讨论这一景象，来看看高于 50MHz 的哪一个波段对于日间的偏差是最好的，当然需要忽略由于异常现象而导致的正常覆盖范围的扩展。

在假设一些简单条件已知的情况下，有可能在一定准确度的条件下预测甚高频或超高频可以传播多远。影响传输距离的因素可以归纳为图示的形式，在本节中讨论。这一信息最早由 D. W. Bray(K2LMG)发表在 1961 年 11 月的 QST 上（见本章最后的参考资料）。

为了估计基站的性能，必须确定两组数据：基站增益和路径损耗。基站增益由 7 个因素组成：接收机灵敏度、发射功率、接收天线增益、接收天线高度增益、发射天线增益、发射天线高度增益和所需的信噪比。这些看起来很复杂，但是可以归结为评估接收机、发射机和天线性能的一个简单工具。另外一个数字即路径损耗，可以很容易地从图 4-8 所示的列线图中给出。图 4-8 给出的平地表的路径损耗的可靠性为 99%。

对 50MHz，给出了基站（左边）到右边合适的直线距离的直规。对 1 296MHz，采用全尺度，正好在中心。对于 144MHz、222MHz 和 432MHz 分别采用圆形、正方形和三角形内的点。例如，144MHz 在 300 英里时的路径损耗为 214dB。

为了更有意义，由这个列线图所确定的损耗必然要大于简单的自由空间的传播路径损耗。正如在本节前面所讲到的，视距外通信的传输模式随着距离的增加，路径衰减变大。

VHF/UHF 基站增益

在基站设计的 8 个因素中最关键的因素为接收机灵敏度。如果你可以近似知道接收机噪声数值和传输线损耗的话，就可以从图 4-9 中得到。如果你不能测量噪声，当你知道设备在正常工作的话，可以假设 50MHz 时为 3dB，144MHz 或 222MHz 时是 5dB，432MHz 时为 8dB，1 296MHz 时为 10dB。这些噪声数值是在现代固态接收机基础上给出的保守估算。

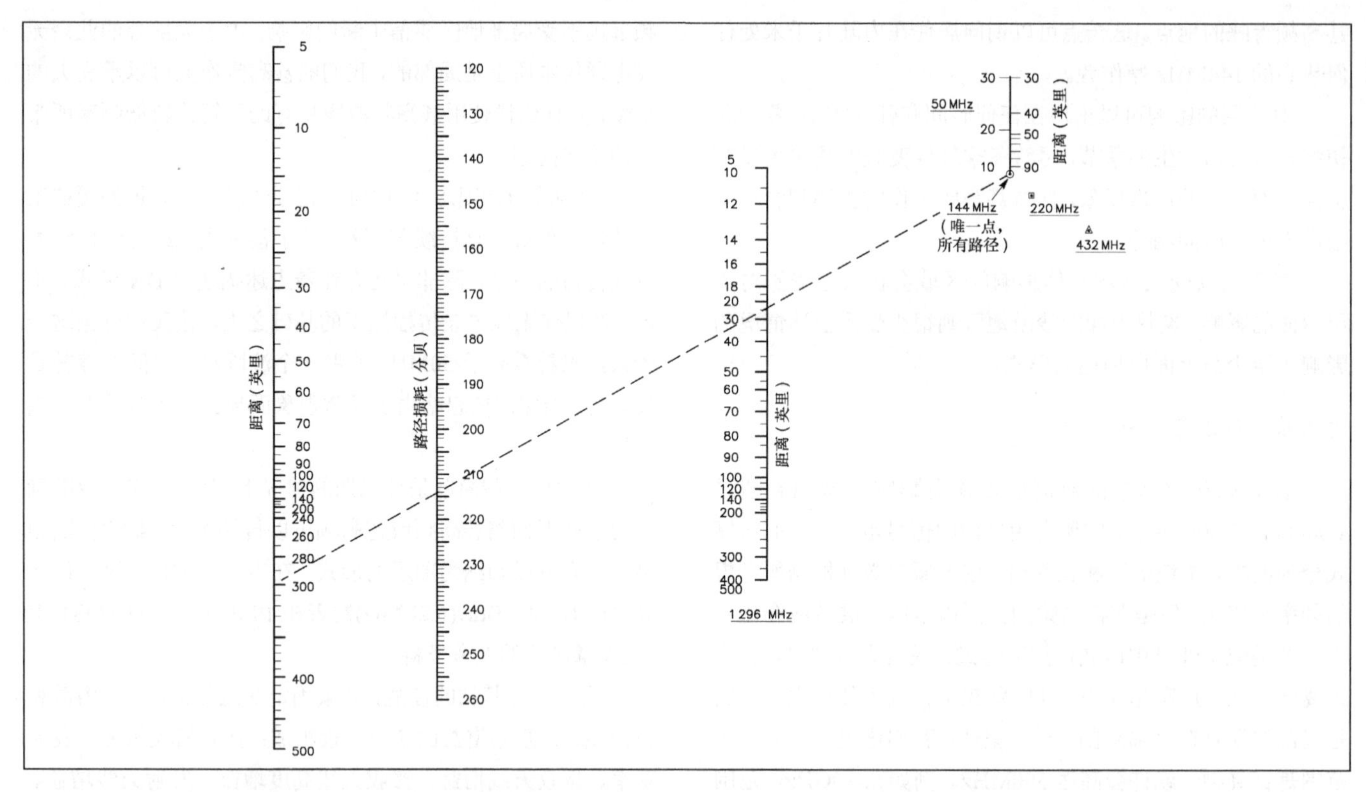

图4-8 用于查找业余频率在50～1 300MHz的基站能力的计算图。如果路径损耗和距离中有一个因素已知，则可以确定另外一个因素。

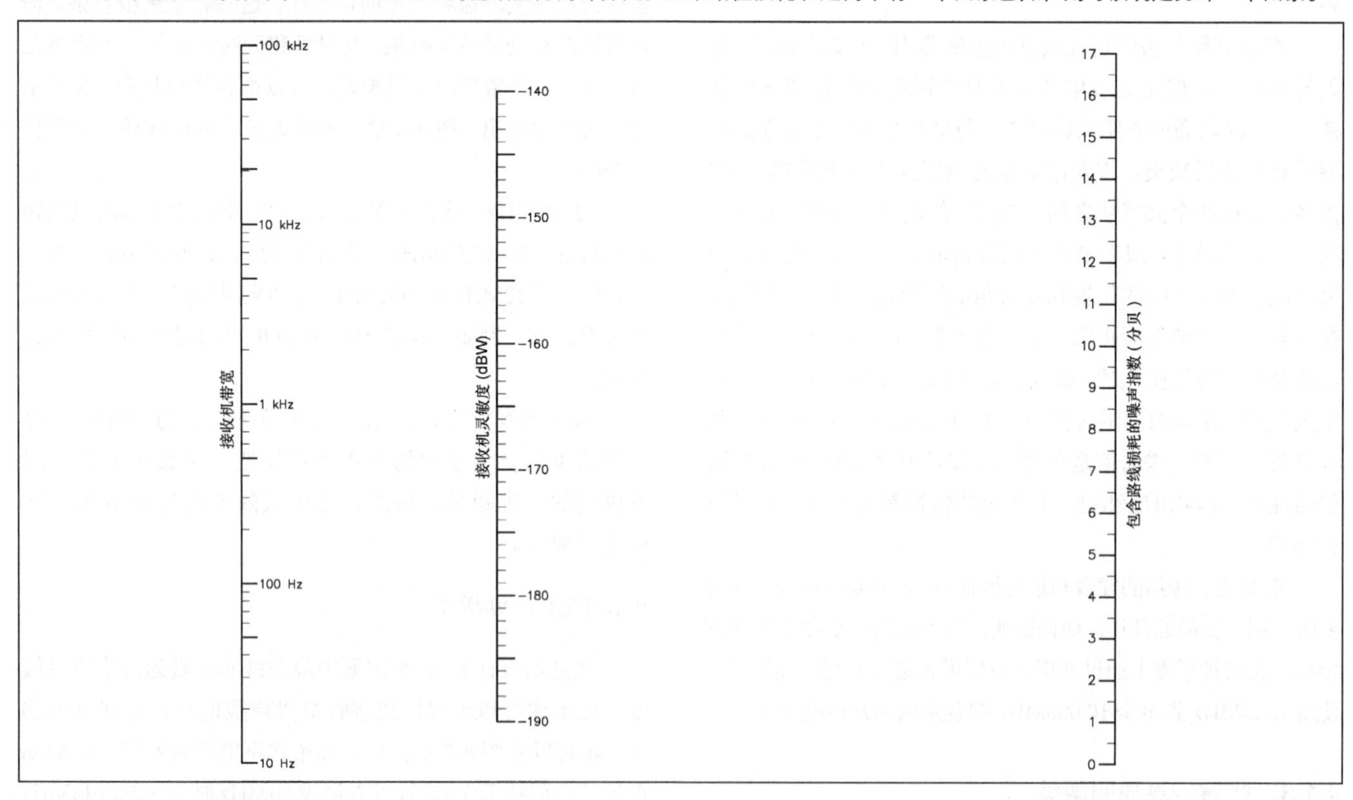

图4-9 用于查找有效接收机灵敏度的列线图。

对于使用的传输线，如果天线系统馈电适当的话，可以根据“传输线”一章给出的信息估算其传输损耗。在图 4-9 的任何一边的适当地点放一个直规，可以在低于 1dBW 的灵敏度范围内测得接收机的有效灵敏度。对你将使用的接收机，对额定发射采用最窄的带宽是可行的。对于连续波，有效工作的平均值约为 500Hz。电话的带宽可以从接收机指令手册中找到，但是它通常在 2.1～2.7kHz。

其次为天线增益。业余无线电天线的增益往往被夸大。

精心设计的八木天线的增益（各向同性）可以增加为以波长表示的 10 倍。例如：在 144MHz，一个 24 英尺的八木天线长为 3.6λ；3.6×10=36，在自由空间中为 10 $\log_{10}36$ =15.5dB。再适当运用，可以增加 3dB 用于溢出，增加多于 4dB 用于地表反射增益。这在业余应用中会有所变化，但是平均值接近图 4-9 给出的值。

我们有一个附加因素，即天线高度增益，可以从图 4-10 中获得。注意，对于短距离这个值很大。水平中心尺度的左边缘从 0～10 英里，右边缘从 100～500 英里。假设在 10～30 英尺的高度增益为零，对 50 英尺的高度而言，10 英里处的增益为 4dB，50 英里处为 3dB，100 英里处为 2dB。对于 80 英尺的高度，这 3 个距离处的增益分别为 8dB、6dB 和 4dB。对于一个给定的高度，在 100 英里以外，高度增益不随距离而变化，可以近似为常数。

发射机输出功率在高于 1W 时必须用分贝表示。如果你有 500W 的输出，则在你的基站增益中表示为增加 $10\log_{10}$（500/1）或 27dB。传输线损耗必须从基站增益中减去。所需的信噪比也应该减去。这些信息是以连续波的工作为基础的，所以对其他模式来说必须减去所需的额外信号。已经证明对于 100 英里以外的距离，信号在平均电平加减 7dB 的范围内变化，因此为了高可靠性必须从基站增益中减去 7dB。对于小于 100 英里的距离，衰落几乎随着距离线性地减小。例如对 50 英里，衰落可以采用−3.5dB。

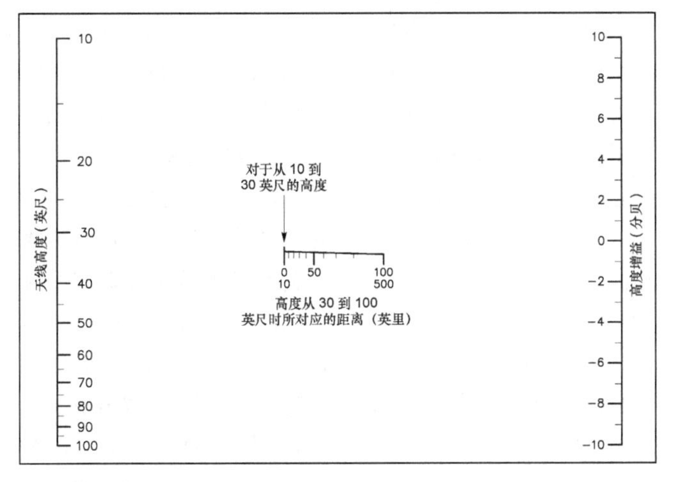

图4-10　用于确定天线高度增益的列线图。

它的全部含义

基站增益可以通过计算所有正面和负面因素的和得到，根据最终结果可以在图 4-10 所示列线图中找到你所期望可靠工作的距离。或者通过其他方式得到：从列线图中找到你所期望的路径损耗，然后计算出基站所需的改变，以弥补损耗带来的影响。

图 4-11 给出了不同频段的路径损耗随频率变化时，各个因素变得很明显。在左边达到 50%的可靠性，在右边同样的信息表示 99%的可靠性。对于几乎完美的可靠性，在 100 英里通信中路径损耗约为 195dB（这在 50MHz 或 144MHz 上可以很容易实现）。但是对于 50%可靠性的曲线，同样的路径损耗可以达到约为 250 英里以外。很少有业余通信需要几乎完美的可靠性。我们有必要通过选择同时接受有些信号重复或损失，以使通信保持在远超过通常甚高频基站所覆盖的距离以外。

这些曲线给出一些典型业余甚高频基站的架设建议，这说明了解这些因素对任何甚高频频谱使用者非常重要。注意，在前面 100 英里的范围内路径损耗曲线非常陡峭，这对甚高频操作员来说不是什么新闻，本地信号比较强，但是 50 英里或 75 英里以外基站的信号非常微弱。其实对我们中的大多数而言，并非很了解 100 英里以外发生的事情。

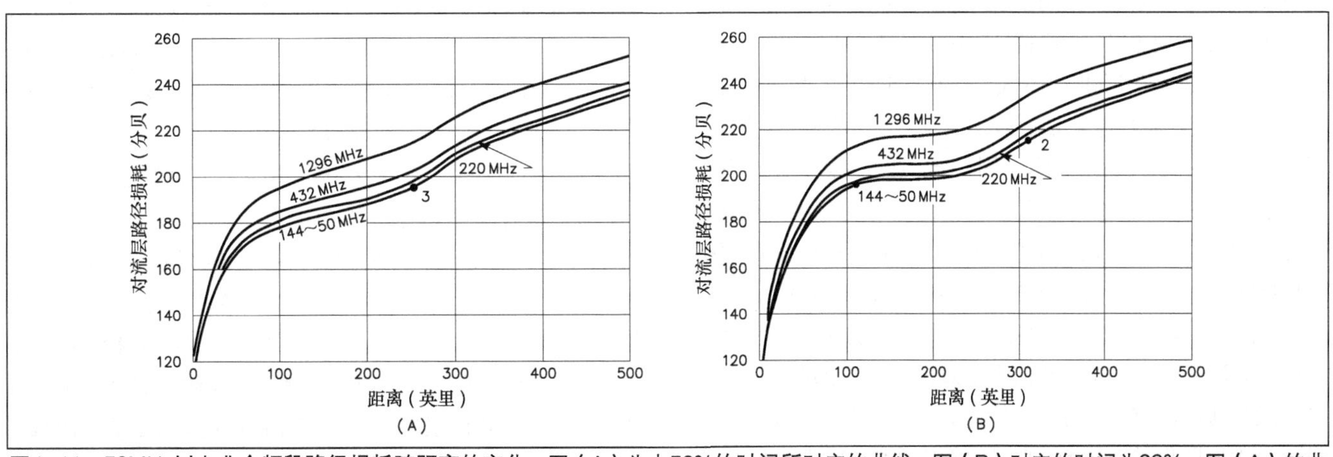

图4-11　50MHz以上业余频段路径损耗随距离的变化。图（A）为占50%的时间所对应的曲线，图（B）对应的时间为99%。图（A）的曲线更具有业余无线电需求的代表性。

从图 4-11 给出的曲线中，我们可以看到路径损耗在采用宽带调制模式的甚高频基站的平均工作范围的极限处会明显消失。计算具有普通接收机和天线的一个 50W 基站的增益，你会发现其值大约为 180dB。这意味着对于良好的但并非完美的性能要求和一般的地形而言，你可以拥有 100 英里半径的工作范围，增加的 10dB 可以将距离扩展到 250 英里的范围内。仅仅将调频电话调到 SSB CW 模式就可以对甚高频波段日间的覆盖范围做出很大的改进。

如果你目前的天线没有 50 英尺高，或许可以使功率由 50W 增加到 500W，来改进接收机收到的噪声（如果其目前状况较差），这其中的任何一个办法都可以对天线的可靠覆盖范围进行一个大的改进。如果这些都实现了，这些隆起的路径损失曲线，很可能使你的影响范围增加两倍。

地形对 VHF/UHF 的影响

由上述方法给出的天线覆盖图适用于一般的地形。在多山的国家，基站是什么样的呢？尽管开放的视野是甚高频基站设计的一般要求，但是多山的地区不应该被视为无望的。对于居住在山谷的人们所依赖的方法是光学上的绕射现象。一个手电筒光束照射一块隔板的边缘时，在其边缘并非急剧切断，而是发生绕射，有一部分光会照射到阴影区域。一个相似的效应就是甚高频的无线电波穿越桥梁时的现象，也存在一个阴影效应，而并非完全黑暗。如果信号在到达山区范围时比较强，这将在山谷底部较远的一边被很好地接收到（关于绕射理论的深入讨论见“地面效应”一章）。

所有在山区使用甚高频通信设备的用户对此都很熟悉。其中虽然只有山岭的一面在传播路径中，但在较远一面的信号可以几乎和近处的信号一样强。在理想的条件下（在路径的中点处有一个很高、很尖锐的障碍物，这样信号在一般的地形处比较微弱），绕射现象可以使得信号比开放的路径更强。

障碍物必须投影到所用天线的辐射方向图中。其中一面或其他一般对观察者看起来比较强大的山脉，实际上并非足够高，不一定会产生值得满意的效果。因为一个甚高频阵列所产生的普通辐射方向图高出水平线几度，从天线观测，相对地平线不超过 3° 的山脉，会错过阵列的辐射。在这种情况下，将障碍物从传播路径上移开，对甚高频信号的强度不会产生任何影响。

对于障碍物不是十分尖锐，不容易产生绕射现象的起伏地区，无法表现出一个完整的阴影效果。除了衰减之外，对甚高频的传播没有一个完全的障碍。因此，甚高频通信即使是对山谷地区也是有用的。良好的天线系统，特别是尽可能好的接收设备，它们在微弱信号下工作的能力使得甚高频可进行有效的传播。

4.1.9 极光传播

地球有一个包围它的磁层或磁场。美国宇航局的科学家所描述的磁层为一种围绕在地球周围的保护“泡沫”，它为我们遮挡太阳风的照射。通常条件下，在我们的磁层中有很多电子和质子在移动，它们沿着磁力线传播时俘获和保持它们的路径，既不会轰击地球，也不会逃逸到宇宙空间中去。

太阳活动的突然爆发有时候伴随着带电粒子的喷出，这些粒子多数来自于所谓的日冕物质抛射（CME），因为它们来自于太阳最外层的日冕层。这些带电粒子可以与磁层发生作用，压紧和破坏磁层。如果磁场的取向包含在一个强大的太阳风气流或日冕抛射物质中，与地球磁场的方向反向排列，磁气泡可以部分地收缩且粒子被俘获，它们可以在地球北极或南极的大气中沿着磁力线的方向积累。这会产生一个可见光或无线电波段的极光。如果极光发生的时间正好是在天黑以后，则极光是可见的。

实际上，可见的极光是位于 E 层高度处的荧光，是一种可以使 20MHz 以上的无线电波发生折射的离子层。极光中 D 区域的吸收在低频范围内有所增加。准确的频率范围取决于诸多因素：时间、季节、与地球极光区域的相对位置，给定时刻太阳活动水平，这里只列举了其中几个。

极光对甚高频无线电波的影响是另一个业余发现，这要追溯到 20 世纪 30 年代。这一发现恰巧是随着那个时代发射和接收技术的改进而出现的。由于极光通道作为折射（散射）媒质的多样性，接收信号的频率变得弥散了。从一个轻微气流分离的声音到最好被描述为“键入噪声”，导致出现了一个调制的连续波信号，在 SSB 被引进甚高频工作之前，对极光通道来说声音是一切，同时也是无用的。一个单边信号也经受同样的情况，但是其窄的带宽帮助它在某种程度上保留了易懂性。由一定条件的极光所产生的扰动随着使用频率的增加而变大。对于同一时间同一路径而言，50MHz 的信号比 144MHz 信号具有更好的可理解性。在 144MHz，连续波对于极光通信来说几乎是强制性的。

每年可以预测的极光数量随着地磁纬度的变化而变化。绘制时以地球的地磁极点而不是以地理极点作为参考，在美国这些纬线倾向于西北方向。例如，俄勒冈州的波特兰北部比缅因州约远 2° （地理纬度）。缅因州城市的磁纬度线在与俄勒冈州的同名物足够远之前，与加拿大的边界有交织。在极光足够强以产生甚高频传输时，缅因州的波特兰每年约有 10 次。俄勒冈州极光的前景越来越像新泽西州南部或者宾夕法尼亚州中部。

极光工作下对天线的性能要求好坏参半。高的增益有好处，但是极光的区域有时会使最好的回波急剧变化，因此尖锐的方向性是一个不利因素。在垂直平面内要么有一个非常低的辐射角，要么有一个很尖锐的波束方向图。经验表明，很少存在着用来表示真实障碍物的在任何一个平面内足够尖锐的业余频率天线。朝向最大信号的波束可以改变，然而，在方位向的一些扫描会出现一些有趣的结果。一个非常大的阵列，例如经常用来测量月球反射的阵列（在方位和高度方面要控制）应该很有价值。

极光发射的平均强度以及它们的地理分布，对可见度和甚高频传播效果等的影响在某种程度上都随着太阳活动而变化。有一些迹象表明，极光的高峰期落后于太阳黑子活动高峰期一年或两年。像分散 E 层一样，一个非正常的极光可能会发生在任何季节。极光的数目有一个明显的昼夜浮动。最优的时间是下午晚些的时刻和清晨，从傍晚较晚时刻到早晨以及下午较早时刻以这样的次序出现。很多极光开始出现在下午较早时刻，持续到第二天早晨的较早时刻。

4.2 高频天线传播

正如前面所描述的，术语地波通常是指局限于低层大气中传播的无线电波。这里我们将使用术语天波来描述应用地球电离层中传播的模式。首先，我们需要研究太阳是如何影响地球电离层的。

4.2.1 太阳的作用

在电波传播过程中所发生的一切事情，以及地球上所有的生命，都是太阳辐射的结果。地球上电波传播的可变特性反映了不断变化着的紫外线和 X 射线辐射强度，它们是太阳能量对大气电离的主要成分。每天，太阳核聚变将氢变为氦，在这一过程中向宇宙空间释放出难以想象的爆炸能量。据估算太阳所辐射的总能量约为 4×10^{23}kW，也就是 4 后面有 23 个零。在太阳巨大的表面，产生的能量是每平方米 60MW。这是一个非常巨大的发射机。

太阳风

太阳不断地从其表面向宇宙空间的各个方向抛射物质，形成了所谓的太阳风。在相对平静的太阳条件下太阳风的速度是每秒 200 英里，即每小时 675 000 英里，这样每秒钟从太阳带走大约两百万吨的物质。你不用担心，太阳并非很快会变得枯竭。太阳是如此之大以至于需要几十亿年的时间才可以使它变得枯竭。

每小时 675 000 英里的风速听起来像一个很糟糕的强风，不是吗？对我们来说幸运的是，在太阳风扩散到太阳系空间之前它的物质密度变得很小。科学家们所计算出的太阳风内粒子密度要小于地球上能够达到的最好的真空中的物质密度。尽管太阳风中物质的密度很低，它对地球的影响，特别是对地球磁场的影响却非常大。

在先进的卫星传感器出现之前，地球的磁场被认为是十分简单的，可以通过将地球认为是一个大的条形磁铁来建模。这个假设的条形磁铁的轴偏离地理南北极轴约 11°。现在我们了解到太阳风会严重地影响地球磁场的形状，在朝向太阳风的一面压缩而在另一面拉长磁场，这和彗星的尾巴延长呈放射状是取决于它相对于太阳方向的原理是一样的。事实上，太阳风也是形成彗星尾巴形状的原因。

部分是由于太阳本身产生的核反应特性，并且由于太阳风速度和方向的变化，太阳和地球的相互作用难以置信得复杂。即使对于花费数年时间研究这一问题的科学家们也不能完全了解太阳所发生的所有事情。在这章的后面，我们将讨论太阳条件并非平静时太阳风的效应。对于涉及的业余高频天波的传播问题，太阳扰动条件的结果在一般情况下并非都是有益的。

太阳黑子

最容易观察到的太阳特性，除了它令人炫目的光辉之外，是它炽热的表面在任意时间任意地点存在着产生浅灰色的黑斑点的趋势（见图 4-12）。早在 2000 多年前在东方国家就有用裸眼观测到太阳黑子的记录。据我们所知，第一次表明太阳黑子属于太阳的一部分是由伽利略在 17 世纪初的观测结果证明的，这在他制造了第一个实用望远镜之后不久。

伽利略还发明了用于安全观测太阳的投影方法，但这或许不是在他尝试着用眼睛直接观测太阳而遭受到严重的眼疾

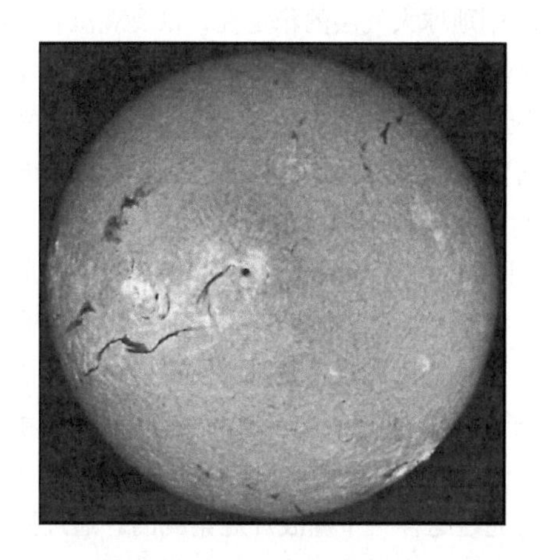

图4-12 当通过选择性光学滤波器观测太阳时，可以观测到大多数太阳黑子。这幅图由一个H-α滤波器通过一个6 562埃的窄波段时获得。亮的部分是处于太阳黑子周围的活跃区域。黑色的不规则的线是没有中心的活动线。在太阳中心附近大的太阳黑子群周围可以发现微弱的磁场线。（照片由新墨西哥Sacramento Peak太阳黑子观测台提供）

之前（他在余生中变成了盲人）。他绘制出的太阳黑子，显示出了它们的变化特性和位置，是众所周知的关于太阳黑子的最早记录。他这富于智慧的工作马上遭到了当时权威教会的谴责，这可能使接下来几代人了解太阳活动的进程受到阻碍。

系统地对太阳活动的研究大约开始于 1750 年，因此相当可靠的对太阳黑子数目的记录可以追溯到那个年代。（在早期的数据中有些空缺。）记录中清楚地表明太阳经常处于变化状态中。它从来没有在两天之间看起来完全相同。最明显的日间变化是可见光的活动中心（太阳黑子或群）在太阳表面从东到西以固定速率移动。很快就发现这一运动是由于太阳以大约四周的一个完整周期旋转所引起的。地球围绕着太阳并且在与太阳旋转的相同方向旋转，从地球的角度看，太阳的会合旋转速度平均为 27.5 天。

太阳黑子数量

从最早的系统观测时期开始，我们对太阳活动的传统测量基于太阳黑子的数目。在这几百年中，我们了解到太阳黑子的平均数目周期性地按照正弦曲线的图形上升和下降。在 1848 年，在每日测量的太阳黑子数目中引进了一种方法。这种到目前仍然采用的方法是由瑞士天文学家约翰鲁 •道夫沃夫所发明的。观察者记录太阳表面可见点的总数以及他们将这些点进行分类的类的总数，因为没有一个单独的量可以满意地给出关于太阳黑子活动的度量。当天观察者看到太阳黑子的数目由他所观察到的类的数目乘以 10 来计算，然后将单独的点的数目加到这个值中去。如果有可能，在 1848 年以前观察到的太阳黑子的数据要转换到这个系统中。

可以很容易地理解，一个观测者的结果和另外一个观察者的结果可能相差很大，因为测量依赖于所使用的仪器性能，观测时刻地球大气层的稳定性，以及观测者的经验。世界上许多观测站正在合作测量太阳活动。加权平均的数据用来给出每天的世界太阳黑子数量（ISN）（业余天文爱好者可以通过他们所观测到的值乘以一个经验性的修正因子来近似地给出世界太阳黑子数量的数值）。

一个主要的进步是随着各种观测窄带太阳光谱的方法而发展的。窄带光波滤波器可以和任何良好性能的望远镜一起使用，产生一个可见光函数，这使得观察者除了可以观察到太阳黑子外，还可以观测到太阳电离能量辐射的实际区域，太阳黑子与其说是一个电离能量，不如说是一个副产品。图 4-12 是通过这样一个滤波片观察到的。通过探测仪器对电离层的研究，以及后来无人和有人的卫星观测，显著地增加了我们关于太阳活动对无线电通信影响的知识。

记录每天的太阳黑子数目，这样可以得到每月和每年的平均值。平均值用于预测趋势和观测模式。以前的太阳黑子记录保存在瑞士的苏黎世，它们的数值被称为苏黎世太阳黑子数目。它们也被称为沃夫太阳黑子数目。目前官方国际太阳黑子数目由位于比利时布鲁塞尔的太阳黑子资料中心（SIDC）所汇编整理。

图 4-13 给出了 1700 年到 2002 年太阳黑子数目的年平均值。从该图中可以很明显地看出太阳活动的周期性。周期的时间从 9 年到 12.7 年，平均值约为 11.1 年，通常被称为 11 年的太阳活动周期。第一个系统观测的完整周期始于 1755 年，其编号为周期 1。此后太阳活动周期数目由此连续编号。第 23 个周期开始于 1996 年 10 月。

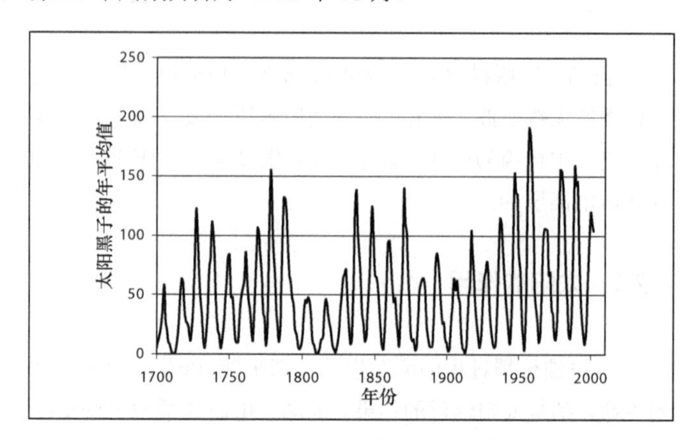

图4-13　1700年到2002年间太阳黑子数目的年平均值。该图清楚地表明了太阳黑子活动周期约为11年。在该图中也存在一个长的周期，即Gleissberg88年周期。周期1，即第一个系统观测的完整周期，开始于1755年。

“宁静”的太阳

无线电波传播随着太阳黑子的数目、大小以及太阳黑子在太阳表面的位置而变化，人们已经完全了解这一现象约有 60 年了。由太阳放射出的紫外光总量的变化会使得地球的电离层产生昼夜性和季节性的变化。太阳黑子的 11 年周期会影响传播条件，因为太阳黑子活动和电离直接相关。

太阳表面的活动处于连续的变化中。在本节中我们将讨论所谓“宁静”太阳的活动，这意味着在这些时期中太阳不再进行任何特别的活动，看起来仅像一个“正常”的高热原子核反应的燃烧火焰的球体。太阳和它对地球传播的效应可以用统计的方法来描述，这就是 11 年太阳活动周期的作用。与长期平均值所预测的相比，在特定的某一天你可能经历非常不同的太阳活动。

这里可能存在一个相似的例子。你是否曾经盯着一个平静的萤火，然后被一个燃烧的灰烬或一个大的向你溅射的火焰所惊吓？太阳可以发生意想不到的事情，有时候是非常引人注目的事情。这里对地球上传播条件的干扰是由太阳上扰动条件所引起的。在后面将会讲到更多的情况。

单个的太阳黑子大小和外观会有所变化，甚至在一天内会完全消失。一般地，相对大的活跃区域会在太阳旋转的几个周期内持续。有些活动区域会超过一年的时间。由于太阳活动的这些持续的变化，地球电离层状态会有持续的变化，以至于传播条件也会发生变化。太阳活动的一个短期爆发可能会引起地球上持续时间不到一小时的非正常传播条件。

平滑太阳黑子数（SSN）

太阳黑子的数据要经过平均或平滑，以消除短期变化的影响。经常用到的与传播条件有关的太阳黑子数据是平滑太阳黑子数，通常称为 12 个月的平均值。要确定平滑太阳黑子数目至少需要连续 13 个月的数据。

长期用户会发现只有当平均太阳黑子的数目高于特定的最小值时在高频波段以上才可靠地对传播开放。例如，在第 22 个周期中的 1988 年中期到 1992 年中期的时段内，平滑太阳黑子数目保持在远高于 100 的状态。10m 波段对世界大部分地区是全天开放的。然而，在 1966 年中期之前，太阳表面的黑子数目很少，以至于 10m 波段也很少开放。即使是对 15m 波段，在太阳活动高时，通常的重负荷机器 DX 波段在第 22 周期内低点的大部分时间都是关闭的。关于所涉及的在高频波段以上的传播，太阳黑子数目越多，传播条件越好。

每一个平滑数值是 13 个月的数值在中间月份的平均值。第一个月和第十三个月的数值有一个权重 0.5。月平均值是对月份中每一天太阳黑子数目的简单求和，除以该月的天数。我们通常将这个数值称为月平均值。

所有这些听起来很复杂，但是用一个例子可以很清楚地描述这一过程。假如我们希望计算 1986 年 6 月的平滑太阳黑子数目。我们需要知道这个月份之前和之后 6 个月每月的平均值，即 1985 年 12 月到 1986 年 12 月的值。这些月份中月平均太阳黑子数目的值如下表所列。

1985 年	12 月	85	17.3
1986 年	1 月	86	2.5
	2 月	86	23.2
	3 月	86	15.1
	4 月	86	18.5
	5 月	86	13.7
	6 月	86	1.1
	7 月	86	18.1
	8 月	86	7.4
	9 月	86	3.8
	10 月	86	35.4
	11 月	86	15.2
	12 月	86	6.8

首先我们找到这些数值的和，但是对列表中第一个月和第十三个月值只取其数值的一半。这个和值是 166.05。然后我们通过对它们的和除以 12 来确定平滑数值，即 166.05/12=13.8。这样 13.8 为 1986 年 6 月的平滑太阳黑子数值。从这个例子中，你可以发现对一个特定月份的平滑太阳黑子数要等到 6 个月以后才能确定。

一般地，我们看到的太阳黑子数目的图形是平均数值。正如前面所提到的，平滑数值使得对其趋势和方向图的预测变得简单，但是有时候这些数据可能会引起误解。图往往意味着太阳活动光滑地变化，例如，在一个新周期的开始阶段，太阳活动逐渐增加，但是显然不是这样的。在任何一天，太阳活动的显著变化可以发生在几小时内，导致平滑太阳黑子数曲线所预测的最大可用频率以上的波段突然开放。这种开放持续的时间可能是短暂的，或它们将在几天后重新发生，取决于太阳活动的特性。

太阳辐射通量

在 20 世纪 40 年代后期，另外一种方法已经开始用于确定太阳活动，即测量太阳辐射通量。"宁静"的太阳在很宽的频谱范围内发射无线电能量，其强度变化很慢。太阳辐射通量是单位时间、单位面积、单位频率间隔所接收能量的一种度量。这些太阳辐射流来自高于太阳色球而低至日冕层的太阳大气层，每天随着太阳黑子活动的发生而逐步改变。因此，在太阳辐射通量和太阳黑子数目之间有一个相关度。

一个单位的太阳通量为 10～22 焦耳每秒每平方米每赫兹。英属哥伦比亚潘狄顿的 Dominion 天体物理天文台每天可以测量频率为 2 800MHz（波长 10.7cm）的太阳辐射通量的值，在这里已经收集了自 1991 年以来的每日数据（在 1991 年 6 月以前，位于安大略湖的阿尔冈琴族无线电观测台对太阳辐射通量进行测量）。在世界的其他天文台也对其他几个频率进行测量。在一定的变化范围内，太阳辐射通量的每日测量值随着测量频率的增加而变大，至少在 15.4GHz 以下时是这样。日间 2 800MHz 的潘狄顿数据送到科罗拉多州的波尔得，在那里它被汇编为 WWV 传播报告（见后面的部分）。日间的太阳辐射通量信息对于确定当前传播条件有些用处，因为特定某一天的太阳黑子数目与最大可使用频率之间没有直接相关。就这个目的而言，太阳辐射通量采用时间上的平均值时要相对可靠些，这将在后面关于计算机预测程序的章节中讲到。

太阳黑子与太阳辐射通量的相关性

以历史数据为基础，在太阳黑子数目和太阳辐射通量之间不存在着精确的数学关系。直接比较每天的数据则会发现二者之间几乎没有相关性。比较每月的平均值（通常称为每月平均值）在一定程度上存在着相关性，但是数据依然严重地发散。图 4-14 所示给出了这一事实，散点图是月平均太阳黑子数目随着月平均太阳辐射通量值的变化，其中太阳辐射通量值调整到一个天文单位（这一调整修正了一年中不同时间段太阳与地球之间距离的差异）。

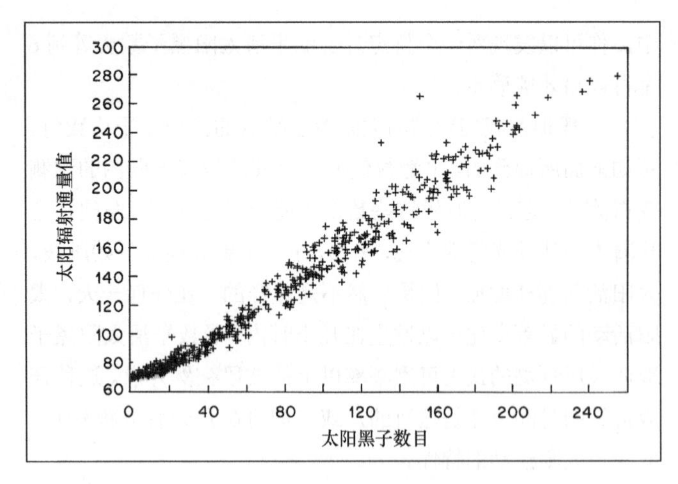

图4-14　月平均太阳黑子数与月平均2 800MHz太阳辐射通量之间的散点图（或X-Y图）。数据从1947年2月到1987年2月。一个"+"表示特定月份的相交数据。如果太阳黑子数和辐射通之间的相关性是一致的，则所有的记号将形成一条光滑的曲线。

在平滑（12 个月的平均值）太阳黑子数目与调整到一个天文单位的平滑（12 个月的平均值）太阳辐射通量相比较时，二者存在着密切的相关性。图 4-15 给出了平滑数据的散点图。注意在图 4-15 中数据点给出了一个定义较好的图案。仍然有百分之几的数据相关性不是很好，因为数据显示对于给定的平滑太阳黑子数目并非总是随着太阳辐射通量作同样变化，反之亦然。表 4-1 选定的历史数据表明太阳黑子数和太阳通量之间有不一致性。

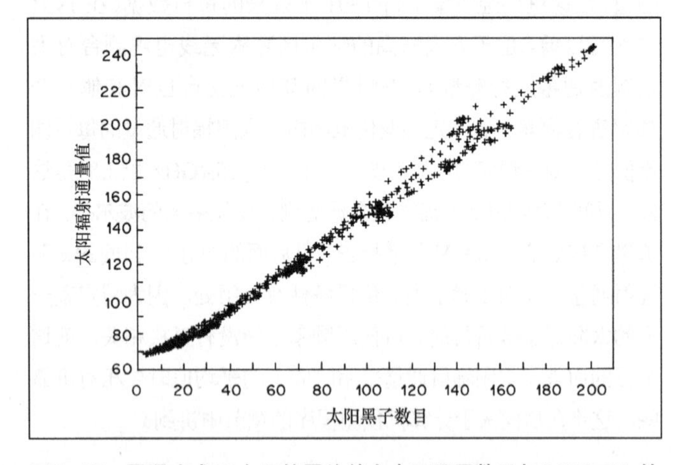

图4-15　平滑（或12个月的平均值）太阳黑子数目与2 800MHz的太阳辐射通量的散点图。平滑数值的相关性要好于图4-14所示的月平均值。

表 4-1　历史数据中存在的一些不一致性，此表给出了平滑值或 12 个月的平均值

月份	平滑的太阳黑子数	平滑的太阳通量值
1953 年 5 月	17.4	75.6
1965 年 9 月	17.4	78.5
1985 年 7 月	17.4	74.7

续表

月份	平滑的太阳黑子数	平滑的太阳通量值
1969 年 6 月	106.1	151.4
1969 年 7 月	105.9	151.4
1982 年 12 月	94.6	151.4
1948 年 8 月	141.1	180.5
1959 年 10 月	141.1	192.3
1979 年 4 月	141.1	180.4
1981 年 8 月	141.1	203.3

即使在太阳黑子数目和太阳辐射通量之间不存在精确的数学关系，仍然存在一些可用的方法能够对它们进行相互转换。最基本的原因是太阳黑子数目在与过去的长期关联中是很有价值的。但是太阳辐射通量值最大的有效性是它们的直观性，它们直接关系到我们所感兴趣的领域（注意，一个平滑太阳黑子数目只有在它发生 6 个月以后才可以计算）。

下面数学近似式可以将平滑太阳黑子数目转换为太阳辐射通量值。

$$F=63.75+0.728S+0.00089S^2 \qquad (4\text{-}3)$$

其中 F 为太阳辐射通量值，S 为平滑太阳黑子数目。

图 4-16 给出了这个公式的图示。可以采用此图来进行转换，而不是通过计算来进行转换。通过这幅图，太阳辐射通量和太阳黑子数目可以相互转换。已经发现这个公式用于计算历史数据时，会产生高达 10%的误差。（参见表 4-1 给出的 1981 年 8 月的数据）。因此，转化时应该四舍五入到最接近的整数，因为额外的小数位数是不需要的。为了从太阳辐射通量到太阳黑子数目之间进行转换，可以采用下面的近似。

$$S = 33.52\sqrt{85.12 + F} - 408.99 \qquad (4\text{-}4)$$

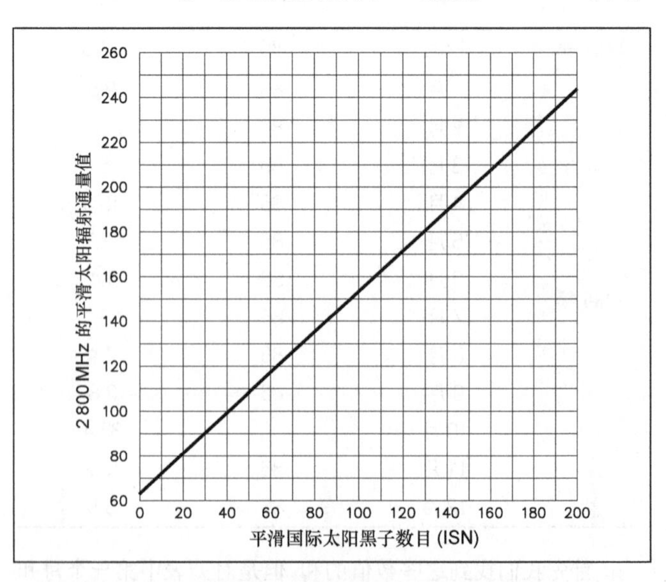

图4-16　用于在平滑国际太阳黑子数目（ISN）与2 800MHz的平滑太阳辐射通量值之间转换的图表。此曲线是由文中给出的数学近似式计算得到的。

4.2.2 电离层

在我们讨论地球大气层和太阳以及地球磁场相关的变化对地球大气层的影响时，将不可避免地存在着“灰色地带”。这不是用一个完整的公式就能预测的，或不能给出一个具有能够令人满意的小数位数的数值。如果我们采用良好的天线，并且使其很好地为我们服务，就能在其众所周知的限制内阐述和理解这个现象。

因此到目前为止，在本章中我们一直讨论所谓的“地面以上生活空间”——即整个大气层中我们可以不需要人工呼吸就可以生存的部分，或者说地面以上 6km（4 英里）的范围。边界区域很广泛，但是生命（以及无线电波）在此区域内会发生基本的变化。在较远的但仍然在地球大气层以内的区域，在电波传播中，太阳扮演着重要的角色。

这就是电离层——一个大气压力很小以至于自由电子和离子可以移动一段时间，而不必相互靠得很近导致新组成一个中性原子的区域。无线电波进入这层稀薄的空气——一个自由电子相对多的区域，与进入具有不同介电常数的介质中的效果一样——它的传播方向将发生改变。

来自太阳的紫外（UV）辐射是引起大气层外部区域发生电离的主要原因，这对高频传播很重要。但是，也存在着其他形式的太阳辐射，包括硬的和软的 X 射线，伽马线和超紫外线（极紫外波段）。辐射能量将大气气体分子和原子粉碎或电离成电子和带正电的离子。电离度并非随着离开地球的距离均匀增加。相反地存在着相对密集的电离区域（层），每一层非常厚且或多或少地与地球表面平行，并且有相当明确的为 40～300km（25～200 英里）的向外间隔。这些明显的层是由不同种类的太阳辐射与大气上层稀薄的氧气、臭氧以及氧化氮在复杂的光化学作用下所形成的。

在每一层内电离并不是固定的，而是由每层中间的最大值至两边逐渐停止。在给定时间，从太阳达到一个特定点的总电离能量永远不是常数，因此不同区域电离的高度和强度也将有所不同。因此，这对远距离通信的实际影响使得信号电平也几乎是连续地变化，这与一天中的时间、一年中的季节、地球到太阳的距离以及短期和长期的太阳活动有关。从这里的一切将会看到，只有非常聪明或非常愚蠢的人才会试图预测无线电波的传播条件，但是现在可能会以一个相当成功的机会来这样做。这有可能用来设计天线，特别是用来选择天线的高度以开发已知的传播特征。

电离层的特征

已知的最低电离区域，称为 D 层（或 D 区域），位于地表以上 60～92km（37～57 英里）。在这层相对较低且稠密的大气中，受太阳的照射原子分裂成离子，因此电离度与太阳照射直接相关。这一现象随着日出开始，在正午时达到顶峰，随着日落消失。当这一密集介质中的电子随着电磁波的传播而运动时，粒子间的碰撞加剧以至于它们的大部分能量在电子和离子重新组合的过程中用来加热。

在给定电磁波影响也就是电磁波波长的条件下，碰撞的概率取决于电子的传播距离。因此，我们的 1.8MHz 和 3.5MHz 的波段具有最长的波长，当它们在 D 层传播时承受着最高的白天吸收损耗，特别是对于以较小角度进入介质的电磁波。在太阳活动的高峰期（太阳周期的峰值年），即使在正午附近对于垂直进入 D 层的电磁波也将遭受到几乎全部的能量被吸收，使得这些波段在太阳高度角很大的时间段内远距离通信几乎不可行。它们在早晨迅速地“变为死亡”，但是在下午较晚时刻却以同样方式变得活跃起来。每日（白天时间）的 D 层效应在 7MHz 时很小（尽管依然显著），在 14MHz 时是轻微的，在更高的业余频率下变得不合理。

在将高频电磁波弯曲并折回地球方面，D 区域是无效的，因此在业余频率远距离通信中，它的角色大体上是否定的。这也是为什么在太阳高度大时，7MHz 的频率被用来进行短距离通信的主要原因。

对业余频率长距离通信有用的电离层的最低部分是高于地面 100～115km（62～71 英里）的 E 层（也称为 E 区域）。在 E 层，中等的大气密度和电离作用随着在水平线以上的太阳角变化，但是太阳紫外辐射不再是唯一的电离机制。进入大气层这一部分的太阳 X 射线和流星也起了一部分作用。随着日出电离作用升高得很快，在当地时间正午时刻达到最大，在日落之后迅速减小。最小值发生在当地时间午夜过后。就像 D 层一样，在正午附近太阳角高时，E 层吸收低频业余波段电波的能量。E 层电离的其他变化的效应将在后面讨论。

我们大多数远距离通信能力来自于稀薄的延伸到地球大气层最外面的 F 层。对于 100 英里以上的高度，离子和电子的重新组合比较慢，因此可以观测到的太阳效应发展得比较缓慢。此外在黑夜，这一区域也有将电磁波能量反射到地球表面的良好能力。F 层在东西路径传播的最大可使用频率（MUF）的峰值出现在正午稍微靠后的时刻，最小值发生在午夜过后。我们将在后面详细地讨论最大可用频率。

但是，判断 F 层所发生的事情绝非那样简单。该层的高度为 160～500km（100～310 英里），取决于每年中的季节、纬度，每天中的时间，而这些因素中最反复无常的是，太阳在最近几分钟所发生的事情，或许是在尝试前三天所发生的事情。例如，在美国东部和欧洲之间的最大可使用频率在 7～70MHz，取决于上述提到的条件，加上在长期的太阳活动周期中所在的时间点。

在夏季的每天中，F 层可能会分成两层。较低且微弱的

F1 层，约 160 km（100 英里）高，仅具有微弱的作用，与 F2 层相比更像 E 层。在晚上 F1 层消失而 F2 层有所降低。

适合业余频率的传播信息由 ARRL 总部基站 W1AW 定期地发布到所有的信息公报中。以每小时传输且每日更新 8 次太阳和地磁场数据，由美国时间标准站的简报 WWV 和 WWVH 给出，不久后在互联网上给出。更多的关于这些服务的信息请见后面。

电离层中的弯曲

在一个电离层中，电磁波路径弯曲的程度取决于离子化的密度和波长（与频率成反比）。在任何给定频率（或波长）所发生的弯曲将随着电离密度的增大而增加，并且会偏离电子密度密集的区域。对给定的电离密度，弯曲随着波长的增加而加大（也就是随着频率的增大而减小）。

因此可能有两个极端。如果它们电离强度足够充分且频率足够低，即使对垂直进入该层的电磁波也将会被反射回地球。相反地，如果频率足够高且电离降低到一个足够低的密度，会达到这样一个条件，电磁波的角度将不受电离层的影响，以将无线电波能量的有用部分返回到地球。发生这一现象的频率叫做垂直入射临界频率。电离层的每一区域都有一个临界频率，这一临界频率将随着日期、时间以及 11 年太阳周期的状态而变化。

图 4-17 所示的简化图给出了对于特定的白天和黑夜条件下电子密度（每立方米内的电子密度）随电离层高度（km）变化。自由电子就是离你的发射机有一段距离的将发射到电离层的信号反射回地球的物质。电离层中自由电子数目越多，传播条件将越好，特别是对于较高的频率。

电子密度轮廓线是极其复杂的，从一个地点到另外一个地点变化很大，这取决于令人困惑的各种因素。当然，这一

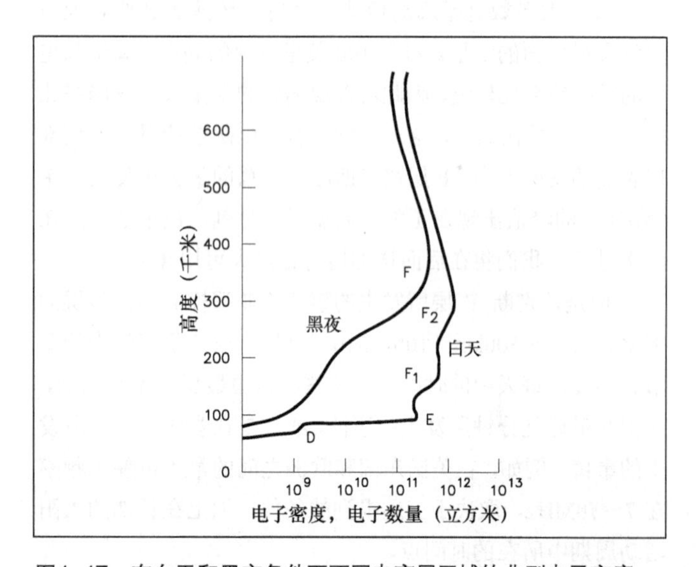

图4-17 在白天和黑夜条件下不同电离层区域的典型电子密度。

纯粹的变化特性使无线电业余爱好者的电离层高频路径工作变得很有趣，也很有挑战性。

下面关于对探测电离层的讨论，提供了有关科学仪器的背景知识，这些科学仪器可用来解释在电离层高频传播背后所隐藏的高度复杂的机制。

4.2.3 探测电离层

多年来科学家们一直在探测电离层，以决定在不同仰角和频率下的通信潜力。词语“声音”来自于很陈旧的观念，这与用来产生我们可以听到的“声音”的声波没有任何关系。很久以前，水手们通过向水中扔下一条很重的定标之后的绳索来探测他们船下的深度。以相同的方式，用来测量电离层高度的仪器称为电离层探测装置或电离层探测仪。它通过直接向电离层发射一个电信号来测量各层的距离。

雷达采用与电离层探测仪相同的技术来探测目标，譬如飞机。一个电离层探测仪向电离层发射准确的同步脉冲，其频率范围为中频或高频。比较从电离层一个区域反射回波的接收时间与发射时间。时差乘以光速将给出无线电波从发射机传输到电离层再经过反射回到接收机的视在距离（这是一个视在的或者说是虚构的距离，因为电磁波在电离层的传播速度有微弱的减慢，就像电磁波在真空之外的其他媒质中传播时因为媒质的作用而速度变慢一样）。

另外一种电离层探测仪的发射频率从低到高扫描。这称为“调频连续波（FM-CW）”，或更有趣的称为“啁啾”探测仪。由于接收到的回波是从发射机传输到反射点，然后再反射到接收机，回波的频率将比仍然在变化着的接收机的频率低。频率的差异是电离层中各层反射信号的指标。

垂直入射探测器

大多数电离层探测仪是垂直入射探测仪，向电离层直接发射信号，然后从不同的电离区域垂直反射回去。电离层探测仪的频率向上扫描直到不同电离层的回波消失，这意味着已经超过了这些层的临界频率，导致电磁波在空间中消失。

图 4-18 给出了一个典型的垂直入射探测仪高度简化的电离图。图中左边高度最低的回波是来自于高度约为 100km 的 E 区域。在这个例子中 F1 层在图中间，它的高度在 200～330km 变化，F2 层的高度从 400km 以下到约为 600km 的高度。你可以发现电离层的 F1 层和 F2 层形状为 U 形，这表明电子密度在该层内变化。在这个例子中，电子密度峰值出现在 F2 区域视在高度约为 390km，即 F2 曲线的最低点。

科学家们可以从一个垂直入射的电离图中得到很多信息，包括每个区域的临界频率，当超过这个频率时会导致信号在空间中消失。在图 4-18 中，E 区域的临界频率（简写为

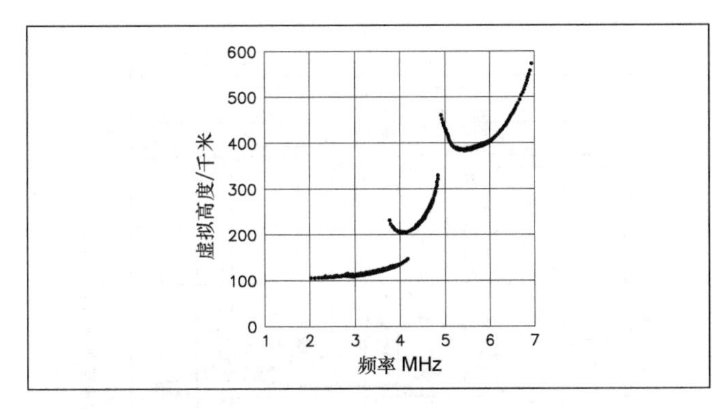

图4-18　垂直入射探测仪给出的非常简单的电离图。最低的迹线是E区域，中间的是F1区域，上面的是F2区域。

foE）约为 4.1MHz。F1 区域的临界频率（简写为 foF1）约为 4.8MHz。在这个简化图中 F2 区域的临界频率（简写为 foF2）约为 6.8MHz。

细心的读者可能想知道在缩写 foE、foF1 和 foF2 中下标“o”是什么意思。缩写“o”是指寻常的。当一束电磁波发射到电离层时，地球的磁场将电磁波分裂为两束独立的波——寻常波（o）和非寻常波（x）。不管地球的磁场存在与否，寻常波都会到达电离层同样的高度，因此称为“寻常”。然而非寻常波以非常复杂的方式显著地受到地球磁场的影响。

图 4-19 给出了位于马萨诸塞州 Millstone 的由麻省理工学院所属和操作的 Lowell Digisonde 垂直电离层探测仪给出的实际电离图的一个例子。这幅电离图为 2000 年 6 月 18 日观测得到，观测条件为太阳活动非常活跃的时期。不幸的是图 4-19 中由黑白颜色所表示的真实彩色电离图丢失了一些信息。然而，你仍然可以看到，一个真实的电离线看起来比图 4-18 所示的简单模拟图要复杂得多。

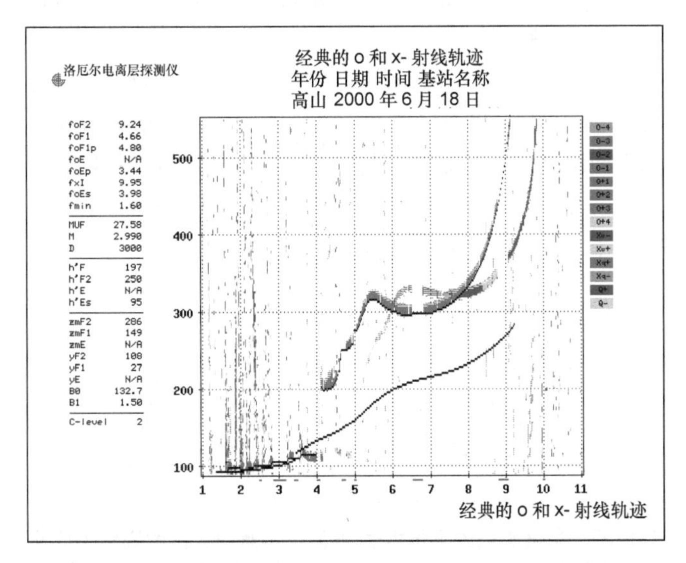

图4-19　位于马萨诸塞州Millstone Hill由麻省理工学院所属的Lowell Digisonde垂直入射电离层探测仪所观察到的实际电离图。在300km以上高度处给出了寻常（o）和非寻常（x）迹线。图中左上给出了计算机确定的电离层参数，例如foF2为9.24MHz，foF1为4.66MHz。

电离图中的许多斑点是由噪声和其他观测站的干扰所引起的。图中左边列出了不同电离层临界频率的数值，信号幅度由右边给出的颜色条所代表的颜色编码给出。图中 x 轴是频率，范围为 1～11MHz。

与图 4-18 给出的简化电离图相比较，图 4-19 给出了频率在 5.3～9.8MHz 范围内的另一个轨迹，即一条转移到右边的黑色寻常波的轨迹。第二个轨迹为上面提到的非寻常波（x）。由于非寻常波和寻常波由地球的磁场产生，寻常波和非寻常波轨迹的差异约为回旋频率的 1/2，回旋频率是电子旋转至一个特定磁场线的频率。电子的回旋频率在地球上不同的地点有所不同，与地球复杂变化的磁场有关。在一个垂直入射的电离图中非寻常轨迹通常比寻常轨迹的临界频率高，由于严重的吸收，非寻常轨迹显著地比寻常轨迹微弱，特别是在频率低于 4MHz 时。

空中的整体视图

全球大约有 150 个垂直入射电离层探测仪。电离层探测仪多架设于陆地，甚至是在一些岛屿上。探测仪的覆盖区域有空缺，然而，多数位于宽阔的海面。汇编全球范围内电离层探测仪中所有可得到的垂直入射数据，将会得到一个全球 foF2 图，正如图 4-20 给出的，它是由高度复杂的 PropLab Pro 计算模拟的图片。

这个模拟的时间是 1998 年 11 月 25 日 1300UTC，也就是东海岸日出之后几小时，太阳活动水平高达 85，行星指数 Ap 为 5，这表示平均的地磁现象。在非洲西海岸上 foF2 等值线的峰值出现在 38MHz。在非洲南部，foF2 的峰值为 33MHz。

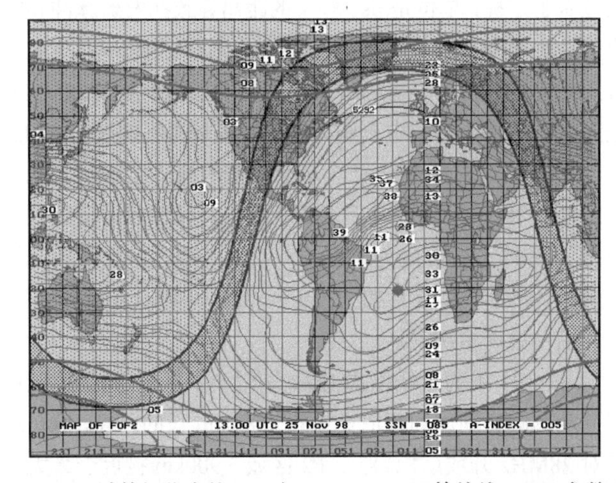

图4-20　计算机仿真的1998年11月25日foF2等值线，SSN参数为85，宁静行星指数Ap为5。注意图中上部foF2高的区域和非洲西海岸foF2低的区域。这些为赤道异常，在F2区域中高电子密度的区域通常会允许弦跳南北传播。见图4-8。（该图由PropLab Pro软件模拟，Solar Terrestrial Dispatch所提供）

在 foF2 中这两个“驼峰”形成了所谓的赤道异常，它是由在白天处于从地球磁倾角赤道约±20°的区域内上升的电子密度高的“喷泉”所引起的。赤道异常对于穿越赤道传播很关键。即使处于太阳周期低的位置，你可以在下午较晚时刻在 28MHz 从美国接收到在阿根廷的这些 LU 站，但是其他在南部的基站不会接收到，将从穿越赤道传播中收益，有时成为“弦跃变”传播，因为在电离层中穿过这一区域的信号在传输到地面过程中将不会损失中值跳跃。

从 foF2 廓线的记录，可以计算出沿着一条路径下层的电子密度。根据电子密度廓线，可以在电离层中进行射线追踪，来计算出一束波从发射机到特定接收地点是如何在电离层中传播的。PropLab Pro 可以做出精确的包括地球磁场影响的复杂射线跟踪，甚至将电离层风暴条件下的效应也考虑进去。

斜角度入射的电离层探测

一种精心制作的电离层探测仪的形式为斜角度入射，不像直接向空中发射信号的垂直入射电离层探测仪。斜角度入射探测仪以一定倾斜角度向电离层发射脉冲，由距发射机有些距离的接收机记录回波。在现代斜入射电离层探测仪中发射机和远处的接收机是通过全球定位系统来精确协调的。

对斜角度入射的电离层探测仪所获得的电离图的解释要比垂直入射探测仪所获得的电离图的解释困难很多。一个斜角度电离层探测仪同时在一系列连续仰角范围内有目的地发射脉冲，因此不能准确地给出它们所发射脉冲的仰角信息。图 4-21 给出了一个典型的斜角度入射电离层探测仪所观测到的电离图，这是在 1973 年 3 月太阳黑子活动中等情况下，在夏威夷到加利福尼亚州所观察到的。其 y 轴的时延已经做了定标，单位是 μs。较长的距离导致在发射脉冲和接收脉冲之间存在较长的时延。电离图中 x 轴为频率，就像垂直入射的电离图一样。注意，该图的频率范围扩展到 32MHz，但是对于垂直入射的电离图其扫频频率最高不超过 12MHz。

在这幅电离图中显示了 6 个可能的模式：1F2、2F2、3F2、4F2 和 5F2。这些涉及了在电离层与地球表面反射的多种传播模式（通常成为跳跃）。例如，对一个工作频率为 14MHz，在中午有 3 种模式：2F2、3F2 和 4F2。我们将在后面详细地讨论多次跳跃。

图 4-21 中的最低模式 1F2，采用一个单一的 F2 跳跃以覆盖从夏威夷到加利福尼亚州的 3 900km 长的路径，但是这仅对 28MHz 开放（注意对于 F2 区域 3 900km 接近于最大可能的单次跳跃长度。我们也将在后面对此进行更详细的讨论）。一般而言，对于多次跳跃模式中的每一个模式比单一跳跃模式要微弱。例如，你可以看到接收到的 5F2 回波微弱且破碎，这是因为在它的 5 次跳跃中，每次在地面反射时损耗积累，再加上它到接收机的复杂路径中电离层吸收的缘故。

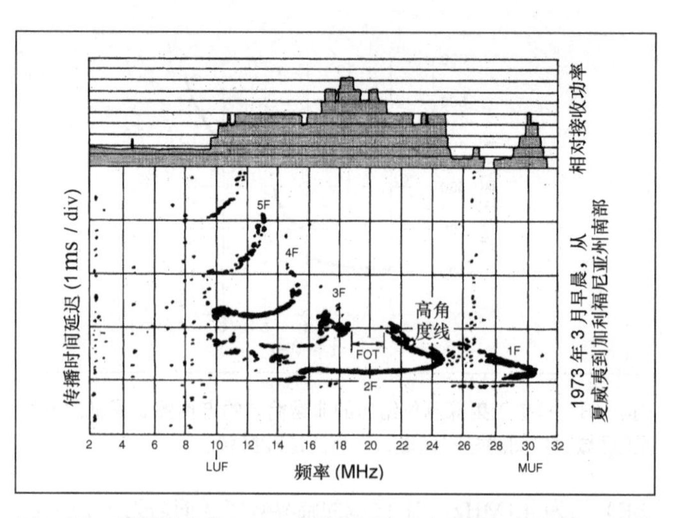

图4-21 高频斜角度入射电离层探测仪的电离层。这是在3月中等水平的太阳活动周期中的一个早晨，从夏威夷到南加利福尼亚州的2 500英里的路径上典型的调频雷达探测仪所观测到的结果。图中给出了6种可能的模式（跃变）。其中“FOT”表示最佳工作频率，意味着在此路径/时间上该频率是最可靠的。

轨迹中的标记“FOT”为最佳通信频率，对特定电路和日期/时间而言是通信最可信的频率。在这个例子中，最佳通信频率在 21MHz 的业余频段附近。

图 4-21 中另一个有趣的是“高角度射线”标记。这是指 Pedersen 射线。在我们进行深入的关于 Pedersen 高角度波讨论之前，我们需要首先研究发射角是如何影响电磁波在电离层中的传播路径。

图 4-22 给出了在一个高度简化的情况下，即一个单一的电离层和一个平坦的地表。该图给出了长距离通信天线设计的几个重要事实。在图 4-22 中，波 1 以最低的仰角发射（也就是接近于水平线）。波 1 为从发射机到位于 C 点的接收机之间单次跳跃。

波 2 比波 1 以更高的仰角发射，在其发生足够的折射而返回到地表前在电离层中穿透得更深。波 2 从发射机到 B 点的地面距离比低角度波 1 对应的距离要小。波 3 继续以更高

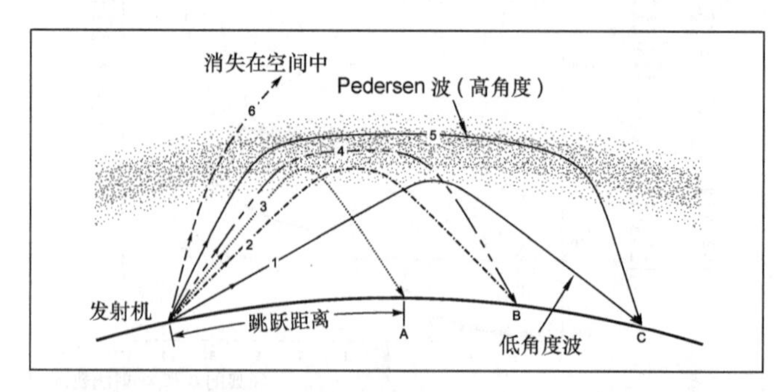

图4-22 高度简化的平坦地表/电离层示意图，该图说明了从发射机到接收机之间的地面路径随着仰角的逐渐升高是如何变化的。对于以较高角度发射的Pedersen波，与低角度波1具有相同的地面路径，但是由于在电离层中传播路径比较长，所以其强度比较微弱。

的角度发射。像它前面的波 2 一样，波 3 比波 2 在电离层中穿透得更远且覆盖更短的地面距离。

现在，我们来看波 4 发生的一些很有趣的现象，它的发射角比波 3 的发射角更高。与波 3 相比，波 4 在电离层中穿透得更高，达到理论上电离层的最高电离水平，在这里它最终发生足够的折射而返回地球。波 4 最终同样地到达了点 B，这与比它仰角低很多的波 2 一致。

换句话说，在从序列 1 到 3 中我们连续地增加发射仰角，从发射机到返回信号的地面直接距离连续地减小。但是，从波 4 开始，地面距离随着仰角的增加开始增加。仰角的进一步增加引起波 5 在电离层中传播的路径更长，最终存在着与波 1 有相同地面距离的点 C。

最后，进一步增加仰角使得波 6 消失在外层空间中，这时因为外层空间不足以使波偏转返回地球。换句话说，对于假定的电离层和工作频率，波 6 已经超过了临界角。

图 4-22 中的波 4 和波 5 都称为“高角度”或 Pedersen 波。因为波 5 在电离层中传播了一个较远的距离，它总是比以较低角度发射的波 1 微弱。Pedersen 波通常不是很稳定，因为对大角度发射波所覆盖的地面距离而言，仰角微小的变化可以引起地面距离较大的变化。

4.2.4 跳跃传播

图 4-22 说明我们可以用地面标记为 A 的点（波 3 到达的点）进行通信，但是不再接近接收机所在位置。当临界角小于 90°（也就是直接在上空）时，在发射地点附近总存在着一个电离层传播信号不能被接收或微弱接收的区域。这一区域位于地波距离上限和能量从电离层反射回来的内部边缘之间。这称为跳越距离，即发信点与电离层开始反射的点之间的直接距离。这一术语不应该与“跳跃区是存在的”的传播无线电业余爱好者的行话相混淆，后者是指存在一个天波传播波段的事实。

在跳跃区某种程度上信号可以被接收到，尽管会经过各种不同形式的散射（后面会详细讨论），但是它通常是在强度的边缘。当跳跃距离很短时，地波和天波信号可能都会在接收机附近被接收到。在这种情况下，天波通常要比地波强，即使在靠近接收机仅几英里的地方。电离层在有利的条件下是一种有效的通信媒质。相对而言，地波并非如此。

如果无线电波以零角度的辐射角离开地球，即仅在地平线，在电离层的一般状况下，F2 区域可以达到的最大距离约为 4 000km（2 500 英里）。

4.2.5 多次跳跃传播

正如前面在讨论图 4-22 时所提到的，地球本身可作为无线电波的反射体，这导致了多次跳跃。因此，一个无线电信号可以从地面接收点被反射回电离层，第二次在一个更加遥远的点到达地球。图 4-23 说明了这种效果，其中描绘了一个单一的电离层，尽管这次我们对电离层和它下部的地球是以曲面而非平面描述。波定义了“临界角”是从发射机通过电离层传播到图中的 A 点，在该点波被向上反射后沿着电离层传播后回到右边的 B 点。此图给出了 2 次跳跃信号。

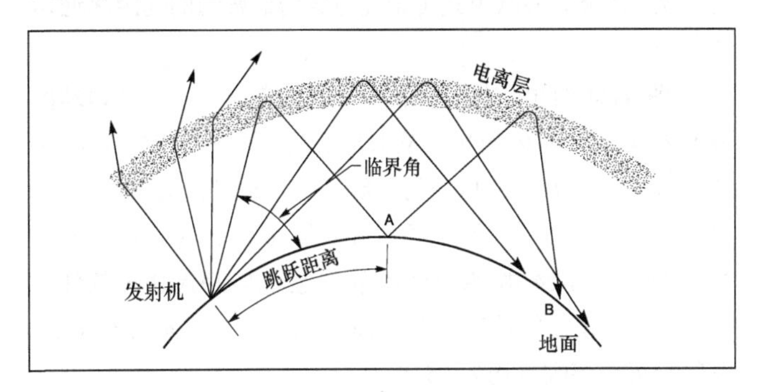

图4-23　在弯曲的地表上方波束遇到简单弯曲的电离层时的行为。以高于临界角入射到电离层的波束不会偏置返回地面，而是在空间中丢失。对于小于临界角入射的波束，随着临界角接近于水平面，它到达地面的距离变大。名义上一个单次跳跃所跨越的最大距离为4 000km。多次跳跃传播可以覆盖更远的距离。

在图 4-22 给出的简化情况下，一束波束最终到达地面的距离取决于波束离开发射天线的发射角。如第 3 章地表的作用中描述的，你可以通过调整所用天线的高度来控制发射机。

图 4-23 给出了大大简化了的信息。对于实际的通信路径图像会被许多因素复杂化。一个因素是当发射能量离开天线之后，在一个相当大的区域内扩散。即使对于具有最尖锐的实际波束天线阵，也存在着在图中所描述的波线（波束）中心存在着圆锥辐射。电离层中的反射/折射也是高度可变的，是产生扩散和散射的原因。

在某些情况下，对无线电波路径来说很可能会发生多达四五次的信号跳跃，正如图 4-23 中斜角度的电离图所示。但是正常情况下不会超过两次或三次跳跃。这样，高频通信可以在数千英里的路径中传播。

应该认识到信号跳跃的重要一点。在每一次跳跃时会产生严重的损耗。当信号穿过电离层 D 层和 E 层时能量会被吸收，电离层可将能量向各个方向散射，而不是将它们限制在一个紧密的波束内。在一个反射点由于地球表面的粗糙度也会引起能量的散射。

在图 4-23 中假设两个波束都到达 B 点，低角度发射的波束将包含更多的能量。与必须经过这些路径四次，再加上地表反射的高角度路径相比，这一波束仅经过底层 2 次。测量数据表明，即使两个信号的相对强度有大的变化，单次跳跃信号通常要强 7～10dB。两次跳跃波在反射点中间路径的地表特性，波束从地表反射回的角度，以及所有折射点附近的电离层条件是决定信号强度比率的主要因素。

对于较远的距离每一次跳跃的损耗会变得很严重，这是因为这些信号在变为有用信号之前要经过四五次跳跃所带来的损耗，经过多次跳跃接收的信号会变得非常微弱以至于不能使用。尽管除了单次跳跃模式无线电波可以进行数千英里的传播，实际电波传播的后向散射表明信号的跳跃可以多达 5 次。因此，跳跃模式可论证地成为最普遍的远距离通信方法。

图 4-24 给出了另一种传播方式的考虑——一种地理区域的外观。图 4-24 给出了从旧金山发射基站发出的 15m 波长信号电平沿着美国传播的情形。这一模拟传播条件为 11 月份，太阳活动为中等水平（SSN 为 50），国际协调时间为 22 点钟。图 4-24 由 VOACAP 软件包的 VOAAREA 软件模拟生成。假设发射功率为 1 500W，天线为 3 单元八木天线，发射和每个接收点均为 55 英尺高。

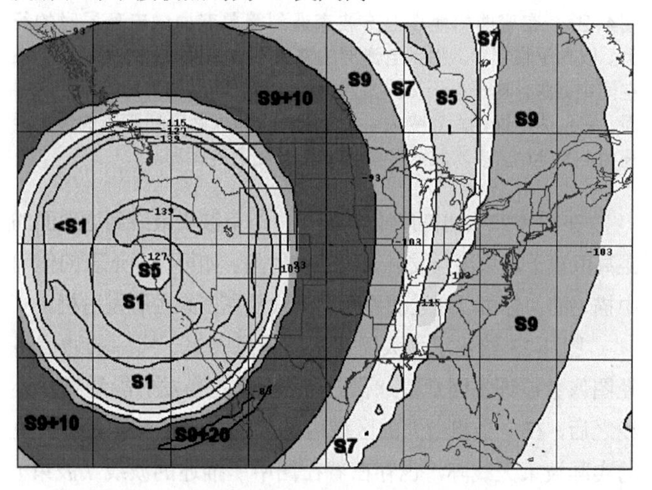

图4-24　从旧金山到美国其余地方的修正的21.2MHz VOAAREA图，以信号电平单位为S和dBW表示的信号等高线注解。假定天线为3单元的距离平地表55英尺的八木天线，发射功率为1 500W，时间为11月，SSN为50的一个中等的太阳活动水平，国际协调时间22点钟。最明显的特征为以旧金山的发射机为中心的大跳跃区域，其范围大概扩展到横跨美国1/3的距离。

离开发射机大约 50 英里处，信号变为中等强度，在 S 米处约为 S5。在覆盖范围到几乎整个国家 1/3 的范围（至科罗拉多州）之外，存在着一个巨大的明显跳跃区，在这里只有微弱的信号返回到地表（S1 或更微弱）。在科罗拉多州之外，在美国中部地区信号急剧增大为 S9+10dB，跌落至 S9，然后在伊利诺斯州的芝加哥附近至 S7。在芝加哥之外，在密歇根州和俄亥俄州的一部分到阿拉巴马州区域信号跌落至 S5。沿着美国东部海岸的所有区域，S9 区域信号变得很强。

图 4-24 中在中西部信号跌落至 S5 的原因是，以单次 F2 跳跃模式覆盖这一区域所需的仰角，即使对于中等程度的太阳活动水平来说也很低。为达到低至 1° 的发射角要求，需要非常高的天线高度或者一个高的山顶发射基站。在中西部地区以外，直至美国东部海岸，两次 F2 跳跃是必须的，需要高的仰角，因此对中等高度的天线也需要更大的天线增益。

4.2.6　非跳跃传播模式

目前的传播理论认为，对于数千千米的通信路径而言，信号沿着整个路径在从电离层—地球—电离层等之间并不总是以短的增量来跳跃。相反地，电波被认为在路径的一部分中沿着电离层内部传播，倾向于在电离层内传导。

如图 4-22 所示，高角度的 Pedersen 射线也可以比低角度的射线在电离层内部穿透得更远。在该层上部低密集的电离边缘，折射的数量较少，接近于该层本身包围地球的曲率。

有关对完全沿着地球传播的信号的传播时间的研究，进一步支持了远距离传播的非跳跃理论。需要的时间明显地小于环绕地球在地球与电离层之间跳跃 10 次或更多次所必需的时间。

在两个相隔几千千米的点之间的传播实际上可能由传导和跳跃组成。它可能会导致 E 层和 F 层折射的组合。尽管会涉及各种复杂的因素，可以发现大多数远距离传播遵循一般特定的规则。因此，在许多商业和军事上点对点长距离通信中，采用设计成能最大程度利用已知辐射角和电离层高度的天线，即使对于假定的多次跳跃传播路径。

然而在业余应用中，我们通常会尝试最低的实际辐射角度，希望能将反射损耗保持在最低程度。多年的业余经验表明，在所有正常条件下这是一个确定的优势。

依靠 F2 层的几何传播方式，将单次跳跃沿地球表面的最大距离限定为大约 4 000km（2 500 英里）。对于高的辐射角度，同样的距离需要两次或更多次跳跃（伴随着高的反射损耗）。在多数情况下，跳跃次数越少越好。如果你有一个始终在远路径上比你做得好的邻居，在他所关心的中辐射角差异或许是主要原因。

4.2.7　最高可用频率（MUF）

对本地天波高角度通信，垂直入射临界频率是最高可用频率。这对于特定时间远距离的点通信选择最佳工作频率和确定最大可使用频率也很有用。从此以后我们使用缩写“MUF”来表示最高可用频率。

在地理中纬度，对 E 层垂直入射临界频率范围为 1～4MHz，对 F2 层为 2～13MHz。最小的数值对应于太阳周期最低年份中的夜晚。最高的数值对应于太阳活动高的年份中的白天。这些都是平均数值。在中纬度地区太阳活动异常高的情况下，临界频率可以高达 20MHz。如在前面图 4-22 中所指出的，在低纬度地区 foF2 水平有可能会接近 40MHz。

尽管从科学的角度来说，垂直入射临界频率是很有趣的，无线电业余爱好者更关心的是我们如何利用传播条件来通信，特别是对于远距离。对 4 000km（2 500 英里）距离最高可用频率约是在路径中点垂直入射临界频率的 3.5 倍。对单次跳跃信号，如果假设一个均匀的电离层，路径越短，最高可使用频率越低。这是正确的，因为对于较短的距离，高频电磁波必须以高的仰角发射，在这些发射角度它们弯曲程度不够，以至于不能被偏转回地球。因此，必须使用一个较低的频率（这样会有更多弯曲）。

准确地讲，最高可用频率或 MUF 是根据在特定时间条件下地球表面两个特定点的通信来定义的，包括在工作频率下基站所能发射的最低仰角（最高可用频率的实际形式有时被称为最高可用工作频率）。在同样的时间和同样的条件下，从这两个点中的任意一个点到第三个点的最高可用频率可能有所不同。

因此，最高可用频率不能广泛地表示为一个单一频率，即使是对于特定的时间和特定的地点。电离层绝不是均匀的，事实上对于给定的时间和固定的距离，对地球上大多数任何点来说最高可用频率随着罗盘方向的变化而显著变化。在一般条件下，最高可用频率永远在朝着太阳的方向最高，即早晨在东边，中午在南边（对于北纬而言），下午和晚上在西边。

对于最远距离的最强信号，特别是对功率电平受到限制的业余无线电服务，在最高可用频率附近工作是特别重要的。信号在这些频率受到的损耗最低。可以用 ARRL 网站上（www.arrl.org/propagation）给出的预算图或计算机预测程序来精确计算最大可用频率。原版书所附的光盘（光盘文件可到《无线电》杂志网站 www.radio.com.cn 下载）中包含着全球范围内超过 175 个发射基站的详细描述和总结表（见本章后面的“高频波段在何时何地是开放的”）。

表 4-2　对传播监测有用的时间和频率监测站

名称	频率（MHz）	位置
WWV	2.5, 5, 10, 15, 20	FtColins，Colorado
WWVH	除过 20 以外跟 WWV 相同	Kekaha, Kauai，Hawaii
CHU	3.330, 7.335, 14.670	Ottawa，Ontario，Canada
RID	5.004, 10.004, 15.004	Irkutsk, USSR
RWM	4.996, 9.996, 14.996	Novosibirsk，USSR
VNG	2.5, 5, 8.634, 12.984, 16	Lyndhurst, Australia
BPM	5, 5.43, 9.351, 10, 15	Xiang，China
BSF	15	Taoyuan,Taiwan,China
JJY	2.5, 5, 8, 10, 15	Tokyo，Japan
LOL	5, 10, 15	Buenos Aires，Argentina

续表

注：该称谓来自于一张国际表格，可能不是在实际传输中所采用的。地点和频率与所提供的一致。

采用一个连续覆盖的通信接收机，则可以观测到最高可用频率。目前直至最高可使用频率的频段都在全天候的使用中。当你从喜欢的业余爱好者频段向上调整频率而“使用完信号”时，那时你将有一个不错的关于哪一个频段工作得最好的线索。当然，这将有助于了解接收信号的发射方向。短波广播知道使用什么频率，如果条件好的话，你可以在任何地方接收到它们。时间和频率监测站也是很好的指标，因为它们昼夜不停地运作。见表 4-2。随时地，WWV 也是传播数据的一个可靠来源，这将在本章后面中更详细地讨论。NCDXF/ IARU 信标系统（www.ncdxf.org/page/ beacons. html）可以为你提供 20m、17m、15m、12m 和 10m 波段全球传播的实时图像。

在最高可用频率附近工作的价值是两方面的。在未受干扰的条件下，吸收损耗随着频率变化的平方成比例地降低。举例来说，14MHz 的吸收损耗比 28MHz 的吸收损耗高 4 倍。或许更重要的是，当接近于最高可用频率时跳跃距离相当大。因此一个横贯大陆的通信更应该采用 28MHz 的单次跳跃而不是在 14MHz，因为在大多数时间，高的频率通常对应着强的信号。28MHz 频段信号强度大的声誉是建立在这一事实的基础之上的。

4.2.8　最低可用频率（LUF）

在两个特定点之间通过电离层进行有效通信时也存在着一个频率下限。最低可用频率简写为 LUF。如果有可能从最大可用频率开始工作，然后逐渐降低频率，信号强度会逐渐减小，并最终将消失在经常存在的“背景噪声”中。这种情况是会发生的，因为信号的吸收随着频率降低的平方成比例地增加。在接收信号变为无用时对应的频率点为最低可用频率。显然你不想在最低可用频率附近工作，尽管可以通过给基站增加相当数量的功率，或者在路径的两端同时采用较大的天线来改进接收信号。

举例来说，当太阳活动处于太阳周期的峰值时，在早晨从美国东部到欧洲的路径中，20m 波段的最低可用频率可以高达 14MHz。在美国，正好在日出之前，20m 波段将首先对欧洲开放，紧接着为 15m 波段，随着太阳的进一步升高后是 10m 波段。然而中午之前，当 10m 和 15m 波段都广泛开放时，20m 波段将变得接近于欧洲边缘，即使对于两端都运行最大功率电平的情况。相比之下，10m 波段的基站可以很容易地用 1W 或 2W 的发射功率工作，这表明在最低可用频率和最高可用频率之间存在着广泛的频段范围。

通常，两个固定点之间最低可用频率和最高可用频率的窗口范围很窄，有可能在这个窄的窗口内不存在可以使用的业余频率。有时候两点之间的最低可用频率或许高于最高可用频率，这意味着，对于给定路径通过电离层传播的最高可用频率，吸收很严重以至于不能使用该频率。在这种情况下，无论选取什么频率，在这两点之间不可能建立业余天波通信（但是在现有条件下，在某些频率下，对于一点到另外一点的通信，通常是可能的）。对两个固定点而言，业余天波通信不可行的条件通常是所有路径都处于黑夜下的远距离传播，以及在太阳活动不活跃的时期，白天进行非常远距离的传播。

图 4-25 所示为 ARRLWeb 会员专用网站给出的典型传播预测（www.arrl.org/qst/propcharts/，先前来自于 QST 中"如何 DX"这一栏中）。在这个例子中，时间为 10UTC 时，最高可用频率和最低可用频率混淆在一起，意味着那一给定路径在特定时间开放对任何业余频段的统计可能性不是很好。此后从 11UTC 开始，在最高可用频率和最低可用频率之间的空隙增加，意味着在此路径中高的波段将开放。

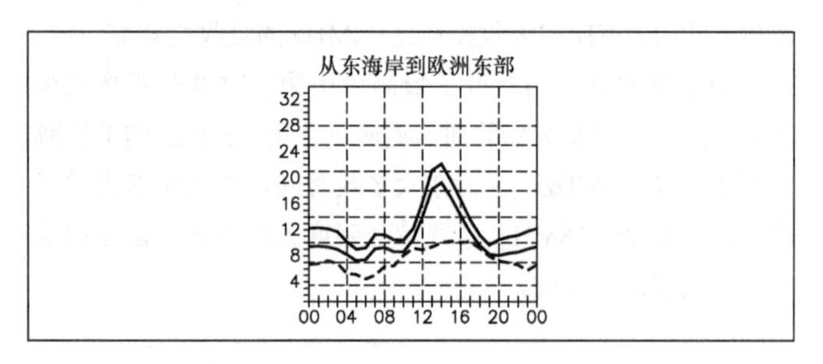

图4-25　从美国东海岸到欧洲的传播条件预测图。这是在1994年，在从12月中旬到1月中旬时间内，假定平均波段为2 800MHz（10.7cm）的太阳辐射通量为83。这些天中的10%，预测出最高传播频率至少高达最上面的曲线（最高可能频率，或者HPF，约为21MHz），其中50%的天数内最高可用频率与中间的最大可用频率曲线一样高。虚线为1 500W连续波发射机的最低可用频率（LUF）。

4.2.9　受干扰电离层的条件

到目前为止，我们讨论了未受太阳干扰条件下的地球电离层。存在 3 种主要的太阳干扰类型，能影响电波在地球上的传播。在广播中，你可以听到人们抱怨太阳耀斑、冕洞或突然消失的暗条，特别是当传播条件不是很好的时候。每一个干扰都会引起来自太阳的电磁辐射和抛射物质。

太阳耀斑

太阳耀斑是突然释放出巨大能量的激变爆发，包括从甚低频到 X 射线频率范围内持续的高能量和巨大太阳物质的爆发。大多数太阳耀斑发生在 11 年太阳周期的峰值附近。

地表观测到的巨大太阳耀斑的第一个迹象往往是在太阳黑子群附近的可见辉度，伴随着紫外线、X 射线辐射和甚高频无线噪声的增加。如果太阳和地球之间的几何关系适当，强大的 X 射线辐射将花费 8min 的时间，以光速传播到 9 300 000 英里以外的地球。X 射线能量的突然增加，可以立即引起地球电离层最底层的射频吸收，产生一种称为电离层突然扰动的现象。

电离层突然扰动会影响被太阳照射的地球一面的所有高频通信。频率在 2～30MHz 范围内的信号可能会完全消失，在极端情况下甚至大部分的背景噪声可能会停止。当你经历一个大的电离层突然扰动时，你的第一个反应可能是到外面检查天线是否倒下。电离层突然扰动从电离层条件暂时恢复到正常条件之前可能会持续一小时。

在一个电离层突然扰动开始之后 45min 到 2h 之间，太阳物质爆发的粒子会开始到达。这些高能量粒子主要是质子，在地球的磁极处它们能穿透电离层，在这里可能会发生激烈的电离，伴随着高频信号在极地地区传输时的附属吸收。这就是所谓的极冠吸收（PCA）现象，它可以持续几天。一个极冠吸收会导致在高纬度地区出现壮观的极光现象。若产生极光的频率越高，则该极光是最后一个消失并且第一个返回的。

冕洞

正如在本节前面对极光中甚高频的传播中所描述的，第二种大的太阳扰动是所谓的在太阳外层（日冕）的"冕洞"。在一个活跃的太阳黑子区域，日冕层的温度可以高达 4 000 000℃，比较典型的数值大约为 2 000 000℃。冕洞是太阳表面温度相对较低的区域。太阳—地球科学家对冕洞是如何形成的这一问题存有一些竞争的理论。

从这个洞中抛射出物质采用等离子体的形式，即一种由电子、质子和中性粒子组成的高度电离的气体，传播速度可以达到 1 000km/s（200 万英里/小时）。当太阳—地球之间的几何关系适当时，等离子体变为太阳风的一部分，它可以影响地球的磁场。等离子体有一个非常有趣且有些奇怪的能力。它可以在磁场的发源处锁定磁场的方向，并将它向外带到太空中。然而，除非被锁定的磁场方向与地球磁场的方向排列适当，否则即使一个很大的等离子体可能也不会严重地破坏地球的磁层以及地球的电离层。

目前，我们没有能力长时间提前预测太阳突然爆发而引起的地球传播问题。SOHO 卫星和 STEREO 卫星可以帮助我们决定一个质量爆发是否朝向地球，离开地球约一百万英里的 ACE 卫星，可以提前一小时给出关于从太阳抛射出的物质中嵌入的磁场是否会影响地球磁层进而引起传播问题的警告。STEREO 卫星也可以提供太阳的 360° 视角，进而可以观测到整个太阳表面。

在统计意义上，冕洞常常发生在11年太阳活动周期的下降阶段，它们可以持续几个太阳旋转周期。这意味着一个冕洞可以是“循环再生的冕洞”，在长达一年或者更多的时间内，在每月几天中同样的时间段内干扰通信。

突然消失的暗条

突然消失的暗条（SDF）是影响传播的第三大类太阳干扰。突然消失的暗条的名字来源于它们在太阳表面突然向上变成拱形，在太阳风中向宇宙空间以等离子体的形式喷出的巨大物质。它们往往发生在11年太阳周期的上升阶段。

NOAA标准

在科罗拉多州博尔德市的空间天气预测中心，电离层对传播的干扰被分为以下3类，即G级（地磁风暴），S级（太阳辐射风暴）和R级（无线电通信中断），其中每个类别又被分成1～5的5个小级别，其中1级是指小规模的干扰，5级是指极端的干扰。通过访问 www.swpc.noaa.gov/NOAAscales，可以了解这些干扰的讨论和解释。

4.2.10 电离层（地磁）暴

当合适的条件下，耀斑、冕洞或突然消失的暗条将向太阳风中发射等离子体云，这会导致在地球上产生电离层暴。不像一场飓风或者新英格兰的厄尔尼诺风暴，我们无法用眼睛看到或用皮肤感受到电离层暴。我们不能很容易地测量在头顶200英里处的电离层所发生的事情。不过我们可以看到电离层风暴对地球表面的磁性仪器所带来的间接效应，因为电离层的干扰与地球的磁场密切相关。术语地磁风暴（希腊字母“Geo”表示地球）被同义地用来表示电离层暴。

在一次电离层暴中，我们可能会遇到异常的无线电噪声和干扰，特别是在高频波段。在甚高频波段随着噪声的增加可能会接收到太阳的无线电辐射。一个地磁风暴通常会在几天时间内增加噪声并且减弱或者中断电离层传播。在14MHz或更高波段跨越两极的信号可能会特别微弱，伴随着奇特的空的声音或扰动，甚至会超过正常的跨越两极的信号。

传播可能被完全中断，或者至少在恢复到正常传播条件前的一到三四天的时段内有一段时间退化，这取决于对地球磁场干扰的严重性以及随之发生的对电离层的干扰。

对于太阳扰动以及与此相关的地球表面电离层传播的扰动我们能够做些什么？事实是，当我们面对令人敬畏的太阳干扰如太阳耀斑、冕洞或突然消失的暗条时我们无能为力。然而或许存在一些值得安慰的地方，那就是可以了解是什么导致高频波段如此之差。令人欣慰的是，在甚高频波段的条件往往是异常地好，而受太阳扰动的影响，高频传播显著地差。甚高频无线电操作者热切地期待着他们可以参与的极光通信条件的出现，这正是高频运用者挠着他们的脑袋想要知道电离层在哪里时所对应的通信条件的原因。

4.2.11 单路径传播

有时一个信号开始出现在由F区域反射到地球的路径上时，可能仅会传播至E区域的顶部然后又被反射回去。这一组条件是经常报道的被称为单路径跳跃现象的一个可能解释。反向的路径未必有相同的多层特点。效果更多时候往往是信号强度的差异，而不是在一个方向完全缺少信号，而且很多时候可能是当地噪声在路径的一端掩盖了信号。当用一种新的天线系统进行长路径测试时会产生明显的自相矛盾的结果时，重要的是要记住这些种类的可能性。甚至是对许多不同长度和指向的测试，可能会提供很难理解的数据。通过电离层通信的方式并不总是天线问题的相容答案的一种来源。

图4-25给出了采用3种不同天线的从新英格兰地区到欧洲的80m波段的路径。一个在平地以上高度为200英尺的真实偶极天线当然会给人以深刻的印象。但是这仍然会因为四方垂直阵列而急剧失色，至少在这条路径上常常需要低仰角的情况下。这由位于可以提供一个几乎完美的射频地表的海水中的四方阵列所预测。在仰角为7°，四方阵列的增益比200英尺高的偶极天线高7dB。

4.2.12 长路径和短路径传播

在地球表面上任何两点之间的传播通常是通过最短的直接路径——在球体表面围绕着连接两个点之间弦线的大圆的弧长来进行的。如果一个弹性波段完全沿着地表的直线传播路径由弦线所取代，这将给出另外一个大圆路径，即“环绕着的长路径”。当条件有利于较长的路线时，长路径将在所需电路的基础上用于通信。存在着这样的时期，通信在长路径上是可能的，但是在短路径上一点都不行。特别是如果在电路两端存在着关于这一潜力的知识，长路径通信将可以很好地工作。合作几乎是必不可少的，因为定向天线的指向和尝试的时间必须适应于任何有意义的结果。在前面的表格中IONCAP/VOACAP计算仅适用于方位向短路径。

对于10MHz以上通过F层的持久通信，太阳照射是一个必需的元素。这一事实往往倾向于定义长路径定时和天线对准。这两个实质上是特定电路“正常情况”的反转。我们也知道海水路径要比陆地工作得好。这在长路径工作中会很明显。

如果你习惯于将地球考虑为一个球体，我们就可以更好地理解长路径通信的几个方面。如果你经常使用地球仪的话这将会很简单。一个方位等距投影的世界平面地图，是一种有用的替代品。ARRL 世界地图是一个中心位于堪萨斯州 Wichita 的世界地图。图 4-26 给出了由 K5ZI 编制的一个相似的世界地图，其中心位于康涅狄格州纽因顿。这些将有助于表明涉及世界上这些国家的路径。

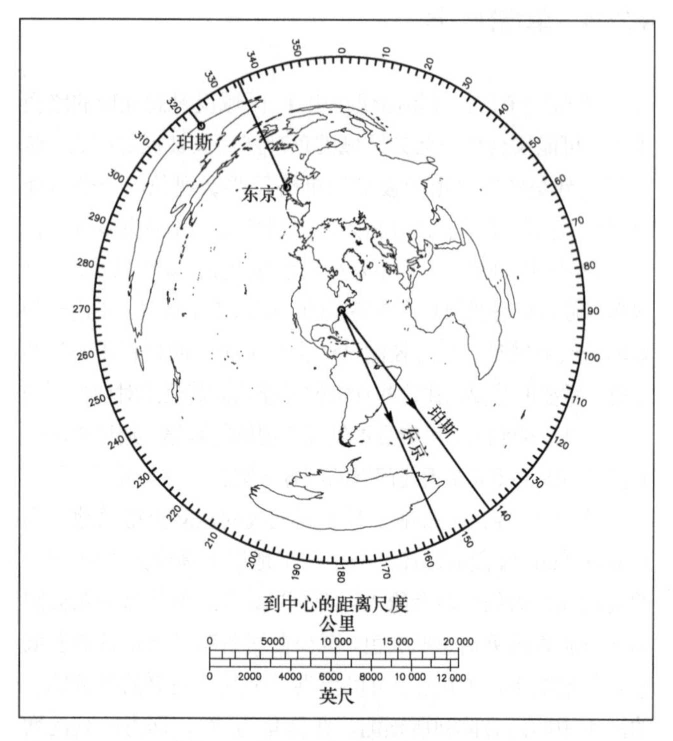

图4-26　K5ZI计算机生成的方位等距投影世界地图，中心位于康涅狄格州的纽因顿。其中已经添加了大陆块和到珀斯和东京的长路径信息。注意在这两种情况下路径几乎全在水路，而不是在大陆块。

长路径的例子

对 DX 业余爱好者来说存在着很多熟悉的长路径。当 28MHz 波段对美国东北部开放时两个经常用到的长路径是从新英格兰到澳大利亚西部的珀斯和从新英格兰到东京。虽然它们代表不同的波束方向和距离，但它们共享着一些有利的条件。通过长路径，珀斯接近世界环路的一半；东京约是世界环路的 3/4。在 28MHz，这两个区域出现在每日中白天较早的时刻，东部时间，但是不一定就在同一天。这两个路径处在它们周围昼夜平分点的最好处（在这些时间中阳光更均匀地分布在跨越赤道的路径上）。或许对这两个最有利的是，在美国这端第一部分路径的特性。为了与珀斯在长路径上工作，美国东北部的天线要瞄准东南方向，超出海面几千千米，这将以能够达到的最好的低损耗信号开始。实际上对所有的路径和约 13 000 英里的距离都是海水，并不是比短路径长很多。

到达日本的长路径更多地朝向南方，但是在较早的反射点依然不存在主要的大陆块。然而它却比到澳大利亚西部的路径长很多。日本的信号数量在长路径比短路径更多地受到限制，平均信号有些微弱可能是由于较长距离所引起的。

对于短路径，在珀斯地区的业余爱好者考虑到最差的条件是远离大海，以及在北美庞大的大陆块以外，不会提供较强的地面反射。从北美一半的大多数东部地区到日本和澳大利亚西部的短路径是很难利用的。第一次跳跃下降至西部各种地区，例如沙漠、高山或二者兼而有之，这不是有利的反射点。

一句警告：别指望长路径信号始终来自于同一波束方向。在通过电离层传播的路径中，即使对于相对较短的路径，也会存在显著的差异。在长路径中可能会存在更大的变化，特别是对于接近地球一半的传播路径中的电路。请记住，对一个正处于中途的点，指南针的所有方向都代表着大圆路径。

4.2.13　灰线传播

灰线，有时被称为曙光区，是环绕地球的处于太阳照射和黑暗中间的一个条带。天文学家称这为明暗界限。明暗界限是一个有些扩散的地区，因为地球的大气往往会将光散射到黑暗的一边。图 4-27 给出了灰线。注意在地球的一边，灰线正在进入白天（日出），而在另一边灰线正在进入黑夜（日落）。

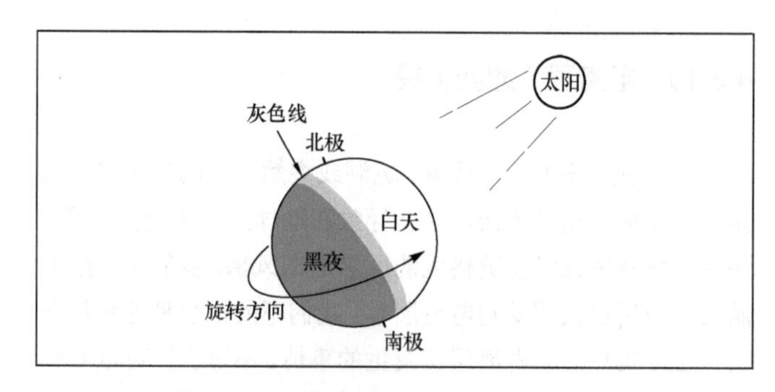

图4-27　灰色线或明暗界限为白天与黑夜之间的过渡区域。地球的一面是将要来临的日出，另外一面是刚刚逝去的日落。

沿着灰线的传播是非常有效的，尤其是对于较低的波段，特别是对于 80m 和 160m 波段，可以覆盖比使用频率预期距离更远的区域。一个主要原因是由于吸收高频信号的 D 层，在灰线日落的一边迅速消失，而在日出的一边仍然没有建立起来。

灰线一般沿着南北方向运行，但是在南北线任意一侧的变化可以高达 23°。这一变化是由地轴对其绕太阳旋转的轨道平面的倾斜所引起的。灰线在春分或秋分（3 月 21 日和 9 月 21 日）时严格地区分出南方和北方。在北半球夏季的第一天，即 6 月 21 日，它在一边倾斜到最大角度 23°，在冬季的第一天，即 12 月 21 日，它沿着另外一边倾斜 23°。

对地球上的观察者来说，明暗界限的方向总是日出或者日落时太阳的方向。注意到这一点很重要，除非是春分或秋分，日出时灰线的方向和日落时是不一样的。这意味着与在早晨工作相比，在傍晚你可以工作在世界上不同的区域。

没有必要为了利用灰线区域的传播优势而处于明暗区域

中。在日出之前和日落之后可以利用这一优势。这是因为与处在下面的地表相比较，太阳在电离层升起得较早而降落得较晚。

4.2.14 衰落

在长距离高频通信中，当考虑到所有的可变因素时，信号强度在当地范围之外的每一个联系中将发生变化，这是不足为奇的。在甚高频通信中，在距离仅大于可视水平线时我们也可以遇到一些衰落。这些主要是在地面以上几千英尺范围内大气温度和湿度变化的结果。

对高频电离层模式所覆盖的路径，引起衰落的原因是非常复杂的，不断变化的电离层高度和密度、极化的随机转变、到达信号中的不协调部分所占的比例等。到达接收天线的能量具有按照不同电离条件传播的分量。对于频率很小的变化，衰落往往是不同的。对一个宽带特性的信号，例如高质量的调频信号，或者双边调幅信号，与自身或者载波相比较，旁带可能有不同的衰落速率。这会导致严重的失真，产生了所谓的选择性衰落。当采用单边带（SSB）时，影响将会大大降低（但在某种程度上仍然存在）。在接收期间（但不是由选择性衰落产生的）通过在分开的天线上采用两个或多个接收机对衰落进行的一些免疫可能是有害的，最好是采用不同的极化，以及将接收机输出合并到所谓的多样性接收系统。

4.2.15 突发 E 层和高频散射模式

在关于传播的文献中，在有分开且现象明显时存在着一个处理各种传播模式的趋势。这可能是有时的，但是经常存在着由一种到另外一种的转移，或者每次是两种或多种影响通信传播的混合。例如在 F 区域工作的一般频率范围的上部，可能在一端（或两端）存在着足够多的对流层弯曲，以对可用路径长度产生一个可评估的效应。在长距离工作中，E 和 F 区域的传播存在着频繁的组合。以及在 E 区域的例子中，存在着对通信有不同影响的多种电离起因。最后，在对流层和电离层模式中都存在着微弱信号的变化，这总称为“散射”。在这里我们将分开讨论它们，但是在实际中我们常常需要处理它们的组合物。

突发 E 层（E_s）

首先注意 s 是 E 的下标，一个有用的描述，它经常被错误地写为“Es”，而有时被称为“ease”，这当然不是描述性的。突发 E 层是在 E 层高度处的电离，但是与 E 层相比有不同的来源和通信潜力，它主要影响我们较低的业余频率。

突发 E 层的形成机制被认为是风切变。这说明周围的电离被分布和压缩到一个高密度的突出部分，而不需要产生额外的电离。在高度稍微不同而流向相反的高速中性风将产生切变。在地球磁场存在的情况下，离子在特定高度被收集，形成一个薄的超密集的层。从进入 E_s 区域火箭的数据确定了电子密度、风速以及高度参数。

电离由高密度的云形成，每次仅持续几小时，且随机分布。它们的密度变化，在北半球中纬度地区从东南到西北迅速移动。尽管 E_s 可以在任何时间形成，其最普遍地是 5 月到 8 月在北半球形成，在从 12 月开始的最小季节的值约为这的一半（夏至和冬至）。人们对其在南半球的季节和分布不是十分了解。澳大利亚和新西兰看起来有类似于在美国的这种条件，当然季节的时间是相反的。大多数对 E_s 的了解来自于在甚高频范围内业余先驱者的探知结果。

与突发 E 层开放所相关的可以观测到的自然现象，包括太阳黑子活动，不是十分明显，尽管对于高海拔的风存在着气象关系。此外，还存在着一种形式的突发 E 层，主要存在于北温带的北部，这与极光现象有关。

在长的突发 E 层季节的峰值，最常见的在 6 月底和 7 月初，电离变得非常稠密和广泛。这将可用距离从较常见的“单跳”最大值 1 400 英里扩展到“双跳”距离，大多数从 1 400 英里至 2 500 英里。近年来随着 50MHz 技术和利益的改善，已经表明可以覆盖的距离远超过 2 500 英里的范围。还存在着 E_s 与其他模式可能的连接，它被认为与在地球相对点之间 50MHz 的一些路径中工作，或者甚至在超过 12 500 英里的长路径通信中。

当突发 E 层特别强烈和普遍时，即使是高频带也可以突然转到短距跳跃，从而在通常无信号的跳跃区的距离范围内产生异常强烈的信号。N6BV 的编辑清楚地回忆到 1994 年 10 月在“Hiram Percy Maxim/125”周年庆祝活动期间一个壮观的 20m 波段突发 E 层的开放，当时他正住在新汉普郡。在所有东部海岸 20m 波段的信号高于 S9，达到 30～40dB，从 W2～W4。一位被激怒的 W3 抱怨说，他一直呼叫庞大的堆积（pile up）长达 20min。N6BV 看了 S 表，看到了 W3 超过 S920dB，通常这是一个非常强烈的 20m 波段的单边带信号，而不是 S9 区域中每个人都是 40dB！

由突发 E 层所引起的这种短距离跳跃条件在 10m 波段时比在 15m 或 20m 波段时更常见。在夏季当 10m 波段对 F2 电离层传播没有正常开放时，它们可以引起非常好的穿越大西洋 10m 波段开发。

对突发 E 层的最大可用频率了解得不是很准确。长期内它被认为在 100MHz 左右，但是在过去大概 25 年中，在夏季突发 E 层有数千个 144MHz 的例子。据推测，在 222MHz 也存在可能。144MHz 的平均跳跃距离远超过 50MHz 的，开放通常是比较简短的也是极其可变的。

术语“单次”和“两次”跳跃在技术上或许是不准确的，因为它很有可能涉及云与云之间的路径。也可能存在着“非跳跃”突发 E 层。有时非常高的电离密度可产生高达 50MHz 的临界频率而没有任何跳跃距离。通常认为突发 E 层模式是一个大的均衡器。由于反射区域实际在头顶，即使一个简单的靠近地表的偶极天线也可以在数百英里范围内做得很好，就像为低角度辐射设计的一个大的碟形阵列天线一样。对于 28MHz 和 50MHz 的低功率和简单天线这是一个很大的模式。

高频散射模式

术语“静区”（无法接收到信号）不应按照字面意思来理解。在两个基站间通过单一电离层跳跃进行通信可以在路径上任何点被其他基站在某种程度上接收到，除非两个基站采用低功率和简单天线。波的部分能量向各个方向散射，包括后向散射到发射点以及更远的地方。

后向散射的功能就像一种高频电离层雷达。图 4-28 给出了一个简单的后向散射路径的示意图。信号由点 A 发射，穿越电离层返回到地球上的点 S，即散射点。这里，粗糙的地表将信号散射在许多方向，其中一个通过电离层将微弱信号传播到地表 B 点。点 B 通常位于 A 点和 S 点之间的无信号静区。由于后向散射信号来自于多个方向，通过电离层的不同路径，它们有一个特征“空心”声音，就像你对着一个纸制的管子说话时在它的内部会产生很多反射。

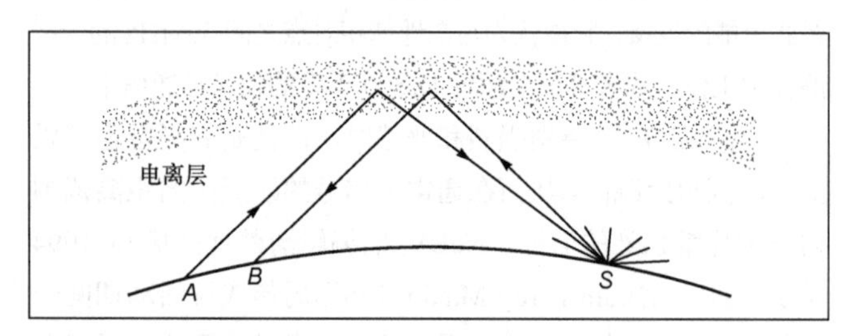

图4-28　一个简单的后向散射路径示意图。基站A和B靠得很近以至于不能通过正常的F层电离折射来保持联系。从地球表面较远的点（S点，通常是海洋）散射回来的信号，可能会被A和B都接收到以产生一个后向散射电路。（图片来自于ARRL《业余无线电手册》）

因为后向散射主要涉及强烈的电离层传播信号在地球表面降落点的散射，这是高频超视距雷达技术的一部分（20 世纪 70 年代时期臭名昭著的“啄木鸟”就是一种超视距高频雷达）。业余爱好者使用探测技术表明，通过用一个定向天线和高发射功率测量后向散射，你可以知道一个波段对世界的哪一部分是可用的（单次跳跃 F），即使在地球上的接触点是开阔的海洋。事实上，这是模式最好的地方，因为海浪是很有效率的后向散射体。

后向散射在 28MHz 是非常有益的，特别是当波段看起来死亡，仅仅是因为没有人活跃在适当的地方。由于一些永不言死的用户的态度，该模式使 10m 波段在太阳活动较低的年份保持活跃。由于同样的原因，该模式在太阳黑子周期高的年份对 50MHz DX 的有抱负者来说也是一个宝贵的工具。在一个最大可用频率高的早晨，在没有陆地的加勒比地区或南大西洋一些地方的热点，数百个 6m 的波束可能是零，更不用说 6m 基站——保持联系的同时它们等待波段为没有人的地方开放。

侧部散射类似于后向散射，除过地面散射区域在参与者的直线上不存在。一个通常在太阳活动周期的最低年份被观察到的典型例子，是在美国东部（和邻近加拿大的地区）和大部分欧洲大陆 28MHz 的通信。通常，这可能会以天线指向亚述尔群岛的欧洲人之间“后向散射颤振”开始。然后突然北美洲人加入到这个有趣的事情中，或许只有几分钟，但有时时间较长，波束仍指向亚速尔群岛。有时通过在两端随着后向散射仔细再定位天线来延长游戏的持续时间。当然，秘密是持续撞击电离层的最高最大可用频率区域和最有利的地面反射点。

通常情况下（并非总是）最有利的路线是大圆面向南的方向（对于北半球的基站而言）。在极光地区也可能存在着侧部散射。采用相同的一般地面散射区域，侧向散射通常要比后向散射的信号强。

侧部散射信号通常在 14MHz 被观测到，而且它可以在最高可用频率和最低可用频率之间存在的一个大窗口内的任何波段发生。为了发生侧部散射通信，要寻找的事情是一个公共区域，当没有直接路径开放时，在此区域的波段从路径的两端开放（在上面的例子中为亚速尔群岛）。当公共区域处于开放的海洋中时是很有帮助的，在海洋中比陆地表面的散射损耗少。

4.3　何时何地高频波段是开放的

4.3.1　传播整体视图

高频波段的新手可以很容易地被英文原版书附加光盘所包含的概要预测表（尤其是详细的）中大量数据所压倒。因此，这里有一个长期的高频传播“整体”视图，可以帮助解答一些常见问题。举例来说，对连续一整天工作的 DX 而言哪个月是最好的？或者为给你的 QTH 和南太平洋的某些区域提供开放，哪一等级的太阳活动是必须的？

表 4-3 给出了当每个主要的高频波段对表 4-4 和表 4-5 中同样的接收区域开放时，每月中一天的时间数。列表是针对新英格兰地区 3 种不同太阳活动水平下：非常低、中等和非常高所对应的情况。表 4-6 中的时间数是由斜线分开的。

（表 4-3 只是列出了马萨诸塞州（波士顿）的数据，美国其他地区的数据表见原版书所附光盘<光盘文件可到网站www.radio.com.cn 下载>中的 4-13.pdf 文档。）

让我们来研究 10 月 15m 波段从新英格兰地区到欧洲的条件。该条目显示"7/11/17"，意味着对一个非常低的太阳活动水平，15m 波段开放 7h；对中等水平，它开放 11 h；而对一个非常高的太阳活动水平，一天开放 17 h。

表 4-3 在不同的太阳活动水平下（非常低、中等以及非常高），一个特定波段对表 4-4 中目标地理区域开放时的每天时间数。该表适用于从波士顿到世界各地。无论太阳活动水平如何，加上或减去 QRM 和当地 QRN，有些路径每天开放 24h

马萨诸塞州（波士顿），在平滑太阳黑子数目 SSN 非常低/中等/非常高的情况下对每个区域开放的时间

80 Meters:

Month	Europe	Far East	So. Amer.	Africa	So. Asia	Oceania	No. Amer.
Jan	17/17/16	5/ 4/ 3	17/17/16	16/16/15	8/ 7/ 5	11/10/ 9	24/24/24
Feb	17/16/15	3/ 3/ 2	17/16/16	15/15/14	6/ 4/ 4	10/ 9/ 9	24/24/24
Mar	15/15/14	3/ 2/ 1	16/16/15	15/13/13	4/ 4/ 3	9/ 8/ 7	24/24/24
Apr	13/13/12	1/ 0/ 0	16/16/14	13/13/13	3/ 3/ 1	9/ 8/ 7	24/24/24
May	12/11/10	0/ 0/ 0	16/15/14	12/11/10	2/ 1/ 1	7/ 6/ 6	24/24/24
Jun	10/ 9/ 8	0/ 0/ 0	14/14/14	11/10/10	1/ 1/ 0	6/ 5/ 5	24/24/24
Jul	11/11/ 9	0/ 0/ 0	15/14/14	11/11/11	2/ 1/ 1	7/ 6/ 5	24/24/24
Aug	13/11/11	0/ 0/ 0	16/16/14	13/12/11	3/ 2/ 1	7/ 7/ 6	24/24/24
Sep	14/13/11	2/ 1/ 0	17/16/14	13/13/12	4/ 4/ 2	9/ 8/ 8	24/24/24
Oct	15/15/13	3/ 2/ 1	17/17/16	14/14/13	5/ 4/ 4	9/ 9/ 7	24/24/24
Nov	17/17/15	4/ 4/ 2	17/17/16	16/15/14	8/ 7/ 4	11/10/ 9	24/24/24
Dec	19/18/17	7/ 6/ 4	18/18/17	16/16/16	11/ 9/ 7	12/11/11	24/24/24

40 Meters:

Month	Europe	Far East	So. Amer.	Africa	So. Asia	Oceania	No. Amer.
Jan	24/24/24	15/16/15	24/24/21	21/20/19	21/21/19	19/18/15	24/24/24
Feb	24/24/21	13/11/11	24/23/20	20/19/18	19/19/17	16/15/14	24/24/24
Mar	23/22/19	10/ 9/ 7	24/21/18	19/17/17	17/17/13	13/13/13	24/24/24
Apr	21/19/18	8/ 6/ 4	22/20/18	17/16/15	16/11/ 8	13/13/11	24/24/24
May	19/17/17	5/ 4/ 3	22/18/17	17/16/14	9/ 8/ 5	12/11/10	24/24/24
Jun	17/15/13	4/ 2/ 2	22/18/16	16/15/14	7/ 5/ 5	11/10/ 9	24/24/24
Jul	18/16/15	5/ 4/ 2	24/18/17	17/15/14	8/ 7/ 5	12/11/10	24/24/24
Aug	19/17/16	7/ 5/ 4	24/19/18	18/16/15	11/10/ 6	13/12/11	24/24/24
Sep	22/21/17	9/ 8/ 5	23/20/18	18/17/16	14/11/ 7	13/13/12	24/24/24
Oct	24/23/20	12/11/ 8	24/23/19	20/18/17	17/16/14	16/13/13	24/24/24
Nov	24/24/22	14/13/12	24/24/20	21/19/18	21/20/17	17/17/13	24/24/24
Dec	24/24/24	18/19/22	24/24/21	23/21/19	24/23/22	21/19/18	24/24/24

20 Meters:

Month	Europe	Far East	So. Amer.	Africa	So. Asia	Oceania	No. Amer.
Jan	13/16/22	15/22/22	24/24/24	20/21/21	18/20/22	18/23/22	24/24/24
Feb	12/18/23	13/21/24	24/24/24	22/22/24	15/21/24	18/23/24	24/24/24
Mar	15/18/24	17/20/24	24/24/24	22/24/24	18/21/24	16/24/24	24/24/24
Apr	15/20/24	19/22/24	24/24/24	21/24/24	19/22/24	18/24/24	24/24/24
May	19/23/24	22/24/24	24/24/24	23/24/24	23/24/24	21/24/24	24/24/24
Jun	22/24/24	24/24/24	24/24/24	24/24/24	24/24/24	24/24/24	24/24/24
Jul	19/24/24	24/24/24	24/24/24	21/24/24	24/24/24	23/24/24	24/24/24
Aug	15/20/24	20/24/24	24/24/24	20/24/24	20/24/24	19/24/24	24/24/24
Sep	16/19/24	17/21/24	24/24/24	21/24/24	18/21/24	17/24/24	24/24/24
Oct	15/21/24	16/20/24	24/24/24	22/24/24	19/22/24	17/24/24	24/24/24
Nov	14/20/23	14/22/24	24/24/24	20/24/24	17/21/24	19/23/24	24/24/24
Dec	11/17/24	13/22/24	24/24/24	17/23/24	12/22/24	16/24/24	24/24/24

15 Meters:

Month	Europe	Far East	So. Amer.	Africa	So. Asia	Oceania	No. Amer.
Jan	4/ 6/ 7	2/ 9/13	12/15/16	9/13/13	3/ 4/ 7	9/12/13	24/15/16
Feb	4/ 7/12	4/10/14	13/18/23	11/13/16	3/ 7/13	8/13/15	22/16/19
Mar	6/ 9/14	2/13/15	14/21/24	13/17/22	5/11/17	10/14/17	15/16/23
Apr	0/10/18	3/13/18	15/23/24	15/18/24	9/15/19	11/15/21	16/16/24
May	1/13/16	6/10/19	17/20/24	14/18/24	13/17/18	10/16/19	20/19/24
Jun	0/ 2/16	0/ 9/15	16/21/24	14/18/24	5/15/18	10/12/20	24/22/22
Jul	0/ 2/16	0/ 5/18	15/19/24	12/18/24	0/12/18	4/12/20	24/22/21
Aug	0/ 2/14	0/ 8/17	14/18/22	13/16/22	0/12/17	6/10/19	22/19/21
Sep	1/10/17	6/13/17	14/16/24	13/17/22	9/14/17	9/14/17	16/16/22
Oct	7/11/17	10/13/17	12/16/22	12/15/22	7/12/17	12/13/15	18/15/22
Nov	5/ 8/14	8/11/14	12/16/22	11/14/17	3/ 7/16	10/13/15	20/16/21
Dec	3/ 6/ 9	2/10/13	12/15/23	8/13/15	2/ 4/12	9/12/14	24/15/18

10 Meters:

Month	Europe	Far East	So. Amer.	Africa	So. Asia	Oceania	No. Amer.
Jan	0/ 1/ 4	0/ 1/ 8	6/11/13	0/ 7/10	0/ 1/ 3	0/ 3/11	23/24/24
Feb	0/ 2/ 7	0/ 2/10	8/12/14	0/ 9/13	0/ 3/ 5	0/ 7/13	24/24/24
Mar	0/ 0/ 8	0/ 1/10	10/14/20	1/11/14	0/ 0/ 8	0/ 7/13	23/24/24
Apr	0/ 0/ 8	0/ 0/ 8	7/14/21	0/12/17	0/ 0/13	0/ 5/11	18/24/24
May	0/ 0/ 0	0/ 0/ 1	7/12/20	1/10/17	0/ 1/12	0/ 2/11	17/20/22
Jun	0/ 0/ 0	0/ 0/ 0	7/11/18	0/ 3/17	0/ 0/ 0	0/ 0/ 2	21/19/23
Jul	0/ 0/ 0	0/ 0/ 0	2/ 9/19	0/ 2/18	0/ 0/ 7	0/ 0/ 6	16/16/24
Aug	0/ 0/ 0	0/ 0/ 0	2/10/17	0/ 1/16	0/ 0/10	0/ 0/ 8	17/17/24
Sep	0/ 0/ 8	0/ 1/10	7/13/18	0/11/16	0/ 0/10	0/ 2/ 9	19/24/24
Oct	0/ 5/ 9	0/ 2/11	10/12/16	7/12/14	0/ 5/ 9	0/ 8/12	24/24/24
Nov	0/ 4/ 8	0/ 3/11	9/12/15	5/10/13	0/ 3/ 6	4/10/12	24/24/24
Dec	0/ 3/ 6	0/ 1/ 8	8/11/13	1/ 8/12	0/ 1/ 4	2/ 7/12	23/23/24

即使对非常低的太阳活动水平，在从波士顿到欧洲一些地方的路径中，每天可利用时间最多的月份是 10 月，为 7 小时，接下来第二大月份是 3 月，每天有 6h。然而对一个很高的太阳活动水平，在 4 月 15m 波段每天对欧洲开放 18h，其次是 9 月和 10 月，可以获得的 17h。可论证地，CQ 世界范围竞赛委员会在选择对高频传播最好的月份时，他们选择 10 月作为电话部分的竞赛。

你可以很容易地看到，即使在一个很高的太阳活动水平，整个夏天的所有月份对 DX 工作来说都不是很好，特别是对东—西方的路径。举例来说，4 月以后即使太阳活动可能处于最高水平，10m 波段也很少对从新英格兰到欧洲的路径开放，即使是对于中等水平的太阳活动，9 月以后事情回升。再一次在所有太阳条件下 10m 波段对欧洲开放的时间数量而言，10 月看起来是最富有成果的 1 个月。

10m 波段通常更加有规律地对南北路径开放，例如从新英格兰地区到南美洲或到非洲南部。即使在太阳活动最低的时间段，在 3 月和 10 月每天它对南美洲开放高达 10h，在 10 月它对非洲每天开放 7h。连同在夏季喜欢出现的 10m 波段突发 E 层的传播，即使是在太阳黑子很低的时段，这个波段通常也可以有很多的乐趣。你仅仅需要在该波段运行而不是回避它，因为你知道太阳黑子是“多斑点的”!

现在我们看表 4-3 中的 20m 波段。无论太阳的活动水平如何，20m 波段对从新英格兰到南美洲的某些地方每天开放 24h。请注意，表 4-3 不是预测可利用信号的电平；它只是表明对 S 表上一个强度大于 0 的信号波段是开放的。回顾汇总表 4-4 给出的在 1 月太阳活动水平很低的情况下所预测信号强度。在那里，你可以看到对一个“大炮”基站，从新英格兰地区到南美洲深部的信号强度总是 S8 或者更大。在夜间的大多数时间，波段看起来销声匿迹了，这是因为大家要么已经睡觉了，要么在较低的频率进行操作。

对表 4-3 中的 40m 波段，在 1 月期间，波段每天对欧洲开放 24 小时，而无论太阳活动水平如何。现在看表 4-4，你可以发现对于非常低的太阳活动水平所预测到的信号从 S4 到 S9 之间变化。在欧洲当美国本土的信号比 S3 或 S4 微弱时，本地的 QRM 或 QRN 可能会中断 40m 波段的通信。尽管在白天你在新英格兰地区很可能能够很好地接收到来自欧洲的信号，他们或许可能接收不到你的信号，这是由于当地条件的原因，包括当地 S9+的欧洲基站以及来自附近风暴的大气噪声。拥有大天线的新英格兰基站在 40m 波段经常可以早在中午就能接收到的欧洲的信号，但是欧洲人需要等到下午较晚时刻，才可以接收到高于当地噪声和 QRM 的来自新英格兰地区的信号。

表 4-4　马萨诸塞州波士顿到整个欧洲

仰角	80m	40m	30m	20m	17m	15m	12m	10m
1	4.1	9.6	4.6	1.7	2.1	4.4	5.5	7.2
2	0.8	2.3	7.2	1.4	2.8	2.8	3.7	5.3
3	0.3	0.7	4.3	3.1	2.4	2.2	4.4	7.9
4	0.5	4.1	8.7	11.6	12.2	9.4	8.1	3.9
5	4.6	4.8	7.5	12.7	14.3	13.1	9.2	11.2
6	7.1	8.9	5.5	9.2	9.6	12.2	10.0	7.2
7	8.5	6.9	7.2	4.6	7.9	7.4	4.8	5.9
8	5.1	7.0	5.4	3.2	5.9	7.4	8.1	6.6
9	3.3	5.6	3.2	3.1	2.1	3.9	11.1	9.2
10	1.0	4.0	7.9	6.3	5.1	3.7	3.7	6.6
11	1.9	3.8	9.7	10.2	7.2	5.4	4.8	7.9
12	5.6	3.4	4.8	8.5	6.9	7.4	3.3	6.6
13	11.0	3.0	2.4	4.1	5.9	4.6	6.3	2.6
14	7.6	4.8	2.0	2.7	3.8	3.9	1.5	5.9
15	5.3	7.9	2.0	1.5	2.4	1.7	2.6	2.0
16	2.8	6.4	3.8	2.9	1.5	1.3	0.0	2.6
17	5.0	3.4	4.5	3.1	1.0	1.5	1.8	0.0
18	4.2	2.0	3.1	3.1	2.0	2.2	0.0	1.3
19	5.7	1.4	1.4	2.3	1.3	0.7	0.7	0.0
20	6.6	1.4	1.2	1.8	1.1	1.3	0.4	0.0
21	4.4	1.4	0.5	0.8	0.7	0.7	0.7	0.0
22	2.3	2.4	1.0	1.1	0.6	1.3	0.0	0.0
23	13.0	1.8	0.1	0.3	0.1	0.0	0.0	0.0
24	0.6	1.0	0.5	0.5	0.4	0.7	0.0	0.0
25	0.3	0.8	0.3	0.1	0.4	0.0	0.0	0.0
26	0.0	0.5	0.7	0.2	0.1	0.4	0.0	0.0
27	0.1	0.1	0.1	0.2	0.1	0.2	0.0	0.0
28	0.0	0.3	0.1	0.2	0.0	0.2	0.0	0.0
29	0.1	0.0	0.2	0.0	0.0	0.0	0.0	0.0
30	0.0	0.1	0.0	0.0	0.0	0.0	0.0	0.0
31	0.0	0.0	0.0	0.0	0.0	0.0	0.0	0.0
32	0.0	0.0	0.1	0.0	0.0	0.0	0.0	0.0
33	0.1	0.0	0.0	0.0	0.0	0.0	0.0	0.0
34	0.0	0.0	0.0	0.0	0.0	0.0	0.0	0.0
35	0.0	0.0	0.0	0.0	0.0	0.0	0.0	0.0

注：一个特定频段对特定的传播路径开放的时间百分比。

假设你想通过在南太平洋地区集中基站来提高你们国家的 80m 波段。当 80m 波段对大洋洲开放时，如果根据每天中的小时数，则最好的月份应当是从 11 月到次年 2 月。通过交叉地读取每月所对应的行，你可以看到在 80m 波段到任何地点的太阳活动水平并非特别重要。共同的经验（由前面表 4-6 给出的统计信息所表明）是在太阳黑子较低时 80m 波段仅对边缘较长的地方开放。

对 40m 波段来说，这在很大程度上是真实的。因此你可能会听到一般化的结论，即在太阳活动较低时期较低的波段往往会更好，而较高的高频波段（高于 10MHz）在太阳活跃时会更好。

关于哪个月份对 DX 和竞赛最有生产力的问题，表 4-4 可以给你做出一个很好的指示。秋季和冬季是运行 DX 的最好时间，这对大多数富有经验的操作员来说是不足为奇的。

4.3.2 高频通信仰角

与图 4-23 有关的例子表明波束返回至地球的距离取决于它离开地球的仰角（也有其他的名称：起飞、发射或波的角度）。“高频天线设计”章中详细介绍了地形的影响，描述了水平极化天线离开地面的高度是如何决定它的仰角的。

尽管在图 4-23 中没有特别显示，传播距离也取决于给定时刻电离层高度和波束的仰角。或许正如你想象的，电离层高度是一个关于电离层状态和地球磁场的非常复杂的函数。单次跳跃覆盖的距离存在着很大的差异，是取决于 E 层或 F2 层的高度。E 层的最大单次跳跃距离约为 2 000km（1 250 英里），或者说大概是通过 F2 层传播的最大距离的一半。图 4-29 以图示的形式给出了在 E 层或 F 层工作的单次跳跃在不同波束角度下的实际通信距离。

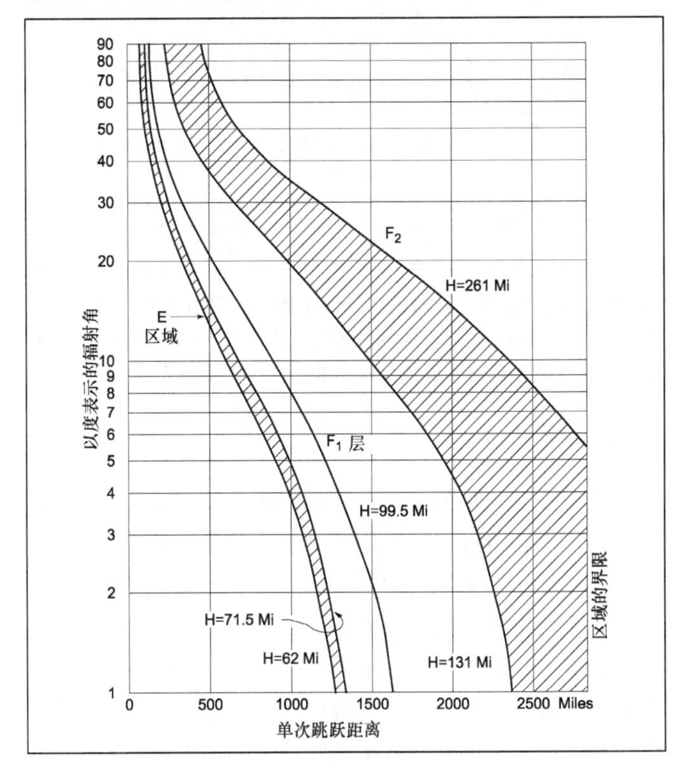

图4-29 在E层、F_2层和F_1层的高度的名义距离下，距离随着波束角度（单次跳跃）的变化。

实际的通信经验通常不符合图 4-23 给出的简单模式。即使对于太阳未处于干扰的状态而言，通过电离层来传播是一个非常复杂的业务（当然，这对无线电爱好者来说也很有诱惑力和挑战性），在关于电离层的复杂计算机模型出现之前，几乎不存在明确的用于指导无线电爱好者设计他的天线系统，以使得在整个 11 年太阳周期内天线性能达到最优的资料。

IONCAP 计算机传播模型

从 20 世纪 60 年代以来，美国政府的几个机构就已经致力于开发详细的计算机程序，以模拟电离层复杂的工作。该计划被称为 IONCAP，是“电离层通信分析和预测计划”的简称。IONCAP 最初是针对大型计算机开发的，但是后来的版本已经做了修改，因此可以由高性能个人计算机运行。IONCAP 集成了详细的数据库，几乎涵盖了 3 个完整的太阳周期。该程序允许操作者设定一个广泛范围的参数，包括多个频率范围内详细的天线模型，针对当地具体环境的噪声模型（从低噪声的乡村到高噪声的居民 QTHs），适合特定位置和天线系统的最小仰角，不同的月份和 UTC 时间，最大水平的多路径失真，以及最后的太阳活动水平，以对大多数重要的令人困惑的阵列选项进行命名。

尽管 IONCAP 由于它的大型机和非交互式背景非常不友好的使用而有一个公正的名声，它也是一个因它的准确性和灵活性而被业余爱好者和专业人士高度认可的电离层模型。它是多年使用的程序，用于生成长期最高可用频率的图表，这些图表可以在 ARRL 网页传播专栏下载使用（www.arrl.org/propagation）。

INOCAP 不是很适合于以从 WWV 接收到的最新太阳指数作为已知条件来进行的短期传播条件的预测。但是对于长距离，天线系统的详细计划和短波发射机的安装，譬如美国之音，或业余无线电爱好者而言，它是一个很好的工具。见本章后面小节中对其他短期交互式传播预测计算机程序的有关描述。

IONCAP/VOACAP 参数

本节关于仰角的统计信息是从数以千计的 VOACAP（有 VOA 的科学家开发的 IONCAP 的一个改进版本）运行实例中汇编得到的。这些运行实例是以全世界一些不同发射地点到全世界重要的 DX 地点运行的。

在设置 VOACAP 参数时，需要一些假设条件。假设发射地点和接收地点均位于地平面，地面传导率和介电常数取平均值。假设每一点至水平线之间有一个清晰的射程，并且有一个不大于 1° 的最小仰角。假设每一个接收点的电气噪声非常低。

规定在 3.5～30MHz 频率范围内的发射和接收天线为各向同性天线，但是有 6dBi 的增益，这代表着每个频段良好的业余天线。这些理论天线从水平线到头顶上空垂直 90° 均匀地辐射。具有这样的响应模式，这些显然不是真实天线。但是它们可以用计算机程序来开发所有可能的模式和仰角。

考虑仰角的统计数据

表 4-4 给出了详细的仰角统计资料，其路径为从康涅狄格州纽因顿的 ARRL 总部附近的马萨诸塞州波士顿到欧洲各个国家。表 4-4 集成的数据给出了在整个 11 年的太阳周

期内，10～80m 的所有高频波段的时间百分比随仰角的变化。原版书所附的光盘（光盘文件可到《无线电》杂志网站 www.radio.com.cn 下载）包含了更多的表格，譬如世界各地的多于 150 个发射点的对应数据。这些表格可以被 HFTA 程序（以及早期的 YT 程序，其描述见“高频天线系统设计”章）所使用，也可以被其他许多程序所导入，例如文字处理软件或者电子制表软件。覆盖着世界范围内的 6 个重要区域，每个都有一个表格：欧洲各个国家（从英国伦敦、乌克兰基辅）、远东（以日本为中心）、南美洲（巴拉圭）、大洋洲（澳大利亚墨尔本）、非洲南部（赞比亚）和南亚（印度新德里）。

你可能会惊讶地发现在表 4-4 中从新英格兰地区到欧洲的中等路径中接收角度小于 10°的角度占着优势。事实上，当 20m 波段对欧洲开放时占所有时间的 1.7%，发射角可以低至 1°。你应该承认在如此低的角度下，现实世界中很少有 20m 的天线可以达到较大的增益，除非它们恰好架设在高于地面 400 英尺的高度或者在一个高的陡峭的山顶架设。

对 40m 和 80m 波段而言情况更加显著。图 4-30 给出了从波士顿到其他世界各地对 40m 波段开放的总的时间百分比（由表 4-4 得到）的累积分布函数随仰角的变化而变化。例如，从波士顿到欧洲，该波段有 50%的时间是开放的，角度小于 10°时。从波士顿到日本，统计更具有启迪作用：角度小于 6°时，该波段有 50%的时间开放，角度小于 13°时，有 90%的时间对该波段开放。

图 4-31 给出了波段从波士顿到世界其他各地对 80m 波段开放的同样的分类信息。对于从波士顿到欧洲的 50%的时间而言，仰角低于 13°；90%的时间仰角小于或等于 20°。对于从波士顿到日本的 80m 波段，50%的时间所对应角度为 8°或更小；90%的时间对应仰角为 13°或更小。现在，为了在平坦地表上 8°的仰角处达到 80m 波段的峰值增益，必须采用一个 500 英尺高的水平极化天线。你开始发现对于 80m 波段的远距离通信为什么垂直极化可以做得很好，即使它们架设在导电性能差的多岩石地面。很明显低角度对于成功进行 DX 特别重要。

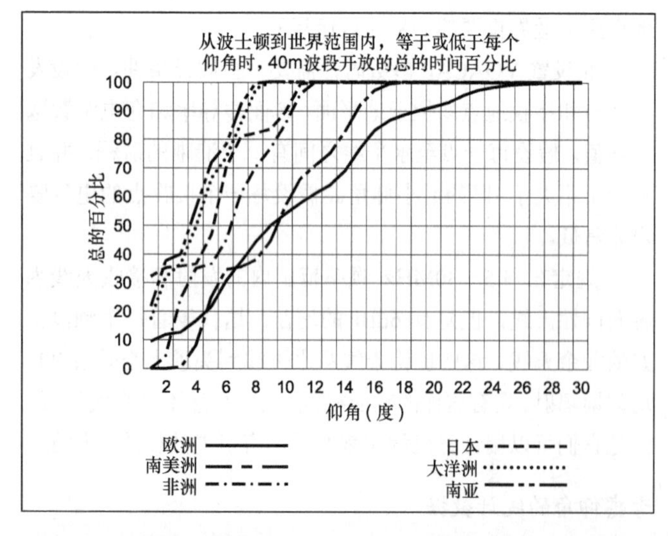

图4-30 积累分布函数给出了波士顿到世界范围内，在或低于每个仰角时，对40 m波段开放的总的时间百分比。例如，50%时间内该波段对从欧洲到波士顿的路径开放，其中角度小于10°。适合DX工作的角度确实很低。

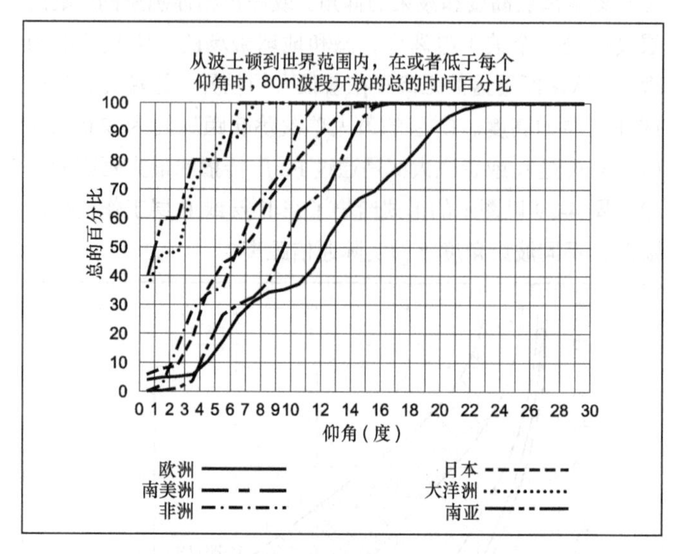

图4-31 积累分布函数给出了从波士顿到世界范围内，在低于每个仰角时，对80 m波段开放的总的时间百分比。例如，50%时间内该波段对从欧洲到波士顿的路径开放，其中角度小于10°。

电离层控制传播

应该永远记住的是电离层在控制仰角，而不是发射天线。一个特定天线的仰角响应仅仅决定信号的强或弱，和在特定的时间、传播路径和频率下电离层所控制的角度。

对于给定的时间只要存在一个可能的传播模式，并且恰巧对于那一个传播模式仰角为 5°，这样你的天线将只有在非常低的角度下才能令人满意地工作，否则你就不能通信。例如，在 5°时低的偶极天线增益为-10dB。与朋友架设在山顶仰角为 5°增益为+10dB 的八木天线比较，你的信号将减少 20dB。这不是仰角太低的缘故，这里真正的问题是在电离层所支持传播的特定仰角上你没有足够的增益。许多“住在被平地上的人”可以清晰回忆出他们在山顶的朋友可以容易地在 DX 站工作，而他们却接收不到任何信号的“沙沙声”。

考虑数据——进一步的警告

对譬如 20m、15m 或 10m 这样的波段来说，在白天的开始和结束时段存在着一个单一的传播模式是相对普遍的，此时仰角通常（但并不总是）低于波段广泛开放时的仰角。低频波段倾向于支持多种模式同时传播。例如，图 4-32 给出了在 10 月对应中等水平太阳活动 SSN 为 70 时，从纽因顿到伦敦的 24h 周期内主模（有最强的信号）的信号强度（dBμV）随仰角的变化。早晨开放在 10UTC 以两次跳跃模式 2F2（标记为 2F）在仰角 6° 开始出现。在 11UTC 之前该模式变为一个 3 次跳跃 3F2（标记为 3F），仰角为 12°。在大约 23UTC 之后，该波段开始以微弱的信号关闭。注意在大多数时间内该路径实际上支持 2F2 和 3F2 模式。任何一个信号都有可能比另外一个强，取决于当天中特定的时间。

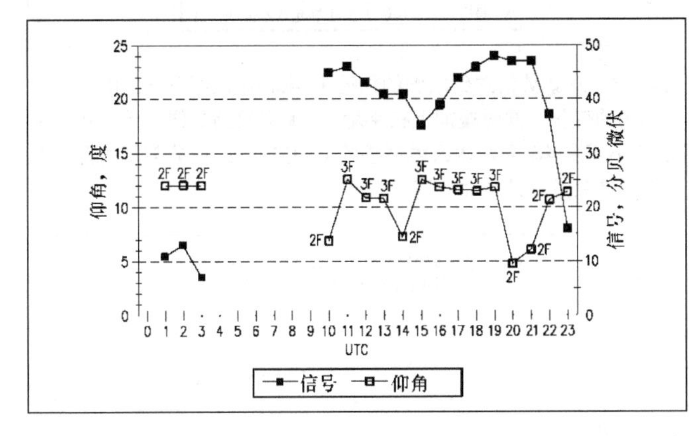

图4-32 信号、仰角以及跳跃模式的覆盖图。该图是11月内，太阳活动水平SSN为70，路径为由英国伦敦到康纳狄格州纽因顿。传播模式并非紧密随仰角变化。从15～19UTC，该模式为3F2跳跃，仰角近似为12°。从23～03UTC，需要相同的仰角，但这里的模式为2F2跳跃。

会很容易想到，两次跳跃信号总是发生在低的发射角，而 3 次跳跃信号需要更高的仰角。事实上，电离层详细的工作方式是非常复杂的。从 22～03UTC，对于 2F2 模式要求仰角高于 11°。在纽因顿的大多数早晨和下午较早时刻（从 11～13UTC，以及从 15～19UTC），角度也通常高于 11°。不过，在这些时间周期内涉及了 3F2 跳跃模式。跳跃的次数与所需要的仰角没有直接的关系，仰角需要改变层的高度来达到。

注意从 15 UTC 开始，中午 20m 的“跌落”（从峰值电平跌落至 10dB）是由太阳在头顶高处时 E 层的主要吸收的较高水平所引起的。这一条件有利于高的仰角，因为以较低仰角发射的信号必须在下层损耗介质中传输较长的时间。

随着不同的太阳活动水平这一情况仰角是如何变化的呢？图 4-33 给出了在 10 月份 3 种不同的太阳活动水平下预测信号随仰角的变化，路径仍为纽因顿与伦敦之间的路径。在图 4-33 中，当太阳活动处于由 SSN 为 160 所表示的非常高的水平时，中午的跌落变得很急剧。在 15UTC，信号电平由峰值跌落 35dB，仰角一直上升到 24°。顺便地，对所有可能开放的百分比，仰角 24° 很少发生，仅有 0.5%的时间。这很少显示表 4-4 所给出的点。仰角与太阳活动水平的关系不是很密切。

即使对于远小于太阳周期的 24h 周期而言，IONCAP/VOACAP 表明仰角不遵循整齐的容易识别的模式。仅仅考虑表 4-4 给出的所有通路的百分比随仰角的变化，将不会给出整体信息，尽管这是基站设计中统计最有效的方法，以及多数情绪满足的方法等。如果仅仅看 1 个月内仰角随时间的变化，或者仅仅针对一个太阳活动水平，都不能揭示整个信息。

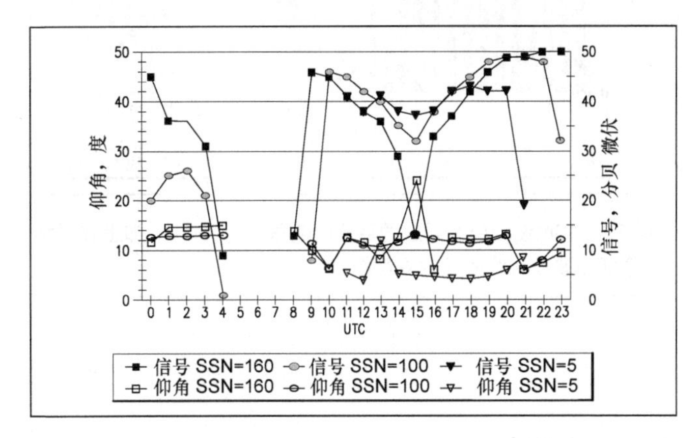

图4-33 在所有太阳活动的范围内，10月从W1到英国的路径中20m波段的信号随仰角的变化。仰角不随太阳活动水平紧密变化。在设计可以覆盖所有太阳活动水平的基站时，重要的一点是在天线的仰角模式响应中具有机动性，即覆盖较宽范围内可能出现的角度。

重要的是意识到在太阳活动的全部频谱内，多数有效天线系统将会覆盖仰角的全部路径，即使在任一时刻实际使用的角度不是很容易确定。对从新英格兰到整个欧洲的这一特定路径，理想的天线是在角度从 1°～28° 的全部范围内具有均匀的响应。不幸的是，真实天线在较好地覆盖这样较宽仰角范围时，时间比较紧张。

在这个从新英格兰地区到欧洲例子中，堆叠式天线在仰角覆盖范围内具有更广泛的“脚印”。

天线仰角方向图

图 4-34～图 4-38 给出了表 4-4 中相同种类的仰角信息，同时给出了高频业余频段 80m、40m、20m、15m 和 10m 典型天线的仰角响应方向图。例如，图 4-36 给出了 20m 波段的覆盖图，同时有 3 种不同类型的 20m 波段的天线。它们是 90 英尺高的 4 单元八木天线、120 英尺高的 4 单元八木天线以及一个大的蝶形 4 单元八木天线，分别位于 120 英尺、90 英尺、60 英尺和 30 英尺的高度。假设每个天线都架设在平坦地表上。在长坡度的山上感兴趣方向上架设的天线，由于山的坡度将会降低所需要的仰角。例如，如果需要一个 10° 的发射角度，天线放置在一个坡度为 5° 的山上，天线本身应该设计为在地平面时，在 15° 具有优化响应的高度，即高度为一个波长。

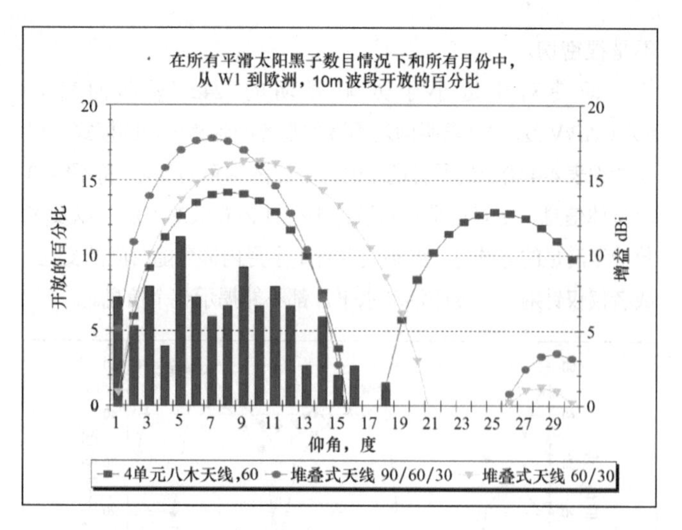

图4-34　10m波段所有开放的百分比随角度的变化图，加上在平地上3个10m波段天线系统的高度图。

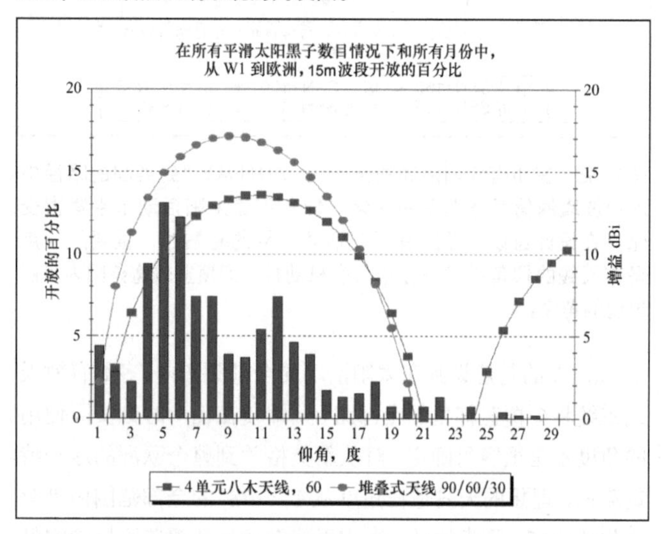

图4-35　15m波段所有开放的百分比随仰角的变化图，加上在平地上两个15m波段天线系统的仰角方向图。在这个从新英格兰地区到欧洲的例子中像10m波段一样，堆叠式天线在仰角覆盖范围内具有更广泛的“覆盖区”。

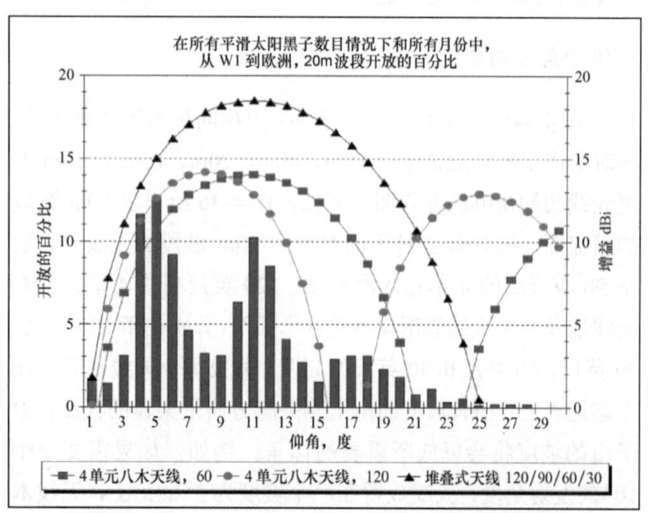

图4-36　从新英格兰到欧洲的路径中，20m波段所有开放的百分比随仰角的变化，同时叠加上在平地上3个20m波段天线系统的仰角方向图。

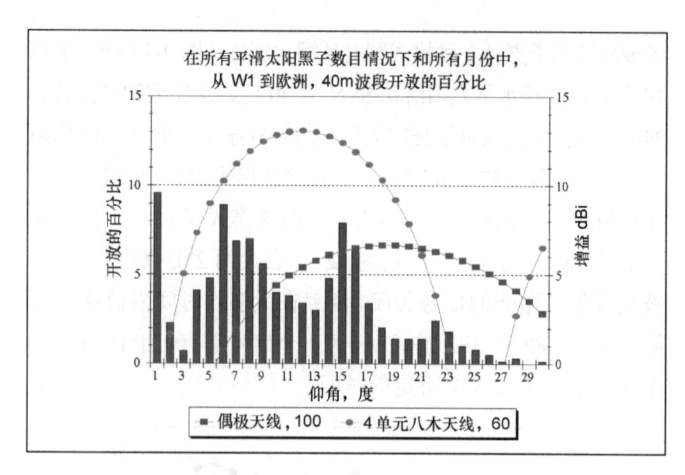

图4-37　从新英格兰到欧洲的路径中，40m波段所有开放的百分比随仰角的变化，同时叠加上在平地上100英尺高的偶极天线和一个160英尺高的4单元八木天线系统的仰角方向图。在非常低的仰角上获得增益要求离开地面的高度很高。

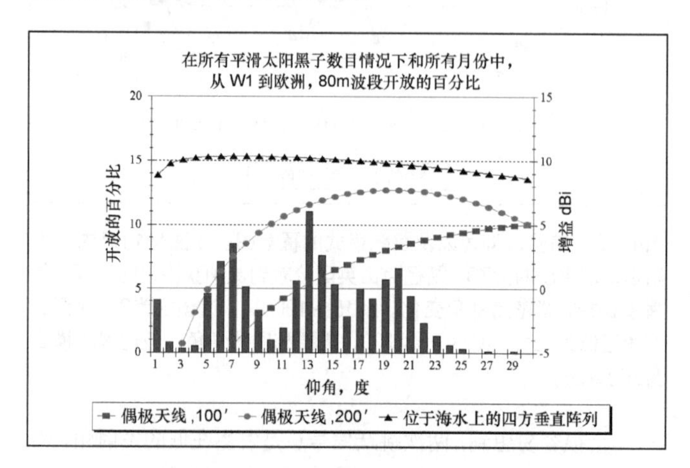

图4-38　从新英格兰到欧洲的路径中，80m波段所有开放的百分比随仰角的变化，同时叠加上在平地上两个不同高度的偶极天线的方向图。200英尺高的偶极天线所覆盖的必须的仰角明显好于100英尺高的偶极天线，尽管位于海水上的四方垂直阵列对所有需要的角度来说更好。

在图 4-36 中，在地平面的 4 个 20m 波段八木天线的大堆叠天线最接近于理想情况，但是当需要的角度高于 20° 时，即使这个大型阵列仍有很小的百分比的时间不会很好地工作。一些业余无线电爱好者或许会给出这样的结论，在角度非常高时，一些微小的时间百分比不会调整天线以适应那样的响应。然而，当新的 DX 国家突然出现在波段中，或者在竞赛中出现一个稀有的系数台是否会经常出现需要的信号只来自于你的天线没有很好覆盖的区域？如果你仅有的天线恰好是一个大的堆叠天线，那时候你将做些什么？

这个问题的答案或许是唯一的，高角度问题在于切换到仅使用堆叠中顶部的天线。在这个例子中，120 英尺高的天线的第二仰角波瓣将会很好地覆盖 20°～30° 范围的角度，这将比堆叠天线要好很多。注意在所有的条件下顶端天线本身并不是理想的。在仰角高于12°的大部分时间内它太高了。在美国东海岸地区使用 20m 波段天线的许多业余爱好者的经验证明了这一点，它们发现 60～90 英尺高的天线在远到欧洲的区域都有更加一致的表现。

4.3.3 传播预测表

在原版书的光盘文件（光盘文件可到《无线电》杂志网站 www.radio.com.cn 下载）中包含着世界各地超过 150 处发射地点概要与详细传播条件的预测。这些传输数据是用大型机传播程序 IONCAP 的升级版本 CapMAN 计算出的。N6BV 制作了一组表格，可以从网站 Radioware（网址为 www.radio-ware.com）上下载使用。预测是通过采用参数具有代表性的“大炮”基站的默认天线和功率来完成的。当然，并不是所有人都在他（或她的）后院中拥有一个“大炮”基站，但是统计地讲这代表着最终的可能结果。毕竟，如果波段不对“大炮”开放，它们也不大可能会对“小手枪”开放。CapMAN 是由 Jim Taber（KU5S）提供，是 Kangaroo Tabor 软件，在 2009 年中期 KU5S 成为了一位 Silent Key，所以他的软件不在被支持。

在平滑太阳黑子数是零（对应的平滑太阳辐射通量约为 65）时，这被划分为非常低的太阳活动水平，让我们看传播是如何受影响的。我们将检查对于太阳黑子数为 100（平滑太阳辐射通量为 150）时的情形，这是太阳活动周期中一个典型的“非常高”部分。

五波段概要预测

表 4-5 和表 4-6 为概要列表，给出了在 1 月由马萨诸塞州波士顿到其他世界各地的预测信号级别（单位为 S）。波士顿发射站点是美国整个新英格兰地区的代表。表中列出了从 10～80m 的主要高频波段目标的地理接收地区随以小时表示的通用协调时间的变化。表 4-5 代表一个非常低的太阳活动水平，而表 4-6 代表一个很高的太阳活动水平。

每个发射地点由周期为 11 年的太阳活动中 6 个级别的太阳活动水平来组织：

- VL（非常低：平滑太阳黑子数在 0～20）
- LO（低：平滑太阳黑子数在 20～40）
- ME（中等：平滑太阳黑子数在 40～60）
- HI（高：平滑太阳黑子数在 60～100）
- VH（非常高：平滑太阳黑子数在 100～150）
- UH（超高：平滑太阳黑子数高于 150）

每个频段的接收地理区域简写为：

- EU　整个欧洲
- FE　远东，以日本为中心
- SA　南美洲，以巴拉圭为中心
- AF　整个非洲，以赞比亚为中心
- AS　南亚，以印度为中心
- OC　大洋洲，以澳大利亚悉尼为中心
- NA　北美，美国各地

这些传输文件给出了在一般的接收区域最高可预测信号强度（单位 S），发射机功率为 1 500W，在电路的两端有相当好的天线。标准天线是：

- 100 英尺高，80m 和 40m 波段倒 V 形偶极天线
- 100 英尺高的 20m 波段 3 单元八木天线
- 60 英尺高的 15m 和 10m 波段 4 单元八木天线

举例来说，汇总表 4-5 表明在 1 月一个太阳活动非常低的时段，15m 波段对于从波士顿到欧洲某些地方开放仅为 4 小时，从 UTC 时间 13～16 点，其峰值信号水平在 S4 和 S7 之间。现在看表 4-6，它预测到在太阳活动非常高的时期 15m 波段对欧洲开放约 7 小时，从 12 到 18UTC，信号峰值从 S9 到 S9+。

表 4-5 和表 4-6 表示对一般接收区域所预测信号水平的简单印象——那就是，它们是从一个特定月份，从一个特定发射地点和一个特定太阳活动水平而计算出来的。这些表格提供了概要性信息，特别是对计划业务事件譬如 DX 或竞赛的人很有用。

如果你没有上述分析中所假设的一个拥有高天线的大枪基站或者 1 500W 的功率，将会出现什么情况？你可以从反映一个小基站的 S 表中进行折扣：

- 对 20m、15m、10m 波段在同一高度上的偶极天线而非八木天线，减去 2S 单位。
- 对于 20m 波段高 50 英尺的偶极天线而不是高 100 英尺的八木天线，减去 3S 单位。
- 对于 40m、80m 波段高 50 英尺而不是 100 英尺的偶极天线，减去 1S 单位。
- 对于 100W 而不是 1 500W 的减去 3S 单位。
- 对于 5W（QRP）而不是 1 500W 的，减去 6S 单位。

举例来说，表 4-5 预测出在 14UTC 对 15m 波段从欧洲到波士顿存在一个 S7 信号。如果一个欧洲的基站采用 50 英尺高的发射功率为 100W 的偶极天线，这些条件所预测出波士顿的信号电平是多少？你可以计算：S7−2S 单位（对于一副偶极天线而不是八木天线）−3S 单位（对于 100W 而不是 1 500W）= 在波士顿的信号 S2。对一个拥有 4 单元 60 英尺高的 15m 波段八木天线的 QRP 基站，结果是 S7−6S 单位 = 在波士顿的信号 S1。

更详细的预测

现在让我们来看图 4-39 中的表格所给出的详细的 20m

表 4-5 在 1 月太阳活动水平非常低的情况下，从波士顿到世界其他各地的概要传播打印表格。目标地理区域的缩写为：EU=欧洲，FE =远东，SA =南美，AF =非洲，AS =南亚，OC =大洋洲，以及 NA =北美。1 月，马萨诸塞州（波士顿），平滑太阳黑子数为非常低，信号单位 S，由 ARRL 的 N6BV 提供

Jan., MA (Boston), for SSN = Very High, Sigs in S-Units. By N6BV, ARRL.

Jan., MA (Boston), for SSN = Very Low, Sigs in S-Units. By N6BV, ARRL.

	80m / 80 Meters							40m / 40 Meters							20m / 20 Meters							15m / 15 Meters							10m / 10 Meters							
UTC	EU	FE	SA	AF	AS	OC	NA	EU	FE	SA	AF	AS	OC	NA	EU	FE	SA	AF	AS	OC	NA	EU	FE	SA	AF	AS	OC	NA	EU	FE	SA	AF	AS	OC	NA	UTC
0	9	-	9+	9	9	-	9+	9	8	9+	9+	9	2	9+	-	8	9+	7	4	8	9+	-	-	-	-	-	-	1	-	-	-	-	-	-	2	0
1	9	-	9+	9	9	-	9+	9	6	9+	9+	9+	6	9+	-	4	9	4	2	6	9+	-	-	-	-	-	-	1	-	-	-	-	-	-	2	1
2	9	-	9+	9+	8	1	9+	9	6	9+	9+	9	8	9+	-	1	8	1	2	3	9+	-	-	-	-	-	-	1	-	-	-	-	-	-	2	2
3	9	-	9+	9+	8	6	9+	9	6	9+	9+	9	8	9+	-	-	8	2	2	-	9+	-	-	-	-	-	-	1	-	-	-	-	-	-	2	3
4	9	-	9+	9+	1	8	9+	9	8	9+	9+	9	9	9+	-	1	8	7	2	-	9+	-	-	-	-	-	-	1	-	-	-	-	-	-	2	4
5	9	-	9+	9+	-	9	9+	9	8	9+	9+	8	9	9+	-	1	9	8	2	-	9	-	-	-	-	-	-	1	-	-	-	-	-	-	2	5
6	9+	-	9+	9+	-	9	9+	7	8	9+	9+	8	9	9+	-	1	9+	8	-	-	9	-	-	-	-	-	-	1	-	-	-	-	-	-	2	6
7	9	7	9+	9	-	9	9+	7	8	9+	9	8	9	9+	-	1	9+	1	-	1	8	-	-	-	-	-	-	1	-	-	-	-	-	-	2	7
8	9	8	9+	9	-	9	9+	8	9	9+	9	8	9+	9+	-	1	9+	-	-	5	9	-	-	-	-	-	-	1	-	-	-	-	-	-	2	8
9	8	8	9+	7	6	9	9+	8	9	9+	9	9	9+	9+	-	-	9	1	-	7	9	-	-	-	-	-	-	1	-	-	-	-	-	-	2	9
10	5	8	9+	4	6	9	9+	9	9	9+	9	9	9+	9+	-	3	9	5	-	6	9	-	-	-	-	-	-	1	-	-	-	-	-	-	2	10
11	3	8	9+	-	5	9	9+	8	9	9+	7	9	9+	9+	5	-	9+	9	5	1*	8	-	-	-	-	-	-	1	-	-	-	-	-	-	2	11
12	1	8	9	-	4	9	9+	7	9	9+	4	8	9	9+	9	5	9+	9+	9	2*	8	-	-	5	6	-	-	1	-	-	-	-	-	-	2	12
13	-	6	1	-	-	7	9+	6	8	9+	1	8	9	9+	9+	9	9+	9	9	7	8	4	-	9+	9	7	-	1	-	-	-	-	-	-	1	13
14	-	-	-	-	-	1	9+	5	7	8	-	8	8	9+	9+	9	9+	9	9	9	9+	7	2*	9+	9	9	-	8	-	-	5	-	-	-	1	14
15	-	-	-	-	-	-	9+	4	6	5	-	6	7	9+	9+	9	9+	9	9	9	9+	7	5	9+	9	2	2	5	-	-	5	-	-	-	-	15
16	-	-	-	-	-	-	9+	5	6	4	2	5	4	9+	9+	8	9+	9+	9	9	9+	5	1	9+	8	2*	2	9	-	-	5	-	-	-	1	16
17	-	-	-	-	-	-	9+	6	5	5	5	6	1	9+	9+	5	9+	9+	3	9	9+	-	-	9+	9	-	3	9+	-	-	5	-	-	-	1	17
18	1	-	-	-	-	-	9+	8	6	6	7	6	-	9+	9+	6	9+	9+	4	9	9+	-	-	9+	9	-	7	9+	-	-	5	-	-	-	1	18
19	3	-	-	2	-	-	9+	9	7	8	8	8	-	9+	6	6	9+	9+	6	9	9+	-	-	9+	9	-	9	9+	-	-	2	-	-	-	1	19
20	5	-	7	5	-	-	9+	9	8	9+	9	8	4	9+	1	7	9+	9+	8	9	9+	-	-	9+	4	-	9	9	-	-	-	-	-	-	1	20
21	8	3	9	8	6	-	9+	9	8	9+	9+	9	7	9+	-	8	9+	9	8	9	9+	-	-	9+	-	-	9	6	-	-	-	-	-	-	1	21
22	9	3	9+	9	8	-	9+	9	8	9+	9+	9	5	9+	-	9+	9+	9	8	9	9+	-	-	9	-	-	7	1	-	-	-	-	-	-	1	22
23	9	2	9+	9	9	-	9+	9	8	9+	9+	9	4	9+	-	9+	9+	9	5	9	9+	-	1	6	-	-	2	3	-	-	-	-	-	-	2	23
	EU	FE	SA	AF	AS	OC	NA	EU	FE	SA	AF	AS	OC	NA	EU	FE	SA	AF	AS	OC	NA	EU	FE	SA	AF	AS	OC	NA	EU	FE	SA	AF	AS	OC	NA	

表 4-6 1 月太阳活动水平非常高的情况下，从波士顿到世界其他各地的概要传输打印表格

Jan., MA (Boston), for SSN = Very High, Sigs in S-Units. By N6BV, ARRL.

Jan., MA (Boston), for SSN = Very High, Sigs in S-Units. By N6BV, ARRL.

	80m / 80 Meters							40m / 40 Meters							20m / 20 Meters							15m / 15 Meters							10m / 10 Meters							
UTC	EU	FE	SA	AF	AS	OC	NA	EU	FE	SA	AF	AS	OC	NA	EU	FE	SA	AF	AS	OC	NA	EU	FE	SA	AF	AS	OC	NA	EU	FE	SA	AF	AS	OC	NA	UTC
0	9+	-	9+	9+	8	-	9+	9+	5	9+	9+	9	-	9+	1	9+	9+	9+	9+	9	9+	-	9	9+	2	2	9+	9+	-	1	8	-	-	8	9+	0
1	9+	-	9+	9+	8	-	9+	9+	4	9+	9+	9	2	9+	1	9	9+	8	9+	9+	9+	-	3	9	-	7	9+	9	-	-	-	-	-	4	2	1
2	9+	-	9+	9+	7	-	9+	9+	4	9+	9+	9	7	9+	1	9	9+	8	9	9+	9+	-	-	3	-	-	7	9	-	-	-	-	-	-	2	2
3	9+	-	9+	9+	1	2	9+	9+	4	9+	9+	9	9	9+	-	7	9+	7	8	9+	9	-	-	-	-	-	-	-	-	-	-	-	-	-	2	3
4	9+	-	9+	9+	-	7	9+	9+	5	9+	9+	8	9	9+	-	5	9+	9	9	9	9+	-	-	1	-	-	-	-	-	-	-	-	-	-	2	4
5	9+	-	9+	9+	-	8	9+	9+	6	9+	9+	7	9	9+	-	5	9+	9	9	5	9+	-	-	-	-	-	-	-	-	-	-	-	-	-	2	5
6	9+	-	9+	9+	-	8	9+	9+	7	9+	9+	7	9	9+	-	8	9+	8	9	5	9+	-	-	-	-	-	-	-	-	-	-	-	-	-	2	6
7	9+	-	9+	9+	-	8	9+	9	8	9+	9+	7	9+	9+	-	9	9+	-	7	9	9+	-	-	1	-	-	-	-	-	-	-	-	-	-	2	7
8	9	7	9+	9	-	8	9+	9	8	9+	9+	8	9+	9+	-	9	9+	-	4	9+	9+	-	-	1	-	-	-	2	-	-	-	-	-	-	2	8
9	8	7	9+	7	-	8	9+	9	9	9+	9	8	9+	9+	-	6	9+	-	1	9+	9+	-	-	-	-	-	-	1	-	-	-	-	-	-	2	9
10	5	8	9+	2	3	8	9+	9	9	9+	8	8	9	9+	4	-	9+	9+	1	5	9	-	-	-	-	-	-	-	-	-	-	-	-	-	2	10
11	1	8	9+	-	4	9	9+	8	9	9+	5	8	9	9+	9+	4*	9+	9+	7	-	8	-	-	9	9	-	-	-	-	-	-	-	-	-	2	11
12	-	7	8	-	1	9	9+	6	9	9+	1	8	9	9+	9+	9	9+	9	9	1*	9+	9	8*	9+	9+	9	5*	-	-	2*	9	9	1	1*	2	12
13	-	-	-	-	-	2	9+	4	8	8	-	7	9	9+	9+	9	9+	9	9	9+	9+	9+	7	9+	9+	9+	3*	9	9	5*	9+	9+	9	6*	2	13
14	-	-	-	-	-	-	9+	2	7	4	-	5	8	9+	9+	9	9+	8	9	9	9+	9+	9	9+	9+	9+	9	9+	9	6*	9+	9+	9	1*	1	14
15	-	-	-	-	-	-	9	1	5	-	-	4	5	9+	9+	9	9+	9	9	9	9+	9+	9+	9+	9+	9+	9	9+	9	5	9+	9+	6	6	8	15
16	-	-	-	-	-	-	8	3	4	-	-	3	1	9+	9+	8	9	9	9	9	9+	9+	9+	9+	9+	9	9+	9+	9	8	9+	9+	-	8	9	16
17	-	-	-	-	-	-	8	5	3	-	2	4	-	9+	9+	8	9+	9+	9	9	9+	9+	9	9+	9+	1*	9+	9+	-	8	9+	9+	-	8	9+	17
18	-	-	-	-	-	-	9	7	4	2	5	5	-	9+	9+	9	9+	9+	9	9	9+	9+	9	9+	9+	1	9+	9+	-	7	9+	9+	-	9+	9+	18
19	1	-	-	1	-	-	9+	8	5	6	8	7	-	9+	9+	9	9+	9+	9	9	9+	-	9+	9+	9+	2	9	9+	-	6	9+	9+	-	9+	9+	19
20	4	-	2	5	-	-	9+	9	6	9	9	8	-	9+	9+	9	9+	9+	9	9	9+	-	8	9+	9+	3	9	9+	-	1	9+	9	-	9	9+	20
21	7	-	8	7	1	-	9+	9+	7	9+	9+	8	1	9+	8	9	9+	9+	9	9	9+	-	6	9+	9+	3	9	9+	-	-	9+	5*	-	9+	9+	21
22	9	2	9+	9	8	-	9+	9+	7	9+	9+	9	4	9+	2	9+	9+	9+	9	9	9+	-	9+	9+	9	1	9+	9+	-	5	9+	4*	-	9	6	22
23	9	-	9+	9	8	-	9+	9+	7	9+	9+	9	-	9+	1	9+	9+	9+	9	9	9+	-	9+	9+	6	-	9	9+	-	7	9+	2*	-	9	2	23
	EU	FE	SA	AF	AS	OC	NA	EU	FE	SA	AF	AS	OC	NA	EU	FE	SA	AF	AS	OC	NA	EU	FE	SA	AF	AS	OC	NA	EU	FE	SA	AF	AS	OC	NA	

波段的页面，这与表 4-6 的条件相同：1 月非常高的太阳活动水平，路径为从波士顿到世界各地。对于每一个月份/太阳活动水平存在着 6 个这样的页面，覆盖 160m、80m、40m、20m、15m 以及 10m 的波段。在一个详细的预测表中，世界被分为 40 个 CQ 区域，每一个区域内都有一个示例地点。举例来说，西欧所在的 14 区由英国伦敦的一个位置表示（标记为 G），而 25 区则由日本东京的一个位置代表（标记为 JA1）。请注意，对于业余无线电爱好者人数很多的区域由深色阴影区突出以便识别。举例来说，第 3、第 4 和第 5 区覆盖美国，而第 14、第 15 和第 16 区则覆盖欧洲多数地区。第 25 区覆盖业余无线电爱好者人数众多的日本。

让我们重新回顾上面的例子，以计算伦敦一个基站的信号强度，但是这次是对 20m 波段而言。我们再一次假设 G 基站有一个 50 英尺高发射功率为 100W 的偶极天线。在第 14 区 14UTC，图 4-39 中的表格预测出对参考“大炮”基站存在一个良好的信号为 S9+。这个信号至少为 S9+10dB。假设从一个虚构的 11S 单位出发，在这里我们将要完成对 2S 单位加上 10dB。对于小的基站我们对此计算：S11−3S 单位（对一个 50 英尺高的偶极天线而不是 100 英尺高的 3 单元八木天线）−3S 单位（100W 而不是 1 500W）= 在波士顿的信号 S5。在同时缺少强烈信号的情况下，这是一个质量比较好的信号，当然它将可能会到达波士顿基站。

这里是另一个关于如何使用详细传播预测表格的例子。让我们说，在一月 1230UTC，你在从波士顿到新德里的 15m 波段的一个 VU2 基站工作，当地时间为早晨 7:30。你需要一个 20m 波段的通联，同时需要 5 波段 DXCC 的激励，这样你很快检查图 4-39 中表格的第 22 区（VU），并且发现预测的信号强度是 S9。你的新 VU2 朋友乐于跳至 20m 波段，这样你的 QSY 可以建立联络。

但是或许你开始工作得比较晚，因此在晚上较晚时间你问新 VU2 朋友为你制作一个进度表。又一次，你查看 20m 的详细预测表格，并且发现在 20 到 23UTC 预测信号为 S8 或更强烈，在 00UTC 时跌至 S7。你很快询问你的新朋友看他是否介意在当地时间凌晨 4:30 起床来为你做 2 300UTC 的表格，因为新德里比 UTC 时间早五个半小时。你可以用软件 GeoClock 来确定时差，这已经包含在原版书所附的光盘文件（光盘文件可到《无线电》杂志网站 www.radio.com.cn 下载）中，你可以在 Windows 操作系统下使用。GeoClock 是一个共享软件程序（见网址 www.mygeoclock.com/geoclock）。幸运的是，他是一个非常热情的朋友，同意在那时以特定的频率会见你。

详细的传播预测表格将给你提供所有行动计划的所需信息，这将最大限度地提高你追求 DX 的乐趣。你可以用这些表格计划下个月或者明年的 48h 竞赛，或者在星期六下午你可以和在西海岸的业余无线电爱好者同时用它们制定一个时间表。

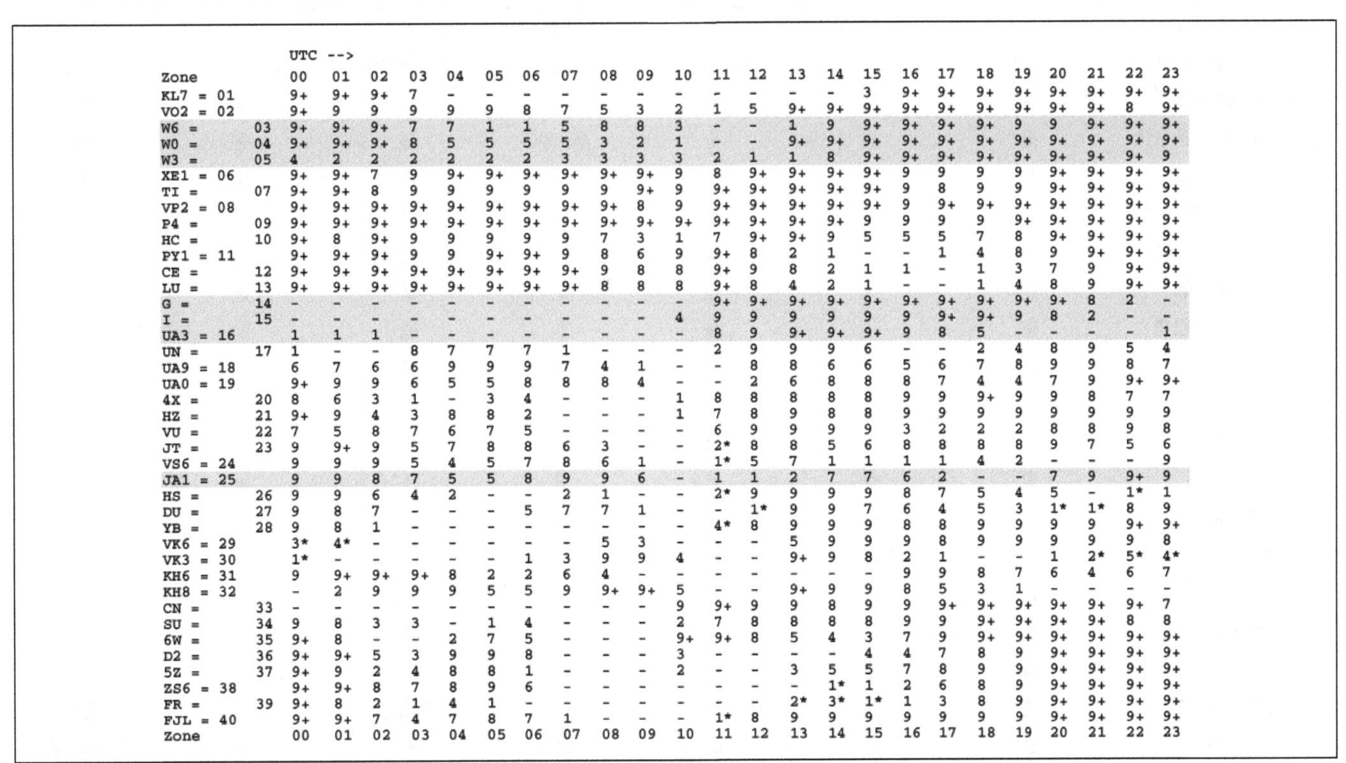

UTC -->

Zone	00	01	02	03	04	05	06	07	08	09	10	11	12	13	14	15	16	17	18	19	20	21	22	23
KL7 = 01	9+	9+	9+	7	-	-	-	-	-	-	-	-	-	-	-	3	9+	9+	9+	9+	9+	9+	9+	9+
VO2 = 02	9+	9	9	9	9	9	8	7	5	3	2	1	5	9+	9+	9+	9+	9+	9+	9+	9+	9+	8	9+
W6 = 03	9+	9+	9+	7	7	1	1	5	8	8	3	-	-	1	9	9+	9+	9+	9+	9	9	9+	9+	9+
W0 = 04	9+	9+	9+	8	5	5	5	5	3	2	1	-	-	9+	9+	9+	9+	9+	9+	9+	9+	9+	9+	9+
W3 = 05	4	2	2	2	2	2	2	3	3	3	3	2	1	1	8	9+	9+	9+	9+	9+	9+	9+	9+	9
XE1 = 06	9+	9+	7	9	9+	9+	9+	9+	9+	9+	9	8	9+	9+	9+	9+	9	9	9	9	9+	9+	9+	9+
TI = 07	9+	9+	8	9	9	9	9	9	9	9+	9	9+	9+	9+	9+	9+	9	8	9	9	9+	9+	9+	9+
VP2 = 08	9+	9+	9+	9+	9+	9+	9+	9+	9+	8	9	9+	9+	9+	9+	9+	9	9+	9+	9+	9+	9+	9+	9+
P4 = 09	9+	9+	9+	9+	9+	9+	9+	9+	9+	9+	9+	9+	9+	9+	9+	9	9	9	9	9+	9+	9+	9+	9+
HC = 10	9+	8	9+	9	9	9	9	9	7	3	1	7	9+	9+	9	5	5	5	7	8	9+	9+	9+	9+
PY1 = 11	9+	9+	9+	9	9	9+	9+	9	8	6	9	9+	8	2	1	-	-	1	4	8	9	9+	9+	9+
CE = 12	9+	9+	9+	9+	9+	9+	9+	9+	9	8	8	9+	9	8	2	1	1	-	1	3	7	9	9+	9+
LU = 13	9+	9+	9+	9+	9+	9+	9+	9+	8	8	8	9+	8	4	2	1	-	-	1	4	8	9	9+	9+
G = 14	-	-	-	-	-	-	-	-	-	-	-	9+	9+	9+	9+	9+	9+	9+	9+	9+	9+	8	2	-
I = 15	-	-	-	-	-	-	-	-	-	-	4	9	9	9	9	9	9	9+	9+	9	8	2	-	-
UA3 = 16	1	1	1	-	-	-	-	-	-	-	-	8	9	9+	9+	9+	9	8	5	-	-	-	-	1
UN = 17	1	-	-	8	7	7	7	1	-	-	-	2	9	9	9	6	-	-	2	4	8	9	5	4
UA9 = 18	6	7	6	6	9	9	9	7	4	1	-	-	8	8	6	6	5	6	7	8	9	9	8	7
UA0 = 19	9+	9	9	6	5	5	8	8	8	4	-	-	2	6	8	8	8	7	4	4	7	9	9+	9+
4X = 20	8	6	3	1	-	3	4	-	-	-	1	8	8	8	8	8	9	9	9+	9	9	8	7	7
HZ = 21	9+	9	4	3	8	8	2	-	-	-	1	7	8	9	8	8	9	9	9	9	9	9	9	9
VU = 22	7	5	8	7	6	7	5	-	-	-	-	6	9	9	9	9	3	2	2	2	8	8	9	8
JT = 23	9	9+	9	5	7	8	8	6	3	-	-	2*	8	8	5	6	8	8	8	8	9	7	5	6
VS6 = 24	9	9	9	5	4	5	7	8	6	1	-	1*	5	7	1	1	1	1	4	2	-	-	-	9
JA1 = 25	9	9	8	7	5	5	8	9	9	6	-	1	1	2	7	7	6	2	-	-	7	9	9+	9
HS = 26	9	9	6	4	2	-	-	2	1	-	-	2*	9	9	9	9	8	7	5	4	5	-	1*	1
DU = 27	9	8	7	-	-	-	5	7	7	1	-	-	1*	9	9	7	6	4	5	3	1*	1*	8	9
YB = 28	9	8	1	-	-	-	-	-	-	-	-	4*	8	9	9	9	8	8	9	9	9	9	9+	9+
VK6 = 29	3*	4*	-	-	-	-	-	-	5	3	-	-	-	5	9	9	9	8	9	9	9	9	9	8
VK3 = 30	1*	-	-	-	-	-	1	3	9	9	4	-	-	9+	9	8	2	1	-	-	1	2*	5*	4*
KH6 = 31	9	9+	9+	9+	8	2	2	6	4	-	-	-	-	-	-	-	9	9	8	7	6	4	6	7
KH8 = 32	-	2	9	9	9	5	5	9	9+	9+	5	-	-	9+	9	9	8	5	3	1	-	-	-	-
CN = 33	-	-	-	-	-	-	-	-	-	-	9	9+	9	9	8	9	9	9+	9+	9+	9+	9+	9+	7
SU = 34	9	8	3	3	-	1	4	-	-	-	2	7	8	8	8	8	9	9	9+	9+	9+	9+	8	8
6W = 35	9+	8	-	-	2	7	5	-	-	-	9+	9+	8	5	4	3	7	9	9+	9+	9+	9+	9+	9+
D2 = 36	9+	9+	5	3	9	9	8	-	-	-	3	-	-	-	-	4	4	7	8	9	9+	9+	9+	9+
5Z = 37	9+	9	2	4	8	8	1	-	-	-	2	-	-	3	5	5	7	8	9	9	9+	9+	9+	9+
ZS6 = 38	9+	9+	8	7	8	9	6	-	-	-	-	-	-	-	1*	1	2	6	8	9	9+	9+	9+	9+
FR = 39	9+	8	2	1	4	1	-	-	-	-	-	-	-	2*	3*	1*	1	3	8	9	9+	9+	9+	9+
FJL = 40	9+	9+	7	4	7	8	7	1	-	-	-	1*	8	9	9	9	9	9	9	9	9+	9+	9+	9+
Zone	00	01	02	03	04	05	06	07	08	09	10	11	12	13	14	15	16	17	18	19	20	21	22	23

图4-39　1月太阳活动非常高的情况下，详细传播预测给出的20m波段的页面，从波士顿到达贯穿世界的40CQ区域。对160m、80m、40m、20m、15m和10m波段，每一个月份/太阳活动水平存在着相似的页面。这些详细的表格对于计划DX工作非常有用。

4.4 传播预测软件

在过去50年中已经发展了在任何特定无线电路径下确定最大可用频率的非常可信的方法。正如前面所讨论过的，这些方法都以平滑太阳黑子数目（SSN）作为太阳活动水平的一个度量。正是这个原因使得平滑太阳黑子数目对大多数业余无线电爱好者和其他关于电波传播的活动具有重要的意义，这些传播是过去（或未来）传播条件的链接。

在初期，传播条件的预测是一项需要大量图形的烦琐工作，伴随着频率廓线在世界地图上的叠加或套印。最基本的材料可以从美国政府的办事处得到。每月的出版物提供了未来几个月频率-廓线数据。只有很少的业余爱好者尝试用它们的波段通过这些很难使用的方法来预测传播条件。

无论是对一个竞赛还是DX路程，今天功能强大的计算机已给业余爱好者提供了令人兴奋的工具，可以快速容易地进行高频传播条件的预测。本章中前面的概要表和详细预测表格用CAPMan生成，是计算机上IONCAP软件的一个改进版本。（CapMAN不在被使用。）

尽管存在很多有用的设立时间表和竞赛的计划策略，原版书所附光盘（光盘文件可到《无线电》杂志网站www.radio.com.cn下载）中的概要表和详细预测表给出的是信号强度。它们没有给出其他潜在生成这些数据的数据库信息。例如，它们没有给出占优势的仰角，也没有给出可靠的统计结果。你或许想要自己运行传播预测程序以得到更详细的内容。

设计了最新的程序可以快速、便捷地进行传播参数的预测。表4-7为一些比较流行的程序列表。（各种传播预测软件的整理见www.astrosurf.com/luxorion/qsl-review- propagation-software.htm。）需要输入的基本信息为平滑太阳黑子数（SSN）或平滑太阳辐射通量、日期（月份和天）以及无线电路径两端的纬度和经度。当然，纬度和经度是用来确定地球上无线电路径的大圆。大多数适合无线电业余爱好者的商用软件允许你通过CALL标记来设定地点。日期用来确定太阳的活动余地，它和太阳黑子数目一起用来确定路径临界点的电离层特性。

表4-7 传播预测程序的特征和属性

	ASAPSV.4	CAPMan	VOACAP Windows	ACE-HF	W6ELProp V.2.70	WinCAP Wizard2	PropLab Pro
用户友好度	好	好	好	极好	好	好	差
操作系统	Windows	DOS	Windows	Windows	Windows	Windows	DOS
使用k或A指数	否	是	否	否	是	是	是
QTHs的用户图书馆	是	是	是	是-RX	是	是	否
支撑点，距离	是	是	是	是	是	是	是
最大可用频率计算	是	是	是	是	是	是	是
最低可用频率计算	是	是	是	是	否	是	是
波程角计算	是	是	是	是	是	是	是
改变最低波程角	是	是	是	是	是	是	是
跳跃和区域路径	是	是	是	是	是	是	是
多路径效应	是	是	是	是	否	是	是
路径概率	是	是	是	是	是	是	是
信号强度	是	是	是	是	是	是	是
信噪比	是	是	是	是	否	是	是
长路径计算	是	是	是	是	是	是	是
天线选择	是	是	是	是	间接	各向同性	是
改变天线高度	是	是	是	是	间接	否	是
改变地面特征	是	是	是	是	否	否	否
改变传输功率	是	是	是	是	间接	是	是
图形显示	是	是	是	是	是	是	二维/三维
曲线图	是	是	是	是	是	是	是
面积映射	否	是	是	是	是	否	是

续表

	ASAPSV.4	CAPMan	VOACAP Windows	ACE-HF	W6ELProp V.2.70	WinCAP Wizard2	PropLab Pro
文件	是	是	在线	是	是	是	是
价格类别	$275+	$89	free†	$99	free§	$29.95+	$150††

提供的价格以 2003 年底为准，如有变动，请遵循。
†参见互联网：elbert.its.bldrdoc.gov/hf.html
§参见互联网：www.qsl.net/w6elprop/
+需要额外的运费和手续费
††参见互联网：www.spacew.com/www/proplab.html

当然，由于计算机程序仅仅预测出一个特定路径上一个波段的开放，这并不表示太阳和电离层将永远合作！一个突发的太阳耀斑可能会导致出现一个大的地磁风暴，将使任何地点的高频通信中断几小时到数天。但是仍然存在着预测传播条件的艺术和许多科学。不过，在地磁活动的平静时期，预测程序善长于预测波段的开放和关闭。

太阳活动数据

我们的传播预测程序是基于平滑太阳指数和每月平均电离层参数之间非常高的相关性开发而来的。注意，太阳指数原来只是指太阳的黑子数，但现在用平滑太阳辐射通量也可以取得很好的计算结果。因此，要正确使用我们的预测程序，您必须使用一月时间的平滑太阳指数数据，并理解其输出（通常是信号强度和 MUF）在本质上为一个月的统计结果。

未来平滑太阳指数见网站 www.swpc.noaa.gov/ftpdir/weekly/Predict.txt。这个网站所有索引里面的“预测”数据应该是你最可能使用的。“高值”和“低值”表示的是预测参数的上限和下限。如果太阳活动比预期的大，使用“高值”。如果太阳活动是低于预期的，则使用“低值”。

利用每日太阳 10.7 cm 的辐射通量或每日太阳黑子数目并不能提供一个准确的传播图片，即使包括 K 或 A 指数，这一点也是正确的。其原因是电离层每日都是显著变化的，特别是 F2 区域。F2 区域的每日变化的原因不仅是由于太阳的电离反应，而且受耦合到电离层的低层大气事件和对 K 和 A 指数响应的影响，这比单一值的影响更为复杂。

利用平均超过 7 天或更长时间(例如，3 个月)的 10.7cm 太阳辐射通量的值将使预测结果更倾向于他们对平滑太阳指数的使用方式。这些结果比使用每日太阳指数数据所得到的结果要好一些，但这个结果仍然存在误差，即所使用的指数和当前电离层参数之间的误差。

历史上的平滑太阳黑子数参考：ftp://ftp.ngdc.noaa.gov/STP/SOLAR_DATA/SUNSPOT_NUMBERS/INTERNATIONAL/smoothed/SMOOTHED，其描绘出的曲线如图 4-40 所示。注，在图 4-40 中，太阳黑子数开始于第 19 个太阳周期，还包括笔者编著此书时（2011 年 4 月）当前预测的第 24 个太阳周期。

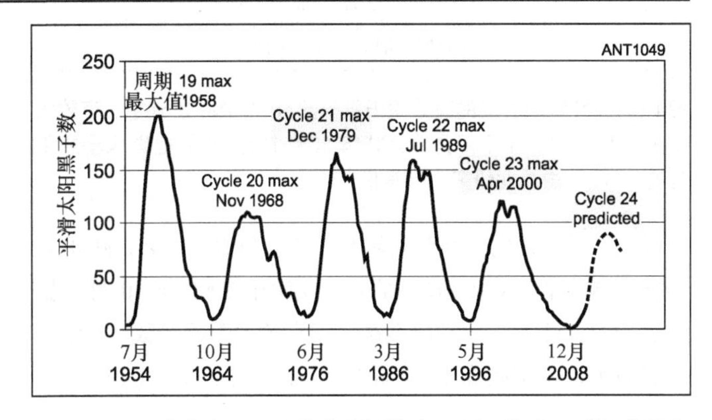

图4-40　历史上太阳黑子数和预测的太阳黑子数量，时间范围为19周期到40周期。

关于太阳活动的许多现有数据，美国国家标准局监测站 WWV 和 WWVH 分别播出过去每小时中第 18min 和第 48min 太阳活动的资料。这些传播通报给出了太阳辐射通量、地磁 A 指数、布尔德 K 指数，以及以上述次序表示的过去和未来 24h 时间段内太阳和地磁活动的简要说明。太阳辐射通量和 A 指数每天随着 2118UT 通报而变化，其余的数据每 3h 变化一次——0018、0318、0618UT 等。在互联网上，最新的 WWV 资料可以在：ftp://ftp.swpc.noaa.gov/pub/latest/wwv.txt 或者 NOAA 的网站 www.swpc.noaa.gov 上找到。

其他一些有用的网站是：dx.qsl.net/propagation/,www.dxlc.com/solar,hfradio.org/propagation.html. 太阳陆地重要消息页面包含了大量与传播有关的信息：www.spacew.com/。你也可以在本地的 PacketCluster 上获得这些传播信息。使用命令 SH/WWV/n，其中 n 为你想要看到的点的数目（默认值为 5）。

另一个很好的获得“等价太阳黑子数目（SSNe）”的方法是去西北研究协会的空间天气网站：www.nwra-az.com/spawx/ ssne24.html。NWRA 比较全球实时电离层探测仪数据与采用各种水平太阳黑子数目的预测值，以寻找最

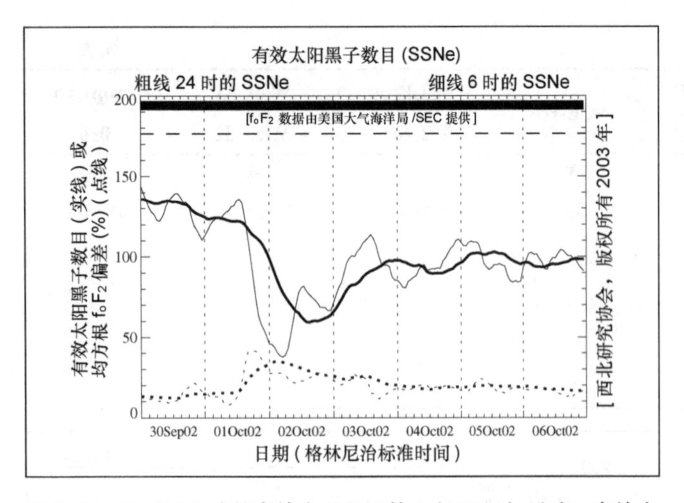

图4-41　NWRA生成的有效太阳黑子数目(SSNe)。注意，有效太阳黑子数目的急剧下降是由2002年10月1日开始的地磁风暴所引起的。(图片由西北研究协会提供)

佳匹配。因此它们返回到实际有效的太阳黑子数目。图 4-41 为一个典型的 NWRA 图，它包含结束于 2002 年 10 月 6 日的那一周。注意一个地磁风暴之后有效太阳黑子数（SSNe）突然减小，可抑制高于 50%的有效太阳黑子数（SSNe）。

A 指数

WWV/WWVH 的 A 指数是一个关于地球磁场活动状态的每日数据，它随着 2118/2145 UT 通报更新。A 指数主要告诉你昨天的情况，但是当它被规则制图时很有启迪作用，因为地磁扰动几乎总是以 4 周的间隔重复发生。

K 指数

K 指数（每 3h 更新一次）反映了在通报数据变化之前时刻关于地球磁场的布尔德阐述。它是距离目前可以得到的无线电传播数据最近的信息。由于每 3h 更新一次数据，K 指数趋势很重要。上升是个坏消息，下降是好消息，特别是与北纬 30°以上纬度的传播路径有关时。因为这是在科罗拉多州玻尔地磁活动的阐述，这可能与其他地区的条件不是密切相关。

K 指数也是关于极光可能性的一个及时的线索。值为 4 且不断上升，意味着布尔德地区在通报准备阶段存在着与极光有关的且会降低高频传播的条件。美国海洋和大气局（NOAA）网站给出了最新行星 K_p 的数据，其网址为 www.swpc.noaa.gov/today.html#satenv。图 4-42 所示为 K_p 随卫星观察站上 3 个其他参数变化的曲线。

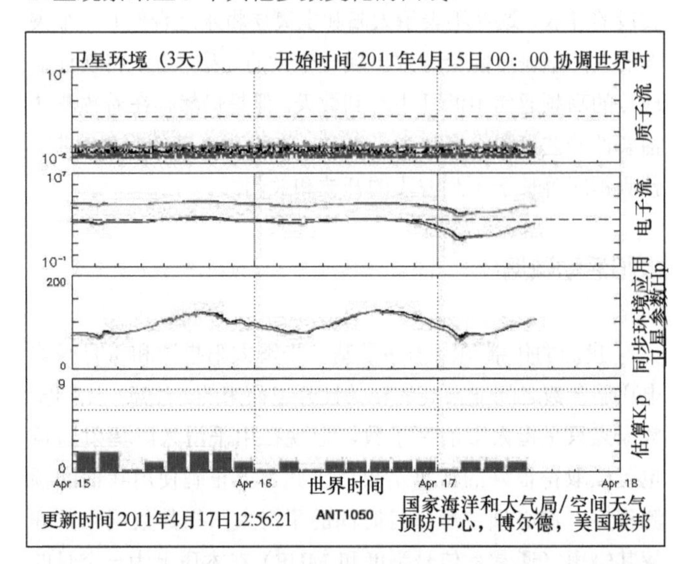

图4-42　典型的行星K指数(K_p)，也包括质子流量(来自大的太阳耀斑)图、电子流量(水平线为地磁场最不活动的水平)图和GOES Hp(另一种表征地磁活动水平的参数)图。(由NOAA/SWPC提供)

4.5　参 考 文 献

关于本章主题更多的讨论以及原材料都可以在下面所列的参考文献中找到。

Source material and more extended discussion of topics covered in this chapter can be found in the references given below.

E. V. Appleton and W.R. Piggott, “Ionospheric Absorption Measurements during a Sunspot Cycle,” *J. Atmos. Terr .Phys.*, Vol 3, p 141, 1954.

D. Bilitiza, *International Reference Ionosphere (IRI 90)*, National Space Science Data Center, Greenbelt, MD, 1990.

D. Bray, “Method of Determining VHF/HF Station Capabilities,” *QST*, Nov 1961.

A. Brekke, “Physics of the Upper Polar Atmosphere,” (New York, 1997: John Wiley and Sons).

R. R. Brown, “Demography, DXpeditions and Magneto-Ionic Theory,” *The DX Magazine*, Vol. X, No. 2, p 44, Mar/Apr 1998.

R. R. Brown, *The Little Pistol’s Guide to HF Communication* (Sacramento: WorldRadio Books, 1996). [Out of print]

R. R. Brown, “Signal Ducting on the 160 Meter Band,” *Communications Quarterly*, p 65, Spring 1998.

R. R. Brown, “Unusual Low-Frequency Signal Propagation at Sunrise,” *Communications Quarterly*, p 67, Fall 1998.

R. R. Brown,, “Atmospheric Ozone, a Meteorological Factor in Low-Frequency and 160 Meter Propagation,” *Communications Quarterly*, Spring 1999.

K. Davies, *Ionospheric Radio* (London: Peter Peregrinus Ltd, 1990). Excellent technical reference.

R. Garcia, S. Solomon, S. Avery, G. C. Reid, "Transport of Nitric Oxide and the D-Region Winter Anomaly,"*J. Geophys. Res.*, Vol 92, p 977, 1987.

J. Hall, "Propagation Predictions and Personal Computers,"Technical Correspondence, *QST*, Dec 1990, pp 58-59 (description of *IONCAP* as used for ARRL publications).

E . Harper, *Rhombic Antenna Design* (New York: D. Van Nostrand Co, Inc, 1941).

H. Hertz, *Electric Waves*, translated by D. E. Jones (London: MacMillan, 1893).

R. D. Hunsucker, *Radio Techniques for Probing the Terrestrial Ionosphere* (New York: Springer-Verlag).

R. D. Hunsucker, J. K. Hargreaves, *The High Latitude Ionosphere and Its Effects on Radio Propagation* (Cambridge: Cambridge University Press, 2003).

W. D. Johnston, Computer-calculated and computer-drawn great-circle maps are offered. An 11×14-inch map is custom made for your location. Write to K5ZI, PO Box 640, Organ, NM 88052, tele 505-382-7804.

T.L. Killeen, R.M. Johnsson, "Upper Atmospheric Waves, Turbulence, and Winds: Importance for Mesospheric and Thermospheric Studies,"earth.agu.org/revgeophys/killee00/killee00.html.

R. C. Luetzelschwab, K9LA's Amateur Radio Propagation website, mysite.ncnetwork.net/k9la.

J. L. Lynch, "The Maunder Minimum,"*QST*, Jul 1976, p 24-26.

J. C. Maxwell, *A Treatise on Electricity and Magnetism*, Vols I and II (Oxford: Oxford University Press, 1873). M. W. Maxwell, *Reflections—Transmission Lines and Antennas* (Newington, CT: ARRL, 1990) [out of print].

M. W. Maxwell, *Reflections II—Transmission Lines and Antennas* (Sacramento, CA: 2001).

L. F. McNamara, *The Ionosphere: Communications, Surveillance, and Direction Finding* (Malabar, FL: Krieger Publishing Company, 1991). Another excellent technical reference on propagation.

L. F. McNamara, *Radio Amateur ' s Guide to the Ionosphere* (Malabar, FL: Krieger Publishing Company, 1994). Excellent, quite-readable text on HF propagation.

A. K. Paul, "Medium Scale Structure of the F Region,"*Radio Science*, Volume 24, No. 3, p. 301, 1989. W. R. Piggott, K. Rawer, "URSI Handbook of Ionogram Interpretation and Reduction,"Report UAG-50. World Data Center A for Solar-Terrestrial Physics, Boulder, CO, 1975.

E. Pocock, Ed., *Beyond Line of Sight: A History of VHF Propagation from the Pages of QST* (ARRL: 1992). [Out of print]

E. Pocock, "Sporadic-E Propagation at VHF: A Review of Progress and Prospects,"*QST*, Apr 1988, pp 33-39.

E. Pocock, "Auroral-E Propagation at 144 MHz,"*QST*, Dec 1989, pp 28-32.

E. Pocock, "Propagation Forecasting During Solar Cycle 22,"*QST*, Jun 1989, pp 18-20.

G. C. Reid, "Ion Chemistry of the D-region,"*Advances in Atomic and Molecular Physics*, Vol 12, Academic Press, 1976.

R. B. Rose, "MINIMUF: A Simplified MUF-Prediction Program for Microcomputers,"*QST*, Dec 1982, pp 36-38

M. L. Salby, "Fundamentals of Atmospheric Physics," (Academic Press: Boulder, CO, 1996).

S. C. Shallon, W6EL: *W6ELProp*, a commercially prepared program written for Amateur Radio users; 11058 Queensland St, Los Angeles, CA 90034-3029.

R. D. Straw, *All the Right Angles* (New Bedford, PA: LTA, 1993). Out of print.

R. D. Straw, "*ASAPS* and *CAPMAN*: HF Propagation-Prediction Software for the IBM PC,"*QST*, Dec 1994, pp 79-81.

R. D. Straw, "Heavy-Duty HF Propagation-Prediction/Analysis Software,"Part 1: *QST*, Sep 1996, pp 28-32; Part 2: *QST*, Oct 1996, pp 28-30.

R. D. Straw, "HF Propagation and Sporadic-E—a Case Study: WRTC 2010,"**tinyurl.com/2upmbaa.**

R. D. Straw, "Using Propagation Predictions for DXing," **www.voacap.com/documents/N6BV_Visalia_2010. pdf.**

第 5 章

环形天线

环形天线是闭路天线。将一根金属导线绕制一圈或多圈，并将导线两端靠在一起，就形成了环形天线。环形天线可分为两大类：电大环和电小环。电大环的导体长度和环尺寸与波长可比拟，电小环的导体长度和一圈的最大线性尺寸与波长相比非常小。

本文中方形和三角形环形天线的相关材料来自《Low-Band DXing》（第 5 版，作者：John Devoldere/ON4UN）一书的第 10 章。电小环的相关材料来自 Domenic Mallozzi(N1DM)的著述。其他有关环天线的讨论可参考以下章节：低带天线、多频带天线、接收和测向天线。

5.1 大环天线

谐振环形天线的周长为 1λ。对于环天线，环的确切形状并不特别重要，但是，在自由空间中，周长相同的情况下，面积最大的环其增益将最大。因此要获得最大增益，需要构建一个圆形回路，而这往往比较困难。次优的选择是构建发（方形）回路，第三是构建等边三角形回路（参考 Dietrich 的著述）。

自由空间中，1λ 环天线与半波偶极子的最大增益比约为 1.35dB。三角形环天线被广泛使用在低波段，顶点距地高度在 $1/4\lambda$～$3/8\lambda$。在这样的高度上，假设地面传导性能良好，对于小角度远程接收来讲，垂直极化环远好于偶极子或倒 V 偶极子天线。

环天线的安装通常采取环平面与地面垂直的方式。环天线是否产生垂直极化或水平极化（或两者的组合）信号仅仅取决于环的馈电方式。

另一类型的大型环天线，其环平面与地面平行。通常，这种类型的环天线，其输出为水平辐射，功率输出角取决于环距离地面的高度。

5.1.1 方形环天线

Belcher（WA4JVE）、Casper（K4HKX）和 Dietrich（WA0RDX）发表了一系列著述，对水平极化垂直方形环天线与偶极子天线进行了比较（参考“参考文献”部分）。水平极化方形环天线（见图 5-1<A>）可以看作是由两根短的，终端负载的偶极子天线堆叠而成。两根偶极子相距 $1/4\lambda$，上面的偶极子距离地面 $1/4\lambda$，下面的偶极子刚好位于地面上。谐振环天线的总长比自由空间中的波长长 5%～6%。

方形回路中垂直方向上的两条线不会产生侧向辐射信号，因为这两条线中的电流方向相反。同样，垂直极化方形环天线也可以看作是由两根顶端负载的半波偶极子天线组合而成，且两根偶极子相距 $1/4\lambda$。图 5-1 所示为天线中的电流分布，根据电流分布我们可以看到天线某些部分的辐射相互抵消，而另外部分（水平或垂直堆叠短偶极子）的辐射则被加强。

方形环天线可以通过不同的馈电方式实现水平极化或垂直进化，只要将馈点放在水平的线的中心或垂直的线的中心就可以了。在 HF 段的高频部分，方形环天线的高度一般在半个波长到几个波长之间，此时，方形环天线一般馈电成水平极化方式，虽然除了机械上的考虑外，并没有什么特别的理由要这样做。由于电离层中的随机旋转，极化本身在 HF 段并不重要。

方形环天线的阻抗

自由空间中正方形环天线的辐射阻抗约为 120Ω。正方形环天线的辐射阻抗与距地高度的关系如图 5-2 所示。该曲线使用 NEC 模拟得到，模拟了 3 种不同类型的地面（肥沃地表、一般地表及贫瘠地表）。

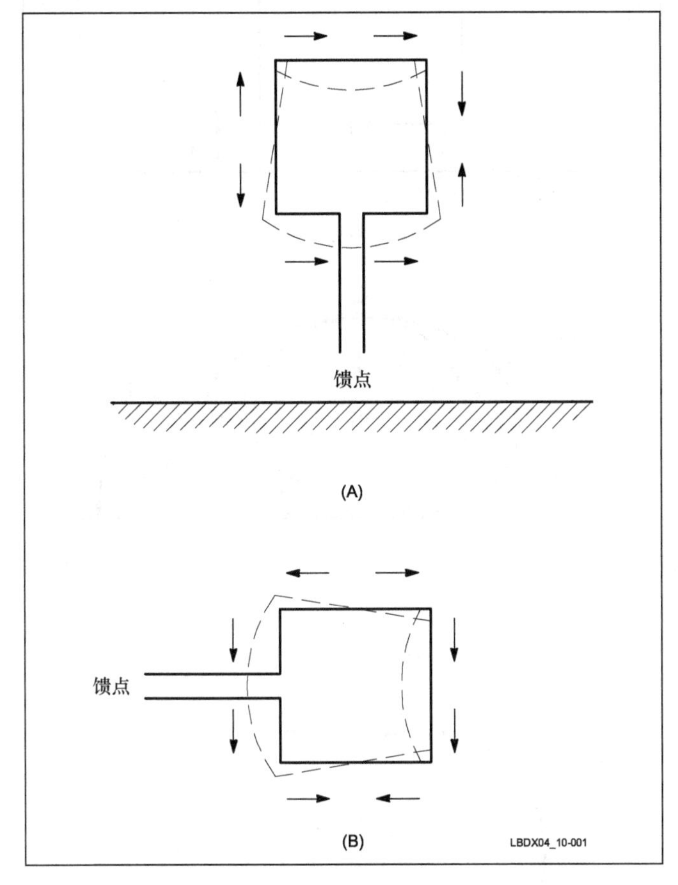

图5-1　周长为1λ的方形环天线。图（A）中为水平极化天线的电流分布图（B）中为垂直极化天线的电流分布。注意，其中两条线中的电流方向相反，使得线所在平面的辐射相互抵消，而另外两线中电流的相位相同，使得侧向（与天线平面垂直）辐射被加强。

电抗数据可以帮助我们评估天线高度对谐振频率的影响。首先模拟环天线在自由空间中谐振频率为 3.75MHz 时的电抗数据及自由空间谐振环尺寸。

对于垂直极化的方形环天线，阻抗中的电阻随天线下面的地表质量变化极小，而馈点电抗受地面类型影响，尤其当天线高度较低时。对于水平极化的环天线，辐射电阻和电抗受地面质量的影响都很显著，尤其当天线高度较低时。

方形环天线方向图——垂直极化

图 5-1（B）所示的垂直极化方形环天线可以看作是由两根短的顶端负载的垂直偶极子天线组合而成，且两根偶极子相距 1/4λ。由于水平线中的电流方向相反，水平元由于相互抵消而无法产生侧面辐射。两条垂直元的侧向波束角相同。天线距离地面几个波长时，辐射角与地面质量相关，这一点适用于所有垂直极化天线。

反射地表的质量也将在很大程度上影响垂直极化环天线的增益。同其他垂直天线一样，对垂直极化环天线来说，地表的质量非常重要，这意味着在贫瘠地面上，天线距离地面较近时工作将不太理想。

图 5-3 所示为顶端距离地面高度为 0.3λ（低端距离地面 0.04λ）的垂直极化方形环天线的方位向和垂直向辐射方向图。这种情况也符合现实，尤其当波长为 80m 时。在平均地面上，环天线的辐射波束角非常小（波瓣峰值约 21°），在较贫瘠地面上，波束角接近 30°。如图 5-3（C）所示，水平指向性极差，任意波角上都有约 3.3dB 的旁瓣干扰。

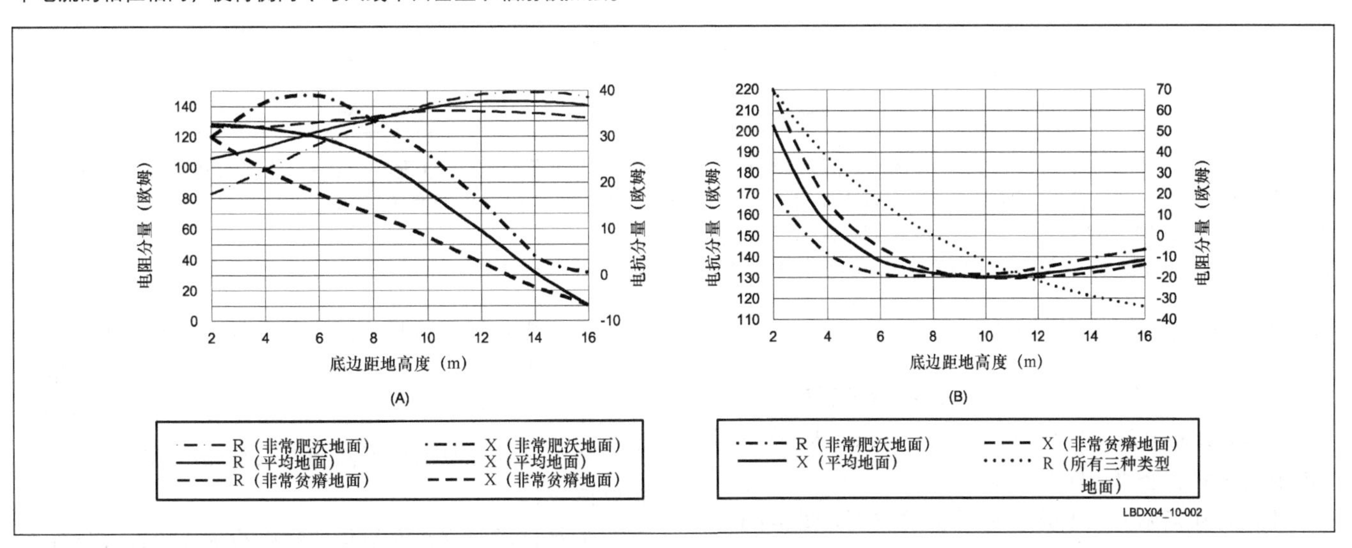

图5-2　距地（真实地表）高度不同时的方形环天线的辐射阻抗及馈点阻抗。首先模拟了自由空间中（电抗等于零）环天线的谐振尺寸，然后按此尺寸计算真实地表上的阻抗。图（A）对应水平极化，图（B）对应垂直极化。使用NEC仿真，频率3.75MHz。

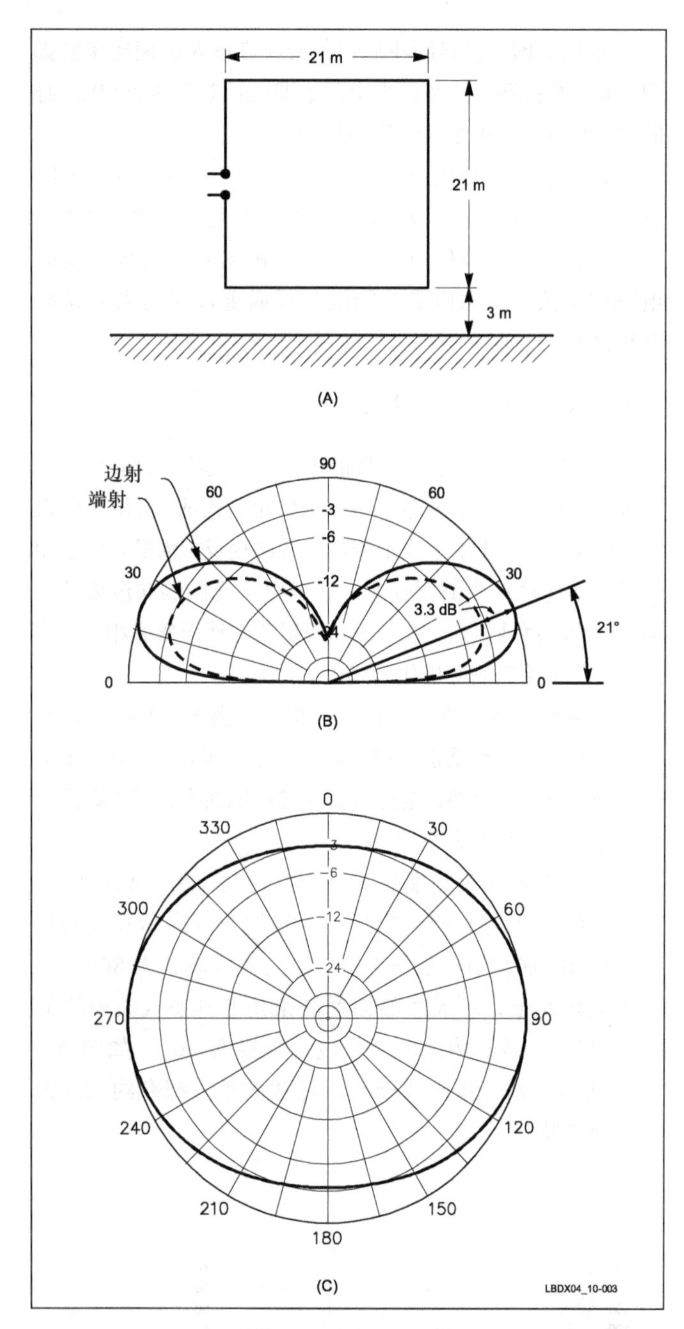

图5-3 图（A）中所示为方形环天线，图（B）中所示为图（A）中天线的垂直面方向图，图（C）中所示为方位向方向图。这些方向图对应的地表环境为肥沃地面。天线底端距离地面0.0375λ（波长为80m时，相当于3m或10英尺）。图（C）对应的波束角为21°。

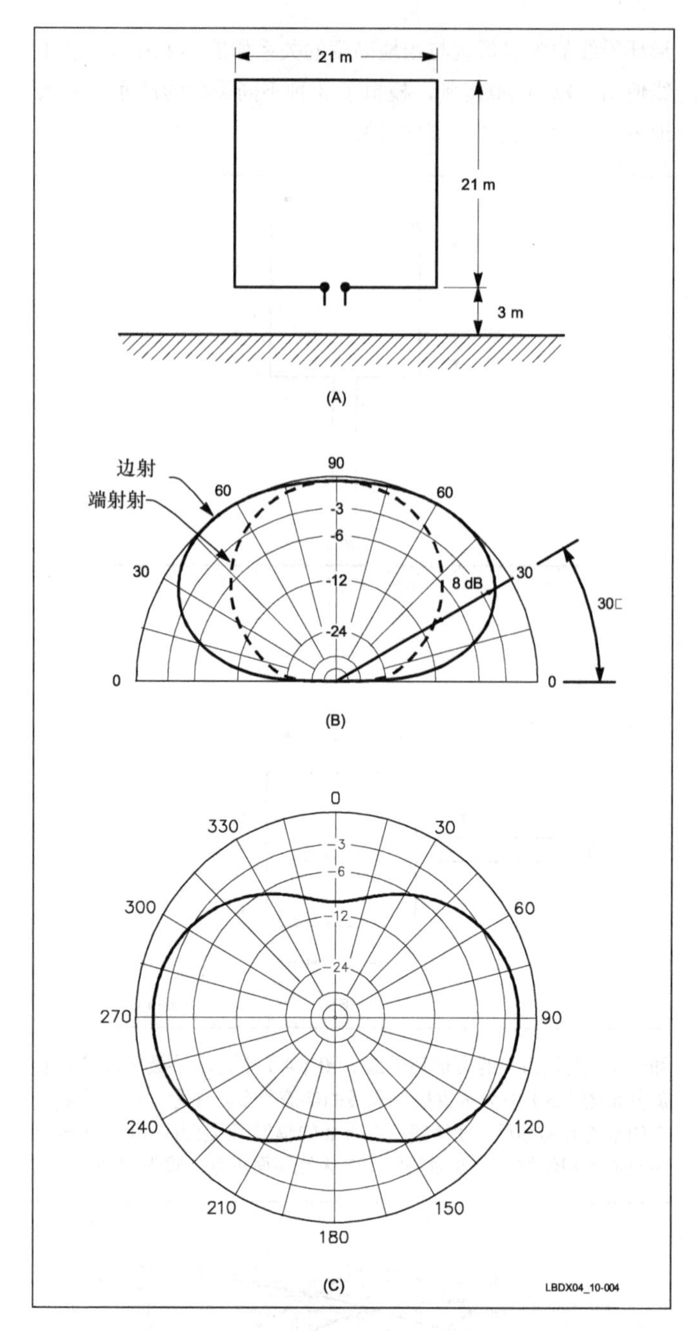

图5-4 水平垂直极化方形环天线的方位向和垂直向方向图（底端距离地面0.0375λ）。仰角为30°时，天线的*F/S*比约为8dB。

方形环天线方向图——水平极化

水平极化方形环天线的波角受天线高度的影响。高度比较低（顶端距地 0.3λ）的水平极化方形环天线，大多数能量的辐射方向都在竖直方向上。

图 5-4 中所示为水平极化环天线的方向图。图 5-4（C）对应的功率输出角为 30°。波角较小时（20°～45°），水平极化方形环天线比垂直极化方形环天线的 *F/S* 比（前向/侧向，5～10dB）大。

垂直对水平极化——方形环天线

垂直极化环天线只应用在传导良好的地面上。从图 5-5（A）中我们可以看到，垂直极化方形环天线的增益和波角随天线高度的变化较小。这是有道理的，因为垂直极化环天线有两根电流同相的垂直元，每根都能产生辐射信号。

但是，增益受地面质量的影响很大。天线高度较低时，贫瘠地面和肥沃地面上的增益差可高达 5dB！此外，天线高度（底端距地 0.03λ）较低时，垂直极化方形环天线的波束角将从贫瘠地面上的 25°变化到肥沃地面上的 17°。

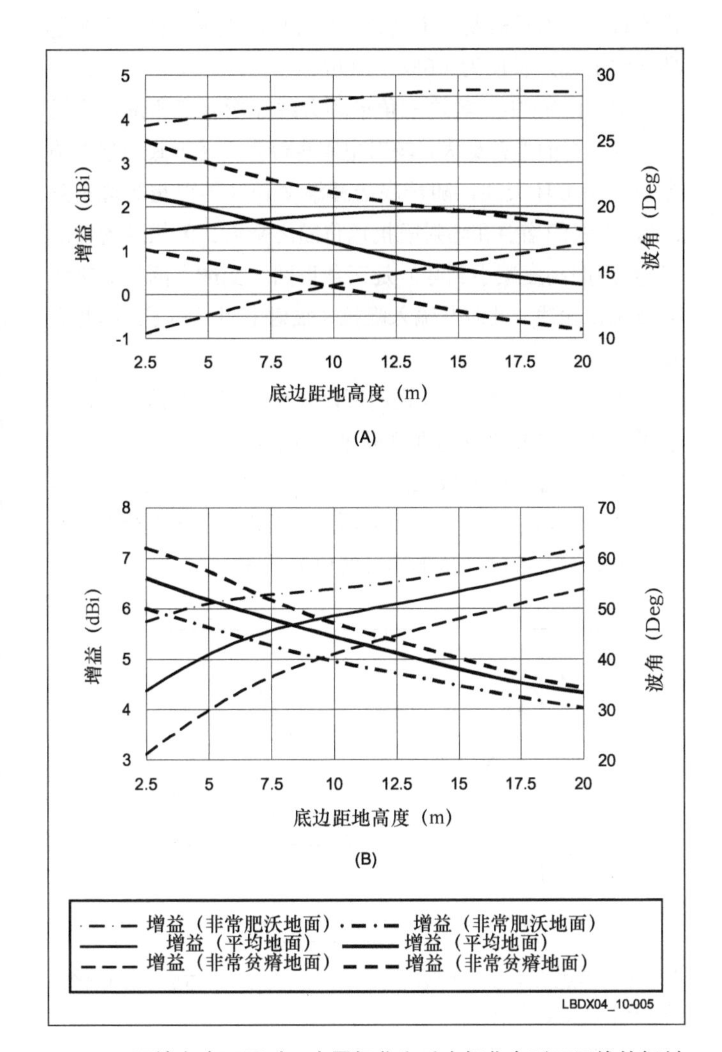

图5-5 距地高度不同时，水平极化和垂直极化方形环天线的辐射角和增益。图（A）对应垂直极化，图（B）对应水平极化。可以发现，垂直极化环的增益不会超过4.6dBi，任意高度下其波角都比较低（14°～20°）。相比较，水平极化环天线的增益可以高得多。使用NEC仿真，模拟平均地表，频率3.75MHz。

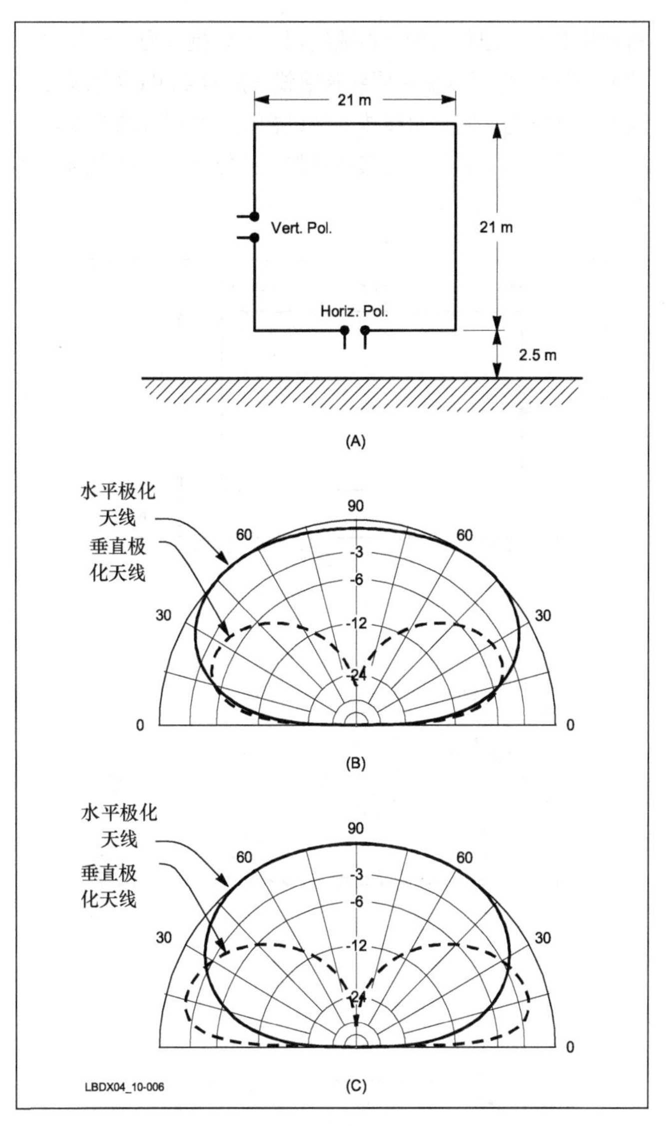

图5-6 图（A）中所示为水平和垂直极化方形环天线。图（B）中所示为贫瘠地面上的天线辐射方向图，图（C）中所示为肥沃地面上的天线辐射方向图。对于垂直极化方形环天线，地面质量是最重要的，这一点也适用于所有其他垂直极化天线。

高度较低时，垂直极化三角形环天线要求在天线下面使用地面屏蔽屏（除非地面非常理想），这与只有一或两根地网线的垂直极化天线的要求一致（要求地网线下面的地面较好）。

水平极化方形环天线的波束角受天线高度的影响较小，但是受地面质量的影响很大。天线高度较低时，天线的主波束角变化范围在50°～60°（但能连续变化到90°）。在肥沃和贫瘠地面上其增益差为2.5dB，仅为垂直极化环天线的一半。与垂直极化环天线的增益相比，我们发现，在天线高度很低时，其增益比垂直极化环天线好3dB。但这种增益存在于波角较高时（50°～90°），对应的垂直极化环天线的波角在17°～25°。

图5-6中给出了两种方形环天线位于贫瘠地面和肥沃地面上的垂直面辐射方向图，刻度为dB。

矩形环天线

矩形环天线为不等边结构，在低频段的工作效果很好。图5-7所示为这种类型的方形天线的垂直和水平辐射方向图。水平指向性约为6dB（*F/S*）。

即使是在自由空间中，矩形环天线两种馈电方式对应的馈点阻抗也是不同的。馈电点在其中一条短边中心处时，图5-7中天线谐振时的辐射阻抗为44Ω；馈电点在其中一条长边中心处时，阻抗为215Ω。在真实地面上，两种馈电方式对应的馈点阻抗也不同，根据地面质量的不同，阻抗将在40～90Ω变化。

方形环天线馈电

方形环天线的馈点在垂直或水平电线的中心。馈电时，需要用到一个巴伦（如“传输线耦合与阻抗匹配”一章中所述），或者，你可以使用明线传输线（例如450Ω的明线传输线）进行馈电。使用明线传输线进行馈电是很好的方案。借助调谐器，你不需要牺牲其他性能，就能够覆盖很大的频率范围。

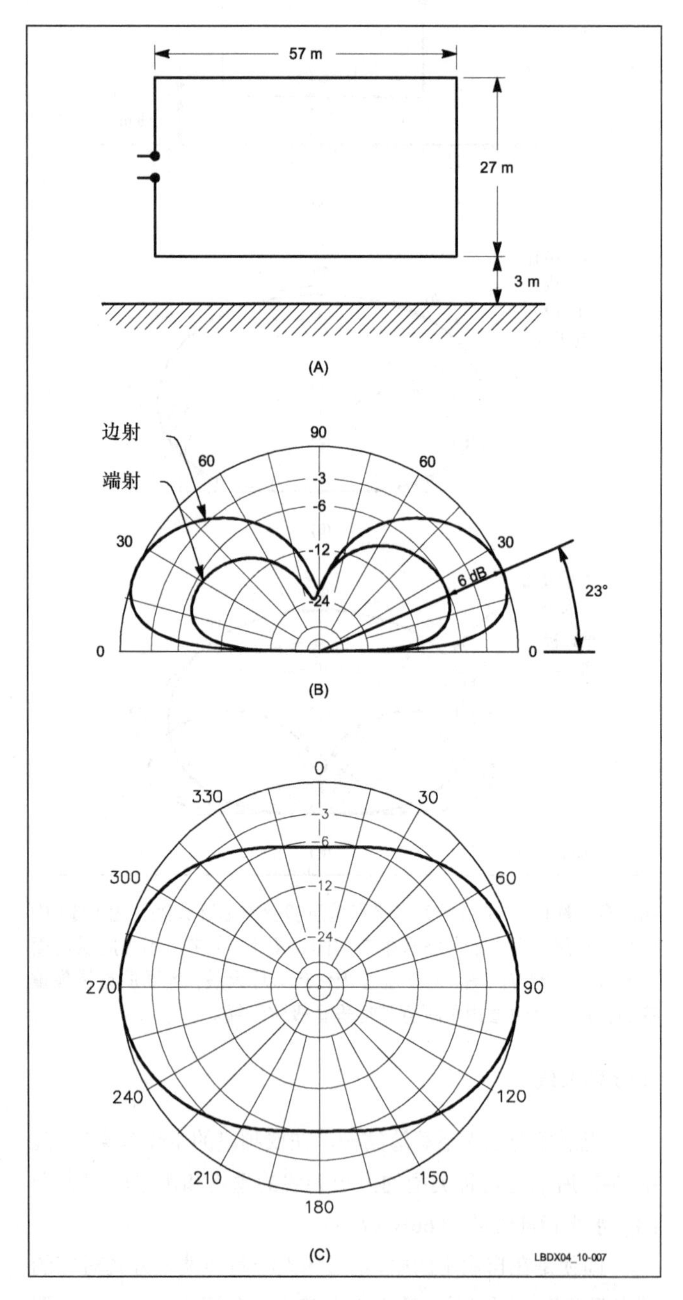

图5-7　图（A）中所示为矩形环天线，水平边长约为垂直边长的两倍。图（B）和图（C）中所示为该天线的垂直和水平辐射方向图，对应地面为优质地面。该天线谐振频率为1.83MHz。图（C）中对应仰角为23°。

5.1.2　三角形环天线

因为形状的原因，三角形顶点在顶端的三角形环天线非常流行，因为只需要一个支架。与方形环天线一样，三角形环天线的谐振长度为1.05λ～1.06λ。

自由空间中，等边三角形环天线在所有三角形环天线中，能获得的增益最大，辐射电阻也最大。对于底部顶点馈电的三角形环天线，随着底边逐渐变长（不再是等边三角形），天线的增益和辐射阻抗也将随之降低。最极端的情况（三角形的高度减小到零）是三角形回路变成了两端短接的半波长传输线，此时其输入阻抗（辐射电阻）为零，因此为零辐射。

与方形环天线一样，我们可以通过改变环上馈点的位置使天线从水平极化变为垂直极化。对于水平极化天线，其馈点位置为底边的中心或天线的顶点。对于垂直极化天线，其馈点位置在两个斜边上，距离顶点 λ/4 处。图 5-8 给出了两种馈电方式对应的三角形环天线电流分布。

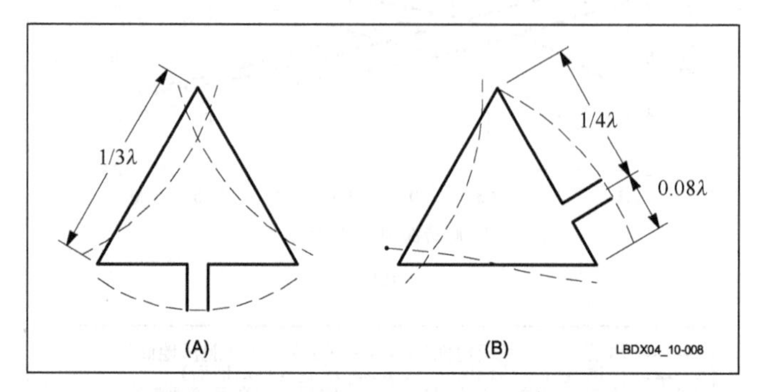

图5-8　等边三角形环天线的电流分布。图（A）对应水平极化，图（B）对应垂直极化。

三角形环天线方向图——垂直极化

如图 5-9 所示，在垂直极化模式下，三角形环天线可以看作是两根倾斜的 λ/4 垂直天线（顶点在支架顶点处靠在一起），而底边（和馈点以下的倾斜部分）的作用就是按正确的相位对“其他”倾斜部分进行馈电。断开倾斜垂直振子在顶点处的连接，并不会使三角形环天线的工作产生什么改变。同样，将底边在中点处断开也不会产生任何改变。这两个点是天线的高阻抗点。但是，要将馈电电压加到天线的另外半边，这两点中的一点必须短接。当然，我们使用的标准三角形环天线一般是完全闭合的，虽然作为单波段天线使用时，这一点并不是很必要。

下面假设我们的三角形环天线的底边在中点处断开，则底边可以看作是两条长为 λ/4 的地网线。其中一条提供必要的低阻抗，以连接同轴电缆的屏蔽层；另一条与另一根倾斜垂直天线（无馈点的斜边）的底部相连。这与使用一根垂直地网线的 λ/4 垂直天线类似。由于地网线中的电流分布，地网线的辐射被相互抵消。

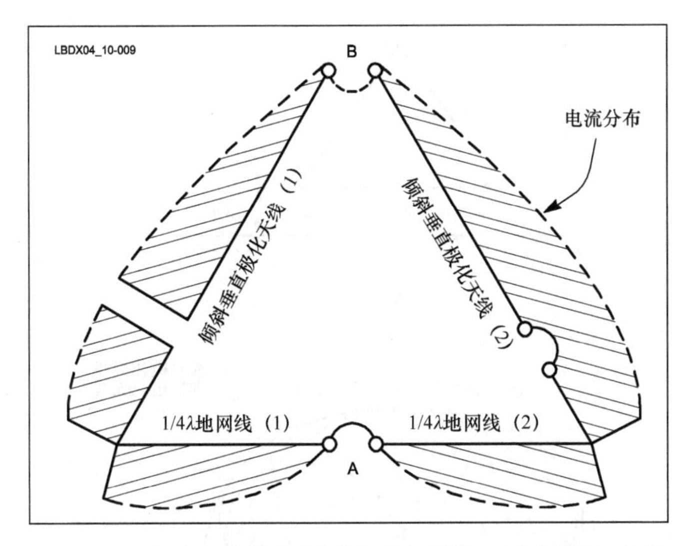

图5-9　三角形环天线可以看作两根倾斜的λ/4垂直天线，每根都有一根地网线。由于地网线中的电流分布，地网线的辐射被相互抵消。

垂直极化三角形环天线实际上是一个由两根λ/4垂直天线组成的天线阵，高电流点之间的距离在0.25λ～0.3λ，相位相同。两根垂直天线的顶部是否靠在一起并不怎么影响天线的性能，原因在于三角形环天线顶点附近的电流最小（正是该电流产生了辐射信号！）。如果你的支架很高，可以将三角形顶部的顶点断开，并将两根垂直天线分离，这样将在一定程度上增大天线的增益。

对于一对同相的垂直极化天线，从"地面效应"一章中我们可以知道，地面的质量将极大地影响天线的性能。这并不是说三角形环天线需要地网线，它本身已经有两根垂直的地网线可以应对回流电流。天线下方的（有损）地面导致了近场损耗，要消除该损耗，除非使用地面屏蔽屏或地网系统（不应与天线相连）。

与所有垂直极化天线一样，半径为几个波长的区域中地面质量将决定环天线的小角度辐射。

等边三角形环天线

图5-10中所示为垂直极化等边三角形天线的结构和侧边及端射垂直辐射方向图。模型使用的频率是3.75MHz，底边距离地面2.5m，顶点距离地面26.83m，地面为优质地面。主波角为22°时，三角形环天线的*F*/*S*值约为3dB，平均地面上的增益为1.3dBi。

扁长三角形环天线

图5-11中所示为80m三角形环天线，其顶点距离地面24m，底边距离地面3m。三角形环天线的底边长为30.4m。馈点位于斜边上距离顶点λ/4处。

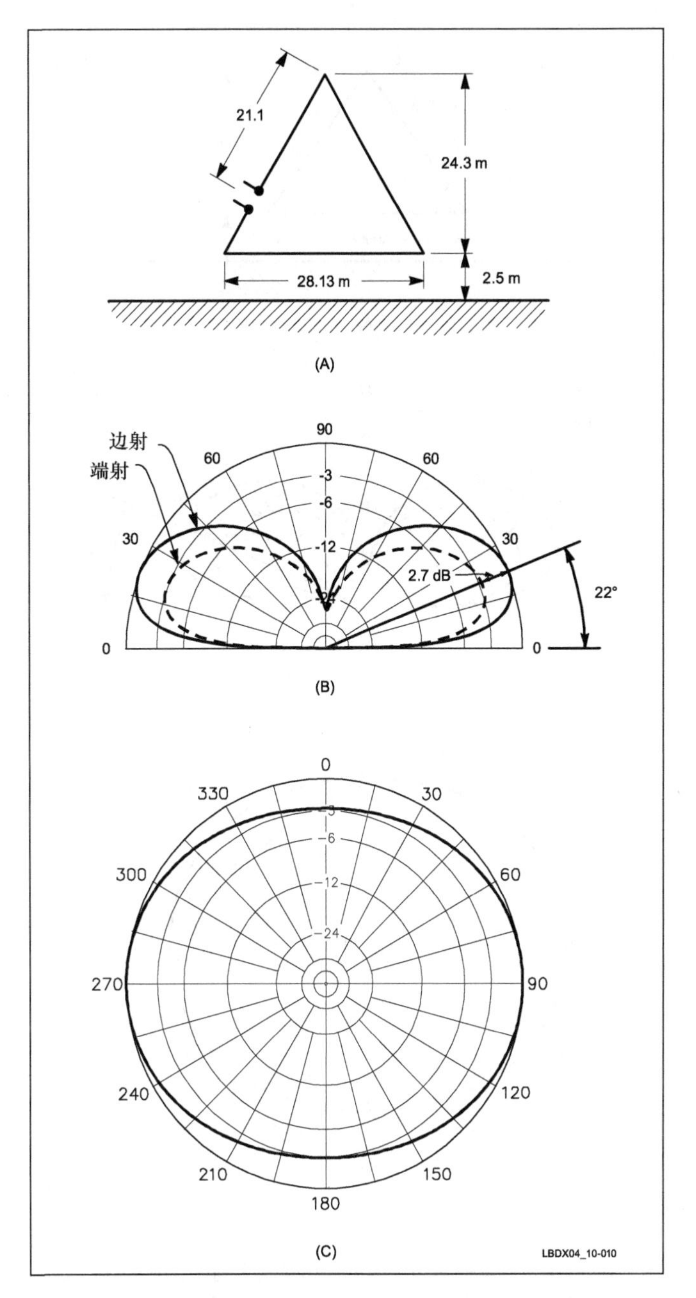

图5-10　垂直极化等边三角形天线的结构和辐射方向图。模型采用的是优质地面，频率为3.8MHz。图（C）中方位向方向图对应的仰角为22°。

F/*S*的值为3.8dB，平均地面上的增益为1.6dBi。自由空间中，相比"平"三角形环天线。等边三角形环天线的增益更大。但是，在真实地面上，对于垂直极化天线，平三角形环天线的增益比等边三角形好0.3dB。造成该现象的原因可以解释为较长的底边使两根"倾斜"的垂直天线相隔更远。

带宽为100kHz（波长为80m）时，SWR在边缘处上升至1.4∶1。SWR为2∶1时带宽约为175kHz。

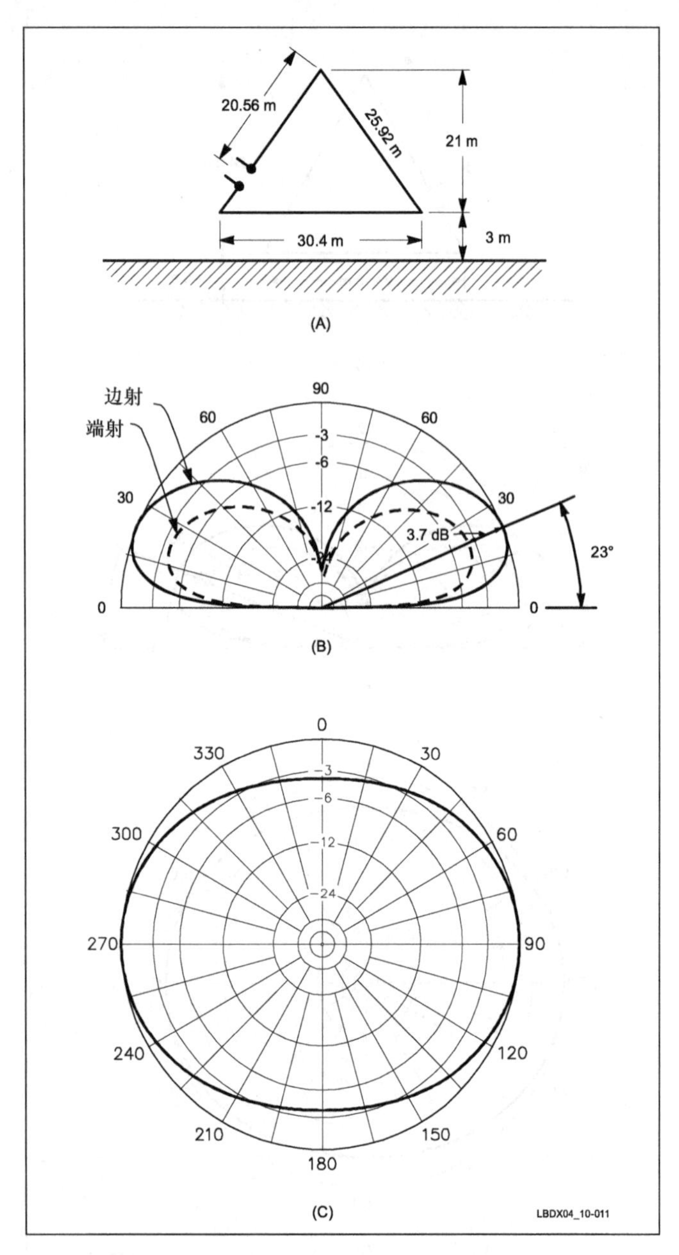

图5-11　扁长三角形环天线的结构和辐射方向图，该天线的底边比两斜边略长。此模型中，该尺寸天线的谐振频率为3.8MHz，顶点距地高度24m，底边距地高度3m。计算结果基于优质地面，3.8MHz频率。图（C）中方位向方向图对应的仰角为23°。注意“正确的”馈点也在距离环天线顶点λ/4处。

底部顶点馈电三角形环天线

图 5-12 给出了在其中一个底部顶点处进行馈电的三角形环天线的结构。该天线顶点及底边的距地高度与前面的扁长天线一样。由于馈点位置“不正确”，底边（两根地网线）产生的辐射并不能 100%抵消，从而产生了一个明显的水平极化辐射元。波角在 25°～90°时，总场增益基本一致（1dB 之内）。这可能是由进行小波角远程通信时，大角度信号抑制引起的。

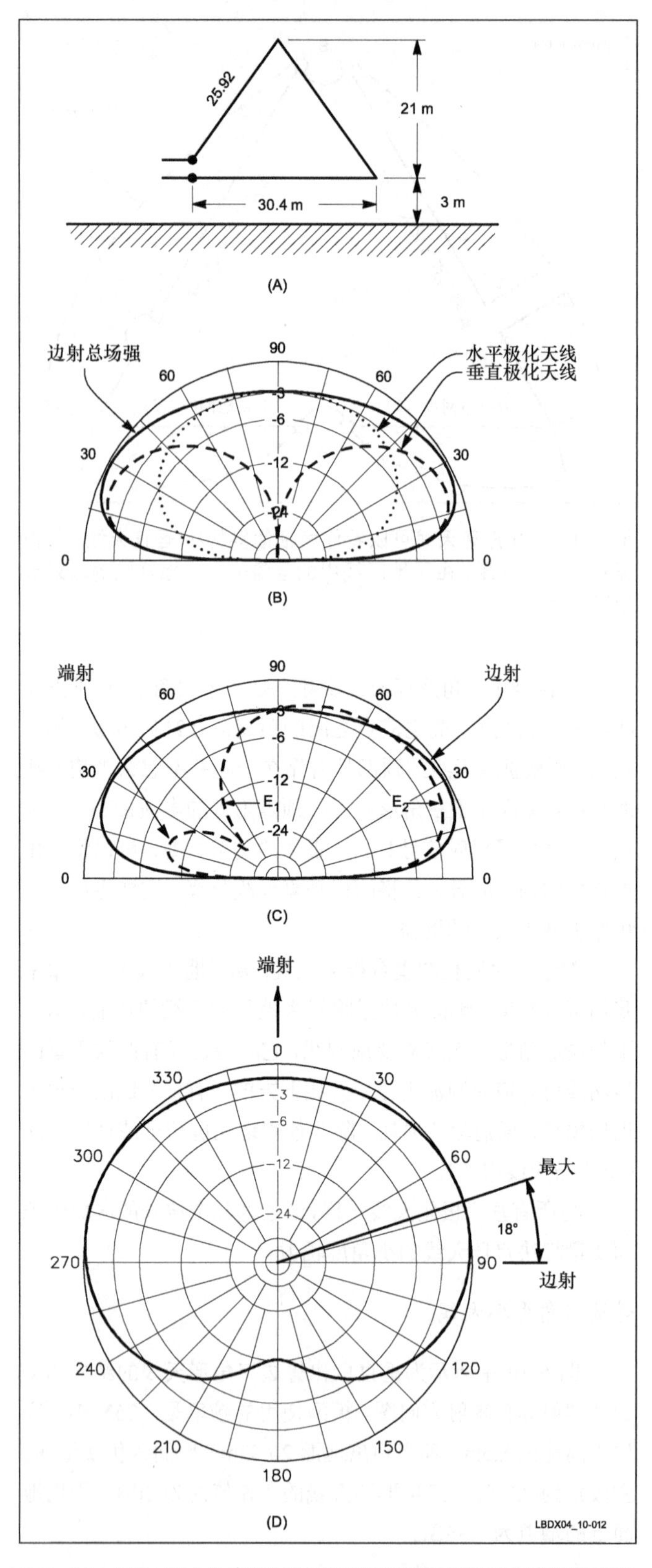

图5-12　图5-11中的扁形三角形环形天线在底部顶点进行馈电时的结构及辐射方向图，频率3.75MHz。底边中辐射未能全部抵消，从而形成了一个很强的大角度水平极化辐射源。因此，图（D）中出现了一个奇怪的水平面方向图，方向图的形状与频率变化密切相关。该方向图对应的仰角为29°。

由于馈点位置“不正确”，天线的端射辐射方向图变得不对称。图 5-12（D）中水平辐射方向图对应的波角为 29°。注意方向图中波角为 29°处很深的零点（约 12dB）。该方形环天线在偏离侧向 18°处辐射最强。一般而言，不要采用底边顶点馈电的方式，因为将降低天线的性能。

三角形环天线辐射方向图——水平极化

在水平极化模式中，三角形环天线可以看作是由一个倒 V 偶极子天线与一个很低的偶极子天线组合而成，倒 V 偶极子位于很低的偶极子的上方，下面的偶极子的端部向上弯曲以连接到倒 V 偶极子的末梢。与其他水平极化天线一样，三角形环天线的波角取决于天线的距地高度。

图 5-13 中所示为底边中心馈电的等边三角形环天线的垂直和水平辐射方向图。正如预期的那样，顶部的辐射最强。波角在 15°～45°时，*F/S* 比约为 3dB。平均地面上的增益为 2.5dBi。到目前为止，我们只探讨了有关辐射方向图的相关内容，那么对于垂直和水平极化三角形环天线，其真实的增益图又是怎么样的呢？

垂直对水平极化——三角形环天线

图 5-14 中所示为高度较低的垂直和水平极化等边三角

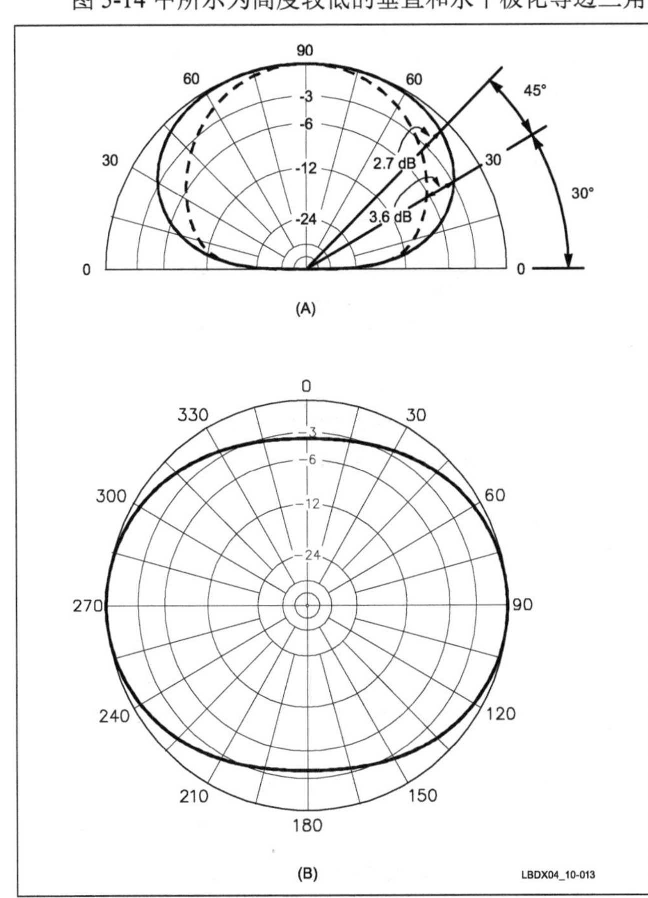

图5-13　馈电为水平极化的80m等边三角形环天线的垂直和水平辐射方向图，底边距离地面高度为3m。辐射波角基本都很高，与同样高度的偶极子天线或倒V偶极子天线相比相差不大。

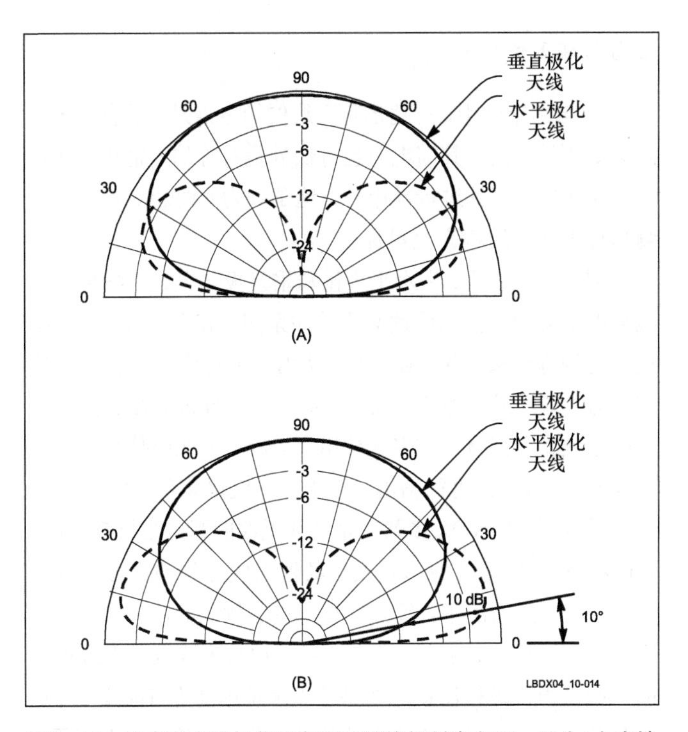

图5-14　垂直和水平极化三角形环天线辐射方向图。图（A）中地表类型为贫瘠地面，图（B）中为肥沃地面。这些图说明地面的传导性能对垂直极化天线的影响巨大。在较好的地面上，垂直极化环天线的小角度辐射性能要得多。而无论在贫瘠还是肥沃地面上，垂直极化环天线的大角度辐射性能都比较差。这一点不适用于水平极化环天线。

形环天线的垂直面辐射方向图，对应地面为两种不同类型的地面（刻度为 dB）。

在非常贫瘠的地面上，波角大于 35°时，水平极化三角形环的性能要好于垂直极化三角形环。波角小于 35°时，垂直极化三角形环的性能略好于水平极化三角形环。垂直和水平极化环的最大增益差只有 2dB，对应的波角水平极化环为 90°左右，垂直极化环为 25°。

或许有人会说，仰角为 30°时，水平极化环天线的性能与垂直极化环一样好。的确如此，但是，垂直极化环天线有很强的抗大角信号干扰能力（本地干扰信号），水平极化环天线则没有。

在非常肥沃的地面上，垂直极化三角形环天线的表现与其他垂直极化天线一致。在优质地面上，垂直极化三角形环在低角度时的性能将大为提高。波角低于 30° 时，垂直极化环的性能优于水平极化环：辐射角为 10° 时，差值高达 10dB。

总的来说，在非常贫瘠的地面上，垂直极化环天线的小角度辐射性能不比水平极化环好多少，但是相比水平极化环，垂直极化环具有极强的抗大角度信号干扰能力。如图 5-14 所示，在优质地面上，相比水平极化环，垂直极化环的增益降低了 10dB，甚至更多，同时也失去了抗大角度信号干扰能力。

三角形环天线馈电

在自由空间中，三角形环天线的馈电点是对称的。天线距地高度较大时，其馈电点也可认为是对称的，尤其在底边中心（或顶点）处进行馈电时，这是因为此时相对地面，三角形环天线的结构完全对称。

图 5-15 中所示为水平极化和垂直极化等边三角形环天线辐射电阻和电抗与距地高度的关系图。在距地高度较小、被馈电为垂直极化时，馈电点被认为是不对称的，其中的“冷点”与“地网线”连接。同轴馈线的中心导体与倾斜垂直天线部分连接。但是，许多人使用（对称的）明线传输线（例如 450Ω传输线）进行馈电（馈电为垂直极化环天线）。

实际应用中，大多数三角形环天线的馈点阻抗在 50～100Ω，具体值与几何形状及与其他天线之间的耦合关系相关。在大多数情况下，馈点都是可以碰触到的，因此对馈点阻抗进行测量比较容易，例如，可使用与天线端子直接连接的优质噪声桥进行测量。如果馈点阻抗远高于 100Ω（等边三角环天线），使用 450Ω的明线传输先进行馈电非常必要。作为替代，可以使用电阻转换器（具体请参考“传输线”一章）。对于某些扁长三角形环天线，其馈点阻抗通常在 50～100Ω之间。馈电可直接使用 50Ω或 70Ω的同轴电缆，或通过一个 70Ω的 1/4λ 变换器与 50Ω电缆相连（因为 $Z_{ant}\approx$100Ω）。

虽然垂直极化三角形环天线的馈点并不严格对称，但为保证所有的 RF 电流都在同轴馈线的外面流动，最好使用巴伦或扼流圈。寄生电流将会影响三角形环天线的辐射方向图。有关巴伦/共模扼流圈的更多内容请参考“传输线耦合与阻抗匹配”一章。

三角形环天线增益及辐射角

图 5-16 中所示为不同高度处等边三角形环天线的增益和主瓣辐射。数据来自 NEC 仿真结果，频率 3.8MHz，平均地面。

Cunningham/K6SE (SK)研究了一系列不同结构的 160m 单元环天线，得到了表 5-1 中的数据（数据来自 EZNEC 仿真软件，优质地面）。这些数据与图 5-16（平均地面）中所示惊人的一致。

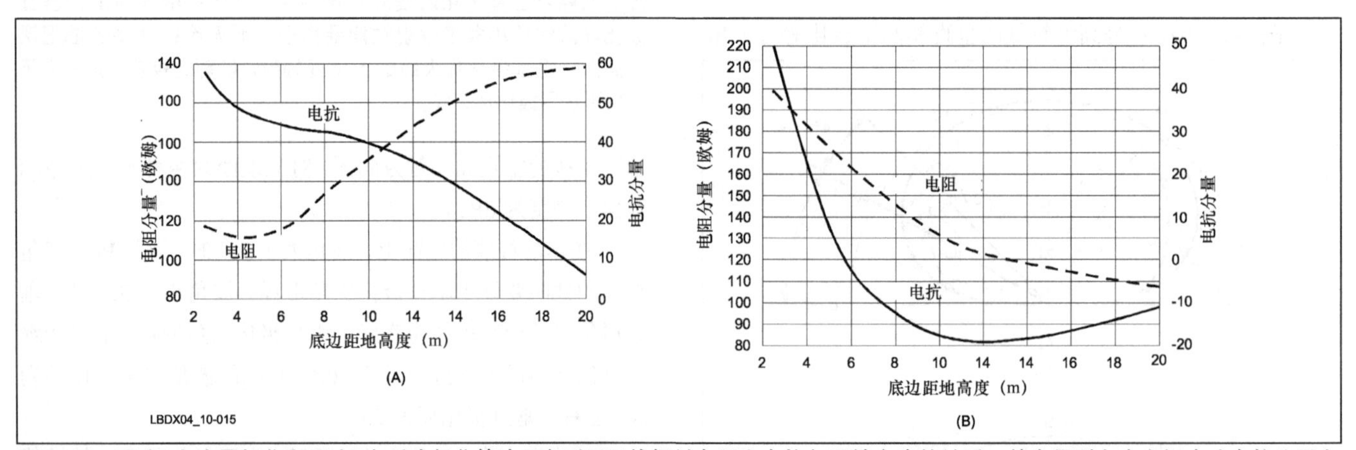

图5-15　图（A）水平极化和图（B）垂直极化等边三角形环天线辐射电阻和电抗与距地高度的关系。首先得到自由空间中（电抗为零）谐振时的三角形环天线尺寸。根据此尺寸计算真实地面上的阻抗。使用NEC仿真，地表为优质地面，频率3.75MHz。

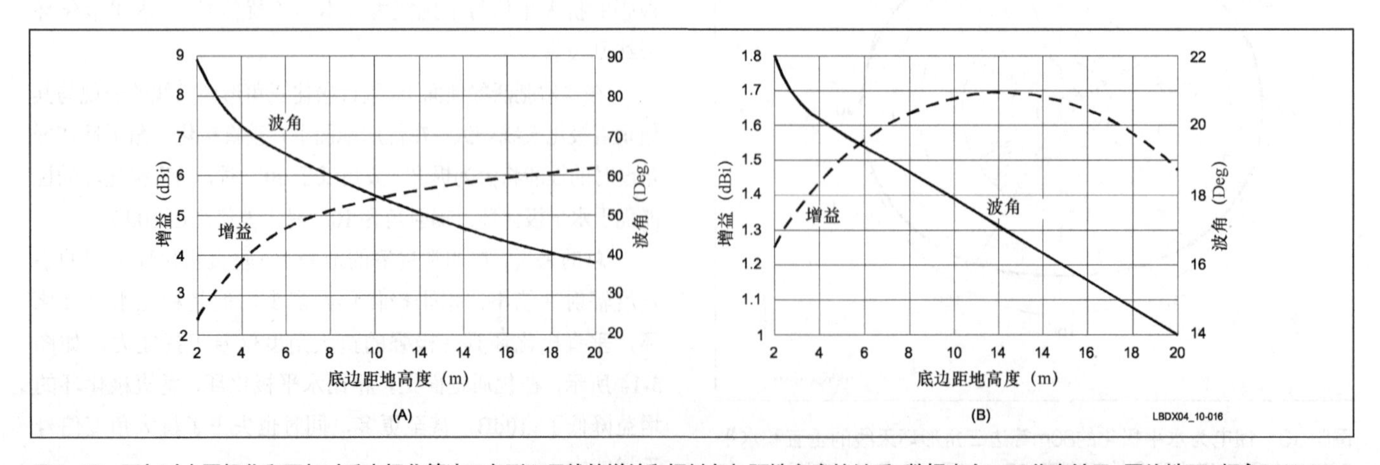

图5-16　图（A）水平极化和图（B）垂直极化等边三角形环天线的增益和辐射角与距地高度的关系。数据来自NEC仿真结果，平均地面，频率3.75MHz。

表 5-1　　　　160 米波段环天线

描述	馈电方式	增益（dBi）	仰角（度）
菱形环天线，底部距地高度 2.5m	侧顶点馈电	2.15	18.0
方形环天线，底部距地高度 2.5m	一垂直边中心馈电	2.06	20.5
倒等边三角形天线（底边位于顶部）	从底部 λ/4 馈电	1.91	20.9
等边三角形环天线	从顶部 λ/4 馈电	1.90	18.1

5.1.3　水平环天线

图 5-17 中所示为水平安装的大型环天线，该天线是一个性能优越的多频带天线。安装在 λ/2 高度处周长为 1λ 的环天线，其辐射方向图与安装在同样高度处的 λ/2 偶极子天线类似——全方向，大角度辐射。随工作频率增加，环上的电流将增大，辐射方向图也将变得更为复杂。波瓣峰值出现在仰角较小时，与处于同样电气高度处的偶极子天线的峰值辐射所对应的角度近似。

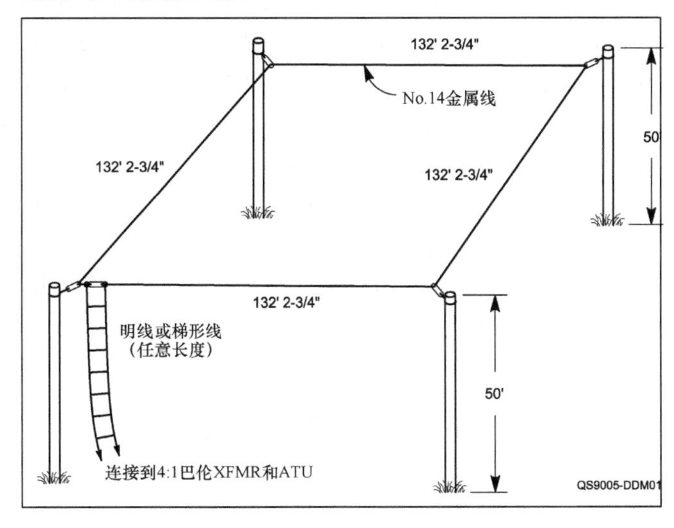

图5-17　W1FB全波1.9MHz环天线。该天线可使用任意长度的明线传输线或300～600Ω的梯形线进行馈电。

环天线的性能取决于天线的形状、高度和频率。DeMaw/W1FB (SK)分析了谐振频率为 1.9MHz 的水平极化正方形环天线。分析发现，其峰值增益从频率为 1.9MHz（仰角为 90°）时的 0.28dB 变化到 21.0MHz（仰角为 14°）时的 7.00dBd。图 5-18 中所示为 DeMaw 使用的环天线在频率为 14MHz（工作在最低谐振频率以上频率，该类型环天线的典型情况）时的方位向和垂直向方向图。Cebik/W4RNL (SK)分析了工作在不同频率处的水平极化大型环天线，得到了类似的结果。（请参考 DeMaw 和 Cebik 的相关文章。）

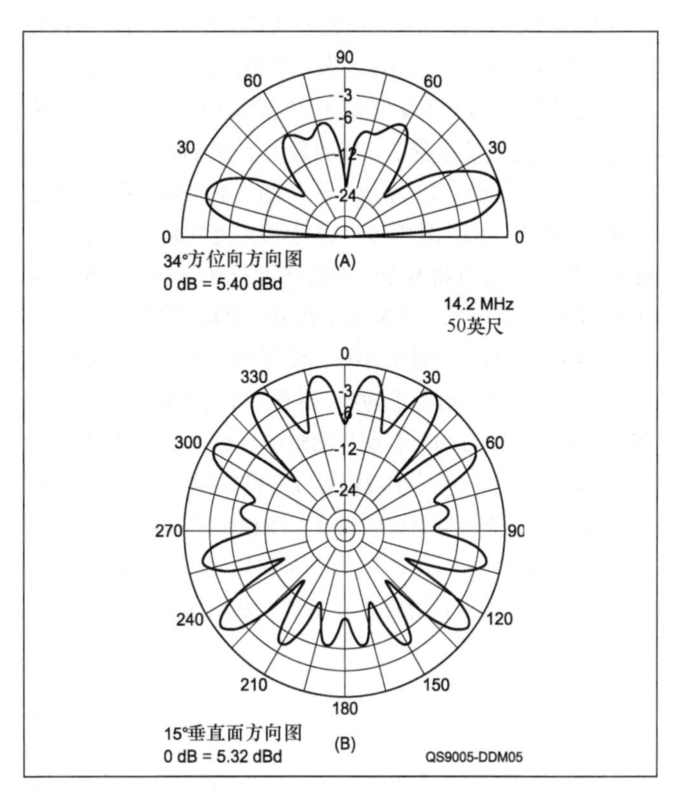

图5-18　工作在14.2MHz时，W1FB环天线的（A）垂直向和（B）方位向方向图。

1λ 谐振频率处馈电点阻抗约为 100Ω，随频率升高，馈点阻抗将增加到几百欧，甚至更高。鉴于馈点阻抗是变化的，我们建议使用平行导体传输线进行馈电以减少馈线损耗。

5.1.4　半波环形天线

“大”环天线一般使用的最小尺寸为 λ/2。一般制作成边长为 λ/8 的正方形，如图 5-19 所示。在一边的中点处馈电时，电流沿一个封闭的环路流动，如图 5-19（A）所示。电流分布与 λ/2 线天线近似，与 XY 端子所在边相对的边的中心处电流最大，馈点处电流最小。由于这样的电流分布，环平面中及低电流到高电流方向上的场强最大。（更多内容请参考 Cebik 的相关文章。）

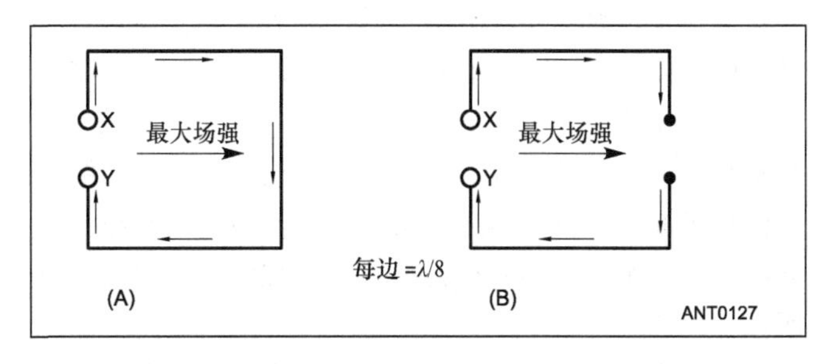

图5-19　单圈半波环天线，周长λ/2。

如图 5-19（B）所示，如果与馈点相对的一边在中点处断开（严格来说，已不能称之为环天线，因为不构成闭合回路），电流的方向不会发生改变，但最大电流和最小阻抗将出现在馈点处。这改变了天线的最大辐射方向。

最大电流处的辐射电抗（也是图 5-19<B>）中 X-Y 处的电抗）约为 50Ω。图 5-19（A）中馈点处的阻抗为几千欧。要减小阻抗，可以将两个一样的环并排在一起（相距几英寸），电压加在一个环的 X 端子和另一个环的 Y 端子上。

与半波偶极子天线和小环天线不同，图 5-19 中的天线在所有方向上的辐射都不为零。在垂直于环平面的方向和与图中箭头相反的方向上有明显的辐射。该天线的 *F/B* 值为 4～6dB。由于它的尺寸小及辐射方向图的指向性，该天线在最佳方向上的场强与半波偶极子天线相比要小 1dB。

如图 5-20 所示，在环的前面和后面串电感，可以增加天线的 *F/S* 比值，场强也会增加，从而使增益比偶极子天线大 1dB。串入的值约为 360Ω的电抗将使该电抗所在边的电流减小，使馈点所在边的电流增大。这增强了天线辐射的方向性，从而提高了效率。注意，有损线圈的作用不会那么明显。

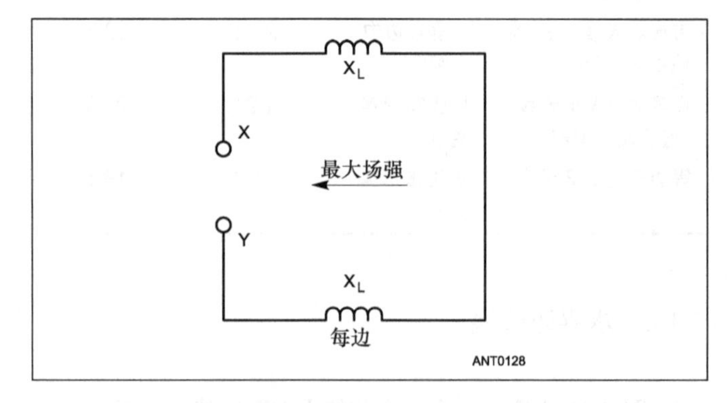

图5-20　在半波环中串感性负载以增强辐射方向性及增大增益。环所在平面的辐射和响应最大，方向与箭头方向一致。

5.2　小 环 天 线

“小”环可以被认为是一个简单的、相当大的线圈，并且这样一个环中的电流分布与一个线圈的电流分布是相同的。也就是说，环中每部分的电流具有相同的相位和相同的幅度。为了满足这个条件，环中导体的总长度不得超过约 0.1λ。

各种形状的小环天线存在许多年了，可能最让人熟悉的一种形状是在便携式 AM 广播收音机里面的铁氧体磁棒天线。这类小环天线在业余方面的应用主要包括无线电测向、1.8MHz 和 3.5MHz 低噪声定向接收，以及小型发射天线。因为用于发射和接收用的环天线设计考虑上有些不同，这两种应用情况都在本部分分别讨论，这部分信息由 Domenic M.Mallozzi（N1DM）来执笔。小环天线系统的应用在“接收和测向天线”一章和“隐形和空间受限天线”一章中叙述。

5.2.1　基本环天线

什么是小环天线？什么不是小环天线？在定义上，当环的导体总长度小于 0.1λ（本节中是小于 0.085λ）时，从电气角度来讲，就说它是小环天线。这个尺度是基于在整个环周长上的电流必须相位相同这个因素，当绕圈导体长于 0.085λ 时，就不成立了。该约束因素导致小环天线产生一个可以预测得到的 8 字形辐射形状，如图 5-21 所示。

这个最简单的小环天线是一个 1 圈的非调谐环，并且负载与位于其中一边中心的一对接线端连接在一起，如图 5-22 所示。如果我们看看这种天线相对于信号源在某些时刻的“快照”，就不难画出天线辐射图是如何演变出来的。图 5-23 表达了处于上方的环与瞬间辐射的电压波形，注意到环天线的 A 和 B 点正收到相同 24 的瞬间电压，这意味着没有电流通过这个环，因为在两个等电势的点上是没有电流流动的。图 5-24 也给出类似的分析，将环在图 5-23 所示位置转动 90°，显示出在该位置环天线有最大响应。当然，由于环天线很小的物理尺寸，由通过的电波产生的电压值也很小。图 5-23 是给出的理想的小环天线辐射图。

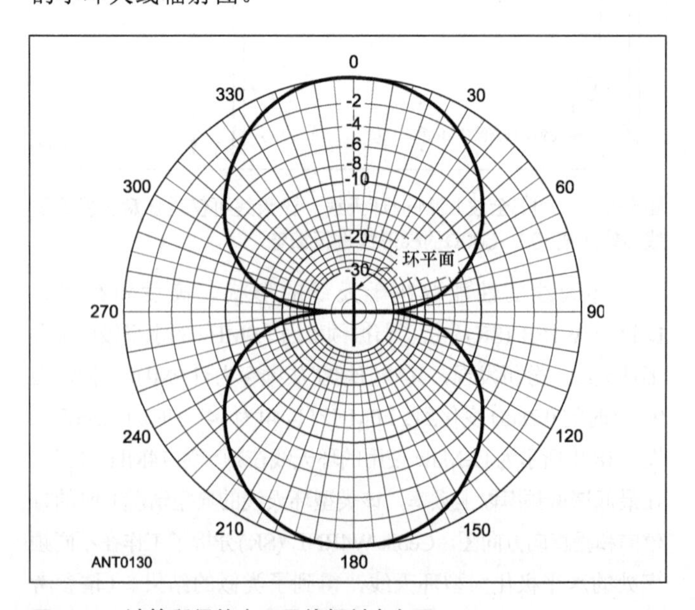

图5-21　计算所得的小环天线辐射方向图。

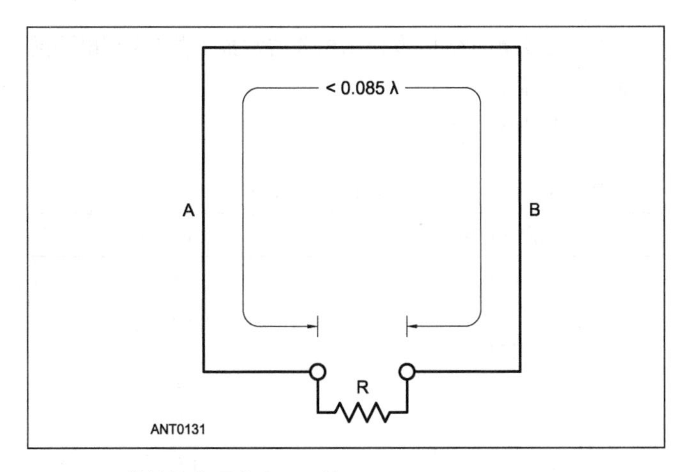

图5-22　简单的非调谐小环天线。

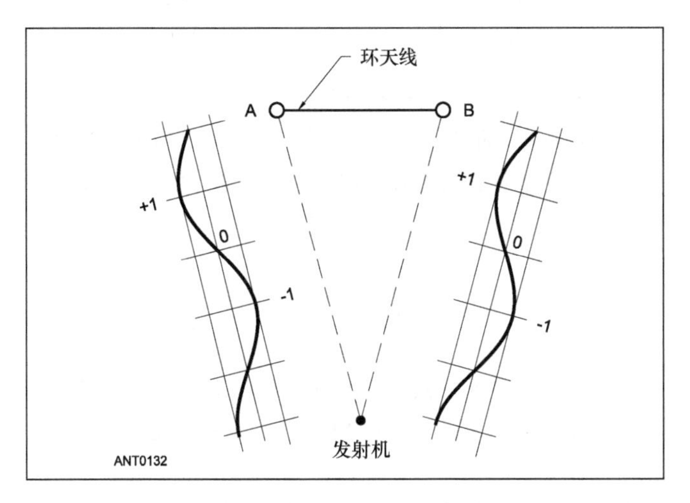

图5-23　小环天线此方位放置对信号源没有响应（在辐射图中为零点）的例子。

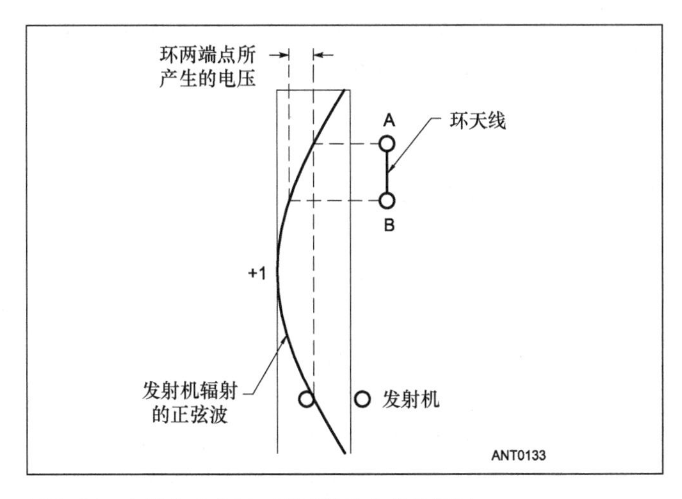

图5-24　在最大响应时，环天线的方位的例子。

环天线两个端点的电压可以由下式给出：

$$V=\frac{2\pi ANE\cos\theta}{\lambda} \tag{5-1}$$

其中，

V=环天线两端点间电压

A=环面积，m^2

N=环的圈数

E=射频场强，V/m

θ=环平面与信号源（发射台）夹角

λ=工作波长，m

该等式来自一个称为有效高度的术语，有效高度就是能够传递给接收机相同电压值的一段地面上导线的垂直段的高度（或长度）。有效高度的等式如下：

$$h=\frac{2\pi NA}{\lambda} \tag{5-2}$$

其中 h 单位为 m，其他定义与式（5-1）相同。

用计算器做一个简短的计算即表明，在上述约束条件下，环天线的有效高度很小，这意味着即便是在发射信号很强时，它将会分配一个相对较小的电压到接收机上。

5.2.2　调谐环天线

我们可以在天线的接线端上并接电容器来调谐环天线，由于这样的并联谐振电路构成的 Q 值，会使环天线两端点的电压变得很高。

环的端点电压可由下式给出：

$$V=\frac{2\pi ANEQ\cos\theta}{\lambda} \tag{5-3}$$

其中 Q 为调谐电路的有载 Q 值，其他各变量定义同上述。

多数在业余应用的环天线都是可调谐类型的。由于这个原因，下面所有的阐述都是基于调谐环天线。调谐环天线具有一些特殊的优点，例如，在接收系统的前端它具有很高的选择性，可以很大程度帮助提高如动态范围等指标。通过精心制作环结构可以轻易得到 100 或者更高的有载 Q 值。

我们来考虑一种利用环天线固有优点的情况，假设环在 1.805MHz 频率下 Q 值为 100，现在我们正在和一个 DX 电台通信，并且正受到与它偏离 10kHz 频率的本地电台的强干扰。我们从偶极天线切换到小环天线时，就可以将偏离频率信号的强度降低 6dB（大约一个 S 点），这种效果，就增加了接收机的动态范围。事实上，如果附近频率工作的电台其频率偏离更远，则对它的抑制效果更好。

环天线另外一个好处是可以利用辐射图的零点来消除同频（或近邻频）干扰信号。例如，我们正在与北方的 DX 电台通信，在偏离 1kHz 有个本地电台也正在工作，并且在我们的西面，我们就可以很方便地旋转环天线，使它的零点对准西面方向，这样 DX 电台就变得清晰可读，而同时将本地台信号压制下 60dB 或更多，这种效果是相当明显的。环天线的零点非常尖锐，而且通常只是对地面波信号比较明显（后面详述）。

当然，采用零点抑制的办法只是对干扰电台与我们所通信的电台不是在同一方向上（或相反的直线方向上）才有效果。如果两个电台都处于和我们位置一条直线上，那么需要的电台信号与不需要的电台信号都会同时被零点抑制掉。不过幸运的是，零点是相当尖锐的，当电台之间偏离 10° 以上时，环天线的零点特性就可以起作用了。

还有一个类似的对零点特性的用法是消除本地噪声干扰，例如来自邻居的调光灯。只要将零点对准讨厌的调光灯方向，这些噪声就可以消失掉。

现在我们已经知道小环天线的一些可能用途，接下来看看详细一点的设计。首先，环构成了一个绕圈长度与其直径之比很小的电感。针对电感线圈比它的直径长的情况，多数无线电手册都给出了计算电感量的公式。不过，美国国家标准局的 F.W.Grover 提供了具有普通的截面形状且长度与直径比很小的电感器的计算方程（见本章最后的参考书目），Grover 的方程见表 5-2。使用这些方程式可以产生相对准确的数据，很容易通过科学计算器或家用计算机算出结果来。

表 5-2　短线圈（环天线）的电感方程

三角形：

$$L(\mu H)=0.006N^2S\left[\ln\left(\frac{1.1547SN}{(N+1)\ell}\right)+0.65533+\frac{0.1348(N+1)\ell}{SN}\right]$$

正方形：

$$L(\mu H)=0.008N^2S\left[\ln\left(\frac{1.4142SN}{(N+1)\ell}\right)+0.37942+\frac{0.3333(N+1)\ell}{SN}\right]$$

六边形：

$$L(\mu H)=0.012N^2S\left[\ln\left(\frac{2SN}{(N+1)\ell}\right)+0.65533+\frac{0.1348(N+1)\ell}{SN}\right]$$

八角形：

$$L(\mu H)=0.016N^2S\left[\ln\left(\frac{2.613SN}{(N+1)\ell}\right)+0.75143+\frac{0.07153(N+1)\ell}{SN}\right]$$

其中：N=线圈匝数，S=边长，cm；ℓ=线圈长度，cm

环天线的调谐电容值很容易通过标准的谐振公式计算得到。唯一需要在计算之前考虑到的是环的绕圈带来的分布电容值。由于相邻线圈之间的电压有微小的差别，因此相邻线圈之间产生电容。这使得每一圈都像一个充电板极一样。与其他所有电容一样，分布电容的值取决于线圈的物理尺寸。要对这个值做精确的数学分析是相当复杂的，下面是 Medhurst（见参考书目）给出的简化近似式子：

$$C=HD \tag{5-4}$$

其中，C＝分布电容，单位为 pF

H＝与线圈的长度/直径比相关的常数（表 5-3 给出不同长度/直径比值的 H 值）

D＝线圈绕制直径，单位为 cm

表 5-3　分布电容的常数 H 值

长度与直径比	H
0.10	0.96
0.15	0.79
0.20	0.78
0.25	0.64
0.30	0.60
0.35	0.57
0.40	0.54
0.50	0.50
1.00	0.46

Medhurst 的算式是针对圆截面的线圈，对于方截面的环，其分布电容算式由 Bramslev（见参考书目）给出：

$$C=60S \tag{5-5}$$

其中，

C=分布电容值，单位为 pF

S=每边长度，单位为 m

如果您将这个算式的长度单位转换为 cm，就可以看到 Bramslev 算式得出的结果与 Medhurst 算式结果具有相同的数量级。

这个分布电容将在环端点处等效呈现为一个并联的电容器，因此确定调谐电容值时，应该从使环发生谐振的总电容值中减去分布电容值。分布电容还决定了特定环天线所能工作的最高频率，因为它是一定存在的最小电容值。

5.2.3　静电屏蔽环天线

有一段时间，许多环天线运用了静电屏蔽套。这个屏蔽套通常为管状套在绕圈的外面，用可导且无磁性的材料（如铜或铝）制成。其目的是为了保持环相对于地平衡，使得环的任何部位与地之间的电容都是相等的，如图 5-25 所示。这种保证环的电平衡以消除所谓的“天线效应”是十分必要的，当天线不平衡时，它将部分地表现为一个垂直小天线，这个垂直辐射图将叠加到理想的 8 字形辐射图上，从而破坏其辐射特性和零点，产生的图形如图 5-26 所示。

增加屏蔽套后，虽然对环的信号拾取能力有所减弱，但是这个损失换来了环天线零点深度的加强。环天线的严格平衡要求接在环上的负载也是平衡的，通常可以采用巴伦变换器或平衡输入前置放大器。关于屏蔽套非常重要的一点是，它不能沿着环周长形成一个连续的电路径，或呈现出一个短路圈，通常需要在馈电点对侧绝缘断开，以保证对称。另一个需要考虑到的是，屏蔽套要比环线径大得多，否则会降低环的 Q 值。

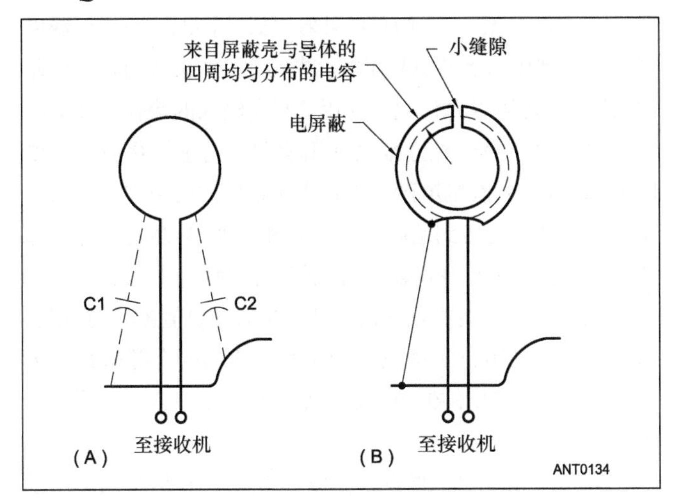

图5-25　在图（A）中，电容相对于地表面而言，环是不平衡的；在图（B）中，静电屏蔽套的使用克服了这种影响。

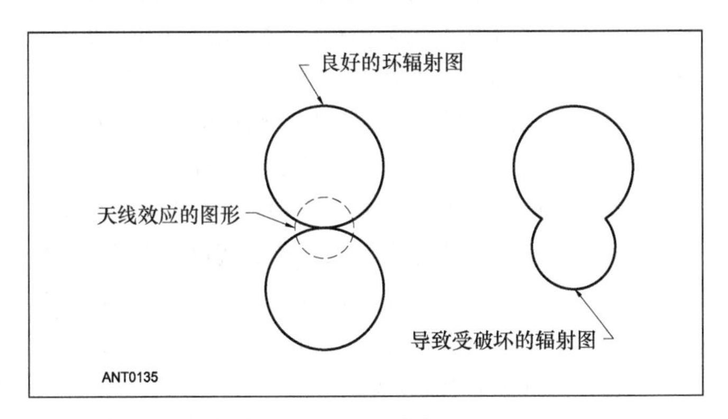

图5-26　天线效应对环天线辐射图的破坏。

已经有多种结构形式被用于制作屏蔽天线。Genaille 是将环的线圈放在铝管内，实际上就是绕圈外面有一个铝制的屏蔽层。也有其他人采用一段硬同轴线来构成一个环，外导体作为屏蔽层。DeMaw 采用柔性同轴电缆，在环导体中央的地方将外屏蔽层断开，绕成工作于 1.8MHz 的多圈环天线。Goldman 则给他的广播接收环天线采用了另外的方案，他的屏蔽层是用金属编织而成的一个桶状结构，将环放在他的中央（上述例子均可见参考书目）。所有的这些办法都可以提供足够的屏蔽效果，以保证天线的平衡性。考虑屏蔽层配置对天线 Q 值的影响很重要。N1DM 在《QEX》杂志（1998 年 7 月/8 月，请参阅参考资料）上发表了一个简短的描述，其中讨论了在一个环形天线上分别加上 U 形屏蔽装置和全框箱罩屏蔽装置时 Q 值的不同，其数据显示加全框箱罩屏蔽装置时的 Q 值降为另一个相同天线配置天线 Q 值的 54%～89%。

使用同轴电缆构造的屏蔽层可能会增加一些额外的电容性分量，这将限制环路的更高频率的调谐范围。设计这种类型的环时应考虑这一事实，即在选择环路电感时，需要考虑这种寄生电容（除了分布电容），以在较高频率处获得所需的调谐点。

不过如 Neslon 所做的那样，通过精心对称考虑也有可能制作出一个没有屏蔽套的环天线，并具备良好的零点特性（60dB 或更好）。

5.2.4　环的 Q 值

如上面所提到的，Q 值对于环的性能来说是一个重要的考虑因素，因为它决定了环的工作带宽与一定场强下终端的感应电压大小。环的有载 Q 值基于以下 4 个因素，它们是：环绕圈本身的 Q 值；负载的影响；静电屏蔽套的影响；调谐电容器的 Q 值。

最主要的因素是环自身的 Q 值。由于趋肤效应引起的导体交流电阻是主要考虑点，铜导线的交流电阻可以由下式来确定：

$$R=\frac{0.996\times10^{-6}\sqrt{f}}{d} \tag{5-6}$$

其中，R=每英尺电阻值，单位为 Ω

f=频率，单位为 Hz

d=导体直径，单位为英寸

导体的 Q 值可以很容易地将电感的感抗除以它的交流电阻得到。如果你正在使用的是多圈环，并且追求完美准确，你也许还要计入导体临近效应所带来的损耗，这个效应在本章后续有关发射环的部分中会详细介绍。

Q 值的提高在某些情况下可以采用 Litz 线（Litzendraht 的缩写，即绞合线）来实现。Litz 线由多根单独的绝缘导线撮合并编制成一股，这样每根导线都在编织股里以相同的频率占据各自的位置。相比于等效截面实心线或单股绞合线，同时考虑到导体的趋肤效应深度随着频率的增加而增加，该绞合线具有减少交流电阻的作用。该绞合线之所以能改善交流电阻是因为，在单个绝缘绞线中趋肤深度区域的总截面比等效直径实心或单股绞线的面积更大。（绞线在交流状态下的作用与相同外径的实心金属丝一样。）60%以上的交流电流是在趋肤深度的区域。因此在计算交流电阻时，趋肤深度比总导体直径更重要。

表 5-4　绞合线中所使用的单个导体的最优尺寸

频率范围	最优 AWG 导线
60 Hz～1 kHz	28
1～10 kHz	30
10～20 kHz	33
20～50 kHz	36
50～100 kHz	38

续表

频率范围	最优 AWG 导线
100～200 kHz	40
200～350 kHz	42
350～850 kHz	44
850～1.4 MHz	46
1.4～2.8 MHz	48

图 5-27 所示为实心导体半径为 R 的趋肤深度和一组等效半径为 R 的绞合线的趋肤深度。通过你所见的视图例子中，绞合线中电流产生趋肤效应区域的横截面积是实心导体的两倍。绞合线在许多结构中都用到了，并且选择特定 Litz 绞合线的首要因素取决于用在特定电缆结构中单个绝缘绞线的最优直径因素。表 5-4 给出了基于使用频率最佳的电线尺寸。选择适当时，即使工作频率高达 2.8MHz，Litz 线的 Q 值比同等尺寸实芯或绞合线的 Q 值高。在使用 Litz 线时，最重要的是要意识到 Litz 线的末端必须做适当的准备，以至 Litz 线中所有绞线焊接在电容和输出连接器的连接端。对那些喜欢使用 Litz 线的人来说，最普遍的应用模式是在 kHz 级别和较低 MHz 级别内其高效变压器和电感器。技术期刊中关于变压器和磁力设计中，仍会定期发表一些使用 Litz 线的文章。

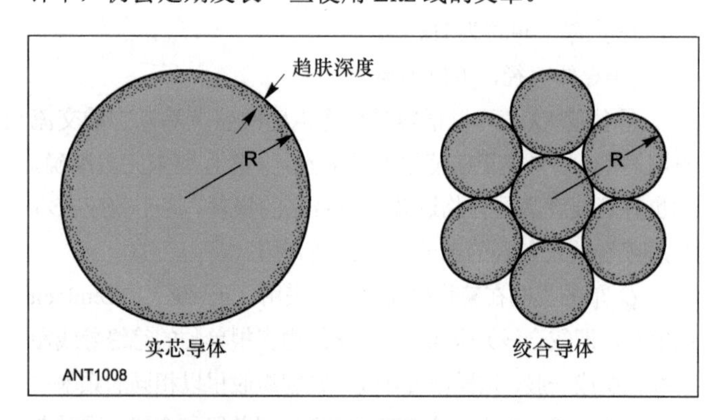

图5-27　传统导线和Litz线趋肤深度的对比图。

同样，环天线调谐电路的 Q 值也取决于发生谐振的电容器的 Q 值。采用空气可变电容器或云母电容通常就不会有问题。但如果采用变容二极管作为远端调谐电路，就要特别注意厂家对二极管在工作频率上给出的 Q 值参数，因为这种调谐二极管对电路的 Q 值影响特别显著。

现在，我们来考虑负载阻抗对环 Q 值的影响。对于直接耦合环（见图 5-22），负载是直接跨接到环的接线端，环的 Q 值也随之低。一个简单的补救方式是接入一个变压器以提高映射到环端点的负载阻抗。事实上，如果我们将变压器改成巴伦，还可以允许我们使用非平衡输入的接收机并保证环的对称性。另一种方案是使用所谓的电感耦合环，例如 DeMaw 的 4 圈静电屏蔽环天线中所采用的就是这种结构。用一个单圈环连接到接收机，但是和其他 4 圈是绕在一起的，实际上就是把变压器做进天线结构中。

还有一种方案可以解决负载阻抗对环 Q 值影响的问题，即运用一个高阻抗平衡输入和不平衡输出的有源前置放大器，具有对环输出的低电平进行放大作用的优点，适用于普通灵敏的接收机。

在这个领域中一直有大量技术热点，不过这些热点在过去 20 年中一直由低频段 DX 广播爱好者和 AM 波段 DX 广播爱好者引领。他们发现，以最大限度提高环/前置放大器组合性能的关键问题之一是前置放大器的动态范围。设计不当的前置放大器可能会使地方广播电台过载或本身有一个不好的噪声系数，限制环天线最终性能的观测。克里斯·特拉斯克（N7ZWY）对短波波段的内容作了详细的介绍。在《QEX》上，他 2003 年 7 月/8 月和 9 月/10 月发表了两篇优秀的文章（请参阅参考资料），其中第 2 篇就包含了对前置放大器要求的讨论。在 6～14MHz 频率上，他的设计产生的噪声系数小于 2dB，同时获得+5dBm 的三阶截获。有兴趣的实验者应该查询一下那篇文章。

实际上，当用一个高阻抗平衡输入前置放大器时，环的 Q 值也可能会太高以至于在某些场合并不适用，举一个会发生这种情况的例子，当这样的环天线用于接收一个 5kHz 带宽的 AM 信号时，而在该频率下环天线的带宽只有 1.5kHz，这样检波出来的音频信号就会失真，解决的办法是在环的两端跨接一个降低 Q 值所用的电阻，使得信号和天线的带宽相匹配。“接收和测向天线”一章中也包含了对环天线中使用前置放大器的信息。

5.3　铁氧体磁芯环天线

铁氧体磁芯环天线可以考虑为空芯接收环天线的一个特例，因为它用在每个 AM 广播便携收音机上。从数量上来说，铁氧体磁芯天线是环天线最流行的形式。它还远不止用在广播波段的接收上，在无线电测向设备和时间频率标准系统的低频段接收上（500kHz 以下）都可以发现它的身影。近年来，这种类型的天线设计信息已经在业余无线电讲座中较少被提起，所以在下面的一些段落将会提供详细点的说明。

铁氧体环天线相比于它的工作频率来说具有尺寸非常小的特征。例如，一个工作在 3.5MHz 频率的该天线只有 15～30cm 长，直径 1.25cm。在本章前面，曾引入了有效高度作为环天线灵敏度的度量，那么对于空心环天线的有效高度由公式（5-2）给出。

假设空芯的环处于一个场中，它将会切割场力线但不会干扰到它（见图 5-28<A>），但是当一个铁氧体磁芯放在这个场时，附近的场力线将会改变走向而通过环（见图 5-28<B>）。这是因为铁氧体材料比周围的空气的磁阻小，所以附近的通量线就趋近于从环中通过，而不是按原走向经过（磁阻是类似于磁的阻力的概念，而通量是类似电流的概念）。磁阻是与磁棒的导磁率μ_{rod}成反比的（有些文章中磁棒的导磁率指的是有效导磁率，μ_{eff}）。这个影响稍加修改就可以得到铁氧体磁芯环天线的有效高度方程：

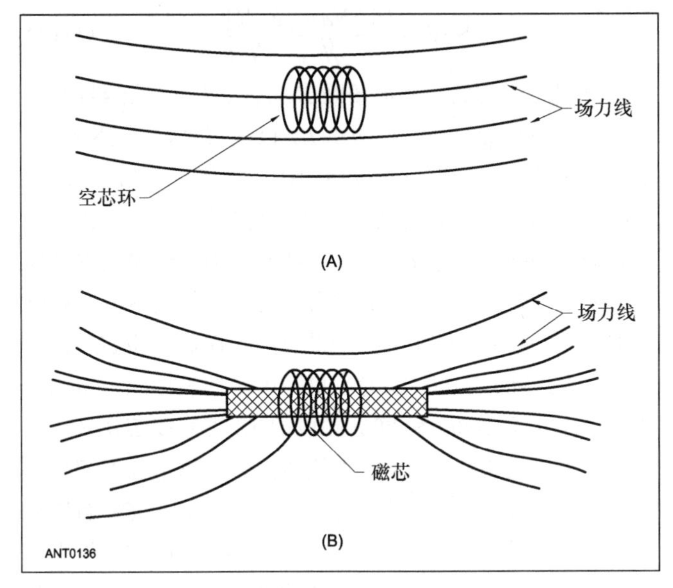

图5-28 图(A)是一个没有被附近场力线所影响的空芯环；图(B)表示了铁氧体磁芯受附近场力线的影响，场也受到铁氧体材料作用而发生改变。

$$h=\frac{2\pi NA\mu_{rod}}{\lambda} \quad (5\text{-}7)$$

其中，

h=有效高度（长度），单位为 m

N=环的圈数

A=环面积，单位为 m^2

μ_{rod}=铁氧体磁棒导磁率

λ=工作波长，单位为 m

这表明"收集"的信号大大地增加了。如果磁棒导磁率为 90，那么相同圈数下使得环的面积相当于大 90 倍。例如一个直径 1.25cm 的铁氧体磁棒环天线，在有效高度上等于直径 22.5cm 的空芯环（圈数同样时）。

现在您已经知道我们非常关注磁棒导磁率这个参数，一个很重要的原因就在这里。磁棒导磁率的呈现是由材料本身的导磁率或μ、磁棒的形状以及磁棒的尺寸一起复合构成。在铁氧体磁棒中，μ_i有时指的是初始导磁率，即μ_i或磁环的导磁率μ_{tor}，由于多数业余用铁氧体环天线都是棒状的，所以我们就只讨论这个形状。

μ_{tor}与μ_i不同的原因是个非常复杂的物理问题，超出本书的范围，对于有兴趣进一步深究的人，可以参考 Polydoroff 写的书籍，以及 Snelling 对这个专题的深入考虑（参见参考书目）。对于我们而言，简单地了解就可以了。磁棒在实际上并不是通量最好的导引物质，参见图 5-29，可以注意到有些力线是从磁芯侧边擦碰而过的，假如线圈是从磁芯的一端绕到另一端的话，这样的力线是不穿过线圈的所有绕线的，我们称这些力线通量为漏通量，或有时也叫通量泄漏。

漏通量会引起磁芯通量密度沿着它长度方向上分布不均匀。从图 5-29 可以看出，通量在磁芯长度的几何中心具有最大值，往两端逐渐减少。这将引起一些明显的影响，当一个短线圈放在一个长磁芯的不同位置时，它的电感量是变化的，最大电感量出现在线圈套在磁棒中心位置，其 Q 值也是在这个中心位置达到最大。从另一方面说，如果您要求一个比这还高的 Q 值，建议您将线圈各绕圈沿着磁芯在整个长度上摊开，尽管这样做会导致电感值比较低（其实电感值可以通过增加原匝数来得到）。图 5-30 给出的是磁棒导磁率与材料导磁率在各种比值时的关系图。

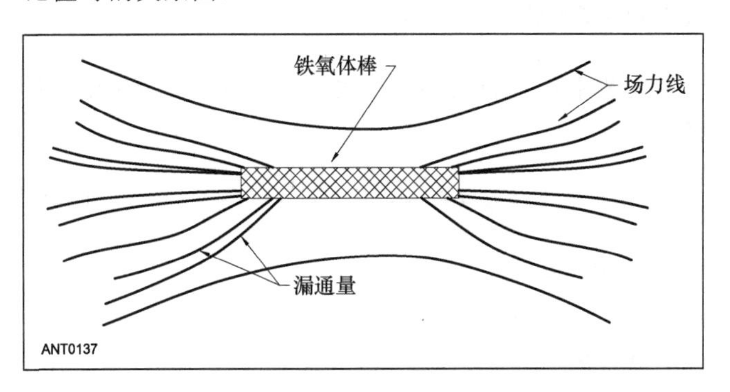

图5-29 靠近一个实际铁氧体磁棒时的磁力线例子，表明出现漏通量。

μ值在整根磁棒长度上的变化会导致μ_{rod}具有可调性，即所谓的"末端自由性"（指那些没有被线圈套住部分）。可调因子由下式给出：

$$\mu'=\mu_{rod}\sqrt[3]{a/b} \quad (5\text{-}8)$$

其中，

μ_{rod}=已矫正的导磁率

a=磁芯长度

b=线圈长度

用这个μ'的值替代方程式（5-7）中的μ_{rod}值，以得到最准确的有效高度。

所有这些可变性使得铁氧体环天线电感量的计算有时

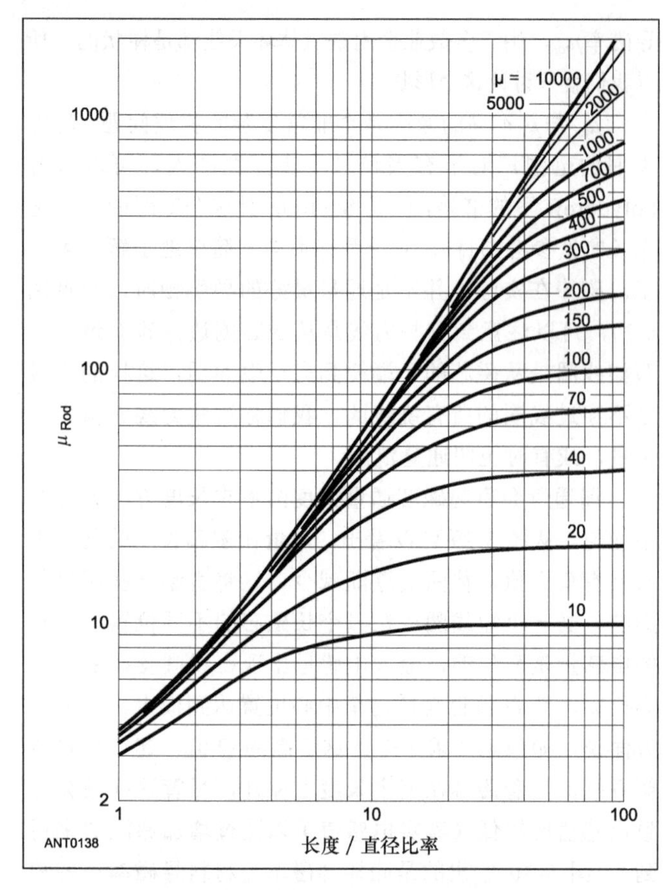

图5-30　对于不同磁棒长度与直径比率，磁棒导磁率μ_{rod}与材料导磁率μ的关系曲线。

比起空芯环天线精确度要差一些。铁氧体环的电感量由下面给出：

$$L = \frac{4\pi N^2 \mu_{rod} \times 10^{-4}}{l} \tag{5-9}$$

其中，

L = 电感量，μH

N = 线圈匝数

A = 磁芯截面积，mm²

l = 磁芯的磁体长度，mm

实验表明线圈直径应该尽量接近磁棒的直径，以使电感量和 Q 值最大。应用这些资料，我们就可以确定环天线端点间的电压及其信噪比（SNR）了。电压从下式得出：

$$V = \frac{2\pi AN\mu' QE}{\lambda} \tag{5-10}$$

其中，

V = 环端点输出电压

A = 环面积，m²

N = 环的匝数

μ' = 矫正的磁棒导磁率

Q = 环有载 Q 值

E = 射频场强值，V/m

λ = 工作波长，m

Lankford 方程给出在 SNR 为 10dB 时环的灵敏度：

$$E = \frac{1.09 \times 10^{-10} \lambda \sqrt{fLb}}{AN\mu' \sqrt{Q}} \tag{5-11}$$

其中，

f = 工作频率，Hz

L = 环电感量，H

B = 接收机带宽，Hz

类似地，Belrose 给出了调谐环天线的 SNR 计算公式，

$$\mathrm{SNR} = \frac{66.3NA\mu_{rod}E}{\sqrt{b}}\sqrt{\frac{Qf}{L}} \tag{5-12}$$

通过该方程式，假如场强 E、μ_{rod}、b 和 A 已经确定，那么应该提高 Q 或 N（或减小 L）以获得更好的 SNR。将多个铁氧体磁芯捆绑一起以增加比单磁棒更多的环面积，从而也可以获得更高的灵敏度（尤其在低于 2000kHz）。Bowers 和 Bryant 建造了用于广播波段 DX 通信的铁氧体环天线，该天线利用多个铁氧体磁芯，并将其捆在一起纵向堆叠。其中 8 英尺环天线所采使用的铁氧体磁芯超过了 100 英镑。Marris（G2BZQ）也采用多铁氧体磁芯结构，建造了工作于 160m 和 80m 频段的 18 英寸多芯铁氧体环天线，该天线中用了 18 个铁氧体磁芯，每个长度和直径分别为 6 英寸和 0.5 英寸。他指出，天线中不需要前置放大器，甚至用于跨大西洋接收时也不需要。同时也指出在对杆或磁芯捆绑之前其末端进行预处理是非常重要的。从磁性设计的角度出发，减少纵杆之间空隙的物理尺寸是重要的。这可以让天线杆保持最佳的磁路（和保持较大的磁导率）。

高灵敏度在这里非常重要，因为环天线不是一个有效的信号拾取者，不过它却能够提供比其他接收天线更好的 SNR 性能。正因为这样，当使用小环接收天线时，应该尽量让 SNR 最大。在有些场合下，由于物理空间上的限制，您无法将铁氧体磁芯天线做得很大。

经过方程式（5-11）和式（5-12）的计算，您可能发现仍然需要在天线系统增益上做些提高以更有效使用环天线。在许多情况下，增加一个低噪声前置放大器是相当有用的，即使在平时很少用到的低频率波段上也是如此。

先前讨论到的关于空芯环的静电屏蔽也可以有效地应用于铁氧体磁芯环天线。若没有一些实验数据，很难回答屏蔽层应为多大的问题。不过我们可以在史密斯的著作中找到一个好的出发点，即他建议屏蔽直径应该至少是线圈外径的两倍。和用在空芯环天线一样，屏蔽套也可以帮助磁芯环天线降低电噪声，并提高环的平衡性。

5.4 环天线阵列

由相同的环天线相互结合而成，或者是由环天线与其他形式的天线组合而成的环天线阵列使用已经许多年了。阵列的采用通常是为了在特殊应用中克服单个环天线使用时的不足，比方零点方向上有180°的模糊性、灵敏度较低等问题。

5.4.1 测向判决单元

对于测向应用而言，单环存在180°方向上有两个零点的问题，这会导致在定向某个给定位置的发射电台时，存在180°的两个模糊可能性。这时可以在环天线上附加一个测向判决单元（经常也叫判决辅助天线），使整个天线具有心形辐射图和只有一个零点。这个判决单元是一个小的垂直天线，高度等于或稍高于环的有效高度，在物理位置上与环天线靠近一起，并且把它的全向辐射调整好，使得它的幅度与相位等于环的其中一个波瓣，这时复合在一起的辐射图就会形成心形。通过采用铁氧体环的方式，这个天线可以制作得相当小巧紧凑，构成一个HF测向用的可随身携带的DF天线。“接收和测向天线”一章包含了更多关于使用判决单元的结构方面信息。

5.4.2 环的相控阵

一个能够产生多个波瓣的高级阵列，应该含有两个或更多的环天线，它们的输出端通过合适的相位线和合路器复合在一起构成一个相位阵列。

5.4.3 交叉环

两个相互垂直的环天线也可以构成一个阵列，产生不需要天线本身物理转动的旋转，这个方案在1907年由Bellini和Tosi提出来的，并使用了一个被称为测角器的特殊变压器完成了有明显对比性的演示实验。

最基本的测角器包括3个线圈，两个是连接到相应环天线的相互垂直线圈，另一个旋转环位于两个垂直线圈的中心。两个固定线圈从根本上可以看作是天线到旋转线圈的信号转换线圈，然后旋转线圈与固定线圈的耦合度就会发生变化，根据耦合到拾取线圈的信号强度可以判断输入信号的实际方向，“接收和测向天线”一章中对此进行了更详细的描述。对于那些带有实验歪曲的例子，Anderson发表了一篇具有建设性的文章，该文章收录于ARRL天线摘要的第1卷，文中对包括测角器在内的一个160m环天线系统进行说明。他用了一个完全平衡的系统，即在系统中使用屏蔽双绞传输线连接到接收器以实现与输入的平衡，并指出在静电屏蔽时，这些环天线的性能较好。

5.4.4 间隔排列的环天线阵列

在阵列中使用多重调谐回路是确实可行的。在大多数情况下，这些阵列使用相位线以在所希望的方向上产生具有深凹槽的方向图。AM波段的XD通信爱好者利用这种技术以空出附近观测站来进行DX通信的接收，调谐阵列使用了类似于那些带有延迟线的定相垂直天线技术，当然事实上环形天线并不需要像垂直天线那样在所有的方位上具有相同的辐射，即垂直天线为了保证在所有的方位上具有相同的辐射，必须核算这些设计阵列，同时需要计算由此产生的天线方向图。

5.4.5 非周期性阵列

非周期性环阵列是一种宽带天线，至少在10倍以上频率范围都可以工作，比如2～20MHz。不像前面所说的各种环天线，各个环单元在非周期性阵列中都是不谐振的，这类阵列天线已经商用许多年了。图5-31给出了用于这种阵列的其中一个环天线，它与本章所讨论的其他所有环天线很不一样，因为它的辐射图不是所熟知的8字形，而是全向的。

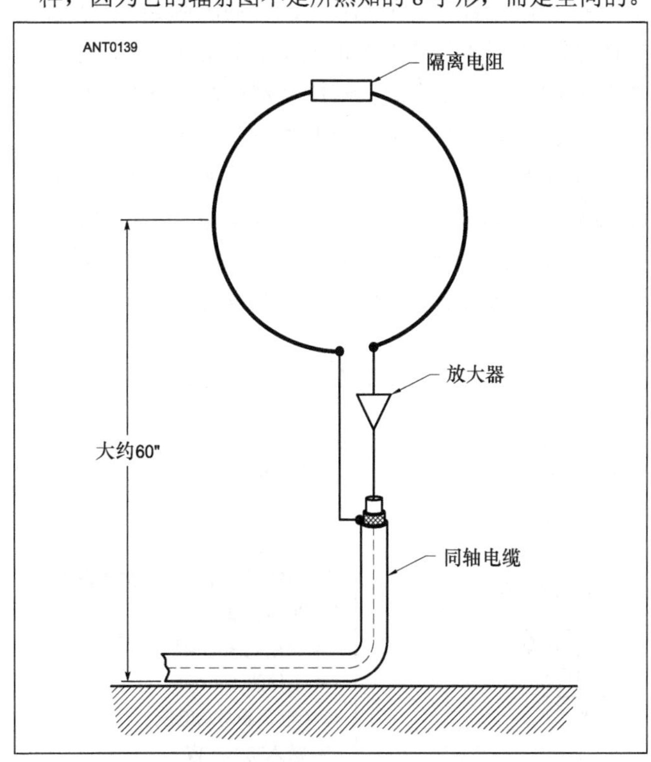

图5-31　用于非周期性阵列的单个宽带环天线。

该天线之所以是全向的，是因为它故意地不平衡，也由于加入的隔离电阻，使得天线呈现出如同两个相互靠得很近的短单极天线。这种环至少可以在 4～5 倍频率范围保证它的全向特性。所以将一些这样的环天线组合成为端射或垂射相控阵列时，可以给人留下相当深刻印象的性能。这种类型的商用端射阵列，通常由沿着一条 25m 长的基线均等摆放的 4 个环天线组成，它可以在覆盖 2～30MHz 频率范围内提供超过 5dBi 的增益，超过这个频率范围相当多部分时，这个阵列依然可以保持 10dB 的 *F/B* 比。尽管商用的这种产品相当昂贵，在业余条件下还是可以依照 Lambert 提供的资料制作一个的。这种类型的阵列其中一个有趣的特性是，通过适当的混合连接和合路器，天线可以同时连接到两台接收机并分别接收不同方向的信号，如图 5-32 所示。这对于需要使用一个定向接收阵列天线来监测两个或更多相邻业余波段信号的人会特别感兴趣。

对于那些在奇特天线方面有兴趣的人来说，在设计阵列时并不将阵列间隔设为同一尺寸，这样以便他们增强阵列的某种特定参数。例如，Collins 描述过一个专门的测向阵列，在阵列中利用对数函数来设置环之间的间隔。在他的设计中，环阵列采用由 6 个手臂组成的莲花状形式，其中从中心开始，每个手臂都是天线的对数周期间隔。相对于沿轴均匀间隔的天线阵而言，其产生的是周期性的增益和前后比，但是对数周期间隔的方式产生的增益更加均匀。

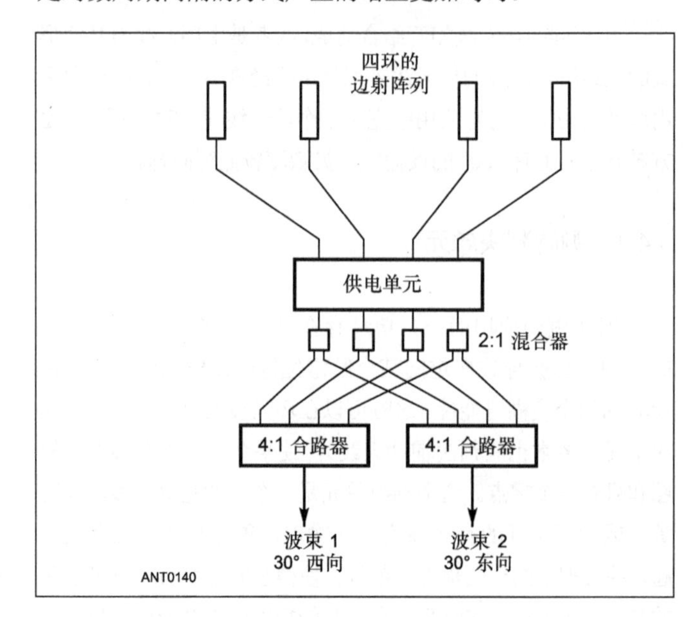

图5-32　具有水平方位上分开60°角的双波束的四环边射阵列天线方框图。

5.5　小型发射环天线

发射环小型天线相对于接收环天线有一些不同的设计考虑。不像接收环天线，天线尺寸的限制并非有那么明确的定义。对于多数的应用目的，物理周长小于 λ/4 的任何发射环天线都可以认为是“小天线”。在多数例子中，作为相对大尺寸（相比于接收环天线）的一个推论，发射环天线沿着周长的电流分布应该是不均匀的，这将导致不同于接收环的一些性能变化。

发射环是一个带有充当辐射器的大电感一起构成的并联谐振电路。与接收环一样，发射环的电感量计算可以使用表 5-5 的方程式。这里为了避免反复不断查找这些方程式，计算发射环天线用到的其他各基本公式都在表 5-5 里给了出来。

表 5-5　　　　发射环计算公式

	其中，
$X_L = 2\pi f L$	X_L = 感性电抗，Ω
$Q = \frac{f}{\Delta f} = \frac{X_L}{2(R_R + R_L)}$	f = 工作频率，Hz
$R_R = 3.12\times10^4\left(\frac{NA}{\lambda^2}\right)^2 \Omega$	Δf = 工作带宽，Hz
$V_C = \sqrt{PX_LQ}$	R_R = 辐射电阻，Ω
$I_L = \sqrt{\frac{PQ}{X_L}}$	R_L = 损耗电阻，Ω（见文中说明）
	N = 所绕的圈数
	A = 环所包围的面积，m^2
	λ = 工作波长，m
	V_C = 电容器两端电压
	P = 馈入功率，W
	I_L = 环路中的谐振电流

在 1968 年 3 月的 QST 杂志上，Lew McCoy（W1ICP）给业余爱好者们介绍了一种所谓的“军用环天线”，这是一种业余版本的环天线，由美国军队的 Patterson 设计用在东南亚便携使用的天线，并于 1967 年给出了描述。图 5-33（A）有这种军用环天线的资料图表，表明它是一个并联的调谐电路，并通过串联分接的电容器阻抗匹配网络来馈电。

Ted hart（W5QJR）在 1986 年 6 月份的 QST 杂志上介绍了 Hart“高效”环天线，它在图 5-33（B）给出示意，带有一个独立于匹配网络的串联调谐电容器。Hart 匹配网络是一种基本的伽马匹配形式。其他一些设计也有使用一个更小的环连接到传输线上，然后再耦合到一个较大的发射环天线。

环的近似辐射电阻（Ω）由下面给出：

$$R_R = 3.12\times10^4\left(\frac{NA}{\lambda^2}\right)^2 \quad (5\text{-}13)$$

其中，

N = 环的圈数

A = 环的面积，m

λ= 工作波长，m

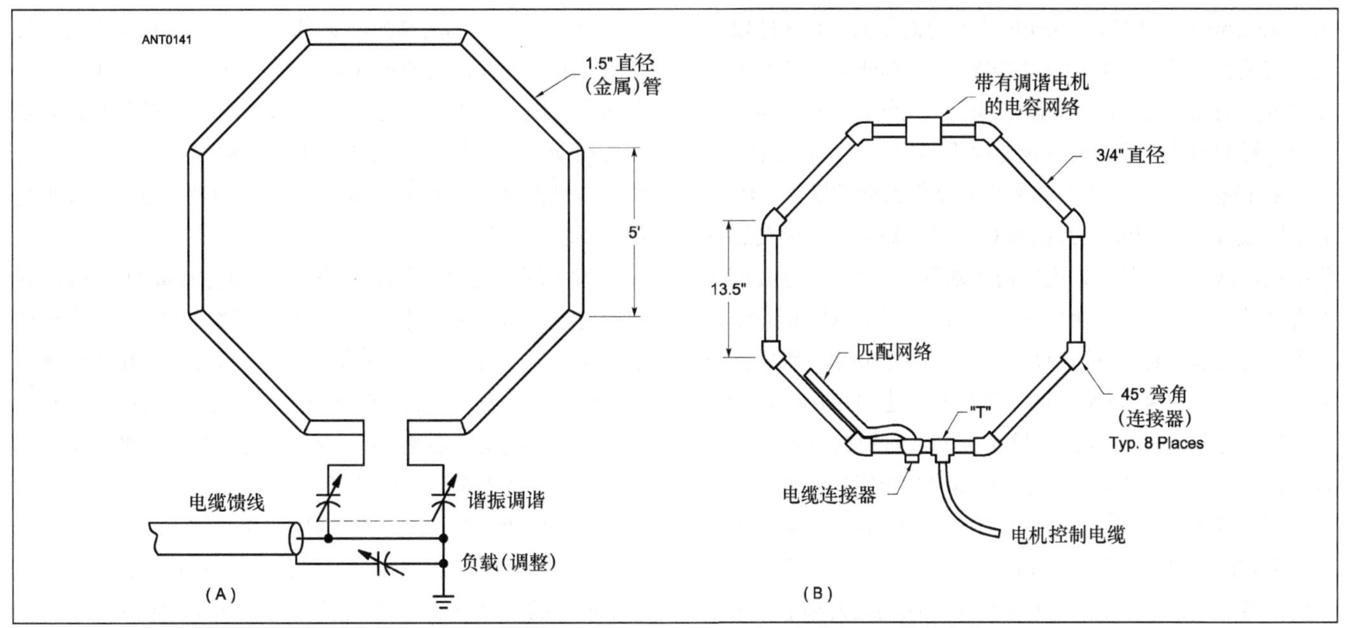

图5-33 图（A）是一个简化的军用环天线示意图，图（B）是W5QJR环天线，在本章后面将会详述。

小型发射环天线通常其辐射电阻非常低，例如，一个单圈 1m 直径的圆形环天线，其半径就是 0.5m，包含的面积是 π×0.52=0.785m²，假设工作在 14MHz，其自由空间波长是 21.4m，这样可以计算出它的辐射电阻只有 $3.12\times10^{-4}(0.785/21.4^2)^2=0.092\Omega$。

不幸的是，环本身还存在损耗，包括损耗电阻以及趋肤效应带来的损耗，将这些损耗也考虑进去时，辐射效率就可以从下面式子计算出来：

$$\eta=\frac{R_R}{R_R+R_L} \tag{5-14}$$

其中，

η = 天线效率，%

R_R = 辐射电阻，Ω

R_L = 损耗电阻，Ω，包含了环导体本身损耗 + 串联调谐电容器的损耗。

通过简单的 R_R 和 R_L 比值表明其对效率的影响，就像图 5-34 看到的，损耗电阻主要来自导体的交流电阻，它可以通过式（5-6）来计算。发射环天线通常需要采用直径至少 3/4 英寸以上的铜导体，以获得较好的效率。管状的导体比实芯的导体更有用，因为高频电流仅仅在导体很浅的表面流动，导体的中心部分几乎不影响高频电流的流动。

需要注意的是，上面的 R_L 还包括了调谐电容器损耗的影响。通常情况下，电容器的空载 Q 值是可以认为很高的，调谐电容的任何损耗几乎可以忽略。例如，一个板极没有机械接触的高品质调谐电容器（比如可变真空电容器或蝶型发射用电容器）的空载 Q 值可以高达 5 000，这相当于在 100Ω 的电容容抗中串入一个小于 0.02Ω 的损耗电阻。但是，当环

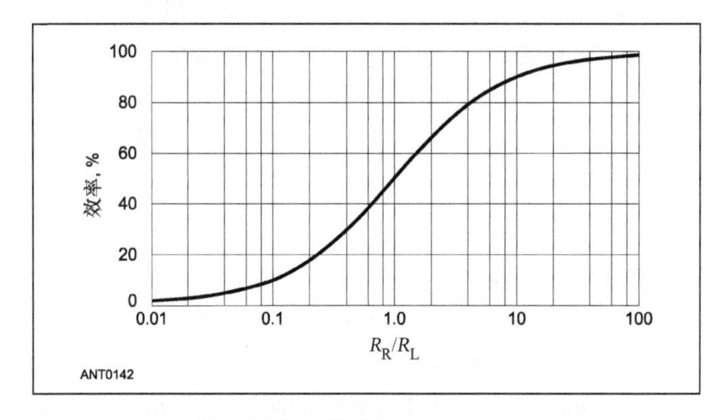

图5-34 R_R/R_L比值对环效率的影响。

的辐射电阻仅仅只有 0.1Ω 这个量级时，这个相对微小的损耗电阻就变得十分明显。关于抑制电容器损耗的实际细节将在本章后面提到。

对于多圈的环的情况还有一种称为“临近效应”的损耗，靠近效应发生在各线圈十分接近的情况（比方相互线圈间只有一个线径的间隔），当这些有电流流动的导体之间相互靠得很近时，沿着每圈导体流过截面的电流密度就会发生重新分布，结果就是每平方米面积有更多的电流跑到与其他导体更靠近的导体表层上流动，这意味着它的损耗会比简单的趋肤效应分析得出的损耗还要高，因为比起邻近没有其他线圈时，电流会更集中起来流过导体上一个更小的截面积。

当环的效率可以达到 90%时，这个靠近效应影响并不严重。但不幸的是，环的效率如果变得越低，这个效应的影响就会越严重。比方一个 8 圈的发射环天线的效率为 10%（通过趋肤效应方案来计算），实际上由于计入靠近效应附加的损耗，它的效率就只有 3%。所以如果您打算制作一个多圈

的发射环，您应该考虑到将各圈导体分开一些以减少这种效应。G.S.Smith 在 1972 年 IEEE 发表的论文上含有这种效应的详细图表。同时，Trask/N7ZWY 在详细研究了接收天线在这方面的损耗后，建议间距至少应该为线直径的 5 倍，以减少损耗的影响。他的建议也适用于各种环形发射天线。

在谐振发射环天线中的所有元器件都会承受大电流和高电压，这是由于构成天线的高 Q 调谐回路会产生很大的回路电流，这使得任何固定电容器要求具有高的 RF 电流承受能力非常重要，比方采用发射机专用的陶瓷或 Centralab850 系列的电容器。要知道即使是 100W 的发射功率，都将会产生几十安培的电流，以及调谐电容器上超过 10 000V 的电压。任何用于连接环和电容器的导体也要考虑到这一点。一根 #14（14 号）的导线可能比环导体本身的电阻还要大！

所以最好是使用从同轴电缆剥出来的铜带或铜编织带作为所有的连接线。并采用焊接或焊接头以获得尽可能好的电气连接，应该避免使用螺母和螺丝，因为在射频下，这样的连接具有较高的电阻，尤其是受到风化腐蚀之后更严重。Trask 也指出，一些柔性铜管是由铅、铜合金制成。但应该避免使用这种铜管，这是因为使用这种铜管会增加线的电阻率。Trask 建议使用刚性铜管、制冷管或大型铜导线等。

作为一个不幸的推测可知，要拥有一个体积又小效率又高的发射环天线，它的有载 Q 值就要非常高，因此工作带宽非常有限。也许在 5kHz 的频率变化时，这类天线都需要重新调谐。假如您使用 AM 或 FM 之类的宽带模式，就会引起信号保真度的问题，这时您就需要牺牲一点效率以满足带宽要求。

发射环天线的一个特殊例子是铁氧体加载的环天线。假如我们考虑到铁氧体磁芯可以使接收环性能提高，那么道理上也应该推论出可以用于发射环上。不幸的是，用铁氧体加载环作为一个发送天线的转换装置并不是一个小问题，其中最关切的问题是磁芯饱和度。这往往会导致其需要一个相当大的磁芯（比典型商用的铁氧体磁芯都大）。最近 Simpson 和他的合作者一直在研究将体积为 2.2 立方英尺的蛋型铁氧体磁芯应用到一个 2 MHz 的环天线上。尽管他们已经报道了所取得的一些成绩，但是这些额定功率为 5 W 的天线其效率不高（<3%），内核也很重（622 磅）。该天线还有一个问题，即其带宽非常有限，这对天线业余爱好者来说，该问题将是限制这类天线在未来实际应用的主要因素。

5.6 参考文献

原始材料和更多关于本章主题的扩展讨论见下面所列的参考条目以及本书“天线基本理论”章中的参考文献部分。

Source material and more extended discussion of topics covered in this chapter can be found in the references given below and in the textbooks listed in the References section of the Antenna Fundamentals chapter.

Aperiodic Loop Antenna Arrays (Hermes Electronics Ltd, Nov 1973).

C. F. W. Anderson, “A Crossed-Loop/Goniometer DF Antenna for 160 Meters,”*The ARRL Antenna Compendium, Vol 1* (Newington: ARRL, 1985), pp 127-132.

D. Belcher, “Loops vs Dipole Analysis and Discussion,”*QST*, Aug 1976, pp 34-37.

E. Bellini & A. Tosi, “A Directive System of Wireless Telegraph,”*Proceedings of the Physical Society of London (UK)*, Vol 21: 1907: pp 305-328.

J. S. Belrose, “Ferromagnetic Loop Aerials,”*Wireless Engineer*, Feb 1955, pp 41-46.

J. S. Belrose, “An Update on Compact Transmitting Loops,”*QST*, Nov 1993, pp 37-40.

A. Boswell, A.J. Tyler, A. White, “Performance of a Small Loop Antenna in the 3-10 MHz Band,”*IEEE Antennas and Propagation Magazine*, Vol. 47, No. 2, Apr 2005, pp 51-57.

B. Bowers and J. Bryant, “Very Large Ferrite Loops,”*Fine Tuning Proceeding 1994-1995* (John H. Bryant, 1994), pp 18-1 to 18-6.

R. Capon, “You Can Build: A Compact Loop Antenna for 30 Through 12 Meters,”*QST*, May 1994, pp 33-36.

LB Cebik, “Horizontally Oriented, Horizontally Polarized Large Wire Loop Antennas,”29 Mar, 1999, www.cebik.com

LB Cebik, “A Comparison of Closed and Interrupted Loop Antennas for 40 Meters”, 15 Jan 2006, www.cebik.com

B. S. Collins, “A New High Performance HF Receiving Antenna,”*Proceedings of the International Conference on Antennas and Propagation*, 28-30 Nov 1978, (London, UK: Institution of Electrical Engineers), pp 80-81

J. Dietrich, “Loops and Dipoles: A Comparative Analysis,”*QST*, Sep 1985, pp 24-26.

D. DeMaw, “Beat the Noise with a Scoop Loop,”*QST*, Jul 1977, pp 30-34.

D. DeMaw, “A Closer Look at Horizontal Loop Antennas,”*QST*, pp 28-29, 35.

D. DeMaw and L. Aurick, “The Full-Wave Delta Loop at Low Height,”*QST*, Oct 1984, pp 24-26.

M. F. DeMaw, *Ferromagnetic-Core Design and Application Handbook* (Englewood Cliffs, NJ: Prentice-Hall Inc, 1981).

R. G. Fenwick, "A Loop Array for 160 Meters,"*CQ*, Apr 1986, pp 25-29.

D. Fischer, "The Loop Skywire,"*QST*, Nov 1985, pp 20-22. Also"Feedback,"*QST*, Dec 1985, p 53.

R. A. Genaille, "V.L.F. Loop Antenna,"*Electronics World*, Jan 1963, pp 49-52.

R. S. Glasgow, *Principles of Radio Engineering* (New York: McGraw-Hill Book Co, Inc, 1936).

S. Goldman, "A Shielded Loop for Low Noise Broadcast Reception,"*Electronics*, Oct 1938, pp 20-22.

F. W. Grover, *Inductance Calculation-Working Formulas and Tables* (New York: D. VanNostrand Co, Inc, 1946).

J. V. Hagan, "A Large Aperture Ferrite Core Loop Antenna for Long and Medium Wave Reception,"*Loop Antennas Design and Theory*, M.G. Knitter, Ed. (Cambridge, WI: National Radio Club, 1983), pp 37-49.

T. Hart, "Small, High-Efficiency Loop Antennas,"*QST*, Jun 1986, pp 33-36.

T. Hart, *Small High Efficiency Antennas Alias The Loop* (Melbourne, FL: W5QJR Antenna Products, 1985).

S. Harwood, "The Horizontal Loop—An Effective Multipurpose Antenna,"*QST*, Nov 2006, pp 42-44.

H. Hawkins, "A Low Budget, Rotatable 17 Meter Loop,"*QST*, Nov 1997, p 35.

B. Jones, "A Home-Brew Loop Tuning Capacitor,"*QST*, Nov 1994, pp 30-32.

J. A. Lambert, "A Directional Active Loop Receiving Antenna System,"*Radio Communication*, Nov 1982, pp 944-949.

F. Langford-Smith (ed.), *Radiotron Designers Handbook*, 4th ed, (Wireless Press: Australia, 1953), p 466

D. Lankford, "Loop Antennas, Theory and Practice,"*Loop Antennas Design and Theory*, M. G. Knitter, Ed. (Cambridge, WI: National Radio Club, 1983), pp 10-22.

D. Lankford, "Multi-Rod Ferrite Loop Antennas,"*Loop Antennas Design and Theory*, M. G. Knitter, Ed. (Cambridge, WI: National Radio Club, 1983), pp 53-56.

D. M. Mallozzi, "Q of Shielded Loop Antennas,"*QEX*, Jul/Aug 1998, pp 59-60.

J. Malone, "Can a 7 foot 40 m Antenna Work?"*73*, Mar 1975, pp 33-38.

R. Q. Marris, "The Optima 160/80-Meter Receive Antenna,"*The ARRL Antenna Compendium Vol 6*, (Newington: ARRL), pp 45-48.

L. G. McCoy, "The Army Loop in Ham Communications,"*QST*, Mar 1968, pp 17, 18, 150, 152. (See also Technical Correspondence, *QST*, May 1968, pp 49-51 and Nov 1968, pp 46-47.)

R. G. Medhurst, "HF Resistance and Self Capacitance of Single Layer Solenoids,"*Wireless Engineer*, Feb 1947, pp 35-43, and Mar 1947, pp 80-92.

G. P. Nelson, "The NRC FET Altazimuth Loop Antenna,"*N.R.C. Antenna Reference Manual Vol. 1*, 4th ed., R. J. Edmunds, Ed. (Cambridge, WI: National Radio Club, 1982), pp 2-18.

New England Wire Technologies, Litz Wire Technical Information (www.newenglandwire.com)

K. H. Patterson, "Down-To-Earth Army Antenna,"*Electronics*, Aug 21, 1967, pp 111-114.

R. C. Pettengill, H. T. Garland and J. D. Meindl, "Receiving Antenna Design for Miniature Receivers,"*IEEE Trans on Ant and Prop*, Jul 1977, pp 528-530.

W. J. Polydoroff, *High Frequency Magnetic Materials—Their Characteristics and Principal Applications* (New York: John Wiley and Sons, Inc, 1960).

Reference Data for Radio Engineers, 6th ed. (Indianapolis: Howard W. Sams & Co, subsidiary of ITT, 1977).

T. Simpson and J. Cahill, "The Electrically Small Elliptical Loop with an Oblate Spheroidal Core,"*IEEE Antennas and Propagation Magazine*, Vol 49, No 5: Oct 2007, pp 83 to 92.

T. Simpson and Y. Zhu, "The Electrically Small Multi-Turn Loop with a Spheroidal Core,"*IEEE Antennas and Propagation Magazine*, Vol 48, No 5: Oct 2006, pp 54 to 65.

G. S. Smith, "Radiation Efficiency of Electrically Small Multiturn Loop Antennas,"*IEEE Trans on Ant and Prop*, Sep 1972, pp 656-657.

E. C. Snelling, *Soft Ferrites—Properties and Applications* (Cleveland, OH: CRC Press, 1969).\

C. R. Sullivan, "Optimal Choice for the Number of Strands in a Litz-Wire Transformer Winding,"*IEEE Transactions on Power Electronics*, Mar 1999, Vol 14, No 2, pp 283-291 (also available on line at www.thayer. dartmouth.edu/inductor/papers/ litzj.pdf)

C. Trask, "Active Loop Aerials for HF Reception Part 1: Practical Loop Aerial Design,"*QEX*, Jul/Aug 2003, pp 35-42.

C. Trask, "Active Loop Aerials for HF Reception Part 2: High Dynamic Range Aerial Amplifier Design,"*QEX*, Sep/Oct 2003, pp 44-49.

J. R. True, "Low-Frequency Loop Antennas,"*Ham Radio*, Dec 1976, pp 18-24.

E. G. VonWald, "Small-Loop Antennas,"*Ham Radio*, May 1972, pp 36-41.

第 6 章

多元天线阵列

6.1 创建增益和方向性

单元天线阵列提供的增益和方向性往往代表着在发射和接收方面值得改进之处。天线的功率增益等效于发射机功率的增加。但是与增加自己的发射机功率不同的是，天线增益对所需方向的信号接收作用效果相同。但是，方向性能够降低来自于不受欢迎方向上的信号强度，因而有助于排除干扰。

获得增益和方向性的一种通常的方法是：将一组半波长偶极天线的辐射方向聚集在想要的方向上。一些解释性的文字将有助于阐明功率增益是怎样得到的。

在图 6-1 中，假定 4 个圆圈 A、B、C、D 代表 4 个偶极天线，它们相互离得足够远，以致它们之间的耦合可以忽略。同时假定点 P 离这些偶极天线足够远，以至于该点离偶极天线的距离相等（P 明显应该比图中显示的距离远得多）。在这些条件下，如果对这些偶极天线馈以同相的射频电流，那么来自于这些偶极天线的场将会在 P 点叠加。

我们假设，加在偶极天线 A 上的特定电流 I，将在远场

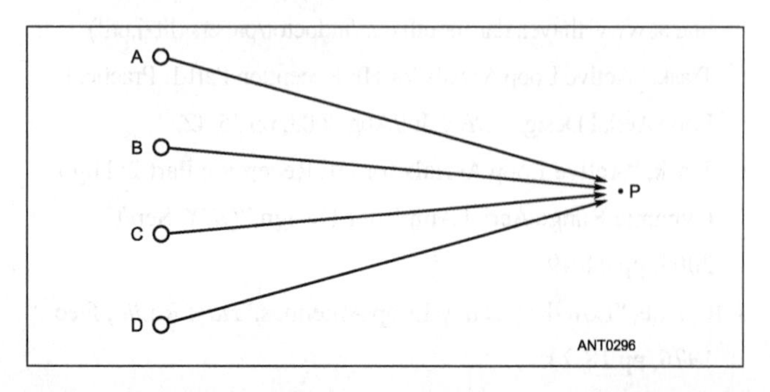

图6-1　各天线产生的场在远场点P处叠加，产生的场强超过由相同功率的单个天线产生的场。

点 P 产生一个特定的场强值 E。对于其他的偶极天线，相同的电流在 P 点产生相同的场强值。因而，如果只有偶极天线 A 和 B 各自以电流 I 工作，P 点的场强值就是 2E。当 A、B、C 在工作时，场强为 $3E$，当 4 个偶极天线同时以 I 一起工作时，场强为 $4E$。由于 P 点接收到的功率是场强的平方，在 P 点接收到的相对功率值为 1、4、9 或 16，这取决于有 1 个、2 个、3 个，还是 4 个偶极天线在工作。

现在，由于所有的 4 个偶极天线是一样的，并且它们之间没有耦合，因此必须对每个偶极天线输入相同的功率，才能产生电流 I。对于 2 个偶极天线，相对输入功率为 2；3 个偶极天线是 3；4 个偶极天线是 4，依此类推。上述各情况下的实际增益是相对接收（或输出）功率除以相对输入功率。因此我们得到如表 1 所示的结果。上述功率比正比于所采用的单元个数。

有必要记住上述关系成立的条件：

（1）在接收点上来自各个天线单元的场都是同相的。

（2）各单元是相同的，各单元的电流一致。

（3）单元的排列方式使得各单元之间的感应电流可以忽略。也就是说，各单元的辐射电阻必须与其他单元不存在时一致。

很少有天线阵列准确满足所有这些条件，然而，当采用偶极天线单元的定向阵的单元间隔取最优值的时候，功率增益近似正比于单元数目。换句话说，假定取最优单元间距，每次单元数目加倍时，将得到近似 3dB 的增益。然而，基于这一准则的估计，有可能以两倍或更大的比率因子（增益误差为 3dB 或更大）出错，尤其是互耦合不能忽略的时候。

表 6-1　耦合可忽略的偶极天线的比较

偶极天线	相对输出功率	相对输入功率	功率增益	增益（dB）
只有 A	1	1	1	0
A 和 B	4	2	2	3
A、B 和 C	9	3	3	4.8
A、B、C 和 D	16	4	4	6

6.1.1　定义

为了使读者阅读起来更加方便，这里将“天线基本理论”一章中的一些概念再叙述一遍。请参见本章节中关于基本概念更全面的介绍。

多元定向阵列中的一个单元通常是超出地面之上λ/2 或λ/4 的垂直辐射单元。单元长度往往并不正好是电波长的 1/2 或 1/4。因为在某些种类的阵列中，我们想要单元呈现感性或容性电抗，所以长度并不总是正好为 1/2 或 1/4 电波长。然而，长度偏离谐振值通常较小（一般不超过 5%），因此对于单元的辐射特性没有多大影响。

本章所讨论的多元阵列的天线单元要么是平行排列，如图 6-2（A）所示，要么就是共线排列（端对端），如图 6-2（B）所示。图 6-2（C）所示的是平行和共线排列的组合单元阵。单元可以水平或者垂直排列，取决于你想要的是水平还是垂直极化。除了空间通信，很少使用混合极化，所以阵列通常是由具有相似极化的单元构成。

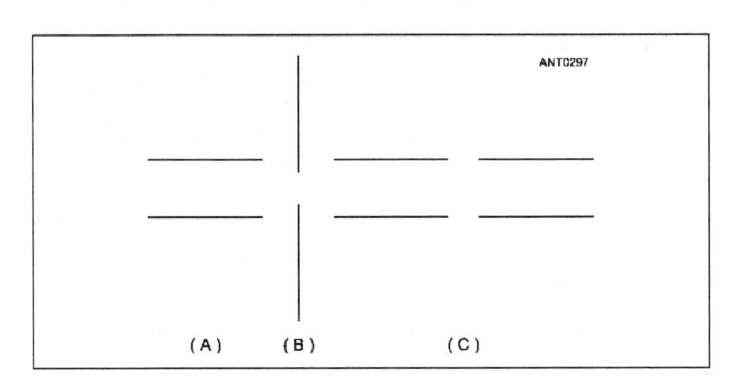

图6-2　图（A）为平行的天线单元，图（B）为共线的天线单元，图（C）为平行和共线的组合单元。

激励单元（有源振子）通常是指由发射机通过传输线供电的单元。寄生单元（无源振子）是指仅仅通过与离它较近的单元的耦合来获得能量的单元。

全部由激励单元构成的阵列叫激励阵列。阵列单元中包含一个或一个以上寄生单元的阵列叫寄生阵列。因为不管怎样，你都需要给阵列供电，所以必须在阵列中引入一个激励单元。

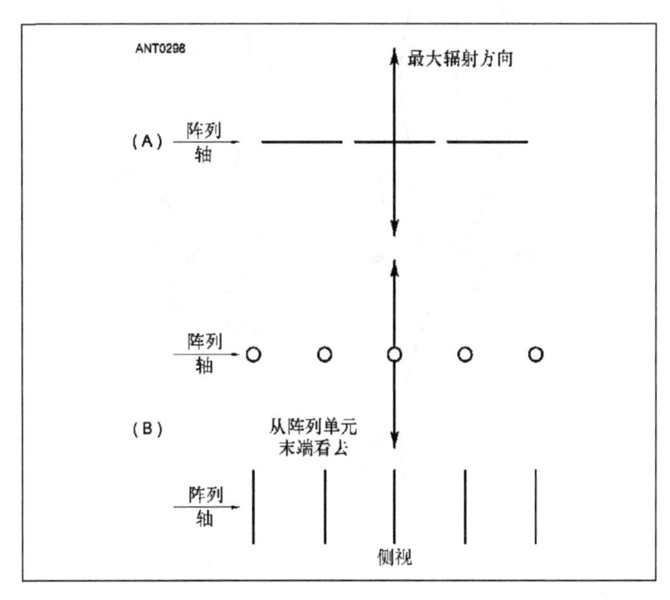

图6-3　典型的边射阵。图（A）为共线单元，图（B）为平行单元。

边射阵是指阵列的主要辐射方向与阵列轴和包含所有单元的平面垂直的阵列，如图 6-3 所示边射阵的单元可以是共线排列。

端射阵是指阵列的主要辐射方向和阵列轴的方向一致的阵列。该定义如图 6-4 所示。端射阵必须由平行排列的单元构成。它们不能是共线单元，因为λ/2 单元不能直接从末端辐射。八木天线就是我们熟悉的一种端射阵。

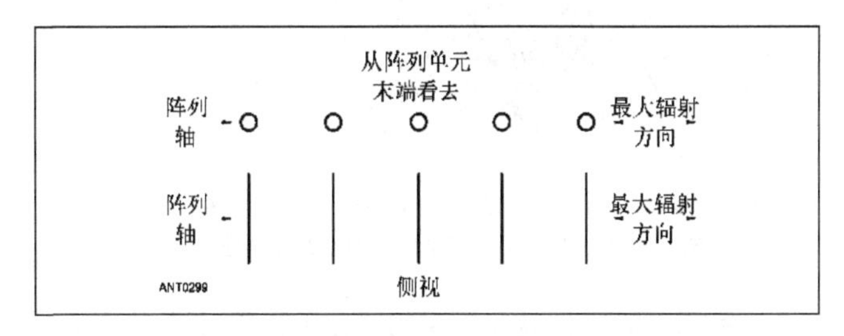

图6-4　一个端射阵。实际阵列可能含有边射方向性（见图6-3）和端射方向性，包括平行和共线单元。

双向阵是指在沿最大辐射方向的每一端辐射能量相等的阵列。双向阵列的方向图如图 6-5（A）所示。单向阵列是指只有一个主辐射方向的阵列，如图 6-5（B）所示。

辐射最大的波瓣叫做方向图的主瓣。比主瓣辐射强度弱一些的波瓣叫做副瓣。相对辐射功率为主瓣辐射功率最大值 1/2 的两个方向之间的夹角（用°表示）叫做定向天线的波束宽度。在这些半功率点处，场强等于主瓣场强最大值的 0.707 倍，或者说比最大值低 3dB。图 6-6 所示的是一个具有 30°束宽的瓣。

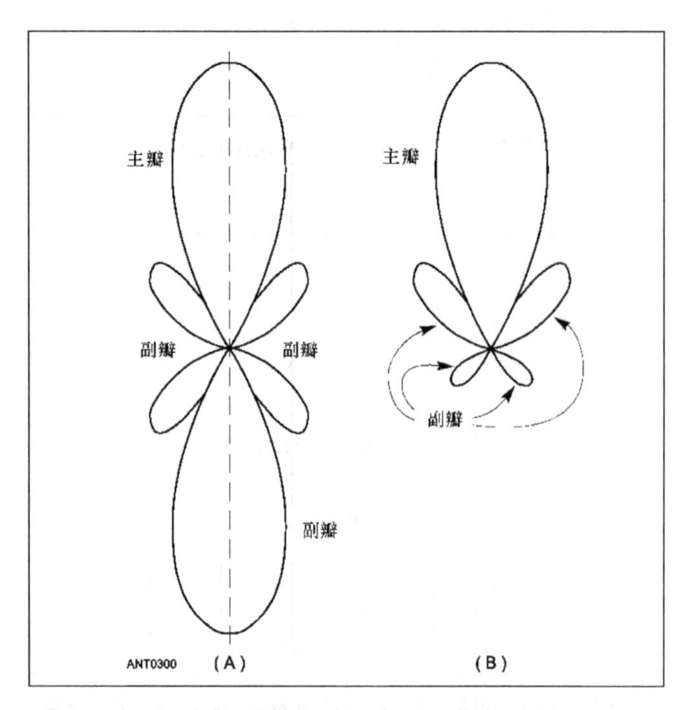

图6-5　图(A)为典型的双向方向图，图(B)为单向方向图。这些图也说明了术语主、副在方向图的波瓣上的应用。

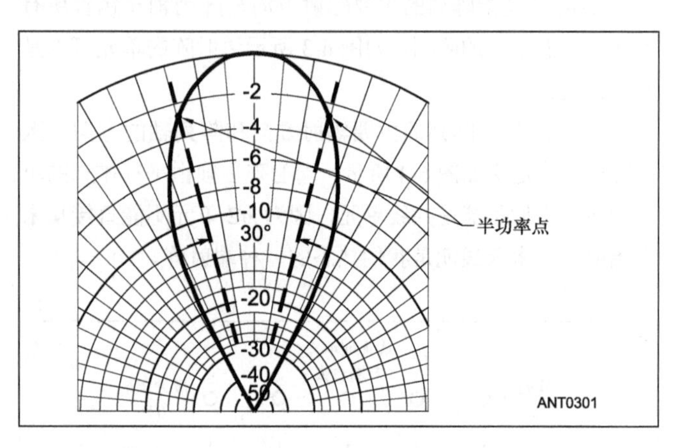

图6-6　束宽是在接收到或发射功率为最大功率一半(-3dB)的方向之间的角度距离。每个方向图网格的角度间隔是5°。

除非特别说明，这里所说的增益是指相对于一个自由空间的各向同性辐射器的功率增益。增益也可以和一个1/2 波长偶极天线作比较，偶极天线和比较的阵列具有相同的极化，处于相同的高度，具有相同的输入功率。增益可以通过实验测量或计算来确定。实验测量比较困难，而且容易引起较大的误差。原因有二：第一，由于简单的射频测量设备的精度较差，正常情况下测量都会发生误差——即使是高质量的射频仪器，和对应的低频和直流仪器相比，在精度上也会差得多。第二，测量精度大大依赖于测量时的客观条件：天线架设地点，包括高度、地形特点，以及周边环境。

计算通常基于测量到的或理论计算得到的天线方向图。阵列的理论增益可以由下式近似得到：

$$G = 10\log = \frac{41253}{H_{3dB} \times E_{3dB}} \tag{6-1}$$

其中，

G=偶极天线在希望的方向上的增益的分贝值

H_{3dB}=水平半功率束宽（用度表示）

E_{3dB} =垂直半功率束宽（用度表示）

严格说来，这个方程只适用于无损天线，而且天线具有近似相同且较窄的 E 面和 H 面束宽——最大不超过 20°，且不存在较大的副瓣。把该公式用于具有相对较大束宽的简单定向天线时，误差较大。误差往往使得理论值大于实际值。

前后比（F/B）是天线在想要的方向与其反向辐射的功率的比值。前后比的讨论见第 11 章，那里也讨论了与它接近的概念：最差前后比。

相位

用于分析有电流流动的天线单元的相位概念和普通电路中的相位概念是一致的。例如，如果两个电流在同一时刻、同一方向达到最大值，它们就是同相的。电流方向取决于以哪种方式对单元进行供电。

图 6-7 对此作了说明，假定以某种方式在每个单元中标有 A 的末端施加相同的电压。同时假定各单元之间的耦合可以忽略，规定电压的瞬时极性，使得电流从电压施加点流开。图中箭头显示了假定的电流方向。这样，单元 1 和单元 2 中的电流就是同相的，因为它们由相同的电压激励产生且在空间上沿相同方向流动。而单元 3 由于电压施加在相反的末端，电流在空间上沿着相反的方向流动。因此单元 3 的电流相对于单元 1、单元 2 的电流异相 180°。

激励单元的相位取决于单元指向、施加电压相位以及电压施加的位置。在很多业余爱好者使用的系统中，施加给各单元的电压相互之间要么完全同相，要么完全异相。而且由

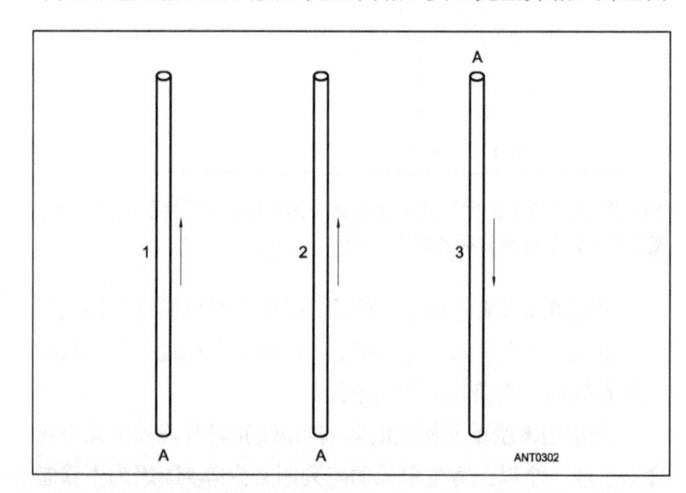

图6-7　该图说明天线单元的电流的相位，由箭头代表。单元1和单元2的电流同相，而单元3的电流和单元1和单元2的电流180° 异相。

于常常采用平行或者共线排列，单元轴几乎总是取为同相。所以，在这种系统中激励单元的电流总是与其他单元的电流同相或异相。重申一下“天线基本理论”章中的重要概念，即区分天线的相位和极性是很重要的。极性很简单，就是指定一个正向和负向的约定或公认的一个约定。翻转馈线上的极性方向就会导致信号极性的翻转。

在激励阵列中，可能采用小于 180°的相位差，有一种比较重要的情况：一组单元电流的相位和另一组相差 90°。然而，正如本章后面章节将要说明的，在这种系统中实现合适的相位要比在相差 0°或者 180°的系统中困难得多。

在寄生阵列中，寄生单元的电流的相位取决于单元间距、调谐，这将在后面描述。

地面效应

定向天线和简单的偶极天线具有相同地面效应。因此在“地面效应”章所讨论的反射因子适用于阵列的垂直方向图，该方向图服从那一章提到的一些修正。当阵列中不是所有单元都处在同一高度时，可以采用阵列处在平均高度下的反射因子作为近似。平均高度定义为从地面到最低单元中心点和最高单元中心点的距离的平均值。

6.1.2 互阻抗

考虑两个靠得很近的半波长单元。假定只对一个单元馈电来产生电流。该电流产生的电磁场在第 2 个单元内感应出电压，使得第 2 个单元内也有电流。单元 2 中的这一电流反过来也会在单元 1 中感应出电压，引起额外的电流。因此第 1 个单元中的总电流是原始电流和感应电流的叠加（考虑相位）。

有单元 2 存在和没有单元 2 存在时，单元 1 中引起的电流的振幅和相位是不一样的。这表明单元 2 的存在改变了单元 1 的阻抗。这种效应称之为互耦合。互耦合导致两单元之间的互阻抗。互阻抗具有电阻和电抗分量。天线单元的实际阻抗为自阻抗（无其他单元时的阻抗）以及与所有附近单元间的互阻抗之和。

第 1 个单元的馈电点的阻抗大小和性质取决于第 2 个单元对它的感应电流幅度，以及原始电流和感应电流之间的相位关系。感应电流的幅度大小和相位取决于它和第 2 个天线间距，以及第 2 个天线是否调谐。

在下面所要讨论的几章里，只对 2 个单元之一施加功率。不要因此把互耦合理解成只存在于寄生阵列里。请谨记：互耦合存在于任意两个靠得比较近的导体之间。

感应电流的幅度

当两个天线平行并且靠近的时候，感应电流最大。在这一条件下，第 1 个单元在第 2 个单元中感应的电压，以及第 2 个单元在第 1 个单元感应的电压，都达到最大值，并产生最大的电流。随着平行天线单元间距的变大，这一耦合降低。

在共线天线间的耦合相对较小，所以这些天线间的互阻抗同样也较小。但不能忽略不计。

相位关系

当 2 个天线之间的间隔是一个波长的可观部分，天线 1 产生的电场到达天线 2 之前，经过了可以测量的时间周期。而由天线 2 中的电流产生的电场返回到天线 1 产生感应电流所花的时间也类似。因此天线 2 对天线 1 的感应电流与天线 1 的原始电流的相位关系由两天线之间的间距决定。

感应电流和原始电流的相位关系，可以在完全同相到完全异相之间变化。如果这两个电流同相，总电流大于原始电流，相当于天线馈电点的阻抗减少了。如果两电流异相，总电流减小，相当于阻抗增大。如果相位关系处在中间相，阻抗增大或减小取决于感应电流和原始电流的相位关系中同相和异相哪个占主导。

除感应电流和原始电流正好同相或异相的特例外，感应电流使得总电流的相位随着所加电压的变化而改变。结果，附近的第 2 个天线的出现就会导致原来天线的阻抗呈电抗性——也就是说，天线将会失谐，尽管它的自阻抗呈电阻性。失谐的大小取决于感应电流的幅度和相位。

调谐条件

当天线 2 存在的时候，影响天线 1 的阻抗的第 3 个因素是天线 2 的调谐情况。如果天线 2 并不完全谐振，感应电压引起的电流相位，会提前或滞后于天线 2 谐振时的电流相位。这将返回去影响到天线 2 对天线 1 的感应电流相位，对它有一个额外的提前或滞后。这一相位滞后的效果和自谐振天线间的间距改变类似。但是，调谐的改变并不完全等价于间距的改变，因为这两种情况对感应电流幅度的影响是不一样的。

6.1.3 互阻抗和增益

天线间的互耦合是个重要的量，因为对于给定的输入功率，它对产生多大的电流具有重要的影响。正是产生电流的大小决定了从天线辐射出去的电场大小。其他的量可以依此类推，如果两天线间的互耦合使得对于相同的输入功率产生的电流比两根天线没有耦合时产生的电流要大，那么功率增益也大。见表 6-1。

另一方面，如果互耦合使得电流减小，增益就会比天线之间没有耦合时小。这一章节里面用到的互耦合这个术语假定考虑了单元之间的互阻抗，同时考虑了由单元间距和单元调谐或调相所引起的传播延迟的附加影响。

单元间的互阻抗计算是个复杂问题。图 6-8、图 6-9 绘出了两种简单却重要的情况的数据。这两个图并未显示互阻抗，取而代之的是一个更有用的量——在天线中心测到的馈电点电阻，因为它受到天线间距的影响。

图 6-8 的实线所示是在其中任一天线中点测得的馈电点电阻。当这两个天线自谐振、相互平行、同相工作的时候，该电阻随着天线间距增大而减小，该趋势一直持续到间距为 0.7λ。这是一个边射阵。当天线单元间距在这一范围的时候，这一对单元取得增益最大值，因为对于相同功率而言，其电流更大，而且在与两天线连线垂直的线上的远场点处，这两个天线的场是同相到达的。（自激振荡就是指天线在没有与其他任何天线发生耦合时，自己产生谐振的一种现象。）

图 6-8 中的虚线代表两个 180° 异相的天线（端射），这不能处理得像上面那么简单。在这种情况下，在天线间隔小于 0.6λ 时，馈电点电阻随着间隔减小而减小。但是，在上面考虑的间隔范围内，只有当间隔为 0.5λ 时，两个天线在想要的方向上的远处场正好同相叠加。在较小的间隔上，场很快就变为异相，因此所得的场小于两者的简单相加。更小的间隔将减小增益，同时反馈电阻抗的减小又能增加增益。对于无损天线，当间隔处在 λ/8 附近时，增益取到最大值。

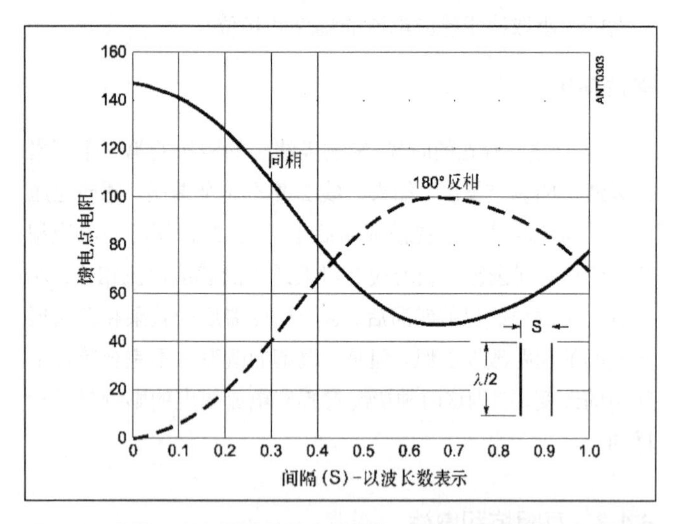

图6-8 在单元中心测得的馈电点阻抗，是两个平行的λ/2自谐振天线单元间距的函数。对于λ/4垂直接地单元，把这些电阻值除以2。

两个同相共线单元的馈电点阻抗曲线如图 6-9 所示。馈电点阻抗随着天线邻近的端点间隔增大而减小，并在间隔位于 0.4λ～0.6λ 较宽的范围内经历最小值。因为这一最小值比独立天线的馈电点阻抗小得不多，所以它的增益并不超过非耦合天线的增益。也就是说，即使采用最优间隔，两个共线单元的功率最多只能增加 2dB（3dB）。当两端间隔很小时（通常的工作方式），增益随之减小。

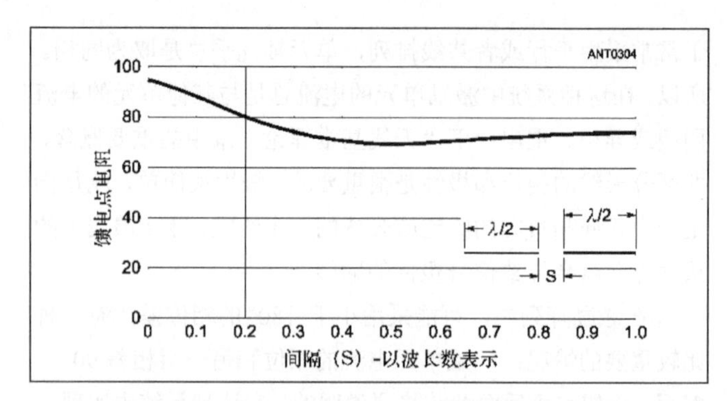

图6-9 在单元中心测得的馈电点阻抗，是两个同相工作的λ/2自谐振共线天线单元间距的函数。

6.1.4 增益和天线的外形尺寸

在天线单元个数取最小值的情况下，天线阵列的增益主要由阵列尺寸确定。八木天线的主梁长度、增益和单元个数之间的关系能很好地说明这一点。图 6-10 比较了不同单元数目的八木天线中增益和天线主梁长度的关系。注意对于给定的单元数目，增益随着主梁长度增加而增加，直到最大值。超出这一点，对于给定单元数目的天线阵来说，更长的主梁长度导致更小的增益。这一观察结果并不意味着仅仅使用最小数目的单元总是能达到人们期望的目标。对于给定的单元长度，出于对天线其他性能的考虑，比如前后比、副瓣强度或者工作带宽，使用比最小单元数目多的单元更有优势。在后面部分将给出一个具体的例子来比较半平方、截尾帘和 Bruce 阵列。

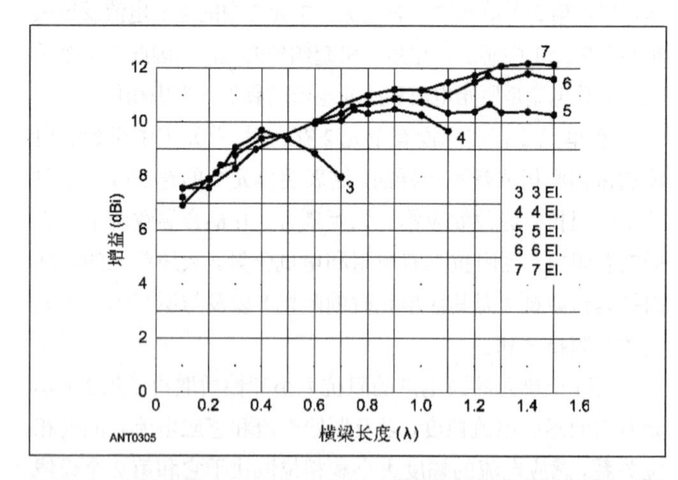

图6-10 具有3单元、4单元、5单元、6单元和7单元并以大梁长度为变量的定向八木天线增益（源自Yagi Antenna Design，J.Lawson W2PV）。

边射阵的增益是阵列长度和宽度的函数。可以通过增加单元个数（具有附加的间距），或使用更长的单元（>λ/2）来增加增益，当然使用更长的单元要求对单元的电流相位作适当的关注。一般而言，在边射阵当中，对于最小的单元数目，取到最大增益的单元间距在 0.5λ～0.7λ。具有使增益取到最大值的单元间距的边射阵往往具有显著的副瓣，以及伴有主瓣波束的窄化。可以通过采用单元数比最小单元数更多，且间距比最大增益间距更窄的阵列来减弱副瓣。

通过将阵列拓展到三维可以获得额外的增益。例如以边射阵的结构来堆叠端射阵。在短的堆叠端射阵情况下，当间距取 0.5λ～0.7λ 范围时，增益出现最大值。然而对于更长的增益更高的端射阵来说，需要取更大间距才能取到增益最大值。这一点对于通常使用长天线主梁的八木天线的甚高频和超高频天线阵列非常重要。

6.2 激励单元

上一节中的定义适用于以下两种类型的多元阵列，即激励阵列和寄生阵列。不过，关于激励阵列也有一些特殊注意事项，但对于寄生阵列就不需要考虑，反之亦然。本章剩下的部分主要介绍激励阵列，像八木和方框寄生阵列的特别注意事项请参见“高频八木天线和方框天线”一章。

通常激励阵列都是边射阵或者端射阵，可以由共线单元、平行单元或两者的组合构成。从实际的角度来看，可用的最大单元数取决于天线可用的频率和占地大小。对于一个采用 16 单元甚至 32 个单元，结构相当精巧的天线阵，如果它工作在甚高频频段，可以把它安装在很小的空间内；如果是在超高频频段，所占空间更小。工作在较低频段时，要安装许多单元的天线，对于大多数业余人员就不太现实了。

当然最简单的激励天线阵就是一个 2 单元阵列。共线排列的天线单元总是同相馈电的。如图 6-9 所示，互耦合的效果并不明显。因此，在另一个单元存在的情况下，对每一单元馈电不会有大的影响。当单元相互平行的时候可能就不是这种情况了。但是，因为平行单元的单元间距和相位分布有无穷多组合，可能的方向图也会有无穷多。

这在图 6-11 中加以说明。当单元同相馈电的时候，总是产生一个边射阵方向图。当单元间距小于 5λ/8，单元 180°异相馈电的时候，总是形成一个端射阵方向图。当相位差取中间值的时候，结果就不能够简单阐述了。方向图演化为在所有 4 个象限内均不对称。

由于两个单元之间互耦合的影响，对于给定的输入功率，随着间距和相位分布的改变，如前所述，每个单元的电流也会增大或减小。这反过来会影响阵列的增益，这种影响不能仅靠图 6-11 所示的方向图的形状来体现。因此图 6-11 也给出了增益的补充信息，这一信息紧挨着每种间距和相位分布组合的方向图。增益图以单个单元为参照物给出。例如，一对相位差为 90°，间距为 λ/4 的单元，在它的最大辐射方向上相对于单个单元的增益为 3.1dB。

相控阵中的电流分布

在绘制图 6-11 的时候，假定两个单元完全相同，各自谐振。另外假定在每个单元的馈电点处电流大小相同，如果不对馈电系统进行特殊考虑的话，这一条件在实际情况中是不存在的。我们将在这一章接下来的部分讨论这些特殊情况。

大多数面向业余无线电爱好者的关于相控阵的文献都假定，如果阵列中所有单元完全相同，那么每个单元分配的电流也完全相同。电流分布被认为是单个孤立单元的分布或者是近似正弦曲线的分布。但是 20 世纪 40 年代出版的专业文献资料表明，在相控阵的各单元之间电流分布存在差异（见参考书目中 Harrison 和 King 所著的文献）。Lewallen 在 1990 年 7 月的《QST》杂志上指出了电流分布差异的原因和影响。

本质上来说，即使相控阵中的两个单元可能完全相同，并在馈电点具有期待相位的相同电流，电流幅度和相位关系也会随着偏离馈电点而退化。只要相位关系不是 0°或 180°，这就会随时发生。因而各个单元的远场强度会不同。这是因为每个单元产生的场除了由其幅度和相位决定外，还和电流分布有关。

对于缩短的单元——垂直单元小于 λ/4，偶极天线单元小于 λ/2，该效应最小。在大于上述谐振长度时，该效应对辐射方向图的影响开始显现，对于更长的单元——λ/2 或更长的垂直单元和 λ/2 或更长的中心馈电单元，该效应变得更显著。这些效应对细单元没有那么明显。幅度和相位发生了退化，因为阵列单元中的电流不是正弦的。即使在相位为 0°或 180°的 2 单元阵列中，电流也不是正弦的，但是在这两种特殊情况下，它们确实保持相同。

图 6-11 的方向图考虑了电流分布。可以看到，分布不同的后果是在某些方向图上产生不完整的零点和在其他方向图上产生非常小的副瓣。例如，对于 90°间隔，90°相位的相控阵的方向图是一条具有后向完美零点的心形线，往往出现在业余爱好者的书籍中。图 6-11 用来计算自由空间中 #12 导线做成的 7.15MHz 自谐振偶极天线的方向图，显示出在后向有一个小副瓣，前后比只有 33dB。

边射阵的特点之一是功率增益正比于阵列长度，但和所使用的单元数完全独立，只要没超出最优单元间距。举例来说，这意味着 5 单元阵列和 6 单元阵列具有相同的增益，只要两个阵列中的单元间距使两阵列等长。尽管很少使用这一原理来减少单元数目，因为带来了对每个单元以适当相位馈电这一难题，但是事实上，如果天线所占空间不是成比例增加，那么增加单元数目，在提高增益方面确实得不到什么。

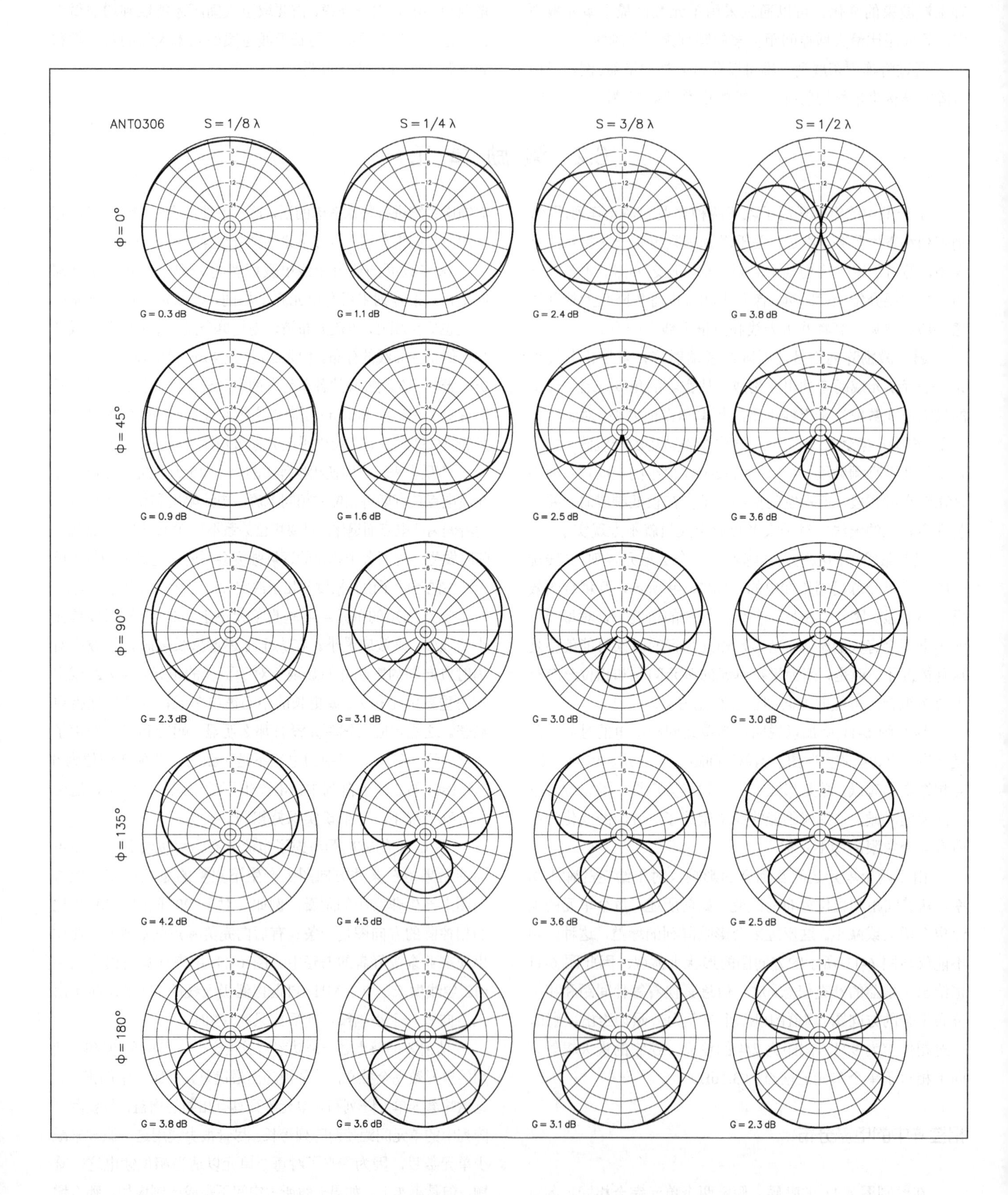
ANT0306
S = 1/8 λ
S = 1/4 λ
S = 3/8 λ
S = 1/2 λ
φ = 0°
G = 0.3 dB
G = 1.1 dB
G = 2.4 dB
G = 3.8 dB
φ = 45°
G = 0.9 dB
G = 1.6 dB
G = 2.5 dB
G = 3.6 dB
φ = 90°
G = 2.3 dB
G = 3.1 dB
G = 3.0 dB
G = 3.0 dB
φ = 135°
G = 4.2 dB
G = 4.5 dB
G = 3.6 dB
G = 2.5 dB
φ = 180°
G = 3.8 dB
G = 3.6 dB
G = 3.1 dB
G = 2.3 dB

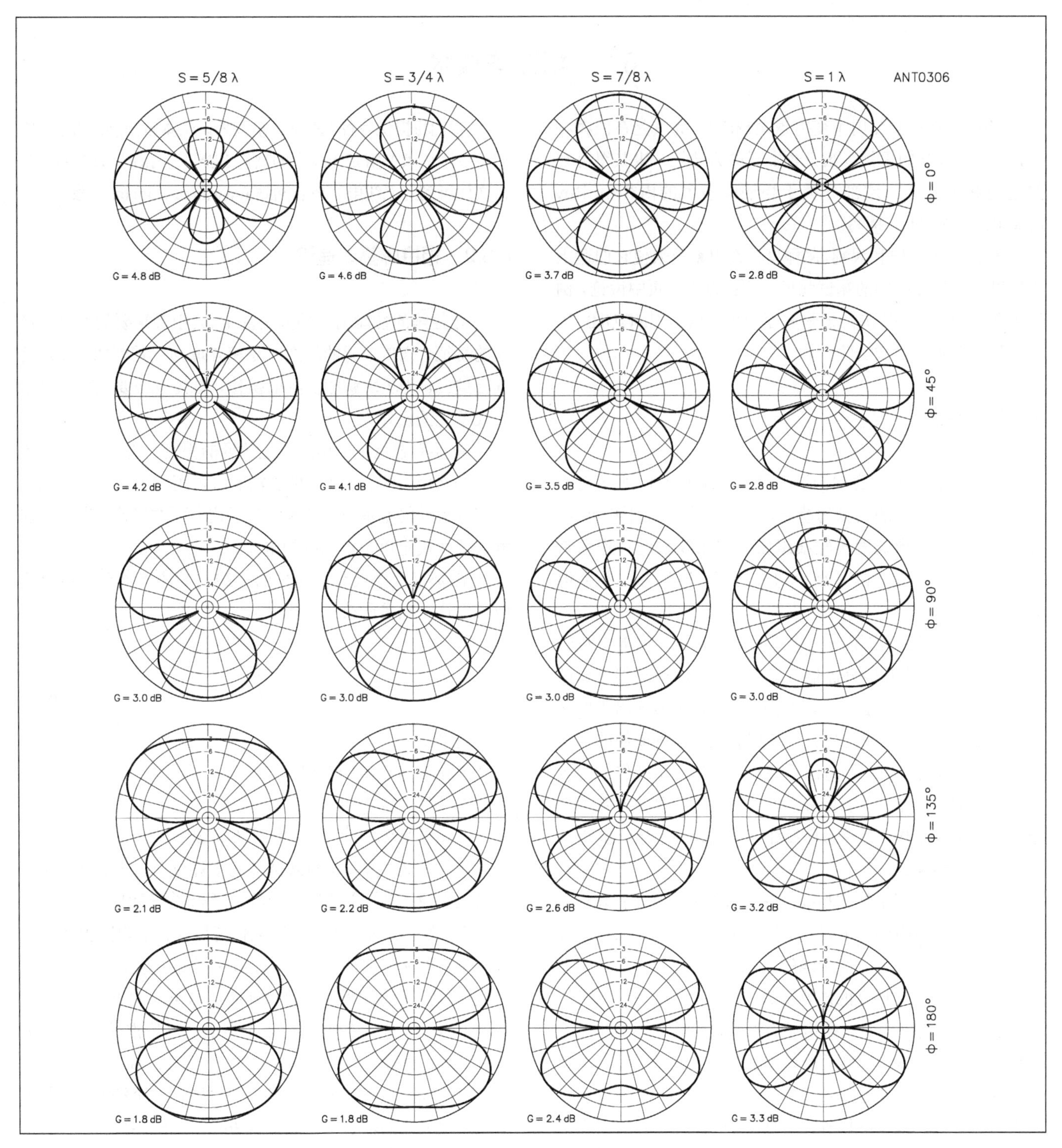

图6-11 两个相同的平行激励单元的H平面方向图，间距和相位如上所示（*S*=间距，*ϕ*=相位）。单元与垂直轴（0°～180°）对准，更靠近0°方向（本图顶端）的单元在不是0°的角度上相位滞后。假定这两个单元较细并且自谐振，在馈点的电流幅度相等。参见关于电流分布的正文。每个方向图的增益值表示相对单个单元的增益。曲线代表在理想导体上方的两个λ/4垂直单元在0°仰角上的水平或方位角方向图，或者自由空间中两个水平的λ/2单元，当一个在另一个上方时，从一端看过去的垂直或水平方向图。（用*ELNEC*计算的方向图——参见参考书目。）

通常，当天线组合边射阵和端射阵的方向性，并且同时使用平行和共线单元时，将在最小线性尺寸上产生最大的增益。天线以这种方式延伸到更大空间并在一个方向上把它的长度延展到远得多的范围。

6.3 相控阵技术

相控阵在业余使用中变得越来越流行，尤其是在低频频段，在该频段它们提供少数几种实用的方法之一来获得可观的增益和方向性。这部分关于相控阵技术的内容由 Roy Lewallen（W7EL）撰写。

相控阵的操作和限制，怎样设计馈电系统来使它们适当工作以及怎样做必要的测试和调试将在以下几页中讨论。例子主要讨论垂直 HF 阵，但是其原理也适用于 VHF/UHF 阵和其他类型单元做成的阵列。

6.3.1 概述

本章的大部分内容用来讲相控阵的馈电技术。很多对相控阵技术不太熟悉的人以为馈电只是一个简单的问题，只不过是利用由想要电长度传输线组成的定相线来连接阵列单元。令人失望的是，除了极少部分特例，这种方法不会得到想要的方向图。

本章另外还给出了一些通用的解决方案，像混合耦合器、Wilkinson 或其他分流器，它们通常也不能获得想要的相位。有时候这些方法产生较好的结果，是更多地出于偶然而不是设计，这些结果足以误导使用者相信这种简便的方法在按照计划工作。当一种方法不能在不同情况下工作的时候就会产生混淆。这一章节将解释为什么这种简单的方案不能像预想的那样工作，以及怎样设计馈电系统使它始终能得到我们想要的结果。

简单地说，简单的定相线方法失败的原因在于：只有当传输线端所接电阻的阻值是它的特性阻抗的时候，在传输线中的电流或电压延迟才等于线的电长度。在相控阵中，单元馈电点的阻抗受互耦合的影响很大。

因此，即使每个单元在相互隔离的时候具有正确匹配的阻抗，但当所有单元被激励的时候就并不如此了，而且不是以特性阻抗端接的传输线还会改变电压和电流的幅度。最终结果是除了极少数情况以外，阵列单元既没有正确的幅度也没有正确的相位，而这些恰恰是使天线阵正常工作所必须的。这不是只有完美主义者才会关心的小效应，而是一个会引起方向图变形或者零点错位的大的影响。这一问题将在后面深入展开。

由于不同的原因，功分器和混合式耦合器也由于种种原因难以取得想要的结果，尽管在某一通用应用软件中，混合式耦合器偶然会提供能让很多用户可以接受的结果，这些内容将在下面讨论。这一章将揭示怎样设计阵列馈电系统来产生预期的单元电流和阵列方向图。

我们将提供各种 EZNEC 模型来说明本章出现的概念。它们可以用原版书附带光盘上的软件 EZNEC-ARRL 来观看，光盘文件可到《无线电》杂志网站 www.radio.com.cn 下载。

6.3.2 相控阵基本理论

相控阵的性能由几种因素决定。其中最重要的有单个单元的特征，来自单元的场之间是相互增强还是削弱，以及互耦合效应。为了理解相控阵的操作，首先有必要来理解单个天线单元的操作。

首要问题是单个单元产生的场的强度。从线性（直）单元比如偶极天线、垂直单极子辐射的场正比于在天线单元各个部分流动的基本电流总和。对于这方面的讨论，有必要理解由什么决定单个单元中的电流。

在垂直接地天线或地平面天线的基座上流动的电流值由下面这个熟悉的公式给出

$$I = \sqrt{\frac{P}{R}} \tag{6-2}$$

这里：

P 是供给天线的功率

R 为馈电点电阻

R 由两部分组成，损耗电阻及辐射电阻。损耗电阻 R_L 包括导体的损耗，匹配及负载部件的损耗以及占主导地位（垂直接地天线的情况）的接地损耗。“耗散”在辐射电阻 R_R 上的功率实际上是辐射功率，所以使耗散在辐射电阻上功率最大化是我们所想要的。然而，耗散在损耗电阻上的功率是以热能形式损失的，所以电阻损耗应该尽可能的小。

单个单元的辐射阻抗可以由电磁场理论推导得出，它是天线长度、直径、几何形状的函数。“偶极天线和单极天线”章给出了辐射电阻和天线长度的关系图。一个细的 $\lambda/4$ 谐振垂直接地天线的辐射电阻大约为 36Ω。一个自由空间中的 $\lambda/2$ 谐振偶极天线电阻是它的 2 倍，大约为 73Ω。

缩减天线长度为原来的一半，辐射电阻将分别降为 7Ω 和 14Ω 左右。

采用原版书所附光盘上的 EZNEC-ARRL 这个软件可以很方便地确定各种天线的辐射电阻。当把所有损耗设为零时，辐射电阻简化为馈电点电阻（馈电点阻抗的电阻部分）。

辐射效率

为了从一个给定的辐射器得到更强的场，就必需增加功

率 P（强行解决方案），减少损耗电阻 R_L（例如对于垂直单元，放置一个更为精细的接地系统）或者以某种方式减少辐射电阻 R_R，使得在给定输入功率下产生更大的电流。这可以通过扩展基线电流的公式看出来。

$$I=\sqrt{\frac{P}{R_L+R_R}} \tag{6-3}$$

把馈电点电阻分成两个分量 R_R、R_L，就很容易理解单元效率这个概念了。单元效率是整个功率当中实际辐射出去的那部分所占的比例。通过分析图 6-12 所示的一个简单的等效电路，可以看出 R_R、R_L 在确定效率时扮演了什么角色。

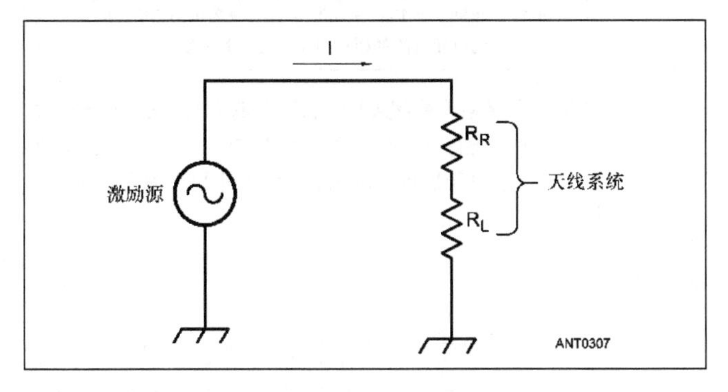

图6-12　对单一单元谐振天线的简化等效电路。R_R代表辐射电阻，R_L代表整个天线系统的欧姆损耗。

在 R_R 上耗散的功率（辐射功率）等于 I^2R_R。供给天线系统的总功率为

$$P=I^2(R_R+R_L) \tag{6-4}$$

所以效率（供给功率中实际辐射的比例）为

$$Eff=\frac{I^2R_R}{I^2(R_R+R_L)}=\frac{R_R}{R_R+R_L} \tag{6-5}$$

效率通常以百分比的形式表达，但是采用相对于一个效率为 100%的辐射器的效率的分贝表示，能够对信号强度的预计给出更为直观的结果。天线单元相对于一个除了无损其余完全相同的单元的电场强度的分贝表示为

$$FSG=10\log\frac{R_R}{R_R+R_L} \tag{6-6}$$

这里 FSG=场强增益，dB。

举例来说，Sevick 于 1973 年 3 月在 QST 提供的信息表明，一个带有 4 个长度为 0.2 λ 的辐板的 λ/4 垂直接地天线，其馈电点电阻大约为 65 Ω（见本章末的参考资料）。该系统的效率为 36/65=55.4%。想到 100 W 的功率馈到了天线上，只有 55 W 能够被辐射出去，其余实际上是在对地加热，确实令人感到沮丧。然而相对于理想接地系统中同样的垂直天线，该信号只有 10 log（36/65）= −2.57 dB。从这一信息的角度看，以略微降低信号强度来换取较低的成本和较高的简洁性，可能会成为一个有吸引力的考虑因素。

到目前为止，只考虑了谐振天线基座上的电流，但是场强正比于天线每一小部分的电流总和。电场不仅仅是馈电点电流幅度的函数，也是沿辐射器的电流分布和辐射器长度的函数。在馈电点无法改变电流分布，所以对于给定的单元，场强与馈电点电流成正比。然而，改变辐射器长度或者在馈电点以外的位置加负载会改变电流分布。

更多关于缩短的辐射器或加载的辐射器的信息见“天线基本理论”一章和“单波段中频和高频天线”一章以及本章的参考资料。尽管对于大多数阵列，与其他单元的互耦合对方向图只有微小的影响，但也会改变电流分布。这将在后边详细讨论。下面是其他一些要点：

（1）如果没有损耗，即使是电场来自无限短辐射器，该电场值会比 λ/2 偶极天线或 1/4 垂直天线低将近 1/2 dB。没有了损耗，不论天线多长，所有的供给功率都会辐射出去，所以影响增益的唯一因素是极短天线和 λ/2 天线的方向图的微小差异。该方向图的微小差异来自于电流的不同分布。短天线具有非常低的辐射电阻，这导致在短天线上的巨大电流。在无损情况下，将会产生一个可以和更长的天线相比拟的场强。当存在损耗的时候，也就是实际天线的情况，相对较短的天线不能工作得这么好，因为对于给定的损耗电阻，低辐射电阻导致更低的效率。如果仔细考虑，合理的短天线能得到好的效率。

（2）计算折叠天线的效率，必须小心谨慎。折叠以相同的因子同时改变辐射电阻和损耗电阻，因此它们的比值及效率保持不变。通过垂直接地天线，很容易看出，由于阻换变换，折叠使从馈线到接地系统的电流降低了两倍。然而，折叠天线还有额外的接地线，它也会携带原始接地电流的一半电流。结果无论折叠与否，都会有相同的电流流向接地系统，从而导致相同的接地损耗。有分析声称展示了其他不改变辐射电阻的变换，但是他们忽略了损耗电阻的变换，因而得到不正确的结论。

（3）给定输入功率，通过与其他单元的互耦合可以改变单元电流。这一效应等效为改变单元的辐射电阻。有时互耦合被认为影响很小，实际上该影响常常并不小。

场增强和相消

相控阵产生增益的机制，及互耦合在决定增益上扮演的角色，已经在前面的章节进行了全面讲述。需要着重强调的是，所有的天线必须遵守能量守恒定律。没有天线的辐射功率会超过供给功率。辐射的功率总量等于供给功率减去热损耗的功率。这一点对所有天线，从最小的“rubber ducky”到最庞大的阵列都是正确的。

增益

严格说来，增益是个相对量，所以除非附带说明它是相

对什么而言的，否则增益这个术语是没有意义的。对于相控阵天线增益的一个有用的量是相对于单个相似的单元的增益。这是通过把一个单元用与该单元相像的单元构成的阵列替代时，得到的信号强度的增量。在某些情况下，例如要考察当所有的单元损耗增大，阵列性能会发生什么变化的时候，增益以一个尽管无法达到，但更为绝对的无损单元为标准是很有用的。

最为普遍的增益参照是另一种无法达到的标准，各向同性辐射器。这一虚构的天线在各方向上的辐射完全相等。这很有用，因为由任何输入功率产生的场强容易计算，所以如果相对该标准的增益是知道的，那么对于任何辐射功率的场强也是知道的。以此为参照的增益用 dBi 表示，并且它是包括 EZNEC-ARRL 在内的大多数建模程序采用的标准。为了找到阵列相对单个单元或其他参照天线，比如偶极天线的增益，就要在相同的环境下，同时模拟阵列和单个天线单元或其他参照天线，并把它们的 dBi 增益相减。不要依赖很多人假定的关于单个单元的增益值，这些值可能大错特错。

零点

对于用户来说，通常相控阵的方向图零点比增益更为重要，因为在接收时它们对于降低人为或天然的干扰是很重要的。因此，人们强调也应该着重强调获得好的方向图零点。不幸的是，好的零点比起增益更难获得，它们对于阵列和馈电系统的缺点更为敏感。

举个例子说明，考虑两个单元，每个在离开阵列好几个波长的距离处产生正好 1mV/m 的场强，在两个单元的电场同相的方向上，产生的总场强为 2mV/m。在两者异相的方向上，产生总场强为零。阵列的最大场强与最小场强的比值为 2/0，或者说是无穷大。

现在换一种假定，一个的场强高出 10%，另一个的低 10%，分别是 1.1mV/m 和 0.9mV/m。在前方，场强还是 2mV/m，但是在场强相消方向，场强变为 0.2mV/m，前后比从无穷大降为 2/0.2，或者说 20dB（事实上，为了按这种方式重新分配场强，需要略多一些的功率，所以前向增益减小了，但是幅度很小，小于 0.1dB）。对于大多数阵列，来自单元的不相等的场对于前向增益影响较小，主要影响方向图零点。这在附录 A 的“EZNEC Example: Nulls”中作了说明。

即使具有完美的电流平衡，也不能保证深零点。图 6-13 显示了总场增强或相消所需的最小间隔。如果单元间距不充分，就不存在电场之间完全异相的方向（见图 6-13 中的曲线 B）。单元之间微小的物理和环境变化常常会影响零点深度，而零点深度也会随着仰角而变化。

然而，一个设计、馈电合理的阵列能够产生非常显著的零点。就像产生增益一样，产生好的零点的关键在于控制单元电场的强度和相位。这部分的余下章节就来讲述怎样达到这一目标。但是必须谨记，产生好的零点比产生近似预期的增益要困难得多。

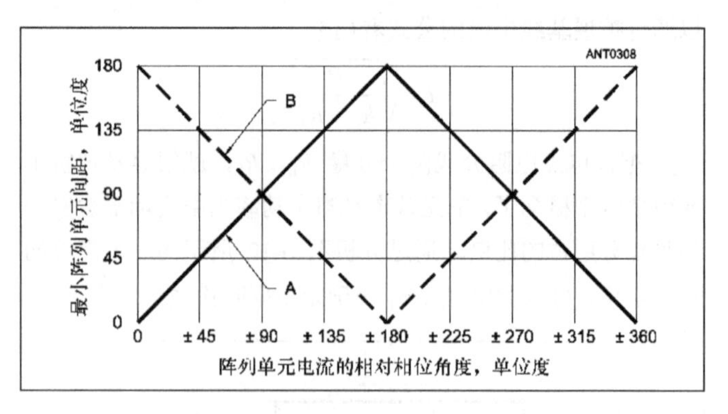

图6-13　产生总场增强（曲线A）或总场抵消（曲线B）所要求的最小单元间隔。总场抵消导致在一个或多个方向上产生零点。总场增强并不意味着单个单元的场强增强，因为损耗和互耦合效应也必须考虑进去。

互耦合

互耦在本章的前面部分做了粗略的讨论。由于它对相控阵的性能以及馈电系统的设计都有重要而深远的意义，这里将对它作更深入的阐述。

互耦指的是阵列中每个单元之间相互作用的一种效应。互耦可以是有意引入的，也可能是完全无意产生的。在一小块地上（或汽车顶盖）拥有多个天线的人，常常会发现对他们的系统的一个更好的描述是具有多个馈电点的单根天线。通过互耦合，在天线上的各种导体中感应出电流，使其表现得像寄生单元，由寄生单元再辐射并改变天线的方向图。不论天线单元是否被激励，互耦效应始终存在。

假定两个激励单元相隔多个波长距离，每个单元在其馈电点都有一定电压和电流。对每个单元，电压和电流的比值是单元的自阻抗。如果把单元相互靠近，由于和其他单元的场发生耦合，每个单元的电流幅度和相位将会改变。来自第 1 个单元的场会改变第 2 个单元中的电流。这就改变了来自第 2 个单元的场，该场又会改变第 1 个单元中的电流，直到达到平衡条件，此时所有单元中的电流（还有它们的场强）变成完全相互关联。

当单元相互远离的时候，所有单元的馈电点阻抗也会改变，并且所有阻抗之间相互依赖。在激励阵列中，馈电点阻抗的变化能引起单元电流的额外变化，因为很多馈电系统的运行依赖于单元的馈电点阻抗。发生明显的互耦合的间距为一个波长或更长。

把单元和馈电系统连接起来，形成一个激励阵列并不会消除互耦效应。事实上，在很多激励阵列中，互耦合比馈电系统对天线运行的影响更大。在馈电系统的设计中，如果想得到预期的电流平衡和相位，必须把由互耦引起的阻抗变化考虑进来。

关于互耦对相控阵天线的影响有一些通用的表述(除非损耗高到足以淹没互耦合作用效果，互耦合在接下来的部分讨论)。

(1)一个阵列的所有单元的电阻和电抗通常与单元之间相互隔离(即单元间距非常远)时的电阻和电抗值相差很多。

(2) 如果双单元阵列的单元完全相同，具有同相或180°异相的相等的电流，那么两个单元的馈电点阻抗就相等。但是和单个独立单元的阻抗不同。如果这两个单元是一个更大的阵列的一部分，它们二者间的阻抗将相差很大。

(3) 如果一个双单元阵列的单元的电流既不是同相(0°)也不是异相(180°)，那么它们的馈电点阻抗就会不同。这一差异在典型的业余阵列中相当可观。

(4) 在一个间距很小的 180°异相阵列中，馈电点阻抗会非常低，如果不仔细考虑使损耗最小化，由于欧姆损耗，将会导致效率很低。这一点对其他间隔紧密、预期有大增益的阵列也是正确的。

必须意识到互耦不是一个可以被忽略的小效应。请参阅附录 A“EZNEC 实例”——“互耦合”中这些现象的图示。

损耗电阻，互耦及天线增益

损耗减少了互耦合效应，因为由互耦引起的馈电点阻抗变化实际上是与损耗阻抗串联。如果损耗足够大，将会产生两个重要的结果。首先，馈电点阻抗与附近载有电流的单元无关。这大大简化了馈电系统的设计：只要所有的单元物理上相同，且每个单元的馈点与馈线和混合耦合器（如果使用的话）的特征阻抗 Z_0 相匹配，那么以下描述的简单的定相线或混合耦合器馈电系统就足够了。

为了使定相线和混合耦合器工作得和预期一样好，阻抗匹配的限制条件是必须的。相同的单元是必需的，这样相同的单元电流就会产生相同的场。

当不存在互耦的时候，一个具有相同单元的阵列相对单个单元（损耗类似）的增益为 10log（N）。这里 N 是单元个数——假设间距足以使场在某些方向上完全增强。如果间距小一点，最大增益也会更小。当然，阵列相对单个无损单元的增益非常低，当以 dB 表达的时候，很有可能是个不小的负数。所以对于一个发射阵列，有意地引入损耗不是一个明智的想法。然而，正如下面将要解释的那样，对于一个接收阵列，这样做有时候是有优势的。

高增益的密集间隔阵列，比如 W8JK 相控阵（请参阅 EZNEC-ARRL 的实例文档 ARRL_W8JK.EZ 和附赠的天线说明文档），而大部分寄生阵列严重依赖于互耦合来达到它们的增益。对这些阵列引入损耗，减小了互耦合效应，这对于增益具有重大的影响。因此，当寄生阵列或间距密集的激励阵列由垂直接地单元构成的时候，除非每个单元的接地系统都制作得相当精良（从而损耗很低），否则常常会产生令人失望的结果。

如果你把两个低损单元靠得很近，并对它们同相馈电，互耦合将使增益减小到单个单元的增益，所以这种结构和单个单元相比没有优势。然而如果你有一个无损单元，比如一个短的垂直单元，它的接地系统相对较差，通过加入另外一个间距密集的单元和接地系统，并且对两者同相馈电，增益可以改善多达 3dB。我们还可以从另一个角度看这一技术，就等于是平行放置两个相等的接地系统阻抗，等效为把阻抗减为一半。实际您能实现的增益依赖于诸如接地系统的交叠之类的因素，但是这对于改进某些情况下传输阵列的性能可能是个行得通的办法。

6.3.3 给相控阵馈电

前面部分解释了为什么来自单元的场必须接近阵列设计的比例。由于场强正比于单元中的电流，因此要控制场强就需要控制单元电流。事实上对于所有的双单元阵列和大部分（但不是全部）更大一些的业余阵列，期望的电流比都是 1:1，因此就要特别注意确保各单元电流相等的方法。但是我们也会考察其他的电流比。

单元电流的角色

来自于导体的场正比于它上面流动的电流。所以如果我们想控制来自单元的场的相对强度和相位，必须控制它们的电流。我们通常通过控制单元馈电点的电流来实现。但是因为来自单元的场依赖于沿着单元各处的电流，如果具有相同馈电点电流的单元具有不同的电流分布——即电流沿单元长度方向上的变化方式不同，它们将产生不同的场。

前面部分解释了互耦会改变电流分布，所以在很多阵列中，单元上的电流分布是不同的，结果导致总场之间的关系与馈电点电流之间的关系不一样。幸运的是，这一效应在细的 $\lambda/4$ 单极子和 $\lambda/2$ 偶极天线上相对较小。最普遍的阵列都是用这一类单元构成的，所以通常我们可以通过施加相同比例的馈电点电流，得到近似于预期比例的场。下面即将详述一些例外的情况。

馈电点与单元电流的关系

对于大部分天线，相对电流分布的差异而言，环境因素有可能会引起更大的性能异常，这两者（环境因素和电流分布）都可以通过略微调整馈线系统来校正。但是，如果单元非常粗，并且（或者）单元长度接近 $\lambda/2$（单极子）或接近 λ

（偶极天线），这时场和馈电点电流比值的差异可能会变得非常可观。在这些情况下，不进行大的调整或修正，大多数这里描述的馈电系统将不会产生预期的电场比值，除非是下面这种特殊的情况：阵列由两个相同单元组成，且馈电点电流同相或 180°异相。在那些特殊的情况下，单元电流分布相同，同理，馈电点阻抗也相同。这将在后面馈电系统部分解释。

要扰乱具有正确的馈电点电流的阵列的方向图，单元必须足够大，我们对一个由 λ/4 垂直单元组成的双单元心形阵列在 10MHz 时进行仿真。采用直径为 0.1 英寸的细单元，前后比为 35dB，由稍微不均等的单元电流分布引起的反向波瓣非常小。把单元直径增加到 20 英寸，则前后比减小到 20dB。要使 20 英寸单元的阵列前后比变回到大于 35dB，需要把馈电点的电流比从 90°上 1 的标称值变到 83°上的 0.88。

相同的阵列一开始用 0.1 英寸直径的单元模拟，它的前后比为 35dB，然后单元被延长，在单元延长到 36 英尺，或者说大约 0.37λ 的时候，前后比降为 20dB。在该情况下，调节馈电点电流比为 83°上的 0.9，可恢复到好的前后比。

在下面的讨论展开中，假定场接近正比于馈电点电流。如果单元很粗或足够长，从而使得假定不正确，需要适当调整馈电点的电流比以获得期望的方向图，尤其是零点。大部分馈电系统可以设计成适用于任何电流比。建模可以揭示达到期望的方向图所需的电流比，从而可以进行相应的馈电系统设计。

6.3.4 一般的相控阵馈电系统

这部分将首先描述对不能达到期望效果的相控阵进行馈电的几种常用方法，并解释为什么它们工作起来不如期望的那样好。该部分也概括地讨论了可以工作，但是对业余阵列不适合或不是最优的系统。

接下来一部分将详细描述产生预期单元电流比和阵列方向图的馈电系统。

“定相线”方法

对于一个阵列要产生期望的方向图，单元电流必须满足幅度和相位关系要求。如上所述，通过引入具有相同关系的馈电点电流可以很好地达到这一要求。

要表面上实现，听起来并不难——只要保证连接到单元的馈线的电长度差等于期望的相位角。不幸的是，这种方法并不一定能产生期望的结果。第一个问题在于经过馈线之后的相移不等于它的电长度。传输线中的电流（或者对另一问题是电压）延迟只在一些特殊的情况下——在大部分业余阵列中都不存在的情况下才等于电长度！阵列中单元的阻抗常常和单独的单元的阻抗大不相同，并且阵列中各单元的阻抗也是互不相等的。

参考附录 A “EZNEC 实例”——“互耦合”，其中用图示法展现了馈电点阻抗的互耦合效应。也可以参考相控阵设计实例中四方形阵列示例。在这个例子中，如果地面损耗少，则阵列中有一个单元是负馈电阻抗元件。如果没有互耦合，同一单元的电阻可能是大约 36Ω加上地面的损失。

由于互耦，所有单元很少能为单元馈线提供匹配负载。相移不匹配的结果可从图 6-14 中看出。观察当馈线端接一个低于馈线特征阻抗的纯电阻阻抗时，见图 6-14（A），线上的电流和电压的相位会发生什么变化。在离负载 45°相移的点上，电流相位超前量少于 45°，电压超前量多于 45°。在离负载 90°相移的点上，两者都超前 90°。在 135°的相移点上，电流超前量多于 135°，电压超前量小于 135°。电流和电压波的这一明显的减速加速现象是由前向波与反射波之间的干涉引起的。只要馈线端接的纯电阻阻抗不等于其特征阻抗，这一观察便会发生。如果负载电阻大于馈线的特征阻抗，如图 6-14（B）所示，电压和电流相位角互换。在负载中加入电抗会引起额外的相移。电流（或电压）延时等于馈线电长度的唯一情况是：

（1）当馈线是平的，就是说端接一个等于其特征阻抗的纯电阻负载的时候；

（2）当馈线长度是半波长整数倍的时候；

（3）当馈线长度是 λ/4 的奇数倍，且负载是纯电阻的时候；

（4）对某些特定的负载阻抗采用其他特定的馈线长度的时候。

如果只是把两根馈线简单连接形成阵列，可能会产生多大的相位误差？这个问题没有简单的答案。有一些随意设计的馈电系统或许可以得到令人满意的结果，但大部分不会。参见本章附录 A “EZNEC-ARRL 实例”——“定相线”馈电，它描述了使用这种馈电系统的典型后果。

把不同长度的馈线连接到单元所带来的第 2 个问题就是馈线会改变电流幅度。除了上面的情况 1、2、4 之外，从馈线流出的电流（或电压）幅度与流进馈线的电流（或电压）的幅度并不相同。这一章后面给出的馈电系统确保电流的幅度和相位都正确。

基本的定相线方法适用于 3 种非常特定但又普遍的情况。如果阵列仅由两个相同的单元组成，且单元同相馈电，互耦合会改变单元阻抗，但是两者改变的量相同。结果，假如单元通过相同的传输线馈电，传输线将对电流有相同的变换和延时，导致在单元的馈电点处电流相等且同相。

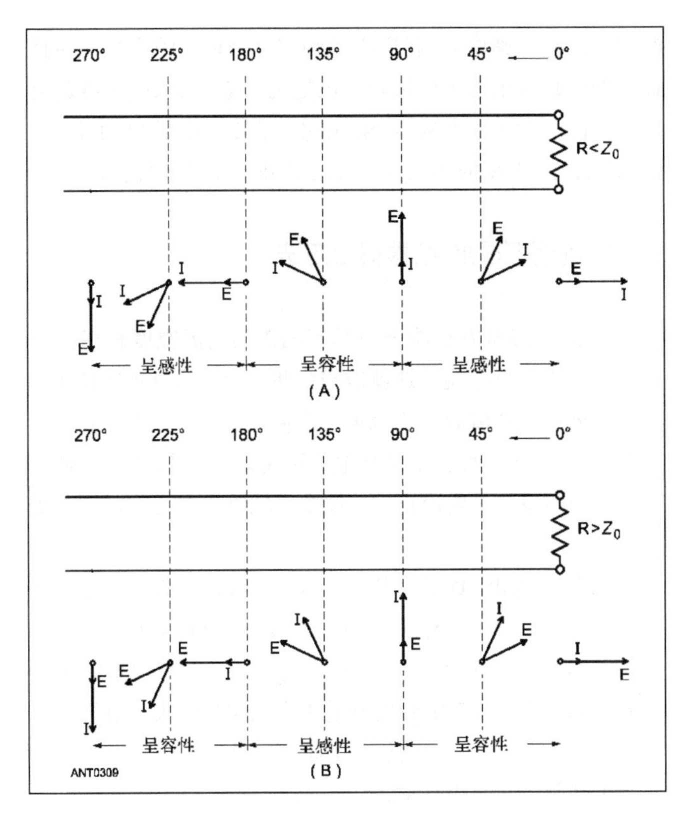

图6-14 沿一根不匹配馈线得到的电流电压。图（A）$R<Z_0$，图（B），$R>Z_0$。

类似的，由两个 180°异相馈电的相同单元组成的阵列将具有相同的馈电点阻抗，可以用两根任意长度的传输线馈电，只要一根传输线的电长度比另一根长半个波长。但是由于对其他单元的互耦合会导致不同的馈电点阻抗，所以不能推广到更大的阵列中的任意两个单元。确保在这种情况下电流比正确的几种方法将在后面给出。

定相线方法适用的第 3 种场合是单元相对波长很短，以及（或者）损耗很大的接收阵列。在任意一种情况当中，单元间的互耦合比单元的自阻抗小得多。这就允许单元各自和馈线匹配，当各单元组合为阵列时，不会发生大的变化。在这些条件下，传输线可以被匹配，并且可以被用作简单的延时线，其相移容易预计，除了电缆损耗，电流和电压幅度没有变换。这将在后面有关接收天线部分进行讨论。

ON4UN 的《低波段 DX 通信（Low-Band DXing）》一书中（见参考文献）描述了一种改进的相位馈电系统的方法，这种方法工作在一些特殊的情况下，这些情况下反馈点电抗接近于本方法。首先一个四分之一波长的传输线被连接到每一个单元上。然后一个并联电感或者电容被添加到线的输入端和绝缘单元，以便于使得阻抗是纯电阻式的。如果产生的阻抗接近于已存在的传输线的特征阻抗（比如说 50Ω或者 70Ω），一个简单的延迟先能够被使用来给这个单元馈电。参考 EZNEC-ARRL 例子 ARRL_Cardioid_Modified_Phasing_Line_Feed.EZ 以及其天线的附属注释，当阻抗允许使用这种方法，相比于 L 网路反馈节点，它仅能节约一个单元，并且不完全可调。使用这种方法得到的带宽阵列与其他方法得到的并没有显著的差异，因此使用它也没有明显的优势。但是在某种情况下却是一个可行的方案。更多设计方案信息在低带宽通信中可见。

对此感兴趣的读者可查询《低波段 DX 通信》一书，因为其中包含另外的馈电系统设计方法实例，该设计方法可以根据需要来设计单元的幅度和相位比率。

很多阵列可以用只由传输线构成的馈电系统馈电，但是这一技术要求知道单元在正确馈电阵列中的馈电点阻抗。然后就可以计算出提供给那些特定的负载阻抗以正确的电流比例的传输线长度。线长的改变量和单元相角的变化量通常相差很大，合适的线长并不总是能找到。这一技术会在本章后面“能够工作的最简单馈电系统”章节部分给以更全面的描述，并在相控阵设计所举的例子中加以说明。

Wikinson 分配器

Wikinson 分配器，有时候叫作 Wikinson 分流器，曾经被着重推荐为相控阵单元的功率分配方式。尽管在其他方面很有用，但它在天线单元上无法产生想要的电流比。在大多数相控阵中，单元馈电点阻抗不同，因此想要得到相同的电流幅度，所要求的功率也不同（参看上面关于互耦合部分）。Wikinson 分配器用来向多个负载传送相同的功率，而不是电流。当负载阻抗不同的时候，这一功能也实现不了。它可能用于接收阵列中组合单元的输出端口，其中元件损耗高到足以淹没互耦合效应以及匹配的效应阻抗。

混合式耦合器

人们提出*混合式耦合器*来解决获得单元间相位差为 90°的相等电流幅度的问题。不幸的是，只有当负载阻抗相等且适当的时候，它们才提供相等幅度、正交（90°相位差）的电流。这对于正交馈电单元构成的阵列不成立，除了由短单元和（或）有损耗单元组成的阵列以外，通常只适于作接收。在那些阵列中，混合式耦合器是有用的，原因与前面讨论的定相线方法相同。

但是，当阵列中每个单元的终端都连接一个特定的阻抗时，只要对功能进行适当的修改，混合耦合器就可以用于馈电传输线或低损耗相控阵列。在低波段 DX 通信中（见参考文献），当在典型相控阵的终端连接一个阻抗时，该方法被用来描述了修改标准 90° 的混合电路设计，以提供近似的混合功能。该方法相当复杂，其专门讨论的话题的证明过程就用了超过 20 页。要认识到这一点是很重要的，即包括混合耦合器在内，没有任何一个无源网络能为任意阻抗的负载提供等幅度 90°相差电流。请参阅下面“魔术弹”

以了解更多信息。

"Crossfire" 馈电方法

Tom Rauch（W8JI）描述了一个"Crossfire"馈电系统，它能够在极宽的带宽条件下，在某个方向上产生零值（a deep null）。该方法通常只适用于有损接收阵列，更详细地叙述见本章"接收阵列和频带扩增"一节。

大型阵列馈电系统

笔者曾经参与一个雷达系统的工作，其发射阵列由5 000 多个独立的偶极天线单元组成，接收阵列由 4 000 多对交叉偶极天线构成，所有都在一块金属反射面上方，它是一个 140 英尺高的建筑的斜面。在这么大的阵列中，除了阵列边缘附近，每个单元实际上和其他单元处在相同的环境下，所以几乎所有的单元具有接近相等的馈电点阻抗。尽管产生相移和幅度锥削在数学上是一个相当大的挑战，但单元馈电点阻抗不等的问题很大程度上可以被忽略。因此，这些大型阵列的馈电方法通常不适用于典型的小单元业余阵列。

广播方法

我们可以设计网络把单元基本阻抗从激励阵列中的值变换到 50Ω。然后可以在馈线的节点处插入另一个网络，对各单元分配适当的功率（并不需要均等分配）。最后必须加入额外的网络来校正其他网络的相移和幅度变换。这一普遍的方法被广播业所采用，用于那些对于特定的频率和方向图只需一次调节的典型装置。

尽管这种技术可以用于对任何一种阵列进行正确馈电，该技术却设计困难，调试繁杂，因为各种调试会相互影响。当调试好相对电流和相位后，馈电阻抗变化反过来影响单元电流和相位等。采用这种方法更大的缺点在于，通常不可能改变阵列的方向。把这一技术应用于业余阵列的相关信息可以在参考书目中 Paul Lee 所著的书中找到。

"魔术弹"

在开始本书写作的 15 年前，《天线手册》出版了一个关于电路的说明书，该说明书中设定了一个假想，即不论负载阻抗的大小，该电路都可以为两个负载提供等幅、90° 相位差的电流。该电路可以使我们把任意两个单元连接起来，并保证它们具有相同的电流。1996 年，Kevin Schmidt（W9CF）利用数学方法证明存在这样一个电路，即如果只限于互易单元，除了 0° 和 180° 之外，实际上没有任何电路可以产生任意相对相位（也就是说，除非采用方向器件，如铁氧体环形器，否则就不存在这样的电路）。因此，为了设计一个在 0° 和 180° 以外任意相位角的馈电网络（给阵列上的单元以电流的形式进行馈电），我们必须知道一个单元的阻抗，并且馈电网络是否正常工作依赖于该阻抗。这一要求是不可避免的。在写书的时候，Schmidt 的证明可以在网页 fermi.la.asu.edu/w9cf/articles/magic/index.html 上找到。

6.3.5 业余阵列的推荐馈电方法

下面的馈电方法能产生具有期望的电流幅度和相位关系的单元馈电点电流，这就能产生想要且可预计的方向图。当使阵列单元电流处在正确值的时候，大部分方法要求知道一个或更多个阵列单元的馈电点阻抗。直接测量是不可能的，因为如果单元电流正确，馈电系统将正常工作，不需要进一步的设计。

到目前为止，如果可能，最容易获得这一信息的方法就是通过计算机建模。建模程序，比如 EZNEC-ARRL（包含在原版书附带的光盘中），允许你构建一个具有理想单元电流的理想阵列，然后观看得到的馈电点阻抗结果。由于该方法简便，且用途广泛，它被大力推荐，且本章中所举的阵列的例子都是用它来设计的。

有些馈电系统允许进行调整，所以即使是近似的结果也可以提供适当的起点作为馈电系统设计的基础。计算机建模还有一些其他方法可以选择。一种是先消除待测单元对其他单元的耦合效应，通常通过把其他单元的馈电点开路来实现。然后就可测量单元的馈电点阻抗。接着就得计算来自其他单元的互耦合引起的阻抗变化，计算基于在其他单元中想得到的电流、它们的长度及它们离待测单元的距离。为了进行这一计算，必须知道每对单元间的互阻抗（由于互耦效应，互阻抗不同于阻抗变化），这可以通过测量、计算或图表来确定。

只有对最简单的单元类型才可能使用后两种方法，且测量很难精确进行，因为它涉及分辨两个相对较大值之间的非常小的差异。如果每一个单元相对来说都很粗（也就是说，它们的直径都很大，因为这将会影响到电流分布），或者它们不能完全笔直或平行，那么计算结果的精确性就会下降。

所以你采用建模外的其他方法得到好的结果的唯一情形是用来建模的最简单的情形。建模可以确定许多无法通过手工方式或绘图方式来计算的天线的馈电点阻抗。因此，这里没有讨论或使用手工方式。光盘文件的附录中包含了 ARRL《天线手册》前一版本的公式，以供感兴趣者参考，你也可以在参考书目的许多文章（尤其是 Jasik 和 Jahnson 的文章）中找到更多的相关信息。

用 $\lambda/4$ 传输线强制电流——同相或 180° 异相单元

这里介绍的馈电方法以最简单的形式用在电视接收天

线或其他阵列的馈电中，正如 Jasik 在书的 2～12 页和 10～24 页，或 Johnson 在书的 2～14 页上提出的那样。然而，直到在 ARRL《天线手册》上首次被提出之后，这种馈电方法才被广泛用于业余阵列。

这种方法利用了 λ/4 传输线的有趣特性（所有的线长度都是指电长度，且假定传输线没有损耗）。见图 6-15。λ/4 传输线的输出电流幅度等于输入电压除以传输线的特征阻抗，与负载阻抗无关。另外，输出电流的相位相对输入电压滞后 90°，也和负载阻抗无关。这些特征可以用来在对单元之间具有特定相位差的阵列馈电时进行优化。

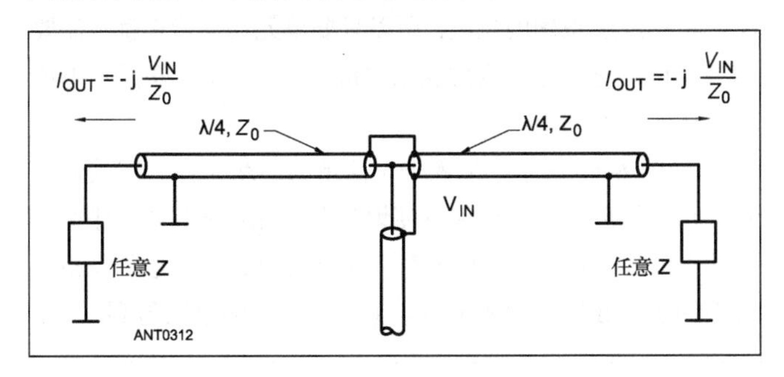

图6-15　λ/4传输线一个有用的特性，见正文。这一特性用在电流强制法这一对耦合单元阵的馈电方法中。

如果任意数量的负载通过具有相同阻抗的 λ/4 传输线连接到相同的激励点上，则无论负载阻抗有多大，负载的电流将被强制相等且同相。所以不管单元的阻抗由于互耦合改变了多少，采用这种方法，可以使任意数量的同相单元正确馈电。需要不等幅电流的阵列可以通过不同阻抗的 λ/4 传输线来馈电，从而获得不同的电流比。

λ/2 传输线的特性也是很有用的。因为无论负载阻抗大小，λ/2 传输线的输出电流等于输入电流相移 180° 以后的值，任何数目的半波长度的线都可以加到基本的 λ/4 线上，电流和相位的强制特性将会保持。例如，如果一个单元通过 λ/4 线馈电，另一个单元从相同的点上，通过具有相同阻抗的特征阻抗的 3/4λ 线馈电，无论单元馈电点阻抗是多少，这两个单元的电流幅度将强制相等，且 180° 异相。

如果一个只有两个相同单元的阵列，用等幅度同相或 180° 异相电流馈电，两个单元将具有相等的馈电点阻抗。原因是当每个单元看对方的时候，看到的都完全一样。在同相阵中，每个单元看到一个电流完全相同的单元；在异相阵中，每个单元看到一个电流等幅相位差 180° 的单元，在这两种情况下，单元间距相等。这一点对于 90° 馈电这类的阵列不再正确，在这些阵列当中，一个单元看到另一个单元的电流比它的电流超前 90°，而另一个单元看到的对方的则电流是滞后的。

对于同相或 180° 异相馈电的阵列，通过相等长度（同相）或长度差 180°（异相）的馈线对单元进行馈电，无论馈线有多长，单元馈电点阻抗偏离馈线的特征阻抗 Z_0 有多大，都将导致正确的电流幅度比和相位差。

除非馈电点阻抗等于馈线特征阻抗 Z_0，或者馈线长度是半波长的整数倍，否则馈线输出电流的幅度将不等于输入电流幅度，相移也不等于馈线的电长度。但是两根线将产生相同的变换和相移，因为它们的负载阻抗相等，从而产生一个适当馈电的阵列。然而在实际中，即使在这些阵列中，馈电点阻抗常常不等，这是由诸如不同的接地系统（对垂直接地单元而言），靠近建筑物或其他天线，或者不同的离地高度（对于水平或架高垂直天线而言）等因素所引起的。

在很多更大的阵列中，两个或多个单元必须用相等的电流以同相或异相方式馈电，但是与其他单元的耦合能够使它们的阻抗变得不等——有时候尤其如此。使用电流强制方法允许馈电系统设计者忽略所有这些效应，却仍能保证对任意数目的 0° 或 180° 馈电单元的任意组合，电流幅度相等、相位正确。

这一方法在实际阵列设计部分被用来开发四方形和 4 单元矩形阵列的馈电系统。一个四方形天线的前后单元提供了一个具有完全不同馈电点阻抗的单元被强制输出相等异相电流的很好的例子。

“能工作的最简单的相控阵馈电系统”

这是在《ARRL 天线纲要》卷 2 上的一篇文章的题目，这篇文章描述了怎样用仅由传输线构成的馈电系统对阵列进行馈电（这篇文章可以在 www.eznec.com/Amateur/Articles/Simpfeed.pdf 上看到，也可在原版书的光盘文件里找到，文章中列出的等式可以利用软件 arrayfeedl 得到，该软件可在网页 www.arrl.org/antenna-book 上下载）。

正如在前面的定相线部分解释的那样，这种方法要求知道在正确馈电阵列中，单元馈电点阻抗是多少。对于大部分但不是全部的阵列，馈线长度可以随之计算出来。这些长度将在确实呈现那些馈电点阻抗的阵列单元上产生期望的电流比。如果你知道连接到传输线（其输入端与公共源连接）的负载的阻抗，就可以很容易地计算出对任意长度的传输线产生的负载电流。然而逆问题却要困难得多。那就是说，根据给定负载阻抗和期望的电流来计算所需的电缆长度。

解决这个问题的一种方法是选择一些馈线长度，求解电流，检查答案，调整馈线长度，再不断尝试直到得到期望的电流。在发展出一种直接求解传输线长度的方法前的一段时间，作者采用了这种迭代方法，首先采用一个可编程计算器，后来用到计算机。直接求解的方法在那篇纲要文章中进行了简要介绍。

图 6-16 显示了用于 2 单元阵列的所谓“最简单”的基本系统。尽管它和前面所述的基本定相线系统类似。关键的

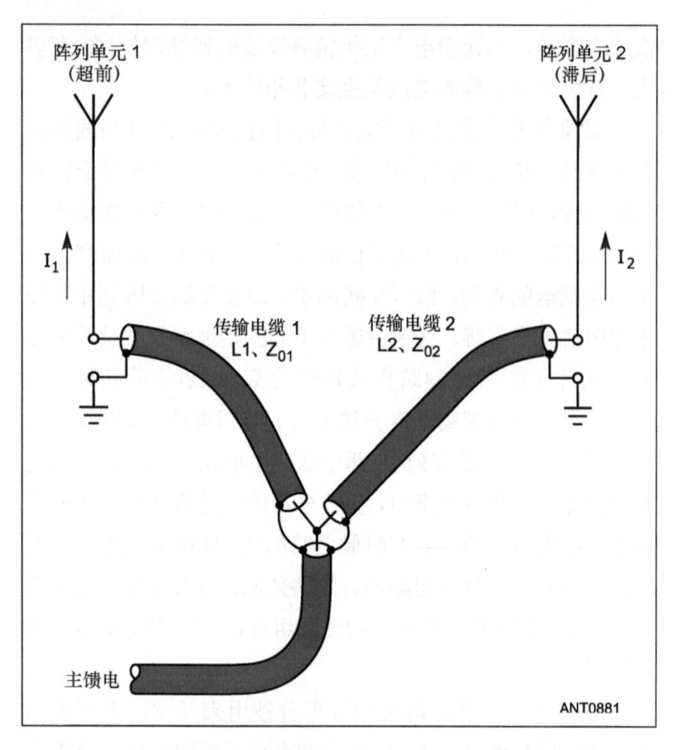

图6-16　对2单元阵的“最简单”馈电系统，这里没有使用匹配或相位调整网络，只有传输线。

区别在于计算了线 1 和线 2 的长度，来提供当传输线端接实际馈电点阻抗时正确的相对电流幅度和相移。

采用这一“最简单”的馈电系统的优势正是它的简单之处。它不会比基本的相位线方法复杂，但却能按计划工作。相对其他一些方法的劣势在于，没有简单的调试方法来补偿环境因素、阵列缺陷或已知的不精确馈电点阻抗。

尽管比较罕见，但也有可能对于一些阵列找不到合适的馈线长度，或者至少找不到具有实际馈线特征阻抗的馈线。在馈线电长度之间的差异几乎从来不等于单元电流之间的相角差。这是因为不同的馈线延迟是由不同的馈电点阻抗引起的。

原版书附带光盘上的程序 Arrayfeed1 可以对双单元(单独或位于大型阵列中)、一个四方阵列或一个矩形阵列作计算，四方或矩形阵列中的两个同相单元，相对另两个同相单元用任意幅度和相位的电流激励。这些可能的情况包括了大量的常用阵列。

使用原版书附带光盘上附录 B 中对更大阵列的馈电部分所描述的方法，Arrayfeed1 也可以用于其他类型的阵列。正确馈电阵列中的单元馈电点阻抗所要用到的知识，可以通过使用也包含在光盘上的 EZNEC-ARRL 得到。采用 EZNEC-ARRL 和 Arrayfeed1 来设计几个不同阵列的最简单的馈电系统的例子，可以在相控阵设计举例部分找到。

对于选定的馈线特征阻抗，当得到一个可行的解之后，往往能得到第 2 个不同长度的解。参看“相控阵设计实例”的前言部分有关选择所使用的解的评论。

一个可调节的 L 网络馈电系统

调节任意两个单元的电流比需要改变两个独立的量：例如电流比的幅度和相位。要求两个自由度——至少部分独立的调节。前面所述的最简单的全传输线馈电系统通过调节两个传输线的长度来取得正确的比值。

但是如果天线的特征了解得不够透彻——例如，甚至不知道接地电阻的近似值——那么初始的最简单设计就不是最优的，并且因调节困难而令人厌烦。电流强制方法独立于单元特征产生正确的电流，所以只要单元相同，它就不需要调节。但是它只适合为同相或 180° 异相以及一些固定电流幅度比的单元馈电。

如图 6-17 所示，加入一个简单的网络允许你在其他相对相角或幅度比时可以很方便地调节单元对的馈电。任意想要的电流比（幅度和相位）可以通过在由长度任意的（相等或不等的）线馈电的两个单元上加入一个网络来得到。

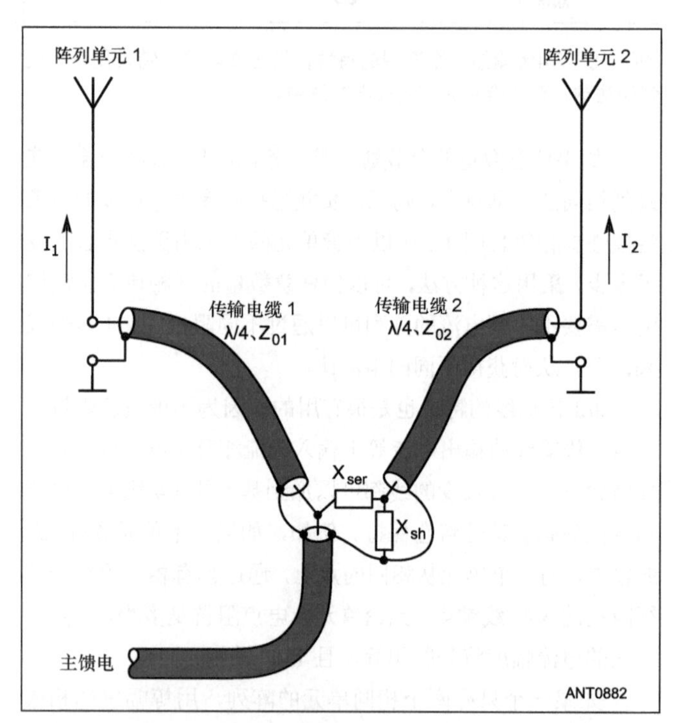

图6-17　在图6-16中加入一个简单的L网络，允许你以其他相对相角或幅度比简单调节单元对的馈电。

然而，一般情况下计算是复杂的。如果传输线的长度限制为 λ/4 的奇数倍，形成一个包括一个外加网络的改良的强制系统，这个问题就会变得简单得多。这一方案至少还有 3 个优势。其一是即使不知道速度因子，λ/4 线也容易测量。这在后面的“相控阵设计的实际问题”部分有作说明。其二是馈电系统对两个单元之一的馈电点阻抗变得完全不敏感。其三是用于对更大阵列中的一组单元进行馈电的强制系统的传输线可以用来替代常规的 λ/4 线。这同时会大大简化了更大阵列的馈电系统的设计和馈电系统本身。注意如果有必要，两根线都可以变为 3λ/4 长，以跨越单元间的物理间距，但是两根线必须同时为 3λ/4 长。

这一基本的馈线方法可以用于任意单元对，或用于具有强制相等电流的两组单元（参看下面的“对 4 单元和更大的阵列馈电”）。很多网络可以实现期望的功能，但是对大多数馈电系统，一个简单的 L 网络已足够。网络可设计成相位超前或相位滞后。简单的 2 单元 L 网络馈电系统如图 6-17 所示。这种普遍的方法的很多变形都可以采用，但是这里讨论的方程、程序、方法只适用于图示的馈电系统。

如果 I_2/I_1 的相位角是负的（单元 2 滞后于单元 1），L 网络通常类似于一个低通网络（X_{ser} 是电感，X_{sh} 是电容）。但是如果相位角是正的（单元 2 超前单元 1），L 网络将类似于一个高通网络（X_{ser} 是电容，X_{sh} 是电感）。然而，有些电流比和馈电点阻抗会导致两个器件都是电感或都是电容。

如果想要维持馈电系统的对称性，X_{ser} 可以分成两部分，每个部分被串联进一个传输线导体。如果 X_{ser} 是一个电感，每个新的器件都将具有原来的 X_{ser} 值的 1/2，如图 6-18 所示。如果 X_{ser} 是一个电容，每个新的器件都将具有原来的 X_{ser} 值的 2 倍。

由于 λ/4 线的电流强制特性，我们需要使线输入端的电压比等于线输出端也就是单元馈电点的期望电流比。L 网络的作用是提供期望的电压变换。如果网络的输出输入电压比

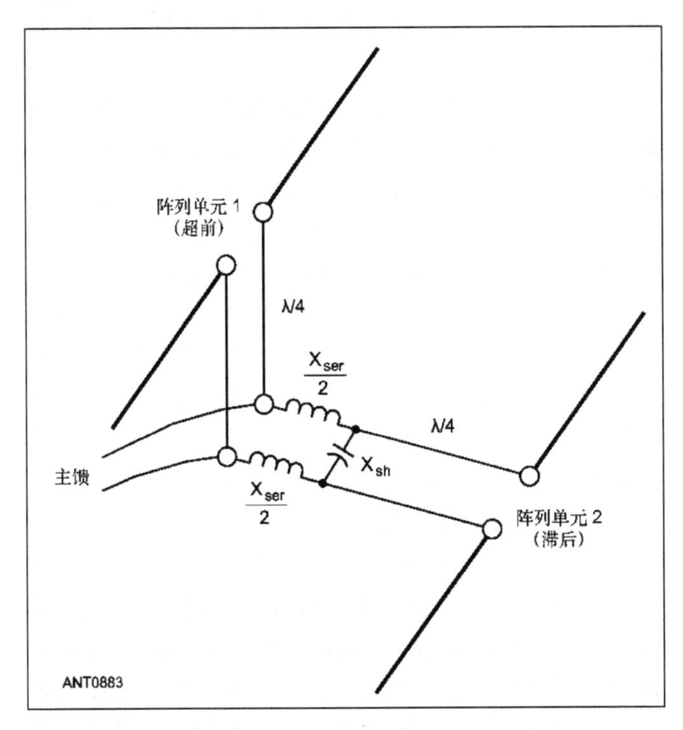

图6-18 类似图6-17的对称馈电系统，馈电网络被分成两个对称部分。

为 2，相角为−60°，那么单元电流比 I_2/I_1 将为 2，相角为−60°。网络的电压变换受单元 2 阻抗的影响，但不受单元 1 阻抗影响。所以设计馈电系统时只需要知道单元 2 的阻抗。

为了设计网络，必须知道滞后单元或单元组的馈电点阻抗。最好的确定方法是用 EZNEC-ARRL 来模拟阵列。对于一些简单的单元和阵列类型的阻抗，用附录 B 的方程就可以手工计算，但是这些同样类型的单元和阵列很容易建模。

在“相控阵设计举例”部分也可以找到用 EZNEC-ARRL 和 Arrayfeed1 对几种不同阵列设计 L 网络馈电系统的例子。这个馈电系统的一个类似的应用和用来计算的电子数据表程序由 Robye Lahlum（W1MK）开发，并在《低波段 DX 通信》中作了描述（见参考资料）。如果愿意，Arrayfeed1 可以用于那本书中所描述的馈电系统的应用。

另外的考虑

对 4 单元和更大阵列馈电

上述最简单的馈电方法和 L 网络方法都可以推广，用于对具有两组单元的更大的阵列馈电，其中每一组的所有单元相互同相或相互异相，本质上说来，就是可以用电流强制方法馈电的任意的单元组。每组中的单元用 λ/4 或 3λ/4 线连到公共点，强制使组内的电流比正确。然后最简单的方法和 L 网络方法可以用来产生两组单元间正确的相位关系，就像两个单个单元之间一样。

适用于这种描述的两种常用的阵列是四方形和 4 单元矩形阵列。但是也可以构造更精细的阵列，并用这种方法馈电，比如像二项式阵列对（单个二项式阵列在下面的“相控阵设计例子部分”有作描述）。

如果单元不同怎么办

得到想要的方向图要求来自单元的场的相对幅度和相位正确。如果单元相同，这是目前为止我们通常所假定的，那么产生想要的幅度和相位的电流就将产生想要的场（忽略其他地方讨论的互耦合电流分布效应）。

但是如果单元不相同该怎么办？幸运的是，只要系统能够被精确模拟，这里描述的馈电系统仍然能用于任意 2 单元阵列和一些更复杂的阵列。但是需要一种和相同单元情况稍微不同的方法。

第一步是在每个单元的馈电点处用电流源来模拟阵列。然后改变模拟源电流的幅度和相位，直到获得想要的方向图。接着计算馈电点（源）电流比，该值和该模型报告的馈电点阻抗可用于馈电系统设计。馈电系统将产生与模型相同的电流比，结果产生相同的方向图。

一般而言，这种方法对于并联馈电的塔或伽马馈电的单元不起作用，因为精确地模拟那些系统比较困难。更多信息

见并联和伽马馈电的塔和单元。请继续阅读接下来的部分。

并联与伽马馈电塔和单元

在一个并联、伽马或类似馈电的塔或单元中，馈电点电流和单元中流动的主电流并不相同。馈电点电流和单元电流之比不是常数，而是和很多因素有关。在并联或伽马馈电单元中的电流比和馈电点的电流比往往不同，而且常常差别很大。这使得由这些单元构成的阵列的馈电系统设计变得复杂化。

一个限制性更强的问题是馈电点阻抗难以确定。在一个适当馈电的阵列中的一个或更多单元的馈电点阻抗必须知道，这样才能设计除了同相或 180°异相的双单元阵列之外的所有阵列。

对于一个并联或伽马馈电阵列，获得这一信息的唯一可行办法是，通过模拟一个具有想要的单元电流的阵列。但是 Cebik 已经指出（“NEC-4 的两个限制”——见参考资料）很多常用的天线分析程序，包括 EZNEC- ARRL，难以精确模拟具有两个不等直径导线的折合偶极天线。当并联和伽马馈电单元直径与并联或伽马馈线直径相差很大的时候，这一问题也会发生。如果馈电点阻抗不准确，馈电系统就必须经过调节才能工作。利用基于 MININEC 的模拟程序，也许能够得到具有合理精度的结果，但是使用它的时候，必须仔细考虑很多问题（参看列在参考书目中 Lewallen 所著的文献，“MININEC——剑的另外一刃”）。

如果这一 MININEC 程序可行，你将不得不模拟整个阵列，包括馈电系统，它的源在并联或伽马线的正常馈电点处。接下来你得调节源的幅度和相位来产生想要的方向图。你将用程序计算出的源阻抗和电流来设计馈电系统。很有可能需要作一些调节，所以最好使用将会在后面描述的如 L 网络这样的馈电系统。

加载、匹配和其他网络

在单元或单元馈电点处串联像加载电感这样的器件，不会改变单元电流与馈电点电流的比值。因此，如果单元包含串联器件，设计成产生特定的单元电流比的馈电系统仍将正常工作。然而，设计馈电系统的时候，必须考虑加载器件带来的额外的馈电点阻抗。类似的，只要单元电流分布在本质上是相同的，端或顶部加载不会改变馈电点电流和单元电流之间的关系（见前面的“馈电点与单元电流的关系”部分）。

然而，插入任意并联器件或者包含一个并联器件的网络，将改变馈电点和单元电流之间的关系，因为它将转移部分本应流进天线的馈线电流。结果，一个设计成在馈电点处传送正确电流的馈电系统将产生不正确的电流，因而产生不正确的方向图。在馈电系统到各单元的分叉处，靠天线端的那部分的任何位置，都应该避免采用除了串联负载以外的任何器件或网络。

这一规则有一些例外。如果在激励阵列中各单元的馈电点阻抗相等，就可以在单元的馈电点处放置包含或不包含并联器件的相同网络，且只要网络在恰当的位置，馈电系统的设计可实现适当的馈电点电流比，就能保持合适的单元电流比。相等的单元阻抗发生在只由两个同相或 180°异相馈电相同单元构成的阵列，或单元数目任意且单元具有短的电长度和（或）损耗很大的阵列上。

相控阵中的巴伦

当用同轴电缆馈线对垂直接地单元进行馈电时，为了得到正确的阵列方向图，并不一定需要巴伦。但是如果由于对单元的互耦合，在馈线的外侧感应出的电流在无线电收发室中引起射频，就希望用一个巴伦。并且如下面所解释的那样，对于偶极天线阵列或其他高架单元阵列，巴伦对获得适当的电流比都是很重要的。

然而，首先将阐述在相控阵中使用巴伦的一般规则。这里“主馈线”是指从发射机或接收机到公共点之间的馈线，在公共点处系统分别对各个单元进行馈电。“定相系统线”是指在公共点和任一单元间的任意传输线。规则如下：

规则 1：必须使用一个或多个巴伦（更确切地说是电流型巴伦，有时候叫做扼流巴伦）来抑制主馈线上的非平衡电流。当用来自非平衡的装备或调谐器的同轴馈线对接地单元馈电的时候通常对这一点不作要求。非平衡电流会发生在同轴或平行导线上。

列在参考书中的“巴伦：它们能做什么，以及它们怎么做？”，描述的是非平衡传导（共模）电流。非平衡也可以由对阵列单元的互耦合引起。共模电流对阵列性能至少有两个不利影响。首先，非平衡电流可以从主馈线流向定相系统线，而并不一定以正确的比例分流来维持正确的单元电流比。这会影响阵列方向图。然而在实际中，除非共模电流出奇的大，否则这一效应一般都较小。然而，即使是小共模电流，也会导致主馈线辐射，且即使小量的辐射也会严重恶化阵列方向图的零点。任何种类的电流型巴伦都可用在主馈线沿线的任何位置，除了对共模电流的减小程度有影响外，不会对阵列方向图造成任何影响。

规则 2：巴伦或任何其他器件和网络都不应该插入任何会改变线长或特征阻抗的相控系统线内。这意味着在定相系统线中的巴伦必须是由定相线本身制作而成。可选项有 W2DU 型巴伦，它由沿馈线外围放置的铁氧体芯组成；空芯巴伦，它是通过把部分线绕成近似自谐振或高阻抗线圈而做成；或者把部分线绕在铁氧体芯或棒上做成几匝线圈。当使用同轴电缆的时候，馈电系统的特性由电缆的内部规定。任何外侧的芯子或者线圈防止在外侧产生共模电流，但是对定相性能没有影响。这一规则同样适用于平行导线，对平行导线巴伦只影响共模电流（等效为同轴线的外部电流），而定相性能则依赖于差模电流（等效为同轴线的内部电流）。

当对偶极天线或其他高架阵列馈电的时候，巴伦是重要的，除非使用完全平衡的调谐器。这是因为共模电流代表一部分本应流到阵列单元的电流的分流。共模电流的出现意味着单元电流正在偏离期望的比例，因而得到的不是想要的方向图。巴伦应该放置在任何电流路径存在的地方，而不是沿着平行线导体或同轴线的内表面上。例如，在同轴电缆连接到偶极天线的地方就存在这样的路径，如上面所引用的巴伦一文的图 1 所示，或者在平行导体传输线连到非平衡调谐器或同轴线的地方也存在一条这样的路径，如那篇文章中的图 2 所示。在所有这两种情况下，对在同轴电缆外表面流动的共模电流都存在一条路径。巴伦对该电流产生了一个高阻抗，因此降低了它的幅度。但是记住，所有的巴伦都遵守上面的规则。

图 6-19 显示了用 L 网络馈电系统对偶极天线阵列同轴馈电的巴伦的推荐位置。

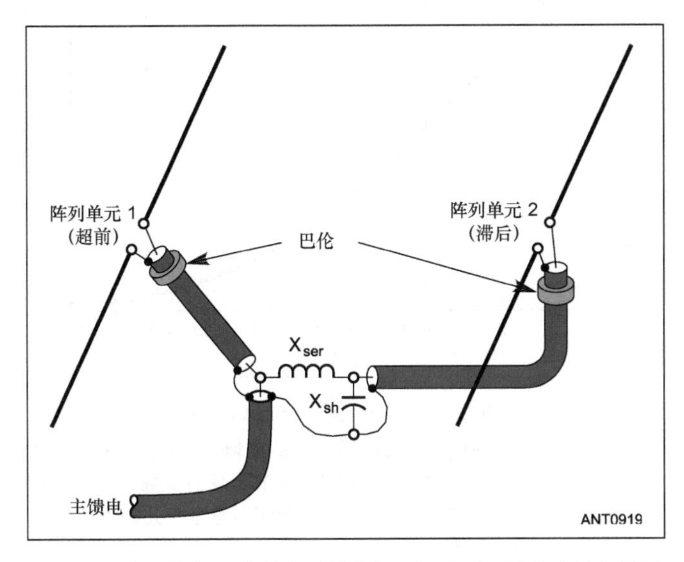

图6-19　在双偶极天线馈电系统中加入扼流型巴伦来去掉辐射到同轴电缆的屏蔽屏的共模电流。

接收阵列和频带扩增

虽然可能并不十分直观，一个发射时增益和方向图固定，并考虑到互耦合、单元电流、场增强和相消等因素的阵列，用作接收时的性能将会完全相同。所以设计接收阵列时，可把它当作发射阵列来解决问题。

然而，在高频以及以下频段，对发射天线和接收天线的系统要求是不同的，所以设计只用作接收的阵列时，可以不适合用作发射，但是在那个频段用作接收完全足够。其原因（在本书“长导线和行波天线”一章将描述得更详细）是在高频及以下频段，大气噪声通常要比接收机内部噪声大得多。降低接收天线的增益和效率的同时，以同样的因子降低了信号和大气噪声。因为从实际用途来说，整体噪声是所有的大气噪声，信噪比不受天线效率的影响。

当然，可以通过降低效率来把大气噪声降低到使接收机自身成为主导的噪声源，但是通常是直到天线相当低效的时候才会发生。发射的时候，降低效率也就降低了发射信号，但是它对接收站的噪声却没有影响。降低发射天线的效率将会导致接收端信噪比的降低，所以应该避免。

通过增加单元的损耗（同时也降低了效率）或将单元的尺寸减小到波长的一小部分，可以把互耦合效应降到最低。只实施第 2 个方法而不实施第 1 个并不是一个好主意，因为对于小单元而言，馈电点阻抗通常会随着频率变化而急剧变化，使天线只在一个窄带内工作良好。但是即使是小单元，增加损耗除了降低互耦合效应外会展宽带宽。所以这种方法通常用于设计只作接收用的阵列。由于损耗使互耦合效应最小化，因此只要遵照一些简单的规则，馈电系统的设计就会变得相对简单。参见上文的损耗电阻、互耦和天线增益。

由 Tom Rauch（W8JI，网址为 www.w8ji.com）中描述的“Crossfire”馈电方法中提供了一个天线阵列，该阵列具有非常宽的带宽。即方向图形状，特别是在零点方向和深度上，在一个非常大的频率范围内几乎保持恒定。该方法所需要的元素，其馈电点阻抗在频率范围内几乎保持恒定，在大范围上需要高损耗和低效率。但是，如前面所解释的那样，这对接收阵列来说是可以接受的，而且通常接收阵列最重要的就是深的和可预测的方向图零点的情况。对于两单元的基本思想是在两单元之间使用一根延迟线，即它延迟的电角度等于两单元之间间隔的角度，那么就是在延迟线上增加了一个与频率无关的相位反相器。当远处信号到达第一个单元时，就会在连接于馈点的延迟线上产生一个波动，同样信号在同一时刻到达第二个单元时，第一个单元上的波动就到达延迟线的末端，第二个单元上的信号就被第一个单元添加了反向波动，如果两个波动的幅值一样，那么就会出现完全抵消的情况。这个与频率无关，如果延迟线的电长度等于单元之间的间距，那么这也与单元间距无关。其他信息见“设计实例”。

对于像偶极子天线的浮地天线单元，仅仅使定相线发生一个半扭曲行为，从而使连接到某个单元的馈电线发生翻转，这样就可使反相发生作用，还有一种方法，即在接地或不接地元件上使用宽带反相转换器。

6.4 相控阵设计实例

这部分也是由 Roy Lewallen(W7EL)所著，列举了采用前面部分给出的设计原理为几种阵列设计馈电系统的例子。除了最后一个例子以外，所有的阵列都假定是由 λ/4 垂直单元组成的。最后一个例子是针对半波长偶极天线阵列的，它说明对于任意形状的阵列，包括偶极天线、方框和三角阵列，都可以采用完全相同的方法。同样的，这里展示的方法同样可以很好地适用于 VHF 和 UHF 阵列。第一个例子比剩下的例子包含更多的细节，所以你应该先读它。下面使用“最简单”和 L 网络馈电系统的阵列设计实例是使用两个不同“crossfire”馈电结构的接收阵列的例子。

本书所提供的 EZNEC-ARRL 软件的版本为 v.5.0。这是第一个可以在模型中加入 L 网络的版本，所以分析 L 网络馈电阵列可以准确无误，同时还有元件和地面变量的影响。ARRL_Cardioid_L_Network_Example.EZ 给出的是带有 L 网络馈电系统的心形阵列。

EZNEC-ARRL v.5.0 还包括传输线损耗，这有助于添加各种损耗以观察其对方向图和带宽的影响，例如终接一个阻抗和传输线的特性阻抗是完全不同的。

在接下来的部分中，文中大写字母表示在对这些实例进行创建和建模时所使用 EZNEC-ARRL 软件的菜单或功能按钮标签或输入。

6.4.1 通用的阵列设计考虑

如果使用最简单的馈电系统（见图 6-16）或者 L 网络馈电系统（见图 6-17）两者之一，当所有的阵列单元具有正确的电流的时候，必须知道一个或多个馈电点阻抗。到目前为止，确定它的最好方法是建模。如果出于某些原因，精确建模实际不可行，那就应该从一个近似的模型进行估计，而你可以预料到建模及安装完成之后，必须调节馈电系统。

在原版书附加光盘的附录 B 中给出了一些简单结构的人工计算方法，但是正如前面所述，其计算比较繁琐，且这种方法能算的只是那些最容易模拟的结构。在下面的例子中，采用 EZNEC-ARRL（也包含在光盘文件中）来确定馈电点阻抗。受篇幅所限，我们不在这里对建立模型作详细的说明，所以这里它们都是完整的形成。它们应该为任何你想尝试的变化提供一个方便的起点。若在使用该程序中需要帮助，可参见 EZNEC-ARRL 手册（通过点击 EZNEC-ARRL 主窗口中的 Help/Contens 进行访问）。

在下面的例子中，垂直单元的高度接近 λ/4，而偶极天线单元接近 λ/2，并且当其他单元不存在或开路的时候，它们的长度已经被调整为谐振长度。在实际中，没有必要使单元自谐振——它只是作为这些例子的一个方便的参考点。当看到在阵列中单元馈电点处存在很大电抗时，你会觉得有趣，因为我们知道当只有一个单元存在的时候，电抗非常接近于零。

在任何实际的垂直接地单元中，对于每个单元都有接地损耗。损耗大小取决于接地辐板的长度和数目，以及在天线下方和周围地面类型和湿度。该阻抗变成馈电点阻抗的一部分，所以它必须包括在用来确定馈电点阻抗的模型中。下面的 90°馈电、90°间距的阵列例子中讨论了这是怎么做的。图 6-20 给出了基于 Sevick（1971 年 7 月和 1973 年 3 月 QST）测量典型接地系统的电阻值。基于图 6-20 的馈电系统器件参数值将处于正确值的合理范围内，即使地面特性和 Sevick 的测量稍有不同。

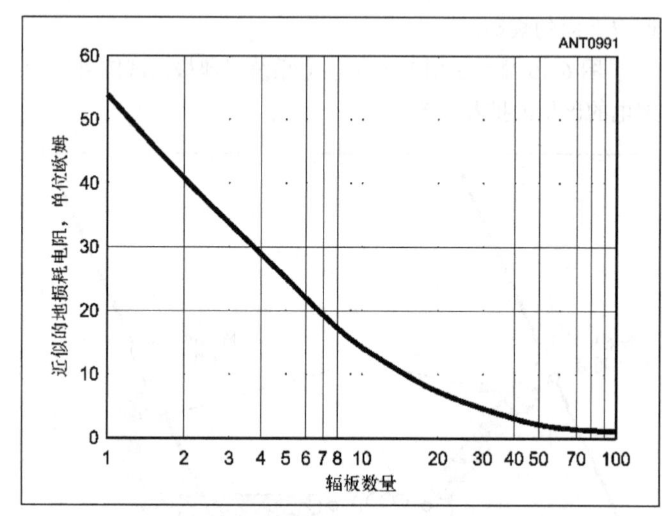

图6-20　一个λ/4垂直接地单元的近似的接地系统的损耗电阻与辐板数的关系，基于Jerry Sevick(W2FMI)的测量。测量使用中等长度的辐板（0.2λ～0.4λ）。确切的电阻值，尤其是仅有少数几个辐板时的电阻，将由天线下方的土壤决定。细的λ/4垂直单元的近似的馈电点阻抗应再加上36Ω。

测量使用中等长度的辐板（0.2λ～0.4λ）。确切的电阻值，尤其是对于少数几个辐板的电阻，将由天线下方的土壤决定。为细的 λ/4 垂直单元的近似的馈电点阻抗加 36Ω。

用于下文阵列设计举例的馈电系统基于下面给出的电阻值。

辐板数	损耗电阻（Ω）
4	29
8	18
16	9
无穷	0

高架辐板系统也具有一些接地损耗，尽管它比具有同样

数目的掩埋辐板的系统要低得多。该损耗自动包含在含有高架辐板的模型的馈电点阻抗中，所以不要求作进一步的估计。当用 EZNEC-ARRL 模拟一个高架辐板系统的时候，要保证使用完美的高精度接地系统。在其他基于 NEC-2 的程序中，这可能是指 Sommerfeld 类型的接地。更多的信息可以在 EZNEC-ARRL 中找到。

这里并没有解决如何匹配阵列以取得连接到基站的馈线上的最佳 SWR 问题，因为它是个独立的问题，偏离了我们的主题，即设计馈电系统来产生想要的方向图。有些更简单的阵列提供接近 50Ω 或 70Ω 的匹配阻抗，所以不需要进一步的匹配。然而，正如程序 Arrayfeed1 显示的那样，很多更大的阵列呈现对直接连接不利的阻抗，且如果要求在主馈线上得到低 SWR，就要求匹配。如果匹配是必须的，应该在通往基站的单根馈线内放置合适的网络。尝试通过调整相控 L 网络、单个单元长度、单个单元馈线的长度，或在单元馈电点进行区配来改进匹配，通常会破坏阵列的电流平衡。原版书附带光盘包含的程序 TLW，可以用来设计一个适当的匹配网络。见本书“传输线耦合和阻抗匹配”一章。

选择 Arrayfeed1 的解

当为一个双单元阵列设计一个馈电系统的时候，程序 Arrayfeed1 允许你选择连到单元的两条传输线的特征阻抗，两者不一定相等，所以你可以在不止一个解中进行选择。然而，如果传输线具有不同阻抗，定向阵列切换将会困难得多，所以你通常应该使用相同的特征阻抗。

对于更大的阵列，Arrayfeed1 要求连到所有单元的馈线具有相同的阻抗。在选择传输线阻抗值的时候，通常你可以简单地使用简便的阻抗。但是通常，你应该避免使用器件电抗值和传输线的特征阻抗有很大不同（大于 3 倍或小于 1/3）的解。这种网络对调节更为挑剔，且阻抗和方向图都会随着频率急剧变化。你通常可以通过选择和单元馈电点阻抗在同一数量级的馈线阻抗来避免这个解。在实际阵列设计部分的最后的例子说明了这个问题和它的解。

当设计一个“最简单”的馈电系统的时候，最宽带宽且最不挑剔的系统往往是馈线电长度差最接近单元相对相角的系统。这里，“宽带”是指方向图随频率的变化更少，而不需要 SWR 的变化更少。然而，一个在方向图意义上宽带的阵列通常对于 SWR 而言也是相对宽带的。

Arrayfeed1 计算出在主阵列馈电点处的阻抗。虽然你可能会很想选择在主馈线上产生最低 SWR 的解，但是如果你选择时基于上述准则，且必要的时候，在阵列的主馈电点处提供独立的阻抗匹配，那么最终你将得到一个更不挑剔且更宽带的系统。

6.4.2 90°馈电、90°间隔的垂直阵列

这个例子展示了一个 2 单元、90°间距且 90°馈电的垂直阵列的“最简单”馈电系统和 L 网络馈电系统的设计。使用其中任一种馈电系统的首要任务是确定当单元放置在一个具有想要的单元电流的阵列中时的馈电点阻抗。“最简单”馈电系统方法要求两个单元阻抗都要知道，而 L 网络系统只要求知道一个。事实上，使用 EZNEC-ARRL 来确定 2 个和找到 1 个一样容易。（附录 B 为那些对人工方法感兴趣或想进一步知道阻抗是怎么来的读者附了方程。）第一步是指定我们要的天线。对于本例，我们指定：

- 频率：7.15MHz。
- 2 个 1 英寸（2.54cm）直径，33 英尺（10.06 m）长，间隔 90°电角度的相同单元，单元电流幅度相等，相位差 90°。
- 在每个单元下方有 8 根掩埋式辐板线，长为 0.3λ 已经用 EZNEC-ARRL 建立并配备为了该天线的一个模型。所以下一步是启动 EZNEC-ARRL，点击 Open 按钮，在文本框输入 ARRL_Cardioid_Example（或在文件列表双击它）来打开举例文件 ARRL_Cardioid_Example.EZ。

该 EZNEC 范例模型使用 MININEC 型地面，当计算天线电流和阻抗的时候，它和完美地面一样。由于接地系统有限的电导率，一个实际的天线具有一些额外的电阻损耗。用类似 EZNEC 这样的基于 NEC-2 的程序模拟掩埋式辐板接地系统的唯一方法是，就在地上方建立辐板线（用实际高精度接地类型），因为 NEC-2 不能处理掩埋导体。

这只是提供了掩埋系统的中等的近似。另一种估计接地系统电阻的方法是测量单个单元的馈电点阻抗，然后再把它减去由位于完美（或 MININEC 型）地面上方的单元构成的模型计算出的电阻值。然而，对于大部分使用，简单地参照图 6-20 的曲线就可以作适当的近似。如前所述，馈电系统的设计取决于单元馈电点阻抗，这反过来取决于接地系统的电阻。所以在设计馈电系统之前，无论怎样近似，必须知道接地系统电阻。在该例的最后，我们将考查接地系统的变化或在估计电阻上的误差对方向图的影响。

对于 8 根辐板接地，图 6-20 显示接地系统电阻约为 18Ω。这作为在每个单元馈电点处的简单的电阻负载包括在该举例模型中。点击 Src Dat 按钮来看两个单元的馈电点阻抗。在本模型中，源 1 在导线 1（单元 1）的基座处，源 2 在导线 2（单元 2）的基座处。注意在 Source Data 显示框中，源 1 的电流已被指定为 1A、0°相位，源 2 为 1A、–90°相位，所以源 2 单元是滞后单元。你应该会看到单元 1 的阻抗为 37.53–j19.1Ω，单元 2 为 68.97+j18.5Ω。这些是阵列理想馈

电，具有相等幅度、90°相位差电流时产生的馈电点阻抗。记录这些值以备在 Arrayfeed1 中使用。

点击 FF Plot 按钮来产生在 10°仰角上的方位方向图。在二维绘图窗口中，打开 File 菜单，并选择 Save Trace as。在 File Name 框中输入 Cardioid_Ideal Feed，然后单击 Save。这保存了心形方向图，所以你之后可以拿它和由传输线馈电系统得到的方向图进行比较。

现在该轮到设计馈电系统了。参照下面对应的合适的副标题来分别设计这两种馈电系统。两个系统都使用 Arrayfeed1 程序。

“最简单”（只有传输线）馈电系统

启动 Arrayfeed1。在 Arrag Type 框中，选择 Two Element。在馈电系统类型框中选择“Simplest”。在 Input 框里，输入下列值。

频率为 7.15MHz，馈电点阻抗—超前单元：R=37.53Ω，X=−19.1Ω，滞后单元：R =68.97Ω，X=18.5Ω（这些是来自 EZNEC-ARRL 的单元的 R 和 X 值）。我们将讨论阵列的输入阻抗，所以如果还没有选中的话，选中主窗口的左下角附近的 Calc Zin 选项。

只要我们能够得到具有那些阻抗的电缆，我们可以自由选择任何我们想要的传输线特征阻抗。且两根电缆不一定要具有一样的特性阻抗。每种选择导致一组不同的解。但是有时可能会无解，那就要求选择不同的传输线阻抗。我们试着对两根线都使用 50Ω 电阻，在两个 Z_0 框中输入 50。

最后在滞后电流幅度：超前电流幅度（I Mag）处输入 1，相位输入−90°。点击 Find Solutions。结果是无解！所以在两个线阻抗框内输入 75Ω，并再次点击 Find Solution。现在你应该在 Solutions 框里看到两组解，第一个解的电长度为 68.80°和 156.03°，第二个解为 131.69°和 185.00°。注意两根线的长度差对于每个解都不是 90°，尽管第一个解十分接近。由互耦合引起单元馈电点阻抗不相同，因而馈线长度差和相位差不同是正常的。

线长度差最接近单元相位差的解通常更具优势。同时，在其他条件相同的情况下，只要线能物理上到达单元，具有最短线的解更好。这是因为它的电流幅度和相位随频率的变化比长度更长的解更小。然而，可能在有些情况下，随频率的变化恰好补偿了单元间变化的电距离，所以两个解都模拟是个不错的主意，除非你计划只在窄的频率范围内使用天线。

在这种情况下，第一个解在所有方面看起来都是最好的。第一个解中的两根线的和约为 225 电角度。假定两相线具有 0.66 速度因子，线总长将超过 148 物理角度。由于我们的两个单元间隔 90°物理角度，因此线容易到达。如果它们不能到达，我们可以使用第 2 个解的长度，使用具有更高速度因子的电缆或在第一个解的两个线长度上加半波长。

Arrayfeed1 显示的阻抗 Z_{in} 是馈电系统输入端的阻抗，所以它是主馈线将看到的阻抗。第 2 个解为 50Ω 传输线提供了近似完美的匹配。但是第一个解几乎对所有应用都适用。而且连到第一个解的馈电系统的 50Ω线将只有 1.65:1 的 SWR，这在大多数情况下，不需要任何匹配。通常的线损耗会进一步降低在同轴馈线的发射端的 SWR。

为了找到需要的物理线长度，在 Physical Length 框输入线缆的速度因子并选择单位。现在就已设计好了；你所要做的是把两根线切到指定长度，然后如图 6-16 所示或图 6-21 的 Arrayfeedl 的屏幕截图所示，将一条线从公共馈电点连接到每个单元。

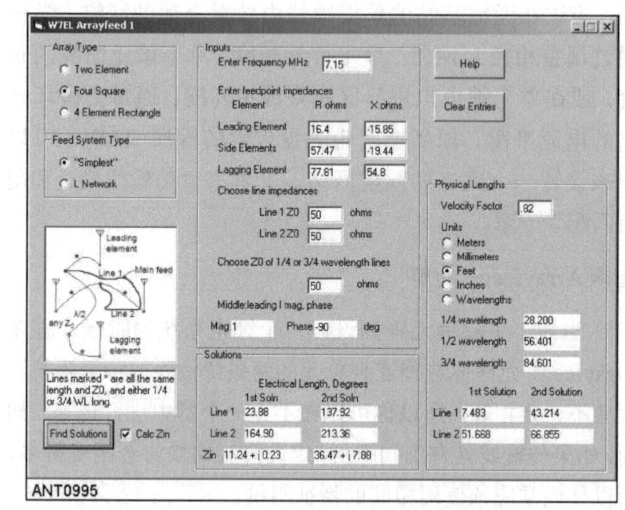

图6-21　来自Arrayfeed1的对于图6-16所示的最简单2单元相控阵的屏幕截图以及由EZNEC-ARRL对它模拟的馈电阻抗。

接下来，我们将为同样的阵列设计一个 L 网络馈电系统。

L 网络馈电系统

在 Arrayfeedl 里，在 Feed System Type 框选择 L 网络。程序不需要知道超前单元的阻抗来计算 L 网络参数，但是它需要计算阵列输入阻抗。如果你想知道该阻抗，选中主窗口左下角的 Z_{in} 框，否则你可以不选中它，且超前单元 Z 的输入框会消失。“最简单”分析得到的值仍然应该在适当的选项中出现。如果不出现，参照上面的“最简单”馈电系统设计并重新输入值。我们将再次使用 75Ω 线阻抗，既然它为“最简单”馈电系统给出了解。该馈电系统更加通用，所以如果有需要，我们可以对该馈电系统使用 50Ω 线。

点击 Find Solution，并在 Solution 框中查看结果，见图 6-22 的屏幕截图。采用 75Ω 线，L 网络由一个 1.815μH 串联电感和一个 199.7pF 并联电容组成，连接如程序窗口左边部

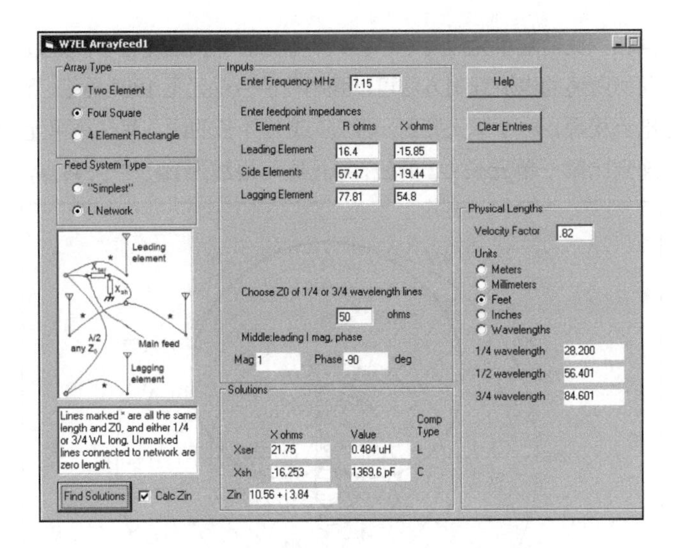

图6-22 用于L网络馈电系统的Arrayfeed1的屏幕截图，L网络馈电系统使用$\lambda/4$馈线的电流强制特性。

分的图表所示。为了找到 $\lambda/4$ 线的物理长度，可在 Physical Lengths（物理长度）框输入速度因子和单位选择。

主馈电点阻抗为31.37+j25.94Ω将在50Ω馈线上产生大约2.2:1的SWR，这对于很多应用是可以接受的。简单地通过在主馈电点加入一个25.94Ω（858pF）阻抗的串联电容，便容易把它降为1.6:1，或者当然可以用一个简单的L网络或用TLW程序设计的其他匹配系统把它降为1:1。

方向图核实和损耗电阻效应

EZNEC模型ARRL_Cardioid_TL_Example.EZ已经被建立来模拟刚刚设计的“最简单”的馈电系统。用EZNEC-ARRL打开它。在视图天线显示框中，你可以看到连到处于天线之间中途的源上的传输线。在EZNEC中，传输线模型末端的物理位置并不一定和物理位置一样，所以该视图并不能精确代表实际装置的模样（你可以在举例文件ARRL_Cardioid_TL_Example.EZ所附带的天线注释文件ARRL_Cardioid_TL_Example.txt中找到更多有关这方面的内容）。

单击FF Plot来产生天线的二维方向图。在二维绘图窗口中，打开File菜单并选择Add Trace。选择Cardioid—Ideal Feed（你先前所保存的）并单击Open。添加的图完美重叠，表明使用该馈电系统的方向图和我们在每个馈电点处用完美的电流源得到的方向图相同。

为了核实馈电点电流，单击Currents按钮。在产生的表格中，你可以看到导线1的分段1电流为0.564 67A，相角为−56.73°，而导线2的分段1电流为0.564 67A，相角为−146.7°（如果你得到的相位角正确，但是幅度错误，打开主窗口Option菜单，选择Power Level，并确Absolute V，I sources被选中。）比率为1相角为−89.97°，这对于想要的比率为1，相角为−90°在正常误差范围之内。

作为对Arrayfeed1的核实，单击Src Dat按钮来找到从源看到的阻抗。这将是在实际阵列的主馈线的连接处的阻抗。EZNEC-ARRL显示33.96+j13.11Ω，非常接近图6-21的Arrayfeed1给出的阻抗33.94+j13.13Ω。这个数量级小的差异是正常的，且是可预期的。这进一步证实了EZNEC-ARRL模型正确分析了Arrayfeed1馈电系统。

该EZNEC-ARRL模型使用固定物理长度而不是固定电长度（角度数）的无损耗传输线，所以当频率变化的时候，它们会表现得像实际的传输线。通过改变EZNEC频率，并重新运行二维绘图，你可以看到前后比在7.0MHz和7.3MHz处性能变差了。稍微调整一个或多个的线长度，或者在略微不同的频率处采用新的Arrayfeed1解会为一些使用产生更好的折中效果。

你可以尝试的其他事情是评估第二个Arrayfeed1解，或者试着使用不同的传输线阻抗（如果你期望做阵列方向切换时，保持两根线的阻抗相等）。变化的接地系统电阻的影响可以通过点击主窗口中的负载线并改变负载电阻值来评估。例如，如果接地系统电阻是9Ω，而不是我们假定的18Ω，前后比会从32dB降为20dB。注意，改变该模型中的EZNEC地面导电性对馈电点电流比没有影响。对于一个MININEC型地面，它只用作方向图计算—在计算阻抗和电流期间假定为完美地面，并且模型中唯一的接地系统损耗是我们特意接入的负载。

前向增益受频率变化或接地系统损耗的影响很小，这一点并不奇怪。为了找到相对单个单元的增益，比较ARRL_Cardioid_Example和相同模型在删除其中一个单元时所产生的dBi增益。你会发现它非常接近3.0dB。90°馈电、90°间距的阵列是个阵列的特例，它的互耦合对两个单元的影响是相反的且相互抵消，导致同样的增益，就好像互耦合不存在一样。但是互耦显然是存在的。

第2个解给出一个更有优势的主馈电点阻抗，所以往往会使人们用它来代替第1个解。用第2个解长度代替馈电点长度来模拟第2个解时，表明当使用第2个解的时候，在频带的边缘前后比恶化得更厉害。如果期望使用受限制的频率，这或许可以容忍。但是它确实表明采用更短传输线的解往往带宽更宽，并且解的选择不应一律基于给出最有利阻抗的解。

6.4.3 3单元二项式边射阵

一个3单元呈一直线且间隔 $\lambda/2$ 同相馈电的阵列给出的方向图通常是双向的。如果各单元电流相等，产生的方向图相对于单个单元具有的前向增益为5.7dB（对于无损单元），但是它有显著的旁瓣。如果电流以二项式系数1:2:1呈锥削分布（中心单元的电流是两端单元的两倍），则增益略微下降为刚好低于5.3dB，主瓣增宽且旁瓣消失。

阵列如图 6-23 所示，在完美地面上方的 EZNEC- ARRL 天线模型表现出了由 ARRL_Binomial_Example.EZ 提供理想的方向图。为了在单元中获得 1:2:1 的电流比，每个端单元通过阻抗为 Z_0 的 $3\lambda/4$ 线馈电。选择 $3\lambda/4$ 的线长是因为 $\lambda/4$ 的线物理上不能到达。中心单元在同一点通过两根特征阻抗相同的并联 $3\lambda/4$ 线馈电。这等效为通过一根 $Z_0/2$ 阻抗的线馈电。这样电流被强制同相且具有正确的比值。ARRL_Binomial_TL_Example.EZ 是一个 EZNEC-ARRL 模型，它用无损耗传输线来显示这个馈电系统。鼓励读者用这一模型来做实验，看看改变频率，加入损耗电阻（作为在单元馈电点处的电阻负载）以及其他改变对阵列方向图和增益的影响。你还应该用 MININEC 型地面代替完美地面，来观察实际地面上的辐射方向图和理论的完美地面的方向图有什么不同。

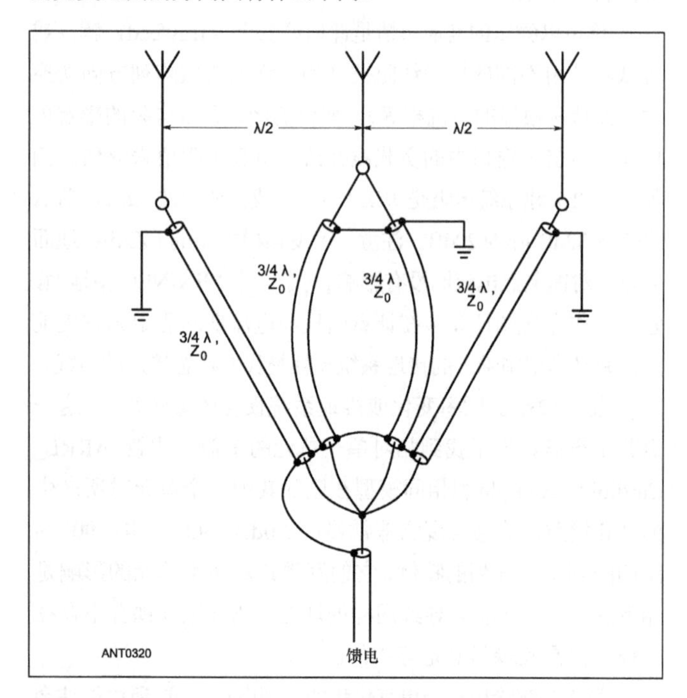

图6-23　3单元1:2:1二项式阵的馈电系统。所有馈线是3/4电波长长度并且具有相同的特征阻抗。

6.4.4　四方阵列

为这种流行的阵列馈电可用到几种馈电系统，大部分馈电系统都存在一个共同的问题——它们不提供正确的单元电流比——尽管它们当中有很多能产生可行的近似。这里描述的馈电系统能产生完全正确的电流比。唯一重要的变量是单元馈电点阻抗，所以结果的质量取决于你模拟正确馈电阵列的馈电点阻抗的能力。正如上面的例子那样，MININEC 将被用于该用途，而 Arrayfeed1 用来设计馈电系统本身。

在这个阵列（见图 6-24）中，4 个单元放置在边长为 $\lambda/4$ 的正方形中（四方阵的一种变形，采用更宽的间距）。后端和前端单元（1 和 4）相互 180° 异相。侧向单元（2 和 3）相互同相，比前端单元滞后 90°。4 个单元的电流幅度相等。通过前面所述的电流强制方法可以强制使前后单元呈 180° 异相，且电流相等。一个单元接到一根 $\lambda/4$ 或 $3\lambda/4$ 长的线，另一个单元连到比第一单元长 $\lambda/2$ 的线，并且这两根线连到一个公共点。

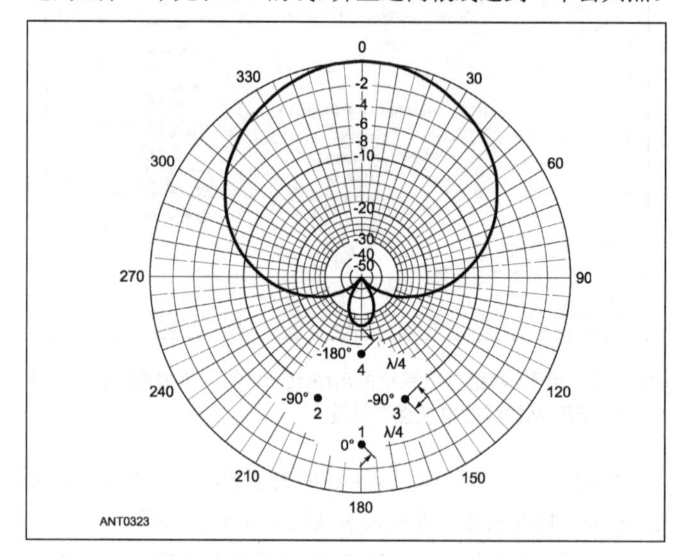

图6-24　4单元四方阵的方向图和布局图。增益是相对于单个相似的单元，在显示的刻度值上加5.5dB。

同样地，通过 $\lambda/4$ 或 $3\lambda/4$ 长的线将两个侧向单元连到公共点，来使其电流强制相等。图 6-25 显示了基本的电流强制系统。

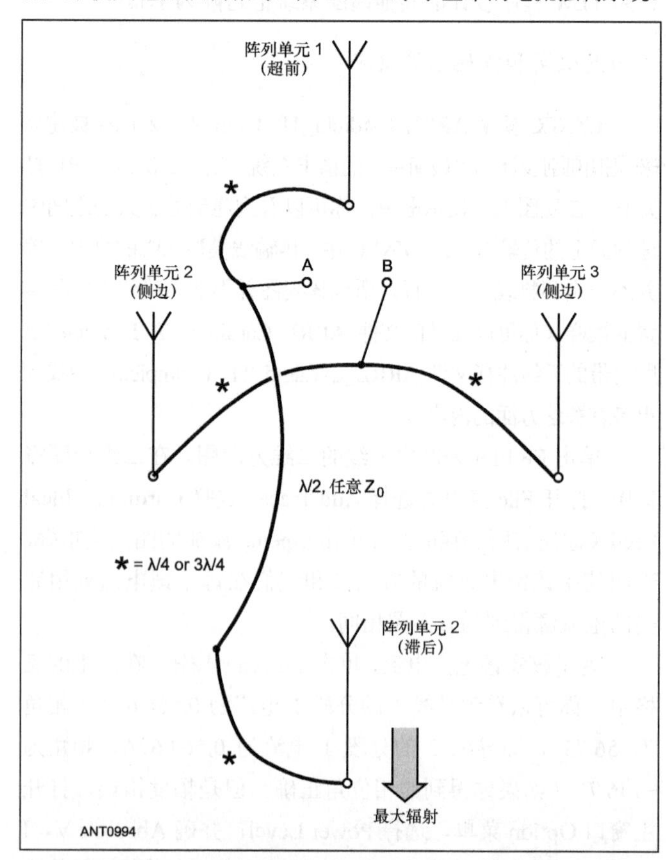

图6-25　图6-24中四方阵列的“最简单”馈电系统。为了说明清楚，省略了地面和线缆的屏蔽包层。

如果要使方向图电气旋转，有必要把来自4个单元的电线放置到公共位置上。如果使用具有0.66介电常数的固体聚乙烯介质同轴电缆，则λ/4的线不能达到阵列的中心。所以必须使用3λ/4的线。或者你也可以使用由速度因子大于0.71（留一点余量）的泡沫或其他介质构成的λ/4的线。这些线将会达到中心。无论怎么选择，必须有3根线长度相等，第4根线要长出λ/2。

在这个阵列中，侧向单元（2和3）具有相等的阻抗，但是后单元和前单元（1和4）的阻抗并不相等，并且和侧向单元也不相同。为了设计"最简单"的馈电系统，我们必须知道前、后和侧向单元的馈电点阻抗，但是设计L网络系统，只需要侧向单元阻抗。如果要计算阵列主馈电点阻抗 Z_{in}，必须知道所有馈电点阻抗。EZNEC-ARRL模型4Square_Example.EZ展示了一个各单元具有18Ω损耗电阻的40m四方阵列，用它来近似1个每单元8辐板的接地系统（要更多地了解有关接地系统损耗的模拟参见上面的心形阵列例子）。打开在EZNEC-ARRL中的文件，单击SrcDat，将给出下面的阻抗：

源1：16.4 –j 15.85Ω

源2和源3：57.47–j 19.44Ω

源4：77.81+j 54.8Ω

你会有趣地注意到源1的电阻部分小于我们有意加入来模拟接地损耗的18Ω损耗电阻。那意味着如果接地电阻小于1.5Ω，单元1的馈电点电阻将是负值。这在相控阵中并不罕见，它只是意味着单元在向馈电系统输送功率。这一功率来自其他单元的互耦合。

"最简单"（只有传输线）馈电系统

为了设计最简单的馈电系统，启动Arrayfeed1。在Array Type框中，选择4 Square，并在Feed System type框中选择"Simplest"。在Inputs框里，输入来自EZNECARRL的频率和阻抗。

频率=7.15MHz

超前单元：R=16.4，X= −15.85

侧向单元：R=57.47，X= −19.44

滞后单元：R=77.81，X=54.8

我们将尝试对所有传输线使用50Ω阻抗，所以在下面的3个选项内输入50。

在滞后电流幅度：超前电流幅度处输入1，相位输入–90。

点击Find Solutions。

解显示在Solutions框中，如图6-26所示。因为通常有解存在的时候，总是可以从中选出两个。具有最短线的那个解往往更优越，所以我们将选择它。对于这个例子，我们将选择具有0.82速度因子的λ/4线，所以在Physical Lengths框的Velocity Factor选项内输入0.82，从该框的底部读物理长度。λ/4线（在Arrayfeed1图表中用星号标记）为28.2英尺，线1为7.483英尺，线2为51.668英尺。"最简单"的馈电系统如图6-26所示，完整的馈电系统由连接到图6-25阵列的这个系统组成。

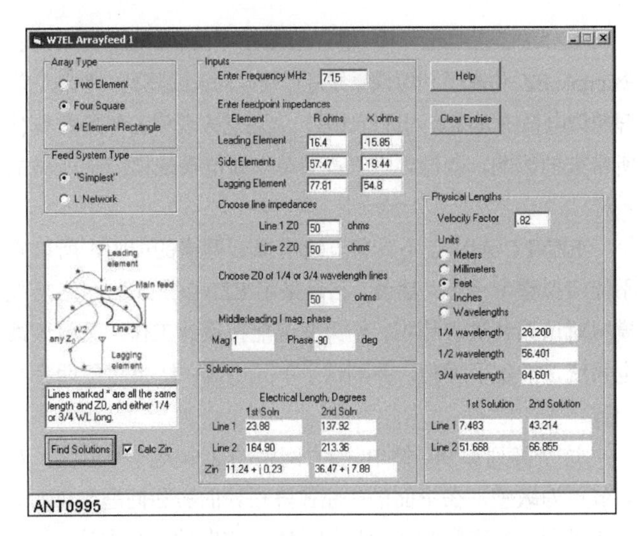

图6-26　来自Arrayfeed1的对于图6-25所示的四方阵列的"最简单"馈电系统的屏幕。

EZNEC-ARRL模型ARRL_4Square_TL_Example.EZ模拟用该系统馈电的阵列。把方向图和来自理想电流模型ARRL_4Square_Example.EZ的方向图进行比较并检查单元电流，可以证明馈电系统产生的是想要的方向图和单元电流。你可以用ARRL_4Square_Example.EZ来考察频率变化、接地损耗和其他变化对阵列增益和方向图的影响。

L网络馈电系统

为了设计L网络馈电系统，只需简单地把Feed System Type改为L Network，并单击Find Solutions。你将会看到结果为：串联器件 X_{ser} 的电感为0.484μH，并联器件 X_{sh} 的电容为1 369.6pF。L网络馈电系统如图6-27所示，完整的馈电系统由连接到图6-25所示的阵列的L网络组成。

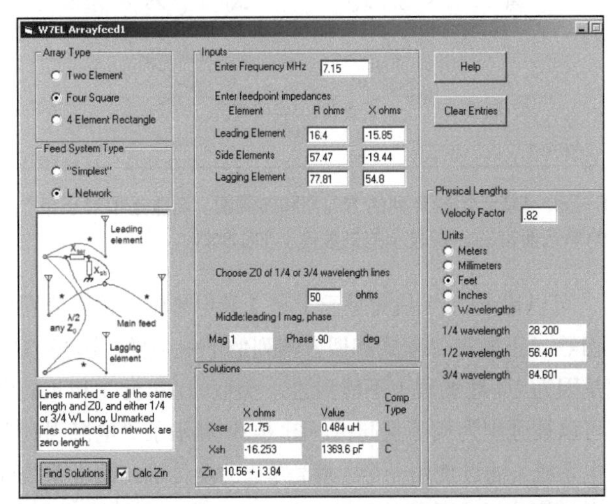

图6-27　对于图6-25中以λ/4（或3λ/4）电流强制馈电系统馈电的四方阵列的L网络设置。

EZNEC-ARRL 模型 ARRL_4 Sqare_L_Network_Example.EZ 仿真了利用该系统进行馈电的天线阵列。你将它和理想馈电系统天线阵列进行比较，利用它来观察各种参数变化所带来的影响，就像你在“最简单”馈电系统模型中所做的一样。

EZNEC-ARRL 不具备直接模拟 L 网络的能力，所以它不能模拟整个系统。然而，已经采用 EZNEC *v.5* 的网络功能模拟对该系统进行模拟，结果发现能按设计工作。采用该馈电系统，搭建了阵列，并测试了单元电流，结果和预期完全一致。

这个阵列和 90°馈电、90°间距的 2 单元阵列相比，对调节更为敏感。在下面的“相控阵设计的实际问题”部分，描述了调节的步骤和远距离切换阵列方向的一种方法。

6.4.5 4 单元矩行阵列

方向图如图 6-28 所示的 4 单元矩形阵列已经在业余出版物中出现过很多次。然而，很多附带的馈电系统不能对各种单元传送适当幅度和相位的电流。采用本章讨论的原理和下面的设计方法可以对该阵列正确馈电。

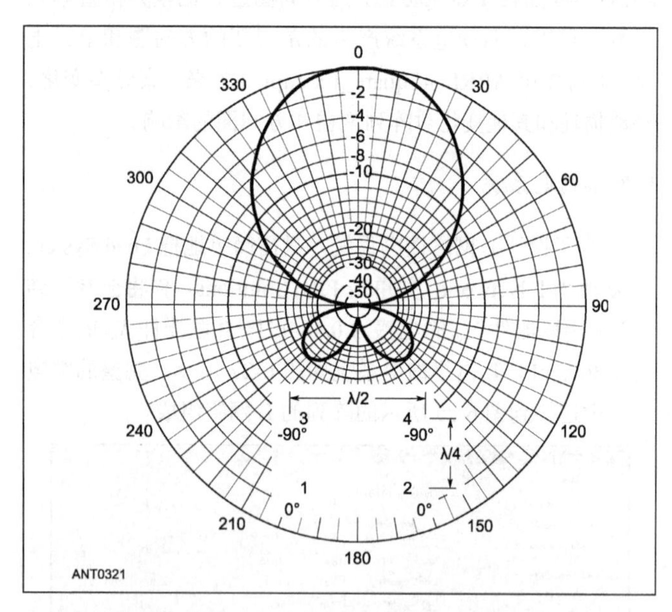

图6-28 4单元矩形阵列的方向图和布局图。增益是相对于单个相似的单元而言的，在显示的刻度值上加6.8dB。

可以通过 3λ/4 线对单元 1 和 2 馈电来强制使电流同相且相等（正如在二项式和四方阵列例子中一样，选择 3λ/4 线是因为 λ/4 线物理上不能到达）。类似的，单元 3 和 4 的电流可以被强制为相等且同相。图 6-29 展示了“电流强制”馈电系统。通过使用一个“最简单”的全传输线馈电系统或一个 L 网络馈电系统使单元 3 和 4 的电流幅度相等，但是与单元 1 和单元 2 相差 90°相位。两者都会在例子中进行设计。

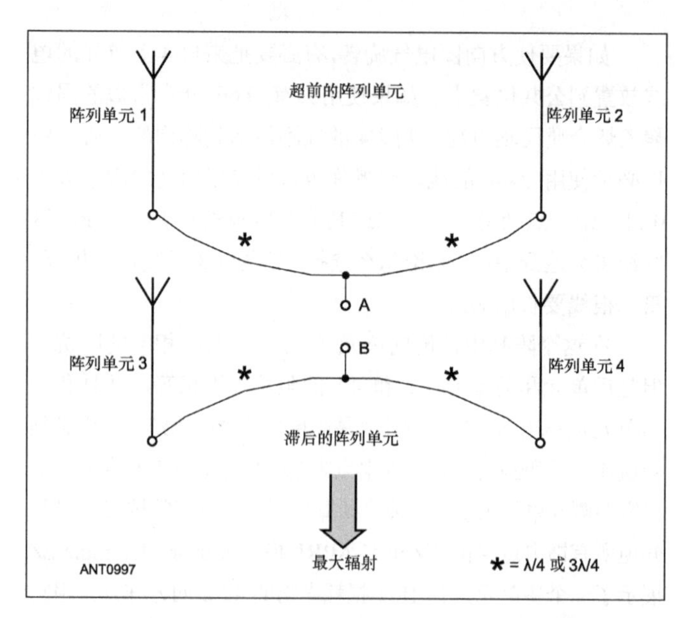

图6-29 4单元矩阵阵列的最简单馈电系统，使用4根相等长度的 λ/4（或3λ/4）电缆。

对于这个阵列，为了设计两种馈电系统中的任意一种，我们必须知道两个单元（每对中的一个）的馈电点阻抗。为了再次近似一个每单元 8 辐板的接地系统，EZNEC-ARRL 模型 Rectangular_Example.EZ 展示了一个每个单元具有 18Ω 损耗电阻的 20m 矩阵阵列，同样也是用于近似 1 个每单元 8 辐板的接地系统。（要得到更多关于模拟接地系统损耗的信息，参见上面心形阵列举例。）打开 EZNEC-ARRL 中的举例，并单击 SrcDat 按钮可以找到下面的馈电点阻抗：

源 1 和 2：21.44 –j21.29Ω

源 3 和 4：70.81 –j5.232Ω

“最简单”（只有传输线）馈电系统

为了设计一个“最简单”馈电系统，启动程序 Arrayfeed1。在 Array Type 框内选择“4 Element Rectangle”，并且在 Feed System Type 框中选“Simplest”。在 Input 框内，输入来自 EZNEC-ARRL 的频率和阻抗。

频率=14.15MHz

超前单元 R=21.44，X=–21.29

滞后单元 R=70.81，X=–5.232

我们使用的所有传输线的阻抗都是 50Ω，所以在接下来的 3 个选项内输入 50。

在滞后电流幅度：超前电流幅度中输入 1，相位输入–90。单击 Find Solutions。

结果是“无解”：即这一线阻抗的组合不能用。其他的几种组合也产生这个结果，但是使单元 1 和 2 的阻抗各自变为 75Ω，且使 3λ/4 线的阻抗变为 50Ω 的话，确实会有一个解。在 Line 1Z_0 和 Line 2Z_0 选项内输入 75，且保留 Choose Z_0 of1/4 or 3/4 wavelength Lines 选项的值为 50，然后点击 Find

Solution 按钮。对线 1 和线 2 不会存在不能到达的问题，所以我们将选择第一个解，因为线会更短一点。当在恰当的选项中输入速度因子后，所有线的物理长度将在 Physical Lengths 框里显示。假定我们使用具有 0.66 速度因子的同轴电缆（且所举例的频率为 14.15MHz），长度为：

线 1：4.982 英尺

线 2：20.153 英尺

3λ/4 线（在 Arrayfeed1 图表中用星号标记）：34.408 英尺。

这些线按照在 Arrayfeed1 窗口的左上方的图表连接。这样就完成了“最简单”馈电系统的设计。EZNEC-ARRL 模型 Rectangular_TL_Example.EZ 模拟了一个用这个系统馈电的阵列。

把该方向图和来自理想电流 Rectanguler_Example.EZ 的方向图进行比较，并检查单元电流，可以证明馈电系统确实产生了想要的方向图和单元电流。

L 网络馈电系统

为了用 Arrayfeed1 设计 L 网络馈电系统，把 Feed System Type 改为 L Network，并单击 Find Solutions。结果得到的 L 网络值为：串联器件 X_{ser} 的电感为 0.199μH，并联器件 X_{sh} 的电容为 684.2pF。EZNEC-ARRL 模型 ARRL_Rectangular_L_Network_Example.EZ 仿真了利用该系统进行馈电的天线阵列。

6.4.6 120° 馈电、60° 间隔的偶极天线阵列

这个例子展示了一个 20m 长的 2 单元偶极天线阵列而不是垂直阵列的“最简单”和 L 网络馈电系统。对于这个由偶极天线而不是垂直单元构成的阵列没有特殊的要求——无论单元形状如何都可使用相同的方法。这个例子也表明“最简单”馈电系统和 L 网络馈电系统都能很容易地用于相位角不是 90° 的单元。

任何由单元间隔为 λ/2 或更短的相同单元构成，且具有相等幅度的电流、相对相角为 180° 减去间距的阵列，将产生单向的方向图，在后部有好的零点。实际中，非常近的间距导致非常低的馈电点阻抗，并具有随之而来的损耗和带宽很窄的特性。但是这个 60° 间距的阵列就在实际可实现的范围内。文件 ARRL_Dipole_Array_Example.EZ 是为该阵列而建的模型具有理想的单元电流。打开 EZNEC-ARRL 中的这一文件，单击 FFPlot 来显示在 10° 仰角上的方向图。通过打开在 2D Plot 窗口中的 File 菜单，选择 Save Trace As，输入路径文件的名字并单击 Save，你可以保存这一方向图，以便日后和最简单馈电系统产生的方向图作比较。

按照上例中同样的步骤，我们通过使用 EZNECARRL 的数值，找到理想馈电阵列的单元馈电点阻抗来开始设计阵列。在已经打开 ARRL_Dipole_Array_Example.EZ 的情况下，所需要做的只是单击 Src Dat。结果为：

超前单元（源 1）：36.16–j46.05Ω

滞后单元（源 2）：49.56+j51.47Ω

“最简单”（只有传输线）的馈电系统

在 Arrayfeed1 的 Array Type 中选择 Two Element，且在 Feed System Type 里选“Simplest”。在 Input 框的合适的选项内输入 14.15MHz 频率和来自 EZNEC-ARRL 的阻抗。对于传输线阻抗，描述“最简单”馈电系统的部分建议不要选择与单元馈电点阻抗相差很大的值，但是为了好玩，我们可以采用 300Ω 的两根线，看看会发生什么。在 Line $1Z_0$ 和 Line $2Z_0$ 选项内输入 300。最后，在滞后电流与超前电流的幅度、相位比处分别输入 1 和−120。

单击 Find Solutions。对于该例，我们将假定使用速度因子为 0.8 的 TV 型双芯引线。所以在 Velocity Factor 选项输入 0.8，并在 Physical Lengths 框内读出线的物理长度。使用第一个解建立了这个阵列的模型 ARRL_Dipole_Array_TL_Example.EZ。打开在 EZNEC-ARRL 中的这个文件，并单击 FFTab。你会看到这个图实际上和前面由理想电流馈电得到的图是相同的。注意在二维绘图下方的数据选项内，增益和前后比分别显示为 8.79dBi 和 31.01dB。

别想通过减去 2.15dB 来得到相对于单个单元的增益！这不是自由空间模型，并且地面上方的单个偶极天线的增益远大于 2.15dB。改为在 ARRL_Dipole_Array_Example.EZ 中删除一个单元来得到单个单元的增益，并且从阵列增益中减去那个值。你可以使用撤销功能或重新打开文件来恢复阵列。

现在回到在 EZNEC-ARRL 中采用“最简单”馈电系统的模型并将频率改为 14.0MHz。再次单击 FFTab。增益下降了一点，变为 8.54dBi，且前后比也下降了，变为 21.8dB。在 14.3MHz。增益稍微变高为 9.04dBi，前后比再次变差，降为 18.64dB。但是在整体上这并不差。

让我们看看第 2 个解。在 EZNEC-ARRL 窗口中单击 TransLines 来打开传输线窗口。把第 1 根线长改为 26.856 英尺，第 2 根改为 28.356 英尺，按输入键以完成这一更改。把频率变回到 14.15 MHz，并单击 FF Tab。对于第 1 个解和理想电流模型，你都应该看到相同的方向图。但是现在把频率改为 14.0MHz，单击 FF Tab，看一看方向图。

发生了什么？增益降为 5.95dBi，前后比只有 3.1dB。现在阵列几乎是双向的。它差不多和 14.3MHz 时一样糟糕。所以我们建立了一个非常难办的系统。即使在设计频率上正确工作几率也是微小的，因为在模型和实际天线之间不可避

免地有些差异。

我们确实有一些这种情况会发生的线索。正如描述最简单馈电系统部分所陈述的那样，对线 Z_0 以及得到的解的最好选择，给出在约等于想得到的电流的相位延迟的电尺寸线长上的差异。对于第一个解，电尺寸线长的差约为150°——不接近于我们想要的120°电流相位差，但是比仅差9.7°的第2个解要好得多。尽管300Ω线特性阻抗 Z_0 和单元馈电点阻抗相差很多，第1个解的结果却很好。如果有兴趣，你可以在Arrayfeed1中尝试其他线阻抗值，并用EZNEC-ARRL估计结果。

请在“相控阵的巴伦”部分参看巴伦的信息。巴伦和图6-19展示的L网络馈电系统一样放置。

L 网络馈电系统

为了设计L网络馈电系统，将Arrayfeedl的Feed System Type改为L Network并单击Find Solutions。所得结果不是好用的结果。1 573Ω和2 619Ω器件电抗幅值比300Ω的馈线特性阻抗 Z_0 大5倍多。正如在描述“L网络馈电系统”部分解释的那样，我们不希望有那么大的器件电抗和特性阻抗 Z_0 的比值。在其他问题当中，电感和电容值特别突出，并且电容的杂散电感和电感的电容量对性能有重要的影响。

问题产生的原因是我们选择的馈线阻抗比单元馈电点的阻抗大得多，所以在L网络和主馈电点处，λ/4线把馈电点阻抗变换成更高的值。这个馈电系统将变得尤其挑剔，窄带并难以调节。若通过选择和单元馈电点阻抗相差不远的馈线阻抗我们可以做得更好。在这种情况下，比起300Ω来，50Ω或75Ω将是好得多的选择。让我们试试75Ω。

在Arrayfeed1中，把Line $1Z_0$ 和Line $2Z_0$ 阻抗从300变为75，并单击Find Solutions。L网络器件电抗幅度现在约为98Ω和164Ω，比之前好得多。这将会是一个不那么挑剔并且宽带的馈电系统。

务必再次阅读“相控阵中的巴伦”部分中关于巴伦的信息。图6-19显示了包括巴伦在内的完整馈电系统。EZNEC-ARRL实例文档ARRL_Dipole_Array_L_Network_Eample.EZ是一个L网络馈电天线阵列，其中不包括巴伦，因为传输线模型仅支持差分共模电流，因而其中暗含包括理想巴伦在内的影响。

6.4.7 “Crossfire”接收阵列

当任意传输阵列都能被用来接受且具有相同的增益和方向性，有损阵列在中高频信号的接收中表现出良好的性能，但却不能用于传输。高损耗带来了潜在的异常问题，表现在宽带，放大反馈系统和尺寸问题上，所以接收阵列应该得到更深入的考虑。接下来的例子是一个简单的二元阵列，使用了之前讨论的“crossfire”定相规律。相同的理论可以使用在更复杂的阵列中。

“crossfire”定相的普遍规律指的是用延迟线连接两个阵列单元，延迟线的电长度等于两个单元间的距离。与频率无关的相位转换（比如说宽带变压器，或者传输线的物理连接转换器）添加在两个单元其中一个的反馈系统通道中，使得信号从一个终端方向传输过来时频率独立性消失。使用接下来讨论的理论，这种模式可以得到转换，还可以通过方向转换设计出更为复杂的阵列用于增加额外的方向。因为传输线总是具有少于一个的速率特征，所以合适电长度的信号延迟线相对于两个单元间的距离来说就会显得太短。这个理论同样适用，然而，适用一条线在同一点上连接两个单元，唯一需要满足的条件就是它们间的长度等于延迟线的电长度。

有许多方法可以得到延时效果，但是在大范围的频率改变中想要得到一个恒定的延迟，只能端接和特征阻抗匹配的传输线，且终端必须能在频率改变的条件下保持阻抗不变。这种设计一个接收天线的简单理论需要将传输线和终端以合适的方式连接在一起。有源电路可以达到这个目标，比如说，在每条传输线终端接上一个连接到高阻抗输入上的纯电阻，输入是放大器或者缓冲电路，它们的输出可以叠加或相减，而且不影响传输线的终端。消极方法，包括为每条传输线端接一个匹配衰减器，然后将衰减器的输出连接到一起。这会有效地将终端阻抗和加法电路进行了隔离。另一个方法是使用一个混合器（见图6-30）。这种方法的潜在好处就是它的相对效率较高，比使用衰减器的方法得到的信噪比还要高。这是很重要的，否则只有接收到的信号电平足够小,接收机噪声变得明显。

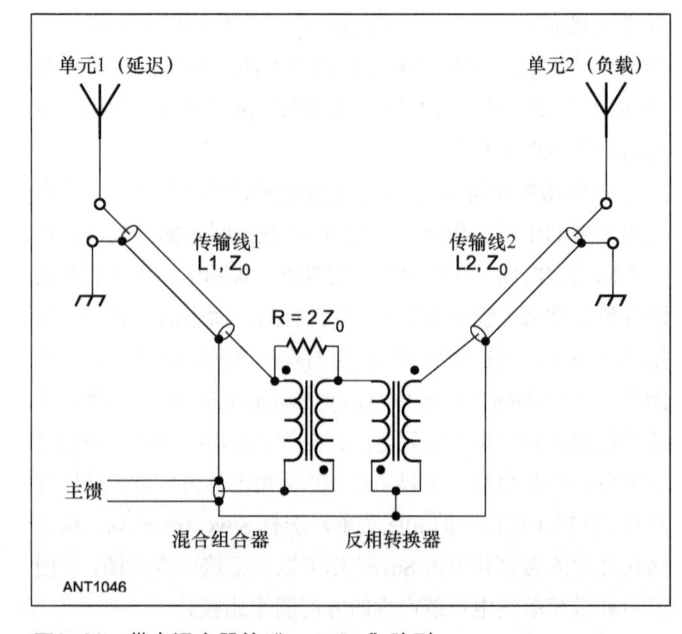

图6-30 带有混合器的“crossfire”阵列。

另一种能得到“crossfire”系统的方法就是设计一个能用于传输的阵列，虽然它的低效会使它不具有实用性。这种方法的不同点在于传输线的终端端接在单元反馈点上，而不是相加点上（见图 6-31）。相互性确保了当在接收时使用阵列具有相同的方向性，虽然传输线被恰当地端接到源上而不是负载上。接下来的例子就显示了这种方法以及接收阵列中的混合端接来对比两种方法，并论证相互性。当被用于接收时，两张阵列具有相同的模式，正如它们在模拟传输情况中表现出来的一样。

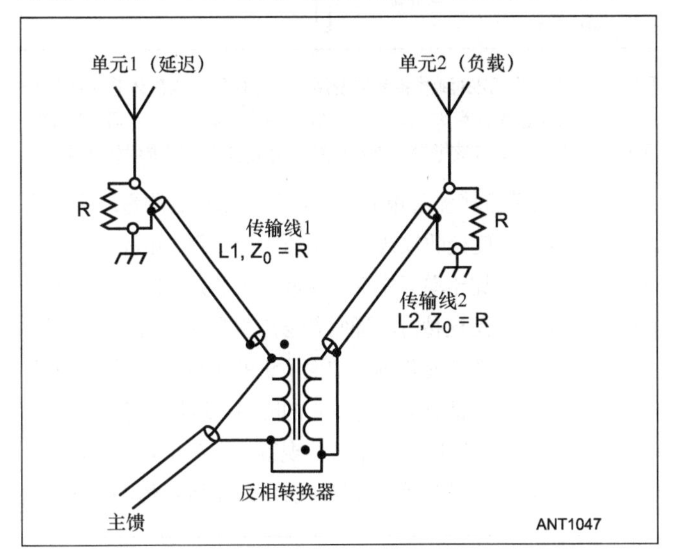

图6-31 传输类型“crossfire”阵列的设计。

传输阵列类型设计

二元“crossfire”阵列以及传输模式设计被包含在了“EZNEC-ARRL”的示例文件 ARRL_Crossfire1_Example.EZ 中。这个阵列有两个 30 英尺高的垂直单元，总共 60 英尺，分别近似等于 1.85MHz 下的 1/16λ 和 1/8λ，使用了两条传输线。这被称为传输阵列类型设计，因为当被发射机驱动时传输线被端接到了负载上，但当接收时被端接到了其他阻抗的负载上。

因为两个单元的电长度都很短，所以它们具有很高的馈点阻抗，在馈点处接上一个 50Ω 的并联电阻能使反馈稳定，接近 50Ω 的并联阻抗可以消除传输线间的耦合效应。传输线间的电长度相差了 60 英尺，和空间大小一样。在这个模型中，我们使用了一个理想的变压器来影响两个单元间的接收相位转换。

通过去除变压器和指明一条传输线的逆向连接我们能简化这个模型，结果是一样的。然而，包含其中的模型能更好地解释天线是如何实现功能的。这个模型在 1MHz 和 1.85MHz 下的前后比能好于 30dB，在 4MHz 下就降到了 20dB。在高频时会退化是因为低的馈点阻抗使电长度更长了。这就减弱了 50Ω 馈点端接电阻的效果。在平面波激励的条件下，建模确保了传输和接收时前后比的一致。

一个 18Ω 电阻被包含在了每一个单元中，模拟了良好的接地系统。然而，它的值相对于短单元的阻抗来说要小，所以它对阵列的性能不能起到决定性的作用。这表明，阵列在接收时，即使没有一个良好的接地系统也可以很好地工作。

接收阵列类型设计——混合端接

EZNEC-ARRL 的示例 ARRL_Crossfire_Hybrid_Feed_Example.EZ 中使用了和前面例子中相反的方法。传输线端接到了接收机的连接处，而不是阵列单元上。由变压器和电阻组成的合成器电路实现了端接和信号相加。在这个模型中，为了简化，我们用一个连接反转传输线替代了反相变压器，正如前面例子中解释的那样。由于对于互耦的敏感和单元阻抗效应减少，这个模型在 4MHz 时前后比达到了 29dB，相对于传输类型设计中的 22dB 来说性能更好。这两个例子在 1MHz 和 1.85MHz 下的前后比一样。这个系统比传输类型设计更加高效，因为在 4MHz 下的信号大小要比后者高 5dB，1MHz 时高 14dB。这不会改善系统的信噪比，除非大气噪声低到接收机的噪声可以被测到。

注意：混合电路和相似结构的建模很困难，需要一些实验，并且应该为用于分析负载电结构的 NEC 计算引擎让步。通常，适当的妥协是不可能的。该设计仅仅用于论证，不鼓励建造一个相似的模型。

6.5 相控设计的实际问题

对于几乎任意一种天线系统，从对测试和使用各种阵列装置的试验中可以学到很多。在这一部分，Lewallen（W7EL）分享了他通过实际搭建、调试和使用相控阵总结出的多年经验。涵盖此处内容的大部分领域还有很多工作要做，并且 Roy 鼓励读者从事这项工作。

6.5.1 调整相控阵馈电系统

如果只是为了得到前向增益而构造相控阵，大部分情况下就不值得做调试。这是因为大多数阵列的前向增益对单元中流动的相对电流的幅度和相位都不敏感。然而，如果想很好地去掉不想要的信号，可能就要求做调试。而要取得非常深的零点肯定需要进行一些调节。

同相和 180° 异相电流强制方法为单元提供了无需调整的平衡和定相均良好的电流。如果用该方法馈电的阵列的方向图不令人满意，通常是环境差异的结果，在这种差异下尽管供应了正确的电流，但单元却产生不了正确的场。可以对这一阵列进行单向优化，但是必须采用比电流强制方法更普遍的方法。Paul Lee 和 Forrest Gehrke 描述了一些可能的方案（见参考书目）。

与电流强制方法不同，在本章前面部分描述的“最简单”馈电系统和 L 网络馈电系统依赖于单个或多个单元的自阻抗或互阻抗。所需的传输线长度或 L 网络的器件参数可以计算到高精度，但是结果只和相关的馈电点阻抗值一样好。

尽管最简单的馈电系统不容易调整，L 网络的器件容易做成可调节或者可在实验中按增量步进变化。一个实用的方法是尽可能准确地模拟阵列，基于模拟结果设计和搭建馈电系统，然后把网络性能调整到最好。

诸如 2 单元 90° 馈电、90° 间距阵列的简单阵列可以按下面步骤调整。在远离阵列（几个波长为佳）处，沿应该有零点存在的方向放置一个低功率信号源。当用连接到阵列的接收机收听信号的时候，轮流调整这两个 L 网络器件，使信号抑制得最好。

这已被证明是调节 2 单元阵列的很好的方法。然而，当用这种技术调整四方阵列的时候，得到了不稳定的结果。可能的原因是不止一种电流平衡和定相组合能在给定的方向上产生一个零点，但是每种产生不同的整体方向图。所以为了调整更复杂的阵列，必须使用不同的方法。这就牵涉到以某种方式实际测量电流，并调整网络直到电流正确。调整完电流之后，如果需要可以作一些小的调整来加深零点。

测量单元电流

你可以用两种方法测量单元电流。一种是在馈电点直接测量它们，如图 6-32 所示。需要一个双踪示波器来监测电流。这种方法是最准确的，并且可以直接显示实际单元电流的相对幅度和相位。电流探针如图 6-33 所示。

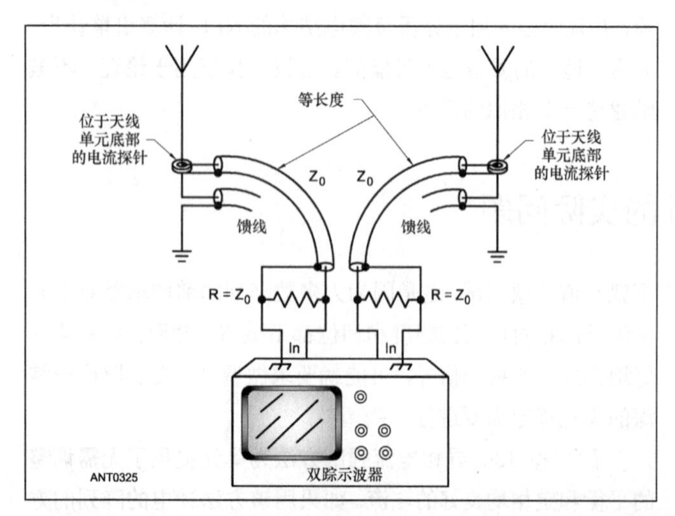

图6-32 一种测量相控阵单元电流的方法。电流探针的细节在图6-33中给出。警告：对于该测量，不要让天线高功率运行，否则可能造成测试设备的损坏。

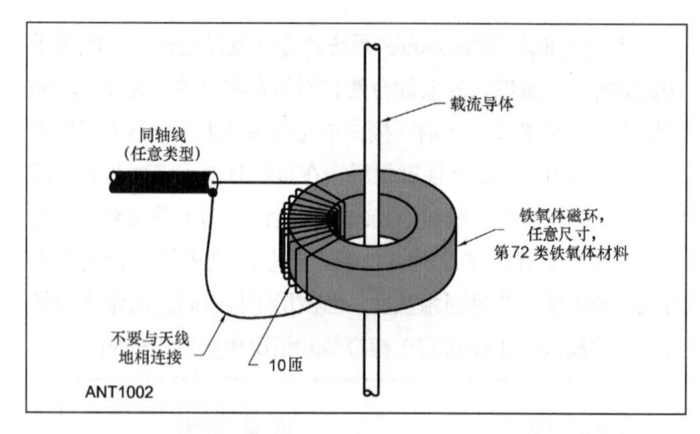

图6-33 在图6-32的测试装置中使用的电流探针。铁氧体芯采用第72类材料，且可以是任意大小。同轴线的另一端必须端接一个等于它的特征阻抗的电阻。你应该把探针做在塑料或金属盒内，以提供机械强度。

为了代替直接测量单元电流，你可以通过测量距离阵列 λ/4 或 3λ/4 电长度处的馈线上的电压来间接测量电流。这些点上的电压直接正比于单元电流。这就引入了会降低结果精度的额外的变量，但是这种方法通常能够产生足够好的性能。用 L 网络系统馈电的 2 单元阵列和前面所讲的 4 单元阵列，从所有单元到一个公共点都有 λ/4 或 3λ/4 的距离，这使得第 2 种方法比较方便。电压可以用双踪示波器观察，或者为了调整电流使其幅度相等，90° 定相，你可以使用图 6-34 所示的测试电路。

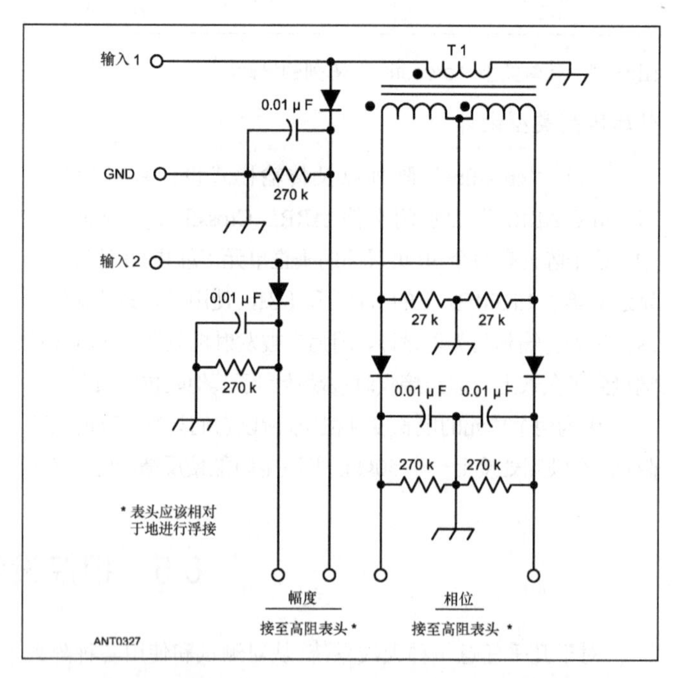

图6-34 积分测试电路。所有二极管是锗的，诸如1N34A、1N270或等效器件。热载流子或硅二极管可以在高功率水平使用。所有晶体管的功率为1/4W或1/2W，公差5%，电容是陶瓷的，鳄鱼夹使输入和接地方便地连到天线阵列。T1-7在AmidonFT-37-43、-75、-77或等价的铁氧体环形芯上的3股绕线。

测试电路连接到将被调整成用于 90° 定相的两单元（见图 6-24 和图 6-25 中的四方阵列的单元 1 和 2，或者单元 2 和 4）的馈线上。轮流调整 L 网络的器件直到两个仪表读数都为零。

通过断开一个输入端，可以核实测试电路是否正常运行。相位输出应该保持接近零。如果不是，电路中会有不希望出现的不平衡，这必须被纠正。另一种核实的方法是先调节 L 网络直到测试仪器指示定相正确（相位输出为 0）。然后将测试仪器的输入反过来连接到单元。相位输出应该保持接近零。

6.5.2 阵列的方向切换

一种理想的方向切换方法将采用整个馈电系统，包括到单元的传输线，并且从物理上旋转它。可能的最小旋转增量取决于阵列的对称性——馈电系统需要旋转到阵列再次看上去和原来一样。例如，任何 2 单元都可以旋转 180°（尽管如果阵列开始时是双向的，那样做则毫无意义）。图 6-28 和图 6-29 所示的 4 单元矩形阵列也可以被反转，并且图 6-24 和图 6-25 所示的四方阵列可以以 90° 增量切换。

通过重新配置馈电系统，包括所用到的任何网络，等效为构造一个不同种类的阵列，就能获得更小的切换增量。以比对称性规定量更小的增量切换将在某些方向上产生与其他方向不同的方向图，并且必须仔细操作来维持相等且适当定相的单元电流。这里说明的方法只处理与阵列对称性相关的增量切换，除了一个例外：2 单元边射阵/端射阵。

在所有阵列中，方向切换的成功与否依赖于单元和接地系统是否一致，以使相同的单元电流产生相同的场。对于以电流强制以外的方法馈电的阵列则更为重要，因为这些方法的有效性依赖于单元馈电点阻抗。我们当中很少有人承受得起拥有一个离所有其他导体很多个波长距离的阵列的奢华费用，所以一个阵列几乎总是在每个方向上性能有所不同。当阵列指向要求在零点处取得最大信号抑制时，阵列应该作出调整。对于所有实际用途，既然增益比零点容错性更强，前向增益应该在所有切换方向上相等。

基本的切换方法

下面讨论基本的切换方法，怎样通过主馈线和其他实际的考虑进行功率中继。在图表中，常常省略接地来使图比较清晰，但是接地导体的连接必须仔细考虑。实际上，我们推荐把接地导体和中心导体一样切换，在下面的“改善阵列的切换系统”部分将作更详细的解释。在所有的情况下，互联线必须很短。

使用 λ/4 线的电流强制特性，一对间隔 λ/2 的单元容易在边射阵和端射阵双向方向图间切换。方法如图 6-35 所示。开关器件可以是由单独电缆供电或经主馈线传送的直流供电的继电器。

图 6-36 显示了用“最简单”的馈电系统进行 90° 馈电的 90° 间距阵列的方向切换。其中 L_1 和 L_2 是两条馈线所需的长度，图 6-37 显示了同样的阵列用 L 网络，电流强制系统馈电时怎样切换。

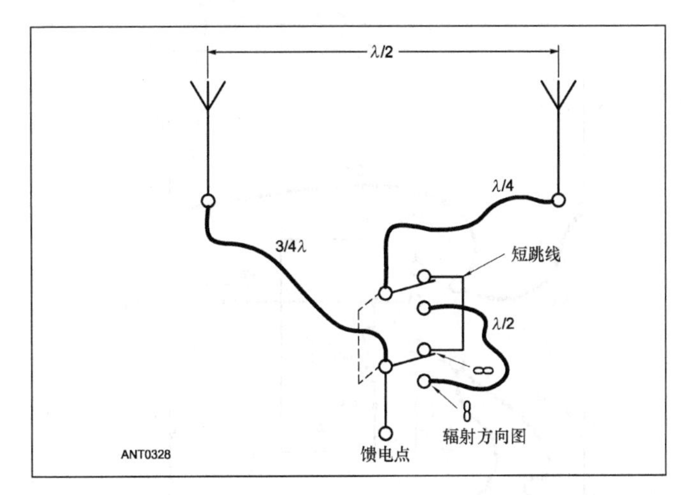

图6-35 两单元边射阵/端射阵切换。所有传输线必须具有相同的特征阻抗。为了说明清楚，省略了接地和电缆的屏蔽包层。

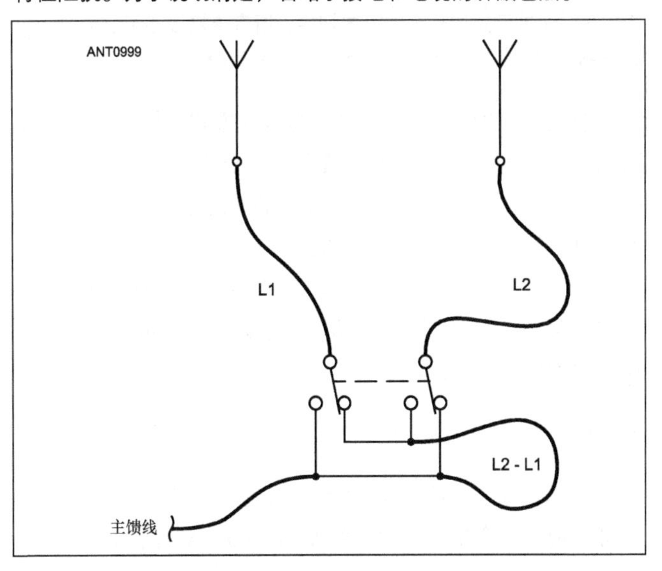

图6-36 以最简单馈电系统馈电的90°，90°间距的2单元阵列的方向切换。

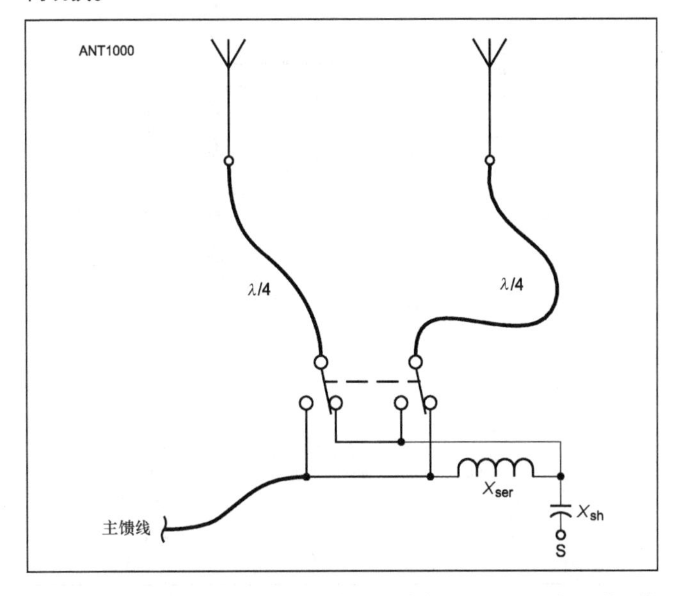

图6-37 以L网络、电流强制馈电系统馈电的90°，90°间距的2单元阵列的方向切换。

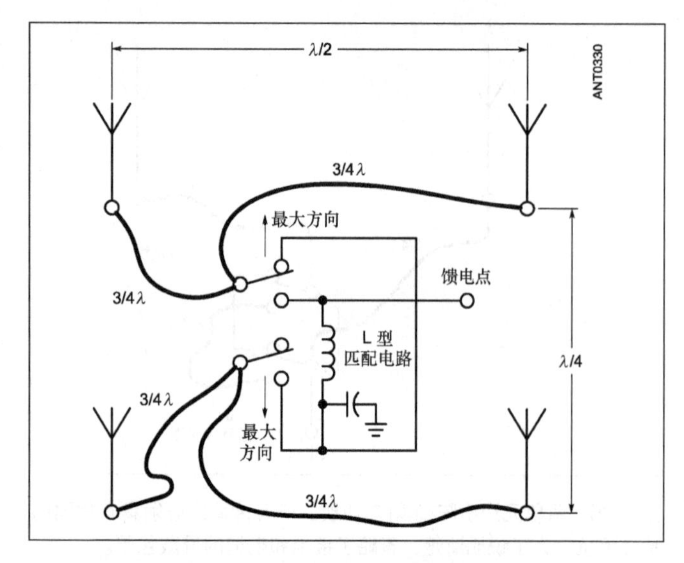

图6-38　4单元矩形阵列的方向切换。所有连接线必须非常短。为了说明清楚，接地和电缆的屏蔽包层照常省略。

图 6-28 的矩形阵列可以用类似的方式切换，如图 6-38 所示。为了切换“最简单”馈电的矩形阵列，使用图 6-36 的开关电路，需将这两根相等长度的线连接到图 6-29 点 A 和点 B，代替图 6-36 的两个单元。

当对称性允许时，以 90°增量切换一个阵列的方向，至少需要两个继电器。用 L 网络馈电的四方阵列的一种 90°切换方法如图 6-39 所示。

通过馈线给继电器供电

所有上面的切换方法都不需要连到开关盒的额外导线就可实现。一个单继电器系统如图 6-40（A）所示，一个双

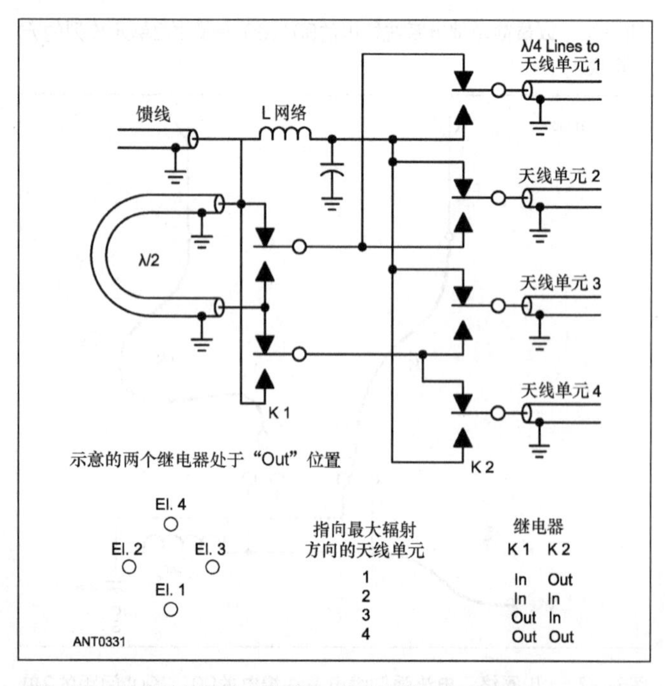

图6-39　四方阵列的方向切换。所有连线必须非常短。

继电器系统如图 6-40（B）所示。当功率电平至少为几百瓦时，这两个系统均可使用小的 12V 或 24V 直流功率继电器。然而，不要在发射的时候尝试改变方向。隔直电容 C1 和 C2 应该为高质量的陶瓷或者发射云母单元，其电容为 0.01～0.1μF。在射频频段输出功率电平达到 300W 时使用 0.1μF，300V 单个陶瓷单元没有遇到问题。如果天线系统在直流时为开路电路，则可以省略 C2。C3 或 C4 应该是 0.001μF 或更大的陶瓷电容。

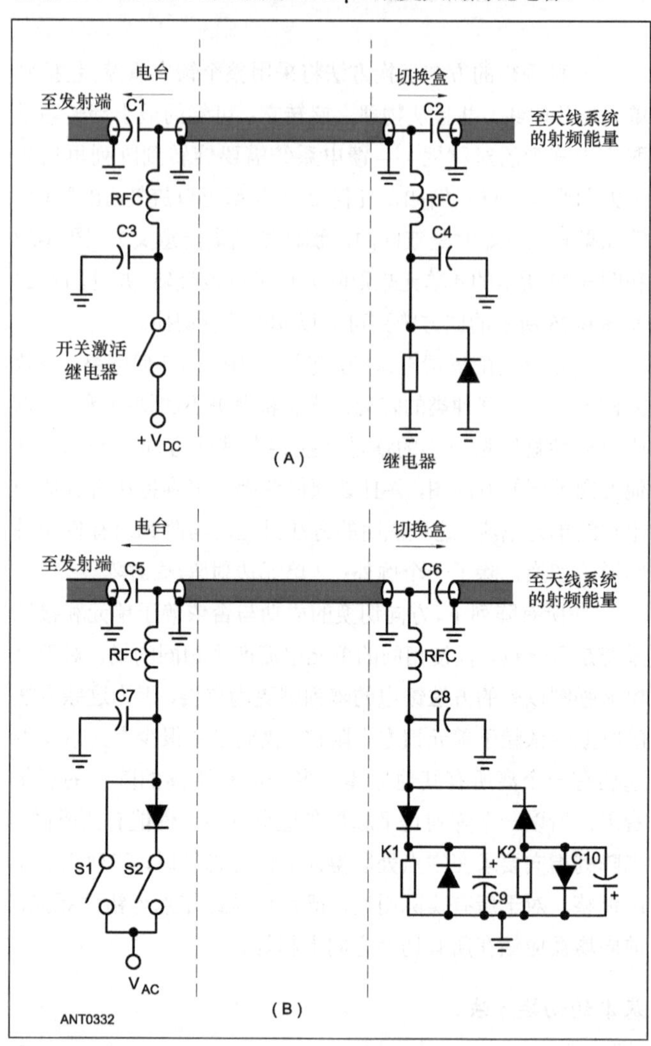

图6-40　继电器的远程切换。器件信息参见正文。单继电器系统如图（A）所示，双继电器系统如图（B）所示。在图（B）中，S1 激活K1，S2激活K2。

在图 6-40（B）中，电容 C5 到 C8 应该以上面给出的图 6-40（A）中对应的额定值选择。图 6-40（B）中跨过继电器线圈的电解电容 C9 和 C10 应该足够大，从而使继电器避免蜂鸣，但又不能大到使继电器工作太慢。对于大部分继电器的最终值应落在 10～100μF 范围内。它们的额定电压至少应为继电器线圈电压的两倍。有些继电器则不需要这个电容。所有二极管为 1N4001 或类似型号。在双继电器系统中，为了以想要的顺序切换继电器，可能需要使用一个旋转开关来替代两个拨动开关。

改善阵列的切换系统

切换阵列包含的额外电路会通过改变供给每个单元的相对电流来降低阵列性能。一个共同的原因是在共地导体中的电流共享，即使保持连接很短的时候也会存在。笔者看见过在一个 40m 阵列馈电系统的 4 英寸长的 12 号电缆段上的 30° 电压相移。

当馈线的两个导体物理上相互隔离时，阻抗增加。当主线是同轴电缆时，这一点尤其明显。如果来自两个单元的电流共同以分叉导线作为接地导体，将导致相对较大的电压下降。离单元 $\lambda/4$ 处的电压变化转换成单元上的电流变化。尽管有时候保持所有的导线极短是可以的，但减少电流共享问题的最好办法是保持每个传输线的两个导体靠得尽可能近，并对每根线的两个导体都作切换，而不是只切换一个或只切换“热”导体。

一个仔细设计好的切换系统的例子如图 6-41 所示。它避免了共地导体的电流问题以及另一个常见的问题，即沿不同切换路径，有效线长度常常不同。注意从主馈电点经过单根线到每个单元的路径走向，并且除了主馈电点没有公共接地连接到其他线。也注意一下当方向发生切换的时候距离不发生变化。连到两个单元的 $\lambda/4$ 线必须在继电器的馈电一边缩短 l 的线长度，使得从主馈电点到每个单元的线总长为 $\lambda/4$（或 $3\lambda/4$）。

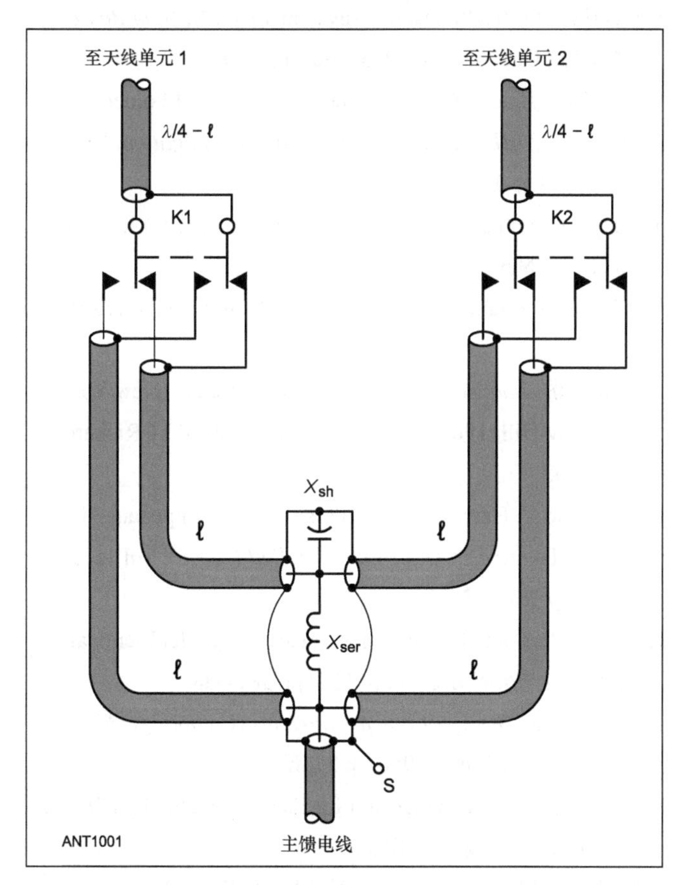

图6-41　仔细设计的L网络、电流强制切换系统，可同时切换同轴馈电线中的热导体和屏蔽导体。

你可以看到在每个继电器位置，主馈电点连接有一个长度为 l 的开路短截线，在 L 网络的输出端有另外一个。这将会增加在那些点上的电容。在主馈电点处的额外电容会改变从发射机看去的整体阻抗，但不会对阵列或它的性能有任何影响。然而，在 L 网络输出端的那个电容将改变网络的传输和相移特性。但是它容易补偿——并联电容单元值的减少仅是由短截线增加的电容 C 的大小引起的。对任何一种传输线，C 的大小可由下式计算：

$$C(\mathrm{pf/ft})=\frac{1\,017}{Z_0V_F}$$

或者

$$C(\mathrm{pf/m})=\frac{3\,336}{Z_0V_F}$$

这里 Z_0=传输线的特性阻抗，V_F=速度因子。计算得到，对于具有 0.66 速度因子的 50Ω 实芯聚乙烯绝缘同轴线，结果为 31pF/英尺或 101pF/m。

图 6-41 所示的通用原理可以拓展到其他切换系统。如果如上所述那样切换接地导体不能实现，推荐用一个金属盒作为切换电路，那样的话，盒子的相对较大的表面积可以用作公共接地导体，使其电感最小化。总是保持导线极其短。

6.5.3　测量馈线的电长度

当使用前面所述的馈电方法，馈线必须十分接近准确长度。为了取得最好结果，它们应该精确到 1%左右。这意味着一根想在 $\lambda/4$，即 7MHz 工作的线，实际 $\lambda/4$ 时应该是工作在 7MHz 处 70kHz 的范围内。一种简单但是准确地确定在什么频率上是 $\lambda/4$ 或 $\lambda/2$ 的方法，如图 6-42（A）所示。线的远端用非常短的连线来短路。信号加到输入端，扫描频率直到输入端阻抗最小。这是线长为 $\lambda/2$ 处的频率。频率计数器或接收机都可以用来确定这一频率。当然，在测得频率的一半处，线长为 $\lambda/4$。

检波器可以是一个简单的二极管检波器，或者如果可能，可以使用示波器。一个 6～10dB 的衰减器包含在其中，以防止信号发生器在测量频率上指向一个短路电路。信号发生器的输出必须避免出现谐波。如果有任何疑虑，应该使用一个外置的低通滤波器，如半波谐波滤波器。半波滤波器电路如图 6-42（B）所示，并且必须构建在工作频段。

另一种令人满意的方法是在线的输入端使用一个噪声或电阻桥或天线分析仪，当输出短路时，再次在输入端寻找一个低阻抗。简单的电阻桥在“天线和传输线测量”一章讨论。

已经发现倾斜振荡器不太令人满意。所需的耦合环对测量影响太大。

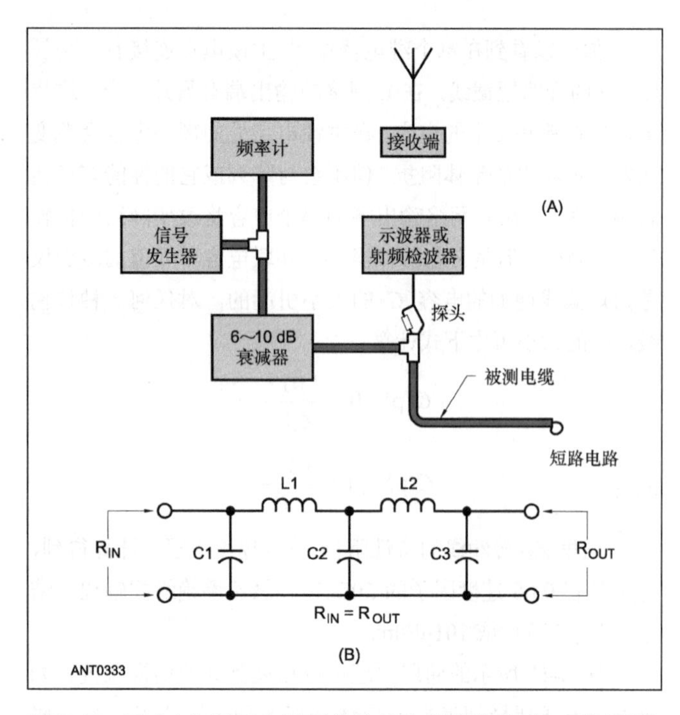

图6-42 图（A）所示为测量传输线电长度的装置。可以用接收机替代频率计数器来确定信号发生器的频率。信号发生器的输出不能产生谐波；如果有丝毫疑虑，就在图（B）所示外侧使用半波谐波滤波器。它必须构建在工作频段。在信号发生器和衰减器之间连接滤波器。

图中：C1，C3——取值使容抗=R_{IN}；C2——取值使容抗=1/2R_{IN}；L1，L2——取值使感抗=R_{IN}。

6.5.4 测量单元的自阻抗和互阻抗

使用现成的模拟软件将使测量单元自阻抗和互阻抗很大程度上已变得没有必要。很少的业余人员能意识到精确测量阻抗具有相当大的困难，并且即使具有专业的测试设备和技能，准确地测量互阻抗依然非常困难。尽管计算机建模拟存会在一些限制，但模拟结果常常优于测量值，因为有多种因素会影响测量精度。

对自阻抗和互阻抗测量感兴趣的读者可以参见随书附赠原版书中附录B，里面包含更多这方面的内容。这些信息都来自前一版的《天线手册》。

6.6 参 考 文 献

原始材料和更多关于本章主题的扩展讨论见下面所列的参考条目以及本书“天线基本理论”章中的参考文献部分。

Source material and more extended discussion of topics covered in this chapter can be found in the references given below and in the textbooks listed at the end of the Antenna Fundamentals chapter.

D. W. Atchley, H. E. Stinehelfer, and J. F. White, “360° -Steerable Vertical Phased Arrays,”*QST*, Apr 1976, pp 27-30.

G. H. Brown, “Directional Antennas,”*Proc. IRE*, Vol 25, No. 1, Jan 1937, pp 78-145.

G. H. Brown, R. F. Lewis and J. Epstein, “Ground Systems as a Factor in Antenna Efficiency,”*Proc. IRE*, Jun 1937, pp 753-787.

G. H. Brown and O. M. Woodward, Jr., “Experimentally Determined Impedance Characteristics of Cylindrical Antennas,”*Proc. IRE*, Apr 1945.

L. B. Cebik, “Two Limitations of NEC-4”, www.cebik.com/model/fd.html.

A. Christman, “Feeding Phased Arrays: An Alternate Method,”*Ham Radio*, May 1985, pp 58-59, 61-64.

J. Devoldere, *ON4UN’s Low-Band DXing*, 5th ed. (Newington, CT: ARRL, 2010).

EZNEC is an antenna-modeling computer program for Microsoft *Windows*. See www.eznec.com for full information.

F. Gehrke, “Vertical Phased Arrays,”in six parts, *Ham Radio*, May-Jul, Oct and Dec 1983, and May 1984.

C. Harrison, Jr, and R. King, “Theory of Coupled Folded Antennas,”*IRE Trans on Antennas and Propagation*, Mar 1960, pp131-135.

W. Hayward and D. DeMaw, *Solid State Design for the Radio Amateur* (Newington, CT: ARRL, 1977).

W. Hayward, *Radio Frequency Design* (Newington, CT: ARRL, 1994).

H. Jasik, *Antenna Engineering Handbook*, 1st ed. (New York: McGraw-Hill, 1961). Later editions are edited by Richard C. Johnson.

R. King and C. Harrison, Jr, “Mutual and Self-Impedance for Coupled Antennas,”*Journal of Applied Physics*, Vol 15, Jun 1944, pp 481-495.

R. King, “Self- and Mutual Impedances of Parallel Identical Antennas,”*Proc. IRE*, Aug 1952, pp 981-988.

R. W. P. King, *Theory of Linear Antennas* (Cambridge, MA: Harvard Univ Press, 1956), p 275ff.

H. W. Kohler, “Antenna Design for Field-Strength Gain,”*Proc. IRE*, Oct 1944, pp 611-616.

J. D. Kraus, “Antenna Arrays with Closely Spaced Elements,”*Proc. IRE*, Feb, 1940, pp 76-84.

J. D. Kraus, *Antennas*, 2nd ed. (New York: McGraw-Hill Book

Co, 1988).

Johnson, Richard C., *Antenna Engineering Handbook*, 3rd ed. (New York: McGraw-Hill Inc, 1993). This is a later edition of the volume by the same name edited by H. Jasik.

E. A. Laport, *Radio Antenna Engineering* (New York: McGraw-Hill Book Co, 1952).

J. L. Lawson, "Simple Arrays of Vertical Antenna Elements,"*QST*, May 1971, pp 22-27.

P. H. Lee, *The Amateur Radio Vertical Antenna Handbook*, 2nd ed. (Hicksville, NY: CQ Publishing, Inc., 1984).

R. W. Lewallen, "Baluns: What They Do and How They Do It,"*The ARRL Antenna Compendium, Vol 1* (Newington: ARRL, 1985). Also available for viewing at www.eznec.com/Amateur/Articles/Baluns.pdf.

R. Lewallen, "The Impact of Current Distribution on Array Patterns,"Technical Correspondence, *QST*, Jul 1990, pp 39-40. Also available for viewing at www.eznec. com/Amateur/Articles/Current_Dist.pdf.

R. Lewallen, "*MININEC*—The Other Edge of the Sword,"*QST*, Feb 1991, pp 18-22. *ELNEC*, referenced in the article, is no longer available.

M. W. Maxwell, "Some Aspects of the Balun Problem,"*QST*, Mar 1983, pp 38-40.

J. Sevick, "The Ground-Image Vertical Antenna,"*QST*, Jul 1971, pp 16-19, 22.

J. Sevick, "The W2FMI Ground-Mounted Short Vertical,"*QST*, Mar 1973, pp 13-28,41.

E. J. Wilkinson, "An N-Way Hybrid Power Divider,"*IRE Transactions on Microwave Theory and Techniques*, Jan, 1960.

Radio Broadcast Ground Systems, available from Smith Electronics, Inc, 8200 Snowville Rd, Cleveland, OH 44141.

附录——EZNEC-ARRL 实例

这个附录包含使用 EZNEC-ARRL 的详细过程（包含在《天线手册》的原版附加光盘中）来说明在主要章节中讨论的各种情况. 也可能使用一个标准的 EZNEC 项目 v . 4.0 的或更高版本。不同的版本，程序类型和计算机给出的结果可能跟例子中显示的稍有不同。不过，任何出现的差异都应该是很小的。

EZNEC 例子——互耦合

这个例子说明了互耦合在馈点阻抗的影响。打开安装在“完美”界面上的 ARRL_Cardioid.EZ 文件，单击 VIEW ANT 按钮来看两个相互垂直元素构成的天线图。单机主界面中的 WIRES line 来打开 Wires Window。单机 Wire 2 line 左边的按钮，然后在键盘上点击 DELETE 键来删除线#2。单击之后，请注意其中的一根垂线从 View Antenna 显示界面消失了，只留下一个元素。单击 SRC DAT 并注意垂直阻抗的反馈点是 37 + j 1Ω——非常接近共振。

接着，在 Wires Window 窗口中，打开顶部的 EDIT 菜单，然后单击 UNDO DELETE WIRE(S)来恢复第二个元素，再单击一次 SRC DAT 并注意 wire #1 的反馈点阻抗现在是 21–j 19Ω。第二个元素的反馈点阻抗跟前一个完全相同，是 52 + j 21Ω。这个区别以及固有阻抗 37 + j 1Ω 的改变，是由于共同的耦合。如你所见，这不是一个可以忽视的结果。

作为一个额外的练习，改变 wire #2 上的数量级或源的相位角（单击主窗口的 SOURCES），然后看看这两个反馈阻抗点是如何变化的。你需要确定在“Mutual Coupling”部分中枚举的 4 个要素。

EZNEC 例子——零位

这个例子说明了电流强度在空值和增益时的影响。我们再一次打开文件 ARRL_Cardioid.EZ。单击 FF PLOT 按键来生成理想的数组的方位模式，保存备查，如下所示：在图形窗口中，打开 FILE 菜单并选择 SAVE TRACE，进入 CARDIOID，并单击 SAVE 保存。现在，在主界面中单击 SOURCES line 来打开 Sources Window。从 1 到 1.1 来改变来源 1 的大小，从 1 到 0.9 来改变来源 2 的大小，并在键盘中单击 ENTER 来保证 EZNEC-ARRL 能够接受最后的改变。

单击 FF PLOT 来生成一个最新的模式。在这个情景窗口中，打开 File 菜单并选择 ADD TRACE。输入名字 CARDIOID 并单击 OPEN 打开。这个时候应该能看到原图和新图重叠在一起。请注意，改变电流使空变浅了，但是前进模式几乎是相同的。通过单击名字 PRIMARY 和 CARDIOID，你可以看到返回获得的和从前端到后端的比例的痕迹。原始的 CARDIOID 有一个从前端到后端 32 dB 的比例，重要的是在这个新的方式下比例是 22.5 dB。然而，前向增益的差异仅仅只有 0.02dB，是完全微不足道的。

EZNEC 例子——“Phasing-Line”反馈

这个例子演示了使用“定相”进行反馈的效果，打开文件 ARRL_CardTL.EZ。这是一个用传输线进行数组反馈的模型，它的长度是用 Arrayfeed1 程序设计的用于解释数组中元素实际的负载阻抗，这个模型安装在“perfect”平台上。

单击 VIEW ANT 按钮查看数组，注意这个线从源（环内）到这个要素的长度并不表示线实际的物理长度。在主窗口中，单击 TRANS LINES 来打开 Transmission Lines 窗口，在上面你能看到这馈线的长度。它们两条都是连在同一个源上，差不多是 81°和 155°，相差 74°而不是 90°。

在主窗口中，单击 CURRENTS 按钮，并观察段 1 中线 1 和线 2 的当前显示情况，它们是当前的元素反馈点，当前电流的比例是 4.577/4.561 = 1.003，相位差是−56.3°−(−147.5°) = 91.2°。(用程序 Arrayfeed1 得到的一个更加准确的反馈线长度是 80.61°和 153.70°，从而导致当前 1.000 比例在一个 90.02°的阶段。但由此产生的图案是几乎一样的。) 但是当我们将线路在长度上进行 90°区别时看看会发生什么。

首先，单击 FF PLOT 按钮来生成原始模型的方位图案，保存图案作为后面的参考。在图像窗口，打开 FILE 菜单，选择 SAVE TRACE AS，输入名字 CARDTL 并单击 SAVE 保存。现在在 Transmission Lines Window 窗口中，从 80.56°到 90°来改变 1 号线路的长度。重要提示：在 1 号线路的长度盒中，输入 90D 来让线路长度变成 90°。如果你省略了“D”，就意味着设置成 90m 长！同样的，通过在线路 2 的长度盒中输入 180D 来改变线路 2 的长度为 180°，接着单击键盘上的 ENTER 来保证 EZNEC 接受这些变化。

单击 FF PLOT 生成一个新的线长模式。在这个图像窗口中，打开 FILE 菜单，并选择 ADD TRACE。输入名字 CARDTL 并单击 OPEN 按钮，应该可以看到最初的图像和新的图像一起覆盖显示。注意，修改后的模型大概会比原来的大 1 dB，但天线前后比变到了 10 dB。

用相差 90°来尝试不同的组合线长度，例如 45°和 135°(不要忘记加“d”!)，或者改变一条或两条线的阻抗，你会发现你可以得到各种各样的模式。然而，没有一个是与原始的、理想心形图接近的。

第 7 章

对数周期偶极天线阵列

对数周期偶极天线阵列是非频变天线家族中的一员，但仅有 LPDA 能在很宽的频率范围内构成一种特征参数相对不变的定向天线。也可以将它与寄生单元一起，使用在窄带频段内以取得特殊的特性。这种混合阵列通常称为对数单元八木天线或者对数八木天线（更过关于对数单元八木天线的信息参见随书附加的光盘，光盘文件可到《无线电》杂志网站 www.radio.com.cn 下载）。HF 和 VHF-UHF 对数周期天线的设计方法分别在“多波段 HF 天线”章和“VHF-UHF 天线系统”章中介绍。本章原稿是由 L.B.Cebik/W4RNL 编写，John Stanley/K4ERO 对其进行了补充。

7.1 基本 LPDA 设计

LPDA 是对数周期阵列系统中最普遍的一种形式，它还包括之字型、平面型、梯形型、缝隙型以及 V 字型。对数周期天线的 LPDA 版本的出现很大程度上归功于它与八木寄生天线阵结构的相似性，因为这会使得定向 LPDA 的结构，至少在高频范围或者更高的频段范围内可以循环。但是，LPDA 中独有的结构及设计理念又使它有别于八木天线。本章稍后将介绍线状和管状单元的一些不同的构造技巧。

LPDA 现行架构形式来源于 D. E. Isbell 于 20 世纪 50 年代末在伊利诺斯州立大学所做的开创性工作。尽管你可能设计频段较宽的 LPDA——例如，3～30MHz 或者稍微超过 3 个倍频程——但是事实上业余无线爱好者们最常采用的 LPDA 设计仅限于一个倍频程，通常为 14～30MHz。这一频段内的业余设计倾向采用线性单元，然而，更低频段的实验设计已使用过倒 V 形单元，有些版本在地面系统上使用垂直导向的 $\lambda/4$ 单元。

图 7-1 给出了一个典型 LPDA 系统的一部分，它由一些线性单元构成，其中最长的单元约为最低设计频率的 $1/2\lambda$，而最短单元通常为高于最高工作频率的某个频率的 $1/2\lambda$。天线馈线，俗称为定相线，在各单元间使用相位反向或者交叉的方式连续地将各个单元的中心点连接起来。通常在 LPDA 的后面加一个由平行馈线截短的一段长度组成的短截线段。

单元的排列以及馈电方式产生的阵列在设计的工作频段内拥有相对稳定的增益和前后比。另外，LPDA 展示出相对稳定的馈电点阻抗，简化了与传输线路的匹配过程。

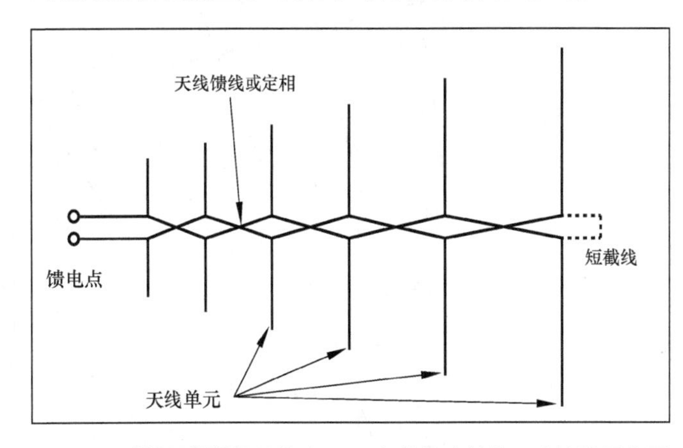

图7-1　对数周期偶极天线（LPDA）的基本结构。在这张示意图中，天线的前向辐射方向朝左侧。还有许多潜在的基本设计的变形。

业余设计者所需要考虑的LPDA的最基本的方面围绕3个相关的变量：α，τ 和 σ。它们中任何一个都可以由其他两个量定义得到。

图 7-2 所示为一个 LPDA 的基本构造。角度 α 定义了 LPDA 的外形，并允许天线每一维以一个半径或一个圆的半径 R 的结果来处理。最基本的结构尺度有单元长度（L），从角 α 顶点到各个单元的距离(R)以及各个单元间的距离(D)。一个单独的设计常量 τ 定义了所有这些关系，关系式如下：

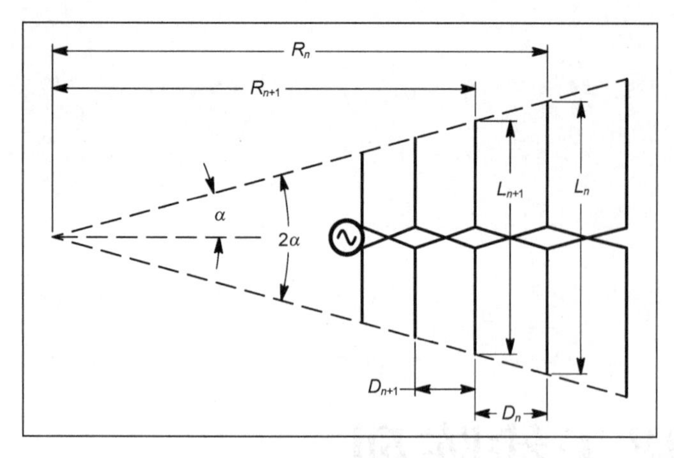

图7-2　定义一个LPDA需满足的一些基本关系。定义见正文。

$$\tau = \frac{R_{n+1}}{R_n} = \frac{D_{n+1}}{D_n} = \frac{L_{n+1}}{L_n} \tag{7-1}$$

其中单元 n 和 n+1 是阵列中朝角 α 顶点方向的相邻的单元。τ 的值总是小于 1.0，尽管有效的 LPDA 可行性设计要求它的值尽可能地接近 1.0。

变量 τ 定义了相邻单元间距之间的关系，但它本身并不能决定最长单元和次长单元之间的初始间距，而相应的 τ 值正是根据这一初始间隔来确定的。初始间隔同时也定义了天线阵列的角 α。因此，我们有两种方法来确定相关间隔常数 σ 的值：

$$\alpha = \frac{1-\tau}{4\tan\alpha} = \frac{D_n}{2L_n} \tag{7-2}$$

其中，D_n 表示天线阵列中任意两个单元之间的距离，L_n 表示这两个单元中较长单元的长度。从上述计算 σ 值的两种方法的第一种方法中，我们可以得到在已知 τ 和 σ 的条件下，计算 α 的另一种方法。

对于任意的 τ，我们可以得到最佳 σ：

$$\sigma_{\text{opt}} = 0.243\tau - 0.051 \tag{7-3}$$

τ 值和相应的最佳 σ 值的结合，可以得到 LPDA 所能达到的最佳性能。当 τ 值取 0.80～0.98 时，相应的最佳 σ 值在 0.143～0.187 之间变化，τ 值每增加 0.01，可以得到 0.002 43 的增量。如图 7-3 所示，这张图最初由 Carrel 发表的，后来 Butson and Thompson 对此图进行了更新（见参考文献）。

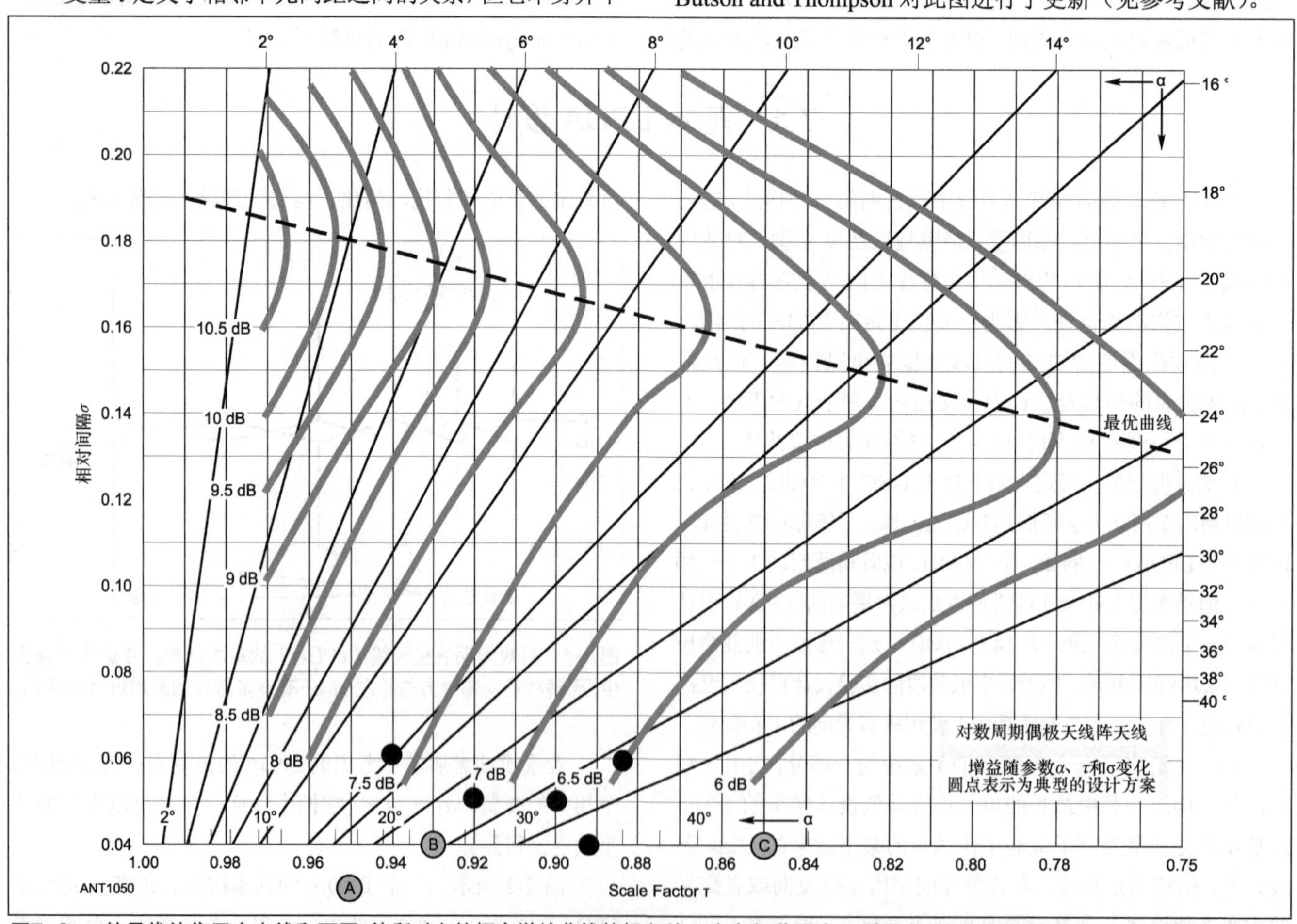

图7-3　σ的最优值位于在直线和不同τ值所对应的恒定增益曲线的相交处。在高频范围内，利用在σ的最优值来设计LPDA通常所得的结果是不切实际的（见正文）。点A、B、C处的σ和τ值分别对应于本章中的3个设计实例，即“9302”，“8904”和“8504”。（Carrel之后的图表等，见参考书目）。

然而，使用最佳 σ 值时，通常会造成天线阵列的总长度超出业余无线电的结构尺寸或者天线塔和天线杆所能支撑的能力范围。因此，业余的 LPDA 通常使用折中的 τ 和 σ 值，虽然性能有所降低，但仍然可以接受。“快速决定 LPDA 设计参数”展示了在使用 LPCAD 软件和类似软化中如何找到合适的σ和τ值。

对于给定的频率范围，τ 值的增加可以同时增加增益以及所需的单元数量。σ 值的增加可以同时增大增益以及总的主梁长度。当 τ 取 0.96 时——接近于推荐 τ 值的最大上限——可以得到大约为 0.18 的最佳 σ 值，并导致在 14～30MHz 频段范围内的天线阵列增长到超过 100 英尺长。最大的自由空间增益大约为 11dBi，前后比接近 40dB。然而，正常的业余实践采用的 τ 值一般取 0.88～0.95，σ 值取 0.03～0.06。

标准的设计步骤通常设定后面单元的长度所使用的频率比最低设计频率低 7%左右，可使用普通偶极天线公式（L_{feet}=468/f_{MHz}）决定其长度（比自由空间的半波长短 5%，其中 L_{feet}=468/f_{MHz}）。设计的上限频率通常设为最高设计频率的 1.3 倍。由于 τ 和 σ 设定了相邻单元长度间的增量，因此，当最短单元达到与调整后上限频率相对应的偶极天线长度时，单元的数目就变成了一个函数。

LPDAs 的有源单元数的性能导致了调整后的频率上限值。如图 7-4 所示，它描述了一个在 10～20m 波段上的 10 单元 LPDA 的边视图。竖线表示每个单元在特定频率上的相对电流幅度。在 14MHz 时，实际上阵列中的每个单元都显示出可观的电流幅度。然而，在 28MHz 时，只有前面的 5 个单元载有可观电流。如果不将设计频段延伸到将近 40MHz，具有可观电流幅度的单元数目连同上限频率性能都将会锐减。

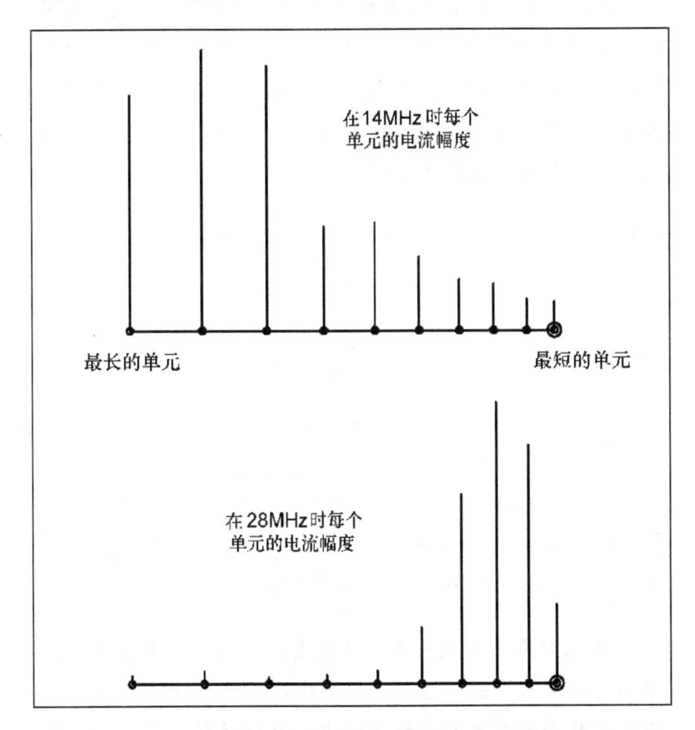

图7-4　对于一个给定的设计，在最高和最低工作频率时，LPDA 各单元上的相对电流幅度大小。比较“有源”单元数目，即电流幅度至少为最大幅度1/10的单元数目。

在低于最低推荐操作频率时，对于拓展设计公式的需求，将随着 τ 值的变化而变化。如图 7-5 所示，我们可以比较 σ 值均为 0.04 的两个 LPDAs 阵列后部单元的电流。上部的设计取 τ 值为 0.89，而下部的设计取 τ 值为 0.93。最显著的电流承载单元随着 τ 值的增加而向前移动，从而减少了（但不是完全消除）对于长度长于与最低操作频率相对应的偶极天线的单元的需求。

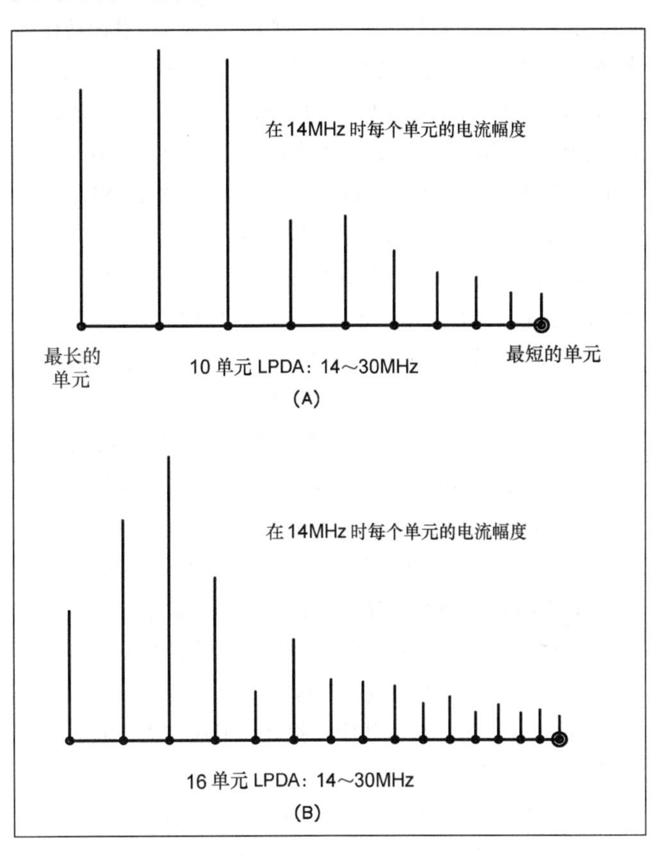

图7-5　在最低工作频率时，两种不同的LPDA设计的电流幅度示意图。10单元低τ值设计和16单元高τ值设计对比。

7.1.1　LPDA 设计和计算

起先，LPDA 的设计通过一系列的设计公式展开，旨在得到一个阵列完整的规格参数。近来业余无线电爱好者可用的技术越来越多，包括基础 LPDA 设计软件和天线建模软件。例如由 Roger Cox（WBØDGF）设计的 LPDA 软件就是一款较好的 LPDA 设计软件，我们如果需要可以从网站 wb0dgf.com/LPCAD.htm.上下载。原版书的光盘内含有这个免费软件程序的复制文件。用户通常在设计之初指定最低和最高频率，然后输入选定的τ和σ值，或者所选的单元数目以及阵列的总长度。有了上述数据以及其他一些数据后，程序会提供一张包含单元长度及间距的表格，并使用在前面描述过的调整后的上下限频率。（本章中协助执行计算的电子制表软件是 Dennis Miller/KM9O 共享的，其下载地址为 www.arrl.org/antenna-book。）

该程序还需要知道阵列中最长单元与最短单元的直径以及平均单元的直径。从这些数据中，程序会计算出连接各单元的定相线的推荐值以及输入阻抗的近似电阻值。在附加数据中 LPCAD28 可用的是导线间距，以获得定相线的预期特性阻抗。这些导线可以是圆的——因为我们可能用来做定相线，或者方形——因为我们可能用来做双主梁结构。

LPCAD28 的另外一个非常重要的输出是将设计转化为多种格式的天线建模输入文件，包括适用于 AO 和 NEC4WIN（两者都是基于 MININEC 的软件）的版本，还有一种遵照标准.NEC 格式的版本，适用于 NEC-2 和 NEC-4 的很多应用，包括 NECWin Plus（GNEC）以及 EZNEC Pro。每个 LPDA 设计提案都需要通过天线建模的方法来进行验证和优化，因为基础的设计计算提供的阵列很少在构建前不需要进行进一步的工作。一个一倍频程的 LPDA 代表了由α定义的一段圆弧，它在上下限频率处被剪断。此外，设计中的一些公式是基于近似值，因此并不是完全地预测 LPDA 的性能。尽管存在这么多限制，但本章稍后列举的大多数LPDA设计例子都是直接基于基本计算的。因此，在转向混合对数单元八木天线概念之前，将会详细地列出其设计过程。

LPDA 的设计建模最容易在 NEC 的版本上进行。内置于 NEC-2 和 NEC-4 的传输线（TL）设备缓解了定相线作为一套物理导线建模的问题，因为相位线的每一部分在 MININEC 中与单元垂直连接处都有一系列限制。尽管 NEC 的 TL 设备并未考虑传输线中的损耗，但这些损耗通常很低以至于可以忽略。

若要得到最精确的结果，NEC 模型的确需要一些细致的结构。首先需要注意的是必须进行细致分段，因为各个单元长短不一。最短的单元应该有 9 个或者 11 个分段，如此才能在设计中的最高建模频率拥有足够的分段。最短单元后面的每个单元的分段数都应该多于前一个单元，通常是前者的$1/\tau$倍。但是还有进一步的限制。由于传输线处于每个单元的中心处，NEC 单元必须有奇数个分段以保持相位线处于中心位置。因此，每个由$1/\tau$计算而来的分段值都必须计作与之最接近的一个奇数值。

NEC-2 中的 LPDA 的初始建模必须使用统一直径的单元，并且能够提供步进直径单元校正的任何功能都必须关闭。由于这些校正因素只适用于那些在测试频率下偶极天线振荡在 15%以内的单元，因此用步进直径单元构建的模型在任意测试频率下只能校正一小部分单元。这导致校准单元和未校准单元的结合得到的模型无法保证其稳定性。

一旦采用统一直径的单元得到了一个令人满意的模型，那么建模程序便可以用来计算步进直径替代物。当每个统一直径的单元从更大的阵列中抽取出来时都将有一个谐振频率。一旦确定了这一频率，用于最终结构的步进单元将可以被调谐至同一频率。尽管 NEC-4 处理步进直径单元时比 NEC-2 更精确，但是若要达到最大精度，刚刚所描述的处理方法也同样适用于 NEC-4 模型。

快速决定 LPDA 设计参数

LPCAD 为完成 LPDA 初步设计提供了一种有效的方法。使用程序时，最快使用的是主梁长度和单元个数输入法，而不是输入σ和τ的方法。那些参数是根据整个尺寸计算而来的，对于那些想要更好理解折中方案或想去使用本章公式计算所有尺寸的人来说，接下来的步骤有助于你得到初始σ和τ，从而使你朝着最后设计快速前进。

第一个要考虑的是频率所要覆盖的范围。许多业余 LPDA设计中覆盖范围为2：1频率范围，例如14～29MHz。扩展较高频率端而增加的尺寸和成本是很少的，而且会超出所需的高频段。一个频率范围为 8：1 的 LPDA 天线仅仅不具有 2：1 频率范围的天线长 1.8 倍，尽管频率范围相差 4 倍多。不过，仅仅在较高频率端就使用很宽波段的 LPDA 天线，这意味着天线大部分的尺寸和重量都浪费了，因为天线大部分没有工作。只覆盖所需的频率可以减少主梁的长度，图 7-A 所示为阵列天线的不同尺寸，这些阵列增益相同，但频率覆盖范围不同。

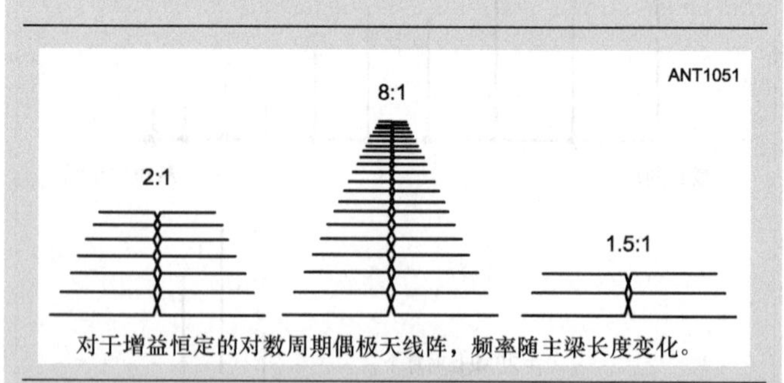

图7-A 几个LPDA设计中主梁长度的对比，这几个设计的增益相同，但最大和最小频率比值（频率覆盖范围）不同。

最低频率决定最长单元的长度，即在该频率处或多或少都大于 0.5λ。兆赫兹级的频率除以 500 即可得到大约英尺级的长度。尽管在大型设计中，这些参数或多或少会被最低频率单元的感性负载或容性负载减少，但是它们几乎没变多少。

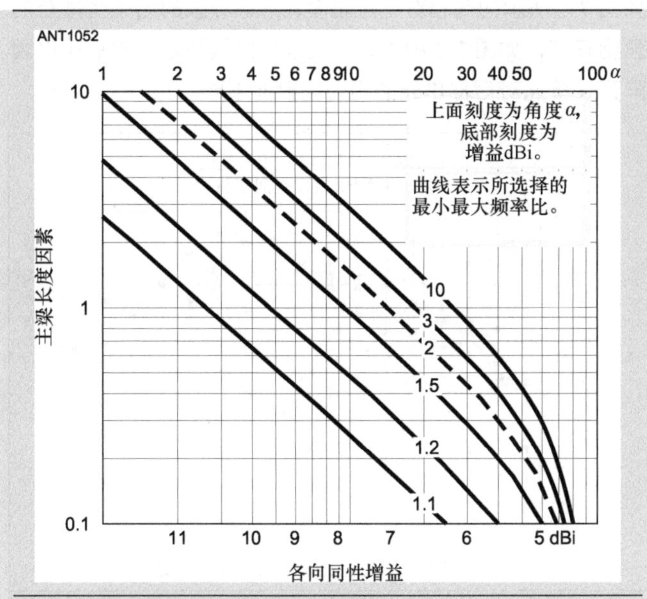

图7-B　涉及增益、主梁长度系数和α。

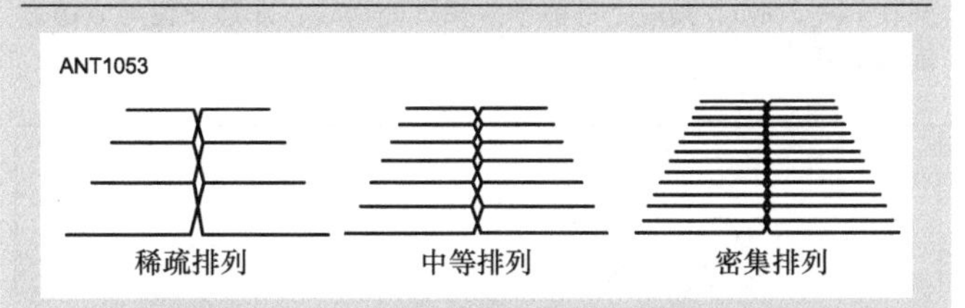

图7-C　稀疏填充阵列和密集填充的阵列的对比图。

接下需要确定的参数是主梁长度，它取决于你能承担的建造、高度、支撑和选择，这些都与天线性能有关，并且期望有各种各样的主梁可以选择。对于给定的频率比——主梁越长，增益越高。图 7-B 将给出一些指导意见，即给定了主梁长度条件下，列出所对应的增益。主梁长度系数（BLF）表示相比于最长单元的主梁长度。根据经验，主梁长度每增加 2 倍，天线增益增加 1dB，若超过某一点，增加主梁长度以增加增益的方式将不是那么经济。保持主梁长度在一个合理的范围，这意味着，要不接受减少频率范围的情况，要不接受降低增益的境况。

一旦主梁长度选定，基于机械限制和想要增益值之间折中方案和频率范围比，我们也可以在同一图中读出频率范围，这是因为增益和α紧密相关。

一旦随着频率范围的确定，α也就确定了，那么就要定义天线的形状和大小了。我们现在必须决定利用单位如何填充天线轮廓线形状。换句话说，就是确定单元数量、长度和间距。在一点上图 7-3 非常有用，图中画出的增益是α、σ和τ的函数。α值用图中标记刻度之间的点划线表示。只要确定了所要的α的值，利用该值就可以选择出σ和τ。

给定了α值（点划线），存在一个相应的对角线，你会看到线的下端和增益曲线会有一些或多或少的平行关系。左下角常量α线部分表示为一个紧密排列阵列（单元较多，间距很近），右上角常量线部分表示为一个稀疏排列阵列（单元较少）。（见图 7-C）

请注意，当单元减少时（向常量α右上角移动），增益可能会有一点波动，但是其在达到某一点后会快速下降，因为你可能穿过了“最优 σ”线。在这条线以上的值表示该设计在实现良好性能时有很少的单元。“最优σ”的说明可能不太明显，或许它的名字就是一个糟糕的选择。对于给定τ，也许为了最大增益而给出了一个σ值。不过这种设计方法忽略了主梁长度系数。如果第一步选择τ值，然后使用σ值，那么该设计方法会长的离谱—当然它们将有很高的增益。

对于一个给定的天线轮廓，（长度 VS 宽度或常量α），如果“最优 σ”表明：在该点上若进一步减少单元数量，其增益就会下降，那么“最优 σ”就是唯一的且最佳的。因此在给定增益下，它给出了一种利用最小单元数量设计天线的方法。不过，这种设计方法并没有最平滑增益频率曲线和 SWR 频率曲线，并且 *F/B* 的比值可能不恰当。基于此原因，很少有实际设计时接近“最优 σ”线的。本章中所有设计都远远低于“最优 σ”，如图中圆点所示。

如果设计中 σ 较高，那么应该采用较紧密的阵列，其增益也会稍微大点。如果太紧密，那么极窄（长主梁）阵列可能会有较小的增益。为试图接近“最优σ”而减少单元数量是不明智的。另一方面，设计太向下倾斜的曲线时，所需建造成本会较大，并且风力载荷也较大，这是因为单元数量超过了所需的数量。

已从中挑选出一些σ和τ的组合，这些组合正是我们想要的。现在使用这些组合和诸如 LPCAD 的软件来完成一个详细的设计。这时得到的主梁长度相对接近预期值。第二次通过该程序可能使用预期准确的主梁长度，在第一次计算中得到了单元的数量，或加 1 或减 1。然后程序给出了所有机械尺寸，同时还生成了 NEC 分析文档。或者，我们可以使用本章中其他地方所述的手动方法继续完成该设计。如果使用那种方法，我们第一次尝试的时候就可以得到与预期想法接近的结果，并且可以避免复杂地去猜想从哪里开始着手。

应该准备一个不同却接近的设计（想要的）NEC 文档，这样分析就可以通过 NEC 软件来完成。结果可能会发现：阵列排列的越稀疏，其增益频率曲线和 SWR 频率曲线波动很大，或其 *F/B* 的比值不恰当或存在其他一些问题，例如在重要频率点会变弱。——John Stanley（K4ERO）

7.1.2 LPDA的性能

尽管与窄带的设计相比，LPDA 的性能在很宽的频率范围内都非常一致，正如八木宇田天线阵列那样，但是在设计频段内它还是会呈现出一些显著的变化。图 7-6 从多个方面展现了这些性能。图 7-6 显示了采用直径为 0.5 英寸的铝单元的 3 种 LPDA 设计的自由空间增益。每一模型的标示上都列出了用来设计每一阵列所需的 τ 值（0.93，0.89 和 0.85）和 σ 值（0.02，0.04 和 0.06）。最后得到的阵列的长度列在各自的标注内。与“9 302”、“8 904”、“8 504”相对应的单元总数分别为 16、10、7。

首先，在整个频率范围内增益绝对不会完全一致。在设计频谱的低端和高端，增益会逐渐减小。此外，增益值在整个频率范围内波动起伏，峰值的数量取决于所选的 τ 值以及相应得到的单元数量。前后比的变化趋势与增益一致。一般而言，它在低于 10dB（此时的自由空间增益低于 5dBi）到超过 20dB（此时增益接近于 7dBi）的范围内变化。当自由空间阵列增益超过 8.5dBi 时，前后比可能达到 30s 之高。设计良好的阵列，尤其是那些具有较高 τ 值和 σ 值的阵列，易于取得控制良好的背部方向图，使得 180° 前后比与平均前后比之间的差异变得很小。

由于阵列增益是 τ 和 σ 二者共同的函数，因此在任何给定的频率范围内，平均增益成了阵列长度的函数。尽管图 7-6 中的增益曲线相互交织，但对于长度在 14～18 英尺范围内的阵列，很少以平均增益的形式去选择它们。设计良好的 10～20m 波段间的阵列，在 30 英尺阵列长度范围内能够得到大约 7dBi 的自由空间增益，而在相同频率范围内，40 英尺长的阵列可以得到 8dBi 左右的自由空间增益。

在这个频段内，要获得超过 8.5dBi 的平均增益，至少需要长度为 50 英尺的阵列。具有很高的 τ 值和 σ 值的长阵列同样易于使所有曲线中的增益与前后比的偏移量更小。另外，高 τ 值设计倾向于在设计频谱的低频处表现出较高的增益。

图 7-6 所示的频谱扫描点间以 1MHz 的间距隔开。评估一个在 14～30MHz 频段内的特殊设计时，应该把检测点间的间距降低到 0.25MHz 以下，以检测出阵列可能会表现出来的性能弱点的频率。性能弱点是指在整个设计频段内，阵列在其上表现出意想不到的低增益和前后比的一些频段。图 7-6 中就标注了在 26MHz 时模型“8 904”的这种意想不到的增益衰减。其他几种设计同样也会有弱点，但是它们落在了频率采样点之间。

对于大型阵列，这些区域可能会相当小，但却可能发生在不只一个频率范围内。这种弱点是由较长单元谐波作用于那些期望有高电流的后部单元所产生的结果。考虑一个使用 0.5 英寸铝制单元，12.25 英尺长，工作在 14～30MHz 的 7 单元 LPDA。在 28MHz 上，后部的单元工作在谐波模式，如图 7-7 所示的高相对电流幅度曲线。导致的结果是增益的急剧衰减，如图 7-8 中“无短截线”曲线所示。前后比也因阵列长单元对后部单元的强力辐射而下降。

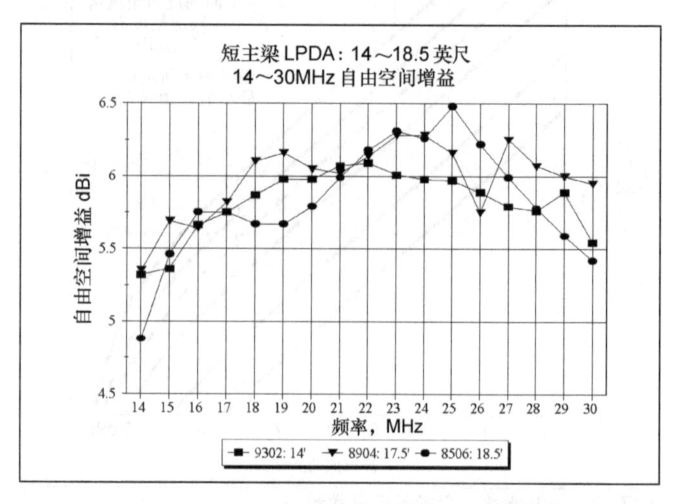

图7-6 不同设计的3种相对较小的LPDA的自由空间增益。对于这些在14～30MHz频段上性能十分相近的天线，注意 τ 值与 σ 值之间的关系。

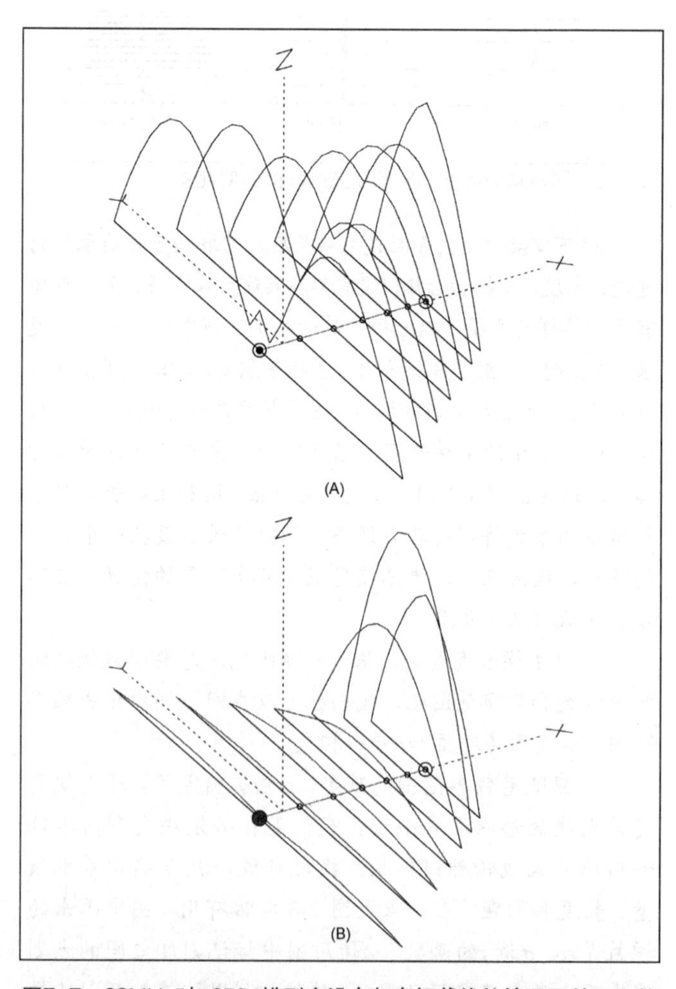

图7-7 28MHz时，8504模型在没有与有短截线的情况下单元上的相对电流幅度。在加上短截线以抑制谐振工作之前，注意后部单元的谐振工作。

LPDAs 早期设计标准的做法是使用终结传输线短截线来帮助消除频率覆盖范围内的弱点。在当代设计中，这种用法趋于更加有效地消除或者移动表现出增益及前后比弱点的频率（短截线有一个附加的功能，即保持每个单元两侧的静态充放电处于同一水平）。标注为“8504”的模型（通过反复试验）安装了一个 18 英寸、600Ω 传输线的短截线。如图 7-7（B）所示，后部单元的谐波工作效应被削弱了。图 7-8 中的“短截线”曲线显示了天线阵列的增益曲线在整个上半部设计频率上的平滑趋势。在一些表现出多个弱点的天线阵列中，单独的一个短截线可能无法将它们全部消除。但是，它却可以把这些弱点移到其他不用的频率区域。当LPDA需要在整个频谱上进行操作时，可能需要在特定的单元上配置附加的短截线。

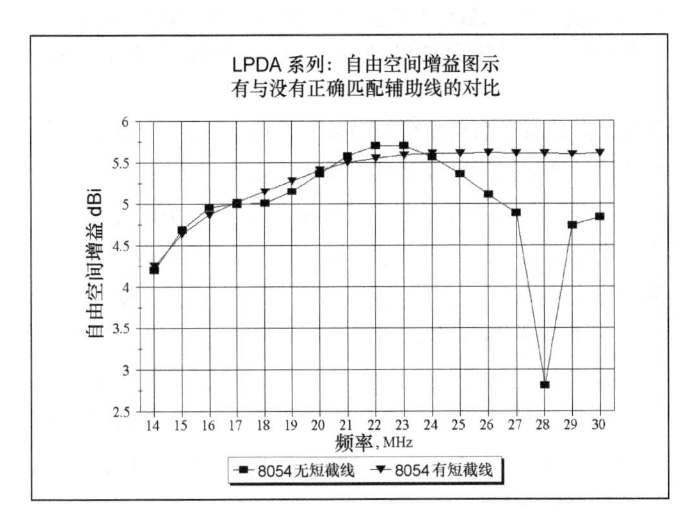

图7-8　图表的8504增益模型显示如果一个没有合适的匹配线天线增益在该频率区域出现了较大衰减，但一旦增加了匹配辅助线到天线阵列中，情况有了较大的不同。

大多数 LPDA 设计得益于（关于增益和前后比）更大直径单元的使用。平均直径在 0.5 英寸以上的单元在 14～30MHz 频段上是比较合理的。然而，标准设计通常假设一个恒定的单元长度直径比。在 LPCAD28 一例中，该比值约为 125:1，它甚至采取了更大的直径。若要在计算机模型中得到一个相对恒定的长度直径比，你可以设定给定阵列设计中最短单元的直径，然后以 $1/\tau$ 的倍率增加随后的更长的单元的直径。这种方法经常可能导致最长单元直径相对于标准业余结构惯例大得不合情理。

由于大多数使用铝管来做单元的业余设计采用步进（锥削）直径的单元，除非 LPDA 的构造设计试图减轻阵列前端的单元，否则将会导致大致统一的单元直径。但是这个方案可能并不可取。在设计频谱的高端采用较大单元可以抵消（至少部分抵消）高频增益的自然衰弱，并表现出相对于短直径单元而言更好的性能。

构造 LPDA 的另一种替代方法是始终使用导线。在任何频率，相对于更大直径的管状单元来说，单导线单元的增益会有所下降。管状单元的另一种替代选择如图 7-9 所示。对于管状设计中的每一个单元，都可以用大致相等的双导线单元来代替。通过取出一个管状模型单元并找出其谐振频率，可以确定导线之间的间距。然后在远端用短路线连接，在结点用定相线连接，这样就可以构造出一个同等长度的双导线单元。调整两条导线间的间距直到导线单元与原先的管状单元在相同的频率下谐振。所需的间隔将会随着单元所选导线的不同而变化。由于末端和中心短路线上的分段长度较短，而且必须使用间隔紧密的导线以保持分段连接处尽可能严格平行，因而用于开发这些替代方法的模型必须密切注意 NEC 的分段规则。

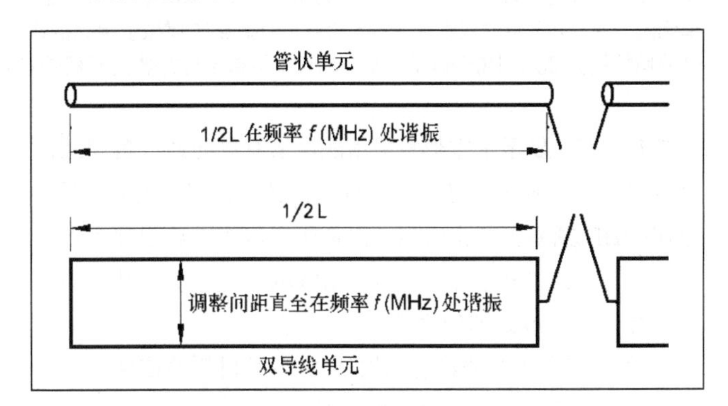

图7-9　大直径管状单元的另一种替代方法，它由2种导线构成，在外侧两端短路，在中心结点处用定相线连接。

7.1.3　LPDA 的馈电和架设

LPDAs 的原始设计程序使用一个单一的、通常具有相当高的特征阻抗的定相线（天线馈线）。随着时间的推移，设计者们意识到定相线的其他一些阻抗值可以为 LPDA 性能同时提供机械和性能上的优势。因此，对于当代的设计者而言，定相线的选择和架设技术几乎是不可分割的重要因素。

高阻抗定相线（大约 200Ω 或更高）需要服从于导线结构，就像那些使用普通平行导线的传输线。它们需要用来支撑单个单元（天线单元本身必须与支撑梁绝缘）的金属主梁，它们必须小心放置。连接同样需要小心。如果假定相位线在各个单元之间是半扭的，那么定相线的架设必须保证恒定的间隔并且与金属支撑物间相对绝缘，以维持一个恒定的阻抗并防止短路。

图 7-10（A）中不仅显示了标准平行导线，还显示了一些使用主梁的可能的 LPDA 结构。这些梁既能支撑单元，又能产生相对低阻抗（低于 200Ω）的定相线。图 7-10（B）显示了双管状梁的基本结构，各单元用绝缘棒侧面支撑。

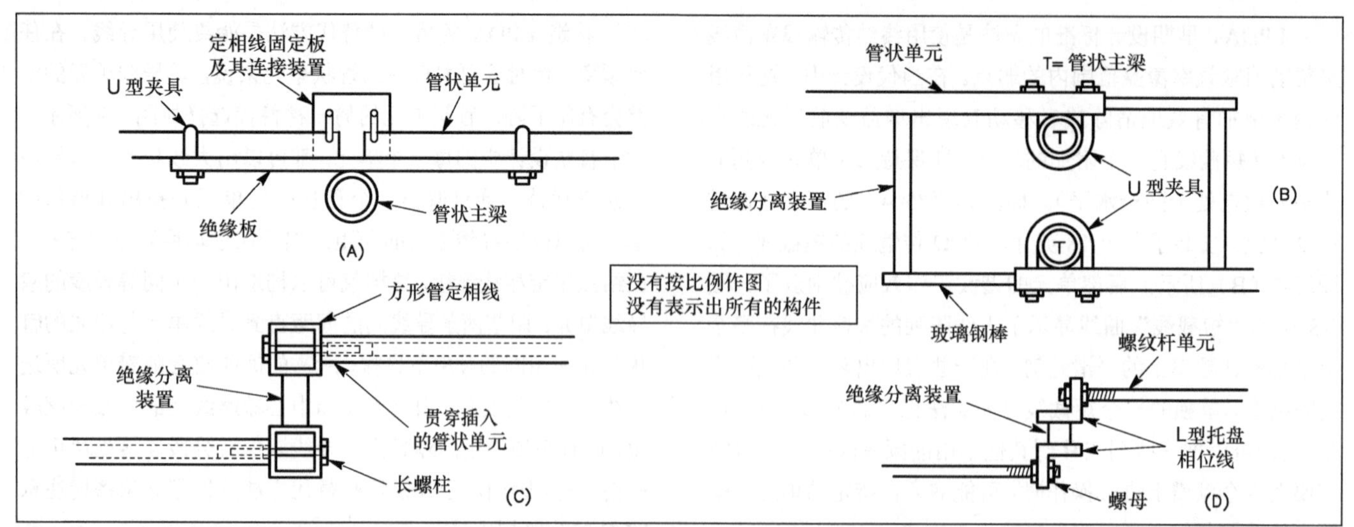

图7-10 （许多技术中的）4种可能的架设技术，图示为天线阵的端视图。图（A）中的绝缘板支撑并分离定相线，适于采用线单元或管状单元图。图（A）中的双圆管主梁定相线同样起到支撑振子单元的作用，单元采用侧面支撑以维持主梁稳定性。图（C）中采用了方形管，通过使用螺栓并插入到每个振子的半个单元中将单元与主梁/定相线连接起来。图（D）中的L型托盘对于VHF和UHF频段的较轻天线阵很有用。

图 7-10（C）显示了方形管的用法，所有单元通过贯穿螺栓直接附在每个管上。图 7-10（D）说明了 L 型托盘的用法，这在 VHF 频率上非常实用。但是所有这些示意图都是不全面的，因为它忽略了对于给定的 LPDA 方案，决定其结构机械可行性不可或缺的应力分析。

在计算定相线的特征阻抗时，方形梁材料的使用需要一些校正。对于那些圆形截面的导线有：

$$Z_0 = 120\cosh^{-1}\frac{D}{d} \tag{7-4}$$

其中 D 表示导线的中心到中心的距离，d 是每个导线的外径，二者都以相同的单位表示。因为我们讨论的是相对于它们的直径间隔较密的导线，所以推荐使用上面这个计算特征阻抗（Z_0）的公式。对于方形导线有：

$$d \approx 1.18w \tag{7-5}$$

其中 d 是方形管的等价近似直径，w 是管子一边的宽度。因此，对于一个给定的间隔，方形管允许你得到比圆形导线更低的特征阻抗。然而，相对于可比的圆形管，需要特别注意方形管的强度。

从电气上来说，LPDA 定相线的特征阻抗常常影响阵列的其他性能参数。降低定相线的 Z_0 也会降低阵列的馈电点阻抗。对一些只有少量单元的很小的设计，它们的减少量并不完全与电抗漂移减少量相匹配。因此，使用低阻抗定相线会使得在整个频段上得到2：1或者更低的SWR变得更加困难。但是，高阻抗定相线会导致一个馈电点阻抗，而这需要使用一个阻抗匹配巴伦。

降低定相线的 Z_0 也往往会增加LPDA的增益和前后比。该性能的提高是需要付出代价的，即随着定相线 Z_0 的降低，在特定频率范围内的弱点将变得更加显著。对于一个具体的阵列，你必须仔细权衡它的增益和损耗，并使用一条或多条传输线短截线以避免在特定频率上出现性能弱点。

取决于设计中所选的指定的 σ 值和 τ 值，有时你可以选择一个定相线 Z_0，它能提供 50Ω 或者 75Ω 的馈电点阻抗，使 LPDA 整个设计频段上的 SWR 维持在 2：1 以下。设计中 σ 和 τ 的值越高，在其中心值附近的电抗和电阻漂移就越低。使用最佳 σ 值和高 τ 值的设计在整个频率范围内始终呈现出一个微小的电容性电抗。较低的设计值使得这一现象不太明显，因为当频率变化时，电抗和电阻取值范围很广。

在频段的高端，源电阻值比设计频段的其他任何地方下降得都要快。在更大的阵列中，这可以通过对最初的大约20%阵列长度使用可变 Z_0 定相线来克服。然而，除了使用定相线外，这种技术一般很难实施。开始时取线阻抗为其终值的一半，然后均匀地增加电线间隔直到达到其最终固定的间隔。这种技术有时可以在整个频段上产生更平滑的阻抗特性并改善高频 SWR 性能。

如同单元的设计，设计一个 LPDA 同样需要注意相位线的设计。通常在确定架设结构前，对提出的设计模型可能的相位线 Z_0 值进行数次迭代运算是很有用的。

7.1.4 特别设计校正

图 7-8 中 8504LPDA 例子的曲线显示了标准 LPDA 设计中的一些不足。整个曲线上的弱点可以通过使用短截线来校正，它消除或转移了那些使后部单元工作在谐波模式的频率。在描述阵列特性的过程中，我们已经注意到改善性能的一些其他方法。加粗单元（要么使其一律相等，要么以 τ 倍

步进增加它们的直径）以及减少定相线的特征阻抗都能使性能得到少量的改善。但是，它们无法完全地校正阵列增益和前后比在 LPDA 频段上下限处下降的趋势。

一种有时可以用来提高频率界限处性能的技术是将 LPDA 的上下限频率设计得比实际用到的频率上下限高得多和低得多。这种技术无需增加阵列的整体尺寸，而且不能消除向下的性能曲线。增加 τ 和 σ 值通常会提高性能，而在尺寸上所付出的代价不会超过扩频的代价。增加 τ 值对于提高 LPDA 的低频性能尤其有效。

当工作在标准设计的整个尺寸限制内时，你可能需要使用一种技术来为最后面和最前面的单元分配 τ 值。如图 7-11 所示，该图是不与总的阵列长度和宽度成比例的。对在最低的工作频率时具有最大电流的单元，以及在最高的工作频率时具有最大电流的单元进行定位（使用天线建模程序）。对单元长度的调整可以从这些单元开始或者最多将一个单元靠近阵列中心。对于需要修正的第一个单元（从中心计起），将 τ 值大约降低 5%。对于后面的一个单元，相对于不变单元使用 τ 修正值的倒数计算该单元的新长度，该单元前面正好是这一不变单元。对于前向的单元，相对于不变单元使用新的 τ 值来计算该单元的新长度，该单元后面正好紧跟着这一不变单元。

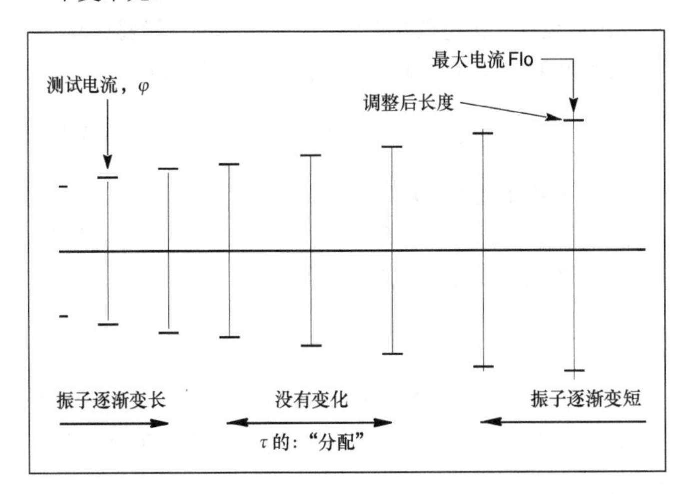

图7-11　LPDA调整前后的示意图，显示了原来振子单元的长度，以及在阵列两端减少 τ 值的调整。对每个单元适用的变化量见正文部分。

对于接下来向外的天线单元，通过调整后的值来计算新的 τ 值，增加每一步减少量的增量。第二次调整后的单元可以使用比之前计算出的值低 0.75%～1.0%的 τ 值。第三次调整后的单元可以使用相对于之前值增量在 1.0%～1.5%的值。

不是所有设计都需要进行大量的处理。随着 τ 和 σ 值的增加，越来越少的单元可能需要调整以在频率界限上取得最高的可能增益，而这些通常总是阵列中最外向的单元。第二个需要小心的地方是在每次变化后检查阵列的馈电点阻抗，以确保它仍然在设计限度内。

图 7-12 显示了一个 10 单元 LPDA 在 14～30MHz 频段上的自由空间增益曲线，其初始 τ 和 σ 值分别为 0.89 和 0.04。该设计使用了一个 200Ω 的相线，0.5 英寸的铝质单元以及一个 3 英寸 600Ω 的短截线。最下面的曲线显示了在只用短截线情况下，阵列在设计频段上的仿真性能。在频率界限上的性能显然比峰值性能区域内的性能要低。中间的曲线显示了 τ 值分配的效果，在频谱的两端平均性能都有显著的提高。

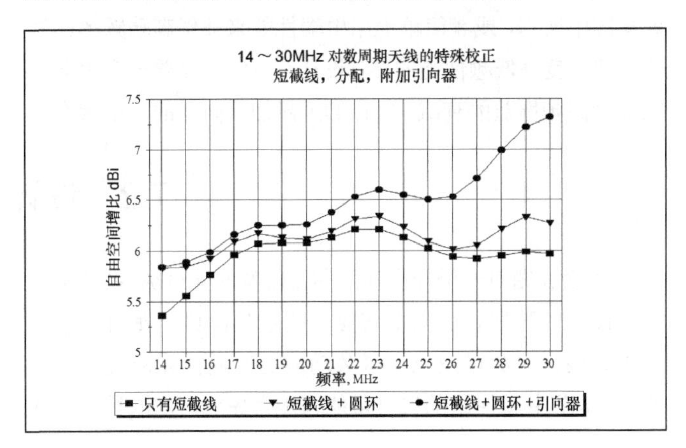

图7-12　一个 τ 为0.89和 σ 为0.04的LPDA，在14～30MHz时的模拟自由空间增益。方形图：只有一个短截线，以消除弱点。三角形：短截线及圆环形单元。圆形图：短截线、圆环形单元和无源引向器。

除了单元长度校正外，作为这种方法的一种替代方法，你也可以给 LPDA 增加一个无源引向器，如图 7-13 所示。粗略地截断该引向器，使其用于最高工作频率。它与 LPDA 最前向单元间的间隔可以在 0.1λ～0.15λ。而确切的长度和间隔必须通过实验（或仿真）来确定，要记住两个因素：第一，单元在最高工作频率不能对馈电点阻抗起反作用，引向器的紧密间隔对这个阻抗的作用最大；第二，确切的间隔和单元长度的设置必须使得在阵列整个性能曲线上取得最理想的效果。增加一个引向器在机械上的影响是通过单元所选的间隔增加了阵列整体的长度。

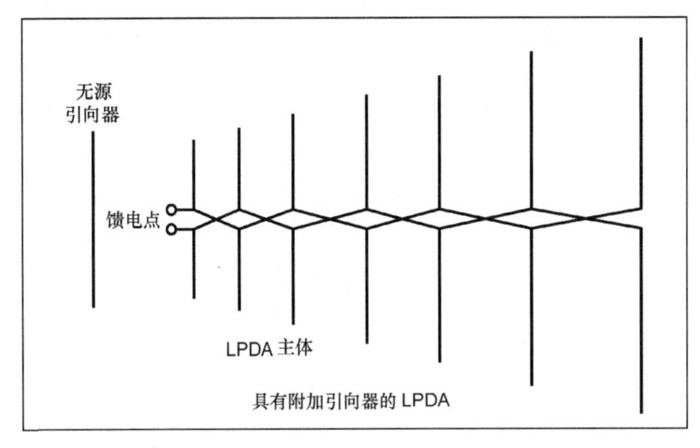

图7-13　LPDA的普遍示意图，额外增加了一个无源引向器，以改善设计范围内较高频段上的天线性能。

图 7-12 中最上面的曲线显示了添加引向器对于已配置了短截线的分配阵列影响。引向器的影响是可累积的，同时也进一步增加了较高频段的增益。注意：附加无源引向器在 LPDA 设计范围内不仅是在最高频率上有效。它在阵列的整个频率范围内几乎自始至终都有显而易见的影响，尽管在频段的低频端这种影响是最小的。

引向器的添加可以用来增强 LPDA 高端频率的性能，就像图中所示，或者简单地用中端性能来补偿高端频率的性能。拥有良好低频性能的高 τ 设计，可能只需要一个引向器来补偿高频增益的衰减。为 LPDA 添加引向器的一个潜在的挑战是在高频段维持高的前后比。

贯穿 LPDA 的讨论，示例设计的性能曲线在所有频率上都是同样处理，以寻求整个设计频率范围内的最高性能。特殊的补偿对于只适用于业余无线波段的 LPDA 设计同样可能。它们包括在阵列内以及原始设计边界外插入寄生单元。另外，短截线的使用不是用来消除弱点，而仅仅是把它们移到业余无线电爱好者关心的频段之外的频率上去。

更多像对数八木天线阵的信息参见原版书附加的光盘文件。

7.2 设计一个 LPDA

下面介绍对一个拥有任何期待带宽的 LPDA 系统进行逐步设计的过程。过程中需要一些数学计算，使用一个拥有平方根、对数以及三角函数功能的普通计算器就完全足够了。本节中所使用的符号可能与本章先前所用的稍微有些不同。

1）选定最低频率 f_1 和最高频率 f_n 之间的工作带宽 B:

$$B=\frac{f_n}{f_1} \tag{7-6}$$

2）选择 τ 和 σ 以给出期望的平均增益的估计

$$0.8\leqslant\tau\leqslant0.98 \text{ 以及 } 0.03\leqslant\sigma\leqslant\sigma_{opt} \tag{7-7}$$

这里 σ_{opt} 是根据本章前面所提到的方法计算出来的。

3）根据下式计算顶点半角 α 的余切

$$\cot\alpha=\frac{4\alpha}{1-\tau} \tag{7-8}$$

尽管在计算中并不直接使用 α，但是 $\cot\alpha$ 被广泛地使用。

4）根据下式计算作用区的带宽 B_{ar}

$$B_{ar}=1.1+7.7(1-\tau)^2\cot\alpha \tag{7-9}$$

5）根据下式确定结构（阵列）带宽 B_s

$$B_s=B\times B_{ar} \tag{7-10}$$

6）计算梁的长度 L，单元数量 N 以及最长单元长度 L_1

$$l_1L_n=\left(1-\frac{1}{B_s}\right)\cot\alpha\times\frac{\lambda_{max}}{4} \tag{7-11}$$

$$\lambda_{max}=\frac{984}{f_1} \tag{7-12}$$

$$N=1+\frac{\log B_s}{\log\frac{1}{\tau}}=1+\frac{\ln B_s}{\ln\frac{1}{\tau}} \tag{7-13}$$

$$\lambda_{1ft}=\frac{492}{f_1} \tag{7-14}$$

通常 N 的计算值不会是单元个数的整数值。如果小数部分超过 0.3，则将 N 改为比它大的下一个整数。增加 N 的值同样会增加 L 的实际值，从而超过从刚刚执行的一系列计算中得到的值。

检测 L、N 和 f_1 以确定阵列尺寸是否满足你的需求。如果阵列太大，则增加 f_1 或者减少 σ 或 τ，并重复 2 到 6 的步骤。增加 f_1 会减小所有尺寸，减少 σ 会减小主梁的长度，而减小 τ 会同时减小主梁长度和单元的数量。

7）确定最终的短截线阻抗 Z_t（注意：对于许多 HF 阵列，你可以省去短截线，用一根 6 英寸跳线将最长的单元短路，或者设计一条短截线来克服一个特定的性能弱点）。对于 VHF 和 UHF 阵列，通过下式计算短截线长度

$$Z_t=\frac{\lambda_{max}}{8} \tag{7-15}$$

8）根据下式得到剩下单元的长度

$$\ell_n=\tau\ell_{n-1} \tag{7-16}$$

9）根据下式确定单元间距 d_{1-2}

$$d_{1-2}=\frac{(\ell_1-\ell_2)\cot\alpha}{2} \tag{7-17}$$

这里 ℓ_1 和 ℓ_2 是最后两个单元的长度，而 d_{1-2} 是长度为 ℓ_1 和 ℓ_2 的两个单元间的距离。根据下式确定剩下单元之间的间隔

$$d_{(n-1)-n}=\tau d_{(n-2)-(n-1)} \tag{7-18}$$

10）选择 R_0，即期望的馈电点阻抗，以给出在预期巴伦比和馈线阻抗上的最低 SWR。LPDA 输入阻抗的平均辐射电阻 R_0 近似为：

$$R_0=\frac{Z_0}{\sqrt{1+\frac{Z_0}{4\sigma' Z_{AV}}}} \tag{7-19}$$

其中各分量术语将在后面定义及/或者计算。

由下面这些等式，确定必要的天线馈线（定相线）阻抗 Z_0，

$$Z_0 = \frac{R_0^{\,2}}{8\sigma' Z_{AV}} + R_0\sqrt{\left(\frac{R_0}{8\sigma' Z_{AV}}\right)^2 + 1} \quad (7\text{-}20)$$

σ' 是平均间隙因素，由下式得出

$$\sigma' = \frac{\sigma}{\sqrt{\tau}} \quad (7\text{-}21)$$

Z_{AV} 是偶极天线的平均特征阻抗，由下式给出

$$Z_{AV} = 120\left[\ln\left(\frac{\ell_n}{\text{diam}_n}\right) - 2.25\right] \quad (7\text{-}22)$$

$\frac{\ell_n}{\text{diam}_n}$ 比是单元 *n* 的长度和直径比。

11）一旦 Z_0 被确定，则根据导线的形状套用适当的公式来选择导线尺寸和间隔的组合以获得该阻抗。如果最后得到的天线馈线的间隔不符合实际要求，则取不同的导线直径，然后重复步骤 11。对于要求比较严格的情况，可能有必要选择不同的 R_0，并重复步骤 10 和 11。一旦找到一个满意的馈线设置，LPDA 的设计就完成了。

本章后面许多 LPDA 设计例子都使用了这种计算方法。然而，由此得到的设计必须经受大量建模检验以确定该设计是否有性能上的缺陷或弱点，以致需要在实际架设前对设计进行修改。

7.3 参考文献

原始材料和更多关于本章主题的扩展讨论见下面所列的参考条目以及本书“天线基本理论”章中的参考文献部分。

Source material and more extended discussion of the topics covered in this chapter can be found in the references listed below and in the textbooks listed at the end of the Antenna Fundamentals.

D. Allen, “The Log Periodic Loop Array (LPLA) Antenna,”*The ARRL Antenna Compendium, Vol 3*, pp 115-117.

C. A. Balanis, *Antenna Theory, Analysis and Design*, 2nd Ed. (New York: John Wiley & Sons, 1997) Chapter 9.

P. C. Butson and G. T. Thompson, “A Note on the Calculation of the Gain of Log-Periodic Dipole Antennas,”*IEEE Trans on Antennas and Propagation*, Vol AP-24, No. 1, Jan 1976, pp 105-106.

R. L. Carrel, “The Design of Log-Periodic Dipole Antennas,”*1961 IRE International Convention Record.*

L. B. Cebik, “Notes on Standard Design LPDAs for 3-30 MHz,”*QEX*, Part 1, May/Jun 2000, pp 23-38; Part 2, Jul/Aug 2000, pp 17-31.

R. H. DuHamel and D. E. Isbell, “Broadband Logarithmically Periodic Antenna Structures,”*1957 IRE National Convention Record*, Part 1.

J. Fisher, “Development of the W8JF Waveram: A Planar Log-Periodic Quad Array,”*The ARRL Antenna Compendium, Vol 1*, pp 50-54.

K. Heitner, “A Wide-Band, Low-Z Antenna—New Thoughts on Small Antennas,”*The ARRL Antenna Compendium, Vol 1*, pp 48-49.

D. E. Isbell, “Log-Periodic Dipole Arrays,”*IRE Transactions on Antennas and Propagation*, Vol. AP-8, No. 3, May 1960.

J. D. Kraus, *Antennas*, 2nd Ed. (New York: McGraw-Hill, 1988), Chapter 15.

R. A. Johnson, ed., *Antenna Engineering Handbook*, 3rd Ed. (New York: McGraw-Hill, 1993), Chapters 14 and 26.

C. Luetzelschwab, “Log Periodic Dipole Array Improvements,”*The ARRL Antenna Compendium, Vol 6*, pp 74-76.

C. Luetzelschwab, “More Improvements to an LPDA,”*The ARRL Antenna Compendium, Vol 7,* pp 121-122.

P. E. Mayes and R. L. Carrel, “Log Periodic Resonant-V Arrays,”*IRE Wescon Convention Record*, Part 1, 1961.

P. E. Mayes, G. A. Deschamps, and W. T. Patton, “Backward Wave Radiation from Periodic Structures and Application to the Design of Frequency Independent Antennas,”*Proc. IRE.*

C. T. Milner, “Log Periodic Antennas,”*QST*, Nov 1959, pp 11-14.

W. I. Orr and S. D. Cowan, *Beam Antenna Handbook*, pp 251-253.

V. H. Rumsey, *Frequency Independent Antennas* (New York: Academic Press, 1966).

W. L. Stutzman and G. A. Thiele, *Antenna Theory and Design*, 2nd Ed. (New York: John Wiley & Sons, 1998), Chapter 6.

R. F. Zimmer, “Three Experimental Antennas for 15 Meters,”*CQ*, Jan 1983, pp 44-45.

R. F. Zimmer, “Development and Construction of ‘V’ Beam Antennas,”*CQ*, Aug 1983, pp 28-32.

第 8 章

天线建模

8.1 概述：用计算机分析天线

正如“地面效应”一章中所指出，不规则的地形将对发射至电离层的高频信号产生深远的影响。正如“高频天线系统设计”章所述，这需要靠系统的方法去架设一个科学地规划的电台。天线的建模分析程序一般不考虑不规则地形的影响——“不规则”指的是所有不平坦的地形情况。大部分基于NEC-2或MININEC的建模程序都建立了反射的模型，而没有建立衍射模型。

另一方面，即使有像HFTA（高频地形评估，（Dean Straw（N6BV）共享的高频地形评估工具——具体描述见“高频天线系统设计”一章）一样的射线追踪程序将衍射考虑在内，也不能准确地计算出天线与地之间的互阻抗所产生的影响。HFTA做出了以下基本的假设：天线架设在离地面足够高处，使天线与地之间的互阻抗达到最低。

在本章中，我们将考虑天线在计算机上的建模过程。我们将探讨一些典型天线在平坦地形上和在自由空间中的特性。一旦表征出其特性——甚至对某些特性加以优化——便能利用HFTA以及在“高频天线系统的设计”一章中讨论过的其他工具在真实地形上对这些天线进行分析。

天线建模简史

自20世纪80年代初期以来，个人计算机迅速普及，业余无线电爱好者和专业人士一起，在计算机天线系统分析上大步前进。现在，业余无线电爱好者们可以在相对廉价的计算机上对复杂的天线系统进行计算。业余无线电爱好者们可以清楚地掌握天线系统的运作——在过去对许多人来说一直都是个谜。另外，现代计算机工具使业余无线电爱好者能够揭穿过分鼓吹某些天线的牛皮。

日前最流行的天线分析程序都源自美国政府实验室开发的一个叫NEC（天线数值计算）的程序。NEC使用了一种叫“矩量法”的算法。这个有趣的名称起源于一次数学会议。会议讨论了当对天线的线上电流分布做出特定简化的假设后，会引起多“大”的积累误差。如果你有兴趣深入研究“矩量法”，John Kraus（W8JK）的《Antenna》（第2版）中有一章内容写得非常好。也可以参考Bob Havilland/W4MB编写的《ARRL Antenna Compendium》（第4卷）中《利用矩量法编写的天线分析程序》一文。

矩量法背后隐藏着艰深的数学理论，但其基本原理却十分简单。天线可以被分解成许多直线小段，每一小段中由射频电流产生的场可以通过其本身以及由其他小段互耦合产生的场计算而得到。最后，将各个有效小段所产生的场进行矢量相加，就可以得到总的场。这样，就能计算出任何仰角和方位角的场了。平地面反射的影响（包括大地电导率和介电常数）也同样可以计算出来。

20世纪80年代初期，为了在个人计算机上运行，MININEC用BASIC语言编写。由于当时个人计算机内存与运算速度的局限性，MININEC中需要一些简化的假设，而这些假设限制了计算精度。最大的局限性或许在于，即使远场中辐射方向图考虑了实际的地面参数，仍然假设天线正下方是理想地面。这意味着离地高度小于约0.2λ的天线模型有时会得出错误的阻抗和偏大的增益，尤其在水平极化的情况下。尽管有这些局限性，MININEC还是代表着分析能力上的重大飞跃。见Roy Lewallen/W7EL在1991年2月QST杂志上发表的一篇关于怎样出色地运用 MININEC 处理缺陷的文章《MININEC——the Other Edge of the Sword》。

由于 MININEC 向公众发布时公开了源代码，大量的程序师为业余无线电市场编写了一些面向业余爱好者的功能强大的商业版本。其中有许多都整合了不错的制图法来显示天线二维或三维辐射方向图。这些程序还简化了流行的天线类型的建模过程，有些还附带有天线的样本库。

到了 20 世纪 80 年代末期，个人计算机速度和性能的提高使 NEC 的 PC 版得以应用，目前有好几个版本可供业余无线电爱好者使用。最新的大众版本是 NEC-2，我们将其作为计算核心在本章的例子中使用。

类似于 MININEC，NEC-2 也是一个通用的模型包，对某些特定的专用天线形式来说可能难以使用，操作上较慢。于是，定制商业软件应运而生，其用户界面更为友好、对特定天线类型（主要为八木天线）分析更为快速。见“高频八木天线和方框天线”一章，也可见侧边栏“MINI NEC 和 NEC-2 程序的商业实现”。

在原版书附加光盘（光盘文件可到《无线电》杂志网站 www.radio.com.cn 下载）中，Roy Lewallen(W7EL)提供了他的 EZNEC5.0 程序的特别版，名为 EZNEC-ARRL。这一版本可用于计算特定天线。光盘文件中注意 EZNEC 的这个 ARRL 特别版对除该光盘中所包含的模型之外的所有模型的最大分段（我们将在后面解释段的概念）数限于 20，你可以从 EZNEC-ARRL 程序的帮助部分中找到购买 EZNEC 完整版本的相关信息。

由于有关天线建模内容的完整的书籍已经写成，所以下面所列出的只能是一个梗概。对于有严谨态度的建模人员，我们极力建议你报名参加 ARRL 认证与继续教育系列课程中的在线天线建模课程。由 L.B.Cebik(W4RNL)所创立的天线建模课程容纳大量的信息、技巧以及计算机建模方法。若需要更多信息，可以浏览：http://www.arrl.org/ news/stories/2002/02/06/2/。我们还强烈推荐读者阅读 EZNEC-ARRL 中的帮助文档，其中有不少关于天线建模要点的实用信息。

MININEC 和 NEC-2 程序的商业应用软件

自从 NEC-2 和 MININEC 的源代码被公开后，热心的程序师们已将这些程序进行了浓缩、扩展与提高，现在有许多可用的免费软件，以及多种商业应用软件。

这张工具表只涉及应用最广的商业版本，即业余无线电爱好者广泛应用的程序。需要注意，无论你选择哪一种程序，都要投入学习时间或是金钱。当然你的时间是很宝贵的，但与其他设计者交换自己的设计模型文件的能力也同样宝贵。他人的设计模型文件可有效地让你学习到“专家”是如何建模的，尤其是在你刚刚起步时（ELNEC 是只支持 DOS，KMININEC 为核心的 EZNEC 的前身），例如，互联网上已经有可使用 EZNEC/ELNEC 提供的程序文档，因为这一软件已流行多年。

下面的列表总结了自 2011 年以来一些比较流行商业天线建模程序的特点与价格。使用 NEC-4 核心技术的程序需要从 Lawrence Livermore 国家实验室获得单独的许可证号。

名称	EZNEC 5.0（5.0+version）	EZNEC-Pro/2 (Pro4 version)	NEC-Win Plus	NEC-Win Pro	GNEC	天线模式
制造商	Roy Lewallen	Roy Lewallen	Nittany Scientific	Nittany Scientific	Nittany Scientific	Teri Software
核心技术	NEC-2	NEC-2(NEC-4)	NEC-2	NEC-2	NEC-2/NEC-4	MININEC
操作系统	Windows32/64bit	Windows 32/64bit	Windows 32bit	Windows 32bit	Windows 32bit	Windows 32bit
数字段	500 (1500, + ver.)	20,000	10000	10000	80,000	Limited by memory
NEC 卡输入	No	Yes	Yes	Yes	Yes	No
其他输入	ASCII (NEC, + ver.)	ASCII, NEC	CAD *.DXF	CAD *.DXF	CAD *.DXF	No
编程线	No	No	Yes	Yes	Yes	Yes
源设置	By %	By %	By %	By %	By %	By %
源类型	Current/ Voltage/Split	Current/ Voltage/Split	Current/ Voltage/Split	All types	All types	Current/Voltage
R + j X 负载	Yes	Yes	Yes	Yes	Yes	Yes
RLC 负载	Series,Parallel,Trap	Series,Parallel,Trap	Series, Parallel	Series, Parallel	Series, Parallel	Series, Parallel
真实陷波负载	Yes	Yes	No	No	No	No

续表

名称	EZNEC 5.0 (5.0+version)	EZNEC-Pro/2 (Pro4 version)	NEC-Win Plus	NEC-Win Pro	GNEC	天线模式
拉普拉斯负载	Yes	Yes	Yes	Yes	Yes	No
电导率表	Yes*	Yes*	Yes	Yes	Yes	Yes
平均增益测试	Yes	Yes	Yes	Yes	Yes	Yes
传输线	Yes	Yes	Yes	Yes	Yes	No
视图几何	Excellent	Excellent	Good	Good	Good	Very Good
几何核对	Yes	Yes	Yes	Yes	Yes	Yes
高度易变性	Yes	Yes	No	No	No	No
极化图	ARRL,linear-dB Az/El, Circ.（+ ver.）	ARRL,linear-dB Az/El, Circ.	ARRL,linear-dB Az/El Patterns	ARRL,linear-dB Az/El Patterns	ARRL, linear-dB Az/El Patterns	ARRL, Linear-dB Az/El Patterns
直角坐标图	SWR	SWR	SWR, Zin	SWR,Zin,Az/El, Currents	SWR, Zin, Az/El, Currents	Gain, SWR, F/B, F/R, Rin, Xin
操作速度	Fast	Fast	Very Fast	Very Fast	Very Fast	Slow
史密斯圆图	Yes Freq sweep,+ver.	Yes Freq sweep	No	Yes Freq sweep	Yes	Yes
近/远场表	Both	Both	Far	Both	Both	Both
地面波分析	No	Yes	No	Yes	Yes	No
定价	$89 Web; $99CD-ROM, $139（+ ver.）	$500（$600 必须包含 NEC-4 许可证书）	$150	$425	$795	$90

尽管本书所写的内容都与天线建模有关，但是下面的建模材料也必须进行一下总结。一些建模者可能想购买建模教程“Basic Antenna Modeling: A Hands onTutorial”和“Intermediate Antenna Modeling: A Hands onTutorial”，它们是由 L. B. Cebik/W4RNL（SK）编写的（来源于 www.antennex.com）。这本书中包含了大量关于利用计算机建模的信息、建议和技巧。我们还强烈建议你读一下 EZNEC-ARRL 的 HELP 文档，这里面包括了大量建模过程中关于实际细节的信息。

除了这里的材料，另外一个使用 EZNEC 软件进行天线建模的教程是由 Greg Ordy（W8WWV）提供的，其都包含原版书附加的光盘文件中。它突出关于本章主题可以选择不同资料的特征，在深度上即涵盖了更多的材料。2011 年，该教程最初是在 Contest 大学的支持下出版的。

8.2 天线建模基础

本章以 EZNEC-ARRL 为例，通过使用基于 NEC-2 的建模程序来讨论有关于天线建模的话题。

- 程序输出
- 导线几何学
- 分段、警示和限制
- 源（馈电点）的布置
- 环境（包括接地类型和频率）
- 负载和传输线
- 测试

8.2.1 程序输出

软件程序的指导手册往往在开篇时详尽地描述程序所需的输入数据，然后演示程序产生的输出数据。尽管那是有益的，但是为了更好地理解，先简单地从一个典型的天线建模程序的输出入手。

我们将看看大众版 NEC-2 的输出，接下来利用 W7EL 提供的 EZNEC-ARRL 软件来看看 NEC-2 的商业改版所提供的输出信息。在简单概览了这些输出程序后，我们将细致地分析一个建模程序工作所需的输入数据。在接下来的讨论中，如果事先在你的计算机中安装了 EZNEC-ARRL，并打开每一范例的具体建模文件，将会十分有益（本章接下来的部分中，将只涉及 EZNEC3.0 的一个专业分支——官方名称为 EZNEC，或 EZNEC-ARRL，而不讨论 EZNEC5.0。必要时，我们将指出 EZNEC5.0 与其限量版的 EZNEC-ARRL 之间的具体差异）。

原始的 NEC-2

原始的 NEC-2 程序可以产生页面和用于主机行式打印输出格式的页面。有些较为年长的人可能还记得由行式打印机打印出来的那些白白绿绿的、由拉纸器供给的 132 列的计算机打印纸。MIS（管理信息系统）总部存放着许多箱那样的打印纸。

原始的 NEC-2 程序是由 Fortran 语言编写的，Fortran 代表公式翻译。程序员利用打孔卡片向巨型机输入程序本身以及程序所需的输入数据。如果说 NEC-2 输出的纸片繁多，甚至会令人咋舌，都还是轻描淡写了些。有用信息与原始数据间相去甚远，原始 NEC-2 的原始输出足以让原始数据使用者焦头烂额。

以 NEC-2 为计算核心技术的商业版软件使读者避开了原始行式打印机式的冗繁输出以及打孔卡片式的输入（或是打孔卡片的磁盘替代品）。如 EZNEC 一类的商业软件可以输出十分实用的数字化表格，这些表格可以呈现出诸如单频点的源阻抗或是驻波比，以及负载或传输线的特性等参数。不过，正如老话所说，“一幅图像胜过千言万语”。如同适用于其他需要应付大量数据的工作一样，这句话也适用于建模程序。因此，大部分的商业设计软件包都为使用者绘制了图表。EZNEC 提供了以下的图表类型：

- 远场仰角与方位角响应的极坐标图
- 总的远场响应的三维线框图
- 某一频段上的 SWR（驻波比）图
- 模型中各个导体上射频电流的图形化展示
- 用于建模的线段的可旋转可缩放的三维视图
- 对可生成史密斯圆图的程序的输出

图 8-1 展示了计算机模拟出的一个 135 英尺长的水平偶极天线的仰角与方位角的方向图。这个水平偶极天线安装在距平地 50 英尺高的平顶屋内。这两张图是偶极天线频率在 3.75MHz 时使用 EZNEC 生成的。图 8-1（C）展示了一张 14.2MHz 远场响应的三维线框图。作为比较，这些数据展示了行式打印输出的 3.75MHz 方位角方向图的小部分数据。显然，实际需要更多的打印页。一张图的确能够替代数千个数字！

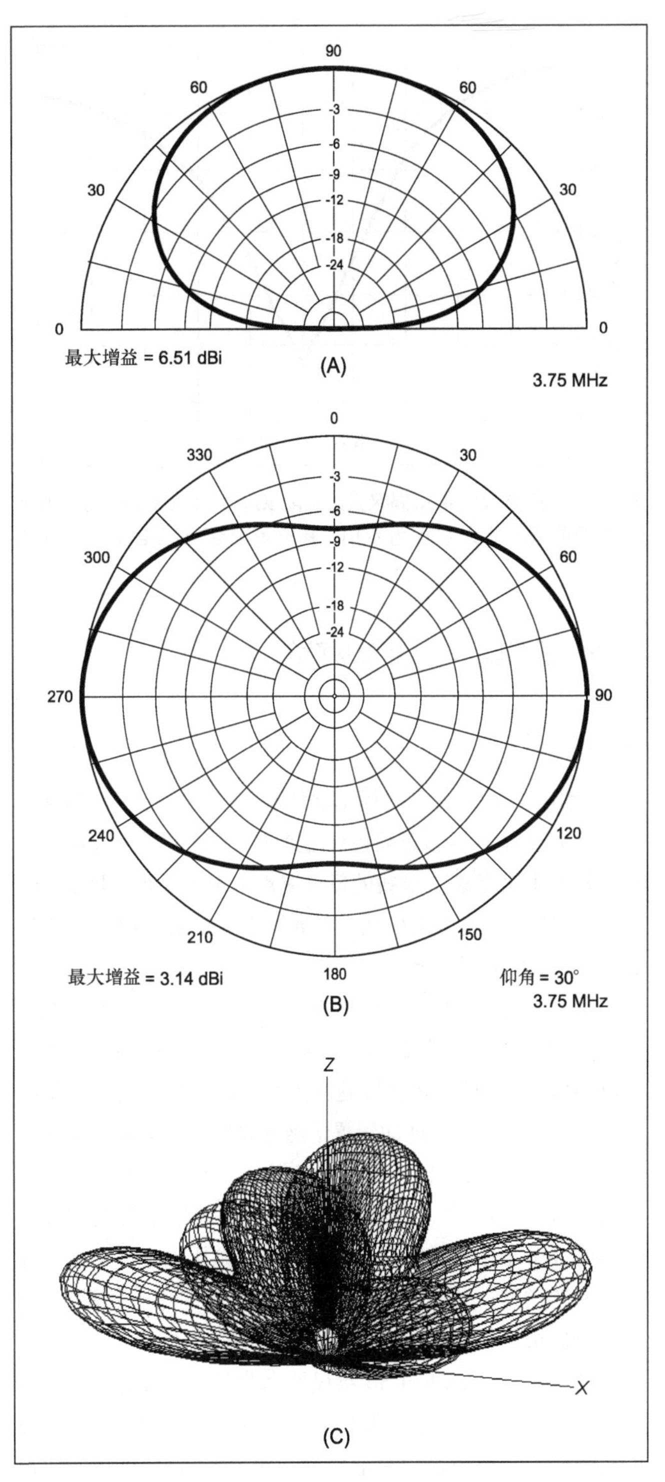

图8-1　图（A），3.5MHz高于平地50英尺处135英尺长的水平偶极天线所产生的远场俯仰平面方向图。图（B），处于30°仰角的远场方位方向图。

图 8-2 展示了该天线由 50Ω 无损耗传输线馈电时在 3.0～4.0MHz 频段上计算出的 SWR（驻波比）曲线。在 EZNEC 中使用“SWR”按键就能生成此图。图 8-1 和图 8-2 代表着以 NEC-2 为计算核心的商业软件所能生成的典型的图形输出的类型。接下来，我们讨论一下运行一个典型的矩量法天线模型程序所需输入的数据的细节问题。

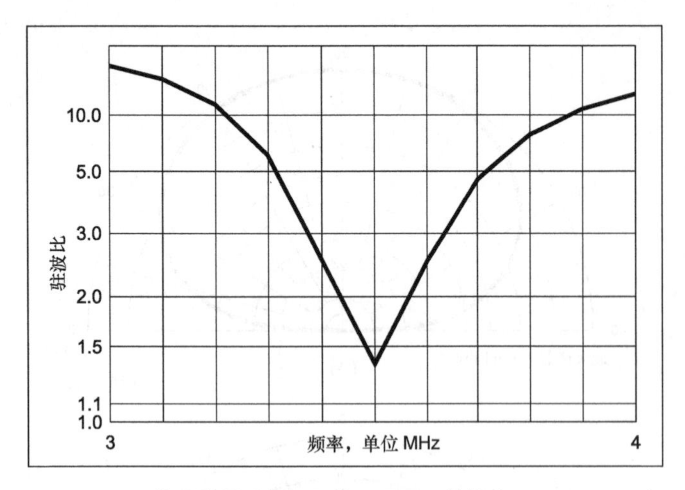

图8-2　135英尺的平顶偶极天线匹配50 Ω馈线在3.0～4.0MHz上的SWR曲线。此天线仅为示例，并不是业余无线电波段最优的选择。

8.2.2　程序输入：导线几何学

x、y、z 坐标系

使用一款 NEC 型的模拟软件最困难的部分在于构建天线的几何形体——你必须将自己置于一个三维空间（笛卡儿坐标系）中来考虑。导线的每一端点都由 3 个数，即 x，y，z 坐标来表示。这些坐标代表着离原点的距离（x 轴），天线的宽度（y 轴）以及高度（z 轴）。

举个例子来说明些问题。图 8-3 展示了一个被架于距地 50 英尺高处，135 英尺长，由 14 号（#14）铜线制成的中间馈电的偶极子的简单模型。这种天线的通用术语是平顶偶极天线。为方便起见，地面设置于坐标系原点，即正好位于此偶极天线正下方的（0，0，0）坐标处。图 8-4 展示了此天线类似 EZNEC 电子表形式的输入数据（使用模型文件：Ch8-Flattop Dipole.EZ）。EZNEC 允许你从主窗口来指定导电材料的类型，单击“Wire Loss”按钮来打开一个新窗口。在这个偶极子模型上，我们单击“Copper”按钮。

原点之上，z 轴的 50 英尺处为此偶极天线的馈电点，在 NEC 术语中被称作“源”。此偶极天线的左宽为全长 135 英尺的一半，或表示为沿 y 轴负方向上的−67.5 英尺。偶极天线右端处于＋67.5 英尺坐标处。而偶极天线的 x 坐标为 0，意即此偶极天线与 x 轴平行且位于 x 轴上方。此偶极子的两端分别由坐标为（0，−67.5，50）和（0，67.5，50）的两点表示（单位为英尺）。使用小括号搭配有序坐标的表示方法是天线模型中描述导线端点的习惯表示方法。

图 8-3（B）包含了该天线导线几何形状之外的一些有用信息。图 8-3（B）覆盖了 30°仰角下导线的几何形状、沿导线的电流分布以及远场的方位角响应等方面。

尽管在图 8-3 中没有明确表示，天线的粗细即为导线的直径——14 号（#14）规格。注意：原来的 NEC 程序默认的是导线的半径而不是直径，但是，如 EZNEC 这样的程序使用的是更直观的导线的直径而不是半径。EZNEC（及其他商业版程序）还允许使用者以 AWG 规格指定导线规格，例如#14 或#22 型号的导线。

图 8-3 中，我们使用单根直导线来表示简单偶极天线。实际上，所有用于矩量法程序的天线模型都是由直导线组合而成的，其中包括一些更为复杂的天线，例如螺旋天线和环

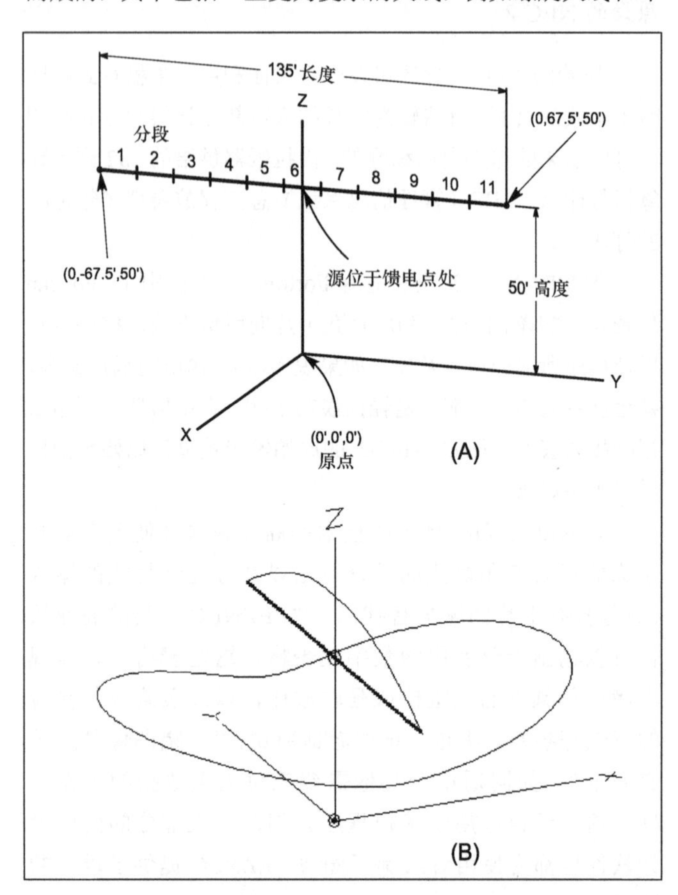

图8-3　图（A）所示为距地50英尺高的一副135英尺水平偶极子。此偶极子位于y轴上方，被分割为11段，第6段中央作为馈电点。馈电点左臂端点距馈电点是−67.5英尺，右臂则为67.5英尺。图（B）所示为EZNEC“View Antenna”制图，显示出导线几何形状及其x，y，z坐标，在导线几何结构图上还画出了在30°仰角时，沿导线的电流分布以及在远场方位角响应。

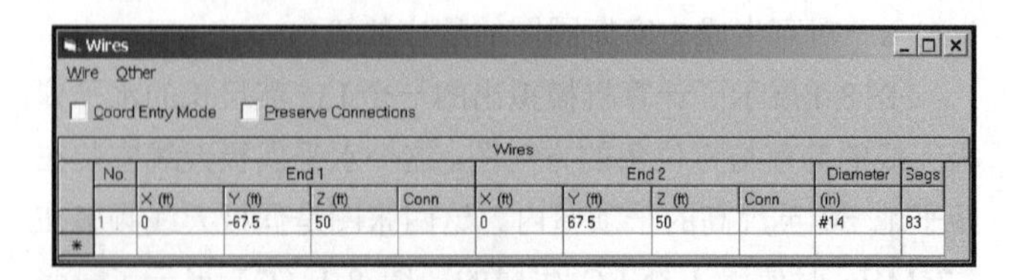
Wires
Wire　Other
Coord Entry Mode　Preserve Connections

No.	End 1 X (ft)	End 1 Y (ft)	End 1 Z (ft)	End 1 Conn	End 2 X (ft)	End 2 Y (ft)	End 2 Z (ft)	End 2 Conn	Diameter (in)	Segs
1	0	-67.5	50		0	67.5	50		#14	83
*										

图8-4　图8-3所示简单直导线偶极天线的“Wire”EZNEC电子表。除导线直径外的其他数据单位是英尺。EZNEC允许指定AWG规格，此例中为14号。注意，此天线在3.5～29.7MHz波段分析上被分为了83个片段。

形天线。模拟复杂天线的数学依据是，这些曲线可以用多边形进行替代。例如，圆环天线可以用八边形来建模。

分段和指定波源

我们已经详细说明了该简易单导线偶极天线的几何形状。接下来，我们还要连接几个建模细节——我们为了对天线进行矩量法分析需要指定天线的分段数目，还需要以某种方式给天线馈电。NEC-2 设置分段数目的方针是每半波长内至少分割 10 段。这是一种经验法则，然而，在许多模型中，为提高精确度必须进行更密集的分割。

在图 8-3 中，我们在 80m 波段上将该偶极天线分割为 11 段。这是符合上述经验法则的，因为 135 英尺长的偶极天线大约是 3.5MHz 波长的 1/2。

设置源段

使用 11 这个奇数的分段数目而不是 10 的偶数分段数目，并将偶极天线的馈电点（NEC 语言中为“源”，一个能让初学者迷糊的词）恰好置于天线的中心，即第 6 段的中央。为了与其名字中的“EZ”相一致，EZNEC 让使用者简单地通过沿导线的百分比数来指定源段。在这个中心馈电的例子中，导线的百分比数为 50%。

此时，你也许会非常惊讶在我们中心馈电偶极天线中间的绝缘体为什么没有被表示出来，毕竟一副真实的偶极天线需要有中心绝缘体。然而，矩量法程序假设源发生器被置于导线上一个无限小的缝隙中。尽管从数学的观点上这样的假设很方便，但这无限小的缝隙使用时未明确说明，这往往会使天线建模的新手犯迷糊。在本章的稍后部分，我们将讨论更多源的设置中的细节、警告和限制。那么现在，只需相信我们刚才描述的 11 分段，在第 6 段馈电的模型是可以在 3.5～4.0MHz 的全部业余段段上正常工作的。

现在，考虑如果让 135 英尺长的偶极天线工作在 3.5～29.7MHz 的高频业余波段而不是 3.5～4.0MHz 时，将会发生些什么。我们使用明线线路而非同轴电缆进行馈电，并在无线电收发室用天线调谐器给发射机建立一个 50Ω 的负载。为了遵守上述分段法则，模型中使用的分段数目需根据信号频率不同而变化，或者至少大于等于最高使用频率的最小推荐分段数。这是因为 29.7MHz 波的半波长是 16.6 英尺，而 3.5MHz 波的半波长却有 140.6 英尺。因此，在 29.7MHz 上合理的分段数目应该为 10×135/16.6=81。我们要比最低要求更保守些，指定为 83 分段。图 8-4 展示了此模型的 EZNEC 输入数据表（使用模型文件：Ch8-Multiband Dipole EZ）。

在类似 NEC 的程序中，使用更多分段的代价是使程序的运行速度与分段数目成平方比衰减——分段的数目加倍，速度就会降为原来的 1/4。如果我们使用太少的分段，将会引入误差，尤其是在计算馈电点阻抗的时候。稍后我们讨论模型的合理性的检测时将会就分段密度的更多细节进行深究。

分段长度与导线直径之比

即使你愿意忍受由于大量导线分段数目带来的运算速度的迟缓，但仍要保证分段长度与任意导线直径的比率大于 1:1。这就是说分段的长度要大于导线的直径。这样做并非是出于 NEC 程序自身内部的限制。

对于 135 英尺长的简易偶极天线所使用的#14 导线，你在任何合理的分割数目内打破这个限制的可能性微乎其微。毕竟，#14 导线的直径只有 0.064 英寸，而 135 英尺却有 1 620 英寸。要保持分段长度在 0.064 英寸之上，则最大分段数目为 1 620/0.064=25 312。这是一个非常大的分段数，即使你的程序能应付也需要花费非常长的时间去运算。

不过，在 VHF/UHF 波段时，要保持分段长度对导线直径比率高于 1:1 就更加困难，尤其是对于由铝管制成的相当大的“导线”。顺便一提，这也是另外一个容易使天线设计初学者迷惑的术语。在一个 NEC 类型的程序中，模型中所有导体都被认为是“导线”，即使它们是由空心铝管或铜管所组成的。表面效应将任何导体中的射频电流限制在导体的外表面上，所以也就无关于导体是空心还是实心，或是由多股绞合线组成。

我们来看看一个 420MHz 的半波振子。它有 14.1 英寸长。如果使用 1/4 英寸直径的管材作偶极天线，根据 1:1 径长比率的要求，最大的分段长度也是 1/4 英寸。那么，最大分割数目就应该是 14.1/0.25=56.4，四舍五入为 56。由此，你应该明白了为什么矩量法程序要使用“细导线近似”。现实中的粗导体将会给你的分析带来麻烦，尤其是工作在 VHF/UHF 频段上。

关于几何物体的一些告诫和限制

示例：倒 V 形偶极天线

现在，我们尝试加大些难度，来详细说明另外一种 135 英尺偶极子，不过这次是形如倒 V 形的天线。如图 8-5 所示，你要指定 2 根导线，二者在其顶部，即坐标为（0，0，50）（单位英尺）处相连接（再次说明，本程序不会在模型中使用中心绝缘体）。

如果使用 NEC 的原始版本，你可能必须要回到高中的三角学课本上去寻找如何计算夹角为 120° 的“下垂”偶极子两端点的坐标。图 8-5 展示了计算的细节以及所需要的三角等式。EZNEC 在此处则更加“容易”，因为它允许你在适当的角度范围（此例中偶极天线的每端改变-30°）内压低每根导线的端点来自动创造一个倒 V 天线结构。图 8-6（A）展示了用来描述夹角为 120° 的倒 V 偶极子的 EZNEC 电子数据表。

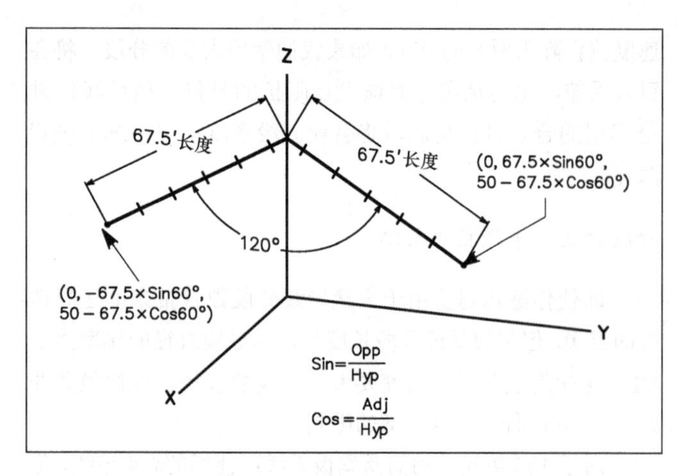

图8-5　夹角为120°的倒V偶极子的模型。正弦和余弦函数用来表示天线斜臂端点的高度。

有关如何使用“elevation rotate end”快捷方式为“RE-30”，通过下压导线末端30°，从而轻易创建倾斜导线，请参阅“Wire Coordinate Shortcuts”下的“Help”部分。现在关于源的指定比前面稍微困难，最简单的方法是指定两个源，对于两根导线的每一臂在接合处各分配一个。如果你指定一个称为split-source的馈电，EZNEC将会自动处理这些。图8-6（B）中，在两根导线的倒V字接合点上以两个开圆环表示两个源。EZNEC所做的就是在两根导线的接点两侧的最接近分段处创建两个源。EZNEC计算出两个源阻抗之和作为一个单独输出的读数。

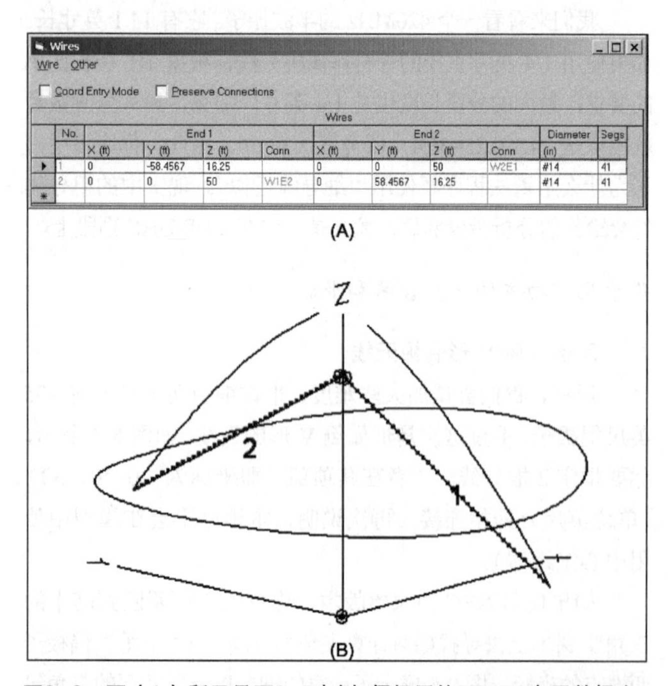
Wires

Wire　Other

Coord Entry Mode　Preserve Connections

No.	End 1 X (ft)	End 1 Y (ft)	End 1 Z (ft)	End 1 Conn	End 2 X (ft)	End 2 Y (ft)	End 2 Z (ft)	End 2 Conn	Diameter (in)	Segs
1	0	-58.4567	16.25		0	0	50	W2E1	#14	41
2	0	0	50	W1E2	0	58.4567	16.25		#14	41

图8-6　图（A）所示是图8-5中倒V偶极子的EZNEC电子数据表。此时，倒V偶极天线的端点距地高度为16.25英尺，而不是平顶偶极天线时的50英尺。图（B）所示是EZNEC“View Antenna”制图，同时画有几何结构、电流分布和方位角图。

View Antenna窗口中的一些操作

此刻，有必要来探究一下使用EZNEC主窗口上的“View Ant”按钮来查看导线几何形态的一些方法。在EZNEC中打开“Ch8-Invert V Dipole.EZ”文件，然后单击“View Ant”按钮，你将会看到一个小型的倒V偶极子浮现在（0，0，0）地面原点上方，地面位于倒V偶极天线馈电点的正下方。首先，按住鼠标左键，然后拖动鼠标来“旋转”偶极子。你就可以任意确定图的方向了。

我们来更近地观察馈电点两侧的导线的接合部位。单击窗口底部的“Center Ant Image”复选框，将图片固定在窗口的中心。然后，向上拖动“Zoom”滑标来放大图像。有时，两斜导线的连接点会移出窗口边缘，此时要单击“Z Move Image”滑标的左边将连接点移回视野中。此时，你可以观察到连接点的放大图像，并可以看到临近导线连接点分段中央代表分割源位置的两个开环。

现在，将鼠标指针移至任一条倾斜的导线上并双击鼠标左键，EZNEC便会识别那条导线并显示出其长度。导线上任意分段长度用同样的方法显示。是不是很方便呢？

短粗导线和锐角连接点

另有一种麻烦可能由短粗分段的导线引起，尤其是那些夹角较小的导线。这些导线分段可能会有部分体积重合，导致建模困难。一旦你将导线的每一分段想象为一个粗圆柱，你就会体会到将两导线末端连接起来时所遇到的困难。两根导线总在某些程度上重合着。图8-7以图的形式描述了将两根短粗导线末端以锐角连接时所遇到的困难。一个经验法则是在导线体积重合部分多于三分之一之处避免创建连接点。这可以通过增加分段长度或是减小导线直径来实现。

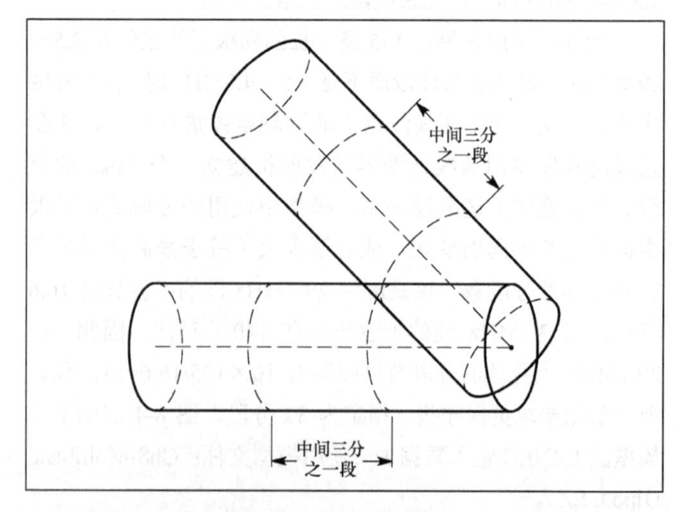

图8-7　两段成锐角的短粗导线分段的连接点。这导致重合部分超出了建议的1/3体积的位置。

一些其他实用天线的几何体

垂直半波偶极天线

如果你转动图 8-1 中的 135 英尺水平偶极天线端，你就会得到一对位于 x，y，z 坐标原点之上的垂直偶极天线。图 8-8 中，偶极子的底端被置于距地面 8 英尺处，即（0，0，8），以避免人类与动物的破坏。那么顶端距地就是 8＋135=143 英尺，即（0，0，143）。图 8-8 也显示了此天线的电流分布以及仰角方向图（使用 EZNEC 中的模型文件：Ch8-Vertical Dipole.EZ）。

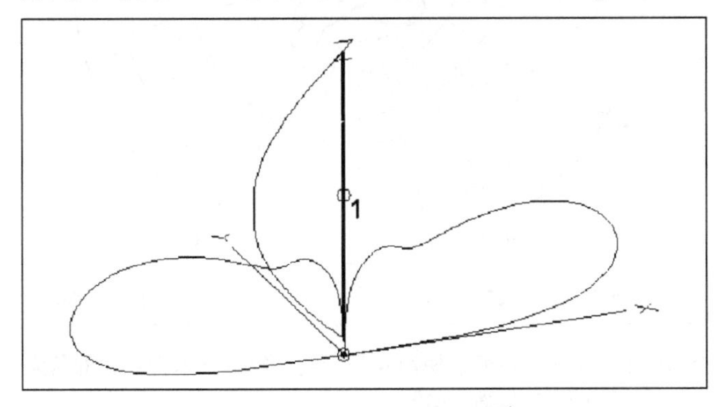

图8-8　由图8-3中偶极天线直立后所形成的垂直半波长偶极天线。底端至少离地8英尺以避免与人类与动物接触。此天线的电流分布以及仰角方向图也一并展示在导线几何构架上。

接地平面天线

接地平面模型比之前所提到的模型都要复杂，因为它总共需要有 5 根导线：1 根作为垂直辐射振子而 4 根作为辐板。图 8-9 展示了一副被安置在距地 15 英尺高处（也许是在车库顶）的 20m 长的接地平面天线，并带有电流分布以及仰角方向图（使用 EZNEC 模型文件：Ch8-GP.EZ）。注意此时的源被设置在垂直辐射振子的底端分段上。程序仍然不需要底部的绝缘体，因为 5 根导线均连接在同一点上。EZNEC 指出，此天线有 22Ω 的馈电点谐振阻抗，并且在不使用例如伽马匹配系统或发夹型匹配系统时，与 50Ω 的同轴馈线相连会产生 2.3:1 的 SWR（驻波比）。

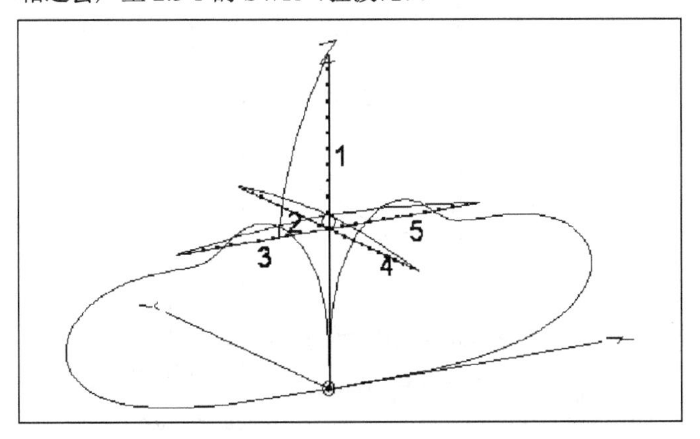

图8-9　垂直接地平面天线。模型中天线的辐板及垂直辐射振子的底端被置于距地面15英尺高处。天线的几何构架上同时画着电流分布以及远场俯仰平面的方向图。

图 8-10 所示为同样的天线，但辐板下倾了 35° 以接近理想的 50Ω 匹配（SWR=1.08:1）。需要补充的是此模型中的辐射振子被缩短了 6 英寸以使天线再次谐振（使用 EZNEC 模型文件：Ch8-Modified GP.EZ）。倾斜接地平面天线辐板是个老窍门，而建模程序确认了业余无线电爱好者长期以来所做的事。

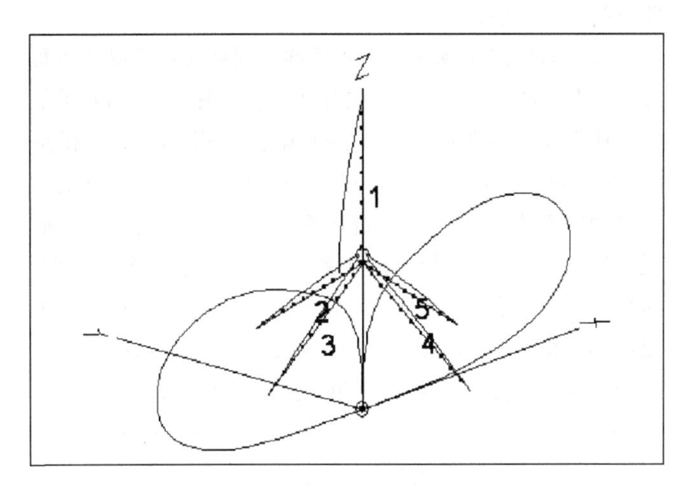

图8-10　由EZNEC模型可见，为了在馈电点改善驻波比，将垂直接地平面天线的4个辐板下倾到40°。

5 单元水平八木天线

这是一个更具挑战性的建模练习。我们在 40 英尺的支撑杆上采用 5 单元设计，单元的材料摒弃伸缩铝管而采用 14 号（#14）导线。表 8-1 所示为此天线的单元阵列（在本章节的稍后部分中，我们将看到在实际八木天线设计中使用伸缩铝管将会出现什么情况）。

表 8-1　520-40W.YW，使用 520-40H.YW 中的 14 号（#14）导线（14.000MHz、14.174MHz、14.350MHz）

5 单元 间距	英寸 0.064
0.000	210.923
72.000	200.941
72.000	199.600
139.000	197.502
191.000	190.536

下面解释一下表 8-1 所示信息。首先，数据所示的只是各元振子一半的长度。原版书附加光盘文件中的 YW（Yagi for Windows）程序将会自动计算出八木天线的另一半长度，实际上只要在支撑杆的另一边复制对称的另一半天线即可。由于必须以实际八木天线的一半尺寸来考虑，此时使用伸缩

铝管将会简单得多。

其次，沿支撑杆的单元振子的放置从位于 0.0 英寸处的反射器开始。相邻振子间的距离在这个文件中被定义为振子自身与前一振子之间的距离。例如：激励单元（有源振子）与反射器之间的距离为 72 英寸，而第一引向器与有源振子之间的距离也是 72 英寸。第一引向器与第二引向器的距离是 139 英寸。

图 8-11（A）所示为八木天线阵列被安置在距平地面 720 英寸（60 英尺）高处时的几何形态，图 8-11（B）所示为表述天线坐标的 EZNEC 电子数据表（使用 EZNEC 模型文件：Ch8-520-40W.EZ）。由图可知，单元振子的 *x* 轴坐标可自动地通过 SCALE 程序进行移动，使得支撑杆的中心被置于原点正上方。这样，计算旋转支撑杆上以“圣诞树形”排列的不同单频八木天线的堆叠效应会更加简易。典型的圣诞树形堆叠可被包含 20m、15m 以及 10m 单频天线，它们被安放在一根置于天线塔顶部的旋转支撑杆上。

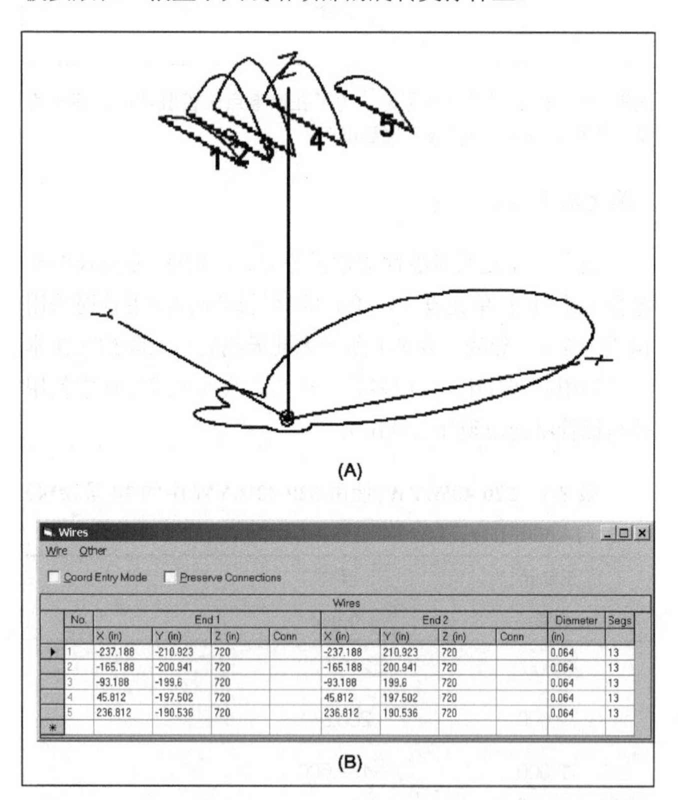

	Wires									
No.	End 1				End 2				Diameter	Segs
	X (in)	Y (in)	Z (in)	Conn	X (in)	Y (in)	Z (in)	Conn	(in)	
1	-237.188	-210.923	720		-237.188	210.923	720		0.064	13
2	-165.188	-200.941	720		-165.188	200.941	720		0.064	13
3	-93.188	-199.6	720		-93.188	199.6	720		0.064	13
4	45.812	-197.502	720		45.812	197.502	720		0.064	13
5	236.812	-190.536	720		236.812	190.536	720		0.064	13
*										

图8-11　图（A）所示为安置在距地平面720英寸（60英尺）高处40英尺长支撑杆的5单元八木天线的几何模型以及其电流分布和方向图。图（B）所示为此天线的EZNEC导线电子数据表，简单起见，本设计中使用14号导线。

图 8-12 所示为计算所得的该八木天线工作频率在 14.175MHz 时的方位方向图，其仰角为 15°，即在距地面高度下前向波瓣的峰值与地面所张成的角度。此天线显示出极佳的 13.1dBi 增益，并且在其主瓣后有一个无副瓣方向图。90°～270°方位角之间任意点中最差的前后比也高于 23dB。

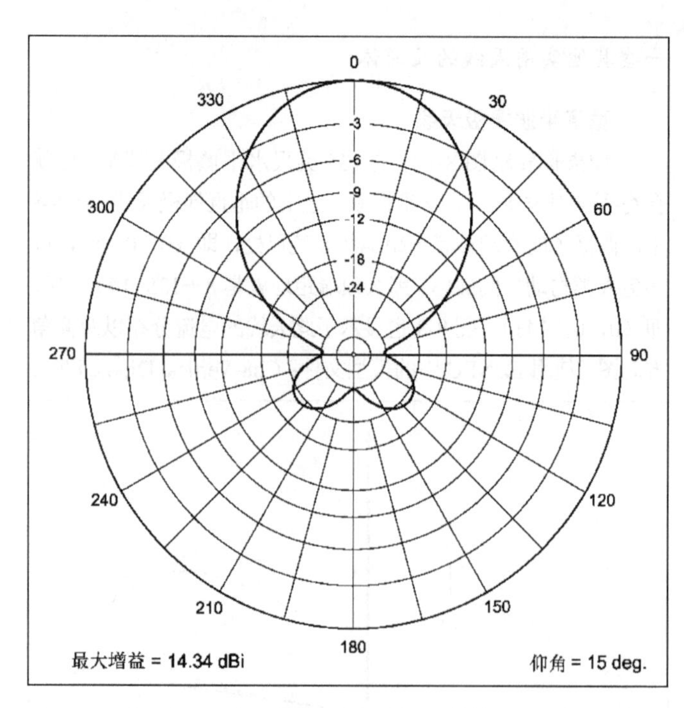

图8-12　如图8-11所示使用14号导线所制的八木天线在仰角为15°时的EZNEC方位面方向图。

EZNEC 仿真说明其馈电点阻抗为 25-j23Ω，正好适用于简单的发卡型匹配或伽马匹配。

单频段 2 单元方框天线

与八木天线振子仅在 *x*-*y* 平面分布的特性不同，方框天线的振子是三维的。方环在 *z* 轴上表现为高度，在 *x*-*y* 平面上表现为长度与宽度。单频方框天线的每个环都由 4 根导线组成，并在拐角处连接。图 8-13 所示为支撑杆长度为 10 英尺，由反射单元及激励单元所组成的一架两单元 15m 方框天线。

你可以观察到，对称轴 *x* 轴穿过此模型的中心，这意味

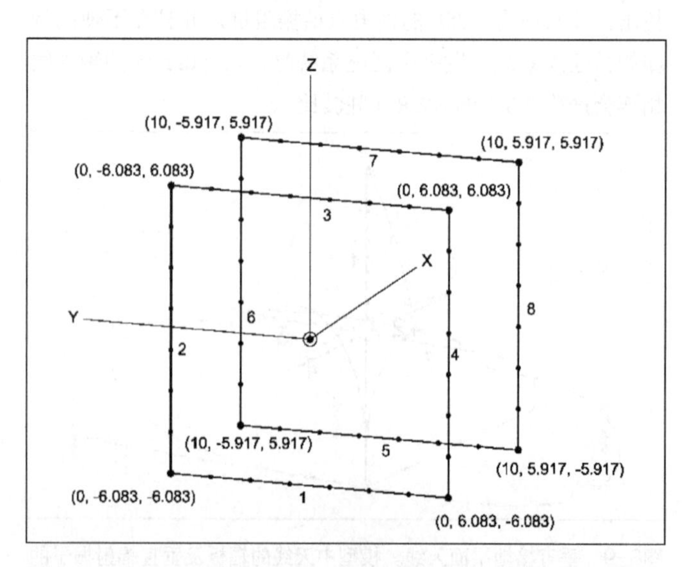

图8-13　由一个反射单元与激励单元所组成的两单元立体方框天线构型。*x*轴是此自由空间模型的对称轴。

着这个特殊的 x、y 和 z 坐标方案的原点位于反射单元的中心。原点（0，0，0）如此设置为导线连接处的坐标赋值提供了方便。在真实的天线架设中，各点的 z 轴坐标值也依据模型距地面的指定高度进行相应的改变。EZNEC 包含了一项内置程序，可以一次性调整所有导线的高度。

图 8-14 所示为自由空间中的方框天线的输入 EZNEC 电子数据表，清楚地展示出了拐角处坐标的对称性质（使用 EZNEC 模型文件：Ch8-Quad.EZ）。此处应强调的是，你必须以合理的顺序来输入导线上各点的坐标。此模型最明显的示例是，你应该对所有相关的导线进行分组。例如：与反射单元的 4 根导线应当放置在一起。在图 8-14 中你可以看到 x 坐标为 0 的 4 根导线都是代表着组成反射单元的导线。

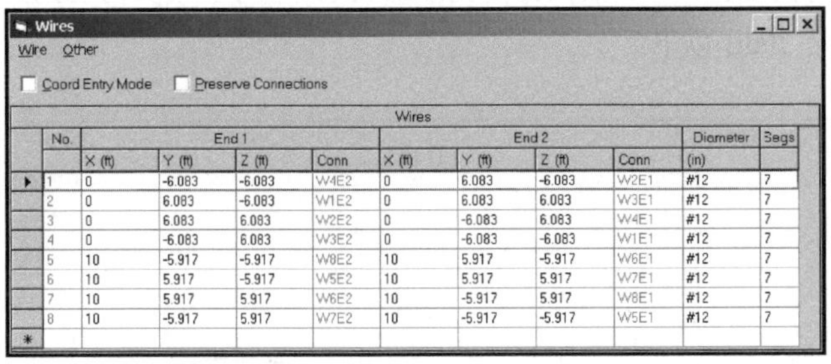

Wires

Wire Other

Coord Entry Mode　Preserve Connections

No.	End 1				End 2				Diameter	Segs
	X (ft)	Y (ft)	Z (ft)	Conn	X (ft)	Y (ft)	Z (ft)	Conn	(in)	
1	0	-6.083	-6.083	W4E2	0	6.083	-6.083	W2E1	#12	7
2	0	6.083	-6.083	W1E2	0	6.083	6.083	W3E1	#12	7
3	0	6.083	6.083	W2E2	0	-6.083	6.083	W4E1	#12	7
4	0	-6.083	6.083	W3E2	0	-6.083	-6.083	W1E1	#12	7
5	10	-5.917	-5.917	W8E2	10	5.917	-5.917	W6E1	#12	7
6	10	5.917	-5.917	W5E2	10	5.917	5.917	W7E1	#12	7
7	10	5.917	5.917	W6E2	10	-5.917	5.917	W8E1	#12	7
8	10	-5.917	5.917	W7E2	10	-5.917	-5.917	W5E1	#12	7

图8-14　展示了图8-13天线坐标的EZNEC导线电子数据表。注意怎样用x轴描述单元在10英尺支撑杆上的位置，以及x轴是怎样作为各单元的对称轴。z轴与y轴相对于x轴对称分布。

最好是依据逻辑顺序按常规来输入环形结构的导线。方法是：将某导线的终点与下一导线的起点相连接。例如：在图 8-13 中，导线 1 的左端连接着导线 2 的底端，导线 2 的顶端则连接着导线 3 的左端。依次，导线 3 连接导线 4 的顶端，而导线 4 的底端则连接着导线 1 的右端。这种模式被称为“绕着牛角走”，也就是意味着依某一方向不断地进行下去，在此模型中即为顺时针方向。

在图 8-11（B）所示的 5 单元八木天线模型中，你也可以看到组成单元的导线的输入也具有一定的顺序，由反射单元开始，然后是激励单元，接下来是引向器 1、引向器 2，最后是引向器 3。这也并不是说你不能打乱其顺序。比如先是指定激励单元，接下来是引线器 3，接下来是反射单元或其他任意的单元。不过，如此随机顺序的输入，将会给以后再访模型及他人阅读带来麻烦。

8.2.3　建模环境

地面

前面，在讨论架设于平地上 50 英尺高处的 135 英尺偶极子时，我们简单地提及了这一天线模型的环境影响中最重要的一项——天线下方的地面。我们来检查一下 EZNEC 中的 NEC-2 环境为我们提供了哪些可用选项。

- 自由空间
- 理想的地面
- MININEC 型地面
- “快捷”（“Fast”）型地面
- Sommerfeld-Norton 型地面

自由空间的环境选择项不需多加说明——天线被置于不受任何地面类型影响的自由空间内。在对某天线的某些特性进行优化时，就会使用到这个选项。例如，你希望在整个业余波段上优化一副八木天线的前后比。这将需要大量的运算，而自由空间在所有的地面选项中运行得最快。

理想地面作为参考十分有用，尤其是对于实际地面上的垂直极化天线。天线在理想地面上的评估出现在许多经典的天线教科书中，所以，将简单的天线模型与教科书上的案例进行比较，将十分有益。

MININEC 型地面适用于高于地面 0.2λ 的垂直天线或水平天线。尽管考虑了地面的远场反射作用，使用了用户指定的地面导电系数与介电常数，但由于其假设位于天线下方的地面是理想的，它的运算速度仍会比“快速”型地面和 Sommerfeld-Norton 型地面的运算速度要快。由于天线下方的地面是理想的，使用 MININEC 型地面的 NEC-2 用户可以将导线设计接地（但不可延伸至地面以下）。这些功能原来只允许高级 NEC-4 程序的用户在随后所描述的更精确的 Sommerfeld-Norton 型地面环境中使用（NEC-4 目前不在公众领域流通，并被美国政府严格控制和授权使用）。这种能够设计接地导线的能力对于垂直天线是有用的。设计者需警惕水平极化或垂直极化导线的馈电点源阻抗，因为在 MININEC 型地面中做出了理想地面的固有假设。

“快速”型地面是一种混合型地面，做出了某些简化假设，当水平导线高于地面约 0.1λ 时可以采用这些假设。但由于现代高速计算机设备的应用，Sommerfeld-Norton 型地面更受人们青睐。

Sommerfeld- Norton 型地面（EZNEC 中称为“高精度”地面）相对于其他类型的地面更为可取，因为它对导线的高度本质上没有限制。它的缺点是其运算速度是 MININEC 型地面的 1/5，不过现代的高速计算机将此缺点变得无关紧要了。同样，基于 NEC-2 的程序不能设计插入地面以下的天线模型（尽管存在下面介绍的替代方法）。

如前文所提及的，对于理想地面或自由空间之外的任意地面，使用者事先必须设定地面的导电系数与介电常数。（见“地面效应”章“天线分析地面参数”。）EZNEC 提供了几项便于使用的地面分类，其中 σ（单位：西门子/米）表示导电率，ε 表示介电常数。

- 极差的：城市，高层建筑（σ=0.001，ε=3）
- 很差的：城市，工业区（σ=0.001，ε=5）
- 砂质，干燥（σ=0.002，ε=10）
- 差的：多岩石，多山（σ=0.002，ε=13）
- 一般的：田园，厚土（σ=0.005，ε=13）
- 田园式：丘陵与森林（σ=0.006，ε=13）
- 平坦地，湿地，茂林（σ=0.007 5，ε=12）
- 田园，肥沃土壤，美国中西部（σ=0.010，ε=14）
- 很好的：田园，肥沃土壤，美国中部（σ=0.030 3，ε=20）
- 淡水（σ=0.001，ε=80）
- 海水（σ=5，ε=80）

让我们使用 EZNEC 中的功能将几张图整合在一张图中，并在海水和贫瘠土壤两种不同的地面环境中比较图 8-9 中垂直接地平面天线的响应。打开 EZNEC 中的 Ch8-GP.EZ 文件，单击“Ground Descrip”按钮，然后在打开的媒体窗口任意位置单击鼠标右键。先选择“Poor：rocky，mountainous”选项按钮，单击“OK”，然后选择“FF Plot”。当仰角图出现后，单击主窗口顶部的“File”菜单，然后单击“Save As”，选择合适的路径名称，如“Poor Gnd.PF”。

返回并在“Ground Descrip”选项中选择海水，然后依循同样的过程运算并绘制海水地面的远场图。现在通过单击菜单的“File”、“Add Trace”选项来添加 Poor Gnd.PF 路径。图 8-15 显示了这一比较。海水环境明显更胜一筹，尤其是在低仰角的情况下。在 5°时，设于海水上的比在陆地情况下接地平面天线大约多出 10dB 的增益。

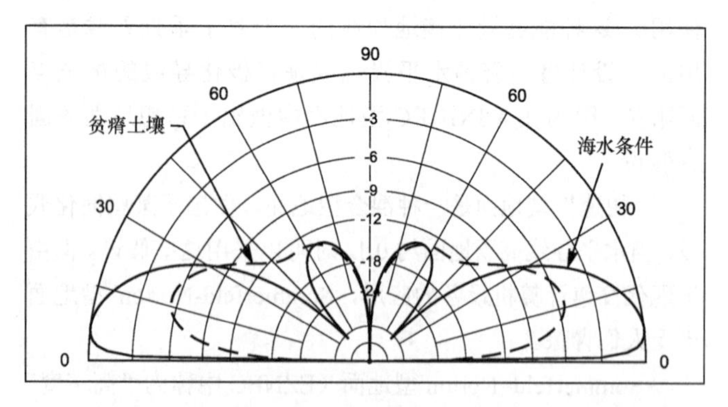

图8-15 图8-9中垂直的地平面天线分别在海水与“多岩石，多山”的贫瘠土地上的仰角响应比较图。海水环境对垂直天线效果极佳，可以发射极好的低仰角信号。

你也许会好奇，如果将接地平面天线移近地面将会出现什么情况。辐射棒能够接近有损地面的更低的界限是 0.001λ 或是径向导线直径的两倍。0.001λ 在 1.8MHz 频率时的长度是 6 英寸，而在 30MHz 频率时的长度是 0.4 英寸。尽管基于 NEC-2 的程序不能设计深入地面以下的天线模型，但是由 8 根以上的辐板导线所组成的略高于地面的辐射系统可以用来近似模拟直接连接地面的情况。

建模环境：频率

在一个频段，而不是在某个特定的频率点来评估一架天线是一个好办法。扫频可以明显地看出其趋势，而点频则不能。原始的 NEC-2 内置了频率扫描功能，不过商业版的程序又一次将这过程改进得更加易懂易用。图 8-2 中你所看到的驻波比曲线就是利用 EZNEC 进行扫频的结果。图 8-16 所示为图 4-11 中的 5 单元八木天线在 20m 波段的方位角响应的频率扫描，由于按 117kHz 步进，因而有 4 个评估频率。在 14MHz 时，此八木天线的增益只是略小于在 14.351MHz 时的增益，但其后向方向图却明显地降低了，使其前后比降至 20dB 以下。

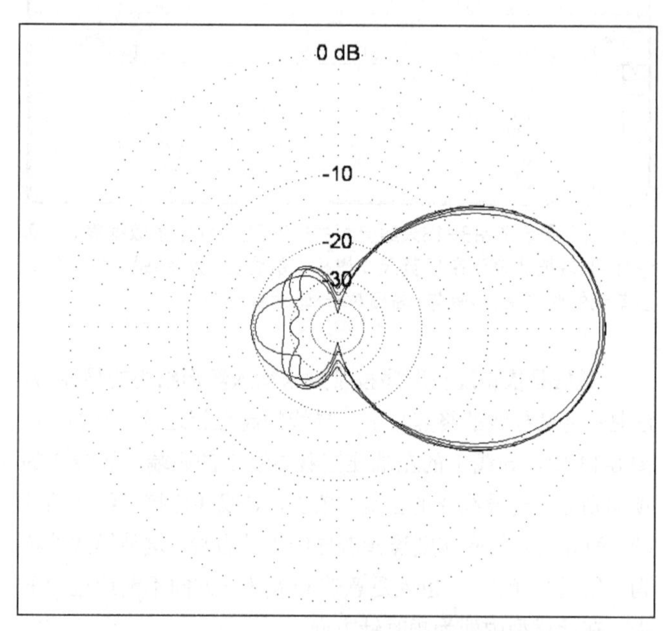

图8-16 图8-11中5单元八木天线的多频率图，显示出方向图随频率变化的规律。

EZNEC 可以将扫频仰角方向图（或方位方向图）保存至一系列的输出图形文件。其实，上述将图保存到磁盘并覆盖到另外一张图上的过程是在计算机中自动完成的。EZNEC 还能保存为文本文件以便于日后的分析（或者导入到电子数据表中）。下面是可供用户选择的一些参数。

- 源数据
- 负载数据
- 方向图数据
- 电流数据
- MicroSmith 数值数据
- 方向图分析概要

频率缩放

EZNEC 有一项十分有用的功能，它允许你将频率缩放到一个新的值来建立新的模型。在单击“Frequency”按钮后，再勾选“Rescale”框，调用可将模型从一个频率缩放到另一个频率的算法。EZNEC 将会按比例缩放模型的所有维度（导线长度、高度和直径），有一种情况除外——当最初以 AWG 规格制定导线大小时，变换到新频率时导线的直径将保持不变。例如：14 号（#14）铜线的 80m 半波偶极天线转化为 20m 半波偶极天线时依旧是 14 号（#14）铜线。但是，如果你最初设置的直径是浮点数，则其导线直径、导线长度与高度都将会依据新旧频率之比进行缩放。

启动 EZNEC 程序，打开适用于位于 40 英尺支撑杆上的 5 单元 20m 八木天线的 Ch8-520-40W.EZ 文件。单击“Frequency”框，然后勾选“Rescale”复选框。此时在频率处输入 28.4MHz，然后单击“OK”。这样，你已经便捷地新建了一副 5 单元 10m 波段的八木天线。该天线架设于 29.994 9 英尺高处。它以最初的 20m 波段天线为原本，依照 28.4MHz 比 14.173 9MHz 的精确比例进行缩放。单击“FF Plot”按钮来绘制新八木天线的方位方向图，你会发现其图像十分接近 20m 波段天线的图像。单击“Src Dat”计算出其源阻抗为 25.38-j22.19Ω，同样十分接近于 20m 波段天线的源阻抗。

8.2.4 再述源的说明

源定位的敏感性

之前，我们曾简要地描述过怎样使用 EZNEC 在某特定的分段上指定源的位置。到目前为止我们所研究的相对简单的偶极天线、八木天线及方框天线模型，源都被安放于显而易见的导线中心位置。垂直的接地平面天线的源的位置是在垂直辐射振子的底部，一个非常符合寻常逻辑的地方。在其他的例子中，给定馈电导线的分段数为奇数，我们将源的位置定在导线的中点。请注意，截至目前为止的所有例子中，馈电点（源）都被安置在阻抗相对较低的点上，在那里分段与分段间的电流变化较为缓慢。

现在，我们要考虑一些在源设置中的细微问题。NEC-2 因对源设置问题敏感而闻名，若随意选择源所在的分段及周边分段将会引起严重的错误。

让我们回到图 8-5 中的倒 V 偶极天线。我们初次计算此天线（Ch8-Inverted V Dipole.EZ）时在 EZNEC 中设定了分离源。这项功能使用了两个源，在临近两根下倾导线连接点处的分段上各安置了一个。

为了在以某角度相接合的两根导线连接处安置源，另一种方法是将两导线分开一小段距离，然后中间用直导线连

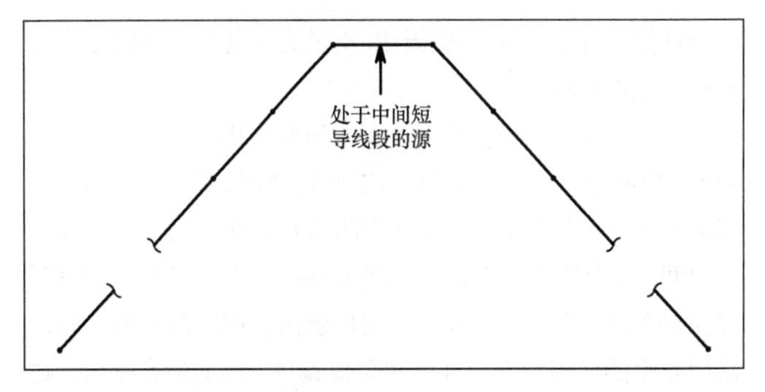

图8-17 使用中间短导线的倒V偶极天线模型，在中间短导线上设置源。

接，接下来就只要在直导线的中点馈电即可。图 8-17 所示为这种设计的特写图像。在图 8-17 中，中间短导线周边的分段长度被有意地定为与中间导线等长，而中间短导线自身就作为一个分段。表 8-2 所示为由 EZNEC 计算出的这 3 种不同模型的源阻抗及其最大增益。

1．Ch8-Inverted V Dipole.EZ（原始模型）

2．Ch8-Inverted V Dipole Triple Segmentation.EZ

3．Ch8-Modified Inverted V Dipole.EZ（见图 8-17，中间导线被设置为 2 英尺长）

4．Ch8-Mod Inverted V Poor Segmentation.EZ（此处两倾斜导线上的分段增加到 200）

表 8-2 中模型 2 显示了将模型 1 的分段数增至 3 倍后的结果。这一分段数目上的测试表明与高的分段数相比，低的分段数的结果基本保持不变（尽管高的分段数计算起来更慢，但理论上的结果更优一些）。我们特意设置了模型 4，使得中间单分段导线两侧任意一边上的分段长度（0.33 英尺）都与其中间导线的长度存在很大的差异。

表 8-2 工作在 3.75MHz 的 135 英尺长倒 V 偶极天线

模型	分段数	源阻抗值（Ω）	最大增益（dBi）
1	82	72.64 + j128.2	4.82
2	246	73.19 +j128.9	4.82
3	67	73.06 + j129.1	4.85
4	401	76.21 + j135.2	4.67

前 3 个模型的馈电点及增益值相互间十分接近。但是可以看到模型 4 开始与前 3 个产生了差异，较平均值而言，其电阻与电抗都改变了 5%，而其最大增益改变了 3%。此例说明最好将源旁边的分段长度设置为相等或至少近似相等。我们稍候将分析一项称为“平均增益”测试的指标。这里有必要提示一下，前 3 个模型的平均增益测试都十分接近，而由第 4 个模型开始产生了变化。

如果将源设置在天线上的高阻抗点将会出现更有趣的结果——例如，在全波振子的中点，计算出来的源阻抗值将会较高，并且分段的长度会对结果产生较大的影响。我们将

重新计算同样的倒 V 偶极天线，不过这回是用 2 倍的工作频率——7.5MHz。

表 8-3 总结了计算结果。正如所料，阻抗较高。注意到，4 个模型的电阻部分变化较大，在平均值附近有 23%的浮动。有趣的是，分段最少的模型其电阻值却落在了另外 3 个模型的中间。4 个模型的电抗部分较为接近，不过仍在平均值附近保持了 4%的浮动。最大增益显示出了相同的趋势，即在模型 4 中的值相对于前 3 个模型值偏低，因此潜在来看，在 7.5MHz 时工作不如在 3.75MHz 时可靠。

表 8-3　工作在 7.5MHz 的 135 英尺长倒 V 偶极天线

模型	分段数	源阻抗值（Ω）	最大增益（dBi）
1	82	2297–j2668	5.67
2	246	1822–j2553	5.66
3	67	1960–j2583	5.66
4	401	2031–j2688	5.48

这只是分段方法中的一个小例子，需要提醒的是，万不可认为其结果已代表所有可能的情况。不过此处所要学习记住的是，当某点电流快速变化时，其馈电点（源）阻抗也将在较大范围内变化，正如其在高阻抗点馈电时所表现的一样。另一条从表 8-3 中提炼出的一般结论是，更多的分段，特别是在源附近的不恰当分段，并不能带来更多益处。

电压源和电流源

在我们离开源的话题之前，你应该明白 EZNEC 及其他类似程序都能够模拟电压源与电流源。尽管原始的 NEC-2 程序提供了多种类型的源，但是电压源是业余无线电爱好者最为广泛使用的。虽然原始的 NEC-2 程序没有提供电流源，但却完全可由电压源作用于高阻抗元器件来替代。基本网络理论指出：任意戴维南电压源都可由诺顿电流源进行等效。NEC-2 不同的商业运行软件在电流源的创建方法上会有细微的差别。有一些利用高感抗值作为串联阻抗，而另外一些则利用串联电阻的高阻值作为串联阻抗。

为什么我们要在模型中使用电流源来替代电压源呢？一般的回答是，当只在单馈电点含有一个源的时候，使用电压源是不会有问题的。而使用多源的模型时，通常有着不同的振幅与相移，此时最好使用电流源。

例如，相控天线阵以不同振幅与相位的射频电流对两个或两个以上的单元进行馈电。每一单元中的阻抗将会有十分明显的差异——有些阻抗甚至会有负的电阻值，这表示由于与其他元素的相互耦合导致能量流出这个单元而进入到馈电系统。类似于 EZNEC 的程序都包含有实用的工具，能够在馈电点设置电流而非馈电电压的振幅与相移。

下面，我们来看看构建模型的另一重要方面——设置负载。之后，我们将了解一下关于模型电压准确性的两个测试。这些测试有助于确定源的安放位置以及其他的一些问题。

8.2.5　负载

许多业余无线电爱好者制作的天线，尤其是电短天线，使用一些类型的负载使系统谐振。有时选用的负载是“电容帽”，但是这些负载建模时必须将导线连接在垂直辐射振子的顶部。电容帽并不属于我们将在本部分中所研究的类型。

此处，“负载”这个术语所指的是为达到某种效果而安置在天线系统中某点（或某些点）上的离散的电感、电容与电阻。一种相当普遍的负载形式是用于使电短天线谐振的加载线圈。在业余无线电爱好者制作的天线中，常见的另外一种负载形式是线圈回路。EZNEC 内置有一种特殊的功能来计算并联谐振回路，即使其频率在主并联谐振频率之外。

仅作为对比，分布材料负载是一种更为精细的负载。我们在第一个天线模型也就是 135 英尺长的平顶偶极子中就遇到过这种负载。只是当时我们并没有特别将其作为负载考虑，而是把它当作是由铜导线引起的“线损”。

NEC-2 核心程序可以模拟许多内置负载，包括分布材料负载和离散负载。EZNEC 提供了以下的离散负载。

- 串联 R±jX 负载。
- 串联 R-L-C 负载，表示电阻（Ω）、电感（μH）和电容（pF）。
- 并联 R-L-C 负载，表示电阻（Ω）、电感（μH）和电容（pF）。
- 回路负载，在特定频率上由电阻（Ω）与电感（μH）串联后再与旁路电容（pF）并联构成。
- 拉普拉斯负载，由数学上的拉普拉斯系数来指定（有时应用于较早的建模程序，在 EZNEC 中保留下来以兼容老版本设计）。

认识到离散负载在天线设计程序中并不产生辐射且大小为零十分重要。L.B.Cebik 在他的天线建模课程中将 NEC-2 的离散负载描述为数学式的负载。NEC-2 负载不辐射的事实意味着，使用绕在一段玻璃纤维鞭状物上的螺旋负载线圈的流行移动天线由于线圈会产生辐射而不能利用 NEC-2 程序建模。

如果我们在一架 40 英尺长、50 英尺高的平顶振子的中点放置空载 Q 值为 400 的空芯加载线圈，那么天线将在 7.1MHz 达到谐振。此天线的示意图如图 8-18 所示。通过 Ch8-Loaded Dipole.EZ 模型文件来看看在馈电点（源）阻抗是 25.3Ω 时，串联 RL 负载是怎样在 7.1MHz 下让该短振子谐振的。这需要 1.854Ω 的串联电阻和+741.5Ω 的感抗。注意，我们再次使用了单根导线来构造此天线，并在导线的中心安置负载。

这里的负载正是采用我们所需的空载 Q 值为 741.5/1.854=400 的 16.62μH 线圈。现在我们假设使用理想的变换器能够将 25.3Ω 的源阻抗转化成 50Ω。如果我们现在试图在 7.0～7.3MHz 的 40m 全波段上进行频率扫描，那么负载的电阻与电抗都将保持不变。这是因为我们已经指定了固定的电抗值与电阻值。也因此，由于电抗随频率会发生变化，源阻抗也只有在指定电抗与电阻值的频率上才正确。

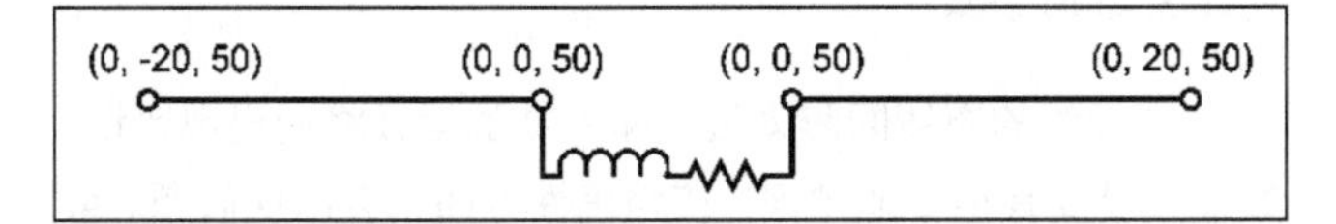

图8-18　中间安放有加载线圈的40英尺长平顶振子天线的示意图。此线圈在7.1MHz时的空载Q值为400。

我们来使用另一项负载性能，在 7.1MHz 时用 1.854Ω 的电阻来替代 16.62μH 线圈。我们使用 EZNEC 来处理电抗以及随频率变化的串联电阻的计算细节问题。电抗值以及线圈电阻随频率的损耗变化程度都可以通过单击 EZNEC 主窗口上的"Load Dat"按钮来观察。

图 8-19 展示了计算出的 25.3ΩAlt SWR Z0 参考电阻的驻波比曲线。其中 2:1 驻波比带宽大约是 120kHz。正如我们所料，天线由于电短，只有相当窄的带宽。

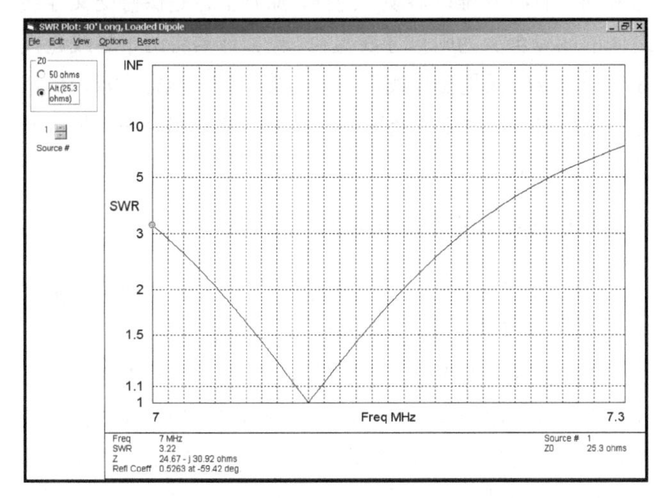

图8-19　图8-18所示的40英尺长加载平顶振子天线的驻波比图。

8.2.6　精确测试

确定模型精确度问题的测试方法有两种。

- 收敛测试
- 平均增益测试

收敛测试

收敛测试的原理很简单：如果你在某模型中增加分段的数目而结果的变化程度在你所期望的范围之外，那么继续增加分段数目直到计算结果收敛到你认为合适的某一水平上。这种方法存在着某些主观因素，但对于简单的天线模型是可以很快达到收敛的。在此部分中，我们将回顾之前提到的一些天线，来看看它们是怎样收敛的。

让我们回到图 8-3 中的简单偶极子天线。最初的分段数定为 11，不过我们将从一个远低于推荐分段数的分割入手——3 个分段。表 8-4 所示为 3.75MHz 下其源阻抗和增益是怎样随着分段数增加而变化的。对于这种简单天线，当分段数达到 11 时，其增益开始稳定在 6.50dBi。若分段数增加为推荐最小分段数的 10 倍（达到 111 个分割），增益也只增加了 0.01dBi。

表 8-4　工作在 3.75MHz 的 135 英尺水平偶极天线

分段数	源阻抗值（Ω）	最大增益（dBi）
3	85.9 + j128.0	6.34
5	86.3 + j128.3	6.45
7	86.8 + j128.8	6.48
11	87.9 + j129.5	6.50
23	88.5 + j130.3	6.51
45	89.0 + j130.8	6.51
101	89.4 + j131.1	6.51

可以证明，当分段数达到 11 时（尽管纯化论者会选择 23），其阻抗也保持稳定。分段数增多所付出的代价是计算速率的减慢。

让我们看看 5 单元八木天线在分段数目变化时是怎样趋于收敛的。表 8-5 展示出源阻抗、增益、180° *F*/*B* 和最差 *F*/*R* 是怎样随分段密度的变化而变化的。当每根导线都达到 11 段分段时，其阻抗与增益都会非常稳定，*F*/*R* 也是如此。而 180° *F*/*B* 则随分段数的增加而一直保持增长，直到分段数为 25 左右。但是频率上一个十分微小的变化都将导致最大 *F*/*B* 的明显变化。例如，每边导线分段数为 11 时，将频率变化为 14.1MHz——只有 0.5%的变化——就把最大 180° *F*/*B* 从 50dB 改变到 27dB。基于此原因，认为 *F*/*R* 在作为衡量分段恰当数目的指标时比 *F*/*B* 更为可靠。

表 8-5　工作在 14.1739MHz 的 5 单元八木天线

分段数	源阻抗值（Ω）	最大增益（dBi）	180° *F*/*B* dB	*F*/*R* dB
3	28.5-j 30.6	12.79	23.2	22.4
5	26.3–j25.6	13.02	30.5	23.1
7	25.6–j24.0	13.07	34.8	23.1
11	25.1–j22.9	13.09	39.9	23.1
25	24.9–j22.0	13.10	43.7	23.1
99	24.7–j21.5	13.10	44.2	23.1

平均增益测试

平均增益法背后的理论有些复杂。基本思想是：如果排除模型中所有的人为损耗，并且将天线放置在自由空间或是理想地面上时，所有馈给天线的能量都将被它辐射出去。在程序内部，程序执行 3-D 分析，将所有方向上的辐射能量加起来，再将馈给天线的总能量除以该辐射能量之和。之前提及 NEC-2 程序对源的设置十分敏感，所以平均增益测试可以很好地指示出源指定问题上的错误。

NEC-2 的不同商业版本在执行平均增益测试上也有着不同的方法。EZNEC 要求操作员排除导线上所有的分布损耗或者是将负载中所有离散的电阻损耗置 0。接下来将地面环境设置为自由空间（或是理想地面）并绘制 3-D 方向图。EZNEC 就会给出平均增益，如果模型没有问题那么平均增益则是 1.000。平均增益有可能高于或低于 1.000，但是如果在 0.95～1.05 间浮动则认为是合适的。

正如 L.B.Cebik/W4RNL 在他关于天线建模的《ARRL Certification and Continuing Education Course》（《ARRL 认证与继续教育课程》）中所规定的："与收敛测试一样，平均增益测试是衡量天线可靠性的必要条件而非充分条件。"然而，若通过了这两项测试，你就可以确定你的模型具有真实性了。若只通过一项测试，那么你就有必要考虑你的模型在多大程度上反映了真实情况。

再次打开模型文件 Ch8-Mod Inverted V Poor Segmentation.EZ 并将"Wire Loss"设置为零，"Ground Type"设置为自由空间，"Plot Type"设置为 3-D 模式。单击"FF Plot"按钮，EZNEC 将给出平均增益为 0.955=−0.2dB。这个结果十分接近高精度指标的底线 0.95。这是强制使源分段临近的分段的长度远小于源分段所导致的直接结果。正如表 8-3 中所暗示的，用这种测试所反映的增益比理论值小 0.2dB 左右。

现在，我们再次使用基本模型 Ch8-Inverted V Dipole.EZ 并看看表 8-3 中的模型 2。模型 2 相当于基本倒 V 天线的一项收敛测试。这一基本模型与 3 倍分段数的模型相比，其阻抗与增益的改变都十分微小，所以，此模型通过了收敛测试。此基本模型的平均增益测试值是 0.991，很好地位于高精确性指标限制之内。由于此模型通过了两项测试，所以可以认为此模型是准确的。

进行 5 单元八木天线的平均增益测试（每根导线均使用 11 分段，收敛结果见表 8-5）得到 0.996 的结果，同样也在高精确性指标范围之内。而工作在 3.75MHz 的 11 分段简易平顶偶极子天线的平均增益测试结果是 0.997，也是很精确的模型。

8.2.7 其他可能的模型限制

基于 NEC-2 核心代码的程序还有一些你应该清楚的经证实的限制。尽管有一些限制在限制访问的 NEC-4 核心中被取消了（NEC-4 一般不提供给公众），但其他限制仍然存在，即使是在 NEC-4 中。

间距紧密的导线

若导线的布线间隔太近，NEC-2 的运行将会出现错误。如果分段没有小心地排列，在精确性方面也会出现问题。最糟的情况是两个导线太过接近以致相互嵌入了。这种情况在紧密排列的平行粗导线上时有发生。你应该在平行导线之间保留至少数倍于直径的距离。

例如，14 号导线的直径是 0.064 英寸。那么导线之间的距离就应该至少保持在 2×0.064 英寸=0.128 英寸以上。当两导线相互接近，特别当两导线直径不同的时候，你需要进行收敛测试以确保你的解决方案结果切实能够收敛。在设计含有临近导线的天线模型时，通常需要比平常更多的分段数，并要小心保持分段之间的整齐排列。

当导线相互交叉的时候，事情会变得更加麻烦些，因为这种交叉有时候难以显现。同样，原则上也是保持交叉导线之间的间隔至少为两倍导线直径。假如你要将两个导线连接在一起，要确保是在导线端点处连接并统一坐标。若违反任意一条原则，收敛测试及平均增益测试通常都会提醒你可能会出现误差。

平均传输线和对数周期振子阵（LPDA）

导线间距太近所引发的问题中的一个常见例子发生在有人试图设计平行传输线的时候。在这种情况下，基于 NEC-2 或是 MININEC 的程序在这种情况下都不能很好地工作。若模拟平行传输线的两根导线的直径不同，问题会变得复杂起来。在使用 NEC-2 程序时，通常情况下，比起将邻近平行导线设计为传输线，选用程序内建的"理想传输线"函数效果更好。

例如，对数周期振子阵由一系列传输线馈电的一系列单元振子组成传输线，在每一单元处的相位都将转变 180°。（见"对数周期天线"章。）换句话说，馈线从左至右反相连接着各单元。这样做很麻烦。但是你可以在 EZNEC 中使用单独的导线来设计这样的传输线。这显然让人头疼，并且，如平均增益测试所示，该模型结果的准确性通常令人怀疑。

使用 EZNEC 主窗口上的"Trans Lines"功能来设计精确的对数周期振子阵模型要简单得多。图 8-20 所示为

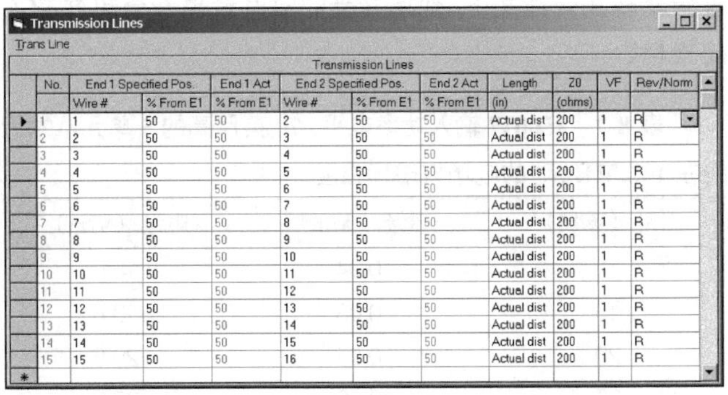

Transmission Lines

Trans Line

No.	End 1 Specified Pos. Wire #	End 1 Specified Pos. % From E1	End 1 Act % From E1	End 2 Specified Pos. Wire #	End 2 Specified Pos. % From E1	End 2 Act % From E1	Length (in)	Z0 (ohms)	VF	Rev/Norm
1	1	50	50	2	50	50	Actual dist	200	1	R
2	2	50	50	3	50	50	Actual dist	200	1	R
3	3	50	50	4	50	50	Actual dist	200	1	R
4	4	50	50	5	50	50	Actual dist	200	1	R
5	5	50	50	6	50	50	Actual dist	200	1	R
6	6	50	50	7	50	50	Actual dist	200	1	R
7	7	50	50	8	50	50	Actual dist	200	1	R
8	8	50	50	9	50	50	Actual dist	200	1	R
9	9	50	50	10	50	50	Actual dist	200	1	R
10	10	50	50	11	50	50	Actual dist	200	1	R
11	11	50	50	12	50	50	Actual dist	200	1	R
12	12	50	50	13	50	50	Actual dist	200	1	R
13	13	50	50	14	50	50	Actual dist	200	1	R
14	14	50	50	15	50	50	Actual dist	200	1	R
15	15	50	50	16	50	50	Actual dist	200	1	R

图8-20　9302A.EZ16单元对数周期振子阵的传输线窗口。注意，单元之间的传输线是“反相”的，即在每一单元相位相差180°，以符合对数周期振子阵的馈电要求。

9302A.EZ16 单元对数周期振子阵的“Trans Lines”窗口。15 条特征阻抗为 200Ω 的传输线反相连接在 16 个单元各单元的中点。

连接于细导线的粗导线

设计一些业余无线电爱好者常用的天线时，例如许多八木天线以及一些方框天线，NEC-2 计算内核中的其他一些局限就会显现出来。

削减单元

如前文所提到的，许多八木天线是由伸缩式铝管构成的。这项技术减轻了单元重量并使得单元更加柔韧结实。比起“单向渐消”单元设计，它更能抵御风霜。许多垂直天线也是由伸缩式铝管构成的。

不幸的是，原始 NEC-2 程序不能精确地模拟出这样的渐削单元。然而对于这样的单元，存在着一种复杂但准确的解决方法，称为 Leeson 修正。源于贝尔实验室的 Schelkunoff 做的先驱工作，由 Dave Leeson(W6NL)推导的 Leeson 修正可以计算出电尺寸等价于渐削单元的单元长度与直径。这样的单向渐削的单元更易于在类似于 NEC-2 的程序中使用。（更多关于锥形单元的信息参见“高频八木天线和方框天线”章。）

在满足基本条件时，ENENC 及其他 NEC-2 程序都可以自动调用 Leeson 修正。对于常用作八木天线单元振子的伸缩式铝管，这些条件幸好都是满足的。EZNEC 给予你是否选择使用 Leeson 修正的权利，它位于“Option”菜单下的“Stepped Diameter Correction”（Leeson 修正在 EZNEC 中的名称）子菜单下。打开包含了渐削伸缩式铝管单元的模型文件 520-40H.EZ，并将使用和不使用 Leeson 修正的结果进行比较。

表 8-6 列出了 5 单元八木天线工作于 20m 波段，距地 70 英尺时的这种差别。可以看出未经 Leeson 修正的数据与修正的数据之间有着很大的差异。在 14.3MHz 时，未修正的八木天线方向图 *F*/*R* 只有 3.1dB，而在刚超出业余波段上限的 14.4MHz 时，未修正的天线方向图完全都颠倒了。甚至在 14.2MHz 的时候，未修正的天线表现出了较低的源阻抗的特性。而与此相对的是，修正过的模型的增益、*F*/*R* 及阻抗在整个波段上都保持着平稳的变化，与实际的天线情况相符。

表 8-6　工作于 14.173 9MHz 用渐削铝管制作的 5 单元八木天线

	经过 Leeson 修正			未经 Leeson 修正		
频率（MHz）	源阻抗值（Ω）	增益（dBi）	*F*/*R*(dB)	源阻抗值（Ω）	增益（dBi）	*F*/*R*(dB)
14.0	23.2–j 26.5	14.82	23.3	22.4–j 12.7	14.92	23.1
14.1	22.7–j 20.5	14.87	22.8	18.6–j 12.5	14.70	21.6
14.2	22.8–j 14.8	14.87	22.7	6.6–j 4.6	14.01	16.2
14.3	22.5–j 11.9	14.76	21.5	1.9 + j 10.6	10.61	3.1
14.4	14.5–j 10.5	14.45	19.9	1.6 + j23.7	11.15	–11.4

一些方框

有些类型的立体方框天线混合使用了铝管与导线单元，例如欧洲十分流行的“Swiss”方框天线。同样，基于 NEC-2 的程序对这样的管/线单元处理得不是很好。最好避免设计这样的天线模型，虽然有一些途径可以试图进行修正或近似，但是这些方法超出了本章的范围。

8.2.8　进场输出

FCC 规章对无线电发射机操作的最大允许辐射量（MPE）做出了限制。这些限制表现在天线附近的电场（V/m）与磁场（A/m）上。基于 NEC-2 的程序能够计算出近场的电场与磁场，FCC 采用了这样的计算结果来衡量某装置是否符合他们的管理需要。参见本书“天线基本理论”

章“安全第一”。

我们将继续使用 70 英尺高处的 5 单元八木天线来示范近场计算。打开 EZMEC 中的 Ch8-520-40H.EZ 文件，在主窗口顶部选择“Setup”，然后选择此菜单中的“Near Field”。让我们在距离天线塔基固定距离（如 50 英尺）处，主波束功率电平为 1500W（选择主菜单上“Option”选项中的“Power Level”）时计算下近场中的电场与磁场。我们可以在许多高度上进行此项操作，通过每次增加 10 英尺高度，来观察八木天线在 70 英尺高处所呈现的波瓣结构。

表 8-7 所示为总的电场与磁场强度随高度的变化。正如你可能所期望的，位于 70 英尺高处，当与天线成一条直线时，场最强。在地面上，所有场的电场与磁场射频照射量都符合 FCC 的规定。事实上，即使有人站在塔基上，直接暴露在天线之下，他所接受的辐射量也不会超过 FCC 的指标。

表 8-7　1500W 输入功率电平，70 英尺高的 5 单元八木天线在 14.2MHz 时的电场与磁场强度

高度（英尺）	磁场（A/m）	电场（V/m）
0	0.04	4.1
10	0.03	13.8
20	0.04	20.6
30	0.06	22.6
40	0.08	25.8
50	0.10	33.8
60	0.12	41.5
70	0.12	44.3

第 9 章

单波段中频和高频天线

本章介绍的天线基于偶极子天线理论、带接地面的天线理论以及回路天线理论——本书之前的章节中已有这 3 种天线的介绍。如多单元阵列天线和边射阵和端射阵天线这两章中描述，这些天线可以组合成天线阵，以获得更好的方向性。

本章介绍频率在 30MHz 以下的业余无线电频段，经常用作单波段天线的实际设计。这并不是说这种天线只能应用在单波段场合或者 30MHz 以下的频段，很多天线正如多波段高频天线这章中讨论的，可以应用在多个频段。我们可以通过同样的原理制作甚高频（VHF）和超高频（UHF）天线。然而，在这些实例中我们主要关注的问题是应用在中频和高频的天线设计。请参考天线材料和结构这章内容，获得架设实际天线的技术。

这章中，天线主要是安装后用来辐射水平或者垂直极化信号。许多种天线，比如偶极子天线，可以被安装在固定位置或者一些中间连接零件上。对于大多数业余无线电爱好者来说，选择哪种类型的天线来安装以及天线是垂直极化还是水平极化是很有必要的，同时天线类型以及极化方式的选择受到很多约束，如安装位置是树还是天线塔更可行，外部天线的约束以及审美需求。本章的目标是介绍不同的天线设计方法，从而可以根据相应的环境，做出最好的选择或者与设计目标的需求相适应的选择。这需要对各种极化方式的优点以及缺点有足够的了解，因此我们从简单的介绍开始。

如地面的影响这章中所述，水平极化天线的辐射角，与天线距离地面的高度及波长，具有非常强的相关性。距离地面低的天线会呈现较好的区域覆盖性，为了使其在典型的远距离通信中效率更高，天线距离地面的高度最小值是 $\lambda/2$ 到 λ 之间。当天线的工作频段越来越低时，这样的高度要求将变得难以实现。例如，距离地面高度为 70 英尺的 160m 波段的偶极子天线，其距离地面的电高度仅为 0.14 个波长。就相当于 20m 波段的偶极子天线距离地面仅仅只有 9 英尺。这种天线对本地和短距离联络非常有效，但对远距离并不是非常好。除了这个局限外，水平天线在较低的频段的应用中非常受欢迎，因为低频段经常用于短距离通信。同时，水平天线不需要外接接地系统，就可以高效地工作。

在中频频段（波长为 160m）和较低的 HF 频段，$1/4\lambda$ 垂直天线变得越来越具有吸引力，尤其在远距离通信联络的应用场合，因为这种天线提供了一种减小辐射角的方法。在水平极化天线的实际离地高度太低的情况下，这种方法尤其正确。此外，垂直天线可以是非常简单而不引人注目的结构，例如，我们可以很容易地把垂直天线伪装成旗杆。事实上，旗杆有时候也可以作为垂直天线来使用。垂直极化天线的性能取决于以下因素：

- 辐射器的垂直部分的电高度；
- 接地系统或者虚接地系统的效率，前提是使用了它们；
- 近区场和远区场的地面特性；
- 负载单元和匹配网络的有效性。

哪种天线更合适取决于天线被使用的目的。在高频天线系统设计这章将进行更为详细的深入的讨论，这种讨论不仅仅局限于天线本身，而是从天线的用途角度来考虑。比如天线是用于两地之间的远距离通信或者大面积陆地覆盖使用。

9.1 水平天线

9.1.1 偶极子天线

半波长偶极子天线以及由其演变产生的其他天线是高频天线很好的选择。在只需要进行单波段通信的场合，使用50Ω或者 75Ω同轴电缆进行馈电的半波长天线非常流行并且价廉物美。通过这节最后一些工程项目中介绍的调节方法，它同样可用在三次谐波频段上。最基础的常见结构如图 9-1 所示。

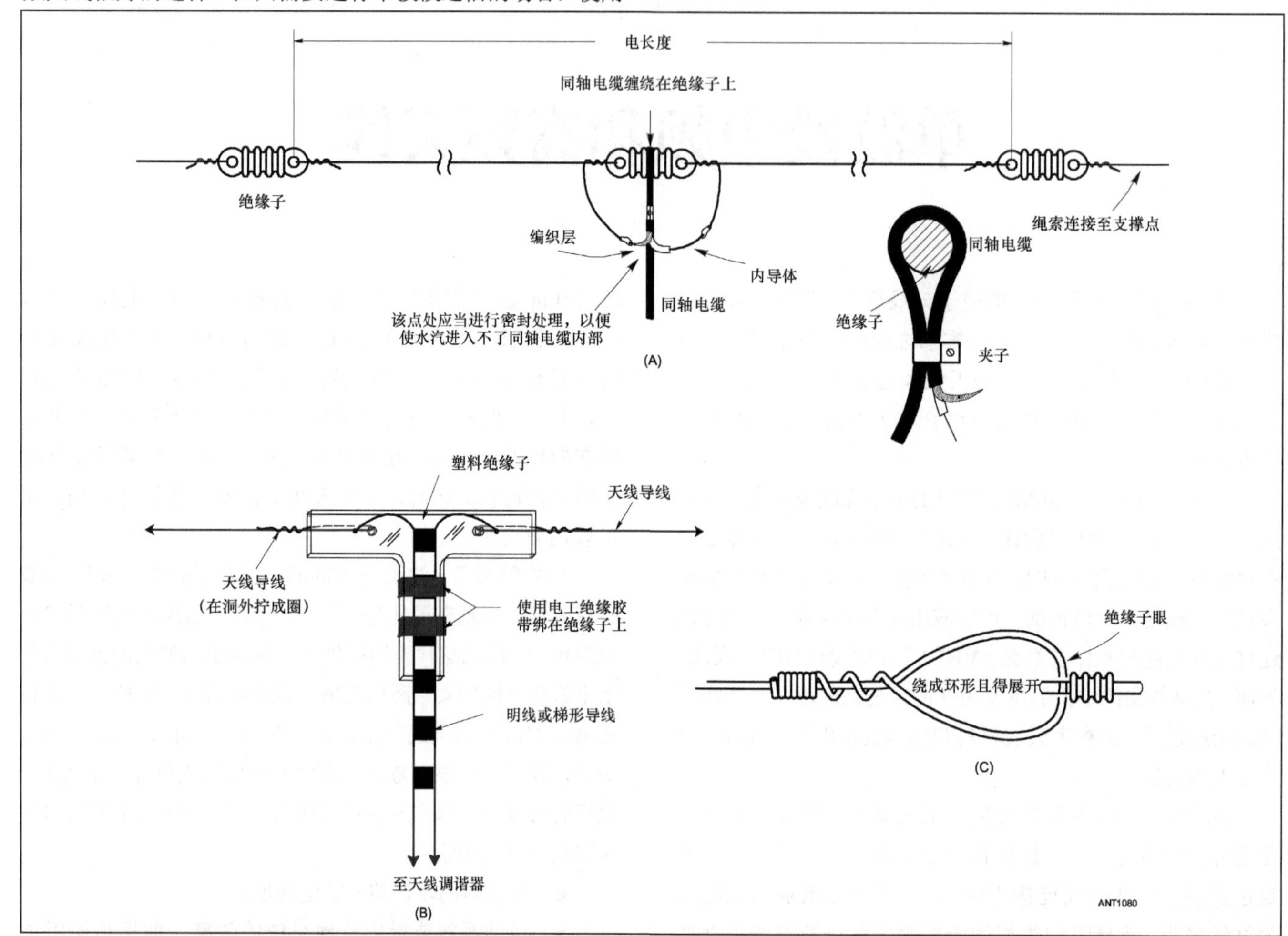

图9-1　图（A）中显示了同轴电缆馈电偶极子天线结构的细节。中心馈电偶极子天线是一种平衡天线，如文中描述，如果使用同轴电缆线作为馈线，必须在馈电点处加装巴伦。偶极子天线同样可以由明线或者梯形线进行馈电，如图（B）中所示。图（C）中显示了如何连接末端绝缘子的细节。请注意偶极子的电长度计算时需要延伸到连接到绝缘子上的导线回路末端。

偶极子天线或双线天线？

什么情况下偶极子天线变为双线天线，什么情况下双线天线变成偶极子天线？它们并没有外形的差别，这只是同一种天线的两种不同的名称。术语“双线天线”适用于不谐振的对称中心馈电天线；或者用在多频段的双线天线，用来区分双线天线和谐振的中心馈电偶极子天线。这只是一个惯例而已。

“偶极子天线”的意思是“有两个极的天线”，偶极子天线的两条单极子具有异相的电压。通过网上查询可知，“电偶极子就是处于分离状态的一对正电荷和负电荷。电偶极子最简单的例子是一对电量相等极性相反的物理电荷，电荷之间分隔一定的距离（通常距离很短）”。

天线的馈电线给馈电点的两边供给极性相反的电压，便产生了一对电极子。两个电极子驱使电流在天线上流动，形成了辐射。当两个电极子间长度增加，大于半波长的长度，这就变得不太明显，因为最终出现了多个极子。例如，一个 3/2λ 的导线实际上是个三极子。

在“偶极天线和单极天线”这章中我们讨论了半波长偶极子天线的长度，通常设置为 l=468/f(MHz)，然而这个长度值极少会使天线工作在我们所期望的谐振频段。天线长度设置为 485/f 或者 490/f 更为实用，表 9-1 给出了 1.8～50MHz 各个业余无线电频段的天线长度值，然后根据以下步骤调节天线：

（1）装配天线长度为 l_1 以获得期望的频率 f_1，但是不要将天线始终连接在终端绝缘子上。通过将天线导线缠绕在绝缘体，就可以对天线进行调节。

（2）将天线架高到所需的位置，确定最小驻波比频率 f_2。

（3）假设 f_2 频率很低（天线尺寸很大），计算所需的长度 $l_2 = l_1 \times f_2 / f_1$。通过将天线导线的两端同时修剪掉相同的长度至 l_2，以维持馈电点的电平衡。

例如，打算用在 14.250MHz 频段的偶极子天线，最初制造的物理长度为 490/14/250=34.4 英尺（34 英尺 5 英寸）。一旦安装完毕后，f_2 就确定为 13.795MHz。根据步骤（3），天线导线实际所需的长度应为 34.4×13.795/14.250=33.3 英尺，需要剪掉的导线长度为 34.4−33.3=1.1 英尺（1 英尺 1 英寸）长。那么需要从天线的两端分别剪掉 6.5 英寸。

表 9-1　业余无线电波段偶极子天线的起始长度

频率（MHz）	长度，单位为英尺		
	468/f	485/f	490/f
1.85	253.0	262.2	264.9
3.6	130.0	134.7	136.1
3.9	120.0	124.4	125.6
5.3	88.3	91.5	92.5
7.1	65.9	68.3	69.0
10.1	46.3	48.0	48.5
14.15	33.1	34.3	34.6
18.1	25.9	26.8	27.1
21.2	22.1	22.9	23.1
24.9	18.8	19.5	19.7
28.2	16.6	17.2	17.4
29	16.1	16.7	16.9
50.1	9.3	9.7	9.8

同轴电缆存在支撑的问题，因为同轴电缆的重心在整个电缆的中点位置处，因此天线的中点处会由于重力向下弯曲。因此，我们必须特别注意确保馈电点连接的强度，给电缆以足够的支撑。如果天线的中间有支撑物可以使用或者天线周围有树可以方便地利用，那么带有绳眼的绝缘子也可用来支撑天线的重量。

馈电线应当以正确的角度从天线接出来，以获得最远的有效距离来维持电平衡，同时减小天线上馈电线屏蔽层外表面的影响。在馈电点增加扼流圈对馈电线的屏蔽层进行电隔离，以保证共模电流不在馈电线上流动。（关于巴伦使用的详细讨论参见“传输线耦合和阻抗匹配”这章）

对偶极子天线而言，若想获得较好的天线性能，并不需要精确的电平衡。在偶极子天线的馈电线屏蔽层上产生的感应共模电流会辐射出信号，这会对偶极子天线辐射方向图的空值点形成部分补充。除非共模电流对收发室产生了射频信号有关的问题，否则不需要使用巴伦。

缩短偶极子天线长度

缩短偶极子天线尺寸最简单的方法如图 9-2 所示。如果天线的支柱之间没有足够的空间来平放天线导线，那么将天线导线尽可能地从支柱之间的中点处向下悬挂。天线导线的终端可以直接垂下或者像图中指出的以某个角度垂下，但无论是哪种方式都需要对天线做好加固，以免天线受大风的影响而移动。如果支柱之间距离至少是 1/4λ 的时候，辐射方向图将几乎非常接近于全尺寸偶极子天线。

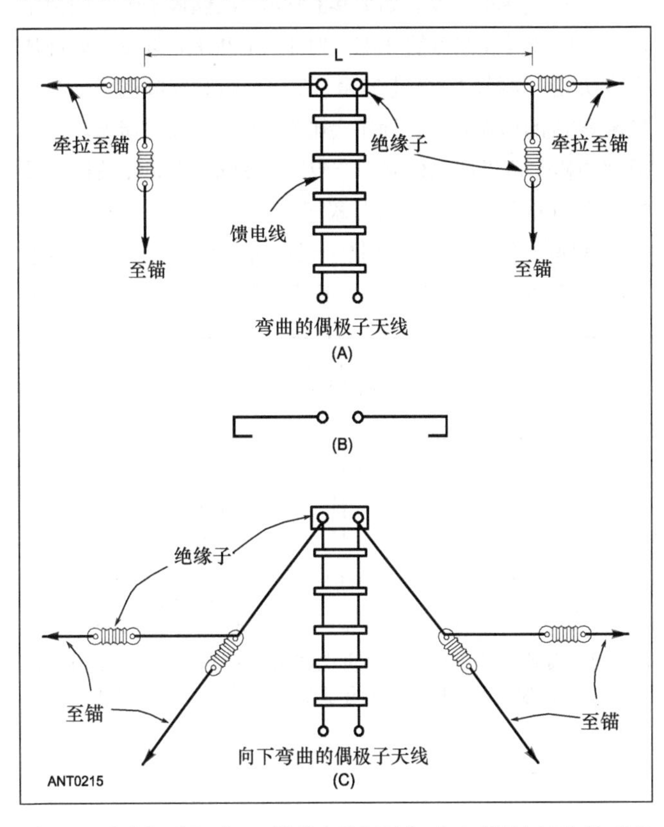

图9-2　当空间受限时，天线的末端如图（A）中所示向下弯曲，或者如图（B）中所示折回到辐射体上。弯曲的偶极子天线末端径直垂下或者从天线的中心以某个角度偏离开。当天线的支撑结构不够高时，可以由天线末端旋转平行于地面架起如图（C）中所示的倒V结构。

导线的谐振长度比全尺寸偶极子天线稍微短一些，导线的谐振长度最好可以通过实际调整天线末端的长度来确定，天线的末端能便利地接近地面，方便调整。请记住，导线的末端有非常高的电压，为了安全起见，天线末端必须放置在够不着的地方。

如图 9-2 中所示让天线末端垂下是一种末端电容负载形式。将天线的末端折回是一种线性负载。这两种类型的负载将在本章的后面进行讨论。虽然这两种技术都有效，但是都会减小匹配带宽-任何形式的负载都会导致匹配带宽的减小。

一种 40～15m 双波段偶极子天线

如本书前面所述，偶极子天线在基波谐振频率的奇数倍附近有谐波共振。因为 21MHz 是 7MHz 的三次谐波，7MHz 的偶极子天线在流行的业余无线电频段的 21MHz 处有谐波共振。这对我们非常有吸引力，因为这样安装一个 40m 波段的偶极子天线，使用同轴电缆对天线进行馈电，这架天线可以同时在 40m 和 15m 波段这两个波段工作，并且都不需要额外的天线调谐器。

但是有一个问题，三次谐波谐振频率实际上比基波谐振频率的 3 倍要更高，这是因为没有绝缘体的天线中点部分没有终端效应。

一个简单的方法，如图 9-3 所示，在偶极子天线的两个部分上距离天线馈点的 1/4λ（对于 21.2MHz 频段）处都加电容负载。这被称之为电容帽，简单的负载线降低了天线在 15m 波段的谐振频率，而不会影响 40m 波段的谐振。这个原理同样也可以用来建立一个应用在 80m 和 30m 波段以及 75m 和 10m 波段的双频段偶极子天线。

测量、修剪和调节偶极子天线可以使其谐振在所需的 40m 波段的频率处。然后，切两段两英尺长的硬导线（比如

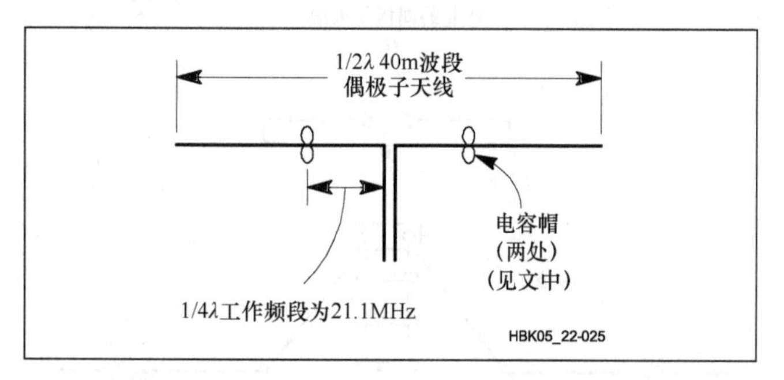

图9-3　描述了文中提到的8字形电容帽的制作和放置方法。8字形电容帽可以使40m波段的偶极子天线谐振在15m波段频带内的任何频率。

12 号和 14 号的 AWG 家用导线），每根导线的末端焊接在一起形成两个环。在环的中间扭曲以形成 8 字形，在相交处剥去导线的外壳并焊接在一起。通过剥离天线馈线的外壳来把这些电容帽子安装在偶极子天线上（需要的情况下）。每条导线在距离天线馈点（馈点的位置不需要很精确）大约 1/3 处，将电容帽子焊接到偶极子天线上。

令天线共振在 15m，调整环的形状至 15m 频带的所需部分的驻波（驻波比）为合适值。相反地，你可以把电容帽移回，沿着天线往前直至达到期望的驻波（驻波比），然后将电容帽子焊接到天线上。

9.1.2　折叠偶极子天线

图 9-4 展示的一架折叠偶极子天线，天线端到端的长度为半个波长，由两段间隔 4～6 英寸的导线构成，两段导线在天线的两端互相连接。塑料垫片通常用来分离上下两根导线，同样可以使用 600Ω 的明线来分离导线。顶端的导线从天线的一端到另一端是连续的。然而，底部的导线从中间被切开，馈电点线在这个中点处进行连接。然后，使用平行双线传输线连接至发射机。

折叠偶极子天线和单导线偶极子天线具有相同的增益和辐射方向图，然而，因为上导线和下导线间的相互耦合，折叠导线偶极子天线的馈电点阻抗是天线中导线数量的平方乘以单导线偶极子天线阻抗值。在本例中，折叠天线上有两根导线，那么馈电点阻抗就是单线偶极子天线阻抗的 2^2=4 倍。如果我们使用 3 根导线的折叠偶极子天线，那么天线的馈电点阻抗将增加到单导线偶极子天线阻抗的 3^2=9 倍。含有 4 根导线的折叠偶极子天线的馈电点阻抗以此类推。这个阻抗间转换的平方比值，需要在折叠偶极子天线和单导线偶极子天线的导线尺寸相同的情况下，才能成立。

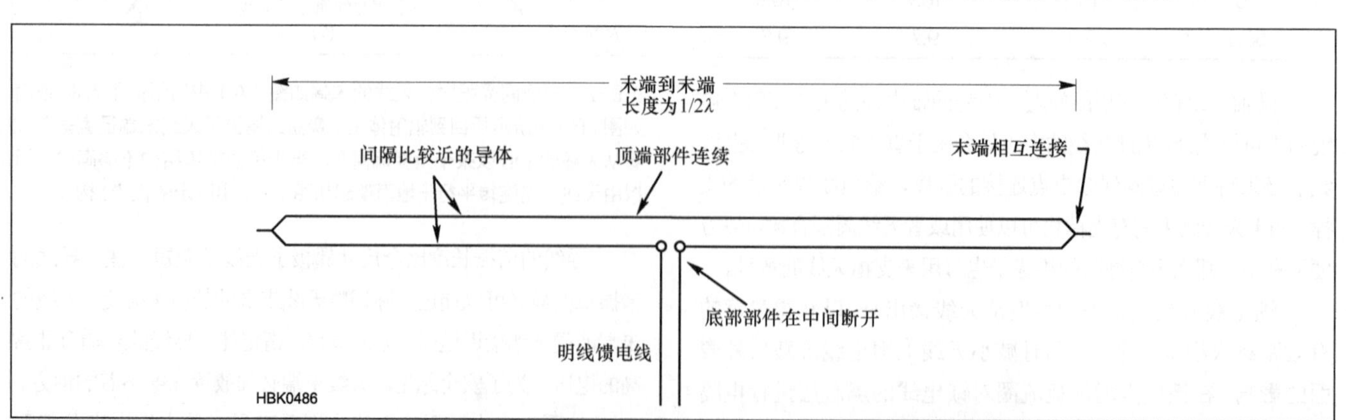

图9-4　折叠偶极子天线是由明线传输线制作而成，天线的末端都连接在一起。这两个导体的接近和产生的耦合充当阻抗变换器，来提高馈电点阻抗至单线偶极子天线阻抗，超过单导线偶极子天线，是其导体数量的平方倍。

使用折叠偶极子天线常见的原因是增加天线的馈电点阻抗。当必须采用非常长的馈电线时，同轴电缆相对于平行导线馈电线而言，会极大地增加馈电线损耗。同时，平行导线馈电线还具有较低的驻波比。例如一架三导线折叠偶极子天线表现出的馈电点阻抗接近于450Ω的梯形导线天线。

双导线或者三导线折叠偶极子天线，相比于单导线偶极子天线的另外一个优势是，它们在更宽的频带上具有更好的匹配。尤其是当涉及天线时希望天线能够工作在整个3.5MHz的频段上时，这一点尤为重要。

9.1.3 倒V形偶极子天线

如果只有一根天线支柱，那么偶极子天线的两段需要进行倾斜，以构成一架倒V形偶极子天线，如图9-5所示。这种方法同时也减小了天线所需水平方向的空间。

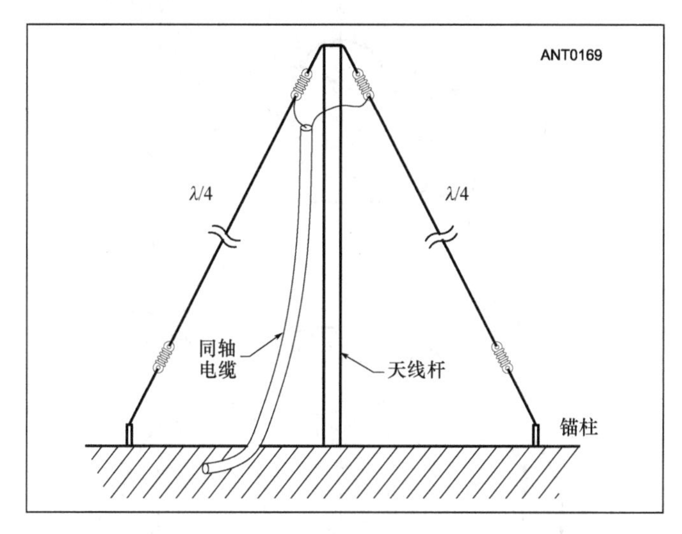

图9-5 倒V形偶极子天线。根据文中的描述来调节天线的长度和顶点角度。

水平偶极子天线和倒V形偶极子天线在性能上有一些不同，可以从图9-6中的天线辐射方向图看出。相比于水平偶极子天线，倒V形偶极子天线的增益峰值略有减小，同时辐射的方向性更不明显。

将偶极子天线的两个末端拉近时，会引起谐振频率降低、馈电点阻抗及带宽也会减小。（无论这种偶极子天线是倒V形的还是其他形状的，此结论都正确。）因此，为了维持谐振频率不变，偶极子天线的长度，相比于水平偶极子天线，必须缩短一些。

天线需要缩短的长度值随安装环境变化而变化，一个合理的经验法则就是，当水平偶极子的一臂每向下倾斜45°时，长度缩短5%。比较明智的方法是，天线的臂长初始值设置为水平偶极子天线的臂长，然后根据为水平偶极子天线设置的操作流程，最终将天线修剪成倒V形结构的偶极子天线。

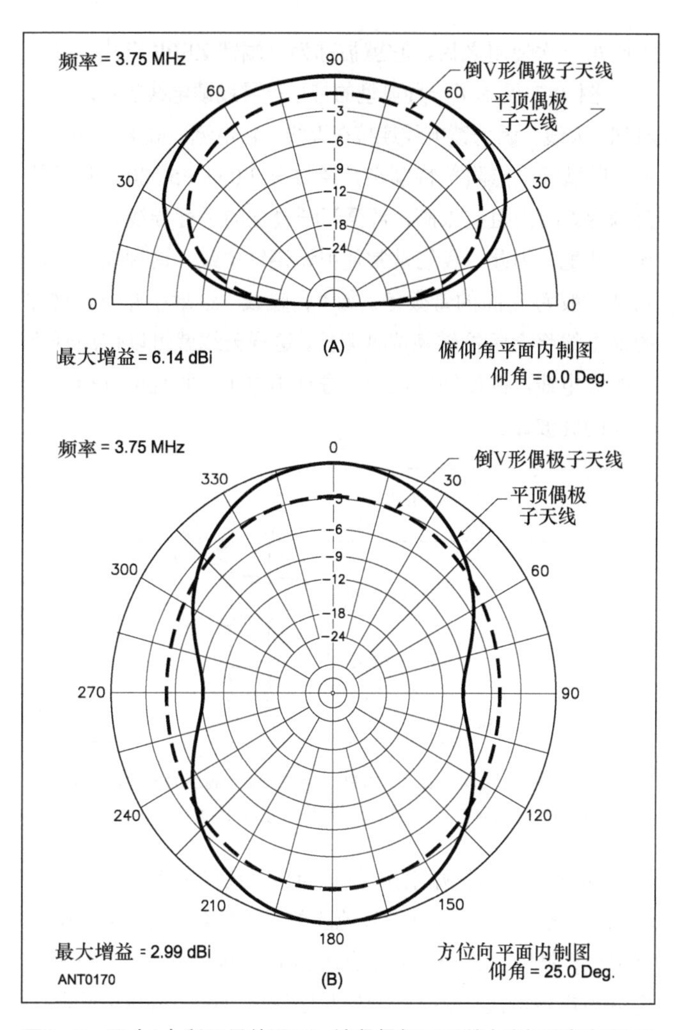

图9-6 图（A）所示是普通80m波段偶极子天线与倒V形偶极子天线在俯仰角平面内的辐射方向图比较。图（B）所示是普通80m波段偶极子天线和倒V形偶极子天线在方位向平面内的辐射方向图比较。两种偶极子天线的中点都在65英尺的高度，倒V形偶极子天线的末端高度为20英尺。两副天线的工作频率为3.750MHz。

虽然顶端的角度并不要求严格，但是值得我们注意的是，当倒V形天线的两臂夹角小于90°时，就会显著地影响天线的性能。由于更低的馈电点阻抗，我们可以采用50Ω的同轴电缆作为馈电线。

如果需要与馈电线的阻抗很好地匹配，通常的步骤是调整角度直至驻波（驻波比）最小，同时通过调整天线的长度，保持偶极子天线处于谐振状态。当使用下文中提到的笼形结构或者扇形结构等多导线单元时，天线的工作带宽将会增加。

9.1.4 端馈ZEPP天线

为什么选择精确地在偶极子天线正中间位置进行馈电呢？除了获得实用的馈电点阻抗，以及达到某种程度的平衡，没有其他原因。以往，半波长偶极子天线（被称为“赫兹”或者“赫兹天线”）通常在一端进行馈电。自从齐柏林飞艇第一次使用之后，它就被称为“端馈 ZEPP 天线”了。

图 9-7 展示了一种典型的带平行导线馈电线的终端馈电 ZEPP 天线。因为馈电线连接在天线上低电流、高电压的位置处，所以馈电点阻抗特别高，经常在 3 000～5 000Ω 附近的范围内。因为阻抗太高，甚至间隔最宽的平行导线馈电线都很难匹配，因此，我们常常使用调谐馈电线，这种馈电线的长度一般为 1/4λ 的奇数倍。如“传输线”这章中介绍，这样的馈电线将高阻抗转换成低阻抗，这样天线就可以使用低阻抗的馈电线，例如同轴电缆，进行馈电了，并且可以得到更可控的驻波比。

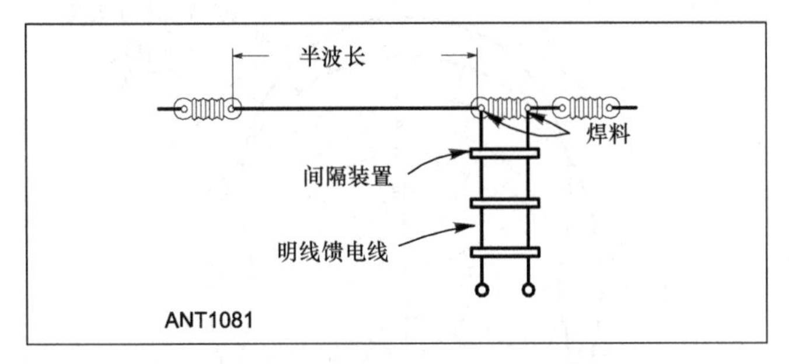

图9-7　一种终端馈电ZEPP天线，天线的一端连接平行导线馈电线。根据文中的描述，使用可调谐馈电线降低馈电点的高阻抗。

为了降低高终端阻抗，馈电点应从终端移动至天线的中间点。在某些点上，可以很好地匹配于平行导线馈电线 300～450Ω 的阻抗。这些点并没有达到电平衡，或许馈电线上还有共模电流流过。阻抗变换器和巴伦可以用来将馈电线与天线结构进行隔离，这种结构就是“多频带高频天线”这章中讨论的，众所周知的“偏离中心式馈电偶极子天线”。

9.1.5　倾斜偶极子天线

另一种单支撑结构天线的演变是如图 9-8（A）所示的半波长倾斜偶极子天线。这种天线也被称为斜拉天线或者半波长斜拉天线，这区别于这一节中介绍垂直极化天线时提到的单边斜拉天线。馈电点阻抗取决于天线距离地面的高度，地面特性和天线与地面之间的角度。大多数情况下，通过改变天线的方向和高度可以得到与同轴电缆相匹配的驻波比。

天线倾斜的角度值可以从 0°一直变化到 90°，0°时偶极子天线是平顶结构，90°时偶极子天线变得完全垂直。后一种结构有时被称为半波垂直偶极子天线（HVD），在后面“垂直极化天线”部分中会讨论这种结构。

如图 9-8（B）所示，这种天线在前向具有更强的辐射。当使用不导电的支柱以及天线工作在贫瘠的地面之上时，后向的信号比前向的信号更弱。当使用非导电的天线桅竿以及天线工作在富饶的地面之上时，天线的响应是全向的，在任何方向都是无增益的。

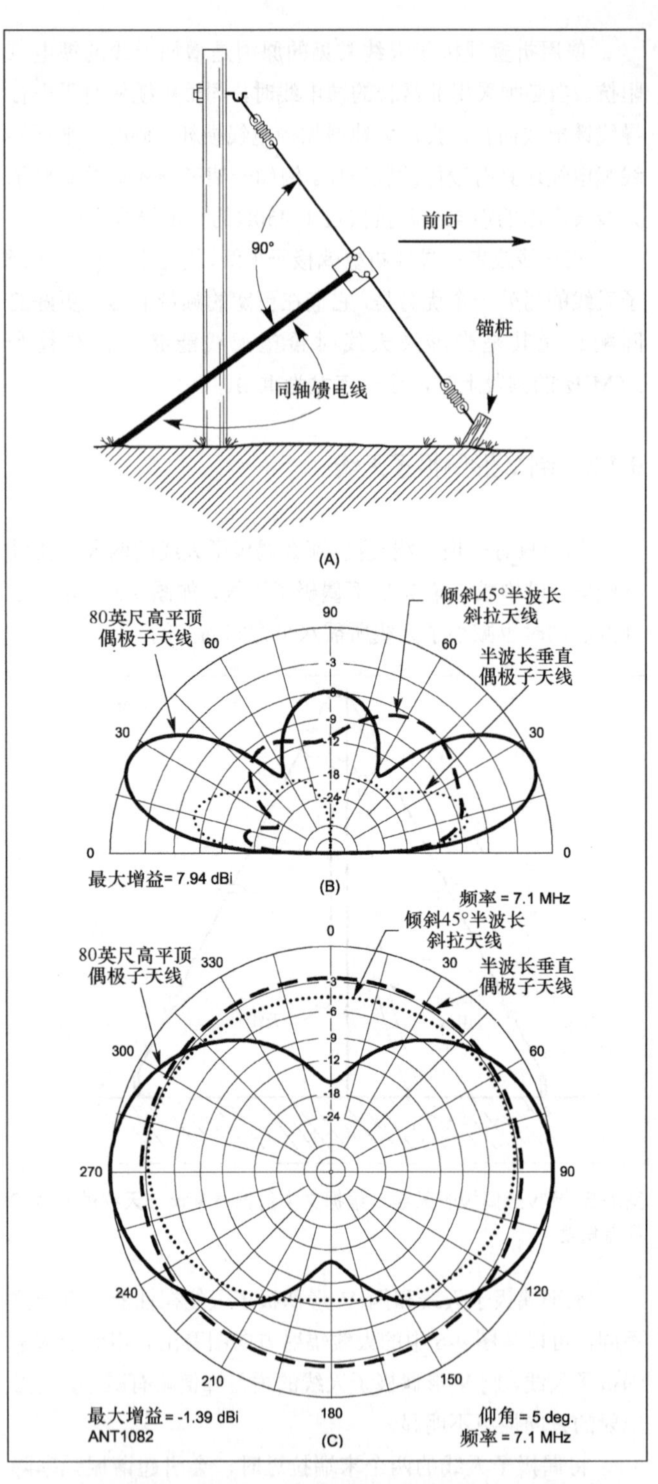

图9-8　一架倾斜1/2λ偶极子天线或者也称为斜拉天线的实例。在较低的HF频段，如果使用非导电的天线支撑，在贫瘠地面到平均地面条件下，天线最大辐射方向在侧面和在图中指示的前向上。金属支撑物作为二次辐射体将会改变天线的辐射方向图。金属支撑物如何改变天线的辐射方向图是一个复杂的问题，它取决于支撑物的电高度，以及是否有其他天线位于这个支撑物上或者位于与天线有关的任何导线上。在B中比较了3种40m波段天线方位向平面内，远距离通信经常使用的5°离去角时的辐射方向图。这3种天线结构为：平顶偶极子天线、向下倾斜45°的偶极子天线和半波长垂直偶极子天线HVD。这些计算结果都是基于地表条件为平均电导率和介电常数的情况，同时3架天线都安装在最大高度为80英尺高的位置处。倾斜半波长偶极子天线表现出大约5dB的前后向比，尽

管在它最强的辐射方向上的增益都比不上HVD天线或者平顶偶极子天线。C中展示了同样3架天线在俯仰角平面内的辐射方向图。注意到倾斜半波长偶极子天线相比于平顶偶极子天线或者HVD天线，在较高的仰角时具有更多的辐射能量。

导电的支柱比如天线塔可以担当寄生单元的角色。（同轴电缆屏蔽层也是如此，除非同轴与天线成 90°布线。）寄生效应随地面质量、支柱的高度和支柱上其他导体（比如在天线塔顶端的横梁或者其他线天线）而变化。由于存在以上这些变化因素，天线的性能难以预测，但是我们仍需建造天线并对它进行实验。很多业余无线电爱好者说使用斜拉天线效果不错。

当天线的末端接近支柱或者地面时，天线的损耗增加，所以对倒 V 天线，我们同样担心天线终端的高度。

那么问题就升级为如何处理馈电线，确保它不会意外成为天线辐射系统的一部分呢？理想的位置是将馈电线垂直于倾斜的导线并连接出无穷远的距离。为了防止馈电线产生辐射，将馈电同轴电缆与天线成 90°，接出来越远越好。

在《无线电爱好者的简单有趣的天线》一书中（见参考书目），对与倾斜偶极子天线紧密相关的 HVD 天线的馈电模型进行了深入研究。研究指出，如果在馈电点使用共模电流退耦扼流圈，并且从馈电点处接出 1/4λ，天线的馈电线与天线导线至少成 30° 的角度，馈电线会对整个天线系统产生最小的影响。（见“耦合传输线和阻抗匹配”这章）

在本书原版附加的光盘文件中介绍了两个多单元倾斜偶极子天线系统。其中一个系统由 K1WA 设计工作在 7MHz 频段，另一个由 K3LR 设计工作在 1.8MHz 频段，这给只制作单支柱天线的设计者一些指导。这些天线系统同样可以适用于其他频段。

9.1.6 宽带偶极子天线

对于 160m 和 80m 波段，建造一副驻波比带宽覆盖整个业余无线电频段的偶极子天线非常困难，因为它们的相对带宽很宽:从配置频段的最低频率到最高频率之间的跨度值与中心频点的比值可以求得，对于 160m 波段，其相对带宽为 10.5%，对于 80m 波段，其相对带宽为 13.4%。相比之下，大多数单导线偶极子天线的相对驻波比带宽数值上只有百分之几，只用一根天线很难覆盖这么宽的频带。相比之下，频率更高的高频频段相对带宽则更窄，通常可以由一个单线偶极子天线来覆盖整个频带。

最简单的增加单线偶极子天线的驻波比带宽的方法是，增加导线的厚度（长度和直径比），如“天线基本原理”和“偶极子天线与接地平面”这两章中讨论。现有的可以利用的导线尺寸范围，在中频和高频频带上，对带宽具有潜在的影响。我们采用多根导线的方法来制作较大直径的导体。（原版书附加的光盘中包括了“宽带天线匹配”附录这部分内容，其中讨论的制作宽带偶极子天线的其他方法。请结合传输线耦合和阻抗匹配这章内容参阅，光盘文件可到《无线电》杂志网站 www.radio.com.cn 下载。）

有 3 种常见的以这种方式利用多根导线制作大直径导体的方法:笼形天线、扇形天线和套筒天线。图 9-9 所示的笼形天线是非常老的设计，在“无线电时期”早期用来增加天线的带宽，可以在非常宽的频带内发送信号。笼形天线则是由多根导线（3 根或者更多）构成，它们由绝缘或者非绝缘的隔离器分隔开，并且在天线的末端和馈电点处连接在一起。本章的末尾部分描述了 W1AW 制作应用于 80m 波段的笼形偶极子天线。

一种笼形天线的简单演变是，仅用偶极子天线的两臂上的两根导线构成蝴蝶结形状。导线在馈电点处系在一起，在偶极子天线的末端隔开，间距为 10 英尺，导线在偶极子天线的末端可能连接在一起，也可能被分开。蝴蝶结形偶极子天线或双锥形偶极子天线在 2005 年 5 月的《QST》杂志上由 Hallas 提出。（请参见参考文献。）

在这两种情况下，笼形天线或者扇形天线的末端通常需要另外进行加强捆绑，保护天线不会在大风的天气下被吹歪。这样的天线以机械结构的复杂和额外的重量为代价，但却具有很好的电特性。这种天线在导线结冰较重和高风速盛行的地区不适合使用。

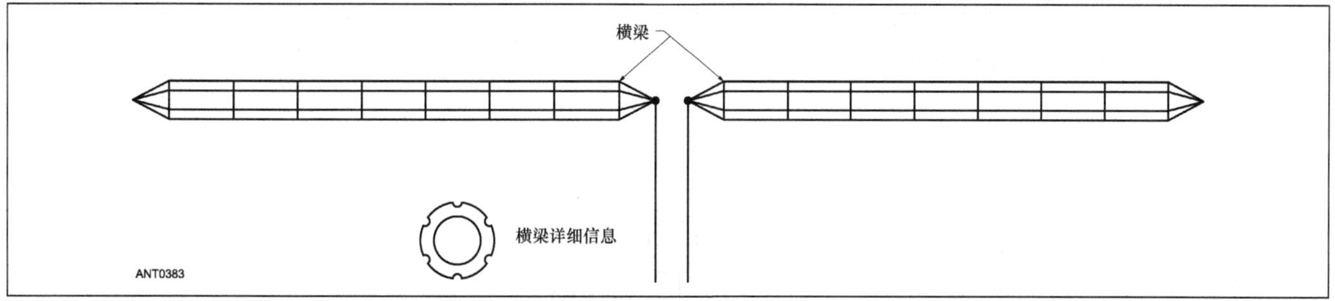

图9-9　笼形偶极子天线的结构。横梁并不需要使用导线材料制作，并且应当重量较轻。在调节导体之间的间隔应当为0.02*l* 或者更短。横梁的数量和它们之间沿着偶极子方向的间隔应当足够大，以保持辐射器导线之间始终处于相对分离状态。横梁可以是圆的，如图中详细信息中所示，当然也可以是任何其他合适的中空结构。

第二种制作宽带偶极子天线的方法是，建立一个由两个或者更多偶极子天线组成的扇形天线结构。扇形天线具有和偶极子天线相近的谐振频率，但不等于偶极子天线的谐振频率。图 9-10 阐述了 3 个偶极子天线进行修剪，以便能在 80m 频段内最低的，中间的和最高的频率（3.5MHz、3.75MHz 和 4MHz）工作，3 架天线在馈电点处使用分布式馈电的方式进行馈电。这和前一节中蝴蝶结形天线的方法类似，但是扇形结构的偶极子天线末端不连接在一起。使用绝缘体来对导线末端进行隔离。

这些偶极子天线的阻抗和各架天线所工作的谐振频率某些程度上，相互影响。对于天线距离地面的高度值建议通过建模进行计算，但是建模也许也不会给出完全准确的值，因为导线在馈电点处通常以较低的角度接入。对 3 架偶极子天线都需要进行一些调节，以便使得 3 架天线所组成的天线系统在整个频带上可以获得预期的驻波比曲线图。双偶极子天线可以覆盖接近 2/3 的频带宽度。

第三种方法是，在非常靠近驱动偶极子天线的地方安装一架寄生偶极子天线，使它和原来的驱动偶极子天线平行。这种技术被进行了改进，可以用于折叠偶极子天线。在 1995 年 6 月的《QST》中，Rudy Severns（N6LF）的文章《a wideband 80-meter dipole》中作了描述。原版书附加的光盘文件中包含了这部分内容。图 9-11 显示了在折叠偶极子天线中点处放置绝缘导线的一种基本方法。折叠偶极子天线经过了修剪，以便工作波段较低端工作。中间的导线比外侧更长的折叠偶极子导线具有更高的谐振频率，所以在更高的工作频率时，使用中间导线来作为辐射器。这种天线在 3.3～4.25MHz 的带宽内可以有 2：1 的驻波比。使用寄生单元而不折叠驱动偶极子来设计天线的方法，可以在参考文献中找到相关的文章。

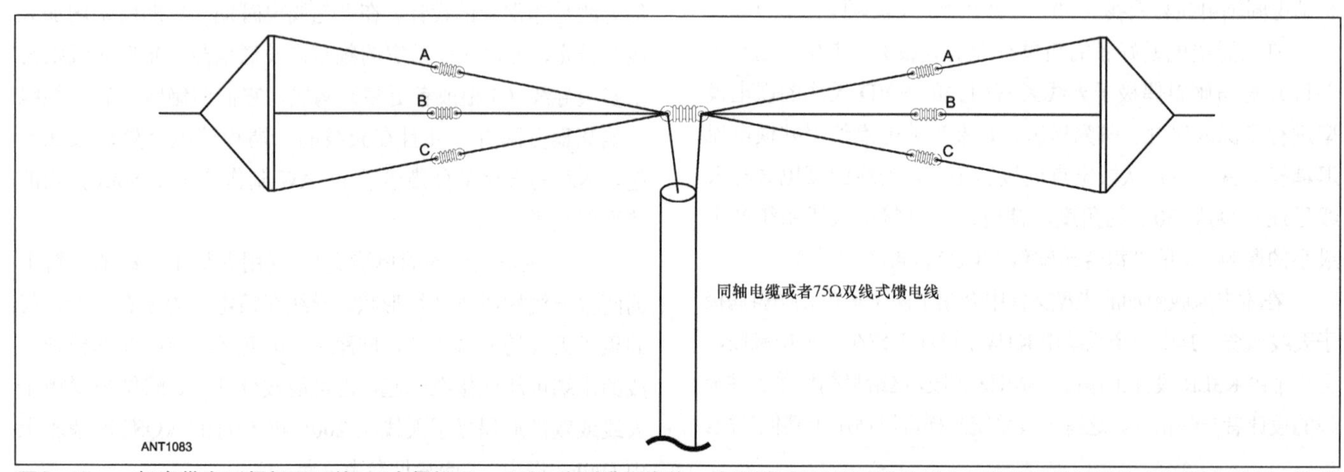

图9-10 一架宽带扇形偶极子天线。3个偶极子a、b和c分别进行修剪，使这3架偶极子天线分别在工作频段的两端和中间频点谐振。这样就可以制作出一架简单的工作在整个3.5MHz频段内的天线了。对于80m波段偶极子天线，修剪到在3.5MHz谐振的偶极子天线，比修剪到4MHz谐振的偶极子天线要长7英尺。(图9-10来自《实用线天线》，感谢RSGB，详见参考文献。)。

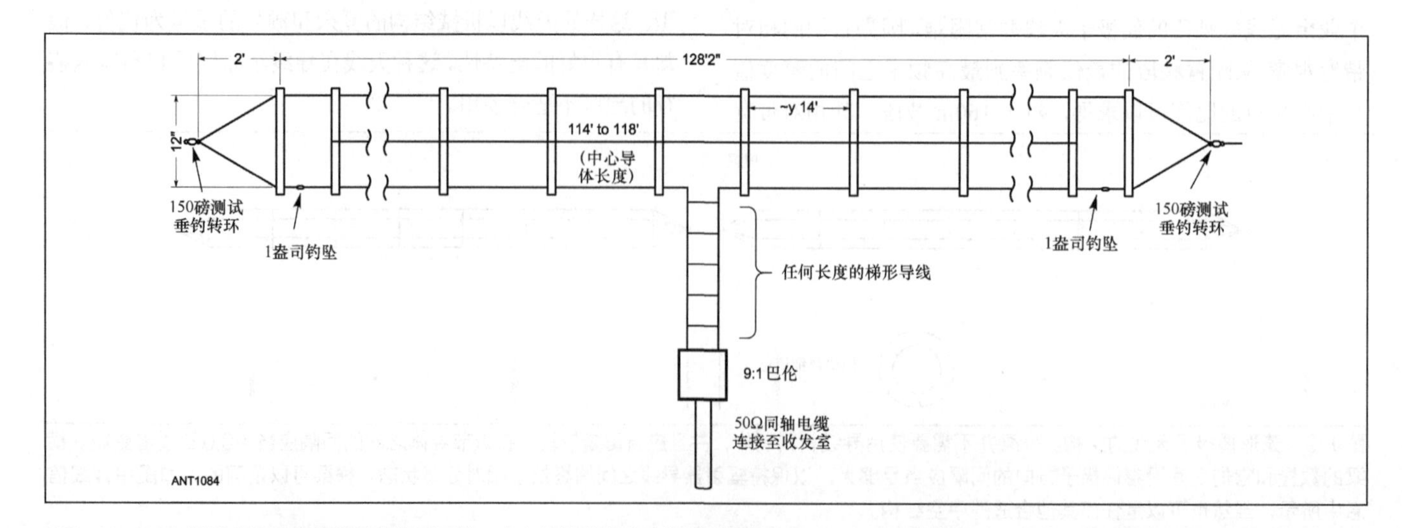

图9-11 N6FL设计的开路套筒折叠偶极子天线。中心导线并没有连接到折叠偶极子上，但是和它相耦合，作为工作波段高频点对应的辐射器。

WIAW 的 80m 波段笼形偶极子天线

Allen Harbach/WA4DRU(SK)于 1980 年 12 月的《QST》杂志中介绍了一种天线设计方案，WIAW 使用的 80m 波段笼形天线正是适当参考了这种设计。（请见参考文献和原版书附加的光盘文件。）这种天线主要用作 W1AW 的预定传输，同样可以很好地用来进行常态访问操作。天线的谐振频率是 3 627kHz，但是从 3 580kHz 到 3 995kHz 的频段内所有的驻波比都小于 2∶1。

最初的文章中提到的天线需要在固定的位置长期运行，W1AW 笼形天线和它不同。因此，这架天线的大部分部件比 Harbach 设计的天线更加粗糙。

如图 9-12 所示，偶极子天线的每条臂是由 4 个 80m 的偶极子天线构成的笼形结构，每个偶极子天线都是由 14 号 AWG 标准铜线在两个终端和馈电点都系在一起。虽然我们可以使用包铜钢丝或者等效的更大量的导线，但是 14 号 AWG 导线的尺寸更易于操作。如图 9-13 所示，构成偶极子天线各臂的 4 条导线通过 PVC 管做成的横杆隔离开。在靠近馈电点和终端处有一个横杆。导线之间间距为 3 英尺。

每一根笼形的导线都穿过每个横杆的一臂。将支撑导线穿过 PVC 管末端，并在周围焊接一圈焊接到每一端的天线导线上。这么做的目的是防止横杆沿着天线上下移动。我们使用外用硅胶脂填缝剂填补管道上的洞，密封管道以防潮。横杆内部是橡胶，横杆的末端同样覆盖了橡胶。这种方法增加了横杆的硬度。

馈电点零件是自制的 PVC 中心绝缘体，它由一对 2 英寸直径的终端帽子贴在长度为 6 英寸的直径 2 英寸 T 形 PVC 管的末端构成。每个帽子的中间装配带两个焊接片的不锈钢螺栓。一个焊接片在帽子的外侧用来连接天线，另一个在帽子的内侧用来连接 SO-239 同轴电缆连接器。SO-239 连接器安装在第三个帽子上，这个帽子贴 T 型管的中间位置。

将一个 8 圈的同轴电缆扼流圈连接到天线的中心绝缘体上。根据“传输线耦合和阻抗匹配”这章中介绍的设计方法，可以使用 RG-213 同轴电缆制作这种扼流圈。

组装中心绝缘体是通过螺栓将其固定在一根长度为 4 英尺的直径 1 英寸 PVC 管上。从图中可以看出，PVC 四通内部同样也用螺栓固定在 PVC 管的这部分。这种办法给天线增加了额外的支撑。使用侧臂，将中心绝缘体和一定长度的 PVC 管连接到天线塔上。

在馈电点处，每根臂上的 4 根导线汇集在一起，依次通过螺栓眼。然后，把这 4 根导线拧在一起，焊接在一起。采用一根短连接器把拧在一起的导线连接到有眼螺栓上的一个焊接片上。在每个终端帽内部，使用一根短连接器将有眼螺栓的第二个焊接接线片连接到 SO-239 的固定帽上。

图9-12　中心绝缘体由T形PVC管以及管道的每端都覆盖端帽制作而成。不锈钢有眼螺栓用来支撑住笼形天线的末端，焊接片和连接器连接到笼形天线的导线上。在T形PVC管内部，连接器将有眼螺栓和SO-239在第三个管道端帽处连接。PVC管道的一部分与两个笼形天线结构的四通在内部进行U形连接。整个装置由W1AW天线塔的侧壁来支撑。天线由W1AW的主操作员Joe Carcia/NJ1Q来制作完成。

图9-13　笼形天线通过PVC管四通来保持分离。笼形天线的导线从PVC管道的孔中穿过，支撑导线在管道的每一边都与笼形天线的导线焊接，这样使得PVC四通不会在笼形天线的导线上滑动。

在笼形结构外面的末端，所有的 4 根导线拉到都可以接到的公共点位置处，将它们拧在一起，系在一个耐拉绝缘子上。这个耐拉绝缘子和 PVC 四通的两臂和天线的支撑杆连接在一起。这样可以避免天线臂在微风天气中扭曲。

调节天线可能有点棘手，因为天线的每一根臂都需要修剪相同的长度。最好的方法是，根据最低工作频率（比如 3 500kHz）计算得出天线的导线最初的长度。相比于一架单线 80m 波段偶极子天线来说，天线经过调节后，天线的整个长度将稍有减小。这是因为辐射单元的直径是 3 英尺，这比单线偶极子天线的辐射单元的直径粗很多。

这种天线的结构比常规偶极子天线的结构要复杂一点，但是这种天线的工作带宽很宽，且不需要使用天线调谐器。重新计算设计规格，这架天线也可以用于其他的业余无线电频段。

9.2 垂直天线

9.2.1 半波长垂直偶极子天线（HVD）

垂直天线最简单的形式是半波长垂直偶极子天线，也就是 HVD。也可以通过将一架水平偶极子天线旋转 90°，使得天线导线垂直于地面来实现。当然，这样的天线顶端至少距离地面以上一个半波长的长度，否则天线旋转时，会触碰到地面。如果天线设计者希望制作一架不需要支撑物的低频天线，那么对于他们而言，这将是一个比较困难的挑战。有些无线电爱好者很幸运，他们院子里有可以利用的高大树木，可以把半波长垂直偶极子天线的导线垂直悬吊下来。同样地，无线电爱好者们如果拥有两座天线塔，那么可以通过在天线塔之间架起绳索，来支撑一架半波长垂直偶极子天线。

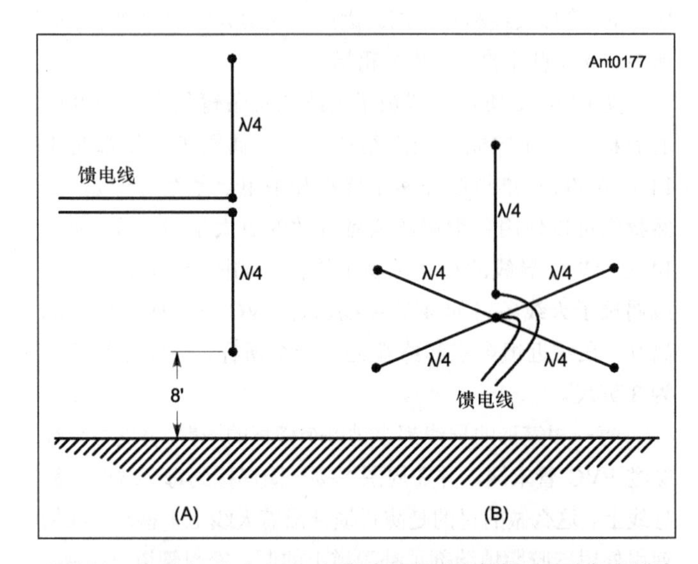

图9-14　在图（A）中，80m波段半波长垂直偶极子天线架高到地面以上8英尺的高度。馈电线从与偶极子天线垂直的方向向外布线远离偶极子天线。在图（B）中，“镜像平面”型的1/4λ垂直天线，具有4根架高的谐振径向辐射器。这两架天线都安装在8英尺的高度，使他们远离路人。

图 9-14 显示了两种垂直天线结构，一种是使用某种地面上平衡装置的 1/4λ 垂直天线的结构，另一种是 1/4λ 垂直天线使用地面上的径向辐射器系统的结构。相比于这两种更常用的垂直天线结构，垂直半波长偶极子天线具有一些操作上的优势。在这两个例子里，每种天线的最低端都要在地面以上 8 英尺，从而避免过路行人能接触到任何的带电导线。假定两种天线都由 14 号 AWG 导线制作而成，谐振在 80m 波段。

对半波长垂直偶极子天线馈电

图 9-15 比较了“平均地表特性”下，这两种天线在俯仰角平面内的辐射方向图。从图中可以看出，半波长垂直偶极子天线的增益最高值比 1/4λ 垂直天线高约 1.5dB，因为半波长垂直偶极子天线相比于 1/4λ 镜像平面天线，在俯仰角平面内的辐射方向图，在垂直方向上被压缩，靠近水平地面方向。相比于有水平径向辐射器的 1/4λ 垂直天线，使用半波长垂直偶极子天线除了拥有更高的增益外，另一个优点是，半波天线在水平方向上“不动产地皮”的消耗量更小。

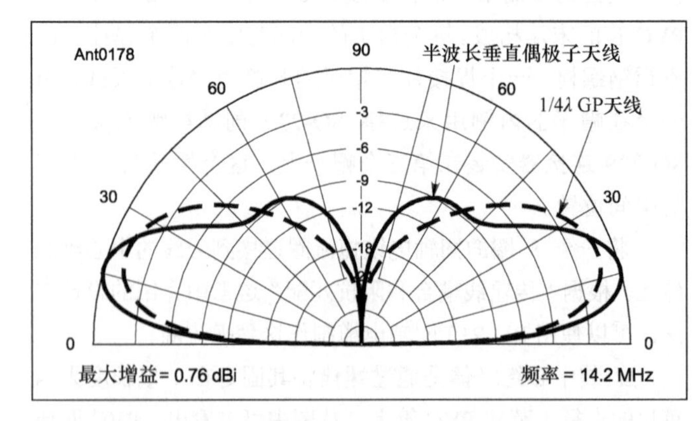

图9-15　两种天线在俯仰角平面内的天线辐射方向图比较。HVD天线的峰值增益相比1/4λ带有径向辐射器的镜像平面天线，大约高1.5dB。

半波长垂直偶极子天线一个显著的缺点是，它比 1/4λ 镜像平面天线更高。如果天线由导线制造，那么半波长垂直偶极子天线需要更高的支撑杆（比如更高的树木），如果天线由压缩铝管制造，那么半波长垂直偶极子天线需要更长的铝管。

另一个问题是，根据天线原理必须布置馈电线，因此馈线垂直于半波长辐射器。这就是说，在将同轴电缆经过一段距离垂到地面之前，需要对同轴馈电线进行支撑处理。这样马上就出现一个问题：在馈电线垂到地面之前，馈电线在水平方向上需要铺设多远才能消除同轴电缆屏蔽层中传输的共模电流？这样的共模电流会影响馈电点的阻抗，同样也影响天线系统的辐射方向图。如果没有抑制共模电流，那么会造成方位角平面内天线辐射方向图严重失真，通常使用共模扼流圈，也就是我们所熟知的电流型巴伦，来抑制共模电流。

制作这样一个共模扼流圈非常简单：在同轴电缆上套上一个与同轴电缆靠近但是不连接的铁氧体磁环，用胶带固定住。（在连接器焊接之前进行操作，要不然磁环穿不上去。）这种结构的唯一问题是，需要额外的支撑杆（某种“悬空挂钩”）来支撑同轴电缆使其保持水平。让我们尝试设法简化它的安装，在馈电点将馈电线同轴电缆与垂直方向成比较陡的角度，大约 30° 方向，延伸到地面，如图 9-16 所示。

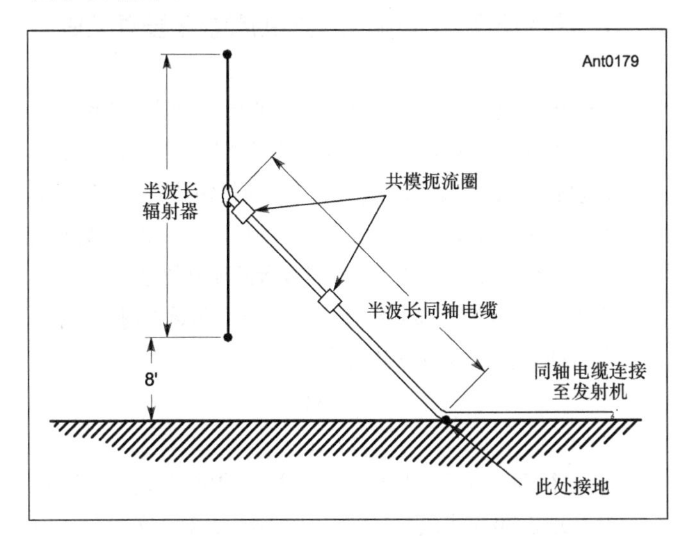

图9-16　一架20m波段HVD天线，其底部距离地面8英尺。使用半波长RG-213同轴电缆进行馈电。天线系统在馈电点处使用共模扼流圈，另一个共模扼流圈在沿着馈电线向下1/4λ处。最终的方位向平面天线辐射方向图只差大约0.4dB就是一个完美的圆形了。这架天线从辐射器到同轴电缆到达地面的“翼展”27英尺。

注意图 9-16 中，在同轴电缆的底端使用接地棒进行接地。这作为一种机械连接可以维持同轴电缆在固定的位置，并且提供保护以防雷击。作为纯粹的实际的问题，我们对系统到底应该多挑剔才合适？如果我们不用第二个共模扼流圈，仅仅在馈电点处使用一个共模扼流圈呢？计算机模型模拟结果显示在方位向平面内的辐射方向图会有些失真，大约变坏 1.1dB，这种失真是否严重取决于天线设计者。然而，同轴电缆屏蔽层上的共模电流还会产生其他问题，比如收发室的射频问题或者驻波比性能的变化，这取决于同轴电缆从天线到收发室的布线情况。增加第三个额外的铁氧体磁环来抑制共模电流更加保险并且价廉物美。

稍候在本章中将讨论短垂直天线，它们和径向辐射器系统的组合以及单独的垂直单极子天线。半波垂直偶极子天线（HVD）的另一个演化是其通过使用容性负载缩短尺寸后的紧凑型垂直偶极子天线（CVD）。原版书附加的光盘文件中包含了描述紧凑型垂直偶极子天线的文章。

9.2.2　C 形极子天线

Brian Cake(KF2YN)设计的天线由一根垂直半波长偶极子天线组成，偶极子天线的两臂如图 9-17 所示那样弯曲，并且馈电点也进行一定的偏离。通过将这样一架天线竖立在地平面之上，地表电流可以通过那些 1/4λ 的安装在地面上的单极子天线戏剧性地减小了。虽然还有一些地表感应电流，但是已经非常小了。这架天线在俯仰角平面内的辐射方向图事实上是全向的。这个设计有关的文章最早发表在 2004 年 4 月的《QST》杂志上。原来的文章在原版书附带的光盘文件中也可以找到。这种天线设计在《天线设计者手册》一书中由同样的作者做了更加详细地介绍。

建造结构如图 9-18 所示，HF 业余无线电频段所使用的天线尺寸如表 9-2 中所列举的。作者注意到，当使用绝缘导线或者将天线安装在距离其他结构较近的位置时，会使天线失谐。通过调节天线垂直导线的长度可以使天线恢复本来的工作状态。

表 9-2　C 形极子天线尺寸

线径为 1/16 英寸。较低的水平导线的高度是 12～24 英寸						
波段（m）	A（英寸）	B（英寸）	C（英寸）	D（英寸）	E（英寸）	2：1 SWR 带宽（KHz）
160	1666	924	994	60	80	58
80	840	460	360	30	40	120
60	591	322	249	20	26	250
40	450	240	190	20	20	260
30	320	167	139	14	14	360
20	177	85	84	8	40	400
15	124	60	60	4	20	600
10	87	46	37	4	20	800

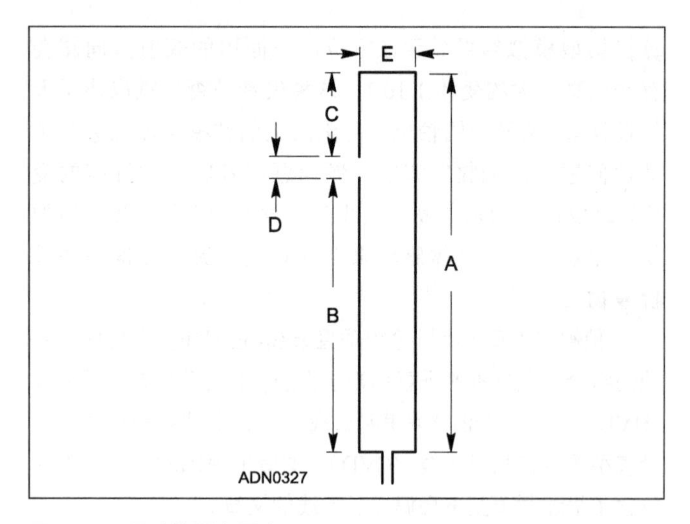

图9-17 尺寸的要点见表9-2。

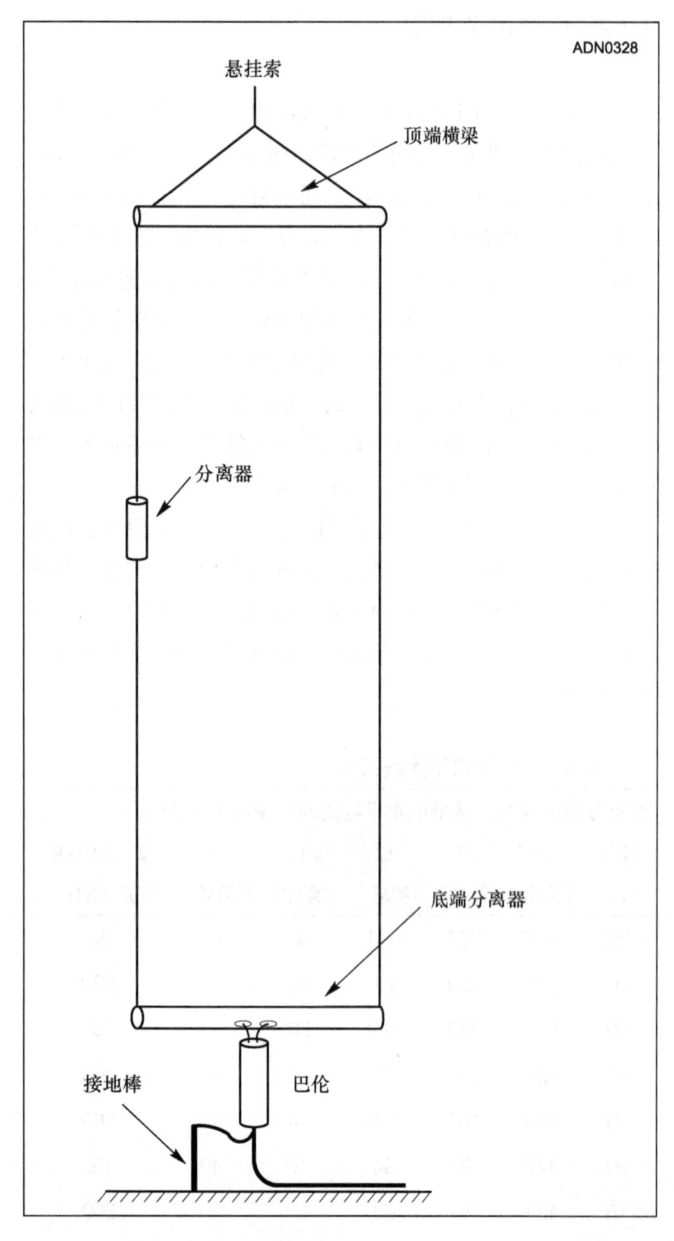

图9-18 C形极子天线制作细节。

将天线的馈电点从天线中心的电压点移开之后，馈电点阻抗会增加，可以通过移动偶极子天线两臂端点处缺口的位置，来精确匹配在底部水平导线中心点位置处进行馈电的 50Ω同轴电缆。然而，不幸的是，在这个位置处设置馈电点，存在大量的共模电位势。这就是说，天线的两个馈电点终端相对于地表具有相同的电位势（除了正常的两个终端应该具有的电位势差之外），当输入功率水平为100W 时，这个电位势有几百伏。如果同轴电缆直接连接到馈电点处，天线的自然调谐状态就会遭到破坏，天线就不起作用了。作者详细说明了可以使用巴伦根据如下步骤来解决这个问题。巴伦缠绕在 FT-240-61 铁氧体磁芯上，然后可以使用双绞线馈电线或者同轴电缆缠绕在芯体上：

对于工作在 160m 波段，将两个芯体紧密粘合在一起，然后绕上 32 圈；

对于工作在 80m 波段，在单个芯体上绕 32 圈；

对于工作在 60m 波段，在单个芯体上绕 28 圈；

对于工作在 40m 波段，在单个芯体上绕 23 圈；

对于工作在 30m 和 20m 波段，在单个芯体上绕 20 圈；

对于工作在 17m 波段或者更高的频段，在单个芯体上绕 15 圈，使用 FT-240-76 材料。

9.2.3 使用镜像平面径向辐射器的单极子垂直天线

对于镜像平面类型的天线而言，要想获得最好的性能，天线的垂直部件长度应当达到 1/4λ 或者更长，但是这也不是绝对必须的要求。经过适当地设计，天线最短达到 0/λ 甚至更短时也可以满足要求，非常高效。天线短于 1/4λ 时表现出电抗性，这时就需要某种形式的负载或者匹配网络了。

如果辐射器使用导线制作，并且使用非导电材料支撑，1/4λ 谐振的大概长度可以从公式

$$l_{\text{feet}} = \frac{234}{f_{\text{MHz}}} \qquad (9\text{-}1)$$

计算得到。同样使用该公式计算天线垂直部件长度时，需要注意地表和导线或者导管直径的效应。对于天线塔，谐振长度仍然需要更短。我们建议天线建造者基于将天线固定位置后的测量值，从较短的修剪长度开始，对天线进行修剪。（参见“偶极子天线和单极子天线”一章。）

地表特性对损耗和俯仰角方向上的辐射方向图的影响在地表影响一章中进行了详细的讨论。在这部分讨论中最重要的一点就是，地表特征对辐射方向图的影响，以及如何在掩埋式接地系统中达到低地表损耗阻抗的目标。当地表导电率增大时，较低的辐射角出现。这使得那些周围地表具有较好导电性的火腿族们非常喜欢垂直天线。如果你的 QTH 在海水湾，垂直天线会非常有效率，甚至当高度比较理想时可以与水平天线相媲美。

当使用掩埋式径向辐射器接地系统时，天线的效率会受到接地系统的损耗阻抗影响。这个接地系统可以是连接到天线基端的一定数量的长度为 1/4λ 的径向辐射器向外延伸的结构。除了在沼泽或者海滩边时，当满足电气安全和雷电防护时，驱动接地杆的值很小，可以作为垂直天线的射频接地系统。正如之前所指出的，需要许多长的径向辐射器。总之，大量的短径向辐射器相比于比较长的长径向辐射器更好。尽管最好的接地系统应当具有 60 根或者更多的长于 1/4λ 长度的径向辐射器。架空径向辐射器系统或者地面网络（地网）也可以用来替代掩埋径向辐射器接地系统，并且也可以使天线高效地工作。图 9-19 和图 9-20 展示了掩埋式径向辐射器系统和架空式径向辐射器系统及地网的不同。读者可以直接到“地面效应”一章中，参见其中“垂直单极子天线的接地系统”的部分。

径向辐射器间隔

在这个工具栏中解释了如何计算出等距环绕在环形结构外面的径向辐射器的间距。这个信息最早是由远距离通信工程师 Rod Ehrhart(WN8R) 发表在《Towertalk reflector》上。

从决定将要安装径向辐射器的环形结构的直径开始。如果形状不规则，使用最小径向辐射器长度。我们通过一个实例来展示如何计算的：

如果你的径向辐射器最小的长度是 25 英尺，天线基座上安装的环形结构的直径有 25 英尺。那么环形结构的周长 C 等于 $2\pi r$，也就是 2×3.14×25 英尺=157 英尺。如果你决定使用 60 根径向辐射器(N=60)，那么围绕在 25 英尺直径环形结构周围的每一根径向辐射器之间的间隔就是 $S=C/N$，也就是每根径向辐射器在环形结构位置处的间隔为 S=157 英尺/60 根=2.6 英尺，或者是 2 英尺 7 英寸。用绳子来制作环，在环上测量出 2 英尺 7 英寸的间隔。如果径向辐射器的尺寸长于 25 英尺，那么从天线的基座向外拉紧径向辐射器，穿过标记点。

如果你想安装 90 根径向辐射器，然后间隔就为 157 英尺/90 根=1.74 英尺/根，或者在天线基座上直径为 25 英尺的环形结构上，相邻径向辐射器之间的间隔比 1 英尺 9 英寸略短。

预先计算出这个值，你就不需要担心径向辐射器的末端需要间隔多少，或者用眼睛来调试它们之间的间隔。当形状不规则时，径向辐射器末端每两根之间的间隔都不一样。可以使用测量的方法，使得它们的间隔均匀地分开，以便得到最佳的天线系统性能。

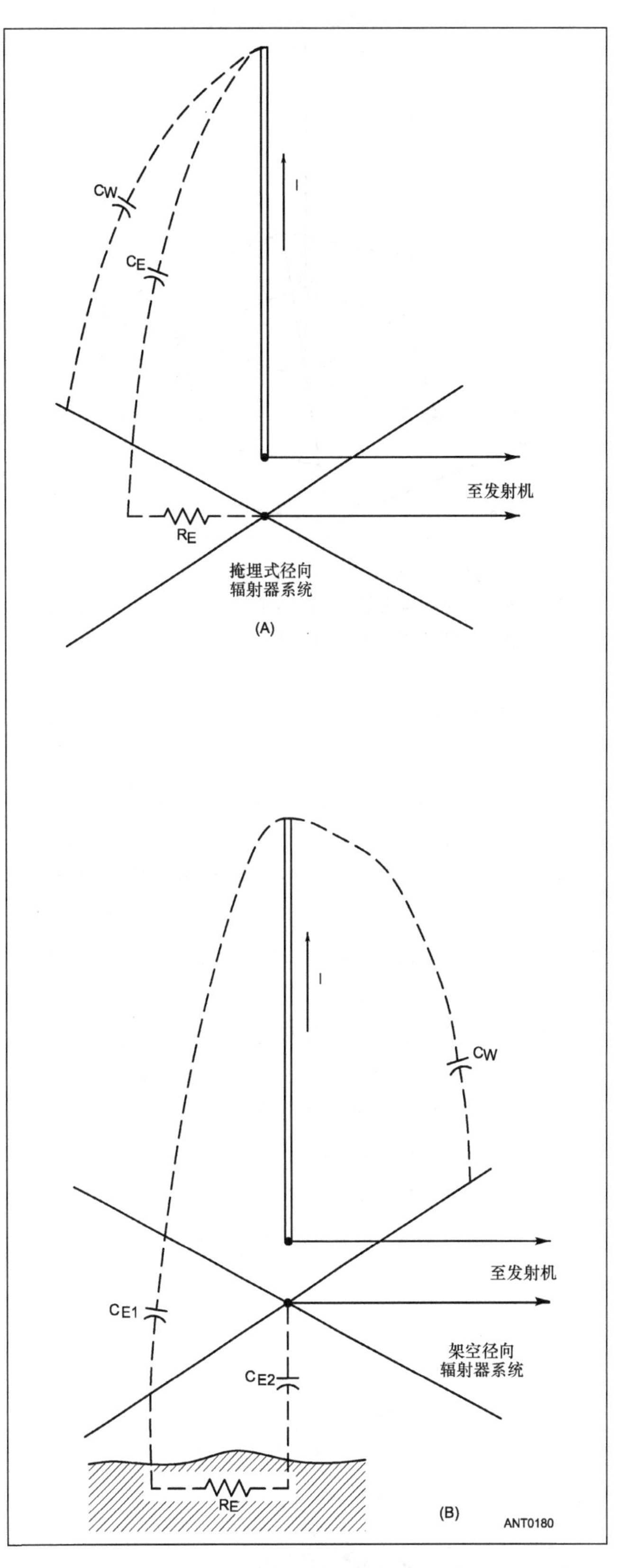

图9-19　在短垂直天线系统中，接地电流如何影响损耗。在图（A）中，如果 C_E 比垂直部件至地面导线的电容值 C_W 大很多，那么穿过 C_E 和 R_E 连接处的电流就可以预测到。这个比值可以通过使用更多的径向辐射器在一定程度上得到改善。通过将整个天线系统架高，远离地面，C_E（由串联的 C_{E1} 和 C_{E2} 组成）会降低，同时 C_W 保持不变。径向辐射源系统如图（B）中所示，有些时候称为虚接地。

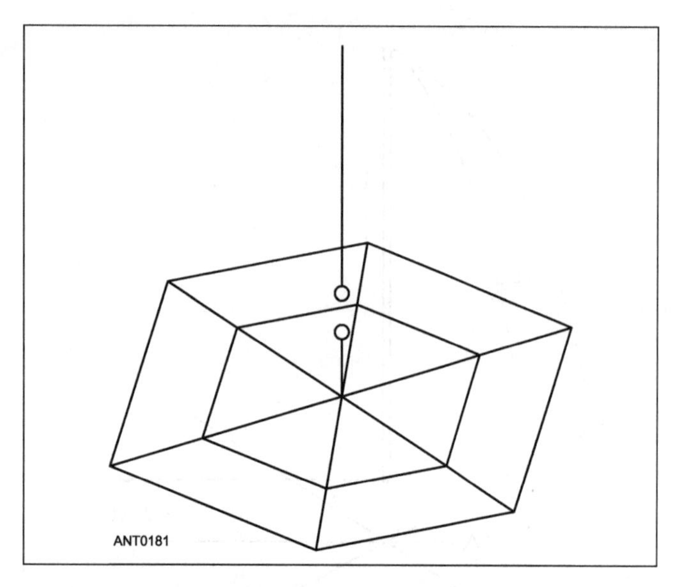

图9-20 虚接地，显示了径向辐射器导线通过相互交叉的导线相互连接。每一个单独网格的周长应当小于1/4λ，以避免不需要的谐波。有时候虚接地系统的中心部分使用导线网格制作而成。

9.2.4 镜像平面天线

镜像平面天线是由 1/4λ 长度的垂直部件和 4 根径向辐射器构成，如图 9-21 所示，整个天线架空在镜像平面之上。图 9-22 中给出了一架工作频段为 7MHz 的镜像平面天线的实例。正如前面所说明的，架空天线可以减小接地损耗，同时降低一些天线的辐射出射角。径向辐射器可以向下倾斜，以使馈电点阻抗接近 50Ω。

天线馈电点阻抗随天线距离地面的高度变化而变化，很少程度上随地表特征变化而变化。图 9-23 中，给出了径向辐射器平行于地面的镜像平面天线馈电点阻抗（R_R）。R_R 的值绘制曲线，与距离地面的高度成一定的函数关系。需要注意到的是，完美地面和平均地面（ ε=13， σ=0.005S/m）对馈电点阻抗的影响很小。除非天线非常接近地面时，情况有

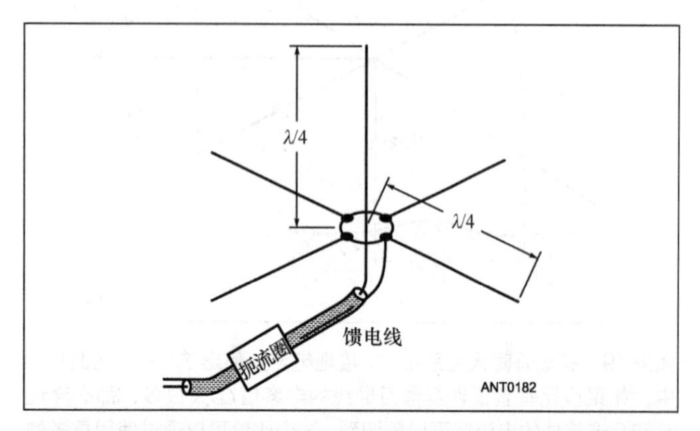

图9-21 镜像平面导线。功率在垂直辐射器的基端至如图中所示的镜像平面的中心处加载。传输线和任何导体支撑结构的退耦是非常必要的。

所不同。近地表面的 R_R 值为 36～40Ω。这与 50Ω同轴电缆传输线可以合理地匹配，但是当天线升高后，R_R 值会降低到大约 22Ω，这个阻抗值与 50Ω同轴电缆并不能很好地匹配。馈电点阻抗可以通过向地面倾斜径向辐射器，远离垂直部件而增大。

倾斜径向辐射器的影响如图 9-24 所示。这幅图是在天线距离地面足够远的情况下得到的（距离地面大于 0.3λ）。

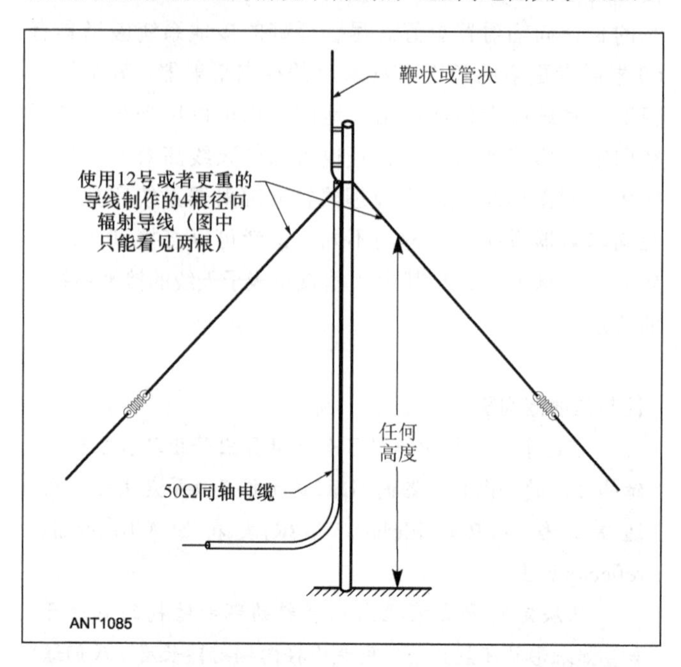

图9-22 一架工作在7MHz频段的远距离通信镜像平面天线非常高效。尽管它的基座可以是地面向上任意高度，但是当天线的底部和镜像平面尽可能高于地面时，地表下面的损耗会减小。对天线可以直接使用50Ω同轴电缆进行馈电，这样馈电的驻波比也很低。垂直辐射器和径向辐射器的电长度都是1/4λ。径向辐射器的物理长度取决于他们自身的长度直径比，天线高于地面的高度和垂直辐射器的长度将在文中讨论。

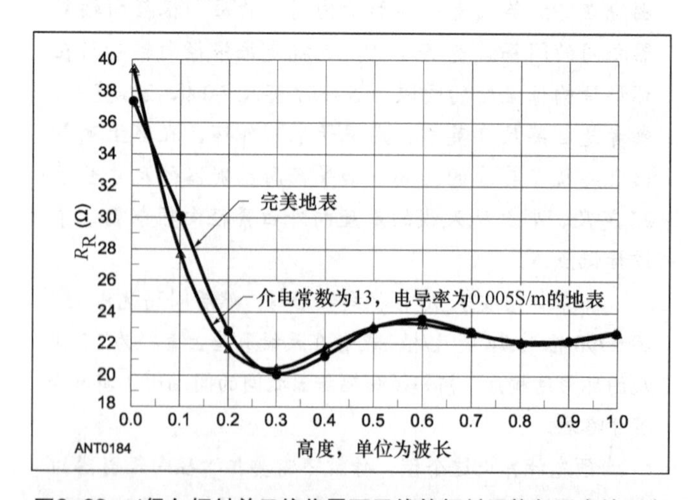

图9-23 4径向辐射单元镜像平面天线的辐射阻抗与距离地面高度的函数关系，图中展示了完美地表和平均地表条件的结果。天线的工作频率为3.525MHz。径向辐射器与地面的角度 θ 为0°。

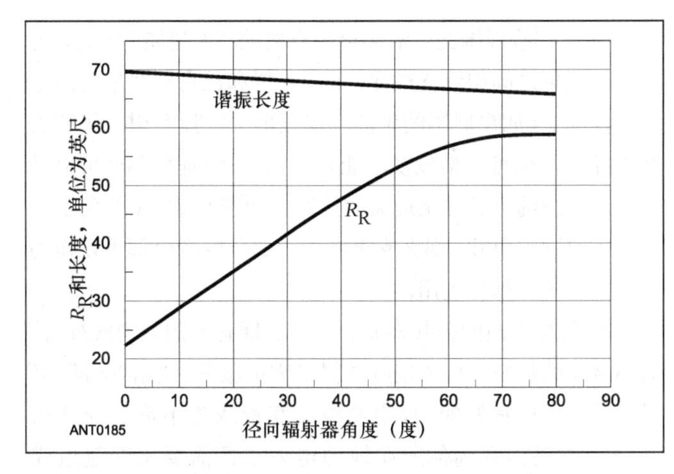

图9-24 4径向辐射单元镜像平面天线假设在地面以上大于0.3λ时的辐射阻抗和谐振长度与径向辐射器向下倾斜角 θ 的函数关系。

注意到当径向辐射器向下垂 45°时，R_R 的值大约为 50Ω，这是比较合适的值。天线的谐振长度随角度变化不大。另外，天线的谐振长度随天线高度的变化也不大。它与这些因素有关，例如导体直径。径向辐射器的长度进行一些调节有时候也是需要的。当镜像平面天线在 HF 频段中较高频率或者 VHF 频段工作时，径向辐射器向下倾斜 45°，可以提供与50Ω同轴电缆很好地匹配。

当径向辐射器向下倾斜 45°时，天线高度对 R_R 值的影响如图 9-25 所示。在 7MHz 以及更低的频段时，架空天线距离地面至少 1λ 的高度，同时径向辐射器还能保持 45°倾斜角与 50Ω同轴电缆匹配，几乎是不可能的，一般情况下，这个倾斜角的要求是 10°～20°。为了使天线垂直部件尽可能地长，最好是允许匹配效果差一点，但是使得径向辐射器平行于地面。

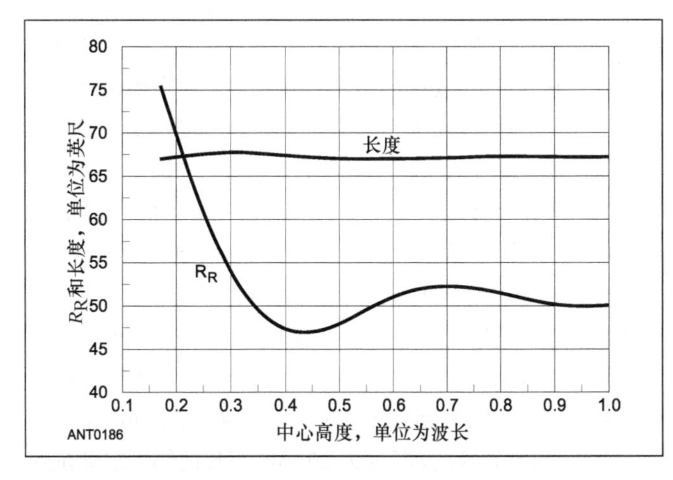

图9-25 4径向辐射单元镜像平面天线在不同地面高度的情况下的辐射阻抗和谐振长度。地表为平均条件，径向辐射器向下倾斜角 θ 为45°。

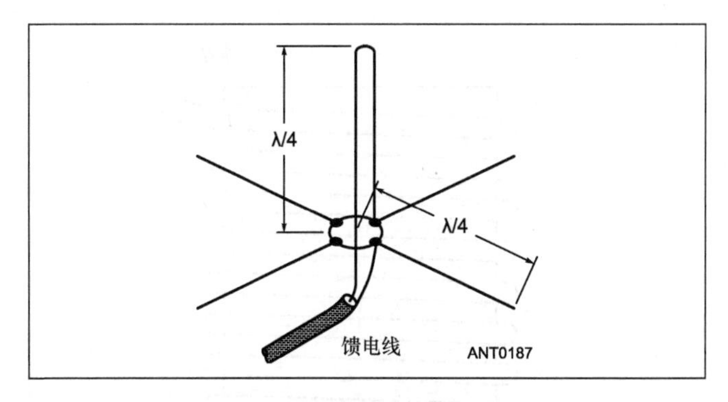

图9-26 折叠单极子天线。这里所展示的是一架具有4根径向辐射器系统的镜像平面天线。折叠单元可以穿过外延的虚接地系统工作，或者安装在地面上，使用掩埋径向辐射器系统和地表进行工作。就像折叠偶极子天线一样，馈电点阻抗取决于径向辐射器的导体尺寸和它们之间的间隔比值。

之前讨论的折叠偶极子天线概念同样也可以利用到镜像平面天线这里，如图 9-26 所示，这是一架折叠单极子天线。馈电点阻抗可以由平行垂直导体的数量以及它们直径的比值来控制。

正如之前提到的，在大多数天线安装过程中，将天线与馈电线以及其他导电性支撑结构进行隔离是非常重要的。这样做可以减小通过地面的返回电流。馈电线和导电支撑结构上的返回电流会使天线的辐射方向图产生极大的变化，通常辐射特性会变坏。由于这些原因，必须采用巴伦（参见“传输线耦合和阻抗匹配”一章）或者其他隔离步骤。对于更高的频段，1∶1 的巴伦会非常有效，但是对于 3.5MHz 和 1.8MHz 频段，商用巴伦通常具有很小的并联电感，可以提供精确的隔离。当隔离并不精确时，很容易意识到。当天线开始调节时，同时看着驻波比表或者隔离电阻表，调节对你与仪器的接触很敏感。当调节完并且连接上馈电线之后，驻波比会变得完全不同。当馈电线并没有精确隔离时，出现的谐振频率或者谐振所需要的径向辐射器长度会和你所期望的值有明显的不同。

总之，3.5MHz 和 1.8MHz 频段的镜像平面天线需要使用 50～100μH 电流型巴伦。制作我们所需要的电流型巴伦最简单的途径之一就是将一定长度的同轴电缆绕成一个如图 9-27 所示的线圈。对于 1.8MHz 频段，将 RG-213 电缆绕在 14 英寸长、直径 8 英寸的 PVC 管上大概 30 圈，可以制作一个非常好的电流型巴伦，可以连续控制规定的功率。较小的扼流圈可以使用 RG-8X 电缆，或者特氟龙涂层包裹的电缆，绕在 4 英寸直径的塑料排水管上。这里最重要的一点就是将天线与馈电线和支撑结构之间进行隔离或者退耦。

通常情况下，制作全尺寸的镜像平面天线，对于 3.5MHz 频段来讲有点不太现实，对于 1.8MHz 频段而言非常不现实。

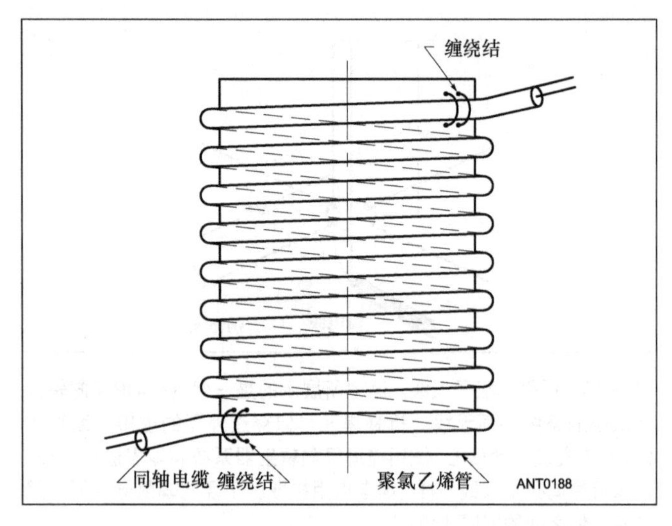

图9-27　通过在塑料管片段上缠绕同轴电缆，可以制作对天线进行适当隔离的具有足够阻抗的电流型巴伦。在文中给出了巴伦合适的尺寸。

但是这种天线应用在 7MHz 频段，尤其是进行远距离通信时，却是非常有优势的。更小的版本可以在 3.5 MHz 和 1.8MHz 频段使用。

9.2.5　垂直天线实例

建造一架垂直天线有很多可行的方法，唯一的限制就是你的想象力。其中最主要的问题就是建造具有足够高度的天线的垂直部件。常用的一些方法有：

- 专用天线塔；
- 使用已有的天线塔，需要再塔顶加载 HF 频段八木天线；
- 悬挂在树干上或者建筑物一边上的导线；
- 使用两棵树或其他支撑物之间的连接线进行支撑的垂直导线；
- 较高的杆子支撑导线；
- 旗杆；
- 灯柱；
- 水管；
- 电视天线杆。

如果你有足够的空间和资源，最简单直接的办法就是为垂直天线建造一架专用的天线塔。尽管这是个非常有效的方法，但是许多的无线电爱好者并没有足够的空间来架设专用天线塔，或者没有足够的资金这么做，除非他们已经有一架顶端加载了 HF 频段天线的天线塔。这样现成的装载有天线的天线塔可以作为顶端负载的垂直天线使用，只需要对天线系统进行并行馈电，同时再增加一套接地径向辐射器系统。图 9-28（B）展示了这样的一套天线系统。

对于那些周围的生活环境中有树的“火腿族”来说，可以在两棵树之间架设支撑绳，或者在树和已有天线塔之间架设支撑绳。（如果周围的生活环境很单一，没有树之类的天然支撑物，也可以架设多功能杆。）天线的垂直部件可以是一根从支撑绳上悬挂至地面的导线，如图 9-28（C）所示。如果需要顶端负载，那么支撑绳的一部分或者全部可以作为顶端负载的一部分利用。

你所在当地的公共事业公司会定期有旧的电力线杆，他们不会继续使用旧电力线杆并提供维护服务。这给“火腿族”提供了一个非常好的、只需要很少花费或者不需要花费的选择。如果你看到你所在地的电力线杆需要重新建造或者维修时，你可以停下脚步然后跟施工队的包工头套套近乎。有时候他们会将旧的电力线杆移除，并且不再使用它们，这时候他们需要将旧电力线杆拖走并且丢弃。这个时候你可以为他们提供“直接现场丢弃”的服务，他们也许会很乐意接受。这样的电力线杆可以使用金属管或者金属鞭进行加长，以用于天线的架设，如图 9-28（A）中所示。电力线杆不是你唯一的选择，在美国的某些地方，例如美国东南部或者西北部地区，你可以可以直接利用当地高大的针叶树作为支撑架。

自持式（不需要斜拉固定的）的旗杆或者道路照明支撑设备通常超过 100 英尺，也可以使用，他们通常由玻璃纤维、铝或者镀锌钢材制作而成，所有这些都是建造垂直天线的选项。旗杆的供应商可以从你的 Yellow Pages 中的“Flags and Banners”选项列表中找到。对于照明支撑设备（灯柱），你可以和当地电气五金经销商联系。就像木制杆一样，玻璃纤维旗杆通常不需要基端绝缘子，但是金属杆就需要基端绝缘子了。此时就需要牵拉绳索了。

一种避免使用牵拉绳索和基端绝缘子的方法就是，将天线杆直接安装到地下，然后使用分布式馈电。如果你希望保持天线杆接地，但是使用架空径向辐射器，你需要在天线杆的顶端使用导线笼（4 根或者 6 根导线），如图 9-28（D）所示。导线笼围绕在天线杆（或者是天线塔）周围，同时可以允许天线杆处于接地状态，并且也使得架空径向辐射器的使用得以实现。在天线杆或者天线塔周围使用导线笼，是一种非常有效的增大天线杆或者天线塔有效直径的途径。这种方法会降低天线的 Q 值，因此会提高天线的带宽。同时，这种方法也可以降低导体损耗，尤其是当天线杆是由镀锌钢材制作时效果明显，因为镀锌钢材并不是非常好的射频导体。

3～4 英寸直径的、长度为 20～40 英尺的铝制水管在乡村使用非常多。当使用非导线的绳索牵拉天线杆时，用一根或者两根相互连接的这种水管同样可以制作非常好的垂直天线。这种水管的重量比较轻，相对更容易竖立。各种电视天线杆也很容易得到，也可以用来制作垂直天线。

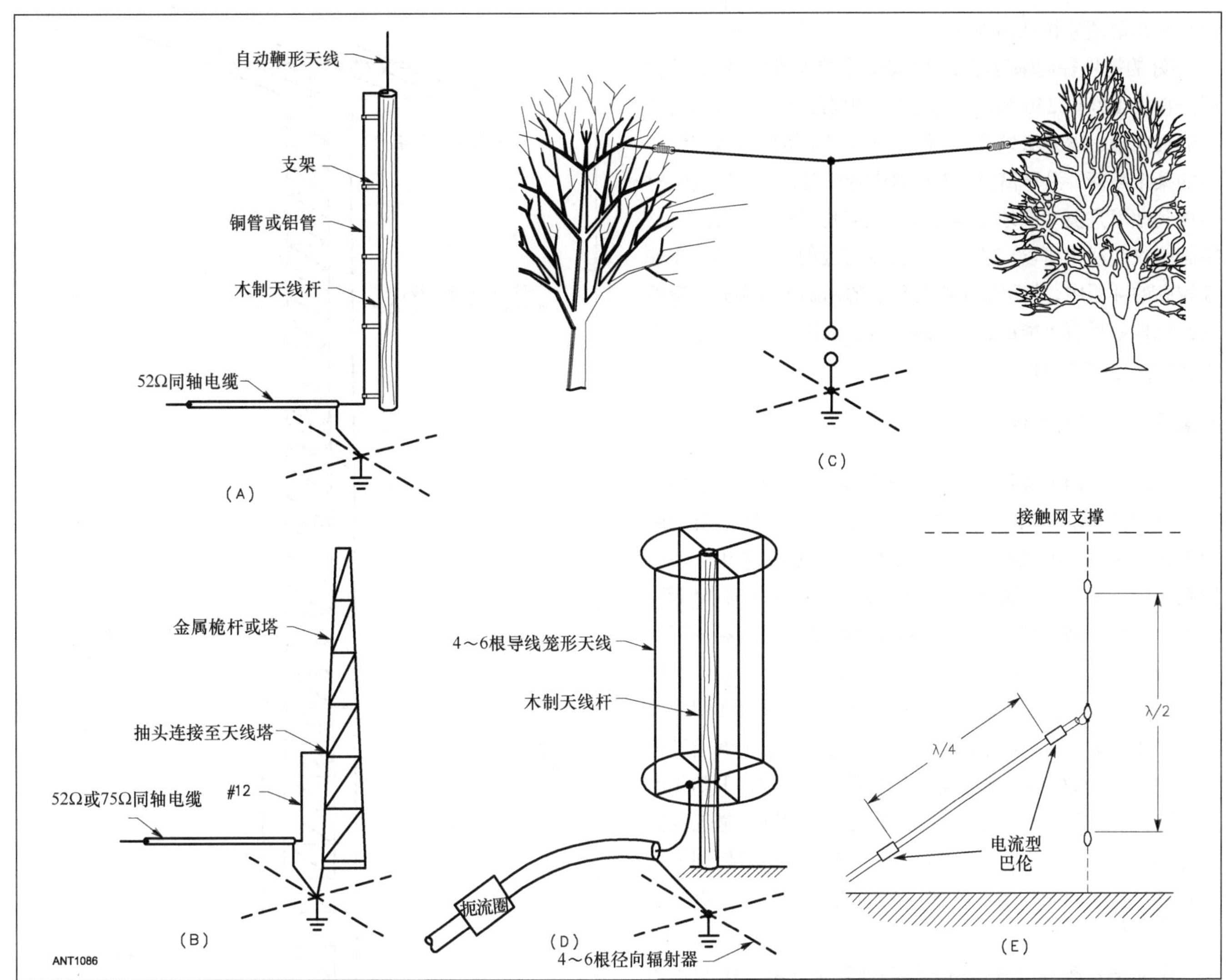

图9-28　对于3.5MHz或者7MHz工作频段而言，垂直天线非常高效。图（A）中所示的1/4λ天线直接用50Ω同轴电缆传输线直接进行馈电，最终的驻波比通常要小于1.5:1，这取决于接地电阻。如果使用如图（B）所示的接地天线，那么天线既可以使用50Ω也可以使用75Ω同轴电缆进行分布式馈电。抽头部位的匹配还有C的值可以通过试验来确定。顺着天线塔边上往上延伸的馈电线应当与天线保持6～12英寸的间隔。如果有较高的树木可以使用，天线可以从树木之间的连接线上悬挂下来支撑天线，如图（C）所示。如果天线的垂直部件不够长，水平支撑部件可以使用导线制作，作为顶端负载。如果如图（D）所示，有一架具有4根或者6根导线的笼形天线可供使用，那么可以利用天线杆或者甚至接地天线塔来架高径向辐射器系统。天线杆周围的笼可以是木头或者接地的导体。

使用已有天线塔制作 1.8～3.5MHz 频段垂直天线

天线塔也可以当作垂直天线使用，只要它具有良好的接地系统。分布式馈电的天线塔工作在 1.8MHz 频段时，效率最高。这个频段的 1/4λ 垂直天线几乎是不可能建造的。几乎任何天线塔的高度都可以被利用。如果天线塔的梁结构可以提供一些顶端负载，那简直就更好了，任何东西都可以辐射出信号，只要进行了适当的馈电。Earl Cunningham/K6SE(SK)使用自持式铝制可调高度的 tilt-over 天线塔，70 英尺高的塔顶加载有一架 TH6DXX 三波段天线。测量显示这样的一架天线系统整个相当于一架 125 英尺的垂直天线。这架天线系统可以在 1.8～3.5MHz 需要低出射角辐射的远距离通信频段上工作得非常好。

准备天线架构

通常在尝试分布式馈电之前，关于天线塔系统还有一些工作需要先做。如果存在，金属牵拉线需要切断，并用绝缘子连接。如果需要的话，审慎地安装第一个绝缘子的位置，它们可以用于模拟顶端负载。不要做得太过，没有必要通过这种方式来“调谐天线”，因为使用了分布式馈电。如果天线塔是系到房屋上，系的位置高于天线塔本身高度的 1/4，需要对天线塔和房屋之间进行隔离，1/4 英寸或者更薄的树脂片可以弯曲成任意形状达到此种目的。当然需要对树脂片进行加热，并且趁热弯曲。

所有的电缆都必须紧紧系于天线塔的边上，然后连接到地平面。没有必要将屏蔽的电缆与天线塔之间进行电连接，但是都需要遵守接地的规则。

好的掩埋径向辐射器接地系统是非常必要的。理想的情况是使用120根250英尺长的径向辐射器，但是更少以及更短的径向辐射器是必须要的。你可以将整个接地系统围绕房屋的某个角落、沿着篱笆、人行道进行安置，任何径向辐射器埋到地下几英寸的地方都可以，或者也可以放在地表上。铝制晾衣绳线也可以广泛地在不会受腐蚀的地方使用。在酸性较高的环境中，使用氯丁橡胶包裹的铝制导线更好。深埋的接地杆如果有可能的话，与地下铜质水管相连接，这样对于防护闪电非常有用。

安装分布式馈电系统

1.8～3.5MHz 频段使用的分布式馈电天线塔主要的一些细节如图9-29所示。刚性的杆或者管可以作为馈电部件，但是重的铝制或者铜制测量线更易使用。K6SE 使用柔韧的股制8号 AWG 铜导线，作为1.5MHz天线系统的馈电部件，因为当天线塔高度调低时，馈电线必须随着天线塔高度降低而降低。连接点在天线的顶端，大约68英尺高，通过一根4英尺长的铝管水平夹在天线塔的顶端。馈电线夹在铝管的外端，然后垂直向下，穿过有支架的绝缘子。水平管通过将12英寸长的 PVC 塑料水管安装在3英尺长的铝管上制作而成。这些水平管夹在天线塔内侧15～20英尺处。最低的夹子大约3英尺高。这些长度都可以进行调节，可以控制天线塔和导线之间的间隔空间在12～36英寸变化范围，以便进行阻抗匹配。

1.8MHz 频段天线使用的伽马匹配电容器是板间距为1/6英寸的250pF 可变电容器。在200W 功率以内，都可以精确调节。对于高功率情况，可以使用较大的发射机和真空可变电容器。

调谐步骤

如果天线塔的高度在75英尺左右，1.8MHz 天线系统的馈电线应当连接至天线塔的顶端。安装带支架的绝缘子，使得天线塔和导线之间的距离大概在24英寸。将天线拉紧，然后夹到最下面的绝缘子上，并固定。如果有需要，导线在夹子的下面留有一些可供调节的余量，以便调节导线与天线塔之间的间距。

调节1.8MHz 传输线上的串联电容器，以便得到最小的反射功率，正如连接在同轴电缆和电容器外罩上，连接点之间的驻波比测量仪上，所显示的最小驻波比。在你所希望的工作波段的中间频率位置处对天线系统进行调节。如果显示驻波比较高，导线位置较低的部分需要移动，以便根据驻波比的显示来决定是不是需要缩小天线塔和导线之间的间距。如果驻波比降低了，将所有的绝缘子离塔更近，然后再尝试。

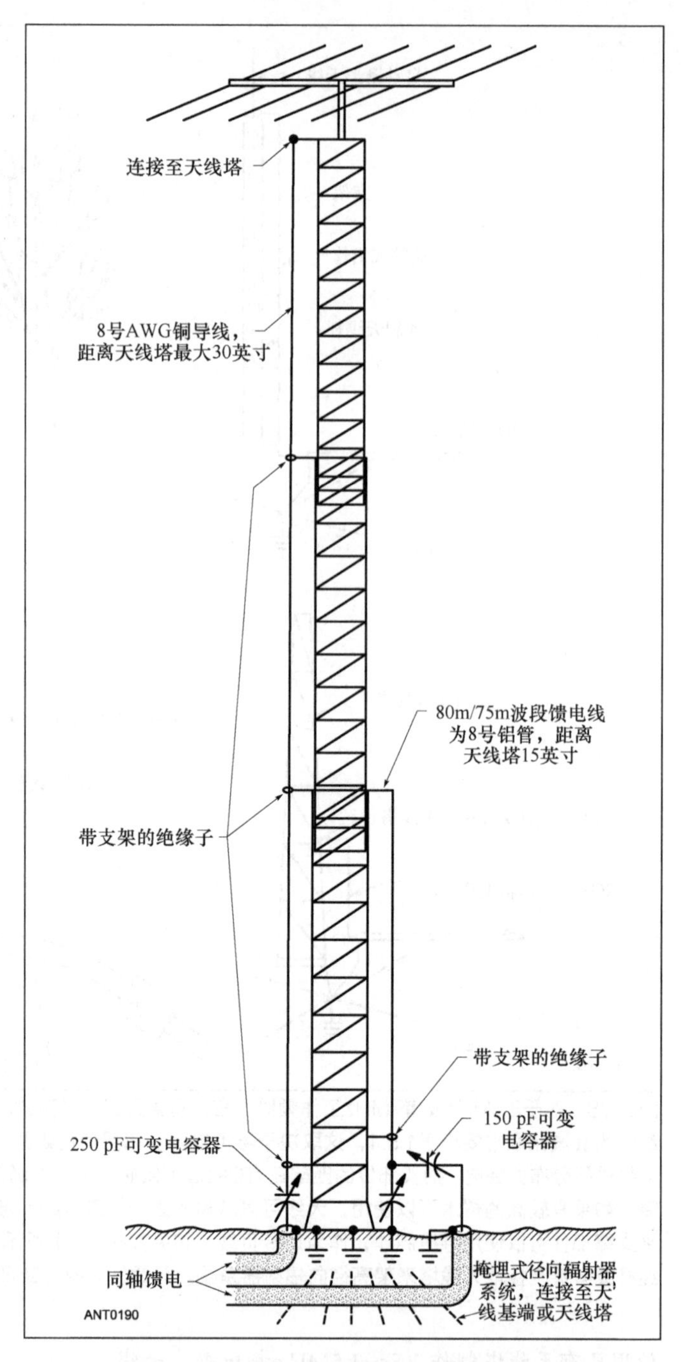

图9-29　K6SE(SK)使用的分布式馈电天线塔的主要细节。1.8MHz频段天线的馈电线从左侧，通过1英寸直径铝管制作的水平臂，连接到天线塔的顶端。其他的水平臂都在外端使用1英尺长塑料水管制作的支撑绝缘子。3.5～4MHz频段天线的馈电线在天线塔的右侧进行连接，连接高度在28英尺，连接方法与1.8MHz频段的相似。但是使用两个可变电容器可以允许对天线进行调节，当工作频率变化很大时，也可以匹配天线。

如果驻波比上升了，增大导线和天线塔之间的间距。这个间距的可调范围为12～36英寸之间。如果天线塔和导线之间的间距已经降低到12英寸了，驻波比的数值还是不理想，尝试使顶端连接位置距离地面更远。如果，较宽的间距不能满足需要，尝试 3.5MHz 频段所使用的 omega 匹配。后面一种方法不需要调节导线和天线塔之间的间距，后面一种方法当天线塔较短或者天线塔只有较小的甚至没有顶端负载的时候才需要。

Omega 匹配中的双电容器配置同样在 160m 波段中频率跨度为 25kHz 及更大的频率宽度应用中使用。在最高的频率，即 1 990kHz 时调谐，使用单个电容器，设置导线与天线塔之间的间距，以及该频率时的固定连接点。将频率降低至 1 810kHz，将第二个电容器连接进电路，进行调节，使得其适用于新的频率。然后对第二个电容器的开关状态进行控制，可以允许天线工作频率直接从一个频率切换到另一个频率，而不需要对第一个电容器进行大范围地重新调节。

9.2.6 架高镜像平面天线

这一节描述了一种仅仅使用接地塔而不使用顶部安装天线装置，但是简单有效的天线设计方式，这就是 80～160m 波段架高镜像平面天线。这种天线设计方式首先出现在 1994 年 6 月《QST》杂志中由 Thomas Russell(N4KG)发表的文献中。

从斜拉天线到垂直天线

回顾 1/4λ 斜拉天线，也就是众所周知的单边斜拉天线（单边斜拉天线在这一章的后面将会更加详细地描述。），这种天线由一根隔离的 1/4λ 导线，从架高的馈电点斜拉至接地塔。当馈电点在一架顶部安装的八木天线的下方某处时，通常可以得到最佳的辐射效果。将同轴电缆的中心导体和导线相链接，同轴电缆的编织屏蔽层和接地塔支架相连接，可以对斜拉天线进行馈电。现在，想象一下有 4 个或者更多的斜拉天线，不对它们分别进行馈电，而是通过将各个同轴电缆的中心导体互相连接起来，然后接到一根单独的馈电线。瞧，天线瞬间就变成架高镜像平面天线了。

现在你需要做的就是决定如何将天线调谐至谐振状态。当天线塔顶没有天线装置时，天线塔可以被认为是一个粗的导体，其在自由空间的长度应当比 1/4λ 短大约 4%。计算这一长度值，将 4 个隔离的 1/4λ 辐射导线连接至距天线塔顶部这个长度值的位置。对于设计工作波段为 80m 的天线，要求在距未加负载的天线塔顶端 65 英尺设置一个馈电点。凡是具有这样的加载的天线塔都必须用隔离器进行分离。对于设计工作波段为 160m 的天线，要求在距未加负载的天线塔顶端 130 英尺设置一个馈电点。

对于典型的接地塔八木天线该怎么实现？顶部安装的八木天线相当于大的电容帽，从顶部加载进天线塔。幸运的是，顶部加载是对最垂直天线进行加载的最有效的方式。

表 9-3 中所举的例子应当给我们一些启发，对于典型的业余无线电爱好者所使用的天线顶端负载应当有多大。等效负载一栏中所列出来的值告诉我们，顶端负载的垂直天线一栏中所列的天线可以取代的大概的垂直高度。为了达到接地塔谐振所需总数值，需要减去未加载的接地塔高度谐振时所需数值。需要注意的是，除了 10m 长波段天线之外，其余的等效加载都等于或者大于 40m 波段天线的 1/4λ。对于典型的 HF 频段八木天线，这种方法只在 80m 和 160m 波段的设计中效果最好。

表 9-3　　普通八木天线的有效负载

天线	动臂长度（英尺）	面积（平方英尺）	等效负载（英尺）
3L 20	24	768	39
5L 15	26	624	35
4L 15	20	480	31
3L 15	16	384	28
5L 10	24	384	28
4L 10	18	288	24
3L 10	12	192	20
TH7	24	—	40（估算）
TH3	14	—	27（估算）

建造案例

考虑这个案例：一架安装在 40 英尺高天线塔上的 TH7 三波段八木天线。TH7 的总体尺寸大约与一架全尺寸 3 单元 20m 天线梁的尺寸差不多大。但是 TH7 具有更多相互交错的天线单元，它的等效负载估计约为 40 英尺。在 3.6MHz 时，天线塔有 65 英尺需要无负载。减去 40 英尺的等效负载，馈电点应当位于 TH7 天线下方 25 英尺处。

将 10 倍的 1/4λ（65 英尺）径向辐射器，系于天线塔支架上 15 英尺高之间的尼龙绳，与其他 10 英尺高的支撑物之间。尼龙绳被系于绝缘的悬在空中的 18 号 AWG 导线上，而不需要再另外使用绝缘体。所有的径向辐射器都互相连接，然后再连接到 RG-213 同轴电缆上非常精确的 1/4λ（在 3.6MHz 时）的中心处，使得另一端的天线馈电阻抗一致，图 9-30 展示了这种结构的天线。作者使用了一台惠普低频阻抗分析仪来测量 80m 波段附近的输入阻抗。在 3.6MHz 时，可以测量到我们所预测到的严格的谐振（零阻抗）。测量到的辐射阻抗为 17Ω。接下来的一个问题就是，如何对天线进行馈电和匹配。

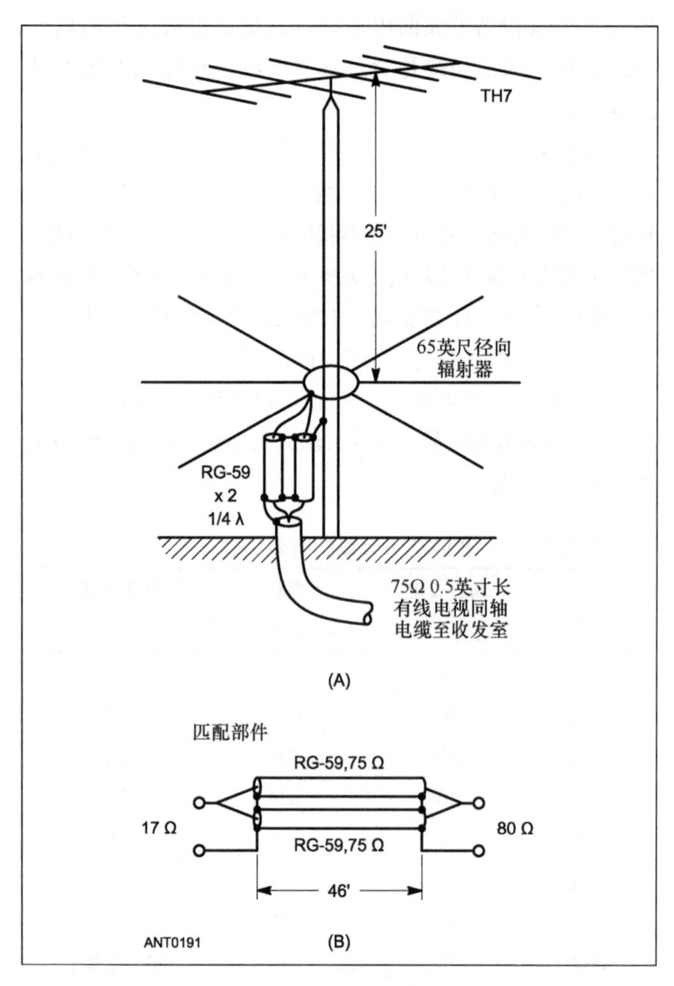

图9-30 在图（A）中，80m波段顶端负载，逆馈电的架高镜像平面天线。该天线安装在携带有TH7三波段八木天线的40英尺高天线塔上。在图（B）中，使用RG-59电缆制作的3.6MHz频段的匹配网络尺寸。

对于80m波段天线而言，有一个好方法，将天线调谐至80m波段的低值点处，使用低损耗传输线，将天线调谐器有次序地进行转换，使其工作至整个波段更高值的位置。使用50Ω传输线，17Ω的辐射阻抗表现为3：1驻波比，表明天线调谐器应当在整个频段都表现一致。如果需要使连接更加简短，使用RG-8或者RG-213同轴电缆直接连接至调谐器也是允许的。如果你有充足的低损耗75Ω有线电视硬同轴电缆储备，你也可以使用另一种方法。

通过将两根RG-59电缆并联，可以制作一个1/4λ（70英尺×0.66速度因子=46英尺）37Ω匹配线，将这一匹配线连接在馈电点和一系列连接至发射机的硬同轴电缆之间。这个神奇的1/4λ匹配转换器与输入阻抗R_i、输出阻抗R_o有如下关系：

$$Z_0^2 = R_i \times R_o \qquad (9\text{-}2)$$

对于R_i=17Ω，Z_o=37Ω，R_o=80Ω，这是一个几乎完全匹配于75Ω有点电视电缆的匹配装置。而在发射机端1.6:1的驻波比对于不适用调谐器的连续波工作模式而言，也足够好了。

160m 工作波段

在160m工作频段，谐振的1/4λ线就意味着天线塔的辐射导线以上有130英尺。这是一个相当高的高度要求了。减去TH7天线或者3单元20m天线的顶端负载40英尺，在天线塔的辐射导线以上还有90英尺，这看上去比较合理。而另外一些形式天线的额外顶端负载会将这个高度降得更低些。

另外一个装置方法，在75英尺天线塔上使用堆叠的TH6天线，具体方式如图9-31所示。辐射导线连接在距离地面约10英尺高处。

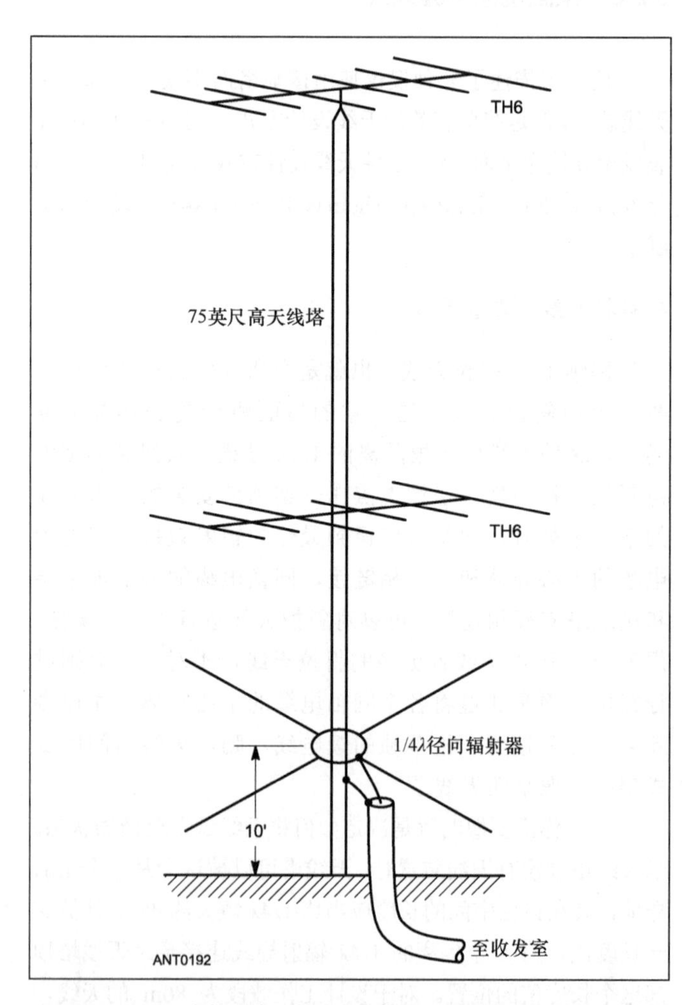

图9-31 160m波段天线，安装在携带堆叠三波段八木天线的75英尺高天线塔上。

9.3 加载技术

9.3.1 加载垂直天线

对于工作频率越来越低的情况，要想满足完全 1/4λ 垂直高度和全尺寸 1/4λ 辐射导线的尺寸条件，会越来越困难。就更不用说满足全尺寸半波长垂直偶极子天线（HVD）的尺寸条件了。事实上，无论是半波长垂直偶极子天线，还是地基单极子天线，或是水平极化类型的单极子天线，制造全尺寸的天线都不是绝对必须的。天线的实际尺寸可以减小一半甚至更多，但是仍然保持高辐射效率以及所需要的辐射方向图。但是，这需要小心谨慎的设计方案。同时，如果高辐射效率得以保持，那么变短了的天线的工作带宽就会减小，这是由于当天线的尺寸缩小之后会具有更高的 Q 值。

这同时也会使得从谐振状态到电阻抗增大的过程更加迅速。通过使用更大横截面积的导体，这种效应可以得到一定程度的缓解。但是采用这种措施，带宽仍然是一个问题，尤其在 3.5～4MHz 的波段上，因为相对于中心频率来讲，这个波段很宽。

如果我们以工作频率 3.525MHz、直径 2 英寸的垂直单极子天线为例，当其长度从 1/4λ 逐步减小时，馈电点的阻抗和效率的变化（在基端使用电感来调谐电容电抗），如表 9-4 所示，在这个例子中假设了理想的接地和电感。真实情况下的接地对于电阻而言不会产生大的改变，但是会带来接地损耗，这会进一步减小辐射效率。导体损耗同样会降低辐射效率。总之，更高的 R_R 会导致更高的效率。

表 9-4 使用电感基端负载时，垂直辐射器小于 1/4λ 时的影响

工作频率为 3.525MHz，电感 Q_L=200。接地损耗和导体损耗忽略不计。

长度（英尺）	长度（波长）	$R_R(\Omega)$	$X_C(\Omega)$	$R_L(\Omega)$	效率(%)	损耗(dB)
14	0.050	0.96	−761	3.8	20	−7.0
20.9	0.075	2.2	−533	2.7	45	−3.5
27.9	0.100	4.2	−395	2.0	68	−1.7
34.9	0.125	6.8	−298	1.5	82	−0.86
41.9	0.150	10.4	−220	1.1	90	−0.44
48.9	0.175	15.1	−153	0.77	95	−0.22
55.8	0.200	21.4	−92	0.46	98	−0.09
62.8	0.225	29.7	−34	0.17	99	−0.02

表 9-4 中比较重要的一点是，当天线变短时，辐射阻抗 R_R 会剧烈减小。再加上用来调谐不断增大的基端电抗（X_C）的电感（R_L），其损耗阻抗也在增大，最终会导致辐射效率降低。

9.3.2 基端加载短垂直天线

天线的基端是一个可以非常方便地加入负载电感的点，但是对于给定的 Q 值以及安装对应的电感，这里通常不是最低损耗点。在“移动和海事高频天线”一章中，有详细的更深入地讨论，优化加载短垂直天线位置相对于接地损耗和电感 Q 值的函数关系。而移动和海事 HF 频段天线无论从电尺寸还是物理尺寸的角度来讲都必须小。在使用电感负载之前，应当好好参考这类信息。

可以下载 MOBILE.EXE 程序，这是一款非常优秀的工具软件，可以用来设计短小的电感负载天线。对于绝大多数情况，当没有使用顶端加载（下面会讨论）时，最优点靠近垂直部件的中间点或者稍微在中间点之上。从垂直天线的基端到中间点位置处移动负载线圈，会产生很重要的区别，这就是增加的 R_R 和减小的电感损耗。例如，对于一架工作在 3.525MHz 频段的天线，如果我们使得 L_1=34.9 英尺（0.125λ），那么安装在垂直天线中间点处的负载电感的值应为 25.2μH。这会使天线处于谐振状态。这种结构形态的 R_R 会从 6.8Ω（基端）增加到 13.5Ω（中间端）。这从本质上增加了天线的辐射效率，而辐射效率取决于接地损耗和导体阻抗。

也可以使用整个辐射器都绕成一个小直径线圈的“连续负载”，来取代插入天线中某些点的集总电感。这种方法的效果就是将电感负载沿着整个辐射器分布。在这种类型的电感负载中，线圈就是辐射器。使用这种方式设计的短垂直天线实例会在本章稍后的部分给出。

9.3.3 加载短垂直天线的其他方法

当需要减小天线尺寸时，电感负载不是唯一的补偿方法，当然更不是最好的补偿方法。如图 9-32 所示，电容顶端负载的方法也可以用来对减小天线尺寸进行补偿，可以使得垂直单极子天线调谐至谐振状态。表 9-5 给出了工作在 3.525MHz 频段缩短的垂直天线，所使用顶端负载的信息。天线的垂直部分（L_1）使用 2 英寸的金属管制作而成。顶端负载同样是 2 英寸金属管的延伸并与垂直部分在顶部相交叉，就像 T 型。顶端负载 T（±L_2）的长度需要调节，以便使天线处于调谐状态。同样，在表 9-5 中，接地和导体都假设为理想情况。

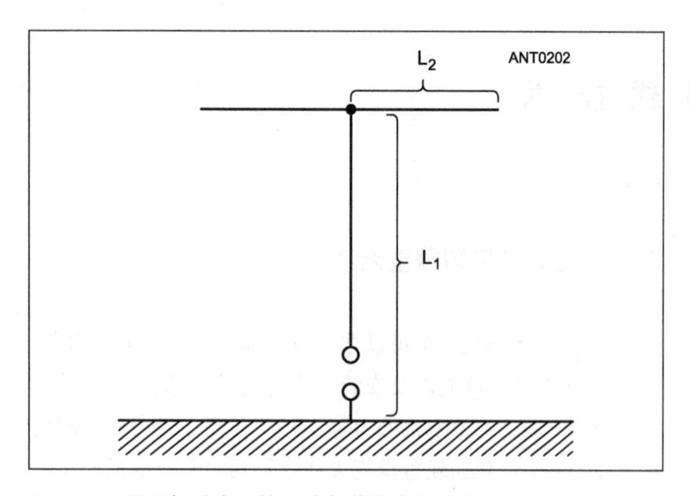

图9-32　用于短垂直天线顶端负载的水平导线。

表 9-5　使用顶端负载时缩短垂直导线的影响

L_1(英尺)	L_2(英尺)	长度（λ）	R_R(Ω)
14.0	48.8	0.050	4.0
20.9	38.6	0.075	8.5
27.9	30.1	0.100	14.0
34.9	22.8	0.125	19.9
41.9	17.3	0.150	25.5
48.9	11.9	0.175	30.4
55.8	7.0	0.200	33.9
62.8	2.4	0.225	35.7

对于给定垂直高度，利用顶端负载使得天线处于谐振状态，会带来非常高的辐射阻抗 R_R（2～4 倍），另外，负载单元所带来的损耗会更小。这样的结果就是使得高度较低的天线也可以有更好的辐射效率。图 9-33 中给出了电容顶端负载和电感基端负载两种情况下的 R_R。对于高度小于 0.15λ 的情况，顶端负载单元的长度变得不切实际，但是还有其他可能更加有效的顶端负载方案。

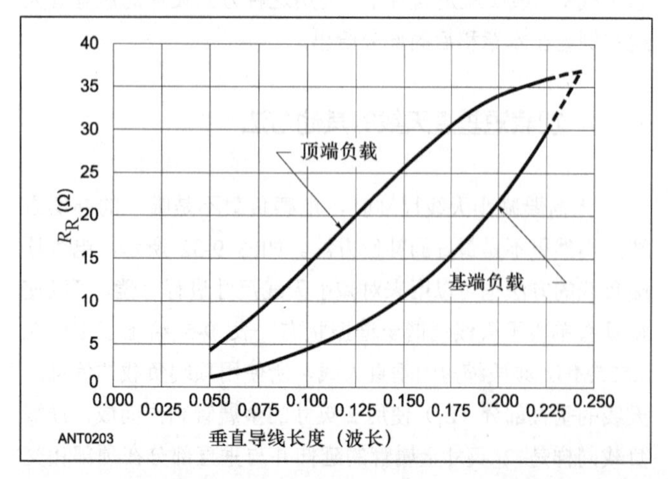

图9-33　短垂直天线使用顶端（电容负载）负载和基端（电感负载）负载的比较。使用足够多的负载使得天线处于谐振状态。

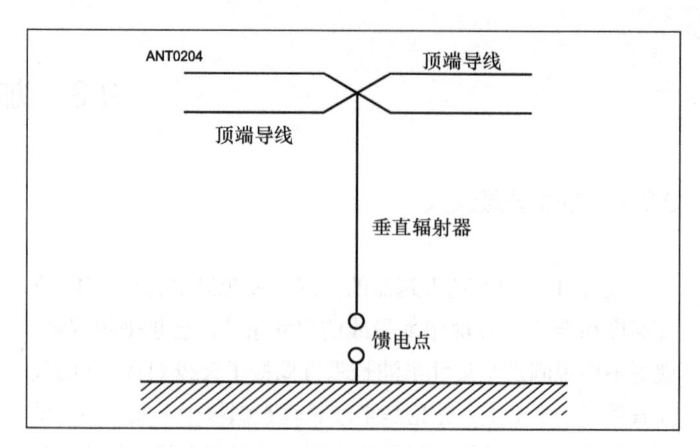

图9-34　多顶端导线可以从本质上增加有效电容，利用更短的顶端导线就可以使得天线处于谐振状态。

图 9-34 所示的多导线系统相比单一导线装置具有更高的电容值，因此对于给定的工作频率，不需要很长以使天线处于谐振状态。但是，这样的设计需要对增加的导线进行额外的支撑。理想情况下，这类装置的形态应当是，相交但是相互平行的导线，导线之间相隔几英尺，这样相比于单根导线电容值可以有一个合理的增加。

顶端负载可以由各种金属结构提供，这些结构足够大以便自身具有必需的电容值。例如，如图 9-35 所示，一架末端互相连接的多导线辐射状结构的天线可以使用。制作电容帽的一个简单的方法就是取 4～6 个 8 英寸玻璃纤维民用波段移动鞭状天线，将它们在类似于汽车方向盘的结构内排列成辐射状，并用外围导线将其末端相连。这个装置会形成一个 16 英尺直径的电容帽，这样做很经济，同时也很耐用，即使有冰覆盖在天线上也不会影响。事实上，任何足够大的金属机构都可以达到这样的目的，但是简单的几何形状，例如球形、圆柱和碟形更好，因为这些形状的电容相对其他形状而言更容易计算。

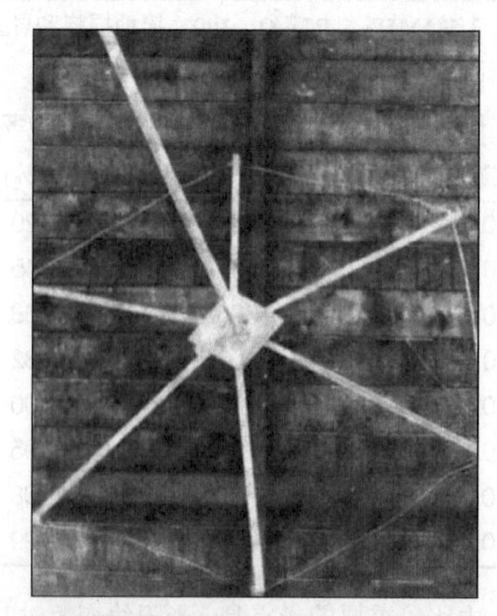

图9-35　7MHz垂直天线电容帽的特写。0.5英寸直径的径向辐射器臂的末端使用铜导线连接成一个回路。

这 3 种几何形状的电容可以通过图 9-36 所示的曲线，以及曲线和几何形状的尺寸的函数关系估算出来。对于圆柱而言，长度等于直径。如果球形、圆柱和碟形方案是可行的，可以用金属板来制作，但是无论是使用屏蔽还是导线网，或是金属管来制作这些“骨架”形的天线，它们的电容值几乎是一样的。

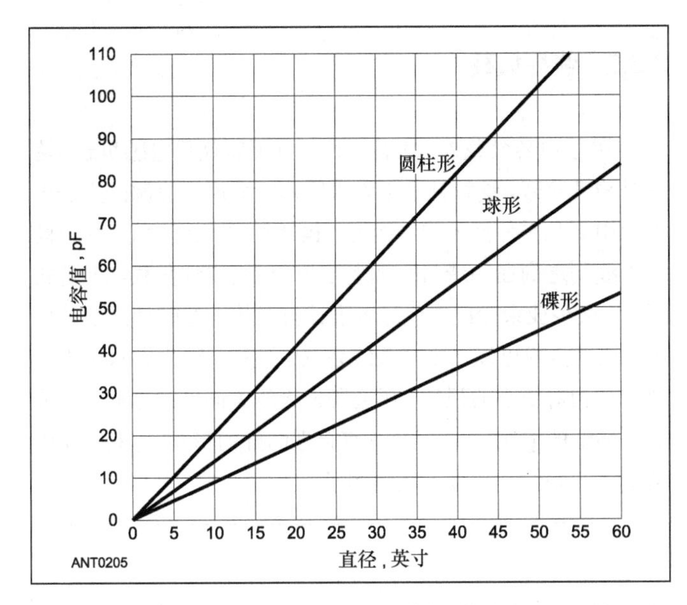

图9-36　球形、碟形和圆柱形的电容值随直径的变化。圆柱形假设其高度等于其直径。

确定电容帽尺寸

电容帽所需要的尺寸可以由以下流程来确定。这一节的信息基于 Walter Schulz(K3OQF)于 1978 年在《QST》杂志上发表的文献。缩短天线的物理尺寸可以由以下公式计算：

$$h_{英寸}=\frac{11808\times l}{f_{\mathrm{MHz}}} \qquad (9\text{-}3)$$

其中 h 是英寸为单位的长度，l 是波长为单位的电长度。

因此，例如，对于工作频率为 7MHz 的天线，如果要缩短的电长度为 0.167λ，h=11808/7×0.167=282 英寸，等于 23.48 英尺。

考虑到垂直辐射器是末端开放的传输线，所以阻抗和顶端负载可以计算出。垂直推荐线的特征阻抗可以由以下公式计算：

$$Z_0=60\left[\ln\left(\frac{4h}{d}\right)-1\right] \qquad (9\text{-}4)$$

其中

ln=自然对数运算

h=垂直辐射器的长度（高度），单位为英寸（同上）

d=辐射器的直径，单位为英寸

本例中的垂直辐射器直径为 1 英寸，因此，对于本例，

$$Z_0=60\left[\ln\left(\frac{4\times 281}{1}\right)-1\right]=361\,\Omega$$

电容电抗所需要的顶端负载数值可以由以下公式计算：

$$X_{\mathrm{C}}=\frac{Z_0}{\tan\theta} \qquad (9\text{-}5)$$

其中

X_{C}=电容电抗，单位为Ω

Z_0=天线特征阻抗（由式 9-4 计算）

θ=电负载量，单位为度

对于 30° 电容帽，电容电抗为 361/tan30°=625Ω。这个电容电抗值可以通过以下公式转换为电容值：

$$C=\frac{10^6}{2\pi f X_{\mathrm{C}}} \qquad (9\text{-}6)$$

其中

C=电容值，单位为 pF

f=工作频率，单位为 MHz

X_{C} =电容电抗，单位为Ω

对于本例，所需要的 $C=10^6/(2\pi\times7\times625)$=36.4pF，四舍五入后为 36pF。这里使用的是碟形电容。36pF 电容帽大概的直径可以由图 9-36 得到，36pF 电容对应的碟形电容帽尺寸为 40 英寸。

在图 9-35 中，骨架型碟形天线现在很流行放进类似汽车方向盘的结构中。通常使用 6 根 20 英寸长的 0.5 英寸直径的铝管作为径向辐射器。所有的铝管都等距地向内连接至方向盘结构的中心位置。径向辐射器的外端以 14 号 AWG 铜导线连接成环状线圈。需要注意的是环状线圈会轻微地提高电容帽的电容值，使得骨架型碟形天线的效果更加接近于真实的碟形天线。在 23.4 英尺辐射天线源的顶端加上这样一个电容帽使得天线在半波频段也就是 7MHz 频段产生谐振。

当天线制作完后，如果需要使天线在特定频率工作于谐振状态，那么对径向辐射器的长度和电容帽的尺寸进行细微调整也是必要的。如图 9-33 所示，0.167pF 高的辐射器，如果没有顶端负载的话，其辐射阻抗大约为 13Ω，加上顶端负载后，R_{R} 大约为 25Ω或者几乎是两倍。

组合负载

当天线的尺寸被缩短得非常小时，顶端负载设备的尺寸也就变得非常大了，有时甚至非常夸张不切实际。在这种情况下，电感负载被直接放置在电容帽和天线顶端之间，可以使得天线达到谐振状态。另一种代替方法是使用线性负载代替电感负载。前面一节中，就举了一个末端负载组合上线性负载的例子。

缩短径向辐射器尺寸

很多情况下，全尺寸径向辐射器对于空间的要求显然是没有办法满足的。就像天线的垂直部分可以被缩短一样，径向辐射器也可以缩短，并且以非常类似的方式进行加载。图 9-37（A）中给出了一个末端加载的径向辐射器的例子。在顶端加载的情况下，也可以使用只有通常长度一半的径向辐射器，尽管会造成辐射效率有轻微地降低，但是天线的 Q 值会升高而且工作带宽会减小。如图 9-37（B）所示，也可以使用电感负载。由于电感负载并未使径向辐射器的尺寸减小太多（大约 0.1λ），因此只要小心设计，径向辐射器的效率仍然会非常高。

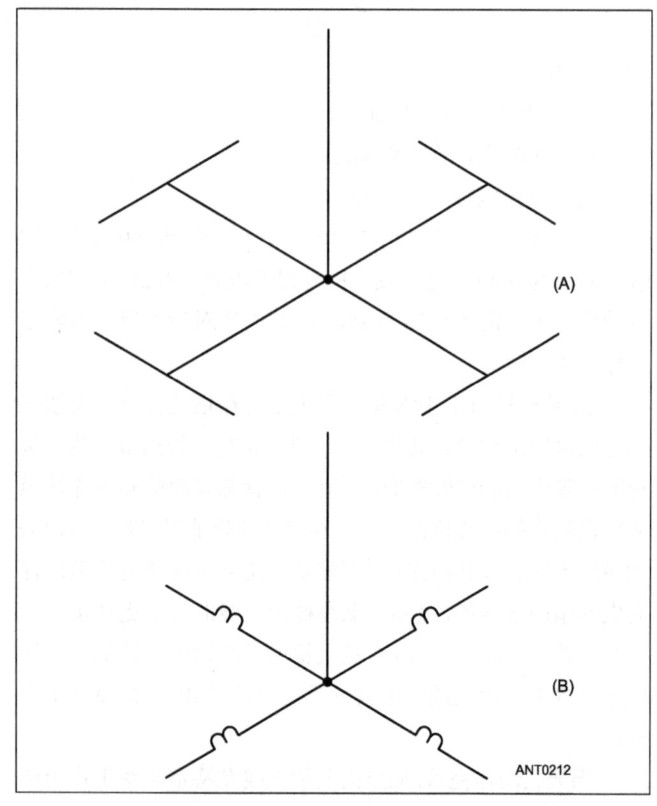

图9-37　径向辐射器可以使用电容负载（A）或者电感负载（B）来缩短长度。在极端情况下，电容负载和电感负载可以一起使用，但是天线的工作带宽就会受到限制。

9.3.4　加载垂直天线的原则

设计一架高效且尺寸袖珍的垂直天线系统的步骤如下：

- 使天线垂直部分尽可能地长；
- 尽可能选择直径大的部件作为天线的垂直部分。金属管或者单根尺寸较小的聚束金属线会是很好的选择；
- 提供尽可能多的顶端和、或者底端负载；
- 如果顶端或者底端负载数量不多，可以在电容帽和天线顶端负载之间使用高 Q 值的电感器，使天线谐振；
- 对掩埋式接地系统，使用尽可能多的径向辐射器（长度大于 0.2λ），最好达到 32 根或者更多；
- 如果使用架高镜像平面天线，在地面以上使用 4～8 根 5 英尺或者更长的径向辐射器；
- 如果需要缩短径向辐射器的尺寸，那么使用电容负载比电感负载效果更好。

9.3.5　线性负载

除了电容负载外，还有一种装置可以代替电感负载，这就是线性负载。这种几乎不为人所知的缩短辐射源的方法可以应用到几乎任何天线结构上，包括无源阵列天线。尽管商用天线制造商在制造 HF 频段天线时使用线性负载，但是相对的，很少业余无线电爱好者设计自己的天线时使用线性负载。线性负载可以在很多天线系统中使用，因为它只会给系统增加相对很小的损耗，不会降低天线方向图的指向性，具有足够低的 Q 值，使天线具有合理的好的带宽。图 9-38 中给出了一些线性负载天线的例子。

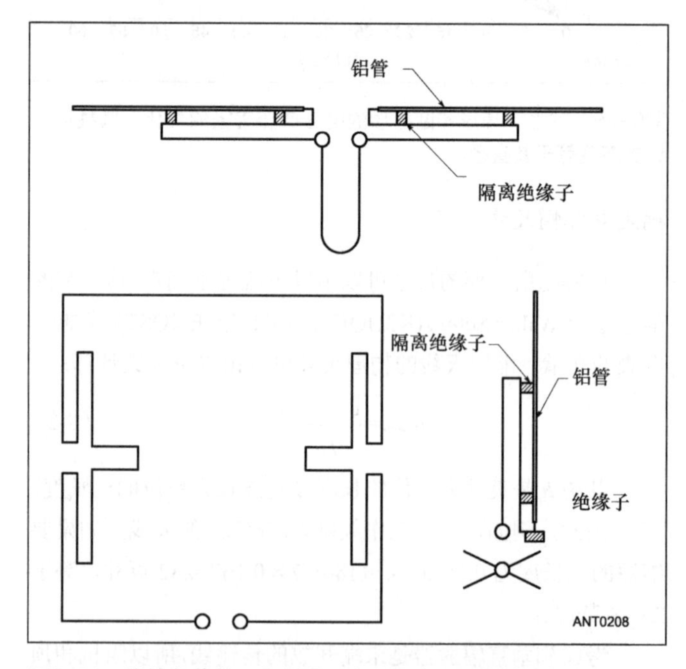

图9-38　线性负载的一些例子，小圆环表示天线的馈电点。

由于线性负载的尺寸以及与天线的间隔在不同的天线系统安装过程中差异性非常大，因此应用此项技术时，最好的办法就是尝试使用，长度比全尺寸天线和缩短后天线尺寸差长 10%～20%的导体作为线性负载装置。然后使用“裁剪-试验”的方法，通过改变线性负载装置的长度和与天线的间隔来优化天线设计，最终使天线达到谐振状态。为了使天线在谐振状态时的驻波比达到 1∶1，可以在馈电点使用 U 形夹。

线性负载的短线天线

这一节将会提供更多线性负载的详细描述。这些内容最开始出现在 John Stanford/NNOF 所著的《ARRL 天线摘要》第 5 卷中。线性负载可以显著减小谐振天线所需要的尺寸，例如，对于给定工作波段的天线，可以很轻松地使天线的尺寸相对于普通偶极子天线缩小 30%～40%。通过将一些导线弯曲折叠，可以使天线的总体尺寸更短。增加的自耦合会降低谐振频率。这些理念可以应用于缩小在有严格空间要求和携带要求的天线尺寸。

实验

如图 9-39 所示的是测量结果，这个测量结果与 Rashed 和 Tai 较早的一篇文章中给出的值相互印证。这些结果显示了许多简单的线天线结构，及其谐振频率和阻抗（辐射阻抗）。基准偶极子天线的谐振频率为 f_0，阻抗为 R=72Ω。f/f_0 比值给出了每个例子中增加了线性负载后得到的衰减后的有效频率。例如，双线线性负载偶极子天线的谐振频率，相对于具有相同长度的简单基准偶极子天线降低至 0.67～0.7 倍。

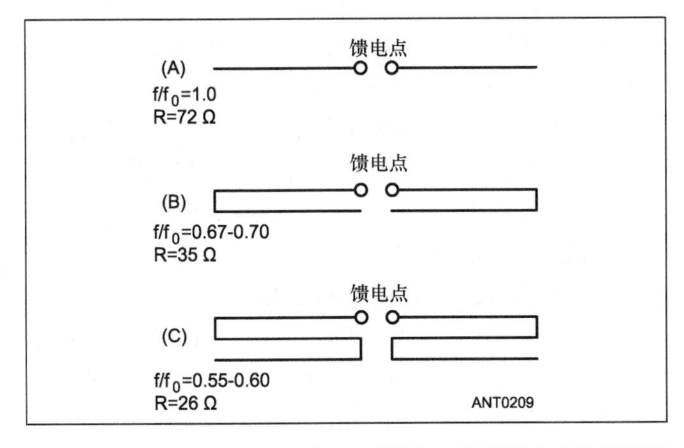

图9-39　线偶极子天线。比值 f/f_0 是由测量到的谐振频率除以相同长度的标准偶极子天线谐振频率 f_0 得到。R是辐射阻抗，单位为Ω。在图（A）中，标准单导线偶极子天线。在图（B）中，双导线线性负载偶极子天线，类似于折叠偶极子天线，除了在与馈电线相反的端点处，处于开路。在图（C）中，三导线线性负载偶极子天线。

三线线性负载偶极子天线，其谐振频率相对于具有相同长度的简单偶极子天线降低至 0.55～0.6 倍。正如你后面将要看到的，这些值会随导体的直径、间距变化而变化。

双线线性负载偶极子天线（如图 9-39<B>所示）看上去就像一架折叠起来的简单偶极子天线，但是与折叠偶极子天线不同的是，当对双线线性负载偶极子天线进行馈电时，其每一端的天线需要在中间位置处断开。测量显示这架天线结构的谐振频率降低至基准偶极子天线的 2/3，R 大约等于 35Ω。三线线性负载偶极子天线（如图 9-39<C>所示）具有更低的谐振频率，并且 R 降低到 25～30Ω。

线性负载单极子天线（也就是图 9-39 所示的偶极子天线的一半）紧靠径向镜像平面工作时具有相似的谐振频率，但是辐射阻抗只有偶极子天线的一半。

梯形线性负载偶极子天线

基于已有的这些结果，NNOF 接下来制作了一架线性负载偶极子天线，如图 9-39（B）所示，使用 24 英尺长 1 英寸粗的梯形线（黑色的 450Ω可塑的线到处可以找到）作为偶极子的长度。他将这架天线系统用尼龙的钓鱼线悬挂在树上，天线系统的顶端距离树大约 4 英尺，底端距离地面大约 8 英尺。天线系统的倾斜角大约与地面的夹角为 60°。这架天线的谐振频率为 12.8MHz，测量到的阻抗为 35Ω。在完成了谐振测试后，他使用 1 英寸粗的梯形开放导线传输线进行馈电（距离收发室总距离大约 100 英尺）。

为了简洁，把这种天线叫做垂直 LLSD（线性负载短偶极子天线）。利用调谐器可以将天线系统精确地调谐至 20～30m 波段。在这些波段，垂直 LLSD 天线的性能看上去可以达到他架设在地面以上 30 英尺的 120 英尺长水平中心馈电的 Zepp 天线。在某些全频带水平 Zepp 天线信号盲区的方向上，例如朝向西伯利亚地区，垂直 LLSD 天线的性能肯定要更好。这架天线系统同样也可以在 17～40m 的波段谐振。然而，从音频信号到其他各种信号，NNOF 有这样一个印象，那就是这个长度的 LLSD 天线在 17～40m 波段的性能并没有水平 120 英尺长天线好。

使用电容端帽

他同时也试验了在 LLSD 天线上使用电容端来使天线在更短的波长频段谐振。正如我们所希望的，电容帽增加了辐射阻抗，同时降低了谐振频率。如图 9-40 所示，在前面提到的 24 英尺 LLSD 天线的两端都加上 6 英尺长单导线电容帽。天线仍然用前面所提到的用于垂直天线的方法进行支撑。但是底端的电容帽导线距离草地只有几英寸了。这架天线系统的谐振频率为 10.6MHz，测量到的阻抗为 50Ω。

如果偶极子部分被稍微延长大约 1 英尺，至 25 英尺，这样天线的工作频率就会到达 10.1MHz 的频段，将会和 50Ω 同轴电缆匹配得很好。这很适合对空间有严格要求的工作在 30m 波段的短天线要求。注意到这架天线的尺寸只有普通 30m 波段天线尺寸的一半大，并且不需要调谐器，没有陷波器损耗。这架天线确实由于导线长度增加，而增大了损耗，但是这种损耗本质上来说是可以忽略不计的。

任何线性负载偶极子天线都可以水平安装或者垂直安装。垂直安装模式可以用于超过大约 600 英里的长距离中继通信，除非你有非常高的支撑装置用于水平安装天线，使其

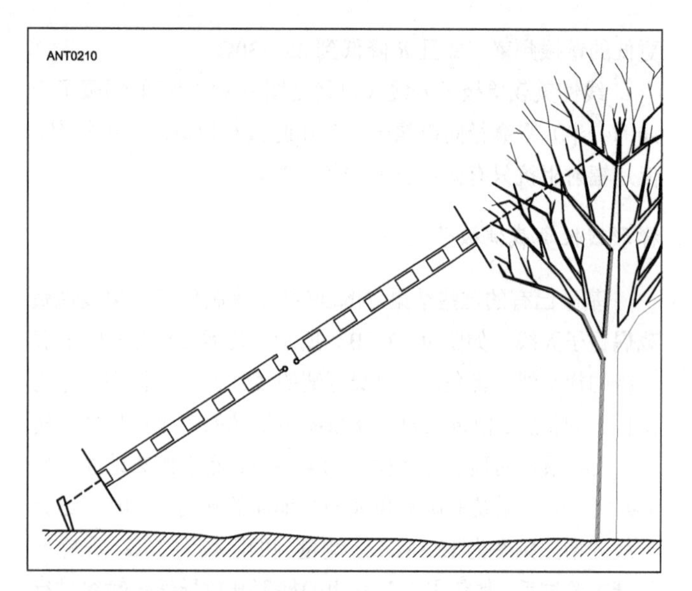

图9-40　带有电容端帽的双导线线性负载偶极子天线。主偶极子使用24英尺开窗梯形导线。端帽单元由6英尺长的坚固导线制作成。天线使用单根钓鱼线串联于树干上并与树干成60°角。测量到的谐振频率和辐射阻抗分别为10.6MHz和50Ω。

保持较低的仰角。在线性负载天线结构中使用不同直径的导体也会产生不同的结果，这取决于大直径或者小直径的导体是否被馈电。NNOF 使用 10 英尺的电导线管片段（0.625 英寸 OD）和 12 号 AWG 家用铜线。

图 9-41 所示为上述线性负载的结构图，径向接地系统被埋在土壤下面几英寸的地方，图上并没有显示出来。需要注意的是这并不是折叠的单极子天线，因为单极子天线会把 A 端或者 B 端进行接地。

这两段导体之间的间距大概为 2 英寸。利用从当地五金店买到的不锈钢软管夹将塑料扩散器夹在导线管上。软管夹以正确的角度缠绕在导线管上，通常夹在导线管上的电隔离绝缘子上。

这两种不同直径的导体可以使天线的特性发生改变，这

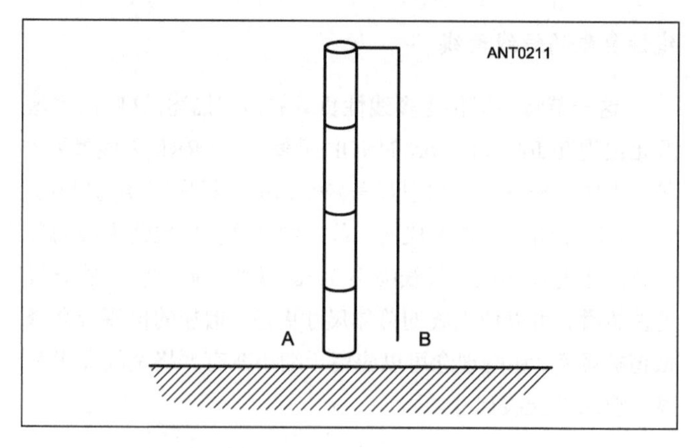

图9-41　使用10英尺长管和12号AWG导线作为线性负载单元的垂直镜像平面天线。谐振频率和辐射阻抗取决于从A还是B端进行馈电。B端或者A端在另一端进行馈电时，不需要接地。详细的信息见文字部分。

取决于它们怎么进行架构。使用天线桥连接到较大直径的导体上（图 9-41 中的 A 点），B 点不连接，这样的一个天线系统谐振频率为 16.8MHz，电阻 R 为 35Ω。如果将天线桥连接至 B 点（直径较小的导体）处，A 点不连接，则天线的谐振频率降低至 12.4MHz，测量到的电阻 R 则为 24Ω。

图 9-41 中天线系统的谐振频率可以通过调节整个系统的高度进行调节。或者如果要提高谐振频率，可以通过减小导线的长度达到目的。需要注意的是，如果对直径较小的导体进行馈电（如图 9-41 中的 B 点），谐振频率为 3.8MHz 的镜像平面天线的高度可以仅仅为通常所需要的 67 英尺的一半。在这个例子中，导线管并不进行电气连接。上面所给出的长度可以调整对应至你所想用的波段，来确定第一次尝试所用的数值。但是，这取决于导体的直径和分离程度。

相同的思路也可以用于偶极子天线，天线尺寸应当是图 9-41 中所示镜像平面天线的两倍。同时天线的阻抗也为镜像平面天线的两倍。那么，拥有 40m 波段水平短梁天线提高你的信号怎么样？

9.4　倒 L 形天线

如图 9-42 所示的天线称为倒 L 形天线，它非常简单并且很容易制作，同时对于业余无线电爱好者刚刚入门时或者有经验的 1.8MHz 远程通信爱好者，都是非常好的一架天线。由于天线的总电尺寸通常要比 1/4λ 大一点，馈电点阻抗大约为 50Ω，具有电感阻抗的性质。这个电感阻抗可以通过如图中所示的串联电容器的方法解决。对于一架垂直部件长度为 60 英尺，水平部件长度为 115 英尺的倒 L 形天线，输入阻抗大约为 40+j300Ω。更长的垂直部件或者水平部件都会增加天线的输入阻抗。方位向平面内的辐射方向图稍微不对称，在于水平导线相反的方向上会增加 1～2dB。这架天线需要比较好的掩埋接地系统或者架高径向辐射器，驻波比大约为 2∶1，带宽大约为 50kHz。

这种天线是一种顶端负载的垂直天线，其中顶端负载并不对称。这会导致水平极化和垂直极化分量都存在，因为顶端导线的电流并不会像对称 T 型垂直天线那样抵消。这并不一定是件坏事，因为这样可以消除天顶点位置处的的辐射方向图空值，而这个空值在垂直极化天线中是会出现的。这种设计既可以在短距离通信中发挥好的作用，同时对于长距离通信也是个不错的选择。

横杆端连接到一座塔上或者树枝上，以便来支撑天线的垂直部分。就像任何垂直天线一样，垂直部件的长度越长越好。要想有好的天线效果就必须有好的接地系统，接地系统越好，天线性能越好。

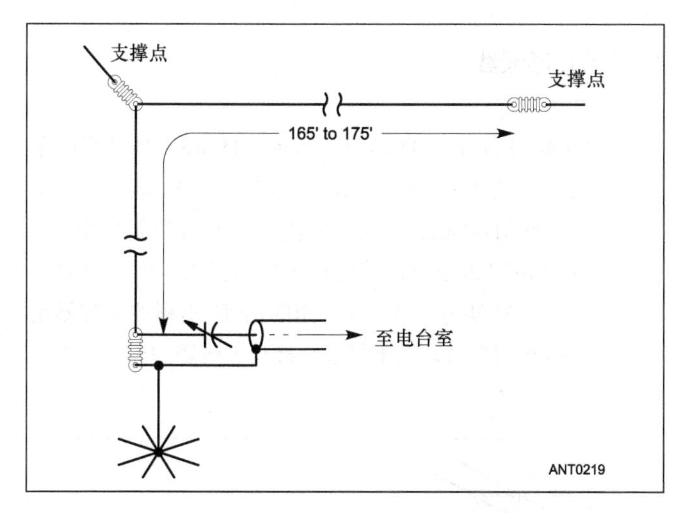

图9-42　1.8MHz倒L形天线。总的导线长度为165～175英尺之间。在工作电压为3kV或者更高时，可变电容器的调节范围为100～800pF之间。调节天线长度和可变电容器以得到最低的驻波比。

如果你没有足够的空间放下如图 9-42 所示的天线（水平部件有 115 英尺长），如果你没有两根一样高的支撑装置来支撑水平部件，可以考虑将天线的水平部件倾斜至地面方向。图 9-43 展示了这样的装置，垂直部分的高度为 60 英尺，倾斜导线的长度为 79 英尺。一如往常，你可以通过调节倾斜导线的长度对天线进行微调至所需的谐振频率。对于好的接地径向辐射系统，馈电点的阻抗大约为 12Ω，这个值也可以通过，一个由两根 50Ω 1/4λ 同轴电缆制作而成的 25Ω 1/4λ 转换器，变成 50Ω。相比于图 9-42 中所示的倒 L 形天线，这种天线的峰值增益大约要低 1dB。图 9-44 展现了平均接地条件下的天线俯仰角平面内的响应轮廓。驻波比仍然为 2：1，但是相比图 9-42 中的倒 L 形天线，带宽降低至 30kHz。

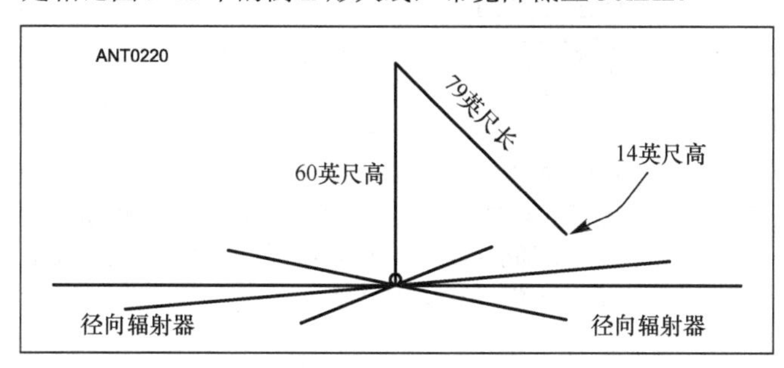

图9-43　图中显示了使用60英尺高天线塔单独支撑的改进型160m波段倒L形天线，和79英尺长斜拉顶端负载导线。这架天线系统的馈电点阻抗大约为12Ω，需要使用由50Ω同轴电缆并联制作的1/4λ匹配转接器。

如果图 9-42 和图 9-43 中所建议的接地系统并不可行，你也可以使用如图 9-45 所示的单根架空径向辐射器。对于图中所示的尺寸，Z_I=50+j498Ω，需要一个 175pF 的串联谐振电容器。相比于图 9-42 所示的倒 L 形天线，此种天线的方位向平面内的辐射方向图如图 9-46 所示。需要注意的是，方向图在沿着水平导线方向有 1～2dB 的不对称，跟对称接地系统的情况正好相反。

同样假设加入串联电容对 1.83MHz 频段天线进行微调至驻波比最小，驻波比为 2：1，带宽大约为 40kHz。

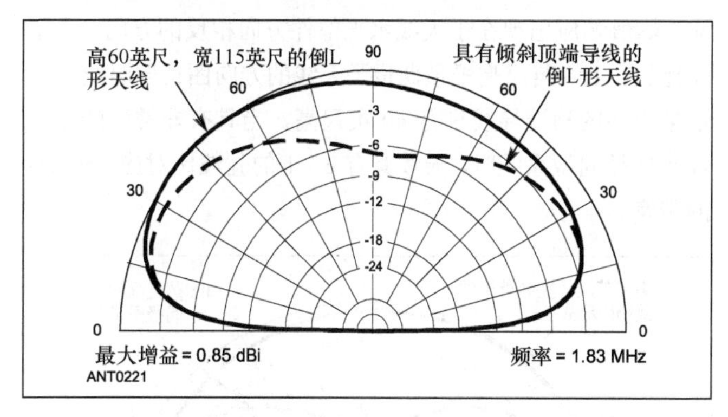

图9-44　图9-42中倒L形天线（实线）和图9-43中倒L形天线（虚线）俯仰角平面内响应的轮廓。这两种天线结构的增益非常接近，如果图9-43中天线的接地径向辐射器系统可以无限延伸，就可以保持较低的接地损耗。

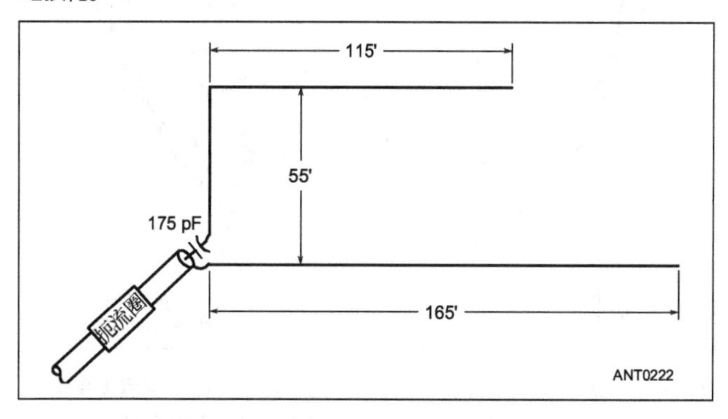

图9-45　单根架空径向辐射器可以使用在倒L形天线上。这种装置几乎不改变天线的辐射方向图。该系统中的串联调谐电容器大约为175pF。

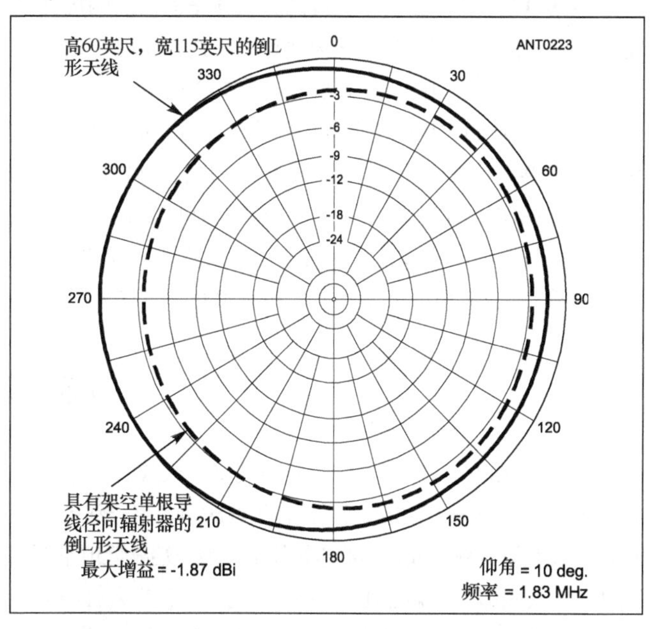

图9-46　图9-42中所示的倒L形天线（实线）在离去角为10°时的方位向平面内的辐射方向图，以及使用如图9-45中所示的折中单径向辐射器系统时对应的响应（虚线）。

图 9-47 给出了仰角为 5° 时，按照图 9-42 中所示的倒 L 形天线方法制作的工作波段为 80m 天线方位向平面内的相应。峰值响应出现在于天线水平部件方向相反的方向。为了作比较，100 英尺高平顶偶极子天线的方向图也同时给出。这架天线的顶端导线只有 40 英尺高，当具有非常好的低损耗接地径向源系统时，天线具有 2∶1 的驻波比对应 150kHz 的带宽。

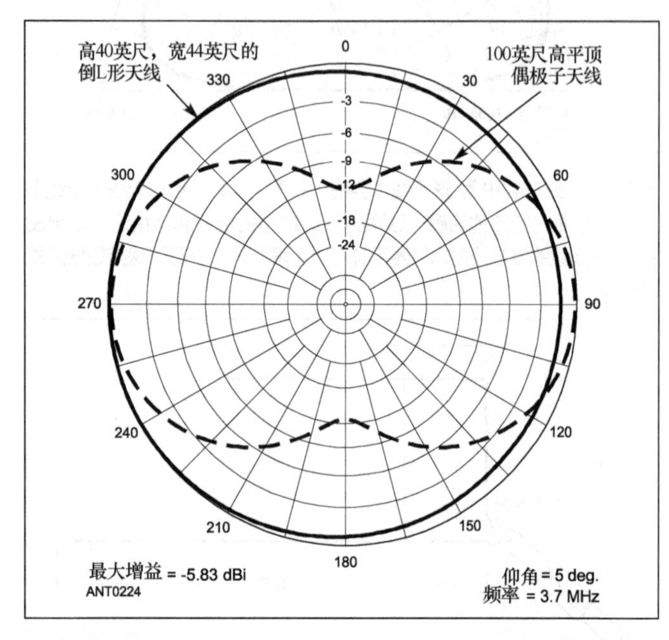

图9-47 图9-42所示的80m波段倒L形天线（实线）在离去角为5°时的方位向平面内的辐射方向图，以及100英尺高平顶偶极子天线对应的响应（虚线）。

图 9-47 总显示倒 L 形天线的方位向平面内的响应几乎是全向的。相比于平顶偶极子天线这种天线在某些方向上具有一定的优势。因为偶极子天线受安装支撑（例如树或者塔）的影响，辐射方向主峰只能集中在感兴趣的固定的方向上。例如，图 9-47 中的平顶偶极子天线在 90° 和 270° 方向上辐射最弱，相比于倒 L 形天线小了 12dB。那些足够幸运已经有了高旋转偶极子天线或可旋转的低波段八木天线的“火腿族”，发现这些简单的倒 L 形天线事实上也非常高效。

塔基倒 L 形天线

图 9-48 中展示了 Doug DeMaw/W1FB(SK)所使用的伽马匹配方法，他利用这种方法对他的自持式 50 英尺塔基倒 L 形天线进行伽马匹配。导线笼模拟适当直径的伽马棒。调谐电容也是使用比较流行的类似于望远镜部件的套有聚乙烯绝缘管的 1.25 英寸和 1.5 英寸粗的铝管。这样的电容器足够胜任 100W 的功率。水平导线连接至天线塔的顶端，提供额外的顶端负载。

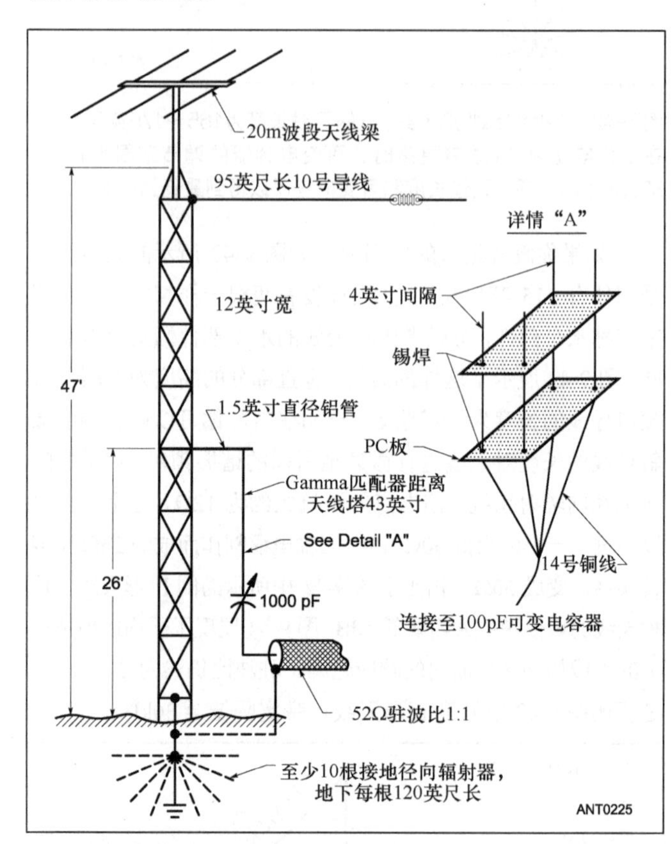

图9-48 对50英尺高天线塔进行伽马匹配馈电，使之作为1.8MHz频段垂直天线使用的细节和尺寸。14MHz频段天线使用的旋转电缆，和同轴馈电线被捆绑到天线塔的支撑柱上，然后沿着地平面迅速连接至操作室。不需要使用退耦网络。

9.5 单边斜拉天线

对于工作波段较低的情况，斜拉偶极子天线和半波长偶极子天线都是非常有用的。使用这些天线时可以将天线的一段连接在天线塔、树干或者其他建筑物上，另一端靠近地平面，当然了，天线都需要架空到足够高的位置，以便行人触碰不到它们。下面的小节将会给出许多这些类型天线的例子。

也许我们所安装的最简单的天线之一，就是如图 9-49 所示的 1/4λ 斜拉天线了。正如上面所指出的，斜拉的半波长偶极子天线，在业余无线电爱好者圈子里通常被称为斜拉或者有时也称为全斜拉天线。如果天线的长度只有 1/4λ，那么天线就变成了单边斜拉天线。这两种类型的斜拉天线性能类似，它们在倾斜的方向上表现出一定的指向性，同时在与水平面成低角度的方向上，辐射出垂直极化的能量。天线的指向性体现在倾斜方向出可以观察到能量为 3～6dB，不同的值取决于不同的安装方式。

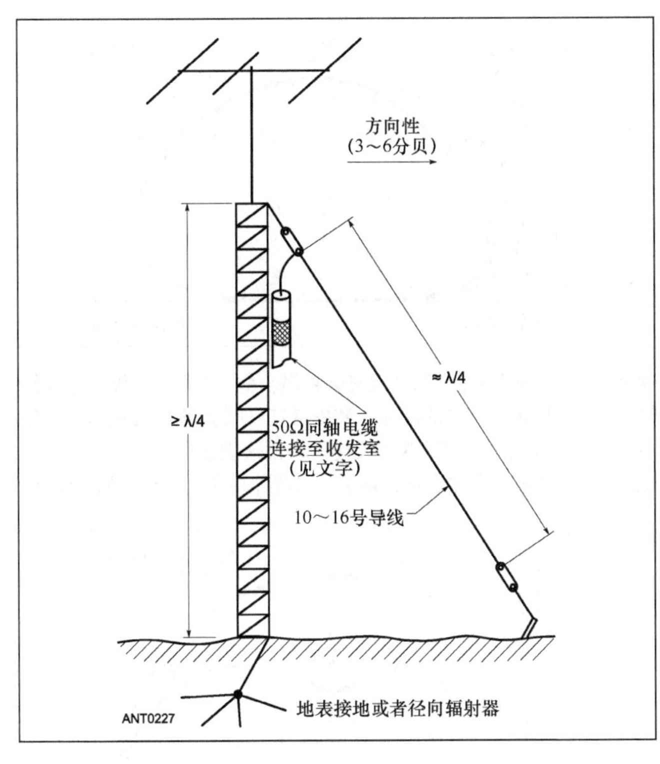

图9-49　1/4λ单边斜拉天线。

相比于全尺寸半波长斜拉偶极子天线，单边斜拉天线的主要优势在于它的支撑塔并不需要非常高。单边斜拉天线和全斜拉天线都将馈电点（电流值最大的点）设计在远高于损耗地表之上。但是对于给定的业余无线电波段，单边斜拉天线所需要的导线只有全斜拉天线的一半。但是单边斜拉天线相比于全斜拉天线也有劣势，那就是当使用同轴电缆进行馈电时，尤其是没有安装好的隔离电流型巴伦时，很难得到或者就根本不可能得到较小的驻波比。（可以参见上节中的隔离镜像平面天线。）

其他的一些影响馈电点阻抗的因素有天线塔高度、天线连接点高度、斜拉天线与天线塔之间的夹角，以及天线塔顶上安装的什么（HF 还是 VHF 频段天线梁）。另外还有天线塔下面的接地质量（大地电导率、径向辐射器等）也对天线性能具有显著的影响。最终的驻波比在优化后可以从 1∶1 变化到高达 6∶1。总而言之，斜拉导线靠近地面的一端越靠近地面，就越是难以得到好的匹配效果。

单边斜拉天线也是绝佳的远距离通信天线。“火腿族”们通常将这种天线安装在桅杆或者天线塔等金属支撑结构上。支撑结构的近地端需要进行接地，最好是掩埋的方式接地，或者镜像平面径向辐射器系统。如果使用的是非导体天线塔，同轴电缆的屏蔽层的外部就会成为一个回路，应当在支撑结构的基端进行接地。作为基本出发点，你可以使用斜拉天线，馈电点位于地面以上大约 1/4λ 处。如果天线塔的高度不足以允许这样的工作方式，天线应当系到支撑结构上尽可能高的地方。天线与支撑结构开始的夹角大约为 45°，如图 9-49 所示。天线导线的长度由以下公式决定：

$$l=\frac{260}{f_{\text{MHz}}}$$

这样可以预留出足够多的导线长度用来进行修剪，以便使天线的驻波比达到最小。金属天线塔或者桅杆会成为单边斜拉天线系统中工作的一部分。实际上，金属天线塔或者桅杆和斜拉导线组成的结构有点类似于倒 V 型偶极子天线。换句话说，天线塔扮演的角色就是偶极子天线中消失掉的那一半。因此，天线塔或者桅杆的高度和顶端负载（天线梁）在天线系统中也起到很明显的作用。

进一步详细的模拟显示，足够多大量的金属（换句话说，一架大的“Plumber's Delight”八木天线）连接到天线塔的顶端时，它们就扮演着“顶端 counterpoise”的角色，这样建模时天线塔就可以忽略掉，同时对整个单边斜拉天线系统的参数特性影响很小。使用独立式的 50 英尺高天线塔进行天线安装，同时在天线塔顶端连接上一架大的 5 单元 20m 波段八木天线。这架八木天线假设具有 40 英尺动臂长度，同时与 80m 波段单边斜拉天线辐射导线的倾斜方向成 90°。这种情况下，最好的驻波比可以通过改变斜拉导线的长度和与天线塔之间的夹角，达到 1.67∶1，表明馈电点的阻抗为 30.1-j2.7Ω。在 3.8MHz 频段的峰值增益为 0.97dBi，出现在仰角为 70° 时。图 9-50 展示了相比较于 100 英尺高平顶偶极子天线，这架单边斜拉天线在仰角为 5° 时的方位向平面的辐射方向图。

将天线塔从模型中删除，馈电点阻抗为 30.1-j1.5Ω，峰值增益为 1.17dBi。很明显天线塔并没有在这种天线系统中

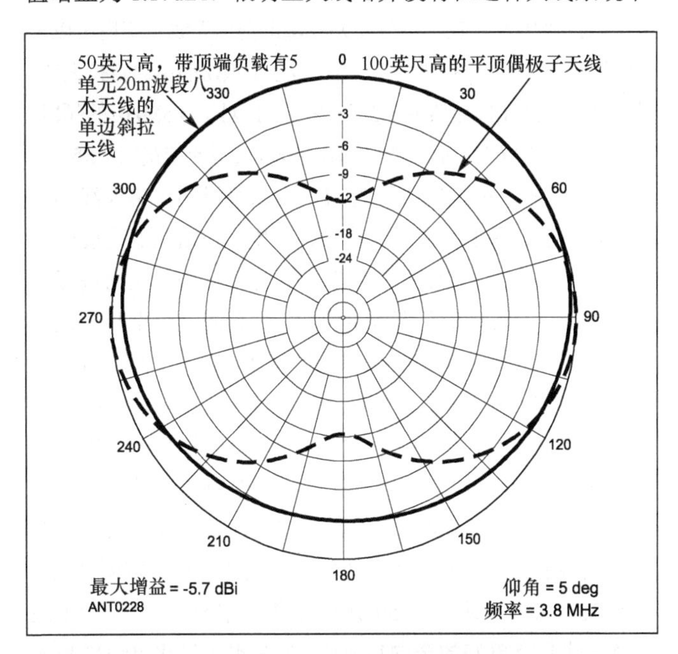

图9-50　安装在50英尺高天线塔上，顶端加载有5单元20m波段天线梁的典型单边斜拉天线（实线）的辐射方向图，和100英尺高平顶偶极子天线（虚线）辐射方向图。在远距离通信锁要求的80m波段和5°仰角，这两架天线在高偶极子天线所占优的方向上具有相当的可比性。在其他的方向上，单边斜拉天线的优势超过10dB。

起到明显作用，这是由于 20m 波段八木天线的质量就相当于是一个架空的虚接地装置。非常有趣的是当转动八木天线的动臂方向时，单边斜拉天线系统的驻波比繁盛了改变。当八木天线的动臂转动 90°时，驻波比降低到 1.38：1。这个水平的驻波比改变使用业余无线电设备就可以测量到了。

另一方面，如果使用 3 单元 18 英尺长动臂的 20m 波段八木天线，那么当模型中的天线塔移调之后，天线系统的馈电点阻抗和增益会产生很明显的变化，这说明了较小尺寸天线梁的自身不能提供足够的“虚接地效应”。有趣的是，当 3 单元八木天线的动臂转动 90°时，上述单边斜拉天线加上天线塔和 3 单元八木天线的驻波比改变为 1.27：1（而当八木天线动臂与斜拉导线方向一致时，驻波比为 1.33：1）。而这么小的驻波比变化，使用一般的典型的业余无线电仪器是很难进行测量的。

在任何情况下，使用 50Ω传输线对单边斜拉天线进行馈电时，都要隔一段时间就将传输线绑到天线塔的支柱上，以保证安全。最好的办法是，将同轴电缆沿着地面铺装，布线到工作位置，如果可以掩埋的话，可以在地下布线。这样可以保证精确的射频退耦，避免射频能量影响到基站内仪器的工作。天线塔或者桅杆上的其他旋转电缆或者馈电线都应当以相似的方法处理。

使用 50Ω传输线和驻波比测量仪，对单边斜拉天线进行调节。在斜拉导线的长度及其与天线塔之间的夹角两个因素中进行折中选择，最后就可以在业务无线电频段中所选定的频段上，得到最小的驻波比。如果最小是 2：1 或者更小，那么只要发射机可以直接接入负载，不需要天线调谐器，天线系统也可以工作得很好。对于工作频段为3.5MHz或者7MHz的单边斜拉天线，最典型的驻波比优化值为1.3：1 和 2：1。对于 3.5MHz 的频段，带宽通常为100kHz，而对于 7MHz 频段，典型的带宽为 200kHz。

如果最小驻波比大于 2：1，那么可以通过将天线的悬挂点升高或者降低，来对天线进行匹配。当馈电点高度改变之后，需要对斜拉导线的长度以及其与天线塔的夹角进行重新调整。如果天线塔还有固定绳索，那么固定绳索和天线塔之间需要安放绝缘子来防止固定绳索和天线塔之间的谐振。

你可能会很好奇这一点：全波斜拉天线和单边斜拉天线哪一个更好？这两种天线的峰值增益都是非常接近的。图 9-51 同时给出两种斜拉天线俯仰角平面内的天线辐射方向图。分别为架设在 100 英尺高天线塔上的全尺寸半波长斜拉天线，和图 9-51 中所示的单边斜拉天线架设在顶端附加有 5 单元 20m 波段八木天线 50 英尺高的天线塔上。全尺寸半波斜拉天线具有更好的全向后相比，但是也仅仅比单边斜拉天线高了几分贝。图 9-52 中比较了两种天线的 5°出射角的方位向平面内辐射方向图。这两种天线分别为 100 英尺高平顶偶极子天线，和架设在 50 英尺高的，顶端加载有 3 单元 20m 波段八木天线的单边斜拉天线系统。

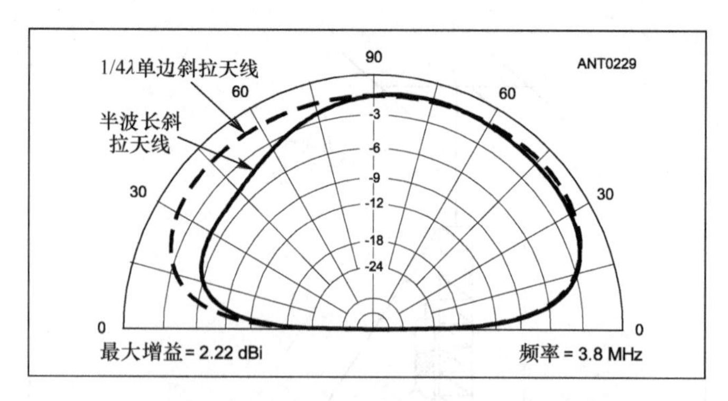

图9-51　比较安装在100英尺高天线塔上的，全尺寸半波斜拉天线（实线）俯仰角平面内的响应，和安装在50英尺高的天线塔上，顶端加载有5单元20m波段八木天线作为顶端虚接地的，单边斜拉天线（虚线）的俯仰角平面内的响应。这两种响应具有相当的可比性。

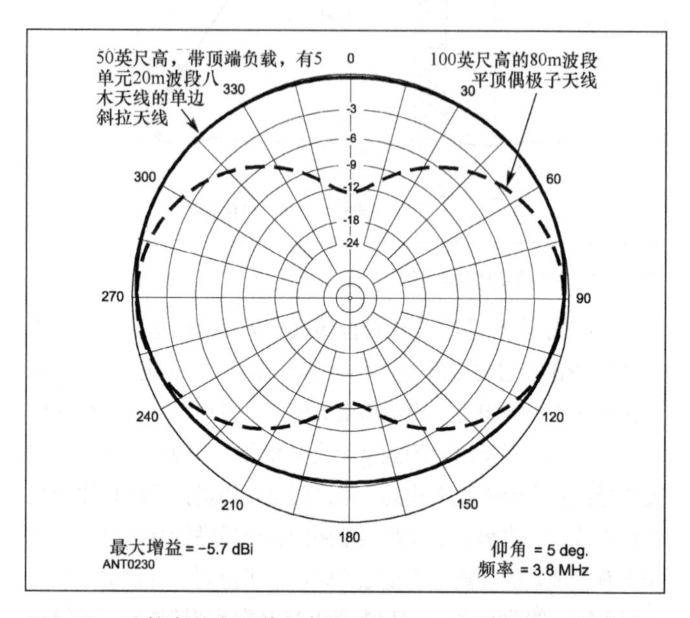

图9-52　比较安装在50英尺高的天线塔上，顶端加载有3单元20m波段八木天线的，单边斜拉天线（实线）方位向平面内的响应，和100英尺高平顶偶极子天线（虚线）方位向平面内的响应。这两种响应在5°离去角时，再次具有相当的可比性。

尽管，有些有经验的人在对一些单边斜拉天线进行调节，希望能够得到较低的驻波比时会失败，但是，还是有许多无线电爱好者发现，单边斜拉天线对于长距离通信而言，确实非常有效，且价格低廉。

1.8MHz 塔基天线系统

上文中讨论的工作在 80m 和 40m 波段的单边斜拉天线，在 1.8MHz 频段性能也很好，它的垂直极化辐射器可以达到 HF 频段所要求的低出射角要求。Dana Atchley/W1CF(SK)是一位非常著名的使用 1.8MHz 天线的无线电爱好者，他建议安装单边斜拉天线的天线塔最低高度为 50 英尺，他所使用的 1.8MHz 天线架构如图 9-53 所示。他在报告中提到未采取绝缘措施的固定天线塔的绳索，对斜拉导线可以扮演有效的虚接地角色。

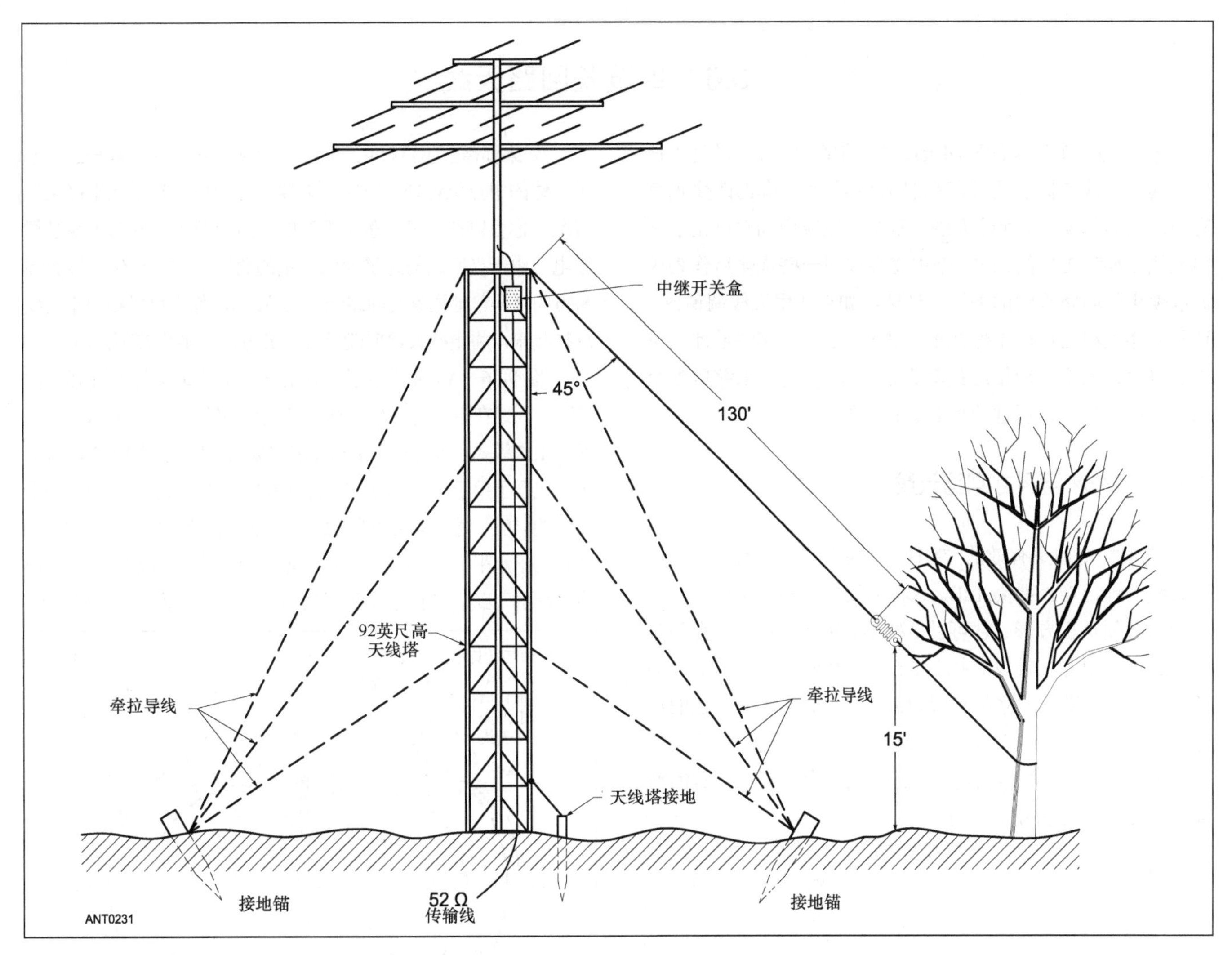

图9-53　W1CF的160m波段单边斜拉天线以此种方式安装。3根单波段天线被安装在天线塔顶端提供电容负载。

如图 9-54 所示是 Doug DeMaw/W1FB(SK)在他的 50 英尺高自持式天线塔上所使用的馈电系统。W1FB 天线系统所使用的接地方式是连接了塔基的掩埋式径向辐射器接地系统。Jack Belrose(VE2CV)和 DeMaw 同时也描述了一种有趣的方法，可以使用斜拉导线来制作一架用于较低 HF 频段的“half delta”天线。这架天线系统在 1982 年 9 月的《QST》杂志中的《The Half-Delta Loop: A Critical Analysis and Practical Deployment》一文中进行了描述。

正如前面所描述的，只要使用好的接地系统，天线塔也可以作为真实的垂直天线使用。对于 1.8MHz 天线系统最好使用分路馈电式天线塔。在这个频段使用全尺寸 1/4λ 垂直天线几乎是不可能的。几乎任何天线塔高度都可以用。在天线塔顶端可以使用 HF 频段天线梁提供顶端负载。

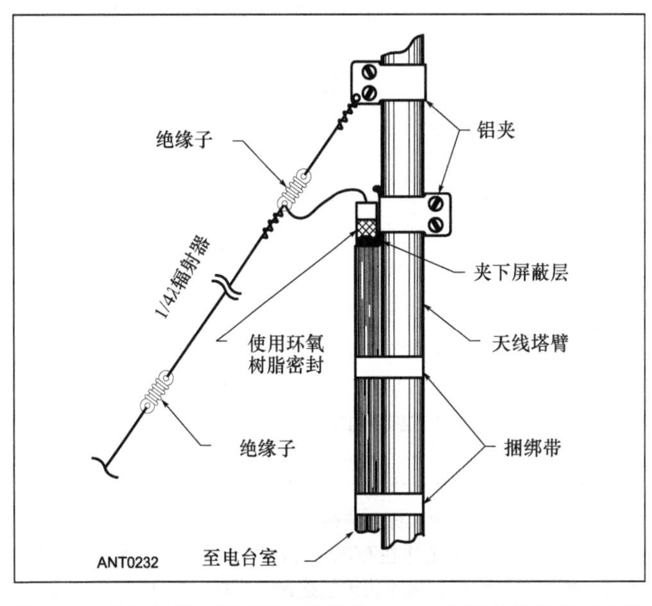

图9-54　W1FB的50英尺高自持塔式1.8MHz频段单边斜拉天线所使用的馈电系统。

9.6 单波长回路天线

周长为一个波长的回路天线是非常高效的，同时为了适应空间和天线支撑的要求，其对回路形状和方向的改变也具有很高的容忍度。在回路天线一章中已经很详细地讨论了回路天线是如何工作的。这一节中将会展现一些优化后作为单波段使用的回路天线的例子。当然，如果使用天线调谐器，这些回路天线也可以工作在多个波段。总之，这些设计也可以通过设计频率和新使用频率的比值 f_{design}/f_{new}，来缩放整个回路天线的尺寸，以便应用到其他频段。

9.6.1 7MHz 全尺寸回路天线

这架简单但是有效的 7MHz 回路天线设计比普通偶极子天线的理论增益要高 1dB。这种天线如图 9-55（A）所示，不一定必须是正方形。它可以是梯形、矩形、圆形或者是其他上述形状中互相转变时扭曲的形状。然而要想取得最佳的效果，应当尽量使回路的形状为正方形。矩形相邻两边的尺寸差越大，那么天线系统上所消耗的能量就会越多，天线的效率就会越低。在极限情况下，回路天线会失去它自身的特性，而变成折叠偶极子天线。

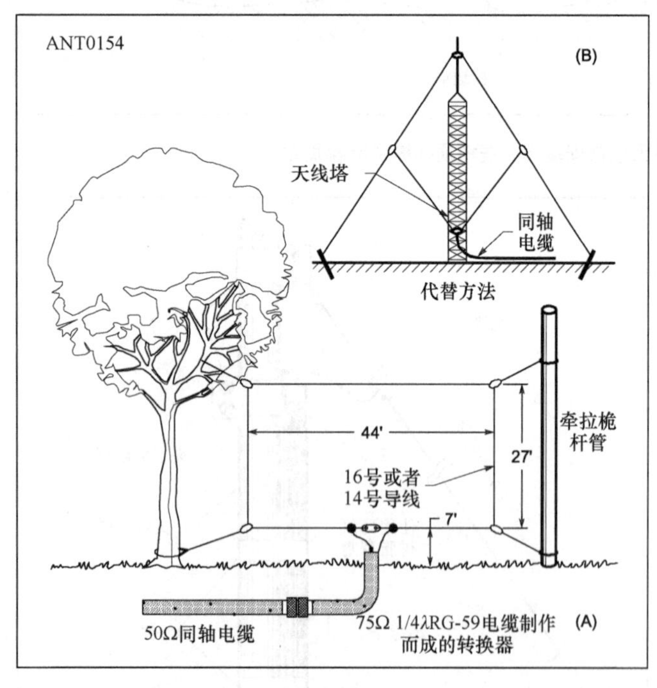

图9-55 在图（A）中，详细描述了矩形全尺寸波长环路天线。图中的天线尺寸适用于工作在7.05MHz。在本例中，天线高于地面7英寸，当然如果天线制造者将天线建造得更高，并且不以牺牲回路天线的垂直部分高度为代价，天线的性能将更好。在图（B）中，单根支撑结构如何用来支撑菱形环路天线。在菱形天线较低的尖端进行馈电，可以提供水平面方向的辐射。如果在菱形的两端进行馈电，会辐射处垂直极化信号。

如果你需要垂直极化的能量，你可以在回路天线任意两条垂直边的中点位置处，对回路天线进行馈电。对于水平极化的情况，你可以在任意一条水平边的中点位置处对回路天线进行馈电。由于当回路与地平面成一定的角度后可以优化天线的辐射方向（简单地说就是回路天线的侧边），你也可以将回路天线悬挂起来，将电磁波辐射能量最多的方向对准你希望方向去。

图 9-56（A）中展示了 40m 波段远距离通信常用的 15° 仰角时，天线在方位向平面内的响应。图中有垂直极化和水平极化两种工作模式，大地电导率和介电常数为平均值。图 9-56（A）中还包含了用于作基准的、50 英尺高的平顶偶极子天线方位向平面内的响应。对于 40m 波段的远距离通信而言，垂直极化回路天线相比于水平极化回路天线和偶极子天线，性能最起码相当甚至有本质的飞跃。尤其是偶极子天线在方位向平面内还有空值点。

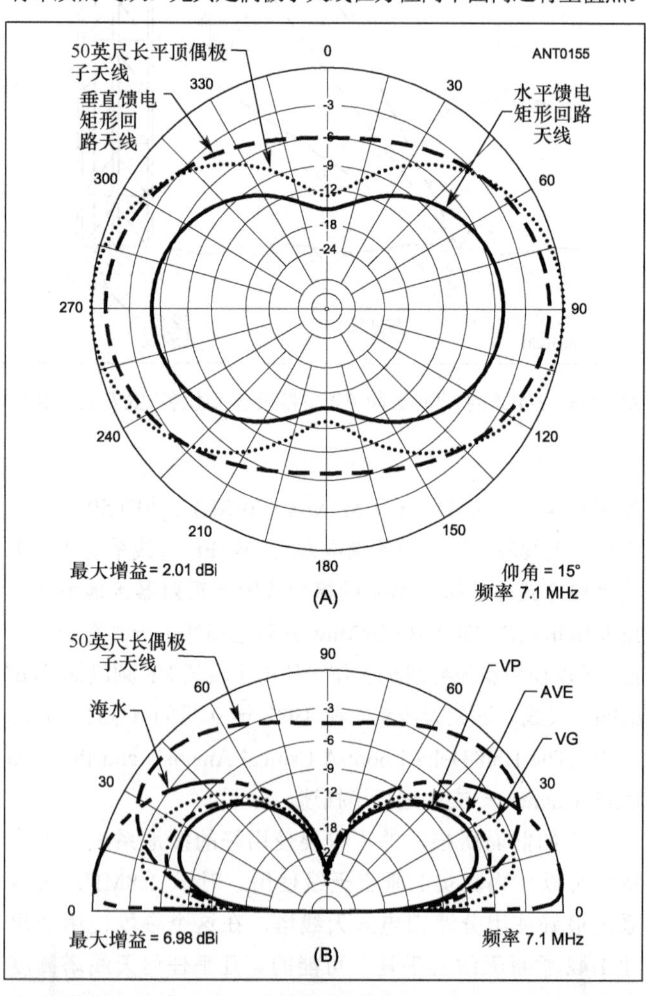

图9-56 在图（A）中，垂直极化和水平极化的7MHz回路天线方位向平面内的响应，与平顶50英尺高偶极子天线响应的对比。离去角均为远距离通信使用的15°。实线是在回路天线的底部进行水平极化馈电；虚线在回路天线的一边进行垂直极化馈电。点线是简单的50英尺高平顶水平偶极子天线。对于远距离通信，垂直极化回路天线的性能最好。

对于远距离通信更喜欢的低仰角情况，最优的馈电点在任意一条垂直导线的中点位置处。在回路天线底部的任意一个角上进行馈电时，该天线既可以用于本地通信也可以用于远距离通信。在天线上的底端水平中心点、底端角、垂直边的中点，这些点处的真实阻抗大体上相同。

图 9-56（B）给出了不同地表条件情况下，垂直极化曾侯乙的变化情况，这些地表条件有：海水、贫瘠的土地（电导率=1mS/m，介电常数=5），富饶的土地（电导率=30mS/m，介电常数=20），平均地表条件（电导率=5mS/m，介电常数=13）。同样，这里再次使用 50 英尺高的平顶偶极子天线俯仰角平面内的响应作为基准。正如在之前另外几章中提到的，对于垂直极化模式而言，海边是最理想的环境。

怎么样建造一架回路天线取决于你后院里能放下什么样的天线。使用院子里的树用来支撑回路天线是非常方便的。图 9-55（A）所示的矩形回路天线的一大劣势就是需要两个 34 英尺高的支撑装置，尽管在许多情况下你的屋子足够高可以作为一个支撑装置，但是另一个呢？如果你有一架天线塔高于 50 英尺，图 9-55（B）就展示了一种如何用它来支撑一架 40m 波段的菱形回路天线。不管回路结构是矩形还是菱形，俯仰角平面和方位角平面内的响应都几乎一样。

回路天线的总长度可以由公式 1000/*f*（MHz）来决定，单位是英尺。因此对于工作在 7.125MHz 的回路天线，其导线总长度为 141 英尺。电长度为 1/4λ 的 75Ω同轴电缆可以作为匹配转换器，它的长度用 246 除以单位为兆赫的工作频率值，然后在乘以电缆的速度因子，可以得到。对于 7.125MHz 回路天线，246/7.125MHz=34.53 英尺。如果同轴电缆外覆盖了实心聚乙烯绝缘层，那么速度因子使用 0.66。泡沫聚乙烯绝缘层同轴电缆的速度因子为 0.80。假设使用的是 RG-59 同轴电缆，匹配转化器的长度为 34.53（英尺）×0.66=22.79 英尺，或者是 22 英尺 9.5 英寸。

与图 9-55（A）所示同样的回路天线也可以用于工作频段为 14MHz 和 21MHz 的情况，但是，天线的辐射方向图，不会像在基准频率使用时那样好，你需要使用明线传输线对回路天线进行馈电，以便天线工作在不同频段上。图 9-57 显示了当回路天线与地面成 45° 夹角时，峰值波瓣响应与简单的安装在 30 英尺高的半波长 20m 频段偶极子天线响应的比较。简单地安装在 30 英尺高的平顶偶极子天线在谐波频率工作时，增益要比回路天线好。

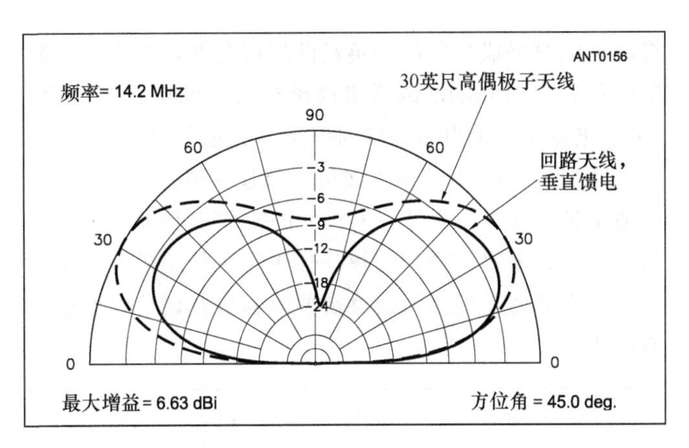

图9-57　7MHz回路天线应用在14.2MHz频段时的俯仰角平面内的响应。这是馈电点位于两根垂直导线中一根的中点处的情况。虚线是对照用的30英尺高平顶20m波段偶极子天线的响应。

9.6.2　水平极化矩形回路天线

这种天线设计相比于偶极子天线或者倒 V 形天线具有更好的增益，同时建造也很方便，一般用于 HF 频段较高的频点，如表 9-6 所示。这种天线最开始的设计是由 Brian Beazley（K6STI）所创造，文章发表在 1994 年 7 月的《QST》杂志上，文章名叫《A Gain Antenna for 28MHz》为了将这架天线用于其他频段，可以将天线的尺寸乘以 28.4/*f*(MHz)得到。其中所需要的新的工作频率单位为 MHz。

表 9-6　　7～28MHz 波段的回路尺寸

频率（兆赫）	A 侧（英寸）	B 侧（英寸）	A 侧（英尺）	B 侧（英尺）
28.4	73.0	146.0	6.1	12.2
24.9	83.3	166.5	6.9	13.9
21.2	97.8	195.6	8.1	16.3
18.1	114.5	229.1	9.5	19.1
14.15	146.5	293.0	12.2	24.4
10.1	205.3	410.5	17.1	34.2
7.15	290.0	579.9	24.2	48.3

这架回路天线的顶端安装在距离地面一个波长或者更高的位置，在较低的辐射角时，可以提供比偶极子天线高 2.1dB 的增益。这架天线的馈电系统非常简单，不需要匹配网络。当使用 50Ω同轴电缆馈电时，在设计频率处驻波比非常接近于 1∶1。原来设计为谐振频率在 28.4MHz 的天线，28.0～28.8MHz 的频段上驻波比小于 2:1。在更低点的频率上，地表的影响会显现出来，会影响到天线的谐振频率和馈电点阻抗，但是影响并不是很大，调整一下天线尺寸即可。

图 9-58 所示的天线使用 12 号 AWG 导线制作而成，在底部导线的中间位置处进行馈电。在接近馈电点处，

将同轴电缆绕成直径约一英尺的线圈几圈，形成一个简单的可以在 14MHz 或者更高频段使用的电流型巴伦。（关于电流型巴伦更多详细的信息，参见“传输线耦合和阻抗匹配”一章。）这架天线可以悬挂在树上，或者也可以使用具有竹子、光纤、木头、PVC 等其他非导电材料制造的天线横梁的桅杆支撑。你也可以使用铝管来支撑或者作为导体，但是天线就需要重新进行调节以便达到谐振状态。

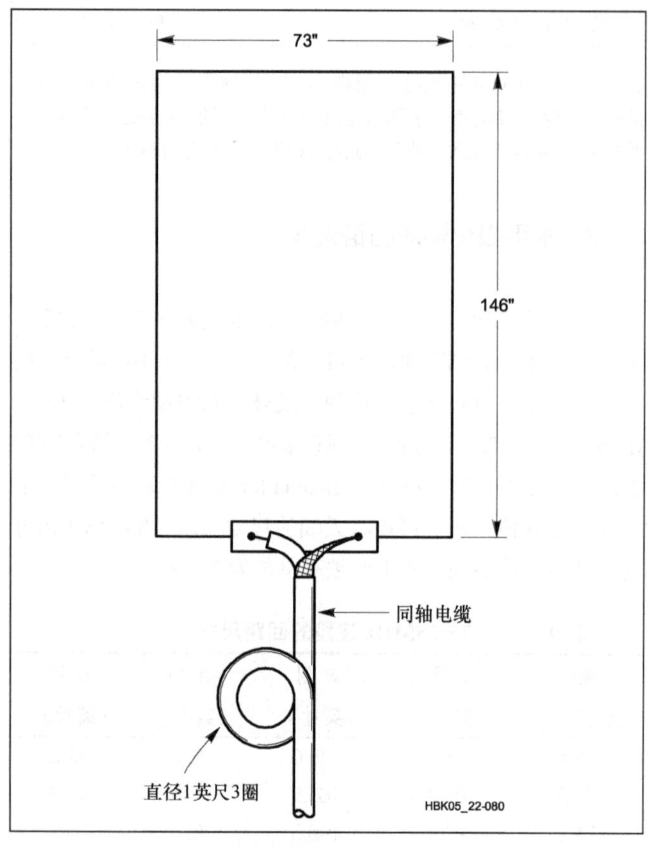

图9-58　10m波段矩形回路天线的制作细节。用于其他波段时的尺寸见表9-6。

图 9-59 给出了两种使用绝缘子来支撑回路天线的方法。如果使用图 9-59 中给出的方法，要确保绝缘子孔光滑并具有较大的直径，否则当回路导线穿过绝缘子时，有可能会因为穿不过洞而被反复弯曲，直到最终断裂。

矩形回路天线通过压缩俯仰角平面内的辐射方向图，可以提高增益。这是由于相比于正方形回路天线，矩形回路天线的顶部和底部（此处的电流最大）距离更远。天线的波束宽度比起偶极子天线（偶极子天线和倒 V 形天线的波束宽度几乎一致）要稍微高一点。更宽的辐射方向图对于通用型固定角度的天线而言是一个优势。矩形回路天线在很宽的方向范围内可以提供双向增益。

尽可能高地安装回路天线。在低仰角情况下，当顶端导线的高度至少有一个波长时，回路天线可以比倒 V 形天线多提供 1.7dB 的增益。当然，回路天线也可以工作在更低的高度，但是它的增益优势就会消失了。例如，当顶端导线的高度为 2/3λ 时，在低仰角情况下，回路天线的增益就和倒 V 形天线一样的。

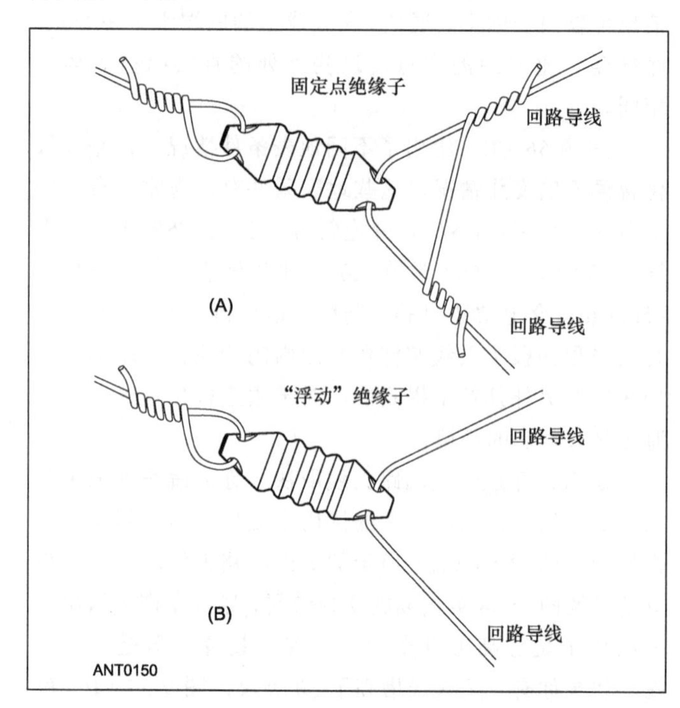

图9-59　在回路天线角落安装绝缘子的两种方法。“浮动”绝缘子的孔应当平滑并且直径较大，这样回路导线不会过度弯曲。

9.6.3　14MHz 垂直极化三角形回路天线

图 9-60 中给出了两种常见的建造工作频段为 14MHz 的三角形回路天线的方法。（这些设计来自于 RSGB 出版的《实用线天线》一书。）两种天线都辐射出垂直极化信号，因此接地质量将会对天线效率产生影响。当谐振频率为 14.15MHz 时，回路天线的导线总长度大约为 1 005/f(MHz)=71 英尺。为了得到优化的天线辐射方向图，回路天线的 3 条边长度应当尽可能地相等。

图 9-60（A）中的天线有效高度约为 1/2λ。馈电点选择在三角形上面两个角中的一个，来为远距离通信操作提供较低的仰角的辐射方向。馈电线应当悬挂起来，这样就可以直接对回路天线中的一个角进行馈电。

图 9-60（B）中通过使用单根支撑桅杆将三角形回路天线倒挂，当然也可以将三角形倒悬在树上。这种天线的有效高度要远低于图 9-60（A）中的“平顶”版本天线。所以这种天线的最大辐射方向仰角要比“平顶”版本天线高。然而，这种天线很方便，是野外活动和袖珍便携的好选择。在这种天线结构中，馈电线的方向就不是很重要了，馈电线可以直接垂到地面上。

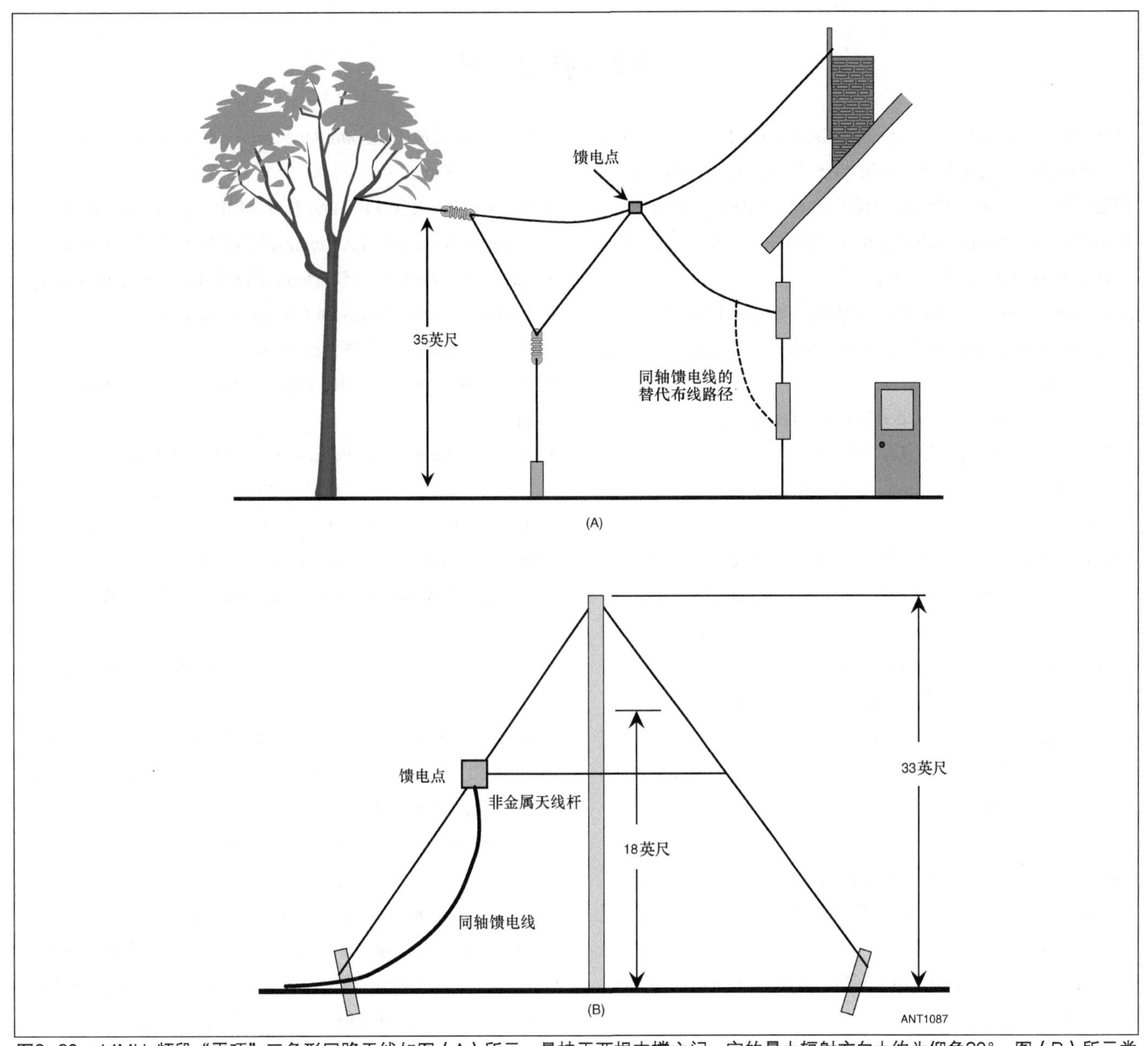

图9-60 14MHz频段“平顶”三角形回路天线如图（A）所示。悬挂于两根支撑之间，它的最大辐射方向大约为仰角20°。图（B）所示类型的天线只是用一根支撑，但是有效高度低于图（A）所示的天线，它会使辐射信号最强的方向仰角增加。

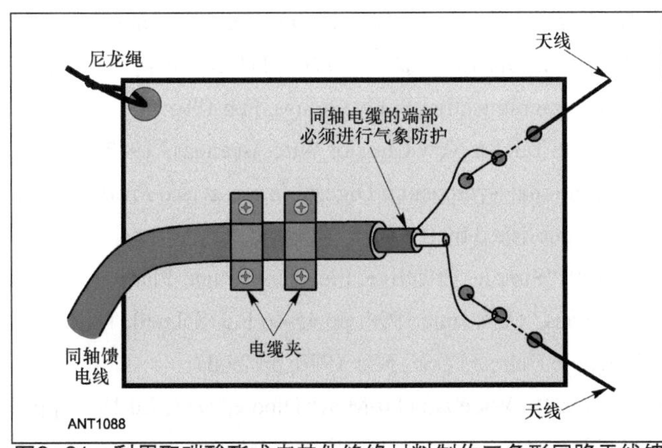

图9-61 利用聚碳酸酯或者其他绝缘材料制作三角形回路天线馈电点一个可行的方法。也可以使用商用偶极子中心隔离器。

图 9-61 中给出了如何制作馈电点的例子。在这个应用中，商用的具有内置支撑点的偶极子中心绝缘子效果很好。天线可以使用较轻的钓鱼线或者尼龙绳进行支撑。三角形天线下面的一个角或者两个角最好安装牢固，冰面天线在大风中移动太多距离。绝缘子可以如图 9-61 中所示进行安装。

这两种类型的三角形回路天线的馈电点阻抗大约为100～150Ω，可以使用1/4λ的馈电线片段，在回路天线和50Ω或者70Ω馈电线之间进行匹配。在馈电点处应当使用电流型巴伦。（关于1/4λ匹配线和电流型巴伦更多的信息可以参见“传输线耦合和阻抗匹配”一章。）

9.7 参考文献

Source material and more extended discussion of topics covered in this chapter can be found in the references given below.

ARRL's Wire Antenna Classics (Newington: ARRL, 1999).

D. Atchley, Jr., "Putting the Quarter-Wave Sloper to Work on 160,"*QST*, Jul 1979, pp 19-20.

B. Beezley, "A Gain Antenna for 28 MHz,"*QST*, Jul 1994, pp 70.

J. Belrose, "Transmission Line Low Profile Antennas,"*QST*, Dec 1975, pp 19-25.

J. Belrose, "Terminated Folded Dipole,"Technical Correspondence, *QST*, May 1994, p 88.

J. Belrose, "A Horizontal Loop for 80-Meter DX,"*QST*, Aug 2002, pp 30-35.

J. Belrose and D. DeMaw, "The Half-Delta Loop: A Critical Analysis and Practical Deployment,"*QST*, Sep 1982, pp 28-32.

L. Braskamp, AA6GL, "*MOBILE*, a Computer Program for Short HF Verticals,"*The ARRL Antenna Compendium Vol 4* (Newington: ARRL, 1995), pp 92-96.

G. H. Brown, "The Phase and Magnitude of Earth Currents Near Radio Transmitting Antennas,"*Proc. IRE*, Vol 23, No. 2, Feb 1935, pp 168-182.

G. H. Brown, R. F. Lewis and J. Epstein, "Ground Systems as a Factor in Antenna Efficiency,"*Proc. IRE*, Vol 25, No. 6, Jun 1937, pp 753-787.

B. Cake, *The Antenna Designer's Notebook* (Newington: ARRL, 2009).

B. Cake, "The ‘C Pole’—A Ground Independent Vertical Antenna,"*QST*, Apr 2004, pp 37-39.

P. Carr, "A Two Band Half-Square Antenna with Coaxial Feed,"*CQ*, Sep 1992, pp 40-45.

P. Carr, "A DX Antenna for 40 Meters,"*CQ*, Sep 1994, pp 40-43.

P. Carr, "The N4PC Loop,"*CQ*, Dec 1990, pp 11-15.

A. Christman, "Elevated Vertical Antennas for the Low Bands,"*The ARRL Antenna Compendium Vol 5* (Newington: ARRL, 1996), pp 11-18.

D. DeMaw, "Additional Notes on the Half Sloper,"*QST*, Jul 1979, pp 20-21.

D. DeMaw, L. Aurick, "The Full-Wave Delta Loop at Low Height,"*QST*, Oct 1984, pp 24-26.

J. Devoldere, *Low Band DXing—5th Edition* (Newington: ARRL, 2010).

P. Dodd, *The LF Experimenter's Source Book* (Potters Bar: RSGB, 1996).

A. C. Doty, Jr., J. A. Frey and H. J. Mills, "Efficient Ground Systems for Vertical Antennas,"*QST*, Feb 1983, pp 9-12.

S. Ford, "*Low*fing on 1750 Meters,"*QST*, Oct 1993, pp 67-68.

R. Fosberg, "Some Notes on Ground Systems for 160 Meters,"*QST*, Apr 1965, pp 65-67.

J. Hall, "Off-Center-Loaded Dipole Antennas,"*QST*, Sep 1974, pp 28-34.

J. Hallas, "The Fan Dipole as a Wideband and Multiband Antenna Element,"*QST*, May 2005, pp 33-35.

J. Hallas, "A Close Look at the Terminated Folded Dipole Antenna,"Getting on the Air, *QST*, Sep 2010, pp 51-52.

A. Harbach, "Broad-Band 80-Meter Antenna,"*QST*, Dec 1980, pp 36-37.

H. Hawkins, "A Low-Budget, Rotatable 17 Meter Loop,"*QST*, Nov 1997, p 35.

J. Heys, *Practical Wire Antennas* (Potters Bar: RSGB, 1989).

G. Hubbell, "Feeding Grounded Towers as Radiators,"*QST*, Jun 1960, pp 32-33, 140, 142.

C. Hutchinson and R. D. Straw, *Simple and Fun Antennas for Hams* (Newington: ARRL, 2002).

P. H. Lee, *The Amateur Radio Vertical Antenna Handbook* 1st edition (Port Washington, NY: Cowan Publishing Corp, 1974).

C. J. Michaels, "Some Reflections on Vertical Antennas,"*QST*, July 1987, pp 15-19; feedback *QST*, Aug 1987, p 39.

More Wire Antenna Classics (Newington: ARRL, 1999). I. Poole, *Practical Wire Antennas 2* (Potters Bar: RSGB, 2005). *Prediction of Sky-wave Field Strength at Frequencies Between About 150 and 1700 kHz*, ITU Doc 3/14, Radiocommunication Study Groups, Feb 1995.

Rashed and Tai, "A New Class of Wire Antennas,"1982 International Symposium Digest, *Antennas and Propagation*, Vol 2, published by IEEE.

T. Russell, "Simple, Effective, Elevated Ground-Plane Antennas,"*QST*, June 1994, pp 45-46 F. J. Schnell, "The Flagpole Deluxe,"*QST*, Mar 1978, pp 29-32.

R. Severns, "A Wideband 80-Meter Dipole,"*QST*, Jul 1995, pp 27-29.

J. Sevick, "The Ground-Image Vertical Antenna,"*QST*, Jul 1971, pp 16-19, 22.

J. Sevick, "The W2FMI Ground-Mounted Short Vertical," *QST*, Mar 1973, pp 13-18, 41.

J. Sevick, "The Constant-Impedance Trap Vertical," *QST*, Mar 1974, pp 29-34.

J. Sevick, "Short Ground-Radial Systems for Short Verticals," *QST*, Apr 1978, pp 30-33.

J. Sevick, W2FMI, *Transmission Line Transformers* (Atlanta: Noble Publishing, 1996).

J. Stanford, NN螳, "Linear-Loaded Short Wire Antennas," *The ARRL Antenna Compendium Vol 5* (Newington: ARRL, 1996), pp 105-107.

Vertical Antenna Classics (Newington: ARRL, 1995) A. D. Watt, *VLF Radio Engineering* (Pergamon Press, 1967) (out of print).

J. Weigl, *Sloper Antennas* (New York: CQ Communications, 2009).

第 10 章

多波段高频天线

在低于 30MHz 的一些波段上进行操作时，若在每个波段上都设立一个单独的天线，这对大多数业余爱好者来说将是不切实际的做法事实上也没有必要，例如，一个工作于最低波段的半波长偶极子天线在较高频率处可能容易操作。事实上，最常见的天线都是通过使用天线调谐器和其他技术来使其工作于多波段。然而，通常被称为“多波段天线”的系统是指通过一种已经设计出的方法，使天线在一些波段上进行操作，同时还与传输线（通常是同轴电缆）有很好的匹配。

当在不同的波段上使用一个单一的物理天线时，必须意识到：改变的电气高度和长度会导致馈电点阻抗的变化以及方位角和仰角的天线方向图发生改变，其有关方位角和仰角天线方向图的描述见“天线基本原理”章和“偶极天线和单极天线”章。例如，一个水平线天线在 20m 处其电气高度为$\lambda/2$，15m 处其电气高度为 $2/3\lambda$，40m 处其电气高度为$\lambda/4$，这种情况相比于天线在所有波段有相同电气高度的情况，两者将会产生完全不同的高度方向图。同样，一个单一的垂直天线其高度方向角和馈电点阻抗也会在不同的波段上发生显著地变化。

实际上，将安装作为一个完整的多波段天线系统来一起考虑会更为有效，即将天线、馈线和各种阻抗匹配设备作为一个“包”。通过考虑不用波段上天线的性能，你就可以选择能产生良好性能的系统元件进行组合而不是选择一个元件。

本章描述了一些天线以及一些被设计工作于两个或者多个高频波段的天线系统。分开章节包括非谐振的“长线和行波天线”和流行的“高频八木天线和方框天线”。更多关于馈线和阻抗匹配电路使用的信息参见“传输线耦合和阻抗匹配”章。

多波段天线的谐波辐射

尽管多波段天线被故意设计为在多个不同的频率上都可以进行操作，但是所有谐波或恰巧与天线谐振频率相一致的寄生频率其辐射将会很少，如果有的话，也要衰减。因此，这方面尤其要小心谨慎，以防止这类谐波到达天线。

使用调谐馈线的多波段天线有一些固有数量的内置保护设施以防止此类辐射，因为在发射器和馈线之间几乎都有必要使用调谐耦合电路。这对系统来说增加了相当大的选择性，有助于区别期望频率和非期望频率。

多元偶极天线和陷波天线不具备这个特性，因为其设计的目标是为了使天线在其旨在覆盖的所有业余频段上显现出尽可能相同的电阻阻抗。明智的做法就是与其他业余基站进行测试，以确定在距离“说着”大约一英里的范围内，可以“听到”发射频率的谐波。如果可以的话，则系统就可能会增加更多的选择。只要在局部可以“听到”谐波，即使信号很弱，也算满足听见，因为一定距离上的传播条件可能会增强该类信号。

10.1 简单线天线

10.1.1 随机线天线

最简单的多波段天线是一个随机长度的线，其直接连在一个发送器或天线调谐器的输出。电源几乎在任何频率上都可以给该线馈电，采用图 10-1 所示的其中一种，或者所示的另外一种方案都可以。如果该线的长度为 67 英尺或 137 英尺（80m 处$\lambda/4$或$\lambda/2$），那么在 80m 谐波的波段上，其端阻抗将是较大的，它也可以通过一个调谐电路来馈电，如图10-2所示。许多天线调谐器可以有选择地以这种方式为一个端馈天线进行馈电。在发射机和阻抗匹配网络之间使用一个SWR测量表以调整使其达到最小的SWR。

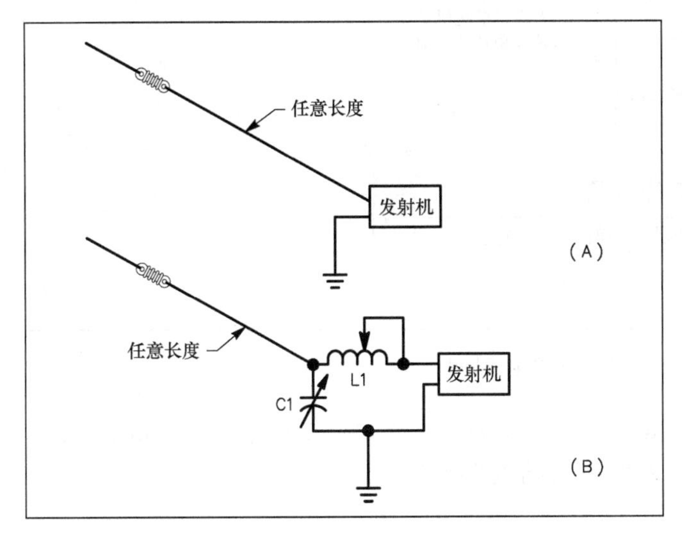

图10-1 图（A）所示是一根随意长度导线直接由发射机的Pi电路网络输出驱动。图（B）中，在图（A）中的那种方式无法得到足够匹配加载的情况下，再使用一个L电路网络。C1应该具有和电子管类型的发射机中的末级振荡回路电容器大致一样的板极距离；如果L1在20～25μH，100pF的最大电容量是足够的，相应地线圈可以用12号（#12）导线绕30圈，线圈直径2½英寸，疏密程度为每英寸6圈。应该采用裸导线以便根据发射机负载需要设置抽头位置。

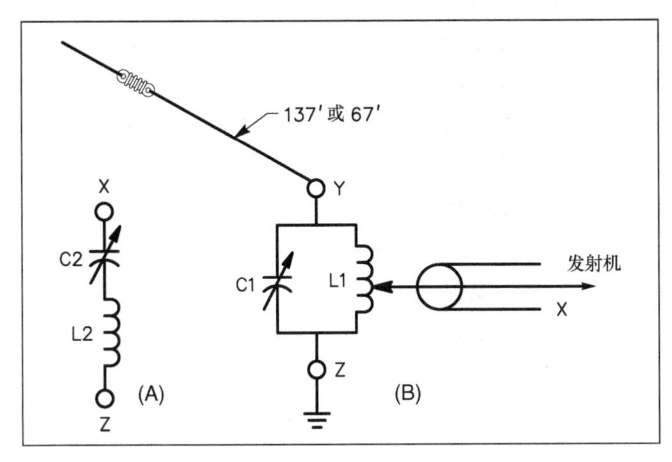

图10-2 如果天线的长度是137英尺，在3.5～30MHz频率范围的每个业余波段上，都可以使用并联调谐的耦合电路，不过WARC波段的10MHz、18MHz和24MHz可能除外。在所使用的波段上，C1应该与末级振荡回路电容器一样，L1也应该和末级振荡回路电感器相同。如果导线的长度是67英尺，在3.5MHz可以采用左边所示的串联调谐电路，但在7MHz或更高频率波段仍然需要采用并联调谐电路。C2和L2通常也应该与末级振荡回路中的电容器和电感器一样，并联调谐时也是同样。图10-1（B）给出的L电路网络同样也适用于这些天线长度。

如果你已经安装了一个可旋转的定向天线，在许多情况下可以使用定向天线的同轴馈线作为一个工作于高频的天线。在基站末端将屏蔽和中心导线连接在一起，作为一根随意长度的导线，如图10-1所示的那样。在远端的定向系统被当作一个对导线末端具有末端加载作用的电容帽。

所有这样直接馈电系统的主要缺点是：该天线系统主要是由随意长度导线，加上所有基站机箱，以及基站地面连接系统构成。该天线连接的点，可以被认为是在具有一端接地的天线的、随机选择的馈电点。因此，有一个很好的机会，即因为天线系统中的射频电流，在你的基站上将有“射频热点”。

通过选择天线和地线的长度，可以使基站内的射频电压最小化，以致发生在发射机或附近的电流呈现较低的馈电阻抗。利用重金属丝，或带与地杆或贯穿整个地面的金属管道的短连接，在较低频段可能是足够的，但大部分接地连接是不够短的，以致不能通过自身减小射频电压。不管你如何解决这个问题，第一步都是将所有设备的外壳连接在一起，以防止设备之间存在显著的电压。

这个办法就是使用$\lambda/4$长度（在3.6MHz是65英尺，在7.1MHz是33英尺）的导线，或者$\lambda/4$奇数倍（在3.6MHz的$3/4\lambda$是195英尺，7.1MHz为100英尺）的导线。显然，这样做只能仅仅工作于一个波段，或有时在相应的谐波波段。既然导线的长度使得在发射机侧呈现电流环路，那么在2倍（或4倍）频率上就会呈现出电压环路。

另一种可能就是在发射机，或天线调谐器的附件上，连接一端补偿线。补偿线的长度要进行调整，以便基站设备上的射频电压最小化。在工作频率处，其长度可能是或不是$\lambda/4$，因为天线导线末端的阻抗是未知的。准备好不同长度的导线进行试验，不同导线可以附加不同的频率。

另一种选择就是使用“人工接地”，例如MFJ-931，如图10-3所示，调整不同频率下的补偿。在很多情况下，使用普遍的100W天线调谐器，以完成相同的事是有可能的——调整随即长度的补偿以在发射机和天线调谐的附件上呈现低阻抗。

如果你使用补偿线，确保其与未连接端隔离，因为像天线所有的未连接段，都有可能出现足够大的RF电压，从而引起射频器烧损，尤其是在100W或更高瓦特的情况下。

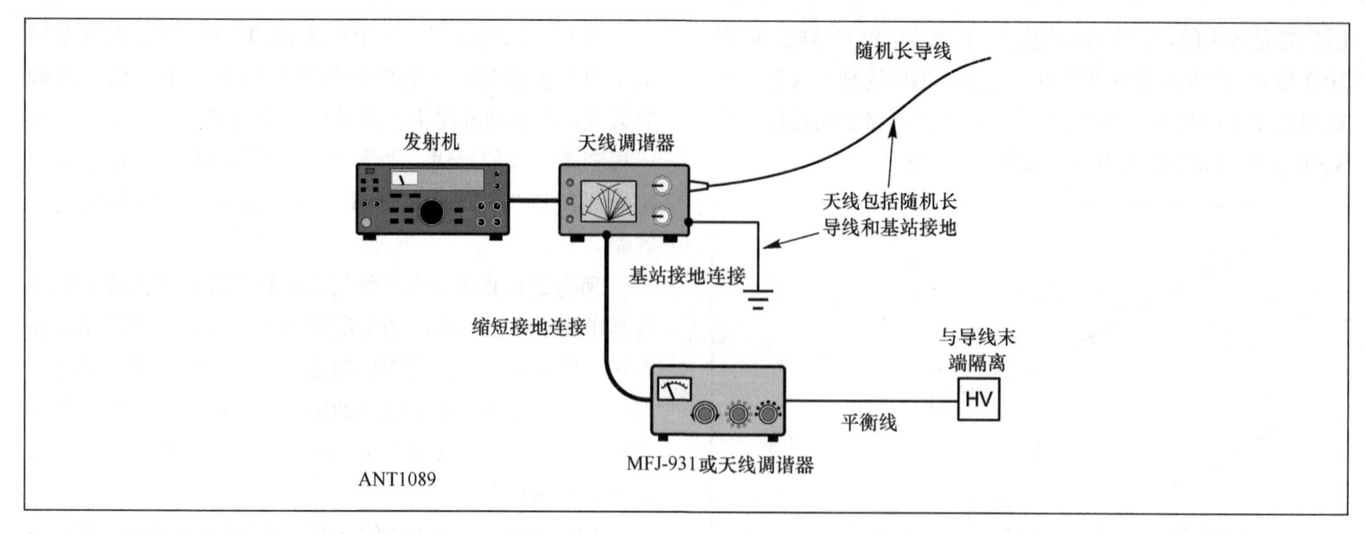

图10-3 将一个“人工接地”用于调谐随机长度的线天线，以使基站设备外壳的射频电压最小。

10.1.2 端馈天线

另一种常用于多波段的天线系统是端馈齐柏林天线，如图 10-4 所示，在最低频率处，该天线的长度为λ/2。（这个名字的来源是因为首次记录使用这类天线是在齐柏林飞艇上，天线通过一端悬挂于飞艇尾下侧。）

通过任意长度明线馈电的端馈天线，其带有平衡输出的调谐器可提供多波段的覆盖。如图 10-4 所示，最常用的是阻抗为 300～600Ω的明线或窗口线。

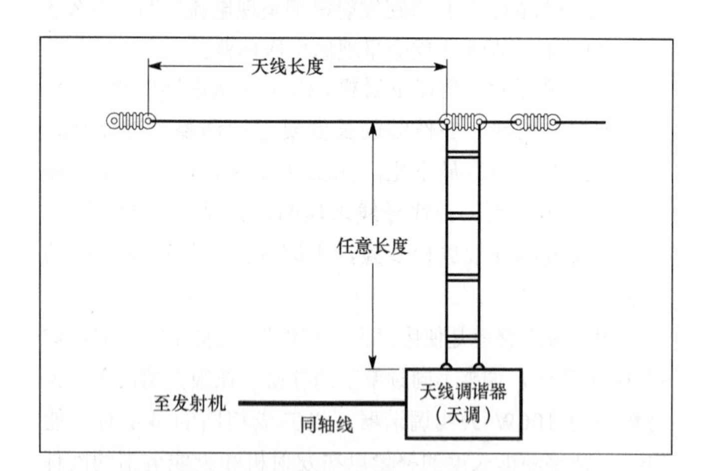

图10-4 端馈Zepp天线可以工作于多波段。

馈线长度可以根据任意选择，不过若选择λ/2 的奇数倍，则可以将高馈电阻抗转换成一个较小的值，即很可能且容易的将其转换成 50Ω。（见下面“调整馈电器”小节。）相对天线馈线的不对称排列容易导致馈线中产生共模电流，进而导致系统中部分馈线产生辐射。（见下面“馈线辐射”小节）

如果你的空间只够装一个 67 英尺的水平偶极天线，但又希望它能够在 3.5MHz 的波段上工作，这时可将两根馈线导线连接于发射机的末端，整个系统如图 10-1 所示，采用随意长度的导线直接馈电。

10.1.3 中馈天线

中馈单线天线可以在任何高于基本谐振频率的频率处、高效的接收功率和辐射功率，同时随着效率和波段的减少，频率也降为基本频率的一半。

实际上，在最低频率处，全尺寸半波长的天线是没必要。可以考虑将天线的长度缩短，使其小于λ/2 甚至小于λ/4，不过这种天线的效率很高。然而，使用这么短的天线可能会增加天线系统中其他部分（例如天线调谐器和传输线）的压力，这一点在本节后半部分介绍。

最简单的且最灵活（也最便宜）的全波段天线，就是使用平行线馈线的中馈天线，如图 10-5 所示。电流在所有频率上都是平衡的，除非其中一端比另一端接近地面（或地面物体）而带来不平衡。为了保证每条天线腿上馈线的电流是平衡的，并减少馈线上的共模电流，馈线要与天线成直角，最好间隔馈点λ/4 的距离。

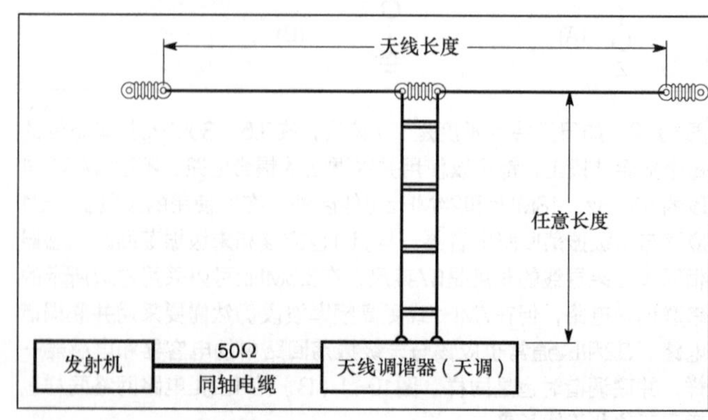

图10-5 中馈天线系统用于多波段工作。

中馈方式不仅仅由于固有较好的平衡而比端馈方式更有用，通常还可以在传输线上获得较低的驻波比，使用的平行导体馈线特征阻抗为450～600 Ω。TV类型的明线馈线除了不能在高功率应用（大于500W）外，适合于其他所有情况。大功率情况应该采用粗导线和宽间隔以处理大电流和高电压，可能会有很高的驻波比。

在这样的安装中，可使用的、最好的天线调谐器为平衡型，该类型的设计为：在输入端使用同轴电缆，输出端使用平行线电缆。如果输出端馈线中一条导线连接到附件上，那么在输出端就可以使用非平衡调谐器，不过这样的设计会在基站中产生射频电流和电压。

在天线和调谐器之间的连线不推荐使用同轴电缆。在SWR较高的频率上，超过50英尺的同轴电缆，其损耗会迅速升高（见“传输线”一章）。

这种天线的长度不苛刻，馈线的长度也不用严格。如前面提到的，天线的长度可以比λ/2短很多仍然效率很高。如果整个长度在最低频率至少是λ/4，整个系统就十分好用。在所需波段上，可能需要一些关于“找到天线在模特定位置工作上工作良好的长度”的经验。

馈线辐射

如果平衡线馈线上的电流不平衡，那么就会导致每根线上的辐射不能相互抵消，进而产生辐射阻抗。当馈线耦合到天线在两条线路上同时辐射的能量时，这种不平衡现象就会经常发生。这就会产生共模电流，该电流和天线行为一样会辐射信号。（同轴电缆的等效情况是其屏蔽层的外表面耦合到辐射能量。）

当它们相对于天线以及辐射场不对称时，馈线会耦合天线的辐射信号。例如，馈线以任何大于90°的方式接近偶极天线时，会与接近的天线“腿”发生强烈的耦合。馈线与天线“腿”越接近，耦合的能量就越多。连接到Zepp天线末端的馈线总会产生共模电流，这是因为它们是一种端接而不是终接。最大限量地减少馈线共模电流和技术将在“传输线耦合和阻抗匹配”一章中介绍。

应该强调的是，馈线上的任何辐射并不是损失能量，也不一定是有害的。馈线产生辐射是否要紧，取决于整个天线系统的用途。例如，当要用做方向性阵列时，就不允许馈线出现辐射，因为馈线的这种辐射会破坏整个阵列的辐射图形，在不需要的方向上产生响应。换句话说，需要辐射只是来自定向阵列，而不希望阵列和馈线都产生辐射；如果馈线接近一些应用设备或家庭娱乐设施，那么辐射场就会产生射频干扰。

另一方面，在所期望覆盖范围的多波段偶极天线情况下，如果馈线产生辐射，这种能量其实也有好的一面。天线专家也许对这种说法有异议，但从实践的立场看，在并不关心方向性图时，可以忽略可能的馈线辐射问题而节省时间和精力。

调谐馈电器

经常使用“调谐馈电器”作为参考，是指馈线具有特定的电长度。该长度扮演转换负载阻抗的角色，如“传输线”章中所述。调谐馈电器最普遍的应用即与端馈天线结合一起使用。若一条馈线的长度是1/4λ的奇数倍，则该馈线可以将高阻抗转换成低阻抗。所以可以用它将50Ω发射机和高阻抗端馈天线连接起来。它工作的频率是由所需电长度决定的，故术语中有“调谐”。大部分调谐馈电线是由平行线馈线构造的，这样可以使其应用中高SWR的损耗最小。

由于馈线的长度，它也会产生一些问题。例如，一条长度为1/2λ数倍的馈线，其一端连接于接地设备的外壳，在另一端还是存在较低的阻抗。这将使得端馈天线在馈点具有较高的阻抗。谐振馈线的长度（1/4λ数倍）在拾取天线能量方面也是有效的，即它会产生共模电流和再辐射信号（上面所讨论的）。

10.1.4 137英尺的80～10m波段偶极天线

前面已经提到，其中一种最多用途的天线大概就要算简单偶极天线了，用明线传输线中间馈电，并在工作间内使用天线调谐器即可。一个135英尺长的偶极天线，水平挂在两棵树或铁塔之间，高度50英尺或以上，就可以在80～10m波段上都很好地工作。这样的天线系统在较高的工作频率上有明显的增益。（报告工作良好的其他长度为88英尺和105英尺——不要害怕尝试。）该天线也可以被当作一个λ/4天线用于1.8MHz，只是其效率会有些下降。

平直安装方式还是倒V方式？

不可否认，倒V安装方式（有时也称作下垂的偶极天线）是相当方便的，因为它只需要单一的支撑杆。然而平直安装方式，即在偶极天线水平安装时，在较高工作频率上可以给出更多的增益。图10-6显示了80m波段的2个135英尺长偶极天线的方位角和仰角辐射图。第一个天线是平直安装在距离地面50英尺高，地面为典型的普通条件，导电率5mS/m，介电常数13；另一个偶极天线采用相同长度的导线，但中间高度大约为50英尺，两端下垂到离地面为10英尺高，这个高度对于避免RF灼伤行人的危险已经足够。

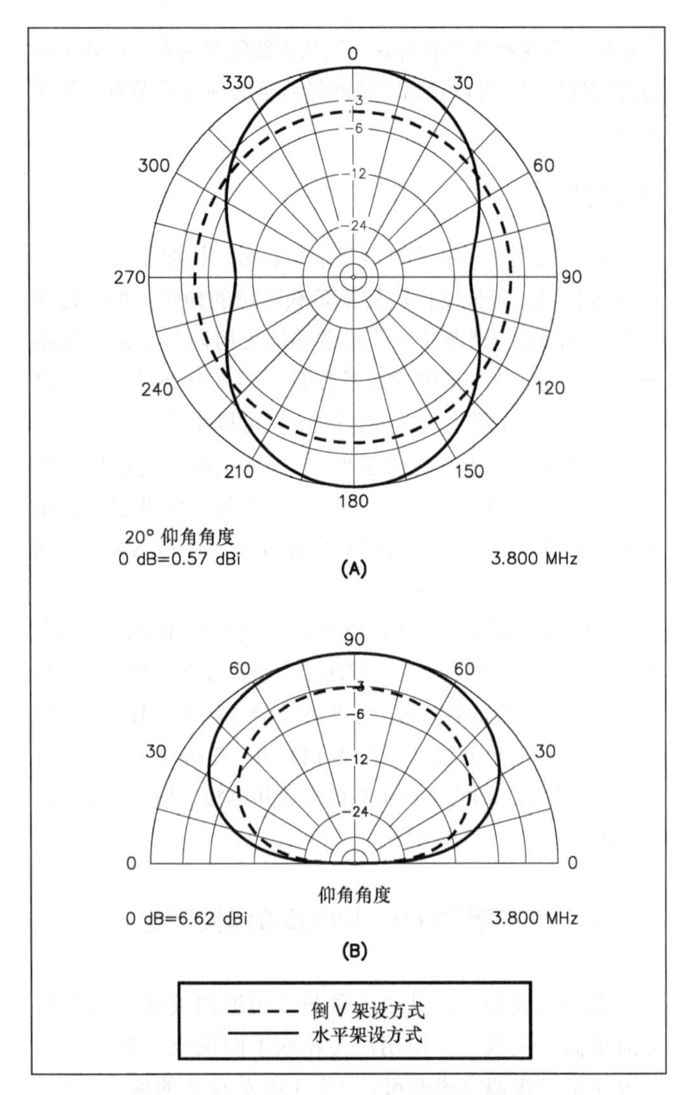

图10-6 在80m波段135英尺长中间馈电50英尺高的水平偶极天线辐射图，与同样的偶极天线作为顶点50英尺高末端10英尺高的倒V安装时的比较。图（A）是方位角辐射图，偶极天线的导线按照90°与270°所在平面的方向架设。图（B）是仰角辐射图，偶极天线的导线方向垂直穿出纸面。在80m波段，水平架设和倒V架设的辐射图都没有太大的差异。

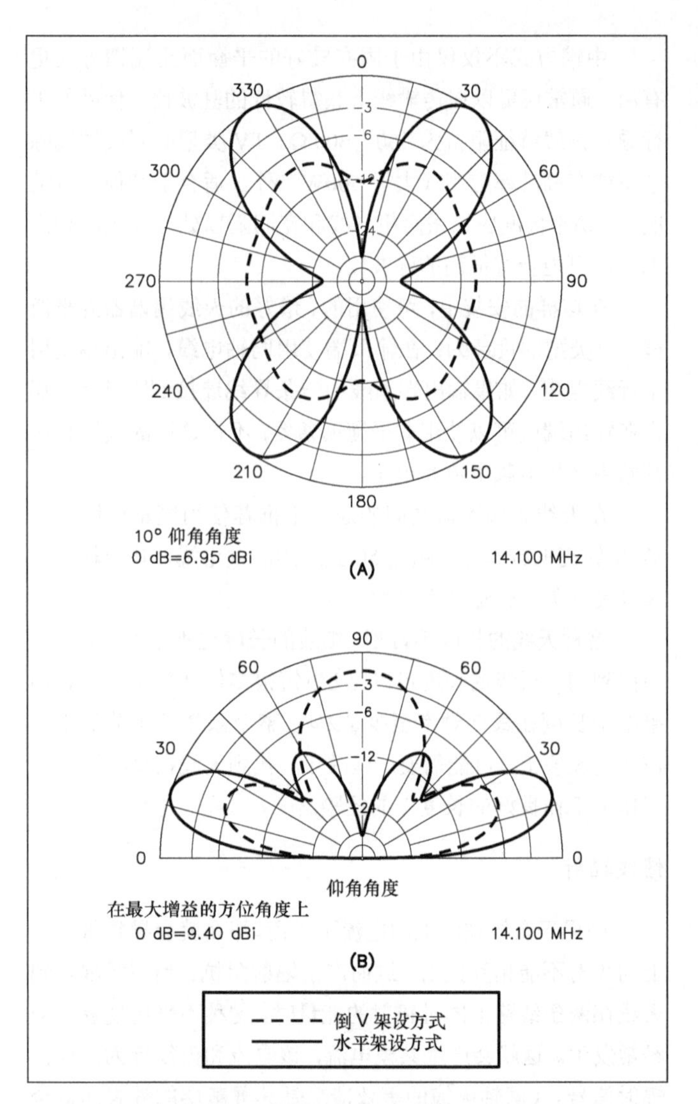

图10-7 两个135英尺偶极天线在20m波段的辐射图比较。一个为平直安装作为水平偶极天线，另一个是两臂120°夹角作为倒V偶极天线。图（A）给出的是方位图，图（B）给出的是仰角图。倒V在最大方位增益上大小约6dB，但是比较均匀，几乎全向的方位辐射图形。在仰角平面，倒V在顶部有个比较肥大的波瓣，使得它作为本地通信是个更合适的天线，但对于低仰角的DX通联则不太好。

在 3.8MHz 频率上，平直偶极天线比下垂的偶极天线的最大增益要高出 4dB；另一方面，倒 V 安装方式给出比平直偶极天线更加全向的辐射，平直偶极天线在导线两端会有零点。比如，全向的覆盖对于台网操作者来说比最大的增益还要重要。

图 10-7 给出了同样两种天线安装方式的方位图和仰角图，但这次是在 14.2MHz。水平偶极天线在 10° 仰角的地方分裂为 4 个波瓣，这个仰角是 20m 波段天波通信的典型角度。9.4dBi 的最大仰角增益发生在 17°，该水平天线离平坦地面高度 50 英尺。倒 V 方式再次同样表现出更加全向性些，但最大增益比水平方式要低 6dB 之多。

对于倒 V 方式的情形，在 28.4MHz 的最大增益很差，比水平架设偶极天线要低大约 8dB，在该频率上分裂为 8 个波瓣，在 7° 仰角的有 10.5dBi 最大增益值，见图 10-8 的比较。

无论选择哪种方式来架设这个 135 英尺长的偶极天线，都应该用低损耗类型的明线传输线来馈电。所谓开窗的 450 Ω格梯馈线，对于这种应用非常普遍。注意对这种馈线每英尺要扭绞 3～4 圈，以保证它在刮风时不会被过分扭曲。同时也要确保该馈线和偶极导线连接处有机械的支撑，这样可以防止传输线导线的绕曲，因为过度的绕曲会导致传输线破裂。（见“天线材料和建造”一章。）

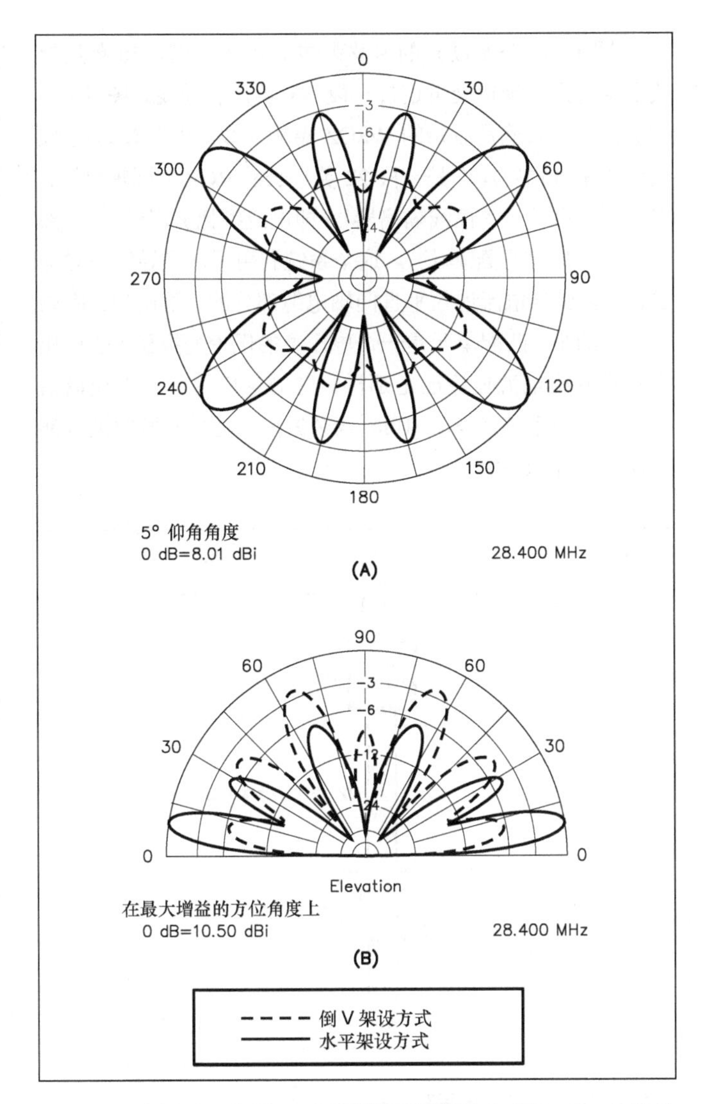

图10-8 在图10-7和图10-8同样的天线架设方式下，10m波段的辐射图。再次表明，倒V架设方式产生更加全向的辐射图，但代价是比水平架设在最强波瓣增益要降低几乎8dB。

10.1.5 G5RV多波段天线

G5RV天线是中馈天线的一个变种，该天线不需要太多空间，容易制作和费用低廉的多波段天线，几年前由英格兰的Louis Varney/（G5RV）设计，在美国已经相当流行。图10-9给出G5RV天线设计，可以用于3.5～30MHz。尽管有些业余爱好者称，直接用50 Ω同轴电缆馈电在几个波段都能得到较低的SWR，但Varney本人还是建议除了14MHz以外的其他波段，都应该使用天线调谐器（见参考书目）。实际上，对G5RV的馈电点阻抗进行分析表明，找不到任何一种特征阻抗的平衡馈线的某一长度，可以使终端阻抗在所有波段都能够变换到50～75 Ω的范围（使用同轴电缆馈电，而且没有匹配网络，却能够在14MHz以外的波段指示较低的SWR值，实际上很可能是由于同轴电缆本身的损耗过大导致的）。

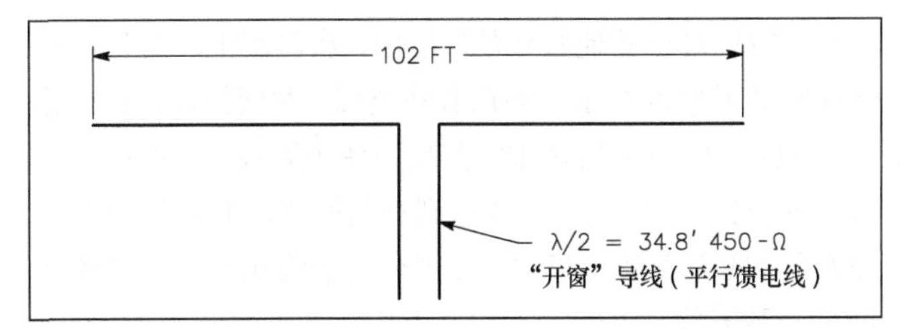

图10-9 覆盖3.5～30MHz的G5RV多波段天线。尽管许多业余爱好者宣称，可以直接用50 Ω同轴电缆馈电来工作于几个波段，但原创者LouisVarney还是推荐在14MHz以外的波段使用匹配网络。

图10-10给出了一个离平坦地面高度50英尺的20m波段G5RV天线，在适合DX工作的5° 仰角时的方位面辐射图。为了比较，还在图10-10中给出另外两种天线的响应，一个是高度50英尺的20m波段标准偶极天线，和同样50英尺高的132英尺长中馈偶极天线。当然，在20m波段，G5RV要比标准半波长偶极天线长，并且增益也要比它高2dB。带有4个波瓣，看起来挺像四叶苜蓿草，方位面图形比起2个波瓣的偶极天线显得更为全向些。132英尺长的中馈偶极天线要比G5RV长，并且比G5RV高0.5dB增益，同样表现出4个主瓣，包括导线所在平面的2个较强窄瓣。总而言之，G5RV的响应比起其他2个天线更呈现出全向性。

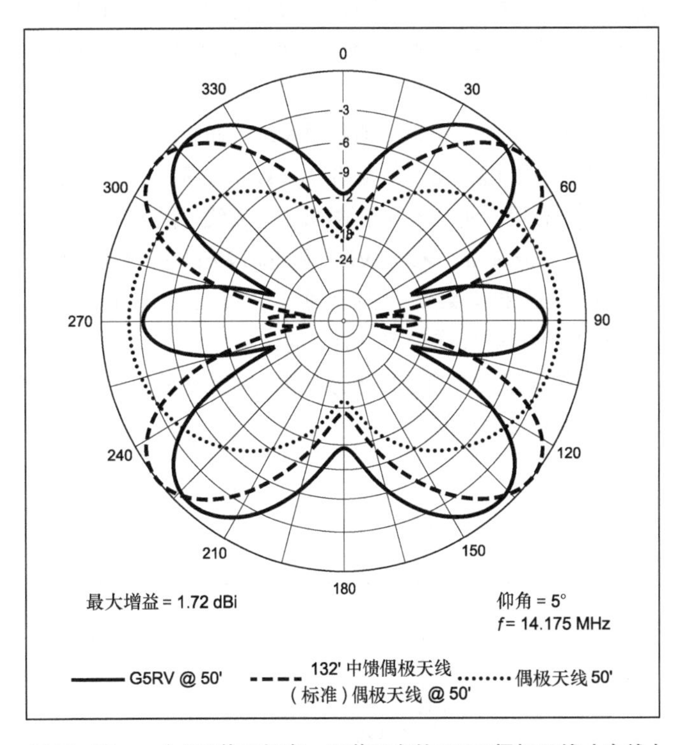

图10-10 一个102英尺长度，50英尺高的G5RV偶极天线（实线）在5°发射角时的方位面辐射图。为了比较，还给出一个132英尺长、50英尺高的中馈偶极天线（虚线）和一个33英尺长、50英尺高的20m波段半波偶极天线（点线）的响应图。长度最长的天线比G5RV表现高出大约0.5dB增益，整个响应上还是G5RV更加为全向性，这对于线天线来说可以不必旋转。

G5RV 对于其他频率的辐射图，和前面 135 英尺偶极天线在其他频率给出的响应有些类似。顺便提起，也许你对图 10-10 中使用的是 132 英尺的偶极天线，而不是前面所述的 135 英尺偶极天线感到有些疑惑，其实这个总长 132 英尺的天线就是我们下面部分关于温顿天线要讨论到的另一种天线。

图 10-9 中的 G5RV 天线部分也可以作为倒 V 方式架设，和前面提及的 135 英尺偶极天线同样在最大增益上有些损失。或者把天线两个末端部分按总长度的 1/6 垂直或半垂直放下，或者与天线主轴任意角度弯曲下来，以符合实际场地的需求。

10.1.6 温顿天线和卡罗莱纳-温顿天线

在 20 世纪 30 至 40 年代有一种我们现在称之为“温顿（Windom）”的天线相当流行，在 1929 年《QST》杂志上，Loren G. Windom（W8GZ）介绍后，以“单馈线赫兹”天线在那时出名。

这个温顿天线，如图 10-11 所示，采用单导线馈线连接在偏离天线中央大约 14%的位置馈电。理论上，通过接地配合工作，在这个位置上可以为单线传输线提供匹配。因为单线馈线没有固有的良好平衡特性，并且它被引到工作地点，所以这个天线工作时将会带来“工作间存在 RF”以及潜在辐射的危害。

偏中心馈电（偏馈）的温顿天线后期版本，是将连接点轻微移动以适合使用平衡的 300 Ω带状馈线。一个相对较近出现的版本叫“卡罗莱纳-温顿”天线，因为两位设计者 Edgar Lambert/（WA4LVB）和 Joe Wright/（W4UEB）都是居住在卡罗莱纳州的北海岸（第三位设计者 Jim Wilkie/WY4R 是住在弗吉尼亚州的诺福克附近）。这个卡罗莱纳-温顿天线一个有趣的地方，就是将潜在的缺点——馈线辐射转变为潜在的优点。

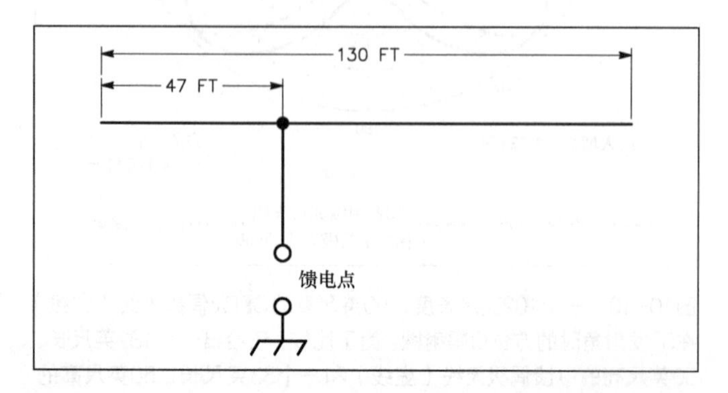

图10-11 长度裁剪为适合3.75MHz基波频率的温顿天线。单线馈线连接在偏离中心14%的位置，引入到电台室，配合接地馈电。天线在它的各次谐波都有效。

图 10-12 是平展开的卡罗莱纳-温顿天线图，50 英尺导线在馈电点绝缘板处再连接一段 83 英尺长导线。图 10-11 中类似的方式就是原始的 W8GZ 温顿天线。卡罗莱纳-温顿天线“垂直辐射体”是一段 22 英尺长的 RG-8X 同轴电缆，在底端带有一个“馈线隔离器”（即电流型扼流巴伦），顶部有一个 4∶1“匹配单元”。这个系统利用了水平导线不对称的优点，引导电流进入垂直同轴电缆部分的外屏蔽层。应该注意到的是，匹配单元是一个电压型的巴伦变换器，故意让它不像共模电流扼流巴伦那样。你必须应用一个天线调谐器，使这个系统在 80～10m 业余波段上连接到发射机时都呈现 1∶1 的 SWR。

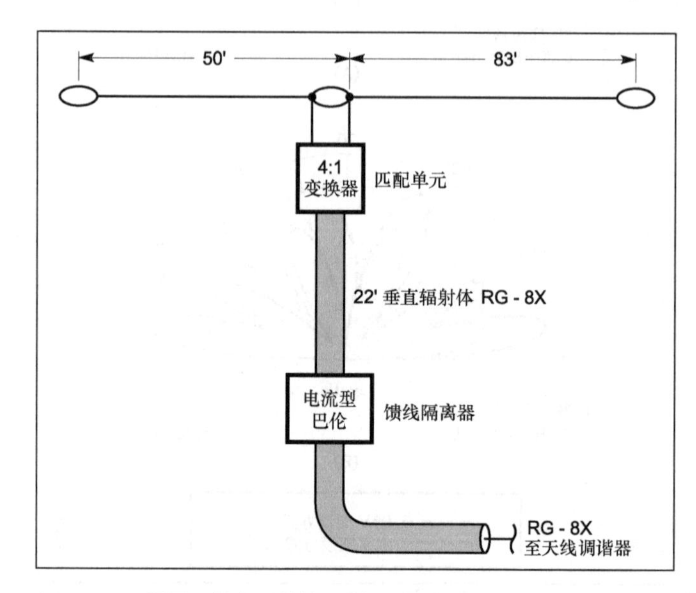

图10-12 平展开的卡罗莱纳-温顿天线布局图。

导入 22 英尺长的垂直同轴线部分的电流辐射结果，使得假如采用 132 英尺水平导线中心对称馈电时所表现出来的深零点被填充掉，在海水条件下，DX 通联所需的低仰角上，垂直辐射体可以给出更加显著的增益。确实，在电台靠近或直接在海面上时，卡罗莱纳-温顿天线野外通联的报告令人印象十分深刻。在普通土壤条件下，所增加的垂直极化分量的好处就没有那么明显。图 10-13（A）比较了一个工作在海面高度 50 英尺的 14MHz 卡罗莱纳-温顿天线，与一个 50 英尺高 132 英尺长的水平中馈偶极天线。卡罗莱纳-温顿天线在方位面辐射图上更加全向一些，在所需要的不同方向通常不用旋转天线，是这个 132 英尺长的天线令人比较满意的特点。

卡罗莱纳-温顿天线相比传统的温顿天线，另一个优点是同轴馈线在共模电流扼流器之后是不会辐射的，就是说引入“工作间的 RF”减少。由于馈线在不同业余波段并非总是在低 SWR 工作，所以尽可能缩短同轴馈线的长度以保持较低的电缆损耗。

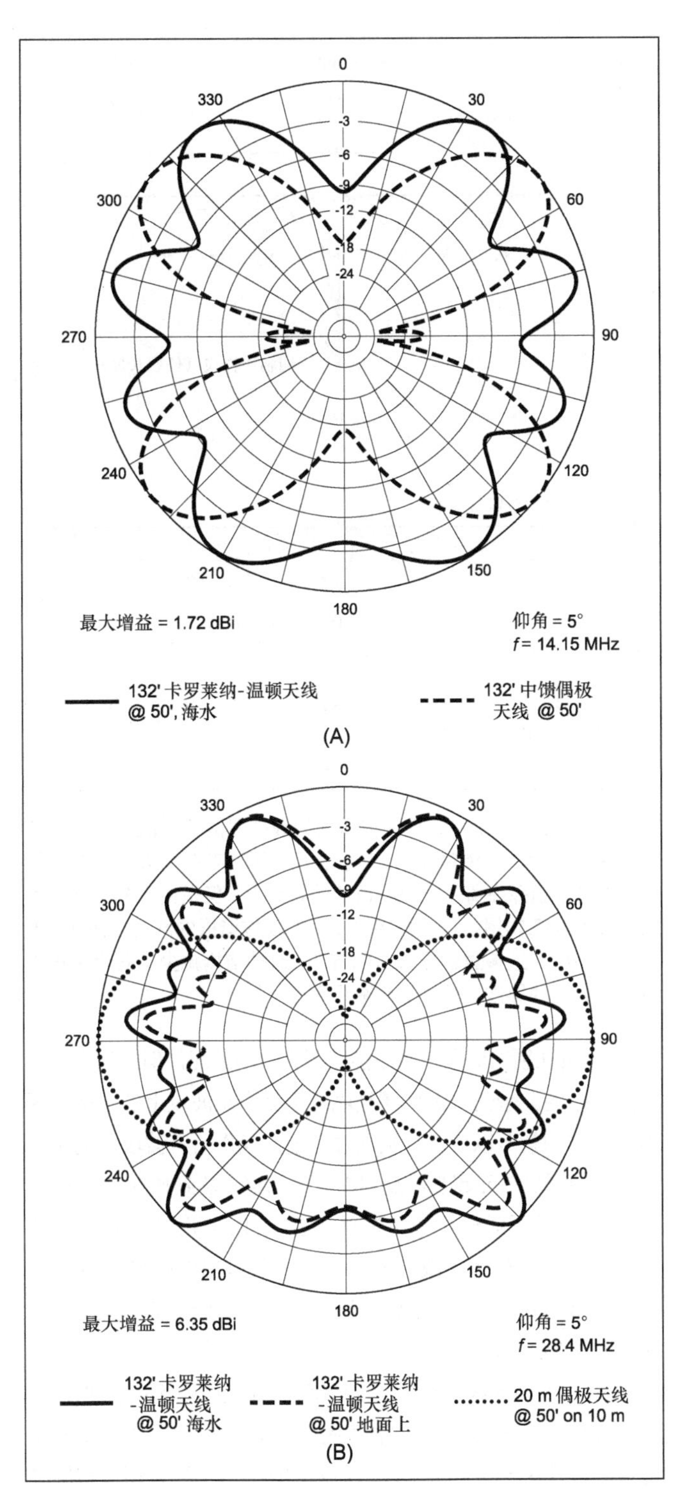

图10-13 图(A)所示20m波段的132英尺长偏馈卡罗莱纳-温顿天线，和一个132英尺长的20m波段中馈水平偶极天线的方位面辐射图，两者都是在海面高度50英尺。因为从22英尺长的垂直RG-8X电缆产生的垂直极化辐射部分填补了深零点，所以卡罗莱纳-温顿天线更加全向性些。图(B)所示工作在10m波段的132英尺长50英尺高的卡罗莱纳-温顿天线，在海水面(实线)以及普通地面上(虚线)的方位面辐射图，这里还比较了一个高度50英尺的20m波段半波偶极天线(点线)。

图 10-13（B）给出了一个 50 英尺长水平卡罗莱纳-温顿天线工作于 28.4MHz，在海水和普通土壤不同的条件下的方位面辐射图，同时也给出一个 50 英尺高、工作于 28.4MHz 的 20m 波段水平偶极天线的辐射图，由于它是一个 20m 波段的偶极天线用作为多波段天线，馈电时采用的是明线传输线而不用同轴电缆。这里再次看到，卡罗莱纳-温顿天线表现出更全向性的辐射，尽管辐射图形在底部有点不太平衡。

10.1.7 偏离中心馈电（OCF）天线

通常情况下，对于一个中心馈电的$\lambda/2$ 偶极天线，其馈电阻抗低，并且和同轴电缆相适合。不过假定源与远离中心点所呈现的高阻抗是匹配的，那么偶极天线可以延其长度在任一点接受能量。（正如“偶极天线和单极天线”章中所讨论的一样，如果馈点移到远离偶极天线中心的某一点，那么随着电压上升，电流就会下降，随之馈点阻抗就会增大。）

偏中心馈电偶极天线的优势在于可沿着偶极天线任意位置放置馈电，该点的阻抗在不止一个波段上是相似的，其值一般在 150～300Ω附件。不过使用合适的阻抗匹配器（例如阻抗变换器）可以将馈点阻抗减少到接近 50Ω。注意，天线馈点阻抗随着距地高度变化而变化，SWR 也是如此。

图 10-14 所示为一个 OCF 偶极天线。由于它的外观与图 10-11 所示的温顿天线有些相似，故它经常被误认为是温顿天线，有时该天线也叫“同轴馈电温顿天线”。实际上这两种天线是不一样的，因为温顿天线是根据地面镜像来工作的，OCF 偶极天线就像正规的偶极天线一样，馈电不仅仅是中心馈电。OCF 的一个极端应用就是端馈 Zepp 天线，其馈点完全移到天线的一段。

图 10-14 的 OCF 偶极天线，是在靠其中一端 1/3 长度的位置馈电，可以工作于基波和偶次谐波。在自由空间，工作于 3.5MHz、7MHz 和 14MHz 时的天线馈电端阻抗在 150～200 Ω附近。在馈电点位置用一个 1∶4 配置的变换器可以和 50 Ω或 75 Ω电缆相当好地匹配，尽管有些商品的 OCF 偶极天线采用的是 1∶6 变换器。通常要谨慎的是（这里重述一下）距地高度对馈点阻抗的影响。

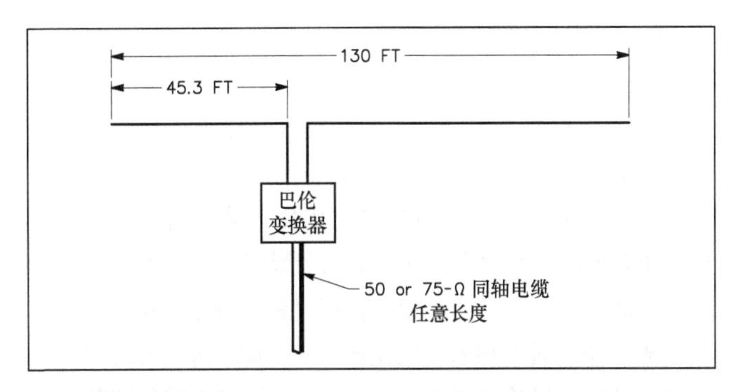

图10-14 工作于3.5MHz、7MHz和14MHz的偏馈(OCF)偶极天线。在馈电点需要使用一个1：4或1：6配置的电流型巴伦。

在它的 6 次谐波，即 21MHz，天线有 3λ的长度，馈电的是电压环路（最大电压点），而不是电流环路，这时在这个频率上的馈电点阻抗很高，达到数千欧，所以这个天线对于这个波段不合适。

对巴伦的要求

因为 OCF 偶极天线不是一个中心馈电的辐射体，那么相对于天线辐射场，馈线放置的位置是不对称的。因此，将会有共模电流馈线在馈线（馈线通常为同轴电缆）上流过。有多少电流流过取决于同轴电缆的外表层的阻抗，反过来依赖电缆的方向、距地高度等。（一些共模电流是因为 OCF "腿"长不相等导致的，但大部分屏蔽层的电流是由天线辐射场的非对称位置引起的。）

不过共模电流是如何被引起并流过馈线，一般来看这都不是我们所期望的情况，并且需要电流型或扼流型巴伦来增大同轴电流的阻抗。馈线辐射可能不是你安装过程中产生的问题，可能甚至需要通过填充空值来改善天线的辐射方向图，在上一节"馈线辐射"）那个例子中就不需要巴伦。（扼流型巴伦在"传输线耦合和阻抗匹配"章中讨论。）

10.1.8 多重偶极天线

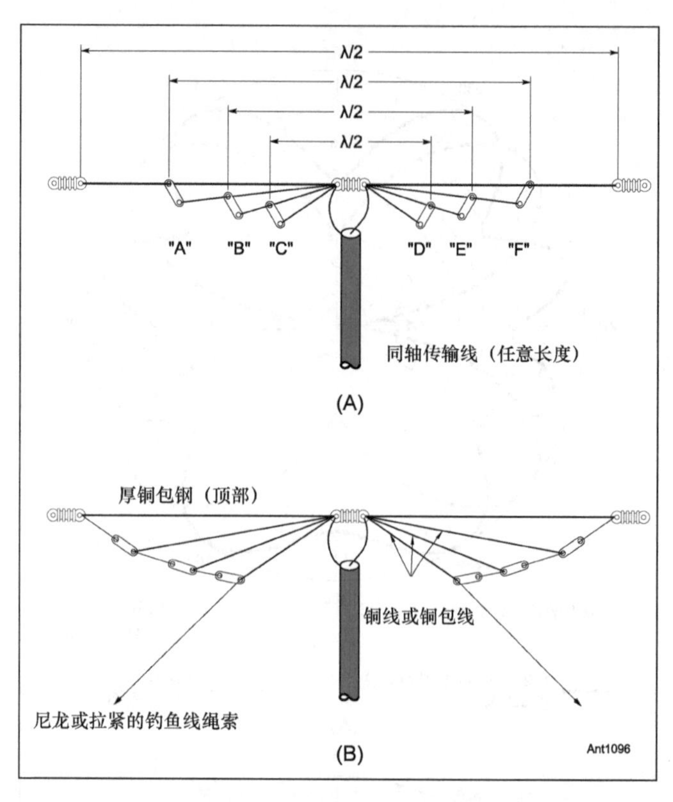

图10-15 图（A）中，使用多偶极天线并联的多波段天线，所有都连接到低阻抗的传输线上。半波长尺寸可以在各个波段的中心频率，也可以选择在每个波段所喜欢的频点上。但是由于各个单元之间相互的互感作用，可能需要对每个波段作谐振的修剪。图（B）所示为一种建造多重偶极天线的方法，这种结构减少了各个偶极天线单元之间的影响，使之更容易调整。

图 10-15（A）所示的天线系统是由一组中馈偶极天线构成，全部都并接在传输线端节点。每个偶极单元都是单独在不同频率裁剪成电气λ/2 长度，这常被称作"扇形偶极天线"。尽管这个术语也被用于由偶极天线构成的蝶形结以增加带宽的结构（见"单波段中频和高频天线"一章中"宽带偶极子天线"小节）。总的想法是，远离谐振的偶极子单元其馈电点阻抗将足够高，几乎所有信号的功率都被施加于谐振的偶极天线单元而忽略了非谐振偶极子单元。

理论上，图 10-15 中导线的天线，用同轴馈线时可以工作在 5 个波段，4 对导线作为并联馈电的偶极天线单元分别对应 3.5MHz、7MHz、14MHz 和 28MHz，7MHz 那根偶极天线单元可以工作在三次谐波的 21MHz，从而可以覆盖第五个波段。然而实际上却发现不容易做到所有波段都可以和同轴线良好匹配。

任何一个偶极天线λ/2 的谐振长度，由于互感原因，在其他波段表现出来的特性并不与它本身作为偶极天线时完全一样，试图优化所有 4 对导线长度是一个很不容易的过程。因为在不同天线架设环境中优化后的调谐又会发生改变，所以问题比较复杂，在一个业余爱好者那里可以良好工作，可能在另外一个业余爱好者那里就不行了。建造者应该从单独一个超过谐振长度的偶极天线（如"偶极天线和单极天线"章中所讨论的偶极天线）开始，并准备重复调整偶极天线单元的长度，以便把更多的偶极单元添加到该天线中。

尽管在所有波段上都不能获得完美的匹配，但是许多天线空间受限的业余爱好者们还是愿意接受个别波段上的失配。因为这样它们就可以通过一根同轴电缆来操作所有波段。用于平行馈电的偶极单元越少，越容易通过调整来达到预期的性能。

如果想要尝试模拟多馈线偶极天线，要格外小心定义馈点的结构。正如"天线建模"一章中所指出的：导线彼此挨得越近或入小角度与连接点相连，这都很难建模，以致这样的结果影响天线实际性能。

多重偶极天线可利用平行线馈线和调谐器来馈电，但是这种方法消除了常规单线非谐振偶极天线设计过程中想要的优势——应使用一根同轴电缆。通常的馈电方法即采用一根同轴电缆和扼流巴伦，这部分在"传输线耦合和阻抗匹配"章中叙述。

各个不同频率的偶极单元之间的间距，似乎并不特别严格，其中一对导线可以悬挂在另一对较长的导线下面，使用绝缘隔离棒（用于将馈线间隔开的那种类型）间隔开几英寸。这种天线用户经常也将某些偶极单元相互直角安放以减少互感。有些操作者采用倒 V 方式来安装这些偶极单元，并将它们作为支撑整个天线系统的撑杆拉线。顶点处（最长）的偶极单元必须支撑天线剩余的重量加馈线的重量。所以顶部偶极单元使用粗导线（铜包钢线的承受能力最强）。

尽管各个不同频率的偶极单元之间的间距对天线最后的性能不是特别的关键，但会影响它们之间相互作用的量级，从而使每一个偶极单元的调整变得困难。建造和调整的方法已被 Don Butler/（N4UJW）提出来了。如图 10-15（B）所示，对于 2～8MHz 范围内的偶极天线，在馈点偶极天线之间在垂直方向上间隔至少 5.5 英寸，在末端间隔 38 英寸，这使得最后长度超过单个偶极天线单元大约+2%的长度。

一个令人感兴趣的制作办法已经由 Louis Richard（ON4UF）制作成功，在图 10-16 中给出。天线有 4 个偶极天线单元（对应于 7MHz、14MHz、21MHz 和 28MHz），都是用 300 Ω带状传输线来制作的。用一段带状线就可以构成 2 个偶极天线单元，因此，如草图所画的，两段就可以做成 4 个波段。最好采用含有铜包钢导线（Amphenol type14-022）的带状传输线，因为所有的重量，包括馈线在内都将由最上面的导线来承受。

两段带状线先裁剪成正好两段最长偶极所需要的两半长度，然后将每段带状线中的其中一条导线剪短为其中较高频率波段所对应长度，多余部分的导线和绝缘皮去掉。第二对带状线的也是一样的处理，除了长度上要对应另外的两个较高频率波段不一样外。

用一片厚一些的聚苯乙烯塑料板钻孔，作为中央绝缘板给每根导线固定用。比较短的那对偶极单元按宽边排列悬挂在较长的那对下面，并用聚乙烯塑料片将它们一起夹住。中间的间隔片用聚乙烯塑料加工成槽口，使得正好可以卡住带状线。

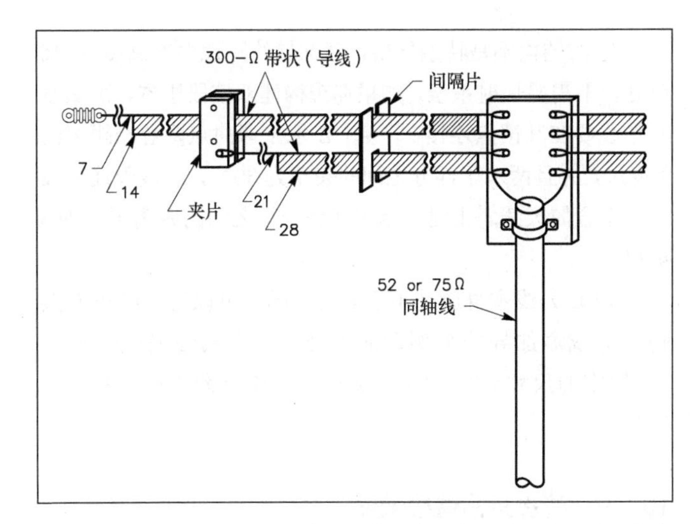

图10-16　示意图给出如何安装双芯导线的多偶极天线系统。多余部分的导线和绝缘皮被去掉。

这种多偶极的方式原理上也可以用于垂直天线。将多根 λ/4 的导线或金属管单元并排或排成扇状，共用馈电点，并配合接地或调谐辐板地网，同样可以正常工作。

双 L 天线

双 L 天线是多重偶极天线的一个变种，该天线是由 Don Toman/（K2LQ）设计的，如图 10-17 所示。双 L 天线本质上是一个垂直偶极天线，其末端弯曲且与地面水平。它可以是工作于一个波段的单个天线。也可以再加一个偶极单元使其工作于双波段。

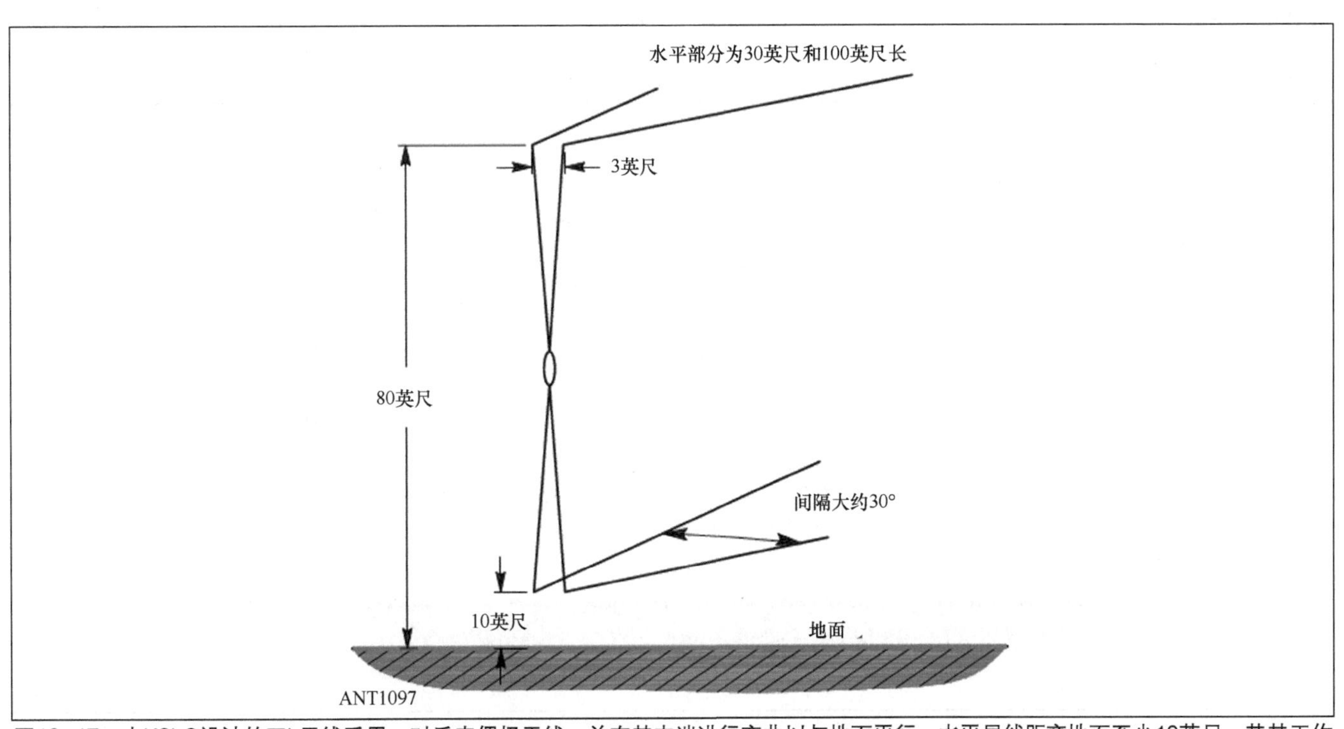

图10-17　由K2LQ设计的双L天线采用一对垂直偶极天线，并在其末端进行弯曲以与地面平行。水平导线距离地面至少10英尺，若其工作于单波段，只需要一个偶极单元。该天线在单波段或双波段都可以良好的工作。

它的结构不是特别严格，底部导线距地面的高度为 10 英寸，不需要辐射系统。如果你想构建双波段版本，那么垂直导线要在其馈点连接在一起，在水平弯曲点两者相距大约 3 英尺，并且两水平部分之间的夹角为 30°，当该天线架设在一个金属天线塔上时，水平部分与塔之间的距离至少为 3 英尺。

双 L 天线本身就是不平衡的，同时可以通过给下支架脚去除或添加导线来调谐而不会明显影响性能或馈点阻抗。给定的尺寸会在 1.83MHz 和 3.75MHz 附近产生最小的 SWR。

10.1.9 端接折合偶极天线

折合偶极天线扩展带宽之后的天线被称为端接折合偶极天线（TFD），即在顶端导线添加一个 600Ω的终端电阻。该天线又被称为端接倾斜折合偶极天线（T2FD），如图 10-18 所示，电阻的作用就是充当一个巨大的负载，可在宽波段范围内减少较高的馈电阻抗。构建一个驻波比为 3∶1 或更小的 TFD 就可以覆盖整个 2～30MHz 的范围。该天线消耗发射机的一些功率（在某些频率处不只 50%），但驻波比的改善可允许其使用同轴电缆而不需要阻抗匹配单元。方便性的增加以及安装超过了辐射信号的衰减。TD 天线是 emcomm 操作中流行的天线。该环境中只需安装一个高频天线，并且其性能要求也不是很好。一个商业版的天线 BWD-90，可以从 B&W 公司购买。

10.1.10 水平环天线“SkyWire”

水平全波长环天线是一个用于地区基本频率通信的高效全向天线，其在高角度处辐射最大。该环天线也可用于较高波段，其方向图从较低仰角开始可分成多个主瓣。

虽然馈点阻抗在一些波段可能适当低点，但是，这将导致在使用同轴电缆时，在其他方面产生明显的损耗。在工作间给这种多动能天线最好的馈电方式是使用带有天线调谐器的平行窗口线或梯形线。

Skywire 环天线如图 10-19 所示，整个天线周长在其设计频率或基波频率上为λ，如果使用英尺为单位来计算 Ltotal，可以使用下式：

$$L_{\text{total}} = \frac{1\,005}{f}$$

其中，f 是以 MHz 为单位的频率。

给定任意长度的导线，则天线围绕起来的可能最大占用面积，就是将导线围成一个圆圈的形状的面积。但由于支起一个圆形的环天线需要很多支柱，所以还是采用方形的环天线（需要 4 个支柱）比较切实可行。要进一步减少导线环绕的面积（用更少的支柱），将在特性上带来趋近于折合偶极天线，并且也会导致谐波阻抗与馈线电压问题的出现。环的几何结构除方形之外的形状也是可能考虑的，但要记住 Skywire 环天线的两个基本要求——水平放置与最大化环绕面积。

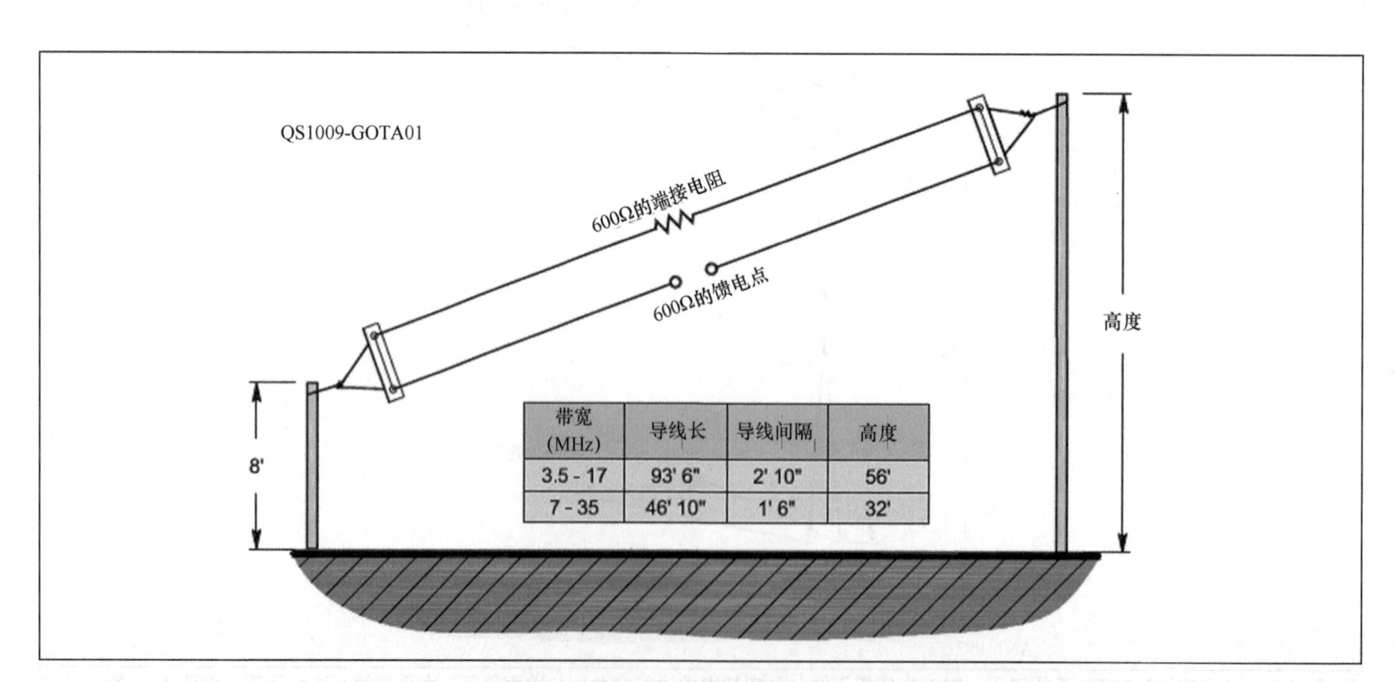

带宽 (MHz)	导线长	导线间隔	高度
3.5 - 17	93' 6"	2' 10"	56'
7 - 35	46' 10"	1' 6"	32'

图10-18　端接折合偶极天线添加一个600Ω终端电阻以解决在宽波段范围内馈电阻抗变化的问题。端接电阻会消耗一些输入功率，但可以达到一致的匹配。

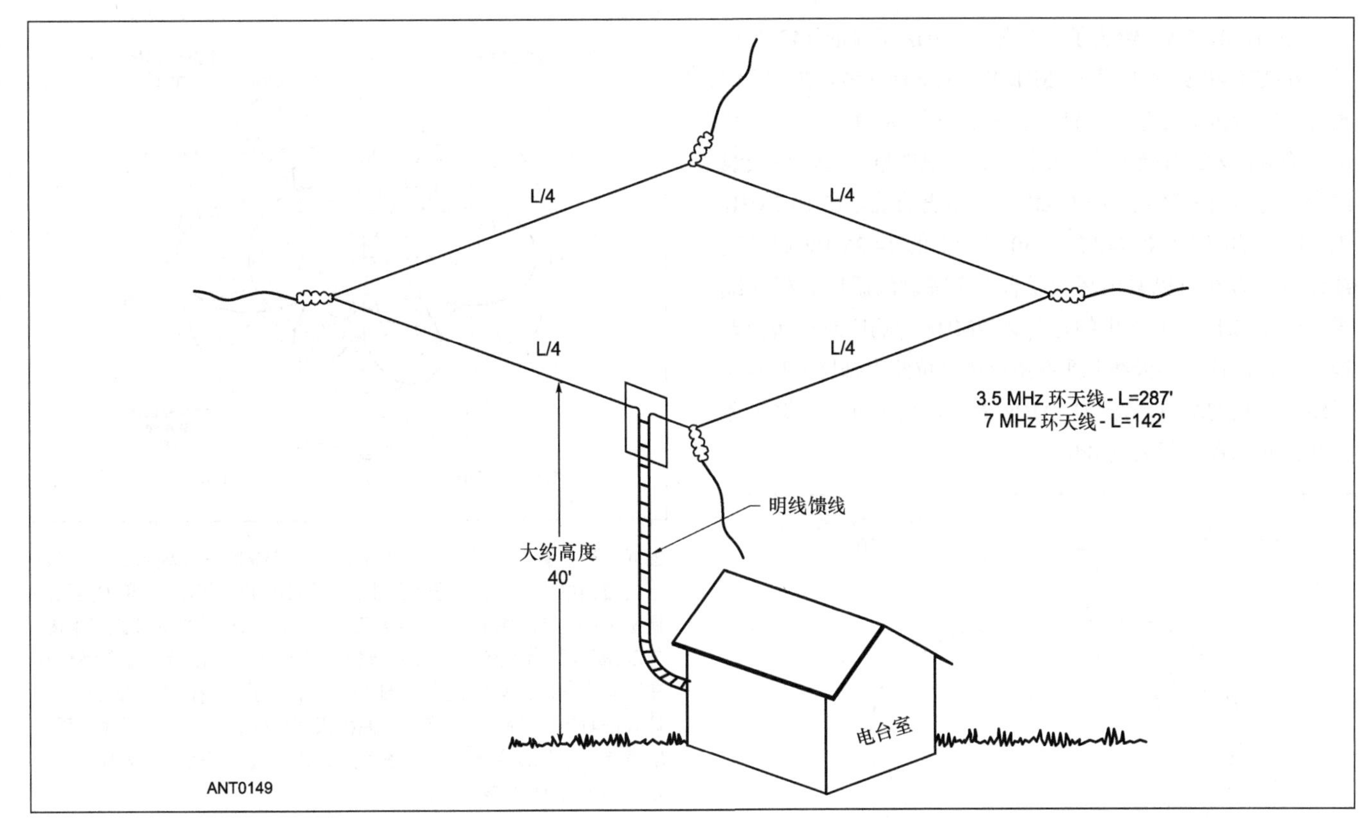

图10-19　一个Skywire环天线的全貌，方框水平地架高于地面。

3.5MHz 的 Skywire 环天线

（可作为 3.5～28MHz 环天线与 1.8MHz 的垂直天线）

环总周长：272 英尺

方框边长：68 英尺

7MHz 的 Skywire 环天线

（可作为 7～28MHz 环天线与 3.5MHz 的垂直天线）

环总周长：142 英尺

方框边长：35.5 英尺

这个天线系统还有另外一个优点是，它可以作为带顶部加载的垂直天线在其他波段操作使用。这可以简单地通过保持馈线与天线尽量垂直并且远离其他物体来做到，此时可将馈线的两根导线并接在一起，并与良好的大地一起馈电。

由于长度并不要求十分严格，所以实际的总长度可以有几英尺的变化。不用担心将环调谐和修剪到谐振的事情，采用哪种方案对于接收到的信号都不会有差别。

这个环天线使用了#14 裸铜线。图 10-20 示意了在环边长夹角处绝缘子的放置办法，有两种通行的办法来连接到绝缘子，一种是如图 10-20（A）所示那样，在环导线的某位置栓住绝缘子并打结固定住；一种是如图 10-20（B）所示那样，将环导线穿过绝缘子，绝缘子在导线上可以自由滑动。多数的环天线使用者用了至少两个不固定的绝缘子，这样允许在环天线安装上后可以拉拽调整松紧，免除了需要在所有固定撑杆设置拉紧器的做法，通常建议采用两个对角可以滑动的安装方式。

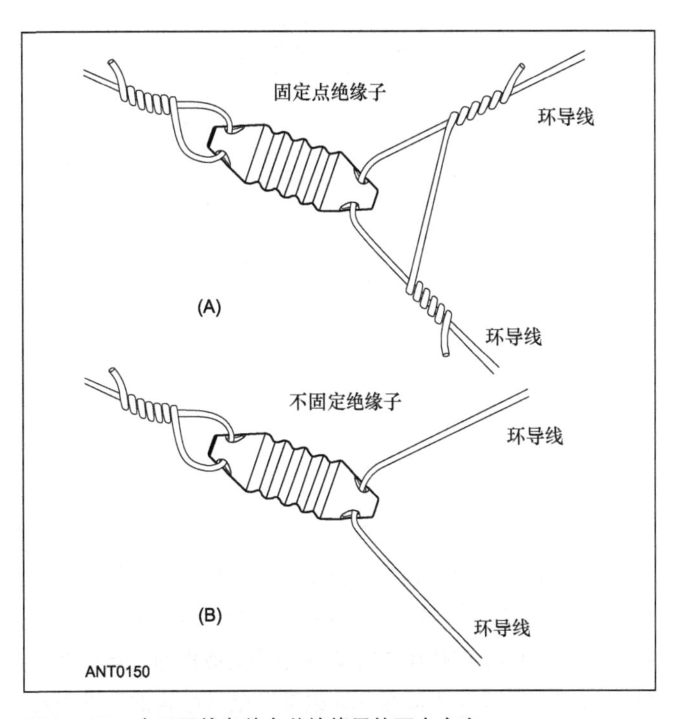

图10-20　在环天线角处安装绝缘子的两个方案。

图 10-21（A）给出了一个在 7.2MHz 工作的 142 英尺长，安装在 40 英尺高度的 7MHz Skywire 环天线，在 10° 仰角时的方位水平面辐射性能，以及它与在 30 英尺高，正常水平安装的λ/2 偶极天线的比较。在较高的频率上，环天线继承了它本身的特性。图 10-21（B）给出的就是在 14.2MHz 工作时的响应，再次与λ/2 在 30 英尺高的 14.2MHz 偶极天线比较，现在可以看出环天线有几个辐射波瓣比偶极天线强。图 10-21（C）给出的是在 21.2MHz 的响应及与偶极天线的比较，这时环天线几乎在所有的方位角上都比λ/2 偶极天线有更高的增益，在 21.2MHz 最佳辐射方向上，这个环天线比起偶极天线要高 8dB。

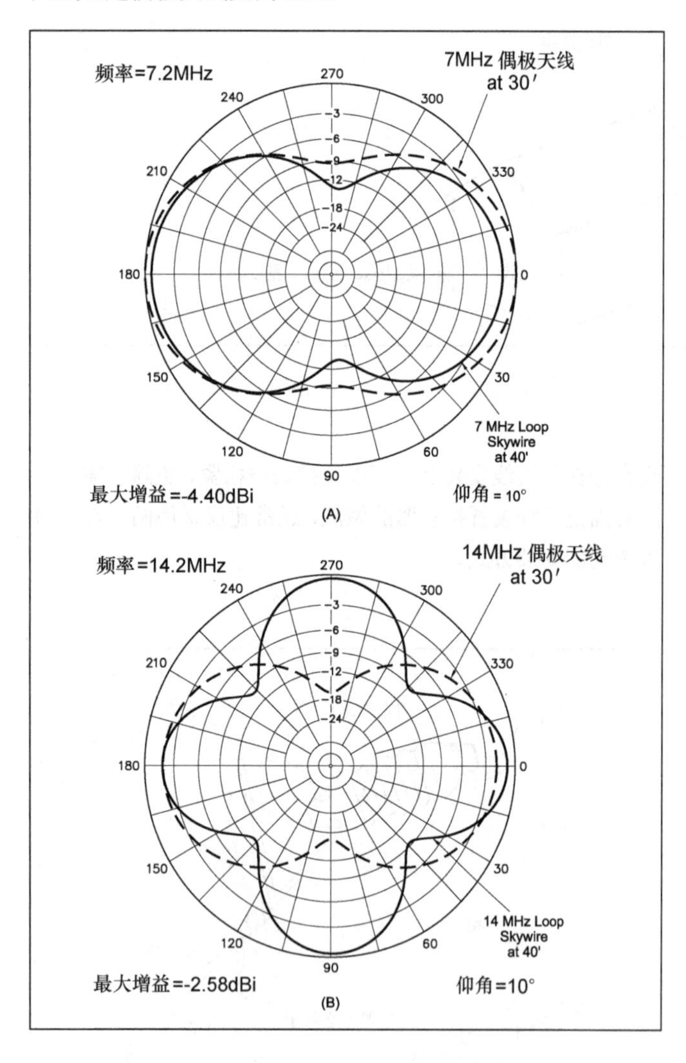

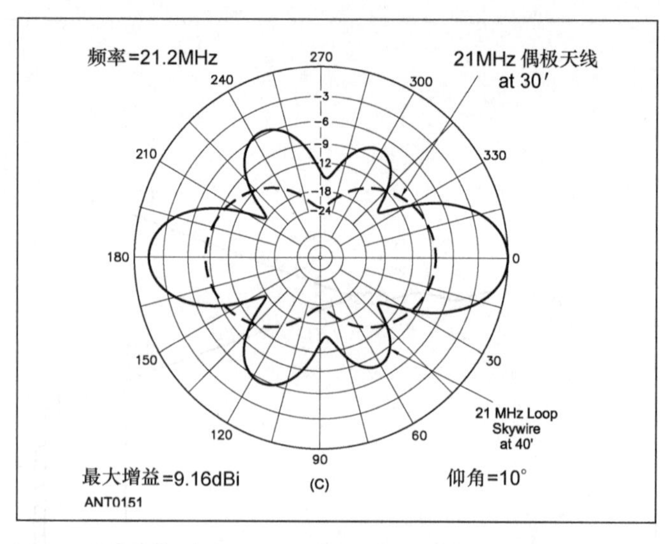

图10–21　图（A）所示为142英尺长的7MHz Skywire环天线在水平方位面的响应，工作于7.2MHz高度40英尺，与λ/2高度30英尺的偶极天线比较；图（B）所示为工作在14.2MHz同样的环天线响应，与λ/2高度30英尺的14.2MHz偶极天线比较，可以看出环天线现在在某些方向已经具备优点；图（C）所示为工作在21.2MHz同样的环天线响应，与高度30英尺的偶极天线比较，在此，环天线几乎在所有方向上比简单的偶极天线有更高的增益。所有方位面辐射图都是在仰角为10°的条件下。

你可以根据意愿将馈电点设置在环的任何位置，不过通常多数使用者是将它设在 Skywire 环天线其中的一个角。所连接的馈线在“天线材料和建造”章中介绍。在离角 1 英尺左右，馈电使得馈线放置更加自由。这个方案可以保证馈线不受到环天线支撑杆的限制。

这里通常至少需要 4 个支撑点。如果采用树木作为支撑，那么至少需要两根用于支持绝缘子的绳子或拉线，以保持受力平衡并可以自由滑动。不过接馈线的那个角通常几乎都是系好固定住的，很少需要再用拉紧办法来支撑环天线（这点与偶极天线非常不一样）。因此，所需用来配衡的东西重量也很轻。有几种这样的环天线都使用橡皮筋系住 4 个绝缘子其中的 3 个，从而省去了使用其他平衡配重部件的需要。

这种天线推荐的放置高度是 40 英尺或更高，越高越好，尤其是希望将环天线用于垂直天线模式工作时。不过，也有不少例子报告说该天线在 20 英尺高工作时，本地和 DX 台的通信都很成功。

10.2 陷波器天线

通过将一些设计恰当的调谐电路有策略地安排到一个偶极天线上，可以使该天线在多个不同频率的基波上发生谐振，其基本原理见图 10-22。调谐电路又被称为“陷波器”，故使用调谐器以在不同频率处改变其电气结构的天线被称为“陷波天线”或“捕获天线”。

虽然陷波天线的结构方式是比较简单，但是如何解释一个陷波天线的工作却有些不易。在有些设计中，陷波器是谐振在我们的业余波段，但在有些天线中（尤其是商品天线）的陷波器，却是谐振在任何业余波段之外的频率。

天线系统中的陷波器，根据在工作频率上是否发生谐振的情况，可以使用两个功能之一。一个熟悉的例子是在业余波段中陷波器是并联谐振的情况，在此，我们暂时假设在图10-22中的尺寸A是32英尺，并且每个 L/C 的组合谐振在7MHz波段。由于它是并联谐振，陷波器在天线系统中表现出高阻抗，在7MHz频率陷波器电气上等效于一个隔离电路，它使得外侧部分导线，即B部分与天线在电气上断开，结果是容易看到的，现在这个天线系统谐振在7MHz波段。每边的33英尺部分（图中标A部分）呈现 $\lambda/4$，陷波器行为上成为隔离器，因此我们就有工作在7MHz的全尺寸天线了。

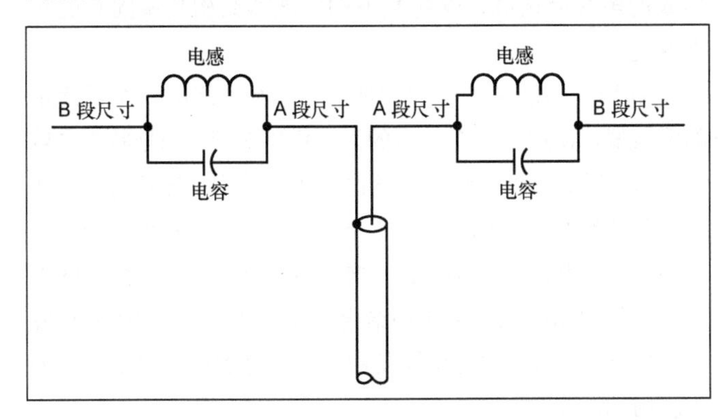

图10-22　陷波偶极天线。该天线可以用50 Ω同轴电缆馈电。根据陷波单元 L/C 比率以及尺寸A和B的长度选择，这些陷波单元可以谐振在某个业余波段或者某一远离业余波段的频率上，而作为两波段的天线使用。

陷波器的第二个功能，是在工作频率但不是陷波器本身谐振频率时表现出来的，就是一种电气加载作用。如果工作频率低于陷波器谐振频率，陷波器就成为一个电感器，如果高于谐振频率，它就成为一个电容器。电感加载可以加长天线电长度，而电容加载则将缩短天线电长度。

让我们进一步假设，并考虑用刚才那个天线在3.5MHz工作时的情况。由于陷波器是谐振在7MHz波段，当工作在3.5MHz频率时它们将充当电感器，加长天线的电长度，这意味着A和B的总长度（加上电感器本身长度）可以比谐振在3.5MHz的物理 $\lambda/4$ 长度要短一些，因此我们可以得到两个波段的天线，而总长度比低频率波段的全尺寸短，不过由于有陷波器的电气加载作用，天线总的电长度还是 $\lambda/2$。但是谐振于3.5MHz的总天线长度为多少还要取决于陷波单元的 L/C 的比值。

陷波器在非谐振频率工作的关键在于它的 L/C 比率，即 L 的值与 C 的值之比。不过，在谐振时，L/C 比值的多少在实际限制范围内是并不重要的，直到偏离谐振时的工作才需要考虑。例如，在我们上面讨论的天线中，无论电感是1 μH，电容是500pF（在7.1MHz的电抗稍微低于45 Ω），还是电感为5 μH，电容是100pF（在7.1MHz的电抗大约是224 Ω），对于在7MHz的工作都没有什么不同。但这些值的选取对于在3.5MHz的天线谐振尺寸却有着显著的不同，在上面的第一种情况，L/C 的比值是2 000，谐振于3.75MHz的天线B部分所需长度大约是28.25英尺，而在第二种情况，L/C 比值是50 000，所需长度仅仅为24.0英尺，超过15%的差别。

上面例子，主要考虑的是陷波器谐振在两个工作频率之一时构成的两波段天线，在每个波段上，偶极单元的每一半长度都工作为 $\lambda/4$ 电长度。不过，用一个谐振频率远离这两个业余波段，例如5MHz的陷波器，也可以得到同样的波段覆盖，只要合理选择 L/C 比值，以及A和B的尺寸，陷波器就可以缩短在7MHz的天线电长度，和延长在3.5MHz的电长度。因此，天线的物理长度就可以介于3.5MHz的全尺寸和7MHz全尺寸之间的某个长度而工作于两个波段，即便是此时的陷波器并没有谐振于其中任一个工作频率，同样的，天线还是工作于各 $\lambda/4$ 电长度。需注意的是这种非谐振陷波器中流经的RF电流比较少，因此损耗也要低于谐振陷波器。

可以在天线部分增加另外的陷波器以覆盖3个或更多波段，或者通过巧妙地选择尺寸和 L/C 比值，偶极天线中只用同样的一对陷波器，也可以工作于3个或更多波段。

关于陷波器有个需要记住的要点是，如果工作频率低于陷波器的谐振频率，陷波器表现为一个电感器，如果高于，则表现为一个电容器。以上的讨论是基于工作电长度为 $\lambda/2$ 的偶极天线，不过这并非是一个必须的要求，天线单元也可以工作在电长度为 $1\frac{1}{2}\lambda$，甚至 $2\frac{1}{2}\lambda$，依然可以表现出对于同轴馈线合适的阻抗。在需要覆盖几个HF波段的陷波天线中，电长度可以使用最高工作频率对应的 $\lambda/2$ 的奇数倍长度。

为了进一步帮助理解陷波器的工作，我们现在选择陷波器中 L 和 C 在7MHz时阻抗都是20 Ω，感抗与频率成正比，而容抗则与频率成反比。当我们偏离工作频率到3.5MHz波段时，感抗值变为10 Ω，容抗值变为40 Ω。开始会让人想到的是，它可能看起来在3.5MHz变成容性，并且具有更高的容性阻抗，这些增加的容抗会使天线的电长度缩短，不过幸运的是，事实并不是这样，因为电感和电容是相互之间并联在一起的。

$$Z = \frac{-jX_L X_C}{X_L + X_C} \tag{10-1}$$

其中j表示电抗阻抗分量，而不是电阻。正值表明是感抗，负值为容抗。在这个3.5MHz例子中，40 Ω的容抗与的10 Ω感抗，等效串联电抗值为的13.3 Ω感抗。这个电感加载在3.5MHz频率上，增长了全长为 $\lambda/2$ 的天线电长度，这里假设图10-22所示的两个B段是等长的合适长度。

当上面的电抗值在7MHz的谐振时，即 X_L 等于 X_C，在理论上，串入的等效值是趋于无限大的，这就提供了隔离效果，使两侧末段导线电气上断开。

在14MHz工作时，$X_L = 40\,\Omega$，$X_C = 10\,\Omega$，结果是串入等效陷波器电抗为13.3 Ω的容抗，如果让天线总物理长度比在14MHz对应的 $1\frac{1}{2}\lambda$ 稍微长一点，那么这个陷波器在14MHz的电抗则刚好可以使得天线缩回到电长度的 $1\frac{1}{2}\lambda$。通过这种办法，就可以只用一对同样的陷波器，获得在 3.5MHz、7MHz 和 14MHz 3 个波段的工作。不过，对于在给定（天线）总长度下的任何 L/C 选定值，会同时影响 3.5MHz 和 14MHz 两个波段的天线谐振频率，所以这种设计方法不是那么直接。

10.2.1 陷波器的损耗

由于调谐电路存在固有的损耗，所以陷波天线系统的效率依赖于调谐电路的无载 Q 值。应该采用低损耗线圈（高 Q），电容器的损耗也一样要保持尽量低。在调谐电路足够好，例如，可以和发射机谐振回路所用的低损耗器件相比拟，那么它效率的下降相对于一个简单偶极天线效率来说是比较小的，当然，低无载 Q 值的调谐电路会消耗掉天线中相当可观的功率能量。

上面对陷波器的解释主要针对传统元器件的组合应用。陷波器最主要的功能就是在业余波段谐振时提供一个高隔离阻抗，这个阻抗值与 Q 值直接成比例。不巧的是，高 Q 值却会限制天线的带宽，因为陷波器仅仅在它的谐振频率下提供最大的隔离作用。

10.2.2 五波段的 W3DZZ 陷波器天线

C.L.Buchanan/W3DZZ 首次发明了其中一种陷波天线，可以覆盖 3.5～30MHz 的范围内，不含 1979 年划分 WARC 频率在内的 5 个波段，图 10-23 给出了该天线的尺寸，仅仅使用了一对陷波器，谐振于 7MHz，使内侧（7MHz）偶极单元与外侧导线段隔离，加上这些外侧导线则可以使整个天线系统谐振于 3.5MHz 波段。在 14MHz、21MHz 和 28MHz，天线主要是根据电容电抗原理来工作。用 75 Ω双芯平行馈线时，这个天线的所有 3 个较高频率波段 SWR 都在 2∶1 以下，而在 3.5MHz 和 7MHz 上则与类似馈电的简单偶极天线得到的 SWR 几乎相同。

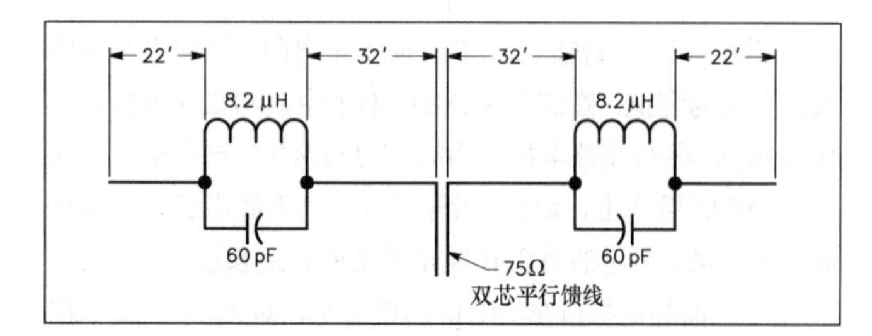

图10-23 五波段（3.5MHz、7MHz、14MHz、21MHz及28MHz）陷波天线，用75 Ω馈线工作时SWR很低（C.L.Buchanan/ W3DZZ）。采用平衡（并行导线）馈线表现比较理想，不过75 Ω同轴电缆也可以使用，只是牺牲天线系统的一些对称特性。图中所给的尺寸谐振于（最低SWR）3.75MHz、7.2MHz、14.15MHz和29.5MHz，在21MHz波段很宽的带宽上都可以谐振，整个波段的带宽上SWR低于2:1。（全文在原版书随书附加的光盘中）。

陷波器的结构

陷波器常常用同轴的铝管（通常在铝管之间用聚苯乙烯管作为绝缘）来构成电容器，电感器采用自支撑结构（译注：指不用骨架），或者绕在一个比管状电容器直径更大的骨架上的线圈。然后线圈与电容器共轴安装，组合为一体，在两端可以由天线的导线拉住支撑。另外一种类型的陷波器由 William J. Lattin（W4JRW）设计（见本章最后的参考书目），线圈放置在铝管的内部，陷波器电容由线圈与外铝管之间形成的电容而构成，这种类型的陷波器结构具备固有的防水性能。

利用一些随意的元器件就可很容易地组装一个最简单的陷波器。使用了一个小型的发射机用陶瓷"门把状"电容器，和一段成品材料绕制成的线圈配合使用，它们用一个普通的天线绝缘棒支撑。为了使天线谐振点接近各个话音频段的中间，电路上与图 10-23 一样，但天线的尺寸稍微有些不同。制作数据在图 10-24 中给出。如果使用一个 10 圈长度的电感器，那么每端有半圈是用来穿过绝缘板的固定孔作为引脚用的。

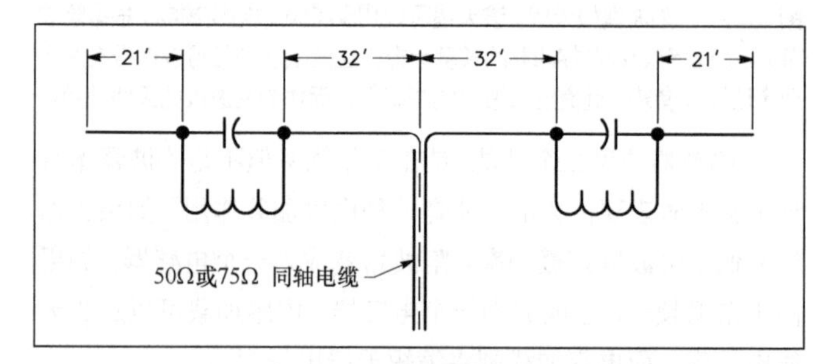

图10-24 采用图7-19陷波器结构的多波段天线图。每边电容器为100pF，发射机上用的，具有5 000VDC耐压（Centralab 850SL-100N）。线圈用12号（#12）线绕9圈，直径2½英寸，疏密度每英寸6圈（型号：B&W 3029），最后几圈可以根据调整陷波器谐振7.2MHz的需要做伸展。这里给出的陷波器和导线尺寸将使天线大概谐振于每个波段下列频率：3.9MHz、7.25MHz、14.1MHz、21.5MHz和29.9MHz（数据基于W9YJH的测量）。

这些陷波器所用的元器件本身有足够的防水性能，所以发现不需要另加防水保护，不过如果它要求能在积雪或结冰情况下保护，可以用聚苯乙烯材料车成两个直径稍微比线圈大的塑料盖子，在中央钻孔以使导线可以穿过，然后将盖子粘牢到一个塑料圆管。如果找不到合适的现成塑料圆管，可以用 0.02 英寸的聚乙烯或树脂薄片按着盖子卷两圈做成。塑料玻璃饮料瓶和 2L 的饮料软瓶都很容易改装为临时用的陷波器保护罩。

10.2.3 W8NX 多波段、同轴电缆-陷波器偶极天线

在过去的 60～70 年里，业余爱好者们使用各种各样的

多波段天线工作于传统的 HF 波段，30m、17m 和 12m 波段获准使用后，也扩展了我们对多波段天线覆盖的要求。该部分是基于 Al Buxton/（W8NX）于 1994 年 8 月在《QST》杂志上发表的一篇题为《两种新型多波段陷波偶极天线》的文章编写的。该文章和同一作者另外发表的一篇文章都包含于原版书随书附赠的光盘中。这为所有天线爱好者提供了低于 30MHz 陷波偶极天线的设计方法。

这里描述了两种不同的天线，第一种覆盖了传统的 80m、40m、20m、15m 和 10m 波段，第二种则是覆盖 80m、40m、17m 和 12m 波段。两种都是使用 W8NX 类型的陷波器，连接为不同的工作模式，并且加入一对短的电容短截线以增强波段覆盖。W8NX 的同轴电缆陷波器有两种工作模式：高阻抗模式和低阻抗模式，两种模式中，陷波器的内导体线圈和屏蔽外层线圈都是串接的。不过，无论是低阻端或高阻端接点，都可以作为陷波器的输出接头。对于低阻抗陷波器的工作，仅仅使用陷波器绕圈的中心导体线圈；而对于高阻抗的工作模式，所有的绕圈都要使用，就是传统的陷波器构成方式。每个天线所用的短截线尺寸和位置是有讲究的，可以更加灵活调整天线的谐振频率。

80m、40m、20m、15m 和 10m 五波段偶极天线

图 10-25 给出了 80m、40m、20m、15m 和 10m 五波段天线，振子用 14 号（#14）多股铜线制作，各单元长度是以英尺为单位的导线跨距长度，即这些标注的长度不包括在巴伦、陷波器和绝缘子的引线长度。内侧 40m 波段那两段 32.3 英尺长度是从输入巴伦接线空眼，测量到陷波器线圈固定拉孔位置的距离，4.9 英尺那一段的长度从陷波器线圈固定拉孔，测量到 6 英尺短截线位置的距离，16.1 英尺外侧伸出那段则是从短截线到末端绝缘子拉线孔眼的距离。

这个同轴电缆陷波器绕在 PVC 管上成为线圈形状，并使用低阻抗输出连接。短截线为 6 英尺长的 1/8 英寸硬的铝线或铜线，与辐射体单元垂直悬挂，它们长度的第一英寸弯成 90° 以允许用较大直径的铜压接片将它连接到辐射体单元。一般的 14 号（#14）线也可以用作短截线，不过它容易卷曲和缠绕，除非在末端加重。你应该用 75 Ω同轴电缆连接一个扼流圈巴伦给这个天线馈电。

该天线也可以认为是改进的 W3DZZ 天线，因为它增加了电容短截线。短截线的长度和位置给设计者两个额外的自由度，来使得谐振频率可以调节到业余波段内。这个额外的灵活性对于将 15m 和 10m 波段谐振频率调整到需要的频率位置特别有用。原来的 W3DZZ 天线，实际 10m 波段谐振频率是在高于 30MHz 的地方，与更加常用的 10m 波段低端频率相差甚远。

80m、40m、17m 和 12m 四波段偶极天线

图 10-26 给出了 80m、40m、17m 和 12m 四波段天线的结构。注意到电容短截线是直接接在陷波器外侧接头上，长度为 6.5 英尺，它比其他天线所需的长 1/2 英尺。这些陷波器与其他天线所使用相同，不过接在高阻抗并联谐振输出工作模式。由于这个天线只需覆盖 4 个波段，所以很容易精确微调到各个波段所需的频率。12.4 英尺尾段可以裁剪到 12m 波段频率，而对 17m 波段频率的影响很小。这些裁剪调整都会轻微影响到 80m 波段谐振频率。但是，天线的带宽在 17m 和 12m 波段上很宽，而没有必要作这种裁剪。40m 波段的频率几乎不受电容短截线与外侧尾部辐射导线两者调整的影响。与第一种天线一样，这个偶极天线用 75 Ω的巴伦和馈线馈电。

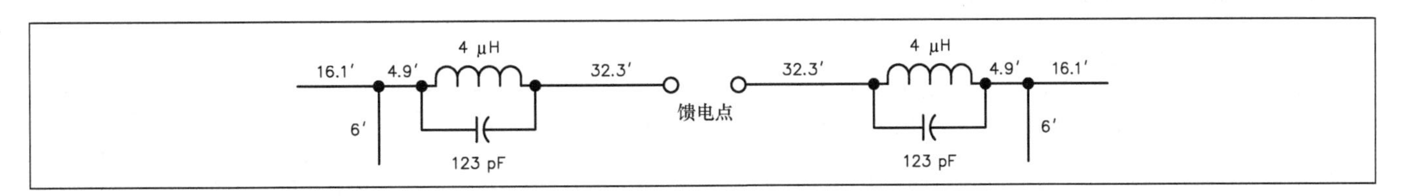

图10-25 W8NX的80m、40m、20m、15m和10m多波段偶极天线，图中给出的值（123pF和4 μH）是同轴电缆陷波器并联谐振在7.15MHz上，在这个天线使用的每个陷波器都是低阻抗输出端。

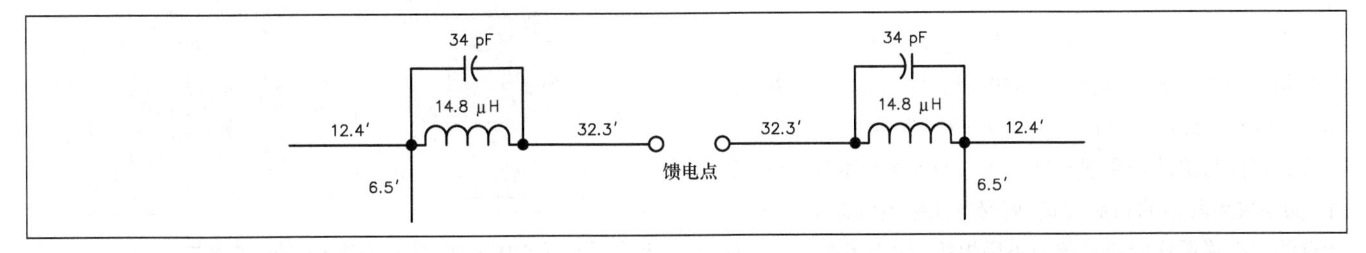

图10-26 W8NX的80m、40m、17m和12m多波段偶极天线。在这个天线中，每个陷波器都是用高阻抗输出端，其谐振频率是7.15MHz。

图 10-27 给出了陷波器的电路图，它解释了陷波器低阻抗和高阻抗模式之间的不同。注意到，高阻抗接端是多数传统陷波器应用的输出连接方式，而低阻抗连接方式仅仅使用内部导体形成的线圈，对应于整个陷波器绕圈的一半，这种方式使陷波器的阻抗降到大约只有高阻抗时的 1/4。这样就可以使用单个陷波器，来设计用于两种不同的多波段天线。

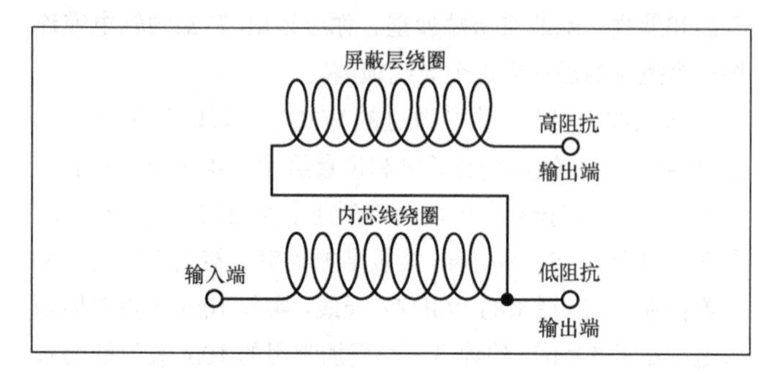

图10-27 W8NX同轴电缆陷波器电路图。RG-59电缆绕在一个2 3/8英寸外径的PVC管上。

图 10-28 所示是沿着长轴剖开的同轴电缆陷波器截面图，可以看到这个陷波器是个传统的同轴线结构陷波器，只是增加了一个低阻抗输出端。它们用 RG-59（Belden8241）电缆在一个外径为 2⅜ 英寸 PVC 管（40 号管内径 2 英寸）上，密绕 8¾圈形成一个线圈，线圈长度是 4⅛ 英寸。陷波器的谐振频率与线圈外径的大小非常敏感，所以需要仔细检查。不好的是，并非所有 PVC 管的壁厚都是一样的，所以在安装之前，陷波器的频率应该用一个陷波计和一般接收机来调整到 7 150kHz 谐振频率的 50kHz 带宽内。在线圈每个末端留出 1 英寸，以允许同轴电缆穿过 PVC 孔和天线辐射导线拉接板上的孔。一定要用 RTV 胶把陷波器同轴电缆末端密封好，以防止潮气进入同轴电缆。（见“建造天线系统和天线塔”一章中有关防水的讨论。）

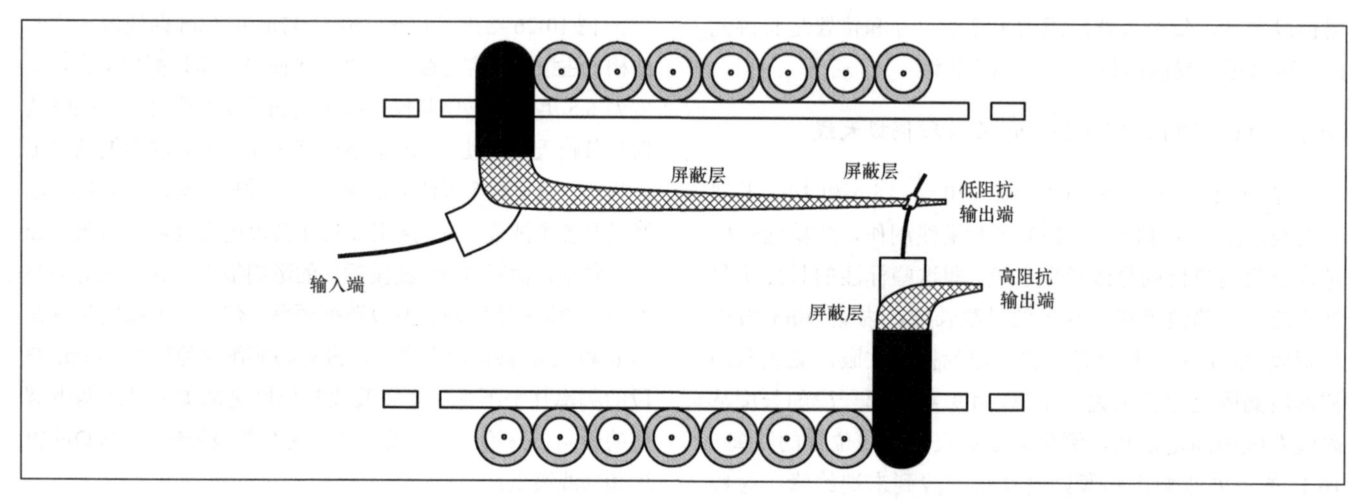

图10-28 W8NX同轴电缆陷波器的详细结构。

同样，一定要注意将 32.3 英尺导线连接到陷波器绕圈的内导体始端，以避免由于同轴电缆外屏蔽层杂散电容引起天线失谐。陷波器的输出端（带有屏蔽层杂散电容）应该在陷波器的外侧。如果将陷波器的输入和输出端颠倒过来连接，将比 40m 波段频率低大约 50kHz，不过这个影响在其他波段可以忽略。

图 10-29 给出了一个同轴电缆陷波器的照片。更多关于这个陷波器的安装细节见图 10-30，这个图主要用于 80m、40m、20m、15m 和 10m 波段天线，采用低阻抗陷波器连接方式。要注意陷波器尾段长度：在它的每端都留有 3～4 英寸。如果采用其他的布局方式，就必须相应地修改间距长度。所有的连接采用压接连接器而不用焊接，因为用钳压工具伸到陷波器里面比用电烙铁容易。

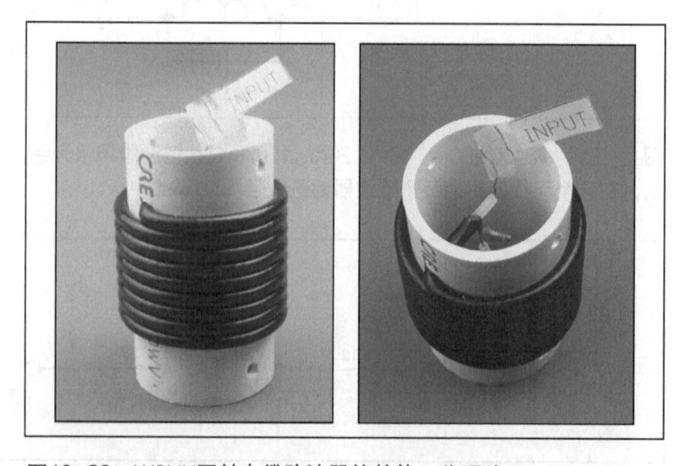

图10-29 W8NX同轴电缆陷波器的其他一些照片。

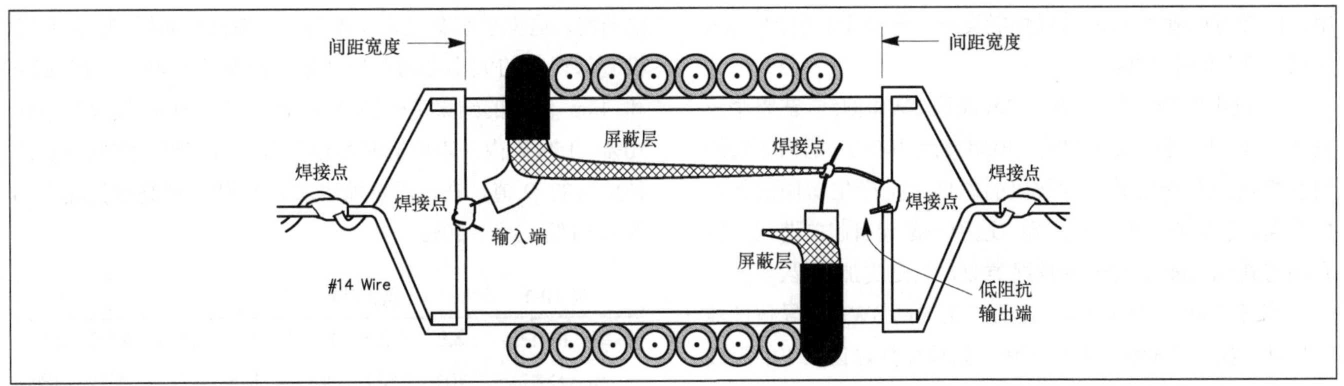

图10-30　W8NX同轴电缆陷波器的进一步详细结构图。

性能

两种天线在性能方面是非常令人满意的，W8NX 使用 80m、40m、17m 和 12m 波段的天线，主要是因为它覆盖了 17m 和 12m 波段（它已经有了 20m、15m 和 10m 的三波段天线）。在 17m 波段的辐射图与一个1½λ偶极天线一样，在 12m 波段其辐射图则是与 2½λ偶极一样。在他所在的俄亥俄州阿克伦城，天线基本上是东西向架设的，按倒 V 方式安装，中部有 40 英尺高，两臂之间夹角为 120°。由于短截线非常短，辐射的功率很少，对于辐射图形的贡献很小。在理论上，对于 17m 波段的辐射图上有 4 个主波瓣，分别对着东北、东南、西南和西北方向，这样可以以低角度辐射到欧洲、非洲、南太平洋、日本和阿拉斯加。一对较窄的最小宽边波瓣提供了北面和南面，包括覆盖了美国中部、南美和极地区域。

在 12m 波段也有 4 个主要的波瓣，给出接近端射的辐射和东面与西面的低角度辐射。同样有 3 对非常窄的，接近垂射的辐射。在 12m 波段的最小波瓣，要比主端射波瓣大约低 6dB。在 80m 和 40m 波段，该天线辐射图形为通常的半波偶极天线的 8 字形。

在 80m 和 40m 波段，两种天线功能上相当于半波偶极天线，SWR 较低。在其他的工作频率上相当于电流馈电偶极天线的奇次谐波工作方式，有高一些但还能接受的 SWR。短截线的存在可以使那些利用三次或五次谐波工作的偶极天线输入阻抗升高或降低。同样，W8NX 建议使用 75 Ω而不是 50 Ω的馈线，因为通常在天线工作于谐波频率时，其输入阻抗比较高。

Palomar 工程人员在 75 Ω同轴馈线与 50 ΩSWR 电桥连接点之间插入一个 75Ω-50 Ω转换器后，两种天线的 SWR 曲线都做过仔细的测量。如果一个 50 Ω SWR 电桥用在 75 Ω电缆上时，对于精确的 SWR 测量，是需要转换器的。多数 50 Ω的设备使用 75 Ω的馈线来工作基本上可以满足需要，虽然这需要对设备的最后输出级或天线调谐器做不同的调谐和负载设置。本书作者只有在做 SWR 测量时才使用 75Ω-50 Ω转换器，并且使用小功率来测试。这种转换器可以承受 100W 功率，并且当用 1kW 的 PEP 线性功率放大器时，这个转换器可以移去不用。

图 10-31 给出了 80m、40m、20m、15m 和 10m 波段天线的 SWR 曲线，最小的 SWR 值在 80m 波段接近 1∶1，在 40m 波段是 1.5∶1，在 20m 波段为 1.6∶1，在 10m 波段为 1.5∶1，在 15m 波段的最小 SWR 稍微低于 3∶1。15m 波段工作时，短截线容性电抗与天线外侧导线段的感性电抗产生谐振，将天线的输入电阻提高到大约 220 Ω，高于一般的 1½λ偶极天线的输入阻抗。所以在这个波段可能需要一个天线调谐器以保证固态放大器的末级可以愉快地工作在这种负载情况。

图 10-32 给出的是 80m、40m、17m 和 12m 的 SWR 曲线，可以看到在 80m 波段的中间频段有几乎一致的最小 SWR 的优越性能，接近全尺寸 80m 波段导线偶极天线。在 80m 波段，短截线和呈现低感性的陷波器对天线有些缩短作

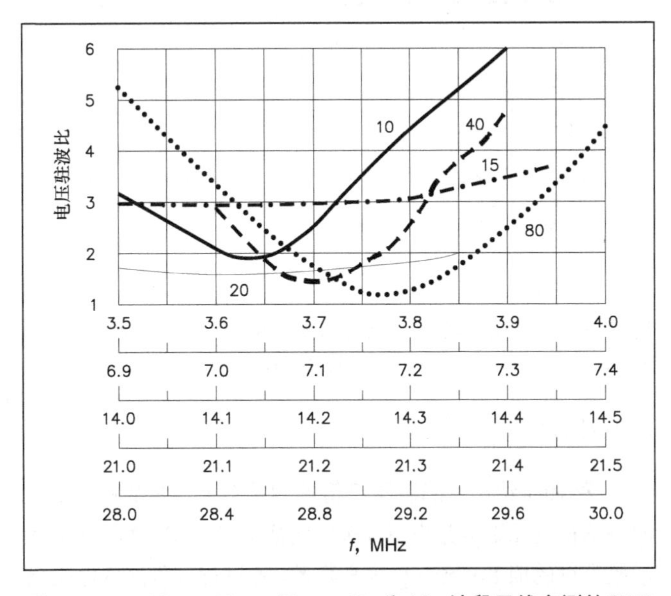

图10-31　180m、40m、20m、15m和10m波段天线实测的SWR曲线，按照倒V安装方式，顶部40英尺，两臂之间夹角为120°。

用，同样可以看到17m波段性能良好，在整个波段的SWR仅仅比2∶1高一点。

不过也看到这个天线的12m波段SWR曲线，在整个波段都是4∶1，这时天线的输入电阻接近300 Ω，因为短截线的容性电抗与天线外侧导线段的感性电抗产生谐振使得阻抗升高，它们将映射回输入端。这种短截线引起的谐振阻抗升高与其他天线在15m的情况类似，只是更加明显。

长于100英尺的同轴电缆而产生的高SWR会导致馈线高损耗，如“传输线”章中所述。如果你打算让工作的天线具有大于3∶1的SWR，请确保馈线的损耗在你可接受的范围内。

馈线中高电压不应该引起太多的担忧。即便如果SWR高达9∶1，也不会有破坏性的高电压会出现在传输线上。我们记得传输线电压的增量是它的SWR方根值，因此，1kW的RF功率在75 Ω电缆上SWR为1∶1时对应的电压为274V，当SWR升高到9:1时，只是变为3倍的最大电压即电缆应该承受822V，这个电压远低于RG-11电缆的3 700V耐压值，或者RG-59电缆的1 700V耐压值，这两种电缆都是最普遍的75 Ω同轴电缆。陷波器的电压击穿也不太可能。如后述将指出的一样，这些天线能承受的工作功率主要受限于陷波器的RF功率耗散能力，而不是陷波器电压击穿或馈线的SWR。

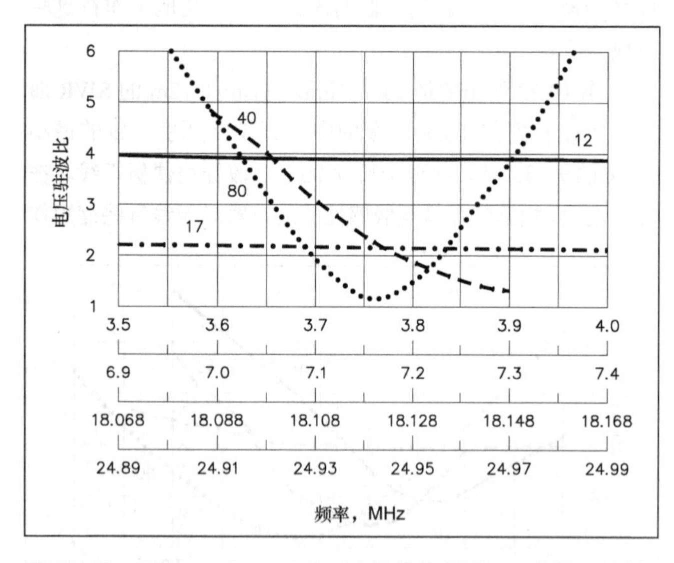

图10-32 280m，40m，17和12m天线的实测SWR曲线，以倒V方式安装，顶端40英尺高，两臂夹角120°。

陷波器的损耗与额定功率

表10-1给出了陷波器Q值的测量结果与两个频率推算的办法得到比谐振频率更高频率的情况。W8NX使用一个重新校准过的旧Boonton Q表来测量，通过假设陷波器电阻损耗随着趋肤效应为频率的平方根的值而增加，以及陷波器介质损耗随着频率而直接增加的关系，来推算出更高频率波段的情况。这里系统测量误差不会因频率推算而增加，但是随机测量误差的大小会随着频率增加的推算而增大，在80m和40m波段的结果可信精度在4%以内，10m波段只是在10%～15%以内。表中同时给出了陷波器高阻抗和低阻抗两种接法的Q值，在低阻抗输出端的Q值比在高阻抗输出端的Q值低15%～20%。

表10-1　　陷波器Q值

频率（MHz）	3.8	7.15	14.18	18.1	21.3	24.9	28.6
高（Ω）	101	124	139	165	73	179	186
低（Ω）	83	103	125	137	44	149	155

W8NX用计算机分析了两种天线在自由空间的陷波器损耗，首先计算出谐振时的天线输入电阻，这时假设陷波器是无损的，Q值无限大。然后再用表7-1给出的各个Q值来计算，天线的辐射效率也转换为用等效陷波器损耗的分贝数表示。表10-2给出了80m、40m、20m、15m和10m天线的陷波器损耗分析小结，表10-3给出的是80m、40m、17m和12m天线的分析情况。

表10-2　80m、40m、20m、15m、10m波段天线的陷波器损耗分析

频率（MHz）	3.8	7.15	14.18	21.3	28.6
辐射效率（%）	96.4	70.8	99.4	99.9	100.0
陷波器损耗（dB）	0.16	1.5	0.02	0.01	0.003

表10-3　80m、40m、17m、12m波段天线的陷波器损耗分析

频率（MHz）	3.8	7.15	18.1	24.9
辐射效率（%）	89.5	90.5	99.3	99.8
陷波器损耗（dB）	0.5	0.4	0.03	0.006

这些损耗分析表明两种天线的辐射效率，在除了80m、40m、20m、15m、10m波段天线中的40m波段外的所有其他波段，都有90%或以上的辐射效率，而40m波段辐射效率则降到只有70.8%。所以1kW的功率在90%效率时对应在每个陷波器有50W的耗散功率。在W8NX的实验中，这是在电键（压下）操作时的功率限制，在SSB的1kW PEP（峰包功率）操作时，则每个陷波器耗散25W或更少功率，这些都远在陷波器的耗散承受能力之内。

当80m、40m、20m、15m、10m波段天线工作在40m波段时，给天线馈入1kW功率，辐射效率为70.8%，对应的是每个陷波器146W耗散功率，这确实会烧坏陷波器，即便是持续短暂的时间。因此，这个天线在40m波段长时间压键工作时功率应该限制在300W以下。在40m波段，一般的 CW 操作时，50%的 CW 占空周期可以对应 600W 的功率限制。同样地，该天线在 40m 波段 50%占空周期的 SSB 操作对应于 600W PEP 功率限制。

作者知道在陷波器损坏功率值的精确确定方面未做分析，实际的操作实践似乎是确定陷波器烧毁功率承受值的最好办法。在他本人对这些天线的实验中，即便是使用他的 AL-80A 线性功率放大器输出 600W PEP 功率，加到 80m、40m、20m、15m、10m 波段天线中比较苛刻的 40m 波段工作时的情况，也都没有碰到过烧毁陷波器的情况，不过他没有在全功率下做连续压键的 CW 操作以试图破坏陷波器的试验！

有些“火腿”也许建议使用不同类型的同轴电缆制作陷波器，因为 RG-59 电缆每 1 000 英尺的 40.7 Ω直流电阻似乎有些高，但是 W8NX 发现没有比 RG-59 更合适的电缆具有所需的电感与电容比，可以产生 80m、40m、20m、15m、10m 波段天线所需要的陷波器特征电抗了。传统的宽匝距空气线圈电感和适当固定值电容器也可以取代同轴线陷波器，不过在方便性、防水性能和制作的简便性方面是难以打败同轴线陷波器的。

10.3 多波段垂直天线

有两种基本类型的垂直天线，其中任何一种都可以用于构成多波段天线。第一种是地面安装的垂直天线，第二种就是地网天线，这些天线都在“偶极天线和单极天线”章有详述。

任何地面安装的垂直天线效率都与近场区的地面损耗有很大关系，正如“地面效应”所指出的，这些近场区的损耗可以通过适当的辐板系统来降低或消除。有关这方面的内容，Jerry Sevick/（W2FMI）做了大量的实验，并得到一些相当重要的结论。其中一个可以确定的是，一个包含有 40～50 根 0.2 λ长度的辐板系统，当使用λ/4 长度作为辐射体时，地面的损耗可以大约减小到 2 Ω。这些辐板应该放在地面上，或者如果埋进地下的话也不要深于地下 1 英寸，否则 RF 电流在到达辐板前，依然会通过地层损耗。对于多波段垂直天线系统，辐板的长度应该为最低波段的 0.2 λ长，也就是对于 3.5MHz 的工作需要 55 英尺。任何规格的导线都可以用来做辐板，并且应该按照圆形展开，辐射状排列在天线的底部，在中央的连接部位可以使用金属板比方铜片等。

另一个垂直天线的普通类型就是地网天线。通常，这种天线是安装在地面之上，并且辐板从天线底部展开，天线的垂直部分常用λ/4 电长度，与每根辐板一样。在这种类型的天线中，辐板系统有点充当 RF 扼流作用，防止 RF 电流流经支撑结构，所以辐板的数目并不像地面安装的垂直系统那么重要。从实用的角度看，常见的辐板数目为 4 根或 5 根。在多波段的配置中，地网天线每个工作波段都需要有λ/4 长的辐板。

它与地面安装垂直天线不一样的地方是，地网本身就提供了辐射的镜像。需要注意到，即使λ/4 辐板靠近地面时也会严重失谐，但辐板的谐振并不是必须的或正好的。在地面安装的例子中，只要地网辐板长度在最低频率大约为 0.2 λ，这个长度对于更高频率波段更是足够用的。

10.3.1 全尺寸垂直天线

不过，如果想得到低角度辐射方向图，那么垂直天线的长度不应该超过 3/4λ。你可以从“偶极天线和单极天线”章中接收辐射方向图找到原因。随着天线变长，在垂直天线的高仰角，天线方向图分成多个波瓣。然而，如果可以容忍高角度波瓣，在低频段（频率范围为 3∶1 或更大），λ/4 的天线也是有用的。例如，80m 波段 λ/4 的垂直天线，其高度为 66 英尺，可以工作于 30m 波段；25 英尺的垂直天线可以工作于 10～28MHz 波段。

最近几年，43 英尺地面安装垂直天线作为全波段（160m 的波段调谐器）高频垂直天线越来越流行，并且它的自动调谐器安装于多天线底座。如图 10-33 所示，尽管在高于 20m 的波段上，天线最大辐射的高仰角逐渐增加，简易和美丽的外观使得它具有一定的优势。（另外一种旗杆天线在“隐形和有限空间天线”一章中讨论。）如果不需要低波段，在 40m 波段以及以上波段，采用 22 英尺的垂直天线就非常有效。该天线可以利用铝管、内部带有导线或外部捆绑导线的玻璃纤维杆制成。

在天线底座取代自动天线调谐器，参考目录中所列的一些《QST》文章给出了一些让单根垂直天线工作于多波段的方法的例子。Phil Salas（AD5X）写的一篇参考文章讨论了 160m 和 180m 波段上天线匹配的问题。

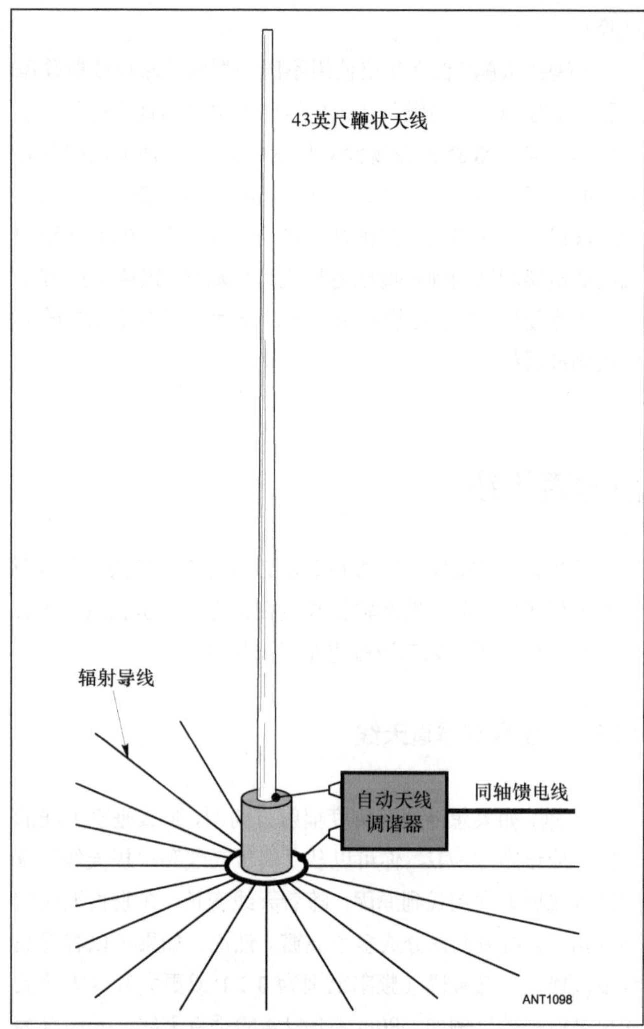

图10-33 在底座安装一个自动调谐器的垂直鞭状天线可以有效地工作于多波段。一般选择鞭长为43英尺，可以使得其在80～10m波段上有一个合理的馈电阻抗。

10.3.2 短垂直天线

短垂直天线通过底部加载可以工作于几个波段，常用的方式与图 10-1 和图 10-2 类似。对于多波段工作，任意长度导线的垂直部分可以用同样的办法来处理。

另一种馈电的办法如图 10-34 所示，L1 是加载线圈，抽头并使天线在所需波段谐振。第二个抽头使得线圈作为变压器，将同轴电缆匹配到发射机。C1 不一定必需，但如果天线很短的话，对于 3.5MHz 和 7MHz 低频率则有用，这种情况下 C1 与适当尺寸的线圈 L1 一起，可以使系统调谐到谐振状态。如果天线单独使用线圈无法取得良好匹配时，C1 在其他波段也可以起作用。（这与“移动和海事高频天线”一章中所述的技术相似。）

线圈与电容器更加适合安放在天线的底部，但如果没有办法这样安放，也可以用导线连接天线的底部到最近可以安放 L1 和 C1 的地方，当然这条另外加上的导线也成为天线的一部分。由于它不得不经过有影响的表面，所以如果有可能应尽量避免使用它。（为了提高效率，同时避免在天线系统中出现一个意想不到的辐射元件，请使用尽可能短的接地连接。）

整个系统最好在 SWR 指示器的帮助下调整，将同轴电缆跨接在 L1 某一线圈（抽头）位置，并不断改变短路抽头的位置进行尝试，直至读出 SWR 下降到一个最低值，然后再改变馈线所接抽头位置，这样可以使 SWR 降到一个低值，最后微调两个抽头应该可以使 SWR 获得 1∶1。如果不行，可以尝试加上 C1，然后同样的步骤调整，每次抽头位置的改变都调节一下 C1。

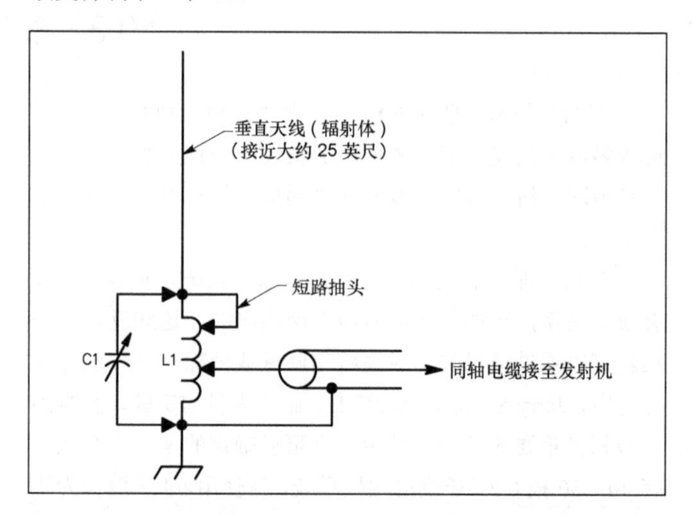

图10-34 采用底部加载在3.5～28MHz调谐的多波段垂直天线系统。L1应该采用12号裸铜线绕制，以便每圈都可以作为抽头。通常的尺寸是，线圈直径2½英寸，每英寸6圈（如同B&W 3029）。所需的圈数取决于天线与接地引线的长度，天线与引线的长度越短所需的圈数越多。对于25英尺长天线，接地引线在5英尺左右时，L1应该大约在30圈。C1的使用见文中所述，应该尽量使用最小电容量来匹配同轴电缆，但100～150pF的最大电容量足以对付任何情况。

10.3.3 陷波器垂直天线

陷波器的基本原理在图 10-21 中已经描述过，用于中馈偶极天线也同样可以用于垂直天线，但有两点主要的不同。这里只使用了偶极天线的一半，接地替代了去掉的一半，并且馈电点阻抗也只有偶极天线的一半，因此电阻在 30 Ω附近（加上接地电阻），所以 52 Ω的电缆可以用在这里，因为它比较接近匹配的常用馈线类型。

诸如 Hustler4/5/6 系列和 Hy-Gain AVQ 系列的商用陷波器垂直天线，这些年来一直被广泛使用，并且当需要用到一个好的辐射系统时，这类天线作为地面装配天线可以提供高效的性能。

号称独立于地面的垂直天线是指安装时要高于地面。诸如 Cushcraft R8 和 R600 以及 Hy-Gain Patriot 都是端馈系统，其电尺寸在工作频率上都长于λ/4。它们虽然具有较高的馈点阻抗，但是只要在天线基部加一匹配网络就可使其减少到50Ω。这些对于临时基站而言是特别有用的，当限制条件阻止地面系统的安装时也是一样。

因为自我支撑上的机械的复杂性和需求，大部分业余爱好者更偏向购买多波段陷波垂直天线。

10.4 开放式套筒天线

虽然开放式套筒天线是最近在业余的 HF 和 VHF 波段所应用的，但实际上它在 1946 年左右就出现了，该天线是斯坦福研究所的 J.T.Bolljahn 博士发明的。本部分关于套筒天线内容由 Roger A. Cox（WBØDGF）执笔。

套筒天线的基本形式如图 10-35 所示，套筒单极天线由底部馈电的中央单极单元和平行靠近的寄生单元（套筒）组成，在中央单元左右两侧各一个，并且它们底部都接地。寄生单元的长度大约为中央单极单元的一半。

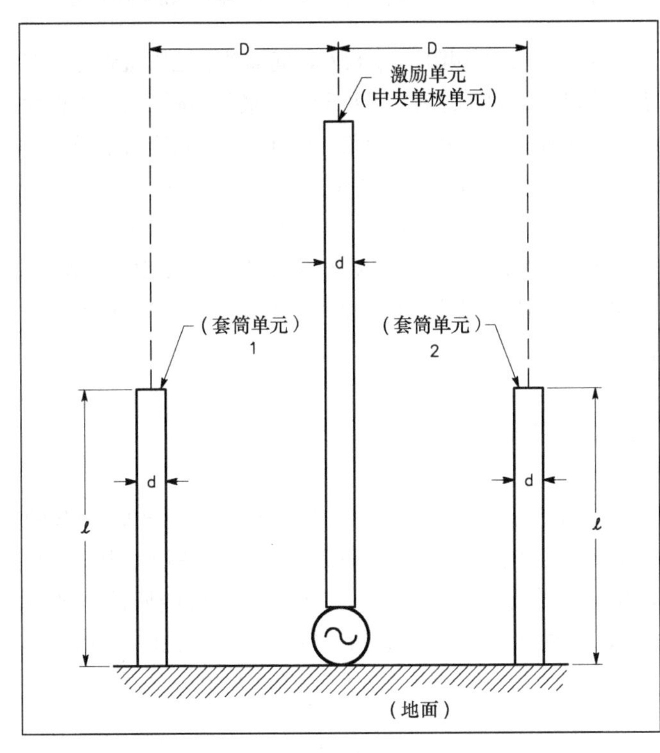

图10-35　套筒单极天线的示意图。

10.4.1　阻抗

套筒天线的工作可以分为两种模式，一种是天线模式，另一种是传输线模式，如图 10-36 所示。

Z_A 为天线模式的阻抗，取决于中央单极单元的长度和直径大小。由于套筒长度短于单极单元，所以天线模式阻抗基本上与套筒尺寸不相关。

Z_T 为传输线模式的阻抗，取决于特征阻抗、端阻抗，以及中央单极单元和两边套筒单元形成的三线传输线的长度。假设各单元直径相同，则其特征阻抗 Z_C，由各单元的直径和间隔所确定，并由下式得出：

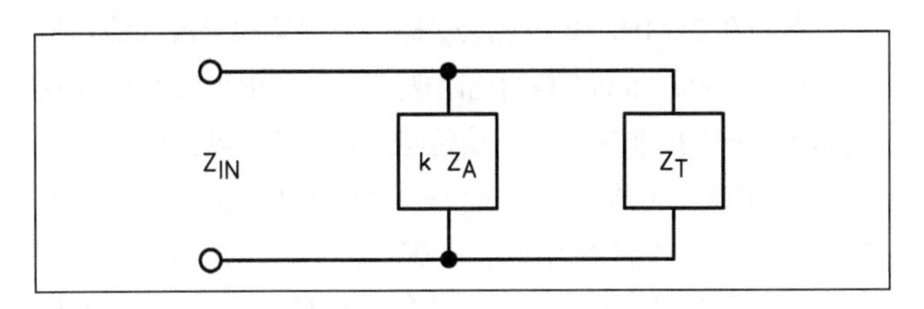

图10-36　套筒天线等效电路。

$$Z_C = 207\log 1.59\ (D/d) \qquad (10\text{-}2)$$

其中，

D=每侧套筒单元中心与激励单元中心的间隔

d=各个单元的直径

图 10-37 以图表的形式给出了这个关系。不过由于端阻抗通常是未知的，所以一般很少需要知道特征阻抗。传输线模阻抗 Z_T，则常常由经验推测与实验得出。

举个例子，我们考虑中央的单极单元在 14MHz 是λ/4 的情况，它将具有天线模阻抗 Z_A，大约为 52 Ω，由地面导电情况与辐板数量来确定。如果在中央单极的任一侧加上两个套筒单元，每个的高度大约都是单极单元的一半，并且间

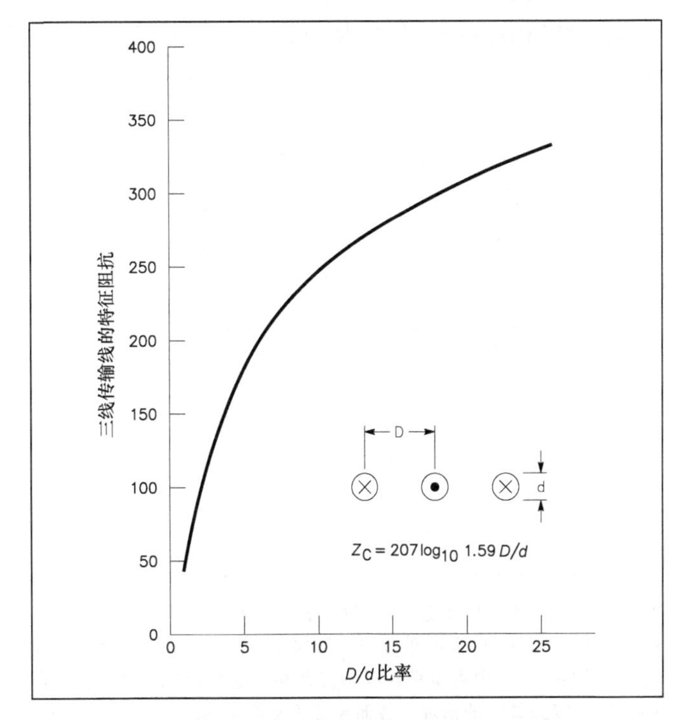

图10-37　在套筒天线中传输线模的特征阻抗。

隔也等于它们的高度，那么它们的加入将对在 14MHz 时的天线模阻抗 Z_A 影响很小。

同样，在 14MHz 的 Z_T 将通过一段 $\lambda/8$ 的、很高特征阻抗的传输线转换成为端阻抗值，因此 Z_T 将会是由 500～2 000 Ω电阻值加上很大的电容电抗分量，这个很高的阻抗与 52 Ω并联，结果依然是接近的 52 Ω阻抗。

然而在 28MHz 频率上，Z_A 是一个端馈的半波天线，具有差不多 1 000～5 000 Ω的电阻值。同时，由于套筒单元端阻抗由特征阻抗非常高的三线传输线通过 $\lambda/4$ 段变换而来，Z_T 在 28MHz 也同样具有 1 000～5 000 Ω的电阻值，因此 Z_A 和 Z_T 并联复合的结果仍然是 1 000～5 000 Ω的电阻。

如果套筒单元不断靠近中央的单极单元，达到其间隔与单元直径之比小于 10:1，那么三线传输线的特征阻抗将下降到小于 250 Ω。在 28MHz 时，Z_A 基本上保持不变，而 Z_T 随着间隔的缩小迅速接近 52 Ω。在某些特定的间隔，受 D/d 比率决定的特征阻抗，在某些频率正好可以变换到端阻抗为准确的 52 Ω。同样，随着间隔的减小，阻抗为纯电阻的频率也将逐渐升高。

14MHz/28MHz 套筒单极天线的实际阻抗输出由图 10-38 和图 10-39 给出。中央单极长度为 195.5 英寸，套筒单元长度为 89.5 英寸，各个组成单元的直径范围从底部的 1.25 英寸到尾端的 0.875 英寸。在 14MHz 时，单独的单极单元测量得到的阻抗相当高，如图 10-38 的曲线 A，这可能是由于天线下面不良地面条件的原因。增加套筒单元后可以使该阻抗稍微升高，见图中的曲线 B、曲线 C 和曲线 D。

在图 10-39 的曲线 A 和曲线 B，8 英寸的套筒间隔可以在接近 27.8MHz 时谐振阻抗为 70 Ω，而 6 英寸间隔时则在

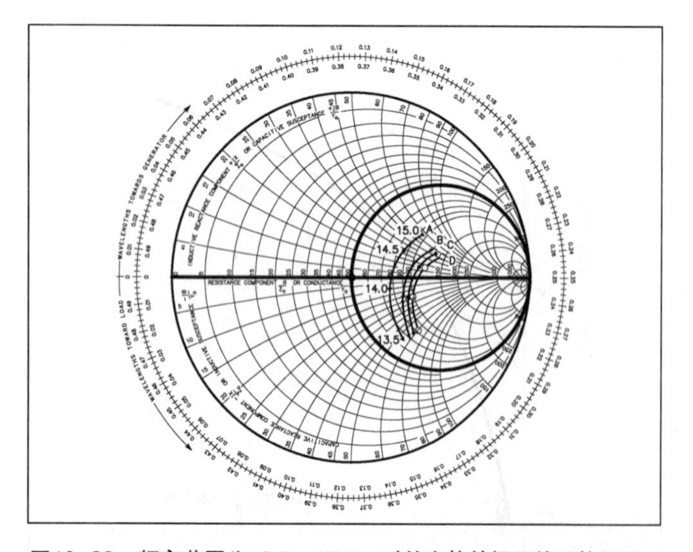

图10-38　频率范围为13.5～15MHz时的套筒单极天线阻抗圆图。曲线A是在14MHz时只有单独的单极单元的曲线。对于曲线B、曲线C和曲线D，从中央单极单元到套筒单元之间间隔分别对应8英寸、6英寸和4英寸的情况。其他尺寸见文中所述。

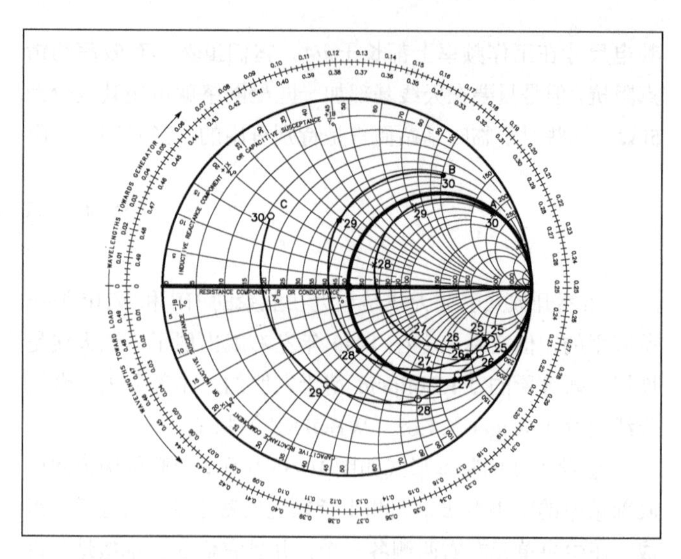

图10-39　套筒天线在25～30MHz范围的阻抗圆图。曲线A、曲线B和曲线C分别对应中央单极与套筒单元的间距为8英寸、6英寸和4英寸。

接近 28.5MHz 谐振阻抗为 42 Ω，间隔越靠近阻抗越低，谐振频率越高。对于这种特殊的天线，最佳间隔在 6～8 英寸中的某个值。一旦确定了间隔，套筒单元的长度可以通过稍微伸缩来选择所需的谐振频率。

对于其他的频率组合，例如 10MHz/21MHz、10MHz/24MHz、14MHz/21MHz 和 14MHz/24MHz，间隔在 6～8 英寸都是十分合适的，各个单元直径在 0.5～1.25 英寸范围。

10.4.2　带宽

套筒天线用作多波段天线时，并不会表现出宽 SWR 的带宽特性，当然除非两个波段靠得非常近。例如，图 10-40 给出了一个单波段 10MHz 频率的垂直天线回波损耗和 SWR，它的 2∶1SWR 带宽为 1.5MHz，覆盖 9.8～11.3MHz。回波损耗与 SWR 关系可以由下面等式得出：

$$\mathrm{SWR}=\frac{1+k}{1-k} \tag{10-3}$$

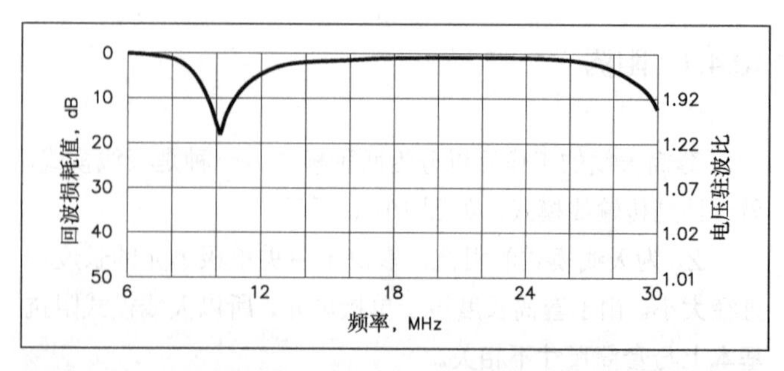

图10-40　一个单波段10MHz垂直天线的回波损耗与SWR曲线。0dB的回损值表明SWR为无穷大。文中给出了回损与SWR的转换方程。

其中，

$$k = 10^{\frac{R_L}{20}}$$

R_L = 回波损耗值，dB。

10.4.3 辐射方向图与增益

若开放式套筒天线中 3 个单元的长度几乎相等，其电流分布和单个单极天线的几乎一样。如果天线工作以一个特定的频率，且单元长度大约为λ/4 长，那么电流为正弦式分布。

如果对于其他长度比值,所选择的直径与间隔是两个套筒单元接近λ/8 的相互间隔的这种情况，方位辐射图将表现出两个同相垂直辐射体典型的方向性，大约相互间离开λ/8 距离，所以如果需要一个双向的辐射图形，这倒是其中一种办法。

间隔还将一步靠近时，将产生接近圆形的方位辐射图形。在 10～30MHz 范围的实际设计中，可以用 0.5～1.5 英寸直径的单元，将产生变化小于±1dB 的方位辐射图。

如果中央单极单元的长度与套筒单元长度的比率达到 2∶1，那么在套筒单元谐振频率上，套筒垂直天线的仰角辐射图将被轻微压扁，这是因为来自λ/2 中央单极单元对辐射产生同相的作用。

可以使用套筒天线和中心式单极天线的三阶、五阶和七阶谐波，但是它们的辐射方向图通常是由高仰角波瓣构成，并且地平线上的增益比λ/4 垂直天线的小。

10.4.4 制作与评估

套筒天线本身是非常容易动手制作的,对于套筒垂直天线，只需要一个馈电点绝缘材料，以及一个良好的铝管支撑座，没有特殊的陷波器与匹配网络。套筒垂直天线可以产生比传统λ/4 垂直天线高出 3dB 的增益。另外，带宽也没有减少，因为没有使用加载线圈。

套筒天线的设计也适合用于 HF、VHF 和 UHF 的水平偶极天线以及定向天线。一个很好的例子就是 Telex/Hy-Gain 的 Explorer14 三波段定向天线，它的 10m/15m 激励单元就运用了套筒天线原理。套筒天线也很容易用诸如 NEC 和 MININEC 等计算机程序建模，因为它们是末端开路的筒状结构，以及没有陷波器及其他复杂结构。

总而言之，套筒天线是个令人愉快满意的天线，容易匹配，制作也不困难，可以作成理想的宽带或多波段天线。

10.5 耦合谐振器偶极天线

以上所述的各种套筒天线系统其实就是 Gary Breed/（K9AY）在《The ARRL Antenna Compendium（Vol5）》讲述的耦合谐振器系统，题目为《The Coupled-Resonator Principle: A Flexible Method for Multiband Antennas》。下述内容由这篇文章总结而来。

在 1995 年，《QST》杂志发表了采用一种有趣的技术来实现单天线多波段覆盖的两种天线设计。Rudy Severns/N6LF 描述了运用此技术的一个宽带 80m 与 75m 波段偶极天线（见“单波段中频和高频天线”一章）。Robert Wilson/AL7KK 也给我们展示了如何运用该原理制作一个三波段垂直天线。这两种天线都是通过在非常靠近激励偶极或垂直单元的位置，安放谐振导体单元来获得多频率工作，它们之间没有任何物理连接。

10.5.1 耦合谐振器原理

众所周知，靠近天线的导体会产生相互作用，我们所用的偶极天线、垂直天线和定向天线都会受到附近电力线、排雨槽、金属拉绳或其他金属材料的影响。Severns 和 Wilson 就是有意利用这种相互作用来设计天线，达到在单一馈电点可以结合几根导体的谐振。虽然已经有多种其他命名，但我还是称这种天线的工作方式为耦合谐振器（C-R）原理。

从图 10-41 可以看到，它说明了这种原理的一般性概念，每个图都给出在一段频率范围内，偶极天线馈电点的 SWR 情况。当只有单一的偶极天线时，将在半波长谐振频率上具有非常低的 SWR，见图 10-41（A）；下一个图是如果我们用一根导线或金属管之类导体逐步靠近偶极天线，我们可以观察到在这根新加进去导体的谐振频率上，偶极天线的 SWR 曲线将出现一个“凹陷”，见图 10-41（B），开始可以看到两根导体之间相互作用的影响。当我们将新加进去导体进一步靠近，到达 SWR“凹陷”突然深陷下去——SWR 最低的地方时，我们就可以在原有偶极谐振频率和新加进去导体频率两者都获得良好的匹配，如图 10-41（C）所示。

对于几个甚至更多不同频率的导体，我们可以重复这个过程，使一个偶极天线（馈电）还可以工作在 3 个、4 个、5 个或更多谐振频率。这个原理也可以应用于垂直天线，就像任何与偶极天线相关的特性，对于垂直天线来说可以认为也是适用的。

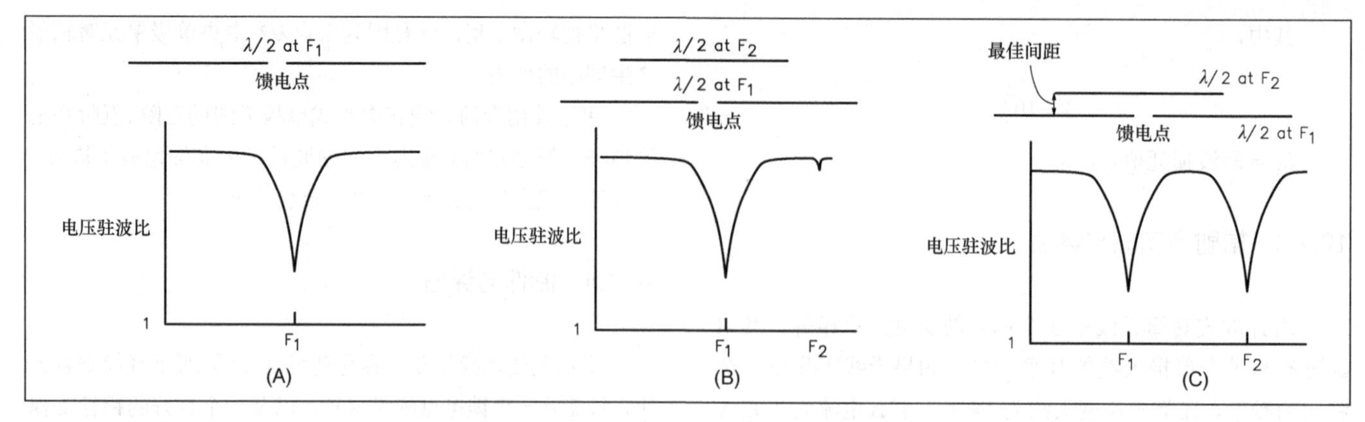

图10-41　在图（A）中，是在宽频率范围的偶极天线SWR曲线；图（B）中是一根导体与偶极天线靠得足够近而相互作用的情况；在图（C）中，当第二根导体处于最佳间隔位置时，两者的组合可以在两个频率上产生匹配的情况。

我们可以给 C-R 原理给这样一个定义：给定一个谐振于某个频率的偶极（或垂直）天线，和谐振于另外一个频率的额外导体，总可以在它们之间找到一个最优的间距，使得额外导体的谐振强加于原偶极上，结果是两个谐振频率上都能够获得低 SWR 值。

一些历史

在 20 世纪 40 年代后期，同轴套筒天线被开发使用，见图 10-42（A），通过在偶极或单极单元 4 周，套上一个谐振于所需更高频率的圆柱管，到达覆盖两个频率。到了 20 世纪 50 年代，Gonset 曾经短暂销售过基于此原理的双波段天线。其他的实验者很快就发现，在第二个频率的两根导体，无论是放在主偶极或单极单元的任一侧，都可以构成代表圆柱体骨架，见图 10-42（B），这就称作开放式套筒天线。Hy-Gain 公司的 Explorer 三波段天线，在它的激励单元采用了该方案，获得 10m 波段的谐振。之后，又有少数天线开发者得出这些额外增加的导体并不需要成对加入，谐振于每个频率的不同单根导体也可以获得各自额外的谐振，见图 10-42（C），这个方案被 Force12 公司用于它的一些多波段天线产品中。

这是一个科学工作的很好的例子——发现一个特别的思想，后续的发展逐步揭示出一个本质的普遍原理。最早的同轴套筒天线是最特别的，限于两个频率并且需要一个特别的结构，之后的套筒天线是一个中间过程，表明了套筒并不只限于一种结构可以实现。

最后，我们得到耦合谐振器的概念，这是更普遍的原理，可以应用于很多不同天线的结构中，获得很多不同频率的组合。Severns 的天线是在折合偶极天线运用该原理，Wilson 是在一个偏馈的主垂直天线上运用了该原理。作者 K9AY 则把它应用于传统的偶极天线与λ/4 垂直天线上。其他许多设计者更加巧妙地运用了这个原理，例如，将八木天线第一个引向单元与激励单元靠得非常近，来展宽 SWR 带宽，Severns 设计的偶极天线就采用这个相同的办法。

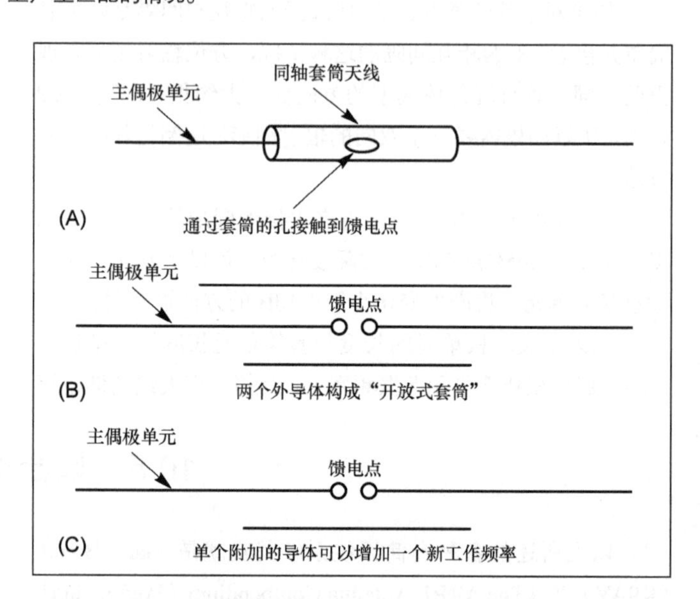

图10-42　耦合谐振器天线的演进历史：图（A）所示为同轴套筒天线；在图（B）中是套筒偶极天线，而在图（C）中则是耦合谐振器偶极，也就是最常用的使用方式。

在过去，多数用单导体技术制作的这种天线也曾被称为套筒天线（或多套筒天线），是来自这种天线历史发展的一种叫法。然而，套筒这个名词常常意味着一根导体必须围绕着另一根导体，但这不是在物理或电气上对天线工作本质的真实描述。因此，K9AY 建议使用耦合谐振器这个名词，它可以最准确地表达这个天线的普遍原理。

一些数学关系

使得耦合谐振（C-R）原理能够工作的相互作用并非可以随意的，它是一个可以预测的有规律的行为。K9AY 最早给出了一个表明一般偶极或垂直天线在激励单元与附加谐振器之间关系的方程式：

$$\frac{\log_{10} d}{\log_{10}(D/4)} = 0.54 \qquad (10\text{-}4)$$

其中，

d=各导体之间的距离，以所选择的附加谐振器频率的波长数来计算

D=各导体的直径，同样以所选择的附加谐振器频率的波长数来计算

式（10-4）假设它们的直径相同，并且在两个频率上的馈电点阻抗与自由空间的偶极（72 Ω）或良好地面上$\lambda/4$单极天线（36 Ω）相同。

这个方程式仅仅表达了由于附加谐振器引起的阻抗。主偶极单元是天线的必须部分，并且它将具有在附加频率上相当低的阻抗，这是在当这些频率接近一起，或当主单元工作在三次谐波时的情况。在这些频率上，间隔的距离必须要调整，使得偶极与谐振器并行的组合方式可以获得所需的馈电点阻抗。

K9AY给出两个修正因子，一个是为了覆盖一定范围的阻抗，另一个是给多个频率靠近一起时用。

$$d = 10^{0.54\log_{10}(D/4)} \times \frac{Z_0 + 35.5}{109} \times \left[1 + e^{-[((F_2/F_1)-1.1)\times 11.3)+0.1)]}\right] \tag{10-5}$$

其中，

d与D和上面相同

Z_0=在附加谐振器频率上所需的馈电点阻抗（在20～120Ω）。对于垂直天线，将所需阻抗乘以2得到Z_0，如果你需要一个50 Ω的馈电，那么Z_0取100 Ω

F_1=主偶极或垂直天线谐振频率

F_2=附加谐振器的谐振频率

F_2/F_1的比率要大于1.1

e=2.718 3为自然对数的底数

式（10-5）虽然没有直接给出导体不等直径的情况，但是，如果在方程中采用激励偶极或垂直单元的直径作为D的话，它可以用来作为一个计算起点。

C-R单元间隔

K9AY上述的公式（10-5），可以得到一个很好的耦合谐振器单元间间隔的“初始裁剪”值。图10-A给出间隔（单位英寸），与两个不同直径（也是英寸）耦合谐振器单元的频率比值的关系。这里是针对28.4MHz以上的频率。在超过1.5∶1（28.4∶18.1）频率比值后，间隔对于每种单元直径，相互之间距离都趋于平直和固定。例如，假设用1/2英寸单元于28.4MHz和18.1MHz频率上，这些单元间的间隔大约是3.75英寸。

EZNEC可以验证公式（10-5）的计算结果。注意到当这些单元相互靠得很近时，每个单元的分段数量需要很大，并且这些单元上的分段也要紧密相接。要记住像分段测试一样，运行平均增益测试。建模人员应该知道如果相互耦合的谐振器，是沿着水平横梁（当它们位于使用耦合谐振器的多波段八木天线上）排列时，较高频率谐振器将会充当向后的引向器，产生一些增益（或增益损失，依据所关注的方位角而言）。

例如，在EZNEC文件K9AYC-R28-21-14MHz1In.EZ中，采用了1英寸直径的单元，间隔6英寸，如果28MHz单元放在14MHz单元后面6英寸的地方（还有21MHz单元放置在前面6英寸位置），那么在28MHz时系统将有2.6dB的F/B，有利于反方向的性能。在21MHz，系统将表现出1.6dB的F/B，有利于前向的性能。当然，也有在增益与F/B由于C-R结构可能被很好设计使用的系统，比如上面提到的多波段八木天线。然而，如果这些单元与14MHz激励单元间隔是在上方或下方，就都不会对偶极天线的辐射图产生破坏。

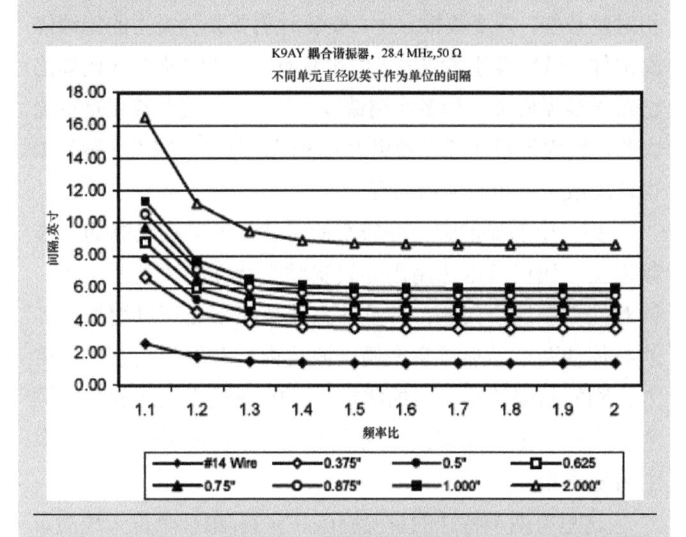

图10-A　两个耦合谐振器单元的间隔与频率比值的关系图，频率28.4MHz，馈电点阻抗50 Ω。

10.5.2　耦合谐振器（C-R）天线的特性

这里有些重要的信息，关于C-R天线有什么不同之处？它们的优点是什么？缺点又是什么？主要的关键点有：

- 不需要陷波器、短截线或天调就可以多波段工作；
- 在每个频率上灵活的阻抗匹配；
- 在每个频率上可以独立地微调（相互影响很小）；
- 容易使用基于MININEC或NEC的程序建模；
- 天线修剪的过程与简单的偶极天线一样方便；
- 可以兼顾到很多频率（7个或更多）；
- 耦合作用几乎没有损耗（效率高）；
- 在每个频率上需要单独的导线或金属管导体；
- 结构安装上需要一些绝缘支撑物；
- 与同样的偶极天线相比带宽稍微窄了些；
- 由于存在一定容性而需要导体的长度稍微增长。

从一开始就可以知道，这种天线最明显的特征，就是原理上能够通过不相连接的附加导体，使一般的偶极或垂直天线增加多个谐振频率。有 3 个可变因素：导体的直径、导体的长度与主单元的相对位置。

可以比较自由地控制这些因素，给了我们灵活设计的优点，我们对于每个增加频率的阻抗可以有比较宽的控制范围。另外一个优点是，一旦确定了基本的设计，在每个频率上的行为则会相当独立（即相互影响小），换而言之就是在一个频率上的微调，并不会改变另外频率的谐振或阻抗。最后还有个优点就是效率方面，由于导体都靠近在一起，对于某一个需要谐振的导体，耦合效率是非常高的，而其他多波段天线中的陷波器，短截线和补偿电路网络都会引入有耗的电抗成分。

不过 C-R 天线也有两个主要的缺点。第一个是结构上相对复杂些，需要数根导体，安装时需要某种类型的绝缘隔离部件。虽然其他多波段天线也具有它们的复杂性（例如陷波器天线需要装配和多次调谐），但 C-R 天线通常还是更庞大些，较大的尺寸意味着更大的风阻，对于一些“火腿”来说这就成了一个较大的问题。

另一个明显的缺点是较窄的带宽，尤其在最高的工作频率上。我们可以选用固有较宽频带特性的大直径导体，针对性克服这个问题，并且在某些情况下还可以增加额外的导体使两个谐振频率在同一波段内。有趣的是它的频带方式刚好与陷波器天线的相反，C-R 天线在工作的最高频率上带宽较窄，而陷波器天线则是在它们的最低工作频率上带宽最窄。

这里有两个特殊的情况应该注意到，第一个是天线的谐振接近于激励偶极单元为 $1\frac{1}{2}\lambda$ 长度（对于垂直为 $\frac{3}{4}\lambda$）的频率时，偶极天线的阻抗相当低，需要增大 C-R 单元的间隔，以提高阻抗并使得主单元与 C-R 单元的平行组合等于所需的阻抗（通常为 50 Ω）。在主单元超出 C-R 单元长度部分，也存在很明显的天线电流，将对总的辐射图形产生贡献，结果是这种特殊的组合就像 3 段同相的 $\lambda/2$ 振子辐射，与偶极天线相比有超出 3dB 增益和较窄的方向性形状（见图 10-43），这对于覆盖频率比值为 3 的多波段天线来说，例如 3.5MHz 和 10.1MHz、7MHz 和 21MHz，或 144MHz 和 430MHz，也许是个优点。

其他特殊情况是当我们需要增加一个非常靠近主偶极单元谐振频率的新频率的情况，80m 和 75m 波段天线就是这种情况的一个例子。同样地，在新频率上，激励偶极单元的阻抗相当低，在这些类似导体之间增加的耦合非常强烈，我们发现需要拉宽间隔才能使天线正常工作。一个谐振于 3.5MHz 的偶极天线，和另一谐振在 3.8MHz 的导线，需要间隔 3 英尺或 4 英尺，而 3.5MHz 和 7MHz 的组合则仅仅需要间隔 4 英寸或 5 英寸即可。

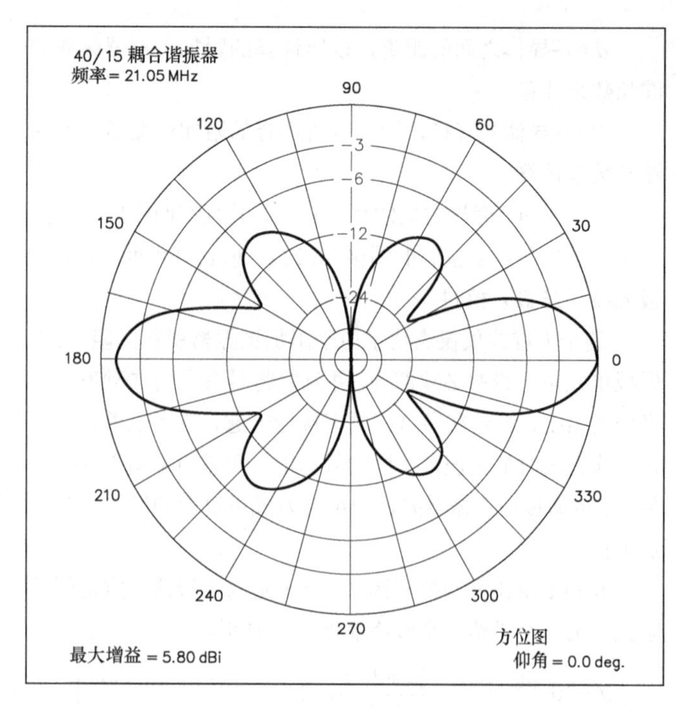

图10-43　C-R天线的频率在主偶极单元三次谐波这种特殊情况下的辐射图形。

C-R 天线还有一个有用的特性，就是在你能够接受的每个程序局限性下，容易运用基于 MININEC 或 NEC 的计算机程序精确地建模。例如，Severns 指出 MININEC 处理折合偶极天线时并非很好，而应该用 NEC 建模。相对于轻松的计算机建模工作方便性来说，上面的设计并不需要非常精确的答案，近似的方案就可以提供快速将天线调整到最佳状况的良好起点。

加入的谐振器对于所有导体的长度都有些影响，原因是这些导体之间存在电容。这些电容将使得天线电气上缩短了，所以每个单元需要比相同频率下简单偶极单元的长度增长 1%或 2%。作为一个基本规律，当计算偶极单元长度时，可以用 $477/f$（单位英尺）来替代一般的 $468/f$ 计算式，对于 $\lambda/4$ 垂直单元，就用 $239/f$ 替代 $234/f$。

小结

耦合谐振器原理是天线设计者兵器库里的一件重要武器，它虽然不是所有多波段天线的最好方案，但 C-R 的原理提供了替代陷波器和调谐器的另一方案，以使用更多的导线或铝管作为代价。尽管 C-R 天线需要比较复杂的结构，但是它主要吸引人的地方就是无须在匹配或者效率上折中，就可以设计出多波段天线。

10.5.3　一个 30m/17m/12m 波段偶极天线

为了说明如何设计 C-R 天线，我们来制作一个覆盖所有 WARC 波段的偶极天线。这里使用 12 号（#12）导线，即直径为 0.08 英寸，主偶极单元长度裁剪为工作在 10.1MHz 波段。从上面的等式可知，主偶极单元与 18MHz 谐振器之间的间隔应该是 2.4 英寸，得到 72 Ω输入阻抗，或间隔 1.875 英寸而得到 50 Ω。在 24.9MHz，与这个波段谐振器的间隔，对于 72 Ω需要 2.0 英寸，对 50 Ω应该为 1.62 英寸。当然，由于天线将被安装在实际的地面上，而不是自由空间，所以这些间隔并非十分确切。将这些数据加入到你喜欢用的天线建模程序，就可以让你在所选定的安装高度上优化天线的尺寸。

对于那些不用计算机而喜欢用实际天线干活的人，这些估测的间隔也是足够精确，减少制作时反复的尝试试验，不过应该采用按照 50 Ω计算出来的间隔数值取一个合适的整数。对于这个天线，K9AY 最后确定在所需高度上最佳的间隔，对于 18MHz 谐振器是 2 英寸，对于 24.9MHz 谐振器是 1.8 英寸。为了简化结构，他在两个间隔都用 2 英寸，在这些数据有一点偏差的情况下他得到的最差的 SWR 为 1.2：1。与所有偶极天线类似，阻抗会跟随地面安装高度而变化，不过 2 英寸的间隔，在高于 25 英尺的高度上，两个增加的波段都可以得到很好的匹配结果。

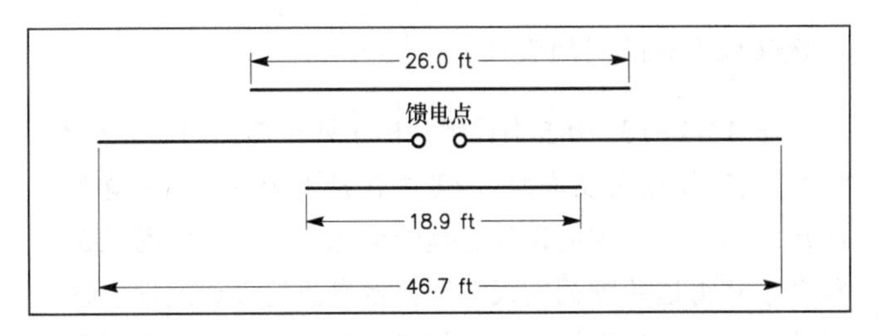

图10-44　30m、17m和12m三波段C-R偶极天线的尺寸。

这个工作于 10.1MHz、18.068MHz 与 24.89MHz 偶极天线的最后尺寸，在图 10-44 给出，这是水平拉直安装在 40 英尺高度的偶极天线最后修剪完的长度数据。如果将这个天线作为倒 V 架设，需要对每根导线留长一点。修剪这种类型的天线与偶极天线一样，如果它的谐振频率太低，就是长度过长了，需要将它缩短一点。因此你开始时可以裁剪得长一些，以便将它们修剪到谐振状态。

最后需要注意的一点是：如果你要仿制这个天线，一定要记住这里的 2 英寸间隔是针对 12 号（#12）导线的！C-R 天线所需要的间隔是与导体直径相关。同样的这个天线，用 14 号（#14）导线制作时所需的间隔为1½ 英寸，而用 1 英寸直径铝管来制作时则需要大约 7 英寸间距。

10.6　高频对数周期偶极天线阵列

设计对数周期天线的目的是可以在很宽的频率范围内使用，其理论基础在“对数周期偶极天线阵列”章中进行介绍。设计包括两个或两个以上业余波段式相当普遍的，并且在 20m 波段至 UHF 频率内可旋转的 LPDAs（对数周期偶极天线阵列）也比较流行。

本部分呈现了一对 LPDA 的设计过程——3.5MHz、7.0MHz 线偶极天线阵列设计和包含在 14～30MHz 范围内 5 个波段的可旋转阵列设计。另外，《QST》杂志上一篇由 Bill Jones（K8CU）发表的题为《实际高性能高频对数周期天线》的文章提出来其他一些设计信息，具体在随书附赠的光盘。

10.6.1　3.5MHz 或 7.0MHz 的 LPDAs

在较低 HF 波段上的导线对数周期偶极子阵列不仅设计简单，而且易于架设。其设计要求实现合适的增益，并且要求廉价质轻，而且可利用能在大型五金店内找到的库存物件来进行装配。此外，它们还非常坚固——可以抵挡飓风！这些天线是由 John J. Uhl（KV5E）于 1986 年 8 月在《QST》首次提出来的。图 10-45 给出了一种安装方法，你可以把这里的信息当作向导和参考点来建造类似的 LPDA。

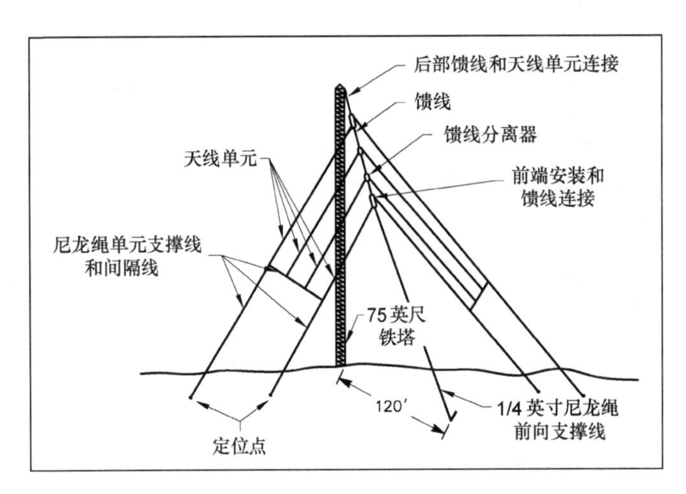

图10-45　竖立在铁塔上的典型HF段低频段4单元对数周期偶极天线。

如果空间允许，在安装完成后可以旋转天线或在方位角上改变其位置。需要一个 75 英尺的天线塔并且在塔基周围 120 英尺旋转半径内是空旷的。如果你只使用 3 个定位点，而不是像图 10-45 所示的使用 5 个，那么该任务将会得到简化，可省去前向单元上的两个定位点，并将用作单元支撑的两条尼龙绳一直延伸至前向支撑线。

表 10-4 和表 10-5 中已经列出了两个阵列的设计参数。“对数周期偶极天线阵列”一章中包括更多关于完成这类天线尺寸和其他要求的设计过程的信息。本章的前面几部分包含了获得这些阵列的尺寸和其他参数的设计过程。这些设计和一个倍频程的 HF 高端天线阵列相比，其主要差异是频段更窄，而且这些单元使用了导线，而不是管子。作为 LPDA 的设计实例，你可能想按步骤一步一步做，并利用表 10-4 和表 10-5 中的值来核对结果。也许你还会想将这些结果与类似于 LPCAD28 这样的 LPDA 设计软件包的输出相比较。

在设计过程中，两个阵列的馈线间隔稍微有些不同，3.5MHz 的阵列使用 0.58 英寸间隔，而 7MHz 的阵列使用 0.66 英寸间隔。为了在两个波段使用，通常的间隔装置常取折中值，5/8 英寸的间隔非常符合要求。令人惊讶的是，从匹配的角度来看，这里对馈线间隔的要求一点都不严格，因为这个可以通过“对数周期偶极天线阵列”一章中的等式进行验证。待间隔增加到宽达 3/4 英寸，得到的两个波段的 R_0 SWR 都仍小于 1.1：1。

表 10-4　3.5MHz 单波段 LPDA 设计参数

f_1 = 3.3MHz	单元长度
f_n = 4.1MHz	$\ell 1$ = 149.091 英尺
B = 1.242 4	$\ell 2$ = 125.982 英尺
τ = 0.845	$\ell 3$ = 106.455 英尺
σ = 0.06	$\ell 4$ = 89.954 英尺
增益 = 5.9dBi = 3.8dBd	单元间隔
cotα = 1.548 4	d_{12}=17.891 英尺
B_{ar} = 1.386 4	d_{23} = 15.118 英尺
B_s = 1.722 5	d_{34} = 12.775 英尺
L = 48.42 英尺	单元直径
N = 4.23 单元（单元数减少到 4）	所有= 0.064 1 英寸
Z_t = 6 英寸短接线	ℓ/直径比
R_0 = 208 Ω	ℓ/diam4 = 16 840
Z_{AV} = 897.8 Ω	ℓ/diam3 = 19 929
σ' = 0.065 27	ℓ/diam2 = 23 585
Z_0 = 319.8 Ω	ℓ/diam1 = 27 911
天线馈线	
间隔 0.58 英寸的 # 12 线	
巴伦：4：1	
馈线：50 Ω同轴线	

表 10-5　7MHz 单波段 LPPDA 设计参数

f_1 = 6.9MHz	单元长度
f_n= 7.5MHz	$\ell 1$ = 71.304 英尺
B = 1.087 0	$\ell 2$ = 60.252 英尺
τ = 0.845	$\ell 3$ = 50.913 英尺
σ = 0.06	$\ell 4$ = 43.022 英尺
增益= 5.9dBi = 3.8dBd	单元间隔
cot$_\alpha$ = 1.548 4	d_{12}= 8.557 英尺
B_{ar}= 1.386 4	d_{23}= 7.230 英尺
B_s= 1.507 0	d_{34}= 6.110 英尺
L = 18.57 英尺	单元直径
N= 3.44 单元（单元数增加到 4）	所有= 0.064 1 英寸
Z_t= 6 英寸短接线	ℓ/直径比
R_0= 208 Ω	ℓ 4/diam4 = 8 054
Z_{AV}= 809.3 Ω	ℓ 3/diam3 = 9 531
σ'= 0.065 27	ℓ 2/diam2 = 11 280
Z_0= 334.2 Ω	ℓ 1/diam1 = 13 349
天线馈线	
间隔 0.66 英寸的 # 12 线	
巴伦：4：1	
馈线：52 Ω同轴电缆	

建造阵列

在 3.5MHz 和 7MHz 情况下，阵列的架设技术是一样的。一旦完成了设计，下一步工作就是制作配件，详细信息见图 10-46。将导线单元和馈线切割至合适的尺寸，并对它们进行标记以便识别。当导线被切割并放在一边后，如果不做标记则很难辨认。当你制造的连接器和切割导线都已完成时，就可以组装天线了。建造这些天线当中的某个天线时你可以发挥自己的独创性，没有必要严格复制这些 LPDA。

单元是用标准#14 绞合铜线制成的。两条平行的馈线是用#12 实芯镀铜钢线制成的，如包铜钢丝。包铜钢丝在张力作用下不会伸长变形。前部和后部连接器是由 1/2 英寸厚的莱克桑薄板切割而来的，而馈线隔离装置是由 1/4 英寸树脂玻璃薄板切割而来的。

仔细研究这些图，并且要熟悉将导线单元通过前部、后部和间隔装置连接器连接到两种馈线上的方式。图 10-47 和图 10-48 中大致描述了一些细节。用图中所示的连接方式可以预防导线的破坏。所有的绳索、细绳和连接器必须采用可以经受住张力和风化影响的材料制作，建议使用游艇驾驶员所用的那种尼龙绳索和细绳。图 10-15 所示的前部支撑绳索延伸至距离 75 英尺塔的塔基 120 英尺处的地平面上。由于空间关系，并不是在所有情况下都适合这样的安装。一种替代的安装方法是在 40 英尺高的树上挂一个滑轮，将前部支撑绳索通过滑轮一直拉到树底部的地平面上。前部绳索必须利用滑轮组固定在地面上。

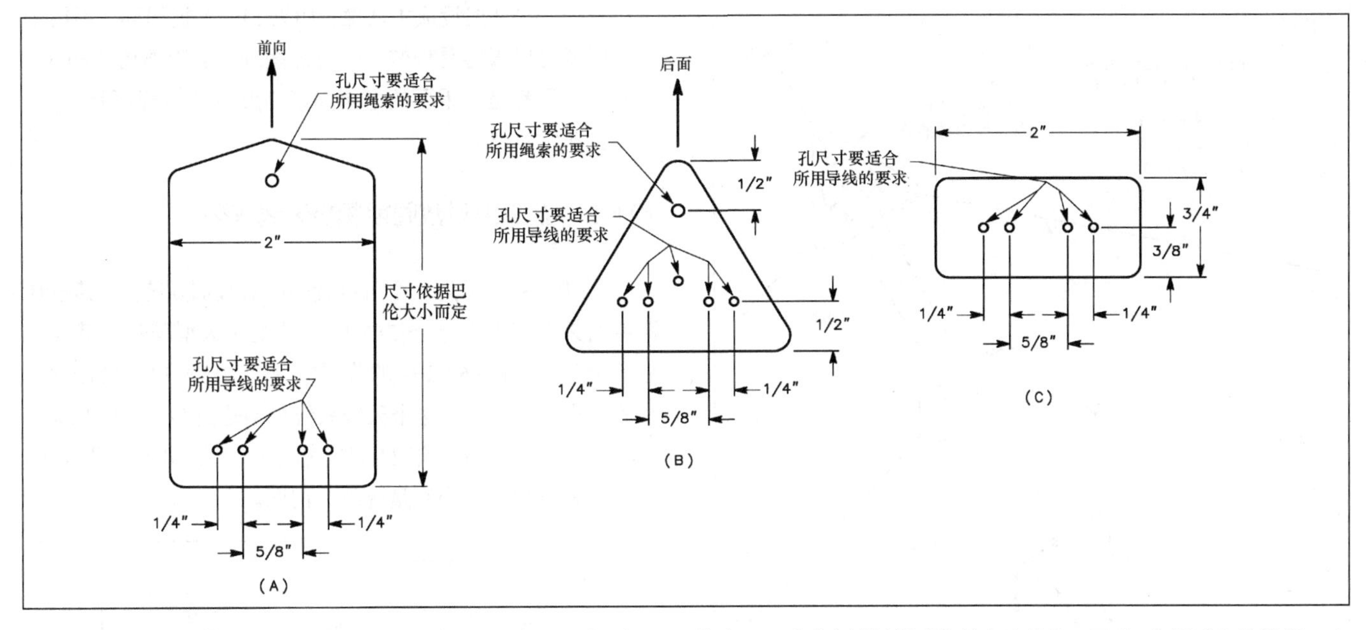

图10-46 一副需要装配的对数周期天线的几个小块。图（A）为1/2英寸厚聚碳酸酯材料制成的前向连接器；图（B）是后向连接器，也是由1/2英寸厚聚碳酸酯板制成。图（C）是定相线间隔器，由1/4英寸厚有机玻璃制成。设阵列需要2个间隔器。

只要你按照正确的方式装配，将一个 LPDA 装配起来并不困难。当馈线装配在两点间绷直时，将单元连接到馈线上会更容易一些。使用塔及滑轮组，将后部连接器连接在塔上并将 LPDA 装配在塔基上，这会使将天线升高到固定位置变得简单多了。将后部连接器牢固地系在塔基上，并将两条馈线连在上面，然后将两个馈线间隔装置套入馈线。此时这些间隔装置并不牢固，但当单元连接好后，它们将被准确地固定。现在将前部连接器连接到馈线上，警告一句：一定要仔细精确地测量！在进行永久性连接之前，仔细检查所有测量值。

将天线单元通过各自的塑料连接器连接到馈线上，首先从单元 1 开始，然后是单元 2，以此类推。保持单元导线被牢固地盘绕。如果它们散开，你会得到一团混乱的绞在一起的线。再次核对单元与馈线间的连接以确保正确牢固的连接（见图 10-47 和图 10-48）。一旦你完成了所有单元的连接，在前部连接器下面接一个 4∶1 的巴伦，将馈线和同轴电缆连接到该巴伦上。

你需要一条单独的绳索和一个滑轮将装配好的 LPDA 上升到相应的位置。首先，用尼龙绳固定住 8 个单元的末端，参照图 10-45 和图 10-47。绳子必须足够长以达到拴系点。将前向支撑绳索连接到连接器，现在装配好的 LPDA 就可以上升到相应的位置了。提升天线时，要解开单元导线以防止它们散开绞成一团。请勿必小心！将后部连接器提升到合适的高度并将其牢固地固定在塔上，然后把前部支撑绳索拉紧并固定。移动单元，使其与馈线在前向上呈 60° 角，并将它们彼此恰当地隔开。通过前后走动校正单元末端的位置，你可以将所有这些单元正确地排列起来。现在已经可以将你的装配连入系统并进行一些通信了。

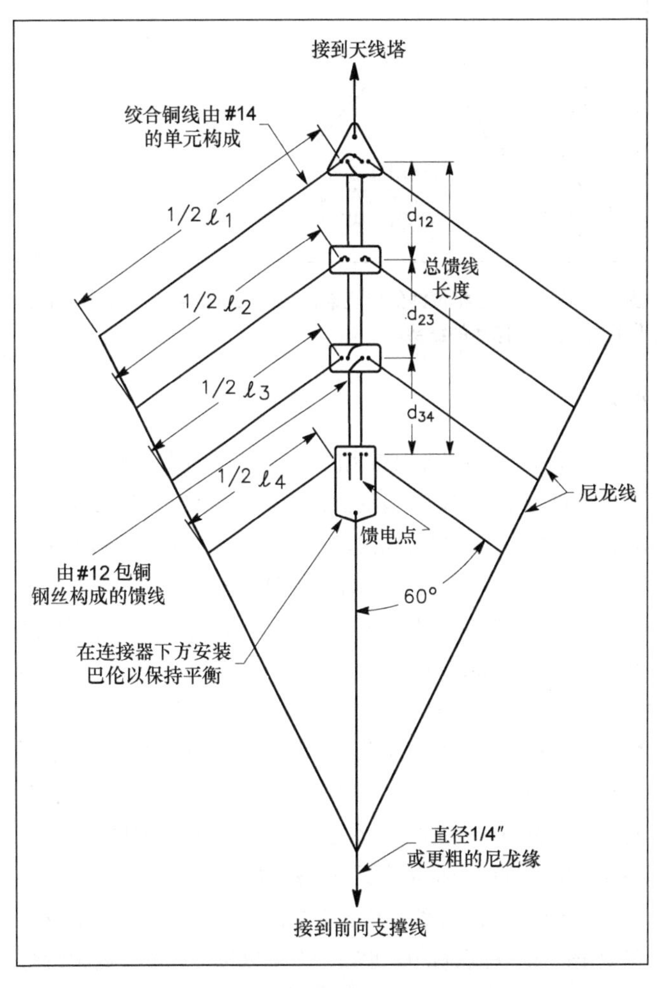

图10-47 HF频段低端对数周期偶极天线的常用设计。采用安装在前端连接器上的4：1巴伦，尺寸见表10-1、表10-2。

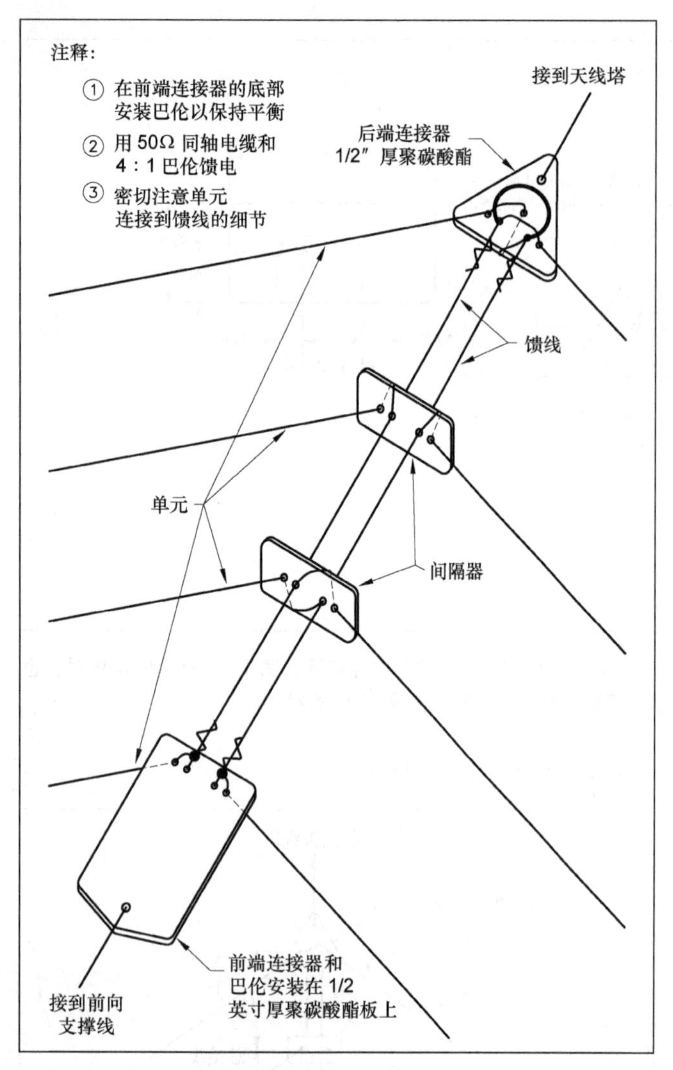

图10-48　单元与相位线的电气连接和机械连接细节。图中没有画出尼龙绳索支撑线的结头。

性能

将从这些LPDA上得到的数据与一个倒V形偶极天线的数据进行了比较。所有这些天线都是固定的，LPDA向东北方向辐射，而偶极天线向东北和西南方向辐射。偶极天线的顶点位于70英尺处，而40m和80m波段的LPDA分别位于60英尺和50英尺处。在很多收到的数据上基本阵列增益都很明显。在积累期间，有可能尝试在LPDA做一些试验，但却不可能用偶极天线在同一积累期间开始工作。LPDA的增益比偶极天线高出几分贝。要获得额外的增益，实验者可能会想到在阵列前面$\lambda/8$处尝试放置一个无源引向器。引向器长度以及与前向LPDA单元的间隔需要现场调试，以获得最佳性能并同时维持每个频段上的阻抗匹配。

导线LPDA系统提供了很多的可能性。它们易于设计和架设：在一些农村中，想在一个可以接受的成本内架设商业化天线及部件是不大可能的，因此这对农村而言可以得到切实的好处。这一系统所需的导线在世界上任何一个地方都可以获得，并且架设成本低廉。如果LPDA被损坏，用钳子和焊锡就可以很容易地修好。对那些进行远距离通信的人，空间和重量都是很重要的考虑因素，LPDA质量轻而且牢固，性能也非常不错。

10.6.2　五波段对数周期偶极天线阵列

图10-49所示为一个可以旋转的对数周期阵列，其设计覆盖的频率范围为13～30MHz。这是个大型阵列，其自由空间增益在6.6～6.9dBi的范围内变化，这取决于设计频率上的工作频率部分。这个天线系统最初是由Peter D. Rhodes（WA4JVE），于1973年11月在《QST》上提出的。图10-50所示为该阵列的一个测量辐射方向图。

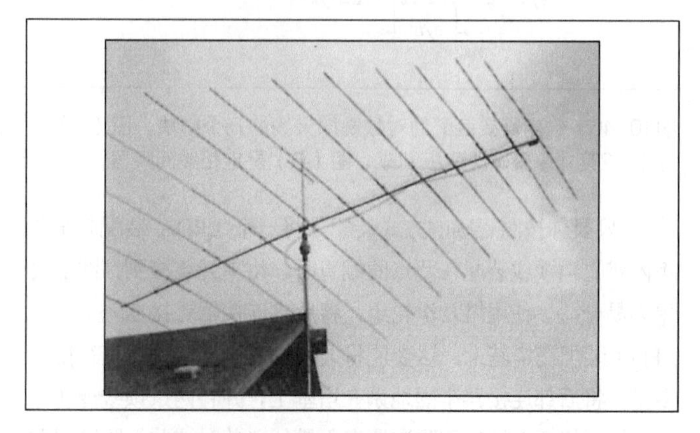

图10-49　13～30MHz对数周期偶极天线。

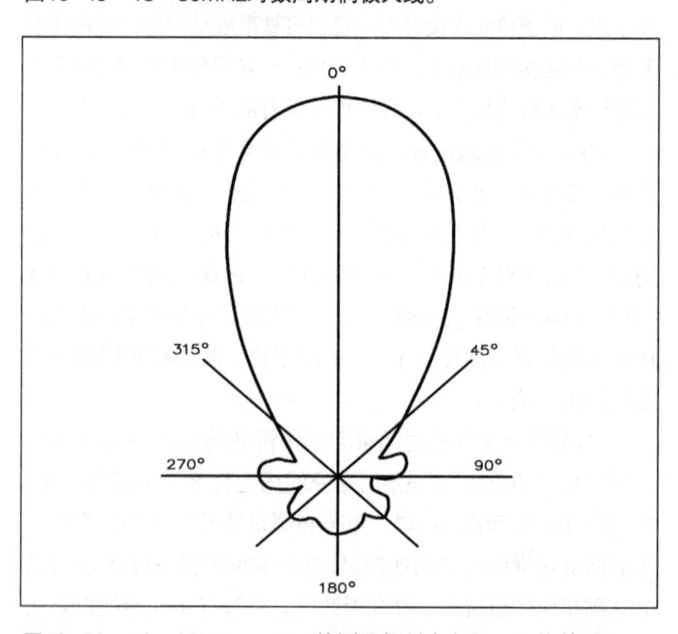

图10-50　10～30MHz LPDA的测量辐射方向图。天线前后比*F/b*在14MHz为14dB，在28MHz增加到21dB。

该阵列的规格参数有：

（1）半功率波束宽度，43°（14MHz）；

（2）设计参数τ=0.9；

（3）相对单元间隔常数σ=0.05；

（4）主梁长度：L=26 英尺；

（5）最长单元：λ_1 = 37 英尺 10 英寸，（单元长度和间隔的表格见表 10-3）；

（6）总重：116 磅；

（7）风力载荷面积：10.7 平方英尺；

（8）所需输入阻抗（平均电阻）：R_0=72 Ω，Z_t=6 英寸 #18 跳线；

（9）平均特性偶极天线阻抗，Z_{AV}：337.8 Ω；

（10）馈线阻抗，Z_0：117.1 Ω；

（11）馈线：#12 导线，紧密间隔；

（12）在输入终端配置一个 1∶1 环形巴伦，以及一条 72 Ω的同轴馈线，最大 SWR 是 1.4∶1。

机械装配所用的材料很容易在当地大多数五金店或铝材供应库中得到。所需的材料见随书附赠光盘中的原始文章。

实验者可能希望同时提高阵列设计频率高低端的性能，以更接近于设计频率范围中间的性能。同时提高频谱两端增益和前后比的最适当及通用的技术，是本章前面曾提到过的分配τ，在“对数周期偶极天线阵列”章中进行描述。但是，也可以使用其他技术。

10.7 高频盘锥天线

本部分材料取自 Daniel A. Krupp（W8NWF）在《The ARRL Antenna Compendium（Vol5）》的文章，盘锥（discone）取自盘子（disc）和锥体（cone）两个词的合写。尽管人们经常描述盘锥天线时用中心设计频率（例如，“20m 波段盘锥天线”），实际上它在相当宽的频率范围都可以很好工作，多达几个频程。图 10-51 给出一个典型的盘锥天线，用金属板制作用于 UHF 频段。在较低频率上，金属板也可以用靠得很近的导线或铝管来替代。

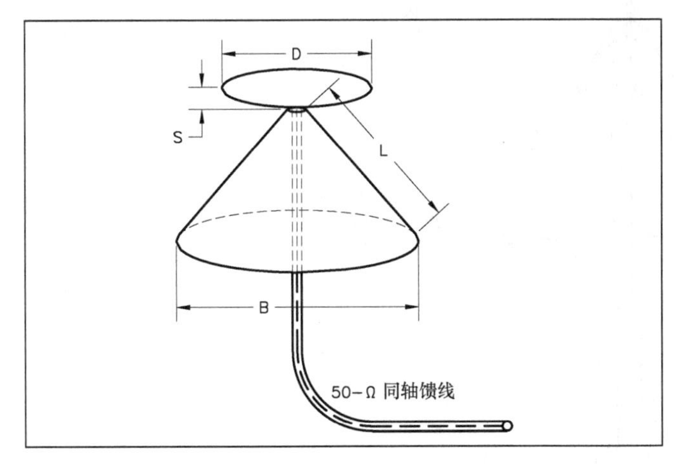

图10-51　VHF/UHF盘锥天线图，盘体和锥体都采用金属板，直接用50 Ω同轴电缆馈电。L和D的尺寸，与盘体和锥体之间间距S，一起决定了天线的频率特性。在所用最低频率上，$L=246/f_{MHz}$。D应该为L尺寸的0.67～0.70。锥体底部的直径B等于L。盘体和锥体之间间距S可以在2～12英寸之间，天线越大其间距也取得越大些。

10.7.1　盘锥天线的基础知识

盘锥天线的尺寸决定于工作的最低频率，这种天线可以在低仰角上产生垂直极化信号，并且在它的工作频率范围内，将表现出与 50 Ω同轴电缆良好匹配。盘锥天线优点之一是它的最大电流分布区域靠近天线的顶部，辐射时能够避免地面反射杂波。盘锥天线的锥体部分辐射信号，顶部的盘体辐射是最小的。这是因为在锥体导线流动的电流都是方向一致的，而盘体上的电流都是相互相反而抵消。盘锥天线的全向特性使得它十分适合于作为“圆桌会”QSO 或台网主控台。

这种天线的电气工作性能十分稳定，不会由于下雨或积冰而发生变化。它是一个自成一体的天线结构，与传统地面安装的垂直辐射体不同，盘锥天线的高效工作不用依赖于地面辐板系统。不过，还是与任何垂直天线一样，菲涅耳区的地面质量，也会影响到盘锥天线的远场辐射图。

由于盘体和锥体对于风荷来说，具有固有的平衡，所以风力引起的扭力也最小。整个锥体和金属撑杆或塔体都可以直接接地达到防雷保护作用。

与陷波垂直天线或三波段定向天线不同，盘锥天线不需要在某个或者某组业余波段的特定频率调整谐振。相反，盘锥天线功能上有些像高通类型的滤波器，从设计的截止最低频率到物理设计所能达到的频率上限，都可以有效辐射。

盘锥天线的历史

在 1949 年 7 月和 1950 年 7 月的《CQ》杂志上，有两篇 Joseph M. Boyer（W6UYH）发表的关于盘锥天线的好文章，告知人们盘锥天线已经开发出来，并用于二战期间的军队中（见参考书目）。盘体和锥体的精确结构最早由 Armig G. Kandonian 构思出来。Boyer 在文章中描述了 3 种 VHF 模型，以及如何制作的信息、辐射图，更重要的是详细描述了它的工作原理，他提出盘锥天线可以看作是“渐变的同轴变换器”的一种类型。

Mack Seybold（W2RYI）在 1950 年 7 月发表了一篇文章，描述了建造在他车库屋顶的 11MHz 版本的盘锥天线。天线撑杆实际上穿过屋顶，以允许降低天线高度。Seybold 的 11MHz 盘锥天线可以工作到 2m 波段，不过性能上相比于他的 100MHz 鸟笼状的盘锥天线要降低 10dB，他认为这是由于在盘体和锥体之间的间隔相对较大导致的。事实上，他发现性能的下降，是由于在较高频率时电磁波角度向上抬高引起的，锥体导线都是电气上的长线，导致它们担当了长线天线的角色。

10.7.2 A 型框架——10～20m 波段的盘锥天线

第一个盘锥天线是一个覆盖 20～10m 波段不需要天线调谐器的天线，锥体使用 10 英尺长导线，并以 60° 的斜坡角度设置，盘体直径为 12 英尺，见图 10-52。整个过程都可以在地面组装，包括馈电用同轴电缆和拉索，再找几位朋友帮助，就可以将它架设到指定的位置。

作者使用了一个 40 英尺高的木质“A”字框支撑架，由 3 个 22 英尺长的 2×4 其木柱构成。他给撑杆上了底漆，然后刷上两层红色机房的面漆，使其更加好看和耐用。盘体的中央是一个长度 12 英寸，3 英寸规格的 schedule-40 管道 PVC 管，这种 PVC 管非常坚韧，略微有点延展性，并且很容易钻孔和切割。PVC 也非常适合用于处理天线馈电点的 RF 能量。

3 段 12 英尺长、0.375 英寸外径的 6061 铝管，管壁厚度 0.058 英寸，用来作为 12 英尺直径的顶部盘体，这些铝管可以切开为两半，使中心部分做成 6 根套接伸展棒。将 4 根 12 英尺长、0.25 英寸外径（0.035 英寸管厚）的铝管裁为 12 段，每段 40 英寸长，可以作为 6 根伸展棒末端的延长部分。

10.7.3 40～10m 波段的盘锥天线

当作者有机会购买到一个 64 英尺高的自立 TV 塔时，他改变计划，准备直接实现一个完全覆盖 7～30MHz 范围的盘锥天线。他的新铁塔由 8 段构成，每段都是 8 英尺长，减去段与段之间重叠部分的长度，锥体导线沿着塔体下来大约为 61.5 英尺，如图 10-53 所示。

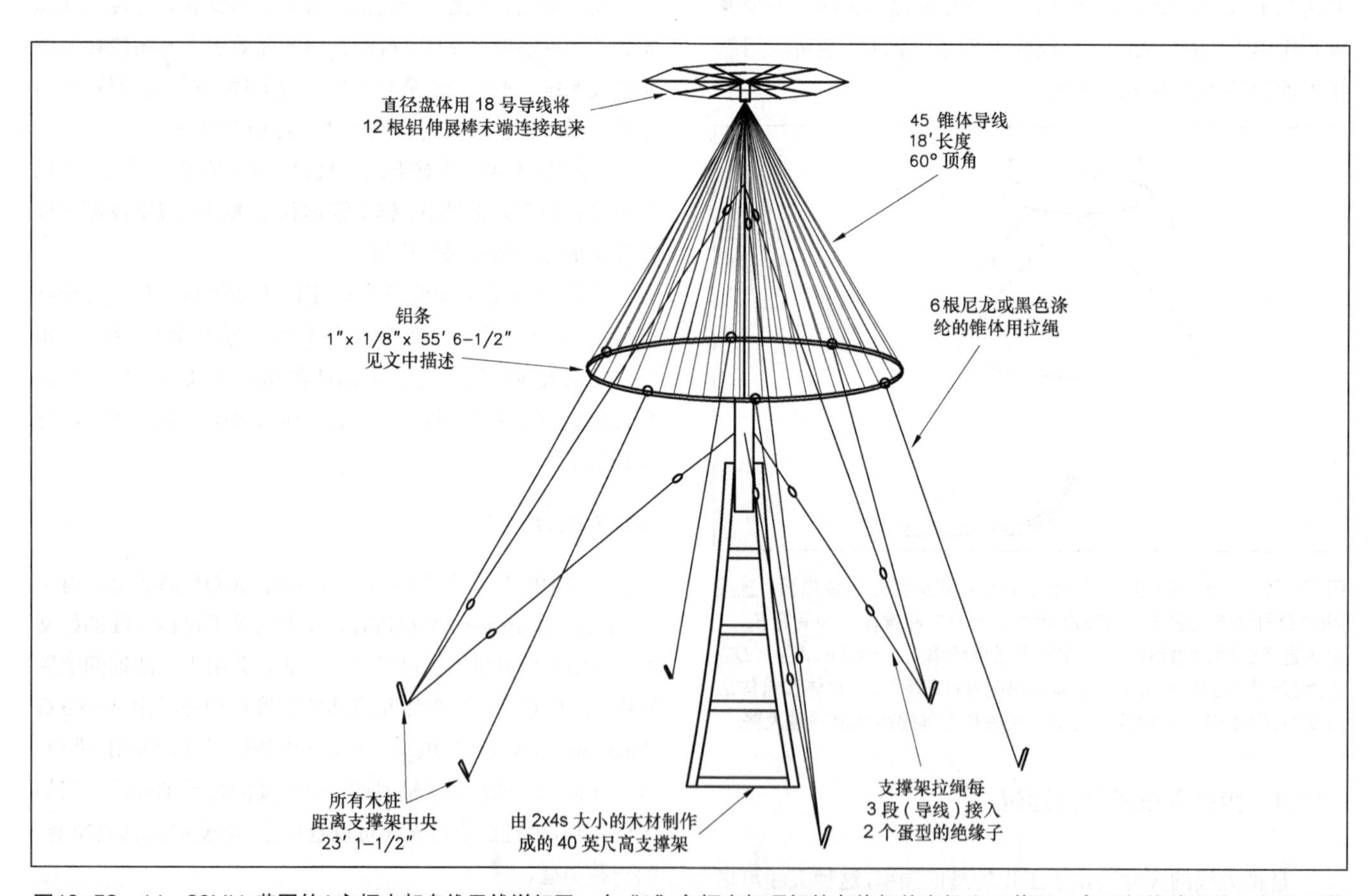

图10-52　14～30MHz范围的A字框支架盘锥天线详细图。在“A”字框支架顶部的盘体部件直径为12英尺。有45根锥体导线，每根18英尺长，成60°斜坡角度。在整个设计频率范围内，这款天线十分出色。

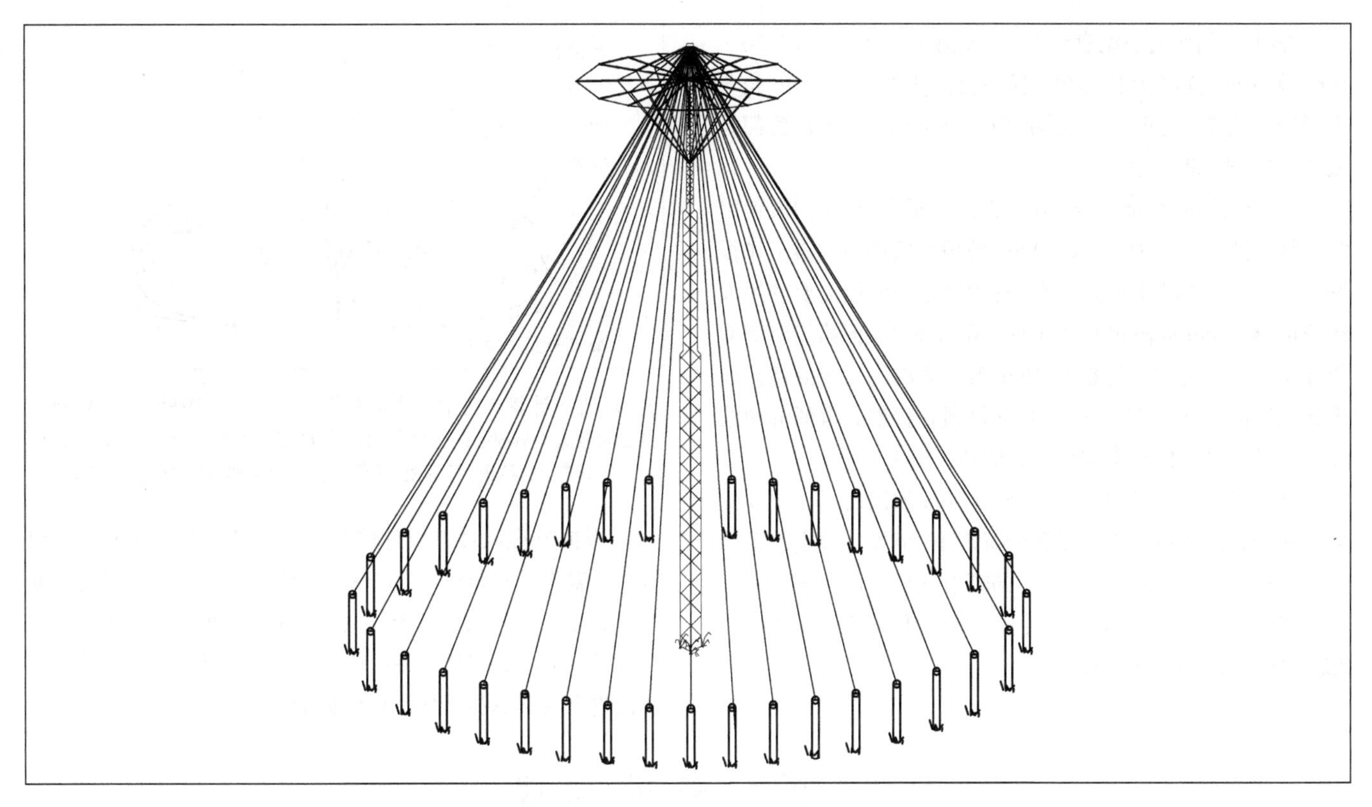

图10-53　大型W8NWF盘锥天线，设计工作于7～14MHz，不过在工作间内使用一个天调也可以工作于3.8MHz。

W8NWF 设计这个更大的盘锥天线时，相对第一个盘锥天线来说随意了一些，没有完全按照“书本所要求”的。第一个改变的地方就是锥体的导线，改为 70 英尺，尽管方程上计算的应该是 38 英尺；还有，锥体各导线没有在底部环接起来。由于锥体的导线更长了，所以他认为这个天线工作于 75m 和 80m 波段也是可能的。

第二个主要的改变是将 60° 顶角加大为 78°，建模表明这样做可以在整个频谱范围有更平坦的 SWR，而且对塔体的拉线系统更加有利。

顶部的盘体安装件直径为 27 英尺，共有 16 根辐射状伸展棒，可以使用外径 5/8 到 1/2 到 3/8 逐渐变小的铝管套接而成。所有伸展棒采用 0.058 英寸的 6063-T832 规格铝管，可以从 Texas Towers 购买到。一段 10 英寸长度的 PVC 水管用作盘体安装件的中央连接体。

通过实际发射测试，证实这个天线性能令人满意的，在 40m 波段也可以轻松工作，整个波段上 SWR 都是 1∶1。W8NWF 在所有方向都取得很好效果，并且收到来自 DX 电台优秀的信号报告。当切换到他的中间馈电长偶极天线（333 英尺）做对比时，他发现偶极天线噪声较大，而接收的有用信号变弱。在白天，附近的电台（短于 300～500 英里）从偶极天线获得的信号要响亮些，不过这个盘锥天线也表现不赖。

作者很高兴地报告这个天线在 75m 波段同样可以较好工作。可以估计到，这时不会出现 1:1 匹配，不过实际上整个波段都是在 3.5∶1 到 5.5∶1 之间，W8NWF 就使用一个天线调谐器，使这个盘锥天线可以工作在 75m 波段，当然在 75m 波段似乎就没有像 40m 波段工作那么理想。

在 3 0m 波段的 SWR 是 1∶1，在 20m 波段的 SWR 是从 14.0MHz 的 1.05∶1 到 14.3MHz 的 1.4∶1。在 17m、15m、12m 和 10m 波段的 SWR 有一定的变化，在 12m 波段最高为 3.5∶1。

K6STI、W8NWF 从 NEC/Wires 建模验证得出，大天线的低仰角特性在高频段要比小盘锥天线差。见图 10-54 中两个天线在普通地面条件下，10m 波段的仰角图比较。方位图形是一个简单的圆。天线建模程序产生的辐射图形对于我们预先了解天线性能十分有帮助。

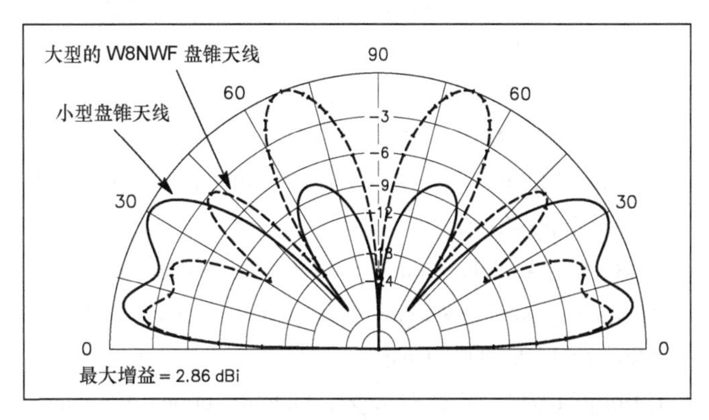

图10-54　计算所产生的辐射图给出了在28.5MHz时小盘锥天线的仰角响应，与同频率下大型盘锥天线的比较。10m波段的有效辐射，锥体的导线明显太长，产生了不需要的高角度波瓣，瓜分了所需的低仰角功率。

书中所制作的小型盘锥天线，表现相当不错，在 20～10m 波段的波瓣都是低仰角。频率范围从 14～28MHz 是一个频程的覆盖，这正好是他所期望的整个频率范围覆盖都是低 SWR 和低仰角的特性。

对于大型的盘锥天线，将它改造为适合 75m 波段使用时，就有些不同的故事。在 40m 波段的低仰角波瓣工作很好，在 75m 波段性能也不错，尽管在这个波段需要使用天线调谐器。30m 波段也有良好的低仰角波瓣，但第二个高仰角开始会损害性能。注意到 30m 波段大约为这个盘锥天线设计频率的 3 倍。在 20m 和 17m 波段，仍然具有低仰角波瓣，但越来越多的功率浪费在高仰角波瓣上。

大型锥盘天线在 15m、12m 和 10m 波段的工作逐渐变差，就是说，该盘锥天线尽管在高达 10 倍设计频率的范围上都有相当好的 SWR，但是它的辐射图形对低仰角通信就没有那么好了。见图 10-55，给出大型盘锥天线在 3.8MHz、7.2MHz 和 21.2MHz 上的比较。

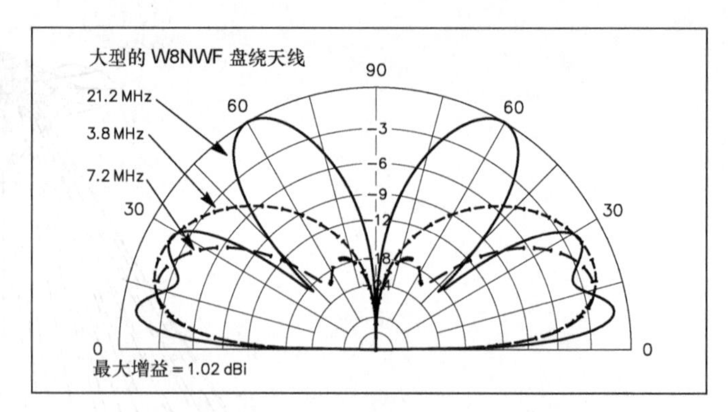

图10-55　计算产生的仰角响应图，工作于3.8MHz、7.2MHz和21.2MHz大型W8NWF盘锥天线。同样如图7-58所示，如果不做优化，尽管在21.2MHz还是相当有效，但是它的辐射图形会变差。

根据方程式计算设计的盘锥天线可以如预计地工作起来，不需要任何调整。可以修改天线锥体的长度和顶角角度而不必担心会失败。盘锥天线的宽带特性使得它在 HF 波段很有吸引力，低仰角的辐射让 DX 变得可行，而且盘锥天线在接收上也和偶极天线一样较低的噪声。

10.8　参考文献

关于本章原材料与进一步的讨论题目可以从下面给出的参考和在第 2 章“天线基本理论”最后列出的参考书中找到。

H. B. Barkley, *The Open-Sleeve As A Broadband Antenna*, Technical Report No. 14, U.S. Navasl Postgraduate School, Monterey, CA, Jun 1955.

W. M. Bell, “A Trap Collinear Antenna,” *QST*, Aug 1963, pp 30-31.s

J. S. Belrose, “The HF Discone Antenna,” *QST*, Jul 1975, pp 11-14, 56.

J. Belrose and P. Bouliane, “The Off-Center-Fed Dipole Revisited: A Broadband, Multiband Antenna,” *QST*, Aug 1990, pp 28-34.

J. Belrose, “Technical Correspondence: Terminated Folded Dipole,” *QST*, May 1994, pp 88-89.

H. J. Berg, “Multiband Operation with Paralleled Dipoles,” *QST*, Jul 1956, pp 42-43.

E. L. Bock, J. A. Nelson and A. Dorne, “Sleeve Antennas,” *Very High Frequency Techniques*, H. J. Reich, ed. (New York: McGraw-Hill, 1947), Chap 5.

J. T. Bolljahn and J. V. N. Granger, “Omnidirectional VHF and UHF Antennas,” *Antenna Engineering Handbook*, H. Jasik, ed. (New York: McGraw-Hill, 1961) pp 27-32 through 27-34.

J. M. Boyer, “Discone — 40 to 500 Mc Skywire,” *CQ*, July 1949, p 11.

G. A. Breed, “Multi-Frequency Antenna Technique Uses Closely-Coupled Resonators,” *RF Design*, November 1994. US Patent 5,489,914, “Method of Constructing Multiple-Frequency Dipole or Monopole Antenna Elements Using Closely-Coupled Resonators,” Gary A. Breed, Feb 6, 1996.

G. H. Brown, “The Phase and Magnitude of Earth Currents Near Radio Transmitting Antennas,” *Proc. IRE*, Vol 23, No. 2, Feb 1935, pp 168-182.

G. H. Brown, R. F. Lewis and J. Epstein, “Ground Systems as a Factor in Antenna Efficiency,” *Proc. IRE*, Vol 25, No. 6, Jun 1937, pp 753-787.

C. L. Buchanan, “The Multimatch Antenna System,” *QST*, Mar 1955. pp 22-23, 155.

R. A. Cox, “The Open-Sleeve Antenna,” *CQ*, Aug 1983, pp 13-19.

G. Countryman, “An Experimental All-Band Nondirectional Transmitting Antenna,” *QST*, Jun 1949, pp 54-55.

D. DeMaw, “Lightweight Trap Antennas — Some Thoughts,” *QST*, Jun 1983, pp 15-18.

W. C. Gann, “A Center-Fed ‘Zepp’ for 80 and 40,” *QST*, May 1966, pp 15-17.

D. Geiser, “An Inexpensive Multiband VHF Antenna,” *QST*, Dec 1978, pp 28-29.

A. Greenberg, “Simple Trap Construction for the Multiband

Antenna," *QST*, Oct 1956, pp 18-19, 120.

G. L. Hall, "Trap Antennas," Technical Correspondence, *QST*, Nov 1981, pp 49-50.

J. Hallas, "Getting On the Air: The Terminated Folded Dipole," *QST*, Sep 2010, pp 51-52.

W. Hayward, "Designing Trap Antennas," Technical Correspondence, *QST*, Aug 1976, p 38.

D. Hollander, "A Big Signal from a Small Lot," *QST*, Apr 1979, pp 32-34.

R. H. Johns, "Dual-Frequency Antenna Traps," *QST*, Nov 1983, pp 27-30.

W. Jones, "Practical High Performance HF Log Periodic Antennas," *QST*, Sep 2002, pp 31-37.

A. G. Kandoian, "Three New Antenna Types and Their Applications," *Proc IRE*, Vol 34, Feb 1946, pp 70W-75W.

R. W. P. King, *Theory of Linear Antennas* (Cambridge, MA: Harvard Univ Press, 1956), pp 407-427.

W. J. Lattin, "Multiband Antennas Using Decoupling Stubs," *QST*, Dec 1960, pp 23-25.

W. J. Lattin, "Antenna Traps of Spiral Delay Line," *QST*, Nov 1972, pp 13-15.

M. A. Logan, "Coaxial-Cable Traps," Technical Correspondence, *QST*, Aug 1985, p 43.

J. R. Mathison, "Inexpensive Traps for Wire Antennas," *QST*, Feb 1977, p 18.

L. McCoy, "An Easy-to-Make Coax-Fed Multiband Trap Dipole," *QST*, Dec 1964, pp 28-30.

M. Mims, "The All-Around 14-mc. Signal Squirter," *QST*, Dec 1935, pp 12-17.

G. E. O'Neil, "Trapping the Mysteries of Trapped Antennas," *Ham Radio*, Oct 1981, pp 10-16.

W. I. Orr, editor, "The Low-Frequency Discone," *Radio Handbook*, 14th Edition, (Editors and Engineers, 1956), p 369.

W. I. Orr, "Radio FUNdamentals," The Open-Sleeve Dipole, *CQ*, Feb 1995, pp 94-96.

E. W. Pappenfus, "The Conical Monopole Antenna," *QST*, Nov 1966, pp 21-24.

P. D. Rhodes, "The Log-Periodic Dipole Array," *QST*, Nov 1973, pp 16-22.

P. D. Rhodes, "The Log-Periodic V Array," *QST*, Oct 1979, pp 40-43.

P. D. Rhodes, "The K4EWG Log Periodic Array," *The ARRL Antenna Compendium, Vol 3*, pp 118-123

L. Richard, "Parallel Dipoles of 300-Ohm Ribbon," *QST*, Mar 1957, p 14.

P. Salas, "160 and 80 Meter Matching Network for Your 43 Foot Vertical — Part 1 and Part 2," *QST*, Dec 2009, p 30-32, and Jan 2010, pp 34-35.

W. Sandford, Jr., "A Modest 45-Foot DX Vertical for 160, 80, 40, and 30 Meters," *QST*, Sep 1981, pp 27-31. Also see Feedback, Nov 1981, p 50.

R. R. Schellenbach, "Try the 'TJ'," *QST*, Jun 1982, pp 18-19.

R. R. Schellenbach, "The JF Array," *QST*, Nov 1982, pp 26-27. Also see Technical Correspondence, *QST*, Apr 1983, p 39.

R. Severns, "A Wideband 80 meter Dipole," *QST*, Jul 1995, pp 27-29.

T. H. Schiller, Force 12, US Patent 5,995,061, "No loss, multi-band, adaptable antenna," Nov 30, 1999.

H. Scholle and R. Steins, "Eine Doppel-Windom Antenna fur Acht Bander," *cq-DL*, Sep 1983, p 427. (In English: *QST*, Aug 1990, pp 33-34.)

M. Seybold, "The Low-Frequency Discone," *CQ*, July 1950, p 13.

D. P. Shafer, "Four-Band Dipole with Traps," *QST*, Oct 1958, pp 38-40.

R. C. Sommer, "Optimizing Coaxial-Cable Traps," *QST*, Dec 1984, pp 37-42.

S. Stearns, "All About the Discone Antenna: Antenna of Mysterious Origin and Superb Broadband Performance," *QEX*, Jan/Feb 2007, pp 37-44.

J. J. Uhl, "Construct a Wire Log-Periodic Dipole Array for 80 or 40 Meters," *QST*, Aug 1986, pp 21-24.

L. Varney, "The G5RV Multiband Antenna. Up-to-Date," *The ARRL Antenna Compendium, Vol 1* (Newington: ARRL, 1985), p 86.

R. Wilson, "The Offset Multiband Trapless Antenna (OMTA)," *QST*, Oct 1995, pp 30-32. Also see Feedback, Dec 1995, p 79.

L. G. Windom, "Notes on Ethereal Adornments," *QST*, Sep 1929, pp 19-22, 84.

第 11 章

高频八木天线和方框天线

11.1 八 木 天 线

世界各地的业余无线电爱好者，除了使用偶极天线和1/4 波长垂直天线之外，还广泛使用八木天线阵列。八木天线是由日本大学的两名教授八木秀次（Hidetsugu Yagi）和宇田新太郎（Shintaro Uda）在 20 世纪 20 年代发明的。宇田做了许多开发性的工作，而八木通过他写的英文著作向日本以外的国家和地区提出了这个天线阵列。虽然严格说来这个天线应该被称做八木-宇田天线阵列，但是通常都简称为八木天线阵列。

如“多元天线阵列”一章中所描述的那样，即八木天线是一种多单元端射阵列。它最少包括一个单独的激励单元和一个单独的寄生单元。这些单元被相互平行地安放在一根支撑杆上，相互之间是分开的。这样的结构就被称为 2 单元八木天线。当无源单元被安放在激励单元后面，与最大辐射方向相反时，则被称做反射器，当被安放在激励单元的前面时则被称做引向器，如图 11-1 所示。在甚高频和超高频频谱中，由一个反射器和多个引向器组成的 30 或者更多单元的八木天线是很常见的。在“VHF 和 UHF 天线系统”一章中有甚高频和超高频八木天线的详细描述。大型短波阵列可能有10 个或者更多的单元，这种阵列将在本章中介绍。

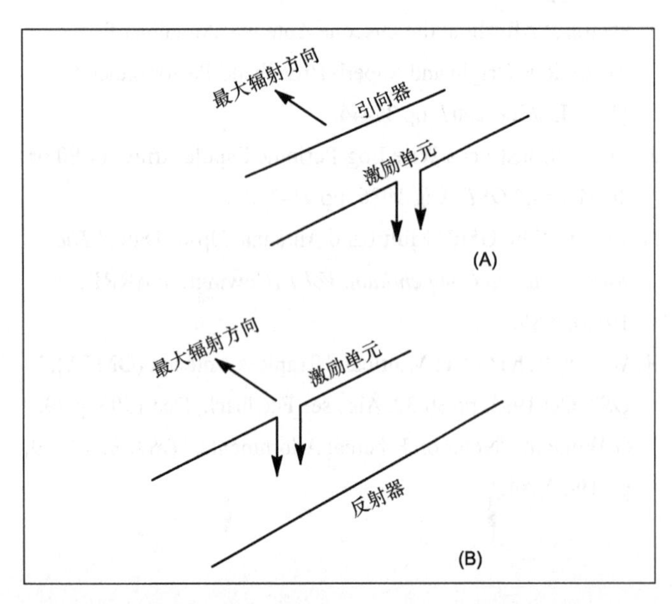

图11-1 采用一个单独的寄生单元的2单元八木天线。在图（A）中寄生单元的作用如同一个引向器，而在图（B）中则如同一个反射器。箭头表明最大辐射方向。

11.1.1 八木天线如何工作——概述

八木阵列的增益和方向图由所有寄生单元的感应电流的相对幅度和相位决定。与“多元天线阵”章中的直接激励多单元天线阵列不同，其设计者必须补偿单元之间的相互耦合，而八木天线的正常工作依赖于互相耦合。每一个寄生单元中的电流由它与激励单元和其他寄生单元的距离，以及单元本身的调谐来决定。长度和直径都会影响单元的调谐。

下面的讨论虽然过于简化，但足以说明八木天线辐射方向图创建的基本过程。首先让一个偶极子激励元件在工作频率上处于谐振状态，并将一个比激励元件稍长一点的寄生元件配置为反射器；然后激励单元中的电流产生一个电磁场（称为直接场），从而使寄生单元中感应出电流，该感应电流又会引起再辐射场（或称为感应辐射场），就像连接到单元的发射机产生了电流；最后，在辐射场和激励单元产生的直接场共同作用下形成天线的辐射方向图。

决定反射器电流和激励元件电流之间相位关系的因素

有三点：第一，反射器产生的直接场稍微滞后于激励单元产生的直接场，这是因为直接场是从激励单元传播到反射器的；第二，感应电流与反射器位置的直接场有 180°的相位差；第三，反射器单元比谐振波长稍微长一点，这样可以使自阻抗为感性，以至于感应电流相对于直接场有一个额外的相位延迟。

相位组合延迟，是因为直接场的传播时间和感应电流产生的 180°相位反转，并且，方向器自感引起的再辐射，沿着激励单元到反射器的导线，抵消了来自激励单元的直接场。（想象一下主梁延伸超过反射器——这正是所谓的导线。）这将在八木天线辐射方向图中产生背向零值。类似地，在相反方向上则相互加强了前向方向，如图 11-1 所示。

当系统中有一个导向器单元时，情况就会发生逆转，对于反射器来说，传播时间上产生的相位延迟与感应电流的翻转是一样的。不过导向器单元比谐振波长稍短一点，因而其自阻抗是容性，产生的相位是超前的。这种结合将会导致前向场增强、后向场减弱。

2 单元八木天线是常用的一种天线，不过通过添加额外的寄生单元可以获得更多的方向性（增益）。注意，添加额外反射器的方法很少被使用，这是因为天线背向抵消后使得留下的场太少不足以改善它们的方向性。因此，利用多重导向器来增加天线的方向性，你会在后面的章节中见到实际八木天线的设计过程。

11.1.2 八木天线建模

在大约 50 年的时间里，业余人士和专业人士主要通过“切割和尝试”的实验性技术进行八木阵列的设计。在 20 世纪 80 年代初期，Jim Lawson（W2PV）向业余读者详细地描述了八木模型中包含的基本的数学原理。专业的天线设计者对他的著作《八木天线设计》给了很高的评价。在 20 世纪 80 年代中期发展起来的强大的微机和先进的计算机天线建模软件变革了无线电爱好者的八木天线设计领域。在短短的几分钟内，一台计算机就能计算 100 000 种或者更多的单元长度和间距不同的组合，从而设计出一副八木天线，通过调查使其符合一组特定的高性能参数。如果要用实验的方法来研究这些数据的组合，一个实验员花费的时间和精力将难以想象，并且处理过程无疑会受到大量测量误差的困扰。有了今天的计算机工具，架设好并进行通信将不怎么需要，甚至完全不需要调谐和尺寸的修改。

目前业余爱好者最常使用的软件为 Roy Lewallen 开发的 EZNEC，这个软件对八木天线的建模非常适合。EZNEC-ARRL 为一个特别版本，包含于原版书附加的光盘中，光盘文件可到《无线电》杂志网站 www.radio.com.cn 下载。另外，还有一些八木天线建模软件。EZNEC 和 EZNEC-ARRL 软件在“天线建模”章中进行讨论。

YW 建模程序

在原版书附加的光盘文件中还包括另外一款软件——Dean Straw（N6BV）编写的 YW 建模软件，但是该软件是为评估单波段八木天线设计的。（YW 软件应用于 Windows 系统。）YW 软件的计算结果和 Brian Beezley 的 YO 或 YA 软件（市场上已不销售）以及基于 NEC 的软件（例如 EZNEC、NEC-Win Plus 或 NEC-4）的计算结果非常接近。YW 软件是一款专门针对单波段八木天线设计的软件，它的优点是多次运算相对于通用软件（例如 NEC）更快，但是其也伴随着一些缺陷。

地面上，YW 软件评估相当于把地当作理想平地。八木天线各单元与地面之间的互阻抗在 YW 软件中没有特别考虑，因此当天线安装的位置距离地面高度小于 $\lambda/8$ 时，用 YW 软件计算该天线所得到的结果是不准确的。如果安装天线的附近存在其他天线或安装位置较低时，只能用专门的矩量法软件，像 EZNEC 软件。尽管要注意这些事项，但 YW 软件计算结果还是让你非常接近最终方案——其中之一就是你可以简单地剪裁单元，使你的八木天线达到预期的效果。

11.2 八木天线的性能参数

描述一个八木天线的性能主要有 3 个参数——前向增益、方向图和输入阻抗/驻波比，还有一个要考虑的重要因素就是机械强度。有很重要的一点需要认识到，这 3 个电学参数中的每一个都必须从使用的频段来考虑才有意义。在单个频点测得的增益、驻波比或方向图都不能表征一个特定八木天线的总体性能。

众所周知，糟糕的设计会在一个频段上使其方向性反向，而另一些设计具有过窄的驻波比带宽，或者是过度的“峰值”增益响应。最后，天线是否具备抵御所在地理位置可能会有的大风和冰冻的能力，这是一个在任何设计中都要考虑的重要因素。本章的大部分将致力于描述八木天线的详细设计，通过优化使得设计出的八木天线在不同的业余频段上能达到增益、方向图和驻波比之间的平衡，并且能够抵御强风和冰冻。

11.2.1 八木天线增益

和其他的天线一样，八木天线增益的描述必须与一些标准的参考天线来进行比较。相控垂直天线阵列的设计者描述增益时通常是以一个独立的垂直单元为参考，见“多元天线阵列”中的相控阵列技术这一节。

许多业余天线设计者喜欢将增益与一个自由空间的各向同性辐射源进行比较。这是一种理论上的天线，它在各个方向的辐射完全均等，根据定义，它具有 0dBi 的增益（dB 各向同性）。然而，很多业余无线电爱好者喜欢把偶极天线作为标准参考天线，主要是因为它是个实际存在的天线。

在自由空间里，一个偶极天线的辐射并非各向同性——它有一个 8 字形的方位角方向图，在导线的两端具有很深的零点。当一个自由空间的偶极天线处于最佳方向时，相比各向同性辐射天线，它具有 2.15dB 的增益。在业余无线电爱好者的文献中，你会看到 dBd 这样的单位，其意义就是以自由空间的一个偶极天线为参照获得的增益。将以 dBi 为单位的数值减去 2.15dB 就可转换到以 dBd 为单位的增益了。

我们暂时假设将一偶极天线从自由空间拿到海洋上空一个波长处，海洋的盐水使其几乎等效为一个理想地面。在仰角为 15° 处，海水反射的辐射波与直接辐射波同相叠加，与之在自由空间，没有一点反射的条件下获得的增益相比，该偶极天线大约有 6dB 的增益。请参阅“地面效应”章。

如果说一个偶极天线具有 6dBd 的增益，也是完全合情合理的。尽管 dBd（表示“相对偶极子的 dB 值”）这个单位，在此也许会让人觉得这个偶极天线好像相对于自身有一个增益！要记住，用 dBd（或 dBi）表示的增益都是以自由空间中相对应的天线为参照的。在这个例子中，位于海水上方的偶极天线的增益，可以认为是 6dBd（以自由空间中的偶极天线为参考基准），也可以认为是 8.15dBi（以自由空间中的各向同性天线为基准）。只要明确地使用统一的规范，任何一种参考基准都是有效的。在这一章中，我们会经常切换描述自由空间中或地面上方的八木天线，为了防止混淆，此处的增益一律以 dBi 为单位。

八木天线在自由空间的增益范围为 5～20dBi，分别对应小型的 2 单元设计和 31 单元的长主梁超高频设计。一个八木天线所能提供的增益主要由大梁长度决定。在下节中，将会描述天线的方向图和驻波比特性，之后将详细讨论作为主梁长度函数的增益。

11.2.2 辐射方向图的测量

图 11-2 所示是自由空间的一个 3 单元八木天线与偶极天线和各向同性辐射源相比较得到的 E 平面（也叫做 E 场，即电场）和 H 平面（也叫做 H 场，即磁场）的方向图。（见“天线基本理论”章中有关辐射方向图测量的定义和约定。）这些方向图是采用计算机程序 NEC-2 生成的，图 11-2A 说明了这个 3 单元的八木天线在自由空间里是如何产生 7.28dBi 的增益的（以各向同性辐射源为参考），并且相对于自由空间的偶极天线增益为 5.13dB。对于这个特定的天线来说，E 平面的主瓣在半功率处的角宽度，或者是峰值下降的 3dB 点处的角度约为 66°。

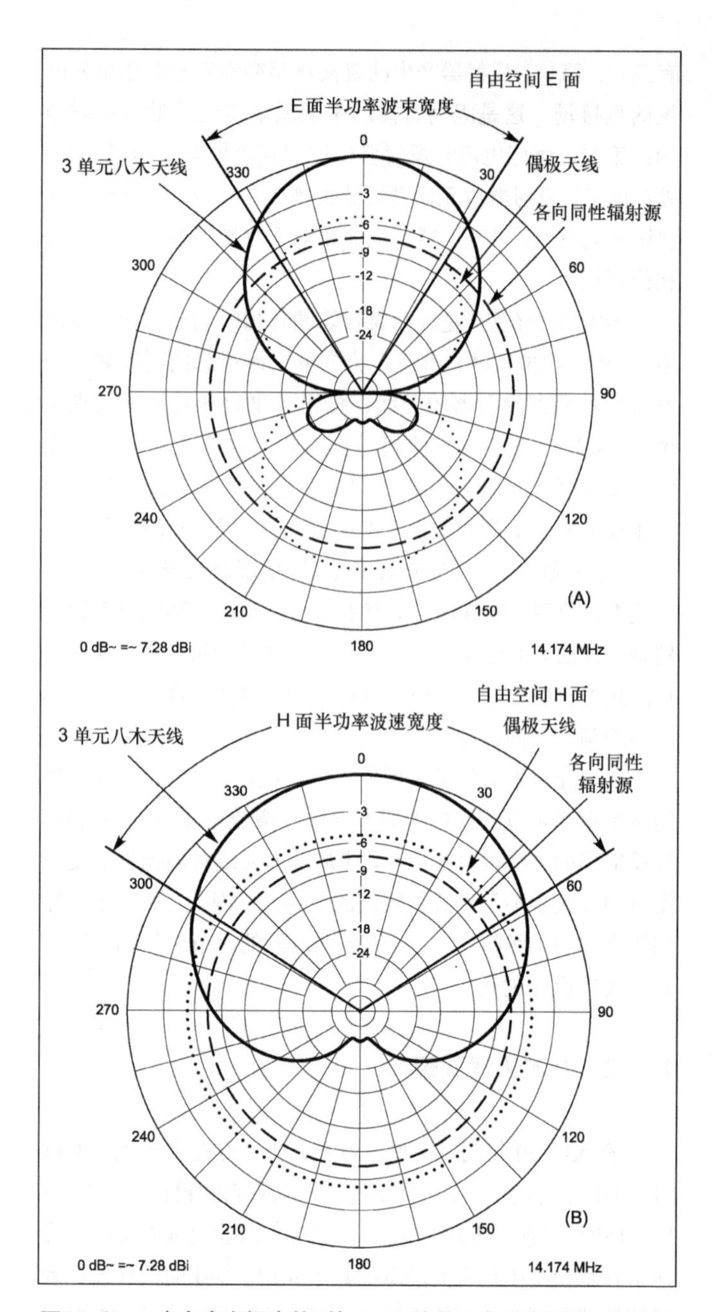

图11-2　一个自由空间中的3单元20m波段八木天线的E面（电场）和H面（磁场）响应方向图。图（A）：典型的3单元八木天线E面方向图与一个偶极天线和各向同性辐射源的比较。图（B）：对于同样天线的H面方向图的比较。该八木天线的E面半功率波束宽度为66°，H面半功率波束宽度约为120°，其增益为7.28dBi（5.13dBd）。前后比比较了0°和180°的响应，该八木天线的前后比为35dB。根据天线在0°与在180°后向圆弧上的最大波瓣（对应于120°和240°）之响应的对比，天线的前后比为24dB。

前后比

正如“天线基本理论”中所讨论的，要使一个天线产生增益，它必须将能量集中向某一特定方向辐射，其代价是损失了在其他方向上的能量。因此增益与天线的方向图以及能量损耗有着密切的关系。图 11-2 所示是自由空间的一个 3 单元八木天线与偶极天线和各向同性辐射源相比较得到的E平面（也叫做 E 场，即电场）和 H 平面（也叫做 H 场，即磁场）的方向图。这些方向图是采用计算机程序 NEC-2 生成的，由于这个软件的精确性和灵活性优异，它在无线电专家中广受好评。

在自由空间里，没有地面作为参考，因此无法确定天线的极化方式是垂直的还是水平的。因此它的响应方向图就用 E（电）场或 H（磁）场来标定。对于一个安装在地面上方不是在自由空间中的八木天线，如果电场是与地面平行的（也就是说单元平行于地面），那么天线的极化就是水平的，并且它的电场响应通常可以看作是它的方位角方向图。与此同时，它的磁场响应则可以看作是仰角方向图。

图 11-2（A）说明了这个 3 单元的八木天线在自由空间里是如何产生 7.28dBi 的增益的（以各向同性辐射源为参考），并且相对于自由空间的偶极天线增益为 5.13dB。该增益位于图中前向的 0°方位角处，并且波瓣的前向部分被称为主瓣。对于这个特定的天线来说，E 平面的主瓣在半功率处的角宽度，或者是峰值下降的 3dB 点处的角度约为 66°，这种特性叫做天线的方位角半功率波束宽度。

同样如图 11-2（A）所示，该天线在方位角为 180°的反方向上的响应比前向的少了 34dB。这种特性称为天线的前后比，例如，它可以用来描述当天线用来接收信号时抵抗直接来自后方的干扰信号的能力。在图 11-2（A）中可以看到，在 120°和 240°的方位处有两个副瓣，其幅值相比 0°方位处的峰值响应下降了 24dB。由于干扰可以来自各个方向，不仅仅局限在天线的正后方，因此这些副波瓣的存在，限制了天线抵抗后向干扰信号的能力。“最差前后比”这一术语就是用来描述最坏情况下位于天线主瓣后面 180°宽区域的后瓣的。在此处，最差天线前后比是 24dB。

在这章的后面，最差前后比将被视作性能参数，并且简写为 *F/R*。图 11-2（A）中，偶极天线或各向同性辐射源的 *F/R* 值是 0dB。图 11-2（B）描绘了自由空间中的同一个 3 单元八木天线相对于自由空间中的偶极天线和各向同性辐射源的 H 场响应。与 E 场方向图不同，H 场方向图在 90°处，即八木天线的正上方没有零点。对于这个 3 单元的设计，H 场的半功率波束宽度大约为 120°。

图 11-3 比较了一个水平极化的 6 单元 14MHz 八木天线和同样高度的偶极天线的方位角和仰角方向图，该八木天线的主梁长 60 英尺，安装在离地一个波长的高度处。正如任何一架水平极化的天线那样，距离地面的高度是决定每架天线仰角方向图上的峰值和零点的主要因素。图 11-3（A）所示为 E 场方向图，在此处被标示为方位角方向图。该天线的半功率方位角波束宽度为 50°，并且在 12°仰角处，呈现出 16.02dBi 的前向增益，其中包括了相比于相对较差地表的 5dB 地面反射增益，该地表的介电常数是 13，电导率为 5mS/m。在自由空间里，这架八木天线的增益为 10.97dBi。

在自由空间中，这个 6 单元的八木天线的 H 场仰角响应的半功率波束宽度大约为 60°。但如图 11-3 所示，当天线架设于离地一个波长高度时，主瓣（中心位于仰角 12°处）的半功率波束宽度只有 13°。位于同高度的偶极天线主瓣的半功率仰角波束宽度稍微大些，为 14°，因为它在自由空间里 H 场的响应是全向性的。

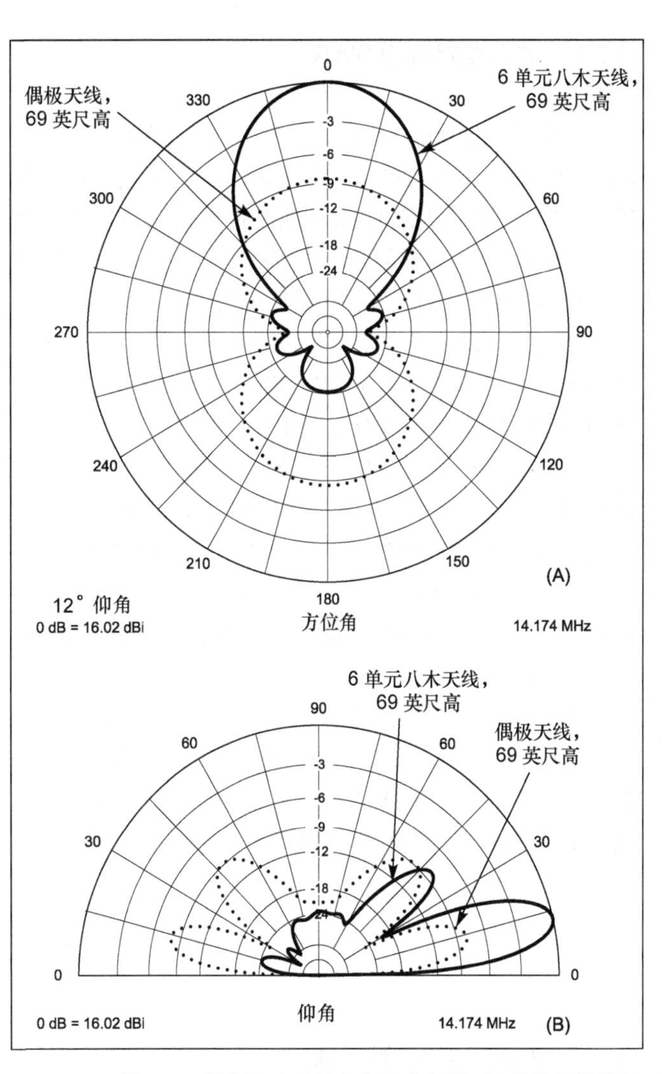

图11-3　6单元20m波段八木天线方位角方向图，天线的大梁长60英尺，离地面高度为60英尺。图（A）所示为在12°仰角处的方位角方向图，与之比较的是位于同样高度的偶极天线方向图。该八木天线的峰值增益是16.04dBi，或者说相比于偶极天线略高于8dB。图（B）所示为同样两个天线的仰角图。注意，与偶极天线相比该八木天线的峰值仰角图略微压低了一些，即使它们位于离地同样的高度。对于八木天线的第2个波瓣，这一点最为明显，其峰值位于约40°处，而偶极天线的第2个波瓣的峰值位于约48°处。这是由于在较高角度处八木天线的自由空间方向性更大的原因。

要注意，八木天线在自由空间的 H 场的方向性将其在地面之上的第二个波瓣（40°仰角处）减小至 8dBi，而偶极天线的响应在其第二个波瓣峰值（大约 48°）处为 9dBi。

如果八木天线是在真实的地面环境中工作，那么它的方位角方向图的形状将随着该天线与地面的接近而有轻微的改变。但总体而言，方位角方向图不会与自由空间的方向图有显著差距，除非天线距离地面高度小于 0.5λ 时。这也就是说工作于 28.4MHz 时，天线高度应大于 17 英尺，工作于 14.2MHz 时，天线高度应高于 35 英尺，这些高度对于大多数业余爱好者而言实现起来并不困难。一些先进的计算机程序可以在某些精确的安装高度上优化八木天线的设计。

11.2.3 馈电点阻抗和 SWR

八木天线的激励单元馈电点阻抗不仅受激励单元本身调谐的影响，同时也与单元间距以及附近的寄生单元的调谐有关，同时在较小程度上也受到地面的存在的影响。在一些调谐只为获得最大增益的设计中，激励单元的阻抗可以非常小，有时甚至小于 5 Ω。这样可能会因导体电阻太小而导致过多的损耗，特别是在甚高频和超高频的情况下。在一个只优化增益的八木天线中，导体的损耗常常混合着较大的阻抗偏移以及相对小的频率变化。从而又将引起驻波比在频段中的巨大变化，并且在馈电电缆中产生附加损耗。图 11-4 描述了一副位于长 24 英尺的主梁上的 5 单元八木天线在 10m 业余频段的 28～28.8MHz 范围内的驻波比。通过调节，该天线在 28.4MHz 的点频上获得最大的前向增益。它的驻波比曲线对照于将增益、驻波比以及前后比同时考虑优化设计的八木天线。

要正确地测量天线的前向增益，对于专业的天线设计者来说也是有一定困难的。而另一方面，驻波比的测量对于专业的或者业余的设计者来说都是轻而易举的。几乎没有一个制造商会拿如图 11-4 所示的窄带的驻波比曲线来为其出品的天线打广告。

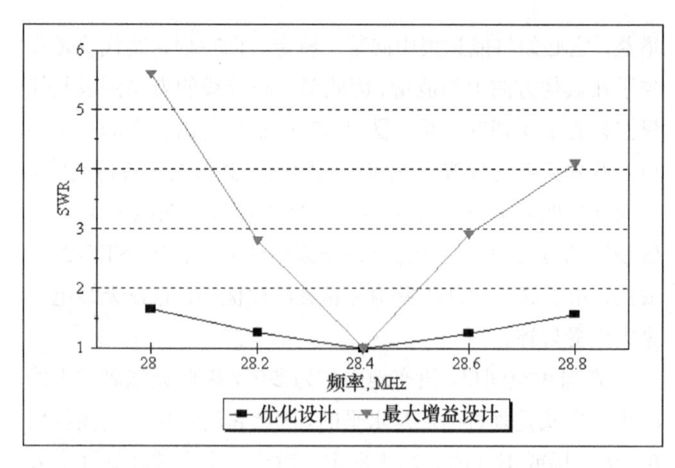

图11-4　两个不同的3单元八木天线设计在10m波段中28.0～28.8MHz部分的驻波比（SWR）。其中一个天线是严格按最大增益设计的，而第2个是对该频段的前后比方向图和SWR进行优化设计的。只针对最大增益设计的八木天线的SWR带宽通常很窄。

直馈八木天线

利用天线建模软件来小心调整八木天线的位置和调谐，可能会形成一种天线设计方案，其中馈电点阻抗接近 50Ω并使用同轴电缆直接馈电。通常其结果是产生少量的增益，但是这种直接馈电设计在商业成品中比较少见，不过 Mosley Electronic 公司多年来一直提供直馈定向天线。此外，直馈设计要求其激励单元和架之间要绝缘。

困惑的是在直馈定向天线中是否需要采用扼流巴伦。如果不用这样的巴伦，那么放置的馈线和天线之间会产生很强的耦合，随之在馈线屏蔽层的外表面产生的再辐射会填充方向图的零值区域，降低前后比和前侧比的性能。前向增益受馈线再辐射的影响不显著。

如果耦合足够强，那么激励单元的平衡就会受到影响。因此使用扼流巴伦可能是明智的，但并不是说就完全需要。当最大前后比和前侧比对你来说是非常重要或基站中馈线的共模电流引起的问题严重时，那么就应该使用扼流巴伦。该巴伦具体参见“传输线耦合和阻抗匹配”一章。

11.3 单波段八木天线性能优化

11.3.1 八木天线的设计目标

在前节中，我们讨论了在权衡增益、方向图、驻波比时的激励单元的阻抗和驻波比，特别是在某一频段上而不是在一个单独的频率点上考虑每个参数时。在八木天线设计时参数的权衡取决于个人的品味和操作风格。例如，有个操作人员也许只关注高频频段的连续波波段，而另外一个人却热衷于通话波段。另一个操作员也许想要一张完美的方向图，用来消除特定方向的干扰信号；其他某些人可能想要最大的前向增益，并且可能忽略来自其他方向的响应。

当在设计八木天线时，为了满足某些设计目标，只有少量变量可用，这些变量是：

（1）主梁的物理长度；

（2）主梁上可以安装的单元数量；

（3）各单元间沿主梁方向的距离；

（4）每个单元的调谐；

（5）用于馈电的匹配网络的类型。

对于由伸缩管制成的单元而言，个别部分的长度（称为taperschedule）也会影响天线的性能。通常改变个别部分的长度可以提高机械强度，但是该因素并不被当作主要的电气设计变量。

对八木天线的大量计算机建模及仿真表明，为了使前后比与驻波比达到较宽的频带宽度，必须牺牲前向增益。然而，为了得到较好的前后比以及驻波比，频率覆盖范围并不需要牺牲很大的前向增益，特别是当此八木天线的主梁很长的时候。尽管 10MHz 和 7MHz 的八木天线并不罕见，但是八木天线最常出现的频段是在 14～30MHz 的高频波段，这主要是因为制造结实的低频天线所涉及的机械难度较大。最高的 28.0～29.7MHz 高频频段，代表了高频频段的高端带宽的最大百分比带宽，接近于 6%。在这样宽的一个带宽下，尝试在一个设计中同时优化增益、最差前后比 *F*/*R* 和驻波比这些性能参数是很困难的。因此，很多的商用设计将 10m 波段的天线设计分为两种带宽范围：28.0～28.8MHz，以及 28.8～29.7MHz。相对于 10m 波段以下的业余频带，覆盖整个带宽的优化设计更易于实现。

应用于 VHF 和 UHF 波段上的八木天线的性能要求与 HF 波段上的天线一样。但要注意的是：VHF 和 UHF 波段上的八木天线其旁瓣要适当的减少，这是因为高于 30MHz 时要注意降低接收噪声。另外，在馈电点匹配和损耗考虑这两方面的处理方式有点不同。这部分请参阅“VHF 和 UHF 天线系统”一章，除非有其他特别的注释，否则本章剩余部分会将焦点聚集于高频天线设计。

11.3.2 增益和主梁长度

正如先前所指出的，八木天线的增益主要是主梁长度的函数。随着主梁长度的增加，最大增益也随之增加。对于一个指定的主梁长度，上面的单元数是可以变化的，并且增益可以是保持不变的，当然前提是单元已经经过适当的调谐。一般说来，主梁上的单元数量越多，设计者完成设计目标的可能性就越高，特别是能够将响应延伸到某一频带之外。

图 11-5 列举了位于 8 英尺主梁上的 3 种不同类型的 3 单元八木天线的增益相对于频率的变化。这 3 种天线的设计是针对 10m 频段的低端——28.0～28.8MHz，基于以下 3 种不同的设计目标：

天线 1：带宽中点的最大增益，不考虑整个频带上的 *F*/*R* 或者驻波比。

天线 2：频带上的驻波比低于 2∶1，最佳的权衡增益，对该频带内的 *F*/*R* 不作特殊要求。

天线 3：“最优”情况，在频带范围内 *F*/*R* 大于 20dB，驻波比低于 2，最佳的权衡增益。

图 11-5（B）显示了这 3 种设计在频带范围内的 *F*/*R*，图 11-5（C）显示了在频带范围内的驻波比曲线图。天线 1，该设计为了满足最大增益的要求——正如前一节所讨论的驻波比之后所预料的——在频带范围内得到的驻波比曲线较差，在 28.8MHz 时对应的驻波比是 10:1，而在 29MHz 时该值上升到了 22∶1。在 28MHz 时，即在频带范围的低端，最大增益设计的驻波比大于 6∶1。很明显，只考虑最大增益的设计就驻波比带宽来说是不合格的。天线 1 的 *F*/*R* 在频带的低频端达到了 20dB 的高值点，而在高频端降到仅有 3dB。

天线 2 的设计目的是为了达到最佳的权衡增益，并使整个频带的驻波比小于 2∶1。虽然该目标达到了，但相对于最高增益的情况，还是平均降低了 0.7dB 的增益。而这个设计的 *F*/*R* 在频带中刚好低于 15dB。在计算机建模和优化程序出现之前，这种设计对于许多业余设计者来说是相当典型的。驻波比易于测量，并且前向增益的实验性优化设计也是相当简单的过程。而相比较而言，通过实验来对整个方向图进行优化并不是一件琐碎的事情，特别是对单元数多于 4 或 5 的天线而言。

天线 3，设计目标为优化 *F*/*R*、驻波比和增益的组合，其前向增益相对于最大增益的情况平均降低了 1.0dB，相对于权衡增益/驻波比的情况降低了 0.4dB。该设计达到了设计目标，即在 28.0～28.8MHz 频带之间的 *F*/*R* 大于 20dB，同时在这个范围内驻波比小于 2∶1。

图 11-6（A）显示了同样的 3 种设计的自由空间增益相对于频率的曲线图，不过这里的天线比原先的要大些，是一个位于 20 英尺长的主梁上的 5 单元的 10m 波段八木天线。图 11-6（B）显示了 *F*/*R* 的变化曲线，图 11-6（C）则显示了驻波比相对于频率的曲线。同样，侧重于最大增益设计目标的天线在整个频带内驻波比曲线很不理想，在趋于频带高端的值略高于 6∶1。对于该尺寸的主梁，最大增益情况与优化设计情况之间的增益之差被缩小到 0.5dB 以下。产生这种结果的主要原因是与 3 单元设计相比，5 单元设计拥有更多的变量可供设计者使用，因此他可以通过交叉调谐各个单元使其响应延伸出整个频带的范围。

图 11-7（A）、（B）和（C）也显示了上述 3 种相同类型的设计，只不过该天线是安装于 30 英尺长的主梁上的 6 单元八木天线。以最大增益为设计目标的天线相对于前两例较短主梁的设计，驻波比的频带宽度得到了改善。但是在 28.8MHz 时，驻波比的值仍然高于 4∶1，而 *F*/*R* 在整个频带上相当稳定，为 11dB 的平均中等水平。而以权衡增益和驻波比为设计目标的天线，在频带范围内的驻波比确实低于 2∶1，并且和最大增益设计一样，也具有中等的 *F*/*R* 性能。

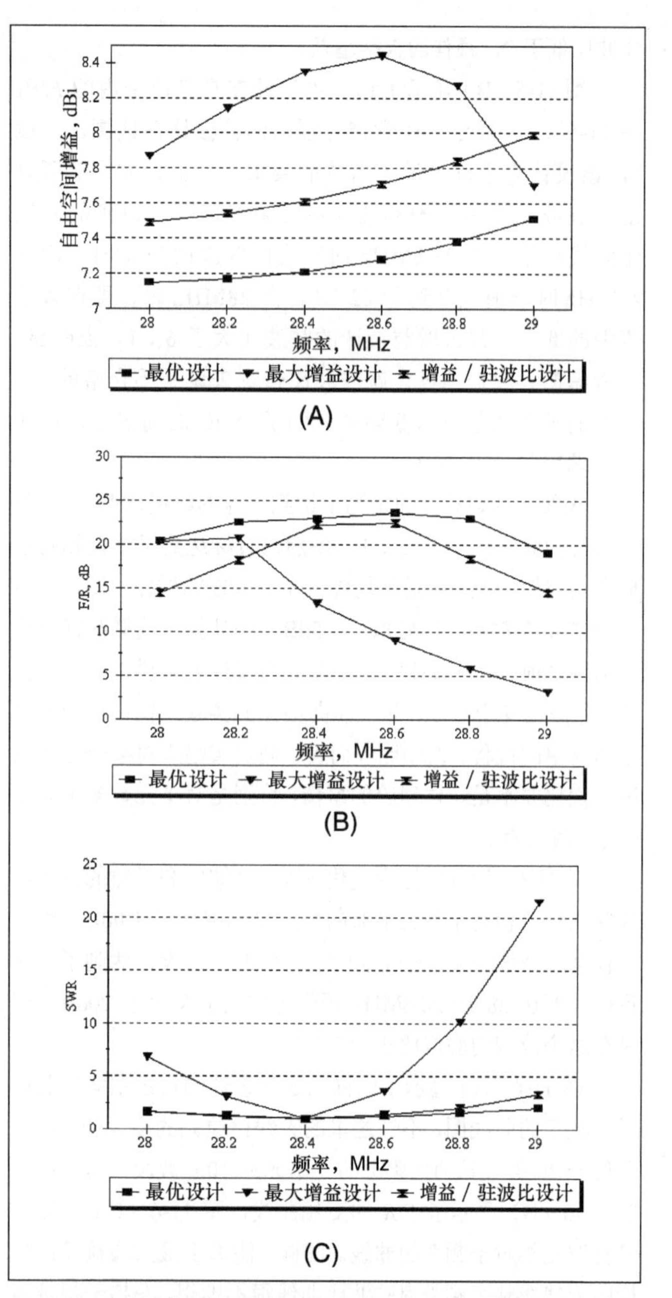

图11-5　使用8英尺主梁的3个不同的3单元10m波段八木天线设计的比较。图（A）所示为增益对比。与按最大增益设计的天线相比，按增益和SWR的最佳折衷设计的八木天线的增益平均损失了约0.5dB。按前后比、增益和驻波比综合优化的八木天线，其增益比与按最大增益设计的天线平均低1.0dB，比按最佳增益和驻波比折衷设计的天线低约0.4dB。图（B）所示为这3种不同设计的前后比。按前后比、增益和驻波比综合优化的天线在整个频段上的前后比高于20dB，而严格按增益设计的天线在频段高端的前后比为3dB。图（C）所示为3种天线设计的驻波比带宽的比较。严格按增益设计的天线在频段高端有很高的驻波比。

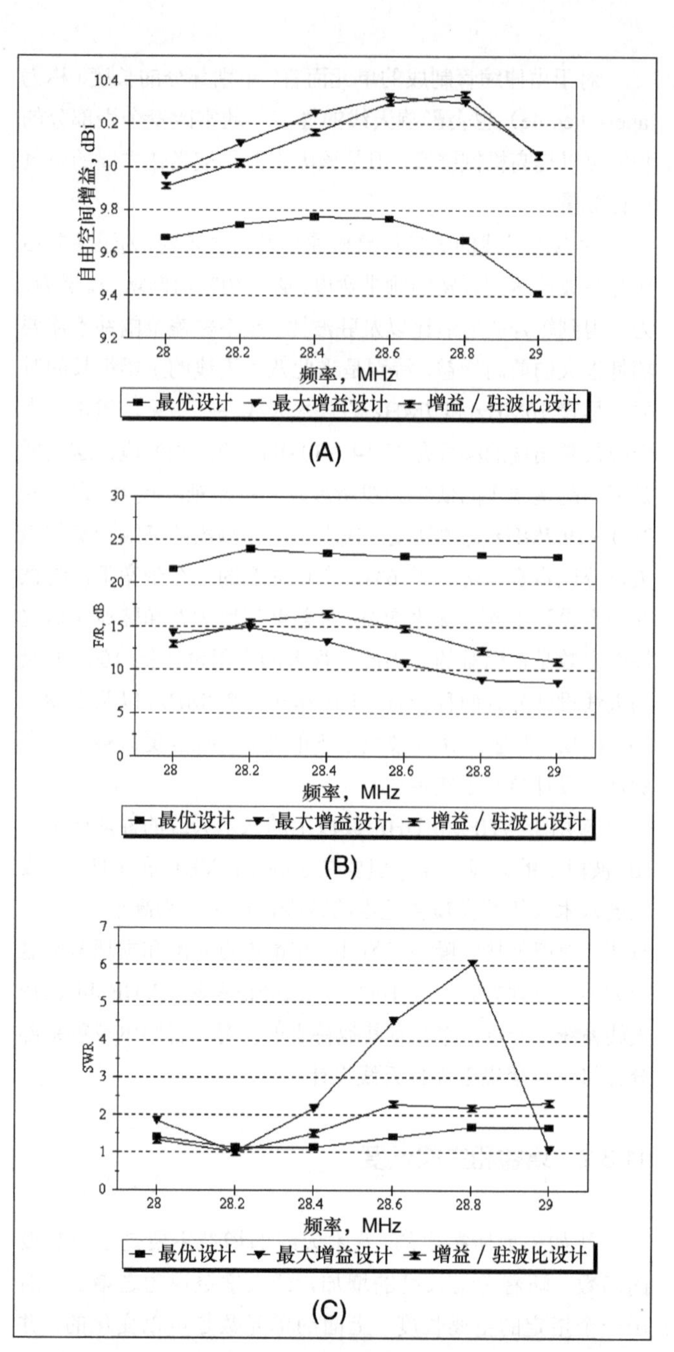

图11-6　位于20英尺主梁上的3个不同的5单元10m波段八木天线设计的比较。图（A）所示为3个不同的5单元10m波段八木天线设计的增益。这3种天线的增益变窄了，因为可通过交叉调谐单元使天线的响应更好地延伸出所希望的频段范围。对于完全优化的天线设计，其平均增益减小约0.5dB。图（B）最优天线在整个频段上展示出优于22dB的前后比，而按增益和驻波比设计的天线在整个频段上展示出平均低10dB的前后比。图（C）3种天线设计的驻波比带宽的比较。严格按前向增益设计的天线的驻波比带宽很差，并在28.8MHz达到一个6：1的峰值驻波比。

这个经优化的36英尺长主梁的天线，在28.0～28.8MHz范围内的 *F/R* 值非常出色，为22dB。同时，由于在36英尺的主梁上可增加更多的单元及更宽的间距，为设计者在整个频带范围内扩大响应带来了更大的灵活性，而相对于最大增益设计而言，仅降低0.3dB的增益。

图11-8（A）、（B）和（C）所示也显示了10m波段的与上述相同的3种类型的设计，但其主梁长度为60英尺，安装有8个单元。由于有8个单元以及一根足以将它们间隔开的很长的主梁，因此以最大增益为设计目标的天线，虽然驻波比在频带的高端上升到超过了 7：1，但是在整个频带

内能够达到很好的驻波比。在 28.0～28.7MHz 的频带范围内，驻波比保持小于 2∶1，这比短主梁的最大增益的设计要好很多。但是最差情况下的 *F*/*R* 值绝不会高于 19dB，并且在频带大部分范围内保持 10dB 左右。与最大增益设计相比，以权衡增益和驻波比为设计目标的天线增益仅降低了 0.1dB，但就整个频段上的 *F*/*R* 值而言表现略好一些。

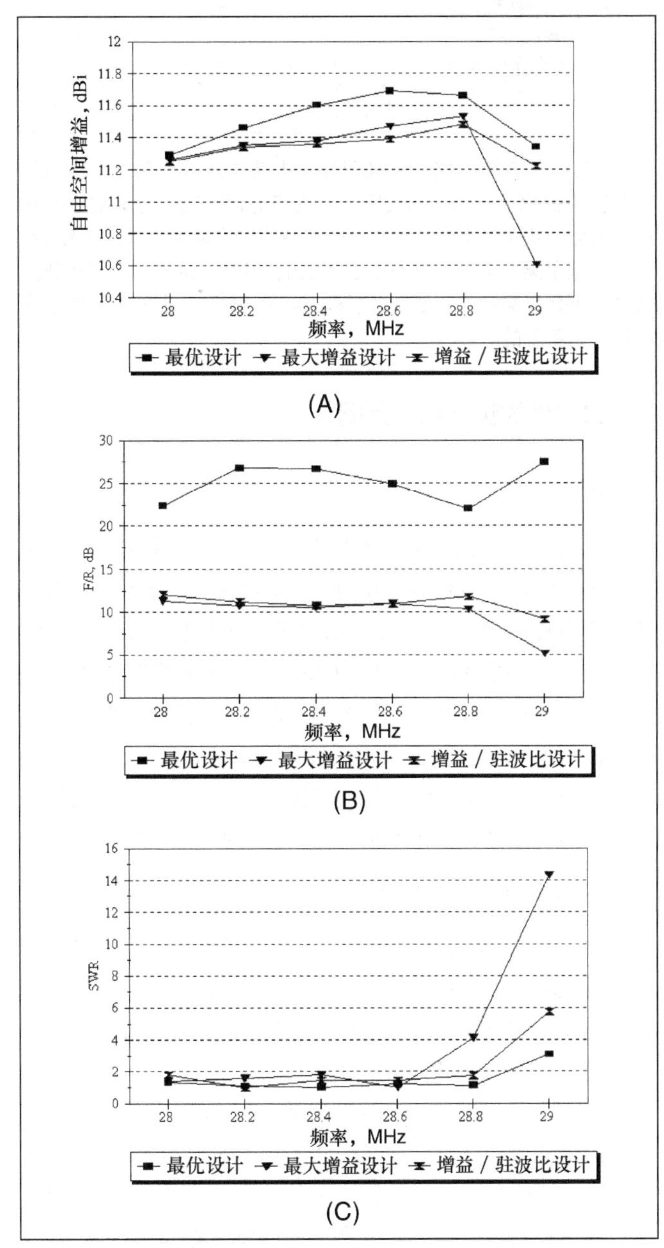

图11-7　位于36英尺主梁上的3个不同的6单元10m波段八木天线设计的比较。图（A）所示为该频段的增益。由于具有更多的单元和更长的主梁，因而更容易做到交叉调谐，使天线增益在整个频段更均匀。这使得严格按最大增益设计的天线与按前后比、SWR和增益综合优化设计的天线在增益上的差别变小。在整个频段上的增益的平均差别约为0.2dB。图（B）所示为整个频段上这三种天线设计的前后比性能。按最优性能设计的天线与其他两种设计相比，保持了平均几乎高出15dB的前后比性能。图（C）比较了驻波比带宽。同样地，严格按最大增益设计的天线在28.8MHz时展示了4：1的高驻波比，并且在29.0MHz时上升到超过14：1。

与这两种设计相比，综合了 *F*/*R*、驻波比以及增益的优化设计的天线有出色的方向图，在整个频带范围内的 *F*/*R* 值超过了 24dB，同时在 28.0～28.9MHz 频段上仍保持驻波比低于 2∶1。相对于最大增益设计，该设计在低频段末端仅有平均 0.4dB 的损失；相对于最大增益设计和权衡增益与驻波比的优化设计，该设计实际上在频段高端的增益要大些。

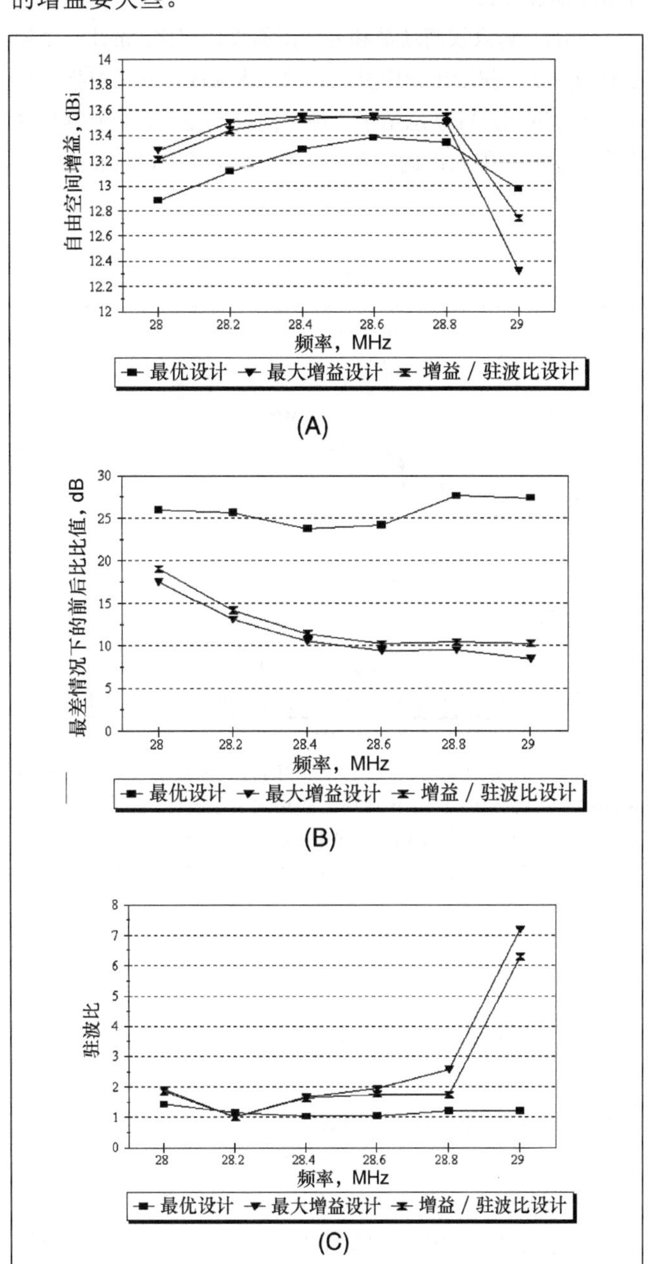

图11-8　使用60英尺主梁的3个不同的8单元10m波段八木天线设计的比较。图（A）所示为该频段上的增益。由于具有更大的自由度来交叉调谐单元，同时具有一根相当长的主梁来放置这些单元，因此此时这三种天线设计在整个频段上所表现的平均天线增益差距小于0.2dB。图（B）相比于其他两种设计约12dB的平均前后比，按优化性能设计的天线在整个频段保持了24dB的出色的前后比性能。图（C）3种设计在整个频段上的SWR差距缩小了，同样也是因为有更多的可用变量来展宽带宽。

从以上这些比较以及许多其他详细的比较中可以得出这样的结论：以频带中点增益最大为目标设计的天线在整个频带范围的工作性能较差，特别是以驻波比为参考标准的时候。以权衡增益和驻波比为目标设计的八木天线，将产生中等的后向方向图，但与最大增益设计相比，其增益损失相对较少，至少对于 3 单元以上的设计来说是这样的。

然而，与只权衡增益和驻波比的设计相比，设计一个综合优化 *F*/*R*、驻波比和增益三者的八木天线，其增益损失将小于 0.5dB。图 11-9 总结了 3 种不同设计类型天线所得到的前向增益与主梁长度的关系，这里，大梁长度以波长的形式表达。

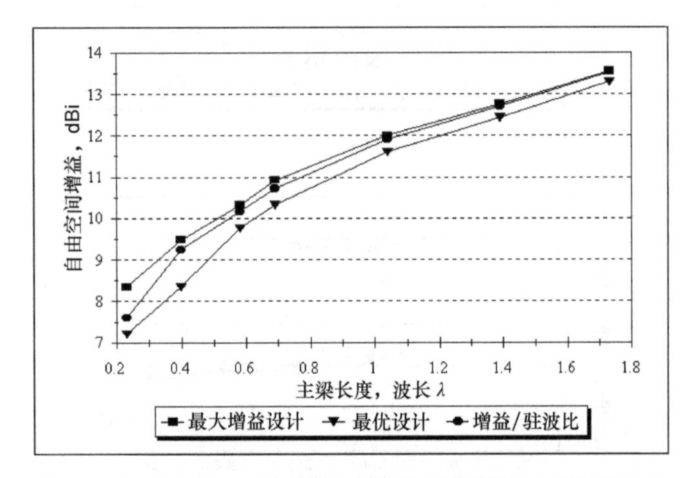

图11-9　3种不同10m波段设计目标的天线增益随主梁长度的变化曲线。其目标是：（1）按频段上的最大增益设计，（2）按权衡增益和SWR设计，（3）按10m波段中28.0～28.8MHz频段的前后比、SWR和增益的最优设计。当主梁长度大于0.5λ左右时，增益的差别小于0.5dB。

除了 2 单元的设计，在本章剩余的部分所讨论的八木天线在所需的频带内都将具有如下的设计目标：

（1）整个频带范围内的前后比大于 20dB；

（2）整个频带范围内的驻波比小于 2∶1；

（3）在满足 1 和 2 的情况下，得到最大的增益。

仅仅作为一种娱乐，图 11-10 显示的是满足上述 3 点设计目标的、理论上的、20m 波段八木天线的增益相对于主梁长度的变化图。可以看到 14MHz 的 31 单元天线的结果是令人心潮澎湃的。可惜的是，考虑到主梁要达到 724 英尺之长，几乎是没人能建造出来的。但如果频率增加到 432MHz 时，这种设计就变得比较实际了。事实上，K1FO 的 22 单元和 31 单元的八木天线就是上述 14MHz 理论长主梁设计的原型。请参看在“VHF 和 UHF 天线系统”章。

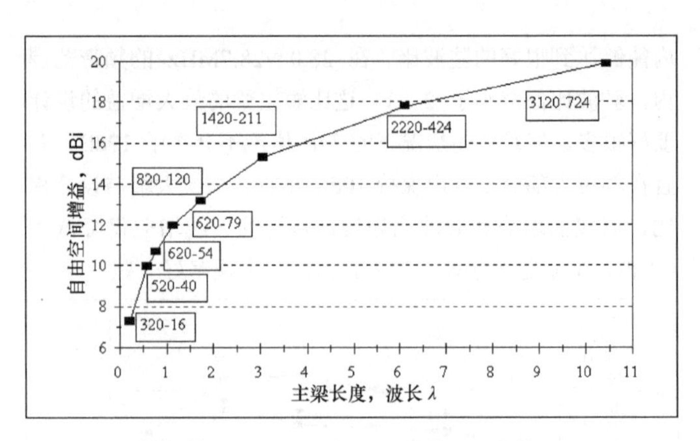

图11-10　按在整个14.0～14.35MHz频带上天线前后比、SWR和增益综合优化设计的20m波段八木天线的理论增益随天线主梁长度的变化曲线可以看出，对于一个安装有31个单元、长度为724英尺的巨型主梁，其理论增益接近20dBi。当然，这样一个20m波段的设计不是太实际的，但是当频率为432MHz时，在24英尺的主梁上是容易实现的。

11.3.3　最优设计和单元间距

2 单元八木天线

很多业余无线电爱好者认为，2 单元的八木天线在各种此类天线的设计中是最合算的，尤其是在户外活动日，它的便携操作特别适合。一架 2 单元的八木天线相对于一个简单偶极天线（有时戏称为一个“1 单元的八木天线”）具有 4dB 的增益，并且 *F*/*R* 值适中，约为 10dB，以用来抑制接收时的干扰。相比之下，一架八木天线从 2 个单元变为 3 个单元，其主梁长度增加了 50%，并且多加了一个单元，即单元数多加了 50%，增益提高了 1dB，前后比增加了 10dB。

大型八木天线的单元间距

对于具备 4 个或者更多单元数的高性能八木天线的计算机建模和优化，更为有意思的一个结果是，沿主梁方向的单元间距的显著的方向图具有一致性。当大梁长度大于约 0.3 λ 时，该方向图相对独立于主梁长度。

通常将这些最优设计的反射器、激励单元和第一引向器很紧靠地捆绑在一起，只占据主梁上 0.15 λ～0.20 λ 的空间。这种排阵形式与以往的设计形成了鲜明的对照，以往的设计中，通常反射器、激励单元和引向器将占据主梁至少 0.3 λ 的空间。与一架各单元之间保持 0.15 λ 间距的 6 单元 W2PV 天线相比，图 11-11 显示了一架最优化的 6 单元、主梁长 36 英尺、10m 波段天线的单元间距。

这样一捆单元朝向主梁的反射器端会引发这样的问题——沿主梁的天线风力载荷并不相等。除非采取适当的补偿措施，否则这种新生代的八木天线就会表现得像风向标一样——饱经风霜，经常破损，在大风中旋转器将容易使其旋转或停止。对于该风向标的有效的解决办法就是采用由聚氯

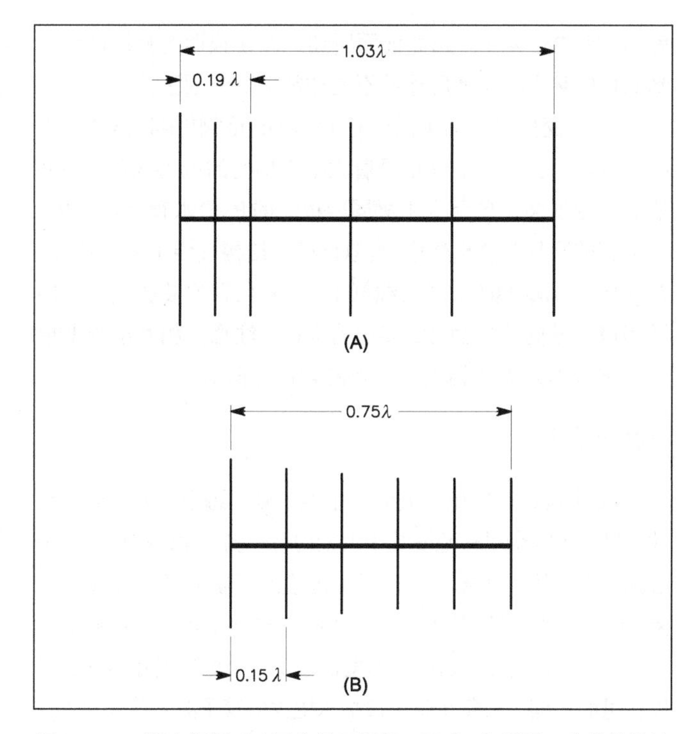

图11-11　渐变间距对比固定单元间距。图（A）说明一个优化设计的八木天线，其反射器、激励单元和第一引向器（位于主梁的第一个0.19λ上）是如何捆绑在一起的，与之相比，图（B）中的八木天线在所有振子中采用了0.15λ的等间距。最优设计的天线在整个28.0～28.8MHz频带具有高于22dB的前后比以及小于1.5：1的驻波比。

乙烯管子制成的“虚拟单元”。这些绝缘的单元放置在主梁上，靠近最末端的引向器，这样天线杆到主梁的支架上的风力载荷就相等了。此外，有必要在主梁的一端插入一定质量的铅，以此来平衡天线的重量。也可以在主架上安装一个平板以消除单元的转动力。

随着不平衡的风力载荷，其重量平衡点与风力载荷平衡点可能会不同，一半的解决方法就是在主架的一端插入一定质量的铅或铁，以平衡天线的重量。

尽管反射器、激励单元和第一引向器之间相对很靠近，但是现代的最优八木天线设计对于任意一个单元长度或者间距的微小变化并不是很敏感。事实上，这些天线可以直接按照设计表来构建，而无需过分地考虑其精密的尺寸公差。在高达 30MHz 的高频范围内，将天线设计成最靠近 1/8 英寸，那么，如果将该天线放置在高塔处，将导致其性能明显与计算结果保持一致，而无需进行调整或微调。

11.3.4　单元调谐

单元调谐（或称自阻抗）是和每个单元的有效电长度以及各个单元的有效直径相关的复合函数。相应地，每个单元的有效长度和直径与以下这些因素有关，即渐削安排（如果使用的是最常用的构建方式，即伸缩型的铝制管子），每个伸缩部分的长度，用来将单元固定在主梁上或穿过主梁的支架的种类和大小，以及八木天线主梁本身的大小。若要获取更多关于将单元的调谐作为渐削和单元直径的函数的细节，请参看本书“天线基本理论”里介绍“天线频率缩放”和“渐削单元”的部分。特别要注意的是，用线单元构建的八木天线与用伸缩铝管构建的相同天线的性能有很大的差别。

现代八木天线的设计过程通常从现有的安装条件选择尽量长的主梁开始。接着根据给定的渐削安排将适当数量的单元排放在该主梁上，并计算出操作者需要的整个频带范围内的增益、方向图和驻波比。一旦选择好了一种电气设计，设计者接下来就必须确保天线设计的机械完整性。这就涉及核实主梁的完整性以及各个单元在特定地点应对大风和冰冻的预期的承受能力。在“天线材料和建造”一章中详细描述了用于高频段高端的渐削伸缩铝制单元。另外，在大卫利森（Dave Leeson）/W6NL（前-W6QHS）所著的 ARRL《八木天线的结构设计》一书中，详细描述了一架八木天线各个部分的机械设计过程，并在专业的八木天线制作者中受到极力推荐（已经超出本书的范围）。

11.4　单波段八木天线

下面详细的八木天线的设计表格是用于 14～30MHz 的业余频段的等频八木天线的两种渐削安排。重型的单元设计成在无冰冻情况下能抵御时速至少为 120 英里的大风，或者是在冰冻半径为 1/4 英寸的情况下，能抵御时速为 85 英里的大风。中型的单元设计成能抵御时速 80 英里以上的大风，或者是在冰冻半径为 1/4 英寸的情况下，能抵御时速 60 英里以上的大风。

对于 10.1MHz，所示单元可以抵抗时速 105 英里的大风，或者在冰冻半径为 1/4 英寸的情况下，可抵御时速 93 英里的大风。对于 7.1MHz，所示单元可以抵抗时速 93 英里的大风，或者在冰冻半径为 1/4 英寸的情况下，可抵御时速 69 英里的大风。对于这两个较低的频段，所需的单元和主梁都很大很重。安装、翻转，并使天线能保持通信，并不是件容易的事。

每个单元都是用一块厚矩形铝板通过带有鞍型卡箍的 U 形螺栓固定在主梁上，图 11-12（A）所示，这种安装振子的方法既结实又稳定，并且，由于单元安装在远离主梁处，大梁的存在导致的单元失谐量很小。每个表格中给出的单元尺寸已经考虑了由于主梁与振子之间的金属板的存在引起的任一单元的失谐。对于每个振子来说，末端的长度决定了调谐，因为内部的管子的直径和长度是固定的。

(A)

(B)

图11-12 一架高频八木天线的典型架设技术。照片（A）所示为一个典型单元到主梁的夹具，U形螺栓和鞍件将单元固定在从主梁到单元的板子上。照片（B）显示了激励单元上的一个发夹型匹配，并且激励单元和安装平板是隔离的，利用围式夹具和鞍件将单元固定在主梁上。规定户外使用的灰色PVC套筒使单元与板子绝缘开。U形螺栓将单元固定在板子上。馈电同轴电缆与这2个螺栓相连，而这2个螺栓又和发夹型电缆相连。注意，发夹型电感中心点连接于主梁电中性点。所有安装硬件应该是镀锌的或不锈钢的，后者需要使用防粘剂以避免螺纹磨损。

在给定的每个单元中，单元到主梁的固定板可以模拟为一个具有有效尺寸的等效圆柱体单元。这些仿真固定板效果的尺寸可以输入到YW（适用于Windows系统的八木天线）计算模拟模型程序的文档中。该程序见原版书附加的光盘。

每个设计表格中第二行为每个单元到下一个的间距，其中这些单元在主梁上直线排列。它是从反射单元开始，其反射单元本身正好被定义为主梁的0.000英寸参考点。低于30英尺的天线主梁，可以使用外径为2英寸、壁厚为0.065英寸的管子构造而成。设计大于30英尺的主梁时，应该使用外径为3英寸、壁较厚的管子。由于每个主梁在其每端都有额外的距离，所以反射单元实际放置在距主梁末端3英寸的位置。例如，在310-08H.YW设计中（一个10m波段3单元八木天线，主梁为8英尺），激励单元放置在反射单元之前36英寸位置，导向单元放置在激励单元之前54英寸的位置。

下一行给出了各种选择重型单元和中型单元长度的技巧。在上面提到的310-08H.YW设计中，重型反射单元的建议是：采用外径为0.5英寸的管子，从外径为0.625英寸的管子突出66.750英寸，注意到每个可伸缩的管子应该在其安装位置向里重叠3英寸，所以用作反射单元时，外径为0.125的管子其总长度为69.750英寸。中型反射单元的建议是：从外径为0.625英寸的管子突出71.875英寸，所以其长度为74.875英寸。正如前面所述，即使预期的测量精度达到0.125英寸，但是尺寸并不是非常关键的因素。

每个变量提示的最后一行为“虚单元”转矩补偿器一半的长度。该长度用于修正沿着主梁不均匀的风力载荷。该补偿器是由安装于单元到主梁固定板上的PVC水管构造而成，该水管的直径为2.5英寸。类似这样的结构安装于每个单元。在3单元310-08H.YW天线例子中，补偿器安装在最后导向器和第一导向器后面12英寸的位置。注意，相对于中型单元，重型单元需要相应长一点的转矩补偿器。

半振子单元

每个设计都给出了安装在主梁一侧的每个单元一半的尺寸。另一半完全对称地安装于大梁的另一侧。建议在单元与中心部分内部使用套管，这样，可以避免单元被U形固定螺栓压碎。除非另外注明，管子每一段都是由6061-T6型铝管制成的，壁厚为0.058英寸。这样的厚度保证了下个标准尺寸的管子可以在里面伸缩。将每个伸缩段插入更大的管子的3英寸深处，采用“天线材料和建造”中列举的方法之一来进行固定。

匹配系统

每个天线在设计时，其激励单元的长度都适合于发夹型匹配网络。为了更好地匹配，激励单元的长度可能需要进行微调，特别是如果使用了不同的匹配网络。但不要改变寄生单元的长度或伸缩管子的渐削安排——它们已经被优化到了最佳性能状态，在调节激励单元时不再受影响。（更多关于其他类型匹配系统的信息请参阅“传输线耦合和阻抗匹配”一章。）

图11-12（B）所示是一架2单元17m波段八木天线的激励单元的照片，该天线由Chunk Hutchinson（K8CH）制作，收录在ARRL的《Simple and Fun Antennas for Hams》一书中。主梁每边的铝管的外径为1英寸，两个管子通过一个外径为3/4英尺的玻璃纤维绝缘体结合在一起。卡盘将绝缘带缠绕在绝缘子上，以保护玻璃纤维不受紫外线的辐射。

卡盘使用了长3英寸，直径1英寸的防光照聚氯乙烯管，纵向切开，将灰色部分作为激励单元的外层绝缘子。铝板来自于DX（远程无线电通信）工程，不锈钢U型螺栓和鞍型卡箍也是一样。这些鞍件可以确保在密歇根州的乡村的大风环境中，单元不会绕着2英寸外径的主梁旋转。

在图中你可以看到螺栓被用作将中心玻璃纤维绝缘子固定在铝管上，同时也为12号发夹型电缆和馈线同轴电缆提供了电气连接，其中馈线同轴电缆主要是采用同轴电缆外部的乙烯基保护层上的铁氧体磁珠来形成一个共模电流型巴伦。注意，发夹型电缆的中心是采用一块接线片连接到了主梁上，在一定程度上起到了防止静电累积的作用。

11.4.1 10m 波段八木天线

图 11-13 所示为 8 架 10m 波段最优八木天线的电气性能，其主梁的长度在 6～60 英尺之间，并且在每个主梁的末端都留有 3 英寸的空间，用来架设反射器和最后的引向器（或者对于 2 单元的设计来说就是激励单元）的支撑板。图 11-13（A）所示为每架天线在自由空间的增益相对于频率的变化；图 11-13（B）所示的是前后比；图 11-13（C）所示是驻波比相对于频率的变化。每架具有 3 单元或者更多单元的天线都被设计成能够覆盖 10m 波段的较低一半频段，即从 28.0～28.8MHz，同时在该频带范围内其驻波比小于 2∶1，前后比大于 20dB。

图 11-13（D）所示是适用于两种不同类型的 10m 波段单元的渐削安排图。其中，重型设计在没有冰冻的情况下，能抵御时速 125 英里的大风，或者是在冰冻半径为 1/4 英寸的情况下，能抵御时速 88 英里的大风。中型设计在没有冰冻的情况下，能抵御时速 96 英里的大风，或者是在冰冻半径为 1/4 英寸的情况下，能抵御时速 68 英里的大风。在这些八木天线上，从单元到主梁的支撑板是由厚度为 0.250 英寸、4 英寸宽和 4 英寸长的铝平板制成的。除了绝缘的激励单元外，每个单元都由两个带有鞍型卡箍的不锈钢 U 型螺栓固定在板子的中心。另一组的带有鞍型卡箍的 U 型螺栓用来将支撑板固定在主梁上。

从电气的角度看，每个支撑板等效于一个圆柱体，对于重型单元有效直径为 2.405 英寸，而对于中型单元的有效直径则为 2.310 英寸。主梁每一边的等效长度是 2 英寸。原版书附加光盘上的 YW（Yagi for Windows）计算机建模程序的文件夹中包含有这些尺寸，用来仿真支撑板的效果。

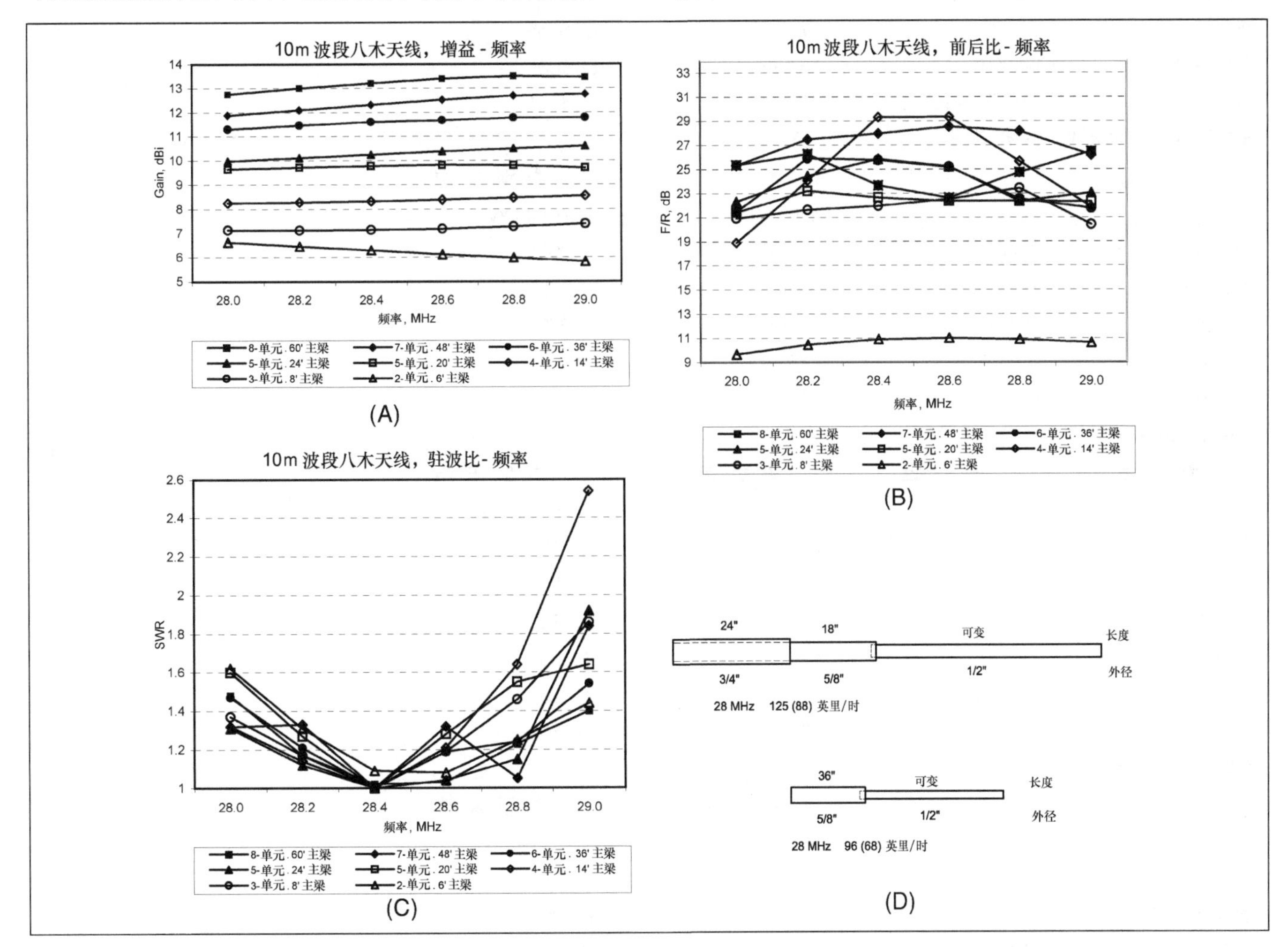

图11-13 10m波段最优八木天线的增益、前后比和SWR性能随频率的变化。图（A）所示为8个主梁长度范围在6～60英尺的10m波段八木天线的增益随频率的变化。除了其中的2单元的设计外，这些八木天线经优化后，在28.0～28.8MHz频段范围内前后比优于20dB，SWR小于2∶1。图（B）所示为这些天线的前后比随频率的变化。图（C）所示为这些天线在频带范围内的SWR。图（D）所示为重型和中型的10m波段的单元的渐削安排。其中重型单元在没有冰冻的情况下能抵御时速125英里的大风，或者是在冰冻半径为1/4英寸的情况下能低御时速88英里的大风。中型单元在没有冰冻的情况下能抵御时速88英里的大风或者是在冰冻半径为1/4英寸的情况下能抵御时速68英里的大风。6061-T6铝管的每段伸缩管的壁厚都是0.058英寸，在每个伸缩连接处的重叠部分为3英寸。

表 11-1 的第 2 列是沿着主梁呈直线排列的各个相邻单元之间的间距，以反射器为开始位置，反射器本身定义为位于主梁上的 0 参考点位置。不足 30 英寸的天线主梁可以用外径为 2 英寸、壁厚为 0.065 英寸的管子来制作。而 30 英寸以上的设计主梁就要使用外径为 3 英寸的重型管子了。由于每个主梁向每端都有多余的空间，因此，实际上常将反射器架设于距离主梁末端 3 英寸远的地方。例如，在 310-08H.YW 设计（在 8 英尺长的主梁上有 3 个单元）中，激励单元位于反射器前方 36 英寸处，而引向器位于激励单元前方 54 英寸处。

表 11-1　　10m 波段最优八木天线设计

单　元	间　距	重型末端	中型末端
2 单元 10m 八木天线，6 英尺主梁			
文件名		210-06H.YW	210-06M.YW
反射器	0.000″	66.000″	71.500″
激励单元	66.000″	57.625″	63.000″
3 单元 10m 八木天线，8 英尺主梁			
单　元	间　距	重型末端	中型末端
文件名		310-08H.YW	310-08M.YW
反射器	0.000″	66.750″	71.875″
激励单元	36.000″	57.625″	62.875″
引向器 1	54.000″	53.125″	58.500″
补偿器	引向器 1 后面 12″	19.000″	18.125″
4 单元 10m 八木天线，14 英尺主梁			
单　元	间　距	重型末端	中型末端
文件名		410-14H.YW	410-14M.YW
反射器	0.000″	66.000″	72.000″
激励单元	36.000″	58.625″	63.875″
引向器 1	36.000″	57.000″	62.250″
引向器 2	90.000″	47.750″	53.125″
补偿器	引向器 2 后面 12″	22.000″	20.500″
5 单元 10m 八木天线，24 英尺主梁			
单　元	间　距	重型末端	中型末端
文件名		510-24H.YW	510-24M.YW
反射器	0.000″	65.625″	70.750″
激励单元	36.000″	58.000″	63.250″
引向器 1	36.000″	57.125″	62.375″
引向器 2	99.000″	55.000″	60.250″
引向器 3	111.000″	50.750″	56.125″
补偿器	引向器 3 后面 12″	28.750″	26.750″
6 单元 10m 八木天线，36 英尺主梁			
单　元	间　距	重型末端	中型末端
文件名		610-36H.YW	610-36M.YW
反射器	0.000″	66.500″	71.500″
激励单元	37.000″	58.500″	64.000″
引向器 1	43.000″	57.125″	62.375″
引向器 2	98.000″	54.875″	60.125″
引向器 3	127.000″	53.875″	59.250″
引向器 4	121.000″	49.875″	55.250″
补偿器	引向器 4 后面 12″	32.000″	29.750″

续表

7 单元 10m 八木天线，46 英尺主梁			
单　元	间　距	重 型 末 端	中 型 末 端
文件名		710-48H.YW	710-48M.YW
反射器	0.000″	65.375″	70.500″
激励单元	37.000″	59.000″	64.250″
引向器 1	37.000″	57.500″	62.750″
引向器 2	96.000″	54.875″	60.125″
引向器 3	130.000″	52.250″	57.625″
引向器 4	154.000″	52.625″	58.000″
引向器 5	116.000″	49.875″	55.250″
补偿器	引向器 5 后面 12″	35.750″	33.750″
8 单元 10m 八木天线，60 英尺主梁			
单　元	间　距	重 型 末 端	中 型 末 端
文件名		810-60H.YW	810-60M.YW
反射器	0.000″	65.000″	70.125″
激励单元	42.000″	58.000″	63.500″
引向器 1	37.000″	57.125″	62.375″
引向器 2	87.000″	55.375″	60.625″
引向器 3	126.000″	53.250″	58.625″
引向器 4	141.000″	51.875″	57.250″
引向器 5	157.000″	52.500″	57.875″
引向器 6	121.000″	50.125″	55.500″
补偿器	引向器 6 后面 12″	59.375″	55.125″

注：这些 10m 波段的八木天线设计经过优化后在 28.000～28.800MHz 的频率范围内前后比> 20dB，其 SWR < 2∶1，用于重型单元（抵御每小时 125 英里风速）和中型单元（抵御每小时 96 英里风速）。对于 28.8～29.7MHz 的覆盖范围，在每个单元末端减去 2.000 英寸，但单元间距不变，如表所示，表中仅给出了单元末端的尺寸，所有尺寸单位为英寸。单元伸缩管安排见图 11-13（D）。转矩补偿单元是用外径为 2.5 英寸的 PVC 管做的，位于最后一个引向后 12 英寸处。显示的补偿器尺寸是整个长度的一半，中心位于天线主梁上。

表格的下一列给出了重型天线上的可调末端的长度，接着是中型单元的可调末端长度。在上述 310-08H.YW 八木天线的例子中，重型反射器的末端是由外径为 1/2 英寸的管子制成，从外径为 5/8 英寸的管子中伸出 66.750 英寸。注意，管子的每个伸缩段在其相接段中都有 3 英寸的重叠部分，所以反射器的 1/8 英寸外径的管子的总长度为 69.750 英寸。中型反射器的末端从 5/8 英寸外径的管子中伸出 71.875 英寸，总长为 74.875 英寸。正如前文指出的，虽然期望的测量精度要求达到 1/8 英寸，但是尺寸并不是十分严格的。

在每个可变末端列的最后一行是“虚拟单元”转矩补偿器的半长度，该补偿器是用来校正主梁上的不均匀风力载荷的。这个补偿器是用 2.5 英寸外径的聚氯乙烯水管制成，这些管子类似于每个单元上的管子，同样也安装在从单元到主梁的支撑板上。补偿器位于最后的引向器后方 12 英寸处，在 3 单元的 310-08H.YW 中也就是第一引向器。请注意：重型单元与中型单元相比需要更长的转矩补偿器。

11.4.2　12m 波段八木天线

图 11-14 所示是 7 架优化的 12m 波段八木天线的电气性能，其主梁的长度在 6～54 英尺。并且在每个主梁的末端也都留有 3 英寸的空间，用来架设反射器和最后引向器（或者是激励单元）的支撑板。由于 12m 波段的频带宽度很窄，因此可以很方便地进行性能优化。图 11-14（A）所示为每架天线在自由空间的增益相对于频率的变化曲线图；图 11-14（B）所示的是前后比的曲线图；图 11-14（C）所示是驻波比相对于频率的变化曲线图。每架具有 3 单元或者更多单元的天线都被设计成能够覆盖 24.89～24.99MHz 的 12m 窄波段，同时在该频带范围内其驻波比小于 2∶1，前后比大于 20dB。

图 11-14（D）所示是适用于两种不同类型的 12m 波段单元的渐削安排。其中，重型单元的设计，在没有冰冻的情况下能抵御时速 123 英里的大风，或者是在冰冻半径为 1/4 英寸的情况下，能抵御时速 87 英里的大风。中型单元的设计，在没有冰冻的情况下能抵御时速 85 英里的大风，或者是在冰冻半径为 1/4 英寸的情况下能抵御时速 61 英里的大风。在这些八木天线上，从单元到主梁的支撑板是由厚度为 0.375 英寸，5 英寸宽和 6 英寸长的平铝板制成的。

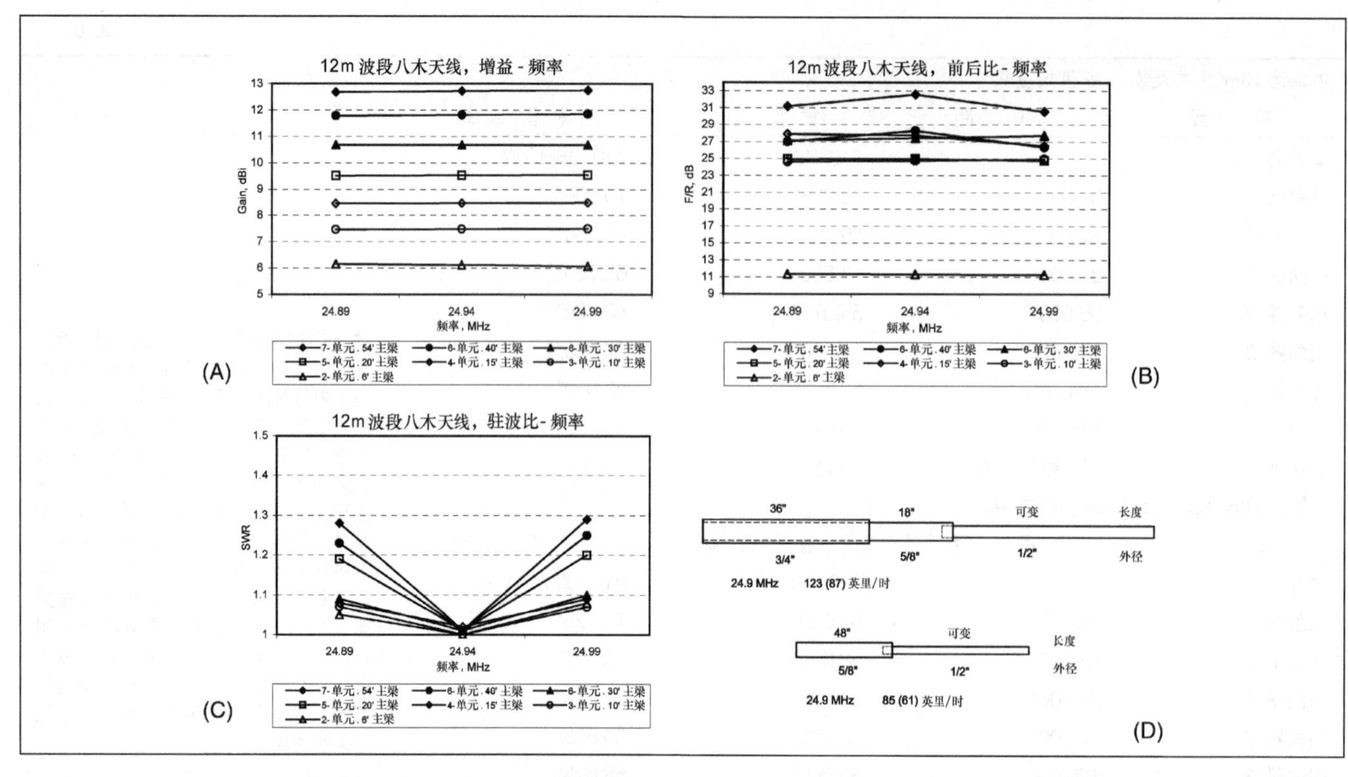

图11-14　12m波段八木天线的增益、前后比和SWR性能随频率的变化曲线。图（A）所示为7个主梁长度范围在6～54英尺的12m波段八木天线的增益随频率的变化曲线。除了其中的2单元的设计外，这些八木天线经优化后，在24.89～24.99MHz频段范围内前后比优于20dB，SWR小于2：1。图（B）所示为这些天线的前后比随频率的变化。图（C）所示为这些天线在频带范围内的SWR。图（D）所示为重型和中型的12m波段的单元的渐削安排。其中，重型单元在没有冰冻的情况下，能抵御时速123英里的大风，或者是在冰冻半径为1/4英寸的情况下，能抵御时速87英里的大风。中型单元在没有冰冻的情况下，能抵御时速85英里的大风，或者是在冰冻半径为1/4英寸的情况下，能抵御时速61英里的大风。6061-T6铝管的每段伸缩管的壁厚都是0.058英寸，在每个伸缩连接处的重叠部分为3英寸。

表 11-2　　12m 波段最优八木天线设计

单　元	间　距	重型末端	中型末端
2 单元 12m 八木天线，6 英尺主梁			
文件名		212-06H.YW	212-06M.YW
反射器	0.000″	67.500″	72.500″
激励单元	66.000″	59.500″	65.000″
3 单元 12m 八木天线，10 英尺主梁			
单　元	间　距	重型末端	中型末端
文件名		312-10H.YW	312-10M.YW
反射器	0.000″	69.000″	73.875″
激励单元	40.000″	60.250″	65.250″
引向器 1	74.000″	54.000″	59.125″
补偿器	引向器 1 后面 12″	13.625″	12.000″
4 单元 12m 八木天线，15 英尺主梁			
单　元	间　距	重型末端	中型末端
文件名		412-15H.YW	412-15M.YW
反射器	0.000″	66.875″	71.875″
激励单元	46.000″	61.000″	66.000″
引向器 1	46.000″	58.625″	63.750″
引向器 2	82.000″	50.875″	56.125″
补偿器	引向器 2 后面 12″	16.375″	14.500″

续表

5 单元 12m 八木天线，20 英尺主梁			
单　元	间　距	重型末端	中型末端
文件名		512-20H.YW	512-20M.YW
反射器	0.000″	69.750″	74.625″
激励单元	46.000″	62.250″	67.000″
引向器 1	46.000″	60.500″	65.500″
引向器 2	48.000″	55.000″	60.625″
引向器 3	94.000″	54.625″	59.750″
补偿器	引向器 3 后面 12″	22.125″	19.625″
6 单元 12m 八木天线，30 英尺主梁			
单　元	间　距	重型末端	中型末端
文件名		612-30H.YW	612-30M.YW
反射器	0.000″	68.125″	73.000″
激励单元	46.000″	61.750″	66.750″
引向器 1	46.000″	60.250″	65.250″
引向器 2	73.000″	52.375″	57.625″
引向器 3	75.000″	57.625″	62.750″
引向器 4	114.000″	53.625″	58.750″
补偿器	引向器 4 后面 12″	30.000″	26.250″
6 单元 12m 八木天线，40 英尺主梁			
单　元	间　距	重型末端	中型末端
文件名		612-40H.YW	612-40M.YW
反射器	0.000″	67.000″	71.875″
激励单元	46.000″	60.125″	65.500″
引向器 1	46.000″	57.375″	62.500″
引向器 2	91.000″	57.375″	62.500″
引向器 3	157.000″	57.000″	62.125″
引向器 4	134.000″	54.375″	59.500″
补偿器	引向器 4 后面 12″	36.500″	31.625″
7 单元 12m 八木天线，54 英尺主梁			
单　元	间　距	重型末端	中型末端
文件名		712-54H.YW	712-54M.YW
反射器	0.000″	68.000″	73.000″
激励单元	46.000″	60.500″	65.500″
引向器 1	46.000″	56.750″	61.875″
引向器 2	75.000″	58.000″	63.125″
引向器 3	161.000″	55.625″	60.750″
引向器 4	174.000″	56.000″	61.125″
引向器 5	140.000″	53.125″	58.375″
补偿器	引向器 5 后面 12″	43.125″	37.500″

注：这些 12m 波段的八木天线设计经过优化后，在 24.890～24.990MHz 的整个频率范围内，前后比> 20dB 且 SWR < 2：1，用于重型单元（抵御每小时 123 英里风速）和中型单元（抵御每小时 85 英里风速）。表中仅给出了单元末端的尺寸，所有尺寸单位为英寸。单元伸缩管安排见图 11-14（D）。转矩补偿单元是用外径为 2.5 英寸的聚氯乙烯水管做的，位于最后一个引向器后 12 英寸处。显示的补偿器尺寸是整个长度的一半，其中心位于天线主梁处。

从电气的角度看，每个支撑板等效于一个圆柱体，对于重型单元，其有效直径是 2.945 英寸，对于中型单元，有效直径为 2.857 英寸。主梁每一边的等效长度是 3 英寸。同样，转矩补偿器也位于最后的引向器后方 12 英寸处。

11.4.3　15m 波段八木天线

图 11-15 所示是 8 架优化的 15m 波段八木天线的电气

性能，其主梁的长度为6～80英尺。并且在每个主梁的末端也都留有3英寸的空间，用来架设反射器和最后引向器（或者是激励单元）的支撑板。图 11-15（A）所示为每架天线在自由空间的增益相对于频率的变化；图11-15（B）所示是最差前后比；图11-15（C）所示是驻波比随频率的变化曲线图。每架 3 单元或者更多单元的天线都被设计成能够覆盖21.000～21.450MHz的整个15m波段，同时在该频带范围内它们的驻波比小于2∶1，前后比大于20dB。

图11-15（D）所示是适用于两种不同类型的15m波段单元的渐削安排。其中，重型单元的设计在没有冰冻的情况下，能抵御时速124英里的大风，或者是在冰冻半径为1/4英寸的情况下，能抵御时速90英里的大风。中型单元的设计在没有冰冻的情况下，可抵御时速86英里的大风，或者是在冰冻半径为1/4英寸的情况下，可抵御时速61英里的大风。在这些八木天线上，从单元到主梁的支撑板是由厚度为0.375英寸，5英寸宽和6英寸长的平铝板制成的。

从电气的角度看，每个支撑板等效于一个圆柱体，对于重型单元，其有效直径是3.036 2英寸，而对于中型单元，有效直径为2.944 7英寸。主梁每一边的等效长度为3英寸。同样，转矩补偿器也位于最后的引向器后方12英寸处。

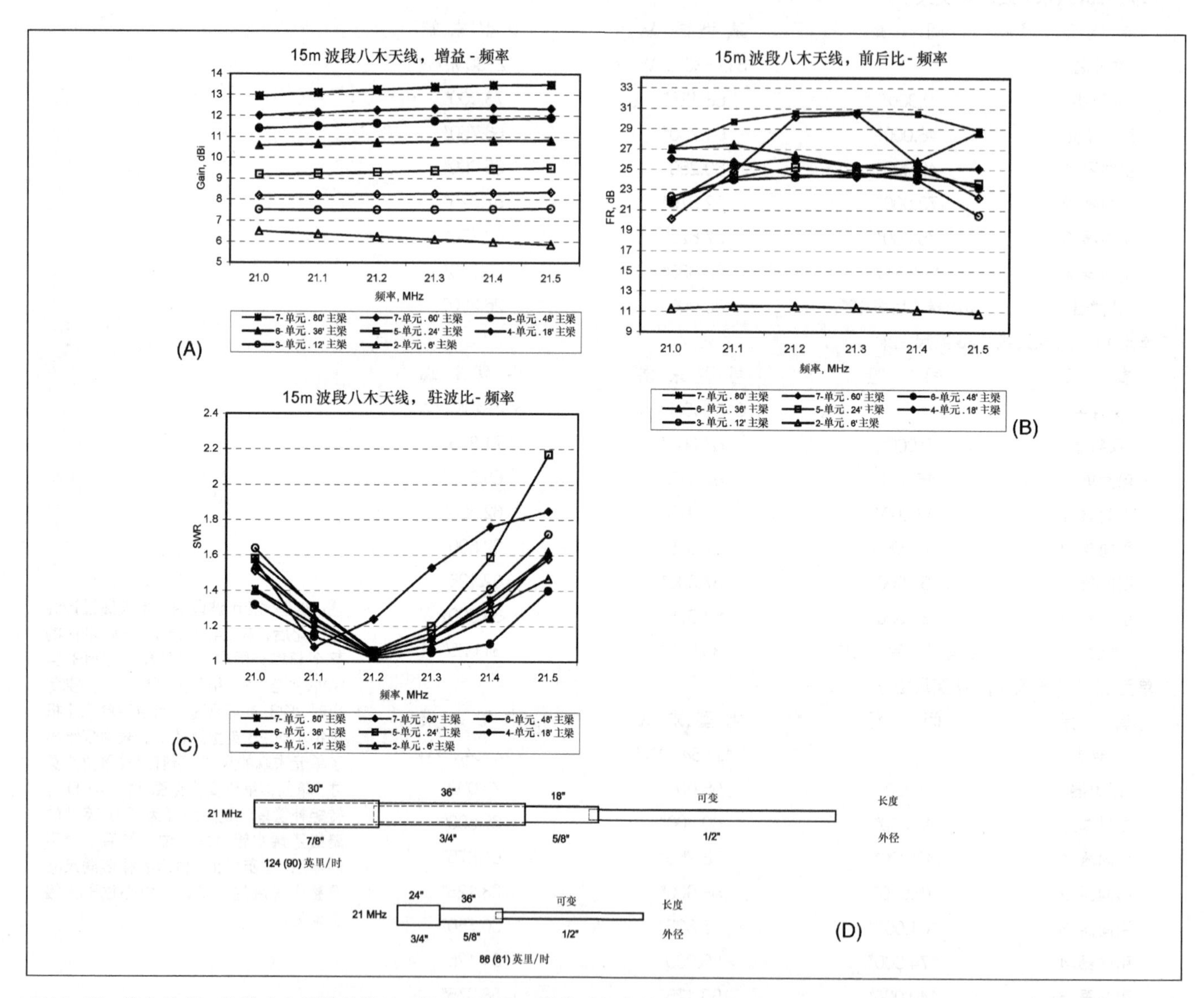

图11-15　优化的15m波段八木天线的增益、前后比和SWR性能随频率的变化曲线。图（A）所示为8个主梁长度范围在6～80 英尺的15m波段八木天线的增益随频率的变化曲线。除了其中的2单元的设计外，这些八木天线经优化后，在21.0～21.45MHz段范围内前后比优于20dB，SWR小于2：1。图（B）所示为这些天线在频带范围的前后比随频率的变化。图（C）所示为这些天线在频带范围内的SWR。图（D）所示为重型和中型的12m波段的单元的渐削安排。其中重型单元的设计在没有冰冻的情况下，能抵御时速124英里的大风，或者是在冰冻半径为1/4英寸的情况下，能抵御时速90英里的大风。中型单元在没有冰冻的情况下，能抵御时速86英里的大风，或者是在冰冻半径为1/4英寸的情况下，能抵御时速61英里的大风。6061-T6铝管的每段伸缩管的壁厚都是0.058英寸，在每个伸缩连接处的重叠部分为3英寸。

表 11-3　　优化的 15m 波段八木天线设计

2 单元 15m 八木天线，6 英尺主梁			
单　元	间　距	重型末端	中型末端
文件名		215-06H.YW	215-06M.YW
反射器	0.000″	62.000″	85.000″
激励单元	66.000″	51.000″	74.000″
3 单元 15m 八木天线，12 英尺主梁			
单　元	间　距	重型末端	中型末端
文件名		315-12H.YW	315-12M.YW
反射器	0.000″	62.000″	84.250″
激励单元	48.000″	51.000″	73.750″
引向器 1	92.000″	43.500″	66.750″
补偿器	引向器 1 后面 12″	34.750″	37.625″
4 单元 15m 八木天线，18 英尺主梁			
单　元	间　距	重型末端	中型末端
文件名		415-18H.YW	415-18M.YW
反射器	0.000″	61.000″	83.500″
激励单元	56.000″	51.500″	74.500″
引向器 1	56.000″	48.000″	71.125″
引向器 2	98.000″	36.625″	60.250″
补偿器	引向器 2 后面 12″	20.875″	18.625″
4 单元 15m 八木天线，24 英尺主梁			
单　元	间　距	重型末端	中型末端
文件名		515-24H.YW	515-24M.YW
反射器	0.000″	62.000″	84.375″
激励单元	48.000″	52.375″	75.250″
引向器 1	48.000″	47.875″	71.000″
引向器 2	52.000″	47.000″	70.125″
引向器 3	134.000″	41.000″	64.375″
补偿器	引向器 3 后面 12"	40.250″	35.125″
6 单元 15m 八木天线，36 英尺主梁			
单　元	间　距	重型末端	中型末端
文件名		615-36H.YW	615-36M.YW
反射器	0.000″	61.000″	83.375″
激励单元	53.000″	52.000″	75.000″
引向器 1	56.000″	49.125″	72.125″
引向器 2	59.000″	45.125″	68.375″
引向器 3	116.000″	47.875″	71.000″
引向器 4	142.000″	42.000″	65.375″
补偿器	引向器 4 后面 12″	45.500″	39.750″
7 单元 15m 八木天线，48 英尺主梁			
单　元	间　距	重型末端	中型末端
文件名		615-48H.YW	615-48M.YW
反射器	0.000″	62.000″	84.000″
激励单元	48.000″	52.000″	75.000″
引向器 1	48.000″	51.250″	74.125″
引向器 2	125.000″	48.000″	71.125″
引向器 3	190.000″	45.500″	68.750″
引向器 4	161.000″	42.000″	65.375″
补偿器	引向器 4 后面 12"	51.500″	45.375″

续表

7 单元 15m 八木天线，60 英尺主梁			
单　元	间　距	重型末端	中型末端
文件名		715-60H.YW	715-60M.YW
反射器	0.000″	59.750″	82.250″
激励单元	48.000″	52.000″	75.000″
引向器 1	48.000″	52.000″	74.875″
引向器 2	93.000″	49.500″	72.500″
引向器 3	173.000″	44.125″	67.375″
引向器 4	197.000″	45.500″	68.750″
引向器 5	155.000″	41.750″	62.125″
补偿器	引向器 5 后面 12″	58.500″	51.000″

8 单元 15m 八木天线，80 英尺主梁			
单　元	间　距	重型末端	中型末端
文件名		815-80H.YW	815-80M.YW
反射器	0.000″	62.000″	84.000″
激励单元	56.000″	52.500″	75.500″
引向器 1	48.000″	51.500″	74.375″
引向器 2	115.000″	48.375″	71.500″
引向器 3	164.000″	45.750″	69.000″
引向器 4	202.000″	43.125″	66.500″
引向器 5	206.000″	44.750″	68.000″
引向器 6	163.000″	40.875″	64.250″
补偿器	引向器 6 后面 12″	95.000″	83.375″

注：这些 15m 波段的八木天线设计经优化后在 21.000～21.450MHz 的整个频率范围内前后比>20dB 且 SWR＜2：1，用于重型单元（抵御每小时 124 英里风速）和中型单元（抵御每小时 86 英里风速）。表中仅给出了单元末端的尺寸，所有尺寸单位为英寸。单元伸缩管安排见图 11-15（D）。转矩补偿单元是用外径为 2.5 英寸的聚氯乙烯水管做的，位于最后一个引向器后 12 英寸处。显示的补偿器尺寸是整个长度的一半，其中心位于天线主梁处。

11.4.4 17m 波段八木天线

图 11-16 所示是 6 架优化的 17m 波段八木天线的电气性能，其主梁的长度在 6～60 英尺。同样，在每个主梁的末端也都留有 3 英寸的空间，用来架设反射器和最后引向器（或者是激励单元）的支撑板。图 11-16（A）所示为每架天线在自由空间的增益相对于频率的变化曲线图；图 11-16（B）所示是最差前后比曲线图；图 11-16（C）所示是驻波比随频率的变化曲线图。每架 3 单元或者更多单元的天线都被设计成能够覆盖 18.068～18.168MHz 的整个 17m 波段，同时在该频带范围内他们的驻波比小于 2：1，前后比大于 20dB。

图 11-16（D）所示是适用于两种不同类型的 17m 波段天线单元的渐削安排。其中，重型单元的设计在没有冰冻的情况下，能抵御时速 123 英里的大风，或者是在冰冻半径为 1/4 英寸的情况下，可抵御时速 83 英里的大风。中型单元的设计在没有冰冻的情况下，能抵御时速 83 英里的大风，或者是在冰冻半径为 1/4 英寸的情况下，能抵御时速 59 英里的大风。在这些天线上，从单元到主梁的支撑板是由厚度为 0.375 英寸、6 英寸宽和 8 英寸长的平铝板制成的。从电气的角度看，每个支撑板等效于一个圆柱体，对于重型单元，其有效直径是 3.512 2 英寸，对于中型单元，有效直径为 3.329 9 英寸。主梁每一边的等效长度为 4 英寸。同样，转矩补偿器也位于最后的引向器后方 12 英寸之处。

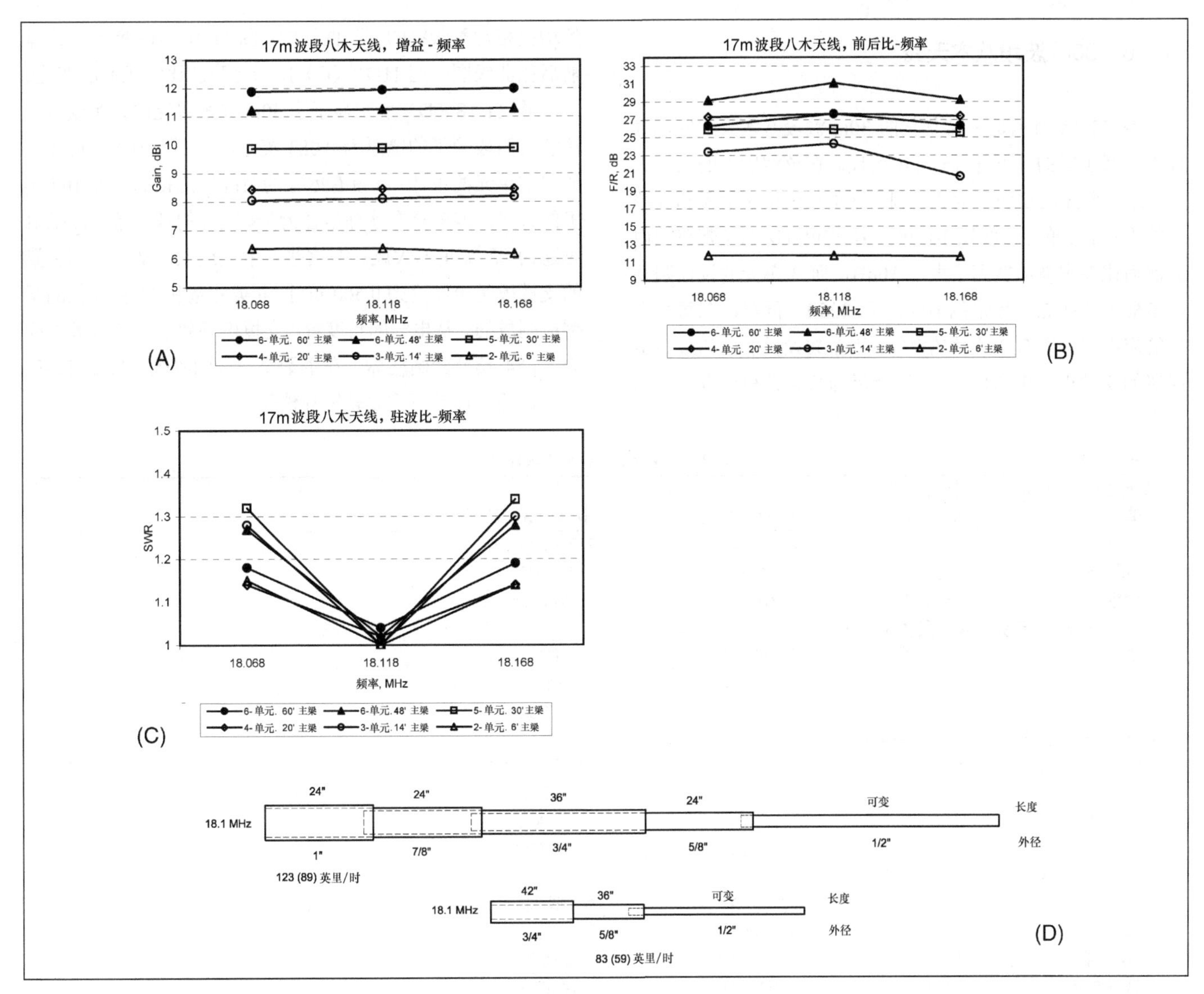

图11-16　优化的17m波段八木天线的增益、前后比和SWR性能随频率的变化曲线。图（A）所示为6个主梁长度范围在6～60 英尺的17m波段八木天线的增益随频率的变化曲线。除了其中的2单元的设计外，这些八木天线经优化后，在18.068～18.168MHz频段范围内前后比优于20dB，SWR小于2：1。图（B）所示为这些天线在频带范围的前后比随频率的变化。图（C）所示为这些天线在频带范围内的SWR。图（D）所示为重型和中型的17m波段的单元的渐削安排。其中，重型单元在没有冰冻的情况下，能抵御时速123英里的大风，或者是在冰冻半径为1/4英寸的情况下，能抵御时速89英里的大风。中型单元在没有冰冻的情况下，可抵御时速83英里的大风，或者是在冰冻半径为1/4英寸的情况下，能抵御时速59英里的大风。6061-T6铝管的每段伸缩管的壁厚都是0.058英寸，在每个伸缩连接处的重叠部分为3英寸。

11.4.5　20m 波段八木天线

图 11-17 所示是 8 架优化的 20m 波段八木天线的电气性能，其主梁的长度在 8～80 英尺之间。同样，在每个大梁的末端也都留有 3 英寸的空间，用来架设反射器和最后的引向器（或者是激励单元）的支撑板。图 11-17（A）所示为每架天线在自由空间的增益相对于频率的变化曲线图；图 11-17（B）所示是前后比曲线图；图 11-17（C）所示是驻波比随频率的变化曲线图。每架具有 3 单元或者更多单元的天线都被设计成能够覆盖 14.000～14.350MHz 的整个 20m 波段，同时，在该频带范围内，它们的驻波比小于 2：1，前后比大于 20dB。

图 11-17（D）所示是适用于 2 种不同类型的 20m 波段天线单元的渐削安排。其中，重型单元的设计在没有冰冻的情况下，能抵御时速 122 英里的大风，或者是在冰冻半径为 1/4 英寸的情况下，能抵御时速 89 英里的大风。中型单元的设计在没有冰冻的情况下，能抵御时速 82 英里的大风，或者是在冰冻半径为 1/4 英寸的情况下，能抵御时速 60 英里的大风。在这些八木天线上，从单元到主梁的支撑板是由厚度为 0.375 英寸、6 英寸宽和 8 英寸长的平铝板制成的。从电气的角度看，每个支撑板等效于一个圆柱体，对于重型单元，其有效直径是 3.706 3 英寸；对于中型单元，有效直径为 3.419 4 英寸。主梁每一边的等效长度为 4 英寸。同样，转矩补偿器也位于最后的引向器后方 12 英寸之处。

11.4.6 30m 波段八木天线

图 11-18 所示是 3 架优化的 30m 波段八木天线的电气性能，其主梁的长度在 15～34 英尺。在该波段上的八木天线，由于单元尺寸和重量的原因，这里只讨论 2 单元和 3 单元的设计。2 单元天线在 10.100～10.150MHz 的频带范围内的前后比要求被放宽到了大于 10dB，而 3 单元的设计则要求该前后比在这一频带范围内大于 20dB。同样，在每个主梁的末端也都留有 3 英寸的空间，用来架设反射器和最后引向器的支撑板。图 11-18（A）所示为每架天线在自由空间的增益相对于频率的变化曲线图；图 11-18（B）所示是最差前后比曲线图；图 11-18（C）所示是驻波比随频率的变化。

图 11-18（D）所示显示了 30m 波段单元的渐削安排。注意前两段管子的壁厚为 0.083 英寸，而不是 0.058 英寸。该重型单元的设计，在没有冰冻的情况下能抵御时速 107 英里的大风，或者是在冰冻半径为 1/4 英寸的情况下，能抵御时速为 93 英里的大风。在这些八木天线上，从单元到主梁的支撑板是由厚度为 0.500 英寸、6 英寸宽和 24 英寸长的平铝板制成的。从电气的角度看，支撑板等效于一个有效直径为 4.684 英寸的圆柱体。在主梁每一边的等效长度是 12 英寸。这些设计都不需要转矩补偿器。

表 11-4　　17m 波段最优八木天线设计

2 单元 17m 八木天线，6 英尺主梁			
单　元	间　距	重型末端	中型末端
文件名		217-06H.YW	217-06M.YW
反射器	0.000″	61.000″	89.000″
激励单元	66.000″	48.000″	76.250″
3 单元 17m 八木天线，14 英尺主梁			
单　元	间　距	重型末端	中型末端
文件名		317-14H.YW	317-14M.YW
反射器	0.000″	61.500″	91.500″
3 单元 17m 八木天线，14 英尺主梁			
单　元	间　距	重型末端	中型末端
激励单元	65.000″	52.000″	79.500″
引向器 1	97.000″	46.000″	73.000″
补偿器	引向器 1 后面 12″	12.625″	10.750″
4 单元 17m 八木天线，20 英尺主梁			
单　元	间　距	重型末端	中型末端
文件名		417-20H.YW	417-20M.YW
反射器	0.000″	61.500″	89.500″
激励单元	48.000″	54.250″	82.625″
引向器 1	48.000″	52.625″	81.125″
引向器 2	138.000″	40.500″	69.625″
补偿器	引向器 2 后面 12″	42.500″	36.250″
5 单元 17m 八木天线，30 英尺主梁			
单　元	间　距	重型末端	中型末端
文件名		517-30H.YW	517-30M.YW
反射器	0.000″	61.875″	89.875″
激励单元	48.000″	52.250″	80.500″
引向器 1	52.000″	49.625″	78.250″
引向器 2	93.000″	49.875″	78.500″
引向器 3	161.000″	43.500″	72.500″
补偿器	引向器 3 后面 12"	54.375″	45.875″
6 单元 17m 八木天线，48 英尺主梁			
单　元	间　距	重型末端	中型末端
文件名		617-48H.YW	617-48M.YW
反射器	0.000″	63.000″	90.250″
激励单元	52.000″	52.500″	80.500″
引向器 1	51.000″	45.500″	74.375″
引向器 2	87.000″	47.875″	76.625″
引向器 3	204.000″	47.000″	75.875″
引向器 4	176.000″	42.000″	71.125″
补偿器	引向器 4 后面 12″	68.250″	57.500″

6 单元 17m 八木天线，60 英尺主梁

单　元	间　距	重 型 末 端	中 型 末 端
文件名		617-60H.YW	617-60M.YW
反射器	0.000″	61.250″	89.250″
激励单元	54.000″	54.750″	83.125″
引向器 1	54.000″	52.250″	80.750″
引向器 2	180.000″	46.000″	74.875″
引向器 3	235.000″	44.625″	73.625″
引向器 4	191.000″	41.500″	70.625″
补偿器	引向器 4 后面 12″	62.875″	53.000″

注：这些 17m 波段的八木天线设计经优化后，在 18.068～18.168MHz 的整个频率范围内前后比>20dB 且 SWR＜2：1，用于重型单元（抵御每小时 123 英里风速）和中型单元（抵御每小时 83 英里风速）。表中仅给出了单元末端的尺寸，所有尺寸单位为英寸。转矩补偿单元是用外径为 2.5 英寸的聚氯乙烯水管做的，位于最后一个引向器后 12 英寸处。显示的补偿器尺寸是整个长度的一半，中心位于天线主梁处。

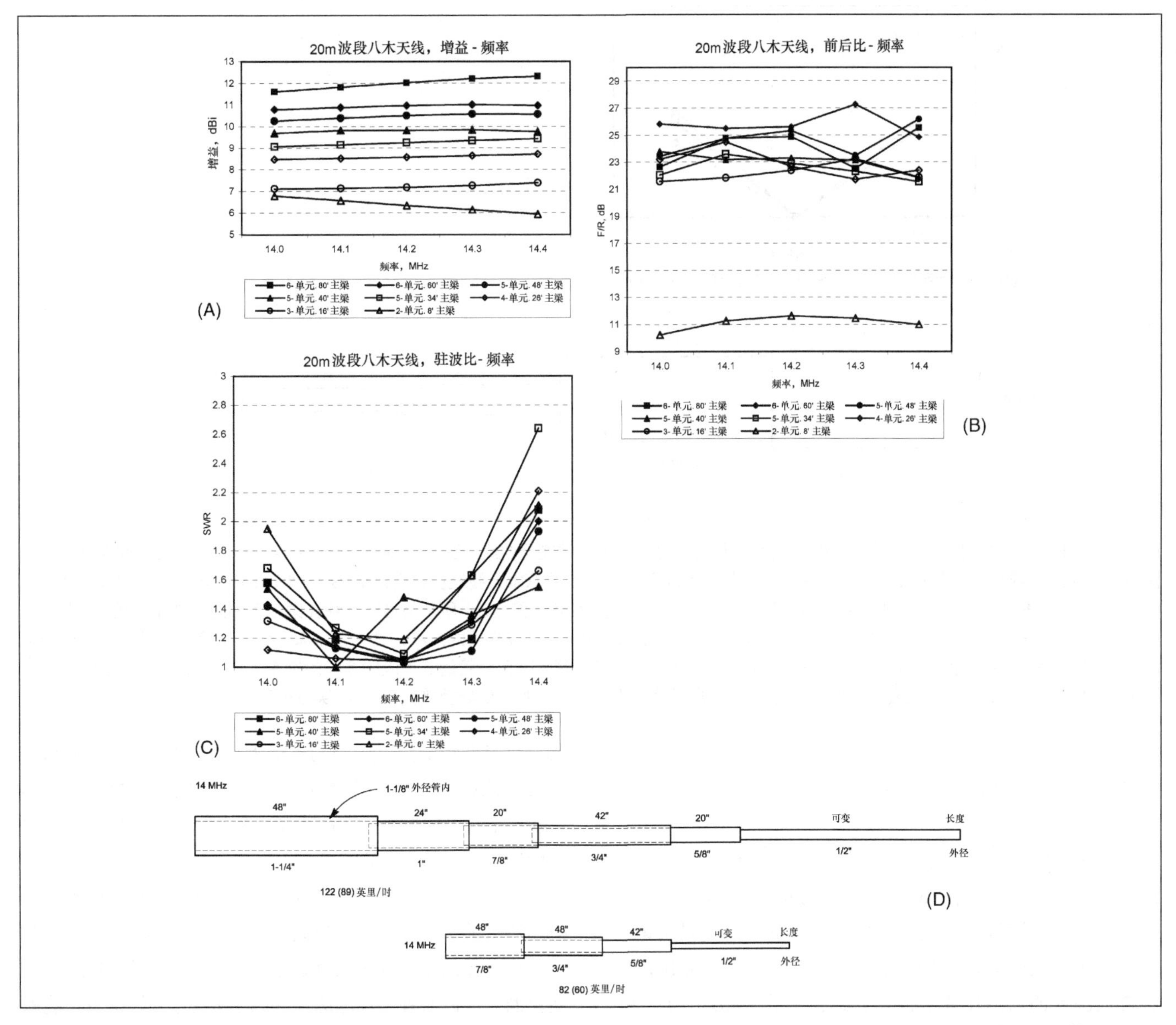

图11-17　优化的20m波段八木天线的增益、前后比和SWR性能随频率的变化曲线。图（A）所示为8个主梁长度范围在8～80英尺的20m波段八木天线的增益随频率的变化曲线。除了其中的2单元的设计外，这些八木天线都经优化后，在14.0～14.35MHz频段范围内前后比优于20dB，SWR小于2:1。图（B）所示为这些天线在频带范围的前后比随频率的变化。图（C）所示为这些天线在频带范围内的SWR。图（D）所示为重型和中型的20m波段的单元的渐削分布。其中，重型单元在没有冰冻的情况下，能抵御时速122英里的大风，或者是在冰冻半径为1/4英寸的情况下，能抵御时速89英里的大风。中型单元在没有冰冻的情况下，能抵御时速82英里的大风，或者是在冰冻半径为1/4英寸的情况下，能抵御时速60英里的大风。6061-T6铝管的每段伸缩管的壁厚都是0.058英寸，在每个伸缩连接处的重叠部分为3英寸。

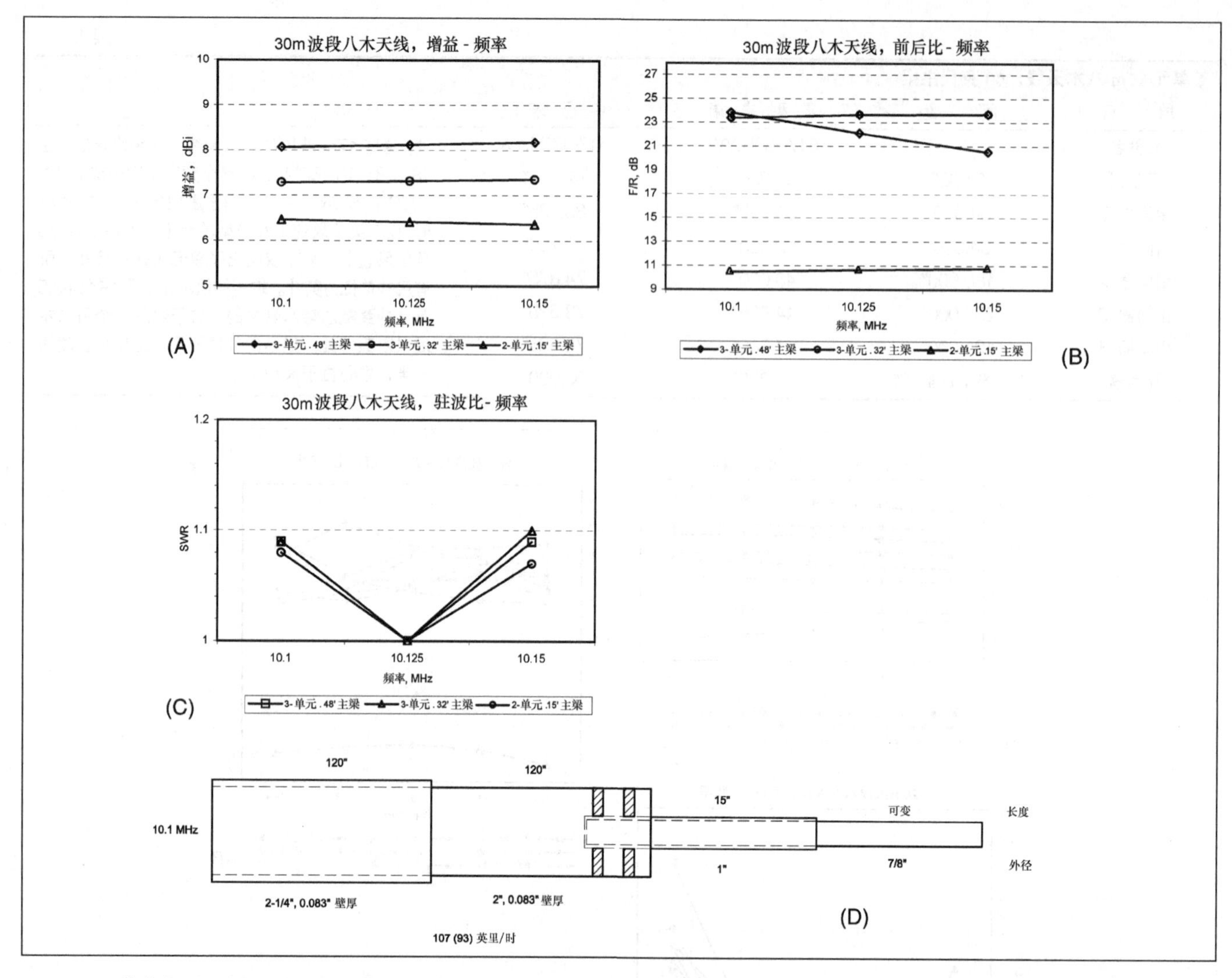

图11-18　优化的30m波段八木天线的增益、前后比和SWR性能随频率的变化曲线。图（A）所示为3个主梁长度范围在15～34英尺的30m波段八木天线的增益随频率的变化曲线。除了其中的2单元的设计外，这些八木天线经优化后，在10.1～10.15MHz频带前后比优于10dB，SWR小于2:1。图（B）所示为这些天线在频带范围的前后比随频率的变化。图（C）所示为这些天线在频带范围内的SWR。图（D）所示为重型的30m波段的单元的渐削安排，它在没有冰冻的情况下，能抵御时速107英里的大风，或者在冰冻半径为1/4英寸的情况下，能抵御时速为93英里的大风。除壁厚为0.083英寸的2.25英寸和2英寸段之处，6061-T6铝管的其他段伸缩管的壁厚都是0.058英寸，在带有7/8英寸段的1英寸的伸缩连接处的重叠部分是完全的。2英寸段使用了两段经机械加工的异径接头来容纳1英寸的管子。

11.4.7　40m 波段八木天线

图 11-19 所示是 3 架优化的 40m 波段八木天线的电气性能，其主梁的长度在 20～48 英尺之间。和 30m 波段天线一样，40m 波段八木天线的尺寸和重量，这里只讨论 2 单元和 3 单元的设计。2 单元天线在 7.000～7.300MHz 的频带范围内的前后比要求被放宽到了大于 10dB，而 3 单元的设计则要求该前后比在 7.000～7.200MHz 的频带范围内为 20dB。采用了单元设计时，若不牺牲大量增益想要使前后比在整个 40m 波段上保持在 20dB 以上是极其困难的。

同样，在每个主梁的末端也都留有 3 英寸的空间，用来架设反射器和最后引向器的支撑板。图 11-19（A）所示为每架天线在自由空间的增益相对于频率的变化曲线图；图 11-19（B）所示是前后比曲线图；图 11-19（C）所示是驻波比随频率的变化曲线图。

图 11-19（D）显示了 40m 波段单元天线单元的渐削安排。注意前两段管子的壁厚为 0.083 英寸，而不是 0.058 英寸。该单元的设计在没有冰冻的情况下，能抵御时速为 93 英里的大风，或者是在冰冻半径为 1/4 英寸的情况下，能抵御时速为 69 英里的大风。在这些天线上，从单元到主梁的支撑板是由厚度为 0.500 英寸，6 英寸宽和 24 英寸长的平铝板制成的。从电气的角度看，每个支撑板等效于一个有效直径为 4.684 英寸的圆柱体。在主梁每一边的等效长度是 12 英寸。这些天线都不需要转矩补偿器。

表 11-5　　20m 波段最优八木天线设计

2 单元 20m 八木天线，8 英尺主梁			
单　元	间　距	重型末端	中型末端
文件名		220-08H.YW	220-08M.YW
反射器	0.000″	66.000″	80.000″
激励单元	90.000″	46.000″	59.000″

3 单元 20m 八木天线，16 英尺主梁			
单　元	间　距	重型末端	中型末端
文件名		320-16H.YW	320-16M.YW
反射器	0.000″	69.625″	81.625″
激励单元	80.000″	51.250″	64.500″
引向器 1	106.000″	42.625″	56.375″
补偿器	引向器 1 后面 12″	33.375″	38.250″

4 单元 20m 八木天线，26 英尺主梁			
单　元	间　距	重型末端	中型末端
文件名		420-26H.YW	420-26M.YW
反射器	0.000″	65.625″	78.000″
激励单元	72.000″	53.375″	65.375″
引向器 1	60.000″	51.750″	63.875″
引向器 2	174.000″	38.625″	51.500″
补偿器	引向器 2 后面 12″	54.250″	44.250″

5 单元 20m 八木天线，34 英尺主梁			
单　元	间　距	重型末端	中型末端
文件名		520-34H.YW	520-34M.YW
反射器	0.000″	68.625″	80.750″
激励单元	72.000″	52.250″	65.500″
引向器 1	71.000″	45.875″	59.375″
引向器 2	68.000″	45.875″	59.375″
引向器 3	191.000″	37.000″	51.000″
补偿器	引向器 3 后面 12″	69.250″	56.250″

5 单元 20m 八木天线，40 英尺主梁			
单　元	间　距	重型末端	中型末端
文件名		520-40H.YW	520-40M.YW
反射器	0.000″	68.375″	80.500″
激励单元	72.000″	53.500″	66.625″
引向器 1	72.000″	51.500″	64.625″
引向器 2	139.000″	48.375″	61.750″
引向器 3	191.000″	38.000″	52.000″
补偿器	引向器 3 后面 12″	69.750″	56.750″

5 单元 20m 八木天线，48 英尺主梁			
单　元	间　距	重型末端	中型末端
文件名		50-48H.YW	520-48M.YW
反射器	0.000″	66.250″	78.500″
激励单元	72.000″	53.000″	66.000″
引向器 1	88.000″	50.500″	63.750″
引向器 2	199.000″	47.375″	60.875″
引向器 3	211.000″	39.750″	53.625″
补偿器	引向器 3 后面 12″	70.325″	57.325″

续表

6 单元 20m 八木天线，60 英尺主梁			
单　元	间　距	重型末端	中型末端
文件名		620-60H.YW	620-60M.YW
反射器	0.000″	67.000″	79.250″
激励单元	84.000″	51.500″	65.000″
引向器 1	91.000″	45.125″	58.750″
引向器 2	130.000″	41.375″	55.125″
引向器 3	210.000″	46.875″	60.375″
引向器 4	199.000″	39.125″	53.000″
补偿器	引向器 4 后面 12″	72.875″	59.250″
6 单元 20m 八木天线，80 英尺主梁			
单　元	间　距	重型末端	中型末端
文件名		620-80H.YW	620-80M.YW
反射器	0.000″	66.125″	78.375″
激励单元	72.000″	52.375″	65.500″
引向器 1	122.000″	49.125″	62.500″
引向器 2	229.000″	44.500″	58.125″
引向器 3	291.000″	42.625″	56.375″
引向器 4	240.000″	38.750″	52.625″
补偿器	引向器 4 后面 12″	78.750″	64.125″

注：这些 20m 波段的八木天线设计经过优化后，在 14.000~14.350MHz 的整个频率范围内前后比> 20dB 且 SWR < 2:1，用于重型单元（抵御每小时 122 英里风速）和中型单元（抵御每小时 82 英里风速）。表中仅给出了单元末端的尺寸。单元伸缩管安排见图 11-17。所有尺寸单位为英寸。转矩补偿单元是用外径为 2.5 英寸的聚氯乙烯水管做的，位于最后一个引向器后 12 英寸处。显示的补偿器尺寸是整个长度的一半，中心位于天线主梁处。

表 11-6　　优化的 30m 波段八木天线设计

2 单元 30m 八木天线 15 英尺主梁		
单　元	间　距	重型末端
文件名		230-15H.YW
反射器	0.000″	50.250″
激励单元	174.000″	14.875″
3 单元 30m 八木天线 22 英尺主梁		
单　元	间　距	重型末端
文件名		330-22H.YW
反射器	0.000″	59.375″
激励单元	135.000″	35.000″
引向器 1	123.000″	19.625″
3 单元 30m 八木天线 34 英尺主梁		
单　元	间　距	重型末端
文件名		330-34H.YW
反射器	0.000″	53.750″
激励单元	212″	29.000″
引向器 1	190″	14.500″

注：这些 30m 波段八木天线经优化后，在整个 10.100～10.150MHz 频域范围内 *F/R* 大于 10dB，SWR 小于 2:1，天线为重型单元（可抵御时速 105 英里的大风）。表中只给出了单元尖端尺寸。伸缩单元安排见图 11-18（D）。所有尺寸以英寸为单位。无需转矩补偿单元。

表 11-7　　优化的 40m 波段八木天线设计

2 单元 40m 八木天线 20 英尺主梁		
单　元	间　距	重型末端
文件名		240-20H.YW
反射器	0.000″	85.000″
激励单元	234.000″	35.000″
3 单元 40m 八木天线 32 英尺主梁		
单　元	间　距	重型末端
文件名		340-32H.YW
反射器	0.000″	90.750″
激励单元	196.000″	55.875″
引向器/	182.000″	33.875″
3 单元 40m 八木天线 48 英尺主梁		
单　元	间　距	重型末端
文件名		340-32H.YW
反射器	0.000″	81.000″
激励单元	300.000″	45.000″
引向器/	270.000″	21.000″

注：这些 40m 波段八木天线经优化后，在整个 7.000~7.200MHz 频域范围内 *F/R* 大于 10dB，SWR 小于 2∶1，天线为重型单元（可抵御时速 95 英里的大风）。表中只给出了单元尖端尺寸。伸缩单元安排见图 11-19（D）。所有尺寸以英寸为单位。无需转矩补偿单元。

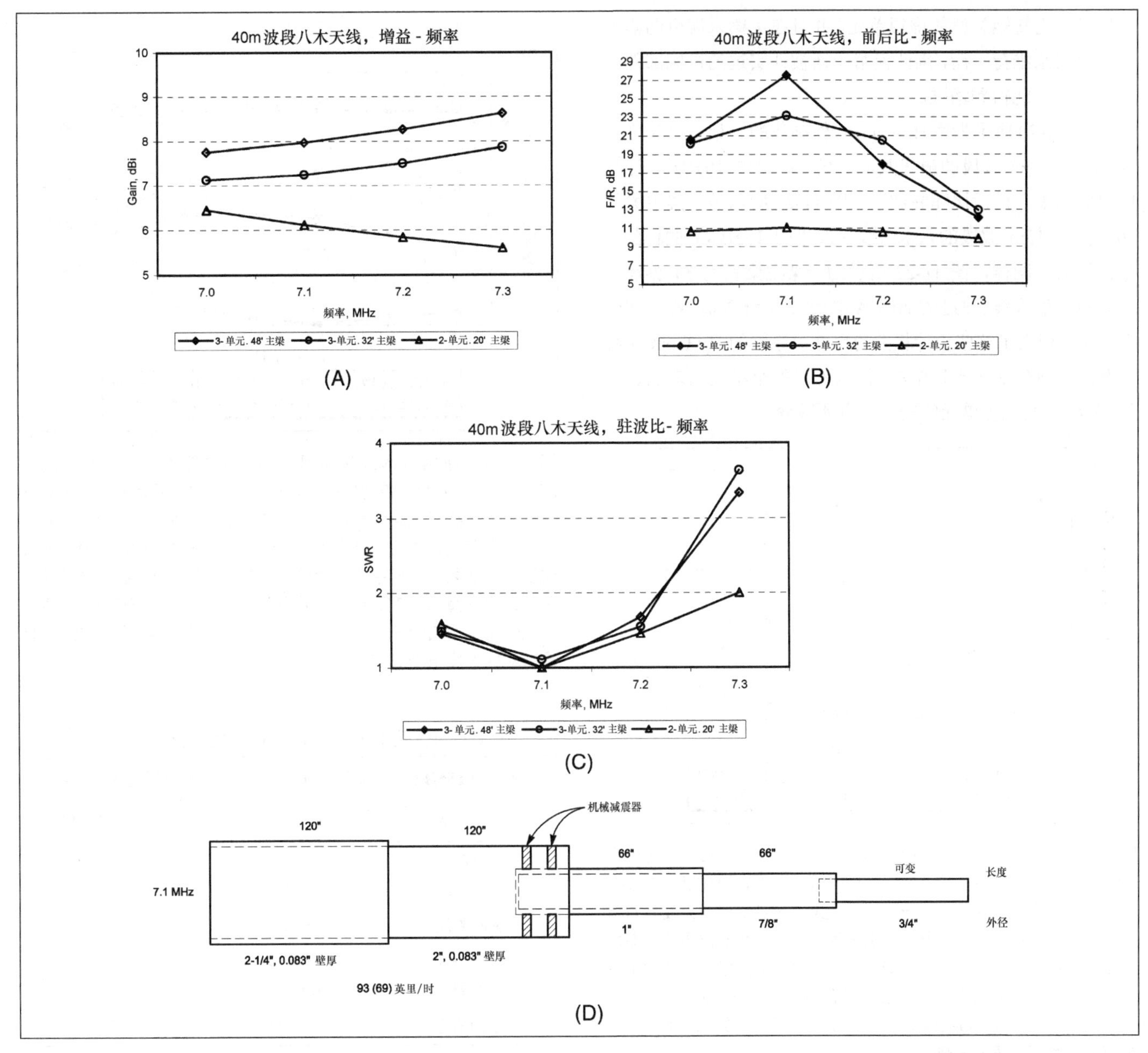

图11-19 优化的40m波段八木天线的增益、前后比和SWR性能随频率的变化曲线。图（A）所示为3个主梁长度范围在20～48英尺的40m波段八木天线的增益随频率的变化曲线。除了其中的2单元的设计外，这些八木天线经优化后，在7.0～7.2MHz频段范围内前后比优于10dB，SWR小于2:1。图（B）所示为这些天线在频带范围的前后比随频率的变化。图（C）所示为这些天线在频带范围内的SWR。图（D）所示为重型的40m波段的单元的渐削安排，它在没有冰冻的情况下能抵御时速107英里的大风，或者是在冰冻半径为1/4英寸的情况下能抵御时速为93英里的大风。除壁厚为0.083英寸的2.25英寸和2英寸段外，6061-T6铝管的其他段伸缩管的壁厚都是0.058英寸，在末端伸缩连接处的重叠部分为3英寸。2英寸段使用了两段经机械加工的异径接头来容纳1英寸的管子。

11.4.8 改进型单波段 Hy-gain 八木天线

有进取心的业余爱好者，长久以来一直使用 Telex Communication 公司的高频单频段的 Hy-Gain“Long John”系列，作为定制八木天线的高质量铝材和硬件的来源。经常被改良的老型号包括10m波段的105BA，15m波段的155BA以及20m波段的204BA和205BA。为了达到更好的性能，新型的Hy-Gain设计105CA、155CA和205CA已经通过计算机进行了重新设计。

Hy-Gain 天线因其优越的机械设计一直以来享有极好的声誉，并且可以骄傲地指出许多单频段天线在30年后仍能工作。在一些较早的设计中，这些单元被有意地沿着主梁排列，从而在从天线杆到主梁的支架上能实现重量的平衡，而第二个目标就是达到电气性能指标。因此，电气性能不必进行最优化，特别是在整个业余频带上。较新的Hy-Gain天线在电气性能上要优于旧型的天线，但是由于过分地关注重量的平衡，利用本章中的定义仍然不能使其达到最优。由于增加了风力转矩补偿的虚拟单元，并且在主梁末端引向器上附加铅块来维持平衡，因此使用一样被证实过的机械部件可以使电气性能得到增强。

图 11-20 所示为用 Hy-Gain 硬件制作的一架主梁长度为 24 英尺、10m 波段的最优八木天线（改进的 105BA）计算所得的增益、前后比和驻波比。图 11-21 所示是一架主梁长 26 英尺、15m 波段的八木天线（改进的 155BA）同样的 3 个计算值，同样，图 11-22 所示为一架主梁长为 34 英尺、20m 波段的天线（改进的 205BA）的这 3 个计算值。表 11-8～表 11-10 列出了这些设计相关的尺寸。原始的 Hy-Gain 天线的渐削安排仍然用于每个单元。只不过每个单元的末端长度（以及沿主梁上各单元的间距）有所改变。

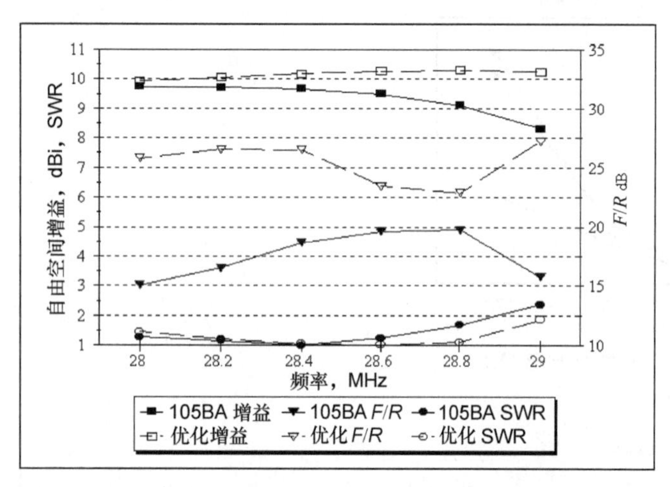

图11-20　原始八木天线和用Hy-Gain硬件优化的八木天线在28.0～28.8MHz频带的增益、前后比和SWR。原始的105BA设计在主梁到天线杆的支架处表现出了出色的重量平衡，但因为没有对单元间的间距进行优化，因此在一定程度上电气性能有所下降。而优化设计需要风力转矩平衡补偿单元，在主梁的引向器一端补偿了重量以平衡重力。在该频段上优化设计的前后比大于23dB。每个单元使用了原始的Hy-Gain渐削安排以及从单元到主梁的夹具，但是末端的长度根据表11-8变化。

表 11-8　优化后的 Hy-Gain20m 波段八木天线设计

优化的 204BA，4 单元 10m 八木天线，26 英尺主梁		
单　元	间　隔	单 元 末 端
文件名		BV204CA.YW
反射器	0.000″	56.000″
激励单元	85.000″	52.000″
引向器 1	72.000″	61.500″
引向器 2	149.000″	50.125″
优化的 205CA，5 单元 20m 八木天线，34 英尺主梁		
单　元	间　隔	单 元 末 端
文件名		BV205CA.YW
反射器	0.000″	62.625″
激励单元	72.000″	53.500″
引向器 1	72.000″	63.875″
引向器 2	74.000″	61.625″
引向器 3	190.000″	55.000″

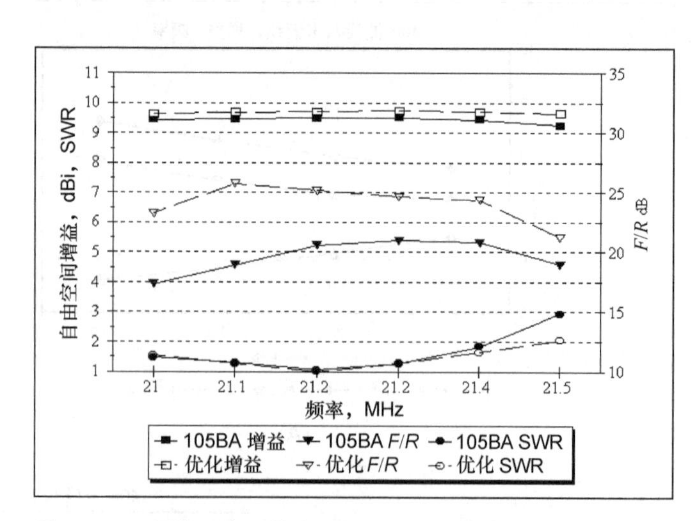

图11-21　原始八木天线和用Hy-Gain硬件优化的八木天线在21.0～21.45MHz频带的增益、前后比和SWR。原始的105BA设计在主梁到天线杆支架外表现出了出色的重量平衡，但因为没有对单元间的间距进行优化，因此在一定程度上电气性能有所下降。而优化设计需要风力转矩平衡补偿单元，并在主梁的引向器一端补偿了重量以平衡重力。在该频段上优化设计的前后比大于22dB。每个单元使用了原始的Hy-Gain渐削安排以及从单元到主梁的夹具，但是末端的长度根据表11-9变化。

表 11-9　优化的 Hy-Gaim 15m 波段八木天线设计

优化后的 155BA，5 单元 15m 八木天线，24 英尺主梁		
单　元	间　隔	单 元 末 端
文件名		BV155CA.YW
反射器	0.000″	64.000″
激励单元	48.000″	65.500″
引向器 1	48.000″	63.875″
引向器 2	82.750″	61.625″
引向器 3	127.250″	55.000″

表 11-10　优化的 Hy-Gain 10m 波段八木天线设计

优化后的 105BA，5 单元 10m 八木天线，24 英尺主梁		
单　元	间　隔	单 元 末 端
文件名		BV105CA.YW
反射器	0.000″	44.250″
激励单元	40.000″	53.625″
引向器 1	40.000″	52.500″
引向器 2	89.500″	50.500″
引向器 3	112.250″	44.750″

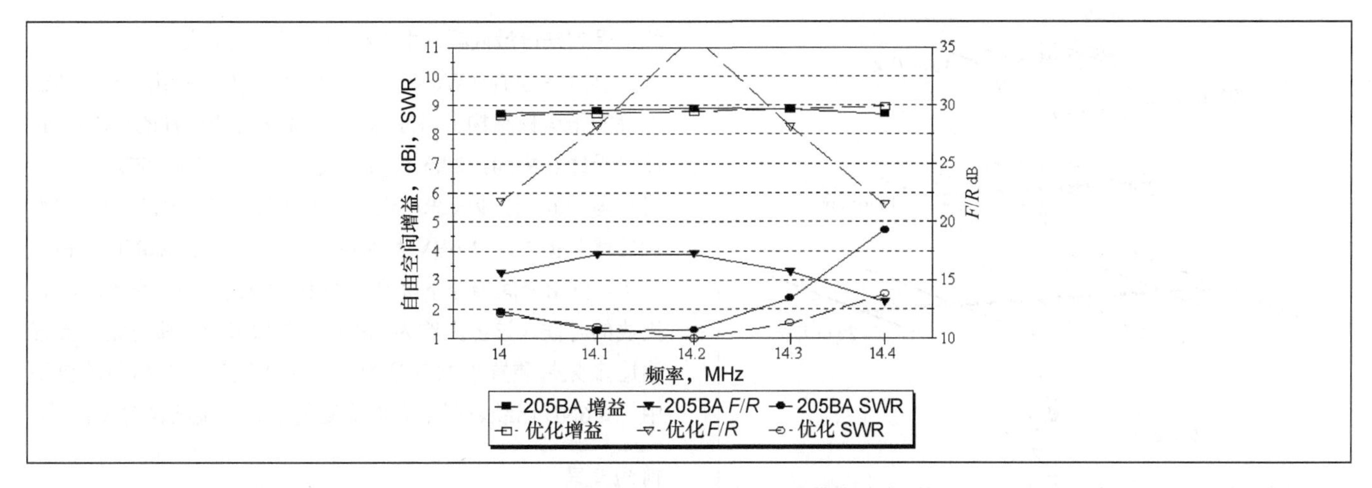

图11-22　原始八木天线和用Hy-Gain硬件优化的八木天线在14.0～14.35MHz频带的增益、前后比和SWR。原始的205BA设计在主梁到天线杆的支架处表现出了良好的重量平衡，但因为没有对单元间的间距进行优化，因此在一定程度上电气性能有所下降。而优化设计需要风力转矩平衡补偿单元，并在主梁的引向器一端补偿了重量以平衡重力。在该频段上优化设计的前后比大于23dB。每个单元使用了原始的Hy-Gain渐削安排以及从单元到主梁的夹具，但是末端的长度根据表11-10变化。

11.5　多波段八木天线

至此，本章已经讨论了单频段八木天线——也就是适用于单个业余无线电频段的八木天线。因为业余无线电爱好者具备多频段操作的特权，因此他们对多频段天线的设计总是十分渴求的。

交错单元

在20世纪40年代末，一些实验者曾尝试采用交错的单元来实现单根主梁上的不同频率，主要是覆盖10m和20m波段（那时业余无线电爱好者还不能使用15m波段）。实验者失望地发现，不同单元之间的互耦作用会产生各种频率，这是很难处理的。

在调节一个低频单元的时候常常会导致与其邻近的高频单元的耦合作用。实际上，低频的单元作用等同于一个逆向的反射器，从而将附近高频的引向器的有效作用消除。可以通过改变单元长度和单元间距来改进高频八木天线的工作性能，但同时折中的效果很少等同于一架优化的单频带八木天线的效果。对于便携式操作中的合理的折中方法可在“便携式天线”这章中，由VE7CA写的便携式天线中找到。

陷波式多波段天线

使用单个主梁的多频段八木天线同样也可以使用陷波器。陷波器的使用会引起一个单元的多重共振。要了解陷波器设计详情，请看“多波段天线”这一章。自20世纪50年代开始，供应商就向业余无线电爱好者出售了陷波器天线。有调查表明，继简单线天线和多频段垂直天线之后，在业余无线电领域，陷波式三频段八木天线已成为最受欢迎的天线。

陷波器三频带天线最先由卡斯特・布卡纳/W3DZZ于1955年3月在《QST》杂志的文章《多重匹配的天线系统》中提出。在10m波段上，这个不寻常的三频带天线使用了两个反射器（一个专用，另一个附有陷波器）和两个引向器（一个专用，另一个附有陷波器）。在20m和15m波段上，有3/5的单元都附带有陷波器的有源单元。W3DZZ三频段天线总共使用了12个陷波器，使用粗线和同心管状电容来减少陷波器里的损耗。在构建好之后安装到单元上之前，每个陷波器都逐一地被仔细地调试好。

Bob Myers（W1XT，以前是W1FBY），在1970年的12月的《QST》杂志中描述了另一种自制的7单元20m/15m/10m波段的三频段天线，其主梁长26英寸。W1FBY的三频段天线，在激励单元只使用了两组陷波器，每个频段都设有专门的反射器和引向器。同时，这些陷波器设计得很好，可以将陷波器的损耗最小化，使用了7/16英寸铝管来做线圈和小截RG-8同轴电缆的高压调谐电容。

只有相对很少的业余无线电爱好者会自己动手制作三频段天线，主要是因为该天线的构造原理复杂，公差要求较精密。为了保证结果的可重复性，陷波器本身的制作也要求十分精确，同时还要求在雨雪天气和污染腐蚀性的大气环境中具有长久的生命力。

圣诞树式堆叠

使用单频段天线来实现多频段覆盖的另一种可行的方法，是将它们按照圣诞树的样子堆叠起来，如图11-23所示。

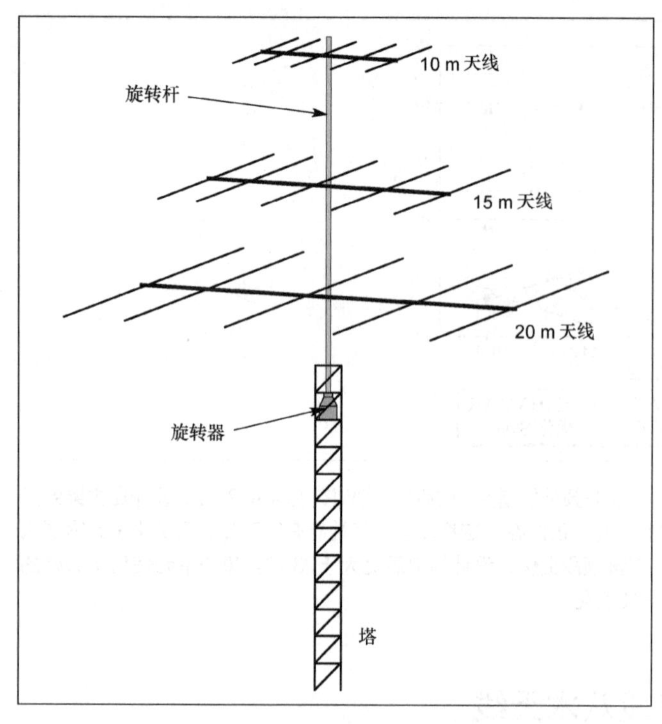

图11-23　在一个旋转桅杆上垂直分隔开的20m/15m/10m波段“圣诞树”堆叠式八木天线。

对于一个覆盖20m、15m和10m波段的装置，你可以将20m波段的单频带天线安装于塔顶可旋转的桅杆上面，接着在其上方约9英尺处安装15m波段的单频带天线，接着沿桅杆再往上7英尺处安装10m波段的天线。另一种结构，是将10m波段的八木天线放置于低处的20m波段天线和高处的15m波段天线之间。无论怎么放置，在这样的圣诞树型的中间的天线，受到来自最低频八木天线的干扰总是最大。

大卫·里森（W6NL，以前是W6QHS）指出，在其紧密堆叠的圣诞树结构上(15m波段天线在旋转桅杆的顶端，10m波段天线在中间，20m波段天线在底端)，10m波段八木天线会与20m波段天线产生严重的相互影响，因此会导致大量的增益损失。(N6BV和K1VR计算得到在W6NL堆叠结构中，自由空间增益下降到了5dBi，相比之下，在周围没有天线的时候，该值大约为9dBi。)单频带的天线肯定不会普遍比多频带装置中的三频带天线性能优越。在私下的谈话中，W6NL已经表明不会再重复制作这种矮圣诞树装置了。

前向交叉

有些业余无线电爱好者利用了前向交错的技术，将多频段八木天线安装在一根共同的主梁上。这就意味着，大部分(或者所有的)高频单元都被置于低频单元的前方，换句话说，大部分的单元都是没有交错在一起的。理查德·芬威克(Richard Fenwick/K5RR)在1996年9月的《QEX》杂志上描述了他的三频段天线的设计。这个设计使用了前向交错和开放式套筒的设计技术，并且使用了一些先进的建模程序来优化。

Fenwick的三频段天线使用了一根长57英尺，外径为3英寸的主梁来支撑20m波段的4个单元、15m波段的4个单元和10m波段的5个单元。图11-24显示了K5RR三频段天线的单元布局，当然，大多数的业余无线电爱好者并没有房地产或者是用来旋转如此巨大装置所必需的硕大的旋转器，但是这个方案完美地解决了干扰问题。

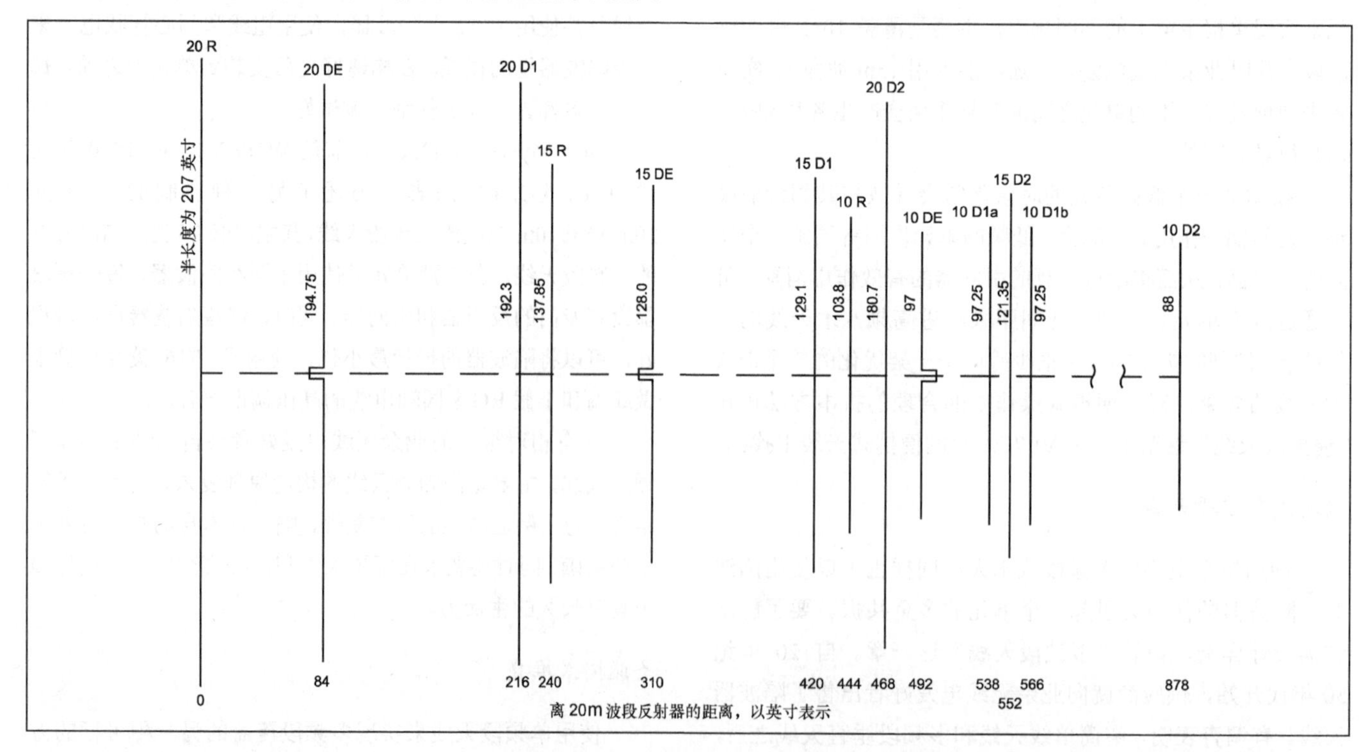

图11-24　K5RR无陷波器三频带天线的尺寸，该天线应用了“前向交错”和开放式套筒技术来处理不同频率单元间的交互作用。

Force 12 的 C3 “多个单波段” 三波段八木天线

天线生产商 Force12 公司也使用前向交错布局以及开放-封闭式套筒相结合激励技术的专利，该专利被称之为“多个单频带八木天线”，这项专利在多频段天线的生产流水线上得到了广泛应用。图 11-25 所示为流行的 Force12C3 三频带天线的结构布局。C3 没有使用陷波器，因而可以避免由陷波器产生的任何损耗。C3 由 3 架位于 18 英尺主梁上的 2 单元八木天线组成，并且使用了全尺寸的单元设计以抵抗强风。

C3 馈电系统使用了开放式套筒设计，其中 20m 波段的激励单元由同轴电缆通过共模电流型巴伦来馈电，并与间距较近的 15m 激励单元和 2 个 10m 激励单元产生寄生耦合，然后在所有的 3 个频带上产生一个阻抗接近于 50 Ω的馈电点。请参阅“多波段天线”一章中的开放式偶极天线部分。

请注意在C3特别是10m波段单元上前向交错技术的应用。为了减小其后低频单元间的耦合，将 C3 的 10m 波段部分架设在主梁上所有的低频单元之前，并以 10m 波段的主寄生单元（#7）作为引向器。在 10m 波段单元之后的低频单元用作逆向的反射器，相比于单频带的 2 单元八木天线，可以提高增益并改进方向图。

在 15m 波段，主寄生单元（#2）是一个专门的反射器，

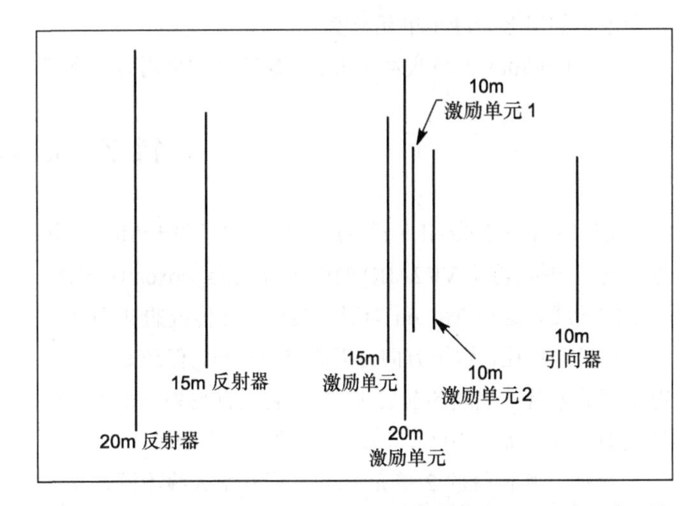

图11-25　Force 12C3多频段八木天线的结构布局。注意，该天线的10m波段（激励单元/引向器）部分是“前向交错”地位于15m波段（反射器/激励单元）部分之前。该天线20m波段的激励单元处馈电，并与15m波段的激励单元和两个10m波段的激励单元发生寄生耦合。

但主梁上前面的其他单元就用作逆向的引向器，来提高增益和改进方向图，使其在一定程度上优于一架典型的只有一个反射器的 2 单元八木天线。在 20m 波段，C3 是一架在主梁的后端装有专门的反射器（#1）的 2 单元八木天线。

任何一架八木天线的具体实现，都依赖于使用伸缩铝管的单元的构建方式。C3 类型的设计也不例外。

11.6　缩短型八木天线的单元

几乎可以用于减少偶极天线电长度的技术，也可以应用于八木天线电长度的缩减。从前向增益和 SWR 带宽的角度而言，其代价是增加了机械复杂性同时也降低了天线的性能。与缩减型偶极天线和单极天线一样，负载的位置对获得良好性能来说至关重要，并且需要认真建模。（导线建模时要特别小心，包括相互非常接近的问题、大口径导线连接处的问题以及其他复杂机械装置的问题。）

线性加载

最常见的减少电尺寸的技术是线性加载，它不仅可用于八木天线，也可用于偶极天线和垂直天线。偶极天线线性加载的示例请参阅 Lew Gordon（K4VX）2002 年 7 月在《QST》杂志上发表的文章。同样，2 单元 20m 波段八木天线的线性加载的示例见 Cole Collings（W0YNE）1976 年 6 月在《QST》杂志上发表的文章。

线性加载本质上包括由天线折叠成的 Z 字型。每个王府折叠段都会有很少的辐射，这是因为折叠导体产生的场会部分抵消相邻导体产生的场。不过折叠延伸了天线的电长度。折叠天线有效的电长度略大于未折叠的天线。

Hy-Gain 的 402BA 即两单元 40m 波段八木天线是一种流行的线性加载天线，其单元长度为 46 英尺。一个 40m 全尺寸单元的长度大约为 65 英尺，因此线性加载可以大幅度地削减天线物理长度。

末端加载和电感加载

在高频较低波段上工作的且与地面垂直的天线，最常碰到的情况就是在天线末端附近增加电容帽（以降低谐振频率）的技术。该技术也可以很好地应用于高频八木天线，如 Cushcraft MA5B 20m/17m/15m/12m/10m 迷你定向天线。多波段八木天线中的电容帽在减少最长单元方面扮演着重要的角色，即可使其长度减少到只有 17 英尺长——20m 波段天线只有 λ/4 长。

MA5B 单元也可以使用陷波器，而且，这样通过在单元中插入低于陷波器谐振频率的电感也有助于减少单元长度。Cushcraft XM240 两单元 40m 八木天线也可以使用电容

帽和电感的组合来减少单元长度。

在 70m/80m 大型八木天线中电感器件的使用方法和垂直天线底部加载的方法类似。同样，普遍关注的问题还是线圈电感值、位置以及线圈的损耗。

11.7 Moxon 矩形天线

LB Cebik（W4RNL）已经广泛地介绍了关于 Moxon 矩形天线，一种起源于 VK2ABQ 的设计，由 Les Moxon（G6XN）发明的天线。这种 Moxon 矩形天线和一架传统的 2 单元八木天线设计相比，水平方向占据的空间较小，但还是可以获得相同的增益和优越的前后比。并且它还有另外一个优点就是激励点阻抗接近 50 Ω，所以不需要匹配系统了。

例如，和传统的 2 单元 10m 波段八木天线不同，这种 Moxon 矩形天线并没有为反射器设置一个 17 英尺的“翼展”，而是有一个 13 英尺宽的矩形，节省了将近 25%。这个 Moxon 矩形天线，W4RNL 在 ARRL《天线手册》的第 6 章中做了概述，在 28.0～29.7MHz 频带范围内所产生的驻波比小于 2∶1，在地面上方的增益为 11dBi。在 28.0MHz 处的前后比为 15dB，在 28.4MHz 处大于 20dB，在 29.7MHz 频率处为 12dB。

这个 Moxon 矩形天线依靠控制激励单元尖梢末端和反射器尖梢末端的距离（由此来控制耦合）来调节，这两个尖梢互相弯曲。图 11-26 所示是一架 W4RNL 的 10m 波段铝制 Moxon 矩形天线的总体结构。单元的尖梢都由聚氯乙烯材料的隔离装置间隔开，并保持固定的距离。闭合结构的机械装配增加了设计的牢固性，使其在风中能保持稳定。W4RNL 在 2000 年 6 月发表在《QST》杂志上的文章中描述了其他使用线单元的 Moxon 矩形天线的设计。

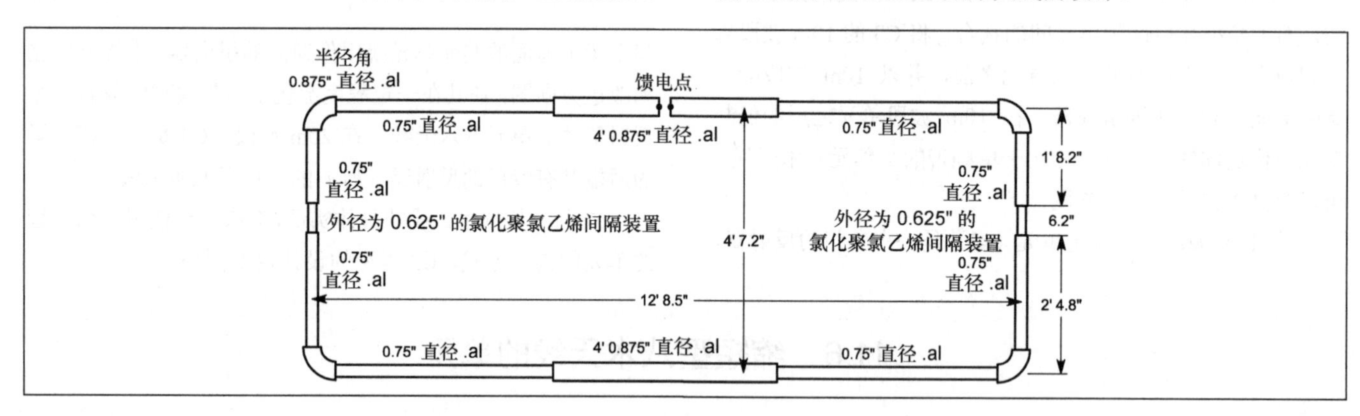

图11-26 10m波段铝制Moxon矩形天线的总体结构，图中给出了管子的尺寸。

40m 波段的矩形天线

Dave Lesson（W6NL）将 Cushcraft XM240 两单元 40m 八木天线改成了一个 Moxon 天线，如图 11-27 所示。W6NL 的 Moxon 八木天线是一个高效的设计，即使用交叉单元提供负载和 Moxon 耦合。XM240 到 W6NL Moxon 的升级过程包括取代负载线圈 LCA 部分的 4 个新组件，其中每个组件都包含两个新部分和新 T 型负载单元，剩下的部分还是原来 Cushcraft 原有的部分。

该天线的增益超过 10dBi（包括地面反射），前后比（设计者没有特别说明）也很高，就像 Moxon 设计的一般过程一样，其 SWR 非常合适——超过 300kHz 时 SWR 仍小于 1.5∶1.

XM240 天线的详细改造过程见 W6NL 的文章《在 ushcraft XM240 基础上进行 W6NL Moxon 构造》，该文章包含于原版书附加的光盘文件中。在改造的过程中，该天线的机械强度也得到了改善。

图11-27 Dave Lesson（W6NL）将Cushcraft XM240两单元40m八木天线改成了一个Moxon天线。在改造的过程中，该天线的机械强度也得到了改善。（照片是由Dave Lesson/W6NL提供）

11.8 方框天线

在前面部分，我们讨论了八木天线阵列可看作是多个近似的半波振子相互耦合的系统。你也可以用同样的原理去分析其他种类的振子系统，例如，各种各样的线圈可以组成定向天线阵列。一种常见的由线圈组成的无源电线阵是方框天线，在这里，周长约 1λ 的线圈的用法与八木天线中半波振子的用法相似。

20 世纪 40 年代初，Clarence Moore（W9LZX）在厄瓜多尔基多的 HCJB 发明了方框天线。他改善了方框天线在高海拔处抗闪电或雷击的能力。在 HCJB 中遇到的问题是，电台的大型八木天线振子顶端会慢慢熔化最终导致自我损坏。这是由巨大的球状电晕产生的，它一般发生在安地斯山高处稀薄的大气中。Moore 正确地论述了闭合回路单元要比末端阻抗很高的半波振子产生的高压小，因此产生的电晕也少。

图 11-28 给出了带有一个激励单元和一个无源反射器的两单元方框天线的原型。方框线圈可以用对角线水平或垂直的方式进行放置，如图 11-28（左）所示，也可以用两边水平或垂直的方式进行放置，见图 11-28（右）。这两种情形的馈电点会导致水平极化，这种用法非常普遍。

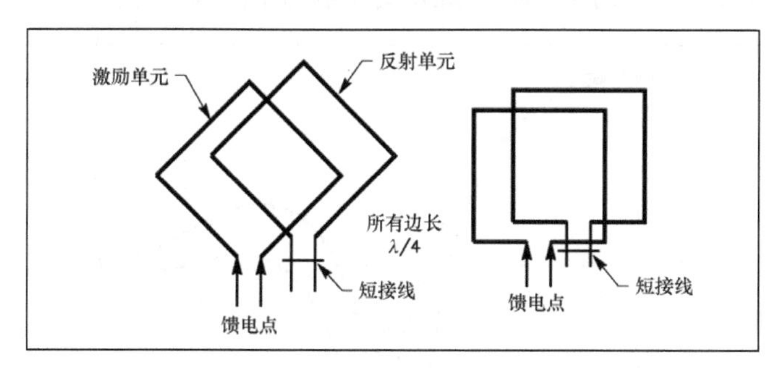

图11-28　带有一个激励单元和一个无源反射器的基本2单元方框天线。有源线圈的周长为一个波长（每边为λ/4的长度），反向器要稍长一点。图中的两种结构都能产生水平极化。对于垂直极化，左图应该对激励单元的某一侧边角进行馈入，右图应该在其垂直边的中点进行馈入。

方框天线的设计者可能需要查阅 Bill Orr（W6SAI）所著的书《所有关于立体四边形天线》（现在已经不出版了），该书中记录了各种各样的方框天线的设计笔记和心得。同样，R. P. Haviland（W4MB）在《业余无线电》和《QST》杂志上发表的一系列与方框天线相关的文章也值得阅读（见参考文献）。

11.8.1　方框天线 VS 八木天线

起初，就方框天线性能是否比八木天线好的问题有过一些争论。前面部分说明了八木天线的 3 个主要的电性能参数是增益、辐射方向图（前后比，*F*/*R*）和输入阻抗/ SWR。要正确地分析方框天线，还需要在你打算使用的频率范围内检查所有这些参数。方框天线和八木天线都是属于“无源，端射阵”类。现代的计算机天线建模显示，具有相同主梁长度和最优性能参数的八木天线和方框天线相比，只有 1dB 的增益差，且方框天线比八木天线略高。

图 11-29 所示画出了两个典型天线（单频带 3 单元方框天线和单频带 4 单元八木天线）在 14.0～14.35MHz 波段内的 3 个性能参数：增益、方向图前后比（*F*/*R*）和 SWR 的曲线。两天线主梁长度都为 26 英尺，此外，为了在整个波段内在增益、*F*/*R* 和 SWR 之间取得最佳折中，我们对天线还进行了优化。

在图 11-29 中，虽然方框天线的确在整个频带内都有比八木天线高 0.5dB 的增益，但它的 *F*/*R* 在后段的频带中并不如八木天线的好。方框天线在 14.1MHz 的频率上达到了 25dB 的最大 *F*/*R* 值，但在频带的低端降至 17dB，而最后在高端却又降到了 15dB。另一方面，八木天线的 *F*/*R* 在 20m 波段的整个频带内始终保持在 21dB 以上。方框天线的 SWR 在频带高端刚好低于 3∶1，但在 14.0～14.3MHz 之间却始终低于 2∶1。而八木天线的 SWR 在整个频带内都低于 1.5∶1。

图 11-29 所示的八木天线之所以能够在整个 20m 波段内对增益、*F*/*R* 和 SWR 有更一致的响应，是因为它添加了一个额外的寄生无源单元，并因此增加了两个额外的变量——附加单元的长度和附加单元到主梁上其他元器件的间距。

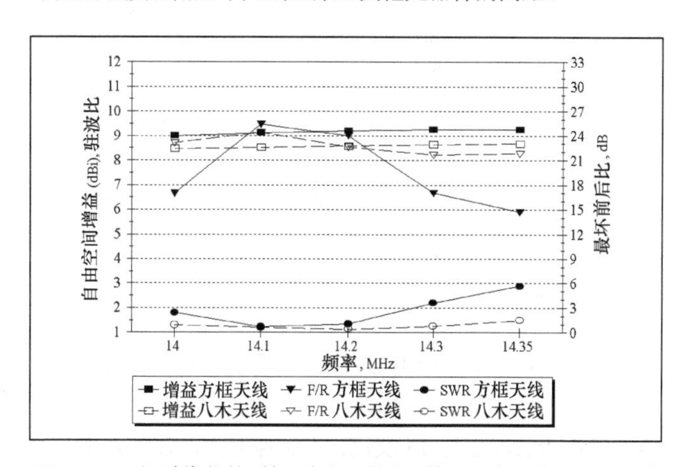

图11-29　经过优化的3单元方框天线和3单元八木天线（主梁长度都为26英尺）在14.0～14.35MHz频带上的增益，*F*/*R*和SWR的对比。相同主梁长度的方框天线的增益比八木天线的高约0.5dB，但整个频带内的后向方向图并不如八木天线的好，从*F*/*R*曲线中就可以看得很清楚了。方框天线的SWR曲线也不如八木天线的平坦。方框天线在设计中对增益的重视程度高于其他两个参数。

提倡使用八木天线的设计者指出，从实际操作角度来看在八木天线上增加其他单元要比在方框天线上增加额外单元更加容易。增加的无源单元使得在一个较宽的频带上优化天线参数时会更加灵活。方框天线的设计者已经有选择地严格优化了增益，如前所述，它们可以获得比具有相同电尺寸的八木天线高一分贝的增益。但即使这样做，方框天线设计者也不得不满足于在很窄的频带内才具有比较尖锐的前后比。在图 11-29 中画出的 20m 波方框天线图事实上已经代表了一种折中的方法，稍减小一下增益以在整个频带内有更平坦的 *F*/*R* 和 SWR。

图 11-30 所示是工作在 10m 波段上的 2 个单频带天线的增益、*F*/*R* 和 SWR 的曲线图：一个 5 单元方框天线和一个 5 单元八木天线，它们主梁长度都是 26 英尺。在这里，方框天线和八木天线具有相同的自由度，结果在 28.0～28.8MHz 的频带内具有较一致的方向图和 SWR。方框天线的 *F*/*R* 在 28.0～28.8MHz 频带内始终高于 18.5dB，而八木天线的 *F*/*R* 在此相同频带内则始终维持在 22dB 以上，但在频带前段，八木天线的增益却比方框天线的增益低了近 0.8dB，最终在频带末端才赶上方框天线的增益。在频带低端，方框天线的 SWR 刚刚超过 2∶1，但之后一直到 28.8MHz 时仍然保持在 2∶1 下面。八木天线的 SWR 在整个频带上都低于 1.6∶1。

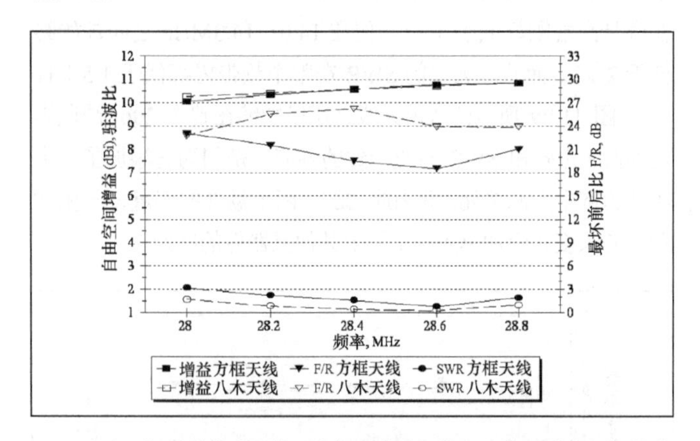

图11-30　经过优化的5单元方框天线和5单元八木天线（主梁长度都为26英尺）在28.0～28.8MHz频带上的增益，*F*/*R*和SWR的对比。在低频带，方框天线的增益较八木天线高0.26dB左右。且*F*/*R*曲线也比八木天线更陡一些。

图 11-31 所示是工作在 15m 波段上的两天线的特性参数曲线：一个 5 单元的方框天线和一个 5 单元的八木天线，两天线主梁长度都是 26 英尺。在增益方面，方框天线仍然稍胜一筹，但方向图前后比值比八木天线的稍微低些，SWR 曲线也不如八木天线的平坦。在图 11-29～图 11-31 中应该注意这样一件事情，八木天线的 *F*/*R* 向图主要由 180° 方向点上的响应决定，也就是方向图前向波瓣的正背面那点。当讨论方向图前后向比时，通常也是参照这一点。

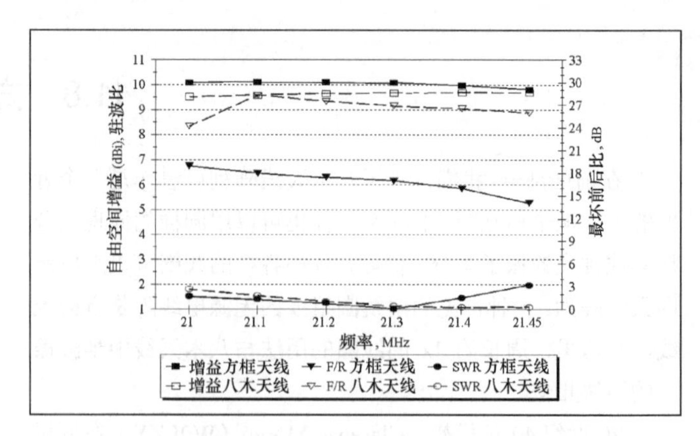

图11-31　经过优化的5单元方框天线和5单元八木天线（主梁长度都为26英尺）在21.0～21.45MHz频带上的增益，*F*/*R*和SWR的对比。基本在整个频带方框天线的增益都比八木天线的高约0.5dB。但它的背向方向图并没有八木天线的好，八木天线*F*/*R*在整个频带上都高于24dB，而方框天线的*F*/*R*平均值维持在16dB左右。

另一方面，方框天线在方向图后面有一个用水手的话讲，叫做“尾斜浪”旁瓣（如果用船作比，也就是帆船尾部朝向后甲板的方向）。这些斜后侧向旁瓣通常比主瓣正后方 180° 点方向上的响应更差。图 11-32 所示是 15m 波段上八木天线和方框天线的自由空间场 E 的特性曲线。在 21.2MHz 处，方框天线的方向图前后比（*F*/*B*）约为 24dB，这个性能非常优秀。八木天线在 180° 方向上的 *F*/*R* 约为 25dB，这个结果同样也非常出色！

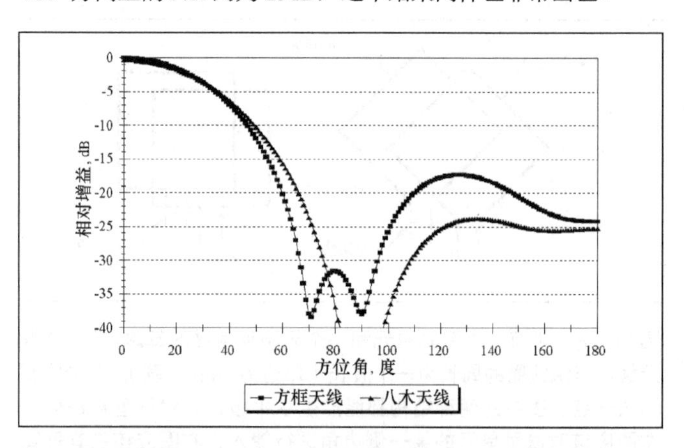

图11-32　图11-31中显示了方框天线和八木天线在15m波段上方向图的对比。方框天线的前向波瓣较窄（增益比八木天线的高0.5dB），但在125°方向上有较高的斜后侧向旁瓣（在235°方向上也有一与此对称的旁瓣，图中未画出）。这些旁瓣使得最差情形下*F*/*R*值被限定在17dB左右，而对每一副天线来说，它们的*F*/*B*（180°方向上，方框天线的正后方）都大于24dB。

然而，在 125° 方向上（和在方向图主瓣对应的另一侧的 235° 方向上），方框天线的斜后侧向旁瓣只降低了约 17dB，当然这个使得 17dB 处成了最差的前后比处。像前面所阐述的，*F*/*R* 比 *F*/*B* 重要的原因是接收到的信号可以来自任何方向，而不仅仅是主瓣后面这个方向。

表 11-11 列出了 3 种用计算机优化的单频带方框天线的相关时，分别对应图 11-29、图 11-30、图 11-31 中所引用的天线。

表 11-11　图 11-29、图 11-30、图 11-31 中用计算机优化的单频带方框天线尺寸（26 英尺）

	14.2MHz	21.2MHz	28.4MHz
反射器（R）	73′ 9″	49′ 6″	37′ 3″
R-DE 间距	17′ 8″	7′	6′ 4″
激励单元（DE）	71′ 8″	47′ 6″	35′ 9″
DE-D1 间距	8′ 3″	5′	5′ 6″
引向器 1（D_1）	68′ 7″	46′ 8″	34′ 8″
D1-D2 间距	—	6′ 8″	6′ 9″
引向器 2（D_2）	—	46′ 10″	35′ 2″
D2-D3 间距	—	7′ 4″	7′ 5″
引向器 3（D_3）	—	45′ 8″	34′ 2″
馈电方式	直接 50 Ω	直接 50 Ω	直接 50 Ω

立方体方框天线 VS 同轴方框天线

首先，从单元间距（与单元侧面距离一样）的角度而言，没有任何一个方框是真正的"立方体"。假设放置这些单元的间距为 λ/4，那么这对实现良好性能来说却太宽了。术语"立方体方框"适用于在每个波段内单元间距保持相等电气间隔的多波段天线，而"同轴方框"是指安装于一个平横向支架的一组单元，它们彼此都是同轴的。（本章中所示的两单元方框天线即是同轴方框。）

具有一致电气间隔的立体方框，在较高波段在具有一定的优势，不过要在主梁的中心安装一个特殊的横杆以支撑倾斜结构中的横杆，如网站 www.gemquad.com 上 Gem 方框天线。实际上，一个真正的立方体方框的主梁只有几英寸，因为横杆离中心非常近。立方体方框的横杆，不论是对角式还是倾斜式，都要比同轴方框的平横杆长一点。

在较低高度上，方框天线 VS 八木天线

热衷于方框天线的人的另一个观念是，方框天线不需要安装在距离地面很高的地方就可以获得极佳的远程通联性能。因此有些人据此推断在离地面相同的高度上，方框天线的性能要比八木天线好很多。不幸的是，这仅仅是美好的幻想。

与图 11-30 一样，图 11-33 也对两个相同的 10m 波段的天线进行了比较，但这 2 个天线都被安装在离地面 50 英尺高的天线塔上，而不是理想的自由界空间了。方框天线的增益的确是比具有相同主梁长度的八木天线的增益略高，这与在自由空间的结果相同。这可以从方框天线被轻微压缩的主瓣上看出来。当你观察在 53° 附近凸起的第 3 波瓣时，这将变得更明显。从结果上来看，这就像是方框天线将其第 2 和第 3 波瓣的能量抽调出来并把它们增加到了第 1 波瓣上。然而在倾角为 9° 时，这种方框天线的增益只比八木天线高 0.8dB。虽然我们说每个分贝都很宝贵，但是在广播中，你是根本不会区分出两天线的差别的。毕竟，由于 HF 信号的衰落，10～20dB 的变化还是常见的。

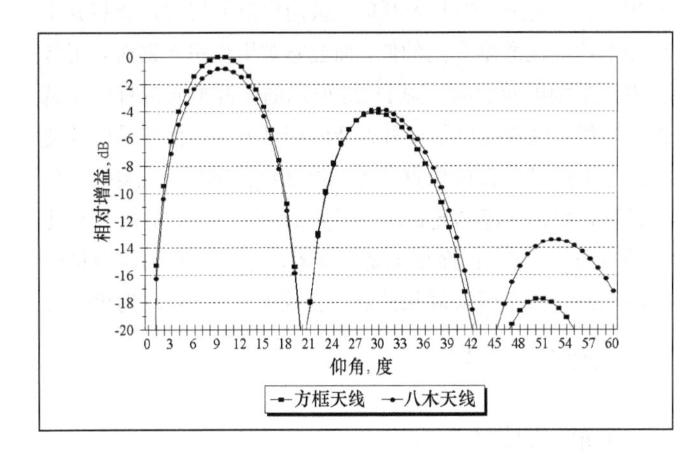

图11-33　在10m波段上，经过优化的5单元方框天线和5单元八木天线的对比，二者都架设在50英尺的高度上且主梁长度都为26英尺。就达到峰值时的角度而言，两天线没有明显差别，也就是说，在两天线的主梁长度相同的前提下，方框天线的仰角并不比八木天线的有优势。注意，方框天线减小大角度方向上波瓣的能量而将其增加到主瓣上，使得它有比八木天线略高的增益。这种机理与堆叠式八木天线相似。

11.8.2　多波段方框天线

另一方面，经过这么多年，方框天线依然受欢迎的原因之一是天线制作者制作一副多频带方框天线比制作一副多频带八木天线要容易得多。事实上，在此过程中我们能做的也只是在已有的支撑臂上增加一些电线而已。当然也不是这么简单，但这种方便、实用、容易上手的扩展方法对实验者来说还是很有吸引力的。

和八木天线一样，方框天线不同频率的线圈间也相互干扰，但频带间相互干扰的程度比八木天线小。八木天线和方框天线的较高频带总是受干扰最严重的频带。例如，在一个 3 频带的方框天线中，10m 波段和 15m 波段最易受到 20m 段线圈的干扰，而 20m 波段线圈却不会受到 10m 和 15m 波段的影响。

现代计算机建模软件可以通过对屏幕上仿真方框天线进行"调节"来减小一些干扰——这比在天线塔上进行调节要简单多了。然而，模拟三维线天线（如方框天线）的程序（如 NEC2 或 EZNEC）要比模拟单频带八木天线的程序（如原版书附加光盘中的 YW）的运行速度慢得多。这就使得对天线进行优化的过程有点单调，但与优化单频带八木天线时一样，你也要对各个所用频带上的增益、方向图（*F/R*）和

SWR 进行权衡调整。

11.8.3 制作方框天线

图 11-28 所示的无源单元的调谐方法与八木天线的非常相似。也就是，当此无源单元被用作反射器时，调整其工作频率使其比激励单元的低，而当它被用作引向器时，工作频率比激励单元的高。图 11-28 所示的无源单元带有一个调谐短截线，这就提供了一种方便的调谐方法，我们只要改变截线上的短调谐棒的位置就可以改变谐振频率了。实际上已经发现，如果无源单元是用作反射器的话，线圈的周长约比自谐时的长 3.5%；而如果是引向器的话，周长则比自谐时短约 3.0%。关于线圈周长的近似公式如下（以英尺为单位）：

$$激励单元=\frac{1\,008}{f_{\mathrm{MHz}}}$$

$$反射器=\frac{1\,045}{f_{\mathrm{MHz}}}$$

$$引向器=\frac{977}{f_{\mathrm{MHz}}}$$

以上结论适用于工作在 30MHz 以下且使用非绝缘的#14 绞合铜线的方框天线。在甚高频波段，线圈周长与导线的直径之比通常非常小，必需根据波长来增大线圈的周长。比如，一个用于 144MHz 的由 1/4 英尺管做成的单波长线圈的周长应该比上面公式给出的激励单元的长度长 2%左右。

普遍使用的振子间距在 0.14～0.2 倍的自由空间波长的量级上。对于两单元以上的天线，振子间距应选得小一些，因为间距太大对天线的支撑结构不利。振子间距为这个量级的天线馈点阻抗约为 40～60 Ω，所以可以使用同轴电缆直接对激励单元进行馈电，失配度也很小。

对于振子间距在 0.25 倍波长（对工作在 28MHz 的 2 单元天线或者几单元的天线来说是可行的）量级上的天线，馈点的阻抗非常接近于激励线圈自身的阻抗——80～100 Ω。可以使用“传输线耦合和阻抗匹配”章中所描述的用来给八木天线馈电的方法来进行馈电。

给多波段方框天线馈电

给带有几个激励单元的多波段方框天线馈电有两种方式。如果激励单元在一组吊架之上，那么将所有单元在一个馈电连接起来一起进行馈电，这需要使用一根馈线，但是这样做会在相关谐波单元之间产生大量耦合，明显减少天线的增益和前后比，具体描述见 L. B. Cebik 发表的文章《五波段方框天线的馈电》。使用独立馈线分布给每个单元馈电，这种方式减少了耦合效应同时保留了方框天线的性能。

折中的方案就是在工作间使用一根馈线，单独给每个单元馈电时则使用远程同轴电缆开关，例如 Ameritron 的 RCS-4 或 RCS-8V。同轴开关可安装在天线主梁或桅杆上，开关到单元之间使用短馈线。笔者这些年在五波段 2 单元方框天线上一直使用这种结构，并获得了很好的结果。

多波段方框天线中激励单元的阻抗与自由空间中单环的阻抗值有很大的不同。上面所提到的 Cebik 的文章中叙述了馈电阻抗变化的范围为 10m 波段的 50Ω（最里面的单元）至 20m 波段的 100Ω（最外面的单元）。如果使用多条馈线，可以使用 λ/4 阻抗匹配（在“传输线耦合和阻抗匹配”一章中叙述）以提供一个可接受的 SWR。

机械构造问题

与方框天线相关的最明显的问题就是建造一个结构问题的系统的能力。如果天气环境中经常出现大风或冰冻，那么想让天线在这种环境中工作时就需要特别的预防措施。

两个多波段方框天线都是用了玻璃纤维的横梁。竹子是一种合适的替代品（如果经济是重要因素时），不过另一个需要注重考虑的因素是：竹子比玻璃纤维更重。一个典型的 12 英尺长的竹子其重量为 12 磅，而玻璃纤维的重量不到 1 磅，然后再乘以不同的倍数（2 单元阵的倍数为 8，3 单元阵的倍数为 12，以此类推），你很快就会发现：如果考虑重量因素，玻璃纤维是值得投资的。妥善处理后，竹子有 3～4 年的使用寿命，而玻璃纤维的寿命可能是其 10 倍以上。

比传统玻璃纤维更好的一个材料便是撑杆跳用的撑杆。对于设计工作于 7MHz 的方框天线而言，推荐其最好使用过剩的、不合格的撑杆，它们承受巨大弯力的能力是非常可取的。不过这些材料的成本有些高，而且不容易获得。

横杆支撑器（有时称为三脚架）可以向制造商购买。自制的三脚架的费用是商用等同品的一半。下面“多波段方框天线”小节中所描述的且安装于主梁上自制的臂支撑器在风力作用下不会旋转。

方框天线的物理坚固度直接与材料的质量和做工的精细程度有关。被选择用来制作方框天线的电线的尺寸和类别非常重要，因为这直接决定着天线抵抗大风和冰雪天气的能力。方框天线的使用者面临的另一个常见的问题是电线的断裂。在总是弯曲的情况下，实芯线比多股线更容易断裂。由于这个原因，推荐使用多股绞合的铜线。对于工作在 14MHz、21MHz 或 28MHz 的天线，使用 14 号或 12 号双绞线是个不错的选择。且不要在易弯曲点焊接双绞线。

有多种连接电线和扩展臂的方法。一种最简单的方法是在扩展臂玻璃纤维的合适的位置上钻洞，然后把电线穿过洞去。一些业余爱好者都经历过以下情况：当材料穿过钻的孔洞时，可能会使玻璃纤维发生断裂。这种情况只是例外，并不是经常发生的。

推荐在横杆交叉处焊接一个导线环，如下所示的设计。不过你应该小心一点：不要让焊料流到弯折点那里，以防此处被弯折而断裂。最好的办法就是利用不锈钢软管夹将一块塑料管夹在横梁上，并将导线穿过管道，这可让导线在天线弯曲时发生滑动。

如果你不想遇到机械性问题，你必须尽力去选择适当的结构构造。硬件必须牢固，否则由风产生的振动会导致组件的分离。焊点应该被夹住以免在该处发生弯曲，进而导致连接点断裂。

对于 14MHz、21MHz 和 28MHz 的 2 单元或 3 单元方框天线，一根直径为 2 英寸的主梁就足够承受了，但当主梁长达 20 英尺或更长时，主梁的直径最好加到 3 英寸。风在主梁上产生两个力，垂直方向和水平方向。垂直方向上的力可以通过拉索来减小。而水平方向上的力却很难减小，因此管的直径需达到 3 英寸才比较合适。

选菱形还是正方形？

多年来，关于如何调整扩展条方位的问题被提出过很多次。是否应该把线圈绕成菱形或正方形呢？是否应像图 12-1 右边的图那样，让一组扩展臂与地面平行？还是应该像左边的图那样，电线本身要与地面平行（撑架则以交叉状放置）？从无线电学的角度来讲，各种放置方法没有多大区别。

然而从机械力学角度看，菱形安置法无疑是更好的。因为按这样放置，撑架有横/纵指向，它对冰负荷的承载能力要比没有纵向撑架的系统更好，从而使得线圈能保持直立状态。换一种说法，如果菱形装置的垂直支架足够坚固的话，那么它就能够支撑起系统的其他部分。当水滴在电线上积聚凝固成冰时，我们更希望看到的是水滴沿着电线流到一个弯角后逐渐滴完而不是一直附着在电线上并结成冰！绕一个圈或者多绕几个圈的电线（当然是在多频带天线中），也能辅助支撑横向扩展条以缓解冰的负荷。而在冰冻的天气弯曲，正方形摆向的方框天线会因没有辅助支撑物而严重下垂。

当然，在不存在冰冻问题的气候环境下，从美学的角度考虑，许多业余爱好者指出他们更喜欢正方形的结构。因此，世界上气候温和的地区常会见到正方形结构的框形天线！

在选择放置方法时，还有一点需要考虑，就是在天线杆或电线塔上安装天线时，菱形放置法要安装在相对正方形放置法更高的位置，以使转动天线时，扩展条的底部可以远离拉索。

将其安装于塔上

八木天线的许多单元在拉索处是不会移动的，但是方框天线的三维结构在其拉升到塔顶过程中却面临着挑战。如果天线塔是升降或倾斜的，那么很容易在天线杆上安装方框天线。在一个具有拉索、固定的点阵式天线塔上，当拉索被拉高时，你必须小心操作天线周围每一组拉索。高度推荐使用“架设天线系统和天线塔”章中的电车技术。这样在你安装一个电车后，天线拉索的升降会变得很容易。

建造同轴方框天线的工人最常使用的另一种技术为：在地上对每组吊具和单元分别进行组装，然后依次将其拉升到天线塔顶，最后一个接一个地将其安装在主梁上。这虽然需要提前规划，但比吊装整个天线容易得多，特别是当各种拉索在拉升过程中不协调时。

11.9 两种多波段方框天线

这部分将描述两种多频带方框天线的设计。第一种是大型的三波段（20m/25m/10m）方框天线，主梁由 3 英寸泵管做成，长为 26 英尺。这种天线工作在 20m 波段时是 3 单元的，工作在 15m 波段时为 4 单元，而 10m 时为 5 单元。图 11-34 所示是 5 单元三波段方框天线的照片。

第 2 种是一个紧凑的 2 单元 3 波段方框天线，可以工作在 20m、17m、15m、12m 和 10m 波段，主梁长度为 8 英尺。我们称这是“五角频段”，因为它覆盖了 5 个频段。这种天线有两组扩展条，每一组上都安置了 5 根同心导线线圈。以上两种天线都可以采用菱形或正方形结构。

这两种多波段方框天线采用一些相同的基本架设技术，但架设较大型的 3 波段天线还是一项有挑战性的工作。大型的方框天线需要有稳固的天线塔和牢固的转向器。同时还需要大片的架设空间，以便在把天线拉升到天线塔上的过程中不会缠绕到周围的树或其他天线上。

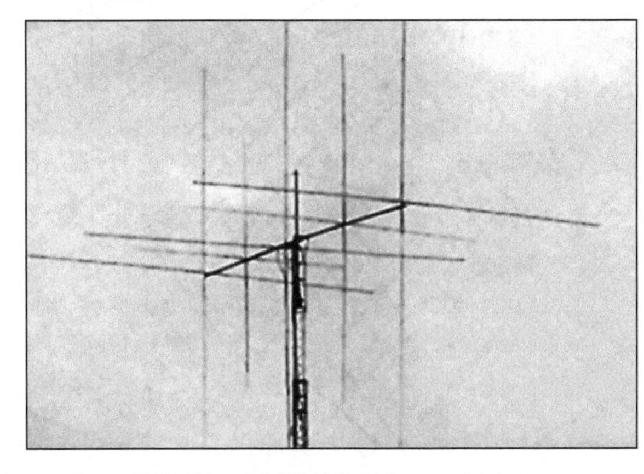

图11-34　三波段5单元方框天线的照片。

11.9.1 主梁长为 26 英尺的 5 单元三波段天线

这个天线用了 5 组扩展条来支撑，其中 3 个单元工作在 14MHz，4 个单元工作在 2MHz，还有 4 个单元工作在 28MHz。在本设计中，我们在 15m 波段天线上只用了 4 个单元（而不是把这个长度的主梁上的 5 个单元都用上），因为用 5 个单元带来了额外的复杂度，但在优化效果上的提升并不是很明显！表 11-12 中列出了一些设计参数，所对应的天线中心频率为 14.175MHz、21.2MHz 和 28.4MHz。

这里选择单元间距时，要在考虑主梁长度、机械结构以及天线性能的情况下，找到最优的折中结果。可以看出，这里的 20m 波段天线的单元间距与那些已经最优化的单频带天线的单元间距的数值相差很大。这是因为这 5 个单元中的 3 个是同时用于 3 个工作波段的，它们使用的是同一组扩展条，而且由于高频段的要求更严格，所以单元间距主要由高频段决定。

表 11-12　三波段 5 单元方框天线尺寸（26 英尺）

	14.15MHz	21.2MHz	28.4MHz
反射器（R）	72'6"	49'4"	36'8"
R-DE 间距	12'	12'	6'
激励单元（DE）	71'	47'6"	35'4"
DE-D 间距	14'	7'	6'
引向器 1（D_1）	68'6"	46'8"	34'8"
D_1-D_2 间距	—	14'	7'
引向器 2（D_2）	—	46'5"	34'8"
D_2-D_3 间距	—		7'
引向器 3（D_3）	—		34'
直接馈电方式	50Ω	50Ω	50Ω

每一个无源线圈都是闭合的（末端焊接在一起），且不需要调节。图 11-35 所示是三波段方框天线的设计图，图 11-36 所示是计算机所得的 20m 波段天线在自由空间的增益、前后比和驻波比响应曲线。由于这 3 个单元的调谐和间距都只有很小的自由度，因此很难使响应分布能覆盖整个 20m 波段。这种折中的设计方法造成了在不同频率时后向方向图之间的差异，在高频带末端情况最差，此时的 *F*/*R* 是 10dB，*F*/*R* 的最大值在 14.2MHz 的话务频段不到 19dB。而在低频带 *F*/*R* 又降低到 15dB。

在整个 20m 波段，天线的 SWR 一直保持在 3∶1 以下，在频带后端上升到 2.8∶1。这个三波段方框天线的馈电系统包括 3 根分离的 50 Ω的同轴电缆，每一个激励单元对应一根，同时还包括安装在主梁上的继电器转换箱，这样单根电缆在回到操作位置时也可以使用。每一根馈线都带有一个铁氧体磁珠巴伦，以控制共模电流和保持天线的辐射方向图，并且每一根接到转换箱的同轴电缆都被切成对应 15m 波段的 3/4λ 波长的长度。这就在未使用的激励单元上形成了一个短路，因为前面的模型指出 15m 波段的天线处于开路状态时会被 20m 波段的激励单元影响。如果使用 RG-213 同轴电缆，每一根 3/4λ 电长度的馈线在 21.2MHz 频率时长度为 23 英尺，这个长度从转换箱到达激励单元已经足够了。

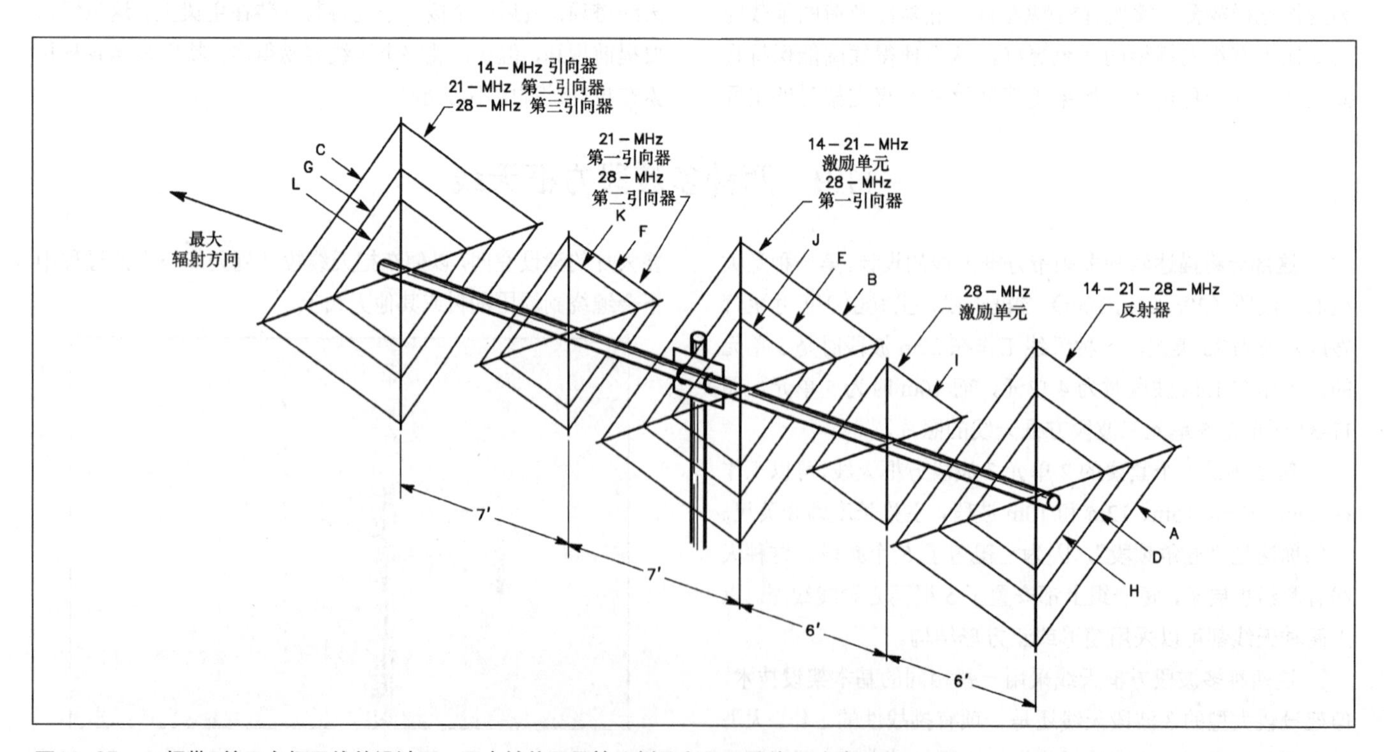

图11-35　三频带5单元方框天线的设计图，图中结构不是按比例尺所画。具体尺寸请看表11-12。

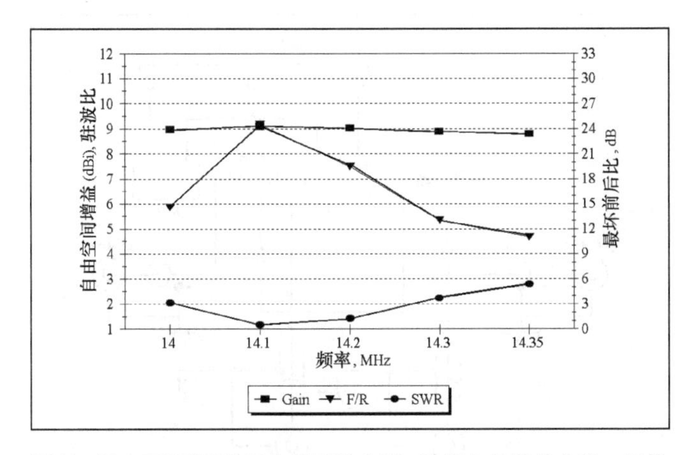

图11-36 三波段5单元方框天线在20m波段上的特性曲线。阻抗为50 Ω的直接馈入系统的SWR在整个波段上都低于2.8:1。如果天线系统要求更低的SWR，可以采用 γ 匹配且调谐在14.1MHz上。*F/R*在14.1MHz时达到最大且在整个波段都维持在10dB以上。

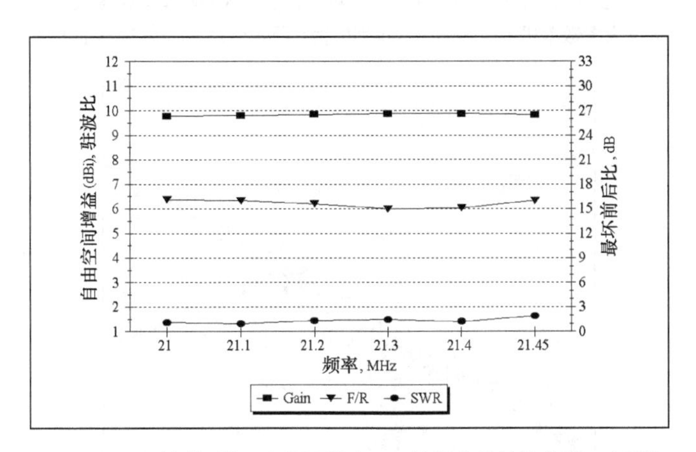

图11-37 三波段5单元方框天线在15m波段上的特性曲线。由于和20m波段振子产生了一定程度的串扰影响，使得最差情形的*F/R*为15dB左右。整个频带上的增益曲线和SWR曲线都相对比较平坦。

图 11-37 所示为 15m 波段天线在自由空间的特性曲线。整个波带上前后向比都大约为 15dB，这是由于 20m 波天线的振子对 15m 波天线的残留交互作用的影响，且再没有哪种调谐的方法可以进一步改善 *F/R* 了。再注意一下非常平坦的 SWR 曲线，正是由于 SWR 的这种特性，方框天线又被称为“宽带天线”。平坦的 SWR 曲线并不是定向天线如方框天线或八木天线的最佳性能的指示参数，特别是那些多波段天线，它们的最优化必须根据实际需要来折中。

图 11-38 所示是 2 单元三波段方框天线在 10m 波段的特性曲线。这些曲线与低的话频特性曲线相似，它们的 *F/R* 都是在波段的低端降到约 12dB，在 28.4MHz 时又升到 23dB。而 SWR 曲线也是在大部分波段范围内（波段低端到 28.8MHz）是平坦的。

架设

找一根长约 3 英尺的角钢托柄，每一边各为一英寸，用

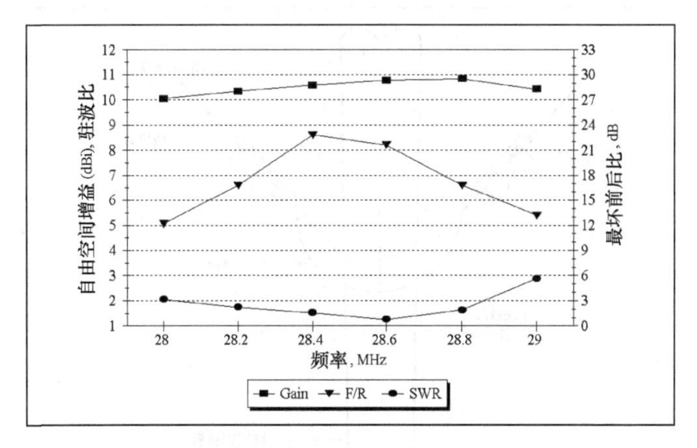

图11-38 三波段5单元方框天线在10m波段上的特性曲线。在28.0~29.0MHz的波段内，天线的*F/R*高于12dB，但SWR曲线在波段末端却超过了2：1。整个波段上的自由空间增益都高于10dBi。

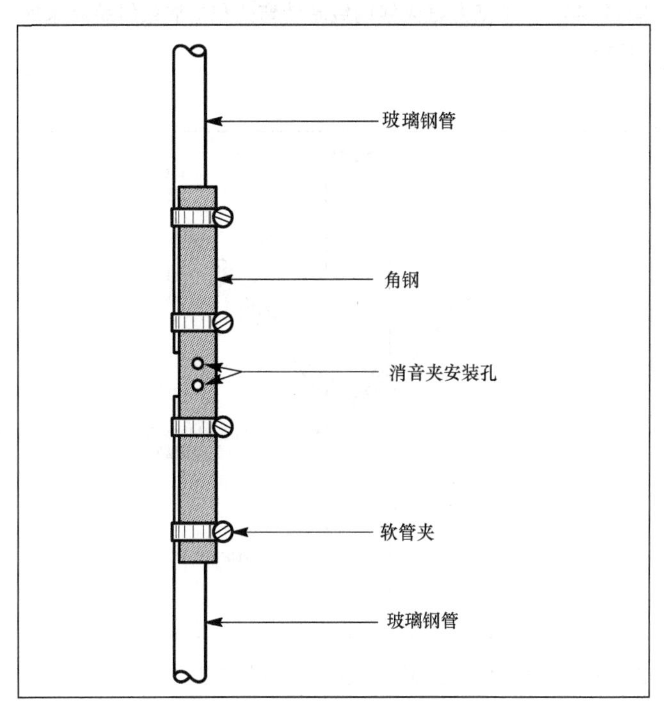

图11-39 扩展条结构的两种装置之一。两种装置背对着用减声器夹连在一起成一X形，减声器夹的位置如图所示。

来连接每一对扩展臂。钢板的中间钻有容纳消声夹的孔，消声夹尺寸要足够大，以便可以将整个装置固定到天线杆上。玻璃纤维也通过自动软管夹（每根杆子上有两个）被夹到角钢板上。每个方框天线的线圈扩展臂都由两个图 11-39 所示类型的装置组成。

有几种不同的方法可以把电线接到玻璃纤维上。在撑架臂的合适位置钻孔，再把电线从孔中穿过。还应该在孔两端的电线上缠上另一根电线，以防止原电线滑动，具体请看图 11-40。一些业余爱好者也许经历过玻璃纤维破裂的情况，这种情况大概是发生在钻孔的过程中。但是，这种情况并不多见。下面介绍的这种方法就不需要在撑架臂上钻孔；电线首先被几层电工胶布固定到扩展臂上，然后再用直径 1/8 英

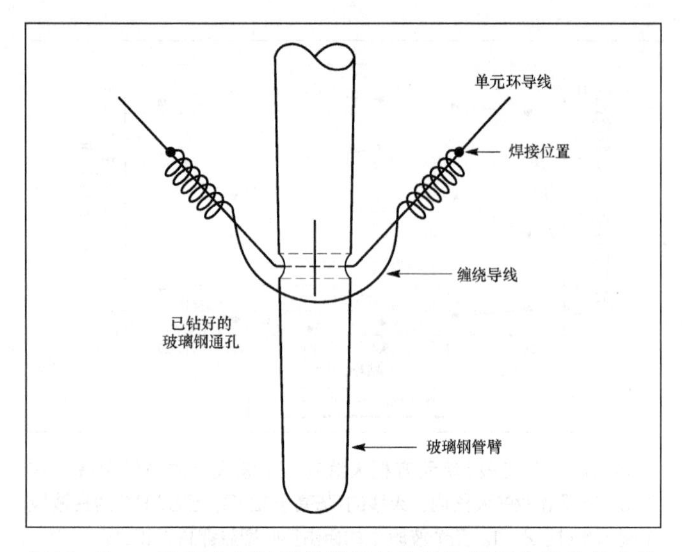

图11-40 一种把方框天线的线圈转弯处和扩展条组装起来的方法。

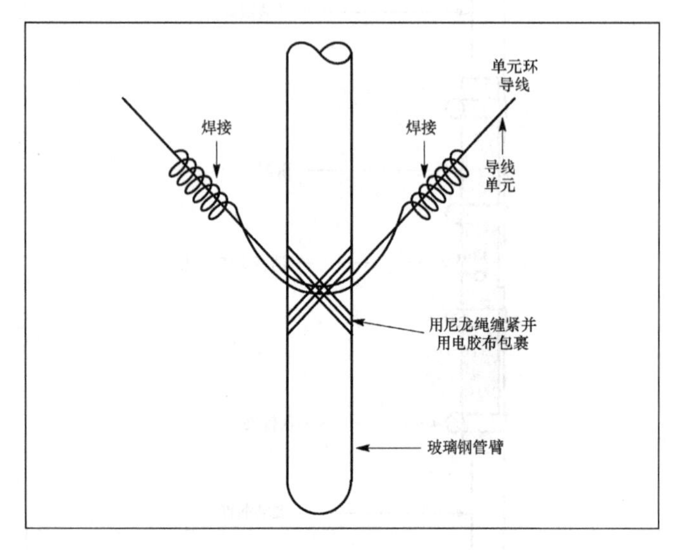

图11-41 另一种备选的组装线圈和撑架的方法。

寸的尼龙绳来回交叉地捆 20 圈，如图 11-41 所示。最后再裹上几层防紫外线的电工胶带。

在每个激励单元的下端也即同轴电缆馈入的地方，线圈处于开路状态。所有的无源单元都是连续的线圈，交汇焊点在菱形架的底部。

虽然可以把 3 根分离的同轴电缆直接拉进屋中，但我们建议在主梁的中间安装一继电器箱。要用到一个三线控制系统，以把电力传给恰当的继电器以切换波段。一种典型的电路图结构如图 11-42 所示，安装形态可参考图 11-43。

要想没有什么机械上的问题，就必须尽可能地设计好合适的结构。另外，硬件设施必须安装牢固，不然大风造成的振动会导致部件的松动和散架。焊点处必须夹紧以防止弯曲变形甚至焊接断裂。

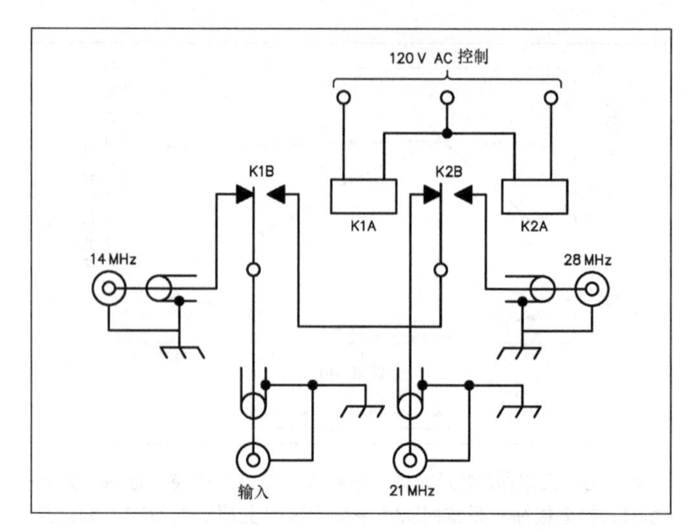

图11-42 三波段方框天线的波段中继转换电路图。需要一个三线控的电缆。K1、K2—RF转换的任何形式的继电器，同轴电缆类型的除外（Potter和Brumfeld MR11A可以接受；虽然这种类型双极接触，但这里大多数单极继电器的结构排列使得它不适合用在RF转换器上）。

图11-43 继电器箱安装在接近主梁中间的位置。每一根扩展臂的玻璃纤维杆都用软管夹固定在角钢柱上。

11.9.2 主梁长为 8 英尺的 2 单元五波段天线

这种 2 单元五波段（20m/17m/15m/12m/10m）方框天线所使用的架构技术与前面所述天线所用技术是一样的。因为只用了 2 个单元，主梁的要求就不用太高了，直径为 2 英寸就可以了。当然那些喜欢牢固天线的人仍可使用直径为 3 英寸的主梁。

表 11-13 列出了五波段方框天线的单元尺寸。接下来的几张图则给出了天线在各个频段的性能。五波段方框天线的馈电系统用到了 5 根 50 Ω的同轴电缆自接馈入到每个激励单元上面。在 10m 波段（频率为 28.4MHz 时，RG-213 长 17 英尺，直径为 2 英寸）上，这 5 根同轴电缆被切成 3 λ/4 的电长度。在这种设计中，对于 10m 波段，如果其他单元

都处于非短路状态，那么将受到最严重的干扰影响！长为 3/4λ 的开路馈线足可以从安装在中央的交换箱到达各个单元。这个长度的前提是假设交换箱把未使用的同轴电缆在交换箱处都处于开路状态。如果交换箱把未使用的同轴电缆都短路了（一些商用交换箱就有这种情况），那么就用 λ/2 长的同轴电缆来为这 5 个激励单元馈电（频率为 28.4MHz 时，RG-213 长 11 英尺，直径为 5 英寸）。

表 11-13　五波段 3 单元方框天线（在 8 英尺主梁上）尺寸参数

	14.2MHz	18.1MHz	2MHz	24.9MHz	28.4MHz
反射器	72'4"	56'4"	48'6"	40'11¼"	37'5½"
R-DE 间距	8'	8'	8'	8'	8'
激励单元（DE）	69'10½"	54'10½"	46'7"	39'10½"	34'6"

由于馈入系统简单直接，因此不必强求 SWR 曲线降到 1∶1。如果感觉这样不够好的话，当然也可以自己来实现更佳的匹配，如 γ 匹配。大多数的业余爱好者都认为再增加匹配系统的复杂度并没有太大意义了。对于每一个波段，最差情形下的 SWR 都低于 2.3∶1，即使是对于 20m 波段上的直接馈入情况也是这样。再比如，从屋子到天线交换机的馈线典型长度是 100 英尺（RG-213），由于馈线的损耗，发射端处的 SWR 会降低到 2.0∶1 以下。

图 11-44 所示是五波段方框天线在 20m 波段上的特性曲线。由于只有两个自由度（振子间距离和振子的调谐），20m 波段天线响应的扩展性并不好。虽然如此，对于这么小的天线来讲，这个波段上的性能已经很不错了。*F*/*R* 方向图在 14.1MHz 时达到最大值 19dB，而在波段的两端处又降到了 10dB。自由空间的增益在 7.5dBi 和 6dBi 之间变化，这可与短主梁的 3 单元八木天线相比拟。在整个波段，SWR 曲线始终低于 2.3∶1。如果在 14.1MHz 处采用 γ 匹配，可以把 SWR 的峰值降到 2.0∶1，且峰值仍出现在 14.0MHz 处。

在 17m 波段上，从图 11-45 中可以看出其他单元对 18MHz 频率也有影响，即使单元长度是优化过的。经过检查在其他单元上产生的电流，发现是 20m 波段的激励单元在干扰 18MHz 波段，因此略微恶化了天线方向图和增益。尽管如此，17m 波段天线的性能已经不错了，尤其是对于主梁长度为 8 英尺的五频带方框天线来说。

从图 11-46 中可以看出，在 15m 波段上，串扰的影响好像已经被抑制了。*F*/*R* 在 21.1MHz 时达到最大值 19dB，之后也一直保持在 12dB 以上。且整个波段上的 SWR 值都很小。

在 12m 波段上，波段间的串扰较小，因此图 11-47 中的天线参数也很好。SWR 在整个波段上的变化很小，考虑到 12m 波段为窄带就不足为奇了。

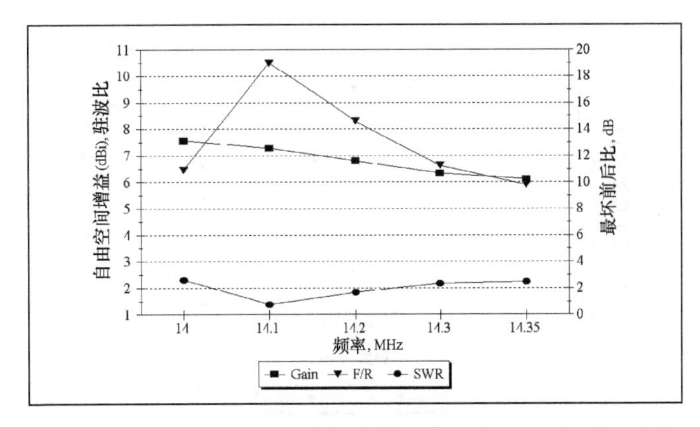

图11-44　20m波段上五波段2单元方框天线的特性曲线。由于使用的是简单的直接馈入式系统，天线的SWR在波段低端升至2.3∶1。如果需要，可以采用 γ 匹配，这样可以使SWR在14.1MHz时降到1∶1。

在 10m 波段上，通过计算机对单元的调谐，串扰也受到了很好的限制。在 28～29MHz 范围，*F*/*R* 始终保持在 14dB 以上。且一直到 28.8MHz，SWR 都低于 2.2:1，增益在整个频带上也都很平坦，且维持在 7.2dBi 以上，见图 11-48。

总而言之，五波段方框天线结构紧凑，性能优越（在 5 个频带上）。它可以与商业的 LPDA 天线（对数周期振子天线）和三频带八木天线（需要更长的主梁）相媲美。

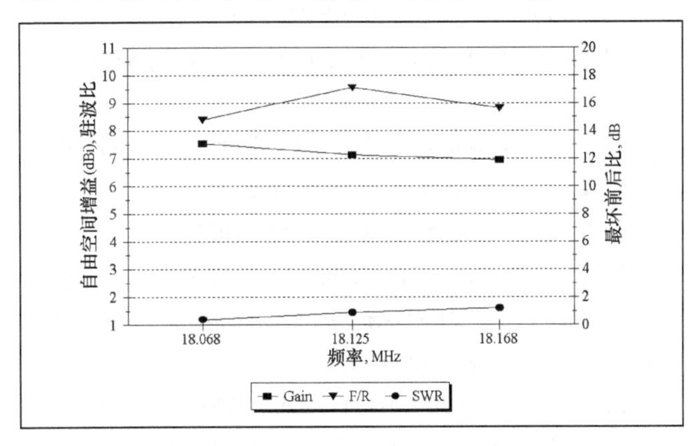

图11-45　17m波段上五波段2单元方框天线的特性曲线。此时虽受到其他波段上振子的干扰影响，但总的参数性能还是符合要求的。

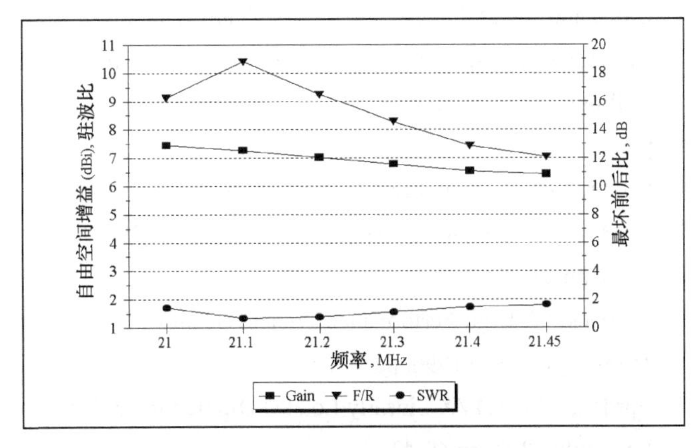

图11-46　15m波段上五波段2单元方框天线的特性曲线。整个波段的参数性能可以接受。

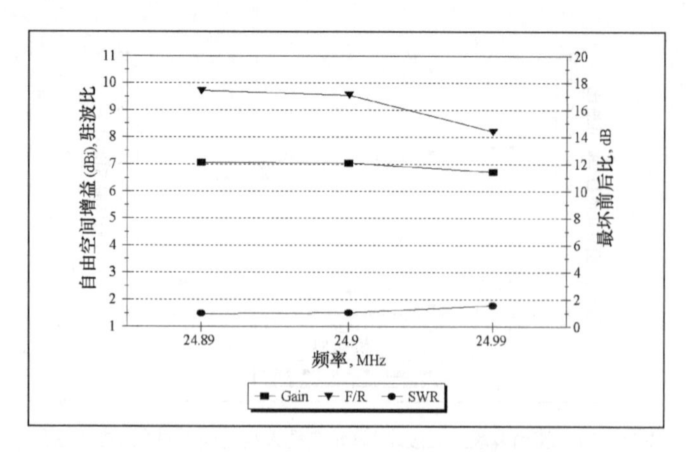

图11-47　12m波段上五波段2单元方框天线的特性曲线。

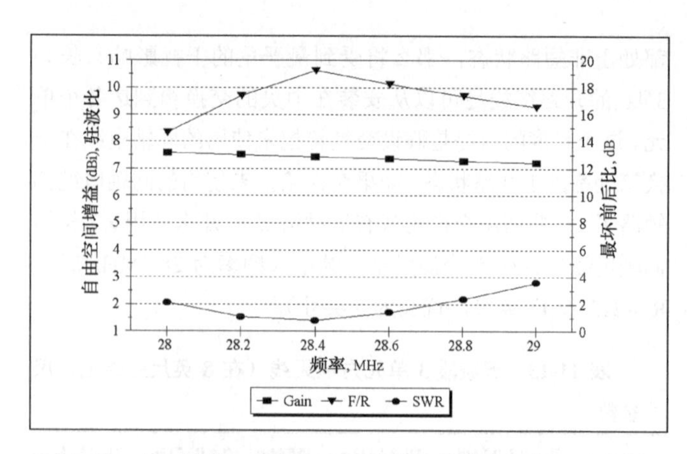

图11-48　10m波段上五波段2单元方框天线的特性曲线。在波段低端，SWR曲线稍稍高于2：1，且在28.8MHz时又升至2.2：1左右。但即使由于SWR，能量自动减少了，这仍未必是一个问题，因为由于同轴电缆的损耗，馈线输入端的SWR比天线端的要低。

11.10　参 考 文 献

关于本章所包含的原始资料和更深入的讨论，请参考下面所列出的和“天线基本理论”章后面列出的参考资料。

ARRL's Yagi Antenna Classics, ARRL, 2001.

C. Buchanan, "The Multimatch Antenna System," *QST*, Mar 1955, pp 22-23, 130.

P. S. Carter, C. W. Hansell and N. E. Lindenblad, "Development of Directive Transmitting Antennas by

R.C.A. Communications," *Proc. IRE*, Oct 1931.

L.B. Cebik, "A 2 Element Quad for 17 and 12 Meters Using a Combined Feed," *ARRL Antenna Compendium, Volume 8* (Newington: ARRL, 2010).

L.B. Cebik, "Feeding the 5-Band Quad," *ARRL Antenna Compendium, Volume 7* (Newington: ARRL, 2002).

L.B. Cebik, "Having a Field Day with the Moxon Rectangle," *QST*, Jun 2000, pp 38-42.

C. Cleveland, "More'n One Way to Switch an Antenna," Technical Correspondence, *QST*, Nov 1986, pp 45-46.

C. Collings, "Linearly Loaded 20-Meter Beam," *QST*, Jun 1976, pp 18-19.

D. Cutter, "Simple Switcher," *73*, May 1980.

D. DeMaw, "A Remote Antenna Switcher for HF," *QST*, Jun 1986, pp 24-26.

R. Fenwick, "A High-Performance Triband Beam with No Traps," *QEX*, Sep 1996, pp 3-7.

L. Gordon, "The K4VX Linearly Loaded Dipole for 7 MHz," *QST*, July 2002, pp 40-42.

R. Haviland, "The Quad Antenna: Part 1, General Concepts," *Ham Radio*, May 1988, pp 43-53.

R. Haviland, "The Quad Antenna: Part 2, Circular and Octagonal Shapes," *Ham Radio*, Jun 1988, pp 54-67.

R. Haviland, "The Quad Antenna: Part 3, Circular Loop and Octagonal Arrays," *Ham Radio*, Aug 1988, pp 34-47.

R. Haviland, "The Quad Antenna Revisited, Part 1: Developments in Antenna Analysis," *Communications Quarterly*, Summer 1999, pp 43-73. Also Correction Fall 1999, p 108.

R. Haviland, "The Quad Antenna Revisited, Part 2: The Basic Two-Element Quad," *Communications Quarterly*, Fall 1999, pp 65-85.

R. Haviland, "The Quad Antenna Revisited, Part 3: Multi-Element Quads," *QEX*, Nov/Dec 2000, pp 10-19.

R. Haviland, "The Quad Antenna Revisited, Part 4: Effects of Ground on Quad Loops," *QEX*, Mar/Apr 2001, pp 47-54.

R. Haviland, "The Quad Antenna Revisited, Part 5: Quad Design Variations," *QEX*, Jan/Feb 2002, pp 23-32.

M. G. Knitter, Ed., *Loop Antennas — Design and Theory* (Cambridge, WI: National Radio Club, 1983).

H. Landskov, W7KAR, "Evolution of a Quad Array," *QST*, Mar 1977, pp 32-36.

J. Lawson, *Yagi Antenna Design* (Newington: ARRL, 1986) (out of print)

J. Lawson, "Yagi Antenna Design," *Ham Radio*, Jan 1980, pp 22-27; Feb 1980, pp 19-27; May 1980, pp 18-26; Jun 1980, pp 33-40; Jul 1980, pp 18-31; Sep 1980, pp 37-45; Oct 1980, pp

29-37; Nov 1980, pp 22-34; Dec 1980, pp 30-41.

D. Leeson, *Physical Design of Yagi Antennas* (Newington: ARRL, 1992) (out of print)

J. Lindsay, "Quads and Yagis," *QST*, May 1968, pp 11-19, 150.

D. Mees, "Improving the Cubex Three-Element, Five-Band Quad," *ARRL Antenna Compendium, Volume 6*, (Newington: ARRL, 1999).

R. Myers, "A Wide-Spaced Multielement Tribander," *QST*, Dec 1970, p 33-38.

W. Orr, *All About Cubical Quad Antennas* (Radio Publications, 1970, out of print).

T. Schiller, *Array of Light, 3rd Edition*, www.n6bt.com, 2010.

F. E. Terman, *Radio Engineering*, 3rd ed. (New York: McGraw-Hill Book Co, 1947).

R. Welsh, "Yagi: The Man and His Antenna," *QST*, Oct 1993, pp 45-47.

E. M. Williams, "Radiating Characteristics of Short-Wave Loop Aerials," *Proc. IRE*, Oct 1940.

第 12 章

垂射天线阵和端射天线阵

12.1 边 射 阵

垂射阵列可以由共线单元或平行单元或两者的组合构成。如果业余爱好者有必要的支撑，它们可以以极低的成本提供堪比可旋转定向天线的性能。本章最初是由 Rudy·Severns（N6LF）贡献的，并且其编写角度为使用这些天线于高频，许多材料也容易转化为甚高频和更高的频率所使用。读者将会在参考书目和原版书附加的光盘文件中（该文件可到《无线电》杂志网站 www.radio.com.cn 下载）发现设计和建造这些天线的一些案例。

12.1.1 共线阵

共线阵总是以单元同相的方式工作（如果使该阵列中的单元变为交替异相，系统则变成简单的谐波型天线系统）。共线阵是个边射辐射器，最大辐射方向与天线轴线垂直。

功率增益

由于共线单元之间存在互耦的特性，馈电点阻抗（与约为 73Ω的单个单元相较）如在“多元天线阵”一章中所示的那样被增大。由于这个原因，功率增益不和单元数目直接呈正比增长。当单元间距变化时，两个单元的增益如图 12-1 所示。尽管当端到端间隔在 0.4λ～0.6λ 范围时增益最大，但使用这一数量级的间距搭建起来很不方便，并且会给两个单元的馈电带来问题。因此，共线单元工作时它们的两端几乎总是挨得非常近——在导线天线中，通常在两者之间只有一个耐张绝缘子。

在相邻单元的末端间距很小条件下，假定使用 12 号铜导线，共线阵列相对于自由空间偶极天线的功率增益的理论值近似如下：

2 个共线单元——1.6dB；
3 个共线单元——3.1dB；
4 个共线单元——3.9dB；
超过 4 个单元很少使用。

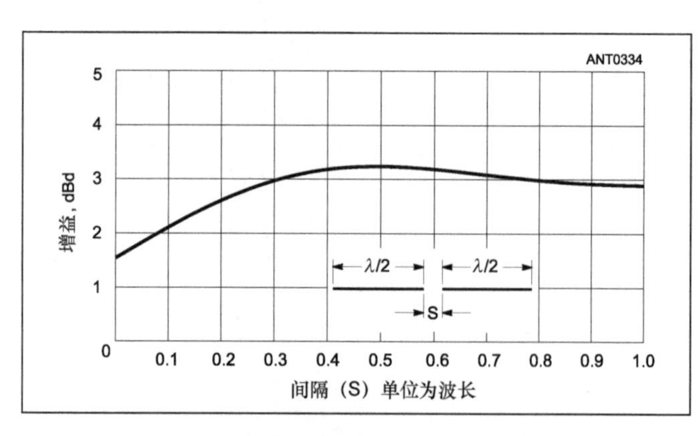

图12-1 作为相邻末端间距的函数的两个共线λ/2单元的增益。

方向性

在包含阵列轴的平面内共线阵列的方向性，随长度而增加。当使用的单元个数超过 2 个时，方向图上出现小的副瓣，但是这些副瓣的幅度足够小以至于通常它们是不重要的。在与阵列垂直的平面上，无论单元数是多少，方向图是个圆。因此，共线操作只影响 E 平面的方向性，即包含天线的平面。这种配置常见于 VHF 和 UHF 基站天线，该部分在“VHF 和 UHF 天线系统”一章中讨论。

当一个共线阵列的单元垂直放置的时候，天线在所有几何方向上辐射性能都同样好。这样堆叠的共线单元阵列倾向于把辐射约束在低仰角内。

如果共线单元呈水平放置，在与阵列垂直的垂直平面上的方向图与一个位于同一高度的简单 λ/2 天线（“地面效应”）的垂直方向图相同。

12.1.2　2 单元阵列

最简单且最常见的共线阵列常采用两个单元，如图 12-2 所示。该系统通常被认作同相双半波振子。包含导线轴的平面上的方向图，如图 12-3 所示，图上叠加了偶极天线和 2 单元、3 单元、4 单元共线阵的方向图。根据导体尺寸，高度及类似的因素，线天线的馈电点阻抗预计在 4～6kΩ范围内。如果天线是由具有低 λ/dia 比（波长对直径的比值）的管子做成，低电阻值 1 000 Ω是典型值。系统可以通过对于普通长度具有可忽略损耗的开路调谐线馈电，或者如果需要可以使用匹配段。

为了使馈线和天线匹配，“传输线耦合和阻抗匹配”一章中描述了大量安排来使馈线和天线匹配。如果使用了在某种程度上短于 λ/2 的单元，可以采用以略微降低增益为代价的额外的匹配策略。当单元缩短的时候，会发生两件事——馈电点阻抗降低且阻抗具有可以用简单的串联电容调谐的感性电抗，如图 12-2（B）所示。

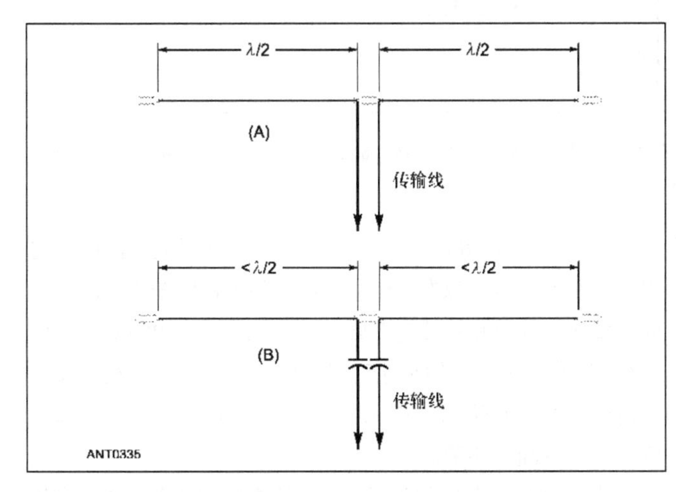

图12-2　图（A）所示为2单元共线阵列（同相双半波振子）。图中所示的传输线将作为调谐线工作。匹配段可以被替代，且如果需要的话，可以使用非谐振线，如图（B）所示，匹配部分是两个串联电容。

注意这些电容必须与功率电平相适应。像那些在功率放大器中经常使用的小的门钮型电容就很适合。举例子来说，如果一个 40m 的 2 单元阵列的每一边都从 67 英寸缩短到 58 英寸，馈电阻抗从将近 6 000 Ω降到大约 1 012 Ω，并具有 1 800 Ω感抗。可以通过在馈电点处插入 25pF 电容来将电抗抵消掉。1 012 Ω电阻可以通过由 450 Ω延迟线组成的 λ/4 匹配段转换为 200 Ω，然后再用 4∶1 巴伦转换为 50 Ω。按照建议缩短阵列会使增益降低约 0.5dB。

另一种维持增益的策略是使用 450 Ω的 λ/4 匹配段，并稍微缩短天线使它具有 4 000 Ω电阻。那么在匹配部分的输入端的阻抗将接近 50 Ω，并可以使用一个简单的 1∶1 巴伦。很多其他的方法也是可以的。对于一个 2 单元共线阵列，自由空间 E 平面的响应如图 12-3 所示，将其和下面描述的更为复杂的共线阵的响应进行比较。

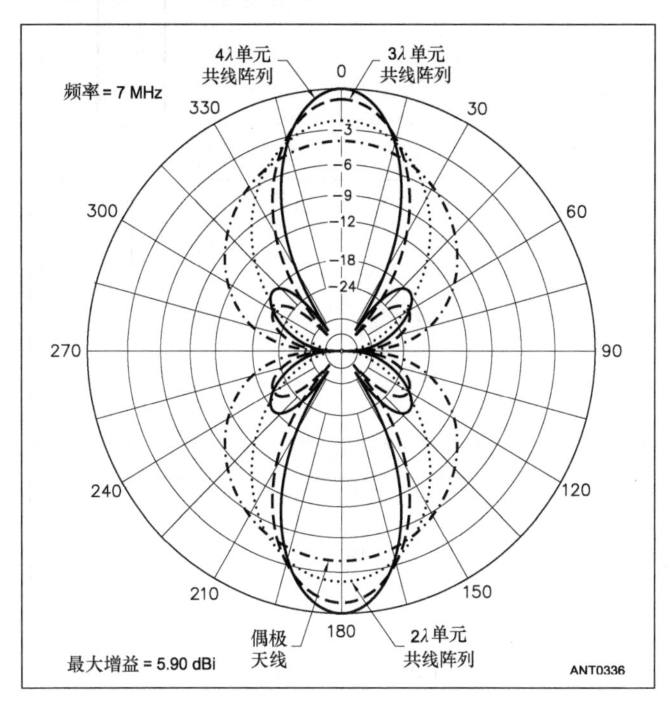

图12-3　对于自由空间偶极天线，2单元、3单元和4单元共线阵列的E平面方向图。实线对应4单元共线阵，虚线对应3单元共线阵，点线对应2单元共线阵，点虚线对应λ/2偶极天线。

12.1.3　3 单元和 4 单元阵列

在一根长导线上，电流流动的方向每隔 λ/2 长度反向。因此，共线单元不能简单地进行端对端连接；要使所有单元中的电流沿同一方向流动，必须采取一些措施。当使用两个以上共线单元的时候，为了使所有单元上的电流同相，有必要连接相邻单元间的定相短截线。在图 12-4（A）中，左手的两个单元上的电流方向是正确的，因为短路的 λ/4 传输线（短截线）连接在它们之间。这个短截线可以被简单地看作是一根折叠回自身，以消掉辐射的长导线天线可替代的 λ/2 段。图 12-4（A）所示的传输线的右侧部分总长度为 3 个半波长，中心半波被折叠回来形成一个 λ/4 相位反转短截线。在这种安排中，关于馈电点阻抗没有数据可得到，但是各种考虑表明它应该超过 1 000 Ω。

对 3 个共线单元馈电的另一种可替代的方法如图 12-4B 所示。在这种情况下，功率在中间单元的中心处施加，并且在该单元和两个外侧单元之间采用相位反转短截线。该情况下在馈电点处的阻抗略微超过 300 Ω，并且提供对 300 Ω线

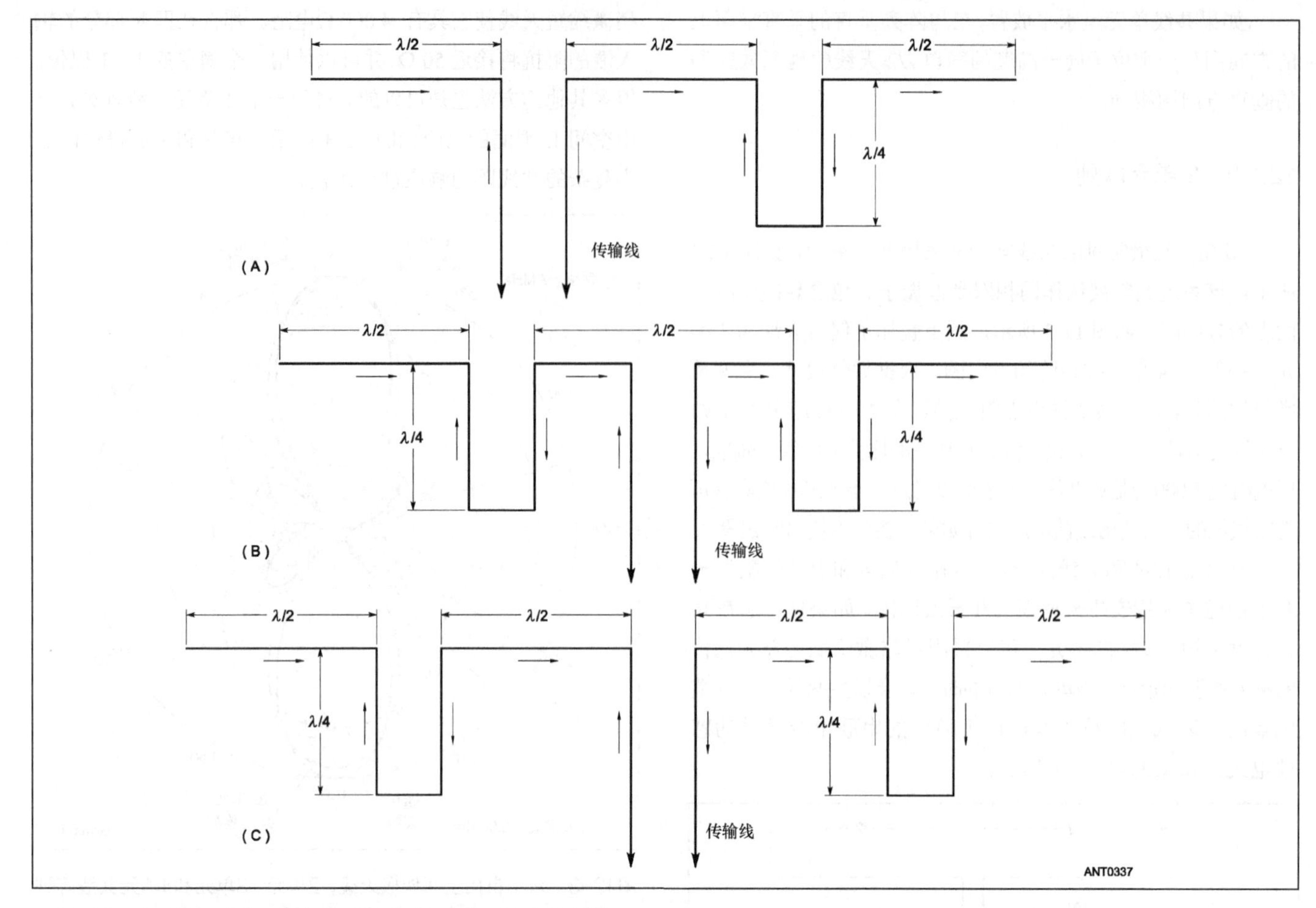

图12-4 3单元、4单元共线阵的布局图。对3单元阵馈电的替代方法如图（A）和图（B）所示。这些图也显示了天线单元和定相短截线的电流分布。通过使用适当的匹配段，一根匹配传输线可以用来替代调谐线。

的近似匹配。当采用 600 Ω线的时候，SWR 小于 2∶1，这种类型的中心馈电在某种程度上比图 12-4（A）的方法更有优势，因为系统总体上是平衡的。这保证了单元间更均衡的功率分配。在图 12-4（A）中，右侧的单元有可能在某种程度上比其他两个单元接收到更少的功率，因为一部分输入功率在它到达位于最右边的单元之前，被中间单元辐射掉了。

一个 4 单元阵列如图 12-4（C）所示，当在中心单元之间馈电时，系统是对称的。如同在 3 单元情况下，无法得到关于馈电点阻抗的数据。然而，具有 600 Ω线的 SWR 会大大超过 2∶1。

图 12-3 所示比较了 2 单元、3 单元、4 单元阵列的方向图。共线阵列可以扩展到大于 4 个单元的情况。然而，简单的 2 单元共线阵是使用最频繁的类型，因为它适合多频带工作。使用的共线单元数很少超过两个，因为从其他类型的阵列可以得到更多增益。

12.1.4 调节

在任何所述的共线系统中，以英尺为单位的辐射单元的长度可以从公式 $468/f_{MHz}$ 中得到。对于所使用类型的线，定相短截线的长度可以在“传输线耦合和阻抗匹配”给出的方程中找到。如果短接线是明线（阻抗为 500～600 Ω），你可以在 λ/4 线的公式中假定速度因子为 0.975。通常，没必要进行现场调节，然而，如果需要，当系统具有两个以上单元时，可以采用下面的步骤。

断开所有短截线和除了与传输线直接相连之外的所有的单元（在图 12-4<B>所示的馈电情况，只剩下连接到线的中心单元）。利用这一还连着的单元来调节这些单元以达到谐振。当合适的长度确定下来之后，把所有其他的单元切到相同的长度。使定相短截线稍长一些，并使用短路棒来调整它们的长度。把单元连接到短截线，调整短截线使其谐振，可通过短路棒上最大电流或者传输线上的 SWR 来指示是否达到谐振。如果使用 3 个或 4 个以上单元，最好一次添加 2 个单元（阵列一端一个），在每添加一对新单元之前，调整系统使之谐振。

12.1.5 扩展的双 Zepp

在简单的双共线单元系统中，伴随更宽的间距获得更高增益的一种方法是使单元稍微长于λ/2。如图12-5所示，这增加了在导线末端的两个同相λ/2段之间的间隔。中心段携带反相电流，但是如果该段较短，电流就较小；它只代表λ/2天线段的外端，因为电流小、长度短，所以从中心的辐射小。每个单元的最优长度为0.64λ，长度更长的时候，系统趋向于表现得像长导线天线一样，并且增益随之降低。

这个系统被称作扩展的双Zepp，相对于λ/2偶极天线，其增益近似为3dB，作为比较，双共线λ/2偶极天线增益为1.6dB。在包含天线轴的平面上的方向图如图12-6所示。对于所有其他共线阵的情况，与天线单元垂直的平面上的自由空间方向图和λ/2天线的一样——为一个圆。

该天线在工作频率下不谐振，以至于馈电点阻抗为复数$R \pm jX$。对于一个40m双扩展Zepp，馈电点阻抗在频带上的变化的一个典型例子如图12-7所示。该天线通常用接到天线调谐器的明线传输线来馈电，当然也可能有其他的匹配装置。一种把馈电点阻抗变换到450Ω，并消除副瓣的方法在接下来的部分。

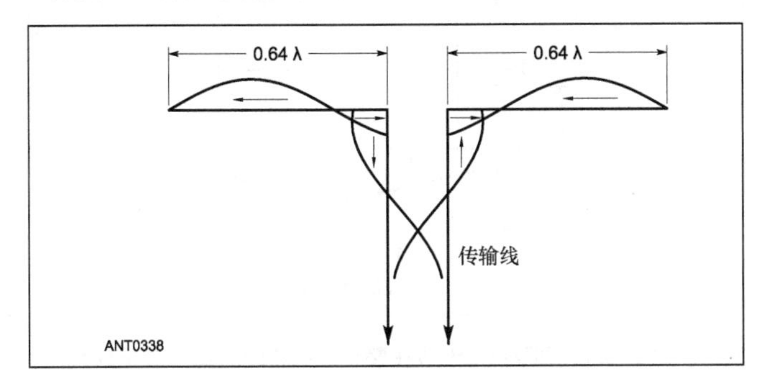

图12-5 拓展的双Zepp。该系统给出了比波长大小的两个共线单元略高的增益。

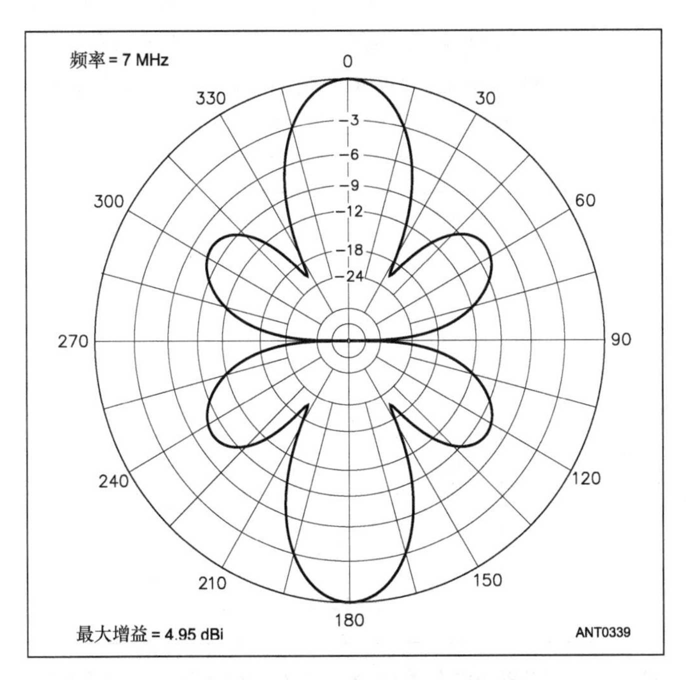

图12-6 对于图12-5的拓展双Zepp的E平面方向图。这也是当单元水平时的水平方向图。单元的轴沿90°～270°线放置。阵列的自由空间增益近似为4.95dBi。

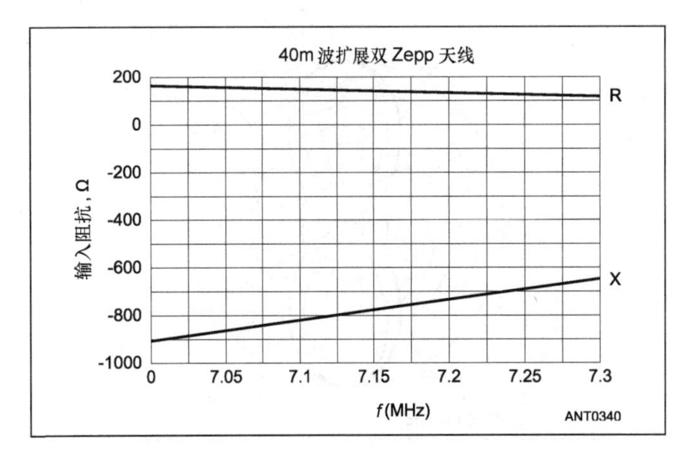

图12-7 自由空间中40m扩展双Zepp天线的馈电点阻抗和感抗。

改良扩展的双Zepp

如果用于支撑天线的空间允许大于λ/2，就可以用单导线的共线阵列这种简单的形式获得相当明显的增益。这种扩展双Zepp（DEZepp）天线已经在业余爱好者中使用了很长时间，在第8章“多元天线阵列”中也有讨论。这种可以充分改善工作带宽的简单改进形式，对于3.5MHz和7.0MHz非常有用。下面要讨论的材料来自Rudy Severns/N6LF在《The ARRL Antenna Compendium，Vol. 4》的文章。

提升一个标准的扩展双Zepp天线性能的关键，是改善电流的分布，其中一个最简单的办法是在导线中接入一个电抗，可以是电感或者电容。串联电容器通常可以有较高的Q值和较小的损耗。在尽可能少用器件的条件下，其中任何一种都是值得选择使用的。

在7MHz频率上开始调试时，可以只使用两个电容器——天线的两边各一个。电容的取值和位置可以变化，以观察发生的现象。很快就可以清楚，在馈点的电抗通过调整电容器的值可以消除掉，使天线在整个波段如同只有电阻一样。通过改变电容器的位置和电容值，使天线发生谐振，天线馈点的电阻值也跟着从小于150Ω到超过1 500Ω产生变化。

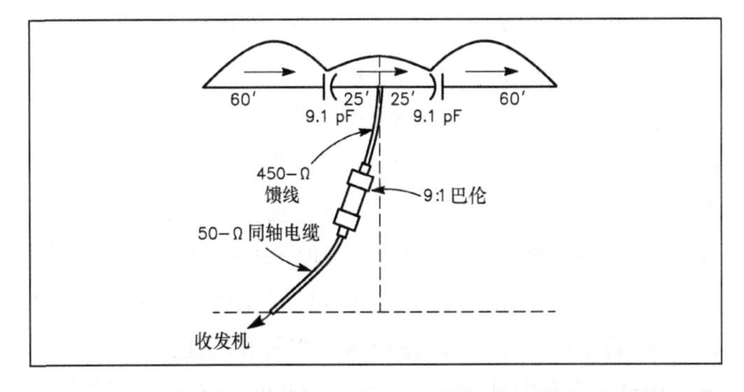

图12-8 改进型的N6LF扩展双Zepp天线原理。整个长度是170英尺，在天线两边距离中心25英尺的位置各有一个9.1pF的电容器。

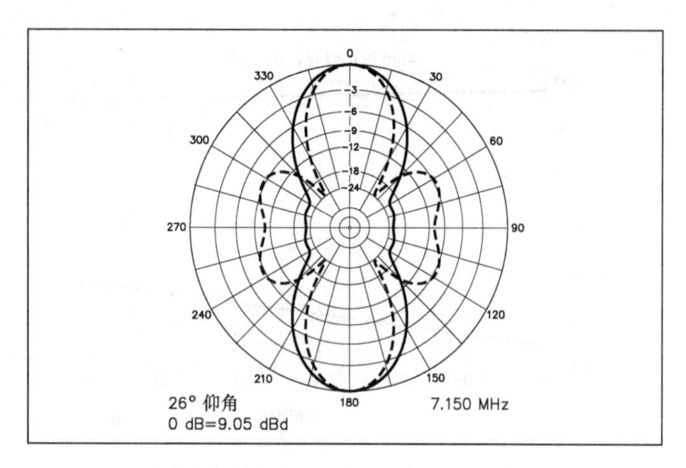

图12-9 N6LF扩展双Zepp天线的方位辐射图（实线），与经典的扩展双Zepp天线（点划线）作了比较。改进后天线的主瓣比经典型的稍微宽一些，旁瓣的压制也更好些。

有几种有趣的组合可以设计出来，最终这里选择的是如图 12-8 所示的天线，它长度为 170 英寸，两个 9.1pF 的电容器在天线两臂距离中 25 英尺的位置。天线用 450 Ω传输线和一个 9:1 三磁芯的 Guanella 类型巴伦来馈电，转换为发射机所要求的 50 Ω。传输线的长度可以任意，工作时具有很低的 SWR。

这个天线所有要讨论的就是这些了。图 12-9 所示的辐射图形中也叠加了一个标准的 DEZepp 天线作为比较，旁瓣减少到 20dB 以下，主瓣在 3dB 点的宽度是 43°，而原来的 DEZepp 只有 35°。这个天线使得一个偶极天线能获得大于 50°的宽度，而主瓣的增益仅仅比原来的 DEZepp 天线下降了 0.2dB。

实验结果

该天线用 14 号导线和两个各 3.5 英寸长的 RG-213 电缆构成的电容器来制作，见图 12-10（A）。要注意仔细地处理好电容器的防潮密封。在馈入 1.5kW 功率时，电容器两端的电压大约为 2 000V，所以任何的电晕发生都有可能损坏电容器。

可以用硅胶来密封，将同轴电缆两端密封好，最后再用塑料胶布包扎紧密。图中所画的焊点是为了防止潮气通过编织网渗透进去，并固定住芯线导体。对于需要长期在室外气候下使用，这些都是非常重要的细节。还有一个更好的办法是将电容器放到一个两端带盖子的一段 PVC 管里面，见图 12-10（B）。

注意，不是所有的 RG-8 类型电缆都具有相同的每英尺电容值，另外末端效应也会稍微增加电容量。如有可能，应该用电容表来修剪调整电容器，不过它并不需要太精确，已经检验过电容值变化±10%后的影响情况，发现天线依然能工作得很好。

得到的这些结果与用计算机建模预测的非常接近。图 12-11 中就给出了整个波段的 SWR 实测值，这些测量采用鸟牌（Bird）的双向功率表，最差的 *SWR*=1.35，是在波段的边缘。

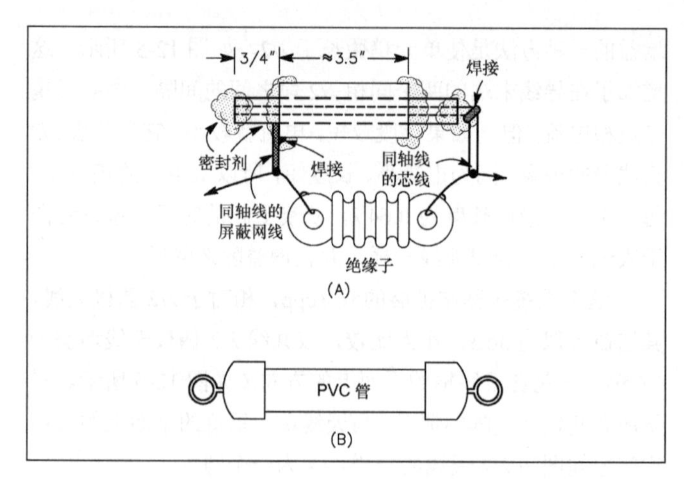

图12-10 用RG-213同轴电缆构成的串联电容器详细结构。在图（A）中是N6LF所采用的方案；在图（B）是一个对密封电容器以提高防潮性能的一种推荐办法，就是加上一段有盖子的PVC管。

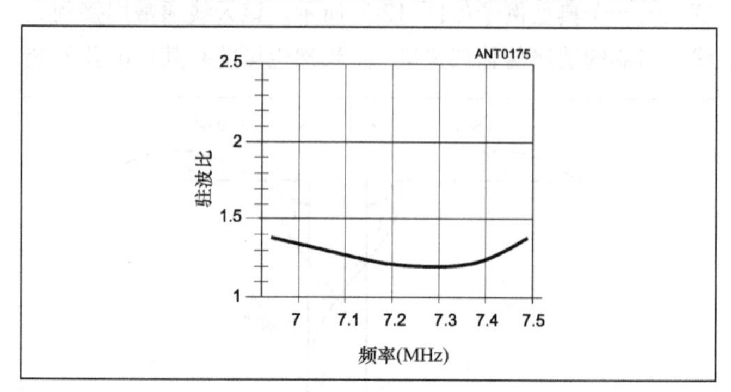

图12-11 N6LF DEZepp天线在整个40m波段的实测SWR曲线。

Dick Ives（W7ISV）架设了一根 80m 波段的这种天线，如图 12-12（A）所示，串联电容器是 17pF。由于它对 CW 不感兴趣，所以 Dick 就将最低 SWR 调整到波段的高端，如图 12-12（B）中给出的 SWR 曲线那样。该天线还可以调谐到更低一些的频率工作，整个波段 *SWR*<2∶1，如虚线所示。

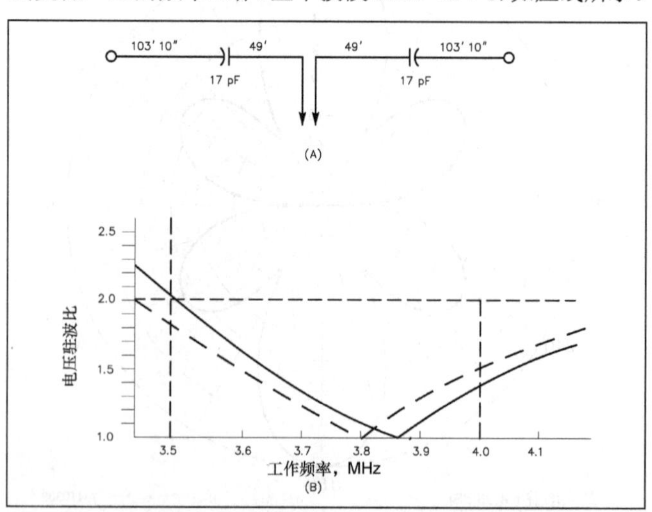

图12-12 75/80m波段改进型的扩展双Zepp天线，采用NEC Wires设计。图（A）所示是天线的原理图，图（B）所示是跨过75m/80m整个波段的SWR曲线。实线是W7ISV的天线测量曲线，它的SWR最小值通过修剪调整到波段的高端，点划线是将最小SWR

设在3.8MHz频率上所计算出来的响应曲线。

这种天线提供了较宽的工作带宽，以及在整个75m/80m波段中等的增益，并非有很多的天线可以像它一样，简单的单线结构就能提供如此好的性能。

12.1.6 司梯巴阵

两个共线阵可以组合形成司梯巴阵，常常叫做司梯巴帘，一个司梯巴阵的8单元例子如图12-13所示。端部相连的4个λ/4单元等效为两个λ/2单元。两个共线阵相隔λ/2。λ/4定相线连接起来提供λ/2定相线。这种装置对于给定长度具有增加增益的优点，并且也能增加E平面的方向性，此时不再是一个圆。这个阵列的另一个优点在于电线形成一个闭环。对于存在结冰问题的地方的设备安装，低电压直流或低频（50～60Hz）交流电流可以通过电线使之加热防止结冰。加热电流通过去耦扼流圈与射频相互隔离。这是商业安装上的标准惯例。

一个司梯巴阵的段数可以根据需要随意扩展，但是段数在4个或5个以上时却很少使用，因为额外的单元会导致增益的增加缓慢，H平面方向性变窄并且会出现多个旁瓣。在指示点处馈电时阻抗约为600 Ω。天线也可以在标记为X点处馈电，该点的阻抗约为1 000 Ω。图12-13所示的8单元阵相对于单个单元的增益为7～8dB。一个10m司梯巴阵形天线的描述见Jim Cain（K1TN）发表的一篇题为《为你而设计的幛形天线》文章，包含于原版书附加的光盘文件中，光盘文件可到《无线电》杂志网站www.radio. com.cn下载。

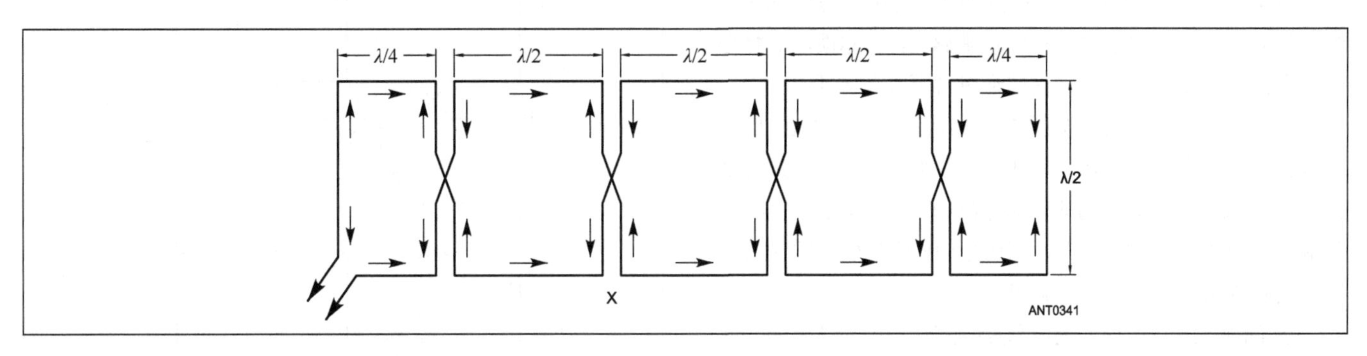

图12-13 典型的8单元司梯巴阵。

12.2 平行边射阵

为了用平行单元获得边射的方向性，单元中的电流必须都同相。位于垂直阵列轴且垂直于包含单元的平面上的线上远点处，来自所有单元的场同相叠加。这种情景就像4个平行的λ/2偶极天线同时馈电成为一个边射阵那样。

这种类型的边射阵理论上可以具有任意单元数目，然而，实际中结构和可利用的空间通常限制了边射平行单元的数目。安装并架设一个偶极幛形天线的实际问题见Mike Loukides（W1JQ）2003年在《QST》杂志上发表的一篇论文，其题目为《一个15m和10m偶极幛形天线》。

12.2.1 功率增益

平行单元边射阵的功率增益除了依赖于单元数目外，还取决于单元间的间隔。双单元阵列的增益随间距变化的方式如图12-14所示。当间距在0.67 λ附近时，增益取最大值。

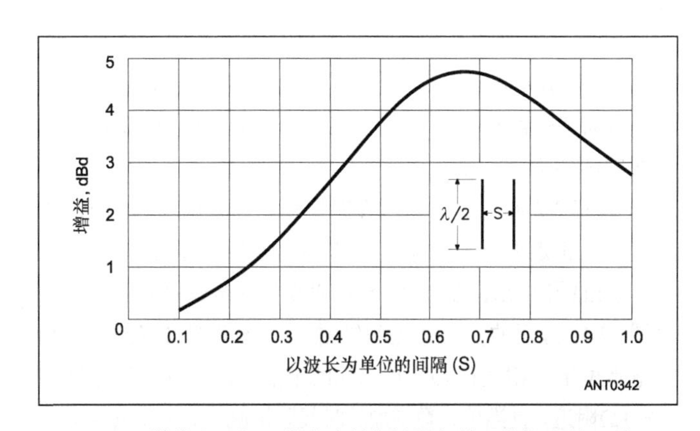

图12-14 增益为同相工作（边射）的平行单元的间距的函数。

具有两个以上单元的边射阵的理论增益近似如下：

平行单元数目	具有 $\lambda/2$ 间距的 dB 增益	具有 $3\lambda/4$ 间距的 dB 增益
3	5.7	7.2
4	7.1	8.5
5	8.1	9.4
6	8.9	10.4

当然单元必须都位于同一平面上且必须同相馈电。

12.2.2 方向性

方向图的尖锐度取决于单元间距和单元个数。对于给定单元数目，更大的单元间距会使主瓣更加尖锐，如图 12-1 所示，直到一个点为止。当间距为 $\lambda/2$ 时，2 单元阵没有副瓣，但是在更大间距时，会出现小的副瓣。当使用 3 个或 3 个以上单元时，方向图总是具有副瓣。

12.3 其他形式的边射阵

对于那些具有可用空间的读者，我们可以提供一些基于边射概念的多单元阵的资料。这些天线较大，但是设计简单且尺寸无严格限制；就单位成本的增益来说，它们也是非常经济的。

大阵列常常可以在几个不同点馈电。然而，方向图对称性可能对阵列中馈电点的选择比较敏感。非对称馈电点将导致方向图略微不对称，但是这些通常并不是很紧要。

3 单元和 4 单元阵列如图 12-15 所示，在图（A）的间距为 $\lambda/2$ 的 3 单元阵列中，阵列在中心处馈电。这是最合适的点，因为它使单元之间的功率分配趋于保持均衡。但是，传输线也可以在图 12-15（A）中的点 B 或点 C 之间交替连接，而辐射方向图只是稍微偏移。

当间隔大于 $\lambda/2$ 时，定相线必须是 1λ 长，且单元之间不颠倒次序，如图 12-15（B）所示。对于这一装置，如果定相线可以按照图中建议的那样折叠，任何达到 1λ 间距的单元都可以使用。

C 中的 2 单元阵在系统中心馈电，使单元间的功率分配尽可能均匀。但是，传输线也可以在 B、C、D 或 E 中的任一点连接。在这种情况下，在 B 和 D 之间的定相线部分必须颠倒次序使所有单元中的电流沿同一方向流动。当 B 中的阵列间距是 $3\lambda/4$ 时，C 中的 4 单元阵和 B 中的 3 单元阵具有近似相等的增益。

一种替代的馈电方法如图 12-15（D）所示。该系统也可用于 3 单元阵，并且在任何情况下都能产生更好的对称性。只需要把定相线移到每个单元的中心，使它连接到每根导线的两边而不只是一边。

具有 $\lambda/2$ 间距的 4 单元阵的自由空间方向图如图 12-16 所示。这也近似于 $3/4\lambda$ 间距的 3 单元阵列的方向图。

按照图中所示的定相原理可以设计并构建更大的阵列。对图 12-15 显示的各馈电点处的阻抗，无法得到准确的值。当馈电点位于定相线和 $\lambda/2$ 单元间的节点处，可以估计阻抗在 1 000 Ω附近，且当单元数增加的时候阻抗减小。当馈电点位于图 12-15（C）所示的端点馈电单元之间的中点处时，采用 600 Ω的明线定相线，4 单元阵的馈电点阻抗将在 200～300 Ω附近，图 12-15（D）所示的天线的馈电点阻抗应该在 1.5kΩ左右。

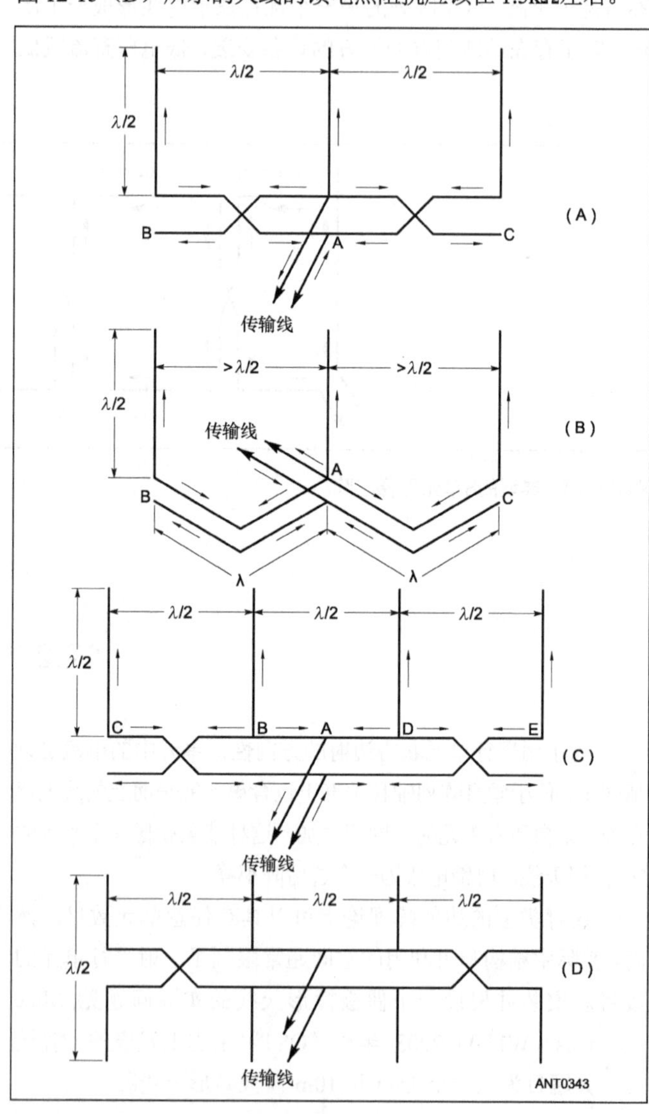

图12-15　由平行单元构成的3单元和4单元边射阵的馈电方法。

12.3.1 非均匀单元电流

如图 12-16 所示的 4 单元边射阵的方向图具有明显的旁

瓣。这对于宽度大于 λ/2，每个单元中流动的电流相等的阵列是个典型情况。通过在单元中分配不均匀电流可以降低旁瓣幅度。很多可能的电流幅度分布已经建议过。它们在外侧的单元中都具有较小的电流，而中间单元的电流更大，这会稍微降低了增益，但是可以产生更理想的方向图。一种常用的分布叫做二项式电流缓变分布。在这种方案中，单元电流比设置为等于一个多项式的系数。例如：

$1x+1$，⇒1，1

$(x+1)^2=1x^2+2x+1$，⇒1，2，1

$(x+1)^3=1x^3+3x^2+3x+1$，⇒1，3，3，1

$(x+1)^4=1x^4+4x^3+6x^2+6x+1$，⇒1，4，6，4，1

在 2 单元阵中，电流相等；在 3 单元阵中，中心单元的电流是外侧单元电流的 2 倍等。

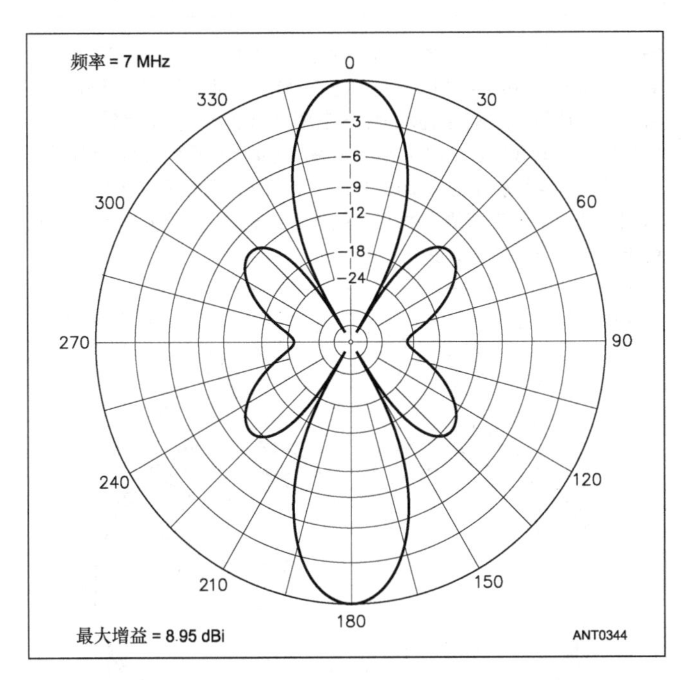

图12-16　使用平行单元的4单元边射阵（图12-15）的自由空间E平面方向图。这相当于在地面上方的垂直极化阵列在低波角上的水平方向图，单元轴沿90°～270°线。

12.3.2　半平方天线

在低频频段（40m、80m 和 160m 波段）由于尺寸的原因，使用 λ/2 单元变得越来越困难。半平方天线是个垂直单元高度为 λ/4 且水平间距为 λ/2 的 2 单元边射阵，参见图 12-17。该阵列的自由空间 H 平面方向图如图 12-18 所示。天线给出了适中（4.2dBi），但是有用的增益，并且具有只有 λ/4 高度的优点。像所有垂直极化天线一样，实际性能直接取决于周围的地面特性。

半平方天线可以采用在指示点馈电的电压馈电方案，也可在其中一个垂直单元的底端馈电。当在如图 12-17 所示的角上馈电时，馈电点阻抗约为 50 Ω。SWR 带宽通常很窄，具体见下面的设计实例。

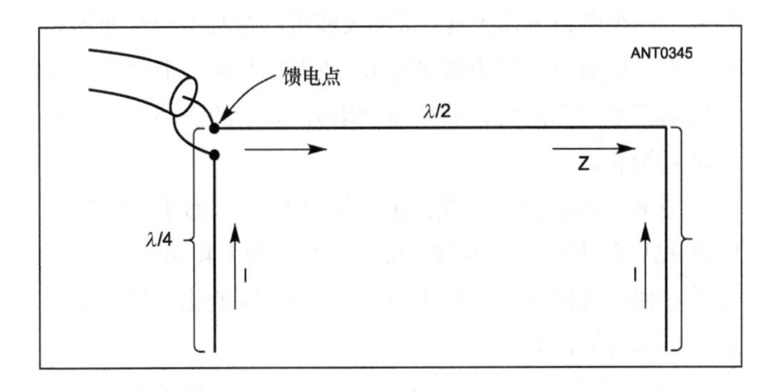

图12-17　半平方天线的布局图。

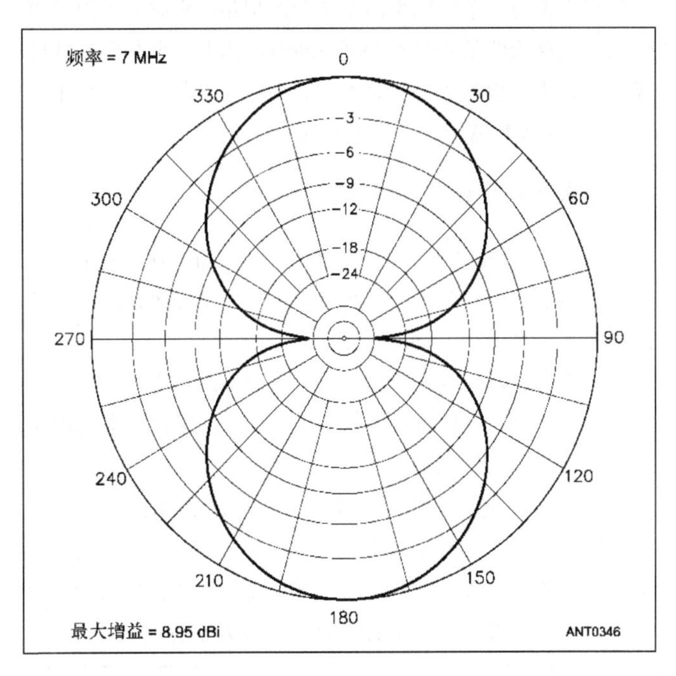

图12-18　半平方天线的自由空间E平面方向图。

各种半正方形天线

半正方形天线是两单元相控垂直阵列最简单的形式，可以非常有效地应用于低波段。以下的内容来源于《The ARRL Antenna Compendium Vol5》中 Rudy Severns/N6LF 的描述。

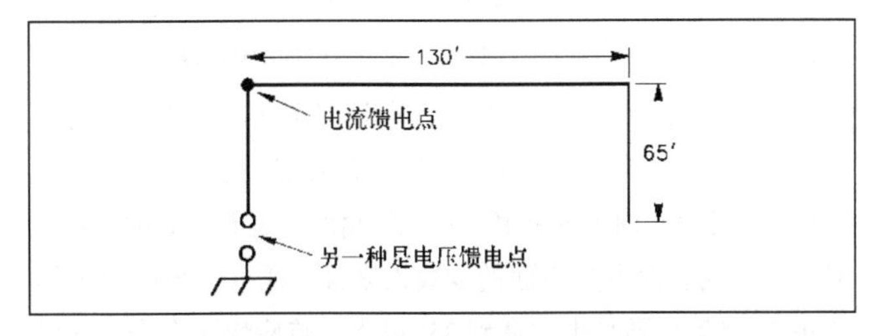

图12-19　典型的80m波段半正方形天线，具有λ/4高度的垂直臂和λ/2长度的水平臂。天线可以在底端或拐角位置馈电，当在拐角位置馈电时，馈电点是低阻抗，属于电流馈电，当用其中1根线的垂直臂底端再加上小型的地网馈电时，馈电点是高阻抗，属于电压馈电。

可以用一个标准的偶极天线做简单改装，即增加两根 λ/4 的垂直导线，每个末端各一根，如图 12-19 所示，这就构成了一个半正方形天线。这种天线可以在其中一个角的地方馈电（低阻抗，属电流馈电），或者在其中一根垂直导线的低端馈电（高阻抗，属电压馈电），其他的一些馈电方式也是可能的。

这种天线典型尺寸是：顶部导线为 λ/2（对于 3.75MHz 就是 131 英尺），垂直导线（65.5 英尺）为 λ/4。不过这些尺寸并非强制这样规定，它们在相当宽的范围变化依然可以得到几乎相同的性能。

这种天线的两个 λ/4 垂直臂，间隔 λ/2，通过顶部导线进行移相馈电，最大电流出现在两个顶角。相对于单根垂直天线，这种天线的理论增益是 3.8dB，其中一个非常重要的优点就是不需要额外的接地系统，并且可以在这对十分平常的移相 λ/4 垂直臂上来安排馈电位置。

与偶极天线的比较

在过去，其中一个缺少在 80m 和 160m 波段使用半正方形天线潜在用户的问题，就是存在 λ/4 垂直部分，这将使高度在 80m 波段大于 65 英尺，在 160m 波段高于 130 英尺。如果您没有可以这样利用的高度，这也不成问题，例如可以如图 12-20 所示那样曲折垂直臂下面部分，这种折中的做法对性能影响十分轻微。

在相同高度下，对图 12-19 和图 12-20 所给出的例子与偶极天线做一个比较是很有帮助的，从 40 英尺和 80 英尺两个高度、普通地面、良好地面、海水几个方面进行比较。同时假设垂直导线最底端的最小离地高度为 5 英尺。

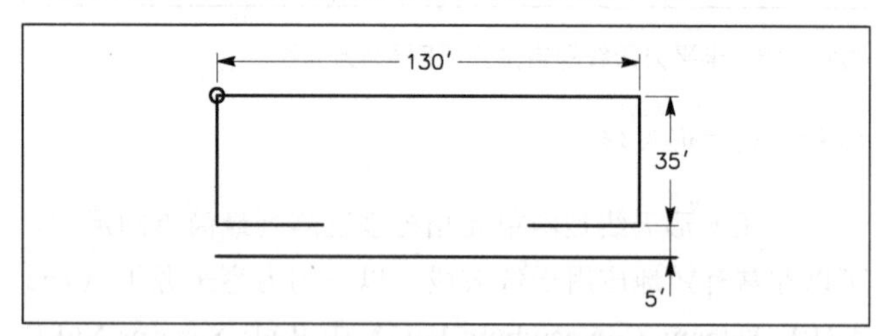

图12-20　配有40英尺高支撑物的80m波段半正方形天线。两端往里曲折重新调谐天线，这种折中对性能影响甚微。

在 40 英尺的高度，半正方形天线确实相对较小，垂直部分只有 35 英尺（≈λ/8）长度。在相同高度，这个天线与偶极天线在仰角面的比较见图 12-21。在普通地面条件下半正方形天线低于 38° 时非常出色，在 15° 角度将近改善 8dB。对于那些幸运拥有前方为海面的少数人来说，在 15° 角度有高达 11dB 的优势！同时也注意到 35° 以上，响应快速下降。这对 DX 十分有利，但对本地通信却不够理想。

图 12-22 给出图 12-20 中的缩短型半正方形天线(实线)在 80m 波段时的方位面辐射图，但这次比较的是在 100 英尺高的水平偶极天线的响应。这些比较都是在普通地面条件和仰角 5° 的位置。这里得出的信息就是，偶极天线越低，地面条件越好，从偶极天线切换到半正方形天线时就能获得更多的增益。所以选择半正方形天线对于远距离通信看来是个不错的选择。

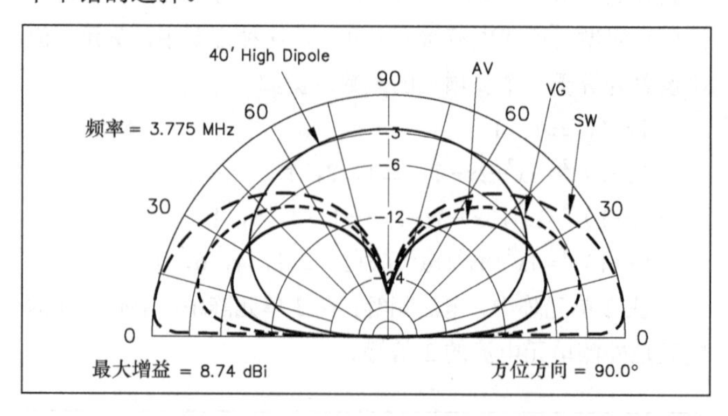

图12-21　在40英尺高度比较80m波段的各种仰角响应，普通地面40英尺高的水平极化偶极天线，与在3种类型条件下垂直极化半正方形天线比较，包括：普通地面（导电率 σ=5mS/m，介电常数 ε=13）、良好地面（σ=30mS/m，ε=20）和海水（σ=5 000mS/m，ε=80）。可以看到，地面条件的质量对半正方形天线的低仰角性能有明显的深刻影响。即使在普通地面，在低于大约32°，半正方形天线也要胜出较低高度的偶极天线。

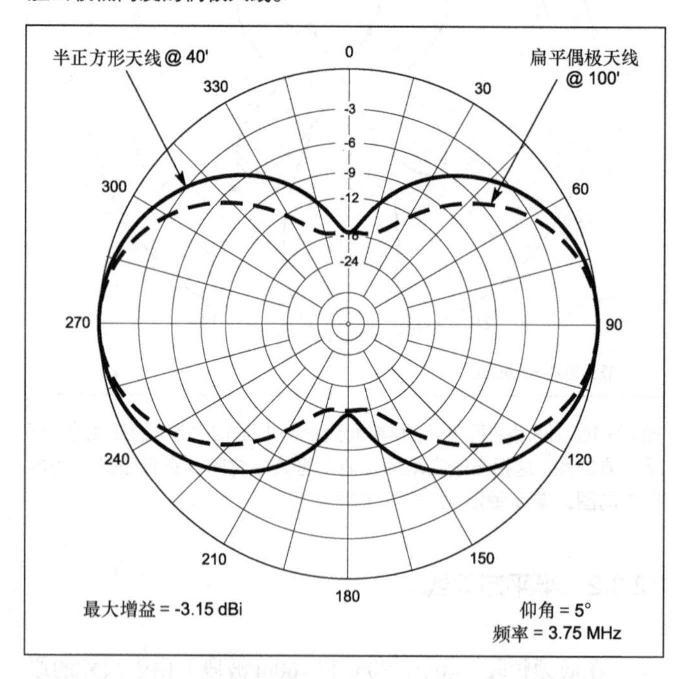

图12-22　图12-20给出的缩短型半正方形天线（实线）在80m波段的方位角图，与100英尺高度的平顶偶极天线（虚线）作比较。假设这些例子是在普通地面条件。

半正方形天线的形状变化

如何使形状更加灵活一些？通常有几种比较有实际使用价值的形变方式。有些形变对性能影响很小，但有些对于增益可能是致命的破坏。假设有更高的位置，但比所谓标准形式的宽度窄，或者有更宽的宽度但高度不够，如图 12-23（A）的情况。

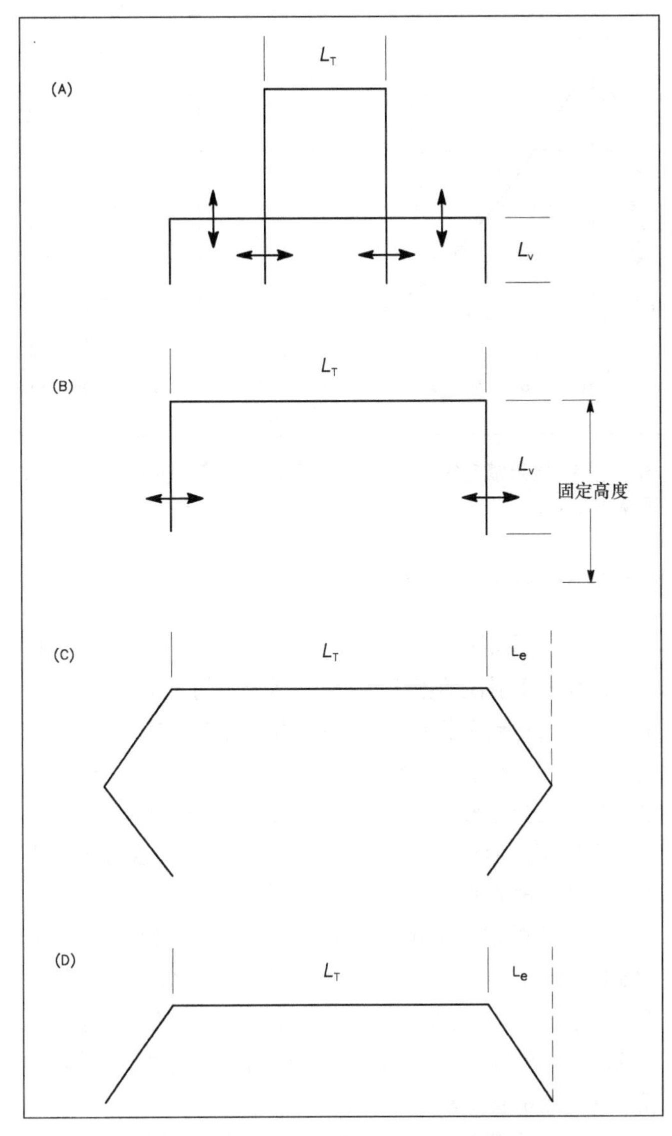

图12-23 半正方形天线在水平长度与垂直高度的变化。在图（A）中，水平与垂直臂都变化，同时保持天线处于谐振。在图（B）中，水平导线的高度保持不变，但其长度和垂直两臂发生变化，也保持天线处于谐振。在图（C）中，水平导线的长度发生改变，两个垂直臂两端往里弯成V字形。在图（D）中，两端向外倾斜，水平部分的长度可变。对基本半正方形天线做改变后的所有对称形式，在性能上只有小的损失。

表 12-1 改变水平长度与垂直高度，重新按谐振所需调整后的增益变化情况

L_T（英尺）	L_V（英尺）	增益（dBi）
100	85.4	2.65
110	79.5	3.15
120	73.7	3.55
130	67.8	3.75
140	61.8	3.65
150	56	3.05
155	53	2.65

这些尺寸变化类型对增益的影响情况见表 12-1。顶部长度（L_T）从 110 英尺到 150 英尺之间变化，垂直导线长度（L_V）根据重新调整天线谐振来确定，可见增益的改变只有 0.6dB。对于 1dB 的变化，其 L_T 范围为 100～155 英尺，这是个相当宽的范围了。

表 12-2 顶部水平导线的长度，以及重新调整垂直导线长度使天线调谐，同时保持顶部的高度不变时，增益的变化情况（见图 12-23<B>）

L_T（英尺）	L_V（英尺）	增益（dBi）
110	78.7	3.15
120	73.9	3.55
130	68	3.75
140	63	3.35
145	60.7	3.05

如果我们改变顶部水平导线的长度并且重新调整垂直导线长度使天线调谐，同时保持顶部的高度不变，则另外一种变化的结果见图 12-23（B）。表 12-2 给出这种变化对最大增益的影响，L_T 的范围为 110～145 英尺，增益的变化只有 0.65dB。

表 12-3 两个末端弯成 V 字形（见图 12-23<C>）的半正方形天线的增益

高度⇒	H=40（英尺）	H=40（英尺）	H=60（英尺）	H=60（英尺）
L_T（英尺）	L_e（英尺）	增益（dBi）	L_e（英尺）	增益（dBi）
40	57.6	3.25	52.0	2.75
60	51.4	3.75	45.4	3.35
80	45.2	3.95	76.4	3.65
100	38.6	3.75	61.4	3.85
120	31.7	3.05	44.4	3.65
140	—	—	23	3.05

如图 12-23（C）所示将导线两端弯进去形成 V 形的影响情况，见表 12-3。天线的底部高度保持 5 英尺，水平的高度（H）为 40 英尺或 60 英尺。可以看到，即便这种较大的变形对增益的影响也相对较小。如图 12-23（D）那样将导线两端向外倾斜并改变水平部分长度，对增益也只有很小的影响。因为这些改变可以使天线适合不同 QTH 情况的安装，这些都是好消息，不过并不是所有任意的改变都有这么好的结果。

假设在两个末端的高度不一样的情况下，如图 12-24 所示，半正方形的其中一端比另外一端高 20 英尺。那么它的仰角面辐射图如图 12-25 所示，并与 50 英尺高的偶极天线做了比较。这种形变将影响它的辐射图形状，增益有所下降，顶部的凹陷没有了。天线末端的抵消作用也没有了，将会出现有些端射现象。在这个例子中，高度差为 20 英尺是个较极端的情况，如果是 1～5 英尺的较小差异，则对辐射形状的影响不会太严重。

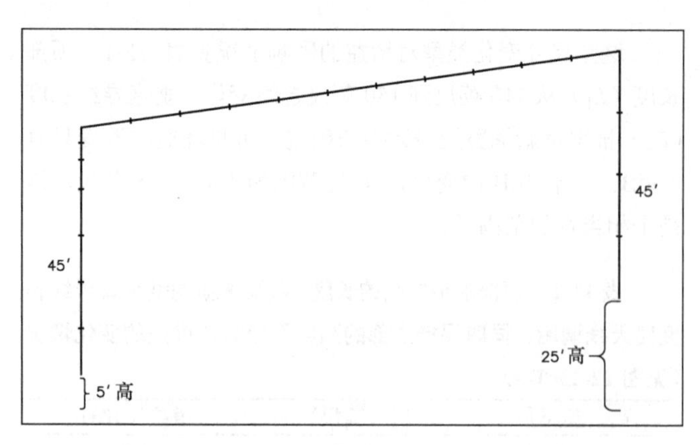

图12-24 半正方形天线不对称的形变，其中一个臂的底端比另外一臂的底端大约高出20英尺，这种形变就会影响辐射图形。

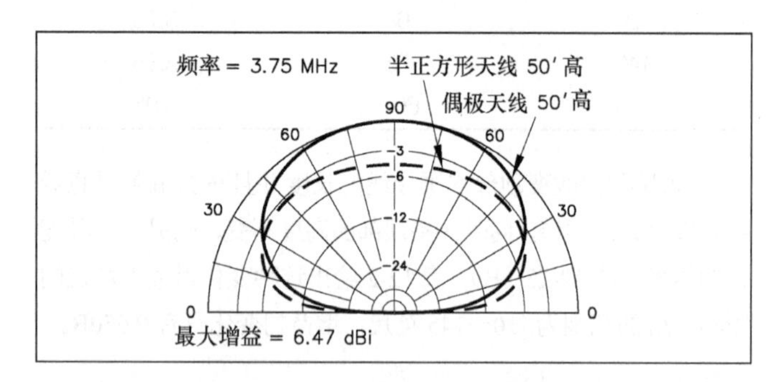

图12-25 图12-24中不对称的半正方形天线的仰角图，并与50英尺高的偶极天线辐射图做比较。两者都是在普通地面条件，导电率为5mS/m，介电常数为13。可以看到天顶角的凹陷已经被填平，并且最大增益相对于如图12-24所示那样在同类地面条件的常规半正方形天线来说，也降低了。

在两端顶部高度相同，但垂直导线的长度不一样的情况下，也会对辐射图产生类似的破坏。所以这种天线对于对称的变形有很好的容忍度，但是对于非对称的变形则不太接受。

如果导线的长度不能使天线在所需频率上发生谐振，情况又会怎样呢？根据馈电位置的不同，可能有问题或没有问题，我们将会在后面的辐射图与频率关系中看到这个讨论。半正方形天线与偶极天线相似，在对称安排上也是非常灵活的。

半正方形馈电点阻抗

半正方形天线有多种不同的馈电方式，通常可以在垂直部分的其中一个末端与地之间馈电，或者如图 12-19 所示那样在其中一个顶角位置馈电。

对于在底端与地之间的电压馈电，其阻抗非常高，常达几千欧姆。对于在顶角的电流馈电，阻抗就要低得多，通常接近 50 Ω，非常方便用同轴电缆直接馈电。

半正方形天线是一个相对高 Q 值的天线（Q≈17），图 12-26 给出了这种馈电方式下 SWR 随频率的变化情况。其实 80m 的偶极天线带宽也没有特别宽，但不会像半正方形天线 SWR 变化那么陡峭。

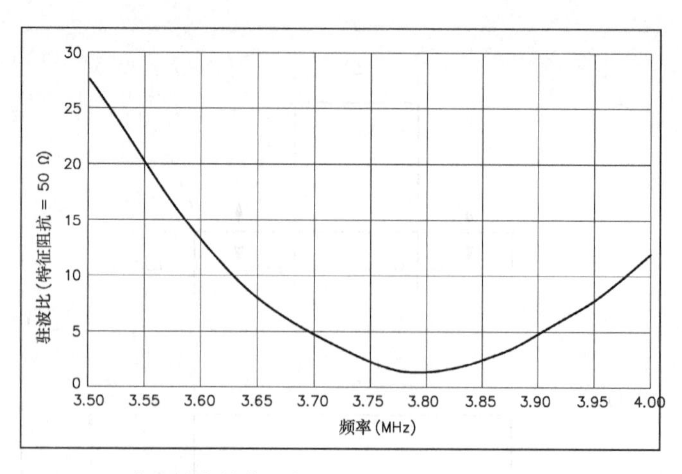

图12-26 电流馈电的半正方形天线SWR随频率的变化曲线，SWR带宽相当窄。

辐射图 VS 频率

对于天线带宽的定义并不止阻抗一个参数，还要考虑频率的改变对辐射图的影响。对于电压馈电的半正方形天线，电流的分布随频率发生变化，对谐振在 3.75MHz 附近的天线，电流的分布接近对称。然而，高于或低于该谐振频率，电流分布就会越来越不对称。其结果是，天线的开路末端将存在高电压，而馈电点也越来越不像电压点更像最大电流点。这允许电流的分布变得不对称。

这种影响在 3.5MHz 时减少 0.4dB，在 4MHz 时减少 0.6dB。顶部凹点的深度从−20dB 变化到−10dB，侧面的凹陷也减少了。注意到这是在天线物理尺寸不对称的时候才会发生的。无论是由于电流的分布还是结构安排上的不对称，天线的辐射图都会变差。

当在一个顶角采用电流馈电时，在非谐振频率下工作带来的不对称性要小得多，因为天线的两末端都是开路电路，形成电压最大的地方，增益的减小仅仅 0.1dB。非常有意思的是，频率改变对辐射图的敏感性与采用的馈电方式相关。

我们更关注顶角馈电采用传输线时的影响，因为通常都是采用同轴线对这种天线直接馈电，屏蔽层接到垂直的导线，芯线接到顶部水平导线。由于电缆的屏蔽也是导体，或多或少会与辐射体平行，并且处于天线近场之中，你可能已预计到，在实际使用时会对辐射图产生严重影响，但其实这种摆放似乎对辐射图的影响非常小，最大的影响是当馈线长度接近 $\lambda/2$ 的整数倍时，所以应该避免馈线为这些长度。

当然，如果愿意也可以在馈电点的电缆上使用扼流式巴伦。这样做也许可以减少对馈线的耦合，但对这个问题似乎没有太大作用。事实上，如果在电台室使用一个天线调谐器工作在那些天线不谐振的频率时，传输线上都是很高的 SWR，这时在馈电点的巴伦一点作用都没有。

在天线末端电压馈电时的匹配方案

对于窄带的匹配可以有几种直接的办法，不过在整个80m波段的宽带匹配则具有相当的挑战性。如图12-27所示，用一个并联谐振电路和一个合适的接地做电压馈电的方案，是这种天线比较习惯的做法。可以通过调谐电路获得所需的频率，以及采用图12-27（A）所示的电感抽头，或电容分压方式（见图12-27<B>）来获得匹配，也可能使用如图12-27（C）所示的$\lambda/4$传输线匹配方案。

假如采用图12-27（B）所示的匹配网络，典型的元器件值是L=15 μH，C_1=125pF以及C_2=855pF。在任何单个频点的SWR都可以获得接近1∶1，不过整个SWR<2∶1的带宽在<100kHz时非常窄。改变L-C的比率不会有太大区别。所以半正方形天线用于窄带时有很好的口碑。

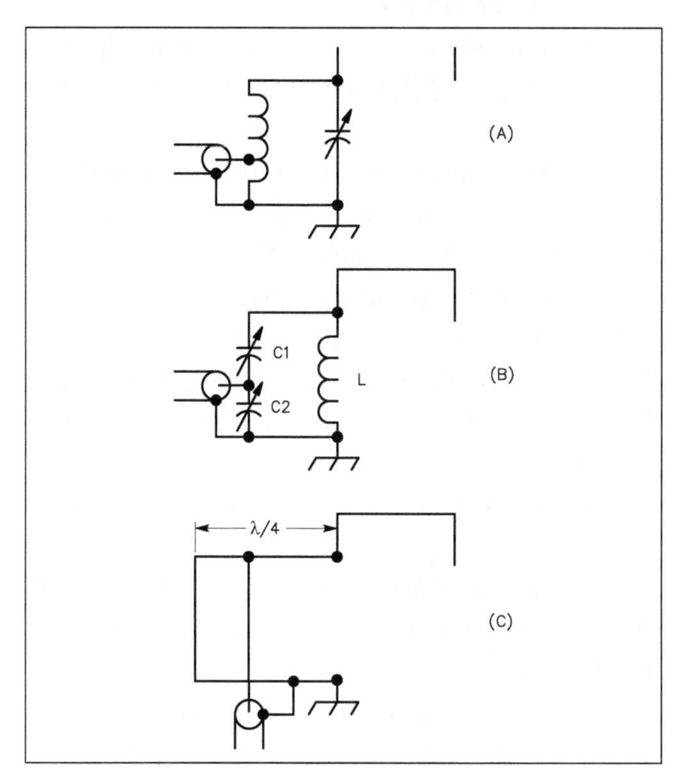

图12-27　用于半正方形天线电压馈电的典型匹配网络。

12.3.3　截尾帘天线

图12-28所示的天线系统为截尾帘天线，该天线最初是由Woodrow Smith（W6BCX）在1948年进行了描述（该文章以及其他关于截尾帘天线见参考文献）。它采用同相的垂直导线原理来产生一个边射、双向方向图，它提供相对单个$\lambda/4$单元的增益为5.1dB。天线表现得像3个同相顶部馈电垂直辐射器，单元高度约为$\lambda/4$，间距约为$\lambda/2$。它对于低角度信号最有效，在1.8MHz、3.5MHz或7MHz频率上是个优秀的远距离天线。

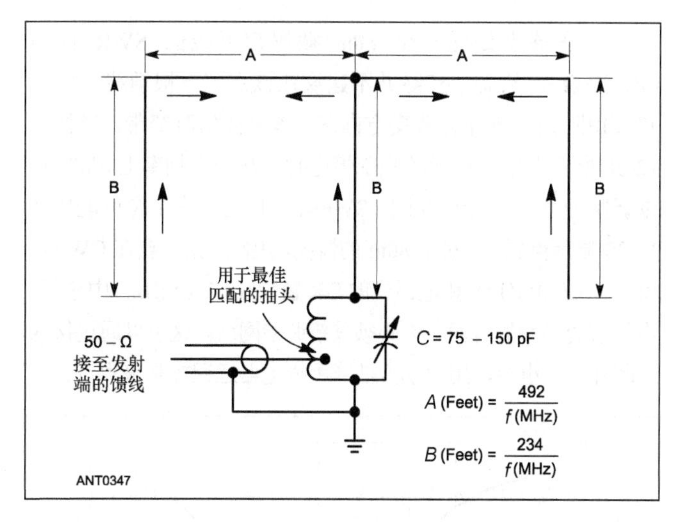

图12-28　截尾帘天线是一个具有边射双向特性的优秀的低角度辐射器。电流分布由箭头表示。尺寸A和B（导线天线的单位是英尺）可以由方程确定。

3个垂直部分是实际的辐射器件，但是只有中心单元直接馈电。两个水平部分A作为定相线，对辐射方向图没有什么贡献。因为中心单元的电流必须在末端部分间分配，电流分布接近二项式比1∶2∶1。辐射方向图如图12-29所示。

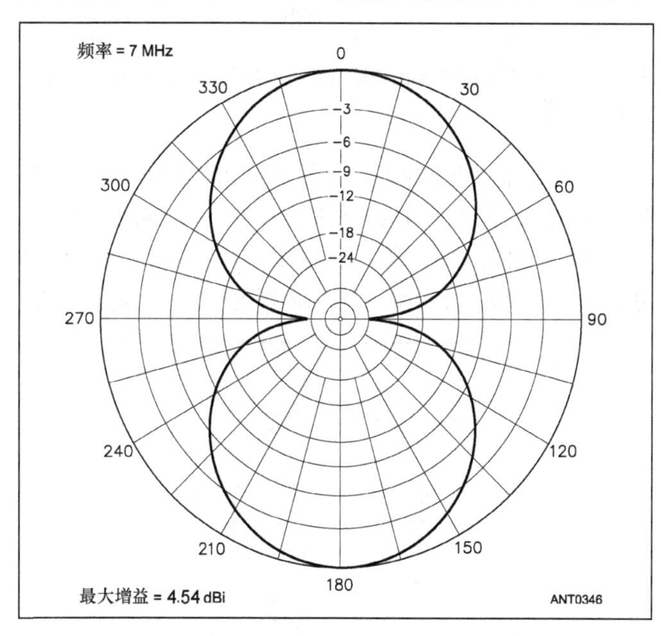

图12-29　对于图12-28中所示的截尾帘天线计算得到的自由空间E平面方向图。阵列沿90°～270°线。

垂直单元应该尽可能垂直。水平部分的高度应该稍大于B，如图12-28所示。调谐网络在工作频率谐振。L/C应该十分低来提供好的负载特性。作为一个起始点，最大电容的推荐值为75～150pF，且电感值由C和工作频率确定。首先调节网络使其谐振，然后调整抽头达到最佳匹配。可能需要对C进行微调。由少量匝数构成的连接线圈也可以用来对天线馈电。

通过观察位于中心单元顶端的馈电点可以获得对该天线的匹配带宽的感性认识。该点的阻抗近似为32 Ω。图12-30

显示了在该点处的一个 80m 截尾帘天线的 SWR 曲线（Z_0=32 Ω）。然而，实际并不建议在该点连一根馈线，因为它会使阵列失谐并且改变方向图。该天线相对窄带。当如图 12-28 所示在中心单元的底部馈电时，在一个频率上 SWR 可以调整为 1：1，但是对于 SWR<2：1 的工作带宽可能比图 12-30 显示得更窄。对于 80m 的情况，操作通常需要在 CW DX 窗口（3.510MHz）和电话中的 DX 窗口（3.790MHz）中进行，当你改变频率的时候，你必须重新调谐网络。这可以通过接入或断开一个电容，用手动方法或用继电器远程控制来实现。

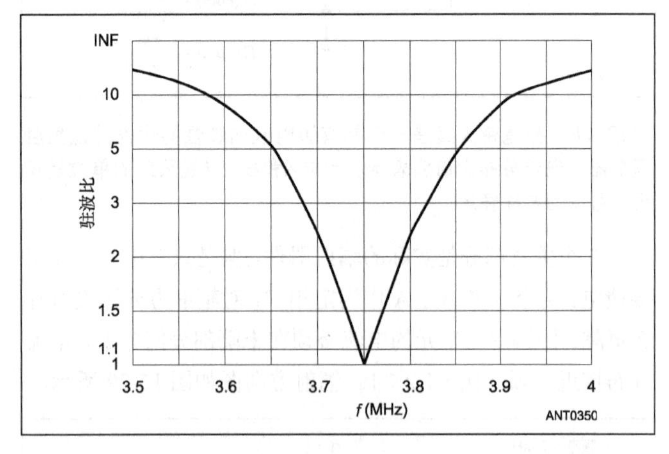

图12-30　自由空间中80m截尾帘天线的典型的SWR曲线。这是一个窄带天线。

当匹配带宽十分窄时，辐射方向图随频率变化更为缓慢。图 12-31 显示了方向图在整个频带（3.5～4.0MHz）上的变化。正如预料的那样，增益随频率而增加，因为天线尺寸相对于波长更大。然而，通常方向图的整体形状是稳定的。

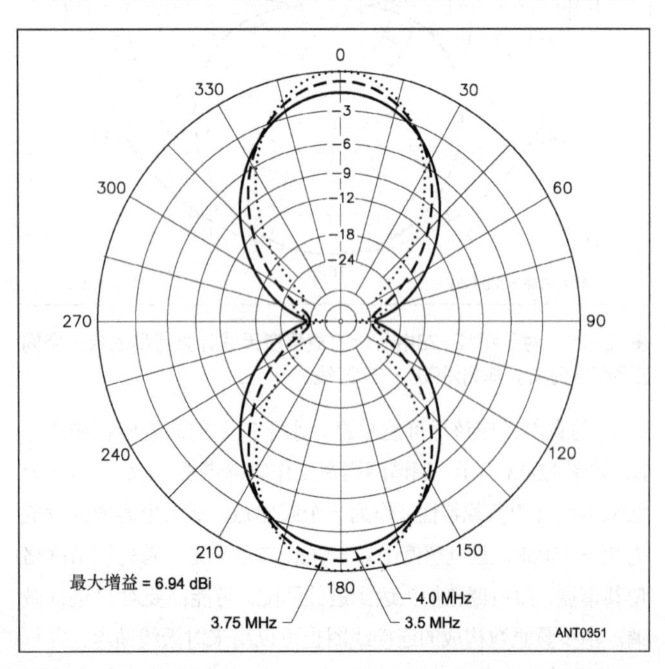

图12-31　自由空间80m截尾帘天线的E平面方向图在80m波段上的变化。

多波段截尾帘天线的一个变种，N4GG 天线阵，在 2001 年 7 月《QST》杂志中进行了描述。这类天线使用类似于扇形偶极子平行天线以及截尾帘天线中所使用的垂直天线来覆盖多波段。

12.3.4　Bruce 阵

Bruce 阵的 4 种变形如图 12-32 所示。Bruce 阵就是一根折叠导线，使得垂直部分携带同相大电流，而水平部分相对于（由点表示的）该部分中心携带反向流动的小电流。辐射是垂直极化波。增益正比于阵列长度，但是比从同样长度的 $\lambda/2$ 单元构成的边射阵得到的增益要稍小，这是因为单元的辐射部分只有 $\lambda/4$。

Bruce 阵具有很多优点：

（1）阵列只有 $\lambda/4$ 高。这对于 80m 和 160m 天线特别有用，因为此时 $\lambda/2$ 高度的支撑对于很多业余人员来说变得不现实。

（2）阵列非常简单。它只是靠单根导线折叠形成阵列。

（3）阵列尺寸非常灵活。取决于支架间可用的距离，可以使用任意多个单元。阵列越长，增益越大。

（4）阵列形状不必是精确的 1.05 $\lambda/4$ 正方形。如果可用高度较小，但是阵列可做得更长的，那么可以使用更短的垂直部分和更长的水平部分来维持增益和谐振。相反的，如果更多高度可用而宽带受限制，那么可以使用更长的垂直部分和更短的水平部分。

（5）阵列可以在对于特定安装更为方便的其他点进行馈电。

（6）天线相对来说 Q 值较低，所以馈电点阻抗随频率变化缓慢。这对于 80m 天线很有用，例如，此时天线相对来说带宽较宽。

（7）辐射方向图和增益在业余频带上是稳定的。

注意图 12-32 中，阵列的标称尺寸，要求段长度等于 1.05/4 λ。在大导线阵列中，普遍需要使用稍长的单元来获得谐振，四边形环也和它一样。这与导线偶极天线大不相同，导线偶极天线一般要缩短 2%～5%来获得谐振。

图 12-33 显示了对于 2～5 单元的 80m Bruce 阵的增益和方向图的变化。表 12-4 列出了相对于 $\lambda/2$ 垂直偶极天线的增益，一个四辐板接地平面垂直单元和阵列尺寸。所列的增益和阻抗参数是对自由空间来说的。在实际地面上方，方向图和增益将取决于距离地面的高度和地面特性。其中包括了使用 12 号导体的铜的损耗。

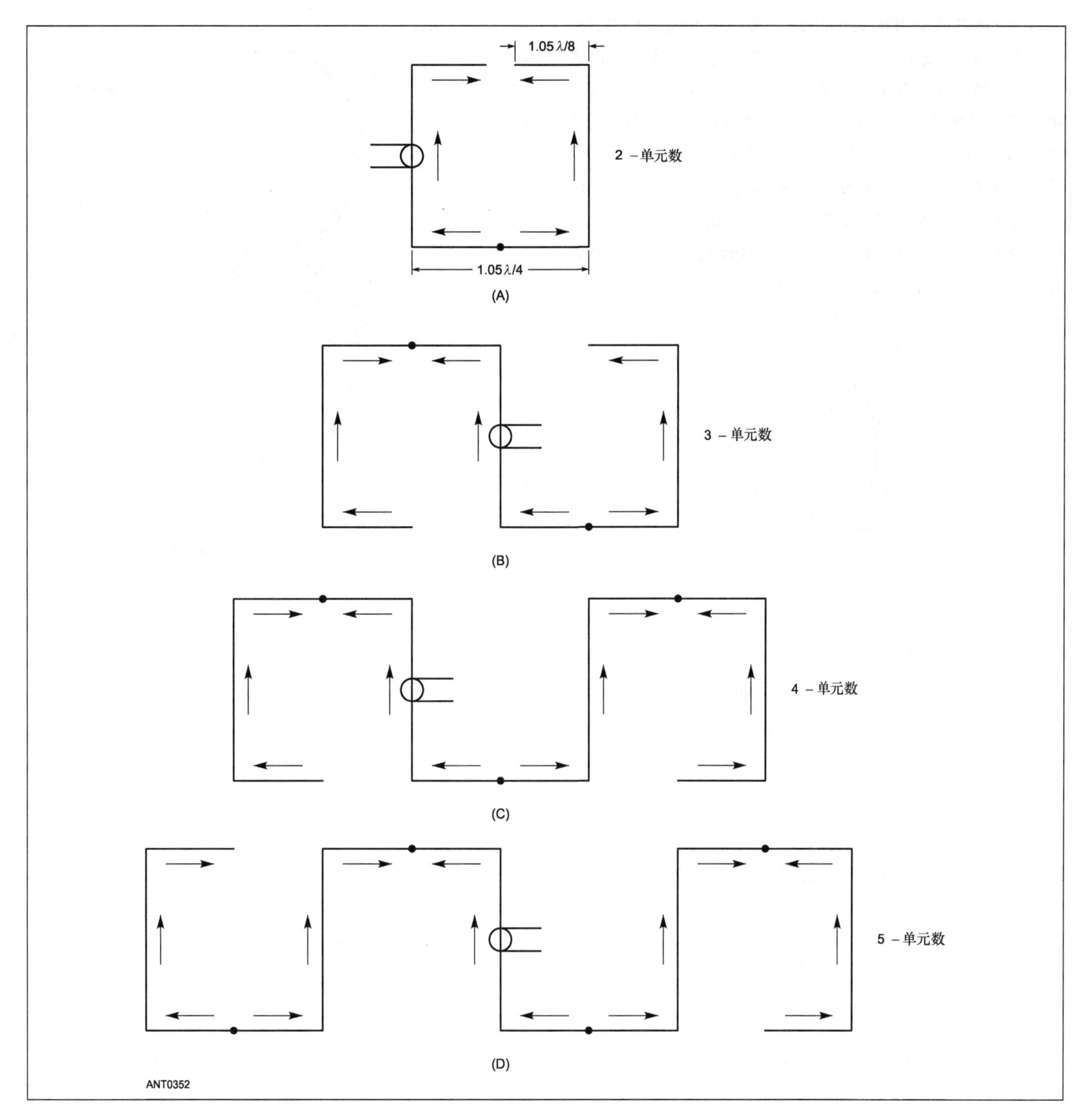

图12–32　各种Bruce阵：2单元、3单元、4单元和5单元的情况。

表 12-4　作为单元数的函数的 Bruce 阵长度，阻抗和增益

单元数	相对 λ/2 垂直偶极天线的增益	在 λ/4 接地平面上的增益	阵列长度（λ）	近似馈电点阻抗 Z，Ω
2	1.2dB	1.9dB	1/4	130
3	2.8dB	3.6dB	1/2	200
4	4.3dB	5.1dB	3/4	250
5	5.3dB	6.1dB	1	300

从这些阵列中可以获得有价值的增益，尤其是对于 80m 和 160m 天线而言，任何增益都难以得到。馈电点阻抗是针对垂直部分中心而言。从图 12-33 的方向图可以看到，当阵列长度增加到超过 3 λ/4 时，旁瓣开始出现。这对于各单元使用相等电流的阵列是典型情况。

比较截尾帘天线和 4 单元 Bruce 阵，你会发现有趣的情况。图 12-34 所示比较了这两种天线的辐射方向图。即使 Bruce 阵（3 λ/4）比截尾帘天线阵（1λ）短，它也具有略高的增益。匹配带宽在图 12-35 中通过 SWR 曲线说明。4 单元 Bruce 阵的匹配带宽（200kHz）比截尾帘天线的（75kHz）高出 2 倍多。部分增益差异是由于二项式电流分布——在截尾帘天线阵中中心单元的电流是外侧单元电流的两倍。这会稍微降低增益以至于 4 单元 Bruce 阵变得具有竞争力。这是使用超过最小单元数目来改进性能或减小尺寸的很好的例子。在 160m 波段处，4 单元 Bruce 阵将比截尾帘天线阵短 140 英寸，这一缩短非常显著。如果截尾帘阵（1λ）可以获得额外的空间，那么可以使用 5 单元 Bruce 阵，它在增益上有小的增加，但是也带来了一些旁瓣。

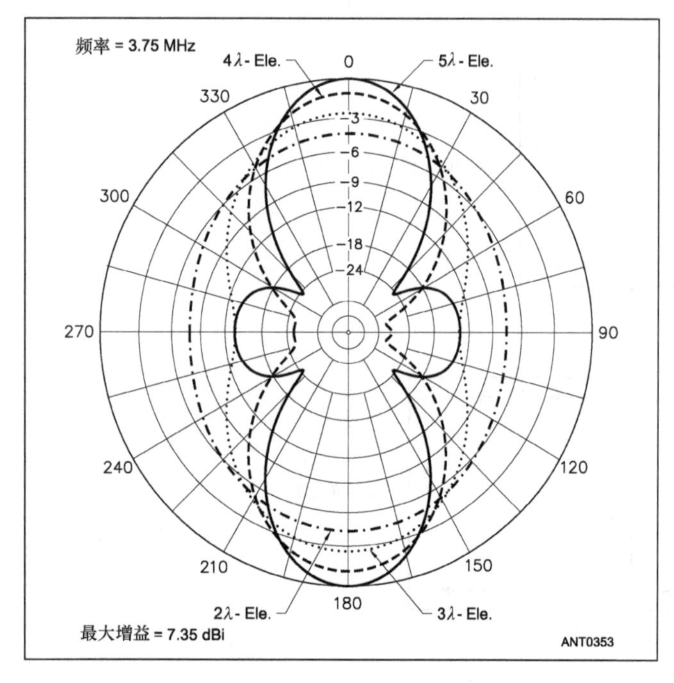

图12-33　图12-32所示的自由空间80m Bruce阵的E平面方向图。5单元的方向图是实线，4单元是虚线，3单元是点线，2单元是点虚线。

2 单元 Bruce 阵和半平方天线阵都是 2 单元阵。然而，由于在半平方天线阵中，辐射器之间的间距更大，半平方辐射器的增益大约大 1dB。如果有空间，半平方天线阵是个更好的选择。如果对于半平方天线阵没有空间，那么只有一半长度（λ/4）的 Bruce 阵会是个好的替代。3 单元 Bruce 阵和半平方阵具有相同的长度（λ/2），但增益比半平方阵约大 0.6dB，并且具有更宽的匹配带宽。

Bruce 天线可以在很多不同的点以不同的方式馈电，除了图 12-32 标明的馈电点，还可以在任何垂直部分的中心连接馈线。在更长的 Bruce 阵中，在一端馈电将导致在单元间有一些电流不平衡，但是导致的方向图畸变较小。实际上，馈电点可以是在沿垂直部分的任何地方。一个很方便的点是在外角落处。馈电点阻抗会更高（约为 600 Ω）。在垂直部分的某处通常可以找到对 450 Ω梯形线的好的匹配。通过折断导线并插入一个绝缘体在电压节点处馈电会完全改变电流分布，意识到这点是很重要的。这将在“端射阵”部分讨论。

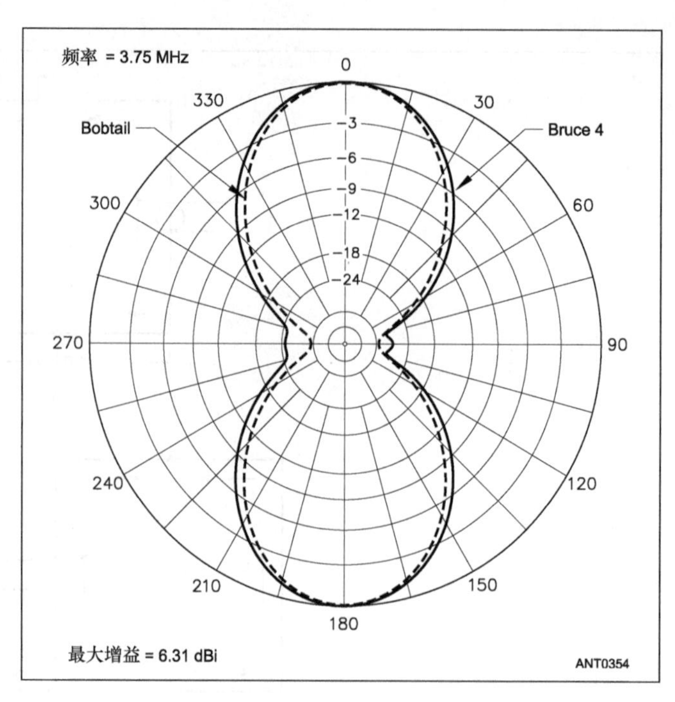

图12-34　4单元Bruce阵（实线）和3单元截尾帘天线（虚线）的自由空间方向图的比较。

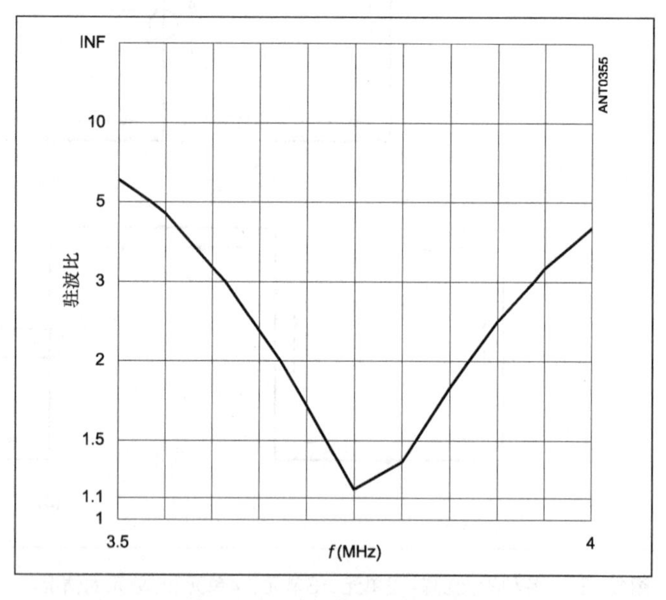

图12-35　80m 4单元Bruce阵的典型的SWR曲线。

如图 12-36 所示，一个 Bruce 阵可以相对地面或地网不平衡馈电。因为它是一个垂直极化天线，接地系统越好性能就越好。如图 12-36（B）所示，可以使用只需两根高架辐板的结构，但是为了提高性能可以使用更多的辐板，这取决于本地地面常数。在 20 世纪 20 年代末，Bruce 阵发展过程中，使用了这种馈电装置。

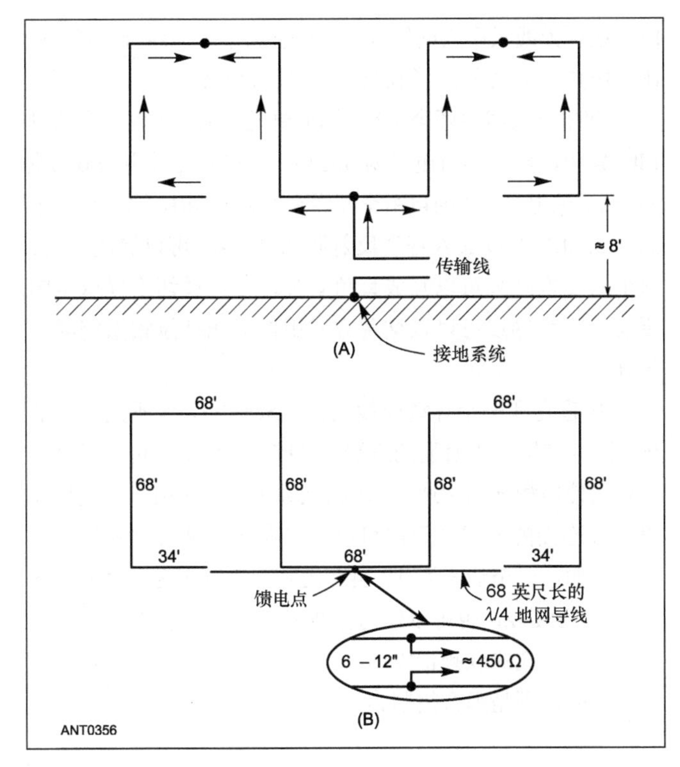

图12-36　Bruce阵的替代的馈电装置。图（A）所示为天线相对接地系统激励，图（B）所示为它使用一个双线地网。

12.3.5　4单元边射阵

如图12-37所示的4单元阵，一般被称做"横H型（I型）"（Lazy H）。它由一组双共线单元和一组双平行单元组成，全都同相工作来给出边射方向图。和简单的平行单元边射阵情况一样，增益和方向性取决于间距。间距可以在图中所示的极限值间选择，但是低于3/8λ的间距不值得选，因为增益小。相对于单个单元的增益估计为：

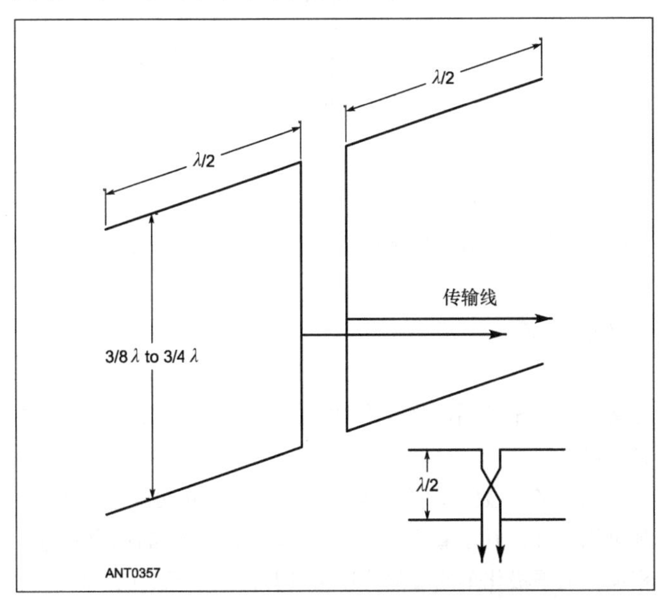

图12-37　4单元边射阵（"横H型"）使用共线和平行单元。

3λ/8 间距——4.2dB

λ/2 间距——5.8dB

5λ/8 间距——6.7dB

3λ/4 间距——6.3dB

通常采用半波间距。该间距的方向图在图12-38和图12-39中给出。在平行单元间距为λ/2时，定相线和传输线的结点处的阻抗呈电阻性，在100Ω附近。对于更大或更小的间距，该结点处的阻抗除了有电阻性还将有电抗性。在使用非谐振线的情况下，推荐匹配短截线。如"传输线耦合和阻抗匹配"一章中所述的那样，可以计算并调整它们。

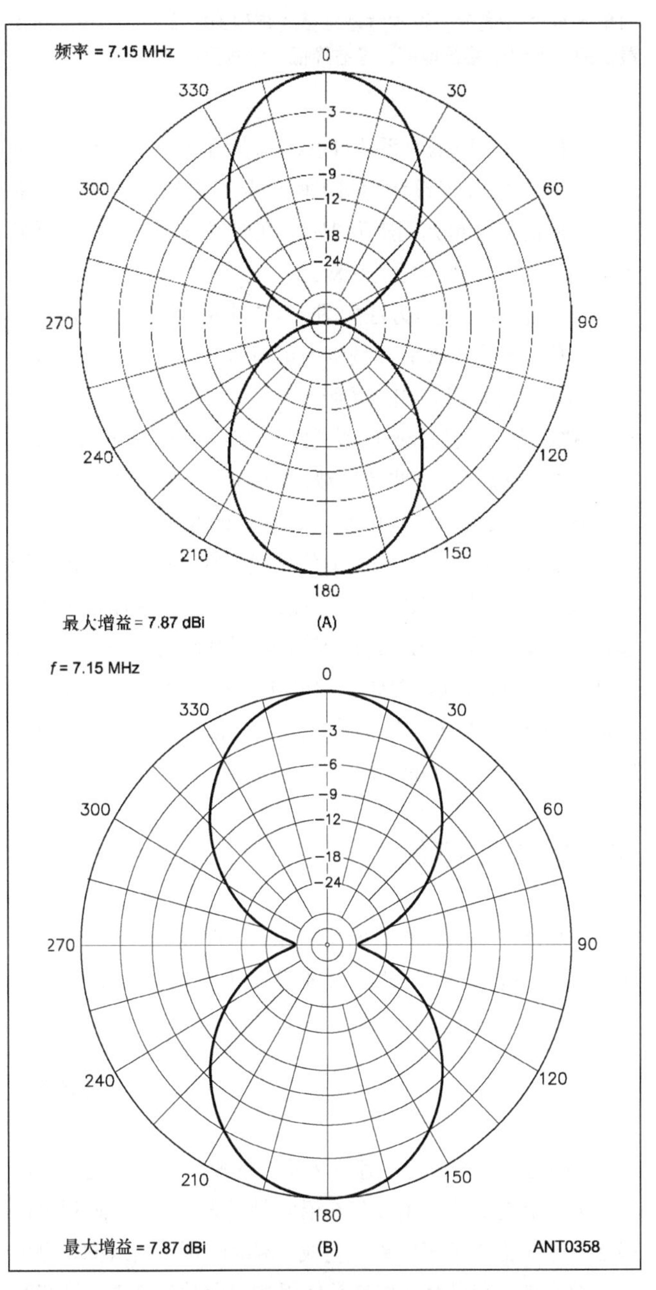

图12-38　图12-37所示的4单元天线的自由空间方向图。图（A）是E平面方向图。单元轴沿90°～270°线。图（B）是H平面方向图，从单元末端看去，仿佛一组单元在另一组的上方。

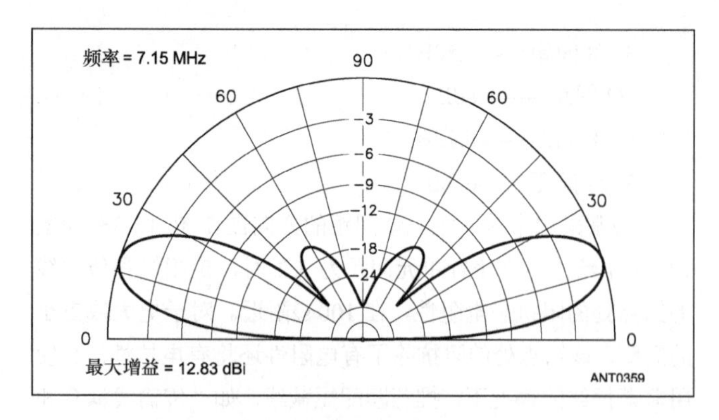

图12-39　图12-37所示的4单元边射天线阵的垂直方向图，安装时各单元水平放置，低处的那组单元位于平地上方λ/4处。当最低的单元至少λ/2高时，这种类型堆叠的阵列给出最好的结果。如果最低的单元过于接近地面，增益降低，波角升高。

图 12-37 所示的系统可以在具有两倍频关系的两个频带上使用。它应该设计为用于两个频率中较高的那个频率时，使用的平行单元间距为 3/4λ。在较低频率上用作一个简单边射阵时，单元间距为 3/8λ。

一种替代的馈电方法如图 12-37 中的小图所示。在该情况下，单元和定相线必须调整为正好是半个电波长。馈电点阻抗呈电阻性，且在 2kΩ量级。

被称为"扩展 Lazy H 型天线"是该类天线的一个变种，它在基本波段以及一些较高波段上都是一个非常有效的边射天线。如果支撑结构可使较低单元距地面的高度至少为λ/4，那么该天线就可以入选最佳天线阵容。使用一个调谐器可使其工作于所有 HF 波段，并且通过将馈线导体连接在一起以及针对地面系统来激励天线，就可将该天线当作一个顶部加载的垂直天线。7MHz、14MHz 和 21MHz 的版本见 Walter Salmon 1995 年 10 月在《QST》杂志上发表的文章《The Extended Lazy H Antenna》。

12.3.6　双平方天线

"横 H 型"天线的一种发展形式，叫做双平方天线，如图 12-40 所示。双平方天线的增益略小于横 H 型天线的增益，但是这种天线吸引人的原因是它可以用单个天线杆支撑。它在工作频率下具有 2λ 的周长，并且水平极化。

双平方天线由两个 1λ 的辐射单元组成，在阵列底部以 180°异相馈电。辐射电阻为 300 Ω，所以它可以用 300 Ω或 600 Ω线馈电。天线的自由空间增益约为 5.8dB，比单极子单元高 3.7dB。通过加入寄生反射器或引向器，可以提高增益。两个双平方阵列可以互成直角安装，并通过切换提供全向覆盖。阵列导线可以以这种方式用作天线杆拉索系统的一部分。

尽管它和一个环型天线相似，双平方天线不是真正的环，因为在馈电点对面的末端是开路的。然而，可以对这两种天线使用相同的构造技术。在低频工作时应用一种远程关闭顶端连接的方式，天线可以工作在两个谐波相关的频带上。例如，一个边长为 17 英寸的阵列可以作为双平方天线工作在 28MHz，也可以作为全波环形天线工作在 14MHz。对于这种方式的双频带操作，天线的边长应该支持高频。闭环的长度也不是那么挑剔。

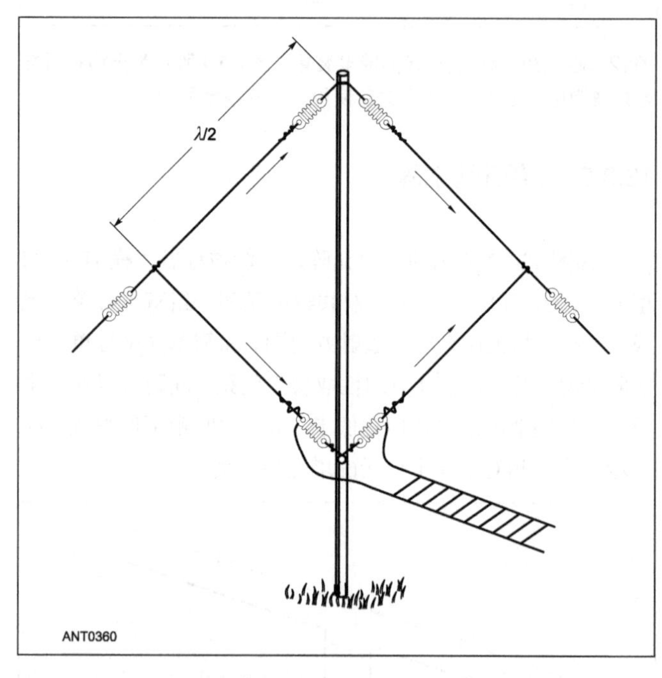

图12-40　双平方阵。它具有环形外观，但不是真正的环，因为导体在顶部开路。每条边的长度是480/f（MHz），单位为英尺。

12.4　端　射　阵

"端射"这个术语涵盖许多不同的操作方法，这些方法的共同点就是最大辐射发生在沿阵轴线方向，并且阵列由许多在一个平面上的平行单元构成。端射阵可以是双向，也可以是单向的，在业余爱好者常使用的双向端射阵中，只有两个单元，并且工作时电流 180°异相。尽管通常单向端射阵的调节比较复杂，它们也被业余爱好者作为对定相的 λ/4 垂直接地单元来使用。这种阵列将在"多元阵列天线"一章中详细讨论。

除了在对数周期阵中有应用（在"对数周期偶极天线阵"章讨论）外，几乎看不到水平极化单向端射阵的业余应用。相反，水平极化单向端射阵通常具有寄生单元（在"高频八木和方框天线"章讨论），被称作八木天线。

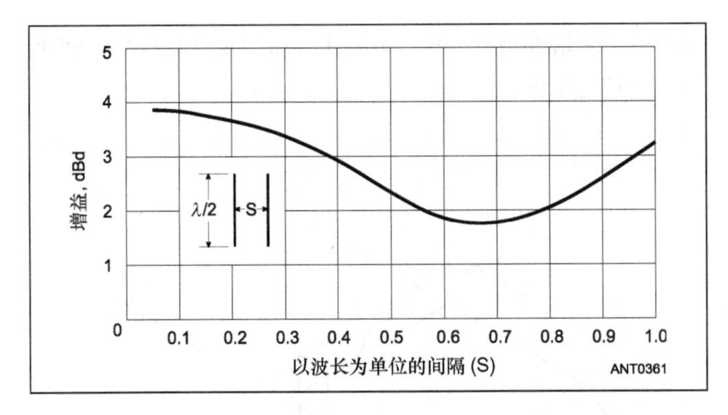

图12-41　由两个180°异相馈电单元构成的端射阵的增益随单元间距的变化函数。当单元间距达到λ/2时，最大辐射方向发生在单元所在平面，并与单元成直角，但是在更大的间距时方向改变。

12.4.1　2 单元端射阵

在具有等幅异相电流的二元阵中，增益随单元间距的变化如图 12-41 所示。最大增益发生在间距为 0.1 λ 附近。低于这一间距，由于导体损耗电阻的影响，增益迅速下降。

在给定最大增益的间距处的两个单元的馈电点阻抗都很低。最常使用的间距是 λ/8 和 λ/4，此时，中心馈电的 λ/2 单元阻抗大约分别为 9 Ω和 32 Ω。

对于不同的间距，导体电阻对增益的影响如图 12-42 所示。由于沿单元分布的电流不是常数（近似正弦分布），图示的阻抗是插在单元中心用来考虑沿单元损耗分布的等效电阻（R_{eq}）。

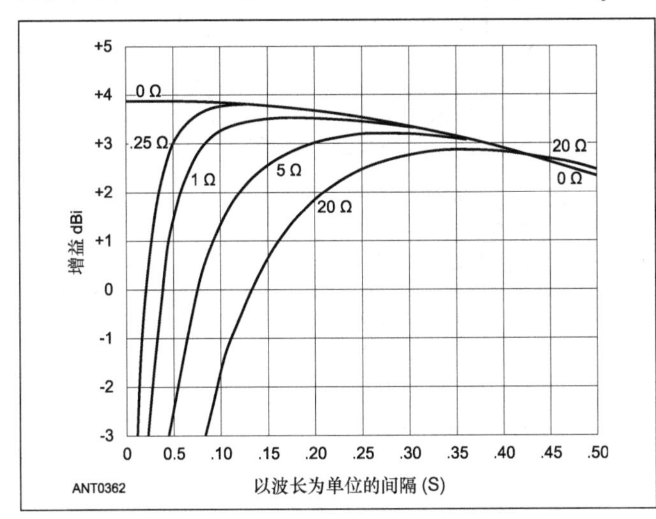

图12-42　自由空间中两个异相单元相对单个单元的增益，是不同损耗电阻下单元间距的函数。

λ/2 单元的等效电阻为整个单元交流电阻（ R_{ac} ）的一半。通常由于趋肤效应，$R_{ac} \geqslant R_{dc}$。例如，使用 12 号铜线，工作在 1.84MHz 的偶极天线的 R_{eq} 如下：

线长=267 英尺

R_{dc}=0.001 59（/英尺）×267（英尺）=0.42

$F_r=R_{ac}/R_{dc}=10.8$

$R_{eq}=(R_{dc}/2)\times F_r=2.29$

对于用 12 号铜线制作，工作在 3.75MHz 的偶极天线，R_{eq}=1.59Ω。在图 12-42 中清楚地表明：由于损耗的影响，由 12 号或更小的铜线制作的端射天线将限制所能达到的增益。如果你使用导线单元，那么使用小于 λ/4 的单元间距是没有意义的。但是，如果你使用铝管，则可以使用更小的间距来增加增益。然而，当间距减小到低于 λ/4，即使采用很好的导体，增益的增加也是很小的。间距减小，虽然增益增加很小，但是由于阵列 Q 值的迅速增加，就会极大地减小工作带宽。

单向端射阵

两个相距 λ/4，馈以等幅 90°异相电流的平行单元，其方向图位于垂直于阵列平面的平面上，如图 12-43 所示。最大辐射沿电流相位滞后的阵元方向。在相反的方向，两个阵元的场会相互抵消。

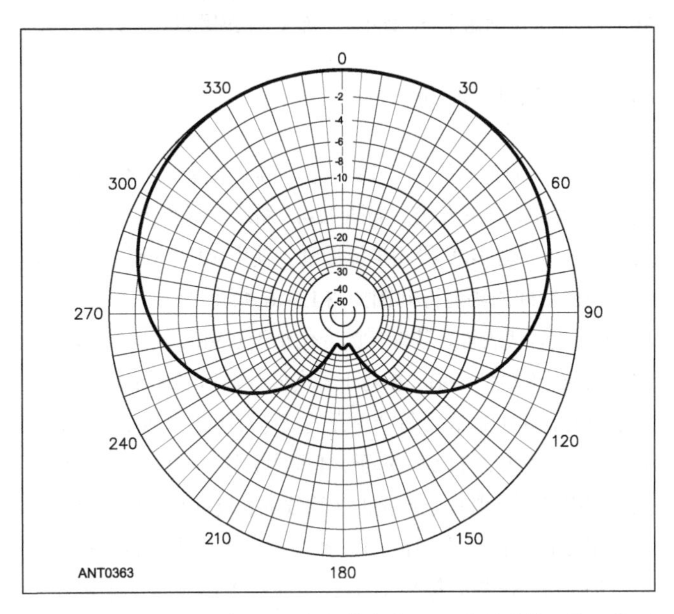

图12-43　间距90°并以90°定相馈电的二元端射阵的H平面典型方向图。单元沿垂直轴放置，在最上面的单元相位滞后。此处考虑了不同的电流分布（方向图用ELNEC计算）。

当阵元中的电流既不同相也不 180°异相时，阵元的馈电点阻抗不相等。这使得给单元馈以相等电流的问题变得复杂，正如在“多元阵列天线”一章中讨论的那样。

单向端射阵可以使用两个以上单元。单向性的要求就是单元之间的渐进式相移等于单元之间的电角度间距。每个单元的电流幅度也必须是相关联的。这就需要二项式电流分布。对于 3 个单元的情况，对于间距为 90°（λ/4），电流以 90°定相的单元，要求中心单元的电流是两外侧单元电流的两倍。这种天线全长 λ/2，方向图如图 12-44 所示。该方向图类似于图 12-43，但是更窄的半功率波束宽度（146°对比 176°）证明 3 单元定向天线阵方向性更好，它的增益大 1.0dB。

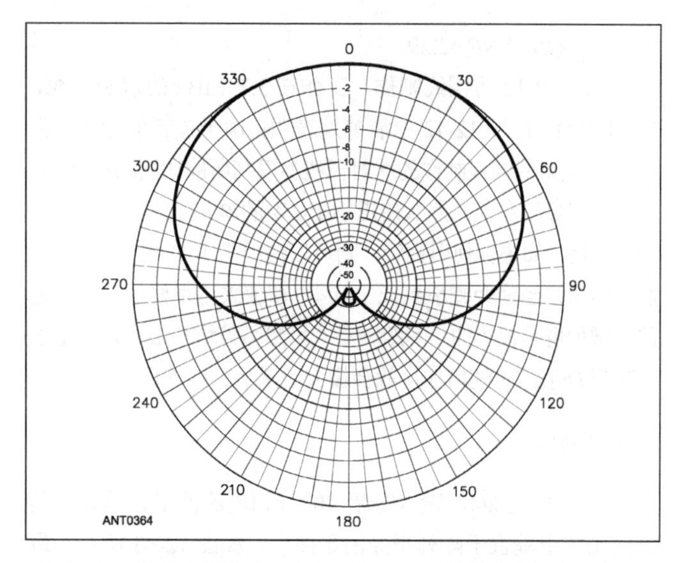

图12-44 具有二项式电流分布（中心单元的电流是每个末端单元电流的两倍）的3单元端射阵的H面方向图。单元沿0°～180°轴以λ/4间距分布。中心单元落后低处单元90°，而高处单元又落后低处单元180°相位。此处考虑了不同的电流分布（方向图用ELNEC计算）。

12.4.2 W8JK 阵列

正如前面指出的，在 1940 年，John Kraus 描述了他的双向平顶 W8JK 波束天线，如图 12-45 所示。两个 λ/2 单元间距为 λ/8～λ/4，由 180° 异相电流激励。使用 12 号铜线的这种天线在自由空间的辐射方向图如图 12-46 所示。此方向图在 λ/8～λ/4 之间具有代表性，其增益的变化小于 0.5dB。相对于偶极天线的增益大约为 3.3dB（相对于各向同性辐射器为 5.4dBi），相比之下有显著的提高。每个单元的馈电点阻抗（包括线阻抗）对于 λ/8 间距大约 11 Ω，对于 λ/4 间距大约 33 Ω。在中心连接点的馈电点阻抗取决于连接的传输线的长度和特性阻抗 Z_0。

Kraus 给出了端射阵的许多其他变形，其中的一些如图 12-47 所示。在中心馈电的（A、C 和 E）通常是水平极化平顶波束。末端馈电的（B、D 和 F）通常是垂直极化，馈电点便于接近地面。

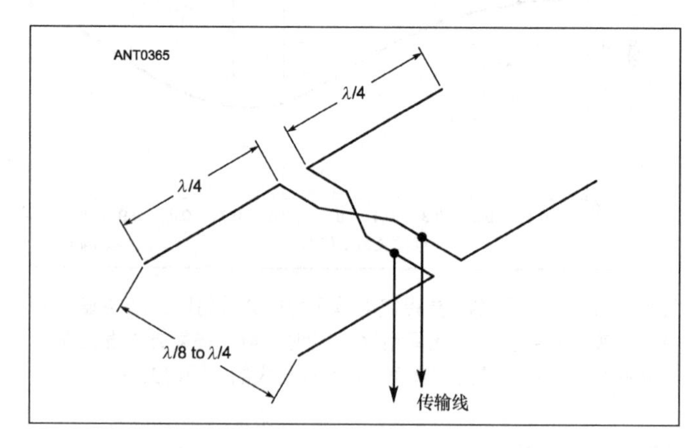

图12-45 二单元W8JK阵。

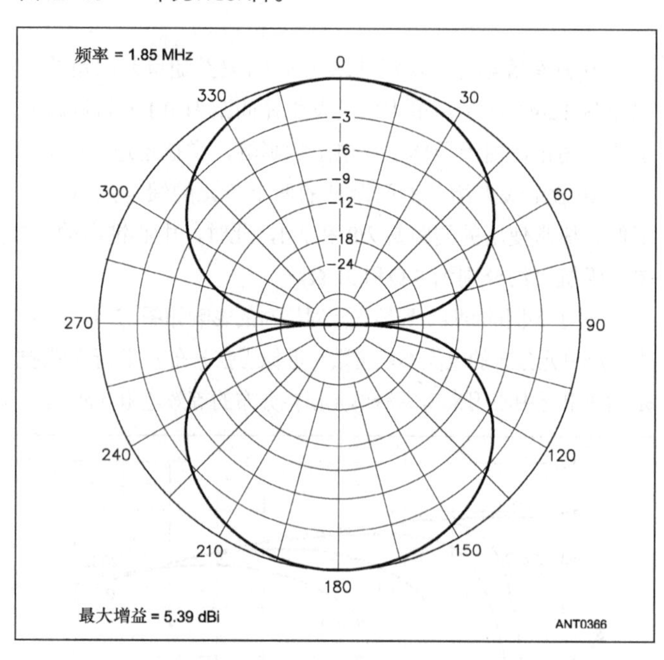

图12-46 2单元W8JK阵自由空间E面方向图。

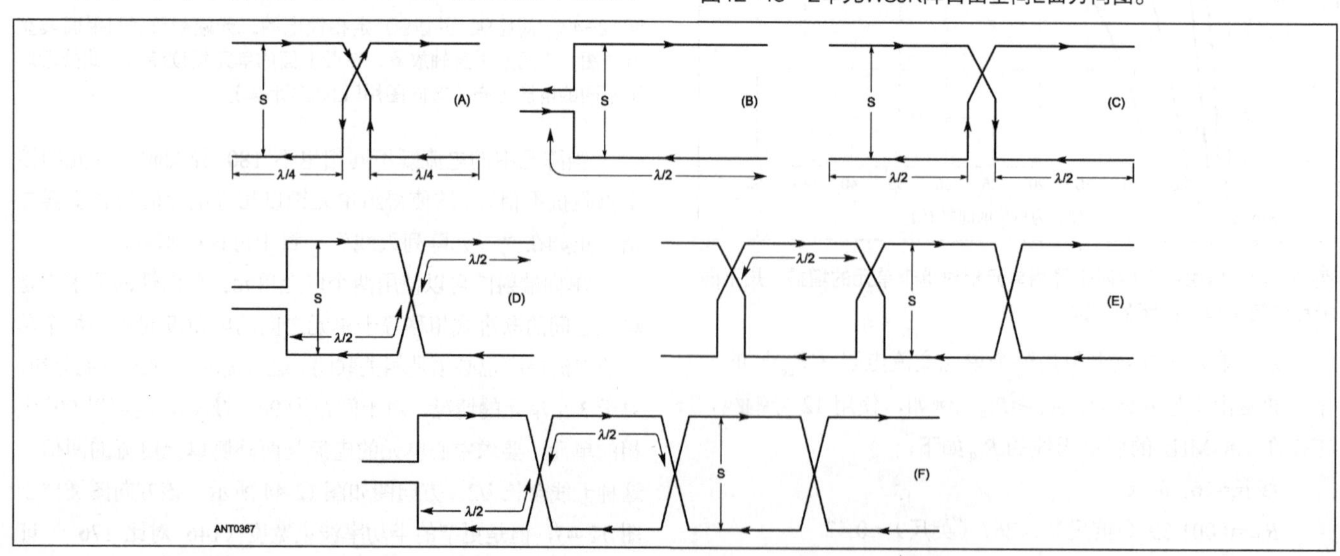

图12-47 W8JK“平顶波束”天线的6种其他变形。

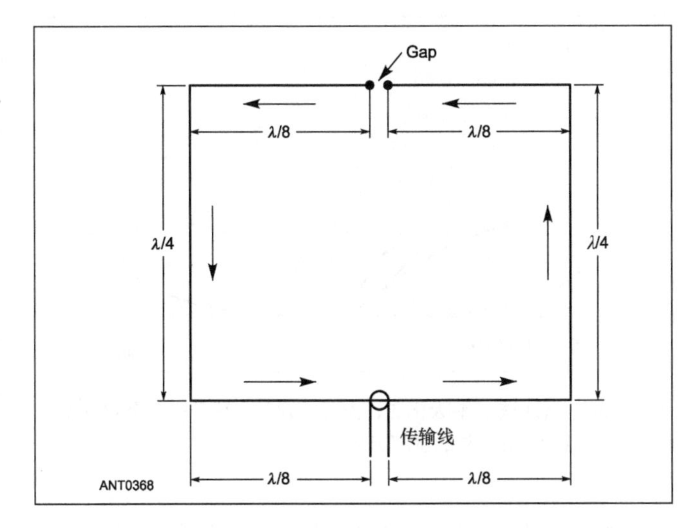

图12-48　缩减高度的二元端射阵。

图 12-48 给出了图 12-47（B）的实际变形，在这个例子中，高度被限制在 λ/4，这样末端可以如图所示弯曲，形成二单元 Bruce 阵。这样稍微减小了增益，但是只需短得多的支撑，这对低频来说是一项很重要的考虑因素。如果可以有附加高度，你就能得到附加增益。顶端可以弯曲以适合实用的高度。馈电点阻抗将大于 1kΩ。

12.4.3　4 单元端射阵和共线阵

图 12-49 给出的阵列结合了共线同相单元与平行异相单元，从而同时实现边射和端射方向性。它是个两段 W8JK 阵。使用 12 号铜线分别以 λ/8 和 λ/4 间距排列时，在自由空间中的近似增益各自为 4.9dBi 和 5.4dBi。自由空间中的方向图在图 12-50 中给出，图 12-51 给出了距地高度为 1λ 和 λ/2 的方向图。

在单元之间连接定相线点处的阻抗为数千欧姆数量级。采用不匹配线时，SWR 随之变得非常高，因此如果要使线谐振，这一系统应该用明线（500 Ω或 600 Ω）构造。对于 λ/4 单元间距，在 600Ω线上的 SWR 估计在 3∶1 或 4∶1 附近。

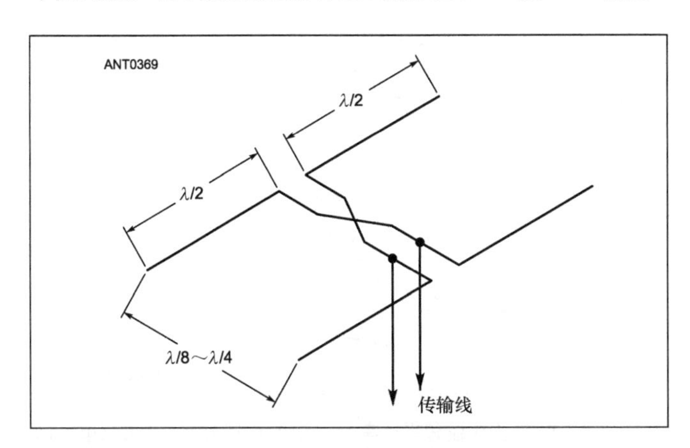

图12-49　结合了共线边射单元和平行端射单元的4单元阵列，一般被称为两段W8JK阵。

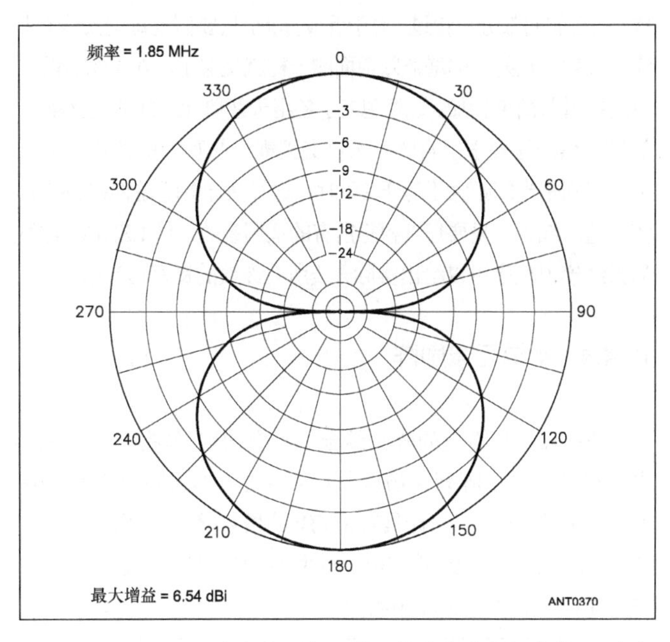

图12-50　图12-49中具有λ/8间距的天线在自由空间中的E面方向图。在此图中，单元平行于90°～270°线。当间距从λ/8改变为λ/4时，半功率波束宽度改变不到1°。

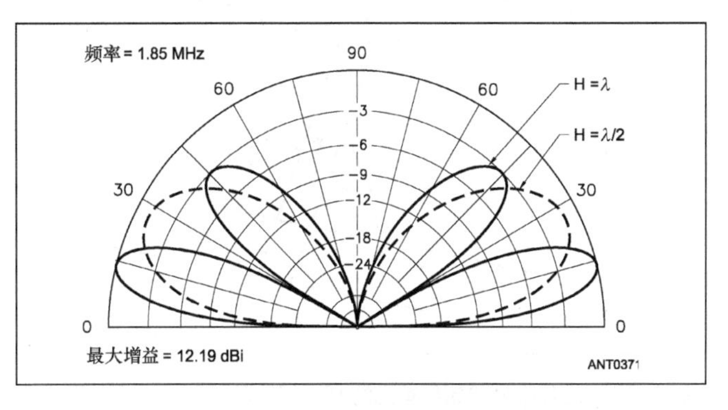

图12-51　图12-49的4单元天线水平安装在距平地两个高度时的正面方向图。实线 = 1λ 高，虚线 = λ/2高。

为了使用匹配线，可以在如图 12-49 所示的传输线结点处连接 3/16λ 长的闭合短截线。传输线自身可以连接在匹配段上产生最低线 SWR 的点处。这个点可以由试验决定。

如果使用谐振馈线，这一类型的天线可以在频率比为 2∶1 的双频带上使用。比如，如果你用 λ/4 的单元间距设计 28MHz 的天线，你也可以把它作为具有 λ/8 间距的简单二单元端射阵工作在 14MHz。

组合激励阵列

你很容易将边射、端射和共线单元组合起来以增加增益和方向性。当在阵列中使用两个以上的单元时，通常可以实际做到。在给定的空间里，这一组合类型比刚才提到的平面阵列类型能提供更大的增益。因为组合类型的设计几乎是无限的，所以这一部分仅描述一些更简单的类型。

多单元功率增益的精确计算需要知道所有单元之间的互阻

抗，这在前面部分讨论过。对于近似分析，只要假定每副天线（共线、边射、端射）的增益跟前面的一样就足够了，对于组合阵，将这些增益简单相加。这里忽略了各组天线单元之间的交叉耦合效果。然而这要求组合阵列来自交叉耦合的互阻抗必须相对较小，特别是当间距大于等于 λ/4 时，这样估计的增益将相当接近实际值。或者，只要仔细模拟所有的适用参数，像 EZNEC 之类的天线模拟程序可以给出实际天线所有参数的良好估计值。

12.4.4　4 单元激励阵

图 12-52 给出的阵列结合了具有边射及端射方向性的平行单元。最小阵列（物理上）——边射单元间距 3/8λ，端射单元间距 λ/8——估计具有 6.5dBi 的增益；最大阵列——3/4λ 和 λ/4 间距——大约 6.5dBi。典型的 λ/4×λ/2 阵列的方向图在图 12-53 和图 12-54 中给出。

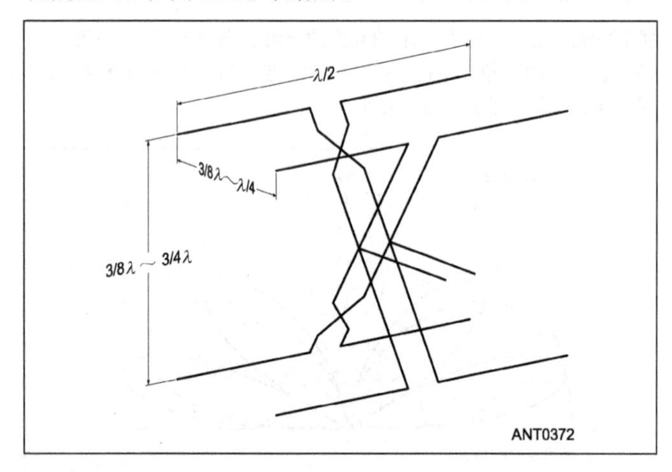

图12-52　结合边射和端射单元的4单元阵列。

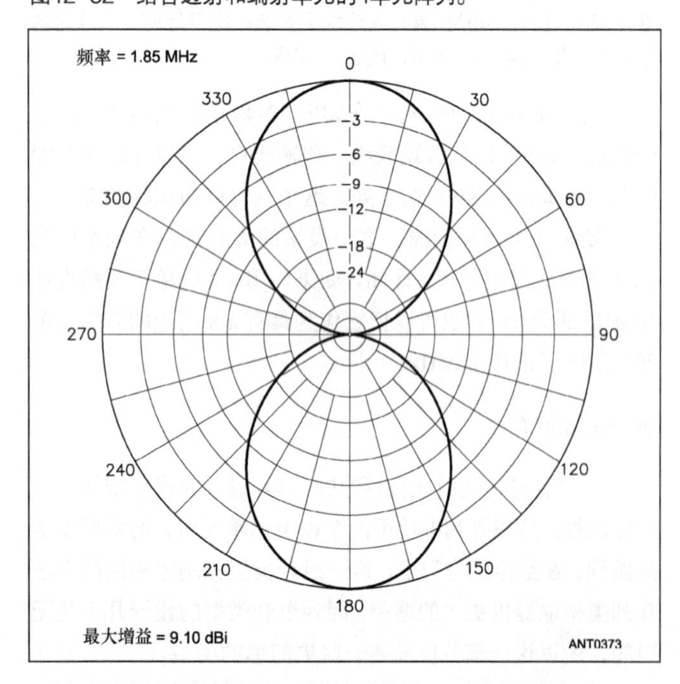

图12-53　图12-52中的4单元天线的自由空间H面方向图。

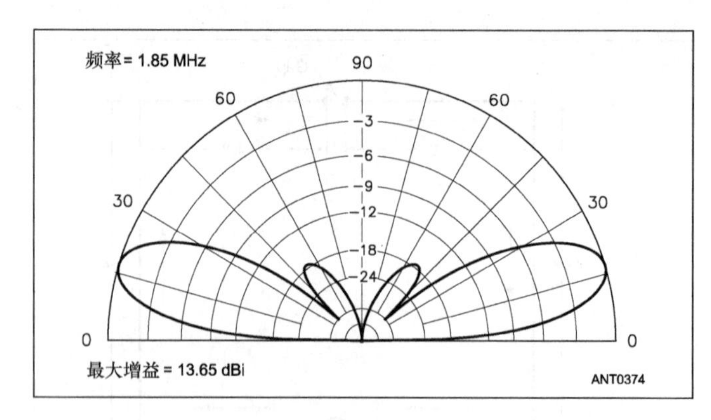

图12-54　当天线水平极化时，图12-52中天线在平均高度为3/4λ（最低单元距地λ/2）时的垂直方向图。

馈电点的电阻不能达到纯电阻性，除非单元长度正确，且定相线精确为 λ/2 长（这需要边射单元间距略小于 λ/2）。此时，连接处的阻抗估计超过 10kΩ。其他的单元间距，在连接处的阻抗既有电阻性也有电抗性，但在任何结果中 SWR 都很大。可以使用明线作为谐振线，或者使用匹配段用于非谐振工作。

12.4.5　8 单元激励阵

图 12-55 给出的阵列结合了共线和平行单元的边射和端射方向性。在导线天线中，实际通常使用的平行边射单元间距为 λ/2，端射单元间距为 λ/4。这里给出的自由空间增益大约为 9.1dBi。使用这些间距的阵列的方向图类似于图 12-53 和图 12-54，只是稍微尖锐一些。

这一排列的阵列的 SWR 将会比较高。为了使线不谐振，建议使用匹配短截线。短截线的位置和长度可以用“传输线耦合和阻抗匹配”一章描述的方法确定。

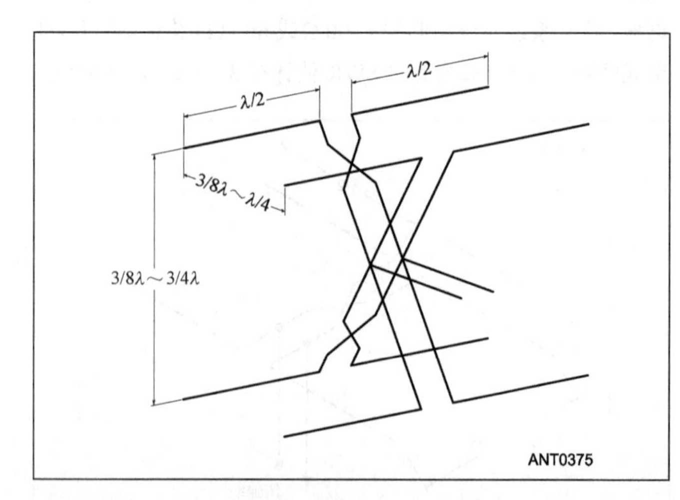

图12-55　结合了共线和平行单元的边射和端射方向性的8单元激励阵列。

这一系统可以用于频率为 2∶1 的双频带中，假定按照较高的频率设计，平行边射阵单元间距为 3/4λ，端射阵单元间距为 λ/4。在较低频率，将像图 12-52 所示的 4 单元阵列那样工作，对于边射阵单元间距为 3/8λ，端射阵单元间距为 λ/8。双频带操作必须使用谐振传输线。

12.4.6 阵元中的相位箭头

在前面几节的天线图形中，在各种不同天线单元和连接线中，电流流动的相对方向用箭头表示出来。在设计任一天线系统时，必须知道定相线是否被恰当地连接；否则，天线可能会出现跟预期完全不同的特性。检查相位可以基于电流方向或者电压极性，这里有两条规则需要记住：

（1）从开路端开始，导线每隔 λ/2 段，电流方向反相。就电压而言，从开路端开始，在每个 λ/2 点极性反相。

（2）在相邻线中的传输线电流必须向相反的方向流动。就电压而言，极性必须相反。

图 12-56（A）和图 12-56（B）中分别给出了运用电流方向和电压极性的例子。系统中的 λ/2 点用小圆圈标记。当一段的电流流向小圆圈时，下一段的电流也必须流向它，反之亦然。在图 12-56（A）所示的 4 单元阵天线中，右上方单元电流不能流向传输线，因为这样的话，定相线右边的电流必须向上流动，这样就同左边线的电流方向相同了。定相线简单表现为这种情况下的平行双线。当然，如果图中的所有箭头反向，网络效果不变。

图 12-56（C）给出了变换定相线的效果。将较低的一对单元电流流动的方向变为反向，因此，同图 12-56（A）所示相比，将共线端射阵变换成了共线边射阵。

图 12-56（D）画出了当传输线连接在一段定相线中间时的情况。从主传输线看去，定相线两部分是并联的，因此从天线单元沿定相线上面部分开始算起，沿着传输线进行测量测出为半波长。到较低单元的距离采用相同的测量方式。显然，定相线的两部分长度必须相等。如果不等，电流分布将会变得相当复杂；单元电流要么同相，要么 180° 反相，在线上相对的两端的单元不能接收到相同的电流。欲将图 12-56（D）中所示的单元电流相位变成图 12-56（A）中所示的情况，只要将定相线中的一段简单地反转就行了。反转定相线的一段，连接在该段上的天线单元中的中流流动方向也跟着反转。

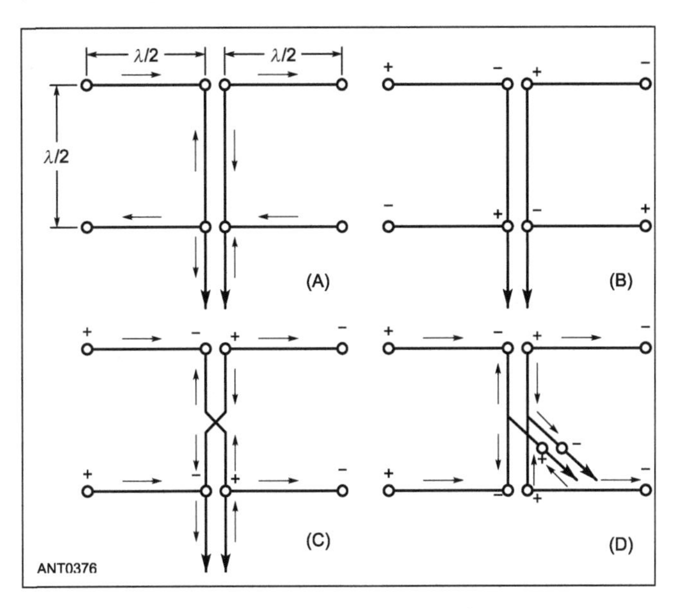

图12-56　检查在单元和定相线中电流相位的方法。

12.5 参考文献

J. Cain, “Curtains for You,” *QST*, Oct 1991, pp 26-30. See also Feedback in Dec 1991 *QST*, p 73. This article also appears in *ARRL’s Wire Antenna Classics*.

L.B. Cebik, “Some Notes on Two-Element Horizontal Phased Arrays,” in four parts, *NCJ*, Nov/Dec 2001, pp 4-10; Jan/Feb 2002, pp 4-9; Mar/Apr 2002, pp 3-8; and May/Jun 2002, pp 3-8.

D. Cooper, “The Bi-Square Array,” *Ham Radio*, May 1990, pp 42-44.

J. Haigwood, “The Extended Double Zepp Revisited,” *QST*, Sep 2006, pp 35-36.

H. Jasik, *Antenna Engineering Handbook*, 1st ed. (New York: McGraw-Hill, 1961). Later editions are edited by Richard C. Johnson.

H. Kennedy, “The N4GG Array”, *QST*, Jul 2002, pp 35-39.

J. D. Kraus, *Antennas*, 2nd ed. (New York: McGraw-Hill Book Co., 1988).

J. D. Kraus, “The W8JK Antenna Recap and Update,” *QST*, Jun 1982, pp 11-14.

R. Johnson, *Antenna Engineering Handbook*, 3rd ed. (New York: McGraw-Hill Inc., 1993). This is a later edition of the volume by the same name edited by H. Jasik.

E. A. Laport, *Radio Antenna Engineering* (New York: McGraw-Hill Book Co, 1952).

M. Loukides, “A Dipole Curtain for 15 and 10 Meters,” *QST*, Aug 2003, pp 34-38.

H. Romander, "The Extended Double-Zepp Antenna," *QST*, Jun 1938, pp 12-16. This article also appears in *More Wire Antenna Classics*, published by ARRL.

W. Salmon, "The Extended Lazy H Antenna," *QST*, Oct 1955, p 20.

W. Smith, "Bet My Money on a Bobtail Beam," *CQ*, Mar 1948, pp 21-23.

W. Smith, "The Bobtail Curtain and Inverted Ground Plane, Part One," *Ham Radio*, Feb 1983, pp 82-86.

W. Smith, "Bobtail Curtain Follow-Up: Practical DX Signal Gain" *Ham Radio*, Mar 1983, pp 28-30.

D. Suggs, "Building the W8JK Beam," *QST*, Sep 2005, pp 31-35.

R. Zavrel, "The Multiband Extended Double Zepp and Derivative Designs," *QEX*, Jul/Aug 1999, pp 34-40.

R. Zimmerman, "A Simple 50-Ohm Feed for W8JK Beams," *QST*, Jun 1999, pp 41-42, 47. See also Feedback in Jul 1999 *QST*, p 63.

第 13 章

长线和行波天线

电长度很长的长线天线，其功率增益和方向性特性，使得它们对较高频率的远距离发射与接收十分有利。长线天线可以通过组合形成各种形状，获取比单线天线在增益和方向性上均有所提高。在本章中使用长线这个名词，是指任何结构形状，不仅仅是单一的直导线天线。该类天线馈电方法的描述见于“传输线耦合和阻抗匹配”一章，Beverage 天线（行波天线的一种）在“接收和测向天线”一章中介绍。

13.1 概　　述

13.1.1 长线天线 VS 多元阵列

通常，在天线架设空间有限的条件下，长线天线获得的增益，并不会像“多元天线阵列”一章的多元阵列或高频八木天线阵列以及方框阵列的增益高，然而，长线天线自身的优点却可以弥补这些不足。长线天线在电气和机械两方面都非常简单，不需要特别严格的尺寸与调整就可以很好地工作，并在一两个频率范围内，可以得到满意的增益与方向性。另外，在整个长度不短于半个波长的任何频率上，长线天线都容易馈入功率并产生有效辐射。即使在 28MHz，由于导线电长度上不是很长，除非它的物理长度至少等于 3.5MHz 的半波长，否则任何长线都可以用于所有业余波段的远距离通信。

一个是多单元阵列，另一个是长线天线，这两个方向性天线在理论上具有相等的增益，不过许多业余爱好者发现长线天线似乎在接收方面更加有效，一个可能的解释是长线天线具有分集效应，因为它伸展出很大的距离，而不是像八木天线等集中在一个较小的空间，这样就可提升对电离层传播信号的平均接收能量。另外一个因素是长线天线在水平面（方位面）具有非常尖锐的方向性形状，这是其他多单元阵列天线所不具有的，不过这也是一把双刃剑。我们将在本章讨论这方面的问题。

13.1.2 长线天线的一般特性

无论长线天线是单一导线朝一个方向架设，还是形成 V 字形向天线、菱形天线或其他形状，都有某些共性规律，以及一些对所有类型都通用的性能特点。首先就是长线天线的功率增益，与半波长偶极天线相比，并非有优势，除非天线足够长（它的长度应该以波长来衡量而不是某个特定的多少英尺），原因是由于长线天线的各主要长度所辐射的场，无法在某个距离的方向上，像半波长偶极天线用于其他类型定向阵列中所辐射的场那样，可以简单地复合叠加。

在空间上不存在一个点，例如，来自沿着长线上所有点的远场，是精确同相的（当两个或更多共轴或边射偶极用同相电流馈电时，在某个最佳方向上，这种情况是可以存在的）。因此，在某个距离上的场强，总是小于假设相等长度导线被适当分相并分别激励的多个偶极所产生的场强。当导线进一步加长时，场的复合将形成逐渐增强的多个主瓣，但这些主瓣并不能显著增加，除非导线有几个波长的长度，参见图 13-1。

这种天线越长，其波瓣就越尖锐，并且由于它在自由空间的辐射是真实的空锥形，所以在两个平面上都会逐渐变得尖锐。同时，它的长度越长，出现的最大辐射波瓣角度就越小。在长线天线方向图上有 4 个主瓣，每个主瓣相对于导线都有相同的角度。

图 13-2（A）给出了 1 λ 长线天线的方位面辐射图，与 λ/2 偶极天线做比较，两个天线都架设在距平坦地面 1 λ 的相同高度（在 14MHz 时高度 79 英尺，导线长度也是 70 英尺），

并且两个辐射图都是仰角为 10°的情况，这个角度适合于20m 波段的远距离通信。图 13-2（A）中的长线处于 90°～270°方向，而偶极与它成直角方向，使得其 8 字形的特征辐射形状为左右走向。用 4 个主瓣和两个偶极主瓣相比较，1 λ 长线天线比偶极天线大约高出 0.6dB 的增益。

可以看到，图 13-2（A）左边两个波瓣比右边的两个波瓣要低大约 1dB，这是因为这里的长线天线在计算机模型中是从左手端馈电，辐射出来的能量以波的形式沿着导线行进，同时有些能量由于导线欧姆电阻和地面而受到损失。前行的波在导线右手侧开路末端反方向反射回来，又行进到左侧末端，并在行进过程中继续辐射。天线的这种工作方式与终端开路的传输线有着许多相同的特性，就是都存在驻波。未终接的长线天线常常称为驻波天线。当长线天线的长度增加时，就会产生一个中等的前后比，对于长度很长的天线来说这个值大约为 3dB。

图 13-2（B）给出长线与偶极天线的仰角平面辐射图。它们的仰角图都是各自在方位面上最大增益时的角度下给出的，对于长线来说，为相对于导线所在轴线 38°的角度，对于偶极是 90°。长线最大增益仰角，在相同地面高度上，只是比偶极天线稍微低一点，但不明显。换句话说，地面的架设高度，是长线天线仰角辐射图主瓣形状的主要决定因素，与多数水平极化的天线类似。

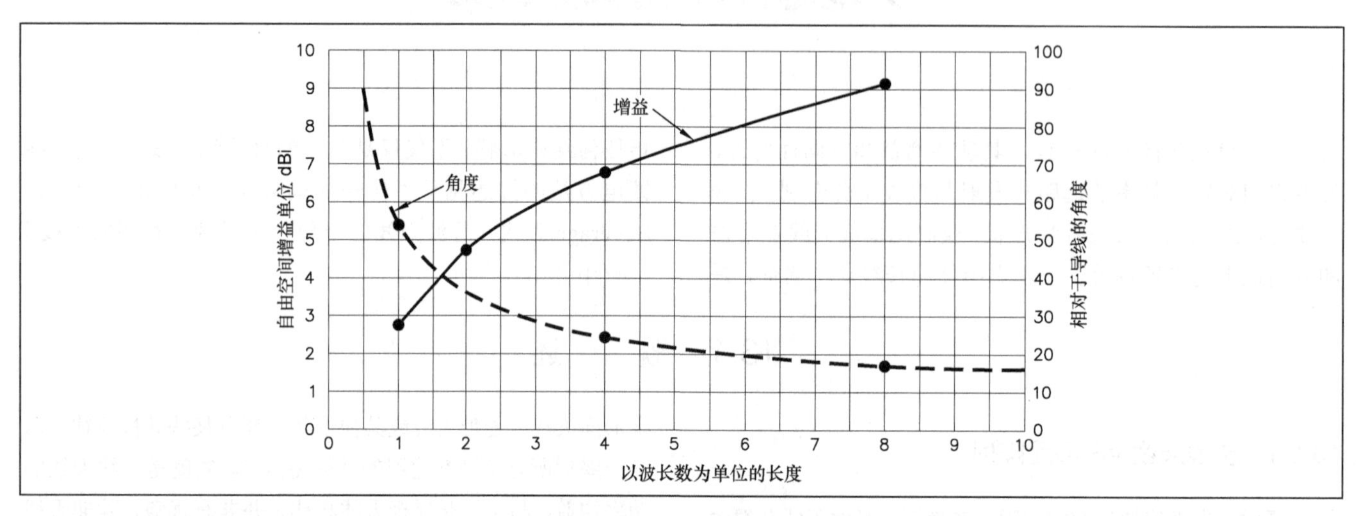

图13-1　长线天线的理论增益曲线，单位dBi，为导线长度的函数。这里同时给出的角度，是指相对于导线来说其辐射强度最大的角度。

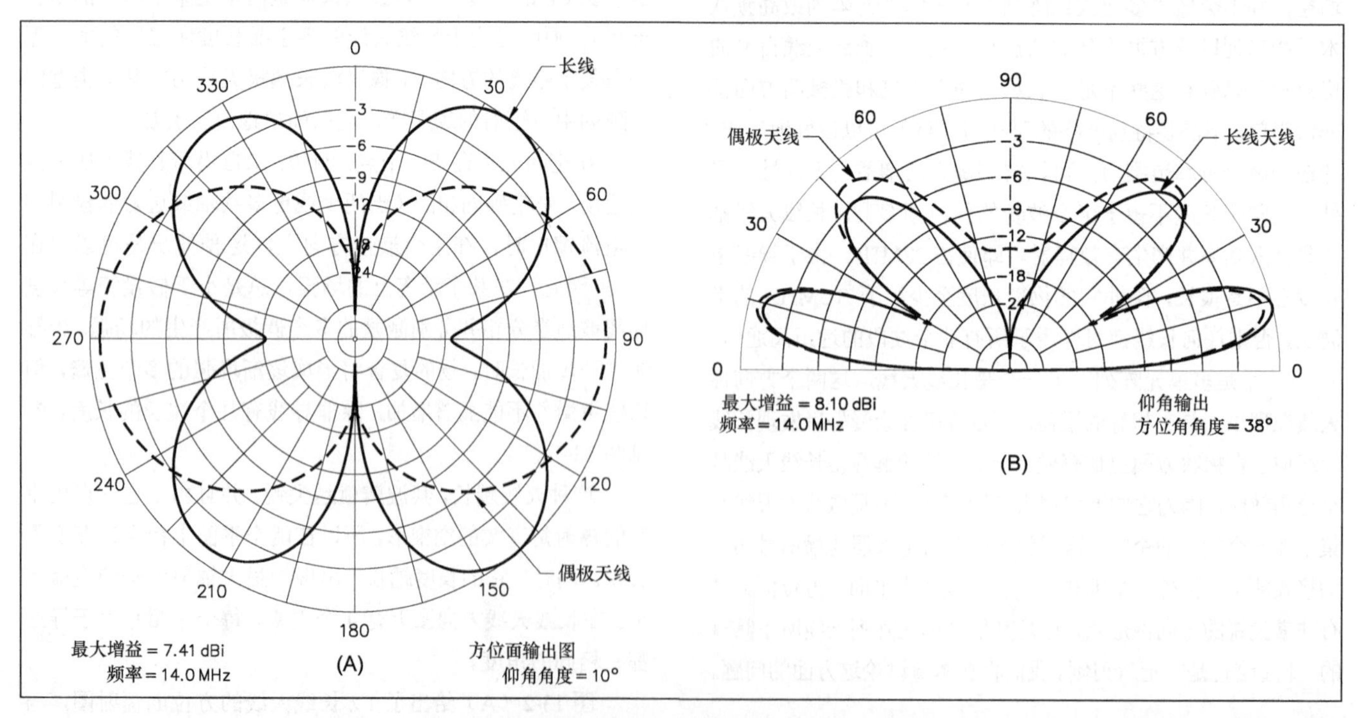

图13-2　图（A）所示是1 λ长线天线（实线）与λ/2偶极天线（虚线）方位图的比较，仰角都是在10°。两个天线都是位于平坦地面1 λ（70英尺）的高度，工作在14MHz频率。图（B）所示，是在每个天线最大方位角时的仰角平面辐射图。长线天线比偶极天线高出0.6dB增益。

图 13-2 中方位角与仰角辐射图的形状，可能会让你觉得辐射图形很简单。而图 13-3 所示则是一个位于平坦地面 1λ 高度，1λ 长度的长线天线的三维（3D）辐射图，除主要的低仰角波瓣外，在高仰角也有一些较强的波瓣。当长线天线的长度继续增加时，情况就变得更加复杂了。

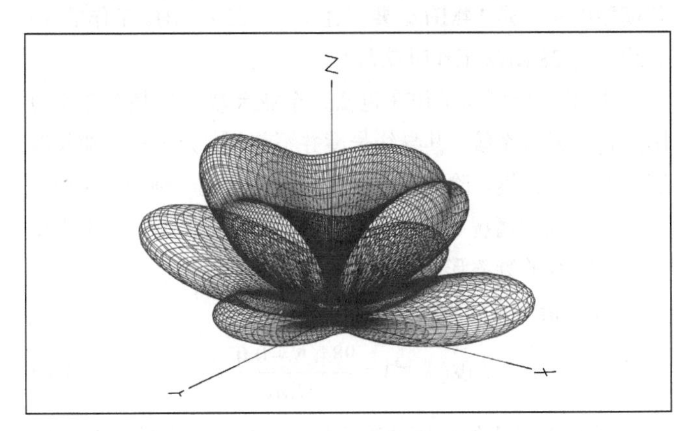

图13-3 图13-2中的1λ长线天线的三维（3D）辐射表示图。图形看起来有些复杂，而当导线长度长于1λ时会变得更加复杂。

方向性

由于沿着长线分布各个点的电流相位不同（电流幅度也不同），当导线更长时，其远场的图形就会变得更加复杂，这种复杂性表现在形成一系列的小波瓣，波瓣的数量随着导线长度增加而增加。来自小波瓣的辐射强度常常较大，有时甚至比半波长偶极天线辐射还强。小波瓣所辐射的能量，对于各个主瓣增益的提高并无用处。这也是另一个原因，说明为什么长线天线一定要很长才能在所需方向上得到明显的增益。

图 13-4 给出了一个 3λ（209 英尺长）长线天线与一个 λ/2 偶极天线的方位角平面的比较。长线除了 4 个主波瓣外还有 8 个小波瓣，注意到主波瓣与长线所在轴线（也就是图 13-4 所示的左右走向）的角度，随着长线长度的增加而变小。对于 3λ 的长线，主波瓣出现在与轴线角度为 28° 时。

简单激励和寄生阵列的其他类型天线，并不会有起重要作用的小波瓣，就此而言，这些天线往往看起来比长线天线有更好的方向性，因为它们在不需要方向上的响应要比所需方向上的响应小得多，即便是多单元阵列天线与长线天线在所需方向上具有相同的最高增益值，后面也是这种情况。图 13-5 所示对同样 3λ 长度的长线天线与一个 4 单元八木天线以及一个 λ/2 偶极天线做了比较，两个天线高度与长线的一样。可以看到八木天线只有一个后波瓣，比它相对较宽的主波瓣要下降 21dB，主波瓣 3dB 波束宽度为 63°，而长线天线主波瓣（在与轴线成 28° 的位置）的 3dB 波束宽度要窄得多，仅为 23°。

对于业余操作，尤其是定向性天线无法旋转时，长线天线的这些小波瓣就有所作用了。尽管图 13-5 中计算机模型给出的那些零点深度超过 30dB，但实际上使用时并没有这么严重，这是因为在长线跨度范围内地面的影响不可避免。在多数方向上，长线天线与半波长偶极天线同样不错，并且在多数需要的方向上可以得到更高的增益，即便都是比较窄的方位角度。

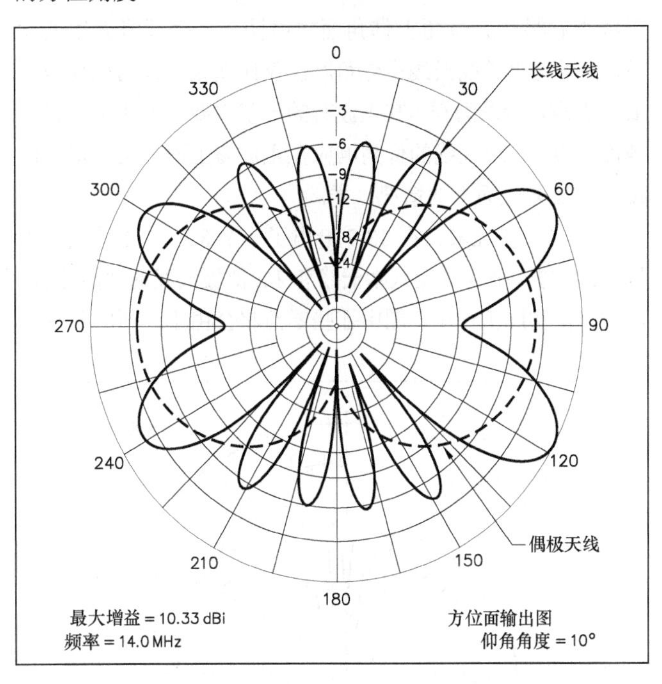

图13-4 3λ（209英尺长度）的长线（实线）与λ/2偶极（虚线）在方位角平面的比较，工作频率为14MHz。

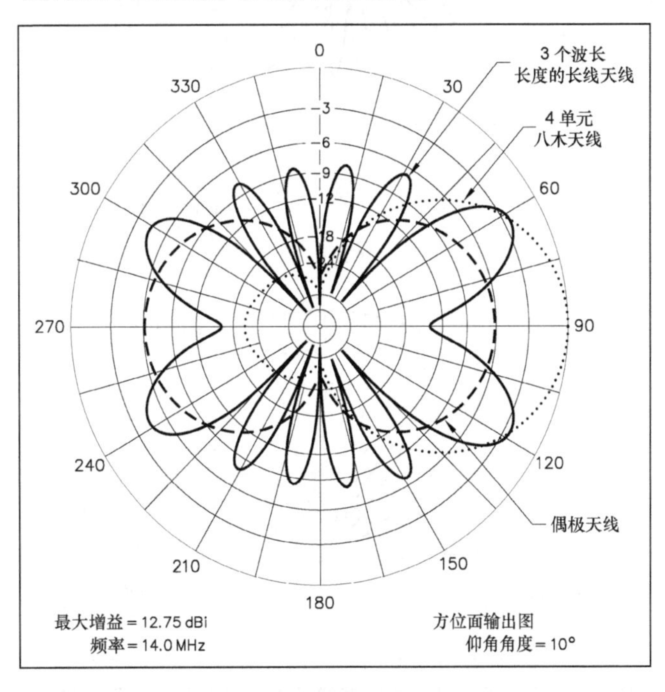

图13-5 图13-4中的3λ长度长线（实线），与一个位于26英尺长横梁上的20m波段4单元八木天线的比较，高度都是70英尺。长线天线的主波瓣相对于八木天线较宽的前向主波瓣要窄很多。长线天线表现出的方位角辐射形状比八木天线显得全向一些，尤其在长线辐射图中那些很窄很深的零点上，在导线跨度很长时，由于地面的不规则而被填充掉。

图 13-6（A）中比较了一个 5λ 的长线天线（350 英尺，工作于 14MHz）与 4 单元八木天线和偶极天线的方位角响应。这时长线表现出 16 个小波瓣附加在 4 个主波瓣上，这些旁瓣比主瓣约低 8dB，但比偶极天线的要强一些，这使得长线天线在全向上比较有效。图 13-6（B）则给出 5λ 长线天线在它最佳方位角上仰角面辐射图与一个偶极天线的比较。由于这里长线天线最佳角度仅仅比偶极天线的最佳角度低一点点，所以同样，其主波瓣的形状主要也取决于架设的地面高度。长线天线的仰角响应在主波瓣上面分裂为多个波瓣，与在方位面上的情况一样。

为进一步比较，图 13-7 给出了一个 8λ（571 英尺）长线天线，与一个 4 单元八木天线和 λ/2 偶极天线的性能比较。同样，在实际工作中，图中那些零点将会由于地面的不规则性而被填充，所以一根与此例同样长的天线，将是一个非常有效的天线。

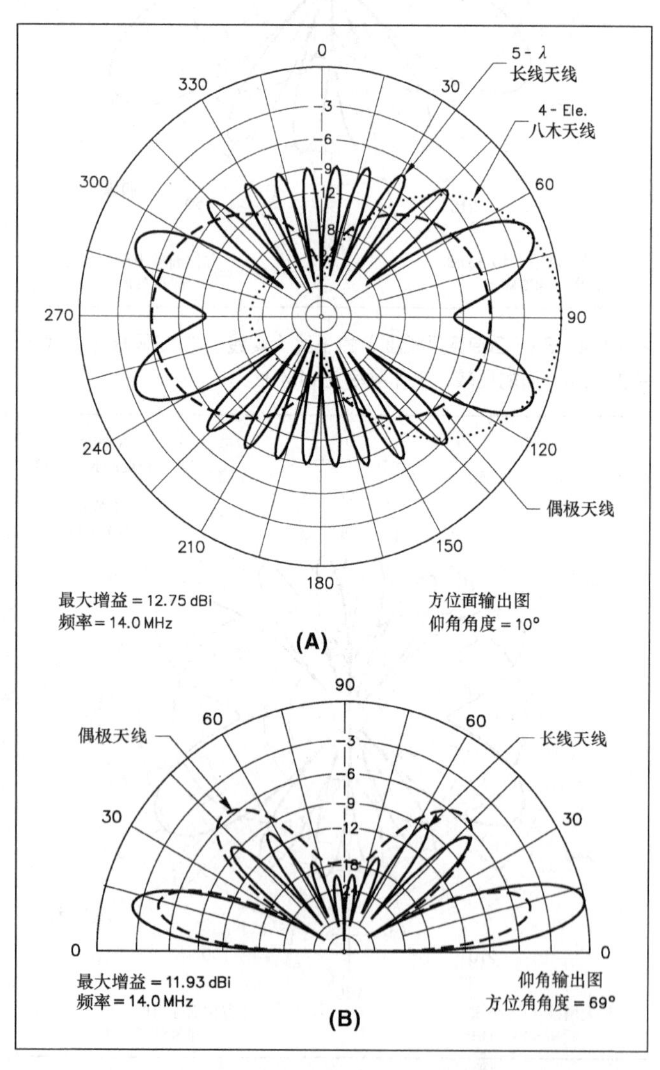

图13-6　图（A）所示为一个5λ长线天线（350英尺，工作于14MHz，实线）与图13-5中的4单元八木天线（点线）以及偶极天线（虚线）的方位角响应。图（B）所示是长线天线（实线）与偶极天线（虚线）的仰角平面响应。注意到每种天线给出最大增益的仰角基本是相同的，长线天线主要通过压缩方位面的响应获得增益，挤压增益形成窄波瓣，而在仰角面并没有挤压出太多的增益。

长度计算

在本章中，长度是以波长数来讨论的，前面的整个讨论，其模型的频率是 14MHz。要记住，一个在 14MHz 工作的 4λ 长线，在 28MHz 工作时就是 8λ。

对于一个可以工作在包括几个业余波段的某个频率范围的长线天线系统，其导线长度并不苛刻，天线特性随长度变化的改变很慢，除非在导线比较短的情况（例如，大约只有一个波长的情况）。对于这类天线的正常工作，并不需要在某个特别的频率形成准确的谐振。

确定谐波导线长度的方程式是：

$$\text{长度(英尺)} = \frac{984(N-0.025)}{f(\text{MHz})} \qquad (13\text{-}1)$$

其中 N 是天线长度的波长数。在由于某些原因（例如，需要在特定频率上为传输线提供阻性负载的情况）需要精确谐振的地方，最好通过修剪导线长度来调整，直到在馈线上获得最小的驻波比。

导线倾斜

理论上，通过将长线天线向某个所需的发射仰角倾斜，有可能获得最大增益，但不巧的是，天线下面的实际地面影响抵消了倾斜带来的潜在好处，这与八木天线或其他类型寄生阵列从水平往上倾斜的情况是类似的，所以应尽量保持长线天线水平架设，不过要距离地面尽量高，以在低发射角获得更大的增益。

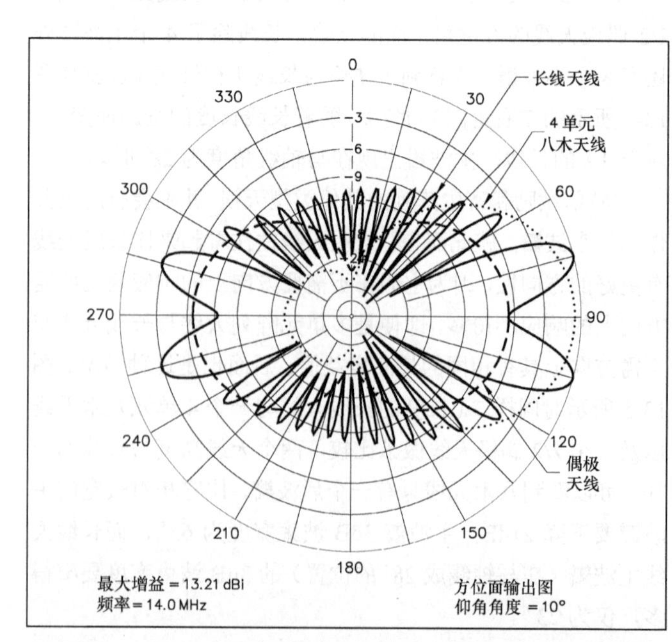

图13-7　一个8λ（571英尺）的长线天线（实线）的方位平面性能，并与一个4单元八木天线（点线）和一个λ/2的偶极天线（虚线）做比较。

13.1.3 长线天线的馈电

长线天线通常在末端或在位于电流环路的位置馈电，但由于天线工作在设计频率的任意偶数倍时，电流环路会变成一个波节点，所以长线天线只有在末端馈电时，可作为一个工作于所有波段的实用长线天线。

长线天线馈电的一个通用方式是采用谐振的明线馈线，这样的系统可以工作于所有波段，即便是在天线只有半个波长长度时，至少也能工作在一个波段。如果用第 25 章所述的天线调谐器作为发射机与馈线输入阻抗的匹配，那么任何长度的馈线都可以在这里采用。

图 13-8 中给出两种采用非谐振馈线的方式。图 13-8（A）所示的方式仅仅对一个波段有用，原因是匹配段部分必须采用大约 $\lambda/4$ 长度，除非在每个波段采用不同的匹配段。在图 13-8（B）中，$\lambda/4$ 变换器（即 Q 段部分）阻抗可以设计为将天线匹配到馈线，如第 26 章所讲述。可以用现代的建模程序来确定天线的辐射电阻值，或者可以通过实测得到馈电点阻抗。尽管天线设计为单个波段工作，但通过将馈线和匹配变换器作为谐振线看待，它也可以工作于其他波段，在这种情况下，如前面所述，天线在所设计匹配系统的偶数倍工作频率上，将不再是单纯的长线辐射了。

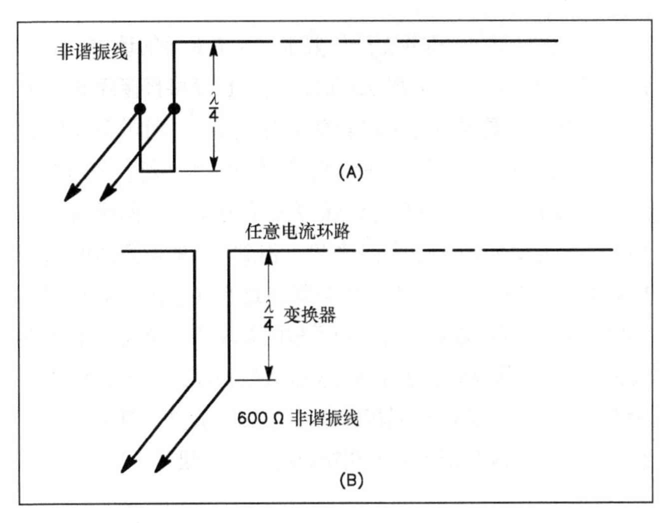

图13-8　长单线天线的馈电方式。

末端馈电的方式，尽管采用调谐馈线时最为方便，但也存在相当可观的天线电流出现在馈线的缺点。另外，天线的阻抗还会随着频率的变化而快速变化。因此，当导线长度为几个波长时，如果频率有相对小的变化，比如方波段的一小部分范围，也需要天线调谐器重新大幅度调节。同时，馈线在所有天线谐振点之间的那些频率上，变得不平衡，不过这种不平衡可以通过采用多根长线构成 V 形或菱形来克服。

13.2 长线天线的组合

长线天线的方向性和增益可以采用两根导线呈一定关系的摆放来增加，这样来自两者合成的场就有可能在某一远点产生最大的场强，原理上与第 8 章所述的多单元阵列设计类似。

13.2.1 平行线天线

采用两根（或更多）长线的一个可能方式，就是将它们并行架设，相互间隔大约 $\lambda/2$，两者同相馈电。在两根导线方向上，场将同相相加。不过发射角在导线方向上会立即变高，并且这种方式将导致高仰角的辐射，即便是导线有几个波长长度。另外采用这种并行架设方式后，在间隔接近 $\lambda/2$ 时，增益将比同样长度的单导线提高 3dB。

13.2.2 V 形定向天线

两根长线天线相互不再并行，而是架设为水平的 V 字形，两根导线之间的夹角，等于相同物理长度单长线的主波瓣相对于导线轴线角度的两倍。例如，天线的每臂长度为 5 λ，那么 V 形天线两臂间的角度应该大约为 42°，是长线天线主波瓣相对于轴线角度 21°的两倍，参见图 13-6（A）。

单独导线的平面方向图沿着天线所在平面内某根线组合，在 V 形的等分线上，来自各个单独导线的场相互加强，方位角图上的旁瓣被压下约 10dB，所以辐射图基本上是双向的，见图 13-9。

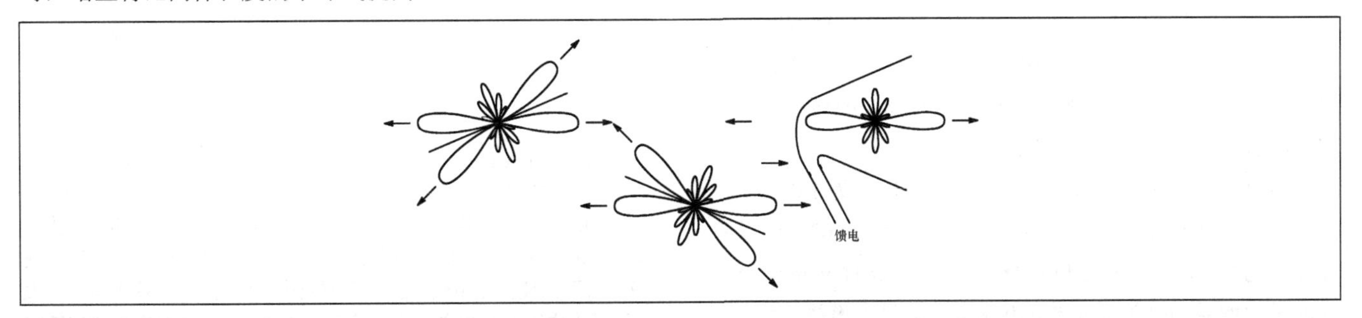

图13-9　两根长线以及对应的辐射图在左侧给出，如果这两根导线组合成V形，夹角为这些导线主波瓣角度的两倍，并且反相激励，沿着V形等分线上的辐射将叠加，而其他方向上将趋于抵消。

两臂之间的夹角并无严格要求，这是幸运的地方，尤其是相同的天线用于多波段工作时，其电长度将直接随着频率变化，这往往要求对每个波段有不同的夹角。对于多波段的V形天线，通常选择一个折中的角度来均衡性能。图13-10给出臂长1λ的V形定向天线的方位角辐射图，两臂间夹角为75°，架设在平坦地面1λ高度，得到10°的仰角角度。在14MHz工作频率上，该天线两个臂都处于70英尺高，长68.5英尺，远端相距83.4英尺。为了与同频段的4单元八木天线或λ/2偶极天线比较，使用前面长线天线的辐射图叠加到同一输出图上。V形天线比偶极天线高出2dB增益，但比八木天线要低4dB，这与所意料的相对短的臂长结果是一致的。

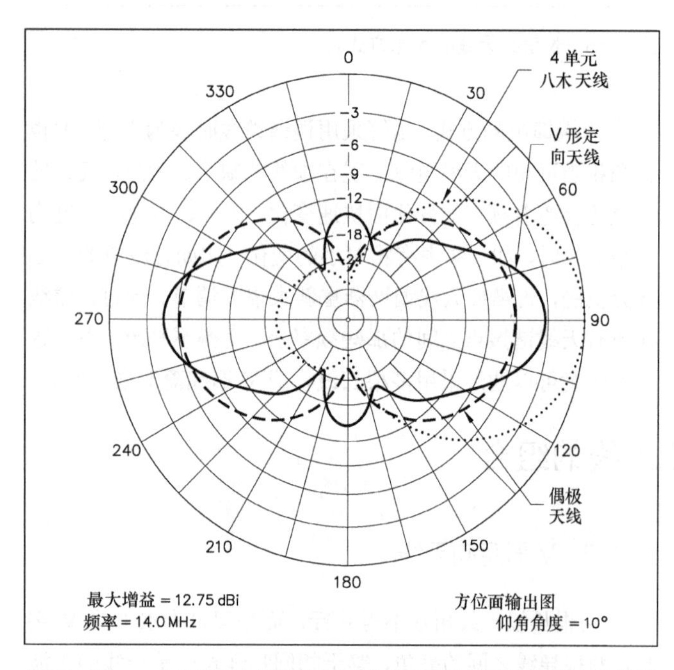

图13-10　一个14MHz V形定向天线（实线）在10°仰角的方位面辐射图，臂长1λ（68.5英尺），两臂间夹角75°。V形定向天线架设在平坦地面高度1λ，这里还与一个λ/2偶极天线（虚线）以及一个4单元的20m波段八木天线安装在26英尺大梁（点线）的情况作了比较。

图13-11给出了与图13-10所示同样的天线的方位面辐射图，但工作在28MHz，并取仰角为6°。由于工作在28MHz时两臂电长度变为两倍，此时V形定向天线主波瓣压缩成更窄的波束，最大增益与八木天线相等，但3dB波束宽度只有18.8°。需要注意的是，假如将夹角增加到90°，而不是75°时，可以在14MHz工作频率得到多出0.7dB的增益，但是在28MHz的增益则反而下降1.7dB。

图13-12给出了臂长为2λ（在14MHz时为137英尺）的V形定向天线的方位角辐射图，两臂夹角为60°，通常假设高度为70英尺，或在14MHz时为1λ。此时V形定向天线的最大增益刚刚等于4单元八木天线的最大增益，尽管其3dB波束宽度较窄，为23°。这种情况下，如果需要对某个特定地理区域有最大增益，则对架设时的几何位置比较苛刻。然而也可能幸运地利用现成的树木支撑这种天线而获得成功，不过当不得不采用细心安置好的铁塔作为支撑，需要保证这个定向天线能指向所需方向时，就不一定那么幸运了。

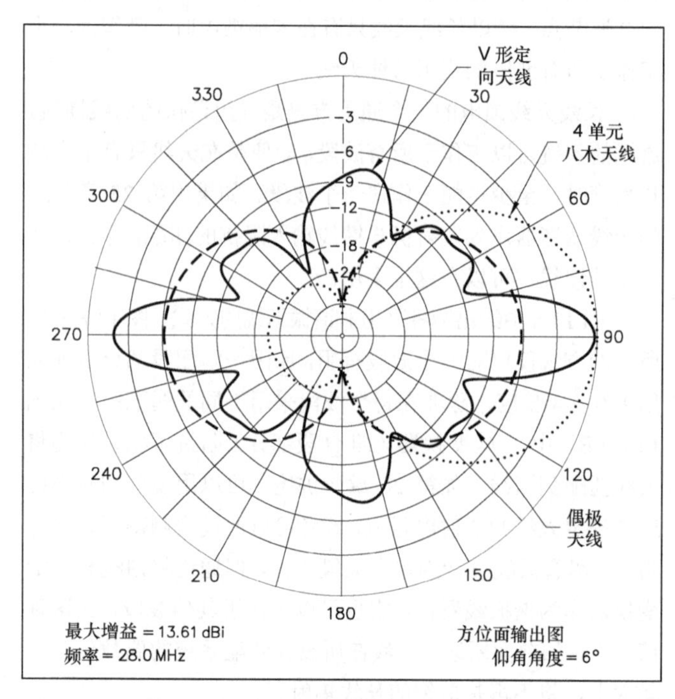

图13-11　与图13-10同样的V形定向天线工作在28MHz（实线）的情况，此时的仰角为6°，并与一个4单元八木天线（点线）和一个偶极天线（虚线）作比较。此时V形定向天线的波束非常窄，3dB点宽度为18.8°，需要精确架设支撑体以瞄准所需的目标地理方向。

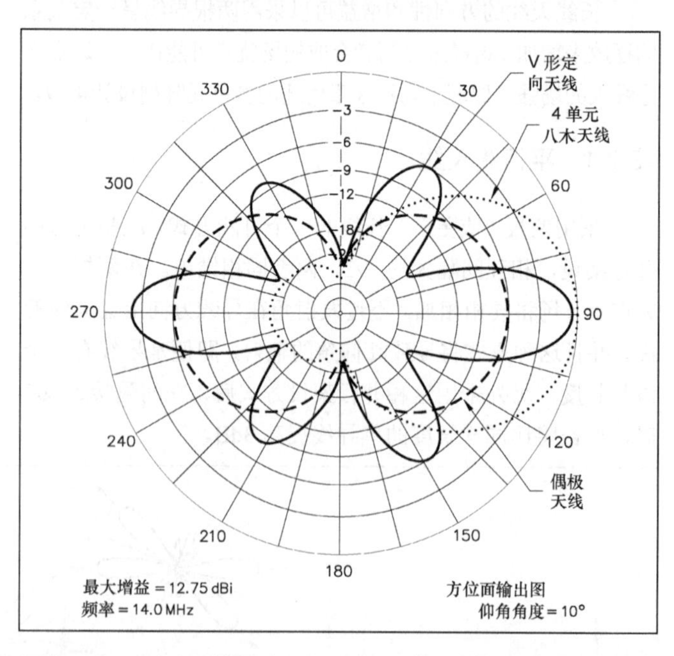

图13-12　一个2λ臂长（在14MHz为137英尺）的V形定向天线（实线）方位面辐射图，臂间夹角为60°，高度为在平坦地面70英尺或1λ。为了比较，图中也给出一个4单元八木天线（点线）与一个偶极天线（虚线）的响应曲线。该天线此时的3dB波束宽度已经下降为23.0°。

举个例子，为了从旧金山能够覆盖整个欧洲地区，天线必须要覆盖从大约 11°（至莫斯科）到大约 46°（至葡萄牙）的角度范围，这个范围跨越了 35°，来自图 13-12 所示的 V 形定向天线信号，假设定向天线的中心指向前方 28.5°，那么在这个角度范围内（其他角度）将可能有 7dB 的下降。而另一方面，4 单元的八木天线，由于它的 3dB 波束宽度为 63°，所以可以完全覆盖到这个方位角范围。

图 13-13 给出了与图 13-12 所示同样的 V 形定向天线情况，但这次的工作频率为 28MHz。主波瓣的最大增益已经比作为参考的 4 单元八木天线要高出 1dB，并且主波瓣附近有两个旁瓣，展宽了主波瓣的方位角响应。在这个工作频率上，该 V 形定向天线就可以从旧金山更好地覆盖整个欧洲。

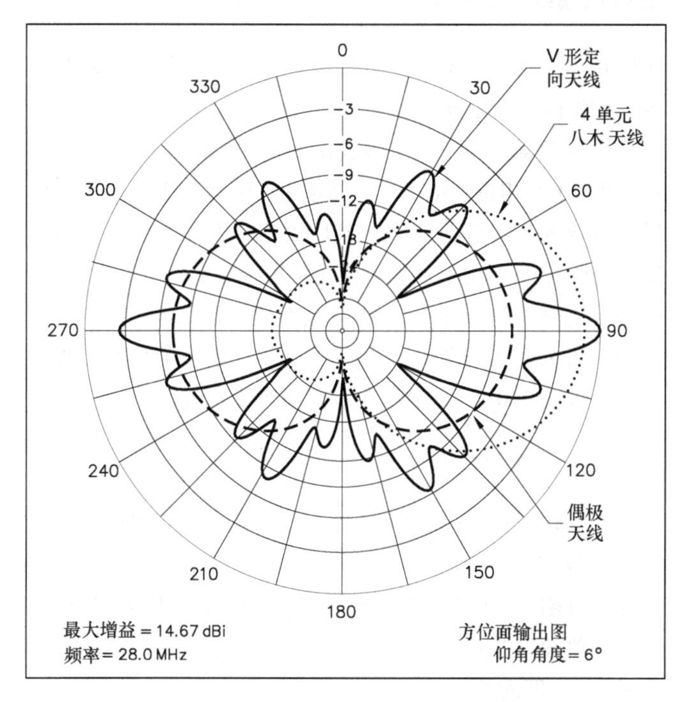

图13-13　与图13-12所示同样的每臂2λ长度V形定向天线（实线），但工作在28MHz，发射仰角为6°。可以看到有两个旁瓣紧紧附加在主瓣两侧，使得在该频率上，有效展宽了方位面辐射角。

图 13-14 给出了一个 3λ 臂长（在 14MHz 为 209 英尺），夹角为 50° 的 V 形定向天线的情况。此时最大增益已经超出 4 单元八木天线，但 3dB 波束宽度已经减少到 17.8°，使得天线的瞄准更加苛刻。图 13-15 也给出了同样的 V 形定向天线工作在 28MHz 的情况。这里再次可以看到主波瓣附近的两个旁瓣展宽了有效的方位角以覆盖更宽的区域范围。

图 13-16 给出了同样 209 英尺臂长的 V 形定向天线工作于 28MHz（在 14MHz 为 3λ）时的仰角面响应图，并与在同样 70 英尺高度的一个偶极天线作比较。这个高增益的 V 形定向天线压制了高仰角波瓣，基本上将旁瓣的能量都集中到仰角 6° 的主波束上。

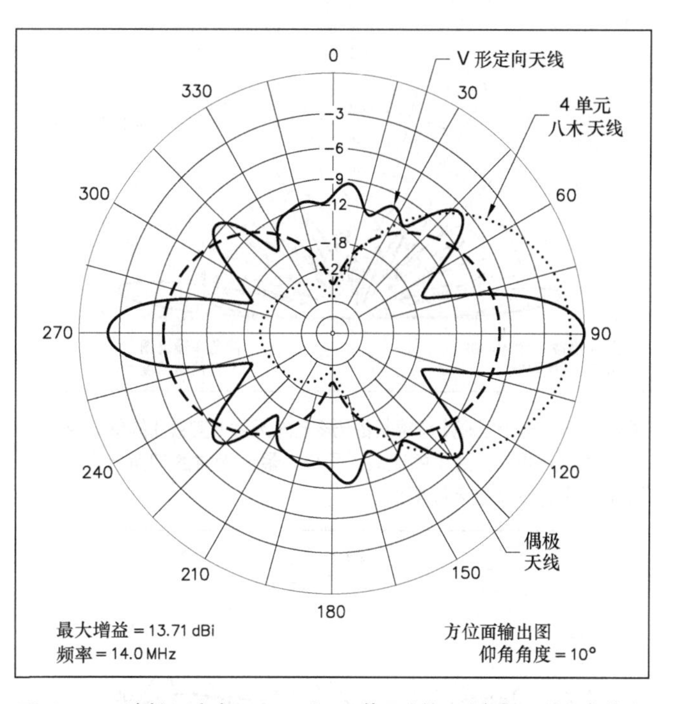

图13-14　臂长3λ（在14MHz为209英尺）的V形定向天线（实线），两臂夹角为50°，并与一个4单元八木天线（点线）以及一个偶极天线（虚线）作了比较。其3dB波束宽度现在已经下降到17.8°。

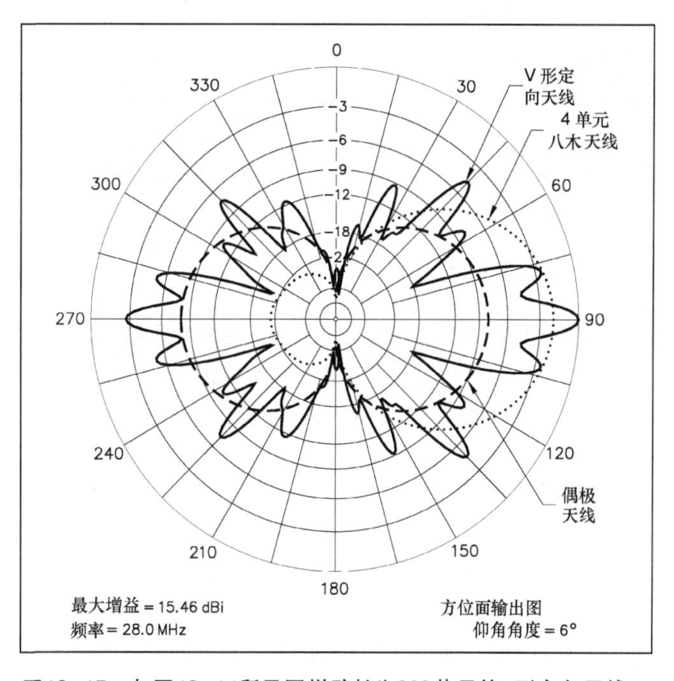

图13-15　与图13-14所示同样臂长为209英尺的V形定向天线工作在28MHz时的情况，同样，在28MHz工作时两个靠近主波瓣的旁瓣展宽了方位角度的响应。

同样的天线还可以应用于 3.5MHz 和 7MHz，但是增益不会很高，因为在这些频率上臂长不可能很长。图 13-17 比较了 V 形定向天线与一个在 70 英尺高度的 40m 波段水平 λ/2 偶极天线，在 40m 波段低仰角的地方，有多出 2dB 增益的优点。图 13-18 还给出了同样两个天线在 80m 波段的比较，此时 80m 波段的偶极天线在所有角度上都胜出。

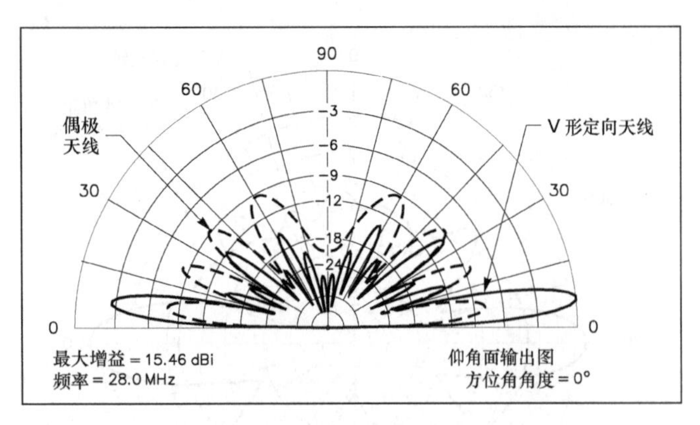

图13-16　一个209英尺臂长的V形定向天线（实线）的仰角平面响应与偶极天线（虚线）的比较。同样，最大增益的仰角响应比在相同高度的简单偶极天线要好。

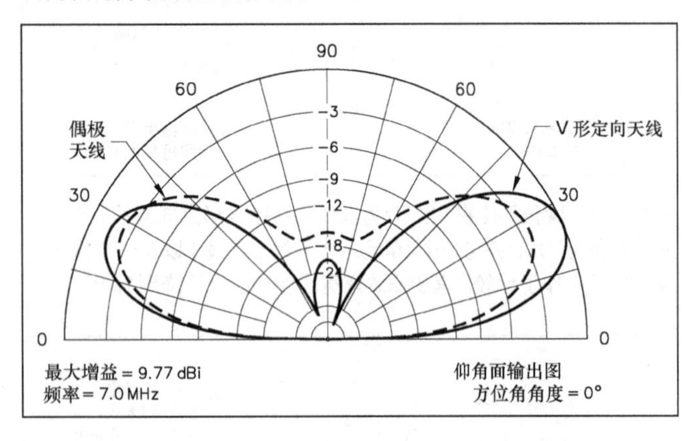

图13-17　同样臂长为209英尺的V形定向天线（实线），工作于7MHz的仰角辐射图，并与一个在70英尺相同高度的40m波段偶极天线（虚线）作对比。

其他 V 形组合天线

将两个 V 形定向天线上下堆叠，相距半个波长，并同相电流馈电，可以使整个系统增加大约 3dB 的增益，并将产生更低仰角的辐射。底下的 V 形天线至少应该高于地面 $\lambda/4$，

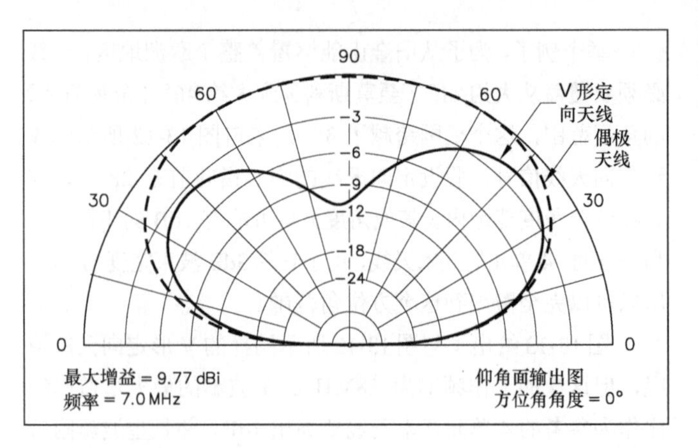

图13-18　同样臂长为209英尺的V形定向天线（实线），工作于3.5MHz的仰角辐射图，并与一个在70英尺相同高度的80m波段偶极天线（虚线）作对比。

最好是半个波长的高度。这种组合方式将仰角面辐射图变窄，方位面辐射图同样也变窄。

如果将第二个 V 形天线放在第一个的后方 $\lambda/4$ 奇数倍位置，并以 90° 相位差给两个天线馈电，这个 V 天线系统也可以形成单向性，并且在电流滞后的那个天线方向上单向辐射。不过，V 形反射器在低频段通常很少被业余爱好者采用，因为它局限于单一波段使用，并且需要一个相当精确的支撑结构。而多个 V 形天线堆叠并采用激励的反射器则多有应用，不过在 200～500MHz 频段比较容易实现。

V 形定向天线的馈电

V 形定向天线最方便的馈电是用调谐的明线馈线和天线调谐器，这样可以多波段工作。尽管 V 形定向天线导线长度并不苛刻，但是两根导线电长度相等则非常重要。如果仅需要作单波段的匹配，可能最合适的匹配系统是采用一段短截线或 $\lambda/4$ 匹配段。

13.3　谐振菱形天线

图 13-19 所示的钻石形状或菱形的天线，可以被看作是两个锐角的 V 形定向天线端对端相接而成，这种组合方式称为谐振菱形天线。谐振菱形天线的臂长必须是半波长的整数倍，以避免在馈电端出现电抗成分。

谐振菱形天线相对于简单的 V 形定向天线有两个优越之处。导线总长度相等时，它比 V 形定向天线的增益稍高，例如，每臂长为 3λ 的菱形天线，要比每臂长为 6λ 的 V 形天线高出 1dB。图 13-20 给出了 10° 仰角时臂长 3λ 的谐振菱形天线，工作在 14MHz 时的方位面辐射图，并与一个臂长 6λ 的 V 形定向天线在同样 70 英尺高度的情况作比较，谐振菱形天线的 3dB 波束宽度只有 12.4°，但具有 16.26dBi 这样非常高的增益。

当天线用于覆盖较宽频率范围时，菱形天线的方向性形状对频率变化的敏感度要比 V 形天线要小，这是因为频率改变引起其中一臂的主波瓣偏移某个方向，而同时其对面臂的主波瓣则偏移相反的方向，这种自动的补偿能力就可以保证天线在相当宽的频率范围内具有比较一致的方向性。菱形天线相对于 V 形定向天线的缺点是需要更多的支撑结构。

这种谐振菱形天线与 V 形定向天线所应用的设计规则相同，图 13-19 给出的最佳顶角 A 与等臂长的 V 形天线是一样的。这种钻石形天线也可以作为终接（负载）天线使用，本章后面部分将会讲到，那部分的很多论述同样适用于这里的谐振菱形天线。

谐振菱形天线具有双向方向辐射形状，并在其他方向上

有许多小波瓣，其数量与密度取决于臂的长度。通常，谐振菱形天线的这些旁瓣受压制的情况比 V 形定向天线要好。当应用于 VHF 频段以下频率时，菱形天线一般按导线所在平面水平安装，这个平面以及菱形等分线所在垂直平面的极化方式，是水平极化的。在 144MHz 及更高频率，如果需要垂直极化方式，这种天线（尺寸较小）也可以将导线所在平面垂直安装。

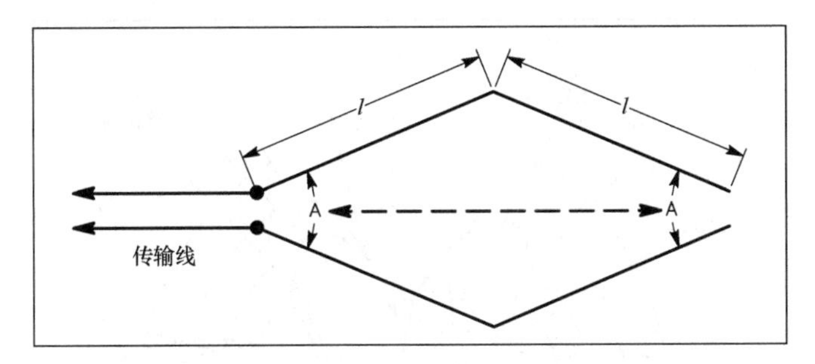

图13-19　谐振的菱形或钻石形状天线，所有臂长都相等，钻石形的对角相等，长度l是半波长整数倍以发生谐振。

当菱形天线用在几个 HF 业余波段工作时，建议应该以基于 14MHz 时的波长数为采用臂长的基础，来仔细选择顶角角度 A。如果该天线已经设计用于较高工作频率，尽管此时在这些较高频率波段上，增益参数并不用十分看重，但整个天线系统依然可以在这些所需工作频率上，保持低仰角的良好工作。

谐振菱形天线有很高的增益，但别忘了这些增益是以辐射波瓣很窄作为代价，这就要求非常仔细地架设菱形天线的支撑结构，以覆盖所需要的地理区域。这对于只想利用便利的树木作为天线支撑来说，就不是很能确定的事情。

菱形天线的馈电方式与 V 形定向天线一样，如果要工作在几个业余波段时，需要使用谐振馈线系统。

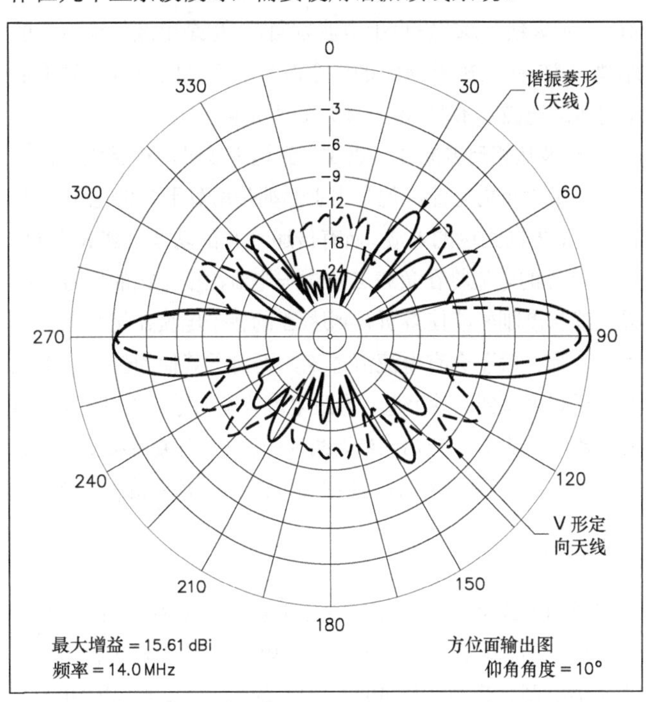

图13-20　臂长为3λ的谐振（不带终接电阻）菱形天线（实线），工作于14MHz，离平坦地面高度为70英尺，与一个在相同高度且每臂长度为6λ的V形定向天线（虚线）作比较。两者的方位面辐射图都是基于发射角10°。相比V形定向天线，谐振菱形天线的旁瓣有很大的抑制。

13.4　端接长线天线

本章至此所考虑的所有天线都是基于电流与电压沿着导线的驻波工作方式，尽管多数的无线电爱好者都是采用导线谐振方式设计天线，但谐振并不是意味着使导线产生有效辐射和接收电磁波能量的必要条件，这如同在前面第 2 章所讨论的。采用非谐振导线的结果是在馈电点处存在电抗，除非在天线的末端用一个阻性负载作终接。

在图 13-21 中，假设导线与地面平行（水平），并且用一个等于天线特征阻抗 Z_{ANT} 的负载 Z 端接，则导线与它在地面的镜像构成了传输线。负载 Z 可以表示为一个与传输线匹配的接收机。终接电阻 R 等于传输线的 Z_{ANT}。那么来自方向 *X* 的电磁波，将首先在远端进入导线，并以某个角度扫过整根导线，直到到达连接 Z 的那一端。这种行为，将在天线产生电压，因此有电流通过，流向 Z 的电流为天线的有用输出，而反向流向 R 的电流则被 R 吸收。来自 *X'*方向的电波也同样。在这种天线中，不存在驻波，因为所有的接收功率都被两端负载完全吸收。

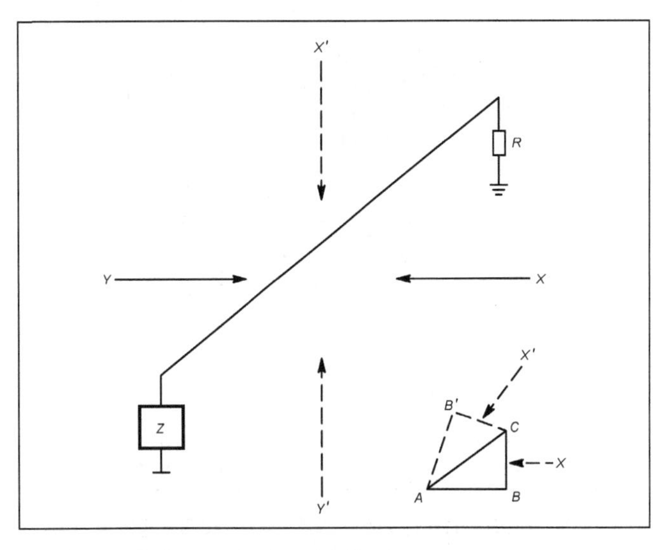

图13-21　终接电阻的长线天线图。

当电磁波扫过导线产生的各个电流都能适当复合后到达负载 Z 时，就有最大可能的功率传递到负载 Z，当电流从天线远端流到负载Z所需的时间，比电磁波行经整个天线所需时间滞后刚好半个周期时，电流将以最佳相位到达负载Z。这里的半个周期也就是相当于电波从最远端刚进入天线起，行至近端为止的距离再加半个波长。图中用小图示意，其中 *AC* 表示天线，*BC* 垂直于电波方向，*AB* 是电波行经 *AC* 的距离，*AB* 必须短于 *AC* 的半个波长长度。同样地，对于从 *X'*到达的电波，*AB'*必须与 *AB* 长度相等。

电波从相反方向 *Y*（或 *Y'*）到达天线时，将类似地在远端产生最大可能电流，但是由于远端是用等于Z的电阻R终接，从 *Y* 方向到达的电波，所有传递给R的功率全被R吸收，而流向Z的电流将在负载Z产生与电流幅度正比的信号。如果天线长度刚好能使得所有到达Z的各个电流在相位上叠加为零，那么就不会有电流流过Z，而对于其他的长度，电流叠加后则可以到达某个值。导致电流幅度为零的长度，为 $\lambda/4$ 的奇数倍，从 $3/4\lambda$ 开始。当天线为任意 $\lambda/2$ 偶数倍长度时，对来自 *Y* 方向的响应最大，但倍数越大响应（角度范围）越小。

方向性特性

图 13-22 所示比较了一个 5λ 长度的 14MHz 长线天线在平坦地面 70 英尺高度上，终接电阻与不终接电阻时的方位面辐射图。当导线用 600 Ω电阻终接后，反向辐射将下降 15dB，而前向增益大约降低 2dB。

对于终接电阻的长线天线，其臂长较短时，前向的增益下降更多—— 更多的能量在前行电波被终接电阻吸收之前，就已经被更长的导线辐射出去。臂长为 2λ 的终接与未终接V形定向天线的方位面辐射曲线在图 13-23 中叠加一起作比较，这些相对短臂长的前向增益，由于终接原因，将减小大约 3.5dB，尽管端接的 V 形定向天线前后比高达 20dB。该端接 V 形定向天线的每臂末端用一个 600 Ω的无感电阻接地，每个电阻将耗散大约 1/4 的发射功率。对于一般的导体直径与地面高度，该天线的 Z_{ANT} 为 500～600 Ω。

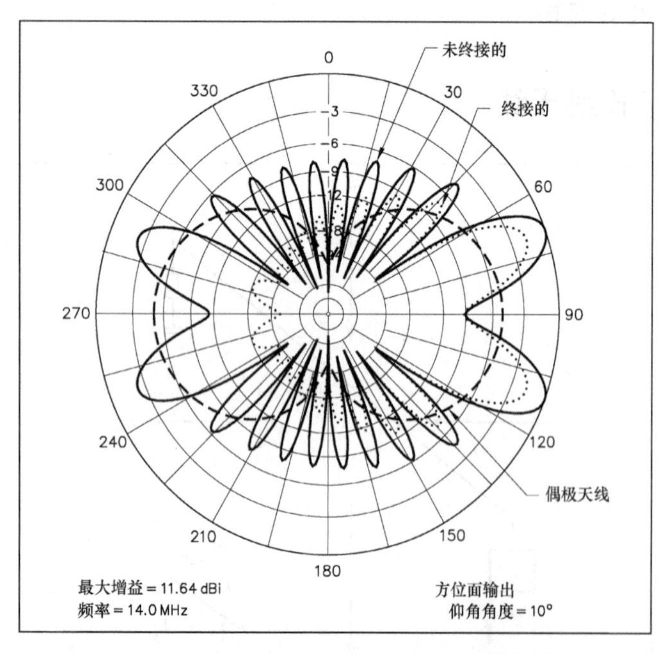

图13-22　一个5λ的长线天线工作在14MHz和离平坦地面70英尺高度时的方位面辐射图。实线给出的是带有600 Ω电阻终接到地的长线天线，而虚线是同一天线不作终接的情况。为了比较，还将λ/2偶极天线的响应叠加到图中。可以看到，终接的长线天线具有良好的前后比，但在前向增益上比未终接长线要损失大约2dB。

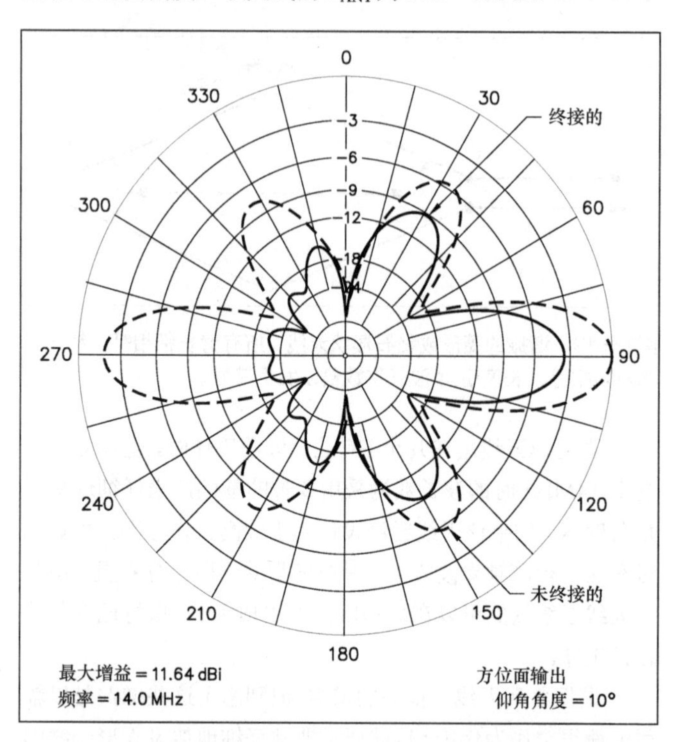

图13-23　短臂V形定向天线（2λ臂长）终接电阻（实线）与未终接（虚线）时方位面辐射图。由于较短的臂长，端接的V形定向天线比未端接时的前向增益要降低3.5dB，而对后面波瓣的压制高达20dB。

端接菱形天线

长线天线的终极发展就是端接（电阻）的菱形天线，如图 13-24 所示。它包括 4 段导体相互连接形成一个钻石形状或菱形，天线的各边等长，并且对角相等。这样的天线可以认为是两个 V 形定向天线端对端连接，并用一个无感电阻端接以产生单向性辐射图形。端接电阻连接在两边的远端点之间，并且阻值大约等于天线特征阻抗，作为一个端接单元。菱形天线可以水平或垂直架设，不过实际上在频率低于 54MHz 时总是采用水平架设，因为这种方式所需的支撑杆高度可以比较低。同样，这种架设产生水平极化波，多数类型的地面土壤条件下，这些频率都是可以满足的。

来自组成菱形或钻石形 4 段独立导线最大辐射的合成波瓣的基本原理，与本章前面所述的终接类型或谐振类型天线是一样的。

倾斜角

在实际处理端接负载的菱形天线系统时，会习惯谈起一个叫倾斜角（如图 13-24 中所示的ϕ）的名词，而很少说相对于单根导线的最大辐射角度。图 13-25 给出了作为天线臂长函数的倾斜角曲线，曲线中标记“0°”的位置是指发射仰角为 0°，也就是天线在该平面上的最大辐射。其他的曲线给出了在调整所需发射角的主波瓣时，可以采用的合适倾斜角。例如对于一个所需的 5°发射角，倾斜角的差异在所给的长度范围内是小于 1°的。

虚线曲线标注的“最佳长度”给出了在任意给定发射角时可以得到最大增益的臂长度。超过最佳长度后继续增加臂长，将导致增益下降，因此不要超过最佳长度值。注意到最佳长度随着所需发射角的减小而增长。超过 6λ 的臂长并不推荐使用，因为方向图将变得非常尖锐，以致在电波到达天线的水平和垂直两个角度，很小的改变都会引起天线性能的明显变化。由于在电离层传播中这些角度会有些变化，为使方向性达到太高的程度的努力是不需要的。

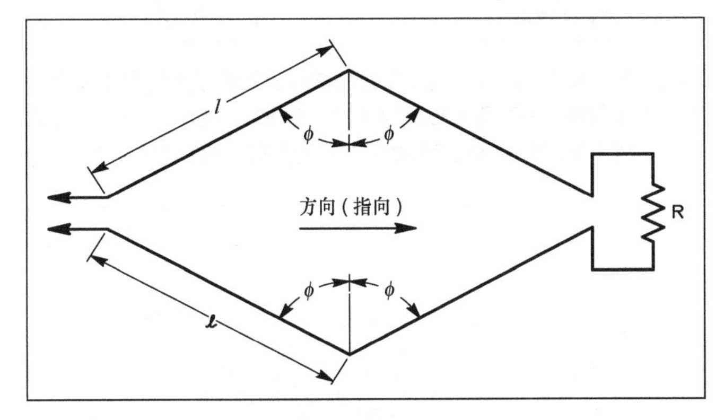

图13-24　终端接负载的菱形天线图。

多波段设计

当准备将菱形天线用于在相当宽的频率范围工作时，需要对倾斜角做一个折中考虑。图 13-26 给出了可以良好覆盖 14～30MHz 范围菱形天线的一些比较合适的折中设计尺寸。图 13-27 给出了该天线在平坦地面高度 70 英尺，工作于 14MHz 时的方位面与仰角面辐射图，在这里作为比较的天线是一个大梁为 26 英尺的 4 单元八木天线，同样位于平坦地面高度 70 英尺。菱形天线要高出 2.2dB 增益，但方位方向图的 3dB 点间的宽度为 17.2°，在−20dB 点只有 26°。而对于八木天线，3dB 点波束宽度为 63°，能够相当容易地瞄准远距离的地理位置。图 13-27（B）给出上述同样天线的仰角面辐射图，通常，最大增益值角度，对于任一水平极化天线来说，主要是取决于地面高度。

端接电阻的菱形天线最大增益要比未端接电阻的谐振菱形天线低一些，对于图 13-26 中所示的菱形天线，最大增益值大约减小 1.5dB。图 13-28 中比较了这个菱形天线带 800 Ω端接电阻和不带端接电阻的方位面辐射图。

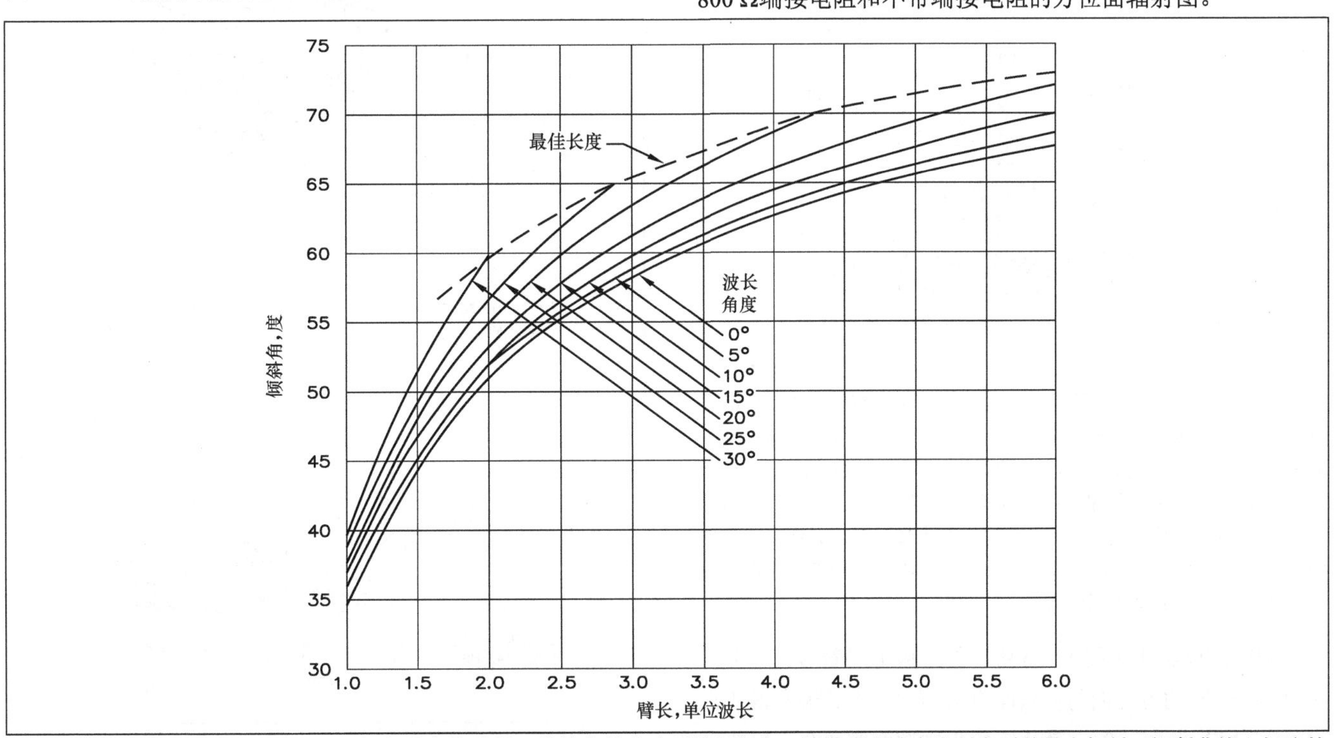

图13-25　菱形天线设计图表。对于任意给定的臂长，曲线将给出合适的倾斜角，以获得在选定发射角时的最大辐射。间断曲线上标注的“最佳长度”，表明在所选定发射角上能给出最大可能输出时的臂长。曲线所给出的最佳长度应该乘以0.74，以得到能使发射角和主波瓣方向一致的臂长。

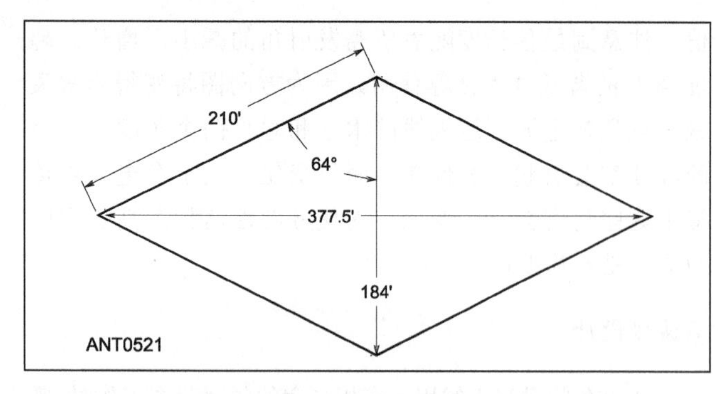

图13-26　用于14～28MHz频率范围的折中考虑后的菱形天线尺寸，臂长在28MHz时为6λ，在14MHz时为3λ。

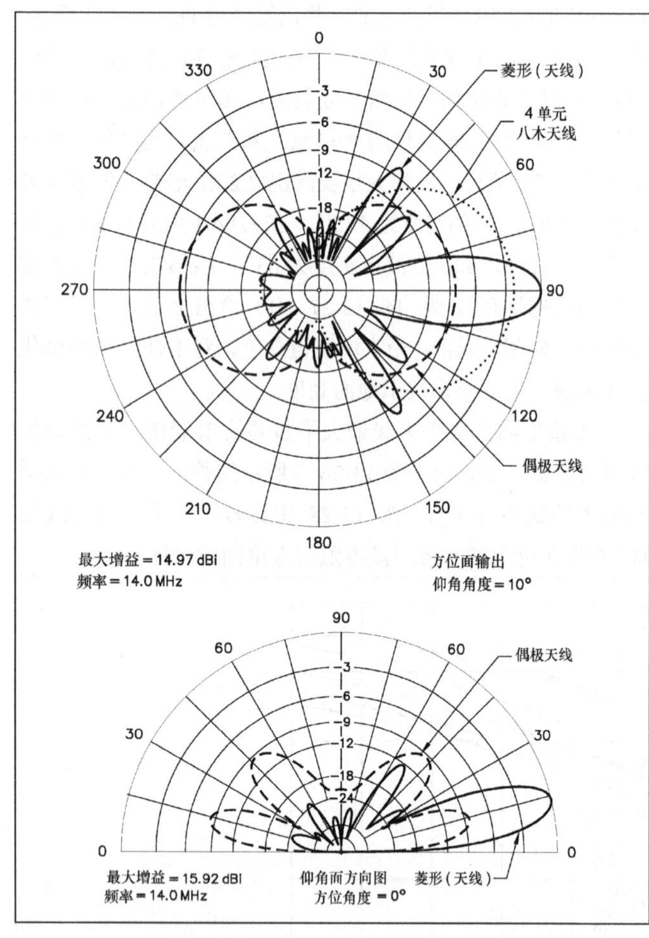

图13-27　上图为图13-26所给出的3λ（工作于14MHz）端接电阻菱形天线（实线）方位面方向图，并与一大梁26英尺的4单元20m波段八木天线（点线），以及一个20m波段偶极天线（虚线）相比较。所有这些天线都架设在平坦地面上70英尺（1λ）高度。端接电阻的菱形天线后向图形较好，前向增益也超过八木天线，但前主波瓣非常窄。下图所示为端接电阻的菱形天线与一个简单偶极天线在相同地面高度的仰角图比较。

图13-29给出了图13-26所示的端接电阻菱形天线工作于28MHz时的方位面与仰角面方向图。其主波瓣变得非常窄，在3dB点为6.9°。然而，由于主瓣两侧两个旁瓣的出现而得到部分的补偿，使得主方向图获到一些展宽。同样，这里用一个相同高度的4单元八木天线作为比较。

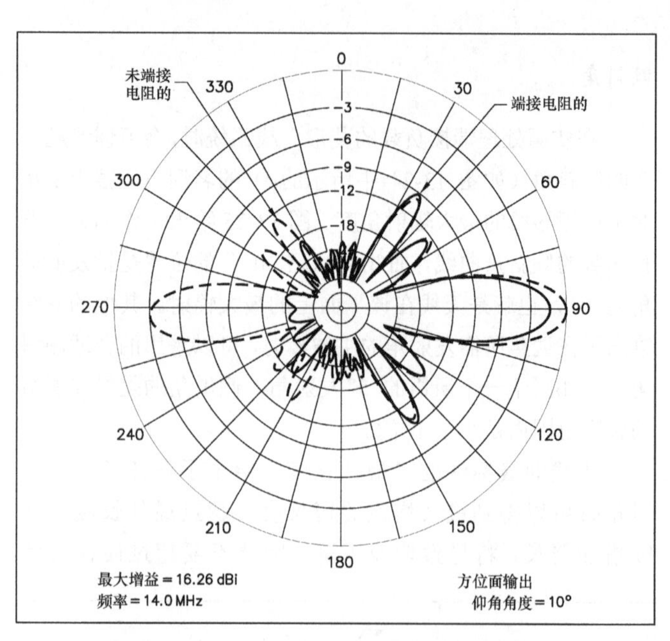

图13-28　端接电阻（实线）与未端接电阻的菱形天线方位角的比较，采用与图13-26所示相同的尺寸，工作频率为14MHz。增益的折中，对于端接电阻天线良好的后向辐射图有大约1.5dB的收获。

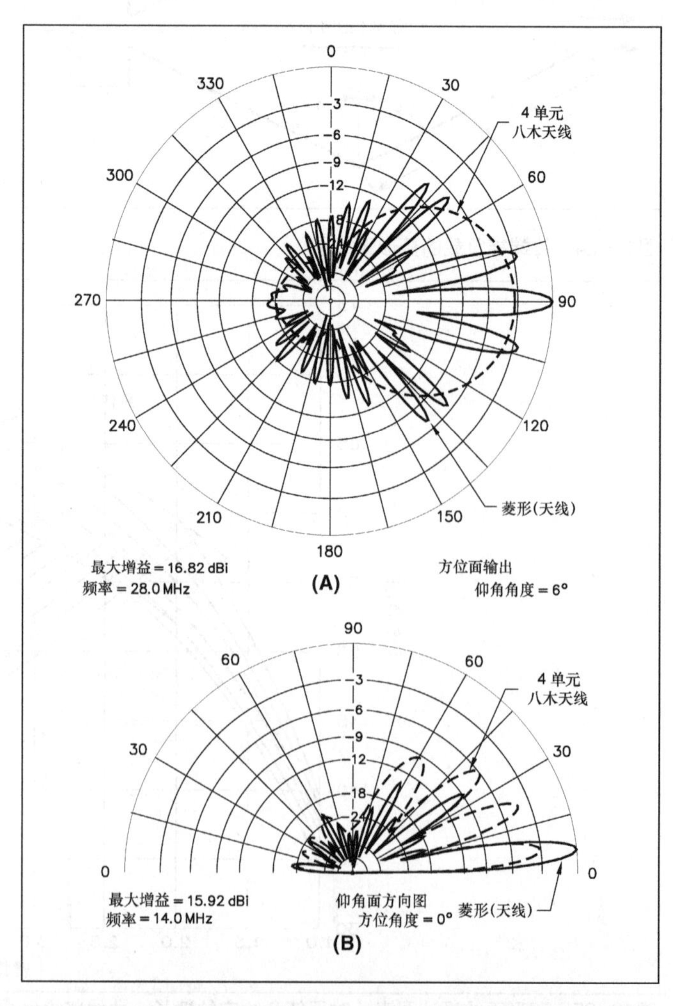

图13-29　图（A）所示为与图13-26所示相同端接电阻的天线，在28MHz工作时，与一个4单元10m波段八木天线在方位面方向图的比较。图（B）所示是这些天线在仰角面方向图的比较。

端接负载

尽管端接电阻与未端接电阻的菱形天线增益上的差别相对较小，但端接电阻的天线具有在很宽频率范围对发射机呈现出阻性和恒定负载的优点。在某种意义上，端接电阻所耗散的功率，可以认为是没有端接电阻时原本将在另一方向辐射的功率。因此，消耗在加热电阻的部分功率（大约 1/3），并不意味着会对所需方向上造成太大的损失。

传统菱形天线的特征阻抗，当在远端用一个合适的电阻端接时，从输入端看进去在 700～800 Ω产生匹配状况所需的端接电阻，通常比天线输入阻抗稍高，因为在该时间内通过辐射出去而消耗的能量正好刚到达远处末端。准确的电阻值通常可以发现是在 800 Ω左右，要求天线得到最平坦特性时则应该通过实验来确定，不过一般采用一个 800 Ω的无感电阻，比较有把握使天线工作在最佳状态附近。

端接电阻在工作频率上应该几乎是一个纯电阻，也就是其电感和电容几乎可以忽略不计。普通的线绕电阻并不适合在这里使用，因为它具有很大的电感和分布电容。小型的碳电阻可以具有满意的电性能，可是它不能承受几瓦的耗散功率，所以也不能使用，除非是发射机功率不超过 10W 或 20W，或者天线只作为接收时的情况。用于作为假负载天线或菱形天线端接的特殊设计电阻，应该采用其他类型电阻。为安全起见，单个或多个电阻能承受的总耗散功率应该等于发射机输出功率的一半。

为了降低杂散电容的影响，可以用几个电阻，比如 3 个，串联使用，即便单独一个电阻都可以安全地承受消耗功率。两侧的电阻应该相同，并且每个阻值为总电阻的 1/4 到 1/3，而中间的电阻可以各不相同。这些器件应该安装在天线端的防水盒子里，以起到保护和方便的作用。连接线头应该尽量短，以减少额外电感的引入。

另外一种方案是，端接电阻放置在与天线末端连接的 800 Ω馈线的末端，这样做允许将电阻和盒子放在一个比较方便调整的位置，而不用安置在支撑杆顶部。电阻导线可以用做该馈线，使得功率到达阻性端接电阻之前已经有部分被消耗掉，这样就允许采用较低功率的集总电阻器件。

如果在单波段中采用的是菱形，Hallas（见参考文献）介绍了几种使用天线调谐器的方法，并且有超过 50Ω的虚拟负载形成了可调节的负载，使得其可以达到最佳性能。

多导线菱形天线

图 13-26 所示的制作的菱形天线输入阻抗，在频率改变时不是非常恒定，这是由于导线之间随着长度变化时引起天线阻抗的变化各不相同导致的，Z_{ANT} 的变化可以通过使每单位长度的电容量增加与各导线之间的间距成比例的导线安排来最小化。

图 13-30 给出了这个完成后的方案，使用 3 根导线，末端并接在一起，但随着向各臂连接点位置靠近而逐渐增大导线间距。对于 HF 的工作，导线间距在中部为 3～4 英尺，这与臂长为数波长的成品装置所使用的类似。由于所有的 3 根导线必须等长，上面和底下的导线应该比中间导线稍微远离支撑体。这种采用三线的办法将天线的 Z_{ANT} 减小到大约只有 600 Ω，为实际的明线馈线提供了一个更好的匹配，另外也平滑了整个频率范围的阻抗变化。

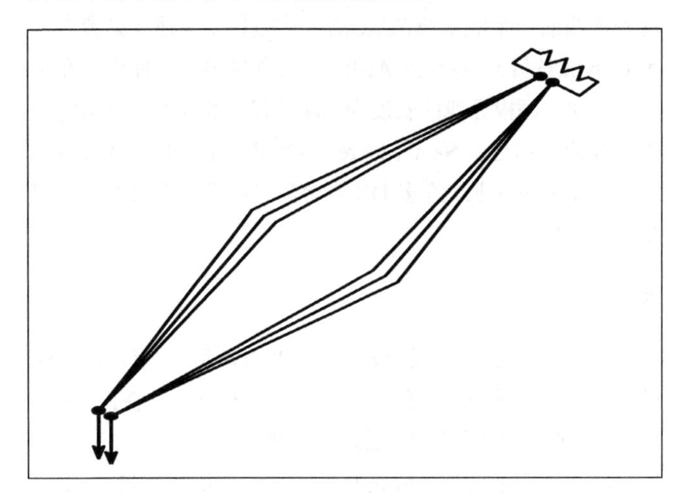

图13-30　三线的菱形天线。多导线的使用可以改善端接电阻的菱形天线的阻抗特性，以及增加一些增益。

使用两根导线也可以得到类似的效果（尽管作用不是很明显），已经发现三线天线系统可以比单导线的该类天线高出 1dB 的天线增益。

前后比

端接电阻的菱形天线在理论上可能得到无限大的前后比，实际上也可以获得很大的值。不过，当天线以特征阻抗值来端接时，只是在臂长为 $\lambda/4$ 奇数倍的那些频率点上，才能获得无限大的前后比，前后比最小的情况是在臂长为半波长长度整数倍的那些频率点上。

当考虑臂长不为 $\lambda/4$ 奇数倍时的频率上时，前后比可以通过稍微减小端接电阻值来做得非常高，这样做允许在天线远端产生一个小的反射，刚好抵消输入端的剩余响应。天线越大，通过调整端接电阻，就可以在整个频段上前后比越高。端接电阻的修改也将导致后部零点分裂为两个，在后面方向各小波瓣旁边各有一个。在很小的水平范围内，改变终端阻抗值因而会控制后部零点，以至特定点（不确定在天线背部）输入的信号可能最小。

馈电方法

如果需要完全利用端接电阻的菱形天线宽频率特性，那么馈电系统也同样必须具备类似的宽带特性。与所示天线输入端相同特征阻抗（700～800 Ω）的明线传输线可以在这里使用，这种馈线的制作数据在“传输线”一章给出。虽然常用的匹配短截段也可以用于提供更满意的馈线阻抗变换，但这局限于天线只能工作在短截段中心频率附近较窄的频率范围。也许更令人满意的办法是采用同轴传输线和在天线馈电点使用宽带变换巴伦器件。

13.5　项目：10m 到 40m 的 4 单元可转向 V 形定向天线

在不使用旋转器的条件下，4 导线的一种简单排列就可工作于多波段天线，同时在不同的方向上也具有天线增益。这种天线的一个版本曾在《QST》中进行了论述（见参考文献 Colvin 条目），并计入 ARRL 天线的经典天线库中。在那个版本中，每根导线的长度为 584 英尺。本章中所采用的该类天线的版本是由 Sam Moore（NX5Z）建造的，且每根导线只有 106 英尺长。许多 DX 电台都曾使用这类天线而取得了巨大的成功。

天线特性

如果分支的长度至少为一个波长时，那 V 形定向天线的增益方向图就是双向的，其两主瓣相距 180°。在图 13-31 中，左侧所示为长导线天线的增益方向图，图中有 4 个主瓣。左侧第二个所示的长导线正好与第一个的夹角为 45°。如果这两个组合形成一个 V 形，则该 V 形天线的增益方向图就如图 13-31 中右侧的图所示。

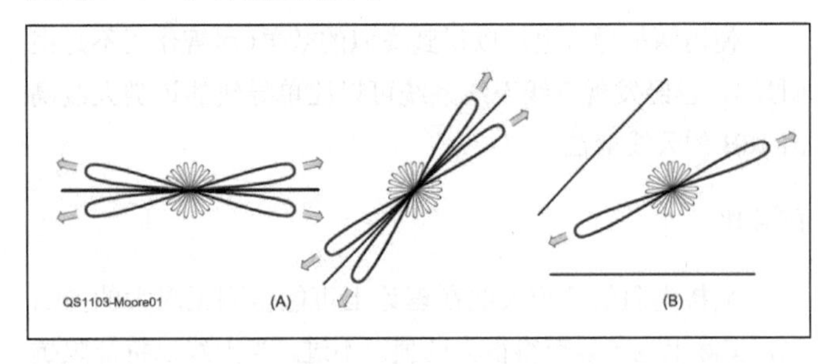

图13-31　图（A）为两个长线天线的方位角方向图。如果这两个天线同相组合在一起，就有如图（B）所示的方向图。

在该设计中，4 个 106 英尺长的导线依次相隔 45°。相对于相等长度这一特征，4 个导线的长度就不重要了。作者安装了自己设计的 V 形定向天线，该天线为一种倾斜的 V 形结构，其顶点和继电器控制箱分别距离地面的高度为 40 英尺，而导线末端离地高度为 10 英尺。该 V 形定向天线的增益在 10m、12m、15m 和 17m 处大约与 3 单元八木天线一样，而在 20m 处只有几分贝；在 30m 和 40m 处具有良好的可操作性，并且在 40m 处基本为全向方向图。波束的方向仅仅是由基站上两个切换开关控制的。

建立这类天线所用的导线也足可短到 60 英尺，这种天线更加适用于大部分城市，只是在增益上有点衰减。然而，随着导线长度变长，波速宽度则逐渐变窄。基于 EZNEC 软件的分析，该类天线中 106 英尺版和 60 英尺版的增益和波束宽度如表 13-1 所示。（本书提供了 EZNEC-ARRL 软件，具体讨论见“天线建模”章）作为参考并基于某种因素（尤其是主臂长度的因素）设计，典型 2 单元八木天线有 6～7dB 的增益，而预计 3 单元八木天线将有 7.5～8.1dB 的增益。

表 13-1　每个波段上 V 形定向天线的增益和波束宽度

频率（MHz）	106′上的增益	106′上的 3dB 波束宽度（°）	60′上的增益（dBi）	60′上的 3dB 波束宽度（°）
7.15	1.9*	全向性	2.4*	全向性
10.12	3.6	133	3.7*	全向性
14.15	6.7	71	4.1	137
18.11	8.5	42	4.1	136
21.2	9.1	33	6.0	63
24.93	9.7	28	6.1	61
28.3	10.7	23	7.3	40

全向性的本质是指其在接近垂直导线平分线上有最大的增益

V 形定向天线的方位角俯视图如图 13-32 所示。如果 V 形定向天线的高度小于 0.5 个波长，那么增益方向图就会发生变形，使得天线方向图更具全向性。

为了减少 V 形定向天线背面的增益波瓣，可在导线的端部连接一个电阻。无端接的 V 形定向天线在两个方向上都具有增益。如果端接，那么这类天线就需要用 8 根导线结构来替代 4 根结构，从而使用在其所有方向上都具有增益。

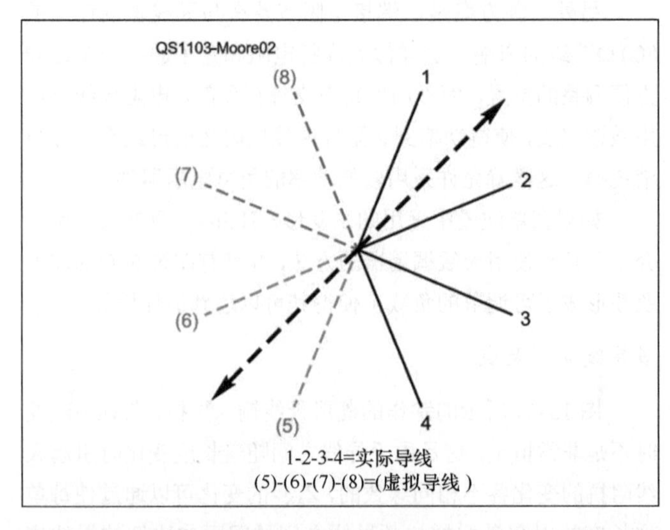

图13-32　可选的V形定向天线方位角俯视图。箭头表示导线1和2相连时的最大辐射方向。

尽管这类天线可用于多波段的环境，但是增益的波形会随着操作频率或多或少地发生改变。只要频率和导线长度比发生变化，则频率越高，增益越大。例如，如果你的V形定向天线在20m处其导线长度为1个波长时，则在10m处其长度为2个波长。因此所引起的增益的增加和波束宽度的变窄如表13-1所示。由于该天线在较高波段是双向的，所以有1～2dB的前后比，在V形开口端有最大的信号。表13-1所示的波束宽度是前向的波束宽度，其背向波速宽度一般情况下都有点窄。水平V形定向天线相对于倾斜式的更具有对称性。

V形定向天线的框图如图13-33所示，该类天线的调谐器必须为平衡的传输线所接受，同时有必要内置或者外置一个4∶1巴伦。作者利用1英尺的PVC管自制了一个空气芯的外置式4∶1巴伦，而且在该天线中还使用了一个小型自动天线调谐器。

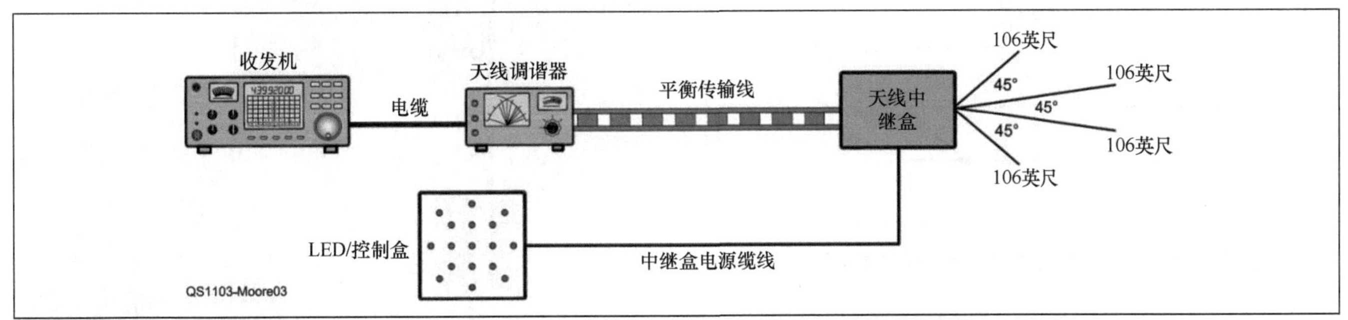

图13-33 V形定向通信系统的框图。天线调谐器可以被平衡传输线接受，还需要一个内置或外部的4：1巴伦。

控制单元和指示单元

LED配电箱利用三线线路（例如三线拉链式线路），为位于V形定向天线中心的天线继电器箱中继电器供电。较小的线路也可工作。

继电器箱的原理图如图13-34所示。对于功率继电器1和2只需要两个开关，继电器1的开关位于导线1和3之间，继电器2的开关位于导线2和4之间。注意导线4和导线1是联合使用的，而不是和导线5（假想的）。由于提供了导线4至5，所以这个钝角产生了大约相同的增益和波形，而不必串接另一根线。图13-35所示为一个组装继电器箱，该继电器箱有一个PVC盖式的电源输入。

图13-36所示的原理图为一个继电器电源开关和17个LED指示灯，LED灯和继电器共同接入到一个12V电源。图13-37所示为LED指示灯的俯视图。LED配电箱中，哪个方向的LED灯亮，就说明最大的增益位于该方向。注意只要其用于指示各个方向，LED1总是亮的。在宾果板模式中，在特定行上的其他4个发光二极管，分别连接，并通过开关1或2向它供给12伏直流电，选择开关1还是2这取决于所选择的电线。使用一个三刀开关S2，或者使用相邻双DPDT开关，并且在同一时间切换他们。

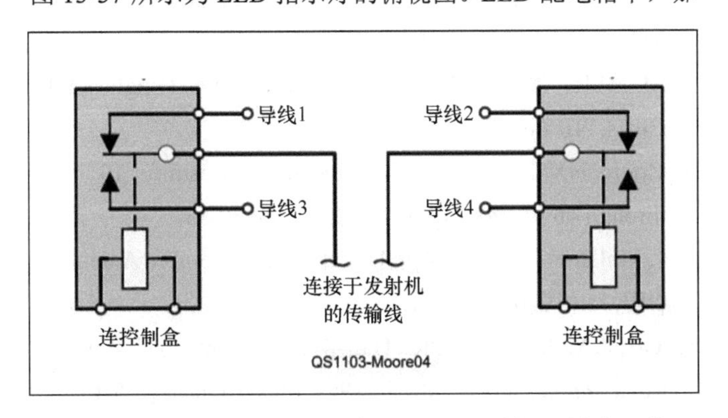

图13-34 继电器原理图，该继电器用于远程选择V形定向天线。

所安装的组装控制头如图13-38所示。不计算巴伦和平衡传输线，其总成本约为50美元。对于4导线天线来说，作者使用了电围栏线，其焊接处非常好。你可以在农产品供应店里购买廉价的电围栏线，也可以在废料箱子里找一个必要的部件。

图13-35 继电器现场装配图，接入电源使用PVC管包裹。

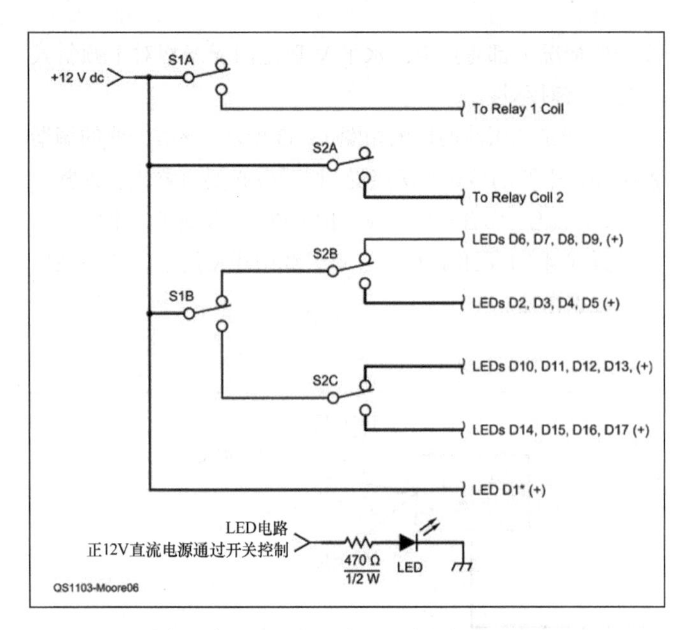

图13-36　继电器电源开关和17个LED指向灯的原理图。

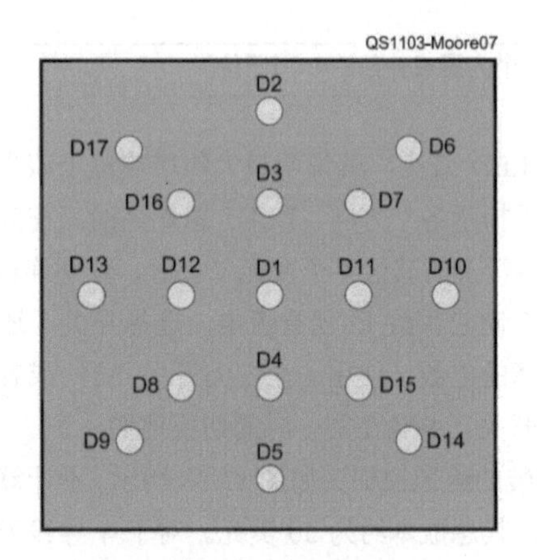

图13-37　显示LED位置指示盘的俯视图。

图13-38　由桅杆支撑的V形定向天线和一个PVC管包裹的标准接入电源。继电器通过一根单独控制电路来控制定向天线之间的切换。

13.6　参 考 文 献

关于本章主题更多的讨论以及原材料都可以在下面所列的参考文献中找到。

E. Bruce, "Developments in Short-Wave Directive Antennas," *Proc IRE*, Aug 1931.

E. Bruce, A. C. Beck and L. R. Lowry, "Horizontal Rhombic Antennas," *Proc IRE*, Jan 1935.

P. S. Carter, C. W. Hansel and N. E. Lindenblad, "Development of Directive Transmitting Antennas by R.C.A. Communications," *Proc IRE*, Oct 1931.

L. Colvin, DL4ZC (W6KG), "Multiple V Beams," *QST*, Aug 1956.

J. Devoldere, ON4UN, *Low-Band DXing* (Newington: ARRL, 2010).

J. Hallas, W1ZR, "Achieving Near Perfection with the Imperfect Rhombic," *QST*, Nov 2004, pp 28-32.

A. E. Harper, *Rhombic Antenna Design* (New York: D. Van Nostrand Co, Inc).

E. A. Laport, "Design Data for Horizontal Rhombic Antennas," *RCA Review*, Mar 1952.

G. M. Miller, *Modern Electronic Communication* (Englewood Cliffs, NJ: Prentice Hall, 1983).

S. Moore, NX5Z, "A Four Wire Steerable V Beam for 10 through 40 Meters," *QST*, Mar 2011, pp 30-33.

J. H. Mullaney, Capt., W4HGU, "The Half-Rhombic Antenna," *QST*, Jan 1946, pp 28-31.

M. Orr, AA2PE, "The Tilted Half-Rhombic Antenna," *Antenna Compendium, Vol 4*, ARRL, 1999, pp 5-10 through 5-13.

F. E. Terman, *Radio Engineering*, Second Edition (New York: McGraw-Hill, 1937).

第 14 章

高频天线系统的设计

本章结合上一版的信息，就高频天线系统的设计进行了一下简单的讨论。刚开始搭建一个高频电台的业余爱好者们更感兴趣的可能是尝试不同类型的天线，并在选择、设计和安装它们的过程中获得经验，后来随着经验的积累，同时其特定的目标也不断成形，系统设计的过程变得很重要。

没有一本书可为你提供设计天线的详细过程——因为不同的天线有不同的要求和操作风格。但是，我们可以做的是对天线设计过程进行概述。通过概述就能发现一些系统的问题，并进行解决。天线工具，如天线预测软件和天线建模软件，将从天线系统的角度对天线进行讨论。本章的内容包含，利用天线达到某些目的的方法（如堆叠天线）和使用近垂直入射的天波传播方法（NVIS）。

通过考虑将你的“天线区域”作为一个系统（无论是位于一棵树上，还是一座多天线塔对抗站上），你将能更好地利用时间和材料，同时可以在广播电台的应用中取更多的成功。

首先，将介绍系统设计过程的概述以及如何实现；其次描述了传播预测工具的使用，并将其作为评估天线系统覆盖范围的方法；然后叙述了天线系统规划中地形的影响；最后一部分解决了利用垂直堆叠八木天线来控制仰角的问题。

14.1　系统设计基本知识

搭建一个天线系统所花的、且最主要的就是用于规划的时间，在本章接下来关于地形的部分中，将介绍评估地形对高频通信的影响所需的步骤。你需要将受地形影响而产生的天线方向图，与覆盖不同地理区域的统计相关仰角条件下所得方向图相比较，这个仰角统计值在“无线电波传播”章中作了介绍，也可从收录于原版书附加的光盘中的地形评估程序 HFTA 中查到，光盘文件可到《无线电》杂志网站 www.radio.com.cn 下载。

通过使用本书中的技术和工具，你就能理性且有条不紊地设计出最适合你的情况的天线系统。然而，你必须付诸于实践，仔细思考和计划天线的安装以节省时间和金钱，还能减少损失。

其隐含的假设是：（1）你要知道你想要与哪些地方进行通信；（2）你希望实现的最有效的系统。在开始理论分析时，要明白节约成本不是目标，实际上，诸如成本或者配偶的期望都可以以后再考虑。毕竟，你是在检验方案的可行性。如果没有其他问题，你就可以用本章中提出的方法来评估你考虑要买的东西，以建设你的“理想工作站”。

在成功天线设计系统中，经常被忽视的一个部分是随时带着一台笔记本电脑，确保你可保存和整理与系统设计相关的各种计算机文件和文档。你可以再次访问这些过程并做出决定（成功或不成功）是非常重要的。从测量和测试中得到的重要数据应该被清晰地表明或保存，以便以后能找到它们。想想每一页或每一份文件，就像你正在建设某个重大结构的砖块。没有人会后悔自己有做记录的好习惯。

由于没有人会告诉你设计过程中每个确切的步骤，所以你应该形成自己的总体规划。这一部分最初是由 Chuck Hutchinson（K8CH）准备的，希望会对你有所帮助。

14.1.1　需要和限制

着手规划时要列出你通信过程中的期望和限制因素。工程师将其称为“需求”和“约束”，所有成功的项目开始之初都清楚地理解并记录了这些需求和约束。你对哪些频带感兴趣？你想和或和哪个地方通信？你愿意在天线系统上花多少时间和金钱？哪些物理因素限制影响了你的总体规划？

从上面问题的答案中，我们来制定目标—— 短期、中期和长期的。这些目标一定要切合实际。记住，有 3 个你可以控制的电台效能因素：操作技术、工作室中的设备和天线系统。要提高操作技术只能靠自己。但设备和天线之间却可以折中考虑。例如，高功率放大器可以补偿非最佳的天线。同样，好的天线在接收和传输信号方面也都有优势。

再考虑限制因素。你生活的社区是否对架设天线有监管限制？是否有与你的财产相关的文契限制或契约？或者是否有其他因素（资金、家人的意见、其他利益等）会限制架设天线的类型或高度？所有这些因素都必须调查清楚，因为它们在决定架设天线的类型中扮演着重要角色。

可能你并不能立即做你想做的事情。此时需要考虑一下接下来一段时间如何安排你的资源。你的资源包括钱、你能用来工作的时间、手头上的材料、愿意提供帮助的朋友等。安排的方法之一是把最初的努力集中在给定的一个或两个频带上。如果你的兴趣是进行 DX 通信，那么你可以先做一个 14MHz 频带的很好的天线。一个简单的多频带天线最初可能用在其他频率上。之后你可以在那些其余频段上增加好一些更好的天线。

14.1.2 架设点规划

当你开始考虑可选天线时，一张天线架设地点的地图会有很大的帮助。你需要知道当地的建筑物、树木和其他主要物体的尺寸和位置。另外要注意在地图上标记好地理方向。在这种情况下，图表或方格纸（或简单的 CAD 表）会很有用处，如图 14-1 所示的表样。复印几份架设地点的地图是个好方法，这样当你在进行规划时就可以直接在复印图纸上进行标记了。如果利用 CAD 软件设计出一个主地图，那么你就可以设计和保存大量的备选方案以提供比较和评估。

利用地图设计好天线的布局以及支撑塔或支撑杆的位置。如果你的设计需要不只一个天线塔或天线杆，可以考虑用它们来架设线天线。在设计天线布局时，虽然地图上显示的是二维的，但一定要想象它的三维结构。

另外要考虑到邻居的感受。在住宅区的前院子里架设一座 70 英尺高的拉索式天线塔并不是什么好的想法（也有可能违反了当地的规章制度），因此你可以考虑在后院架设这座天线塔。

确保地图上也包括了限制和危害因素，例如在你所有权建筑的界址上，你可能需要凹陷；你的邻居可能不允许你使用天线单元侵犯其“领空”；还包括电源线和其他危害，如地图中所埋公共设备的位置。表明天线可以架设的位置和不可以架设的地方是同等重要的。

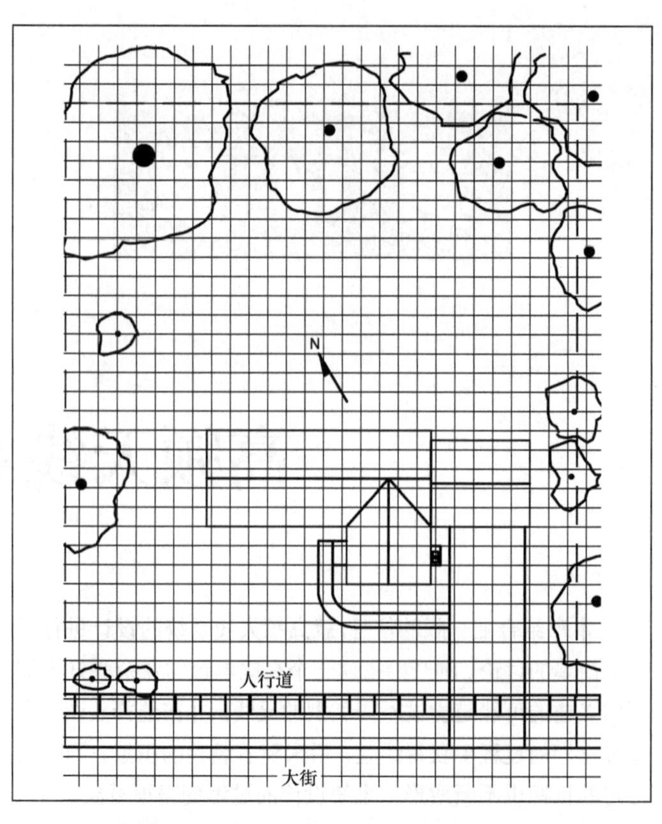

图14-1 地点图样。这样的一幅地图对于天线系统的计划非常有用。

正如“建立天线系统和天线塔”章节中所讨论的一样，当布置系统时，需要考虑接入的需要，如果你将架设天线塔，需要考虑挖掘机和混凝土运输车如何能到达塔基的位置。你也需要为你天线塔预留出空间以便天线塔以折叠或倾斜的方式安装。

14.1.3 初始分析

利用本章的信息、天线建模软件和传播评估工具来分析水平和垂直两个平面上的天线方向图，该方向图朝向你所感兴趣的地理区域。

使用天线建模工具可以帮你评估哪种类型的天线适合你特定的操作风格。想让八木天线从背向接收和拒绝接收大部分的信号吗？比如说地形分析你需要一个至少 50 英尺高的天线。你是真正需要一个钢材质的天线塔还是在树上架设一个简单的偶极天线以满足通信需求就好呢？在你的后院架设一个垂直天线怎么样？是想让其不够明显以满足邻居和家庭成员的要求，还是直接矗立在半空中？

如果你想使用 DX，你希望天线的辐射能量和中间的角度一样低。地面的存在和当地的地形对天线的图案有很大的影响。因此，对于你正在考虑使用的高度，一定要考虑什么样的地面不会对天线图案有影响。一个 70 英尺高的天线大约分别是 7MHz、14MHz、21MHz、28MHz 波长长度的 1/2、1、1½ 和 2 倍。那些高度对于远程通信来说是有用的。同样在 3.5MHz，70 英尺的高度只有 λ/4。但是，大多数在该高度的偶极天线，其辐射能量将集中直线上升。这种情况不太适合远距离通信，但是对一些 DX 的工作和优秀的短距离通信还是有用的。

较低的天线高度对于某些类型的通信还是有用的，例如，本章后面提到的关于 NVIS 通信的部分。然而，对于大多数业余操作来说，秉承通信有效性而确立的“越高越好”的原则，通常也是真实的。这是一般的经验法则，当然，我们应该根据当地的地形精确分析。把天线安置在陡峭的山顶上，这意味着你可以用较低的塔的高度而达到较大的覆盖范围。

可能存在λ/4 或更高地面之上不可能安装低频偶极子的情况。多辐板垂直天线是远距离通信的一个很好的选择。你可能想为一个 3.5MHz 或是 7MHz 的频带同时安装偶极子和垂直天线。在 1.8MHz 带宽，除非有非常高的载体使用，否则，一个垂直的天线对 DX 来说才更有用。然后，你可以选择给定的条件下表现最好的一组天线。低偶极子天线在短距离通信中通常较好，而垂直天线则在远距离通信方面表现更好。

考虑到固定天线的方位角图案，你需要将天线固定在任何对你有利的方向。

14.1.4 架设天线系统的规划

在这一点上，你将会进入一种重复顺序模式，即“设计——模拟——调整”，就像你评估自己的规划一样。应从建模开始，然后将结果与你的开始写的那些“期望”相比较。经过每一次的建模和比较，你的天线系统将不断得到改善。

正像优化系统设计一样，也可以为天线系统建立一个长期的规划，很可能需要将系统实际建设过程分成一系列的阶段和步骤。只要把长期规划记在心里，你将在每一步上都做出更好的决策，以实现自己的目标。

例如，你有很大的架设空间，你的长期计划中需要两座天线塔，一座 100 英尺高，另一座 70 英尺高，用于支撑单波段八木天线。同时，这两座天线塔也要用来支撑工作在 3.5MHz 的一副水平偶极天线，用于进行远程通信。在地图上完成标记后，80m 波段的偶极天线将侧面朝向欧洲方向。你决定架设一座 70 英尺高的天线塔，包括一副三波段八木天线以及 80m 和 40m 波段的倒 V 形偶极天线，来开始这个项目。

在你的总体规划中，你来设计 70 英尺高的天线塔的拉索、锚和所有硬件设备，用于支撑 10m 和 15m 波段堆叠式 4 单元单波段八木天线。因此一定要买一个重负荷的转向器和一根牢固的用于支撑单波段天线的天线杆。这样可以避免先买一个中型转向器和质量较轻的天线塔设备，改善工作站时再把它们卖掉的麻烦。从长远来看，为你感兴趣的波段架设一个单波段天线是在节约资金，但是，考虑到目前 14MHz、21MHz 和 28MHz 频带的天线更为重要，因此要选择商用三波段八木天线。

计划的第二步就是搭建第二座天线塔，然后分别把 40m 波段的 2 单元单波段八木天线和 20m 波段的 4 单元单波段八木天线架设上去。在这里，打算用堆叠式 10m 和 15m 波段的 4 单元单波段八木天线来代替 70 英尺天线塔上的三波段天线。虽然这仍是一个“理想系统”，但现在可以采用本章前面讨论过的建模技术来确定系统的总体性能。

14.1.5 建模交互

在下一节的分析中，我们假设你有足够的地面空间，可以使 70 英尺和 100 英尺天线杆的架设地点相距 150 英尺，这样你就可以在它们之间再架设一个 80m 波段的偶极天线。另外，我们再做一个假设，就是要架设的这个 80m 波段偶极天线从你的所在地（康涅狄格的纽因顿）朝向欧洲的 45°方向上有最大响应。同时，这个偶极天线朝向美国和新西兰的波瓣方向为 225°，这样天线既能很好地进行国内通信，又能进行 DX 通信。请注意，建模的相互影响对于整个系统是重要的，这都有助于避免“中期修正”。

现在我们来检查一下可旋转的 10m、15m、20m 和 40m 波段八木天线间的干扰。图 14-2 所示特意放大了安装在 70 英尺天线塔上的 4 单元 15m 波段八木天线的电流幅度。这里，所有的天线都已经过旋转，且都朝向欧洲方向。可以看出，只有少量的电流辐射到 10m 波段天线上，且事实上根本没有电流辐射到 40m 和 20m 波段的八木天线，这个结果很好。

可是，大量的电流却辐射到 80m 波段的偶极天线上，再被它辐射出去。这个不期望得到的电流会影响 15m 波段天线的辐射方向图。图 14-3 所示为该 4 单元 15m 波段八木天线和有其他天线干扰时单独存在时的辐射图。在辐射图上可以看到由于 80m 偶极天线的二次辐射，此 4 单元 15m 波段八木天线的方位角方向图出现了纹波。在最差情形下，“纹波”幅度约为 1dB，因此它们对前向波瓣（朝向欧洲方向）的影响并不很大，但后向波瓣却有些退化，刚刚低于 20dB。

图 14-3 同时也给出了 15m 波段八木天线的最差情形。在这里，15m 和 10m 波段的堆叠式天线又顺时针转了 90°，使其朝向加勒比海方向，而把架设在 100 英尺天线塔上的 40m 和 20m 波段的八木天线逆时针转 90°（朝日本的方向），使其朝向架设有 10m/15m 波段天线的 70 英尺天线塔。你可以在图 14-4 中看到其布局以及电流分布。此时，40m 和 20m 波段的八木天线对 15m 波段八木天线的能量进行了再辐射，使其最大增益降低了约 1.5dB。注意，在这个方向上，80m 波段的偶极天线不再有 15m 波段的八木天线的能量辐射到它上面。

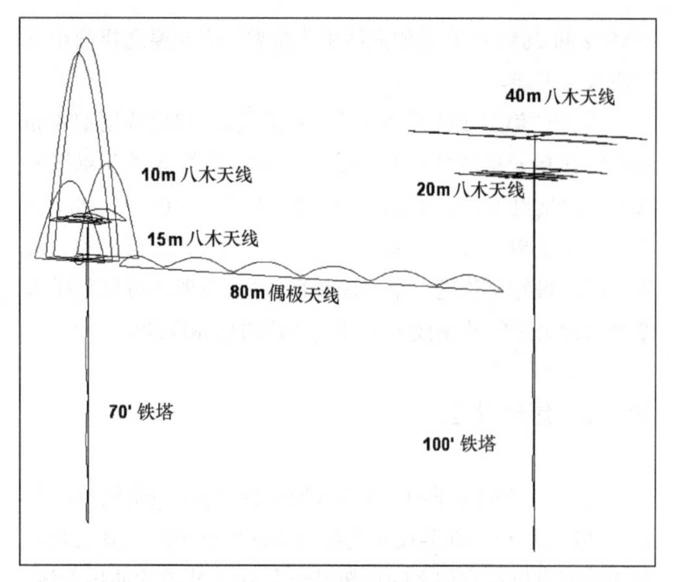

图14-2　两座天线塔系统的布局图，两座天线塔高度分别为70英尺和100英尺，二者相距150英尺。70英尺的天线塔上安装有两副天线，一副是架设在80英尺高度处的10英尺高的旋转杆上的10m波段4单元八木天线，另一副是架设在70英尺高度上的15m波段4单元八木天线。另有一副80m波段的偶极天线从70英尺天线塔沿伸到100英尺天线塔处。100英尺天线塔上的110英尺高处有一副40m波段2单元八木天线，100英尺高处有一副20m波段4单元八木天线在此图中，所有的可旋转八木天线都朝向欧洲方向，15m波段天线的电流分布也在图中画出。注意一下由80m波段偶极天线二次辐射出的大量电流。

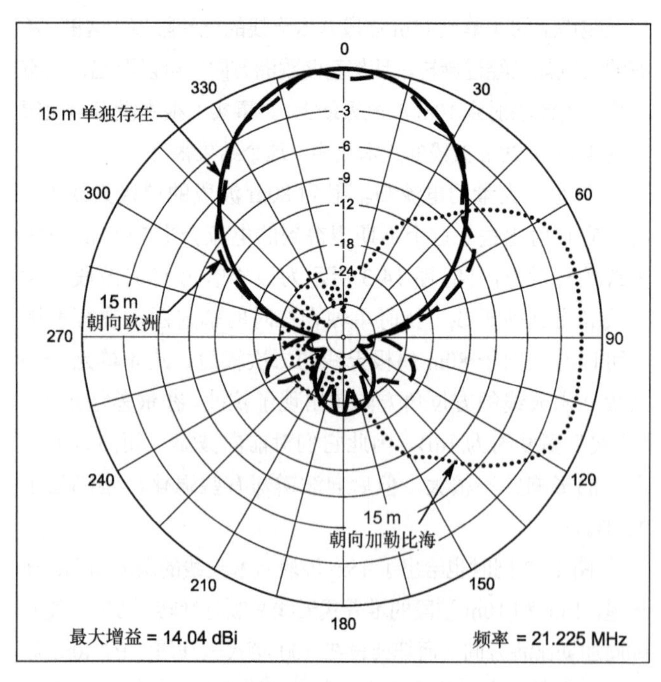

图14-3　几个方位方向图。实线是无干扰情况下15m波段天线的辐射方向图。虚线是有其他天线影响时15m波段天线的方向图。点划线是在此15m波段天线朝向加勒比海方向而100英尺天线塔上的天线朝向该70英尺天线塔时的15m波天线的方向图。可以看出，15m波段八木天线方向图的峰值响应降低了约1.5dB。

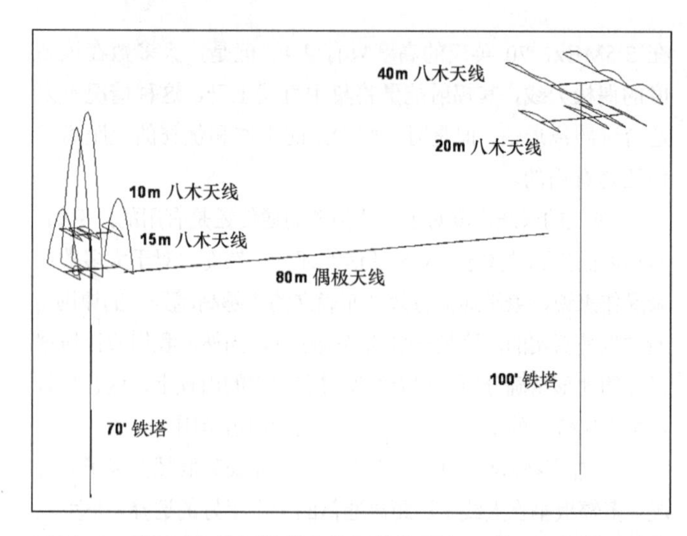

图14-4　当100英尺天线塔上的天线都朝向70英尺天线塔时的布局以及15m波段的八木天线的电流分布图。此15m波段八木天线已经旋向100英尺天线塔方向（朝向加勒比海方向）。

方向图的形状会随着你是否指定其他天线模型的“电流”或“电压”而改变，因为就现在所考虑的 15m 波段天线的能量来看，它会使其他天线的馈电点有效开路或短路。事实上，这意味着天线间的干扰因每副天线上馈线的长度和当其不用时是处于短路或开路状态而有稍许的不同。

现在你应该知道在实际的天线系统中，朝向不同方向的各种天线间的干扰可能会很强。总之，较高频率的天线会被低频天线的再辐射所影响，这种干扰比其他方式的干扰要强烈得多。因此，10m 或 15m 波段的堆叠式天线是不会对 20m 波段的天线有任何干扰的。

建模也可以辅助确定安装在同一旋转杆上的单频带八木天线间的最短堆叠距离。既然这样，10m 和 15m 波段的天线间有着 10 英尺的间距就能使它们间的干扰比较低了，这样 10m 波段的八木天线的方向图和增益也就不会被影响得太多。图 14-5 所示在朝向的欧洲的方向上证明了这一点，在此图中，10m 波段八木天线的独立方向图与在其下方 10 英尺处装有一副 15m 波段的八木天线时的方向图吻合得很好。最差情形是在天线朝向加勒比海方向，而 40m 和 20m 波段的天线朝向 70 英尺的天线塔时，使得 10m 波段八木天线的增益由最大值降了 1.5dB 左右，标志着最大干扰情形的出现。

在这种情况下，你或许会发现，若把 70 英尺天线塔也朝向与加勒比海最近的方向时，情况会改善到最好，前提是这个方向如果对你很重要。因为这样做会造成远东方向上的方向图会受到 10m 和 15m 波段天线影响。使用模拟工具就可以对任意情形进行评估以确定什么对你来说才是最重要的。

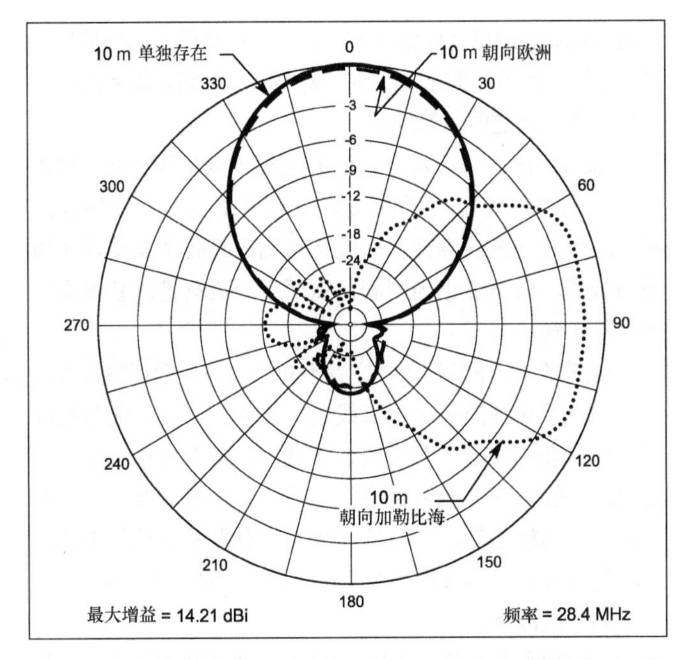

图14-5　10m波段八木天线的辐射方向图。实线是无干扰情况下的方向图。虚线是有其他天线干扰时该天线的方向图。点划线是最差情形方向图，即是架设在100英尺天线塔上的天线朝向70英尺天线塔，而架设在70英尺天线塔上的10m天线朝向加勒比海方向时。此时，10m波天线的峰值响应降低了约1.5dB。

14.1.6　折中考虑

由于各种各样的限制，大部分业余爱好者都难以架设出理想的天线系统，这就意味着需要进行一些折中考虑。但无论任何时候都不能为了性能而忽略天线装置的安全性。一定要遵守制造商在天线塔装配、装置和附件方面的建议。一定要保证所有的硬件设施都在其额定范围内使用。

业余无线电爱好者经常使用拉索式天线塔，因为在相同的性能下，复杂的非拉索式或独立式天线塔的成本要高。如果架设者自己可以或他的朋友愿意登塔的话，拉索式天线塔是个不错的选择。但你有可能还会考虑可折叠的或带有摇柄（可以摇上或摇下）的天线。有些天线塔也是可以折叠和带有摇柄的，如图 14-6 所示。这就为天线的调整和维护提供了很大的方便，可以避免登塔的麻烦。摇柄式天线塔还有另外一个优势，即在天线的非运作期（如由于美观原因或大风天气）可以把天线降低。

一副精心设计的单频带八木天线应该做得比多频带八木天线好。在一副单频带天线的设计中，可对增益、*F/R* 和匹配度进行最佳调整，但此时的调整只是对单一频带而言。在多频带天线的设计中，为了使天线能在多个频段上工作，这些性能间需要做一些折中调整。尽管如此，一副多频带天线比两副或更多副单频带天线更有优势。多频带天线对重型硬件设施的需求较小，只需要一根馈线，占地面积小且成本低。

对于公寓居民来说，在天线的选择方面会有更大的限制。对他们中的大多数，架设天线塔仅仅是一个梦想（一位有进取心的业余无线电爱好者会为架设天线作一些安排，他会去开发商那里购买顶层的住房。这些安排都是在开始施工之前做的，且计划中也应该增加屋顶天线塔架设这么一项）。对于公寓居民，架设天线并非没有希望。“隐蔽和空间受限天线”和“便携天线”两章中介绍了一些可以考虑的想法。

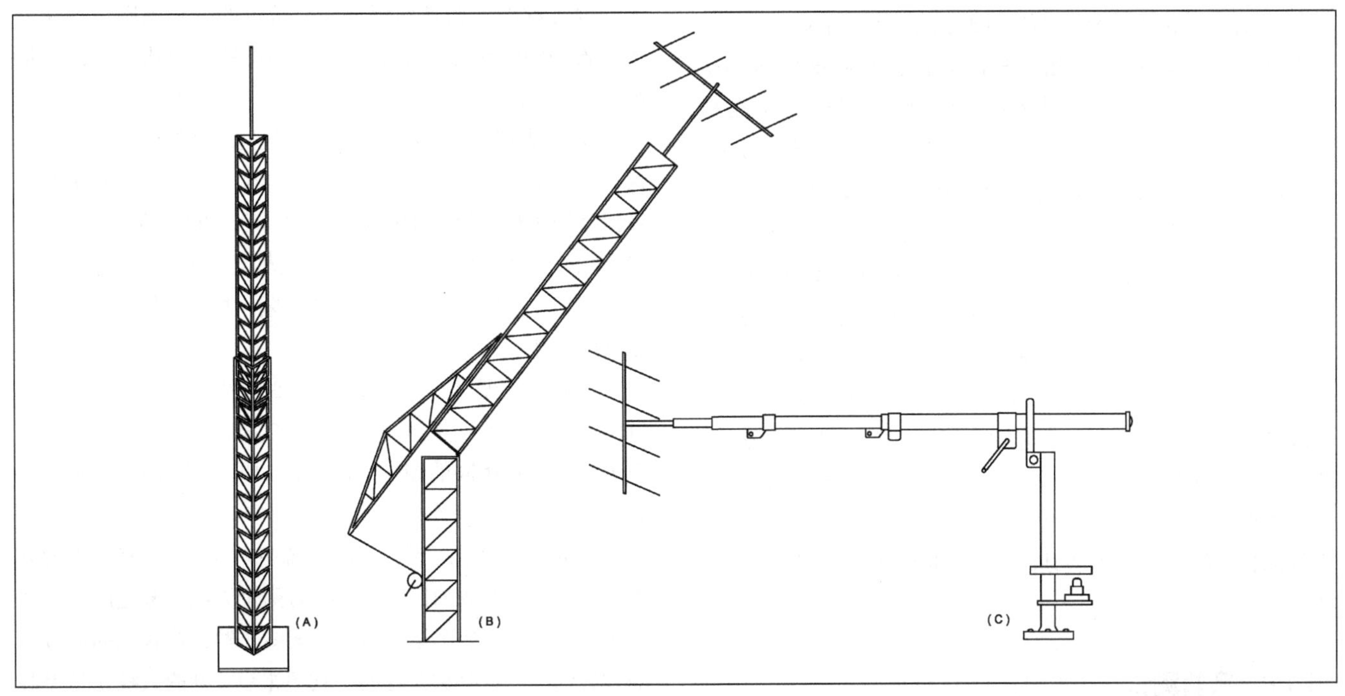

图14-6　图中是几种可选用的拉索式天线塔的结构。图（A）所示的摇柄式塔可以降低天线的操作的高度。同时，在天线的非运作期也可以把天线降低。该天线的电动形式也可以获取。图（B）所示的折叠式塔和图（C）所示的组合天线塔可以让架设者在地面高度对天线进行操作。

14.1.7 系统设计示例

你可以根据之前概括的步骤把中型和大型的天线系统组装起来，过程听起来虽然吓人，但最难的一部通常是入门。在这一点上，举一些简单的例子作为引导可能是有益的，并能促进你开始规划自己的天线系统。

天线系统实例 1

你可以根据之前概括的步骤把中型或大型的天线系统组装起来。那么，如果一位业余无线电爱好者每一方面都想尝试一些新的东西而又没有很多的预算，他应该如何装配这副天线呢？我们假设他的目标是：（1）低成本；（2）无天线塔；（3）所要架设的天线要覆盖所有的 HF 频带和 VHF 频带的转发器部分；（4）可以进行某些 DX 通信。

通过对本书的学习，工作站的所有者打算首先架设一副中馈式的 135 英尺天线。后院的大树可以像天线杆一样，把天线支撑起 50 英尺的高度。此副天线可以通过使用平衡馈电线和天线调谐器而覆盖整个 HF 频带。对于 10MHz 或更高频率的 DX 通信，效果应该不错，而更低频带的 DX 通信应该也可以进行。然而，整个计划还需要一副 3.5MHz 的垂直天线和一副 7MHz 的垂直天线，以增强在这些频带上进行 DX 通信的可能性。对于 VHF 频带，还需增加一副架设在烟囱上的垂直天线。

天线系统实例 2

一对拿到天线架设许可的夫妇可能会有更高的目标。他们工作站的目标是：（1）一组工作在 14MHz、21MHz 和 28MHz 的用于 DX 通信的好的天线装置；（2）一座天线塔；（3）成本适中；（4）天线在 1.8MHz、3.5MHz 和 7MHz 上也有进行某些 DX 通信的能力；（5）不需要覆盖这些频段的 CW 部分。

考虑了这些选项以后，这对夫妇打算安装一座 65 英尺的拉索式天线塔。在其顶部要架设一副大型的商用三频段八木天线。用于对 3.5MHz 和 7MHz 频带的话筒部分进行调谐的回路偶极天线的中心将用一根木梁支撑，且此木梁安装在天线塔的 60 英尺高处，端部呈倒 V 形下垂。一个 1.8MHz 的倒 L 天线从接近地面的高度开始，向上连到天线塔另一边的相同木梁上。其水平部分从天线塔直角处沿伸到回路偶极天线。之后，丈夫将会对 3.5MHz 的倾斜天线进行测试。如果测试不成功的话，此频段还需使用一副 $\lambda/4$ 的垂直天线。

14.1.8 实验测试

系统设计的一部分是“闭合成回路”，评估你所设计的天线的性能。如果性能如预期一样，则是验证了你的规划和设计方法；如果性能不如预期，要找出其原因并将其当作一个提高自己技能的学习经历。

通常的房间或公寓，它们的电磁环境非常复杂，很难从理论上来论证室内天线在哪个方向或地点的效果会最好。这就是传统的尝试并取最佳情况的经验主义发挥作用的场合了。但是要正确判断，需要对天线测量的基本原则有一些了解。

遗憾的是，许多业余爱好者不知道如何科学评估天线的性能，也不知道如何进行天线之间的相互比较。通常情况下，他们会架设好一个天线，尝试用无线电进行广播，与之前的天线进行对比以观察天线是如何发射电波的。显然这是一个比较差的评估方法，因为没有办法知道影响结果好坏的原因是因为波段条件的变化、S 表特性的不同还是其他的一些因素。

很多时候两个天线之间，或者同一天线的不同位置之间只相差几分贝。除非两者可以瞬间切换，否则这样微小的差别是难以察觉的。当然几分贝的差别在信号强的时候是可以忽略的，但是当传播路径较曲折时（室内天线就常出现这一情况），几个分贝的差别就有天壤之别，可能导致信号很好，也可能造成无法建立真正的通信。

除了一个通信接收装置之外，对天线的简单检测估计几乎不需要其他装置。如果可以瞬间切换天线的话，你甚至可以用耳朵进行定性比较。但是低于 2dB 的区别还是很难区分的。对于 S 表来说也是一样，低于 1dB 的信号强度的差别很难看出。如果你想看到分数位的分贝差别，你应该在接收机的音频输出端运用一个精密的交流伏特计，并把 AGC 挡关掉。

为了比较两个天线，需要在两根同轴传输线之间进行切换。不需要非常复杂的同轴开关，即使一个普通的双掷开关或滑动开关也可以在 HF 频段达到大于 40dB 的隔离。如图 14-7 所示，不推荐通过手动控制同轴开关通断来进行切换，因为那样太费时间了。在切换的间隔，衰落可能会引起信号强度的变化。

接收信号强度表现出的任何变化都是两个天线在信号方向上性能的差别指示。为了保证实验的有效性，两个天线应该具有大致相同的馈电点阻抗，如果二者的 SWR 都低于 2∶1，这个条件就算满足了。

在电离层传播（天波）的系统中，信号会有持续性的衰落，为了进行有效的比较，需要对两个天线信号之间的差值取平均值。少数情况下，稍差的天线传输给接收机的信号可能会更强一些，但从长远的平均值来看，好的天线还是更胜一筹。

对于地波信号，比如在城镇之间通信的由工作站发出的信号，不存在衰落的问题。地波信号能使操作者比较精确地估计在源方向上的被测天线的性能。其结果也适用于该方向上低仰角的天波信号，在 28MHz 的时候，所有信号的接收和发射都是在低仰角，但在更低的频段，尤其是 3.5MHz 和 7MHz，我们经常在高仰角传播信号，有时甚至接近顶点。在这些情况下，只在本地工作站间使用地波信号测试已经不那么精确了，这时就有必要引入天波信号。

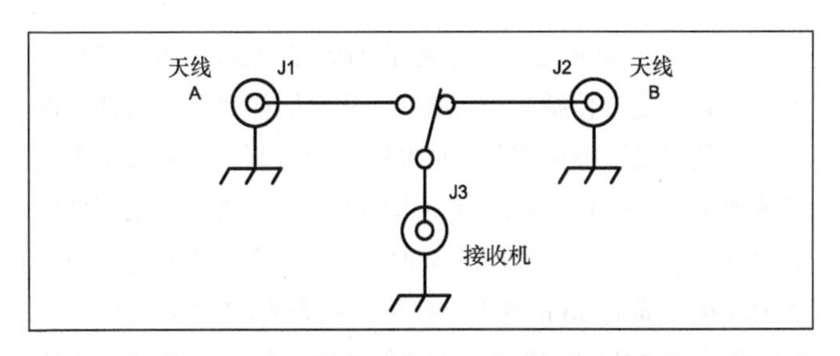

图14–7　当比较天线的信号衰落时，对于精确的测量而言，同轴电缆断开和重新连接的延时太长。在HF频段，一组简单的滑动开关就可以有效完成同轴电缆的切换。这4个元件可以安装在一个小罐子或小金属盒里。引线应该短而直。J1到J3是同轴电缆的接头。

14.2　传播和覆盖范围

在“无线电波传播”章“高频通信仰角”这一节中，对传播预测软件做了一个很好的介绍。例如，对于大范围的太阳条件来说，在不同的频率处利用 IONCAP 和 VONCAP 来评估高频天线的覆盖范围。原版书附加的光盘中有一组由这些工具推导而出的统计数据，当你设计天线时可以使用。该组数据的作者（也就是上一版的编辑）Dean Straw（N6BV）编制了一组新的、扩展的数据，你可以以合理的价格从 Radioware 网站（www.radio-ware.com）上下载并使用。这组数据是以 6 个等级为标准的太阳 24 小时活动数据，该数据已扩展到全世界 40 个 CQ 区中 240 多个地点，涵盖了 5 个主要的、业余的高频波段（80m 至 10m），其信号强度的单位为 S，以便业余爱好者们使用。

当你规划天线系统时，强烈建议你至少先要熟悉一个传播预测工具，并承担你所在地点到世界上你想要通信的地点的传播研究。利用传播信息的两种描述，作为理解传播的例子，这样就可以报告你天线设计的决策。

14.2.1　低波段 DX 通信的仰角

在“地面效应”章节中我们强调了天线的仰角响应应尽量与目标区域通信所要求的仰角范围相近匹配的重要性。图 14-8 给出了在整个 11 年太阳活动周期中，覆盖从马萨诸塞州的波士顿到整个欧洲的路径，40m 波段所需的仰角统计图。这些角度从 1°（40m 波段开通欧洲传播的时间占 9.6%）到 28°（占 0.3%的时间）。在构建天线设计中集中低仰角处的辐射能量对工作在低于 10MHz 频段的 DX 通信是至关重要的。

图 14-8 所示同时也叠加了一个 100 英尺高的平顶偶极天线在仰角统计数据中的仰角响应曲线，它表明即使在这样的高度，其覆盖也是很难满足所需的所有仰角要求。不过图 14-8 所示本身有趣的是，从另外一个角度可以由数据中看出，需要更加强调低仰角的重要性。图 14-9 所示输出的“积累分布函数”是在每个低仰角角度或以下的值时，40m 波段从波士顿到欧洲的开通时间的总百分比数。例如图 14-9 所示给出的，在仰角为 9°或更低时，有 50%的时间机会可以开通波士顿到欧洲的 40m 波段传播；在仰角为 19°或更低时，该波段有 90%的时间机会开通传播。

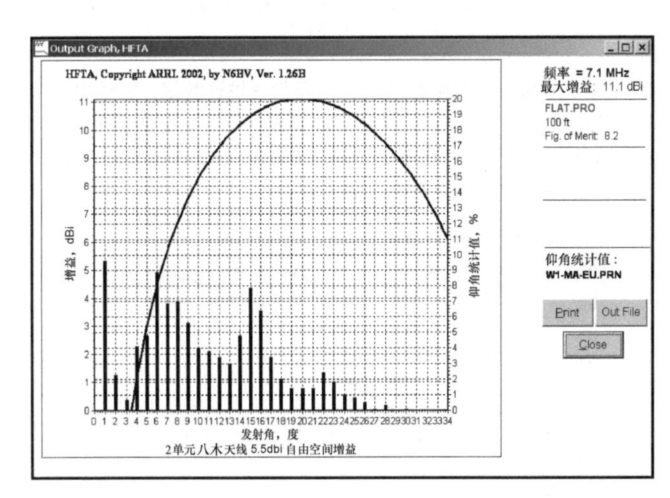

图 14–8　HFTA程序的截图给出了在平坦地面100英尺高的7.1MHz偶极天线的仰角响应，并叠加了跨过整个11年太阳活动周期，从新英格兰（波士顿）到整个欧洲所需的仰角统计条形图，即使是100英尺高的天线也无法覆盖整个所需的各个角度。

图 14-10 所示输出的是从波士顿到全世界主要的 6 个地理区域 40m 波段传播的仰角数据。通常，仰角的整个范围对于远距离的地点来说是比较小的，并且这些角度要低于近距离地点所需仰角。例如从波士顿到南亚（印度），有 50%的时间要求入射角是 4°或更低。在波士顿到日本的路径上，有 70%的时间要求入射角是 6°或更低，这确确实实需要低仰角。

图 14-11 所示也给出了对于 40m 波段从加州的旧金山到全球其他地方传播的类似数据。从美国西海岸到南非的路径是一条很长距离的路径，65%的开通时间时，要求角度为 2°或更低。对于 40m 波段到日本的路径则需要 10°或更低发射角度才能保证超过 50%开通时间。如果你足够幸运拥有一个 100 英尺高的 40m 波段的扁平偶极天线，在 10°发射角的响应将比在 20°时，它的最大值低 3dB，在 5°仰角的响应将比最大值低 8dB。因此你可以看到为什么加州的电台架设在山顶上能获得很好的 40m 波段 DX 通信。

图 14-12 给出了 80m 波段从波士顿到世界各主要地区相同的时间百分比数据，从波士顿到欧洲，80m 波段仰角为 13°或更小时，有超过 50%开通时间；从波士顿到日本，发射角为 13°或更小时，有 90%开通时间（要注意的是，这些仰角统计值是在无干扰的电离层条件下计算得出的。有时入射角会受到磁暴的影响，通常来讲在这种条件下仰角会升高）。

图 14-13 给出了从旧金山到世界各地 80m 波段传播数据。图中低仰角占优势，为了得到最好覆盖，水平天线需要尽量架设得高。事实上，对于所有传播路径，有 50%的时间，需要仰角低于 10°。

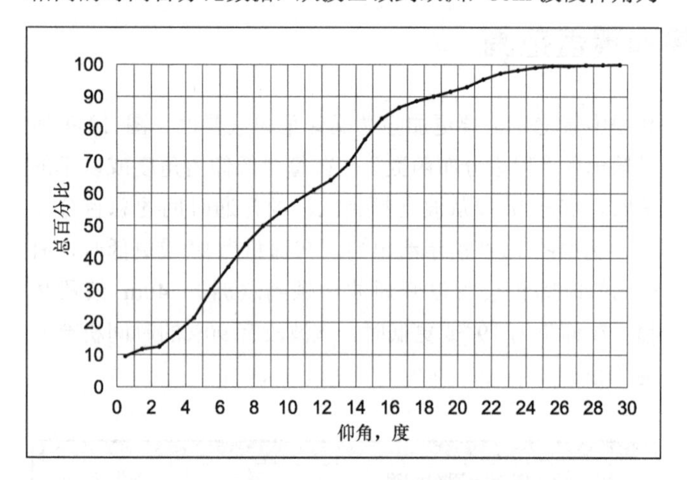

图14-9　从另外的角度看图14-8所示仰角统计数据，它给出了在每个仰角或更低角度，从波士顿到欧洲的路径上40m波段开通的时间百分比。例如，在9°或更低仰角，该波段有50%时间开通；在19°或更低仰角，该波段有90%时间开通。

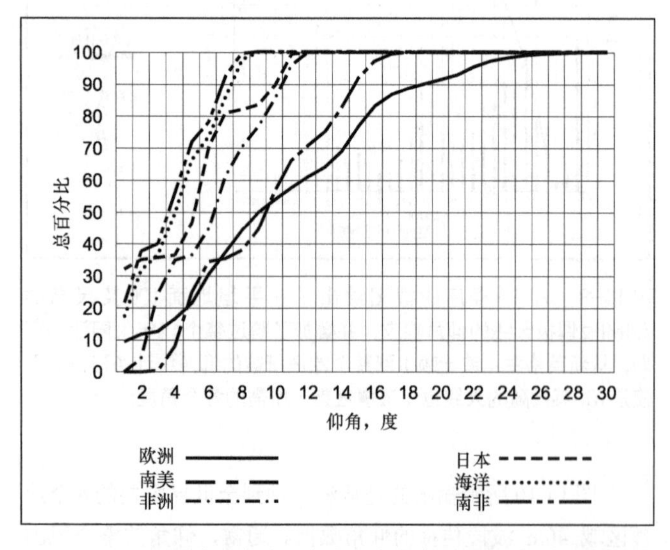

图14-10　40m波段在每个仰角或更低角度，从波士顿到各地的DX路径：包括欧洲、南美、南非、日本、大洋洲和南亚，其开通时间的百分比。仰角要求相当低的特点非常突出。例如，从波士顿到日本的路径，当40m波段开通时有90%的时间，可以在仰角等于或小于10°进行通信。在低发射角上获得良好的性能，需要使用非常高的水平极化天线，或者高效的垂直极化天线。

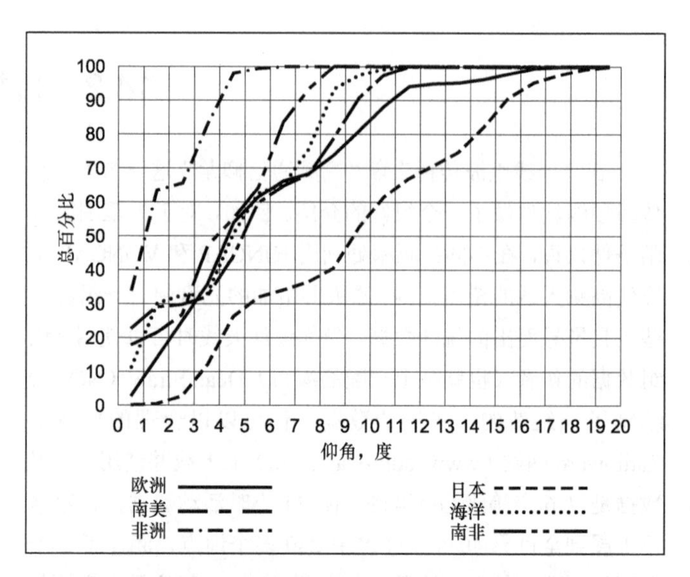

图14-11　来自西海岸的40m波段统计数据：从旧金山到全球其他DX地方，在发射角小于或等于11°时，有90%的时间开通欧洲，所以对于居住在西海岸山顶上的业余无线电爱好者可以很好地通信欧洲并不奇怪。

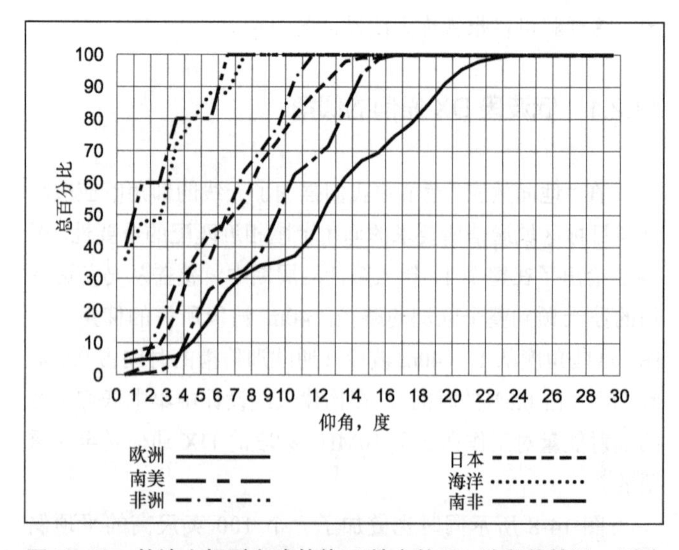

图14-12　从波士顿到全球其他DX地方的80m波段的情况。到欧洲，是仰角小于或等于20°时，有90%的时间开通；从波士顿到日本，仰角小于或等于12°时，也有90%的时间开通。

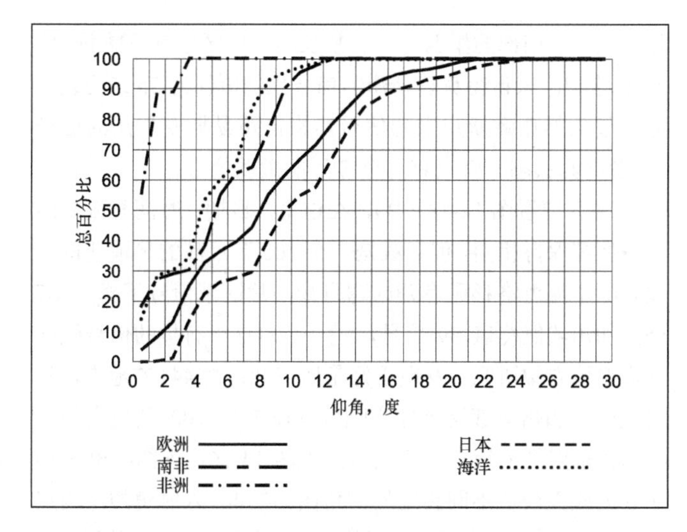

图14-13 从旧金山到全球其余DX地方的80m波段传播：到日本，发射角小于或等于17°时，有90%的时间开通，小于或等于10°时，有50%的时间开通，小于或等于6°时，有25%的时间开通。一个距离平坦地面600英尺的水平极化天线其最优辐射角刚好在6°。

14.2.2 NVIS 通信

并非所有的业余无线电爱好者都对与几千英里之外的电台通信感兴趣，车台操作者或聊天派事实上也许只对近距离通信有兴趣，可能也就是离他们 600 英里之内的范围。在这种情况下，低仰角对有效的 DX 通信是必需的，但在提供必需短距离覆盖范围的情况下则可能是完全无效的。

例如，有个波士顿的业余无线电爱好者希望和在克里夫兰的妹夫谈话，这条路径仅仅 550 英里远；或者一个操作者在纽约的布法罗，想参加在纽约和新泽西主控电台（NCS）的台网，他需要能够覆盖到大约 300 英里远的距离。

依据在白天的时间，近距离所需的最合适业余频率是 40m 和 80m/75m 波段，在夜间某些时间，160m 波段也有可能，尤其在太阳黑子循环周期的低谷期间。在这种近距离通信中通常需要高仰角，对于跨越地波传播覆盖区的通信几乎是垂直向上的（在 40m 波段可能只有几英里短的距离）。例如，马萨诸塞州的波士顿市与瓦切斯特之间距离大约 40 英里，对于 40m 波段，40 英里的距离已经是超过地面传播所能覆盖范围，所以你需要通过电离层的天波信号在这些城市之间通信，其需要的仰角为 83°——非常接近垂直入射。

爱好者们采用垂直天线作为附近电台的通信，可能会明显发现在低波段他们的信号往往被噪声电平掩盖，尤其他们没有使用最大的合法发射功率时。这种相对短距离路径通信被称为所谓的 NVIS（近距垂直入射天波），一个 HF 通信系统覆盖附近地理区域的时髦名称。美国军方讨论的 NVIS 大约是 500 英里范围内，包括覆盖一个旅的军事势力范围。要覆盖 0～500 英里距离所需仰角为 40°～90°，这个覆盖范围也包括了业余通信，尤其是应急情况通信。

下面这部分内容来自 2005 年 11 月《QST》杂志上的文章《What's the Deal About NVIS?》。这篇文章用一个假设旧金山发生地震的例子来分析对 HF 应急通信的要求。

业余无线电在自然灾害中的响应

旧金山有个有点不太好的称号——“等死的城市”。当大地震来临的时候，你可以肯定的是所有的蜂窝电话和地面通信线路都会出现拥塞，旧金山海湾地区的电话呼入和呼出事实上是不可能了。同样的事情发生于 2001 年 9 月 11 日的曼哈顿岛，整个加州北部的互联网也受到非常严重的影响，因为它的中继是经过电话网络设备的。商业用电因为电力线路的故障而将大范围停电，事实上总供水管也都没法供水了。

如果旧金山海湾地区一些小山上的中继台没有被地震所破坏，那么有些业余无线电爱好者在 VHF/UHF 的通话声音可以覆盖到中部地域，至少可以工作到备用电池用完。但是通过业余中继台连接到此时已经紊乱的电话系统也将是非常困难。

随着此时电话很少或不能覆盖，对用于灾害救援的业余无线电通信提出一个严峻的要求，就是从旧金山到萨克拉曼多（美国加州首府）需要通信，萨克拉曼多在海湾地区东北部 75 英里，这就远远超出 VHF/UHF 覆盖范围，在这种无线链路中就需要用业余 HF 通信，应急救援人员（包括参与救援与重建的军队人员）之间的直接地面通信往往用 VHF/UHF 比较困难，因为旧金山是个多山丘的地方，所以这时也需要 HF 作为工作人员与工作人员、工作人员与通信中心之间的短距通信。整个城市中，便携式的 HF 电台应该能够被快速架设以提供这种通信。

业余无线电爱好者们曾经半开玩笑地戏称短距离的 40m 和 80m 波段 HF 通信为“烧云”，这是个十分形象的说法，因为发射角需要能发射 HF 信号进入电离层，然后再反射下来覆盖到周围的电台，这样的角度几乎是直接向上的。表 14-1 列出从旧金山到美国西部其他几个城市的距离与所需发射角。旧金山到萨克拉曼多之间的距离大约是 75 英里，最佳的发射角大约是 78°，发射这样高仰角的信号最好的做法是用水平极化天线安装在比较靠近地面的高度，例如低偶极天线。

表 14-1 从旧金山到各目的城市所需的平均仰角

地点（城市）	距离（英里）	平均仰角（度）
San Jose，CA	43	80
Sacramento，CA	75	78
Fresno，CA	160	63
Reno，NV	185	60
Los Angeles	350	44
San Diego	450	42
Portland，OR	530	30
Denver，CO	950	18
Dallas，TX	1 500	8

NVIS 地理覆盖范围

图 14-14（A）给出了使用倒 V 偶极天线的 100W，这样的天线还可以加上作为 80m 波段的倒 V 天线，就是 7.2MHz 电台在旧金山周围的地理覆盖范围，天线的中央离平坦地面高 20 英尺，末端为 8 英尺高。在实际使用中，安装在与 40m 波段倒 V 成 90° 地方并直接并接馈电，参见图 14-15。8 英尺的高度使得末端避免对人员（或多数的动物）的 RF 灼伤。天线距离地面的低高度，意味着在高仰角上的方位图是全向的。

图 14-14 所示用 VOAAREA 程序生成，它是 VOACAP 传播预测程序包的一部分。时间是 12 月份，0000UTC，接近太阳下山的时间，太阳活动周期低谷时期（平滑太阳黑子数，SSN=20）。接收电台仍然假设使用相同的倒 V 偶极天线。

可以看到，几乎整个加州地区都可以覆盖 S9 信号，只是在加州东南部的墨西哥边界狭长的小块区域有所减弱，信号降到 S7。来自得克萨斯州的信号预测值仅为 S5 或更弱。但比起从得克萨斯州来的信号，来自路易斯安那州的信号（或者雷暴状态）就只有几个 S 点的微弱信号。

现在请看图 14-14（B），在这里，日期、时间与太阳活动条件都保持相同，但天线是一个 100 英尺高的平顶偶极天线。除了靠近洛杉矶有趣的弯月形小片区域信号下降为 S7 外，加州依然覆盖 S9 信号，进一步对这个有趣的信号强度下降的地方做研究，发现正好是所需仰角为 44° 的地方，从旧金山到加州南部这个地方刚好落在这个 100 英尺高的天线仰角辐射图的第一个深陷点，见图 14-16，该图给出 5 种 40m 波段天线在不同高度的仰角图。在 44° 入射角的深陷点处，这个 100 英尺高的偶极天线仅仅相当于 2 英尺高的偶极天线效果。我们将在后面详细讨论 2 英尺高的偶极天线情况。

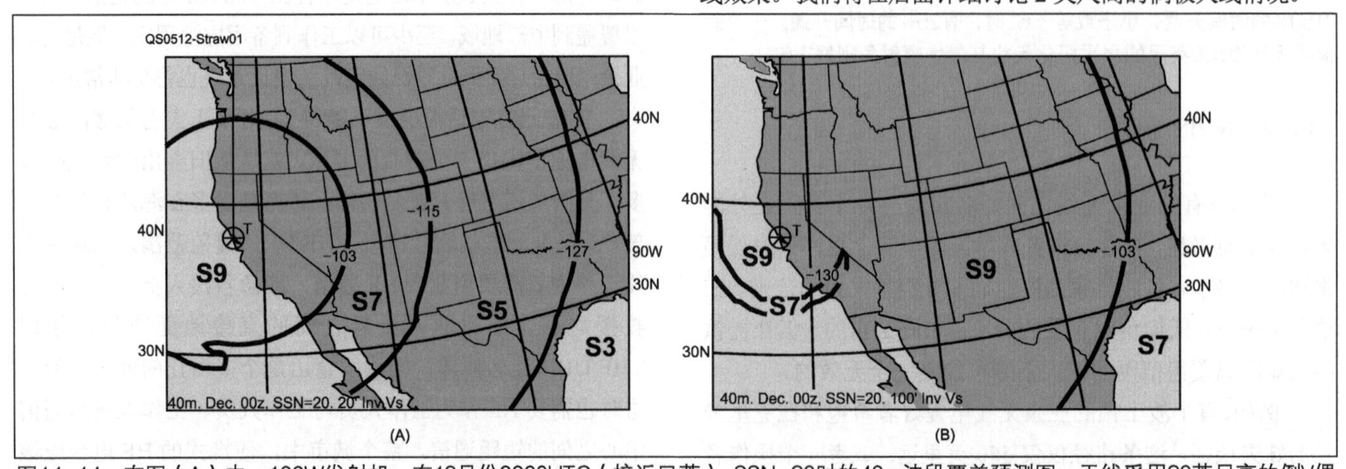

图14-14 在图（A）中，100W发射机，在12月份0000UTC（接近日落），SSN=20时的40m波段覆盖预测图。天线采用20英尺高的倒V偶极天线。在图（B）中，相同日期和时间的40m波段覆盖，但天线为100英尺高平顶偶极天线。在两种情况中，加州多数地方覆盖为S9信号，但在偶极天线较高位置的情况下，更容易受到来自加州以外的雷暴干扰，比方来自亚利桑那州甚至得克萨斯州，这种噪声将会干扰到加州地区的通信。

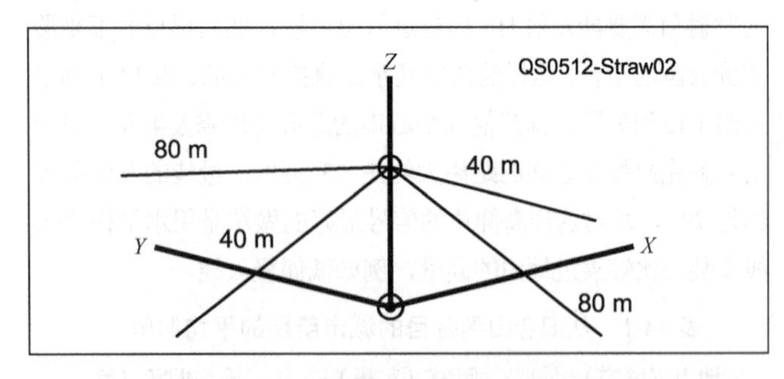

图14-15 40m和80m两波段倒V偶极天线的布局图。两个偶极天线在中央同时馈电，并互为直角拉开以减小相互之间的作用。两个偶极天线的末端要保持高于地面8英尺，以保证人员安全。

对于加州多数地区，100 英尺高的 40m 波段天线的主要问题是来自得克萨斯、科罗拉多州或华盛顿州到旧金山都有 S9 的干扰信号，所以也会感应到来自整个西部和海湾大部分区域的雷暴干扰（Ed Farmer/AA6ZM 有一次开玩笑说军队是不会有任何干扰信号问题的，他们只有在空袭的时候呼叫，我们业余无线电爱好者通常没有这个能力，尽管我们偶尔也会参加 FCC 大会）。见图 14-17，它给出了整个美国在 8 月份中旬加州时间的午后典型雷暴分布，整个国家在夏季都有相当多的雷暴。

对于一个 20 英尺高的倒 V 偶极天线，其信噪比（S/N）和信干比（S/I）相比于一个 100 英尺高天线来说，在 500 英里半径的中距离通信中将相当不错。20 英尺高的天线可以不理会午后来自亚利桑那州沙漠上空中等角度的雷暴噪声干扰，尽管对抵抗来自内华达州中部山脉上的雷暴干扰的作用不大，因为它将与有用的 NVIS 信号相同的路径以较高的仰角达到旧金山。

这就是 NVIS 所体现的本质所在。NVIS 揭示了较低高度水平极化天线与较高高度的水平极化天线，甚至垂直天线的仰角图响应相比较的差别。许多年来，不少业余无线电爱好者曾经相信天线架设得越高越好，其实考虑到中短距离信号的覆盖，这并非完全正确。

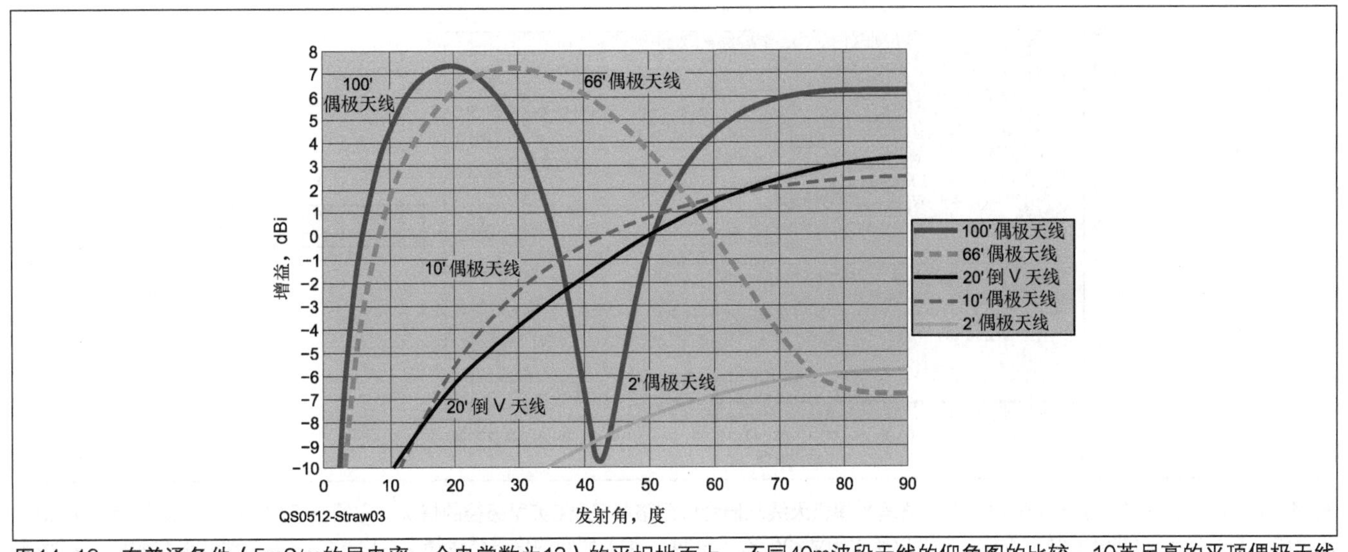

图14-16　在普通条件（5mS/m的导电率，介电常数为13）的平坦地面上，不同40m波段天线的仰角图的比较。10英尺高的平顶偶极天线和20英尺高的倒V天线都具有相近的特性，注意到，在100英尺高的平顶偶极天线的42°仰角处有一个响应深陷点，该点增益只有大概相当于2英尺高的偶极天线增益。

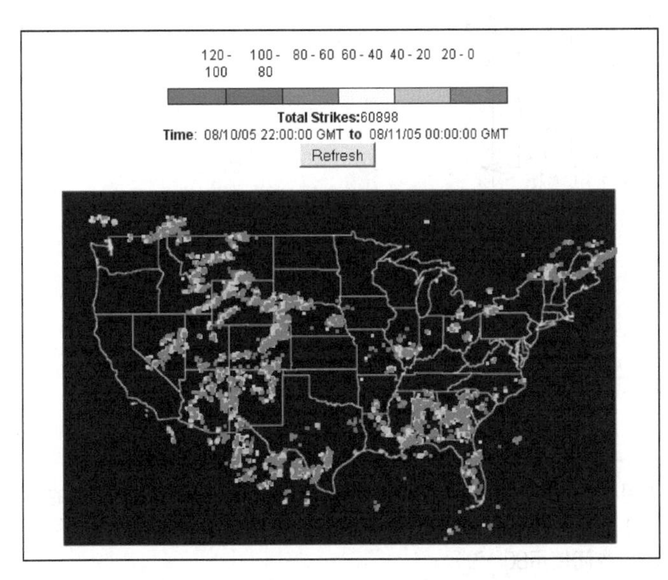

图14-17　从2000到0000VTC，2005年8月10日加州时间午后雷暴分布图。美国在夏季会发生很多雷暴—其中60 898次都发生在这两个小时的时段里。

如果 NVIS 仅仅关系到只是在 40m 波段架起一个较低高度的水平极化天线，事情到这里就可以结束了，然而，实际的"烧云发射"要复杂得多。它还关系到不只一个工作频率的选择策略，以得到全天候通信覆盖的可靠性。

图 14-18 给出了使用 VOACAP 对旧金山到洛杉矶 350 英里路径在太阳活动低周期的 12 月份的信号强度预测，其天线使用了 10 英尺高的某些类型偶极天线，它们都几乎与 20 英尺高的倒 V 偶极天线类似。所选择的低 SSN 期间的 12 月份，是最差的传播情形，因为 12 月 21 日是冬至（译注：太阳离地球最远点），这是一年当中白天时间最短的日期（与此相反的是 6 月 21 日的夏至，在一年中有最长的白天时间）。请注意，图 14-18 所示信号的上限是"S10"，它是为了作图方便所假定的，S10 就是等于 S9+，或者至少 S9+10dB。

图 14-18 所示中 40m 波段的曲线表明 MUF（最高可用频率）在日落后实际低于 7.2MHz 的业余波段，信号在夜间从 0300 到 1700UTC 将近 14 小时内都变得相当弱。在太阳活动低谷期间，40m 波段在中等距离路径，因此变成确确实实的"白天波段"。

图 14-18 所示中 80m 波段曲线表明黄昏之后，整个夜间以及直到日出后大约 1 小时的时段都是强信号，在日出后，80m 波段开始由于受到电离层 D 层的吸收，信号强度下降。因此 80m 波段确实是个"夜间波段"。

我们看看在太阳活动高峰期的夏季 6 月夏至期间，从旧金山到洛杉矶路径上会发生什么现象？图 14-19 给出了 40m 波段此时由于 6 月白天小时数的增加而全天所有时间都能开通通信，是因为电离层因太阳更加活跃而电离程度加强。在此期间，该条件下的 80m 波段，在这条路径上仍然保持夜间开通。

现在我们来看看较短距离的路径——即我们 75 英里从旧金山到萨克拉曼多的那条应急通信路径，我们再次处于夏至期间的 6 月，太阳活动高峰期（SSN=120），因为这表达了另外一种最差的情形。图 14-20 表明 40m 波段全天候在这条路径都可以开通，只是在日出之前的一小段时间其信号稍稍有所下降。日出时，MUF 下降到接近 7.2MHz，对于 80m 波段依然是夜间传播波段，甚至在白天也可以有几个小时的可用信号传播，不过 40m 波段则是在 1 200 到 0 400UTC 期间传播较好，所以在这条路径上 40m 波段仍然还是白天工作波段。

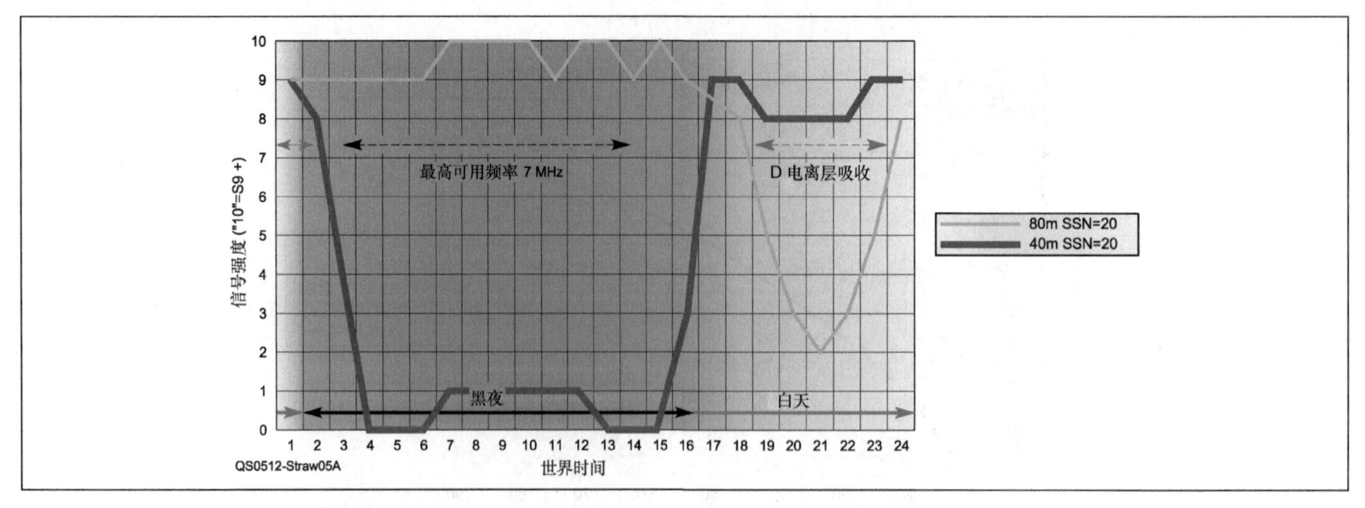

图14-18 VOACAP计算了一个使用10英尺高扁平偶极天线从旧金山到洛杉矶350英里路径的情况，它给出了用S值（"S10" = S9+10）表示的，在月份/SSN都最差时，即12月冬至以及太阳活动低谷（SSN = 20）期间的信号强度情况。由于MUF下降到低于7.2MHz，40m波段信号在夜间也下降到很低的电平；80m波段信号由于电离层D层的吸收，在下午信号也变弱。所以对于该路径的24小时通信，基本原则上就是在白天选择40m波段，在夜间采用80m波段。

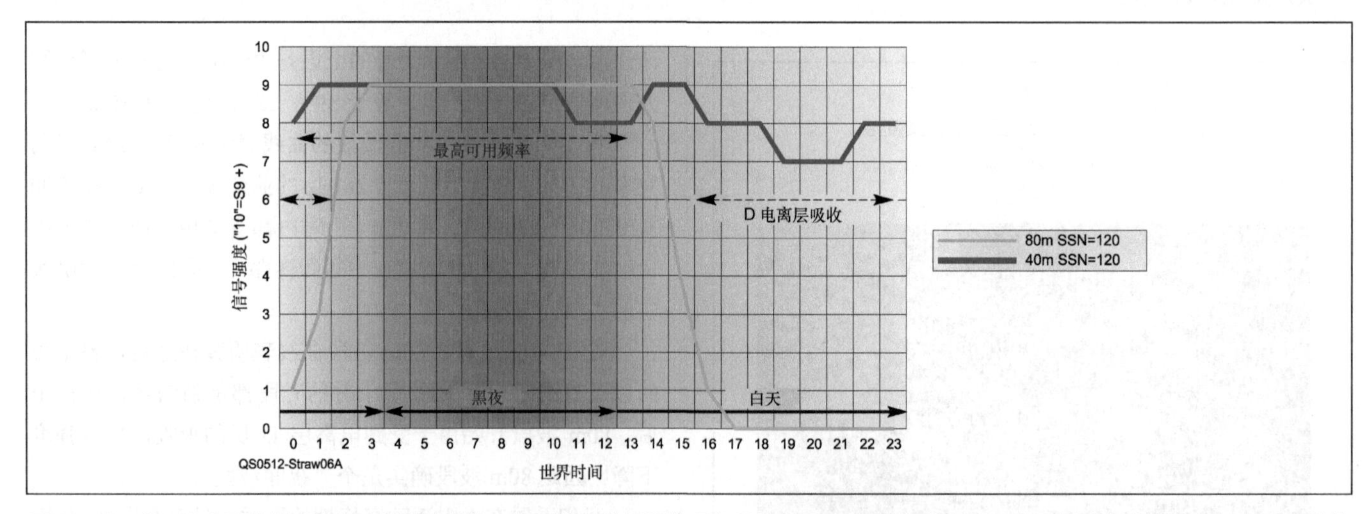

图14-19 从旧金山到洛杉矶路径在最差（译注：即另外一种极端情况）月份与SSN，即6月份夏至，太阳活动高峰期（SSN=120）的信号强度曲线。这时，80m波段在白天期间由于电离层D层的吸收而降落很快。在太阳活动高峰期，40m波段则保持24小时开通，且信号电平稳定良好。不过，NVIS的基本原则在这里依然成立：白天使用40m波段，夜间使用80m波段。

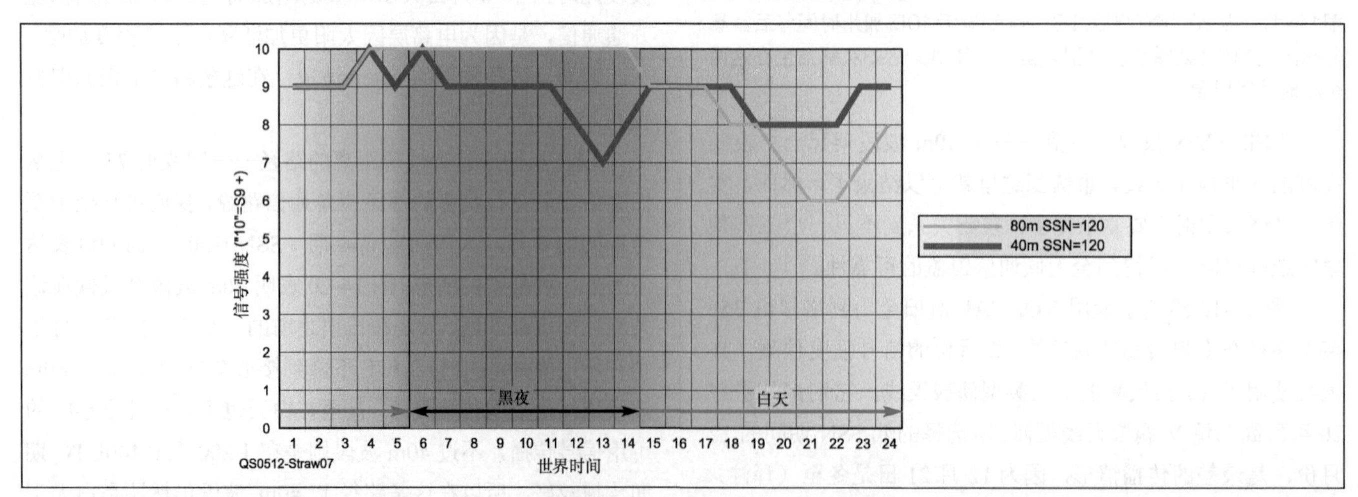

图14-20 从旧金山到萨克拉曼多75英里路径的信号强度图。这时条件是6月份以及SSN=120。其中任一波段都可以在24小时可靠使用，因为信号强度总是高于S6。不过NVIS的简单基本原则依然适用：白天使用40m波段，夜间使用80m波段。这样可以简化操作者对HF传播规律掌握的习惯。

选择正确的 NVIS 频率

在此，可以看到一个对于达到 500 英里中短距离通信有效的 NVIS 辐射图：

- 在白天应该选择 40m 波段的频率工作；
- 在夜间应该选择 80m 波段的频率工作；
- 应该选择一个有利于中等或更高仰角（从 40° 到几乎 90°）的天线。

也许你会问“对于 60m 波段又是什么情况呢”。60m 波段的特性介于 40m 与 80m 波段之间，尽管它更类似于 40m 波段。从接近 40m 波段特性，而又只有 5 个可用分配信道和 50W 的最大功率限制来说，这个波段对于真正的 NVIS 使用的价值不大。

那么对于 160m 波段呢？对于 100W 功率等级的电台，即使在最差月份和太阳活动低谷期间，临界频率也不会下降到 3.8MHz 以下而破坏其通信能力，即便是在短距离上的通信。作为一种将就的办法，可以考虑安装一个展开长度 255 英尺的 160m 波段的半波偶极天线，至少在中央位置要高于 30 英尺。而一个缩短型加载垂直天线如 160m 波段的移动鞭状天线，对于 NVIS 所需要的高仰角响应来说是很差的。你也许可以在一个固定的场地安装一个庞大的 160m 波段水平天线，但要在野外架起如此的天线却不是一件轻易的事情。

NVIS 策略

你可能会提出一个关于 NVIS 是否是一种操作模式，或实际上是一种操作策略的问题。我们坚持 NVIS 是一种策略的看法，它包括了适当频率和这些频率所需的合适天线两方面的选择问题。图 14-20 所示确实表明在短距离路径上，比如从旧金山到萨克拉曼多，你应该整个白天和夜间都留在 80m 波段工作。但如果你不得不用一个简单的原则来指导那些对 HF 操作不够熟悉的人员，我们应该告诉他在白天期间用较高频率的波段，在夜间用较低频率的波段。

NVIS 天线高度

有些 NVIS 的狂热爱好者曾经提倡将偶极天线设置在地面几英尺高处，类似的说法“如果 NVIS 是低些有利，那么越低就越好”。现在我们没有一定要说在某些情况下一个高度非常低的天线就不能工作，例如在覆盖像罗得岛州那么小的州，或仅仅是旧金山海湾区域这样的情况。

当然，在一些如 2 英尺高的红色交通柱锥上安装一个 40m 波段偶极天线是十分方便的，不过你将十分怀疑这样的天线覆盖一个整个较大面积的州的能力，尤其在 80m 波段，例如对整个加州或得克萨斯州。图 14-21 给出了一些 80m 波段天线，包括一个 2 英尺高的偶极天线在内的计算仰角响应图。

图 14-22（B）给出了 2 英尺高度 80m 波段平顶偶极天线的地理覆盖情况，以及与图 14-22（A）的两个末端 20 英尺高的倒 V 偶极天线在同样路径的比较。在 12 月 0300UTC 和 SSN 为 20 时，2 英尺高的偶极天线跨越整个加州的信号强度要比 20 英尺高的倒 V 偶极天线产生的强度小 2 个 S 点，原因是位置低的偶极天线要受到更多的地面损耗。

加州的信号与可能来自比如说新墨西哥的干扰信号之间的差异，对同一个 20 英尺的倒 V 偶极天线而言，预测为 4 个 S 点的差别。因此这里的任何一个高度，对于信号—干扰比或信号—噪声（雷暴静电感应）都没有实际的优点，这是因为图 14-21 所示的所有响应曲线形状低于 20 英尺时它们的轨迹基本并行。

然而，天线越低，所发射出去的信号强度就越低，这是物理上的规律。而且如果你是在应急情况下使用电池工作，你可能会将功率从 100W 减低到 10W，然后馈入一个 20 英尺高的倒 V 偶极天线，并依然可以保持像一个 2 英尺高的天线在 100W 工作时相同的信号强度。

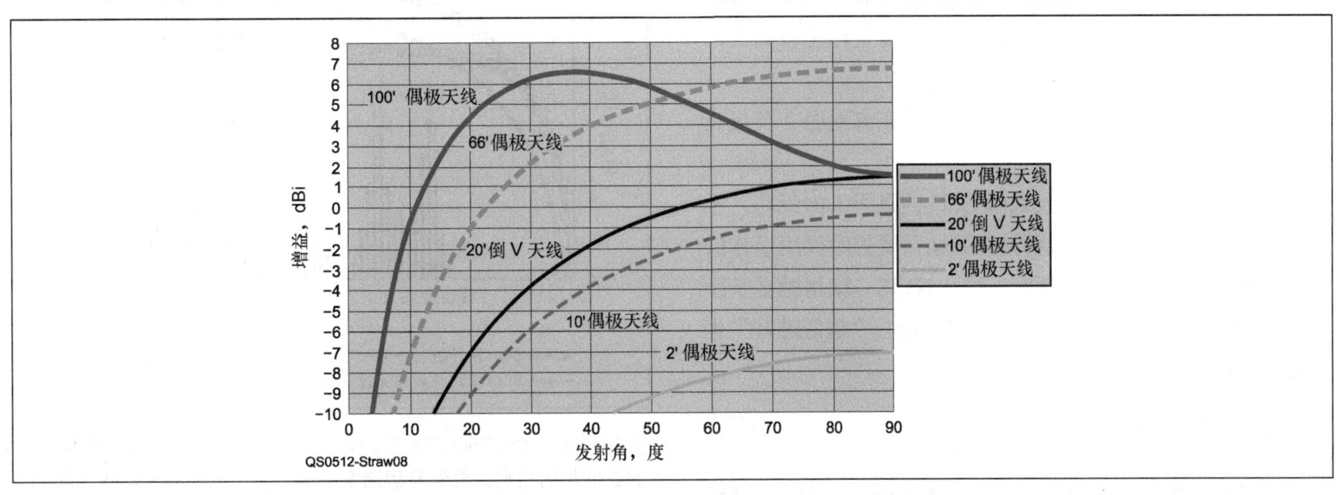

图14-21 普通土壤条件下80m波段天线的仰角响应图。图中轨迹形状彼此都不错，在平坦地面2～66英尺高度时基本保持并行，2英尺高的偶极天线增益非常低，比20英尺高的倒V偶极天线在所有角度都大约低9dB。

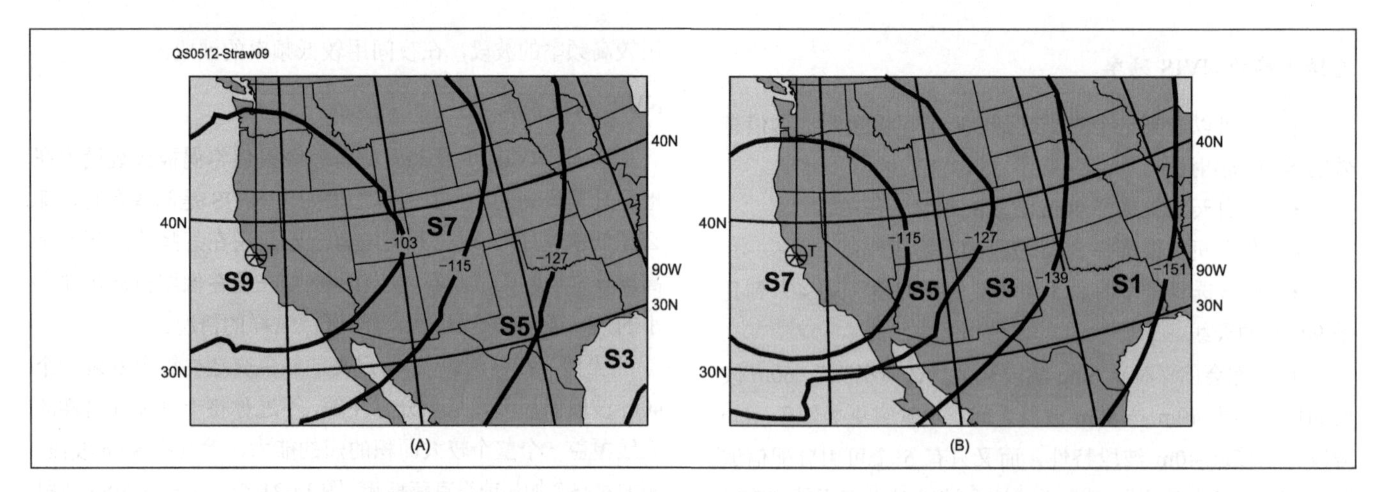

图14-22　在12月，SSN=20时的地理覆盖图。在图（A）中，天线为在普通土壤地面20英尺高的倒V偶极天线。在图（B）中，天线为在普通土壤地面2英尺高的平顶偶极天线。2英尺高的天线响应要低大约2个S点，即在一般的接收机指示低8～12dB。

低NVIS天线和本地电力线噪声

有些着迷于超低高度天线的狂热爱好者曾经声明接收到的噪声要比位置较高的天线低很多，由此会使信噪比（SNR）更好。不过这种说法有多少正确性还取决于噪声的类型，如果噪声来自远方的雷暴，那么SNR对于一个2英尺高的天线比20英尺高的是明显要好，如图14-22所示。

如果噪声是来自半英里外高压（HV）电力线绝缘器的电弧现象，这种噪声是以地面波传播到天线的。我们计算得到2英尺高的天线接收到的地面波噪声，比20英尺高的倒V偶极天线要低4.4dB。然而在它的45°仰角正好最适合从洛杉矶到旧金山传播的角度，高度低的偶极天线比较高的天线，其信号却下降了7.1dB，2英尺高的天线SNR净损失7.1～4.4，即2.7dB。最后对于超低高度NVIS天线小结如下：

- 一个2英尺高的偶极天线产生较弱的信号，相比于其他较高位置的同类天线在SNR上没有优越之处；
- 一个2英尺高的偶极天线在夜间很容易使人被绊倒，我们曾经称它为"咬膝盖的动物"（要是你比较高大，那就可以叫"咬脚踝的动物"）；
- 你（和你的狗）很容易被这个只有离地面2英尺高的天线的RF灼伤。

这似乎不是一个交朋友或做QSO的吸引人的策略。不过，高度非常低的偶极天线倒是在某些需要的时候用于你的短距离通信。然而要记住的是，对于NVIS（或稍微更长距离）应用来说，"越高越好"并不总是对的，"越低越好"也不是万能药。

70m/80m波段中等通信的仰角

图14-23给出一个75m波段，从波士顿到克利夫兰550英里路径的仰角统计图，并含有（或覆盖）几种不同类型天线的仰角辐射图。这些仰角统计图覆盖了这个路径的11年太阳活动周期的所有情况。流行的G5RV天线（本章后面将讲到）响应有两种离地面不同的高度：50英尺和100英尺。80m波段的半波斜拉天线（完全斜拉）与80m波段地网天线也在这里给出。所有天线的曲线都是在"普通地面"条件，即导电率5mS/m、介电常数13下得到的。

在这些统计值中最突出的发射角大约是50°，两个水平极化的G5RV天线大致相等。在第二高的仰角接近30°，100英尺高的G5RV通过在它下面的配衡体而具有4dB的优势。全尺寸的斜拉天线从1°到大约20°，具有与100英尺高的G5RV天线相媲美的性能，然后在高于70°后逐步提高。全尺寸的斜拉天线在低起始仰角情况下比50英尺高的水平G5RV天线更优越。80m波段的地网天线则在顶部存在很深的凹陷，在仰角为70°时，它比50英尺高的G5RV要低16dB增益。

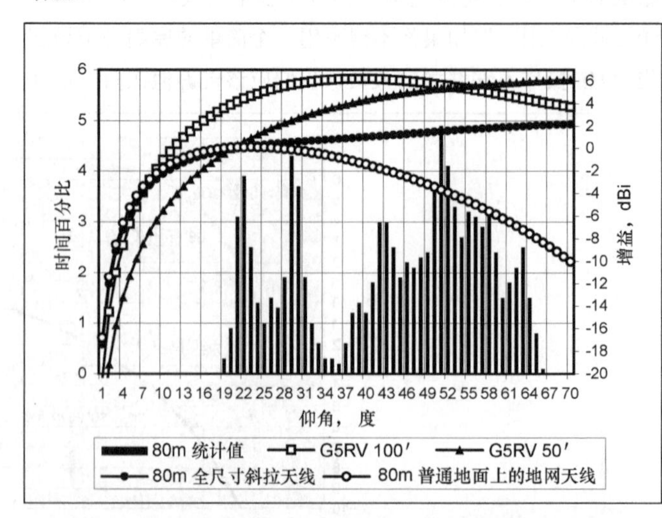

图14-23　80m/75m波段在11年太阳活动周期的所有时间期间，从俄亥俄州的克利夫兰到马萨诸塞州的波士顿的仰角统计图，同时给出4种不同类型的多波段天线情况。100英尺高的水平极化G5RV天线，在所需的整个发射仰角范围都效果很好。

在一个秋季傍晚的75m波段QSO中，位于汉普郡南部的N6BV/1与康涅狄格州中心的W1WEF，生动地演示适合于高仰角辐射的各种天线的优点。这次的距离大约为100英里，W1WEF使用他的四方形垂直阵列天线。尽管W1WEF的信号在四方阵是S9，N6BV/1建议了一个实验，不再连接所谓的“剩余功率”连接器到W1WEF的Comtek ACB-4混合相位耦合器再到50W假负载（通常的配置方式），而是将这个“剩余功率”切换到他的100英尺高的80m波段水平偶极天线，W1WEF的信号提升了超过20dB！原来大约有100W浪费在假负载的功率现在转换为有用信号。

40m波段中等距离通信仰角

图14-24给出40m波段的情况，路径从波士顿到克利夫兰，放在一起的还有图14-23所示的相同80m波段天线。注意到100英尺高的水平极化G5RV在43°仰角有大约16dB的凹陷，这对于低仰角并不影响，但对于30°～60°仰角到达的信号则有很大的影响，尤其相比较于50英尺高的水平G5RV。40m波段的全尺寸斜拉天线在35°～50°的角度上，完全胜出高位置的水平天线，并且可以看到地网天线明显不适合作为波士顿到克利夫兰这样中等距离的天线，尽管它作为远距离路径通信由于其较低的发射角而具备良好性能。

一个100英尺高的多波段偶极天线，在75m/80m波段工作大约是3/8λ的高度，对于一般目的的本地和DX操作，它是一个优秀的天线。但同样的偶极天线用于40m波段时，就变成3/4λ的高度，在这个高度上，其仰角图中的凹陷给附近的40m波段通信带来很大的一个覆盖漏区。许多操作者已经发现40～50英尺高的40m波段偶极天线，比起更高高度的偶极天线，甚至是架设较高的两单元40m八木天线，在近距的QSO中更能得到十分优异的性能。

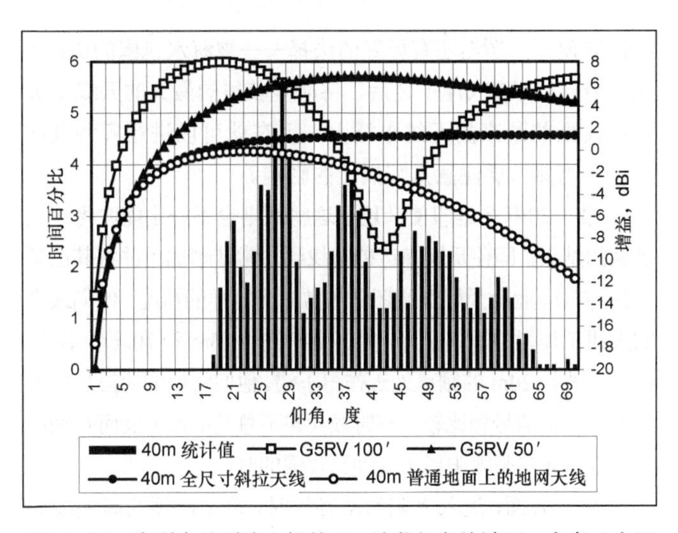

图14-24　克利夫兰到波士顿的40m波段仰角统计图，含有4个天线的仰角辐射图。在图中，100英尺高的水平极化G5RV天线，在这条路径相应所需的仰角范围的中间，将有盲区。对于这条路径相对近距离电台的多波段使用，50英尺高的水平天线比起100英尺高的天线是个更好的选择。

关于NVIS总结

对覆盖较近和中等距离不超过600英里的通信，NVIS策略的使用包括了较低HF频率的明智选择，作为业余无线电爱好者波段的NVIS基本原则是，白天推荐使用40m波段，夜间则使用80m波段。

NVIS也包括了适合该策略的天线选择，水平极化的80m和40m双波段偶极天线，架设高度大于10英尺时对于轻便携操作来说都非常合适；80m和40m的双波段倒V偶极天线，在中央支撑高于地面20英尺时也可以在便携操作中胜任。

而30英尺高单一波段的40m波段平顶偶极天线和60英尺高的80m波段扁平天线，对于固定位置来说都可以很好地工作。

14.3　本地地形影响

下面的内容摘编于R. Dean Straw（N6BV）于1995年7月在《QEX》上发表的一篇文章。HFTA（HF地形评估HF Terrain Assessment）HFTA是YT软件的最新版本。YT在老版本的ARRL天线手册的附带资料中可以找到。

前面对这个材料进行介绍，后面主要研究出现于业余著作中关于“地形”的主题。如地形对DX的影响——Clarke Greene（K1JX）1980年10月至1981年2月在4期《QST》杂志上发表的文章《How's DX》。Greene的工作是对1966年的里程碑（Paul Rockwell/W3FM 1966年在《QST》杂志上发表的文章《Station Design for DX》）进行了更新。一些突出的具有深远意义的文章，确实是传奇。Rockwell文章中令人着迷的电台：W3CRA、W4KFC和W6AM。（由Rockwell所写的文章包含于原版书附加的光盘中。）

14.3.1　为DX（远距离通信）选择QTH（电台位置）

纵览整个业余无线电的历史，业余爱好者们始终对如何为DX选择QTH兴趣浓厚。毋庸置疑，Marconi在进行首次跨大西洋无线电传讯之前，在纽芬兰花了大量的时间来寻找一个合适的QTH。将大量高效能的HF站聚集在一处举行竞赛或DX时必须遵循几条简单的准则。首先，QTH要非常理想，位于乡村的山顶就不错，实在不行，至少也要在一个小山坡顶上，当然还有更好的选择——被海水包围的山顶！找到梦寐以求的 QTH 之后，将所能获得的最大的天线安装在能找到的最高的无线电塔上。现在就可以进行各种 DX 了——当然，要注意太阳黑子的影响。

唯一的麻烦是即使满足了这些准则也不一定能取得令人满意的结果。即使足够幸运能够找到非常陡峭的山并将其山顶作为QTH，业余爱好者们还是常常遇到这样的情况：他们最高的天线工作得并不是很好，尤其是在波长 15m 和 10m 频率处，但是在波长 20m 的频率处工作得不错。他们将他们的信号同平地上的当地信号相比较，有时候（并不总是如此）反而是输的那一方，尤其是太阳黑子活动比较强的时候。

另一方面，进入太阳活动谷年时，位于山顶的高天线通常工作得很好——但并非总是如此。因此，那些雄心勃勃的竞赛狂热爱好者，拥有大量的资源和无限的热情，在大量天线塔上所有可能的高度处都装上了天线。

其实有一种更为科学的方法可以帮助你在 11 年的太阳活动周期中找到合适的地点和高度来架设天线以使你的信号最优。在 HF 站设计中，我们提出了一种系统方法，该方法需要注意以下几点：

（1）点 A 到点 B 的仰角的取值范围；

（2）不同类型和配置的天线的竖直面方向图；

（3）地表对水平极化天线竖直面方向图的影响。

14.3.2 所需仰角的范围

截至 1994 年，ARRL《天线手册》中包含的有关全球通信时仰角（本部分的仰角取值是指能实现目标区域之间通信时所取的仰角值）应如何取值的信息仍然非常有限。在 1974 年的版本中的电波传播章中的表 1-1，其标题为：《发射站位于英格兰接收站位于新泽西岛时测定的仰角》。

标题中没有说明的是该表是根据 1934 年贝尔实验室的测量结果推导得到的。最高频率时的数据有很大的抖动，此时应该考虑到 1934 年是第 17 个太阳活动周期的谷年这个因素。除了从新泽西到英格兰，这些数据不适用于其他任何传播路径。但是，在美国仍然有许多业余爱好者使用 1974 年版本中表 1-1 提供的信息，原因在于这是他们拥有的唯一可以帮助他们确定天线架设高度的资料（如果他们住在山坡上，在估算地形影响时，一段长的连续的斜面被用来代表山坡。具体将在后面加以介绍）。

1993 年 ARRL HQ 启动了一个大型工程，对从美国各个地区到全世界所有重要的 DX QTH 之间的传播路径的仰角值进行制表。这是由计算机程序 IONCAP 运行了数千次完成的。IONCCAP 是由美国的多个政府机构花费了超过 25 年的时间联合开发出来的，被包括 Voice of America、Radio Free Europe 在内的许多机构和 100 多个政府作为传播软件的对照标准。IONCCAP 使用起来比较麻烦，但的确是对照的标准。

在所有的太阳活动层级，全年 12 个月，每天 24 小时，IONCCAP 都进行了计算。计算结果储存在一些大型的数据库中，可通过专门软件从中获取具体的统计数据。（本书为 22 版，原版书附加的光盘中包括世界上很多地区、很多统计数值的数据，作者也通过 Radioware 网站发布了一组可用的、扩展的数据。）

图 14-25 给出了波长为 20m，传播路径为新英格兰（以 Newington，Connecticut 为中心）到全欧洲时的仰角取值范围（竖线表示）。这些数据覆盖了 11 年太阳活动周期中的所有月份。波长为 20m，传播路径为新英格兰到欧洲时，最有可能的仰角值为 5°，该取值出现的概率为 3%。4°～6° 取值的出现概率为 34%。10°～12° 取值的出现概率达到第二个峰值，为 25%。

图 14-25 中的曲线是平坦地面上 3 副不同的水平极化八木天线的竖直面响应。第一副安装在 140 英尺高处（相当于 2λ），第二副安装在 70 英尺（1λ）高处，第三副安装在 35 英尺（0.5λ）高处。140 英尺高度处天线的方向图在 15° 位置处出现一个深的零点，同时在仰角为 5°（出现概率最大）位置处，它的响应也是最高的，达 13.4dBi。但是，在仰角为 12° 位置处（出现概率为 9%），140 英尺高度处的天线的响应比 70 英尺处的要低 4dB。

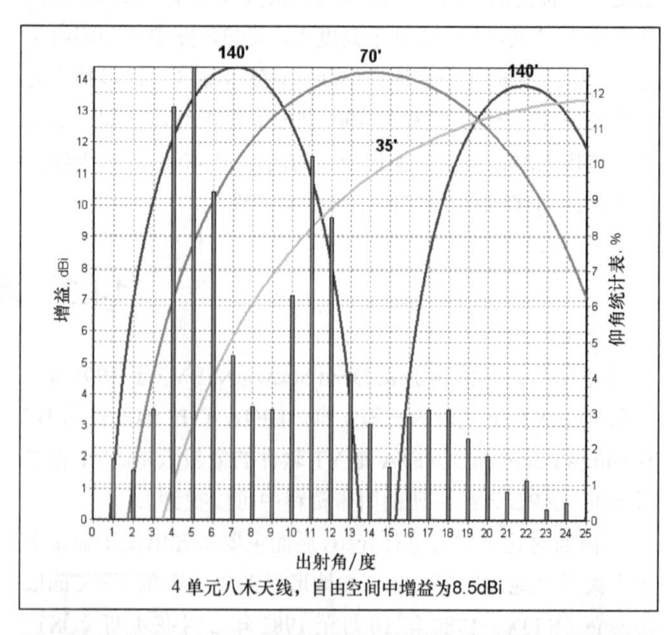

图14-25　波长为20m，传播路径为新英格兰到欧洲，竖线为各仰角取值出现时间所占的百分比，曲线为地面上3副工作波长为20m的天线的竖直面方向图。5°出现的概率最大，虽然在不同的年、月、日、时，仰角的实际取值都不同。注意，140英尺高度处天线的方向图在14°位置处出现深的零点。

可以证明，由于在 1°～25°（波长为 20m 时大多数行为都发生在该仰角取值区间内）方向图中没有出现零点，因此 70 英尺高度处的天线能最大程度地覆盖整个仰角取值区间，如图 14-25 所示。但是，仰角为 5°时，它的响应只有 8.8dBi，比 140 英尺高度处天线的响应低 4.6dB。35 英尺高度处天线的峰值响应出现在仰角超过 26°的某个位置，仰角为 5°时，它的响应比 140 英尺高度处天线的响应低 10.4dBi。显然，没有哪副天线覆盖了所需的整个仰角取值区间。

注意，140 英尺高度处的八木天线有一个很强的旁瓣，其峰值出现在仰角为 22°位置处。假定有两副天线可供选择（一副在 140 英尺高度处，一副在 70 英尺高度处），来自远处某个站的信号入射角为 22°。你可能会误以为入射角为 6°左右，此时 140 英尺高度处天线响应接近第一个峰值，然而实际并非如此，真正的入射角要大得多。仰角为 22°位置处，70 英尺高度处天线的响应要比 140 英尺处天线的响应低，但是此时较高天线的响应是由副瓣引起的。（可根据 35 英尺高度处八木天线的响应来确定入射角的大小是 6°还是 22°——它的响应在 22°位置处接近峰值，在 6°位置处要低很多。）

需要指出的是，这些仰角取值只是统计数据，换句话讲，虽然 5°是出现概率最大的仰角取值（波长 20m，传播路径为新英格兰到欧洲），但并不意味着在特定的年、月、日、时，仰角值不能为 11°。事实上，实验结果（与 IONCAP 计算结果一致）表明，波长为 20m，传播路径为新英格兰到欧洲时，早上（新英格兰时间）的仰角较小，下午期间上升到 11°左右，这段时间内新英兰的信号是最强的，并且从下午一直持续到晚上。

如果将同相馈电的 140 英尺、70 英尺和 35 英尺高度处的八木天线进行天线堆叠，会发生什么情况呢？结果如图 14-26 所示。图中还给出了一个优化程度更高的 120 英尺/80 英尺/40 英尺天线堆叠的响应曲线，该响应更好地覆盖了整个仰角取值区间（传播路径为康涅狄格到欧洲）。

在图 14-27 中，使用与图 14-26 中相同的堆叠天线（波长 20m，120 英尺/80 英尺/40 英尺），但传播路径为华盛顿的西雅图到欧洲。作为对比，图 14-27 中给出了位于平坦地面上的 100 英尺高度处单副 4 单元八木天线的响应曲线。虽然 5°是出现概率最大的仰角取值（出现概率约为 13%），但这并不意味着在某个特定的时刻仰角值不能为 10°，甚至是 2°。统计表明，从 W7 到欧洲，5°是最有可能的仰角值，但是来自欧洲的波长 20m 的信号的入射角取值区间为 1°～18°。这个取值区间比传播路径为 W1（从地理上看，W1 比美国太平洋西北海岸到欧洲的距离近一些）到欧洲时的取值区间要小一些。如果你想设计这样一个天线系统：波长为 20m 时能够覆盖欧洲和西雅图之间通信所需的所有可能的仰角，这要求该天线系统能够覆盖 1°～18°这个仰角取值区间。

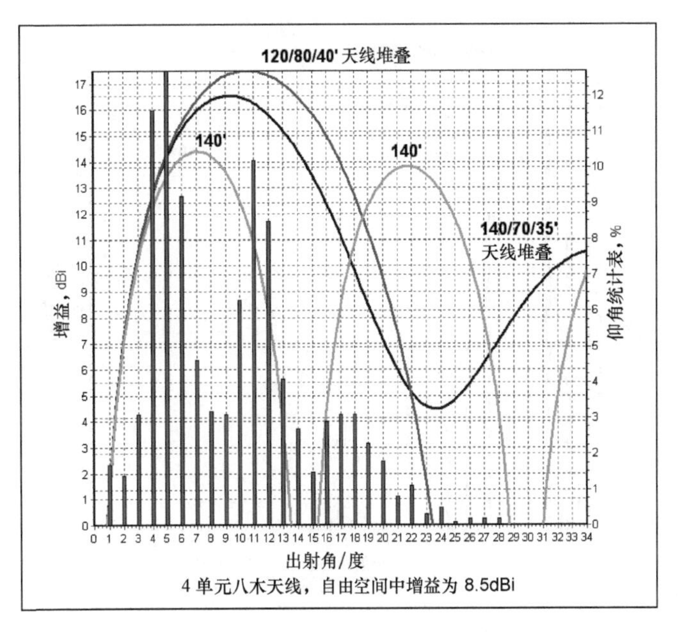

图14-26　波长20m，传播路径为康涅狄格（W1）到欧洲，同一天线塔上不同高度处天线构成的堆叠天线覆盖的仰角值的取值范围更广。优化后的堆叠天线（120英尺/80英尺/40英尺）比140英尺/70英尺/35英尺堆叠天线和140英尺处单副八木天线的覆盖效果要好。

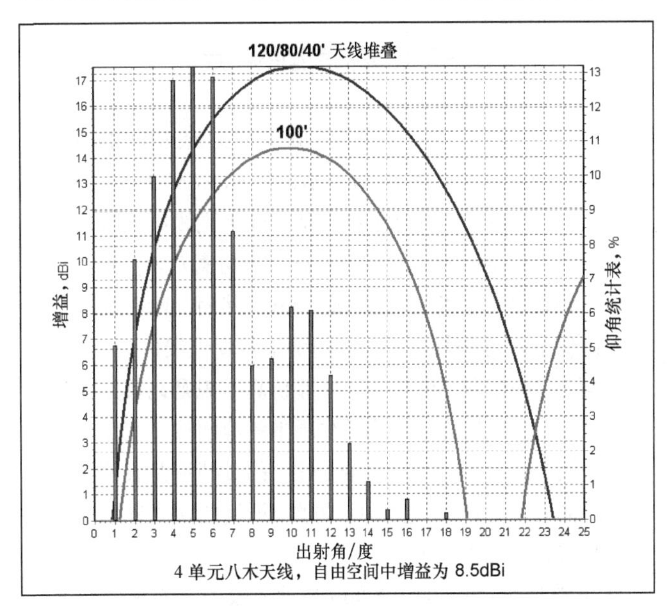

图14-27　波长20m，传播路径为西雅图（WA）到欧洲，竖线为各仰角取值的出现概率，曲线为平坦地面上两个工作波长为20m的天线系统的竖直面方向图。仰角值5°的出现概率最大（约占13%）。在图中的仰角取值范围内，较高的天线占优势。

类似地，如果你想设计一副天线在波长为 15m 时能够覆盖芝加哥和南非之间通信所需的所有可能的仰角，这要求它要能够覆盖 1°～13°这个仰角取值区间，虽然 1°出现的概率最大（为 21%），如图 14-28 所示。

注意，图 14-25～图 14-28 所示都是针对平坦地面的。天线安装在不规则地表上时，情况会变得复杂得多。首先，我们将讨论多用途天线仿真软件——它们总是尽量模拟真实地表情形。

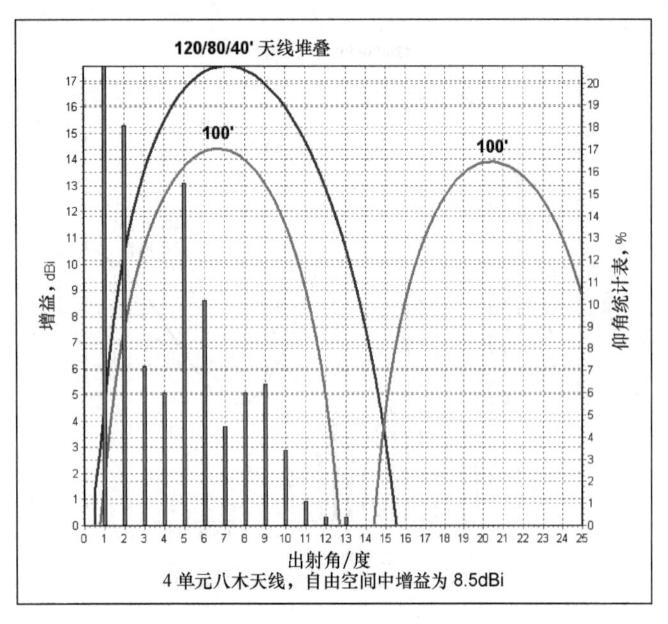

图14-28　波长15m，传播路径为芝加哥到南非，竖线为各仰角取值的出现概率，曲线为水平地面上两个工作波长为15m的天线系统的竖直面方向图。仰角值5°的出现概率最大（约占13%）。在图中的仰角取值范围内，较高的天线占优势。

14.3.3　真实地形下计算机模型的不足

现代多用途天线仿真软件，例如 NEC 或 MININEC（它们相应的商业升级版本为 NEC-Win Plus、EZNEC 和 EZNEC ARRL），能够精确地仿真各种类型的业余无线电天线。另外，还有一些专门的软件，其作用是有效地仿真八木天线，例如 YO 或 YW 窗户八木天线或 YagiMax。然而，除非在理想平地面条件下，这些软件都不能精确地仿真天线。

虽然 NEC 和 MININEC 能够仿真不规则地表，但是却很不精确，它只是简单地将天线周围的地面按高度划分为一系列的同心圆环。NEC 和 MININEC 的文档清楚表明它们没有对各同心环之间的绕射加以仿真。严格的仿真证明手册中的那些警告项需要特别注意。

虽然你可以按自由空间或平地表模型分析和优化天线设计，但实际中由于绕射的存在情形要复杂的多。虽然要恰当地分析绕射比较困难，但是仍然应该加以考虑，因为这会使真实地表的分析结果比平地表反射模型更加可信得多。

14.3.4　不均匀地形下的射线追踪

射线追踪

首先，我们考虑没有绕射，只有水平极化反射时的射线追踪。从天线塔上某一高度处，天线射出射线（好像是射出子弹一样），仰角的变化范围为水平线上+35°到水平线下−35°，变化的步长为 0.25°。追踪前景地貌上的每条射线，并在我们感兴趣的传播方向上观测它能否与地面上的点发生碰撞。如果射线打在地面上，它将被地面反射并遵守反射定律，即反射角等于入射角。射线进入电离层后进行矢量叠加即得到远场区的竖直面响应。

下一步，在进行地形仿真时除考虑反射外加入绕射。1994 年在 Dayton antenna forum（代顿天线论坛）上，Jim Breakall（WA3FET）作了一次非常精彩的关于前景地貌效应的报告。后来，Breakall，Dick Adler/K3CXZ Joel Young 以及其他一些研究者在 1994 年 7 月的《IEEE Transactions on Antennas and Propagation》上发表了一篇十分有趣的题为《The Modeling and Measurement of HF Antenna Skywave Radiation Patterns in Irregular Terrain》的文章，简单描述了对 NEC-BSC 软件所作的一些修正，介绍了如何在常规 NEC 软件的简单阶梯式反射模型中引入射线跟踪反射和绕射以获得更加真实可信的结果。为了验证其正确性，他们在犹他州某地利用直升飞机获得的实测方向图与修正版 NEC 软件的仿真结果进行了对比。遗憾的是，由于该项目是由美国海军资助的，因此在很长一段时间内它被作为军事机密未对外公开。

一致性几何绕射理论发展简史

简单回顾一下几何光学（GO）到一致性几何绕射理论（UTD）的演变（这种演变还在持续进行）历史是非常有意义的。《Introduction to the Uniform Geometrical Theory of Diffraction》一书（作者：McNamara、Pistorius、Malherbe）非常全面地介绍了 UTD 及其发展历史，下面有关 UTD 的历史概述即参考此书得到。

在公元前许多年前，古希腊学者就已经开始研究光学了。据记载早在公元前 300 年，欧几里德就发现了反射定律。其他许多古希腊学者，例如托勒密，也对光学现象作了研究。17 世纪，一个叫 Snell 的荷兰人发现了光的折射定律，即后来的斯涅尔定律。经过无数人的努力，到 19 世纪早期，古典光学理论的数学描述已经比较完善。

正如名字所表明的那样，古典几何光学理论处理的是几何外形问题。当然在光学中几何学的重要性不应被最小化——毕竟，没有几何光学就不会有眼镜的出现。对形状的数学分析采用了光线追踪的方法（光线的传播路径与粒子的直线路径类似）。但是，在古典几何光学理论中，有 3 个非常重要的特性没有涉及：相位、强度和极化。然而，如果不考虑这 3 个量便没有办法处理干涉和绕射现象。要处理这些现象需要用到波动理论。

波动理论的发展也经历了很长一段时间，虽然没有几何光学理论的历史那么长。17 世纪中期，Hooke 和 Grimaldi 等人就已经观测到了干涉和绕射现象并作了相应的记录。17 世纪晚期，Huygens 利用波动理论原理对折射现象进行了解释。19 世纪晚期，Lord Rayleigh、Sommerfeld、Fresnel、Maxwell 等人完成了对电磁现象（包括光现象）的数学描述。

遗憾的是，很多问题都不能用射线理论解决——至少古典光学中的射线理论不能解决。真实世界中物体的几何外形很多是不规则的，不能做出严格的数学描述。真实世界中的一些现象在微观水平上从电子和质子的角度很容易解释，而另外一些微观现象（例如谐振）从波的角度更容易解释。为了处理真实世界中的物理现象，需要将射线理论和波动理论结合起来。

古典光学理论和波动理论的结合并不容易，其突破性的进展是由贝尔实验室的 J. B. Keller 在 1953 年取得的，并于 20 世纪 60 年代早期发表。Keller 以非常简单的语言介绍了他的想法，一束射线打到衍射楔上并在尖端发生干涉，在绕射点将产生无数的绕射波。每个绕射波都可以看作是绕射点的一个点辐射源。然后，对每个波按古典光学理论进行追踪。Keller 对衍射楔尖倾斜发生的绕射现象做出了合理的数学描述。

图 14-29 所示是一个简单的衍射楔，α_r（与水平线的夹角）方向上的入射线打在衍射楔的尖端处。衍射楔假设为理想导体，射线不能穿透。衍射楔绕射点处产生无数的绕射波，这些绕射波沿着各个方向（除被它挡住的方向）传播。绕射波的幅度和相位由射线与绕射点的相互作用决定，而该相互作用由与衍射楔相关的各个角度决定。图 14-29 所示定义了楔顶角，射线入射角ϕ'（与衍射楔入射面的夹角）和某一绕射波的观测角ϕ（与楔表面的夹角）。

图 14-29 所示还显示出了被称作阴影边界的区域。反射阴影边界（RSB）是指入射角给定的情况下，超过它（RSB）不会有反射发生的临界角度。入射阴影边界（ISB）是指超过它（ISB）入射射线将被楔的“O 面”挡住而不能照到观测点的角度。

Keller 将古典几何光学理论同 Sommerfeld 的精确数学

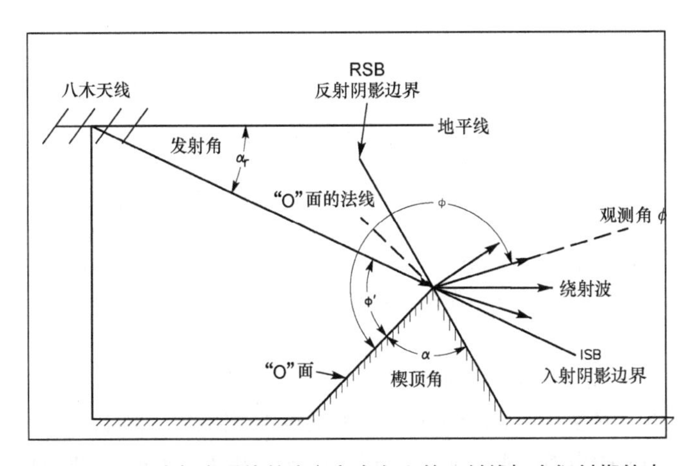

图14-29 α_r（与水平线的夹角）方向上的入射线打在衍射楔的尖端处产生绕射，楔的顶角为α。以入射面为参考面（在UTD中称作O面），入射角为ϕ'。衍射楔产生无数的绕射波，某一绕射波与O面的夹角为ϕ，该角度在UTD中被称作观测角。

解法进行对比，从而推导出了幅度和相位因子。简单来讲，剩下解法的就是绕射因子。Keller 将这些绕射因子同 GO 因子相结合就得到了各个位置的合场强。

Keller 的理论即是我们所熟知的几何绕射理论（GTD）。GTD 的优越之处在于它能够处理古典几何光学（GO）不能处理的区域（GO 认为这些区域的场为零）。下面我们举例说明：图 14-30 所示为一假想模型，地面上 60 英尺高处安装了一个工作波长为 15m 的 4 单元八木天线系统，该天线系统的照射区域为一块很宽的理想平坦地面。一块 10 英尺高的岩石被放置在距离天线塔底 400 英尺处并位于出射射线的传播方向上。图 14-31 所示为使用 GO 方法（只考虑反射）得到的竖直面方向图。由于直达波 A 和反射波 B 被岩石挡住，因此使得连续的竖直面方向图上出现了一个洞。

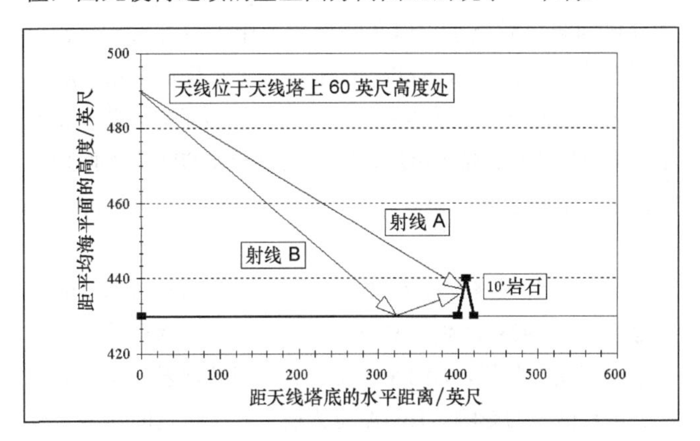

图14-30 假想地表之“10英尺岩石效应”。在距塔底400英尺处安放了一块10英尺高的岩石，岩石与塔底之间的地面为平坦地面，该岩石相当于一个衍射楔。它将挡住所有试图穿过它到达平坦地面的直达波，如图中射线A所示。平坦地面的反射波，如射线B所示，也将被岩石挡住。此处使用GO分析得到的结果如图14-31所示：由于GO没有考虑绕射，连续的竖直面方向图上出现了一个洞。

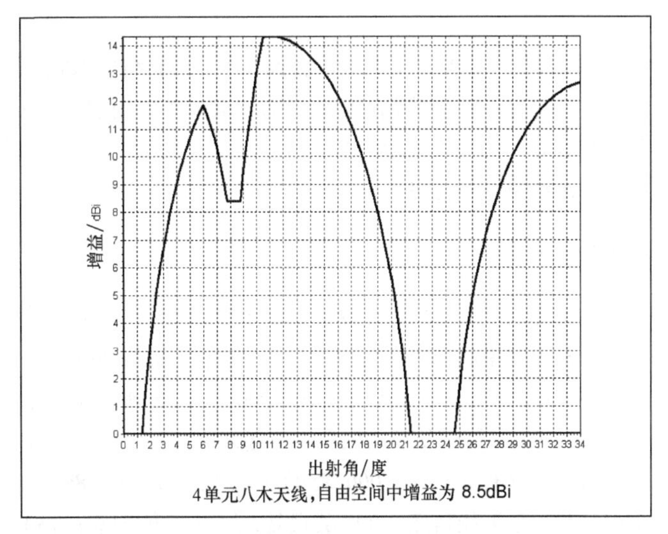

图14-31 图14-30所示地表条件下，60英尺处4单元八木天线的竖直面响应。该结果是使用GO理论计算得到的。注意到在6°和10°之间有一个洞。但是实际上，频率为21MHz时，一块10英尺高的岩石不可能产生如此大的影响！

一块10英尺高的岩石真的会对波长15m的信号产生这么大的影响吗？Keller 的 GTD 在分析问题时考虑了绕射波可以绕过岩石，使得竖直面方向图中的洞被填补了起来。整个 GTD 方案的确非常聪明。

但是，GTD 并不是完美的。GTD 的推导结果中会出现一个很大的尖峰，虽然竖直面方向图的整体形状与 GO 相比已经非常接近真实情况了。RSB 和 ISB 区域通常是容易出现问题的地方。由于楔子的阻挡作用，GO 因子在这些点处为零，而 Keller 绕射因子在这些点处却趋于无穷大——数学上我们称之为奇异值问题。虽然如此，在分析绕射问题时 GTD 的分析结果仍然比 GO 要好得多。

20 世纪 70 年代早期，俄亥俄州立大学的 R.G. Kouyoumjian 和 P. H Pathak 领导下的一个研究小组在解决该奇异值问题上做出了一些关键性的工作——引入一个补像因子对阴影边界处的 Keller 绕射项进行补偿以阻止其趋于无穷大。他们引入了菲涅耳积分形式的过渡函数。最重要的是，俄亥俄州的研究人员还开发了几个 FORTRAN 软件来计算绕射波的幅度和相位。好了，现在电脑黑客们可以开始工作了！

这些软件最终发展为 HFTA（HF 是 Terrain Assessment 的缩写，其 DOS 版本为 YT——Yagi Terrain 的缩写）。正如名字所表明的那样，HFTA 可用于分析当地地表对穿过电离层的 HF 信号的影响。HFTA 是为研究水平极化的八木天线设计的，虽然它也可以用来仿真平顶偶极子天线的地面效应。相比水平极化，要精确分析地面效应对垂直极化信号的影响要复杂得多。HFTA 不能处理垂直极化问题。

14.3.5 仿真示例

首先，我们研究一下简单地表条件下的仿真结果以验证计算的合理性。前面我们已经讨论过“400 英尺处放置-10 英尺高岩石”的地表模型，发现由于没有考虑绕射，GO 理论的计算结果并不准确。

简单地形示例

现在我们考虑如图 14-32 所示的简单情况，一个非常长的斜坡从天线塔底部向下延伸。注意 x 轴和 y 轴的刻度比例有所不同：y 轴从 800 英尺变化到 1 100 英尺，x 轴从 0 变化到 3 000 英尺，这使斜坡的倾斜角看起来很大——实际上倾斜角很小，只有 $\tan^{-1}$（1 000−850）/（3 000−0）=−2.86°。也就是说，距天线塔底 3 000 英尺处，地表高度下降了 150 英尺。

图 14-33 所示为该地形条件下，60 英尺高处水平极化 4 单元八木天线的竖直面响应，并与水平地面上 60 英尺高度处相同八木天线的竖直面响应作了对比。比较发现，小山顶上天线的竖直面响应与水平地面上天线的竖直面响应之间存在 3° 的偏移（向低仰角方向）。事实上，该偏移是由小山坡的倾斜角（−2.86°）引起的。斜坡面上的反射会发生−2.86° 的倾斜。此时在 3 000 英尺处即斜坡的底部（程序中假设地表从此处开始变得平坦）将出现一个绕射。

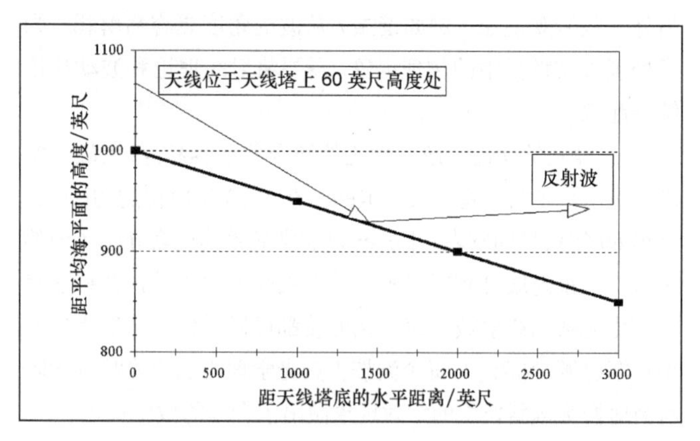

图14-32 长的小倾斜角斜坡。该斜坡没有明显的绕射点，因此可使用GO理论分析。

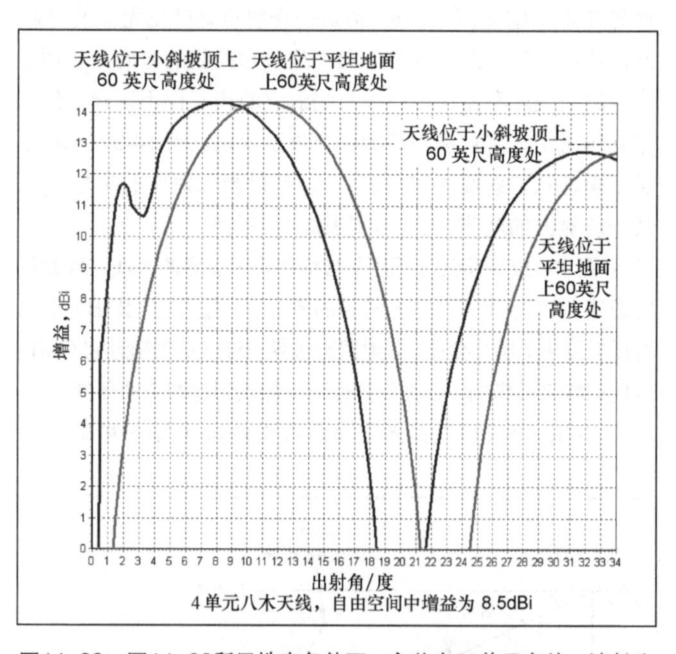

图14-33 图14-32所示地表条件下，安装在60英尺高处，波长为15m，水平极化的4单元八木天线的竖直面响应。该响应朝着低仰角的方向（向左）偏移，偏移角度等于斜坡的倾斜角。作为对比，图中还给出了水平地面上相同八木天线的竖直面响应。

图 14-34 中所示为另外一种简单的地形廓线，即“山谷”模型。这里，60 英尺高的天线塔竖立在一个坡度较小的俯瞰山谷的小山顶上。与前面一样，由于 x 轴和 y 轴的刻度比例不同，山坡的倾斜程度被夸大了。图 14-35 所示为工作频率为 21.2MHz，安装在坡顶 60 英尺高天线塔上的 4 单元八木天线的竖直面响应。

同样，图中给出了水平地面上 60 英尺高处相同八木天线的竖直面响应作为对比。与水平地面上天线的响应相比，仰角大于 9°时，山顶上天线的响应朝着低仰角的方向有所偏移，偏移角度为左右，这同样是由小山坡斜坡面上的反射引起的。与水平地面上的天线相比，坡顶天线的响应在仰角为 1°～9°时有所增强，这是由坡底处的绕射引起的。

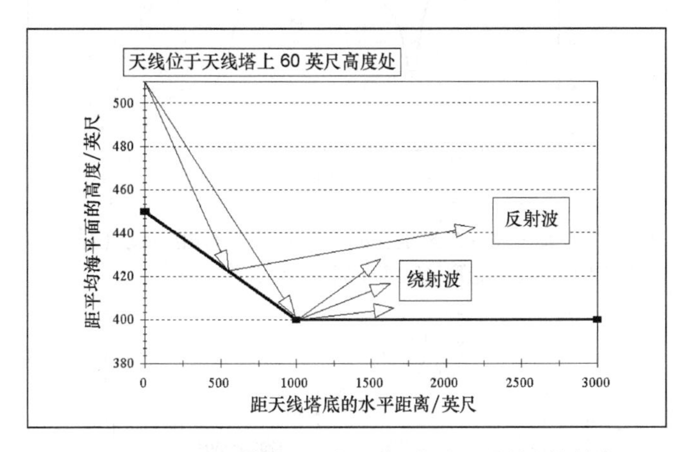

图14-34　“山-谷”地貌。图中同时还标出了反射和绕射波。

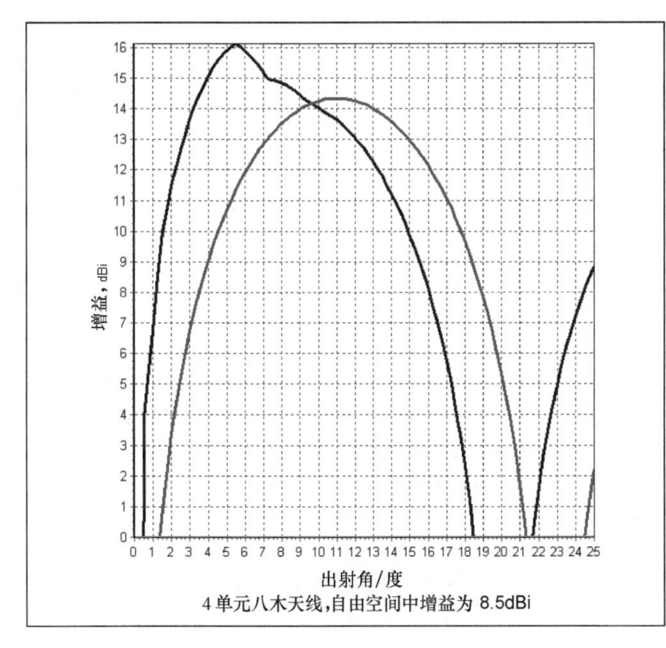

图14-35　图14-34所示地形条件下，安装在山顶60英尺高处，波长15m的4单元八木天线的竖直面响应（使用HFTA计算得到）。斜坡使该响应朝着低仰角的方向偏移。仰角为5°时，绕射使HFTA计算得到的增益比用GO理论计算得到的增益稍大。

如果在我们感兴趣的方向上有一座山发生什么样的情况呢？图 14-36 中所示即为该类型的地形廓线，称作“山体前挡”模型。这里假设天线塔位于平均海平面上 400 英尺处，塔底距离山脚 500 英尺，二者之间的地面为平坦地面。距塔底 500～1 000 英尺的距离范围内山体升高了 100 英尺，之后（距塔底大于 1 000 英尺）地面高度保持在海平面上 500 英尺（高原）。

图 14-37 所示为 60 英尺高天线塔上，21MHz 的 4 单元八木天线阵的竖直面方向图，同样引入了平坦地面上 60 英尺高处相同天线的方向图作为对比。仰角为 0°～2.3°时天线发出的直达波将被小山挡住。另外，地面反射波和仰角在 2.3°～12°之间的波也将被小山挡住。由于小山的遮挡效应，仰角为 8°时该地表条件下的信号比平地上的信号弱 5dB。直达波仰角增大到能够照射到小山的顶部边缘时开始出现绕射波。绕射波出现时仰角大于 12°，此时没有反射波。

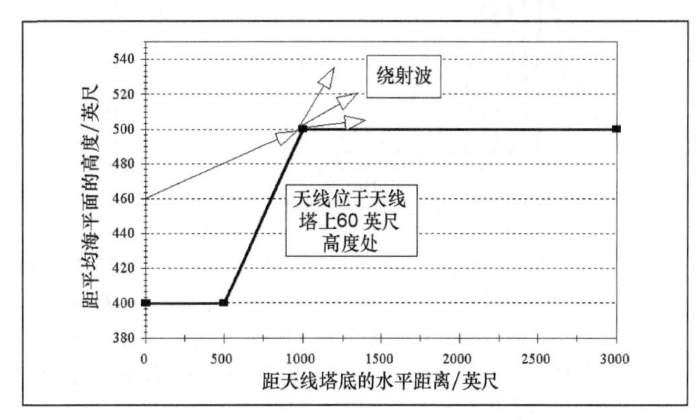

图14-36　“山体前挡”地表模型。波入射到高地边缘（山顶）处发生绕射，绕射波如图所示。

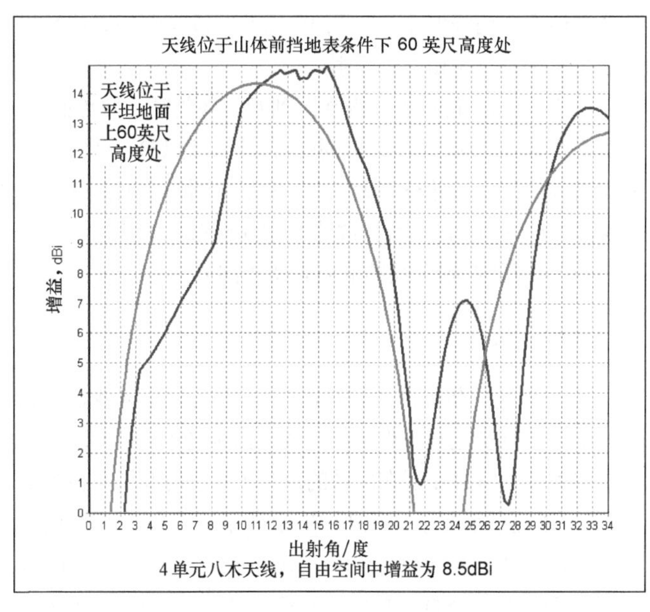

图14-37　使用HFTA计算得到图14-36中所示“山体前挡”地表条件下的竖直面响应。小山将挡住直达波和反射波。出射角大于10°时，绕射波和直达波叠加得到图中所示的竖直面响应。

这样糟糕的 QTH 能够用于 DX 吗？图 14-38 给出了一个有效解决方案的竖直面响应。这里使用了 4 副 4 单元八木天线构成的堆叠天线，4 副八木天线分别安装在天线塔上 120 英尺、90 英尺、60 英尺和 30 英尺高处。对比发现，仰角比较小时，该堆叠天线的响应与平地上单副 4 单元八木天线的响应一致。哪里有业余爱好者，哪里就有路！

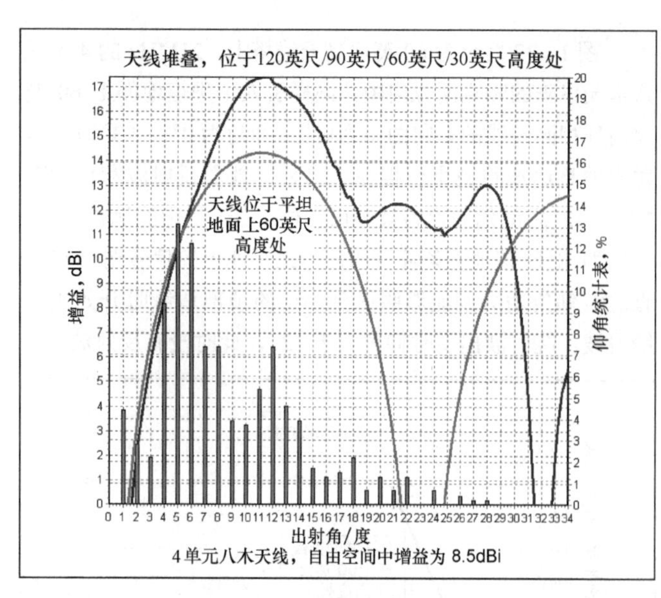

图14-38　安装在天线塔上120英尺、90英尺、60英尺和30英尺高处的4副4单元八木天线构成的堆叠天线的竖直面响应，地表条件如图14-36所示。仰角较小时，该响应与平地上60英尺高处单副4单元八木天线的响应一致。图中还给出了传播路径为新英格兰到欧洲时仰角的统计数据作为参考。

仰角为 5°时，4 个绕射元（反射元为零）进行叠加得到远场区辐射方向图。这很容易理解，因为 4 副八木天线各自独立地照射到绕射点，并且仰角较小时没有哪副天线发出的波能直接越过小山并被反射。

波长 15m，传播路径为欧洲到新英格兰时，仰角值 5°出现的概率（出现时间占总时间的百分比）为 13%。3°～12°之间的仰角值出现的概率为 2/3。但是直到仰角大于 10°，出现概率约为 1/3，堆叠天线才开始体现自己的特性（与平地上 60 英尺处单副天线的响应有所不同）。

复杂地形示例

简单地表的仿真结果还是比较合理的，接下来我们讨论更为复杂的真实地表条件下的仿真。图 14-39 所示为新罕布什尔州 N6BV/1QTH 所在区域的地形（方位向取指向日本的方向）。该地形很复杂，HFTA 在处理时取了 52 个不同的点作为绕射点。图 14-40 所示为 HFTA 对 3 个不同天线系统（波长都为 20m）的竖直面响应的计算结果：120 英尺/60 英尺堆叠天线，单副 120 英尺天线和作为参考的平地上的 120 英尺/60 英尺堆叠天线。图中还给出了传播路径为新英格兰到日本时仰角取值的统计数据——图形看起来非常复杂，在彩色 CRT 上用不同颜色标记各曲线看起来会比较容易一些。

将不规则地表和平坦地面上的相同 120 英尺/60 英尺堆叠天线的竖直面响应进行对比，可以帮助我们分析到底是不规则地表上的哪些点在影响竖直面响应。在 3°～7°的范围内，平地上堆叠天线的增益比图 14-39 所示地表条件下堆叠天线的增益大，在 8°～12°范围内情况相反。这再次证明了

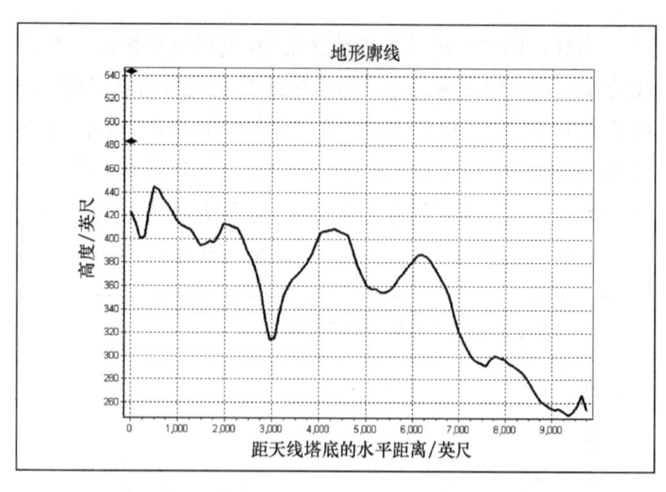

图14-39　新罕布什尔州N6BV/1　QTH所在区域的地形（指向日本）。HFTA处理时选取了52个不同的点作为绕射点。

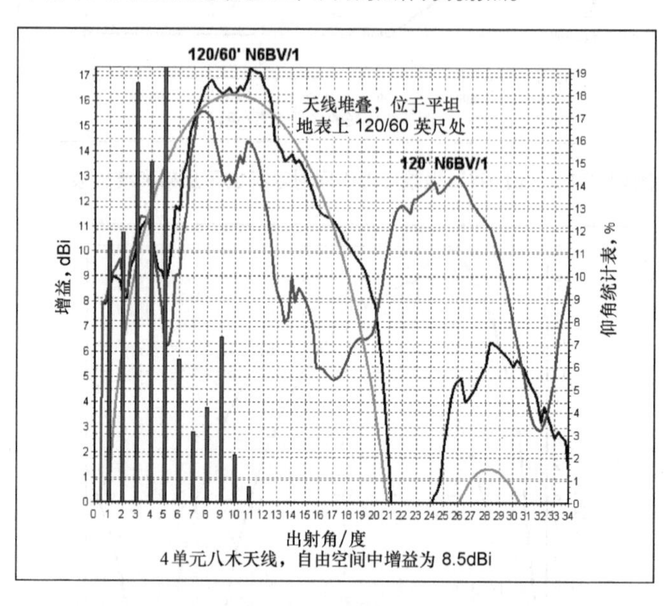

图14-40　HFTA对3个不同天线系统的竖直面响应的计算结果：图14-39所示地表条件下120英尺/60英尺堆叠天线，单副120英尺天线和作为参考的平地上的120英尺/60英尺堆叠天线。由于大量绕射和反射元的存在，响应曲线非常复杂。

能量守恒定律——某些仰角值处的信号比较强，那么在其他角度处信号必定比较弱。观察发现，波长 20m 时，N6BV/I 指向日本方向的信号总是比较弱，因为这条路径上占主导地位的仰角值比较小。

仔细观察 HFTA 在仰角为 5°时输出的数据，发现总共有 6 159 个绕射元。在传输到日本的过程中有大量的地面弹跳信号！由于受到地表的遮挡，有些绕射点 120 英尺高处的八木天线能够照到，而 60 英尺高处的八木天线却不能照到。

有时会出现这样的情况：从电离层传播到接收机的信号从相反的方向到达地面。这并不奇怪，因为发射和接收并不一定是完全互易的。

图 14-40 所示 120 英尺/60 英尺堆叠天线的增益在仰角为 11°时达到最大，为 17.3dBi，比相同角度处单副 120 英尺

八木天线的增益大 3dB——对于来自日本的入射信号，在大部分仰角取值范围内，3dB 的优势始终存在。堆叠天线和单副天线工作的不同已经过多次观测证明。然而，在进行比较时，大多数时候信号之间微小差别很难测量，尤其是在一次典型的 QSO 过程中 QSB 以 20dB 的步长改变信号时。可以发现，堆叠天线比单副天线的衰落要小。

14.3.6 使用 HFTA

手动生成地形轮廓

HFTA 采用两种截然不同的算法生成远场区的竖直面方向图。第一种是只考虑反射的 GO 算法，第二种是考虑绕射的 UTD 算法。这两种算法处理的都是沿某个方位向（比如指向日本或指向欧洲）的数字化的地形廓线。

可以用直尺或圆规按地形图手动生成地形廓线文件，手动操作理论上很简单。在美国地质调查局的 7 点 5 分地图上标出天线塔的所在位置。7.5 分地图可以在当地的五金店之类的地方找到，也可以从美国地质调查局获取。它的联系方式是：U.S. Geological Survey，Denver，CO 80 225or Reston，VA 22 092. Call 1-800-MAPS-USA。你也可以索取你所在地区的地形图，美国以外的其他许多国家的地形图也有。因为大部分地形图以米为单位，使用 HFTA 时必须乘上 3.28，将米转换为英尺，或者在磁盘文件的最前面加一行程序以便 HFTA 能够自动识别“米”。

从塔底开始朝着感兴趣的方向用铅笔画一条直线，可能从新英格兰指向欧洲（方位角为 45°），也可能指向日本（方位角为 335°）。然后测量塔底与直线和等高线所有的交叉点之间的距离，并将测得的距离/高度数据输入一个 ASCII 计算机文件中，该文件的文件扩展名为“PRO”，代表廓线。

图 14-41 所示是 USGS 地图的一部分，上面标出了 Windham，NH 地区的 N6BV QTH。从该位置出发，沿欧洲不同地区和远东方向作了几条直线。为了避免混淆，等高线的海拔高度是用铅笔手工标注的。

HFTA 将真实地表剖分为许多的平面，这些平面是由连接 *.PRO 文件中的高度点的直线构成的。该模型是二维的，即在某一个方位向上只包含距离和高度数据。HFTA 假定上述剖分平面的宽度与它的长度密切相关。显然，真实世界是三维的，如果八木天线向下指向一个非常陡峭的峡谷，在某个方位向上，实际得到的竖直面方向图将与 HFTA 的计算结果有所不同。除了受到地表高度变化的影响外，信号在峡谷两壁之间还存在水平倾斜。HFTA 不能处理峡谷类型的地貌。

为了获得真实地表效应的三维图像，进行地表建模时必须包含塔底周围两英里内各个方向上所有点的方位、距离和高度信息。在你忍受过单一方向的二维廓线的不足之后，你会发现虽然生成 360° 全方位的三维廓线的工作量很大，但是还是很值得的。

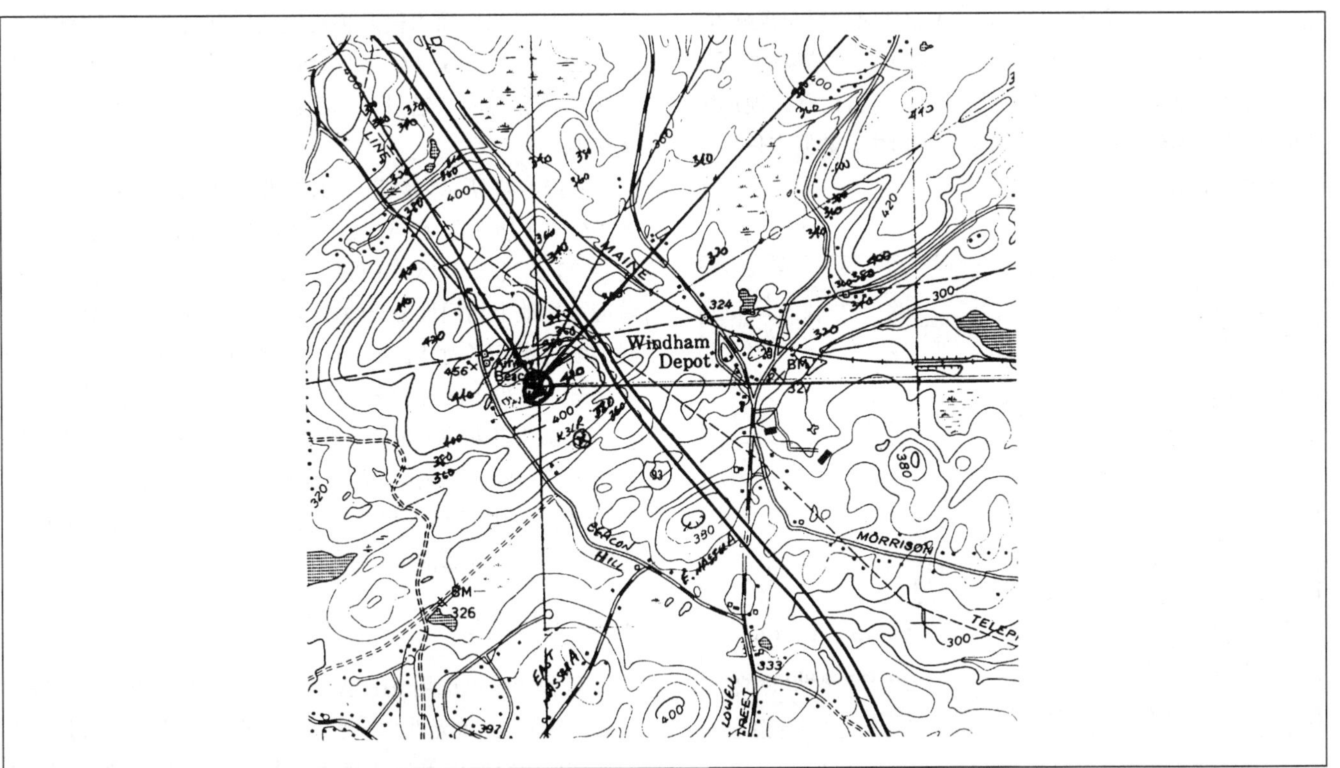

图14-41 USGS 7.5分地形图的一部分。图中给出了N6BV/1的地理位置，并沿欧洲和日本方向作了数条直线。为了避免混淆，等高线的海拔高度是用铅笔手工标注的。这里需要用到放大镜。

因特网上的地形数据

因特网上的数字化地形数据一度由于分辨率太低，精确度不够高，而不被 HFTA 采用。不过，现在已经可以从网上免费下载到完整精确的 USGS 7.5 地形图了。使用 US Naval Academy 的 Peter Guth 教授编写的软件 MicroDEM 能够非常快捷简便地将地形数据文件（nationalmao.gov）转换为廓线数据文件（terrain data files）供 HFTA 使用。Dr.Guth 和美国海军学院发布了 MicroDEM 软件，可以在网上免费下载。除了能够自动生成廓线数据文件供 HFTA 使用外，MicroDEM 本身还是一个功能齐全的测绘软件。

下面介绍 3 种关于数字式高程数据的网上资源：

- EM（USGS 信号高程模式，对应地形图印刷的 7.5 分“四边形”，该地形图这些年一直被业余爱好者和徒步旅行者使用。）
- NED（USGS“无接缝”）地形数据，它不需要与任何有差异的 7.5 分地图“合并”，就可以充分覆盖以塔为中心、半径为 4400m 的范围。
- SRTM（航天飞机雷达拓扑任务）USGS/NOAA 的 SRTM 数据可以覆盖全世界 80%的地区。但为了安全考虑，其精度被限制于大约 30m。

MicroDEM 的使用说明在 HFTA 的帮助文件中（HFTA.PDF）可以找到——单击 HFTA 主窗口中的 Help 按钮即可。图 14-42 所示为 MicroDEM 软件对新罕布夏州 N6 BV/1 所在区域（方位角 45°，指向欧洲）处理结果的截屏。黑/白截图不能完全传达彩色图像包含的丰富信息。地形廓线的计算结果绘制在图 14-42 右边的窗口中，数据文件如顶部右端的窗口所示。

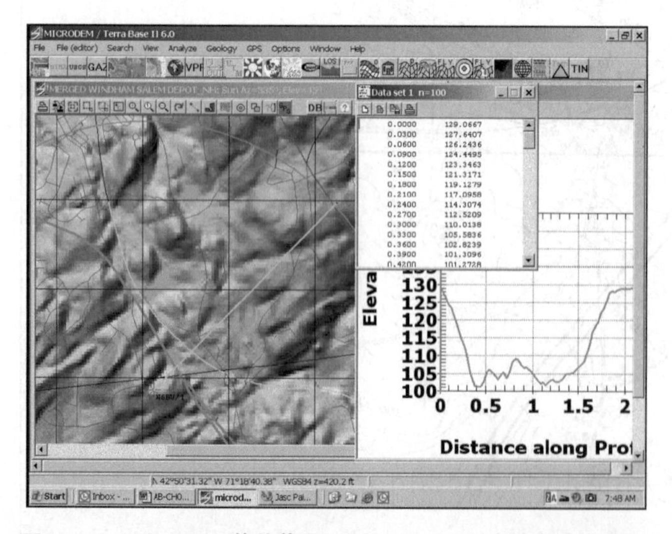

图14-42 MicroDEM软件截屏，所示为图14-41中地表的地形图，右边窗口中是N6BV/1，Windham，NH所在区域（方位角45°，指向欧洲）的地表廓线计算结果。

使用 MicroDEM 和网上的 USGS 地形数据可以自动生成包含方位信息（方位采样间隔为 1）的 360 个三维廓线文件，并且软件处理过程只需要几秒钟就可以完成（1 的方位间隔已经很小了，大多数人选择 5 的方位采样间隔，可得到 72 个廓线文件）。在地形 DEM（数字高程模型）图上，可以使用精度和纬度来定位天线塔的位置——GPS 接收机中采样该方法——并可通过 MicroDEM 获取视域。具体可查看 HFTA 帮助文件。

将 MicroDEM 自动处理过程（只需要几秒钟）同廓线手动生成过程（在纸质地形图上进行，仅生成一个廓线文件就需要数小时，并且需要小心翼翼不出差错）进行比较，无疑前者才是我们的最佳选择！

射线追踪算法

廓线文件生成后，波在此地表条件下传播时，HFTA 在处理过程中将涉及多传播机制：

（1）反射，此时需引入菲涅耳地面反射系数；

（2）直达波绕射：天线发射信号直接照到绕射点，射线到达绕射点之前不受任何地面特性的影响；

（3）绕射波又被地面反射；

（4）地面反射波照到绕射点并产生大量的绕射波；

（5）一个绕射波照到另一个绕射点时产生大量绕射波。

对于某些山壁非常陡峭的碗形地貌，向后传播的反射或绕射信号遇到后面山壁后将再次被反射回去，反射波传播方向变为向前。HFTA 不处理这些传播机制，因为这将大大延长计算时间。它只计算我们感兴趣的方向上向前的传播机制。

图 14-43 所示为频率为 21.2MHz 时，HFTA 对新罕布夏州 N6BV/1 所在区域（欧洲方向）处理结果的截屏的一部分。它将 90 英尺/60 英尺/30 英尺 TH7DX 三重频带堆叠天线的响应同平地上相同堆叠天线以及平地上 70 英尺高处单副天线的响应进行了对比。70 英尺高处的单天线代表一个典型的信号站，其波长为 15m。与平地上相同堆叠天线的响应相比，前述地表条件下堆叠天线在仰角较小时的增益比较高。在整个仰角取值范围内，前述地表条件下堆叠天线的增益与 70 英尺高处单天线的增益接近或高于它。向电离层发射信号时地表的影响非常大——或好或坏。

HFTA 天线模型

操作者可以选用 HFTA 中任意类型的天线——从偶极子单天线到 8 单元八木天线。默认设置的响应为余弦的平方，与自由空间中单副 4 单元八木天线的响应一致。HFTA 在射线跟踪时只沿研究方位的前向进行，这使得算法相对简单，能在很大程度上节省计算时间。

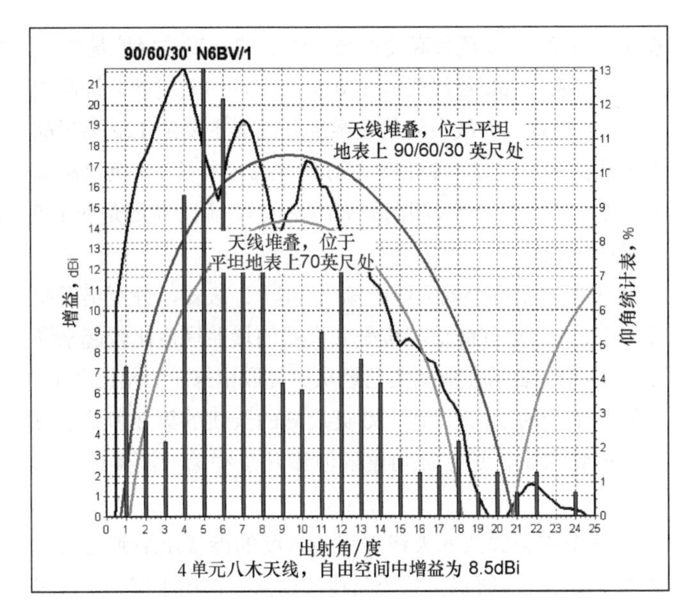

图14-43　频率为21MHz，N6BV/1QTH所在区域（方位向45°，指向欧洲），90英尺/60英尺/30英尺TH7DX三重频带堆叠天线的竖直面响应。仰角较小时，与平地上的堆叠天线相比，该地表条件下的响应增益大得多。能量守恒定律再次得到证明——从仰角较大位置“盗取”能量，使仰角较小时的能量增大。

HFTA 把组成堆叠的每副天线都看成是一个独立的点源。如果 HFTA 仿真中使用的是行波天线，例如菱形天线，特别是当天线下面的地面不平坦时，仿真将无法进行。对于典型的八木天线，即使其天线大梁很长，点源的假设依然是合理的。同时，HFTA 假设使用的八木天线都是水平极化的。它不处理垂直极化的天线模型，这一点前面我们提到过。仿真时，堆叠中八木天线之间的空间间隔必须适当（这一点，HFTA 文件中有特别警示）——0.5λ 或更大，因为 HFTA 不能很好地处理堆叠中八木天线之间互耦效应。

HFTA 的仿真结果同利用直升飞机在犹他州获得的实际测量结果（由 Jim Breakall/WA3FET 在前面提到过）比较吻合。Breakall 的测量中使用的是安装在 15 英尺高处的水平极化偶极天线。

有关 HFTA 频率覆盖的更多内容

HFTA 可用于频率高于 HF 波段的情况中，虽然其图形分辨率只有 0.25°。频率高于 100MHz 时，仿真得到的方向图看起来呈颗粒状。UTD 是一种高频近似模型，所以理论上频率越高得到的结果可信度越高。需要谨记的是 HFTA 是为仿真天线传播的发射角设计的，包括电离层 E 和 F，甚至偶发性电离层 E。由于定义电离层发射角时只包含了水平面以上的角度，因此 HFTA 不考虑发射角为负的 UHF 直视模式。

更多有关 HFTA 的使用说明和一些大型站点的地形廓线文件都包含在原版书附带的光盘中。

14.4　堆叠八木天线和开关系统

前面部分介绍了再高频波段控制天线辐射方向图的重要性。另外，也说明了不管单个天线产生的增益如何，它都会产生大幅度的变化。并且单个高度不能充分保持预期路径上通信的有效性。例如，在较高高频波段开放的 DX 波段上，初始信号出现的研究很低。后面，随着开放的加强和传播，在较高仰角上的信号是最强的。最后随着波段接近区域波段，在低仰角处信号再一次变成最强。对于持续 DX 通信成功或对抗电台来说，在正确的时间选择正确的仰角是非常重要的。

在高频天线的业余设计中，最常用的边射堆叠是将相同的天线沿着一座塔垂直地堆叠起来。这种布局通常称为垂直堆叠。在甚高频和超高频频段，业余爱好者常用共线堆叠，其中相同的八木天线在同一高度上并排排列。这种布局称为水平堆叠，但在高频设计中并不常见，因为这种大型的可旋转的并排阵列在设计上存在严重的机械困难。另外，因此在高频波段首先目标就是能够控制辐射方向图的仰角以优化电离层的路径；在 VHF 和 UHF 波段更重要的是：使主瓣变窄同时旁瓣也是最小的，这样就可以在路径两端提供微弱信号的信噪比。

图 14-44 所示为两种不同的堆叠布局。在任何一种方式里，构成堆叠的单个八木天线通常都采用相馈电。然而，有时候也会为了加强某个特定的仰角方向图而对这些天线进行异相馈电。请参见“中继台天线系统”一章，其中就有实现中继站仰角方向图的控制的相关例子。

让我们来看业余无线电爱好者应用堆叠天线的原因：

- 获得更大的增益；
- 在目标地理区域获得更宽广的仰角覆盖范围；
- 获得方位角的多样性——一次可获得两个或更多的方向；
- 减少衰落；
- 减少雨滴静电干扰。

14.4.1　堆叠和增益

图 14-45 比较了 3 架 4 单元 15m 波段的八木天线系统的仰角响应。单个天线在 120 英尺高度时其响应的第 1 个峰值出现在仰角大约为 5°，第 2 峰值为 17°，第 3 峰值为 29°；在 60 英尺的高度，当该天线单独工作时，第 1 峰值为 11°，第 2 峰值为 34°。

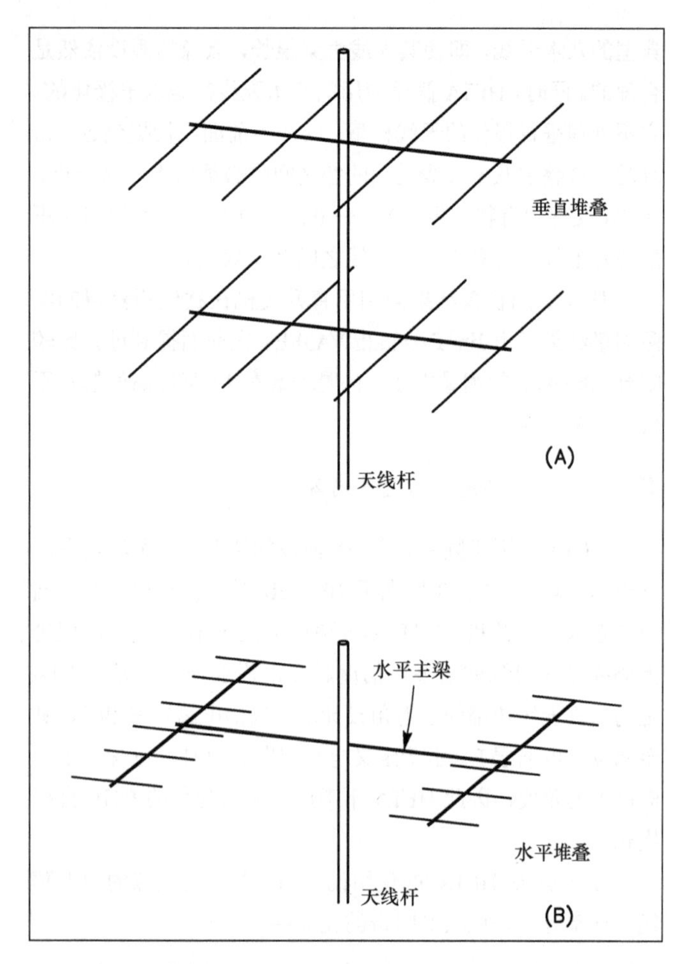

图14-44　堆叠安排。图（A）所示2个八木天线垂直（边射）堆叠在同一天线杆上。图（B）所示2个八木天线水平（共线）并排堆叠。在高频波段，垂直堆叠更普遍，因为大的高频天线并排堆叠在机械上有困难，而在甚高频和特高频波段，水平堆叠用得很普遍。

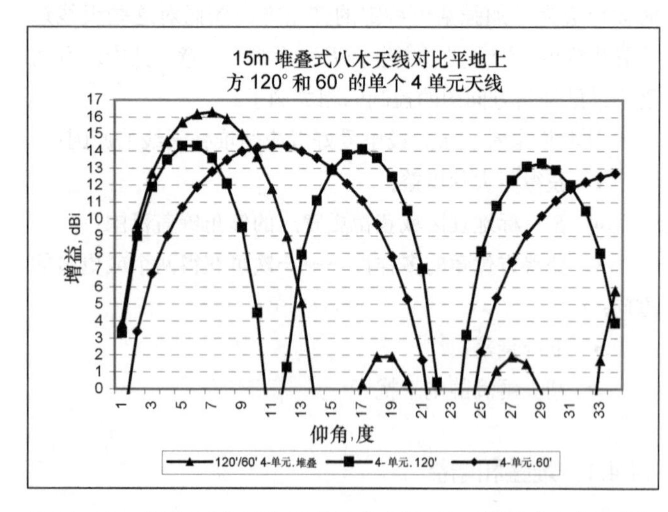

图14-45　位于120英尺和60英尺高度的4单元堆叠式八木天线和相同高度的单个八木天线的15m波段仰角方向图的比较。堆叠式天线响应的形状主要由顶部天线的响应确定。

一架垂直堆叠的高频天线阵列的基本原则是，它从高仰角的波瓣获得能量，然后将该能量集中到主仰角波瓣中。架设于120英尺/60英尺高度的叠式天线的主瓣的峰值是7°，并且比单独的60英尺或者120英尺架设的天线增益提高了2dB。该堆叠式天线主瓣的左半部分图形主要由120英尺高度天线的响应决定，而右半部分的主瓣主要被60英尺高度的天线向右“拉伸”（朝向更高的角度），而形状还是和120英尺的天线一致。

再看这个堆叠式天线的第2和第3波瓣，分别出现在18°和27°。这些峰值和堆叠式天线的增益峰值比较起来降低了14dB，表示能量确实已经从中提取出来了。相比之下，再看看单个的60英尺或120英尺高的天线的第2和第3波瓣的能量水平，这些高角度的波瓣几乎和第一波瓣能量一样强。

这个堆叠式八木天线将较高角度的能量压缩到它的主仰角波瓣中，同时保持单个天线的前向方向图主瓣不变。这就解释了为何最高水准的竞赛中电台都是堆叠相对较短主梁的天线阵列而不是堆叠长主梁高增益的八木天线。一架长主梁的高频八木天线使方位角方向图变窄（仰角方向图也是一样），使得天线的指向性变得更关键，并且要将一个信号传播到一个较宽的方位角区域就更困难了。例如在同一时间传播到欧洲和俄罗斯的亚洲部分。

14.4.2　堆叠和宽仰角覆盖范围

通过用尖端的计算机对电离层进行建模并详细地研究发现，为了保证在高频带实现可靠的远程通信或者比赛覆盖，有必要得到较宽范围的仰角。这些研究已经贯穿11年太阳周期中的各个阶段，为全世界众多QTH的传输和接收起了作用。

“无线电波传播”章中详细介绍了这些研究，并且，原版书附加的光盘中包含大量世界各地的海拔统计数据表，光盘中的HFTA软件不仅可以计算出不规则地面的海拔数据，还能将它们与目标地区的高程角直接进行对比。

一架10m波段天线的例子

图14-46所示为一架10m波段天线在从波士顿，曼彻斯特到所有的欧洲大陆的新英格兰路线的仰角的统计数据。该统计数据包括了3架4单元的八木天线分别在距离平地90英尺、60英尺、30英尺的上空的仰角响应的计算值。用波长的形式来表示，这些高度分别为2.60λ、1.73λ和0.86λ。

可以看到，高度为90英尺的八木天线覆盖较低处仰角的效果最好，但在它11°的中心响应处却有一个较大的零点。这个零点导致在10m波段对欧洲开放的所有时期中，大约有22%的时间内出现了很大的漏洞。在90英尺高度的天线

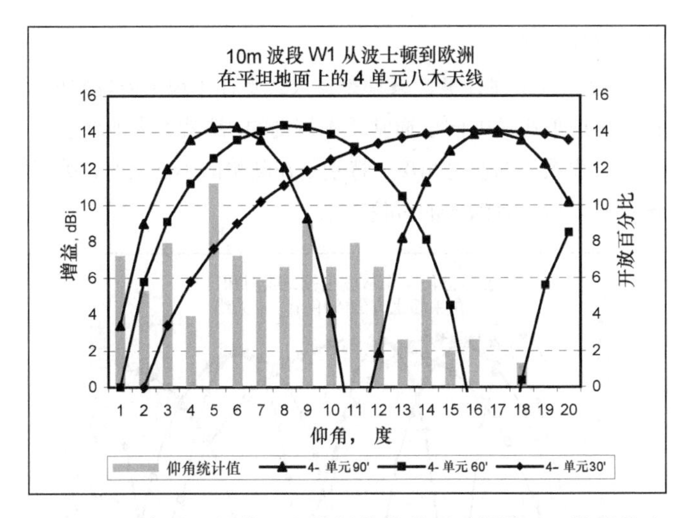

图14-46 安装于平地面上从新英格兰到欧洲的10m波段单个TH7DX三频带天线的仰角图和仰角统计值比较。没有一个单架天线能覆盖所需的从1°～18°的宽角度范围。

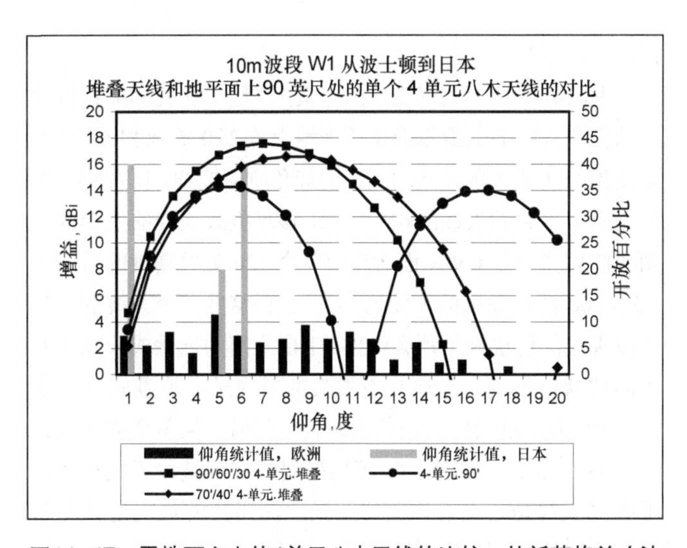

图14-47 平地面之上的4单元八木天线的比较。从新英格兰（波士顿）到日本的仰角统计数据用黑色的竖线条表示，而灰色的竖线条表示到欧洲的仰角统计数据。90英尺/60英尺/30英尺处的堆叠具有到日本的最好仰角覆盖，虽然70英尺/40英尺处的堆叠做得也不错。

呈现零值的角度，60 英尺和 30 英尺高度的天线将起作用。如果你只有高度为 90 英尺的天线，那么会因为这个天线太高了以致无法很好地覆盖从新英格兰到欧洲的范围。

到欧洲的这一统计峰值仰角是 5°，在 10m 波段从波士顿到欧洲开放的所有时间中有 11%的时间会出现这一情况。在仰角为5°的时候，30 英尺高度的八木天线与 90 英尺高度的相比，增益下降了 7dB，但在 11°仰角处 90 英尺高度的八木天线又比 30 英尺高度的增益下降了至少 22dB。想在单一高度上优化八木天线使其能够覆盖所有需要的仰角是不可能的，特别对于像欧洲这样的大型地理区域来说就更困难了——尽管对于单一高度，60 英尺高度的天线可以论证是最佳折中方案。然而，为了达到覆盖到欧洲的所有的可能性，需要一架能够均匀覆盖整个 1°～8°范围的 10m 波段的天线系统。

图 14-47 所示比较了 2 架 10m 波段天线的不同路径下的仰角统计数据，一架天线的路径是从新英格兰到欧洲，另一架路径是到日本的。要与远东地区通信需要的仰角很低。图 14-47 所示的交叠曲线是 3 种不同天线系统在平地上的仰角响应的比较，它们使用的都是 4 单元的八木天线。

- 3 个八木天线，分别在 90 英尺、60 英尺和 30 英尺处堆叠。
- 2 个八木天线，在 74 英尺和 40 英尺处堆叠。
- 1 个八木天线在 90 英尺处。

所有 10m 波段天线中，到欧洲的必要角度覆盖得最好的是在 90 英尺/60 英尺/30 英尺处的 3 个八木天线的堆叠。在 70 英尺和 40 英尺处堆叠的 2 个八木天线以微弱劣势位居第 2，并且对于 9°以上的仰角来说，70 英尺/40 英尺处的堆叠事实上要比 90 英尺/60 英尺/30 英尺处的堆叠性能更优越。

在这里讨论的两种堆叠具有比任何一架单个的天线都宽阔的仰角覆盖范围，所以可以自动地覆盖所有仰角而不用手动地将高处的天线切换到低处的天线。这也许就是使用堆叠的主要好处，但绝不是唯一好处，这一点我们稍后将会看到。

到日本和到像欧洲这样较大的目标地理区域相比，所需仰角的范围要小得多。由于在低仰角上增益更高，这个 90 英尺/60 英尺/30 英尺处的堆叠仍然是最佳选择，虽然那个在 70 英尺和 40 英尺高度处的双八木天线堆叠也是不错的选择。注意单个的 90 英尺高的八木天线的工作性能在低仰角处与由两架八木天线组成的 70 英尺/40 英尺处的堆叠的工作性能非常相近，但双八木天线堆叠在 10m 波段仰角高于 5°时还是优于单个的 90 英尺高的天线。

一架 15m 波段天线的例子

从新英格兰到欧洲的 15m 波段天线情况类似于上述的天线。对于这种天线来说，能够完全覆盖欧洲的角度范围是 1°～28°。如此之大的角度范围使得要覆盖所有的角度就更困难了。肯•沃尔夫（K1EA）是一位潜心研究竞赛的操作者，同时也是著名的 CT 竞赛记录程序的创作者，他在为 Yankee Clipper 竞赛俱乐部写报告时阐述得很清楚：

假设你在 120 英尺和 60 英尺高度各有一架 15m 波段的八木天线，但在一个时间里只能给一架天线馈电。在 120 英尺高度的 15m 波段天线波束其最大值大概在 5°，第一个最小值在 10°。而 60 英尺高度的八木天线波束最大值在 10°，第一个最小值在 2°。在黎明时分，频带刚开始打开，信号到达的仰角为 3°或者更小，并且高处的八木天线的增益超过低处天线 5～10dB。上午时分，欧洲西部的信号到达的仰角为 10°或更大，而 UA6 仍然维持在 4°～5°。在西欧地区，低处天线的增益比在高处的大 20～30dB！怎么办呢？把它们堆叠起来！

图 14-48 所示为 KIEA 的方案，描绘了从曼彻斯特到欧洲的仰角高度的数据以及位于平地上方 120 英尺和 60 英尺高度处的两架 4 单元八木天线的仰角响应曲线，以及将两者作为垂直堆叠的天线的响应曲线。该堆叠式天线的主瓣的半功率波束宽度是 6.9°，而对应的单个 120 英尺高度的天线为 5.5°，60 英尺高度的天线为 11.1°。而这些单个天线的半功率波束宽的值也许不那么可信，主要是因为堆叠式天线一开始的增益就很高。一个更有意义的发现是，堆叠式天线在 1°～10° 的范围内的增益等于或大于任何一架单个的天线。

这个由 120 英尺和 60 英尺高度的 15m 波段天线构成的堆叠式天线是否是从新英格兰到欧洲路径的最优选择？答案是否定的，原因会在以后解说，但对于 K1EA 概述的上述方案来说，这个堆叠式天线很明显要比任何一架单个的天线要好。

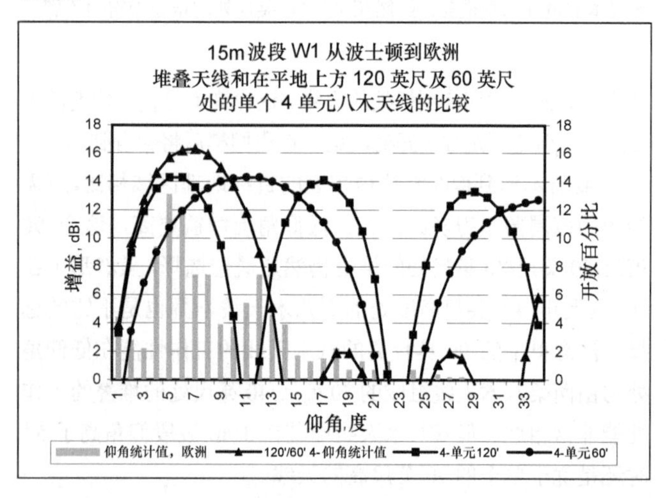

图14-48　K1EA阐述的安装于平地之上的15m波段八木天线方案的仰角方向图比较，以及到欧洲的仰角统计数据。在120英尺和60英尺处的堆叠式天线在其半功率点产生更好的3°～11°范围的覆盖，比其中任何一个单个天线都好。

一架 20m 波段天线的例子

如图 14-49 所示，该图显示了 20m 波段天线在从波士顿到欧洲（灰色的垂直条）和到日本（黑色的垂直条）地区范围的仰角统计数据图，以及架设于平地的 4 组不同天线的仰角响应曲线图。强调一下，最高的天线是 200 英尺高度的 4 单元八木天线。很显然，这架天线太高了，以致无法完全覆盖到欧洲所需的全部角度。一些新英格兰的操作者已经证实——一架高度相当高的八木天线将在上午向欧洲开放 20m 波段的带宽，然后到了下午又关闭起来，但是在中午的时候高处天线被低处天线打败了。

然而，从新英格兰到日本，对于 20m 波段的天线来说所需角度的范围大大缩小了，仅为 1°～11°。对于这些角度来说，这架 200 英尺高度的八木天线是用在新英格兰到日本的最好的选择。

要完成上述任务，条件是该天线是在平地上方辐射的。但实际地形在各方向上通常是不规则的，这就大大改变了有利于天线系统的发射角度，特别是在陡峭的小山上时。关于这点在以后还有深入的讨论。

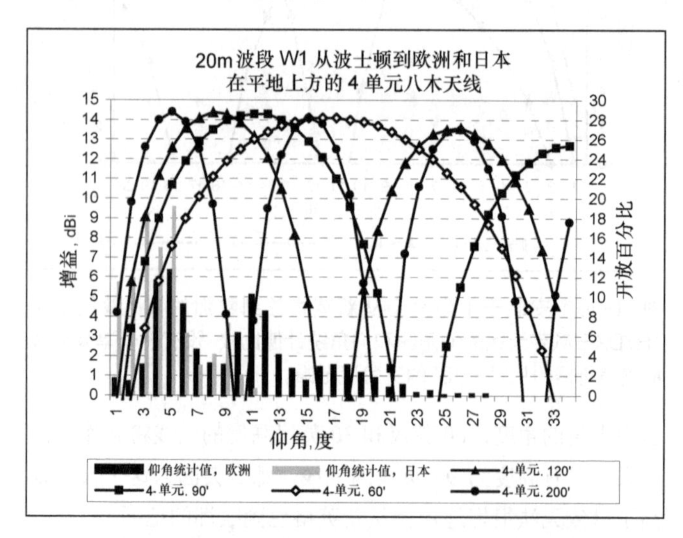

图14-49　平地上方20m波段的单个八木天线仰角方向图的比较，将其与从新英格兰到欧洲（灰色条）和到日本（黑色条）该频段所需的仰角范围对比。出于娱乐，在图中包含了一个200英尺高的八木天线的响应——该天线因其在如10°这样的临界角处的深度零点，因此该天线的高度太高，不足以覆盖到欧洲所需的角度范围。但若要到日本，该200英尺高的天线的覆盖范围是很不错的。

14.4.3　避免零点

现在，仔细观察图 14-46 中的其他位于 120 英尺和 60 英尺处的 20m 波段天线。在仰角为 8° 时，这两架天线间仰角高度响应的差值仅略高于 3dB。用无线电通信时你真的能注意到这 3dB 的变化吗？高频带的信号常常由于衰落而快速地起伏变化，所以 2dB 或 3dB 的差异是很难被察觉到的。所以，在 120 英尺高度的天线和在 60 英尺高度的天线之间的差值在两者都覆盖的角度范围内可能很难被发现。但是在仰角响应曲线中深零点却是非常显著的。

回到 1990 年，丹尼・斯州（N6BV）将他的 120 英尺塔安装在新汉普希尔的温德姆，他首次操作的天线是 5 单元三频带的八木天线，其中有 3 个单元工作于 40m 波段，4 个单元工作于 20m 波段和 15m 波段。就在 8 月底的一天，太阳正要下山的时候，斯州在无线电工作室中完成了馈线的连接。该天线看起来是按要求工作了，当它旋转的时候，有一个良好的驻波比曲线和完美的方向图。所以 N6BV/1 打电话给他附近的朋友约翰•多尔/K1AR 在电话中让他开始广播以发射某些信号与到欧洲的 20m 波段的信号进行比较。

令斯州感到震惊的是，当天晚上每个工作的欧洲人都说他的信号比 K1AR 的要微弱 S 个单元。多尔使用的是 4 单元 20m 波段单频带的天线，架设于离地 90 英尺高度，乍一看和斯州的 120 英尺高的 4 单元的天线类似。但事实上 N6BV 本不应该如此地惊讶的——在新英格兰，在 20m 波段上来自欧洲的仰角在一天的晚些时候几乎要比 11°还高，并且对于整个太阳周期来说也是事实。

N6BV/1 的电台设置在一座小山丘上，而 K1AR 的电台则是位于朝向欧洲的平坦区域。N6BV/1 的 120 英尺高度的 8 木天线的仰角响应正好在 11°的地方产生了一个很深的零点。这在 N6BV/1 电台工作的 8 年来得到多次的证实。在清早向欧洲开放 20m 波段时，顶端的天线总是接近或几乎等同于同一天线塔上分别位于 90 英尺/60 英尺/30 英尺高度的三架 TH7DX 三频带天线的堆叠。但是到了下午，顶端的天线表现总是比叠式天线逊色很多，以致斯州总是在想是不是顶部的天线出现了什么问题。

所以引用上述小故事的目的究竟要说明什么呢？很简单：使用叠式天线可以达到要求的增益，虽然有用，但和能够避免的零点相比，它已不那么重要了。

14.4.4 八木天线间的堆叠间距

到此为止，我们已经用叠式天线工作，达到了和单个八木天线相比产生更大增益的目的，同时也将天线系统的响应匹配到了特殊传播路径所需的仰角范围。最重要的是我们试图在仰角响应中避免零点的产生。上文中，我们问过在 15m 波段上在 120 英尺/60 英尺高度处的堆叠式天线是否是从新英格兰到欧洲路径的最好选择的问题。让我们来分析一下堆叠式天线中单个天线间的堆叠间距是如何影响其工作性能的。

图 14-50 所示为各种 15m 波段八木天线的不同组合的覆盖曲线。这里也包括了单独的一架 60 英尺高度的八木天线的曲线图，仅供参考之用。首先，我们观察一下该组中间距最大的堆叠天线：120 英尺/30 英尺高度的堆叠天线。在这里，由于间距如此之大，第二波瓣事实上要比第一主瓣强。就波长来说，天线间 90 英尺的间距相当于 1.94λ，这确实是很大的一个间距。

关于高频阵列的堆叠间距，在业余爱好者中还存在很多民间传说甚至迷信思想。很多年来，高性能堆叠式天线已经被用作甚高频和超高频频带上弱信号的远程通信。关于弱信号工作的最极端的例子就是 EME 通信（地球-月亮-地球，也称作月面反射），因为在来回月球的途中有大量的路径损失。最成功的用于月面反射的阵列有很低的旁瓣电平以及很窄的前向主瓣，使得增益很大。低旁瓣有助于使接收到的噪声最小化，因为能够从月球反弹回地球的信号的接收水平是极其微弱的。

但是高频频段的工作和月面反射是不一样的，因为在高频频段的工作中，试图使高角度的波瓣最小化并不是至关重要的，我们已经证明在高频段的主要目标是在宽的仰角平面覆盖范围内实现所需增益且方向图中没有不利的零点。增益随着堆叠式天线中各八木天线间距的电长度的增加而逐渐地增加，但是当间距一旦超过 1.0λ 时增益将缓慢减小。对于一个典型的堆叠式高频八木天线来说，当天线间距在 0.5λ～1.0λ 变化时，增益的变化量只有不到 1dB。堆叠的距离在 0.5λ～0.75λ 之间的天线在有很好的方向图的情况下增益是最好的。

图 14-50 中的 120 英尺/60 英尺堆叠式天线没有第 2 波瓣更强的问题，但是 120 英尺/30 英尺的堆叠式天线有这个问题，天线间 60 英尺的间距是 1.29λ，再一次超出了高频堆叠式天线的正常间距范围。因此，120 英尺/60 英尺堆叠的天线并不能覆盖它所能达到的仰角范围，并且比 90 英尺/60 英尺/30 英尺的堆叠式天线和 120 英尺/90 英尺/60 英尺/30 英尺的堆叠式天线都要差。120 英尺/60 英尺的 2 个八木天线堆叠至少需要在中间再放置一架天线，以扩大仰角覆盖范围并提供更高的增益。

这也许有争论，但是在 15m 波段，90 英尺/60 英尺/30 英尺高度的天线堆叠似乎是能够覆盖从新英格兰到欧洲的所有角度范围的最优选择。注意，在 21.2MHz 上八木天线间 30 英尺的间距是 0.65λ，正好在典型堆叠式天线间距范围的中间。

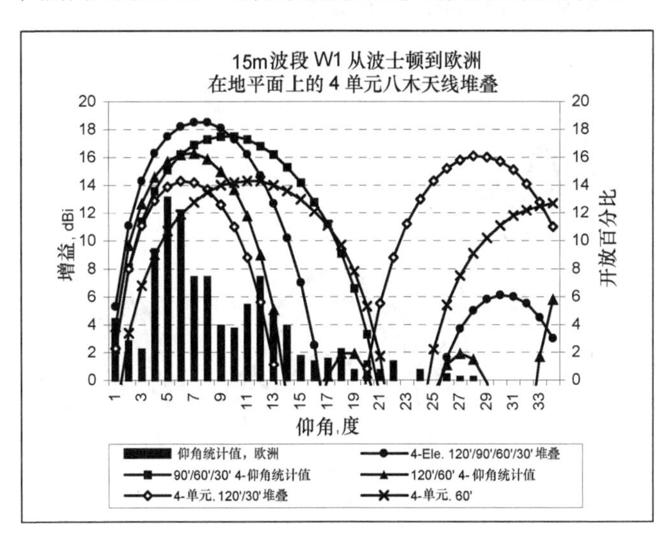

图14-50　各种出新英格兰到欧洲的15m波段叠式天线。在120英尺和30英尺的叠式天线明显不是最理想的，因为其第2个波瓣高于第1个波瓣。在这方面120英尺/60英尺的叠式天线要更好，但性能上仍不如90英尺/60英尺/30英尺的叠式天线。是否在120英尺/90英尺/60英尺/30英尺高度的4个八木天线的叠式天线方案是个好主意，这还是有争议的，因为在约10°的仰角处其性能跌至90英尺/60英尺/30英尺的叠式天线以下。实际的高频波段八木天线之间的精确间距对于叠式天线好处的获得并不是很关键的。对一个位于90英尺、60英尺和30英尺的叠式3频带天线，各个天线之间的距离以波长计分别为28.5MHz时的0.87λ，21.2MHz时的0.65λ和14.2MHz时的0.43λ。

断开堆叠天线中的八木天线

在 120 英尺/90 英尺/60 英尺/30 英尺高度的叠式天线的低仰角处仍然是可以获得额外增益的，图 14-50 所示的 4 架八木叠式天线就很诱人。仰角高于 12° 的情况在统计上有可能会出现，但可能性很小，此时比较好的方法是将顶端的 120 英尺高度的天线断开，工作时仅使用低处的 3 架天线（允许顶端的天线旋转向另一方向，我们将在以后介绍这方面的内容）。有时候会出现入射角度很高的情况，而且有时甚至需要将顶端的两架天线都断开，变成一架 60 英尺/30 英尺高度的堆叠式天线的情况。在本章的后面部分我们会讲到用可调的电路来实现这种堆叠的切换。

高频波段的堆叠间距和主瓣

让我们再进一步来看看堆叠式天线是如何获得增益和宽的仰角覆盖范围的。图 14-51 所示为两架天线在 0°～180° 区间的仰角响应的 *X-Y* 直角坐标图，这两架天线均为 3 单元 15m 波段的八木天线（主梁长度为 12 英尺），间距为 30 英尺（在 21.2MHz 时为 0.65λ），但位于不同的高度：95 英尺/65 英尺和 85 英尺/55 英尺。该坐标图给出了比极坐标图更高的分辨率。注意图中所显示的高度代表的是 15m 波段典型的堆叠式天线的高度——做这样的选择没有什么特别的地方。图中也显示出了间距为 30 英尺的堆叠式天线在自由空间的 H 平面方向图，以供参考。

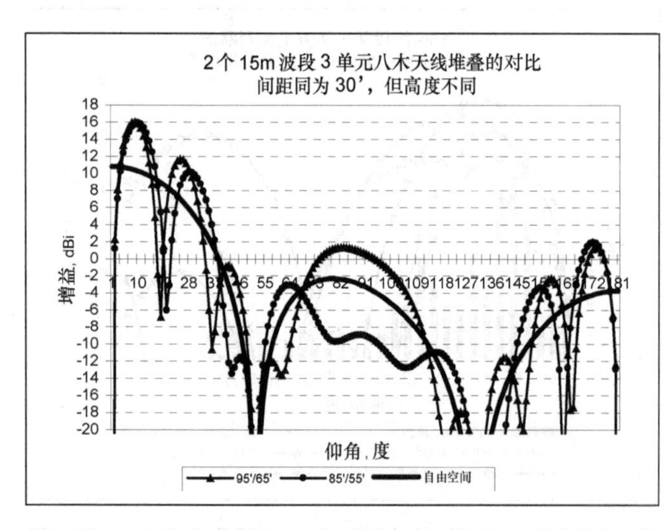

图14-51　比较含2个3单元八木天线的15m波段叠式天线的直角坐标图——各个八木天线与其相邻天线的间距为30英尺，但各自位于不同的高度。波瓣是天线高度而不是间距的复杂函数，因为间距保持不变。

最坏情况的顶部仰角波瓣，仰角范围为 60°～120°（头顶正上方 90° 偏±30°），与 95 英尺/65 英尺高度的堆叠式天线相比下降了大概 14.7dB。该头顶处波瓣的峰值大概在 82° 的仰角处。对于低处的 85 英尺/55 英尺高度的叠式天线来说其顶部的波瓣发生在大约 64° 的仰角处，增益下降 19dB。

两组高度上的 3 单元天线的前后比大概为 15dB，和单个八木天线 32dB 的出色前后比相比，有了明显的下降。前后比的下降主要是由堆叠式天线中相邻天线间的耦合作用引起的。

地面反射方向图事实上“调制”了单个八木天线的自由空间的方向图，但其方式很复杂而且不直观。对于 85 英尺/55 英尺高度的天线在头顶角度附近这一点特别明显。在这个区域，事情确实变得复杂起来了，因为由于地面反射产生的第 4、第 5 波瓣与堆叠式天线的自由空间方向图产生了相互作用。

虽然这些天线对地间距保持在 30 英尺不变，但是更高仰角波瓣的主要决定因素还是水平极化的天线离地面的距离，而不是它们之间的间距。

改变堆叠天线的间距

图 14-52 展示了对于 4 个不同间距的情况，事情将变得多么复杂。这里，堆叠式天线中较低处的八木天线从 95 英尺/70 英尺的高度以 5 英尺的增量分别下移到 95 英尺/65 英尺、95 英尺/60 英尺、95 英尺/55 英尺的高度。95 英尺/70 英尺的堆叠式天线的间距最近，为 25 英尺，在 60°～120° 顶部区域产生了所谓的“最干净”的方向图。最差情况下的 95 英尺/70 英尺堆叠式天线的头顶波瓣增益比峰值下降了 28dB。前后比仍然是 15dB 左右。

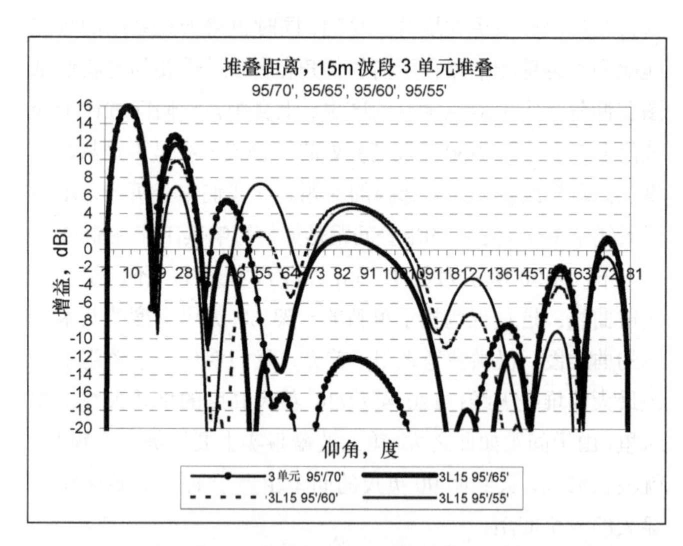

图14-52　2架3单元15m波段八木天线的4种间距情况。事情变得很复杂。以堆叠增益来衡量最优的间距是30英尺，即0.65λ。接近于顶部的波瓣变得很难看，但是对天波传播不重要。

95 英尺/55 英尺高度的堆叠式天线的间距最宽，为 40 英尺，其最差情况下的顶部波瓣增益比峰值下降了约 11dB。前后比有少量的增加，但仍只有 16dB 左右。很难直接准确地说出该 3 单元堆叠式天线各个波瓣幅度大小的主要决定因素是间距还是距离地面的高度。我们一会儿就要仔细观察顶部波瓣对于高频工作来说是否重要了。

增大主梁长度和堆叠间距

图 14-53 所示为仰角图的相同类型的覆盖，但这次的天线是两架 7 单元 15m 波段的八木天线，安装在长 64 英尺的大梁上。这些天线的间距同样也是 30 英尺（21.2MHz 上为 0.65λ），分别安装于图 14-52 所示的 4 组高度之上。正如我们所料，对于一对安装在 64 英尺长的主梁上的一对 7 单元八木堆叠式天线，其自由空间的仰角方向图比安装在 12 英尺长的主梁上的一对 3 单元八木堆叠式天线更窄。而较长的八木天线固有的前后比优于较短的天线的前后比。因此，在这个 7 单元堆叠对中，在两种高度位置超出主瓣的所有波瓣比起相应的 3 单元的天线要低。对于 7 单元的 95 英尺/65 英尺高度的天线对来说，最坏情况下的顶部波瓣在 76° 处大概下降了 22dB，并且前后比要比所有 4 种高度的天线在 172° 处的前后比大 21dB。

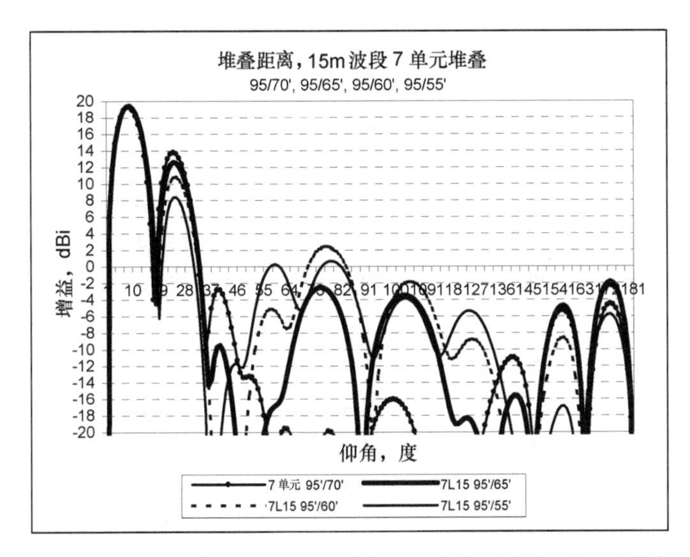

图14-53　2架7单元15m波段大八木天线（位于64英尺的主梁上）的4种间距情况。同样，0.65λ（30英尺）的间距给出了最高的堆叠增益。

表 14-2 总结了 4 组堆叠式天线的主要性能特点。表中每一个主梁长度的第一项对应的是在 95 英尺高度处的单个八木天线。紧接着按照增益的顺序列举了堆叠的结构。有一列标着“最差波瓣，dB 相对峰值”是由于地面反射产生的第 2 波瓣的幅值，并且其仰角高度也列于表中。

除了上述讨论的 3 单元和 7 单元的设计之外，在表 14-2 中还增加了 4 单元和 5 单元的设计。在 15m 波段上的天线的堆叠间距在 20～40 英尺（0.43λ～0.86λ）整个范围内，3 单元堆叠式天线的峰值增益只有小于 0.75dB 的变化，而在 30 英尺间距处呈现了最高的增益值。因堆叠间距产生的峰值的增益差值随着主梁长度的增加而减小。例如，对于主梁长为 64 英尺的八木天线，当堆叠间距在 20～40 英尺之间变化时，增益变化 19.39dB−19.08dB = 0.31dB。

换句话说，将间距从 20 英尺增加到 40 英尺（0.43λ～0.86λ），对于主梁长度为 12～60 英尺（0.26λ～1.38λ）的天线来说，增益并没有显著的变化。从增益的角度来看，单个天线间的垂直距离在高频堆叠式天线中并不是主要影响因素。

对于单个八木天线来说，最差情况的波瓣（通常来说，就是由于地面反射产生的第 2 波瓣）是最高的。毕竟，堆叠式天线能将高仰角波瓣的能量重新分配给主辨，而单个八木天线无法获得这一好处。因此，主梁长度为 12 英尺的一架单独的八木天线在 95 英尺高度处将会有一个副瓣产生在 21° 角处，比主瓣只小 0.9dB，而由相同的两架八木天线以 30 英尺（0.65λ）的间距分别安装于 95 英尺/65 英尺高度，将产生一个下降了 4.5dB 的波瓣。随着垂直堆叠中的天线间距的增加，第 2 波瓣会受到更多的抑制，在 40 英尺（0.86λ）间距时下降量高达 8.7dB。

由于一个 3 单元八木天线在自由空间的仰角图比 7 单元八木天线的要宽，因此由地面反射产生的第 2 波瓣将在某种程度上衰减。这个现象对于在地面上方独立工作的所有长主梁天线来说都是一样的。对于叠式天线，第 2 波瓣的振幅将随着天线间距的变化而变化，但只有 6dB 左右的变化范围。

对于适当设计的八木天线，前后比也往往会随着主梁长度的增加而增加。表 14-2 显示了在堆叠式天线中天线间距更接近时，前后比要更好一些，这是一个非直觉的结论，因为考虑到近间距天线间的耦合会更加强烈。例如，一架 5 单元的堆叠式八木天线，天线的间距为 20 英尺，前后比是 34.3dB，而相比之下，天线间距为 30 英尺的堆叠式天线，理论上说应该具有最大的增益，结果前后比只有 21.4dB。然而，较大的前后比值，很少具备较宽的频率范围，因此相位关系对于达到一个深零值来说是至关重要的，所以实际中 34.4dB 和 21.4dB 之间的差异几乎难以察觉。

对于较小的堆叠间距，顶部附近的波瓣结构（仰角在 60°～120°）也偏低——这对所有的主梁长度均适用——在这个例子中所涉及的主梁长度中峰值出现在间距为 25 英尺时。在该 7 单元叠式天线中，由于峰值事实上总出现在更小间距的天线中，即使相对又大又混乱的顶部波瓣并没有排除在堆叠的增益之外。在下面的章节中，我们将分析这个顶部波瓣是否重要。

表 14-2　　15m 波段八木天线的间距的例子

天　线	峰值增益（dBi）	最差波瓣（dB 相对峰值）	最差波瓣仰角（°）	F/B（dB）	顶部波瓣（dB 相对峰值）
3 单元，12′ 主梁					
95′ 高度的单个天线	13.2	−0.9	21	28.8	−17.5
95′/65′（Δ30′）	16.08	−4.5	25	14.9	−14.7
95′/60′（Δ 35′）	16.01	−6.2	24	15.1	−10.9
95′/70′（Δ25′）	15.81	−3.2	24	14.8	−28
95′/55′（Δ40′）	15.71	−8.7	24	16.4	−11
95′/75′（Δ20′）	15.34	−2.3	23	16.3	−17.2
4 单元，18′ 主梁					
95′ 高度的单个天线	13.92	−1	21	28.3	−20.4
95′/65′（Δ30′）	16.63	−4.5	23	18.5	−17.3
95′/60′（Δ 35′）	16.6	−6.2	24	18.2	−13.1
95′/55′（Δ40′）	16.36	−8.7	24	19.8	−13.2
95′/70′（Δ25′）	16.36	−3.3	24	20.4	−31.8
95′/75′（Δ20′）	15.92	−2.5	23	25.9	−19
5 单元，23′ 主梁					
95′ 高度的单个天线	14.26	−1.1	21	27.9	−22.3
95′/65′（Δ30′）	16.86	−4.6	24	20.8	−19
95′/60′（Δ 35′）	16.86	−6.3	24	20.7	−14.4
95′/55′（Δ40′）	16.67	−8.8	24	23.5	−14.4
95′/70′（Δ25′）	16.59	−3.4	24	24.9	−34.4
95′/75′（Δ20′）	16.18	−2.6	23	34.3	−20.2
7 单元，64′ 主梁					
95′ 高度的单个天线	17.93	−2.2	21	28.9	−17.1
95′/65′（Δ30′）	19.39	−6.9	24.3	21.4	−21.9
95′/60′（Δ 35′）	19.38	−8.6	24	21.4	−16.9
95′/55′（Δ40′）	19.29	−10.9	24	25.0	−18.6
95′/70′（Δ25′）	19.26	−5.5	23	24	−35.3
95′/75′（Δ20′）	19.08	−4.6	23	27	−23.4

多波段八木天线的堆叠距离

按照定义，多频段八木天线组成的堆叠式天线（例如一个覆盖 20m/25m/10m 波段的 3 频段八木天线），其天线间的垂直间距是固定的，并且以英尺或者米作单位衡量，而不是以波长为单位。就单个的天线间的最优间距来说，3 频带的天线堆叠和单频带的是一样的。同样，对于一个 3 频带八木天线堆叠来说，间距为 0.5λ 和 1.0λ 在增益上的差值总共还不到 1dB。更进一步地说，实际上限制各种八木天线间（多频带的或者是单频带的）堆叠间距的选择的约束主要还是位于塔本身上面的拉线装置的间距。

总结——堆叠间距

简而言之，我们总结出实际高频八木天线的堆叠间距也没有什么神奇的地方，一个很好的经验法则就是 0.65λ 的堆叠间距。这对于单频带堆叠型天线在 10m 波段上是 23 英尺，在 15m 波段上是 30 英尺，在 20m 波段上是 45 英尺。实际上，你能在高塔上安装天线的空间是有限的——主要是安装在拉线允许放置的那些地方。特别是当你想旋转天线塔上低处的天线时，这一点尤为明显，所以你必须在天线塔上从高处清除掉这些拉线。

14.4.5 主瓣外的辐射

较高角度波瓣的重要性

我们已经指出高频八木天线间确切的间距对于堆叠式天线的增益来说并不是关键的。更进一步来说，在堆叠式天线中单个八木天线的高度（还有间距）以一种复杂的方式来决定较高角度的波瓣。

让我们来分析一下高频波段堆叠式天线的这种高角度波瓣的关联。这次，以接收时的干扰减小量来衡量。正如“无线电波传播”章中所指出的，在大于 30°的仰角处几乎检测不到远程信号。事实上，远程的信号只在 1°～30°的仰角范围内传播，并且仅在操作员有望合理堆叠八木天线的所有频带上传播——理论上从 7～29.7MHz。

你应当记得，对高频传播临界频率的定义是直接到达头顶 90°仰角的电波被反射回地面，而不是损失在外部空间的最高频率。太阳辐射量达极高水平时的最大临界频率大约为 15MHz。换句话说，在较高的高频波段高角度方向并不传播信号。

然而，一些国内的信号确实到达了某些相对较高的仰角范围。让我们来看看一些或许会碰到的更高角度的情况，以及典型的高频波段堆叠式天线的仰角方向图是如何影响这些信号的。让我们来分析一下，与一个更远距离的目标站在相同方向的中等范围干扰站的情况。

我们研究的典型场景包括亚特兰大、波士顿和巴黎的站点。从亚特兰大到巴黎的方向角为 49°，和亚特兰大到波士顿的方向角相同。换句话说，如果亚特兰大的站点想要与巴黎的站点通信的话，势必会穿越（收取通过）波士顿的某一站点。亚特兰大到波士顿的距离大约为 940 英里，而从亚特兰大到巴黎的距离是 4 350 英里。地波显然以 21MHz 的频率是无法穿越以上任何一种距离的（在该频率地波覆盖范围少于 10 英里），所以说从亚特兰大到波士顿以及到巴黎的传播是在电离层完成的。

让我们来估计一下 15m 波段在 10 月的情况。我们假设一个平滑的太阳黑子数为 100，并且每个站点输入 1 500W 的功率到理论上各向同性的天线上，这些天线在所有的仰角和方向角上都具有+10dBi 的增益（使用这种理论上各向同性的天线的原因是它们在 VOACAP 中操作更方便。稍后会在实际堆叠式天线中阐述这一点）。VOACAP 预测，来自波士顿的信号在 1 400UTC（通用协调时间 1400 时）时为 S9 + 8dB，通过一次 F2 跳跃以 21.3°的仰角到达。这个仰角要比一般遇到的远程信号的角度要大，但和顶部附近的角度比起来还是相差很远的。

对于同一架理论上各向同性的天线来说，从巴黎到亚特兰大的信号预计大约为 S6。经过 3 次 F2 跳跃后以 6.4°的入射角到达。假定每一个 S 单元大概为 4dB，S6 的电平证明了每多跳跃一次将损失大约 10dB 信号强度的经验法则，这对于现代的接收装置来说是个典型值。

现在来看图 14-54，它所显示的是一架 3 单元的堆叠式八木天线在离平地高度为 90 英尺/60 英尺/30 英尺处的响应曲线，以及一架类似的 7 单元的堆叠式八木天线的响应曲线。我们再次假设 3 个站点使用的都是这样的 3 单元的 90 英尺/60 英尺/30 英尺高度的堆叠式天线。亚特兰大和波士顿的站点将他们的堆叠式天线指向欧洲，而巴黎站点的天线指向美国。亚特兰大天线阵到巴黎在 6.4°处的增益将会达到 16dBi，或者比被选择用在 VOACAP 的具有+10dBi 的各向同性天线阵的增益要大 6dB。同样，法国站点的发射信号比起在 VOACAP 算法中使用的各向同性天线阵列增益增加了 6dB，因此，此时从法国到亚特兰大的信号现在将会是 S6+12dB，或者大约为 S9。

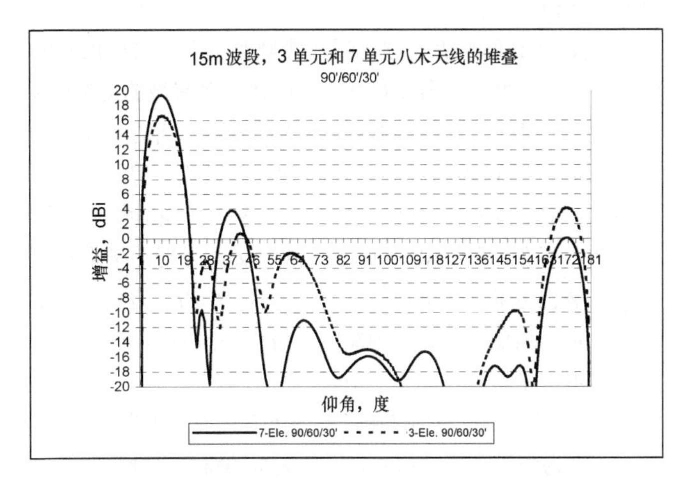

图14-54　在90英尺/60英尺/30英尺高度的15m波段3单元和7单元八木天线的堆叠。7单元的堆叠式天线的前后比优于3单元的堆叠式天线，其原因主要是长主梁天线的设计本身的前后比更好。

通过比较，从波士顿到亚特兰大的干扰信号将被该阵列的后向方向图减弱，该阵列将在 180°−21.3°=158.7°的仰角处以单一的 F2 的模式发射一个信号。从图 14-51 可以看到，波士顿站点在这个后向的仰角处的增益从各向同性天线的+10dBi 下降到了−11dBi，下降了 21dB。到达亚特兰大接收器的信号在接收时也会受到该地天线阵列方向图的影响而有所减弱，该亚特兰大天线阵列在 21.3°时具有大约 0dBi 的增益，与全向性的天线在 6.4°处+10dBi 的增益相比，降低了 10dB。

因此，波士顿站点的信号将下降 21dB + 10dB = 31dB，伴随着来自波士顿的干扰信号，该信号由于天线阵列的组合效应下降到了 S3，而对于各向同性天线来说该信号本应该为 S9 + 8dB 的。这在干扰方面是一个很显著的减弱，但你会注意到，这种衰减与顶部附近的波瓣无关，而和主波以及前后比波瓣的后缘有关系。

更高的仰角

现在，让我们估算一下一个离波士顿更近的站点的情况，比如说在费城的一个站点。从费城到巴黎的角度是 53°，距离为 3 220 英里，如上所述，在 10 月的同一天，VOACAP 预测有一强度为 S8 的信号以 2.7° 的仰角在两次 F2 反射后从巴黎传输到了费城。VOACAP 计算假设各向同性天线在 3 个站点的增益都是+10dBi。而 3 单元堆叠式天线在 2.7° 时电路的两端增益也是+10dBi，所以这个堆叠式天线从巴黎到费城的信号强度也将是 S8。

现在，VOACAP 以 56.3° 作为从费城到波士顿的仰角计算值，即在 53° 的方位角经过一次 F2 跳跃后的角度，该角度完全在这个堆叠式天线的波束宽度范围以内。VOZCAP 预测具有+10dBi 增益的各向同性天线的信号强度小于 S1！

这是怎么回事呢？波士顿和费城都包含在 21MHz 的"跳跃"区域，并且信号正好从波士顿跳跃到费城的上空（返回时也是一样）。由于传输和接收的堆叠式天线的实际方向图的缘故，实际的信号和理论上各向同性天线的信号相比要弱得多。在 56.3° 仰角处，接收的堆叠式天线的增益将为 −10dBi，而在仰角 180°−56.3°=123.7° 处，发射的堆叠式天线的增益也将降至−10dBi。与增益是 10dBi 的各向同性天线相比，每个堆叠式天线的净减少值将达到 40dB，正好将干扰信号混进了接收器的噪声中。

你可以放心地说顶部附近的角度并没有出现在图上，很简单，因为中等距离的信号处于电离层的跳跃区域，干扰信号在这个区域已经变得很微弱了。

即使是在前后比不理想的情况下也可能是有利的——因为这样可以提醒发射的信号的站点：你正占据着那个频率——电离层不会传播处于跳跃区域中的中等距离信号。通常，两个站点也许处于相同的频率而不知道对方的存在。

地波和堆叠天线

你也许会想知道对于地波信号会发生什么。让我们来看下这样的一种情况，干扰的站点与期望的目标处于同一方向上，但只相距 5 英里。令人遗憾的是，它的信号是 S9+50dB。即使将信号电平减少 30dB 这么大一个数字，其信号强度仍比你所期望目标地点的信号高 20dB！对于地波信号，你无法改变什么，即使考虑用优化堆叠高度的方法来抵消当地的信号通常也是徒劳的。

14.4.6 现实世界的地形和堆叠

至此，所举的堆叠式天线的例子都是针对在平地上方的堆叠式天线讲的。当涉及要处理实际中的不规则地形时，事情就会变得复杂得多了！请看第 3 章"地面的影响"中有关 HFTA（高频地形评估）程序的描述。

图 14-55 所示是用 HFTA 计算的位于新汉普郡 Windham 的 N6BV/1 位置的 3 架天线朝向欧洲（方向角为 45°）的 20m 波段仰角响应曲线。用条线图表示的重叠部分是从新英格兰（曼彻斯特）到所有欧洲地区的传输路径的仰角统计数据。在 90 英尺/60 英尺/30 英尺高度的堆叠式天线覆盖了在 14MHz 频率处所有需要的最适宜的角度。N6BV 的 120 英尺八木天线在 7°～20° 的区域范围出现了一个严重的零点，最深的零点部分出现在 13°，大致类似于 90 英尺/60 英尺/30 英尺高度的堆叠式天线在 2°～7° 范围的情况。

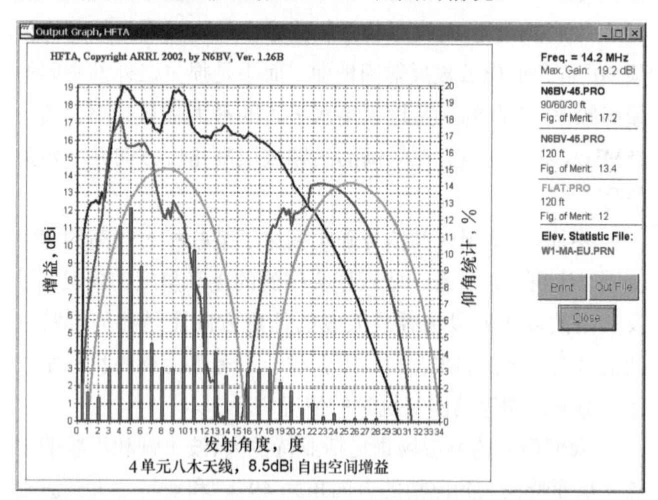

图14-55　HFTA屏幕截图显示出：当分析真实世界的不规则地形时事情将会变得多么复杂。这是位于新汉普郡Windham的N6BV/1站的20m波段堆叠式天线仰角图，天线是安装在同一塔上的90英尺/60英尺/30英尺三频段的TH7DX八木天线和一架120英尺高的4单元八木天线。作为比较，该图中也给出了在平地面上方120英尺处的八木天线的响应。

事实上，当仰角为典型值 5° 左右时，120 英尺高度的八木天线在 20m 波段上确实可以和在早晨向欧洲开放期间的堆叠式天线相比拟。然而在新英格兰的下午，当仰角上升到典型值约 11° 时，这架 120 英尺高度的天线和堆叠式天线相比就逊色很多了。

作为参考，图中也给出了位于离平地 120 英尺高度处的一架单个的八木天线的响应曲线。注意，这架 N6BV 的 120 英尺高的八木天线在 5° 的发射角处的增益比在平地处的同类型的天线大概要高 3dB。这个额外的增益是由于当地地形的聚集效应，从该地指向欧洲地区有大约 3° 的下滑斜坡。

图 14-56 所示是用 HFTA 计算的一个 90 英尺/60 英尺/30 英尺高度的堆叠式天线位于 N6BV/1 处 90 英尺/60 英尺/30 英尺高度处朝向欧洲的高度响应，与之相比的是一架相同的 120 英尺高度的八木天线和一个在平地面上方 90 英尺/60 英尺/30 英尺高度的堆叠式天线的高度相应。同样地，对于相同的堆叠式天线，这个朝向欧洲的 N6BV/1 地形比起平地对堆叠式天线的增益具有极其重要的影响。事实上，在 4° 仰角处产生的 20.1dBi 的峰值增益近似于月球弹跳的增益大小。

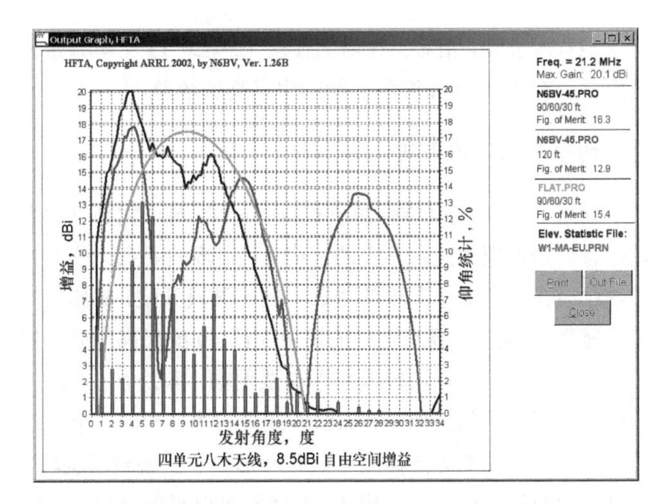

图 14-56　HFTA屏幕截图显示出位于新汉普郡Windham的N6BV/1站的15m波段堆叠式天线仰角图，天线是安装在同一塔上的90英尺/60英尺/30英尺三频段的TH7DX八木天线和一架120英尺高的4单元八木天线。作为比较，该图中也给出了在平地面上方120英尺处的八木天线的响应。

当地地形的优化

优化局域地形上方的装置只有很少几种可能性：

- 改变天线距离地面的高度；
- 堆叠 2 架（或更多的）八木天线；
- 改变堆叠式天线中八木天线的间距；
- 将天线塔从悬崖（或是小山）处移回；
- BIP/BOP（两者同相/两者反相馈电）。

可以使用原版书附加光盘中的 HFTA 程序，并结合因特网可获得的数字高程模型（DEM）的地形数据来评估所有这些选择。

有时候，在比较一些位于相同地形的各点处的不同塔的仰角响应时，结果会非常令人惊讶，特别是当天线位于山间时。图 14-57 所示为 3 架朝向欧洲的分别位于 3 种地形上离地 100 英尺高度的 14MHz 的八木天线仰角响应的计算值：

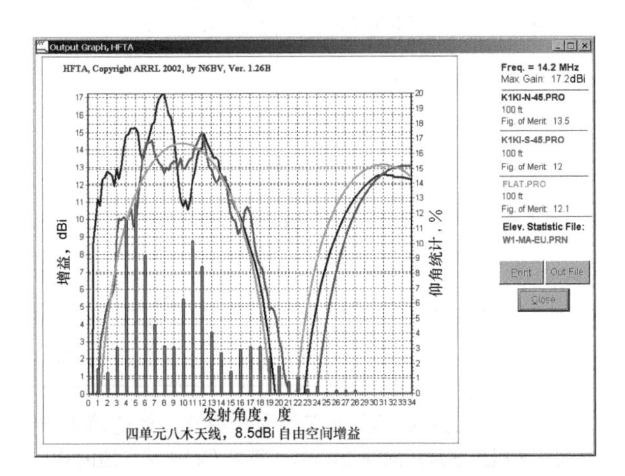

图14-57　HFTA屏幕截图显示出K1KI的北塔和南塔的20m波段仰角方向图，其中100英尺高的4单元八木天线以45°方位角指向欧洲。对于仅相距600英尺的两个塔，它们的响应有着惊人的不同。

来自康涅狄格，萨菲尔德西部 K1KI 位置的北塔，来自 K1KI 位置的南塔以及位于平地上方。来自南塔的仰角响应紧跟着平地上方的响应，而来自北塔的响应在低仰角处要强烈得多——平均大约为 1.5dB，和 HFTA 显示的 Merit 数字一样。

图 14-58 所示为产生这种现象的原因——从北塔到欧洲的地形坡度下滑很快，而从南塔延伸的地形在开始下降之前差不多有 900 英尺的平地。这两座塔相距约 600 英尺。

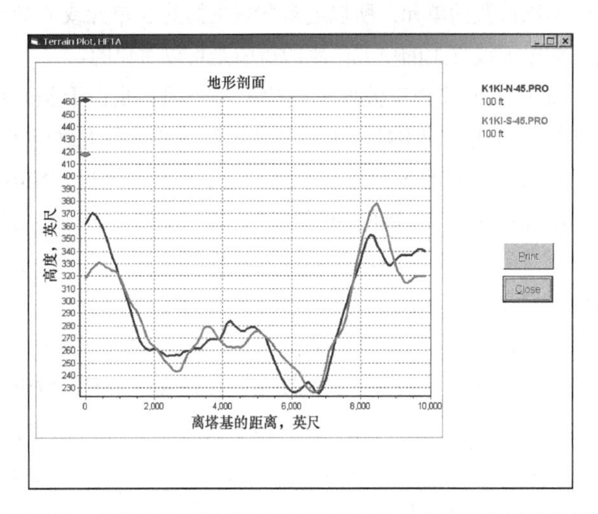

图14-58　在指向欧洲的45°方位角K1KI的上北塔和南塔的地形剖面图。

14.4.7　堆叠三波段天线

毫无疑问，K1VR 和 N6BV 最常被问到的问题是："为什么选择三波段天线来用作堆叠式天线？"选择三波段天线完全是出于它们是折中的天线。其他一些有进取心的业余爱好者已经制作了堆叠式三波段天线阵列。鲍勃米切尔（N5RM）就是一个显著的例子，他将 4 架 TH7DX 三波段天线安装在一座高 145 英尺的旋转塔上，制作了所谓的 TH28DX 天线阵列。米切尔采用了一个相当复杂的继电器选择性调谐网络系统，来选择堆叠天线中的上层天线对、下层天线对或者是所有的 4 架天线。得克萨斯州的其他人使用三波段堆叠式天线同样也得到了很好的结果。参赛者丹尼（K7SS）多年来一直成功地使用一对堆叠式的 KT-34XA 三波段天线。

使用三波段天线的一个主要原因是，两位作者在过去几年已经使用 TH6DXX 或 TH7DX 天线获得了很好的结果。从机械性能和电气性能来讲，它们都有结实的构造。它们能够经受住新英格兰冬日的严寒，而且 24 英尺长度的主梁足以产生显著的增益，尽管陷波损失有所折中。业余爱好者推测三波段天线中的陷波损失自由地在 0.5～2dB 来回变动。N6BV、K1VR 以及 Hy-Gain 的工程师们对三波段天线具有较低的陷波损失值很满意。

考虑这样一种情况：如果 1 500W 的发射机功率传输到

一架天线上，那么 0.5dB 的损耗就相当 163W 的功率。这样，在一个 TH6DXX 上平均使用的 6 个陷波器上会产生相当大的热量，相当于每个陷波器 27W。如果损耗高达 1dB，总的损失功率就是 300W，或者说每陷波器 50W。根据常识，如果总的损耗大于 0.5dB，那么该陷波器工作起来就会更像大型的鞭炮，而不是谐振电路了！类似于 TH6DDX 或者 TH7DX 这样长主梁型的三波段天线，都具备足够的空间来使用专门用于不同波段的单元，所以通常在短主梁的 3 单元或 4 单元的三波段天线发生的单元间距的折中是可以避免的。

有意识地选择三波段天线的另一个因素是由于圣诞树状结构中所使用的主杆上的单频带天线间的位置太靠近了，从而导致天线间的各种相互干扰，这是直接的困扰。N6BV 最坏的经历是在 20 世纪 80 年代初，在 W6OWQ 雄心勃勃地制作 10～40m 波段的圣诞树天线堆叠时发生的。这个构造使用了 Tti-Ex Skyneedle 管状曲柄回转式基塔，伴有一支旋转的 10 英尺长的厚壁主梁。性能下降最大的天线是 5 单元的 15m 波段八木天线，像三明治一样被夹在中间，位于主梁顶部的 5 单元 10m 波段八木天线 5 英尺之下以及全尺寸的 3 单元 40m 波段八木天线的 5 英尺之上，同样，该天线同样具有 5 个 20m 波段单元交错排列在 50 英尺的主梁之上。

15m 波段天线前后比最好大约为 12dB，与移除底部的 40m/20m 波段八木天线时测量得到的大于 25dB 值相比有所下降。即使再怎么调整单元间距、单元调谐，或者甚至是 15m 主梁相对于其他主梁的方向（例如 90°或者 180°）也不能改善该天线的性能。再者，每个长 20m 的振子需要在两端增加将近一英尺的长度，用来补偿与其交错的 40m 波段单元的影响。很幸运的是，这个塔是机动化的曲柄回转，在进行各种实验尝试时它上下了数百次。

在一座短型的圣诞树式堆叠式天线中，由于天线间相互靠得太近而产生的相互作用必定会破坏已经仔细优化好的单个八木天线的方向图。现在，可以通过例如 EZNEC 或者 NEC. 这种计算机软件来实现对相互作用关系的建模。由于单频带天线间较短的垂直间距，和架设于周围无干扰的空间中的一架独立的单频带天线增益相比，很容易产生 2～3dB 的增益下降。很奇怪的是，有时甚至当前后比并不是急剧衰减，或者前后比偶尔实际上被改善的时候也会发生这种增益的下降。

如果你计划将单波段天线堆叠起来——例如，在单个天线塔上只安装 15m 波段的八木天线，而将其他单波段的天线堆叠安装在其他的塔上——务必模拟一下这个系统看看是否有相互作用产生。结果也许会令你非常惊讶。

最后，在 N6BV/1 的装置中，选择三波段天线还有一个原因就是要使系统尽可能的简单。当然，先要给定一些理想的性能水平的要求。三波段天线与相等数量的单波段天线相比，更有利于实现较小的机械复杂度。在 N6BV/1 塔上，共有 5 架八木天线，相对于在塔上使用 12 架或 13 架单频带天线而言，在 40～10m 波段上能产生更高的增益。

简单的堆叠三波段天线

关于许多天线大堆叠的所有这些讨论，对于大部分业余爱好者们来说根本是用不上的。然而，很多的业余无线电爱好者已经在一个适中高度的塔顶安装三波段天线，其典型高度大概为 70 英尺。要在这样的塔上大约 40 英尺高度处再安装一个完全相同的三波段天线不是很困难。第 2 个三波段天线可以根据特别的兴趣（例如欧洲或者日本）指向一个固定的方向，或者在侧面支撑底座或是环形转子上绕着塔旋转。如果天线拉线阻碍了它的旋转，则通常可以重新调整该天线使其固定在一个单一的方向。

每隔一段间距使天线拉线绝缘以确保它们不会在电气上覆盖住低处的天线。一个简单的馈电系统由大于 0.5 英寸 75Ω等长硬线组成（或者更昂贵的 50Ω的硬线，如果你确实很注重驻波比）。这些硬线沿着天线塔从无线电收发室向上连接到每架天线上。每架三波段天线都通过一段等长的软同轴电缆和铁氧体扼流圈巴伦连接到与其相应的硬线馈线上，所以这个天线可以旋转。

在下方的小屋中，可以简单地通过并联接入或断开两条硬线来选择仅使用高处的天线，仅使用低处的天线或者同时使用两架天线作为一个堆叠式天线，请参看图 14-59。正如先前声明的，任何阻抗的差值都可以通过简单地重新调谐线性放大器，或者当收发器在外部工作时通过采用内部的天线调谐器（包含在大多数的现代收发器中）来得到处理。在这样一个系统中获得的额外性能将远大于模型计算出来的额外分倍数。

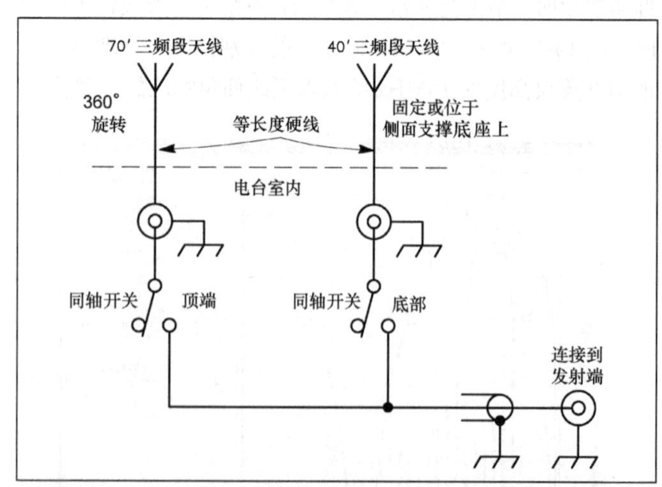

图14-59　用于70英尺/40英尺三波段堆叠式天线的简单馈电系统。每架三波段天线采用同等长度的0.5英寸75Ω硬线电缆馈电（在每架天线中，采用同等长度的软同轴电缆以允许天线转动），并且可在无线电收发室中的操作员位置处单独或并联选择。同样，在该系统中没有使用特殊措施来保证对于任何一种天线的组合，其SWR均相等。

14.4.8 堆叠不同的八木天线

到目前为止，我们一直在讨论由相同的八木天线组成的垂直堆叠式天线。而业余无线电爱好者成功制作出的由不同八木天线组成的堆叠式天线并不是很常见。例如，试想有这样一种情况，把两架 5 单元 10m 波段的八木天线安装在塔上分别距离地面 46 英尺和 25 英尺处，同时将一架 7 单元 10m 波段的八木天线安装在同一塔上 68 英尺处。图 14-60 所示为这个堆叠式天线的结构图。注意，顶部的 7 单元八木天线的激励单元正好位于 5 单元天线激励单元的垂直平面之后。这个偏移距离必须通过顶部八木天线激励系统的相移得以补偿。

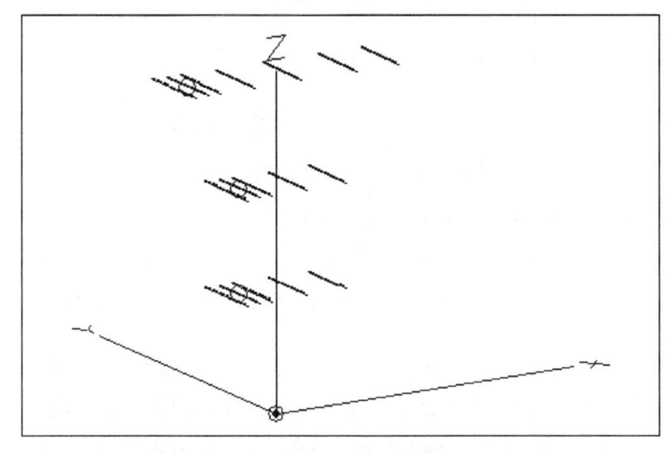

图14-60 堆叠不同的八木天线。在此一架7单元的10m波段八木天线堆叠在两架5单元八木天线之上。注意与两架5单元八木天线的位置相比，7单元八木天线激励单元位置的偏移。这导致较高位置天线出现不希望的相移。

图 14-61 所示是未补偿的（等长馈线）和补偿的（对顶部天线增加 150°的相移）堆叠式天线响应的仰角方向图，该图形是使用了 EZNEC ARRL 软件计算得到。从图可以看到，不仅存在大约 1.7dB 的最大增益的损失，还有仰角的峰值也由 8°的最优发射角上移了 11°——此处也有大约 10dB 的增益损失。如果不进行补偿，将会造成堆叠式天线仰角方向图的严重失真。

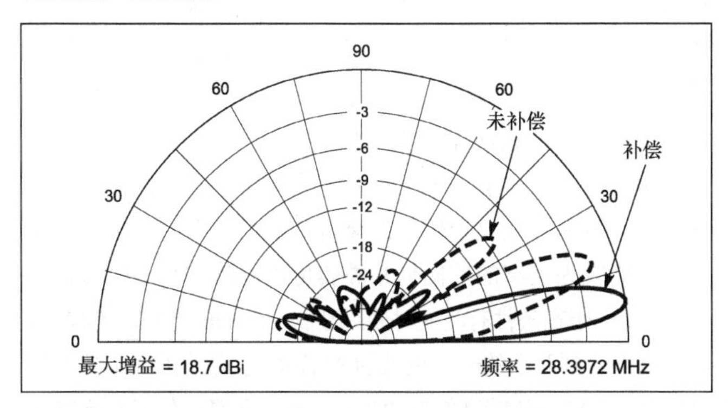

图14-61 7单元/5单元/5单元10m波段的堆叠式天线在有/无激励单元偏移补偿时的仰角响应比较。

对于 RG-213 同轴电缆，在 28.4MHz 频率时要获得 150°的额外相移需要提供 150/360λ= 0.417λ= 9.53 英尺的额外长度。这个计算使用了 TLW 程序（Transmission Line for Windows）。

通常，通过简单使用一段额外的电缆来补偿堆叠式天线中不同的八木天线并不总是可行的，所以你务必要模拟这些组合，以确保其工作的可行性。当然，一个安全的替代方法就是采用同型号的八木天线组成堆叠式天线，并且用等长的同轴电缆来馈电，以保证同相的操作。

14.4.9 WX0B 使用的堆叠切换

我们在前文中提到，在堆叠式天线中，根据当时需要强调的仰角高度将各种天线通过开关接入或者移出堆叠式天线是多么有用。简•泰勒斯克（WX0B）的阵列的解决方法，已经为单波段或者是多波段的八木天线设计出了可切换的匹配系统，人们称之为堆叠式天线匹配器。这已经成为一种八木天线切换其堆叠的标准方法，即选择其是单频段还是三频段。（N6BV/1 和 K1VR 所使用的另外两种系统的描述包含于原版书附加的光盘文件中。）

该系统使用了一个 50Ω到 22.25Ω宽频带传输线变换压器来匹配堆叠式天线中多达 3 架的八木天线的组合。如图 14-62 所示为一个堆叠式天线匹配器的原理图。选择任何一架单独的 50Ω的八木天线时，不需要匹配变压器，继电器 IN 将射频按规定路线直接发送到通往继电器 1、2 和 3 的总线上。选择两架八木天线时，其并联阻抗是 50Ω/2 = 25Ω，此时，继电器 IN 按规定路线将射频传送到匹配变压器中。驻波比是 25Ω/22.25Ω = 1.1∶1。对于 3 架天线同时使用的情况，并联阻抗为 50Ω/3 = 16.67Ω，驻波比是 22.25Ω/16.67Ω = 1.3∶1。

这个宽频带的变压器包括 4 组 3 股捆扎在一起的 12 号绝缘瓷漆包线，缠绕在 Ferrite 公司生产的铁磁环形磁芯 FT-240 的磁芯上，该磁芯的外径为 2.4 英寸，由 61 号材料制成（μ=125）。WX0B 使用了封装在塑料箱子里的 10A 继电器作为射频开关，在操作站通过一个控制箱来选择切换（10A 的继电器理论上可以处理 $10A^2 \times 50\Omega$= 5 000W 的功率）。图 14-63 所示为传输线变压器和堆叠主装置的 PCB 的图片。

该控制/指示器箱子采用了一个二极管矩阵来将各种天线的组合接入或移出堆叠式天线。3 个 LED 在前面板上垂直排成一列，以指示在堆叠式天线中选择了哪一个或哪几个天线。

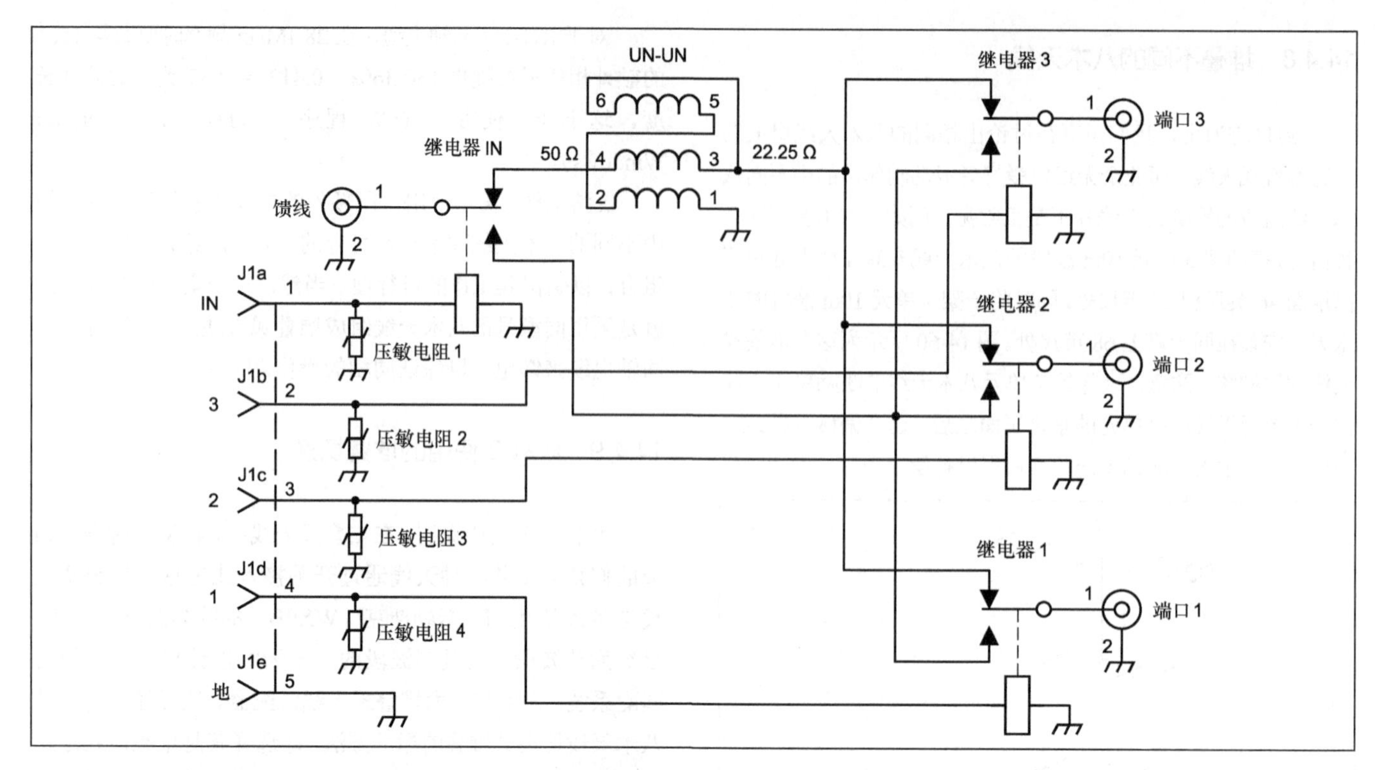

图14-62　WX0B的StackMatch2000配电箱图，该配电箱采用了由3股#12漆包线绕成的宽带传输线型变压器（Courtesy阵列解决方案）。

图14-63　StackMatch的内视图（Courtesy阵列解决方案的照片）。

14.4.10　其他主题

堆叠天线和衰落

以下内容摘引自Fred. Hopengarten（K1VR）和迪安·斯州（N6BV）1994年2月发表在《QST》上的文章。他们通过在各自的站点处使用堆叠的Hy-Gain的TH7DXs或TH6DXXs，已经寻求到了一些来自站点的报告，主要是在欧洲，用来作堆叠式天线中不同天线的各种组合方式和单个天线的比较。堆叠式天线的峰值增益通常比单个天线的最佳增益略大一点，这并不惊奇。即使是一个大型的堆叠式天线，和一个单个的八木天线在一个有利于占优势的仰角的高度处所获得的增益相比，也不会超过6dB。在通往欧洲的路径上的衰落很可能是20dB或者更多，所以要做出确定的比较是很麻烦的。他们在很多测试中发现，和单个的八木天线相比，堆叠式天线衰落的可能性比较小。即使在典型的SSB频带范围内，频率选择性衰落偶尔也会导致一个声音的音质在接收和传输过程中改变，通常，在天线堆叠的情况下变得极其完整，而在单个天线的情况下变得微弱。这种情况不会一直发生，但经常可见。在拿单个天线和叠式天线的比较过程中，他们还观察到与单个天线相比，堆叠式天线的衰落小，衰落周期也更长。

要确切地解释为何堆叠式天线呈现较弱的衰落是个很有吸引力的主题，尽管已存在一系列探索性的观点，但都没有确凿的证明。有些人保持这样的观点，堆叠式天线优于单个天线的原因在于它们具备空间分集的效应，也就是将某一天线按各种不同的物理位置放置，可以随机地接收到另一架物理位置不同的天线无法接收到的信号。

对此很难争辩，同样要证明其科学性也存在困难。对于堆叠式天线为什么呈现较优的衰落特性的一个更合理的解释是，它们较为狭窄的前向仰角波瓣可以消除不想要的传输模式。即使当带宽条件有利的时候，例如，在10m或15m波段上，从新英格兰到西欧的一个很低的3°仰角处，有些信号，虽然相对较弱，也能到达较高的仰角处。这些高角度的信号在穿越电离层的旅程中已经传输了更长的距离了，因此此刻的信号强度和相位角都和主传输模式的信号传输不一样了。当与占支配地位的传输模式的信号组合时，净效应为破坏性和建设性的衰落同时存在。如果一个堆叠式天线的仰角响应可以消除在更高仰角处到达的信号，那么理论上，该衰落将被减弱。这充分说明：在实际中，堆叠式天线确实可以减小衰落。

堆叠天线和雨雪静电干扰

在堆叠式天线中的顶部天线往往比下面的天线更容易受到雨雪静电的干扰。N6BV 和 K1VR 观察到了这种现象，下面天线的信号十分稳定时，而 S9+的雨滴静电干扰使得上面天线或者堆叠式天线不能接收信号。这说明有时在堆叠天线中，因为与仰角不相关而选择单个天线的能力是极其重要的。

堆叠天线和方位角的多样性

“方位角的多样性”是用来描述这样一种情形的术语：堆叠式天线中的一架天线有意地指向一个和叠式天线的主方向不同的方向。在某一来自东海岸的 DX 竞赛的大部分时间里，堆叠式天线中较低处的天线指向欧洲，而顶端的天线常常旋转至朝向加勒比海和日本的方向。在一个由 3 架相同的八木天线组成的堆叠式天线中，将一个天线指向一个不同方向的一级效应就是 1/3 的传输功率会从主目标区域里转移。这也就是说，峰值增益减少了 1.8dB，考虑到当从新英格兰到欧洲的频段开放时，信号强度总是比 S9 高 10～20dB，所以这点减少量也不算很多。

图 14-64 所示，是一对在 95 英尺和 65 英尺处同相馈线的 4 单元八木天线的三维方向图，但其中较低的天线已旋转 180°，朝 X 方向发射。后向波瓣的峰值出现在一个较高的仰角处，因为在这个方向辐射的天线处于天线塔的较低处。前向波瓣的峰值出现在较低的仰角处，因为该方向辐射的主要天线处于较高的位置。

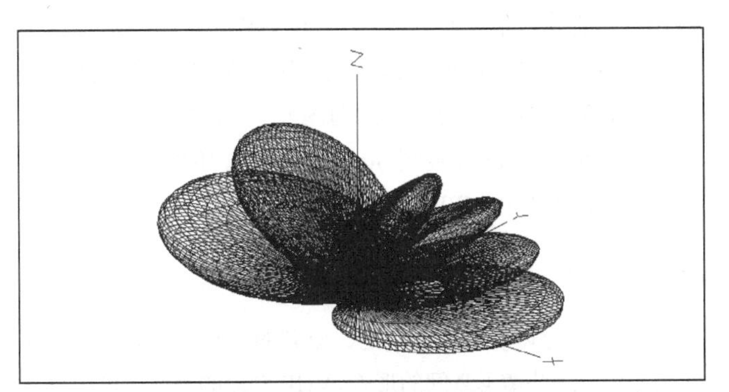

图14-64　两架4单元15m波段的八木天线方向图的三维表示，顶部天线位于95英尺，而底部天线则在65英尺的高度，但指向相反方向。

BIP/BOP 操作

“BIP”这个缩写的意思是“两者同相”，而“BOP”代表“两者异相”。BIP/BOP 涉及的是由两架八木天线组成的堆叠式天线，尽管该术语常用于包含两架以上天线的堆叠式天线。理论上，采用反相天线对堆叠式天线馈电要比同相馈电产生更高的仰角响应。

图 14-65 所示为 2 架离地高度为 2λ 和 1λ（93 英尺和 46 英尺）的 3 单元 15m 波段八木天线的 BIP/BOP 操作比较的直角坐标图。BOP 的方向图为较高角度的波瓣以及两个在略高于 14° 处交叉的波瓣。BOP 堆叠式天线增益的最大幅值大约比 BIP 天线对的增益少 1/2dB。作为参考，一架独立的 46 英尺高的八木天线的方向图也叠加在了该堆叠式天线的方向图上。

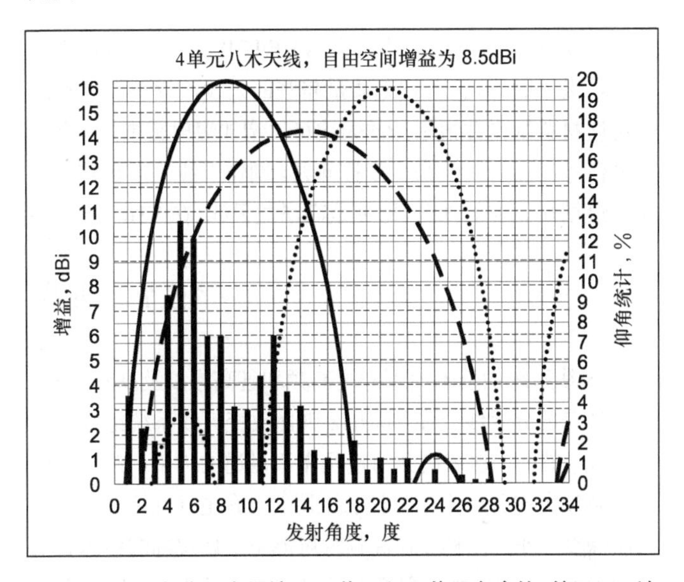

图14-65　两架位于离平地面93英尺和46英尺高度的4单元15m波段八木天线的“BIP/BOP”操作的HFTA屏幕截图。BOP（两者异相）操作中的仰角响应移向更高，在21°左右达到峰值，相比之下，BIP（两者同相）操作在8°时达到峰值。虚线为46英尺高度处的单个八木天线的响应曲线。

对一架八木天线进行 180° 的异相馈电最常用的方法是引入连接到其中一条天线上的一段额外的半波长电长度的馈电同轴电缆。这个方法明显只能工作在单一的频段上，因此对于多频段八木天线的堆叠并不适用，例如三频段堆叠式天线。对于这些多波段堆叠式天线，只对那些较低位置的天线馈电——通过将一个或多个较高位置的天线移出堆叠式天线——对于实现在中等仰角或高仰角处更好的覆盖范围确实是个切实的好办法。

第 15 章

VHF 和 UHF 天线系统

优秀的天线系统是热衷于 VHF/UHF 爱好者可以得到的最珍贵的财产之一。比起质量差些的天线，一副精心设计、由优质材料制作并很耐用的天线可以增加辐射范围、提高接收弱信号的能力以及减少干扰问题。制作天线决不是整个工作中最枯燥无趣的部分。即使是高增益天线，在 VHF 和 UHF 上的实验也被大大简化，因为天线在物理尺寸上是容易实现的。架设自制的天线系统是大多数爱好者采用的方法，并且可以学到许多关于天线的特性和调节方法。没有必要在实验设备上投入太多。

15.1 甚高频以上的设计因素

天线系统的基本原理和超高频和甚高频以及高频一样。没有神奇的分界线，在 50MHz 突然改变天线系统组件的操作方式。然而，这在高频可能是微不足道的因素，在更高的频率必须考虑到作为信号波长下降时，介电损耗增加，并且趋肤深度缩小。同样，在高频时可能是不切实际的技术，如蝶型天线和拥有 20 个单元的长桅杆八木天线，可以放在甚高频（VHF）和更高的频率工作。本节将介绍在高频上必须被区别对待的领域，并给出如何处理这些问题的建议。

15.1.1 天线

在高频（HF）频段，选择合适的天线的第一步是找出你要它做什么。大多数的 VHF/UHF 分为两类——弱信号和当地或区域的中继通信。来自 CW、SSB 以及日益增加的各种数字模式中的弱信号，得益于水平极化，可旋转天线的窄波束宽度和最小旁瓣。在 CW 和 SSB 模式中的卫星信号可以发送得更远，并增加了仰角控制和圆极化到其列表中。调频中继器和单工操作对定向和全向天线都采用垂直极化方式。常见的全向天线具有水平极化简单和低增益的特点。

增益

在 VHF 和 UHF 波段，可以在物理上易操作的天线梁上制作增益非常高的八木天线（15～20dBi）。这种天线可以组合为 2 单元、4 单元、6 单元、8 单元或者更多阵列的天线。这些阵列对电磁辐射、对流层散射以及其他弱信号通信模式（高路径损耗）来说很有诱惑力。

共线天线（如富兰克林阵列）变得更易于管理，2m 及以上波段的单根垂直天线具有 6～12dBi 的增益，这个与相同尺寸的 10m 水平极化接地天线相似。共线偶极阵列是非常流行的一种中继器天线与潜在的增益高达 9dBd 八偶极子阵列被描述为贝尔罗斯天线。（见参考书目）

反射器天线、喇叭天线和蝶型天线在 UHF 和微波频段提供更高的增益（和较窄的方向图）。一个中等大小的蝶型天线可以在 10GHz 发展到 30dBi 的增益，例如，把 1W 的功率转化为 1kW 的 EIRP！

辐射方向图

天线辐射可以做成全向的、双向的、几乎单向的或者任何其他位于这些情形之间的形式。VHF 频段的操作员可能会发现一个全向天线系统是不可或缺的，但这也可能是个很糟糕的选择。噪声拾取及其他干扰问题在这种全向天线中更严重，并且带有一定增益的全向天线在这些方面的表现尤其糟糕。最大增益和低辐射角通常是弱信号 DX 爱好者主要追求的性能。一个纯净的并具有在侧向、后向具有最低拾取和辐射性能的模

式，在信号活跃地区或者噪声水平较高的区域可能很重要

频率响应

能够工作在整个 VHF 波段内这一点对于某些工作类型可能会很重要。如果天线主梁足够长并且梁上安装有足够多的振子单元，现代八木天线可以工作在相当宽的频率范围内。事实上，现代八木天线可以与大小和复杂性类似的直接激励或共线天线阵列相媲美。增益的主要性能参数——前后比和 SWR，可以很容易地在所有 VHF 或 UHF 业余波段得到优化，50.0～54.0MHz 的整个 6m 波段除外，它占了 8% 的宽带。我们可以很容易地设计一副覆盖 6m 波段上的任何一个 2.0MHz 部分且性能良好的八木天线。

高度增益

通常来说，在安装 VHF 和 UHF 天线时高度越高越好。升高天线，使之超过的附近障碍物，可能会极大地增大覆盖范围。由于这个原因，更高的高度几乎总是值得的，但是必须在高度增益（见“无线电波传播”一章）和传输线损耗的增加之间进行权衡。这个损耗可能相当大并且会随频率而增加。如果以波长度量的距离太长，那么目前能找到的最好的传输线可能也不管用。在天线规划中很有必要考虑传输线的损耗（见“传输线”一章）。

物理尺寸

一副在 432MHz 使用的天线与在 144MHz 使用的天线有相同的增益，但它只有 144MHz 天线的 1/3 长，接收时截获的能量也只有后者的 1/9。换句话说，在 432MHz 使用的天线截获信号效率较低。为了使通信效果相同，432MHz 天线阵列至少在尺寸上应该与 144MHz 的天线相等，这大约需要 3 倍数量的振子单元。在所有与有效使用更高频率有关的额外困难中，最好使天线在这些高波段上尽可能地大些。

极化

早在 VHF 初创期，垂直地还是水平地放置天线振子单元就受到广泛争议。实验结果也没有显现出哪种极化方式更令人满意些。在长距离的传播路径中，两种方法都不具有始终如一的优点。在一些地形中使用水平极化天线时，较短的路径往往会产生更高的信号水平。使用水平极化天线时，人为噪声，尤其是火花干扰，也往往会更低些。这些因素使水平极化天线在弱信号通信中更加适合一些。在其他波段，垂直极化天线在全向系统和移动工作中更方便使用。

垂直极化在早期 VHF 操作中曾被广泛使用，但是当定向阵列被广泛使用时，水平极化则受到了青睐。FM 和中继器的应用，特别是在 VHF/UHF 波段，打破了人们在移动及中继通信中偏好使用垂直天线的平衡。水平极化在 50MHz 和更高频率上的其他通信中成为主流。当使用交叉极化天线时，预计会有 20dB 或者更多的额外损耗。

15.1.2 传输线

传输线基本原理已经在“传输线”一章中详细讨论。这里将更为详细地介绍用于 VHF 和 UHF 通信中的技术。与在 HF 中一样，在 VHF/UHF 中也主要是用同轴电缆传输 RF 信号，虽然平行线传输（窗口线或双引线）也在 VHF 和低 UHF 频段中使用。这些传输线的一些特定方面决定了它们是否适合在 50MHz 以上使用。在 10GHz 及更高的频率，波导管为业余爱好者所用成为可能。在 VHF 和更高的频段，首要考虑的是传输线的损耗，这将随着频率显著增加。

虽然今天在 VHF 和 UHF 中没有被广泛使用，正确设置的平行线可以在 VHF 和 UHF 设备中以很小的损耗进行工作。你可以很容易地做到在 432MHz 上使每 100 英尺的总传输线损耗低于 2dB。由#12 导线制作的传输线，用聚四氟乙烯（特氟龙）撑板间隔 3/4 英寸或更多，直接沿天线接到电台上，可以比任何传输线都强，除了最昂贵的同轴电缆。这种线可以自制，也可以用同轴电缆一部分的成本价格去购买，并且有相同的损耗特性。如果想发挥这个系统的优势的话，那么必须仔细注意有效的阻抗匹配。一个类似的 144MHz 系统可以很容易地提供低于 1dB 的线损耗。

在 VHF 操作中，如果距离长于几英尺，永远不要使用诸如 RG-58 或者 RG-59 的小型同轴电缆。直径为 1/2 英寸的传输线（RG-8 或 RG-11）在 50MHz 上能很好地工作，并且在 144MHz 上距离小于或等于 50 英尺时效果仍可以接受。如果这些传输线使用泡沫代替普通的 PE 绝缘材料（低损耗），效果会稍微更好一些。

带有粗的芯线和泡沫绝缘体的硬铝套同轴电缆是物有所值的，但有时也可以作为“尾料”——一卷中的最后一小段——从当地有线电视服务商那里免费得到。最普通的 CATV 电缆是外径为 1/2 英寸的 75Ω 硬线。这种电缆的匹配线损耗在 146MHz 上约为每 100 英尺 1.0dB，在 432MHz 约为每 100 英尺 2.0dB。从 CATV 公司较难买得到的是 3/4 英寸 75Ω 硬线，有时还有一个黑色的自我恢复式硬塑料壳。这种线在 146MHz 上每 100 英尺只有 0.8dB 的损耗，在 432MHz 上每 100 英尺只有 1.6dB 的损耗。如果在线的每端都使用 75Ω-50Ω 变压器，这两种线都只有微小的额外损耗。“传输线耦合和阻抗匹配”这章会介绍同步传输线变压器在一个单一频段上进行 50Ω及 75Ω线之间的转换。弯曲的幅度不能太大，因为它会扭结。

硬线用的成品连接器非常昂贵，但连接很可靠并且能很好地防水。有进取心的爱好者会自制低成本的连接器。如果

它们能很好地防水，连接器和硬线几乎可以坚持非常长的使用时间。硬线一定不能弯曲得太厉害，因为它会扭结。关于硬线连接器的详细内容请参见“传输线”章节。

要小心任何在 VHF 或 UHF 频段中使用的同轴电缆的“便宜货”。馈线损耗可以在一定程度上通过增大发射机功率来补偿，但一旦损失，接收机端就永远不能恢复那个弱信号了。

不要忽略天气对传输线的影响。制作良好的明线几乎在任何天气中都能理想地工作，它完全经得起使用。在大雨、潮湿的雪或冰冻天气中平行双线几乎没用。最好的同轴电缆完全不受天气影响，它们可以铺设在地下，在没有绝缘的情况下绑到金属塔上以及弯曲起来，放到任何合适的位置，而性能不会受到负面影响。

15.1.3 阻抗匹配

在“传输线耦合和阻抗匹配”一章中详细介绍了阻抗匹配。在 HF 和 50MHz 以上的阻抗匹配的各种技术是相似的，但各部件的电气尺寸在方法选择上可能是主要因素。本章后面只讨论在实际工程实例中的匹配设备。这并不表示不考虑其他方法。

因为馈线损耗，阻抗匹配的天线在 VHF 和 UHF 频段更重要，在 HF 频段，天线阻抗失配造成的适度的额外馈线损耗是可以容忍的，并且发射机上的阻抗通过天线调谐器匹配到 50Ω。在甚高频以上，随着馈线损耗更高，即使是适度的 SWR 都可能会导致不可接受的额外损耗。因此，阻抗匹配通常是在天线端，从而获得最小匹配线的损耗。正因如此，天线调谐器通常不用于 50MHz 以上的频带。

通用短截线

正像其名字所暗示的那样，图 15-1（A）所示的复合调配短截线在许多匹配中都很有用。可以通过改变短截线的长度来使系统谐振，并且可以改变传输线接合点，直到传输线的阻抗与短截线阻抗相等。实际中，为得到零反射能量，需要同时移动滑动短路器和传输线接入点，由连接在传输线中的 SWR 电桥来指示。

通用短截线可以去除系统的激励部分中的任何微小电抗。可以在没有相关实际阻抗知识的情况下把天线匹配到传输线上。达到最佳匹配时短路器的位置在一定程度上指示了当前电抗值。当几乎没有电抗分量需要去除时，从负载到短路点的短截线长度必须约为 $\lambda/2$。

短截线应该由间隔不超过 $\lambda/20$ 的硬裸线或硬棒制成。更好地，应该把它牢固地安装在绝缘器上。一旦确定了短路器的位置，若需要的话，可以把短路器的中心接地，并去掉短截线上不需要的部分。

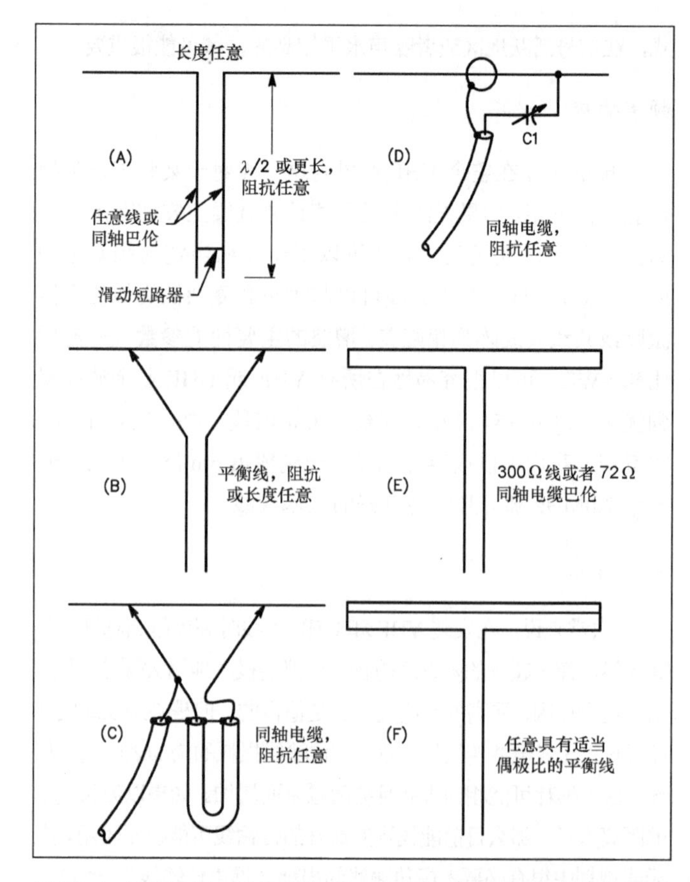

图15-1 VHF中常用的匹配方法。图（A）中的通用短截线将调谐和匹配结合起来。调整短截线上的可调短路器以及传输线的接入点以得到线上最小的反射功率。在图（B）和图（C）中的delta匹配中，线端成扇状散开，并且在最佳阻抗匹配点处接到振子天线上。图（A）、（B）和（C）中的阻抗并不需要明确知道。图（D）中的Γ匹配用于同轴电缆的直接连接。C1用来去除臂上的电感。图（E）中的导线均匀的折叠振子天线将天线阻抗提升4倍。在图（F）中的折叠振子天线未断开处使用较粗的导体，使得阻抗转换等级更高。

不需要直接把短截线接到激励单元上。它可以做成明线的一部分，以作为把同轴电缆匹配到传输线的装置。短截线可以连接到 delta（Δ）匹配的较低端或者放在相控阵列的馈点处。这些应用的例子稍后将会给出。

delta 匹配

最基本的匹配装置可能是 Δ（delta）匹配，明线的扇状端点在能量传输的最有效功率传输点处分接到 $\lambda/2$ 天线上。如图 15-1（B）所示。必须调节侧面长度和单元中心两侧的连接点，以获得传输线上最小的反射功率，但是如果使用通用短截线，你不必知道阻抗值。Δ 匹配不能去除电抗，所以经常用通用短截线作为它的末端。

人们一度认为 Δ 匹配对 VHF 应用来说效果很差，因为如果未适当调整会产生辐射。不过有了精确测量匹配效果的方法后，Δ 匹配又重新得到了青睐。用明线调整多副天线阵列的相位很方便，并且在这种应用中它的尺寸并不特别重要。在如图 15-1（C）所示的未使用调谐设备的应用中，应该仔细检查它。

Γ 和 T 匹配

一种同样原理的允许直接和同轴电缆连接的应用形式是 Γ 匹配，如图 15-1（D）所示。因为 λ/2 振子天线中心的 RF 电压是零，同轴电缆的外导体从这点连接到振子单元上。这里也可以是与金属梁或者木制梁的连接点。将载有 RF 电流的内导体抽出来，并在匹配点处接到单元上。这根梁上的电感通过 C1 去除，以得到电平衡。用连接于同轴线上的 SWR 电桥同时调节单元接触点和电容的位置，使其反射能量为零。

可以改变电容直至找到所要求的值，用这个固定值的电容来代替可变电容。C1 可以装在一个防水的盒子中。在 50MHz 上所需最大值应该约为 100pF，在 144MHz 上为 35～50pF。

电容和臂可以组合地放在一个同轴装置中，用滑动夹和能在套筒里滑动的臂内端把臂接到激励单元上，而这个套筒接在同轴电缆的中心导体上。可以用一段同心管制作这种装置，并用塑料或热缩套绝缘。匹配合适时，电容上的 RF 电压会很低，因此用合适的电介质后，绝缘不是问题。初始调整应该在低功率情况下进行。位于臂和单元之间的干净的、耐用的高电导率连接很重要，因为 RF 电流在这个点上很大。

因为一些固有的不平衡，Γ 匹配有时候可能引起方向图变形，特别是在梁很长的、高方向性八木阵列中。T 匹配，本质上是两个 Γ 匹配串联组成的一个平衡的馈电系统，因为这个原因，Γ 匹配变得很流行。如图 15-2 所示的同轴巴伦用于从 200Ω 平衡 T 匹配到馈入发射机的不平衡 50Ω 同轴线的转换中。参见本章稍后讨论的 K1FO 八木天线以得到 T 匹配实际应用的详细资料。下面描述的铁氧体磁珠扼流变压器可用于伽马匹配解耦馈线的外表面。

折叠偶极天线

正如在偶极子和单极章节所介绍的，在中心断开的 λ/2 偶极天线，用粗细均匀的单根导体折成一个如图 15-1（E）所示的偶极天线。这种折叠偶极天线可以用 300Ω 导线直接馈电，并且没有什么失配。如果使用 4:1 的巴伦，就可以用

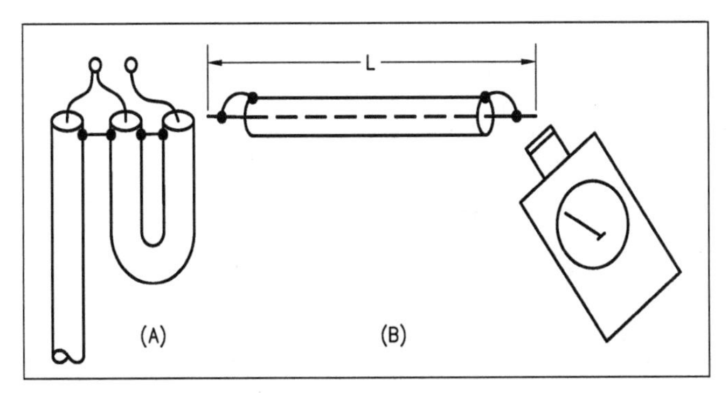

图15-2　通过一个1/2波长的同轴巴伦图（A）可以完成不平衡电缆到平滑负载转换的工作。环状部分应该通过一个磁倾角测量仪来检查，并在缩短末端，如图（B）所示。1/2波长巴伦给出了一个4:1阻抗递升的比值。

75Ω 同轴电缆给天线馈电（见下面介绍的有关巴伦的信息）。如果天线未断开的那部分的截面和比馈电部分大，可以得到更高的阻抗递升，如图 15-1（F）所示。

发夹匹配

大多数多单元八木阵列的馈点电阻小于 50Ω。如果把激励单元断开，并在中心馈电，可以缩短它的谐振长度，以增加馈点的容抗。然后，在馈点用一个类似发夹的线圈进行分路，将提高馈点阻抗。发夹匹配与一个本章稍后描述的 50MHz 阵列中的 4∶1 的同轴巴伦一起使用。参见“传输线与天线的匹配”一章，以得到关于发夹匹配的详细资料。

15.1.4　巴伦

从平衡负载到不平衡传输线的转换（反之亦然）可以用电路或者由同轴电缆做的等效替代物完成。由软同轴电缆做成的巴伦如图 15-2（A）所示。环状部分的电长度为 λ/2。物理长度取决于所用传输线的速度因子，因此检查它的谐振频率很重要，如图 15-2（B）所示。将两端都短路掉，并且把环的一端耦合到一个陷波测试仪线圈上。这种巴伦可以把阻抗升压比变为 4:1（典型值为 50～200Ω，或 75～300Ω）。

阻抗转换为 1∶1 的同轴巴伦如图 15-3 所示。顶部开口并在较低端（图 15-3（A））接到线的外导体上的同轴套是首选的类型。图 15-3（B）中，与线同样大小的导体和外导体一起用来构成一个 λ/4 短支节。另一段仅使用外导体的同轴电缆，将用于实现这个目的。两种巴伦对任何 RF 电流都会呈现无穷大的阻抗，否则这个电流会流向同轴电缆的外导体。

由于铁氧体材料的性能，铁氧体磁珠扼流器或电流不平衡变压器在 VHF 和更高频率上变得不那么有吸引力。然而，使用 31、43 和 61 类型的材料球型扼流巴伦可以在 50MHz，甚至 144MHz 频段有效。对于 144MHz 或更高频段，同轴转换器是通常的选择。

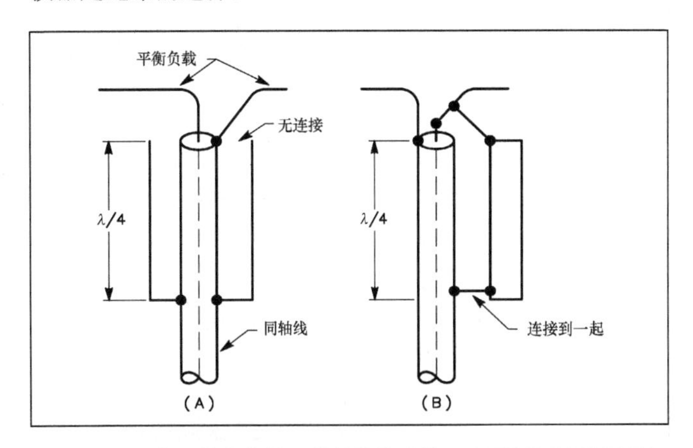

图15-3　没有阻抗变换的巴伦的转换功能，也可以通过使用顶部开口并在底部将其连接到同轴电缆外导体的λ/4导线来完成。图15-3（A）中的同轴套是首选的。

15.2 基本甚高频和超高频天线

移动台和手持对讲机的本地操作需要天线具有广泛的覆盖能力和通用的全向模式。大多数移动操作使用 FM 和与此模式中使用的偏振一般是垂直的。一些简单的垂直系统描述如下，这种类型的其他材料的天线呈现在“移动 VHF 和 UHF 天线”的章节中。

15.2.1 接地天线

对居住在中继站主要覆盖区域的 FM 操作者来说，λ/4 接地平面（GP）天线制作容易并且成本低廉，这使其成为一种理想的选择。3 种不同类型的制作方案如下所述，制作方法取决于手头上的材料和所希望的天线安装类型。（请注意，虽然超高频连接器一般不推荐在 VHF 和 UHF 频段使用，它们作为地平面天线能够很好工作的基础。阻抗高于 100MHz 引起传输线问题是无法控制的。但是传输线作为天线的一部分，为了得到最小驻波（SWR）。而修剪天线时，其阻抗是需要被计算进去的）

图 15-4 所示的 144MHz 天线使用了一块平坦的铝板，并用机械螺钉把辐板连接到它上面。把每根辐板都折成 45° 的弯折。这个弯折可以通过台钳完成。将一个 SO239 底盘连接器安装在铝板的中心，并让连接器的有纹部分朝下。天线垂直部分由直接焊到 SO239 连接器中心脚上的＃12 铜线做成。

222MHz 的天线，如图 15-5 所示，在安装和弯折辐板的时候使用了稍微不同的技术。在这个例子中，我们把铝板的角相对其余部分折成 45°。4 个辐板用螺丝钉、止动垫圈和螺母固定在铝板上。这个天线中含有一个底座安扣环，作为铝座的一部分。可以用压缩型的管夹把天线固定到杆上。像 144MHz 天线那样，天线的垂直部分直接焊接到 SO239 连接器上。

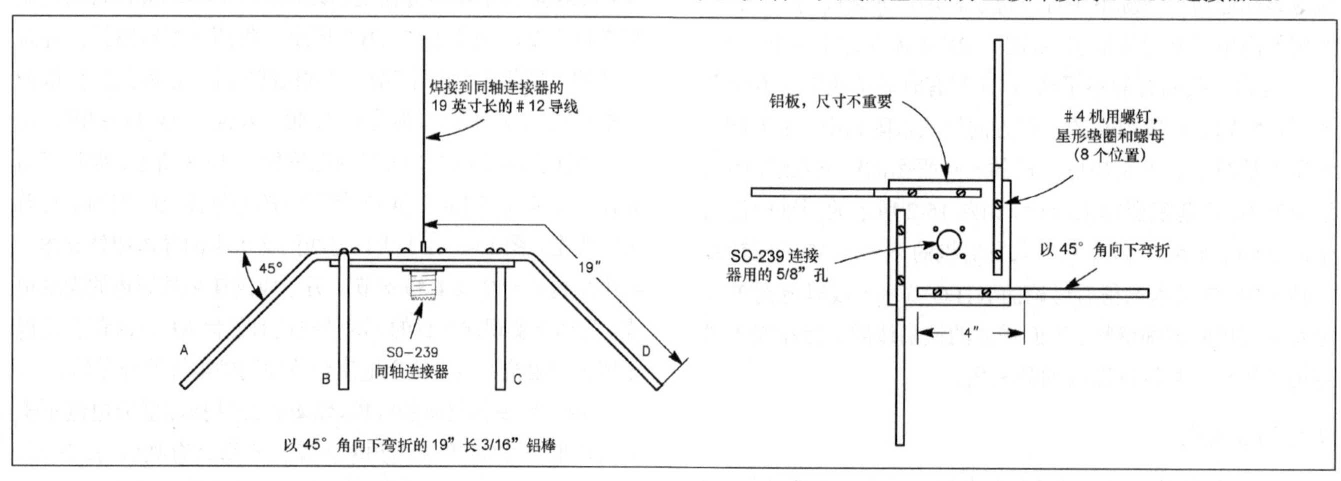

图15-4 这些图展示了144MHz的地平面天线的尺寸。辐板以45°角向下弯折。

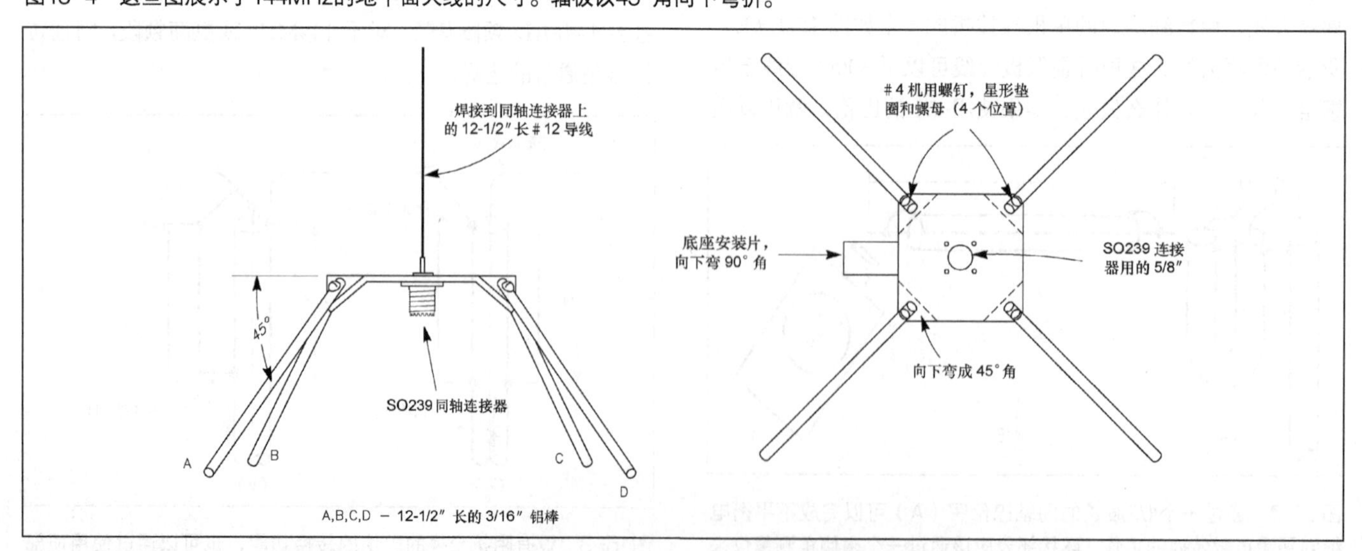

图15-5 222MHz地平面天线的尺寸。A、B、C和D的长度是从SO239连接器的中心起测量到的全部长度。铝板的角被向下折成45°角，而不是像144MHz天线中那样将铝棒折弯。任何一种方法都适用于这些天线。

一种如图15-6和图15-7所示的简单的制作方法仅需要一个SO239连接器和一些4-40号的五金零件。用每个辐脚内端弯成的小圆环来将辐脚直接固定到同轴连接器的安装孔上。在用4-40号五金零件将辐板固定到SO239连接器上之后，用大烙铁或丙烷焊具把辐脚和五金零件焊到同轴连接器上。辐脚折成45°角并且垂直部分被焊接到中心引脚上以

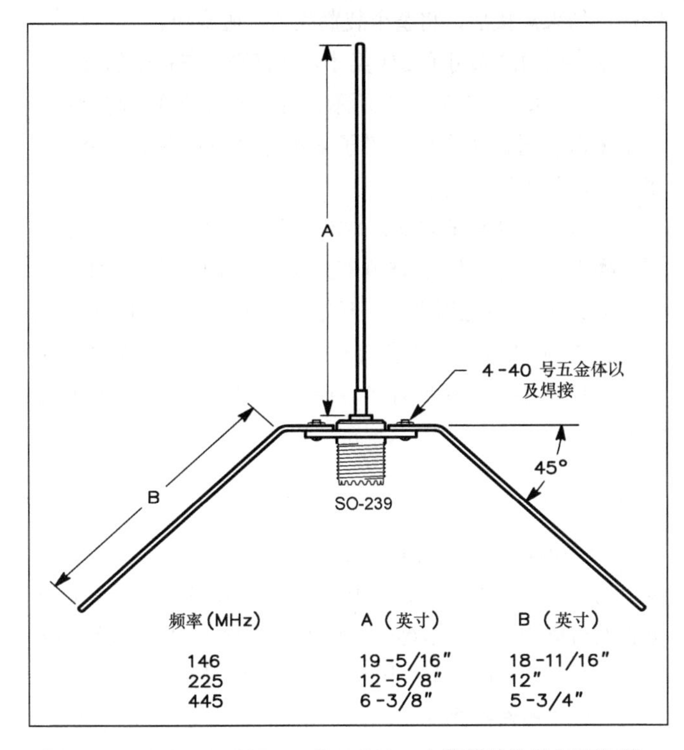

频率(MHz)	A（英寸）	B（英寸）
146	19-5/16"	18-11/16"
225	12-5/8"	12"
445	6-3/8"	5-3/4"

图15-6　144MHz、222MHz和440MHz上的简单的地平面天线。垂直单元和辐脚为3/22英寸或1/16英寸的黄铜焊条。虽然3/32英寸棒是144MHz天线的首选，但也可以用＃10或＃12铜线。

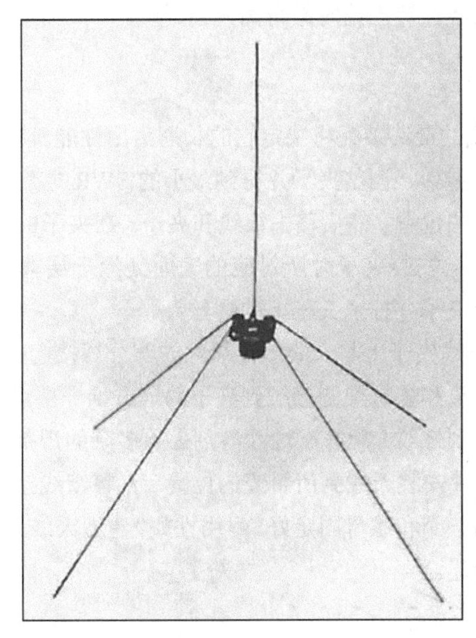

图15-7　使用SO239连接器、4-40号五金零件和1/16英寸黄铜焊条制作的一副440MHz的地平面天线。

完成天线制作。可以通过将馈线穿过内径为3/4英寸的塑料或者铝管杆来安装天线。可以用一个压缩管夹来固定PL259连接器，这个连接器在杆的末端绑到馈线上。144MHz、222MHz和440MHz波段天线的尺寸如图15-6所示。

如果准备把这些天线安装在外面，最好在连接器中心引脚周围区域使用一点RTV密封剂或者类似的东西，以防止雨水进入连接器和同轴电缆中。同轴连接器应防水。防水技术和材料在“建造天线系统和天线塔”一章有介绍。

15.2.2　J极天线

J极子是在底部进行末端馈电的半波天线。因为辐射器比$\lambda/4$的地平面天线的要长，垂直方向波瓣被水平地压缩，并且比起地平面结构它有大约1.5dB的增益。从半波部分看去呈现出高阻抗，而将这高阻抗变换到50Ω同轴阻抗的是一段支节匹配器，它在底部被短路，使得天线像字母“J”，并由此得名。

刚性管、配件及各种五金件，可以用来做一个坚固的VHF波段到440MHz的J-单极天线。当使用铜管时，整个组件可以焊接在一起，确保电气完整性，并使整个天线防水。一套J极天线的通用规格见图15-8中提供的53MHz、146MHz、223MHz、440MHz尺寸规格。53MHz版本的这种结构可能有点大，而440MHz的版本有点小。注意，该匹配部分的内部尺寸是管子，而不是中心到中心的外表面之间。对于放置的馈电点，随着管间距变大，馈电逐渐开始高于匹配部分的底部。

J极可通过扼流变压器直接送入50Ω同轴电缆。馈送线可以做成一个直径大约8英寸的3匝线圈的扼流巴伦，并和绝缘胶带固定在一起。如果没用巴伦，同轴电缆的外表面将成为整个天线结构的一部分，这会造成调整困难并高度依赖电缆的位置。此外，馈线电流的辐射会对天线方向图造成扭曲，导致预期设计的低的主瓣分裂，导致天线性能变差。

有很多的J极的设计可在网上和《QST》杂志文章的ARRL在线归档网址www.arrl.org中找到。一种更受欢迎的变形被称为“铜仙人掌（Copper Catus）”（见参考文献），已适应于双波段和三波段设计。

制作

在这副天线中不需要使用特别的五金零件或机械部件，也不需要绝缘材料，因为天线总是直流接地。以下的设计来自《ARRL天线纲要，卷4》（The ARRL Antenna Compendium，Vol.4）中Michael Hood（KD8JB）。

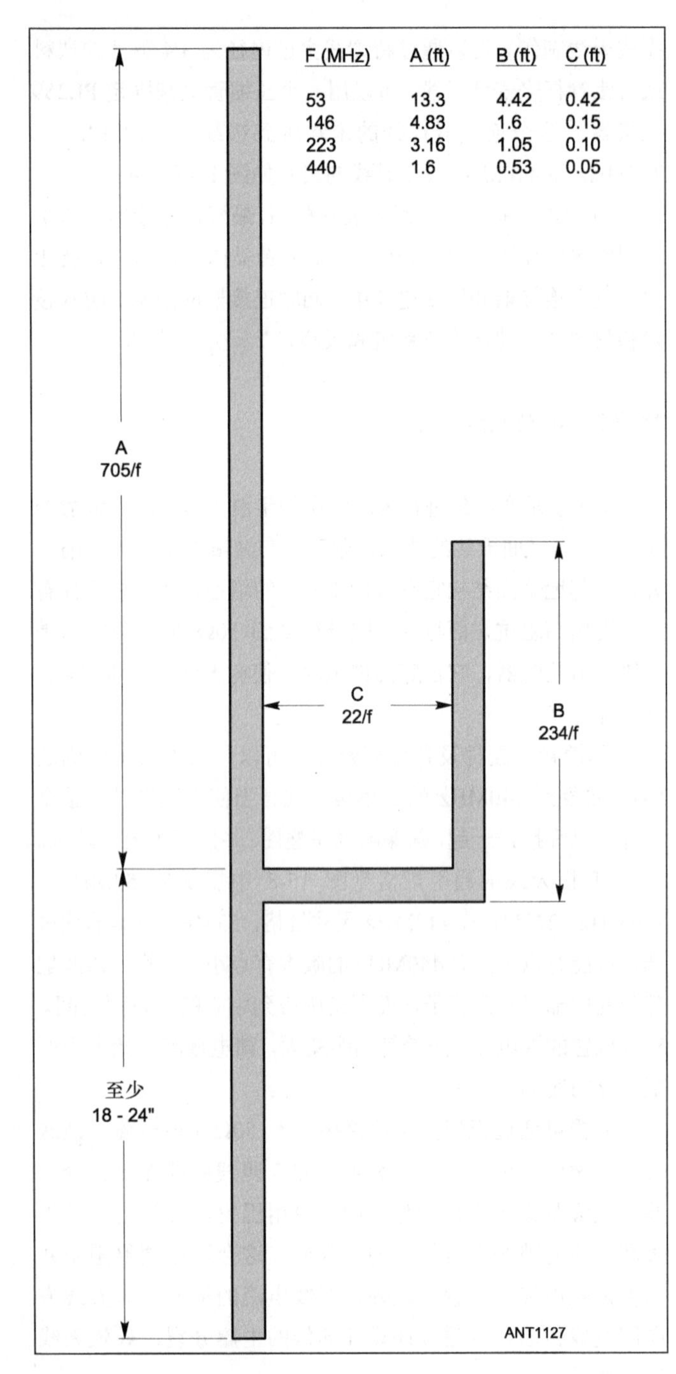

图15-8 J极天线的尺寸。

在这副天线中专门使用铜和黄铜制品。这些金属可以很好地结合，因此避免了不同金属之间的腐蚀。两种金属都容易焊接。如图 15-9 所示，将铜管切割成图中所示的长度。第 9 项是从 20 英寸长的 1/2 英寸金属管上切下来的 1¼英寸短管。这留下了 18¾英寸给 1/4λ 匹配支节。第 10 项是从 60 英寸长的¾英寸金属管上切下来的 3¾英寸短管。3/4 波长单元应该是 56¾英寸长。切割后将毛边打磨掉，用沙纸、钢丝刷或砂布将啮合面打磨平整。

打磨完成后，在啮合单元上涂一层薄的焊剂并组装金属管、弯管、T 形座、末端管和支节。用丙烷烙铁和松香芯焊锡把这些部件焊接到一起。用湿布擦掉多余的焊锡，注意不要烫伤自己。在你结束焊接之后铜管在很长时间内仍会保持很热。结束焊接后，将整个装置放到一边冷却。

将每个 1/2 英寸和 3/4 英寸管夹打平。在打平的管夹上钻一个洞，如图 15-9（A）所示。将夹子组装到一起，并用一个未改变过的夹子作为模子来将打平的管夹上多余的金属切除。除去这些夹子。

将 1/2 英寸夹子装到 λ/4 单元周围并用两组螺丝钉、垫圈和螺母固定它，如图 15-9（B）所示。同样地将 3/4 英寸夹子装到 3λ/4 单元周围。一开始时把夹子放到“J”状天线底部上方 4 英寸处它们各自对应的单元上。固定紧这些夹子，但仅用手能旋紧就行了，因为在调谐时你还需要拧开它们。

调谐

调谐前，垂直地安装天线，离地 5～10 英尺。装在三角架上的短 TV 天线杆在这里很合用。调谐 VHF 天线时，注意它们对周围物体很敏感——比如你的身体。把馈线接到天线的夹子上，并保证至少用手拧紧所有螺母和螺丝钉。无论你将同轴中心线接到哪个单元（3λ/4 单元或支节）都不重要。两种方法作者都曾试过，并未发现性能上的不同。通过每次等距离地小幅移动两个馈点夹子来调谐天线，直至在所希望的频率上得到最小的 SWR。SWR 将接近于 1:1。（当测量驻波比和馈线扼流巴伦时站得离天线近些。）

最终装配

天线的最终装配将决定它的长期耐用性能。请小心地完成下面的步骤。调整夹子并得到最小的 SWR 之后，用铅笔标出夹子的位置，然后移去馈线和夹子。在夹子的内侧以及天线单元上安装夹子时所对应的表面处涂一层非常薄的焊剂。装上夹子并拧紧夹子上的螺丝钉。

将馈线夹子上与天线单元接触的部分焊接起来。现在，在螺丝钉头和螺母周围接触到夹子的地方上一层焊锡。不要让焊锡碰到螺纹！用非腐蚀性溶剂去除多余的焊剂。最终装配、拉直并安装天线到所希望的位置后，将馈线接上去，并用剩余的垫圈和螺母固定好。耐用性如“建造天线系统和塔”一章中所述。

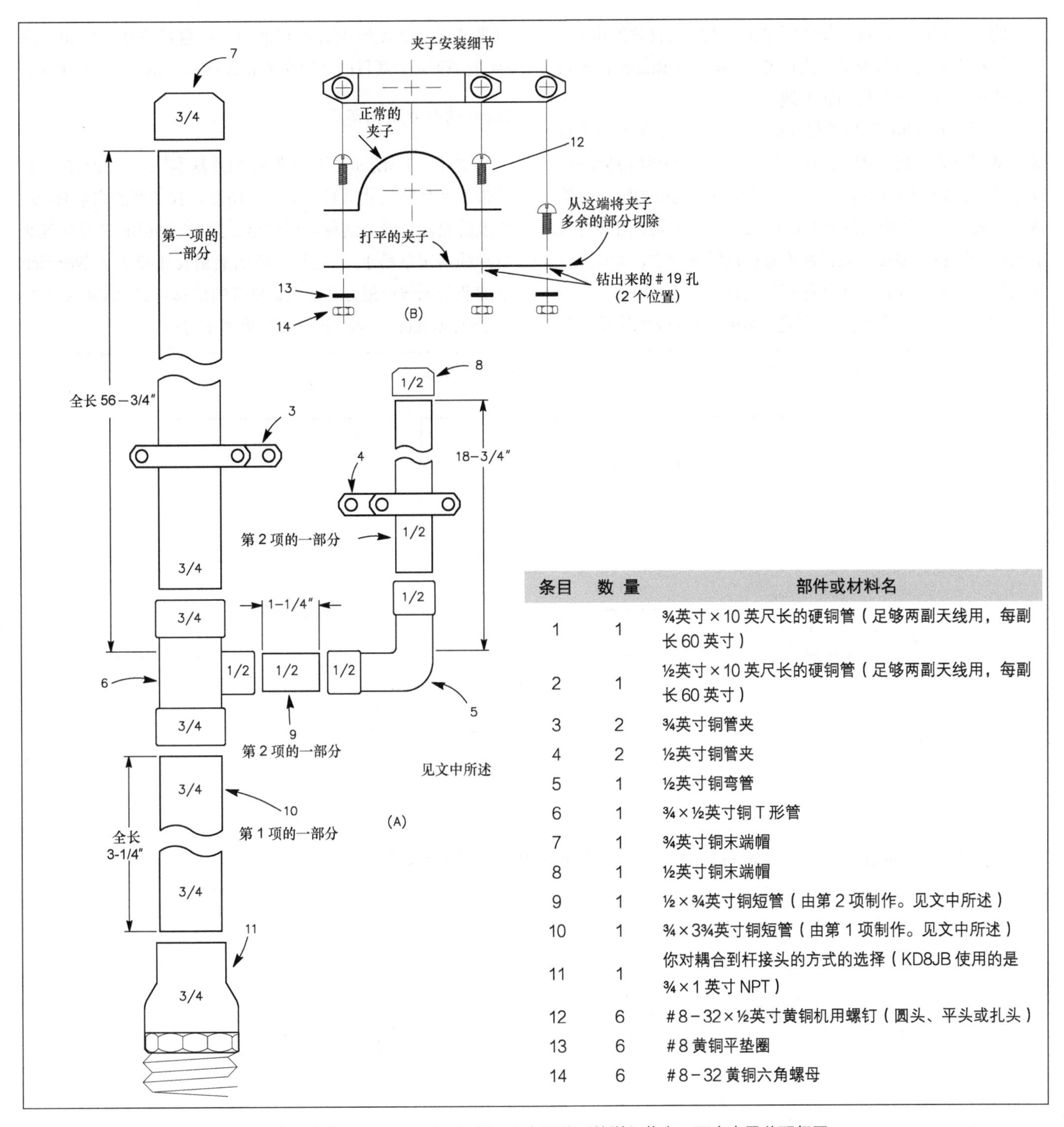

条目	数 量	部件或材料名
1	1	¾英寸×10 英尺长的硬铜管（足够两副天线用，每副长 60 英寸）
2	1	½英寸×10 英尺长的硬铜管（足够两副天线用，每副长 60 英寸）
3	2	¾英寸铜管夹
4	2	½英寸铜管夹
5	1	½英寸铜弯管
6	1	¾×½英寸铜 T 形管
7	1	¾英寸铜末端帽
8	1	½英寸铜末端帽
9	1	½×¾英寸铜短管（由第 2 项制作。见文中所述）
10	1	¾×3¾英寸铜短管（由第 1 项制作。见文中所述）
11	1	你对耦合到杆接头的方式的选择（KD8JB 使用的是¾×1 英寸 NPT）
12	6	＃8－32×½英寸黄铜机用螺钉（圆头、平头或扎头）
13	6	＃8 黄铜平垫圈
14	6	＃8－32 黄铜六角螺母

图15-9　图（A）为全铜J极子天线拆散的装置图，图（B）所示为夹子装置的详细信息，两个夹子装配相同。

15.2.3　共线阵

本章节前面说提到的内容是关于寄生阵列的，但是共线阵列在甚高频和超高频中的操作是值得考虑的。两种类型的共线阵列经常被业余爱好者使用到：同轴转置阵列和共线偶极子阵列。

共线阵列倾向于对建筑限制的容忍，这使得它们易于建造并且适合甚高频和超高频的应用。许多共线激励单元曾经在大相位单元中被广泛使用，比如在 EME 通信设备中使用的，但是现在电脑优化的八木天线已经取代它们。四偶极子的共线阵在中继天线很流行，这在“中继天线系统”一章中有介绍。

共线同轴转置天线

使用的最流行的是全向半波偶极子阵列，如图 15-10 所示，它是由同轴电缆的转置段构成的。最初的这种类型的阵列是 Franklin 阵列，如图 15-10（A）所示。相位反转桩允许并联的半波段同向运转，使之创造出与天线成直角的增益。一个这种天线的典型例子是流行的 Cushcraft Ringo Ranger 系列的全向甚高频和超高频天线。

但是 Franklin 阵列的相位根使得超过两个单元的垂直叠加变得不太方便，图 15-10（B）所示是一种使用同轴电缆段的 Franklin 阵列的衍生阵列。其相位根是由同轴部分的内部构成。同轴防护层的外表面形成了辐射单元。由此得来的天线可以被封装在聚氯乙烯或者玻璃纤维管中，比如说彗星通用系列的全向甚高频和超高频天线。

这种天线增益的实际极限是 10dBi。这种阵列的反馈节点需要添加扼流巴伦或者其他的一些退耦方法，比如一组 λ/4 的辐射板，其目的是阻止同轴馈线外表面所感应的电流。

70cm 的共线全向阵列

图 15-11 所示是同轴转置阵列的基本构造，它拥有 70cm 的带宽并且其尺寸拥有毫米级的精度。其阵列的末端有 λ/4 长度的鞭段可选。这种阵列的增益大概有 9dBi。（没有震动簧片的情况下稍小）。这种天线的最初设计归功于 Norwich 市的业余无线电爱好者协会。更多的信息可在 RASON 网站（www.rason.org）的“project”页面中寻找。

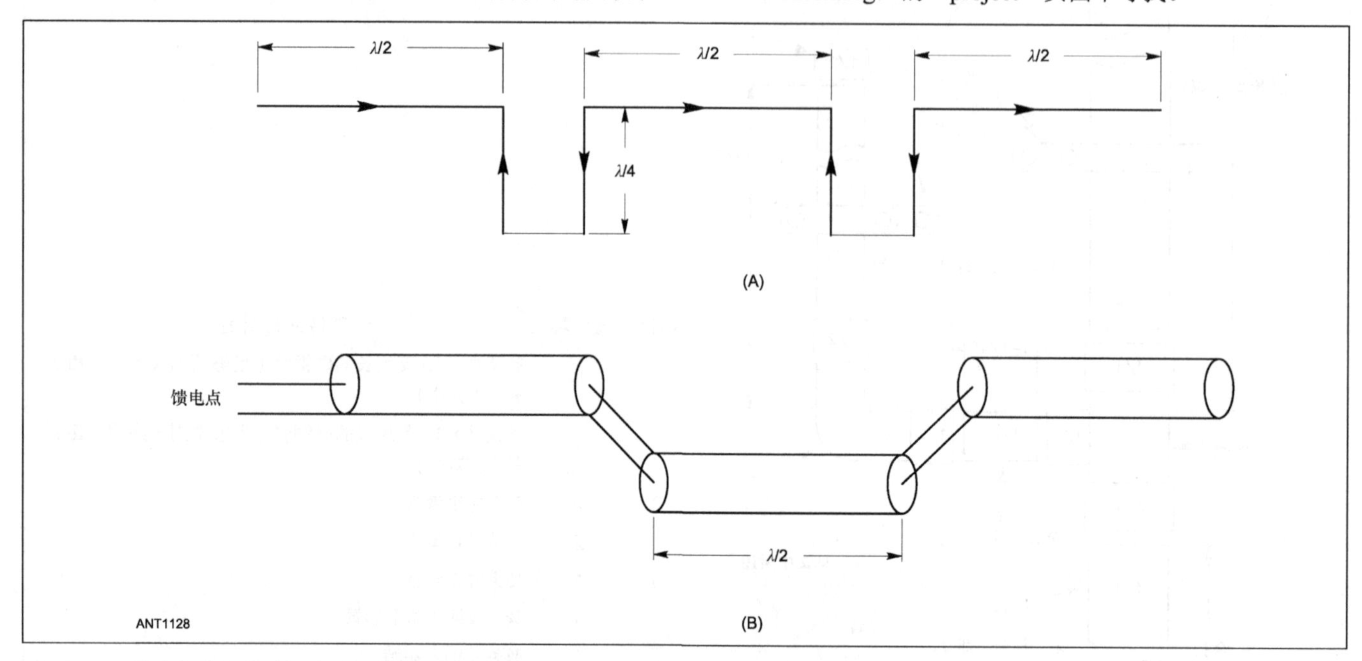

图15-10 最流行的共线阵是半波偶极天线构成的全向阵，该阵列具有同轴电缆转置部分。

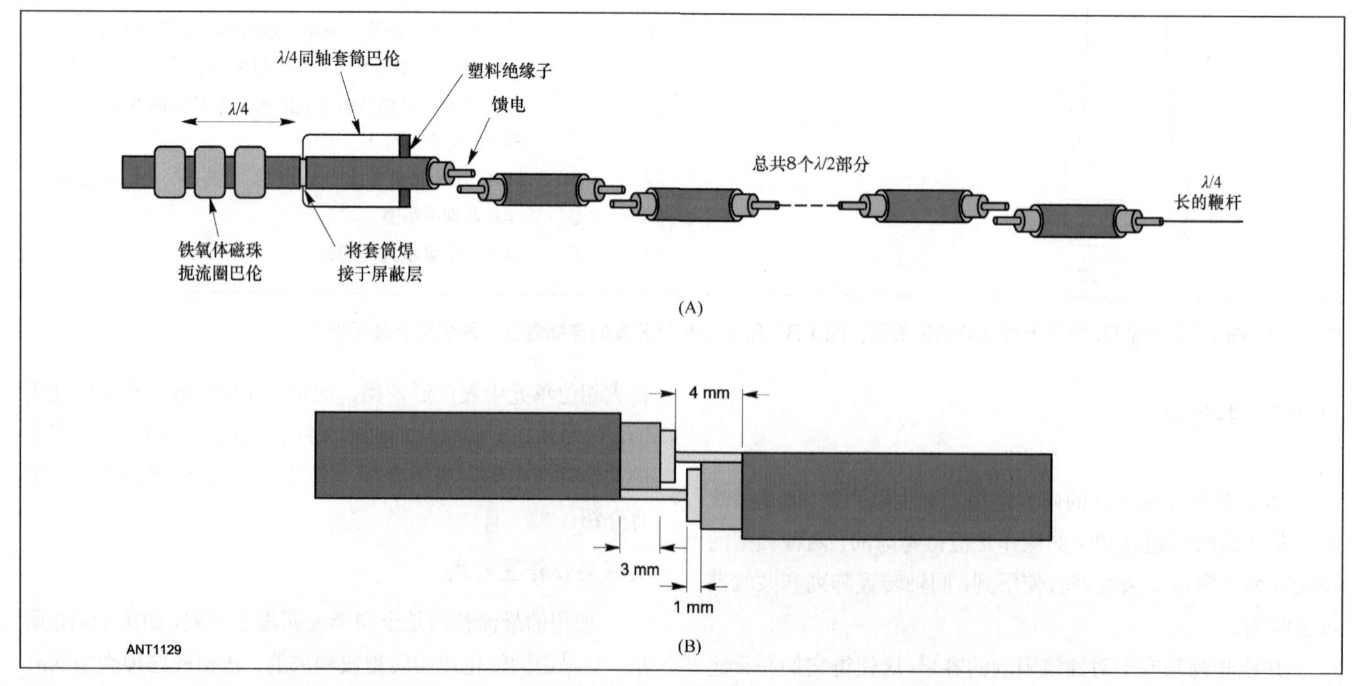

图15-11 70cm波段的转置同轴电缆阵的基本结构，给出的尺寸精度为毫米。

每个 λ/2 同轴段的物理长度决定了同轴线的速度因子，因此在切割同轴线时需要进行精确测量。一旦物理长度被确定了，添加 8mm 以便在每个末端拥有 4mm 的连接表面。对于一个 *VF*=0.66 的天线其 λ/2 段的长度应该是 223mm，加上一个 8mm，其总长度应该是 231mm。RG-58、RG-8、RG-8X 以及 RG-213 能够在这种天线中使用。除非是在末端连接处，其他情况下不要去掉同轴电缆的外护套，因为这将使得各个编织链松散，最终减弱连续导体的导电效应。

顶端的鞭段使用一个 169mm 长的#16 美国线规的铜线。在天线的反馈节点添加一个 λ/4 同轴电缆套筒巴伦（参考“传输线耦合和阻抗匹配”一章）这种巴伦使用的是铜管，并且使用带铜或铜垫片将之焊接到馈线中。如果使用的是 5/8 英尺的铜管，其长度将是 160mm。反馈线需要置于巴伦管的中心，这可以通过使用插在同轴防护层和管子内表面的小块塑料达到。在超出巴伦封闭末端 λ/4 处添加 3 个 43 型的铁氧体磁珠（选择适合同轴馈线的对应型号）。整个天线都需要封装在聚氯乙烯或者玻璃纤维管中，以保护它不受天气影响。如果有机械稳定性需要的话，可以通过一定长度的木销钉或者塑料棒支撑，并用电工胶带进行固定。

大型共线偶极子阵列

图 15-12 所示的是同相的 4 个、6 个或者 8 个半波长的双向幛型天线。为了更多的增益以及单向模式，经常添加反射单元，并且反射单元通常落后于激励单元 0.2λ。为了清晰起见，这些寄生单元在草图中经常被删除。

同相的两个半波长的反馈节点阻抗是很高的，通常在 1000Ω或者更高。当它们是并行连接且添加寄生单元时，其反馈阻抗低到足够直接连接到明线或者双芯线，连接处用黑点来表明。通过同轴电线和巴伦，我们建议将通用支节匹配用作馈点，就如图 15-1（A）所示。所有的单元都要被安置在电气中心，就如图 15-12 的开环电路所示。其框架可以是金属，也可以是绝缘塑料。金属支撑框架位于平面反射单元之后。这种装配的金属片夹子可以从废铝堆中获得。这种类型的共线单元安装在其中心（射频电压为 0 的地方），而不是其末端，因为末端的电压很高，并且绝缘损耗和解调都是有害的。

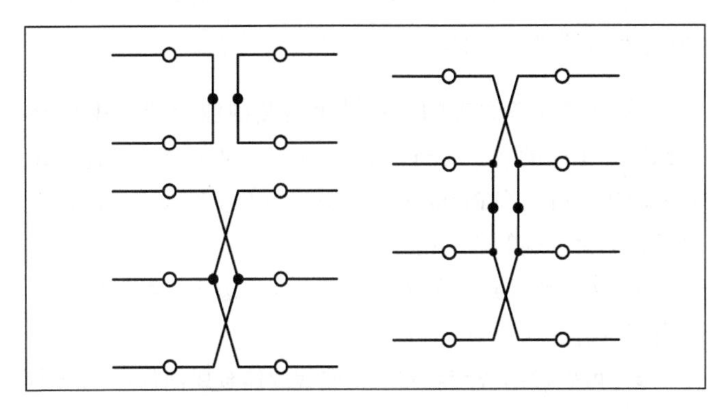

图15-12　8单元、12单元和16单元共线阵的排列，单元长λ/2，并且间距为λ/2。寄生反射器，比激励单元长5%，在其后面间隔0.2λ。馈点用黑点表示。如果用这种方法可以在其中心支撑，那么单元可以安装于没有绝缘的木质或者金属的主梁上。位于末端的绝缘子（高射频电压点）会让系统失谐并且不平衡。

32 单元、48 单元、64 单元甚至 128 单元的共线阵列有着很好的性能。任何的共线阵列都要通过系统中心反馈，以确保平衡电流分布。这在大型阵列中是很重要的，这种阵列中一组 6 个或者 8 个激励单元被当作是“附属阵列”，并且通过一个平衡线束反馈。这个线束段是谐振长度，通常是明线。图 15-13 所示的在 432MHz 下的 48 单元的共线阵列阐明了这一点。

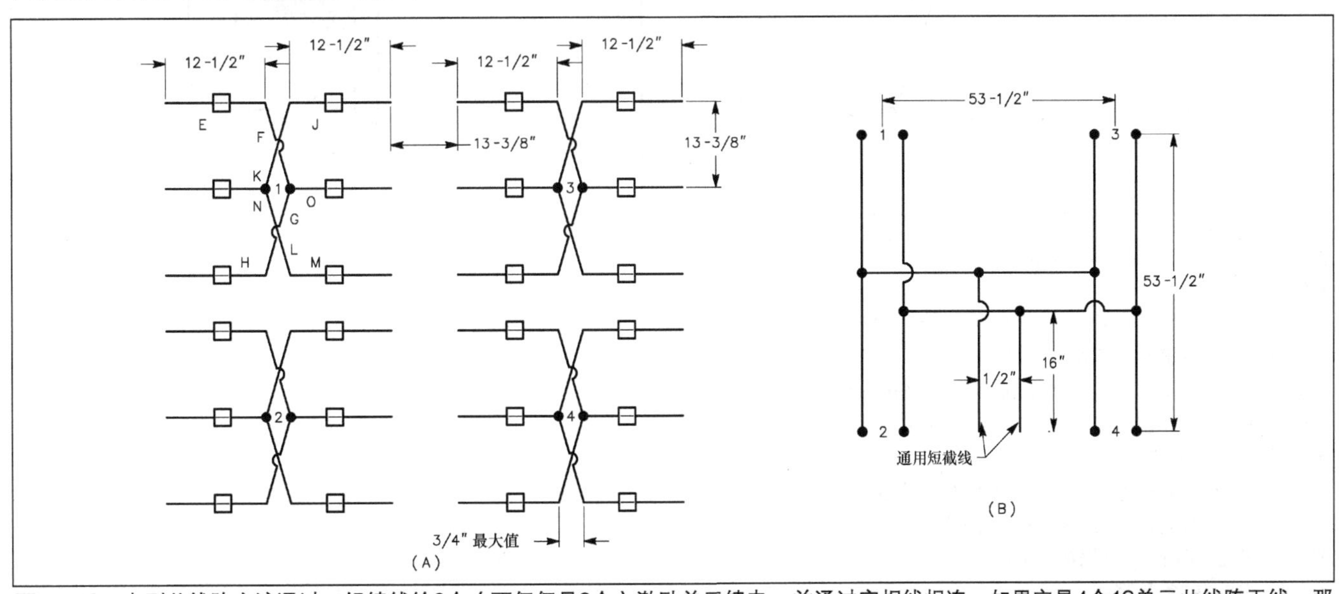

图15-13　大型共线阵应该通过一组馈线给8个（不仅仅是8个）激励单元馈电，并通过定相线相连。如果它是4个12单元共线阵天线，那么就可以当作工作于432MHz的48单元阵列。为了清晰图中省略了反射器单元。图（B）所示为定相线束。方框表示支撑绝缘子。

一个可以是金属薄片、线网甚至更加密集的管或者线的反射平面可以用来替换寄生反射器。为了更加有效，平面反射器可以在各侧拓宽到至少是激励单元所占面积的 1/4λ 以上。平面反射器提供了一个很高的 *F/B* 比率、一个纯净的模式，并且比寄生单元某种程度上有更多的增益，但物理尺寸限制了它使用在 420MHz 频率以上。一种有趣的节省空间的可能的办法是，使用在两侧安装了两个不同波段单元的平面反射器。与激励单元的反射间隔并不重要，通常大概为 0.2λ。

23cm 宽频带共线矩阵

这种宽频带波束的设计是来自英国业余无线电协会（RSGB）出版的《Antennas for VHF and above》。这种天线的具体情况可查询 Rothammel，德国的天线参考文本，它给出了如下关于反射器的指导方针。

- 为了获得最佳的 *F/B* 比率，在各边上反射器应该延伸到超越防护物一个半波长。
- 可以使用线或者网状物取代固体金属薄片，以减小风荷载比表面积，导丝间距应为 1λ 或者更小。
- 反射器间隔 5/8λ，位于散热器之后，这将获得一个可达 7dB 的最大增益，但是间隔 0.1λ～0.3λ，将得到一个更好的 *F/B* 比。
- 如果间隔至少 0.3λ，位于散热器之后，反射器不会影响阵列反馈节点的阻抗。

可以参考图 15-14 以获得更多匹配天线的细节。对于给定的天线尺寸，一对偶极子的反馈节点阻抗大概是相应的 600Ω。如果是三对并联，其阻抗将除以 3，为 200Ω，一个 4∶1 的巴伦将提供一个更好地匹配 50Ω同轴电缆，这是不平衡匹配。注意，每个偶极子都要在它的电压节点获得支撑，因此绝缘体的质量必须是上乘的。

尽管需要应有的照料及合理的精度，天线的构造相对来说还是简单明了的，23cm 带宽的天线是足够小的，因此其风荷载通常不是问题，这也使得固体反射器是可行的。这将意味着用作反射器的金属板也可同样用作其他部件的支撑物。在施工过程中需要稍微弯曲定相杆，以使得其不会触碰到交叉点。这时为了气象防护，可以用食品塑料容器来做天线罩。它的射频吸收微不足道，并且它比等效的特氟龙便宜得多。

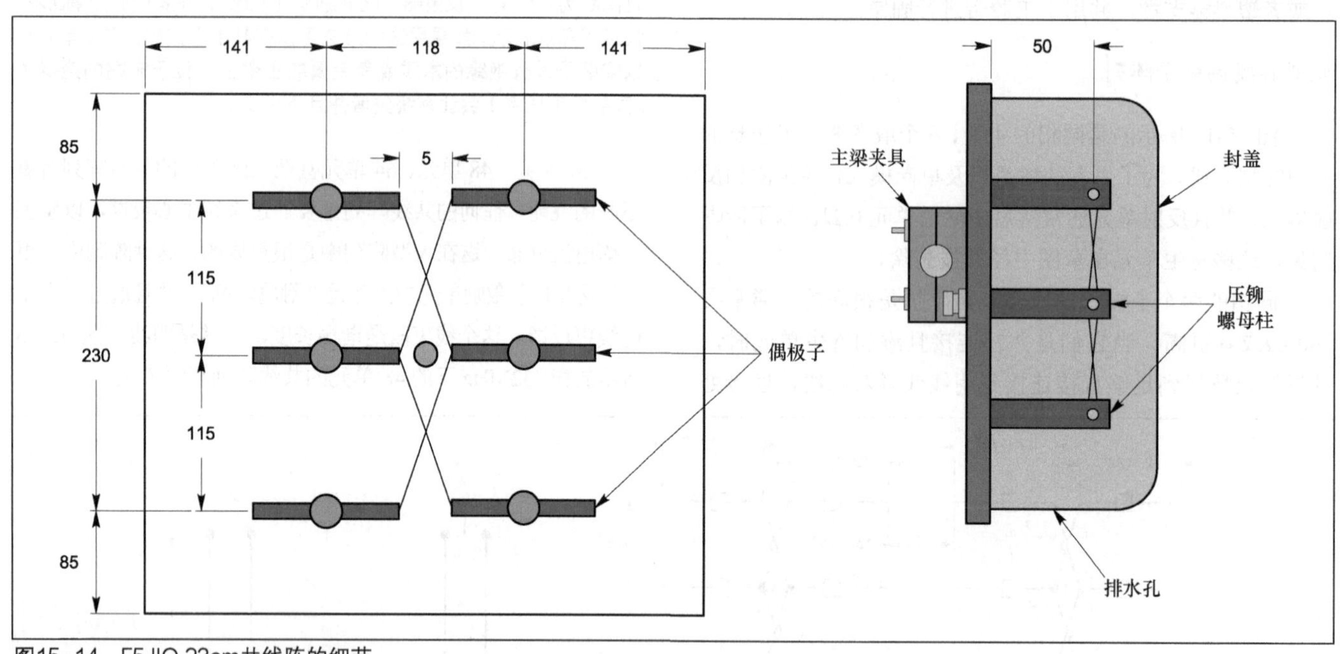

图15-14　F5JIO 23cm共线阵的细节。

零件列表：

反射器——400mm×400mm（最小340mm），2.5mm厚的铝片

压铆螺母柱——聚四氟乙烯或PVC，60mm（*L*）×20mm（qty6）

偶极天线——黄铜（镀银），108mm（*L*）×6mm（*D*）（qty6）

定相杆——导线（镀银），2mm（*D*）（qty4）

连接器——N型插座

馈线——半刚性同轴电缆，50Ω，大约4mm（*D*）

巴伦——与馈线同样型号，92.5mm（*L*）

螺丝——M3×8mm，不锈钢（qty4）

封盖——塑料的食品容器

主梁夹具来自TV天线

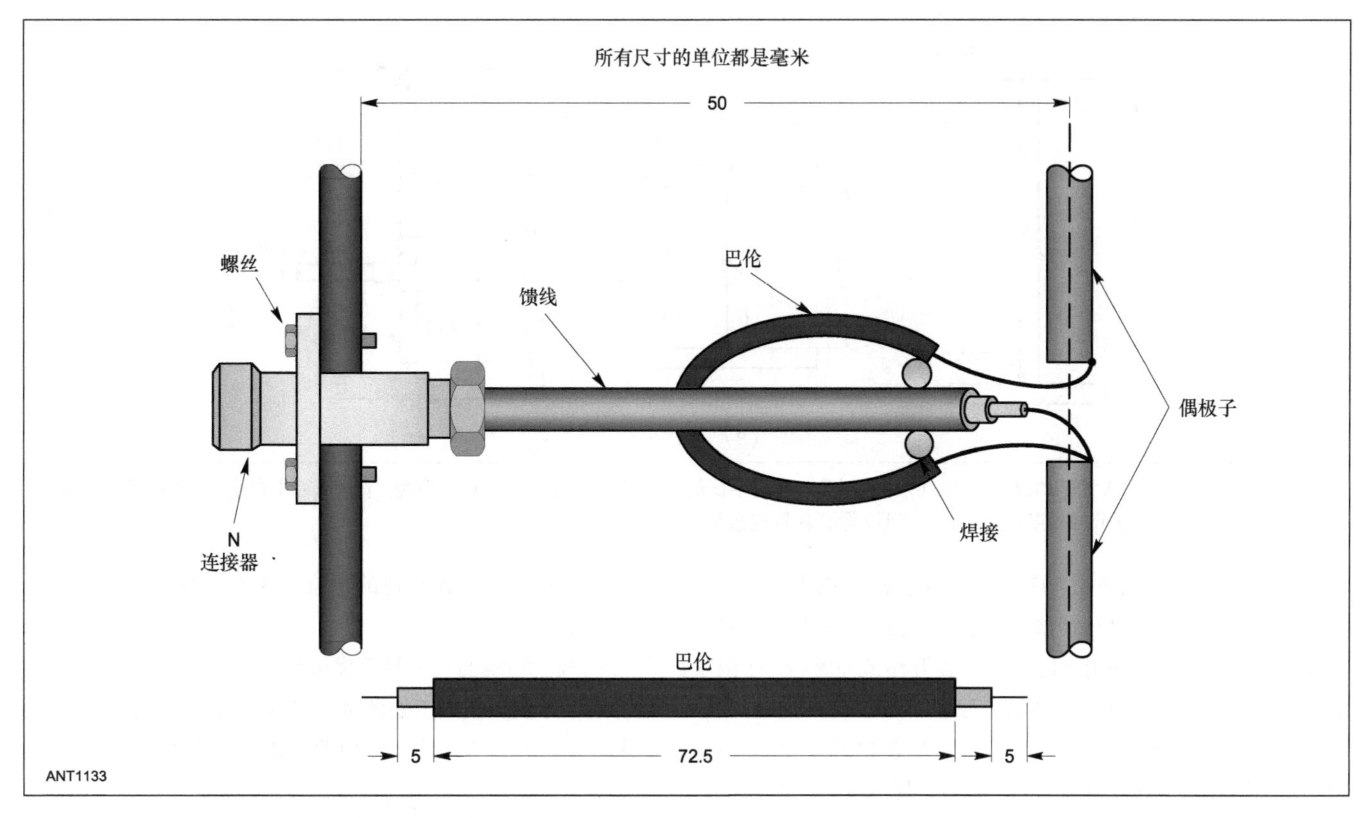

图15-14　F5JIO 23cm共线阵的细节。(续)

15.3　VHF、UHF 频段八木方形天线

毫无疑问，八木天线在 VHF 和 UHF 天线的弱信号处理和远距离中继器及单工处理中有着举足轻重的地位。如今，通过电脑优化可实现天线最优设计。在本书第 11 章中，我们介绍了此天线与八木天线之间参数的联系。除了在 VHF 和 UHF 上有一些严格的尺寸偏差要求外，八木天线在 HF 频段的设计特性也适用于 VHF 和 UHF 频段。相反的，由于相比于 50MHz，VHF 和 UHF 频段具有更短的波长，八木天线在 VHF 和 UHF 频段可以实现在 HF 频段难以实现的高性能。下节将讨论各种各样的层叠八木天线。

15.3.1　层叠八木天线

合理的规定将用来支持本节结论：两个垂直堆叠在一起按相位馈电的八木天线性能比单个长的具有相同理论和测试增益的八木天线的性能要好得多。在具有相同天线增益时，此八木天线占据更小的空间，且其宽的仰角范围具有更广泛的应用，垂直堆叠的宽覆盖范围经常在 QSO 中被在不同指向方向上的单一窄波束、长引向杆八木天线错过。在长的电离层路径上，层叠天线对的天线增益有时会明显比测试增益高 2～3dB（层叠八木天线其他部分见第 14 章）。

对于杆长大于 1λ 或者更长的八木天线，其最佳垂直间距大约是 1λ（984/50.1=19.64 英尺），但这相对于 50MHz 天线制造者来说太大了，难以控制。其实，仅需 1/2λ（10 英尺）就可得到同样的结果，5/8λ（12 英尺）会明显更好。相比于更宽的间隔距离，至少在 50MHz 时，12 英尺与 20 英尺的区别不会增加结构问题。间距越小，测试增益越低，但天线在方位角和俯仰角的方向图相比 1λ 间距更加清楚。在 144MHz 或更高频段，提高增益的方法是增加间距，而此时结构问题已经不再变得尖锐。

八木天线也可以在同一平面上进行共线叠加，此时天线具有更敏感的方位方向性。当共线天线的底端相距 5/8λ 时，天线在此共线天线阵的主瓣方向产生最大增益。

当合理设计层叠天线阵的单个天线时，此天线阵相当于无感电阻分级相连。天线阵的阻抗可以看作是并联电阻。

图 15-15 中放置了 3 种层叠偶极子天线。无论是偶极子天线还是八木天线阵的激励单元，对于说明本图的目的没有区别。图（A）中，两个相距 1λ 的 300Ω的天线在中心平行馈电点的阻抗为 150Ω（由于凹槽处的耦合，其实际阻抗会略小于 150Ω，仅作解释时可忽略不计）。定相线阻抗不影响馈电点阻抗值。因而，电长度相同的任何馈线均可用作定相线。

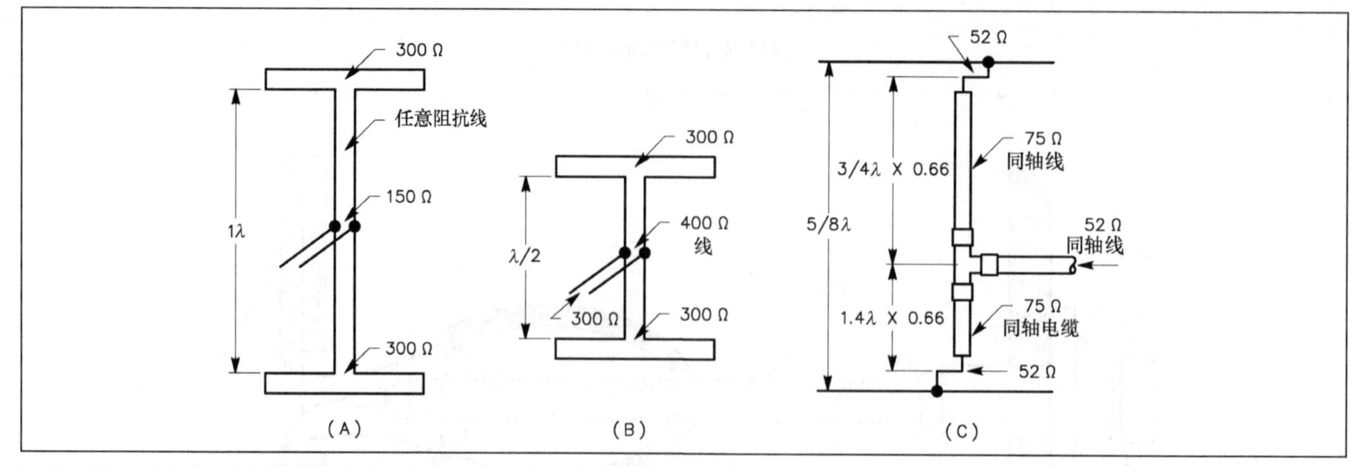

图15-15 3种层叠VHF天线阵的馈电方法。(A)和(B)具有平衡的激励源，因而需要平衡定相线。阵列(C)是全同轴线匹配和分级系统。如果(C)中下半部分的长度也为3/4λ，则不需要转置连接线。

线的速度系数也必须考虑。以同轴线为例，由于有太多变化，在实际使用中进行谐振监测很有必要的。图15-2(B)中阐述了测试方法。利用一段1/2λ谐振开路或短路线，在测试时，在两端短路的情况下更加方便。

1/4λ线的阻抗转换特性可以用于连接匹配和定相线，见图15-15(B)和图15-15(C)。图(B)中两臂相距1/2λ部分用400Ω线进行定相和匹配，就像双Q部分，所以一段300Ω的主传输线就同两个300Ω的臂相匹配。如果方便加工的话，此定相线的每半段可以长3/4λ或5/4λ(其中的一个例子就是两个八木天线层叠所需间距大于1/2λ)。

图15-15(C)中列出了一种双Q截面的同轴线，它可以适用于50Ω馈电的层叠凹槽。5/8λ间距适用于小型八木天线，此间距大小在填满电介质的RG-11型同轴线中相当于整个波长。

如果两段定相线的长度分别为1/4λ和3/4λ，为保证激励单元上射频电流同相，连接到激励单元上的两段定相线应反相。图15-15(C)中激励单元的另一侧是γ匹配。如果馈电点两边1/4λ传输线的数量相同，则两段连接线应在相同位置，且不能反相。实际中，可以从同轴线轴使用相同长度的传输线来保证合适的相位，因为每段传输线的速度因子完全一致。

同轴定相线的一个显著优势是，它们可以围绕立式支座缠绕或以方便机械加工的各种方式排列。凹槽间距可以按照要求设定，并且定相线可以根据需要任意放置。

不同频段下的层叠八木天线

在单个旋转支架上水平放置八木天线时，应考虑不同频段下的影响因素。首要的经验法则是最小间距是高频八木天线波长的一半。

例如，在图15-16(A)中50MHz和144MHz组成的双频天线阵，因为连接在一起，这种垂直方向的放置通常相当于一棵圣诞树。在一条12英尺长的大梁上，具有5个单元的50MHz八木天线阵相对于位于其正上方的具有8个单元的144MHz八木天线阵的“地”。(原版书附加光盘文件中包含本节中用到的八木天线精确设计，并有Windows下单波段八木天线设计程序。在每个例子中，层叠天线阵的上下层相距20英尺，光盘文件可到《无线电》杂志网站www.radio.com.cn下载)。

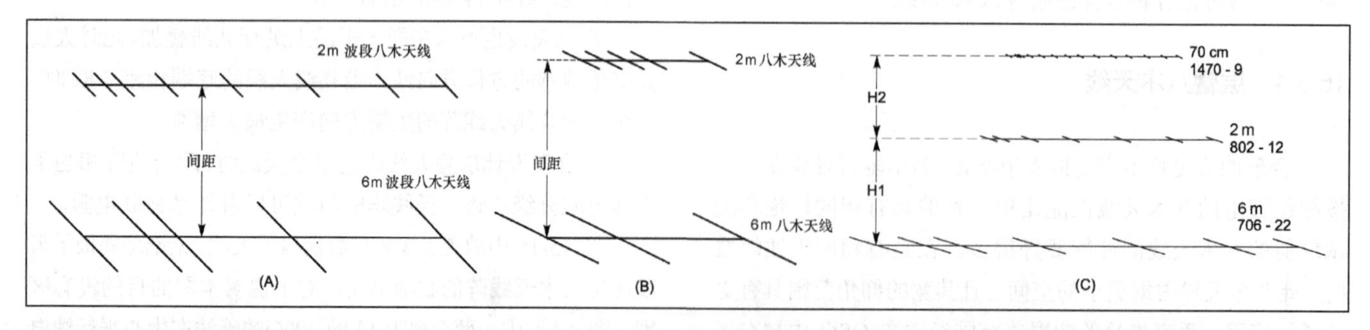

图15-16 在上下层叠的八木天线阵中，上下最小间距应是尺寸略小天线阵的半波长。小的天线阵中所需间距更大。图(A)中上下阵列具有相同的12英尺大梁，上层天线阵单元天线长2m且有8个单元，底层天线阵单元天线长6m且有5个单元。图(B)中上层天线阵大梁长6英尺，有5个2m长单元，底层天线阵大梁长4英尺，有3个6m长单元。图(C)中上层天线阵大梁长9英尺，有14个70cm长单元，中间层天线阵大梁长12英尺，有8个2m长单元，底层天线阵大梁长22英尺，有7个6m长单元。

多频层叠下的驻波比（SWR）变化

ARRL《天线手册》先前版本中提到，高频天线馈电点阻抗受到临近低频天线的影响最大。现代计算机建模程序显示，天线阵间间距相距很近时，馈电点SWR受影响特别大，最大的损耗是高频八木天线的正向增益跟后瓣。实际上，SWR曲线不是衡量两个八木天线间相互作用的最好指标。

图15-17显示了一组SWR曲线，8单元2m八木天线阵，上方层叠间距分别为1英尺、2英尺、4英尺、6英尺英尺5单元6m长天线阵。SWR曲线相似，除了特别近的1英尺间距外，很难用SWR曲线看出不同间距配置间的区别。例如，间距2英尺的天线阵的SWR曲线同单个天线阵几乎没有什么区别，而由于下方的6m八木天线阵，其正向增益下降了超过0.6dB。

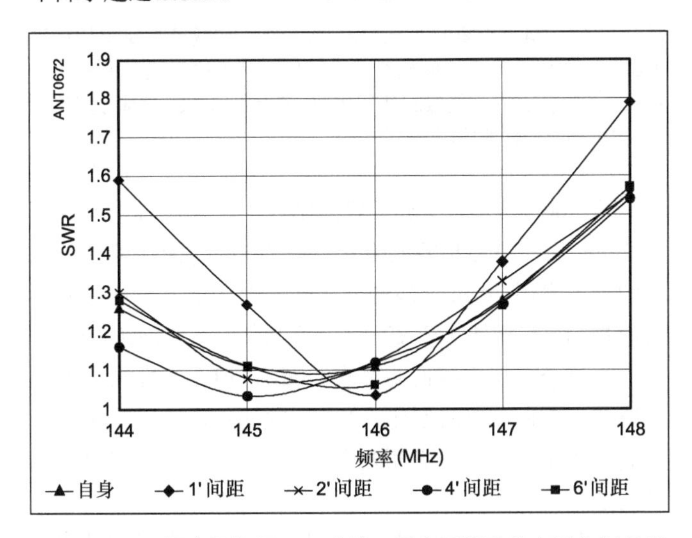

图15-17　不同大梁间距SWR曲线。两个天线阵的大梁分别长12英尺，一个天线阵包含8个2m单元，另一个天线阵包含5个6m单元。当间距大于1英尺时，SWR曲线间的差别很小。

层叠引起的增益和方向图衰减

图15-18中给出了上文中两个八木天线阵在1、2、3和6英尺间距下1°～180°方向图。矩形图比极坐标图能给出更多信息。1英尺最小间距天线阵在正向增益上下降1.7dB。间距为6英尺时，天线波束前后比最差，为29.0dB，间距为1英尺时，天线波束前后比为36.4dB，比单个8单元2m八木天线阵*F*/*R*要好。因临近八木天线引起的性能改变是极其复杂的，而且有时候仅凭直觉难以分辨。

当不同类型的6m八木天线放置在8单元2m八木天线下时会有何效果？图15-19比较了正向增益的差别和两种类型下6m八木天线最差*F*/*R*情况。两种类型分别是：5单元12英尺大梁天线阵和7单元22英尺大梁天线阵。0间距表示仅有一个8单元2m八木天线阵，作为增益和*F*/*R*的参考。

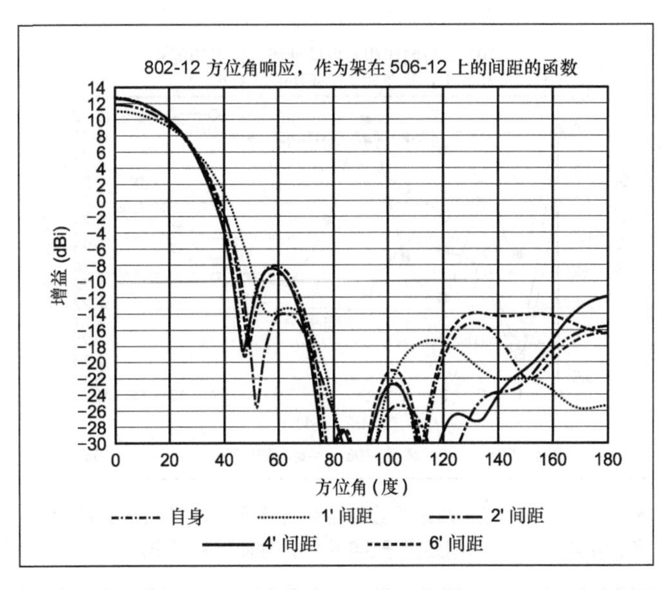

图15-18　8单元2m八木天线阵在1英尺、2英尺、3英尺和6英尺间距下0°～180°方向图。在所有间距下，旁瓣在60°附近时波束前后比大约是6dB。最差*F*/*R*曲线形状因底层6m阵列相互作用而差异很大。相比于单个2m单元天线阵，间距为1英尺时的天线增益下降了超过3dB。

可以预见，对于12英尺和22英尺的大梁，1英尺间距将产生最严重的衰减。在叠加5单元6m八木天线阵时，直至天线阵间间距大于9英尺时，天线阵2m增益才会达到8单元2m天线阵参考水平。然而，在间距大于等于3英尺时，天线增益同参考天线阵间的增益差在0.25dB以内。有趣的是，在间距为1英尺、2英尺、5英尺以及大于11英尺时，天线阵*F*/*R*高于参考天线阵。当层叠12英尺5单元6m八木天线阵时，2m八木天线阵在超过间距为1英尺时的*F*/*R*为20dB。

总体来说，2m天线阵在间距3英尺时性能相当好，甚至超过5单元6m八木天线。换句话说，2m天线阵的性能在间距大于3英尺时略有下降。3英尺间距小于过去的经验法则，即最小间距应大于高频八木天线的半波长，此例中半波长为6英尺。

从图15-19中可以看出，对于7单元6m八木天线，当间距大于7英尺时，2m天线阵增益达到天线阵参考增益水平，但在所有间距下，*F*/*R*衰减至参考天线阵以下。如果我们将最低允许增益和*F*/*R*定为0.25dB和-20dB，那么间距应大于5英尺或选择大于6m的天线阵。另外，这也小于之前的经验法则：最小间距应大于高频八木天线的半波长。

现在，对“圣诞树”模型中2m和6m垂直层叠八木天线进行微小的设置，以检验天线阵大梁间距经验法则是否依然适用。图15-20中给出了性能曲线随4英尺大梁5单元2m八木天线和6英尺大梁3单元6m八木天线间距变化图。此外，相比于单个2m参考八木天线，1英尺间距具有1.3dB的增益衰减。当间距超过3英尺时，相比于参考天线，增益

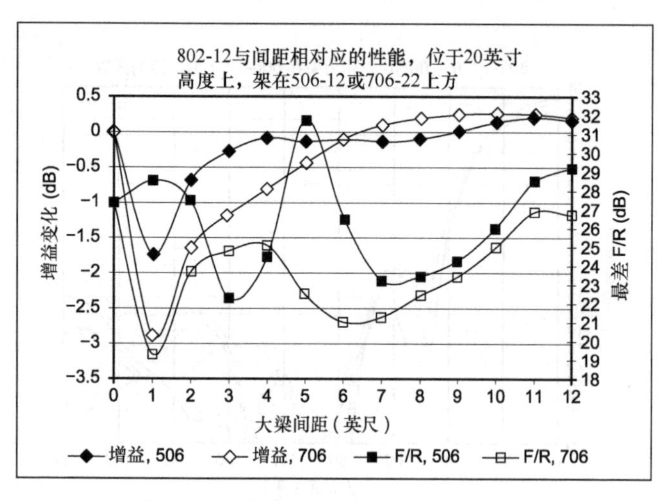

图15-19　8单元2m八木天线增益和12英尺及22英尺下6m八木天线的最差*F/R*图。当间距大于5英尺时，性能下降最小。

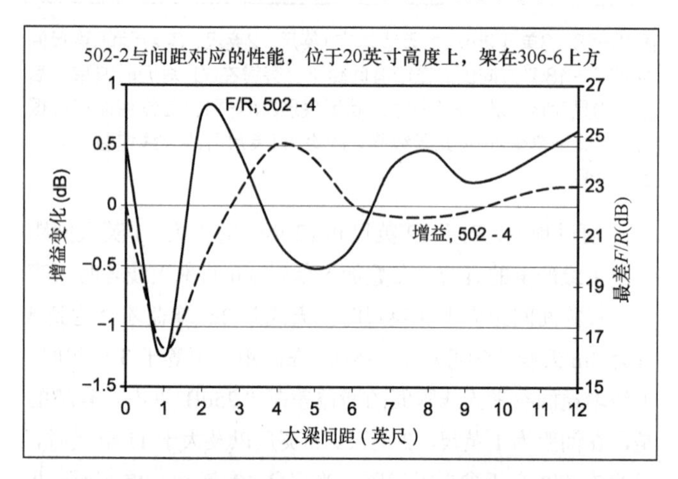

图15-20　4英尺大梁5单元2m八木天线和6英尺大梁3单元6m八木天线间间距与增益和最差*F/R*图。间距为3英尺时，性能下降最小。

下降小于 0.25dB 且 *F/R* 仍大于 20dB。在本例中，之前的经验法则：最小间距应大于高频八木天线的半波长（2 英尺）不再适用。然而，相比于之前大于 2m 八木天线时，最小间距为 3 英尺依然成立。3 英尺大约为高频下的半波长。

在“圣诞树”上加载 70cm 八木天线

我们大胆地用一个 9 英尺大梁 14 单元 70cm 八木天线和相距 5 英尺的 12 英尺大梁 8 单元 2m 八木天线搭建一个大的 VHF/UHF“圣诞树”。在层叠天线阵的下方是一个 12 英尺大梁 5 单元 6m 八木天线或 22 英尺大梁 7 单元 6m 八木天线，可参考图 15-16（C）。跟之前一样，我们将改变 70cm 和 2m 八木天线的间距来测定 70cm 天线性能衰减，以衡量两者之间的相互作用。

图 15-21 中比较了在保持 2m 和 6m 八木天线间距 5 英尺不变的情况下，改变两个 6m 八木天线间距时，增益和 *F/R* 曲线图。在本例中，70cm 八木天线设计的馈电阻抗为 50Ω，*F/R* 略有改变，但当仅有 70cm 八木天线时，*F/R* 仍大于 20dB。

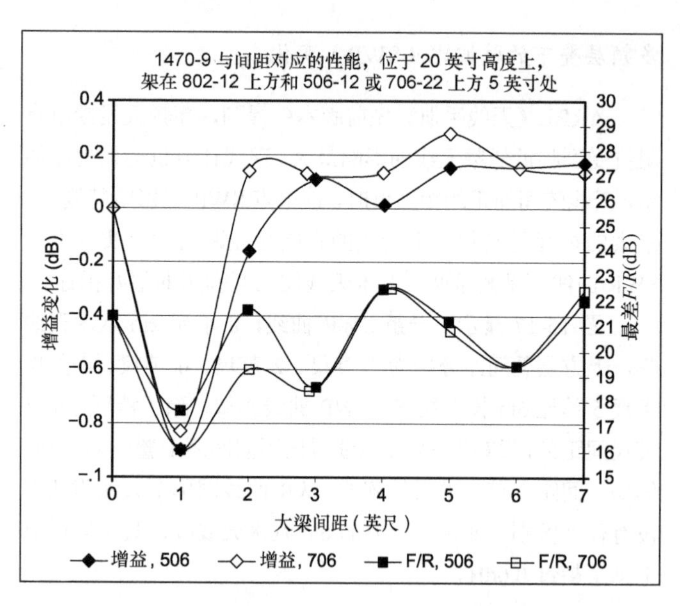

图15-21　9英尺大梁14单元70cm八木天线加载可变间距12英尺大梁1单元2m八木天线的性能图，在12英尺大梁天线下是一个12英尺大梁5单元6m天线或22英尺大梁7单元6m天线。间距为4英尺时，70cm天线性能下降最少。

当 70cm 天线和 2m 天线间距大于 4 英尺时，天线阵中 70cm 天线增益相等或略大于单个 70cm 天线增益。增益的变大表明 70cm 天线的仰角范围受到下方放置八木天线的抑制。当间距大于等于 4 英尺时，*F/R* 保持在 19.5dB 以上。这个值低于我们的要求 20dB，但在实际操作中，下降的 0.5dB 可忽略不计。4 英尺的间距低于经验法则中提到的最小间距大于高频八木天线的半波长，本例中半波长为 9 英尺。

本次讨论中，非常明显的一点是，我们应精确设计我们的模型，以减少不必要的性能衰减。

同频段八木天线层叠

本课题一些细节曾在“高频天线系统的设计”一章中进行过检验。在 VHF 和 UHF 频段与在 HF 频段中的基本设计准则相同，即增益随天线大梁间距增加而逐步增加，达到一定间距后随间距增加而逐步减小。

在射频频段，应当避免天线正视图中存在的死角，这样就可以包含所感兴趣区域的所有角度。在射频频段，对大多数传播模式来说，信号传输在低海拔角度，信号一般极其微弱。因此，在 VHF/UHF 频段最通常的设计目标是实现最大增益，第二目标是实现波束的光滑度，以减少干扰和噪声源。

在高海拔角度，特别是 E_S 没过或接近山顶，将产生 6m 散见 E 层，这不利于像在 HF 频段中覆盖大地理面积一样，设计覆盖宽范围的海拔角度。如果需要，在 6m 时可以改变为直角覆盖。例如，你可以在低海拔时将八木天线分离，或对层叠天线进行不同相馈电。图 15-22 中给出了射频地形评

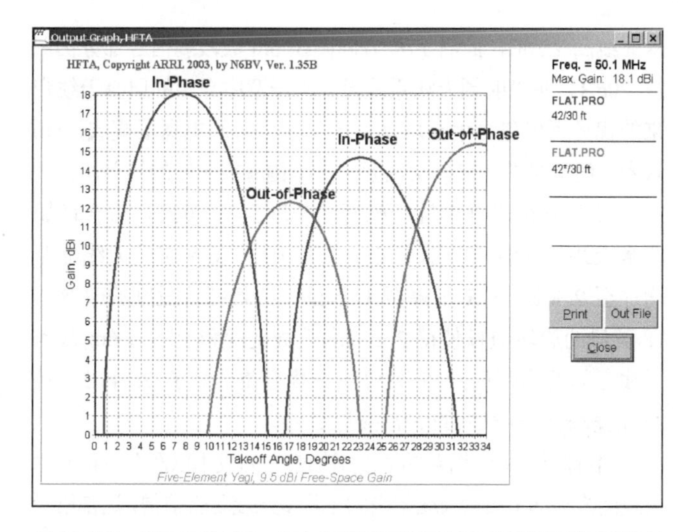

图15-22　两个5单元6m八木天线在距离地平面42英尺和30英尺时的同相馈电和不同相馈电时的HFTA比较。通过在其中一个天线增加半波长同轴线来转换相位，当一个随机电离层接近顶端时，可以控制海拔仰角，以增强天线性能。

估（HFTA），包含两个5单元6m八木天线分别以同相和异相馈电，以包含比同相馈电更宽广的海拔角度。

图15-23（A）给出了两种2m八木天线层叠设计在不同大梁间距时的增益变化图。天线分为2英尺大梁（占大梁的0.28λ）3单元天线，4英尺（占大梁的0.51λ）大梁5单元八木天线，12英尺大梁（占大梁的1.72λ）8单元天线，该组中最大的天线为27英尺大梁（占大梁的4.0λ）16单元八木天线。该组中大梁范围涵盖了大多数实际应用中的天线大梁。

两个相距0.75λ的3单元八木天线阵的增益达到峰值，且比单个八木天线高出3.2dB。继续增加间距，增益开始逐渐降低。图15-23B给出了4种层叠方式随间距变化的最差*F*/*R*。单个3单元八木天线最差*F*/*R*略高于24dB，当层叠一个3单元八木天线，天线对的*F*/*R*在15～26dB间振荡，最终在间距大于1.7λ时，F/R均大于要求的20dB，此时的增益比增益峰值下降了约0.6dB。在146MHz大梁间距为1.7λ时，大梁长度为11.5英尺。接下来，我们必须在达到最大增益和最佳方向图中调整，以找出最合适的大梁间距。

当间距为1λ时两个5单元八木天线增益达到峰值，此时*F*/*R*达到25dB。当大梁长度一定时，增加单元的数量有助于第二个天线保持恒定的*F*/*R*。

对于更大的层叠天线，8单元八木天线在间距为1.5λ时达到增益最大值，此时*F*/*R*大于27dB。16单元八木天线增益在间距为2.25λ（15.2英尺）时增益增加了2.6dB，此时*F*/*R*依然接近于25dB。间距15.2英尺、大梁长度为27英尺的层叠天线可能是一个实际制作难题，这需要非常坚固的旋转桅杆来克服风压力带来的弯曲。

这些例子表明，由于天线增益在增益峰峰值附近变化缓慢，因此大梁间的间距不是过于重要。图15-23（A）中表明，当层叠天线阵中应用高增益（长大梁）单个天线时，需要增加大梁间距以达到增益峰值；减小长大梁天线可以增大天线增益峰值。图15-23（B）表明大梁长度长于0.5λ（在146MHz时大约为4英尺）、间距大于1λ时，*F*/*R*曲线保持良好。

图15-23中的情况代表了典型的现代八木天线。我们可以简单地利用这些设计，以并达到好的结果。然而，以防万一，我们建议你对自己设计的特定层叠阵建模。既然大梁间距以波长的形式显示，这保证了你也可以将2m结果延伸至其他频段。

在特定层叠距离上，你可以改变单元的尺度和层叠天线阵中八木天线的间距，以优化后瓣模式。这种方法依然适用于VHF/UHF，在此频段，层叠天线阵一般设计为最大增益或最优方向图，且用固定长度的“硬线”馈电线在结点处永久相连。

这与在HF频段（或6m波段下）的情况不同。HF工程师通常希望可以灵活地在层叠天线阵中选择单个八木天线或组合八木天线，以使天线阵列辐射角与电离层信号传输相匹配。可变HF天线阵通常不依赖于重置单元长度或八木天线间的间距来优化特定的层叠天线阵。

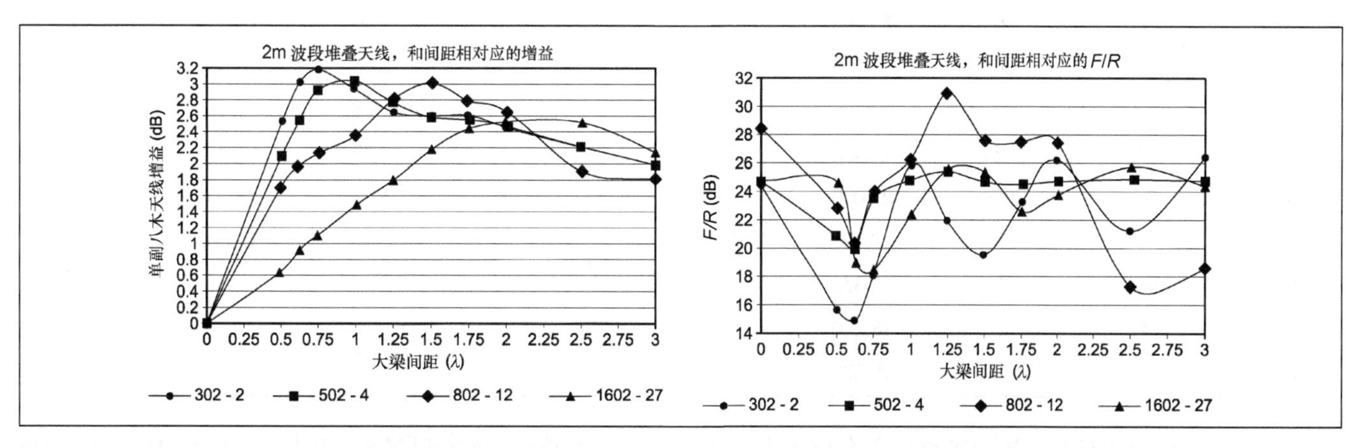

图15-23　两种不同的2m八木天线（4英尺大梁5单元和12英尺大梁8单元）随大梁间距变化的性能图。注意：距离单位为波长。

不同频率八木天线阵的层叠

一个通信塔的投入是巨大的，大多数无线电爱好者想在一个通信塔中设置更多的天线，天线间的互绕需要控制在一个合理的水平之内。实际上，VHF/UHF 弱信号爱好者可能想要层叠天线阵——集合层叠八木天线，以包含不同的频段。例如，一个 VHF 爱好者可能想要将两个 8 单元 2m 八木天线叠加到两个 5 单元 6m 八木天线的旋转桅杆上。我们假定 8 单元 2m 八木天线大梁长度为 12 英尺（1.78λ），5 单元 6m 八木天线大梁长度为 12 英尺（0.61λ）。

从图 15-23 中，我们可以得出 8 单元 2m 八木天线间距为 1.5λ 或 10 英尺时达到增益峰值以及好的方向图，但是间距为 0.75λ 或 5 英尺时具有更好的性能。

两个 5 单元 6m 大梁间距为 1λ 时达到增益峰值，当减小间距为 0.625λ（12 英尺）时，相比单个八木天线增益依然提高了 2dB。穿过通信塔顶部外旋转桅杆的整体高度设为 0.625λ，叠加在 6m 八木天线上。在旋转桅杆的底层和顶层的 6m 八木天线间，我们将增加一个 2m 八木天线。由于旋转桅杆间可用间距仅为 12 英尺，对称放置两个 2m 八木天线的间距只能是 4 英尺，这低于最优值。

在这个“层叠的层叠阵列”中 2m 八木天线的性能受到近间距的影响，但互扰不是灾难性的。层叠天线阵增益比单个 8 单元 2m 八木天线高 1.62dB，*F/R* 在 2m 波段仍大于 20dB。

两个间距为 12 英尺的 5 单元 6m 八木天线增益比单个八木天线高 2.2dB，此时 *F/R* 方向图在 6m 波段弱信号部分仍保持 20dB。在“射频天线系统设计”一章中介绍的层叠天线带来的优势不仅包含增益增加，由于包含时间电离层模式，6m 八木天线信号的传输确实需要一定范围海拔角度的覆盖。

增加通信塔外部旋转桅杆的长度至 18 英尺，将会增加八木天线的性能，特别是 2m 八木天线。6m 层叠天线增益增加至 2.3dB，*F/R* 下降至 18.5dB，两者都有适度的改变。18 英尺的旋转桅杆使得 2m 八木天线之间和上下层 6m 八木天线之间的间距达到 6 英尺。层叠增益达到了 2.14dB，且 2m 波段弱信号部分的 *F/R* 接近 27dB。

不管层叠天线增益的适度增加带来的成本以及在 6m 八木天线间叠加 2m 八木天线带来的工程复杂度是否值得，这都给爱好者们提供了一种选择。除了成本以及 20 英尺长的旋转桅杆（通信塔外 18 英尺，塔内 2 英尺），桅杆必须保持大风中的天线不弯曲，这使得最狂热的 6m 弱信号爱好者也变得踌躇。

15.3.2　50MHz 八木天线

设计八木天线的一个决定性因素是大梁长度。表 15-1 中给出了 3 种传统大梁长度（6 英尺、12 英尺和 22 英尺）的 6m 八木天线。6 英尺大梁 3 单元天线在自由空间中增益为 8.0dBi，12 英尺大梁 5 单元天线增益为 10.1dBi，22 英尺大梁 7 单元八木天线增益为 11.3dBi。所有给出的天线 *F/R* 均高于 22dB，并且在 50～51MHz 内，SWR 好于 1.7：1。

表 15-1　　**最优 6m 八木天线设计**

	单元间距（英寸）	部件 1 的外径长度（英寸）	部件 2 的外径长度（英寸）	中波段增益		单元之间的间距（英寸）	部件 1 的外径长度（英寸）	部件 2 的外径长度（英寸）	中波段增益
306-06					**706-22**				
OD		0.750	0.625		OD		0.75	0.625	
Refl.	0	36	23.500	7.9dBi	Refl	0	36	25.000	11.3dBi
D.E	24	36	16.000	27.2dB	D.E	27	36	17.250	29.9dB
Dir.1	42	36	15.500		Dir.1	16	36	18.500	
506-12					Dir.2	51	36	15.375	
OD		0.750	0.625		Dir.3	54	36	15.875	
Refl	0	36	24.000	10.1dBi	Dir.4	53	36	16.500	
D.E	24	36	17.125	24.7dB	Dir.5	58	36	12.500	
Dir.1	12	36	19.375						
Dir.2	44	36	18.250						
Dir.3	58	36	15.375						

2007 年 8 月，L.B.Cebik（W4RNL<SK>）在 QST 发表的文章《A Short Boom，Wideband 3 Element Yagi for 6 Meters》中提到了一种用于高频段 FM 的八木天线设计。Cebik 给出了两种额外的 3 单元 6m 八木天线——一种具有最优增益和 *F/R*，另一

种在 2000 年 2 月《QST》刊登的文章《2×3=6》中提出具有最优带宽的八木天线。两篇文献均包含在原版书附加的光盘中。

表格中给出了半单元长度和间距。如图 15-24 所示，单元可以加载到大梁上。两个厚夹子将铝板固定在大梁上，两个 U 型螺栓将每个单元固定在铝板平面上，铝板为 0.25 英寸厚，面积为 4 英寸×4 英寸。不锈钢是最好的硬件材料，但镀锌的硬件可以作为替代品。两个夹子在实际应用中如果没有镀锌，一旦暴露于环境时将很快生锈。请注意，表 15-1 中给出的单元长度是整体单元长度的一半。“天线材料和结构”一节中给出了可伸缩铝单元的详尽细节。

图15-24　单元可以加载到大梁上。U型螺栓将单元固定在平面上，2英寸的镀锌钢丝将平面固定在大梁上。

激励单元通过相似尺寸的胶木或 G-10 玻璃纤维平面以及另一个金属板叠加到大梁上。一块 12 英尺有机玻璃棒被嵌入到激励单元的中间。有机玻璃棒允许激励单元两边使用夹子，这也使得中心的单元免受水汽的影响。自攻丝螺钉用作激励单元间的电气连接。

可以参考图 15-25 中的激励单元和夹子的细节。铝制支架可以在激励单元平面上加载 3 个 SO-239 连接器。一个 4∶1 传输线巴伦连接两个半单元，改变 200 Ω 阻抗夹子，匹配至中心处 50 Ω 的连接器。注意，巴伦电长度为 0.5 λ，但物理长度由于特定同轴线电缆的速度因子而变短。夹子直接穿过半单元相连。夹子的中心是电中性的，并且固定在大梁上，这有在直流地平面上放置激励单元的潜在优势。

夹子的匹配不需要如上文般的调整。然而，你可能需要稍微改变激励单元的长度，以达到所需波段的最优匹配。改变激励单元的长度不会影响天线性能，但不能改变其他单元的长度和间距，它们是已经优化好的。如果你决定使用 γ 匹配，为表中给出的所有天线的激励单元的每边增加 3 英寸。

15.3.3　144MHz 和 432MHz 八木天线的应用

八木天线在 144MHz 处有很多应用，此时八木天线不需要高增益和严格控制的方向图。实际上，对于一般的操作，电子波束因太窄而会阻止基站接收到不在天线主瓣内的弱信号。对于大气散射以及其他的一些应用。宽的电子波束更适用于接收未知来波方向的电磁波。室外和便携式基站更倾向于轻重量、短大梁长度的小型天线。

八木天线在 144MHz 处应用

接下来讲述 L.B. Cebik（W4RNL<SK>）在 2004 年 12 月《QST》上的文章《Building a Medium-Gain，Wide-Band，2 Meter Yagi》中的设计摘要（此文章包含在原版书附加光盘文件中）。

这里讲到的是 6 单元八木天线，在射频频段利用 NW3Z 和 WA3FET 设计的优化宽带天线（OWA）的衍生物。图 15-26 中给出了此天线的一般结构，图 15-27 中给出了自由空间 E 平面的方向图。如果在水平方向层叠单元，则 E 平面的方向图将是方位角方向图。

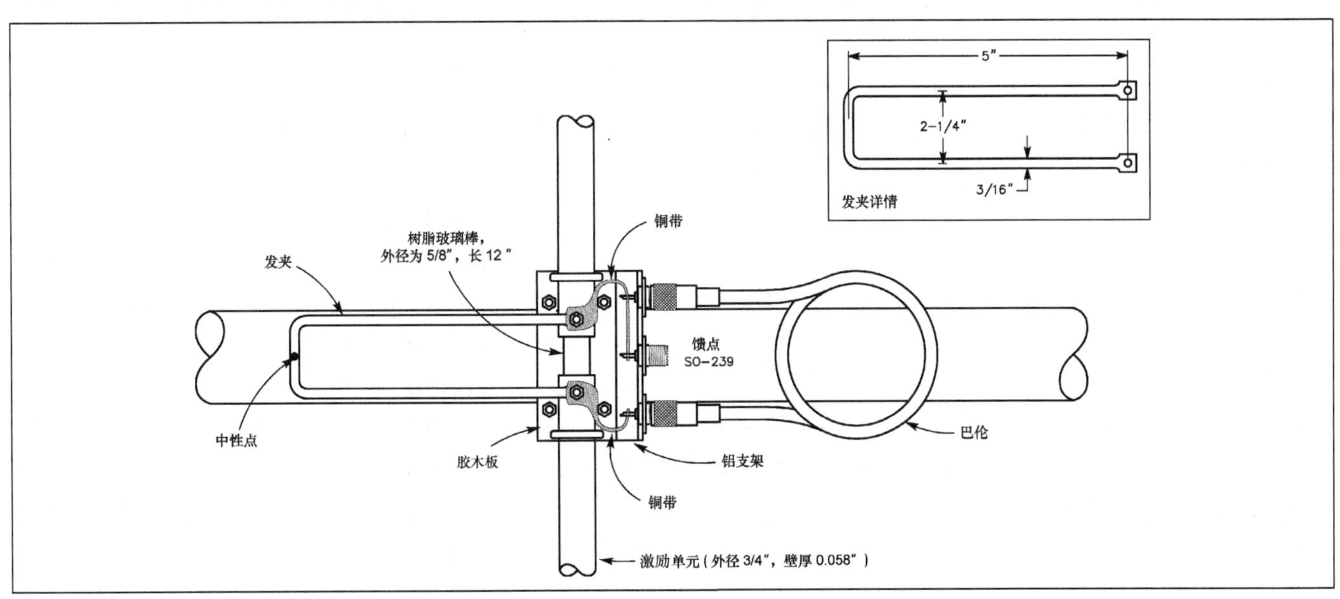

图15-25　激励单元和馈电系统连接大梁的原理图。定相线是弯曲的且贴着大梁的。环形夹子的中心可能会因为需要而与大梁电气相连及机械相连。

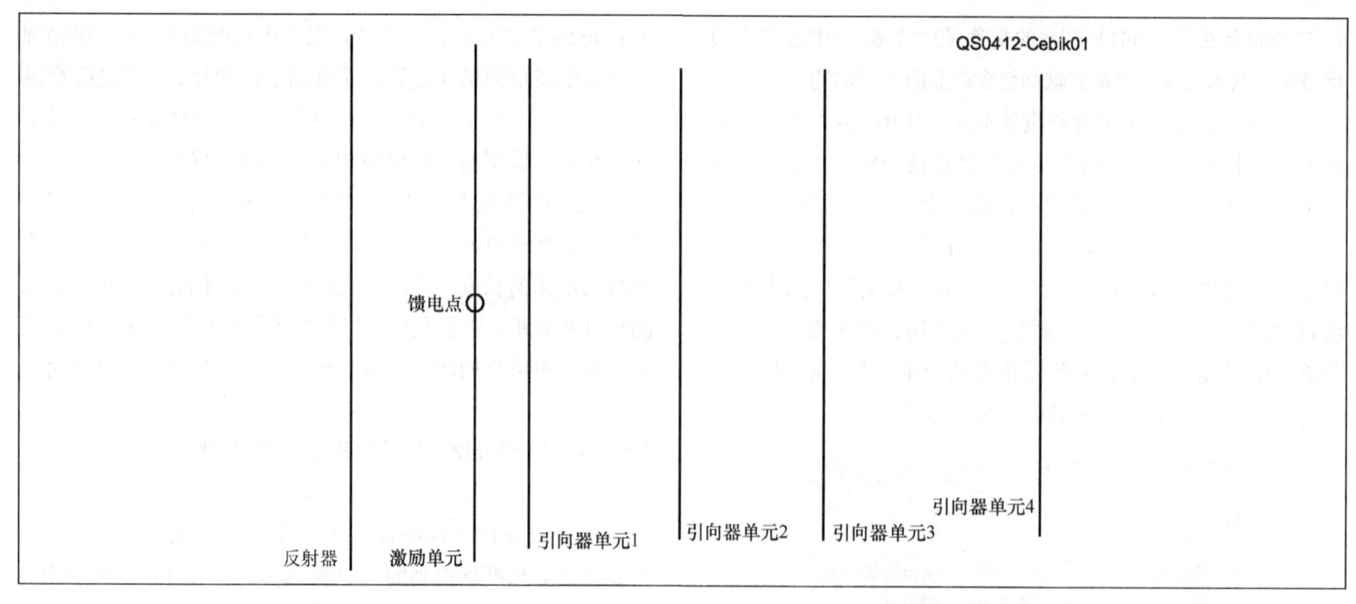

图15-26　6单元2m OWA八木天线的基本结构，尺寸见表15-2。

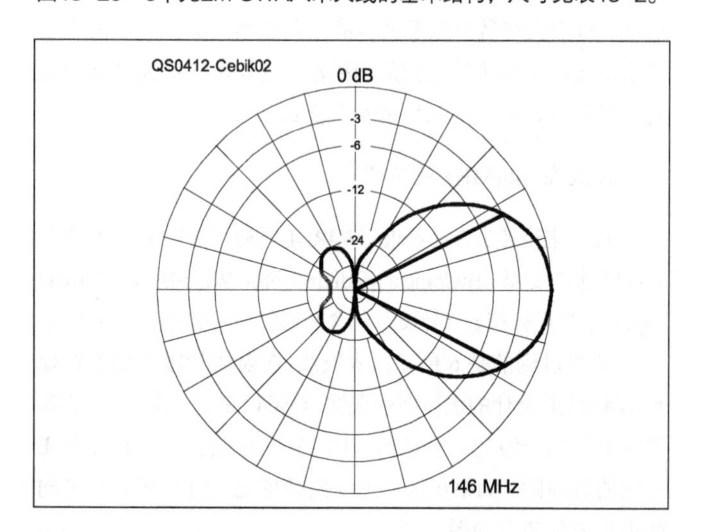

图15-27　自由空间的146MHz中波段6单元2mOWA天线的E平面（垂直方向角）。天线增益为10.2dBi，并在2m波段上保持一致。

表 15-2　　2mOWA 八木天线尺寸

单元	单元长度（英寸）	反射器间距（英寸）	单元直径（英寸）
反射器单元	40.52	—	0.1875
激励单元	39.70	10.13	0.5000
引向器单元 1	37.36	14.32	0.1875
引向器单元 2	36.32	25.93	0.1875
引向器单元 3	36.32	37.28	0.1875
引向器单元 4	34.96	54.22	0.1875

简单化设计中，反射器和定向器决定了馈电点阻抗，接下来的两个定向器可以设置工作带宽，最后一个定向器决定增益。

利用 NEC-4 设计的 6 单元天线排列在 56 英寸的大梁上，天线具体尺寸在表 15-2 中给出了。激励单元因结构原因使用 0.5 英寸铝棒，寄生单元均为 3/16 英寸的铝棒。原始文献中给出了带有可替代激励单元或适用 1/8 英寸激励源的天线尺寸。

OWA 设计了在整个 2m 波段上具有 10.2dBi 自由空间增益，超过 20dB 的 *F*/*R* 的天线。如果天线用于 FM 且在垂直方向层叠，则天线水平波束相当宽。

OWA 设计的一个突出特点是它的直接 50Ω 馈电点不需要匹配网络。当然，仍需要一个共模扼流巴伦（见“耦合传输线和阻抗匹配”一章）。图 15-28 中给出了 SWR 曲线，曲线在整个频带中平稳，且未超过 1.3∶1。SWR 和方向图的一致性可以很好地应用到 2m 八木天线中。

432MHz 八木天线应用

Zack Lau（W1VT）在 2001 年 7 月、8 月 QEX 的 RF 专栏中的文章《A Small 70cm Yagi》中提出了下文的设计，该文献包含在原版书附加的光盘文件中。

6 单元八木天线的设计目标是在增益、*F*/*R* 和 SWR 等方面达到宽带宽。该天线的增益在 1995 年“Eastern States VHF/UHF”会议中被测量为 8.5dBb，417MHz 至 446MHz 频段内这个增益波动很小。SWR 在 422MHz 至 446MHz 间好于 1.4:1。测量增益和回波损耗曲线在图 15-29 中给出。30 英寸大梁足够短可以放置于小型汽车后备箱中，非常便于携带和应急工作。八木天线分析仪中的电脑模型测出的 *F*/*R* 带宽在 424MHz 至 450MH 之间大于 20dB。

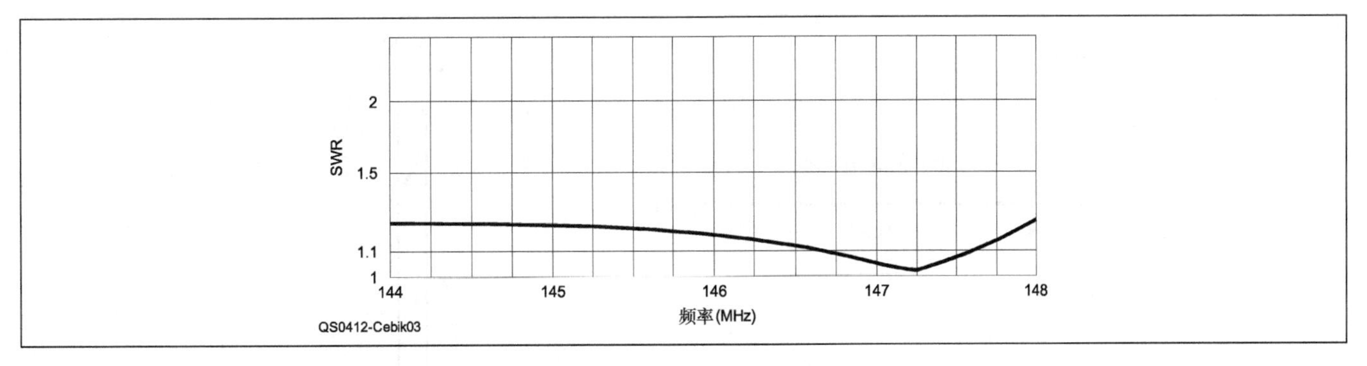

图15-28　利用NEC-4制作的OWA 2m八木天线在144～148MHz内的SWR曲线。

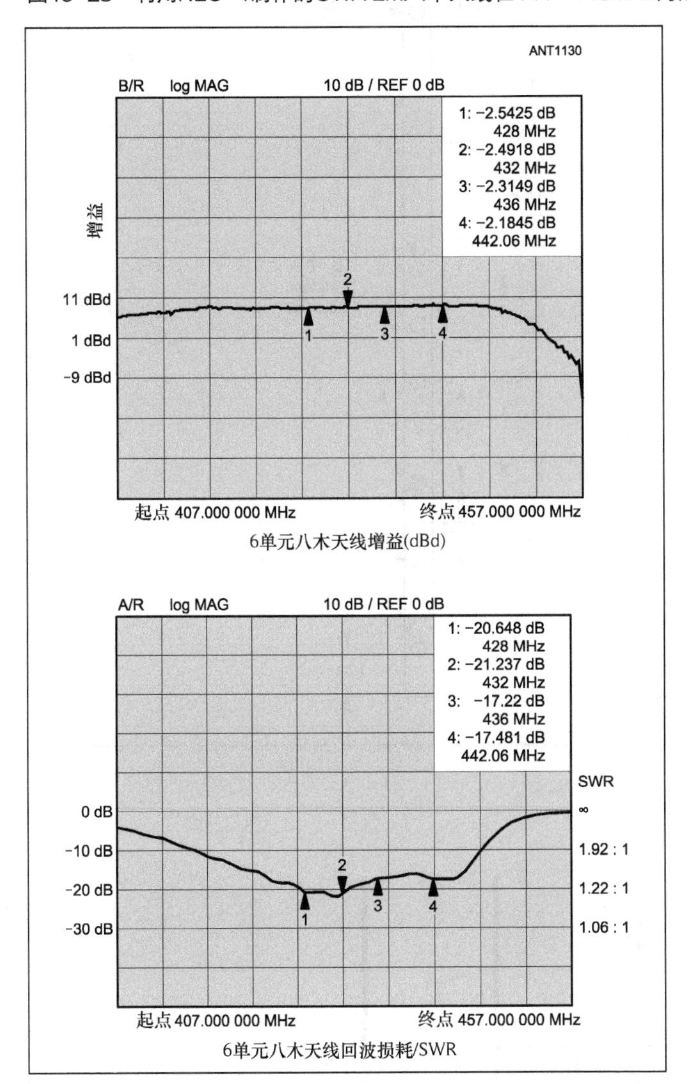

图15-29　70cm八木天线的增益与SWR测量

即使你仅想把天线用于432MHz单边带调制（SSB）或436MHz卫星通信，当下雨时，额外的带宽也是有用的。大雨会使得天线单元谐振频率降低，如果天线最大增益变化时，这将变得更糟糕。八木天线具有典型的低通增益响应。天线增益在增益峰值之后会迅速下降。因而，当天线增益峰值在442MHz附近时，天线增益在427MHz时下降很小，但在457MHz时会明显下降。

表15-3　432MHz八木天线尺寸（单位：英寸）

间距	累积大梁长度	单元长度
0		13.832
2.394	2.394	11.968
2.715	5.109	12.284
6.528	11.637	11.908
7.907	19.544	11.810
7.546	27.09	11.01

图15-30中给出了天线优化设计，表15-3中给出了优化单元长度和放置方式。单元长度适用于特定的大梁长度和层叠方式。改变大梁长度或层叠方式需要调整单元长度。天线采用简单的T型匹配，此频带中简单的γ匹配性能不好。一个具有T型匹配的八木天线具有对称的辐射方向图。简单来讲，T型匹配使得激励源阻抗为200Ω。

15.3.4　低成本WA5VJB八木天线

本节内容来自Kent Britain（WA5VJB）的在线论文《Controlled Impedance“Cheap”Antennas》。该论文可以在网站www.wa5vjb.com/references.html中下载到。简化了的馈电利用天线自身结构实现阻抗匹配。天线利用YagiMax设计，没有误差校验，且根据经验，天线范围决定激励单元。该天线属于廉价、高能八木天线中的一种。

这种天线结构简单明了。大梁是3/4英寸正方形或1/2英寸宽、3/4英寸长的木头。单元通过在大梁上钻孔安装。胶水、树脂以及有机硅粘合剂用来固定单元，没有大梁-旋转桅杆连接平面，通过在大梁上钻孔和使用U型螺钉，可得大梁固定在旋转桅杆上。天线寿命由外部包装决定。作者的聚氨酯涂层902MHz天线在两年内变化很小。

天线寄生单元原型由硅-铜焊条、铝棒、黄铜管道以及10#或者12#AWG固体铜底线组成，所以可以利用焊条、铜管。铜线焊接到激励单元上。激励单元的一端被折叠后嵌入到大梁中。

图15-31中给出了天线的基本模型并且对每个部分进行了标注，表中的尺寸单位是英寸。

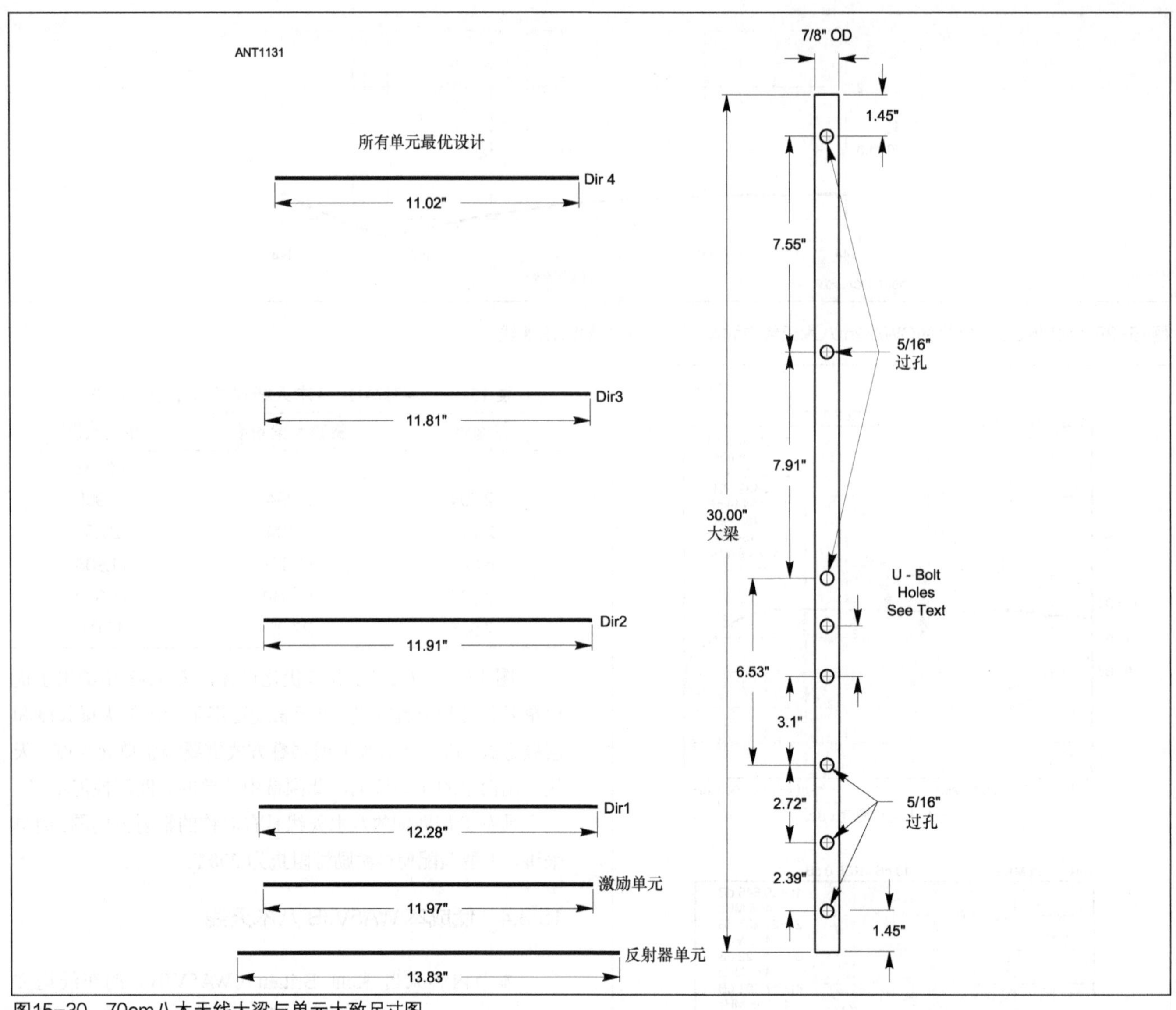

图15-30　70cm八木天线大梁与单元大致尺寸图。

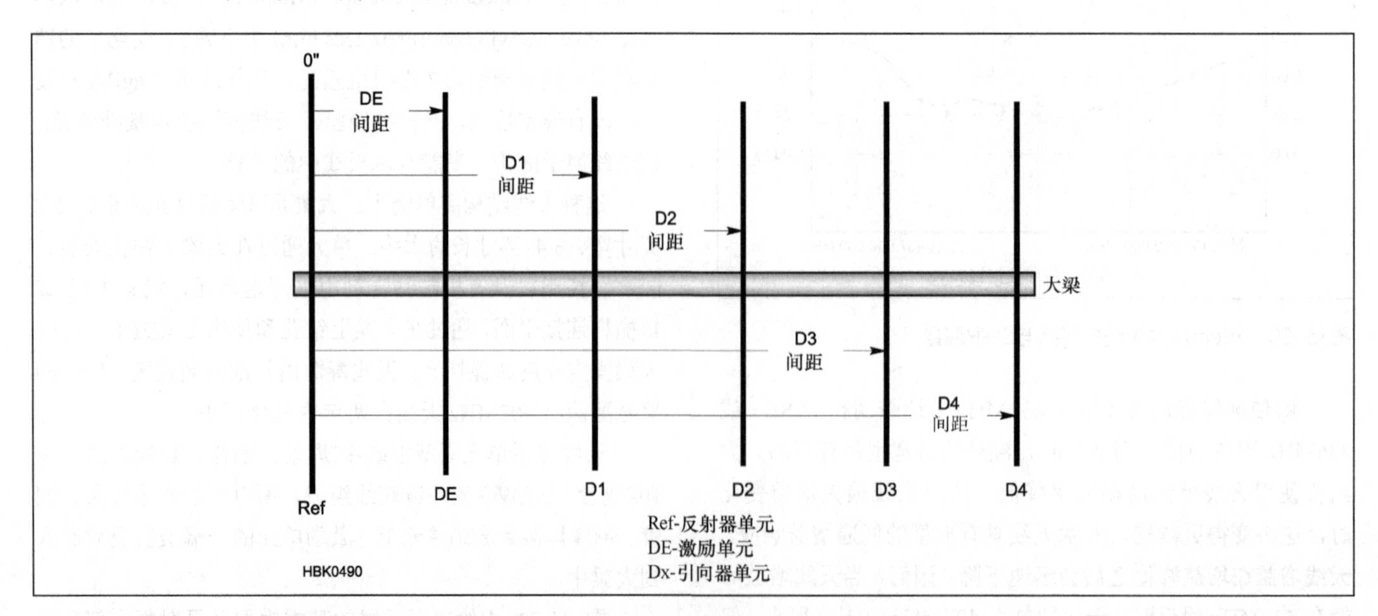

图15-31　低成本八木天线单元间距图。各波段具体尺寸参考表15-4和表15-10。

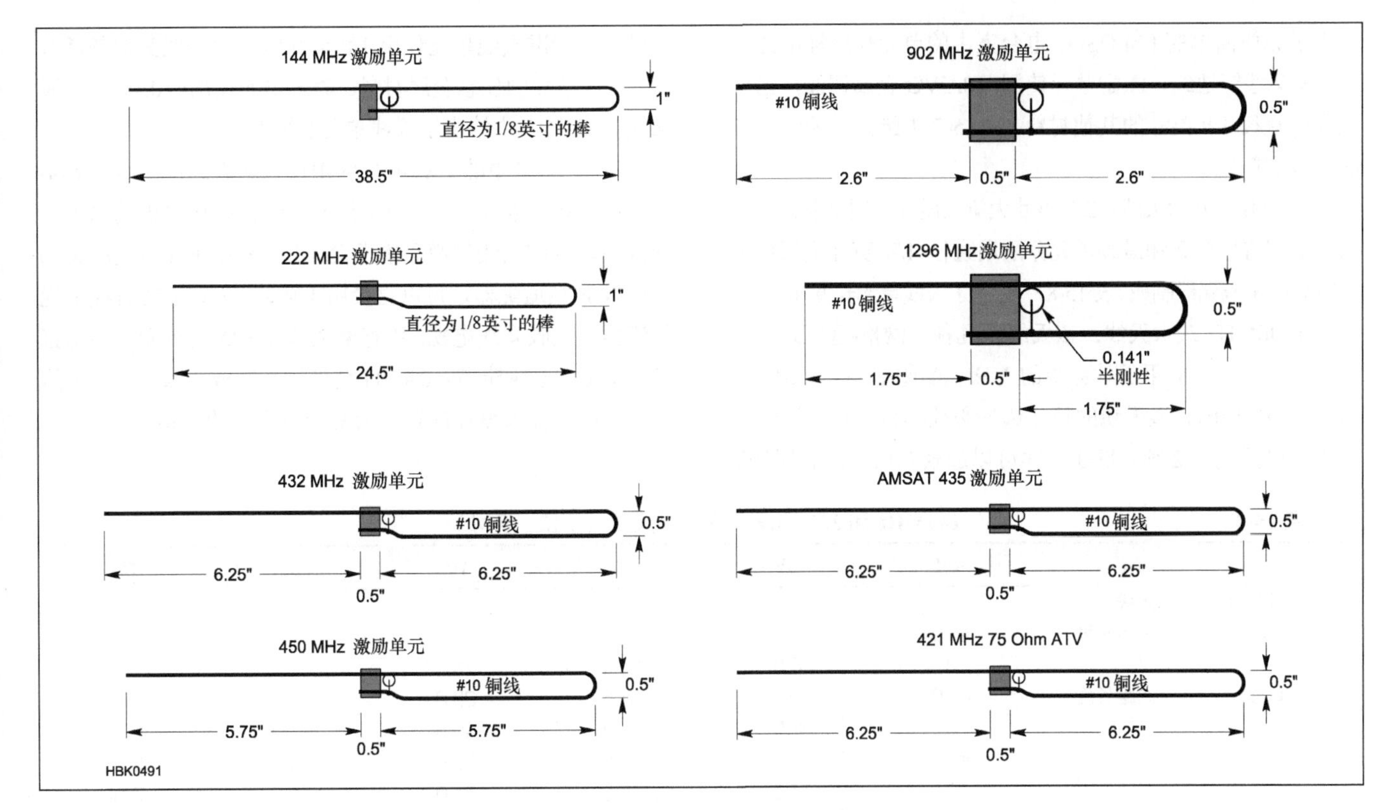

图15-32 低成本八木天线激励单元尺寸。激励单元中心是最低阻抗点故加载铜屏蔽罩。

图 15-32 中给出了每个天线的激励单元结构。调整激励单元活动端尺寸，使得天线可以在需要的频段上具有最小 SWR。图 15-33 中给出了如何在馈电点加载铜轴电缆。沿着同轴线滑动四分之一波长套筒对天线影响很小，所以在同轴线外部没有太多 RF。如果你喜欢，你可以使用铁氧体磁珠扼流，但是这些天线需要最低成本。

144MHz 八木天线：尽管有人指出 16 单元长大梁木质天线的好处时，6 单元天线是户外中应用最多的。此设计在 144.2MHz 时具有最大增益，在 146.5MHz 时性能依然很好。所有寄生单元和激励单元分别用 3/16 英寸和 1/8 英寸铝棒制成。表 15-4 中给出了天线单元长度和间距。

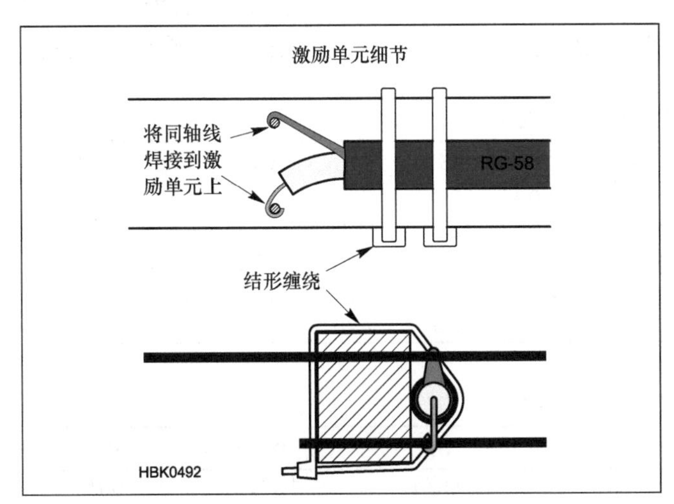

图15-33 低成本八木天线激励单元结构细节和馈电线。

222MHz 八木天线：这种天线的增益峰值在 222.1MHz 处，天线性能在 223.5MHz 时几乎不变。可以通过打孔使得天线单元水平或垂直放置。所有寄生单元和激励单元分别用 3/16 英寸和 1/8 英寸铝棒制成。表 15-4 中给出了天线单元长度和间距。

432MHz 八木天线：此频段天线非常实用且易于制作。所有寄生单元和激励单元分别用 1/8 英铝棒和#10AWG 金属铜线制成。表 15-5 中给出了天线单元长度和间距。

用于 AMSAT 的 435MHz 八木天线：Ed Krome（K9EK）对此天线的研究付出了努力。在所有类型天线中，高 *F*/*R* 是设计的主要指标。该模型指出，6 单元天线 *F*/*R* 具有 30dB，其他类型的天线 *F*/*R* 可超过 40dB。在增益方面，NEC 软件指出，6 单元、8 单元、10 单元和 11 单元天线的增益可分别达到 11.2dBi、12.6dBi、13.5dBi 和 13.8dBi。

在同一个 3/4 英寸正方形木头大梁上容易制作两个交叉极化天线。沿着大梁在 6.5 英寸距离上放置两个同相馈电天线可以产生圆极化，或仅使用一个天线实现便携式操作。所有寄生单元和激励单元分别用直径 1/8 英寸铝棒和#10AWG 金属铜线制成。表 15-6 中给出了天线单元长度和间距。天线中 4 种单元间距相同。

用于 FM 的 450MHz 八木天线：该 6 单元八木天线对于中继器来说是一种低成本、高性能的新选择，可以在测试中用于完成简单的 FM QSO。电台室中的单元使用标准的直径 1/8 英寸铝地线，激励单元使用#10AWG 金属铜线，也可以使用直径 1/8 英寸的其他材料。表 15-7 中给出了天线单元的长度和间距。

902MHz 八木天线：2.5 英寸大梁长度被证明是非常实用的。所有寄生单元和激励单元分别用直径 1/8 英寸金属棒和#10AWG 金属铜线制成。表 15-8 中给出了天线单元长度和间距。

1296MHz 八木天线：该天线是几种“网格-远征通信”中的鼻祖天线。应用于社会中的 VHF 范围内，该天线测试增益有 13.5dBi。该天线的尺寸选择必须非常小心。该天线的激励单元尺寸必须足够小，才可以加载 0.141 英寸半刚性同轴线。标准天线单元使用 1/8 英寸硅铜焊条或其他任意直径为 1/8 英寸的任意金属材料。激励单元使用#10AWG 金属铜线。表 15-9 中给出了天线单元长度和间距。

用于 ATV 中的 75Ω/421.25MHz 八木天线：在北部 Texas 州，421MHz 边带天线广泛应用于 FM 视频接收机的输入中继器中。这些天线的激励单元设计为 75Ω，RG-59 或 RG-6 上加载 F 型适配器，可以直接用于连接 57 频道的有线电视整流器或接收有线电视。所有寄生单元和激励单元分别用直径 1/8 英寸金属棒和#10AWG 金属铜线制成。表 15-10 中给出了天线单元长度和间距。所有天线类型的间距相同。

表 15-4　　144MHz 和 222MHz 八木天线尺寸（单位：英寸）

		Ref	DE	D1	D2	D3	D4
144MHz 八木天线							
3 单元	间距长度	41.0	—	37.0			
		0	8.5	20.0			
4 单元	间距长度	41.0	—	37.5	33.0		
		0	8.5	19.25	40.5		
6 单元	间距长度	40.5	—	37.5	36.5	36.5	32.75
		0	7.5	16.5	34.0	52.0	70.0
222MHz 八木天线							
3 单元	间距长度	26.0	—	23.75			
		0	5.5	13.5			
4 单元	间距长度	26.25	—	24.1	22.0		
		0	5.0	11.75	23.5		
6 单元	间距长度	26.25	—	24.1	23.5	23.5	21.0
		0	5.0	10.75	22.0	33.75	45.5

表 15-5　　432MHz 八木天线尺寸（单位：英寸）

		Ref	DE	D1	D2	D3	D4	D5	D6	D7	D8	D9
6 单元	间距长度	13.5	—	12.5	12.0	12.0	11.0					
		0	2.5	5.5	11.25	17.5	24.0					
8 单元	间距长度	13.5	—	12.5	12.0	12.0	12.0	12.0	11.25			
		0	2.5	5.5	11.25	17.5	24.0	30.75	38.0			
11 单元	间距长度	13.5	—	12.5	12.0	12.0	12.0	12.0	12.0	11.75	11.75	11.0
		0	2.5	5.5	11.25	17.5	24.0	30.75	38.0	45.5	53.0	59.5

表 15-6　　435MHz 八木天线尺寸（单位：英寸）

		Ref	DE	D1	D2	D3	D4	D5	D6	D7	D8	D9
6 单元	间距长度	13.4	—	12.4	12.0	12.0	11.0					
8 单元	间距长度	13.4	—	12.4	12.0	12.0	12.0	12.0	11.1			
10 单元	间距长度	13.4	—	12.4	12.0	12.0	12.0	12.0	11.75	11.75	11.1	
11 单元	间距长度	13.4	—	12.4	12.0	12.0	12.0	12.0	11.75	11.75	11.75	11.1
		0	2.5	5.5	11.25	17.5	24.0	30.5	37.75	45.0	52.0	59.5

表 15-7　　450MHz 八木天线尺寸（单位：英寸）

		Ref	DE	D1	D2	D3	D4
6 单元	间距长度	13.0	—	12.1	11.75	11.75	10.75
		0	2.5	5.5	11.0	18.0	28.5

表 15-8　　902MHz 八木天线尺寸（单位：英寸）

		Ref	DE	D1	D2	D3	D4	D5	D6	D7	D8
10 单元	间距长度	6.2	—	5.6	5.5	5.5	5.4	5.3	5.2	5.1	5.1
		0	2.4	3.9	5.8	9.0	12.4	17.4	22.4	27.6	33.0

表 15-9　　1296MHz 八木天线尺寸（单位：英寸）

		Ref	DE	D1	D2	D3	D4	D5	D6	D7	D8
10 单元	间距长度	4.3	—	3.9	3.8	3.75	3.75	3.65	3.6	3.6	3.5
		0	1.7	2.8	4.0	6.3	8.7	12.2	15.6	19.3	23.0

表 15-10　　421.25MHz 八木天线尺寸（单位：英寸）

		Ref	DE	D1	D2	D3	D4	D5	D6	D7	D8	D9
6 单元	间距长度	14.0	—	12.5	12.25	12.25	11.0					
9 单元	间距长度	14.0	—	12.5	12.25	12.25	12.0	12.0	11.25			
11 单元	间距长度	14.0	—	12.5	12.25	12.25	12.0	12.0	12.0	11.75	11.75	11.5
		0	3.0	6.5	12.25	17.75	24.5	30.5	36.0	43.0	50.25	57.25

15.3.5　144MHz、222MHz 和 432MHz 高性能八木天线

本节将通过介绍结构信息来引出 3 种均由 Steve Powlishen（K1FO）设计的高性能 VHF/UHF 八木天线。欧洲的另外一位八木天线设计者 Gunter Hoch（DL6WU）提出了一种可变高性能设计方法，详情见本章文献索引。

在高于或等于 144MHz 频段，大多数人设计的八木天线的长度大于或等于两个波长。在此长度下，天线的设计指标开始按增益分为每条大梁长度、带宽和方向图质量。更多的电脑和天线测量分析已经表明，最优八木天线设计应同时具有可变单元长度和可变单元间距。

这种设计方法从紧密间隔引向器开始。引向器间距逐步增加，直至恒定的 0.4λ。相反的，引向器长度从第一个最长的引向器开始，按一定速率逐步变短，直至最后两个长度几乎相同。这种结构将产生宽增益带宽。在正向增益-1dB 点，中心频带带宽达到 7%是这些八木天线的典型特点，即使天线长度大于 10λ。这种逐渐减小引向器长度的设计方法减小了激励单元阻抗与频率比。这使得在宽频带上获得可接受激励单元 SWR 的同时，可以使用简单的偶极子激励单元。另一个优势是当大梁长度增加时，八木天线谐振频率变化很小。

激励单元的阻抗随大梁长度变化而适度变化。逐渐减小的设计方法使得八木天线具有非常干净的辐射方向图。特别是大梁长度在 2λ 至 14λ 内，第一旁瓣在 E 平面为 17dB，H 平面为 15dB，在其他旁瓣大于等于 20dB。

单元长度的变化速率由单元直径（单位为波长）决定。大梁间距可以作为优化单个大梁长度或作为大多数大梁长度的最佳协调对象。

长八木天线的增益受到很大的争议。业余爱好者和专家的测量和电脑仿真结果表明，对于给定的优化设计，当增加八木天线大梁长度一倍后，理论增益最大值将增加大约 2.6dB。在实际中，因为逐步增加的阻抗损耗和结构偏差，真实增益的增加值可能会略少。图 15-34 中给出了以各向同性辐射器为参考、以 dB 形式表示的每个大梁长度最大可能的增益。只要引向器的数量合理，具体的引向器个数对大梁长度和增益的影响不大。每个大梁长度包含的引向器数量越多，增益带宽将越大，然而过多的引向器也会反过来影响天线各方面的性能。

小型天线（<1.5λ）加载方形或环形单元可能会增加天线增益，但长八木天线（>2λ）加载环形单元并没有展现出更高的正向增益或方向图的完整性。与此相似，环形的激励单元和反射器也没有明显地改变一个渐变式锥形八木天线的性能。多个偶极子组成的激励单元同单个偶极子馈电相比，也没有明显地增加每个给定的大梁长度的增益。

一旦长八木天线的引向器组被合理谐振，引向器变得相对不再重要。反射器间距倾向于在 0.15λ 至 0.2λ 之间。该间距可以根据最优辐射模式和激励单元阻抗来设置。放置多个反射器不会明显地增加八木天线的正向增益，假如该八木天线拥有被引向器合理优化过的正向增益，与单个最优长度反射器相比，许多多个反射器的设计方法，如 3 反射器和角反射器，会降低激励单元的阻抗。图 15-35 中给出的平面或网格反射器可能会降低不必要后瓣强度。这可以应用于降低 EME 和卫星阵列的噪声吸收。这种类型的反射器同单个反射器相比，通常会增加激励单元阻抗，这有时会使得激励单元匹配更加容易。需谨记，即使对于 EME，一个平面反射器仅提高了接收信噪比十分之几分贝，也会增加相当大的风载荷和重量。

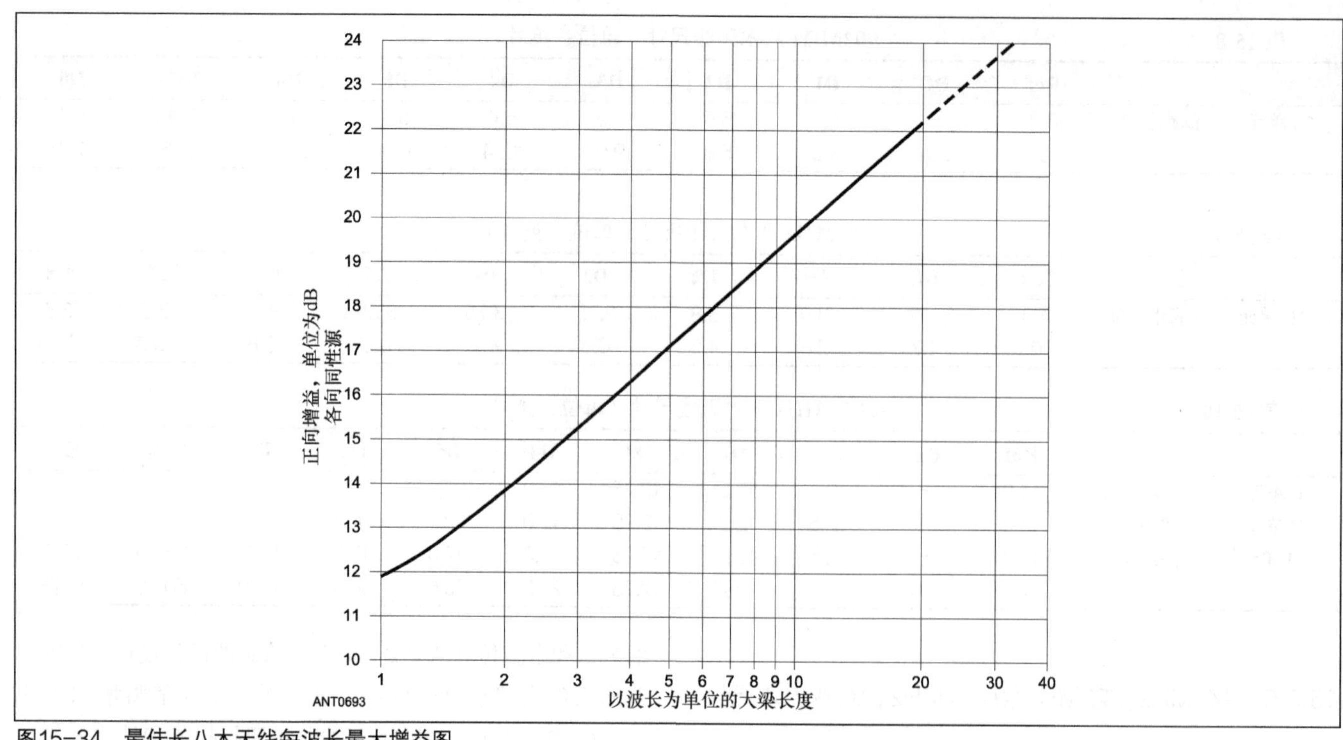

图15-34　最佳长八木天线每波长最大增益图。

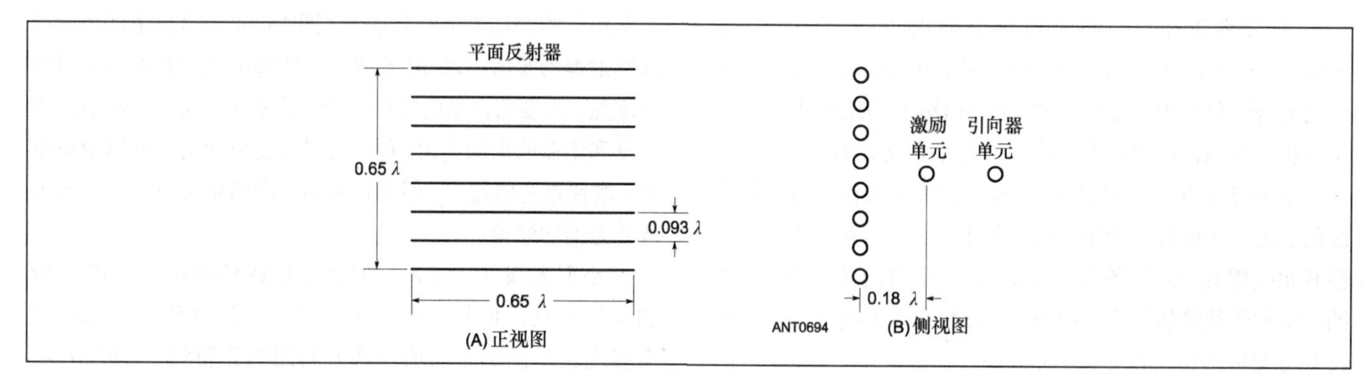

图15-35　平面反射器天线前视图和侧视图。

八木天线结构

通常，铝管或铝棒作为八木天线单元。硬瓷釉包裹的铜线也可以应用到420MHz的八木天线中。阻抗损耗同单元直径平方和电导率的平方根成正比。

任何波段的单元直径不应小于3/16英寸或4mm。单元的大小应具有合理的强度。半英寸直径适合50MHz，3/16～3/8英寸适合144MHz，3/16英寸适合更高的频段。钢，包括不锈钢以及未受保护的铜或铜线不应用于单元中。

单元材料应该是方形或环形铝管。高强度的铝合金，如6061-T6或者6063-T651，具有最好的承受力-重量比优势，玻璃纤维杆也可作为替补产品应用。木材是一种广泛应用的低成本大梁材料。木质应当是干燥、平滑的。干燥的松树、云杉和冷杉经常被使用。木材应经过精心处理，以避免吸水和弯曲。

单元可以以绝缘或非绝缘方式在大梁上方或贯穿方式安装。除非单元焊接在适当的位置，否则一种可行的安装方法是将非绝缘单元穿过金属大梁。八木天线单元即使在中等风力下也会振动，经过几年后，单元的振动将会使得大梁上的固定孔变大，这会使单元陷进大梁中，当风吹动时，单元接触点变化会使你的接收机中产生噪声。最终，单元同大梁连接点将会受到损害（氧化铝是一种很好的绝缘体）。大梁同单元间的电气连接引起的损耗会降低大梁的性能，并改变八木天线的谐振频率。

只要有良好的机械连接，非绝缘单元在大梁上方的安装方式将表现良好。大梁上方的绝缘区也会工作良好，但是这需要额外的加工。一种最流行的结构方式是在单元贯穿大梁时使用绝缘垫圈。这样做的主要缺点是难以拆卸，而限制了在便携式阵列中的应用。

如果使用导电性的大梁，单元的长度将根据所用安装方法来校准。校准大小取决于以波长为单位的大梁直径。图15-36中，单元不绝缘且贯穿大梁的安装方式需要最大

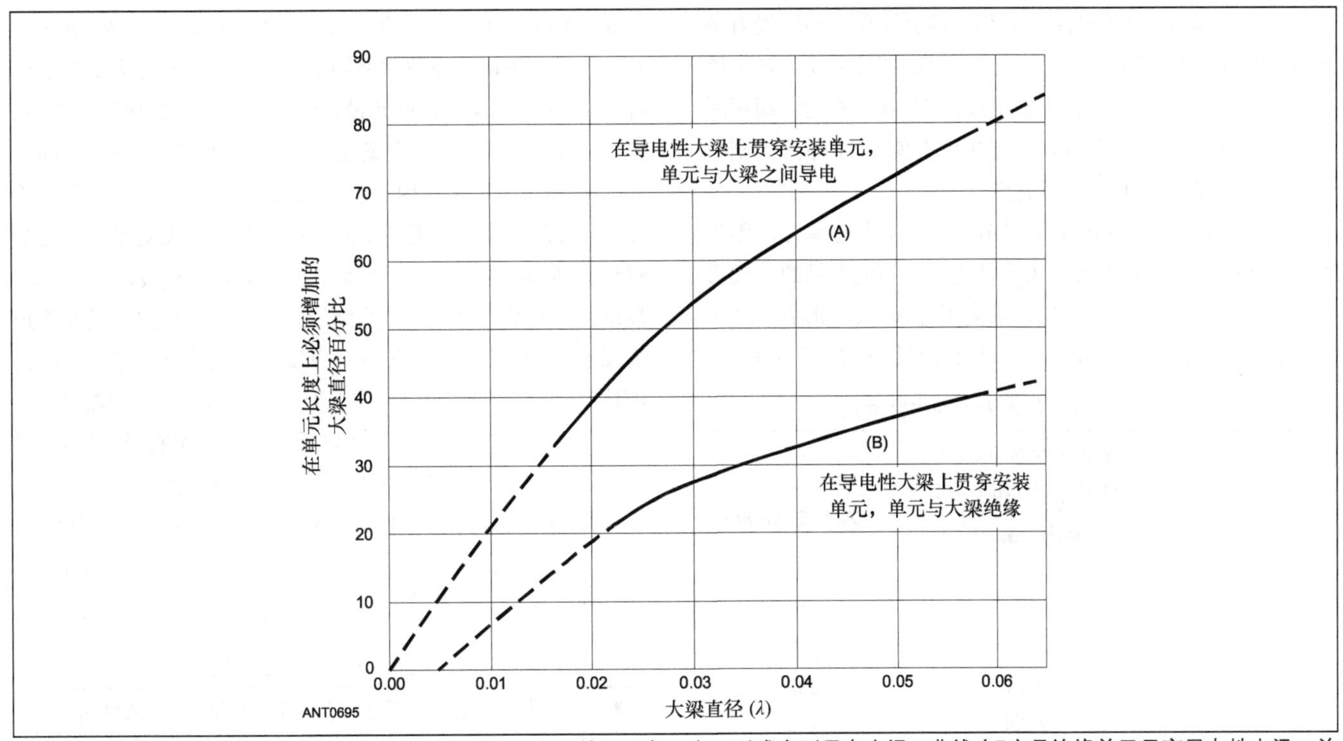

图15-36　八木天线单元与大梁直径的比较。曲线（A）是单元贯穿一个环形或方形导电大梁。曲线（B）是绝缘单元贯穿导电性大梁，并且单元安装在导电性大梁的上方（单元同大梁间存在电气连接）。这些模式经电脑仿真校准并决定了八木天线的谐振。单元的直径不会影响单元校准的数量。

程度的校准。在大梁顶端或利用绝缘垫圈贯穿大梁的安装方法需要大约校准整个大梁的一半。绝缘单元安装在大梁上方的距离至少是一个单元的直径，且不需要自由空间波长校准。

接下来的 3 种天线已经在每个频段中针对典型的大梁长度进行了优化。

一种 144MHz 高性能八木天线

这款 144MHz 八木天线的设计采用了最新的逐渐减小的锥形单元间距和长度设计。它给出了近似的大梁长度理论增益、极其平滑的方向图和宽带宽。这种设计基于 Tom Kirby（W1EJ<SK>）利用计算机开发设计的 4.5λ/432MHz 天线间距。它与本节中别处介绍的 432MHz 八木天线非常相似。可以参考其工程中的其他结构图表。

数学模型通常不会直接转化为现实工作实例。尽管电脑设计提供了一个好的起始点，作者 Steve Powlishen（K1FO）在得到最终可工作八木天线模型之前设计了几个测试模型。这种包含改变单元渐变速率的手动调谐，目的是为了得到几种不同大梁长度八木天线的灵活性。

该设计适合用于 1.8λ（10 单元）至 5.1λ（19 单元）。当八木天线增加单元时，中心频率、馈电阻抗和 *F/R* 会上下波动。一种现代的渐变设计会减小这种影响，并允许设计者选择任意所需大梁长度。表 15-11 列出了多种大梁长度的八木天线的设计性能。

表 15-11　144MHz 八木天线尺寸

单元编号	大梁长度（λ）	增益（dBd）	激励单元阻抗（Ω）	F/B 比值（dB）	波束宽度（°）	排列（°）
10	1.8	11.4	27	17	39/42	10.2/9.5
11	2.2	12.0	38	19	36/40	11.0/10.0
12	2.5	12.5	28	23	34/37	11.7/10.8
13	2.9	13.0	23	20	32/35	12.5/11.4
14	3.2	13.4	27	18	31/33	12.8/12.0
15	3.6	13.8	35	20	30/32	13.2/12.4
16	4.0	14.2	32	24	29/30	13.7/13.2
17	4.4	14.5	25	23	28/29	14.1/13.6
18	4.8	14.8	25	21	27/28.5	14.6/13.9
19	5.2	15.0	30	22	26/27.5	15.2/14.4

基于该设计的任意八木天线的增益在设计频率 144.2MHz 处，同最大理论增益的偏差在 0.1dB 到 0.2dB 之内。该设计的增益峰值频点略高（计算得出的增益峰值频点大约在 144.7MHz）。实践证明，这样的设计使得 SWR 带宽和方向图在 144.0～144.3MHz 内变好，八木天线性能受到天气影响变小，并且天线阵列性能会变得更加可预见。如果单元数量少于 10 个，则该设计的天线性能开始下降。当大梁长度小于 2λ 时，更多传统的设计表现良好。

表 15-12 中给出了在自由空间下直径 1/4 英寸单元的单位长度。公制符号的使用使得在设计平台中尺寸的变化更加

容易。一旦你熟悉了公制系统，你可能会发现结构因没有英语分数单位而变得简单。对于直径 3/16 英寸单元，增加所有寄生单元长度 3mm。如果使用直径 3/8 英寸单元，缩短所有定向器和反射器长度 6mm。如果没有使用 12 单元，则单个八木天线的激励单元需要调整。

对于 12 单元八木天线，选择直径 1/4 英寸单元，因为在 2m 波段，小直径单元变得异常脆弱。其他直径的单元可以按照之前的叙述照常使用。权衡增益和方向图后，2.5λ 大梁具有极好的尺寸以及风荷。该尺寸也很方便，3 个 6 英尺长的铝管刚好用完。直径相对大的大梁尺寸（5/4 英寸和 11/8 英寸）可以构成非常坚固的八木天线，而省去了大梁支撑。17 英尺大梁 12 单元设计经计算，可以在接近 120m/h 风力下正常工作，不用大梁支撑，也使得垂直极化变得可能。

伸缩型的大梁可用于制作长大梁类型的天线。在大梁长度长于 22 英尺时，需要用到一些类型的大梁支撑。单元通过绝缘体垫圈贯穿大梁。然而，只要对单元长度进行合适的校准，单元就能以绝缘、非绝缘、高于或贯穿的方式安装到大梁上。通过检查主瓣和第一旁瓣间的无用波瓣深度可以验证特有谐振。在主工作频段，无用波瓣需比第一旁瓣低 5～10dB。图 15-37 中给出了 12 单元模型的大梁布局。表 15-13 中给出了 12 单元 2.5λ 八木天线校准单元尺寸。

通过剪切，该设计也可以应用于 147MHz。单元间距不需改变，在 146～148MHz 间，单元长度应缩短 17mm，以更好地工作。同样的，如果需要，激励单元也需要调整。

表 15-12　144MHz 八木天线自由空间尺寸

单元编号	单元直径为 1/4 英寸 单元位置（距反射器距离，mm）	单元长度（mm）
Refl.	0	1 038
DE	312	955
D1	447	956
D2	699	932
D3	1 050	916
D4	1 482	906
D5	1 986	897
D6	2 553	891
D7	3 168	887
D8	3 831	883
D9	4 527	879
D10	5 259	875
D11	6 015	870
D12	6 786	860
D13	7 566	861
D14	8 352	857
D15	9 144	853
D16	9 942	849
D17	10 744	845

表 15-13　12 单元 2.5λ 八木天线的尺寸

单元编号	单元位置（距反射器距离，mm）	单元长度（mm）	梁直径（英寸）
Refl.	0	1 044	
DE	312	955	1¼
D1	447	962	
D2	699	938	
D3	1 052	922	
D4	1 482	912	
D5	1 986	904	1⅜
D6	2 553	898	
D7	3 168	894	
D8	3 831	889	
D9	4 527	885	1¼
D10	5 259	882	

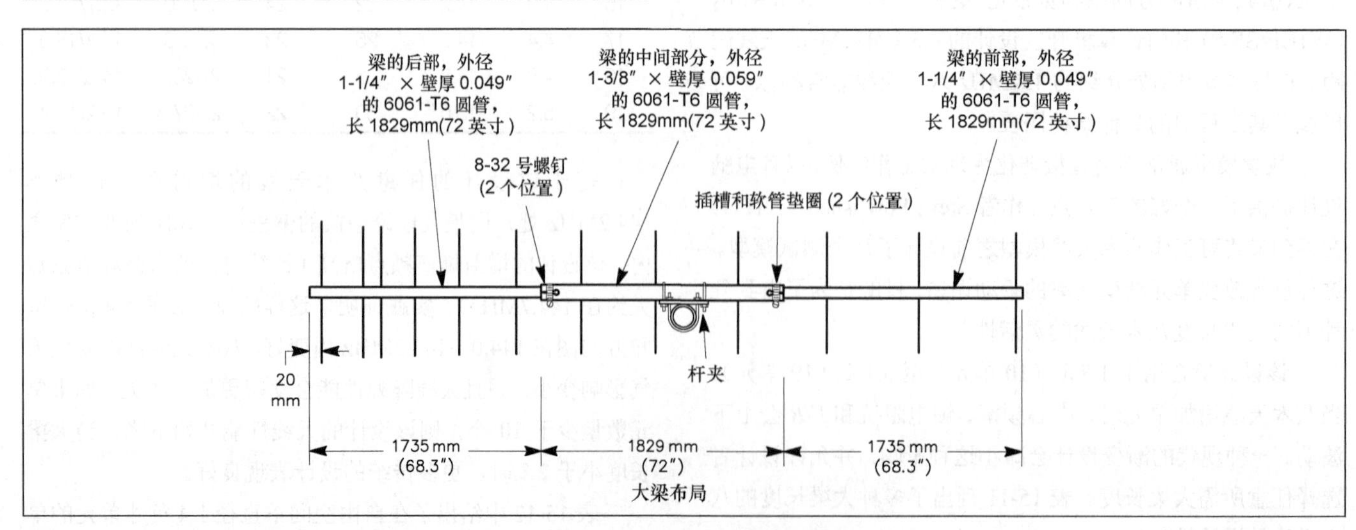

图15-37　12单元144MHz八木天线大梁示意图。长度以mm为单位给出，以便精确复制。

激励单元尺寸的（直径 1/2 英寸）选择应使得阻抗匹配变简单。只要有合适的长度和 T 型匹配调节器，任何合理的激励单元尺寸都可使用。激励单元尺寸随大梁长度变化而变化。计算自然激励单元得出的阻抗作为参考。稳定的 T 型匹配容易实现最佳 SWR 和稳定的辐射方向图。4∶1 半波同轴线巴伦和四分之一波长巴伦阻抗变换器都可使用。200Ω 平衡馈电点处阻抗变换器由计算得出的自然阻抗决定。计算的折叠偶极子和 T 型匹配激励单元参数信息见“耦合传输线和阻抗匹配”一章。本天线中，平衡馈电很重要。γ 匹配会严重破坏方向图的平衡性。如果你愿意牺牲一部分灵活性的话，另一种有用的激励源排列方式是 delta 匹配和折叠偶极子。图 15-38 中详细给出了激励单元的尺寸。

一个非绝缘激励单元可以方便安装。当然也可以选择绝缘激励单元。接地激励单元可能受到静电积累的影响较小。另一方面，绝缘激励单元使得工程师在屋内利用欧姆计就可方便地检查其馈电线是否进水或其他污染。

图 15-39 给出了 12 单元八木天线仿真 E 平面和 H 平面方向图。该方向图是 1dB 每格的线性比例而不是往常的 ARRL 极坐标图。该 12 单元八木天线的方向图非常平滑，除主瓣和第一旁瓣外，与标准 ARRL 格式非常相似。

几个配备单个 12 单元 144MHz 八木天线的大型 EME 基站接收到月亮反射波，这证明了 12 单元八木天线的优越性能。4 个 12 单元八木天线将组成一个非常好的 EME 启动阵列，可以完成许多 EME QSO，并具有相对小的尺寸。早期的天线制造者可以利用表 15-11 中的信息设计任意尺寸的阵列。

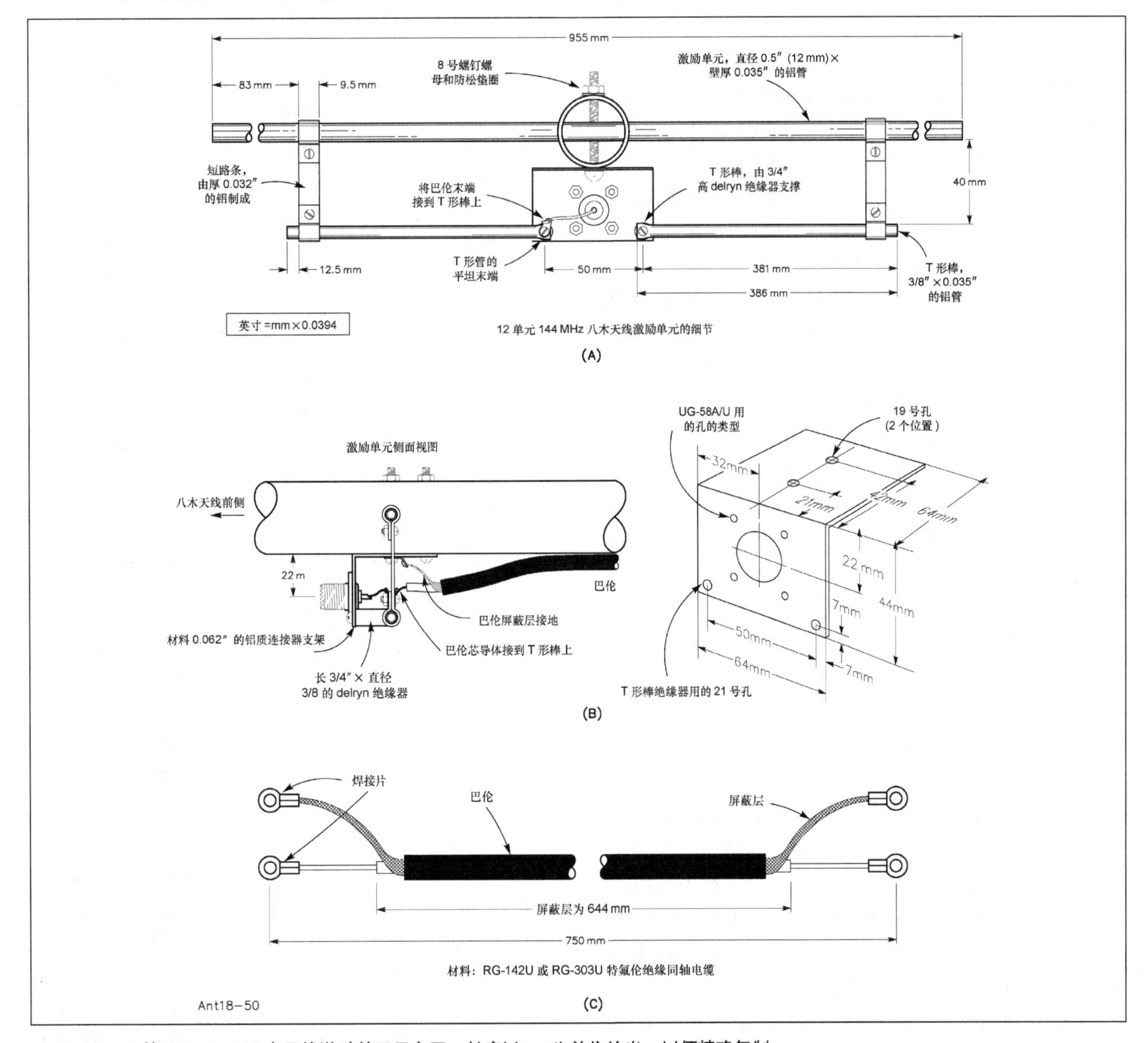

图15-38　12单元144MHz八木天线激励单元示意图。长度以mm为单位给出，以便精确复制。

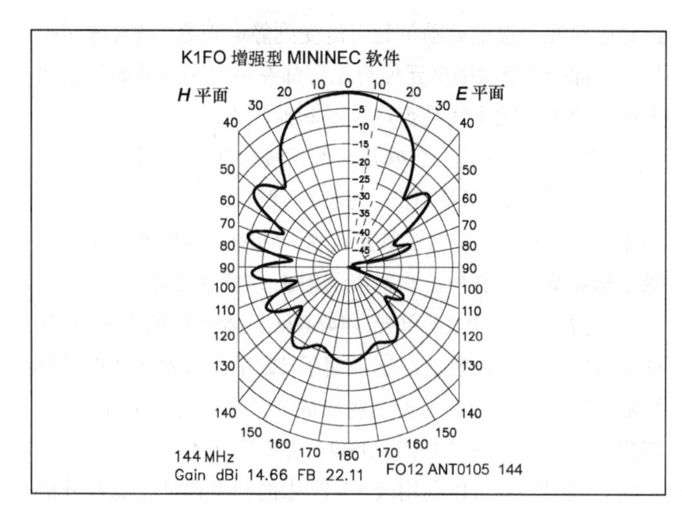

图15-39　12单元144MHz八木天线H和E平面方向图。

高性能 222MHz 八木天线

现代渐变八木天线设计可以很容易地应用于 222MHz。该设计在 12 单元 144MHz 和 22 单元 432MHz 之间使用间隔级数。设计结果具有每大梁长度的最大增益、平滑对称方向图和宽带宽特点。尽管它被设计用来处理弱信号（对流层散射和 EME），但是它适用于 222MHz 工作的各种模式，例如无线电分组交换网络、FM 中继器和链接控制。

3.9λ 16 单元八木天线的间距是最好的折中参数。例如在 12 单元 144MHz 天线设计中，3.9λ 非常适合由 3 个 6 英尺长铝棒制成的大梁。该设计具有可延展性，12 单元（2.4λ）模型到 22 单元（6.2λ）模型的尺寸变化在表 15-14 中给出。注意给出的自由空间长度，它们必须经过单元安装方法校准，表 15-15 中给出了各种大梁长度的规范。

天线结构

使用大直径大梁（5/4 英尺和 11/8 英尺）结构可以避免使用大梁支撑。八木天线可以用于垂直极化。单元由 3 个 1/16 英寸直径的铝棒构成。合金不重要，使用 6061-T6，但是硬铝焊接是需要的。如果所有单元长度缩短 3mm，也可使用 1/4 英寸直径单元。直径为 3/8 英寸的单元需要缩短长度 10mm。单元直径小于 3/16 英寸的不作要求。单元是绝缘的，且贯穿大梁。塑料垫圈和不锈钢保护架可用于固定单元。制作八木天线各个部分的信息可以从 DirectiveSystem（www.directivesystems.com）获取。图 15-40 详细给出了 16 单元八木天线大梁布局。表 15-16 中给出了所建 16 单元八木天线的尺寸。激励单元由 T 型匹配器和 4:1 巴伦馈电。图 15-41 给出了该结构的详细信息。其他照片和结构图可以参考本章中介绍的 432MHz 八木天线工程。

该八木天线作为一种典型的渐变设计天线，具有相对宽的增益带宽和 SWR 曲线，可适用于宽频带。样例尺寸可用于 222.0～222.5MHz。16 单元八木天线在高于 223MHz 时依然有用。覆盖整个波段的折中方法是将所有寄生单元缩短 4mm。激励单元需要调整长度，以实现最佳匹配。T 型短路节线的位置也需要移动。

表 15-14　222MHz 八木天线自由空间尺寸

单元直径为 3/16 英寸		
单元编号	单元位置（距反射器距离，mm）	单元长度（mm）
Refl.	0	676
DE	204	647
D1	292	623
D2	450	608
D3	668	594
D4	938	597
D5	1 251	581
D6	1 602	576
D7	1 985	573
D8	2 395	569
D9	2 829	565
D10	3 283	552
D11	3 755	558
D12	4 243	566
D13	4 745	554
D14	5 259	553
D15	5 783	552
D16	6 315	551
D17	6 853	550
D18	7 395	549
D19	7 939	548
D20	8 483	547

表 15-15　222MHz 八木天线尺寸

单元数量	大梁长度（λ）	增益（dBd）	*F/B* 比（dB）	*DE* 阻抗（Ω）	波束宽度 *E/H*（°）	堆叠 *E/H*（英尺）
12	2.4	12.3	22	23	37/39	7.1/6.7
13	2.8	12.8	19	28	33/36	7.8/7.2
14	3.1	13.2	20	34	32/34	8.1/7.6
15	3.5	13.6	24	30	30/33	8.6/7.8
16	3.9	14.0	23	23	29/31	8.9/8.3
17	4.3	14.35	20	24	28/30.5	9.3/8.5
18	4.6	14.7	20	29	27/29	9.6/8.9
19	5.0	15.0	22	33	26/28	9.9/9.3
20	5.4	15.3	24	29	25/27	10.3/9.6
21	5.8	15.55	23	24	24.5/26.5	10.5/9.8
22	6.2	15.8	21	23	24/26	10.7/10.2

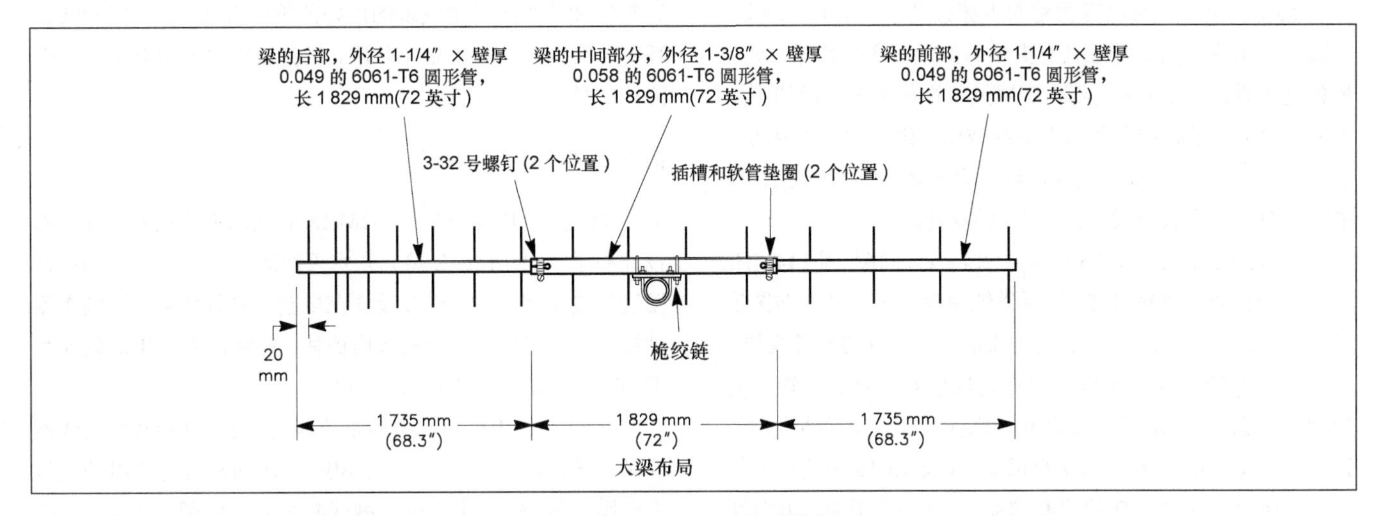

图15-40　16单元222MHz八木天线大梁布局。长度以mm为单位给出，以便精确复制。

表 15-16　　16 单元 222MHz3.9 波长八木天线尺寸

单元编号	单位位置（距反射器距离，mm）	单元长度（mm）	大梁直径（英寸）	单元编号	单位位置（距反射器距离，mm）	单元长度（mm）	大梁直径（英寸）
R efl.	0	683		D7	1 985	580	
DE	204	664		D8	2 395	576	
D1	293	630	1¼	D9	2 829	572	
D2	450	615		D10	3 283	569	
D3	668	601		D11	3 755	565	（见左图）
D4	936	594	1⅜	D12	4 243	563	
D4	936	594		D13	4 745	561	
D5	1 251	588	1¼	D14	5 259	560	
D6	1 602	583					

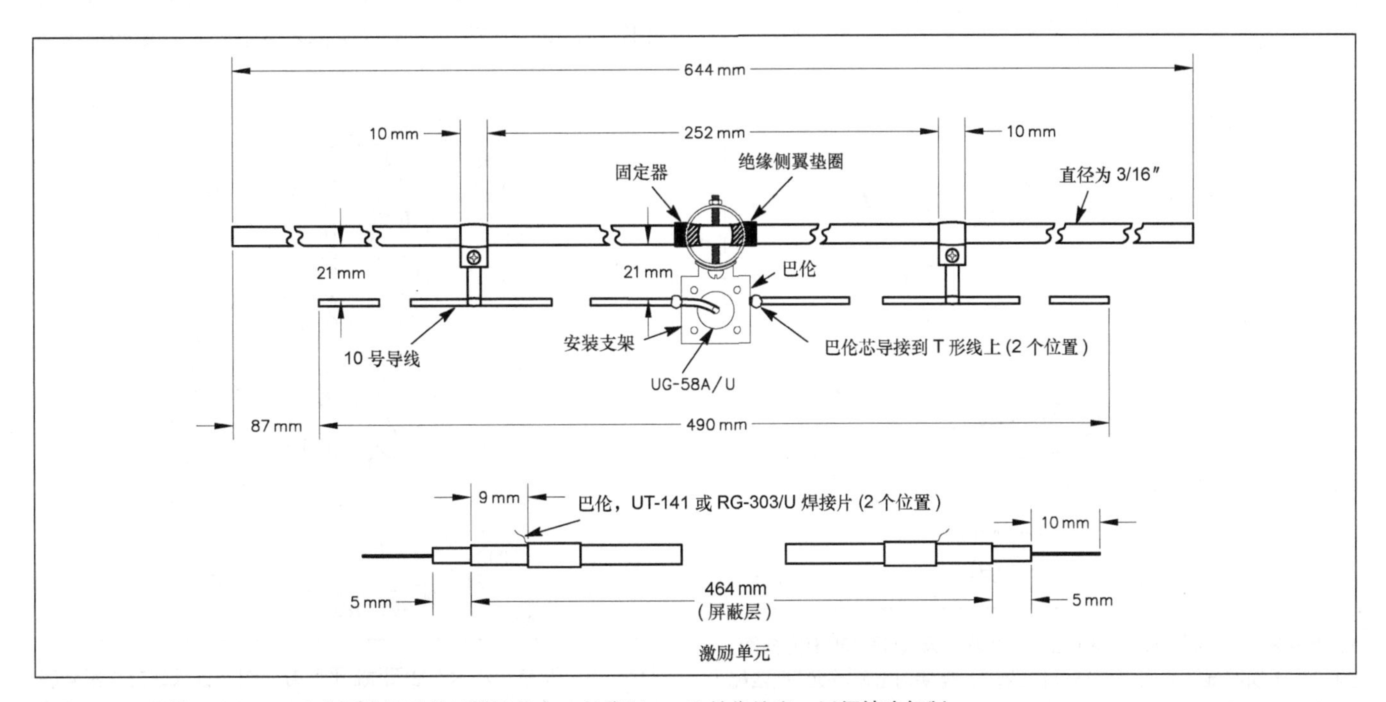

图15-41　16单元222MHz八木天线激励单元详细信息。长度以mm为单位给出，以便精确复制。

铝制大梁轻便且具有优越的机械强度，横截面风载低。铝因为比木头和玻璃纤维具有更长的寿命而备受青睐。使用最先进的设计，在未来几年内实现天线性能的明显增加不太可能。如果可以制成合适的木质或玻璃纤维大梁，至少当木质是新的、干燥的时候，天线性能不会衰减。可利用表 15-16 中自由空间单元长度设计绝缘大梁的结构。

图 15-42 中给出了 16 单元八木天线方向图。同 144MHz 八木天线相似，每格 1dB 的图详细精确地给出了方向图信息。该 16 单元设计是 EME 或对流层 DX 阵列的重要模块。旧式窄带宽的八木天线构成的阵列性能难以预计。很少有 3.0dB 的理论层叠增益。16 单元八木天线（以及其他类型的设计）确实有接近 3dB 的层叠增益。（表 15-15 中列出的间距尺寸刚刚超过 2.9dB 的层叠增益）。这是在增益、方向图完整性和阵列尺寸中发现的最好的折中方法。任何定相线损耗将从可能的层叠增益中扣除，机械加工误差也会降低一个阵列的性能。

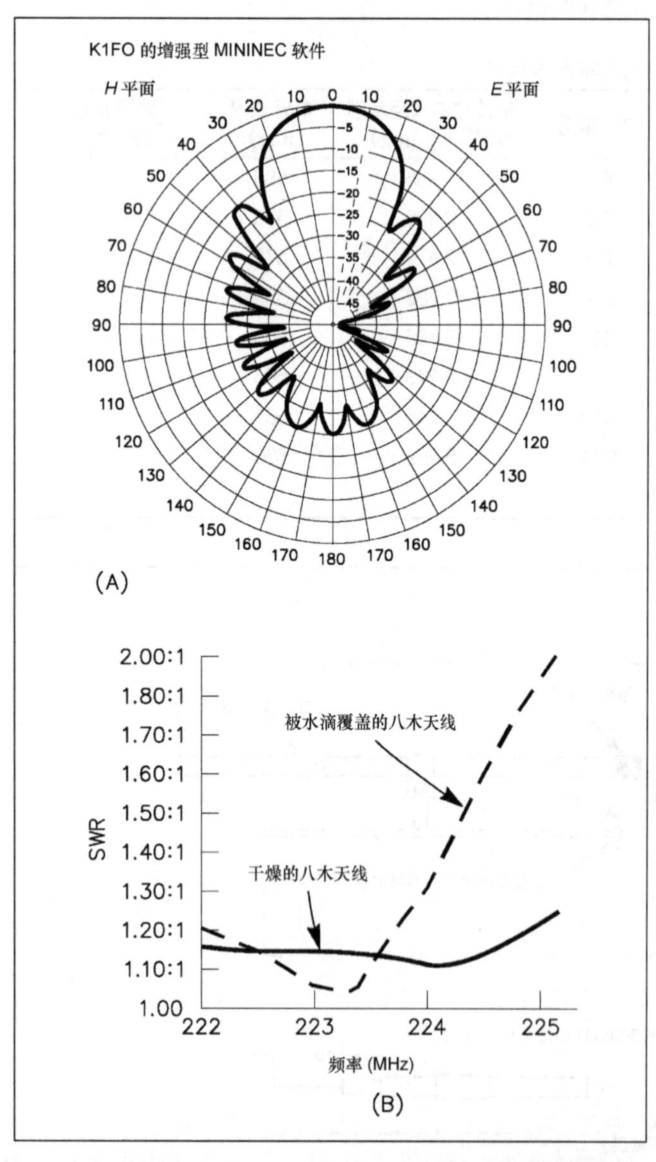

图15-42 图（A）中，16单元222MHz八木天线H面和E面方向图。为了在干燥和湿润天气下获得最优SWR，需要对激励单元T型匹配尺寸进行选择。图（B）中给出的“SWR VS频率”曲线证明该八木天线设计具有宽频响应。

高性能 432MHz 八木天线

这款 22 单元 6.1λ/432MHz 的八木天线最初由 K1FO 设计用于一个 EME12 单元八木天线阵列。长度的评测和开发过程先于其结构。许多设计在电脑上进行仿真，再制作测试模型，并在自制天线范围内评估，最终作为结果的设计基于 W1EJ（SK）的电脑优化间距。

设计过程中付出的努力是值得的。22 单元八木天线不仅具有超常的正向增益（17.9dBi），还通常具有平滑的辐射方向图。图 15-43 中给出了测试 E 平面方向图。注意，图中每格为 1dB，更好地展现了方向图细节。

同其他的渐变八木天线设计类似，该天线容易适用于不同长度的大梁。许多业余爱好者制作过该类型的八木天线。大梁长度在 5.3λ（20 单元）至 12.2λ（37 单元）之间。

原始八木天线尺寸（169 英寸长，约 6.1λ）的设计，目的在于使得天线可以采用小直径的大梁材料（7/8 英寸和 1 英寸的圆形 6061-T6 铝），并能承受高强度的风和冰雪。22 单元八木天线的重量大约是 3.5 英镑，可承受风力大约是 0.8 每平方英寸。这能实现可控风荷载和重量的高增益 EME 天线阵列。同样的低风荷载和重量使得对流层操作者可以在通信塔中增加一个高性能的 432MHz 天线阵列，而不需要牺牲在其他频段的天线。

表 15-17 中列出了各种长度八木天线的增益和层叠说明书。表 15-18 中给出了基本的八木天线尺寸。这些是 3/16

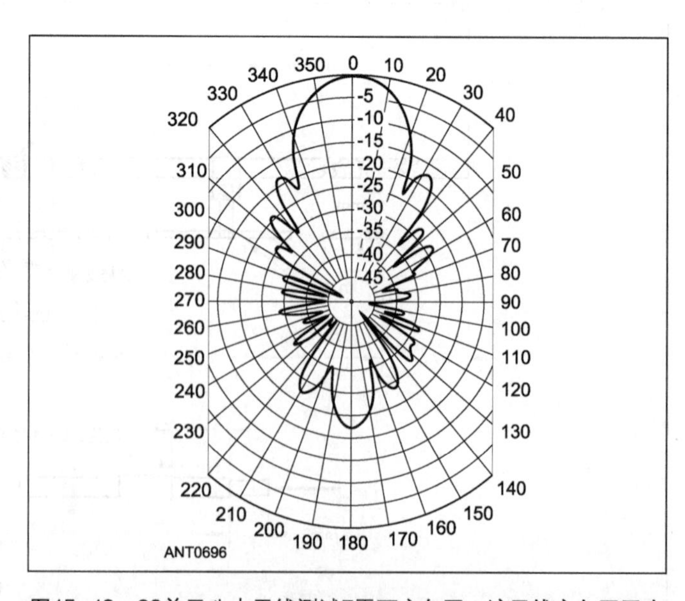

图15-43 22单元八木天线测试E平面方向图。该天线方向图画在线性dB网格上，而不是标准的ARRL指数网格上，这突出了低旁瓣的特性。

英寸直径的自由空间单元的长度。大梁必须加载单元安装方法的校准。单元长度校准一列给出了用于维持八木天线最佳中心应用频率432MHz时需增加的长度。该校准需要在一个宽范围的大梁长度内使用相同的间距模式。尽管任意长度的八木天线都可以工作良好，但是18单元（4.6λ）或更多单元时性能最佳。单元材料不推荐使用直径小于3/16英寸的，因为此时的阻抗损耗会降低天线增益约0.1dB，并且空气湿润的天气情况下会更糟糕。

如果所有单元长度缩短3mm，1/4英寸直径单元也可使用。该单元长度用于在单元一端切割小的凹槽（0.5mm）。阵列的增益峰值在中心频率437MHz处。在空气湿润的天气情况下，432MHz处增益仅下降0.05dB，这是可接受的。

表15-17　432MHz八木天线尺寸

单元个数	大梁长度（λ）	增益（dBi）	*F/B* 比（dB）	*DE* 阻抗（Ω）	波束宽度 *E/H*（°）	堆叠 *E/H*（英尺）
15	3.4	15.67	21	23	30/32	53/49
16	3.8	16.05	19	23	29/31	55/51
17	4.2	16.45	20	27	28/30	56/53
18	4.6	16.8	25	32	27/29	58/55
19	4.9	17.1	25	30	26/28	61/57
20	5.3	17.4	21	24	25.5/27	62/59
21	5.7	17.65	20	22	25/26.5	63/60
22	6.1	17.9	22	25	24/26	65/62
23	6.5	18.15	27	30	23.5/25	67/64
24	6.9	18.35	29	29	23/24	69/66
25	7.3	18.55	23	25	22.5/23.5	71/68
26	7.7	18.8	22	22	22/23	73/70
27	8.1	19.0	22	21	21.5/22.5	75/72
28	8.5	19.20	25	25	21/22	77/75
29	8.9	19.4	25	25	20.5/21.5	79/77
30	9.3	19.55	26	27	20/21	80/78
31	9.7	19.7	24	25	19.6/20.5	81/79
32	10.2	19.8	23	22	19.3/20	82/80
33	10.6	19.9	23	23	19/19.5	83/81
34	11.0	20.05	25	22	18.8/19.2	84/82
35	11.4	20.2	27	25	18.5/19.0	85/83
36	11.8	20.3	27	26	18.3/18.8	86/84
37	12.2	20.4	26	26	18.1/18.6	87/85
38	12.7	20.5	25	25	18.9/18.4	88/86
39	13.1	20.6	25	23	18.7/18.2	89/87
40	13.5	20.8	26	21	17.5/18	90/88

表15-18　432 MHz八木天线家族的自由空间尺寸

单元编号	单元位置（距反射器距离，单位为mm）	单元长度（mm）	单元修正量
Refl	0	340	
DE	104	334	
D1	146	315	
D2	224	306	
D3	332	299	
D4	466	295	
D5	622	291	
D6	798	289	
D7	990	287	
D8	1 196	285	
D9	1 414	283	
D10	1 642	281	−2
D11	1 879	279	−2
D12	2 122	278	−2
D13	2 373	277	−2
D14	2 629	276	−2
D15	2 890	275	−1
D16	3 154	274	−1
D17	3 422	273	−1
D18	3 693	272	0
D19	3 967	271	0
D20	4 242	270	0
D21	4 520	269	0
D22	4 798	269	0
D23	5 079	268	0
D24	5 360	268	+1
D25	5 642	267	+1
D26	5 925	267	+1
D27	6 209	266	+1
D28	6 494	266	+1
D29	6 779	265	+2
D30	7 064	265	+2
D31	7 350	264	+2
D32	7 636	264	+2
D33	7 922	263	+2
D34	8 209	263	+2
D35	8 496	262	+2
D36	8 783	262	+2
D37	9 070	261	+3
D38	9 859	261	+3

22 单元八木天线在增益-1dB 处的增益宽度为 31MHz。在 420～440MHz 之间八木天线的 SWR 小于 1.4:1。图 15-44 是由网络分析仪画出的激励单元 SWRvs 频率图。这些数据表明，即使激励单元为一个简单的偶极子，该渐变锥形八木天线的频率响应依然很宽。实际上，在天线增益的测量中，一些 ATV 天线操作者会测量 420～440MHz 之间的增益与频率比。该 22 单元八木天线性能优于所有参与测试的天线，包括具有所谓宽带馈电的天线。

为使八木天线在 435MHz 应用（卫星通信）中达到增益峰值，你可能要缩短所有单元 2mm。为使八木天线在 438MHz 应用（ATV 应用）中达到增益峰值，你可能要缩短所有单元 4mm。如果你想将八木天线应用到 440～450MHz 之间的 FM，缩短所有单元长度 10mm。这使得天线增益在 440MHz 时为 17.6dBi，在 450MHz 时为 18.0dBi。如果单元长度缩减，激励单元也可能会需要调整。

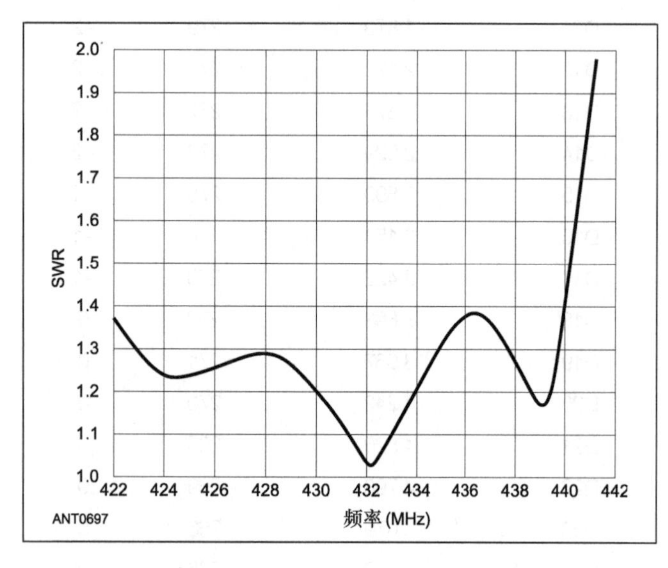

图15-44　在干燥环境下，22单元八木天线的SWR特性曲线。

尽管该八木天线的设计具有相对宽带，但在制作时需要非常注意精确复制设计原型。米制单位在 432MHz 八木天线尺寸中使用起来非常方便，单元上钻孔的误差应在 2mm 以内，单元长度误差应在 0.5mm 以内。用弓锯第一次粗略切割，然后用老虎钳固定，最后确定精确长度，单元就可以这样被精准地制作出来。

天线阵越大，你需要将更多的精力放在使所有八木天线一致上。单元通过绝缘垫圈贯穿大梁和实现安装（见图 15-45）。单元保护架是不锈钢紧固件。分别由几家公司制作，如 Industrial Retaining RingCo（www.truarc.com）和 Auveco Products（www.auveco.com）。你可以在当地的工业硬件零售商处买到。单元的绝缘性不是很关键，特氟龙和黑色聚乙烯可能是最好的材料。图中的八木天线利用黑色聚甲醛绝缘体制成。合适的绝缘体和保护架可以从 Directive Systems（www.directive systems.com）下载到。

在小的支架上，激励单元使用 UG-58A/U 连接器。压入中心栓的类型应该是 UG-58A/U。被 C 型弹片支撑的具有中心栓的 UG-58s 通常会漏水。一些连接器使用钢制固定弹片，它会生锈并在绝缘体上留下导电条纹。T 型匹配线由 UT-141 型巴伦支撑。如果没有 UT-141 的话，也可以使用 RG-303/U 或 RG-142/U 型特氟龙绝缘电缆。图 15-46 中给出了激励单元结构的细节图。激励单元尺寸在图 15-47 中给出。

22 单元八木天线尺寸在表 15-19 中给出。图 15-48 给出了八木天线大梁的详细布局。单元材料可以使用 3/16 英寸 6061-T6 铝棒或硬铝焊条。

图15-45　单元安装细节图。单元用绝缘塑料垫圈贯穿大梁，不锈钢紧固件固定单元。

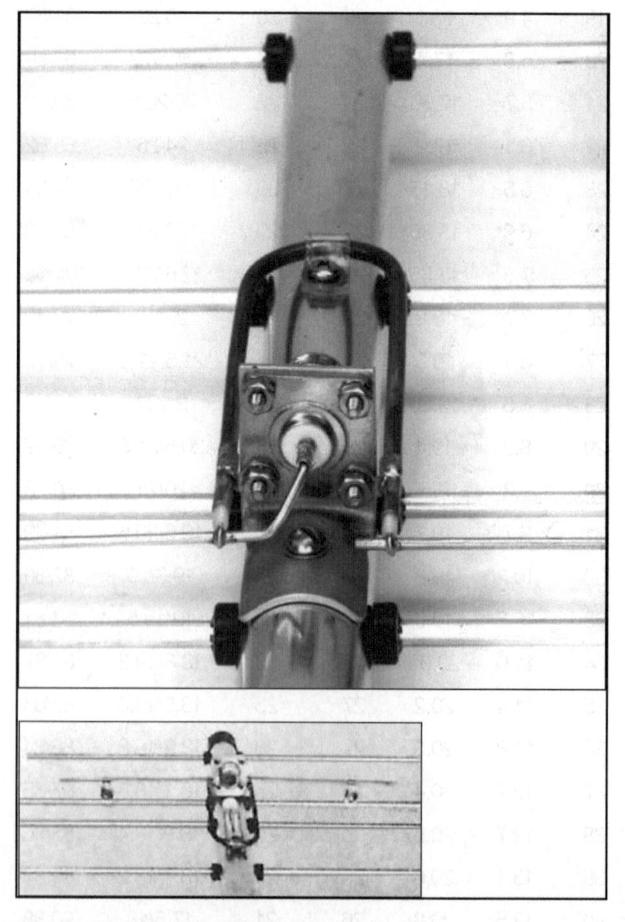

图15-46　激励单元和T型匹配示意图。

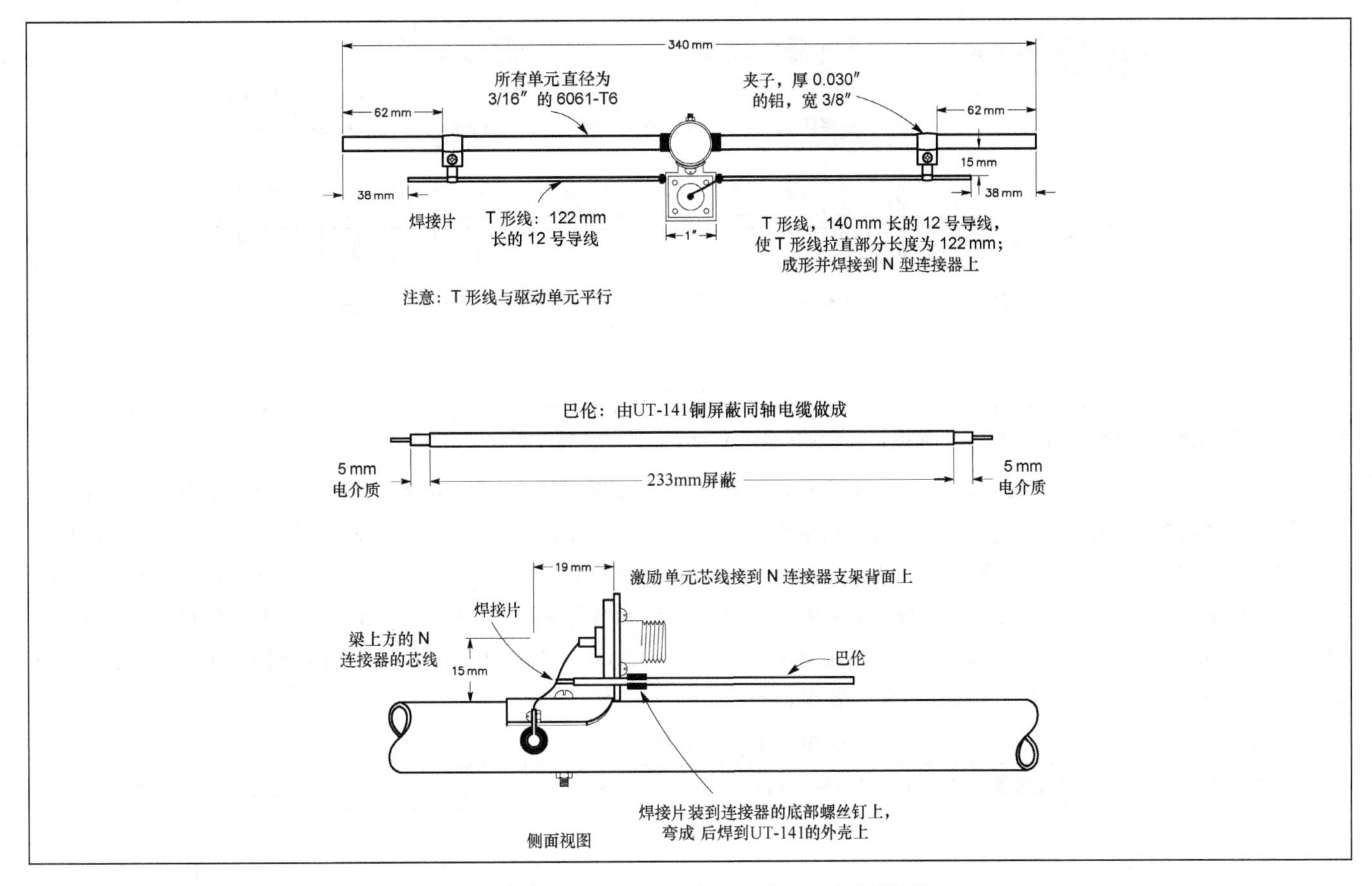

图15-47 22单元八木天线激励单元和T型匹配的细节图。天线长度以mm为单位，方便精确复制。

表 15-19　　22 单元 432MHz 八木天线尺寸

单元编号	单元位置（与反射器的距离，mm）	单元长度（mm）	大梁直径（in）
Refl	30	346	
DE	134	340	
D1	176	321	
D2	254	311	
D3	362	305	
D4	496	301	7/8
D5	652	297	
D6	828	295	
D7	1 020	293	
D8	1 226	291	
D9	1 444	289	
D10	1 672	288	
D11	1 909	286	1
D12	2 152	285	
D13	2 403	284	
D14	2 659	283	
D15	2 920	281	7/8
D16	3 184	280	
D17	3 452	279	
D18	3 723	278	
D19	3 997	277	
D20	4 272	276	

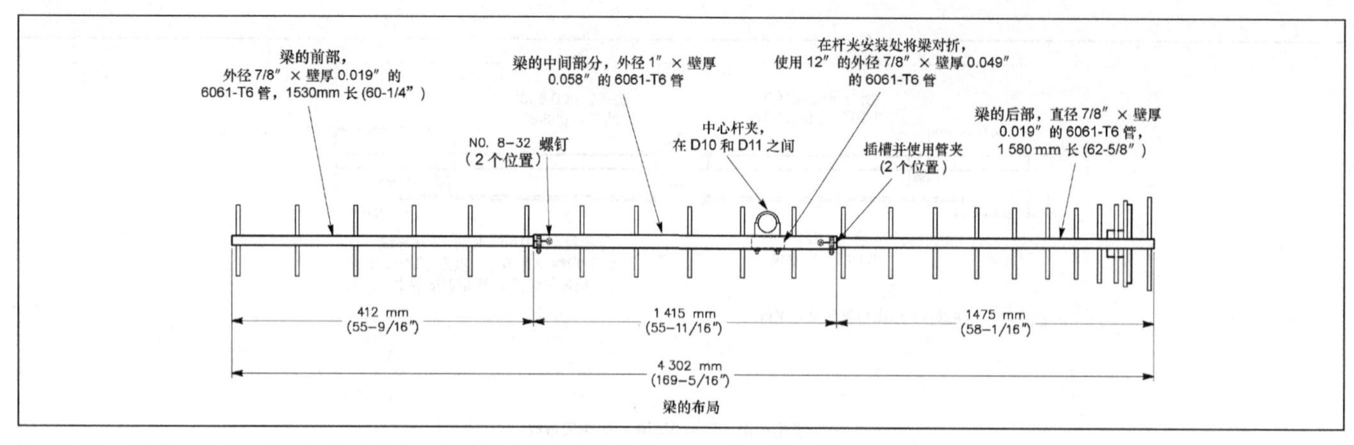

图15-48　22单元八木天线大梁结构信息。天线长度单位是毫米（mm），方便精确复制。

本文制作了一个 24 英尺长，10.6λ 的 33 单元八木天线，所用方法同 22 单元八木天线相同。使用了直径为 1 英寸、9/8 英寸、5/4 英寸可伸缩圆形大梁，使用支撑大梁保持大梁弯曲处于可接受范围。在 432MHz，如果大梁弯曲超过 2 英寸或 3 英寸，H 面方向图将失真，弯曲更多时将降低天线增益。表 15-20 列出了当给定大梁直径时，制作天线所需尺寸。图 15-49 展示了大梁布局，图 15-50 描述了激励单元。33 单元八木天线具有同 22 单元八木天线相同平滑的方向图（见图 15-51)。33 单元八木天线在 432MHz 处测得的增益为 19.9dBi。33 单元八木天线在 424.5MHz 和 438.5MHz 的-1dB 增益点处扫描，能得到 14MHz 的-1dB 增益带宽。

表 15-20　33 单元 432MHz 八木天线尺寸

单元编号	单元位置（与反射器的距离，mm）	单元长度（mm）	大梁直径（英寸）
Refl	30	348	
DE	134	342	
D1	176	323	
D2	254	313	
D3	362	307	
D4	496	303	
D5	652	299	1
D6	828	297	
D7	1 020	295	
D8	1 226	293	
D9	1 444	291	
D10	1 672	290	
D11	1 909	288	
D12	2 152	287	1 1/8
D13	2 403	286	
D14	2 659	285	
D15	2 920	284	
D16	3 184	284	
D17	3 452	283	
D18	3 723	282	1¼
D19	3 997	281	
D20	4 272	280	
D21	4 550	278	
D22	4 828	278	
D23	5 109	277	1 1/8
D24	5 390	277	
D25	5 672	276	
D26	5 956	275	
D27	6 239	274	1
D28	6 524	274	
D29	6 809	273	
D30	7 094	273	
D31	7 380	272	

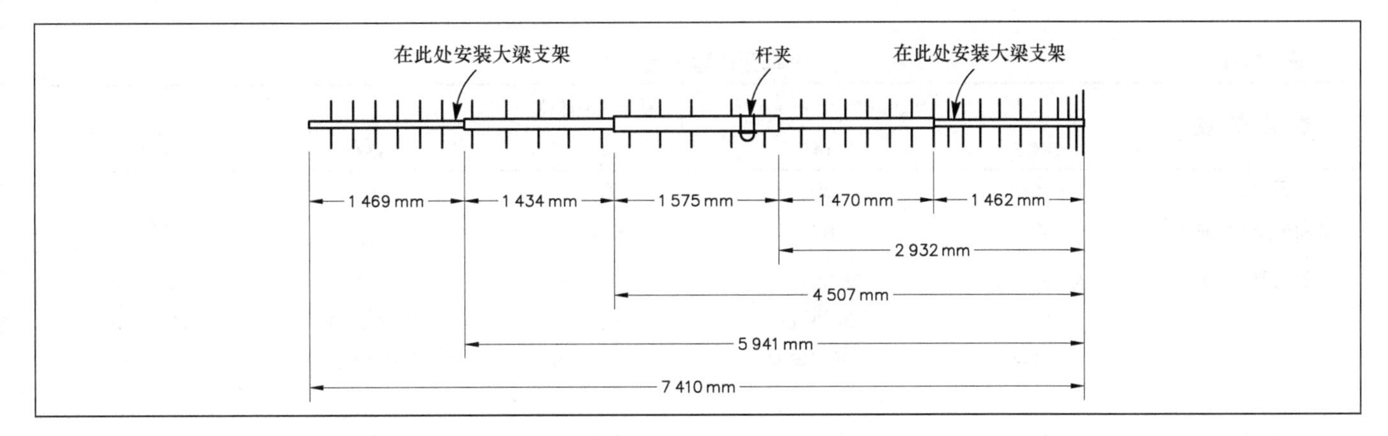

图15-49　33单元八木天线大梁结构信息。长度单位为mm，方便准确复制天线。

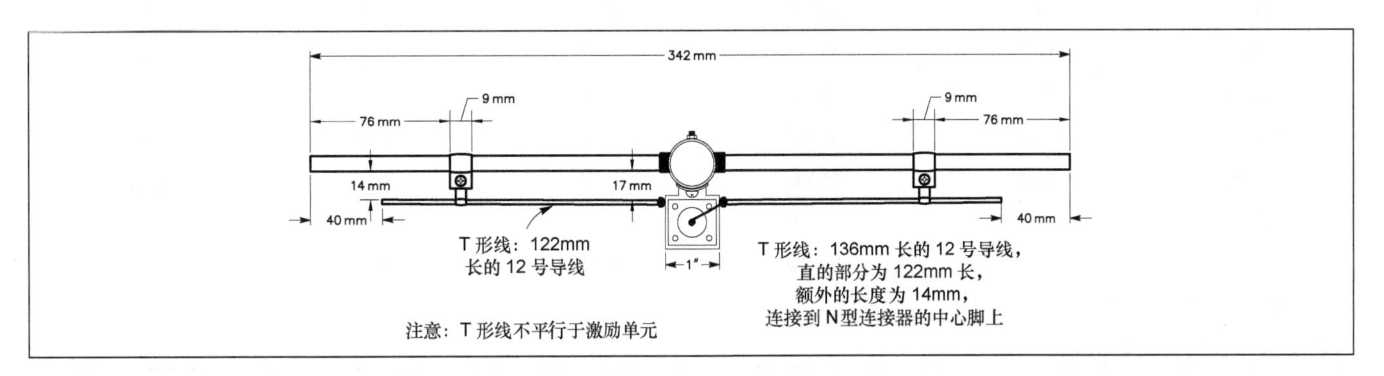

图15-50　33单元八木天线激励单元和T型匹配详细信息。长度单位为毫米，方便准确复制天线。

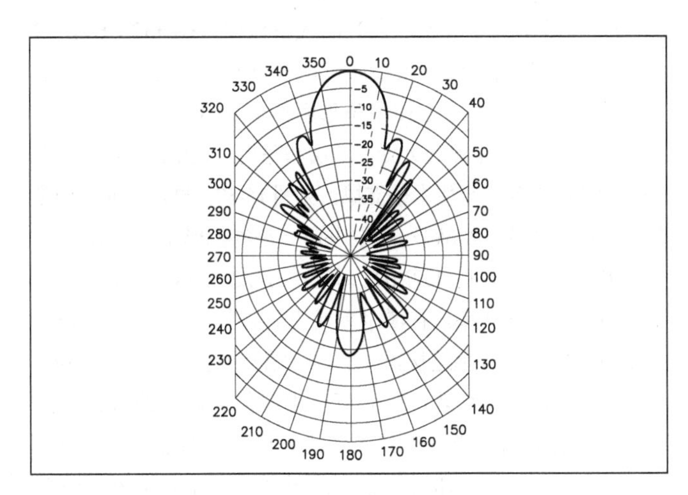

图15-51　33单元八木天线的E平面方向图。这个方向图绘制在线性dB网格上而不是标准的ARRL对数周期网格上，以突出低旁瓣效果。

15.3.6　框形天线

在高频，特别是高于420MHz，使用偶极子激励单元的八木天线阵列难以馈电和匹配，除非对单元间距和调谐特别小心，以保证馈电点阻抗相对较高。之前提到的四方形在某些程度上克服了馈电问题。当应用较多的寄生单元时，圆环不容易像传统八木天线中直圆柱一样安装和调谐。由Wayne Overbeck（N6NB）设计和推广的框型天线包含一个全波环激励单元，反射器和八木天线类型的直棒引向器。他在1977年第一次提出了这种天线的信息。

框形结构

框形设计有几个小技巧，但是不包含特别难或特别复杂的设计。实际上，Overback可以在一天中批量生产16个。表15-21和表15-22给出了最高至446MHz的各种频率的框形尺寸。

利用表15-21和表15-22设计的天线大梁材料为木头或其他非导电材料（如玻璃纤维或树脂玻璃）。如果使用金属大梁，就需要新的设计和新的单元长度。许多VHF频段天线制造者因没有遵循以下原则而犯错：如果初始天线使用金属大梁，则在复制该天线时应使用相同尺寸和形状的金属大梁。如果需要使用木质大梁，就用非导电材料。许多业余爱好者不喜欢木质大梁，但在咸湿的空气环境中，木质大梁比铝更耐用，且成本低。在大梁上涂漆可以保护大梁。

表 15-21　　8 单元框型天线尺寸

单元长度	频率（MHz）				
	144.5	147	222	432	446
反射器[1]	86 5/8″	85″	56 3/8″	28″	27 1/8″
激励单元[2]（DE）	82″	80″	53 1/2″	26 5/8″	25 7/8″
引向器（D）	35 15/16″ ~ 35″ in 3/16″ steps	35 5/16″ ~ 34 3/8″ in 3/16″ steps	23 3/8″ ~ 23 3/4 in 1/8″ steps	11 3/4″ ~ 11 7/16 in 1/16″ steps	11 3/8″ ~ 11 1/16 in 1/16″ steps
间距					
R-DE	21″	20 1/2″	13 5/8″	7″	6.8″
DE-D1	15 3/4″	15 3/8″	10 1/4″	5 1/4″	5.1″
D1-D2	33″	32 1/2″	21 1/2″	11″	10.7″
D2-D3	17 1/2″	17 1/8″	11 3/8″	5.85″	5.68″
D3-D4	26.1″	25 5/8″	17″	8.73″	8.46″
D4-D5	26.1″	25 5/8″	17″	8.73″	8.46″
D5-D6	26.1″	25 5/8″	17″	8.73″	8.46″
单副天线之间的堆叠距离	11″	10′ 10″	7′ 1 1/2″	3′ 7″	3′ 5/8″

[1]均为#12TW（电性）导线，闭环

[2]均为#12TW 导线环，在底部馈电

表 15-22　432MHz 15 单元长大梁框形天线结构尺寸

单元长度（英寸）	单元间距（英寸）
R-28	R-DE-7
DE—26 5/8	DE-D1—5 1/4
D1—11 3/4	D1-D2—11
D2—11 11/16	D2-D3—5 7/8
D3—11 5/8	D3-D4—8 3/4
D4—11 9/16	D4-D5—8 3/4
D5—11 1/2	D5-D6—8 3/4
D6—11 7/16	D6-D7—12
D7—11 3/8	D7-D8—12
D8—11 5/16	D8-D9—11 1/4
D9—11 5/16	D9-D10—11 1/2
D10—11 1/4	D10-D11—9 3/16
D11—11 3/16	D11-D12—12 3/8
D12—11 1/8	D12-D13—13 3/4
D13—11 1/16	

梁：1 英寸×2 英寸，12 英尺长的道格拉斯冷杉，在两端削成 5/8 英寸的锥形

激励单元（DE）：结构为正方形的#12TW 铜线环，用 N 型连接器和 52Ω 同轴电缆在底部中心馈电。

反射器（R）：#12TW 铜线环，在底部闭合。

引向器（D1～D13）：穿过梁的 1/8 英寸棒。

144MHz 类型的天线大梁通常为 14 英尺长，截面积为 1 英寸×3 英寸，并在大梁的两端锥削 1 英寸。重量轻的松树是最好的，但道格拉斯冷杉也能工作。在 222MHz，大梁长度在 10 英尺以下，大多数制作者使用 1 英寸×2 英寸或 3/4 英寸×5/4 英寸（更适宜）的成型松枝。在 432MHz，除了长大梁类型天线外，大梁厚度应在 0.5 英寸或更小。大多数制作者在 432MHz 上使用条形耐风化胶合板。

框形单元在电流最大处（顶层和底端，底端在馈电点的旁边）用树脂玻璃或小型木条支撑。见图 15-52，框形单元用通常用于室内布线的#12AWG 铜线制成。一些制作者在 144MHz 时选用#10AWG 线，在 432MHz 时选用#14AWG 线，尽管这会稍微改变天线谐振频率。在激励单元底端的中点和靠近反射器环的地方焊接一个 N 型连接器（在 144MHz 时经常使用 SO-239）。

引向器贯穿大梁。它们可以由任何金属棒或直径大约 1/8 英寸的金属制成。焊条或铝线如果笔直的话，将工作良好。（设计者从航空器材剩余商店得到的 1/8 英寸不锈钢条来制作引向器）。

电视类型的 U 型螺栓用于安装天线桅杆。单个机械螺丝钉、垫圈和一个螺母用于把扩展条固定到大梁上，以便天线可以快速地“拆卸放平”。推荐安装两个永久性的螺丝。

基于框形天线制作者的经验，我们提供了以下小技巧。首先，在 432MHz，即使是 1/8 英寸的测量误差也会引起性能的恶化。环和单元的切割需要尽可能地小心。不需要精确的工具，但是精度很重要。另外，保证单元按照正确顺序排列。最长的引向器靠近激励单元。

图15-52　在432MHz的框形天线中使用馈电方式的近距离视图。这种方式用一个4英尺100英寸的大梁产生一个很低的SWR和超过13dBi的增益！在更低的频率上也使用了相同的基本方案，但可以用树脂玻璃扩展条来代替木材。大梁采用1/2英寸耐风化胶合板。

最后，请记住，一个对称的天线是由不平衡传输线馈电的。设计者使用的每个巴伦在损耗方面比不平衡馈电带来的问题更多。一些制作者在馈电点附近将馈线紧紧缠绕几圈以限制传输线辐射。在任何情况下，馈线应当与天线保持正确的夹角。从激励单元直接连到支撑桅杆，然后在垂直方向上或上或下移动天线，等待最佳结果。

1296MHz 框形天线

1296MHz 频段的框形天线的优越性能是传统自制八木天线难以达到的。图 15-53 中给出了天线结构，表 15-23 中给出了 10 单元、15 单元和 25 单元的天线设计信息。

图15-53　1296MHz的10单元框形天线示意图。大梁为30英寸的玻璃纤维，馈源跟反射器为3英寸×3英寸的玻璃纤维。注意激励单元连接到标准UG-290BNC连接器的方法。硅酮密封剂用于固定单元。

表 15-23　1296MHz 框形天线尺寸

注意：所有长度都为全长。见文中和照片以得到制作技术和在环联结点处推荐的重叠部分。所有的环都是由#18AWG 实芯铜电铃线制成。八木天线的引向器由 1/16 英寸的黄铜焊条制成。见文中讨论的引向器的锥削部分。

馈电：在激励单元处直接将 52Ω 同轴电缆接到 UG-290 连接器上；同轴电缆对称地布到天线尾部的杆上。

梁：1¼英寸的厚树脂玻璃，对 10 单元方框天线或框形八木天线来说长为 30 英寸，对 15 单元框形八木天线来说长为 48 英寸；对 25 单元框形八木天线来说长为 84 英寸。

单元	长度（英寸）	制作方式	单元	单元间距（英寸）
1 296MHz10 单元框形八木天线				
反射器	9.5625	Loop	R-DE	2.375
激励单元	9.25	Loop	DE-D1	2.0
引向器 1	3.91	黄铜棒	D1-D 2	3.67
引向器 2	3.88	黄铜棒	D2-D3	1.96
引向器 3	3.86	黄铜棒	D3-D4	2.92
引向器 4	3.83	黄铜棒	D4-D5	2.92
引向器 5	3.80	黄铜棒	D5-D6	2.92
引向器 6	3.78	黄铜棒	D6-D7	4.75
引向器 7	3.75	黄铜棒	D7-D8	3.94
引向器 8	3.72	黄铜棒		
1 296MHz 15 单元框形八木天线				
前 10 个单元与上面中的单元长度一样，但 D6～D7 间距为 4.0 英寸，D7～D8 同样也为 4.0 英寸				
引向器 9	3.70		D8-D9	3.75
引向器 10	3.67		D9-D10	3.83
引向器 11	3.64		D10-D11	3.06
引向器 12	3.62		D11-D12	4.125
引向器 13	3.59		D12-D13	4.58
1 296MHz 25 单元框形八木天线				
前 15 个单元使用与上面的 15 单元天线具有相同的单元长度和间距。额外的引向器以 3.0 英寸的间距均匀地间隔开，并且长度以 0.02 英寸逐渐减小。因此，D23 为 3.39 英寸。				

在 1296MHz 上，即使设计和材料有轻微的变化，都可能会导致天线性能发生较大改变。只有和本天线使用相同材料和精确的尺寸时，该 1296MHz 天线每次才能正常工作。这不是阻止进行进试验，如果这些 1296MHz 天线的改动是深思熟虑的，制作一个与本文描述相同的天线，这样就有了一个参考，可以用于比较改动过的天线。

框形天线和四方体建造在 1/4 英寸薄玻璃纤维大梁上。激励单元和反射器（在立方体情况下为引向器）用绝缘#18AWG 铜铃线制成，可以在硬件和电力供应商店中买到。其他类型和尺寸的线也可以工作得非常好，但是天线尺寸随线直径变化而变化。即使不考虑绝缘，也需要改变环长度。

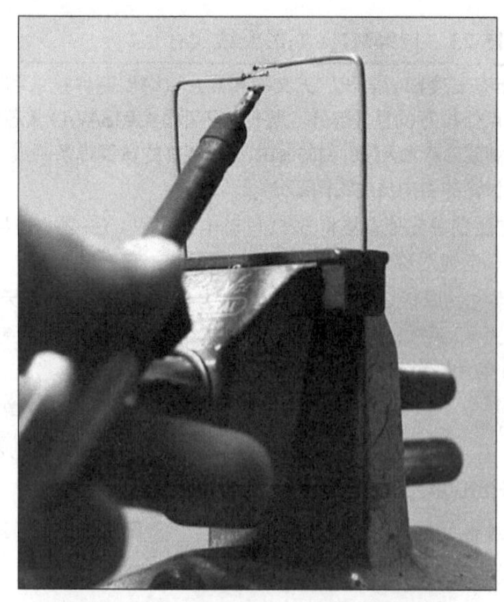

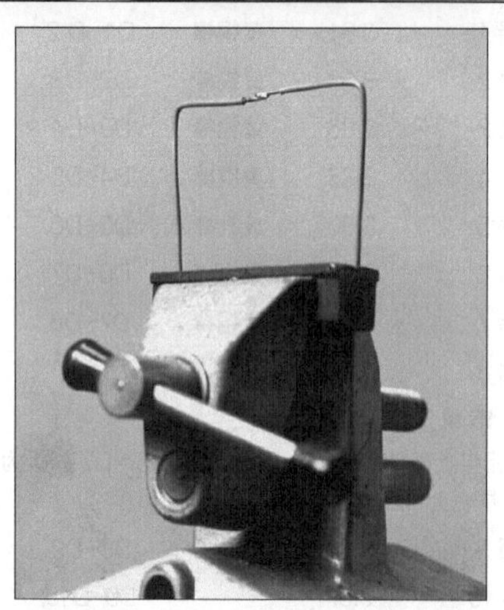

图15-54　1296MHz方形寄生单元制作方法示意图。#18AWG铜铃线的两端焊接起来，并有1/8英寸的重叠。

框形环近似于正方形（见图 15-54），尽管形状相对不重要，但单元长度却非常重要。在 1296MHz，长度变化 1/16 英寸，天线性能就有明显变化，变化 1/8 英寸，天线增益将下降几分贝。环长度给出的是总长度，截取此长度，然后将两端焊接到一起。如图 15-54 所示，在反射器和引向器环的焊接处有 1/8 英寸的重叠。

激励单元在天线中是最重要的。如图 15-54 所示，#18AWG 环形线用标准 UG-290 底座的 BNC 连接器焊接到一起。连接器的类型必须相同以保证结构的一致性。任何替代都可能改变激励单元的电长度。9.25 英寸激励环的一段应尽可能地插入中心栓中并焊接。激励环会因此固定并穿过玻璃纤维大梁中的小孔。最后，激励环的另一端插入并焊接到 BNC 连接器 4 个安装孔中的一个。在大多数情况下，如果线的一端刚好穿过安装孔，则与连接器的另一端等高，此时天线具有最好的 SWR。

15.3.7　环形八木天线

环形八木天线是方形天线中的一种，每个单元为长度约 1λ 的闭合环。本节介绍了几种类型的环形八木天线，所以制作者可以根据需求选择大梁长度和频率范围。Mike Walters（G3JVL）在 1970 年已经绝版的 RSGB 的 VHF/UHF 手册中将原始的环形八木天线引入到业余爱好者协会中。从那时开始，他设计了很多具有不同环长度和大梁尺寸的天线。用于设计环形八木天线的 G3JVL 的 Loopquad 软件可以在网站 g3jvl.com/programPages/loopQuad.php 中下载到。接下来将介绍 1296MHz 天线结构，902MHz 和 2304MHz 天线结构论文包含在原版书附加光盘文件中。

1296MHz 环形八木天线

此处介绍了由 Chip Angle（N6CA）设计的 1296MHz 频段环形八木天线。本文给出了 3 种天线尺寸设计，如果天线尺寸按照此文设置，天线将具有很好的性能。在剪切或打孔之前请检查尺寸。1270MHz 天线用于 FM 和 L 模式的卫星通信，1296MHz 天线可以用于处理弱信号。1283MHz 天线在 1280～1300MHz 具有可接受的天线性能。

这些天线的大梁长度为 6 英尺或 12 英尺。在 VHF 会议和个人测试天线增益的结果显示，6 英尺天线增益为 18dBi，12 英尺天线增益为 20.5dBi。扫频测量结果显示，在设计频点上下 30MHz 处，天线增益下降约 2dB。当频率略低于设计频点时，SWR 会变得很差。

大梁

此处给出的尺寸仅适用于外径为 3/4 英寸的大梁。如果使用不同的大梁尺寸，天线尺寸必须相应改变。许多硬件商店有 6 英尺和 8 英尺长的铝管，此铝管适合制作短八木天线。如果计划制作 12 英尺天线，找一段大梁材料毛料，例如 6061-T6 级铝。一定不要使用氧化铝。12 英尺的天线必须有额外的大梁支撑架，以减小大梁弯曲程度。6 英尺天线可以向后安装，对于向后安装，允许最后一个反射器的后面有 4.5 英寸的大梁，以消除大梁支撑架对 SWR 的影响。

天线通过加固板同桅杆连接。此加固板安装在大梁中间，见图 15-55，加固板的钻孔同单元钻孔相垂直（假定天线极化为水平极化）。

4-40 号机械螺丝用于在大梁上安装单元。为容纳该螺丝，大梁的中心沿线打孔型号为 33 号（0.113 英寸）。图 15-56 中给出了不同频段的单元间距。尺寸应当尽可能地按照此设计。

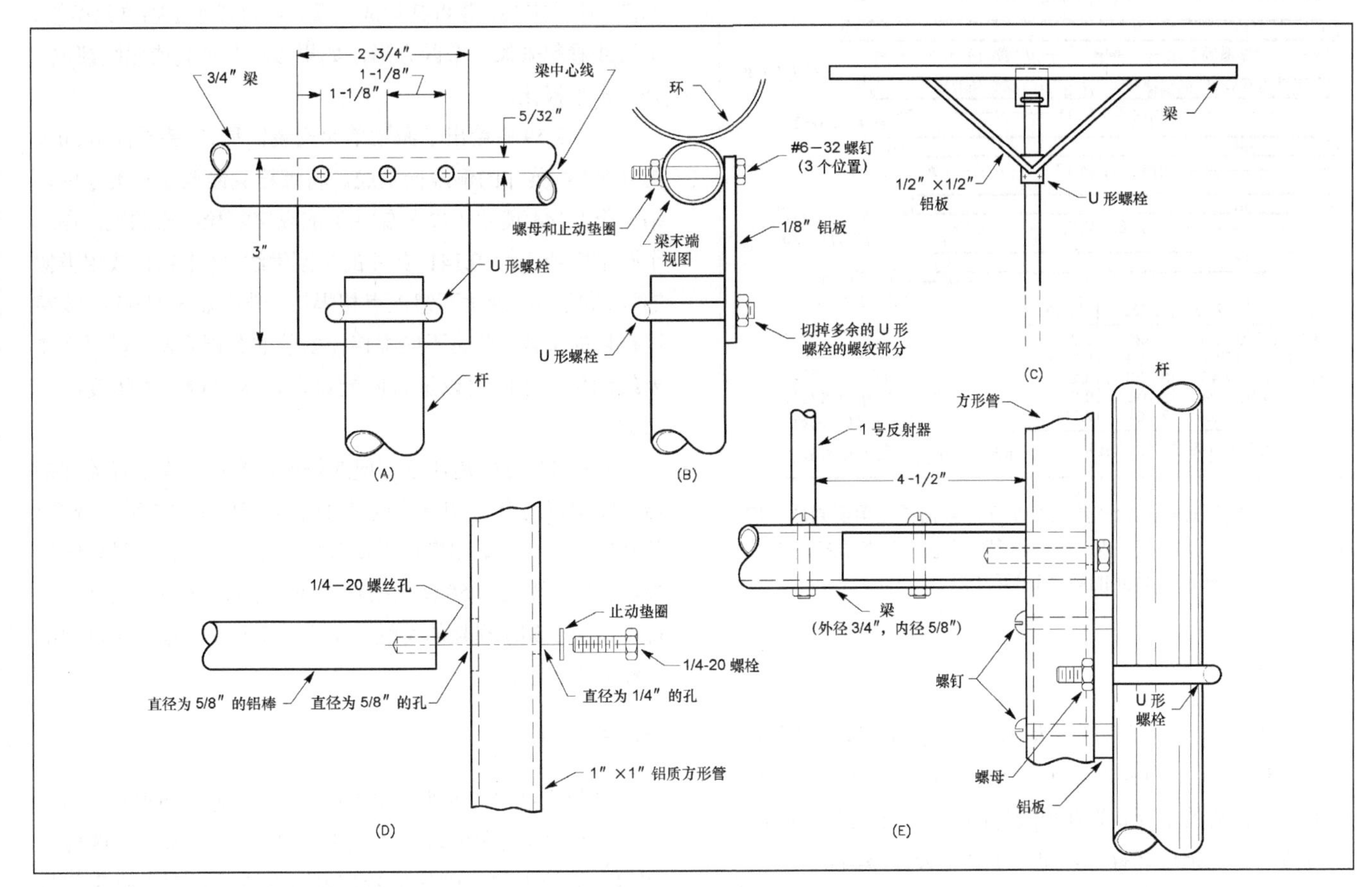

图15-55 图（A）中给出了环形八木天线大梁至加固板的详细信息。图（B）中给出了天线安装到桅杆上的详细信息。图（C）中给出了长天线的大梁支撑架。图（D）和图（E）中的排列可以用于6英尺或7英尺大梁的向后安装方式。

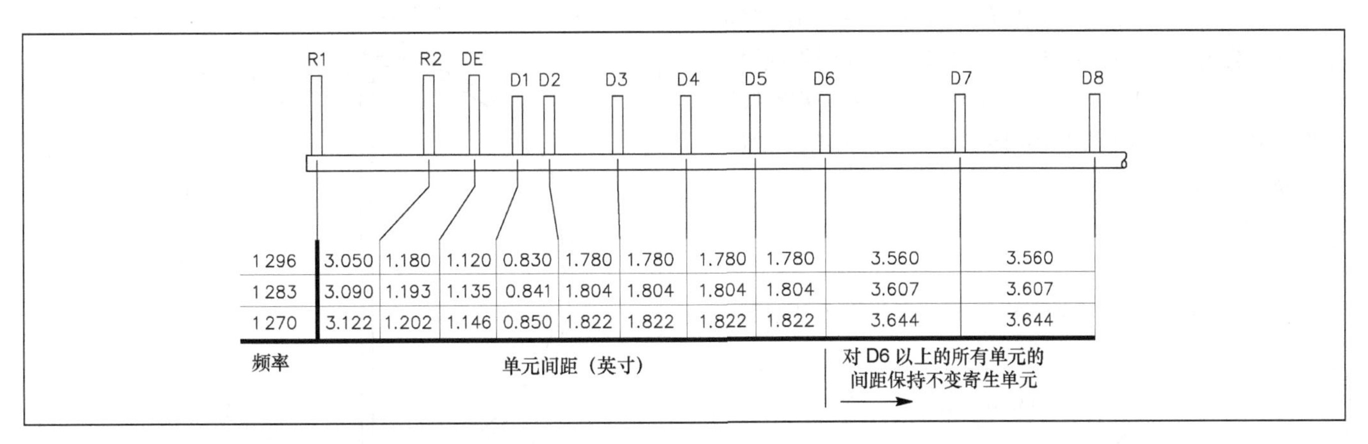

频率	R1–R2	R2–DE	DE–D1	D1–D2	D2–D3	D3–D4	D4–D5	D5–D6	D6–D7	D7–D8
1 296	3.050	1.180	1.120	0.830	1.780	1.780	1.780	1.780	3.560	3.560
1 283	3.090	1.193	1.135	0.841	1.804	1.804	1.804	1.804	3.607	3.607
1 270	3.122	1.202	1.146	0.850	1.822	1.822	1.822	1.822	3.644	3.644

图15-56 大梁打孔尺寸。这些尺寸必须严格遵守，并且材料必须相同，以保证最优性能。D6之后的所有引向器间距相同，且引向器的数量尽可能地多，以覆盖整个大梁。

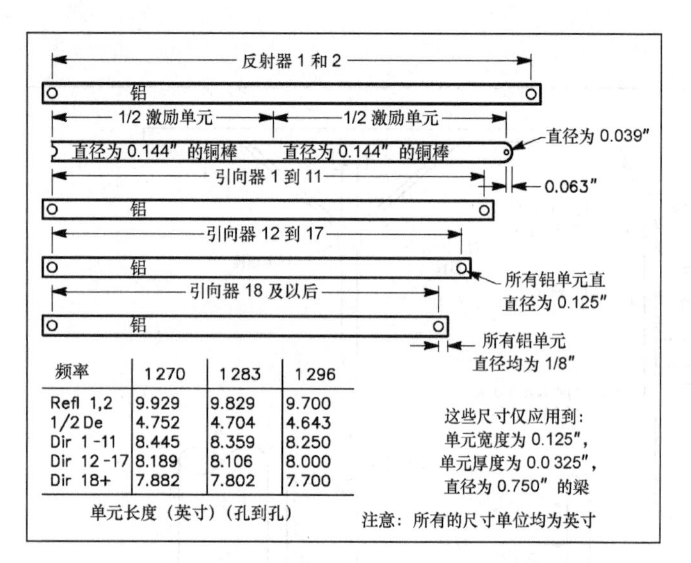

频率	1270	1283	1296
Refl 1,2	9.929	9.829	9.700
1/2 De	4.752	4.704	4.643
Dir 1-11	8.445	8.359	8.250
Dir 12-17	8.189	8.106	8.000
Dir 18+	7.882	7.802	7.700

单元长度（英寸）(孔到孔)

图15-57　铝制环形八木天线寄生单元。激励单元用铜制成。仅给出了单元尺寸，0.25英寸宽，0.0325英寸厚。指定长度指的是孔对孔的距离，孔在每个单元的端点1/8英寸处。

寄生单元

反射器和引向器从厚度为 0.032 英寸的铝板上截取，宽度为 1/4 英寸。图 15-57 给出了各个单元的长度。此长度适用于特定材料的单元，为获得最好的效果，单元长条应该用剪刀切割。如果边缘锋利，单元上就不会停靠鸟。

在非常仔细地标定安装孔的位置后，图 15-57 中给出了钻孔位置。钻孔结束后，将每个单元长条弯成一个圈，这是很容易做到的。

用 4-40 号×1 英寸的机械螺丝、齿形垫圈和螺母将单元环安装到大梁上，见图 15-58。最好只使用不锈钢或镀铜硬件。尽管这个成本比一般的镀铝钢高，但是不锈钢跟镀铜硬件不会生锈，且在几年内不用更换。除非是天线上过漆，否则硬件绝对会损坏。

激励单元

激励单元由厚度为 0.032 英寸、宽度为 0.25 英寸的铜条

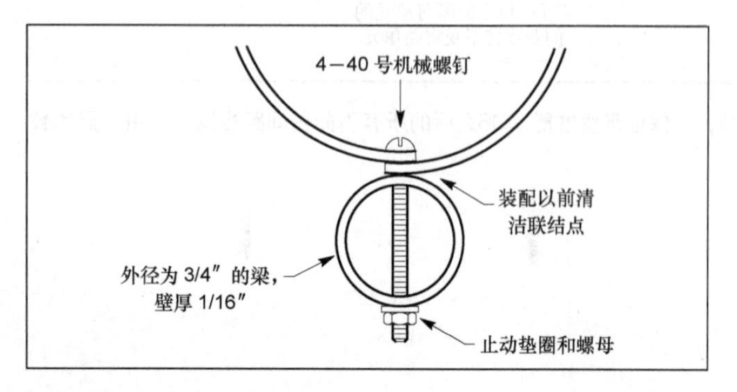

图15-58　单元–大梁安装图。

制成。图 15-56 中详细给出了在激励单元铜条上钻 3 个孔。如图，修剪末端，并将其弯成一圈，且同其他激励单元相似。本天线看起来像一个四方形，如果该环在顶端或底端馈电，则呈水平极化。

图 15-59 中给出了激励单元安装信息。安装固件由 20¼ 英寸×5/4 英寸的铜螺栓制成。将螺栓头锉至 1/8 英寸厚，钻一个 0.144 英寸（27 号钻头）的纵穿螺栓中心的孔。在这个孔上安装一片 0.141 英寸的半刚性线（UT-141 或相类似的），并将其同激励环馈电点相焊接。馈电点在 UT-141 线穿过铜环的位置，此时不应焊接需安装的黄铜固件，以保证在天线制作完成时可以进行匹配调节，尽管调节的幅度不是很大。

UT-141 可以是任意方便的长度。连接至你选择的连接器（N 型较适合）。用一段短的低损耗 RG-8 型电缆（或 0.5 英寸硬线）将大梁和桅杆连接到主馈线上。为得到最好的结果，主馈电线应为 50 Ω 低损耗电缆。好的 7/8 英寸的硬线有每百英尺 1.5dB 损耗的特性，几乎不需要安装远程传输中继器和放大器了。

激励单元的调谐

如果天线详细按照给出的尺寸进行制作，SWR 应当接近 1∶1。如果你可以测试设备，为了更加确定，请检查 SWR。无论如何，确保信号信源没有噪声，对于噪声信号响应，功率计会给出错误的读数。如果遇到问题，请重新

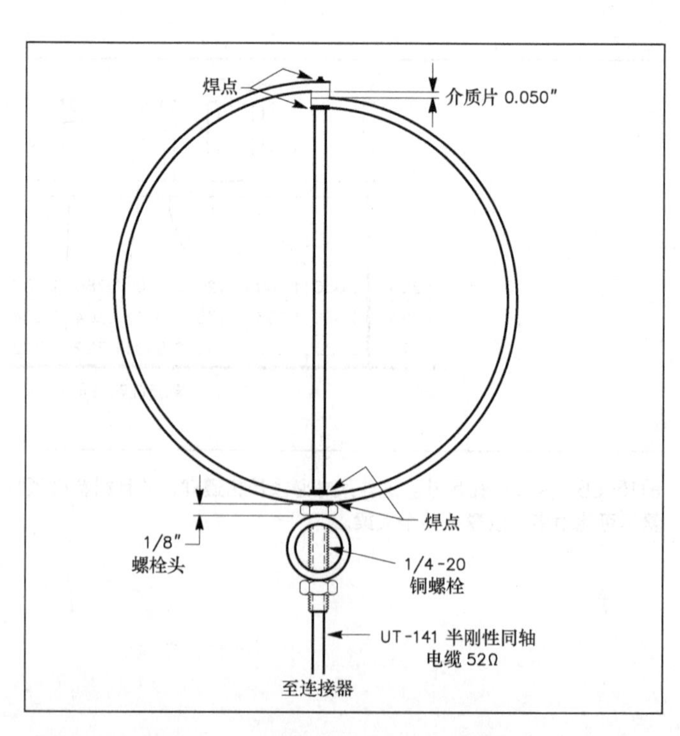

图15-59　激励单元，详细信息见图15-57和文档。

检查所有的尺寸。如果尺寸没有问题，改变激励单元的形状，性能可能会有小的提升。2 号反射器轻微的弯曲也可能会提升 SWR。当得到所需要的匹配时，焊接 UT-141 穿过环和铜螺栓的点。

15.3.8 VHF 框形天线

框形天线可以由不昂贵的材料制成，在相同天线阵尺寸下，其性能比得上其他的天线阵。谐振调节和阻抗匹配可以很容易地完成。

方形天线可以按照水平或垂直的方法层叠，以获得高增益，且没有尖锐的频率响应限制。框形天线可以按照并排或上下或两者兼有的方法安装，同其他定向天线的一般方法一样。激励单元的设定也可以安装在平面反射器前面。毗邻单元边缘要求间距为 0.5 λ 。定相和馈电方法同本章中应用的其他天线类似。

在激励单元之前的寄生单元的工作方式同八木天线阵类似。将闭合的环尺寸相对激励单元尺寸缩短 5%，该环可用于引向器。寄生单元间的间距同传统八木天线类似。在一个实验模型中，反射器间距为 0.25 λ ，引向器间距为 0.15 λ 。使用 4 个 3 单元天线组成的方形阵列可以极好地工作。

由于在 VHF 和 UHF 中框形天线尺寸小，HF 波段框形天线中的机械问题此时变得不再明显。PVC 管、玻璃纤维棒以及木材都是大梁和横直杆可选择的材料。

框形天线最适合用于 6m 和 2m 波段。他们在便携和徒步旅行中应用广泛。接下来将介绍一款用于 144MHz 的天线设计。2 单元 6m 框型天线设计见“便携式天线”一章。

144MHz 4 单元框形天线

在文献中介绍的框形天线单元的间距范围常在 0.14 λ ～ 0.25 λ 。在此范围内，决定最后单元间距的因素包括阵列中天线的数量和待优化的参数（*F*/*B*、正向增益和带宽等）。此处讲到的 4 单元框形天线设计为便携式应用，所以在所有优化因子之间需要作出取舍。图 15-60 中给出了 Philip D’ Agostino（W1KSC）设计和制作的天线。

基于几个实验确定的与工作频率相关的校准因子和线尺寸，尺寸最优设计在如下公式中给出：

反射器长度（ft）$=1046.8/f_{MHz}$ （15-1）

激励源长度（ft）$=985.5/f_{MHz}$ （15-2）

引向器（ft）$=937.3/f_{MHz}$ （15-3）

在 146MHz 上剪切环形，将在整个 144MHz 频段内具有令人满意的性能。

图15-60　144MHz 4单元便携式框形天线，已经组装的并可以使用。衣橱杆的一部分和松树条连起来组成天线杆（W1MPO摄）。

材料

图 15-61 中给出了设计用于简单、快速地安装和拆卸的框形天线。因为木材（修剪过的平滑松树）具有重量轻、成本低和易于取材特点，其作为首选的制作材料。松树用于制作大梁和单元支撑臂。桅杆部分的连接条用修剪的较重的松树制作。单元由#8AWG 铝线制作，树脂玻璃用于支撑馈电点。表 15-24 列出了复制框形天线所需的硬件和其地部分。

图15-61　完整的便携式旅行可拆卸框形天线。前台部分是激励单元，背景中松木盒子是设备和零件的运输盒。盖子中的洞用于安放桅杆，在便携使用中，箱子可以折叠作为短桅杆的基座。

表 15-24　144MHz 4 单元框型天线零件清单

梁：¾英寸×¾英寸×48 英寸的松木
激励单元支撑物（扩展臂）：½英寸×¾英寸×21¾英寸松木
驱动单元馈点支柱：½英寸×¾英寸×7½英寸松木
反射器支撑物（扩展臂）：½英寸×¾英寸×22½英寸松木
引向器支撑物（扩展臂）：½英寸×¾英寸×20¼英寸松木，2 个
天线杆支架：¾英寸×1½英寸×12 英寸重松木，4 个
梁到杆的支架：½英寸×1⅜英寸×5 英寸松木
单元导线：铝制地线（15-035 号 Radio Shack 线）
线夹：¼英寸电工的铜板或锌板钢夹，3 个
梁五金零件：
　　6 个 8-32 号×1½英寸不锈钢机械螺钉
　　6 个 8-32 号不锈钢蝶形螺母
　　12 个 8 号不锈钢垫圈
天线杆五金零件：
　　8 个六角螺栓，¼-20×3½英寸
　　8 个六角螺母，¼-20
　　16 个平垫圈
天线杆材料：1 5/16 英寸×6 英尺木衣橱杆，需要 3 个
馈点支撑板：3½英寸×2½英寸树脂玻璃板
木材加工材料：
　　沙纸，干净的聚亚安酯，蜡
馈线：52Ω RG-8 或 RG-58 电缆
馈线终端：8 号焊片或更大的五金零件，需要 2 个
其他五金零件：
　　4 个小机械螺钉，螺母，垫圈；2 个平头木螺钉

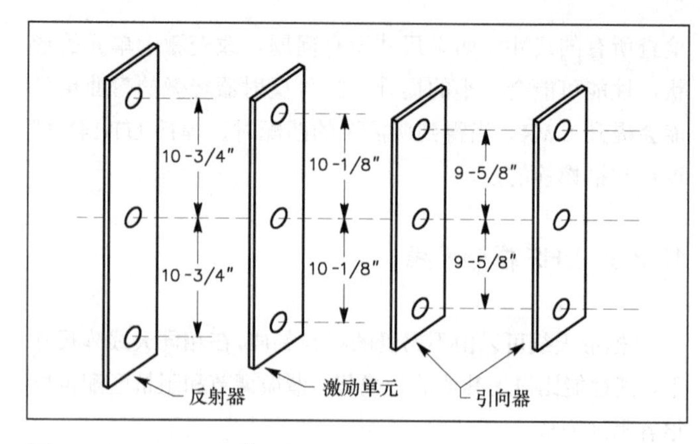

图15-62　144MHz4单元框型天线松木单元尺寸。

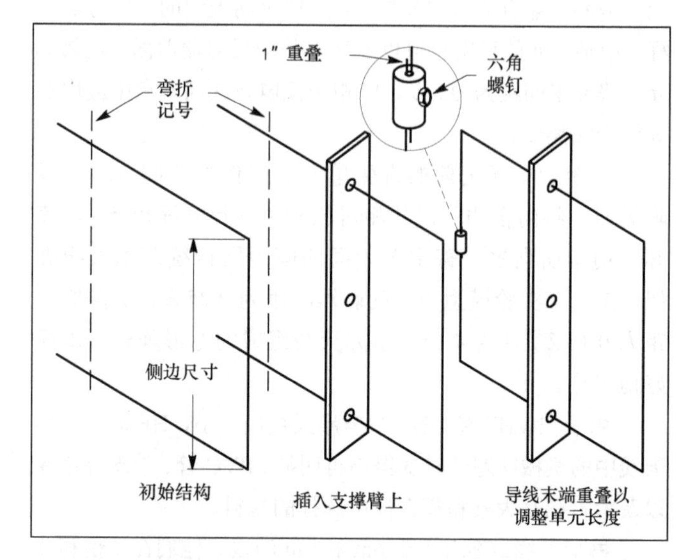

图15-63　铝线单元弯折说明以及调整夹的位置。

结构

先安装框形天线的单元。大梁上的安装孔大小应适合 1.5 英寸的#8 五金硬件。在单元横杆上测量和标记出需打孔的位置，见图 15-62。横杆上打孔的大小应当可以安装#8AWG 线单元。天线安装时，单元应当位于一排，所以钻孔应排成一条直线就显得很重要。

如果先制作引向器，则线单元的制作是最简单的。一片 2 英寸×3 英寸削减到引向器侧面长度的木头，可用于做弯折单元的方便夹具。每个引向器的长度最好用 82 英寸的导线。当引向器完成时，可以将多余的部分减掉（每个引向器的总长度为 77 英寸）。最开始就应该有两处弯折，以便引向器可以在其他部分弯折前安装进横杆中，见图 15-63。在最后一处弯折完成时，可以使用电工铜线钳连接电线，该工具也方便调节单元长度。反射器的制作方法与引向器相同，但反射器总长度为 86 英寸。

由于馈电连接点需要足够多的支撑，所以需要特别注意全长为 81 英寸的激励单元。激励单元上钻了一个多余的孔，用于支撑馈电点支柱，见图 15-64。在馈电点的玻璃纤维平面用于支撑馈电点硬件和馈线。馈电点支柱应当与激励单元环氧树脂胶合，而且使用一个可以增加机械强度的额外的木螺丝。

对于垂直极化来说，馈电点的位置在激励单元一边的中心上，见图 15-64。尽管这种放置将单元支撑架放在了 4 个环导体的电压最大点，但在工作中没有不利影响。然而，如果天线暴露在空气中，如图 15-64 所示，天线制作者可能需要调整设计，以便给电流最大值点提供支撑（水平极化时图 15-64 中的单元应旋转 90°）。

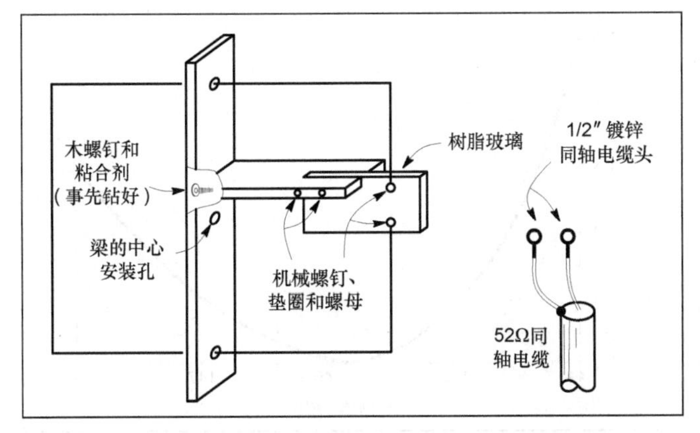

图15-64　144MHz框形天线激励单元布局。同轴电缆的导线一段需剥去0.5英寸并配上焊片，以便连接和断开。环支撑点的阻抗见文档。

在天线安装时，确定激励单元的方向，以便正确安装在大梁上。同反射器和引向器一样，弯曲激励单元，但在馈电点处不能有任何重合。线的末端在安装树脂玻璃板处应分开3/4 英寸。预留足够的余量，以便小环线可以弯折，并同不锈钢器件一起连接到同轴馈线上。

图 15-65 中给出了大梁钻孔的方法。使用蝶形螺帽将单元固定在大梁上是一个很好的想法。在大梁钻孔后，用工业酒精清洗所有的木质部分，用砂纸磨光，涂上两层光滑的聚氨酯，在聚氨酯晾干后，给所有的木质部分上蜡。

接下来连接大梁和桅杆。将 6 英尺长的衣橱杆部分末端磨成正方形（辅锯箱会很有用）。在大梁连接处和桅杆的一端的中心打孔（见图 15-56）。确保桅杆孔比平头螺丝小，以便紧固安装。如图 15-66 所示那样精确地打孔，以便连接到大梁上。

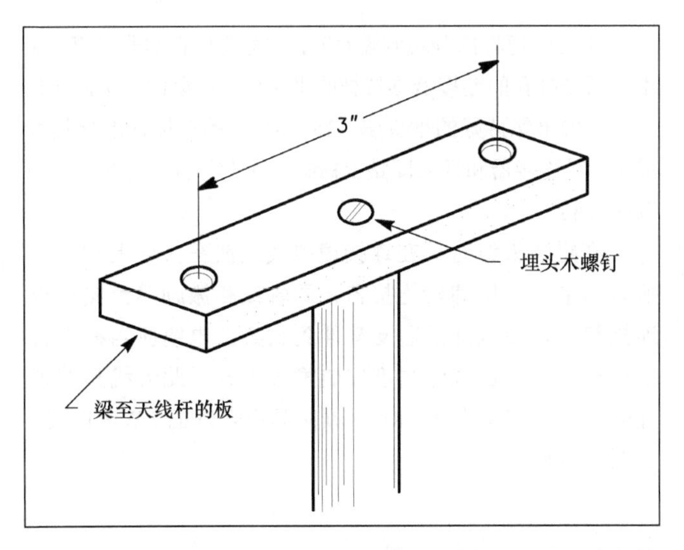

图15-66　144MHz框形天线大梁和桅杆连接平面。平面中心的螺丝孔应该是埋头孔，以便木制螺丝同桅杆的连接不会影响到大梁。

为平头螺丝打埋头孔，以便与大梁连接时是光滑的平面。在表面涂上环氧树脂，并将大梁连接片同桅杆部分拧紧。一根 6 英尺的桅杆连接到桅杆的其他部分。

接下来准备两个额外的 6 英尺桅杆。这使得整个桅杆的高度达到 18 英尺，将每个大梁杆的一端做成正方形，以便在安装时，桅杆可以保持直立。图 15-67 中给出了由松木制成的桅杆连接器。使用 3.5 英寸×0.25 英寸的六角螺栓、垫圈和螺母，各部分将按照需要连接，整个长度为 6 英尺、8 英尺或 18 英尺。在两个连接器上同时打孔，保证孔对齐。钻床是本工作的理想工具，但是如果需要的话，小心地手动钻孔也是可以的。

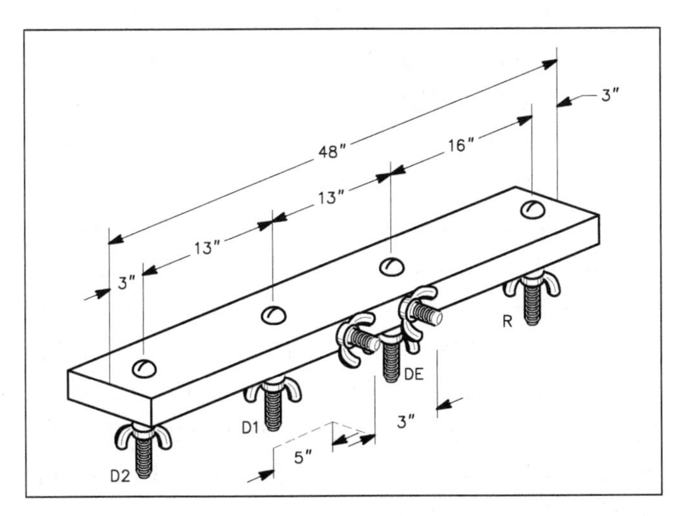

图15-65　中心孔的位置和大梁桅杆连接点细节。

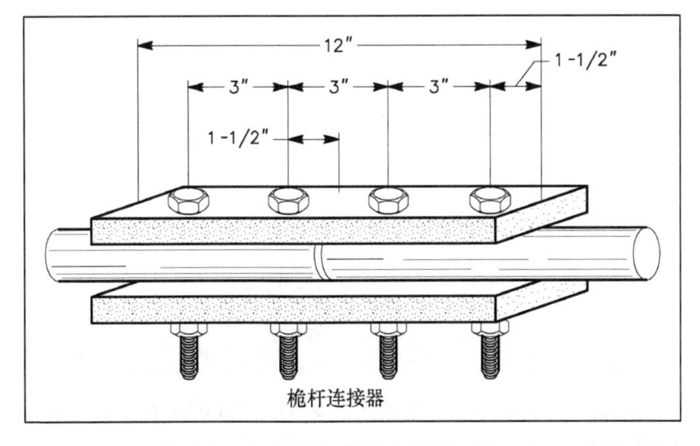

图15-67　便携式框形天线桅杆耦合连接器。平面上，一次应同时打两个孔，以便孔呈直线排列。

将两个桅杆部分端到端对齐，注意要使它们非常直。使用已预先打孔的连接器维持杆的平直度，贯穿杆一次，打孔一个。如果保持好的平直度，18 英尺长的直桅杆部分就做成了。对连接器和杆立即贴上标签，以便它们总是以同样的顺序安装。

在组装天线时，在连接馈电线之前在大梁上安装上所有的单元。用螺丝连接器将同轴线和激励单元支撑板连接起来，使电缆沿着支架伸到大梁。电缆应当在桅杆上径直布线。在预定高度安装桅杆部分。此天线具有很好的性能，在整个 144MHz 频段具有合理的 SWR 曲线，见图 15-68。

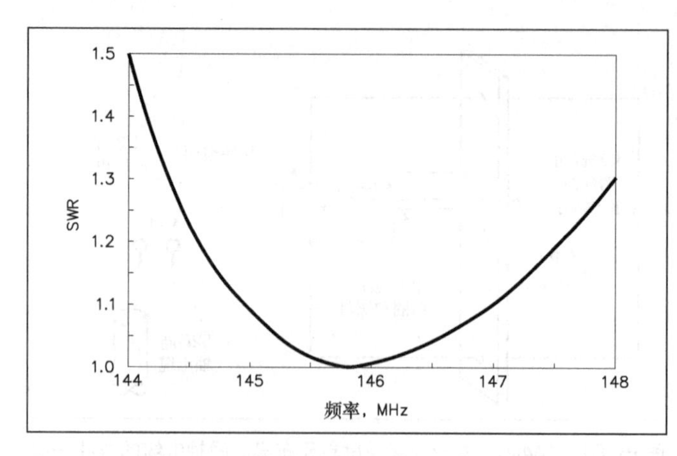

图15-68　144MHz便携式框形天线的典型SWR曲线。粗导线和框形设计可提供极好的带宽。

15.4　对数周期天线和锥形天线

用于单一的 VHF 或 UHF 频段的对数周期天线在很大程度上被八木天线取代，该天线可用于整个频段。较短的波长在 VHF 频段以上进行了"重填"的设计，实际可以覆盖很宽的频率范围。（对数周期天线的设计在"对数周期偶极天线阵列"这一章节有介绍。也可以看 K4ERO 的短篇文章《V 形单元与线形单元》，见原版书附加的光盘文件。）

对天线使用条件有限的业余爱好者来说，对数周期天线是工作在多频段的单天线的首选。这样的设计例子如图 15-69 所示的 tennadyne T-28。该天线可覆盖 50～1300MHz，且仅有 12 英尺长的大梁长度。此外，该天线看起来非常像一个电视接收天线，在相同的频率范围内，与一堆单频带的八木天线相比，该天线不会引起更多的关注！

图15-69　大梁长度为12英尺的覆盖50～1300MHz的tennadyne T-28型天线。

是的，这是一个电视天线！

如果你曾注意到电视接收天线和对数周期天线覆盖 VHF 和 UHF 较低频段的相似性，你并不孤单！原版书附加光盘中有篇文章，介绍了如何将一个中等大小的对数周期天线从最初设计用于接收电视广播改造为一个隐身但有效的覆盖 50～222MHz 的业余天线。这种业余方法仅用于电视天线，这可能是获得一些业余频带应用的好的解决方案！

两种 VHF 对数周期天线的设计包含在原版书附加光盘里的《QST》的文章里。第一种是覆盖 2m 波段的单波段设计，由 L.B. Cebik（W4RNL<SK>）设计的"一个 2m 对数周期天线"。如图 15-70 中的描述，天线覆盖 130～170MHz，可以随着发送和接收操作跨过 2m 波段收听到航空波段和公共安全信道。

第二种设计是一个三频段对数周期天线，该天线覆盖 144MHz、222MHz 和 432MHz 频段，来自 K7RTY 的《一个三波段的对数周期天线》一文，该天线如图 15-71 所示。本设计是基于使用与现代相同的原则，并且天线在相同的频率范围的采用与之类似的商业模式。

宽带锥形天线是一种非常流行的全向天线，是应用于 VHF 频段及以上的众多商业天线类型之一。（锥形天线的设计在"多波段高频天线"章节中讨论。）用于 VHF 和 UHF 频段的锥形天线很容易制作，图 15-72 中所示的设计来自 Bob Patterson（K5DZE）写的文章《一副 VHF/UHF 锥形天线》。除了金属板等材料，该天线也能用铁丝网构成。就像操作者在文章中提到的那样，作为室内接收天线，即使是卡片上的铝箔也可以工作得很好。

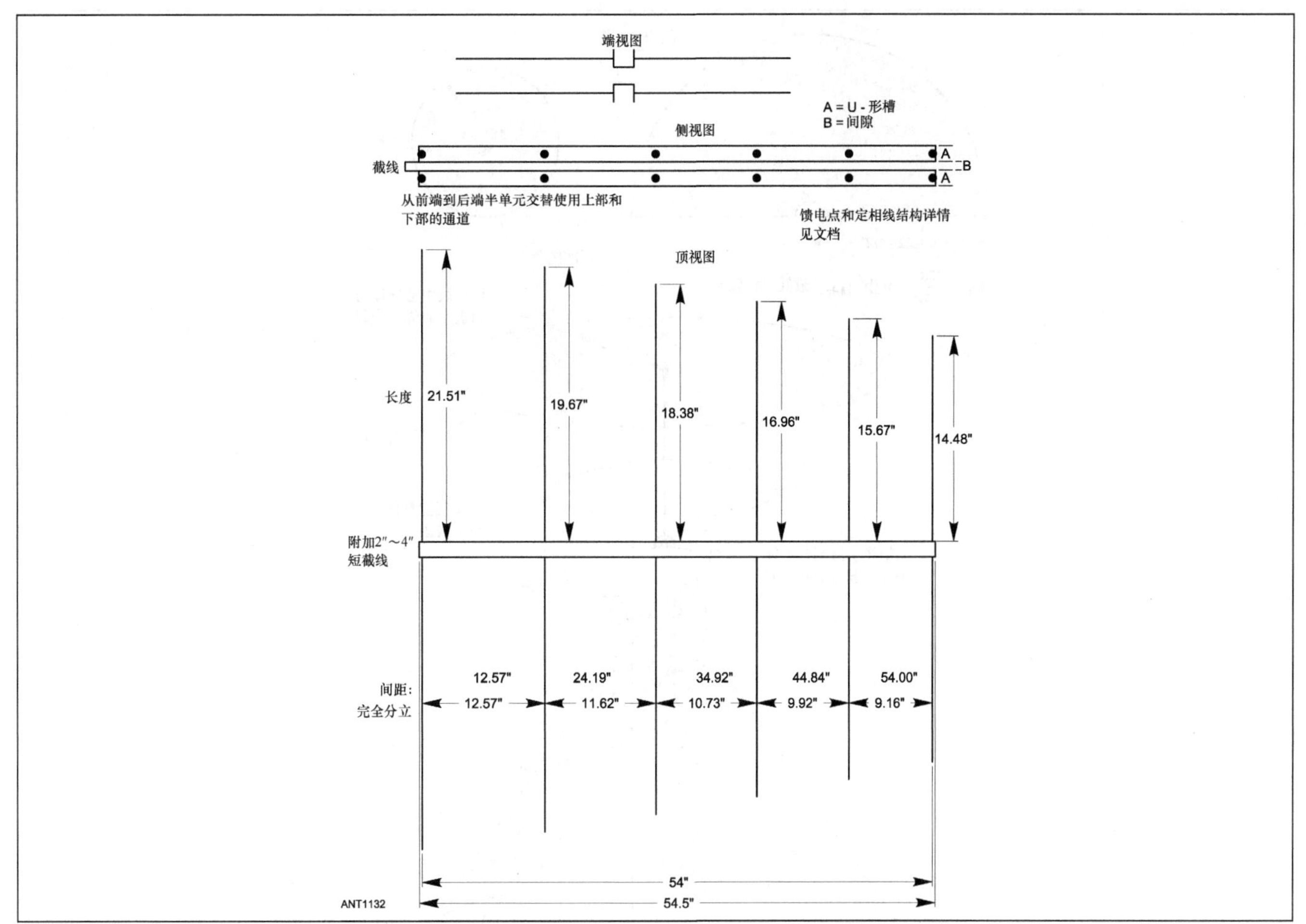

图15-70　覆盖130～170MHz的2m+对数周期天线的外形和尺寸的示意图。

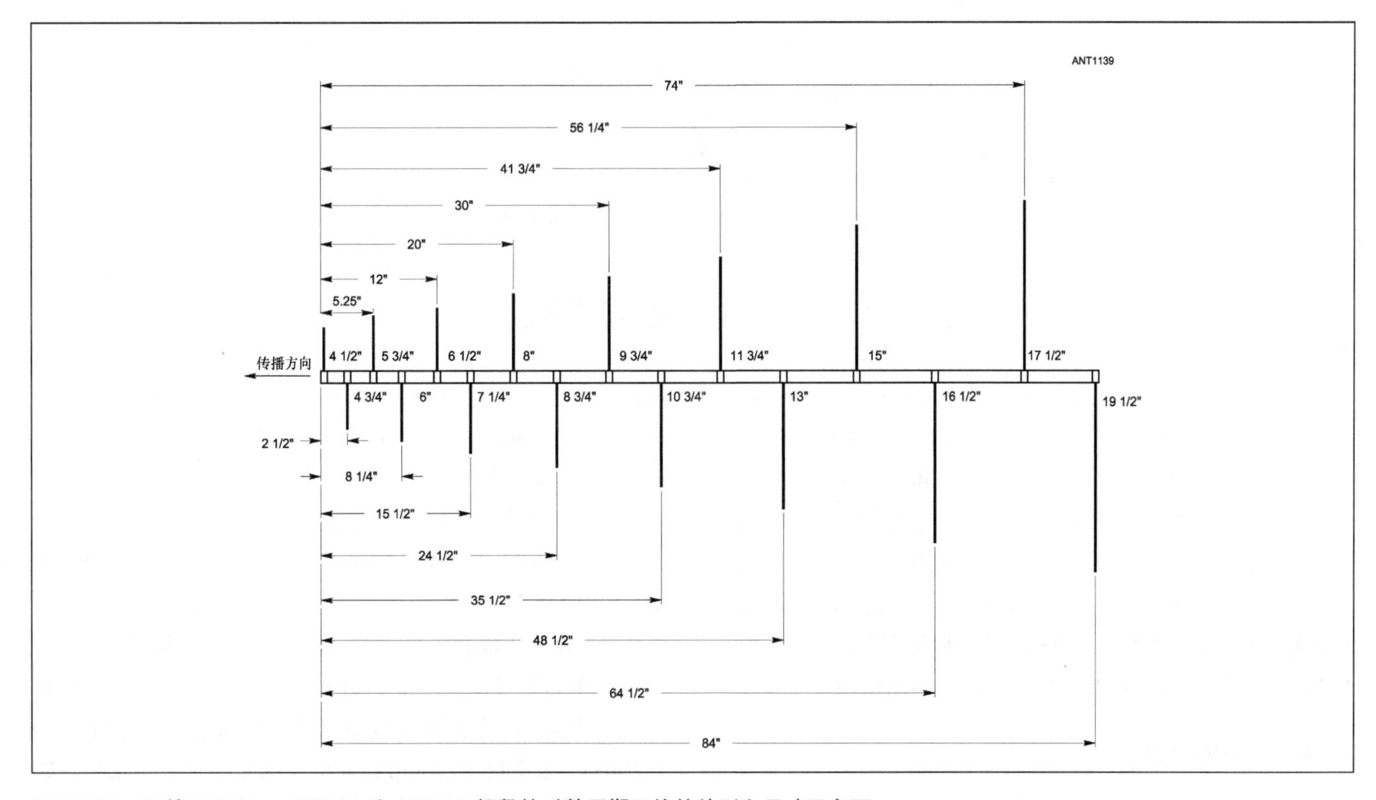

图15-71　覆盖144MHz、222MHz和432MHz频段的对数周期天线的外形和尺寸示意图。

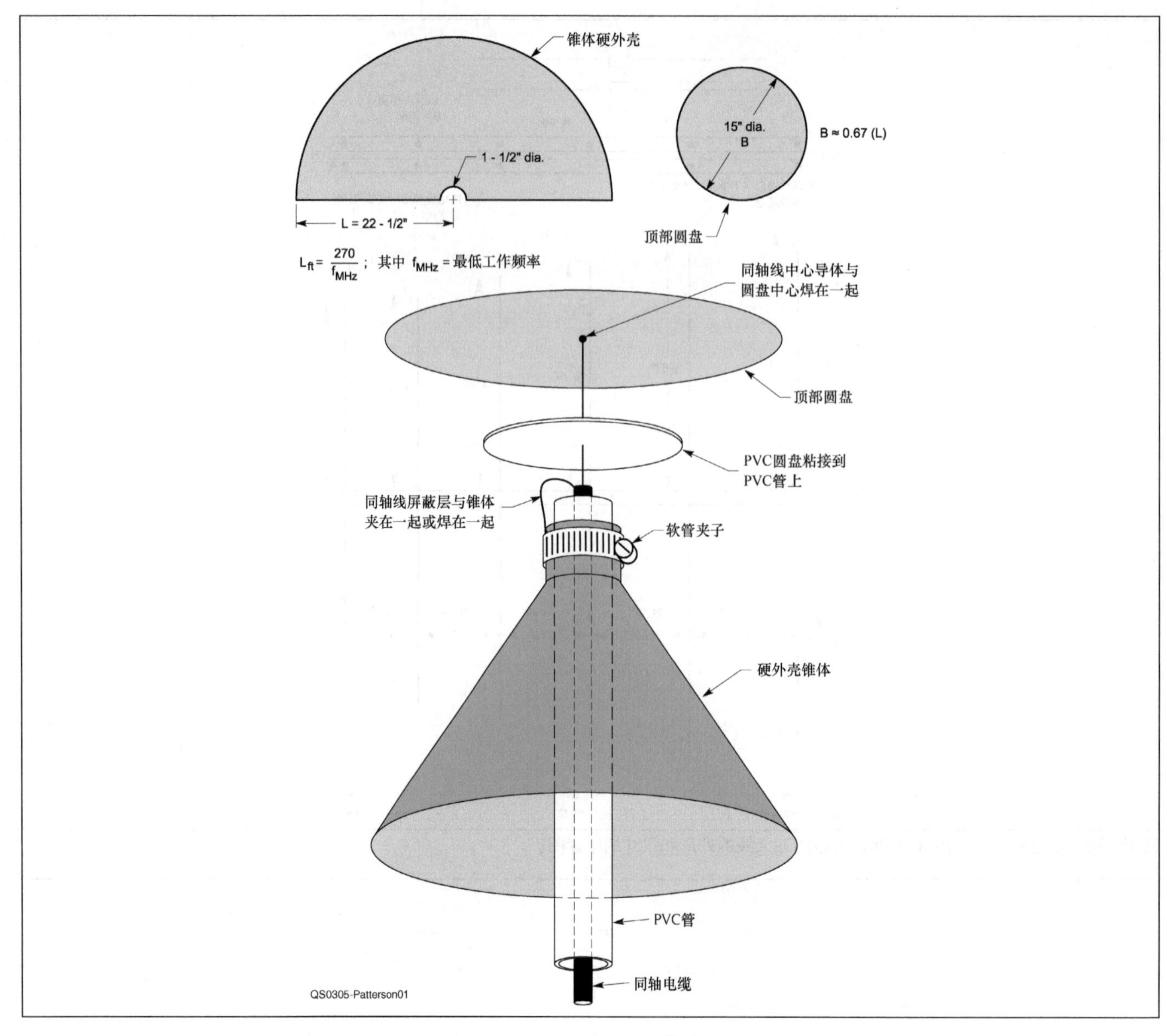

图15-72　一个VHF/UHF盘锥天线结构细节。锥形的最大尺寸是由使用的最低频率决定的。

15.5　反射器天线

当使用一个激励单元时，反射面可以弯曲形成一个角度，以改善辐射方向图和增益。假设在222MHz和420MHz时为实际比例。在902MHz甚至更高频率上，实际反射器可以达到理想的尺寸（波长很长），因此增益更高，方向图更好。角反射器可以用在144MHz，尽管它远小于优化的尺寸。对于一个给定口径，反射器在增益方面并不等同于一个抛物面反射器，但是它易于制作，频带宽，并且根据角度和尺寸，可以实现9～14dBi的增益。本部分由Paul M.Wilson（W4HHK<SK>）撰写。

15.5.1　角反射器

角度可以是90°、60°或者45°，但是随着角度的变小，边长必须增加。90°时，激励单元间距可以是0.25λ到0.7λ之间的任何值，60°时，激励单元间距可以是0.35λ到0.75λ之间的任何值；45°时，激励单元间距可以是0.5λ到0.8λ之间的任何值。在间距变化范围内的每种情况下，增益的变化大约是1.5dB。由于间距对增益的影响不是非常关键，可以改变间距来实现阻抗匹配。间距更小，馈电点阻抗更小，但是可以使用一个折叠偶极子辐射体将它提高到一个更方便的标准。

辐射电阻随间距的变化如图15-73所示。最小间距得到的最大增益就是主模（通常用在144MHz、222MHz、432MHz，来保持合理的边长大小）。比如有90°转角时，最小的边长（S，见图15-74）应该等于两倍的偶极子间距，或者是 0.5λ 间距时边长为 1λ。边长大于 2λ 是比较理想的。60°或 90° 的边长 1λ 的角反射器的增益大约是 10dB。60° 的边长 2λ 的角反射器的增益大约为 13dBi，45° 的边长 3λ 的角反射器的增益大约为 14dBi。

反射器长度（L，见图 15-74）最小值为 0.6λ，如果长度小于这个最小值，间距会导致侧面和尾部的辐射增大，因而减小增益。

为了实现最好的结果，反射器棒的距离（G，见图 15-74）应小于 0.06λ。0.06λ 的间距会导致后瓣的出现，后瓣的大小约为前瓣的 6%（下降 12dB）。在高频情况下，我们更倾向于使用一个小的筛孔或者是坚固的薄板，来得到最大的效率，实现最高的前后比，简化构造。比如，在 1296MHz，间距为 0.06λ 时，要求沿着边长每隔 1/2 英寸就要增加一个反射器棒。棒或刺状突起可用于减少风荷载。用于增加反射器棒的支撑物是由绝缘体或者导电材料组成。棒或者网状物应与反射器平行。对角反射器的一个建议的排列如图 15-74 所示。结构由木或铁的材质组成，转角处的转轴有利于便携式操作，并且便于装配在塔顶。此外，装有转轴的反射器还便于使用在不同的角度试验。表 15-25 给出了 144～2300MHz 角反射器阵列的主要尺寸。比起激励单元的间隔，144MHz、222MHz 和 420MHz 阵列的边长是它的 2～4 倍。915MHz 角反射器的边长是间隔的 3 倍。1296MHz 角反射器的边长是间隔的 4 倍。2304MHz 角反射器的边长是间隔的 6 倍。915MHz、1296MHz、2304MHz 角反射器的长度分别为 2、3、4 倍波长。一个 4×6λ 反射器大约近似成无限尺寸。

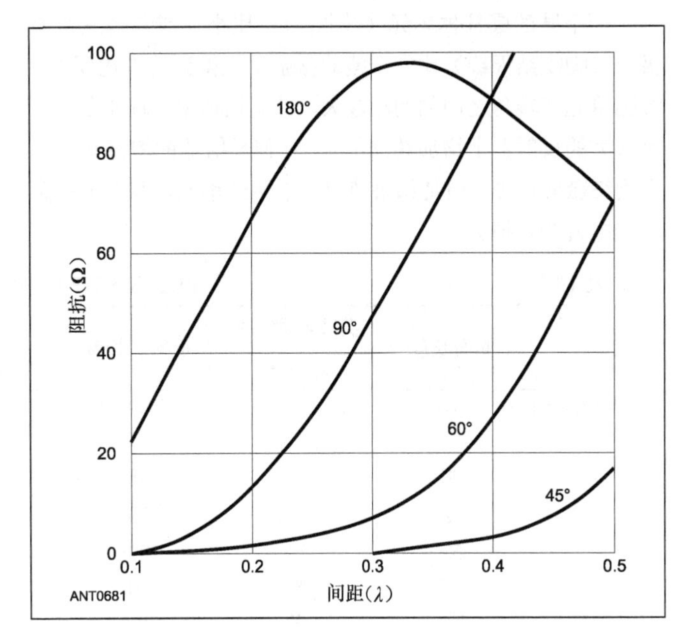

图15-73　受距离D的影响，转角角度为180°（平面）、90°、60°、和45°时，角反射器阵列激励单元的辐射阻抗，如图15-74所示。

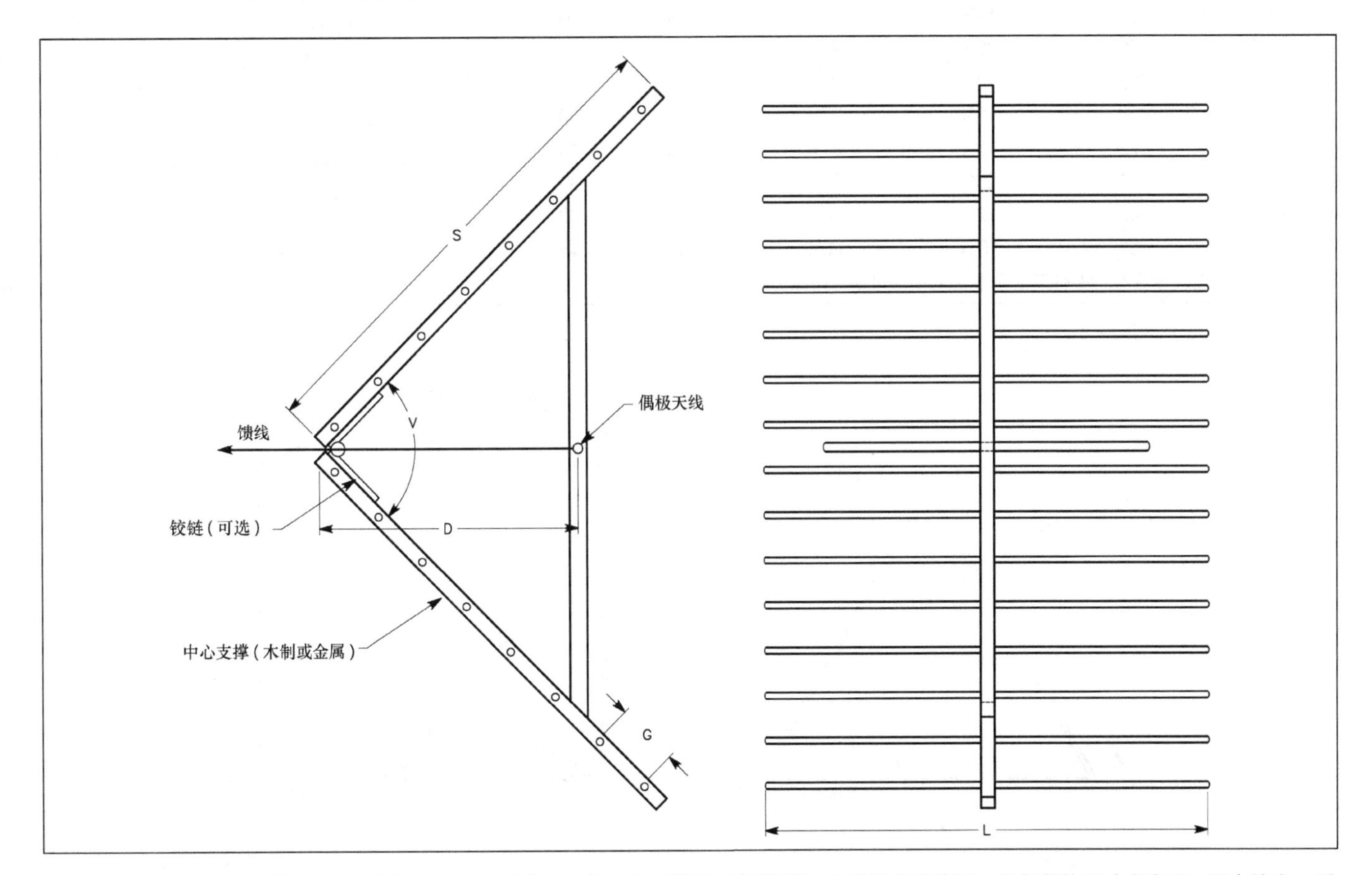

图15-74　角反射器阵列的构造。结构可以是木质或金属的。反射器单元是坚硬的金属线或者管子。各频段的尺寸在表15-25中给出。反射器单元的间隔G是某个频率所能使用的最大值，也可选择近一些的间距。转轴可以使反射器天线折叠，这样会更加便捷。

角反射器可以用在多个频段，或者是UHF电视接收，以及业余UHF操作。对于工作在多频点的，应选择最小频点的边长和反射器长度，选择最大频点的反射器间距。激励单元的类型和转角的间距，对确定带宽起到至关重要的作用。一个胖的圆柱体单元（波长/直径比小）或者是三角偶极子（蝴蝶结天线）比一个瘦的激励单元得到的带宽要大。激励单元和转角之间的间距越大，带宽就越宽。通过在一个足够大的反射器上增加共线单元，任何反射器的增益都可以得到细微的增加，但是如果使用多于两个单元，偶极子的简单馈电就会有损失。

通常，偶极子辐射体与角反射器一起使用。这就需要在同轴电缆和天线的平衡馈电点阻抗之间增加巴伦。在低VHF频段，可以容易地使用同轴线制造巴伦，但在高频段就相对比较困难。为了解决这个问题，可以使用接地角反射器来实现垂直极化。图15-75显示了单级激励单元的接地角反射器天线。可在地面上增加角反射器和1/4λ辐射体，在使用适当间距的时候，可以允许与同轴线的直连。有效孔径减小了，但在高频段时，使用二次模和三次模辐射体间距和更大的反射器，可以提高增益，弥补有效孔径的损耗。一个J型天线可以保持孔径面积，并与同轴线匹配。

表15-25　VHF和UHF频段角反射器天线阵尺寸

	侧面长度	偶极天线到顶点距离	反射器长度	反射器间距	拐角	辐射电阻
频率（MHz）	S（英寸）	D（英寸）	L（英寸）	D（英寸）	V（°）	（Ω）
144*	65	27½	48	7¾	90	70
144	80	40	48	4	90	150
222*	42	18	30	5	90	70
222	52	25	30	3	90	150
222	100	25	30	Screen	60	70
420	27	8½	16¼	2	90	70
420	54	13½	16¼	Screen	60	70
915	20	6½	25¾	0.65	90	70
915	51	16¼	25¾	Screen	60	65
915	78	25¼	25¾	Screen	45	70
1 296	18	4½	27½	1/2	90	70
1 296	48	11¾	27½	Screen	60	65
1 296	72	18½	27½	Screen	45	70
2 304	15½	2½	20½	1/4	90	70
2 304	40	6¾	20½	Screen	60	65
2 304	61	10¼	20½	Screen	45	70

*反射器的侧面长度在某种条件下低于最优值——可使增益略微减小

注意：

915MHz波长为12.9英寸
侧面长度S为3×D，D是偶极天线到顶点的距离
反射器长度L为2.0λ
反射器间距G为0.05λ

1296MHz波长为9.11英寸
侧面长度S为4×D，D是偶极天线到顶点的距离
反射器长度L为3.0λ
反射器间距G为0.05λ

2304MHz波长为5.12英寸
侧面长度S为6×D，D是偶极天线到顶点的距离
反射器长度L为4.0λ
反射器间距G为0.05λ

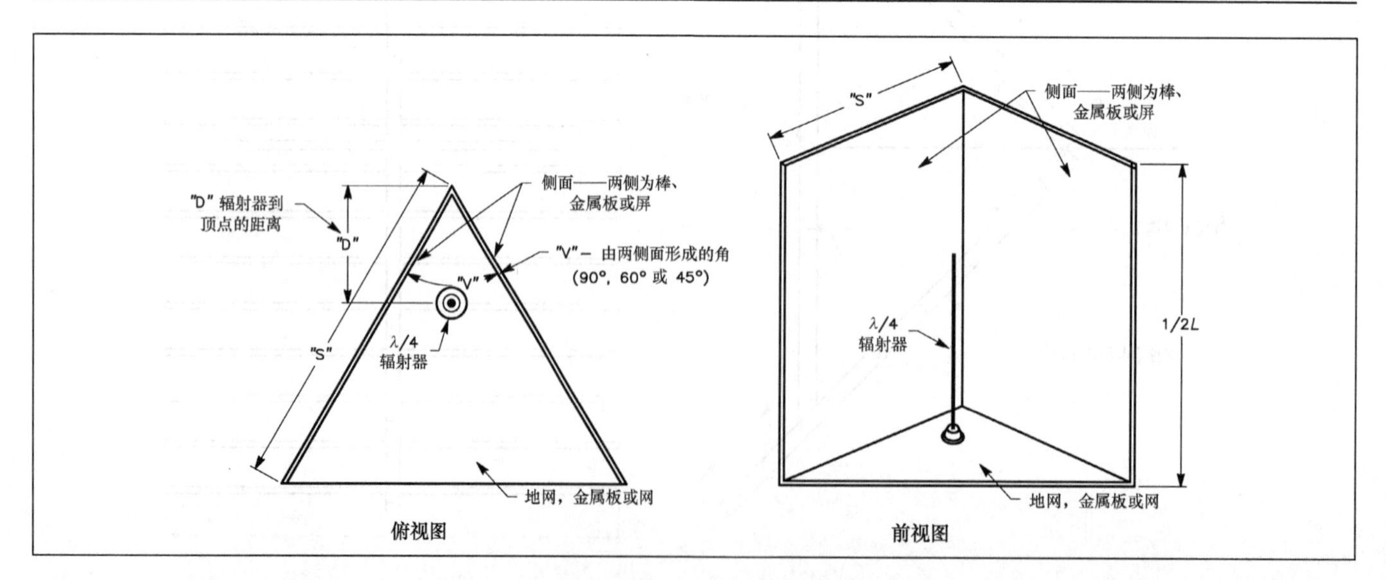

图15-75　一个实现垂直极化的地网角反射器天线，可用于FM通信或者分组无线电通信。前视图中尺寸1/2L是参考表15-25中的数据得出的。

对于垂直极化工作，4个背对背（与普通反射器）的90°角反射器可用于360°扫描，并保持适度的增益。馈线开关可用于选择需要的部分。

15.5.2 槽形反射器

为减小大的角反射器的整体尺寸，顶点可以被去掉或者用一个平面反射器代替。这种结构通常称为槽形反射器，见图15-76。此外，图15-76还给出了S和T，它们的性能与大的角反射器天线相近，外形尺寸没有超过极限值。这个天线的性能与角反射器天线非常类似，并且由于平面中心部分相对比较容易地安装到桅杆上，因为它的机械问题更少，并且尺寸也大大缩短了。

通过堆叠两个或更多角反射器和槽形反射器，并且把它们排列成共线辐射，或者在一个更宽的反射器上交替增加更多的共线偶极子（同相馈电），这两种反射器天线的增益都会增大。最多使用两到三个辐射单元，否则简易的馈电线排列的巨大优势会失去。

432MHz和1296MHz的槽形反射器天线

图15-77给出了432MHz和1296MHz的槽式反射器天线的尺寸。预期的增益分别为16dBi和15dBi。对于便携操作来说，有一个非常方便的排列是在反射器的每个角上都使用金属转轴。这样为了传输，反射器就可以折成一个平面。它也可以允许在不同的顶角下开展各种实验。

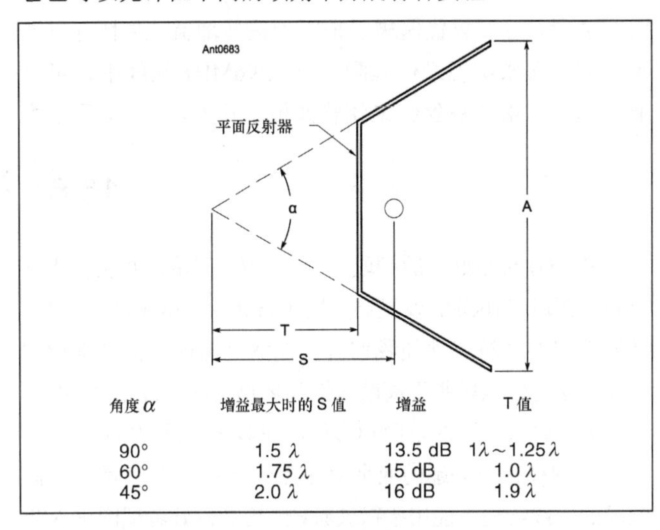

角度α	增益最大时的S值	增益	T值
90°	1.5λ	13.5 dB	1λ～1.25λ
60°	1.75λ	15 dB	1.0λ
45°	2.0λ	16 dB	1.9λ

图15-76 槽形反射器。这是角反射器一个很有用的改进。顶端被去掉并由简单的平面取代。假设反射器足够大，与表15-25的数据相比，列表数据表明随S的增大，增益变大。

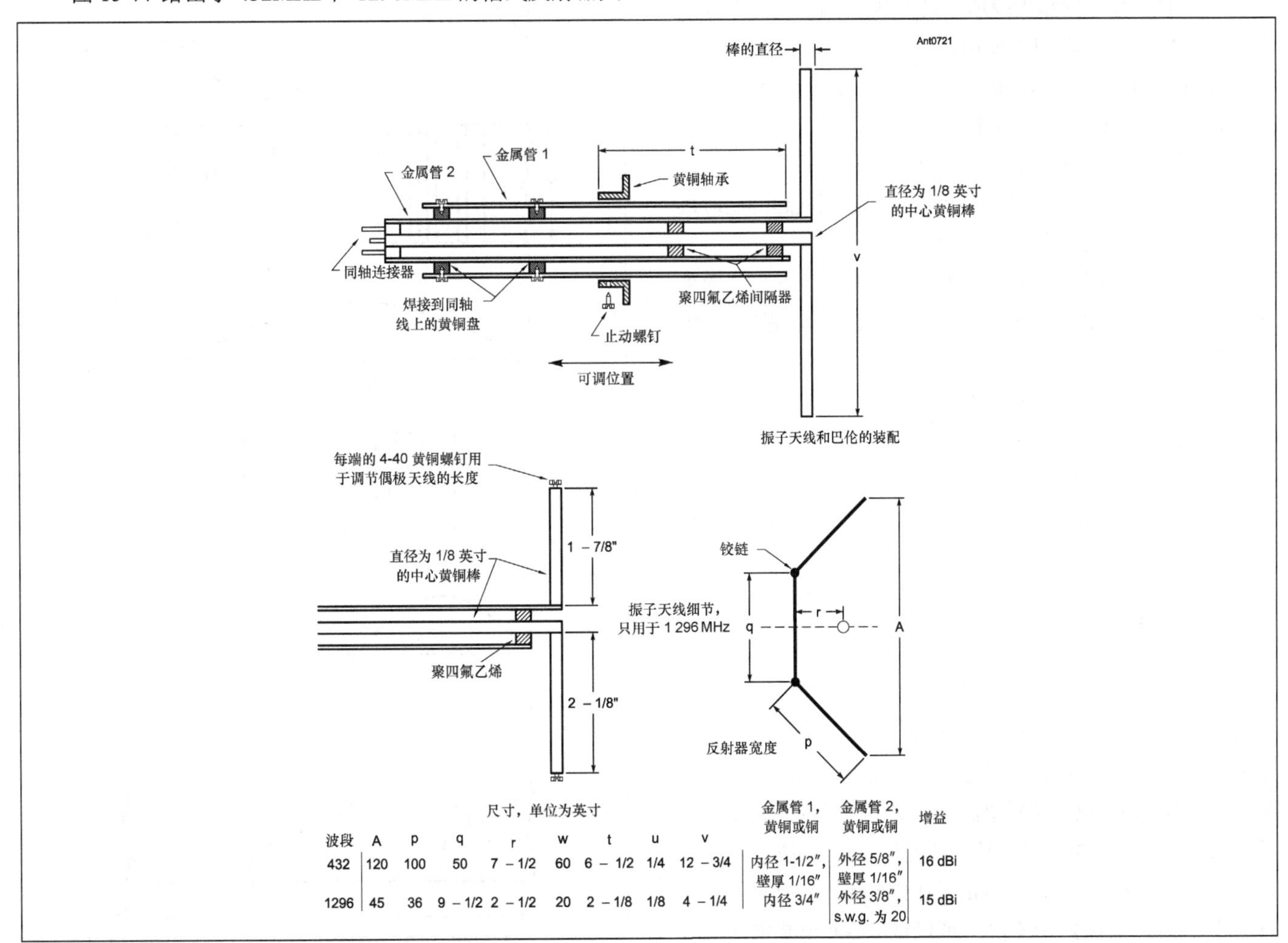

波段	A	p	q	r	w	t	u	v	金属管1，黄铜或铜	金属管2，黄铜或铜	增益
432	120	100	50	7 – 1/2	60	6 – 1/2	1/4	12 – 3/4	内径1-1/2″，壁厚1/16″	外径5/8″，壁厚1/16″	16 dBi
1296	45	36	9 – 1/2	2 – 1/2	20	2 – 1/8	1/8	4 – 1/4	内径3/4″	外径3/8″，s.w.g.为20	15 dBi

图15-77 432MHz和1296MHz槽型反射器天线的实际结构。

在432MHz天线中，还需要给偶极子中心增加一个外壳来防水，并支持偶极子单元。可以将偶极子放入或取出反射器，以得到最小的SWR或者如果SWR不能测量，也可以得到最大增益。如果使用双短截线调谐器或者其他匹配装置，可以放置偶极子来得到最佳增益，并且可以调整匹配装置来实现最佳匹配。在1296MHz天线中，可以通过单元末端的螺丝钉来调整偶极子长度。自锁螺母是很必要的。

在1296MHz频段，反射器应用铝板制作而成；而在432MHz频段，可以用金属丝网制作(旋转并与偶极子平行)。为了使增益增大3dB，可以堆叠一对这样的阵列，这样反射器很难被分开（防止边缘缝隙辐射器的形成）。辐射偶极子应使用同向馈电，并且必须安排适当的馈电和匹配。可以使用双短截线调谐器来匹配单或双辐射器系统。

15.6 微波天线

微波业余爱好者的频段从902MHz开始，并包含所有更高的频段（10GHz及更高频段也被认为是毫米波频段）。微波天线的短波特性使我们可以在宽范围内有很多有趣的设计，这与低频段基于离散线性和环单元的天线完全不同。在长波长时不重要的表面和形状，在微波中得到应用。

给对微波感兴趣的业余爱好者一个忠告：许多常用于低频段的天线结构不能用于微波频段。这是爱好者试图进入微波领域而没有成功的一个重要原因。当一个天线的设计证明可用时，请准确地复制并不要改动任何地方。

不允许桅杆像低频天线那样穿过单元。避免在天线周围有任何不必要的金属，1296MHz的1/4λ仅略大于2英寸。将U型螺栓与将要安装的硬件尺寸剪切至最短，以消除谐振或在天线场中只存在近谐振导体。

在天线性能上，馈线的损耗是下一个天线系统设计中最重要的一方面。增加天线的高度使得馈线的损耗达到绝对最小值。保证馈线低损耗比天线高度更为重要。

使用你可以用到的最好的馈线。为了证明馈线损耗的重要性，这里给出了普通同轴电缆在1296MHz实际测量值(每100英尺损耗)：

RG-8，213，214同轴电缆：11dB

1/2英寸铜硬线：4dB

7/8英寸铜硬线：1.5dB

不论实际情况如何，天线应该安装前置放大器，而且只使用设计用于工作频段的连接器。

15.6.1 波导

在高于2GHz时，同轴电缆在通信中有传输损耗。幸运的是，此频段的波长足够短，允许有完全不同的方法实现实用而高效的能量转移。波导管是一种让能量以电磁波形式传输的导电管。该导电管传播电流的方式不同于两根导线间传播电流的方式，而更像是一种“边界”，将电磁波束缚在封闭空间中。趋肤效应有效地阻止了任何电磁效应泄露出波导管。能量在波导管的一端输入，或经过电容和电感耦合或通过辐射，在另一端以同样的方式输出。波导管仅仅限制了能量场，通过内壁的反射实现能量到接收端的传输。

波导工作方式的研究是基于波导材料为理想电导体的假设。图15-78中给出了矩形波导中电场和磁场的典型分布。在X方向的中心处（见图15-78<C>）电场强度最大（可以从线的密集程度看出），在波导臂的两端衰减为零。场必须按照这种方式分布，因为在平行于波导臂的表面存在任何电场时，在理想导体中将会有无限的电流在流动。在这种情况下，波导必然无法传输射频信号。

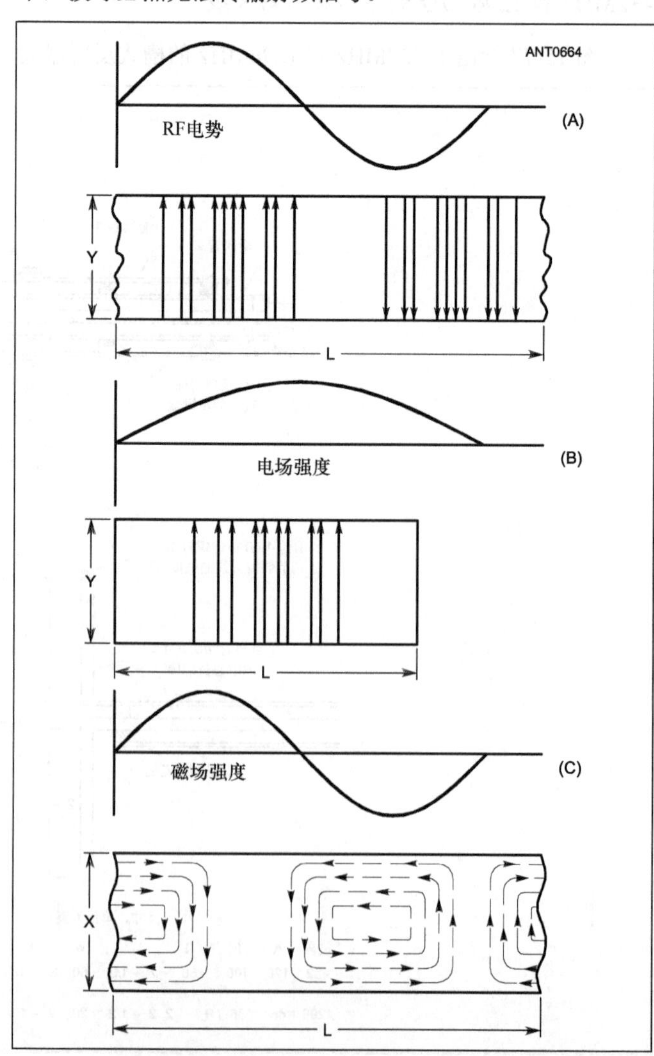

图15-78 矩形波导场分布，图中为TE10模式的传输方式。

传输模式

图 15-78 中给出了波导中最基本的电场和磁场分布。由于场可以在波导中任意分布（只要波导中工作频率大于截止频率），波导中将有无穷多种场分布方式。这些场的每一种组合叫做模式。

模式必须分为两种基本的类型。一种类型为横磁波（TM），磁场完全垂直于传播方向，但电场在传播方向上有传播分量。另一种类型为横电波（TE），电场完全垂直于传播方向，但磁场在传播方向上有传播分量。TM 波有时也称作 E 波，TE 波有时也称作 H 波，但一般倾向于 TM 和 TE。

传输模式由模式字母加两个下标数字区分。例如 TE_{10}、TM_{11} 等。对于给定尺寸的波导，频率随着模式数字的增加而增加，在最低频时，只有一种可传播模式（称作基模）。一般用于业余工作的是主模。

波导尺寸

如图 15-78 所示，在一个波导中最主要的尺寸是 X。改尺寸必须大于最低传输频率的 1/2 λ 。在实际中，Y 尺寸一般约等于 X 的一半，以避免产生除主模外的其他模式。

除矩形外，其他横截面形状的波导也可以使用，最重要的是圆形导管。如同在矩形波导中一样，它也受到了同样多的关注。

表 15-26 给出了矩形和圆形波导尺寸，X 是矩形波导的宽度，r 是圆形波导的半径。所有数据应用于主模。

表 15-26　　　波导尺寸

	矩形	圆形
截止波长	2X	3.41r
小损耗的最长传输波长	1.6X	3.2r
下一模式前的最短波长	1.1X	2.8r

波导耦合

能量可以通过电场或磁场从波导管或谐振器中引入或导出。能量频繁的通过同轴线传输。图 15-79 中给出了两种传输线耦合的方法。图 15-79（A）中的探针是同轴线内导体的一个简单延伸且平行于电力线。图 15-79（B）中圆环的放置方法可以包围一些磁力线。最强耦合点取决于波导或腔的传播模式。当耦合装置位于最强场位置时，耦合最大。

旋转探针或环 90°，耦合将改变。当探针垂直于电力线，耦合最小。同样，当环平面平行于磁力线时，耦合最小。

如果波导管的一端是开放的，它将辐射能量。在波导管上加载一个角锥喇叭天线，辐射将极大增强。该角锥喇叭天线在封闭的导体和自由空间之间相当于一个过渡装置。为了产生合适的阻抗变换，角锥喇叭的一边至少要 1/2 λ 长。截止频率尺寸的空波导管过渡的角锥喇叭天线具有不定向的

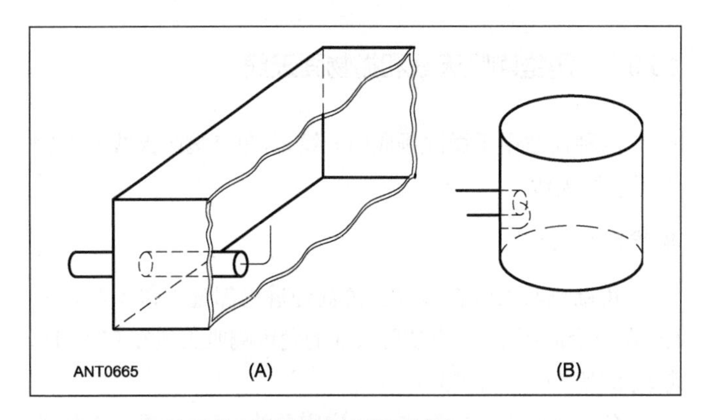

图15-79　与波导管和谐振器耦合的同轴线。

辐射方向图。在截止频率的天线增益为 3dB，频率每增加一倍，增益增加 6dB。角锥喇叭天线广泛应用于微波领域，可作为主辐射体和精心设计的聚焦系统的馈电单元。本章接下来将给出 10GHz 角锥喇叭天线的结构细节。

波导的发展

假定一段开路线用于传输发射机和负载之间的 RF 能量。如果开路线长度很长，它必须有机械装置作支撑。为了避免高损耗，开路线必须与支撑架之间很好地绝缘。由于在微波频段，高性能的绝缘体很难制作，合理的选择是在馈电线的另一端加一段 1/4 λ 的短路传输线。这样一段开路传输线的阻抗是无穷大，短路线是无电抗性的。然而，短路连接线有一定的长度，因而将产生电感。此电感可通过让 RF 电流流过平面表面而不是一段细线而消除。如果平面足够大，它将阻止磁力线环绕 RF 电流。

一定数量的 1/4 λ 线可以并联且不会影响驻波电压和电流。传输线的顶端或底端都可以支撑，当增加有限数量的支撑时，它们将在传输线的截止频率上形成波导管壁。图 15-80 解释了两段平行传输线是如何形成矩形波导的。该简单分析还展示了截止尺寸为什么是 1/2 λ 。

波导的工作模式一般从场的角度描述，电流在内壁上流动，就如同在双线传输线导体上一样。在波导的截止频率，电流集中在波导管壁的中央，随着频率的增加，电流分散在顶部和底部。

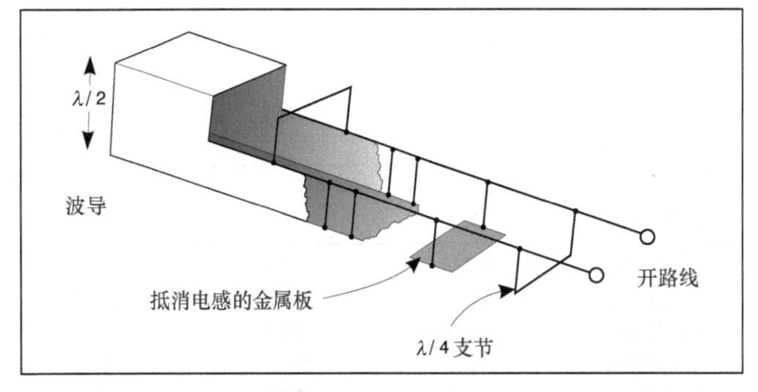

图15-80　在矩形波导的截止频率上，它可以看作是两段平行的传输线，此传输线在顶端和底端连接有线数量的1/4 λ 短截线。

15.6.2 角锥喇叭天线和抛物面天线

两种仅适用于微波频段的天线是，角锥喇叭天线和抛物面反射器天线。

角锥喇叭天线

角锥喇叭天线在波导能量耦合进出部分中作了简单介绍。在业余应用中，具有实际尺寸的角锥喇叭天线在902MHz频段展现了可用的增益。

角锥喇叭天线的馈电不一定需要波导管。如果仅制作了角锥喇叭天线的两边，天线也可以在顶点处用两段传输线馈电。这种布局的阻抗在 300～400Ω之间。图 15-81 给出了一个双面长18英寸的60°角锥喇叭天线。该天线在1296MHz的理论增益为 15dBi，尽管图 15-82 中详细给出的馈电系统可能会降低一点此增益。两段平行的 1/4λ的双两线式传输线构成 150Ω匹配部分，连接到由 RG-58 电缆和铜管制成的导线平衡转接器巴伦。该匹配系统严格按照组建 50Ω系统中双面角锥喇叭天线的目的组装。在实际安装中，角锥喇叭天线会用开路传输线馈电，并同电台设备 50Ω匹配。

图15-81 ARRL实验室中制作的双边角锥喇叭天线。天线和桅杆通过消声器夹子连接到一起。尽管窗格子也可以工作，但该模型的侧面是铝板。临时的单元也可以使用覆盖铝箔的硬纸板制作。水平辐射器是有机玻璃棒，方向如本图所示。天线辐射水平极化波。

抛物面反射器天线

当天线位于抛物面反射器的焦点时，此时有可能会产生相当大的增益。此外，辐射能量的波束宽度会非常窄，可将激励单元上的所有能量直接传播到反射器上。此部分由 Paul M. Wilson（W4HHK <SK>）编写。

增益是有关抛物面反射器直径、表面精度和反射器上适当馈电系数的函数。增益可以通过如下方程得到：

$$G = 10\log k\left(\frac{\pi D}{\lambda}\right)^2 \tag{15-4}$$

此处：

G：各向同性天线增益，单位为 dBi（偶极子馈电增益减去 2.15dB）

k：有效系数，通常为 55%

D：抛物面直径，单位为英尺

λ：波长，单位为英尺

表 15-27 中给出了 420MHz～10GHz，直径 2 英尺～30 英尺的抛物面反射器的天线增益。

波束带宽的近似表达式为 $\Psi = \dfrac{70\lambda}{D}$ （15-5）

Ψ：半功率点（下降 3dB）波束带宽，单位为度

D：抛物面直径，单位为英尺

λ：波长，单位为英尺

图15-82 用于测试角锥喇叭天线的匹配系统，开路传输线可以实现更好的性能。

表 15-27 抛物面天线增益

频　率	抛物面直径（英尺） 2	4	6	10	15	20	30
420MHz	6.0	12.0	15.5	20.0	23.5	26.0	29.5
902MHz	12.5	18.5	22.0	26.5	30.0	32.0	36.0
1 215MHz	15.0	21.0	24.5	29.0	32.5	35.0	38.5
2 300MHz	20.5	26.5	30.0	34.5	38.0	40.5	44.0
3 300MHz	24.0	30.0	33.5	37.5	41.0	43.5	47.5
5 650MHz	28.5	34.5	38.0	42.5	46.0	48.5	52.0
10GHz	33.5	39.5	43.0	47.5	51.0	53.5	57.0

在 420MHz 甚至更高频段，抛物面天线是一种很实用的天线。一个简单的单一馈电点就可以避免使用定向器和巴伦。增益取决于良好的表面精度，这在频率增加时很难获得。在业余应用中，表面误差不应超过 1/8λ。在 430MHz，1/8λ 等于 3.4 英寸，而在 10GHz 时为 0.1476 英寸。反射器天线表面可以使用网格，以减少重量和风负载，但是网格尺寸需要小于 1/12λ。在 430MHz，可以使用直径 2 英寸网格（细铁丝网）。细的铝网格工作频率可高达 10GHz。

一个曲线方程可用于画出合适的抛物线形状：$Y^2=4SX$，如图 15-83 所示。

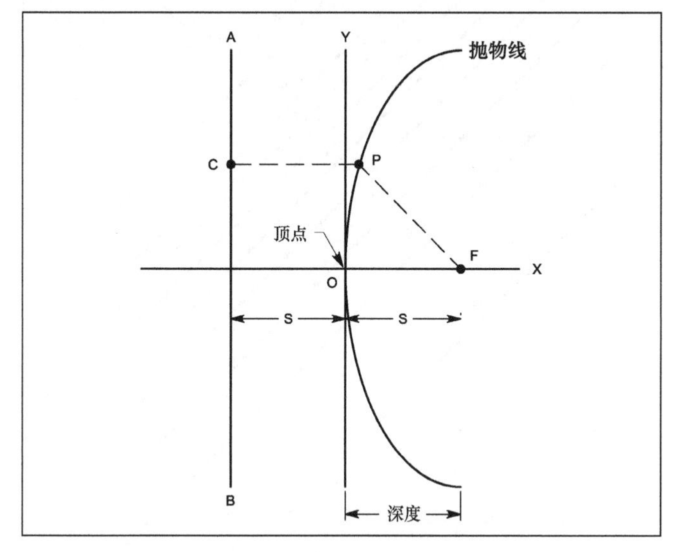

图15-83　抛物线曲线，$Y^2=4SX$。该曲线是从一个固定点开始的等间距的点的轨迹。焦点F，准线AB。因而，FP=PC，焦点在坐标系中为（S，0）。

当在反射器边缘的功率小于中心处 10dB 时，即为最优功率照射。在 902MHz 甚至更高频产生最优功率照射的条件有两个，一个是在工作频率处具有精确直径和长度的圆形波导馈电；另一个是在一定抛物面焦距与直径之比（f/D）下，具有精确波束宽度。然而，这在 432MHz 时是不实用的，在那个频段常用的是偶极子和平面反射器。在最大增益和简单馈电下，f/D 理想值在 0.4 和 0.6 之间。

抛物面的焦距长度可以由以下方程获得：

$$f=\frac{D^2}{16d} \qquad (15\text{-}6)$$

f：焦距长度

D：直径

d：准线和抛物线顶点之间的距离

焦距长度的单位同测量距离和直径的单位相同。当抛物线 f/D 在 0.2～1.0 之间时，表 15-28 给出了馈电点处的双向角度。例如，f/D=0.4 的抛物线需要的 10dB 波束宽度为 130°。最优功率照射的圆形波导馈电直径大约是 0.7λ，但在反射器的 TM 平面和 TE 平面上不是均匀照射。图 15-84 中给出了画入射方向图时所需的圆形波导数据。可调节波导馈电缝隙来改变波束宽度。

表 15-28　抛物面反射器天线中 f/D 的值与焦点处对角的关系。

f/D	张角（°）	f/D	张角（°）
0.20	203	0.65	80
0.25	181	0.70	75
0.30	161	0.75	69
0.35	145	0.80	64
0.40	130	0.85	60
0.45	117	0.90	57
0.50	106	0.95	55
0.55	97	1.00	52
0.60	88		

图 15-85 中给出了一个在一些实验中成功的方法。在缝隙后面很短的距离上加载一个圆盘。当缝隙和圆盘间距变化时，相比不可调节的缝隙，TM 平面方向图在更宽和更窄之间转变。直径 2λ 的圆盘似乎同更长直径的圆盘一样有效。利用这种可调整的馈电方式，一些实验结果发现抛物面天线增益有 1～2dB 的增加。也可以使用矩形波导馈电，但是同圆形波导馈电的抛物面照射不同。

圆形馈电系统可以由铜、黄铜、铝，甚至是锡制咖啡或橘子罐头做成，但是后面这种材料表面需要涂油漆，以防生锈或腐蚀。在工作的频率上，圆形馈电必须在合适尺寸或直径之内，馈电工作在圆形波导的主模上。波导必须足够大以便无衰减通过主模，但是应当小于高次模传输所需的直径。圆形波导所需模式的截止频率 F_C 在以下方程中给出：

$$F_C(TE_{11})=6917.26/d\text{（英寸）} \qquad (15\text{-}7)$$

F_C：模式截止频率，单位为 MHz

d：波导内壁直径

圆形波导的截止频率为：

$$F_C(TM_{01})=9034.85/d\text{（英寸）} \qquad (15\text{-}8)$$

波导中波长一般大于自由空间波长，称作波导波长 λ_g。它与截止频率和工作频率有关：

$$\lambda_g=\frac{11802.85}{\sqrt{f_0^2-f_C^2}} \qquad (15\text{-}9)$$

λ_g：波导波长，单位为英寸

f_0：工作频率，单位为 MHz

f_C：波导截止频率，单位为 MHz

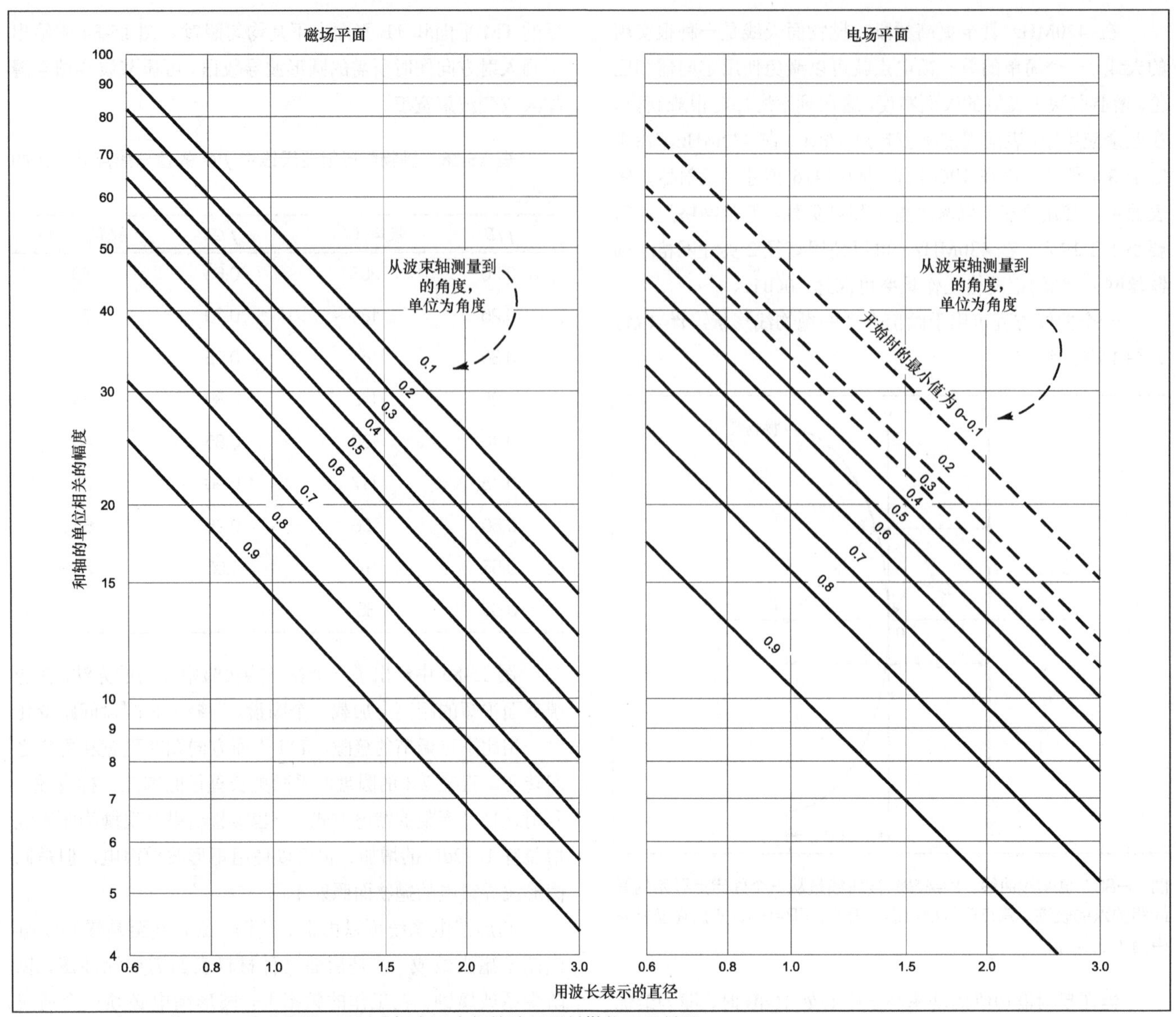

图15-84　该图同表15-28同时使用，可以选择合适直径的波导照射抛物面反射器。

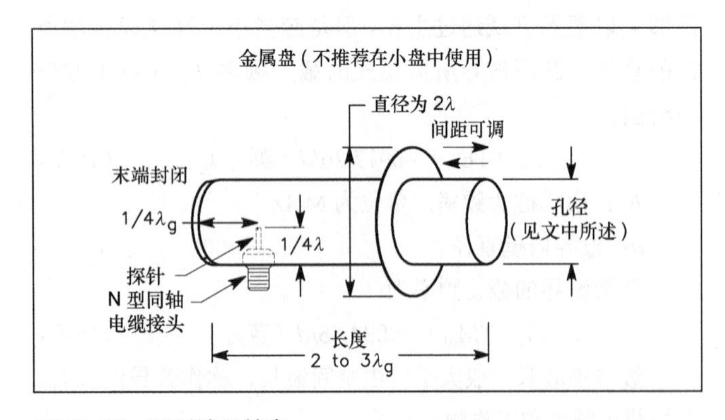

图15-85　圆形波导馈电。

建议内壁直径范围在 0.66λ～0.76λ 之间。低频限制（长尺寸）大约近似于截止频率，高频限制（短尺寸）由高次波决定，表 15-29 中给出了在 902～10000MHz 业余波段间所需的内壁直径尺寸。

表 15-29　　圆形波导馈电

频率（MHz）	圆波导内径范围（英寸）
915	8.52～9.84
1 296	6.02～6.94
2 304	3.39～3.91
3 400	2.29～2.65
5 800	1.34～1.55
10 250	0.76～0.88

激励波导以及将同轴电缆转换到波导的探针为 1/4λ 长，且与波导封闭端的间距为 1/4 波导波长。馈电线的长度需要 2～3 倍波导波长，当安装两个探针时可以实现极化的改变和交叉极化作业，此时馈电线长度倾向于 3 个波导波长。交叉极化作业是指当两个适当放置且定向的探针相互隔离时，可能产生的双工操作（同时收发）。用于极化转

换或交叉极化作业的第二个探针应与波导封闭端相隔 3/4 个波导波长且与第一个探针以正确的角度安装。(交叉极化是基于谐振的双工天线，或天线馈电，该天线支持两个同时输入或输出，输入或输出之间相互独立，且由于在正交（直角）线性极化而彼此隔离，见参考书目中列出的 Munn 的文章)。

馈电缝隙位于抛物面大线的焦点上，指向反射体的中心。馈电的安装应当允许缝隙在任何一边的焦点可以调节并对反射器有最小的阻塞。在距抛物线正确的距离上放置焦点，大约深入馈电缝隙 1 英寸。非金属支撑的使用可以最小化阻塞。PVC 管、玻璃纤维和树脂玻璃是常用的材料。通过在微波中放置材料就可以简单地测试这种材料是否适合用于 2450MHz。PVC 经测试是令人满意的，且在 2300MHz 时仍可工作。一个具有 18 英寸焦距的 4 英尺抛物线的简单整洁的底座，可以通过在抛物线的中心用一段 PVC 法兰安装一段 4 英寸长的 PVC 管来制作。在 2304MHz，圆形馈电波导内径大约是 4 英寸，利用 PVC 管制作一个滑动座。应当采取预防措施，防止雨水和小鸟进入馈电波导管。

当波导加载功率时，绝不要窥视波导的开放端口，或当发射信号时直接站在抛物线天线的前方。当接收或发射功率在极低水平时（少于 0.1W），该区域才可以进行测试和调整。美国政府设定的安全上限是在 6min 内平均功率密度为 10mW/cm^2。其他权威机构认为应当使用更低的水平。过长时间的暴露在微波环境中，将导致人体组织被破坏性地加热。这种加热效应对眼睛尤其有害。如果抛物线天线辐射功率密度在 $2D^2/\lambda$ 处为 0.242mW/cm^2，天线近场可接受的安全水平为 10mW/cm^2。在远场边界，功率密度方程为：

$$\text{功率密度}=\frac{137.8P}{D^2}\ \text{mW/cm}^2 \qquad (15\text{-}10)$$

P：平均功率，单位为千瓦

D：天线直径，单位为英尺

λ：波长，单位为英尺

新的商业抛物面天线是昂贵的，但二手的天线可以经常以很低的价格购买到。一些业余爱好者制作了这些低价格天线，还有一些业余爱好者改装 UHF 中频段的 TV 抛物面天线或圆形金属雪橇用于业余波段。图 15-86 所示为采用了自制馈电的抛物面天线。抛物面天线的应用细节在“天线在空间传输中应用”一章中介绍。RSGB 的刊物《Antennas for VHF and Above》（见参考文献）中给出了一些角锥喇叭天线和抛物面天线设计，包括改装的二手的偏馈卫星电视接收抛物面天线。

图15-86 2304MHz咖啡罐馈电方法，图15-85中结构安装在4英尺的抛物面天线上。

10GHz 角锥喇叭天线

在 10GHz 处，对于初学者来说，角锥喇叭天线是可构建的最简单天线。它用黄铜平板很容易做成。由于其本身为宽带结构，小的结构误差是可以容忍的。该天线的一个缺点是，当增益超过 25dBi 时，天线物理尺寸将变得很笨重，但对于大多数视距工作来说，本不需要如此高的增益。该天线由 Bob Atkins（KA1GT）设计，并于 1987 年 4 月和 5 月刊登在《QST》上。

角锥喇叭天线通常由波导馈电。当工作在正常频率范围内时，波导工作在 TE_{10} 模。这意味着电场穿过波导的窄边，磁场穿过波导的宽边。图 15-87 中给出了 E 平面和 H 平面。

角锥喇叭天线有很多种类型。如果波导仅在 H 平面张开，该天线为 H 平面扇形角锥喇叭天线，同理，如果仅在 E 平面张开，该天线为 E 平面扇形角锥喇叭天线，如果在两个平面同时张开，则称为角锥喇叭天线。

对于角锥喇叭天线给出的任意口径，当穿过口径的场分布中幅度和相位一致时，方向性（轴向增益）最大。当幅度和相位不一致时，将形成降低天线方向性的旁瓣。为了得到

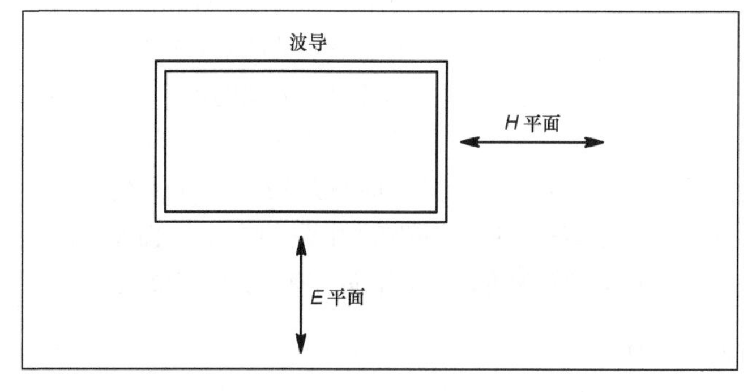

图15-87 波导馈电的10GHz天线。波导传输特性见文中。

统一分布，角锥喇叭天线应尽量长且辐射角应最小。然而，从实际应用角度看，角锥喇叭天线越短越好，所以在天线性能和便利性之间存在冲突。

图 15-88 中说明了这个问题。对于给定的辐射方向角和边长度。在角锥喇叭天线的顶点到口径中心距离（L）和顶点到口径边缘（L′）之间存在路径差。这在口径平面会引起相位差，这将形成旁瓣，降低天线方向性（轴向增益）。如果 L 很长，则路径差很小，口径场几乎是一致的。当 L 减小时，相位差开始增大，方向性降低。建造一个最优（天线最短）的角锥喇叭天线，相位差是最大可允许值，此时旁瓣没有超过主瓣且轴向增益没有很大衰减。

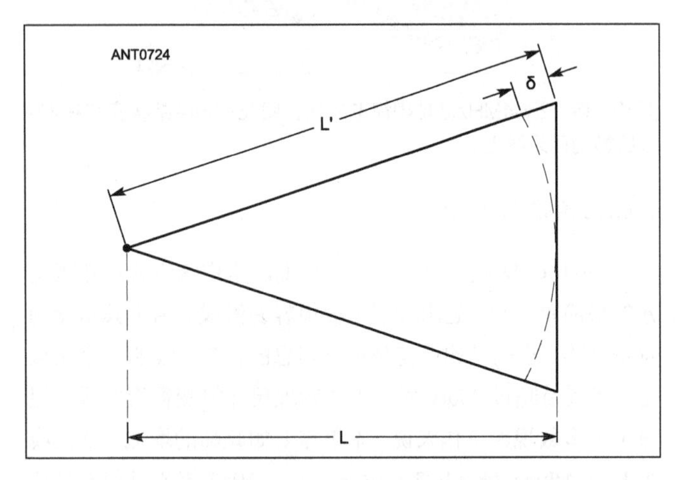

图15-88　顶点至口径平面中心和顶点至口径边缘间路径差为 δ 。

在此可允许相位差下，E 面角锥喇叭天线和 H 面角锥喇叭天线的幅度是不同的。对于 E 面角锥喇叭天线，场强度在口径平面非常一致，对于 H 面角锥喇叭天线，场强度在边缘处变为零。因而，E 平面角锥喇叭天线口径边缘的相位差更重要且应该控制在 90°（1/4 λ ）以内。在 H 面角锥喇叭天线中，可允许的相位差是 144°（0.4 λ ）。如果角锥喇叭天线的口径在两个平面均超过一个波长，E 面和 H 面方向图基本上独立并可以分开分析。

定向波导馈电的方向通常与口径宽边水平方向一致，并形成垂直极化。在此情况下，H 面扇形角锥喇叭天线具有窄的水平波束宽度和非常宽的垂直波束宽度。对于大多数业余方面的应用来说，这不是一种很有用的波束方向图。E 平面扇形喇叭天线具有窄的垂直波束宽度和宽的水平波束宽度。这样的辐射方向图可以用于需要宽覆盖范围的灯塔系统。

在一般性应用中，最有用的喇叭天线形式是最优角锥喇叭天线。此天线的两个波束宽度几乎一致。E 平面波束宽度略小于 H 面波束宽度，且 E 平面具有更大的旁瓣强度。

天线制作

图 15-89 中给出了一个 10GHz 增益为 18.5dBi 的角锥喇叭天线。首要设计参数通常是增益，或最大天线尺寸。天线参数间相互联系，关系式可以从以下方程中大致得出：

L=H 面长度=0.0654×增益　　(15-11)

A=H 面口径长度=0.0443×增益　　(15-12)

B=E 面口径长度=0.81A　　(15-13)

增益以比值方式给出，20dBi 增益=100，图 15-90 中给出了 L、A、B 的尺寸。

图15-89　10GHz处增益具有18.5dBi的角锥喇叭天线。正文中给出了此结构的详细信息。

用这些方程，可以求出 10.368GHz 增益为 20dBi 的天线尺寸。10.368GHz 的波长为 1.138 英寸。天线长度 L 为 0.0654×100=6.54 λ，在 10.368GHz 处，此长度为 7.44 英寸。类似的，H 面口径 A 为 4.43 λ（5.04 英寸），E 面口径 B 为 4.08 英寸。

制作这样一个喇叭天线最简单的方法是从黄铜板材上切片并将它们焊接到一起。图 15-90 中给出了矩形片和波导法兰方形片的尺寸（也可以使用标准的商业波导法兰）。由于 E 面口径和 H 面口径不同，喇叭天线口径不是方形。片的厚度不是很重要，0.02～0.03 英寸都可工作良好。可以在硬件或零售商店中得到黄铜片。

注意，三角片在顶点处切边，以安装到波导口径上（0.9 英寸×0.4 英寸）。这需要较小的三角片从支座到顶点的长度（B 边）短于较大三角片的长度（A 边）。注意，喇叭天线两条不同边的长度为 S，如果角锥喇叭要安装到一起，S 必须相同。对于这样一个看起来很简单的结构，将各个部分恰当的安装到一起需要仔细地制作。

可以计算简单的几何形状得出边的尺寸，但在硬纸板上画出模板更简单。该模板可以用于制作一个仿真天线，在切割铜板前确保天线每个部分可以准确地安装到一起。

首先，在硬纸板上标出大的三角形（A 边）。确定宽度为 0.9 英寸的点，并画一条与图 15-90 中给出的支座平行的线。测量边 S 的长度，这同样也是小尺寸片（B 边）的边长度。

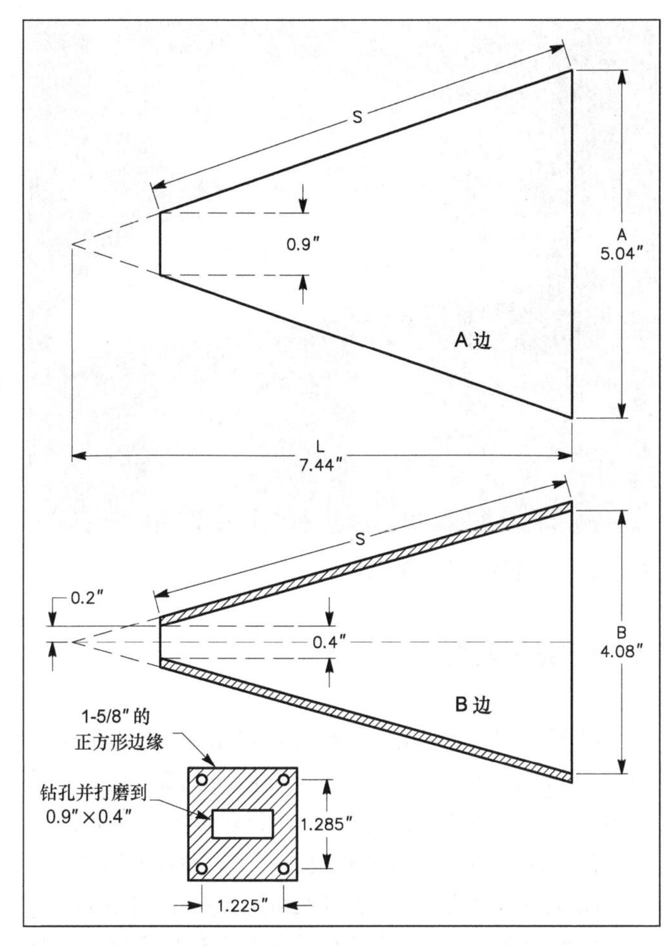

图15-90　制作10GHz喇叭天线黄铜板尺寸。该结构需要两片矩形板（A边和B边）。

首先画一条长度为B的线，再画出第二条长度为S的线，这样就标出了小尺寸片的形状。线S的一端与线B的一端相连。线S的另一端比垂直于线B中心的线高出2英寸，见图15-89（该过程实际操作比描述的要简单）。这些小尺寸的片制作得略大些（见图15-90中的阴影区域），以便你可以在安装过程中在喇叭天线的外侧焊接。

从硬纸板上裁剪两片A侧面和两片B侧面，并将它们按照喇叭天线的形状组合到一起。波导底端的口径面应该为0.9英寸×0.4英寸，在波导的另一端应该是5.04英寸×4.08英寸。

如果这些尺寸是正确的，使用硬纸板模型标出每片铜板。如果条件允许的话使用剪切机裁剪铜板，因为剪刀有可能会使金属弯曲。将每片铜板安装到一起并在缝隙的外边缘焊接。确保焊锡和松香不会污染到喇叭天线的内侧是非常重要的，这些东西会吸收RF并在这些频段中降低天线增益。

图15-91中给出了安装图。当喇叭天线完成时，它可以焊接到一个标准的波导法兰上或一块如图15-90所示那样切出来的金属板上。法兰和喇叭天线的过渡必须平滑。该天线具有极好的性价比（增益20dBi，价格约5美元）。

15.6.3　开槽天线

接下来的部分来自RSGB刊物《Microwave Know-How》的再版（见参考文献）。图15-92中的开槽天线是一种指数型天线，与V型单元天线和菱形天线（见“长线和行波天线”一章）同属一类。它们有极宽的带宽，天线最低频率由开口的宽度决定。

工作最高频率由形成槽的精确度决定。例如，75mmPCB型天线在5～18GHz内具有极好的回波损耗，并从2GHz开始便可工作。（结构详细信息见 www.wa5vjb.com/pcb-pdfs/10-25GHzSweep.pdf）。

图15-92中给出了所有天线设计的模板。将模板放置在复印机上，通过增大或减小尺寸来调至所需的频率范围，见表15-30。剪切掉模板并如图15-93所示标记材料。使用的材料有薄黄铜、镀锡铁皮或PCB。

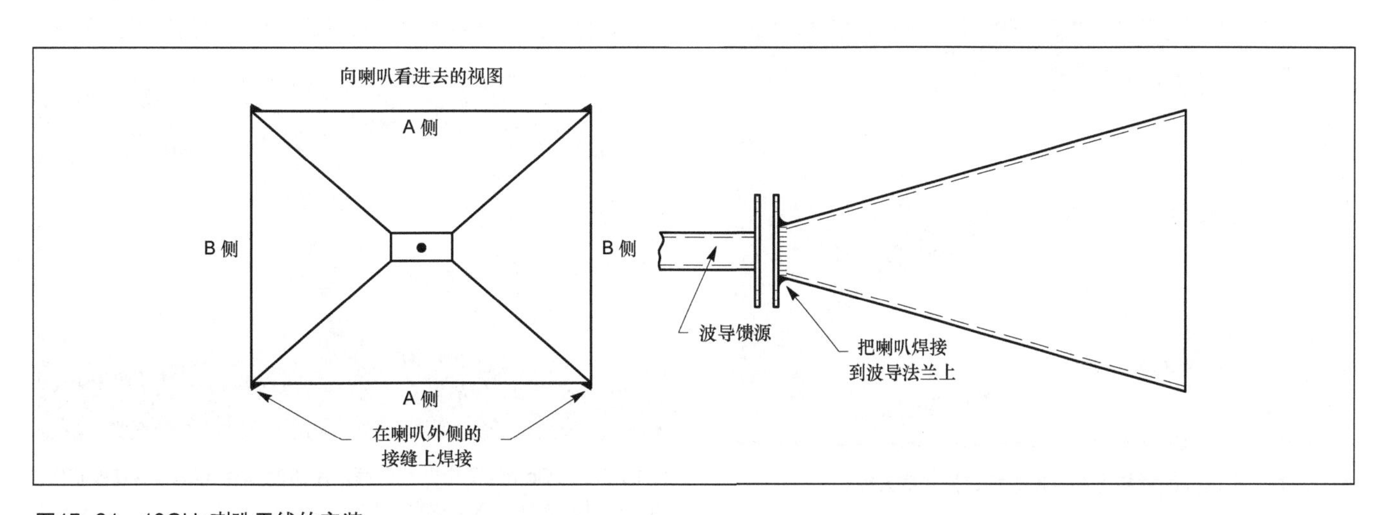

图15-91　10GHz喇叭天线的安装。

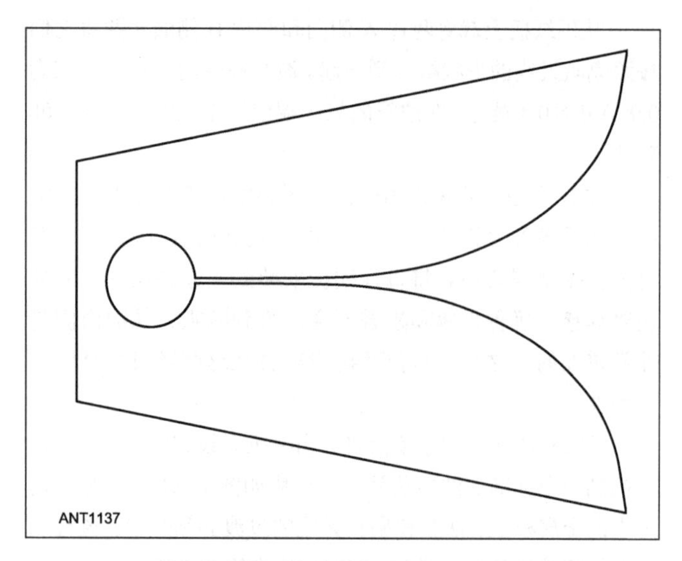

图15-92 开槽天线模板，缩放比例在表15-30中。

表 15-30 开槽天线模板缩放。

开放	低端频率响应
40mm	10GHz
75mm	5GHz
150mm	2GHz
200mm	1GHz

用锋利的剪刀或环形锯切割天线。馈电线防护物需要同槽的一边相焊接，中心导线与槽的另一边焊接且与环尽量靠近（见图 15-94）。可以使用半刚性和特氟龙同轴线。

开槽天线与测试仪器配合使用，可作为一架优秀的测试天线，它可以在几个频带上给抛物面天线馈电。开槽天线的相位中心在槽狭窄的区域中可以来回移动。但是当抛物面天线聚焦到可用的最高频时，低频段将会非常接近。在抛物面天线的焦点处安装开槽的狭窄部分。

图15-93 在选择的材料上利用模板标记处开槽天线。

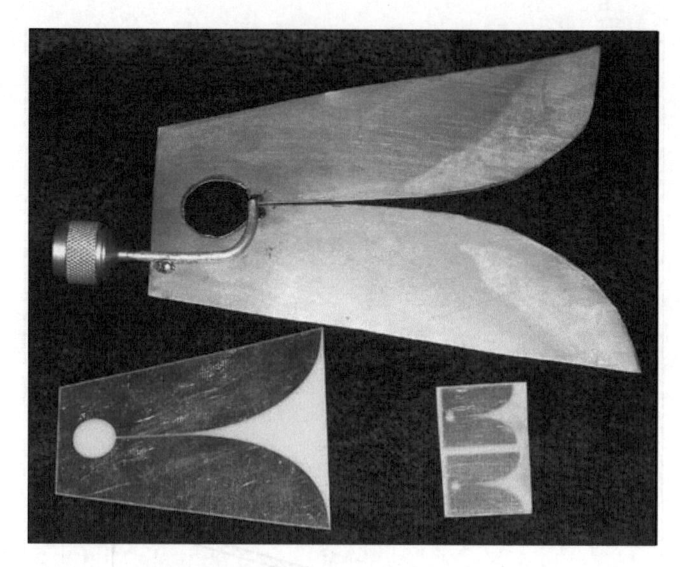

图15-94 一个完整的开槽天线。

15.6.4 贴片天线

接下来的内容摘自 RDGB 出版物《Microwave Know-How》（见参考文献中 Kraus 和 Krug 的其他论文）。贴片天线，也称作微带线天线，是一个很好的将天线形状（长度低于 70cm）应用到微波频段的例子。贴片天线在高于 902MHz 时变得非常实用，并且在商业微波应用中很常见，例如 GPS 接收机、无线电话和无线数据链接。随着越来越多的业余爱好者在微波频段探索更多的应用，贴片天线应会受到更多的关注。

图 15-95 中给出了贴片天线的例子，贴片天线包括一个安装在地电位面上的辐射平面，也存在很多基础设计的变形。方形贴片的一边大约是 $\lambda/2$。贴片天线的增益在 7～9dBi 之间。

一些贴片天线建造在双面 PCB 材料上，贴片的一边被刻蚀，未刻蚀的部分作为地电位面。当一个信号激励贴片天线时，贴片形状产生的电流将形成一个有用的辐射方向图。

图15-95 23cm的两个贴片天线。左边的贴片天线由金属板制作，右边的贴片天线由PCB材料制作。

它同离散布局的器件工作效果相同。最相似的电气类比是方形贴片工作形式类似于一对大约相距 λ/2 且同相馈电的缝隙天线。

贴片天线在边缘处的电流小（就像在一个线性器件中）且阻抗高，馈电点一般靠近贴片的中心。馈电点的位置决定了馈电点的阻抗也影响了贴片表面的电流分布。一种贴片天线馈电的可替代方法是利用一段 50Ω 的微带线或带状传输线，该传输线的一端为 50Ω，另一端连接馈电线。

贴片天线的形状不一定是矩形，也可以使用合适的圆形或多边形。一个对角线边缘切割贴片天线将产生圆极化。

23cm 波段贴片天线

这种适用于 23cm 中间频段的贴片天线由 Kent Britain（WA5VJB）设计。该天线用于给抛物面天线馈电或点对点通信，例如 D-STAR、ATV 或微型通信。

该天线几乎可以用任何金属板制作。基座可以用铝板、黄铜、铜或 PCB 材料制作。如果制作材料可焊接，则该天线也易于安装。图 15-95 中给出了两种贴片天线。右边的天线由 PCB 材料制作，左边的天线由镀锌钢板制作。图 15-96 中给出了 23cm 波段贴片天线的尺寸。

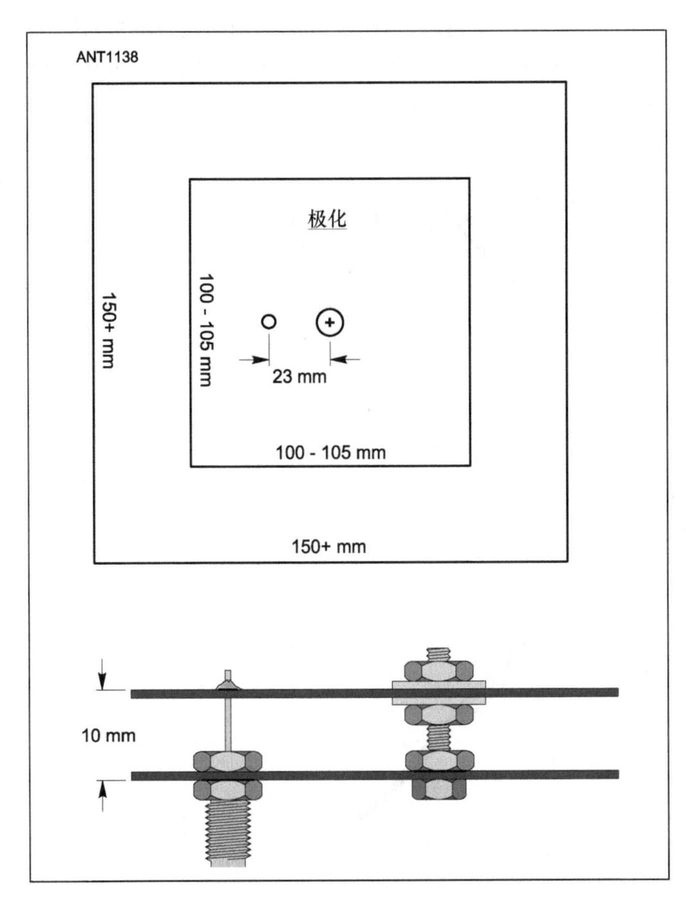

图15-96　23cm波段天线尺寸。贴片的尺寸决定了天线工作频率范围，馈电点的位置决定了天线的极化。

由于天线的中心是电中性的，类似于偶极子的中心，可以使用金属螺丝在导电平面或地电位面上支撑贴片。天线将产生直流电地电位面并消除任何静态电荷。可以使用#4 铜或#6 铜或类似的螺丝。螺丝的直径并不重要，但是在地电位面上支撑贴片的高度很重要。调整在地电位面上贴片的高度可以达到最佳阻抗匹配。如果不能使用扫频测量，在单一频点的调整也是可接受的。

图 15-96 和图 15-97 中给出的是同轴线馈电线从安装螺丝处开始连接到 23cm 波段贴片。馈电点到贴片中心线的方向决定了天线的极化类型。如果馈电点在天线中心的下方，则天线为垂直极化。

图15-97　利用中心处的螺丝将贴片安装到地电位面上的说明图，本例中使用了SMA接头。

设计中使用了一个 SMA 接头，但是同轴线可以直接焊接到贴片上。中心导线连接到贴片上且焊接到地电位面上。地电位面的尺寸不是很重要，150mm×150mm 或者更大都会工作良好。

典型的贴片天线在此频率处具有 50MHz 的带宽。为了使用 1240～1280MHz 部分的波段，增加贴片至 105mm×105mm。使用 1280～1325MHz 频段，减小贴片尺寸至 100mm×100mm。

15.6.5 潜望镜天线系统

所有使用微波波段的人中存在一个普遍的问题，这个问题是在降低馈电线损耗的同时将天线安装到尽可能高的地方。馈电线损耗随频率增加而增加，频率越高，该问题越严重。由于抛物面反射器经常应用于高频波段，馈电防水也成为难点（特别是波导馈电）。当改变频带时，抛物面天线的不方便使用也同样是一个问题。除非每次爬上信号塔并且更改馈电系统，必须在抛物面上为每个波段安装一个馈电系统。围绕这些问题的一个解决方案是使用潜望镜天线系统（有时也称作苍蝇拍天线）。

本节的材料由 Bob Atkins（KA1GT）设计且于 1984 年 1 月和 2 月发表在《QST》上。图 15-98 中给出了一个潜望镜天线系统的图示。在旋转信号塔顶端的 45° 方向安装一个平面反射器。该反射器可以是长轴与短轴比为 1.41 的椭圆或矩形。信号塔的基座上安装抛物面天线或其他类型的天线，如直立指向的八木天线。该系统的优势是馈电天线可以改变且很容易工

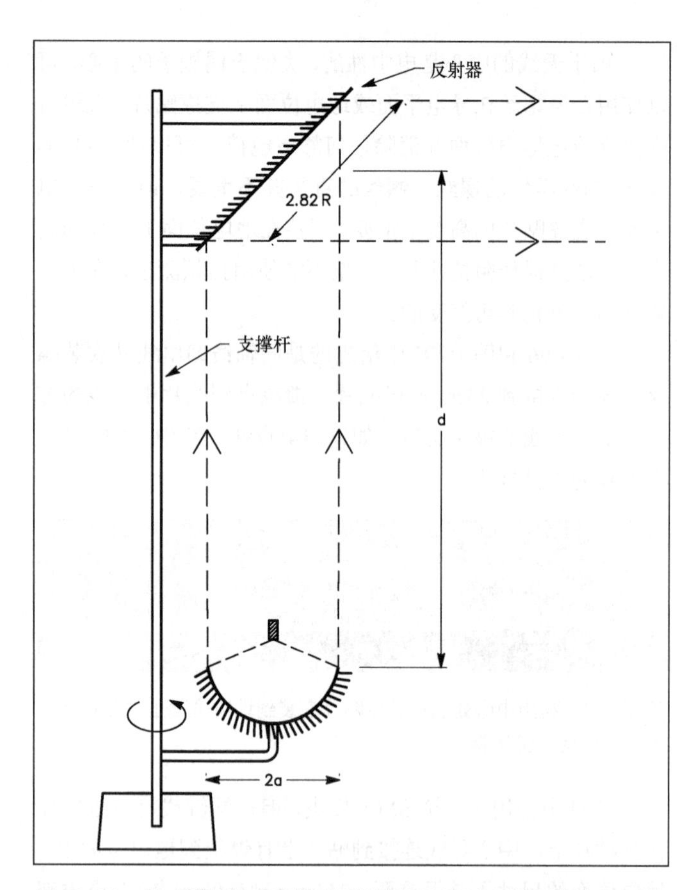

图15-98　基本潜望镜式天线。这种设计可以很容易地调整馈电天线。

作。另外，正确的选择反射器的尺寸、抛物面天线的尺寸和抛物面天线同反射器天线之间的距离，可以使馈电损耗变小，增加系统的有效增益。实际上，对于一些特定系统配置，整个系统的增益可以高于单个馈电天线的增益。

潜望镜系统的增益

图 15-99 中给出了天线系统的有效增益和反射器与椭圆反射器馈电天线之间的距离的关系。初看之下，很难明显看出为什么该天线系统的增益比单个馈电天线的增益高。事实的原因在于，由于馈电到反射器天线之间的距离，反射器可能位于天线的近场（菲涅尔）区域或远场区域或两者之间的过渡区。

在远场区域，增益与反射器的面积成正比，与馈电和反射器之间的距离成反比。在近场区域，看似奇怪的事情也会发生，例如，减小馈电和反射器之间的间隔，增益将下降。增益下降的原因是，尽管反射器截断了馈电很多的辐射能量，但是在远距离上并没有同相，所以增益下降。

在实际应用中，矩形反射器比椭圆反射器应用更加广泛。一个矩形反射器的长短边和椭圆反射器的长轴和短轴分别相等时，实际中，矩形反射器一般会有少许的增益增加。在远场区域中，增益与反射器的面积成正比。图 15-99 中使用矩形反射器，A/π 替代 R2，A 是反射器的投影面积。天线方向图取决于复杂的系统参数（器件间的间距和尺寸）。但是表 15-31 给出了期望近似值。R 是椭圆型反射器圆形阴影区域的半径（等于最小轴半径），b 是矩形反射器方形阴影区域的边长（等于矩形的短边长度）。

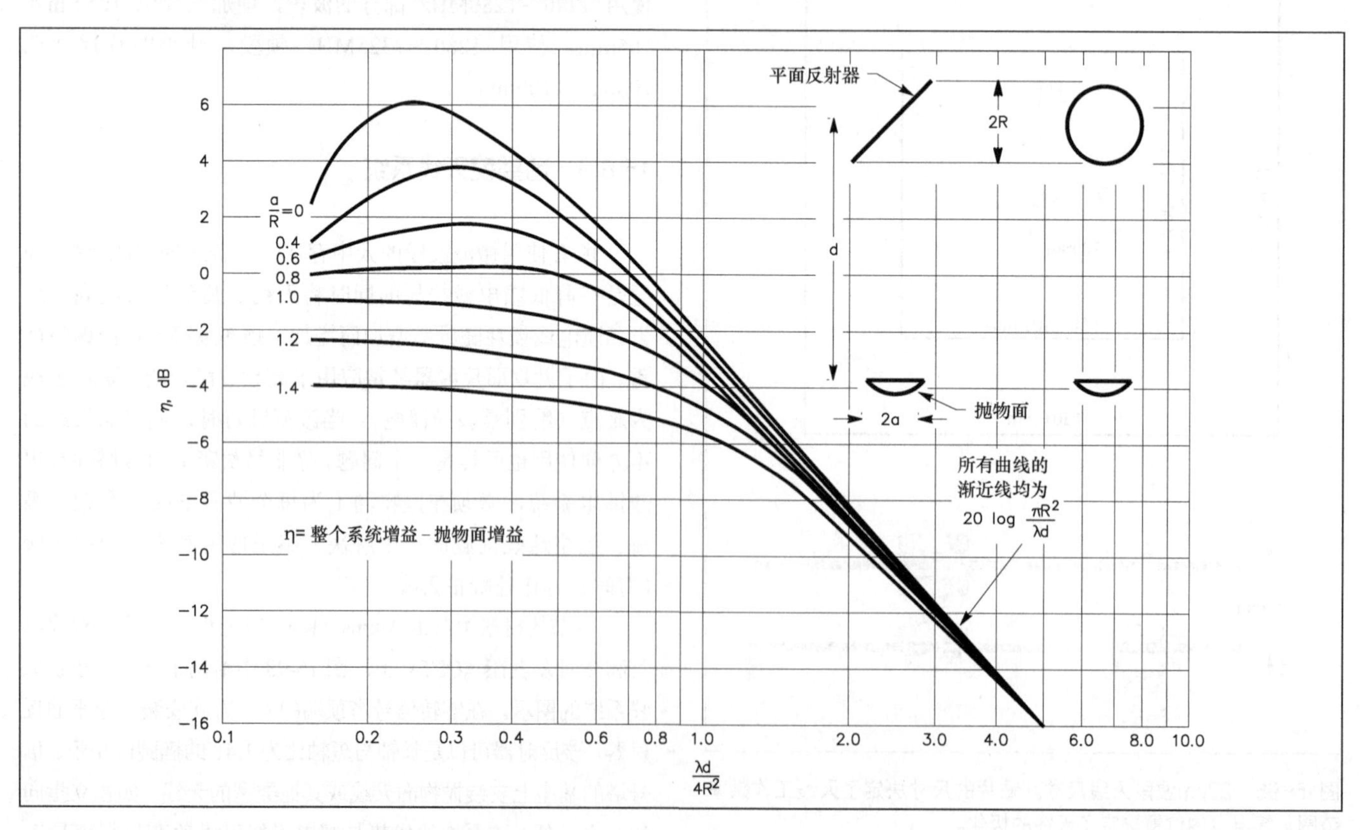

图15-99　使用平面椭圆反射器的潜望镜天线增益。

对该类型的天线系统期望的严格数学分析，见本章最后的参考文献。

表 15-31 潜望镜天线系统辐射方向图

	椭圆反射器	矩形反射器
3dB 波束宽度，单位为度	60 λ/2R	52 λ/b
6dB 波束宽度，单位为度	82 λ/2R	68 λ/b
第 1 个最小旁瓣，离轴角度	73 λ/2R	58 λ/b
第 1 个最大旁瓣，离轴角度	95 λ/2R	84 λ/b
第 2 个最小旁瓣，离轴角度	130 λ/2R	116 λ/b
第 2 个最大旁瓣，离轴角度	156 λ/2R	142 λ/b
第 3 个最小旁瓣，离轴角度	185 λ/2R	174 λ/b

机械加工注意事项

潜望镜天线系统有一些物理构造上的问题。由于微波系统天线的增益高，因此波束宽度窄，反射器必须准确安装。如果反射器没有生成水平方向的波束，系统的有效增益将降低。该系统的几何尺寸中，在垂直平面上反射器有 X 度的角度偏移，则在天线系统方向图的垂直方向上会有 2X 度的角度偏移。于是，对于直立放置（通常方式）的抛物线天线，反射器必须与垂直方向成 45° 并且不能随影响因子（如风负载）而波动。

反射器本身需要在工作频率中平稳度优于 1/10 λ，反射器可以由网格制作，但网格中孔的直径大小也需要小于 1/10 λ。第二个问题是，保证支撑桅杆围绕垂直轴旋转。如果桅杆不垂直，当天线系统旋转时，产生的波束在水平面上下摆动，在水平方向的有效增益会有波动。尽管有这些问题，业余爱好者已在 10GHz 频段上成功地使用了潜望镜天线。

图15-100 商业潜望镜天线，这种天线通常用于点对点通信。

潜望镜天线在商业设备中应用广泛，尽管通常用于点对点通信。这种商业系统如图 15-100 所示。

圆极化通常不用于陆上通信，如果潜望镜天线系统使用圆极化时，需要谨记一点。当信号被反射时，圆极化效应将改变。因此，对于右旋圆极化的潜望镜天线系统，馈电的放置将在地电位面产生左旋圆极化。同时应注意到，使用抛物面反射器可以建造一个潜望镜天线系统。该天线系统可以认为是一个偏馈的抛物面天线。增加一个精度为 1/10 λ 抛物面反射器，这增加了天线系统的复杂度，但可获得更多的增益。

15.6 参考文献

关于本章所包含的原始资料和更深入的讨论，请参考下面所列出的和“天线基本理论”章节后面列出的参考资料。

RSGB Books

Antennas for VHF and Above, (Potters Bar: RSGB, 2008).

International Microwave Handbook (Potters Bar: RSGB, 2008).

Microwave Know-How for the Radio Amateur (Potters Bar: RSGB, 2010).

Radio Communication Handbook, 10th ed. (Potters Bar: RSGB, 2009).

Other Publications

B. Atkins, “Periscope Antenna Systems,” The New Frontier, *QST*, Jan 1984, p 70 and Feb 1984, p 68.

B. Atkins, “Horn Antennas for 10GHz,” The New Frontier, *QST*, Apr 1987, p 80 and May 1987, p 63.

B. Atkins, “The New Frontier: Loop Yagi for 2304MHz,” *QST*, Sep 1981, p 76.

R. Bancroft, *Microstrip and Printed Antenna Design (2nd Edition)* (Raleigh, NC: SciTech Publishing, 2009)

J. Belrose, “Technical Correspondence: Gain of Vertical Collinear Antennas,” *QST*, Oct 1982, pp 40-41.

L.B. Cebik, “A Short Boom, Wideband 3 Element Yagi for 6 Meters,” *QST*, Aug 2007, pp 41-45.

L.B. Cebik, “2X3=6,” *QST*, Feb 2000, p 34-36.

L.B. Cebik, “Building a Medium-Gain, Wide-Band, 2 Meter Yagi,” *QST*, Dec 2004, pp 33-37.

L.B. Cebik, "Notes on the OWA Yagi," *QEX*, Jul/Aug 2002, pp 22-34.
L.B. Cebik, "An LPDA for 2 Meters Plus," *QST*, Oct 2001, pp 42-46.
J. Drexler, "An Experimental Study of a Microwave Periscope," *Proc. IRE*, Correspondence, Vol 42, Jun 1954, p 1022.
D. Evans and G. Jessop, *VHF-UHF Manual*, 3rd ed. (London: RSGB), 1976.
N. Foot, "WA9HUV 12 foot Dish for 432 and 1296 MHz," The World Above 50 Mc., *QST*, Jun 1971, pp 98-101, 107.
N. Foot, "Cylindrical Feed Horn for Parabolic Reflectors," *Ham Radio*, May 1976, pp 16-20.
G. Gobau, "Single-Conductor Surface-Wave Transmission Lines," *Proc. IRE*, Vol 39, Jun 1951, pp 619-624; also see *Journal of Applied Physics*, Vol 21 (1950), pp 1119-1128
R. E. Greenquist and A. J. Orlando, "An Analysis of Passive Reflector Antenna Systems," *Proc. IRE*, Vol 42, Jul 1954, pp 1173-1178.
G. A. Hatherell, "Putting the G Line to Work," *QST*, Jun 1974, pp 11-15, 152, 154, 156.
R. Heslin, "Three-Band Log Periodic Antenna," *QST*, Jun 1963, pp 50-52.
D. L. Hilliard, "A 902 MHz Loop Yagi Antenna," *QST*, Nov 1985, pp 30-32.
G. Hoch, "Extremely Long Yagi antennas," *VHF Communications Magazine*, Mar 1982, pp 131-138.
G. Hoch, "More Gain from Yagi Antennas," *VHF Communications Magazine*, Apr 1997, pp 204-211.
W. C. Jakes, Jr., "A Theoretical Study of an Antenna-Reflector Problem," *Proc. IRE*, Vol 41, Feb 1953, pp 272-274.
H. Jasik, *Antenna Engineering Handbook*, 2nd ed. (New York: McGraw-Hill, 1984).
R. T. Knadle, "UHF Antenna Ratiometry," *QST*, Feb 1976, pp 22-25.
G. Kraus, "Modern Patch Antenna Design," *VHF Communications Magazine*, Jan 2001, pp 49-63.
F. Krug, "Micro-Stripline Antennas," *VHF Communications Magazine,* Apr 1985, pp 194-207.
Z. Lau, "RF: A Small 70-cm Yagi," *QEX*, Jul 2001, p 55.
T. Moreno, *Microwave Transmission Design Data* (New York: McGraw-Hill, 1948).
E. Munn, "The Polaplexer Revisited," www.ham-radio.com/sbms/sd/ppxrdsgn.htm.
W. Overbeck, "The VHF Quagi," *QST*, Apr 1977, pp 11-14.
W. Overbeck, "The Long-Boom Quagi," *QST*, Feb 1978, pp 20-21.
W. Overbeck, "Reproducible Quagi Antennas for 1296 MHz," *QST*, Aug 1981, pp 11-15.
J. Post, "The Copper Cactus," *73*, Feb 1992, p 9.
J. Reisert, "VHF/UHF World: Designing and Building Loop Yagis," *Ham Radio*, Sep 1985, pp 56-62.
G. Southworth, *Principles and Applications of Waveguide Transmission* (New York: D. Van Nostrand Co, 1950).
P. P. Viezbicke, "Yagi Antenna Design," *NBS Technical Note 688* (U. S. Dept. of Commerce/National Bureau of Standards, Boulder, CO), Dec 1976.
D. Vilardi, "Easily Constructed Antennas for 1296 MHz," *QST*, Jun 1969, pp 47-49.
D. Vilardi, "Simple and Efficient Feed for Parabolic Antennas," *QST*, Mar 1973, pp 42-44.

第 16 章

VHF 和 UHF 移动天线

如果安装恰当，VHF/UHF 移动天线可以很有效率。本章将介绍主流的 VHF/UHF 移动天线类型，并讨论有关安装类型和安装技术的问题。在旧版的基础上，Alan Applegate（KØBG）对相关材料进行了修订和更新。

16.1 VHF-UHF FM 天线

手持式收发机天线

当频率超过 30MHz，大部分移动应用可使用全尺寸天线，但对于手持式收音机，需要尺寸更小的加载天线。VHF/UHF 手持 FM 收发机天线可以考虑采用移动天线，甚至是“橡皮鸭”天线——该天线由置于柔软外壳内的螺旋缠绕软线构成。

图 16-1 所示为 2m 波段可伸缩全尺寸 1/4 波长天线，旁边是同一波段的柔软“橡皮鸭”天线。橡皮鸭天线是一种硬质铜线螺旋缠绕成的天线，封装在一个保护套中。螺旋线的电感为天线提供电载荷。相比全尺寸天线，这虽然牺牲了一些效率和带宽，但避免了手持式无线电设备天线过大和笨重的问题。橡皮鸭天线由于其结构的紧凑性和灵活性，比全尺寸天线更适合便携式应用。对于这些天线，长时间使用比电效率更重要。

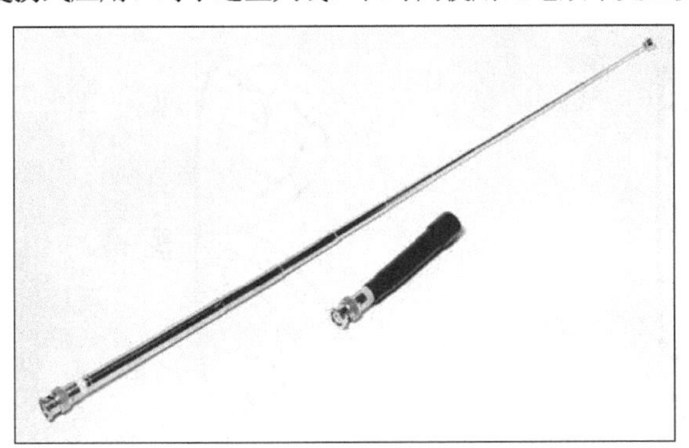

图16-1 可伸缩1/4波长天线和“橡皮鸭”天线，工作在2m波段。可伸缩天线伸长时长度约为19英寸，而“橡皮鸭”天线长度仅3.5英寸。“橡皮鸭”天线是一个螺旋缠绕天线，因其机械强度高而被采用。

全尺寸天线的使用将大大改善手持式收发器的性能。如下文描述，收发器通过同轴适配器可直接与移动天线的馈线相连。这将允许在车辆中更有效地使用手持式收发器。移动天线也可以安装在室内金属设施的顶上以改善性能。例如，将天线通过磁铁天线座安装在冰箱或文件柜顶上，就是一种提高手持式无线电设备覆盖能力的常用方法。

移动天线

在 VHF 和 UHF 波段，移动天线通常采用全尺寸鞭状天线（即 $1/4\lambda$～$1/2\lambda$）和简单的共线阵——更高频段内可提供额外增益。对于城市和/或郊区的 FM 应用来说，什么是最好的天线总是存在争议。选择何种天线取决于多种因素，如安装形式、机械特性、当地的地势地形等，而不仅仅是取决于增益。移动天线有 $1/4\lambda$、$1/2\lambda$、$5/8\lambda$ 天线和共线阵等形式。

通常，移动中继器中，$1/4\lambda$ 垂直天线的效率没有 $5/8\lambda$ 垂直天线高。使用 $5/8\lambda$ 天线，更多传输信号将集中在低仰角，朝地平线方向，其增益比 $1/4\lambda$ 垂直天线大 1dB 左右。但是，当中继器位于高山顶上时，通常 $1/4\lambda$ 天线的性能更好，这是因为它在高仰角上能辐射更多能量。

Dan Richardson（K6MHE）针对移动 VHF 天线做了大量的工作，包括对不同类型的天线进行建模，以及研究安装位置对辐射方向图的影响等。图 16-2 是安装在车顶上的天线的典型方位向方向图（完整资料详见：k6mhe.com/files/mobile_vhf_ant.pdf）。安装在引擎盖上的天线的辐射方向图与图中所示可能会有所不同。天线的安装位置和安装方式将

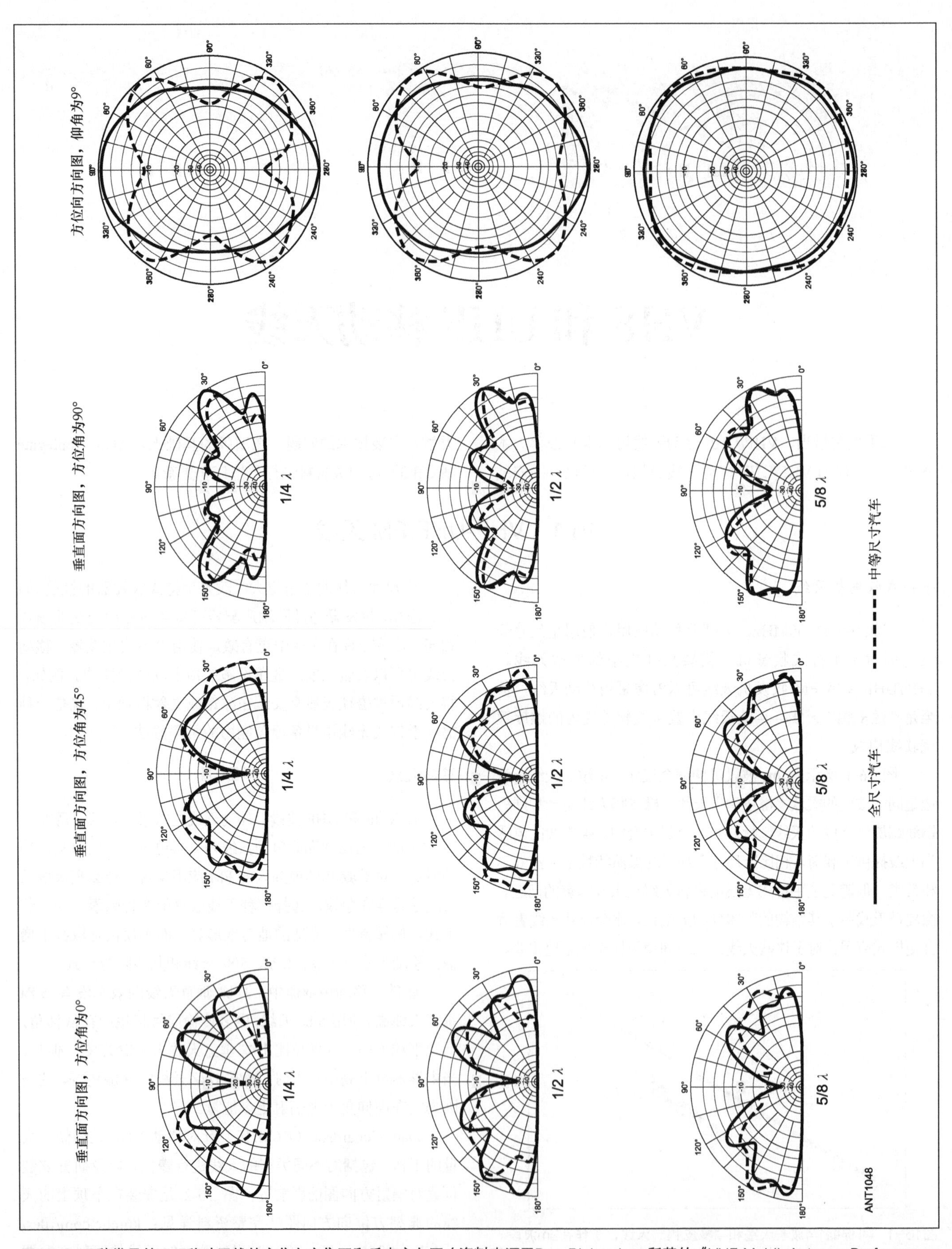

图16-2　3种常见的VHF移动天线的方位向方位图和垂直方向图（资料来源于Dan Richardson所著的《VHF MobileAntenna Performance——The Other Half of the Story》）

决定实际的方向图。除了辐射方向图失真这一问题，相比安装在车顶，安装在引擎盖适当的位置是不错的选择，尤其是当拆除车库大门是个问题的时候。

由图可以看出，1/4λ、1/2λ 和 5/8λ 天线的辐射方向图实际差别不大。事实上，我们讨论的车辆和天线安装位置影响的不仅仅是方向图的形式！在高仰角能辐射更多能量的 1/4λ 天线是更好的选择，这是因为大部分移动 VHF 和 UHF 天线都是经由调频中继器工作的，而移动天线和中继器之间的高度差异是一个主要考虑的因素。

单频带鞭状天线价格便宜，恰当安装后性能优异。如果要求更高增益或者多频带使用，双波段共线阵比较流行，它既可以工作在 2m 波段，也可以工作在 70cm 波段。图 16-3 中所示的 Larsen modelNMO2/70BK 是一个典型示例。电气上，在 2m 波段，它是中心负载的 1/2λ 天线，增益与 1/4λ 接地平面天线相同。在 70cm 波段，它是二元共线阵，其增益比 1/4λ 接地平面天线大几分贝。其他工作在 3 个甚至 4 个波段上的型号也可以使用。覆盖 3～4 个波段的天线更重一些，且要求安装更牢固。

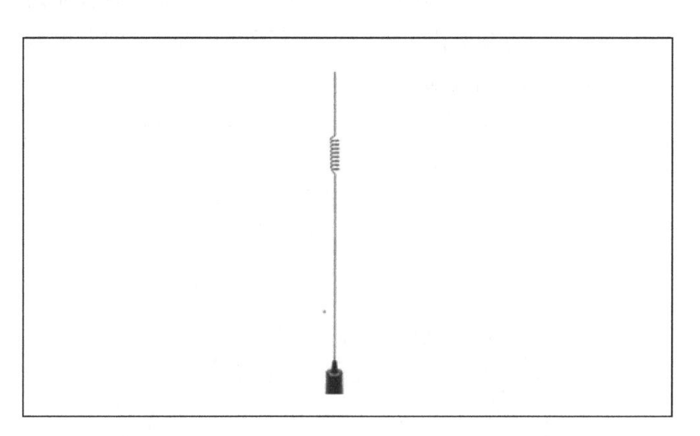

图16-3　双频带VHF/UHF移动鞭状天线的常见形式（Larsen modelNMO2/70BK）。

VHF/UHF SSB 和 CW 天线类型

工作在 6m、2m 和 70cm 波段的 SSB 和 CW 为所有牌照等级提供一些激动人心的前景。尽管 VHF 波段经常被认为是直线传播，但是像“无线电电波传播”一章中讨论的超直线传播也是普遍存在的，尤其当采用“弱信号”模式（例如 SSB 或是 CW）时。但这存在一个问题。

FM 通信采用垂直极化天线。SSB 可以采用垂直极化，但是取决于传播路径。相比于水平极化天线，垂直极化移动天线的信号强度要高 20dB。

幸运的是，VHF 波段水平极化天线尺寸可控，尽管结构不像垂直极化鞭状天线那么简单。偶极子和小波束天线有较强的抗风性能，能经受住正常的移动。通常的解决方案是采用环形天线。

图 16-A 所示是一款 M² 天线系统（www.m2inc.com）的水平极化 6m 环形天线，称为 halo（圆形）或 squalo（如图所示的方形）。相同的 2m 和 70cm 波段天线是常见的。尽管这种特殊的设计是方形的，它们仍然被称作环形天线，且几乎是全方向图。“大轮子”设计是另外一种选择。两种天线类型的工程在之后的章节会讲到。

图16-A　squalo（方形halo）是常见的水平极化VHF/UHF移动天线。

现代移动 SSB/CW 收发器在 6m 波段的输出功率通常为 100W PEP，在 2m 和 70cm 波段为 50W PEP。在好的波段条件下，水平极化天线的通信距离可以超过视距 200 英里以上，甚至不需要借助天波或对流层散射！

6m 波段 FM 天线

技术上，6m 波段被认为是 VHF 波段，但是经常呈现出 HF 波段的特性，虽然也包含 FM 中继器子波段。6m FM 天线看起来像是 2m 波段天线的扩大版，经常使用相同的天线座。但是，它们的接地平面更加重要，这一点与 HF 天线相似，正如在“移动和海事高频天线”一章中讨论的一样。

16.2　鞭状天线的天线座

相比 HF 天线，VHF 和 UHF 天线更小、更轻，这使得安装更容易一些。一些永久性的安装需要在车辆上钻孔，其他的则用引擎盖或后备厢盖盖住，因此螺孔是看不到的。还有一些夹在后备厢的外面或是门边缘上。如果是临时安装，可以使用磁铁天线座。如果要性能最好的话，VHF 和 UHF 天线必须永久安装在车辆上。

车顶是安装 VHF 或 UHF 天线的最佳位置，可以最优化性能，但有些注意事项必须遵守。首先，用穿过车顶支柱的控制线将侧安全气囊安装在顶棚上是不常见的。另外，车顶通过十字条支撑（容易侧翻）。这些必须要避免。车辆修理手册是不错的资源，参考它可以避免不必要的安装问题，并找到制造商首选的同轴电缆和控制线排布线路。

在车顶安装时，天线座的类型也必须关心，因为必须确保防水。如果你不确定是否要在车上钻孔，请使用本地收发两用无线电设备服务或者车辆娱乐系统安装公司。

后备箱盖中部是次选位置，必须保证天线不能影响盖的打开。箱盖完全打开后，把天线放在打算安装的位置上检查是否有障碍。别忘了算上天线座本身的高度，并且要考虑到天线和箱盖的振动。无论采用何种天线座，必须确保同轴电缆和控制线等不受影响，如果有的话。

钻孔或不钻孔？

安装天线是否需要在金属板上钻孔，争议比较多。无孔安装多数是比较令人满意的，各方面看都是最好的。

不钻孔的一个常见原因在于，有可能车辆是租来的。不过这也不是问题，如果真有问题，估计也不会有任何商业租赁车辆了。租赁协议强调的是由于意外或错误操作导致的车体损坏。恰当的安装通常可以接受，例如使用NMO天线座。

钻孔和防水天线座可以最小化同轴馈线上的共模电流。该电流可能会干扰或接收车载电脑的RFI。除了孔本身，永久安装也会最小化对表面镀层的损坏。

如果天线总长太长，顶上的空间是一个问题。如果天线只是略微碰到车库门或车棚顶部，或许还能接受，但如果天线太长，以至于顶到门或者屋顶，则天线有可能会被卡住。这样的话会损坏天线和车辆。此时，最好使用短点的1/4波长天线。

NMO——新摩托罗拉天线座

对于VHF和UHF天线，建议使用NMO天线座（来自“新摩托罗拉”），因为即使天线被拆除，该天线座仍能防水。永久型的NMO天线座（见图16-4）通常需要一个3/4英寸的孔。使用NMO基座的天线需要有用于内表面密封的整体O形环或垫圈，以实现防水。

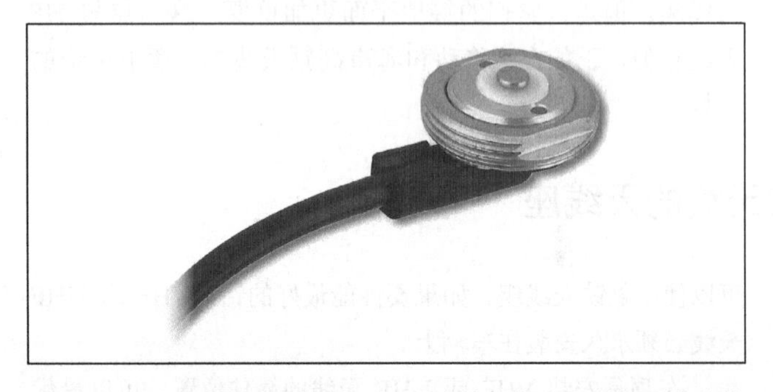

图16-4　NMO天线座很受欢迎，具有防水能力，例如图中这款Antenex公司的MB8，它附带了一根17英尺的RG-58A同轴电缆。

SO-239天线座

一些VHF天线座使用改良的SO-239底架同轴连接器和配套的PL-259构成了天线基。如果需要，可以通过标准型连接头将同轴电缆与天线底座相连。大多数SO-239天线座是不防水的，尤其是天线被拆除的时候，因此不应该用在需要将安装体插在孔中的应用中，不用的时候应该用盖子盖住。

螺柱天线座

虽然螺柱天线座在HF波段很流行，但在VHF和UHF波段却不怎么常见。Larsen和其他制造商提供带5/16-25公螺柱的天线座。则在VHF和UHF波段可使用可拆卸的鞭状天线。

角托

角托通常用3颗或更多的金属螺钉固定。只要固定恰当，就能供轻型天线使用，但是此时要排布穿过密封条的同轴电缆可能比较麻烦。

角托有十几种不同的类型。图16-5所示是一种预先为NMO天线座留有钻孔的角托。角托通常非常适合沿着引擎盖和后备箱的接缝安装。

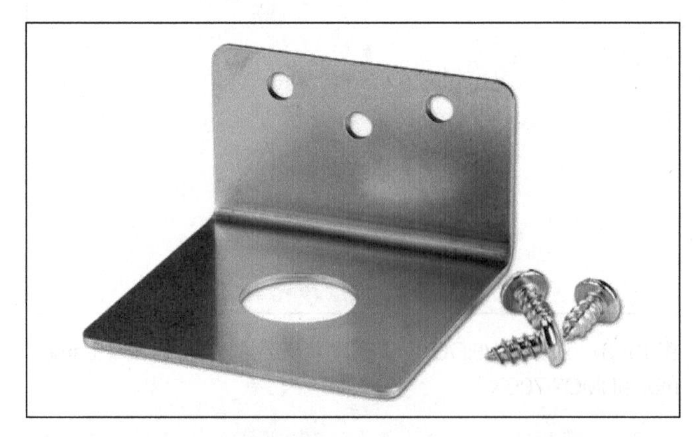

图16-5　这种角托用3颗小螺丝安装在车身上，上面的钻孔可用来放置标准的NMO天线座。

现代汽车在车身和各个门、舱口之间几乎没有缝隙。在安装支架之前请务必检查缝隙的情况。有些汽车可能需要特别的弯曲的或伸出的支架。

夹子或边缘天线座

有许多种天线座可以夹在后备箱、引擎盖或舱口的边缘或口上。紧固螺钉可以用来将天线座固定在这些边缘上，并为天线座提供必要的接地。紧固螺钉不仅用于固定天线座，还能穿透车身漆实现与车子金属部分的连接。图16-6（A）所示是一种典型的带有NMO天线基的“轿车”式可调天线座。图16-6（B）所示为用紧固螺钉将天线座固定在车身上的细节图。

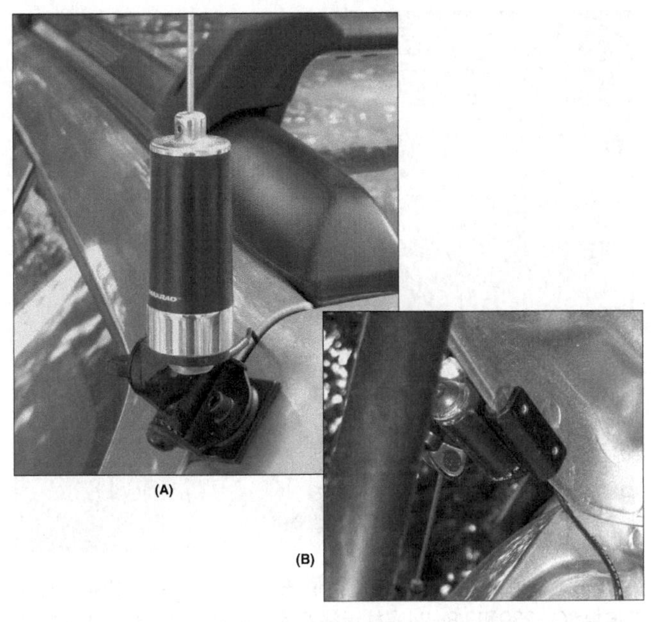
图16-6　图（A）所示为Diamond制作的可调天线座。图（B）所示为天线座固定的细节图，用紧固螺钉将天线座固定在车身上并实现与车子的电气连接。

所有现代汽车在总装和喷涂之前都会先在含锌复合物中浸一段时间。当暴露在空气中时，锌会迅速氧化，不过这种情况下，氧化是一件好事！一旦路面上的碎片划破涂层露出含锌层，锌迅速氧化，可以保护下面的金属。不要去除这层锌保护层，一旦去除，底层的钢可能会生锈，从而导致连接时断时续。

要知道，在后备箱的边缘处，同轴电缆的弯曲度通常必须很大，因为此处缝隙最小。许多边缘天线座预装了 10 英尺的 RG-174 同轴电缆（0.110 英寸 OD）。虽然在 HF 波段，每英尺的损耗不是很重要，但在 UHF 波段，就很关键了。在 UHF 波段，馈线的损耗超过 4dB！如果你的系统中，同轴电缆的损耗大小很关键，那么请使用所用电缆为 RG-58 的天线座。

所有边缘天线座中，同轴电缆穿过密封条进入后备箱或乘客舱中，这可能使得水能够进入。像图 16-6 那样使同轴电缆位于密封条的下面通常是一个选择。注意给同轴电缆和密封条加外套，以便将水导向排水孔或其他出口。

玻璃天线座

“穿过玻璃”或“玻璃上”的天线座（如 Larsen 公司的 KG2/70CXPL）使用黏合剂固定天线基，并将电缆插座固定在车窗玻璃的另一面，依靠金属箔表面产生电容和传递 VHF/UHF 信号。这种天线座必须不受车窗加热条的影响，并且不能用在含有胶状金属颗粒的有色玻璃（防止 UVA 和 UVB 射线伤害）上。天线的性能会受一定的影响，因为缺少接地平面，但是可以在不使用孔、夹具或磁铁的条件下得到永久性的天线座。

同轴馈线的外表面也成为了“玻璃上”天线的一部分，因为此时没有接地平面，从而不能形成一个共模电流的传输路径。这将导致同轴电缆辐射信号，以及拾取车内噪声。

行李架天线座

使用行李架作天线座的最大问题在于巨大的地面损耗。大多数行李架由塑料、复合材料以及与汽车金属车身间相互电气隔离的绝缘金属梁构成。因此，它们很少能为天线提供一个好的接地平面，并且穿过门和窗的密封条的馈线也可能导致漏水。与“玻璃上”的天线座一样，在无法获得永久性的天线座的情况下，行李架天线座也是一个折中的选择。

磁铁天线座

在 VHF 和 UHF 操作中，磁铁（Mag）天线座很受欢迎。它们依靠电容来实现与车辆接地平面的电气连接，因此馈线外壳上的共模电流也变成了一个问题。但是，磁铁天线座在 VHF 和 UHF 操作中仍可提供可接受的性能。

磁铁天线座可以像图 16-7 所示那样连接天线和馈线。所有流行的天线基——NMO、螺柱天线座和 SO-239——都有其适用的磁铁天线座。准备一个备用双频磁铁天线座，一套 VHF 和 UHF 鞭状天线，以及几个同轴连接头适配器，可以在出现紧急情况时能有所应对。

警惕磁铁下面的细砂，它们可能会刮坏车子的涂层。如果你需要长时间使用磁铁天线座，请每隔一段时间对磁铁天线座的表面进行清洁。在一些临时安装中，可以用一个塑料三明治袋套在磁铁上以防止细砂造成的损害，此时仍然可以获得牢固的连接。

专业托架和适配器

因为车子的种类如此之多，所以相应也有许多不同种类的用于安装天线的托架。其中一种最常见的是三向反射镜天线座，如图 16-8 所示。这种天线座很多公司都有售。这个版本上的钻孔是用来将 SO-239 的肩绝缘子与螺纹线数为 3/8-24 的螺柱天线座适配器（位于图中最前面）相连。你可以从下列途径获得各种各样的托架：hamfest 的跳蚤市场、天线配件供应商、制造商和分销商的网站，以及货车站和 CB 商店。

天线的性能取决于所连接的支架的尺寸。大多数反射镜天线座的尺寸（勉强够大）在 UHF 波段勉强可以作为地网线使用，但是如果能够牢固地安装在金属车身上，其性能还是可以接受的。由于天线的偏心放置，天线的辐射方向图很少是全方向的。

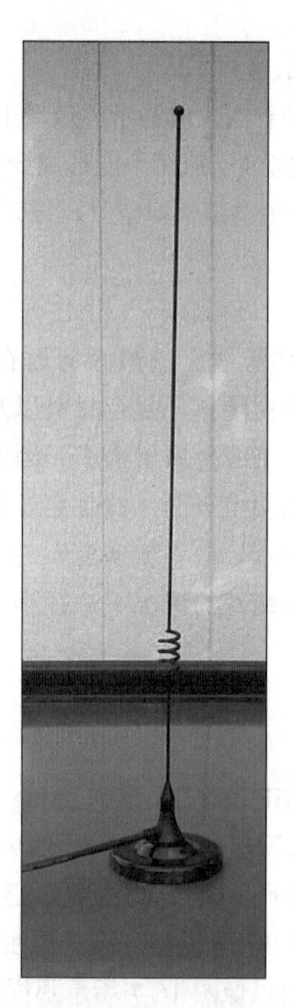

图16-7　典型双波段VHF/UHF磁铁天线座，上面连接了完整的天线和馈线。

图16-8　反射镜安装座风格的钳位托架。这种托架上的钻孔是用来连接SO-239和3/8-24螺柱天线座的。托架可以安装在垂直或水平支杆上。

可以用适配器将天线座（如 NMO）转换为其他类型的天线基和连接器，例如各种螺柱天线座和 SO-239 连接头。这样，你的天线适配器就可以兼容其他天线类型了，不过，这样做一般会使天线的长度增加一英寸左右，从而降低了天线的谐振频率。移动设备套件中应该包含一些天线座适配器。

16.3　项目：VHF 和 UHF 移动鞭状天线

16.3.1　VHF 和 UHF 1/4λ 鞭状天线

1/4λ 垂直鞭状天线的制作简单，并且几乎可以适应任何类型的天线座。制作鞭状天线时优先选择不锈钢丝或棒，它们可以从无线电商店和 CB 天线经销商处获得。使用砂轮或者锉刀来截取所需要的天线长度。注意对眼睛的保护！如果有必要，可以使用任意类型的金属丝。衣架、取自家庭电力电缆的铜丝、镀锌线等都可以用来替换损坏或丢失的鞭状天线。对于业余爱好者来说，修复或替换破损天线是应该学会的技能，以便在紧急情况下能有所应对。

表 16-1 所示是 VHF 和 UHF 业余波段直径为 3/32 英寸的 1/4λ 鞭状天线的近似长度。细一点的鞭状天线，其长度要略长一些，而粗一点的要略短一些。注意要将天线基座的长度包含在天线的总长之中。如果天线基座使用紧固螺丝固定鞭状天线，鞭状天线的长度应截去 5%左右，在最后修剪天线的长度之前，应先将 SWR 调到最佳。

表 16-1　　1/4 波长鞭状天线长度

频率（MHz）	长度（英寸）
53	53
146	19 3/16
222	12 5/8
440	6
902	2 7/16

16.3.2　2m 波段 5/8λ 鞭状天线

相比 1/4λ 鞭状天线，5/8λ 鞭状天线具有 1dB 的增益。该天线可用在移动操作中也可用在固定站中，因为它是一种全方向天线，尺寸小，且可以使用地网线或实心接地平面（例如汽车车身）。如果使用地网线，地网线的长度为 1/4λ 就可以了。制作鞭状天线的材料可以是任意具有弹性的钢化玻璃棒或线。

建造

这里展示的天线是用比较廉价的材料制成的。图 16-9 中给出了基线圈和铝质安装板。线圈管是一段低损耗的实心棒，由有机玻璃或酚醛材料制成。线圈和天线其他部件的尺寸如图 16-10 所示。使用一段铜焊条作为鞭状天线。

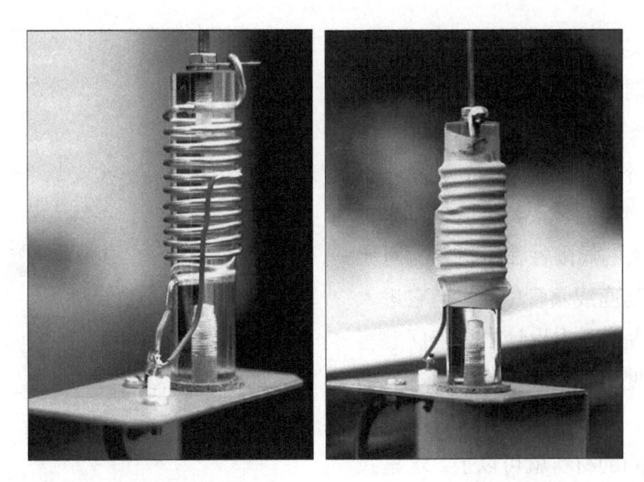

图16-9　左图是5/8λ垂直天线的基座部分。匹配线圈被固定在一个铝质托架上，该托架用螺钉固定在汽车后备箱的内边缘上。右图是装配好的天线系统。线圈的外面缠上了电胶布以防止泥土和水分的影响。

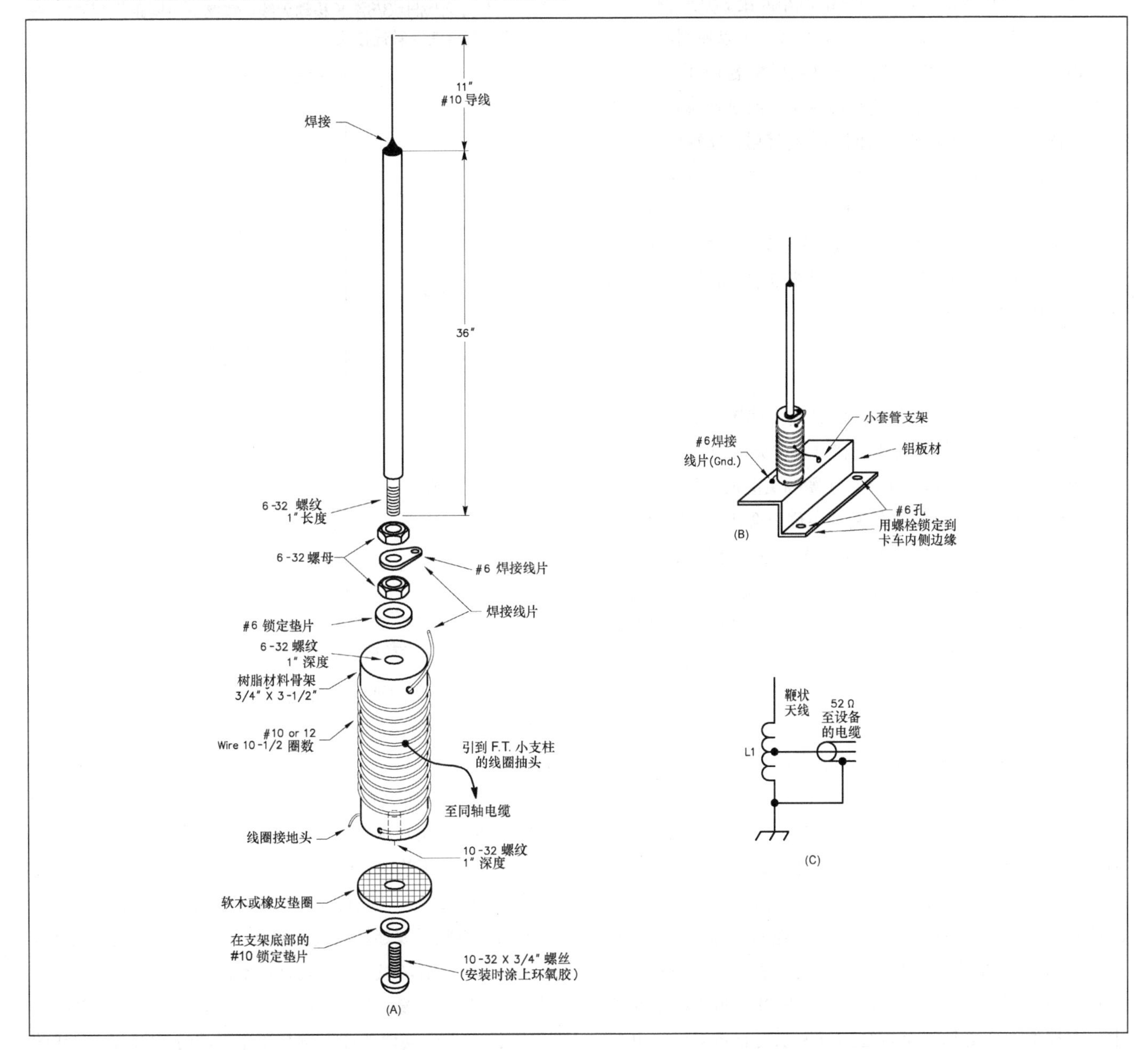

图16-10　图（A）中为2m波段5/8λ天线的结构细节。图（B）中为托架。图（C）中为等效电路。

鞭状天线的长度应该为47英寸。但是，铜焊条的标准长度为36英寸，因此如果使用铜焊条，需要在鞭状天线顶部再焊接一段长为11英寸的延长材料。一段#10AWG铜线就足够了。也可以选择购买一段不锈钢杆制作47英寸鞭状天线。出售CB天线的商店中有这样的棒，其用途是用来更换基载天线。可以预想到，铜焊条的局限性在于材料相对比较脆弱，尤其在将它用螺丝拧进基座线圈管中时。当它进入线圈管时，过大的压力会导致它断掉。本设计中这个问题有点复杂，因为天线安装点处没有使用弹簧。天线的建造者们可以找到各种解决该问题的方法，只要在构建天线时明白哪些物理设计需要修改，并使用不同的材料就可以了。这里我们主要是想向大家提供天线的尺寸和调整信息。

铝托架的形状需要与使用它的汽车匹配。可使用托架来实现无钻孔安装——相对外部车身而言。可以使用#6或#8钣金螺钉将托架固定在汽车后备箱（或引擎盖）的内边缘上。托架的其余部分是弯的，以便在后备箱盖或引擎盖升高或降低的时候，托架与运动部件之间不会有接触。安装单元的细节如图16-10（B）所示。为了满足硬度需求，建议使用厚度为14Ga（或者更厚）的金属材料。

使用#10或#12AWG铜线在直径为3/4英寸的线圈管上绕$10^1/_2$圈。L1上的胶带位于鞭状天线末端下面约4匝位置处。用于固定的焊点必不可少。

调整

天线安装在车辆上后，在50Ω馈线上连接一个SWR桥。（可以使用天线分析仪，天线调整过程中无需传发射信号。）连接上144MHz发射机，并试验线圈抽头的放置位置。如果鞭状天线长为47英寸，当线圈抽头位于合适的位置时，可以得到1:1的SWR。作为替代的调整方法，将抽头放在L1从顶部开始的第4匝处，则鞭状天线的长度达到50英寸，调整（修剪）鞭状天线的长度直到得到1:1的SWR。调整过程中，使天线远离其他物体，因为它们可能使天线失谐，并导致错误的匹配。

16.3.3 222MHz 5/8λ 移动鞭状天线

图16-11和图16-12所示的天线与上节讨论的2m波段鞭状天线类似。基座的绝缘部分使用1/2英寸的有机玻璃棒制作而成。机床只要几分钟就可以完成棒的形状和棒上的钻孔。（创新型的制作者也可以使用电钻和锉刀来完成机床的工作。）这根底部直径为1/2英寸的棒将逐渐变细，最后直径减小到3/8英寸。这部分将插入PL-259UHF连接头中。在棒的中心处钻一个直径为1/8英寸的孔。这个孔将用来固定连接连接头中心导体和线圈抽头的线。鞭状天线

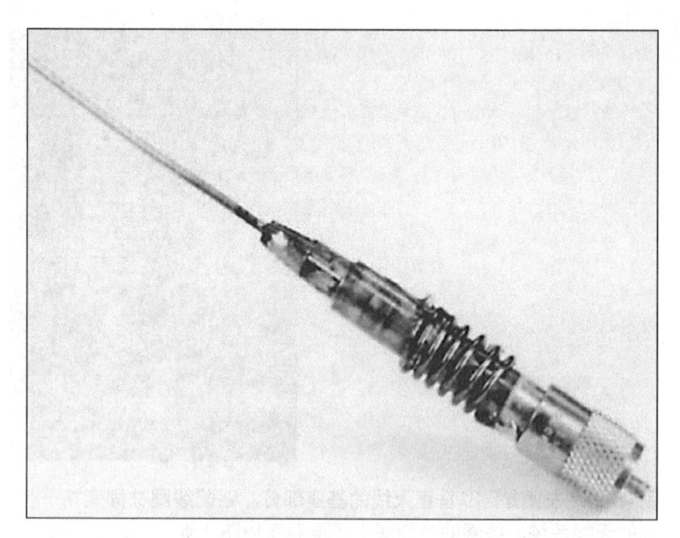

图16-11　222MHz 3/8波长移动天线。线圈的匝间距为1英寸，线圈的底端焊接在同轴连接头上。

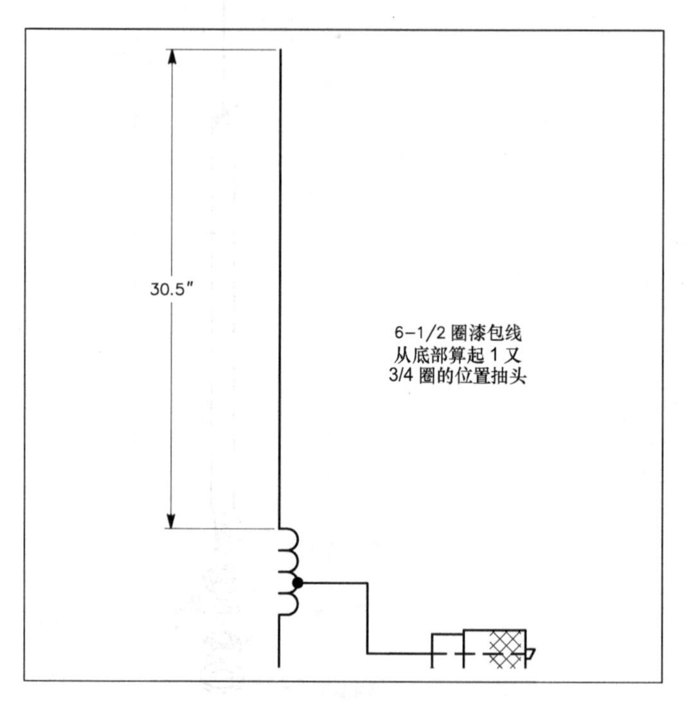

图16-12　222MHz移动天线示意图。

和线圈顶部之间的连接也穿过这个孔。一个螺柱被强插在有机玻璃棒的顶部。这样，如果需要，可以将鞭状天线从绝缘子上移除。

线圈最开始要绕在一根比基座绝缘子略小的管上。当线圈被转移到有机玻璃棒上时，它的形状将保持不变，并且不容易移动。抽头的位置确定了之后，在棒的中心上钻一个纵向孔。一根#22AWG线可通过此孔连在连接头上。采用同样的方法将鞭状天线连接到线圈的顶部。整个鞭状天线装配好后，给它涂一层环氧水泥。这样，不仅对整个系统实现了密封，还增加了强度，即使使用一个冬天，也不会出现裂缝和其他机械故障。其调整过程与前面介绍过的144MHz天线的调整过程相同。

16.4 项目：2m 波段大轮天线

L. B. Cebik（W4RNL<SK>）和 Bob Cerreto（WA1FXT）于 2008 年 3 月的《QST》上发表了文章《A New Spin on the Big Wheel》，文章中介绍了他们的建设项目。本节是对该项目的概述。文章还详细介绍了设计的历史、演变和关键要素。这些都可以在原版书所附的光盘中找到（光盘文件可到《无线电》杂志网站 www.radio.com.cn 下载），包括构建细节和图纸。

大多数有关开发水平极化全方向（HPOD）2m 波段天线的尝试都试图最小化天线的尺寸。形状为圆形（halos），方形和矩形的天线通常会面临的难题有：尺寸要求超级严格或者匹配困难，或者二者都有。通过使用更传统的三副偶极子构成的全尺寸结构，我们可以减少关键参数的数目，并使自制天线的过程变得简单。我们将介绍基于相同基本天线的两种版本的天线。一种是三副偶极子天线构成的三角形天线，可以折叠起来，非常方便打包运输。另一种是三副偶极子天线构成的圆形天线，适合用在对空间要求小、构建精度要求较高的移动操作中。两种天线的馈电系统相同，且都具有宽带特性。

三偶极子天线设计

图 16-13 中间和右边的图给出了基本的三角形和圆形天线，这两种天线的原始设计如左边的图所示。可以注意到，这两种天线的电流幅度曲线将偶极子天线的馈点放在电流大、阻抗相对较低的位置。

只要制作时的尺寸正确，这两种形式的天线几乎在任意操作参数下都有很大的带宽。对于偶极子端头之间间隔较大的三角形天线，它对尺寸的要求不是那么严格，但是需要更大的空间。对于端头之间紧密耦合的圆形天线，虽然要求构建时要更加仔细，但是它具有结构更紧凑的优点。事实上，在性能相同的条件下，三偶极子圆形天线比原来的大轮天线要小。

三偶极子 HPOD 天线的远场性能与大轮天线几乎一致。因此，图 16-14 中的数据对 3 种设计来说同样适用。距离平均地面高度为 20 英尺时，所有设计中，三副振子在最小的瓣上提供的平均增益约为 7.2dBi。方位向方向图接近圆形，最坏情况下的最大增益变化小于 0.3dB。

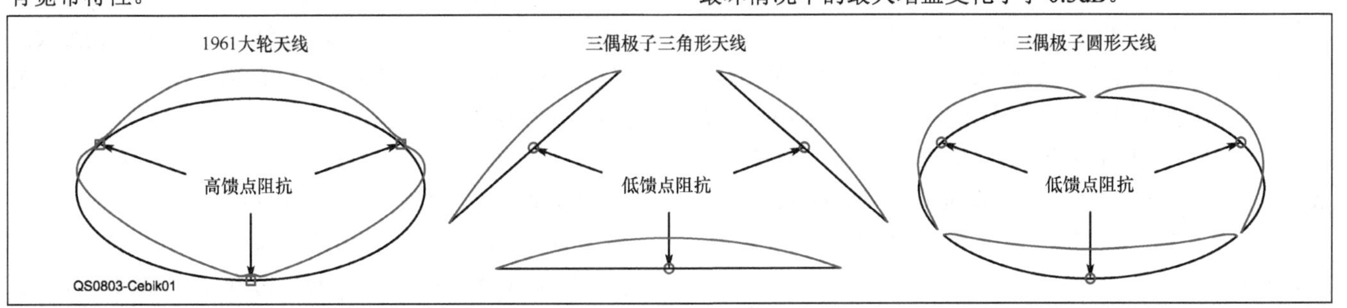

图16-13 3种不同的三元HPOD天线的相对电流幅度。

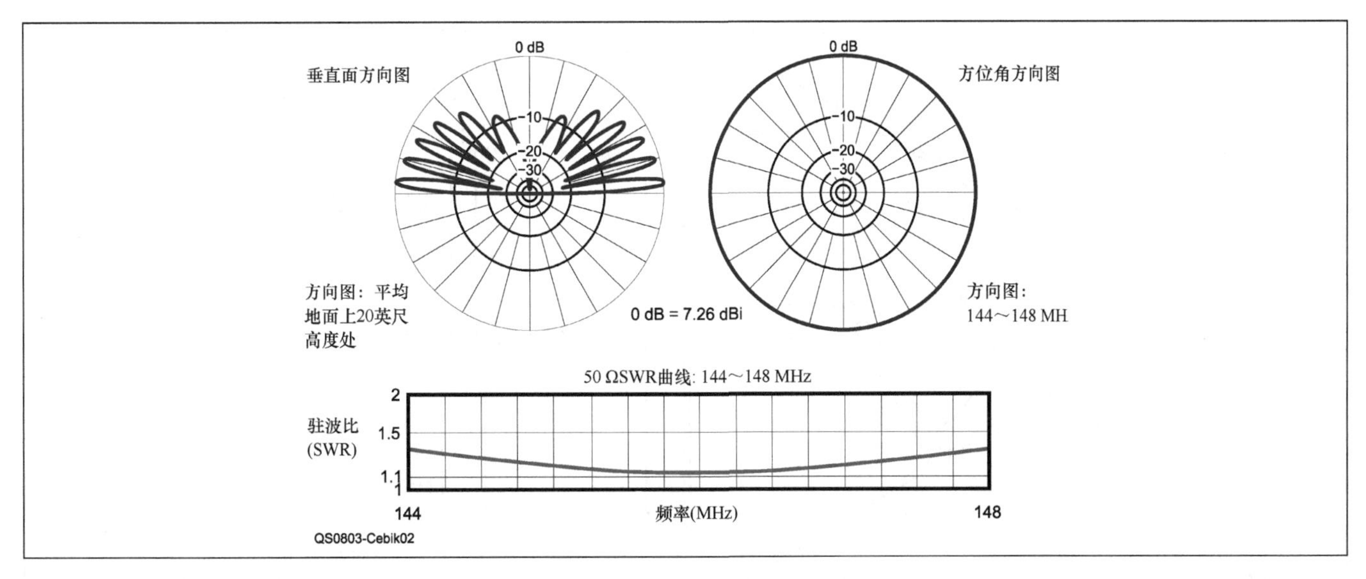

图16-14 距离平均地面高度为20英尺时，形状为三角形或圆形的三偶极子HPOD天线的垂直向和方位角方向图，以及50ΩSWR曲线。原来的大轮天线的辐射图在形状和幅度上都几乎相同。

模拟的SWR曲线同时适用于两种三偶极子模型。因为最终设计中偶极子的馈点阻抗接近50Ω，所以我们可以使用几乎任意长度的标准同轴电缆与中心相连，而无需进行大的阻抗变化。中心连接处50Ω主馈点阻抗匹配后，SWR曲线非常平，如图所示。至少在2m波段的8MHz范围内，该SWR是可接受的（低于2:1）。此外，在整个2m波段，圆形的辐射方向图和增益几乎保持恒定不变。虽然这种天线当前还只用在2m波段的第一个MHz范围内，其宽带特性使自制该天线的难度大大降低。

为了获得50Ω的主馈点阻抗，三偶极子阵列在Hub处采用了非标准的排列方式。两种三偶极子设计都采用电源线串联连接方式。最后得到的中心阻抗约为150Ω，在此阻抗中，任意杂散阻抗都只占很小的一部分。因此，需要使用λ/4匹配段将150Ω阻抗变换到50Ω。

三偶极子三角形天线

每副偶极子的边射方向与相邻偶极子之间的夹角为120°。我们的目标是找到能实现这一目标，并能为每副偶极子提供可行的馈点阻抗的尺寸。构建原型天线是为了测试这种排列的基本模型——天线材料使用直径为1/2英寸、轻而牢固的铝管。每副偶极子都使用长度为2英寸、直径为0.375英寸的玻璃纤维棒作为中心绝缘子。使用#6不锈钢钣金螺钉将偶极子的两根导体固定在原处。间隙应尽可能小，一般在1/8～1/4英寸。使用同样的螺钉将同轴电缆末端固定在天线振子上，铝管天线振子和铜线之间加了不锈钢垫圈，以防止电解。为了在便携式操作中拆卸方便，原型天线在螺钉下安装了手柄。

表16-2列出了0.5英寸和0.375英寸铝管的一些尺寸，这两种铝管是本项目中最有可能使用的材料。对于三角形天线，选择146MHz作为设计频率，因为天线的性能和SWR在整个波段中都不会有显著的变化。中心设计频率也让我们很好地了解了这种天线的宽带特性。如果制作者希望天线的设计频率为144.5MHz，表中也列出了其相应可用的尺寸。原型天线使用直径为0.5英寸的材料，设计频率为146MHz，因此尺寸还需根据表中给出的数据进行选择。

表16-2　2m波段三偶极子天线的尺寸

设计频率（MHz）	天线单元直径（英寸）	馈点为圆心的半径（英寸）	偶极子长度（英寸）	端间距（英寸）
146	0.5	15.4	34.3	9.5
146	0.375	15.3	34.7	9.15
144.5	0.5	15.6	34.7	9.6
144.5	0.375	15.5	35.1	9.25

注意偶极子的长度。相比同样材料构成的单副偶极子天线，该设计中的偶极子要短3.3英寸。标准偶极子天线的谐振阻抗通常为70Ω，而此处偶极子的谐振阻抗为50Ω。由于馈点之间的邻近效应，以及偶极子端点间相互靠近，三角形天线中的三偶极子间将存在相互作用。为了获得与设计相符的性能，三角形天线的尺寸相当关键。但是，在三角形式的天线中，对天线尺寸的精度要求并不高，误差在1/8～1/4英寸时，并不会严重影响性能。

事实上，因为三角形天线相对宽松的条件，从而出现了一些特定的设计。该原型天线可用在现场或山顶的服务中，因为它的支撑结构，天线振子和电缆可以分开，便于打包运输。图16-15中给出了一些支撑结构的细节，图16-16所示是天线拆卸后的样子。

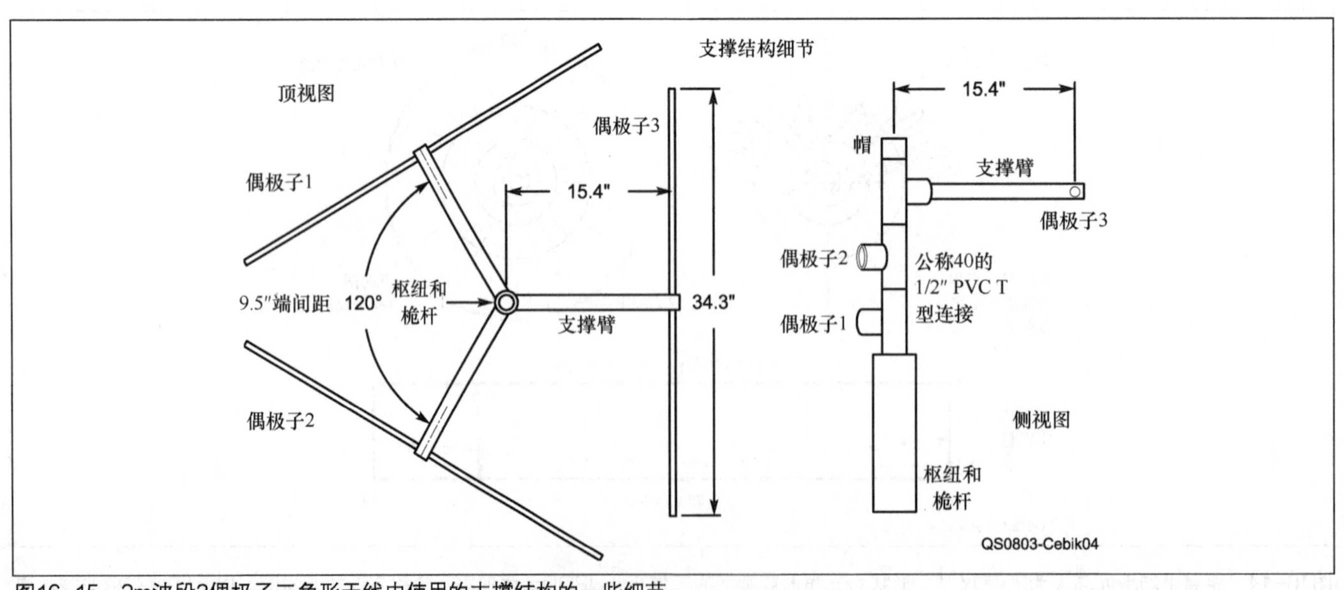

图16-15　2m波段3偶极子三角形天线中使用的支撑结构的一些细节。

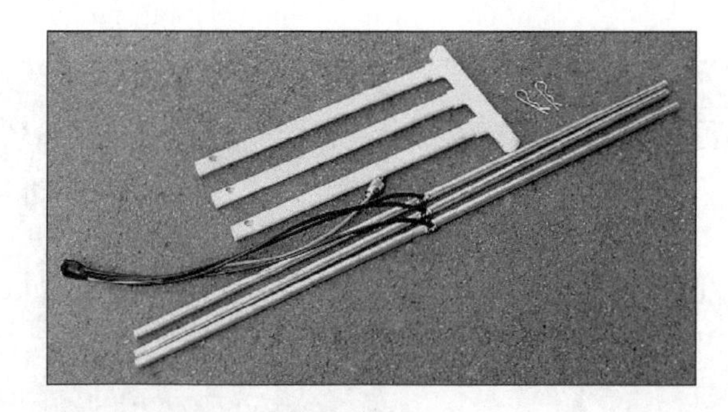

图16-16　三角形HPOD天线拆卸后。

对于固定安装或移动应用，你可能更喜欢使用图 16-17 所示的三偶极子圆形天线。圆形天线的各偶极子末端相互靠近，因此相比三角形天线，其结构更紧凑。事实上，从美学上看也更加赏心悦目。但是，这是有代价的。天线元的构建和调整都更严格，虽然还完全可控。

图16-17　适合移动应用的圆形HPOD天线。

16.5　项目：6m 波段 halo 天线

本节的内容基于 Paul Danzer（N1II）的建设项目“A 6 Meter Halo”，相关文章发表在 2004 年 9 月发行的《QST》上。可以在原版书所附的光盘文件中找到这篇文章，包括所有构建细节和图纸。这种廉价的 halo——其基本设计最先发表在 1975 年的《ARRL Handbook》上——满足 6m 波段廉价天线的几个关键要素：全方向性、水平极化、无需特别的部件和材料、调整方便。注意，在移动应用中，建造时应该保证其牢固性。

Halo 天线基本上就是由弯成圆形的半波偶极子构成的天线，通过一个 γ 匹配器进行馈电。图 16-18 所示为 halo 天线的基本设计，并列出了典型尺寸。谐振频率对偶极子两端间的间隔非常敏感，但初始值应该在 50～52MHz，无需进行严格的测量或组装就可以知道。

图 16-19 所示是成品天线的照片。该天线使用 20 英尺铜管和壁厚为 sch40 的 3/4 英寸 PVC 管及配件制作而成。垂直支撑桅杆和水平支撑件也是 PVC 管。作者指出，要确保 PVC 配件正确对齐，一旦浇上水泥，它将在瞬间凝固，此后你就无法重新对齐配件了。

可以手工将铜管弯成圆形。使用 3/8 英寸#8 或#10 钣金螺钉将 halo 的开口端和 γ 匹配器与 PVC 短管相连——PVC 短管安装在位于水平支撑件上的 PVC T 形配件上（见图 16-20）。用老虎钳或锤子将管的末端砸扁，并在上面钻孔用于固定螺钉。在将管的末端永久连接到支撑件上之前，先对天线进行调谐。应使用短螺钉，以避免调谐完成后，螺钉使表面积显著增加。

在垂直桅杆的安装点处，可以使用一对铜管夹将 halo 的中心固定在桅杆上，如图 16-21 所示，或者将管子砸平，然后使用钣金螺钉固定。后一种方法在高速移动的应用中可能不够牢固。

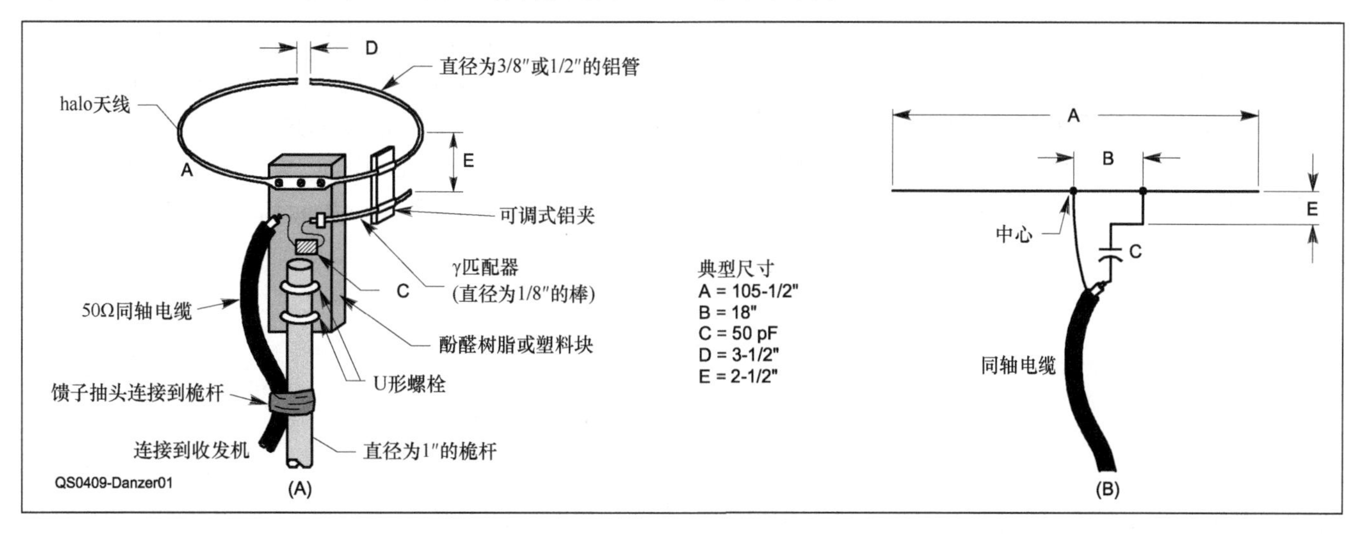

图16-18　6m波段halo天线，最先发表在1975年的《ARRL Handbook》上。作者在他的设计中用铜管代替。

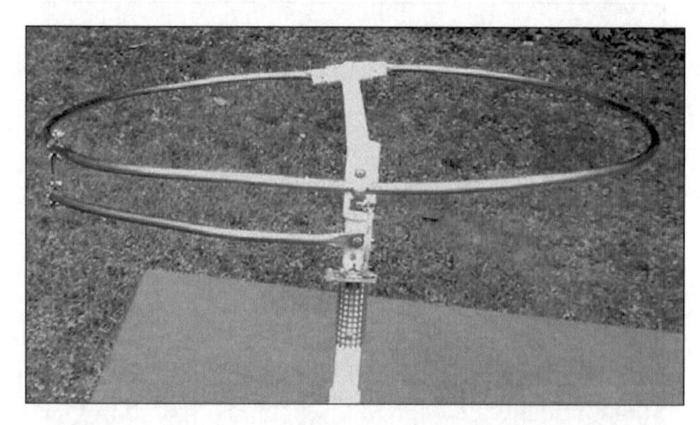

图16-19　从后方看过去的halo天线。匹配段通过一条铜带与halo的左边相连。

图16-20　管子两端扁平，使用钣金螺钉将其连接在PVC短管上。

γ短路棒使用一段短的金属皮带、金属编织物或者重金属丝制作而成。它的两端分别连接在一对铜管夹上。γ电容是定值电容，如图16-21所示。作者使用安装在托架（连接在垂直桅杆上）上的SO-239连接头连接馈线（见图16-21）。实心线、金属带或镀锡编织物都可以用来连接SO-239和天线振子。

使用抗氧化化合物（例如Noalox或Penetrox）保护所有未焊接的金属与金属之间的连接，以避免腐蚀。

Halo天线调谐

Halo天线的调谐可以通过改变偶极子两端间的间隙尺寸来完成。用电胶布暂时将管子的末端固定在PVC短管上。调谐后，在PVC配件上标记和钻孔，然后使用钣金螺钉将偶极子天线的末端固定在PVC短管上。

图16-21　馈电连接细节。天线振子安装时，可以使用扁平管方法代替图中使用夹具的安装方法。

为了调节γ匹配器以便在谐振频率处获得最低的SWR，可以使用一个50～100pF的可变电容。一旦获得了适当的设置，测量可变电容的值，并用固定值的电容代替它。作者在设计中使用两个串联电容，最终值小于20pF。频率在50.0～50.4MHz时，天线的SWR低于2:1。功率为100W时，务必使用额定电压至少为100V的电容。功率越高，电压越高。

注意，SO-239的电气连接处和γ电容连接处需要使用硅酮密封胶密封以防水。

其他Halo设计

Halo和squalo的建造活动很流行。如果有兴趣，你可以阅读原版书所附光盘中的另外两篇文章：Dick Stroud（W9SR）于2002年1月发表在《QST》上的《Six Meters from your Easy Chair》，以及Ed Tilton（W1HDQ）于1958年9月发表在《QST》上的《A Two-Band Halo for V.H.F. Mobile》。

第 17 章

空间通信天线

我们考虑业余空间通信时，一般考虑的是以下两种基本模式：卫星通信和月面反射通信（EME）。本质上，这两种模式的通信都需要依靠地球卫星——地球的天线卫星（月球）和各种人造卫星。（流星散射天线在“VHF 和 UHF 天线系统”一章中进行介绍。）距离和目标的移动将为这种通信天线的设计提出特别的要求，本章将对此进行介绍。

随着技术的进步，尤其是数字通信技术（能通过极弱的信号进行通信）的进步，卫星通信和 EME 之间的传统区别已经变得模糊。因此，本章根据天线类型进行了调整，然后将根据每种操作的具体特点进行讨论。

本章的内容来自几位作者的贡献。Dick Jansson（KD1K）贡献了卫星通信的相关材料，而 EME 的材料大部分来源于 Dave Hallidy（K2DH）和 Joe Taylor（K1JT）。此外，还包括 KD1K 以呼号 WD4FAB（Jansson 的曾用呼号）所贡献的材料。我们将尽可能将参考和引用的设计列在参考文献部分。构造天线、馈电和微波频段所适用的设备和技术的相关信息，请参考参考书目中列出的 ARRL 和 RSGB 相关书目。所有这些书籍都为实验者提供了丰富的信息。

17.1 空间通信天线系统

这两种通信之间主要的区别有两个。第一是距离。月球距离地球约为 250000 英里，而人造卫星运行在距离地球 52000 英里的椭圆轨道上。5:1 的距离差导致到达卫星的信号间的差异极大，因为传输损耗随距离的平方变化。换句话说，只考虑距离因素，到达月球的信号要比到达地球同步卫星（距离地球 25000 英里）的信号弱 20dB。

第二个不同在于月球是一个无源反射器——并且该反射器还不太好，因为它有陡峭和不规则的表面，至少与理想的镜面反射器相比是如此。信号被月球的不规则表面反射，相比更好反射表面的反射信号，其反射信号较弱。相比而言，人造卫星是一个有源系统，它接收到信号后，可以对其进行放大，然后通过高增益天线转发信号（通常使用另一频率）。因此，人造卫星可以看作是具有增益的理想反射器。

由于这些差异，EME 对站点建设者的要求更多，尤其是对天线的设计。要成功进行 EME，发射功率需要更高，接收灵敏度也需要更高，此外还需要高精度的计算机软件（数字模式），或者优秀的操作者（能够从噪声中找出弱模拟信号）。

当然，有些考虑同时适用于卫星通信和 EME。例如，二者都需要考虑极化和仰角的影响，以及发射和接收信号的方位向。用在卫星通信中的高性能八木天线阵或螺旋天线系统，也可能用于 EME 通信（使用数字模式，例如 *WSJT* 软件套件（www.physics.princeton. edu/pulsar/K1JT））。抛物面天线，例如那些从 C 波段（商业频段，频率范围 4～8GHz）TVRD（电视，仅接收）服务转换来的天线，可同时满足两种通信的要求。

本章先介绍了卫星通信天线，随后介绍了 EME 中使用的天线。

17.1.1 卫星通信天线系统

业余卫星通信覆盖了 2m 以上的频段，因此使用的天线类型也很多——从非常简单到非常复杂的类型都有。所需要的天线增益从低（用于低轨（LEO）卫星通信）到高（用于高轨（HEO）卫星通信）都有。有关天线和接收机设计，操作和卫星参数的一般信息都可以从 AMSAT 网站（www.amsat.org）获得。

图17-1 图（A）中，Keith Baker（KB1SF/VA3KSF）使用Kenwood TH-78A双波段手持轻型箭头天线，通过AO-51，与密歇根休伦湖畔的电台进行了通信。如果在开阔空间中使用全双工手持天线，天线的上行增益和下行增益都将足够大，能成功进行FM卫星通信。（照片由KB1OGF/VA3OGF提供）。图（B）中，Kate Baker（KB1OGF/VA3OGF）在密歇根休伦湖畔，使用Kenwood TH-78A双波段HT，通过卫星AO-51进行了通信。扩展的更灵活的天线（MFJ公司提供的MFJ 1717），在上行功率为5W时，可提供足够的上行和下行增益，在卫星从头顶上方通过时进行通信。（照片由KB1SF/VA3KSF提供）

使用基本的双波段 VHF/UHF FM 收发机可进行 FM LEO 卫星通信。一些业余爱好者使用手持收音机和多单元定向天线，例如图 17-1（A）所示的箭形天线，进行 FM 卫星通信。当然，这意味着他们必须将天线对准卫星。还有一些操作者使用 FM 手持收音机和旧“橡胶鸭”天线进行通信，虽然如图 17-1（B）所示的天线能提供更好的信号。

可用于 LEO 服务的高质量全向天线的形式和形状有很多种。M^2 公司的 EB-144 和 EB-432 打蛋器型天线已被证明很有用，且不需要任何旋转控制，如图 17-2 所示。位于反射器上的旋转门型天线的使用已有很长一段时间，如图 17-3 所示。

为了获得更好的性能，借助价格适中的单个电视天线转子，Gerald Brown（K5OE）设计了固定高度的 Texas Potato Masher 天线，如图 17-4 所示。在 LEO 卫星通信中，这种天线是一种双波段、增益中等的定向天线。相比全向天线，其性能有了显著的改善，并且不需要垂直旋转器就可以获得良好的性能。

截至 2011 年初，仍有一颗早期发射的 LEO 卫星工作在 10m 波段。1974 年发射的业余通信卫星 AO-7 发生了电池故障，经过修复后，每当太阳能电池板被照射的时候，能够进行工作。它的下行频率在 29.3～29.5MHz（10m 波段）。10m 波段的低增益天线，例如偶极子天线或长线天线，可以用来接收该卫星的下行信号。

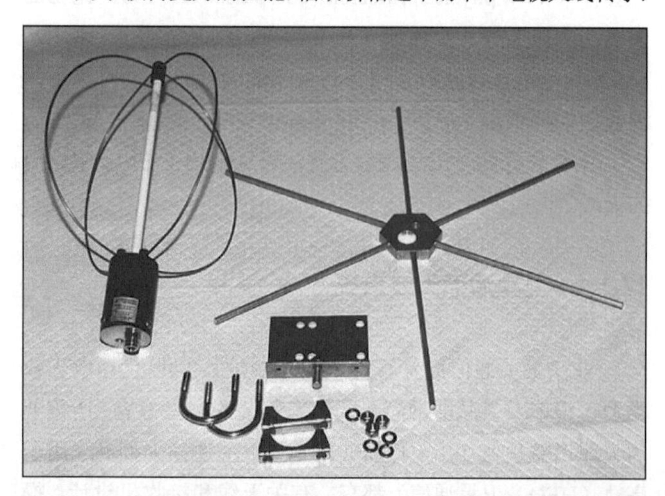

图17-2 打蛋器天线在LEO卫星通信中很流行。70cm M^2 EB-432打蛋器天线的尺寸很小，可以安装在阁楼上。可通过安装地网线来获得天线增益。

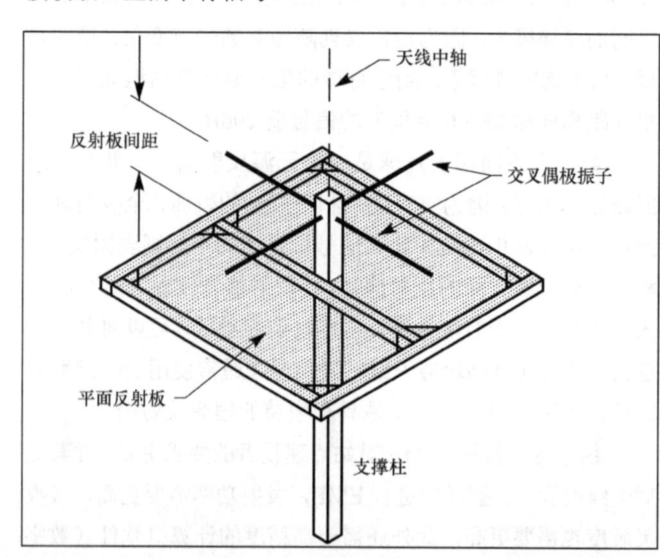

图17-3 位于反射器上的旋转门型天线可使用在LEO卫星通信中，使用历史已有很多年。

图17-4　Jerry Brown（K5OE）在LEO卫星通信中使用的Texas Potato Masher天线。

高轨上可部署3颗卫星，例如20世纪80年代发射的AO-10、AO-13和一颗AMSAT-DL开发中的类似卫星。最终业余爱好者使用的可能是静止卫星，不过无论如何，要求是一样的。到卫星的距离越远，需要的发射机的功率越大，地面上接收到的信号越弱。一个成功的电台，其地面天线的增益应足够大（12dBi或更大），例如高增益八木天线，如图17-5所示。

在HEO应用中，由于各种原因，下行频率在S波段（2.4GHz）的卫星通信很受欢迎。

- 使用小尺寸（物理意义上的）的下行天线即可获得较好的性能。
- 容易获得高质量的降频转换器。
- 容易获得价格合适的前置放大器。

许多人主张下行频率选择S波段，包括Bill McCaa/K.RZ

图17-5　Dick Jansson（KD1K）在HEO应用中使用的2m和70cm波段交叉八木天线。该天线安装在6m波段的长梁八木天线上方。

（他领导了一个设计和制造AO-13 S波段转发器的小组）和James Miller（G3RUH）（他负责其中一个AO-14指挥站）。Ed Krome（K9EK）和James Miller发表了大量的文章，在这些文章中，介绍了S波段前置放大器、降频转换器和天线的具体构建。（表17-1给出了本章中用到的卫星波段及其名称。）

表17-1　业余卫星通信波段名称

10m (29MHz): H
2m (145MHz): V
70cm (435MHz): U
23cm (1260MHz): L
13cm (2.4GHz): S
5cm (5.6GHz): C
3cm (10GHz): X

17.1.2　月面反射通信（EME）天线系统

天线可以说是决定EME电台性能的最重要的因素。表17-2给出了EME电台的一些基本要求，这些要求所对应的是VHF波段的八木天线阵，以及工作在1296MHz及以上频率的抛物面天线。这两种天线几乎是EME的最佳选择。

表17-2　CW EME中天线和功率的一般需求

对于JT65或其他数字编码模式，增益或功率应减去10dB。

频率（MHz）	天线类型	增益（dBi）	HPBW（deg）	发射功率（W）
50	4×12m	19.7	18.8	1200
144	4×6m	21.0	15.4	500
432	4×6m	25	10.5	250
1296	3m	29.5	5.5	160
2304	3m	34.5	3.1	60
3456	2m	34.8	3.0	120
5760	2m	39.2	1.8	60
10368	2m	44.3	1.0	25

示例天线为50MHz、144MHz和432MHz定长八木天线阵，和1296MHz及以上频率指定直径的抛物面天线。

图17-6中给出了这两种类型的一些常见天线的增益，从图中可以看到为什么在VHF波段，八木天线是最适合EME的天线。它们重量轻，容易建造，并且具有一定的防风能力。对于由4副八木天线构成的堆叠天线，其尺寸足够小，可以安装在天线塔上，四周没有其他的障碍物。也可以构建包含8副、16副，甚至更多八木天线的天线阵列，虽然此时复杂度、定向线上的损耗，以及功率分配器都需要更多考虑，尤其在更高频率端。长八木天线是一种窄带天线，仅能用在单一频段上。

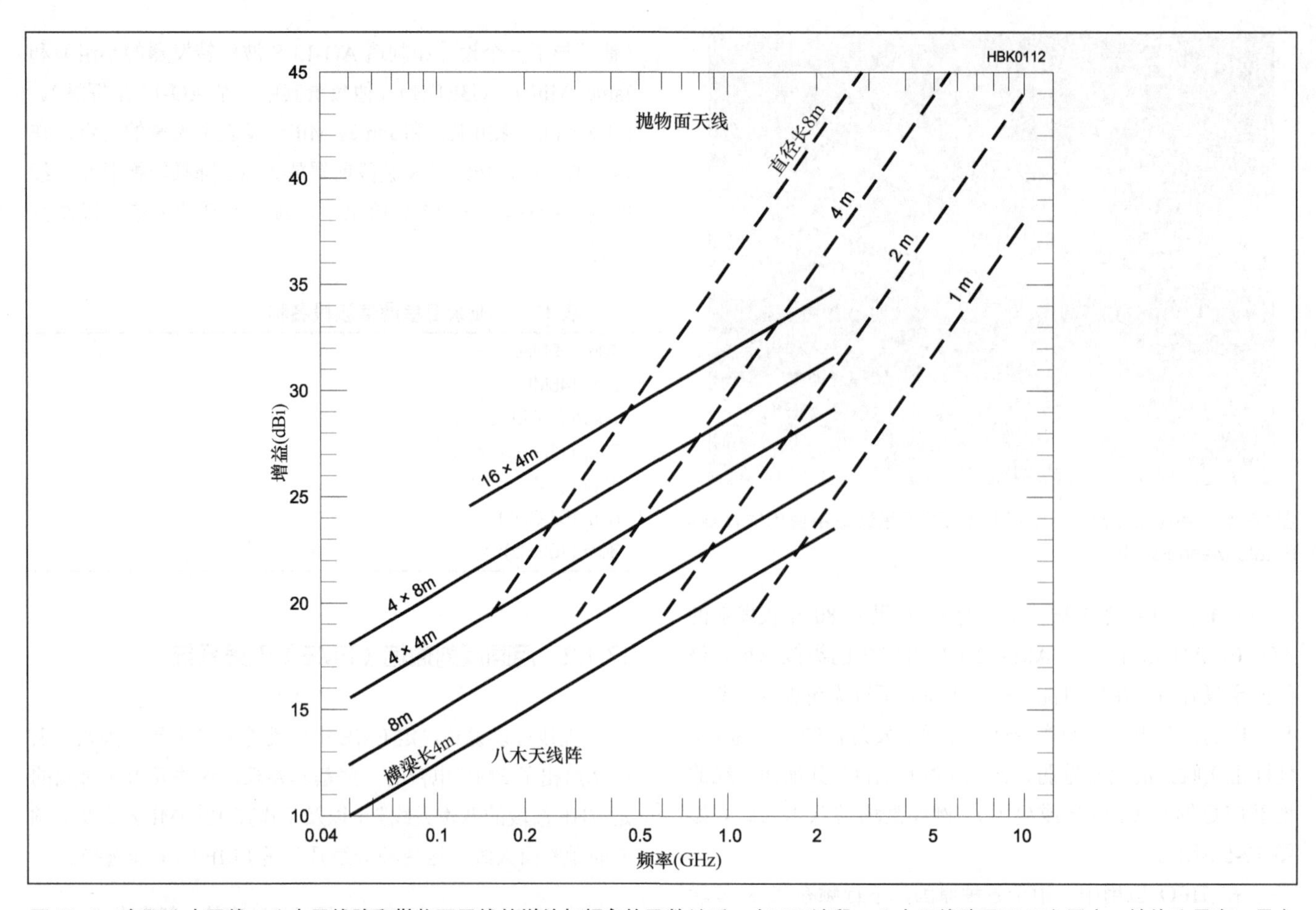

图17-6 实际八木天线、八木天线阵和抛物面天线的增益与频率的函数关系。在VHF波段，八木天线阵是EME应用中，性价比最高、最方便的天线。频率高于1GHz时，抛物面天线将是最适合EME应用的天线。

通常发射信号的线极化指的是“水平极化”和“垂直极化”。当然，由于地球是球形的，所以所谓“水平”和“垂直”只在局部有意义。对于地球上相隔很远的水平天线，从月球上看，它们具有非常不同的取向（见图 17-7）。因此，不考虑法拉第旋转，在 EME 中，站点 A 发射的水平极化信号，到达站点 B 和 C 时，极性将发生一定角度的偏移，这即是我们熟知的空间极化偏移角。（法拉第旋转是指无线电波穿过电离层时，由于地球磁场的影响，发生的极性旋转。）图 17-7 中，A 处发射的水平极化信号，到达 B 时，将变成垂直极化信号；到达 C 时，极化方向相对水平面呈 45° 角。假设 C 在与 A 进行通信，A 到 C 的空间极化偏移角 $\theta_s = 45°$。从 C 到 A 的返回信号的偏移角方向相反，即，$\theta_s = -45°$。对于法拉第旋转角 θ_F，无论是从 C 到 A，还是从 A 到 C，角度是一致的。因此从 A 到 C 的总的极化偏移等于 $\theta_s + \theta_F$；而从 C 到 A 则等于 $\theta_F - \theta_s$。如果 θ_F 的值接近±45°、±135°、±225°…… 则一个最终极化偏移约等于 90°，其他约等于 0°。对于具有固定线极化的 EME 站，只能单向传输：例如，能从 A 传播到 C，但却不能从 C 传播到 A。

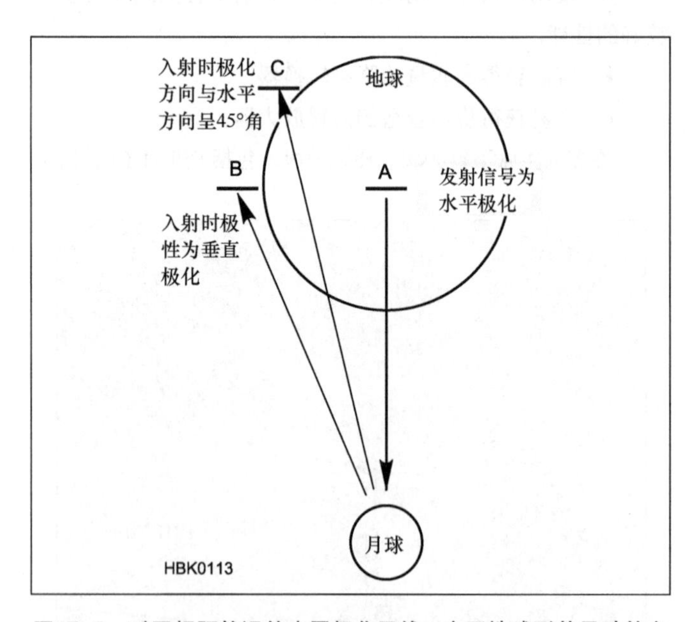

图17-7 对于相距较远的水平极化天线，由于地球形状导致的空间极化偏移。A处发射的水平极化信号，到达B时，将变成垂直极化信号；到达C时，极化方向相对水平面呈45° 角。同时考虑法拉第旋转，约45° 的偏移角使得只能进行单向传输。具体见正文部分。

显然，在此条件下无法进行双向通信。要实现双向通信，操作者必须等待更好的时机，或者使用其他的极化控制方式或极化类型。一种性价比高的解决方案，就是使用安装在同一根梁上、相互垂直的两副八木天线。在 VHF 波段和 UHF 波段的低频部分，这种交叉八木天线阵在 EME 应用中极具吸引力，因为它们为线极化偏移问题提供了灵活的解决方案。图 17-8 所示是一种 4×10 单元，双极化 EME 天线阵。在 2m 波段，使用该天线和一个 160W 的固态放大器，可以与阿拉斯加的电台进行大量的 EME。

图17-8　4副10单元八木天线构成的双极化144MHz天线阵。因为阿拉斯加的霜冻，我们极易区分水平极化天线和垂直极化天线。可以看到，在2m波段的天线阵列中，还包含了一对1286MHz的环八木天线。

在 1296MHz 及以上频率，使用适度尺寸的抛物面天线，可获得 30dBi 甚至更大的增益。因此，在这些频段上，抛物面天线几乎是最适合 EME 的天线类型。其结构不依赖任何无线电谐振频率，因此在许多方面，抛物面天线的要求都不如八木天线那么严格。高增益八木天线振子长度的精度必须高于 0.005λ，而抛物面天线只要达到 0.1λ 左右就可以了。

抛物面天线只有一个馈点，因此定向线和功率分配器上没有损耗。通过交换馈源，该天线可以工作在几个频段上。此外，采用合适的馈电方式，可将其馈电为线极化或圆极化，甚至双极化。最好最方便的选择是采用一种圆极化方式发射信号，另一种圆极化方式接收信号。例如，在 1296MHz 和 2304MHz 的 EME 中，标准的方法是发射时采用右旋圆极化，接收时采用左旋圆极化。在更高频段这种方式也可能会变成标准方式。本章后面部分将对圆极化进行进一步介绍。

从图 17-6 中可以看到，432MHz 处于一个过渡区域内。在此区域内，八木天线和抛物面天线都具有一些很好的特性。无论是 4 副长八木天线构成的天线阵，还是 6m 抛物面天线，都能提供足够大的增益（约 25dBi）。由于许多线极化系统已投入使用——因为大多数业余爱好者利用该波段进行地面通信——因此，要将所有的系统转化为圆极化是不实际的。因此，一般通过旋转抛物面天线的馈源，甚至整个八木天线阵，来解决遇到的极化对齐问题。另一种方式是将其馈电为双极化方式，具体如前所述。这种方式在 144MHz 的应用中使用越来越多，但在 432MHz 的应用中还没有得到广泛普及。

天线方向图

对于所有 EME 天线来说，拥有侧瓣和后瓣被抑制的“干净”的方向图很重要，在 432MHz 及以上频率时尤其如此。在这些频率上，如果旁瓣拾取的噪声过多，将显著影响系统的噪声温度 T_s。设计八木天线阵时，需要通过计算机软件不断模拟优化，以使 G/T_s（前向增益/系统温度噪声）达到最大取值。堆叠多副天线时，请注意保持方向图的干净。主瓣旁边 10°～15°范围内的第一旁瓣问题还不大。至于距离主瓣较远的侧瓣和后瓣，则应尽可能将其抑制。注意，仰角较低时，即使近距离内的旁瓣，也会降低天线的接收性能。

对于抛物面天线，相比前向增益最大时使用的馈源，使用稍大的边缘锥形馈源可以得到优化的 G/T_s。使用边缘锥形馈源得到的最佳前向增益一般在−10dB 左右，而 G/T_s 最大时前向增益约为−15dB。使用前向增益为−12dB 时对应的边缘锥形馈源，可以得到比较好的平衡。本章后文将介绍一些有关抛物面天线馈源的可重复的优秀设计。

17.2　圆极化天线

水平和垂直线极化指的是天线与地球表面的相对位置关系，从空间中看，就失去了意义。如果航天器的天线使用线极化方式，则地面站将无法与其保持极化对齐，因为它的取向在不断变化。因此理想的卫星天线极化方式是圆极化（也记作 CP）。

圆极化的定义是：电场矢量末端随时间发生旋转，在垂直于电磁波传播方向的平面内的轨迹为圆形的一种极化方式，如图 17-9 所示。关于极化方向，想象有一只手表，它的秒针随波的传播不断向前走，波每传播一个波长，秒针走一圈。秒针的位置代表了信号的瞬时极化。

图 17-5 所示为安装在不同梁上的一对八木天线，其极化方式为圆极化。（有关极化的背景知识请参考“天线基础”一章。）下面我们将介绍几种常见的圆极化天线。

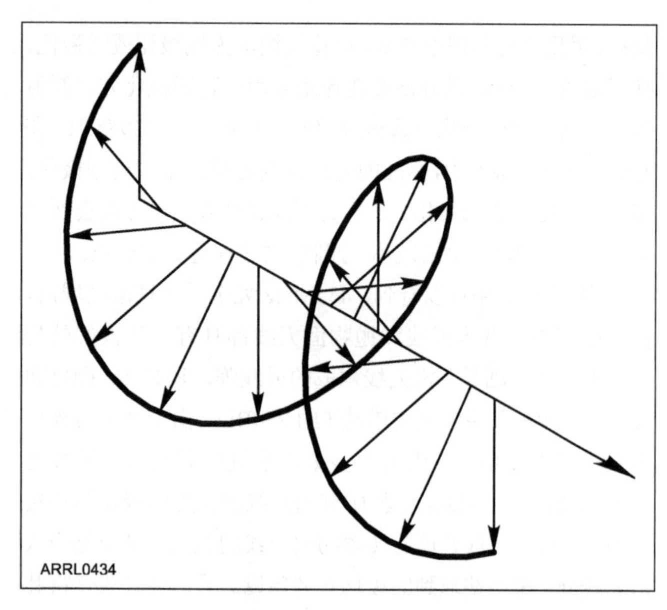

图17-9　波前沿中心轴旋转的圆极化，方向可能是顺时针（右旋圆极化，也记作RHCP），也可能是逆时针（左旋圆极化，也记作LHCP）。

极化方向（Polarization Sense）

极化方向非常关键，尤其是在EME和卫星通信中。IEEE标准使用“顺时针圆极化”来描述后退波（朝远离观测者的方向传播）。业余技术按IEEE标准执行，将后退波的顺时针极化定义为右旋圆极化，RHCP。意思就是，表的秒针随后退波的传播顺时针旋转。旋转方向相反时，定义为左旋圆极化，LHCP。

使用圆极化天线进行卫星通信时，一般要求可以方便地进行极化方向切换。这是因为，当卫星从距离最近的位置经过时，接收到的LEO卫星下行信号的极化方向将发生翻转。如果当卫星靠近时，接收到的信号为右旋圆极化信号，那么当卫星远离时，接收到的信号将为左旋圆极化信号。在EME中也会出现极性翻转，因为信号被月面反射时将发生相位翻转。对于极性为RHCP的发射信号，被反射后到达地球时其极性将变为LHCP。同样，抛物面天线的馈电天线为LHCP时，经过抛物面天线的反射，发射信号极性将变为RHCP。

17.2.1　交叉线性天线

偶极子天线辐射的信号为线极化信号，极化方向取决于天线的取向。如果用两幅偶极子天线组成一个二单元天线阵，其中一副水平取向，另一副垂直取向，由于两幅偶极子天线输出的信号间存在90°的相位差，将两信号合成在一起，将得到圆极化信号。由于两天线产生的电场强度相同，发射机的功率将在它们中平均分配。从另一角度看，由于能量被平均分配到两天线中，每根天线的增益将下降3dB——只考虑取向平面。

两天线之间必须有90°的相位差，为此，最简单的办法就是将两根馈线分别连到一对共面的交叉八木天线上（八木天线的振子近似位于同一平面内），如图17-10（A）所示。其中一根馈线比另一根长1/4波长，如图17-10所示。这两根馈线平行连接到发射机或接收机的同一传输线上。图17-11和图17-12所示是两个实例。假设交叉天线之间的耦合可以忽略不计，并联馈线与传输线相连时对应的阻抗只有单根馈线时的一半。（如果天线之间存在互耦，情况将有所不同，例如相控阵中就不是这样。）

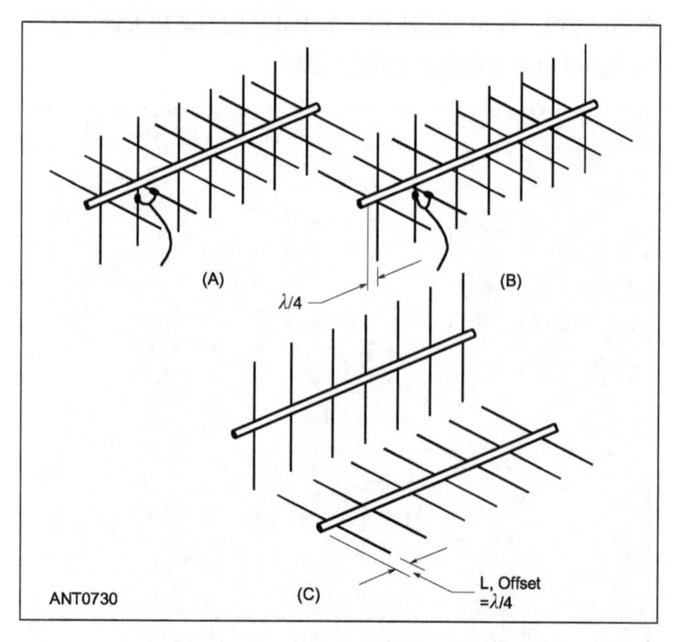

图17-10　圆极化八木天线。图（A）中是最简单的交叉八木天线，两幅天线激励振子的馈电相位相差90°，发射信号为圆极化信号。图（B）中两幅天线激励振子的馈电相位相同，两幅天线的振子在前后方向上相差1/4波长。图（C）中两幅八木天线位于不同的梁上，且两天线的振子相互垂直，两幅天线的振子在前后方向上相差1/4波长。

图17-11　KH6IJ设计的VHF交叉八木天线（1973年1月发表在《QST》上）。它是一种固定极化的圆极化共面交叉八木天线。

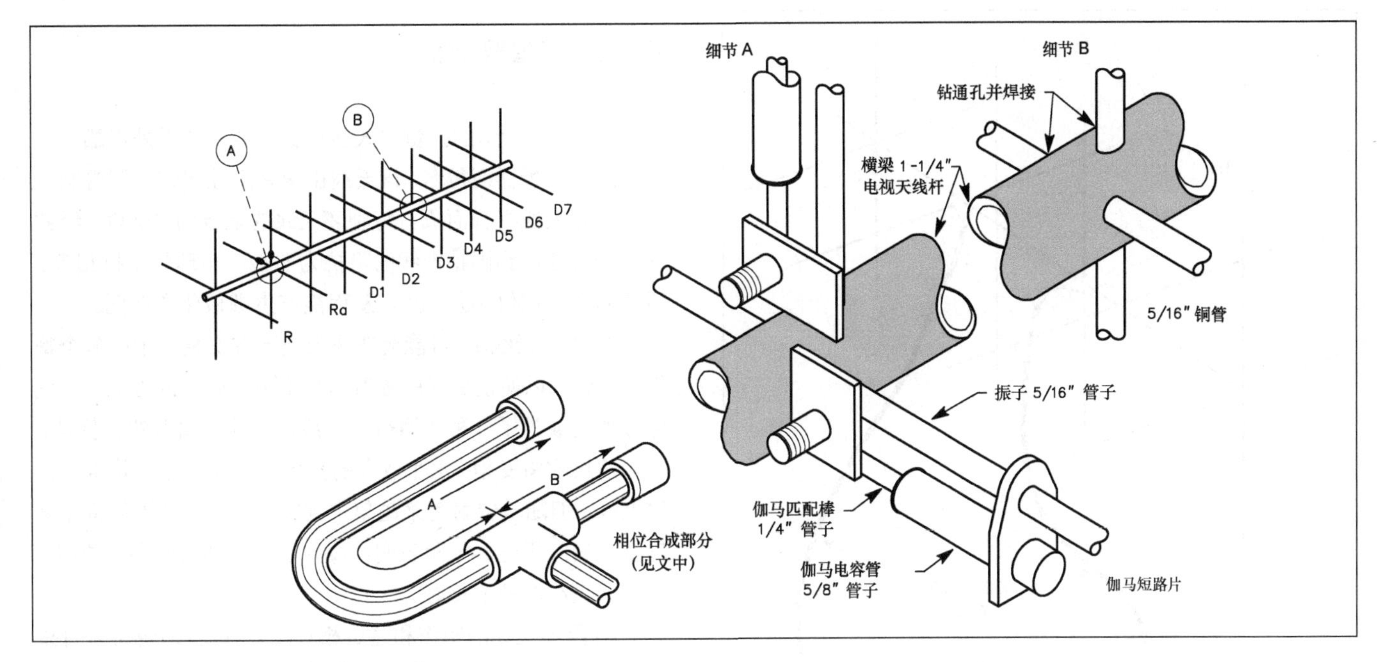

图17-12　共面交叉八木天线的结构细节。

这对业余爱好者来说存在一些困难。使用这种定相线方法时，天线的任何不匹配都将被额外的 1/4λ 传输线放大。这将使两天线间的电流平衡被破坏，从而导致无法得到圆极化信号。此外，还需考虑电缆束和连接头的衰减。应当使用 N 型或 BNC 连接头和低损耗同轴电缆。图 17-13 中给出了一种实现 RHCP/LHCP 共面切换系统的方法。

另一种获得圆极化的方法是：两幅天线使用相同长度的馈线，但其中一副天线位于另一天线前面 1/4λ 处，如图 17-10（B）所示。这种方法的优点在于，连接到同一馈子处的负载阻抗相同，如图 17-14 所示。图中给出了一种固定极化的馈源。可以使用图 17-15 所示的结构来实现这种天线的极化切换。使用该结构，必须对继电器和连接器引起的附加相移进行补偿。

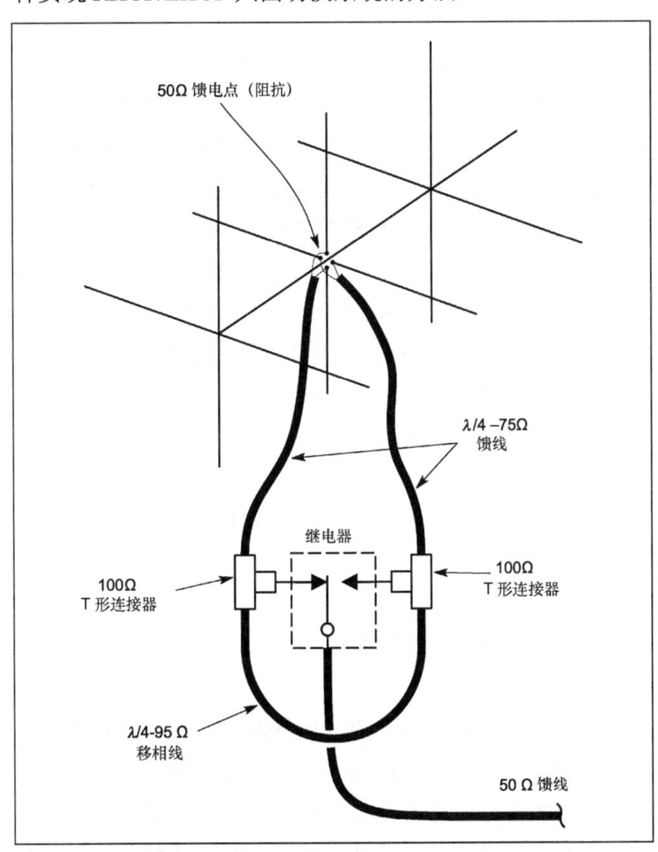

图17-13　极化可切换的圆极化共面交叉八木天线。

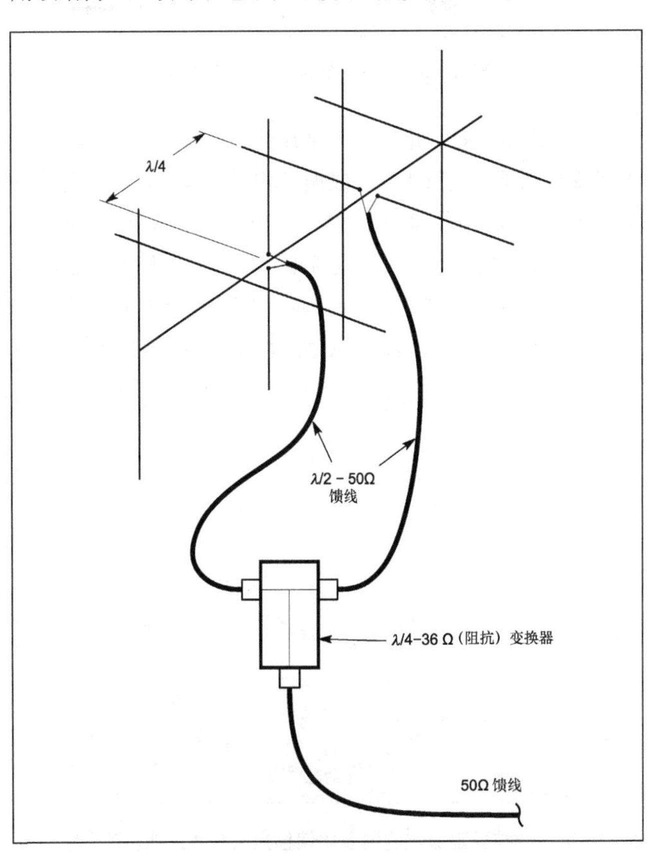

图17-14　固定极化的圆极化偏移交叉八木天线。

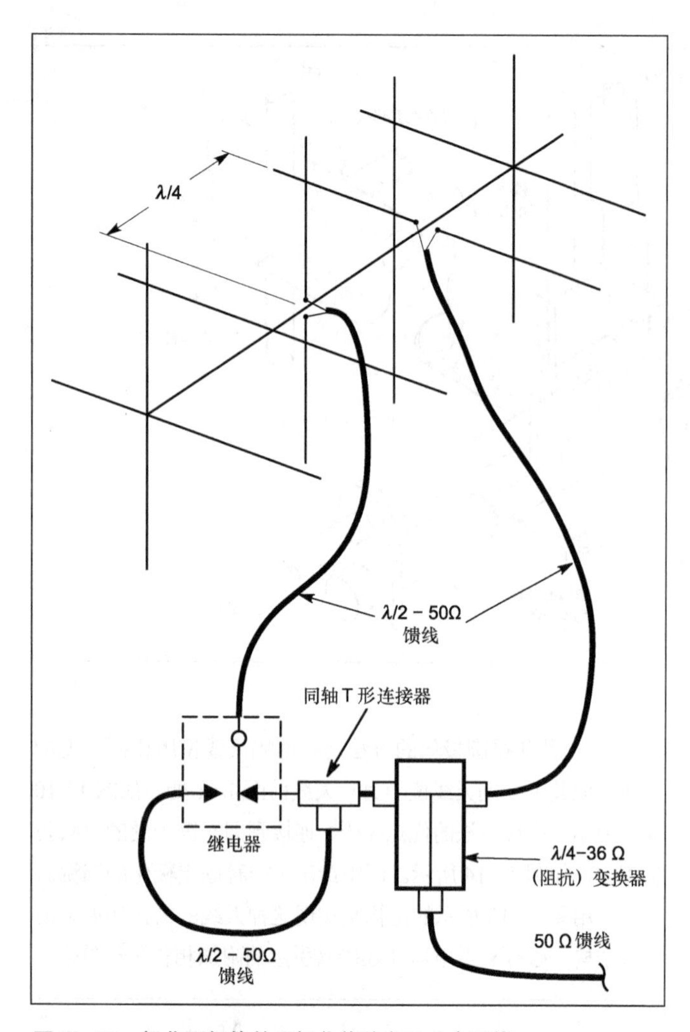

图17-15　极化可切换的圆极化偏移交叉八木天线。

图 17-10（C）介绍了一种流行的安装方法。两副八木天线安装在不同的梁上，天线振子相互垂直。其中一副天线位于另一天线前面 1/4λ 处，馈电相位相同，如图 17-10（C）所示。两副天线之间也可以没有偏移，但馈电相位相差 90°。这两种方法都无法产生真正的圆极化信号。这种系统产生的信号是椭圆极化信号。图 17-16 所示为这种天线的一个实例。

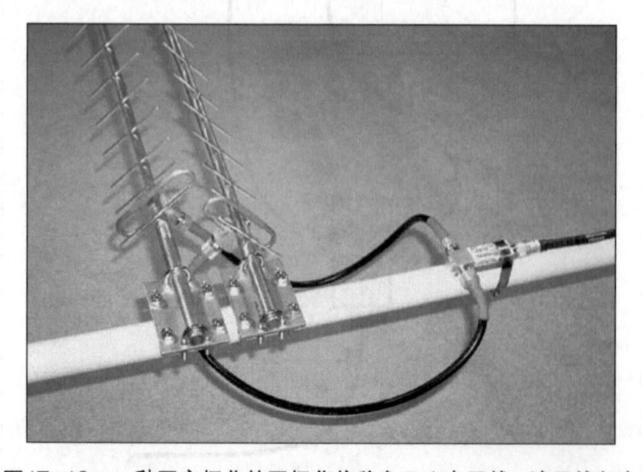

图17-16　一种固定极化的圆极化偏移交叉八木天线。该天线包含一对1296MHz的M2 23CMM22EZA天线。

17.2.2　打蛋器天线

图 17-2 所示的打蛋器天线很受欢迎，由于外形酷似一种老式的打蛋器而得名。该天线由两副刚性线或金属管制成的全波环天线组合而成。每副环天线的阻抗为 100Ω，经并联耦合后连接到同轴馈线的阻抗为 50Ω，与理想阻抗相等。两环的馈电相位相差 90°，从而能产生圆极化方向图。

打蛋器天线中，可能会在环天线下方安装一个或多个寄生反射器，以便使更多的辐射信号集中在朝上的方向上。这样做使它成为了一种“增益”天线，但获得增益的代价是：小仰角接收将变差。水平取向的打蛋器天线实际上是水平极化天线，但随着辐射越来越集中到竖直方向，其极化将越来越像右旋圆极化。经验表明，反射器处于环天线最下方时，打蛋器天线的性能最好。

打蛋器天线的制作和建造相对比较容易，但也可以直接使用如图 17-2 所示的商业打蛋器天线。在空间有限的条件下，打蛋器天线非常适用，因为它的球面外形有利于制成相对紧凑的天线。这也是为什么打蛋器天线会具有吸引力的原因所在（见原版书所附光盘，光盘文件可到《无线电》杂志网站 www.radio.com.cn 下载）。

17.2.3　旋转门型天线

图 17-3 所示是一种基本的旋转门型天线，它包含两副相互垂直的水平半波偶极子天线。两偶极子天线位于同一平面内，在其下方有一反射屏。当这两副偶极子天线被激励产生相位相差 90° 的电流时，它们的 8 字形方向图合成在一起形成了圆极化方向图（见原版书附加光盘）。

为了使辐射方向向上以便进行空间通信，旋转门型天线下方需要安装一个反射器。辐射方向图较宽时，最好在天线下方 3/8 波长处安装反射器。通常使用金属窗纱之类的材料制作反射器。这些材料在很多五金店中都能买到。（注意必须是金属材料的，不能是塑料的。）

与打蛋器天线一样，该天线的制作和建造相对比较容易。实际上，可能只能自行制作，因为几乎无法买到这种天线。

17.2.4　Lindenblad 天线

图 17-17（A）中是一种 Lindenblad 天线。这种天线是使用线性单元制作而成的全方向性天线，极化方式为圆极化。它的大部分增益出现在小仰角上，如图 17-17（B）所示，因此非常适合 LEO 卫星通信。由于该天线是一种全方

性天线，因此不必将天线对着卫星，也不必使用方位/垂直（az/el）转子系统。鉴于此，Lindenblad 在便携式或临时卫星通信中特别有用。这种天线也是家庭站中一种很好的通用天线，因为它的圆极化能很好地兼容线性极化天线——这些天线用于 FM/中继器和 SSB/CW 操作。原版书附加光盘中提供了两篇介绍构建 Lindenblad 天线的文章，以供参考。

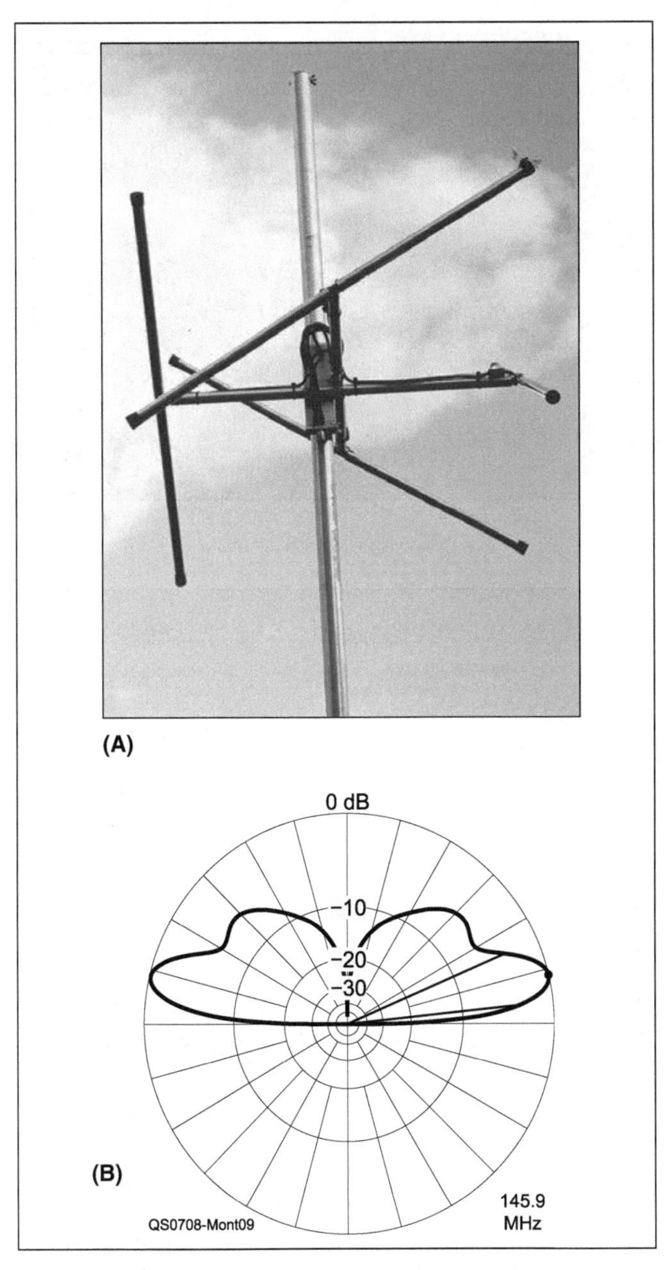

图17−17　图（A）中所示为圆极化Lindenblad天线，其方位向方位图如图（B）所示。（照片由AA2TX提供）

17.2.5　四臂螺旋天线（QFH）

QFH 天线最初是为早期太空探索的航天器设计的，在业余频段并不流行。但是，作为通用的基站天线，例如图17-18 中所示的 2m 波段 QFH，它很难被击败。这种天线在竖直方向和水平方向几乎都是各向同性的。无论入射信号来自哪个方向，无论极性是水平极化还是垂直极化，QFH 都能接收到。这对以下通信目标来说是个好消息：位于我们头顶上的卫星，例如国际空间站；位于地平线上的 2m 波段水平极化 SSB 电台；以及垂直极化移动和中继站。它不是一种增益天线——也没有一种全向天线可能是。QFH 的最大优势就在于它的覆盖能力。

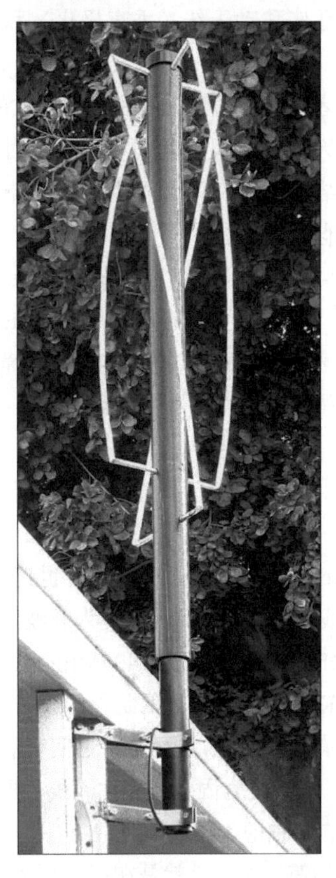

图17−18　W6NBC的QFH基站天线。（照片由W6NBC提供）

QFH 常被业余爱好者用来接收 NOAA（美国国家海洋和大气管理局）的 137MHz、低极轨道、自动图像发送卫星（APT）发送的气象卫星图片。它的全方向和圆极化特性使得它能够接收到 ATP 的卫星信号，虽然该信号的方向和极性在不断变化。截至目前已经发射了数颗用于这种服务的卫星。其中 4 颗气象卫星仍在每天工作——NOAA 15、17、18 和 19。（这些卫星图片可以在 w6nbc.com 找到。）

让我们来想象一下 QFH 天线的构建过程：首先，准备两副垂直极化的全波矩形环天线，且环天线的馈电点位于顶部；然后，将两副环天线置于同一垂直轴上，并将其中一副水平旋转 90°，使两副环天线相互正交。注意，两副环天线的尺寸不能一样，其中一副要稍大一些。这可以在馈点处制造出一个相移，用以补偿环天线的物理旋转。接下来，将每副天线沿水平方向扭 1/4 圈成螺旋形。最后，并联连接馈点。

至此，我们就得到了一副 QFH 天线。

这种外形与打蛋器类似的 QFH 具有一些有用的特性：总的辐射方向图近似球形，并且各个辐射面内极性皆为圆极化。前面介绍的 QFH 是右旋圆极化天线，要获得左旋圆极化，环天线向相反方向扭转即可。对于一般用途的 2m 波段基站天线，扭转方向并不重要。当然，使用圆极化天线来处理线极化信号（垂直极化或水平极化），会导致少量的能量损耗，不过，这也是完全可以接受的。商业广播天线常使用这种技术来适应移动天线（垂直极化）和家用天线（水平极化）。

业余爱好者试验了方形天线和长宽比大的矩形天线，还试验了两副环天线间的尺寸差别和扭转量对天线性能的影响，最后得出结论：QFH 天线受尺寸的影响很小。改变这些条件，其性能变化很小。

对于图 17-18 所示的天线，John Portune（W6NBC）在其文章中完整地介绍了它的构建方法。Eugene Ruperto（W3KH）也发表了一篇关于 QFH 构建的文章。这两篇文章都可以在原版书附加光盘文件中找到。

17.2.6 螺旋天线

Dr John Kraus（W8JK<SK>）于 20 世纪 40 年代发明了轴向模螺旋天线。图 17-19 所示分别为 S 波段（2400MHz）、V 波段（145MHz）和 U 波段（435MHz）的螺旋天线。这些天线都是由 KD1K 为卫星通信制作的。

这种天线有两个特性，这两个特性使它们在许多应用中很有用。首先，该天线为固定圆极化天线，极化方向由其构造决定。极化旋转轴即为天线轴。

螺旋天线的第二个特性就是在很大频率范围内，它的辐射方向图、增益和阻抗特征都是可预知的。即，它是很少的几种宽频带高增益天线中的一种。因此，在窄带应用中，螺旋天线受机械误差的影响非常小。

螺旋天线最常用在业余卫星通信中。卫星通信中，由于卫星天线系统的旋转（对地）和法拉第旋转效应，卫星信号的极性是不可预知的。此时，如果使用线极化天线，将导致很深的衰落；如果使用螺旋天线（同等响应线极化信号），则不会如此。

这种特性使螺旋天线在极性多样化的系统中很有用。圆极化的优势在非光学路径的 VHF 语音计划中已经有所展示，而线极化的工作效果却不太令人满意。

螺旋天线还被用来传输彩色 ATV 信号。许多波束天线（增益调节到最大时）要么带宽比需要的 6MHz 窄许多，要么在该整个频率范围内增益不一致。结果就是，发送和接收信号将发生严重失真，影响色彩再现等功能。在非光学路径中，该问题将变得更加严重。频率高于 420MHz 时，在 20MHz 或更大的频率范围内，螺旋天线将具有最大增益（1dB 内）。

螺旋天线可用在多模平台中，尤其在频率高于 420MHz 时。螺旋天线不仅可以在整个频率范围内提供高增益，还允许 FM、SSB 和 CW 操作，而无需使用单独的垂直和水平极化天线。

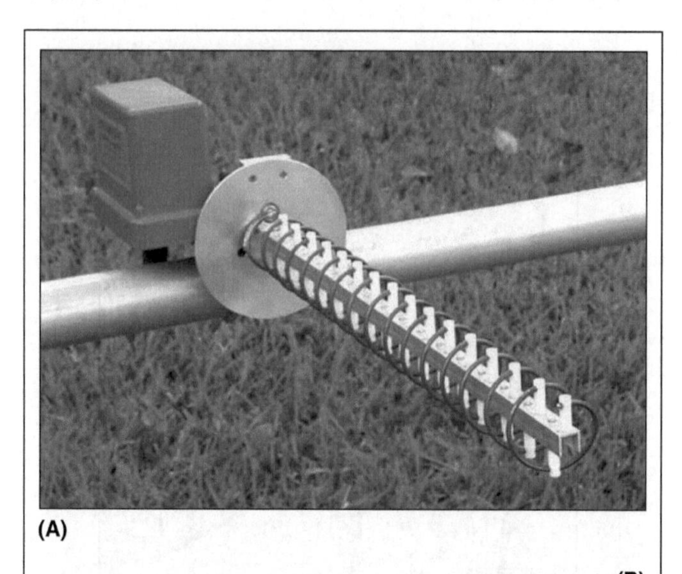

(A)

(B)

图17-19　图（A）所示为16匝S波段螺旋天线。其长度几乎达到任意螺旋天线的最大值。注意，SSB UEK2000降频转换器安装在天线反射器的后面。图（B）所示为一对用在2m和70cm波段的螺旋天线。2m螺旋天线的尺寸不小！（照片由KD1K提供）

螺旋天线基础

螺旋天线是一种特别的天线，根据其物理结构，可以猜测到它的电气性能。螺旋天线的外形类似空心线圈，馈点位于与接地平面相对的一端，如图 17-20 所示。接地平面由一个直径（也可能是方形接地平面的边长）在 0.8λ～1.1λ 之间的金属屏构成。要构成轴向模螺旋天线，线圈的周长（C_λ）必须在 0.75λ～1.33λ 之间，匝数至少大于等于 3。匝间距与 C_λ 的比值（S_λ/C_λ）应该在 0.2126～0.2867，该值依据给定的螺旋角 α（12°～16°）推导得到：

$$\alpha=\arctan\frac{S_\lambda}{C_\lambda} \tag{17-1}$$

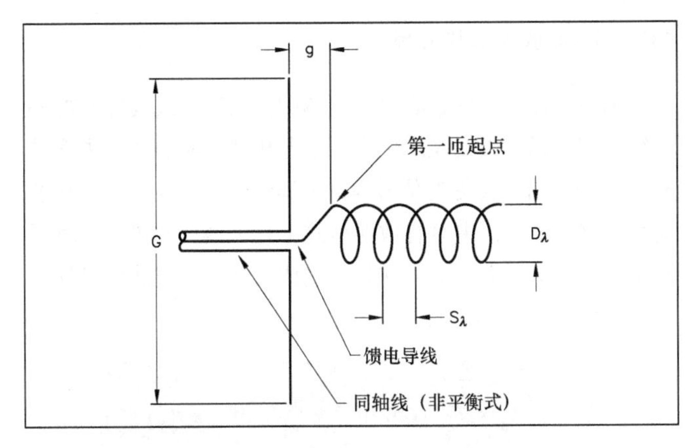

图17-20　基本螺旋天线及其参数。

这些约束条件使天线的最强辐射出现在螺旋旋轴方向上，这一点容易从图 17-19 中看出。从反射器开始，螺旋方向沿顺时针方向时，天线极性为 RHCP；螺旋方向相反时，为 LHCP。

C_λ 为 1λ 时，波的传播方向从线圈接地平面一端开始，传播时有一个瞬时偶极子在螺旋天线上。该偶极子天线的电气旋转产生了圆极化辐射。由于波在螺旋导体上以近乎光速的速度传播，因此电偶极子的旋转频率非常高，从而产生了真正的圆极化。

根据 IEEE 定义，从馈点一端看，螺旋方向沿顺时针方向时产生 RHCP，沿逆时针方向则产生 LHCP。当两个站点使用处于非反射路径上的螺旋天线进行通信时，两副天线的极化方向必须相同。如果相反，仅仅由交叉极化引起的信号损耗就至少有 20dB。

如前所述，圆极化天线可以与任意线极化（垂直极化或水平极化）天线进行通信，因为圆极化天线同等响应线极化信号。此时，螺旋天线的增益将比理论值低 3dB。这是因为线极化天线不响应线极化信号中与它正交的分量。

螺旋天线对所有极化的响应用轴比表示。轴比等于极化椭圆的长（产生最大响应）短（产生最小响应）轴之比。对于理想圆极化天线，其轴比为 1.0。一个设计较好的螺旋天线其轴比在 1.0～1.1。螺旋天线的轴比计算公式为：

$$AR=\frac{2n+1}{2n} \tag{17-2}$$

其中，AR 为轴比，n 为螺旋天线的线圈匝数。

轴比可以用两种方法进行测量。第一种方法是：将螺旋天线激发后，使用一个带幅度检测器的线极化天线直接测量。将线极化天线在垂直于螺旋轴的平面内转动，比较最大幅度和最小幅度。最大幅度与最小幅度之比即为轴比。

螺旋天线的阻抗很容易预测。螺旋天线的终端阻抗不平衡，其定义为：

$$Z=140\times C_\lambda \tag{17-3}$$

其中，Z 是螺旋天线的阻抗，单位为Ω。

螺旋天线的增益是由它的物理特性所决定。增益可由下式计算：

$$Gain(\mathrm{dBi})=11.8+10\log(C_\lambda^2 nS_\lambda) \tag{17-4}$$

在实践中，匝数大于 12 时，螺旋天线的增益无法达到根据（17-4）得到的理论值。这一点将在实际天线中进一步讨论。

螺旋天线的半功率波束宽度为（单位：度）：

$$BW=\frac{52}{\sqrt{nS_\lambda}} \tag{17-5}$$

螺旋天线的导体直径应当在 0.006～0.05λ 之间，不过在 144MHz 时，更小的直径也能工作。如果要得到比较干净的方向图，接地平面的直径应当在 0.8～1.1λ 之间。接地平面不一定要是实心的，它可以形似装有辐条的车轮，也可以是用硬布覆盖的框，或者就是一个屏。在 Kraus 提供的资料中，我们还看到了杯形的接地平面（见参考文献）。

50Ω螺旋天线馈电

Joe Cadwallader（K6ZMW）于 1981 年 6 月在《QST》上提出了这种馈电方法。将螺旋天线的终端连接在一个 N 型连接器上——该连接器安装在螺旋天线外围的接地屏上。如图 17-21 所示。连接螺旋天线与 N 型连接器时，应使螺旋天线尽可能靠近接地屏，如图 17-22 所示。然后调整螺旋天线的头 1/4 匝导体，使其紧邻反射器。

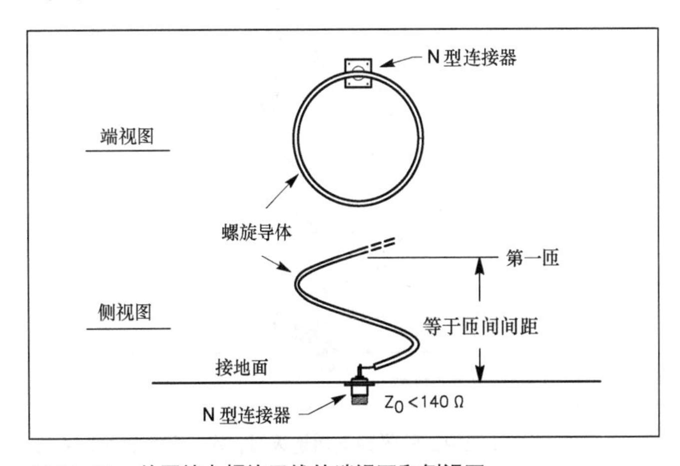

图17-21　外围馈电螺旋天线的端视图和侧视图。

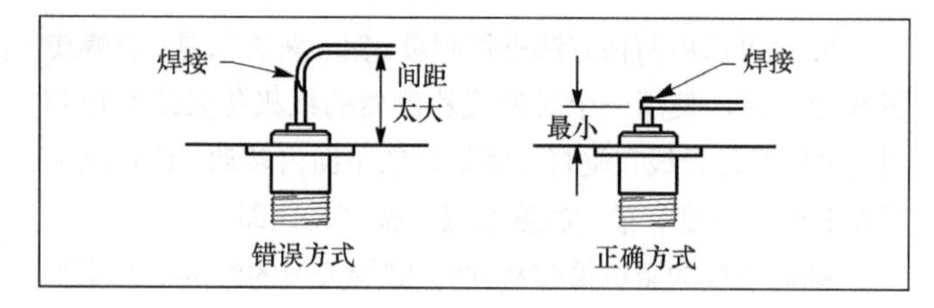

图17-22 将螺旋天线与N型连接器连接以获得50Ω馈电的错误和正确连接方式。

经过了很长时间的修改才得以克服螺旋天线固有的不足——140Ω额定馈点阻抗。传统的λ/4 匹配器难以制作和维护。但是，如果螺旋天线采取外围馈电的方式，则头 1/4 匝螺旋导体的作用与传输线类似——一个位于理想传导接地平面上的导体。这种传输线的阻抗为：

$$Z_0 = 138\log\frac{4h}{d} \quad (17\text{-}6)$$

其中：Z_0为线阻抗，单位为Ω；h为导体中心距离接地平面的高度；d为导体直径（与h单位相同）。

在远离馈点一端，螺旋天线的阻抗为 140Ω每匝（或两匝）。随着螺旋线与馈电连接器（和接地平面）的距离越来越近，h 变小，阻抗随之减小。螺旋天线的 140Ω额定阻抗被变换为一个较小的阻抗。对于任意特定的导体直径，螺旋天线的最佳高度即为馈点阻抗为 50Ω时的螺旋高度。对于螺旋天线，天线高度应该非常高，而直径应该比较大。为螺旋天线输入能量，并测量工作频率点上的 SWR。调节螺旋高度直到达到最佳匹配。

通常情况下，h 取实际值时（较小），导体的直径不太可能大到能产生 50Ω的匹配电阻。此时，可以在螺旋天线的头 1/4 匝导体上焊接一条薄黄铜垫片或防水铜片，如图 17-23 所示。这样做可以有效地增大导体的直径，进一步减小阻抗。可以在这条附加的金属片边缘上每隔 1.2 英寸左右开一条切口，通过将它向上或向下弯曲（靠近或远离接地平面）来调整线路以获得最佳匹配。

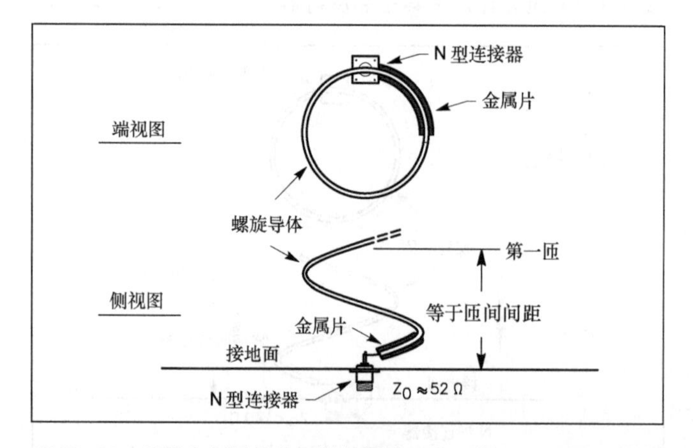

图17-23 端视和侧视的外围馈电螺旋天线，增加了金属片以提高变压器的作用。

通过这种方法，几乎可以使螺旋天线与任意同轴电缆完美匹配。但是，在同等条件下，螺旋天线通常比较宽的带宽（SWR 小于 2∶1 时为 70%）此时将有所变窄（减少到 40%左右）。在大多数业余应用中，这点变化量还不足以造成任何影响。性能的提升、安装和和调节的简化，这些都值得我们花费精力使螺旋天线变得更加适合构建和调谐。

435MHz 便携式螺旋天线

在 U 波段卫星通信中，435MHz 螺旋天线是非常好的上行天线。螺旋天线能产生真正的圆极化，从而最小限度地减少这些应用中常见的信号自旋衰减。图 17-24 所示天线能满足 OSCAR 操作中对有效便携式上行天线的需要。这种天线可以快速装配和拆卸，并且重量比较轻。该天线的设计者是 Jim McKim/WØCY。

图17-24 装配好的435MHz便携式螺旋天线。（照片由WØCY提供）

虽然螺旋天线几乎是所有天线中对尺寸精确度要求最低的天线，但是还是要尽可能遵循这里给出的尺寸。大多数指定的材料都可以在 DIY 硬件或建材商店中买到。

便携式螺旋天线包含 8 匝 1/4 英寸软铜管螺旋导体，且螺旋导体绕在一根总长为 4 英尺 7 英寸的 1 英寸玻璃纤维管或枫木钉棒上。如果有必要，可以使用过剩的实芯铝皮硬线来代替铜管。螺旋线圈的支撑物是装在天线中心 1 英寸棒中的，5 英寸长的 1/4 英寸枫木销。更多细节和完整的零件清单及制作信息，请参考原版书附加光盘。

17.3 八木天线阵

本节中所讨论的八木天线是典型的高性能地面通信天线。在卫星通信或EME中，通常使用由2副、4副、8副或更多副这种天线构成的，方位和垂直位置可控的天线阵列。关于这些八木天线的设计请参考“VHF和UHF天线系统”一章，或者直接购买商业类型的八木天线。

17.3.1 卫星通信八木天线阵

在LEO卫星通信中，没有必要使用高增益的八木天线阵，除非卫星的位置非常靠近地平线。但是，在HEO卫星通信中，要获得可靠的通信，则要求增益比较高。因此从VHF波段到1.2GHz和2.4GHz，八木天线阵非常流行。

图17-25中所示为KD1K的卫星通信天线。八木天线在U波段和L波段用于上行，在V波段用于下行，而在S波段，使用抛物面天线处理下行信号。这些天线安装在63英尺（19m）高的天线塔上，以避免周围树木的影响，从而导致“绿色衰减”。当然，如果树木的影响不大，卫星天线也不一定要装在天线塔那么高的地方。降低卫星天线的高度，馈线的长度和损耗都将随之减少。

图17-25 KD1K的安装在天线塔上的卫星天线群细节，还包括一个垂直旋转器。从上至下，分别为：M2 436-CP30，U波段圆极化天线；两副M2 23CM22EZA天线，构成L波段圆极化天线阵；S波段螺旋馈电的“FABStar”抛物面天线；M2 2M-CP22，V波段圆极化天线（图中只能看到该天线的一部分）。在抛物面天线的左边，是包含内置40ΩL波段放大器和外置前置放大器的NEMA 4防水设备。（照片由KD1K提供）

将卫星天线安装在天线塔上的另一好处就是，可以把它们用在业余地面通信和竞赛中。将天线设置为圆极化天线并不会真正降低其他操作性能。

历史经验已经清楚地给出了在上行和下行通信中使用RHCP天线的优点。图17-25中包括：一副U波段单梁RHCP八木天线，一对间隔很近的八木天线组成的L波段RHCP天线（见图17-16），以及一副S波段螺旋馈电的偏置抛物面天线。使用含30个振子的交叉八木天线就可以满足在U波段对天线增益的要求。对于这种尺寸的天线，其梁的长度在4λ～4.5λ之间。当然，也可以自行制作一副八木天线，不过大多数人还是倾向于直接购买已经测试好的天线。过去，KLM（现在已退出）为U波段卫星通信提供40单元圆极化八木天线，直到今天，这些天线仍在使用。

U波段上行通信的要求很明确，对于RHCP，天线的增益需要在16～17dBic之间，RF功率应低于50W PEP（对于RHCP天线，≈2500WPEP EIRP），具体值取决于斜视角的大小。（斜视角是指人造卫星的主轴偏离地面天线的角度。如果斜视角小于半功率波束宽度，则地面站位于航天器天线的波束宽度内。dBic指的是圆极化天线相对极化特征相同的全向天线的增益。）

使用30单元交叉八木天线，极化为RHCP时，可获得16～17dBic的增益——这是一个好消息，考虑到卫星与地面站之间距离可能大于60 000km（37 000英里）。对于斜视角大于20°的上行通信，U波段天线比L波段天线更容易成功。斜视角小于10°时，在U波段，甚至可以使用输出功率在1～5W的RHCP天线（对于RHCP天线，≈200WPEP EIRP）。这意味着可以使用更小的天线。事实上，这些上行天线也可用来发射下行信号，信号强度比背景噪声高10～15dB，或者说信号强度为S7（背景噪声为S3）。同等条件下，信标天线能产生强度为S9的下行信号。

经验表明，对于L波段上行天线，在位于最高海拔处，斜视角≈15°的操作中，要求PEP为40W，增益≈19dBic（对于RHCP天线，3000W PEP EIRP）。使用两副22单元八木天线构成的紧凑型L波段RHCP天线阵（见图17-16）就是这样的天线系统。

在HEO操作中，使用L波段上行天线代替U波段上行天线。对于给定的增益，L波段八木天线相比U波段八木天线更容易管理，因为它们的尺寸仅为U波段天线的1/3。在L波段，使用八木天线和抛物面天线的差异很小，因为增益为21～22dBic的抛物面天线，其直径仅为1.2m（4英尺）左右。但是，一些业余爱好者的天线塔可能无法满足它的空间要求，因此需要使用风载更低的八木天线。可以直接从 M² 和 DEM 购买长梁棒-单元八木天线，或环八木天线。图 17-16 中所示为从 M² 购买的一对棒-单元八木天线组成的天线阵，它的极性为圆极化，增益在 18～19dBic。

其他业余爱好者使用不同的天线组合也成功进行了 HEO 实验。图 17-26 中为 I8VCS 的 1270MHz 4×23 单元线性阵列，2400MHz 1.2m 实芯抛物面天线，435MHz 15 匝螺旋天线，以及 10451MHz 60cm 抛物面天线。该组合的优点很明显，且可以安装在屋顶上。

图17-26 Domenico（I8CVS）的卫星通信天线群。从左至右分别为：L波段水平极化4×23单元八木天线阵；S波段3匝螺旋馈电的1.2m抛物面天线；U波段RHCP15匝螺旋天线；X波段60cm抛物面天线。该天线群中的所有微波前置放大器和功率放大器都是自制的。（照片由I8CVS提供）

17.3.2 EME 天线阵

有几种 2m 和 70cm 波段的天线很受 EME 爱好者的欢迎。对于 144MHz 的操作，最受欢迎的天线是：由 4 副或 8 副长梁八木天线（增益在 14～15dBi 之间）构成的天线阵。4-八木天线阵的增益约为 20dB，相比它，8-八木天线阵的增益要高 3dB 左右。图 17-27 所示为 2m 波段、倾斜角为 30° 时，4×14 单元堆叠八木天线阵的上半部分方向图。天线阵列中每副八木天线的梁长为 3.1λ（22 英尺）。频率为 432MHz 时，EME 爱好者经常使用含 8 或 16 副长梁天线的天线阵，如图 17-8 所示。想知道什么是真正的大型天线阵，可以参考图 17-28 所示 Gerald Williamson/K5GW 的 2m 波段 48-八木天线阵。

八木天线阵的主要缺点是：每副八木天线的极化平面不能方便地调节。解决这个问题的方法之一就是使用交叉极化八木天线阵，并通过一个继电器系统来选择所需的极性，具体方法请参考前文的介绍。不过，要对极性进行选择，大大增加了系统的复杂度。一些业余爱好者经过研究，设计了一种复杂的机械系统来对大型阵列中所有的八木天线进行连续极性调节。

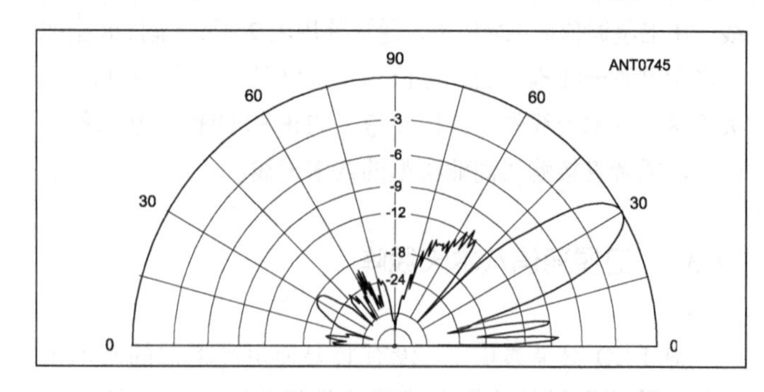

图17-27 2m波段4×14单元八木天线阵（每副天线的梁长为3.6λ）在仰角为30°时的竖直面方向图。该方向图使用EZNEC Pro计算得到。其增益为21.5dBi，满足2m波段EME的需要。假设其定相系统使用明线传输线制作而成，则馈线增益可控制在0.25dB以下。

图17-28 K5GW的巨型2m波段EME 48-八木天线阵。（照片由K5GW提供）

EME 信号在 144MHz 时的极性移动非常快，这增加了交叉极化天线系统中继电器控制的复杂性，或许使用机械极化调节方案是不值得的。频率为 432MHz 时，极性移动变慢许多，此时，相比极性固定的系统，极性可调节系统的优势很明显。

虽然 Quagi 天线（方形天线和八木天线的组合）不像八木天线那样流行，但有时也会在 EME 中用到。相比传统的八木天线，它每单位长度梁长所对应的增益要稍大一些，不过会损失一些稳固性。有关 Quagi 天线的更多信息请参考“VHF 和 UHF 天线系统”一章。

共线阵是用于 EME 的一种老式天线。40 单元共线阵的最大截面与 4-八木天线阵大致相同，但增益要低 1～2dB。共线阵的优势在于它的深度比长梁八木天线阵小非常多。EME 中能使用的最大共线阵是 80 单元共线阵，其增益约为 19dB。共线阵的极性无法轻易进行调整。从制造的角度看，共线阵和八木天线阵的复杂度和材料成本相差无几。

17.4 抛物面天线（dish）

UHF 业余爱好者对抛物面天线的兴趣几乎没有天线可以与之相比。当然，这是有原因的。首先，抛物面天线和它的“表兄们”——Cassegrain 天线、hog horn 天线和 Gregorian 天线——可能是终极的高增益天线。世界上增益最大的天线中就有一副是抛物面天线，其增益高达 148dB。它就是帕罗玛山的 200 英寸望远镜。（波长很短的光线使得如此高的增益是可能实现的。）

第二，抛物面天线的效率不会因尺寸的增加而发生改变。而在八木天线阵和共线阵中，定相线束上的损耗将随阵列尺寸的增加而增大。抛物面天线中与之相对应的部件是馈电喇叭和反射面之间的无损耗空气。如果表面误差很小，则无论天线尺寸是多大，系统的效率将保持恒定。

与抛物面天线相关的问题主要是机械问题。例如，要实现 432MHz 模拟 EME 操作，抛物面天线的直径最小要达到 16 英尺。风载和冰载对这种尺寸的系统的安装和放置都提出了很高的要求。对于大型抛物面天线，尤其是在有风的区域，其安装必须非常牢固。图 17-29 所示是 David Wardley（ZL1BJQ）建造的直径 7m 的抛物面天线，给人的印象非常深刻。图 17-30 所示为工作在 1296MHz 的尺寸较小的抛物面天线。

图17–29　ZL1BJQ自制的直径7m（23英尺）的抛物面天线，尚未加1/2英寸的金属丝网。（照片由ZL1BJQ提供）

虽然有这样的机械问题，但是抛物面天线带来的优点值得我们花精力去解决这些机械问题。例如，抛物面天线是一种宽带天线，只需要简单地改变馈源，就可以工作几个不同的业余频段上。为 432MHz 设计的天线将最有可能用在几个更高的业余频段上。随频率增加，增益相应增大。

抛物面天线的另一优点是其馈电系统比较灵活。馈源的极性，也就是天线的极性，可以非常容易地改变。要设计一个可以在工作间中，对馈源旋转进行远程控制以改变其极性的系统，相对来说比较容易。因为极性改变最大可能导致 30dB 的信号衰减，可旋转馈源可能会使系统能够持续通信，也可能使系统完全无法通信。

图17–30　为1296MHz EME制作的直径为3m的TVRO抛物面天线，其反射器由铝制框架和网状表面构成。该天线的制作者是VA7MM和VE7CNF。双圆极化馈源是一种VE4MA/W2IMU设计。

《The W1GHZ Online Microwave Antenna Book》（网页链接：www.w1ghz.org/antbook/contents.htm）中提供了大量有关微波天线，尤其是抛物面天线的信息。其中有几章专门针对卫星通信和 EME 操作人员。

17.4.1　Dish 天线基础

抛物面反射器或抛物面天线的馈源投影必须落在抛物面内。一些抛物面天线的馈源直接安装在抛物面天线的前面，这种称为中心馈电抛物面天线。其他抛物面天线的馈源偏移到了一侧，这种称为偏心馈电天线，或偏馈天线，如图 17-31 所示。偏馈抛物面天线可以认为是中心馈电抛物面天线的一种变化。由于馈电系统的堵塞，中心馈电天线会有一些信号衰减。偏心馈电抛物面天线更难对准，因为接收方向不是中心轴方向，但由中心馈电系统引起的信号堵塞在偏心馈电抛物面天线中基本不存在。

图17–31　使用KD1K螺旋馈源天线的PrimeStar偏心馈电抛物面天线。NØNSV对改良结果很满意，因此将其重命名为“FABStar”，并制作了一个新的标签。（照片由NØNSV提供）

Dish 的抛物面可以设计成焦点更靠近抛物面，这种称为短焦距抛物面天线。反之，则称为长焦距抛物面天线。为了确定焦距的长度，需要测量抛物面天线的直径和深度。

$$f = \frac{D^2}{16d} \qquad (17\text{-}7)$$

抛物面天线的直径与焦距之比称为焦比，记作 *f*/*D*。中心馈电抛物面天线的焦距通常较短，其焦比在 0.3～0.45。偏心馈电抛物面天线一般拥有更长的焦距，其焦比在 0.45～0.8。如果将两面小镜子附在抛物面天线的外表面上，然后将天线对着太阳，你可以轻易找到该天线的焦点。将贴片天线的反射器或螺旋馈源安装在焦点后面紧挨焦点的位置处。

寻找抛物面天线焦距的另一方法由 W1GHZ（曾用呼号 N1BWT）提供。他提供了一个名为 *HDL_ANT* 的计算机程序，该程序的网页链接为 www.w1ghz. org/10g/10g_home.htm。该方法可用于测量表面实心的抛物面天线，具体就是将其水平放置，然后像碗一样装满水后测量所需的尺寸。（见 www.w1ghz.org/antbook/chap5.pdf。）KD1K 使用这种方法测量了图 17-31 所示抛物面天线的焦距。首先，使碗保持水平，堵上螺栓孔，然后装满水，测量 W1GHZ 的软件计算所需的数据。

17.4.2 Dish 天线构建

抛物面天线有 3 个部件——抛物面反射器、梁和馈源。制作者有多少，抛物面天线的构建方法就有多少。因此，这是一个试验和修改现有设计的大好机会。

例如，图 17-32 所示是 TJ Moss（G3RUH）的 S 波段抛物面天线的细节图。（全文请见参考文献。）不必拘泥于原设计的每个细节。唯一对尺寸要求比较严格的是馈电系统。构建完成后，你的抛物面天线为 S 波段 RHCP 天线，直径为 60cm，增益约为 20dBi，3dB 波束宽度为 18°。再加上适当的降频转换器，该天线可充分满足 S 波段下行信号的接收需求。

用在原来天线中的抛物面反射器的本来用途是灯罩。这些铝质反射器本来是放在百货商店的剩余物资仓库中的。该抛物面天线的直径为 585mm，深度为 110mm，因此对应的焦比为 585/110/116 = 0.33，焦距为 0.33×585 = 194mm。对于简单馈电就可以达到最佳性能的抛物面天线，焦比为 0.33 的反射器有点太凹了，不过价格比较合适，并且能使拾取的地面噪声最小。反射器中心有一个 40mm 大小的孔，这个孔的周围还有 3 个位于同一圆周上的 4mm 小孔，圆周半径为 25mm。

图 17-33 所示为作为 S 波段天线馈源使用的小螺旋天线。螺旋天线的反射器由一片边长为 125mm、厚度为 1.6mm 的方形铝片制作而成。反射器的中心有一个 13mm 的孔，用以容纳前文介绍过的方形中心梁。N 型连接器安装在反射器上，距离反射器中心约为 21.25mm。连接器与反射器中心的距离即为该 S 波段螺旋天线的半径。连接器安装时要使用垫片，以保证连接器的背面与反射面齐平。

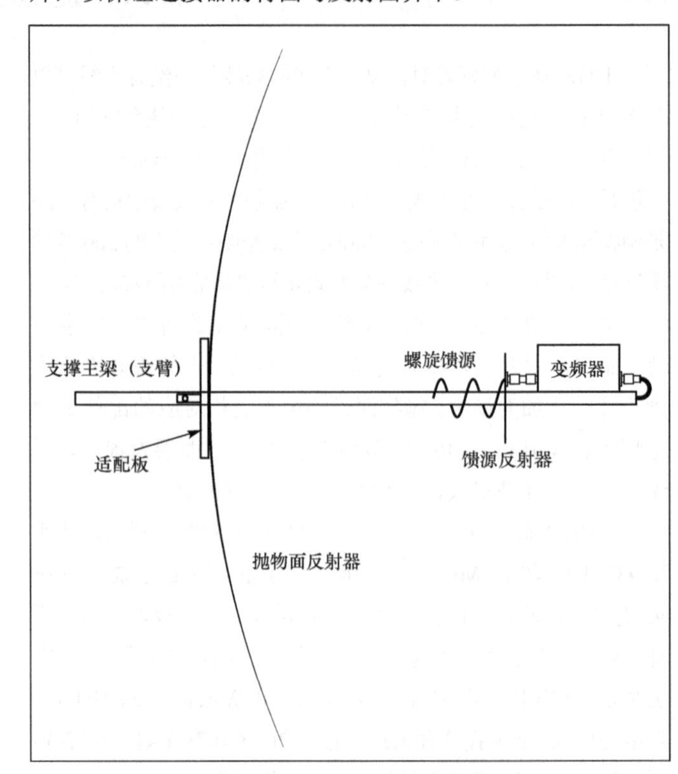

图17-32　60cm S波段抛物面天线和馈源的细节图。

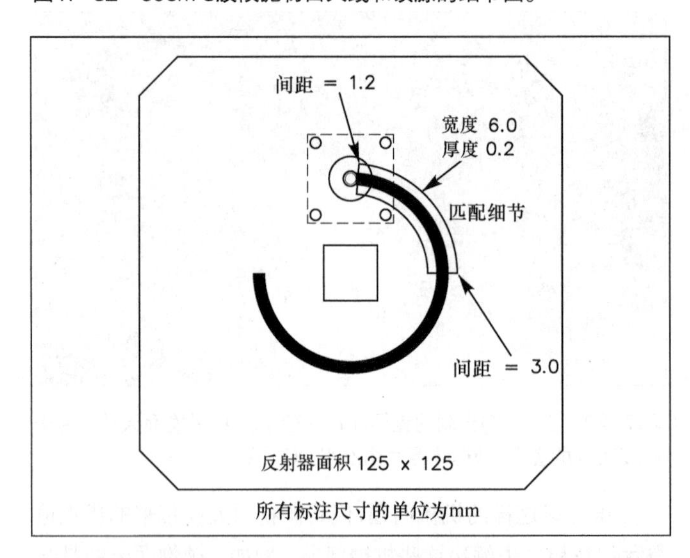

图17-33　S波段抛物面天线的馈电螺旋天线的细节。N形连接器通过3颗螺钉固定，且安装在一个1.6mm的垫片上，以保证与反射器齐平。还可以使用更小的TNC连接器，安装要更简单。反射器的直径应为95～100mm。

制作抛物面天线套件

可以根据套件（套件可用于制作直径为 1.2m 和 1.8m 的抛物面天线）制作抛物面天线。KG6IAL 提供了一种巧妙的设计。该设计可以从 www. teksharp.com 获得。图 17-43 所示是 KG6IAL 设计的直径为 1.2m、*f*/*D* 为 0.3 的抛物面天线中的一副，由 KD1K 制作。套件中的 1.2m 抛物面天线采用双波段贴片天线馈电，可工作在 L 和 S 波段。套件中的 1.8m 抛物面天线采用三波段贴片天线馈电，可工作在 U、L 和 S 波段。该抛物面天线允许 U 波段的操作。一个美国中部的 VHF 联盟（www.csvhfs.org）对一个尺寸近似，贴片天线馈电的抛物面天线进行了测量（测量者：WØLMD），测量结果表明其增益为 17.1dBic 左右（实际是对线性馈电的天线进行测量，增益为 12.0dBd）。该天线与 V 波段（145MHz）小型八木天线组合，几乎可以满足所有 VHF/UHF LEO 和 HEO 应用的要求。

使用剩余烤架的抛物面天线

虽然许多人喜欢自己制作天线，但是这些小型抛物面天线都可以在剩余物资市场买到，因此从某个角度上看，自行制作是一种低效无产出的行为。许多 HEO 操作人员依照早期操作人员的实践，使用剩余的 NMDS 直线筛抛物面反射器天线，如图 17-45 和图 17-46 所示。这些网格抛物面天线也常被称作 barbeque 烤架型抛物面天线。K5OE 和 K5GNA 展示了如何通过改造来大幅度改良这些线极化反射器，以满足 CP 应用的需要（见 wb5rmg.somenet.net/k5oe）。可以使用简单的方法来增加抛物面天线的面积和馈电效率，以使线极化抛物面天线圆极化化，并进一步提高增益。

表面材料

选择表面材料时要综合考虑 RF 反射特性和风载。频率高于 10GHz 时，网格很细的铝丝网（重量为 4.3 磅每平方英尺）很有用，因为它的间距很小，可以比较容易地卷在一起，因此很适合用在便携式抛物面天线中。很小的间距导致屏网志的 34%是填充起来的，当风速大于 60 英里每小时，12 英尺抛物面天线上受的力将超过 400 磅。如果该抛物面天线是永久安装型天线，则必须考虑使用其他表面材料。

频率高于 5GHz 时，网格状表面材料很有吸引力，因为它们的重量轻，风阻小。网格的大小可达 0.05λ，并且如此大时，仍不会通过表面馈入太多的地面噪声。

六角形 1 英寸家禽网（铁丝网）——其孔径的 8%是被填起来的——对 432MHz 的操作来说几乎是理想的。这种网的重量为 10 磅每 100 平方英尺，风速为 60 英里每小时，承受的力仅为 81 磅。但是，对一片大的铁丝网进行测量，测量结果表明：频率为 1296MHz 时，铁丝网上将有 6dB 的增益馈漏，即在铁丝网上有 1/4 的增益馈漏。这将导致 1.3dB 的前向增益损失。但因为低风载材料具有 30dBi 的增益潜力，这个代价还是值得的。

频率高于 2300MHz（包含 2300MHz）时，家禽网是一种很差的表面材料，因为它的孔尺寸接近 1.2λ。对于所有的表面材料，E 场极化与表面孔的最大尺寸方向平行时，表面上的增益馈漏最小。

对于网格大小为 1/2 英寸的硬布，其重量为 20 磅每平方英尺；风速为 60 英里每小时，风载为 162 磅；孔径的 16%是被填起来的。这种材料可用在频率为 2300MHz 的应用中。

选择表面材料时，有基本的几点需要考虑：

1）屏网的节点处不必进行电气连接。水平金属丝将反射水平极化波。斜极化实际上是水平极化分量和垂直极化分量的矢量合成，它的两个分量将被反射筛的相应金属丝反射。对于水平极化波，反射系数由水平金属丝的间距和直径决定（见图 17-34）。许多业余爱好者脑中有一种错误的印象：反射筛在节点处如果没有进行电气连接，则将是很差的反射器。

2）测量金属丝的直径和金属丝之间的间距，根据测量结果可计算得到被填充的孔径占总孔径的百分比。在表面材料干燥的情况下，该百分比将是决定风压的主要因素之一。

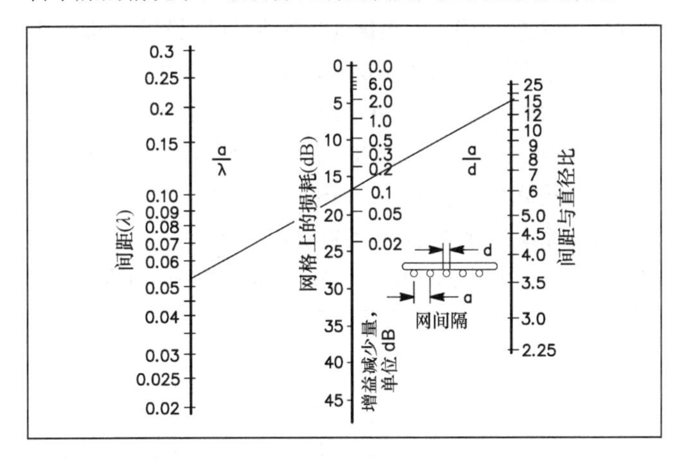

图17-34 铺面材料的质量。

表面误差的影响

抛物面的尺寸到底需要多精确？这是一个经常被问到的问题。根据望远镜的瑞利极限，镜片的尺寸精度高于±1/8λ 峰值误差时，精度提高带来的增益增加很小。和其他人一起，MIT Lincoln 实验室的 John Ruze 推导出了一个用于抛物面天线的方程，使用该方程可对抛物面天线进行建模验证。实验结果表明，表面尺寸误差为±1/8λ 时，损耗远低于 1dB，增益损失低于 1dB。（频率为 432MHz 时，1/8λ=3.4 英寸；1296MHz 时，1/8λ=1.1 英寸；2300MHz 时，1/8λ=0.64 英寸。）

有时候我们会觉得精度要求应该大于 1/8λ，有这种困惑的原因或许在于一些技术文献中会提到使用的是高精度表面。这些设计中，其主要考虑点是如何获得低旁瓣电平。在业余应用中，相比旁瓣电平，前向增益是我们更加关心的问题。因此，这些严格的要求不适用。

将一个模板覆在表面上，可以测到表面的正负峰值误差。抛物面天线的精度常常用均方根（RMS）误差表示。均方根误差要比正负峰值误差小很多（通常为1/3）。许多天线制造者常常将这些小的RMS精度要求同正负峰值误差混淆。

可根据图17-35来预测尺寸误差取典型值时，各种尺寸的抛物面天线的最终增益。结果很令人惊喜，如图17-36所示。对于给定的抛物面天线，频率每增大1倍，增益将增加6dB，直到误差变得很显著。在此之后，天线增益下降得非常快。误差引起的损耗为4.3dB时，对应频率处的增益最大。可以看到，频率为2304MHz时，对于峰值误差为±2英寸的24英尺抛物面天线，其增益与峰值误差为±1英寸的6英尺抛物面天线的增益相同。这相当惊人，要知道，24英尺抛物面天线的面积是6英尺抛物面天线的16倍。每当直径或频率加倍（或减半），增益将改变6dB。每当所有误差减半，最大增益对应的频率加倍。有了这些信息，就可以预测其他尺寸的抛物面天线（具有其他误差取值）的增益。

假设使用的是高效率的喇叭馈源（如前所述）——能实现60%的孔径效率——根据这些曲线可以预测抛物面天线的增益。频率低于1296MHz时，由于喇叭天线比较大，会引起相当大的堵塞，可能就不能依据这些曲线来预测增益。对于*f*/*D*为0.6的抛物面天线，使用一个恰当的偶极子天线和“防溅挡板”进行馈电（一个圆盘反射器）时，相比使用双模馈电系统进行馈电，其增益要低1.5dB。

最坏的一种表面失真是：径向方向上的表面曲线不是抛物线，而是以一种比较平缓的方式逐渐偏离抛物线。这种情况下，增益下降可能比较严重，因为它涉及的面积比较大。如果使用模板来检测表面误差，并且如果天线的构建方法合理，偏差被控制住，上面的曲线就代表了可以实现的增益上限。

如果使用的24英尺抛物面天线具有以下特征：峰值误差为±2英寸，馈源为432MHz和1296MHz的多个馈电喇叭，此时如果尝试使用2300MHz的馈源代替，你可能会感到失望，因为有15dB的增益下降。不过，抛物面天线在2300MHz时，增益仍可达到29dBi，所以还是值得考虑的。

2300MHz时，12英尺应力抛物面天线的近场区包括天线周围703英尺内的区域。使用太阳作为噪声源并观察接收机的噪声功率，发现天线的方向图上有两个间隔4°的主瓣。使用模板测量天线的表面误差（辐条弯曲不足半径的3/4）并进行校正。校正后重新检测，发现主瓣变成了一个，而太阳噪声增大了3dB。

SHF EME应用中dish面临的挑战

EME应用中，在900MHz～5.7GHz，建立电台时遇到的那些挑战，在频率增加到SHF波段的10GHz及以上频率时，将变得更加显著。对细节的绝对关注是最基本的要求，并延伸到EME天线系统的各个方面。抛物面天线的表面可能是最难处理的，正如前面所讨论的。反射器的形状和精度将直接影响天线的总增益。

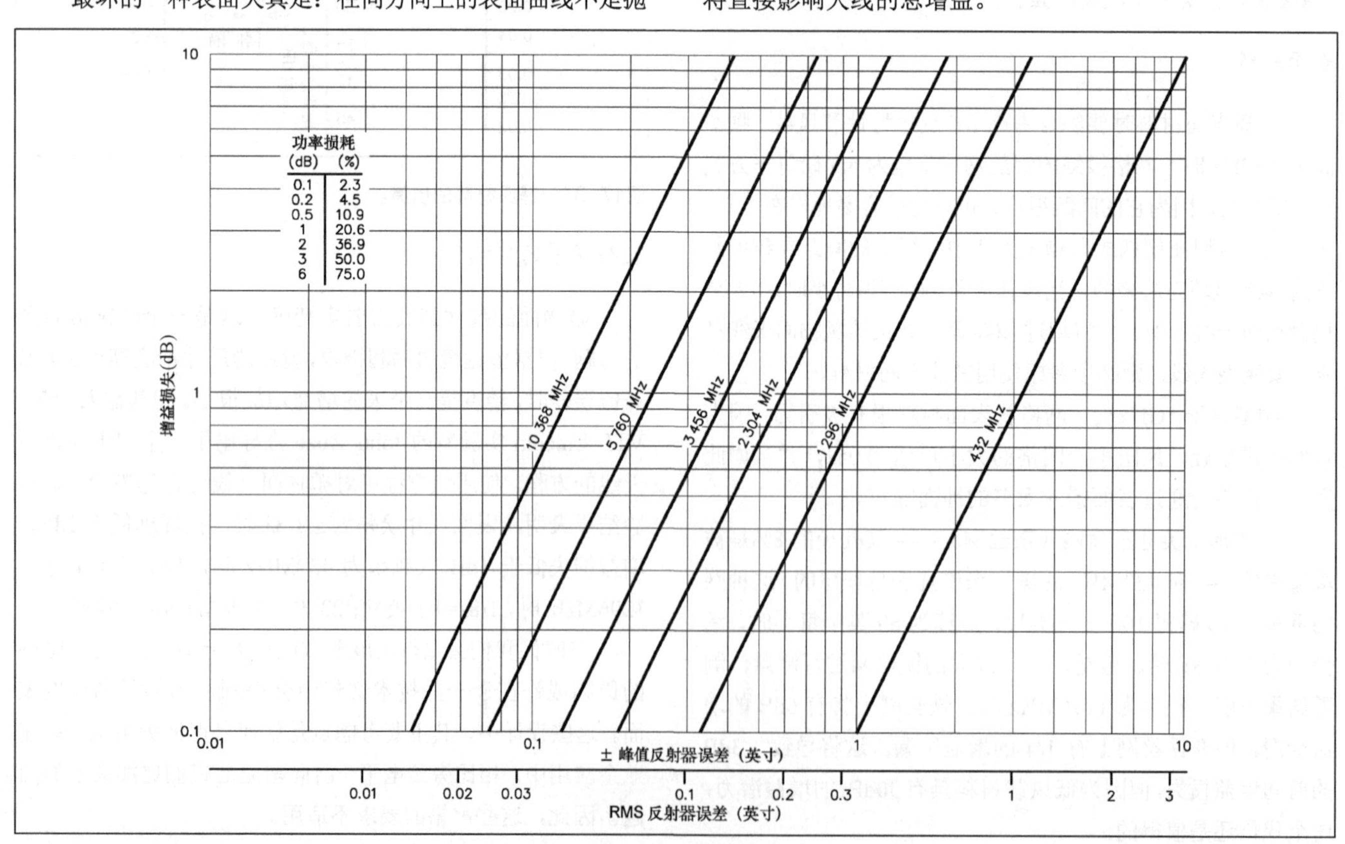

图17-35 增益下降量与反射器误差的关系曲线。该结果由Richard Knadle（K2RIW）提供。

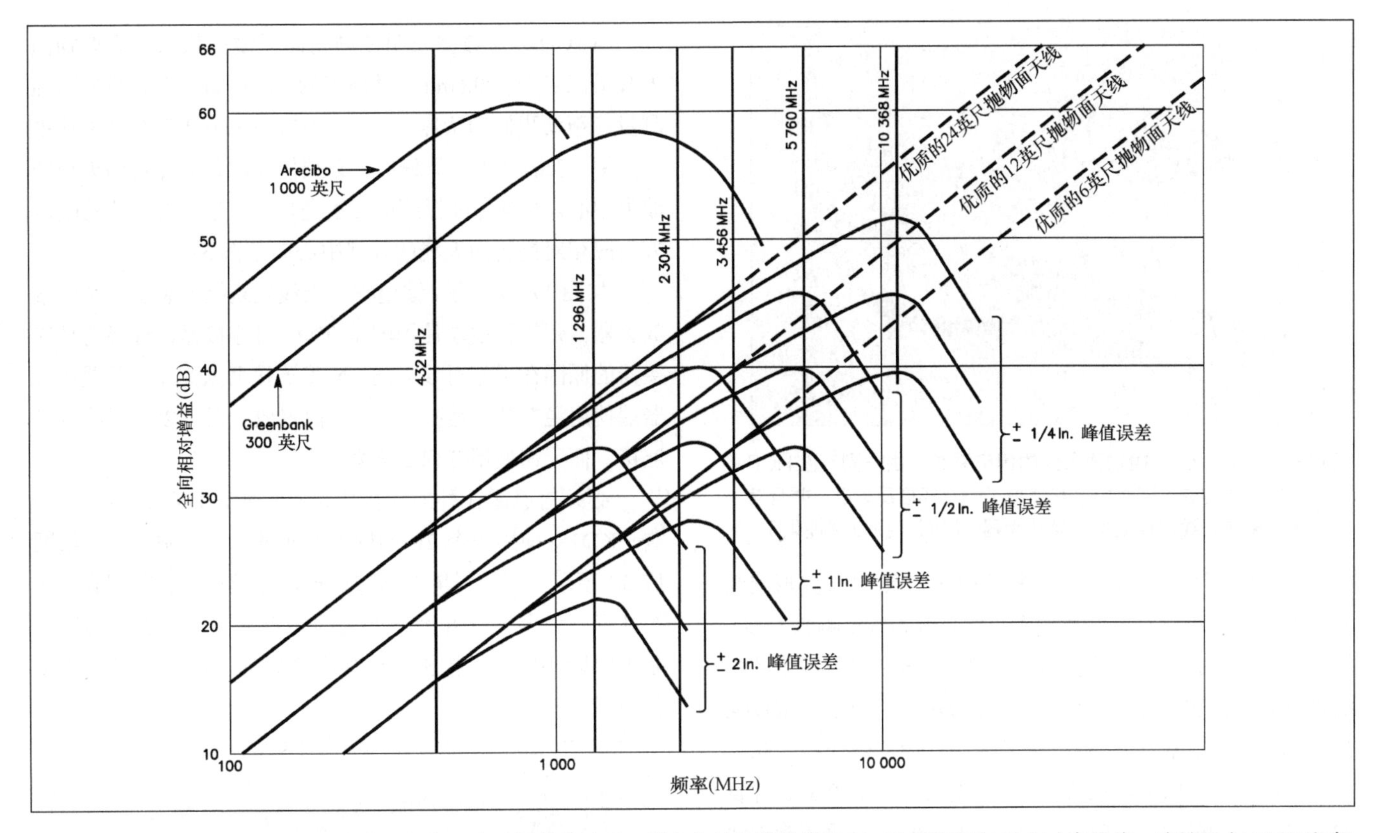

图17-36 抛物面天线的增益与尺寸、频率和表面误差的关系。所有曲线均假设基于60%孔径效率和10dB功率锥度。该结果由K2RIW根据业余频段的工作绘制，使用了美国IEE学会J. Ruze的显示技术。

不过，构建过程中的一些微小误差还是可以忍受的，当然，这一点不适用于毫米波段。一些人尝试在频率为 10GHz 和 24GHz 时进行 EME，过程中他们发现：抛物面反射器自身的重量可能会导致它的变形，从而导致增益下降到致使回波退化的地步。因此，在这些抛物面天线的背部有必要进行加固。

指向精度至关重要。10GHz 的 16 英尺抛物面天线的波束宽度近似等于月球直径——0.5°。这意味着，由于月球运动（离开抛物面天线的指向位置）引起的回波退化几乎是立即的，此时，非常有必要使用自动跟踪系统。在这些频率上，大多数天线的峰值噪声实际上就是月球噪声——月球的黑体辐射是空间中最主要的噪声源。

在这些频率上，月面高程对通信能力也有影响，因为在低仰角时，由于水蒸气的原因对流层对信号的吸收最大（相比月球高程很大时，信号必须穿过更大部分的对流层）。这可能导致大多数业余爱好者无法自制适用的抛物面天线。因此，常常使用能从剩余物资市场上买到的 Ku 波段（12GHz）卫星 TV 抛物面天线（一般直径为 3m），高性能的毫米波雷达天线（抛物面天线），以及 23GHz 和 38GHz 的点对点通信用抛物面天线。

17.4.3 抛物面天线馈源

Dr. Robert Suding（WØLMD）描述了决定抛物面天线效率的馈电系统的两个主要因素：馈源应均匀地照射在整个抛物面天线上，馈电能量不应该溢出到抛物面天线反射面的外面。当然，没有馈电系统能够完美地照射在抛物面天线上。照射不足或照射溢出都可能导致损耗，影响天线增益。典型抛物面天线的效率为 50%，即有 3dB 的增益损失。对这副抛物面天线而言很棒的馈电系统，对别的抛物面天线来说就可能差强人意。贴片天线构成的馈电系统的照射角很宽，而螺旋天线构成的馈电系统具有窄的照射角。

WØLMD 的实验结果表明，对于 *f/D* 较低的天线（“深”抛物面天线），相比螺旋天线构成的馈电系统，圆极化贴片天线构成的馈电系统要更好一些。在 *f/D* 较高的偏馈抛物面天线中，贴片型馈电系统将导致相当大的能量溢出或过照损耗，并且因为该天线的 *f/D*，对非轴向 QRM 的灵敏度将增加。对于偏馈抛物面天线，螺旋天线型馈电系统要好很多，如图 17-37 所示。

偏馈抛物面天线的馈电螺旋天线

本节介绍了 KD1K 的剩余 PrimeStar 偏馈抛物面天线，其馈源为 7 匝螺旋天线，如图 17-31 所示。该 S 波段天线接收到的太阳噪声比天空噪声大 5dB。（不要试图接收接近地平线方向上的噪声，因为在大部分城区和郊区环境中，地面噪声可能大于 5dB。）

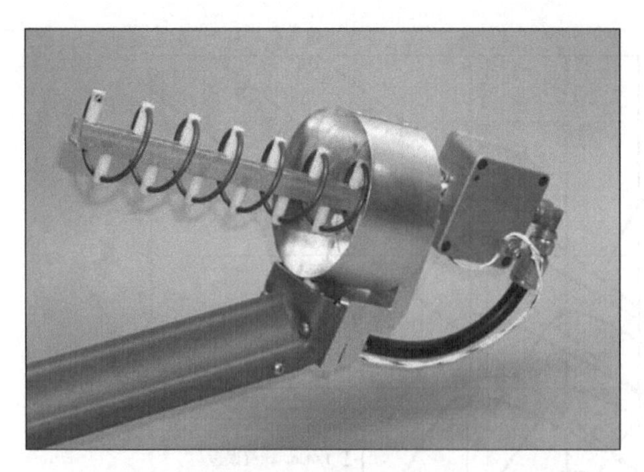

图17-37　长f/D偏馈抛物面天线的馈电系统，由一副7匝LHCP S波段螺旋天线构成。该螺旋天线使用了一个杯形反射器，并且有一个直接安装在天线馈点处的前置放大器。(照片由KD1K提供)

抛物面天线的反射器与一般反射器有点不同，其形状为水平椭圆。它仍然是一个抛物面，照射源为馈电喇叭天线。频率为2401MHz时（S波段），我们可以选择照射不足的中心馈电方式，也可以选择照射溢出的偏心馈电方式。KD1K选择的是前者。W1GZ的水-碗测量方法表明该天线的焦距为500.6mm，f/D为0.79。其馈源的总照射角为69.8°。计算得到该天线的效率为50%，增益为21.9dBi。7匝螺旋天线作为馈源可满足该抛物面天线的要求，如图17-33所示。

该螺旋天线的基本结构请参考前文介绍过的GERUH抛物面天线的馈电螺旋天线。该螺旋天线的头1/4匝的匹配段在1/4匝螺旋线的开始部分与反射器间隔2mm，结束部分间隔8mm。对G3URH的设计的改良包括增加一个杯子反射器，该反射器在螺旋天线鼻祖（John Kraus/W8JK<SK>）的设计中是作为设计特性使用的。使用2mm厚，直径为94mm（0.75λ）的圆板，和薄铝片金属杯一起构成了一个深47mm的杯子反射器。使用杯子可以提高抛物面天线的反射器的性能，正如K5OE所指出的。（K5OE的资料请参考原版书附加光盘文件。）

关于此7匝螺旋天线，有两个信息比较重要：

- 梁：12.7mm方形管或"C"形管。
- 天线单元：直径为1.8英寸的铜线或铜管。

将天线单元较密地绕在一根1.5英寸的圆形管或棒上，绕好后其直径为40mm，各匝线圈的间距为28mm，即螺旋角为12.3°。根据这些尺寸值可计算得到天线单元的周长为1.0λ。

KD1K每隔1/2匝在螺旋天线的天线单元上装一个支撑柱，其材料选择PTFE（Teflon）（见图17-38）。这样做，可以很好地保持螺旋线圈的直径和间隔保持不变，还可使天线非常牢固。他设计了一种钻床上使用的夹具，可以在天线单元垫片和梁上均匀地预钻孔。通过安装在梁的天线单元一侧的3个很小的铝质角形托座对反射器进行连接。

W1GHZ的数据表明该抛物面天线的焦点距离抛物面天线最深点为500.6mm，最高点为744.4mm。对该点的两绳测量可帮助我们确认焦点，具体请参考W1GHZ在其著述中的介绍。安装该馈电天线时，必须使馈源正对抛物面天线的波束中心。根据上面提到的照射角信息，该螺旋天线的瞄准方向应相对抛物面天线的几何中心向下偏5.5°。

如图17-37所示，馈电螺旋天线处直接安装了一个前置放大器。螺旋天线端使用的是TNC母连接器，选择这种连接器的原因在于相对该天线，N型连接器太大了。前置放大器端使用经典的公连接器，以便前置放大器可以与天线直接连接，而无需使用任何适配器。

必须对暴露在外的连接器进行保护，以防止雨水的影响。KD1K使用一个2L的软饮料瓶做了一个防雨罩，如图17-38所示。将饮料屏的顶部切掉，然后将它套在螺旋天线的杯形反射器上，并用一个大的软管夹固定。必须为塑料瓶提供紫外线防护措施，例如在塑料瓶上缠一层铝箔压敏胶带。

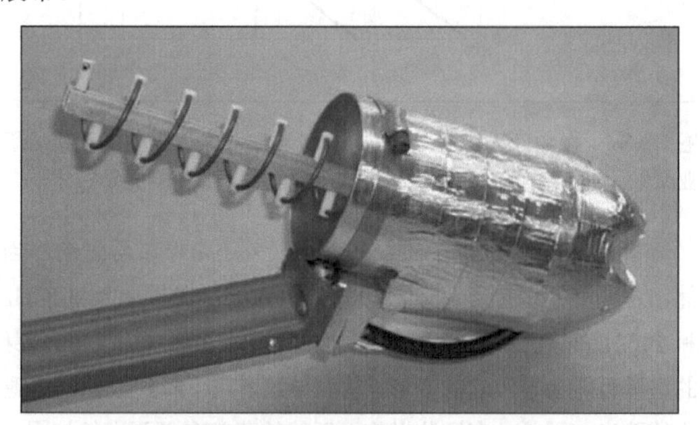

图17-38　使用2L的软饮料瓶为前置放大器制作的防雨罩，外面缠有铝箔胶带以免受太阳损害。(照片由KD1K提供)

抛物面天线的馈电贴片天线

使用贴片天线制作的馈源几乎与螺旋天线制作的馈源一样简单。（有关贴片天线和Vivaldi天线的介绍请参考"VHF和UHF天线系统"一章。）关于贴片天线，可简单概括为：形状满足在期望频率处谐振，使用位于天线和反射器之间的电容电感进行尺寸补偿。贴片天线的形状实际上可以是任意的，因为它的作用基本上类似于平行板传输线。贴片天线上电流从馈点向外缘流动，在那里产生所有的辐射。（见参考文献中Orban Microwave提供的有关贴片天线的教程。）

贴片天线通常被构造为：在平坦的反射器板上装一个N型连接器，然后在中心终端上连一个调谐的平面金属板。有时，平板的形状是方形；有时，平板的形状是矩形；有时，平板的形状是圆形。贴片天线有两个馈点，要获得圆极化，两馈点上的信号要有90°的相位差。有些贴片天线的形状是截角矩形，其目的是获得圆形的辐射方向图。

频率为2401MHz时，辐射器板是一个57mm的正方形，与反射器的间隔为3mm。RF馈点大致位于中心和边缘的中间位置。频率为2401MHz时，圆形贴片天线的直径约为66mm。这些贴片天线都可以用作短焦距中心馈电的MMDS和TVRD抛物面天线的馈源。（MMDS即多信道多点分配服务，也被称为无线有线电视。）

WØLMD在他的更大的TVRO抛物面天线中，使用贴片天线作馈源，进行了大量实验。图17-39所示是一种三波段馈源。这些贴片天线的极性为圆极化。圆极化特性通过恰当的馈点布置以及一个偏离馈点的小活塞型可变电容器获得。

图17-39　用在HEO服务中的大型抛物面天线的三波段（U、L和S波段）圆极化馈电贴片天线。（照片由WØLMD提供）

一些最近的卫星有L波段（23cm）的接收机，具体来说工作在1268～1269MHz。使用L波段的原因多种多样，但有一点毋庸置疑，就是能减小天线的尺寸和AGC抑制。L波段的天线类型也有很多。许多人使用螺旋天线。其他人使用波束天线和波束天线阵。还有一些人使用抛物面天线，且抛物面天线的尺寸有大有小。

K5OE使用直径在1.2～1.5m的抛物面天线进行了大量试验，且天线使用双波段（S和L波段）馈电方式。他使用不同的配置进行了长达数月的试验，得到最终设计：

- 在S波段接收应用和L波段上行应用中都具有良好的性能。
- 容易制作。使用普通的硬件和简单的手工工具就可以制作。

正如G3RUH贴片天线馈电的辐射方向图所示，贴片天线作为抛物面天线的馈源要比螺旋天线好（见www.jrmiller.demon.co.uk/products/patch.html）。当KO5E模拟这种方向图，并使之进入W1GHZ馈电方向图程序，其产生的效率为令人吃惊的72%。在他的螺旋天线模拟历史中，效率最高也只达到60%左右。I8CVS最近进行了与G3RUH贴片天线类似的天线范围测试，产生了同样令人印象深刻的方向图。

K3TZ设计的截角方形贴片天线的普及要归功于7N1JVW、JF6BCC和JG1IIK。对于这种现在常见的商业化设计，在过去的十多年里，都能在文献中找到它的应用介绍。K5OE制作的第一个截角方形贴片天线，其作用就要优于他的最好的使用杯形反射器的螺旋天线。它的信噪比很大。相比螺旋天线，贴片天线的照射效率更高，旁瓣的照射溢出更少。

对于我们熟知的截角贴片天线，要获得圆极化，可以设计一个两单元贴片天线阵列（两阵单元的对角线长度不一致），并使两阵单元的馈电相位相差90°。有关K5OE的全部工作细节，可在以下网页链接中找到：home.swbell.net/k5oe/dualpatch/dual_patch.htm。

图17-40所示为KD1K版本的K5OE双波段贴片天线，图17-41所示为K5GNA S波段转换器的安装，图17-42所示为馈源的防雨措施。

图17-40　L和S波段双波段馈电贴片天线。（照片由KD1K提供）

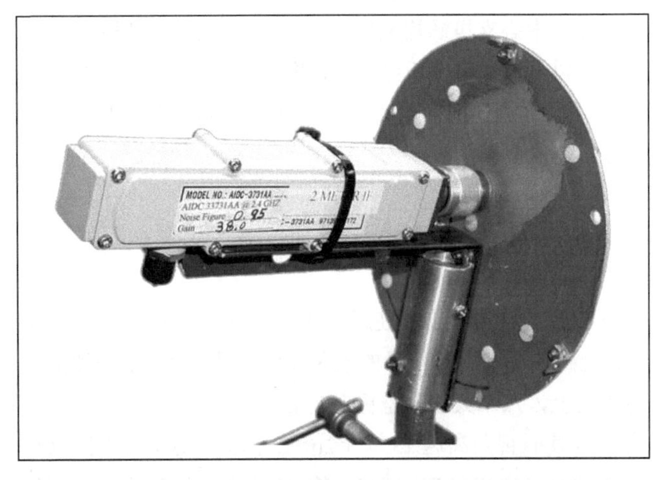

图17-41　安装在馈电贴片天线后面的K5GNA S波段降频转换器。图中无法看到L波段连接器。（照片由KD1K提供）

图17-42　Martha Stewart收藏的双波段馈源天线罩。（照片由KD1K提供）

最后一个设计问题涉及 L 波段天线的一次谐波。必须显著减少 1269MHz 信号的二次谐波带来的潜在破坏性影响。这种影响可能导致灵敏度严重下降，甚至过载，以及破坏接收系统中最前面的有源设备。对于灵敏前置放大器和没有前置 RF 放大器滤波器的降频转换器，需要增加一个额外的滤波器。K5OE 使用抑制效果标称值为 100dB 的 G3WDG 短截线滤波器，获得了比较好的效果。但在他当前的设计中，使用了 K5GNA AIDC-3731AA 降频转换器，其内置的梳状线滤波器能提供充分的滤波。如果直接将降频转换器安装在馈点处，噪声系数为 1.0dB，相比之下，如果使用了滤波器和前置放大器，累积噪声系数将达 1.6dB。

馈源构建的第一步就是选择材料，包括电气部件（天线）和机械部件（支撑结构）。构建 L 波段天线时，使用 6 英寸×6 英寸的双边电路板制作反射器，使用一块 26 规格的铜片制作激励单元（贴片天线）。馈源连接使用凸缘的 N 型母连接头。S 波段天线构建时使用两块厚度为 26Ga 的铜片，馈源连接使用一段终端连接在公 SMA 连接头插口中的短 UT141（0.141 英寸覆铜半刚性同轴电缆）。图 17-37 所示为使用尼龙中心支撑螺栓装配的 L 波段反射器，L 波段 N 型连接头，以及穿过电路板终端连接在 SMA-N 连接头适配器上的 S 波段半刚性同轴电缆。（有关贴片天线馈源的更多介绍请见参考文献。）

17.4.4　卫星通信 Dish 天线

卫星通信中不需要使用抛物面天线，除非在 HEO 应用中，上行信号和下行信号的频率都位于微波波段。在比这低的频段上，八木天线阵是更现实的选择。

即使斜视角高达 25°，1.2m L 波段抛物面天线和 40W（RHCP 时 6100W PEP EIRP）的 RF 功率也可以提供足够好的上行信号。抛物面天线的实际增益可达 21～22dBic。这些上行信号将为用户提供一个高于转发器背景噪声 10～18dB 的下行信号。从现实的角度来说，信号强度在 S7 到 S8 之间，转发器背景噪声强度为 S3。

图 17-43 中，KD1K 展示了使用 1.2m（波长）抛物面天线套件所构建的 HEO 天线系统。图 17-44 中包含一副 WØLMD8 英尺 TVRD 抛物面天线，该天线使用贴片天线馈源、az/el 支架、一副 U 波段八木天线和一副 L 波段螺旋天线。

图17-43　KD1K的安装在天线塔上的完整HEO天线系统。40W，23cm放大器位于KG6IAL 1.2m抛物面天线下方的盒子中。（照片由KD1K提供）

图17-44　WØLMD的HEO卫星通信8英尺抛物面天线，该天线馈源为贴片天线，频率位于S波段。左边是一副L波段螺旋天线，右边是2×9单元偏馈U波段八木天线阵。该天线使用了一个az/el支架。（照片由WØLMD提供）

图17-45 K5GNA对MMDS抛物面天线的圆形化网格改良，使用螺旋天线圆极化馈电，并装有前置放大器。通过改良，溢出损耗减小，天线成为完全的圆极化天线（照片由K5OE提供）。

图17-46 K5OE对MMDS抛物面天线的网格改良，使用螺旋天线圆极化馈电。Down-East Microwave提供的前置放大器直接安装在螺旋天线馈点处。（照片由K5OE提供）

图17-47 G3RUH的60cm纺铝抛物面天线，使用圆极化贴片天线馈源。该天线在全世界的HEO操作者中都很受欢迎。

图17-48 完整的U波段高性能角反射器上行天线。注意箱角固定反射器和偶极子馈源的方式。后面的腿使天线的仰角达20°——这在设计者所在纬度上可以提供比较好的覆盖，如果应用在其他站中，则需要对其进行修改。

其他业余爱好者也采用剩余抛物面天线。图17-45所示是K5GNA改良的MMDS抛物面天线，图17-46所示是K5OE改良的MMDS抛物面天线，二者皆使用螺旋天线馈源。

图17-47所示是一种HEO应用中非常流行的纺铝抛物面天线G3RUH-ON6UG，其直径为60cm，使用S波段贴片天线馈源。该天线的增益为21dBic，太阳噪声2.5dB。HEO操作中，剩余抛物面天线不是唯一的天线来源——甚至衬有铝箔的纸板箱也能工作，如图17-48所示。（2003年3月《QST》上一篇题为《Work OSCAR 40with Cardboard-Box Antennas!》的文章的主题就是这种有趣的天线。该文的作者是AA2TX。原版书附加光盘文件中包含了该文章。）

17.4.5 C-Band TVRO抛物面天线

20世纪90年代以来，人们用来观看卫星电视广播的系统已经有了显著的变化。以前，使用C波段卫星接收机，配备的天线是直径为3～5m的抛物面天线。现在，一般使用Ku波段（12GHz）接收机，对应天线为小尺寸（通常为18英寸）抛物面天线。这导致了C波段抛物面天线大量剩余，可以将其用在EME应用中——当然对应波段为33cm及以上波段，对于尺寸更大（5m）的抛物面天线，甚至可以工作在70cm波段。很多时候，在建造多波段EME天线时，可以使用这些抛物面天线及其支架，因为这是一种比较廉价的方式。

下面的小节中总结了 David Hallidy（K2DH）（曾用呼号 KD5RO）在《ARRL UHF/Microwave Projects Manual》上发表的一篇文章，文中介绍了 3m（10 英尺）TVRO 天线在 EME 中的应用，以此为例，向大家展示如何将这些抛物面天线转换到业余应用中。其他 TVRO 抛物面天线安装的照片可在原版书附加光盘文件中找到。

背景

计算表明，3m 抛物面天线在 1296MHz 时的增益约为 30dBi。如果满足以下条件：馈点处使用最先进的 LNA（低噪声放大器或前置放大器），抛物面天线表面处于有效馈电喇叭照射之下，1296MHz 时功率为 200W，那么月球回波将很容易被检测到，许多站都可以工作。对于这样的系统，最大的挑战是如何将抛物面天线安装在它的支架上，并将它对着月球。尽可能遵守“KISS”原则（简单来说，就是尽可能保持简单）。

1987 年，WA5TNY、KD5RO、KA5JPD 和 W7CNK 证明了这样的 EME 系统能够工作，甚至在频率高达 3.4GHz 和 5.7GHz 时也可以，并在这些波段进行了首次 EME 通信。这种小抛物面天线还有一个优势，它可以安装在拖车上进行运输，以进行 EME 远征活动。如果必要，还可以容易地对其进行拆卸和安装。

如图 17-49 所示，整个装置很简单，使用标准业余天线塔作为该抛物面天线的主支撑架。

图17-49　K2DH（曾用呼号KD5RO）的TVRO天线完整安装视图。（照片由K2DH提供）

方位角驱动

在方位向，选择主旋转轴直接驱动，并使用了一个小的桨距电机。这些电机现在的数量已经不像过去那么多了，不过还是可以在跳蚤市场上找到，价格也很便宜。桨距电机的优点在于它转动慢，可以反转，提供很高的扭矩，并且无需制动系统（大约 4000:1 的齿轮减速能够提供必要的制动）。桨距电机是一种直流电机，最初的设计目的是用于老式大型飞机启动，起飞和着陆时改变螺旋桨叶片的螺距。因此，只需改变电机上的直流电压，电机就可以以不同的速度转动；并且改变电压的极性，电机的转动方向翻转。在天线塔的顶部装一个尺寸合适的推力轴承，并将电机安装在轴承下方，用于转动天线的旋转轴的末端处。这样，我们就构建好了一个简单的直接驱动系统。

直流电源和控制继电器放在天线塔一侧的防水盒中，靠近电机。电流为 5A 时，系统只需要 9V 的直流电压就可以充分启动，旋转和停止桨距电机。在此电压下，只需要 20.5min，天线就可以被旋转 360°。

方位位置检测也很简单。如图 17-50 所示。一个线性多匝电位器可以被旋转轴以摩擦驱动的方式驱动。将一根橡胶条与旋转轴相连，一个轮子与天线“锅”轴相连。安装天线“锅”的时候使其压在橡胶条上，以便轴转动时天线“锅”能随之转动。如果使用的是 10 转天线“锅”，且系统是对齐的，则当天线指向南方时，天线“锅”位于旋转中心处，并且无论天线怎样转动（极端情况：沿顺时针/逆时针方向转动到北方），天线“锅”都不会越过终点位置。绝对对齐比较简单，将旋转角度变化转化为电阻（当 pot 的电压源是恒压源时，对应电压的变化）变化就可以了（更多信息可以参考“位置显示”一节）。

图17-50　方位旋转系统，图中给出了桨距电机和位置传感器。

仰角驱动

仰角驱动也很简单。大多数 TVRO 抛物面天线建立时就考虑了如何移动，使其与各种卫星对齐的问题。为了解决该问题，大多数公司都使用了一种称为线性致动器的设备。致动器实际上就是一个安装在长螺杆上的直流电机。螺杆的作用是拉动（或推动）制动器的外壳使其变长或变短。制动器的可移动端连接在抛物面天线上，电机端固定在支架上。抛物面天线位于枢轴上，该枢轴可使它随制动机的收缩移动。将这种支架（称为极性支架）转变为 az/el 支架通常非常简单。

图 17-51 展示了这种转变方法。破坏原来用于固定极性支架的焊接，使支架倒向一侧，并通过线性致动器使抛物面天线在枢轴上垂直旋转。线性致动器的另一特性就是能够将它们的位置信息反馈给卫星接收机。这通常依靠一个通过齿轮与螺杆连接的数位计来实现。我们要做的就是将天线“锅”与读出系统相连，并且我们能够将度数转化为致动器的上下移动量。我们可以通过很简单的方法来转动移动抛物面天线和改变它的仰角，但是我们怎么知道它何时指向月亮呢？

图17-51　垂直系统，给出了改造后的TVRO支架。

位置显示

天线的方位和仰角信息显示相对也比较简单。可以在剩余市场买到的有 LED 或 LCD 显示的数字电压表（DVM）就能够完成这项工作，并且对于小尺寸的抛物面天线（或八木天线阵），其精度比需要的精度要高。前面提到过，仰角驱动系统中的多匝电位计可提供仰角读数，同样，在方位向也可以使用与转动天线的主旋转轴耦合的电位计来获取方位信息。

当使用天线“锅”获取读数时，最重要的是要知道天线“锅”一转对应的天线位置变化量。可以根据这种对应关系，将天线的位置信息转换为电压读数。例如，3.60V 对应 360° 方位（沿顺时针方向转到北方），而 9.0V 可能对应 90° 仰角（竖直向上）。

在此应用中最好使用电阻桥，因为它对电源电压的变化不那么敏感。唯一要注意的是，DVM 必须有与地隔离（假设 DVM 使用的电源是接地的）的正（高）负（低）输入。也可以使用一对小的，廉价的数字万用表（DMMS）。因为他们使用电池供电，不存在隔离的问题。

图 17-52 是这种天线驱动系统的方位、仰角和读出电子设备的完整原理图。另外，虽然这里的讨论针对的是小抛物面天线，但是同样的系统也可以应用在 2m 或 70cm 八木天线阵中。

知道了抛物面天线的指向，还需要知道月球的位置。业余应用中，有一些软件可用于对月球、太阳、星星（可用作噪声源）等天体，甚至业余卫星的追踪。W2MRO（曾用呼号 W9IP）、VK3UM、F1EHN 和其他人一起编写的程序可以提供精确的跟踪信息，并且这套软件的价格比较合理。

剩余 TVRO 抛物面天线天线馈电

使用小型抛物面天线进行 EME 时，必须特别注意馈电系统的有效性。对于 TVRO 抛物面天线，如何获得有效的馈电系统是一个真正的挑战，因为很多 TVRO Dish 比较“深”，即 *f/D*（焦距与直径的比值）比较小。

卫星电视行业使用深的抛物面天线的原因在于：它们拾取的溢出效应导致的地球噪声要少一些，更安静。深的抛物面天线的焦距较短，因此馈源与天线表面的距离相对较近。为了保证反射器的边缘也能被照射到，必须使用波束相对较宽的馈电喇叭。这种馈源是由 Barry Malowanchuk（VE4MA）在许多年前设计的，设计目的就是应用在这样的抛物面天线中，其优势在于，可以调节（可调性）优化它们的方向图以满足抛物面天线的使用需求。

这种抛物面天线的馈源仿照了 VE4MA 的 1296MHz 馈源设计，并且设计了一个用在 2304MHz 频率上的版本，且该版本与原版本的性能一样好。具体请参考图 17-53 及本章末尾的参考文献。（还可以参考本书以前版本中对抛物面天线的馈电贴片天线的介绍。）

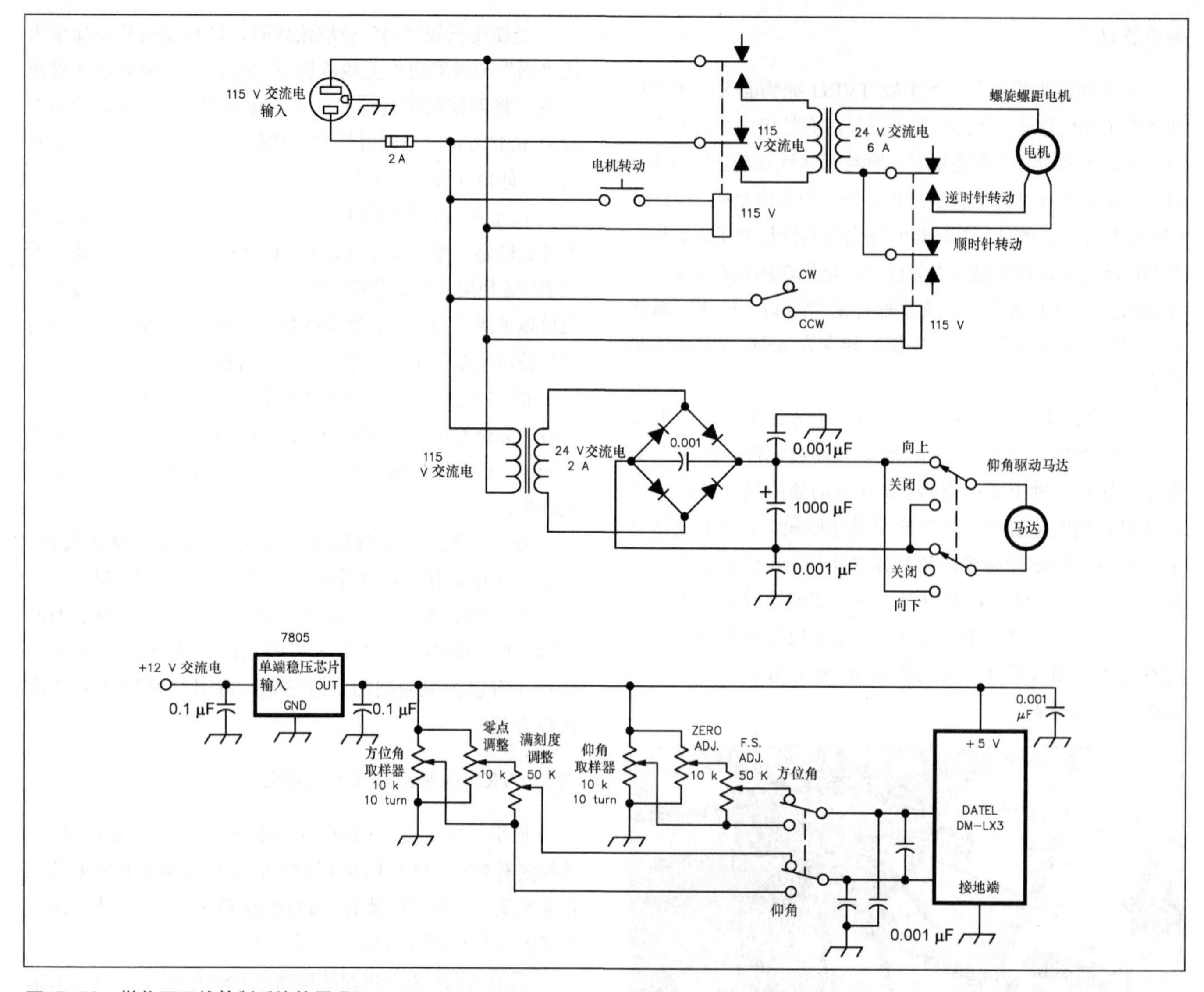

图17-52　抛物面天线控制系统的原理图。Datel DM-LX3Figure是一个数字表，可用来指示方位角和仰角。

图17-53　馈源，图中给出了咖啡罐馈电喇叭和混合耦合器。

17.4.6　12英尺应力抛物面天线

该项目由Richard Knadle（K2RIW）于1972年8月在《QST》上发表的文章中首次进行了介绍。文章全文——包括部件和材料清单，构建细节等——可在原版书附加光盘文件中找到。

一些业余爱好者拒绝使用抛物面天线，因为他们认为他们都很重，难于构建，表面风载大，并且表明精度要求高。但是，随着现代建造技术的进步，只要仔细挑选材料，并深入理解精度要求，这些缺点在很大程度上都能克服。对于*f*/*D*（焦距与直径的比值）为0.6的抛物面天线，其抛物面很平，因此铺面比较容易，并且允许使用最近发展起来的高效率馈电喇叭进行馈电。相比传统设计，对于给定尺寸的抛物面天线，这种设计产生的增益更大。

图17-54　对应2280MHz卫星信号的12英尺应力抛物面天线。图中可以看到，馈电喇叭下方是一个前置放大器。该天线由K2RIW（站在图中右边位置）设计。发表在《QST》上的文章全文包含在原版书附加光盘文件中。

这种天线如图 17-54 所示。这种抛物面天线重量轻、携带方便、容易建造，并且可用在 432MHz 和 1296MHz 的山顶应用中，还可用在频率为 2304MHz、3456MHz 及 5760MHz 时。可将它拆卸后装在汽车后备箱中，并且其装配在 45min 内就可完成。

用来支撑大多数抛物面天线的表面的通常很沉重的结构，在本设计中，由被绳子拉着弯成抛物线形状的铝条代替。这些绳子此时具有三重功能：固定焦点、使铝条弯曲、将抛物面天线的边界误差（以及在中心处）减少到接近零。传统设计中，与此相反，抛物面天线的边界（其表面积比中心部分大）距离支撑结构的中心轴最远。因此，它们通常有最大的误差。刮风的时候，这些误差将更严重。

这里，每根辐条基本上就是一根末端负载的带悬臂的梁。每根梁的曲线方程预测应该是近似完美的抛物线，扰度很小。不幸的是，该抛物面天线中的扰动却不是那么小，并且负载与辐条不垂直。由于这些原因，要数学预测最终的曲线很困难。更好的办法是，使用模板来测量表面误差，然后对每根辐条的弯曲度进行校正。后文将对该过程进行讨论。

这个未经过校正的表面对于 432MHz 和 1296MHz 的应用来说也足够精确了。使用未进行误差校正的完全自然表面，这副抛物面天线赢得了天线增益竞赛的奖杯。通过将传输线置于用于支撑馈电喇叭天线的中心管道中，相比其他馈电和支撑系统，馈源在反射器上造成的阴影或堵塞大大减小，从而增益增大。对于频率为 1296MHz 的应用，构建背射馈电喇叭时应充分利用这一点。频率为 432MHz 时，偶极子和反射器的组合相比角反射器馈电系统，产生的增益要大 1.5dB。频率为 2300MHz 时，因为前置放大器位于喇叭天线处，因此可能使用传统的馈电喇叭。有关喇叭天线的更多信息请见参考文献。

17.5　继电器和前置放大器的防雨措施

对于使用交叉八木天线阵进行圆极化操作的站点，通过大多数 LEO 卫星进行通信时，有一个功能很有用，即能够将天线的极性在 RHCP 和 LHCP 之间切换。在一些卫星通信中，这种圆极化切换能力是必须的。对于使用螺旋天线或螺旋馈电的抛物面天线的应用，可能无法切换圆极化的极性，除非在系统中增加一副全新的天线。没有多少人的天线塔上有这样的空间。

对于使用极性可切换八木天线的站点，经验表明，安装在天线上的暴露的切换继电器和前置放大器容易出现故障。通常，继电器上会罩一个塑料外壳，外壳和 PC 板之间的接缝处用硅酮密封剂密封。前置放大器的外壳也可能有一个密封垫圈，但是连接头处很容易漏气。这些方法都不能实现真正的密封，昼夜温差将导致继电器或前置放大器的罩子中有空气和水分在进出。在温度和湿度合适的条件下，当外部空气温度下降，空气中的水分将凝结在罩子中。凝结在罩子中的水分将导致腐蚀和不必要的电传导，在短时间内严重降低组件的性能。

图 17-55 所示的改良方案可以帮助那些使用“密封”塑料继电器（如 KLM CX 系列）的天线避免问题。像图中那样重新放置 4:1 巴伦，并在继电器上罩一个透明的冷藏用聚苯乙烯塑料容器。在容器的边缘上为激励振子和梁切一些缺口，因此，这个塑料容器将跨在继电器上，使它与其他元件隔离。使用少量硅胶密封剂将容器黏在位置上。（注意使

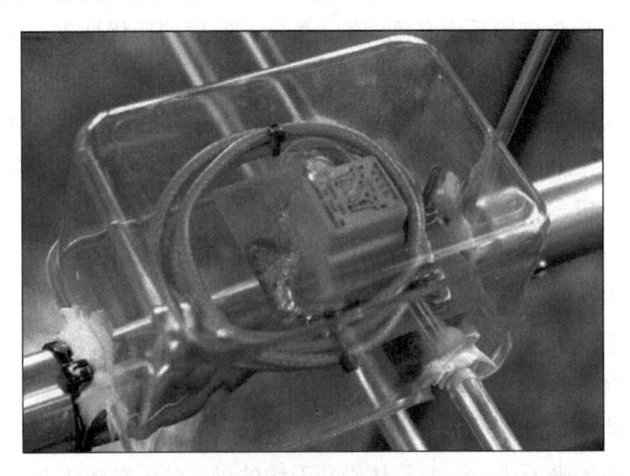

图17-55　KLM 2M-22C天线的圆极化极性切换继电器，巴伦被重新放置。保护罩可以用来防雨，注意要使用厨房用的塑料箱子，具体见正文部分。（照片由KD1K提供）

用不会在固化过程中释放醋酸的密封剂——见“天线材料和建造”一章。）将天线按“X”取向放置，因此没有振子与地面平行。切换器板现在应该倾斜一定角度，继电器箱的一侧比另一侧低。有关S波段前置放大器的保护罩的例子请参考抛物面天线馈源的讨论部分。

在继电器和前置放大器的保护罩的低的一侧小心地钻一个3/32英寸的孔，以提供必要的通风。罩子将保护继电器和前置放大器不受雨水的影响，钻的孔可以防止继电器箱中出现冷凝的水分。有了这些保护措施，继电器和前置放大器可以保持清洁，并能无故障地工作多年。

图17-56中给出了一种安装在塔上的远程设备的保护措施实例。图中，设备箱和安装在桅杆上的前置放大器位于KD1K的天线塔顶端。图17-56中的商业NEMA 4设备箱（倒置）被用来保护23cm功率放大器和它的电源，以及各种电气连接。这种涂有非常好的环氧面漆的钢箱子对气候的抵抗能力很强，但是它不是密封的，因此无法防止温度变化导致的水汽凝结。至少使用防水、防尘等级为NEMA 3的保护措施。NEMA 4的防水、防尘等级比NEMA 3略高一些。外壳对天气抵抗能力高的设备是物有所值的。如你所见，盒子还提供了非常好的凸缘，可用来安放安装在桅杆上的三波段前置放大器。这种箱子能很好地满足防雨的简单需求（见图17-57）。

图17-56 用来保护L波段电子设备和电源的NEMA 4保护箱。箱子的凸缘对于安装前置放大器来说很方便。图中，箱子是倒置的，因为它位于一个倾斜的天线塔上。（照片由KD1K提供）

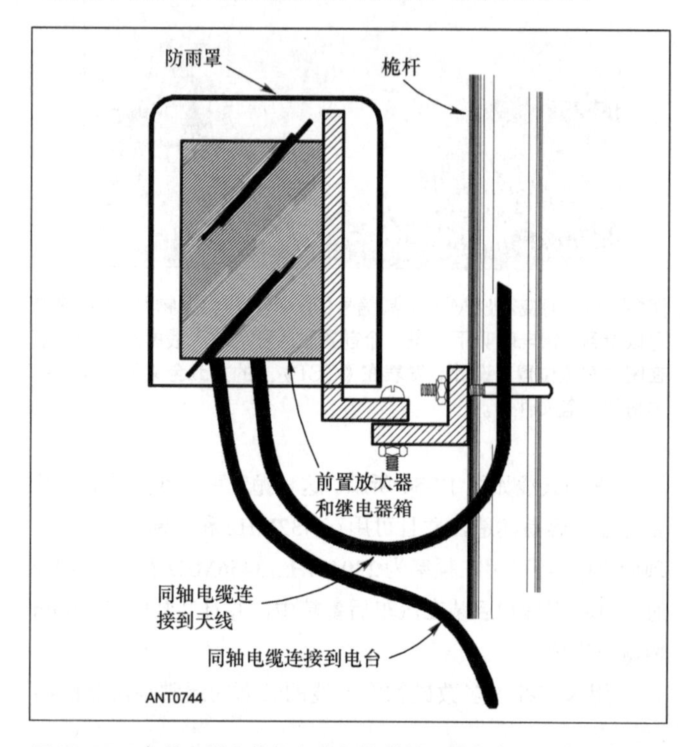

图17-57 安装在塔上的设备的保护措施无需很复杂。确保给电缆装保护套，以保证水在到达外壳之间从电缆保护套上滴落。使用这种底部敞开的罩子可能面临的风险就是，电缆的绝缘层可能会被动物咬坏，飞虫也喜欢在这些罩子中建房子。

17.6 天线位置控制

EME和卫星通信天线的增益较高，主瓣宽度较窄，因此在两个坐标系中必须对准。虽然有时候使用极性支架（一条轴与地球的自转轴平行），但目前最流行的是抬升方位角支架或az/el支架。现成的计算机软件可以提供月球的方位和仰角坐标，且可以利用一台小的电脑来控制天线的位置控制电机，自动完成整个瞄准系统。

由于机械原因，最好使天线的重心靠近垂直轴（方位）和水平轴（仰角）的交叉点。另一方面，天线的支撑结构不能干扰天线的关键活动区域。堆叠八木天线阵安装时一般使金属支撑件与辐射单元垂直，或者位于单个八木天线有效孔径的中点处。馈线和导电支撑件不能位于八木天线有源元件所在的平面内，除非整体沿着天线的梁。对于双极化八木天线阵，馈线应朝着每副八木天线的后方排布，中间梁的任意支撑件必须不能导电。对于空间通信来说，在两正交极化中使用水平极化和垂直极化天线没有什么神奇。另外，安装时，使交叉八木天线的振子呈“x”形，相比“+”形有一些优势。

抛物面天线通常从后面安装，配重向后延伸以减轻仰角轴的扭矩不平衡。用于TVRO抛物面天线位置控制的起重螺杆致动器可用于仰角控制。标准的重型天线旋转器可用于尺寸达3m的抛物面天线的方位控制。如果抛物面天线的尺寸更大，则需要一种更重的、为指向控制设计的设备。

17.6.1 位置控制器

多年来操作者们使用了很多方法来实现天线的位置控制，从真正的大力手动控制，到人工操作的电控方位和仰角旋转器，到计算机控制的全自动旋转器都有。虽然计算机控制的旋转器不是必须的，但借助它们操作将大大简化。

多年以前，旋转器的一个关键控制单元KCT板已经集成在计算机中。该设备已不再生产，但是仍有许多可用或正在使用中。有关KCT（Kansas City Tracker）的更多信息可以从AMSAT获取（www.amsat.org）。

最近业余天线控制的发展趋势是使用独立控制器，该控制器能够将计算机得到的天线位置信息解析为控制命令。AMSAT-NA 开发了 G6LVB 设计的 LVB 跟踪器（www.g6lvb.com），如图17-58所示。该跟踪器可以在几种不同形式的套件中找到，也可以完全从AMSAT组装。该追踪器包含一块内置的PIC微控制器，微控制器使用10位ADC对旋转器的位置反馈编码，因此仰角和方位控制的精度可以小于1°。Yaesu（www.yaesu.com）也出售GS-232计算机控制接口，利用该接口设备可以跟踪它们的G-5500az/el旋转系统。AlfaSpid（www.alfaradio.ca）也生产az/el旋转器。

图17-58 装配好的AMSAT-NA LVB跟踪器箱。

还有其他位置读出和控制选项。许多年来，业余操作者使用同步器或自动同步机来完成位置信息读出。这些都是专门的变压器，其设计原理是60多年前发展起来的，并被用在飞机上的“无线电罗盘”转向系统之类的设备中。虽然这些设备的位置读出精度很高，但是一般只能提供一种可视的位置指示，该读出无法应用在计算机控制中。I8CVS在他的电台中使用了这样的系统，并且在仰角同步器上使用了负重臂，作为地球重力矢量的恒定参照物。

最近使用的计算机位置读出方法基于精密电位计或数字位置编码器。图17-59中给出了WØLMD使用的几种数字编码器。他指出，虽然这样的系统能够提供高精度的位置角度信息，但它们并不是绝对的系统，一旦被校准，就不能掉电，否则就会丢失校准信息。另一方面，精密电位计能提供绝对的位置参考信息，但是精度将受电位计质量的限制，一般在0.5%（对应仰角为0.45°，方位角为1.80°）～1.0%。所以每种方法都有各自的缺陷，除非花很多钱购买非常精密的商业系统。

图17-59 WØLMD在他的位置控制系统中试验了几种高精度光学编码器，具体见正文部分。（照片由WØLMD提供）

17.6.2 俯仰控制

卫星天线需要有俯仰控制以便与卫星对齐，即卫星天线az/el控制中的“el”部分。一般来说，圆极化天线中的俯仰梁不能导电，以防止梁影响天线的辐射方向图。在下面的例子中，俯仰梁的中心部分是一根特别厚的1.5英寸管子（为了获得更大的强度），与一根作为70cm波段天线的延伸的管状环氧玻璃纤维梁，在2m波段，需要一根更长的延伸梁。使用大的PVC管制作的梁还用了4根系紧的Phillystran非金属拉索电缆加固。（PVC管非常软，但Phillystran电缆很坚固，可以加固PVC管制作的梁。）在更小型的装置中，可以直接将一根完整的环氧玻璃纤维梁穿过仰角旋转器。

要控制俯仰梁的移动需要为它供电，KD1K提供了一种解决方案，如图17-60所示，该方案使用了起重螺旋驱动的机械结构。I8CVS也建立了一种用于俯仰控制的强大机械结构（见图17-61）。这两种结构中都使用了轴承。在KD1K的方案中，俯仰轴是一根重型的1.5英寸管（$1^{15}/_{16}$英寸OD），和用于移动的大型2英寸滑动轴承。I8CVS的方案中使用了非常大的铰链。

图17-60 KD1K自制的仰角旋转器驱动，使用剩余市场上购买的驱动螺杆结构。注意，还使用了大型滑动轴承来支撑俯仰轴管轴。（照片由KD1K提供）

图17-61 I8CVS自制的俯仰控制结构，使用了一个非常大的，以工业铰链为支点的起重螺旋驱动。(照片由I8CVS提供)

多年来，az/el 旋转器的商业解决方案为操作者提供了很好的服务（见图 17-62）。Yaesu 和 M^2 这样的制造商都供应此类产品。VE5FP 为他自己的 az/el 旋转器找到了一种解决方案，该方案使用两台廉价、轻型的 TV 旋转器，如图 17-62 所示。

图17-62 图的左边是Yaesu az/el天线旋转器的支架系统。注意，相比前面介绍的系统，在此旋转器上安装天线时必须注意保持平衡。图的右边是VE5FP的az/el旋转器解决方案，在该方案中他将两个旋转器用螺旋固定在一起，具体请参考1998年10月在《QST》上发表的文章《An Inexpensive Az-El Rotator System》。

17.7 参考文献

ARRL 和 RSGB 书目

ARRL UHF/Microwave Projects CD, ARRL(www.arrl.org).

ARRL UHF/Microwave Experimenter's Manual, ARRL (www.arrl.org), out of print.

International Microwave Handbook—2nd Edition, RSGB (www.rsgb.org).

Microwave Know How, RSGB (www.rsgb.org).

Microwave Projects, Vol. 1 and Vol. 2, RSGB (www.rsgb.org).

其他出版物

G. Brown, "A Helix Feed for Surplus MMDS, Antennas, "Proceedings of the 2001AMSAT-NA Symposium, Oct 2001, pp 89-94; (also see members.aol.com/k5oe).

G. Brown, "A K-Band Receiver for AO-40, "Proceedings of the 2002 AMSAT-NA Space Symposium, Oct 2002.

G. Brown, "Build This No-Tune Dual-Band Feed for Mode L/S, "The AMSAT Journal, Vol 26, No 1, Jan/Feb 2003.

G. Brown, "Dual-Band Dish Feeds for 13/23 cm, "Proceedings of the 2002AMSAT-NA Symposium, Oct 2002, pp 123-131.

G. Brown, "MMDS Dishes, "available from members.aol.com/k5oe.

G. Brown, "Patch Feeds, "available from members.aol.com/k5oe.

G. Brown, "The Texas Potato Masher: A Medium-Gain Directional Satellite Antenna For LEOs, "The AMSAT Journal, Vol 22, No. 1, Jan/Feb 1999.

D. DeMaw, "The Basic Helical Beam, "QST, Nov 1965, pp 20-25, 170.

N. Foot, "Cylindrical Feed horn for Parabolic Reflectors, "Ham Radio, May 1976, pp 16-20.

D. Hallidy, "Microwave EME Using a Ten-Foot TVRO Antenna, "The ARRL UHF/Microwave Projects Manual, Vol 2(Newington: ARRL, 1997)pp 10-9 to 10-13. Available on the ARRL UHF/Microwave Projects CD.

D. Jansson, "Product Review: M2 23CM22EZA 1.2 GHz Antenna, "QST, Sep 2002, pp 59-61.

H. Jasik, Antenna Engineering Handbook, 1st ed.(New York: McGraw-Hill, 1961).

M. Kingery, "Setting Up for AO-40 L-Band Uplink, "The AMSAT Journal, May/Jun 2002, pp 14-16, also: web.infoave.net/~mkmk518.

R. Knadle, "A Twelve-Foot Stressed Parabolic Dish, "QST, Aug 1972, pp 16-22.

J. Koehler, "An Inexpensive Az-El Rotator System", QST, Dec 1998, pp 42-46.

J. Kraus, Antennas(New York: McGraw-Hill Book Company, 1988). See"The Helical Antenna, "Chapter 7.

J. Kraus, Antennas(New York: McGraw-Hill Book Company, 1988). See"Patch or Microstrip Antennas, "pp 745-749.

J. D. Kraus, "A 50-Ohm Input Impedance for Helical Beam Antenna, "IEEE Transactions on Antennas and Propagation, Nov 1977, p 913.

E. Krome, "Development of a Portable Mode S Ground Station."The AMSAT Journal, Vol 16, No. 6, Nov/Dec 1993, pp 25-28.

E. Krome, "S band Reception: Building the DEM Converter and Preamp Kits, "The AMSAT Journal, Vol 16, No. 2, Mar/Apr 1993, pp 4-6.

E. Krome, Mode S: The Book, pp 96, 109. Available from AMSAT(www.amsat.org).

E. Krome, "Mode S: Plug and Play!, "The AMSAT Journal, Vol 14, No. 1, Jan 1991, pp 21-23, 25.

H. Long, "My Shack Configuration—Spring 2002" (see www.g6lvb.com/g6lvb_shack_spring_2002.htm).

W. McCaa, "Hints on Using the AMSAT-OSCAR 13 Mode S Transponder, "The AMSAT Journal, Vol 13, No. 1, Mar 1990, pp 21-22.

A. MacAllister, "Field Day 2002, "73 Amateur Radio Today, Sep 2002, pp 48-52.

B. Malowanchuk, "Use of Small TVRO Dishes for EME, "Proceedings of the 21st Conference of The Central States VHF Society, 1987, pp 68-77.

B. Malowanchuk, "Selection of An Optimum Dish Feed, "Proceedings of the 23rd Conference of The Central States VHF Society, 1989, pp 35-43.

J. Miller, "Mode S—Tomorrow's Downlink?, "The AMSAT Journal, Vol 15, No. 4, Sep/Oct 1992, pp 14-15.

J. Miller, "'Patch'Feed For S-Band Dish Antennas" (see www.jrmiller.demon.co.uk/products/patch.html).

J. Miller, "A 60-cm S-Band Dish Antenna, "The AMSAT Journal, Vol 16 No. 2, Mar/Apr 1993, pp 7-9.

J. Miller, "Small is Best, "The AMSAT Journal, Vol 16, No. 4, Jul/Aug 1993, p 12.

A. Monteiro, "Work OSCAR 40 with Cardboard-box Antennas!, "QST, Mar 2003, pp 57-62.

A. Monteiro, "An EZ-Lindenblad Antenna for 2 Meters, "QST, Aug 2007, pp 37-40.

A. Monteiro, "A Parasitic Lindenblad Antenna for 70 cm, "QST, Feb 2010, p 46. Orban Microwave, "The Basics of Patch Antennas, " (see www.orbanmicrowave.com/antenna_application_ notes.htm).

J. Portune, "The Quadrifilar Helix as a 2 Meter Base Station Antenna, "QST, Oct 2009, pp 30-32.

E. Ruperto, "The W3KH Quadrifilar Helix Antenna, "QST, Aug 1996, pp 30-34. See also"Feedback", Jun 1999 QST, p 78 and Sep 1999 QST, p 80.

M. Seguin, "OSCAR 40 on 24 GHz", QST, Dec 2002, pp 55-56.

R. Seydler, "Modifications of the AIDC 3731 Downconverters, "(see members.aol.com/k5gna/AIDC3731modifications.doc).

G. Suckling, "K-Band Results From AO-40, "(see www.g3wdg.free-online.co.uk/kband.htm).

G. Suckling, "Notch Filters for AO-40 Mode L/S, "(see www.g3wdg.free-online.co.uk.notch.htm).

D. Thiel and S. Smith, Switched Parasitic Antennas for Cellular

Communications, (Artech House, 2002). See Chapter 3, "Patch Antennas, "pp 79-96.

G. Tillitson, "The Polarization Diplexer—A Polaplexer, "Ham Radio, Mar 1977, pp 40-43.

D. Thornburg and L. Kramer, "The Two-Meter Eggbeater, "QST, April 1971, pp 44-46.

D. Vilardi, "Simple and Efficient Feed for Parabolic Antennas, "QST, Mar 1973, pp 42-44.

P. Wade, Online Microwave Antenna Handbook, 19982004. See"Chapter 4, Parabolic Dish Antennas, "www.w1ghz.org/antbook/contents.htm.

T. Zibrat, "2.4 GHz Patch Design, "(see www.qsl.net/k3tz).

第 18 章

中继台天线系统

本章所讨论的天线系统是 VHF 和 UHF 中继台天线系统。大部分中继台天线是比较简单的，基于偶极子天线和垂直单极子天线即可，不需要独特的理论。但是，所需要特别注意的事项和技术是滤波和系统构造。关于双工器和其他主题的材料最初是由 Domenic Mallozzi（N1DM）准备的，该版中本章是由 Edkar（K0KL）进行审议和更新的，被委托的是 K0QA 和 WBQHSI 中继台系统。

18.1 中继台天线的基本概念

天线是任何中继台安装中至关重要的部分，因为中继台的功能就是延伸移动台与便携电台之间的通信范围。中继台的天线应该尽可能被安装在最有利的位置，以覆盖所需范围，这往往也意味着要将天线设置在地形尽可能高的位置。在某些情况下，中继台可能只需要覆盖有限的区域或方向，这时天线的安装需求就完全不同，在安装高度、增益和功率上就有所限制了。

18.1.1 水平与垂直极化

在 20 世纪 70 年代使用 FM 中继台时，多数用于 VHF 工作的天线都是水平极化的。而现在，已经很少有中继台采用水平极化。大量的 VHF 和 UHF 中继台使用垂直极化天线，所以本章讨论的所有天线都属于这种类型（通过使用交叉极化使得不期望的信号得到额外的抑制，就可以使不同的中继台在很靠近的地理间隔上共享输入和/或输出频率）。

18.1.2 传输线

用于 VHF 及其以上的传输线具有非常重要的位置，因为馈线的损耗随着频率的升高而增加。在“传输线”章节中，将讨论常用于 VHF 的馈线的特性，尽管其中提供了较小直径的 RG-58 和 RG-59 同轴电缆的资料。但是，除非是非常短的情况（25 英尺或更短），一般在这里是不能采用的，因为这些电缆工作在 VHF 时的损耗非常大。另外，如果安装和连接不够细心，损耗还要更高些。

在 VHF 和 UHF 应用时，实芯的聚乙烯介质类型电缆（RG-8 和 RG-11）与那些采用发泡的聚乙烯介质类型电缆，它们损耗的差异相当明显。硬线的损耗是最低的，并且其常作为备用传输线。如果买得起就尽量买损耗最小的馈线。馈线损耗应包含于设计中继台天线系统之中。计算有效辐射功率（ERP）时，就必须包含在内，这将在本章后面的部分进行介绍。

如果必须将同轴电缆埋地布线，在施工之前一定要与厂家确认是否可行。许多常用类型的同轴电缆是不能埋地布线的，因为这些电缆介质会受到潮气和土壤化学成分的侵害。有些电缆明显标有无侵害，具有这种标记的电缆就可以确保在埋地布线时不受损害。

18.1.3 匹配

在馈线中，与它们的特征阻抗相匹配时其损耗最低，如果在馈线的末端出现失配，减小传输线上 SWR 的唯一办法就是在天线侧与传输线匹配。改变传输线的长度并不能减小 SWR，SWR 是建立在传输线阻抗与天线阻抗两者上的，所以应该在传输线的天线末端来做匹配处理。

要注意阻抗匹配的重要性，事实上有时候比馈线的损耗还要更受关注。但在某些情况下，如果统一考虑中继台性能的话，也需要让馈线对于 SWR 的损耗最小。要牢牢记住的是，绝大多数的 VHF/UHF 设备都设计为工作于 50Ω负载，如果连接到一根不匹配的馈线上，输出电路将无法正确负荷，这将导致功率损失，甚至在某种情况下会损坏发射机。

18.2 中继台天线的系统设计

中继台或长距离基地天线系统的选择，与多数业余爱好者设计一个商业级的天线系统非常近似。这里用系统这个词语，是因为很多中继台不仅仅用到天线与传输线，在一些系统配置中还会包括双工器、腔体滤波器、环行器或隔离器等。这些部件在构建一个可靠系统时，正确合理地组合安装，是科学与艺术的结合。本部分由 Domenic Mallozzi（N1DM）执笔，将逐一讨论中继台天线系统的各个部件与成功的组合应用。然而在建造中继台时，任何可能发生的复杂问题都无法在开始就预见到，这些讨论仅仅为您在碰到任何需要解决的问题时，提供一个正确的处理思路。

18.2.1 中继台天线覆盖区域的计算

现代的计算机程序可以通过互联网轻易获得地形数据来计算出中继台的覆盖。在“高频天线系统设计”一章，我们已经介绍过原版书光盘文件提供的 MicroDEM 程序（光盘文件可到《无线电》杂志网站 www.radio.com.cn 下载），该程序的作者 Dr. Peter Guth 已经在其中集成了能够生成地形概貌的能力，可用于 ARRL's HFTA 程序。

MicroDEM 在简化制作地形概貌上具有广泛的能力，它可以做 LOS（视距）计算，并基于可视化与电波地平线的考虑。图 18-1 给出（美国）康涅狄格州附近地域的 MicroDEM 地图，这是带有一些小山丘的地形，因此设置在 30 m（100 英尺）高塔的中继台，覆盖时有些不规则。图 18-1 在地图上给出“放射状视图”，它是以塔为中心，用白色地形轮廓线按照 5° 增量的形式来表示。

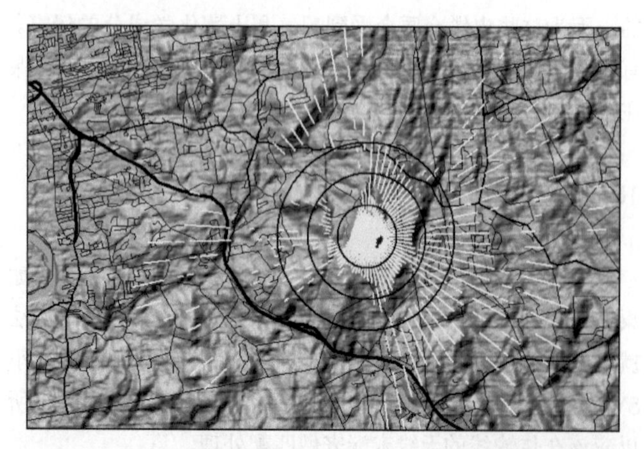

图18-1 MicroDEM地形图，显示了设置在CT州康涅狄格州地区30 m高塔上的中继台覆盖情况。白色的辐射线指示了以方位角为5°增量的塔周围的覆盖。圆圈间距为1 000 m。

图 18-2 给出在 80° 方位角，从 30 m 高塔到 8 000 m 处的 LOS 图，轮廓线上的浅色区域是可以被塔上天线所直接照射的，而轮廓线的深色部分是无法被塔所直接看到的。这个轮廓线假设移动台高度为 2 m——也就是一个 6 英尺高的人佩带手持电台的高度。

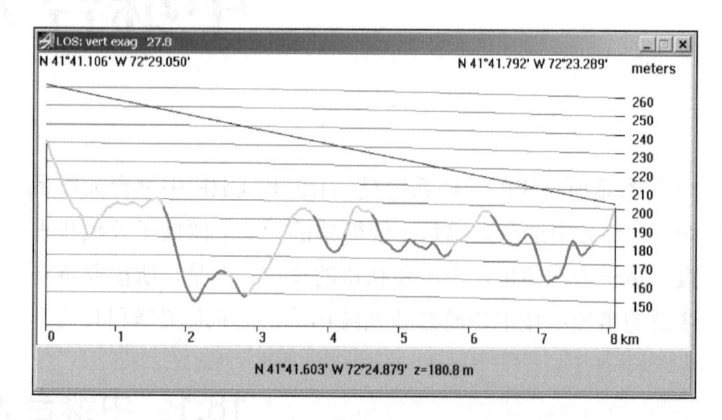

图18-2 一个图18-1中的高塔在80°方位角的“LOS”(视线距离)轮廓图。地形轮廓线的浅色部分是从塔顶上可以看到的，而深色部分则被地形所阻挡。

在 80° 方位角上的地形，允许直接电波从塔顶看到大约 1.8 km 的距离。从该处开始到 2.5km，下坡就阻挡了直接视线，再过几百米又可以短暂地可见，直到 2.8 km 处电波再次从视线消失，之后一直到 3.6km 处都可见。记住除了将中继台天线放到更高的塔上外，要改善中继台对这些山地的覆盖范围别无它法，尽管山顶的刀锋衍射现象对于填补覆盖空隙有些帮助。

中继台覆盖范围也可使用支持 Windows 系统的程序 Radio Mobile 来估算，该程序是由 Roger Goude（VE2DBE）开发的（业余爱好者们和非商业使用者可以从网站 www.cplus.org/rmw/english.html 上免费下载），基于可选择的环境模型和数字化的地形数据，可以得到其覆盖范围。它不能生成用于 HFTA 或其他软件的输出文件，这些文件可以自动地进行决定中继台天线 HAAT 的过程，通常需要频率协调应用的数据。

18.2.2 中继台天线的方向图

中继台系统中最重要的部分则是天线本身。无论采用何种类型的天线，它都必须尽可能高效地辐射和接收射频能量。许多中继台都采用全向共线性天线（见本章最后参考目录中关于 Belrose 和 Collis 的条目）或接到地平面。这类天线简单且机械结构牢固，对于业余爱好者们和商业中继台系统来说是最普遍的一种天线。

全向性天线并非总是最佳的选择。例如许多中继台都采用全向天线，但这并非总是最佳的选择。例如，假设有个群体希望架设一个中继台覆盖A和B两个城镇，并像图18-3所示那样连接州际高速公路。在地图中已标出可以利用的中继台站点。西面或南面，或整个海域是不需要覆盖的，如果在这种情况下选用全向天线，相当大部分的辐射信号将浪费到不需要的方向。如果采用如图18-1所示的心形辐射图的天线，那么就可以集中覆盖到所需方向，中继台在这些位置上就更加有效，接收来自低功率的便携或移动台信号也更加可靠。

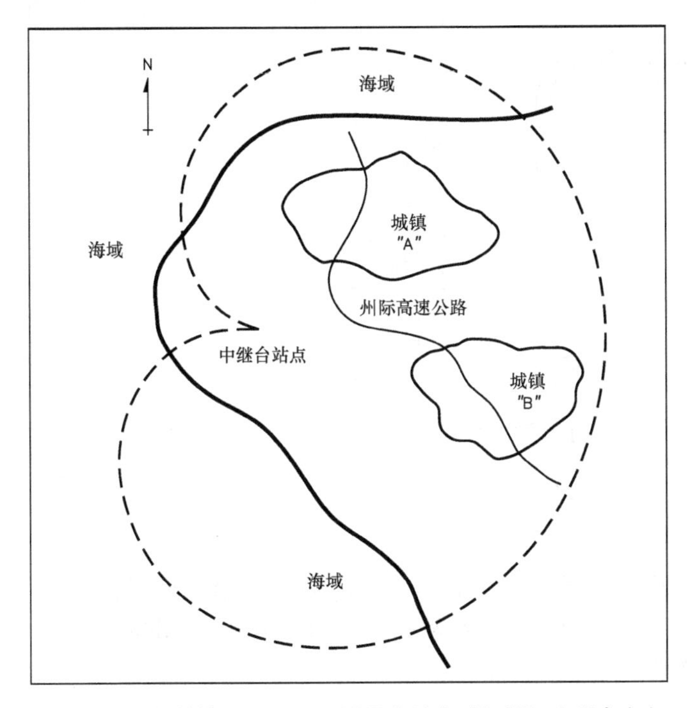

图18-3 在多数情况下，是不需要中继台“机器”在所有方向都均等覆盖的，这里给出其中一种情况，在此中继台只需要覆盖城镇A和B以及高速公路。全向天线将会覆盖到不需要的方向，如整个海域。破折线则给出一种比较适合这种环境需求的天线辐射图形。

在很多例子中，具有特定方向图的天线要比全向天线昂贵许多，显然这是在设计中继台天线系统时需要考虑的。中继台站点有某些难以覆盖的方向，可能需要在这些方向上，对天线方向图做倾向处理，这可以通过相控垂直天线阵列，或一个八木天线与一个相控垂直天线的组合产生“钥匙眼”形状的辐射图来实现（见图18-4）。

中继台的工作频率通常都在440 MHz或更高，许多的使用群体都使用高增益的全向天线，其代价是垂直波束宽度变窄。在多数情况下，这些天线设计为在水平面辐射最大增益，当天线安装在一般地形上的某个适当高度时，可以获得最佳的覆盖范围。不幸的是，如果天线安装在非常高的位置（可以鸟瞰整个覆盖区域），可能就不是最好的辐射方向图了，但是，可以将天线的垂直辐射方向图下倾，以利于覆盖所需区域。这种做法称为垂直波束下倾。图18-5给出这种情况的一个例子，中继台站点可以鸟瞰整个山谷里的城镇，需要采用一个450 MHz的中继台服务那些低功率的便携或移动台，我们设定中继台使用增益为11dBi的天线（这个增益的全向天线其垂直波束大约为6°），如果中继台天线的最大增益是在水平面上，发射的大部分信号与接入中继台的最佳区域应该是在城镇的上空，那么通过将波束下倾3°，就可以在城镇出现最大辐射了。

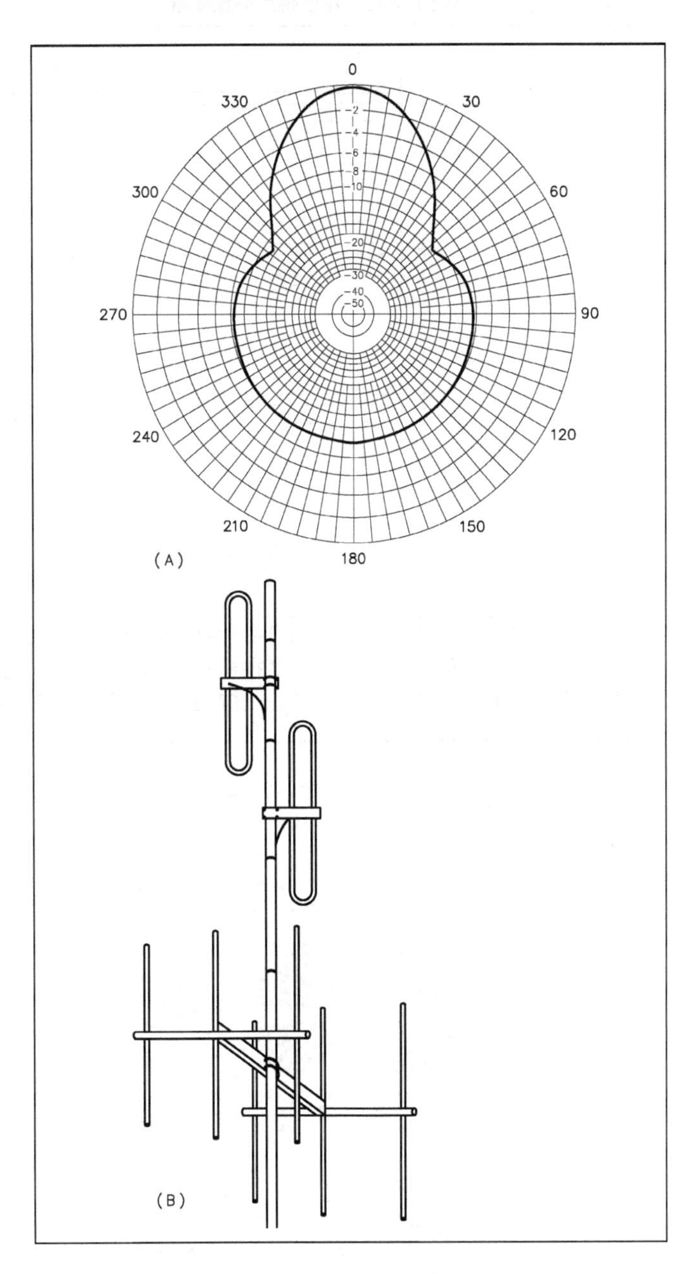

图18-4 图（A）是“钥匙眼”水平面辐射方向图，由相控的八木天线与垂直单元组合产生，见图（B）。这种辐射形状对于克服本地地形障碍的覆盖尤其有用（本图基于Decibel Products公司的设计）。

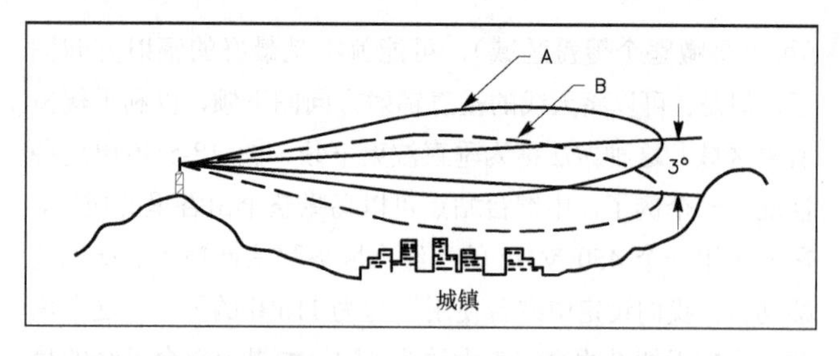

图18-5 垂直波束下倾是另外一种形式的辐射形状失真，但对于改善中继台覆盖很有帮助。这种技术可以在中继台站位于覆盖区域最高处，并且采用全向高增益天线时运用。图（A）表示了高增益全向天线对于所需覆盖区域（城镇）表现出来的一般垂直面方向图。图（B）表示了波束出现下倾后，覆盖得到明显改善。

垂直波束的下倾通常可以通过对共轴垂直阵列的各个单元以差相馈电来产生。Lee Barrett（K7NM）在《Ham Radio》杂志上给出了这样一种阵列，他给出一个馈电相位逐步延迟的4单元阵列的几何尺寸和设计，并做了计算机模拟程序。图18-6给出这种技术方案，并在图18-7给出自由空间下倾的仰角图。

商用的成品天线有时也具备下倾特性(需另外加费用)，在订购这种商用天线之前，一定要确认确实有这个需求，它们通常都需要特订，并且不能退货。

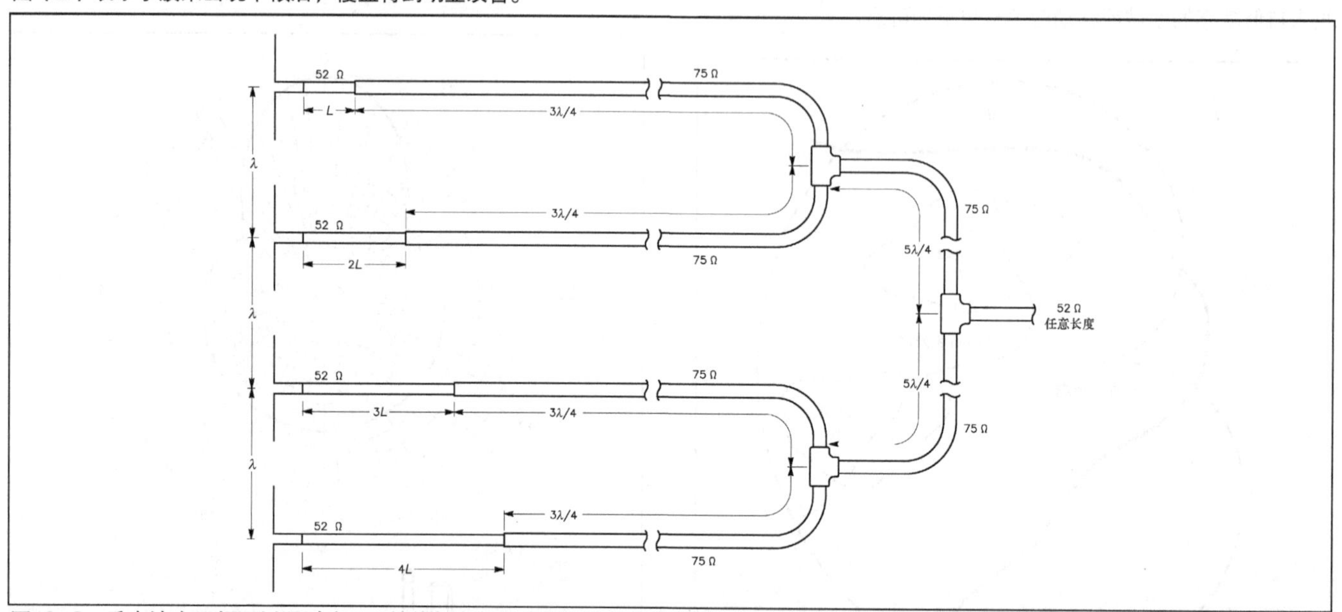

图18-6 垂直波束下倾可以通过在75Ω馈线与全向天线各共轴单元之间插入52Ω延迟线来实现，到各个单元的延迟线逐步增长，所以各个单元之间的相移是一致的。λ/4奇数倍长度的同轴线变换器用于主馈线（75Ω）系统中，以匹配偶极单元的阻抗到激励点。这种使垂直波束下倾的方案，往往会在垂直辐射图中产生一些在各个单元同相馈电时所没有的小波瓣。

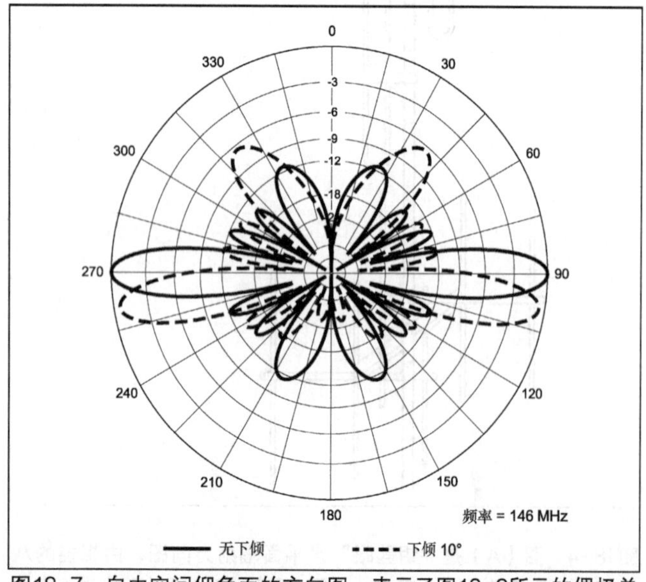

图18-7 自由空间仰角面的方向图，表示了图18-6所示的偶极单元馈电电流经过逐步相位偏移后的下倾结果。

通过垂直波束下倾的措施来改善覆盖，也有缺点。当与标准的共轴阵列相比较时，采用垂直波束下倾的天线，会在垂直辐射形状中出现较大的分裂波瓣，导致增益的下降（通常小于 1dB），工作带宽也会稍微减少。增益的下降，并结合下倾特性时，会导致总的覆盖区域缩小。这些折中，还有具备下倾特性的商用天线费用的增加，都应该与采用垂直波束下倾后整体性能的改善做一个权衡。

顶部安装与侧面安装

业余中继台通常与商业台和公众服务用户共用铁塔，多数情况下，其他天线都是安置在塔的顶部，所以业余天线只能在侧面安装。可以推知，这样的安装会使中继台天线在自由空间的辐射形状受到塔体的破坏，当采用全向天线安装在结构体侧面时，这种影响尤其明显。

支撑结构体的影响多数存在于天线与塔体和大尺寸支撑体过于靠近，结果是在某个方向上增益明显提高，而在其他方向上出现局部零点（有时达到 15dB 深度）。支撑结构体的形状也会影响辐射图。许多天线厂家在他们的手册上会刊出辐射图对侧面安装天线的影响。

不过侧面安装方式也并非都是缺点，在需要更多（或更少）的对某个方向覆盖的情况下，支撑结构体的优点就体现出来了。如果辐射图的失真难以接受，也可以采用在支撑结构体周边安装多个天线的方案，并且用适当的相位对它们进行馈电，以合成一个全向辐射图形，许多厂家也制造适合这种方案的天线。

不同安装位置与安排的影响，可以用图 18-8 所示的简化的偶极天线阵列来说明，因为这种阵列是十分通用的天线形式，通过简单地重新排列各个单元，就可以形成一个全向方向图或一个偏向的辐射方向图。图 18-8（A）就给出一个基本的 4 个垂直 $\lambda/2$ 单元的共轴天线阵列。相邻单元的垂直间距为 1λ，所有单元都同相馈电。如果这个阵列安装在空旷空间，并且用非金属杆作为支撑，所计算出来的每个偶极单元辐射电阻为 63Ω 左右，如果馈线也完全去耦，那么得到的方位方向图是全向的，垂直面的方向图见图 18-9。

图 18-8（B）给出相同阵列侧面安装的排列情形，与导体支撑杆距离 $\lambda/4$。在这样的排列中，支撑杆成为反射器的角色，产生 5.7 dB 左右的 F/B 比。方位面辐射图见图 18-10。

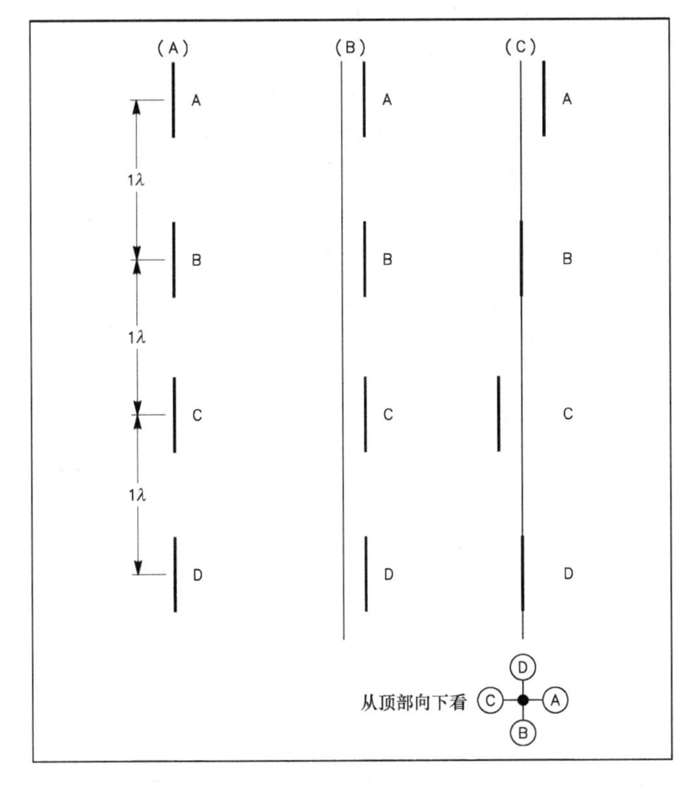

图18-8　简化偶极单元的各种排列方式。图（A）中是4个单元的基本共轴阵列。图（B）中给出了同样的单元安装在支撑杆侧面的情形。而图（C）则给出了安装在支撑杆四周侧面的各个单元，以获得全向覆盖。具体见文中所述，图18-9到图18-11给出辐射方向图的情况。

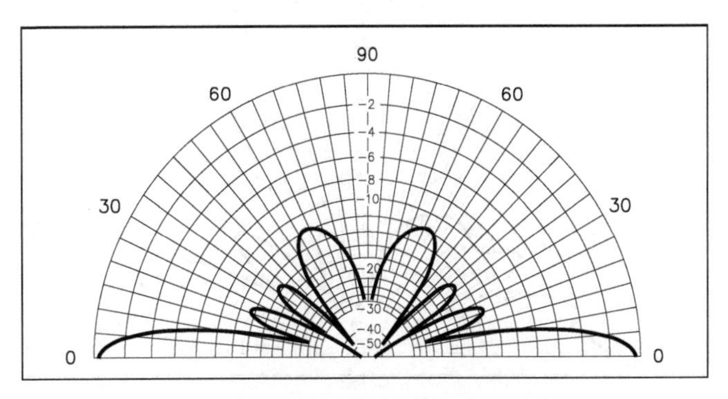

图18-9　图18-8（A）中的阵列所计算出来的垂直面方向图，假设采用非金属的支撑杆和馈线系统完全去耦。在方位面上这个阵列是全向辐射的，在0°仰角计算所得的增益为8.6dBi，-3 dB点波束宽度为6.5°。

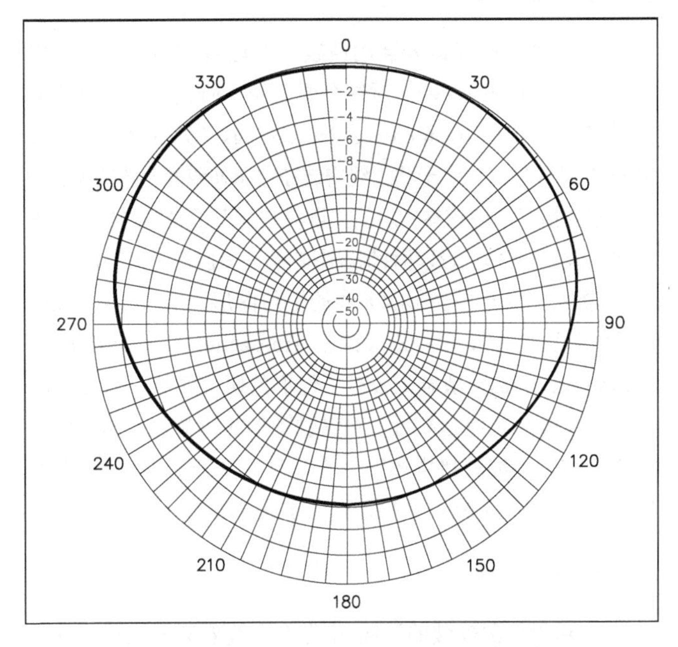

图18-10　图18-8（B）侧面安装阵列天线的计算方位面方向图，假设与4英寸大小的支撑杆间距为$\lambda/4$，在背离支撑杆所需的方向上，整个阵列计算得到增益为10.6dBi。

垂直面的方向图，除了出现 4 个很小的波瓣（在垂直轴的任一侧各出现 2 个）有些不同外，其他与图 18-9 并无明显差异。在某个支撑杆高度上，由于加进了一个小的波瓣，方向图显得没那么“干净”。与支撑杆的靠近同样也会影响馈电点的阻抗。图 18-8（A）配置的各个谐振单元，在按照图 18-8（B）方式排列时，其计算的阻抗大约为 72 + j 10Ω。

如果只可能采用侧面安装方式，而又要求全向的辐射图，可以采用图 18-8（C）的排列方式。所计算出来的方位面方向图，有些像四叶草的形状，但圆形的波动在 1.5dB 以内。然而，增益性能会受损，并且无法完全达到图 18-9 那样的理想垂直方向图，具体见图 18-11。与支撑杆间距不是 $\lambda/4$ 的情况在此没有进一步研究。

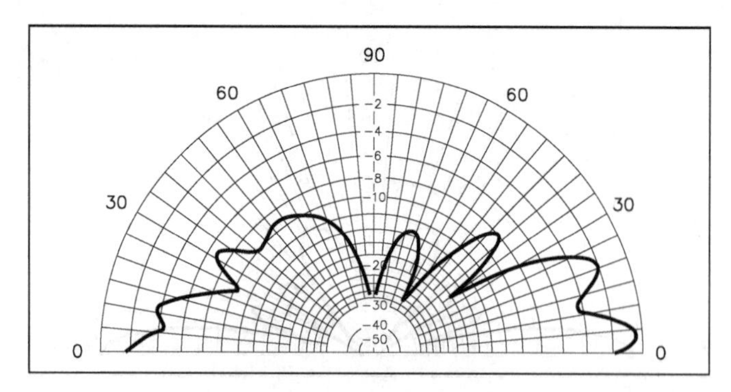

图18-11　图18-8（C）所示阵列计算出的垂直方向图，假设各单元与4英寸直径的支撑杆间距为λ/4，方位面方向图为1.5 dB以内的圆形，计算出的增益为4.4dBi。

其他导体的影响

与塔体爬梯靠近安装的馈线，对辐射方向图也存在影响。Connolly 和 Blevins 对这个课题做了研究，他们将研究结果发表在 IEEE Conference Proceedings（见本章最后的参考资料部分）上。对于将天线安装在空调外或商业建筑上面的维护棚的情况，应该参考这篇文章，它给出了这些结构体对安装定向天线与全向天线两种情况影响的许多值得考虑的信息。

金属拉线同样会影响天线的辐射图形，Yang 和 Willis 对此做了研究，并在《IRE Transactions on Vehicular Communications》杂志上公布了他们的研究结果。如预期的一样，天线与拉绳越靠近，对辐射图形的影响越严重。如果天线在靠近拉绳连接塔体的位置，对于 2.25λ～3.0λ 长度可以通过每隔 0.75λ 断开接入绝缘子，拉绳的影响可以降到最小。

机械结构的问题

相对于地面安装的天线，中继台天线安装的位置通常暴露于极其恶劣的天气状况，因为它们被安装于山顶、高楼和高塔上，容易遇到大风、极端温度、结冰等恶劣天气。出于这个原因，大部分种类的院式天线不适合中继台系统使用，即使它们符合增益的电气规范和频率覆盖范围。除非你对机械坚固的天线的结构极为熟悉，否则建议使用商业天线，特别是天线不容易进行维修和测试的情况。

安装的机械完整性也是重要的。通过馈线来挂住天线，并且与塔体碰到一起的话，就远远无法得到最佳性能与可靠性。可以采用合适的装配装置来可靠连接塔体和天线，同时用优质的五金件，最好用不锈钢的（或铜件）。如果您本地的五金店并不销售不锈钢的五金件，可以到船艇商店去看看。

要确保馈线沿着它的长度来支撑。较长的电缆长度将会受到季节影响出现伸缩现象，所以电缆不能绑得太紧，以免收缩引起对天线连接点的拉力，这会导致连接点出现断续（和噪声），最糟糕的情况是开路。假如天线连接在 300 英尺高的塔上，这种情况的出现实在不是件愉快的事情，但它在冬季的中期往往容易出现！

18.2.3　隔离系统

因为中继台通常工作在全双工模式（发射机和接收机同时工作），天线系统就必须充当滤波器，以保证发射机不会对接收机产生阻塞。发射机与接收机之间的隔离度是个复杂的问题。它在相当程度上取决于所用的设备以及发射机与接收机之间的频差（频率偏移量）。这里并不考虑具体细节，而是用一个简化的例子做说明。

我们来考虑一个频率偏移为 600 kHz 的 144 MHz 中继台的设计。发射机的射频（RF）输出功率为 10 W，接收机的静噪开启灵敏度为 0.1 μV，这意味着在 52 Ω 接收机天线端至少需要 1.9×10^{-16}W 的信号功率才能被检测到。假设此时发射机和接收机工作在相同频率，为了保证发射机不会使接收机开启动作，那么在发射机与接收机天线接口处的隔离度（衰减）必须为：

$$\text{Isolation} = 10\log\frac{10\text{W}}{1.9\times10^{-16}\text{W}} = 167\text{ dB}$$

显然实际上并不需要如此高的衰减度，因为中继台的发射与接收不会工作在相同频率。

如果发射机输出 10 W 功率时，在偏离载波频率 600 kHz 的噪声功率比载波功率低 45 dB，这个 45 dB 可以从隔离度需求中减去。同样，如果接收机能够检测出比 0.1 μV 高 40 dB 的功率在偏离 600 kHz 的频率上，出现的 0.1 μV 信号，那么这 40 dB 也可以从隔离度需求中减去，因此，此时的隔离度需求为：

$$167\text{ dB} - 45\text{ dB} - 40\text{ dB} = 82\text{ dB}$$

另外还有其他与隔离度需求有关的因素，例如，如果发射功率增加 10 dB（10～100 W），那么这 10 dB 就应该加到隔离度需求中去。典型的 144 MHz 和 440 MHz 频段中继台，其隔离度需求见图 18-12。

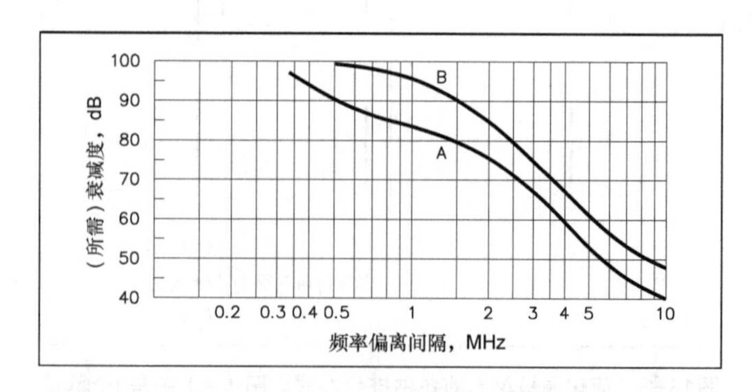

图18-12　典型的隔离度需求。曲线A为中继台发射机和接收机工作在132～174 MHz频段，曲线B为工作在400～512 MHz频段。这些曲线是按照发射机输出100 W来计算的。隔离度需求可以根据接收机灵敏度来调整（这些输出曲线用于计算发射机载波，以及防止接收机在12 dB信纳比时的灵敏度下降超过1 dB的噪声抑制）。

获得所要求的隔离度是制作一个中继台天线系统所必须考虑的首要问题，通常有 3 种方法可以获得隔离度：

1）接收与发射天线物理上分开，在间隔和天线辐射方向图上，通过路径损耗的组合，来产生所需的隔离度；

2）采用独立天线与高 Q 的滤波器组合，来获得所需的隔离度(高 Q 滤波器用于减少两个天线之间所需的物理分开距离)；

3）采用组合滤波器和合路器系统，使发射机和接收机能够共用一根天线。这种滤波器与合路器就叫做双工器。工作在 28～50 MHz 的中继台往往使用两个独立的天线以获得所需的隔离度，这主要是由于这些频率范围的双工器非常庞大和昂贵，通常购买两个天线更便宜些，并且通过商用电话线路或射频（RF）链路来连接站点。不过在 144 MHz 和更高频率上，双工器广为使用。后续内容将对双工器做更详尽的讨论。

18.2.4 独立天线隔离

通过将发射天线与接收天线分开，接收机倒灵敏度限制(即由于很强的偏移频率信号的出现引起的增益限制）可以减少，甚至经常可以被消除。要获得中继台天线系统所需的 55～90 dB 的隔离度，要求独立天线相隔某个适当的距离（按波长数表示)。(对于工作也接收频率的发射机而言，独立天线并不能解决其产生的宽带噪声，这类噪声必须通过滤波器去除。)

图 18-13 给出垂直偶极天线的水平间隔（A 图）和垂直间隔（B 图）时，获得指定隔离度所需的距离曲线。通过独立天线所得到的隔离值，可以从系统总隔离度需求中减去。例如，如果在一个 450 MHz 中继台中发射天线与接收天线水平隔离距离为 400 英尺，那么系统总隔离度需求就可以降低大约 64 dB。

从图 18-13（B）可知，仅仅需要大约 25 英尺的垂直间隔距离，就可以提供 64 dB 的隔离度，所以垂直间隔要比水平间隔产生更大的隔离量，由于垂直间隔只需要单一支撑体，所以也比水平间隔更加实用。

两个曲线图形之间出现明显差别的解释是有根据的，在 150 MHz 工作频率上，垂直间隔需要 60 dB 衰减（隔离）量的距离大约为 43 英尺，而同样的隔离量需求用水平间隔时却需要 700 英尺左右。图 18-14 给出这种差异存在的原因。在（A）图中，两个辐射方向图是有交叠的，每个天线都会在其他天线方向上受益，那么这些天线之间的路径损耗为：

$$\text{Path loss(dB)} = 20\log\frac{4\pi d}{\lambda}$$

其中 d 为天线之间的间隔距离，λ 为波长，单位与 d 相同。

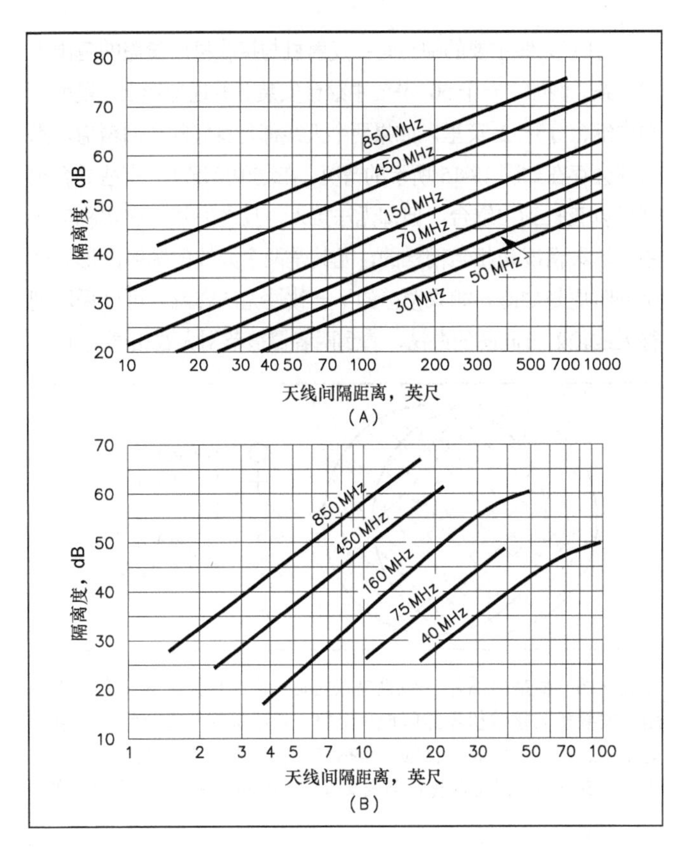

图18-13 图（A）所示是垂直偶极天线水平分开安装时能够提供的衰减（隔离）量；图（B）所示是垂直偶极天线垂直分开安装时能够提供的隔离量。

在图 18-14（A）中天线之间的隔离度是比天线增益小的路径损耗，与此不同的是，在图 18-14（B）中的天线还利用了辐射图的零点，所以隔离度就是路径损耗加上那些零点的深度，这样垂直分开的方式可以明显减少间隔距离的要求。因为零点的深度并不能无限大，因此还是需要些距离的。水平与垂直间隔两者的组合则很难确定，因为其最终效果取决于两者的辐射图形以及天线之间的相对位置。

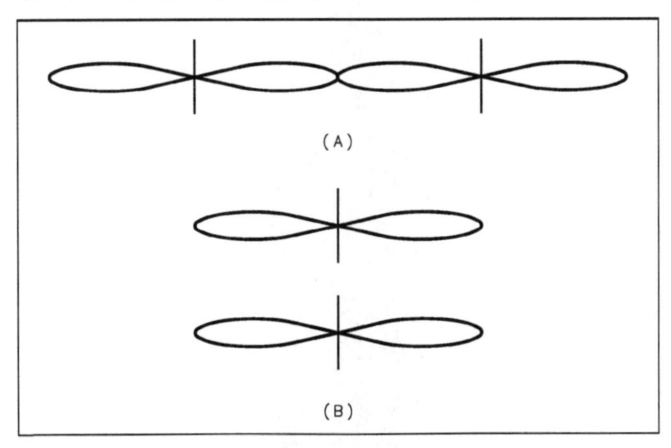

图18-14 独立天线在水平（A）与垂直（B）间隔所提供的隔离度优点的关系示意图。可以看到垂直间隔方式提供的隔离度很高，而水平间隔要达到所需效果，则需要两个支撑体和更远的间隔距离。独立站点的中继台（比如发射机和接收机安置在不同地点），则可以从水平间隔方式中得到比单一站点安装更多的益处。

独立天线主要的缺点是：发射机与接收机所覆盖的范围不太一致。例如，一个 50 MHz 中继台安装在普通地形上，发射机与中继台分开 2 英里，如果两个天线都是良好的全向覆盖，那么就会存在如图 18-15 所示的情况。在这种情况下，有些站台也许可以查找到中继台，但却无法接入，反之亦然。在实际应用中，这种情况是相当糟糕的，尤其是两个天线的辐射图形并非全向时更是如此。如果覆盖的不一致性无法容忍，可以采取调整天线辐射方向图的办法，直到两者覆盖范围大致相同为止。

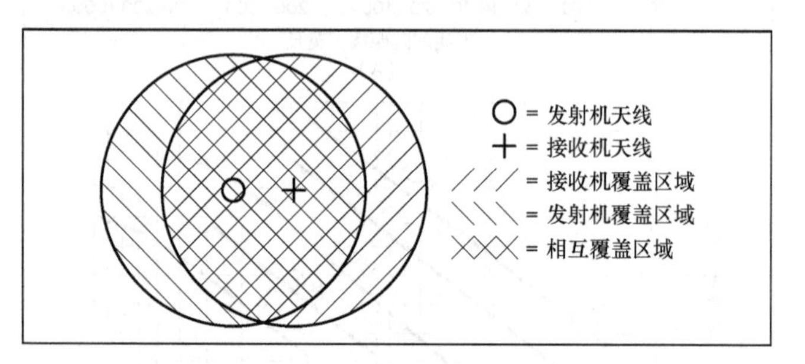

图18-15　覆盖区域不一致性是独立站点中继台天线的一个主要问题。发射机与接收机覆盖区域有交叠，但不是相互完全包含。解决这个问题需要做大量的试验，包括许多的考虑因素。在这些因素当中，主要考虑的是地形特征与受支撑体影响的天线辐射方向图失真。

18.2.5　腔体谐振器隔离

如前所述，接收机倒灵敏度限制可以通过分开发射机与接收机天线的方法来减少，但达到接收机输入端的发射能量大小，常常需要更多的衰减，附近的其他发射机也可能导致灵敏度下降。腔体谐振器（腔体滤波器）对解决这些问题十分有用。通过合理的设计与制作，这种类型的谐振器具有非常高的 Q 值。图 18-16 所示是一个用于商业目的的腔体照片。

图18-16　在许多业余与商业中继台中使用的同轴腔体滤波器。中心导体长度（决定谐振频率）可以通过调节旋钮（顶部）进行改变。

腔体谐振器串联在传输线上作为带通滤波器。对于串联工作的谐振器，必须具有输入和输出耦合环（或探针）。腔体谐振器也可以跨接（也就是并联）在传输线上，这时腔体是作为带阻（陷波）滤波器使用，在它的调谐频率上具有非常高的能量衰减作用，这种方式的滤波器仅需要一个耦合环或探针。那么这种类型的腔体可以用在接收机馈线上以“陷除”发射机的信号。在一个给定的配置中，可以采用几个腔体串联或并联，以增加衰减量。图 18-17 的曲线给出单腔体（A 图）和双腔体（B 图）的衰减量。

唯一一种腔体谐振器无法起到作用的情况，是发射机的偏离频率噪声正好落在接收机频率上的情况。应用腔体谐振器时，一个需要注意的关键点是增加跨接在传输线上的腔体后，可能会改变系统的阻抗，这种变化可以通过在传输线上增加调谐短截线来补偿。

18.2.6　双工器隔离

本部分材料由 Domenic Mallozzi（N1DM）提供。多数工作在 144 MHz、220 MHz 和 440 MHz 波段的业余中继台都采用双工器，以获得发射机与接收机之间的隔离度。双工器已经广泛应用于商业中继台许多年了，它包括两个高 Q 值的滤波器，一个滤波器用在发射机到天线的馈线上，另一个用在天线与接收机之间。这些滤波器必须在它所调谐的频率具有低损耗，而在附近频率具有非常高的衰减。为了取得偏离调谐频率 0.4%以内这样窄的频率上具有高衰减值的要求，这些滤波器通常采用在传输线上级联多个腔体滤波器的形式。它们可以是带通形式的滤波器，也可以是带有阻塞陷波功能的带通滤波器（阻塞陷波应调谐到其他滤波器的中心频率上）。级联滤波器的数量决定于频率的偏移量以及最终的衰减要求。

双工器对于业余波段来说是个技术上的挑战，因为在多数情况下，业余中继台工作的频率偏移量（频差）明显比商用的系统要小得多。关于双工器的制作资料将在本章稍后介绍。许多厂家在市场上都销售用于业余频率的高质量双工器。

双工器由多个高 Q 腔体组成，腔体的谐振频率取决于机械结构尤其是调谐棒，图 18-18 给出一个典型的双工器腔体的剖面图。调谐棒通常用热膨胀系数很小的材料（如不胀钢材料）制作，由于环境变化引起腔体失谐，将会在天线系统中引入不希望的损耗。在《Mobile Radio Technology》中 Arnold 有一篇文章考虑了腔体出现频率漂移的各种原因（参见本章最后的参考资料），它们可以分为如下 4 大类：

1）环境温度的变化（会引起机械变化，这也与腔体使用材料的热膨胀系数有关）；

2）湿度（介质常数）变化；

3）腔体内功率耗散（由于插损引起的）产生的局部加热。

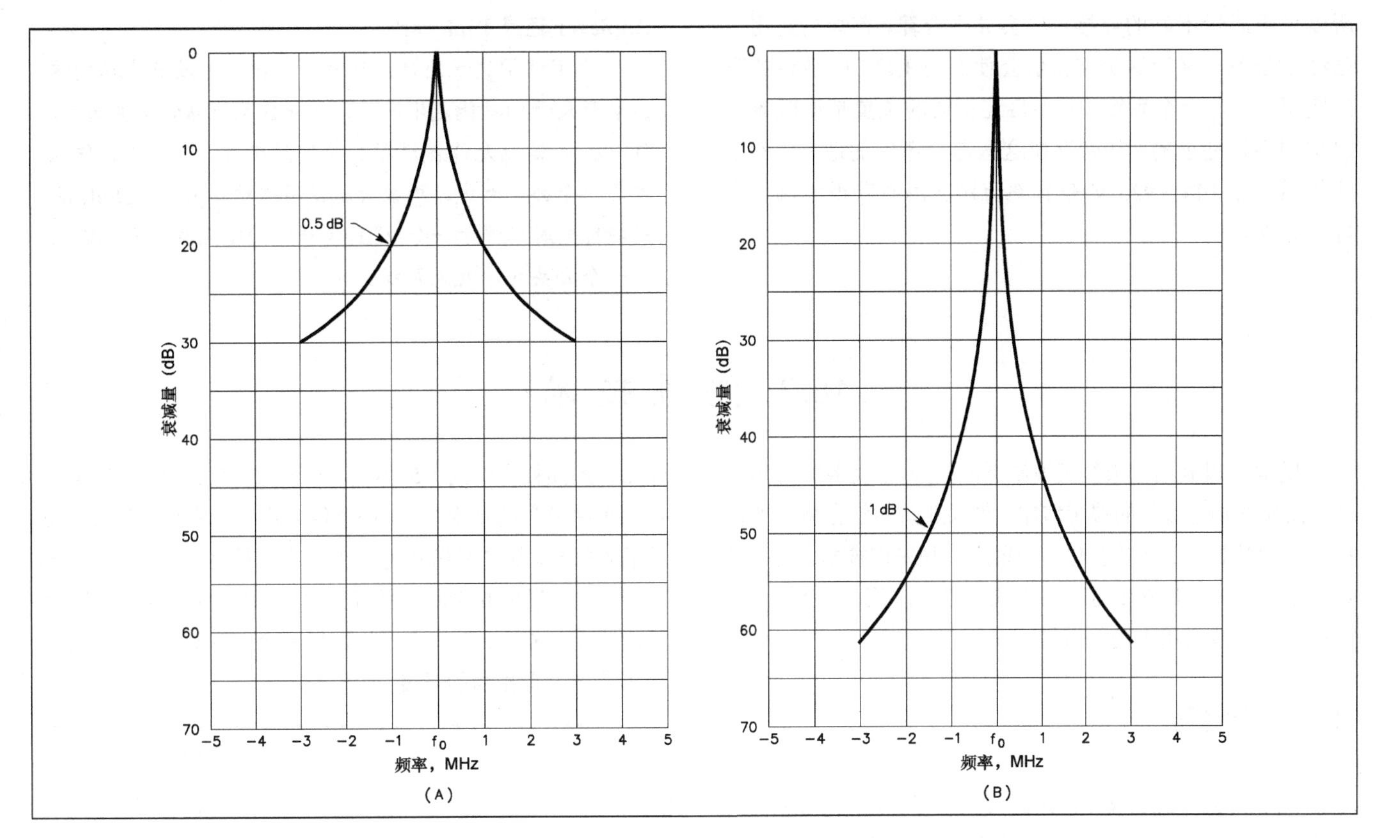

图18−17　单腔体（A）和双腔体级联（B）的频率响应曲线。这些曲线的腔体是带有耦合环的，每个的插入损耗为0.5 dB（总的插损在每个曲线上有标注）。如果能够容许耦合度较弱，则选择性可以提高（但插损增加）。

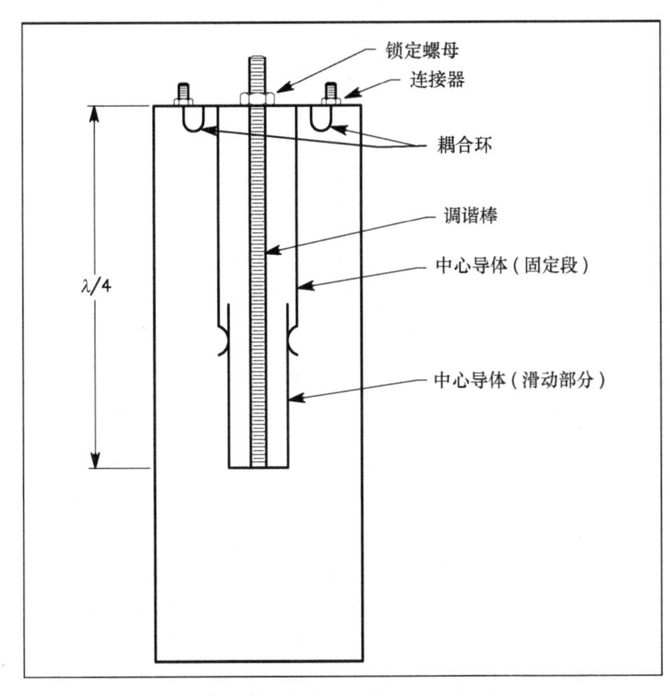

图18−18　典型的腔体剖面图。注意耦合环之间以及与腔体中心导体之间的相对位置。锁定螺母用于防止调整后的调谐棒出现滑动。

4）其他因素（如振动等）导致的机械变化。

另外，由于这些腔体本身具有高 Q 值，当信号没有处于滤波器响应的峰值点时，双工器的插入损耗将会增加，这实际上意味着，对于给定的发射机输出功率来说，辐射的功率将减少。同样，在接收机馈线上腔体的漂移，也会使系统的噪声系数增加，降低中继台的灵敏度。

由于接收机与发射机之间的频率偏移(频差)的减少，双工器的插入损耗会达到某个实际极限，在 144 MHz，对于 600 kHz 的间隔频差，其最小的插入损耗为每个滤波器 1.5 dB。

双工器的测试与使用需要一些特殊的考虑(尤其当频率升高时)，因为双工器是一个 Q 值非常高的器件，它们对于各个端口的端接阻抗非常敏感。在任何一个端口出现高 SWR 都是很严重的问题，因为此时双工器表现出来的插入损耗将增加，并且隔离度也出现下降。已经发现，当双工器用在它们隔离能力的极限值时，天线 SWR 很小的变化都足以引起接收机灵敏度的下降，这常常发生在带有明线相位匹配线的天线附有冰雪的天气时。

在双工器系统中，连接器的选择也非常重要，BNC 连接器应用于 300 MHz 以下时不错，在 300 MHz 以上性能就比较差了，因为尽管许多类型的 BNC 连接器可以工作到 1 GHz，但老式的标准 BNC 连接器在 UHF 以上频率就不合适了。N 型连接器应该可以应用于 300 MHz 以上。

所以采用质量不好的连接器其实并不合算，有些商业用户已经报告说，采用这类连接器会使商用 UHF 中继台的隔离度恶化。在一个系统中，不良连接器的位置是比较难以定位和不好处理的。尽管存在这些需要考虑的地方，双工器依然是在 144～925 MHz 频率范围应用时获得隔离度最好的方案。

Duplexer 还是 Diplexer?

大家经常错误地使用这两个术语，并没有意识到这两者所表示的功能是不同的。从业余无线电的角度而言，Duplexer 是指允许发送器和接收器在同一频率内工作以共享一个公共天线，中继台就是用这种双工器；Diplexer 是指可同时工作于一个 VHF 和一个 UHF 无线电系统以共享一个公共的多波段天线。

18.3 先进技术

随着可以利用的天线架设站点的减少，以及各种外围部件（比如同轴电缆）的费用增加，如果业余中继台依然要保持应有的效果，那么就要想办法采用一些先进技术。其中讨论的某些技术已经在商业业务中应用多年，不过至今还没有被证明在业余应用上的经济性。

18.3.1 耦合器

一个值得考虑的技术是跨波段耦合器的运用。为了说明跨波段耦合器的有用性，我们考虑下面一个例子。有个中继小组计划在同一铁塔上安装 144～902 MHz 中继台，该小组准备将两个天线都立在 325 英尺高的水平十字支撑臂上，那么 325 英尺长的 7/8 英寸波纹馈管将花费大约 2 000 美元，如果两个天线都安装在塔体顶部，那么照理应该使用独立的两段馈线，不过此时较好的方案应该是两个中继台使用单一的馈线，在馈线的两个末端各加上一个跨波段耦合器。

跨波段耦合器的应用见图 18-19，如同它的名字一样，这种耦合器允许两个不同波段的信号共享同一根馈线。这种耦合器每个大约 300 美元。在我们假设的例子中，相比于采用两根独立的馈线来说，可以节约 1 400 美元。不过作为一种折中，也是存在缺点的，每个跨波段耦合器有大约 0.5 dB 的损耗，因此，采用一对这种耦合器将给整个传输路径引入 1.0 dB 的损耗。如果这种损耗能够被容许，那么采用跨波段耦合器不失为一个好方案。

跨波段耦合器不允许两个中继台工作在相同波段时共享单一天线和馈线。当中继台站和铁塔的空间变得很有限时，两个工作在同一波段的中继台共享同一天线的方案是值得考虑的，但使用此方案的问题是要采用发射机多路耦合器，多路耦合器与前面所述的双工器相关，它是一个腔体滤波器和合路器，允许多个发射机和接收机共用同一个天线，这在商用工程中非常普遍。图 18-20 所示为多路耦合器系统的原理框图。

然而，多路耦合器是一个非常昂贵的部件，并且具有每个传输通道的损耗都高于一般双工器的缺点。例如，对于一个工作在 144 MHz 具有 600 kHz 频率间隔的双工器，每个传输路径的损耗大约为 1.5 dB，而一个 4 通道的多路耦合器（来自两个中继台的要求），在每个传输路径上将有超过 2.5 dB 的插入损耗。这个系统还有一个约束条件是天线必须在所使用的（包括发射和接收）所有频率上，都对传输线表现出良好的匹配，这对于工作在同一波段两个边缘频率的两个中继台系统来说有相当的难度。

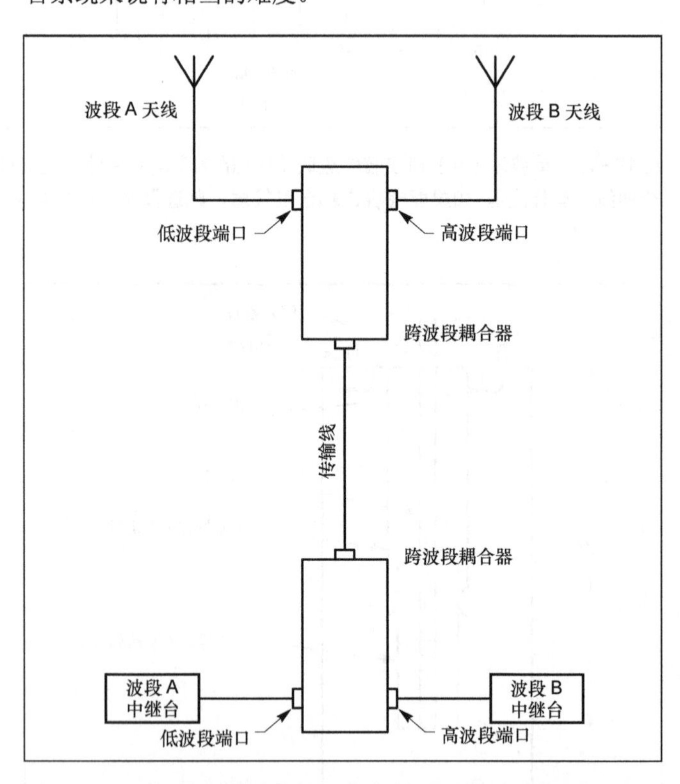

图18-19 运用跨波段耦合器允许两个中继台共用单一馈线的系统方框图。如果馈源距离天线位置比较远（超过200英尺或以上）时，跨波段耦合器的应用将比分开的馈线显著节约成本，尤其在较高的业余中继台频率的应用。相同波段的两个中继台则无法应用跨波段耦合器。

如果选择购买商用基站天线，需要指定天线谐振的频率时，一定要向厂家说明天线的用途和准确的频率值。但在某些情况下，厂家唯一可以满足您需求的办法是，提供一根在波段一个边缘的垂直波束有些上倾而在波段另一个边缘有些下倾的天线。在天线具有非常高增益的情况下，这种方法

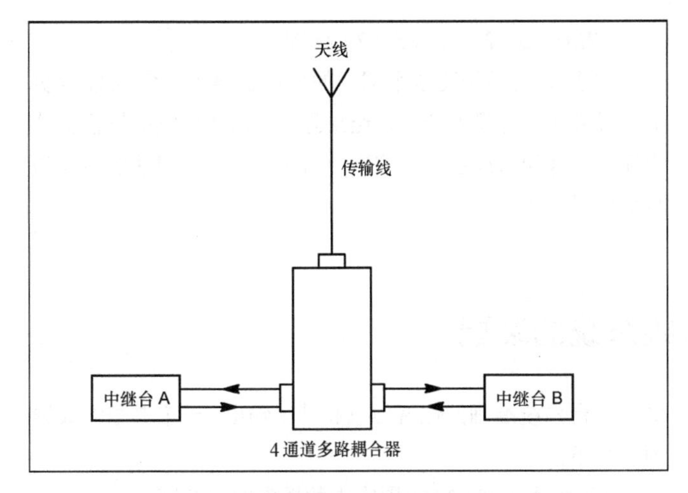

图18-20 应用发射机多路耦合器允许单一馈线和天线用于同一波段的两个中继台的原理框图。天线应该设计为可以工作在多个中继台使用的所有频率。通过带有适当数量输入端口的多路耦合器，多于两个的中继台也可以应用该方案。

本身将是一个比较严重的问题，所以在打算安装这样一个系统之前，一定要仔细分析这种情况是否一定必要。

18.3.2 中继台的分集技术

移动（信号）起伏、“死区”以及类似的问题，是移动操作者实际碰到的问题。手持式电台普遍使用低功率电平以及很普通的天线，同样也会碰到类似问题。解决这些难点的一个方案是采用分集接收的方式。分集接收之所以能起作用，是因为当天线位于不同位置（空间分集）或不同极化方式（极化分集）时，信号的衰落率不同。

发射覆盖范围大的中继台，往往不容易“听到”外围区域或死角位置的低功率电台，空间分集对于这种情况十分有帮助。空间分集在不同位置使用独立的接收机并都连接到中继台，中继台采用一个称为“表决”的电路来决定哪个接收机的信号最好，并选择出合适的接收机信号送给中继台发射机。这种技术对于解决市区内由于存在高大建筑物和桥梁引起的阴影问题比较有帮助。合理使用空间分集接收，可以获得非常好的效果。不过这些改善也带来一些缺点：需要增加初始成本，维护费用，以及由于附加额外设备带来失败的可能。当然，如果安装与维护得当，通常问题是很少的。

第二种改进技术是应用圆极化的中继台天线。这种技术在 FM 广播领域已经使用多年，也曾经被考虑应用于移动电话业务。正如 Pasternak 和 Morris 所讨论的那样（见本章最后的参考资料），一些业余爱好者的使用经验已经被证明非常有效。

圆极化所提供的改善主要是减少移动起伏现象。这种移动信号的起伏是由于大型建筑物（位于城市中）或其他事物的反射所引起的，这些反射会产生明显的极化偏移，有时候在发射站点垂直极化信号的位置经过反射后变成基本上是水平极化的。

一路或多路反射信号在中继台位置与直接信号叠加复合，使信号强度发生变化而产生的多径传播也会导致类似的情况。多径信号将引起大的幅度与相位的快速变化。

这里所介绍的两种情况，圆极化方式都可以提供显著的改善，这是因为圆极化天线对所有线极化信号的响应都相等，而与极化参照面无关。在编写本书时，还没有用于业余波段的商用圆极化全向天线的原始资料，不过 Pasternak 和 Morris 描述了用两根商用四极阵列改装的圆极化天线。

18.4 全向有效辐射功率（EIRP）

在计算中继台的覆盖范围时，理解全向有效辐射功率（EIRP）这个概念是很有帮助的。FCC 以前要求每个业余中继台站要有 EIRP 的记录，尽管现在已经不再要求 EIRP 的记录，但掌握该数据，依然有助于中继台的协调，以及定期的系统性能监测。

EIRP 的计算非常直接，将发射机的输出 PEP（峰包功率）简单乘以发射天线系统的增益和损耗即可（这些增益和损耗最好采用分贝数进行加减，并换算为一个倍乘系数）。以下的表格和例子给出这些计算说明。

项目	
馈线损耗	________dB
双工器损耗	________dB
隔离器损耗	________dB
跨波段耦合器损耗	________dB
腔体滤波器损耗	________dB
总损耗（L）	________dB
G（dB）=天线增益（dBi）−总损耗 L	

其中，G 为天线系统的增益（如果天线增益用 dBd 表示，要在 dBi 数值上加 2.14dB）

M 为倍乘系数，$M=10^{G/10}$

$EIRP$（W）=发射机输出（TPO）$\times M$

$EIRP$=50W×1.585=79.25W

示例

一中继台发射机输出功率为 50 W PEP（50 W FM 发射机），传输线损耗为 1.8 dB，所用双工器为 1.5 dB，在发射机端口的环行隔离器损耗 0.3 dB，系统中没有采用腔体滤波器或跨波段耦合器，天线增益为 5.6 dBi。

项目	数值
馈线损耗	1.8 dB
双工器损耗	1.5 dB
隔离器损耗	0.3 dB
跨波段耦合器损耗	0 dB
C 腔体滤波器损耗	0 dB
总损耗（L）	3.6 dB

天线系统增益（dB）= G =天线增益(dBi)–L

G = 5.6 dBi – 3.6 dB = 2 dB

倍乘系数= $M = 10^{G/10}$

$M = 10^{2/10} = 1.585$

$EIRP$ (W) = 发射机输出（TPO）× M

$EIRP$ = 50 W × 1.585 = 79.25 W

$EIRP$ = 50 W × 1.585 = 79.25 W

如果天线系统比这个例子的损耗还要大，G 可能为负值，导致倍乘系数小于 1，结果导致 $EIRP$ 比发射机输出功率还小，这种情况在实际应用中有可能发生，但显然并非是我们所希望的。

18.5 中继台天线系统的装配

这部分将帮助您规划和装配中继台天线系统。该资料是由 Domenic Mallozzi（N1DM）提供的。关于您感兴趣的波段传播的资料，可以参见“无线电波传播”一章。

首先，如下的中继台天线选择检查列表将帮助您评估所需的天线系统。

所需增益：________dBi

所需辐射形状：________全向性

________偏移（Offset）

________心形

________双向性

________特殊辐射形状（需指定）

安装位置 ________铁塔顶部

________塔体侧面

（铁塔对辐射图的影响，是否与最后要求的辐射图一致？）

是否需要下倾? ________Yes

________No

RF 连接器类型 ________UHF

________N

________BNC

________其他（需指定）

尺寸（长度） ________

重量 ________

最大成本 $________

用于中继台和远程基站天线系统的商用器件可以从一些公司购买，例如 Celwave/RFS、Decibel Products (Andrew Corp)、SinclairRadio Laboratories、TX/RX Systems 和 TelewaveSystems。尽管几乎任何天线都能够用于中继台，但推荐其在中继台业务中使用生产符合商业标准的大型天线。一些公司可以为中继台业务提供特殊要求的天线（如垂直波束下倾），你最好从厂商那里所要当前产品的目录册，包括基本信息和可选的特殊功能信息，其资源参见本章随后的“中继台建造者”小节。

18.5.1 频率协调

为了使中继台系统被地区频率谐调器所接受，则必须提供中继台系统准确的位置信息和功率输出。一个典型的数据列表如下：

1）利用 NAD 27 美国本土数据库的经纬度；

2）如果可能，采用天线结构的 FAA 注册号；

3）天线建造的地面高度；

4）天线距离地面的高度（天线辐射部分的中心）；

5）距离平均地形表面的高度（HAAT——见下文）；

6）全向有效辐射功率（EIRP——见上文）；

7）安装和天线模式——全向、心形、椭圆形的或双向性的；

8）不论天线安装在顶部还是侧面，注意其有利且附有阴影的方向；

9）如果可以，选择天线波束宽度和前后比；

10）天线极化——是垂直还是水平极化或是圆形还是椭圆形极化。

这些参数很容易从设备说明书和天线安装规划中获得。

距平均地形高度（HAAT）可以从地形图上手动画出并决定其大小，这和大部分频率协调网站上解释得一样。不过，随着在线数据库的发展，HAAT 可以自动确定。你需要从在线网站（如 itouchmap.com/latlong.html）和 GPS 上获得天线准确的经纬度，同时，你也可以利用因特网资源（itouchmap.com/?r=googleearth）获得天线所在地的海拔高度。在线 FCC HAAT 计算器的网址为 www.fcc.gov/mb/audio/ bickel/haat_calculator.html。

输入你的位置信息，计算器将会算出你的 HAAT 并告诉于你。（RCAMSL 是天线安装建造基站的高度和天线辐射中心高度的总和。）该计算器也可以得出你所需每一指定射线的文档。下面的示例是一个中继台天线计算输出的文本，该中继台位于 St Charles，MO 基站海拔高度为 180m，支撑塔的高度为 50m。它给出其 HAAT 为 85m。下表所示为沿着 8 个相同间隔射线的平均海拔高度。

```
|38|46|56.00|N|90|30|22.00|W|
|FCC/NGDC Continental USA|
| 0.0| 98.2|
|45.0| 99.3|
|90.0| 81.5|
|135.0| 66.7|
|180.0| 88.4|
|225.0| 72.7|
|270.0| 77.6|
|315.0| 97.3|
```

18.5.2 中继台建造者的资源

中继台的建设是一项非常受欢迎的活动，并且为直放站的建设者提供丰富的在线资源。例如，中继台建造者网站（www.repeaterbuilder.com）包含从电源到天线等一切材料的所有文档。一个相关的邮件反射器列表可在 groups.yahoo.com/group/Repeater-Builder 看到。

您可以通过 ARRL 网站 www.arrl.org/ nfcc-coordinators 找到你所在的州或地区的频率坐标 NATOR。大多数地方和地区频率协调者也有自己的网站，并对中继台运营商提供支持。例如，宾夕法尼亚州东部和新泽西州南部的区域中继协调委员会（www.arcc-inc.org）就可以提供确定中继台性能信息的工作表和其他资源。

18.6 参考文献

关于本章主题更多的讨论以及原材料都可以在下面所列的参考文献中找到。

P. Arnold, "Controlling Cavity Drift in Low-Loss Combiners," *Mobile Radio Technology*, Apr 1986, pp 36-44.

L. Barrett, "Repeater Antenna Beam Tilting," *Ham Radio*,May 1983, pp 29-35. (See correction, *Ham Radio*, Jul 1983, p 80.)

J. Belrose, "Gain of Vertical Collinear Antennas," *QST*, Oct 1982, pp 40-41.

W. F. Biggerstaff, "Operation of Close Spaced Antennas in Radio Relay Systems," *IRE Transactions on Vehicular Communications*, Sep 1959, pp 11-15.

J. J. Bilodeau, "A Homemade Duplexer for 2-Meter Repeaters," *QST*, Jul 1972, pp 22-26, 47.

W. B. Bryson, "Design of High Isolation Duplexers and a New Antenna for Duplex Systems," *IEEE Transactions on Vehicular Communications*, Mar 1965, pp 134-140.

M. Collis, "Omni-Gain Vertical Collinear for VHF and UHF," *73*, Aug 1990.

K. Connolly and P. Blevins, "A Comparison of Horizontal Patterns of Skeletal and Complete Support Structures," *IEEE 1986 Vehicular Technology Conference Proceedings*, pp 1-7.

S. Kozono, T. Tsuruhara and M. Sakamoto, "Base Station Polarization Diversity Reception for Mobile Radio," *IEEE Transactions on Vehicular Technology*, Nov 1984, pp 301-306.

J. Kraus, *Antennas*, 2nd ed. (New York: McGraw-Hill Book Co., 1988).

W. Pasternak and M. Morris, *The Practical Handbook of Amateur Radio FM & Repeaters*, (Blue Ridge Summit, PA: Tab Books Inc., 1980), pp 355-363.

M. W. Scheldorf, "Antenna-To-Mast Coupling in Communications," *IRE Transactions on Vehicular Communications*, Apr 1959, pp 5-12.

R. D. Shriner, "A Low Cost PC Board Duplexer," *QST*, Apr 1979, pp 11-14.

W. V. Tilston, "Simultaneous Transmission and Reception with a Common Antenna," *IRE Transactions on Vehicular Communications*, Aug 1962, pp 56-64.

E. P. Tilton, "A Trap-Filter Duplexer for 2-Meter Repeaters," *QST*, Mar 1970, pp 42-46.

R. Wheeler, "Fred's Advice solves Receiver Desense Problem," *Mobile Radio Technology*, Feb 1986, pp 42-44.

R. Yang and F. Willis, "Effects of Tower and Guys on Performance of Side Mounted Vertical Antennas," *IRE Transactions on Vehicular Communications*, Dec 1960, pp 24-31.

第 19 章

便携式天线

便携式操作通常是指需要在远离固定站的地方建立一临时站点。Field Day(户外活动日等）大概是最有名的例子，稍微搜索一下就能找到大量有关“Field Day 特别天线”的文献。这些天线的目的是在 HF 波段实现全美范围内的通信覆盖，以及在 VHF/UHF 波段提供一些具有方向性的通信。此外，在比赛中，在 VHF/UHF 波段进行 Rover-style 操作也很流行，而在露天的乐队表演中，“hilltopping”总是非常有意思。在野营、房车或徒步旅行，以及一些特别的活动中，通常也需要使用临时天线。地方或区域内的应急通信中也需要用到便携天线。

随着便携式操作越来越流行，临时天线引起了很多人的兴趣。截至 2011 年初，统计 www.eham.net 中有关“天线：HF，便携式（非移动）”的论坛文章，竟然发现了 83 种不同的便携式天线！便携式天线必须被设计成易于收纳、存储、运输、打开和安装的——通常仅靠一个人就可以完成这些操作。它们还应该能够适应各种环境，在各种环境中都能有效地发射和接收信号，此外，还需要足够牢固，能够反复使用。正因为有这样多的需求，便携式天线在任一业余频段上都有大量尺寸和形状，存在很大差异的不同设计。同样，“运输”也有很多方式，可能是装在背包中，也可能是放在卡车上。

带着这些需求，本章将介绍便携式天线。当然，大部分便携式天线也可以用在一些需要固定安装的操作中，特别是那些需要使用“低调”的天线的场合（参见“隐形和有限空间天线”一章)。“移动和海事高频天线”一章中介绍的天线通常也可以作为便携天线，因此，这 3 种应用存在交集。通常，唯一有意义的区别在于天线的安装方式和支撑方式。当你阅读这些章节时，请思考一下每种天线怎样才能用在其他应用中。本章的目标不是要让你能够精确地复制出所介绍的设计，而是想向大家介绍一些例子——这些例子展示了其他人通过怎样的设计来满足自身的实际需求——通过学习这些例子你也许会有所收获。

有关本章中所介绍天线的完整的构建信息请参考原版书附加光盘文件，光盘文件可到《无线电》杂志网站 www.radio.com.cn 下载。其他文章请参见参考文献部分。

19.1 水平天线

便携式操作中最常见的水平天线是半波偶极子天线或倒 V 天线，接下来是端馈偶极子天线或 Zepp 天线。这些天线通常需要几米高的支撑物——例如树木或本章后面将介绍的便携式桅杆。如果使用树木作为支撑，还需要知道如何在树枝上架设支撑线。

在某些类型的操作中，例如需要将天线装在背包中时，需要考虑最小化重量所需要的费用——天线、馈线、天线调谐器和支撑线。对于这种类型的天线系统，一些额外的损失或者只能工作在单一频段有时也是可以接受的折中方案。

在短期操作中，或者需要沿路线频繁停靠的场合，另一种常用的天线是由一对负载移动鞭形天线构成的偶极子天线。这些天线可以安装在一根短的桅杆和三脚架上。安装和拆除这些天线都很快，完全不需要任何其他的支持。

19.1.1 拉链式天线和馈线

本书以前的版本中用一节描述了在天线和馈线中拉链线（用作交流电源线）的使用。那部分内容基于 Jerry Hall（K1TD）于 1979 年 3 月在《QST》上发表的文章。本书中，相应内容根据 William Parmley（KR8L）于 2009 年 3 月在

《QST》上发表的文章进行了更新（见参考文献）。

原来的文章对一种较轻的拉链线（#22 AWG 喇叭线，Radioshack 公司生产，编号 278-1385 ）与较重的拉链式交流电源线进行了比较。表 19-1 和表 19-2 给出了速度系数和损耗的测量值，单位为 dB/100 英尺。特征阻抗约为 150Ω，比交流电源线的 105Ω略高。较轻的拉链线的性能似乎是微型 RG-174（轻，但有损耗）和 RG-58（损耗较低，但重）同轴电缆的中间值。对你的应用而言，这可能是一个不错的折中选择。作者注意到，测量结果显示部分轻型喇叭线样品的损耗要更大一些，因此建议在选择使用某一特定类型的线之前，先对其损耗进行测量。

表 19-1　　测量得到的速度因子

频率（MHz）	速度因子（VF）
3.31	0.68
6.75	0.69
13.67	0.70
27.77	0.71

表 19-2　相比小型同轴电缆，拉链线计算得到的衰减，单位为 dB/100 英尺

频率（MHz）	RS 278-1385	RG-174	RG-58
3.31	0.97	2.7	0.8
6.75	1.48	3.3	1.2
13.67	2.39	4.0	1.6
27.77	3.41	5.3	2.4

天线使用电工结（所有使用拉链线的场合都可以使用的一种方便的打结方式）的方式制作而成，如图 19-1 所示。偶极子长度的计算方法请参考“偶极子天线和接地平面天线”一章。在偶极子的端部，将多出来的金属丝回折形成一个环。该环可附着在支撑线上。

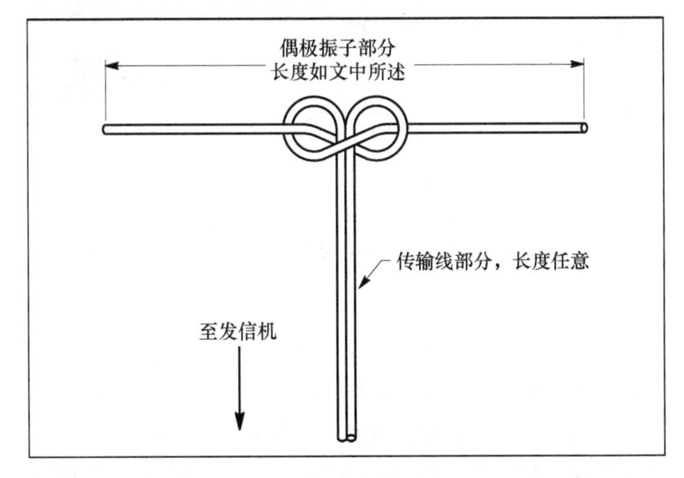

图19-1　电工结，通常代替塑料握把用在灯座和设备内部。在拉链式天线中，也可以起到防止馈线段因为偶极子本身的张力拉开的作用。打结的方法如图所示。

如果在发射机中低 SWR 很重要，馈线的长度可根据测得的速度系数定为 λ/2 的倍数。这将导致偶极子的馈点阻抗与馈线另一端的阻抗相同，无论馈线的特征阻抗是多少。（具体原因请参考“传输线”一章。）

在馈线的发射机端，将拉链线拉开几英寸，并在一边连一个香蕉插头，另一边连一个鳄鱼夹。香蕉插头与收发机的 SO-239 同轴连接器的中心导体非常匹配，而鳄鱼夹则可以非常方便地与收发机的接地端进行连接（见图 19-2）。功率较低时或 QRP 水平上，这种不平衡的连接不会引起任何问题。

图19-2　电台背面香蕉插头和鳄鱼夹的连接示意图。

波长为 30m、20m 和 17m 的天线和馈线构建好后，天线将按倒 V 配置进行安装，其顶点距地约为 20 英尺。安装可以通过可伸缩的鱼竿来完成，也可以将线扔过树枝，通过拉线使天线上升。偶极子天线的两端上升到距地 6～8 英尺时，用尼龙线将两端绑到帐篷木桩上。

改变天线端点处的折点位置可改变偶极子天线的长度，从而调整到谐振状态。多出来的电线留在原处，不需要剪掉。波长 20m 和 17m 的天线也被作为室内偶极子天线（使用胶带将天线顶点固定在天花板上的灯上，两端固定在墙上）进行了测试。在这些配置中，它们很容易被调谐到谐振状态。

一旦天线被调谐到谐振，就有可能通过改变天线两根导体之间的水平角和垂直角来调整和优化馈点阻抗。在作者的室外天线系统中，天线两根导体之间的水平角（方位角）在 90°～120°时获得了最佳匹配。在室内应用中，可以通过改变两根导体的下垂量、与墙或地板的接近程度，以及两导体间的角度来调整馈点阻抗。

与使用平行线馈线器时需要注意的一样，应保持馈线不受其他物体的影响，并在最大程度上使馈线与偶极子两根导体间的距离相同。

19.1.2 双芯折叠偶极子天线

Jay Rusgrove（W1VD）和 Jerry Hall（K1TD）使用 TV 双芯引线制作了一种轻型折叠偶极子天线。这种偶极子天线的特征阻抗约为 300Ω，并且通过在距离线输入端适当位置处放置一集总电容电抗变换器，可以很容易地将其阻抗变换到 50Ω。图 19-3 给出了双芯引线偶极子天线的构建方法和重要的尺寸。

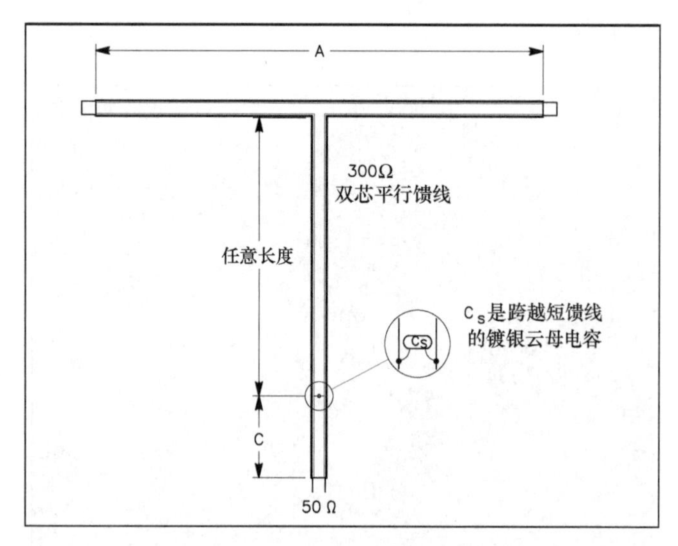

图19-3 双芯折叠偶极子天线。该天线是一种极好的便携式天线，可比较容易地与50Ω的设备实现匹配。详细信息请参考正文部分和表19-3。

表 19-3 双芯线振子天线的尺寸和所用电容值

频率（MHz）	长度 A	长度 C	C_s（pF）	短截长度
3.75	124′ 9½″	13′ 0″	289	37′ 4″
7.15	65′ 5½″	6′ 10″	151	19′ 7″
10.125	46′ 2½″	4′ 10″	107	13′ 10″
14.175	33′ 0″	3′ 5½″	76	9′ 10½″
18.118	25′ 10″	2′ 8½″	60	7′ 9″
21.225	22′ ½″	2′ 3½″	51	6′ 7″
24.94	18′ 9″	1′ 11½″	43	5′ 7½″
28.5	16′ 5″	1′ 8½″	38	4′ 11″

图中的银云母电容作为电抗元件使用，也可使用双芯引线的开路短截线作为电抗元件——短截线在某一位置处与传输线垂直放置。使用短截线的方法具有易于调整系统谐振频率的优点。

HF 波段双芯偶极子天线的尺寸和电容值如表 19-3 所示。为了保持馈线器的平衡，在馈线端点处必须使用 1∶1 的巴伦。（更多信息请参考“传输线耦合和阻抗匹配”一章。）在大多数背包 QRP 应用中，平衡与否并不是那么重要，双芯引线可直接与同轴电缆的输出插口进行连接，如图 19-2 所示。

由于短接辐射截面的传输线效应，折叠偶极子天线相比单导体天线带宽更宽。下文即将介绍的天线带宽不像标准折叠偶极子天线那样宽，因为它的阻抗变换机制具有频率选择性。但是，带宽也足够了。例如，对于频率为 14.175MHz 的天线，在整个 14-MHz 波段其 SWR 值低于 2∶1。

19.1.3 便携式倒 V 天线

图 19-4 给出了一种强大、轻型、可旋转的便携天线系统，该系统造价低廉，所使用的材料都易于获得。（见参考文献部分有关 Joseph Littlepage/WE5Y 的条目。）天线顶点的距地高度可以方便地调整。该天线足够轻，可以放在背包中。该天线可用于紧急通信和 Field Day。由于升降很容易，该天线也可以在那些不能使用永久性天线的场合作为隐形天线使用。

图19-4 便携式倒V天线。该天线使用材料为轻型玻璃纤维的支撑桅杆和两根钓竿建造而成。不需要使用其他的支撑件，可以用手移动和转动。

可以使用可伸缩撑杆作为支撑桅杆。使用便携式天线三角架支撑撑杆。天线的基本构建如图 19-5 所示。馈线和线元件安装在一起，之间的角度至少为 90°。两根 10 英尺的钓竿被用作横向支撑物。钓竿安装在一个可以在中心支撑桅杆上滑动的 3/4 英寸 PVC 十字架上。（详细构建信息请参考原版书附加光盘文件。）

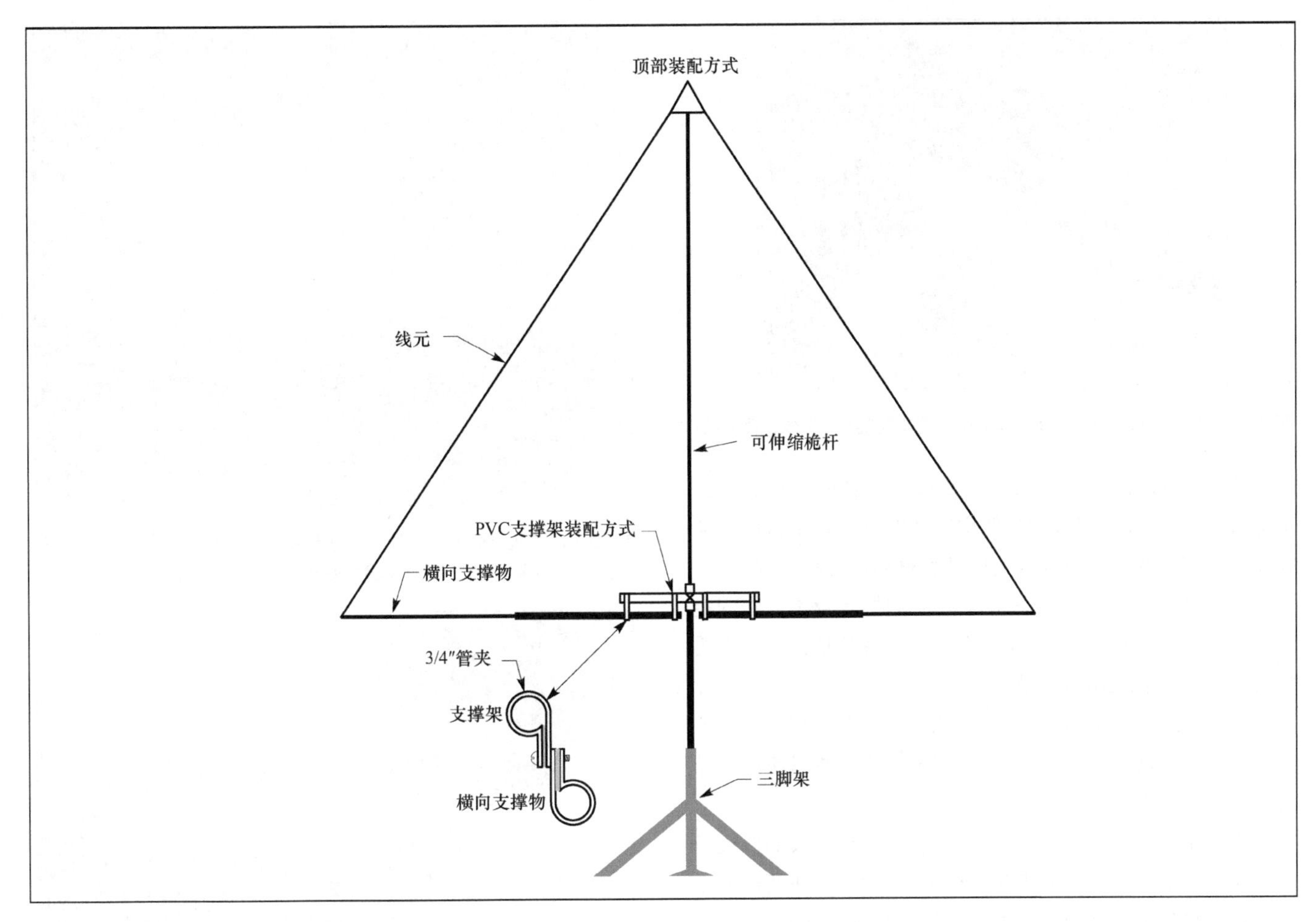

图19-5　完整倒V天线的一般结构。

在20～10m波段，线单元的长度如表19-4所示。最后的测量和调整可借助天线分析仪或SWR桥来完成。

表19-4　　线元半长

波段（m）	设计频率（MHz）	长度
20	14.175	16′ 6½″
17	18.1	12′ 11½″
15	21.175	11′ ⅝″
12	24.94	9′ 4⅝″
10	28.4	8′ 2⅞″

安装天线时，将馈点安装在桅杆的顶部。作者发现桅杆的最上面一段太脆弱，不足以支撑天线，因此他将最上面一段缩到下一段中以增大强度。馈点将随桅杆的逐段伸长而上升，从而使馈线固定在桅杆上。

19.1.4　便携式鞭形偶极子天线

图19-6所示为一种典型的鞭形偶极子天线，该天线使用一对移动鞭形天线构成了负载偶极子。该设计最初由Ron Herring（W7HD）于2003年5月发表在《QST》上。此种类型的天线可工作在移动鞭形天线所对应的任意频段。由于这种偶极子天线的高度较低，因此可用于紧急通信的夜视操作中，具体可参考Robert Hollister（N7INK）于2005年1月在《QST》上发表的文章。（两篇文章都可以在参考文献部分找到。）

图19-6　使用一对移动鞭形天线制作而成的便携偶极子天线。安装支架可以按文章中介绍的方法自制，也可以从移动天线材料供应商处购买，可以使用任何合适的桅杆。

图19-7　自制偶极子中心支架。其上连接有木制桅杆、天线和传输线。

图 19-8　中心部分长度固定，两端接可伸缩鞭形天线的便携偶极子天线。可通过调节鞭形天线的长度来调整谐振频率。

图19-9　连接有伸缩鞭的天线一侧。

移动鞭形天线的安装支架可以按照文章的介绍自制。支架如图 19-7 所示。可以使用任意的 3/8-24 线鞭形天线。类似支架也可以直接从移动天线用品和材料供应商处购买。

对天线桅杆的唯一要求就是足够牢固，能够将天线固定在头部以上的高度处：8～10 英尺。作者使用的是一种木质桅杆，喷漆撑杆或电视塔节也可以。

作为鞭形天线的组合天线，该天线可工作在移动鞭形天线对应的任意频段。可使用合适的螺栓和大的焊盘将线单元连接到 3/8-24 线的过孔上。

图 19-8 所示的天线与使用鞭形天线制作而成的偶极子天线类似。不同之处在于其中心部分长度固定，在两端附加了两根可伸缩的鞭形天线。中心部分使用铜管和 PVC 管制作而成。在较低频段，通过负载线圈将中心部分与鞭形天线进行连接。该设计最初由 Clarke Cooper（K8BP）于 2007 年 5 月发表在《QST》上（见参考文献）。

该伸缩鞭（由 MFJ 公司生产，型号为 MFJ-1954）完全展开时长度可达 10 英尺（见图 19-9）。制作一张频段与长度的对应表，可帮助操作者迅速地将天线调整到需要的工作频率。该天线经测试可工作在 20～10m 波段，使用更短的鞭形天线还可工作在 6m 波段。通过使用更多匝数的负载线圈，工作在 30～40m 波段也是可能的。

与前面介绍过的天线一样，在所有组件中对支撑桅杆的要求并不高——唯一要求就是要足够高，能将天线固定在头部以上的高度。作者使用一种折叠式便携泛光灯基座来固定桅杆。

19.2　垂直天线

在便携式操作中，常常见到垂直接地平面天线的各种变种，它们相比水平偶极子天线要简单一些。垂直天线甚至已经安装在手杖中，用于“步行者移动活动”——一种与许多优秀的 QRP 电台相关的日益流行的活动。越来越多的业余爱好者使用中国式背包军用收音机，该收音机内置垂直鞭形天线，性能优越。（详细信息请参考 hfpack.com。）

垂直天线可以安装在地面上（如果它们能自行支撑），也可以通过一根线悬挂在树木或其他合适的支撑物上。到底能多简单，在很大程度上取决于构成接地平面天线“遗失的一半”的接地系统的质量。（更多信息请参考“地面效应”一章。）恰当的接地系统将降低便携天线系统的损耗，并提高其性能。

19.2.1　安装在树上的 HF 接地平面天线

安装在树上的垂直极化天线造价不高，且不引人注目，并能够根据需要工作。这种天线在 Chuck Hutchinson（K8CH）

于 1984 年 9 月在《QST》上发表的文章中进行了介绍（见参考文献）。此外，由于远离地面，且安装了地网线，它的地面损耗将被降低。

天线本身很简单，如图 19-10 和图 19-11 所示。一根 RG-59 型电缆在天线馈点处与一个陶瓷绝缘子相连。两根平衡地网线被焊接在编织在此点处的同轴线上。另一根电线即天线的辐射单元。辐射单元的顶部悬挂在树枝或其他合适的支撑物上，用以支撑天线的其他部分。

正如“偶极子和单极子天线”一章中所介绍的，天线的 3 根导线的长度都是 λ/4。这通常限制了天线在便携式操作中的实用性——只能工作在 7MHz 和更高频段，因为很难找到 35 英尺或 40 英尺高的临时支撑物。在 3.5MHz 频段要获得令人满意的操作效果，辐射单元可采用倒 L 结构——如果你能克服随之产生的天线架设中的困难。

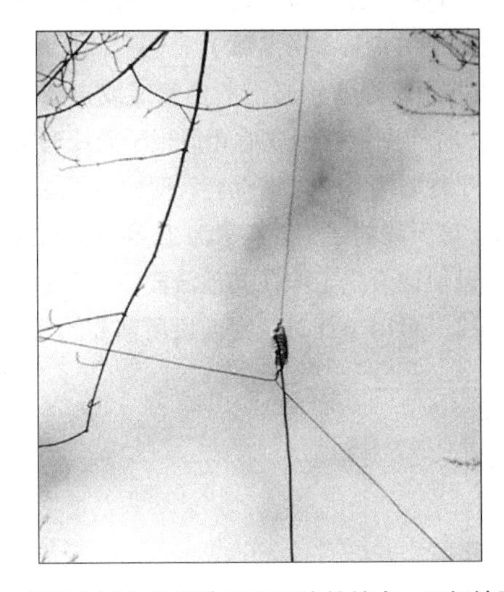

图19-10　安装在树上的接地平面天线的馈点。两根地网线的外端可连接到断桩或其他方便的点上。

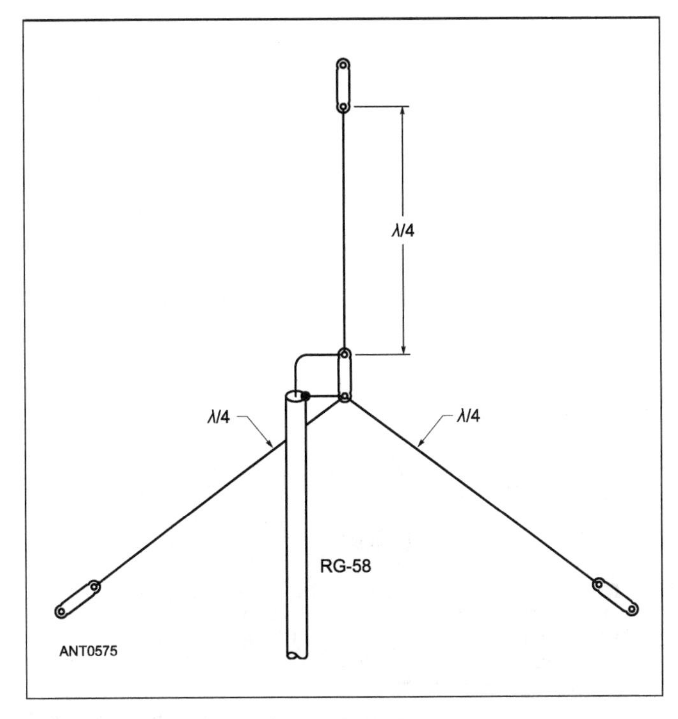

图19-11　安装在树上的接地平面天线的尺寸和结构。

同轴电缆屏蔽层的外表面将与天线发生耦合，并可能携带较大的共模电流。该电流将像天线一样再辐射出一个信号。通常并不会引起问题，除非该电流扰乱了发射机的操作。可使用扼流巴伦来减小馈线上的共模电流，详见“传输线耦合与阻抗匹配”一章。

悬挂在树上的垂直天线也可作为不可见天线在固定站应用中使用。可以挖一些浅沟槽来掩埋同轴馈线和地网线。辐射单元本身很难被看到，除非你刚好站在天线所在的树旁边。

19.2.2　HF 垂直旅行天线

Phil Salas（AD5X）于 2005 年 7 月在《QST》上发表的文章中介绍了一种易于安装和运输的垂直天线。该天线可以拆分成多个零部件，包括几段桅杆段、一个中心负载线圈、一根短的可伸缩鞭，以及一个小的底部支撑架。安装好后天线总高约为 16 英尺，可工作在 60～10m 波段。（有关该天线设计的更多信息请参见参考文献中作者的两篇文章。）

图 19-12 所示为已经组装好的天线，图 19-13 中作者手中拿的是整套的天线元件，所有元件尺寸都不超过 20 英寸。该天线的接地系统包含至少 6 根#22 AWG 绝缘地网线。正如作者注意到的，绝大多数规格的电线都可以用作地网线，无论绝缘与否。更多的地网线将使接地系统的性能得到提升。如果天线可以安装在铁丝网栅栏之类的金属结构上，地面损耗将减小。

图19-12　安装在作者前院中的完整天线系统，总高约为16英尺。

图19-13　作者手中为所有的天线组件。

该天线设计的目标是便于安装和拆卸，但是也不要忽略对牢固的要求，用于连接各种地网线和跳线的天线引线接线片需要焊接在系统上。在小天线中，电阻损耗将消耗一定量的信号功率。

要求在强风中天线也能保持固定。作者使用了 3 种长度的轻型尼龙线来固定天线，鱼线也能很好地工作。作者还介绍了一种适配器，它可以将天线安装在一个标准的 3/8-24 移动安装架上，以便静止时可以使用。该天线的强度使得它不适合在移动状态下使用。

19.2.3　车载紧凑型 40m 环天线

一旦移动台处于静止状态，它就变成了便携式电台，天线的选择就变得更加灵活。此时，相比考虑如何在高速状态下保持天线工作，可以更多地考虑效率方面的优化。高度限制一般也可以放宽。John Portune/W6NBC 设计了一种比移动天线效率更高的电小环天线。有关该天线的介绍发表在 2007 年 3 月《QST》上。该天线也可以在需要“低调”的场合作为固定站使用（见参考文献）。

该天线并不是通常意义上的由管道或电线围成一圈形成的环天线。将一副铜管制成的短偶极子天线弯折成一个矩形环，并在开路端接一个调谐电容，便构成了这种天线。图 19-14 给出了该天线的结构。其宽为 71 英寸，高为 85 英寸。改变尺寸可以使该天线工作在其他波段。文章提供了一个电子表格的链接，可用于计算给定波段所需要的尺寸。

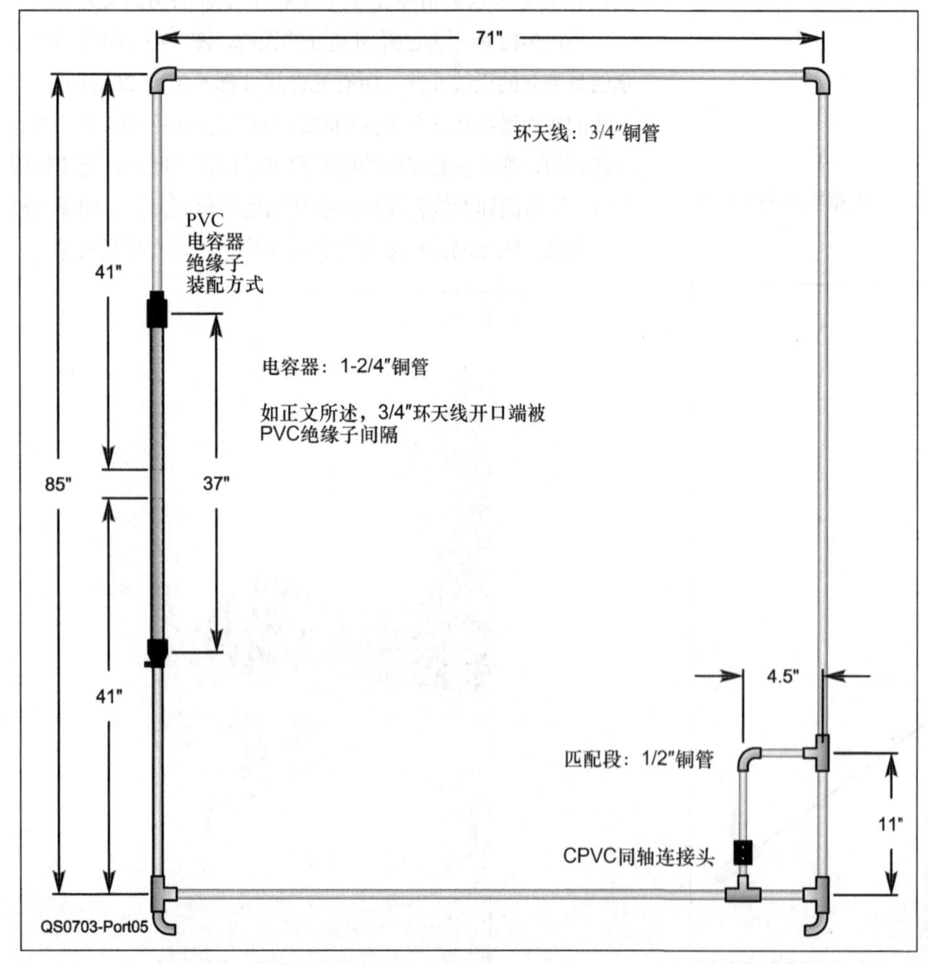

图19-14　调谐电容和环天线组装细节。

图19-15　安装在作者皮卡上的环天线。

调谐电容使用两根同心铜管制作而成，管间介质为空气。馈点处接类似于γ匹配的匹配组件。图 19-15 所示为安装在作者的皮卡上的环天线。移动时，天线被降低到水平位置并加以固定。

该天线避免了一些与接地平面垂直天线相关的地面损耗，因此根据其电模型估计，它的效率约为全尺寸偶极子天线的 70%。与所有电小环天线一样，该天线的带宽很窄，约为 10kHz。上下滑动电容外面的铜管可以对天线进行调谐。发射信号时不要试图调节环天线，因为此时电容开路端上的电压高达几千伏特，即使发射功率只有 100W。作者使用了一个自动调谐器和一圈 RG-8X 同轴电缆（长 25 英尺）。自动调谐器可将环天线的工作频率调节为频带中心频率。

19.3 波束天线

简单的水平天线和垂直天线很轻，在便携式操作中也易于使用，如果能再具有一定的增益和方向性就更好了。虽然全尺寸三波段八木天线或方形天线在大多数便携式操作中都可以使用，但是更小尺寸的天线的成本较低，安装也相对比较容易，同时仍能提供良好的性能。在 HF 的高频段和 VHF 波段尤其如此。

19.3.1 便携式 6m 波段二单元方形天线

这种天线的介绍最早出现在 Markus Hansen/VE7CA 在《The ARRL Antenna Compendium, Vol 5》上发表的文章中。多年来他的系统一直工作在 HF 波段，但自从建立了波长 6m 的天线系统，并发现了开车到高山峰顶进行操作的乐趣之后，他变得热衷于 VHF/UHF 波段的操作。在这种操作中，天线不仅必须是便携式的，还必须易于组装和拆卸，以便能够迅速地移动到另一更好的位置。原版书附加光盘文件中还提供了一篇介绍三单元 6m 八木天线的文章。

该设计的主要目标是利用能在任一小镇上找到的材料构建出一副二单元方形天线。该天线系统中不应该使用复杂的匹配网络。当你在田地中安装和拆除天线时，方形天线中常用的γ匹配网络将无法保持良好的状态。最终的设计中，通过调节驱动振子和反射振子之间的距离，使天线自身的馈点阻抗为 50Ω。图 19-16 所示为安装在家用车旁边的方形天线。

图19-16 VE7CA和他的安装在家用车旁边的二单元6m方形天线。

图 19-17 给出了主梁以及主梁到桅杆的支架的尺寸。主梁使用长为 27 1/4 英寸的 2×2 的材料制作而成——你能找到的任何材料都可以，但首选重量轻的木材，因此杉树或松树比较理想。主梁到桅杆的支架使用 1/4 英寸的杉木胶合板制作而成。

使用 1/2 英寸的销子做横撑——玻璃纤维是理想的材料，但不一定能在当地找到。在横撑两端套上塑料管，以保证横撑和电线间绝缘。

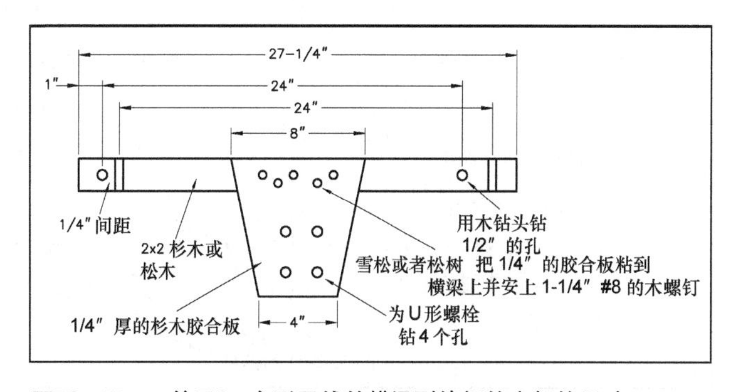

图19-17 二单元6m方形天线的横梁到桅杆的支架的尺寸。

VE7CA 使用裸露的#14 AWG 硬拨绞合铜线制作天线振子。除非你愿意通过实验来确定天线振子的长度，否则不要使用绝缘线来制作天线振子，因为绝缘材料将使每根振子略微失谐。从馈点开始计算，反射振子的最终周长为 249 英寸，激励振子为 236⅝英寸。

作者使用 RG-58 同轴电缆做馈线，因为它比较轻。在便携式天线中馈线所需的长度通常不是很长，约为 20 英尺，因此即使使用的是小尺寸的电缆，损耗也不会很大。在靠近馈点处，将同轴电缆按内径（2 英寸）绕 6 圈，可以截断同轴电缆屏蔽层外部中流动的 RF 电流。

通过两个 U 形螺栓将主梁到桅杆的支撑架同桅杆连接在一起。方形天线建好后，环的形状一般呈菱形，底部馈电为水平极化天线。桅杆包含两根 6 英尺长的销子，它们与一根 2 英尺长的 PVC 塑料管连接在一起。连接时使用的是木螺钉。

19.3.2 20m/15m/10m 三波段 2 单元八木天线

Markus Hansen/VE7CA 于 2001 年 11 月在《QST》和《The ARRL Antenna Compendium, Vol 7》上发表的文章中介绍了这种便携式 HF 八木天线。对于该 2 单元 20m/15m/10m 八木天线的要求是能够比较容易地用汽车运输。该天线包含 3 个独立的偶极子激励振子，分别对应 20m、15m 和 10m 波段，这 3 个激励振子连接到同一个馈点上。此外，还包含 3 个独立的反射器，如图 19-18 所示。振子被串在两根 2.13m（7 英尺）长的、2×2 英寸的木制横撑之间。（原版书附加光盘文件中还有一篇介绍 2 单元 30m/17m/12m 八木天线和 2 单元 40m 八木天线的文章。）

所有波段的馈点阻抗相同时，发夹匹配器的短路棒允许使用单一的设置。实际结果也表明在每个波段的低频部分可获得很好的匹配。发夹匹配器是匹配系统中最容易制作的一种。它很容易调整，因为完全由电线制作而成。拆卸天线时，它可以盘绕在天线的其他部分上。对于反射器位于激励振子后面 0.1λ 处的八木天线，其馈点阻抗通常表现为 20Ω左右。通过缩短原长为谐振长度的激励振子的长度，馈点阻抗除电阻外将增加容性电抗。这可以通过在馈点处加分流电感来抵消。电感的形状为类似于发夹的电线环。由此实现了馈点电阻从 20Ω到 50Ω的变换。

图 19-19 所示为 10m/15m/20m 三波段八木天线的发夹匹配器和共模扼流巴伦。同轴电缆从中心绝缘体处开始垂直向下延伸，并与发夹短路棒的中心连接。将同轴电缆按内径（4 英寸）绕 8 圈，可制成一个扼流巴伦。该巴伦可截断同轴电缆屏蔽层外部中流动的 RF 电流，以防止天线的辐射方向图发生扭曲。由于短路棒的中心呈电中性，因此没有人以机械连接的方式将同轴馈线连接到此点上。

使用#14 AWG 线将允许本文中提到的所有八木天线工作在北美地区所允许的最大功率水平。唯一的限制因素是馈线的功率处理能力。但是，即使是 RG-58，也只应被用在从馈点到地面这一距离相对较短的范围内，在地平面处，应用 RG-8 或其他功率处理能力更高、损耗更低的同轴电缆替换。

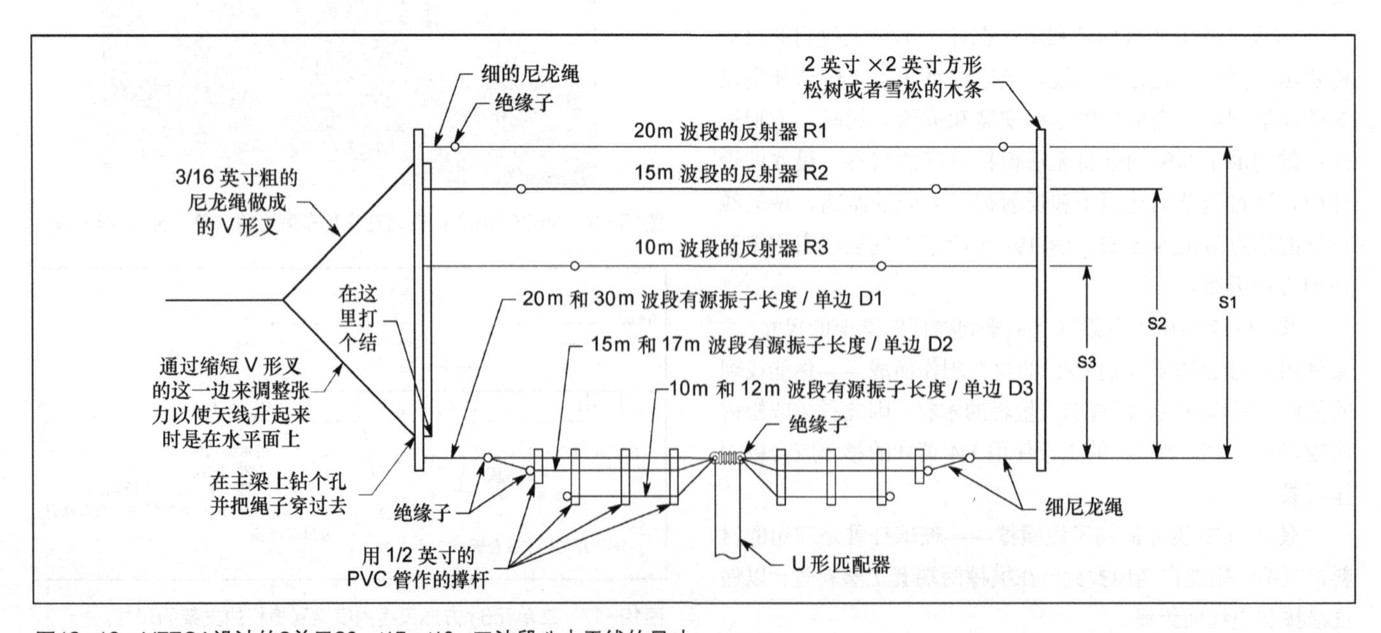

图19-18 VE7CA设计的2单元20m/15m/10m三波段八木天线的尺寸。

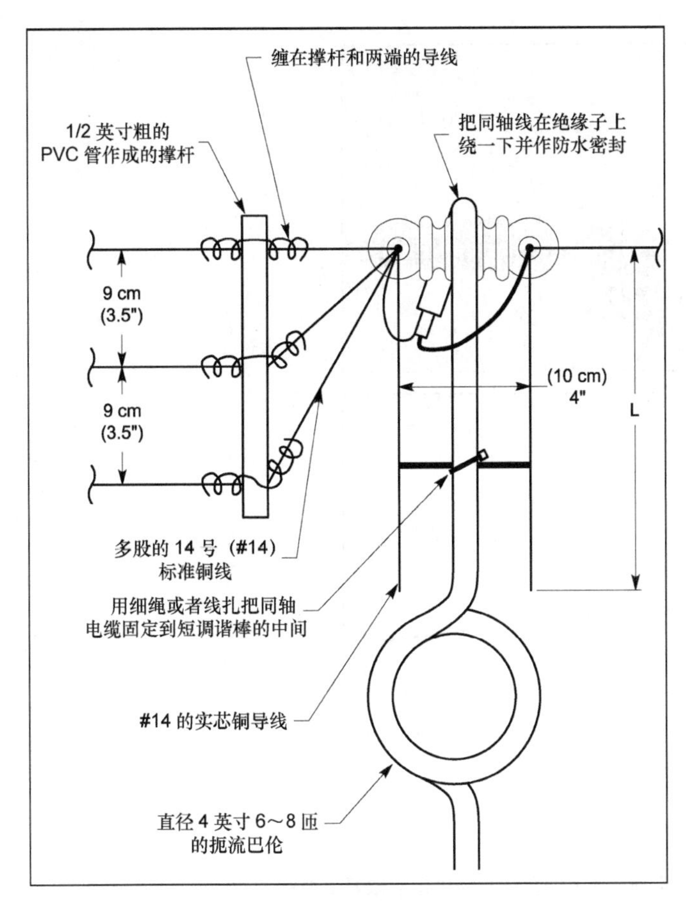

图19-19　20m/15m/10m三波段八木天线的馈点细节。

19.3.3　15m 波段 black widow 波束天线

二单元 Moxon 矩形天线(关于此天线的介绍请参考"高频八木天线和方框天线" 一章）常被用在单带八木天线中，因为它可以减少整体的单元长度。在 Allen Baker（KG4JJH）的设计中，线型 Moxon 矩形天线被悬挂在玻璃纤维制成的钓竿之间（见参考文献）。

图 19-20 所示为安装好的天线。钓竿安装在一个中心轮轴上，由于钓竿末梢产生的张力，方形天线得以固定。图 19-21 所示为天线的基本结构示意图。图 19-22 所示为天线拆卸开来的状态。

图19-20　安装在钓竿上的15m波束天线。

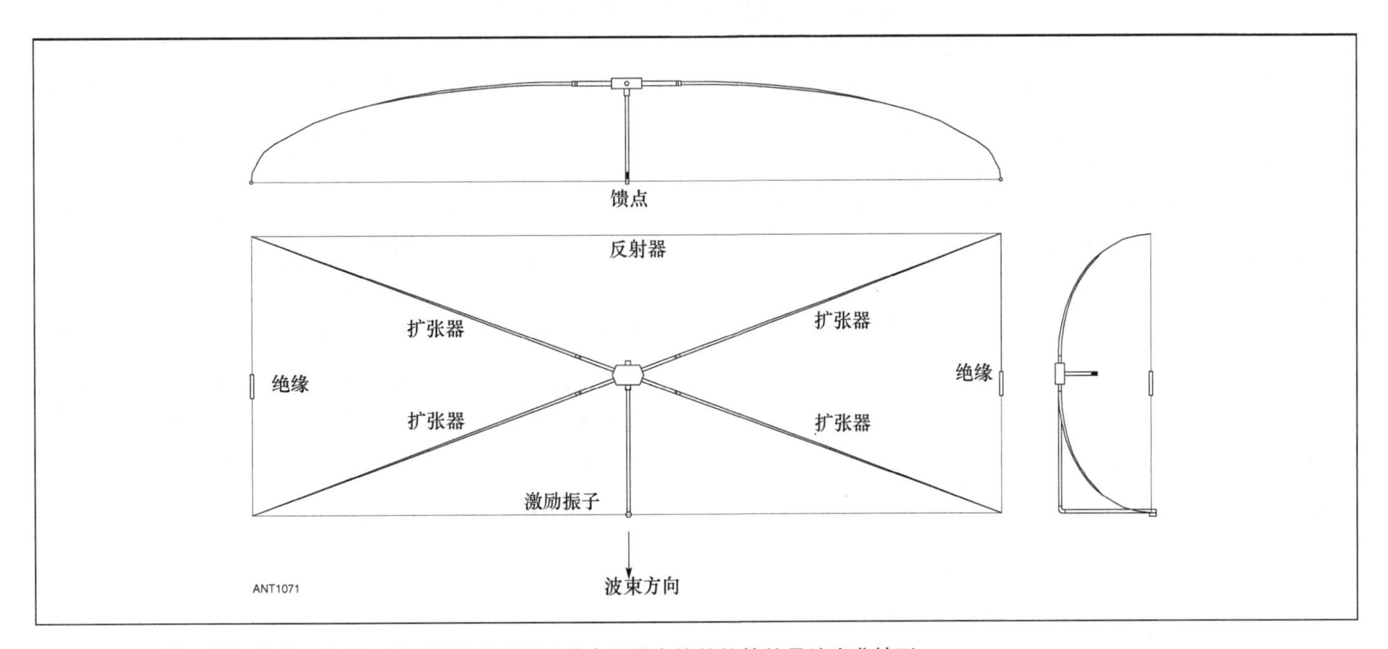

图19-21　天线及其组件的示意图。侧图近似反映了连接有天线电线的钓竿的最终弯曲情形。

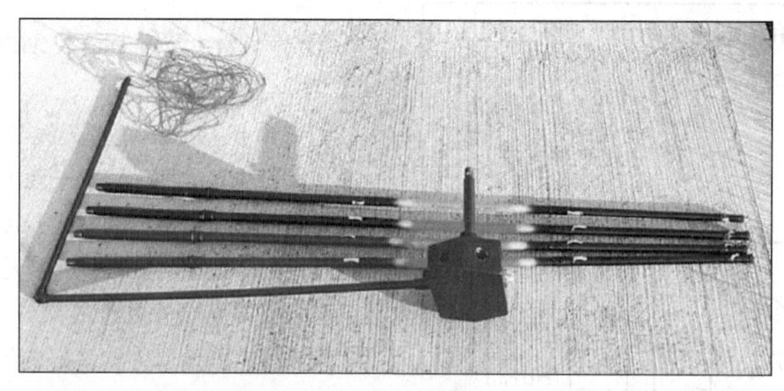

图19-22　天线拆卸后的主要组件——横撑、轮轴、馈线支撑架和线单元——该天线系统已经为运输做好了准备。

模拟天线的性能，发现当天线安装在15英尺高度处时，其增益为9dBi，安装在23英尺高度处时增益为10.5dBi。在整个15m波段，组装好的天线的SWR在1.2∶1到1.3∶1之间。

19.4　便携式桅杆和支撑架

在便携式操作中，有好几种方案可用来支撑天线。对于电线制成的HF天线，最常见的支撑物可能是作业现场的树木（见“天线和天线塔建造”一章）。如果是临时使用，可使用轻型桅杆，例如日益流行的可伸缩玻璃纤维和高度可达80英尺的铝模型。拉索安装恰当的铝合金伸缩梯，也可作为Field Day应用中的桅杆使用，具体请参考原版书附加光盘文件中的相关文章。去一趟五金店还可以找到其他几种方案，例如漆杆及其他可伸缩柄。

管状支撑桅杆通常使用尼龙线或鱼线作拉索。方案相当简单，但至少需要3个拉点，这使得一个人操作比较困难（更多信息请参考“天线系统和天线塔建造”一章）。也有其他方法可以选择，例如使用装满混凝土或沙的桶来固定桅杆，如图19-23所示。

在新设计或军事设备中，多个铝段构成的桅杆使用也很广泛。Bob Dixon（W8ERD）于2011年6月在《QST》上发表了一篇文章，文中展示了如何使用桅杆三脚架构建一个可上升到40英尺高度的牢固的桅杆。图19-24描绘了各部分的连接方式，包括拉索。由于这种桅杆是从底部一段一段组装起来的，因此，相比其他需要从水平位置拉起并放在基座中的桅杆，把它竖立起来的操作要容易得多。

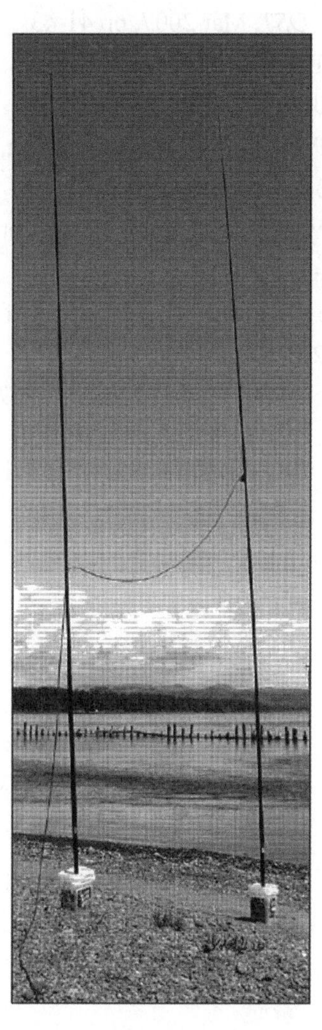

图19-23　将一个5加仑的塑料桶装满沙和石子（其重量为40～60磅），可制成玻璃纤维桅杆的坚实基座。

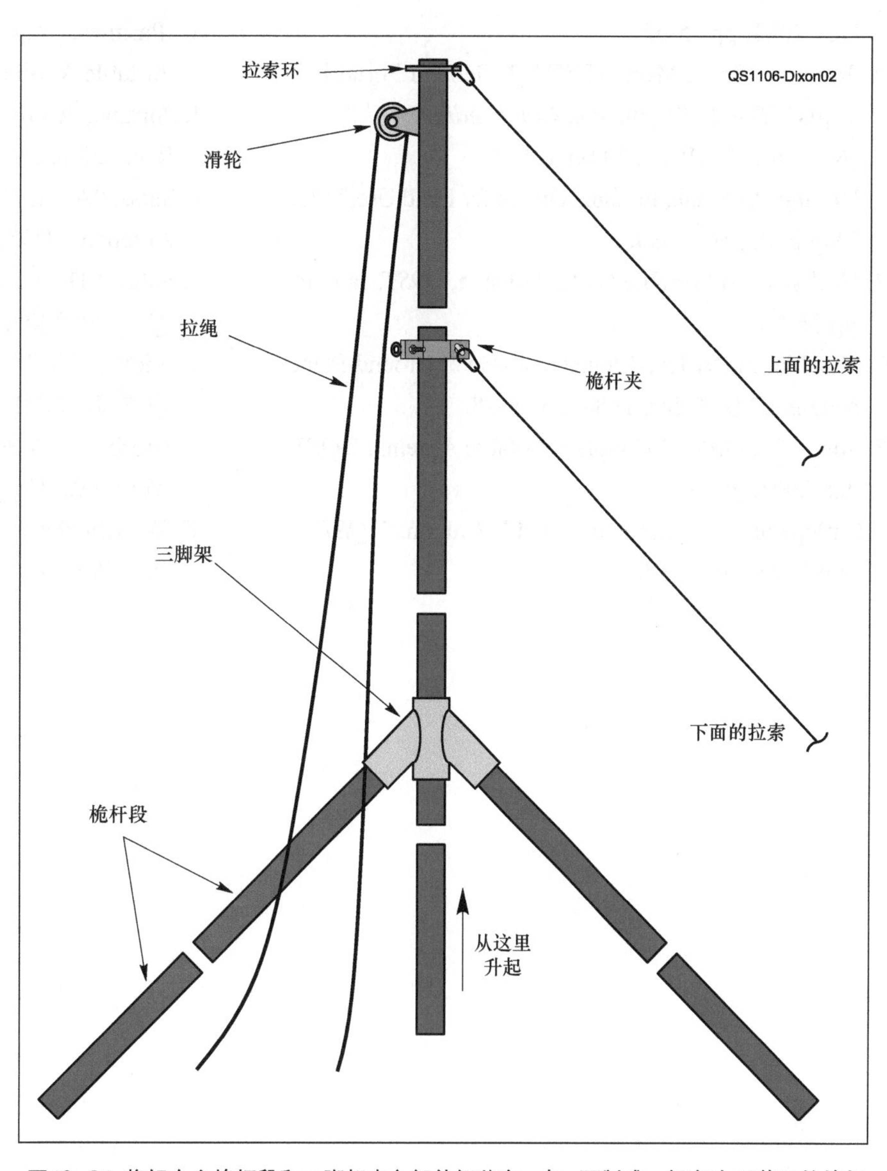

图19-24 将铝合金桅杆段和三脚架中心部件组装在一起，可制成一根高达40英尺的桅杆。

19.5 参考文献

A. Baker, "The Black Widow — A Portable 15 Meter Beam," *QST*, May 2003, pp 35-39.

L.B. Cebik, "Two Hilltoppers for 10 Meters," *ARRL Antenna Compendium, Vol 6* (Newington: ARRL, 1999).

C. Cooper, "Super Duper Five Band Portable Antenna,",*QST*, May 2007, pp 34-36.

R. J. Decesari, "A Portable Quad for 2 Meters," *QST*, Oct 1980, pp 26-28 and "Portable Quad for 2 Meters, Part 2," Technical Correspondence, *QST*, Jun 1981, pp 39-40.

D. DeMaw, "A Traveling Ham's Trap Vertical," *QST*, Oct 1980, pp 28-31.

R. Dixon, "A One Person, Safe, Portable and Easy to Erect Antenna Mast," *QST*, Jun 2011, pp 30-32.

D. Fisher, "Supporting Portable Antennas Without Guy Wires," *QST*, May 2011, pp 30-31.

J. Hall, "Zip-Cord Antennas — Do They Work?," *QST*, Mar 1979, pp 31-32.

M. Hansen, "A Portable 2-Element Triband Yagi," *QST*,

Nov 2001, pp 35-37.
M. Hansen, "Some More VE7CA 2-Element Portable Yagis," *The ARRL Antenna Compendium, Vol 7,* (Newington: ARRL, 2002), p 183.
R. Herring, "A Small, Portable Dipole for Field Use," *QST*, May 2003, pp 33-34.
R. Hollister, "A Portable NVIS Antenna," *QST*, Jan 2005, pp 56-58.
C. Hutchinson, "A Tree-Mounted 30-Meter Ground-Plane Antenna," *QST*, Sep 1984, pp 16-18.
R. Johns, "A Ground-Coupled Portable Antenna," *QST*, Jan 2001, pp 28-32.
J. Littlepage, "A Portable Inverted V Antenna," *QST*, Jun 2005, pp 36-39.
W. Parmley, "Zip Cord Antennas and Feed Lines for Portable Applications," *QST*, Mar 2009, pp 34-36.
J. Portune, "Compact 40 Meter HF Loop for Your Recreational Vehicle," *QST*, Mar 2007, pp 41-43.
P. Salas, "A Simple and Portable HF Vertical Travel Antenna," *QST*, Jul 2002, pp 28-31.
P. Salas, "The Ultimate Portable HF Vertical Antenna," *QST*, Jul 2005, p 28-34.
R. Victor, "The Miracle Whip: A Multiband QRP Antenna," *QST*, Jul 2001, pp 32-35.
P. Voorhees, "A Portable Antenna Mast and Support for Your RV," *QST*, Sep 2010, pp 34-35.
C. W. Schecter, "A Deluxe RV 5-Band Antenna," *QST*, Oct 1980, pp 38-40.

第 20 章

隐形和有限空间天线

今天，无线电爱好者们的最大挑战是如何架设一副有效的天线。对许多家庭来说，对于天线架设都有严重限制，甚至禁止任何形式的外部天线。如果是公寓，环境限制将更大。旅行中的爱好者们在每一站都会面临新的挑战。不过，前人们仍然总结出了在业余无线电领域如何在没有天线塔和高的电线的情况下架设天线的方法。在 Steve Ford（WB8IMY）所著的《ARRL’s Small Antennas for Small Spaces》一书中，对如何在给定的环境条件下架设最好的天线进行了探讨。这样的天线可能仅仅是位于阁楼中或者悬在高层窗口上的一根电线，但是你已经可以使用它进行大量通信了。事实上，Joe Gregory（W7QN）已经搬入了一处公寓，在那里，他仅仅靠一副夹在阳台栏杆上的移动天线进行了数千次的通信。愉快地进行业余无线电通信——即使是 DX——是完全可能的，即使没有传统的“铝农场”。本章将主要探讨这一点。

本章的材料大部分来自 WBBIMY 的著作（前文提到过）和 Steve Nichols（G0KYA）所著的《RSGB 隐形天线》一书。此外，有几个项目参考了《QST》上的相关信息和其他一些资料。本章的目标不是让你能够精确地复制这些设计。请把它们作为适应自身实际环境的起点，学习如何在实际设计中利用可用的资源进行工作。在“便携天线”一章中你还可以发现一些有趣的信息。

介绍这些设计的目的是要激发读者的想象力和创造力。在了解这些天线设计的过程中，请思考在你自己电台上类似的方式和方法将如何实现。也许这些天线可以回答“天线 X 在我的情况中能工作么”这个问题。放飞你的想象吧！

一旦选定了某种设计，接下来就需要进行试验和调整了。“天线和传输线测量”一章中介绍过的天线分析仪在该类型的天线建造过程中将极为有用。

20.1 安装安全

为什么一开始就讨论安全问题？这是因为比起传统的安装在树上的偶极子天线，此时你的天线将离电源线和电力配线近得多。另外，比起安装在室外地面上空的天线，此时你和你的家人甚至邻居将离天线近得多。ARRL《业余无线电手册》包含了电气、RF 和接地安全有关的附加信息。

20.1.1 电气安全

在安装甚至设计天线之前，请检查你家和周围的电源线，包括将家用电压传输到你家的电线。不要将电源线误认为有线电视电缆或电话线。在建筑物屋顶工作时，在建筑物边缘上或窗外降低电线和电缆高度时，你、电线或者电缆都有可能处于危险的，甚至致命的电压下。因此，出于安全考虑，有以下几条原则需要遵守：

■ 所有物品时刻远离电源线：包括桅杆、木杆、梯子、工具和天线等。如有疑问，请立即停下来。碰到任何与电源线相连的（即使传导能力很弱）导电物品，你都有可能触电。电压较高时，传导物的电导率并不需要很高，就能产生对人体来说危险的电流。

■ 天线和桅杆与电源线或电力服务线路的距离不能小于 10 英尺。如果要移动天线或降低天线的高度，请使用新安装的电源线，或者调整原有电源线的位置。

■ 不要假设所有电源线都是绝缘的—— 一旦发生意外，都可能是致命的。

■ 不要使用玻璃纤维和木杆作绝缘子。

■ 了解触电急救的方法，如果可能，不要独自一人工作。

安装室内和其他隐形天线时总是需要在墙上和天花板上钻孔及安装紧固件，在进行此操作前，请确保操作过程中你不会碰到电线、水或煤气管道。如果存在疑问，请立即停下来，并寻求专业人士的帮助。比起火灾或煤气及水管泄漏，花费和一点延迟并不算什么。请记住，金属管道探测器无法检测到塑料管道。

20.1.2 人身安全

你可能在喜剧小品中看到过有人将一只脚穿过天花板的情景，并为此而大笑不已，但是如果是你或你朋友的天花板，就不那么有趣了。请务必采取措施以保证工作时的安全，不要将自己置于危险的境地。如果工作地点不寻常，例如家中屋顶上，请确保家中还有其他人在，以便在你不小心被卡住或掉下来的时候能提供救援。

在顶楼或狭窄的空间（仅能爬行）中工作时，请确保有足够的照明。如果你打算经常在这些地方工作，可以考虑安装一些永久性的照明设备。无论如何，安装有荧光或 CFL 灯泡的交流“应急灯”可提供充足的光照。（白炽灯在摔落或与其他物体发生碰撞时，灯丝容易损坏。）请随身携带安装有新电池的强光电筒，因为我们不可避免地需要在阴影中工作。头戴式 LED 灯效果很好。

不要试图在阁楼的托梁上行走，这可能导致前面提到过的天花板损坏，甚至可能导致你受伤。可以在托梁上架一些木板来来支撑你的重量。同样，如果你希望经常在阁楼上工作，可以安装一些永久性的木板或夹板。

隔热玻璃棉可能引起刺激反应，因为脱落的纤维可能粘在皮肤上或者被吸入。在隔热层周围工作时，请戴好手套，穿着长袖衬衫和长裤。如果隔热层松动（不呈棉胎状或卷状），请戴好面罩。在狭窄空间中工作时，面罩也将是很好的选择，它可以防止你吸入啮齿动物或昆虫的粪便、灰尘或霉菌孢子。

如果你工作的地方是一个坡形屋顶，请使用安全带。可参考“天线系统和天线塔建造”一章中有关基本的登山安全技术和装备的介绍。

20.1.3 RF 安全

有理由假设本章中的天线离人相当近。因此，你需要考虑你的发射信号的潜在影响，评价你的电台的 RF 辐射。

评价程序——所有得到 FCC 许可的业余无线电爱好者都需要——与你想象的不同。不需要任何测试设备，也不需要向 FCC 递交任何纸面材料，不过你需要登记你的评价结果，并保存评价结果以作记录。RF 安全性评价的过程很简单，只需要在网络计算器中输入一些值进行计算，根据计算结果就可以判断电台的 RF 辐射是否符合标准。

图 20-1 所示为 Paul Evans（VP9KF）开发的 RF 功率密度计算器，该软件可以在 hintlink.com/power_density.htm 中找到。对于本章中的许多的天线，你可以假设它们的增益为 0dB。如果使用的是定向天线，请注意使用的是最大增益系数，并需要清楚天线的指向。

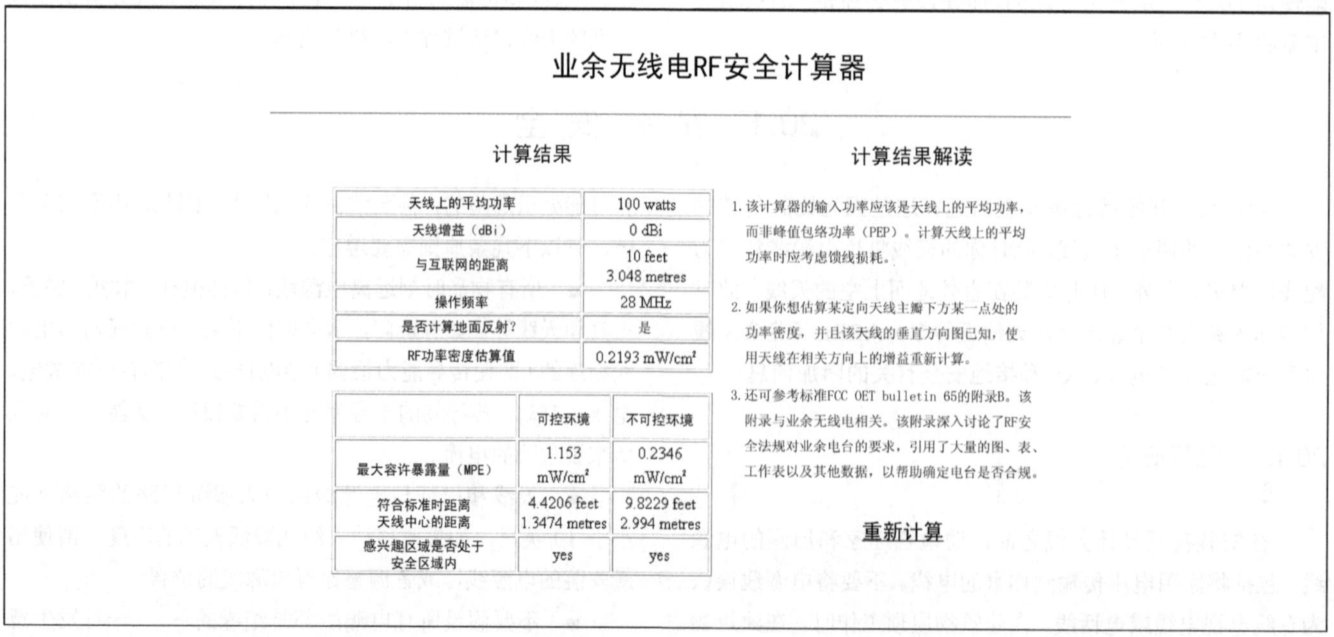

业余无线电RF安全计算器

计算结果

天线上的平均功率	100 watts
天线增益（dBi）	0 dBi
与互联网的距离	10 feet 3.048 metres
操作频率	28 MHz
是否计算地面反射？	是
RF功率密度估算值	0.2193 mW/cm²

	可控环境	不可控环境
最大容许暴露量（MPE）	1.153 mW/cm²	0.2346 mW/cm²
符合标准时距离天线中心的距离	4.4206 feet 1.3474 metres	9.8229 feet 2.994 metres
感兴趣区域是否处于安全区域内	yes	yes

计算结果解读

1. 该计算器的输入功率应该是天线上的平均功率，而非峰值包络功率（PEP）。计算天线上的平均功率时应考虑馈线损耗。

2. 如果你想估算某定向天线主瓣下方某一点处的功率密度，并且该天线的垂直方向图已知，使用天线在相关方向上的增益重新计算。

3. 还可参考标准FCC OET bulletin 65的附录B。该附录与业余无线电相关。该附录深入讨论了RF安全法规对业余电台的要求，引用了大量的图、表、工作表以及其他数据，以帮助确定电台是否合规。

重新计算

图20-1 RF功率密度计算器，作者：Paul Evans（VP9KF），链接：hintlink.com/power_density.htm。

计算器中提到了可控和不可控的环境。这指的是人们是否知道自己处于 RF 辐射中，以及能否采取措施以避免暴露在 RF 辐射中。（“天线基础”一章中对此进行了定义，并花费了大量篇幅探讨 RF 暴露和 RF 安全，更多信息还可参考 ARRL 发表的《RF Exposure and You》一书。）假设你家中和附近还有其他人，那么此时环境为不可控环境。即便如此，当发射信号为 100W 或更小，距离天线约为 10 英尺时，在大多数情况下，你的天线是完全满足 RF 辐射标准的。在 VHF 和 UHF 频段，功率相当的情况下，要超过 RF 辐射标准，与天线的距离要近得多。评价完成后请将结果打印出来作为评价记录。

20.2 天线位置

如果你的住所是一处公寓，那么先看看是否有阁楼。如果有，请先找到入口，它通常隐藏在衣柜或杂物间中。可以借助梯子和手电筒打开入口的盖子进行查看，如果能够简单、安全地进入阁楼，那么可以进去做一些测量：高度是多少？水平长度是多少？使用的是什么样的隔热材料？是填充材料还是衬纸棉絮？或者你看到的是一片片衬有反射金属材料的隔热物质？金属衬底的隔热层可以用作屏蔽层，隔离出天线所需的空间。面临的是金属建筑物或者有金属壁板和屋顶的建筑物时也需要关注这些内容。

作为测试，可以拿一台便携式收音机进入阁楼，并尝试接收信号。如果你的收音机能够接收所有的短波电台，将非常有用。在阁楼外将收音机调到你希望工作的频率附近，然后进入阁楼，看看在此频率上接收到的信号强度有没有发生变化。如果信号强度不变或者变得更强，说明你的天线在此空间中将工作良好；如果信号变弱，因为某种原因，可能不能很好地工作。在 VHF/UHF 段，可使用手持收音机进行同样的操作。

如果没有阁楼，那么看看公寓里面是否有合适的空间。有房间能够容纳一副固定在天花板上的天线吗？如果有，有多少空间可用？如果是 VHF/UHF 天线，不要忽视了窗户，尤其是当你居住在公寓一楼以上时。如果窗户安装有金属网，该金属网能拆除吗？对于定向 VHF/UHF 天线，安装在窗户上很可能可行。

请检查公寓附近的树木。如果公寓业主和物业对天线的限制很严，树木将为我们提供安装长线的可能。

如果你的住所是带院子的独栋小楼，天线位置的选择余地将大得多。请先围绕院子做一些测量。找一些方便的物体作为支撑点，例如树木，请注意这些树木相互间的距离，以及树木与房子间的距离。根据测量结果可以绘制一幅简单的地图，以帮助你制定计划。

不要忽略了屋顶。烟囱可用来支撑小型 VHF 天线，不过要注意它承受不住更大的天线的压力。你可以考虑在屋顶安装一些三脚架来支撑大型 TV 电线。（相关示例可参考“天线系统和天线塔建造”一章。）

强调创新并不意味着你不能借助传统的户外天线建造经验。浏览相关网站，阅读杂志上的文章和书籍，与其他的俱乐部成员交流经验等都会为你提供帮助。信息了解得越多，你越容易找到与你面临的特殊情况相适应的解决方案（只需要很少的试验）。

20.3 RF 干扰

因为你的天线可能安装在生活区附近，所以它可能离许多电子设备很近，包括家用电器和安防系统。实际上，天线功率在 100W（含）以上时，就应该考虑它带来的干扰了。当然，你的天线也可能受到这些设备和系统的干扰。《业余无线电射频干扰解决全方案》将为你处理《业余无线电手册》中提到的类似干扰提供很好的帮助。

当然，许多干扰问题在很大程度上是可控的：可以以较低功率工作；让天线尽可能远离你和你邻居的电子器件；掌握天线的辐射方向图，使天线的最强辐射方向远离电子器件；学习如何使用铁氧体扼流圈以保证你的信号不受其他电子设备的干扰，反之亦然—— Jim Brown（K9YC）撰写了一篇有关使用铁氧体抗 RF 干扰的在线教程（见参考文献部分）。

请特别注意，通常室内天线与周围环境中的电力线路、电话和网络电缆、安保系统线路等之间的耦合非常强。最好的解决方案是避免将天线安装在其他电力线路附近。如果实在无法避免，请使用扼流圈和其他措施减小干扰，例如 Fred Brown（W6HPH）在《Better Results with Indoor Antennas》（详见原版书附加光盘文件，光盘文件可到《无线电》杂志网站 www.radio.com.cn 下载）中介绍的“谐振断路器”。

另一选择是使用能使能量集中在较窄的频带中的调制方式，这样你可以以最小的功率进行通信。例如，Mores（CW）和各种 PSK 调制可使信号集中在不到 100Hz 的带宽内。另外，PSK 是一种恒定功率调制模式，不会使接收设备中出现忽重忽轻的声音和杂音。实际上，由于许多业余无线电爱好者受天线限制，接收设备的功率只有几瓦，因此常采用 PSK31 调制方式进行世界范围内的通信。

20.4 室内天线

20.4.1 室内 HF 线天线

在“偶极子和单极子天线”一章及“环天线”一章中介绍的基本天线可适应多种方式的安装。它们中的大多数可以被弯曲和折叠，当然你需要对这些全尺寸天线进行调整，以便能够工作在你需要的谐振频率。注意，天线折叠或卷曲得越厉害，效率将变得越低，因为此时天线各个部分产生的辐射越有可能相互抵消。尽可能使天线保持在一条直线上。

常见的半波偶极子天线的可塑性很强，如图 20-2 所示。频率为 14MHz 时，它的长度约为 33 英尺，经过折叠弯曲后可以适应不同的房间、屋顶或屋檐，以及走廊等。功率较低时，可使用很细的金属线进行天线制作，例如#30 AWG 实芯绕丝金属线——这种线的颜色很多，可选择合适的颜色使天线与环境融为一体。可使用胶带或钩子将天线固定在墙或天花板上。图 20-3 所示为使用梯形线进行馈电的多带天线。你也可以使用 FM 广播天线中使用的 300Ω双芯线。

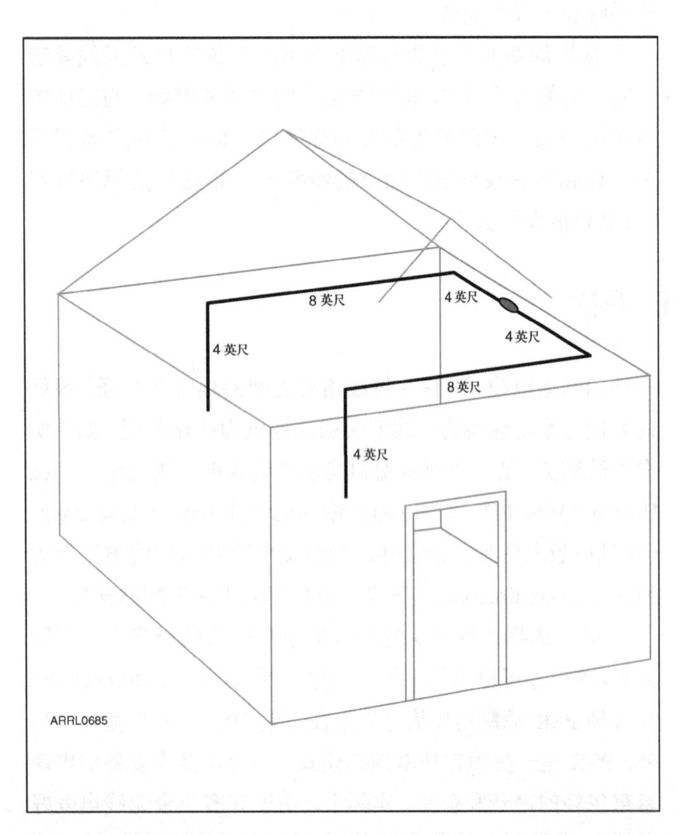

图20-2　经过折叠后可安装在一个小房间中的20m（波长）偶极子天线。

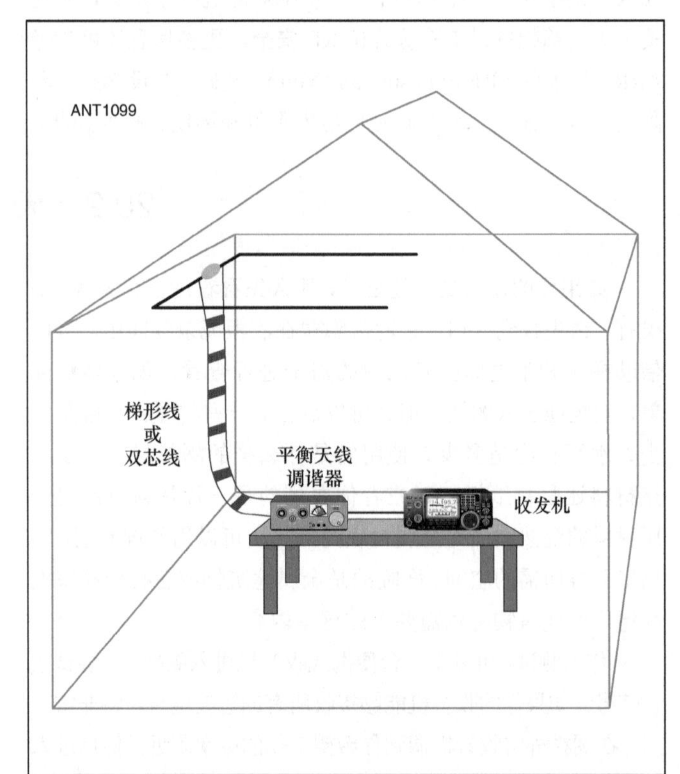

图20-3　安装在天花板上的、使用梯形线或双芯线进行馈电的多带偶极子天线。与调谐偶极子天线不同，该天线的长度并不关键。根据经验，在空间允许的条件下使偶极子天线的每根导体都尽可能长，并确保两根导体的长度一致。

弹簧天线

如果将天线折叠后其效率将降低，那么卷起来会怎样呢？这与使用螺旋弹簧玩具作为天线元件时的情形相同。W7ZCB 在 1974 年 10 月发表的一篇《QST》文章中首次介绍了弹簧天线（请见参考文献部分和原版书附加光盘文件）。该天线是由两个螺旋弹簧玩具制成的偶极子天线，两边往外伸展直到发生谐振。W7ZCB 的天线可工作在 80m、40m 和 20m 波段。根据报道，标准的 1/4 波长弹簧天线在波长为 40m 处发生谐振时，其伸展长度约为 7.5 英尺，因此相应的全尺寸半波偶极子天线长度将在 15 英尺左右。如果你要制作这类天线，注意选取金属类型的玩具，因为它还有塑料版。

也可以使用环形天线，只要它们不比一个波长小太多。（非常小的发射环天线将在本章后面部分介绍。）图 20-4 所示为一个安装在天花板上的、使用低损耗梯形线或双芯线馈电的多带环天线。使环尽可能大，以便在要求的最低频率上也能有效工作。环天线也可以安装在阁楼上，下一节我们将对此加以介绍。

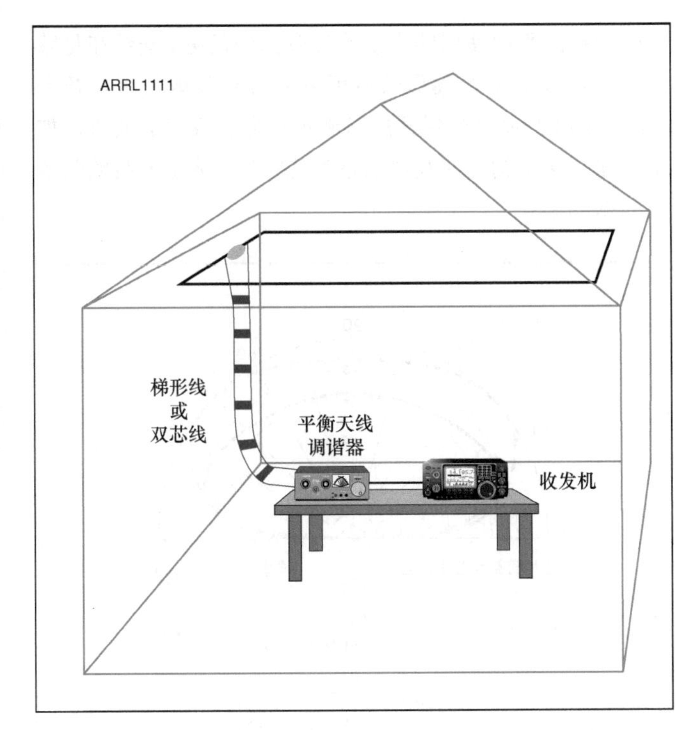

图20-4 安装在天花板上的环天线。该天线使用平衡馈线进行馈电，带有调谐器，可工作在多频带。

倒 V 型天线可以安装在阁楼或位于尖顶下的卧室中。馈点位于尖顶处或尖顶附近，天线导体从屋顶托梁位置一直延伸到地板托梁处。双带倒 V 天线的每组导体间平行连接，组内两根导体相互垂直。如果阁楼的取向满足要求，20m 或更高频段时也可使用倒 V 八木天线。

如果你的工作空间类似阁楼，要将金属线固定在木架和托梁上，最简单的的方法就是用一根类似电视电缆的塑料同轴电缆将其别住。不要直接将裸线或漆包线固定在木头上。PVC 绝缘线可直接固定在木质支撑物上。

要将馈线从阁楼连接到发射机上，你需要在内壁上钻一个孔，馈线可通过此孔从墙柱间往下拉。出于安装专业性的考虑，接下来你可以安装一个“老”的电箱和一个合适的塑料盖板。馈线和交流电线或交流电线管道不要使用同一个孔，那样做不仅不安全，还会增大 RF 干扰的可能性。

室内隐形天线

Ted Phelps（W8TP）在《The ARRL Antenna Compendium, Vol 7》上发表了一篇文章，该文章介绍了他的安装在阁楼上的环天线，该天线带有自动调谐器。下面是这篇文章的缩略版。

如果你沿着我家所在的街道（位于 Newark, Delaware 的 Whitechapel）向前开，并试图通过寻找我的天线位置来找到我家，那么你不会成功。即使已经停在我的公寓前了，你也不会发现任何迹象，因为我的多带天线是完全隐藏起来的，它位于我们家（1999 年完成的一个小型老年社区中的二居室公寓）的阁楼上。

搬家之前，我就仔细考虑过可能需要的天线类型。我已经知道永久性的室外天线是不可用的，因为地产和社区条例不允许。因此，在签销售合同之前，我列了一些条款——这些条款中特别提到了业余无线电和在我的新的生活区中建站点的需求，如果这些条不能满足，我就不搬，我一生的爱好绝不能受到严重限制甚至被禁止。

因此，已经可以确定，如果要继续开展我的业余无线电事业，我需要安装一副性能与一般室外系统一样好的室内天线。到底需要什么样的室内天线呢？在 Ohio，我尝试过位于阁楼中的、用#14 AWG 线制作的水平极化偶极子天线，但是工作得不太好——距离地面太近了。

我了解到有一种高科技的远程天线，该天线使用带有微处理器的天线耦合器进行调谐。我从两个美国制造商那里找到了这种自动调谐器，其价格也在合理范围内。虽然搬家提前了几个月，我还是成功购买了一个由 SGC 公司制造的型号为 SG-230 的天线耦合器，以便在 Delaware 使用。

图 20-5 所示为我隐藏起来的环天线的最终尺寸。它是一个单匝矩形环天线，竖立在南北向的垂直平面中。天线制作时使用了近 78 英尺的带有 PVC 护套的#6 AWG 飞机初级导线。矩形环的下面两个角保持绷紧，上面两个角处使用滑轮和拉绳进行支撑。由于该天线为垂直极化天线，因此它的小角度辐射相当不错。顺便说一下，我之所以使用#6 AWG 这么粗的线，是因为从我女婿那里可以很容易地获得这种线。

图 20-6 所示为我的公寓。请注意狗舍的天窗，它距离阁楼地板的高度约为 12 英尺。我的环天线的底边即在此高度处。

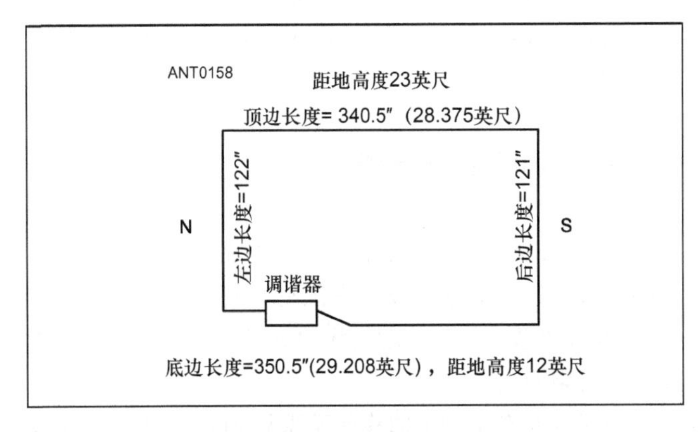

图20-5 W8TP的室内隐藏环天线布线图。

图20-6 隐藏的室内环天线与右边的天窗在同一高度处。

构建系统时，我必须克服自己房屋中的RF干扰问题。公寓每个单元中都有电子安全控制板——位于壁橱的上面的架子上。一旦我向收信机和环天线输入功率中等的信号，火警警报就会拉响，消防员就会上门了！窃贼/入侵信号也会被触发两次。与一个负责安保系统安装的技术人员一起工作时，我发现安全控制板没有接地。“别担心”，技术人员说，然后，令我吃惊的是，他在安全控制板和房间的水管接地点之间连接了一根#14 AWG地线。后来，我在进入安全控制板的所有引线上都安装了一颗铁氧体磁珠。此外，在漏电开关和GFCI插座上也装了磁珠。这些措施似乎消除了RF干扰问题。

在我们搬进公寓时，我就做好了不使用线性放大器的预防措施。我花费大量精力为设备创建了一个单点地——所有设备的地都连接到操作位置后方的专用金属出线盒的盖板上，然后连接到前院中的接地棒上。在收发天线馈线中使用了一个1kW RL Drake低通滤波器。

这种室内天线系统安全吗？我想是的。它在阁楼中，离我们的生活区很远。它的位置固定，并且不像大多数业余天线一样受天气的影响。因此当雷暴天气来临时，我不用使用快速接地系统。

图20-7所示为波长为20m时计算得到的竖直向和方位向方向图。调谐器可以使SWR值保持在足够低的水平，因此我的JRC-245收发器仅靠自身的内置天线调谐器就能工作。

20.4.2 室内移动HF天线

室内HF天线的另一种流行方案即是采用适合移动操作的天线。移动天线本就是有限空间应用的一个典型案例。（有关本节介绍的移动天线的更多内容请参考“移动和海事高频天线”一章。）

对于安装在车辆上的移动天线所面临的问题，室内移动天线也需要考虑，例如有关天线安装方式的重要性，以及作为接地平面使用的大型传导表面的问题。安装在足够大的金属表面上的鞭形天线可以非常有效地使用。窗台（见图20-8）或阳台栏杆能够满足对金属表面的要求。如果这些金属结构与建筑物的钢架连接在一起，天线的效率将非常高。

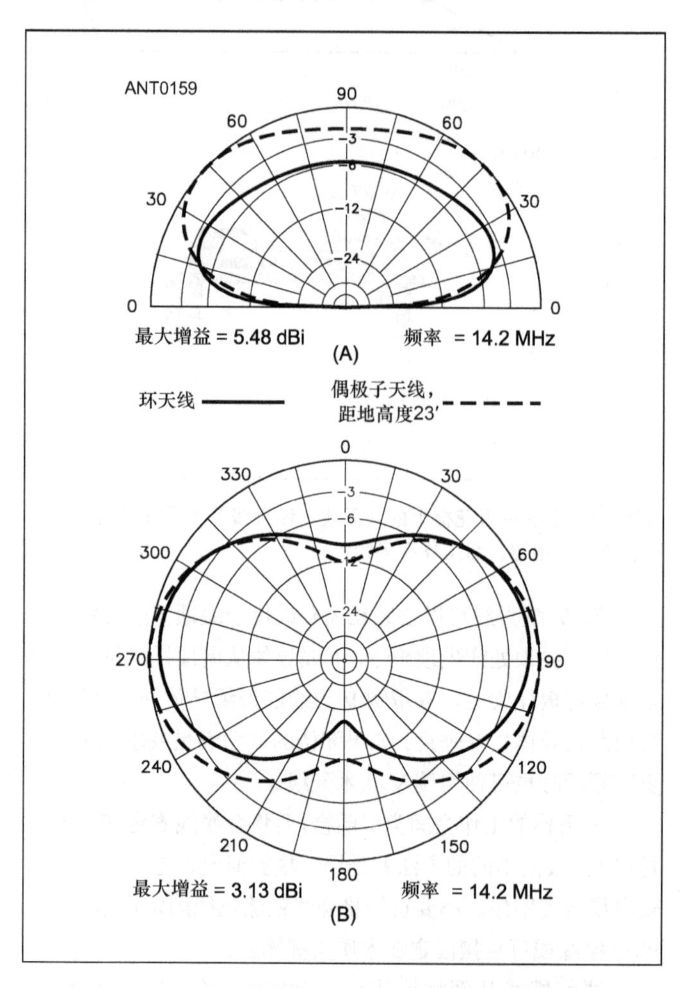

图20-7 图（A）中，实线为14.2MHz时，计算得到的W8TP的隐藏环天线的竖直面方向图，虚线为23英尺高度处20m偶极子天线的方向图。图（B）中，实线代表仰角20°时W8TP的环天线的方位向方向图，虚线代表同一20m偶极子天线的方向图。可以看到，环天线的方向图有一点不对称，因为它的馈点位置在矩形环的一角。但是，相比室外偶极子天线，它的性能还是有竞争力的。事实上，小角度时它的性能更好，这也符合垂直极化天线与较低位置处水平极化天线的比较结果。

以这种方式使用移动天线时，如果安放天线的金属表面不够大，则应在系统中加一根地网线，用以代替完整的接地平面。地网线的长度应该在工作频率对应的1/4波长左右，其作用类似于天线“丢失的一半”。这种情况下的地网线实际上就是一个辐射单元，因此应使它远离操作人员和电子设备。如果在一楼以上，地网线可以沿建筑物一侧往下垂。地网线末端可能有很大的RF电压，因此请将地网线安放在无法碰到的位置，或者使它的放电方向朝着另一面。

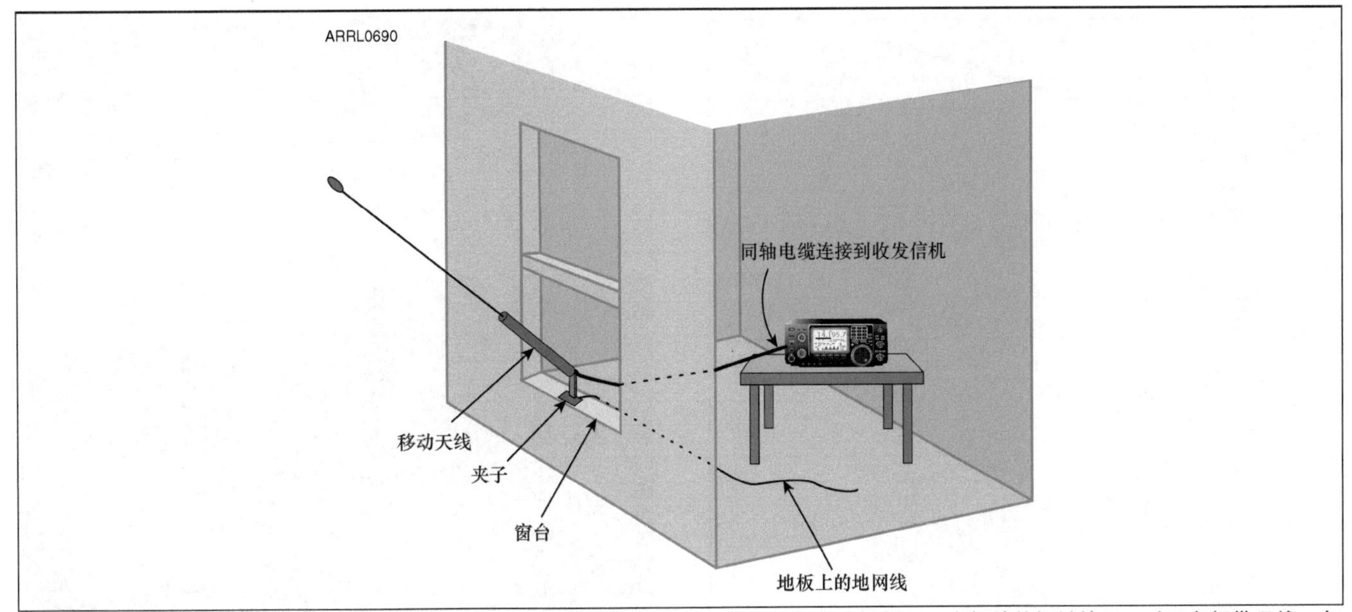

图20-8　移动天线可夹在窗台或阳台栏杆上。约为1/4波长的地网线为RF“回归”电流提供了一个额外的辐射单元。对于多频带天线，每个频带应使用一根相应的地网线。如果窗框或栏杆与建筑物的金属结构连接在一起，则可能不需要地网线。

流行的“螺丝刀”移动天线也可用作高效的可调谐 HF 天线，安装在阁楼或闲置的房间中。图 20-9 所示为一副安装在接地平面上螺丝刀天线，其中接地平面安装天花板托梁上。尺寸更小的系统可安装在尖顶下。接地平面可使用金属网，例如硬布或铁丝网，甚至可以使用铝箔。接地平面越大，天线的效率越高。螺丝刀天线还具有在所有 HF 频段可使用远程控制器进行调谐的优势。

可将移动鞭形天线配置成偶极子天线，如图 20-10 所示。许多天线配件经销商出售带 SO-239 同轴连接器的支架，以及 3/8-24 螺纹天线座需要的螺纹配件。两根鞭状天线像图中那样连接在一起，然后安装在相机三脚架或其他合适的支撑物上。这种天线也是极好的便携式天线。

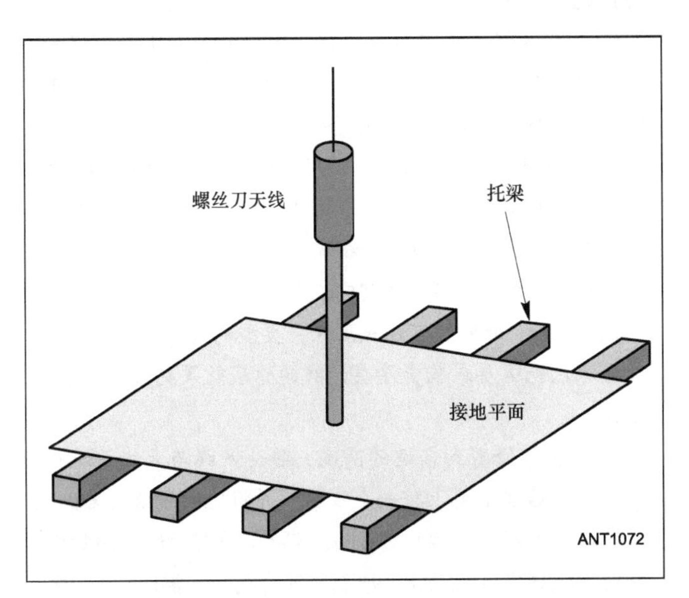

图20-9　安装在接地平面上的螺丝刀天线，该天线可用作高效、可调谐阁楼天线。

图20-10　对一对CB移动天线，稍微调整使其在波长10m处发生谐振，然后将它们连接在一个安装支架上。如此组成的将是有效的、适合安装在公寓中的天线。

20.4.3　室内 VHF 和 UHF 天线

比起制作有效的 HF 天线来说，制作室内 VHF 和 UHF 天线要容易得多。例如，将一根简单的靠磁性安装的鞭状天线安装在冰箱或档案柜顶部，就可以得到一副可进行 FM 通信的基本电台天线。在“VHF 和 UHF 天线系统”一章中提到的所有接地平面天线都可以简单地应用在室内。

为 SSB 和 CW 操作——被称为是弱信号模式——建立有效的天线系统将更具挑战性。要获得持续的成功，需要制作水平极化天线。不过该水平极化天线并不需要有很多单元。例如，在波长为 6m 时，使用全向天线（例如图 20-11 所示的水平极化“halo”天线）或偶极子天线就可以进行大

图20-11　典型6m水平全波环天线。该天线既可以用于室内，也可以用在户外。水平极化时为全向天线。

图20-12　图中为国家RF制作的2m便携式方形天线。该天线不能永久性地在户外使用，不过作为室内天线，它是不错的方向性天线。

量通信了，包括在偶发E层传播存在时与远处的站点进行通信（见“无线电波传播”一章）。“空间通信天线”一章中介绍的Lindenblad天线和旋转场天线也能工作。

不过，如果你能提供具有一些方向性的天线，也会有帮助。在VHF和UHF波段，方形天线是非常小的天线，即使在波长为6m时，一边的长度也只有5英尺。波长6m的2单元方形天线可以装在阁楼中，也可以悬挂在天花板上。

Allen Baker（KG4JJH）（见参考文献）介绍的2单元Moxon天线在波长为6m时尺寸为84英寸×31英寸，并且形状是平的，也适合安装在天花板上。

波长2m或更小时，小梁方形天线的尺寸将更小，如图20-12所示。轻型电视转子就能转动这些天线。注意，工作频率越高，尤其在UHF和微波波段，建筑材料、雨和屋顶上的雪导致的衰减将越大。

20.5　户外天线

本书介绍了大量为有限空间设计的户外天线。“便携式天线”一章中介绍的天线在空间有限时可满足你的需求。在开始之前，天线系统建造者需要先了解可用的支撑物有哪些，地面的面积，需要水平还是垂直天线，然后开始浏览天线有关的书籍和文章。

本章中的最大挑战将是，如何在规则禁止或者从环境的美观上看不允许的条件下架设天线。有两种基本的方法可用来架设这种隐形天线：隐蔽和伪装。

20.5.1　不可见天线

不可见天线指的就是那些被构造得很难被看见的天线。很多业余爱好者已经能够使用不可见天线进行长时间的工作而不被发现。使天线变得不可见的秘密就是使天线小而细。使用细电线、小同轴电缆，将天线安放在树木或其他植物中——所有这些都是可以使天线“消失”的久经考验的技术。

使地网线消失

怎样才能在不使草坪变得一团糟的情况下，创建一个包含32根（推荐值）或更大数量地网线的有效接地屏呢？答案就是让草坪为你服务！

找一把大的披萨刀——使用过程中可能会被损坏，所以不要使用家中用来分割作为奖励的派的刀子。你还需要一卷细而硬的铁丝——钢筋绑线就很好。为每根地网线准备至少6根6英寸长的线，并将它们弯成窄U形——这些是地网线的别针。地网线可以采用任何类型的线来制作，虽然带有深色绝缘层或陶瓷涂层的线的隐蔽效果更好，裸线也不错。

先将草修剪到合适的高度。将地网线与天线基进行连接，然后在草地上挖一个窄槽，并将地网线放在里面。逐渐远离天线的过程中，每隔几英尺，用前面制作的别针将地网线固定在地面上。每个别针的成本非常低，所以需要使用多少就用多少吧。

所有地网线都安装好之后，给草坪浇水吧。加一点化肥也不会造成伤害。只需几天，草坪中的草就会长高，地网线将被完全隐藏起来——即使知道它们就在那里，你也看不见！随着时间的推移，草（和蠕虫）会将地网线向下拉得更深，甚至拉到地面下。如果你使用的是金属别针，它们将很快生锈和消失。露在院子中的只有天线基处的地网线线端。

如果电阻不成问题，细导线甚至可以用在功率高得惊人的场合。假设你的功率为100W或者更低，你可以使用像#30 AWG这样细的线。不过，对于比#24 AWG还细的线，断裂将成为更大的问题。绞合线的灵活性将更好，另外，注意线不要拉得太紧——它会伸展，然后断裂。

一切往“小”的方向想。绝缘子、馈点、支撑线、同轴馈线都需要尽可能小，以防止引起人们的注意。绝缘子和馈点可以使用废塑料或钓鱼用品自己制作。编织鱼线不仅比较坚韧、耐紫外线，在天空下或叶面上还很难被看见。（不信可以问问鱼！）如果可能，使用颜色与环境相似的材料。

小直径的同轴电缆，例如RG-174，其损耗可能很大（见“传输线”一章中同轴电缆参数对应的表格），因此只应该用在所需长度较短的场合。RG-58、RG-59和RG-6可以用在所需长度较长的场合，并且它们还有一个优势，就是看起来很像有线电视电缆。平行传输线的损耗要低很多，并且比同轴电缆轻，但是更难掩饰。如果你能使用一段长的微型聚四氟乙烯绝缘电缆，例如RG-393或类似电缆，那将是很好的微型馈线。

20.5.2 伪装天线

伪装天线指的是容易被人看到却不容易认出来的天线。伪装天线的经典例子就是旗杆天线，例如Geoff Haines（N1GY）在2010年10月发行的《QST》中所描述的。对普通人来说，它就是一根旗杆；对无线电爱好者来说，它是基座位置装有自动调谐器的23英尺接地垂直天线。Albert Parker（N4AQ）采取了不同的策略，他将一副Hustler 4-BTV 4波段陷波垂直天线藏在了一根PVC管制作而成的旗杆中（见参考文献）。

另一长期受欢迎的方法就是将天线藏在一处被认可的结构旁边，例如排水管或排水沟。业余爱好者们甚至将金属排水沟和排水管作为天线使用，但是这类天线在接合处很难做到好的连接。塑料排水管如此普遍，为什么不直接将线天线放在里面呢？对于水平排水管，汇集的水可能是一个问题，但竖直的排水管可没有这种困扰。把你的天线放在排水管里好了！我们面临的挑战将是如何将馈线与天线连接，以及如何使馈线不受水的影响。

看看你家或院子周围有些什么金属物体。几乎所有物体都可以制成类似图20-13所示的天线。Martin Ehrenfried (G8JNJ)(www.g8jnj.webs.com)将一个室外晾衣架改造成了一副终端加载的垂直偶极子天线。草坪椅、园林工具、运动器材——任何金属物体都可以改造成天线。Ventenna (www.ventanna.com)是一种安装在屋顶上的VHF或UHF天线，它看起来就像是一根普通的排水管。

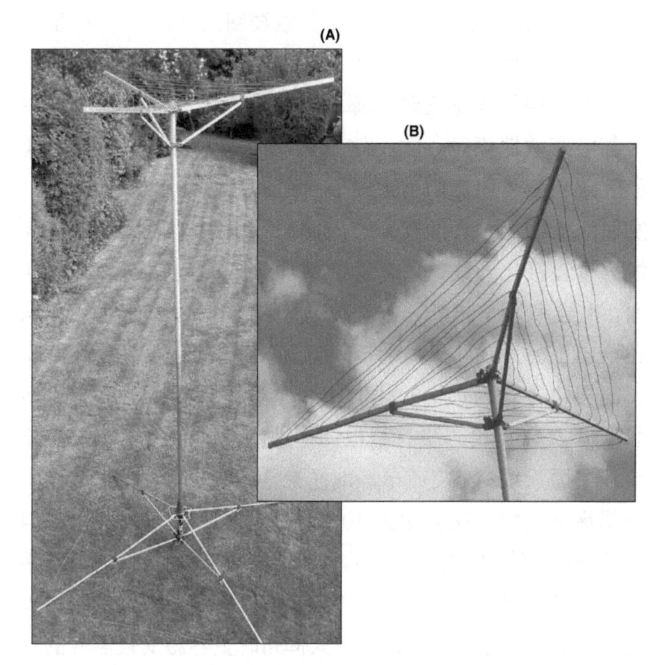

图20-13　Martin（G8JNJ）使用废弃的晒衣架改造而成的隐形HF垂直天线。图（A）中给出了天线的全貌，包括底部地网线和顶部电容帽。图（B）中为顶部的电容帽。（照片由RSGB一家和Martin Ehrenfried/G8JNJ提供。）

别忘了“再利用”已经被批准的天线，例如电视广播天线。原版书附加光盘文件中与“VHF和UHF天线”一章相对应的文件夹中有一篇文章，该文章介绍了如何将一般的VHF电视天线改造成可用在业余频段的VHF天线。

20.6 小型发射环天线

有关小型环天线的理论在“环天线”一章中进行了介绍。以下资料由Domenic Mallozzi/N1DM根据Robert T. (Ted) Hart/W5QJR提供的内容进行了改编和更新。

小型接收环天线很常见，但是如果要处理发射功率要求，还是不够有效。要设计一个足够小并且足够有效的发射环天线，我们要面临几个大的挑战。本节将介绍两种天线设计，并讨论如何迎接这两种设计中的挑战。这两种设计的细节请参考原版书附加光盘文件。

20.6.1 实际小型发射环天线

理想的小型发射天线将具有与大型天线相当的性能。小型环天线的性能与理想小型发射天线很接近，除了带宽会窄一些外。不过，这点影响可以通过重新调谐加以克服。

正如上文所指出的，小天线具有辐射电阻小的特点。对于常见的小天线，例如短偶极子天线，通常需要加负载线圈以达到谐振。但是，线圈自身引起的损耗可能会导致天线的效率较低。可使用低损耗的大电容作为替代。将天线导体弯曲并与电容的两端连接就得到了一个环天线。

基于这一概念，相比加了负载线圈的“表妹”，小型环天线的效率相对较高。此外，对于小型环天线，在较低的频段上，如果垂直安装，那么在所需的大的仰角取值范围内都能有效地辐射。关于这一点，是因为它同时具有高角和低角响应。图 20-14 给出了一副只有 16.2 英寸宽的小型发射环天线的垂直面辐射方向图，频率为 14.2MHz。该天线为垂直极化天线，底部距离地面 8 英尺，地面为平均地面，电导率为 5mS/m，介电常数为 13。作为比较，图 20-14 还给出了另外 3 种天线的辐射方向图——距地高度为 30 英尺，极化方式为水平极化的相同小型环天线；距离平均地面高度为 8 英尺，带有两根调谐地网线的全尺寸 1/4 波长接地平面天线；安装在平坦地面上 30 英尺高度处的半波平顶偶极子天线。在仰角为 10° 时，发射环天线的功率在 1/4 波长垂直天线的 3dB 范围内。大仰角时，发射环天线的功率要强得多，因为大仰角时它的方向图没有零点而接地平面天线有。当然，这一特性使它在大仰角时更容易受强信号的干扰。顺便说一句，对于波长为 20m，安装在 8 英尺高度处的 1/4 波长接地平面天线，即使增加更多的地网线也不能使它的性能显著提高。

图 20-14 中，水平极化偶极子天线的性能很明显最好，因为相比垂直极化信号，它的水平极化信号受地面反射引起的衰减最小。但对于安装在 30 英尺高度处的水平极化小型环天线来说就不是那么明显了。仰角取中间值时，它的增益比较大，但是考虑到相比 8 英尺高度处的垂直极化环天线，它的小角度辐射性能还要差一些，尤其是还要花费精力将它安装到高达 30 英尺的桅杆上，这可能不值得。

相比尺寸大得多的其他天线，这种物理尺寸小的天线，例如前面介绍的 16.2 英寸宽的垂直极化环天线，其辐射信号更令人印象深刻。例如，虽然不太好看，但是它的性能比

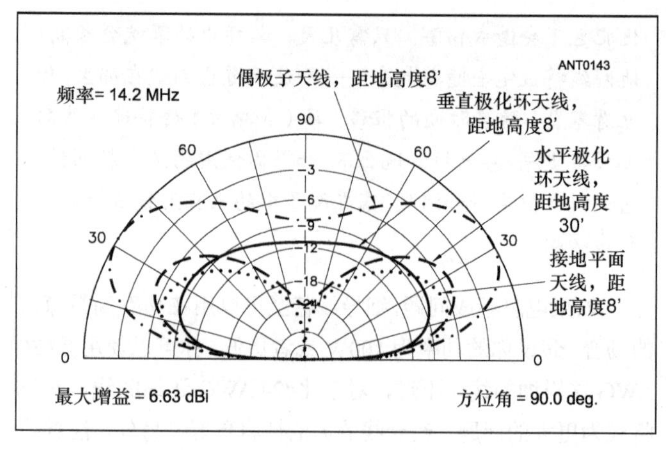

图20-14　图中所示为频率在14.2MHz时，周长为8.5英尺八角环天线（宽度为16.2英寸）与其他3种天线的垂直面方向图的对比。其他3种天线分别为：全尺寸1/4波长接地平面天线，该天线有两根1/4波长垂直地网线；30英尺高度处，极化方式为水平极化的相同环天线；30英尺高度处1/2波长平顶偶极子天线。接地平面天线和垂直极化环天线的距地高度皆为8英尺，地面为平均地面，电导率=5mS/m，介电常数=13。在低仰角时，垂直极化环天线相比尺寸大得多的接地平面天线，其辐射功率只小2.5dB。请注意，垂直极化环天线同时具有高角和低角辐射，因此相比接地平面天线（高角时方向图有深的零点），它与近距离的地方电台通信时效果将更好。平顶偶极子天线比任一垂直极化天线的性能都要好，因为相比水平极化信号，地面反射对垂直极化信号的影响很大。

大多数鞭形天线好得多。小型发射环天线的主要缺点是带宽较窄——必须精确调谐到工作频率。使用远程电机驱动可使环天线被调谐到很大的频率范围。

例如，对于固定站点，可使用两副环天线连续覆盖 3.5～30MHz 的频率范围。一副周长为 8.5 英尺、宽为 16 英寸的环天线可覆盖 10～30MHz，另一副周长为 20 英尺、宽为 72 英尺的环天线可覆盖 3.5～10.1MHz。

计算机分析发现，3/4 英寸的硬铜水管将是导体的最佳选择，可兼顾性能和成本。如果选用 5/8 英寸的软铜管，性能受到影响，不过影响很小。这种管子可以轻易地弯成任何需要的形状，甚至是一个圆。制作八角形环时，3/4 英寸硬铜管最好与 45° 弯头一起使用。

环的周长应该在 1/4 波长和 1/8 波长之间。如果超过 1/4 波长，将发生自谐振，如果小于 1/8 波长，效率将迅速下降。在表 20-1 给出的频率范围内，高频调谐所需的最小电容约为 29pF——包括杂散电容。

表 20-1　环天线数据

环周长=8.5′（宽度=32.4″），垂直极化				
频率，MHz	10.1	14.2	21.2	29.0
最大增益，dBi	−4.47	−1.42	+1.34	+2.97
最大仰角	40°	30°	22°	90°
增益，dBi @10°	−8.40	−4.61	−0.87	+0.40

续表

环周长=8.5′（宽度=32.4″），垂直极化				
总电容，pF	145	70	29	13
电容两端峰值电压，kV	23	27	30	30
环周长=8.5′（宽度=32.4″），水平极化，@30′				
频率，MHz	10.1	14.2	21.2	29.0
最大增益，dBi	−3.06	+1.71	+5.43	+6.60
最大仰角	34°	28°	20°	16°
增益，dBi @10°	−9.25	−3.11	+2.61	+5.34
总电容，pF	145	70	29	13
电容两端峰值电压，kV	23	27	30	30
环周长=20′（宽度=6′），垂直极化				
频率，MHz	3.5	4.0	7.2	10.1
最大增益，dBi	−7.40	−6.07	−1.69	−0.34
最大仰角	68°	60°	38°	30°
增益，dBi @10°	−11.46	−10.12	−5.27	−3.33
总电容，pF	379	286	85	38
电容两端峰值电压，kV	22	24	26	30
环周长=20′（宽度=6′），水平极化，@30′				
频率，MHz	3.5	4.0	7.2	10.1
最大增益，dBi	−13.32	−10.60	−0.20	+3.20
最大仰角	42°	42°	38°	34°
增益，dBi @10°	−21.62	−18.79	−7.51	−3.22
总电容，pF	379	286	85	38
电容两端峰值电压，kV	22	24	26	30
环周长=38′（宽度=11.5′），垂直极化				
频率，MHz	3.5	4.0	7.2	
最大增益，dBi	−2.93	−2.20	−0.05	
最大仰角	46°	42°	28°	
增益，dBi @10°	−6.48	−5.69	−2.80	
总电容，pF	165	123	29	
电容两端峰值电压，kV	26	27	33	

注意：这些天线是八角形环天线，使用3/4英寸铜水管制作而成，水管之间用45°的铜弯管焊接在一起。计算增益时，假设无负载电容的Q_C=5000，对真空可变电容器（调谐电容）来说很典型。假设环天线的底部为了安全考虑，距地高度为8英尺，地面特征参数取“典型”值，电导率=5mS/m，介电常数=13。发射机功率为1500W。功率较低时，调谐电容两端的电压需要乘上：

$$\sqrt{P/1500}$$

例如，对于工作在7.2MHz周长为38英寸的环天线，发射机功率为100W时，峰值电压为：

$$33\text{kV}\times\sqrt{100/1500}=8.5\text{kV}$$

损耗控制

与早期的报道相反，在垂直极化发射环天线下面加1/4波长地网线并不能显著提高它的效率。但是，发射环所使用的导体尺寸将直接影响天线性能的相互关联的几个方面。

请注意，环的周长接近1/4波长时，其效率较高，Q值较低。更大的管道尺寸将使损耗电阻变小，但Q值增加。因此，带宽相应变窄，调谐电容两端的电压增大。3/4英寸硬铜水管具有较好的电气平衡，并且使用它制造出来的小直径环天线在机械上也比较坚固。

环天线可等效为一个Q值很高的并联谐振电路，因此带宽比较窄。效率是辐射电阻与辐射电阻加损耗电阻的比值的函数。辐射电阻远小于1Ω，所以要尽量减小损耗电阻——假设调谐电容的损耗很小，则损耗大部分来自导体的趋肤效应。必须避免不正确的构造方式。环中的所有接头都必须铜焊或锡焊，不要使用夹子或螺钉。

但是，如果只考虑减小损耗，当系统损耗太低时（例如通过使用更大直径的管子），Q值可能会变得过大，此时对于实际使用来说带宽就太窄了。因此，在真正开始构建一个环天线系统之前，必须对这些问题进行完整、综合的分析。

除了导体和电容引起的损耗外，在完整的环天线系统中还有一个损耗源。如果环天线安装在有耗金属导体附近，它产生的大磁场将在这些导体中感应出电流，从而产生损耗。因此，环天线应尽可能远离其他导体。如果你的环天线安装在含有大量铁或含铁材料的建筑物中，你就必须忍受这种感应电流造成的损耗，除非换个地方。

调谐电容

在HF业余频段，对于任何期望的频率范围，环天线尺寸与调谐电容的关系如图20-15所示。该图对应的是八角形环天线。该天线使用3/4英寸铜水管和45°铜弯头制作而成。例如，对于周长为10英尺的环天线，电容变化范围为5～50pF时，其可调频率范围为13～27MHz（如图中左边的黑色竖线所示）；对于周长为13.5英尺的环天线，电容变化范围为25～150pF时，频率覆盖范围为7～14.4MHz，如图中右边的黑色竖线所示。

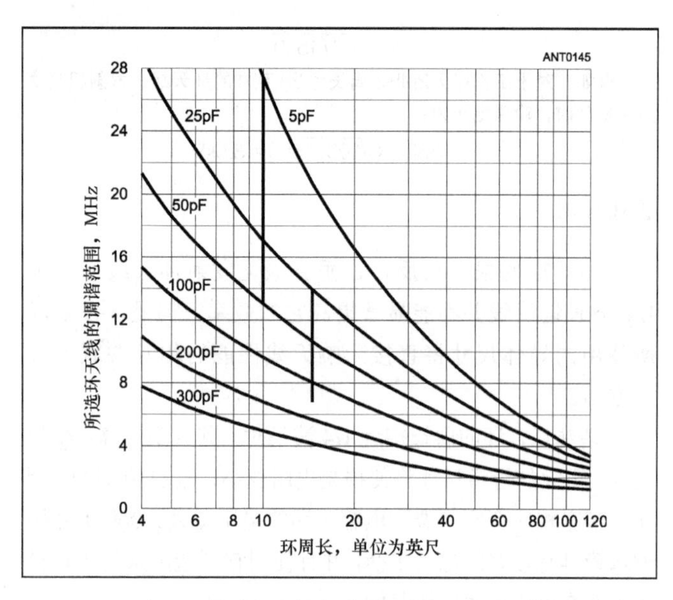

图20-15 对于3/4英寸铜水管制成的八角形环天线，其可调频率范围与调谐电容和环周长的关系。

空气可变电容

如果调谐电容采用的是空气可变电容，则必须特别注意。使用分裂定子可变电容消除了电刷的接触电阻，该类电阻在单联可变电容中是固有的。环的两端与电容的定子相连，转子则构成定子间的可变耦合路径。使用这种结构，电容的容值将减半，但标称电压会加倍。

在发射环天线中必须谨慎选择可变电容——也就是说，所有触点都必须焊接，并且不允许有机械摩擦触点。例如，如果电容板之间的填充介质没有与板焊接在一起，那么在每个连接处就将产生损耗，这将降低环天线的效率。（以前的电容是摩擦触点式，从而导致了环天线的低效率。）

有几种类型的电容可供挑选。真空可变电容将是极好的选择，可提供充足的电压。不幸的是，这种电容很昂贵。

W5QJR 在他的设计中使用了一种特别改装过的空气可变电容。间距为 1/4 英寸时，每部分的电容最高可达 340pF。当两部分串联成一个蝴蝶电容器时，容值为 170pF。另一种选择就是找一个大的空气可变电容，然后用铜或双面印制电路板代替原有的铝板，以减小损耗。将转子和定子上的板连接在一起。要将电容焊接到天线环上，可先给电容焊上铜带。

空气可变电容的板间距决定了它的电压承受能力，标称值为 75 000V 每英寸。关于标称功率，其值决定于板间距（和电压）与功率/1000W 的平方根的乘积。例如，100W 时，比值为 0.316。

原版书附加光盘文件中，有两篇短文介绍了其他两种构建调谐电容的方法（《聚四氟乙烯绝缘长号可变电容器》和《饼干和镜框玻璃可变电容器》）。Brian Cake（KF2YN）在《Antenna Designer's Notebook》一书（见参考文献）中介绍另一种环天线设计时对此问题进行了进一步的讨论。

20.6.2 一般发射环天线构建

决定好了环天线的电气设计后，接下来就需要考虑安装方式和馈电方式了。如果你只希望覆盖 HF 波段中波长 10～20m 这一段，你很可能需要选择周长在 8.5 英尺左右的环。你可以使用 1 英寸的 PVC 管和弯成环状的 5/8 英寸软铜管制作出一副相当坚固的环天线。Robert Capon（WA3ULH）按此方式制作了一副 QRP 水平的发射环天线，其介绍发表在 1994 年 5 月的《QST》上。图 20-16 所示即为他的环天线，使用了一个 H 型的 PVC 支架。（完整的介绍请参考原版书附加光盘文件。）

该设计使用 RG-8 同轴电缆制作而成的 20 英寸长耦合环与发射环天线磁性耦合，而没有使用 W5QJR 在他的设计中使用的 γ 匹配方式。使用 2 英寸长的#8 螺栓将耦合环固定在 PVC 支架上。该螺栓也用来将天线环固定在桅杆上。

使用 3/4 英寸硬铜水管可制成更坚固的环天线，如图 20-17 所示 W5QJR 的设计（见参考文献及原版书附加光盘文件）。圆形环理论上更加高效，但构建八角形环将容易得多。

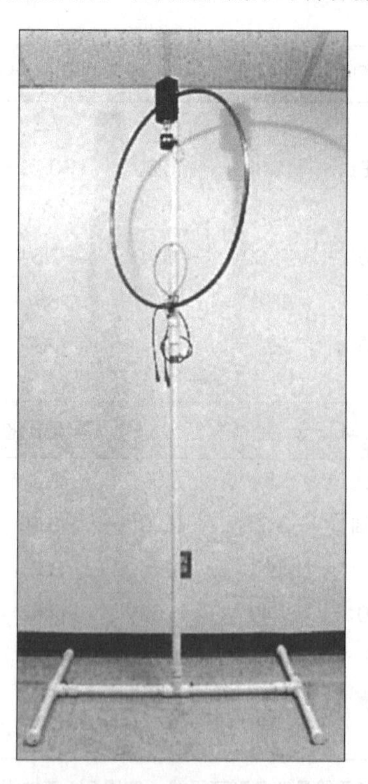

图20-16 照片中为Robert Capon（WA3ULH）设计的小型发射环天线。该环使用5/8英寸软铜管制作而成，支架为H型1英寸PVC支架。小耦合环使用RG-8同轴电缆编织而成，其作用是将环天线耦合到同轴馈线。调谐电容和驱动电机位于环天线的顶部。得到该图时正处于ARRL实验室的测试过程中。

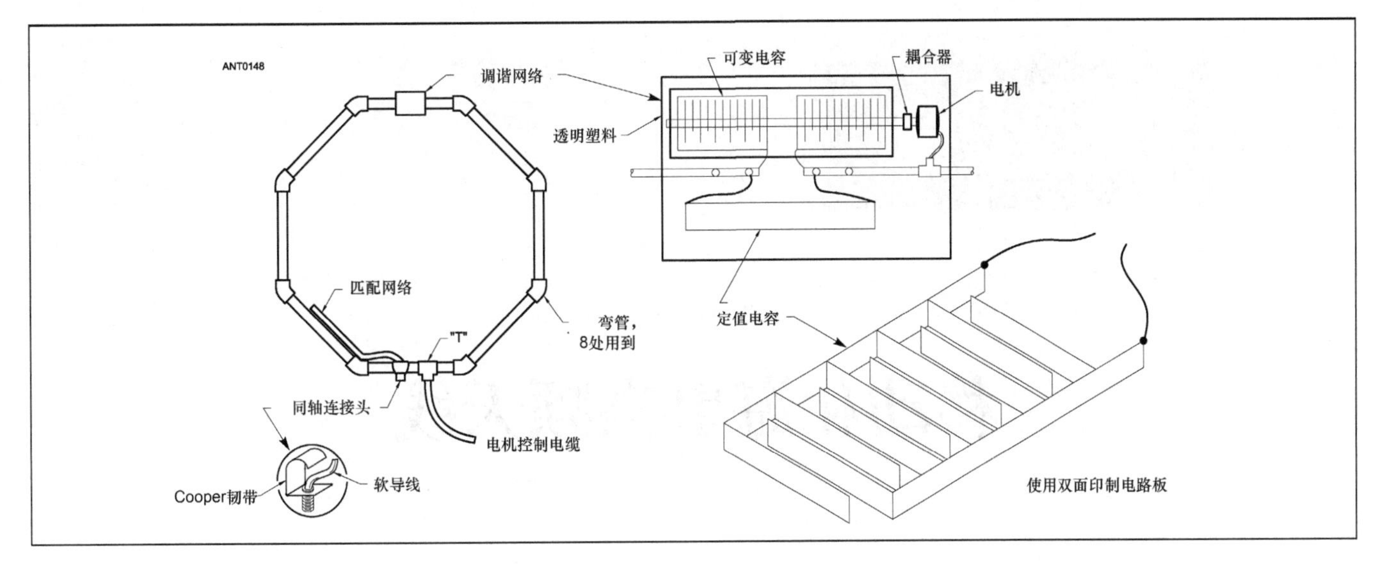

图20-17 八角形环天线结构细节。更多构建信息和不同HF频段下的尺寸选择，可参考原版书附加光盘文件中的文章。

如果小型发射环天线周围有金属导体，则引入的额外损耗将降低它的 Q 值，从而降低它的阻抗。在此情况下，有必要增大匹配线的长度，并使之位于环上较高的位置，以获得50Ω的匹配电阻。

20.7 参考文献

A. Baker, "A 6-Meter Moxon Antenna," *QST*, Apr 2004,pp 65-69.

J. Belrose, "An Update on Compact Transmitting Loops," *QST*, Nov 1993, pp 37-40.

F. Brown, "Better Results with Indoor Antennas," *QST*,Oct 1979, pp 18-21.

J. Brown, "RFI, Ferrites, and Common Mode Chokes For Hams," www.audiosystemsgroup.com/publish.htm.

B. Cake, *Antenna Designer's* Notebook (Newington: ARRL, 2010).

S. Ford, *Small Antennas for Small Spaces* (Newington: ARRL, 2011).

M. Gruber, Ed., *The ARRL RFI Book*, 3rd Edition (Newington: ARRL, 2010).

G. Haines, "Constructing a Flagpole Antenna," *QST*, Dec 2010, pp 30-32.

E. Hare, *RF Exposure and You* (Newington: ARRL, 1998).

T. Hart, "Small, High-Efficiency Loop Antennas," *QST*, Jun 1986, pp 33-36.

T. Hart, *Small High Efficiency Antennas Alias The Loop* (Melbourne, FL: W5QJR Antenna Products, 1985).

J. Malone, "Can a 7 foot 40m Antenna Work?." *73*, Mar 1975, pp 33-38.

R. Marris, "An In-Room 80-Meter Transmitting Multiturn Loop Antenna," *QST*, Feb 1996, pp 43-45. Also see Feedback, *QST*, May 1996, p 48.

L. McCoy, "The Army Loop in Ham Communications," *QST*, Mar 1968, pp 17, 18, 150, 152. (See also Technical Correspondence, *QST*, May 1968, pp 49-51 and Nov 1968, pp 46-47.)

S. Nichols, *Stealth Antennas* (Potters Bar: RSGB, 2010).

A. Parker, "A Disguised Flagpole Antenna," *QST*, May 1993, p 65.

K. Patterson, "Down-To-Earth Army Antenna," *Electronics*, Aug 21, 1967, pp 111-114.

A. Peterson, "Apartment Dwellers' Slinky Jr Antenna," *QST*, Oct 1974, pp 22-23.

T. Phelps, "A Hidden Loop Antenna," *The ARRL Antenna Compendium*, *Vol 7* (Newington: ARRL, 2002), pp 160-162.

W. Silver, Ed., *The ARRL Handbook* (Newington: ARRL, 2011).

第 21 章

移动和海事高频天线

移动天线被设计用于运动中的物体。一旦提及移动天线，多数业余爱好者会想到安装于汽车或其他交通工具的鞭状天线。尽管移动天线是垂直鞭状天线已是不争的事实，但是移动天线也可以安装在其他地方。例如，安装在小船或帆船上的天线也是移动天线，这类也被称为船载或海事天线。用于海上业务的天线通常是鞭状天线，不过安装于桅杆上的线天线也比较普遍。

由于安全方面的需要，所以规定其要具有非常好的机械机构。故很少业余爱好者为高频移动和海事的使用而架设自己的天线。尽管可以安装商用的天线，但是由于某些特别点的安装和所需的架设方式不同，大部分天线还需要进行一些调整。在需求方面来说，本章所给出的信息可以让你对设计和选择高频移动天线以及如何高效使用它有一个更好的理解。

本章首先对移动天线的基础知识进行了讨论，这部分是由 Alan Applegat（K0BG）对上一版的内容进行更新而编写的；接下来说明了最流行设计方案的重要特性和如何更好地利用它们，这一部分包括各种移动天线的安装、阻抗匹配和其他重要问题，并给出了几个移动天线组装的示例。原版书附加光盘文件中包含了构造电容顶部加载的鞭状天线和可调节的螺丝刀高频移动天线。光盘文件可到《无线电》杂志网站 www.radio.com.cn 下载。

本章下半部分介绍了用于帆船和汽艇的海事高频天线，这部分是由 Rudy Sevems（N6LF）对上一版的内容进行了更新而编写的。文中讨论了有关海事高频天线系统位置和安全等重要问题，并给出了几个常见的安装实例，这些实例基于本书中其他地方设计的天线。

21.1 高频移动天线的基础知识

高频移动天线需要考虑每一个可以想象到的参数的配置，例如整体长度、质量、设计过程、坚固性、安全性和销售价格等。所采用的设计、安装方法以及最重要的一点即天线所安装的位置，这些都对天线的最高频率有一定的影响——即相当于高频移动天线的“圣杯”。你所期望的天线使用方式决定了优势和劣势的组合。

传播条件和点火噪声通常是 10～28 MHz 移动通联中的限制因素。天线尺寸限制使通联在 7 MHz 上略受影响，而在 3.5 MHz 和 1.8 MHz 则会受到更大影响。从这个观点来看，7 MHz 可能是移动 HF 通信的最理想波段了。从 7 MHz 局域移动网的流行就很容易看到它是如何在该波段上高效进行移动通信的了。

如果你打算用于 DX 通信中，20m 及 20m 以上波段的天线可能是最好的选择，因为就一个给定的物理尺寸而言，在这些波段上，该类天线可以提供最佳效率。对于本地通信，28MHz 的天线也很有用，因为一个全尺寸鞭状天线不需要加载线圈，而且尺寸也不大，也很容易架设。事实上，一个稍短的 CB 鞭状天线就已经表现得很出色了。

在高频波段上，全长鞭状天线的物理尺寸就成了问题，经常用一些加载电感的形式来缩短天线的长度。一般使用的加载技术是在鞭状天线的底部放一个线圈（底部加载），或者把线圈安置在鞭状天线的中间（中心加载）。图 21-1 所示为一个典型的移动鞭状天线的安装。减小天线物理尺寸的技术和其他技术在本章中进行讨论。

对于在使用环境中使用的典型的天线的长度来说，随着频率的降低，构造合适的加载线圈会变得越来越困难。若天线电长度越来越短，其辐射阻抗也会越来越小，这和下面的情况是一样的，即给定一个固定长度的天线，其工作频率会

图21-1　几乎可以安装在任何交通工具上的一种简单高频移动天线。

降低。另外，与天线谐振所需的电感也越来越大。其结果就是输入功率损耗的部分随着电阻热损耗而增加，其天线将不再那么有效。

短 HF 移动天线的优化设计产生于对负载线圈的 Q 因子、线圈的加载位置、地面损耗电阻和天线长度-直径比这些因素的均衡调整中。要想对这些参数的优化均衡有更深的了解，就得要全面理解它们相互影响的原理。这一部分介绍了如何设计出最大辐射效率的移动天线的数学方法。Bruce Brown（W6TWW）在《ARRL 天线纲要手册卷 1》中第一次提到了这种方法（见“移动天线”随后小节中的参考文献）。

21.1.1　典型移动天线的等效电路

在前面的部分中，讨论了一些总体上的问题，现在将继续讨论一些细节问题。在解决与电磁方面相关（就像天线系统）的问题时人们习惯于尝试寻找一个等效网络来代替原有天线进行深入分析。在许多情况中，等效网络模型只在有限的频率范围内比较准确。然而，这在分析天线和传输线之间

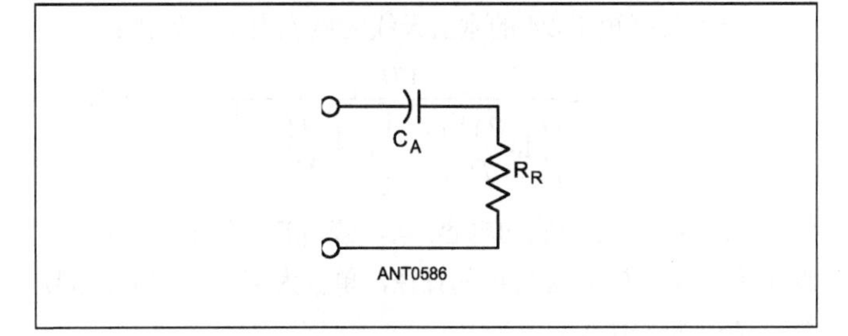

图21-2　在低于谐振点频率上，鞭状天线将在阻抗上呈现容性。其中R_R为辐射电阻，C_A则代表了天线的容抗部分。

进行匹配的时候是一个很有用的办法。

天线终端的输入阻抗变为纯电阻时，天线进入谐振状态。在地平面上的垂直天线发生谐振的最短长度是其工作频率上的$\lambda/4$ 电尺寸；在这个长度下的阻抗（忽略损耗）大约是 36 Ω。谐振的概念可以推广到比$\lambda/4$ 短（或长）的天线中去，只要输入阻抗呈现出纯电阻。像前面所指出的那样，当频率降低时，天线看起来像一个串联 RC 电路，如图 21-2 所示。对一般的 8 英尺鞭状天线来说，C_A 的容抗值可能在 21 MHz 上的约−150 Ω 到 1.8 MHz 上的−8 000 Ω 之间变化，同时辐射电阻 R_R 在 21 MHz 上的约 15 Ω 到 1.8 MHz 上的 0.1 Ω 之间变化。

对一个长度小于 0.1 λ 的天线，大致的辐射电阻可以由下面的等式决定：

$$R_R = 273 \times (lf)^2 \times 10^{-8} \qquad (21\text{-}1)$$

其中 l 表示鞭状天线的长度，单位为英寸；f 表示工作频率，单位为 MHz。

因为电阻很小，如果要求较大的功率在 R_R 上以辐射的形式消耗掉，电路中必须流过相当大的电流。然而很明显，电路中只要还存在相对较大的容抗，流过其中的电流就会很小。

天线的电容

以串联方式接入一个等效感抗（线圈 L_L）可以将容抗抵消掉，从而调整天线系统达到谐振，如图 21-3 所示。

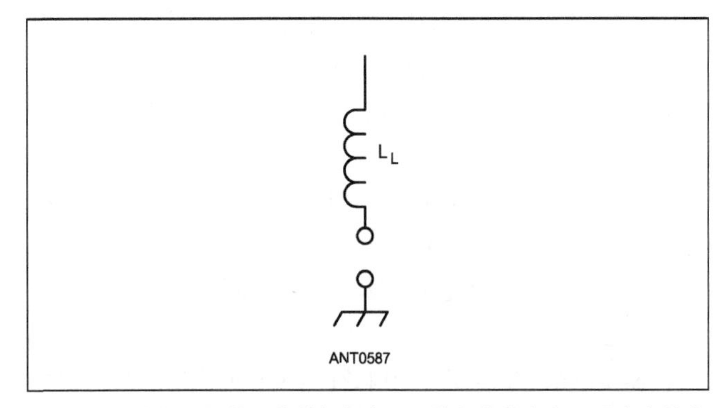

图21-3　在低于鞭状天线谐振频率之下的频率段中所呈现出来的容抗，可以通过在天线上串入加载线圈的方式以增加感抗来给予抵消。

一个长度短于λ/4 的垂直天线的电容由下式给出：

$$C_A = \frac{17\ell}{\left[\left(\ln\frac{24\ell}{D}\right)-1\right]\left[1-\left(\frac{f\ell}{234}\right)^2\right]} \quad (21\text{-}2)$$

其中：C_A为天线的电容，单位为 pF；ℓ为天线高度，单位为英尺；D 为辐射体的直径，单位为英寸；f 为工作频率，单位为 MHz。

图 21-4 显示了各种普通直径和长度下鞭状天线的大致电容值。在 1.8 MHz、4 MHz 和 7 MHz 上，所需的加载线圈的电感（当负载线圈位于天线底部）大约就是在所需波段谐振时（对应图中标示的鞭状天线电容）所需的电感。在 10～21 MHz 频率范围，这种粗略的计算给出的值比需要的电感要大，但它给最后要进行的系统调试奠定了一个基础。

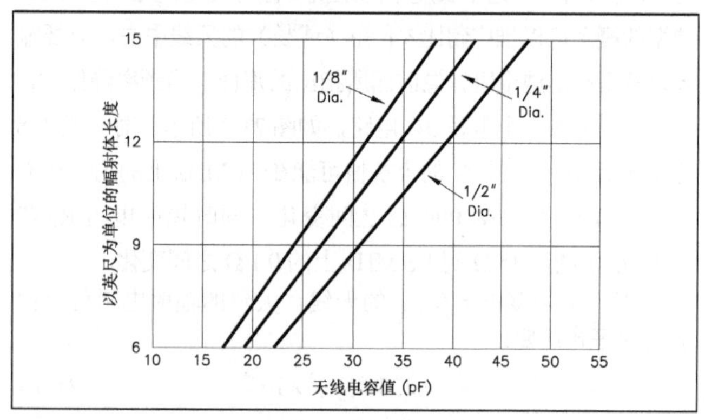

图21-4　图中给出了垂直短天线各种直径与长度下近似的电容值。这些数值对于中间加载天线来说应该近似减半。

21.1.2　加载型短移动天线

为将负载线圈损耗减到最小，线圈应该有一个高的电抗——阻抗（即一个高的空载 Q 值）。一个用细导线绕在较小直径的劣质实芯棒上并带有金属保护壳的 4 MHz 的负载线圈，可能只有低至 50 的 Q 值，并有 50 Ω 或者更多的电阻损耗。高 Q 值线圈需要较大导体、空心结构和较大的绕圈间隙，还要能弄到最好的绝缘材料。直径不小于线圈长度的一半（物理上不是经常可行的）和在线圈里的金属用量尽量少，这两个条件也是获得最理想效率的必要条件。符合这样条件的工作在 4 MHz 上的线圈可能有 300 或更高的 Q 值，同时只有 12 W 或者更小的电阻。

然后线圈可以采用串联的形式和馈线放在一起并加载到天线的底部，以去掉不想要的容抗，如图 21-3 所示。这样的办法经常被称为底部加载，许多实际的移动天线系统用的正是这种方法。

多年以来，出现了一个问题：与简单的底部加载方式相比，会不会有更高效率的设计？当尝试过各种方法，也取得了不同程度的成功后，只有很少一部分方案被广泛接受并在实际系统中使用。这些是中心加载、持续加载，以及后者与较传统天线的结合。

底部加载和中心加载

如果鞭状天线比波长短并且沿着长度上的电流是均匀的，在距离天线 d 处的电场强度 E 大约为：

$$E = \frac{120\pi I\ell}{d\lambda} \quad (21\text{-}3)$$

其中：

I 是天线上的电流，单位为安培（A）；λ 为波长，与 D 和 ℓ 具有相同的单位。

流经鞭状天线的电流是均匀的只是一个理想化的状态，因为实际上电流在天线底部最大，到顶部时减到最小。在实际中，场强要小于上式给定的结果，因为它是分布在鞭状天线上的电流的函数。

鞭状天线上电流分布不均匀的原因可以从图 21-5 所示的近似电路模型中看出来。一个在接地平面上的鞭状天线在许多方面和渐变的同轴电缆相似，后者的中心导体沿着其长度保持相同的直径，但外导体的直径是增加的。这种电缆单位长度电感将沿着导线增加，而单位长度电容将会减小。图 21-5 中，天线由串联的 LC 电路表示，其中 $C1$ 比 $C2$ 大，$C2$ 比 $C3$ 大，依此类推。$L1$ 比 $L2$ 小，$L2$ 比随后的电感又小。这种网络结果是大多数的天线电流返回到靠近天线底部的地面，只有很少一部分流到靠近天线顶端。

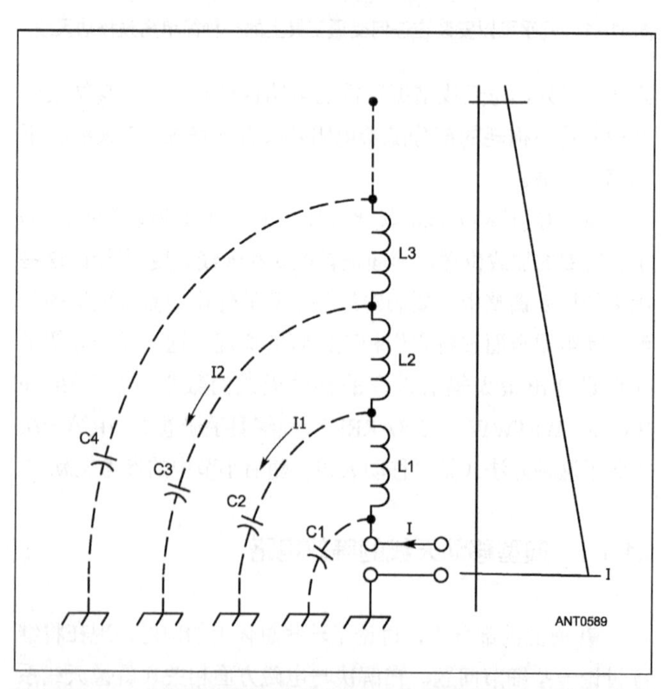

图21-5　一个位于完美导电地平面上的简单鞭状天线的近似电路。每单位长度的旁路电容值随着高度的增加而减少，而每单位长度的串联电感值则在增加。因此，大部分的天线电流将返回天线底部附近的地平面中，右边给出这种情况下的电流分布曲线。

表 21-1　　1 副 8 英尺长移动鞭状天线的近似参数

f（MHz）	加载电感（μH）	R_C（Q50）（Ω）	R_C（Q300）（Ω）	R_R（Ω）	馈电点电阻 R^*（Ω）	匹配电感（μH）
底部加载方式						
1.8	345	77	13	0.1	23	3
38	77	37	6.1	0.35	16	1.2
7.2	20	18	3	1.35	15	0.6
10.1	9.5	12	2	2.8	12	0.4
14.2	4.5	7.7	1.3	5.7	12	0.28
18.1	3.0	5.0	1.0	10.0	14	0.28
21.25	1.25	3.4	0.5	14.8	16	0.28
24.9	0.9	2.6	—	20.0	22	0.25
29.0	—	—	—	—	36	0.23
中间加载方式						
1.8	700	158	23	0.2	34	3.7
3.8	150	72	12	0.8	22	1.4
7.2	40	36	6	3.0	19	0.7
10.1	20	22	4.2	5.8	18	0.5
14.2	8.6	15	2.5	11.0	19	0.35
18.1	4.4	9.2	1.5	19.0	22	0.31
21.25	2.5	6.6	1.1	27.0	29	0.29

R_C 为加载线圈电阻；R_R 为辐射电阻；

*假定负载线圈 Q 值为 300，并且包括了估测的地面损耗电阻。

有两种方法可以改善这种分布，使电流分布得更均匀。一个是通过使用顶部加载或电容帽增加天线顶部的对地电容，这在“单波段中频和高频天线”一章中已经讨论过。很不幸，风对电容帽的阻力使它在移动环境中不太适用。另外一个办法是将加载线圈放置在天线上比较高的地方，如图 21-6 所示，而不是放在底部。如果线圈与线圈以上部分的对地电容产生谐振（或者接近谐振），电流分布将会得到改善，如图 21-6 所示。顶部加载和中心加载的共同结果都是增加辐射电阻，补偿损耗的影响，使得匹配更加容易。

表 21-1 给出了针对各种业余波段的加载线圈近似电感值。它也给出了 8 英尺鞭状天线所期望的大致的辐射电阻值，以及两组加载线圈的电阻：一组 Q 值为 50；另外一组 Q 值为 300。辐射电阻与线圈电阻的比较说明了将线圈电阻值减至最小的重要性，尤其在 3 个低频率波段上。表 21-2 针对表 21-1 中列出的电感值给出了推荐的负载线圈尺寸。

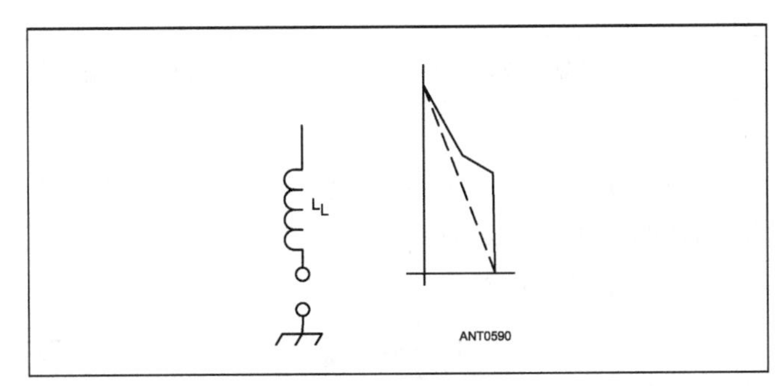

图21-6　采用中间加载改善电流的分布。

表 21-2　　推荐的加载线圈尺寸

所需电感量	圈数	线规号	直径（英寸）	长度（英寸）
700	190	22	3	10
345	135	18	3	10
150	100	16	2.5	10
77	75	14	2.5	10
77	29	12	5	4.25
40	28	16	2.5	2
40	34	12	2.5	4.25
20	17	16	2.5	1.25
20	22	12	2.5	2.75
8.6	16	14	2	2
8.6	15	12	2.5	3
4.5	10	14	2	1.25
4.5	12	12	2.5	4
2.5	8	12	2	2
2.5	8	6	2.375	4.5
1.25	6	12	1.75	2
1.25	6	6	2.375	4.5

21.1.3　短移动天线的辐射阻抗

确定辐射效率需要知道电阻性功率损耗和辐射损耗。辐射损耗由辐射电阻的形式表达。辐射电阻定义为能消耗与天线辐射出去相同的能量的电阻。下面等式中用的变量已经在表 21-3

表 21-3　式（21-4）到式（21-20）中所使用的变量

A=面积，单位为度-安培
a=天线半径，采用英制或公制单位
dB=信号损失，单位为分贝
E=效率，单位为百分比
f(MHz)=频率，单位为 MHz
H=高度，采用英制或公制单位
h= 高度，单位为电角度
h_1 =底部部分的高度，单位为电角度
h_2 = 顶部部分的高度，单位为电角度
I= Ibase= 1 安培的地电流
K = 0.0128，K 常数
k_m =平均特征阻抗值
k_{m1} =底部的平均特征阻抗值
k_{m2} =顶部的平均特征阻抗值
L=天线的长度或高度，单位为英尺
P_I =输入到天线的功率
P_R =辐射出去的功率
Q=线圈品质因数
R_C =线圈损耗电阻，单位为Ω
R_G =地面损耗电阻，单位为Ω
R_R =辐射电阻，单位为Ω
X_L =加载线圈感抗值

文章中有过界定，现将其总结于表 21-3 中。小于 45° 电角度（λ/8）的垂直天线的辐射电阻大约为：

$$R_R = h^2/312 \tag{21-4}$$

其中：R_R 为辐射电阻，单位为Ω；H 为天线长度，单位为电角度。

用电角度表达天线的高度表示为：

$$h = \frac{\ell}{984} \times f \times 360 \tag{21-5}$$

其中：ℓ 为天线长度，单位为英尺；f 为操作频率，单位为 MHz。

末端效应被有意忽略以保证天线是电长的。这样通过简单地去掉负载线圈上的 1～2 圈就可以使天线在设计频率上达到谐振。

公式（21-4）只对有正弦电流分布和无电抗负载的天线有效。然而，它可以成为研究非正弦电流分布的短天线的基础。

参考图 21-7，分布于一个电角度为 90°（λ/4）的天线上的电流随着电角度长度的余弦变化。天线上前 30° 的电流分布基本上是线性的。正是因为这种线性，可以得到一个更简单、更有用的辐射电阻公式。

小尺寸的底部加载短垂直天线的辐射电阻可以方便地由几何图形的方式确定，如图 21-8 所示为一个三角形。辐射电阻由下式给出：

$$R_R = KA^2 \tag{21-6}$$

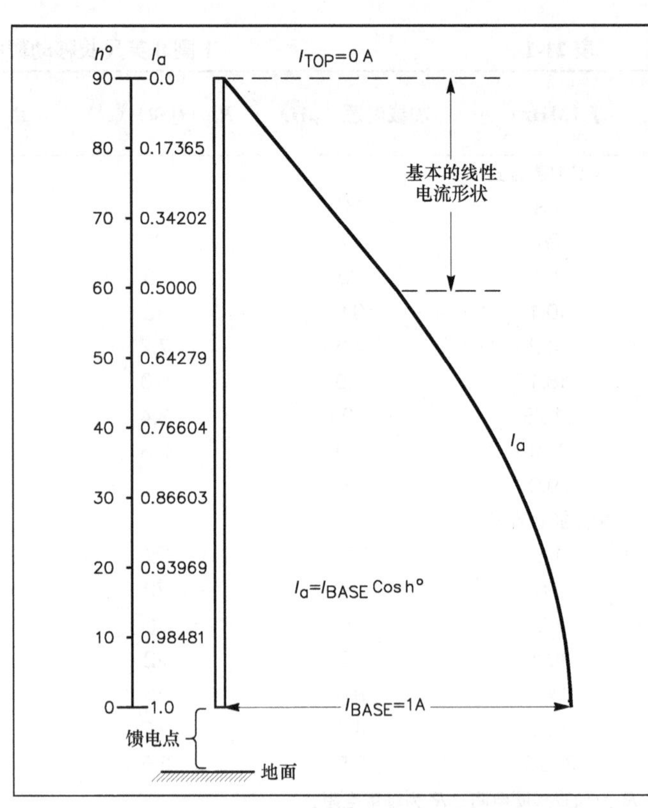

图21-7　高度h=90电角度的垂直天线相对电流分布。

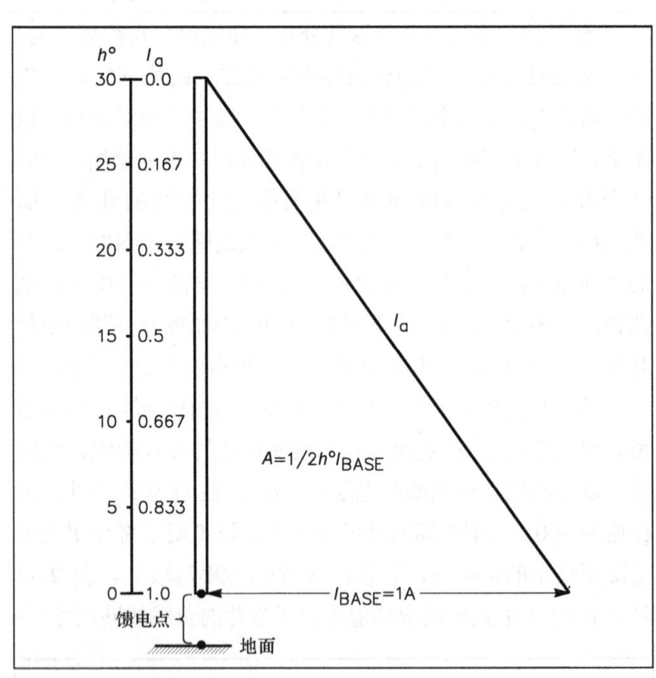

图21-8　一个底部加载高度h=30电角度的垂直天线相对电流分布（已线性化）。图中没有画出底部加载线圈。

其中：K 是一个常量（将很快得到）；A 是三角状电流分布的面积，单位为安培角。

安培角面积表示为：

$$A = \frac{1}{2} h \times I_{\text{base}} \tag{21-7}$$

结合公式（21-4）和公式（21-6）可以求出 K，有

$$K = \frac{h^2}{312 \times A^2} \qquad (21\text{-}8)$$

将图 21-8 中的值代入公式（21-8）可以得到

$$K = \frac{30^2}{312 \times (0.5 \times 30 \times 1)^2} = 0.0128$$

将得到的 K 的值代入公式（21-6）可以得到

$$R_R = 0.0128 \times A^2 \qquad (21\text{-}9)$$

式（21-9）对确定有加载线圈并且长度短于 30° 的垂直天线的辐射电阻非常有用。这里得到的常量与 Laport 给出的值（见参考资料）稍有不同，因为他在辐射电阻公式（21-4）中用了一个不同的等式。

21.1.4 优化加载线圈的电感值和位置

放置加载线圈的最佳位置可以通过实验找到，但这要花许多时间来设计、建造模型以及进行测量来保证设计的有效性。一个更快、更可靠的确定线圈最佳加载位置的方法是使用电脑来完成。这个办法允许任何单一变量的变化，同时观察它对系统的累积影响。用曲线图绘制的结果显示，要实现天线的最大辐射效率，线圈的加载位置十分关键。（见程序 MOBILE.exe，该软件可以从网站 www.arrl.org/antenna-book 上下载。）

当负载线圈沿天线向上移动（远离馈点），改变后的电流分布如图 21-9 所示。在底部任何点的电流均会随着电角度长度的余弦而变化。因此，注入负载线圈底部的电流比流入天线底部的电流要少。

但是在天线顶部的电流如何呢？忽略损耗和线圈辐射，加载线圈就像集总常数，即一直保持了相同的电流。结果，在一个高 Q 值线圈的顶部的电流实质上等于线圈底部的电流。我们可以很容易地立即在测试天线的负载线圈的上方和下方安装上 RF 电表，从而证明这点。因此，较之流入全长为 90° 天线等效部分的电流量，线圈“迫使”更多的电流注入到天线顶部。这是出现在负载线圈顶部极高的电压的结果。较之在 $\lambda/4$ 天线等效部分上的辐射，这个更强的电流引起了更多的辐射（传统线圈是这样，然而，细长线圈上的辐射允许线圈电流减小，就像螺旋绕制的天线中那样）。

图 21-9 中阴影区域展示了流经于 90° 高的天线等效部分的电流，可以看出由于电流分布的改善，短电线的鞭状部分中的安培角面积大大地增加了。天线顶部的电流线性减少，在最高点减少到零。这可以从图 21-9 中看出来。

图 21-9 中的安培角面积是由顶部电流分布形成的三角形面积，加上底部电流分布的近似梯形面积的总和。线圈的辐射没有包括在安培角面积里，因为它太小而难以确定。线圈的任何辐射都可以看作是附带值。

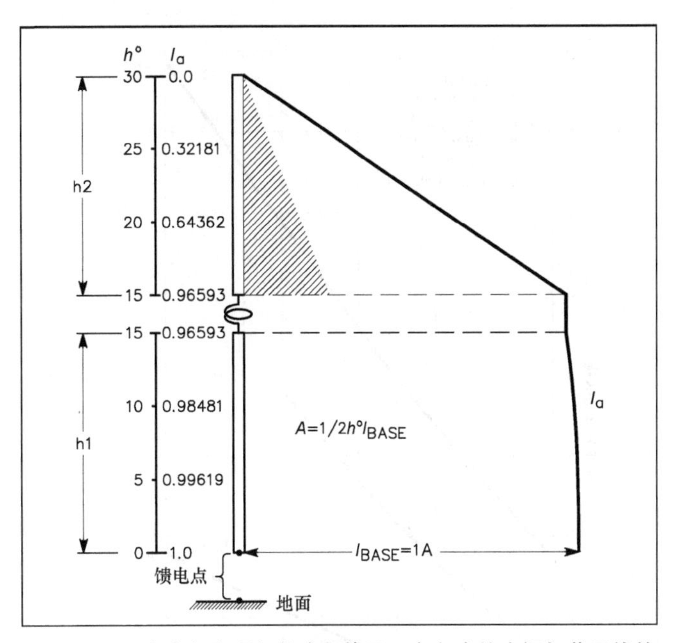

图21-9 一个底部和顶部长度都等于15电角度的中间加载天线的相对电流分布。斜线阴影区域表示在一个90°高的垂直天线底部馈入1 A电流时，顶部15°长度的电流分布。

安培角面积由下式表达：

$$A = \frac{1}{2}\left[h_1(1+\cos h_1) + h_2(\cos h_1)\right] \qquad (21\text{-}10)$$

其中：h_1 为底部的电长度，单位为度；h_2 为顶部的电高度，单位为度。

当加载线圈在除了天线底部以外的任何位置时，安培角面积（将式（21-10）代入式（21-9）计算可得）可以用来确定辐射阻抗。在图 21-10 中，辐射阻抗由这些等式计算出来，并为 3 英尺和 11 英尺天线在 3 个不同的频率上随负载线圈的位置用曲线绘制出来。8 英尺是商制天线的典型长度，11 英尺是能安装在车辆上的天线大致最佳可行长度。

图 21-10 中的曲线显示出辐射阻抗随着加载位置的上移几乎呈线性增长。也显示出辐射阻抗随着频率的增长迅速增加。如果分析就到这里，有人可能得出负载线圈应该放置在天线顶部的结论。其实不然，后面我们会讲清楚。

所需加载线圈的电感值

要计算使一个短天线达到谐振的线圈电感的数值，通过 Boyer 在《Ham Radio》一书中所描述的天线传输线分析方法，可以很容易也很精确地做到。对图 21-9 所示的一个底部加载天线来说，天线谐振所需的负载线圈电抗由下式给出

$$X_L = -jK_m \cot h \qquad (21\text{-}11)$$

其中：X_L 为所需感抗；K_m 为平均特性阻抗（在式（21-12）中定义）；-j 项指出了天线在馈点呈现出容抗，必须有一个加载线圈来抵消这个电抗。

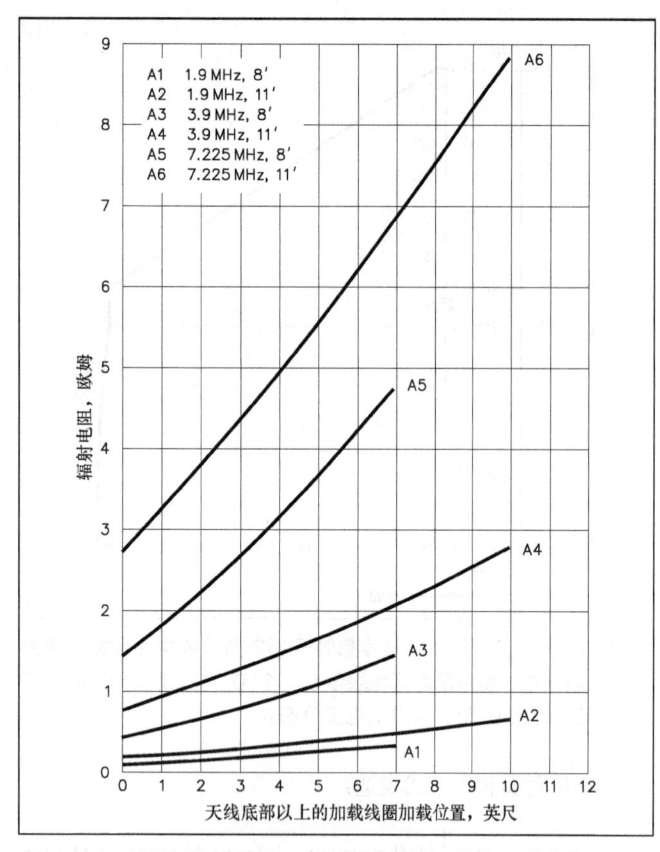

图21-10　以线圈加载位置为变量的辐射电阻输出函数曲线。

天线的平均特性阻抗由下式表示

$$K_{\mathrm{m}}=60\,[(\ln\frac{2H}{a})-1] \qquad (21\text{-}12)$$

其中：H 为天线物理长度（不包括负载线圈的长度）；A 为天线半径，与 H 有相同的单位。

从式（21-12）可以看出通过增加半径来降低天线的高度-直径比将引起 K_{m} 下降。参考式（21-11），K_{m} 的下降也降低了使天线谐振所需的感抗。稍后会指出，这将提高辐射效率。在移动应用中，如果我们尝试使用物理直径很大的天线，将会很快遇到风阻力的问题。

如果将负载线圈从天线底部去掉，天线将被划分为一个底部和一个顶部，如图 21-9 所示。当把线圈从底部移去时，使天线谐振所需的负载线圈电抗由下式给出

$$X_{\mathrm{L}}=\mathrm{j}K_{\mathrm{m2}}(\coth h_2)-\mathrm{j}K_{\mathrm{m1}}(\tan h_1) \qquad (21\text{-}13)$$

在移动天线的设计与架设中，顶部通常是直径比底部小得多的鞭状天线。因此，有必要分别计算顶部和底部的 K_{m} 值。K_{m1} 和 K_{m2} 分别是底部和顶部的平均特性阻抗。

把图 21-11 中 3.8MHz 天线的负载线圈电抗的曲线计算出来并绘制于图 21-11 上。这些曲线表明了加载线圈的位置对谐振所需电抗的影响。图 21-12 中的曲线说明了较长的天线谐振所需的电抗降低。这些曲线也揭示了所需负载线圈电抗在线圈过了天线中部后呈非常快速的增加。因为需要尽可能高的负载线圈 Q 值因子，同时因为当负载线圈直径是长度的 2 倍时能得

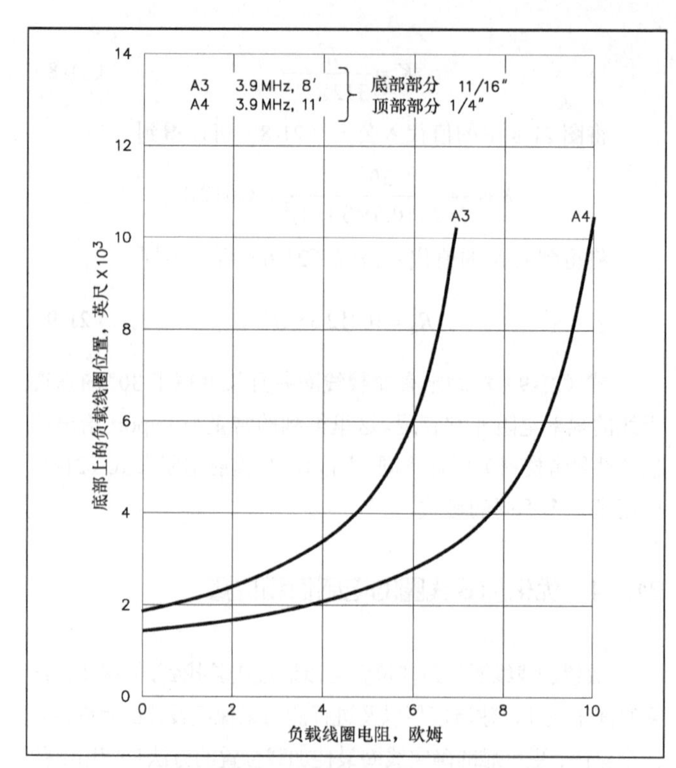

图21-11　谐振所需的负载线圈电抗值，图中曲线以线圈在天线底部上的加载高度作为函数变量。谐振频率为3.9 MHz。

到最佳 Q 值，线圈将增长得像在天线上方的烟环，很快达到一个不切实际的尺寸。因为这个原因，在所有计算中，负载线圈的最高加载位置被限制在距离天线顶端 1 英尺的位置。

加载线圈的电阻

负载线圈的电阻是引起能耗的一个因素，否则这个能量会被天线辐射出去。负载线圈中的热损耗没有任何好处，所以应该通过使用尽可能高的 Q 值负载线圈将它减至最小。负载线圈损耗电阻是线圈 Q 值的函数，由下式给出

$$R_{\mathrm{C}}=\frac{X_{\mathrm{L}}}{Q} \qquad (21\text{-}14)$$

其中：R_{C} 为负载线圈损耗电阻，单位为Ω；X_{L} 为负载线圈电抗；Q 为线圈品质因数。

式（21-14）指出了对给定的一个感抗，较大的 Q 值线圈将降低损耗电阻。Q 值测量仪的测量结果说明了典型的商业线圈在 3.8 MHz 波段上给出一个 150～160 的 Q 值。

通过使用直径-长度比为 2 的大直径线圈，使用直径较大的电线，在圈与圈之间保留更多的空隙，以及使用低损耗聚苯乙烯支撑和包围材料都可以获得更高的 Q 值。理论上讲，因为需要调谐，所以负载线圈上的各圈之间不能短路，因为短路会略微降低 Q 值。这时应该去掉线圈上的一些圈数以调整到谐振状态。

客观地说，许多实际移动天线使用带短路圈的大直径负载线圈来达到谐振。流行的“德州臭虫捕捉器”线圈值得注意。尽管一般禁止使用短路圈，但这些系统经常比那些加载

了小型且 Q 值相对低的固定线圈的天线效率更高。

21.1.5 辐射效率

辐射能量与馈入天线的能量之比决定了天线的辐射效率。由下式给出：

$$E=\frac{P_{\mathrm{R}}}{P_{\mathrm{I}}}\times 100\% \quad (21\text{-}15)$$

其中：E 为辐射效率，以百分数的形式；P_{R} 为辐射的能量；P_{I} 为在馈点返回到天线的能量。

简而言之，对于带加载线圈的移动天线，有一大部分馈入天线的能量消耗在地面和线圈电阻上。一部分相对不明显的能量也消耗在天线导体电阻和支座绝缘子的泄漏电阻上。因为后面两种损耗都非常小并难以估计，这里在计算辐射效率时忽略了它们。

另外一个值得注意的损耗是匹配网络损耗。因为我们在计算辐射效率中只考虑了馈入天线的能量，任何公式都没有考虑匹配网络损耗。只是强调匹配网络应该设计为损耗最小以使天线得到的发射功率最大。

辐射效率计算公式可以重写和扩展如下：

$$E=\frac{I^2R_{\mathrm{R}}\times 100}{I^2R_{\mathrm{R}}+I^2R_{\mathrm{G}}+(I\cos h_1)^2R_{\mathrm{C}}} \quad (21\text{-}16)$$

其中：I 为天线底部电流，单位为 A；R_{G} 为地面电阻损失，单位为Ω；R_{C} 为线圈电阻损失，单位为Ω。

式（21-16）中的每一项代表了与它相关的电阻上的损耗能量。所有的电流项抵消，简化此式为

$$E=\frac{R_{\mathrm{R}}\times 100}{R_{\mathrm{R}}+R_{\mathrm{G}}+R_{\mathrm{C}}\cos^2 h_1} \quad (21\text{-}17)$$

对底部加载天线来说，$\cos^2 h_1$ 减为 1 并可以忽略。

地损耗

式（21-14）指出了在天线系统中总的电阻损耗为：

$$R_{\mathrm{T}}=R_{\mathrm{R}}+R_{\mathrm{G}}+R_{\mathrm{C}}(\cos^2 h_1) \quad (21\text{-}18)$$

其中：R_{T} 是总的电阻损失。地损耗电阻可以通过重新排列式（18）确定如下：

$$R_{\mathrm{G}}=R_{\mathrm{T}}-R_{\mathrm{R}}-R_{\mathrm{C}}(\cos^2 h_1) \quad (21\text{-}19)$$

R_{T} 可以在车辆上安装一个测试天线并通过用一个 R-X 噪声桥或者一个 SWR 分析仪测量。你可以接着计算 R_{R} 和 R_{C}。

地损耗是一个有关车辆尺寸、天线在车辆上的安装位置以及车辆经过地面的电导率等变量的函数。只有前面两个变量可以实际控制。较大型车辆比小型车辆能提供更好的地平面。车辆地平面是不完全的，所以结果是相当可观的 RF 电流流入（也是地损耗）车辆周围和下面的大地中。

通过尽可能提高天线的底部在车辆上的位置，可以减小地损耗。这是由于天线对地的电容减小，增大了对地的容抗。因而相应地减少了地电流和地损耗。

这个结果已经通过在两辆不同的车上的 3 个不同位置安装相同的天线得到证实，其中地损耗的结果由式（21-19）所确定。在第一个实验中，把天线安装在一个巨大的旅行车顶部下方 6 英寸的位置，正好在左边的后窗口后面。这个实验将天线底部放在高出地面 4.2 英尺的地方，结果测量到 2.5Ω 的地损耗电阻。第 2 个实验将相同的天线安装在一个中等大小的轿车尾部挡泥板左侧，正好在行李箱盖左边，测量到的地损耗电阻是 4Ω。第 3 个实验使用了相同大小的轿车，但是天线被安装在尾部保险杠上，测量到的地损耗电阻是 6Ω。

仅由于安装位置的不同以及车辆尺寸的差异，就使同样的天线得到了 3 个不同的地损耗电阻。天线离地面越近测量到的地损耗越大这个结论很重要。但是在移动天线的安装中，也不必过分强求最大限度地减小地损耗。

效率曲线

利用前面定义的公式，图 21-12～图 21-15 描述了用计算机绘制出的辐射效率曲线。这些曲线是在 3.8 MHz 和 7 MHz、长为 8 英尺和 11 英尺的天线上计算所得的。对于 2 Ω 和 10 Ω两种地损耗电阻，我们都使用了多个 Q 值的负载线圈。在计算中，底部是直径为 1/2 英寸的电磁圆管，它的外部直径是 11/16 英寸。顶部是 Belden 牌包线包裹的玻璃纤维自行车辐条材料。这都是可以很容易找到的材料，一般的爱好者可以用它建造一个廉价但是耐用的天线。

仔细观察之后，我们可以看出这些辐射效率曲线显示了一些重要的信息：

（1）线圈 Q 值越高，辐射效率越高；

（2）天线越长，辐射效率越高；

（3）工作频率越高，辐射效率越高；

（4）地损耗电阻越低，辐射效率越高；

（5）较高的地损耗电阻迫使天线中心上方的负载线圈在辐射曲线中达到峰值；

（6）较高 Q 值的线圈使辐射效率曲线更加尖锐，致使在优化辐射效率时负载线圈的位置更关键。

注意到辐射效率曲线达到一个峰值之后，就开始随着负载线圈沿天线的升高而降低。这是因为在天线中心上方所需的负载线圈电抗增加很快。参考图 21-11，谐振所需的线圈尺寸的快速增加导致了线圈损耗电阻的增长速度比辐射电阻要快得多。这引起了辐射效率下降，如图 21-10 所示。

在底部加载位置和线圈高度为 1 英尺的位置之间的曲线上存在着一个微小的反转曲率。这是由曲线的突变引起，这个突变是由于线圈在底部插入了一个比鞭状天线直径更大的基座所产生的。

图 21-12～图 21-15 所示的曲线是根据固定直径的（但

不相等）底部和鞭状部分计算而来。由于有风阻力，我们不赞成增加鞭状部分的直径。然而，因为想更好地提高辐射效率，可以增加底部的直径。图 21-16 是根据底部直径在 11/16～3 英寸的变化范围内而计算的。图中曲线表明较大直径的底部会导致辐射效率的小幅度增加。

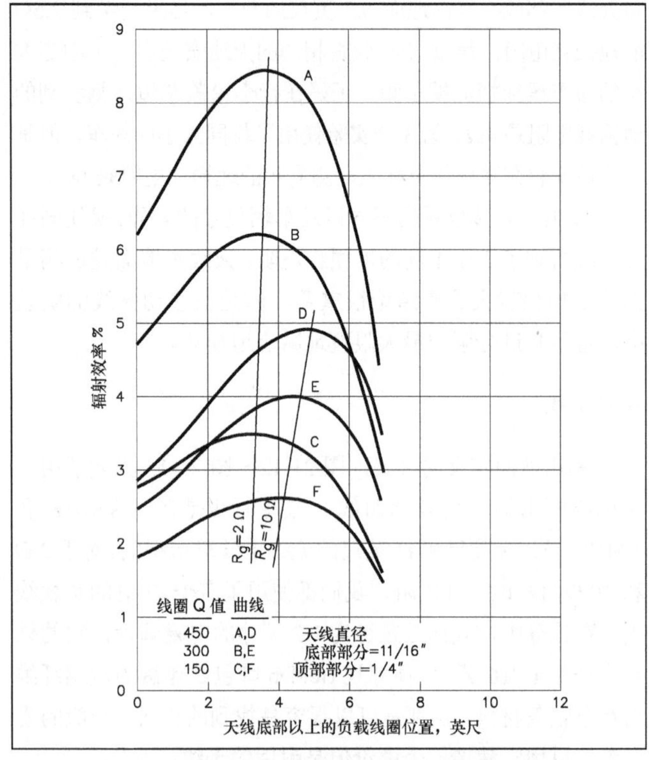

图21-12　8英尺长度天线工作在3.9MHz时的辐射效率。

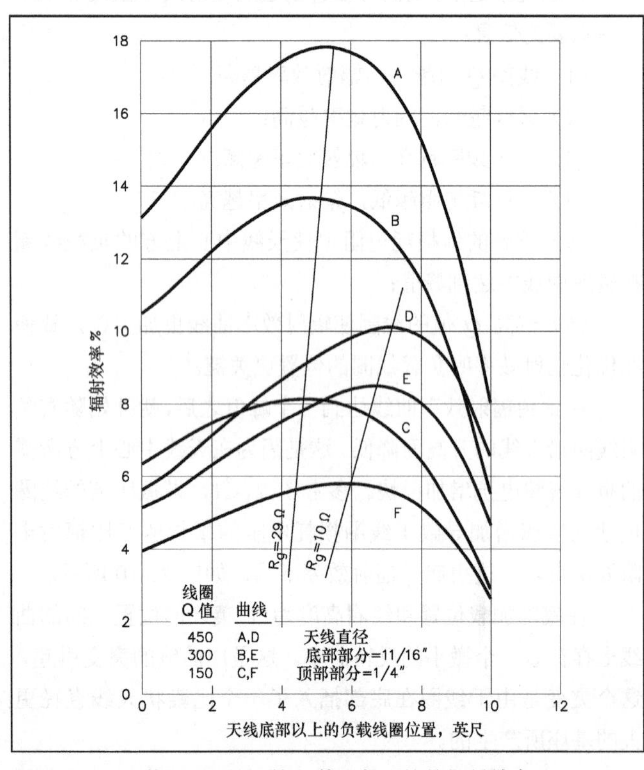

图21-13　工作于3.9 MHz的11英尺长天线的辐射效率。

图 21-12～图 21-15 所示的曲线说明比起 7 MHz 波段，在 3.8 MHz 波段上的辐射效率可能要低得多。它们在 1.8 MHz 波段上将会更低。为了让大家对辐射效率与信号强度有一个更清楚、直观的了解，图 21-17 使用了如下的公式计算：

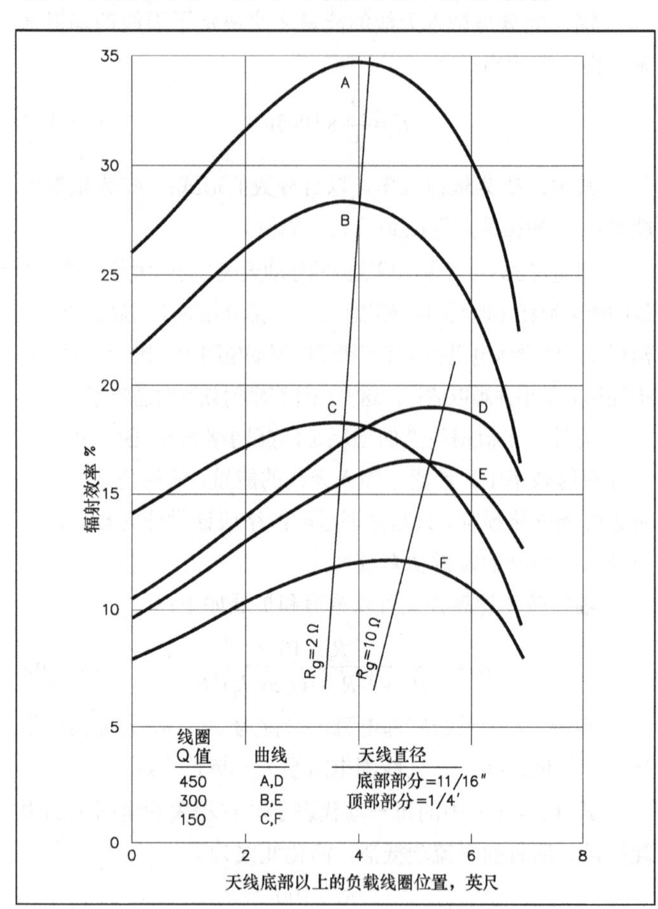

图21-14　工作于7.225 MHz的8英尺长天线的辐射效率。

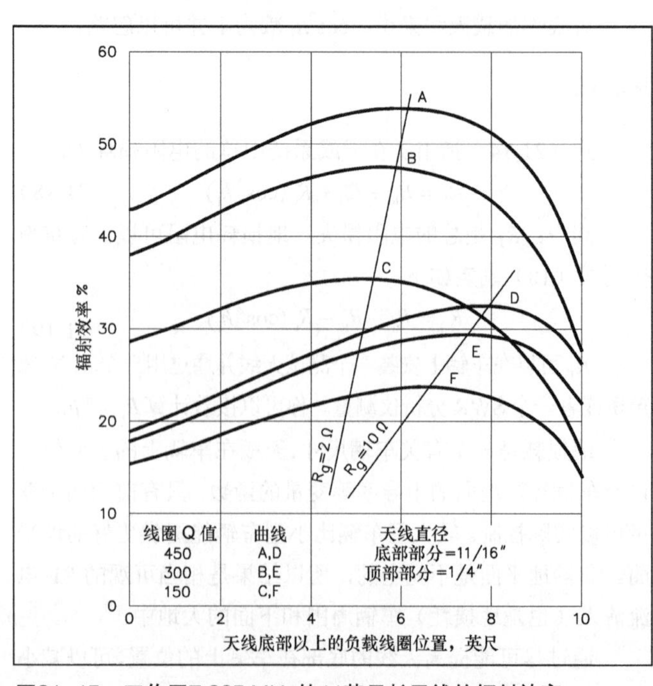

图21-15　工作于7.225 MHz的11英尺长天线的辐射效率。

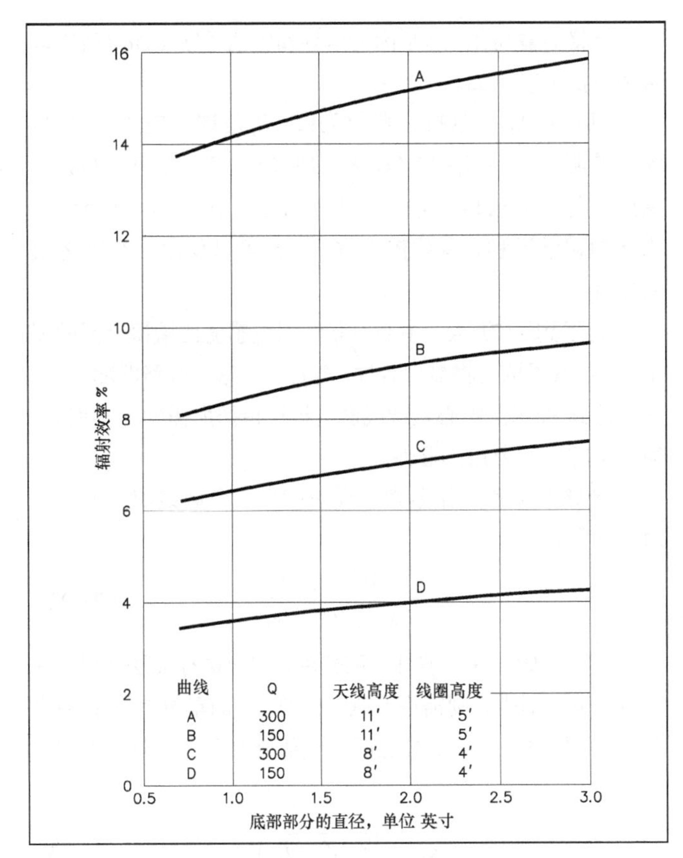

图21-16　以底部直径为变量的辐射效率曲线图。频率为3.9 MHz，地损耗电阻为2 W，上面鞭状部分的直径为1/4英寸。

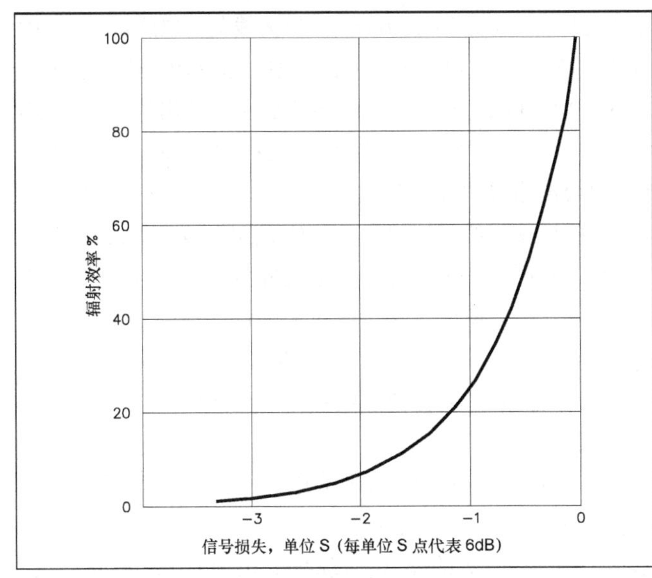

图21-17　以辐射效率为变量的移动天线信号损失曲线，以完美导电地面上的1/4波长垂直天线为参考

$$dB = \log \frac{100}{E} \tag{21-20}$$

其中：dB 为信号损失，单位为分贝；E 为效率，用百分比表示。

图 21-17 中的曲线显示，与完美导电面上的$\lambda/4$ 垂直天线相比，一个效率为 25%的天线，其信号损失要比前者约低 6 dB（大约是一个 S 单位）。效率为 6%左右的天线产生的信号强度比同样的$\lambda/4$ 参考天线低了两个 S 单元（即 12 dB）。通过对移动天线设计的仔细优化，使用相等的电力时，移动天线的信号强度可以与那些固定基站相媲美。另一种改善方法可以通过如下方式获得，即使其工作于一个空旷的地区且位于稳定底层（例如湿地、海水或咸水）上面或附近。

21.1.6　阻抗匹配

具有高 Q 值线圈加载的短天线的输入阻抗非常低。例如，一个在 3.9 MHz 上经过优化的 8 英尺天线，空载线圈 Q 值为 300，地损耗电阻为 2 Ω，底部输入阻抗大约是 13 Ω。在谐振时这个低阻抗在一条 50 Ω同轴电缆上会导致 4∶1 的驻波比。这个高 SWR 值与固态发射机的要求并不兼容。同时，短垂直天线的带宽非常窄，这就严重限制了在一个较小频率范围内维持发送机负载的能力。

阻抗匹配可以通过 L 网络或者阻抗匹配变压器来实现，但带宽窄的问题依然没有解决。一个更好的解决阻抗匹配和带宽窄问题的办法是在天线底部安装一个自动调谐器。这个装置能自动地使天线和同轴电缆匹配，并允许在一个宽频率范围内工作。

现在可以用这些工具调整移动天线以产生最高的辐射效率。用计算机的数学建模方法显示出加载线圈的 Q 因子和地损耗电阻，极大地影响了短垂直天线中负载线圈的最佳加载位置。它同时也指出了更长的天线、更高的线圈 Q 值以及更高的工作频率会产生更大的辐射效率。

任何公式都没有包含末端效应以保证负载线圈比所需的略大。对天线整理调谐的过程应该通过去掉线圈部分圈数来实现，而不是采用短路部分线圈或者过分地减短鞭状部分的方法。因为减短鞭状部分的同时，既减短了天线又移动了线圈的最佳加载位置，必然导致天线辐射效率的下降。而在负载线圈中短路部分线圈的方法将降低线圈的 Q 值。

发射机匹配

大多数现代发射机需要 50 Ω的输出负载，同时因为移动鞭状天线的馈电点阻抗非常低，通常需要一个匹配网络。计算尽管在初始设计时很有用，但在最终调谐过程中还是需要大量的实验。尤其是低波段，因为天线电长度比$\lambda/4$ 鞭状天线电长度要小。原因是需要加载线圈来抵消掉一个非常大的容抗，然而元器件值的很小变化都能引起电抗很大的变化。再加上开始时馈电点阻抗很低，这个问题会更加严重。

你可以将鞭状天线的较低阻抗转化到一个适合 50 Ω系统的值，可以使用 RF 变压器，或者使用如 L 网络的旁路反馈方案来达到目的。后者可能只需要一个安装在鞭状天线底部的分路线圈或者旁路电容，因为天线的网络串联容性或感性电抗和它的加载线圈都可以看作网络的一部分。下面的例子说明了相关的计算方法。

假设有一个有中心加载的鞭状天线，全长为 8.5 英尺，将工作在 7.2 MHz 上。从本章前面的表 21-1 中我们可以看到天线馈电点的阻抗大约是 19 Ω，通过图 21-4，从底部看去的鞭状天线的电容大约为 24 pF。因为天线是中心加载的，线圈以上的部分的电容值将减半到 12 pF。从这些值可以计算出使天线谐振所需的中心加载电感是 40.7 μH，即抵消掉容抗所需值（这个值和表 21-1 中给出的大约 40 μH 的结果一致。结果馈电点阻抗为 19+j0 Ω——一个很好的匹配，如果你正好有一个 19 Ω的同轴电缆可以用的话）。

解决方案：可以把天线匹配到一条 52 Ω的传输线，如RG-8，通过在谐振点以上或以下调节，然后用合适的旁路元器件，容性的或感性的，来抵消掉不想要的电抗成分。向上转换阻抗的方法可以通过绘制一个串联 RLC 电路的导纳图看出，这个电路由负载线圈、天线电容和馈电点阻抗组成。图 21-18 给出了馈电点阻抗固定为 19 Ω时的一个曲线。有两个比较有趣的点——P1 和 P2，其输入电导率为 19.2 mS，对应 52 Ω。多余的电纳由 $1/X_P$ 和 $-1/X_P$ 表示，它们必须由符号相反但绝对值相同的旁路元器件抵消掉。用于调谐的分路电抗值 X_P 可以由公式得到：

$$X_P = \frac{R_f Z_0}{\sqrt{R_f(Z_0 - R_f)}} \tag{21-21}$$

在没有电抗成分的情况下，电导为电阻的倒数。对于一个串联 RX 电路，电导可由下式给出：

$$G = \frac{R}{R^2 + X^2}$$

而电纳则由下式给出：

$$B = \frac{-X}{R^2 + X^2}$$

因此，当知道串联 RX 电路等效于并联 GB 电路后，通过计算将会被简化，这是因为电导和电纳并联相加等效于电阻和电抗串联相加。

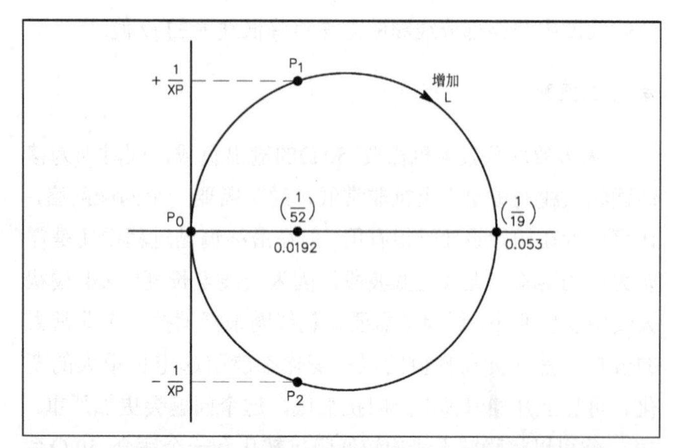

图21-18　由文中所讨论的鞭状天线电容、辐射电阻和负载线圈构成的RLC电路的导纳图。横轴表示电导，纵轴表示电纳。P0点为鞭状天线没有加载电感时的输入导纳，点P1和P2见文中说明。

其中：X_P 是电抗，单位为Ω；R_f 是馈点电阻，Z_0 是馈线的阻抗。当 Z_0=52 Ω，R_f=19 Ω时，X_P=±39.5 Ω。线圈或者优质的云母电容可以用作旁路元器件。再利用稍后描述的调谐过程，具体值不重要，也可以使用一个固定值元器件。

为了到达 P1 点，中心负载线圈电感值比谐振所需的要小。馈电点阻抗也将显现容性，需要一个感性旁路匹配元件。为了达到 P2 点，中心负载线圈应该比谐振所需的电感值大，需要呈容性的旁路元器件。

旁路匹配和谐振条件所要求的中心负载线圈的值可以由下式得到：

$$L = \frac{10^6}{4\pi^2 f^2 C} \pm \frac{X_S}{2\pi f} \tag{21-22}$$

其中：如果使用容性旁路器件，则应进行加法运算；使用感性旁路器件，则需进行减法运算；L 的单位是μH；频率 f 的单位为 MHz；C 是被匹配天线部分的电容，单位为 pF。此外

$$X_S = \sqrt{R_f(Z_0 - R_f)} \tag{21-23}$$

在所给的例子中，Z_0=52 Ω，R_f=19 Ω，f=7.2 MHz，C=12 pF，X_S 结果为 25.0 Ω。所需天线负载电感是 40.2 μH 或者 41.3 μH，取决于分流器的类型。这个例子中的多种可能的匹配如图 21-19 所示。在图（A）中，使用值为 40.7 μH 的 L_L，使天线达到谐振，但是不包括匹配此时的 19 Ω阻抗到 52 Ω传输线的预备装置。在图（B）中，将 L_L 减小到 40.2 μH 以使天线呈净容性，此外 L_M 电抗为 39.5 Ω，以旁路形式被加进来以抵消容性电抗并将馈电点阻抗转换为 50 Ω。图（C）所示做法与图（B）所示相似，不同处是将 L_L 增加到 41.3 μH，另外增加了 C_M（一个值为 39.5 Ω的负电抗旁路电容），同样使馈线获得一个 52 Ω的非电抗性终端阻抗。

上述例子中，负载线圈的值指出了与短天线匹配有关的重要考虑事项——加载器件值相对较小的变化将对匹配要求值产生一个放大的影响。负载线圈电感值不到 3%的变化，就需要一个完全不同的匹配网络！同样地，计算表明天线电容 3%的变化也会产生类似结果，现在你就会清楚地认识到前面提到的考虑事项的重要价值了。关于频率变化电路灵敏度也非常关键。上面的例子中，图 21-18 所示的整个圆周的实际偏移可能只有 600 kHz，中心频率为 7.2 MHz。这就是为什么调节移动天线可能非常费力，除非遵循一个系统性的过程。

分流线圈匹配

利用激励线圈以达到优化匹配的方法有两个原因。第一，它为天线提供了一个直流接地，有助于控制静电堆积；第二，当频率需要调整时，而其结构不需要进行调整就可以覆盖所有 10～80m 的高频波段。因此，它是用于远程控制（调节）天线中最理想的一个匹配方案。另一方面，电容匹配需要改变每个波段上的电容值，有时一个波段也是如此。不过应该注意到，任何高频移动天线在低于 20MHz 的波段上不需要匹配皆可以获得低 SWR，但达不到最佳性能。

调谐

假设前面例子的天线中使用感性旁路匹配，图 21-19（B）中的 L_M需要 39.5 Ω。这意味着在 7.2 MHz，鞭状天线馈点端到地之间需要一个 0.87 μH 的线圈。如果放置一个 40 μH 的负载线圈，负载线圈上方的可调鞭状部分应该设置为最小高度。接收机收到的信号将很微弱，每次应该把天线增长一点，使信号开始增大，直至峰值。打开发射机，在一些频率点上检查出 SWR 的最低点。如果它低于想要的频率，可略微缩短鞭状部分并重新检查。每次应该改变大约 1/4 英寸，直到 SWR 在所需频率范围的中心达到最小。如果 SWR 最低时对应的频率大于所需频率，重复上面的过程，但不同的是略微增加鞭状部分的长度。

如果使用旁路电容，如图 21-19（C）所示，在 7.2 MHz 上需要-39.5 Ω的电抗，对应着 560 pF。使用容性旁路时，从鞭状部分最长位置开始减短，直至信号达到峰值。

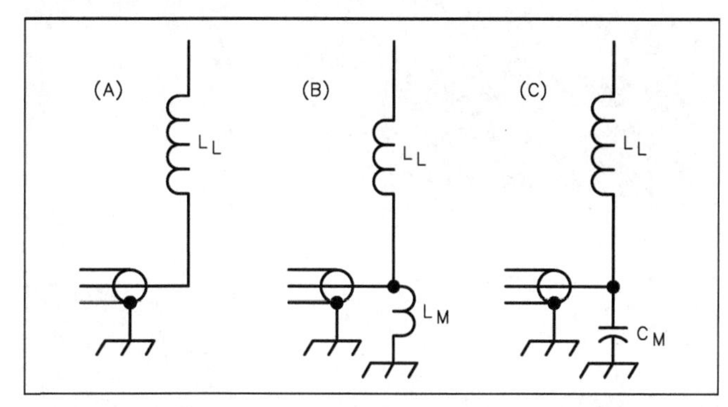

图21-19　在图（A）中，是带有中间加载线圈的谐振鞭状天线；在图（B）和图（C）中，对加载线圈稍做改变，使得馈电点阻抗出现电抗，并且并联加上一个旁路匹配器件以抵消这个电抗。这样提供了一种与馈线Z_0匹配的阻抗变换方法。另外一种可行的处理办法是，不用改变加载线圈电感量，而是调整负载线圈上面部分（天线体）的长度，以获得最佳匹配，这在本章的“调谐”部分有所描述。

21.2　高频移动天线的类型

21.2.1　螺丝刀天线

毫无疑问，螺丝刀天线给移动高频天线带来了最大的改变。螺丝刀天线最初是由 Don Johnson（W6AAQ）想出来的，他的基本设计现在已被普遍使用。可以从不同制造商那里购买。他们包含粗空心的较低桅杆、一个可扩展的线圈组和一个鞭杆，其典型长度为 9～60 英寸。

线圈中未使用的部分被存储在天线的桅杆之中。桅杆顶端的金属簧片与线圈相连。远程控制的直流电动机驱动螺丝旋转以伸出或收缩，来与较高或较低频率发生谐振。在运动中可以做这样的调整，正是该类天线具有吸引力的特征，因此受到欢迎。

一个质量合适、高 Q 值螺丝刀天线并不便宜，最高需要花费 1000 美元，尽管大部分天线的价格是这个金额的一半。它们笨重而且需要馈电线（同轴电缆）和电机控制导引线两条线。有些版本还采用磁簧开关来计算螺丝杆的转数。（请参阅“移动天线控制器和调节器”小节。）

缩短版的螺丝刀天线可以从一些制造商那里购买，而且这类天线已经非常受欢迎。它们重量轻，易于安装，这些特征正是其受欢迎的原因。不过，因为其总长度短和线圈 Q 值低，在性能上相比于其他同类天线还是大大折扣，特别是当安装于唇状底座时。同时当它们自动与天线控制器发生耦合时，还需一些特殊的考虑，这一部分在下面进行介绍。

应该注意的是，并不是所有型号都采用这种安装方案。一些使用 3/8 英寸 24 号螺栓加至少一个 3/4 英寸螺栓。大部分天线还需要一些形式的底座绝缘子。如果你想制作螺丝刀天线，它的设计方案包含于原版书附加光盘文件中。

21.2.2　单波段天线

有几款单波段天线，包括“bug catcher”线性加载变种天线和 Hustler 系列天线。

如果安装正确，“bug catcher”如图 21-20 所示，是移动天线类型中最有效的一种天线。（该名称来自行驶过程中线圈“catch bugs”。）不过，它有一些缺陷，例如风力载荷不是最小，特别是在其上面装一个电容帽时。该部分在下面进行讨论。

图21-20 一个具有大的空芯缠绕中心加载线圈的“bug catcher”天线。

“bug catcher”天线的中心加载采用一个粗空芯的缠绕线圈。它是单波段的，不过也可以制成多波段天线。在电感方面，惯用的做法就是采用足够大的线圈以与天线 80m 波段发生谐振。然而，利用跳线来缩短线圈的转数，可以达到与较高波段发生谐振。不过缩短转数减小了线圈 Q 值并使天线效率降低。

螺旋缠绕天线

这种重量轻的天线通常被称为“Ham Sticks”，而实际上名字“Ham Sticks”是 LakeWood 公司（www.hamstick.com）的注册商标。这类天线之所以受欢迎是因为具有廉价的成本和适当的性能。除了它们采用单个固定值的加载线圈，其他方面与下面所示的连续加载天线相似。

天线本身根本上是一个玻璃纤维管或杆，周围缠绕着小号钢丝。朝管顶端方向，钢丝密绕在一个加载线圈上，同时，天线顶部采用一个长度可调的短鞭杆，该部分被称为“Stinger”。

考虑到它们的低 Q 值和相对较短的长度（约 7 英尺），再加上其重量轻，因而可能使用磁贴安装、角式安装或主干唇式安装会取得更好的结果。改变天线的波段需要改变整个天线，但是大多数型号都具有快速拆卸功能，这使得任务变得更快更容易。作为一般规则，它们不要求阻抗匹配，因为它们整个损耗带来的输入阻抗非常接近 50Ω。

连续加载天线

有几个既生产单波段天线又生产多波段天线的制造商将其天线描述为连续加载型。（有时被称为“线性加载”，这并不是用于缩短偶极天线和定向天线的线性加载技术。）对于这些天线，其所做的加载就是使用多个固定值的电感将天线的长度隔成几段或沿着天线在一个较大的间距（匝的长度和匝的直径之比）上缠绕连续的线圈。

扩展带宽

单波段天线的带宽是有限的。根据带宽和安装参数，2∶1 波段可能小到 12kHz（在 80m 波段），也可能大到 1MHz 甚至更大（在 10m 波段）。由于现在固态收发机在 2∶1 以上 SWR 方面开始降低输出，所以这将方便扩展带宽。

实现扩展的一种方法就是：利用一个内置（外部）自动耦合器（天线调谐器或缩写为 ATU）。该技巧是非常好的，只要我们在波段上不试着匹配天线。由于它大大增加了天线总的损耗，所以在波段上不会发生谐振。不过，可以安装 ATU 的专门移动天线比较少。如果你愿意增加建造的复杂度，安装一个外部单元也是完全可以的。

正如在“高频移动天线基础知识”小节中学到的一样，我们可以使用分流单元来匹配天线输入端阻抗和 50Ω 馈线。如果我们用 0.25 波长的短截线替换固定值的分流单元，那么就可以有效增加该过程中的带宽。它之所以实现是因为随着频率的改变，短截线的电抗波段与天线的相反——在高于谐振频率时，随着天线馈点电抗变得更加感性，$\lambda/4$ 短截线的电抗将会变得更加容性。

典型的就是，再一次基于频率和安装参数，可用的 SWR 带宽将增加 30%，甚至高达 50%。缺点就是对于每个工作波段，我们不得不使用不同的短截线。

多波段天线使用通常被称为“飞线”的导线连接于基部，反过来连接沿着线圈构成天线主体的抽头，以选择工作频率。

倡导者误认为大的长度直径比（高达 25∶1）能使线圈产生辐射，从而提高效率。然而，这种具有很少优势的加载形式由于线圈低 Q 值和缩短的总长度（4～7 英尺），会产生很大的偏移。

这些天线通常不需要匹配，但是一些信号表现出的输出阻抗大于 100Ω时则需要匹配。

缩短偶极天线

一些业余爱好者选择购买两副一样的移动天线，并将它们安装成 V 形结构。因为地面损耗是决定天线效率的主导因素，所以一种可行的解决方案就是采用第二副天线取代地面损耗。不过它们是正确的，即增加了辐射阻抗以及馈点输入阻抗，效率在很大程度上保持相同，这是因为地面损耗已被大约相同的第二副天线的损耗替代。其增益要求经常被夸大。在自由空间，全尺寸无损耗偶极天线最大理论增益为2.15dBi——假设存在地面反射和1/2波长或更大的天线高度（对于一个移动基站最好的情况是不切实际的）的情况下其增益值会更大。

不锈钢鞭杆

毫无例外，大部分鞭杆都被称为CB鞭杆，由17-7型不锈钢材质制成，其总长度为102英寸，不过也有108英寸和120英寸。拉直不锈钢并将其外部直接轧为0.220～0.250英寸。从离基站60英寸的地方开始，它们向上逐渐变细直至顶端，其外部直径为0.100英寸，然后再底部挤压出一个3/8英寸24号螺纹的黄铜底座接头，在尖端加一个小的电晕球，这样一个鞭杆就完成了。

不锈钢并不是最后的射频导线，特别是在高频较低波段。与铝制同尺寸导体相比，并根据所用鞭杆的长度，额外的电阻损耗可能使ERP（有效辐射功率）减少了3dB。

不幸的是，没有任何可行的替代方案可以替换17-17型不锈钢的强度和柔韧性，鞭杆可以镀铜，但是性能改善效果微乎其微。虽然在鞭杆的外层覆盖上镀银的铜编织网也很容易做到，但同样ERP的改善相对于额外增加的风力载荷，这样做是不值得的。

电晕球

在标准CB鞭杆顶部加一个小的电晕球虽然在一定程度上保护了眼睛，但在减少电晕效果方面却值得商榷。那什么是电晕呢？如何预防它呢？

正如在“HF高频移动天线的基础知识”小节中了解到的一样，在鞭杆的顶点会产生最高的射频电压，在适当的天气条件下，甚至当天线工作的功率水平适中的时候，也会在鞭杆尖端看到电晕现象。电晕放电是由鞭杆顶端的小半径引起的，然后形成了超过微小间距上空气击穿电压的巨大电压差，从而导致空气被电离后导电。放电从天线“streamers”一直延伸直至电压减少到低于电离水平的区域。在接收过程中，尖端的静电释放现象会成为难题。

解决方案就是用一个平滑的较大平面来替代尖端。电晕球平滑的圆面会减少随距离变化的电压（该电压会引起电离）。电晕球要有效必须足够大——其直径至少为0.5英寸，甚至优先选取1英寸，这个可以参考《QST》杂志上的建议。若直径大于1英寸，风力载荷就成为难题。

在增加天线复杂性和增大风力载荷的代价下，电容帽或顶部帽是提高高频移动天线效率的一种方法，它们通过增加线圈上面那部分的电容值而有效增加整体电长度来提高天线效率。

它们包含一根硬线、两条或多条直导线、一个由多条直导线构成的圆盘（如轮子的辐条）和一组环或排布成车轮辐条的导线，如图21-21所示。帽子越大（物理尺寸），电容就越大，有效增加的电长度就越长。由于需要较小的电感和电大天线发生谐振，所以线圈Q值的损耗也将减少。

无论电容帽位于何处，附加的电容值都是一样。但是，如果位置太接近线圈，所附加的电容会减低天线效率而不是增加天线效率。最有效的位置就是天线的最顶部。至少电容帽应放置在线圈上方鞭杆直径至少一半的位置（如图21-21所示，电容帽位于鞭杆中心），并且尽可能远离汽车镀有金

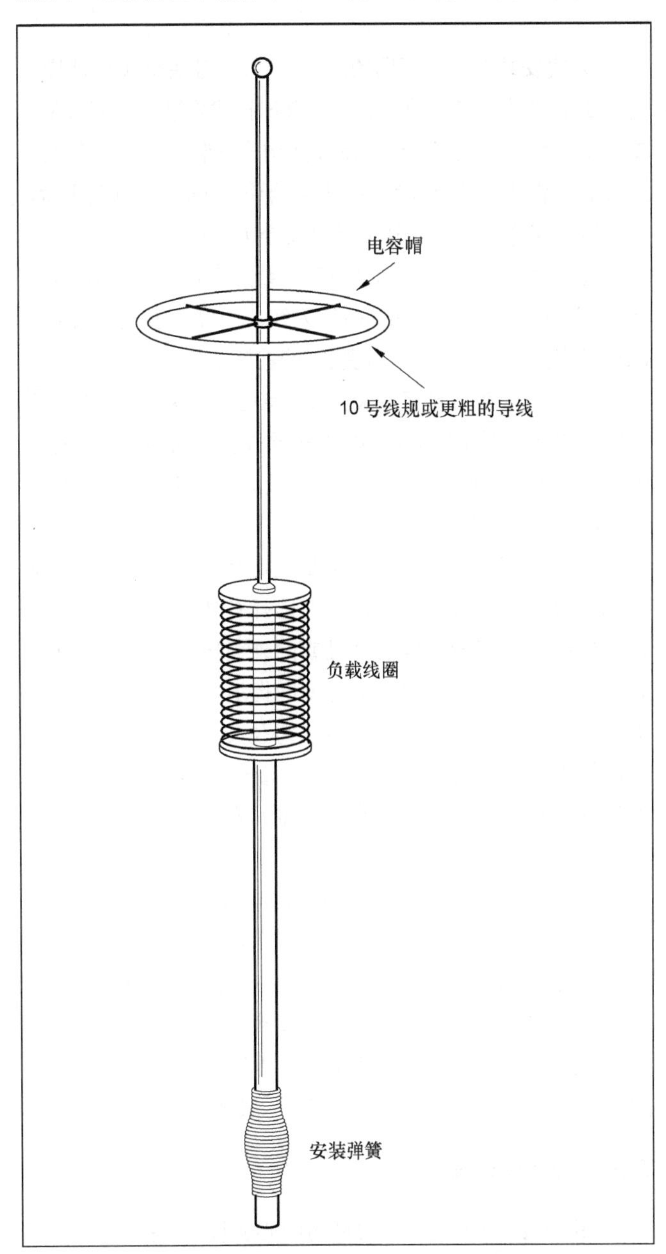

图21-21　使用电容帽以改变底部加载或中心加载鞭状天线的性能。在所示车轮状圆盘的位置上可以使用环或辐条。

属的地方。这些都需要稳固的天线结构和安装技术，但是性能的改善使这样做是值得的。

设计并制作电容帽集线器的规划（Ken Muggli/K0HL制定的）包含于原版书附加光盘文件中，其中还包括在哪些地方可以购买材料。在这个例子中，配套的为102英寸长的CB鞭杆，不过已经缩减为6英寸。

如上所示，当顶部安装一个Scorpin 680螺丝刀天线时，17～80m波段的工作频率是有可能的。根据工作波段的要求，对于一个不加载102英寸长的鞭杆来说，所测得的场强改善范围在3～6dB。

21.2.3 天线的安装

天线安装有很多不同的流行类型，很难决定哪一种最合适特定的安装。流行的安装类型有球挂式安装、夹式安装、支架式安装、柱插式安装、尾部挂钩式安装，甚至还有磁贴式安装。你选择哪种安装方式取决于很多因素，包括重量、总长度、工作频率、车辆问题以及个人喜好。

重量可以从几盎司的UHF天线至高达208磅的全尺寸、高Q值的“bug catcher”天线。长度可能从几英寸的UHF天线至长达13英尺或更长的高频天线。

有些汽车需要自己安装天线，有些则不需要。作为一般规则，皮卡相对于货车和SUV需要较好的天线平台。毫无疑问，对于许多业余爱好者来说，最大的决定是：是否需要在金属车身上钻孔。

另一个经常被忽视的要求是：选择在汽车哪一侧安装天线。对于后置天线而言，优先选择有驾驶员的一侧。如果你住的地区有较低洼的桥梁或向外突出的树木，这种安装方式可能会特别重要，因为朝向街道中心的地方通常有更宽的间隔。此外，如果它们在驾驶员一侧，那么通过后视镜很容易看到天线。通常当你拉着一个拖车或RV时，如果你选择前置安装，那么就要将其安装于右侧，以免分散或遮挡视线。

不管你使用哪种方式来安装你的天线，必须确保其足够牢固以致没有足够固定点的天线可以支撑其重量和强加的风力载荷。天线应该最大化地与汽车所表示的较小地平面依附。安装天线过程中的关键词为：“天线下面直接金属区”、“没有什么旁支”以及“真正好的方式”！请记住，不论是哪种天线，永久且安全的安装方法可以最大限度地提高天线性能和安全性。

高频移动天线的安装

图21-22所示为一个典型的中心加载远程控制80m波段的螺丝刀天线，即Scorpion SA-680。这种自制安装方法是Joe McEneaney（KG6PCI）提出的。18磅的天线通过焊接于车架伸出部分的刚性桅杆来支撑。在桅杆底部有一个不锈钢板，通过螺栓固定于汽车车床栏杆上，然后在钢板上固定天线，这样可以减少地面损耗。当需要时，一个可快速分离的天线基座是便于拆卸的。

图21-22　一个安装于KG6PCI货车上的Scorpion SA-680天线。（照片是由Alan Applegate/K0BG和Ron Douglass/NI7J提供的。）

因为设计和找人焊接特殊底座的难度大，大部分移动天线操作者选择从众多《QST》杂志广告商中的一个来购买商用的尾部挂钩安装装置。虽然这个安全，但是尾部挂钩安装方案增加了地面损耗。如果可能，尽量避免使用。

如果你开的是一辆皮卡，在汽车车架栏杆和车盘底部安装天线就可以提供高效的工作。类似图21-23所示Breedlove方式的柱插安装装置是一个不错的且无孔的选择。它的偏移设计允许它焊接于从汽车最底下的车盘延伸而出的部分。

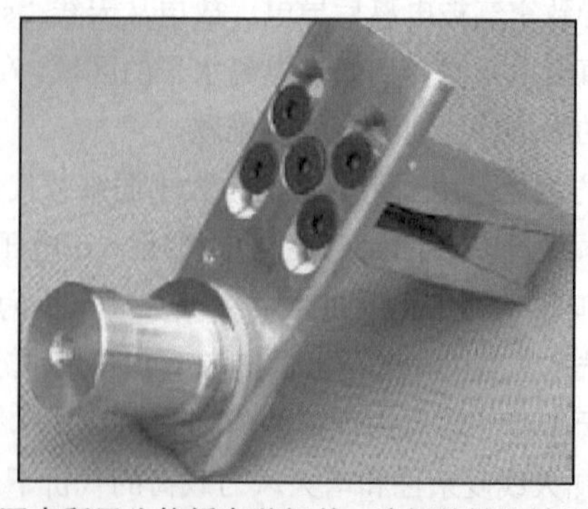

图21-23　图中所示为柱插安装组件，该组件被设计用于车盘上具有方形孔洞的货车，照片中所示的偏移量将会被车盘挡住。

3/8 英寸螺纹式安装

大部分多波段小型螺丝刀天线和一些 VHF 天线的安装可采用公头或母头 3/8 24 号的螺栓。球挂式安装、夹式安装或唇式安装都需要这种螺纹底座来提供。安装这样的设备常常需要用底座绝缘子将天线和安装组件分开。馈线连接可能是简单的线性簧片 SO-239 或带有（也可不带有）已安装母头射频连接器的同轴电缆接线头。

螺栓本身往往是不锈钢材质的，但是有些是低碳钢和黄铜的。如果所讨论的天线是一个沉重的"bug catcher"天线，那么就需要一个牢固的螺栓。拿一根 2 英寸 8 级螺栓，通过剪切并重整螺纹部分，就可以很容易地制成替换螺丝。这样所得到的螺栓的抗拉伸强度是不锈钢螺栓的 2 倍以上。

球挂式安装

球挂式安装如图 21-24 所示，它不再采用最新型的自动金属薄片，取而代之的是塑料盒金属混合物，它也没有以往那么结实。并且大多数业余无线电爱好者没有必要的工具，这些工具用于装备重型的绝缘体以及大型背板以克服大型重型天线的金属薄片问题。但是对于坚定的业余无线电爱好者以及简陋的民用无线电台，即使使用更轻的金属片，球式安装都是足够用的。

夹式和唇式安装

夹式安装有很多参差不齐的安装技巧。大多数对于表面角来说都是足够的，这些表面角包含后备箱盖、后视天窗甚至是侧门。对于轻型的 VHF 或者 UHF 天线，它们提供便携的安装技巧。如果在关它们所附着的门和天窗时不能小心翼翼，它们同样能够很好地工作。在购买它们之前，安装位置和车身之间的空隙需要检查。

图21-24　球挂式安装设备位于一个垂直或近似垂直的平面上，通过调整可以使天线垂直，安装中可能有（也可能没有）图示中的弹簧。弹簧长度必须计入天线总长度。

典型的夹式安装是有螺丝钉固定的。固定螺丝所在的车身折叠金属片通常是锯齿状的，且提供了一个不安全的电气连接。即便是最小、最轻的天线都会给连接处一定的压力。一旦连接处松了，间歇性的 SWR 以及电磁干扰问题就将产生。因此按照一般常例来说，安装到天线上的夹式安装必须小于 2 磅。（如果能够用牵锁加固或者用其他的方法进行稳固，一些大一点的天线也能使用夹式安装。）

现在的车辆在最组装和涂漆之前都浸泡在锌化合物中。一旦接触空气，锌化合物就会迅速氧化，但是在这种情况下氧化物就是一个很好的东西。当镀锌层上的漆面出现一个小缺口时，这个缺口处就会迅速氧化来保护底层的基础金属。不要除去镀锌表面以暴露金属！这将使得保护层脱落，导致底下的钢铁生锈，最终使得连接变得断断续续。

所有的唇式安装都是通过不受天气影响的密封条来连接同轴线到车厢或者客舱，这可能导致进水。这个问题可能在需要大型同轴线的螺丝刀天线中被进一步放大。注意要在同轴线和密封条上留出一个出水孔或者其他出口，以便于排水。

角架式安装

角架式安装有着不同的尺寸、形状、角度、孔径、附着形式、长度和颜色。在像 ham-sticks 和 VHF 这类的轻型天线中有着很好的效果，但是不能用于重型天线。不同类型的卡车以及各式车辆都有着特殊的引擎盖接缝版本。它们都需要有空来安装连接螺钉。有些安装是夹合在镜臂上或者其他管子或框架上。

磁贴式安装

在高频或者甚高频的天线中很多人都使用磁贴式安装，并且取得了一定的成功。很多模型都可以用来确保各种尺寸天线的安全。尽管只是预定做临时安装的用途，通常都是将它们作为长久的装置使用以避免钻孔，磁贴式安装有很多缺点都能够限制它们只作临时使用。

如果没有别的原因仅仅是耐候密封，同轴布线往往都是一个问题。磁铁易于收集碎片，一开始只是金属灰尘，后来就聚集在磁铁上并且生锈，最终划伤车辆，影响光洁度。

不考虑磁铁的大小，最大的吸持功率是根据金属表面来定的。举个例子，一些新车使用钢铁增强性复合材料，尽管磁铁吸附于其表面，它的吸附力都比不上全钢的表面。在这种情况下就不应该使用磁贴式安装。

对于一些大型的天线安装需要使用 3～5 块磁铁。这些装置都比较重且难于安装和移除。当在大型天线中使用时，就算是大型的磁铁装置都需要用锁链拴住或者用牵索固定，以便它们能够安装在正确位置，这其中的原因是显而易见的。

当使用磁贴式安装时，同轴屏蔽上的高低损失以及共模电流都是一个问题，因为它们依靠电容耦合来获得射频电流。通常推荐安装接地母线到最近的地盘挂载点，但是这种方法也是杯水车薪、于事无补的。

21.2.4 移动天线的控制器和调谐器

螺丝刀天线在某种程度上越来越流行，因为它们的工作频率在移动的时候也能改变。许多制造商提供了手动控制盒作为一个选购选项。但是手动控制器需要操作者在调谐时关注内部或者外部的 SWR 显示器，在移动时是不安全的。最终人们提出了一个解决方案——自动天线控制器。

在众多变量中有两个基本的类型——SWR 传感器和转动计数器。关于天线控制引线上的射频，这两种类型都需要特殊的天线，并且我们也将解决这个问题。它们中大部分都是内嵌的，并且一直缩进成线圈安装在杆子上。如果你为车库或者车棚空间问题烦恼的话，这将是一个完美的解决方案。

SWR 感应控制器

图 21-25 所示的良好射频 7000 螺丝刀控制器就是一个典型的例子。我们可以通过 CI-V 数据口配合 ICOM-7000 直接读取 SWR 数据。其他的读取 SWR 的方法是使用一个独立的传感单元，这种方法是在一个基本的设置程序完成后通过激活接收器的调谐功能完成的。换言之，QSY 所需要的就是改变接收器的带宽，按下收音机的调谐按钮，让控制器自己工作。

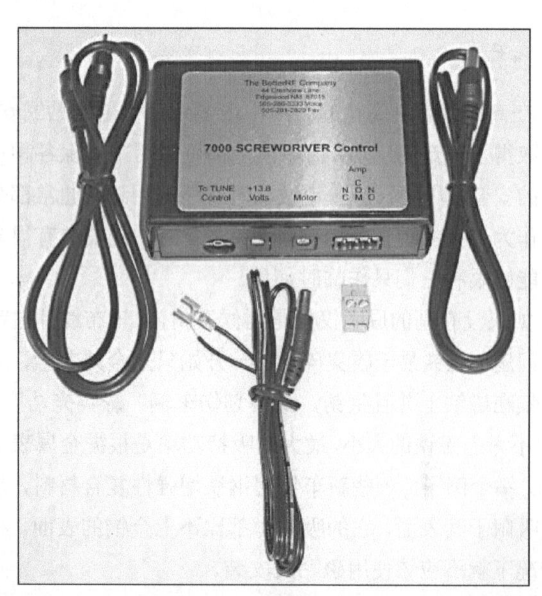

图21-25 一个SWR敏感控制器自动调整螺丝刀线圈的长度来使SWR最小。

一个大部分传感控制器都有的明显优势是它们能够存储先前的控制频率，因此当你改变频率时，控制器在正确的方向上移动天线，减少动力装置的磨损。

匝数计数控制器

许多螺丝刀天线都匹配了匝数计数控制器，它们大都以一个能够关闭磁簧开关的磁铁形式附属于驱动装置。当电机转动时，这个开关每 360°开关一次或者两次。这个控制器计数闭合次数并且移动天线到预定位置。图 21-26 所示的 Ameritron SDC-102 就是一个典型的转动计数控制器的例子。一旦到达预定点内置的“Jog”，就会触动 SWR。

图21-26 匝数计数控制器通过计算簧片开关闭合次数来跟踪线圈的位置，该簧片开关安装在天线之中。

和大多数 SWR 类型的控制器相同，转动计数控制器在控制引线上也容易产生射频电流，所以一个合适的扼流线圈是必要的。

共模电流问题

在理想状态下，RF 电流向下流向双绞线中心线的外表面，并且在同轴屏蔽层的内表面形成回流。但在现实中，RF 电流将流向同轴屏蔽层的外表面，并且完全独立于内部电流。趋肤效应电分离屏蔽层上的内外电流。这将产生屏蔽层外部的第三根线，并且经常直接接到天线的一端。对于移动天线，屏蔽层的外部经常接到车身中。如果同轴线本身并不屏蔽天线的辐射场，屏蔽层的外部就将获得天线的射频能量。这种不平衡的射频电流就称为“共模电流”，与同轴线内部平衡的差模电流截然不同。共模射频电流本身将产生辐射信号，就如同天线传输的射频一样，并且它将对你的收音机和车辆电子装置产生射频干扰。

在高频移动天线的情况下，反馈以及其他线上的共模电流随着地阻抗的增大而增大，这将导致地损耗。结果是工作在钳式、唇式或者磁贴式天线同轴和控制线将比体式天线携带更多的共模电流。

由于共模电流中存在潜在的电磁干扰，即使没有此问题的明显征兆，人们也需要谨慎地选择移动装置中的射频扼流圈以减少共模电流。共模射频扼流圈最好安装在天线基础区附近，这里接有反馈线，并且不在车辆之中。

制造射频扼流圈最方便的方法是使用“分裂磁珠”和“分裂磁芯”的铁氧体磁芯。一个使用了混合3/4英尺ID号为31的分裂磁珠将产生巨大的作用。如图21-27所示，根据同轴线的尺寸，选择RG-58或者RG-8X绕5或7圈，即能够蜿蜒通过这种尺寸的磁珠。其阻抗在10MHz下为1.8kΩ，这在大多数情况下都是足够的，如果不够，可以使用第二个分裂磁珠，这将有效地加倍增大阻抗，在制作扼流圈时别使同轴电缆过分弯曲，尤其是使用了泡沫绝缘体的电缆，因为随着时间的流逝，中心电缆就将被迫穿过绝缘体而导致短路。如果想知道更多的共模扼流圈铁氧体的信息，可以参考“传输线耦合和阻抗匹配”一章。

控制引线射频扼流圈

所有的螺丝刀天线都有一个共性：它们的控制电机和磁簧开关都封装在天线里面。因此控制引线在射频传输过程中将发热。这种射频必须和控制器隔开，否则会导致错误的操作。在使用有内在损耗的夹式短天线时尤其要注意。

图21-27所示是一个使用3/4英尺ID是mix 31的分裂磁珠的电机引线扼流圈。这种特殊的分裂扼流器可从《QST》杂志中各式各样的广告上购买。其中的一种使用#18，绕有13圈，且用外径为0.068英尺的尼龙绝缘线。大尺寸的线将不允许在核心上绕多量的线圈。尤其需要注意的是线圈不允许重叠或者弯曲，因为这将减少扼流圈的有效阻抗。在这种情况下，扼流圈在10MHz下呈现10kΩ的阻抗，这在最坏的情况下是足够的。如果使用了磁簧开关，那么就必须配有单独的扼流圈。

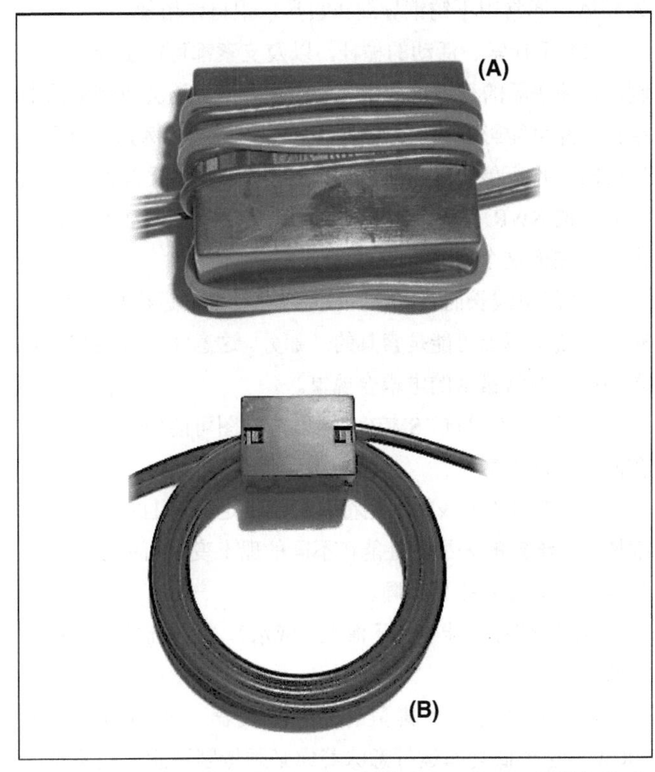

图21-27　图（A）中，将直流电源线缠绕在一个劈开的铁氧体珠上，从而形成一个射频扼流圈。图（B）所示为在同轴电缆屏蔽层的外层，将同轴电缆缠绕在一个劈开的铁氧体珠上，从而形成一个射频扼流圈。缠绕时要松一点，以免迫使中心导体穿过中心绝缘体。

21.3　高频移动天线的参考文献

本章中涉及的原始资料和论题的展开讨论可以在下面的参考文献和“天线基本理论”一章结尾列出的书目中找到。

J. S. Belrose, “Short Antennas for Mobile Operation,” *QST*, Sep 1953, pp 30-35.

J. M. Boyer, “Antenna-Transmission Line Analog,” *Ham Radio*, April 1977, pp 52-58 and May 1977, pp 29-39.

B. F. Brown, “Tennamatic: An Auto-Tuning Mobile Antenna System,” *73*, Jul 1979, p 132.

B. F. Brown, “Optimum Design of Short Coil-Loaded High-Frequency Mobile Antennas,” *ARRL Antenna Compendium Volume 1* (Newington: ARRL, 1985), p 108.

C. W. Frazell and T.D. Allison, “Another Look at an Old Subject: The Bug Catcher,” *QST*, Dec 1980, pp 30-32.

E. A. Laport, *Radio Antenna Engineering* (New York: McGraw-Hill Book Co., 1952), p 23.

C. E. Smith and E. M. Johnson, “Performance of Short Antennas,” *Proceedings of the IRE*, Oct 1947.

F. E. Terman, *Radio Engineering Handbook*, 3rd edition (New York: McGraw-Hill Book Co., 1947), p 74.

21.4　高频帆船和汽艇天线

21.4.1　规划安装

本章先前讨论的许多移动天线都可以应用于帆船中。对于不完全熟悉航海数据的读者而言，Wikipedia的航海术语在线词汇表（网址为en.wikipedia.org/wiki/Glossary_of_nautical_terms）将会帮助你很快记住左舷和右舷。然而，由于桅杆和索具的存在，加上船体普遍采用非导体玻璃纤维材料，就使得下列问题变得更复杂。

1）大多数船上的桁架、固定索具和一些活动索具会成为导体。通常用不锈钢导线作索具，铝材作桁架。

2）千斤索、活动的桅杆，以及支索都可能由导电材料制成，并在船的行进过程中经常改变位置。这会改变索具的结构，并可能影响辐射方向图和馈电点阻抗。例如，当迎风行驶时，你可能会发现右舷迎风行驶时的 SWR 和左舷迎风行驶时的 SWR 有很大的不同。导电的千斤索和活动桅杆一样可以完成这个。

3）就电波长而言，船上的天线总是会靠近桅杆和索具。有些天线实际上可能是索具的一部分。这意味着天线和索具之间存在非常紧密的电耦合现象。

4）馈电点阻抗、SWR 和辐射方向图可能由于索具的存在而受到严重影响。

5）给定的天线的性能将取决于特定船只上的索具的详细情况。给定的天线的性能在不同的船上变化可能很大，因为索具的尺寸和排列不同。

6）即使你可能航行于海上（咸水），仍然需要仔细注意接地！

7）电台是一个典型的高频收发器，其输出功率为 100W。这个低功率运行意味着你必须特别注意天线系统的效率，并考虑其辐射方向图。该方向图通常是不对称的，而且在某些方向上，信号有明显衰减。

第一步

一个有效的帆船天线系统需要大量的努力和一些费用。它可能是必须的，例如修改索具，在船体上做大量的工作以及安装一个接地系统。出于这个原因，一开始就定义好你的目的是非常重要，即你是只想暑假期间在停泊船上找到一点乐趣，还是打算在海上游弋并可能需要在印度洋中间与家里进行通信？你安装的天线主要是用于紧急情况下的求助，还是要与其他船只或岸站进行日常通信？你想的这些再加上你所花费的大量时间，是为了 DX 通信还是与家里的朋友进行通信？

你需要考虑你的天线工作于哪些波段。正如我们很快就会看到多波段环境下会带来一些问题。若你打算用于业余无线电，那么这就决定了你在天线系统中必须投入的时间、精力和金钱。并且，它也将影响你最终所选择的天线。

注意到上面所使用的词都是“天线系统”，这指其不仅仅只包括天线本身，也包括接地系统、馈线排列情况和可能使用的一个天线调谐器。这些阻抗会相互作用，影响最终结果。

天线建模

因为索具与天线之间的相互影响严重，要想准确预测辐射方向图以及合理计算馈电点预期阻抗，你就要利用 CAD 软件同时对天线和索具都进行建模。幸运的是，好用的天线建模软件都可以免费使用。除非你精确地对系统建模，否则可能需要进行相当多的调整和尝试。当不得不在 1 mm×19 mm 规格的不锈钢线上用 300 美元的陷型绝缘装置时，这将会非常昂贵！

建模可以让你尝试不同的想法，以决定哪种方法最合适你的安装设备。尽管这个软件非常有用，但是使用时要注意以下问题。

1）你需要使用你小船独特的索具和桅杆的物理尺寸来建立一个精确的模型。花费些时间来仔细计算其尺寸，然后建立包括所有桅杆和导电索具的模型。

2）在桅杆和索具连接处将会有一些小的交叉角和完全不同的导体直径，这会给 NEC 和 MININE 程序带来麻烦。一般情况下，在 NEC 模型中所有部分都使用相同的直径，包括桅杆部分，这样会获得足够的精度。使所有导体的直径都为 0.25 英寸，这是固定索具的典型值。

3）请注意，使结合点的分段长度与连接于结合点的每根导体都相同。

4）更多关于天线建模的信息见“天线建模”一章。

从 NEC 建模来说，你预期的预测辐射方向图与实际非常接近，但是馈点阻抗的预测值将会是近似值，最后通常需要些调整，因为船只之间存在很大的差异，即使同一级别的船只也是这样，所以每一个新安装的天线系统都是唯一的，并应该单独进行分析。

下面的讨论将会大量使用 NEC 建模。模型中使用 Crealck 37 号帆船的尺寸和索具摆列。作者（N6LF）和他的妻子在这条船上住过多年，并且在广阔的大海上自由航行。许多想法都直接来源于这条船的经验。他还拥有其他船只，这些船只属于伴随航行。

建议

当天线与固定索具整合到一起时，建模之后你会发现这是一个好主意，并且在码头上就可以尝试你的设计。例如你想要隔离部分桅杆，并让它作为你主要的天线，你可以暂时用结实的涤纶线替代桅杆并使用导线和廉价的绝缘子来进行初始测试，然后决定你天线的最终尺寸，最后使用不锈钢丝和锻造的绝缘子以完成桅杆的制作。这种方法可以节省大量的时间和金钱。

安全事项

在你发射信息时，甲板附近未接地的绳索端点可能有很高的 RF 电压。例如，玻璃纤维船上的横桅索连接到钉在船体上的链条上，但是没有接地。不注意的话，这些将会造成伤人的 RF 灼伤，即使是低功率操作时。作为一般的原则，甲板面附近的所有索具、桁架和救生索都应该接地。这也是防雷击的不错的措施。对一个馈点在甲板附近的桅杆天线，可以在绳索较低一端放上一个厚实的80型PVC管套作为保护壳。站在船尾一手抓着桅杆的现象并不常见。你不希望在没有任何绝缘层的情况下握住绝缘体上方的桅杆！许多用于海事的商业垂直天线都具有绝缘层。

正如“地面效应”一章中所述，由于大部分软件都利用电子制表软件组合了一些简单计算，故利用它们提供的近场计算可能事先就确定给定系统上存在的电压。

21.4.2 天线选择

对于帆船天线，有许多可以选择的可能。最简单的一种就是单独垂直天线，如图21-28所示。另一种方法就是隔离桅杆的一部分，使用其作为垂直天线，如图21-29和图21-30所示。桅杆垂直天线可在甲板平面或桅杆进行馈电。

这和“单波段中频天线和高频天线”一章中所讨论的1/4λ斜拉天线的想法一样，该天线的问题在于天线较低末端出现了一个非常高的电压。你不希望斜拉天线较低端在任何可以从甲板到达的地方。另一种可能就是在桅杆顶端放置一个自撑式偶极天线，如图21-31所示。

这些基本天线可以应用于以下多种情况。

1）对于单波段工作环境，你可以使用1/4λ谐振垂直天线，如图21-28所示，或者使用隔离桅杆一部分的垂直天线，同样是1/4λ谐振（如图21-29和图21-30所示）。如果桅杆或垂直杆的长度并不足够长以致达到在预期的波段上发生谐振，你可以使用本章前面移动天线中所描述的加载技术，在“单波段中频天线和高频天线”一章中也有一些有用的、关于加载的信息。

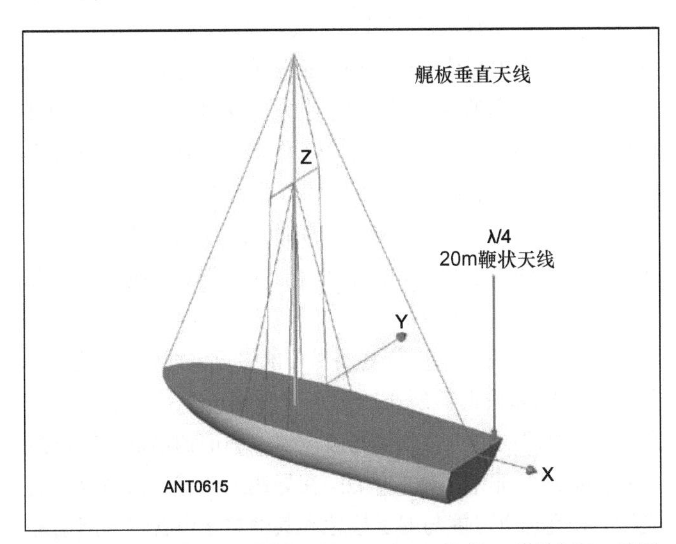

图21-28 安装在船尾横板上的20 m波1/4λ鞭状天线的例子。需要有局部接地系统，具体方法在接地部分已有所论述。

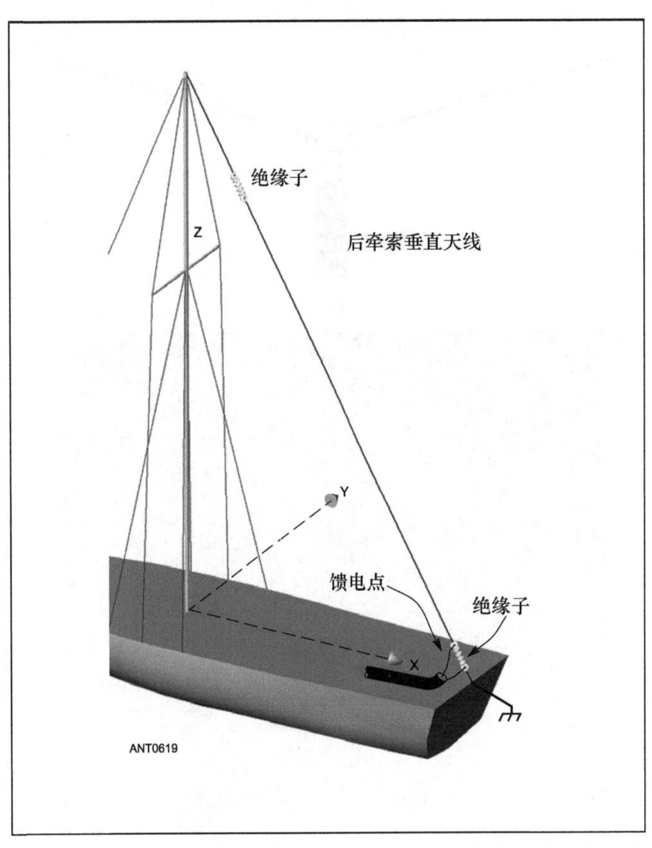

图21-29 一个后牵索垂直天线的例子。局部接地点应该设在后牵索底部就近的船板上。

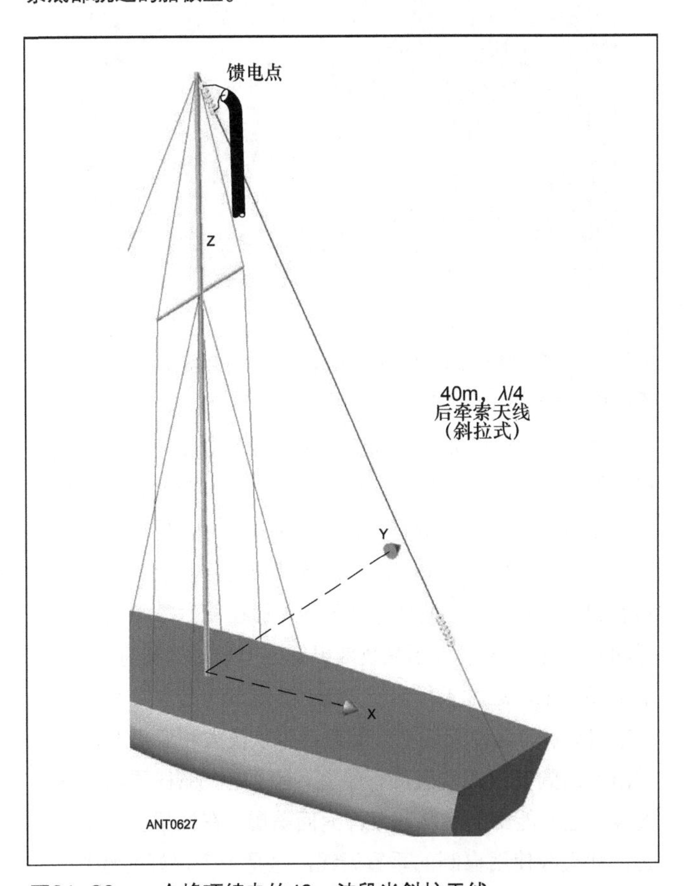

图21-30 一个桅顶馈电的40 m波段半斜拉天线。

图21-31　用铝管、玻璃纤维管或两者的组合来制作的严格偶极天线，并将其安装于桅杆的顶端，如照片所示。

2）另一种单波段选择就是在桅杆顶端加一个自撑式偶极天线，如图 21-31 所示。图 21-31 中所示的这类天线是由一对 12 英尺长的玻璃纤维 fly-fishing rod blanks（内部有铜线），并将其连接到 3/4 英寸 6 英尺长的铝管上制成的。虽然看起来有点笨拙，但是这种天线能够在北太平洋的几年航行和 48 天的旅行（包括从夏威夷返回中长时间被海水击打）中幸存下来。这种天线对于 20m 的海事网是非常有效的。一个 15m 的这种天线被安装在一个从澳大利亚出发，并通过南非回到美国的一艘旅行船上。有了这个桅杆顶部的偶极天线，他们能够经常从印度洋返回美国。在横梁上，有一半的这种天线使用自制的垂直天线，这是一个很好的选择。

3）对于多频段操作，建造或购买多波段天线都是可以的，一些目的是为了移动操作（见“多频段高频天线”一章和本章先前移动天线部分）。这些包括以下形式：多元陷波器、可替代的上面部分、可互换的加载线圈（每个波段上的线圈或可电机驱动调整的线圈）。很不幸的是，大部分商业产品并不能用于海事环境。另外，在多波段陷波器垂直天线中，极其贴近索具会产生很强烈的影响，并阻止了它们正确调谐。

4）多波段的另一种选择就是自适应垂直天线 SteppIR 系列。该天线包括一根玻璃纤维管（18 英尺或 34 英尺长），其内部是一根长度可变的导电金属带。该金属带是由电机驱动的，以致它的长度可以被调整从而在 40m 或 20m（由管的长度决定）至 6m 波段上发生谐振。甚至有可能购买一个工作于 80m 波段的谐振单元。该天线控制器带有包含业余波段的长度设置选项，该选项是由预先编好的程序决定的。不过这些定义都可以自己调整以补偿索具之间的相互影响。这类天线的效率相当高，并且大部分安装时都不需要调谐器。

5）对于多波段操作最常见的一种解决方案是：使用固定长度的天线，例如一个安装于船尾甲板或集成到后支索上的垂直天线，并且带有一个调谐器以与发射机匹配。

6）也可以使用多天线，例如，可以使用一个绝缘的后支索天线（40m 波段发生谐振）并结合一个工作于较高波段的缩短船板垂直天线。

21.4.3　天线调谐器

在你详细检查这些选择之前，你需要多讨论一点调谐器。调谐器具有在较宽高频范围内为发射机提供较低 SWR 的能力。在天线系统中，它们在扩展可用天线结构数量方面是非常有用的，但是也有一些缺陷，调谐器能处理的阻抗范围将是有限的。一般来说，非常低或非常高的阻抗都会在调谐器元件中产生较大的电压和（或）电流。通常最坏的情况就是：当馈点电阻成分较低时，电抗成分就会很高。当天线被用于谐振频率的低于 1/4λ时，会发生这种情况（见表 21-1 中馈点阻抗例子，例子中是一个工作于较低频段的 8 英尺鞭状天线）。随着天线变得越长，并且接近 1/2 谐振频率，Zin 电阻部分会变得非常大，即大于 1000Ω。从调谐器效率和提供匹配能力的角度来看，如果可能，天线馈点阻抗要保持在 10～50Ω。

调谐器放置的物理位置要尽可能接近天线馈点，最好的设计就是毗邻调谐器所在的馈点立即接一个良好的接地系统。从穿过船的馈点背面到与收发器并列的调谐器之间连接一根绝缘线是非常不好的做法。在导线上会有暴露高电压的危险，并且也有可能与船上接地和其他电子设备耦合产生射频。请不要这么做！如果你挨着馈电建立一个良好的接线系统（在发射机有另外一个接地系统），那么可以用一定长度的同轴电缆线将馈点和调谐器连接起来，以便允许你使用与收发机并列的手动调谐器。不过，同轴电缆是传输线，会将馈点阻抗转换成一个新值，该新值有可能（不可能）与调谐器较好匹配。（见“传输线”一章中更多关于馈线阻抗匹配的内容。）另外，在传输线上有很高的电压值，一般情况下，最好的建议就是将调谐器放于尽可能接近馈点的位置。

然而，将调谐器尽可能放于接近馈点的位置又有一些劣势，通常情况下，调谐器可能需要安装在船尾储物室附近，这可能无法完全屏蔽天线的影响，所以你不得不使用防风雨的调谐器。还有一个问题就是这个位置很难让你使用手动调谐器，因为你不得不达到储物室将调谐器调整到新的波段。通常这个应用中可以选择防风雨的自动调谐器。

“传输线耦合和阻抗匹配”一章中介绍了更多关于建立自己调谐器的信息，并且 ARRL 已出版了由 Joel Hallas（W1ZR）编写的调谐器指导书。

21.4.4 索具和桅杆的影响

安装于船尾甲板上的垂直天线如图 21-28 所示。（注意垂直天线偏移后牵索一小段距离，以免与索具发生小幅耦合）可能是移动鞭状天线、一个固定长度的商用海事垂直天线或一个由后牵索绝缘部分制成的垂直天线。结果是天线的长度、是否是后牵索的部分或单独结构都会对辐射方向图产生一定的影响，所以我们将使用 23 英尺的独立天线，这样将会给我们提供参考信息，即期望哪些长度的垂直天线。图 21-32 所示为该天线工作于 7.2MHz、14.2MHz 和 21.25MHz 时的辐射方向图。

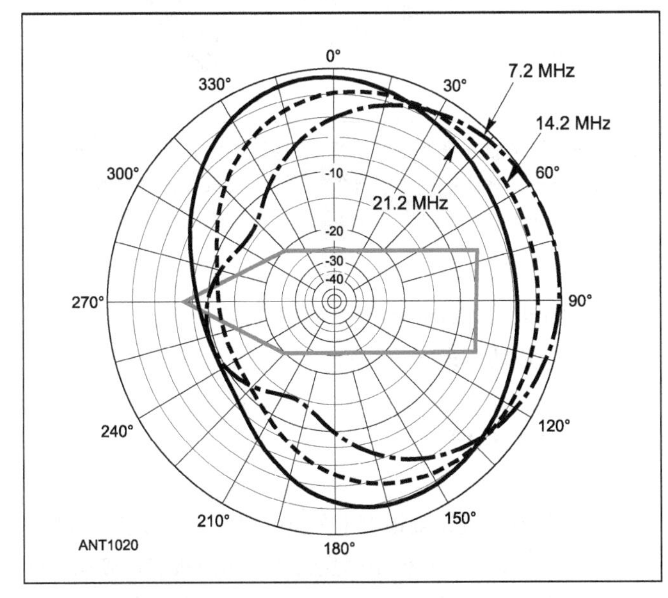

图21-32 垂直天线工作于7.2MHz、14.2MHz和21.25MHz时的方位角辐射方向图。

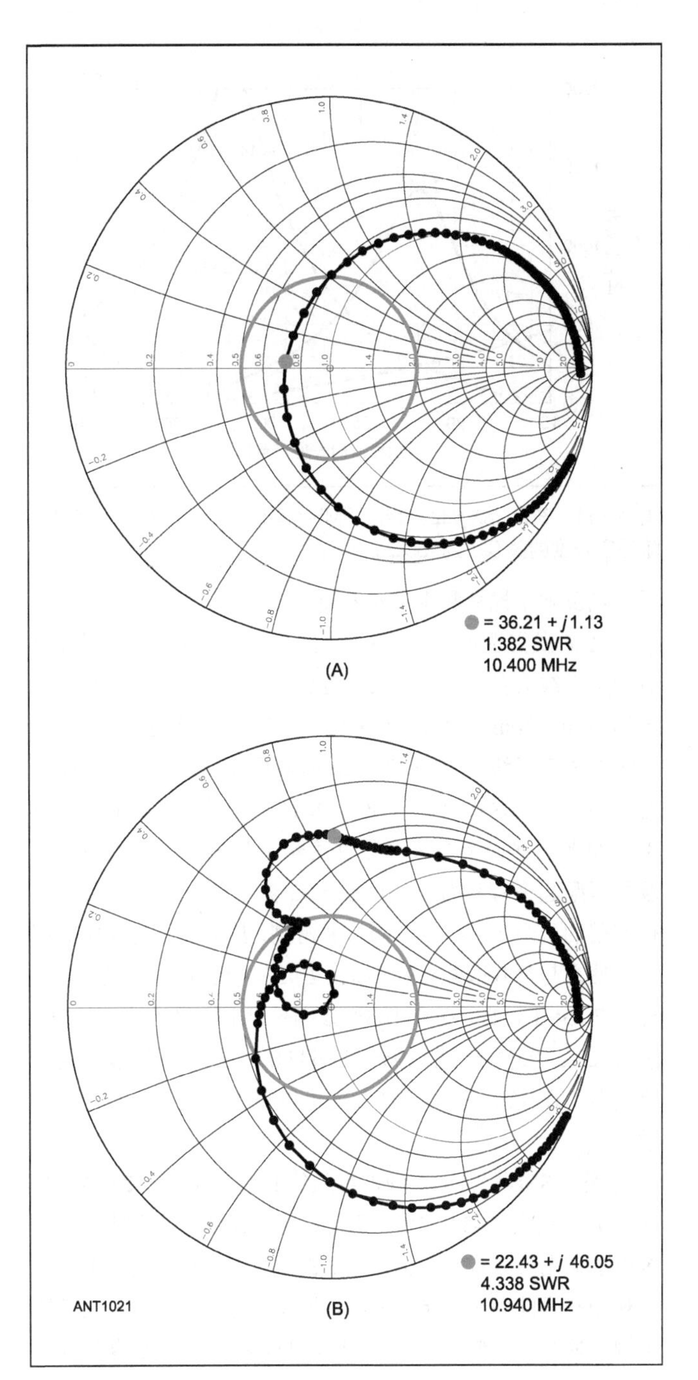

图21-33 利用桅杆和索具制成的无支撑垂直天线的馈点阻抗。该天线长度为23英尺（Z_0=50Ω）。

与单独直立的垂直天线不同，该天线不是全向辐射方向图。它的辐射方向是不对称的，随着波段会发生 8～10dB 的变形，而且该方向图与天线放置船尾甲板的方向有一定的偏移。在后牵索垂直天线中该偏移量是不存在的。图 21-32 所示为一个非常典型的变形方向图，它适用于各种船只。只有当你将船放在正确的方向上时，图 21-32 中所示的增益才可用，否则你的信号可能有明显的衰减。

图 21-33 所示为带有（和不带有）索具的 23 英寸垂直天线底部馈电的史密斯圆图。图 21-32 和图 21-33 所示的例

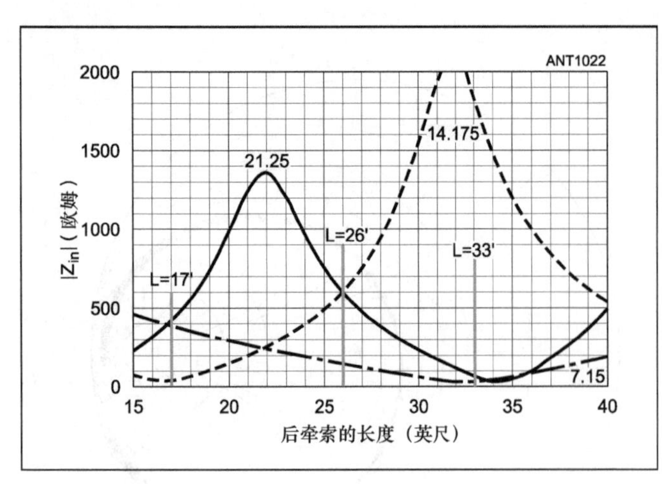

图21-34 在7.150MHz、14.175MHz和21.250MHz处，馈点阻抗随垂直长度的关系（Z_0=50Ω）。

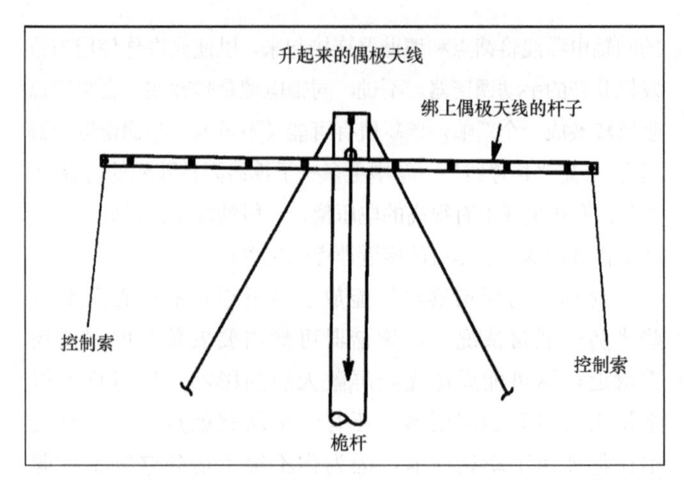

图21-35 在抛锚时可以将偶极天线绑在木杆或竹竿上，并用主升降索升到桅杆顶端。也可以将它做成多波段偶极天线。

子深刻反映了桅杆和索具对安装于帆船上天线的影响。

如果我们选择一个长度超过23英尺的垂直天线或隔离后牵索天线会发生什么呢？会有更好的选择吗？图23-34所示为40m、20m和15m频率上，长度从15英寸至40英寸变化的垂直天线的*Zin*。对于后牵索垂直天线，长度可能普遍设为15m，这样可以与40m和15m波段发生匹配。一般不需要谐调器或者在大多数收发器中的内部调谐器与那些波段匹配起来有些困难。不过*L*=33英寸是20m波段天线流行使用的一个尺寸——其阻抗非常高，甚至最好的匹配器都无法使之与负载匹配。你可以用*L*=17英尺替代33英尺，这时在7.15MHz处，*Zin*=11-j384Ω；在14.175MHz处*Zin*=36+j8Ω；在21.25MHz处，*Zin*=220+j451Ω；在20m波段不需要调谐器；在40m和15m波段处可以适当地使用一个自动调谐器。

用于SSB服务的商业海事天线其通常长度为23英尺和28英尺。从图21-34中可以看出：这些长度上的阻抗对于许多自动调谐器来说有些大。最好的选择是26英尺。不过这些观测都只能用于特定的例子，即只适用于这只船上天线的实例。对于其他带有不同索具的船只，给定一个垂直长度可能是好的（或坏的）。

这就是为什么在选择天线之前都要单独对每一条船只进行建模。每一次安装都是唯一的。

这里的信息关于以下内容：对于垂直天线或隔离后牵索天线，一些长度比其他长度更好；这些长度并不是在任何波段上都会发生谐振；长度的选择取决于船的特定尺寸、预期工作波段和是否使用调谐器。

21.4.5 临时天线

不是每个人都需要永久天线，可以准备许多临时天线。其中一些天线如图21-35～图21-37所示。所有这些天线在

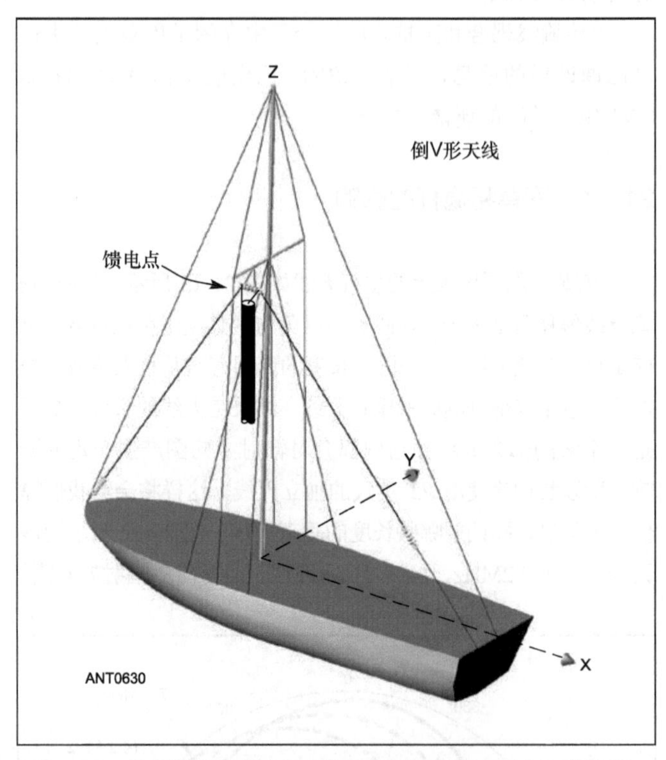

图21-36 信号旗升降索也可以把倒V形天线中心升起至伸展梁，或者用主升降索将天线的中心升到桅顶上。拉索与天线之间的相互影响将非常明显，天线的长度应该通过反复修剪尝试的基本办法来进行调整。

它们非常靠近索具时都会产生强烈的影响。你可以尝试改变线的长度，以达到最好的匹配。

21.4.6 接地系统

你可能正身处距陆地上千英里的海面之上。这对传播非常有利，但是如果你想使用垂直天线，你仍然需要接地。有很多可行方法，但图21-38中所示方案比较有代表性。首先找来一根焊条，或者更好的铜带（它可以非常薄），在每侧

从船头到船尾连接起来，同时连接到前牵索、救生索支柱、链条、头尾舱和后支索上。其他焊线在两侧沿船头、船尾、链条板布线，最后连接到桅杆底部的公共接点上。头尾的焊线可以系到引擎和龙骨的螺钉上。图 21-38 所示的这些连接使用了 2～4 英寸宽铜带。这可以提供较低的阻抗接地，但是这些材料并不总是现成可用的。结果发现：一对间隔几英寸的平行导线（12 号）的阻抗与宽铜带的相似，并且易于安装。

问题出来了：“如果你把它们绑到一起，那么龙骨和螺旋桨之间的电解怎么办？”这个必须具体问题具体分析。如果在你使用焊接线方法后，保护锌耗费得更快，那么就拆分开某些部件，例如，可以尝试引擎—轴—螺旋桨的布线路径。

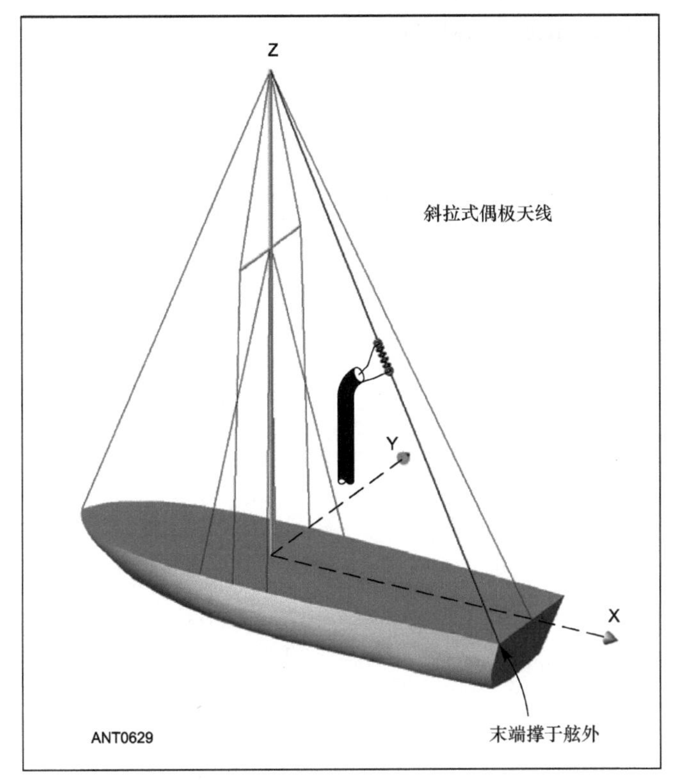

图21-37 偶极天线的一端可以系到主升降索上，并升到桅顶。偶极天线的底下一端应该尽量拉开，远离其他拉索，以降低这些拉索对阻抗的影响。

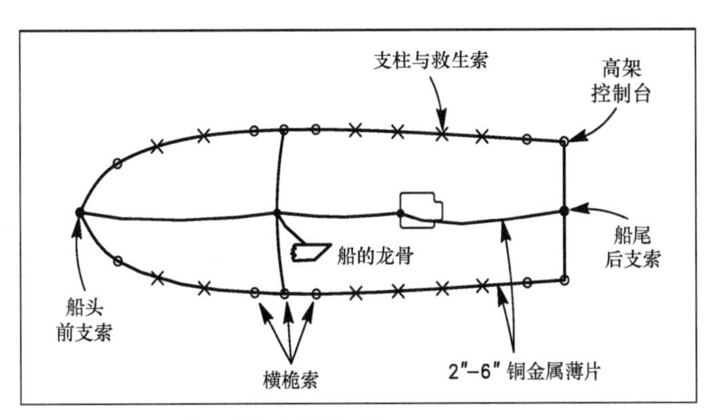

图21-38 一个典型的帆船接地系统图。

每次安装的接地都不一样，并且要适应于每一只船。然而就像在岸上一样，接地系统越好，垂直天线的性能就越好！

21.4.7 汽艇天线

汽艇爱好者通常不需要面对帆船上桅杆和绳索带来的难题。因为汽艇可能只有一根小桅杆，但是它的大小通常与帆船的并不相等。汽艇天线与车载移动天线有更多的相似之处，但是也有一些重要的区别。

1）在汽车中，车体通常是金属的，它为鞭状天线提供了地平面或者均衡的作用。然而，大多数现代汽艇都是玻璃纤维船体的，基本都是绝缘体，所以不能起到平衡作用（另一方面，金属船体汽艇可以提供近乎理想的接地）。

2）车载移动鞭状天线的高度不仅受到高架桥的通行限高的限制，也受到在高速公路上承受住每小时 80 英里的风阻力的要求所带来的限制。

3）一般来说，汽艇可以有更高的天线，在偶尔遇到矮桥时可以降低它。

4）汽艇的运动可能非常剧烈，尤其在不平静海面上时。这给天线增加了额外的机械张力。

5）在汽艇和帆船上，在咸水环境中操作都很常见。这意味着必须仔细选择材料以防止腐蚀和过早的损坏。

帆船中垂直天线接地平面的问题可以用与图 21-28 所示相同的方式处理。因为可能没有大的龙骨结构用来连接和提供一个大的表面区域，可以在船体内增加额外的铜箔以增加地网均衡区域。因为螺旋桨的区域小，最好不要连接到引擎上，而改为依靠增加平衡地网区域并把它当作真实的平衡地网来操作——即从地上隔离开来。

有时在垂直天线中使用许多辐线，非常像天线的地平面一样。这不是一个非常好的主意，除非这个“线”实际上是宽铜片条，它们可以大幅降低 Q 值。问题在于正常地平面天线辐线末端出现了高电压。对一只小船来说，这些辐线可能与载人以及电子设备的船舱靠得非常近。辐线末端的高电压是一个安全隐患，同时可能导致射频能量反馈耦合回船上设备中，其中包括业余无线电设备、导航仪以及娱乐设施。如果厨师因触摸了船上厨房中的炉子而受到射频灼伤，那么他（或她）肯定很不好受。从传输线上将地网退耦，像“地面效应”一章中讨论的那样，将会有效地使射频能流远离其他设备。

避免出现与接地相关的许多问题的一个方法是使用严格偶极天线。在 20 m 或者更高波段，由铝管、玻璃纤维棒或者一些这样材料的组合做成的严格偶极天线可能有好的效果，如图 21-31 所示。对于短距离通信，在咸水面上一个相对较低的偶极天线可以很有效。然而，如果需要长距离通信，一个设计合理并工作在海水面上的垂直天线，效果会更好。要使这些天线能够工作，你当然必须解决与垂直天线相关的接地问题。有时也能见到在大型汽艇的短桅杆上安装的2～3单元多波段八木天线。如果它们并没有安装得很高（指大于λ/2）那么这些天线可能有效工作，但在较远范围的通信中它们的性能可能却令人失望。在海水上，垂直极化在较远距离通信中非常有效。一个简单些但设计合理的船载垂直系统可以比矮的八木天线更为出色。

21.5 高频海事天线的参考文献

本章中涉及的原始资料和论题的展开讨论可以在下面的参考文献、移动天线小节后面的材料和“天线基本理论”一章结尾列出的书目中找到。

1. *EZNEC* by Roy Lewallen, W7EL, www.eznec.com, see also the free version of *EZNEC-ARRL* supplied on the CD-ROM included with this book
2. *4NEC2* by Ari Voors, home.ict.nl/~arivoors
3. *EZNEC-Pro/4*, Version 5.0 (see reference 1)
4. SteppIR Antennas, www.steppir.com
5. Joel Hallas, W1ZR, *The ARRL Guide to Antenna Tuners* (Newington: ARRL, 2010).

第 22 章

接收和测向天线

22.1 接 收 天 线

以下内容摘自《ON4UN's Low-Band Dxing》中“接收天线”一节，作者为 Robye Lahlum（W1MK）。

接收和发送过程使用不同的天线是必要的，因为要获得最佳发射和最佳接收，其要求是不同的。对于发射天线而言，我们希望在最有用的波角上，对于给定的方向，能获得最大的场强。对于发射天线，我们无法容忍不必要的能量损耗，因为任何传输损耗都会降低接收机的信噪比。

而进行接收天线设计时，优先考虑的点不在于此。接收天线的设计目标是获得最大的信噪比（S/N）和信号 QRM 比。不同的条件下，接收天线能提供的最佳性能是不同的——即使在同一位置处。没有所谓的通用“最佳低波段接收天线”。

典型的低波段接收天线，例如贝威尔基天线，需要更大的空间。近年来，通过计算机建模设计出的小型环天线和天线阵在接收性能上有了很大的改善，且不需要大的空间或专门的构建技术。

22.1.1 贝威尔基天线

最著名的波天线也许是贝威尔基天线。许多 160m 波段的爱好者使用贝威尔基天线来提高信噪比，以便能够在低波段，从较高的大气噪声和干扰中提取弱信号。此外，还有其他一些多年来一直使用的天线系统，例如环天线和位于（或略高于）地面上的无端接长跨度线天线。不过，对于 160m 波段的弱信号接收来说，贝威尔基天线似乎是最好的。本节内容源于 Rus Healy（K2UA）。

贝威尔基天线是一种指向性线天线，长度至少为 1 个波长，沿长度方向进行支撑，距地高度相对较低，远端连接终端特征阻抗。图 22-1（A）中给出了该天线，它以其作者 Harold Beverage（W2BML）的名字命名。

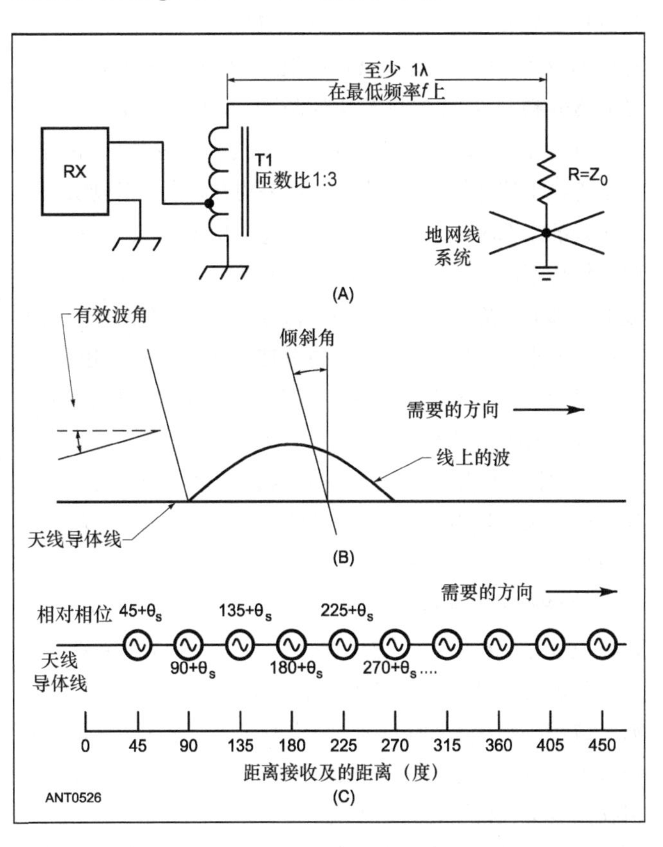

图22-1 图（A）中所示为一种简单的贝威尔基单线天线，终端接可变电阻，与接收机阻抗之间接一个9：1的匹配自耦变压器。图（B）中所示为在需要的方向上，天线中传输的波的一部分。同时，还给出了它的倾斜角和有效发射角。图（C）中给出了对应1λ射波，贝威尔基天线中波的等效图。具体请参考正文部分。

许多业余爱好者选择使用单线贝威尔基天线，因为它们安装容易且性能良好。缺点是贝威尔基天线的物理长度比较长，你家中需要有足够的空间。有时候，你的邻居也许会允许你在他的土地上架设一副临时的贝威尔基天线，以用于某一竞赛或无线电远征，特别是在冬季的几个月中。

贝威尔基天线可以用在HF波段，但在较低频段的效率最高——主要在40～160m波段。其天线响应大多对应恒定极化（垂直极化）的低角度入射波。这些条件在160m波段处几乎总能满足，在80m波段处大多数时候也能满足。随频率增加，入射波的极性和入射角变得不那么恒定和适合，从而导致贝威尔基天线在这些频段上的效率降低。但据报道，许多业余爱好者使用贝威尔基天线在频率高达14MHz时也获得了极好的结果，尤其是在雨和雪使得在较高频段，对八木天线或偶极子天线发射的信号的接收变得较难的情况下。

贝威尔基天线理论

贝威尔基天线就像是一根有一个有损导体（地）和一个良导体（线）的长传输线。贝威尔基天线如果安装恰当，将具有极好的方向性。但是，与前文提到的长线终止天线相比，它们的效率很低，因为距离地面很近（终端长线天线距地高度通常较高）。贝威尔基天线不适合用作发射天线。

由于贝威尔基天线是一种行波、终止天线，因此它没有源于无线电信号的驻波。当波从希望的方向上入射到贝威尔基天线的末端时，入射波将沿天线感应出电压，同时在空间中连续传播。图22-1（B）所示为所需信号在天线上产生的波的一部分。图中还给出了波的倾斜角。信号在两个方向上感应出的电压相等，其产生的电流在两个方向上也相同，且各自沿两个方向传播。向终止端流动的电流，其方向与波方向相反，因此在终止端将降低到一个很低的水平。由这个方向上的电流，引起的任何残余信号都将在终端被吸收（如果终端阻抗和天线阻抗相等）。而另一个方向上的信号将成为接收信号的重要组成部分。

当波沿线方向传播时，线上波的传播速度与空间中波的传播速度近似相同。（我们将看到，线上传播的波存在一些相位延迟。）在任何给定的时间点上，除了线上已有的传输波（波已经感应出的电压），沿线方向上的空间传输波还将在线上产生感应电压。由于这两种波几乎同相，电压相加，将在天线接收机端达到最大值。

这个过程可以理解为，线上排列了一系列信号发生器，其产生的信号之间存在与相互间隔相对应的相位差（见图22-1（C））。在接收端，这些电压同相相加达到最大值。例如，相位为270°（或任何其他位置处）的波传输到天线接收机端时，与天线接收机端产生的感应波同相。

实际应用中，相比空间中的波，线上的波有一些相移。该相移源于天线的速度因子。（与任意传输线上的情况相同，贝威尔基天线上的信号速度要略小于空间中的速度。）贝威尔基天线上的信号传播速度约为自由空间中速度的85%～98%。随天线高度增加到某一最佳高度（160m波段最佳高度约为10英尺），速度因子将随之增大。超过这个高度后，再增加高度，速度因子能得到的改善很小，如图22-2所示。这组曲线为RCA于1992年得到的实验结果，并由H. H. Beverage发表在1922年11月的《QST》上，文章标题为《The Wave Antenna for 200-Meter Reception》。160m波段对应的曲线是根据其他曲线推导得到的。

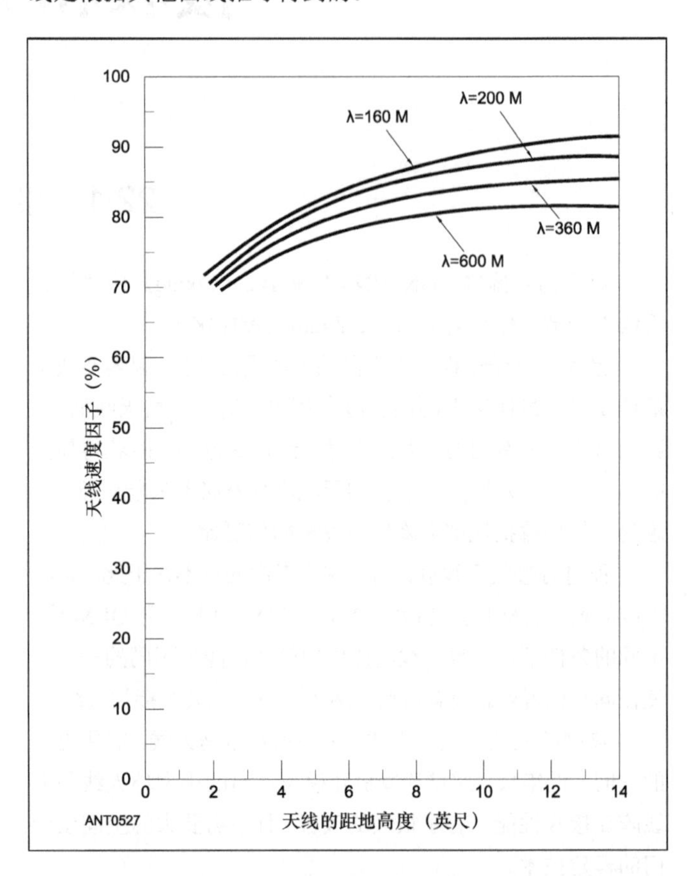

图22-2 贝威尔基天线上的信号速度将随天线高度的增加而增大。天线高度增加到10英尺时，信号速度将达到一个实用的最大值。此后，再增加高度，速度因子能得到的改善很小。（100%代表光速。）

（每波长）相移与速度因子的函数关系如图22-3所示，可表示为：

$$\theta=360\left(\frac{100}{k}-1\right) \tag{22-1}$$

其中，k为天线的速度因子，用百分比表示。

贝威尔基天线上和四周的信号如图22-4中（A）～（D）所示。这些曲线给出了多个波周期内天线上相关的电压，以及在天线接收机端，总的信号的相关效应。

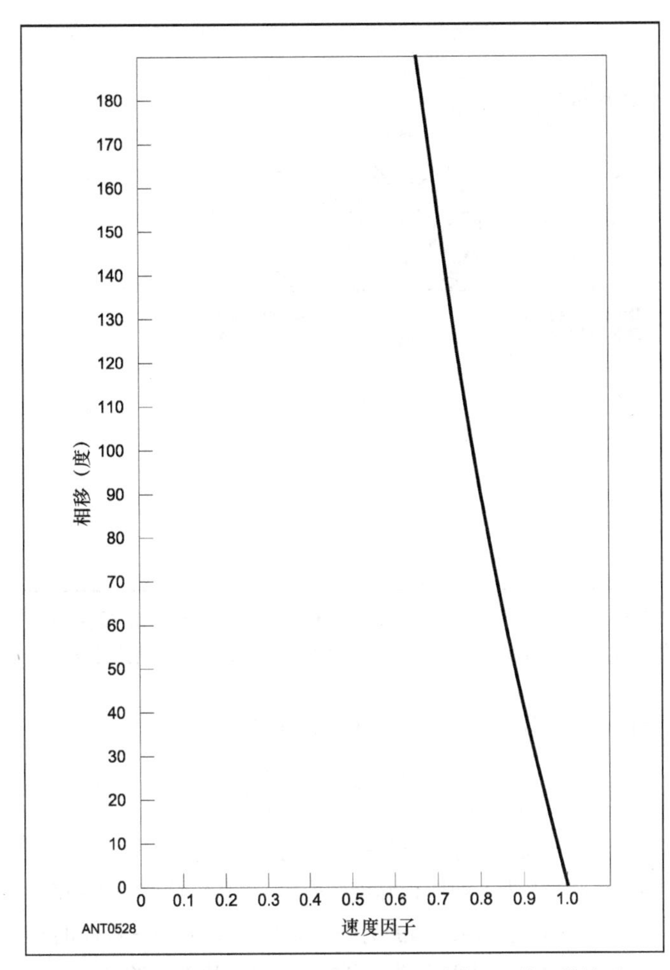

图22-3 贝威尔基天线上，(每波长)相移与速度因子的函数关系。一旦相移超过90°，增益将从峰值处下降，增加天线的长度将降低增益。

其他方向上的性能

在其他非期望的方向上，贝威尔基天线的表现将大为不同。例如，入射信号的方向与天线垂直（与期望的方向呈90°角）时，波沿天线方向上产生的感应电压是同相的，因此，当这些电压对应的感应信号传输到接收机端时，信号之间将或多或少存在相位差。（可以理解为，线上排列了一系列信号发生器，其产生的信号之间不存在相位差。）

由于这些信号间的相互抵消，贝威尔基天线方向图上主瓣两侧将存在深的零点。与其他长线天线一样，也有一些小的旁瓣，并且随天线长度增加，旁瓣数量将随之增加。

入射信号方向在向后的方向上时，天线的表现与入射信号方向为期望方向时的表现类似。主要区别是，来自向后的方向的信号在终端处同相相加，并被终端阻抗吸收。图22-5比较了2λ（1062英尺）和1λ（531英尺）贝威尔基天线在1.83MHz时的方位向和垂直向方向图。天线安装在平坦地面上8英尺（人头部以上）处，终端电阻为500Ω（虽然终端电阻的精确值并不是很重要）。该仿真模型中，地面电导率为5mS/m，介电常数为13。随地面质量增加，贝威尔基天线的介电性能将降低。贝威尔基天线在地面为盐水时的性能不如地面为贫瘠地表时。

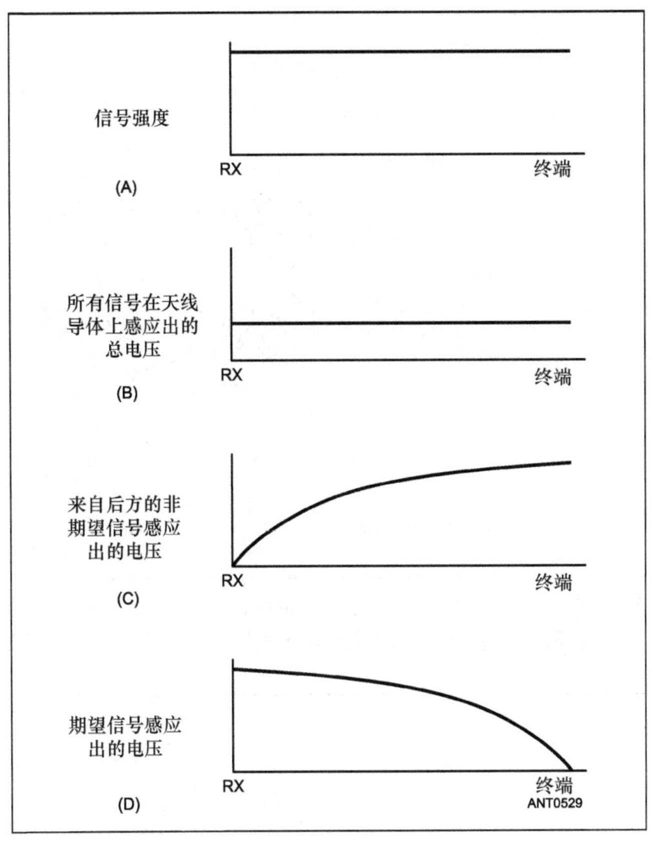

图22-4 这些曲线给出了多个波周期内贝威尔基天线上电压。图(A)表明短时间内信号强度恒定。图(B)所示为线上每单位长度的感应电压(相同时间内，天线上尺寸相同的部分上的感应电压相同)。图(C)所示为向后的方向上，非期望信号产生的感应电压，它们在终端处同相相加，达到最大值，并在终端处被耗散掉(如果$Z_{term}=Z_0$)。图(D)所示为期望信号产生的感应电压。此时，线上传播的波与空间中传播的波近似，产生的电压在天线接收机端同相相加，达到最大值。

要获得最好的性能，贝威尔基天线的终端阻抗应与天线的特征阻抗Z_{ANT}相等。要在接收机端获得最大的信号，接收机的输入阻抗也应与天线的特征阻抗匹配。如果终端阻抗与天线的特征阻抗不相等，向后的方向上的部分信号将被反射到天线的接收机端。

如果终端开路（不接终端电阻），则向后的方向上的信号将全部被反射，天线辐射方向图将呈双向（两边仍有很深的零点）。由于衰减和朝接收机方向的反射波的再辐射，未终止的贝威尔基天线的前后向响应将有所不同。图22-6比较了终止和未终止的2λ天线的信号响应。与长线终止发射天线一样（相比用于接收的贝威尔基天线，该天线远离地面），相比未终止的，终止贝威尔基天线的前瓣要小一些。由于在信号传到天线末端前，辐射以及线和地面上的损耗将导致信号变弱，未终止的贝威尔基天线的前后向比约为5dB。

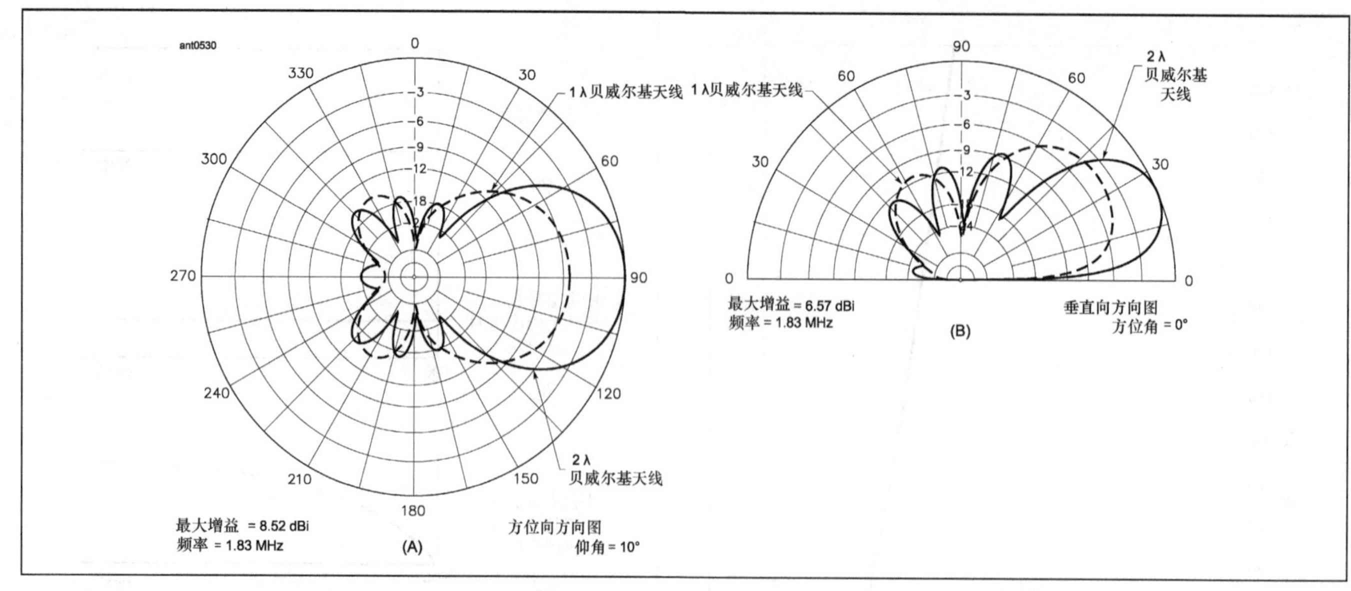

图22-5　图(A)所示为2λ(实线)和1λ(虚线)贝威尔基天线在1.83MHz时的方位向方向图，两种天线的终端电阻皆为550Ω，仰角为10°。对这两种天线，前向增益比后向增益大20dB。图(B)为它们的垂直向方向图。可以注意到，对于近90°的高角信号，其响应极差。

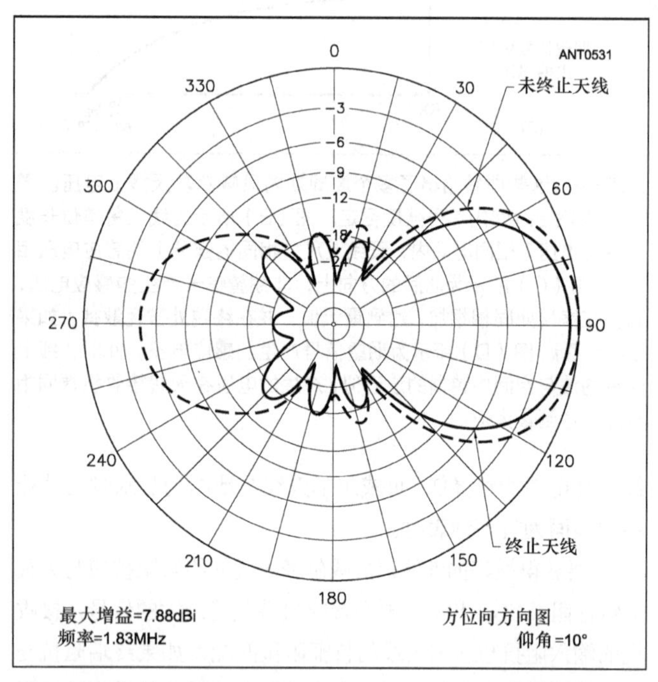

图22-6　终止(实线)和未终止的2λ(虚线)贝威尔基天线的方位向方向图。

如果终端阻抗在两个极值（开路和与 Z_{ANT} 相等）之间，贝威尔基天线后向的信号峰值方向和强度将发生改变。因此，采用可调节的电抗终端，可对天线后向的零点进行调节（见图22-7）。这将为消除来自后向（一般在正后方两侧30°～40°）的局部干扰信号提供极大的帮助。不过，该方案对消除天波信号干扰没有多大帮助，因为电离层中信号的极性不断转变，幅度、相位和入射波角也会发生变化。

要确定贝威尔基天线终端电阻的值，需要知道该天线的特征阻抗（特性阻抗）Z_{ANT}。有趣的是，我们发现贝威尔基天线的特征阻抗与传输线一样，是长度的函数。

$$Z_{ANT}=138\times\log\left(\frac{4h}{d}\right) \quad (22\text{-}2)$$

其中，Z_{ANT} 为贝威尔基天线的特征阻抗，等于所需的终端电阻；h 为天线距地高度；d 为线直径，单位与 h 相同。

贝威尔基天线终端的另一方面在于终端处RF地面的质量。对于大多数地面来说，安装一根接地棒就足够了，因为终端电阻的最佳值一般为400～600Ω。贝威尔基天线、地面损耗电阻与终端电阻串联。即使终端处地面损耗电阻高达40Ω或50Ω，它在总的终端电阻中所占的比重仍不大。对于电导率很低的贫瘠土壤（如沙子或岩石），可以通过在接收机端和终端的地面上铺设地网线来获得更好的地面终端。地网线的长度不一定要取1/4谐振波长，因为地面总会使它们失谐。与垂直天线的地网系统一样，使用大量的短地网线比只使用几根长地网线的效果更好。一些业余爱好者使用六角网作为贝威尔基天线的地面终端。

与其他许多天线一样，可以通过增加天线的长度，构建天线阵列来获得更好的方向性和更大的增益。请注意，因为天线的速度因子，天线上的波相比空间中的波存在一些相移。因为该相移，虽然天线的方向性将随天线长度的增加而提高，但峰值增益将对应于一最佳长度，而不是长度越长越好。超过此长度，到达接收机端的增量电流将不再是同相的，相加后无法达到最大值。最佳长度是速度因子和频率的函数：

$$L=\frac{\lambda}{4\left(\frac{100}{k}-l\right)} \quad (22\text{-}3)$$

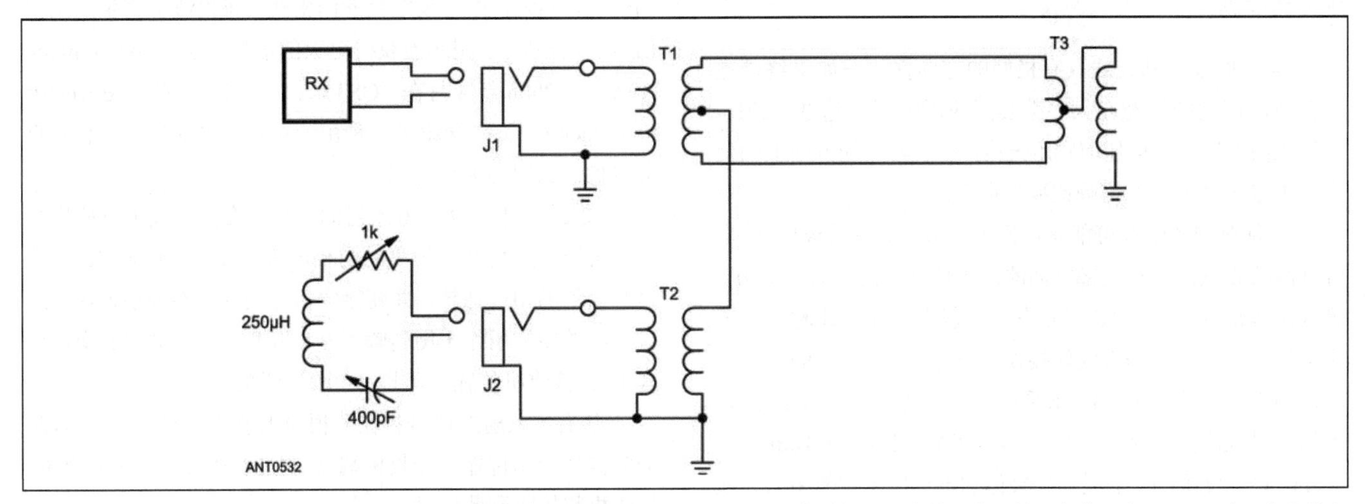

图22-7 后向90°范围内，方向和零点可调的两线贝威尔基天线。性能随天线高度增加发生改善，直至某一高度。在1.8MHz时，该最佳高度为10～12英尺。

其中，L 为最大有效长度；l 为自由空间中的信号波长，单位与 L 相同；k 为天线的速度因子，用百分比表示。

由于天线的速度因子将随天线高度的增加而增加（直至某个点，如前文所述），因此如果天线高度增加，天线的最佳长度将略微变长。天线的最大有效长度也会随天线系统中线的数量的增加而增大。例如，对于图 22-7 中的双向两线贝威尔基天线，其最大有效长度比单线贝威尔基天线要长 20%左右。对于单线 1.8MHz 贝威尔基天线（使用#16 AWG 线制作而成，距地高度 10 英尺），其典型长度约为 1200 英尺。

单线贝威尔基天线的馈点变压器

图 22-1 中的 T1 是一种很容易构造的匹配变压器。小型环形铁氧体磁芯最适合这种应用——在那些高磁导率（μ_i = 125～5000）的应用中，其绕线最简单（需要的匝数最少），高频响应最好（因为需要的匝数最少）。三绕组自耦变压器是最方便的。

大多数用户并不关心贝威尔基天线的馈电传输线上的小驻波比。例如，假设某一贝威尔基天线的 Z_{ANT} 为 525Ω，终端电阻等于 Z_{ANT}。在天线输入端接匝数比为 3∶1 的标准自耦变压器，标称阻抗将变换为 50Ω×32 = 450Ω。这种变压器的专业叫法为 9∶1 变压器，能实现 9∶1 的阻抗变换。此时，馈线上的 SWR 等于 525/450 = 1.27∶1，还没有达到值得关注的地步。当 Z_{ANT} 为 600Ω时，SWR 等于 600/450 = 1.33∶1，仍然不必考虑。

因此，大部分贝威尔基天线用户使用 9∶1（450∶50Ω）自耦变压器。在 40～160m 波段，可以采用一种三线并饶，匝数为 8 的变压器，这种变压器由#24 AWG 漆包线在叠在一起的两个 Amidon FT-50-75 或 MN8-CX 磁芯上缠绕而成。如图 22-8 所示。

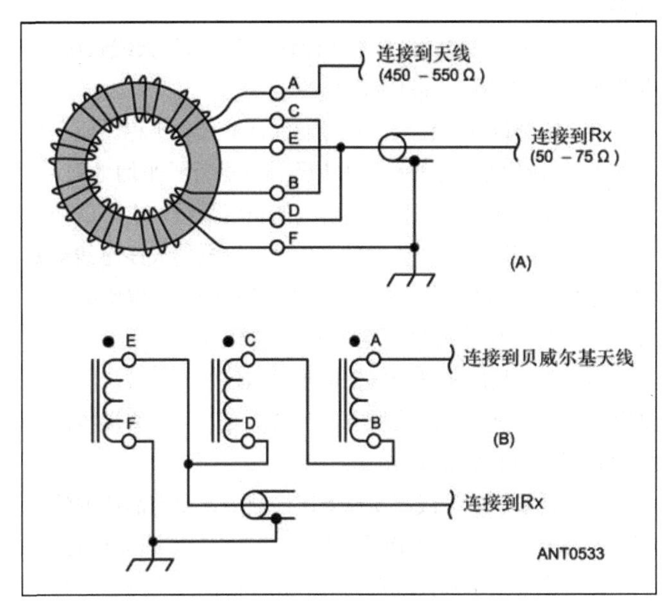

图22-8 单线贝威尔基天线的馈点变压器结构。具体介绍请参考正文部分。

自行制作三股电缆束时，将 3 根 3 英尺长的#24 AWG 线并排在一起，并扭成一束，每隔一英寸扭一圈。像穿针一样，将制成的电线束穿过叠在一起的两个磁芯。请注意，电线束每穿过磁芯一次，匝数加 1。

绕好后，每根线留长 3/4 英寸左右的引线并去掉多余的部分，磨掉引线外面的陶瓷绝缘层并用烙铁为每根线加上焊锡。使用欧姆表找到每根线的末端和尾端，并将它们按图 22-8 的方式连接在一起。在变压器上涂上 Q-dope（液态聚苯乙烯）或白胶，变压器就制作完成了。更多内容请参考“传输线耦合和阻抗匹配”一章。《业余无线电手册》和 ON4UN 所著《Low-Band Dxing》一书中“Receiving Antennas”一章也介绍了绕组环形变压器。

实际的考虑

虽然贝威尔基天线具有极好的方向性——如果终端电阻合适，但它的增益在大多数实际应用中不会超过-3dBi。在低频段，相比其他任何实用天线，对于希望的方向上的信号，贝威尔基天线的信噪比要高很多。

一种典型的情况可能是：位于美国东北部（W1）的电台试图接收欧洲与东北部之间的顶带信号，而在它的后方，美国东南部（W4）的雷暴正在引发静电碰撞。此时，对于相同信号，贝威尔基天线能接收到信号强度为 S5 的信号，噪声和干扰强度仅为 S3（或更低），相比较，垂直天线能接收的信号强度要达到 S7，噪声和干扰强度超过 S9 10dB。明显，改善程度很高。但是，如果你的电台位于雷暴中心，或者雷暴在你的接收方向上，贝威尔基天线也无能无力了。

要获得最佳的性能，在架设贝威尔基天线时必须牢记几条基本原则。

1）安装之前要通盘考虑和计划，包括选择天线长度时，长度要与前文讲到的最佳长度一致。

2）整个过程中使天线尽可能保持笔直和平稳。避免使天线平行于天线下方的地面——天线应平行于平均地面。

3）使天线两端垂直下垂引线的长度最短。它们的作用效果将影响（不利的）天线的方向性。馈电端天线尾线最好逐步倾斜下降到地面终端（距离超过 50 英尺），终端处同样如此。确保变压器密封，能承受天气的影响。

4）单线贝威尔基天线使用无感电阻作为终端。如果你居住的地区，闪电风暴很常见，可以使用 2-W 终端电阻，它可以承受周围雷击的影响。

5）贝威尔基天线与支撑架连接处需使用高品质的绝缘子。可以采用电栅栏中使用的塑料绝缘子，廉价且有效。

6）使贝威尔基天线远离电力和电话线之类与它平行的导体——距离至少保持在 200 英尺。与它垂直的导体，即使是贝威尔基天线，交叉带来的影响相对很小。但是导体间最好不要交叉，可能有安全隐患。

7）将同轴馈线与贝威尔基天线连接时，馈线不要直接位于天线的线下方。这样做可以防止同轴电缆屏蔽层上出现共模电流。馈线与贝威尔基天线临时断开时，如果你发现馈线自身能够拾取信号，则说明有必要在馈线上加铁氧体扼流磁珠。

8）如果你的发射天线系统中使用了高架地网线，请确保贝威尔基天线的馈线远离它们，以避免拾取到杂散信号，不然，将毁了贝威尔基天线的方向性。

两线贝威尔基天线

图 22-7 所示的两线贝威尔基天线的主要优点在于：通过开关在 J1 和 J2 之间的切换，接收机可以接收两个方向上的信号。同时，由于系统包含两根线（每根线上产生的感应信号电压相同），因此能获得更大的信号电压。（Ward Silver, N0AX 于 2006 年 4 月在《QST》上发表的《A Cool Beverage Four Pack》一文中介绍了一种由一对两线贝威尔基天线垂直放置构成的四向天线阵。）

图 22-7 中，从左方入射的信号将在两条线上感应出相同的电压，从而产生相等的同相电流。反射变压器 T3 将使这些信号的相位翻转，并朝接收机方向沿天线反射回去，此时天线的线被用作平衡传输线。该反射信号再被 T1 变换到与 J1 处接收机的输入阻抗（50Ω）匹配。

从右方入射的信号将在两根线上感应出相等的电压，对应的信号同相传播到接收机端，通过 T1 进入 T2。J2 闭合时，接收机将接收到此信号。

T1 和 T2 是标准的 9∶1 宽带变压器，能够工作在 1.8～10MHz（至少）。与两条平行线构成的任意传输线一样，两线贝威尔基天线具有一定的特性阻抗，记作 $Z1$。该阻抗取决于两线之间的间隔和相互之间的绝缘性。T3 将线尾所需的终端阻抗变换到与 $Z1$ 一致。请牢记：终端阻抗等于贝威尔基天线的特征阻抗 Z_{ANT}——即，下方地面中镜像上的平行线的阻抗。例如，如果贝威尔基天线的 $Z1$ 等于 300Ω（即，使用电视双芯线作贝威尔基天线的线），T3 必须将平衡的 300Ω变换为不平衡的 500Ω（Z_{ANT}），作为天线的终端电阻。

相比简单的匹配变压器 T1，两线贝威尔基天线中使用的反射变压器的设计和构造更复杂，因为要获得好的 F/B，对终端电阻取值的要求更苛刻。关于两线贝威尔基天线反射变压器的绕制，详细信息可参考 ON4UN 所著《Low-Band Dxing》一书中“Receiving Antennas”一章。

两线贝威尔基天线的另一特性是可以调节与接收方向相反的天线端的零点。例如，如果 J2 处的串联 RLC 网络可调（接收机连接到 J1），从左边入射的信号将被接收到，而从右边来的干扰将被部分或全部归零。该系统中，可将天线右端 60°（或更大）范围内的入射信号归零。接收机连接到 J2，终端连接到 J1 时，在相反方向上有同样的作用效果。

两线贝威尔基天线的架设高度一般与单线贝威尔基天线一致。两线位于同一高度处，间距处处相等——一般为 12～18 英寸。一些无线电业余爱好者使用“窗口”梯形线来构造两线贝威尔基天线，为了保持在风中其机械性能和电气性能的稳定性，1 英尺线需要扭 3 次。

对于由两根分离的线（之间的绝缘介质为空气）构成的贝威尔基天线，其特征阻抗 Z_{ANT} 取决于线的尺寸，线间间距和天线高度，函数关系为：

$$Z_{ANT}=\frac{69}{\sqrt{\varepsilon}}\times\log\left[\frac{4h}{d}\sqrt{1+\left(\frac{2h}{s}\right)^2}\right] \qquad (22\text{-}4)$$

其中，

Z_{ANT} 为贝威尔基天线的特征阻抗，等于所需终端电阻；S 为线间间距；h 为天线距地高度；d 为线直径，单位与 S 和 h 相同；ε 等于 2.71828。

梯形编队中的贝威尔基天线

贝威尔基接收天线的方向图取决于它的终端电阻。图 22-6 比较了终端电阻为极端情形（终止和非终止）时的方向图。通过加入第二副贝威尔基接收天线，即使第一副的终端电阻相距理想值甚远，其方向图也将得到极大的改善。第二副在安装时与第一幅成梯形，即，两根线看起来像是一架梯子的平行阶梯。在 160m 和 80m 波段，两副天线相互平行，间距为 5m，向前错开 30m，如图 22-9 所示。

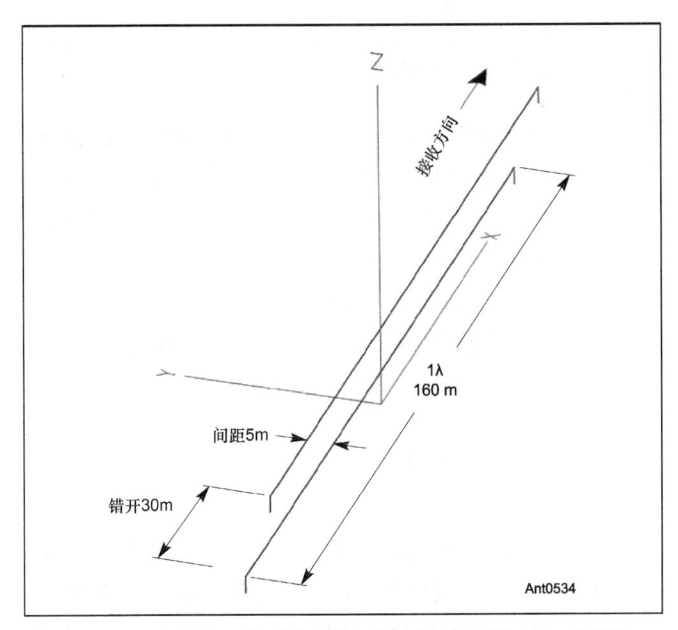

图22-9　160m波段，梯形排布的两副1λ贝威尔基天线，间距5m，向前错开30m。上面的天线在其馈电系统中有125°的相移。

前面的贝威尔基天线被馈电成有+125°的相位差，加上前向错位引起的相位差，则总的相位差为 180°。这样就形成了与馈电为异相的端射阵等效的天线系统，此外，相比端射阵，它还具有各贝威尔基天线所拥有的方向性的优势。图 22-10 比较了单副（终止形式一般，非理想）和梯形编队中的 1λ 贝威尔基天线在 160m 波段的方向图。梯形编队中的贝威尔基天线将获得 2dB 左右的额外增益。但最重要的是，它们在后向上的增益极小——梯形编队中前后增益相差超过 25dB，而单副的前后增益相差仅为 15dB 左右。

即使两副贝威尔基天线间的间距只有 5m，它们之间的互耦程度也很小，这是因为当它们被安装在低损耗地面上较低的高度处时，本身的辐射阻抗较小。当你将 SWR 调节到一个较小值时（使用合适的变压器，以匹配馈电同轴电缆），两天线上的相位差将只取决于两副贝威尔基天线的馈电同轴电缆的长度。图 22-11 所示为 Tom Rauch（W8JI）设计的宽带馈电系统。它是一种交叉馈电系统。180° 宽带反相变压器使该系统能够工作在 160m 和 80m 两个波段上。有关变压器的更多介绍请参考 ON4UN 所著的《Low-Band Dxing》一书中的“Receiving Antennas”一章。

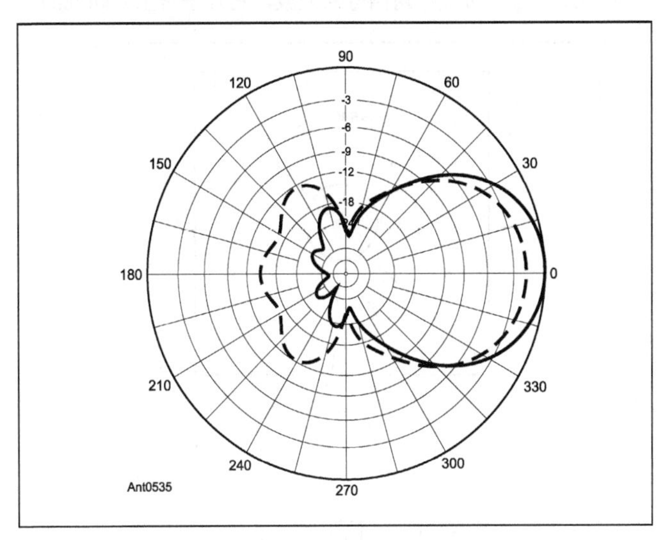

图22-10　单副贝威尔基天线（虚线），和由两副贝威尔基天线构成的梯形端射阵的方位向方向图，发射角为 10° 。在梯形编队的方向图中，后向的增益要小得多。因此，相比单副贝威尔基天线，梯形编队的改进很大。

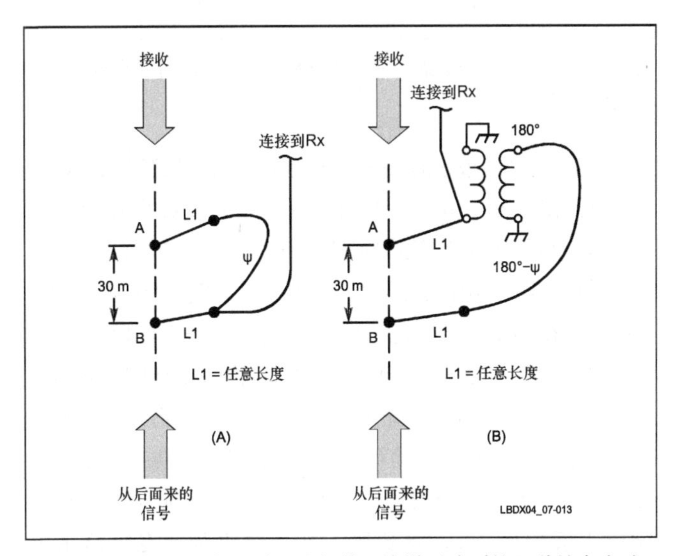

图22-11　图22-9中两副贝威尔基天线梯形阵列的两种馈电方式。左边的馈电方式可使系统在一个波段上良好地工作，右边的馈电方式可使系统在1.8MHz和3.6MHz处都能良好地工作。图（A）中，调节后面的贝威尔基天线的同轴馈线的长度，获得+116° 的相移。因此，在160m波段，角 Φ 为180° −116° = 64° 。在右边的系统中，在160m波段角 Φ 为64° ，在80m波段时角 Φ 将变为128° 。使用反相变压器，在80m波段，净相移变为53° ，这是一个比较合理的折中值。（源于W8JI和ON4UN）

22.1.2 K6STI 环天线

图 22-12 所示的 K6STI 环天线（见参考文献和原版书附加光盘文件，该文件可到《无线电》杂志网站 www.radio.com.cn 下载）是一种水平环天线，既不响应垂直极化的地面波，也不响应本地和区域中的高角噪声——在其垂直辐射方向图中有一个零点。对于对应低角信号的天波，它几乎是全方向性的。

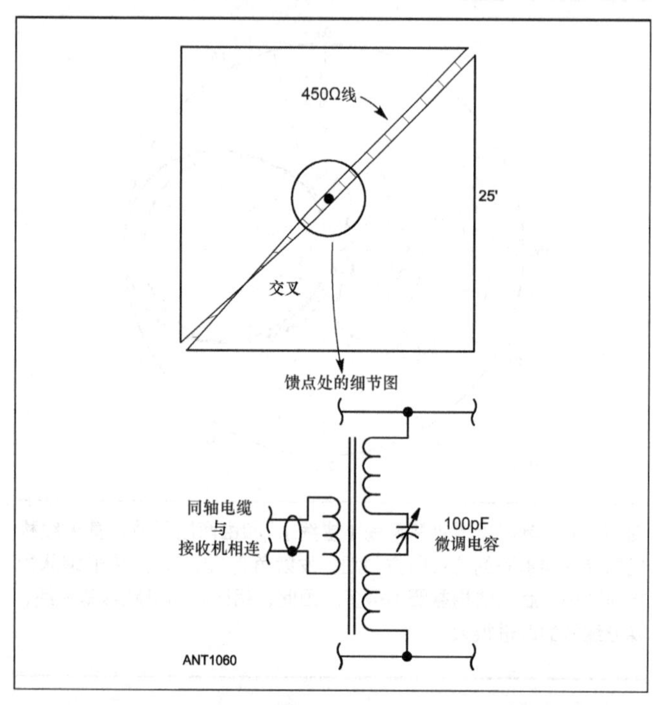

图22－12 80m波段低噪声环天线的基本示意图。图中给出了馈点处的设置细节。

工作在 80m 波段的 K6STI 环天线，一边的长度为 25 英尺，水平安装在地面上 10 英尺高度处，使用#14 AWG 线制作而成。使用#14 AWG 线制作而成的间距为 1.5 英寸的定向线在对角处进行馈电。在定相线的交界处有一个小的铁氧体变压器，用于匹配天线和 50Ω同轴馈线，也作为巴伦使用。与天线边绕组串联的微调电容(要求在 400pF 左右)可使天线在 3.5MHz 处谐振。

该环天线的边长可缩短到 10 英尺，其时仍具有抗噪声性能。该环天线必须借助可变电容才能达到谐振，大多数情况下，还需要有一个前置放大器。（见本章后面部分对铁氧体环天线的介绍。）将长度、变压器匝数和电容值乘上 $3.5/f_{MHz}$，这种设计可扩展到更高和更低的频带上。

22.1.3 EWE 天线

EWE 天线的发明者是 Floyd Koontz（WA2WVL），该天线由两根短的垂直金属丝和一根平金属丝组合而成，如图 22-12 所示（见参考文献）。虽然看起来类似于前面介绍过的贝威尔基天线，EWE 天线在本质上是一种两单元激励阵。在阵平面内与终端相反的方向上的接收性能最好。其方向图的形状是一个宽的心形，零点位于被终止的“后方的”单元的方向上。该天线的水平增益比垂直增益小 20dB 左右，并指向侧边高角方向。

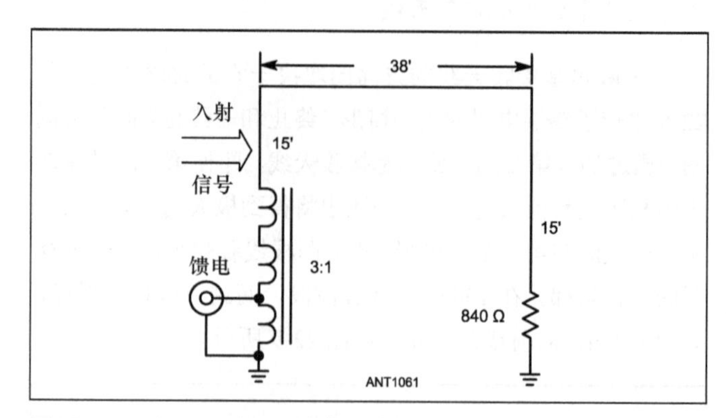

图22－13 为160m和80m波段设计的EWE天线。

图 22-13 中的设计可工作在 1.8～4.0MHz，无需调整其前后比即可达 25dB。EWE 天线可以采用图中所示的底部馈电方式，也可选择在前面的垂直单元顶部进行馈电。如果每个垂直单元使用单独的馈线和变压器，可通过终端在两垂直单元之间的切换来获得可逆的方向图。可按引用的文章中介绍的方式构建天线阵列，获得方向性可调的方向图。

22.1.4 K9AY 环天线

此处介绍的 K9AY 环天线的发明者是 Gary Breed（K9AY）。这种环天线尺寸适中，但具有有用的小区域内的方向性，这使得它很受那些想提高接收能力的无线电爱好者的欢迎（见参考文献）。K9AY 环天线是两种类型的天线的混合。参考图 22-14，如果终端电阻为零——短路——该天线成为经典的“小型环天线”（通常直径小于 0.1λ）。小型环天线的近场响应主要针对电磁波的磁场分量（H 场）。如果终端电阻无限大——开路——该天线成为弯曲的短单极子天线。短单极子天线对电磁波的电场分量（E 场）响应最强。

在 K9AY 环天线中，终端电阻被用来平衡小型环天线响应和单极子响应的比值。来自这两种模式的能量在馈点处相加。当终端电阻被调节到最佳值（在 400Ω左右）时，与环平面一致的方向上，同一方向上的信号将相互抵消。这种消除效应源于 H 场的旋转性。电场是一维的（只有幅度），而 H 场遵守“右手定则”，可以形象地想象成在空间中螺旋传播的波。对于相反方向的波，其旋转方向也相反。来自同一方向的波的 E 场和 H 场贡献在馈点处相加。但对于相反的方向上的信号，天线输出将与此不同。

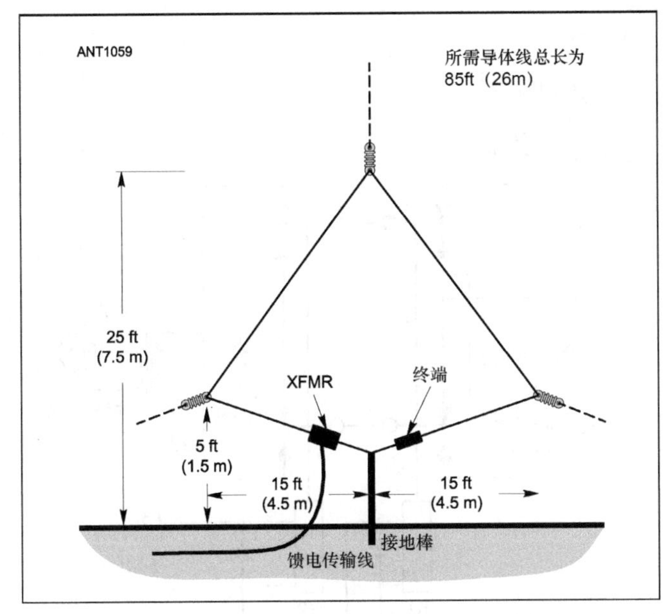

图22-14　接有电阻终端，能工作在160m和80m波段（业余无线电频段）的最大尺寸的K9AY天线。

业余无线电爱好者所熟知的其他两种器件中也有类似的表现：用在我们熟悉的鸟牌瓦特计中的定向耦合器，以及与辨向天线（许多天线相关的参考书——大部分比较老——中都有介绍）一起使用的测向（DF）环天线。

要在尺寸较小的情况下获得方向性，就必须牺牲效率。按照前面给出的尺寸，K9AY 的增益约为-26dBi。与之相比，1/4 波长垂直天线的增益约为 0dBi，而典型的贝威尔基天线的增益约为-11dBi。要获得最好的效果，K9AY 环天线应该与一个好的动态前置放大器一起使用。它不适合用来发射信号，因为大部分 RF 能量将被电阻吸收。

计算机建模

设计 K9AY 环天线时的一大挑战是如何建立精确的计算机模型，因为对于直接与有损地面连接的天线，基于 NEC 的建模程序每次给出的结果总是不一致。K9AY 天线建模的第一步是创建一个自由空间中的环天线模型，然后创建它的镜像，使尺寸加倍——方法类似于使用 1/4 波长的垂直天线制作 1/2 波长的偶极子天线。该模型是可重复的，并给出了实际的增益和方向图的形状，包括后向零点的位置。

然后，将 K9AY 的尺寸调节为最终尺寸。最后的模型中使用的是 MINNEC 的地面选项，它在计算阻抗时假设地面为理想地面。使用与地面连接的电阻来模拟地面损耗。采用逐步逼近法确定该电阻为 150Ω时，其对应的天线方向图与自由空间中的模型相符（以及广播中的行为，尽可能准确）。图 22-15 给出了模拟的尺寸和参数。该建模过程已被证明可以足够精确地为各种不同尺寸和形状的环天线以及

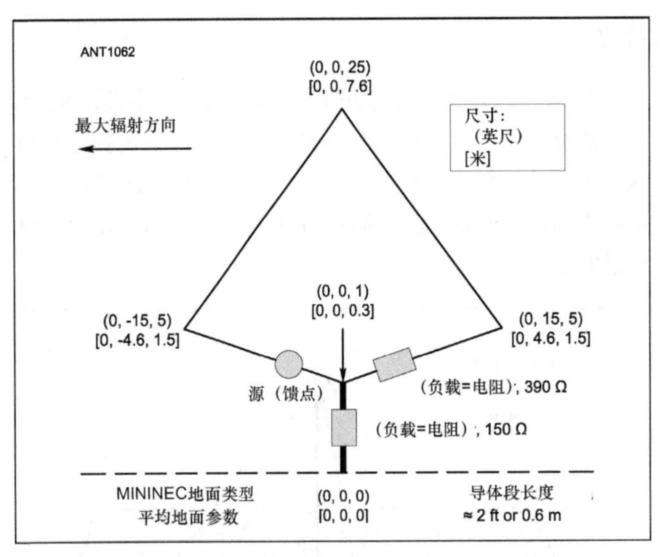

图22-15　计算机建模的K9AY环天线的结构、尺寸和参数。

环天线阵列建模。

对于选定形状的环天线，考虑有损地面的影响，其方向图的零点出现在与水平位置呈+45°角的方向上，与环平面一致，朝向电阻所在一侧，如图 22-16 所示。

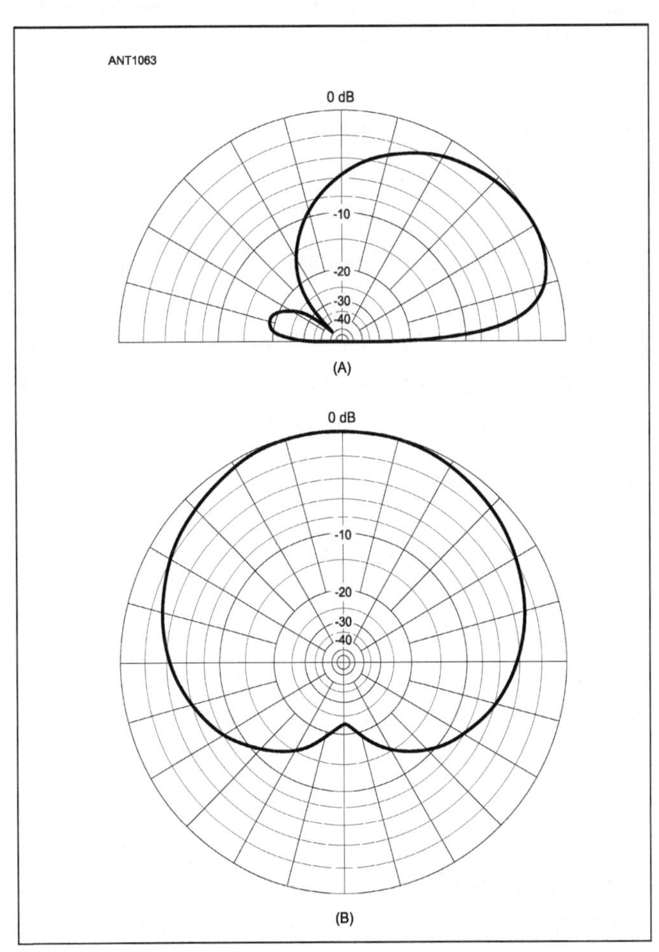

图22-16　1.825MHz时，K9AY环天线的垂直面（A）和水平面（B）辐射方向图。

结构

K9AY 环天线的结构如图 22-14 所示。使用了近 85 英尺长的金属丝，形状为接近三角形的四边形。会选择这种形状主要是处于机械上的考虑——它只有一根约 25 英尺高的中心支撑，与该天线垂直的另一 K9AY 环天线可共享此支撑（见图 22-17）。

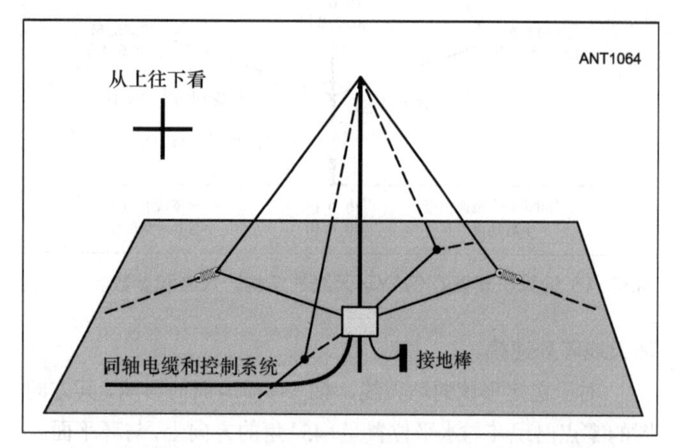

图22-17 两副K9AY环天线可安装在同一中心支撑上，从而形成一个可以通过切换覆盖4个不同方向的两环天线系统。在160m和80m波段的典型安装中，环的高度为25英尺，距离中心±15英尺（30英尺宽）。

连接在底部进行。环的一端与 9∶1 匹配变压器的高阻抗一侧相连，另一端与一个最佳

值一般为 400Ω的电阻相连。由于与每端的连接都位于同一中心点上，因此可以通过一个继电器方便地进行交换连接，从而使环天线的辐射方向翻转。前面提过，可以安装第二幅环天线。鉴于连接位置位于同一处，可以很容易地实现一个四向切换系统。相比其他小型接收天线，K9AY 天线的最大优势就在于其辐射方向可以在几个方向上切换。四向继电器切换系统的示意图如图 22-18 所示。

安装和操作注意事项

位置——因为 K9AY 环天线常被安装在空间有限的地方，因此可能会与周围的物体产生相互作用。其他天线、室内布线、金属壁板和排水沟、架空公共设施、金属围栏以及其他导体都可能会扭曲天线的辐射方向图，降低零点的深度。关键要测试天线的 F/B 是否够好。如果 F/B 太高，则需要找出问题所在。相比改变周围的环境，通常最简单的还是改变天线的位置。

发射天线——与发射天线邻近可能会导致环天线上出现高的 RF 电平，并通过馈线送入工作室中。你的接收机需要受到保护！保护装置可以从业余无线电经销商处购买，也可以自行制作一个简单的继电器箱，在发射时利用它断开馈线的连接，最好同时断开中心导体和屏蔽层的连接。

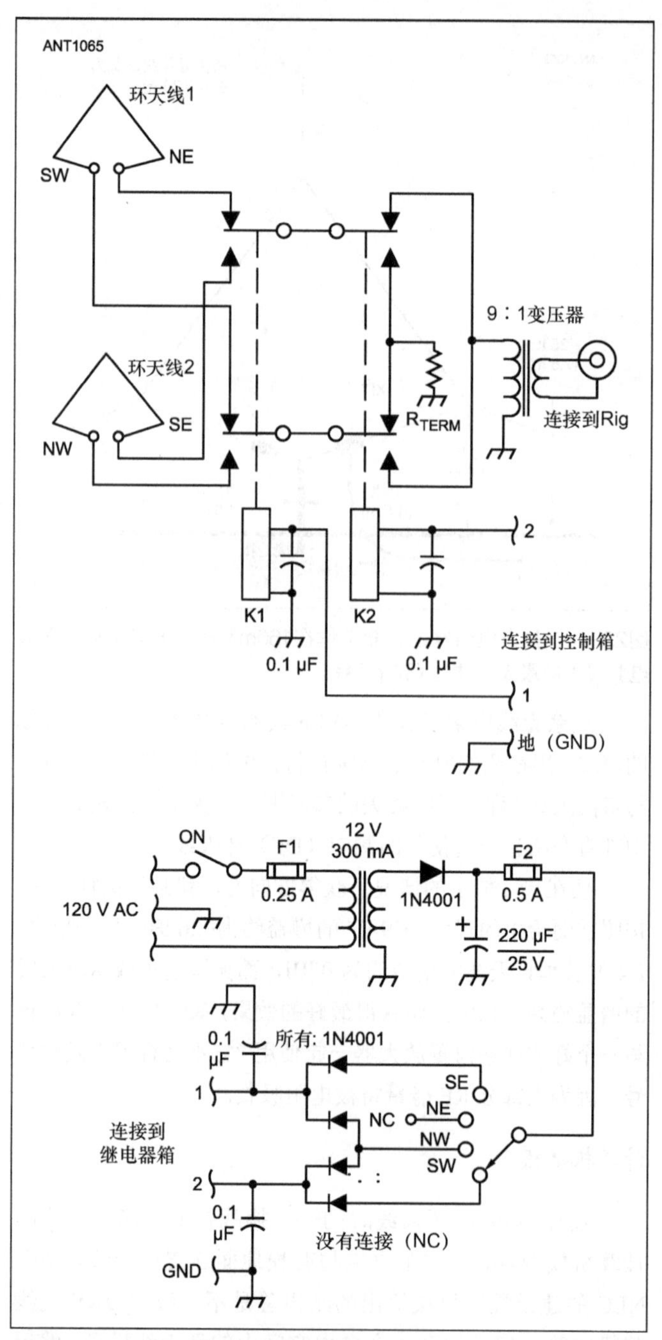

图22-18 四向两环天线系统的户外切换电路（顶部）和室内控制电路（底部）。

接地——经验表明，天线位于任何类型的“真实泥土”地面上时，只需要一根接地棒就可以获得合适的操作。但是，有些安装可能会面临土壤湿度的季节性变化。在沙漠和海水环境中的安装方式也不同。有时候，可以通过安装额外的地网线系统来获得性能上的一致。4 根或 8 根短地网线就足够了。取相同长度的地网线，并直接将头 4 根安装在环天线下方。注意，在使用了地网线的系统中，终端电阻的最佳值可能会发生变化。

共模隔离——馈线和天线都连接到接地棒时，虽然许多

装置能够正常工作，但是还是有一些需要更好的隔离，以避免馈线屏蔽层成为天线的一部分。9∶1 匹配变压器应该有独立的初级和次级绕组，且天线一侧与接地棒连接。馈线一侧悬空也能很好地工作，虽然馈线处连接另一根接地棒，可能会更好，尤其是使用的是长馈线的时候。将馈线埋在地里或直接放置在地面上，可以最大程度地避免共模问题。如果可能，不要将馈线架在地面上空（例如沿篱笆或桩放置。）

K9AY 环天线阵列

虽然 K9AY 天线具有实用的方向性，但相比贝威尔基天线，其方向性一般。在保持能在有限空间中使用的特点的同时，可以通过构建包含两个或多个 K9AY 天线的阵列来改善性能。一种最简单的阵列由两个间隔 1/2 波长（80m 波段为 140 英尺，160m 波段为 270 英尺）的交叉环天线组构成。为了简单，可以使用相移为 0° 的边射模式或相移为 180° 的端射模式，从而避免需要使用额外的相移电路——端射模式中，可以通过反转匹配变压器的绕组来完成移相。

图 22-19 比较了单副环天线和两单元环天线（端射，相移为 180°）的方向图。两单元天线阵的水平方向图中增加了两个很深的零点，增益增加了 3dB。可以看到，垂直方向图中也出现了深的零点，方向性得到加强。相比单副环天线，天线阵的主瓣变窄，但仍然很宽。

图 22-20 给出了边射模式下（相移为 0°）的水平方向图。其前方的主瓣相比单副环天线要窄许多，侧边也有比较好的零点。这里没有给出天线阵的垂直面方向图，因为除了增益增加了 3dB 外，其他与单副天线的方向图一致。

当然，也可以设计具有不同间距和相移的其他阵列。K9AY 天线很适合作天线阵的单元。相比使用各向同性天线（例如垂直天线）作单元的天线阵，由于 K9AY 天线自身的方向性，使用它构成的阵列将具有更好的性能。这种阵列的馈线上的 VSWR 比较低，这也简化了移相网络的设计。

22.1.5 旗帜和三角旗天线

Jose Mata（EA3VY）和 Earl Cunningham（K6SE<SK>）发明了如图 22-21 所示的旗帜和三角旗接收天线，这种天线在低频段远距离通信中很受欢迎。设计这种天线的目的是为了在可预测的低噪声定向接收中，可以不必使用好的接地系统。由于它们的尺寸较小，因此可以用在那些空间局限（不足以容纳贝威尔基天线或四方天线）的远距离通信中。其形状可能是垂直平面内的矩形，也可能是三角形或菱形。工作在 160m 和 80m 波段时，这种天线的长约为 29 英尺，高约为 14 英尺，安装在地面上空 6 英尺高度处。更多信息请参考参考书目和原版书附加光盘文件中的原文。

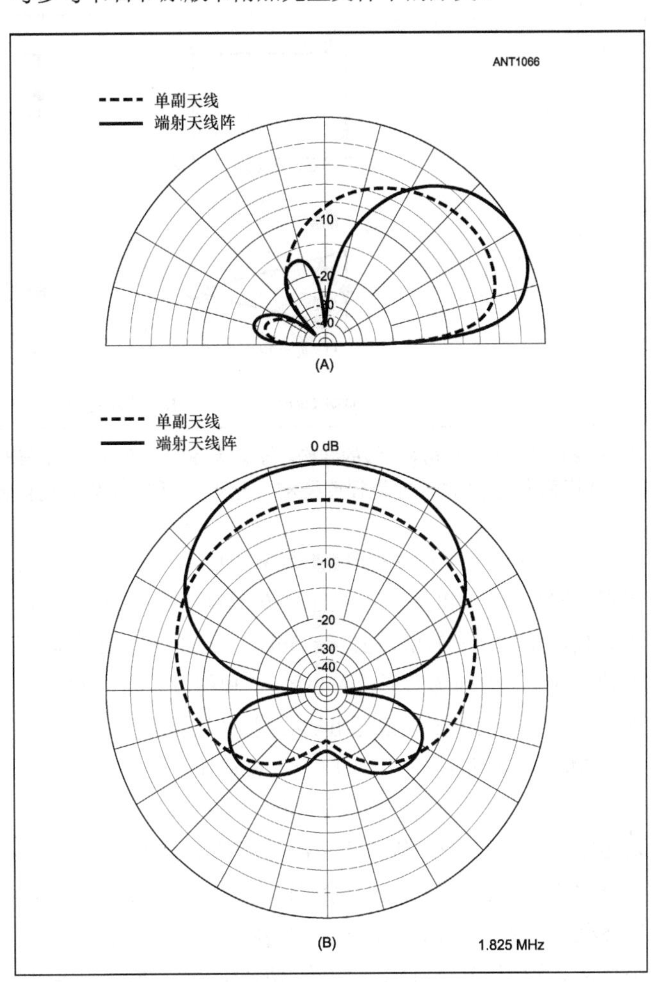

图22-19 两副间距为1/2波长的K9AY天线构成的天线阵的垂直（A）和水平（B）方向图。工作在相移为180°的端馈模式，频率为1.825MHz。

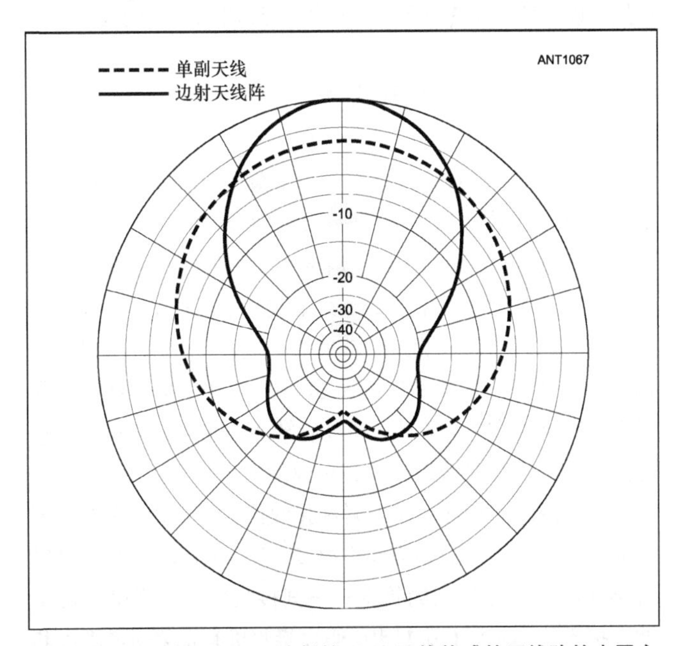

图22-20 两副间距为1/2波长的K9AY天线构成的天线阵的水平方向图。工作在相移为0°的边馈模式，频率为1.825MHz。

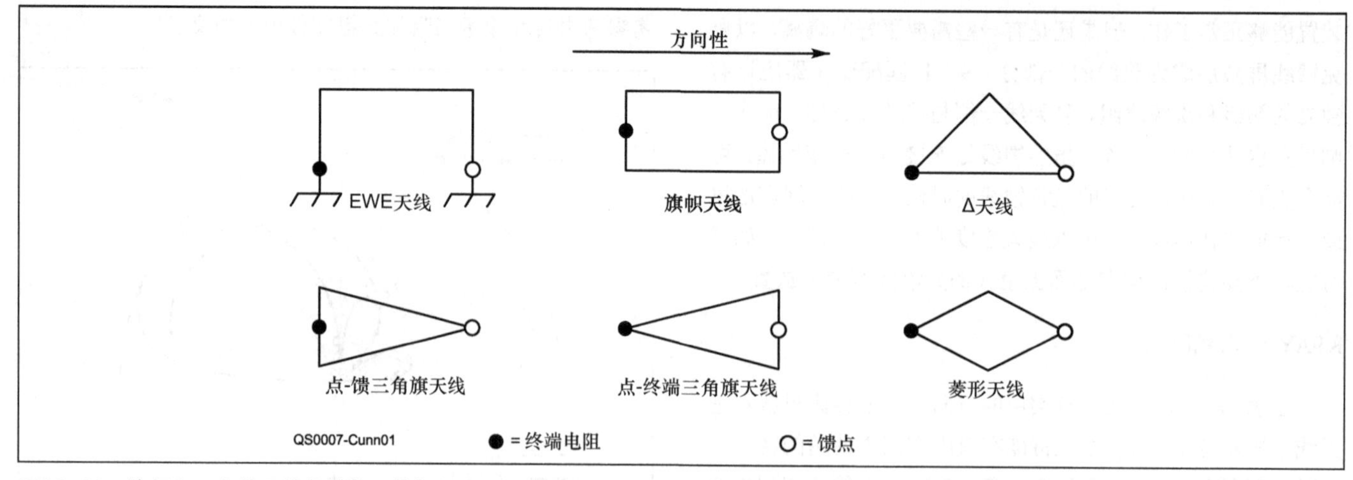

图22-21 旗帜和三角旗天线的结构。旗帜天线，三角旗天线和菱形天线（旗帜天线的一种改良形式）的尺寸为29英尺×14英尺。Δ天线（一种半菱形天线）的尺寸为17英尺×28英尺。这种不接地天线安装在地面上方6英尺处。

三角旗和旗帜天线的馈点阻抗在945Ω范围内（位于与馈点位置相反一端的终端阻抗也在945Ω范围内）。相比三角旗天线，旗帜天线的增益要高5.5dB。其方向性位于朝向馈点的方向上，方向图的形状为心形。F/B超过35dB。可使用简单的16∶1巴伦来连接低阻抗的同轴电缆线。

Mark Connelly（WA1ION）（www.qsl.net/wa1ion）对旗帜天线进行了改良，改良后该天线的电气方向可以反转，并允许对终端进行远程优化。他的设计中，终端和馈点处各自连接了一个16∶1的变压器，通过一根同轴电缆将工作室连接在低阻抗绕组上。用户可以将其中一个变压器连接在接收机上，另一个与无感电位计连接。调节电位计，使之在55～70Ω的范围内，以便与880～1120Ω（考虑了变压器的变压比）范围内的天线阻抗匹配。可以通过工作室内的切换箱来切换接收机和终端的连接，以改变天线图中零点的位置（变到相反的方向）。

22.1.6 1.8MHz 接收环天线

在某些情况下，可以使用小型平衡环天线来改善接收性能，尤其是在较低的业余频段。（这种天线的相关理论请参考“环天线”一章。）在以下情形中尤其如此：人为大噪声普遍存在，附近广播电台的二次谐波频率落在160m波段，存在邻近地区的其他业余站带来的干扰。一个正确构建和已调谐的小型环天线其F/S约为30dB，最小响应出现在与环平面垂直的方向上。因此，通过旋转环天线使它侧对着干扰源的方向，可以显著地减小甚至消除噪声和干扰的影响。

一般来说，相比用于发射和接收的大型天线，小型平衡环天线对人为噪声的响应要小得多。但在使用环天线的时候必须接收一些性能上的折中——其接收信号的强度要比全波谐振天线小10dB或15dB。假设接收机有正常的灵敏度和整体增益，则工作频率为1.8MHz或3.5MHz时，这一点并不重要。因为30dB的F/S可能才是我们期望得到的。如果使用可旋转的小型环天线，如图22-22所示，许多接收上的问题都可以被消除。

为使小环天线获得尖的双方向性，导体的总长不能超过0.1λ。图22-23中环天线的导体长度为20英尺。频率为1.8MHz时，20英尺等于0.037λ。对于这种类型的环天线，要将天线振子调谐到谐振，0.037λ几乎接近最大实际尺寸。这是由环天线外部屏蔽层和内部导体之间的分布电容所决定的。图例中使用的导体是RG-59。这种电缆每英尺的电容

图22-22 使用位于对角线上的斑竹做支撑的160m波段屏蔽环天线。

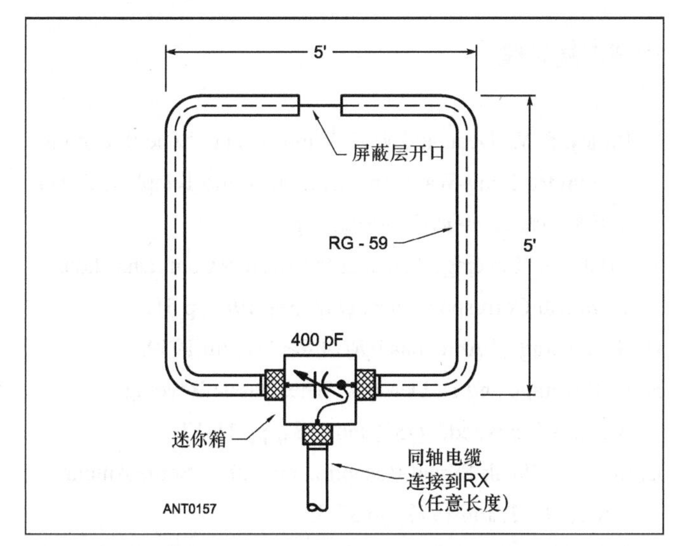

图22-23　环天线的示意图。只要导体的总长不超过0.1λ，环天线的尺寸要求并不那么严格。小环天线的尺寸是这种天线的一半或更小，在有限空间中被证明有用。

为 21pF，总的分布电容为 420pF。如果环天线要在频率为 1.810MHz 处谐振，还需要增加 100pF 的电容。

因此，环天线的电感约为 15μH。假设在计算导体的长度时，保持长度和波长的比例不变，则在 HF 频谱的高端，电容的影响变得不那么显著。谐振时，分布电容和馈点处集总电容的比值将增大。当频率高于 1.8MHz，天线尺寸相应变化时，这些点都应当加以考虑。

即使使用的是 RG-59 之外的同轴电缆，对环天线结构的要求也不会有多大的不同。相对环天线，线路的阻抗不是那么显著。但是，不同类型的电缆其每英尺的电容不同，因此要获得谐振，在馈点处需要增加一大小不等的电容。

平衡环天线受附近物体的影响不明显，因此调节到谐振后，你可以将它安装在室内，或者安装在户外。从一个地方移动到另一个地方，不会显著影响其调谐。

对于图 22-22 所示的环天线，其支撑结构是用竹竿制成的。该 X 形支撑架的两根竹竿通过两个 U 形螺栓在中心处固定在一起。环天线单元被贴在支撑架的 4 个端上，形成了一副方形天线。你也可以使用金属支撑架，这并不会严重降低天线的性能。也可以使用木头做支撑架。

一个位于环天线馈点处的小盒子被用来放置调谐的可变电容。在此模型中，要获得谐振，需要在 50～400pF 范围内进行微调。安装在户外时，这个盒子必须能抵御天气的影响。

在与馈点直接相对处，将环天线的同轴电缆的外部屏蔽层拆掉一英寸。此时，应当在暴露的地方涂上密封剂。

已经证明，这种接收环天线对源于附近广播天台的二次谐波的抗干扰性非常好。在 160m 波段的远程通信和竞赛操作中，它可以有效地防止附近电台的强干扰。由于具有极好的抗噪声性能，这种环天线在需要接收弱信号的操作中极具价值。不必一直使用它，只要在需要使用的时候通过天线选择开关将它连接到接收机就可以了。在其他天线因为噪声而完全失效的时候，使用这种环天线的欧洲站还能正常接收来自英格兰的信号。

旋转环天线使其远离风暴前沿，可以有效地避开即将到来的风暴（将引发大气噪声）的影响。接收天波信号时，该环天线的方向性很差。其方向特性主要体现在接收地波信号时。这其实是一个暗含的特性，可以消除各个方向上那些与天波信号类似的本地噪声和干扰的影响。

在接收操作中，并不需要使馈线与环天线匹配，虽然这样做可以在某种程度上提高天线的性能。如果不需要获得值为 1 的 SWR，馈子可以使用 50Ω或 75Ω的同轴馈线，二者区别不大。环天线的品质因素 Q 十分低，操作者需要提高 Q 值，使之在 1.9MHz 时发生共振，并能工作在整个 160m 波段。在频率为 1.8MHz 和 2MHz 时，天线的性能下降很少，几乎难以察觉。

传播效应对零点深度的影响

实际建造平衡环天线时，你可能会发现其零点深度并不接近理论值。这可能是由传播效应引起的。考虑入射信号的垂直角，倾斜环天线使其不处于垂直平面内，在某些传播条件下，可能会提升天线的性能。基本上，只有在入射信号与环天线的旋转轴垂直时，其性能才如前面所介绍的。入射信号的入射角为其他角度时，零点的位置和深度都会恶化。Bond 于 1944 年在他的关于测向天线的书中对这一点进行了解释，并通过数学方法计算了它的性能。

如果环天线位于非理想传导地面上，波前将发生倾斜或弯曲，这个问题将因此更加严重。（弯曲带来的后果也不总是坏的，在贝威尔基天线系统中，选择站点时就利用了这种效应。）

零点深度明显较差的另一原因可能是极化错误。如果信号的极化不是完全线性的，零点可能不会那么尖锐。事实上，对于圆极化信号，环天线的方向图上可能几乎没有零点。传输效应将在“测向天线”一节中进一步进行介绍。

选址对环天线的影响

环天线的位置会对其性能产生影响，有时候，这种影响可能会变得非常显著。要获得理想的性能，环天线应当位于户外，并且周围不能有其他物体，例如金属落水管和塔。符合这种条件的 VLF 环天线，如果被恰当平衡，其方向图上将出现相距 180°的尖锐零点。在 HF 频段，绝大部分信号以天波的形式的传播，零点也常常只有部分。

大多数业余爱好者将安装地点选择在操作位置附近。如果你将一小型环天线安装在室内，其方向图零点可能会比预期差，方向图也会有所扭曲。对于精密的测向天线，一些错误可能与线路、管道和建筑物中的其他金属件有关。同时，四周的导体都可能辐射出强干扰信号，这时候无论天线处于室内何处，都无法避免本地干扰信号的影响。几乎没有办法解决此问题。当然，这不是说就不能将天线安装在室内了。我们在此处提到这一点只是想为你提供一些分析问题的信息。许多无线电爱好者使用室内安装的天线也获得了很好的效果，尽管有一些问题。

将接收环天线安装在发射天线的场内，可能会导致接收机天线终端出现很高的电压。该电压可能会损坏 RF 放大器的晶体管或前端保护二极管。只要在发射信号时，断开接收机与接收环天线的连接，就可以有效地避免该问题。该操作可以通过一个继电器来自动实现。

22.1.7 有源天线

下面的内容基于 Frank Gentges/K.BRA 于 2001 年 9 月在《QST》上发表的文章，文章题为《The AMRAD Active LF Antenna》（这篇文章包含在原版书附加光盘文件中）。有源天线指的是包含有源电路（例如放大器）的小型天线（电学意义和物理意义上的）。有源天线使用与有源阻抗变换电路相连的小型鞭状天线，其长度在对应的工作频率上仅为波长的几分之一。有源天线一般用在 HF 和 VLF 的低频段。市场上有售的远程通信天线 DXE-ARAV3-1P (www.dxengineering.com)可工作在 100kHz～30MHz 的频率范围内，还可与其他天线一起组成高度定向的天线阵列。

电短鞭具有较高的输出阻抗。例如，在 100kHz 时，其输出阻抗高于 100kΩ——大部分为容抗。如果该天线与 50Ω 负载直接相连，相比 50Ω的天线，信号衰减将超过 80dB。因此，需要使用某种有源阻抗变换电路来改变这一点。通常使用高输入阻抗的 FET 放大器。这种电路带来的最大挑战源于它的非线性：其非线性将导致互调失真（IMD）。对于传输电线，这是一个很难的问题。有关有源天线的更多信息可以参考 Dr. Ulrich Rhode(N1UL)在《RF Design》中的介绍（见参考文献）。

22.1.8 接收天线参考文献

有关本章的原始资料，以及相关问题的进一步讨论，可参考下面和“天线基础”一章正文末尾的参考文献和书目。

贝威尔基天线

A. Bailey, S. W. Dean and W. T. Wintringham, “The Receiving System for Long-Wave Transatlantic Radio Telephony,” *The Bell System Technical Journal*, Apr 1929.

J. S. Belrose, “Beverage Antennas for Amateur Communications,” Technical Correspondence, *QST*, Sep 1981, p 51.

H. H. Beverage, “Antennas,” *RCA Review*, Jul 1939.

H. H. Beverage and D. DeMaw, “The Classic Beverage Antenna Revisited,” *QST*, Jan 1982, pp 11-17.

B. Boothe, “Weak-Signal Reception on 160 — Some Antenna Notes,” *QST*, Jun 1977, pp 35-39.

M. F. DeMaw, *Ferromagnetic-Core Design and Application Handbook* (Englewood Cliffs, NJ: Prentice-Hall Inc, 1981).

J. Devoldere, *ON4UN’s Low-Band DXing, Fifth Edition* (Newington: ARRL, 2010). See in particular the chapter “Receiving Antennas,” for many practical details on Beverage antennas.

V. A. Misek, *The Beverage Antenna Handbook* (Wason Rd., Hudson, NH: W1WCR, 1977).

W. Silver, “A Cool Beverage Four Pack,” *QST*, Apr 2006, pp 33-36.

有源天线

F. Gentges, “The AMRAD Active LF Antenna,” *QST*, Sep 2001, pp 31-37.

P. Bertini, “Active Antenna Covers 0.5-30 MHz,” *Ham Radio*, May 1985, pp 37-43.

R. Burhans, “Active Antenna Preamplifiers,” *Ham Radio*, May 1986, pp 47-54.

R. Fisk, “Voltage-Probe Receiving Antenna,” *Ham Radio*, Oct 1970, pp 20-21.

U. Rohde, “Active Antennas,” *RF Design*, May/Jun 1981, pp 38-42.

环天线、旗帜天线和三角旗天线

B. Beezley, “A Receiving Antenna that Rejects Local Noise,” *QST*, Sep 1995, pp 33-36.

D. Bond, *Radio Direction Finders*, 1st ed. (New York: McGraw-Hill Book Co, 1944).

G. Bramslev, “Loop Aerial Reception,” *Wireless World*, Nov 1952, pp 469-472.

G. Breed, "The K9AY Terminated Loop — A Compact, Directional Receiving Antenna," *QST*, Sep 1997, pp 43-46.

G. Breed, K9AY, "Hum Problems When Switching the K9AY Loops," Technical Correspondence, *QST*, May 1998, p 73.

G. Breed, Various notes on the K9AY Loop are available at **www.aytechnologies.com** under the "Tech Notes" tab.

R. Burhans, "Experimental Loop Antennas for 60 kHz to 200 kHz," *Technical Memorandum (NASA) 71*, (Athens, OH: Ohio Univ, Dept of Electrical Engr), Dec 1979.

R. Burhans, "Loop Antennas for VLF-LF," *Radio-Electronics*, Jun 1983, pp 83-87.

M. Connelly, "New Termination Control Method for Flag, Pennant and Similar Antennas," International Radio Club of America reprint A162, Nov 2002.

M. Connelly, "Pennant Antenna with Remote Termination Control," home.comcast.net/~markwa1ion/exaol2/pennant.htm.

E. Cunningham, "Flag, Pennants and Other Ground-Independent Low-Band Receiving Antennas," *QST*, Jul 2000, pp 34-37.

R. Devore and P. Bohley, "The Electrically Small Magnetically Loaded Multiturn Loop Antenna," *IEEE Trans on Ant and Prop*, Jul 1977, pp 496-505.

R. J. Edmunds, Ed. "An FET Loop Amplifier with Coaxial Output," *N.R.C. Antenna Reference Manual, Vol 2*, 1st ed. (Cambridge, WI: National Radio Club, Oct 1982), pp 17-20.

S. Goldman, "A Shielded Loop for Low Noise Broadcast Reception," *Electronics*, Oct 1938, pp 20-22.

J. V. Hagan, "A Large Aperture Ferrite Core Loop Antenna for Long and Medium Wave Reception," *Loop Antennas Design and Theory*, M.G. Knitter, Ed. (Cambridge, WI: National Radio Club, 1983), pp 37-49.

F. M. Howes and F. M. Wood, "Note on the Bearing Error and Sensitivity of a Loop Antenna in an Abnormally Polarized Field," *Proc IRE*, Apr 1944, pp 231-233.

F. Koontz, "Is this EWE for You?," *QST*, Feb 1995, pp 31-33. See also Feedback, Apr 1995 *QST*, p 75.

F. Koontz, "More EWEs for You," *QST*, Jan 1996, pp 32-34.

F. Koontz, "The Horizontal EWE Antenna," *QST*, Dec 2006, pp 37-38.

G. Levy, "Loop Antennas for Aircraft," *Proc IRE*, Feb 1943, pp 56-66. Also see correction, *Proc IRE*, Jul 1943, p 384.

R. C. Pettengill, H. T. Garland and J. D. Meindl, "Receiving Antenna Design for Miniature Receivers," *IEEE Trans on Ant and Prop*, Jul 1977, pp 528-530.

W. J. Polydoroff, *High Frequency Magnetic Materials —Their Characteristics and Principal Applications* (New York: John Wiley and Sons, Inc, 1960).

E. Robberson, "QRM? Get Looped," *Radio and Television News*, Aug 1955, pp 52-54, 126.

D. Sinclair, "Flag and Pennant Antenna Compendium," www.angelfire.com/md/k3ky.

G. S. Smith, "Radiation Efficiency of Electrically Small Multiturn Loop Antennas," *IEEE Trans on Ant and Prop*, Sep 1972, pp 656-657.

E. C. Snelling, *Soft Ferrites — Properties and Applications* (Cleveland, OH: CRC Press, 1969).

C. R. Sullivan, "Optimal Choice for the Number of Strands in a Litz-Wire Transformer Winding," *IEEE Trans on Power Electronics*, Vol. 14 No. 2, Mar 1999, pp 283-291 (also available on line at www.thayer.dartmouth.edu/inductor/papers/litzj.pdf).

G. Thomas, "The Hot Rod — An Inexpensive Ferrite Booster Antenna," *Loop Antennas Theory and Design*, M. G. Knitter, Ed. (Cambridge, WI: National Radio Club, 1983), pp 57-62.

22.2 测向天线

无线电技术除了用于通信，还可用来测向，二者的历史几乎一样久远。业余无线电爱好者熟知无线电测向技术（RDF），并在参加寻找隐藏发射站的活动中获得了极大的乐趣。其他业余爱好者出于对航海和航空的兴趣，发现了 RDF 技术。在航海和航空中，RDF 被用在导航和紧急定位系统中。（根据发射信号来定位发射机的业余无线电测向，应当与航空无线电测向区分开来。航空无线电测向基于已知位置的发射信号。）

在世界上的许多国家，人们参与寻找隐藏的业余发射站，就如同要去参加运动会一样，他们穿着运动服前往他们所认为的发射站的所在区域。这种活动在不同的地方有不同的叫法，例如猎狐行动、抓捕小兔子、业余无线电测向（ARDF），或者就直接叫作寻找发射站。在北美地区，大多数人驾车去寻找发射站，不过现在步行越来越流行了。大多数 ARDF 活动使用 80m 或 2m 波段的发射机。

也有一些 RDF 应用并不那么有趣，例如寻找噪声源或者不明电台的不法操作者。中继站的干扰器、交通网络和其他业余设施可能和 RDF 设备位于一处。如果一个不熟悉业余无线电的人盗窃了无线电业余爱好者的工具，错误的操作导致反复地发送信号，这无疑将使他被 RDF 设备追踪到。RDF 天线能够拒绝接收来自某个方向的信号，这个特性可用于降低噪声和减少干扰。通过 APRS（自动位置报告系统），RDF 在无线电导航中的应用也变得流行起来。此外，RDF 还可以用来定位向下飞行的飞行器。总的来讲，RDF 的应用非常广泛。

高级复杂的设备一般是为政府和商业公司设计的，不过也可以自行制作一些相对简单的 RDF 设备。本章的目的正在于此。

本章涉及业余无线电爱好者使用的大部分 RDF 天线类型，每种天线都提供了对应的项目或参考文章。在 ARDF 活动中，接收机和天线常常集成在一起，以减少参赛人员所需携带的工具量。这种工具可以在 Joe Moell/K.OV 的网站 (www.homingin.com）主页上找到。在 ARDF 活动中，磁环天线和铁氧体棒天线都很受欢迎，其中磁环天线尤为流行。在 VHF 波段，当前，三单元八木天线是最流行的。

RDF 天线需要多精确？在移动和便携应用中，精度达到一定要求就可以了。虽然这听起来不确定性很大，但随着与发射机越来越近，有更多的信息可供三角测量使用，误差也会随之减小。如果天线被固定在一处，精度就重要许多，因为此时与发射机的距离不会发生变化。比赛中，能获得快速稳定的读数尤为重要。在这些比赛中，最常用的那些技术的目标是能够在相对连续的基础上获得尖信号。

22.2.1 三角测量法

使用业余设备从单独一个接收点精确定位发射机的位置是不可能的。使用测向天线可以获得信号源的方向，但不可能知道它距离接收点有多远。当然，你可以朝着信号源的方向行进直到找到发射目标，不过这显然是一项非常耗时的工作，很多时候还不一定能够找到。

一个较为有效的办法就是设立第二个接收点，然后在地图上，从两个接收点的位置出发沿所测得的信号源方向画两条直线，这两条直线的交点就是发射机的大致所在位置。当然最好设置 3 个接收点，然后按上述方法操作。因为实际中要获得精确的信号源方向比较困难，所以绝大多数时候 3 条直线将相互交叉形成一个三角形，而不是交于某一个点。发射机就位于三角形中的某个位置。更多有关三角测量和 RDF 的介绍可以在前面提到的网站首页上找到。

需要注意，DF 接收机所确定的方向可能会受到倾斜路径（HF）和反射（VHF）的影响。此外，相比地面波，天波的入射方向似乎来自各个方向。了解和避免这些错误是成功进行 RDF 的一部分。

22.2.2 测向天线

任何 RDF 系统都必须包含一副测向天线和一台无线电信号探测设备。业余应用中，无线电信号探测设备通常是一台无线电收发机，为了方便，通常还会包含一台指示信号强度的仪表。商业用途的便携式/移动接收机一般很适合用作信号探测机。要探测近距离范围内的信号，有一台简单的二极管检波器和一台直流微安表就足够了。

另外，RDF 技术中使用的天线与常规双向通信天线有所不同。方向性是最主要的要求，注意，这里的方向性同其他业余应用中的天线方向性意思有点不一样。一般我们将方向性同增益联系在一起，认为理想的天线方向图的主瓣非常狭长。在 RDF 应用中，使用这样的方向图可以做一些粗略的测量，但是要想获得精确的方位测量效果就不行了。事实上，方向图波瓣的顶端并不是尖锐的，总是在横向上有几度（或更大）的展宽，后果是，天线方位发生偏移时，接收到的信号强度却不会有大的改变（改变量几乎难以检测出来）。在进行 RDF 测量时，需要将天线的位置定位在一个精确的方向上，为此可以利用方向图中的零点，因为零点具有很高的方向性（横向展开不超过 0.5°）。

环天线

HF RDF 系统中使用的天线可以是一副简单的小型环天线，它可与一个电容发生谐振。（对于 VHF DF 活动来讲，谐振环天线太小了，必须使用其他天线。）设计该环天线时有几点需要注意。与波长相比，该环的周长必须较小，例如，使用单匝环时，构成环的导体的长度要小于 0.08λ。假定工作频率为 28MHz，则导体的长度要小于 34 英寸，即导体环的直径约为 10 英寸。环天线的最大响应位于环平面内，零点出现在与环平面垂直的平面内（更多介绍请参考“环天线”一章）。

为了获得最精确的方位，相对于地面，天线环必须达到静电平衡。否则，环天线将呈现两种工作模式。一种就如同真正的环天线（环天线模式）一样工作，另一种却与小尺寸、无方向性垂直天线的工作模式一样。第二种模式被命名为天线效应。两种模式引起的电压一般是异相的，两者要相加还是相减，取决于入射波的方向。

理论环天线的方向图如图 22-24（A）所示。达到静电平衡后，环天线的方向图中出现两个零点，两者的位置相差 180°。因此使用环天线无法精确确定发射机的方位——只能确定发射机位于哪一条直线上。后面我们将对如何解决该模糊问题加以讨论。

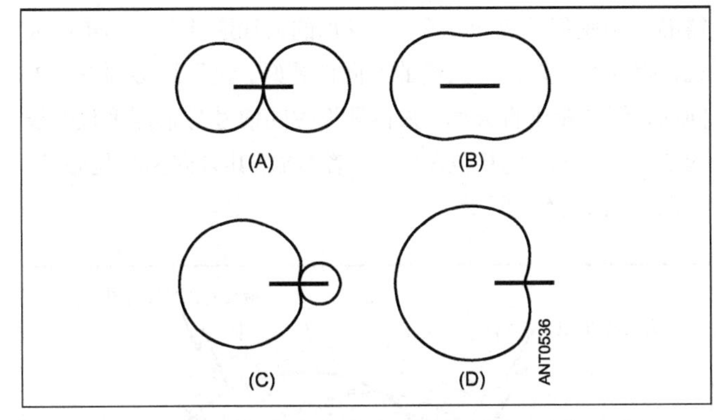

图22-24 小型环天线的方向图随天线效应的强度发生改变——我们所不期望的那些环天线响应与由连接在接收机天线终端的大量金属引起的响应一样。直线代表环平面。

天线效应比较显著时，环天线将发生谐振从而失去方向性，如图 22-24（B）所示。对环天线作去谐处理，实现相位调整，此时方向图如图 22-24（C）所示。该方向图是非对称的，只有一个零点，并且该零点不如静电平衡的环天线的零点那么深，其所在的平面也不再精确垂直于环平面。这使得要确定天线的方位更加困难。

经过适当的去谐处理，可以得到如图 22-24（D）中所示的单向心型方向图。RDF 系统中有时会进行这样的调整以获得单向性，虽然该方向图中没有完全的零点。在小型环天线上加载一个辨向元件可以得到心型的方向图。本章后面部分将对辨向元件加以讨论。

为环天线加屏蔽罩可以实现静电平衡，如图 22-25 中虚线所示。屏蔽罩可以消除天线效应。屏蔽良好的环天线的方向图非常接近理想状态，如图 22-24（A）所示。

在低频业余波段，在 RDF 应用中，便携式小尺寸单匝环天线的尺寸还是被认为太大了，因此通常使用的是多匝环

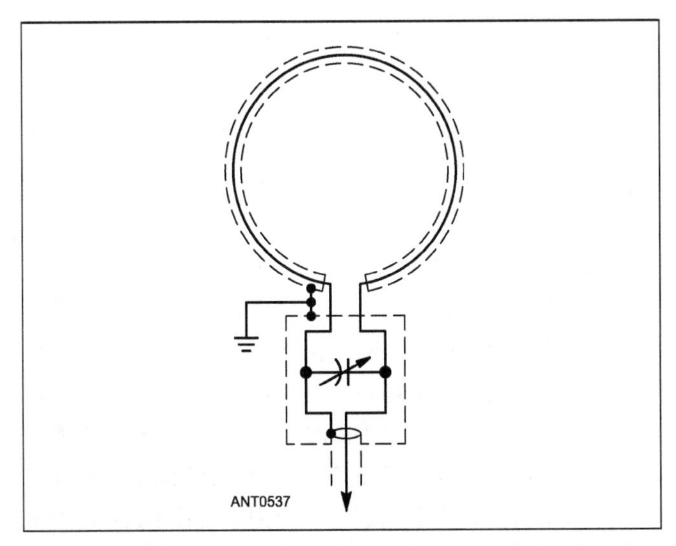

图22-25 测向屏蔽环天线。屏蔽罩的两端没有连接在一起，这是为了避免屏蔽掉磁场。屏蔽罩能有效地屏蔽电场。

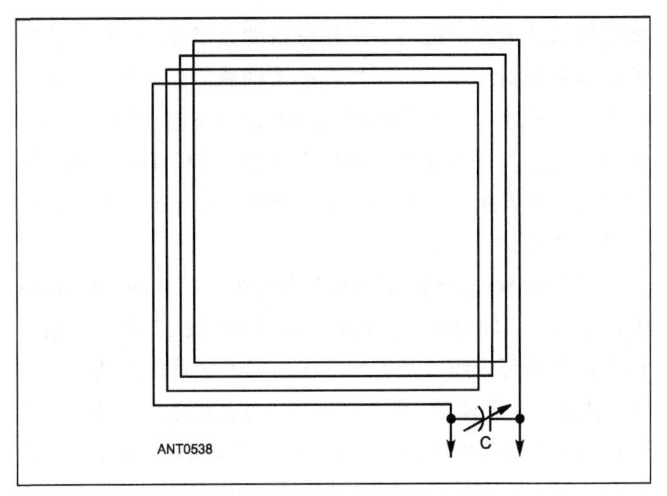

图22-26 小型的多匝环天线。它使用的导体总长远小于波长。最大响应位于环平面内。

天线，如图 22-26 所示。也可以为该环天线添加屏蔽罩，如果此时导体的总长度仍然小于 0.08λ，则其方向图与图 22-24（A）一致。多匝环中也可以使用辨向元件。

环天线电路及标准

对称一词最适合用来描述高效能的测向环。为保证测向环的响应不失真，测向环的形状应尽可能对称。另外一个用来描述环天线的词就是平衡。电平衡性越好，环天线方向图中的零点越深，最大值越尖锐。

工作频率为 7MHz 或更低时，环的物理尺寸并不那么重要。直径为 4 英尺的环相比直径为 1 英寸或 2 英寸的环，其电特性基本一致。但是，环越小，效率越低，因为此时环天线只能接收到入射信号的一小部分。因此，如果你使用的环天线尺寸与波长相比很小，最好加一个前置放大器以补偿小尺寸引起的效率降低。

需要注意，如果环平面为竖直平面，则该环天线是垂直极化的。在天线底部加馈点可以获得最好的零点响应。在侧面加馈点而不是在底部，不会改变天线的极化状态，但会使效率降低。要使环天线水平极化，环平面必须为水平面（与地面平行），此时其响应是全方向的。

最早的环天线是框形天线的一种。这些未加屏蔽罩的天线安置在木头框架上，形状为矩形。环导体就是一匝导线，此时框的尺寸比较大。如果框的尺寸比较小，也可能是几匝导线。后来，加了屏蔽罩的框形天线变得流行起来。屏蔽罩能够屏蔽电场，减小诸如沉积静电之类引起的噪声。

铁氧体棒天线

随着技术的发展出现了磁芯环天线。其优势在于尺寸减小了，非常适合在飞行器和便携无线电设备中使用。大

多数磁芯环天线的磁芯是一根棒形的铁氧体，此时即使线圈的匝数相对较少，也可以获得大的感应系数和 Q 值。由于尺寸较小，工作频率在 150MHz 以下的便携设备中，使用的天线几乎都是铁氧体棒环天线。铁氧体棒环天线的设计在“环天线”一章中进行了介绍，其构建将在本章后面部分介绍。

铁氧体棒环天线的最大响应位于铁氧体棒的 broadside 方向上（该方向与棒的轴向垂直），如图 22-27 所示，相比而言，普通环天线的最大响应在与环平面垂直的某个方向上。否则，铁氧体棒天线与普通环天线的性能就一致了。也可以为它加屏蔽罩以消除天线效应。屏蔽罩可以是铝质（或其他金属）U 形管或 C 形管。屏蔽罩的长度应该同磁芯的长度相等或稍长于磁芯。

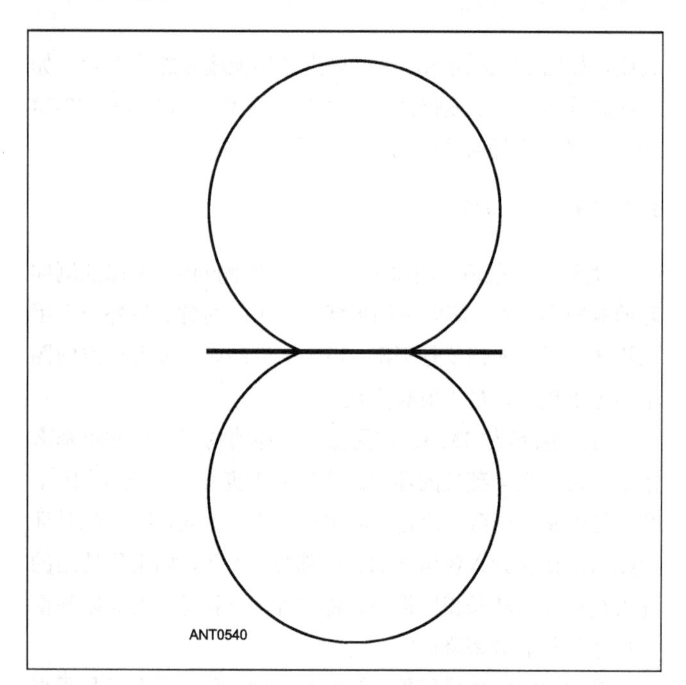

图22-27　铁氧体棒天线的方向图。黑色的线代表磁芯。

辨向天线

由于环天线/铁氧体棒环天线的方向图中，两个零点在位置上相差 180°，这将导致无法正确判断哪一个零点的方向是所要追踪的发射站的方向。例如，假定你在进行方位测量，测量结果表明发射机位于你所在位置处东西向的直线上，但是仅仅依据这个测量结果，你无法判断出发射机到底在你的东面还是西面。

使用多个接收站来测量某个发射机的方位，或者只使用一个接收站，但是从不同位置处测量发射机的方位，然后按照前面提到过的三角测量法可以解决该问题。但是，如果能够设计出方向图只有一个零点的天线，发射机到底位于东面还是西面这样的问题就不会存在了。

在环天线/铁氧体棒环天线上再增加一副天线，这时获得的方向图将只有一个零点。增加的天线通常被称作辨向天线，因为它可以使环天线的方向性更好。该天线必须是全方向的，例如短垂直天线。来自环天线的信号与来自垂直天线的信号存在 90° 的相位差时，二者叠加，其方向图将呈心型，如图 22-28（A）所示。

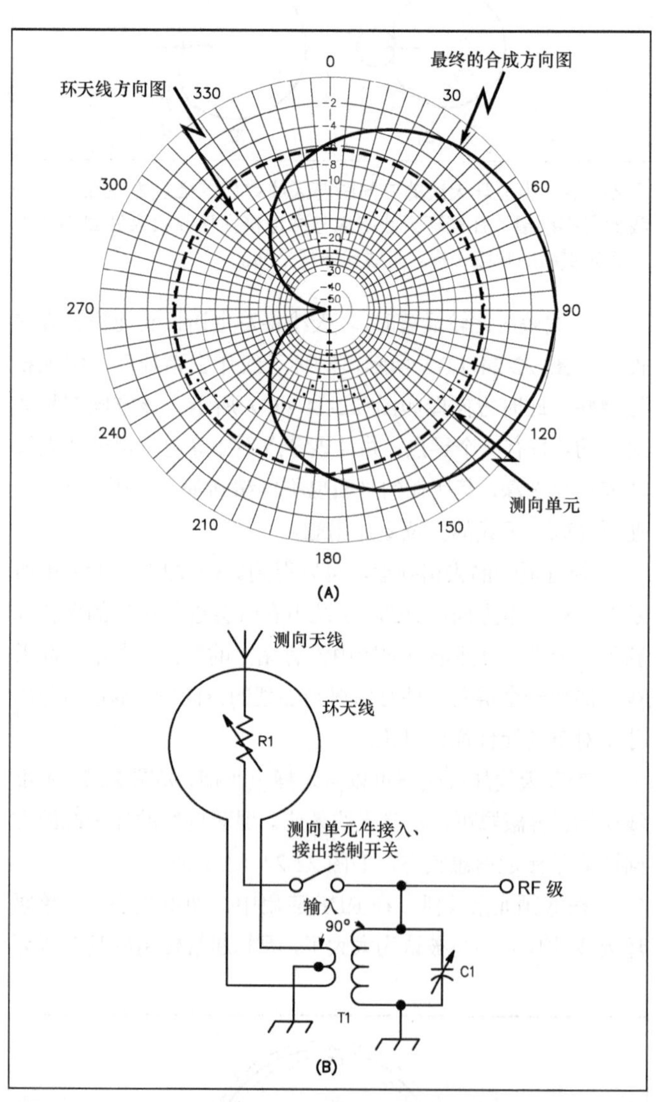

图22-28　图（A）加载了辨向天线的环天线方向图。图（B）用于合成来自环天线和辨向天线的信号的电路。调节C1使它和T1的谐振频率为工作频率。

图 22-28（B）所示为环天线/铁氧体棒环天线加载辨向天线的电路。R1 用于内部调节，调节它可以设置来自辨向天线的信号强度。为使合成方向图的零点最好，来自环天线和来自垂直天线的信号幅度必须相同，这可以通过调节 R1 来实现。实际上，心型方向图的零点没有环天线的零点那么深。因此，在实际测量时我们常按下列步骤操作：首先仅使用环天线来精确测定发射机所在的直线，然后加载辨向天线确定发射机位于直线的哪一端（心型方向图的零点与环天线的零点在位置上相差 90°）。因此需要一个开关来控制辨向

天线——使其加载或不加载，如图 22-28（B）所示。

22.2.3 测向天线阵

业余 RDF 应用中也会用到相控阵天线。相控天线阵一般可以分为边射天线阵和端射天线阵两类。根据各单元的相位和单元间的间距，端射阵方向图中的零点可能位于阵轴的一端，最大接收方向则位于阵轴的另一端。我们最熟悉的是两单元天线阵，单元间隔为 1/4λ，相位相差 90°。它最终的合成方向图是心型的，零点在主单元方向上。单元间距和相位不同的其他形式的端射天线阵同样适用于 RDF 工作。爱德考克天线就是我们所熟知的一种，具体将在下一节中加以介绍。

边射天线阵总是双向的，这就意味着它的方向图中有两个零点，因此同样存在前面提到过的模糊性问题。不过在有些应用领域中，模糊性可能并不重要。业余 RDF 应用中很少使用边射阵。

爱德考克（Adcock）天线

只接收地面波时，环天线就能满足 RDF 应用的要求了。使用 Adcock 天线，RDF 系统的功能将得到改进——可以接收天波。Adcock 天线是最为流行的一种端射天线阵，图 22-29 所示为它的基本结构。

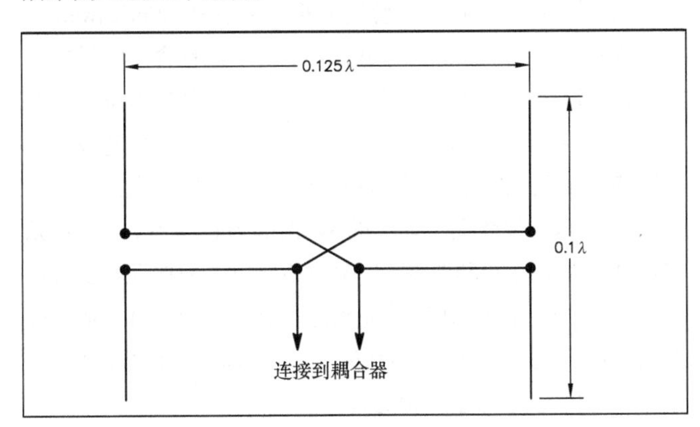

图22-29　一副简单的Adcock天线。

该系统是 F. Adcock 在 1919 年发明的，并申请了专利。该天线阵包含两副垂直天线。两单元相位相差 180°，并且在安装时就保证了该系统能够旋转。对单元间隔的要求并不是很严格，它可以在 0.1λ～0.75λ 范围内变化。两单元的长度必须相同，不过没有必要要求自谐振，事实上一般使用的单元的长度比谐振所需的长度短。由于对单元间距和单元长度（用波长度量）的要求并不严格，因此爱德考克天线可在多个业余频段中使用。

Adcock 天线对垂直极化波的响应与传统环天线类似，因此方向图也是一样的。但是，它对水平极化波的响应与传统环天线很不一样。不考虑天线的取向，水平单元中的感应电流会互相抵消，这一点在实际应用中已经得到验证。入射波为天波时，Adcock 天线的零点将非常深。同样条件下，小型环天线（包括传统的环天线和铁氧体棒环天线）的零点就比较差了。

一般来讲，在业余 RDF 应用中，Adcock 天线还是很有吸引力的。不过需要使用其他材料（作为天线杆和横梁的支撑）来对 Adcock 天线作一些改进，使它更适合于固定或半便携式应用。虽然桅杆和梁的支撑的材料可以是金属，也可以是木头、PVC、玻璃纤维，但后者更被大家接受，因为它们都是绝缘体，引起的方向图的失真较小。

由于天线阵列是平衡的，因此需要在天线阵和不平衡接收机之间插入一个天线调谐器以实现二者的匹配，图 22-30 所示即为一链接耦合网络。C2 和 C3 是零点平衡电容，一个小功率信号源安置在 Adcock 天线的一侧（与阵轴垂直的方向上），并距离它一段距离。调节 C2 和 C3 直到得到最深的零点。调谐器可以放置在天线横梁上导线束连接点的下面。连接通过一段短的 300Ω双芯线完成。

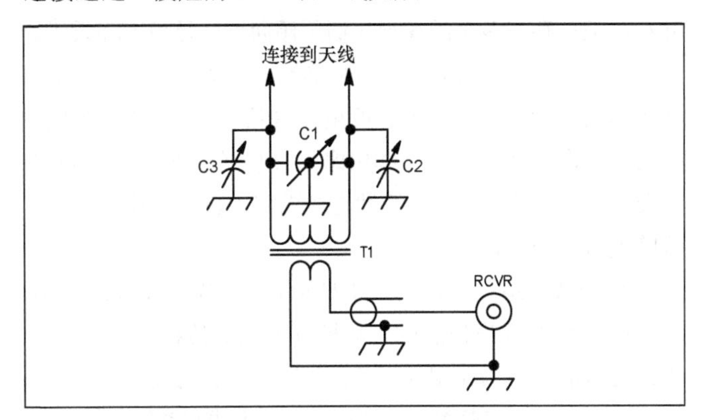

图22-30　适用于Adcock天线的天线调谐器。

Adcock 天线的辐射方向图如图 22-31（A）所示。零点在天线阵列的 broadside 方向上，随着单元间距的增大，零点将变得更深。但是，当单元间距大于 0.75λ 时，在阵轴两端开始出现其他零点。图 22-31（B）所示的方向图是在单元间距为 1λ 时得到的，此时该天线阵列不适合 RDF 应用。

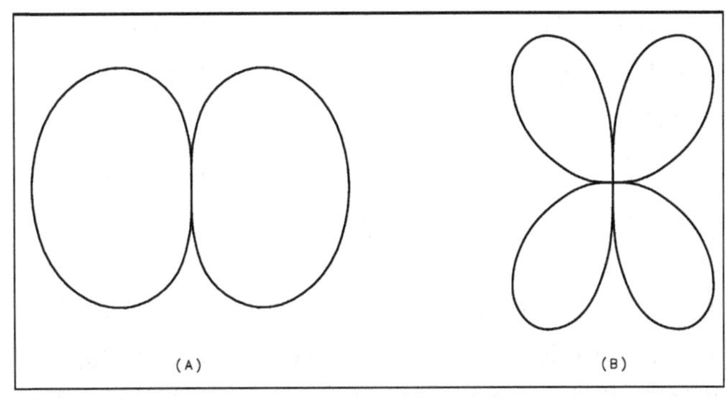

图22-31　图（A）所示为单元间距为1/2λ时的Adcock天线辐射方向图。阵轴沿水平向。单元间距大于3/4λ时阵轴两端出现其他零点。图（B）所示的方向图是在单元间距为1λ时得到的，这时该天线阵列不适合RDF应用。

短垂直单极子天线常应用在一种叫做U-Adcock的天线阵列中，之所以这么命名，是因为该天线阵的单元和馈子排列成字母U形。这样排列是为了防止地面损耗，起到接地平面或地网线的作用。（用接地平面代替图22-29中的振子底部那一半和馈子。）如果天线阵只用于接收信号，地面损耗将变得不再重要。短垂直偶极子天线也常应用在一种叫做H-Adcock的天线阵列中。

由于Adcock阵列的方向图中有两个零点，因此同样存在前面提到过的模糊性问题。也曾试图为Adcock阵列加载辨向元件，但是并不成功。困难在于各单元之间，单元和辨向单元之间，以及同其他物体之间存在互耦。但是，由于Adcock阵列主要用在固定站中，而固定站一般是由一组站构成的一个RDF工作网络，因此模糊性问题并不太重要。

环天线与相控阵天线

虽然工作频率相同时，环天线的尺寸比相控阵天线的尺寸小，但是存在多个因素使人们更倾向于选择相控阵天线。一般而言，只要恰当地构造各个单元，选取适当的馈电方式和适当的阵列尺寸（用波长度量），相控阵天线便可获得更深的方向图零点（与环天线相比）。构造单元时最主要的就是要注意屏蔽罩问题、平衡馈电线以防止杂波信号、平衡天线阵使方向图对称。

环天线不适用于接收天波的RDF应用，因为此时接收信号的极化方式是任意的。相控阵天线对传播效应不太敏感，这可能是因为在相同的工作频率时，它的尺寸比较大，存在一定的空间多样性。一般而言，环天线和铁氧体棒环天线常用在移动和便携式设备中，而相控阵天线用在固定站中。但是，工作频率高于144MHz时，相控阵也可以用在移动和便携式RDF应用中。本章后面部分将给出两种天线的应用实例。

方位计

早期，借助无线电方位计（或者就叫做方位计），不移动天线就可以进行测向。很多方位计现在还在使用，这为业余测量提供了某些可能。

早期的方位计是RF变压器的一种特殊形式，如图22-32所示。它由两个相互垂直的固定线圈构成，固定线圈里面还有一个可动线圈，图22-32中没有画出，这是为了避免使图变得混乱不清。标记为A和B的两组引线分别与天线阵中的两个单元相连，输出端从可动线圈引出，连接到探测器或接收机。旋转可动线圈使它与其中一个固定线圈的耦合程度增加，则它与另一个固定线圈的耦合度将相应减小。耦合到拾取线圈的信号的强度和相位将随可动线圈的旋转而变化。该变化与天线阵列发生旋转时的变化一致。因此可动线圈的

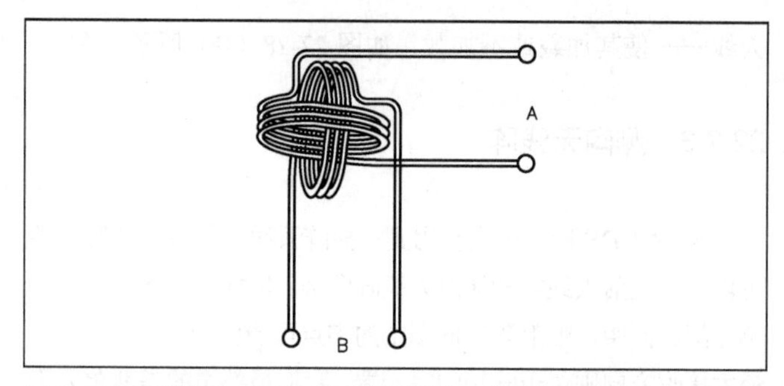

图22-32 现今RDF应用中仍在使用的一种早期的方位计。它是RF变压器的一种特殊形式，内部有一个可旋转的线圈（图中没有给出），可用来测量发射站的方位，即使天线是固定的。

旋转角度可以用来对发射站的方位角进行标记。

电学意义上的天线旋转

对包含多个固定单元的天线阵，电学意义上的波束旋转可以通过以下方式实现：对来自各单元的信号采样，然后进行合成。虽然不同的天线阵，其单元排列方式和数目可能不同，但是，几乎所有的方向图模式都可以通过对具有恰当相位和幅度关系的采样信号进行矢量叠加得到。在进行矢量叠加之前，某些单元可能需要加载延时网络。而有些单元可能需要加载衰减网络，例如为了得到电流呈二项式分布的阵列，就需要做这样的调整。

主要用在政府和军方设施中的乌仑韦伯（Wullenweber）天线就使用了这些技术。Wullenweber天线包含了大量的单元，通常这些单元排列成圆形，位于一个圆形反射屏的外面（或者在反射屏的前面）。使用延迟线和电子开关构建波束形成网络。借助此网络，可以获得各种形状的方向图。

现在考虑仅含两个单元的Wullenweber天线，两个单元在图22-33中用A和B标记。图中还示出了来自远处发射机的信号。如图所示，入射波先到达单元A，需要再传播一段距离才能到达单元B。也就是说信号到达单元B之前会有一个有限时间延迟（与A相比）。

在与B处得到的信号相加之前，先对从A得到的信号

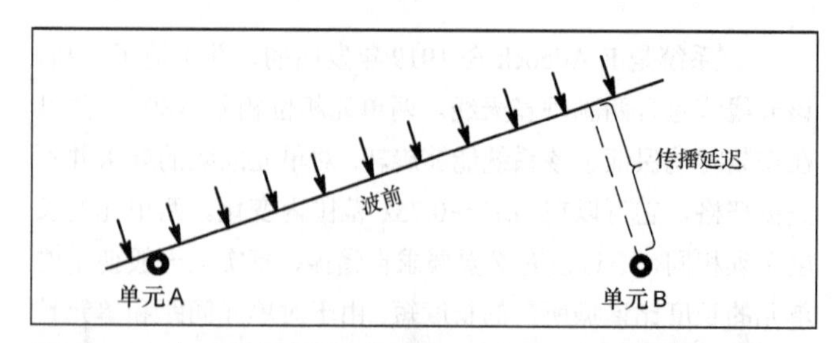

图22-33 电子波束形成技术示意图。将A接收到的信号进行时间延迟，时间延迟量等于A、B传播延迟量。现在，来自A、B的信号就是精确同相的了——即使信号不是来自天线阵的Broadside方向。该时间延迟在各个频段都是一致的，因此该系统不具有频率敏感性。

进行时间延迟，这可以用来测量传播延迟。如果时间延迟恰好等于传播延迟，将延迟后的来自 A 的信号和来自 B 的信号进行矢量叠加，得到的合成信号的幅度将达到最大值。注意此时要求叠加点处的信号是同相的。如果二者相位相反，时间延迟等于传播延迟时叠加结果将为零。知道了时间延迟量，通过一些数学计算可以将时间换算为距离。发射站的方向可以用三角测量法得到。

不考虑入射信号的频率，以很小的步长改变时间延迟量，可以控制方向图方位向上的峰值和零点。时间延迟小于一个 RF 周期时，系统没有频率敏感性，除非在天线单元本身能够很好地覆盖的频率范围内。如果该系统只用于接收，延迟线可以使用声表面波设备或集总参数网络。大量各种长度的同轴电缆被用来传输信号，此时它们也被认为是时间延迟线，而非简单的定相线。二者的区别在于定相线工作在单一频率下（或者是某个业余频段），而延迟线在不同频率处提供的时间延迟相同。

Malcolm C. Mallette（WA9BVS）于 1995 年 11 月在《QST》上发表的文章中介绍了 4 单元、电可旋转 RDF 天线系统，文章可在原版书附加光盘文件中找到。该系统是为移动应用设计的，基于入射波时间差技术。

22.2.4 RDF 系统的校准和使用

对于已经装配好的 RDF 系统，在投入使用之前必须进行检验和校准。其中最重要的就是对天线方向图的平衡和对称性进行检验和校准。例如对于环形天线，倾斜的 8 字形方向图是不符合需要的——它的两个零点相隔不是 180°，并且零点所在平面不精确垂直于环平面。如果在实际 RDF 应用中你没有注意到这一点，测量结果的精度将无法满足要求。

常会在 RDF 天线系统中加一个磁罗盘，以提供数字方位（在需要提供数字方位的时候很重要），且可以与野外定向相结合。

初步检验时，可以在距离 RDF 系统几百英尺处放置一台低功率的发射机。该发射机应该在视距范围内，并且如果在 HF 波段，发射天线必须是垂直极化的天线。（1/4 波长垂直天线或加载鞭状天线都可以。全向水平极化天线很适合用在 VHF 波段。）注意发射机与 RDF 系统之间的障碍物要适当清除，尤其是钢筋混凝土或砖结构建筑、大型金属物体、电线等。如果系统的工作频率超过 30MHz，树木和大的灌木丛也要尽量避免。开放的空间（无障碍物）中检验效果较好。

使用 RDF 设备测量发射机位置的应用中，将 RDF 系统的方向图零点的指向同真实的发射机方向进行比较，然后可根据比较结果对 RDF 系统进行校准。如果该天线的方向图有多个零点，则每个零点都必须进行校验。

如果天线系统不平衡，你将有两个选择。一就是校正该不平衡性。为了达到该目标，必须特别注意馈线。在平衡天线系统中使用同轴馈线，将导致方向图不对称，除非系统中使用了巴伦（balun）。如果使用的环形天线加了屏蔽罩，就没有必要使用巴伦了。但是如果屏蔽罩开口的位置偏移，这时方向图也会变得不对称。因为辨向天线与主天线之间存在互耦，所以辨向单元的存在也可能会轻微地破坏平衡性。实验表明，让辨向天线与主天线垂直可以克服该缺点。与加载了辨向天线的系统相比，没有加载辨向单元的系统的零点位置发生了 90° 的变化，并且两者的零点深度不同。不过这一点并不是很重要，因为只有在需要解决模糊性问题时才使用辨向天线。当关注点是精确度时，可以去掉辨向天线。

另外一个选择就是允许天线的不平衡性，使用辅助的指示器来给出真正的零点方向。指示器可以是小指针、标在天线杆上的记号，也可以是光学瞄准系统。由于很难达到理想的电学平衡，有时校准的最终结果只能是上述两种选择的折中。

由于受到周围建筑物或反射体的影响，方向图的零点可能不能精确地指示发射机的方向。注意，不要将这一点同天线阵列的不平衡性相混淆。为了检验不平衡性，将天线阵列旋转 180° 并比较读数。

上述讨论是针对便携式 RDF 系统的。在固定的 RDF 阵列（如 Adcock 天线阵）中也需要进行类似的讨论。不过，此时不太可能将天线阵移动到一个开放的空间中，因此作为替代，使用可移动/便携式发射机在 RDF 的工作环境中对其进行校验，要获得准确结果，可能还需要借助方位错误校正表。不过，固定 DF 天线很少用在业余应用中。

22.2.5 框形环天线

前面提到过，早期的接收环天线实际上是框形天线。结构恰当的框形天线工作效果不错，并且成本很低。图 22-34 所示为一种实际的框形环天线。这种天线是由 Doug DeMaw（W1FB）设计的，其具体描述出现在 1977 年 7 月的《QST》中（请参见本章最后的参考书目）。如图 22-34（A）所示，线框一共有 5 匝，C1 为调谐电容。如果它的结构对称，天线的平衡性会很好。L2 可以帮助我们达到这个目的。它可以消除天线与 L1 馈电端的直接耦合。如果馈电环与 C1 平行，天线则很可能显著不平衡。

L2 可以位于 L1 的内部或者在 L1 的稍微外面一点，二者之间的间距取 1 英寸比较合适。接收机或前置放大器可以连接在 L2 的 A 端或 B 端，如图 22-34（B）所示。C2 可以控制环和前置放大器之间的耦合度。耦合度越低，环的 Q 值越高，频

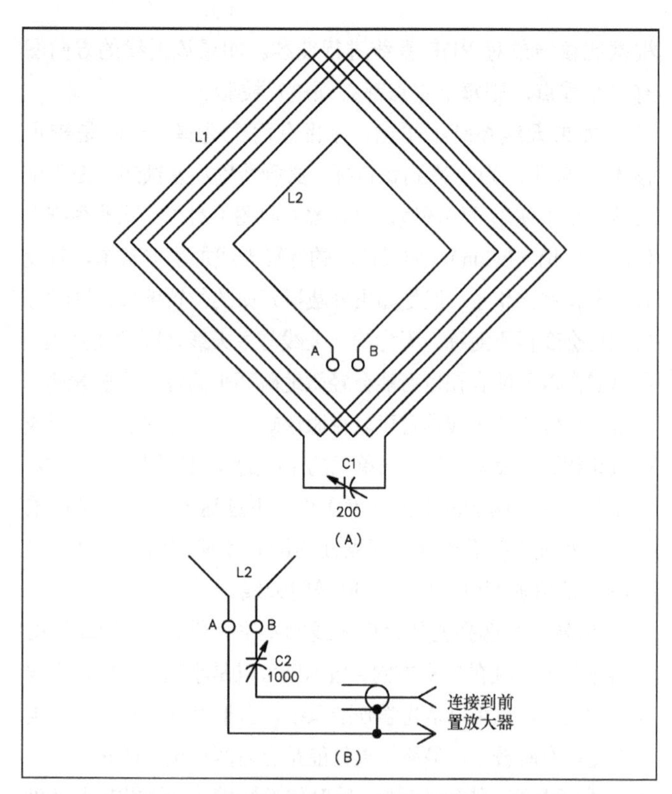

图22-34 图(A),多匝框形天线。L2为耦合环。图(B)中给出了L2与前置放大器的连接。

率响应越窄，对前置放大器的增益要求越高。需要指出的是，该系统中没有采取措施使超低阻抗环与前置放大器匹配。

图 22-34 所示的天线可以安装在如图 22-35 所示的木头框架上。其尺寸适合工作频率为 1.8MHz 的框形环天线。波长为 75m 或 40m 时，图 22-34（A）中 L1 的匝数应减少，或者减小图 22-35 中木头框架的尺寸。

如果需要加静电屏蔽罩，可以采用图 22-36 和图 22-37 所示的结构。此时，制作环导体和单匝耦合环的材料为 RG-58 同轴电缆。环的匝数应能使其在工作频率处与调谐电容谐振。检验天线的谐振时，首先将天线与 C1（见图 22-34<A>）

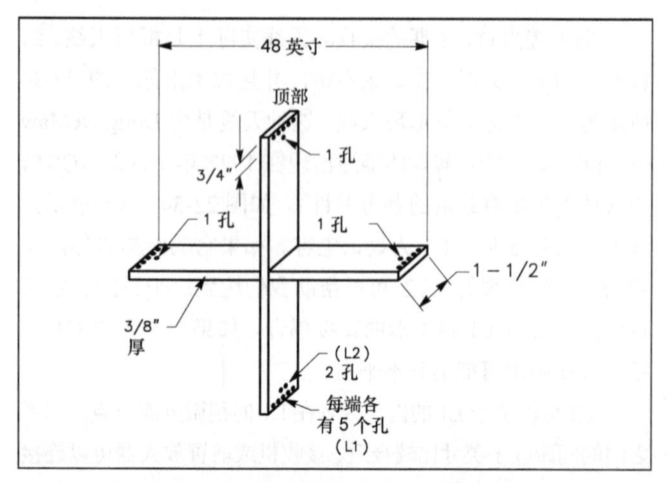

图22-35 用于支撑图22-34中框形环天线的木头框架。

图22-36 加载了静电屏蔽罩的框形环天线。耦合环和天线环使用RG-58同轴电缆制作而成。

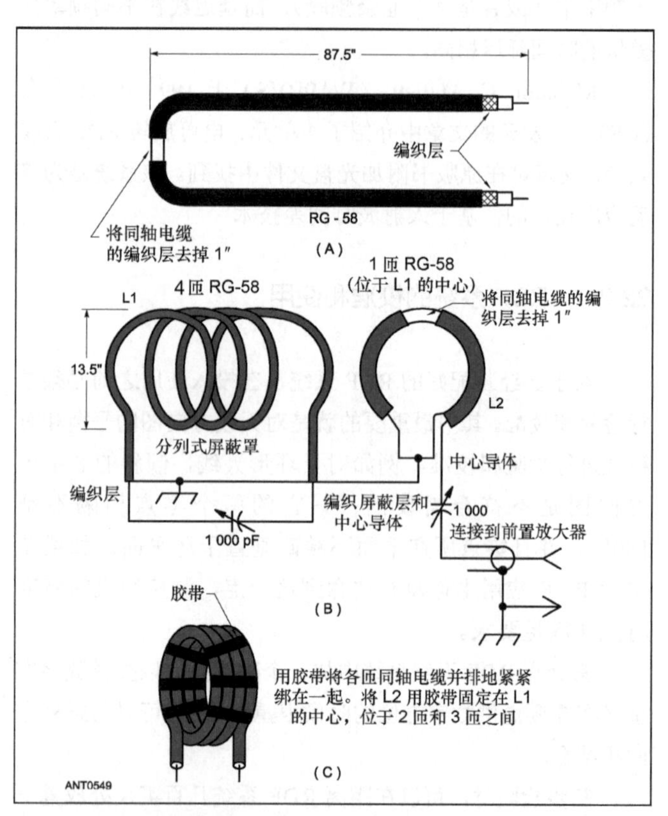

图22-37 图22-36所示屏蔽环的组成元件和装配细节。尺寸对应1.8MHz工作频率。

连接，并将 C1 设置在中间值处。然后将一个小尺寸的 3 匝线圈同环的馈电端相连，同时要配备一台限波表。需要指出的是，拾取线圈会使测得的谐振频率略低于天线的实际谐振频率。

22.2.6 160m 波段铁氧体磁芯环天线

图 22-38 所示的天线为铁氧体棒形环天线（环状棒天线）。这种天线也是由 Doug DeMaw（W1FB）设计的，其具

体描述出现在 1977 年 7 月的《QST》中（请参见本章最后的参考书目）。L1 的匝数满足 L1 在工作频率点与 C1 谐振的要求。绕在铁氧体上的线圈所覆盖的长度，从中心向两边延展，要超过铁氧体棒总长的 1/3。使用 Litz 线可以使 Q 值达到最高，不过需要的话也可以使用漆包电磁线。在铁氧体上绕线圈之前，最好在铁氧体上包一层电工胶带。

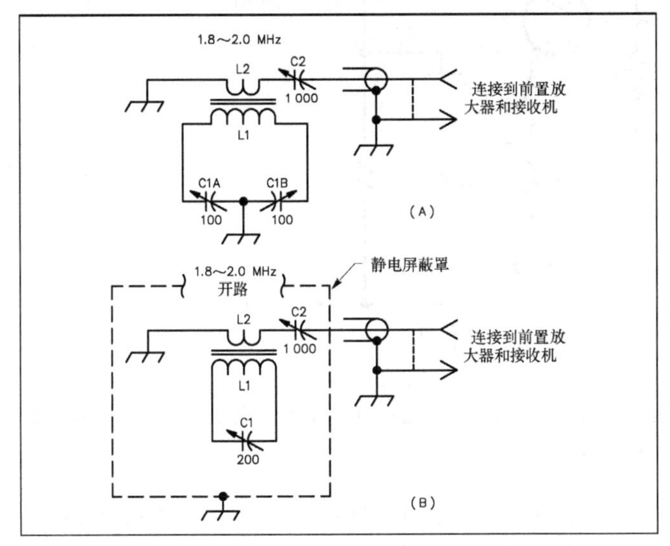

图22-38 图（A）所示为铁氧体棒形环天线。C1是双联可变空气电容器。图（B）所示为加了静电屏蔽罩的棒形环天线。低噪声前置放大器如图22-41所示。

L2 的作用是与 L1 中心的耦合链接。C1 为双连可变电容，为了获得最好的平衡效果，使用差分电容可能更好。C2 是一个云母微调电容，其作用是控制环的 Q 值。

将铁氧体棒置于一个铝/黄铜/铜制的 U 形管中——管比棒稍长一些（两端各长 1 英寸就可以了）——就可以实现对棒形环天线的静电屏蔽了。U 形管顶部必须有一个开口，不能是闭合的，因为闭合的话会导致短路，天线将不起作用。这一点可以通过下面的操作来证明：环天线接收信号时用螺丝刀方杆将 U 形管短接。图 22-37 所示同轴环的屏蔽罩也设计了缺口，同样是因为这个原因。

图 22-39 所示为屏蔽棒形环天线装配完全后的外观图。该天线工作波长为 160m，包含了两根 7 英寸长的铁氧体棒——这两根铁氧体棒用环氧树脂粘在一起，因此总长为 14 英寸。磁芯越长天线接收弱信号的能力越强。图中其他仪器在测试中要使用到，不过与我们这里的讨论无关。前面所讨论的环天线和框形环天线的方向图中有两个零点，如图 22-24（A）所示。

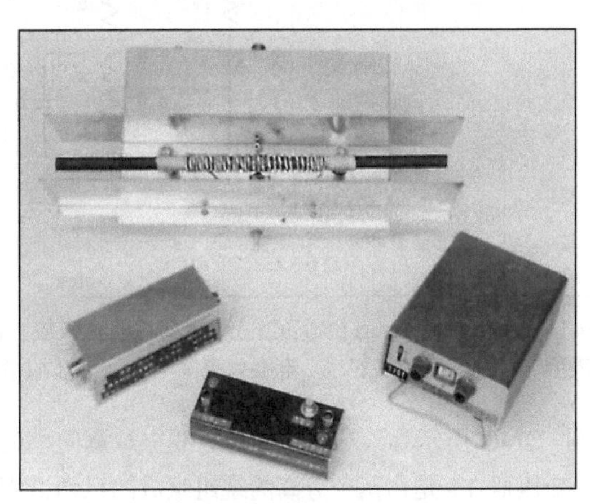

图22-39 图片顶部为屏蔽棒形环天线装配完全后的外观图。它的工作波长为160m。两根铁氧体棒首尾相接粘在一起。图中左下方所示是一个低通滤波器，图中下部分所示是一个宽带前置放大器，图中右下所示为Tektronix步进衰减器。这3样器件在实际测试中要用到。

如何获得心形方向图

虽然通过三角测量法，方向图为双向模式的环天线也可以有效地追踪信号源，但是相比较而言，单向天线在追踪目标时耗费的时间更少。只要为环天线加载测向单元就可以非常容易地得到心形方向图，理论结果如图 22-24（D）所示。

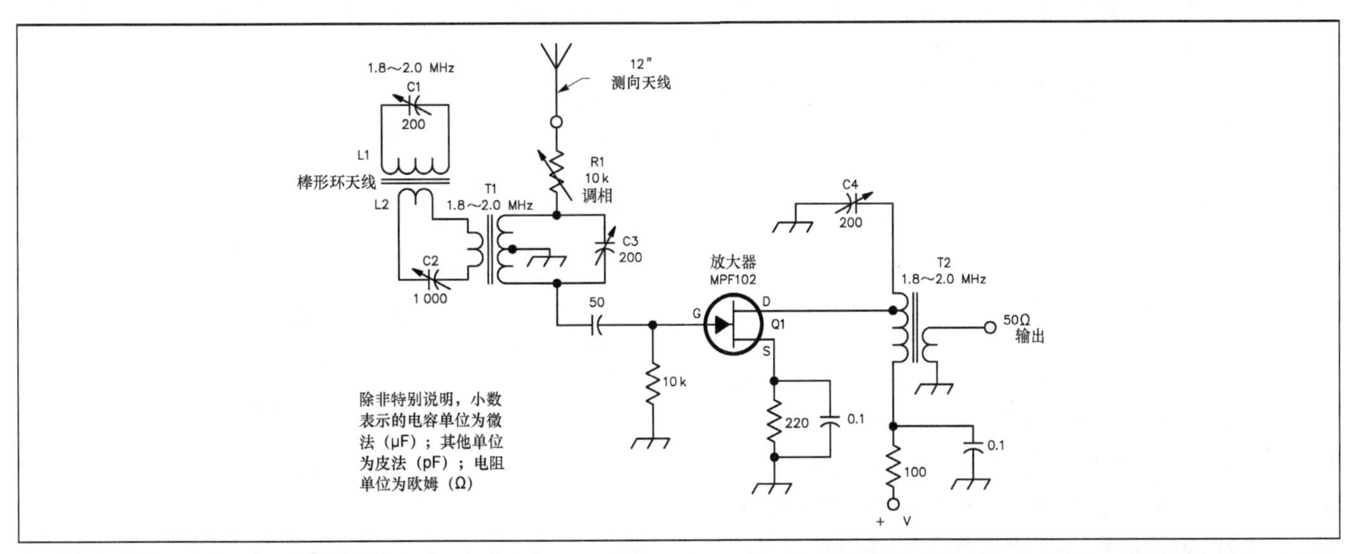

图22-40 方向图为心形的棒形环天线结构图。同时还给出了测向天线，调相网络和前置放大器的电路图。T1的二次绕组和T2的一次绕组被调谐到环的工作频率。T-68-2～T-68-6 Amidon螺旋形磁芯适用于T1和T2。Amidon同时也出售适合该类型天线的铁氧体棒。

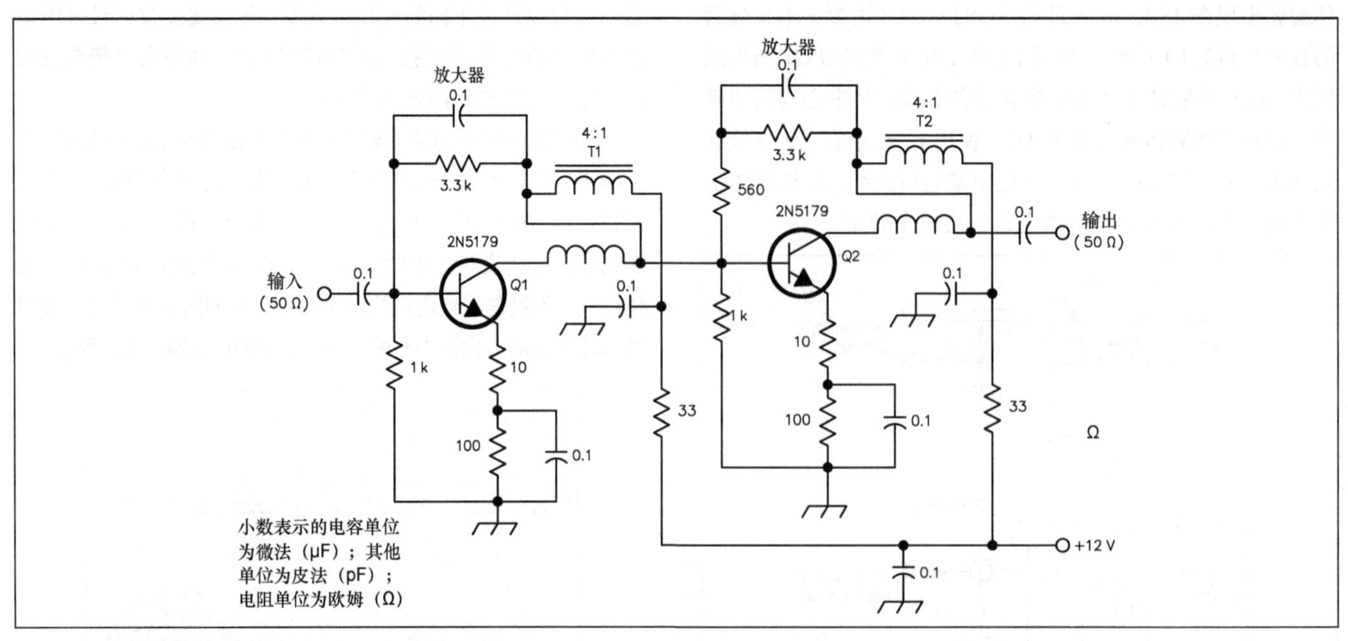

图22-41　由Wes Hayward（W7ZOL）设计的二阶宽带放大器。T1和T2绕在磁导率为125的FT-50-61的螺旋形磁芯上，其阻抗比为4∶1。包含12匝#24 AWG双股漆包线。电容为瓷片电容。为增加稳定性，电路最好双面布线。

图 22-40 所示为给环或棒形环天线加载测向单元的电路图。变压器 T1 是由两个分离的绕组组成的已调谐螺旋变压器。环通过同轴电缆与 T1 的一次绕组相连。调节 C3、C4 可获得所需频率处环的峰值信号响应，调节 R1 可获得环的最小后向响应。可以反复调节 C3 和 R1 以补偿这些控制单元之间的互感。反复调节上述控制单元直到方向图中的零点最深。ARRL 总部的测试表明：在 80m 波段，使用图 22-40 所示的电路，零点深度可达 40dB。测试中信号源使用近场弱信号。

零点越深，系统的输出信号越小，因此系统中需要包含一个增益为 25～40dB 的前置放大器。图 22-40 中 Q1 的增益为 15dB。为使噪声系数较小，即使频率为 1.8MHz，也要求 Q1 为低噪声元件。2N446、MPF102 或 40763 MOSFET 可满足要求。图 22-41 所示的电路接在 T2 的后面，可提供 24dB 的增益。测向天线安装在距环几毫米至 6 英寸处。垂直鞭状天线长度超过 12 英寸。为了获得最佳效果，有必要进行一些试验。系统性能将随天线工作频率的变化而变化。

22.2.7　80m 波段测向系统

本节是 Dale Hunt（WB6BYU）于 2005 年 9 月在《QST》上发表的文章的概述，文章题目与本节标题相同（原版书附加光盘文件中包含这篇文章）。天线（多匝环天线）和接收机组合在一起，如图 22-42 所示。该接收机可以接收到 3 英里外功率为 1W 的信号，同时具有耗电少、轻便的优点，非常适合 RDF 应用。

4 匝环天线被调谐以提供 RF 选择性。该系统没有辨向天线，其方向图是双向的。合上开关，加上辨向天线后，可以获得心形方向图。使用 RG-174 同轴电缆制作而成的屏蔽耦合环（文章中有详细介绍）来将信号传输到接收机。

操作很简单——插上耳机，打开收音机；将 RF 增益调节到最大，并使之与所需的信号谐振；旋转接收机，找到与环平面垂直的方向上的零点。如果信号太大，降低 RF 增益，再试一次。要找到发射机所处方向（环天线自身的方向图是双向的），在两个方向上都将接收机旋转 90°，闭合辨向天线开关，并检查信号强度。然后将环天线旋转 180°，并比较——某一方向的信号强度应强于另一方向。

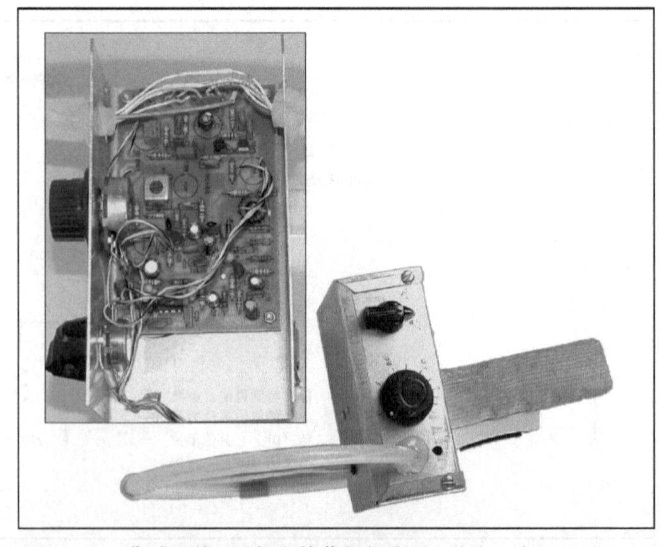
图22-42　集成天线、手柄和接收机组合后，装在一个RadioShack铝盒中。其目的是方便操作者使用天线时可以单手操作。

22.2.8 DOUBLE-DUCKY VHF 测向仪（DDDF）

在测向应用中，大多数业余爱好者使用的天线都有很显著的方向效应：零点或峰值信号。FM 接收机在设计时消除了各向信号在强度上的不一致，因此如果不利用 S 表，很难将它用于测向工作。现代大多数 HT 收发机都没有配置 S 表。

经典 DDDF 由 David Geiser（WA2ANU）设计，其首次描述出现在 1981 年 7 月的《QST》中。它的工作原理就是将接收机在两副无方向性的天线之间进行切换，如图 22-43 所示。该操作对入射信号进行相位调制。该调制信号一般为音频信号，很容易可以通过 FM 接收机听到。接收机的两副天线到发射天线的距离相等时，如图 22-44 所示，探测器输出端的声音消失了。（这种技术在 RDF 相关文献《Time-Difference-of-Arrival》或 TDOA 中也可以找到。除去垂直于两天线连线的方向，其他任何方向的入射信号到达天线的时间都会有些不同，因此天线接收信号的相位也会有所不同。与该技术相关的还有干涉计。）

理论上，接收机的两副天线靠得很近，但是实际上，相位调制量随两天线间隔的增大而增加，直到天线间隔增大到

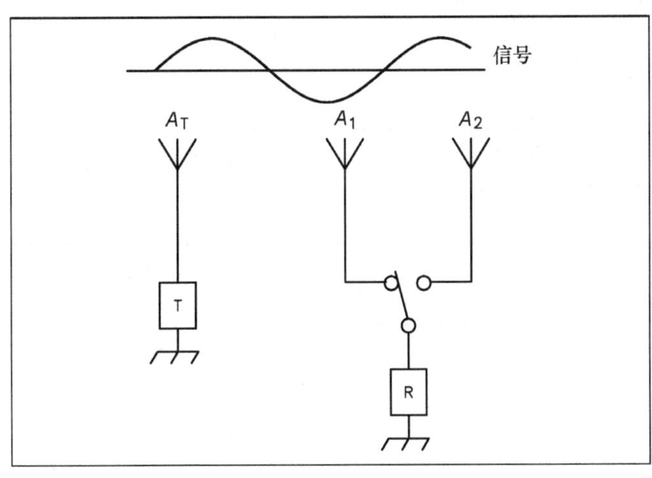

图22-43 左边，A_T代表隐藏的发射机T的天线。右边，开关在接收机的天线A_1 和A_2之间快速切换，对来自两副天线的信号进行相位采样，形成准多普勒效应。可使用FM探测器探测该相位调制信号。

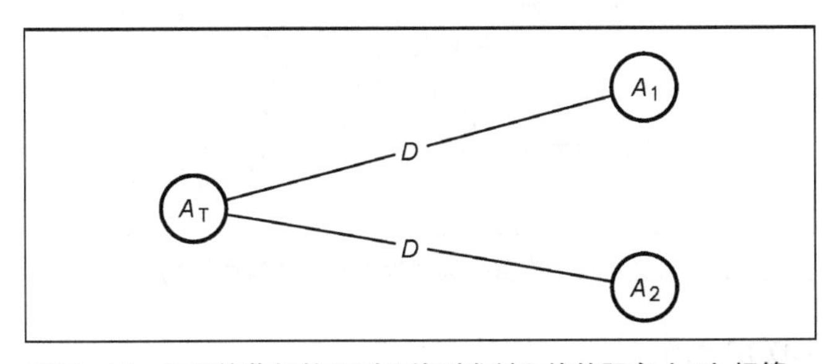

图22-44 如果接收机的两副天线到发射天线的距离（D）相等，两天线接收到的信号的相位相同。此时，探测器检测不到相位调制现象，探测器的输出端的声音消失。

1/2 波长。半个波长（波长为 2m 时即为 40 英寸）的天线间隔对于一个移动阵列来说太大了，实际上天线间隔为 1/4 波长即可得到令人满意的结果，甚至 1/8 波长（10 英寸）的天线间隔也可以接受。

考虑两天线间隔固定的情形。将两副天线固定在一个接地平面上然后旋转该接地平面。接地平面的高度需要高于人的头部或者汽车的顶篷，这有助于减少天线阵的高度，还可以减少由人体和其他导体引起的方向图失真。

DDDF 是一个双向系统，它的两个音频信号零点指向信号源方向和背离信号源方向。要解决该模糊性问题，需要采用 L 形搜寻路径，然后按照前面提到的三角测量法可最终得到信号源的大致位置。

其他相关设计

如果两天线之间的切换频率非常高，例如 1000Hz（接近最高可听见的声音频率），将很难找到能实现这样的切换并且寿命比较长的机械开关。但是我们想听到声音，所以切换频率应该为 400～1000Hz（能听见的平均音频范围），音频放大器的工作频率最好也在该范围内。另外，如果想使用一台无线电收发机的发射功能，还需要用到一只切换开关，且该开关可安全地工作在功率为 10W 的电路中。

静态开关使用 PIN 二极管。在该二极管两端加一个小的反向电压，耗尽层（本征区）中的载流子将非常少，此时，耗尽层可等效为一个小电容。为二极管加正向电压（20～50mA），耗尽层中的载流子增加。这些载流子以 140MHz 的频率快速地来回移动，此时，耗尽层可等效为一个 1Ω的电阻。在功率为 10W 的电路中，二极管中消耗的能量（发热）不会损坏自身。

由于系统中使用了两副天线，显然，比较好的方法是：将第一副天线连在一只二极管的正极，第二副连在另一只二极管的负极，然后使用频率在音频范围的方波信号驱动它们。电路图如图 22-45 所示。RF 扼流线圈（Ohmite Z144、J. W. Miller RFC-144 或其他类似的 VHF 元件）的功能是允许音频信号，阻止射频信号流经二极管。虽然图中左边的二极管上的反向电压只能与右边二极管上的正向电压相等，不过这可以满足实际应用的要求。

实际构建该系统时试过很多种 PIN 二极管，例如 Hewlett-Packard HP5082-3077、Alpha LE-5407-4、KSW KS-3542 以及 Microwave Associates 公司的 M/A-COM 47120，它们都工作得很好。不过，我们选用 HP 的二极管，因为它提供的 SWR 要低一些（约 3∶1）。

使用一种 567 芯片（IC）做方波发生器。其输出中含有直流分量，可用一只无极性的耦合电容移除。该芯片的工作电压为 7～15V（建议使用的最小电压是 9V），因此虽然其输出含直流分量（有点小不便），我们仍然选用这种芯片。

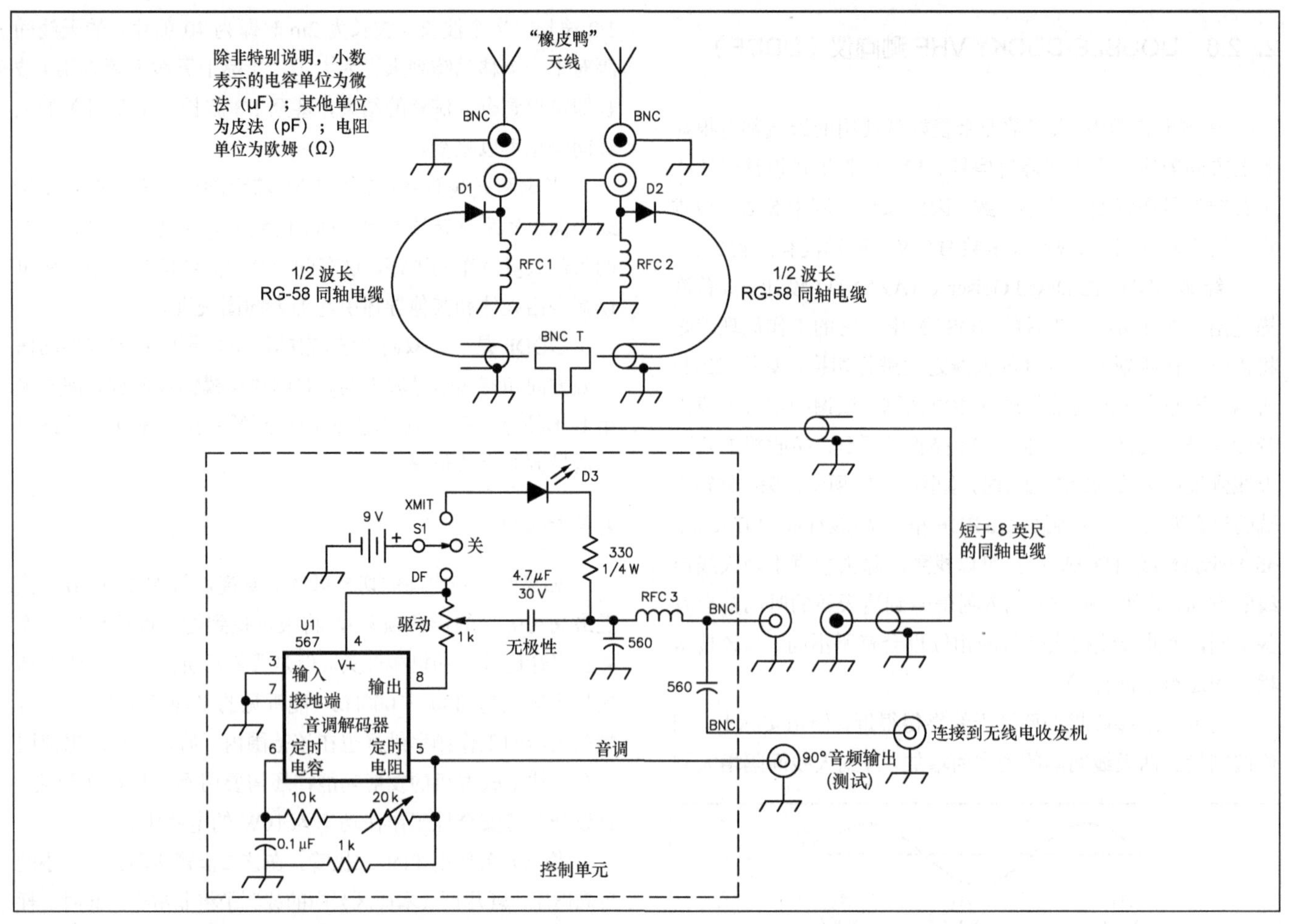

图22-45 DDDF电路图。电路的结构和布线要求不必十分严格。虚线中的元件应该屏蔽起来。除D1、D2、天线和RFC1-RFC3外，其他所用元件都可从RadioShack获取。文中对这些元件进行了讨论。有关S1的说明文中也有给出。

单刀双掷开关掷到 XMIT 端时，无极性电容的功能是隔断直流。D3 是发光二极管（LED），与发射偏置连接在一起，用来指示 S1 是否掷到 XMIT 端。S1 掷到 XMIT 端时，干电池将提供一个很大的耗用电流（约 20mA）。S1 是单刀双掷拨动开关。也可以使用普通的单刀双掷开关，不过使用时要注意。如果 S1 掷到 XMIT 端，电池的电很快就会被耗光。

天线和T型同轴连接头之间的同轴电缆的长度取1/2波长（计入了T型连接器中导线的长度）。此时，由反向连接的二极管构成的开路电路在T型同轴连接头处看起来是开路的。

对 T 型连接头和控制单元之间的同轴电缆的长度要求并不严格。尽量使 T 型连接器到控制单元和到收发机的电缆总长度少于 8 英尺，因为电缆的电容会分流方波发生器的输出。

对接地平面的尺寸要求也不严格，如图 22-46 所示。不过，如果使用比图中给出的尺寸大一些的接地平面，效果会稍好一些。增大接收天线间的空间间隔将使改进效果最佳。间距每翻一倍（最大间隔可取到 1/2 波长），零点的宽度相应减半。间隔为 20 英寸时，零点的宽度减小到 1°。

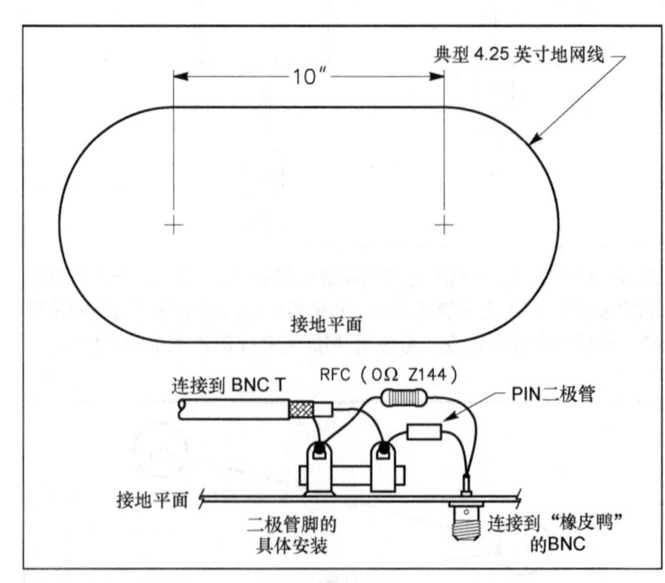

图22-46 接地平面的布局和天线连接头处的具体结构。

DDDF 操作

将开关掷到 DF 端，调节驱动电位计直到听到声音，注意驱动不要过高，以免听到的声音信号失真或出现杂音。旋转天线以便在基音信号中出现零点。注意，可能会出现高八度的音频信号。

如果入射信号超出了接收机的线性区（超出约 10kHz），入射信号在天线零点一侧时，可能会产生一个非常对称的 AF 输出。在零点很深处可能不太稳定。入射信号在零点的另一侧时，AF 输出将大大增强。这是由于两种情况所对应的 FM 检测器曲线的位置不同。音调突然变化表明天线零点位置有信号通过。

使用者应充分熟悉 DDDF 系统在信号方向、功率和频率已知的情况下是如何工作的。旋转天线使之通过零点位置，此时即使存在大量的二次谐波（为 AF 波），输出端也会出现很明显的音调变化。虽然强度和频率没有改变，音质却改变了。仿佛是先在用小提琴拉一个音符，然后换成了用喇叭来吹这个音符（实际上是因为基波和奇次谐波与偶次谐波的相位不同）。这个改变人耳能够听出来（正在穿过零点），对电子分析仪来说却很困难。

22.2.9 八木天线-干涉计组合 VHF 天线

干涉计的方向性非常好（主瓣很尖），但没有远距离工作能力。八木天线与之相反。R. F. Gillette（W9PE）于 1998 年 10 月在《QST》上发表了一篇题为《A Fox-Hunting DF Twin “Tenna”》的文章，文中介绍了一种三单元八木天线，该天线融合了上述两种天线的优点（全文包含在原版书附加光盘文件中）。严格来说，在植被茂盛的地区，这种天线不太适合用在竞赛性 DF 应用中，但是它提供了一个实验和改良的基础。

这种天线利用拨动开关在八木天线和单通道干涉计间切换。作为干涉计时， GaAs RF 微电路按音频在 FM 接收机的两副天线（相同的两副偶极子天线）之间进行切换。为使天线结构简洁、使用方便，W9PE 设计时使用了铰链，并且单元选用可伸缩的鞭状天线，储存时可以很方便地收起来。

为了作为干涉计使用，该天线中两端的天线振子被转换为偶极子天线，中间天线被禁用。与接收机相连的馈线从中心天线振子切换到 RF 开关输出端，两端的天线振子通过馈线连接到 RF 开关输入端。

如果干涉计的两根同轴电缆（天线和切换开关之间）的长度相同，且两天线到发射机的距离（broadside）相等，则来自两天线的信号是同相的。此时从一副天线切换到另一副天线，接收机中的信号并没有什么不同。不过，如果其中某副天线离发射机的距离比较近，在两副天线之间切换时，接收机中的信号将会发生相移。两副天线的切换频率等于音频时，例如 700Hz，重复的相移将形成 700Hz 的边带信号。在 DDDF 设计中，该信号可以被听到。

22.2.10 2m 波段卷尺八木天线

Joe Leggio（WB2HOL）设计了一种 F/B 很大的天线，用于追踪隐藏的发射机。它的方向图为无副瓣方向图，因此非常适合 RDF 应用。使用简单的手工工具就可以进行制作，这已经多次实践证明过了。

WB2HOL 最初的设计要求是可以很容易地从车上取出或装进车中，因此他使用了钢卷尺天线，这种天线收放很容易，并且不需要另外的支撑。即使掉到丛林中，它也可屹立不倒（这种天线不适合移动应用）。

WB2HOL 选择只使用 3 个单元，以避免横梁过长。他使用 Schedule-40 PVC 管、十字管和 T 形管来制作横梁和支撑，这些材料都很便宜，在任何一个五金店里都能找到。他使用的匹配器是发夹匹配器。该匹配器由一根弯成 U 字形的 5 英寸长#14 AWG 实心线制作而成，发夹两脚之间的距离约为 3/4 英寸。调节好驱动单元两臂之间的距离（以获得最小的 SWR，在原型板上约为 1 英寸）后，在 2m 波段使用该匹配器可以实现很好的匹配。

可以用剪刀在 1 英寸宽的卷尺天线单元的两端进行斜切。因为切口很尖，所以要小心，避免受伤。可以用砂纸将尖端磨平一些，然后在单元的端口处贴上电胶布保护。切割单元时最好带上防护镜。具体尺寸如图 22-47 所示。

Ken Harker（WM5R）建议使用宽卷尺来制作天线单元，以便天线单元能更硬或更薄。他还指出，拆开卷尺时，要小心，内部弹簧的张力会导致碎片乱飞。在天线单元外面覆上热缩材料，以增加硬度，天线也可以变成各种颜色。Ken 还提出，手持大小的接收机可以装在天线的横梁上，以方便携带和操作。塑料支架或钩-环紧固件都可以使用。

大多数卷尺为了能长期使用，上面都涂有很耐用的油漆。请确保卷尺天线与馈线相连处没有油漆，以防止与馈线连接处绝缘。

也可以将馈线焊在天线两臂中间，但是要注意钢卷尺天线不太好焊，PVC 支撑架也很容易融化。如果你想将馈线焊在天线两臂中间，最好在将天线安装到 PVC 十字架上之前上好焊锡。

除用焊接法连接馈线外，还有两种方法可选。一种方法就是在电缆的末端使用环形终端，然后将环形终端固定在自攻钉下，或用 6-32 螺丝和螺母固定在激励振子中间位置钻的孔中。不过，使用这种方法后，将不再能够通过将激励振子两臂向外和向中间移动来调整天线。

最简单的方法是将馈线的末端夹在激励振子下面的软管夹中。这虽然技术含量很低，不过却很实用。

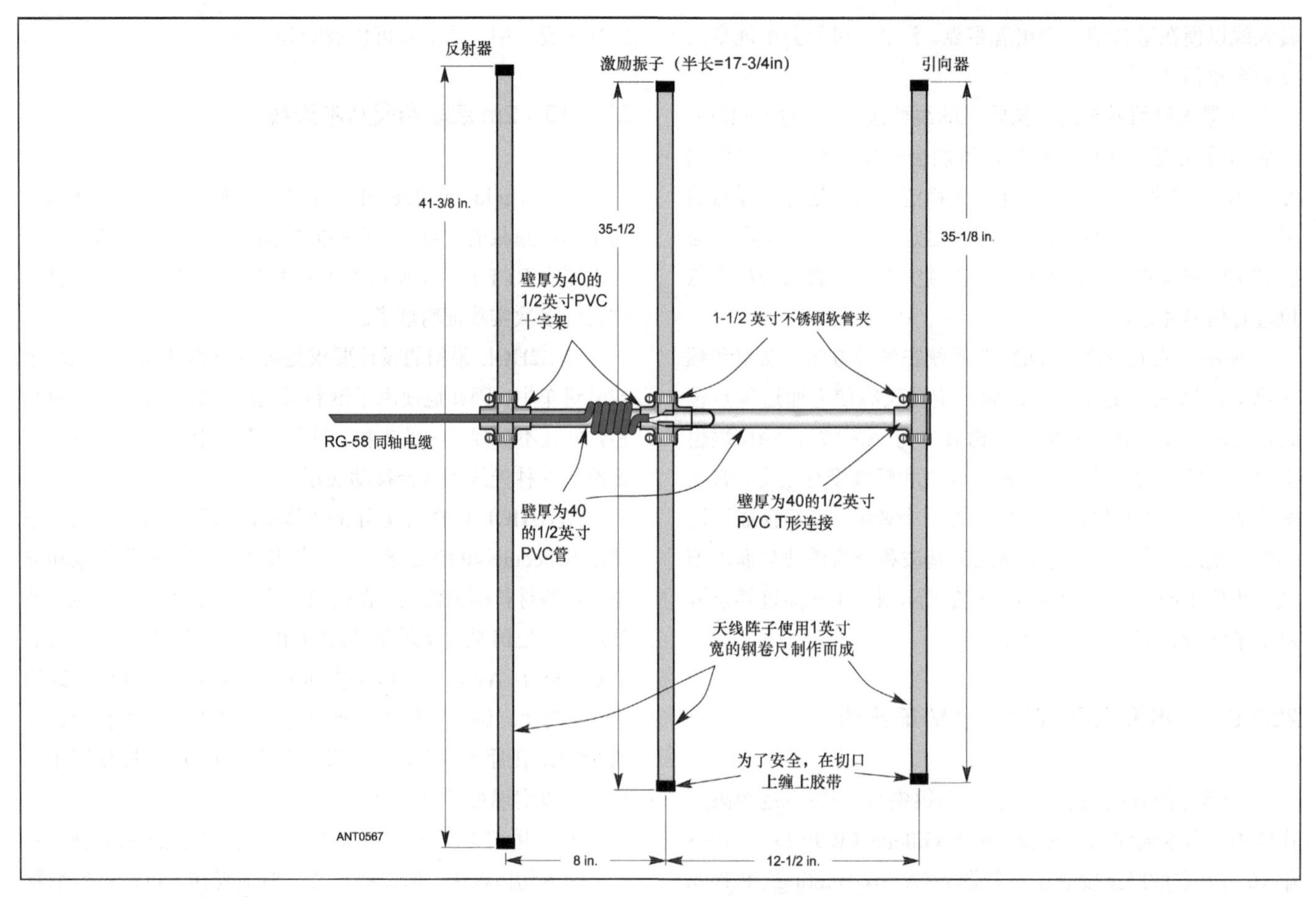

图22-47　卷尺天线尺寸。

WB2HOL 使用 1.5 英寸的不锈钢软管夹将激励振子的两臂固定在 PVC 十字支架上。松开软管夹，即可通过移动（向中间或向外）激励振子两臂来改变振子的长度，以获得最小的SWR。工作频率146.565MHz（当地发射机信号频率），两单元间隔为 1 英寸时，他测试得到的 SWR 为 1∶1。图 22-48 中演示了如何使用软管夹将激励振子、发夹匹配器和馈线固定在 PVC 十字支架上。图 22-49 所示为完整的天线。

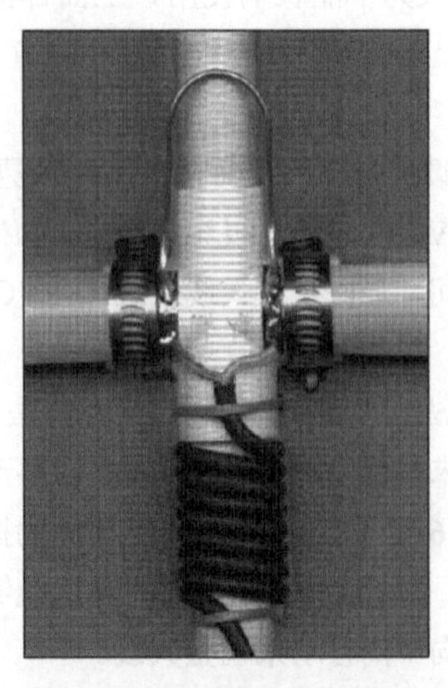

图22-48　照片：使用软管夹将激励振子固定在PVC T形架上。发夹匹配器和RG-58馈线焊接在卷尺天线上。

图22-49　装配完成的卷尺天线系统。

有些人在引向器和反射器中的卷尺天线单元和 PVC 十字支撑件之间加了橡胶水龙头垫圈，这可以天线单元和十字配件之间的接触更好，天线系统的外观也更好看。如果没有使用橡胶水龙头垫圈，将单元同十字/T 形配件紧紧地固定在一起时，反射器和引向器会有所弯曲。可以使用自攻钉代替软管夹，这不仅可以防止单元发生弯曲，也可以避免天线系统像使用软管夹时那样高低不平。

系统中所使用的扼流巴伦是将 RG-58 同轴电缆在梁上绕 8 圈得到的。使用它，可以防止馈线的交互作用破坏天线的方向图。（RG-174 要轻很多，并且不会引入明显的损耗(本应用中需要的长度较小）。线圈外面覆有电胶带，可以借此固定在梁上。

该系统可用于猎狐、山顶、本地公共服务事业、户外、屋内阁楼上——几乎任何地方。SWR 可调整到非常接近 1：1。前后向比也正如预期的那样。方向图中后方的零点很深，非常适合用来寻找隐藏的目标。

22.2.11 测向天线参考文献

有关本章的原始资料，以及相关问题的进一步讨论，可参考下面和《天线基础》一章正文末尾的参考文献和书目。

W. U. Amfahr, “Unidirectional Loops for Transmitter Hunting,” *QST*, Mar 1955, pp 28-29.

G. Bonaguide, “HF DF — A Technique for Volunteer Monitoring,” *QST*, Mar 1984, pp 34-36.

D. S. Bond, *Radio Direction Finders*, 1st edition (New York: McGraw-Hill Book Co).

R. E. Cowan and T. A. Beery, “Direction Finding with the Interferometer,” *QST*, Nov 1985, pp 33-37.

D. DeMaw, “Beat the Noise with a Scoop Loop,” *QST*, Jul 1977, pp 30-34.

D. DeMaw, “Maverick Trackdown,” *QST*, Jul 1980, pp 22-25.

T. Dorbuck, “Radio Direction-Finding Techniques,” *QST*, Aug 1975, pp 30-36.

D. T. Geiser, “Double-Ducky Direction Finder,” *QST*, Jul 1981, pp 11-14.

D. T. Geiser, “The Simple Seeker,” *The ARRL Antenna Compendium, Vol 3*, p 126.

G. Gercke, “Radio Direction/Range Finder,” *73*, Dec 1971, pp 29-30.

N. K. Holter, “Radio Foxhunting in Europe,” Parts 1 and 2, *QST*, Aug 1976, pp 53-57 and Nov 1976, pp 43-46.

J. Isaacs, “Transmitter Hunting on 75 Meters,” *QST*, Jun 1958, pp 38-41.

H. Jasik, *Antenna Engineering Handbook*, 1st edition (New York: McGraw-Hill, 1961).

R. Keen, *Wireless Direction Finding*, 3rd edition (London: Wireless World).

J. Kraus, *Antennas*, 2nd edition (New York: McGraw-Hill Book Co, 1988).

J. Kraus, *Electromagnetics*, 4th edition (New York: McGraw-Hill Book Co, 1992).

C. M. Maer, Jr., “The Snoop-Loop,” *QST*, Feb 1957, pp 11-14.

M. C. Mallette, “The Four-Way DFer,” *QST*, Nov 1995, pp 29-35.

L. R. Norberg, “Transmitter Hunting with the DF Loop,” *QST*, Apr 1954, pp 32-33.

P. O’Dell, “Simple Antenna and S-Meter Modification for 2-Meter FM Direction Finding,” Basic Amateur Radio, *QST*, Mar 1981, pp 43-47.

Ramo and Whinnery, *Fields and Waves in Modern Radio* (New York: John Wiley & Sons, 1944).

F. Terman, *Electronic and Radio Engineering* (New York: McGraw-Hill Book Co, 1955).

有关测向的更多信息，请参考 Bob Titterington/G3ORY、David Williams/M3WDD 和 David Deane/G3ZOI 所著的《Radio Orienteering-The ARDF Handbook》，以及 oe Moell/K.OV 和 Thomas Curlee/WB6UZZ 所著的《Transmitter Hunting: Radio Direction Finding Simplified》。这些书可以从当地经销商处购买，也可以在直接从 ARRL 订购（www.arrl.org/shop）。

第 23 章

传 输 线

23.1 传输线基本理论

在不太靠近建筑、电源线或电话线的空旷地带安装天线的要求被强调得再强烈也并不为过。另一方面，产生激励天线的射频功率的发射机由于必要，往往架设在离天线终端有一定距离的地方。将以上两者连结起来的就是射频传输线，或称为馈线。它的唯一目标是尽可能有效地把射频功率从一端传输到另一端。也就是说，通过传输线传输的功率和在此过程中损耗的功率之比，只要环境允许，应该尽可能大。

在无线电频率中，每个长度与使用的波长可比拟的导体都能辐射功率——所有的导体都可以作为天线。因此，特别需要注意的是最小化射频传输线中导体的辐射。没有这样的关注，传输线辐射的功率可能会比损耗在导体和绝缘体（绝缘材料）的电阻上的能量要大得多。从某种程度上说，损耗在导体中的能量是不可避免的，但因为辐射而损失的能量很大程度上却是可以避免的。

传输线的辐射损耗能够通过使用两条并排运作的导体线来阻止，因为其中一条传输线产生的电磁场与另一条传输线产生的等量、相反的电磁场在各处平衡。在这种情况下，合成的场在空间各处均为零，即传输线没有辐射。

举个例子，图 23-1（A）表示两条平行导体，电流 *I*1 和 *I*2 沿相反方向流通。如果上面导体上 Y 点的电流 *I*1 与下面导体上对应点 X 的电流 *I*2 具有相同的幅度，这两路电流产生的场在数量上是相等的。又因为这两路电流沿相反的方向传导，Y 点上电流 *I*1 产生的场与 X 点上电流 *I*2 产生的场的相位相差 180°。然而，场从 X 点传导到 Y 点是需要一段可观的时间。如果 *I*1 和 *I*2 都是交流电，从 Y 点上 *I*1 产生的场的相位在这个时间段内改变了，同时从 X 点产生的场到达 Y 点了，两个场在 Y 点的相位差不再是准确的 180°。两个场在空间中每个点的相位差为 180°，而且仅当这两个导体占据同样的空间——如果它们仍然是独立的导体，显然这是一个不可能的条件。

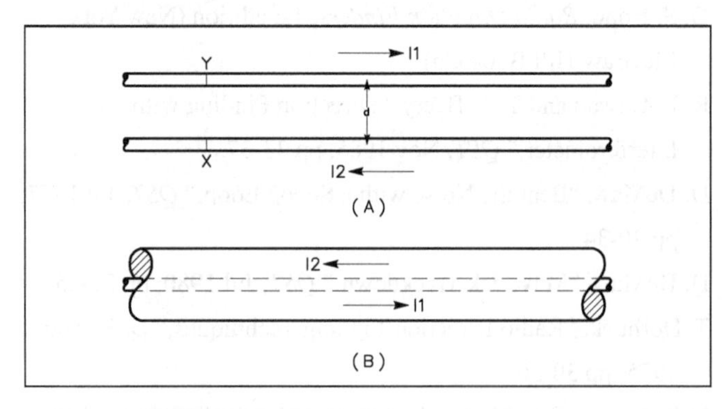

图23-1 传输线的两种基本类型。

最好的做法是让两个场之间尽可能完全抵消。这可以通过保持两个导体之间的距离 *d* 足够小以此保证场从 X 点传导到 Y 点的时间间隔是周期的很小一部分。在这种情况下，任意给定的点对应的两个场之间的相位差别接近于 180° 而几乎可以完全抵消。

两个导体之间的距离 *d* 的实际值是由线导体的物理极限决定的。在某一频率表现为很小的间距，可能在另一频率表现得非常大。举个例子来说，如果 *d* 为 6 英寸，那么当频率为 3.5 MHz 时，两个场在 Y 点的相位差仅为几分之一度。这是因为 6 英寸的距离是频率为 3.5 MHz 时波长的极小一部分（此时的波长为 281 英尺）。但是当频率为 144 MHz 时，相位差是 26°；当频率为 420 MHz 时，相位差是 77°。在以上两种情况下，两个场都不能认为会互相抵消。导体间距与使用的波长相比必须非常小，决不能超过波长的 1%，而且越小越好。像图 23-1（A）中包含两条平行导体的传输线称为开路线或平行导体线、双导线等。

第 2 种普遍类型的导线结构如图 23-1（B）所示。在这种情况下，其中之一的导体呈管状，围绕另一导体。这称为同轴线或同心线。内导体中流经的电流被外导体内表面沿相反方向流动的等量电流所平衡。由于趋肤效应，外导体内表面上的电流不能穿透足够远表现在外表面上。事实上，同轴线外总的电磁场（与内部流经导体的电流的共同作用结果）总是 0，因为外导体起到了屏蔽无线电频率的作用。因此，从减少辐射的观点来看，内外导体之间的距离也并不重要了。

第 3 种普遍类型的传输线是波导，我们已经在“VHF 和 UHF 天线系统”一章中详细讨论过波导。

23.1.1 长传输线中的电流

在图 23-2 中，我们设想电池和两路传输线瞬间连接后又断开，在此时间内传输线分别与电池的两个端子接触，传输线 1 中的电子会被电池的正极吸引，而传输线 2 中相同数量的电子会被电池的负极排斥。起先这只是发生在靠近电池端子的地方，因为电磁波不能以无限速度传播。电流到达传输线的更远端需要时间。根据常理，消耗的时间是非常短的。因为波沿着传输线传播的速度会接近光速，即每秒 300 000 000 m，因此我们需要用百万分之一秒（即微秒）来测量。

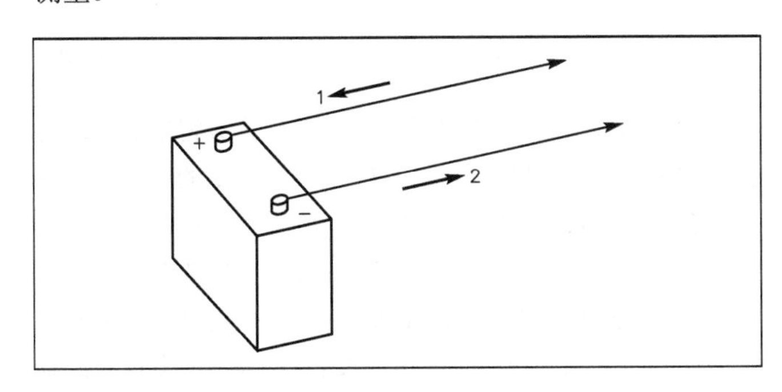

图23-2 在长传输线中电流的示意图。

举个例子，假如传输线和电池的接触极为短暂，以至于只能用 1μs 的极小一部分来衡量。那么在那一刻从电池端子流出的电流脉冲可以用图 23-3 中的垂直线来表示。该脉冲沿直线以光速传播 30 m 所需时间为 0.1 μs，60 m 为 0.2 μs，90 m 为 0.3 μs，以此类推，一直沿着传输线传播下去。

电流并不存在于整条传输线中，而只存在于脉冲传播过程中所到达的点。电流同时存在于两条传输线对应于这一点处，但是电子在一条传输线中沿着一个方向移动，在另一条传输线中沿着另一个方向移动。如果传输线无限长且没有电阻（或者没有其他原因导致的能量损失），脉冲将永远不会削弱地传播下去。

从图 23-3 所示的例子延伸出去，我们不难看到，如果一整串连续的脉冲而不是一个脉冲在相同时间间隔开始沿着传输线传播，这些脉冲在传输线上传播相同的时间，相互间的距离也相同，每个脉冲都独立于其他脉冲。事实上，如果电池电压在脉冲之间是不同的，每个脉冲甚至会有不同的幅度。此外，脉冲可以相距非常接近以至于相互挨着，在这种情况下电流会同时分布在传输线的各处。

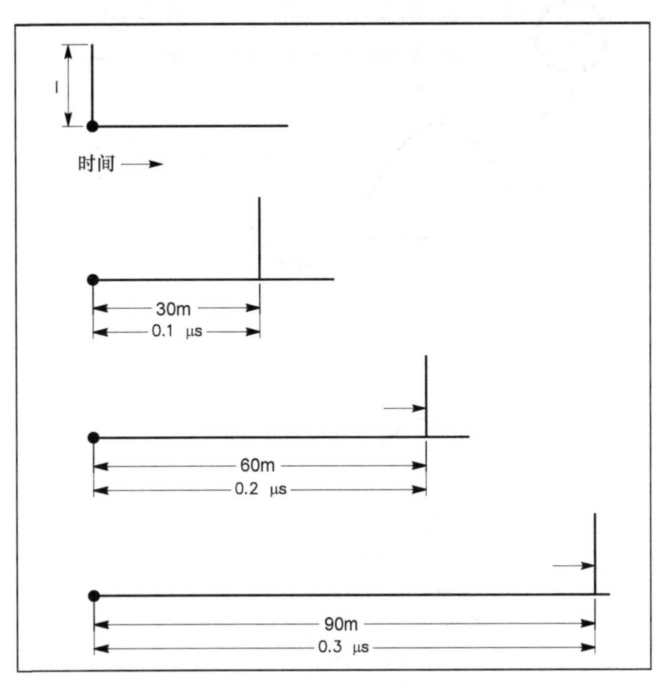

图23-3 沿传输线以光速传播的电流脉冲会在0.1 μs的时间间隔内到达如图所示的下一个位置。

由此可知，将交流电压应用于传输线会引起如图 23-4 所示的这种电流。如果交流电压的频率是 10 000 000Hz（即 10 MHz），每个周期占 0.1 μs，因此电流每经过一个完整的周期会流经 30 m 的传输线。这是一个波长的距离。两个导体上 B 点和 D 点的任何电流在时间上会比在 A 点和 C 点处的电流晚一个周期。换言之，开始在 A 点和 C 点的电流直到提供的电压经过一个完整的周期后，才会出现在一个波长外的 B 点和 D 点。

因为提供的电压总是处在变化中，在 A 点和 C 点的电流也会同比例地变化。与 A 点和 C 点相距较短距离的电流——譬如在 X 点和 Y 点的电流——并不与 A 点和 C 点的电流相同。这是因为 X 点和 Y 点的电流是由周期中稍早发生的电压值引起的。这种情况适用于传输线上的所有地方；在线上 A 点到 B 点、C 点到 D 点的任意点任意时刻的电流都不同于该部分其他点的电流。

图 23-4 中剩余的图说明如果我们能够以 1/4 周期为时间间隔进行快照，瞬时电流会是怎样分布的。电流从传输线

的输入端以波的形式传播。在传输线上的任意给定点的电流和输入端的电流一样，在一个周期内，在它的交流电流值变化的整个范围内变化。因此，如果没有损耗，嵌入任一个导体的电表会准确读出传输线任意点上相同的电流值，因为电表将整个周期的电流平均化（任意两个独立点上的电流相位是不同的，但电表不能显示出相位）。

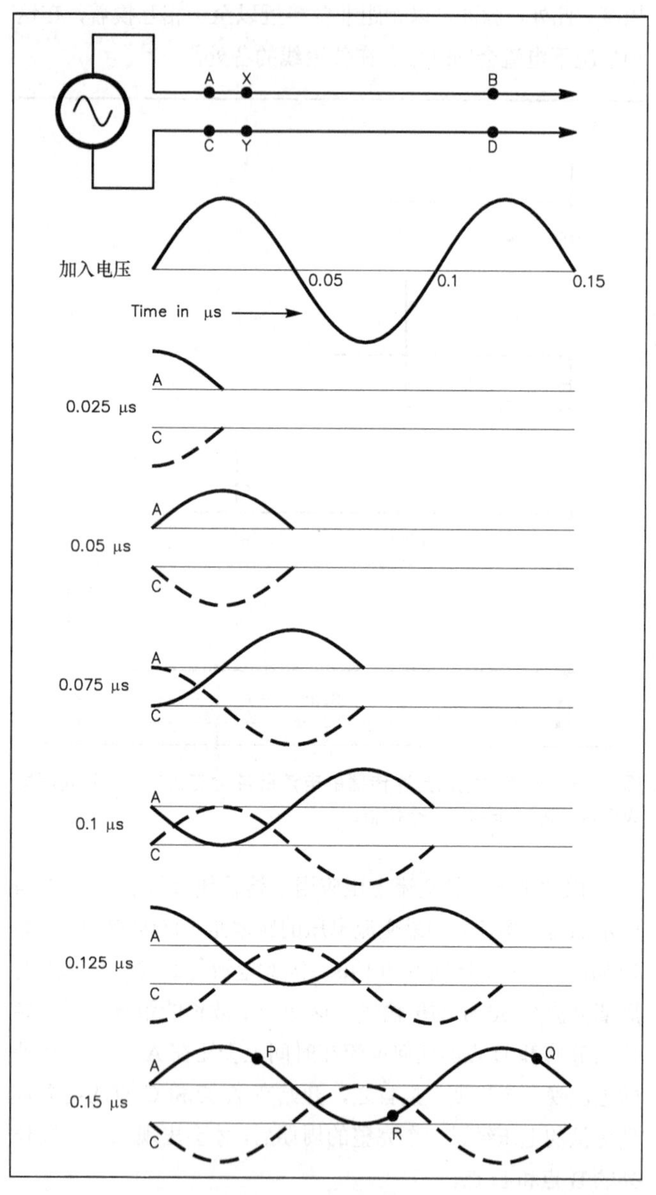

图23-4　沿传输线在连续时间间隔的瞬时电流。频率是10 MHz，每个完整周期的时间是0.1 μs。

23.1.2　传播速度

在上面的例子中，我们假定能量以光速沿着传输线传播。事实上，只有导体间绝缘层是空气的传输线中的传播速度才会非常接近光速。除空气以外的电介质的存在都会减小传播速度。

只有以真空为媒介的电流才会以光速传播，尽管在空气中的速度接近真空中的速度。因此，一个给定频率的信号在实际传输线中传播要比同样的信号在自由空间传播同样的距离所要求的时间长一些。由于传播延迟，在所有方向上波在给定传输线中传播的距离要比自由空间短。给定传输线的准确延迟是其特性的函数，主要是由导体间绝缘材料的电介质常数决定的。延迟可以用光速的百分之几或十进制小数来表示，称为速度因子（*VF*）。速度因子与电介质常数有关，见式（23-1）。

$$VF = \frac{1}{\sqrt{\varepsilon}} \qquad (23\text{-}1)$$

实际传输线中的波长总是比电介质常数 $\varepsilon=1.0$ 的自由空间中的波长要短。无论何时提及传输线是半波长还是 1/4 波长（$\lambda/2$ 或 $\lambda/4$），我们都理解为这是该传输线的电长度。一条给定传输线的物理长度与电长度之间的对应关系见式（23-2）。

$$\lambda(\text{英尺}) = \frac{983.6}{f} \times VF \qquad (23\text{-}2)$$

其中 f 是频率，单位为 MHz，*VF* 是速度因子。

几种常见类型的传输线的速度因子值会在本章后面给出。一条给定电缆的实际速度因子会因生产过程或厂商的不同而有轻微的不同，即便这些电缆可能是相同规格的。

正如我们后面会看到的，一条$\lambda/4$ 的传输线常被用作阻抗变换器，因此直接以式（23-2A）计算这条$\lambda/4$ 传输线的实际长度是很方便的。

$$\lambda/4 = \frac{245.9}{f} \times VF' \qquad (23\text{-}2A)$$

特别注意,等式 1 是基于一些简化的假设得来的，即对使用的电流和频率进行假设。在低于 100kHz 的频率，这些假设会逐渐失效，*VF* 也急剧下降。在业余波段，这通常并不是问题。但在软件定义无线应用中使用同轴或双绞线传输线时，这些问题可能会变得显著。关于更多的讨论见参考文献中所列的文章《音频频率传输线和历史》，该文章的作者是 Jim Brown（K9YC）。

23.1.3　阻抗特性

如果传输线是理想的，即没有阻抗损失，有个问题就会出现：“应用于传输线的电流脉冲的振幅是多少？”大的电压会导致大的电流，还是正如我们将欧姆定律运用于求解没有阻抗的电流，理论上对于所给电压的电流是无穷的？答案是电流确实是直接依赖于电压的，就好像阻抗是存在的一样。

这个理由是传输线中的电流有几分像是电池连接到电容时的充电电流，就是说传输线有电容。但是，它也有电感。

这两者都是分布式特性。我们可以认为传输线如图 23-5 所示连接的那样，是由一系列小的电容和电感组成的，其中每个线圈是极小一部分传输线的电感，电容存在于相同的两部分之间。每个串联电感起到了限制电流给后面的分流电容充电的速率，从而建立了传输线的一个很重要的特性：波阻抗，更一般地被称为特性阻抗，按约定我们缩写为 Z_0。

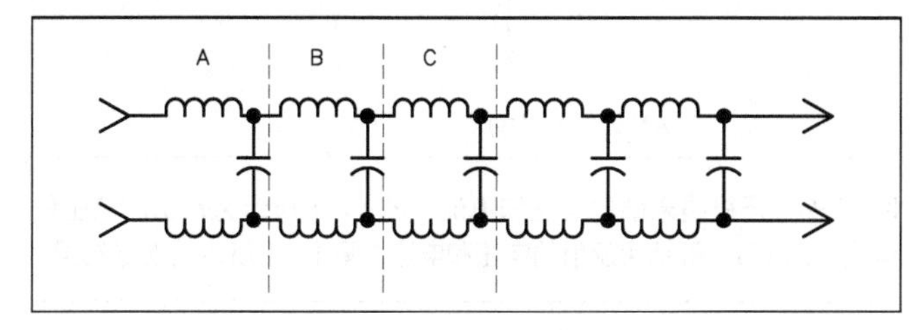

图23-5　理想（无损耗）传输线用普通电路元器件（集总常数）的等效。电感和电容的值依赖于传输线结构。

23.1.4　终止线

理想传输线中特性阻抗的值等于 $\sqrt{L/C}$，其中 L 和 C 分别是单位长度传输线的电感和电容。这就是说，没有电阻的导体间没有能量泄露。电感随着导体直径的增加而减小，电容随着导体间距离的增加而减小。因此相距很近的粗导体间具有相对较小的特性阻抗，而相距很宽的细导体间具有较高的特性阻抗。平行传输线的 Z_0 的实际值范围在 200～800 Ω。典型同轴线的特性阻抗为 30～100 Ω。实际传输线直径和它们之间距离的物理约束把 Z_0 的值限制在此范围内。

在前面关于电流在传输线中传输的讨论中，我们假设传输线是无限长的。而实际传输线具有有限的长度，它们终止于输出端的负载或是负载端（能量被传送出去的一端）。如图 23-6 所示，如果负载的值等于理想无损耗传输线的特性阻抗的纯电阻，沿传输线传输到负载的电流会仅仅相当于相同特性阻抗的传输线。

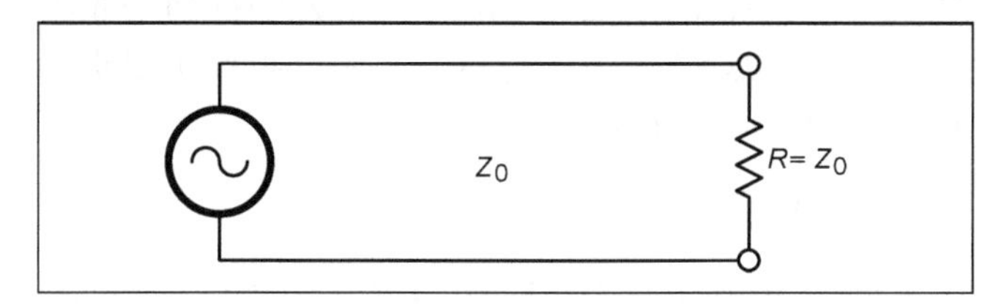

图23-6　终止于一个阻抗性负载的传输线，负载等价于传输线的特性阻抗。

这个原因从另一个观点来思考会更加容易理解。沿着传输线，能量像图 23-5 中那样成功地从一个基本分段传输到下一个。当传输线无限长时，能量沿着一个方向不断传输出去，远离能量源。

例如，从图 23-5 中 B 部分这个角度来看，传输到 C 部分的能量完全在 C 部分消失。至于考虑到 B 部分，是 C 部分自己吸收了能量，还是把能量沿着传输线传输到更远的地方都没有什么不同。因此，如果我们用具有和传输线相同电气特性的负载来取代 C 部分，那么 B 部分就会把能量传输到该负载中，就像它是更远的传输线一样。一个等价于 C 部分的特性阻抗（即传输线的特性阻抗）的纯电阻符合这一条件。它吸收所有的能量就像无限长传输线吸收 B 部分传来的能量一样。

匹配线

传输线终止于与复杂特性线阻抗相等的负载称作是匹配的。在一条匹配传输线上，能量沿着传输线从源向外传输直至到达负载而被完全吸收。所以不管是无限长传输线还是它的匹配负载，从功率源来看的阻抗（传输线的输入阻抗）是相同的，与传输线的长短无关。它仅等于传输线的特性阻抗。根据欧姆定律，在这样的传输线上的电流等于所用的电压除以特性阻抗，输入的功率为 E^2/Z_0 或 I^2/Z_0。

失配线

如图 23-7 所示，现在考虑终端负载不等于 Z_0 的情况。负载不再看起来像传输线直接邻近部分及更远的传输线了，这样的传输线称为是失配的。负载阻抗与 Z_0 相差越多，失配就越厉害。到达负载的能量不能像负载等于 Z_0 时那样被完全吸收，因为负载要求与沿传输线传输时有不同的电压电流比。结果就是负载只吸收了到达它的部分能量（即入射能量的一部分）。剩余的能量表现得就像从墙上反弹回来，沿着传输线向源传输。这就是我们所知的反射功率，失配得越厉害，入射能量被反射回来的百分比就越高。在负载为零（短路）或负载为无穷大（开路）的极端情况下，所有到达传输线末端的功率都会反射回源。

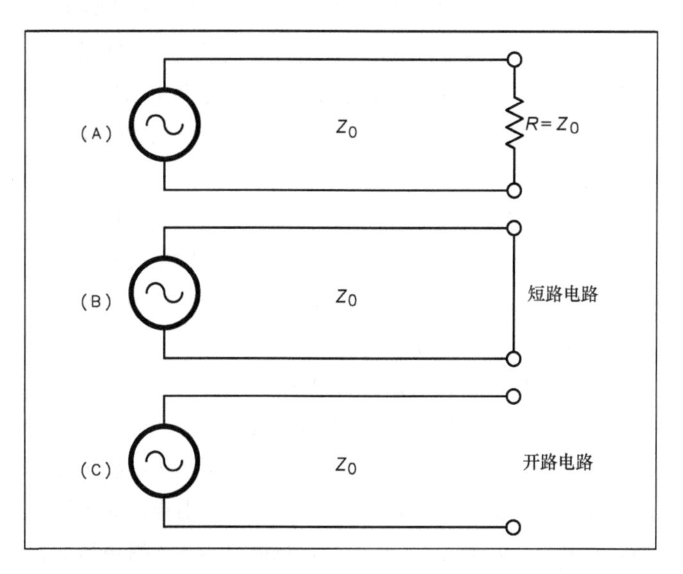

图23-7　失配线及极端情况。在图（A）中终端不等于 Z_0，在图（B）中，短路线；在图（C）中，开路线。

无论何时只要存在失配，能量就会在传输线的两个方向上传输。反射功率的电压电流比与入射功率的电压电流比是相同的，因为这个比率是由传输线的 Z_0 决定的。如图 23-4 所示，电压和电流在传输线的两个方向上做相同的波动。如果功率源是一个交流发生器，入射电压（即输出电压）和反射电压（即返回电压）是同时存在于传输线各处的。考虑到每个电压分量的相位，在传输线上任一点的实际电压是这两个分量的矢量和。同理，电流也是这样。

首先考虑短路线和开路线两个极限情况，则入射和反射分量对传输线的作用效果就更容易理解了。如果传输线如图 23-7（B）那样是短路的，末端的电压必定为零。因此入射电压必须在短路处突然消失。如图 23-8 中的矢量所示，这只有当反射电压与之相位相反、幅度相同才能实现。但是，电流并没有在短路电路中消失，事实上，入射电流流经短路处，此处有跟它同相、相同幅度的反射分量。

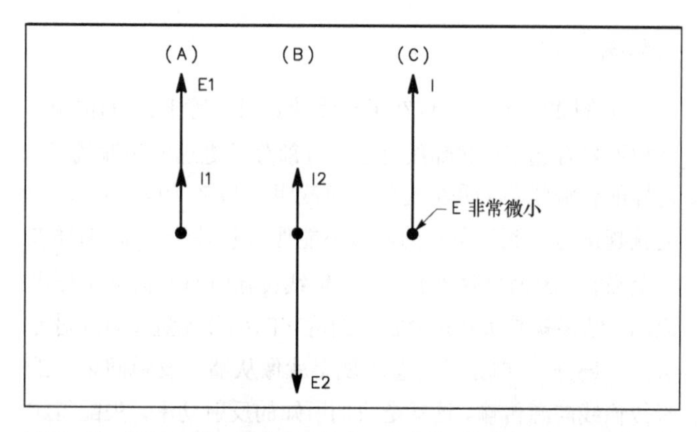

图23-8 短路电路中短路线上的电压和电流。这些矢量显示了输出的电压和电流（见图<A>）是怎样与反射的电压和电流（见图<B>）结合，从而导致短路电路中的高电流和低电压的（见图<C>）。

反射电压和反射电流必须与入射电压和入射电流具有相同的幅度，因为短路电路中没有能量消耗，所有能量均返回功率源。反转电流或电压的相位（但不是两个都反转）就反转了能量流动的方向。在短路情况下，电压的相位在反射时被反转，但电流的相位则没有。

如图 23-7（C）所示，如果传输线是开路的，那么传输线末端的电流必须为零。在这种情况下，反射电流和入射电流相位相差 180°，具有相同的幅度。理由与短路情况中的类似，反射电压必须与入射电压同相，并且必须具有相同的幅度。开路情况的矢量如图 23-9 所示。

如图 23-7（A）所示，只要传输线末端存在有限的电阻值（或电阻和电抗的组合），就只有部分到达传输线末端的能量被反射。就是说，反射电压和电流比入射电压和电流要小。如果 R（负载阻抗）小于 Z_0，反射电压和入射电压的相位相差 180°，就像短路线的情况那样，但幅度却不相等，因为所有电压在 R 处并不消失。同样的，如果 R 大于 Z_0，

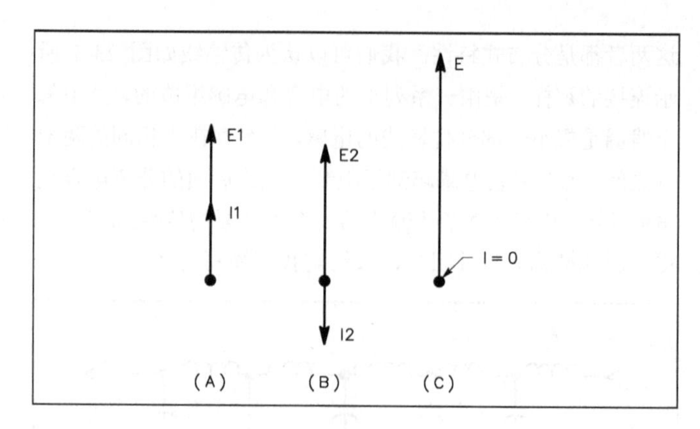

图23-9 开路线末端的电压和电流。图（A）所示为输出的电压和电流，图（B）所示为反射的电压和电流，图（C）所示为合成结果。

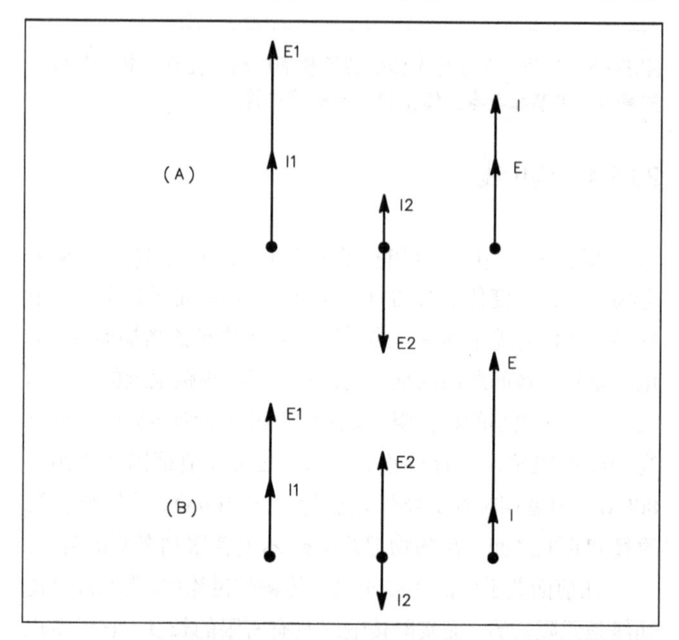

图23-10 当传输线终止于不等于Z_0的纯电阻时电压和电流的入射和反射分量。在图示的情况下，反射分量具有入射分量一半的幅度。在图（A）中，R小于Z_0；在图（B）中，R大于Z_0。

反射电流和入射电流的相位相差 180°，就像它们在开路线中的那样，但所有电流在 R 处并不消失。因此这两个分量的幅度不相等。这两种情况如图 23-10 所示。注意合成的电流和电压在 R 处是同相的，因为 R 是纯电阻。

非阻抗性终端

在大多数前面所讨论的情况中，我们认为负载仅包含电阻。而且，我们认为传输线是无损耗的。这样的一个电阻负载会消耗部分或全部沿传输线传输的功率。但是，无电阻负载诸如纯电抗也能够终止长传输线。这样的终端，当然不会消耗能量功率，但会反射所有到达传输线末端的功率。在这种情况下，传输线上理论的驻波比（SWR，后面会涉及）无穷大，但实际上，传输线中返回功率源时传输线位置上的损耗可以把驻波比限定为有限值。

起先你可能认为含有无电阻负载的传输线上没有或有极少终止点。在后面一部分，我们会更具体地检验这个结论，

但是输入阻抗的值依赖于负载阻抗的值、传输线的长度、实际传输线中的损耗以及传输线的特性阻抗。终止于无电阻负载的传输线的优势可以多次应用于诸如相位调整或匹配等。例如，远程切换传输线上各段电抗终端能用于反转天线阵列的波束指向。这一简短讨论的结论是传输线并不总是需要终止于会消耗功率的负载。

23.2 实际传输线

23.2.1 衰减

每条实际传输线会有一些固有损耗，一方面是因为导体的阻抗，另一方面是因为能量被用于使导体绝缘的电介质消耗，还有一些损耗是因为在多种情况下一小部分能量将以辐射的形式从传输线逃离出去。这里我们会详细考虑与导体和电解质相关的损耗。

匹配线损耗

传输线中的能量损耗并不直接与传输线的长度成比例，而与长度成对数变化关系。就是说，如果有10%的能量在确定长度的一段传输线中损失了，那么剩下能量的10%会在下一段同样长度的传输线中损失，依此类推。由于这个原因，我们习惯用分贝每单位长度的形式来表示传输线损耗，因为分贝是一个对数单位。传输线总的损耗可以用每单位长度损失的分贝数乘以传输线的总长度来求得，所以计算是很简单的。

匹配线（即负载等于特性阻抗的传输线）中的功率损失被称为匹配线损耗。匹配线损耗通常以每100英尺的分贝数来表示。制定损耗对应的频率是必要的，因为损耗会随着频率而变化。

导体和电介质损耗都会随着操作频率的增加而增加，但并不相同。加之每种相对损耗量依赖于传输线上的实际导体这一事实，导致我们不可能给出可以应用于各种传输线的损耗和频率之间的特定关系。所以每种传输线必须个别考虑。实际传输线的真实损耗值会在本章后面一节给出。

在实际传输线中匹配线损耗的一个效果是使特性阻抗Z_0变成复数，存在一个非零的电抗成分X_0。因此有式（23-3）和式（23-4）：

$$Z_0 = R_0 - jX_0 \tag{23-3}$$

$$X_0 = -R_0 \frac{\alpha}{\beta} \tag{23-4}$$

其中，

$$\alpha = \frac{Attenuation(\mathrm{dB/100feet}) \times 0.1151(\mathrm{nepers/dB})}{\mathrm{100feet}}$$

匹配线的衰减，单位为奈培每单位长度；

$$\beta = \frac{2\pi}{\lambda}$$

相位常数，单位为弧度每单位长度。

复特性阻抗的电抗部分总是容性的(即它的符号总是负的)，并且X_0的值通常比阻抗部分R_0小。

23.2.2 反射系数

传输线上给定点的反射电压和入射电压的比值被称为电压反射系数。电压反射系数也等于入射电流和反射电流的比值。因此有式（23-5）：

$$\rho = \frac{E_r}{E_f} = \frac{I_r}{I_f} \tag{23-5}$$

式中，ρ为反射系数，E_r为反射电压，E_f为入射电压，I_r为反射电流，I_f为入射电流。

反射系数是由传输线的Z_0和传输线终端的实际负载之间的关系决定的。在大多数情况下，实际负载不完全是电阻性的，就是说负载是一个包含阻抗与电抗串联的复阻抗，就像传输线的复特性阻抗那样。

因此反射系数是一个具有幅度和相位的复数，通常用希腊字母ρ来表示，有时在专业文献中也用Γ表示。R_a（负载电阻）、X_a（负载电抗）、Z_a（传输线复特性阻抗，它的实部是R_a，电抗部分是X_a）和复反射系数ρ之间的关系见式（23-6）：

$$\rho = \frac{Z_a - Z_0}{Z_a + Z_0} = \frac{(R_a \pm jX_a) - (R_0 \pm jX_0)}{(R_a \pm jX_a) + (R_0 \pm jX_0)} \tag{23-6}$$

在低频时对于高品质、低损耗的传输线，特性阻抗Z_0几乎完全呈电阻性，意味着$Z_0 \cong R_0$和$X_0 \cong 0$。公式（23-6）中的复反射系数的模简化为式（23-7）：

$$|\rho| = \sqrt{\frac{(R_a - R_0)^2 + X_a^2}{(R_a + R_0)^2 + X_a^2}} \tag{23-7}$$

例如，如果在低操作频率时同轴线的特性阻抗是50Ω，负载阻抗是120Ω，与之串联一个-90Ω的容性电抗，那么反射系数的模为：

$$|\rho| = \sqrt{\frac{(120-50)^2 + (1-90)^2}{(120+50)^2 + (1-90)^2}} = 0.593$$

注意，ρ两边的竖线意为ρ的模。如果式（23-7）中的R_a等于R_0且X_a为0，那么反射系数ρ也为0。这表明了入射波的所有能量传递到负载的匹配情形。另一方面，如果 R_a 为 0，意味着负载没有电阻性的实部，此时反射系数为 1.0，与 R_0 的值无关。这说明所有入射能量都被反射，因为负载完全是电抗性的。正如我们后面会看到的那样，反射系数的概念用来评价观察失配传输线的视在阻抗是非常有用的。

反射系数的另一种表示方法是回波损耗，即用分贝表示的反射系数，见式（23-8）：

$$RL = -20\log|\rho| \text{dB} \tag{23-8}$$

例如，反射系数为 0.593 时的回波损耗为-20log0.593 = 4.5 dB（注意，一些文献把回波损耗表示成负数，但多数定义为正的）。

23.2.3 驻波

可能正如我们所想的，如果传输线中没有某些沿传输线的电压和电流的作用是不会在负载发生反射的。为了暂时保持简单，让我们继续只考虑电阻性的负载而没有丝毫电抗。我们将获得的结论对终止于复阻抗的传输线也是有效的。

效果用矢量图显示是最简单的。图 23-11 所示是一个终端阻抗 R_0 小于 Z_0 的例子。R 处的电压和电流矢量表示在图上的参考位置，它们对应于图 23-10（A）中的矢量旋转 90° 后的情况。由传输线上 R 处返回功率源，入射矢量 E_1 和 I_1 领先于负载处的相应矢量，以它们在传输线上的电角度（即以波长的分数表示的相应距离）来表示。表示反射电压和电流的矢量 E_2 和 I_2，滞后了负载处的相同矢量。

这个滞后是入射和反射矢量传输方向上的自然结果，而且事实上能量沿着传输线传递需要时间。以上每个位置的合成电压 E 和合成电流 I 都用带点的箭头表示。虽然入射和反射矢量保持它们各自的振幅（反射矢量的振幅在图中表示为入射矢量的一半），它们的相位关系却因传输线上的位置不同而不同。相移导致合成的振幅和相位因传输线上的位置不同而不同。

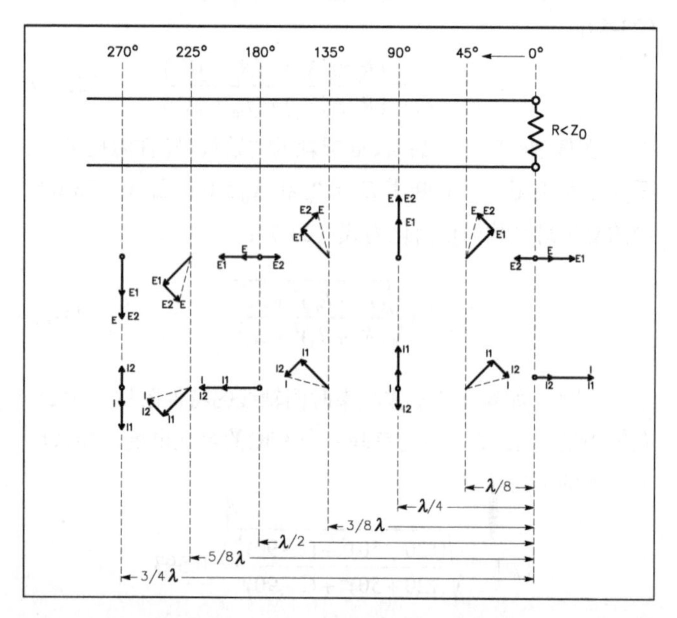

图23-11　沿着传输线上不同位置的入射和反射分量，以及在相同位置的合成电压和电流。图中所示的是R小于Z_0的情况。

如果把合成的电压和电流的振幅变化（忽视相位变化）逆着在传输线上的位置画出来，结果就是如图 23-12（A）中那样的图形。如果我们能够让传输线附加电压表和电流表来测量每一点的电压和电流，根据这此收集到的数据就能绘制出这样的曲线。相比之下，如果负载匹配传输线的 Z_0，沿着传输线进行相同的测量会显示电压到处都一样，电流也是这样。而负载和传输线的失配是导致振幅变化的原因，而因为它们的驻定性以及像波一样的表现，被称为驻波。

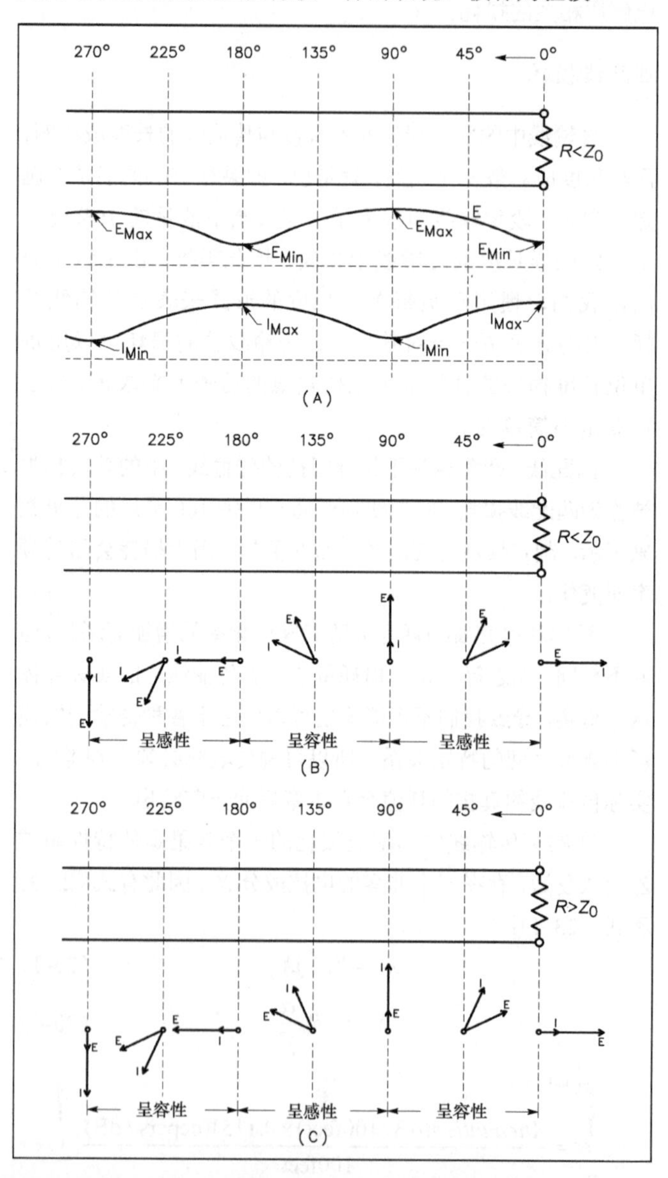

图23-12　图（A）所示是当R小于Z_0时传输线上电压和电流的驻波。图（B）和图（C）显示的是在失配的传输线上合成电压和电流。图（B）中R小于Z_0，图（C）中R大于Z_0。

一些综合的结论可以从对驻波曲线的观察中引出：在距离负载 180°（$\lambda/2$）的位置，电压和电流具有与负载处相同的值。在距离负载 90°的位置，电压和电流被“反转”，就是说如果在负载处电压是最低的，且电流是最高的（当 R 小于 Z_0 时），那么在距离负载 90°的位置电压达到它的最高值，而电流在同样的点则达到最低值。在 R 大于 Z_0 的情况下，负载处的电压是最高的，且电流是最低的，而在距离负载 90°的位置电压是最低的，电流却是最高的。

注意，在 90°点的条件也存在于 270°点（$3\lambda/4$）。如果曲线图继续向功率源延伸，我们会发现这种情况在每个 90°的奇数倍点（即$\lambda/4$ 的奇数倍）重复。同样地，电压和电流在远离负载的每个 180°的整数倍点（即$\lambda/2$ 的整数倍）都是相同的。

驻波比

最大电压（由沿着传输线的入射和反射电压的交互作用产生）和最小电压的比值，即图 23-12（A）中 E_{max} 和 E_{min} 的比值被定义为电压驻波比（$VSWR$）或简称驻波比（SWR），见式(23-9)：

$$SWR = \frac{E_{max}}{E_{min}} = \frac{I_{max}}{I_{min}} \tag{23-9}$$

最大电流和最小电流的比值与 VSWR 相同，因此无论电压还是电流都可以用来衡量决定驻波比。驻波比是失配传输线众多性质中的一个指标。它能够用相当简单的实验来测量，因此它是用来进行关于传输线性能计算的便利工具。

驻波比与复反射系数的模有关，即式（23-10）：

$$SWR = \frac{1+|\rho|}{1-|\rho|} \tag{23-10}$$

反过来反射系数的模可以定义为驻波比的一种度量，即式（23-11）：

$$|\rho| = \frac{SWR-1}{SWR+1} \tag{23-11}$$

我们也可以根据入射和反射功率来表示反射系数，因为它们都是能用一个定向射频功率计轻易测量的量。反射系数可以像这样计算，即式（23-12）：

$$\rho = \sqrt{\frac{P_r}{P_f}} \tag{23-12}$$

其中，P_r为反射波能量，P_f为入射波能量。

从公式（23-11）看出，驻波比与入射和反射功率有关，即式（23-13）：

$$SWR = \frac{1+|\rho|}{1-|\rho|} = \frac{1+\sqrt{P_r/P_f}}{1-\sqrt{P_r/P_f}} \tag{23-13}$$

图 23-13 将式（23-13）转变为便利的列线图。在负载不含电抗的简单情况下，驻波比在数值上等于负载阻抗 R 和传输线特性阻抗之间的比值。当 R 大于 Z_0 时有式（23-14）：

$$SWR = \frac{R}{Z_0} \tag{23-14}$$

当 R 小于 Z_0 时有式（23-15）：

$$SWR = \frac{Z_0}{R} \tag{23-15}$$

（较小的量总是被用作分数的分母，所以比值是一个大于 1 的数）。

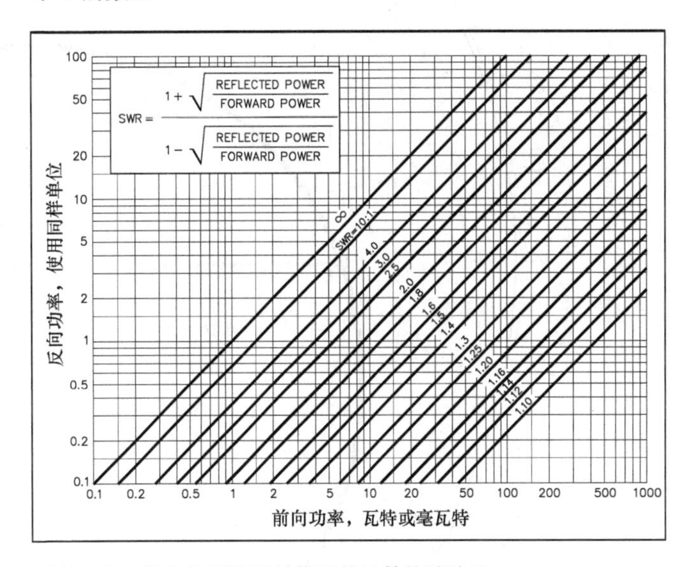

图23-13　作为入射和反射能量的函数的驻波比。

SWR 和谐振

普遍误解为，对于一根连接于天线的传输线，最小 SWR 出现在天线发生谐振的时候。从一般意义上来说，这是不正确的——当负载反射系数ρ的数量值最小时（见等式<23-7>），出现最小 SWR。观察图 23-A 史密斯圆图中的负载阻抗，ρ表示原点（中心）到负载阻抗点之间的距离。（史密斯圆图的探讨见原版书附加光盘文件中 PDF 文档，光盘文件可到《无线电》杂志网站 www.radio.com.cn 下载。）

随着频率的改变，天线阻抗也发生改变。图 23-A 所示的 A、B 和 C 三点——表示不同频率下天线的 3 个似乎合理的负载阻抗值。O 为原点。因为 A、C 两点位于 X=0 的直线上，所以在 A、C 两点处天线发生谐振。在 50Ω系统中，A 点阻抗为 0.2+j0Ω或 10Ω；在 C 点阻抗为 4.0+j0Ω或 200Ω。A 点ρ为 0.67，SWR 为 5∶1；C 点ρ为 0.6，SWR 为 4∶1。B 点归一化的负载阻抗为 0.8+j0.8。在 50Ω系统中，ρ为 0.062，SWR=1.13。即使 B 点负载阻抗为无功负载（非谐振），SWR 都低于 A 点或 C 点谐振的 SWR。

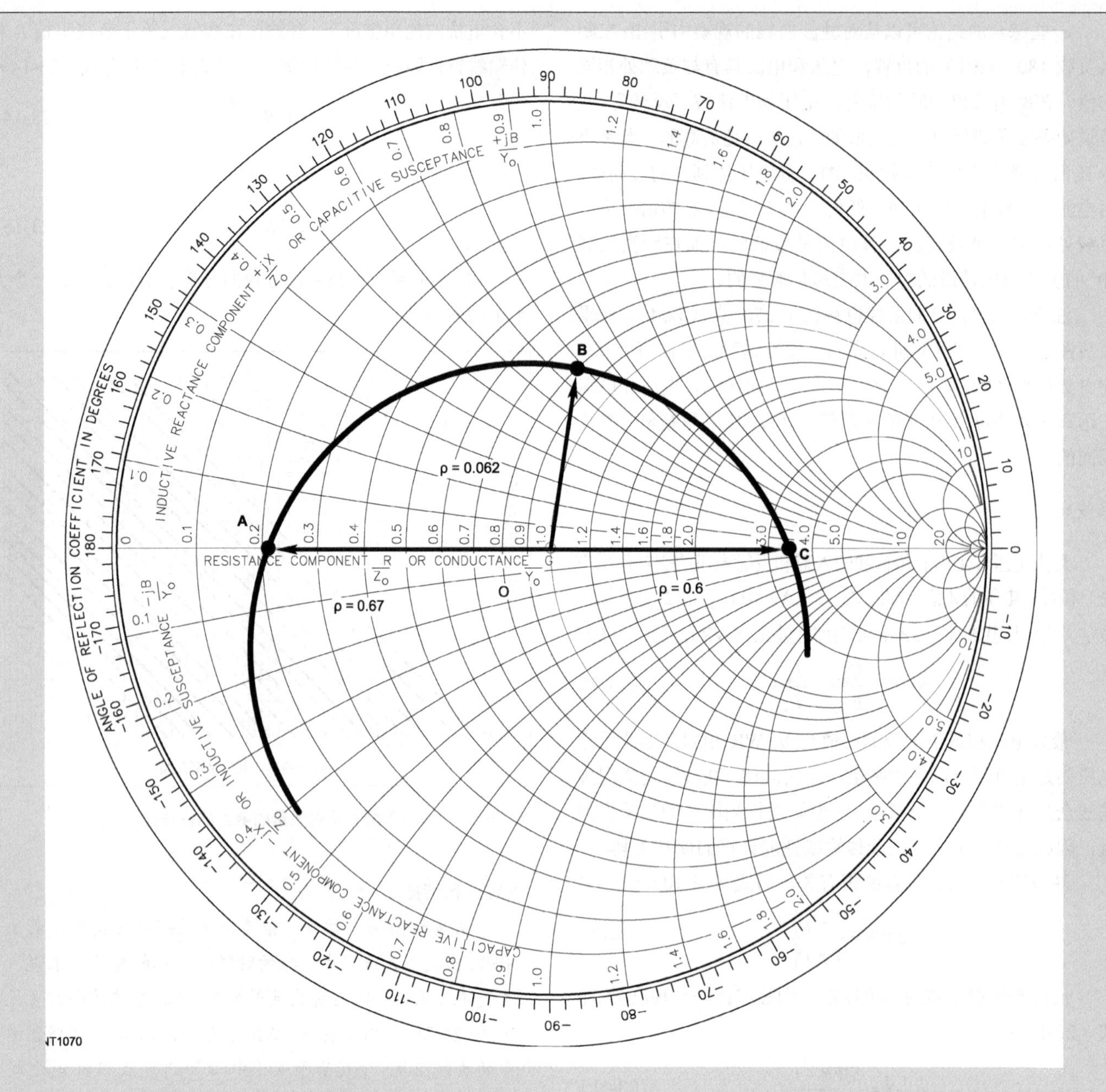

图 23-A 史密斯圆图中所示的负载阻抗。

要特别注意，在无损耗传输线中，SWR 不会随线的长度变化而变化。尽管电压值和电流值沿着线路发生改变，但是其最大值和最小值的比率没有发生改变。不过利用典型业余 SWR 测量仪器测量所示的 SWR 值随着线的长度发生改变，这是多种原因造成的：例如电流和电压检测电路的误差、同轴电缆屏蔽层外侧的共模电流，以及附近发射机产生的信号干扰电压和电流的测量（这是最常见的原因）。

平直线

正如前面所讨论的，如果负载是一个阻值等于传输线的 Z_0 的阻抗，所有沿着传输线传送的能量都会被负载吸收。在这种情况下，传输线称为被完全匹配。没有能量反射回功率源。因此，没有电压或电流的驻波会在传输线上产生。对于一条在这种条件下操作的传输线，图 23-12（A）中所画的波形变为直线，表示被能量源传递的电压和电流。传输线上的电压是常数，所以最小值与最大值是同样的，故电压驻波比是 1∶1。因为电压驻波的图形是一条直线，所以匹配的传输线也被称为是被平直了。

23.2.4 附加能量损失取决于驻波比

在给定的传输线上，当传输线终止于等于特性阻抗的阻抗时，能量损失最少。正如前面所述，这被称为匹配线损失，但是依然存在随驻波比增大而增大的附加损失。这是因为传输线上由于驻波导致电流和电压的有效值变大了。有效电流的增大提高了导体的欧姆损失（I^2R），有效电压的增大使电介质中的损失（E^2/R）也增大了。

由于驻波比大于 1∶1 引起增大的损失也许比较严重，也许并不严重。如果负载的驻波比不大于 2∶1，那么由驻波引起的附加损失与传输线完全匹配时相比，总计不会多于大约 1/2 dB，即便在很长的传输线上。半分贝是信号强度中无法察觉的变化。因此，可以说，从高频带的实际观点来看，如果只关注由驻波比引起的附加损失，驻波比为 2∶1 或更小的都相当于完全匹配。

然而，在大约高于 30 MHz 的甚高频，特别是超高频范围内，低接收机噪声数据对有效弱信号的工作是必要的，普遍可用类型的同轴线的匹配线损失会相对较高。这就意味着即使轻微的失配，也会变成值得关注的关于全部传输线的损失。在超高频，半分贝的附加损失可能被认为是无法忍受的。

传输线总的损失，包括匹配线和由驻波决定的附加损失可以从式（23-16）计算得到，适用于中等水平的驻波比（少于 20∶1）。

$$总的损失(\text{dB})=10\log\left[\frac{a^2-|\rho|^2}{a(1-|\rho|^2)}\right] \qquad (23\text{-}16)$$

其中 $a=10^{ML/10}$ 为匹配线损失比率，而 ML 为传输线实际长度的匹配线损失，单位为 dB，SWR 是传输线负载端的驻波比。

因此，由驻波引起的附加损失可以用式（23-17）计算：

$$附加损失(\text{dB})=总的损失-ML \qquad (23\text{-}17)$$

例如，RG-213 同轴线在 14.2 MHz 时的匹配线损失额定为每 100 英尺 0.795 dB。一根 150 英尺长的 RG-213 具有的全部匹配线损失为 $(0.795/100)\times 150=1.193\ \text{dB}$。

因此，如果 RG-213 负载端的驻波比是 4∶1，则

$$\alpha=10^{1.193/10}=1.316$$

$$|\rho|=\frac{4-1}{4+1}=0.600$$

那么总的传输线损失

$$10\log\left[\frac{1.316^2-0.600^2}{1.316(1-0.600^2)}\right]=2.12\ \text{dB}$$

由 4∶1 的信噪比决定的附加损失为 $2.12-1.19=0.93\ \text{dB}$。图 23-14 是表示附加损失和驻波比相对关系的图。图 23-14（B）所示为图 23-14（A）的等效列线图。图 23-14（C）是一个备用图，所示为：在给定源 SWR 和线匹配损耗（ML）的情况下，实际传递给负载的输入功率。

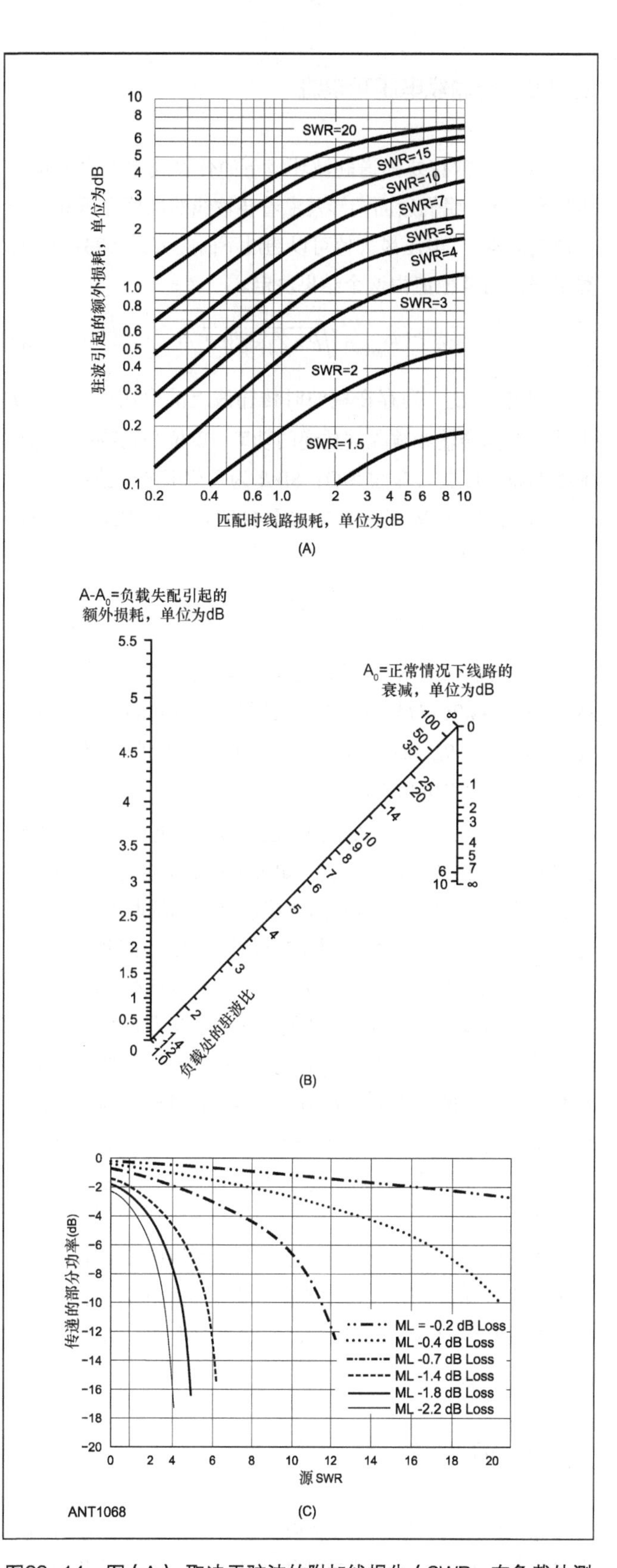

图23-14 图（A）：取决于驻波的附加线损失（SWR，在负载处测得），见图23-24中匹配线损失。为确定总损失的dB，图中的值都加了匹配损失。图（B）：列线图所示增加的dB损失，在右手刻度上可以读出附加的损失。图（C）在给定源SWR和线匹配损耗（ML）的情况下，传递给负载的输入功率。（该图是由LLC公司精炼测听实验室David McLain<N7AIG>提供的。）

23.2.5 传输线电压和电流

我们常常想要知道驻波环境下的传输线中产生的最大电压和电流（我们后面会涉及沿着传输线的准确电压和电流的决定因素）。电压最大值可以通过下面的公式（23-18）计算出来，而其他值由这个结果决定。

$$E_{max}=\sqrt{P\times Z_0\times SWR} \tag{23-18}$$

其中，E_{max} 为存在驻波时传输线上的电压最大值；P 为功率源向传输线输入端传递的功率，单位为瓦特；Z_0 为传输线的特性阻抗，单位为Ω；SWR 为负载端的驻波比。

如果将 100 W 的功率施加于 600 Ω的传输线，其负载端的驻波比为 10：1，则有

$$E_{max}=\sqrt{100\times 600\times 10}=774.6\ \text{V}$$

在公式（23-18）的基础上，传输线上的最小电压 E_{min} 等于 E_{max}/SWR=774.6/10=77.5V。最大电流可以用欧姆定律得到。$I_{max}=R_{max}/Z_0$=774.6/600=1.29A。最小电流等于 I_{max}/SWR=1.29/10=0.129A。

由公式（23-17）决定的电压是均方根值，就是用普通的射频电压表测得的电压值。如果击穿电压也是考虑因素，那么由公式（23-18）得到的值应该转换为瞬时峰值电压，通过乘以 $\sqrt{2}$ 实现（假设射频波形是正弦波）。因此，上面例子中的最大瞬时峰值电压为 $774.6\times\sqrt{2}=1095.4\ \text{V}$。

严格地说，像上面获得的值只适用于具有可测量损耗的传输线的情况下接近负载端的地方。但是，无论是否有传输线损失，合成的值可能是传输线上能存在的最大值。因为它们作为经验方法在决定具体传输线在给定驻波比是否能安全工作时是很有用的。各种电缆类型的电压等级在后面一节给出。

图 23-15 显示了驻波存在时回路中的电流或电压与同样能量在完全匹配传输线中产生的电流或电压之比。正如公式（23-18）和相关计算所示，曲线表面上看只适用于接近负载的地方。

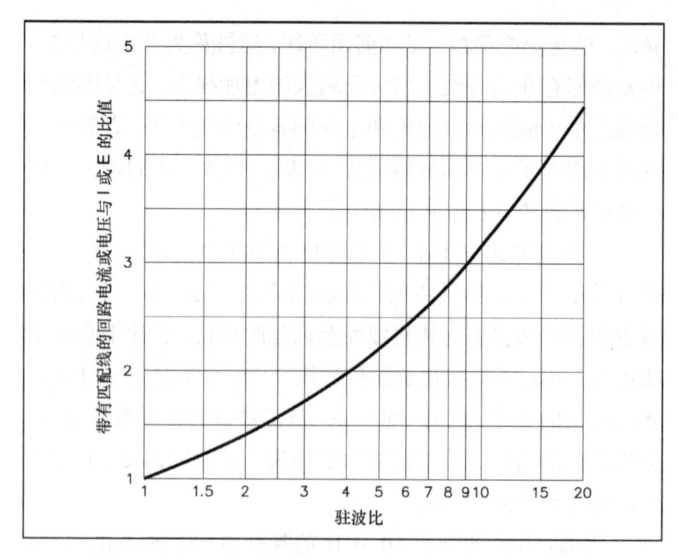

图23-15 驻波存在时传输线上的最大电流或电压相比同样功率传递到负载时完全匹配的传输线上对应的电流或电压的增加量。在最小点的电压和电流由垂直坐标上值的倒数给出。曲线是根据这种关系绘制的，电流（或电压）比=驻波比的平方根。

23.2.6 输入阻抗

沿着失配传输线的入射和反射电压与电流的效用和想象的不同，尤其当传输线末端的负载不是纯阻性以及传输线不是完全无损耗的时候。

如果我们能撇开所有反射、驻波比、传输线损耗的复杂性，传输线可被简单地认为是阻抗变换器。在特定传输线末端确定值的负载阻抗（包括电阻和电抗）转换为传输线输入端另一个值的阻抗。转换的值是由传输线的电长度、它的特性阻抗和传输线的内在损耗决定的。一条真实有损耗的传输线的输入阻抗用下面称为传输线方程的公式（23-19）计算。传输线方程用到了双曲余弦和双曲正弦函数。

$$Z_{输入}=Z_0\frac{Z_L\cosh(\gamma l)+Z_0\sinh(\gamma l)}{Z_L\sinh(\gamma l)+Z_0\cosh(\gamma l)} \tag{23-19}$$

其中 $Z_{输入}$为传输线的复输入阻抗；Z_L 为传输线末端的复负载阻抗，$Z_L=R_a\pm \text{j}X_a$；Z_0 为传输线的特性阻抗，$Z_0=R_0-\text{j}X_0$；l 是传输线的物理长度；γ 是复损耗系数，$\gamma=\alpha+\text{j}\beta$；$\alpha$ 为匹配线损耗衰减常数，单位为奈培/单位长度（1 奈培=8.686 dB，电缆以分贝/100 英尺计算）；β 以弧度或单位长度衡量的相位常数（基于公式（23-2）中 2π 弧度=1 个波长，与传输线的物理长度 l 有关），$\beta=\frac{2\pi}{VF\times 983.6/f(\text{MHz})}l$，$l$ 的单位为英尺，VF 为速度因子。

例如，假设半波偶极天线作为一条 50 英尺长的 RG-213 同轴线的终端，这个偶极天线被认为在 7.15 MHz 时具有 $43+\text{j}30\ \Omega$的特性阻抗，它的速度因子是 0.66。在 7.15 MHz 时匹配线的损耗为 0.54dB/100 英尺，且这种电缆在这个频率的特性阻抗 Z_0 为 $50-\text{j}0.45\ \Omega$。代入公式（23-19），我们计算到传输线的输入阻抗为 $65.8+\text{j}32.0\ \Omega$。

手工求解这个方程是令人非常厌烦的，但它可以使用传统的纸制史密斯圆图或一个计算程序来解决。（PDF 文档《史密斯圆图》解释了如何使用该圆图，该文档见原版书附加光盘文件。）由 AE6TY 编的 SimSmith 计算器可以从 www.ae6ty.com/Smith_Charts.html 上免费下载。如果你在因特网上搜索“史

密斯圆图计算器”，可以找到一些在线计算器。TLW（适用于 Windows 系统的传输线）计算器是另一种可以完成该转换的 ARRL 软件，但是它不能生成史密斯圆图。TLW 程序也包含在原版书附加光盘文件中。

需要注意的是，当使用任何计算工具计算失配传输线的输入阻抗时，实际传输线的速度因子即便是同种型号的电缆也会因生产流程的差别而有显著不同。为了更高的精度，你必须测量特定长度电缆线的速度因子，才能用它来计算电缆末端的阻抗。传输线特性的测量请看“天线和传输线测量”一章的详细介绍。

输入 SWR 和线损耗

如果传输线与负载不能很好地匹配，那么线损耗减少了返回传输线源端的反射功率。这使得传输线源端（发射机）的 SWR 低于传输线负载端（天线）的 SWR。传输线越长或损耗越大，以热量形式消散的功率就越多，输入 SWR 也越低。实际上，一个长的（许多波长）有损传输线被用作 VHF 和更高频率的模拟负载。

图 23-16 给出了与输入 SWR、传输线衰减和负载 SWR 相关的列线图。如果我们知道这 3 个参数中的任意两个，在这两点上放一把尺子就可以读出尺子与第三条未知参数线交叉点的值。

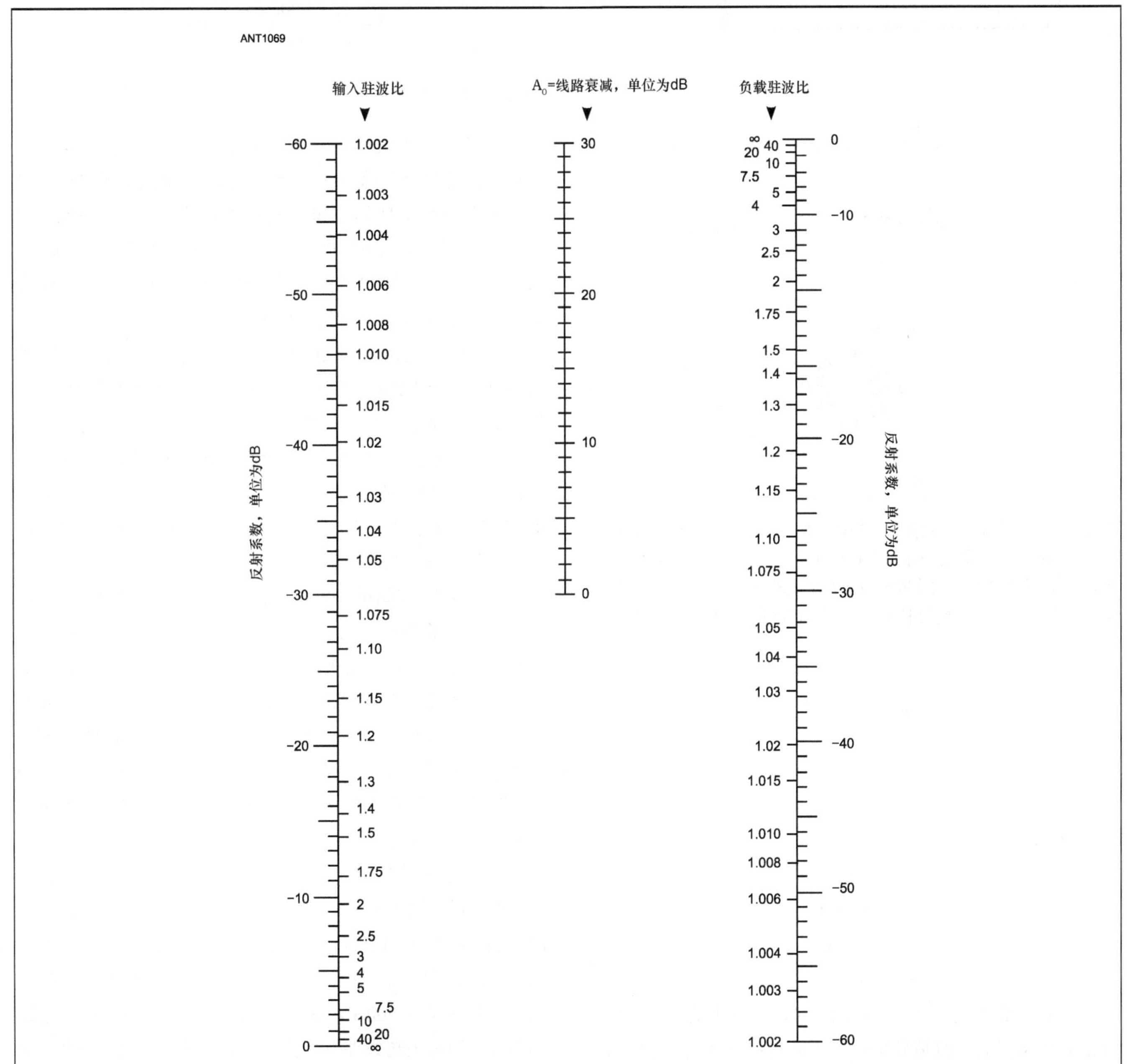

图23-16 与输入SWR、传输线衰减和负载SWR相关的列线图。如果知道这3个参数中的任意两个，在这两点上放一把直尺就可以读出尺子与第三条未知参数线交叉点的值。

串联和并联等效电路

一条确定传输线的输入端的串联阻抗 $R_S \pm jX_S$ 一旦确定，你可能希望通过测量或者计算得到等效并联电路 $R_P \| \pm jX_P$，它只在单一的频率下等效于串联形式。当我们设计匹配电路（诸如天线调谐器等类）把电缆输入端的阻抗转换为另一阻抗时，等效并联电路常常很有用。接下来的公式用于实现串、并联之间的转换。请看图 23-17。

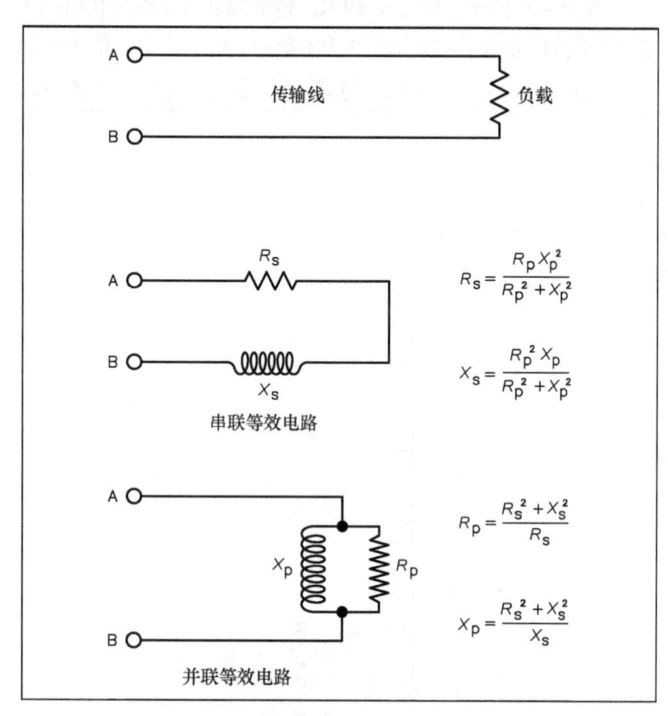

图23-17　终止于电阻的传输线的输入阻抗。这个阻抗能用在单一频率下的串联或并联的电阻和电抗表示。串联和并联等效电路中的*R*和*X*值之间的关系由式（23-20）和式（23-21）给出。*X*可以是感性或容性的，由传输线长度、Z_0 和负载阻抗（并不需要纯阻抗性）决定。

$$R_P = \frac{R_S^2 + X_S^2}{R_S} \qquad (23\text{-}20A)$$

$$X_P = \frac{R_S^2 + X_S^2}{X_S} \qquad (23\text{-}20B)$$

和

$$R_S = \frac{R_P X_P^2}{R_P^2 + X_P^2} \qquad (23\text{-}21A)$$

$$X_S = \frac{R_P^2 X_P}{R_P^2 + X_P^2} \qquad (23\text{-}21B)$$

并联电路中的个体的值不同于串联电路中的值（虽然整体结果是相同的，但是只在一个频率上），但是根据这些公式，它们与串联电路的值是有关的。例如，让我们继续上面一节的例子，其中 50 英尺长的 RG-213 在 7.15 MHz 时的输入阻抗是 65.8 + j32.0 Ω。在 7.15 MHz 时的并联等效电路参数为：

$$R_P = \frac{65.8^2 + 32.1^2}{65.8} = 81.46\,\Omega$$

$$X_P = \frac{65.8^2 + 31.2^2}{31.2} = 169.97\,\Omega$$

如果我们要把 100W 的功率输入这个并联等效电路，那么加在并联元器件上的电压为：

由 $P = \frac{E^2}{R}$，$E = \sqrt{P \times R} = \sqrt{100 \times 81.46} = 90.26\text{ V}$

因此，通过并联电路电感部分的电流为：

$$I = \frac{E}{X_P} = \frac{90.26}{169.97} = 0.53\text{ A}$$

高电抗性负载

当高电抗性负载用于实际传输线，特别是同轴线时，全部损耗能达到令人惊愕的地步。例如，常用的多频带天线是高于地面平均高度大约 50 英尺的 100 英尺长、中央回馈的偶极天线。在 1.83 MHz 时，根据 ARRL 的分析程序 EZNEC，这样的天线会出现一个 4.5 − j1673 Ω 的馈电点阻抗。高值容性电抗显示天线在电长度上是非常短的，毕竟半波偶极天线在 1.83 MHz 时跟这种 100 英尺长的天线相比几乎为 270 英尺长。如果天线要把这样的多频带天线用 100 英尺的 RG-213 型 50 Ω同轴电缆直接馈电，那么天线终端的驻波比会是 1740：1（使用 TLW 程序）。超过 1 700 的驻波比对我们来说确实是非常高阶的驻波比！在 1.83 MHz 时 100 英尺 RG-213 同轴电缆自身的匹配线损失仅为 0.26 dB。但是，由这种终极驻波比决定的总传输线损失则为 26 dB。

这就意味着如果 100 W 功率被馈进传输线的输入端，那么天线上的功率值就会被减少到只有 0.25 W。无可否认，这是一种极端情况。更有可能是天线会以开路梯形或窗形的传输线而不是同轴电缆来对这样的多频带天线馈电。450 Ω 窗形开路传输线的匹配线损失特性远比同轴电缆要好，但传输线末端的驻波比仍然是 793:1，从而导致 8.9 dB 的全部损失。即便对于低损耗的开路传输线，总的损耗也会因为极端的驻波比而十分显著。

这就意味着只有大约 13%的从传输器出来的功率会到达天线，虽然这并不是想要的，但是比同轴电缆的损耗馈到同样的天线中多出很多了。然而，对于发射器功率为 1 500 W 的级别，用于匹配开路传输线阻抗的典型天线调谐器中的最大电压几乎是 9 200 V，这样的等级显然会导致内部放电或燃烧（作为对极端条件下同轴电缆中全部损耗的小补偿，如此多的功率损失了，以致天线调谐器中的当前电压不再过大）。我们也要谨记对于极高的阻抗等级，天线调谐器能消耗内在损耗中很大的功率，即使它首先有足够的范围来匹配这样的阻抗。

无疑，在 160 m 频段使用较长的天线效果会好得多。另一选择是用天线上的加感线圈与短天线共振。任一策略都对避免过多的馈线损耗有益，即使是低损耗线。

23.2.7 特殊情况

除了把功率从一点传输到另一点的主要目的外，传输线具有很多方面的有用特性。一个这样的特例是 $\lambda/4$（90°）整数倍长的传输线。正如前面所说的，当传输线终端是一个纯电阻时，这样的传输线会有一个纯电阻性输入阻抗。短路或开路传输线也能用于代替传统的电感和电容，因为当传输线损耗很低时，这样的传输线具有完全纯电抗性的输入阻抗。

半波长传输线

当传输线长度是 180° 的整数倍（即 $\lambda/2$ 的整数倍）时，输入阻抗等于负载的阻抗，与传输线特性阻抗 Z_0 无关。事实上，一条$\lambda/2$ 整数倍长度的传输线（忽略传输线损耗）无论在它的输出或接收端存在什么样的阻抗，只是在它输入或发送端的简单重复，而与接收端的阻抗是电阻性、电抗性还是两者混合无关。增加或减去这样长度的传输线部分是不会改变任何操作环境的，至少当传输线自身的损耗可以忽略时。

1/4 波长传输线

$\lambda/4$ 奇数倍长的传输线的输入阻抗见式（23-22）：

$$Z_i = \frac{Z_0^2}{Z_L} \tag{23-22}$$

其中 Z_i 是输入阻抗，Z_L 是负载阻抗。如果 Z_L 是纯电阻，Z_i 也会是纯电阻。重组这个公式为式（23-23）：

$$Z_0 = \sqrt{Z_i Z_L} \tag{23-23}$$

这就意味着如果我们希望匹配两个阻抗的值，那么我们只需用特性阻抗等于它们积的平方根的 $\lambda/4$ 传输线将它们连接起来就可以做到了。

$\lambda/4$ 传输线是一个有效的转换器，事实上它常被称作 $\lambda/4$ 转换器。在天线工作中，它常常起到这个作用，例如当要求把天线的阻抗转换成新的值以匹配给定传输线时。在后面一章这一主题会更详细地考虑。

作为电路元器件的传输线

短路和开路这两种类型的无电阻传输线终端是很有用的。短路终端的的阻抗是 $0+j0$，而开路终端的阻抗是无穷的。这样的终端被用于分支线匹配（请看“传输线耦合和阻抗匹配”一章）。一条开路或短路传输线不会传送任何功率到负载，也因为这个原因，严格地来说不能称它为传输线。但是，一条适当长度的传输线具有感性电抗的事实使得用传输线在通常的电路中代替线圈成为可能。同样地，一条适当长度的具有容性电抗的传输线能被用来替代电容。

用作电路元器件的传输线部分常常是 $\lambda/4$ 或更短。电抗要求的类型（感性或容性）或谐振要求的类型（串联或并联）可以由短路或开路传输线的远端获得。等效于各种类型传输线部分的电路如图 23-18 所示。

当传输线部分被用作电抗时，电抗值由传输线的特性阻抗和电长度决定。给定长度传输线输入末端所示的电抗类型依赖于它在远端是开路还是短路的。

任何电感或电容的等效集总值可以通过借助史密斯圆图或公式（23-19）确定。正如公式（23-19）的说明那样，传输线损耗如果有必要需要考虑。在传输线没有损耗的情况或是传输线损耗很小的近似情况下，长度小于$\lambda/4$ 的短路传输线的感性电抗为式（23-24）：

$$X_L(\Omega) = Z_0 \tan l \tag{23-24}$$

其中 l 是以电刻度表示的传输线长度，Z_0 是传输线的特性阻抗。

长度小于$\lambda/4$ 的开路传输线的容性电抗为式（23-25）：

$$X_C(\Omega) = Z_0 \cot l \tag{23-25}$$

$\lambda/4$ 整数倍长度的传输线具有谐振电路的特性。终端开路的传输线的输入阻抗产生的效果很像串联谐振电路。终端短路的传输线的输入则类似并联谐振电路。如果传输线阻抗形式和辐射形式的损耗保持得很低，那么这样的线性谐振电路的有效 Q 值是很高的。如果空气用作导体间的绝缘，则没有多大困难就可以办到，特别是在同轴传输线中。空气绝缘的开路传输线在导体空间仅为很小电长度的频率上同样非常好。

传输线部分作为连接天线和传输线系统的电路元器件的应用会在后面的章节讨论到。

23.2.8 沿线的电压和电流

沿着传输线的电压和电流无论传输线在负载端是匹配的还是失配的，都会以可预测的方式变化。沿匹配线的电压和电流随着传输线损耗的变化而变化。下面的式（23-26）描述了在 l 点的电压，而式（23-27）描述了在 l 点的电流，它们都是传输线输入电压的函数。

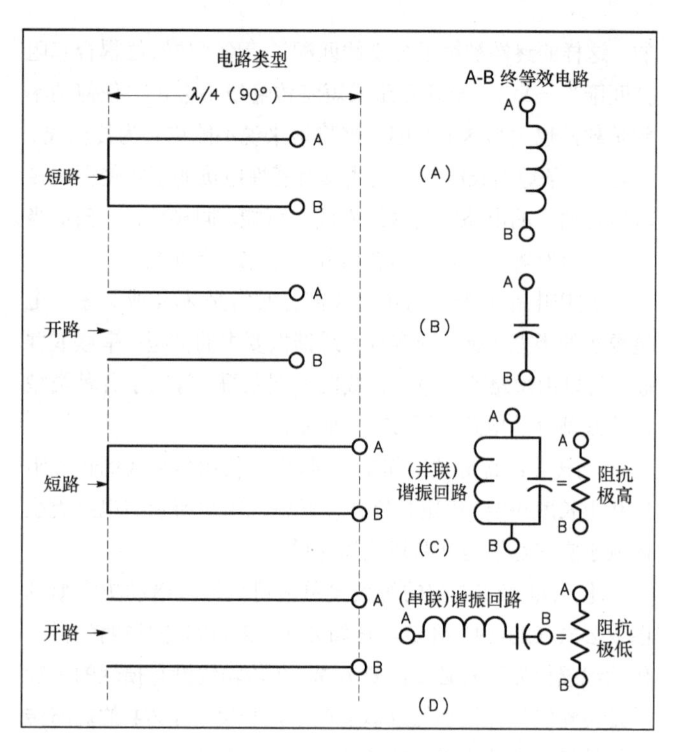

图23-18　开路或短路传输线的集总常数等效电路。

$$E_x = E_{in}(\cosh\gamma l - \frac{Z_0}{Z_{in}}\sinh\gamma l)\ (V) \qquad (23\text{-}26)$$

$$I_x = \frac{E_{in}}{Z_{in}}(\cosh\gamma l - \frac{Z_{in}}{Z_0}\sinh\gamma l)\ (A) \qquad (23\text{-}27)$$

其中γ是式（23-19）中的复损耗系数，cosh 和 sinh 是双曲余弦和正弦函数。传输线的负载端根据定义在长l处。

传输线输入和输出端的功率可以用下面的式（23-28）和式（23-29）计算：

$$P_{in} = \left|E_{in}\right|^2 G_{in}\ (W) \qquad (23\text{-}28)$$

$$P_{load} = \left|E_{load}\right|^2 G_{load}\ (W) \qquad (23\text{-}29)$$

式中G_{in}和G_{load}分别是传输线输入端（$1/Z_{in}$的实部）和负载端（$1/Z_{load}$的实部）各自的导纳。Z_{in}用式（23-19）计算，长度为l。

传输线的功率损耗用分贝（dB）表示为式（23-30）：

$$P_{loss} = 10\log(\frac{P_{in}}{P_{load}})\ (dB) \qquad (23\text{-}30)$$

23.3　馈线传输线结构和操作特性

平行导体线和同轴线这两种基本类型的传输线能以多种形式来构造。这两种类型的传输线可以分为两类：（1）一类大多数的导体间的绝缘体为空气，只有极少数因为机械支持的需要而使用固体电介质；（2）另一类导体中被嵌入固体电介质分隔开。前面的一类（以空气绝缘的）每单位长度具有最低的损耗，因为当导体间的电压低于电晕形成的值时，在干燥的空气中没有功率损耗。在无线电爱好者的发射机允许的最大功率条件下，极少需要考虑电晕，除非传输线的驻波比很高。

23.3.1　空气绝缘传输线

用于平行导体或双线的空气绝缘的传输线典型结构如图 23-19 所示。两条线依靠称为“间距短管”的绝缘杆支撑分开一定的距离。间距短管可以用诸如聚四氟乙烯、树脂玻璃、酚醛塑料、聚苯乙烯、塑胶夹子或塑料发夹等材料制作。一般用于高质量间距短管的材料是陶瓷高频绝缘材料、透明合成树脂和聚苯乙烯（聚四氟乙烯不被普遍使用是因为它的成本高）。间距短管长度从 2 英寸到 6 英寸不等。较小的间距适应较高频率（28 MHz）的需要，因此传输线的辐射被最小化。

间距短管必须在传输线上足够小的间隔使用，以便阻止两条线互相之间的略微移动。对业余爱好者来说，通常使用这种结构的传输线拥有 12 号或 14 号导体，特性阻抗在 500～600Ω。虽然一旦使用几乎是专用的了，但是这种自制的传输线因为它们的高功效和低成本可让爱好者享受再造之功。

需要空气绝缘和仍然较低特性阻抗的传输线的地方，常常用到直径在 1/4～1/2 英寸的金属管形材料。对于更大的导体直径和相对更近的间距，构建一条拥有尽可能低到约 200Ω的特性阻抗的传输线是可能的。这种结构主要用于更高频时的λ/4 匹配转化器。

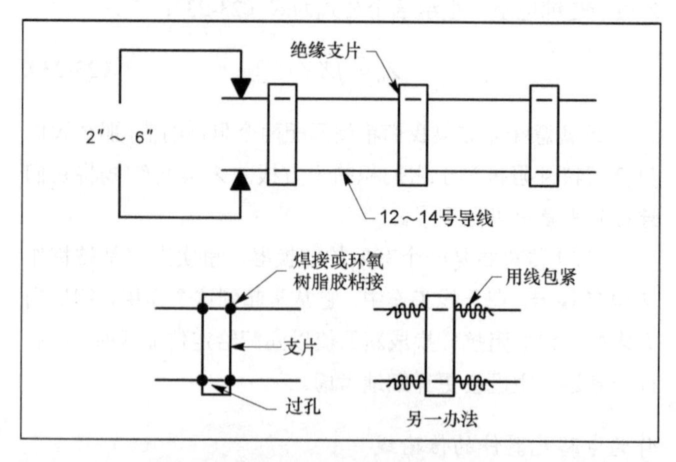

图23-19　典型开路传输线结构。间距短管可以在适当位置用焊珠或环氧接合剂固定。线圈也能如图所示那么使用。

忽略间距短管的影响，空气绝缘的平行导体传输线的特性阻抗由式（23-31A）给出：

$$Z_0 = 120\cosh^{-1}\left(\frac{s}{d}\right) = 276\log[\frac{s}{d} + \sqrt{\left(\frac{D}{d}\right)^2 - 1}] \quad (23\text{-}31A)$$

其中 Z_0 是以欧姆为单位的特性阻抗；S 是导体中心之间的距离；d 是导体的外径，单位与 S 相同。

当 $S \geqslant d$ 时，可用以下近似式：

$$Z_0 = 276\log\frac{2S}{d} \quad (23\text{-}31B)$$

若 $S/d<3$，该近似式就会出现明显的错误。在传输线计算中，一个非常有用、与 $\cosh^{-1}$ 或 acosh 函数等效的等式为

$$\cosh^{-1}(x) = \text{in}(x + \sqrt{x^2 - 1})$$

在计算器中在 cosh 前面加上 INV（反向）关键字就可以实现反双曲线 cosine(cosh)函数。

普通尺寸的导体在间距范围内的阻抗在图 23-20 中给出。

4 线传输线

在一些应用中，常用的另一种平行导体传输线是 4 线传输线（见图 23-21〈C〉）。在截面上，4 线传输线的导体在正方形的 4 个角上。它的间距与双线传输线中所用的具有相同的规则。正方形对角上的导体连接可以方便并行操作。这种传输线比简单的双线类型具有更低的特性阻抗。同样，因为更加对称的结构，它与地面和靠近传输线的其他部件具有更好的电平衡。4 线传输线的间距短管可以是盘状或 X 形等的绝缘材料。

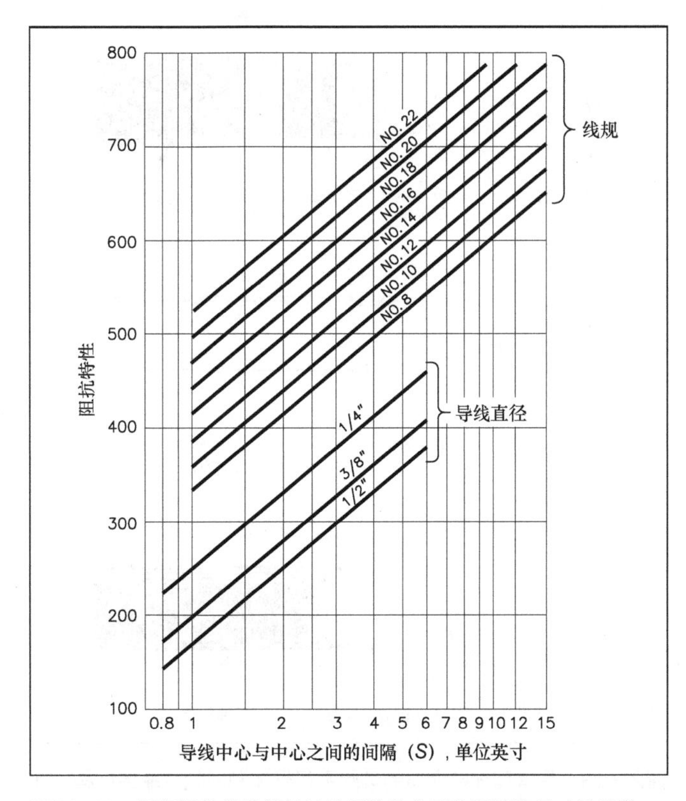

图23-20 平行导体传输线的特性阻抗作为导体间距和尺寸的函数。

空气绝缘的同轴电缆

在空气绝缘同轴传输线（见图 23-21〈D〉）中，导体间相当大部分的绝缘体实际上是固体电介质，因为内外导体间的间距必须是常数。在直径小的传输线中，这很可能是真的。内导体（通常是实芯铜线）通过绝缘小珠或螺旋式绕包等绝缘材料支撑在铜管外导体的中心。绝缘小珠通常是陶瓷高频绝缘材料。电线一般在每个珠子的每一边上都有褶皱，防止珠子滑动。珠子的制作材料和每单位长度传输线珠子的数量都会影响到传输线的特性阻抗。在给定长度中的珠子数量越多，与只用空气绝缘时获得的特性阻抗相比越低。聚四氟乙烯平常用作支撑中心导体的螺旋式绕包。较紧的螺旋式绕法可以降低特性阻抗。

固体电介质的存在也增加了传输线中的损耗。但是总体来说，假设传输线内的空气能够保持干燥，那么这种类型的同轴传输线在一直到大约 100 MHz 的频率上，同其他任意传输线结构比较趋向于具有更低的实际损耗。这常常意味着气密封条必须用于传输线的末端和每一个接合处。空气绝缘的同轴传输线的特性阻抗由式（23-32）给出：

$$Z_0 = 138\log\frac{D}{d} \quad (23\text{-}32)$$

其中，Z_0 是以欧姆为单位的特性阻抗，D 是外导体的内径，d 是内导体的外径（单位与 D 相同）。

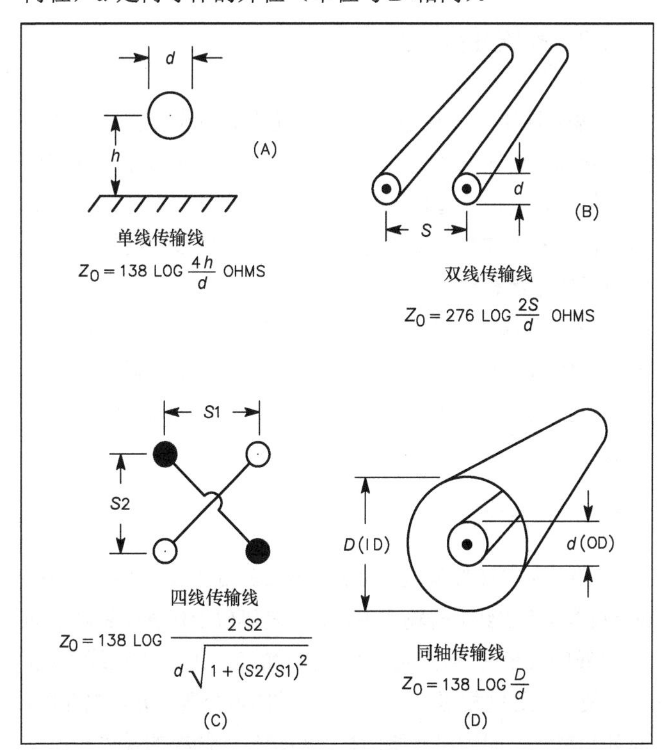

图23-21 空气绝缘传输线的结构。

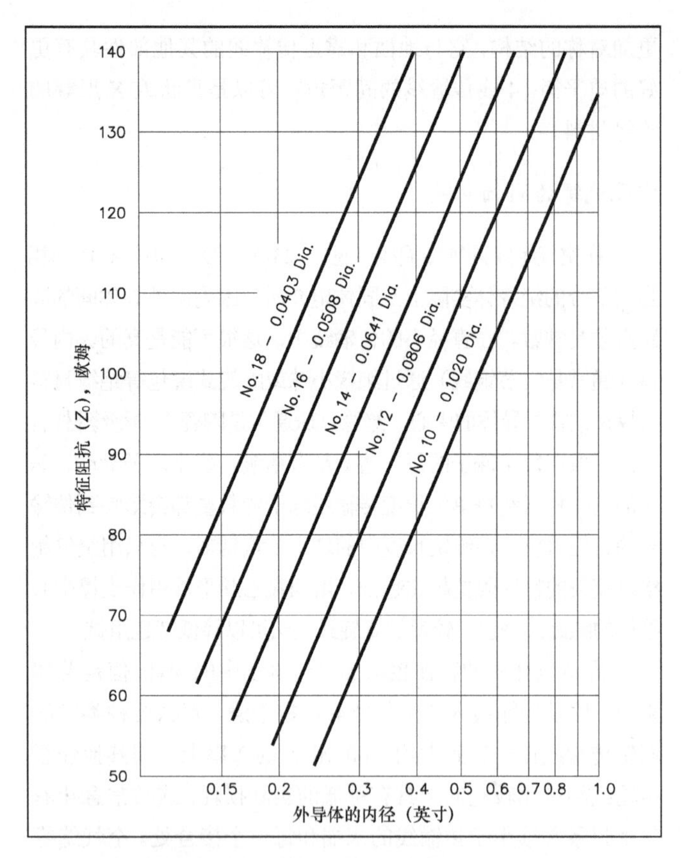

图23-22　典型空气绝缘的同轴传输线的特性阻抗。

典型的导体尺寸值如图 23-22 中所示。假设绝缘小珠的间距不是太近，同轴传输线的公式和图表对于用珠子间隔的传输线大致是正确的。

23.3.2　柔软性传输线

内部导体以柔软的电介质分隔的传输线具有许多超过空气绝缘型传输线的优点。它们比相似类型的传输线具有更小的体积、更轻的重量，在导体间维持更均匀的空间。它们通常也更易于安装，外观更灵活。平行导体线和同轴线都可以用柔软绝缘材料。

这种传输线的主要缺点是每单位长度的功率损耗比空气绝缘传输线要大。功率以电介质发热的形式损耗，并且如果发热量足够大（因为它可能伴随着高功率和高驻波比），传输线会在机械上和电气上分解。

平行导线传输线

许多种柔性传输线的结构如图 23-23 所示。在最普通的 300 Ω型（双引线）传输线中，导体是等效于代表性领域中的 20 号线的绞线，并且用宽约1/2 英寸的聚乙烯带的边缘塑造，以便使电线之间相隔一个常量。有效的电介质部分是电介质，部分是空气，固体电介质的存在与空气中同样的导体相比，降低了传输线的特性阻抗。合成的阻抗大约为 300 Ω。

因为导体间的部分场在固体电介质外面，带子表面的灰尘和湿气往往会改变传输线的特性阻抗。传输线的操作因此会受天气环境影响。在终止于特性阻抗的传输线中影响不会很严重，但是如果存在相当大的失配，Z_0 中的小变化就可能引起输入阻抗的大波动。天气影响可以通过偶尔清洁传输线和给它覆盖一层薄的诸如硅脂或车蜡之类的防水材料降到最小。

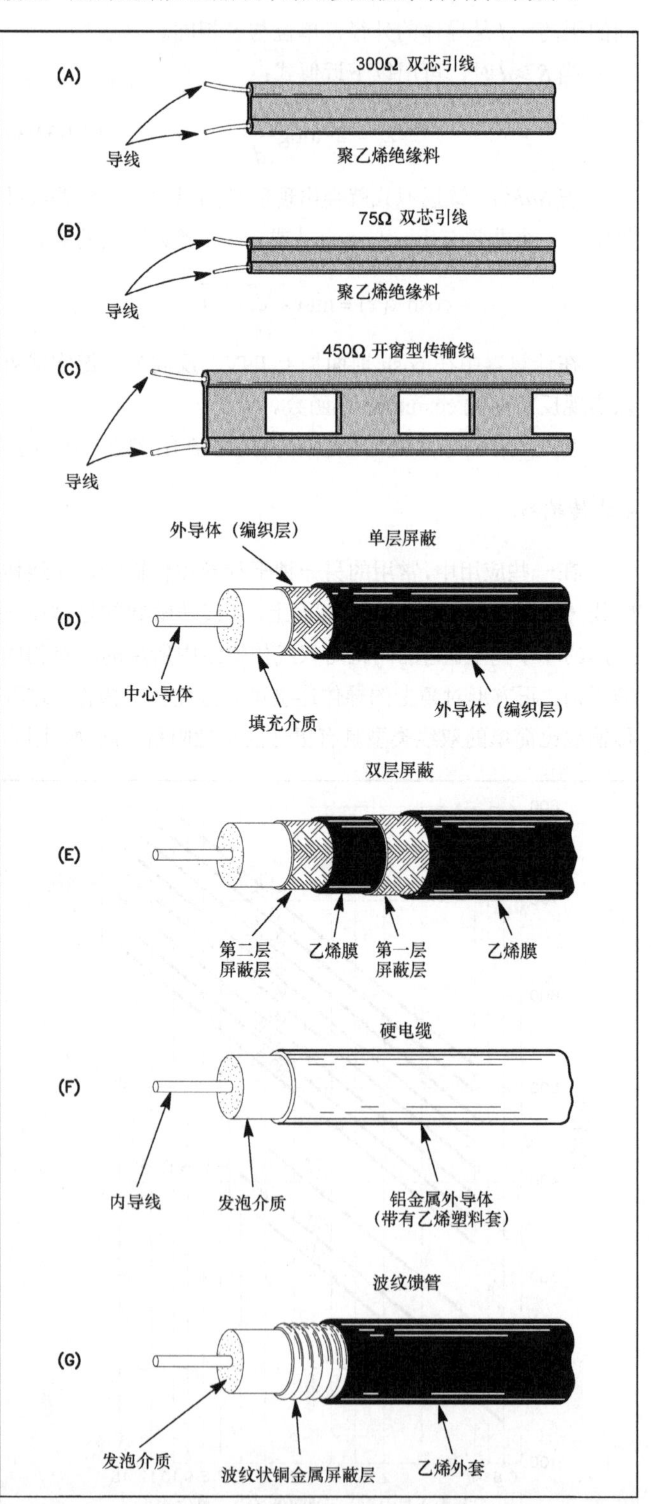

图23-23　具有固体电介质的柔软平行导体和同轴传输线结构。普遍的差异是图（E）中的双屏蔽设计在连续电接触具有包线。

为了克服天气对特性阻抗的影响和带状传输线的变薄，另一种双引线用空气线芯或泡沫电介质线芯的椭圆形聚乙烯管制作而成。内壁中的导体被塑造成互相之间直径相对。这样增加了电解质表面的泄露路径。同样地，导体间的大部分电场在管子中心的空洞（或是泡沫填充）里。这种类型的传输线几乎不受天气的影响。但是必须注意的是，安装这种天线时一定要使任何由于温度和湿度变化而凝聚在内部的湿气都能从管子的底端外流而不是留在其中某一部分。这种类型的传输线用两种导体尺寸（由于不同的管子直径）制作而成，一个用于接收，另一个用于发射。

传输类型为75 Ω的双引线使用接近于12号实芯电线的线导体，导体间的距离非常近。由于距离近，大部分场被限制在固体电介质中，极少存在于周围的空气中。这就使75 Ω传输线比300 Ω带状传输线受天气的影响小得多。75Ω双芯引线越来越少见了。

第3种类型的商用平行传输线是所谓的窗口传输线，如图23-23（C）所示。这是双引线结构的变种，除了在聚乙烯绝缘材料每隔定长切出窗口外。这样既减小了传输线的重量，也减小了污垢、灰尘和湿气积聚的表面积。这种窗口传输线使用的标称特性阻抗一般为450 Ω，即便300 Ω的传输线也能找到。大约1英寸的导体间距用于450 Ω的传输线中，而1/2英寸用于300 Ω的传输线。导体尺寸通常大约是18号。这种传输线的阻抗稍低于图23-20给出的同样的导体尺寸和间距，这是因为使用的间隔材料的电介质常数的影响。这种传输线的衰减很低，完全能满足天线功率电压的传输应用。

23.3.3 同轴电缆

同轴电缆有柔性和半柔性两类可以使用，如图23-23所示，所有类型的基本设计是相同的。它的外径从0.06英寸到超过5英寸不等。功率使用容量和电缆尺寸直接成比例，因为较大的电介质厚度和较大的导体尺寸能够处理较高的电压和电流。一般地，损耗随着电缆直径的增加而减少，它们的适用范围由绝缘材料的特性决定。

一些同轴电缆具有绞线芯导体，而其他的采用实芯铜导体。同样的，外导体（防护物）可以是单独一层铜包线或双层包线（更有效的防护）、实芯铝（硬线）、铝箔或这些材料的结合。

电压、功率和损耗的说明

特定应用的同轴电缆的正确选择并不是随便的事情，这不但关系到衰减损耗的重要性，而且电压和能量的击穿和发热也是需要考虑的。如果电缆是无损耗的，功率使用容量会仅限于击穿电压。有两种额定功率，即峰值额定功率和平均

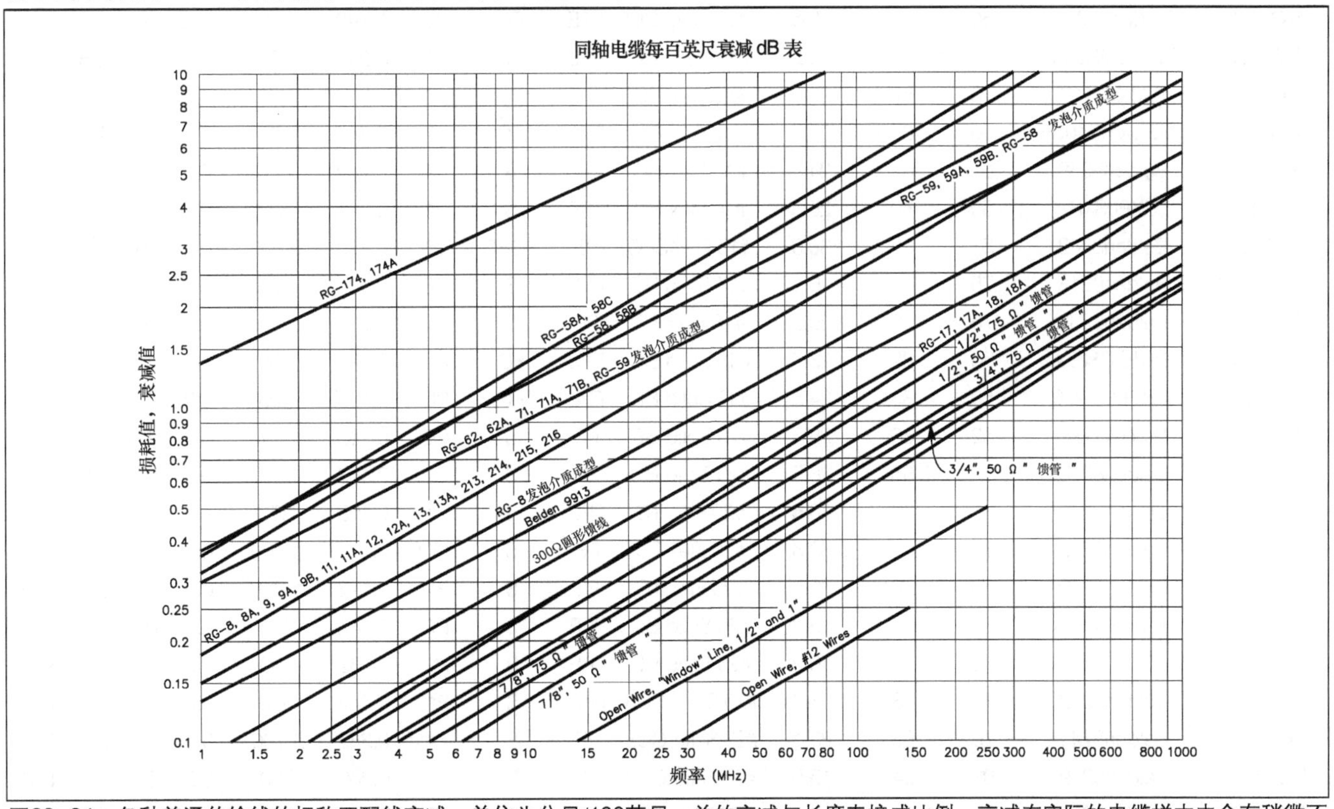

图23-24 各种普通传输线的标称匹配线衰减，单位为分贝/100英尺。总的衰减与长度直接成比例。衰减在实际的电缆样本中会有稍微不同，具有1型夹套的同轴电缆随着使用年限普遍会增加。在上面的图表中聚在一起的电缆具有大致相同的衰减。如果不是上面所示的特定种类，具有泡沫聚乙烯电介质的类型比同等的实芯类型拥有略低的损耗。

额定功率。峰值额定功率受限于内部导体和外部导体之间的击穿电压，并且不受频率影响。平均额定功率由安全长期操作介质材料的温度决定，并随频率的增加而减少。

同轴电缆的功率使用容量和损耗特性主要依赖于导体间的电介质和导体尺寸。表 23-1 列出了常用的电缆和它们的许多特性。未被注意的同轴电缆的有关特性可以从表 23-2 中的公式确定。最普通的阻抗值是 50 Ω、75 Ω和 95 Ω。但是，制造的特种传输线可以用到 25～125 Ω的阻抗。25 Ω的电缆（微型的）广泛用于磁芯宽带变压器。

表 23-1　　常用传输线的标称特性

系列或其他类型	产品型号	标称特征阻抗（W）	速度因子（%）	每英尺电容量（pF/ft）	中心导线线规 AWG	介质类型	屏蔽类型	外径英尺	最大电压	（RMS）	匹配状态下损耗值（dB/100′）			
											1MHz	10	100	1 000
RG-6	Belden1694A	75	82	16.2	#18 Solid BC	FPE	FC	P1	0.275	600	0.2	0.7	1.8	5.9
RG-6	Belden8215	75	66	20.5	#21 Solid CCS	PE	D	PE	0.332	2 700	0.4	0.8	2.7	9.8
RG-8	Belden7810A	50	86	23.0	#10 Solid BC	FPE	FC	PE	0.405	600	0.1	0.4	1.2	4.0
RG-8	TMS LMR400	50	85	23.9	#10 Solid CCA	FPE	FC	PE	0.405	600	0.1	0.4	1.3	4.1
RG-8	Belden9913	50	84	24.6	#10 Solid BC	ASPE	FC	P1	0.405	600	0.1	0.4	1.3	4.5
RG-8	CXP1318FX	50	84	24.0	#10 Flex BC	FPE	FC	P2N	0.405	600	0.1	0.4	1.3	4.5
RG-8	Belden9913F7	50	83	24.6	#11 Flex BC	FPE	FC	P1	0.405	600	0.2	0.6	1.5	4.8
RG-8	Belden9914	50	82	24.8	#10 Solid BC	FPE	FC	P1	0.405	600	0.2	0.5	1.5	4.8
RG-8	TMS LMR400UF	50	85	23.9	#10 Flex BC	FPE	FC	PE	0.405	600	0.1	0.4	1.4	4.9
RG-8	DRF-BF	50	84	24.5	#9.5 Flex BC	FPE	FC	PE	0.405	600	0.1	0.5	1.6	5.2
RG-8	WM CQ106	50	84	24.5	#9.5 Flex BC	FPE	FC	P2N	0.405	600	0.2	0.6	1.8	5.3
RG-8	CXP008	50	78	26.0	#13 Flex BC	FPE	S	P1	0.405	600	0.1	0.5	1.8	7.1
RG-8	Belden8237	52	66	29.5	#13 Flex BC	PE	S	P1	0.405	3 700	0.2	0.6	1.9	7.4
RG-8X	Belden7808A	50	86	23.5	#15 Solid BC	FPE	FC	PE	0.240	600	0.2	0.7	2.3	7.4
RG-8X	TMS LMR240	50	84	24.2	#15 Solid BC	FPE	FC	PE	0.242	300	0.2	0.8	2.5	8.0
RG-8X	WM CQ118	50	82	25.0	#16 Flex BC	FPE	FC	P2N	0.242	300	0.3	0.9	2.8	8.4
RG-8X	TMS LMR240UF	50	84	24.2	#15 Flex BC	FPE	FC	PE	0.242	300	0.2	0.8	2.8	9.6
RG-8X	Belden9258	50	82	24.8	#16 Flex BC	FPE	S	P1	0.242	600	0.3	0.9	3.1	11.2
RG-8X	CXP08XB	50	80	25.3	#16 Flex BC	FPE	S	P1	0.242	300	0.3	0.9	3.1	14.0
RG-9	Belden8242	51	66	30.0	#13 Flex SPC	PE	SCBC	P2N	0.420	5 000	0.2	0.6	2.1	8.2
RG-11	Belden8213	75	84	16.1	#14 Solid BC	FPE	S	PE	0.405	600	0.2	0.4	1.3	5.2
RG-11	Belden8238	75	66	20.5	#18 Flex TC	PE	S	P1	0.405	600	0.2	0.7	2.0	7.1
RG-58	Belden7807A	50	85	23.7	#18 Solid BC	FPE	FC	PE	0.195	300	0.3	1.0	3.0	9.7
RG-58	TMS LMR200	50	83	24.5	#17 Solid BC	FPE	FC	PE	0.195	300	0.3	1.0	3.2	10.5
RG-58	WM CQ124	52	66	28.5	#20 Solid BC	PE	S	PE	0.195	1 400	0.4	1.3	4.3	14.3
RG-58	Belden8240	52	66	28.5	#20 Solid BC	PE	S	P1	0.193	1 900	0.3	1.1	3.8	14.5
RG-58A	Belden8219	53	73	26.5	#20 Flex TC	FPE	S	P1	0.195	300	0.4	1.3	4.5	18.1
RG-58C	Belden8262	50	66	30.8	#20 Flex TC	PE	S	P2N	0.195	1 400	0.4	1.4	4.9	21.5
RG-58A	Belden8259	50	66	30.8	#20 Flex TC	PE	S	P1	0.192	1 900	0.4	1.5	5.4	22.8
RG-59	Belden1426A	75	83	16.3	#20 Solid BC	FPE	S	P1	0.242	300	0.3	0.9	2.6	8.5
RG-59	CXP0815	75	82	16.2	#20 Solid BC	FPE	S	P1	0.232	300	0.5	0.9	2.2	9.1
RG-59	Belden8212	75	78	17.3	#20 Solid CCS	FPE	S	P1	0.242	300	0.6	1.0	3.0	10.9
RG-59	Belden8241	75	66	20.4	#23 Solid CCS	PE	S	P1	0.242	1 700	0.6	1.1	3.4	12.0
RG-62A	Belden9269	93	84	13.5	#22 Solid CCS	ASPE	S	P1	0.240	750	0.3	0.9	2.7	8.7
RG-62B	Belden8255	93	84	13.5	#24 Flex CCS	ASPE	S	P2N	0.242	750	0.3	0.9	2.9	11.0
RG-63B	Belden9857	125	84	9.7	#22 Solid CCS	ASPE	S	P2N	0.405	750	0.2	0.5	1.5	5.8
RG-142	CXP183242	50	69.5	29.4	#19 Solid SCCS	TFE	D	FEP	0.195	1 900	0.3	1.1	3.8	12.8

续表

系列或其他类型	产品型号	标称特征阻抗（W）	速度因子（%）	每英尺电容量（pF/ft）	中心导线线规 AWG	介质类型	屏蔽类型	外径英尺	最大电压	（RMS）	匹配状态下损耗值（dB/100）			
											1MHz	10	100	1 000
RG-142B	Belden83242	50	69.5	29.0	#19 Solid SCCS	TFE	D	TFE	0.195	1 400	0.3	1.1	3.9	13.5
RG-174	Belden7805R	50	73.5	26.2	#25Solid BC	FPE	FC	P1	0.110	300	0.6	2.0	6.5	21.3
RG-174	Belden8216	50	66	30.8	#26 Flex CCS	PE	S	P1	0.110	1 100	1.9	3.3	8.4	34.0
RG-213	Belden8267	50	66	30.8	#13 Flex BC	PE	S	P2N	0.405	3 700	0.2	0.6	1.9	8.0
RG-213	CXP213	50	66	30.8	#13 Flex BC	PE	S	P2N	0.405	600	0.2	0.6	2.0	8.2
RG-214	Belden8268	50	66	30.8	#13 Flex SPC	PE	D	P2N	0.425	3 700	0.2	0.6	1.9	8.0
RG-216	Belden9850	75	66	20.5	#18 Flex TC	PE	D	P2N	0.425	3 700	0.2	0.7	2.0	7.1
RG-217	WMCQ217F	50	66	30.8	#10 Flex BC	PE	D	PE	0.545	7 000	0.1	0.4	1.4	5.2
RG-217	M17/78-RG217	50	66	30.8	#10 Solid BC	PE	D	P2N	0.545	7 000	0.1	0.4	1.4	5.2
RG-218	M17/79-RG218	50	66	29.5	#4.5 Solid BC	PE	S	P2N	0.870	11 000	0.1	0.2	0.8	3.4
RG-223	Belden9273	50	66	30.8	#19 Solid SPC	PE	D	P2N	0.212	1 400	0.4	1.2	4.1	14.5
RG-303	Belden84303	50	69.5	29.0	#18 Solid SCCS	TFE	S	TFE	0.170	1 400	0.3	1.1	3.9	13.5
RG-316	CXP TJ1316	50	69.5	29.4	#26 Flex BC	TFE	S	FEP	0.098	1 200	1.2	2.7	8.0	26.1
RG-316	Belden84316	50	69.5	29.0	#26 Flex SCCS	TFE	S	FEP	0.096	900	1.2	2.7	8.3	29.0
RG-393	M17/127-RG393	50	69.5	29.4	#12 Flex SPC	TFE	D	FEP	0.390	5 000	0.2	0.5	1.7	6.1
RG-400	M17/128-RG400	50	69.5	29.4	#20 Flex SPC	TFE	D	FEP	0.195	1 400	0.4	1.1	3.9	13.2
LMR500	TMS LMR500UF	50	85	23.9	#7 Flex BC	FPE	FC	PE	0.500	2 500	0.1	0.4	1.2	4.0
LMR500	TMS LMR500	50	85	23.9	#7 Solid CCA	FPE	FC	PE	0.500	2 500	0.1	0.3	0.9	3.3
LMR600	TMS LMR600	50	86	23.4	#5.5 Solid CCA	FPE	FC	PE	0.590	4 000	0.1	0.2	0.8	2.7
LMR600	TMS LMR600UF	50	86	23.4	#5.5 Flex BC	FPE	FC	PE	0.590	4 000	0.1	0.2	0.8	2.7
LMR1200	TMS LMR1200	50	88	23.1	#0 Copper Tube	FPE	FC	PE	1.200	4 500	0.04	0.1	0.4	1.3
					硬馈线馈管									
½"	CATV Hardline	50	81	25.0	#5.5 BC	FPE	SM	none	0.500	2 500	0.05	0.2	0.8	3.2
½"	CATV Hardline	75	81	16.7	#11.5 BC	FPE	SM	none	0.500	2 500	0.1	0.2	0.8	3.2
7/8"	CATV Hardline	50	81	25.0	#1 BC	FPE	SM	none	0.875	4 000	0.03	0.1	0.6	2.9
7/8"	CATV Hardline	75	81	16.7	#5.5 BC	FPE	SM	none	0.875	4 000	0.03	0.1	0.6	2.9
LDF4-50A	Heliax-1/2"	50	88	25.9	#5 Solid BC	FPE	CC	PE	0.630	1 400	0.05	0.2	0.6	2.4
LDF5-50A	Heliax-7/8"	50	88	25.9	0.355" BC	FPE	CC	PE	1.090	2 100	0.03	0.10	0.4	1.3
LDF6-50A	Heliax-1/4"	50	88	25.9	0.516" BC	FPE	CC	PE	1.550	3 200	0.02	0.08	0.3	1.1
					平行馈线									
TV Twinlead(Belden9085)		300	80	4.5	#22 Flex CCS	PE	none	P1	0.400	**	0.1	0.3	1.4	5.9
Twinlead(Belden8225)		300	80	4.4	#20 Flex BC	PE	none	P1	0.400	8 000	0.1	0.2	1.1	4.8
Generic Window Line		405	91	2.5	#18 Solid CCS	PE	none	P1	1.000	10 000	0.02	0.08	0.3	1.1
WM CQ554		420	91	2.7	#14 Flex CCS	PE	none	P1	1.000	10 000	0.02	0.08	0.3	1.1
WM CQ552		440	91	2.5	#16 Flex CCS	PE	none	P1	1.000	10 000	0.02	0.08	0.3	1.1
WM CQ553		450	91	2.5	#18 Flex CCS	PE	none	P1	1.000	10 000	0.02	0.08	0.3	1.1
WM CQ551		450	91	2.5	#18 Solid CCS	PE	none	P1	1.000	10 000	0.02	0.08	0.3	1.1
Open-Wire Line		600	92	1.1	#12 BC	none	none	none	**	12 000	0.02	0.06	0.2	0.7

续表

系列或其他类型	产品型号	标称特征阻抗（W）	速度因子（%）	每英尺电容量（pF/ft）	中心导线线规 AWG	介质类型	屏蔽类型	外径英尺	最大电压	（RMS）	匹配状态下损耗值（dB/100） 1MHz	10	100	1 000

大约功率承受能力（1:1SWR，40℃）

–	1.8 MHz	7	14	30	50	150	220	450	1 GHz
RG-58 Style	1 350	700	500	350	250	150	120	100	50
RG-59 Style	2 300	1 100	800	550	400	250	200	130	90
RG-8X Style	1 830	840	560	360	270	145	115	80	50
RG-8/213 Style	5 900	3 000	2 000	1 500	1 000	600	500	350	250
RG-217 Style	20 000	9 200	6 100	3 900	2 900	1 500	1 200	800	500
LDF4-50A	38 000	18 000	13 000	8 200	6 200	3 400	2 800	1 900	1 200
LDF5-50A	67 000	32 000	22 000	14 000	11 000	5 900	4 800	3 200	2 100
LMR500	18 000	9 200	6 500	4 400	3 400	1 900	1 600	1 100	700
LMR1200	52 000	26 000	19 000	13 000	10 000	5 500	4 500	3 000	2 000

缩 写 语

**	Not Available or varies	DRF	Davis RF	P1	PVC, Class 1	SM	Smooth Aluminum
ASPE	Air Spaced Polyethylene	FC	Foil + Tinned Copper Braid	P2	PVC, Class 2	SPC	Silver Plated Copper
BC	Bare Copper	FEP	Teflon® Type IX	PE	Polyethylene	TC	Tinned Copper
CC	Corrugated Copper	Flex	Flexible Stranded Wire	S	Single Braided Shield	TFE	Teflon® Systems
CCA	Copper Cover Aluminum	FPE	Foamed Polyethylene	SC	Silver Coated Braid	UF	Ultra Flex
CCS	Copper Covered Steel		Heliax Andrew Corp Heliax	SCCS	Silver Plated Copper Coated	WM	Wireman
CXP	Cable X-Perts, Inc.	N	Non-Contaminating				
D			Double Copper Braids				

表 23-2　　同轴电缆公式

$$C\,(\text{pF/foot})=\frac{7.26\varepsilon}{\log(D/d)} \qquad (23\text{-A})$$

$$L\,(\mu\text{H/foot})=0.14\log\frac{D}{d} \qquad (23\text{-B})$$

$$Z_0(\Omega)=\sqrt{\frac{L}{C}}=\left(\frac{138}{\sqrt{\varepsilon}}\right)\left(\log\frac{D}{d}\right) \qquad (23\text{-C})$$

$$VF\%(\text{相对于光速的速度因子})=\frac{100}{\sqrt{\varepsilon}} \qquad (23\text{-D})$$

$$\text{时间延迟}\,(\text{ns/foot})=1.016\sqrt{\varepsilon} \qquad (23\text{-E})$$

$$f(\text{cutoff/GHz})=\frac{7.50}{\sqrt{\varepsilon}(D+d)} \qquad (23\text{-F})$$

$$\text{反射系数}=|\rho|=\frac{Z_L-Z_0}{Z_L+Z_0}=\frac{SWR-1}{SWR+1} \qquad (23\text{-G})$$

$$\text{回波损耗}\,(\text{dB})=-20\log|\rho| \qquad (23\text{-H})$$

$$SWR=\frac{1+|\rho|}{1-|\rho|} \qquad (23\text{-I})$$

$$V_{\text{峰值}}=\frac{(1.15sd)\left(\log\frac{D}{d}\right)}{K} \qquad (23\text{-J})$$

$$A=\frac{0.435}{Z_0D}\left(\frac{D}{d}K1+K2\right)\sqrt{f}+2.78\sqrt{\varepsilon}(PF)(f) \qquad (23\text{-K})$$

其中，A 为每 100 英尺损耗值；d 为内导体的外径 OD；D 为外导体的内径 ID；S 为最大绝缘承受电压，单位为 V/mil；ε为介电常数；K 为安全因子；$K1$ 为线因子；$K2$ 为屏蔽因子；f 为频率，单位为 MHz；PF 为功率因子。

备注：$K1$ 与 $K2$ 数据可以从制造厂家获得。

在实际的同轴电缆中，铜和电介质损耗，把超过击穿电压的最大电压限制在适当的范围内。如果 1 000 W 功率应用于具有 3dB 损耗的电缆，就只有 500 W 功率被输送到负载。剩余的 500 W 必定浪费在电缆中。电介质和外面的夹套是优良的绝热体，可以有效地阻止导体向空气中传递热量。许多业余发射器的工作周期是如此低，以至只要 SWR 比较低，比如小于 2∶1，在电流峰值处大量的过载是允许的。图 23-24 是最普遍的传输线的匹配线衰减特性与频率的关系图。

具有实心电介质的电缆相对于具有泡沫电介质的电缆，可以处理较高的功率。具有实心电介质的 RG-8/U 可以处理高达 5000V 的电压，而具有泡沫电介质的同样电缆只能处理 600V 额定电压。另外，电缆损耗使中心导体变热，从而软化中心绝缘体。如果电缆被加热，可以弯曲成或绕成一个线圈，那么中心导体就会在绝缘体中移动而改变电流的特征阻抗或与外部绝缘层短路。这是具有泡电介质电缆所具有的特定的问题。将电缆绕成线圈或在角点弯曲时，请确保弯曲半径大于电缆指定的最小弯曲半径。

RG-8、RG-213 和“型”电缆

业余应用中最常使用的同轴电缆是 RG-8/U 电缆——50Ω的电缆，其直径大约为 0.4 英寸，具有实心或泡沫聚乙烯中心绝缘体和处理全法定功率的能力。仅次于 RG-8/U 的是 RG-213/U，该电缆也是 50Ω电缆，几乎和 RG-8/U 一样。这两种几乎一样的电缆见表 23-1。但是 RG-213/U 的损耗比 RG-8/U 稍大一点。

许多业余爱好者并不知道 RG-8/U 是一种废弃的军用规格指定品，意味着产品型号 RG-8/U 没有赋予电缆任何质量和性能等级。另一方面，RG-213/U 是当前军用指定品，只有生产符合军用规格（包括材料和生产过程）才能使用。这就导致了更加一致的产品。

对于制造商，常在军用规格标签后面加上“型”字。例如“RG-8 型”“RG-213 型”，其含义就是该类天线和“没有型”电缆具有较多相同的性能特性，但是不能保证其满足较高等级的性能。

你可以选择使用 RG-8/U 或“型”电缆，请仔细阅读说明书。高质量电缆的屏蔽覆盖范围（由铜丝编织网屏蔽层覆盖的百分比）应该在 95%～97%。通过屏蔽层的孔洞应该不能看到中心绝缘体。

RG-213/U 电缆的另一个优势就是：其保护套是由无污染 PVC 做成，所以许多类型的 RG-213/U 电缆都可以直接埋入地下。

随着工作频率的增长，由于导体损耗（趋肤效应）和电介质损耗的增加，电缆的功率使用容量相应减少。泡沫电介质的 RG-58 的击穿电压只有 300 V，但是它因为较低的损耗，却能比它的实心电介质同类充分地运用更多的功率。通常地，在业余应用中，10 MHz 以下的损耗是不重要的，除非它影响到功率使用容量。这是正确的，除非使用了极长的电缆。

大体上，完全合法的业余功率在低于 10MHz 的频带上，能够安全地应用于便宜的 RG-58 同轴电缆。RG-58 系列的电缆能够经受住在甚高频谱上的全部业余功率，但是连接器必须在这些应用中仔细选择。连接器选择会在后面的章节讨论。

同轴电缆中额外的射频工作电压会导致噪声产生，电介质损坏以及最终导体间被击穿。

变质

同轴电缆的变质经常是由于水或湿气渗透到电缆内部造成了屏蔽层腐蚀，显著增加了电缆损耗。这通常出现在电缆的末端，即连接器安装的位置或电缆分离成两根导线连接于天下的位置。

内部的绝缘材料暴露在湿气和化学制品中，时间一长会污染电介质，增加电缆损耗。较新型的泡沫电介质电缆比较早的以实心聚乙烯绝缘的电缆不易被污染。

诸如 Times 线缆公司的 LMR-400-DB 此类的绝缘浸渍电缆不受水和化学制品的损害，如果需要可以埋在地下。它们也具有自我复原的特性，这种特性在啮齿动物嚼进传输线时是很有价值的。如果电缆在户外或是埋入地下，那么电缆损耗必须最少每两年检查一次。请看测试传输线部分。

电缆外面的绝缘夹套（通常称为 PVC）单独用来防护污垢、湿气和化学制品等。（保护套唯一的电气功能就是压缩屏蔽层以保持每股线都有很好的接触。）如果保护套有一个缺口，它会导致屏蔽层腐蚀和中心绝缘体污染，再一次引起高损耗。

太阳光中紫外线辐射会引起标准 PVC 保护套内部发生化学反应，这会引起塑料分解成的产物由保护套进入中心绝缘体，降低两者的电气性质。如果你的电缆暴露于强光照下，请使用无污染的保护套。

电缆电容

同轴电缆中导体间的电容随着传输线的阻抗和电介质常数的改变而变化。因此，阻抗越低，每英尺的电容越高，因为导体间距是递减的。同样地，电容随着电介质常数的增加而增加。

弯曲半径

正常业余安装都会引起馈线弯曲或打转，最普遍的就是将电缆绕成共模射频扼流线圈或留下多余的电缆。只要不违反最小弯曲半径，弯曲电缆是可以接受的。典型的最小弯曲半径是电缆直径的整数倍。例如 RG-8，普遍规定的最小弯曲半径为 4

英寸，即倍数为8（0.5英寸OD×8）。具有严格屏蔽材料的电缆，例如硬线或Heliax线，其弯曲半径将比较大。

如果电缆进行规范的弯曲，就像将其连接于旋转天线，就要使用具有成股中心导体的电缆。当重复弯曲或打转时，实心的中心导体将会产生金属疲劳而断裂。

屏蔽平行传输线

相对于明线传输线，由平行同轴电缆制成的屏蔽平衡线有几个优势，它们和单根同轴电缆一样，可以埋入地下并通过金属建筑物或者金属管道的内部。屏蔽层的外表面可以剔除噪声，并且单个同轴电缆也可以剔除共模信号。

平衡屏蔽传输线的特征阻抗是单个同轴电缆的 2 倍——即使它们是一个系列。具有 140Ω或 100 Ω阻抗的屏蔽平行传输线，可以用两条相同长度的 70 Ω或 50 Ω的电缆构建（RG-59 或 RG-58 可以满足业余功率水平）。平行 RG-63 电缆（125 Ω）可以制成与传统的 300 Ω双引线馈线（Z_0=250 Ω）更一致的平行传输线。注意这些屏蔽类型的平行传输线的损耗一般会高于那些标准明线传输线的损耗。

屏蔽部分是相互连接着的（如图 23-25<A>所示），而两条内部导体组成平行传输线在输入端，同轴屏蔽部分需要连接到框架地；在输出端（天线一端），它们接合在一起但是可以移动。

一条高功率、低损耗、低阻抗（70 Ω或 50 Ω）的平行传输线能够用 4 条同轴电缆构造，如图 23-25（B）所示。在该例中，由于信号在它们两者之中被平等分割（它们是平行的），每一对的特性阻抗是单根同轴电缆的一半，屏蔽部分再一次全部连接在一起。两副以平行方式连接的同轴电缆的中心导体可提供平行馈电。

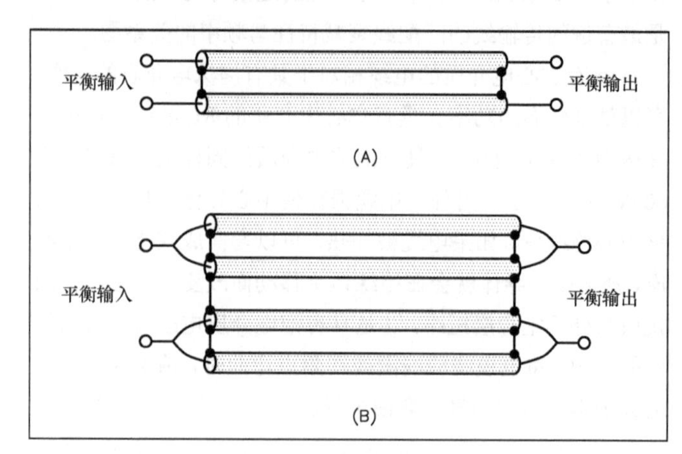

图23-25　利用标准小尺寸同轴电缆制作的屏蔽平行传输线，诸如RG-58或RG-59此类。这些平行传输线可以在金属导管中或靠近大型金属物体路由而没有不利影响。

23.4　射频（RF）连接器

连接同轴电缆的射频连接器有许多不同的类型，但对于业余爱好者而言，最常用的有 3 种：即 UHF 型、N 型和 BNC 型。随着接受天线和 RG-6 同轴电缆的使用，F 型连接器逐渐流行起来。SMA 型连接器常用于手持式收发机和微波设备。某些用于特定工作的连接器，其类型是由线缆的尺寸、工作频率以及功率等级参数决定。

如果连接器暴露于空气中，则其应该选择具有防水设计的连接器，例如 N 型或者确保完全防水的连接器，该部分在“架设天线系统和天线塔”一章中介绍。

23.4.1　UHF 连接器

所谓的 UHF 连接器（该系列的名称与频率无关）常见于大部分的高频或者一些甚高频设备。这是一种唯一会在同轴电缆中产生危害的连接器。UHF 连接器的公头又被称为 PL-259，母头则被称为 SO-239，这些连接器都可以处理高频全法定业余功率，因为它们没有一个恒定的阻抗，故很少用于甚高频环境，因而其标签“UHF”与之是不相符的。PL-259 被设计用于匹配 RG-8 和 RG-11 电缆（其 OD 为 0.405 英寸）利用适配器可以使之适用于更小尺寸的 RG-58、RG-59 和 RG-8X 电缆。UHF 连接器不具有防水功能。

图 23-26 显示了如何在 RG-8 型电缆上安装焊接型 PL-259 连接器。电缆端的适当准备是成功的关键。具体可以按照下面的简单步骤：从电缆往回量 3/4 英寸，绕着外面夹套的圆周稍微划道痕迹。用锋利的刀沿着划痕切入外面的夹套、编织线和电介质材料，几乎到中心导体处。小心不要在中心导体上刻痕。立刻切除所有的外层但不使编织线分离（使用预先设定刀片深度的剥线工具来完成这一步，这可使随后的修改变得简单的多）。

剥去电缆末端切断的外面夹套、编织线和电介质一类东西。检查切口周围的区域，查找是否有附着松散的编织线并剪断它们（如果你的刀足够锋利是不会有的）。接下来，从最初的切口往回 5/16 英寸，在外面的夹套上划线。轻轻切入夹套，不要在编织线上划痕。这一步需要练习。如果你在编织线刻痕了，请从头再来。去掉外面的夹套。

在暴露的编织线和中心导体上涂锡，但要节省使用焊料，避免熔化电介质。把耦合环滑到电缆上。把连接器部分拧到电缆上。如果你准备的电缆尺寸合适，中心导体将会穿过中心插头，编织线也会穿过焊接孔显露出来，并缠绕在外面的电缆夹套上。在电缆上加少许的润滑剂将有助于穿线进程。

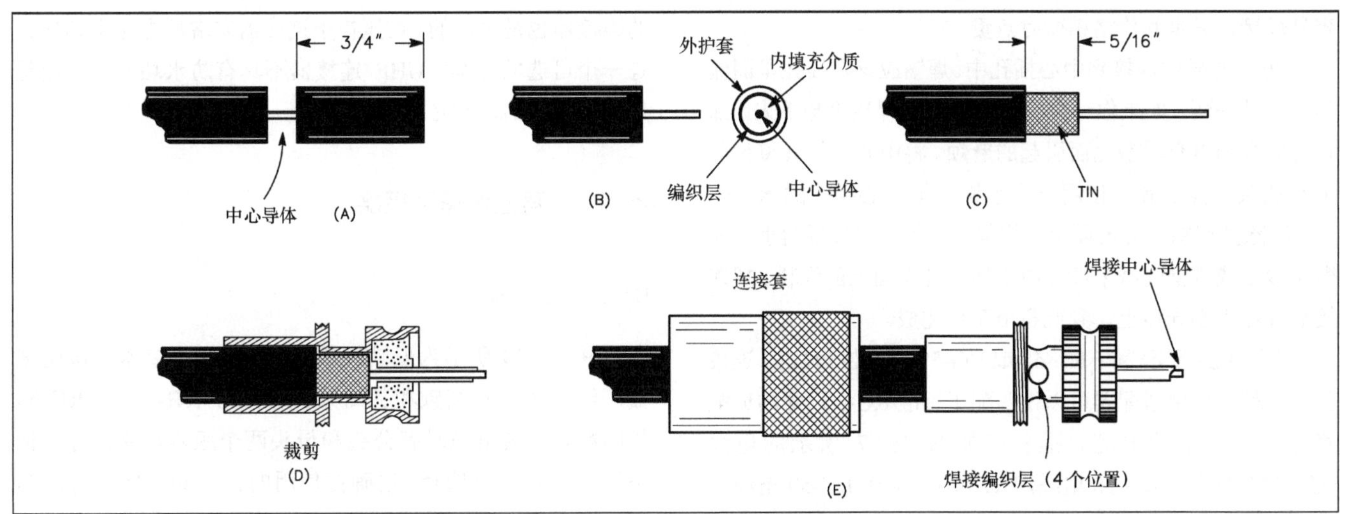

图23-26　连接器UHF家族中PL-259接头被广泛用于业余高频波段，并且在VHF设备操作中也受到欢迎。步骤（A）～（E）在文中有详细描述。

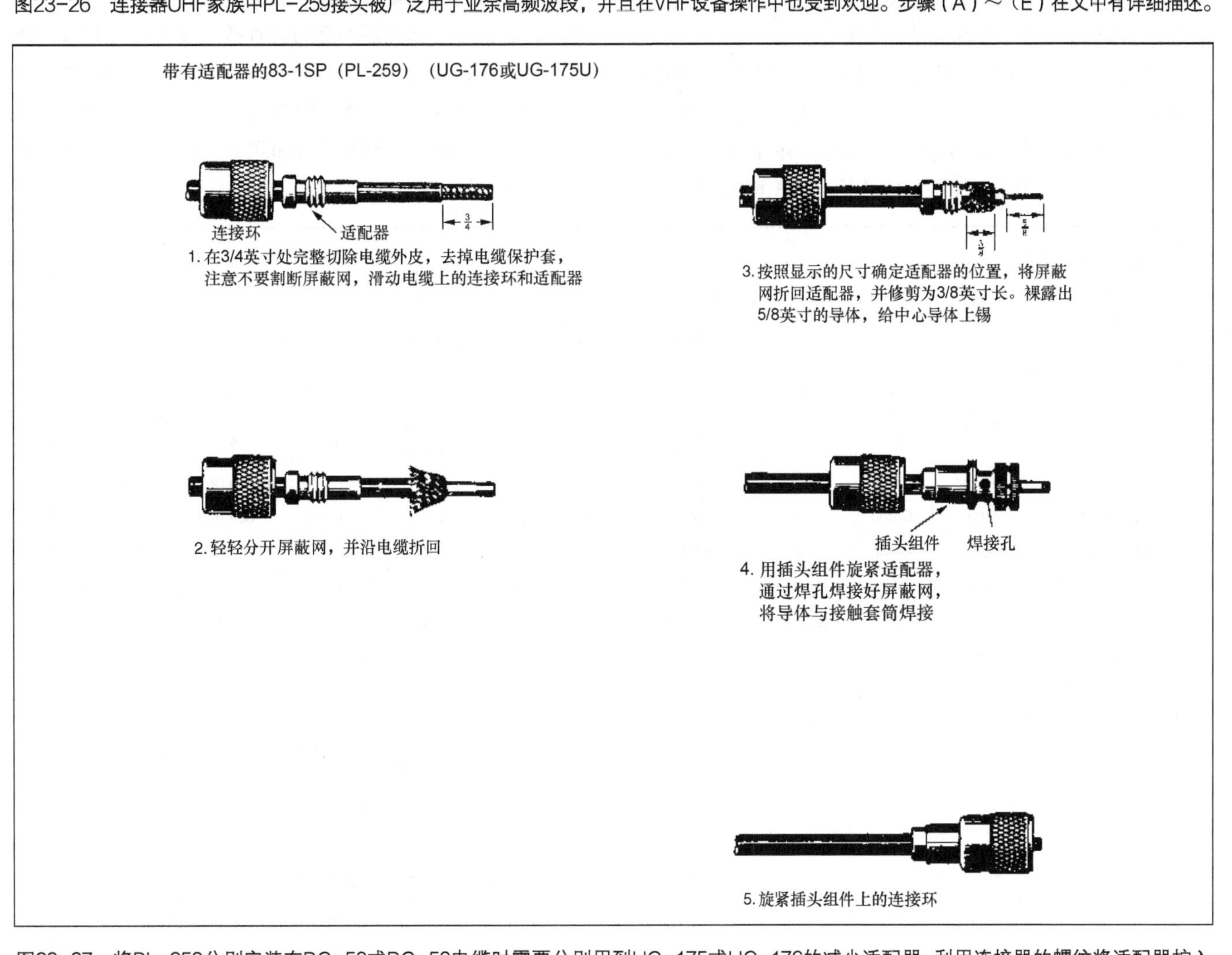

图23-27　将PL-259分别安装在RG-58或RG-59电缆时需要分别用到UG-175或UG-176的减少适配器。利用连接器的螺纹将适配器拧入插头主体并夹住电缆的保护套（该材料得到Amphenol电子元器件公司许可）。

通过焊接孔将编织线焊接起来，焊接时需要穿过4个焊接孔。导线和编织线之间较差的连接是造成PL-259失败的一个比较常见的原因，这个连接是否良好与中心导体和连接器之间的连接是同样重要。完成这项工作需要使用较大的烙铁。通过练习，你就可以知道应该使用多少热量，如果你使用的热量太少，焊锡就会形成珠状，不能在连接处流动；如果热量过多，其电介质层将会被融化，导致编织线和中心导体接触。大部分的PL-259是镀镍的，但是镀银的连接器更容易焊接，只是其价格稍微有点贵。

把中心导体焊接到中心插孔中。焊锡应该在插孔里面流动而不是外面。如果你一直等到连接处的焊接冷却下来，那将会减少因电介质融化而引起的麻烦。将中心导体修整得与中心插头一样平齐，使用一个小锉刀把中心插头的末端锉圆，移除掉堵塞在外表面上的焊料。使用一把尖锐的小刀和微粒砂纸或者钢丝绒来清除中心插头外表面上的焊料。把连接器拧在中心导体上。到此整个工作完成。

图 23-27 所示为在 RG-58 或 RG-59 上安装 PL-259 连接器的过程。使用适配器可以使匹配于标准 RG-8 尺寸的适配器适用于更小的电缆。准备好如图 23-27 所示的电缆（UG-175 对应于 RG-58 电缆，UG-176 对应于 RG-59 电缆），一旦编织网处理好，就可将适配器拧在 PL-259 的外壳上，然后如在 RG-8 电缆中那样完成整个安装过程。

图 23-28 所示为适合所有常见同轴电缆尺寸的压接连接器的说明和尺寸。尽管业余爱好者们一直不情愿采用压接式连接器，但是该连接器具有良好的质量，并且便宜的压接工具使得压接技术成为一个很好的选择，即使作为外部使用的连接器也是可以的。在压接于连接器末端后焊接中芯导线是一个可选的方案。UHF 连接器不具有防水功能，不论是焊接还是卷曲，都必须防水。

23.4.2 其他设备连接器

BNC 型连接器

图 23-29 所示为低功耗级的 BNC 型连接器，该连接器广泛应用于超高频和甚高频。它们与 RG-58 和 RG-59 相匹配，安装电缆时有公头和母头两个版本可用。有几种不同的款式可以选择，请确保使用的大小和你所拥有的匹配。按照安装说明谨慎操作。如果你准备的电缆与之尺寸有误，那么中心插孔将不会与异性接头座正确地连接。锋利的剪刀是均匀地修剪编织网的一个很大的助力。也可以使用压接式 BNC 连接器，但其发生了大量的变化，包括旋拧方式，可以根据原版书附加光盘文件中的指导安装这些连接器。

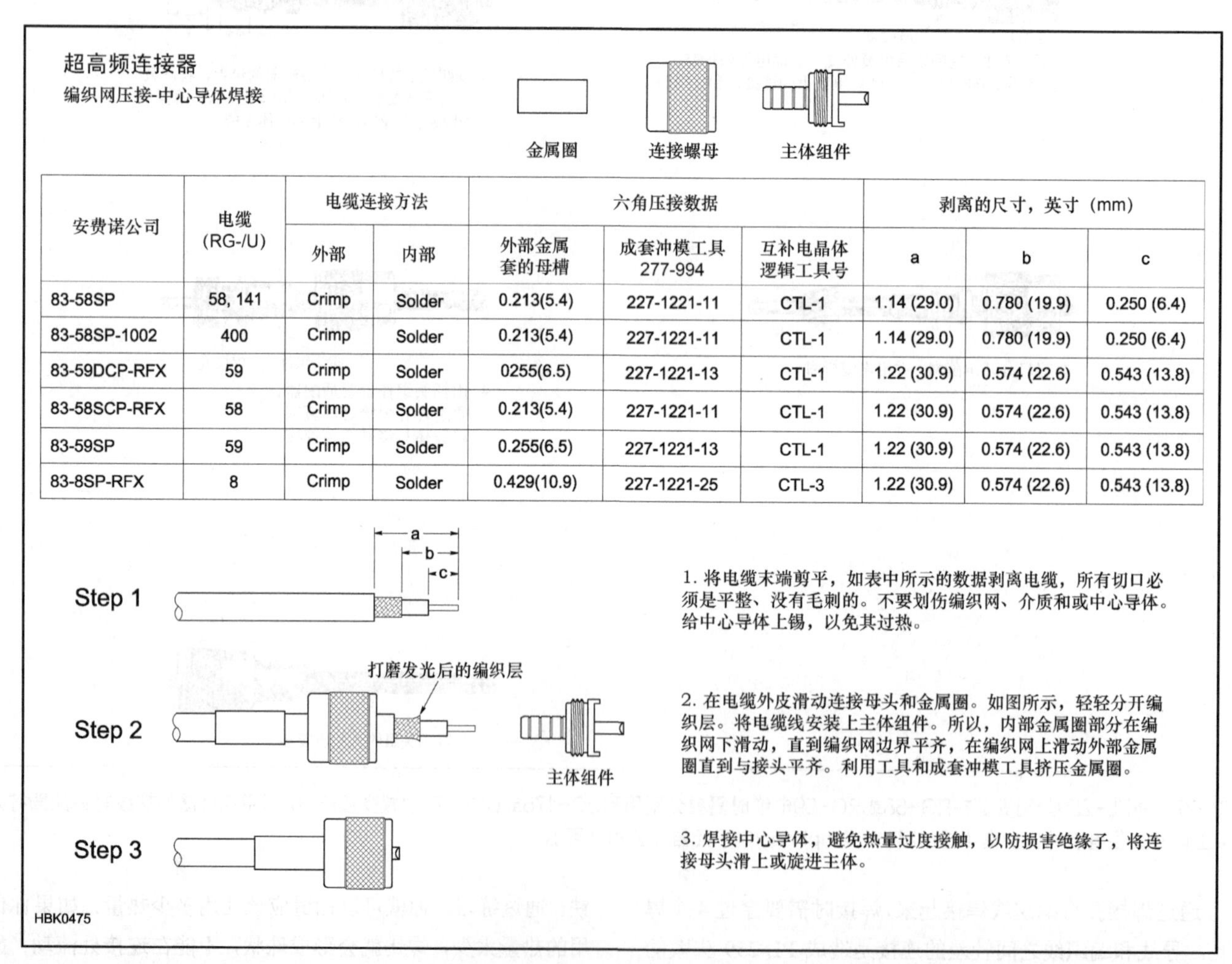

安费诺公司	电缆 (RG-/U)	电缆连接方法		六角压接数据			剥离的尺寸，英寸 (mm)		
		外部	内部	外部金属套的母槽	成套冲模工具 277-994	互补电晶体逻辑工具号	a	b	c
83-58SP	58, 141	Crimp	Solder	0.213(5.4)	227-1221-11	CTL-1	1.14 (29.0)	0.780 (19.9)	0.250 (6.4)
83-58SP-1002	400	Crimp	Solder	0.213(5.4)	227-1221-11	CTL-1	1.14 (29.0)	0.780 (19.9)	0.250 (6.4)
83-59DCP-RFX	59	Crimp	Solder	0255(6.5)	227-1221-13	CTL-1	1.22 (30.9)	0.574 (22.6)	0.543 (13.8)
83-58SCP-RFX	58	Crimp	Solder	0.213(5.4)	227-1221-11	CTL-1	1.22 (30.9)	0.574 (22.6)	0.543 (13.8)
83-59SP	59	Crimp	Solder	0.255(6.5)	227-1221-13	CTL-1	1.22 (30.9)	0.574 (22.6)	0.543 (13.8)
83-8SP-RFX	8	Crimp	Solder	0.429(10.9)	227-1221-25	CTL-3	1.22 (30.9)	0.574 (22.6)	0.543 (13.8)

图23-28 压接式超高频连接器可用于流行同轴电缆的所有尺寸，在焊接接头方面节省了大量的时间。这些连接器的性能和可靠性等同于焊接的接头，如果压接正确的话（得到Amphenol电子元器件公司许可）。

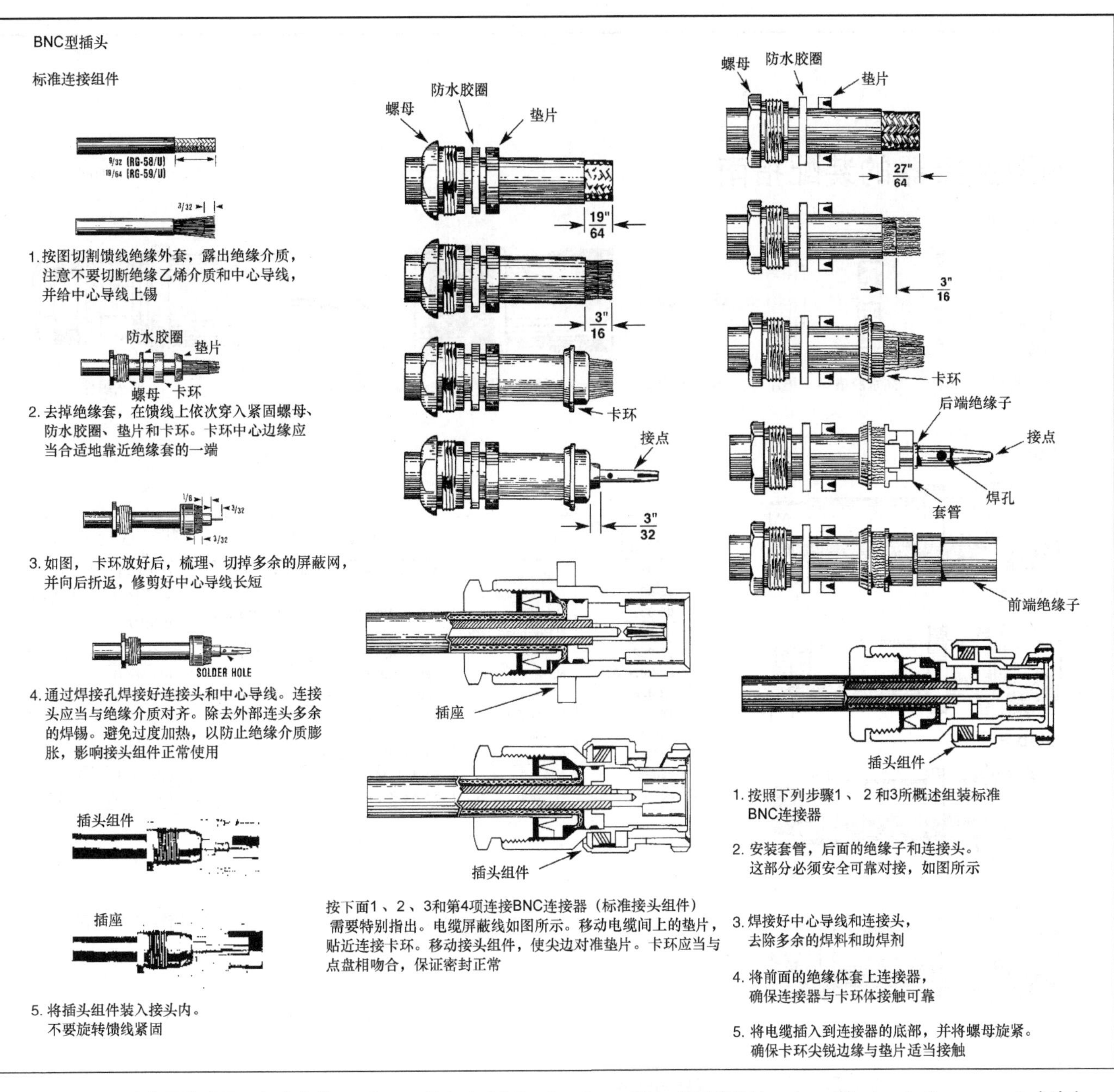

图23-29　BNC连接器常常用于低功率的VHF和UHF设备中（经Bunker Ramo Corp的RF部门AmphenolElectronic Components允许）。

N 型连接器

图 23-30 所示为高功耗级的 N 型连接器，该连接器是为有必须要求的超高频和甚高频环境准备的。N 型连接器在电缆安装时有公头和母头可以使用，该连接器被设计用于 RG-8 规格的电缆。与 UHF 连接器不同的是，它们在接头处可以维持一个恒定的阻抗；而与 BNC 型连接器相同的是，准备与连接器正确的电缆同等重要。中心插头必须被正确地定位，以配合与之相反的连接器的中心插头，也可以使用压接式 N 型连接器。可以根据原版书附加光盘文件中的指导安装这些连接器。

F 型连接器

F 型连接器，主要用于有线电视的连接，在设计只接收天线时也很受欢迎，可与 RG-59 或日益流行的 RG-6 电缆以低成本的方式使用。压接是这些连接器唯一的安装方式，图 23-31 所示为安装它们的指南。连接器尺寸的精确随制造商的不同而变化——压接的信息通常随连接器一起提供，有两种压接方式，即套圈和压缩。套圈压接方法类似于 UHF、BNC 和 N 型连接器，其中，金属环环绕露出屏蔽层的同轴电缆进行压缩。压缩压接则是迫使套管插入连接器的背面，夹紧屏蔽层而不是在连接器主体。在所有情况下，电缆暴露的中心导体（实心导线）必须避免与连接器的端部平齐。太短的中心导体可能不是一个很好的连接。

N型连接器的装配指南

HBK05_19-19

夹钳类型

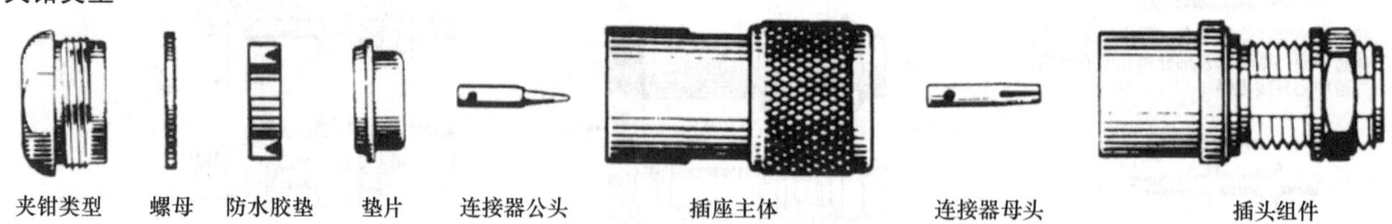

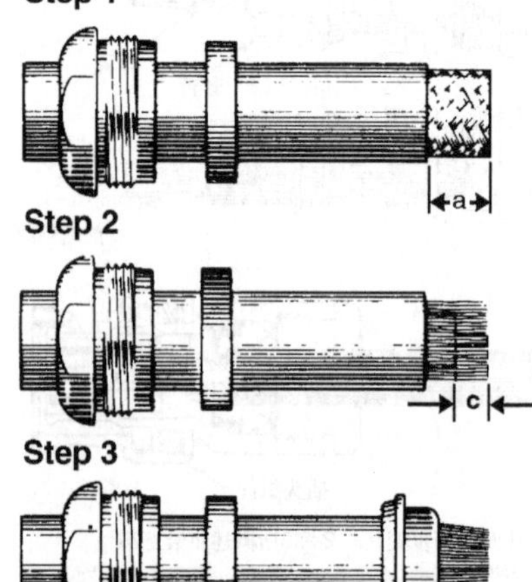

安费诺公司的编号	连接器类型	电缆（RG-/U）	剥离的尺寸，英寸（mm）	
			a	c
82-61	N型插座	8, 9, 144, 165, 213, 214, 216, 225	0.359(9.1)	0.234(6.0)
82-62	N型面板插头	8, 9, 87A, 144, 165, 213, 214, 216, 225	0.312(7.9)	0.187(4.7)
82-63	N型插头		0.281(7.1)	0.156(4.0)
82-67	N Bulkhead Jack			
82-202	N型插座	8, 9, 144, 165, 213, 214, 216, 225	0.359(9.1)	0.234(6.0)
82-202-1006	N型插座	Belden 9913	0.359(9.1)	0.234(6.0)
82-835	N型弯插头	8, 9, 87A, 144, 165, 213, 214, 216, 225	0.281(7.1)	0.156(4.0)
18750	N型弯插头	58, 141, 142	0.484(12.3)	0.234(5.9)
34025	N型插座		0.390(9.9)	0.203(5.2)
34525	N型插座	59, 62, 71, 140, 210	0.410(10.4)	0.230(5.8)
35025	N型插头	58, 141, 142	0.375(9.5)	0.187(4.7)
36500	N型插头	59, 62, 71, 140, 210	0.484(12.3)	0.200(5.1)

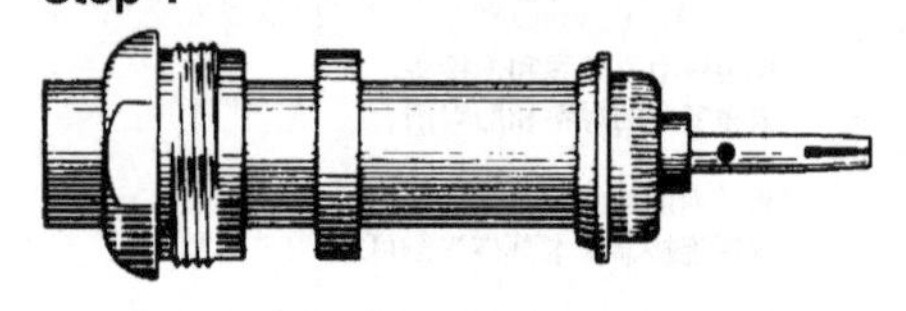

Step 5

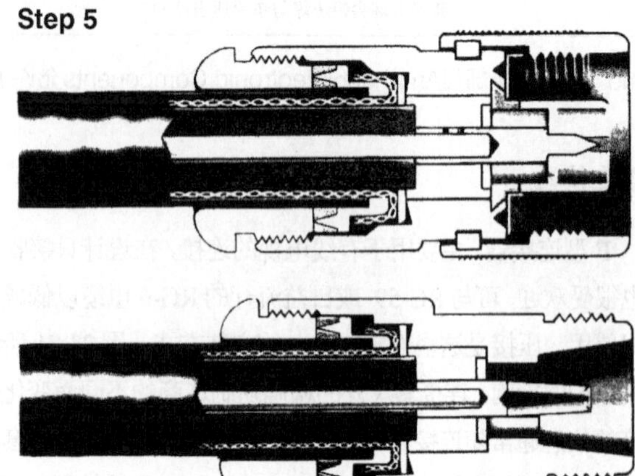

1. 放置螺母和垫片，朝向夹子在电缆上开一个V形槽，按照尺寸a剥离保护套。

2. 剪裁编织层并将其折回，按照所示的尺寸c减掉介质。

3. 向前拽编织网的导线并使其在朝向中心导体处为锥形。在编织网上放置夹子，并向后推电缆保护套。

4. 如图所示折回编织网，修剪编织网使其长度适当，形成如图所示的夹具，焊接中心导体。

5. 将电缆和部分零件插入连接器的主体。确保垫片在合适的位置，并且边缘锐化。拧紧螺母。

图23-30　N型连接器常常用于高功率的VHF和UHF设备中（得到Amphenol电子元器件公司许可）。

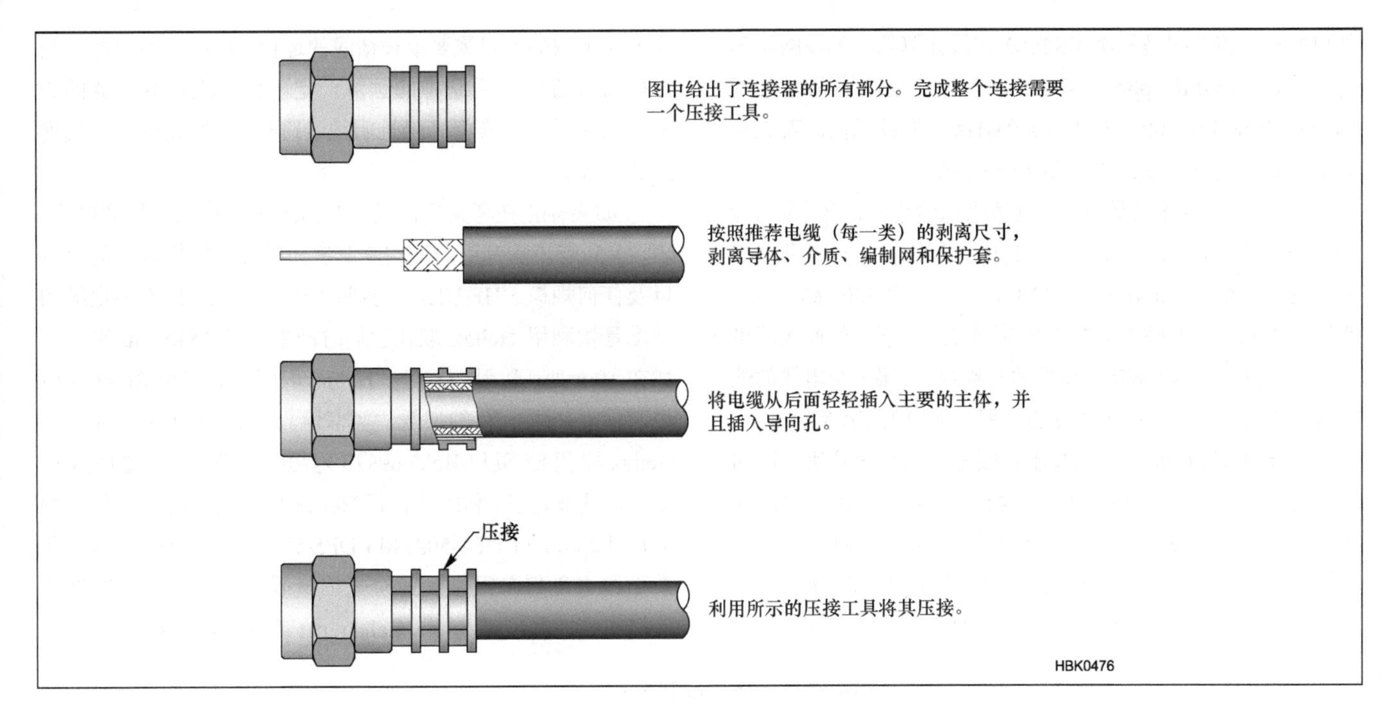

图23-31　F型连接器普遍用于TV电缆的连接，并且和便宜的RG-59和RG-6一起用于仅接收天线。

SMA 型连接器

图 23-32 所示的 SMA 连接器是最普遍的微波连接器。电缆中心处的绝缘层直接插入连接器的接口而不留空气缝隙。标准的 SMA 型连接器的额定工作频率为 12.4GHz，而高品质的连接器通过适当的安装则可工作于 24GHz 环境。更多关于 SMA 型连接器和其他微波连接器的信息参见关于 Williams 的参考文献（该文章在原版书附加光盘文件中）。

图23-32　一对SMA连接器，左边为公头，右边为母头。SMA连接器可用镍、不锈钢或金进行抛光。

硬线连接器

剩余的硬线电缆尽管有很多种尺寸（如 1/2 英寸、5/8 英寸、3/4 英寸、1 英寸等），但是它们与标准的射频连接器（例如 UHF 型、N 型等）不兼容。在过去的几十年里，发表了许多具有创造性的设计的文章，在文中他们利用水暖五金或者其他材料来制造一个与标准射频连接器兼容的适配器。如果你决定设计制造自己的适配器，那么在使用不同金属和防水连接器时一定要谨慎小心，要不就使用制造商推荐的连接器，它们往往可以作为备用的。

使用带 RG-58 压接连接器的 RG-6 电缆

RG-6 同轴电缆不但便宜而且使用起来方便容易，它通常用于国内有线电视和卫星电视。用于压接式 BNC 型、N 型、PL-259 和其他类型的连接器很容易获得。除了 F 型连接器，很难找到其他压接式连接器可以用于 RG-6 电缆。然而，RG-58 压接器可以令人满意地用于 RG-6 电缆和一些其他电缆，这些电缆的描述见 Garth Jenkinson（VK3BBK）的文章，该文章可在原版书附加光盘文件中找到。

23.5　选择和安装馈线

23.5.1　馈线对比

选择馈线时通常考虑两个因素，即工作频率的损耗和成本。首先，连接到馈线负载上的阻抗决定了所考虑馈线类型的失配。表 23-3 和表 23-4 是 Frank Donovan 在 2008 年发布的，表中所示的数据是在天线波段的频率处各种同轴电缆的典型损耗，该数据是利用VK1OD在线计算器（下载网站为vk1od.net/calc/tl/tllc.php）获得的，大部分生产商都会注明1MHz、10MHz、100MHz和1000MHz处的损耗值。表23-4中用来表示电缆长度的单位是1dB损耗。

利用表23-3中的数据，损耗值乘以馈线的长度除以100（英尺）。例如在28.4MHz处，250英尺长的RG-213电缆，在表中查到其相应的损耗值（1.2dB），然后乘以250除以100，即等于3.0dB。现在利用式23-16或图23-14所示的曲线即可决定在工作频率和SWR处电缆的总损耗。如果一个电缆的性能以及价格对你来说是可接受的，那么你的工作就完成了。

如果你是满功率运行的，还必须考虑线路的峰值电压和功率处理能力，可能还要考虑在特殊情况下其他方面的问题。例如，携带QRP的设备操作人员可能选择使用RG-174同轴电缆，即使它有高的损耗，但是因为它的重量轻。

对于那些SWR非常高的情况（如用于在多个频段采用了非共振双峰）或需要很长馈线的运行，明线线路可能是最好的解决方案。系统中的预算一定要包含阻抗变压器的成本，因为需要用其将高阻抗明线线路和50Ω设备及天线连接在一起。

如果你正在考虑用硬线或Heliax来替代长运行的馈线，表23-5应该是有用的。这是解决天线离发射机较远的电台以及任何规模VHF/UHF电台常见的方案。表23-5中电缆的长度是指利用Heliax取代它们时产生1dB增益的长度。例如在10m处，利用1/2英寸Heliax取代146英尺RG-213电缆时将会产生1dB的增益。类似地，在2m处利用7/8英寸Heliax取代85英尺Belden9913电缆时会产生1dB的增益。运行的线缆越长，利用低损耗Heliax取代它们时所产生的增益也就越大。（LDF4-50A和LDF5-50A可以在拍卖网站、业余无线电爱好者网站和业余无线电爱好者盛会上以合理的价格买到，其网站为www.eham.net或www.qrz.com。）

表23-3　　电缆衰减（dB/100英尺）

MHz	1.8	3.6	7.1	14.2	21.2	28.4	50.1	144	440	1296
LDF7-50A	0.03	0.04	0.06	0.08	0.10	0.12	0.16	0.27	0.5	0.9
FHJ-7	0.03	0.05	0.07	0.10	0.12	0.15	0.20	0.37	0.8	1.7
LDF5-50A	0.04	0.06	0.09	0.14	0.17	0.19	0.26	0.45	0.8	1.5
FXA78-50J	0.06	0.08	0.13	0.17	0.23	0.27	0.39	0.77	1.4	2.8
3/4″ CATV	0.06	0.08	0.13	0.17	0.23	0.26	0.38	0.62	1.7	3.0
LDF4-50A	0.09	0.13	0.17	0.25	0.31	0.36	0.48	0.84	1.4	2.5
RG-17	0.10	0.13	0.18	0.27	0.34	0.40	0.50	1.3	2.5	5.0
LMR-600	0.10	0.15	0.20	0.29	0.35	0.41	0.55	0.94	1.7	3.1
SLA12-50J	0.11	0.15	0.20	0.28	0.35	0.42	0.56	1.0	1.9	3.0
FXA12-50J	0.12	0.16	0.22	0.33	0.40	0.47	0.65	1.2	2.1	4.0
FXA38-50J	0.16	0.23	0.31	0.45	0.53	0.64	0.85	1.5	2.7	4.9
9913	0.16	0.23	0.31	0.45	0.53	0.64	0.92	1.6	2.7	5.0
LMR-400	0.16	0.23	0.32	0.46	0.56	0.65	0.87	1.5	2.7	4.7
RG-213	0.25	0.37	0.55	0.75	1.0	1.2	1.6	2.8	5.1	10.0
RG-8X	0.49	0.68	1.0	1.4	1.7	1.9	2.5	4.5	8.4	13.2
RG-58	0.56	0.82	1.2	1.7	2.0	2.4	3.2	5.6	10.5	20.0
RG-174	1.1	1.5	2.1	3.1	3.8	4.4	5.9	10.2	18.7	34.8

表23-4　　电缆衰减（英尺/dB）

MHz	1.8	3.6	7.1	14.2	21.2	28.4	50.1	144	440	1296
LDF7-50A	3333	2500	1666	1250	1000	833	625	370	200	110
FHJ-7	2775	2080	1390	1040	833	667	520	310	165	92
LDF5-50A	2108	1490	1064	750	611	526	393	227	125	69
FXA78-50J	1666	1250	769	588	435	370	256	130	71	36
3/4" CATV	1666	1250	769	588	435	385	275	161	59	33
LDF4-50A	1145	809	579	409	333	287	215	125	70	39
RG-17	1000	769	556	370	294	250	200	77	40	20
LMR-600	973	688	492	347	283	244	182	106	59	33
SLA12-50J	909	667	500	355	285	235	175	100	53	34
FXA12-50J	834	625	455	300	250	210	150	83	48	25
FXA38-50J	625	435	320	220	190	155	115	67	37	20
9913	625	435	320	220	190	155	110	62	37	20
LMR-400	613	436	310	219	179	154	115	67	38	21
RG-213	397	279	197	137	111	95	69	38	19	9
RG-8X	257	181	128	90	74	63	47	27	14	8
RG-58	179	122	83	59	50	42	30	18	9	5
RG-174	91	67	48	32	26	23	17	10	5	3

表 23-5　　提高馈线的优势

如果用 LDF5-50A 替代（7/8 英寸的螺线），1dB 优势所需要的英尺										
MHz	1.8	3.6	7.1	14.2	21.2	28.4	50.1	144	440	1296
LDF4-50A	2500	1430	1250	910	715	625	475	279	158	90
RG-17	1666	1430	1110	770	560	475	420	120	60	30
FXA12-50J	1250	1000	770	525	435	355	255	120	75	40
9913	935	590	455	320	280	220	150	85	53	29
如果用 LDF4-50A 替代（1/2 英寸的螺线），1dB 优势所需要的英尺										
MHz	1.8	3.6	7.1	14.2	21.2	28.4	50.1	144	440	1296
RG-17	-	-	-	-	-	-	-	220	90	40
FXA12-50J	-	-	2000	1250	1100	835	625	250	145	65
9913	1430	1000	715	500	455	345	235	135	75	40
RG-213	618	434	306	212	171	146	106	58	29	14

23.5.2　安装同轴电缆

柔性同轴电缆线的一个最大的优势是在安装的过程中可以不用考虑周围的环境。它不需要绝缘，可以在地面或者管道中走线，可以在拐角处以合适的半径弯折，也可以在诸如墙壁之间这样的空间中迂回走线，而在这样的环境中，其他类型的线路就不实用了。另外，同轴电缆不受其他邻近其他导体的影响，并能在金属管道内或依附于金属结构表面运作。

正如下面段落中描述的一样，处理同轴电缆时仍然需要小心，特别是当其通过导管被拉出时。使用电缆夹时，通过增大所夹电缆的表面积来分散夹力，同时要限制夹力的大小以避免电缆横截面的变形。

保护套

当安装同轴电缆时，保护电缆的保护套以避免水在任何地方流入电缆内部是重要的。首先，在储藏和安装时要小心地处理电缆，不要损坏保护套。如果损坏了保护套，就必须迅速关注其损坏的地方并保证水没有进入电缆，然后使用射频连接器的防水贴片来修复有限的损坏的地方。该防水贴片在“架设天线系统与天线塔”一章中介绍。

它与天线连接后就固定住电缆使保护套不会因风或天线选择等动作而破损。垂直悬挂的电缆应该以这样的方式来支撑，即任何电缆弯曲动作都是渐进的，其弯曲半径远大于最小弯曲半径。使用的电缆夹应夹在短一点的电缆上，分散其压力，以避免损坏保护套。如果使用金属丝或塑料扎带，请不要拧得太紧，以免保护套被压卷。

保护套一个重要的部分就是射频连接器的防水。暴露于空气的同轴电缆编织层作为一个芯，会吸收水分。在较小的程度上，具有绞合中心的导体或部分空心的中心绝缘层的电缆也可以吸收水分。当水分子或者潮气渗入同轴电缆时，无论是在编织层还是中心导体，很快就会由于损耗而变得无法使用。屏蔽层褪色或者受损的电缆都是不可修复的，应该扔掉。

使用电缆编织网

最常见的就是从旧的同轴电缆上松脱并剥落其屏蔽层编织网，然后将其再用于接地带。不幸的是，没有保护套时，电缆编织网并不是一个很好的射频导体！使同轴电缆中屏蔽层良好工作的方法，就是利用保护套持续的压力来使其压缩得更紧密，并使每一股都很好地连接。这使得它们可以扮作持续导体表面。当编织层从电缆中移除后，保护套不再具有保护和压缩每一股的作用。这使得它们相互分离，并受到污染而腐蚀其表面，大大减少了编织网在射频上的有效性。编织网也可能用于直流和低频连接，不过是对于一个可靠的射频连接，请使用铜带或重线。只要绝缘层没有裂痕或其他方式的损坏，电缆内部导体和中心绝缘体都可用作同轴电缆额定的高压线。

掩埋的同轴电缆

有一些原因可能使你选择掩埋同轴电缆。其一是掩埋的同轴电缆几乎可以不受暴风雨和紫外线的损害，并且通常情况下相对于暴露在空气中的电缆需要很少的维护费。另一个可能的原因是埋入地下的同轴电缆与天线的辐射方向图产生的相互作用较小，产生的噪声干扰小，而且在屏蔽层的外表面传递较小的共模射频信号。一条埋入地下的同轴电缆在美观上对于大部分的社区也是容易接受的。

尽管任何电缆都可以埋入地下，但是那些设计专门埋入地下的电缆将会有更长的寿命。直埋电缆有一层高密度聚乙烯保护套，因为它既是无孔的又能够承受相当高的挤压载荷。在浸渍直埋电缆中，其保护套下面应用了一个额外的防潮聚乙烯脂，这使得材质可以外漏，因而“治愈”了小护套的渗透作用。无论是 RG-8/U 还是 RG-312/U，其两者均被自然地认为是直埋电缆——电缆供应商必须指定其直埋等级。在直埋电缆保护套上通常印有“直埋式”或同意义的标签。

这里给出了一些关于直埋电缆的忠告。

（1）因为外部保护套是电缆的第一条防御线，进行任何步骤时都要注意避免损害它，这样可以维持电缆质量较长的时间。

（2）埋电缆的沙子或粉细碎土壤要没有石块、煤渣或瓦砾。如果沟槽内的土壤不符合要求，则要在沟里夯实4～6英寸的沙子再铺设电缆，在电缆上面再夯实6～11英寸的沙子。填充沟槽之前，在沙子上放置一块防腐或分压木板，这将为其提供一些保护，以免因挖掘或行车而损坏电缆。

（3）铺设电缆时应该在电缆上留一点余量。因为当材料将电缆充满时，一个紧密的电缆更容易损坏。

（4）在安装电缆时要检查电缆，以确保其保护套在储藏和拖动过锋利边缘时没有损坏。

（5）重要的是埋入地下的电缆要埋在冷冻线以下，以免因为土壤和水在冻融循环过程中因膨胀冷缩作用而损坏电缆。

使用管道

埋同轴电缆时，你可能考虑使用塑料管道或电气管道，这样塑料管道提供了一个机械屏障的作用，水浸透实际上得到了保证——水要么直接漏入，要么在空气中凝结。在管道所有最低处的底部钻孔时要小心。这些孔是为了让湿气排出或者使用多孔管道以致水可以排出到周围的地面。

无论管道位于地上还是地下，应该使用半径较大的弯管代替半径较小的弯管。电缆可以轻松地通过半径较大的弯管，通过急弯管时容易损坏电缆。在拉电缆时，经常使用有毛刺的金属管道将会剥离电缆的保护套。组装每一部分之前，应打磨或润滑边缘。

选择管道的大小时，应留出足够额外的空间——其直径至少是你电缆预期总直径的2倍。推荐其直径为3～4英寸，这可极大简化其牵引过程，并给出电缆足够的空间以便连接器和接头通过管道。请确保牵引电缆的末端有“鱼索”或“鱼线”，以便你可在其后面续接或替换电缆。

如果你还有旋转器或其他控制电缆，那当地限制电缆数量和类型的建筑法规同样适用于管道。

23.5.3 安装平行线线路

明线电缆

在安装明线电缆的时候，必须注意避免平行线线路受到潮湿和冰雪环境的影响。如果电缆是自制的，只有隔离片不会受到潮湿、日晒等在室外绝缘线路中遇到的天气的影响。陶瓷隔片完全满足这些要求，只是它们比较重。平行线线路的间距越宽，跨越逆电流器的泄露通道越长，但是如果没有进入线路辐射中，这也不会传送太远，在较高频率下更是如此。在高频下使用时，6英寸应该算是最大的实际间距了。

线路应该与类似水落管、金属窗框、防水板等的导体隔离开来，且隔离距离是线路间距的2倍或3倍。非常靠近线路的导体在一定程度上会与线路进行耦合，这相当于在耦合发生的地方放置了一个附加的电阻。耦合电阻上将会发生反射，从而提高SWR。当一根导线与另一根导线的距离小于这根导线到外部导体的距离时影响最大。在这样的情况下，一根导线的负载大于另一根导线，从而导致线路上的电流不再相等。线路也就不再平衡。

双引线和窗口线

实心电介质的双导线线路由于存在一个很小的间距，因此会有一个相对较小的外部磁场，并会附加在几英寸距离内的其他导体上，但是线路和导体之间的耦合没有太大危险。当在墙体或类似结构中走线时，可以用孤立绝缘体作为这种类型的支撑线。

与明线线路一样，安装时应该避免雪、冰或液态水在线路上聚集。这里提出一种附加电介质的导线，该导线可以改变线路的阻抗或者引起损耗。

机械问题

在平行导线线路必须依附在建筑物或其他结构的地方，如果是安装于暴露在外的地点，必须使用高度与线路间距大体相同的孤立绝缘体。用来把线路送入建筑物的引入套管也会有很长的泄漏通道。

在天线塔和其他导体表面下侧运行任何类型的平行线时，通过每隔几英尺就扭转一下导线以保持平衡，这将导致其与每一导体都有大致相等的耦合。扭转的导线也减少了其在风中移动的趋势。

平行导线比同轴电缆有更大的空气阻力，并且产生的偏移趋势也很大。不断弯曲，可使导线在焊接点或其他方式固定节点处断裂。这是实心导体线所特有的问题，该问题在窗口线常见。支撑通过绝缘体连接天线的线路，该绝缘体被设计用于提供应力以减轻平行线线路。（见“天线材料和结构”一章。）

在任何类型的平行线线路中应避免急弯，因为在该点上会引起特性阻抗的变化，结果就会在每一急弯处发生反射。相比尝试匹配传输线Z_0的情况，在SWR高的情况下这点反而不是那么重要了。哪怕传输线弯曲点变得非常平缓，也不可能使SWR变为想要的数值。

23.5.4 测试传输线

如果同轴电缆安装在户外或是掩埋安装时，应该至少每两年检测一次它的损耗（请参阅前面有关损耗和变质的部分）。任何线路类型的测试必须使用图 23-33 所描述的技术。如果每 100 英尺所测量的损耗比额定的匹配线路损耗大 1 dB，就应该替换传输线路。匹配线路的损耗（dB）可以由式（23-33）确定：

$$dB=10\log(P_1/P_2) \qquad (23\text{-}33)$$

其中，

P_1是发射器输出的功率；

P_2是在图 23-30 中的 R_L 上测得的功率。

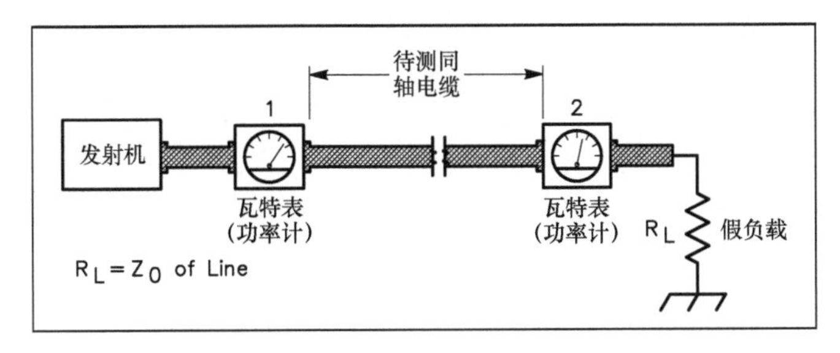

图23-33 确定传输线损耗的办法，为了测量结果的准确，假负载的阻抗一定要等于馈线的Z_0。

还可以使用其他方法来确定线路损耗。如果线路输入阻抗可以使用一个先短路后、开路的终端来精确测量，电力线的长度（由速率因子决定）和匹配线的损失对测量次数来说是可以计算出来的。

前面提到，线路特性的确定需要使用实验室模式和阻抗电桥，为了达到一定程度的精确性校准，至少需要一个阻抗电桥和噪声电桥。如果 SWR 指示器在较高的 SWR 下提供可靠的读数，通过 SWR 指示器也可以获知传输线路的相关信息。

当无损耗线路终止于断路或短路电路时，从理论上来说可以表现出无穷大的 SWR。实际的线路总是有损耗的，因此会在线路输入端将 SWR 限制为一些有限的值。加入信号源可以安全地运行在严重不匹配下，可以用 SWR 指示器来确定线路的损耗。大多数业余爱好者使用的设备在 SWR 大于 5∶1 时就会失去精确性。所以这个方法主要用来在相当长的线路上进行检测。对低损耗的短电缆来说，断路 SWR 测试只能检测到明显的损耗。

首先，线路的一端无论是断路还是短路，它使用什么样的终端没有多大区别，在断路和短路的情况下，终端 SWR 从理论上来说都是无穷大的。其次在线路的任意一端测量 SWR。匹配线的损耗对测量次数来说，可以由式（23-34）确定：

$$ML=10\log\left(\frac{SWR+1}{SWR-1}\right) \qquad (23\text{-}34)$$

式中，SWR 为在线路输入端测量到的 SWR 值。

23.6 参 考 文 献

这一章涉及的一些材料来源和更深入的讨论可以参考下面所列的参考文献和第 2 章结尾处的参考文献。

C. Brainard and K. Smith, “Coaxial Cable — The Neglected Link,” *QST*, Apr 1981, pp 28-31.

J. Brown, “Transmission Lines at Audio Frequencies, and a Bit of History,” Audio Systems Group (www.audiosystemsgroup.com).

D. DeMaw, “In-Line RF Power Metering,” *QST*, Dec 1969, pp 11-16.

A. Ferreira, Jr., W. Pereira, J. Ribeiro, “Determine Twisted-Line Characteristic Impedance,” *Microwaves & RF*, Jan 2008, www.mwrf.com/Articles/ArticleID/18027/18027.html

D. Geiser, “Resistive Impedance Matching with Quarter-Wave Lines,” *QST*, Feb 1963, pp 56-57.

H. Jasik, *Antenna Engineering Handbook*, 1st ed. (New York: McGraw-Hill, 1961).

R. C. Johnson and H. Jasik, *Antenna Engineering Handbook*, 2nd ed. (New York: McGraw-Hill, 1984), pp 43-27 to 43-31.

E. Jordan, Ed., *Reference Data for Engineers: Radio, Electronics, Computer, and Communications*, 7th Edition (Howard W. Sams, 1985).

R. W. P. King, H. R. Mimno and A. H. Wing, *Transmission Lines, Antennas and Waveguides* (New York: Dover Publications, Inc., 1965).

J. D. Kraus, *Antennas* (New York: McGraw-Hill Book Co., 1950).

Kurokawa, “Power Waves and the Scattering Matrix,” *IEEE Transactions on Microwave Theory and Techniques*, Vol MTT-13, Mar 1965, pp 194-202.

Z. Lau, “RF: Mounting RF Connectors,” *QEX*, Nov 1996, pp 21-22.

J. Reisert, “RF Connectors, Part I and Part II,” *Ham Radio*, Sep 1986, pp 77-80, and Oct 1986, pp 59-64.

W. Silver, "Hands-On Radio: Experiment 94 — SWR and Transmission Line Loss," *QST*, Nov 2010, pp 63-64.

W. Silver, "Hands-On Radio: Experiment 96: Open Wire Transmission Lines," *QST*, Jan 2011, pp 59-60.

M. W. Maxwell, "Another Look at Reflections (Parts 1-7)," *QST*, Apr 1973, pp 35-41; Jun 1973, pp 20-23, 27; Aug 1973, pp 36-43; Oct 1973, pp 22-29; Apr 1974, pp 26-29, 160-165; Dec 1974, pp 11-14, 158-166; Aug 1976, pp 15-20.

M. W. Maxwell, *Reflections III* (New York: CQ Communications, 2010).

T. McMullen, "The Line Sampler, an RF Power Monitor for VHF and UHF," *QST*, Apr 1972, pp 21-25.

H. Weinstein, "RF Transmission Cable for Microwave Applications," *Ham Radio*, May 1985, pp 106-112.

T. Williams, "Microwavelengths: Coaxial RF Connectors for Microwaves," *QST*, Nov 2004, pp 92-94.

第 24 章

传输线耦合和阻抗匹配

“传输线”章节中介绍了传输线操作和特性的基本理论。本章内容涵盖了在发射机和天线的传输线中将能量导入和导出的方法。这需要耦合——功率在两个系统间的传递——从发射机到馈线或者从馈线到天线。为了使耦合最有效率，两个系统无论在何处都应满足有相同的电压电流比（阻抗），这样在连接处没有能量反射。这常常需要进行阻抗匹配来尽可能高效地在从电压电流的一个比值变为另一个比值时进行能量转换。LC 电路、特定结构甚至包括传输线本身都可以完成这样的转换。

本章开始的部分讨论了在发射机中利用 LC 阻抗匹配电路和天线调谐器高效地将功率转移到天线系统馈线中所使用的方法。然后主题变为选择传输线和决定馈线以及阻抗匹配设备的最佳配置。最后，在馈线的“另一端”，几个小节强调了天线阻抗匹配以及使馈线和天线间不想要的相互作用最少的方法。

24.1　发射机和传输线的耦合

我们要做出大量的努力来确保发射机中天线系统馈线的阻抗接近 50Ω。但是这些努力是值得的吗？比如最广泛的相位问题，这些答案都是以“其依赖于……”开始。因输出放大器 π 形网络的较大调整范围，真空管发射机可以舒适地将额定输出功率传输到各种各样的负载上。而缺点是只要工作频率有显著变化，输出网络就需要随之调节。

现代的业余收发机为了得到宽带完全不需要进行输出调谐调整，因为其固态末级放大器被设计在 50Ω下工作。只有当发射机工作在所设计的负载时，这样的一个发射机能够在额定失真电平处发送其额定输出功率。从这样的一个发射机生产的全部功率传输到阻抗与 50Ω相距甚远的负载时，会导致失真，这些失真势必会影响到其他的基站。

现代无线电通信设备中设计了保护电路，SWR 超过 2:1 时，该电路可以自动减小输出功率。保护电路是很有必要的，因为固态设备总是试图向不匹配负载发送功率，这会立即损坏固态设备。现代固态无线电收发机一般有内置天线调谐器（往往需要支付额外费用），SWR 不为 1∶1 时，通过它可以使发射机和负载阻抗匹配。

传输线的输入阻抗由频率、传输线的特性阻抗（Z_0）、物理长度、速度因子和匹配线损耗，以及传输线负载（天线）的输出阻抗来决定。如果连接到发射机上的传输线的输入阻抗与发射机输出电路中设计的负载电阻明显不相同，必须在发射机和传输线输出终端间插入一个阻抗匹配电路。

这些电路在专业文献中被称为网络，最常见的有 L 形，π 形和 T 形等几种结构。其电路原理图的常见形态与网络名称中带有的字母的形状 L、π 或者 T 是比较相似的。

设备中独立部分的阻抗匹配网络的使用通常是指天线调谐器或仅仅是调谐器。这种用法有点不恰当，因为网络完全没有“调谐”天线，即使直接放置在天线的终端。网络只是将输出终端的阻抗转变到输入终端的不同阻抗。许多现代收发机具有内部天线调谐器，*SWR* 的补偿可高达到 3∶1（有时更多）。

在许多的出版物中，这样的一个阻抗匹配网络通常称为传输匹配，意思是“发射机匹配”网络。另一个常见的名字叫匹配盒（以 E.F. Johnson 产品线命名）。一个通过微处理器来自动工作的网络通常称为自动调谐器。不管名字如何，天线调谐器的功能是将传输线输入端（无论其在哪）的阻抗转换为所需的 50Ω，使发射机正常工作。天线调谐器不会改变其输出终端和负载之间的 SWR，如传输线到天线的情况。

它只确保从发射机看过去，其设计的负载为50Ω。

天线调谐器有 3 种基本类型：手动型（由操作人员调整）、自动型（在微处理器控制下调整）和远程型（设计成被安装在远离工作位置的自动版本）。手动调谐器是最常见的，通常包括一个 SWR 或功率计，用来帮助操作人员调节调谐器。自动调谐器可能在发射机的内部或外部，是独立的设备。由于控制微处理器能自行测量 SWR，因此自动天线调谐器基本不需要功率计或 SWR 测量仪。自动模式是可以手动激活的，或者会立即感知射频频率并调谐，或者基于电脑控制输入或链接收发机主机来进行调谐。远程天线调谐器本质上是自动天线调谐器，被设计成安装在外面或操作人员看不到的地方，并且没有操作控制或显示装置。

作为阻抗匹配任务的一个例子，表 24-1 和表 24-2 中第一列的数据为安装在平均地面（电导率 5mS/m，介电常数 13）上的两副偶极子天线中心的阻抗。表 24-1 中的偶极子天线长 100 英尺，水平放置，安装在 50 英尺高处。表 24-2 中的偶极子天线全长 66 英尺，以倒 V 的形式安装，顶点距离地面 50 英尺，两臂间的夹角为 120°。表 24-1 和表 24-2 中第 2 列的数据为连接在发射机输出端的 100 英尺长传输线（450 Ω的阶梯明线）的阻抗。请注意这里使用的天线并没有什么特别，仅仅是实际中业余爱好者们使用的比较典型的天线而已。

表 24-1

频率（MHz）	天线馈电点阻抗（Ω）	100 英尺 450 Ω传输线的输入阻抗（Ω）
1.83	4.5−j 1 673	2.0−j 20
3.8	39−j 362	888−j 2 265
7.1	481+j 964	64−j 24
10.1	2 584−j 3 292	62−j 447
14.1	85−j 123	84−j 65
18.1	2 097+j 1 552	2 666−j 884
21.1	345−j 1 073	156+j 614
24.9	202+j 367	149−j 231
28.4	2 493−j 1 375	68−j 174

表 24-2

频率（MHz）	天线馈电点阻抗（Ω）	100 英尺 450 Ω传输线的输入阻抗（Ω）
1.83	1.6−j 2 257	1.6−j 44
3.8	10−j 879	2 275−j 8 980
7.1	65−j 41	1 223−j 1 183
10.1	22+j 648	157−j 1 579
14.1	5 287−j1 310	148−j 734
18.1	198−j 820	138−j 595
21.1	103−j 181	896−j 857
24.9	269+j 570	99−j 140
28.4	3 089+j 774	74−j 223

表格的意图是说明，当在整个业余带宽内从 160～10m 使用这种天线时，传输线的输入阻抗在极其宽泛的范围内是变化的。如果传输线的长度或工作频率改变了，传输线（即天线调谐器输出终端）的输入阻抗将会不同。使用这样一个系统的天线调谐器必须非常灵活，以便与普通情况下大范围的阻抗进行匹配，这点是显而易见的，而且必须避免高压电弧或大电流过热。

24.1.1 阻抗匹配系统

多年以来，业余无线电爱好者们设计了许多天线调谐器电路。在明线型传输线被广泛使用的时期，连接耦合调谐电路一度很流行。随着用作馈线的同轴电缆的流行，其他类型的电路变得更加普遍。近年来最普遍的天线调谐器电路是从 T 形网络发展而来的。

发射机基本系统、匹配电路、传输线和天线的连接框图如图 24-1 所示。通常我们假设发射机输出到 50Ω 负载的功率等于其额定功率。问题在于应如何设计该匹配电路——它能将传输线的实际输入阻抗转换为一个 50Ω 的等效电阻。由于现代发射机的输出连接头通常有一边接地，因此该电阻也应该是不平衡的，即有一端接地。但是，连接到天线的传输线可能是不平衡的（同轴电缆），也可能是平衡的（并联导体线），这取决于天线本身是否平衡。

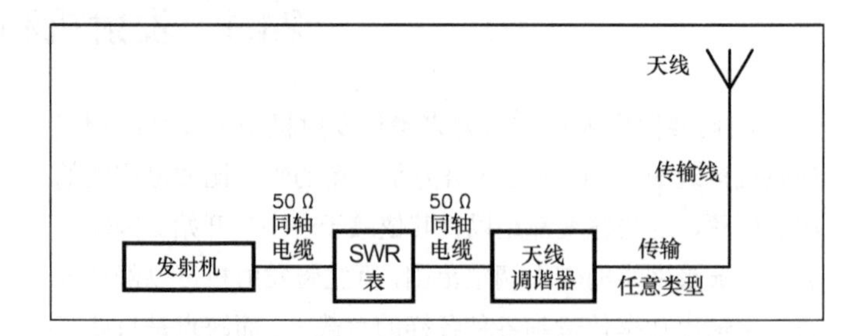

图24−1 发射机和传输线之间的耦合系统框图。

在这样一个系统中的天线调谐器可能只由必要的 LC 网络构成，来实现阻抗变换。这是典型的定制 LC 网络，被构建用于匹配使用了单频段、可能与发射机相距较远的天线。用于多频段并且放置在电台室的天线调谐器通常包括某些类型的 SWR 桥接器或仪表（详见“传输线和天线测量”章节）。

商用天线调谐器的其他共有特征包含定向瓦特计、使用多馈线来分路的调谐器的开关以及平衡的单线输出。天线调谐器的功能和特征的综述可见 Joel Hallas（W1ZR）编写的《ARRL 天线调谐器指南》（见参考书目）。

24.1.2 天线调谐器中的谐波衰减

下面讨论与天线调谐器相关的谐波衰减。天线调谐器的一个潜在的优点是它能提供额外的谐波衰减，不过，只是理论上如此，实际未必可行。例如，如果天线调谐器与固定长度的多频段单天线一起使用，调谐器所接负载在基频和不同谐波时的阻抗有极大的不同。因此，对某个特定的网络，谐波衰减的量也是剧烈变化的。具体可参见表 24-2。例如，频率为 7.1MHz 时，从天线调谐器看去，66 英尺倒 V 偶极子天线的阻抗为 1223-j1183Ω；频率为 14.1MHz——二次谐波频率时，阻抗为 148-j734Ω。在不同频率处，对于特定的网络来说，谐波衰减值将随着阻抗的变化而剧烈地变动。

谐波和多频段天线

在业余无线电设备中，有时二次谐波和基频时的阻抗相同。此时使用的天线通常是陷波天线系统或宽带对数周期天线，例如许多业余爱好者常使用的三重频带（波长分别为 20m、15m、10m）八木天线系统。与三重频带天线相连，工作波长为 20m 的发射机，其二次谐波将会极大地干扰它附近的业余无线电设备（工作波长为 10m），尽管现代无线电收发机中的低通滤波器能使二次谐波衰减 60dB。144.2MHz 为基波的三次谐波也会在 432MHz 的频段引起干扰。线性放大器将使问题进一步恶化，因为许多老式放大器的输出电路（π 形网络）只能使二次谐波衰减约 46 dB。

甚至在陷波天线系统中，大部分业余天线调谐器也不能使波长为 10m 的谐波有所衰减，尤其是在调谐器电路为高通 T 形网络时。T 形网络在商业上是最常用的，因为它的阻抗匹配范围很广。设计 T 形网络时，为了增大对谐波的衰减，设计者们试图在 T 形网络中用并联的电感和电容代替单个电感。遗憾的是，这往往会导致更大的损耗和更加严格的基频调谐，并且在实际应用中，能提供（如果能够提供）的谐波衰减仍然非常小。这里得到的教训是不要依赖天线调谐器来进行谐波抑制，要在发射机中使用滤波器。

谐波和 π 形网络调谐器

如果在天线调谐器中使用低通 π 形网络，调谐器将对谐波产生附加的衰减，例如有载 Q 为 3 时可达到 30 dB。谐波衰减量受到不同谐波频率下分布电感和分布电容的限制。另外，π 形网络调谐器的阻抗匹配范围相当有限，这与输入输出电容的取值范围有关。

谐波和短截线

在发射机输出端使用 $\lambda/4$ 和 $\lambda/2$ 的传输线短截线，可提供更为可靠的谐波衰减。波长 20 m 时，$\lambda/4$ 短截线（波长 20m 时终端开路，波长 10m 时终端短路）可提供约 25dB 的二次谐波衰减。它可工作在全法定业余功率下。这种短截线的特点包含在本章的天线阻抗匹配部分中。将短截线用作滤波器包含在 ARRL《业余无线电手册》和由 George Cutsogeorge 写的《管理基站间干扰》一书中。

24.1.3 驻波比的神秘面纱

关于业余无线电的 SWR，存在一些持久的并且相当具有误导性的错误观点。

尽管有一些人对此持反对意见，一个高的 SWR 自身并不引起射频干扰或者是电视干扰或者电话干扰。虽然事实上，放置在这类设备附近的天线会引起过载和干扰，但在连接到天线的馈线上的 SWR 完全不会对天线造成任何影响，当然得假设调谐器、馈线或者连接器不发生电弧作用。天线发挥的只是其本来的作用，即用来辐射。而传输线发挥的作用是将功率从发射机传输到辐射体上。

在与上述错误观点相同的条件下，第二个错误观点是高的 SWR 将会引起来自传输线的过量辐射。SWR 与来自传输线的过量辐射没有任何关系。馈线上的共模电流引起了辐射，但是其并不直接与 SWR 相关。传播线和天线的非对称布局可能导致同轴电缆屏蔽层外部感应出共模电流或者明线电流的不平衡性。只有当共模电流在天线上才会辐射。如果共模电流接近像电话或娱乐系统等电子设备时，会产生射频干扰。正如在本章后面关于巴伦的部分所提到的，要在同轴电缆馈线上使用扼流圈巴伦来减少这样的共模电流。

第三个、也许更普遍的错误观点就是，如果在传输线上的 SWR 高于 1.5∶1 或 2∶1 或者其他一些指定数字的话，你就不能得到输出。在 HF 频段内，如果你使用合理长度的优质同轴电缆（或者明线，更好），当负载的 SWR 低于 6∶1，你就没必要过于担心了。对于那些听了一个又一个关于 SWR 的恐怖故事的业余爱好者来说，这点听起来相当重要。事实上，如果你能加载发射机而不产生内在电弧，或者使用调谐器来保证发射机工作在额定负载阻抗，那么使用有高 SWR 值的馈线的天线就能实现一个非常有效率的基站。例如，表 24-1 所示的一个连接到多频段偶极子的 450Ω明线，在 3.8MHz 其 SWR 值为 19∶1。然而，时间证明该天线在许多安装中都有着良好的表现。

第四个错误观点是馈线长度的变化会引起 SWR 的变化。改变馈线的长度并不会改变馈线内部的 SWR（损耗除外）。当有人告诉你增加或减短馈线长度会改变 SWR 值时，他们实际上是说馈线的阻抗变化影响了他们 SWR 仪表的读数，或者说共模电流影响了测量。改变馈线长度会影响馈线到共模电流的阻抗，因此也可表示为多少共模电流在特定点上的流动。

24.2 阻抗匹配网络

这一部分回顾了一些常见的用作天线调谐器的阻抗匹配网络的操作。作为本章的一个补充，回顾了由 Robert Neece（KØKR）所贡献的阻抗匹配电路的设计和特性，包含在本书的光盘文件里。

这些材料包括：

- 在 MF/HF 频段内创建和评估匹配单元设计所需要考虑的因素。
- 匹配单元设计的比较表格。
- 匹配单元中的巴伦。

接下来讨论的是大量参考文献的集合。这里的材料以商业设备为例，并且强调了每种类型的优缺点。

24.2.1 L 形网络

对于不平衡负载，L 形网络是一种相对简单但是非常有用的匹配电路，如图 24-2（A）所示。L 形网络天线调谐器一般用于单波段工作，虽然也有适合多频段工作的 L 形网络——其线圈抽头可切换或可变。为了确定匹配时电路元器件的取值范围，需假定输入和负载阻抗已知，否则需要不断地试验和测量误差来得出实现匹配所需的网络设置。

目前有几类 L 形网络。在图 24-2（A）中，L1 为串联阻抗，其值为 X_S、C1 为并联阻抗，其值为 X_P。不过，为了满足机械上的要求或出于其他考虑，可以在串联支路中使用电容而在并联支路中使用电感。图 24-2（A）中的这个类型是最受业余爱好者欢迎的，因为它的低通特性能够减少谐波，组件值合理，方便构建。完整的关于 L 形网络的讨论详见 ARRL《业余无线电手册》。

定义 X_S、R_S 之比为网络的 Q 值。4 个无耗元器件的取值 R_S、R_P、X_S 和 X_P 满足下面的公式。给定任意两个元器件的值，便可计算得到其他两个元器件的值。

$$Q=\sqrt{\frac{R_P}{R_S}-1}=\frac{X_S}{R_S}=\frac{R_P}{X_P} \tag{24-1}$$

$$X_S=QR_S=\frac{QR_P}{1+Q^2} \tag{24-2}$$

$$X_P=\frac{R_P}{Q}=\frac{R_PR_S}{X_S}=\frac{R_S^{\ 2}+X_S^{\ 2}}{X_S} \tag{24-3}$$

$$R_S=\frac{R_P}{Q^2+1}=\frac{X_SX_P}{R_P} \tag{24-4}$$

$$R_P=R_S\left(1+Q^2\right)=QX_P=\frac{R_S^{\ 2}+X_S^{\ 2}}{R_S} \tag{24-5}$$

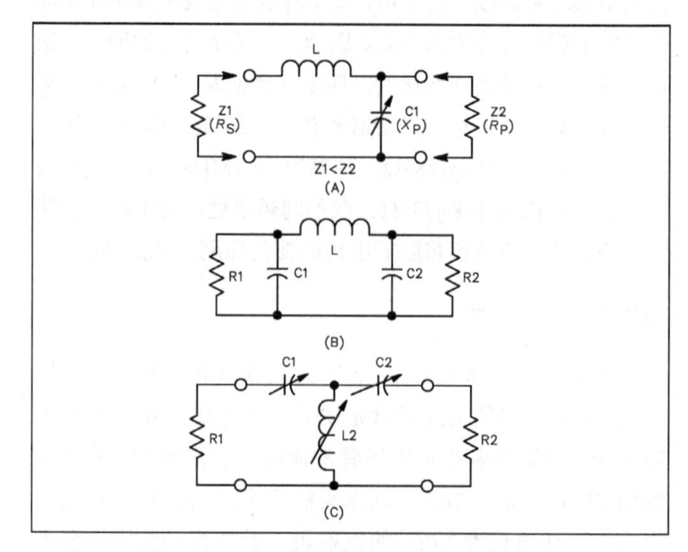

图24-2 图（A）中L形匹配网络由L1和C1组成，其作用是实现Z1和Z2的匹配。阻抗比较小的Z1必须连接在网络的串联支路端，阻抗较大的Z2则连接在并联支路端。网络中电感和电容的位置可以交换。图（B）中为π形网络调谐器，其作用是实现R1和R2的匹配。π形网络作为天线调谐器比L形网络更灵活。请参见文章中的元器件值计算公式。图（C）中为T形网络调谐器。它的灵活性更强，使用常见的元器件（元器件值比较常见）构成网络，匹配范围就可以很广。T形网络的缺陷在于效率很低，尤其是在输出电容比较小时。

设计匹配网络时需要考虑负载的电抗（非纯电阻式阻抗）：要么将之作为匹配的网络的一部分，要么通过补偿电路对其进行补偿。感性和容性电抗的值可通过标准阻抗方程将之转换为工作频率下电感和电容的值。

必须注意式（24-1）～式（24-5）是针对无耗元器件的。使用的元器件为真实元器件（其无载 Q 记作 Q_S）时，转换关系将会发生改变，必须对损耗进行补偿。真实线圈可以等效为一个理想线圈与一个有耗电阻的串联，真实电容可以等效为一个理想电容与一个有耗电阻的并联。在 HF 波段，实际线圈的无载 Q_U 取值为 100～400，平均值约为 200，与安装在大型金属腔体中的高品质空心线圈的无载 Q_U 相同。天线调谐器中使用的可变电容的无载 Q_U 约为 1000，与带接触刷的空气可变电容的无载 Q_U 相同。电子管可变电容的无载 Q_U 可高达 5000，不过其价格非常高昂。

在实际天线调谐器中，线圈的损耗一般比可变电容的损耗大。线圈和电容中的 RF 环流将引起非常严重的发热现象。ARRL 实验室在进行测试时发现，将天线调谐器推到极限时，塑料骨架的线圈被熔化了。有时电容两端的 RF 电压非常大，会出现严重的电弧现象。

需要注意的是，L 形网络不能将所有的阻抗都匹配到 50Ω。负载和源的阻抗对于公式来说必须有适当的关系，以解出可得到的元件值。负载的电抗也必须能被 L 形网络的电抗约掉。如果负载的阻抗不能通过 L 形网络进行匹配，那么可尝试（a）反转网络（b）为负载和网络之间的 λ/4 传输线增加 λ/8 长度。这并不会改变 SWR，但是确实将负载阻抗转化成电阻和电抗的组合形式，这样 L 形网络也许能够进行匹配。

24.2.2 π 形网络

工作在多重 HF 波段时，天线馈点处阻抗的变化范围很广，尤其是使用细导线时。更多内容请见“偶极子和单极子天线”章节。天线的馈电传输线将天线馈点处的阻抗转换为传输线输入端的阻抗。该阻抗变化范围同样很广。这要求使用的天线调谐器比 L 形网络灵活。

如图 24-2(B)所示的 π 形网络的灵活性比 L 形网络强，因为它的可变元器件有 3 个。对电路元器件的取值只有一个限制条件：串联支路中的电抗（图中的电感 L）的值不能大于 R1 和 R2 乘积的平方根。下面的计算式要求 π 形网络中的元器件为无耗元器件。

$R1 > R2$ 时：

$$X_{C1} = \frac{R1}{Q} \quad (24\text{-}6)$$

$$X_{C2} = R2\sqrt{\frac{R1/R2}{Q^2+1-R1/R2}} \quad (24\text{-}7)$$

$$X_L = \frac{(Q \times R1) + \dfrac{R1 \times R2}{X_{C2}}}{Q^2+1} \quad (24\text{-}8)$$

π 形网络可以将一个低阻抗元器件与一个阻抗非常高的元器件进行匹配，例如，可将 50Ω 的元器件同几千欧的元器件进行匹配。它也可以将一个 50Ω 的元器件同一个阻抗值非常小的元器件进行匹配，例如 1Ω 甚至更小。天线调谐器中 C1 和 C2 是两个相互独立的可变电容。L 可以是滚筒式电感，也可以是带可切换抽头（多抽头）的线圈。

或者也可以用带夹子的引线将固定电感的一些匝短接起来，以减少电感的匝数。采用这种方法，通过不断往复的试验，最终可以实现匹配。可能同时有几种不同设置（L、C1 和 C2 的值不同）的 π 形网络能将同一组（两个）阻抗元器件进行匹配。如果仍然能保持匹配，但是网络的设置改变了，那么电路的 Q 值也将发生改变，随 C1 的增大而增大。

负载一般既具有电抗性也具有电阻性。改变匹配网络中电抗的值可以实现对负载电抗的补偿。例如，如果 R2 两端跨接了一个电抗，无论该电抗是容性的还是感性的，都可以通过改变 C2 的值对其进行补偿。

在实际应用中，与 L 形网络一样，必须对 π 形网络中各元器件的无载 Q 进行考虑，以估算其损耗。

π 形网络用于真空管放大器中将高输出阻抗管与多数馈线和天线系统的 50Ω 阻抗相匹配。更多关于 π 形网络的信息和设计软件请参考 ARRL《业余无线电手册》中的“射频功率放大器”章节。

24.2.3 T 形网络

为了将负载阻抗转换为 50Ω，π 形网络和 L 形网络中常会用到取值很不实际的电容——即低频时通常需要很大的电容。通常，匹配网络的输出阻抗随频率急剧变化时（在多频段单线天线中很常见），电容的可变范围必须很广。

图 24-2（C）中高通 T 形网络的阻抗匹配范围很广，用到的元器件的值也很实际。但是，获得此灵活性的同时必须付出相应的代价——与其他类型的匹配网络相比，T 形网络的损耗很大，低频时尤其如此——无论负载电阻多小。如果图 24-2（C）中输出电容 C2 的最大值比较小，该网络的损耗将很大。

图 24-3 中给出了 1.8 MHz 波段，负载为 5 + j0Ω 时，4 种类型的匹配网络中各元器件的值。假定各网络中电感的无载 Q 均为 200，电容的无载均 Q 为 1000。元器件的值是使用 TLW（本章稍后介绍）计算得到的。

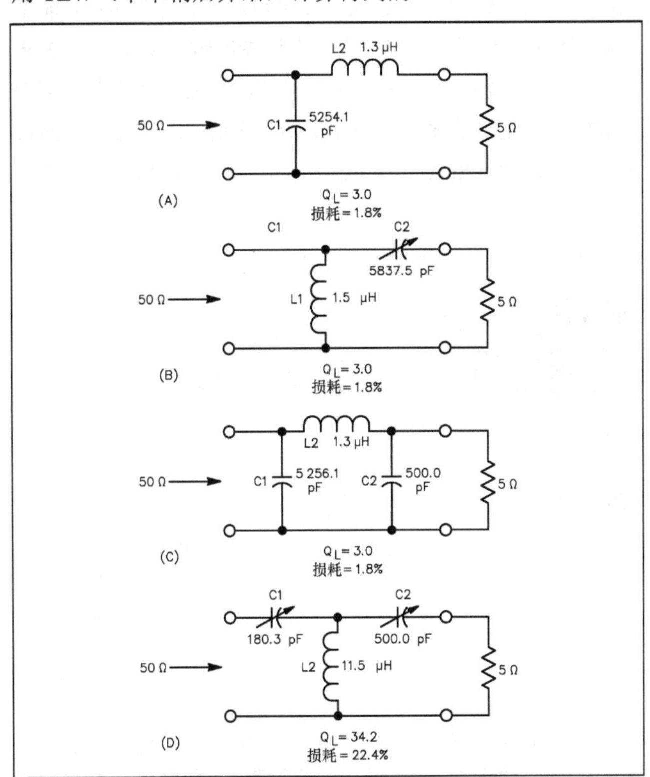

图24-3　图中各网络的作用是将5 Ω的负载电阻与50 Ω的传输线进行匹配，匹配网络中各元器件的取值已经在图中标出（线圈的Q_U = 200，电容的Q_U = 1 000）。图（A）所示为低通L形网络，输入电容位于并联支路，电感位于串联支路。图（B）所示为高通L形网络，输入电感位于并联支路，电容位于串联支路。可以发现这两个L形网络中电容的值很大。图（C）所示为低通π形网络，图（D）所示为高通T形网络。T形网络中各元器件的值比较实际，虽然该网络的损耗是最高的，可高达输入功率的22.4%。

图 24-3（A）中是低通 L 形网络，图 24-3（B）中是高通 L 形网络，图 24-3（C）中是 π 形网络。前 3 个网络中大于 5200pF 的电容是非常不实际的。这 3 个网络的有载 Q_L 只有 3.0，说明它们的损耗比较小。实际上仅占输入功率的 1.8%，因为元器件的有载 Q_L 远小于各自的无载 Q_U。

图 24-3(D)中 T 形网络各元器件的取值更为实际可行。该网络输出电容 C_2 的值设置在 500 pF，根据它可进一步推导得到其他两个元器件的取值。该网络的缺陷在于其有载 Q 上升到了 34.2，损耗高达输入功率的 22.4%。输入功率为法定限制功率 1500 W 时，网络中的损耗为 335W。其中，电感中消耗的功率为 280 W——这可能会使电感熔化！即使电感不会燃烧起来，输出电容 C2 上也可能产生电弧，因为网络的输入功率为 1500W 时，C2 上可能出现一个高于 3800V 的峰值电压。

T 形网络中各元器件的损耗很有可能“将能量加载到自身”，从而导致匹配网络内部损坏。现在举例说明：图 24-4 所示为一工作频率在 1.8MHz 波段、输出端短路的 T 形网络，网络中各元器件的值看起来十分合理，但是遗憾的是，能量都被网络自身给消耗掉了。天线调谐器的输入功率为 1500W 时，其输出电容 C2 中的电流为 35 A，两端的峰值电压可超过 8700V。在能量损耗致使线圈损坏之前，C1（它两端的峰值电压也超过 8700V）和 C2 上可能会产生电弧。严重的电弧现象可能会吓坏操作人员！

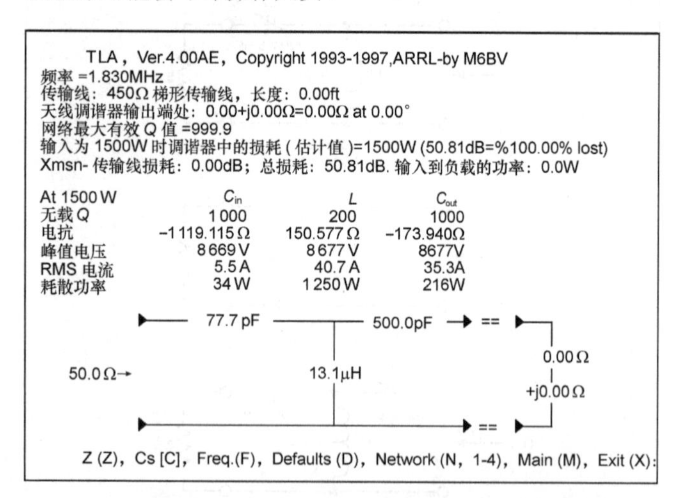

图24-4　TLA软件（TLW的DOS版本）对一个输出端短路的T形天线调谐器的处理结果。该调谐器“将能量加载到自身”，所有的输入能量都被网络自身耗散掉了！

有一点需要注意，那就是 T 形网络的灵活性很强，阻抗匹配范围很广。但是，使用时需要谨慎，防止它燃烧起来。另外，即使它不会烧掉自己，它也会浪费掉你想输送到天线的宝贵的 RF 能量。T 形网络作为天线调谐器的内容在参考目录中 Sabin 的文章中有所涉及。

调整 T 形网络天线调谐器

调整天线调谐器的过程可以通过使用一个过程极大地简化，这个过程不仅可以产生发射机的最小 SWR，而且还可以将调谐器电路中的功率损耗最小化。如果你有一个商用调谐器并且阅读了用户手册，制造商可能会提供一个你需要遵守的调整方法（包括初始化设置）。如果你没有用户手册，首先打开调谐器并且决定调谐器的电路。调整一个 T 形网络调谐器的步骤如下。

1）将串联电容设定为最大值。这可能和控制规模上的最大数量不一致——确认该电容的平面全部被网格划分。

2）将电感设定为最大值。这与放置开关或滚筒电感连接相一致，这样最接近电路的地。

3）如果你有一个 SWR 分析仪，将它连接到调谐器的发射机连接头。另外，连接收发器并调谐到所需频率，但是不要进行传输。

4）在整个范围内调整电感，观察 SWR 分析仪对应的每一点的 SWR 值或监听收到的噪声峰值。当得到 SWR 最小值或收到最高噪声时返回设置。

a）如果没有检测到 SWR 最小值或噪声峰值，那么减少最接近发射机的电容值，每次减少约 20%并重复进行。

b）如果仍然没有检测到 SWR 最小值或噪声峰值，那么返回输入电容最大值界面，然后每次以 20%减小输出电容值。

c）如果仍然没有检测到 SWR 最小值或噪声峰值，那么返回输入电容最大值界面，然后每次以 20%同时减小输入和输出电容值。

5）一旦发现一个明确的 SWR 最小值或噪声峰值的设定时：

a）如果你正在使用 SWR 分析仪，微调来找寻 SWR 最小值并且输入和输出电容最大值的设定；

b）如果你没有 SWR 分析仪，那么就设定发射机的输出功率约为 10 W（确保不造成干扰），鉴别你的呼号，然后通过 5）（a）步骤中相同的调整来发射稳定的载体；

c）对于特定的阻抗，调谐器可能无法将 SWR 减少到可接受的值。对于这种情况，尝试在调谐器的输出端增加长度为 λ/8～λ/2 的馈线。这并不改变馈线的 SWR 值，但它可能将阻抗转化为一个更适合调谐器组件的值。

总之，对于任何类型的调谐器，从对地最大电抗（最大电感或最小电容）以及源和负载之间的最小串联电抗（最小电感或最大电容）开始。产生最小 SWR、最大对地电抗和最小串联电抗的配置一般来说都会有最高效率和最宽的调谐带宽。

24.2.4 TLW（Windows 系统下的传输线）软件和天线调谐器

本书光盘里的 ARRL 程序 TLW（Transmission Line for Windows）包含了传输线和天线调谐器的计算。TLW 评估了 4 种不同的网络：低通 L 形网络、高通 L 形网络、低通 π 形网络和高通 T 形网络。图 24-5 展示了一个以 L 形网络为例的 TLW 输出界面。

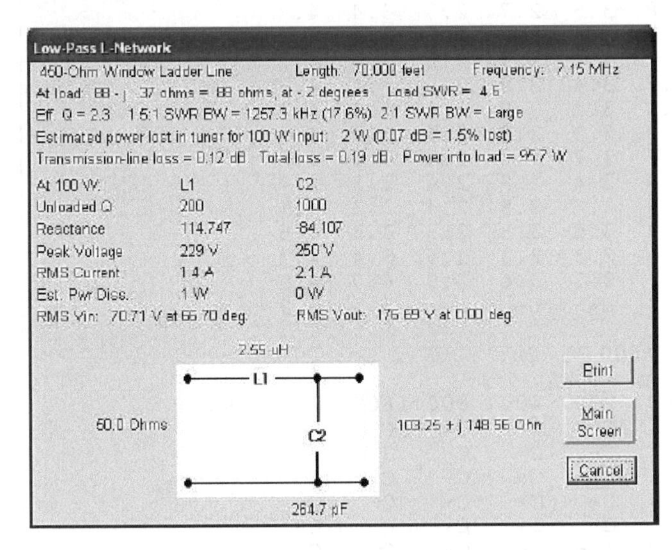

图24-5　TLW软件的天线调谐器输出界面。注意，调谐器原理图中只显示了部分值。原理图上方的数据显示了其他的重要信息。

TLW 软件不仅能计算网络元件的精确值，还能计算每个元件的电压、电流和功率损耗的全部影响。根据天线调谐器的负载阻抗，天线调谐器内耗会是灾难性的。更多关于 TLW 软件的使用细节请参阅文档 TLW.PDF，该软件被一部分人称作传输线软件中的“瑞士军刀”。

24.2.5 AAT（分析天线调谐器）软件

天线调谐器中，由实际元器件引起的局限性取决于各元器件的额定值，以及调谐器需要匹配的阻抗的取值范围。ARRL 开发了一套名为 AAT（Analyze Antenna Tuner）的天线调谐器分析软件，用于确定什么样的调谐器设置（网络中各元器件的取值）可以实现匹配又不会违反操作人员设定的限制条件。AAT 软件可以从 www.arrl.org/antenna-book 下载。

假设你想构建一个工作在业余波段（1.8～29.7MHz 波段）的 T 形网络。首先，你需要选择适当的可变电容器 *C*1 和 *C*2。你决定试试常用的 Johnson 154-16-1，它的额定变化范围为 32～241pF，额定峰值电压为 4500V。电容上的分布电容为 10pF，因此电容的实际变化范围为 42～251pF，无载 *Q* 为 1000。该 *Q* 值为带接触刷的空气可变电容的典型值。接下来你需要选择一个可变电感，其最大值为 28μH，无载 *Q* 为 2000。同样，该 *Q* 值为实际电感的典型值。将能量损耗限制为输入功率的 20%，即 1 dB 左右。现在可以使用 AAT 进行计算了。

AAT 通过改变负载阻抗（负载阻抗的变化范围很广）来测试调谐器的匹配能力——每改变一次，负载阻抗的电阻或电抗翻倍。下面举例说明。首先测试负载为 3.125-j3200Ω 时网络能否实现匹配。然后继续测试负载为下列阻抗时是否匹配：3.125-j1600Ω、3.125-j800Ω……按此规律一直下降到 3.125+j0Ω。接下来 AAT 测试负载电抗为正时是否匹配：3.125+j3.125、3.125+j6.25、3.125+j12.5……按此规律一直变化到 3.125+j3200Ω。将串联等效电路中的电阻值设为 6.25Ω，然后按上述规律改变电抗的值并测试能否匹配。重复前面的过程直到电阻值变化到 3200Ω。因此，对于每个波段，需要对 253 个阻抗值进行阻抗匹配测试。在 1.8～29.7 MHz 的 9 个业余波段共进行了 2277 次匹配测试。

如果软件确定所选择的网络能与某个阻抗匹配，并能满足操作人员给出的电压、元器件值和功率损耗的限制条件，软件就将该网络的能量损耗百分比存储在内存中，然后继续处理下一个负载阻抗。如果软件认为虽然能够实现匹配，但是一些参数违反了操作人员给出的限制条件（例如电容器两端的电压超过其峰值电压），它就将该问题说明存入内存中，然后继续向下处理。

π 形网络和 T 形网络各有 3 个可变元器件，软件对它们进行测试时，离散地改变网络输出电容的值。为了减少执行时间，AAT 在实际操作时总是离散地取值，由于受到离散间隔的影响，AAT 可能会漏掉一些临界匹配网络设置。使用 TLW 软件（采用与 AAT 相同的算法来确定匹配网络设置）可以手动找出这些临界匹配点。

测试完所有的负载值后，AAT 将测试结果记录在两个磁盘文件中——一个是摘要文件（该例中命名为 TEENET.SUM），另一个是成功匹配或近似匹配（只违反了电压限制条件）的详细记录文件（TEENET.LOG）。图 24-6 所示是 3.5MHz 波段和 29.7MHz 波段，某 T 形网络 AAT 输出摘要的一部分。（1.8MHz 波段以及 7.1～24.9MHz 波段的 AAT 输出摘要这里没有给出。）该 T 形网络中可变电容 *C*1 和 *C*2（包含了 10 pF 的分布电容）的变化范围为 42～251pF，两者的额定电压皆为 4500V。假设线圈的最大值为 28μH，无载 *Q* 为 200。

串联电容-跨接电感-串联电容型T形网络中的损耗所占的百分比。
频率：3.5 MHz, Z0: 50, 1500W, 最大电压：4500 V, Qu: 200 , Qc: 1000
可变电容：42 ～ 251 pF with switched 160/80 m 输出电容 : 0 pF

Xa	3.125	6.25	12.5	25	50	100	200	400	800	1600	3200	Ra
- 3200	L+	L+	L+	L+		L+	L+	L+	L+	V	7.2	
- 1600	L+	L+	L+	L+		L+	V	V	6.7	5.4	5.6	
- 800	L+	L+	C-	C-	V	V	8.1	5.5	4.3	4.2	5.0	
- 400	C-	C-	C-	V	12.0	7.6	5.0	3.6	3.2	3.7	4.8	
- 200	C-	C-	P	13.3	8.2	5.2	3.5	2.7	2.8	3.5	4.7	
- 100	C-	C-	16.7	10.2	6.3	3.9	3.1	2.9	2.6	3.4	4.7	
- 50	C-	C-	14.3	8.6	5.2	3.6	3.3	2.9	2.6	3.4	4.7	
- 25	C-	C-	13.1	7.8	4.7	3.6	3.1	2.8	2.5	3.4	4.7	
- 12.5	C-	C-	12.4	7.4	4.5	3.9	3.5	2.8	2.5	3.4	4.7	
- 6.25	C-	C-	12.1	7.2	4.4	3.8	3.5	2.7	2.5	3.4	4.7	
-3.125	C-	19.8	11.9	7.1	4.7	3.8	3.5	2.7	2.5	3.4	4.7	
0	C-	19.6	11.8	7.0	4.7	3.7	3.4	2.7	2.5	3.4	4.7	
3.125	C-	19.3	11.6	6.9	4.6	3.7	3.4	2.7	2.5	3.4	4.7	
6.25	C-	19.1	11.4	6.8	4.5	3.7	3.4	2.9	2.5	3.4	4.7	
12.5	C-	18.6	11.1	6.6	4.4	4.2	3.3	2.9	2.5	3.4	4.7	
25	C-	17.6	10.4	6.2	4.7	4.0	3.2	2.8	2.5	3.4	4.7	
50	C-	15.5	9.1	6.1	4.9	3.7	3.4	2.7	2.4	3.3	4.7	
100	P	11.0	7.6	6.5	4.9	3.9	3.4	2.9	2.4	3.3	4.7	
200	V	V	8.3	7.0	5.3	3.9	3.6	2.8	2.3	3.3	4.7	
400	P	V	V	V	V	5.4	3.6	3.5	2.3	3.3	4.6	
800	P	P	P	V	V	V	2.3	2.3	2.6	3.4	4.7	
1600						L+	2.5	3.6	3.9	4.0	4.9	
3200						L+	L+	L+	L+	5.5	5.9	

串联电容-跨接电感-串联电容型T形网络中的损耗所占的百分比。
频率 : 29.7 MHz, Z0: 50, 1500W, Vmax: 4500 V, Qu: 200 , Qc: 1000
可变电容：42～251 pF with switched 160/80 m 输出电容：0 pF

Xa	3.125	6.25	12.5	25	50	100	200	400	800	1600	3200	Ra
- 3200	C-	C-	C-	C-	C-	C-	C-	C-	C-	C-	C-	
- 1600	C-	C-	C-	C-	C-	C-	C-	C-	C-	C-	C-	
- 800	C-	C-	C-	C-	C-	C-	C-	C-	C-	C-	C-	
- 400	C-	C-	C-	C-	C-	C-	C-	C-	C-	C-	C-	
- 200	C-	C-	C-	C-	C-	C-	C-	C-	C-	C-	C-	
- 100	C-	C-	C-	C-	2.7	1.8	1.6	C-	C-	C-	C-	
- 50	C-	C-	C-	2.6	1.6	1.2	1.3	C-	C-	C-	C-	
- 25	C-	5.3	2.9	1.7	1.1	1.0	1.2	C-	C-	C-	C-	
- 12.5	7.1	3.9	2.1	1.1	0.8	0.9	1.1	C-	C-	C-	C-	
- 6.25	6.0	3.2	1.7	1.0	0.6	0.8	1.1	C-	C-	C-	C-	
-3.125	5.4	2.8	1.4	1.0	0.6	0.8	1.1	C-	C-	C-	C-	
0	4.7	2.5	1.6	1.0	0.6	0.8	1.1	C-	C-	C-	C-	
3.125	4.1	2.4	1.7	1.1	0.6	0.7	1.1	C-	C-	C-	C-	
6.25	3.4	2.4	1.5	1.0	0.6	0.7	1.1	C-	C-	C-	C-	
12.5	3.4	2.9	2.0	1.1	0.6	0.7	1.1	C-	C-	C-	C-	
25	4.6	3.2	2.0	1.3	0.6	0.6	1.0	C-	C-	C-	C-	
50	5.2	3.9	2.0	1.6	0.7	0.5	1.0	C-	C-	C-	C-	
100	8.9	4.8	2.5	C+	0.9	0.5	1.0	C-	C-	C-	C-	
200						0.7	1.1	C-	C-	C-	C-	
400						C-	C-	C-	C-	C-	C-	
800						C-	C-	C-	C-	C-	C-	
1600						C-	C-	C-	C-	C-	C-	
3200						L+	C-	C-	C-	C-	C-	

图24-6 3.5 MHz和29.7 MHz波段，某T形网络（额定电压4 500 V的42～251 pF可变电容（包含分布电容），28 μH滚筒电感）的AAT输出摘要。负载从3.125−j 3 200 Ω变化到3 200 + j 3 200 Ω，变化规律见文字说明。符号“L+”代表匹配不成功，需要更大的电感。“C−”代表电容的最小值太大。“V ”代表电容两端电压超过了它的额定值。“P”代表网络的功率损耗超过了设定值20%。空格代表由于多种条件同时不能满足，无法实现匹配。

匹配映射网格中的数字代表匹配成功时对应负载条件下的能量损耗百分比。出现“C−”说明由于有一个可变电容的最小值太大，匹配不成功。这种情况常出现在高频波段，不过在功率损耗大于操作人员的设定值，AAT 继续寻找功率损耗较低的网络设置时也可能发生在低频波段。“C−”将会一直出现，直到 AAT 找到一种网络设置，其可变电容的最小值满足输入电容 C1 的限制条件。

类似地，出现“C+”说明由于有一个可变电容的最大值太小，匹配不成功。网格中的”L+”代表匹配失败，需要用更大的电感。“V”代表某些元器件两端的电压超过了其电压限制。此时为了防止出现电弧（电压过高）可以减小输入功率。“P”代表功率损耗超过了设定值，即功率损耗过大。空格代表由于多种条件不能同时满足，无法实现匹配。

很显然，3.5MHz 波段，负载电阻小于 12.5Ω 时，使用该电容器设置的T形网络的损耗很大。例如，负载阻抗为12.5–j100Ω时，网络损耗占输入功率的16.7%。输入功率1500W，网络就消耗掉了250W，其中大部分被线圈消耗掉了。随着负载电抗，尤其是容性电抗的增大，网络的能量损耗增大。出现这种情况是因为负载的串联容性电抗会附加到C2上，损耗因此相应增加。

对于大多数负载来说，使用较大的输出电容C2可以减小网络的损耗。通常情况下，可变电容（该电容的取值限定了网络的有效阻抗匹配范围）的取值范围和额定电压之间存在一个折中点。如图24-7所示，假设电容C1和C2的可变范围变大，峰值额定电压减小。电容使用Johnson 154-507-1双联可变电容器，每联的可变范围为15～196pF，峰值额定电压为3000V。在低频段，电容的两联并联。同样假设每个可变电容器上的分布电容为10pF。

图24-7中，3.5MHz波段，匹配映射移向左侧，这意味着与串联电阻较小的负载阻抗实现匹配时，匹配网络的损耗较小。但这同样意味着负载阻抗的电阻最大时（3200Ω），输出电容两端的电压将超过其额定值。这种情况不会发生在图24-6中的匹配网络中，其输出电容的额定电压值为4500V。

串联电容—跨接电感—串联电容型T形网络中的损耗所占的百分比。
频率：3.5 MHz, Z0: 50, 1500W,最大电压: 3000 V, Qu: 200 , Qc: 1000
可变电容：25 ～ 402 pF with switched 160/80 m 输出电容 : 400 pF

Xa \ Ra	3.125	6.25	12.5	25	50	100	200	400	800	1600	3200
- 3200	L+	L+	L+	L+		L+	L+	L+	L+	V	V
- 1600	L+	L+	L+	L+		L+	V	V	V	V	V
- 800	C-	L+	L+	L+	V	V	V	4.9	3.9	4.0	V
- 400	C-	L+	L+	V	V	6.0	4.0	3.0	2.9	3.6	V
- 200	C-	L+	V	9.0	5.5	3.5	2.5	2.2	2.6	3.4	V
- 100	C-	V	9.6	5.7	3.5	2.3	1.8	1.9	2.4	3.4	V
- 50	19.7	11.7	6.8	4.0	2.6	2.2	1.8	1.8	2.4	3.3	V
- 25	16.1	9.3	5.4	3.3	2.7	2.3	1.8	1.7	2.4	3.3	V
- 12.5	14.1	8.1	4.6	3.4	2.9	2.4	1.9	1.7	2.4	3.3	V
- 6.25	13.1	7.5	4.2	3.5	2.8	2.4	1.9	1.7	2.3	3.3	V
-3.125	12.6	7.2	4.3	3.3	2.7	2.3	1.8	1.7	2.3	3.3	V
0	12.1	6.9	4.4	3.6	3.0	2.3	1.8	1.7	2.3	3.3	V
3.125	11.6	6.5	4.6	3.4	3.0	2.3	2.0	1.7	2.3	3.3	V
6.25	11.0	6.2	4.4	3.7	2.9	2.6	2.0	1.7	2.3	3.3	V
12.5	10.0	6.0	4.4	3.5	2.8	2.5	1.9	1.7	2.3	3.3	V
25	8.5	5.8	4.7	3.6	3.0	2.4	1.9	1.6	2.3	3.3	V
50	8.6	6.9	4.7	4.2	3.2	2.3	1.8	1.6	2.3	3.3	V
100	V	V	6.3	4.4	3.2	2.5	1.9	1.5	2.3	3.3	V
200	V	V	V	V	4.2	2.6	2.0	1.5	2.3	3.3	V
400	P	V	V	V	V	1.1	1.5	1.7	2.3	3.3	V
800	P	P	P	V	V	V	2.3	2.6	2.7	3.4	V
1600	P	P	P	V	V	V	V	V	V	4.1	V
3200						L+	L+	L+	V	V	V

串联电容-跨接电感-串联电容型T型网络中的损耗所占的百分比。
频率 29.7 MHz, Z0: 50, 1500W,最大电压: 3000 V, Qu: 200 , Qc: 1000
可变电容： 25 to 402 pF with switched 160/80 m 输出电容.: 400 pF

Xa \ Ra	3.125	6.25	12.5	25	50	100	200	400	800	1600	3200
- 3200	C-	C-	C-	C-		C-	C-	C-	C-	C-	C-
- 1600	C-	C-	C-	C-	C-	C-	C-	C-	C-	C-	C-
- 800	C-	C-	C-	C-	C-	C-	C-	C-	C-	C-	C-
- 400	C-	C-	C-	C-	C-	C-	C-	2.8	C-	C-	C-
- 200	C-	C-	C-	C-	4.6	2.9	2.2	2.1	2.5	C-	C-
- 100	C-	C-	C-	4.1	2.5	1.7	1.5	1.8	2.4	C-	C-
- 50	C-	6.9	3.9	2.3	1.4	1.1	1.3	1.7	2.3	C-	C-
- 25	7.7	4.3	2.4	1.3	0.9	0.9	1.2	1.6	2.3	C-	C-
- 12.5	5.4	2.9	1.5	0.8	0.6	0.8	1.1	1.6	2.3	C-	C-
- 6.25	4.1	2.1	1.3	0.8	0.5	0.7	1.1	1.6	2.3	C-	C-
-3.125	3.5	1.9	1.4	0.8	0.4	0.7	1.1	1.6	2.3	C-	C-
0	2.8	1.9	1.4	1.0	0.4	0.7	1.1	1.6	2.3	C-	C-
3.125	3.2	2.0	1.4	0.9	0.4	0.7	1.1	1.6	2.3	C-	C-
6.25	3.4	1.9	1.5	1.0	0.4	0.6	1.1	1.6	2.3	C-	C-
12.5	3.4	2.1	1.4	1.1	0.4	0.6	1.0	1.6	2.3	C-	C-
25	4.6	2.3	1.5	1.0	0.5	0.6	1.0	1.6	2.3	C-	C-
50	5.2	3.9	2.0	1.6	0.5	0.5	1.0	1.5	2.3	C-	C-
100	V	5.6	3.0	1.6	1.0	0.5	0.9	1.5	2.3	C-	C-
200	V				0.7	0.8	1.1	1.5	2.2	C-	C-
400						1.2	1.6	1.8	2.3	C-	C-
800						C-	C-	C-	C-	C-	C-
1600						C-	C-	C-	C-	C-	C-
3200						L+	C-	C-	C-	C-	C-

图24-7　另一AAT打印输出示例。网络中使用可变范围为25～402 pF（两联并联时），额定电压为3 000 V的双联可变电容器。电感仍使用28 μH滚筒电感，不过可以在输出电容两端跨接一个可以手动切换（可以用按键控制其接入接出）的400 pF定值电容。可以发现，与图24-6中的网络相比，低频时，该网络的匹配范围移向左侧，原因在于输出电容的最大值变大了。高频时，网络的匹配范围扩大了，原因在于输出电容的最小值变小了。

29.7MHz 波段时比较图 24-6 和图 24-7。与图 24-6 相比，图 24-7 中电路的可变电容的最小值更小（图 24-6 中为 42 pF，图 24-7 中为 25 pF），这使得它的阻抗匹配范围更广。该电路不能与电阻大于 200Ω 的负载阻抗进行匹配。

为了在低频波段与小电阻的负载阻抗相匹配，AAT 允许操作人员在输出电容 C2 两端跨接一个可切换的定值电容。图 24-7 中，一个 400pF 的定值电阻 C4（可通过按键对其进行切换，低频时接入）跨接在 C2 两端，以使频率在 1.8MHz 和 3.5MHz 波段时，网络能与小电阻的负载阻抗匹配。图 24-8 所示即为这种 T 形天线调谐器的电路图。

频率在 3.5MHz 波段，负载为 6.25-j3.125Ω 时，图 24-7 中匹配网络的损耗占输入功率的 7.2%，图 24-6 中的占 19.7%。另一方面，负载阻抗的电阻为 3200Ω 时，电容两端的电压将超出其额定电压——某一个电容或两个电容两端

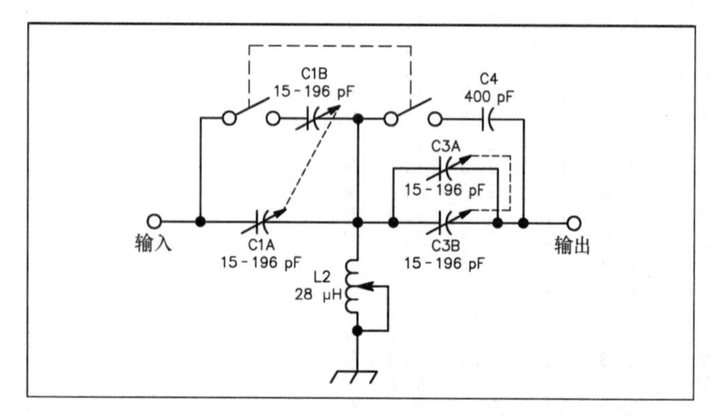

图24-8　T形天线调谐器示意图，其调谐范围如图24-7所示。

的电压都超出。不过，超出量不会很大：输入功率为 1500W 时，计算得到电容两端电压为 3003V，刚好超出电容器的额定电压 3000V。稍微减小输入功率即可防止产生电弧。

对于 π 形网络和 T 形网络，AAT 可以产生类似的表格，将电路的匹配能力同所选择的元器件组合进行一一映射。所有的计算都预设了元器件的无载 Q_U。在整个业余 MF 和 HF 波段，可变电感的无载 Q_U 变化很大。AAT 中电感的无载 Q_U 使用实测值时，AAT 的计算结果与真实天线调谐器的实测结果非常吻合。可能会有个别天线调谐器例外，这取决于电路中分布电感或电容的种类。

24.2.6　平衡的天线调谐器

现代天线调谐器通常会在输出使用带有平衡或并行馈线的环形线圈巴伦。这样发射机的不平衡同轴输出就可以与平衡馈线相连接（本章后面会讨论到巴伦）。请注意，在极高或极低的阻抗下，高发射功率电平时，巴伦的功率可能会超过额定功率。

有时我们会使用如图 24-9 所示的电感和偶联电路，但大部分情况下被环形线圈巴伦所取代。关于电感耦合更详细的讨论可在本书中的光盘中找到，是一个低功率偶联调谐器的项目，就是使用图 24-9D 的配置，以及 Phil Salas（AD5X）设计的构建 100W“Z 匹配”天线调谐器的指导。John Stanley（K4ERO）的文章《Fil 调谐器——一种天线匹配的新（旧）方法》（见参考书目），假设滤波和阻抗都匹配，从匹配网络的观点来讨论了调谐的偶联匹配。

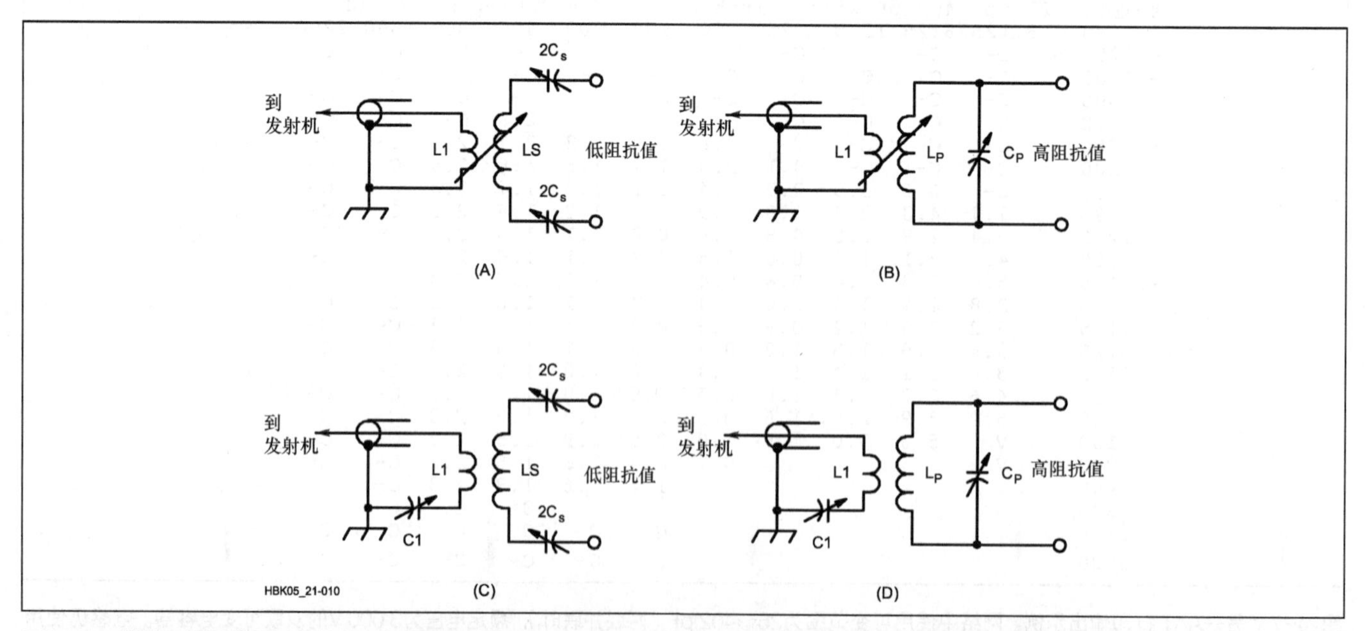

图24-9　简化天线调谐器以便将发射机耦合到平衡线上，其负载与发射机的设计负载阻抗（通常为50Ω）不同。图（A）和图（B）分别串联和并联谐振电路，在线圈间用可变电感耦合。图（C）和图（D）与上面类似，但是使用了固定电感耦合和可变串联电感C1。串联谐振电路在低阻抗负载下很有效，并联电路在高阻抗负载下更有效（几百欧甚至更大）。

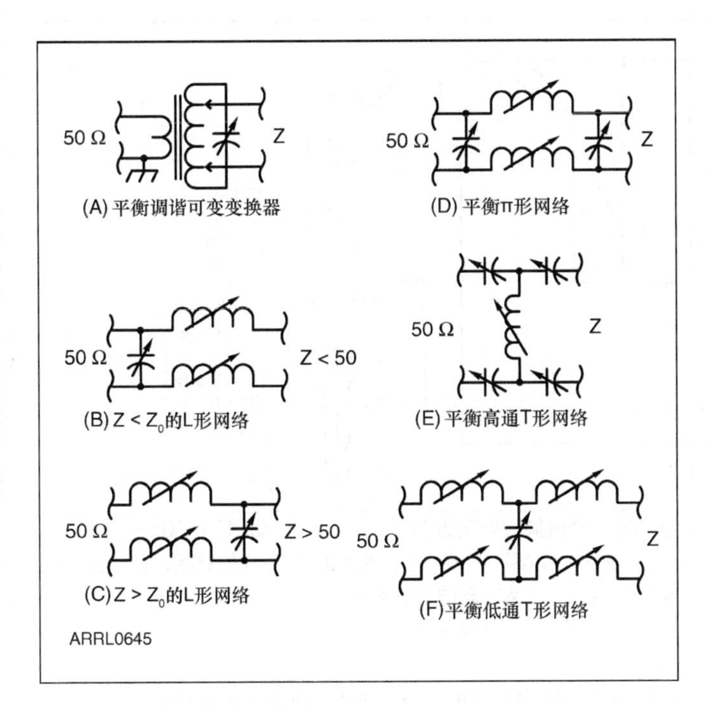

图24-10　平衡天线调谐器结构。

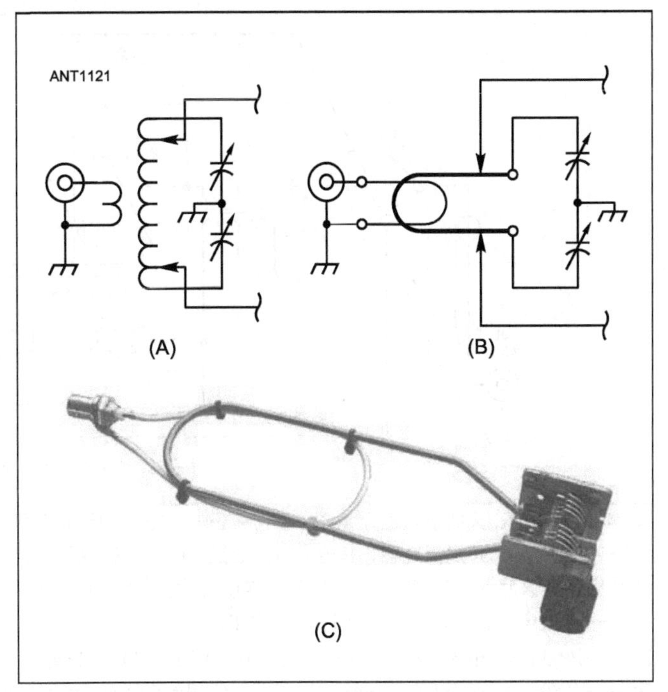

图24-11　平衡调谐器结构。图（A）中为传统的基于抽头线圈的调谐器，图（B）中为发夹形等效电路。图（C）中展示了144MHz发夹形调谐器。该技术可应用于波长70cm～10m的波段。

完全平衡的调谐器有一个对称的内部电路，馈线每一边都有调谐器电路，并且调谐器输入端的巴伦的阻抗约为50Ω。图 24-10 中的几个例子可以认为是由之前描述的不平衡网络形成的，网络的镜像被插入到电路“地”的一侧。

将巴伦插入到电路阻抗为 50Ω 的一侧，以允许连接到不平衡的同轴馈线。因此有一些调谐器设计使用 1∶1 的巴伦。而其他调谐器要将负载阻抗转化为 200Ω，所以使用 4∶1 的巴伦。这样巴伦就能工作在其设计的阻抗上，而不用管负载阻抗。不平衡调谐器输出端的巴伦必须工作在无论什么负载阻抗上，这可能在巴伦中引起很大损耗或电弧作用。

平衡调谐器的缺点是额外增加的组件损耗更高，并且同时用单一控制来调整多个组件时，机械布置更为复杂。

图 24-11 中的发夹调谐器是一个在 VHF 和 UHF 频段使用的平衡调谐器，其中螺线管线圈可能会有太多的电感。2009 年 4 月《QST》上 John Stanley（K4ERO）描述这种调谐器的文章《用于匹配平衡天线系统的发夹调谐器》，也包含在本书的光盘里。

24.2.7　项目：大功率 ARRL 天线调谐器

Dean Straw（N6BV）设计这种天线调谐器时设定了 3 个目标：第一，输入功率为法定输入功率时，其阻抗匹配范围要很广；第二，效率要很高，包括巴伦中损耗在内的损耗务求最小；这导致了第三个目标，调谐器中要包含一个巴伦，且该巴伦的存在不会改变天线调谐器的输出阻抗。因此，该调谐器在设计时，将巴伦置于调谐器的输入端。

在波长 10～160m 波段，该天线调谐器能工作在全法定功率下，且阻抗匹配范围很广——无论是平衡阻抗还是不平衡阻抗。匹配网络采用高通 T 形网络，该 T 形网络包含两个串行的可变电容器和一个并行的可变电感。调谐器示意图如图 24-12 所示。注意此示意图画得有些特殊。这样画是为了突出串行输出输入电容，以及电感是如何连接的。所有这些元器件都安装在底盘上，该底盘可使元器件与调谐器钢盒壁远离。底盘与钢盒壁通过安装在底盘上的 4 块结实的 2 英寸锥形滑石（陶瓷的）绝缘子支脚相互隔离。

T 形网络的阻抗匹配范围很灵活，但是如果设计不当，它的损耗会很大。为使网络的损耗最小，设计时必须特别注意，尤其是在低频业余波段负载阻抗较小时。要在波长 160 m 波段，小负载阻抗条件下设计出的不会放射电弧和消耗过多能量的 T 形网络，对设计者来讲是最具挑战意义的事情。要知道网络的阻抗匹配范围，可查看 ASCII 文件 TUNER.SUM 中对应的表格，该文件可在本书附带的光盘中找到。这些表格是使用 AAT 软件创建的，关于该软件，本章前面已经讨论过。

举例说明，假设频率在 1.8MHz 波段负载阻抗为 12.5+j0Ω。该例中，AAT 将输出电容 C3 的值设定为 750pF。根据 C3 的值可计算出网络中其他两个元器件的取值。在 1.8MHz 波段，假定各元器件的无载 Q 皆取其典型值（线圈为 200），网络损耗占输入功率的 7.9%——输入功率为

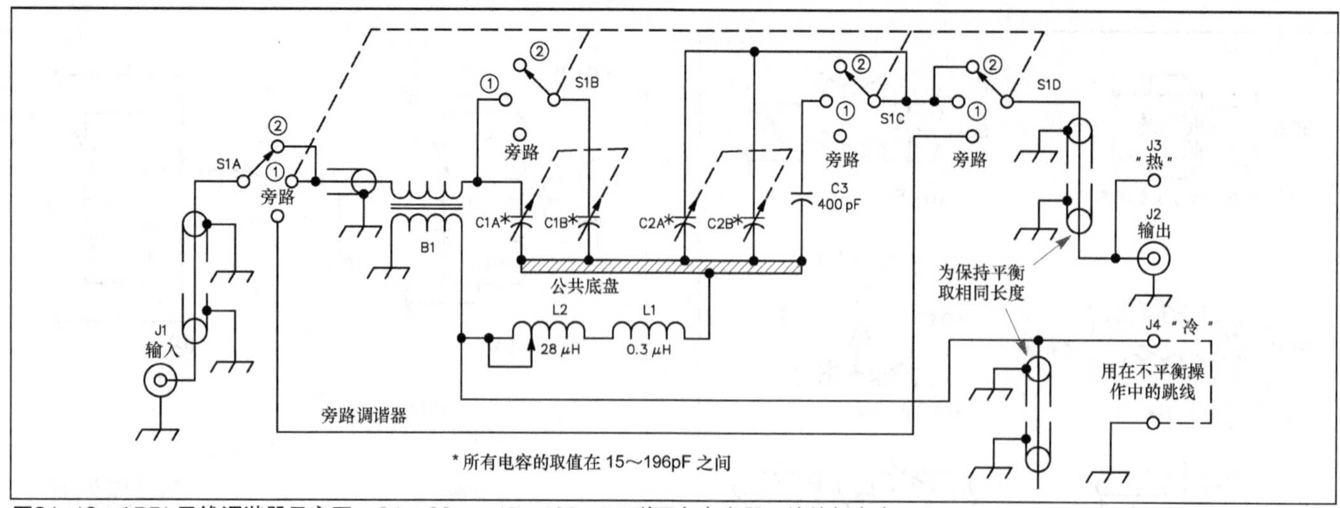

图24-12　ARRL天线调谐器示意图。C1、C2——15～196 pF双联可变电容器，峰值额定电压为3 kV，E. F. Johnson154-507-1。
C3——自制400 pF定值电容，其击穿电压超过10 kV。该平板电容器一板为一块大小为4英寸× 6英寸、厚为0.030英寸的铝板，另一板为电浮地底盘（该底盘为C1、C2、L1的公共连接），两板之间的电介质为一块取自5英寸× 7英寸画框的玻璃板。
L1——定值电感，电感值约为 0.3 μH 。共4匝，使用1/4英寸的铜管在1英寸外径的管子上绕制而成。
L2——28μH滚筒电感，Cardwell E. F.Johnson 229-203，其骨架为滑石。
B1——巴伦，AmidonFT240-43，共12匝，使用#10 formvar绝缘双绞线在一根用43号材料做的2.4英寸外径的芯棒上绕制而成。

1500W 时，网络损耗为 119W，其中 98W 被电感损耗掉了，所以选择电感时应保证所选电感在这么大的发热功率下不会熔化或去谐。因此，使用 T 形网络时必须谨慎，防止因发热而自燃或内部产生电弧。

最小化调谐器损耗的其中一种方法就是使用相对较大的输出电容（这里所讨论的调谐器的输出可变电容的最大值约为 400pF，其分布电容约为 20pF）。在波长 80m 和 160m 波段，可在输出电容两端跨接一个 400pF 的定值电容，该电容可用开关控制其接入接出（称之为可切换的）。1.8MHz 波段，输出电容为 750pF，负载为 12.5Ω，接入 1500W 的输入功率后只需要 30s 电感就会变热，但是还不足以损坏所使用的滚筒电感。

对于 T 形网络调谐器中使用的可变电容器，其可变范围和额定电压之间存在一个折中。该调谐器中包含两个相同的 Cardwell-Johnson 双联 154-507-1 空气可变电容器，其额定电压为 3000V。每联的可变范围为 15～196pF，分布电容约为 10pF。输出电容的两联用导线并联在一起作为一个整体，而输入电容两联中的一联却可以由开关 S1B 控制其接入接出。采用该方法可以使输入电容的最小值更小，以便在高频波段能够与大阻抗的负载匹配。

电感采用高品质的 Cardwell 229-203-1 滚筒电感，该电感骨架为散热性很好的滑石，因此可以避免因温度过高而损坏。一个 0.3μH 的线圈与它串联。该线圈一共有 4 匝，使用 1/4 英寸的铜管在 1 英寸的外径模具（线圈绕好后该模具即移除）上绕制而成。在高频段，负载阻抗较小时，T 形网络中所需的电感值较小，定值线圈上消耗的能量比较多。可变电容和滚筒电感的旋转轴都采用瓷性绝缘材料制作而成，因为所有元器件都带电。前面板上旋转轴的穿出口上都加了接地套管，以确保所有旋钮上的金属部分对操作人员来说是不带电的。

带平衡负载的天线调谐器中的巴伦位于调谐器的输入端，而不是像在其他设计中那样位于输出端。将巴伦置于输入端可以使巴伦上的受压少一些，因为网络调谐后，巴伦工作在预设电阻 50Ω 处。负载为非平衡负载（同轴电缆）时，滚筒电感底部的公共点通过位于钢盒后壁的穿通绝缘子上的跳线接地。原型天线调谐器中的巴伦共有 12 匝，使用#10 Formvar 绝缘双绞线在一根用 43 号材料做的 2.4 英寸外径的芯棒上绕制而成。频率在 29.7MHz 波段时，接入 1500W 输入功率后 60s，双绞线手感变温，但芯棒没有变热。估计有 25W 的功率被巴伦耗散掉了。如果你不想将此调谐器用于负载为不平衡传输线的操作中，也可以不使用巴伦。

在这里讨论的天线调谐器中，用一段 RG-213 同轴电缆连接输出同轴插座（与穿通绝缘子的”热”端并联）到 S1D 公共端。这使地面的电容增加了大约 15 pF。因此，与平衡传输线连接时，为了使电路保持平衡，在穿通绝缘子的“冷”端接入一段长度相同的 RG-213 同轴电缆。当电路的负载为非平衡负载时，用跳线将“冷”端与地面连接（即使用同轴电缆连接头），RG-213 同轴电缆将被短路。

结构

原型天线调谐器安装在一个结实的、油漆过的钢制盒子中（Hammond model 14151）。这个盒子的结构特别好，即使滚筒电感的转轴剧烈转动，盒子也不会变形或从工作台上跳起来。盒子中电子元器件与盒子钢壁之间的间隔很适当，可以使各元器件，尤其是可变电感的损耗保持在较低水平。各元器件之间，元器件与底盘之间也有很大的间隔，这可以避免出现电弧或与地面之间出现分布电容。图 24-13 和图 24-14 所示为钢盒中原型调谐器的结构图。图 24-15 所示为钢盒的前面板。滚筒电感的匝数计数器刻度盘是从内布拉斯加州的旧货市场上购买的。

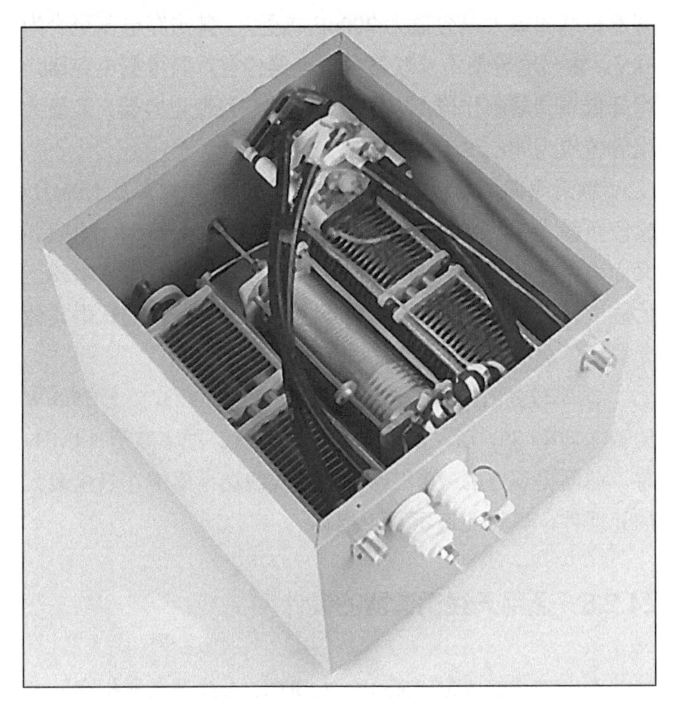

图24-13 ARRL天线调谐器内部视图。巴伦安装在输入同轴连接头附近。用于平衡传输线工作的两个穿通绝缘子位于输出不平衡同轴连接头附近。Radioswitch Corporation生产的高电压开关安装在前面板上。前面板上旋转轴的穿出口上都加了1/4英寸的接地套管，各可变元器件通过瓷性绝缘旋转轴与面板上的旋钮相连。

图24-14 底盘底部视图。图中可以看到将底盘与钢盒壁绝缘的4个白色绝缘器件。自制的400 pF定值电容C3用环氧树脂固定在底盘的底部。在底盘和铝板之间插入一块玻璃板作电容的电介质。

400pF 自制定值电容由 5 英寸×7 英寸廉价玻璃板，大小约 4 英寸×6 英寸、厚 0.030 英寸的铝板，以及调谐器的 10½英寸×8 英寸的底盘构成。出于机械刚度考虑，底盘使用两块 1/16 英寸厚的铝板。玻璃板用环氧树脂固定在底盘的底部。构成定值电容另一平板的 4 英寸×6 英寸铝板用环氧树脂固定在玻璃板的底部。由此，自制定值电容制作完成，该电容稳定，且额定电压和额定电流较高。用螺丝将两块木板固定在底盘下面以保证电容的机械稳定性（不会随便乱动）。该电容的击穿电压约为 12 kV。底盘的底部视图如图 24-16 所示。

注意：制作定值电容时使用的廉价玻璃板（在沃尔玛中花 2 美元就可以买到），其介电常数是变化的。改变铝板与玻璃板的接触面积，直到 Autek RF-1 电容表上显示电容值为 400pF，此时得到的铝板尺寸即为制作所需定值电容的铝板的最终尺寸。在整个过程中，注意铝板同玻璃板之间的环

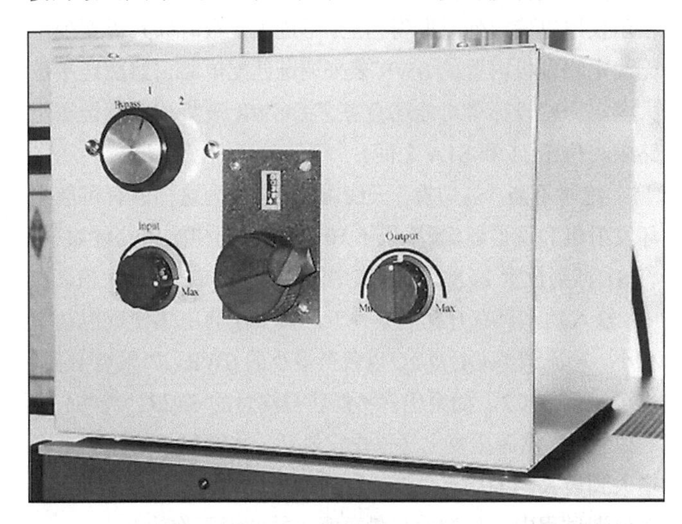

图24-15 ARRL天线调谐器的前面板。滚筒电感的匝数计数器刻度盘是从内布拉斯加州的旧货市场上购买的。

图24-16 底盘底部视图。图中可以看到用以确保C3机械稳定性的两块木板。

氧树脂不要干掉。另外，需注意不要让环氧树脂溢出玻璃板和铝板的边缘——这可能导致电弧和长时间的燃烧！

S1直接用螺丝钉固定在钢盒的前面。S1是Radio Switch Corporation专门生产的一种高压RF开关，4刀3掷。这种开关价格不高，但是我们希望原型调谐器中各部分的价格都比较低廉，因此可以使用两个更便宜的二手双刀双掷开关作为替代。需要时可使用一个双刀双掷开关作为调谐器的旁路开关，另一个可用于控制可变电容器C3两端跨接的400pF定值电容是否接入——该电容低频时与C1的两联并联。当然，两个开关必须能工作在RF高电压下。

操作

ARRL天线调谐器工作在1.5kW的输入功率（来自发射机）下。在发射机和天线调谐器之间另外插入一台SWR指示仪用以确定何时取得匹配。不过大多数时候只需要使用无线电收发机内置的SWR表来调谐匹配电路，然后连接放大器。一些设计者可能还会考虑将SWR表集成在调谐器电路中，位于J1和S1A之间。

绝对不能“热切换”天线调谐器，因为这样做有可能损坏发射机和调谐器。频率低于10 MHz时的初始化设置如下：将S1打到位置2，C1设置在中间值位置，C2取最大值。在RF输入功率只有几瓦的条件下，调节滚筒电感使反射功率减小。轮流调节C1和L2以获得最小的SWR，如果有必要，也可以调节C2。如果仍然不能获得满意的SWR，将S1打到位置3，然后重复上述操作。最后，将发射机的输出功率增大到最大，如果有必要，可调节天线调谐器的控制旋钮。在调谐过程中，使发射尽量短暂，并能识别你的站点。

工作频率高于10MHz时初始化设置如下：同样将S1打到位置2，经过调节，如果仍然不能将SWR值降到合适值，则将S1打到位置3，然后重复调节操作，频率为24MHz或28MHz时很可能需要如此。一般来讲，你总想将C2的值设置得尽可能大，尤其是在低频时——这可以使调谐器中的损耗最低。不需要调谐器时，可将S1打到位置1，使发射机直接与天线相连。

说明

该电路中可使用旧线圈和旧电容。L2的值至少为25μH，其骨架为一块滑石。市场上的滚筒电感使用Delrin塑料骨架，在温度较高时很容易熔化，应避免使用。调谐电容器每联的最大电容值为200pF或更大，其击穿电压至少为3kV。输出电容使用单联可变电容器代替双联可变电容器，可降低调谐器制作成本。如果使用单联可变电容器，其最大电容值应为400pF，额定电压为3kV。

该天线调谐器测得的插入损耗比较低。频率在1.8MHz波段负载为12.5Ω时情况最糟糕，其负载由4个50Ω电阻并联而成。接上1500W的输入功率，只需要30s，可变电感上的温度就会使你的手不再想长时间放在上面。该测试中其他元器件不会变热。

频率较高时（在1.8MHz波段负载为50Ω），接上1500W的输入功率30s后，滚筒电感仅仅微热。频率高于14MHz时，前面提到过的#10巴伦导线是天线调谐器中发热量最大的元器件，虽然还远不至于损坏。

24.2.8 通用天线调谐器的设计

Joel Hallas（W1ZR）给《ARRL天线调谐器指南》一书创造了几个天线调谐器的设计。利用TLW程序来确定一组常见负载阻抗的元件值以及图24-17所示的3个较为流行的天线调谐器电路。表24-3～表24-5显示了在1.8MHz、3.5MHz和30MHz（对于天线调谐器来说是相当高的频段了）匹配负载阻抗所需的元件值。

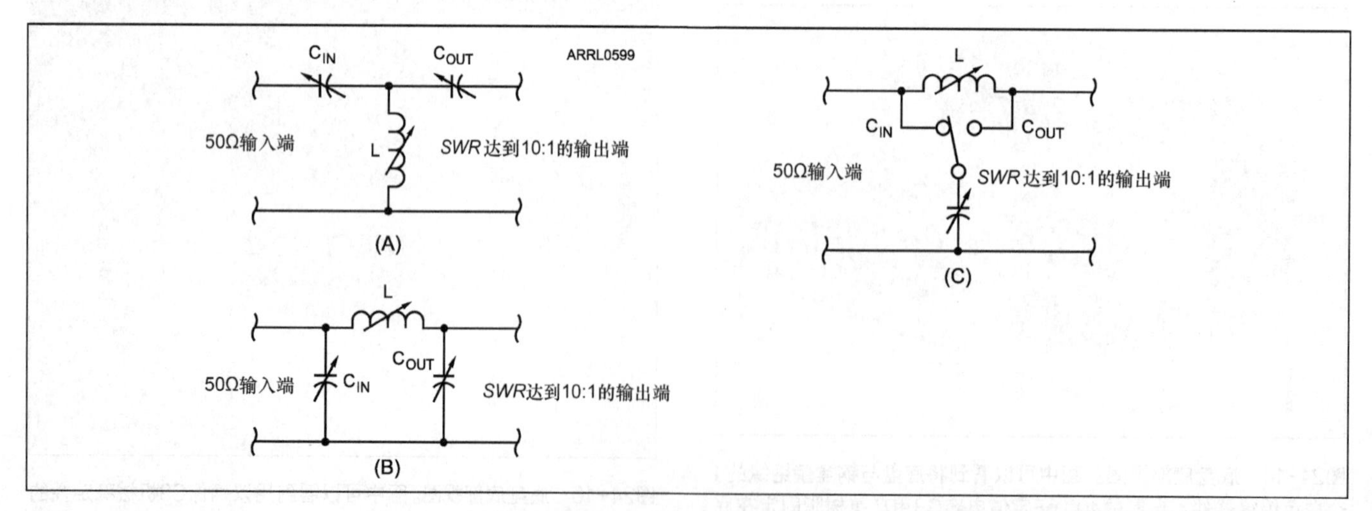

图24-17 高通T形网络（A）、π形网络（B）和低通L形网络（C）的原理示意图。表24-3～表24-5给出了将不同负载阻抗值匹配到50Ω所需的元件值。

表 24-3　SWR 为 10∶1 时高通（分流 L）T 形网络天线调谐器的元件要求

频率/Z(Ω)	电容		电感(μH)	电容电压(V_p)		效率(%)
1.8 MHz	输入(pF)	输出(pF)		100 W	1500 W	
5	1136	3000	2.1	180	710	96
500	548	500	13.9	323	1250	98
25+ j100	343	300	10.3	790	3070	92
25–j100	170	300	20	1040	4030	86
250+ j250	308	200	10.5	380	1470	98
250–j250	337	300	16.9	525	2030	96
频率/Z(Ω)	电容		电感(μH)	电容电压(V_p)		效率(%)
3.5 MHz	输入(pF)	输出(pF)		100 W	1500 W	
5	563	1500	1.1	190	720	96
500	265	200	7.3	343	1330	98
25+ j100	275	200	3.5	613	2373	95
25–j100	104	200	8.6	880	3403	88
250+ j250	333	100	5.6	381	1475	98
250–j250	136	100	10.8	670	2600	94
频率/Z(Ω)	电容		电感(μH)	电容电压(V_p)		效率(%)
30 MHz	输入(pF)	输出(pF)		100 W	1500 W	
5	79	200	0.12	160	640	96
500	29	50	0.77	370	1470	97
25+j100	91	30	0.24	400	1560	98
25–j100	24	100	0.46	440	1710	93
250+j250	36	100	0.9	300	1150	98
250–j250	29	100	0.6	360	1410	97

表 24-4　SWR 为 10∶1 时低通（串联 L）L 形网络天线调谐器的元件要求

频率/Z(Ω)	电容		电感(μH)	电容电压(V_p)		效率(%)
1.8 MHz	输入(pF)	输出(pF)		100 W	1500 W	
5	5254	n/a	1.34	100	390	98
500	n/a	536	13.5	310	1210	98
25+ j100	n/a	1408	12	290	1120	98
25–j100	1760	n/a	11	100	390	97
250+ j250	n/a	713	13	310	1210	98
250–j250	n/a	319	13	310	1210	98
频率/Z(Ω)	电容		电感(μH)	电容电压(V_p)		效率(%)
3.5 MHz	输入(pF)	输出(pF)		100 W	1500 W	
5	2700	n/a	0.69	100	400	98
500	n/a	275	6.8	310	1200	98
25+ j100	n/a	720	6.2	290	1120	98
25–j100	926	n/a	5.6	100	390	97
250+ j250	n/a	367	6.8	310	1210	98
250–j250	n/a	184	6.8	310	1210	98

续表

频率/$Z(\Omega)$ 30 MHz	电容 输入(pF)	输出(pF)	电感(μH)	电容电压(V_p) 100 W	1500 W	效率(%)
5	315	n/a	0.08	100	390	98
500	n/a	32	0.79	310	1210	98
25+j100	n/a	85	0.72	290	1120	98
25–j100	140	n/a	0.58	100	390	97
250+j250	n/a	43	0.79	310	1210	98
250–j250	n/a	22	0.79	310	1210	98

表 24-5　　***SWR*** **为 10：1 时低通 π 形网络天线调谐器的元件要求**

频率/$Z(\Omega)$ 1.8 MHz	电容 输入(pF)	输出(pF)	电感(μH)	电容电压(V_p) 100 W	1500 W	效率(%)
5	5256	500	1.4	100	390	98
500	2602	1000	9.6	310	1200	96
25+j100	966	1500	12.5	280	1110	97
25–j100	3410	500	7.5	280	1100	96
250+j250	1931	1000	11.3	310	1210	97
250–j250	1284	500	12.9	310	1210	97
频率/$Z(\Omega)$ 3.5 MHz	**电容 输入(pF)**	**输出(pF)**	**电感(μH)**	**电容电压(V_p) 100 W**	**1500 W**	**效率(%)**
5	2706	500	0.7	100	390	98
500	1287	500	5.1	310	1200	96
25+j100	643	800	6.2	280	1110	97
25–j100	1886	300	3.7	280	1430	95
250+j250	934	500	6.0	310	1200	97
250–j250	859	300	6.2	310	1200	97
频率/$Z(\Omega)$ 30 MHz	**电容 输入(pF)**	**输出(pF)**	**电感(μH)**	**电容电压(V_p) 100 W**	**1500 W**	**效率(%)**
5	321	200	0.08	100	390	98
500	118	50	0.7	310	1200	97
25+j100	103	100	0.7	290	1100	97
25–j100	205	30	0.5	285	1100	96
250+j250	71	50	0.8	310	1200	97
250–j250	77	30	0.8	310	1200	97

24.3　传输线系统设计

本章前面部分章节是从发射机的角度来看系统设计，到底采取何种措施才能保证发射机的负载是其设计的负载50Ω。本节中，我们将从传输线的角度来看系统设计：一旦天线的应用范围确定，到底应该采用何种措施才能保证传输线的工作效率最高。

24.3.1　传输线的选择

进入微波频段后，波导变得很实用。实际上只有两种传输线可供选择：同轴电缆和平行双导线，如明线或阶梯线，窗口线和双芯引线。

同轴电缆的屏蔽层在辐射控制、布线灵活性方面具有优势。例如，同轴电缆可以毫无困难地捆绑或固定于金属塔的腿柱上。某些类型的同轴电缆甚至可以掩埋在地下。即使在SWR很大的条件下，同轴电缆的工作表现也能令人接受（请参考“传输线”章节的内容）。同轴电缆的一个缺点就是其损耗，尤其是在中等到高SWR时。例如，一条100英尺长的RG-8同轴电缆在30MHz时的匹配损耗为1.1dB。如果在这条线上加一阻抗为250+j0Ω的负载（SWR为5∶1），整个线上的损耗为2.2dB，约为大多数接收机S表上最小刻度值的一半。

另一方面，与同轴电缆相比，明线型传输线具有低损耗和低成本的优势。工作于30MHz时，600Ω明线型传输线的匹配损耗仅为0.1dB。如果同样使用SWR为5∶1的明线型传输线，线上的总损耗约为0.3dB。事实上，即使*SWR*上升至20∶1，线上的总损耗也不会超过1dB。典型的明线型传输线的售价与质量较好的同轴电缆相比，仅为其1/3左右。

尽管明线型传输线具有固有的低损耗特性，但在高于100 MHz时不常采用。这是因为两条线之间的物理间距变得与波长可比拟，线本身会导致不必要的辐射。某些形式的同轴电缆在VHF和UHF业余频段几乎被广泛使用。

由于业余爱好者们希望能用一个单线天线覆盖多个HF频段，明线型传输线正经历一场种类复兴。从20世纪80年代早期开始，业余爱好者们被允许使用波长为30m、17m和12m的波段后，尤为如此。作为一个简单的全频段天线，102英尺长的G5RV偶极子天线由明线型传输线馈电至天线调谐器，这一方法正变得越来越普遍。由明线型450Ω窗口型传输线馈电的简单135英尺长水平偶极子天线在全频段爱好者中也非常受欢迎。

因此，除了关心简易程度及成本问题，我们该如何为某一特定天线选择传输线呢？让我们先从几个简单的例子开始。

单频段天线的馈电

如果天线系统要求一个单一频段，且天线馈点的阻抗在该频段上随频率变化不大，那么传输线的选取比较简单。大多数业余爱好者会为了方便选择同轴电缆来对天线进行馈电，通常不加天线调谐器。

此种安装方法的例子如：一个由50Ω同轴电缆馈电的80m波段半波偶极子天线。100英尺长的50Ω RG-8同轴电缆在3.5MHz时的匹配线损耗仅为0.33dB。在每一个80m波段的终端，该偶极子天线表现出的SWR约为6∶1。在该频段，此种水平的SWR引起的附加损耗小于0.6dB，而整个传输线上的损耗为0.9dB。因为1dB信号强度变化在接收端基本不会被监测到，所以对这个80m波段系统来说，传输线是否“平坦”（低SWR）无关紧要。

设想发射机能够在传输线的输入端正好转换成一个我们所需的阻抗形式的负载，即使馈线损耗很低，有时也需要用天线调谐器以保证发射机变成设计的负载阻抗。在其他业余频段上，百分比带宽要小于75/80m波长的频段上的，一个简单的同轴电缆馈电的偶极子天线就能为大多数发射机提供可接受的SWR，无需天线调谐器。

如果你想要天线的馈点和同轴电缆之间更好地匹配，可以在天线上加某种匹配网络。在本章的后面，我们会安排内容讲解单频段馈点和馈线阻抗匹配的方法，同时会指出如何获得匹配的天线系统。

多频段谐振天线的馈电

一个多频段天线就是采用特殊手段使单一天线能在多个业余波段表现出一致的馈点阻抗。通常，可以采用陷波电路（陷波的内容在“多波段高频天线”章节中给出。）举例来说，一个陷波偶极子天线在其所设计的每个频段上表现出的馈点阻抗都与一个半波偶极子天线类似。

注意，“谐振”只意味着天线的自阻抗完全是电阻性的（无电抗），并不是说阻抗值很低。例如，135英尺的偶极子天线在3.5MHz产生谐振，并且除馈点阻抗外所有谐波会在基波和奇次谐波（10.5MHz、17.5MHz、24.5MHz）的较低值与偶次谐波（7.0MHz、14.0MHz、21.0MHz、28.0MHz）较高阻抗值中变化，但也可能在所有那些频率上产生谐振。

另外一种常用的多频段天线形式是：几个有不同谐振频率的偶极子天线平行排列，通过一个共用的馈点接一根同轴电缆进行馈电。这种设计类似于在每个频段都有一个独立的半波振子（每个振子之间的相互作用会在“多波段高频天线”章节中讨论）。

另一种多频段天线类型是对数周期振子阵列（LPDA），它的结构特点是有适当的增益及方向图，在相对较宽的频率带宽上SWR较低。更多详细内容请参考“对波周期振子阵列”章节。

还有一种常用的多频段天线是陷波三频段八木天线，或者称多频段交织四元阵。在业余HF频段上，三频段八木天线几乎与简单的半波振子天线一样受欢迎。关于八木天线的更多信息请参考“高频八木天线和四元阵”章节。

一个多频段天线的设计并没有太多的难点，只要用特性阻抗与天线馈点阻抗接近的同轴电缆馈电就可以了。通常采用的是特性阻抗为50Ω的电缆，如RG-8。

多频段非谐振天线的馈电

假设你需要一个天线，如一个100英尺长的偶极子天线，应用于多个业余频段。由“天线基本原理”一章可知，由于天线的物理尺寸固定，馈点上的阻抗在每个频段上都会发生变化。也就是说，除了偶然情况，天线在多个频段将不发生谐振，甚至不会接近谐振状态。这表明关于馈线的选择还存在一些挑战。

对于多频段非谐振天线系统而言，由于明线型平行双导线固有的低匹配损耗特性，它最适合作为这种系统的传输线。这种系统被称为失配系统，因为我们并不需要将天线馈点的阻抗与传输线的特性阻抗 Z_0 相匹配。商用的 450Ω 窗口阶梯传输线在这类应用中比较普遍。对于大多数业余系统而言，它几乎与传统的自制明线型传输线一样好用。

传输线在大多数情况下都是失配的，在某些频率上甚至严重失配。正是由于这种失配，传输线的 SWR 会随着频率剧烈变化。如“传输线”章节所述，这种负载阻抗上的变化会对馈线上的损耗产生影响。让我们来观察一下一个典型多频段非谐振系统中的损耗。

表 24-6 总结了一个离地面高 50 英尺、长度为 100 英尺的水平偶极子天线在 HF 业余频段上的馈点信息。此外，该表还列出了整个 100 英尺长 450Ω 阶梯线上的损耗及天线馈点的 SWR。通常，一个 100 英尺长的天线或一根 100 英尺长的传输线的选择没有什么特别重要的注意点。两者都是在现实世界中很容易获得的。在 1.8MHz 时，传输线的损耗较大，有 8.9dB。这是由于馈点处 SWR 非常高，有 793：1，而这主要是因为天线与波长相比极其短。

表 24-6　离地面高 50 英尺、长度为 100 英尺、中心馈电的平顶偶极天线的阻抗

频率（MHz）	天线馈点阻抗（Ω）	100 英尺长 450 Ω传输线的损耗（dB）	SWR
1.83	4.5 – j 1 673	8.9	792.9
3.8	39 – j 362	0.5	18.3
7.1	481 + j 964	0.2	6.7
10.1	2 584 – j 3 292	0.6	16.8
14.1	85 – j 123	0.3	5.2
18.1	2 097 + j 1 552	0.4	8.1
21.1	345 – j 1 073	0.6	10.1
24.9	202 + j 367	0.3	3.9
28.4	2 493 – j 1 375	0.6	8.1

表 24-7 总结的信息与表 24-6 相同，只不过这次的对象是一个 66 英尺长的倒 V 偶极子天线，其顶点离地面高度为 50 英尺，两引线之间的夹角为 120°。1.83MHz 时的情况与预期一样，变得更糟了，这是因为与 100 英尺长的水平偶极子天线相比，该天线的电长度更短了，线上的损耗升至 15.1dB！

表 24-7　顶点离地面高 50 英尺、66 英尺长、中心馈电的倒 V 偶极天线的阻抗

频率（MHz）	天线馈点阻抗（Ω）	100 英尺长 450 Ω传输线的损耗（dB）	*SWR*
1.83	1.6 – j 2 257	15.1	1 627.7
3.8	10 – j 879	3.9	195.7
7.1	65 – j 41	0.2	6.3
10.1	22 + j 648	1.9	68.3
14.1	5 287 – j 1 310	0.6	13.9
18.1	198 – j 820	0.6	10.8
21.1	103 – j 181	0.3	4.8
24.9	269 + j 570	0.3	4.9
28.4	3 089 + j 774	0.6	8.1

在这种严重失配情况下，会产生另一个问题。固态电介质传输线有电压和电流的限制。天线在低频时，这个问题与功耗相比更引人瞩目了。传输线传输射频功率的能力与 SWR 的值成反比。例如，一根匹配时额定功率为 1.5kW 的传输线，在 SWR 为 10：1 时，仅能工作于 150W。如表 24-7 中的 66 英尺长的倒 V 偶极子天线在 1.83MHz 时失配的情况，传输线由于此时高水平的 SWR（1627.7：1）而可能发生弯曲或烧毁。

采用两条#16 导体的 450W 窗口型阶梯传输线馈线在那些天线尺寸近似于半波长的频率上，功率在 1500W 以下都是安全的。对于 100 英尺长偶极子天线，这种频率将高于 3.8MHz，而对于 66 英尺长偶极子天线，这种频率将高于 7MHz。对于前面讲到的非常短的天线，即使是 450Ω 窗口型阶梯传输线也不能传输全部的业余合法功率。检查“传输线”章节表格中的馈线最高额定电压，并与你期望得到的最大功率和最大 SWR 进行比较。

24.3.2　天线调谐器的位置

为了满足发射机的负载为 50Ω，在许多天线系统中，发射机与连接到天线的传输线之间有必要放置一个天线调谐器，尤其是对多频段业余带宽上使用单线天线。

调谐器通常放置在发射机附近，以便根据不同的频段和天线进行调节。如果调谐器用在一个特定频段上，一旦设置了最小 VSWR，就不需要对其进行调整，它可以放置在天线附近的防风雨容器中。例如，一些设计安装在天线上的自动调谐器。对于某些情况，将调谐器放置在铁塔基底会特别有效，并且不用爬上铁塔来维护调谐器。

当决定在哪安装天线调谐器以及使用何种类型的馈线来使系统的损失最小时，考虑整个天线系统的性能就非常有用。这里就有一个使用 TLW 程序的例子。假设一副 50 英尺高、100 英尺长的平顶天线，在任何的业余频段都不会发生谐振。作为极端的例子，我们将使用 3.8MHz 和 28.4MHz，传输线为 200 英尺长。有许多种方法配置这个系统，但图 24-18 中展示了 3 个例子。

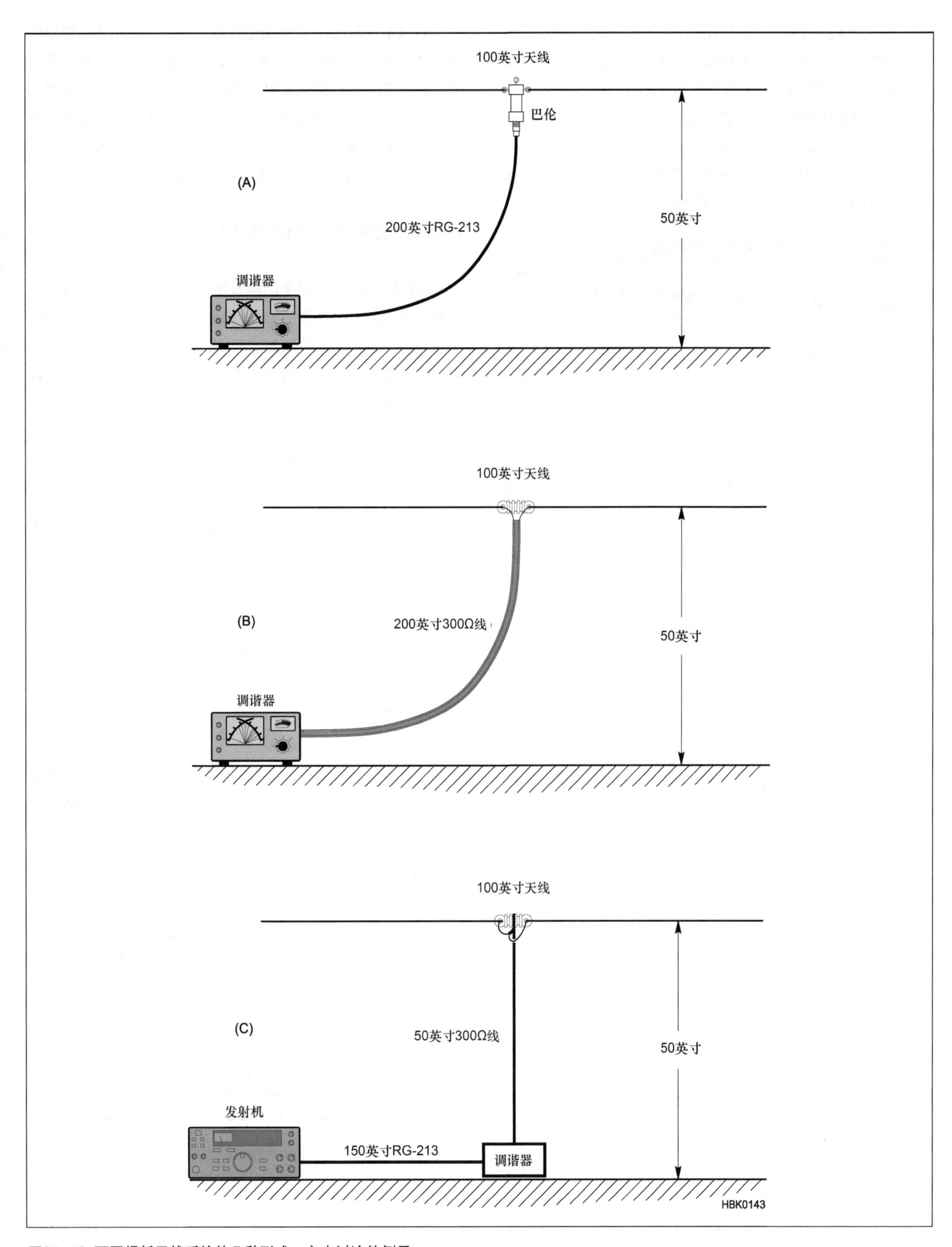

图24-18 不同损耗天线系统的几种形式。文中讨论的例子。

例 1（见图 24-18<A>）展示了给天线馈电的 200 英尺长的 RG-213 连接到 1：1 巴伦上。发射机内的调谐器降低 VSWR 以进行适当匹配。例 2（见图 24-18<B>）展示了一个使用 300Ω 传输双引线的相似配置。例 3（见图 24-18<C>）将一根 50 英尺长 300Ω 馈线垂直下降与地面附近的调谐器相连，然后用一根 150 英尺长的 RG-213 馈线连接到发射机上。表 24-8 总结了损耗以及所需要的 L 形网络元件值。

表 24-8　　调谐器的设置和性能

例子（图 24-18）	频率 (MHz)	调谐器类型	L(μH)	C(pF)	总损耗 (dB)
1	3.8	Rev L	1.46	2308	8.53
	28.4	Rev L	0.13	180.9	12.3
2	3.8	L	14.7	46	2.74
	28.4	L	0.36	15.6	3.52
3	3.8	L	11.37	332	1.81
	28.4	L	0.54	94.0	2.95

从中我们可以得到一些有趣的结论。首先，用同轴电缆穿过巴伦直接馈电到天线的损耗是非常大的——这是一个糟糕的解决办法。如果水平偶极子天线是 λ/2 长（谐振半波长），直接用同轴电缆馈电将会是一个不错的方法。在第二个例子中，用 300Ω 低损馈线直接馈电通常不会得到最低的损耗。例 3 中的组合提供了最好的解决办法。

例 3 还有一些额外的优势。其以对称的方式给天线馈电，可以最大程度上减少馈线屏蔽层上的共模电流。较短的馈线不会降低天线较多的重量，而且巴伦的额外重量和费用也可以避免了。返回到发射机的同轴馈线可以埋在地下或铺在地上，并且可达到极好的匹配。将电缆埋起来也能很好地抑制由同轴屏蔽层产生的共模电流。然后将调谐器在电缆上调节为最小的 SWR，正如在发射机中测得的一样。

24.3.3　使用 TLW 确定 SWR

TLW 程序可以用于两种重要的方法来确定传输线另一末端的 SWR 和阻抗值。第一种情形发生在给定负载阻抗时，例如在天线馈点处的阻抗，而想要知道馈线输入端上的 SWR 和阻抗是多少。使用这类信息来设计阻抗匹配网络以及天线调谐器。从程序的主屏幕选择馈线的类型和长度，输入频率以及负载的阻抗和电抗，确定阻抗位置的负载，馈线输入端上的 SWR 和阻抗将会呈现在窗口的底部位置。SWR 引起的额外损耗也是可以计算的。

第二种情况正好相反，是当你知道馈线输入端的 SWR（或阻抗），然后想要知道馈线在负载（天线）末端的 SWR（或阻抗）。输入电缆的类型和长度，频率和电阻的值，等于 $SWR \times Z_0$（如果你知道输入阻抗，用其来代替输入）。当 SWR 确定时，就能确定输入的位置。SWR（和阻抗）将和 SWR 引起的额外损耗一起呈现在窗口底部。

24.4　传输线匹配设备

24.4.1　λ/4 阻抗变换器

λ/4 阻抗变换器，图 24-19（A）中的同步变换器或 λ/4 线段，其阻抗变换特性可以很好地为天线馈电点阻抗和传输线阻抗的匹配服务。如“传输线”章节所述，终端接电阻性阻抗 Z_R 的 λ/4 阻抗变换器的输入阻抗为：

$$Z_i = \frac{Z_0^2}{Z_L} \qquad (24\text{-}9)$$

其中，

Z_i= 传输线输入端阻抗

Z_0= 特性阻抗

Z_L = 传输线终端输出阻抗

对上式进行变换得到：

$$Z_0 = \sqrt{Z_i Z_L} \qquad (24\text{-}10)$$

这表明，任何负载阻抗 Z_L 都可以转换成 λ/4 传输线的输入阻抗 Z_i，假设传输线的特性阻抗 Z_0 等于 Z_L 与 Z_i 乘积的平方根，则用此种方法匹配的阻抗范围的限制因素是能够实际实现的 Z_0 的范围。这一范围为 50～600Ω。事实上，任何种类的传输线都可以用作匹配部件，包括空气绝缘传输线和固体电介质绝传输线。

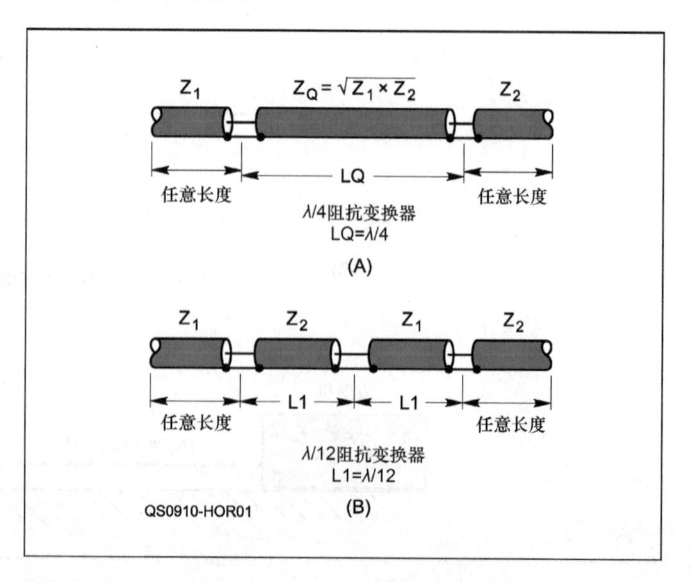

图24-19 λ/4（A）线段和λ/12（B）同步阻抗变换器。

λ/4 阻抗变换器在接入天线之前，可以遵照“传输线”和“天线测量”章节中确定传输线长度的程序，这样可将它调整至谐振。

八木天线的激励单元

λ/4 阻抗变换器的另一应用是将阻抗较低的单频段八木天线（其阵元间隔较小）与特性阻抗为 50Ω 的传输线进行匹配。典型八木天线的馈点阻抗范围是 8～30Ω，我们假设馈点的阻抗为25Ω。特性阻抗为：Z_0 的匹配部件是我们所需要的。由于没有特性阻抗 Z_0 为 35.4Ω 的商用电缆，所以我们把一对特性阻抗为 75Ω 的 RG-11 型同轴电缆并联，得到一个 Z_0 为 75/2=37.5Ω 的网络，与实际所需足够接近。

24.4.2 λ/12 阻抗变换器

λ/4 线段是如下描述的串联匹配的一种特殊情况。只有一个匹配部分而没有任何的限制（除了复杂性）。事实上，如图 24-19（B）所示的双节变种对于匹配两个不同传输线的阻抗是非常方便的，例如 50Ω 同轴电缆和 75Ω 硬线。最好的方法是，不要求特殊的传输线阻抗，只有相同阻抗的馈线将进行匹配。

该结构指的是 λ/12 阻抗变换器，因为当需要匹配的阻抗的比值为 1.5∶1（如 50Ω 和 70Ω 电缆的情况），需要匹配的馈线间两个匹配部分的电长度为 0.0815λ（29.3°），与 λ/12（0.0833λ 或 30°）十分接近。图 24-20 展示了 λ/12 阻抗变换器的 SWR 带宽非常宽。你可以使用这种技术在 50Ω 天线和广播间充分利用二手的低损 75Ω 的 CATV 硬线。

24.4.3 串联阻抗变换器

串联阻抗变换器无论与短截线调谐或 λ/4 变换器相比，

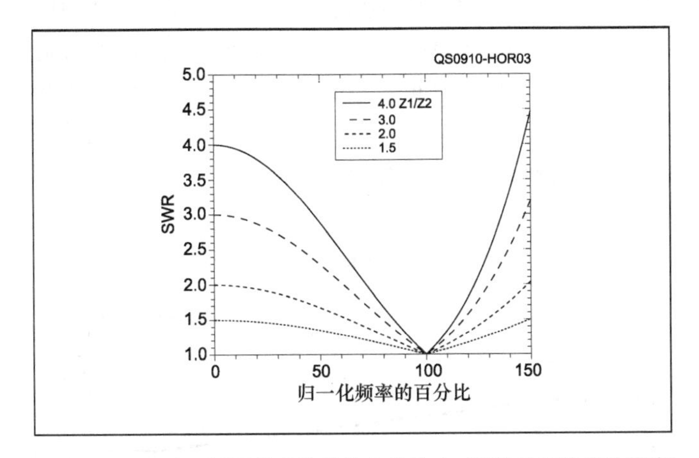

图24-20 图中不同阻抗变换比的曲线族中λ/12阻抗变换器的带宽相当宽。对于75Ω和50Ω阻抗（比值1.5：1），SWR为1.2：1处的点达到了设计频率的近75%和125%。

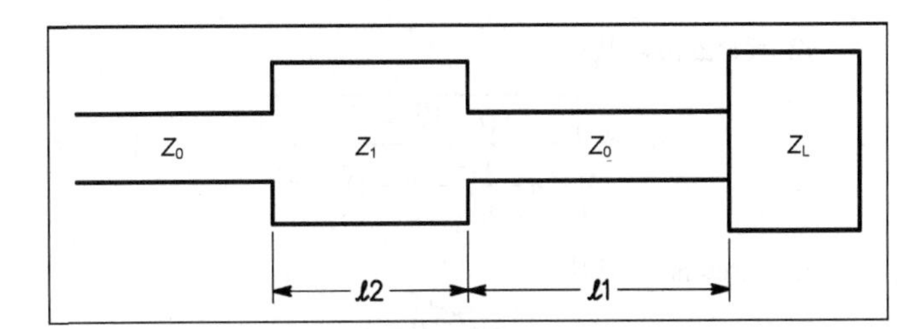

图24-21 用于将传输线特性阻抗Z_0与负载Z_L进行匹配的串联阻抗变换器Z_1。其实，匹配部件的特性阻抗可以是任意的，只要与主传输线的阻抗不是很接近。正是由于有这种自由，我们总能容易地找到一段适用于作匹配部件的商用传输线。例如，假设一根75 Ω的传输线、匹配部件特性阻抗300 Ω、负载纯电阻性，可以看到，300 Ω的串联阻抗变换器能够将5～1 200 Ω的电阻与主传输线匹配。

都有其优势。如图 24-21 所示，串联阻抗变换器与 λ/4 变换器和 λ/12 变换器有很大的相似之处（实际上，它们都是串联阻抗变换器的特殊形式）。它们之间的区别是：（1）匹配部件无需与负载直接相连；（2）长度可以小于 λ/4；（3）其特性阻抗的选择也比较自由。

事实上，匹配部分可以有任意的特性阻抗，不会与主传输线的特性阻抗太接近。正因选择可以如此自由，所以通常都能找到商业上有的传输线来适用于匹配部分。比如说，考虑一根 75Ω 的传输线，300Ω 的匹配部分，以及一个纯电阻性负载，可以使用 300Ω 传输线的串联阻抗变换器来将 5～1200Ω 之间的任何阻抗匹配到主传输线上。

Frank Regier（OD5CG）在 1978 年 7 月的《QST》中讲解了串联阻抗变换器（见参考书目）。本内容正是基于那篇文章。串联阻抗变换器的设计包括其长度 $l2$ 以及它在主传输线上的插入位置到负载的距离 $l1$。3 个量必须已知，包括主传输线和匹配部分的特性阻抗，两者都为纯电阻性，以及负载的阻抗。可以使用两种方法来设计：一个是使用史密斯圆图的图像法，另一个是代数法。你可以自行选择（当然，代数法比较适用于获得一个计算机解决方案）。史密斯圆图法在本书光盘文件中有所描述。

代数设计方法

$l1$ 和 $l2$ 的大小是由主传输线和匹配部件的特性阻抗，分别为 Z_0 和 Z_1，以及负载阻抗 $Z_L=R_L+jX_L$ 来决定的。第一步，是要求出归一化阻抗。

$$n=\frac{Z_1}{Z_0} \tag{24-11}$$

$$r=\frac{R_L}{Z_0} \tag{24-12}$$

$$x=\frac{X_L}{Z_0} \tag{24-13}$$

下面，$l1$ 和 $l2$ 的大小为：

$l2$＝arctan$B$，其中

$$B = \pm\sqrt{\frac{(r-1)^2+x^2}{r(n-\frac{1}{n})^2-(r-1)^2-x^2}} \quad (24\text{-}14)$$

$l1$＝arctan$A$，其中

$$A = \frac{\left(n-\frac{r}{n}\right)B+x}{r+xnB-1} \quad (24\text{-}15)$$

由此决定的 $l2$ 和 $l1$ 的大小是用角度表示的电长度（也可以用弧度）。波长表示的电长度只要除以 360°（或者除以 2π 弧度）就可获得。然后，物理长度（如本例中的主传输线或匹配部分）是将自由空间的波长乘上传输线的速度因子。

B 的符号可以选择正号或负号，但常用正号，因为这样得到的匹配部件的长度较短。A 虽然不可以选，但是最终会获得正的或负的值。如果出现负值，采用计算机或电子计算器来计算 $l1$，会得到 $l1$ 电长度的值为负。如果这种情况发生，需加上 180°。这样得到的电长度在物理和数学上都是正确的。

在计算 B 时，如果根号下的值是负的，B 将是一个虚数。这意味着匹配部分的阻抗 Z_1 与 Z_0 太接近，应更改。

特性阻抗 Z_1 的范围可以通过对主传输线上的由未匹配负载产生的 SWR 的计算来得到。为了能获得匹配，Z_1 的值应该要大于 $Z_0\sqrt{SWR}$ 或小于 $Z_0/\sqrt{SWR}$。

例子

假设我们想要对一个 29MHz 垂直地平面天线用 RG-58 型泡沫电介质同轴电缆馈电。我们假定天线阻抗为 36Ω 的纯电阻，用一个 RG-59 型泡沫同轴电缆作串联阻抗匹配。如图 24-22 所示。

Z_0 为 50Ω，Z_1 为 75Ω，两种电缆的速度因子都为 0.79。由于负载为纯电阻性的，我们把 SWR 定为 50/36=1.389。根据以上所述，Z_1 的值必须大于 $50\sqrt{1.389}=58.9\Omega$。利用上面的公式进行计算，$n=75/50=1.50$，$r=36/50=0.720$，$x=0$。

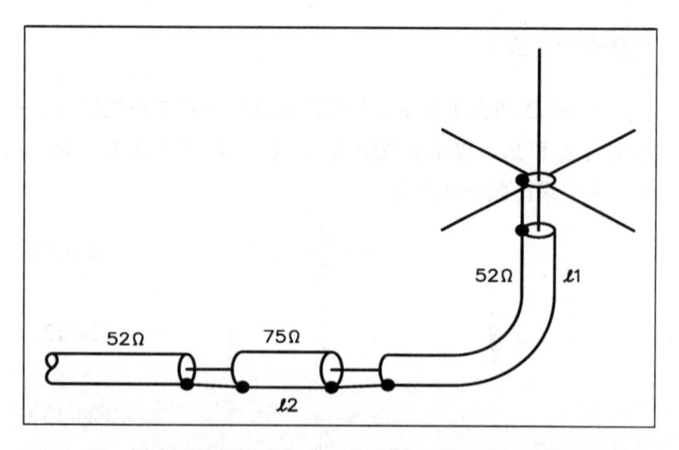

图24-22　阻抗匹配的例子。利用一段75 Ω的同轴电缆使36 Ω的天线与50 Ω的同轴电缆实现匹配。

经计算，$B=0.431$（选择正值），$l2=23.3°$ 或 0.065λ。A 的值为−1.570。计算 $l1$ 为−57.5°，加上 180° 后得到一个正值，$l1=122.5°$ 或 0.340λ。

要得到 $l1$ 和 $l2$ 的值，我们首先要找到自由空间的波长。

$$\lambda = \frac{984}{f(\text{MHz})} = 33.93\text{ 英尺}$$

将此值乘上 0.79（两种传输线的速度因子），我们得到同轴线中的电波长为 26.81 英尺。由此，$l1=0.340\times 26.81=9.12$ 英尺，$l2=0.065\times 26.81=1.74$ 英尺。

这样就完成了计算。在离天线 9.12 英尺处把主传输线切断，插入一段 1.74 英尺长的 75Ω 的电缆，阻抗匹配结构就此完成。

前面例子中的天线也可以在负载端加 λ/4 阻抗变换器来进行匹配，特性阻抗为 42.43Ω。如果把这个值作为串联阻抗变换器的特性阻抗，则结果将是比较有趣的。

按照前面相同的步骤，我们算得 $n=0.849$，$r=0.720$，$x=0$。根据这些值，$B=8$，$l2=90°$。进一步计算，$A=0$，$l1=0°$。这些结果都代表了负载端的 λ/4 阻抗变换器。如前面所述，这意味着 λ/4 阻抗变换器确实是串联阻抗变换器的特殊形式。

24.4.4　锥形传输线

锥形传输线是一种特殊构造的传输线，其特性阻抗会沿着传输线的一端到另一端逐渐变化。此种传输线用作宽带阻抗变换器。由于锥形线几乎都应用于阻抗匹配，所以我们把它放在本章中进行讨论。

明线型传输线的特性阻抗可以通过改变两条导线之间的间距使其逐渐减小，如图 24-23 所示。我们也可以改变同轴线的内导体或外导体的直径（或两者都改变）来使其特性阻抗逐渐减小。锥形同轴电缆的构造对于业余爱好者来说比较困难，但是我们通过改变间距就可以制作锥形明线型传输线，相对比较简单。理论上，拥有指数锥形的传输线可以获得最佳的宽带阻抗变化，但实际上，图 24-23 所示的线性锥形传输线也有良好的工作性能。

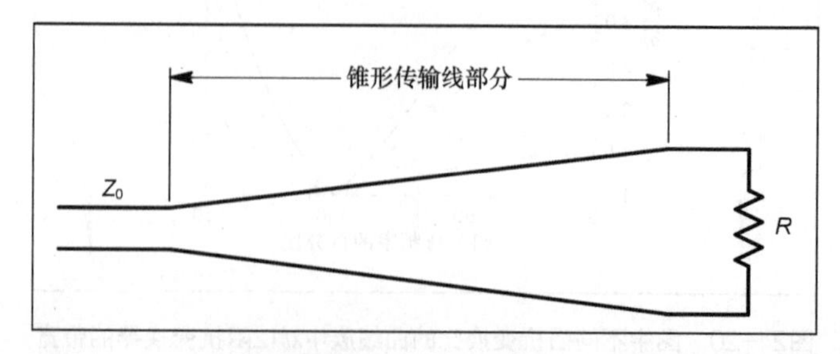

图24-23　如果锥形传输线的长度为1λ或更长，它可以提供宽带阻抗变换。从实际构造的角度来说，这个锥形应该是线性的。

一条锥形传输线可以提供良好的匹配，频率范围可以从高频低至传输线长度约为 1λ 的频率。在较低的频率，尤其是当锥形传输线的长度为 $\lambda/2$ 或更少时，传输线表现得更像是集总电阻而不是阻抗变换器。锥形线在 VHF 和 UHF 频段比较有用，因为在 HF 频段锥形线的长度显得比较笨重。

空气绝缘的明线型传输线的设计可由下式得到：

$$S=\frac{d\times 10^{Z_0/276}}{2} \tag{24-16}$$

其中，

S= 两导线中心之间的距离；

d= 导线的直径（与 S 单位相同）；

Z_0= 特性阻抗，单位为 Ω。

对于 $S<3d$ 的情况，见“传输线”章节。

例如，一条用于匹配 300Ω 源和 800Ω 负载的锥形线，两导体之间的空间在其一端调节成 300Ω 的特性阻抗，另一端调节成 800Ω 的特性阻抗。使用锥形明线型传输线的缺点是当特性阻抗为 100Ω 或更小时，是无法实现的。

24.4.5 多个 λ/4 阻抗变换器级联

锥形线实现平滑阻抗变换的方法之一是将两个或多个 $\lambda/4$ 变换器串联起来，如图 24-24 所示。每个变换器的特性阻抗都不同，可将其输入端的阻抗变换到其输出端。这样，从源到负载的整体阻抗变换分解成一系列的阻抗变换。多级串联变换的频率带宽要比单个变换的带宽大很多。这个方法在 HF 的高端和 VHF、UHF 范围内比较有用。这里，整个线的所需长度在较低频率也会显得比较笨重。

一条多级串联传输线可能包含两个或多个 $\lambda/4$ 变换器。传输线的级数越多，匹配带宽越宽。同轴传输线也可以用来制作多级传输线，但标准的同轴电缆的特性阻抗仅有几种。明线型传输线可以方便地根据上面的式(24-16)构造特定的特性阻抗。

下面的公式可以用来计算一个两级阻抗变换器中的两个特性阻抗。

$$Z_1=\sqrt[4]{RZ_0^{\ 3}} \tag{24-17}$$

$$Z_2=\sqrt[3]{R^2Z_1} \tag{24-18}$$

式中的各个参数如图 24-24 中所示。假设我们希望将一个 75Ω 源（Z_0）与 800Ω 负载进行匹配。根据式（24-17）计算，得到 Z_1 为 135.5Ω。然后根据式（24-18），计算得 Z_2 为 442. Ω。出于兴趣，此例中 Z_1 和 Z_2 节点处的虚拟阻抗为 244.9Ω（这与使用单个 $\lambda/4$ 变换器的特性阻抗相同）。

Randy Rhea 在《高频电子》杂志中也讨论了多级 $\lambda/4$ 阻抗变换器（见参考目录）。该技术与“均等延时”传输线变换器相关。

双 λ/4 阻抗变换器

双 $\lambda/4$ 阻抗变换器是多级 $\lambda/4$ 阻抗变换器的一种特殊形式，如果馈线的两个 $\lambda/4$ 变换器，如图 24-25 所示，阻抗为 $2Z_0$ 的部分接在阻抗为 Z_0 的部分的后面作为输入阻抗，变换器的输入将会是负载阻抗除以 4。阻抗变换器能够“转动”来增加负载阻抗。通常来说，变换率是两个 $\lambda/4$ 变换器的阻抗比值的平方，并与输入输出的阻抗无关。各级之间的阻抗 Z_0 差值越大，阻抗变换的带宽越小。

单线缆的 Z_0 不受限制。阻抗特性为 Z_0 的并联电缆可以看作特性阻抗为 $Z_0/2$ 的组合电缆。因此，举个例子，两个 50Ω 电缆组成的 $\lambda/4$ 变换器并联（Z_0=25Ω）连接到一个 50Ω 传输线的 $\lambda/4$ 变换器上，其阻抗比值为 2∶1，阻抗变换比值为 4∶1。这个设计能够将 75Ω 的传输线匹配到 300Ω 的负载上——使用 50Ω 的电缆！如果输入部分由 3 个并联的电缆组成，阻抗比值为 3∶1，变换比值为 9∶1——这能够将输入端的 50Ω 匹配到输出端的 450Ω。

24.5 天线中的阻抗匹配

要获得一条低 *SWR* 的传输线，要求线的终端要接上与线的特性阻抗相匹配的负载，这个问题可以从两方面来解决：

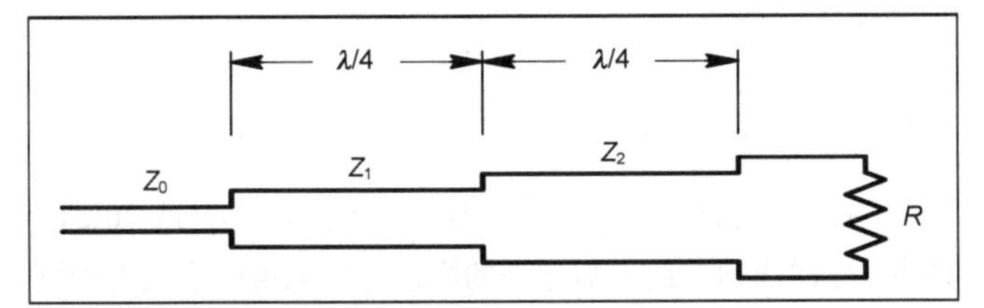

图24-24　多个λ/4阻抗变换器级联的宽带匹配变换与锥形线的类似。图中所示为两级的级联，但我们可以根据需要采用更多的级数。级数越多，匹配带宽越宽。Z_0是主馈线的特性阻抗，Z_1和Z_2是中间两个阻抗变换器的特性阻抗。设计方程见文中。

（1）选择一条特性阻抗与天线馈点处阻抗值相同的传输线；

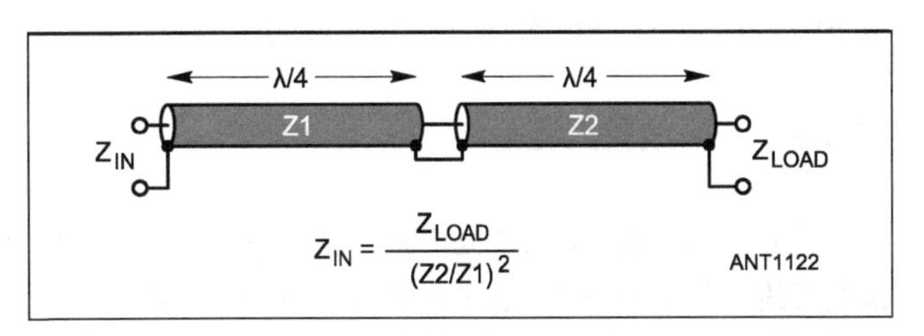

图24-25　双λ/4转换器的阻抗转换率，是双λ/4阻抗特性的比值的平方。

（2）把天线的电阻值转换成传输线的特性阻抗 Z_0。

第一种方法既简单又直接，但其应用明显受限制——天线阻抗与传输线阻抗相同仅在一些特殊情况下出现。商用传输线的特性阻抗值只有有限的几种，而天线馈点的阻抗在较宽的范围内都不相同。

第二种方法中，天线和传输线可以分别独立选择，自由度大。缺点是在实际构造天线的匹配系统方面，这种方法更复杂。而且，有时这种方法在获得所需匹配之前需要反反复复地测试和调节。

24.5.1 天线阻抗匹配

阻抗随频率变化

大多数天线系统在频率显著变化时，其阻抗也会明显变化。由于这一原因，通常仅可能在一个频点上匹配传输线的阻抗。因此在大多数情况下，天线系统都只是在一个频段上匹配。但是，它常常可以在所给频段上的一个恰当的频率范围内工作。

随着频率的变化，阻抗变化的速度决定了一个频率范围，在这个范围里 SWR 较低。如果对所给频率变化而言，阻抗的变化幅度较小，则在一相对较宽的频带上 SWR 的值较低。但是，如果阻抗变化显著（意味着这是一个谐振尖锐或者高 Q 值天线），则 SWR 也会随着频率偏离天线谐振点而迅速升高。在谐振点处，传输线匹配。请参考“偶极子和单极子”章节中应对阻抗随频率变化部分有关 Q 值的讨论。

天线谐振

通常来说，与传输线获得良好匹配即意味着谐振（某些类型的长金属线天线，如菱形天线，它们的输入阻抗在一个较宽的频带范围内都是呈电阻性的，故此类系统本质上是不谐振的）。非谐振天线可能也需要与传输线进行匹配，不过，额外电抗的消除使工作变得复杂。

天线的 Q 值越高，就越有必要在尝试与传输线获得匹配之前先建立谐振。这对于短间距寄生阵列尤为正确。简单的偶极子天线的调谐并不严格，通常只要天线的长度切割成由特定公式计算获得的尺寸即可。频率应选择为天线使用的整个频率范围（可能是整个业余频带的宽度）的中心频率。

24.5.2 与天线直接连接

正如前面讨论的，一个处于 $\lambda/4$ 高度（或更高）的半波谐振天线，其中心处的阻抗呈电阻性，为 50～70Ω。如图 24-26 所示，可以通过 75Ω 的电缆，如 RG-11，来对偶极子馈电。如 RG-8 这样特性阻抗为 50Ω 的电缆也可以使用。RG-8 可能更受青睐，因为很多业余爱好者在安装他们的天线时，馈点的阻抗更接近于 50Ω，而不是 75Ω。

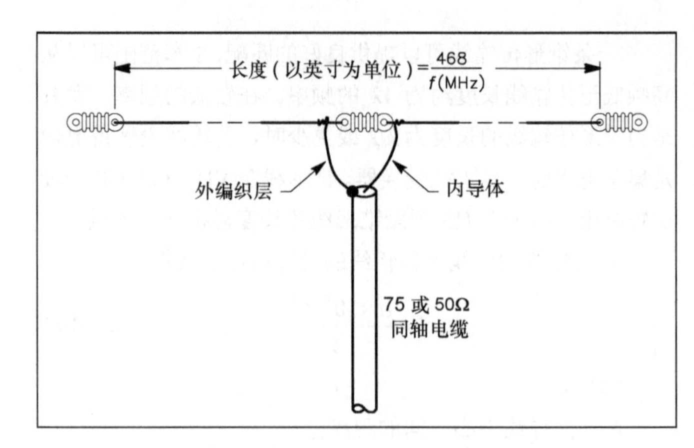

图24-26 一个由75Ω同轴电缆馈电的半波天线。电缆外导体的外侧为了放电保护可以接地。

平行双线是对称的，而同轴电缆本质上是不平衡的。广义来说，这种不平衡性是由电缆外层编织导体的外表面与天线的耦合方式不同于电缆内导体和外层编织导体的内表面与天线的耦合方式。结果是，在如图 24-26 所示的简单装置上，共模电流在外导体的外表面上流动。如果电缆的直径与天线的长度相比很小，则这种不平衡性是比较小的。在业余频段的低频范围，正好符合这种情况。在 VHF 和 UHF 范围里，它是不能被忽略的，在 28MHz 频段也不能被忽略。如果天线的馈线是不对称的，这样其与天线的一端相较于另一端更近，更高的共模电流将在馈线的外表面上流动。

系统能通过使用扼流圈巴伦为传输线的外表面的电流去谐，有关平衡负载使用不平衡传输线的更多详细内容，请参考本章后面关于扼流圈巴伦的部分。

这个系统是单频段的，但它也可以工作于基波的奇次谐波。例如，一个天线谐振于 7MHz 波段的低频点，它也将在 21MHz 波段上以相对较低的 SWR 工作。

在基波频率上，在频率偏移谐振点±2%的范围内，SWR 不应超过 2∶1。假如天线谐振于 7MHz 波段的中心，则这一频率变化范围包含了整个 7MHz 波段。我们假设的是一个单线天线。直径与长度之比越大，SWR 随频率的变化将越小。

直接馈电的八木天线

直接馈电的八木天线设计有一个阻抗为 50Ω 或 70Ω 的馈点，这样同轴馈线无需额外的阻抗匹配就可以直接连接到天线上。近年来，因为天线建模无需像之前那样要对增益和方向图折中——直接馈电需要更高的馈点阻抗，所以这种天线变得越来越常见了。

当在直接馈点的天线中需要扼流圈巴伦时还存在一些问题。跟应用于偶极子天线以及其他类型的天线一样，扼流圈巴伦应用于直接馈电的八木天线也存在对称性和共模电流引起的辐射等相同问题。如果再辐射是个问题，就应该使用扼流圈巴伦。对于商用天线，如果制造商规定说要使用巴伦或者没有进行推荐，则在馈点处使用一个扼流圈巴伦。如果制造商规定不使用巴伦，这意味着馈线在某些方面影响了天线的性能，并且要严格遵守制造商对馈线的放置和连接方式。

24.5.3 Δ 形匹配

电感电容谐振电路的特性之一就是阻抗转换。如果有一个纯电阻性阻抗，如图 24-27 中的 Z_1，跨接在 LC 谐振回路的 *AB* 两端，则从另外两个端口 *BC* 看进去的阻抗 Z_2 也是纯电阻性的，但会根据连接在两端之间的线圈的互耦情况而有不同的值。在图 24-27 所示电路中，Z_2 比 Z_1 小。当然，如果 Z_1 接在 *BC* 两端而 Z_2 接在 *AB* 两端，Z_2 就会比 Z_1 大。

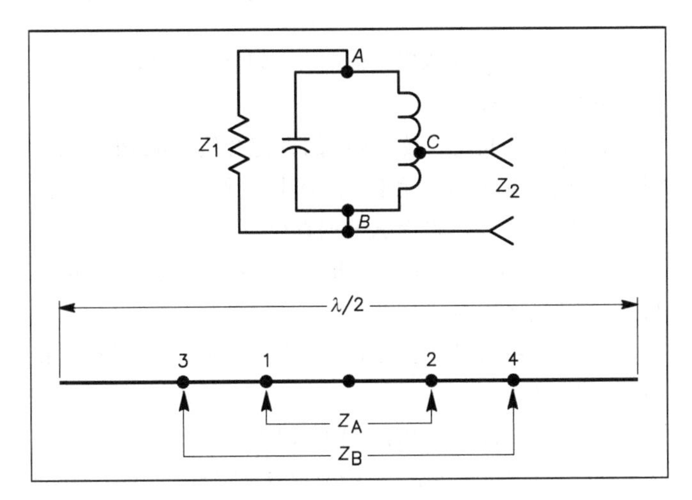

图24-27 谐振电路接天线模拟的阻抗变换。

如“天线基本理论”章节所述，谐振天线与调谐电路有相近的特性。关于 λ/2 天线中心对称的任意两点之间的阻抗大小将取决于两点之间的距离。分开的距离越大，阻抗就越大，直到达到天线两端之间的极限值。这也在图 24-27 的下方表示出。1 端和 2 端之间的阻抗 Z_A 比 3 端和 4 端之间的阻抗 Z_B 要小。如果天线谐振，则两个阻抗都是纯电阻性。

Δ 形匹配系统中就使用了这个原理，如图 24-28 所示。一个 λ/2 振子中心处的阻抗太低，以至于找不到实际的空气绝缘平行双导线进行直接匹配。然而，我们可以找到两点之间的一个阻抗值，当使用扇形匹配或者 Δ 形匹配时，能够被此种传输线匹配。天线长度 *l* 的选择标准是要使其能够谐振。Δ 或者“Y”的各个端点到天线中心的距离应该相等。这样

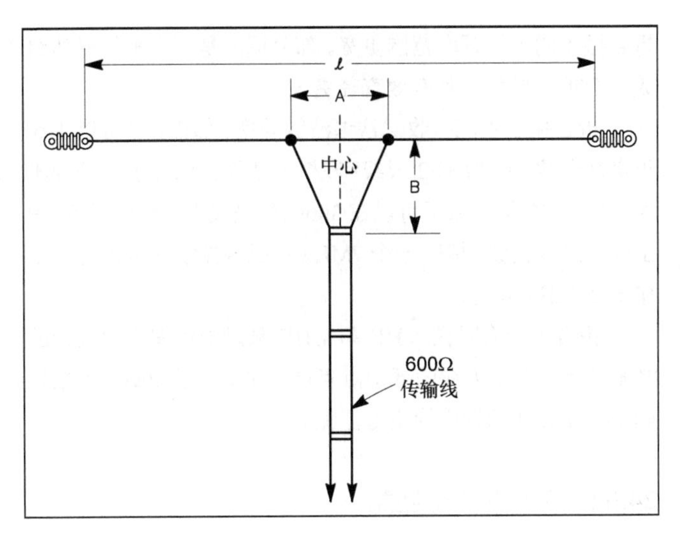

图24-28 Δ形匹配系统。

连好后，传输线的终端阻抗将是纯电阻性的。显然，只有在所选传输线的特性阻抗 Z_0 比天线馈点的阻抗高时，我们才能使用这种方法。

对于一个典型的由 600Ω 传输线馈电的 λ/2 天线来说，根据实验数据，Δ 两端之间的距离 *A* 在频率低于 30MHz 时应为 0.120λ，高于 30MHz 时为 0.115λ。Δ 的高度 *B* 应该为 0.150λ。这些值中的 λ 是空气中的波长，并假设天线中心处的阻抗为 70Ω。如果实际阻抗不同，这些尺寸需要修改。

Δ 匹配法可以用于方向性天线阵的激励单元和传输线进行匹配，但如果激励单元的阻抗很小（通常都是如此），*A* 和 *B* 的尺寸都需要用实验方法来获得。

当恰当的尺寸未知时，Δ 匹配法会令人有点不知所措，因为 Δ 的宽度和高度都需要变化。另一个缺点是，Δ 总会有一定的辐射。这是因为导体之间的间距并不满足辐射可忽略的条件：与波长相比，此间距非常小。

24.5.4 折合振子

折合振子天线的基础内容出现在“偶极子和单极子天线”章节中。一个双线折合振子的输入阻抗很接近 300Ω，可以直接用特性阻抗为 300 Ω 平行双线进行馈电，无需其他匹配设置，而且传输线的 SWR 也较低。天线本身也可以做成明线形传输线，两个导线可以借助常用的馈电展开器保持分离。电视阶梯形线就很合适做成这种天线。特性阻抗为 300Ω 的线除了可用作传输线外，也可以做成这种天线。

由于天线部分并不作为传输线，而仅仅是作为两条平行的导线，在计算天线长度时，速度因子可以被忽略。当频率偏离谐振点时，折合振子天线的电抗变化要比单线天线要慢。因此，与单极子天线相比，在保持传输线上低 SWR 时，

折合振子的工作频率范围更宽。部分原因是两个平行导体组成一个单一导体，其有效直径更大。

折合振子不能接收二次谐波的功率。然而，它可以工作于奇次谐波。因为 3λ/2 天线和 λ/2 天线馈点的电阻相差并不大，所以一个折合振子可以在 300Ω 传输线上以较低的 SWR 工作在三次谐波频率。一个 7MHz 的折合振子通常也可以工作于 21MHz 频段。

折合振子有时在 VHF 和 UHF 频段中用作八木天线的激励单元。八木天线的低馈点阻抗，通常小于 20Ω，当乘以 4 时可与 75Ω 同轴电缆良好匹配。

24.5.5 T 形和 Γ 形匹配

T 形匹配

T 形匹配部分上输入终端上的电流是由天线的常规电流和传输线电流组成的。天线的常规电流在辐射部分和 T 形部分上的分配是根据它们相对的直径和两者之间的空间决定。天线连接的部分上也叠加了传输线的电流，如图 24-29 所示。这样的 T 形导体和相连的天线导体可以看作终端短路的传输线的一个部件。由于它小于 λ/4，所以它有感性电抗。因此，如果天线在工作的频率点正好谐振，则 T 的输入阻抗既有电阻，又有感抗。如果传输线想获得好的匹配，电抗必须被调掉。

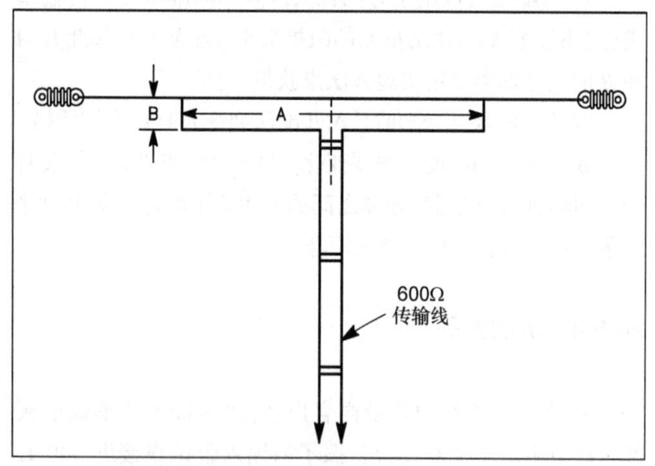

图24-29　T形匹配系统，应用于λ/2天线和600 Ω传输线。

我们可以缩短天线的长度以获得一个容性电抗的值，该容抗经匹配系统反射，可以中和输入终端的感抗。又或者我们可以在输入终端串联插入一个适当值的电容，如图 24-30（A）所示。

理论分析表明，由于间距及导体直径比变化而逐步增加的阻抗变化规律与折合振子几乎相同。然而，实际的阻抗比随着匹配部分的长度 *A* 的变化会显著变化（见图 24-29）。变化趋势如下：

1）距离 *A* 增大，输入阻抗也会增加。通常，当 *A* 达到某一个值时，此时输入阻抗值最大，随后如果 *A* 继续增加，输入阻抗会下降。

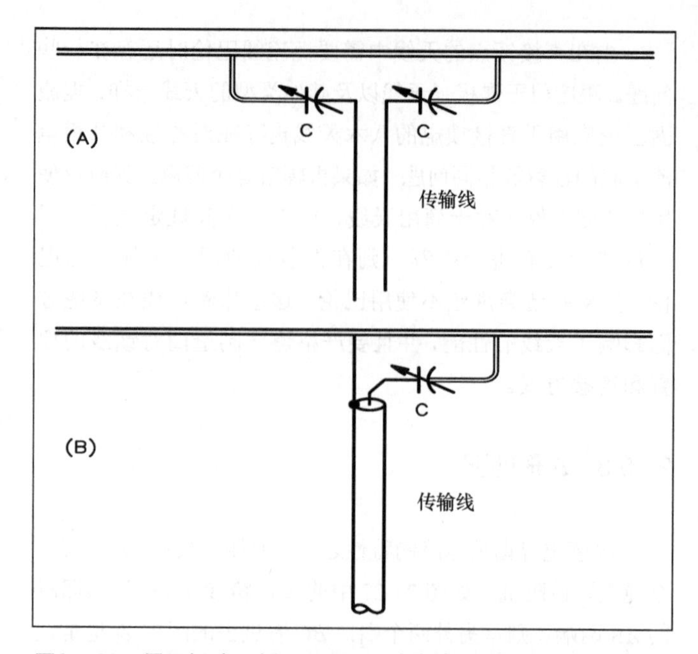

图24-30　用于抵消T形和Γ形匹配系统中残余感抗的串联电容。在 14 MHz工作时，一般情况下最大值为150 pF的每个电容都应当能提供足够的调谐范围。电容值越小，可应用于越高的频段，且成比例。接收型平板电容可以满足最高达几百瓦的功率。

2）输入阻抗达到最大值时的 *A* 值会随着 *d*2/*d*1 增大而减小，也会随着导体间距增大而减小。（图 24-29 中，*d*1 是 T 形导体下部直径，*d*2 是天线的直径。）

3）一般情况下，最大阻抗值出现在 *A* 为天线长度的 40%～60%的区间内。

4）天线缩短以抵消匹配部分的感抗时，可以获得更高的输入阻抗值。

T 形匹配法最高可以把 VHF 或 UHF 频段八木天线平衡馈点的阻抗转换到 200Ω，这一应用越来越普遍。对于 200Ω 的阻抗，可以使用一个 4∶1 的巴伦将阻抗转换成 50Ω，即八木天线的馈电同轴电缆的特性阻抗值。见“VHF 和 UHF 频段天线系统”章节介绍的各种 K1FO 八木天线以及本章后面有关巴伦的讨论。

T 形匹配的结构通过增加单元的电直径也会影响激励单元的长度。一个典型的 T 形匹配大约比单独单元的直径大 5～10 倍。这导致需要延长激励单元长度 2%～3%来产生谐振。

Γ 形匹配

Γ 形匹配的配置如图 24-30（B）所示，是 T 形匹配的不平衡形式，适用于和同轴线直接相连的情况。除了连接天线中心和天线一边之间的匹配部分不同，其他和以上关于 T 形匹配的讨论基本相同。匹配部分固有的感抗可以通过适当缩短天线或者添加谐振器和安装电容C来抵消，如图24-30（B）所示。

多年来，Γ形匹配法被广泛应用于同轴电缆和全金属寄生天线之间的匹配。因为它非常适合用于管道结构，该结构中所有的金属部分都是既电气连接又机械连接，所以它非常受业余爱好者们的欢迎。

由于存在许多的可变因素，如激励单元的长度、Γ金属杆的长度、金属杆的直径、金属杆和激励单元之间的间距、串联电容的值，好几种组合均可提供我们所要的匹配。找寻适当组合的工作是单调乏味的，因为这些可变因素之间都是互相联系的。人们已经为这些可变因素的初始值研究和改进了一些重要的规则。若要使一个由铝管制成的多元天线阵列和50Ω传输线匹配，金属杆的长度应为0.04λ～0.05λ，其直径为激励单元直径的1/3～1/2，间距（从激励单元开始中心至中心的距离）约为0.007λ。电容值为每米波长7pF。在波长为20m的情况时，电容值为140pF。Γ的精确尺寸和电容值都依赖于激励单元的辐射电阻，不管是否谐振。这些初始尺寸适用于馈点阻抗约为25Ω的阵列，激励单元比谐振长度缩短约3%。

计算Γ的尺寸

Γ的尺寸和电容的初始值都可以通过计算来获得。H.F.Tolles（W7ITB）研发了一种能获得一系列参数值的方法，且这些参数值与能够提供所需阻抗变换的值非常接近（见参考书目）。使用这种方法之前，我们必须先测试或计算天线的阻抗。如果天线阻抗不能精确得知，建模计算可以帮助我们获得初始设定的良好Γ匹配起始值。

Tolles的方法所涉及的数学比较烦琐，尤其是当有多个交互作用时。这一过程已经被R. A. Nelson（WB0IKN）植入计算机，采用Applesoft BASIC进行编程（见参考书目）。适用于兼容Windows操作系统的计算机的一个类似程序称为GAMMA，以BASIC源代码的形式可以从www.arrl.org/antenna-book网站下载，还包括了Dave Leeson（W6NL）所提的改进意见。我们可以利用这个程序来计算偶极子天线（或天线阵的激励单元）或者垂直单极子天线（如分流馈电天线塔）。

输入到GAMMA的参数如图24-31所示：

Za——不匹配天线的复阻抗（$Za=Ra+jXa$，通常将偶极子对等两半分裂进行测量）

S——圆形天线单元中心到圆形Γ金属杆中心的间距

*D*或*d2*——圆形天线单元的直径

*d*或*d1*——圆形Γ金属杆的直径

L——Γ金属杆的长度

C——中和任何情况引起的感抗而增加的电容

注意，*S*是中心到中心的尺寸，不是表面到表面的值。

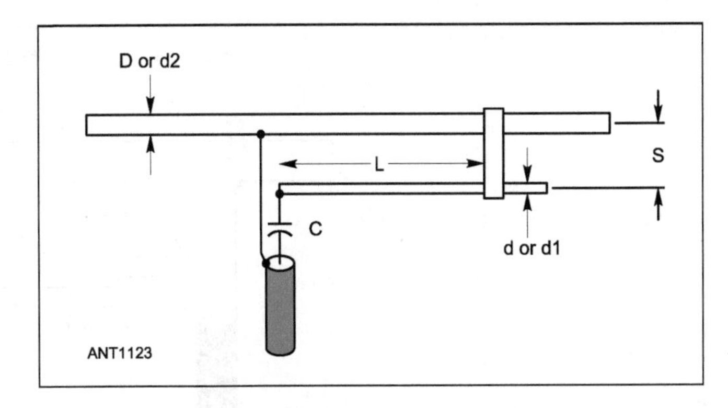

图24-31　使用管状元件进行的Γ形匹配。参数为在GAMMA尺寸计算软件中使用的。注意*S*是中心到中心的值，不是表面到表面的值。传输线可以是50Ω或75Ω的同轴电缆。

计算机计算的例子，如假设有一个14.3MHz八木天线要和50Ω线匹配。激励单元的直径为1½英寸，Γ金属杆为一段长1/2英寸的管子，距激励单元6英尺（中心至中心）。激励单元的长度比谐振长度缩短3%。假设天线的辐射电阻为25Ω，容性电抗为25Ω（约为由3%的缩短而引起的电抗）。由此，激励单元总的阻抗为25−j25Ω。在程序提示中，选择一个偶极子天线，设置其工作频率、馈点电阻和电抗（不要忘记负号）、线的特性阻抗（50Ω）、元器件和金属杆直径以及中心与中心之间的距离。GAMMA计算得14.3MHz时Γ上金属杆的长度38.9英尺，Γ电容为96.1pF。

再举一例，如果我们希望对一个分流馈电的天线塔和50Ω线进行匹配，工作于3.5MHz。激励单元（塔）直径为12英寸，Γ金属杆采用#12AWG线（直径为0.0808英寸），离塔的距离为12英寸。塔高50英尺，塔顶有5英尺的桅杆和杆状天线。天线塔的总高为55英尺，约为0.19λ。我们设定的电长度为0.2λ或72°。建模告诉我们馈点阻抗约为20-j100Ω。GAMMA计算得到Γ金属杆长度为57.1英尺，电容为32.1pF。

很快我们就可以发现，这种Γ尺寸不符合实际，因为金属杆的长度比塔高还长。因此我们进行另一种计算，这一次金属杆和塔之间的距离为18英寸。结果为Γ金属杆长为49.3英尺，电容为43.8pF。这种分流馈电配置的初始尺寸比较符合实际。

建立一个Γ形匹配的首选方法如图24-32所示。馈线直接连接到中心元件上。这通常是从一个射频连接器使用夹子或束带来完成，但这取决于天线的物理尺寸。从管内绝缘线中创建一个Γ形电容器，以形成Γ金属杆。对于外直径为1.2英寸的铝管和中心导体以及RG-8或RG-213绝缘体来说，插入管内线的电容大约是25pF/ft。不要使用中心导体和泡沫绝缘同轴电缆的绝缘体，因为它会吸收水分。将插入管内线的末端密封以减少当潮湿或者存在昆虫或碎片引起电弧的可能。通过调整Γ形电容器，如下所述，获得了满意的匹配后，可变电容器可以用Γ金属杆中等效长度的线取代。

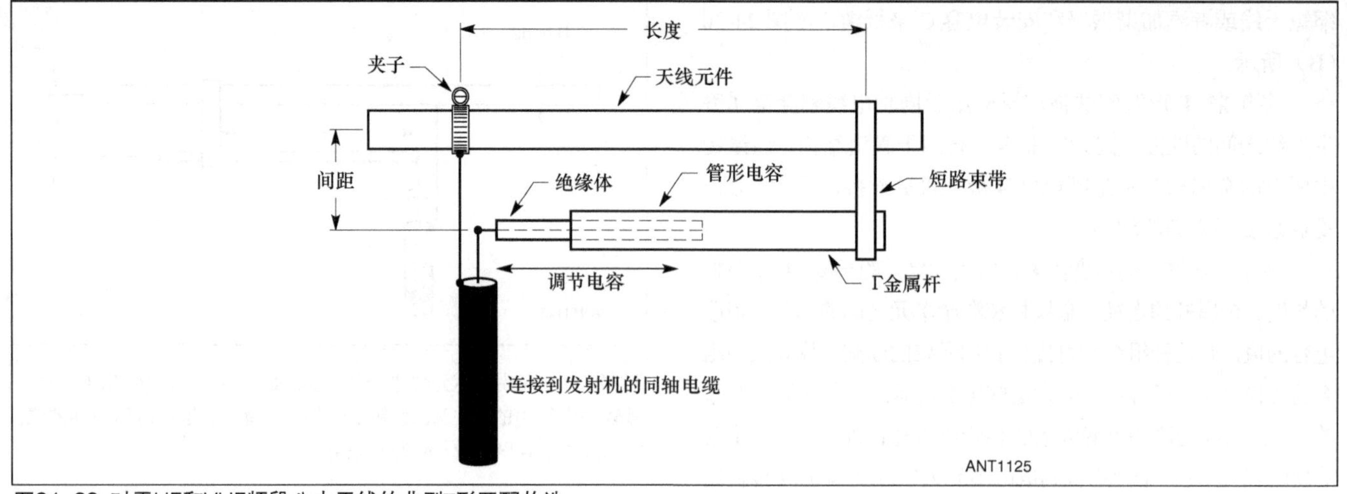

图24-32 对于HF和VHF频段八木天线的典型Γ形匹配构造。

调节

安装天线后，T 和 Γ 的参数需要进行实验调节。使用可变串联电容可以简化调节过程，如图 24-30 所示。在天线上设置一个或多个抽头进行试验，测试此时传输线上的 SWR 并调节 *C*(在 T 形匹配时两个电容同时调节)，使 SWR 最小。如果它不能接近 1∶1，调节另一个抽头位置并重复测试。如果得不到满意的结果，可能有必要尝试另一种尺寸的导体。改变间距可以提示我们导体的尺寸应该变大还是变小。

24.5.6 Ω 形匹配

Ω 形匹配法是对 Γ 形匹配法进行略微改变得到的。除了串联电容外，还可以增加一个分路电容来辅助抵消由 Γ 引入的感性电抗，如图 24-33 所示。C1 是常用的串联电容。增加的 C2 可能会使 Γ 金属杆的长度更短，或者在激励单元谐振时更容易获得匹配。调节期间，C2 主要用来决定从同轴电缆看到的负载的电阻性部分，C1 用来抵消电抗。

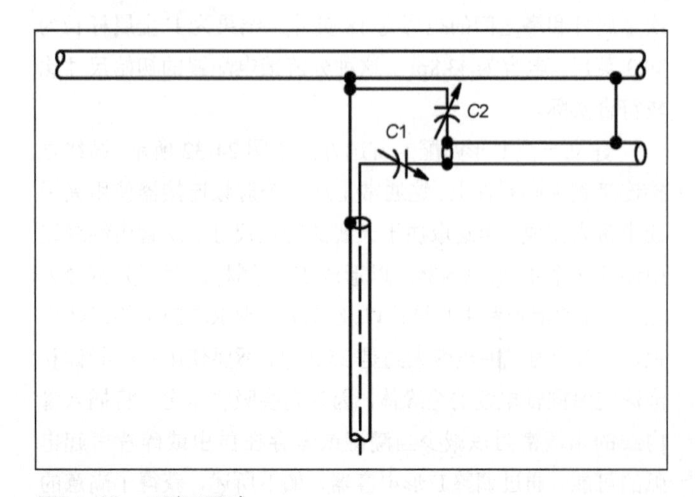

图24-33 Ω形匹配法。

24.5.7 发夹形和 β 形匹配

发夹形匹配的常用形式如图 24-34 所示。基本上，发夹形匹配是 L 形匹配网络的一种，其馈点容抗形成了分路电容。因为在一定程度上，它比 Γ 形匹配能更容易地调节得到所需的终端阻抗，所以它深得众多业余爱好者的喜爱。和 Γ 形匹配相比，它的缺点是必须用平衡线对它馈电（巴伦可以和同轴电缆一起使用，如图 24-34 所示，详情见本章后面关于巴伦的部分），激励单元必须在中心处分裂并从天线的金属杆中穿过。后一要求在排除波导管激励结构之后使单元的机械加工复杂化。

如图 24-34 所示，发夹的中心点是电中性的。这样，它会接地或连接到天线结构的其他部分，使地与馈线和激励单元保持直流。常常通过将中心点连接到天线阵的杆部来保护发夹形结构。高增益 β 形匹配法与发夹形匹配是电等效的，不同之处在于匹配部分的机械结构。对于 β 形匹配，匹配部分的导体偏落于八木天线杆旁，导体可以位于天线的任意一边，电中性点是由置于天线杆周围的滑动或可调短路夹以及两个匹配部分导体组成。

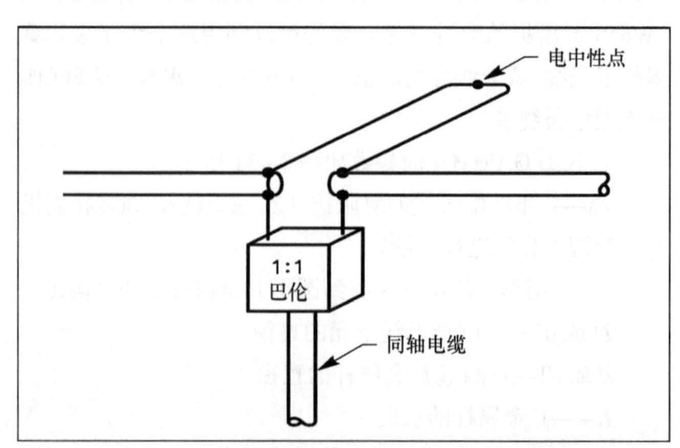

图24-34 发夹形匹配。

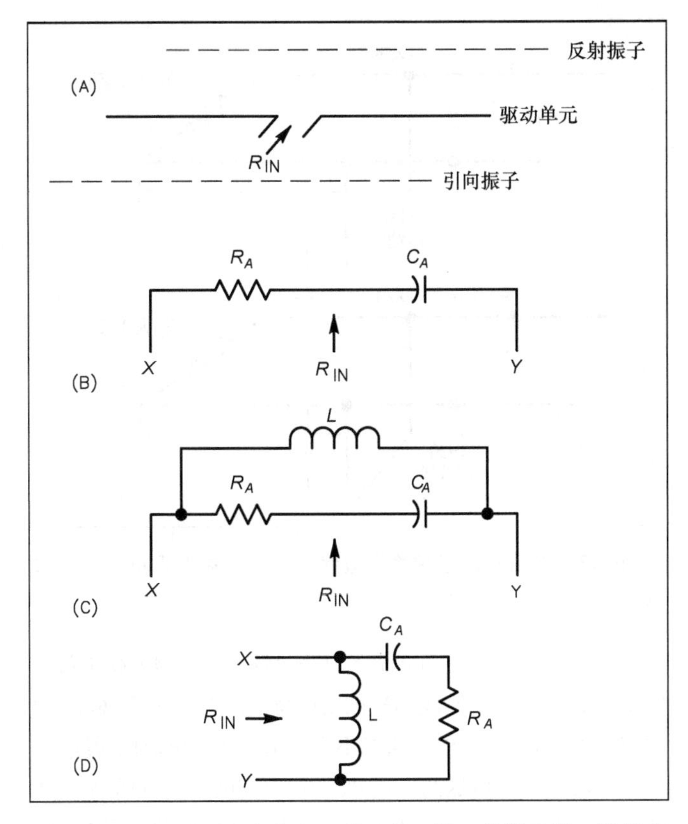

图24-35　对于图（A）中所示的八木天线，其激励单元的长度比谐振长度短。谐振的输入阻抗在图（B）中表示。通过添加一个电感，如图（C）所示,一个低值电阻R_A在终端XY两端显现的阻抗更高了。图（D）中，以常用L形匹配网络的形式对电路（C）进行重新绘制。

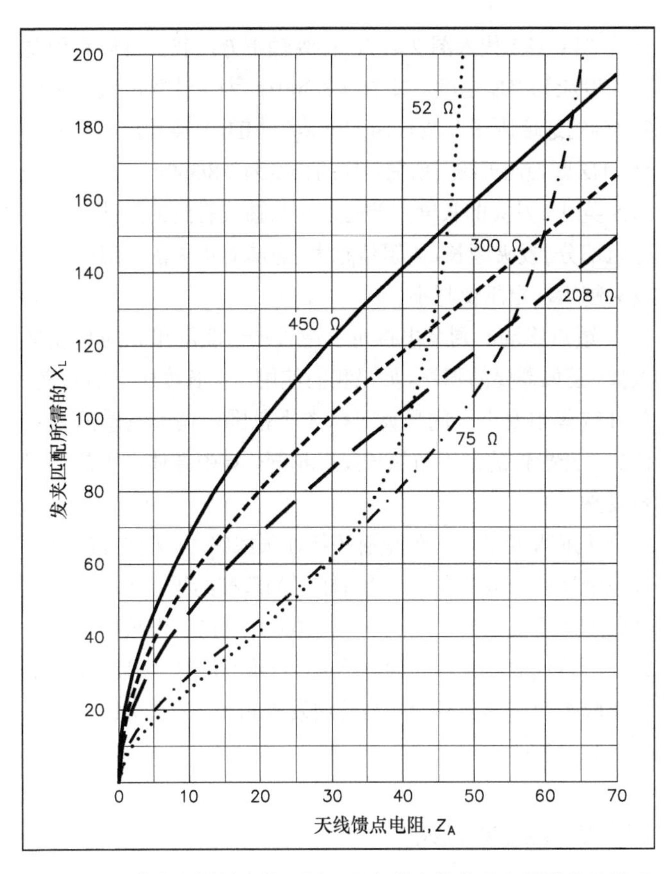

图24-36　发夹所需的电抗，以匹配各种电线电阻和常用传输线或巴伦的阻抗。

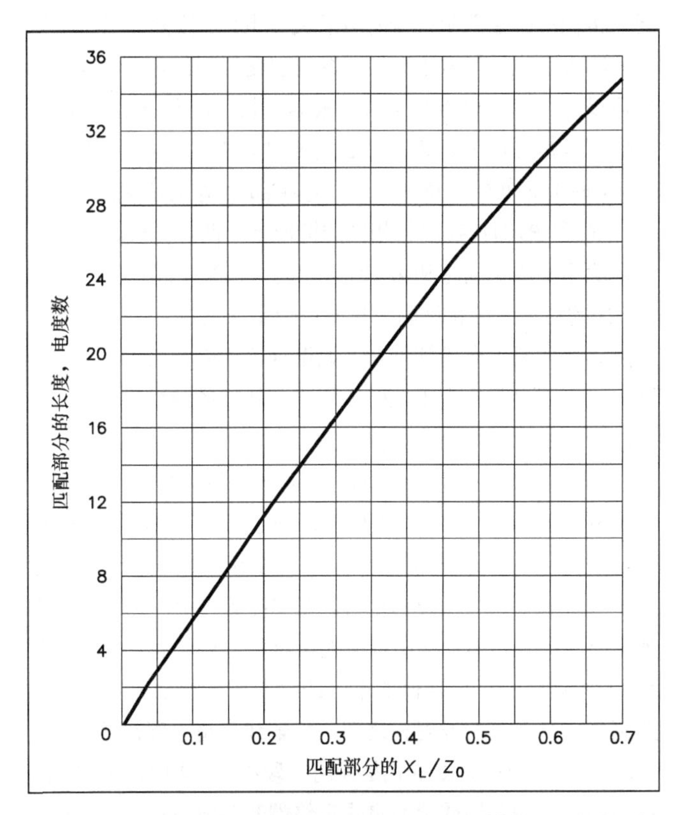

图24-37　感性电抗（归一化于匹配部分的Z_0）,横坐标。纵坐标为所需的发夹的长度。要得到电长度，需将所读到的电度数除以360。对于明线型传输线，在决定电长度时，要考虑97.5%的速度因子。

L 形网络电路的容性部分是由轻微缩短的天线驱动单元产生的，如图 24-35（A）所示。对于给定的频率，一个缩短的 λ/2 元的阻抗表现为串联的天线电阻和电容，电路原理图如图 24-35（B）所示。图（C）谐振电路的感性部分是跨接于激励单元中心两端的粗导线发夹或小管发夹。图（D）表现了图（C）传统 L 型网络的电路形式。辐射电阻 R_A 必须小于馈线电阻 R_{IN}（常为 50Ω）。

如果天线系统的 R_A 大概值已知，图 24-36 和图 24-37 可以帮助我们求得匹配所需的发夹的必要尺寸。要求的 X_A 值，馈点阻抗容性部分是

$$R_A = -\sqrt{R_A(R_{IN} - R_A)} \qquad (24\text{-}19)$$

图24-36中的曲线是通过L型匹配网络的设计方程得到的，见本章前面部分内容。图 24-37 基于方程 $X_L/Z_0 = j\tan\theta$，给出了归一化于发夹特性阻抗 Z_0 的容抗，把它看作一段终端短路的传输线。例如，如果天线系统的阻抗为 20Ω，要匹配到 50Ω 传输线，图 24-36 告诉我们发夹所需的容抗为 +41Ω。如果发夹由 1/4 英寸管间距 1½英寸构造而成，它的特性阻抗为 300Ω（见“传输线”章节）。把 41Ω 电抗归一化为 41/300=0.137。

把 0.137 代入图 24-37，在纵轴下方，我们可以看到发夹长度应为 7.8 电度，或者 7.8/360λ。为了计算，我们考虑 97.5%的速度因子，波长为 11508/f（MHz）英寸。如果要在 14MHz 时使用天线，所需发夹的长度为 7.8/360×11508/14.0 = 17.8 英寸。发夹的长度主要会影响从馈线看到的终端阻抗的电阻部分。发夹越长，电阻值越大（意味着更大的分路电感）；发夹越短，电阻值越小。

馈点终端的剩余电抗可以通过调节驱动单元的长度来调掉，正如需要的那样。如果我们使用一个长度固定的发夹，分开或集中发夹上的导体可以在小范围内调节电感的有效值。分开导体的作用与加长发夹相同，集中导体也等效于缩短发夹。

我们将集总参数的电感跨接在天线终端，来代替硬直导线或金属管制成的发夹，会有相同的匹配结果。此种发夹又被称为“螺旋状发夹”。当然，电感必须在工作频率上展现出与所替代的发夹相同的电抗值。一项利用计算机计算的粗略实验表明，螺旋状发夹与普通发夹相比，在 SWR 带宽上会有略微的改进。

24.5.8 匹配短截线

正如“传输线”章节中阐述的，一条短于 λ/4 的终端失配的传输线的输入阻抗既有电阻又有电抗。传输线在任意频点的输入阻抗的等效电路图，既可以是串联的电阻和电抗，也可以是并联的电阻和电抗。根据线长，串联电阻部分 R_S 的值可以是终端电阻 Z_R（线长为零时）和 Z_0^2/Z_R（线长正好为 λ/4 时）之间的任意值。并联电阻部分 R_P 的值也是这样。

R_S 和 R_P 即使在线长相同的情况下，两者的值都是不同的，除了在线长为零和 λ/4 时值相同。在某个线长度上，R_S 或 R_P 的值与线的特性阻抗相同。但是，电抗会伴随着电阻产生。但如果采取措施抵消或调谐掉输入阻抗的电抗部分，则将只剩下电阻。由于此时电阻与传输线的特性阻抗 Z_0 相同，所以从电抗抵消点指向波源这一段将完全匹配。

要在串联等效电路中将电抗部分抵消掉，需要在传输线上串联插入一个与 X_S 大小相同、符号相反的电抗。要在并联等效电路中将电抗部分抵消掉，需要在传输线上跨接上与 X_P 大小相同、符号相反的电抗。在实际操作中，使用并联等效电路更方便。传输线简单地连接负载（通常是一个谐振天线），然后将一个恰当值的电抗跨接在传输线上距负载适当距离处。从此点至发射机之间，传输线上将不存在驻波。

电抗的一种简便形式是采用一段小于 λ/4 的传输线，根据所需电抗为容性或感性来决定终端开路或短路。此种电抗形式称为匹配短截线，并根据自由端的开路或短路来决定是开或闭。两种匹配短截线的示意图如图 24-38 所示。

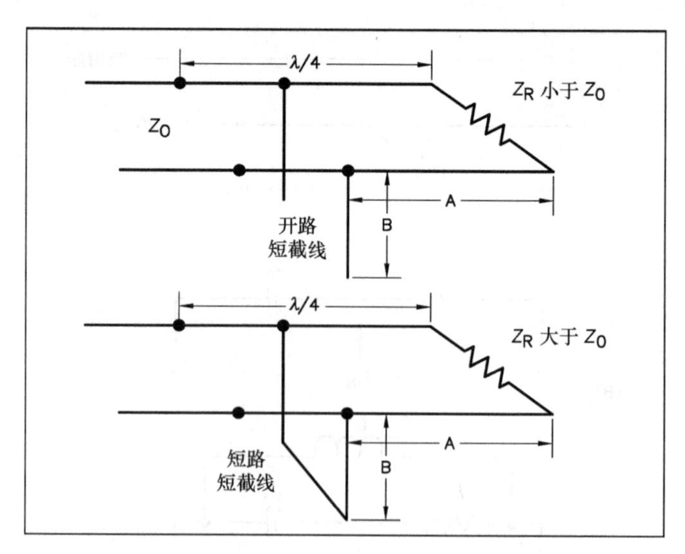

图24-38 采用开路或短路短截线，以抵消输入阻抗中的并联电抗。

负载与短截线之间的距离（图 24-38 中的 A）和短截线的长度 B 依赖于传输线和短截线的特性阻抗以及 Z_R 和 Z_0 的比值。由于 Z_R 和 Z_0 的比值在不匹配情况下（在谐振天线中）也是驻波比，所以这两个尺寸是 SWR 的函数。如果传输线和短截线有相同的 Z_0，则 A 和 B 只和 SWR 有关。因此，如果在安装短截线前测得 SWR，则短截线的位置和长度就可以确定，即使负载阻抗的确切值未知。

匹配短截线的典型应用如图 24-39 所示，采用的是明线型传输线。观察这些图我们可以认识到，如果天线是电流环馈电，如图 24-39（A）所示，则 Z_R 比 Z_0 小（通常情况下），因此需要一段开路短截线，安装在传输线上离天线小于第一个 λ/4 的地方。图 24-39（B）中所示的电压馈电对应的是 Z_R 比 Z_0 大，因此需要一段短路短截线。

史密斯圆图可以用来决定短截线的长度和距负载的距离，本书附加光盘文件补充内容中有所描述或者可以利用其中的程序 TLW 运行计算。如果负载是纯电阻且传输线和短截线的特性阻抗相同，可以用方程来计算长度。当 Z_R 比 Z_0 大，即短路短截线时，

$$A = \arctan\sqrt{SWR} \tag{24-20}$$

$$B = \arctan\frac{\sqrt{SWR}}{SWR-1} \tag{24-21}$$

当 Z_R 比 Z_0 小，即开路短截线时，

$$A = \arctan\frac{1}{\sqrt{SWR}} \tag{24-22}$$

$$B = \arctan\frac{SWR-1}{\sqrt{SWR}} \tag{24-23}$$

在这些公式中，长度 A 和 B 分别是短截线离负载的距离和短截线的长度，如图 24-39 所示。它们都是用电度表示的，等于 360 乘上用波长表示的电长度。

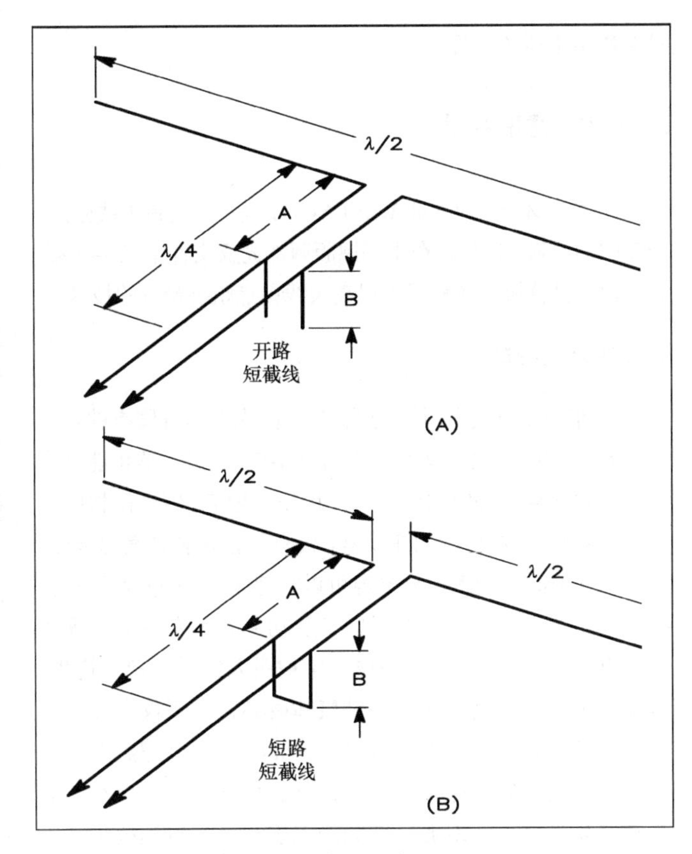

图24-39　匹配短截线应用于常用天线。

在应用上面的公式时要记住，传输线上的波长并不是自由空间中的波长。如果采用明线型传输线，应使用 0.975 的速度因子。如果使用固体电介质的传输线，自由空间的波长必须乘上适当的速度因子，以获得 *A* 和 *B* 的实际长度（见"传输线"章节）。

尽管上面的公式不适用于传输线和短截线特性阻抗不同的情况，但这并不表示此种情况下传输线不能匹配。如果短截线的长度选定，它能拥有任意想要的特性阻抗，以获得适当的电抗值。使用 TLW 程序或者史密斯圆图，我们可以毫无困难地为不同型号的线选定长度。

在使用匹配短截线时，应当注意其长度和位置是基于负载处的 SWR。如果线很长且损耗相当大，则在输入端测得的 SWR 并不能给出负载处的真实 SWR 值。这一点在"传输线"章节的衰减部分讨论。

电抗负载

在匹配短截线的这部分讨论中，我们先假设负载是纯电阻性的。这是最希望得到的情况，因为代表负载的天线在进行匹配前要先调至谐振。然而，匹配短截线也可以在负载有严重电抗性的时候使用。一个电抗性负载意味着传输线上的电压和电流驻波的环和节点并不在离负载 $\lambda/4$ 的整数倍位置处。如果负载电抗已知，史密斯圆图或 TLW 程序可以用来决定短截线的正确尺寸。

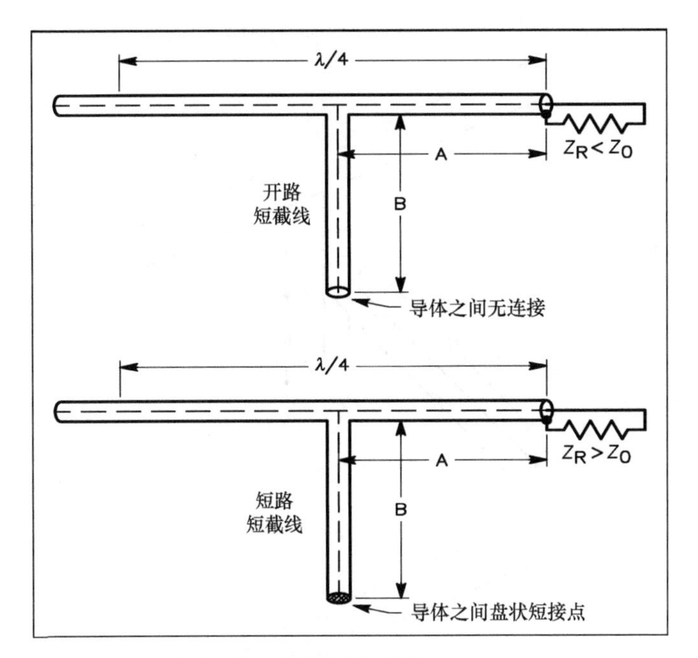

图24-40　同轴线上的开路和短路短截线。

同轴电缆上的短截线

前面总结的原则同样适用于同轴电缆。与图 24-39 所示的明线型传输线的案例对应的同轴电缆的案例在图 24-40 中给出。早先给出的公式也可以用来计算 *A* 和 *B* 尺寸。在实际安装中，传输线和短截线的连接点是一个 T 形连接点。

同轴匹配短截线的特殊点是它的使用方法，短截线和传输线可以一起组成一个巴伦。这将在本章后面部分详细讨论。天线缩短以在馈点引入足够的电抗，这样便可在该处接入短截线，而不是像别的一般案例那样在传输线上的其他点接入。要使用这种方法，天线的电阻必须小于主传输线的特性阻抗 Z_0，因为该电阻会被转换成一个更高的值。在一些金属杆天线，如八木天线中，几乎经常都是这种情况。

匹配段

如果我们用另一种方法对图 24-39 中的两个天线系统进行重画，如图 24-41 所示，得到一个与前面提到的短截线差别不是很大的系统，但是该系统中 *A* 和 *B* 组成的短截线称为 $\lambda/4$ 匹配段。它的理由是一个 $\lambda/4$ 部件类似于一个谐振电路，正如本章前面提到的。所以，把 $\lambda/4$ 匹配段接在传输线上的合适点来转换阻抗，是可行的。

先前的公式给出了匹配段的设计数据，*A* 是天线到接入点的距离，*A*+*B* 是整个匹配段的长度。公式仅用于传输线和匹配段特性阻抗相同的情况。对于两者特性阻抗 Z_0 不同的情况也有公式可查，但比较复杂。也可以使用史密斯圆图来解决这种情况下的问题（详情见本书附加光盘文件中的补充内容）。

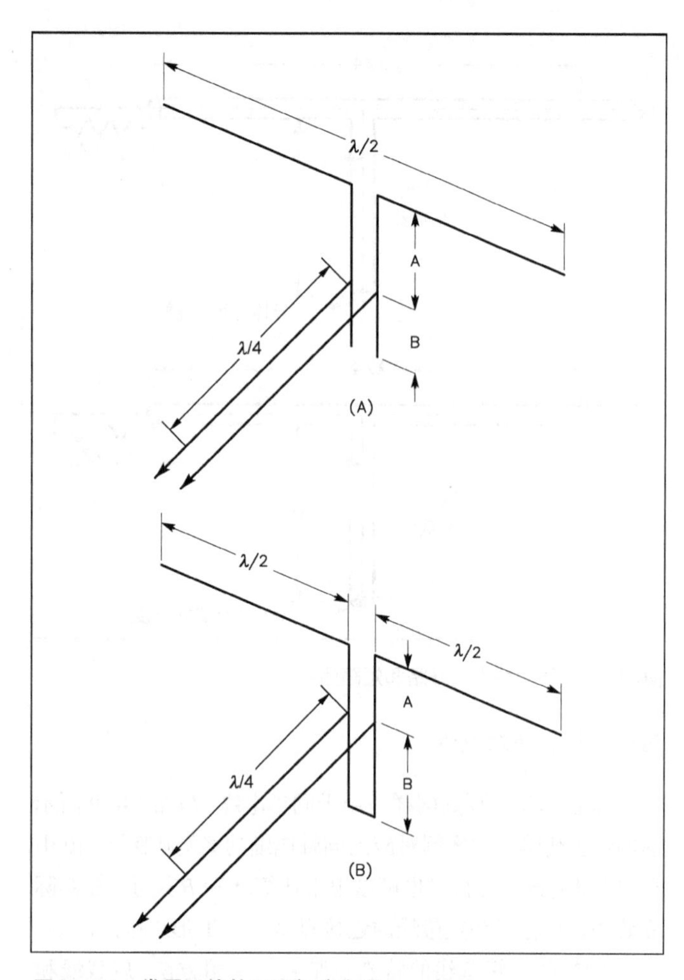

图24-41　常用天线的匹配部分应用。

调节

在对任何已匹配的传输线进行实验调节时，都有必要对SWR进行高精度的测试，以区分向哪个方向调节是正确的。在匹配短截线的案例中，经验告诉我们，从实际的立场来说，如果SWR是在短截线接入传输线之前测量的，且之后短截线按照设计数据接入，那么，就没有必要进行实验调节了。

24.5.9　谐振电路匹配

具有高馈点阻抗的天线，如长度接近λ/2的终端馈电线和像Bobtail Curtain这样的“电压馈电”天线，通常在馈点使用并联调谐电路来影响阻抗匹配。该电路调整至谐振，然后连接到电感上的一个抽头的馈线移动直到得到SWR的最小值。电路可能需要在馈线最终位置调整后，再进行微调谐。（关于这些天线和典型馈电系统的信息详见“多波段高频天线”和“宽边端射阵列”。

这种技术的匹配带宽很窄，要求频繁地重调谐或工作在窄带上。此外，振荡回路中“热”端或不接地端的电压可能非常高。构造时必须谨慎以防止接触高电压，并且要使用有足够额定电压的元件。

24.5.10　宽带匹配

之前版本中由Frank Witt（AI1H）写的“宽带天线匹配”一章中的材料，也包含在本书原版附加光盘文件中以供参考。它呈现并且分析了各种用于提高天线馈点阻抗带宽的技术。

宽带匹配变换器

宽带变换器之所以广受欢迎，是因为它本身固有的带宽比（高达20000：1）从几十千赫到1000兆赫。这可能是由于传输线本身的绕组的缘故。绕组内部电容是特性阻抗的一部分，因此，不像传统的变换器，没有严重限制带宽的谐振。

在低频时，绕组内部电容可以被忽略，这些变换器与传统的变换器类似。主要的区别（从功率角度考虑非常重要的一点）是这些绕组有抵消磁芯中被引入的磁通量的趋势。这样，可以使用高磁导率的铁氧体磁芯，它不仅高度非线性，而且在磁通量水平低至200～500Gs时会遭到严重破坏。这大大扩展了低频的工作范围。由于高磁导率在较低的频率允许更少的圈数，高频的表现也同样得到改进，因为上截止频率是由传输线决定的。在高频截止频率处，磁芯的影响可忽略。

双线匹配变换器可应用于不平衡操作。那就是说，输入端和输出端可以有一个共同的地连接。这就免去了平衡至不平衡（电压巴伦）操作中所需的第3个磁化绕线。加入第3个和第4个绕线，或者在合适的点接上绕组，可以得到各种组合的宽带匹配。图24-42展示了一个4：1不平衡到不平衡的配置，使用#14AWG线。它能很容易地处理1000W的功率。沿着上面一个绕组，在其1/4、1/2、3/4点抽头，能得到1.5：1、2：1和3：1的阻抗比。两个绕组中的一个应裹上乙烯基电胶布，以防止绕组间的电压衰弱。当在大功率下使用逐步增加的比例来使天线和一个大于50 Ω的电阻匹配时，这是很有必要的。

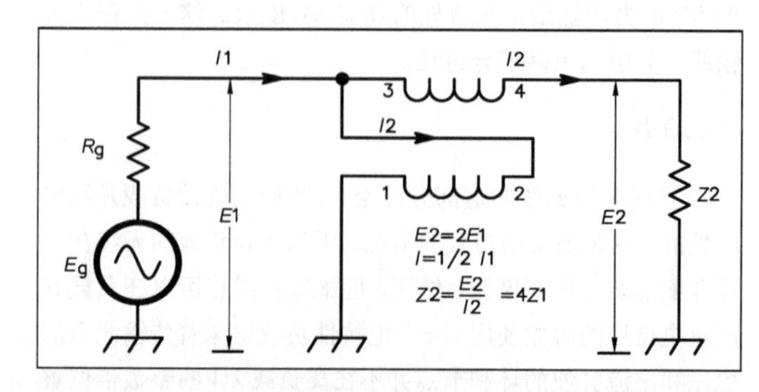

图24-42　4:1阻抗比的宽带双线转换器。在上面一个绕组的适当点进行抽头，可获得其他的比，如1.5:1、2:1、3:1。

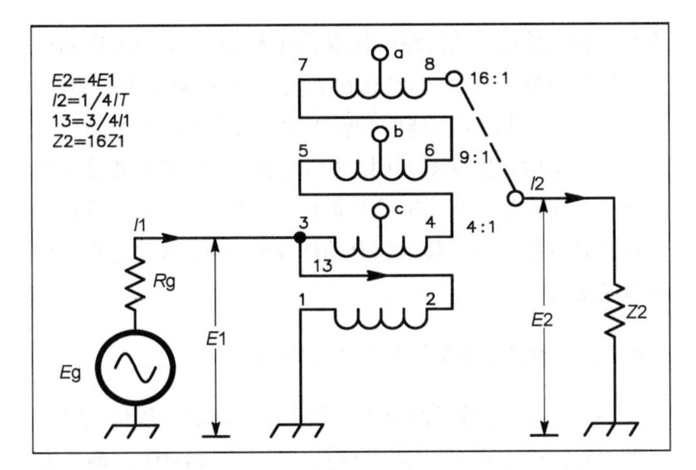

图24-43　4个绕组的宽带可变阻抗转换器。连接点*a*、*b*和*c*可选择在适当点，能够获得从1.5:1到16:1的比例。

图24-44　一个4绕组宽带转换器（移除前面板后可以看到），上面设有匹配比例为4:1、6:1、9:1和16:1的连接点。6:1是最上面的一个同轴接口，下面3个接口从左到右为16:1、9:1和4:1。在Q1材料、2.5英寸外径铁氧体内核上，有用#14漆包线绕的10匝4线绕组。

图 24-43 展示了一个有 4 个绕组的变换器，允许高达 16：1 的宽带匹配比。图 24-44 展示了一个 4 绕组的变换器，并在 4：1、6：1、9：1 和 16：1 处抽头。当在 16：1 抽头处追踪线圈上的电流时，我们可以发现上面 3 个绕组上的电流是相同的。底下的绕组，为了维持适当的电势，保持了 3 倍的电流。该电流抵消了由其他 3 个绕组在磁芯上引起的磁通量。如果这个变换器用来匹配低值电阻，如 3～4 Ω，底部绕组上的电流能达到 15A。该值基于由一个处理 1kW 功率的 50Ω 的电缆馈电的变换器的高端。如果有人需要像这样在大功率下得到 16：1 的匹配，推荐将 2 个 4：1 的变换器级联。在这个案例中，最低阻抗边上的变换器要求每个绕组的电流为 7.5A。这样，#14AWG 线在这一应用中也能满足要求。

这些应用中常用的磁芯是 2.5 英寸外径、Q1 和 Q2 材料铁氧体，以及 2 英寸外径铁粉磁芯。这些磁芯的磁导率 μ，通常分别为 125、40 和 10。铁粉磁芯的磁导率也有 8 和 25。

在任何情况下，这些磁芯都可以在 1.8～28MHz 上全功率低损耗工作。设计中的主要区别是低磁导率磁芯在低频上需要更多的圈数。例如，Q1 材料需要 10 圈来覆盖 1.8MHz 频带。Q2 材料需要 12 圈，铁粉材料（μ=10）需要 14 圈。因为普通的铁粉内核的直径更小且由于低磁导率而导致需要更多的圈数，更高的比例有时因为物理限制而更难获得。如果你在低阻抗水平上工作，会产生不需要的寄生电感，尤其是在 14MHz 或更高频率上。在这种情况下，引线长度应控制在最小。

24.6　共模传输线电流

在至今关于传输线工作的讨论中，我们都假设两个导体上的电流等值反向。这是在现实中有时可以、有时不可以实现的理想条件。在通常情况下，电流很有可能不平衡，除非采取预防措施。不平衡的程度，以及这种不平衡是否重要，将是我们在本章的剩余部分讨论的，还包括在系统中恢复平衡的手段。

导致传输线电流不平衡的情况一般有两种。两者都与系统的对称性有关。第一个情况是，当用一条本质上不平衡的同轴线对天线（如偶极子天线或八木天线的激励单元）进行直接馈电时，会不对称。第二个情况包含了天线附近传输线的不对称路径。

24.6.1　不平衡同轴线对一个平衡偶极子天线进行馈电

图 24-45 展示了一条同轴线在一个假想偶极子天线中心对其馈电。同轴线被放大以展示内部电流。在该图中，馈线从馈点垂直向下沿伸，且假设天线完全对称。正因为这种对称，天线一边在馈线上引起的电流完全可以被天线另一边引起的电流所抵消。

从发射机上流过来的电流 *I*1 和 *I*2 都在同轴线的内部流动。*I*1 在同轴线内导体的外侧，而 *I*2 在外导体的内侧。趋肤效应使传输线内的 *I*1 和 *I*2 保持被限制的地方。同轴线外的场为零，因为 *I*1 和 *I*2 等值反向。

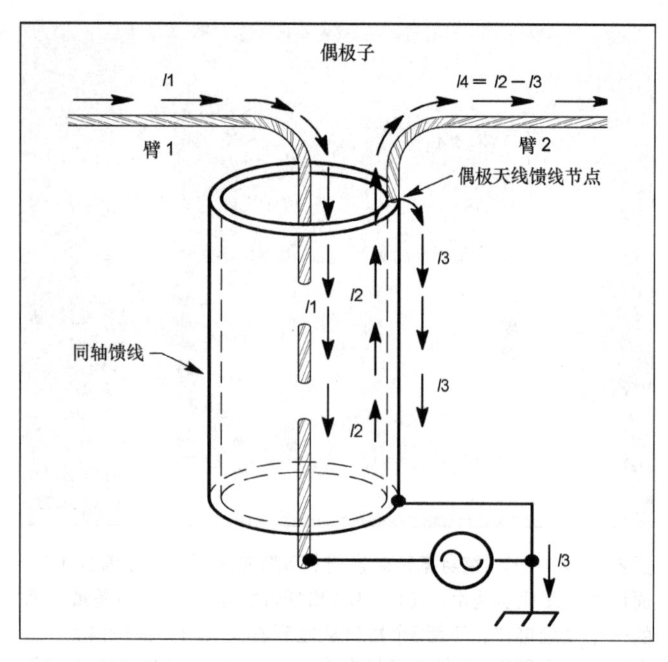

图24-45　本图展示了一条同轴线在一个平衡偶极天线中心对其馈电，其上电流的不同路径。同轴线的直径被夸大，清楚展示内部电流。

天线上的电流标为 I1 和 I4，对于谐振半波偶极子天线来说，它们在任何时候方向都是相同的。在偶极子天线的臂 1 上，I1 直接流入同轴线的内导体。但天线另一臂的情况却不同。I2 一旦流到同轴线的终点，它分成两路：一路是 I4，直接流到偶极子天线的臂 2 上；另一路是 I3，流到同轴线屏蔽层的外表面。又因为趋肤效应，I3 与内表面的 I2 是隔离的。这样，臂 2 上的电流就为 I2 和 I3 的差值。

I3 的大小与分离点处的相关电阻成比例。偶极子天线的馈点阻抗大概在 50～75Ω，要根据离地面的高度决定。从偶极子天线中间看一臂的阻抗是一半，即 25～37.5Ω。向同轴线外屏蔽层外表面看进去到地的阻抗称为共模阻抗，故 I3 称为共模电流（如果将本图中的同轴电缆改成平行双导线，我们则会更欣赏这种共模。由辐射引起的电流流到平行双导线的两个导体上，是共模电流，因为它在两个导体上的流向是相同的，而不像传输线电流那样相反。同轴线的外层编织网将内导体和此电流隔开，但编织网外侧的这种不需要的电流仍然被称为共模电流）。

共模阻抗会变化，且是随着同轴馈线的长度、直径以及从发射机底盘到“射频地”之间的路径的改变而变化。请注意，发射机底盘到地之间的路径可能会通过台站的地总线、发射机电源线、房屋的布线，甚至是电源线的地。换句话说，同轴线外表面的总长度和其他构成地的元素实际上与你偶尔视察到的情况会有所不同。

最糟共模阻抗发生在到地的整个有效路径是 $\lambda/2$ 的整数倍，使该路径成为半波谐振。实际上，传输线和地线系统就像是一种传输线，把短路转换成其终端处的地，以及在偶极子天线馈点处的低阻抗。这使得 I3 成为 I2 的重要组成部分。

I3 不仅引起了天线两个臂上的电流大小的不平衡，它本身也会辐射。图 24-45 中由 I3 引起的辐射应该主要是垂直极化的，因为图中的同轴线是垂直的。但是，依据从发射机底盘到站台接地系统其他部分的地线的方向，极化是水平和垂直的混合。

对称同轴馈电的偶极子天线的方向图失真

图 24-46 比较了两个半波偶极子天线的方位角辐射方向图，它们离地高 $\lambda/2$，水平放置，工作于 14MHz。两个方向图都是以 28° 仰角计算的，这是 $\lambda/2$ 高的偶极子天线的最高响应。第一个天线模型的参考偶极子天线以实线表示，没有馈线与之连接。这就像发射机远远地接在偶极子的中心。这个天线的辐射方向图是典型的 8 字形的方向图。两侧空值区对称地凹进去，低于最高响应约 10dB，是离地高 33 英尺的 20m 波段偶极子天线的典型方向图（或者离地高 137 英尺的 80m 波段偶极子天线）。

第二个偶极子天线的方向图以虚线表示。它用一个 $\lambda/2$ 长的与馈点下方的地垂直的同轴线进行馈电。现在，第二个偶极子天线的方向图已经不再是完全对称的了。两侧零值区向左移动了几个 dB，最高响应与参考偶极子天线相比小了

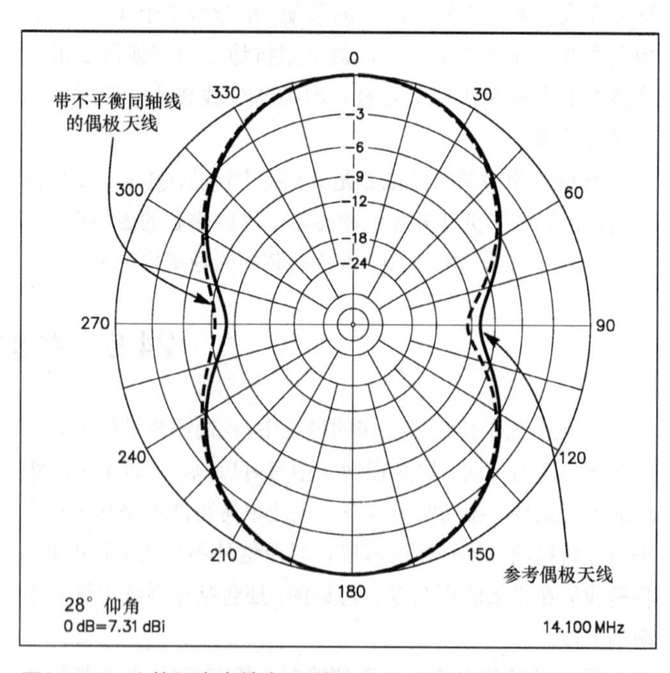

图24-46　比较两个离地高λ/2的14 MHz半波偶极天线的方位角辐射方向图。参考偶极天线没有馈线与之连接（就像发射机远远地接在偶极天线的中心）用实线表示。虚线表示一个用不平衡同轴电缆馈电的偶极天线的方向图，它受到馈线上共模电流的影响。馈线以对称的方式直接从馈点连接到地。这种对称配置下的馈点阻抗与参考天线相比，仅有微小变化。

约 0.1dB。很多人认为这样的响应也不是很坏，然而，千万要记住，这是馈线以对称的方式垂直放置于偶极子天线下方。同轴线的不对称放置将引起更多的方向图失真。

SWR 随共模电流的变化

如果把一个 SWR 测量仪放置在第二个偶极子天线的同轴馈线的底部，那么对于 50 Ω 同轴线，如 RG-213，会量得 SWR 为 1.38：1，因为馈点阻抗为 69.20 + j0.69Ω。参考偶极子天线的 SWR 应是 1.39：1，因为馈点阻抗为 69.47-j0.35Ω。可以预料，与偶极子天线本身的馈点阻抗并联的共模阻抗使在馈点看到的净阻抗降低了，尽管在对称馈线的情况下这种变化微乎其微。

至少在理论上，我们得到这样一种情况：对一个平衡偶极子天线进行馈电的不平衡同轴电缆的长度变化会导致线上的 SWR 也变化。这是由于馈点上对地共模阻抗的变化。如果操作者碰到了 SWR 测量计，SWR 也会变化，这是因为当这种情况发生时，到射频地的路径会有巧妙的变化。即使改变天线的长度以使其谐振，也可能由于共模阻抗而在 SWR 测量计上产生意想不到的令人迷惑的结果。

如果同轴馈线到地的总的有效长度不是 λ/2 的整数倍，而是 λ/4 的奇数倍，则转换到馈点的共模阻抗的值与偶极子天线本身馈点阻抗相比是很高的。这使得 I3 与 I2 相比很小，表明 I3 本身的辐射以及 I1 和 I4 之间的不平衡是很微小的。对这个例子建模后我们发现，它和前面的有不平衡馈线的偶极子天线以及无馈线的偶极子天线之间在方向图上没有区别。因此，当系统不对称时，同轴线和地线之间为 λ/2 的整数倍代表了这种类型的不平衡的最糟情况。

如果图 24-45 中的同轴线被平衡传输线代替，则 SWR 无论长度如何，都会在线上保持不变，是常数。（正确来说，线上的 SWR 会朝着发射机端有轻微下降。这是因为 SWR 的线损。然而，这种下降是很小的，因为平衡明线型传输线上的损耗是很小的，即使线上的 SWR 相对较高。详情见“传输线”章节有关由 SWR 引起的附加线上的损耗。）

同轴线的尺寸

在 HF 频段上，对半波偶极子天线进行馈电的同轴线的直径与偶极子天线本身长度相比，是很小的。在图 24-45 所示的例子中，同轴线的模型使用了假设夸大了的 9 英寸直径，只是为了模拟 HF 时同轴线尺寸的最坏影响。

但是，在更高的 UHF 频段和微波频段上，同轴线尺寸是波长很小比例的假设就不再成立了。图 24-45 中把馈点一分为二的平面沿馈点下的空间且处于同轴线内导体和屏蔽层之间的区域称为系统的“中心”。如果同轴线的直径占波长的很大比例，那么中心对于偶极子天线本身将不再是对称的，而且会产生严重的不平衡。在微波频段对无巴伦偶极子天线显示严重方向图失真的测量可能也会遇到这个问题。

24.6.2 偶极子天线馈线的不对称布线

图 24-45 展示了一条对称放置的同轴馈线，它在对称偶极子天线的馈点下方以 90° 角直接向下。如果馈线不是以对称的方式连接到天线的话，也就是说不垂直于偶极子，会怎么样呢？

图 24-47 展示了一种情况，连接到发射机和地的馈线与偶极子天线成 45° 角。现在，偶极子天线的一边要比另一边在馈线上辐射更强烈。因此，对称偶极子天线两边辐射到馈线上的电流就不能互相抵消。也就是说，天线自己在传输线上辐射了一个共模电流。这与前面讨论的不平衡同轴线反馈平衡偶极子天线的共模电流形式是不同的，但是有相似的影响。

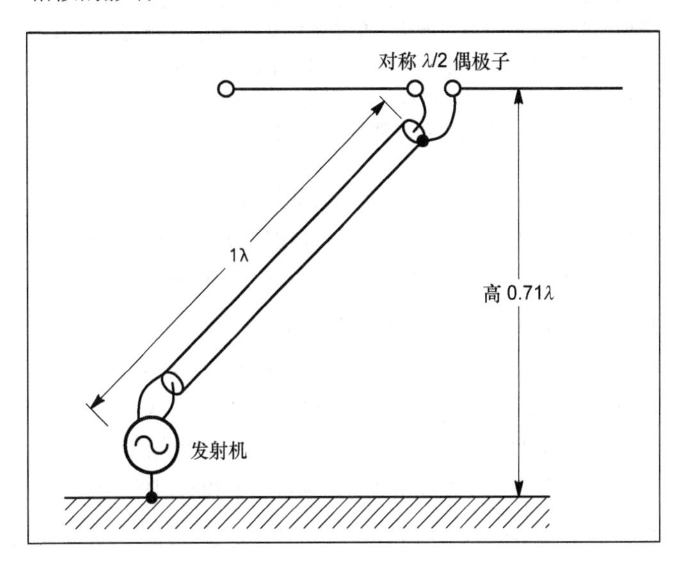

图24-47　置于离地高0.71 λ的λ/2偶极天线，由一个1 λ长的同轴线经过发射机连接到地。由同轴线外导体上引入的共模电流引起馈线辐射的最糟情况发生在其与地之间的总的有效长度为λ/2的整数倍时。

图 24-48 展示了两个方向图的比较，一个是没有馈线的离地高 0.71λ 的偶极子天线（就像发射机就放在馈点上），另一个是离地高 0.71λ 的有馈线的偶极子天线，其馈线是长为 1λ 的同轴馈线，从馈点开始与地面成 45° 经发射机连接到地。0.71λ 的高度可以使同轴线的长度正好是 1λ，在末端直接经发射机与地相连，可以强调低仰角响应来展示方向图失真。这里馈线长度为 1λ 是因为当馈线为 0.5λ 且与地成 45° 时，偶极子天线的高度仅为 0.35λ。这么低的高度会掩盖由馈线共模电流引起的方向图两侧零点的变化。和前面一样，最糟情况方向图失真发生在与地之间的总的有效长度为 λ/2 的整数倍时。

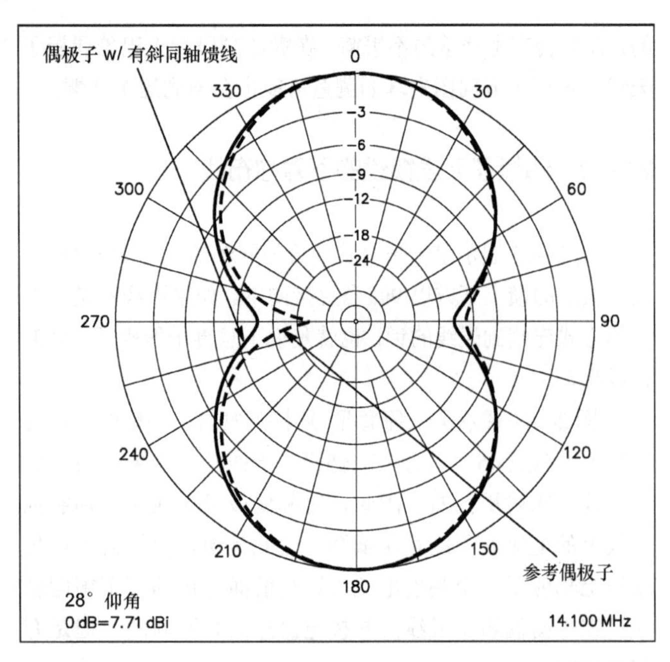

图24-48　如图24-47所示放置的两天线方向图的比较。实线是参考偶极天线，无馈线（就像发射机直接放在馈点）。虚线表示有一个与地面成45°的馈线的天线响应。1λ长的同轴电缆外编织层上由于不对称于天线而产生的电流引起了方向图失真。馈点阻抗也发生了变化，它的SWR也与参考偶极天线不同。

方向图失真的情况比同轴线对称放置时略有恶化，但总的影响并不严重。有趣的是，斜馈线偶极子天线比参考偶极子天线增益大 0.2dB。这是因为斜馈线偶极子天线方向图左边的凹陷更深，给在 0°和 180°的前向波瓣增加了功率。

该偶极子天线的馈点阻抗为 62.48−j1.28Ω、*SWR* 为 1.25∶1，相比之下，参考偶极子天线的馈点阻抗为 72.00+*j*16.76Ω、SWR 为 1.59∶1。这里，净馈点阻抗的电抗部分比参考偶极子天线的小，意味着由于和自己的馈线互耦而产生了失谐。这里 SWR 的变化要比前一个例子中的略大，可以在 SWR 测量计上看出。

你可以发现，平衡天线辐射到传输线、由于不对称而产生的共模电流，在同轴线和平衡传输线上都会发生。对同轴线来说，外层编织层将屏蔽层的内表面和内导体对这种辐射进行了屏蔽。然而，编织层的外表面携带了从天线辐射来的共模电流，继而由传输线辐射出去。对于平衡线来说，两个导体上都有共模电流，然后再从平衡线上辐射。

假如天线或其环境在各方面都不完全对称，传输线上仍然会有某种程度的共模电流，同轴线和平衡线都是这样。完全对称意味着天线下的地是完全平坦的，天线的每条臂的物理长度都是完全一样的。它也意味着偶极子天线的高度沿其长度也是完全对称的，甚至也意味着邻近的导体，如电源线，也必须要关于天线对称。

在现实生活中，偶极子天线整个长度下的地并不总是平坦，钢丝也不是以毫米级的精度切割，一条平衡线馈电一个平衡天线并不能保证不产生共模电流。但是，整顿传输线使其关于天线对称能在任何情况下减少问题。

24.6.3　定向天线的共模影响

对于一个简单的偶极子天线，许多业余爱好者看到图 24-46 或图 24-48 后会说最糟情况方向图的不对称性看起来也不是很严重，他们是正确的。由于共模电流导致的任何轻微的、意想不到的 SWR 的变化都会被认为是无关紧要的，即使大家已经注意到了。全世界有成千上万的同轴馈电偶极子天线正在被使用，人们并没有努力研究如何使不平衡同轴线到平衡偶极子的传输变得平滑。

然而，对于那些设计成高度方向性的天线来说，共模电流引起的方向图恶化是另一码事。像八木天线或方框阵这样的天线在设计时，为了获得方向性、增益和 SWR 这三者之间最好的折中方案，要特别小心调节系统中的每一个阵元。如果我们对这样一个精心设计的天线进行馈电时会产生共模馈线电流，会发生什么事情呢？

图 24-49 展示了两个天线方向图的比较。它们都是 5 单元 20m 波段八木天线，水平放置于离地高 λ/2 的高度。实线代表参考天线，假设发射机就放置于平衡激励单元的馈点，无须馈线干预。虚线代表第二个八木天线，它在平衡激励单元的馈点处有一个 λ/2 长的不平衡同轴馈线直接连到地。

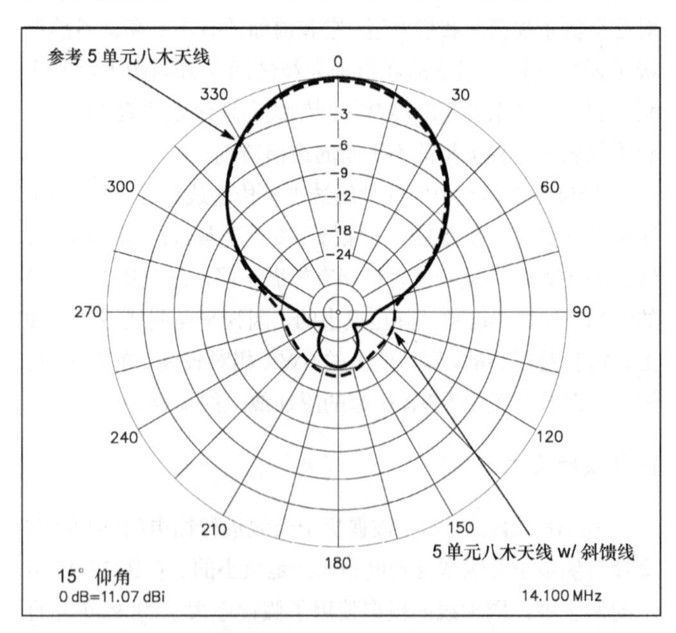

图24-49　两个5单元20 m波段八木天线方向图的比较。它们都是水平放置于离地高λ/2的高度。实线代表参考天线，无需馈线，假设发射机就放置于平衡激励单元的馈点。虚线代表第二个八木天线，它在平衡驱动单元的馈点处有一个λ/2长的不平衡同轴馈线直接连到地（经过一个地平面上的发射机）。方向图后瓣恶化是显而易见的，且与参考天线相比，前向增益也有所损失（0.3 dB）。在这种情况下，在馈点放置一个+j1 000 Ω的共模扼流圈可以消除这种方向图恶化。

原本在偶极子天线例子中有轻微的方向图拉伸，现在变成了后向波瓣的明显的恶化，而参考八木天线的方向图是很好的。边上的零点从约大于40dB恶化到了25dB，180°处的后向波瓣从大约26dB变到22dB。简而言之，方向图变差且增益也下降了。

图24-50也展示了两个天线方向图的比较，一个是无馈线的参考八木天线，另一个八木天线有长1λ、倾斜地面45°的馈线，两者的高度都为0.71λ。参考八木天线的边侧零点较深（大于30dB），而在受共模影响的天线上，它被减小到小于18dB。在180°的后瓣有轻微恶化，从28dB降至26dB。天线的前向增益比参考天线下降了0.4dB。正如所预料的，馈点阻抗也有变化，从参考天线的22.3 − j25.2Ω变成了有不平衡馈电天线的18.5 − j29.8Ω。SWR也会沿着不平衡馈线而变化，正如它在简单偶极子天线中表现的那样。

显然，原本是高度定向天线的方向图，在同轴馈线上出现共模电流后，就严重恶化了。在简单偶极子天线的例子中，长度为λ/2奇数倍的谐振接地馈线代表了馈电系统的最糟情况，即使馈线垂直且对称地放置于天线下方。也正如在偶极子天线例子中我们所发现的那样，如果馈线倾斜，则方向图的恶化会更严重，不过八木天线的这种安装方式并不常见。为了尽量减小相互影响，馈线的放置仍应关于天线对称。

在绘制图24-46、图24-48和图24-49所使用的计算机模型中，在天线馈点放置一个电抗为+j1000Ω的共模扼流圈（下一小节会详细描述）抑制了共模电流。在一些简单的例子中（那里馈线都是对称放置的，直接在馈点向下）都是正确的。某些倾斜馈线则需要另加一个共模扼流圈，放置在传输线上离馈点λ/2处相距λ/4的地方。（在距天线馈点λ/2放置第一个扼流圈以避免在馈点同轴电缆屏蔽层外部产生的低电阻点）。记住，当同轴电缆内部必须应用VF频段时，要在同轴电缆外部使用自由空间波长。

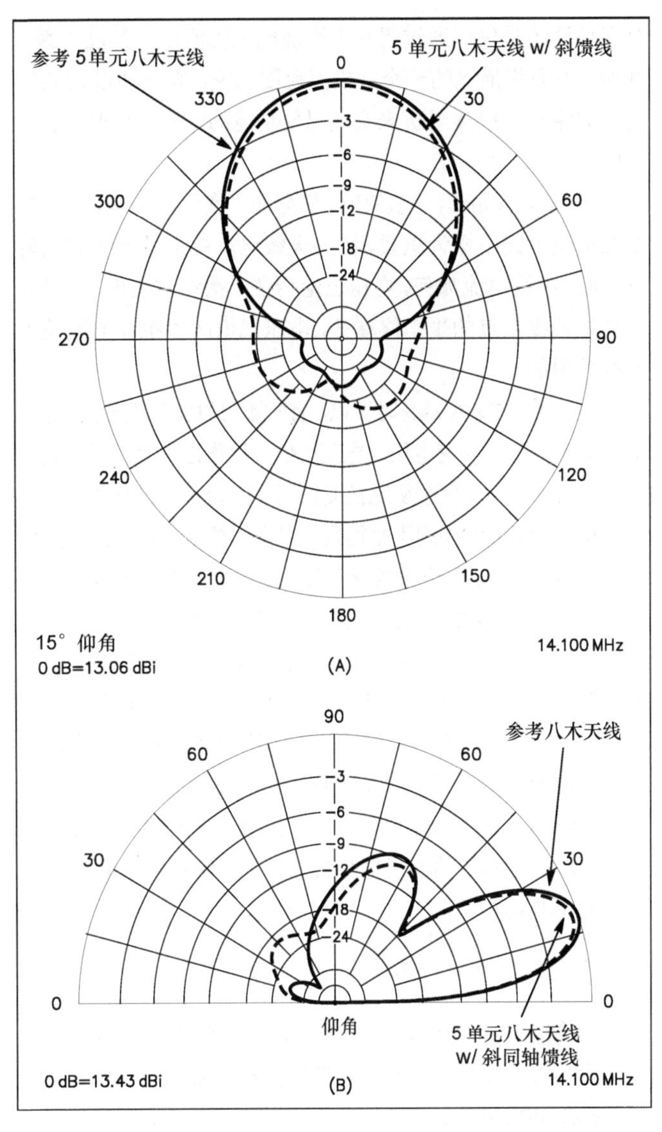

图24-50 图（A）是两个5单元20 m波段八木天线的方向图的比较，两者的高度都为0.71 λ。实线是无馈线的天线。虚线代表有1 λ长、倾斜地面45°的馈线的八木天线（经过地平面上的发射机）。后瓣的失真比图4-49更明显。天线的前向增益比参考天线下降了0.4 dB。图（B）是仰角响应比较。馈线的倾斜也导致了更多由不对称性而产生的共模电流。在这种情况下，光在馈点加一个+j1 000 Ω的共模扼流圈是不足以充分消除方向图恶化的。另一个扼流圈需要加在沿传输线向下λ/4的地方，以消除各种共模电流。

24.7 扼流圈巴伦

在前面的部分中，我们发现方向图恶化和不可预知的SWR数值读取的问题都可归结于传输线上的共模电流的影响。这种共模电流的出现都来自于天线馈线系统中的几种不对称性，如平衡天线和不平衡馈线之间的失配，或馈线放置时的不对称。一种叫巴伦的器件可以消除这些共模电流的影响。

巴伦（balun）这个词是“平衡”（balance）和“不平衡”（unbalance）这两个词的组合。它的主要功能是抑制共模电流，同时实现不平衡传输线到平衡负载（如天线）的转换。巴伦的种类有很多，我们将会在这部分中讨论。

巴伦可以应运于任何设备，只要该设备可以在平衡系统和不平衡系统之间进行差模信号传递，同时可以在平衡系统的终端保持能量分布均匀。巴伦仅可用于能量传递功能，而不是如何构造设备。无论是通过对称传输线结构、磁通量耦合变换器还是仅仅通过阻止不平衡电流的流动，都没关系。例如，下面将描述的一个共模扼流圈巴伦，就是通过在共模电流的路径上放置阻抗来实现巴伦功能的，所以就成为了一个巴伦。

不管电压如何，电流巴伦都会在平衡终端使电流对称。这在馈电天线中极为重要，因为天线电流决定了天线的辐射方向图。不管电流如何，电压巴伦会在平衡终端使电压对称。在诸如天线馈点的平衡终端处，电压巴伦产生相等电流是不太有效用的。

一个阻抗变换器有时可以、有时不可以实现巴伦的功能。将阻抗变换器（改变电压、电流比值）用作巴伦是不需要的，但是不禁止。平衡到平衡阻抗变换器（例如变换器有独立的主绕组和次绕组）就如同不平衡到不平衡阻抗变换器（自耦变压器和传输线设计）。传输线变换器就是一个利用传输线的特性来实现功率传递功能（有或没有阻抗变换）的设备。

多个设备常常可以组合成一个被称为“巴伦”的单一整体。例如，一个“4∶1 巴伦”可以是一个 1∶1 电流巴伦串联一个 4∶1 阻抗变换器形成的。巴伦的其他名称也比较普遍，例如扼流圈巴伦也称为“线路隔离器”。巴伦常常是指它们的结构——“磁珠串巴伦”、“同轴线圈巴伦”、“套筒巴伦”等。重要的是功能（平衡系统和不平衡系统之间功率传递）而不是结构。

扼流圈巴伦的电路表示

扼流圈巴伦拥有紧耦合传输线转换器（1∶1 的转换比）和线圈的混合属性。传输线转换器使输出端的电流相等，而线圈抑制共模电流。

图 24-51 是此种巴伦的电路表示。这种表征法是 Frank Witt（AI1H）创建的。Z_W 是抑制共模电流的线圈的阻抗。如果有一个高频铁氧体磁芯，则线圈阻抗基本是感性的。如果使用一个低频铁氧体磁芯，则线圈阻抗基本是电阻性的。图中的理想转换器对同轴线内或平行双线上的两平行全耦合导体中的情况进行建模。尽管本图中的 Z_W 是个单一阻抗，但它可以分成两部分，分别放在理想转换器的两边。

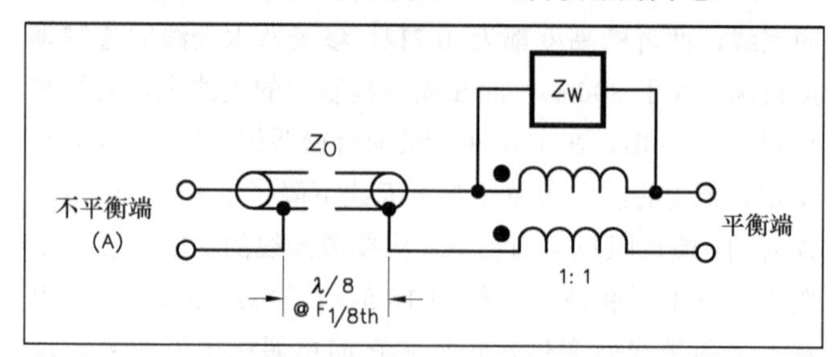

图24-51 扼流圈巴伦模型，也称为1:1电流巴伦。它是一个理想转换器。Z_W是共模线圈阻抗。损耗来自于线圈阻抗的电阻部分和传输线。这个模型是Frank Witt（AI1H）创建的。

注意，你可以计算巴伦上的功率损耗，通过把表 24-9 中的极坐标（阻抗幅度和相位角）转化成等效的并联形式（R_P 电阻和 X_P 分路电抗）。然后，巴伦的功率损耗是负载上电压一半的平方除以等效并联电阻：$(E/2)^2/R_P$。例如，在英寸线圈架上绕 8 圈 RG-213 所得的巴伦在 14MHz 时的阻抗为 262∠−86.9°。把极坐标转换成直角坐标，该阻抗等于 14.17 − j261.62Ω，然后把串联改成并联，我们得到 4844.81 − j262.38。对于 $273.9V_{RMS}$ 的射频电压，巴伦的功率损耗为 $(273.9/2)^2/(4844.8)$ =3.9W，此时 50Ω 负载的功率为 $273.9^2/50$=1500W。与送到负载的功率相比，巴伦上的功率损耗是很小的。

表 24-9　在同轴线圈巴伦上的 K2SQ 测量

	6 T, 4.25 in. 1 层	12 T, 4.25 in. 1 层	4 T, 6.625 in. 1 层	8 T, 6.625 in. 1 层	8 T, 6.625 in. 捆扎好的
频率 MHz	Z,相位 Ω °	Z,相位 Ω °	Z,相位 Ω °	Z,相位 Ω °	Z,相位 Ω °
1	26/88.1	65/89.2	26/88.3	74/89.2	94/89.3
2	51/88.7	131/89.3	52/88.8	150/89.3	202/89.2
3	77/88.9	200/89.4	79/89.1	232/89.3	355/88.9
4	103/89.1	273/89.5	106/89.3	324/89.4	620/88.3
5	131/89.1	356/89.4	136/89.2	436/89.3	1300/86.2
6	160/89.3	451/89.5	167/89.3	576/89.1	8530/59.9
7	190/89.4	561/89.5	201/89.4	759/89.1	2120/−81.9
8	222/89.4	696/89.6	239/89.4	1033/88.8	1019/−85.7
9	258/89.4	869/89.5	283/89.4	1514/87.3	681/−86.5
10	298/89.3	1103/89.3	333/89.2	2300/83.1	518/−86.9
11	340/89.3	1440/89.1	393/89.2	4700/73.1	418/−87.1
12	390/89.3	1983/88.7	467/88.9	15840/−5.2	350/−87.2

续表

	6 T, 4.25 in. 1 层	12 T, 4.25 in. 1 层	4 T, 6.625 in. 1 层	8 T, 6.625 in. 1 层	8 T, 6.625 in. 捆扎好的
频率 MHz	Z,相位 Ω °	Z,相位 Ω °	Z,相位 Ω °	Z,相位 Ω °	Z,相位 Ω °
13	447/89.2	3010/87.7	556/88.3	4470/–62.6	300/–86.9
14	514/89.3	5850/85.6	675/88.3	2830/–71.6	262/–86.9
15	594/88.9	42000/44.0	834/87.5	1910/–79.9	231/–87.0
16	694/88.8	7210/–81.5	1098/86.9	1375/–84.1	203/–87.2
17	830/88.1	3250/–82.0	1651/81.8	991/–82.4	180/–86.9
18	955/86.0	2720/–76.1	1796/70.3	986/–67.2	164/–84.9
19	1203/85.4	1860/–80.1	3260/44.6	742/–71.0	145/–85.1
20	1419/85.2	1738/–83.8	3710/59.0	1123/–67.7	138/–84.5
21	1955/85.7	1368/–87.2	12940/–31.3	859/–84.3	122/–86.1
22	3010/83.9	1133/–87.7	3620/–77.5	708/–86.1	107/–85.9
23	6380/76.8	955/–88.0	2050/–83.0	613/–86.9	94/–85.5
24	15980/–29.6	807/–86.3	1440/–84.6	535/–86.3	82/–85.0
25	5230/–56.7	754/–82.2	1099/–84.1	466/–84.1	70/–84.3
26	3210/–78.9	682/–86.4	967/–83.4	467/–81.6	60/–82.7
27	2000/–84.4	578/–87.3	809/–86.5	419/–85.5	49/–81.7
28	1426/–85.6	483/–86.5	685/–87.1	364/–86.2	38/–79.6
29	1074/–85.1	383/–84.1	590/–87.3	308/–85.6	28/–75.2
30	840/–83.2	287/–75.0	508/–87.0	244/–82.1	18/–66.3
31	661/–81.7	188/–52.3	442/–85.7	174/–69.9	9/–34.3
32	484/–78.2	258/20.4	385/–83.6	155/–18.0	11/37.2
33	335/–41.4	1162/–13.5	326/–78.2	569/–0.3	21/63.6
34	607/–32.2	839/–45.9	316/–63.4	716/–57.6	32/71.4
35	705/–58.2	564/–56.3	379/–69.5	513/–72.5	46/76.0

24.7.1 同轴扼流圈巴伦

下面的部分是 Jin Brown（K9YC）对 2010 年《业余无线电手册》进行更新而编写的。构造扼流圈巴伦最简单的方法就是将同轴电缆馈线的一部分卷成一个线圈（见图 24-52），在屏蔽层外表面形成了一个电感。这种类型的扼流圈巴伦简单、便宜并且有效。屏蔽层外侧电流会受到线圈阻抗的影响，而内部电流则不会受到影响。

随便绕制的平滑线圈（像一个绳圈）有一个较宽的谐振范围，能轻松覆盖 3 倍频程，故使其在整个 HF 频段范围内都是相当有效的。如果在单个频段遇到特定的问题，也可以在那个频段增加线圈以产生谐振。表 24-10 中描述的扼流圈巴伦用阻抗测量仪在指示的频率上测量会得到较高的阻抗。在使用明线或平行双线时该构造技术无效，因为相邻匝之间会产生耦合。

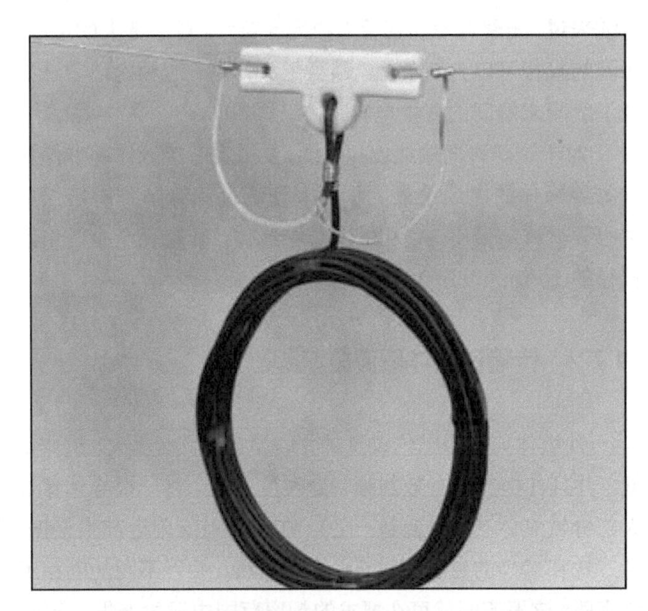

图24-52 在与天线连接处将馈线缠绕成线圈，形成射频扼流圈巴伦。扼流圈的电感将天线从馈线的外表面绝缘。

表 24-10　同轴线圈扼流圈巴伦

将表中长度的同轴馈线缠绕在线圈上（像一个绳圈）并用电工胶布固定。当线圈在天线附近时，巴伦是最有效的。长度不唯一。

单频段（非常有效）

频率(MHz)	RG-213,RG-8	RG-58
3.5	22 ft,8 匝	20 ft, 6~8 匝
7	22 ft, 10 匝	15 ft, 6 匝
10	12ft, 10 匝	10ft, 7 匝
14	10ft, 4 匝	8ft, 8 匝
21	8ft, 6~8 匝	6ft, 8 匝
28	6ft, 6~8 匝	4ft, 6~8 匝

多频段

频率(MHz)	RG-8,58,59,8X,213
3.5~30	10 ft, 7 匝
3.5~10	18 ft, 910 匝
1.8~3.5	40 ft, 20 匝
14~30	8 ft, 6~7 匝

因为线圈各匝之间存在分布电容，由同轴电缆屏蔽层形成的电感会发生自激振荡。自激振荡的频率可以使用栅流陷落式测试振荡器来获得。让扼流圈末端开路，使线圈与栅流陷落式测试振荡器耦合，直至两者谐振。这是并联谐振，而且阻抗将会很高。

Ed Gilbert（K2SQ）采用 Hewlett-Packard 4193A 矢量阻抗计测量了一系列同轴线圈巴伦。他用 4 英寸或 6 英寸塑料管制作了同轴线圈巴伦。表 24-9 列出了结果。

将电缆绕着一截塑料管、空瓶子或者其他合适柱体缠成一个单层螺线管（见图 24-53），可以减少平滑线圈扼流圈巴伦的分布电容。如有需要，可将线圈架移走。电缆可以使用电工胶布绑住，如图 24-52 所示。对于 RG-8X 和 RG-58/59 电缆来说，线圈合理的直径大约为 5 英寸。对于更大的电缆，线圈的直径可以为 8 英寸，甚至更大一点。这种构造方法减少了线圈末端间的寄生电容。

对于这两种同轴线圈扼流圈，要用实芯绝缘体而非泡沫状的绝缘体的电缆来最大程度上使通过绝缘体到屏蔽层的中心导体移动最小。使用的实芯绝缘体，其直径至少是电缆直径的 10 倍，以避免电缆机械压力。

24.7.2　传输铁氧体磁芯扼流圈巴伦

铁氧体扼流圈巴伦仅仅是并联谐振电路，其 Q 值非常低，并且在扼流圈有效的频率处发生谐振。将一根导体穿过大部分铁氧体芯（也就是一匝），在 150MHz 附近产生谐振。通过选择适当的磁芯材料、大小和形状，并以不同的间距缠绕多匝，该扼流圈就可在要求的频率范围内发生谐振（最佳）（本书光盘提供了铁氧体和粉粒状铁芯磁环的数据表格）。

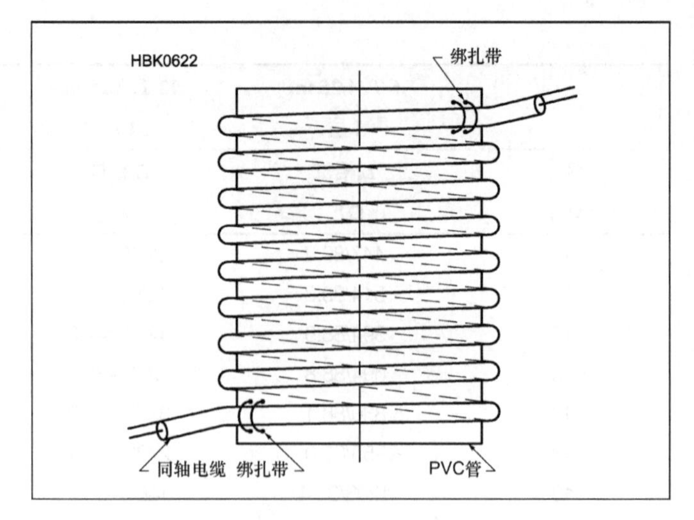

图24-53　将同轴扼流圈巴伦缠绕成单层螺线管，与平滑线圈扼流圈巴伦相比可能会增加阻抗和自谐振。

传输扼流圈不同于其他共模扼流圈，因为它们必须被设计在传输线传递大功率时可以良好地工作。它们的物理尺寸必须足够大，这样同轴电缆的弯曲半径才会足够大，线才不会变形。好的共模扼流圈具有处理大功率的能力，只要将电缆在一个足够大的铁氧体芯上缠绕几匝就可做成这样的扼流圈。（在铁氧体芯上缠绕同轴电缆制成的扼流圈被称为“缠绕同轴扼流圈”，以区分前面部分的“同轴线圈扼流圈”。）因为同轴电缆内层和外层导电表面的隔离，所有与差模电流相关的磁流量都被限制于电介质中（中心导体和屏蔽层之间的绝缘材料）。外部的铁氧体芯只带有与共模电流相关的磁通量。

如果线是由平行双线（双线缠绕）组成的，与差模电流相关的磁通量的很大一部分将从线泄露到铁氧体磁芯上。甚至对于最紧密双线缠绕的情况，泄漏磁通量可能超过总磁通量的 30%。除了该泄露磁通量，磁芯也会携带与共模电流相关的磁通量。

当一个转换器（正好与扼流圈相反）缠绕在磁芯上时，与线圈上电流相关的所有场都在磁芯上。同样，所有形式的电压巴伦要求所有的传输功率要耦合到铁氧体磁芯上。由于磁芯的特点，这会导致相当大的热量和功率损耗。只有少数铁氧体磁芯材料有适用于大功率射频转换器的磁芯的损耗特性。61 型材料在大约 10MHz 以下有较为合理的低损耗，但其损耗正切在 10MHz 以上会迅速升高。在约 30MHz 时，67 型材料的损耗正切，使其在大功率转换器中非常有用。

泄漏磁通量，对应于发射机功率的 30%～40%，会导致铁氧体磁芯发热并且使发射信号衰减 1dB 左右。在大功率时，磁芯中温度的增加也会改变其磁特性，并且在极端情况下可能导致磁芯暂时地失去磁性。磁通量足够大也可能使磁芯发热，有可能使其饱和，从而产生失真（谐波、飞溅、点击）。

共模电流产生的磁通量也会加热磁芯——如果有足够的共模电流。耗散功率等于 I^2R，所以可以通过将共模阻抗增大进而将共模电流变得非常小，最终使耗散功率变得非常小。

设计标准

数学推导和经验证明，缠绕同轴扼流圈在发射频率上至少有存在 5000Ω 的电阻阻抗，并且在如竞争位置或数字模式工作等高占空比情况下，5 个环形线圈上缠绕的 RG-8 或 RG-11 电缆保守的额定功率为 1500W。而用更小的同轴电缆（RG-6、RG-8X、RG-59、RG-58）来缠绕扼流圈，其在铁氧体磁芯上保守的额定耗散，这些更小电缆的电压和电流的额定值在功率容量上的极限值更低。由于扼流圈只能看到共模电压，缠绕同轴扼流圈高 SWR 功率容量的唯一影响是差分电流的峰值以及由于不匹配而造成的线上电压。

经验表明，对于防止射频干扰，噪声耦合以及方向图失真，5000 Ω 也是一个好的设计目标。而 500～1000Ω 一直被认为能够有效地预防方向图失真，Chuck Counselman（W1HIS）正确注意到了，从馈线产生的辐射和噪声耦合应被视为一种方向图失真，这种失真使定向天线的零点有值，降低了其抵抗噪声和干扰的能力。

使用扼流圈将馈线分成很小的段以至于不能与其他的天线互相作用，这些天线应当有 1000Ω 量级的阻塞阻抗来抑制与简单天线的相互作用。如果在馈线上的共模电流影响了定向天线的零点，可能需要一个接近 5000Ω 的值。

建造缠绕同轴电缆铁氧体扼流圈

应该用弯曲半径足够大的线来缠绕同轴扼流圈，这样同轴电缆不会变形。当线变形了，中心导体和屏蔽层之间的间距就会不一样，所以更可能发生崩溃电压和加热现象。变形也会导致阻抗的不连续性；产生的反射可能会导致一些波形在 VHF 和 UHF 频段的失真和损耗增加。

用任何大直径电缆缠绕的扼流圈比那些用小直径线缠绕的有更多的寄生电容。铁氧体扼流圈中的寄生电容有两个来源：通过磁芯的端到端和匝到匝间的电容、通过空气介质的匝到匝间的电容。电容的两个来源都随着导体尺寸的增加而增大，所以寄生电容会随着同轴电缆尺寸的增大而增大。匝到匝间的电容也随着匝直径的增大而增大。

在低频时，铁氧体扼流圈内的大部分电感是因为与磁芯耦合产生，但也有些是由磁芯外的磁通量产生。在更高频率时，磁芯的磁导率更小，磁芯外的磁通量对扼流圈内的电感影响增大。

缠绕同轴扼流圈最常用的磁芯是由 31 型或 43 型材料制成的外径 2.4 寸、内径 1.4 寸的环形线圈，以及 31 型材料制成的内径 1 英寸、长 1.125 英寸夹具。7 匝 RG-8 或 RG-11 的电缆很容易通过这些环形线圈，而不需要连接器进行连接，4 匝用一个 PL-259 连接。大多数 RG-8 或 RG-11 电缆的其中 4 匝要适配内径 1 英寸的夹具。环形线圈至少要能容纳 14 匝 RG-6、RG-8X 或 RG-59 尺寸的电缆。

实用的扼流圈

Joe Reisert（W1JR）介绍了第一个缠绕在铁氧体环形线圈上的同轴扼流圈。他使用了低损的磁芯，典型的 61 型或 67 型材料。图 24-54 显示了这些高 Q 值扼流圈在谐振附近的窄频带范围内是相当有效的。然而，测量谐振是相当困难的，而且太窄了，通常只能覆盖一个或两个业余频带。当远离谐振点时，扼流圈基本没用，因为扼流阻抗迅速下降，其电抗元件部分也与传输线发生谐振。

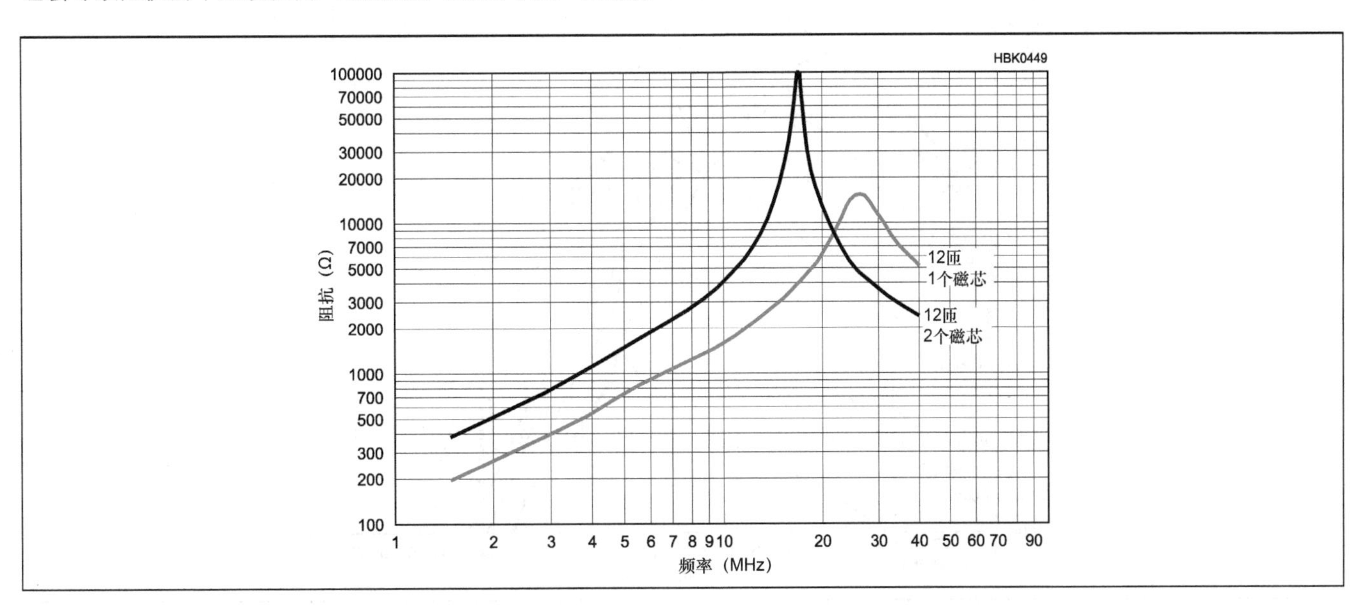

图24-54　在#61材料螺旋管磁芯上缠绕RG-142同轴电缆形成的缠绕同轴传输扼流圈的阻抗频率图。
对于一个磁芯的扼流圈：R=15.6kΩ，L=25μH，C=1.4pF，Q=3.7。
对于两个磁芯的扼流圈：R=101kΩ，L=47μH，C=1.9pF，Q=20。

图 24-55 展示了适用于 HF 业余频段使用的典型缠绕同轴扼流圈。图 24-56、图 24-57 和图 24-58 是不同尺寸 HF 传输扼流圈的阻抗幅度的图。#31 环形线圈上的 14 匝窄间隔、3 英寸直径的 RG-58 电缆组成了对于 160m 和 80m 频段来说非常有效的 300W 扼流圈。

图24-55　适用于HF频段的典型传输同轴缠绕共模扼流圈。

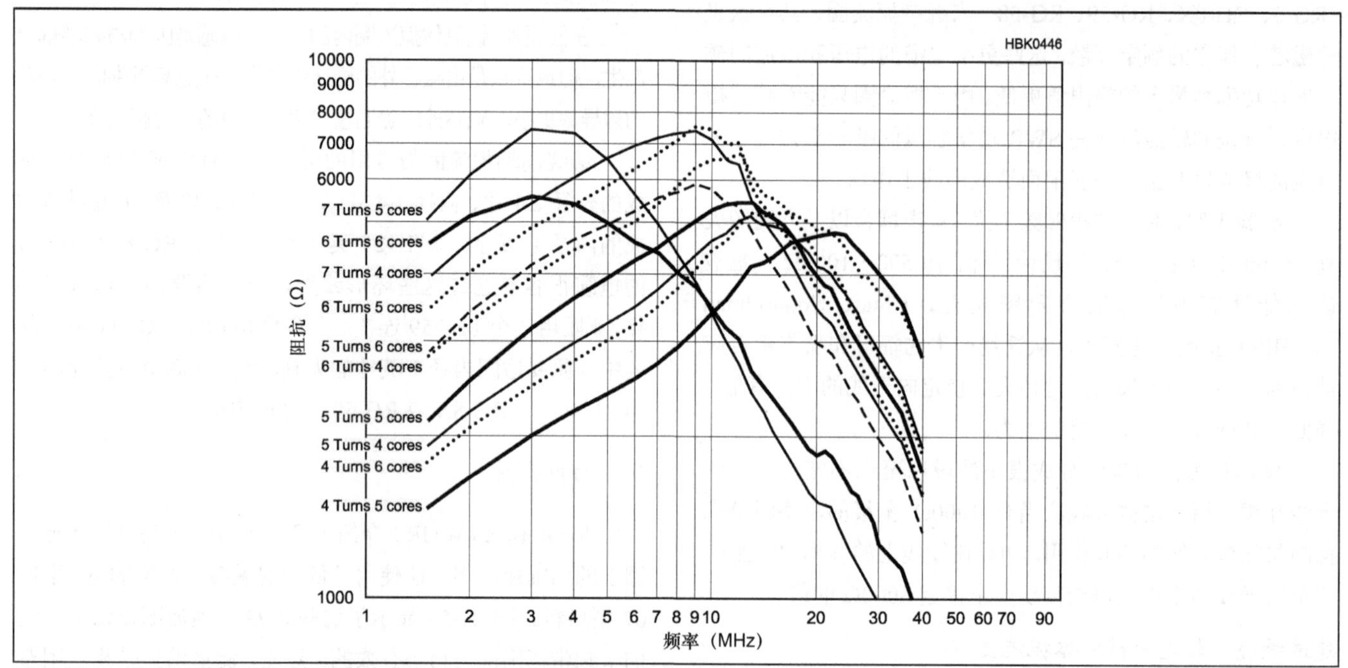

图24-56　在#31材料2.4英寸螺旋管上缠绕RG-8X同轴电缆的HF频段同轴线圈缠绕传输扼流圈的阻抗频率图。

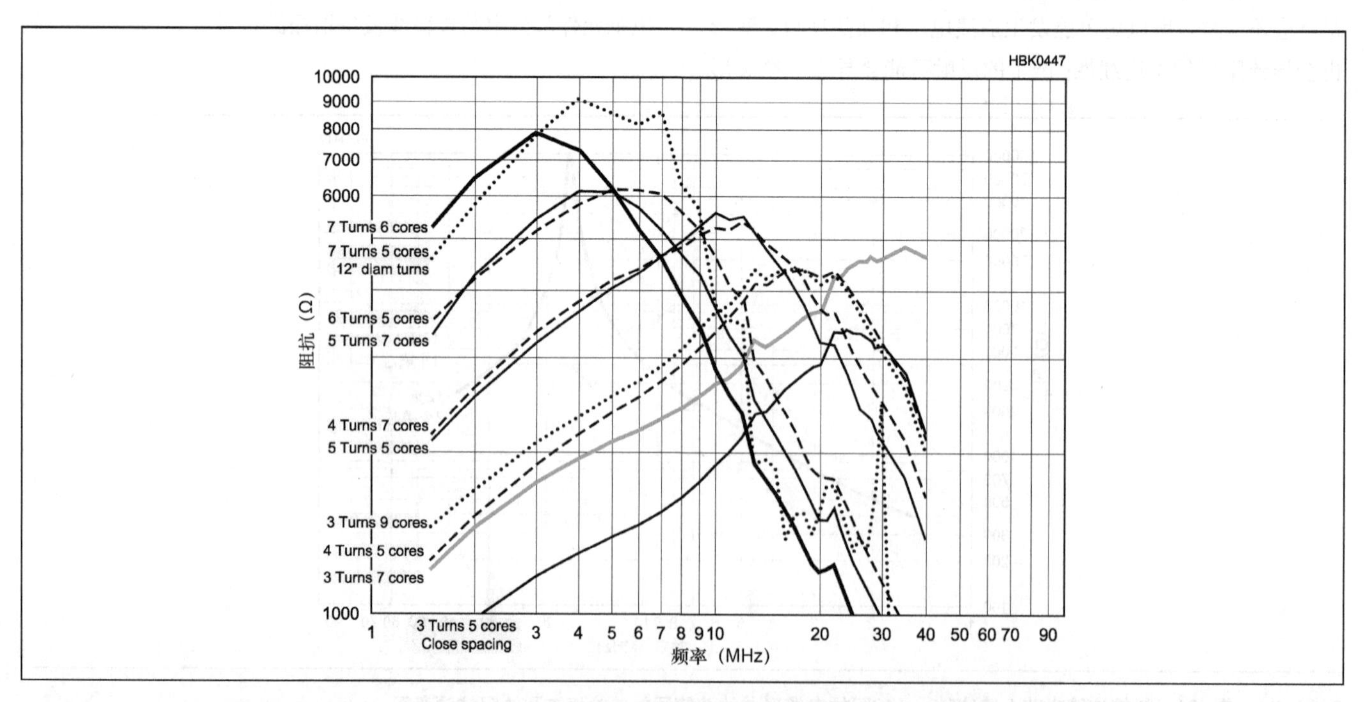

图24-57　在#31材料螺旋管上缠绕RG-8同轴电缆的HF频段同轴线圈缠绕传输扼流圈的阻抗频率图。线匝直径为5英寸，如无特殊说明，间距较宽。

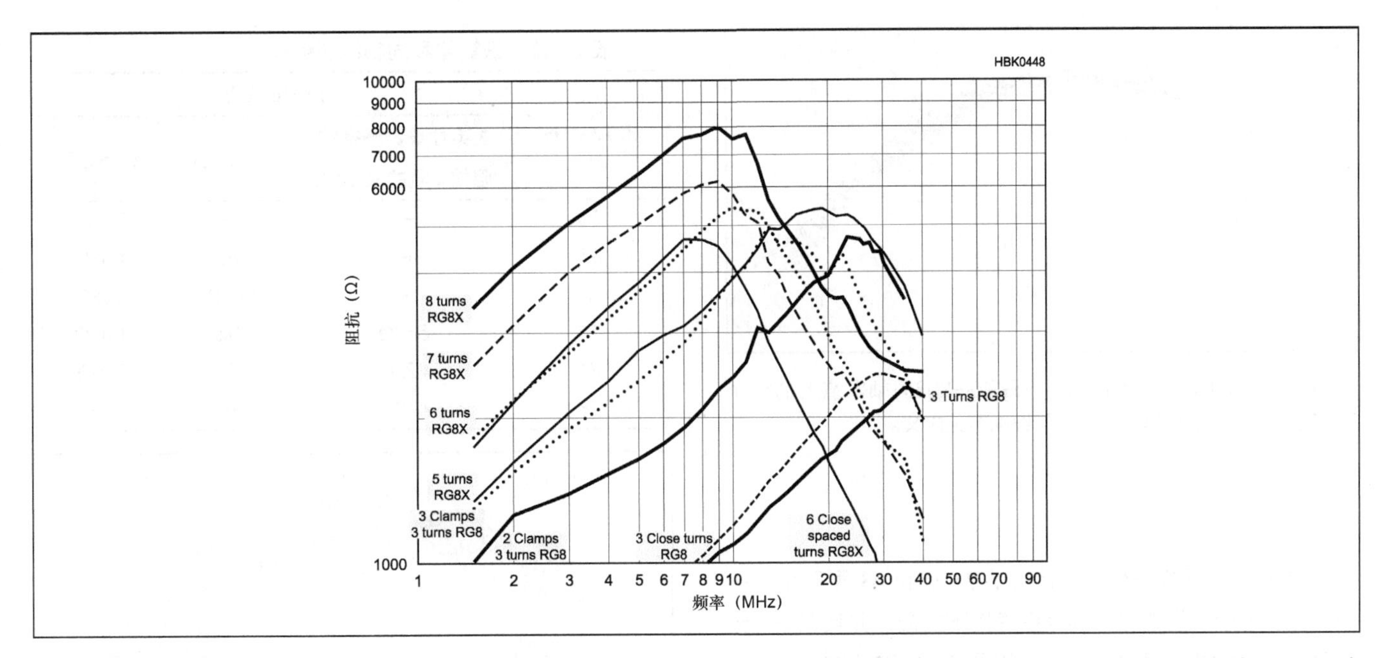

图24-58　在#31材料螺旋管上缠绕RG-8X或RG-8同轴电缆的HF频段同轴线圈缠绕传输扼流圈的阻抗频率图。线匝直径为6英寸，如无特殊说明，间距较宽。

表 24-11　　传输扼流圈设计

频段（MHz）	材料	RG-8, RG-11		RG-6, RG-8X, RG-58, RG-59	
		匝	磁芯	匝	磁芯
1.8,3.8	#31	7	5 螺旋管	7	5 螺旋管
				8	大夹具
3.5–7		6	5 螺旋管	7	4 螺旋管
				8	大夹具
10.1	#31 or #43	5	5 螺旋管	8	大夹具
				6	4 螺旋管
7–14		5	5 螺旋管	8	在夹具
14		5	4 螺旋管	8	2 螺旋管
		4	6 螺旋管	5.6	大夹具
21		4	5 螺旋管	4	5 螺旋管
		4	6 螺旋管	5	大夹具
28		4	5 螺旋管	4	5 螺旋管
				5	大夹具
7–28,10.1–28 or 14–28	#31 or #43	使用两个串联的扼流圈 #1—在 5 个螺旋管上绕 4 匝 #2—在 5 个螺旋管上绕 3 匝		使用两个串联的扼流圈 #1—在大夹具上绕 6 匝 #2—在大夹具上绕 5 匝	
14–28		两个 4 匝扼流圈，每个一个大夹具		在 6 个螺旋管上绕 4 匝，或在一个大夹具上绕 5 匝	
50		两个 3 匝扼流圈，每个一个大夹具			

注意：1.8MHz、3.5MHz 和 7MHz 的扼流圈的线匝间隔要近。14～28MHz 的扼流圈线匝间距较宽。线匝直径不唯一，但 6 英寸较好。

表 24-11 总结了一些设计，这些设计针对波长为 6～160m 的业余频段，以及一些实际的对频率范围进行“调谐”或优化的传输扼流圈设计，满足了 5000 Ω 的标准。表格数据参考了前面几段中的特定磁芯。如果你使用环形线圈构建扼流圈，记住要使匝的直径足够大以避免同轴电缆变形（同轴电缆有一个特定的“最小弯曲半径”）。在环行线圈上要以均匀间距缠绕以使匝与匝间的电容最小。

24.7.3　在扼流圈巴伦中使用铁氧体磁珠

由 Walt Maxwell（W2DU）研发的铁氧体磁珠电流巴伦是共模扼流圈，它仅仅在一段同轴电缆上通过串接多个磁珠形成。Maxwell 的设计利用了 50 个非常小的 73 型材料制成的磁珠，如图 24-59 所示。产品数据表显示，在 20MHz 附近谐振的单个 73 型磁珠的 Q 值很低，在所有 HF 业余频段上主要有 10～20Ω 的电阻阻抗。将 50 个磁珠串联，其阻抗为单个磁珠阻抗的 50 倍，所以 W2DU 巴伦扼流阻抗为 500～1000Ω。因为其阻抗大部分是电阻的，所以与馈线的谐振是最小的。

这对于中等的功率电平来说是相当好的设计，但是合适的磁珠太小了，而不能适用于大多数同轴电缆。对于大功率应用必须使用如 RG-303 这样的特制同轴电缆。甚至用了大功率同轴电缆，扼流阻抗通常也不能有效将电流限制在较低的值以防止过热。同样重要的是，更低的扼流阻抗对于抑制噪声以及防止方向图零点变化更加没有效果。

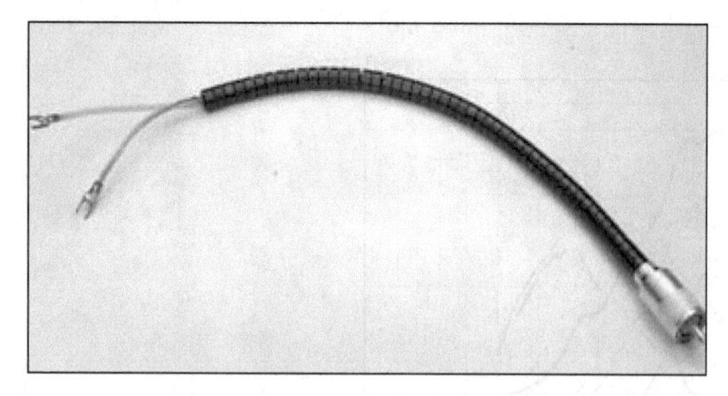

图24-59　W2DU磁珠串巴伦由一段RG-303同轴电缆上的50个FB-73-2041铁氧体磁珠构成。详细细节见内文。

表 24-12　铁氧体和同轴线圈组合

频率(MHz)	测得的阻抗		
	7 英寸长、测得的阻抗 4 匝的 RG-8X	1 个磁芯	2 个磁芯
1.8	—	—	520Ω
3.5	—	660	1.4kΩ
7	—	1.6kΩ	3.2kΩ
14	560Ω	1.1kΩ	1.4kΩ
21	42kΩ	500 Ω	670Ω
28	470Ω	—	—

更新的磁珠串巴伦设计使用了 31 型和 43 型磁珠，在 150MHz 附近产生谐振。其为电感性下共振，并且在 HF 频段只有几十欧姆的强感抗。甚至用了 20 个 31 型或 43 型磁珠串在一起，扼流圈仍然在 150MHz 附近产生谐振，比缠绕同轴铁氧体扼流圈更加没有效果，在 HF 频段仍是电感性（所以在与传输线谐振的频率将不起作用）。

要注意，引起较大共模电流的严重不平衡可能会使小直径铁氧体磁珠超过其生热性能。

将铁氧体磁珠加到空气缠绕同轴扼流圈上

空气缠绕同轴扼流圈没有磁珠串巴伦效果好。它们的等效电路也是一个简单的并联谐振，且仅能用于下共振。它们简单、便宜，且不容易过热。扼流阻抗是纯电感性的且不是很大，这降低了它们的有效性。当电感与传输线在频率上谐振时，传输线阻抗是容性的且几乎没有电阻来抑制谐振，有效性就更低了。

将铁氧体磁芯加到同轴线圈巴伦上是增加其有效性的一种方式。铁氧体阻抗的电阻部分抑制了线圈的谐振，增加了其有用带宽。表 24-12 中铁氧体和线圈巴伦的组合有效地说明了这一点。对于 21MHz 来说，8 英尺长的 RG-8X、5 匝线圈就是一个很好的巴伦，但是对于其他频段来说不是很有效。如果在相同的同轴线圈中插入一个 43 型磁芯（Fair-Rite 2643167851），可以在 3.5～21MHz 使用该巴伦。图 24-60 中，如果在线圈上间隔几英寸插入两个这样的磁芯，该巴伦从 1.8～7MHz 更有效，并且到 21MHz 都能使用。如果使用 31 型材料（Fair-Rite 2631101902 是一个相似的磁芯），低频下的性能可能甚至会更好。表 24-11 中的 20 匝多频段、1.8～3.5MHz 的同轴线圈巴伦重 1 磅 7 盎司。单铁氧体磁芯组合巴伦重 6.5 盎司，两磁芯巴伦重 9.5 盎司。

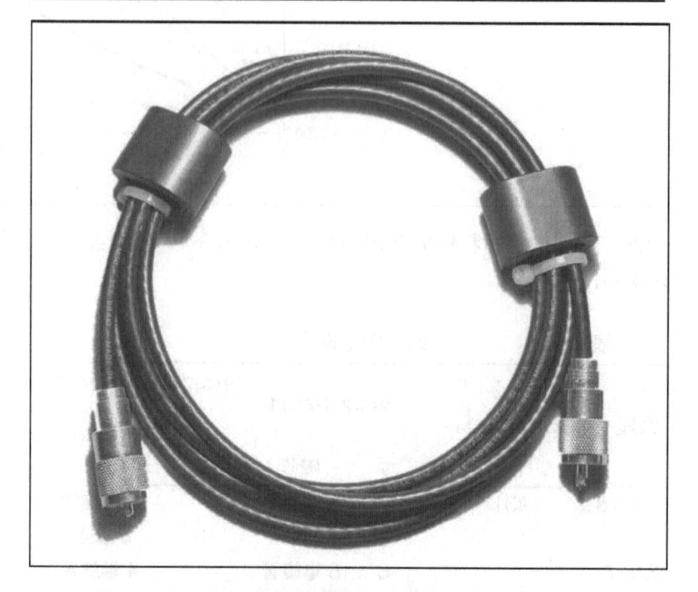

图24-60　在电缆各端有绕线和铁氧体磁珠的扼流圈巴伦。

24.7.4　测量扼流巴伦的阻抗

铁氧体射频扼流圈由电感、电阻、寄生电容以及磁芯的介电常数创建了一个并联谐振电路。电感和电阻由磁芯耦合产生，寄生电容由构成扼流圈的导体相互作用产生。如果扼流圈由在磁芯上缠绕线匝制成（和单匝磁珠串扼流圈相反），匝与匝间的电容也成为扼流圈电路的一部分。

基于两个基本的原因，这些扼流圈是非常难以测量的。首先，形成并联谐振的寄生电容非常小，典型值为 0.4～5 pF，通常小于测试设备中使用的寄生电感。其次，大多数射频阻抗仪器在 50Ω 电路中测量反射系数（见“传输线”章节）。因此，当未知阻抗比分析仪特性阻抗的 3 倍还大时，基于反射的测量的精确度会更差，因为未知值是由差分分析机的数据计算得到的。当差异很小时，由于这种方式是针对高阻抗测量，所以原始数据中甚至非常小的误差都会造成计算结果中非常大的误差。而使用基于反射系统的软件使用了校验和计算方法来消除系统性错误，如测量中的固定电容。当被测的阻抗在典型铁氧体扼流圈的范围内时，这些方法的精度通常很差。

对于高阻抗铁氧体扼流圈精确测量的关键就是将扼流圈设置为分压器的串联元件 Z_x。然后使用校准好的电压表跨接在校准好的电阻（用作分压器的负载电阻，R_{LOAD}）上来读取电压值，就可以测得阻抗值。该测量方法的基本假设是未知阻抗远远高于发射机和负载电阻的阻抗值。

驱动分压器的高阻抗的射频发生器必须端接校准好的阻抗，因为发射机的输出电压 V_{GEN} 只有工作在其校准阻抗时才是校准的。一个有内部终端电阻的射频频谱分析仪可以用作电压表和负载。或者，可以使用一个带校准负载阻抗的简单射频电压表或示波器，在测量的频率范围已知值的终端电阻提供了其校准负载阻抗。

将铁氧体扼流圈放好，得到跨接在负载电阻上的电压值 V，以及测试范围超过约 5%时发电机的频率增量，在电子表格中记录数据。如果对所有的扼流圈使用相同的频率进行测量，这样数据就可以绘制出来并进行比较。使用电子表格来解分压器方程，回溯求得未知阻抗。

$$|Z_X| = R_{LOAD}[V_{GEN}/V_{LOAD}]$$

绘制阻抗（纵轴）与频率（横轴）的数据图像。两轴都以对数来表示。

获得 R、L 和 C 的值

这种方法让步于阻抗的幅度，但没有相位信息。对于较大的未知阻抗值的精度是最好的（最坏的情况是 5000Ω 的 1%、500Ω 的 10%）。在测试电路中，修正发射机中的负载误差可以进一步提高精确度。或者，发射机输出端的电压可以通过连接未知阻抗来测量，记为 V_{GEN}。对于该测量，电压表必须不能被端接。

在第二个电子工作表中，创建一个新表用于计算与扼流圈测量使用的相同频率范围下并联谐振电路的阻抗幅度。（所需的方程可以在《业余无线电手册》中“电学基础原理”章节使并联电路高 Q 值适中的部分找到）。建立电子表格，手动输入 R、L 和 C 的值来计算谐振频率和 Q 值。电子表格还应该计算和绘制测量中相同频率范围的阻抗，并且使用相同的绘图比例。

1）输入 R 值，等于测量阻抗的谐振峰值。

2）在谐振频率下方的谐振曲线上选择一个点，大约为 1/3 的谐振阻抗，计算电抗值 L。

3）输入 C 值，其在测量中产生相同谐振频率。

4）如有必要，调整 L 和 C 的值直到计算的曲线绝大部分接近于测量曲线。

得到的 R、L 和 C 的值构成了扼流圈的等效电路。可以在电路建模软件（NEC、SPICE）中使用这些值来预测使用铁氧体扼流圈的电路的行为。

精确度

可以构造该设置，这样其寄生电容很小，但不为零。可以通过已知的无感电阻器替代来获得第一个杂散电容的近似值，其电阻范围与被测量的扼流圈大致相同，然后改变发射机的频率找到 $X_C = R$ 时-3dB 点。作者在测试中的设置抑制了 0.4pF 的寄生电容值。表面安装的薄膜或芯片电阻会有最低的寄生电容。如果一个表面安装的电阻不可用，那么可使用 1/4W、最少必要引脚的碳合成电阻来进行连接。

由于测量曲线包括寄生电容，扼流圈的实际电容将略低于计算值。如果对于测试设置你已经确定好杂散电容的值，从计算值中减掉它以得到实际的电容值。你也可以使用理论电路的修正值来看看扼流圈在电路中的实际表现会如何——也就是说，你的测试设置不含有寄生电容。你不会看到你测量数据的变化，只有在理论 RLC 等效电路中才有。

双重谐振

在镍锌铁氧体材料（#61、#43）中，只有电路谐振，但 MnZn 材料（#77、#78、#31）中都有电路谐振和尺寸谐振。（更多关于铁氧体谐振的讨论请详见《业余无线电手册》“射频技术”章节）。#77 和#78 材料的尺寸谐振 Q 值很高并且有明确定义的，所以 R、L 和 C 的值通常可用于两种谐振的计算。这对于在磁芯上缠绕#31 线的扼流圈来说是不实际的，因为尺寸谐振发生在低于 5 MHz，Q 值很低，定义不明确，并且和电路谐振混合以拓宽阻抗曲线——当与低频斜率和高频斜率匹配时，曲线拟合将产生一些不同的 R、L 和 C 值。当在电路模型中使用这些值时，要使用那些在测试频率范围中与扼流圈表现匹配最接近的值。

24.8 传输线巴伦

在“传输线”章节中讨论的传输线特性，可以用来隔离负载和变换阻抗。这有一些对你天线项目有用的设计。

24.8.1 失谐套筒

图 24-61（B）所示的失谐套管基本上是一个空气绝缘的 $\lambda/4$ 线，不过是同轴型的，套筒构成外导体，同轴线的外表面作为内导体。因为开路端阻抗很高，所以同轴线上的不平衡电压不会导致很多电流流到套筒的外侧。因此，这个套筒就像是一个扼流圈，把线的其余部分和天线隔离开（同样的观点也可以用来解释图 24-61（A）所示的 $\lambda/4$ 配置，但是要理解巴伦长度小于 $\lambda/4$ 的情况，就不那么容易了）。

这种类型的套筒在底部开一个纵向的小槽，大小刚好能容纳一单匝环，它可以反过来连接耦合一个栅流陷落式测试振荡器，这样，这个套筒就可以谐振了。如果开始着手时套筒有点长，可以每次在顶端切掉一点，再测，直到其谐振。

图 24-61（B）所示的同轴失谐套筒与它所包含的电缆相比，直径要相当大。直径半英寸的电缆需配 2 英寸直径的套筒。套筒的放置应关于天线中心对称，这样，它就可以被两边同等耦合。否则，会有电流从天线引入到套筒的外侧。这在 VHF 和 UHF 频段尤为重要。

在图 24-61 所示的两种平衡方法中，λ/4 部分可以被切割到正好其谐振频率为天线的谐振频率。这些部分对系统的阻抗——频率特性有好的影响，因为它们的电抗变化与天线的电抗变化方向相反。举例来说，如果工作频率略低于谐振频率，天线会有容抗，但是短路 λ/4 部分或短截线却有感抗。这样，电抗就可以被抵消，这就可以防止阻抗快速变化，也可以在整个频段上保持线上 SWR 较小。

24.8.2　λ/4 和 3λ/4 巴伦

图 24-62 所示的同轴巴伦是一个由两条同轴电缆构成的 1∶1 去耦巴伦。一条为 λ/4 长，另一条为 3λ/4 长。两条同轴电缆和馈线通过一个 T 型连接器连接在一起。在天线中，电缆的屏蔽层连接在一起，中心导体与天线馈点终端连在一起。该巴伦损耗非常小，并且据报道其带宽增加了 10%以上。

巴伦有效是因为 λ/4 奇数倍长的传输线具有强加电流的功能。不管负载阻抗如何，这样一条传输线输出端的电流为 V_{IN}/Z_0，这与电源的表现相似。由于两条线的馈电电压是相同的，并且并联，所以输出电流是一样的。

流出 3λ/4 电缆的电流相对于流出 λ/4 电缆的电流延迟了 λ/2（所以是反相的）。结果就是：两个大小相等、相位相反的电流被强加于负载的终端。

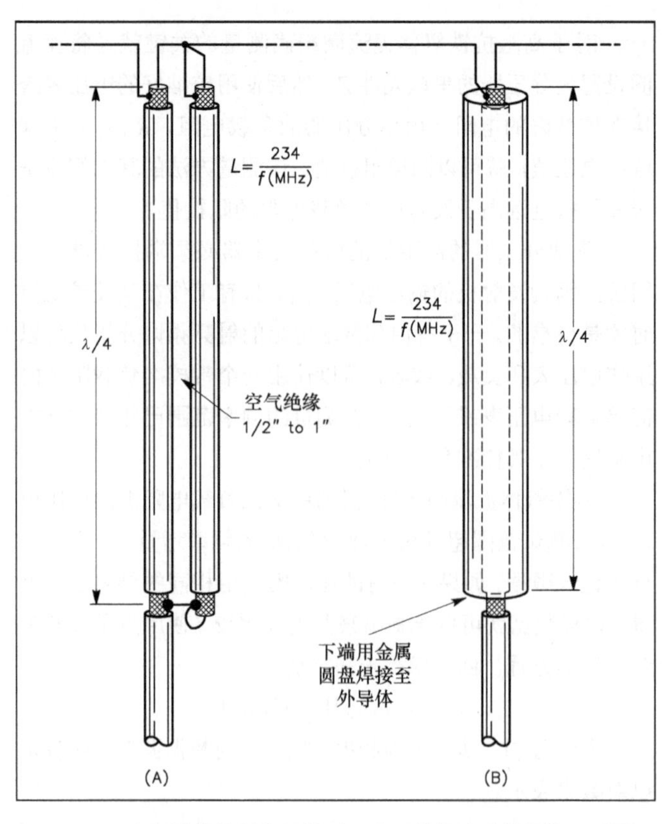

图24-61　当同轴线接平衡天线时，为了获得终端的平衡，采用固定巴伦法。这些巴伦工作于单频点。图（B）中的巴伦称作“套筒巴伦”，在VHF频段常用。

24.8.3　巴伦和匹配短截线组合

在某些天线系统中，巴伦的长度可以明显小于 λ/4。事实上，巴伦是作为匹配系统的一部分，这就要求辐射阻抗比起线的 Z_0 要相当小。我们首先缩短天线长度使它有一个容抗，然后用一个并联电感跨在天线两终端使天线谐振，同时提高阻抗值，使其等于 Z_0，这样，就可以得到匹配了。这与发夹匹配的原理相同。调整巴伦的长度使其表现出所需的感抗值。

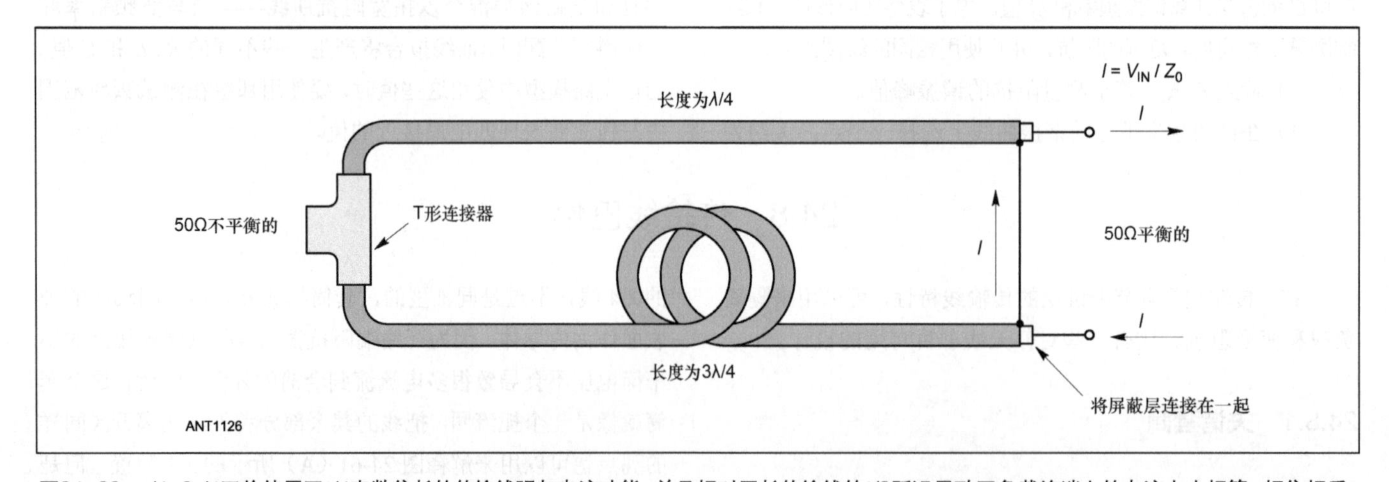

图24-62　λ/4-3λ/4巴伦使用了λ/4奇数倍长的传输线强加电流功能，并且相对于长传输线的λ/2延迟导致了负载终端上的电流大小相等、相位相反。

基本匹配方法如图 24-63（A）所示，同轴馈线的巴伦如图 24-63（B）所示。图 24-63（B）中的匹配短截线是一个平行双导线：其中一个导体是点 X 和天线之间的同轴电缆的外部，另一个导体是一段等长度的导线。（可以用一段同轴线来代替，见图 24-61（A）的巴伦中。）短截线导体之间的间距可以是 2～3 英寸。图 24-63 中的短截线本来就远小于 $\lambda/4$，阻抗匹配可以通过一起调节短截线长度和天线长度来获得。用一个简单的同轴电缆馈电，甚至是用一个如图 24-61 所示的 $\lambda/4$ 巴伦，匹配完全依赖于实际的天线阻抗和电缆的 Z_0，可以无需调整。

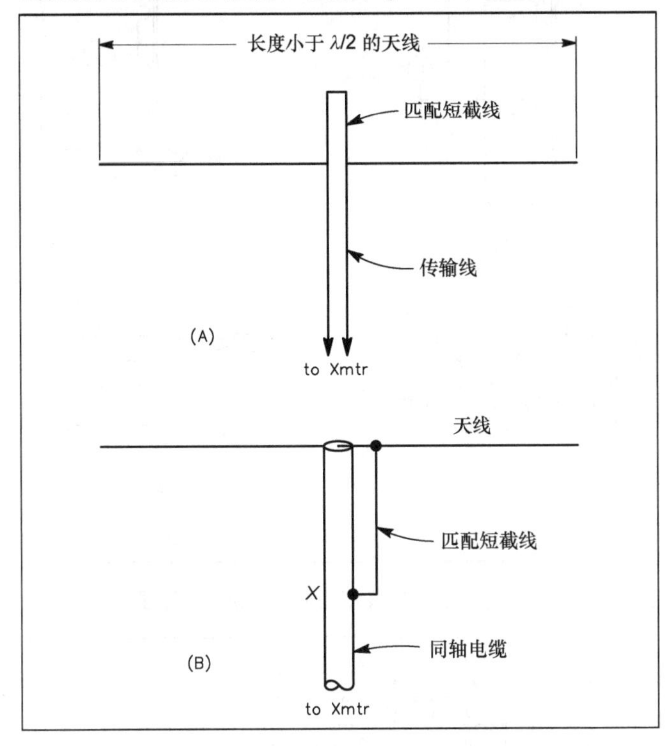

图24-63　巴伦和匹配短截线结合。主要配置在图（A）中示出。图（B）中，把同轴馈线的外导体当作是匹配短截线的一个导体，这样得到了一个巴伦。

调节

使用 $\lambda/4$ 巴伦时，我们建议在将其接入天线之前，应先使其谐振。如果手上有栅流陷落式测试振荡器或阻抗分析仪，就能很容易做到。在图 24-61（A）所示的系统中，由两平行线组成的部分的长度应先比公式计算所得的长度略长。底部的短路接头可以永久安装。栅流陷落式测试振荡器与短路端耦合，检查频率，如果不谐振，就把开路端的外屏蔽编织层稍稍切掉一点（两条线上切掉的长度相同），直到短截线在所要的频率点谐振。在每个情况中都要留出足够长的内导体来和天线短路连接。在谐振建立之后，把第二个同轴线的内外导体焊在一起，完成图 24-61（A）所示的连接。

另一种方法是先将天线的长度调节至所要频率，线和短截线不相连，然后接上巴伦，再检查频率。可以调节它的长度，直到整个系统又谐振在所要频率点。

构造

在构造如图 24-61（A）所示的这一类型的巴伦时，外加的导体和传输线应当以合适的间距保持平行。用一段同轴线来作为第二个导体是很方便的；内导体两端可以很容易地与外导体焊接起来，因为它不进入设备的操作。两段电缆应当完全相互隔离，这样它们表面的乙烯基外层仅代表它们之间电介质的很小的一部分。因为主要的电介质是空气，所以 $\lambda/4$ 部分的长度应当基于约为 0.95 的速度因子。

24.8.4　阻抗提升/下降巴伦

同轴线巴伦还可以被构造成有 4∶1 阻抗提升功能。这种形式的巴伦如图 24-64 所示。如果使用一条 75Ω 的线，那么巴伦会为 300Ω 的终端阻抗提供匹配。如果是一条 50Ω 的线，那么巴伦会为 200Ω 的终端阻抗提供匹配。线的 U 形部分必须是 $\lambda/2$ 的电长度，要考虑到线的速度因子。在使用这种巴伦的大多数情况下，习惯于将 U 形部分的线卷成直径为几英寸的线圈。线圈的匝应当用电工胶布绑起来。

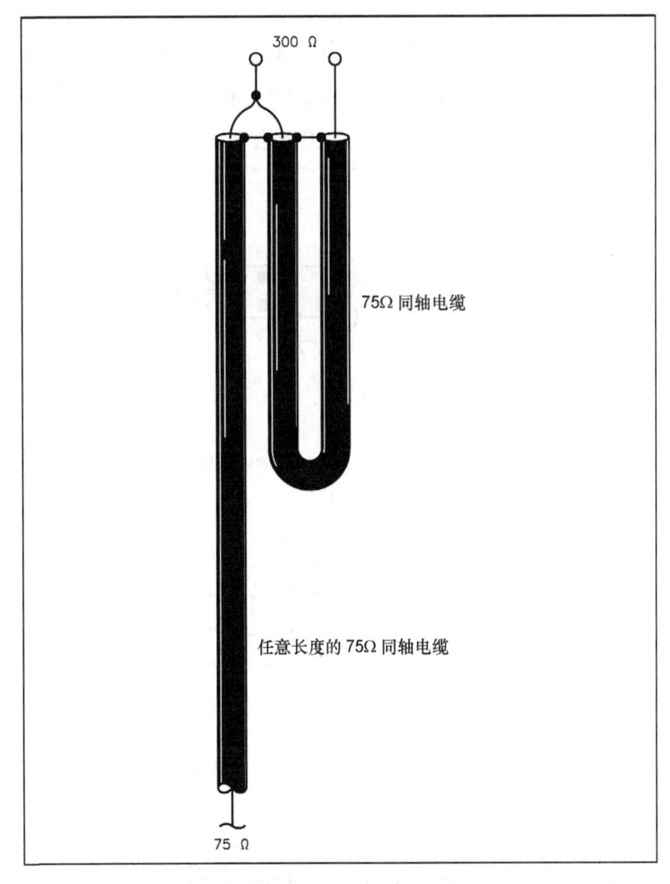

图24-64　一个能提供阻抗提升比例为4∶1的巴伦。U形部分的电长度为$\lambda/2$。

由于这种天线的体积和重量大，它很少和那种有绝缘子挂在天线两端的金属线天线一起使用。通常，它与多元八木天线一起使用，它的重量可以由天线系统的支架来承担。见"VHF 和 UHF 频段天线系统"章节中的 K1FO 设计，200 Ω 的 T 形匹配和这种巴伦一起使用。

24.9 电压巴伦

电压巴伦如图 24-65（A）和图 24-65（B）所示，能引起两个输出端上出现等值反向电压，与输入端的电压有关。它们与功率变换器类似，都是与磁通量联系的阻抗变换器。

如果天线的两半都对地完全平衡，从输出端过来的电流会等值反向且线上没有共模电流。这也就意味着，如果线是同轴电缆，不会有电流出现在屏蔽层外侧；如果线是平衡的，两个导体上的电流会等值反向。这样不会产生辐射。

在这种情况下，图 24-65（A）所示的 1∶1 巴伦与图 24-66（A）所示的电流巴伦功能完全相同，因为绕组 b 上没有电流。然而，如果天线不是完全对称的，不平衡电流会出现在巴伦输出端，导致天线电流在线上流动，这是我们不希望得到的情况。如果在不平衡输入端增加了一个 1∶1 电流或扼流圈巴伦以阻止共模电流的流动，那么在该应用中可以使用电压巴伦作为阻抗变换器。

另一个 1∶1 电压巴伦的潜在的缺点是绕组 b 跨在线的两端。如果它的阻抗不够大（这是常见的问题，尤其是在频带中的低频部分），系统阻抗变换比会恶化。

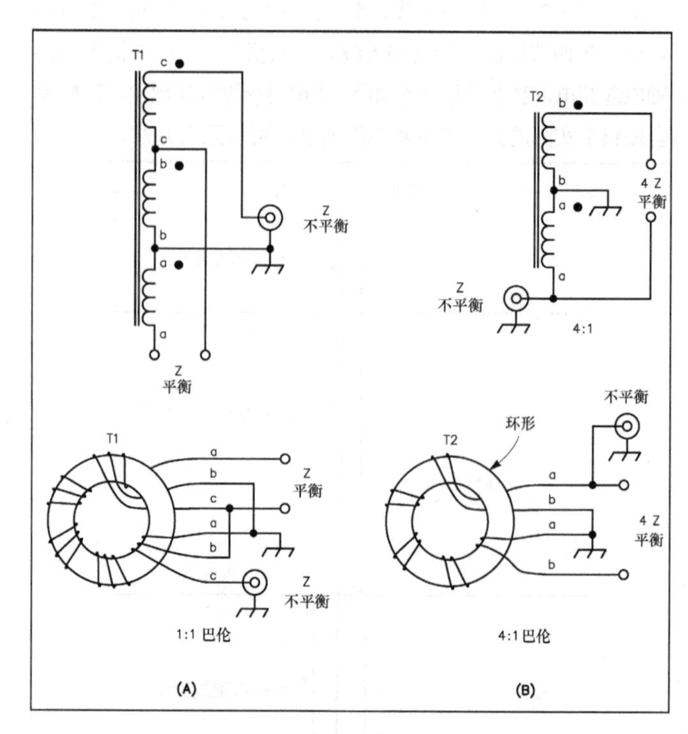

图24-65　电压巴伦。已经在很大程度上被电流（扼流圈）巴伦替代。

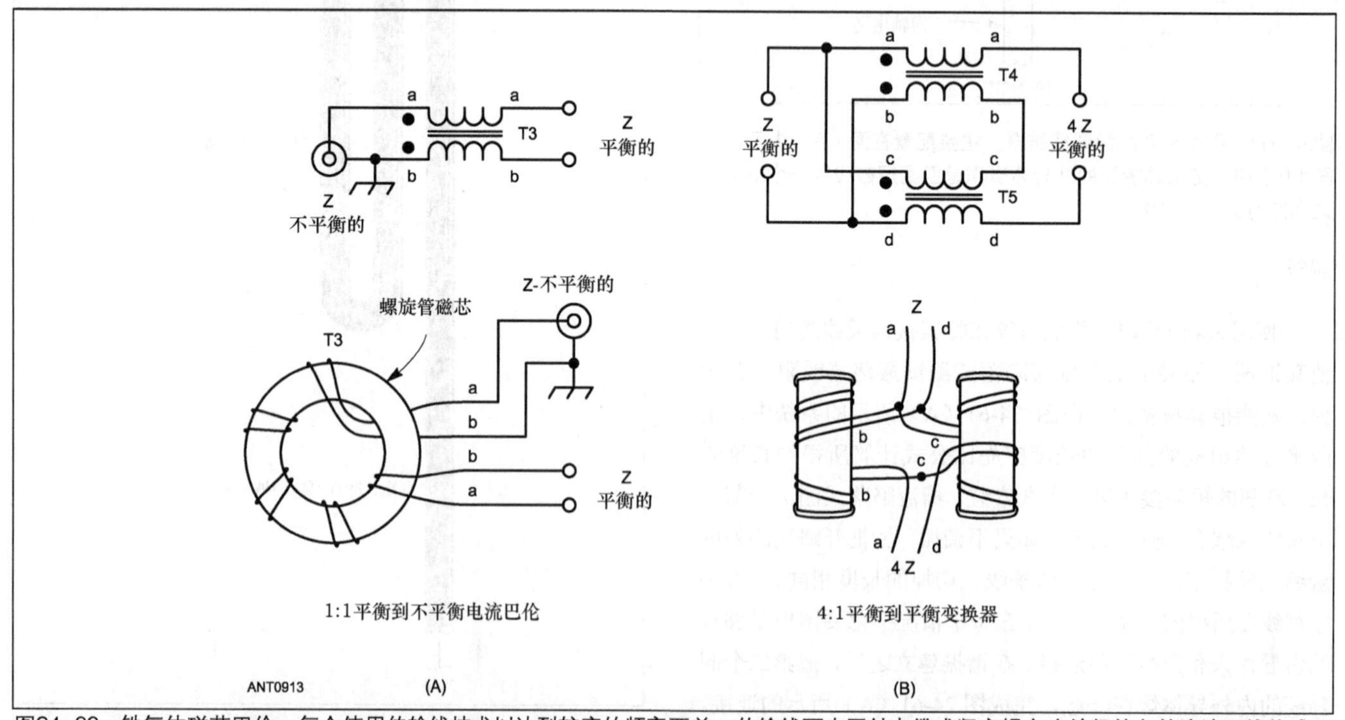

图24-66　铁氧体磁芯巴伦。每个使用传输线技术以达到较宽的频率覆盖。传输线可由同轴电缆或紧密耦合（并行的）的涂漆双线构成。典型地，12匝#10AWG线缠绕在2.4英寸 μ=850的螺旋管磁芯上，会覆盖1.8～30MHz整个范围。右边的4∶1电流巴伦缠绕在两个磁芯上，从物理上相互分离。

24.10 参考文献

有关本章主题的更多内容和进一步讨论，可查阅下面的参考资料和“天线基本理论”章节末尾列出的书籍。

G. Barrere, “Magnetic Coupling in Transmission Lines and Transformers,” *QEX*, Sep/Oct 2006, pp 28-36.

D. K. Belcher, “RF Matching Techniques, Design and Example,” *QST*, Oct 1972, pp 24-30.

W. Bruene, “Introducing the Series-Parallel Network,” *QST*, Jun 1986, pp 21-23.

W. Caron, *Antenna Impedance Matching* (Newington: ARRL, 1989). [out of print]

G. Cutsogeorge, *Managing Interstation Interference, 2nd edition*, International Radio, 2009.

T. Dorbuck, “Matching-Network Design,” *QST*, Mar 1979, pp 26-30.

B. A. Eggers, “An Analysis of the Balun,” *QST*, Apr 1980, pp 19-21.

D. Emerson, “Try a Twelfth-Wave Transformer,” *QST*, Jun 1997, pp 43-44.

D. Geiser, “Resistive Impedance-matching with Quarter-Wave Lines,” *QST*, Feb 1963, pp 63-67.

J. D. Gooch, O. E. Gardner, and G. L. Roberts, “The Hairpin Match,” *QST* , Apr 1962, pp 11-14, 146, 156.

G. Grammer, “Simplified Design of Impedance-Matching Networks,” *QST*, Part 1, Mar 1957, pp 38-42; Part 2, Apr 1957, pp 32-35; Part 3, May 1957, pp 29-34.

J. Hallas, *The ARRL Guide to Antenna Tuners* (Newington: ARRL, 2010).

D. J. Healey, “An Examination of the Gamma Match,” *QST*, Apr 1969, pp 11-15, 57.

J. D. Kraus and S. S. Sturgeon, “The T-Matched Antenna,” *QST*, Sep 1940, pp 24-25.

R. W. Lewallen, “Baluns: What They Do and How They Do It,” *The ARRL Antenna Compendium, Vol 1* (Newington: ARRL, 1985), pp 157-164.

R. Lindquist, “*QST* Compares: Four High-Power Antenna Tuners,” Product Review, *QST*, Mar 1997, pp 73-77.

M. W. Maxwell, “Some Aspects of the Balun Problem,” *QST*, Mar 1983, pp 38-40.

M. W. Maxwell, *Reflections III* (New York: CQ Communications, 2010).

R. A. Nelson, “Basic Gamma Matching,” *Ham Radio*, Jan 1985, pp 29-31, 33.

B. Pattison, “A Graphical Look at the L Network,” *QST*, Mar 1979, pp 24-25.

F. A. Regier, “Series-Section Transmission line Impedancematching,” *QST*, Jul 1978, pp 14-16.

R. Rhea, “Yin-Yang of Matching, Parts 1 and 2,” *High Frequency Electronics,* Mar and Apr 2006. Also available from Agilent Technologies (**www.agilent.com**) as application notes 5989-9012EN and 5989-9015EN.

W. Sabin, “Understanding the T-tuner (C-L-C) Transmatch,” *QEX*, Dec 1997, pp 13-21.

24-54 **Chapter 24**

J. Sevick, *Understanding, Building, and Using Baluns and Ununs* (New York: CQ Communications, 2003).

J. Sevick, *Transmission Line Transformers, 4th edition,* Noble Publishing, 2001.

J. Sevick, “Simple Broadband Matching Networks,” *QST*, Jan 1976, pp 20-23.

W. Silver, ed., *2011 ARRL Handbook*, 88th edition (Newington: ARRL, 2011).

J. Stanley, “Hairpin Tuners for Matching Balanced Antenna Systems,” *QST,* Apr 2009, pp 34-35.

J. Stanley, “*FilTuners* — a New (Old) Approach to Antenna Matching,” *The ARRL Antenna Compendium, Vol. 6* (Newington: ARRL, 1999), pp 168-173.

R. E. Stephens, “Admittance Matching the Ground-Plane Antenna to Coaxial Transmission Line,” Technical Correspondence, *QST*, Apr 1973, pp 55-57.

H. F. Tolles, “How to Design Gamma-Matching Networks,” *Ham Radio*, May 1973, pp 46-55.

E. Wingfield, “New and Improved Formulas for the Design of Pi and Pi-L Networks,” *QST*, Aug 1983, pp 23-29.

F. Witt, “Baluns in the Real (and Complex) World,” *The ARRL Antenna Compendium, Vol 5* (Newington: ARRL, 1997), pp 171-181.

F. Witt, “How to Evaluate Your Antenna Tuner,” *QST*, Part 1, Apr 1995, pp 30-34 and May 1995, pp 33-37.

B. S. Yarman, *Design of Ultra Wideband Antenna Matching Networks*, (New York: Springer, 2008).

第 25 章

天线材料和建造

本章包含了一些关于业余无线电爱好者用来架设天线所需材料和方法的信息，包括讨论能够以合理的价格买到的、有用的材料类型，以及在使用这些材料时的一些注意事项。原版书附加光盘文件中所给出的厂商名单，包含了在哪些地方可以买到这些材料的信息，光盘文件可到《无线电》杂志网站 www.radio.com.cn 下载。

美国国家消防协会（National Fire Protection Association）颁布的国家电气法规（National Electric Code）包含了一节关于业余无线电基站的内容，在这一节里面有很多关于天线单元的最小尺寸和通过什么方式将传输线耦合到无线电基站上的建议。这个法规的本身并没有强制法律效力，但是它经常会成为居民建造房屋准则的一部分，并强迫其实施。规范的条款也可以被写入或引用到火险或者责任险的相关材料之中。更多适用国家电气法规的基站天线系统的信息可参考“架设天线系统和天线塔”一章。

尽管天线的结构相对简易，但是如果没有进行适当地架设，它们也会引发一些潜在的危险。天线和支撑绳索或拉线永远都不应安装在公共设备用线（电话线或者输电线）的上方或者下方。架设天线时一定要与公共设施保持距离，并给自己足够的安全空间。由于未能遵守这些安全规范，已经有一些业余无线电爱好者因此失去了自己的生命。

基本上，任何导电材料都可以作为天线的辐射单元，绝大多数绝缘材料都可以作为天线的绝缘子。一个完整的天线系统必须还包含其他一些单元，即支撑这些导体并且保持导体之间的相对位置的工具，例如，八木天线的桅杆。架设天线所用的材料主要考虑的是它的物理属性（所需的强度和抗户外暴晒的能力），以及材料的可用性。不要害怕用辐射材料和绝缘子进行实验。

天线系统所使用的导体有两大主要类型：金属线和金属管。尽管一些以金属线为基本组成单元的天线阵列结构会变得相对复杂些，但是线天线一般都比较简单，因此架设起来也比较容易。当需要使用金属管时，铝管由于其自身较轻的质量，因而得到最为广泛的使用。铝管将在这一章后面的一些小节中讨论。

25.1 线 天 线

25.1.1 导线的类型

虽然钢绞线的使用很常见，但是大多数天线使用的是实芯铜线。实芯线的柔韧性比钢绞线的差，但是它可以“硬拉”，能提供良好的抗拉伸强度，并且伸展的长度可以忽略不计。特殊钢绞线相比以往常用的细线（如弹性织物）粗一点，可更多用于建造天线。与普通钢绞线和实芯线相比，特殊钢绞线在风中能够承受更大的振动，而不容易变弯。天线中一般不采用镀锌钢丝线和铝线，这是因为它们的电阻值比铜线高。镀锌线还有较强的腐蚀趋势，很难与铝线进行较好的电气连接，例如，在没有使用特殊焊料时，不能直接进行焊接。

实芯线不管有没有搪瓷涂层都可以使用。搪瓷涂层虽然能够抗氧化和腐蚀，但裸线更为常见。实芯线也可以用各种不同的绝缘涂层，包括塑料、橡胶和聚氯乙烯（PVC）。然而，如果是规定在户外使用的，电线的绝缘，包括搪瓷，往往能够防止太阳紫外线造成的危害。电线绝缘层也让速度因子降低了几个百分点(见“传输线”一章)，使其电长度超过其实际长度，例如与一个等直径的裸线相比，它将使天线的谐振频率降低。此外，绝缘层增加了风力荷载而没有增加电线的强度。如果使用漆包线或绝缘线，在电气连接时，去涂层时应该小心点，不要划伤电线。否则，诸如刮风而导致电线重复弯曲时，电线会在破口处折断。

“软拉”铜线或者软铜线是容易操作和获取的，常见的THHN绝缘“家用导线”就是软拉线。遗憾的是，在负载的作用下它会变得很长。因此，“软拉”电线只能用于没有或者只有很小拉力的场所，或者使用的场合中导线的长短有一些改变是可以接受的。例如，尽管长度上的一些改变可能需要对天线阻抗匹配单元进行一些再调整，但是在使用中央明线馈电的水平天线中，其长度不是关键因素。同样地，如果电线的拉伸比较明显，它可以重新裁剪到所需的长度。多次重复拉伸和剪裁过程会损害天线的强度，最终可能导致机械故障。

“冷拉”铜线和CCS（铜包钢丝线，通常作为钢包线的商标产品出售）由于其机械硬度而更难处理。对于铜包钢丝线（CCS），在展开过程中，它具有“记忆”倾向。这些类型的线非常适合应用在那些对强度有很高的要求（重量给定）和（或）不容许导线有显著延伸的场所。在使用这些金属线的时候应当足够的谨慎，确保没有发生扭结的情况——金属线在打结的地方将会有相当大的折断趋势。在最终安装之前，为了降低CCS线盘卷的“记忆”或趋势，应当将金属线在离地面几英尺高的地方悬挂几天。在安装之前，这些金属线应该不会再次盘卷。

CCS的电气质量差别很大，具有30%或是更高导电等级的CCS电线才是我们想要的，这意味着在同等直径的条件下，该金属丝的导电率为铜导线的30%，但是在高频波段的射频应用中则接近于100%，这主要是因为其趋肤效应。磨损（通常在绝缘层）或弯折都会损坏铜包层。在CCS时，足够强度的塑料绝缘体优于陶瓷绝缘体，相比之下它们比较柔软，上面附着的铜不太可能随着时间的推移而减少。在铜包层中引起的缺陷，最终会由于钢芯生锈而导致机械故障。铜包层的断裂还会形成射频高阻抗点，并且在高功率运行时热量会大幅增加。这些热量会加速氧化（生锈）。

25.1.2 导线尺寸和张力

许多因素都会影响电线类型和尺寸的选择（量具或仪表），其中重点需要考虑的就是无支撑跨度的长度，容许的松弛量，在风压下支架的稳定性，风力和预期的冰载荷，无支撑的传输线是否可以在跨径上悬挂起来。一些松弛也是需要的。去除大部分或全部松弛量，需要额外无用的拉力，也会增加失败的可能性。表25-1给出了金属线的直径、最大允许电流和各种不同尺寸铜导线的阻抗。表25-2则给出了各种不同尺寸冷拉型钢丝线和CCS电线推荐的最大工作张力。推荐的工作张力大约是最小保证电线不被拉断强度的10%，连同跨度松弛的计算，这两张表在为天线选择合适的电线尺寸时是很有用的。

表 25-1 铜线表

金属线尺寸平均线规（B&S）	直径（单位为毫英寸[1]）	直径（单位为毫米）	每一线性英寸的搪瓷上的线圈匝数	每一英寸的裸重（单位为磅）	在25℃时每1 000英尺的电阻	在户外环境中，单线连续运行的电流[2]
1	289.3	7.348	—	3.947	0.126 4	—
2	257.6	6.544	—	4.977	0.159 3	—
3	229.4	5.827	—	6.276	0.200 9	—
4	204.3	5.189	—	7.914	0.253 3	—
5	181.9	4.621	—	9.980	0.319 5	—
6	162.0	4.115	—	12.58	0.402 8	—
7	144.3	3.665	—	15.87	0.508 0	—
8	128.5	3.264	7.6	20.01	0.640 5	73
9	114.4	2.906	8.6	25.23	0.807 7	—
10	101.9	2.588	9.6	31.82	1.018	55
11	90.7	2.305	10.7	40.12	1.284	—
12	80.8	2.053	12.0	50.59	1.619	41
13	72.0	1.828	13.5	63.80	2.042	—
14	64.1	1.628	15.0	80.44	2.575	32
15	57.1	1.450	16.8	101.4	3.247	—
16	50.8	1.291	18.9	127.9	4.094	22
17	45.3	1.150	21.2	161.3	5.163	—
18	40.3	1.024	23.6	203.4	6.510	16
19	35.9	0.912	26.4	256.5	8.210	—
20	32.0	0.812	29.4	323.4	10.35	11
21	28.5	0.723	33.1	407.8	13.05	—
22	25.3	0.644	37.0	514.2	16.46	—
23	22.6	0.573	41.3	648.4	20.76	—
24	20.1	0.511	46.3	817.7	26.17	—
25	17.9	0.455	51.7	1 031	33.00	—
26	15.9	0.405	58.0	1 300	41.62	—
27	14.2	0.361	64.9	1 639	52.48	—
28	12.6	0.321	72.7	2 067	66.17	—
29	11.3	0.286	81.6	2 607	83.44	—
30	10.0	0.255	90.5	3 287	105.2	—
31	8.9	0.227	101	4 145	132.7	—
32	8.0	0.202	113	5 227	167.3	—
33	7.1	0.180	127	6 591	211.0	—
34	6.3	0.160	143	8 310	266.0	—
35	5.6	0.143	158	10 480	335	—
36	5.0	0.127	175	13 210	423	—
37	4.5	0.113	198	16 660	533	—
38	4.0	0.101	224	21 010	673	—
39	3.5	0.090	248	26 500	848	—
40	3.1	0.080	282	33 410	1 070	—

[1] 每毫英寸为0.001英寸

[2] 金属线的最高温度为212°F，同时周围环境的最高温度为135°F

表 25-2　　承力天线导线

美国线规	建议的张力[1]（磅）		重量（磅每 1 000 英尺）	
	包铜钢线[2]	冷拉钢线	包铜钢线[2]	冷拉钢线
4	495	214	115.8	126.0
6	310	130	72.9	79.5
8	195	84	45.5	50.0
10	120	52	28.8	31.4
12	75	32	18.1	19.8
14	50	20	11.4	12.4
16	31	13	7.1	7.8
18	19	8	4.5	4.9
20	12	5	2.8	3.1

[1]近似于 1/10 的破坏载荷。如果末端的支撑是牢固的，破坏载荷有可能会增加 50%，这样就没有危险的工作载荷了

[2]铜包钢丝，含铜量为 40%

美国国家电气法规（见“架设天线系统和天线塔”一章）指定了不同跨度长电线天线的最小导线尺寸。对于“硬拉”铜线，法规规定#14 AWG 线开放（不支持）跨度小于 150 英尺，#10 AWG 可以有更长的跨度。对于 CCS、青铜或其他高强度导线，也许是#14 AWG 型号的，则跨度小于 150 英尺，而是#12 AWG 型的运行跨度长一些。引入导体（开放式传输线）至少应该与那些指定的天线一样大。

铜线的射频阻抗随着铜线尺寸的减小而增加。但是，绝大多数类型的天线在制作时，都是使用金属线（甚至是非常细的金属线），辐射电阻将会比射频阻抗高很多，天线的效率仍然是足够的。#30AWG 或者甚至是更细的金属线在“看不见的”（隐形）天线的制作中得到相当成功的应用，因为在这些地方不能使用常规尺寸的天线。在高空支架上，金属线的悬挂会在金属线上产生一个拉力，所以在大多数情况下，天线金属导线的选择从根本上来讲取决于导线的物理属性。

如果金属线上的张力可以被调节到一个已知的值时，那么我们所希望得到的金属线松弛量（如图 25-1 所示）则由在安装之前使用表 25-2 和图 25-2 中的列线图，事先确定好。即使眼前有一个方便的方法来确定金属线上的张力到底是多少磅，计算出可行的工作张力所需要的松弛量也是非常值得的。如果计算出的松弛量超出允许的量，则必须减少松弛量。具体实现可以使用下面的一种方法或者几种方法的结合：

（1）提供额外的支撑，因而减小了跨径的长度。

（2）如果金属线上的张力还小于推荐的大小，可以增大金属线上的张力。

（3）减小所使用金属线的尺寸。

列线图的使用说明

（1）在表 25-2 中，根据所使用金属线的材料及其精确的尺寸来找到对应的重力值（磅/1 000 英尺）。

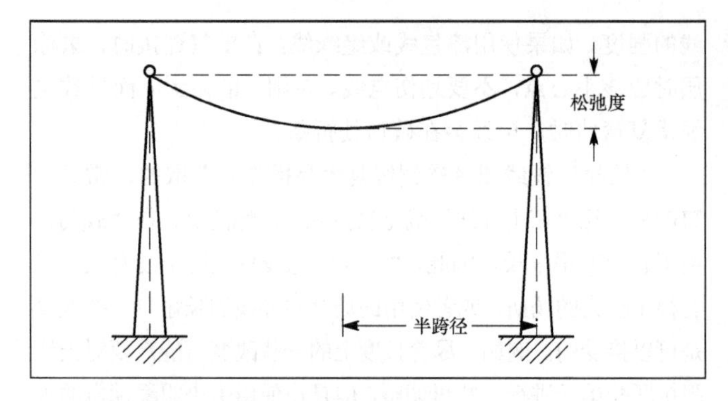

图25-1　半跨距和长导线天线的下垂度。

（2）在由第 1 步所得到的值处（在重力值轴上）做一条直线，与跨度值轴上所期望的跨度值（英尺）处相连。注意，图 25-1 中的跨度值为在两个支撑点之间一半的长度。

（3）选择一个和表 25-2 中给出的值相一致的工作张力标准（磅）（最好是比推荐的金属线张力值稍微小点）。

（4）从所选择的张力值处做一条直线（画在张力值轴上），穿过工作轴和前面第 2 步中已有的线相交叉的点，然后继续延伸这条新线到松弛度轴上。

（5）在松弛度轴上读出以英尺为单位的松弛度值。

例如：

重力值 ＝11 磅/1 000 英尺

跨度值 ＝210 英尺

张力值 ＝50 磅

答案：松弛度 ＝4.7 英尺

这些计算中并没有考虑天线导线所支撑的馈线的重量。

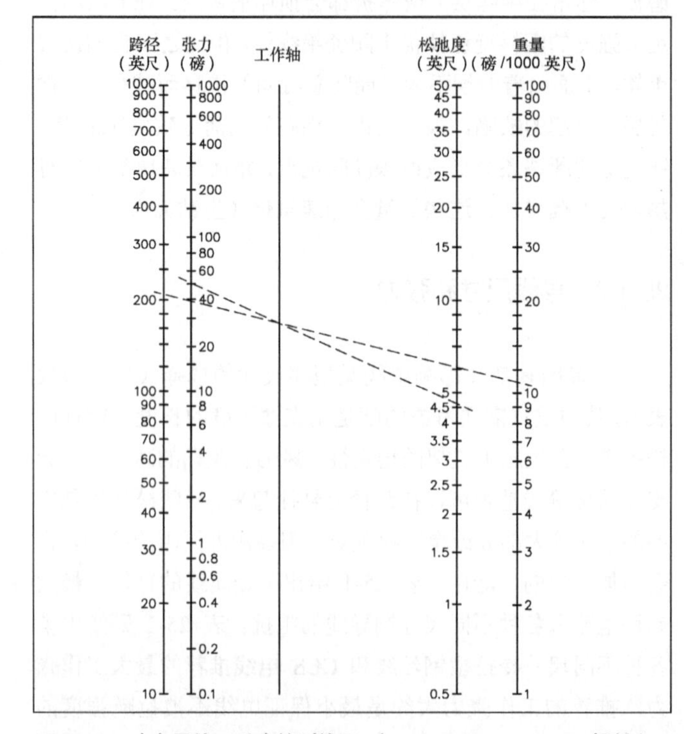

图25-2　确定导线下垂度的列线图。(John Elengo<WIDQ>提供)。

25.1.3 导线的捻接

线天线最好是使用完整的未破损的金属导线来制作。但是在实际中，如果实在没有办法满足，金属线的各个部分应该像图 25-3 所示的那样进行捻接。在每一部分中，距离末端 6 英寸上的任何绝缘体都要去掉（注意不要刮伤导线）。搪瓷可以用小刀刮掉或者用砂纸打磨掉，直到铜线底部是光亮的。可以使用阔嘴钳拧动金属线打结处，使金属线直线部分附近一些未变直的部分变得更加紧绷，更加直。

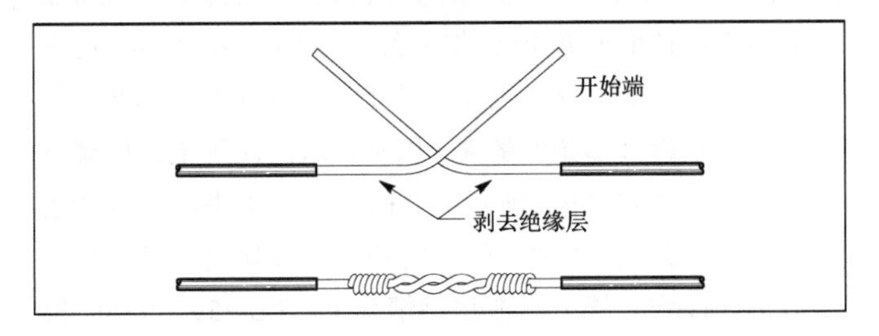

图25-3 捻接天线金属导线的正确方法。当连接完成后，焊料应当流入缠绕处。在焊料冷却后，其连接处应该喷上丙烯酸树脂漆，来防止其氧化和腐蚀。

由于金属线造成的裂缝应当用松脂芯焊料填好。普通的电烙铁或者焊枪在野外可能不能提供足够的热量使焊料熔化，这个时候丙烷喷枪就是非常理想的工具了。金属线连接处应该充分地加热，这样可以让焊料自由地填入那些转瞬之间热量就流失得非常快的金属线连接处。在连接处完全冷却之后，应该用布将此处擦干净，然后喷上一层厚厚的丙烯酸树脂漆，进行防腐蚀处理。

25.1.4 天线绝缘子

为了防止损失射频能量，天线应当与地面进行绝缘处理。当然，除非它是一个并馈式系统。这一点在线天线的末端或者最外侧尤为重要，因为这些地方通常都具有相对较高的射频电压。如果天线是安装在室内的（例如，在阁楼里面），那么天线可以直接从木制椽子上面悬挂下来，不需要进行额外的绝缘处理，当然，前提是木头能够持久地保持干燥。当天线被安装在室外，暴露在潮湿的气候条件下时，选择绝缘子应该更加地小心谨慎。

天线的绝缘子应当使用那些不会吸收空气中水汽的材料来制作而成。尽管塑料被广泛应用，并且对大部分天线都适应，但是天线所使用的绝缘子最好的还是由玻璃或者上了釉的瓷器制成。塑料绝缘子也是可以适当使用的，当然这取决于所使用塑料材料的类型。

绝缘子的长度相对于它自身的表面积更加能够表征绝缘子的绝缘能力。一个长而细的绝缘子相对于短而粗的绝缘子可能会有更小的泄漏。一些天线的绝缘子在不增加绝缘子长度的情况下，可以使用深棱纹来增大表面泄漏路径。较短的绝缘子可以在电压较低处，比如在偶极子天线的中心处使用。如果这样的偶极子天线是由裸线所激励的，并且工作在多个波段，那么无论如何，在天线中心处使用的绝缘子和在末端使用的绝缘子要保持一致，因为在某些波段，中心处绝缘子的两端仍会有较高的射频电压存在。

绝缘子应力

因为和天线金属线连接在一起，所以绝缘子必须要有足够的物理强度来支撑天线的机械负载，从而使天线不存在被损坏的危险。弹性线（“蹦极绳索”或“减震绳”）或编织的钓鱼线可以提供较长的泄漏通路，并在天线两端提供两个端绝缘和支持功能，并能承受它们的机械负载。它们通常用于“隐形”类的天线,该天线见“隐形天线”和“便携式天线”这两章。编织线和钢丝圈之间的磨损会非常迅速地洞穿电线，除非采用钓鱼所用的旋转器或类似的金属连接点。在偶极天线或者类似天线的末端,使用的高功率接近和达到美国法规限制的 1500W 可能会引起足够的漏电流,以至熔化直接连接于导线环的编织物或单丝线。在这种情况中,正如下文所阐述的一样,必须使用一个合适的天线绝缘子。

低功率工作模式的短天线一般不会受到可以感觉到的应力的作用，差不多小的玻璃绝缘子或者上釉陶瓷绝缘子都可以做到这一点。自己在家里用透明合成树脂棒或者透明合成树脂薄片制成的绝缘子也可以满足要求。许多塑料品在户外使用时是很好的绝缘体，这包括透明合成树脂（聚碳酸酯）、聚甲醛树脂、有机玻璃，甚至是用于砧板的高密度聚乙烯（HDPE）。对于跨度更大或者发射机功率更大的情况，选择绝缘子则要更加小心谨慎。

对于给定的制作绝缘子的材料，绝缘子损坏的张力极限值和它的横截面积是成比例的。但是应当记住，绝缘子末端的金属线开口会减小有效横截面积。因此那些设计用来承受较大张力的绝缘子可以使用重金属端帽，在金属端帽上钻孔，胜于在绝缘材料上直接钻孔。下面给出了典型天线绝缘子承受压力的等级：

- 截面积为 5/8 平方英寸，长度为 4 英寸——400 磅
- 直径为 1 英寸，长度为 7 英寸或者 12 英寸——800 磅
- 直径为 1.5 英寸，长度为 8 英寸、12 英寸或 20 英寸，使用专门的金属弹簧盒盖——5000 磅

这些给出的都是额定破坏张力值。实际工作张力应该被限制在额定破坏张力的 25%之内。塑料绝缘体具有显著的较低张力值。

天线的金属导线应该像图 25-4 所示的那样连接在绝缘子上。当金属线从绝缘子的孔中穿过并打成环时应该非常小

心，防止尖锐的有角的弯曲在金属线上形成。结成的环在尺寸上应该足够大，这样就不会把绝缘子的末端绑得太紧了。如果天线的长度是严格控制的，那么应该测量穿过绝缘子的孔所形成的环向外突出的那部分的长度。（见下面关于影响天线的电长度的回路面积的介绍。）对金属线的焊接应该像前面所描述过的那样操作。如果使用 CCS，应注意确保绝缘体孔和边缘光滑。在导线和绝缘体之间接触点的任何粗糙度随着时间的推移会引起铜磨损，天线的钢芯暴露，最终导致由于生锈而产生机械故障。假设他们有足够的尺寸去处理机械负载，塑料绝缘体在使用 CCS 天线时是一个很好的选择。

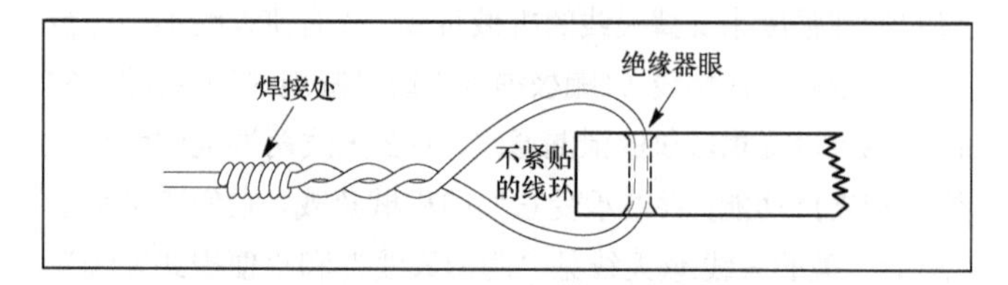

图25-4　当扣紧天线导线和绝缘子时，不要使得线环扣得过紧。在连接完成后，将焊料流入到线匝中。当焊料冷却后，喷上丙烯酸树脂漆。

注意，通过绝缘子环的面积增加了天线的电容。绝缘子环越大，产生的电容值就越多，并且对降低天线谐振频率的影响更大。这种影响随着工作频率的改变而增加。当建造线天线时，在焊接绝缘环之前，先将绝缘子暂时（不焊接）贴在上面，并调整，使天线达到谐振频率。

应变绝缘子

应变或“蛋”绝缘子具有呈直角的孔，因为它们被设计成如图 25-5 所示的连接。可以看出，这种安排放置使绝缘材料处于压缩状态，而不是张弛状态。这种方式连接的绝缘体可以承受很高的机械负荷。

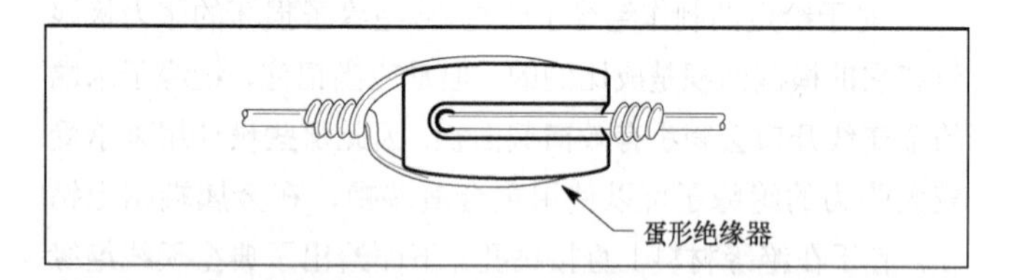

图25-5　将金属线和张力绝缘子扣紧的一种常规方法。如文中所述，这种方法会减少泄漏通路并且增加电容。

应变绝缘体的主要特性是：如果绝缘子损坏，电线不会掉下或不能承受负载，因为两个环是互锁的。不过绝缘子故障可能就不会被注意，所以应该定期目视检查应变绝缘子。由于导线相互缠绕，漏电路径比预期的要短，并且在电线没有互锁的地方，泄漏量和电容端点效应比绝缘体高。出于这个原因，应变绝缘体通常局限于一些应用，例如消除拉索的谐振，需要较高机械负荷的地方和射频绝缘次要的地方。

应变绝缘子适合用于天线电压的较低点，比如在偶极天线的中心处，它们也可以用在低功率操作天线的两端。

馈点绝缘子

通常称其为“中心绝缘子”，在线天线馈电点用的绝缘子通常具有特殊的功能，帮助连接和支撑馈线。如图 25-6（A）所示的“狗骨”式绝缘子是最常见的。使用该类型的绝缘子连接同轴电缆时，电缆的屏蔽层和中心导体被分离成“辫子”，以焊接于导线的每只眼上。电缆的支撑方式如图中所示：将其环绕在绝缘上，用胶带固定。请注意，分离屏蔽层和中心导体的长度被视作天线长度的一部分——这在更高频率时更加显著。电缆必须小心地涂上防水涂层，如硅酮密封胶或液体绝缘胶带，以防止水浸渍到电缆所暴露的部分。图 25-6（B）所示的“Budwig”类型的绝缘子包括一个 SO-239，以便同轴电缆通过连接器连接到天线，而不是焊接到天线上。在这种情况下，PL-259 和 SO-239 连接器的暴露部分应该是防水的。这种类型的中心绝缘子可以由 PVC 管帽或其他水暖配件制成，这些材料在本章后面会进行介绍。

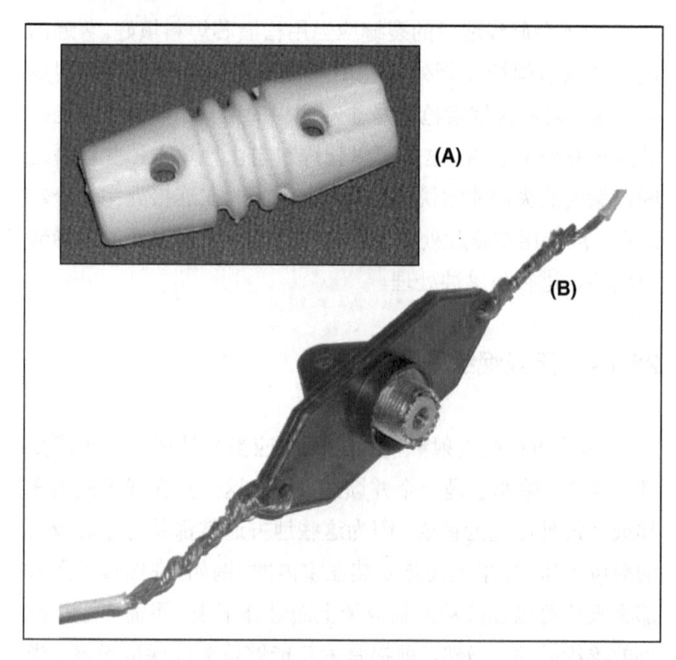

图25-6　图（A）中是一个用于线天线馈点的“狗骨”式绝缘子，图（B）中“Budwig”类型的绝缘子允许同轴电缆通过连接器连接到天线，而不用焊接到天线上。

图 25-7 所示为一个旨在与平行线馈线同时使用的馈点的绝缘子。虽然可以使用狗骨式绝缘子，但不能以同样的方式支撑同轴电缆馈线。平行线馈线本身不能与导体紧挨着回环。如果没有支撑，馈线中的导线在风中会不断地伸缩和弯曲，最终可能会折断。图中的 T 形的绝缘子能捕捉平行线馈线，并提供机械支撑，大大减少破损。

带状天线的绝缘子

如图 25-8（A）所示，这是一种绝缘子的设计草图，这种绝缘子是为在折合偶极天线或者带状线制作的多极子天线的末端使用设计的。它应当大致按照图示的方法制作，可以用大概 1/4 英寸厚的透明合成树脂材料或者酚醛塑料材料制成。这种设计的优势在于天线上的张力被导线和带状的塑料带所分担，这样可以给整个天线结构增加相当可观的强度。在焊接好之后，螺丝钉上应该喷洒丙烯酸。

图 25-8（B）所示是另一种相似的设计方法，这种设计可以使用在交叉调谐的偶极子天线系统中，使其中的一个偶极子天线悬挂在另一个上面。如果想得到更好的绝缘效果，这些绝缘子还可以连接常规绝缘子一起使用。

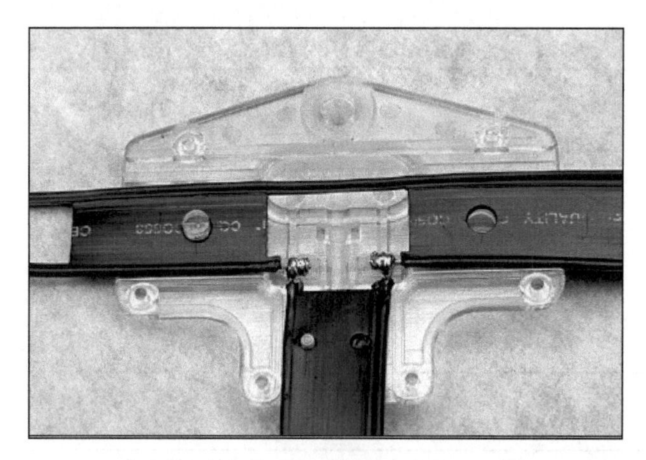

图25-7 Ten-Tec“Acro-Bat”被用于连接平行线馈线和线天线。它可以为馈线提供应力的减缓和加强，以免导体在风中由于来回弯折而断裂。

25.2 铝管天线

铝是一种无毒、有韧性、有延展性的金属，密度约为铁的 35%、铜的 30%。铝可以被抛光至具有很高的亮度，同时在干燥的空气中还可以长时间地保持它的光泽。在有水汽存在的地方，铝会形成一种氧化物（Al_2O_3），这种氧化物可以保护金属铝，进一步防止其腐蚀。铝和其他一些金属直接接触的情况下（尤其是黑色<铁族>金属，例如铁或钢），室外环境就可以给铝或和铝接触的另一种金属带来电化学腐蚀。应该在这两种金属的连接处涂上一些保护性的涂层。（见“架设天线和天线塔”一章中关于腐蚀的部分）

铝的易钻孔性或易锯开的特性，使得利用它进行操作是一件很愉快的事情。铝合金可以用来制作业余无线电基站的天线、塔架和支架。轻重量和高导电率使铝完美进入到这些应用之中。合金通常会降低导电率，但是可以明显提高抗张强度。在铝中通常添加锰、硅、铜、镁或锌等金属。冷轧工艺可以进一步提升其强度。

4 位阿拉伯数字组成的编号系统可以用来识别铝合金的类型，例如 6061。当铝合金的名称以“6”开头，则表示铝合金中掺有硅化镁（Mg2Si）。第 2 位数字则表示原始合金或者杂质限值的修正。最后两位数字则指明在第 1 位数字所表示的合金种类范围内不同的铝合金。

在 6000 系列中，6061 和 6063 合金通常在与天线有关的应用中使用。这两种合金都有着不错的抗腐蚀性能和中等强度，而且使用广泛。更深一层的命名（如 T-6）表示经过了热处理（高温退火）。近年来 6063-T832 拉伸铝管在替代 6061-T6 方面已成为一个有吸引力的产品，由于其良好的机械性能（典型的 35000 psi 屈服强度）和相对较低的成本。

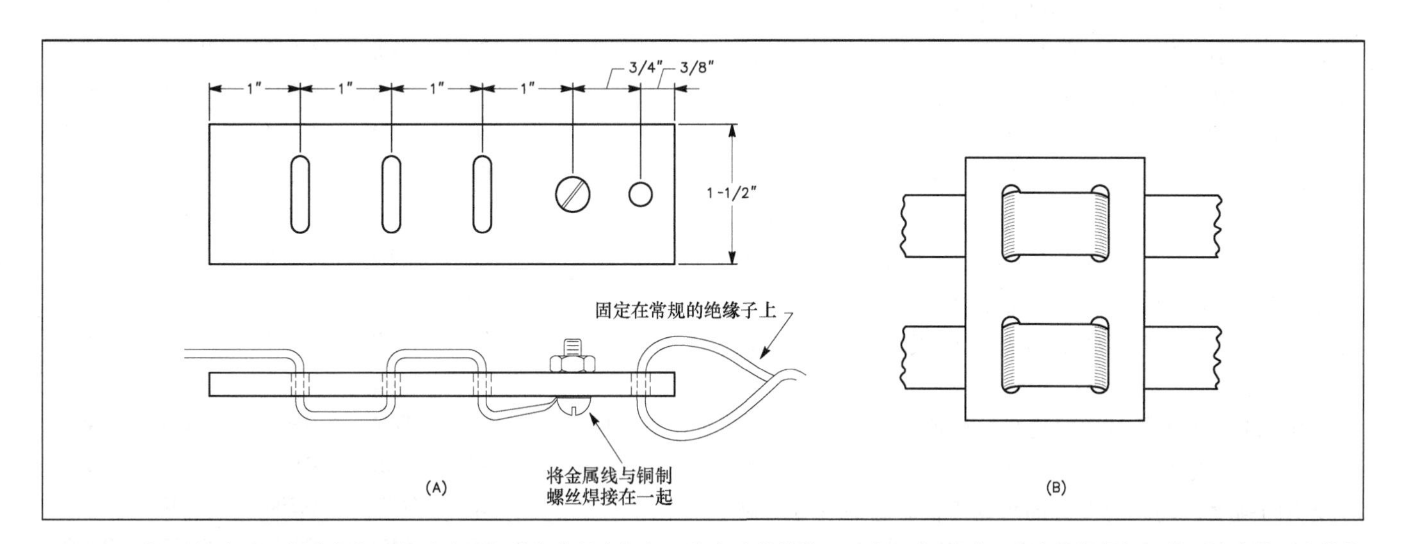

图25-8 在图（A）中，折合偶极天线或者平行线制作的多偶极天线末端的绝缘子。在图（B）中，在多波段偶极天线系统中将一个带状偶极天线悬挂到另一个偶极天线上的方法。

表 25-3　业余无线电用铝管数字编号

型号	特征
普通合金编号	
2024	较好的可成形性，高强度
5052	完美的表面抛光处理，完美的耐腐蚀性，通常不可以进行高强度处理
6061	好的可削切加工性，好的可焊接性
6063	好的可削切加工性，好的可焊接性
7075	好的可成形性，高强度
普通的淬火金属	
型号	**特征**
T0	特殊的柔软品质
T3	坚硬
T6	最坚硬，可能易碎
TXXX	三数字淬火金属—通常是专门需要的高强度热处理，类似于 T6
一般用途	
型号	**特征**
2024-T3	外壳盒，天线，任何需要被弯曲的
7075-T3	重复地弯曲
6061-T6	软管和硬管；角槽和棒料
6063-T832	软管和硬管；角槽和棒料

这在商业天线中经常发现，这种合金的成本之所以低，是因为它可以从普遍使用的家居用品中（包括铝合金折叠椅中）获得。更多关于铝合金的信息可以参考表 25-3。

25.2.1　选择铝管

表 25-4 给出了在美国和加拿大绝大多数铝供应商和批发商交易的各种铝管的标准尺寸。注意到所有的铝管都达到 12 英尺长（本地的一些五金商店可能也会卖一些 6 英尺或者 8 英尺长的铝管），更大直径的铝管长度则可能要达到 24 英尺。同时也应当注意到，如果更大一号的铝管管壁厚度为 0.058 英寸，任何直径的铝管都可以很好地插入比它大一号的铝管里面。例如，5/8 英寸铝管的外径为 0.625 英寸，就适合插入 3/4 英寸管壁厚度为 0.058 英寸、内径为 0.634 英寸的铝管的管腔里面。0.009 英寸的空隙就可以正好使铝管滑动或者在管壁上开槽，然后安装软管夹。通常使用尺寸更大一号的铝管并且规定管壁厚度为 0.058 英寸，以此来获得 0.009 英寸的空隙。

表 25-5 中的数据可以提供给你所有架梁需要的信息，包括你的天线将会有多重。6061-T6 型号的铝具有相对较高的强度，同时有更好的可使用性。它还有非常高的抗腐蚀能力，并且不需要使用“特殊的设备”，就可以使它成形。

表 25-4　铝管尺寸

12 英尺长的 6061-T6（61S-T6）圆铝管

管径	管壁厚度 英寸	管壁厚度 型号	ID（英寸）	近似重量 磅	近似重量 磅/英尺	长度
3/16in.	0.035	(#20)	0.117	0.019	0.228	
(0.1875in.)	0.049	(#18)	0.089	0.025	0.330	
1/4in.	0.035	(#20)	0.180	0.027	0.324	
(0.25 in.)	0.049	(#18)	0.152	0.036	0.432	
	0.058	(#17)	0.134	0.041	0.492	
5/16in.	0.035	(#20)	0.242	0.036	0.432	
(0.3125 in.)	0.049	(#18)	0.214	0.047	0.564	
	0.058	(#17)	0.196	0.055	0.660	
3/8in.	0.035	(#20)	0.305	0.043	0.516	
(0.375 in.)	0.049	(#18)	0.277	0.060	0.720	
	0.058	(#17)	0.259	0.068	0.816	
	0.065	(#16)	0.245	0.074	0.888	
7/16in.	0.035	(#20)	0.367	0.051	0.612	
(0.4375 in.)	0.049	(#18)	0.339	0.070	0.840	
	0.065	(#16)	0.307	0.089	1.068	
1/2in.	0.028	(#22)	0.444	0.049	0.588	
(0.5 in.)	0.035	(#20)	0.430	0.059	0.708	
	0.049	(#18)	0.402	0.082	0.984	
	0.058	(#17)	0.384	0.095	1.040	
	0.065	(#16)	0.370	0.107	1.284	
5/8in.	0.028	(#22)	0.569	0.061	0.732	
(0.625 in.)	0.035	(#20)	0.555	0.075	0.900	
	0.049	(#18)	0.527	0.106	1.272	
	0.058	(#17)	0.509	0.121	1.452	
	0.065	(#16)	0.495	0.137	1.644	
3/4in.	0.035	(#20)	0.680	0.091	1.092	
(0.75 in.)	0.049	(#18)	0.652	0.125	1.500	
	0.058	(#17)	0.634	0.148	1.776	
	0.065	(#16)	0.620	0.160	1.920	
	0.083	(#14)	0.584	0.204	2.448	
7/8in.	0.035	(#20)	0.805	0.108	1.308	
(0.875 in.)	0.049	(#18)	0.777	0.151	1.810	
	0.058	(#17)	0.759	0.175	2.100	
	0.65	(#16)	0.745	0.199	2.399	
1 in.	0.035	(#20)	0.930	0.123	1.476	
	0.049	(#18)	0.902	0.170	2.040	
	0.058	(#17)	0.884	0.202	2.424	
	0.065	(#16)	0.870	0.220	2.640	
	0.083	(#14)	0.834	0.281	3.372	

续表

管径	管壁厚度		近似重量		
	英寸	型号 ID（英寸）	磅	磅/英尺	长度
1⅛ in.	0.035	(#20)	1.055	0.139	1.668
(1.125 in.)	0.058	(#17)	1.009	0.228	2.736
1¼ in.	0.035	(#20)	1.180	0.155	1.860
(1.25 in.)	0.049	(#18)	1.152	0.210	2.520
	0.058	(#17)	1.134	0.256	3.072
	0.065	(#16)	1.120	0.284	3.408
	0.083	(#14)	1.084	0.357	4.284
1⅜ in.	0.035	(#20)	1.305	0.173	2.076
(1.375 in.)	0.058	(#17)	1.259	0.282	3.384
1½ in.	0.035	(#20)	1.430	0.180	2.160
(1.5 in.)	0.049	(#18)	1.402	0.260	3.120
	0.058	(#17)	1.384	0.309	3.708
	0.065	(#16)	1.370	0.344	4.128
	0.083	(#14)	1.334	0.434	5.208
	*0.125	1/8in.	1.250	0.630	7.416
	*0.250	1/4in.	1.000	1.150	14.832
1⅝ in.	0.035	(#20)	1.555	0.206	2.472
(1.625 in.)	0.058	(#17)	1.509	0.336	4.032
1¾ in.	0.058	(#17)	1.634	0.363	4.356
(1.75 in.)	0.083	(#14)	1.584	0.510	6.120
1⅞ in.	0.058	(#17)	1.759	0.389	4.668
(1.875 in.)					
2 in.	0.049	(#18)	1.902	0.350	4.200
	0.065	(#16)	1.870	0.450	5.400
	0.083	(#14)	1.834	0.590	7.080
	*0.125	1/8in.	1.750	0.870	9.960
	*0.250	1/4in.	1.500	1.620	19.920
2¼ in.	0.049	(#18)	2.152	0.398	4.776
(2.25 in.)	0.065	(#16)	2.120	0.520	6.240
	0.083	(#14)	2.084	0.660	7.920
2½ in.	0.065	(#16)	2.370	0.587	7.044
(2.5 in.)	0.083	(#14)	2.334	0.740	8.880
	*0.125	1/8in.	2.250	1.100	12.720
	*0.250	1/4in.	2.000	2.080	25.440
3 in.	0.065	(#16)	2.870	0.710	8.520
	*0.125	1/8in.	2.700	1.330	15.600
	*0.250	1/4in.	2.500	2.540	31.200

* 这些尺寸是被压缩过的，其他尺寸是拉制管的。

表 25-5　软管夹直径

型号	直径（英寸）		型号	直径（英寸）	
	最小值	最大值		最小值	最大值
06	7/16	7/8	44	2 5/16	3 1/4
08	7/16	1	48	2 5/8	3 1/2
10	1/2	1 1/8	52	2 7/8	3 3/4
12	5/8	1¼	56	3 1/8	4
16	3/4	1½	64	3 1/2	4 1/2
20	7/8	1¾	72	4	5
24	1⅛	2	80	4 1/2	5 1/2
28	1⅜	2¼	88	5 1/8	6
32	1⅝	2½	96	5 5/8	6 1/2
36	1⅞	2¾	104	6- 1/8	7
40	2⅛	3			

25.2.2　铝管来源

铝合金管可以买新的，所有铝材供应商都在原版书附加光盘中的制造商表格中列出来了。然而，不要忽视旧管道这一来源，如当地的金属废料场。在这些废弃铝中你可以发现包括铝制的圆拱顶、帐篷顶，还有一些废弃的民用波段天线的铝管以及铝制支撑架。有时，铝天线塔节也可以在废品收购站找到。修理厂服务也是管材的良好来源。通过做一个好的“拾荒者”，你可以建立一个天线结构材料的“骨场”。

铝制撑杆一般长 12～14 英尺，直径范围在 1.5～1.75 英寸。这些撑杆适合做大型天线横梁的中央单元部分，或者较小天线的桅杆。帐篷支架的长度范围是 2.5～4 英尺，通常是锥形；它们可以在较大的那一端被劈开，然后和相同直径的另一个支架较小的另一端配成一对。小的不锈钢软管夹可被用来固定支架的连接处。14MHz 或者 21MHz 的天线单元可以使用这种方式——用几个帐篷支架来建造。假如有一根较长的连续管道可以使用，那么它可以被用作支架的中央部分，来减少接头和夹子的数量。

对于垂直天线，有时可以使用诸如窗口清洗和油漆工支架的消费品。它们都不是由高强度结构的管制成，但它们往往是合适的，并且成本较低。对于较大的低波段垂直天线，在乡村地区往往可以使用多余的灌溉管。

25.2.3　使用铝管建造天线

虽然在设计和制造的铝合金管天线类型上有很多版本，但是八木天线是目前最常见的。通过经验方法（单元、桅杆的材料和尺寸），可以成功建造出八木天线，下面的段落提供了一些方法和一组单元点设计方法。YagiStress 是一款由 Kurt Andress（K7NV）(k7nv.com/yagistress)开发和提供支持的商用软件程序，可用于准确计算八木天线设计的载荷和生存能力。建议大型八木天线的设计者和建造者使用诸如 YagiStress 的模拟软件，以保证天线的生存能力，同时要求达到机械性能时，不要使用比需要还多的材料。在本章，YagiStress 用来计算半单元设计的风速等级和基于 EIA-222-C 的“天线支撑结构和天线的结构标准”，David Leeson（W6NL）（见参考文献）所著的八木天线物理设计中的天线机械设计表格，可参考 www.realhamradio.com/Download.htm（网址大小写要区分）且已经更新到 EIA-222-F。

频率在 14MHz 及以上的天线通常被架设成旋转的。旋转天线要求的材料必须是坚固的，重量轻且容易获得。材料的选择依赖于许多因素，天气条件通常是最苛刻的要求。单独的强风对天线的危害可能不像结冰那么大，但是冰冻中伴随着强风则通常是最坏的情况。

正如 25.2.1 节介绍的那样，单元和桅杆可以由伸缩管制成，以提供需要的总长度。这被称为锥形。对于八木天线或者方框天线来说，桅杆的尺寸应当经过仔细地选择，来使整个天线系统具有良好的稳定性。桅杆的最佳直径取决于几个方面，最重要的是单元的重量、单元的数量和总长。1.25 英寸直径的铝管可以很容易地支撑起 3 单元的 28 MHz 天线阵列或者两单元的 21 MHz 天线系统。而一个直径为 2 英寸的桅杆则可以适用于更大的 28 MHz 天线或者更加恶劣的工作环境，同时也可以适用于 3 单元的 14 MHz 天线或者 4 单元的 21 MHz 天线。在这里我们并不建议直径为 2 英寸的铝制桅杆的长度超过 24 英尺，除非有一些辅助支撑来减少垂直方向和水平方向上的弯曲力。对于直径 2 英寸的铝制桅杆来说，适当地控制其受力可以采取如图 25-9 所示的装置，可以采用桁架，或者桁架和横向支撑。

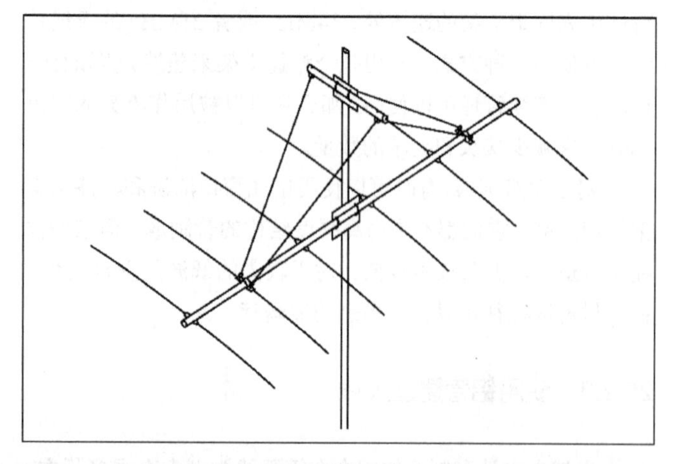

图25-9　长的天线大梁需要在垂直方向和水平方向上进行支撑。安装在大梁上面的十字架可以支撑两根桁架来帮助天线保持在合适的位置。

当桅杆的长度超过 24 英尺时，通常需要使用直径为 3 英寸的材料。3 英寸直径的桅杆提供了相当可观的机械稳定性，同时也增加了桅杆到单元等硬件的固定面面积。如果厚重的冰块是意料之中的，那么固定面面积就显得非常重要，并有助于避免单元绕桅杆转动。使用一个螺栓将单元固定在桅杆上，或者更好地使用一个锻造的硬销，可以消除这种可能性，但是这些锁孔引入的应力会显著地降低桅杆的强度。为了使部件绕着桅杆轴旋转的可能最小，我们应该将部件安装到桅杆的下面而不是上面。固定的单元在工作一段时间后有时会变松，会将桅杆和单元上的锁孔拉伸变形。这个逐渐发生的状况会导致桅杆的单元松动，以致它们旋转的位置经常改变。虽然这种情况通常不会影响到八木天线的电气性能，但是涉及的构件的机械强度会因为锁孔拉长而降低。一个具有不同角度单元的八木天线也不好看。

3 英寸直径的天线杆，其管壁厚度为 0.065 英寸，可以满足天线最多使用 5 个单元。14 MHz 的天线阵列被安装在 40 英尺长的天线杆上。任何天线杆长度超过 24 英尺都建议使用桁架。

理论上，寄生单元的中央部分是不存在射频电压的，而且天线主梁中部的主梁到单元连接面上无须进行绝缘处理。激励单元可否被电连接到桅杆取决于馈电系统。实际在高频到较低超高频波段上，机械和电气设计中寄生单元通常是直接连接于桅杆的。在较高超高频波段接地单元会遭受失调，这是因为单元到主梁的连接不再仅仅被作为一个点，而是被当作一个重要区域的复杂形状。在高频波段，意外且不必要的谐振虽然不太可能出现，但是可能会在中心接地单元上发生。在高度保守的高频设计和许多超高频设计中，会使所有单元与桅杆绝缘，通常在高频设计中采用 Garolite 材料，而在超高频或超高频以上的设计中采用如聚四氟乙烯这样合适的材料。

在金属主梁上工作的单元会有小的“缩短效应”，与通常所使用的材料尺寸相比，这种缩短不会超过材料长度的 1%，所以在许多应用中也可能不会引起人们的注意。例如，在 432 MHz 天线中使用 1/2 英寸铝管主梁时，其“缩短效应”才会被察觉到。在甚高频和超高频设计中，如果考虑到标准设计长度的使用，那么激励单元可以在期望的频率范围内进行调整。和一个相似的、使用绝缘单元的天线系统相比，全金属阵列的中心频率会高 0.5%或者 1%。

单元组装

图 25-10 所示为 Stan Stockton（K5GO）设计的锥形八木天线，该天线可以抵御风速超过 80 英里/小时的大风。如果径向上面覆盖有 1/2 英寸厚的冰块，这个装置则可以抵御

大约风速从 45 英里/小时到 77 英里/小时的大风。冰冻的增加会增加被风吹的面积，但是单元的强度却并没有得到增加。更结实的设计如图 25-11 所示。在没有冰冻覆盖的情况下，这些单元大约可以承受风速从 118 英里/小时到 172 英里/小时的大风，在径向上覆盖有 1/2 英寸厚的冰冻时，仍然可以抵御风速从 78 英里/小时到 92 英里/小时的大风。需要使用诸如 YagiStress 程序分析所提供设计的偏差，以确保相关环境条件下的生存能力。除了非常大的 40m 单元，所有所需要的管的长度是 6 英尺或更短，所以可以通过包裹运输。原版书附加光盘文件中的文档“K5GO 半单元设计”包括了所有单元段的长度、重叠区域、管材的规格和更多冰载荷的信息。

图 25-10 和图 25-11 都只给出了天线单元的一半。当单元装配好之后，每一个单元的最大铝管尺寸应当比图中的长度增加一倍，并且它的中心处应该和天线相连接。这些设计都有点偏保守，它们在频率低于设计所标示的值时，会产生轻微的自谐振。压缩单元外部末段的横截面积，可以减少谐振的长度，会使其在风中更加牢固。相反，如果延长外部末段的横截面积，就会减少其在风中所能承受的强度。[详情见本章最后的参考资料，David Leeson (W6NL)。]

图 25-12 给出了一些将天线单元零件固定连接起来的方法。如果连接好之后还需要调整的话，图 25-12（A）中开槽和软管夹的方法可能是最好的方法。通常，每半个单元有一个可调节的接头就足够调整天线了。不锈钢软管夹又好又便宜。但是一些“不锈钢”模型没有使用不锈的螺丝钉，这可以通过磁针检测。表 25-5 中给出了日常可以得到的软管夹的尺寸。不论铝管在哪里重叠，应该使用一些诸如 Noalox 或 Penetrox 的抗氧化化合物。这样可以阻止管表面之间形成铝氧化物，以免其形成一个高阻抗的电气连接和（或）机械“冻结”的接缝。

图 25-12（B）、图 25-12（C）和图 25-12（D）给出了在连接处不需要进行调节的合理紧固方法。在图（B）中机械螺钉和螺母在适当的位置固定天线单元。在图（C）中使用的是片状金属螺钉。在图（D）中使用铆钉来固定铝管。如果天线组装好之后要使用相当长的时间，那么使用铆钉进行固定是最好的选择。一旦位置固定好之后，形成的连接就是永久的了。不过，如果需要，它们可以钻出来。如果正确安装就位，不管是震动还是风吹，它们都不会自由地移动了。如果铝轴上使用的是铝铆钉，那么永远不会出现生锈的问题。此外，如果同时使用铝制铆钉和铝制天线单元，那么也不会出现如使用不同金属造成的电化腐蚀现象，从而也就不会对桅杆造成危险。如果天线需要拆卸或者定期移动，那么可以使用图（B）和图（C）中的方法。但是，如果使用机械螺钉，应该采取各种可能的方法来防止由于震动而导致螺母松懈。请使用锁紧螺母或锁紧垫圈和螺纹锁紧化合物，以确保可以将天线单元固定在它们的位置上。

如果你需要非常坚固的天线单元，可以使用双倍厚度的铝管来制作，这种铝管可以通过将一根较大的铝管套在和其总长一样的较小的铝管上而得到。这个方法通常在单元中央部分使用，这个位置需要更大的强度，因为天线杆的支撑着力点就在这里，如图 25-11 所示的 14 MHz 天线单元就是这样的。同样也可以使用其他材料，例如木制销子、玻璃纤维棒等。

金属天线单元具有高的机械 Q 值，导致天线有在风中振动的趋势。抑制振动的方法之一是在单元的整个长度上都放上一段聚丙烯或是类似材料的线。阻尼线材料的选择并不严苛——线不能暴露在太阳光的紫外线下。如果使用像廉价的晾衣线那样的材料，将导致线霉变或腐烂。将天线单元的顶端进行包覆或者捆绑来保证阻尼线的安全。如果有机械的需求（例如，一个 U 形螺母穿过天线单元中央的部分），阻尼线可能被切割成两部分。

虽然有时候也会偶尔使用直径达 1 英寸的管子，不过通常情况下，50 MHz 的天线不需要使用直径大于 1/2 英寸的管子。对于 144 MHz 和 220 MHz 的天线单元来说，一般使用直径为 1/8～1/4 英寸的管子。对于 432 MHz 的天线单元来说，如果用作刚性杆，直径为 1/16 英寸就可以工作良好。而且如果使用铝制焊棒，只要直径达到 3/32～1/8 英寸就可以满足 432 MHz 天线阵列的需求，直径为 1/8 英寸或者再稍微大点的就可以满足 220 MHz 波段的使用。铝杆或冷拉线都可以在 144 MHz 频段上很好地工作。

上面段落中所建议使用的金属管或杆尺寸对于绝大多数甚高频/超高频（VHF/UHF）天线是有用的，这些尺寸规格是按公式计算出来的。大直径的材料会减少 Q 值、增加带宽；直径较小的材料会增加单元和整个天线的 Q 值以及降低带宽。更小直径的材料则需要更长的单元，尤其是对于频率在 50MHz 及 50MHz 以上的天线。

单元锥和电气长度

架设天线者应当意识到伸缩天线单元或者锥形天线单元的重要性。当天线单元的尺寸如图 25-10 和图 25-11 所示，逐渐地减小，那么它的电气长度和总长与相同圆柱形的天线单元相比，是不同的。而对于锥形单元长度的修正，已经在“高频八木天线和方框天线”一章中讨论过了。

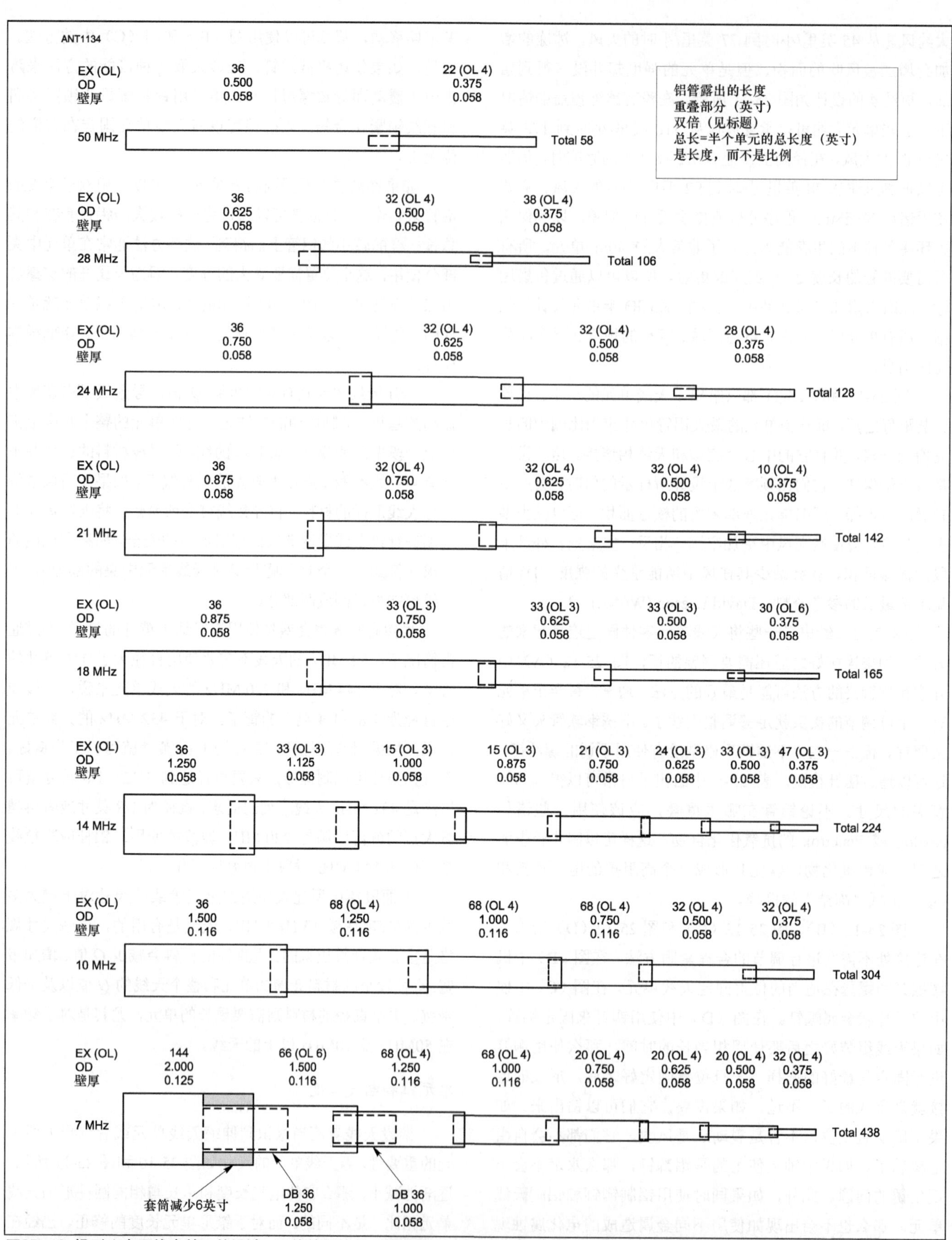

图25-10 轻型八木天线半单元的设计。天线单元的另一边和这一边是一致的，中央段应该是一个整段，其长度是这里给出直径最大的部分长度的两倍。管壁厚度为 0.116 英寸的管子由双倍管壁厚度为 0.058英寸的长度相同的管子组成。管壁厚度为0.125 英寸或 0.250 英寸的是 6061-t6 铝合金，所有其他管材是 6063 T832。倍频器 (DB) 部分包含的铝管完全插入到大的那段中，并与大段的内端长度吻合。

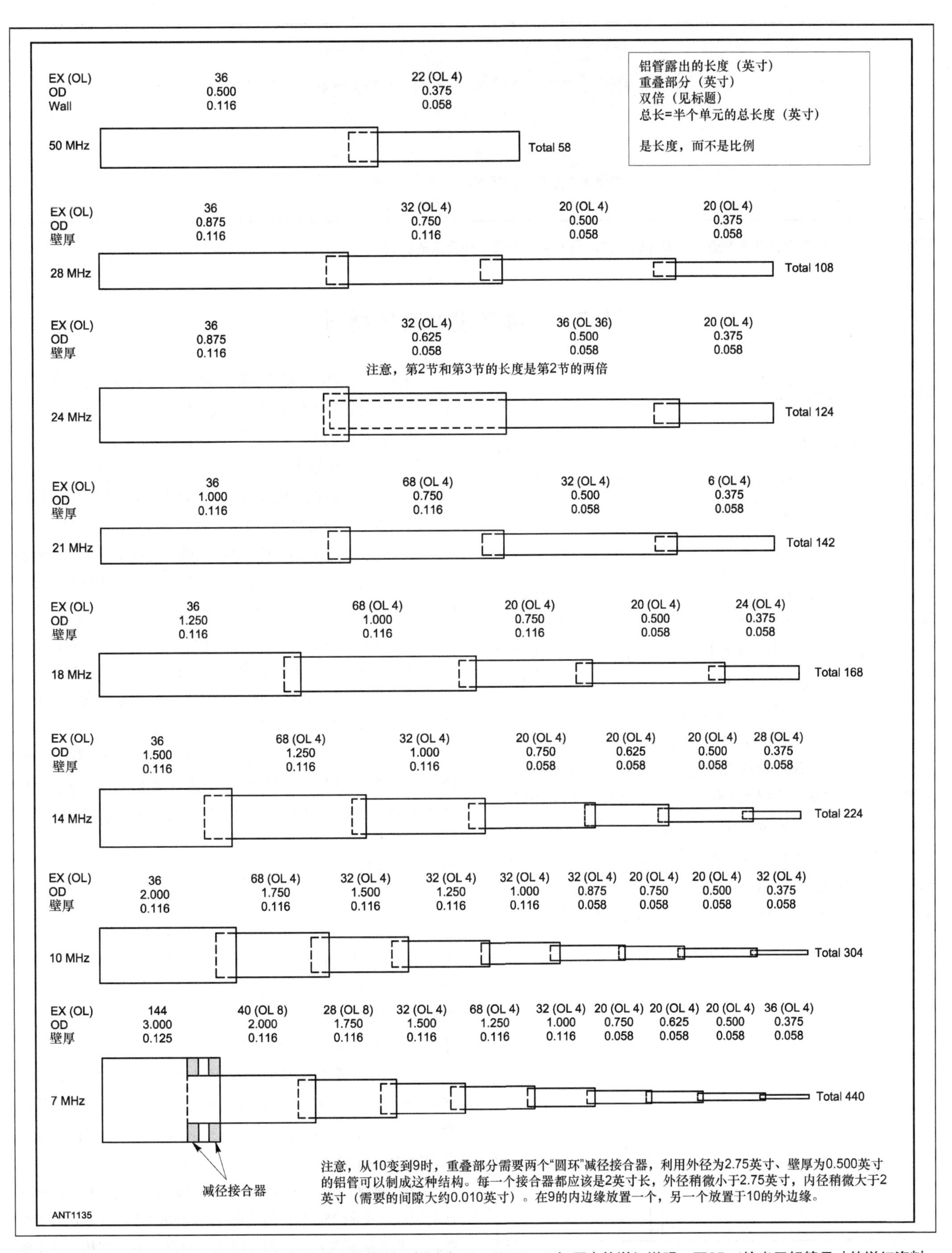

图25-11　相比于图25-10，这些八木天线半单元的锥削比例更牢固。见图5-10标题中的详细说明。图25-4给出了铝管尺寸的详细资料。

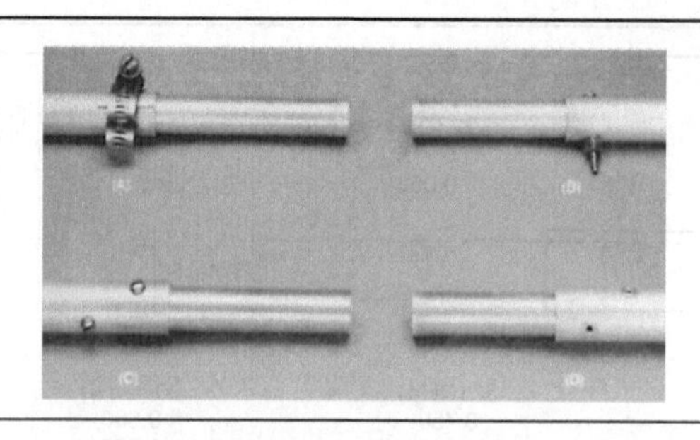

图25-12　连接伸缩管部件来制造天线单元的方法。见文中关于每一种方法的讨论。

25.3　天线架设的其他材料

25.3.1　木材和竹子

对于架设天线的工程来说，木头是非常有用的。它可以被制作成各种不同的形状和尺寸。粗糙的木制或者竹制的杆子可以成为一个很好的天线杆。竹竿非常适合制作方框天线使用的延展装置。

圆木料（暗销）可以在很多五金商店中买到，它们的尺寸适合制作较小的天线阵列。当然木头还非常适合制作更高频率的多间隔天线阵列的框架，因为它可以在天线阵列辐射的空间范围内，减少金属的使用量。如果没有尺寸合适的支架使用，正方形或者矩形杆和框架材料你可以在绝大多数的木材场找到，并削成你所要求的那样。

天线建造所使用的木材应该是已经很好地晒干了，并且没有结或者损伤。现有材料的改变取决于当地的木材资源。在选择合适的木料时，木材商人相比于其他任何人，可以更好地帮助你。如图25-13所示，可以使用角撑板来连接木结构，使它们之间成一个正确的角度。这些角撑板可以用户外使用等级的胶合板或者绝缘纤维板制作而成。圆木材料可以使用U形夹或者其他的五金工具，像其他金属单元一样进行处理。

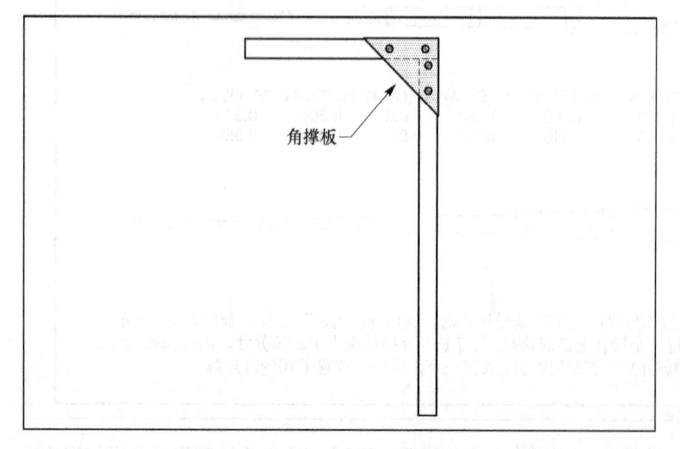

图25-13　木制材料在直角处可以使用加固板进行固定。

在业余无线电发展的早期，硬木作为天线的绝缘子来使用。例如在偶极天线的中央和末端使用的绝缘子，或者用管道制作的激励单元的中心绝缘子。削成指定长度的木钉也是常见的构件。可以在使用木材之前，将其在石蜡中煮沸，来除掉木材中的水分以及防止木材以后再次吸收水分。当然，今天的技术可以制造出在强度和绝缘性能上都非常优秀的绝缘材料。但是，这些技术在紧急情况下或者在低成本为最主要考虑因素的时候还是值得考虑的。在烘炉中，以较短的时间周期在200°F的条件下“焙烘”木材，可以全部赶走木材中的水汽。接下来的处理就如下节所述，应该能够防止水汽的再次吸收。当天线的功率很大时，木制绝缘子应该避免在高电压处使用。

所有在户外安装使用的木材应该刷上清漆和油漆，来保护其免受气候的影响。上等的船舶使用的桅杆清漆或者聚胺酯清漆可以对在温和气候条件下工作的木材提供数年的保护，对于恶劣气候则可以提供一个或者多个季节的保护。环氧树脂混合漆同样也可以给木材提供很好的保护。

25.3.2　塑料

各种尺寸的塑料软管和塑料棒在许多建筑用品商店中可以买到。现有的塑料材料的使用只受到你的想象力的限制。聚氯乙烯（PVC）波导管和电缆在甚高频和超高频天线结构中还是非常有用的。对于永久使用的天线，要确保塑料能够经受紫外线的照射或是刷上油漆。

塑料管和灌溉配件同样也可以用来密封巴伦或者如图25-14所示作为中心绝缘子或者末端绝缘子使用。相同的配件和适配器可用于建造一副便携式天线，在管和配件之间采用摩擦组装方案。

塑料或聚四氟乙烯棒可以用作天线加感线圈的线芯，包括移动天线（见图25-15），但使用这种材料时应仔细挑选。有些塑料，尤其是聚氯乙烯，在强射频场的存在下会变热，这可能导致天线的线芯变形甚至起火。如果是在高射频环境，推荐使用玻璃纤维或聚四氟乙烯固体棒，或开放的聚碳酸酯圆柱棒。家用品店经常有卖用聚碳酸酯制成的玻璃杯，并且还有不同的尺寸。那些是高功率射频应用中良好线圈的组成部分。

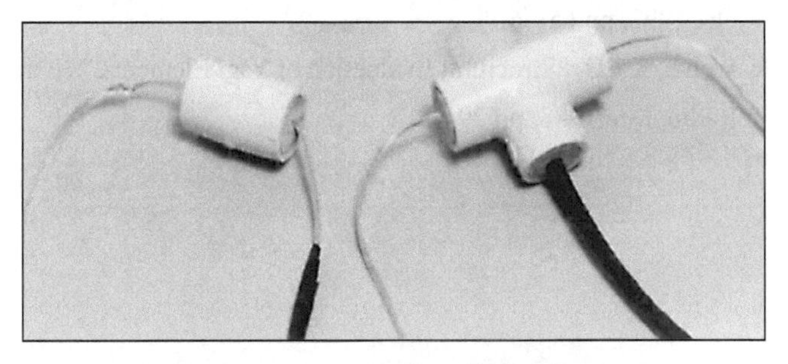

图25-14 塑料管零件可以作为天线中心绝缘子和末端绝缘子使用。

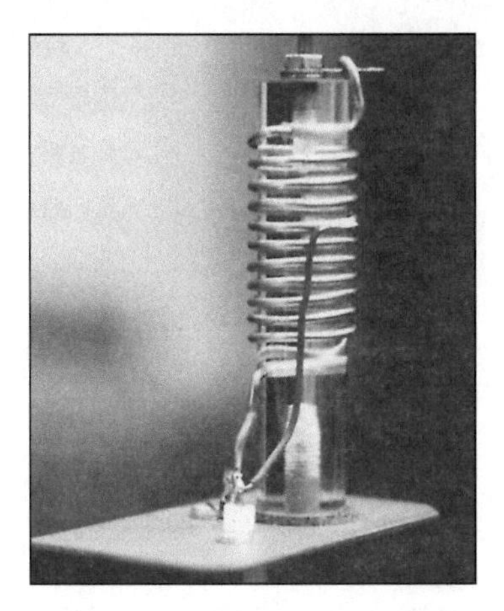

图25-15 移动天线的加载线圈绕在聚四氟乙烯棒上。

25.3.3 玻璃纤维

玻璃纤维重量轻，能很好地承受恶劣的天气，并具有良好的绝缘性能。玻璃纤维棒和管是天线良好的导电结构。玻璃纤维棒是方框天线横向支杆的首选材料，例如，玻璃纤维棒或管可以作为 VHF 天线和 UHF 天线的桅杆。可伸缩的玻璃纤维棒也使便携式天线变得非常流行。可调谐的 SteppIR 家族八木天线就使用含有柔性金属带的玻璃纤维管作为内部单元。

在户外使用时，玻璃纤维上应该涂上涂层，以保护其免受紫外线的照射。紫外线会分解树脂，包括玻璃纤维，使表面的纤维脱落，导致裂缝和漏水。

无论什么时候使用玻璃纤维材料——锯、切割、打磨、钻孔等操作时都应该使用手套和眼睛保护罩，以防止受到纤维碎片的伤害。如果有浓重的粉尘产生，应戴上防尘口罩。

玻璃纤维有一个缺点，它们非常容易被打碎。在玻璃纤维棒被打碎的地方，会有碎裂出现，这最终会导致玻璃纤维棒的强度大大降低。一个碎裂的玻璃纤维几乎一文不值。一些业余无线电爱好者已经使用玻璃纤维原料和环氧树脂来维修碎裂的玻璃纤维棒，但是它原来所具有的那种强度几乎不可能再恢复了。插入纤维管的木制销子提供了额外的抗挤压功能。

25.4 硬　件

在户外使用的天线应该使用质量好的五金构件组装。如果想尽可能地延长天线系统使用寿命，不锈钢构件是最好的。铁锈将迅速侵袭电镀的钢制金属构件，如果你要拧开螺母的话，会很难。如果不使用不锈钢包裹夹和软管夹，那么就应在夹子上镀或涂一层（或更多层）锌铬酸盐底漆。防锈涂层也是一种很好的保护手段。在使用不锈钢硬件时，在螺纹线程上涂上防粘剂化合物，以防止由于表面磨损而造成的干扰。

镀锌钢的寿命一般会比电镀的钢更长，但是这个还要取决于镀锌层的厚度。在恶劣的气候环境下，经过一些年后，镀锌层上还是会出现铁锈。长期保护的终极方法是，应该在镀锌钢表面涂上锌铬酸盐底漆，以进行更深层次的保护，然后将它暴露到恶劣环境中之前，再进行油漆或者进行上釉。冷镀锌在表面损伤修复和防止生锈方面是有用的，它在家用商品店就可以买到。

质量好的硬件往往价格昂贵，但随着时间的推移，相比质量差的“等同的”产品更便宜，更令人满意。使用好的硬件建造的天线被取下和翻新的次数更少。当时间都用在修理或是校正一副天线，翻新硬件，尤其还是塔顶端的天线时，这看起来是一个很糟糕的投资。

25.5 参考文献

有关本章主题的更多内容和进一步讨论可在以下列出的参考资料中找到。

ARRL’s Wire Antenna Classics, (Newington, CT: ARRL)
More Wire Antenna Classics, (Newington, CT: ARRL)
ARRL’s Yagi Antenna Classics, (Newington, CT: ARRL)
D. Daso, K4ZA, Antenna Towers for Radio Amateurs

(Newington, CT: ARRL, 2010)
J. Elengo, K1AFR, “Predicting Sag in Long Wire Antennas,” QST, Jan 1966, pp 57-58.
D. Leeson, W6NL, Physical Design of Yagi Antennas (Newington, CT: ARRL). [out of print]
D. Leeson, W6NL, “Joint Design for Yagi Booms,” QEX, Jun 1993, pp 6-8.
D. Leeson, W6NL, “Strengthening the Cushcraft 40-2CD,” QST, Nov 1991, pp 36-42.
S. Morris, K7LXC, Up the Tower (Seattle: Champion Radio Products, 2009)
R. Weber, K5IU, “More on Strengthening Yagi Elements,” QST, Oct 1992, pp 65-66
R. Weber, K5IU, “Structural Evaluation of Yagi Elements,” Ham Radio, Dec 1988, pp 29-46.

第 26 章

建造天线系统和铁塔

在空气中放置并保持天线面临着抉择与挑战。例如，哪种天线支持？你怎样建造它？使用何种工具与技术？还有其他许多问题。在本章中，经验丰富的铁塔攀爬者（Steve Morris/K7LXC）更新并拓展了之前版本的材料。（无特殊说明，图片均由 K7LXC 提供。）

这里提供的信息绝不是完备详尽的。为了更加全面地进行了解，读者可以参考两本新出版的专门为建造或工作在铁塔和天线上的业余无线电爱好者所编著的书籍：

■ 由 Steve Morris（K7LXC）编写的《铁塔之上：铁塔建造的详尽指南（The Complete Guide to Tower Construction）》，Champion Radio Products 出版(www.championradio.com)。

■ 由 Don Daso（K4ZA）编写的《给无线电业余爱好者的天线铁塔：设计、安装和建造的指南（Antenna, Towers for Radio Amateurs: A Guide for Design, Installation and Construction）》，ARRL 出版。

这些书籍对你能成功安全地用天线、铁塔、天线杆和树木工作有很大的指导作用。在很多方面这些书提供了补充的观点，而在其他的方面也强化了很多观点。如果你在斟酌一个非常重要的铁塔或天线项目，你应该在项目开始前读一读它们。你最好也能读一下参考文献所列举的文章，并参加他们和其他富有经验者的大会演讲。如果你不喜欢自己一个人工作的话，你也可以考虑雇佣专业的人员帮助你。

原版书附加光盘文件中提供了各种与天线相关产品的制造商和经销商的清单，光盘文件可到《无线电》杂志网站 www.radio.com.cn 下载。为了正确并安全地展开工作，你应该有能力找到所有你需要的东西。这样在最低风险下得到多年的良好服务。

学习并实践正确的做事方法——可使你节省时间、金钱，减少你的担忧。让我们从安全性说起。

26.1 安全和安全设备

攀爬和在铁塔上工作具有潜在危险性，如操作和安装天线。安全和安全设备对于铁塔和天线安全可靠的安装、维护和享有来说很关键。你用什么以及如何使用都取决于你。只要你有合适的安全设备并且遵循基本的规则，你就不会有任何问题。不要在购买或使用安全设备上偷工减料，你每次使用它的时候都是将性命托付于它！

OSHA 和铁塔工作

OSHA 全称是联邦职业安全健康局(www.osha.gov)，为工人设置了最低安全标准。每个州都有一个机构，它专门在当地负责执行 OSHA 条例。此外，你所在州机构的条例可能比 OSHA 的更加严格，OSHA 的条例仅仅是最低限度要求。

如果你正受雇或者雇人从事铁塔方面工作，你或者他们必须遵守联邦和州的条例。如果你只是简单地在自己的系统上工作，或者其他人并不付钱给你，那么你就不会受到 OSHA/州的法律制约。但是你仍然应该关注。你应该只使用 OSHA/州所批准的安全设备，并遵守适用于你活动的条例。这样做的话，当你工作的时候，会给自己很大的安全保障。

26.1.1 防跌落设备

安全设备中最重要的部分就是防跌落用具(FAH)和配套的系索（见图 26-1）。多年前，皮制安全设备就被 OSHA

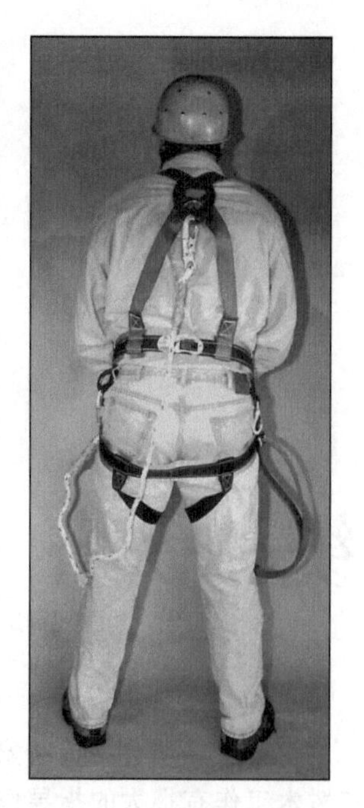

（A）　　　　　　　　　　（B）

图26-1　图（A）：装备完整的铁塔攀爬者。防跌落用具有一个腰部D型环，用来固定系锁、背带及腿部绳索。图（B）：注意肩胛骨之间的D型环，这就是防跌落系锁连接在攀爬者身上的地方。另一端连接在攀登者上方的铁塔上。攀登者还有工作靴、手套、安全眼镜和安全帽。

宣布为不合法产品，所以请不要使用。这包括了多年使用的老式安全腰带，它没有防跌落能力。

当你穿着安全腰带时坠落，你的体重会导致安全腰带勒住你的腰至胸腔处，这样会勒住你的隔膜，从而有潜在的窒息危险。另外一方面，当安全腰带用于连接你的防跌落用具（FAH）时，你可以用它进行定位。如果你跌落的话，别指望它能抓住你。

防跌落用具是你穿着的与系锁绑缚的那部分。防跌落用具有套腿环和背带，可将跌落的力分散到身体其他部分。它有能力在你处在自然的状态下抓住你，此时你的手脚悬空在你的身体下方，这样你就能够正常地呼吸。打算买一套防跌落用具和系锁需要花费150多美元。

有两种基本的系锁种类。一种是图26-2所示的定位系锁。它可以在你的工作位置定位住你并和你腰上的D型环扣接。定位系锁是可调的，也可以是固定的，是由尼龙绳、钢链或特制合成材料这类制成。一个可调的定位系锁可调节适用于任何位置，而固定长度的系锁对于工作来说不是太长就是太短了。这种绳子类型是最便宜的版本。

另外一种系锁是防跌落系锁，和你肩胛骨间的D型环扣接。另一端和你工作位置上方扣接，这样在你跌落的时候能够抓住你。最简单的就是6英尺长的系锁，虽然价格不高，但是不能减震。也有减震的类型，典型的具有加固套接缝线，可以降低跌落的力并使你减速（见图26-3）。

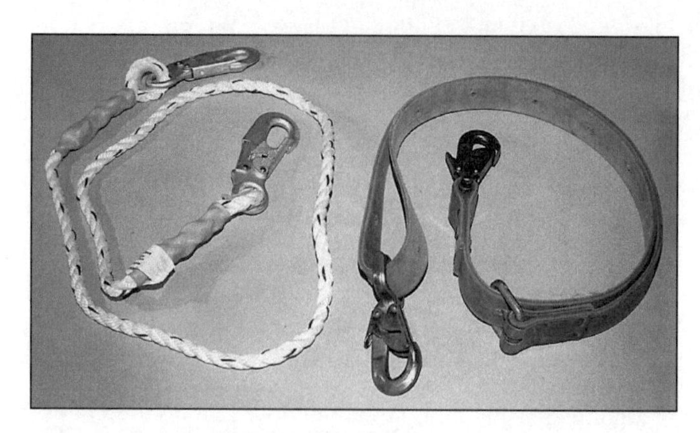

图26-2　左边是一根固定长度的定位系锁，右边是一根通用Klein可调节系锁。它们都使用双锁钩。

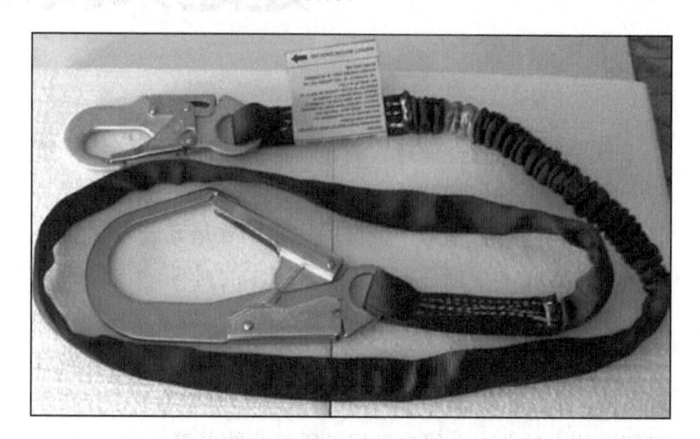

图26-3　带有减震的防跌落系锁，尼龙织物的部分缝在一起，在攀登者的重量下会拉开，以此来减缓下降速度。

26.1.2　安全攀爬铁塔

OSHA条例以及常识都告诉我们应该时时刻刻都与铁塔相连。你可以通过几种方式来达到此目的。其中一种如图26-4所示的，与你上方的防跌落系锁扣接，然后顺着它向上爬。当你解开防跌落系锁并再次向上爬的时候，可以用定位系锁来固定你的位置。如有必要，需再次重复此操作。还有一种可选方案就是使用两根防跌落系锁，交替使用进行攀爬。

这不是一场竞赛！慢慢来，安全地向上攀爬。如果你感到累了或者不舒服，停下来休息一下，但得确保系锁牢牢扣接在铁塔上。如果你在任何时候任何原因下感到不安全——停下来，返回到一个安全的位置或结构！

安全攀爬系统

大多数商业铁塔都有一个安全攀爬系统，通常会有一根3/8英寸长的钢丝绳从塔顶延伸到底部。攀爬者把自己防跌落护具的绳子扣接到一个特殊的滑轮上。该滑轮可以自由地滑动，但是当有力施加在上面的时候就会夹紧安全绳。这样，就可以防止你从绳子和铁塔上滑落。它们对于一些不专业的铁塔来说很少见，但是值得考虑。

图26-4　一个铁塔上的攀登者。注意他上方连接在铁塔上的防跌落系锁。

登山护具——问题

一些业余爱好者认为登山护具作为安全背带使用更便宜。使用登山护具的第一个问题就是，大多数登山护具要求你将护具直接与绳子或登山铁索固定，并且大多数业余爱好者在攀爬时打结并不是很专业。你可以使用一个登山锁扣作为一个扣接点，但是有可能硬件会失效或在错误的时间打开。

第二个问题，没有 D 型环与定位系锁扣接，你只能将登山铁索与身前的环相连接。登山护具前面的尼龙环仅设计用来固定你的套腿环，并且仅与登山绳或铁索使用，而不是你系锁上频繁开合的金属四合扣。

登山背带设计仅用于登山绳和硬件，而不是铁塔工具或设备。它们也没有规定要与工具或螺栓袋很便捷地扣接。

最后一个问题就是登山护具设计承受 1000 磅的力，而 OSHA 认证的防跌落装置设计必须能够承受 5000 磅的力，并且登山护具没有防跌落能力。虽然登山护具的主要优势是价格低廉，但是由于其局限性并不推荐用于铁塔工作。只使用专门为该工作为设计的工具！

在升降式铁塔上工作

升降式铁塔的一个优势就是能够将天线降至屋顶或接近于地面的地方，这样便于电台所有者在上面工作。为得到这样的便利，你需要为增加的机械复杂度以及升降机装置成本买单。它们的成本是相同高度拉索塔的两到三倍。

另一个局限性是一旦升降机被扩展了，就不能安全地进行攀爬。千万别攀爬升降式铁塔，除非在降低的位置它完全被嵌套固定住。再次强调，系统所有的重量都在缆线和滑轮系统上，如果东西坏了或是松散了，你的手脚会在它们极速下降的路径上。如果铁塔卡住或者下不来，别爬上去修理。用带起重机的卡车或吊车来把你送到铁塔上工作。更好的方式是寻求专业的帮助。

如果你将升降机锁住，是可以爬上去的。一种方法是使用 3～4 英尺长的 2×4S 零件或管子。另一种是放置 U 型螺栓，每段下面至少放有一个支柱。通过支撑把它们插入到每段底部，然后在铁塔下移很多之前就可以抓住每一部分。你也可以轻轻地降低铁塔直到把它搁在安全零件上，从而将它们卡住，并制止任何铁塔移动。

26.1.3　安全地工作

心理游戏

安全性的一个最重要的方面是要有知识和意识，这将使你能安全有效地进行工作。你必须有心理能力来攀爬以及在高海拔处工作，同时还要不断反思所有连接、技术和安全因素。安全攀爬和在铁塔上工作 90%看心理。心理准备是必须学会的。这是经验所无可取代的。

当谈到攀登铁塔，只有一小部分人会攀登以及在高海拔处工作。任何人的最大障碍就是心理调整。正确安装塔当然会很安全，事故也相对比较少见。唯一阻止大多数人的是自己的心态。

在地上的 24 英寸×24 英寸的胶合板零件上你会有任何站立困难吗？当然没有！你能站在 100 英尺高空中同样的 4 平方英尺的平台上吗？唯一的不同是在你的心理。说起来容易做起来难，但你如果准备从事铁塔工作的话，你必须要做心理调整。

一个从登山学到的能直接适用于铁塔攀爬的重要经验是，当你攀爬的时候，你有 4 个连接和安全的点——两只手和两只脚。当向上爬的时候，每次只能移动一个点。如果你需要的话，这样会保持你三点连接并有很高的安全性。这会使你的防跌落系锁一直保持在扣接状态。

另一个在心理游戏中值得推荐的技术是一直以相同的方式做所有事。也就是说，总是穿着有相同 D 型环的定位系锁，并且总是以同样的方式扣接。当你将安全带绑到铁索上时总是盯着你背带上的D型环。这样你就会一直确定你的背带绑好了。不要想当然地认为你背带和安全带扣紧了。千万要一直留意查看！

检查你的安全设备

在你每次使用安全设备之前，你还应该检查一下它们。看看背带和安全带上是否有任何刻痕和切口。专业的铁塔工人被要求每天检查他们的安全设备。

恶劣天气

在天气晴朗、阳光灿烂的时候，铁塔工作是最容易进行的。不幸的是，好天气并不总是伴随着你的施工进度或修理优先权。不要犹豫，赶紧把你的项目取消。如果你不确定天气是否足够好，基本上都不会很好。

对于提高铁塔段或天线来说，相对无风天气优先。专业的攀登者通常在早晨风最小的时候做他们第一件最棘手的事。不要推到边缘的情况，可能会弊大于利。显然，你不想在闪电暴雨的时候进行攀爬。

至于下雨时候，除非雨水横向刮来，否则更令人讨厌。对于业余无线电铁塔，你要一直把背带绑好，并且不要走到任何雨后光滑的表面，这样在雨中工作才是可行的。只要穿好雨具，你仍能做一些工作。

用电安全

由于金属天线或铁塔部分接触电源线而导致的触电是铁塔相关电损伤的最大原因。如果你靠近电源线必须非常小心。

即使当你在铁塔上工作时没有接触电源线，你仍可能会触电。因为铁塔是一个大的接地导体。铁塔伤害和死亡的一个主要原因是触电。尽管业余铁塔上的交流线路通常不到120V，但交流电源仍然需要注意。如果可能的话，尽量使用电池供电的设备，既方便又安全。如果你使用交流延长线，请确保它们插入了GFCI（接地故障断路器）来防护你。使用交流电供电的工具应该要双重绝缘。你前期工作中的安全会议部分应指出断路器箱在哪里，发生意外时有人要关掉电源。

铁塔工作安全提示

- 不要在你手中有东西时攀爬；如果你必须带着它攀爬的时候，把它扣在你的安全带上，或者在你抵达工作位置时让你的地勤人员通过一个桶把它送上来。
- 不要把任何硬件塞在嘴里，你可能会把它吞下去或造成窒息。
- 除去戒指和（或）项链，它们可能会勾住其他东西。
- 时刻注意蜜蜂、黄蜂和它们的巢；除此之外，当你攀登铁塔时，没有太多更大的惊喜。如果你被蜇了，直接使用含有木瓜蛋白酶的肉类嫩化酶粉，如阿道夫的肉类嫩化剂，配合少量水或唾液在叮咬处涂抹。酶能中和毒性并在一两分钟内减少疼痛。放一瓶在你的工具包中。
- 不要在疲惫的时候攀爬，多数事故就是那时发生的。
- 不要试着自己去提什么东西；在铁塔上的一个人没有多少力量或力气。让地勤人员使用他们的力量，保存你的力量直到你真正需要它的时候，否则你手臂的力量会很快耗尽。
- 如果事情进展不顺，重新装备，然后再试一次。

国家电气规范（NEC）

国家电气规范（也就是“规范”）是一个对所有类型电气装置细节安全要求的综合性文件。除了设置住宅布线和接地的安全标准，它也包含广播和电视设备的部分——第810条。C和D部分特别涵盖了“业余发射和接收站”。关于业余无线电台部分的重点在下面。如果你对学习更多有关电气安全的东西感兴趣，你可以购买一份国家电气规范或者国家电气规范手册。

天线安装涵盖在规范的一些细节中。它指定了不同长度有线天线的最小导体尺寸。对于硬拔铜线，规定指定开放（不支持）跨度小于150英尺用#14 AWG线，跨度更长的用#10 AWG线。铜包钢、青铜或其他高强度的导体在跨度小于150英尺时可以用#14 AWG线，跨度更长的用#12 AWG线。引入的导体（开放式传输线）应至少跟那些指定的天线一样大。

该规范还规定，天线和引入导体连接的建筑物必须牢固地安装至少有3英寸空隙的防水绝缘在建筑物表面。这个最小距离的唯一特例是当引入导体封装在一个“永久有效接地的”金属屏蔽内。特例包括同轴电缆。

根据规范，引入导体（除了涵盖在特例内的）必须通过一个刚性阻燃防水的绝缘管或套管，通过提供一个至少有2英寸间隙的开口或者通过钻窗玻璃开口进入到建筑物内。所有传输设备的引入导体必须这样设置，使意外接触很难发生。

发射站要求必须有从天线系统排出静电荷的手段。一个天线放电单元（避雷器）必须安装在每个引入导体中（除非引入导体受到一个连续永久和有效接地的金属屏蔽保护，或者天线是永久有效接地的）。避雷器安装的一个可接受选择是当发射机不使用时，开关将引入导体接地。

接地导体在规范中详细描述了。接地导体可以由铜、铝、铜包钢、青铜或类似的耐冲蚀材料制成。不要求绝缘。“保护接地导体”（主导体运行到接地杆）必须和天线引入导体一样大，但不小于#10 AWG。“工作接地导体”（将设备底架结合在一起）必须至少用#14 AWG。接地导体必须被充分地支撑和安装，这样它们就不易损坏。它们在天线杆或放电单元和接地杆之间必须像实际直线一样运行。

26.1.4 安全设备

靴子

靴子应该是皮革与钢或玻璃纤维靴柄构成。Rohn 25G铁塔上的对角支撑是只有 5/16 英寸长的杆——整天站在那么小的地方会对你的脚产生负面影响。刚性靴柄可以支撑你的重量并且保护你的脚；网球鞋不行。在铁塔上应强制穿着像 Rohn BX 有锋利交叉支撑的皮靴，因为你的脚总是斜着的，这样的方式让脚很难受。

安全帽

强烈推荐安全帽。确认安全帽符合 OSHA 标准并且你和你的同事都带着它。当你带上安全帽时，你会经常上看、下看，这时下巴带对于防止安全帽脱落就显得很重要。

护目镜

符合标准的护目镜必须戴上、以防止眼眼镜受伤。寻找 ANSI 或 OSHA 批准的产品。

手套

如果你进行大量的铁塔工作，你的手会受伤——手套很重要。给没有手套的地勤人员备几双。棉手套对于园艺来说是可以的，但不能用于铁塔工作，它们不提供足够的摩擦用于牵引索的攀登或工作。只有皮手套那种才可以使用，全皮革或掌心皮革都是可以的。

越柔软的手套越有用。对于地勤人员来说，僵硬的皮革手套是可以的，猪皮和其他柔软的皮革可以允许你不用脱掉（可能掉下来）你的手套来拧螺母或做任何其他精细的工作。

安全设备供应商

你那片区域很有可能已经有安全设备商店，但你最好的选择是在互联网上搜索你所需要的东西，因为铁塔攀登装备不是很常见。这些虽是更昂贵的产品，但它们是整天穿戴并使用它们的专业人士的首选。这些公司也有许多其他有用的附件，如帆布桶、工具袋和其他硬件。

26.1.5 保险

你有涵盖任何潜在责任（有人因铁塔受伤，铁塔失效造成的伤害等）以及物理设备本身的保险是很重要的。

ARRL 还提供无线电设备的保险计划（www.arrlinsurance.com）。你的移动电台和家里基站设备所有的风险形式，包括火灾、闪电、盗窃、碰撞和其他意外事故和自然灾害，都覆盖在内。天线、铁塔或旋转器的损失或损坏也包含在内。完整的信息详见保险计划网站上的政策覆盖范围。

26.2 树木和天线杆

26.2.1 树木

树是第一天线支撑物，已经被许多业余爱好者成功应用了很多年。如果你在有合适的树木的区域——恭喜你！它们作为天线支撑来使用是免费的（相对于铁塔），并且通常不受约束。树木可以作为很好的临时天线支撑，如果照顾得当，可以支撑一副天线很多年——甚至是副大天线。当将天线安装在树上，尽可能小地损伤树是很重要的。这会确保一个强有力的、持久的组合。

虽然把线接到树上相对容易，但是长时间保持其位置会更难。安装在树上的天线需要更多的维护，但它们的高度和低成本足以弥补增加的工作量。（虽然不常见，但使用原版书附加光盘文件里的一篇短文《在树上安装八木天线》中的技术，甚至已经可以将八木天线安装在了树上。）

使用线发射器

在该方法中，你使用某种线发射器，把一根在末端栓有重物的质量轻的线（通常用能承受几磅重量的钓鱼线），从地面推高到树枝上。希望重物掉到地面上，你就可以用小线拉起与你天线相连的更大的线了。这些发射器包括弹弓、压缩空气炮、钓鱼竿和卷线，弓和箭，甚至网球抛球辅助器。

使人们远离树周围的坠落区，因为会有坠落的重物，再加上在某点的线和天线。安全眼镜和手套对于这些活动来说是不错的选择。

附加一个锚

一个在树中结实固定绳索的方法是爬到树上安装一个锚。对于轻的天线负载来说，如电偶极子的末端，螺纹有眼螺钉是个选择。（采用焊接或铸造有眼螺钉和螺栓，以防止它们在负载下分开。）只要在树上钻个比螺杆直径小约 1/16 英寸的洞，然后拧紧如图 26-5 所示的有眼螺钉。你一定要在木材中使用镀镉有眼螺钉。2～3 英寸长的螺钉应该能确保大多数天线的安全。允许树干和螺眼之间有 1/2 英寸或更多的空间，这能允许树木随时间向外生长。

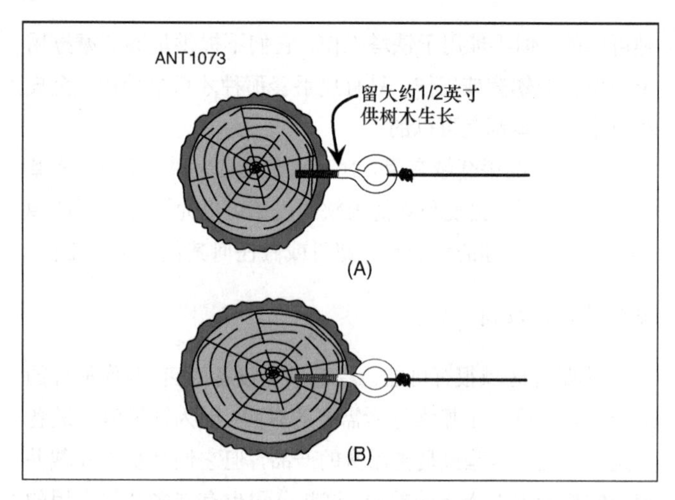

图26-5　将电线固定到树上的最好办法就是用有眼螺栓将其拧到树中。随着树的生长和延伸，有眼螺栓将会嵌进去，然后就必须移除或换掉。

为了得到更坚固的天线，如多元钢丝束，推荐使用另一种不同方法把线固定到树上（见图 26-6）。这个过程包括使用一个比树直径长的吊环螺栓，完全钻穿树木，并且确保树每一侧的吊环螺栓都有平垫圈和螺母。在树上钻穿一个孔对树造成的创伤比在它周围包裹东西的造成的创伤小。树的大部分核心是坏死组织，主要被用于物理支持。

虽然树在螺栓或螺钉的位置会有一些创伤，但这样的创伤会远远小于将线缠绕在树干周围所造成的创伤。在树枝或树干周围缠绕线，勒住了边材上的叶脉，就像在你脖子上套上绞索，会扼杀你一样。别在树干周围缠绕东西，这点很重要。

你可以在黄页中找到一个专业的攀树人/树艺师，或者你选择树木时利用一个有才华朋友的帮助来安装滑轮和绳索系统。按照上面描述的那样，将带有滑轮的 3/8 英寸或 1/2 英寸的吊环螺栓拧入树木是最好的方法。使用一个有螺纹的链节或“冷关闭”（链节的一种）将滑轮和螺眼连接起来。

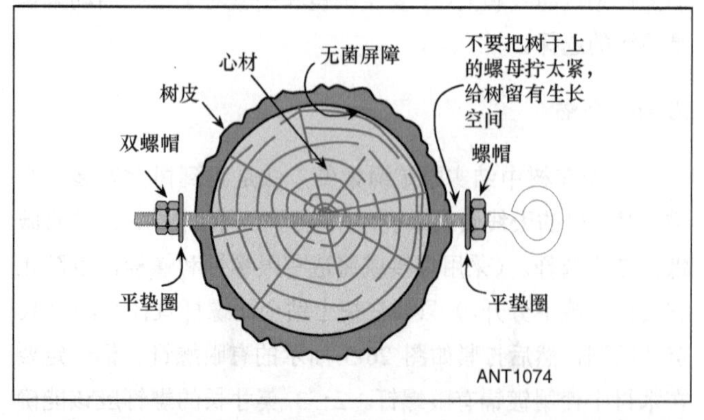

图26-6 对于大型天线负载，一个穿过树干或枝干的吊环螺栓会比一个有眼螺栓支撑更多的重量。螺栓与树干或枝干间的距离为1/2英寸。不要完全拧紧螺栓，这可以让树继续生长。

非旋转滑轮是首选，因为绳子的放置可能会导致滑轮转动，扭转绳子并且可能的话卡住滑轮。对于永久性设施仅使用全金属滑轮，最好是由不锈钢或镀锌材料制成。塑料部件会由于太阳光辐射 UV（紫外线）而折断或破损。

记住，滑轮与牵引绳应保持轮子（滑轮中的滚轮）和轮体间的最小间隙；绳子或吊索的直径应比间隙大，这样滚轮和滑轮之间才不会卡住——一个主要烦恼。使用 1/4 英寸绳子；只用非常稀松的滑轮才会卡住。达到这个目的的绳子的最好类型是黑色涤纶抗紫外线的，因为在户外使用时它不会变质。（更多信息详见本章后面“绳子与绳子保养”部分。）

让攀登者爬到树上所需的位置，拧紧有眼螺钉，然后安好滑轮。几乎可以确定的是，树木将被修剪清理出一个可以让线穿过得恰到好处的窗口。最好是能多修剪一些，因为新长出的枝叶总是在几年内很快就长回来了。小树枝是令人难以置信的强大和灵活，并且可能会在任何树木项目或安装中造成大问题。

攀登者会把线穿过新安装滑轮的背面（树的最近一边），在线的末端加一重物，然后在有线天线方向投掷出去。要成功安装你的天线，有线天线必须清除所有树枝。很难从地面安装一个倒 V 天线到树上，因为不可能穿过树枝来得到天线的两侧。攀登者可以分别穿过树枝来投掷天线的每条腿。

当线的末端到达地面，移除重物，然后将线的端部绑在一起，形成绳环（见图 26-7）。这是因为在绝大多数情况下，都是天线毁坏，而不是绳子。没有这个环的话，当天线弄坏支撑绳的末端，天线会溜到滑轮的顶部，然后你就要派人去取回它。如果你有一个环路系统，所有你需要做的就是把线落下来，然后重新接好天线。打一个上手环路结以形成天线连接点（通常是绝缘体），此处绳子两端系在一起，然后你就可以开始吊装了。

在能让树木摇曳的大风天气里，你会想要一种可以让树木摆动而不损坏天线的方法。你可以把某种重物（水泥块、塑料牛奶容器、装有石块的桶等）系在绳子上或者用橡皮筋或束带在绳上产生张力。

爬树

如果你想自己爬树，你需要结实的靴子、安全帽，有两个系锁的安全带以及可能用到的爬树靴刺。你需要两个系锁来在树枝附近交替锁紧你的背带，这样你时时刻刻都会系在树上。

更新的爬树技术不使用钢钉鞋，因为这对树来说被认为是有害的。最新的方法是使用一根线投掷或发射，以越过一根树枝，使用的绳子与登山者和探洞穴者使用的相似。使用这种技术，你甚至不用触碰到树干。对天线来说，越过树枝得到线的同样方法也可以用于定位爬树线。

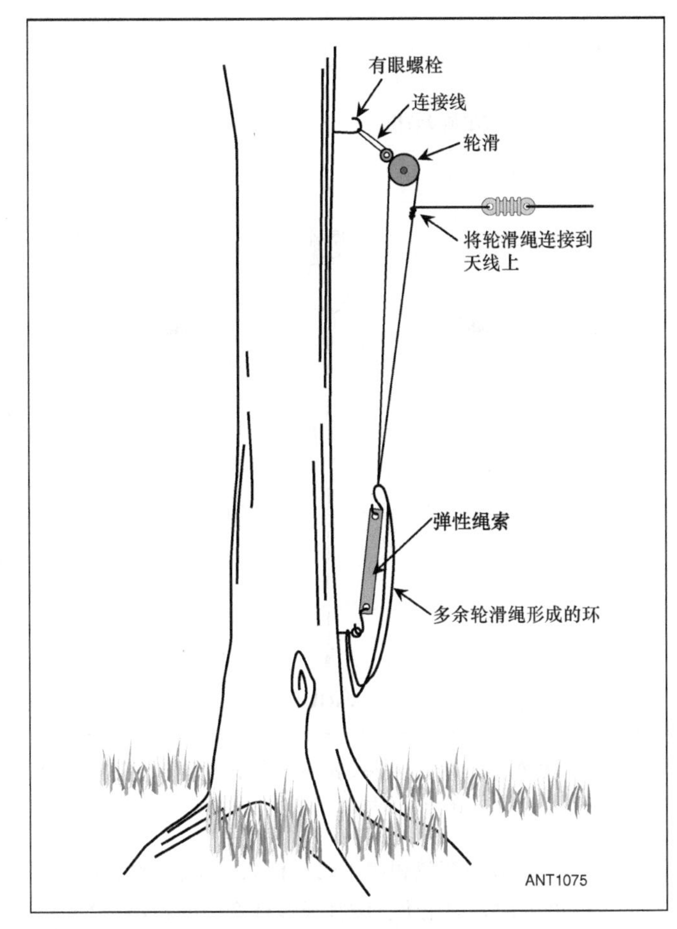

图26-7 通过使用轮滑，升高或降低天线就能完成维护，而不需要爬树。也可以用弹性绳索或带子来增加天线的张力。将多余的轮滑绳打环连到第二个有眼螺栓上，以防止绳子或带子失效。

爬树已经成为一种类似于攀岩方式的娱乐活动。有一些小组和可用的资源，你可以上网找到他们。一定要检查设备和技术，你才可以自己一个人爬树。

26.2.2 安装在地面上的天线杆和极点

电视与堆高式天线杆

堆叠电视天线杆可以是 5 英尺和 10 英尺长，直径1¼ 英寸，由钢和铝制成。把这些段的一端锻造或卷曲，以允许它们连接在一起。这种类型的天线杆通常安装在烟囱或某种安装在房子上面的支架上，并不是永久牵拉。该天线杆适用于甚高频/超高频的垂直面及小波束以及支撑高频轻质线天线。

如 Rohn H30 或 H40 的镀锌钢堆高式天线杆主要用于电视天线和无线网络天线。天线杆可以由 3 个、4 个或 5 个 10 英尺长的段来构成，在它们扩展好之后，用牵拉环和锁紧的方式固定好它们的位置，完成天线杆的制作。这些天线杆天生就比非伸缩式类型更适合牵拉式的安装，因为越靠近天线杆底端的段其直径是越大的。例如，一个 50 英尺长的天线杆顶部段直径是1¼ 英寸，底部段的直径是2½ 英寸。天线杆可以安装在地面或屋顶上。

尽管很难安装（每 10 英尺长的部分必须分别拉线，同时还要一节一节地把它们堆高），但是如果不是在比小的甚高频/超高频波束和垂直面以及高频线天线大的情况下超载，它们可以提供多年的可靠服务。如果您不熟悉堆高天线杆，当地的电视天线安装人员可以快捷、正确地展现实际的安装过程。你不能爬到天线杆上，要想在天线上工作必须降低天线杆。不要试图在扩展时“登上”这些天线杆。

堆高天线杆可从许多来源处获得，但运输成本往往超过了天线杆的成本。这些天线杆可以通过五金店和电视天线安装者在线订购（搜索天线、堆高和天线杆等信息）。

AB-577/GRC 天线杆

AB-577 型天线杆是一种全铝天线杆套件，主要来自军用物资。它设计用于一人或多人进行场地部署，并且不需要准备任何类型的表面或地基。图 26-8 所示的完整工具为 1 个“启动器”（底部）、8 个管段部分、拉线和所有的硬件和工具，用来组装 50 英尺高的天线杆。有 3 套拉线的标准 AB-577 系统可以在 45 英尺高处支撑一个适度的三频段八木天线（见图 26-9）。

图26-8 在运输状态下的一个AB-577临时铁塔系统。（Alan Biocca<WB6ZQZ>摄）。

图26-9 位于K7NV电台基地45英尺高的三频段的AB-577铁塔。（Kurt Andress<K7NV>摄）。

加上MK-806扩展部件，总高度达到75英尺也是可行的。它对任何需要临时或永久铁塔的应用，如照明、监控、应急通信和射频测量工作等，都是有用的。快速架设时间也使天线杆在不能安装永久铁塔的地方显得非常有用。

该系统由几个铝制管小段构成，用特殊的端部连接把它们组合起来。这些东西可以通过基底固定装置建立起来，该固定装置有升降式绞车驱动的平台。管段部分安装在基底固定装置上，与偏心自锁马蒙式夹具和它上方的部分连接。然后，用绞车把升降机平台升高，新的管段就锁定在基座固定装置的高处。然后升降机降低去迎接下一节管段。当铁塔扩展时，拉线通过与锚连接的独特缓冲组件进行调整。只要在每次扩展时特别注意拉线的调整，即使在大风条件下一个人也能建立这样的系统。

玻璃纤维杆

可伸缩的玻璃纤维杆近年来已被广泛使用。虽然它们太轻，不能支撑可旋转天线，但作为线天线支架还是很流行的。它主要用于便携使用，如果你决定永久安装使用它，确保其表面涂覆抗太阳紫外线物质或喷上油漆。更多关于这些杆的信息请详见“便携天线”一章。

木杆

一个很少使用但坚固的替代方案是使用一个木制电线杆。它们情况不同，有的是新的，而有的则是公共事业公司废弃的。在你那边的区域做一些调查，找出可用性和安装成本。你需要添加一些台阶，以便攀爬，并且还要制作你自己的天线安装硬件。不过，它们是很坚固，不需要拉线，并且可以满足你的使用和预算。

26.2.3 天线杆的固定

对于天线杆来说，通常每组3根拉线就足够了。这些拉线在天线杆附近的间隔应一致。所需要的拉线组数取决于天线杆的高度、强度，以及如果在一端支撑线天线，天线所需的张力。一个30英尺高的天线杆通常需要两组拉线，一个50英尺高的天线杆至少需要3组拉线。如果要支撑线天线的一端，顶端那组中的一根拉线应该与天线对面的一点相接。同一组的另外两根拉线与第一根拉线分别间隔120°，如图26-10所示。

一般来说，顶端拉线锚定位置距基底高度至少为天线杆高度的60%。把固定锚从天线杆上分离，决定了固定负载和紧压天线杆的垂直负载。在距天线杆高度60%的锚处，线天线对面的拉线的负载大约是天线张力的两倍。天线杆上的压力是天线张力的1.66倍。在天线杆80%高的地方，拉线张力比天线负载大1.6倍，天线杆压力比天线负载大1.25倍。

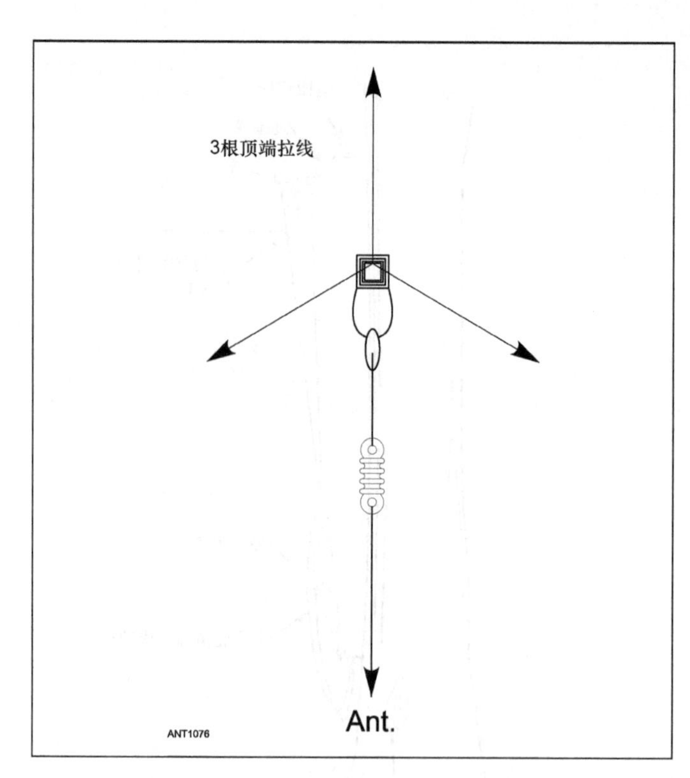

图26-10　支撑线天线的天线杆，拉线应该120°等距地围绕着天线杆，其中一根与天线在一条直线上。

应使用最大的有效和实用的锚杆间距。较近的锚间距会引起天线杆上额外的压力，增强天线杆弯曲的趋势。当拉线间非支撑跨度上的压力对于非支撑长度太大时，弯曲就发生了。拉线部分会横向弯折，通常会折叠，压断天线杆。额外几组拉线通过减少非支撑跨度的长度以及使天线杆稳定来降低天线杆在压力作用下的弯曲趋势，使它处于最佳承受压力状态并保持直立。

当风通过天线杆拉线部分时，一种称作旋风脱落的自然现象可能会发生。对于各部分的尺寸、形状和长度，风的速度可使其发生机械振荡。当天线支持天线杆的所有部分都接近相同的尺寸和长度时，在拉线间所有的天线杆部分产生共振是有可能的。为了减少这种潜在的威胁，你可以将拉线沿着天线杆放置，这会产生不同的跨度距离。对每个跨度都会引起不同的机械谐振频率，从而消除所有部分同时出现振荡的可能性。

确定了沿着天线杆的拉线位置来解决这个问题后，你还需要考虑天线杆的弯曲要求。由于天线杆的压力在底部跨度处最大，在顶部跨度处最小，所以在拉线时要使底部跨度最短，顶部跨度最长。要确定不同跨度长度的通用做法是，随着高度的增加，间隔逐渐增大10%～20%。

拉线材料

在它们安全负载额定值内使用时，你可以使用任何一种列在本章后面的天线杆绳索。非金属材料有这样的优势，我们不需要把它们分成部分，以避免不必要的共振作用，本章

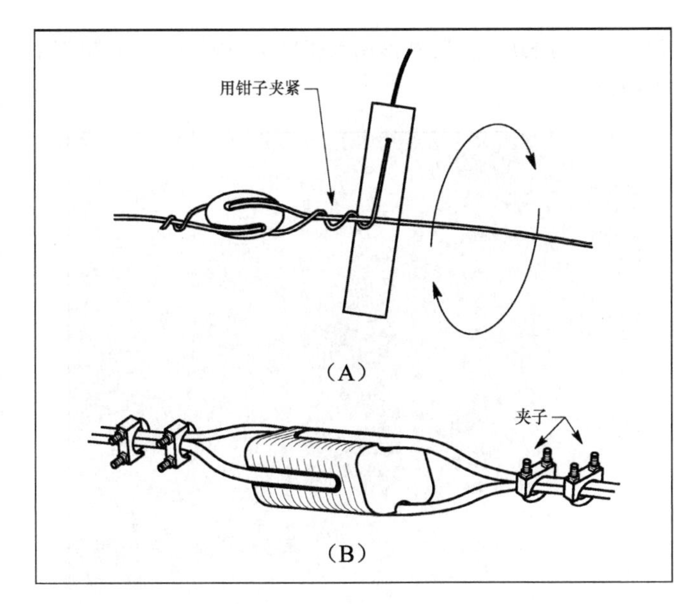

图26-11　将拉线连接到耐拉绝缘子上。图（A）用来拧实芯线的一个简单操作杆，图（B）用于绞线的标准电缆夹。

后面亦有讨论。然而，所有这些材料都受到拉伸，在永久安装中会导致机械问题。在额定工作负载下，干燥的马尼拉绳延伸约 5%，而尼龙绳延伸约 20%。通常来说，在一个周期的风力负载与干湿循环后，线就会变得相当稳定，不需要频繁调整。

实芯镀锌线也被广泛用于固定中。该线的额定负载大约是类似大小的铜包线的两倍，但它更易被腐蚀。用于固定电视天线杆的多股镀锌线也适用于轻型应用，但也很容易受到腐蚀。每 6 个月要检查一下是否有恶化或损坏的迹象。图 26-11 显示了如何将拉线接到绝缘体上。

拉线锚

图 26-12 和图 26-13 展示了两种不同的固定锚。在图 26-12 中，一个或多个锚管打入地面，拉线与它成直角连接。如果一个锚管被证明不够，另一个锚管可以串联添加，如图所示，并用镀锌钢丝绳连接。大口径的镀锌管因其耐腐蚀而成为首选。钢栅栏柱也可以同样的方式使用。图 26-13 展示了一种埋桩。埋在地下的锚可以由一个或多个 5 英尺或 6 英尺长的管，或者如保险杠、车轮等报废汽车部件组成。锚应埋在地下 3 英尺或 4 英尺深。连接在埋桩的电缆应是镀锌钢绳，如 EHS 拉索。在地面上你应该给要埋在地下的电缆部分加一层焦油外套，并在掩埋它之前彻底烘干它，以提高耐腐蚀性。

如果位置合适的话，树木和建筑物也可以用作固定锚。

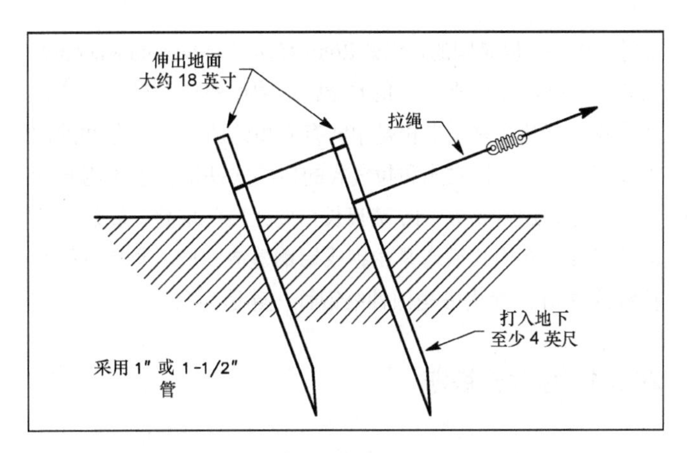

图26-12　插入地面的拉线锚。对于一个小天线杆来说，一个管子通常就足够的。为了增加强度，可以如图所示增加第二个管子。

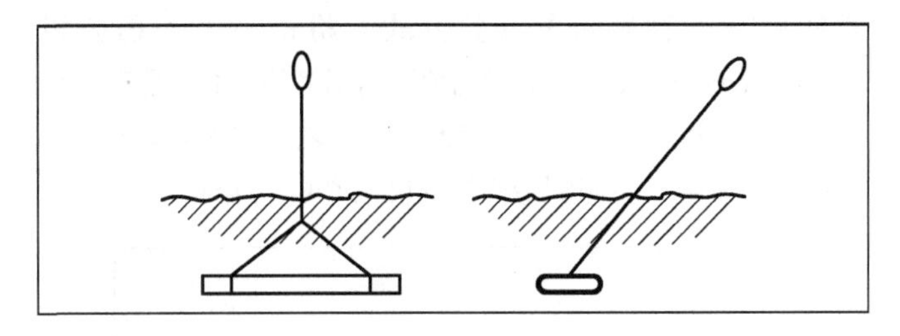

图26-13　埋桩。

但是，必须小心，以确保树木有足够的尺寸，还有任何固定到建筑物的物体都足够安全。利用树木作为天线的支撑来固定，请参看之前的部分。

拉索张力

天线杆的固定中遇到的大部分问题源于拉索固定得太紧了。一定不能为了校正天线杆的明显弯折或者减小其在风中运动的幅度而把拉索固定得太紧，超过规定值 10%～15% 的工作负载就足够了。大多数情况下，拉索的张力是不需要使用弯头的，线天线反方向的那根拉索可能是个例外。如果在校正天线杆的弯曲上真的有困难的话，也应该减小拉索承受的力，或者增加几组拉索。另外，还需要对天线杆进行定期的检查，尤其是在大风天气以后，以确保拉索和固定桩没有松动或移位，允许天线杆没有达到所要求的直立标准。

在用绳子固定的情况下，相较于通过拉绳子获得的张力，使用“卡车司机结”（见关于绳节部分）可以获得更多的张力，因为它有 2∶1 的机械优势。

26.3　铁塔的种类

铁塔是可靠的永久的天线支撑结构的最佳选择，基本上有两种类型——自立式和拉线式。业余爱好者从刚开始使用在屋顶安装的“四足鼎”模型小型铁塔，到使用超过了 200 英尺、有广播台大的“大铁块”的大型铁塔。本部分是对不同铁塔的常见类型及其主要特点进行概述。

格构式铁塔由两种类型构件组成：支柱以及对角线和水平

支撑。构件可以是圆的，比如 Rohn 25G （www.rohnnet.com），或者也可以是 90°或 60°角的金属。圆形构件塔对于业余铁塔来说是最常见的。塔相是中间有支撑的两个支柱之间的向外面对的区域。独立式和拉线式的格构式铁塔都由预组装的部分建造，通常是 8～10 英尺长，彼此顶部堆叠，以达到所需的高度。格构式铁塔是由钢或铝钢建造而成，最常见的是拉线式铁塔。管状塔是由伸缩钢管段建造而成。

26.3.1 屋顶式铁塔

安装在屋顶上的自立式铁塔是一个支持小到中型天线的合适方式。这可能是你第一次尝试铁塔和定向天线，屋顶式铁塔是一种廉价的开始方式。格伦马丁工程公司（www.glenmartin.com）提供几种四腿铝塔的模式，是高度范围在 4.5～26 英尺屋顶式铁塔的一个代表。图 26-14 展示了一种典型安装。按照制造商的建议来安装与接地。

图26-14　安装在屋顶上的铁塔会让你以最小的影响和成本在空中架起天线（Redd Swindells<AI2N>摄）。

屋顶式铁塔通过完全延伸穿过屋顶的锚栓连接到屋顶。不要使用方头螺栓插入屋架内。使用 2×4 或 2×6 穿过阁楼里桁架的垫板，然后将锚定螺栓与它们相接，如图 26-15 所示。另一个类似的板可以放置在屋顶的上方来分散负载。任何暴露在空气中的木材应加压处理或者涂屋顶焦油。屋顶焦油是在安装螺栓孔周围用来密封的，以防止泄漏（见图 26-16）。

屋顶式天线和结构很容易做到，但屋顶会比较危险。州和联邦的安全法法律要求要有防跌落设备，同时也强烈建议你好好利用它。防跌落用具(FAH)应该与屋顶顶端的锚点相连。

图26-15　安装在屋顶上的铁塔的加强锚。螺栓穿过屋顶以及格栅之间的锚金属板（2×6）。(Jane Wolfert摄)。

图26-16　屋顶上长宽为2×6的长条作为塔柱的基础，通过涂屋顶焦油来抗风化和防止泄漏（Lengths Wolfert摄）。

26.3.2 自立式铁塔

自立式铁塔占用的空间更小，但一般来说安装价格也更高。值得注意的是，自由站立的铁塔基底需要更多的混凝土，并且钢或铝的量（最终决定铁塔的成本）也更大。自立式铁塔的优点是，不需要拉线。这点对于业余无线电爱好者有很强的吸引力，因为他们没有足够的空间来建造必要的固定系统，有时从清洁方面“看”，有助于审美问题。

因为没有拉线保持其站立，所以自立塔的站立程度取决于弯曲强度和大型混凝土基底。基底一般要求至少有五到六立方码的体积，需要大量的挖掘和准备。基底的重量使铁塔的重心很低或低于地面，能最大限度地减少风的倾覆力。基底周围的土壤必须足够严实，以承受倾覆力对铁塔系统造成的压力。如果你对自己正确建造基底的能力有任何问题，请教专业工程师或雇用混凝土承包商。

独立式铁塔

专门为电视天线设计和安装的铁塔是在适合典型高频波束的低端。电视天线铁塔最大高度是 40～60 英尺。最常见的是 Rohn AX、BX 和 HDBX 系列，管状支柱与 Rohn 25G 相似，但比它轻。通用制造公司(www.universaltowers.com)提供了类似的铝制塔。

图 26-17 展示的普通 BX 系列铁塔是由冲压钢与交叉支撑的支柱构成的。交叉撑架不是相互连接，最常见的故障点在支撑之间。同样，旋转器和顶板是由金属薄板制成，会由风引起的疲劳裂纹而产生裂缝。小型三频段高频波束和甚高频阵列都还行，但要小心因使用更小的堆叠部分而产生的铁塔过载。这些铁塔应限制其天线的臂长不超过 10 英尺，因为它们有最小的抗扭强度（扭曲）。

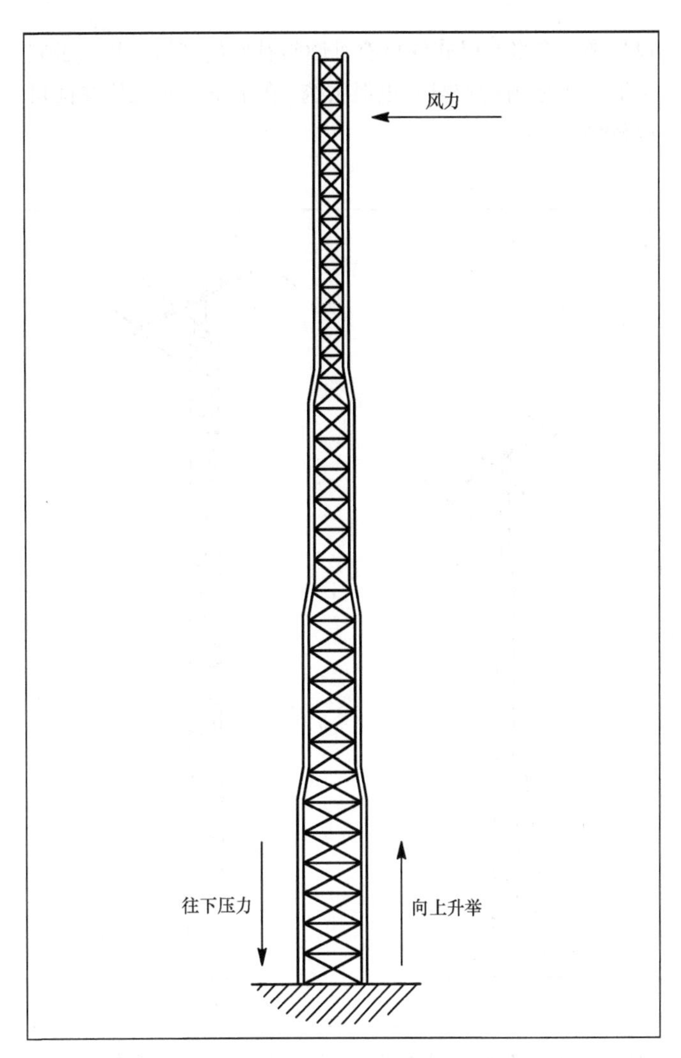

图26-17 一个典型的类似于Rohn BX的独立式铁塔。随着高度增加，铁塔逐渐变尖。较宽的站姿保证了稳定性。箭头指示了作用在建筑物上的力的方向。

对于更大的天线阵列，可采用广播与商业应用的重型塔。它们看起来与“电视天线”铁塔一样，不过是由更重的材料制成，而且有更重和更硬的支撑。这些铁塔最常见的模型就是 Rohn SSV、Trylon(www.trylon.com)、Universal 和 AN Wireless(www.anwireless.com)。尽管贵很多，但是它们可以处理包括强风和冰雪条件下的非常大的负载。

升降式铁塔

升降式是自立式铁塔中非常流行的一种类型。它们使用自动或手动的电缆滑轮系统来扩展或缩回铁塔。由于采用更多的材料和硬件，所以在同一高度上它们是最昂贵的，但却可满足许多没有足够空间的业余无线电爱好者。当降下去时，伸缩塔可以保持较低高度，从邻居和家人的视线中消失。

管状式升降机通常仅局限于一个单一天线，因为旋转器安装在铁塔顶部的板上，并没有任何额外的支撑。这限制了天线的尺寸，以及在旋转器上方安装的距离。格构式升降机一般和拉线式铁塔具有相同的结构，并且能够支持更大的天线和天线杆的组合。

美国铁塔公司(www.ustower.com)主导了升降机市场，制造好的产品并提供良好的客户支持。格构式和管状式升降铁塔如图 26-18 所示。

不要在正常的升降铁塔上拉线(它们各段之间没有锁扣装置)！负载起重索会增加塔的压力，最终导致其失效。

倾斜式铁塔

一些独立的铁塔有另一个便捷功能——铰接部分允许所有者折叠所有或一部分铁塔。主要的好处是可以使天线的工作在接近地面的地方完成，不需要将其移除或者降低。图 26-19 展示了一个使用了堆叠、拉线式铁塔部分的铰接座。许多升降式铁塔有可倾斜基底的装置，装备了完全嵌套于塔内的绞盘和电缆系统，在水平和垂直位置间可以倾斜。

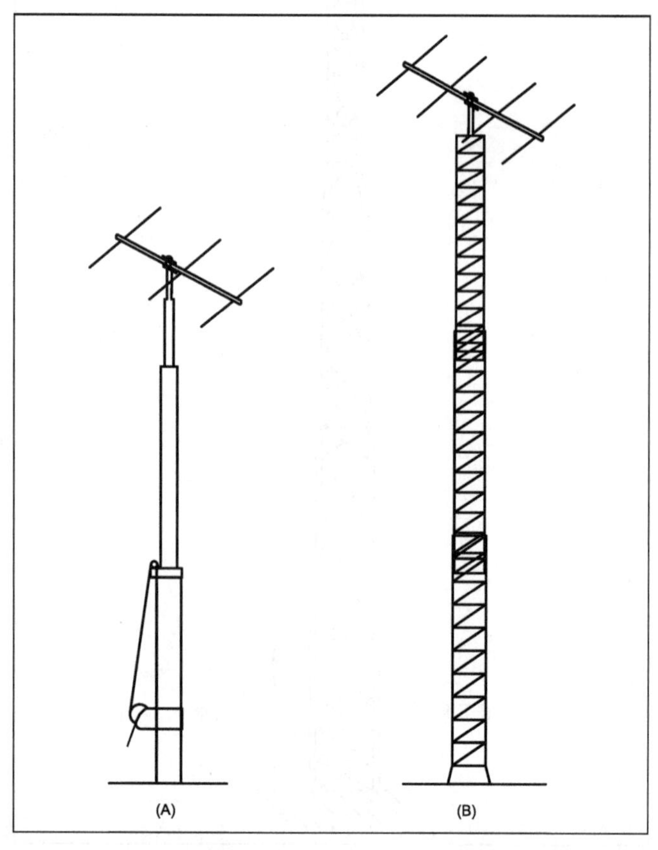

图26-18　升降式铁塔的两个例子。图（A）所示是管状式，图（B）所示是格构式。

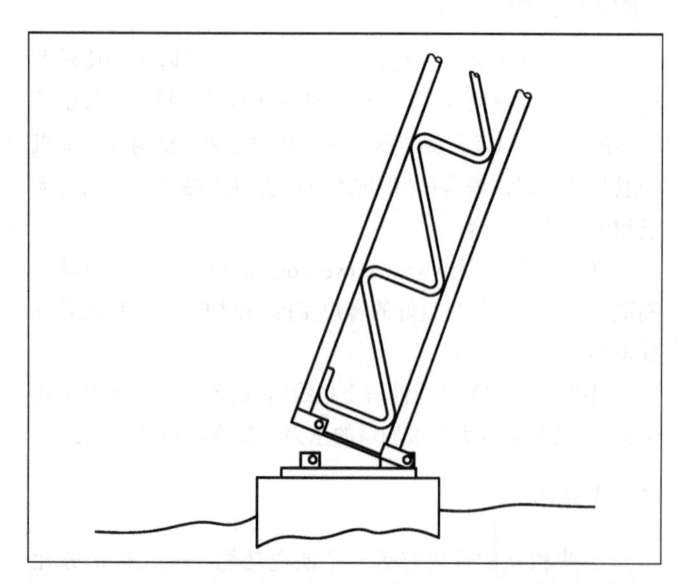

图26-19　折叠或倾斜的基地。有几种不同类型的铰链式塔段允许不同类型的安装。当升高或降低一个倾斜铁塔时尤其要注意。

铰接部分也可以设计为铁塔基底以上部分。它们通常被称为拉线式倾斜铁塔，这样常规的拉线式铁塔就可以倾斜，以便安装和维护天线。

铁塔建造期间，铰链部分的滥用是业余无线电爱好者一个共同的危险行为。如果你物理学的基本原理掌握不好，当你对安全安装和使用这类铁塔有任何问题，最好避免使用绞索铁塔或者向专家咨询。用起重架和攀爬背带来建造一个普通拉线式铁塔或自立式铁塔往往比尝试登上笨重的铰接式铁塔要更容易（更安全）。

26.3.3　拉线式铁塔

拉线支柱管状格构式铁塔是强大的、可靠的、相对容易建造的，并且有大量兼容的配件供业余者使用。

它们安装起来通常没那么贵，但是需要一个大的地方来固定系统。因为典型推荐的锚接距离是铁塔高度的 80%，所以一个 100 英尺高的铁塔，需要在距铁塔 80 英尺远处拉线。3 根拉线一组，在铁塔周围间隔 120°，每 30～40 英尺重复一组拉线（见图 26-20）。

业余应用中最广泛使用的拉线式铁塔是 Rohn 25G 和 45G。它们建造得很好，是热镀锌的，并且对于任何使用都有足够的配件。这些铁塔有管状的支柱，以及焊接到支柱上的 Z 型支撑。Rohn 的产品目录（可从该公司的网站下载）提供了在不同高度额定风力负载以及所有基底和拉线要求的计算。

Rohn 25G 塔相为 12 英寸宽，1 节长 10 英尺，重 40 磅。推荐使用起重架和地勤人员的方式来安装这些铁塔。在风速为每小时 90 英里下，实际高度限制到 190 英尺，能提供 7.8 平方英尺的天线负载容量。一个 100 英尺高的铁塔产生 9.1 平方英尺的天线容量，对于一副小型堆叠单波段八木天线或高性能的三波段波束来说是足够的。像这种流行的铁塔，一组有经验的人员每天可以建造 100 英尺高。

Rohn 45G 塔相为 18 英寸，1 节长 10 英尺，重 70 磅。在风速为每小时 90 英里下，这个强大的铁塔可达到 240 英尺，风力负载为 16.3 平方英尺。在 100 英尺高处，风力负载为 21.5 平方英尺。

Rohn 55G 塔相也为 18 英寸，每节重 90 磅，在风速为每小时 90 英里下，能安装到 300 英尺。最大配置情况下，其总容量为 17.4 平方英尺。由于重量，标准的 Rohn 起重架不如 55G 额定的。

用支架把管状支柱铁塔与建筑物相连，也能支撑起它们。制造商会指定支架放置多远，铁塔可以不用拉线就能扩展。

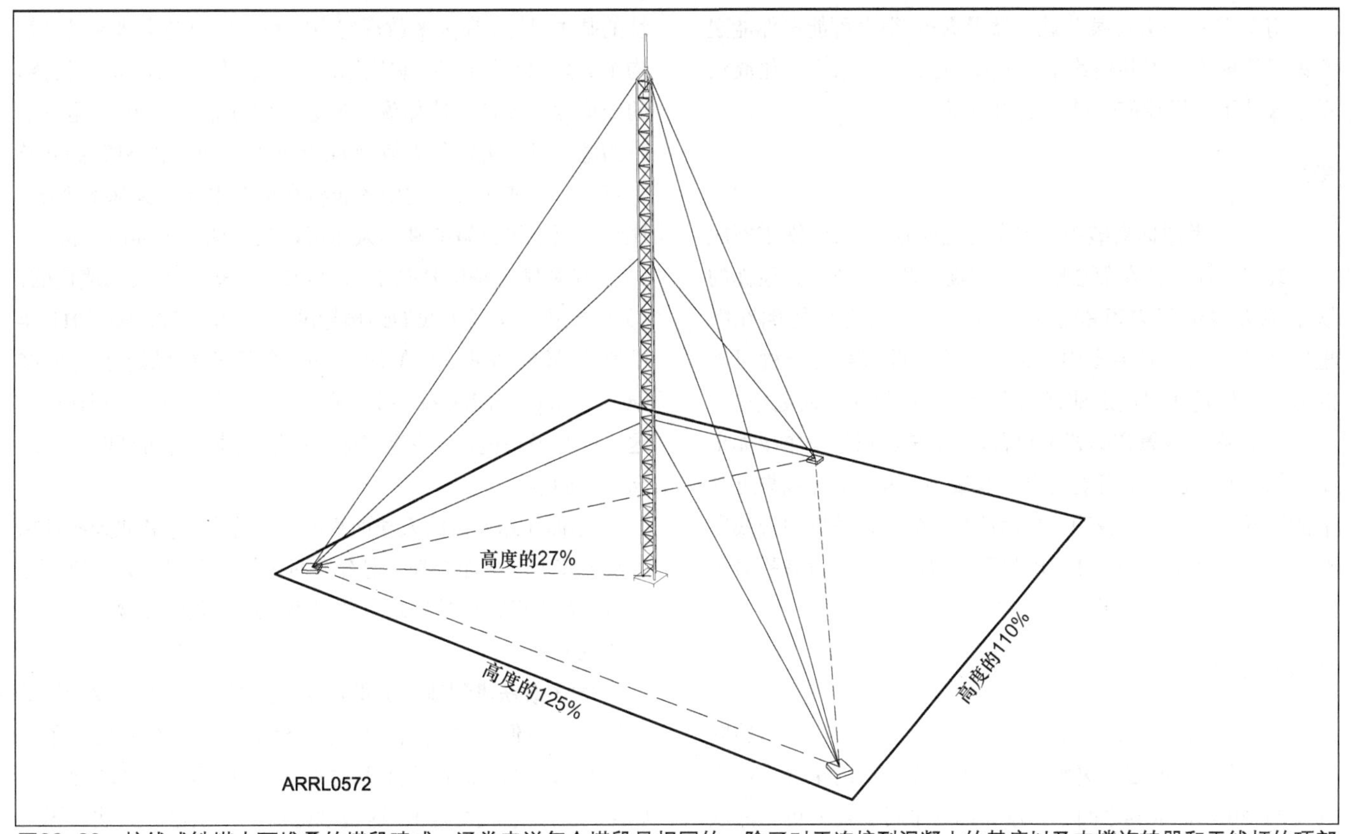

图26-20 拉线式铁塔由可堆叠的塔段建成，通常来说每个塔段是相同的，除了对于连接到混凝土的基底以及支撑旋转器和天线杆的顶部塔段。拉线要求由制造商指定，但锚间距为铁塔高度的70%～80%较为典型。如图中看到，铁塔和拉线确实占据了相当大的空间。

26.4 设计铁塔项目

在这里，设计的意思是计划、建造或管理你的铁塔项目中的实际应用。在你开始挖掘、浇注或建造之前设计就应该完成了！

你参加设计系统的过程最开始可能是开始选址（“哪里是一个合适的安装铁塔的地点？”）或者可能是选择一个铁塔（“在这个地方我能建造什么样的铁塔？”）。每个人的情况都是不同的。

当你解决不同类型的铁塔以及相关的成本和限制问题时，通常你不会多次重复计划和选择铁塔的过程。最重要的是要解决各种相互作用问题，直到你满意，认为你已经解决了所有的问题为止。

拜访其他当地建造过铁塔的业余爱好者往往对铁塔安装初学者来说很有帮助。仔细查看他们的硬件并提问。询问当地的申请程序和要求。如果有可能的话，请一些当地有经验的业余爱好者检查你的计划——在你发表自己意见之前。他们也许能提供很大的帮助。如果在你的区域有人计划安装一个铁塔和天线系统，一定要提供你的帮助。当谈到铁塔工作时，经验是无可取代的，你的经验在以后可能是非常宝贵的。

26.4.1 地点的规划与准许

地方性法规和 CC&Rs

应了解地方性法规、契约的限制以及任何的 CC&Rs（约定事项、条件和限制），以确定是否有任何法律限制影响铁塔的安装。尽管服从当地建筑法规可能很简单，但你的 CC&Rs 可能会特别排除任何类型的户外结构，使铁塔或天线的安装不能进行。美国联邦通信委员会的 PRB-1 备忘录规定，地方性法规必须对业余无线电天线和支撑结构做“合理的通融”，但并不优先于地方性法规。湖区更多关于 PRB-1 的信息，请参考 www.arrl.org/prb-1 的信息。

关于业余无线电铁塔分区问题最好的书是由 Fred Hopengarten（K1VR）编写的《业余无线电天线分区》，现在是第 2 版，可从 ARRL 或 Radioware 购买(www.radio-ware.com)。Fred 是一名电信律师，这本书在法律问题方面有很多有用的信息。除了包含法律问题，也包含许多有关与建筑部门工作和导航审批过程等实践方面的见解和例子。

建筑许可证会在某些地方遭受周折，很有可能在你能建造铁塔的地方设置其他约束。例如，你也许不得不与化粪池系统或地下公用设施保持一定的距离。

安全

你必须考虑你安装中的安全方面问题。例如，铁塔不应该安装在可能会倒在邻居财产的位置。想象一下，如果你的铁塔或天线倒下来可能会发生什么——它有可能倒在哪里？在倒下的时候会击中什么？你不能够缓解每一种可能的后果，但是在建造之前仔细想想，会使你的计划更好。

天线必须放置在这样的位置，无论是在正常操作或如果结构倒下时，它都不可能与电源线接触。考虑电源线靠近铁塔的情况。安全规则说明，当建造或安装后，铁塔和天线所有零件必须距电源线至少 10 英尺。这是你应该考虑的最小距离，强烈推荐更大的安全边界。

区域和可行性

对于拉线式铁塔，必须要有足够的空间进行适当的固定。固定锚的高度应是离水平地面上铁塔基底的距离为铁塔高度的 70%和 80%之间——倾斜的地形可能需要更大的区域（见图 26-20）。

建造铁塔与安装天线需要一些地方。有足够的空间将铁塔放在倾斜基底上吗？如何确定铰接基底的方位？想想天线在哪里装配，以及如何将它们吊到铁塔顶部，哪些必需的装备放在哪里，以及怎样放过去？

另外，铁塔的选址应该有可行性。也就是说，基底的开挖与混凝土的浇灌都是可行的。如果你不确定的话，叫一个当地的承建商来评估一下你的选址，并且提一些建议。他们可能发现一些重要的但你又忽视的事情。

26.4.2 选择一个铁塔

铁塔的选择，它的高度、天线和旋转器的类型，对于基站建造者来说可能是最复杂的问题之一。铁塔、天线和旋转器系统的所有方面都是相互联系的。在你对系统部件的细节做决定之前，你应该要仔细考虑整个系统。

选择一个铁塔必须要基于你的要求，铁塔要支撑什么以及其他一些考虑，如总预算、许可证的限制、美观以及你准备在哪里建造铁塔等细节。同时，你也应该考虑气候状况和维护铁塔的能力。也许你已经知道你想要的铁塔的大概类型——自立式或拉线式，格构式或管状式，等等。或者你选择铁塔时，还会受到地点以及其他因素的制约。

在铁塔选择过程中，第一件你需要确定的事是当地政府要求的规定类型（如果有的话）。然后，你必须确定适合选址的基本风速。在大多数规定中的基本风速是指风穿过建筑物 1 英里的平均速度。它比选址处安装的风速计（测风仪器）的峰值读数要低。比如说，风速均匀分布时，70 英里每小时的基本风速可能最大值为 80 英里每小时，最小值为 60 英里每小时。在相关规定中的表格和地图中能找到基本风速。通常，用于该位置的基本风速可以从当地许可部门获得。

许多建筑条例是基于 TIA-222 来规定最大风速值的，“天线支撑结构及天线的结构标准。”（TIA-222G 是 2011 年中期的最新版本。）美国 3076 个县的县风速也可以在 www.championradio.com 技术笔记栏目下在线查询。记住——这些都是最小值，一些建筑部门在发放建筑许可证时会使用高一点的值。

把你计划安装的天线面积的总平方英尺（商业天线包括天线规格地区）加起来。把有风面积的结合和最大风速进行比较。对于可接受的铁塔具体模型，最大风速会被列入制造商的规格中。

大多数铁塔制造商提供目录或数据包，代表了设计的塔式结构。他们为帮助用户确定最合适的铁塔结构提供了方便。对铁塔来说最常用的设计规定是之前提到的 TIA-222 和 UBC（统一建筑规范）。这些规范规定了铁塔、天线和固定负载是怎样确定并应用到系统中的，同时建立了铁塔分析的一般设计准则。地方政府往往通过州注册职业工程师（P.E.）来对安装状态进行审查和批准，从而颁发建筑许可证。在美国，所有的地方政府的设计标准都不尽相同，所以制造商通用工程往往是不适用的。

确定铁塔负载

大多数制造商根据在特定风速条件下可以安全地搭载的最大允许天线负载来给铁塔定价。确保你计划安装的特定的天线满足铁塔的设计准则，然而，这并不总是一个简单的任务。

对于大多数的铁塔，制造商假设可允许的安装在塔顶的天线负载是水平力。在特定的风速下，可允许负载代表了暴露的天线面积的确定数量。多数制造商使用水平投影面积（FPA）来对负载划分等级。这可以简单测得与风向垂直的矩形平面的等效面积。水平投影面积与天线本身的实际形状无关，只是它的矩形投影面积。对圆柱截面天线和矩形截面天线，制造商分别提供了它们的水平投影面积。

然而在天线制造商那里，你可能会遇到另一个风力负载分类，称为有效投影面积（EPA）。它试图把天线单元的实际形状考虑在内。问题是，从有效投影面积向负载数的转换没有统一的标准。不同的制造商可能会用不同的转换因子。

既然多数铁塔制造商提供了他们铁塔的有效投影面积数值——让我们可忽略设计规范的细节——对于我们来说只与天线的有效投影面积数值打交道是最容易的。如果我们计划使用的特定天线真有好的水平投影面积数值，那也行。不幸的是，对于商用业余天线，水平投影面积是很少有规定的。相反，多数天线制造商在他们规格表提供了有效面积。如果你需要天线的水平投影面积或天线尺寸，你可能需要直接与天线制造商联系，这样你可以根据本章附录 A 中的讨论来自己计算水平投影面积。

26.4.3 设计拉线

图 26-21（A）所示的结构取自一个老的（1983 年）Unarco-Rohn 目录。该结构在塔顶拉了一组拉线，在塔中间也拉了一组。对于多数的业余安装，通常将天线安装在超出塔顶的可旋转的天线杆上，该结构是最好的——从而当风吹过塔顶（和旋转天线杆底部），将有最大侧向负载。

图 26-21（B）所示的结构取自目前的 Rohn 目录（目录 2）。该图显示出无支撑铁塔顶端比顶部拉线组高 5 英尺。较低拉线组大约在顶部拉线组和基底之间。新的结构是专门为那些用固定阵列和（或）碟形天线填入顶部区域的商业用户定做的。图 26-21（B）中的安装不能像图 26-21（A）所示的结构那样安全地承受相同数量的水平顶端负载，仅因为拉线开始的地方距塔顶更远。

拉线式铁塔的俯视图在图 26-21（C）中给出。通常的做法是在拉线之间使用 120°的等角间距。如果你必须偏离这个间距，你应该联系铁塔制造商的工程人员或土木工程师，听取他们的建议。

业余爱好者应该了解，多数目录展示的是符合引用设计规格的铁塔结构的通用例子。他们绝不是对任何特定的塔/天线配置的唯一解决办法。你通常可以通过改变拉线的尺寸和数目，来大幅度地改变任意给定铁塔的负载能力。建议电台建造者利用专业工程师的服务来充分利用他们的拉线铁塔。

26.4.4 设计基底

铁塔制造商可以为客户提供正确建造铁塔基底的详细计划。图 26-22 是该计划中的一个例子。该计划需要一个 3.5 英尺×3.5 英尺×6 英尺的坑。钢筋条绑在一起组成一个笼子并放置在坑内。

在洞的顶部周围建造一个结实的木制模具。往坑内和木制模具中浇灌混凝土，这样合成块会比原地面高出 4 英寸。在混凝土变硬之前，把锚定螺栓埋入里面，并用胶合模板对准。模板用来对准锚定螺栓，以便更好与铁塔本身紧密配合。一旦混凝土固化了，铁塔基底安装在锚定螺栓上，然后调整基底连接使其与铁塔垂直对齐。

对于一个拴在平面底板上的铁塔，底板是安装到地脚螺栓上的（如图 26-22 所示），你可以把铁塔第一段拴到底板上，确保基底保持水平和正确对齐。当混凝土凝固时，使用临时拉线或木制支撑来使铁塔保持垂直。（在浇注混凝土前，当你把铁塔第一段放到基底洞内并使其垂直，这种临时拉线的用法也可以奏效。）制造商可以对正确安装步骤提供具体详细的指导。图 26-23 展示了一个稍有不同的铁塔基底设计。

目前的一个假设是，铁塔安装的区域以正常土壤为主。正常的土壤是黏土、壤土、沙子和小石块的混合。如果土壤是沙地、沼泽或多岩石的，就应采取更多保守的铁塔基底设计参数（通常使用更多的混凝土）。如果对于土壤有任何疑问，当地农业推广机构通常可以提供给定区域内土壤的详细技术信息。当手中有了这个信息，联系铁塔制造商的工程部或土木工程师来获取关于补偿任何特殊土壤特性的具体建议。

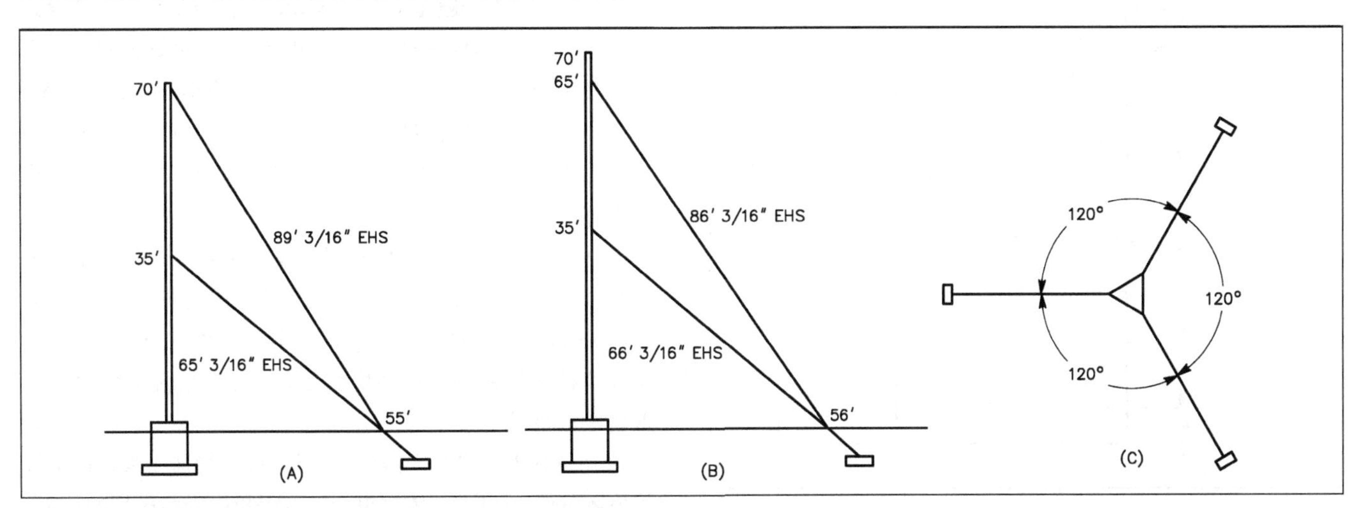

图26-21 拉线式铁塔的正确安装方法。图（A）所示是建议大多数业余安装的方法。图（B）所示是目前Rohn目录中展示的方法，当在铁塔上方安装大型天线时，施加了相当大的压力在顶部塔段上（见文中）。图（C）展示了推荐的拉线取向，对称分布在铁塔周围。

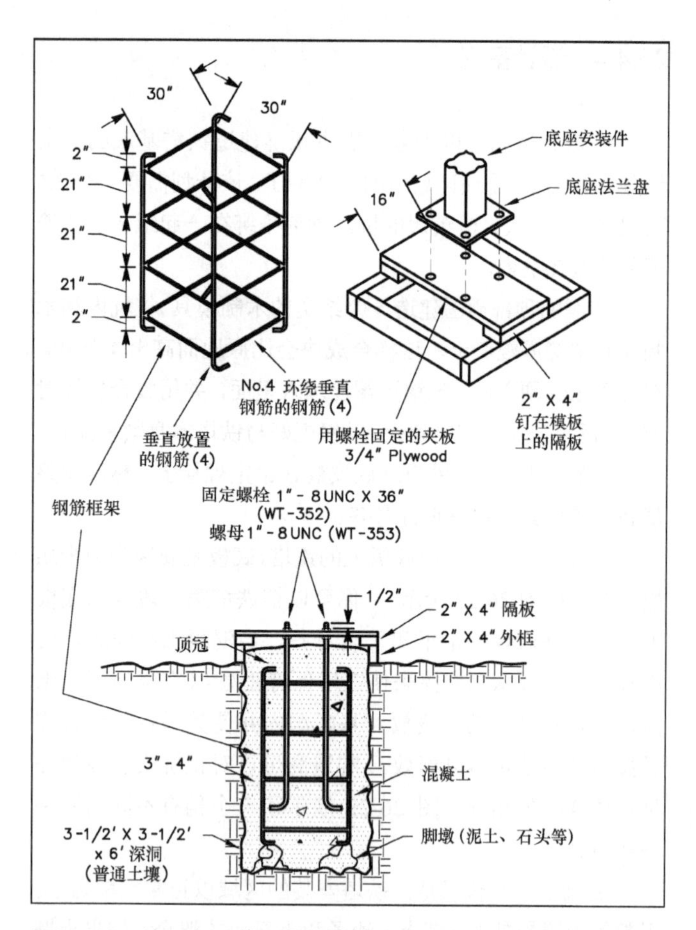

图26-22 给一个70英尺高的管状升降式铁塔安装混凝土基底的计划。尽管不同铁塔的指示各不相同，但这是大多数制造商指定的混凝土基底类型的代表。

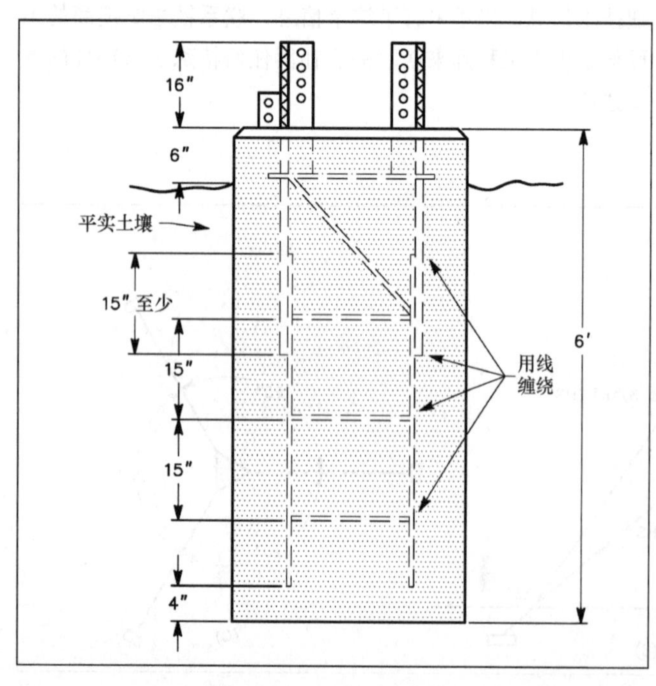

图26-23 70英尺高的格构式升降铁塔的混凝土基底的另一个例子。

墩脚基底

拉线式铁塔中一个重要的现象是拉线的拉伸。在负载下所有拉线都拉伸，当风吹起时拉长的拉线会使铁塔有点倾斜。如果铁塔基底埋在混凝土底部——业余安装中通常都是这么做的——铁塔基底的弯曲应力会成为一个重要的因素。已安装在锥形墩脚基底上的铁塔，能更自由地缓解铁塔倾斜，并且它们对拉线延伸问题非常不敏感。

锥形墩脚铁塔的安装也不是没有缺点。这类安装通常需要转矩臂的拉线支架或六线转矩臂组件来控制由天线扭力引起的铁塔旋转。当安装它们来保持基底稳定时，还需要临时拉线，直到永久拉线安装完成。当一些攀登者开始攀登这类铁塔时，他们也不喜欢弯曲。

从积极的一面看，墩脚基底铁塔混凝土底脚上的所有结构构件都有，消除了埋塔时可能发生的隐藏腐蚀问题。多数关于基底安装类型的决定是根据铁塔建造者（维护者）的偏好而做出的。尽管基底结构的两种类型都可以成功使用，但你会很明智地做应力计算（或请专业工程师来做），以确保安全，特别是在考虑大型天线负载时，以及如果使用了容易伸展的拉线（如 Phillystran 拉线）时。

26.4.5 设计天线杆

天线杆是通过塔顶延伸到旋转器顶端的公称管或管件。天线杆的风力负载对大型天线系统或安装在塔顶上的天线很重要。需要仔细选择天线杆材料，并且是完成你铁塔系统设计的一个重要组成部分。表 26-1 对于不同天线杆材料给出了屈服强度。除了最小的系统，在这个关键部分不要依赖于未知的材料！

有两种类型的圆形材料用于天线杆——公称管和建筑用管件。公称管一般是水管或导管，价值有限。公称管设计用于运输液体，而不是与抗弯强度相匹配。尽管公称管屈服强度有 30 000 psi(磅/平方英寸)，但只适应小的负载和风速。另一个问题是，公称管的 OD（外径）是 1.9 英寸，比 2.0 英寸的业余无线电硬件标准要小。除了非常小的天线，导管也不应用作天线天线杆。

另一方面，管件的尺寸确实是 2.0 英寸，也与强度相匹配。可用作天线杆的管件有许多不同的材料和制造工艺。屈服强度的范围从 25 000psi 到近 100 000psi。了解用作天线杆的材料的最小屈服强度，是确定是否安全的一个重要组成部分。

当评估连接多个天线的天线杆时，要特别注意寻找系统的最坏条件（风向）。依靠组合的水平投影天线区域的优势，最坏的负载情况可能并不总是产生最大弯矩的时刻。多个堆叠天线的天线杆应经常检查，以便发现产生最大弯矩的情况。在 0°和 90°方位的天线水平投影面积对评估来说是特别有用的。

确定天线杆弯曲应力的手工操作方法可在本章附录 B 中得到。也有几个在线计算器，以及 MARC（天线杆、天线和旋转器计算器）程序可以用合适的价格从 Champion Radio Products 处获得。如果你对于天线天线杆的强度要求有任何疑问，请教专业安装人员或工程师。

当选择天线杆的长度时，要允许在铁塔上最高天线的顶部延伸 4 英尺或更长的天线杆。这段额外的天线杆可以用作其他天线或铁塔工作的起重架/滑轮连接点。

表 26-1　天线杆材料的屈服强度

材料规格	屈服强度(lb/in.^{2})
拔出的铝管	
6063-T5	15 000
6063-T832	35 000
6061-T6	35 000
6063-T835	40 000
2024-T3	42 000
铝管	
6063-T6	25 000
6061-T6	35 000
挤压的铝管	
7075-T6	70 000
铝制薄片和铁板	
3003-H14	17 000
5052-H32	22 000
6061-T6	35 000
结构钢	
A36	33 000
碳钢，冷拔	
1016	50 000
1022	58 000
1027	70 000
1041	87 000
1144	90 000
合金钢	
2330 冷拔	119 000
4130 冷加工	75 000
4340 1550 °F 淬火	162 000
1000 °F 回火不锈钢	
AISI 405 冷加工	70 000
AISI 440C 热处理	275 000

（摘自 David B. Leeson（W6NL）所著《八木天线的物理设计（Physical Design of Yagi Antennas）》）

26.4.6　旋转器

旋转器（不是“转子”）是一个在防水外壳内有坚固齿轮系和轴承的电动机。它们被用来转动与直接安在旋转器上的天线杆相连的定向天线。操作者可通过电台室里的控制单元转动天线。当选择旋转器时，要允许足够裕度的额定风力负载——这将提高可靠性。旋转器规格的表格可在原版书附加光盘文件中得到。

轻型电视天线旋转器可以处理如小型甚高频和超高频天线系统的负载，但只有最小的力矩，很少或没有制动能力。

图 26-24 中所示如 Hy-Gain Ham-V 的中型旋转器有可供选择的最大阵列。有些人使用传统的圆齿轮组和电磁阀制动。少数人采用蜗轮驱动，它具有齿轮组中更少齿轮，显著的传动比，以及不需要单独制动等优点，所有这一切都提高了可靠性。

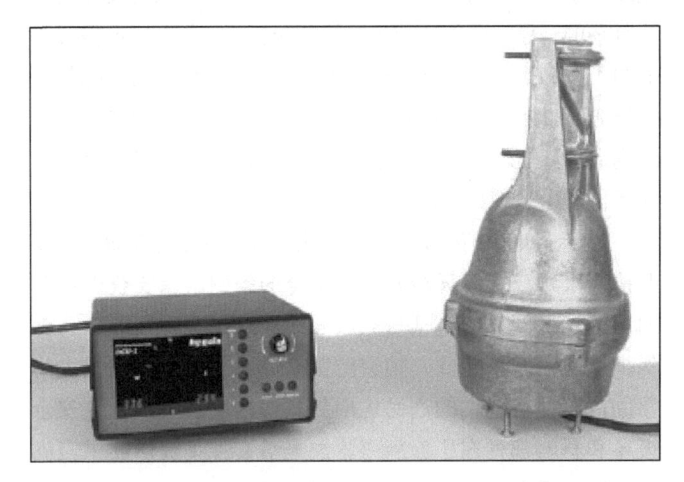

图26-24　这个Ham-V模型使用一个DCU-1数字控制器。

重型旋转器也出现在少数配置中，从较大的业余旋转器到过剩的“螺距”再到能够处理非常大的天线系统的商业版本。螺距旋转器是军用剩余的电机，它的螺距螺旋桨与飞机驱动的螺旋桨不同。它们有巨大的扭矩和涡轮驱动能力。用作天线旋转器时，它们需要特殊的控制箱和传感器，但是非常强大和可靠。

轻型和中型旋转器可以安装在天线杆顶部或管状升降式铁塔上，天线直接安在旋转器正上方，但这限制了它们转动中等尺寸的天线。无线电爱好者使用的格构式铁塔设计中旋转器有架子或平板，在铁塔顶部有轴承板或套筒来支撑天线杆抗衡水平负载。这种支撑允许旋转器更大的天线系统转动到其转矩允许的极限。

天线也可以沿着铁塔安装，以及用轨道或环旋转器来旋转。这些旋转器将天线安装在圆形轨道上，圆轨夹在铁塔上。

环旋转器可以从 TIC General 和 KØXG Systems 处得到。

推力轴承

推力轴承安装在塔顶，天线天线杆穿过它到达旋转器。推力轴承夹在天线杆上，支撑天线系统的重量，使旋转器不携带任何重量处理转矩负载。除特殊情况外，不必要这么做，因为旋转器轴承被设计可工作在满垂直负载情况下。实际推力轴承的替代品可以使用重型塑胶或木制管，它可以支撑一个夹在天线天线杆上的轴套。

不要把用于机械车间的轴台用作推力轴承。它们不能暴露在空气中，很快就会生锈。只能使用户外级（Rohn，镀锌的，等等）的推力轴承。

26.4.7 地面系统

接下来的部分摘自 Jim Lux（W6RMK）编写的《业余无线电手册》中的“安全”一章。有效的防雷系统设计是一个复杂的话题。要做各种各样的系统权衡，还要确定需要防护的类型和数量。无线电爱好者可以很容易地遵循一些基本指导方针，保护他们的电台减少由附近雷击引起的或通过电线到达的高压情况。让我们首先谈谈哪里能找到专业人员，然后再考虑建设指南。

从你当地政府开始。找出适用于你地区的建筑规范，以及请人来解释有关天线安装和安全的条例。想要获得更多的帮助，翻阅你的电话目录或在线查找专业工程师、防雷保护供应商和承包商。销售防雷产品的公司会提供很大的帮助，以便将他们的产品应用到具体的安装中。电气安全设备和材料都列在了原版书附加光盘文件里提供的供应商和经销商后面。

连接导体

铜带（或铜闪）有许多种尺寸。1.5 英寸宽、0.051 英寸厚或# 6 AWG 绞线，是建议的避雷接地导体的最低标准。不要用编织带，因为个别的绳索会随着时间的推移而氧化，大大降低了编织物作为交流电导体的有效性。埋在地下的地线要使用裸铜线。（有一些例外情况，如果你的土壤有腐蚀性，寻求专家的建议。）暴露在地面上的东西，易受到物理损坏，可能需要额外的保护（如管道），以满足规范要求。线的尺寸取决于应用，而不要使用任何小于 # 6 AWG 的东西来连接导体。当地防雷专家或建筑检查员可以给每个应用推荐尺寸。

铁塔与天线

因为铁塔通常在财产中是最高的金属目标，也是最有可能的被攻击目标。对于防雷，适当的铁塔接地是必不可少的。我们的目标是建立短的多条路径通向大地，使雷击能量分离和消散。

将各塔柱和各组金属拉线连接到一个单独的接地棒。接地棒至少间隔 6 英尺放置。用# 6 AWG 或更大的铜连接导体将塔柱和接地棒连接在一起（在铁塔基底周围形成一个环，见图 26-25）。铁塔环形地面和入口面板之间的连续连接导体联系起来。将所有通过接地应用的配件连接起来。不要使用焊料连接。焊料会由于雷击产生的热量而遭到破坏。

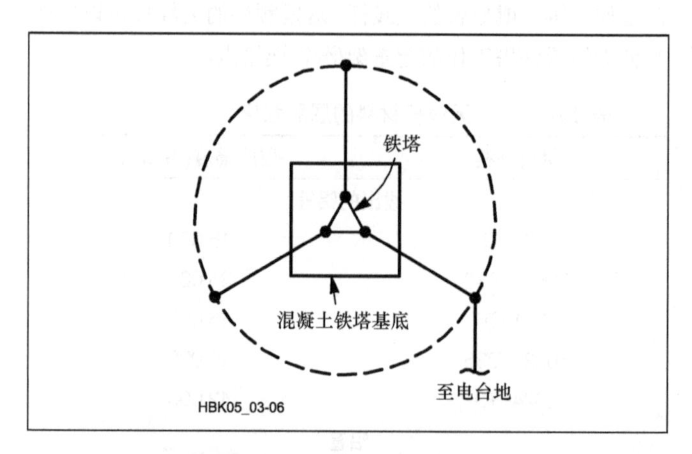

图26-25　正确接地铁塔的示意图。连接导体将每个塔柱连接到地面直杆和埋在地下的（1英尺深）镀锡铜裸环（虚线）上，也连接到电台地，再连接到交流安全地。接地杆定位在环上，尽可能地接近各自的塔柱。所有的连接器应该与铁塔和导体材料兼容，以防止腐蚀。导体尺寸、闪电和电压瞬变保护的细节见文本。

由于当与水分结合时，镀锌钢（有一个锌涂层）会与铜反应，在镀锌金属和铜接地材料之间应使用不锈钢硬件。

为了防止雷击能量通过馈线进入电台室，将馈线在室外接地。在天线和基底处用同轴电缆对铁塔进行接地屏蔽，保持铁塔与导线同电位。有些公司提供接地模块，可使这项工作变得很容易。

家中所有的接地介质必须连接在一起。这包括了防雷导体、电气服务、电话、天线系统接地以及地下金属管道。任何用于防雷或入口面板接地的接地棒彼此之间、与电气服务或其他公用接地的间隔应至少为 6 英尺，还有连接到交流电系统接地，以满足 NEC 的要求。

电缆入口面板

暂态保护的基本概念是，在面对瞬态电压时，确保所有无线电设备和其他设备连接在一起并“一起移动”。电台室处于“地”电势并不是很重要，但是所有东西都得是等电势的。对于快速上升时间的瞬变，如独立雷击的个别冲击，甚至短线有足够的电感，电压沿导线下降是显著的，所以无论你是在地面上，或 10 层楼上，你的电台室比地电势“高很多”。

确保所有东西都是等电势的最简单的方法是把所有的信号接到公共的参考物上。在大型设施中，该参考物将由在地板下大直径电缆的输电网，或宽的铜条，甚至是固体金属地板提供。对于像电台室那样较小的设施中，一个更实际的方法就是给所有的信号一个单一的"连接点"。这往往被错误地叫作"单点接地"。但对信号来说，真正重要的不仅仅是屏蔽（接地），而是信号线也是共同的参考电位。我们想要控制雷击能量的流动，以及消除电流进入大楼任何可能的路径。这涉及馈线的路线选择、旋转器控制电缆等，其他附近的接地金属物体至少距离 6 英尺远。

一个确保所有连接都是联系在一起的常用方法是使所有信号的路线通过一个单一用作"单点接地"的"入口面板"，尽管它可能实际上并不接地。一个便捷的方法是使用安装在外墙的标准电气箱。

平衡线和同轴避雷器应安装在建筑物外的安全接地连接上。这样做最简单的方法是安装一个大的金属外壳或金属板作为隔板和接地模块。面板应连接到通过短宽导体（为了最小阻抗）接地的消雷设备上，和所有的接地一样，连接到电系统的地。在外墙隔板上安装所有保护装置、开关和继电器装置。在某种程度上，外壳或面板还是应该安装的，这样如果雷击电流引起组件失效，熔化的金属和燃烧的残骸不会引发火灾。

每个进入结构的导体，包括天线系统的控制线，在入口面板上应该有自己的浪涌抑制器。抑制器可以从多个制造商处得到，包括工业通信工程公司（ICE）和 PolyPhaser，以及一般的电气设备供应商，如 Square-D。

避雷器

馈线避雷器都可以使用同轴电缆和平衡线。多数的平衡线避雷器使用了一个简单的火花隙装置，但平衡线脉冲抑制器可以从 ICE 得到。

用同轴电缆的隔直流避雷器有一个固定的频率范围。它们对闪电呈现高阻抗（小于 1 MHz），对射频呈现低阻抗。

直流连续避雷器（气管和火花间隙）与隔直流避雷器相比，可使用在更宽的频率范围内。同轴电缆将供电电压传输到远程设备（如安装在天线杆上的前置放大器或远程同轴开关），必须使用直流连续避雷器。

26.5 工具和设备

如果你有合适的工具，任何地方的任何工作都会更容易和更安全，铁塔工作也不例外。如果你是一个周末工作的机械或勤杂工，你可能已经有了大部分你所需要的东西；你只需要做的是添加一些专业的物品，一切准备就绪。另一方面，如果你只有一把锤子、钳子和螺丝起子，在你真正能做事情之前，你需要去一两趟工具店。一旦你有了它们，无论什么时候你的朋友需要你帮助他们的铁塔，你都会准备就绪，拥有合适的工具并准备就绪，你不会出错的。

26.5.1 铁塔工具箱

大多数业余铁塔和天线工作可以做到用最少的手工工具完成。7/16 英寸、1/2 英寸和 9/16 英寸的螺母是你经常需要的。表 26-2 列出了建造和工作在一个典型的业余无线电铁塔的必要工具。你的小组可能有起重架或拉线张力仪要借给成员，或者你可以租一个。

表 26-2　重要工具

1	组合扳手: 7/16 英寸, 1/2 英寸和 9/16 英寸
1	3/8 英寸扳手
各 1	长套筒: 7/16, 1/2, 9/16 英寸
各 1	螺丝刀（一字和飞利浦）
2	可调节的钳子
1	对角切割器
1	剃刀通用刀片
2	滑轮
1	冲头或定心穿孔（使塔段排成直线）
1	锤子（连接一些悬挂在铁塔上的线）
各 3	活动扳手——小，中，大
1	水准仪
6	安全扣
6	1 英寸尼龙扁平吊装带——2 英尺长
250 英尺	绳子（或者更多——工作在 100 英尺的铁塔上足够了）
1	帆布水桶（为了部分牵引个储存）
1	Loos PT-2 张力计
1 套	螺母扳手
1（或更多）	紧绳夹或手绞车
1（或更多）	电缆钳
1	带合叶片和手动研磨机的圆锯（切割金属，包括拉线）
1	标记线（1/4 英寸就够了——你选择尺寸和长度）
1	无线的 1/2 英寸钻孔机，带各种钻头和扳手，推荐 18 V
1	包含阶梯钻头的钻头组，如 Uni-Bit
1	天线分析仪
1	起重架
1	电焊枪和焊锡

26.5.2 专业的铁塔工具

紧绳夹

一个紧绳夹或手绞车，对于把铁塔各部分拉到一起、紧缩电车轨道以及收紧拉绳是非常有用的。你可能会为它找到更多的用途。便宜的都是 15～20 美元，偶尔使用还是可以的。铁塔工作最好的是在挂钩底部有弹簧式安全闩锁的。

电缆夹

图 26-26 中的电缆夹是对紧绳夹收紧拉线的补充。这是一个弹簧加载装置，可滑出拉线但当你对它使点劲又夹住了。Klein 是电缆夹的主要供应商，提供有许多种尺寸和设计，以及各种各种的材料。对于业余使用，Klein 1613-40 是 3/16 英寸和 1/4 英寸的 EHS 拉线材料——用在大多数业余铁塔上。如果你有 3 套电缆夹和电缆钳，你可以同时对一组中的 3 根拉线施加初始张力。

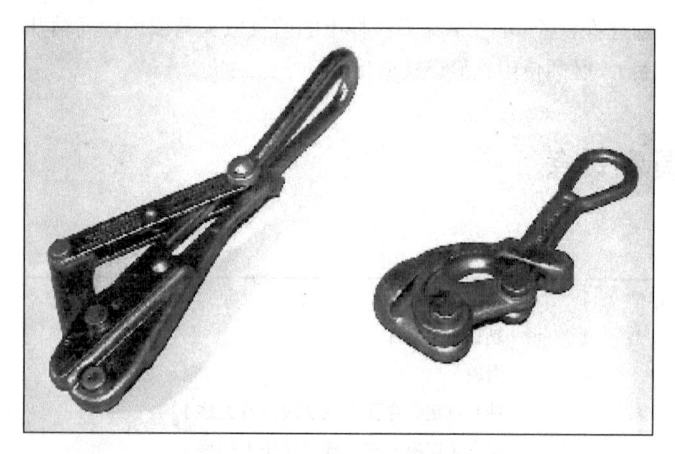

图26-26 左边是Klein 芝加哥电缆夹，右边是Klein Haven电缆夹。

钢刀

有钢制切削刀片的圆锯就够用了，但最佳切割工具是一个有 1/8 英寸钢制切削刀片的 4½ 英寸的手摇砂轮。切割金属时，一定要使用安全护目镜！

起重架

起重架的目的（见图 26-27）是在铁塔顶部提供一个支撑点，用来举起和定位一个物体。无论是谁做这项工作，它都允许在物体上完成必要的工作，而不需要同时支撑它的重量。Rohn 起重架(Rohn 安装固定 EF2545)有 Rohn 25G 和 45G 两种，以确保将它与组装部分的一条支柱夹住。由有角支柱构成的铁塔需要一个特殊的起重架——联系制造商。

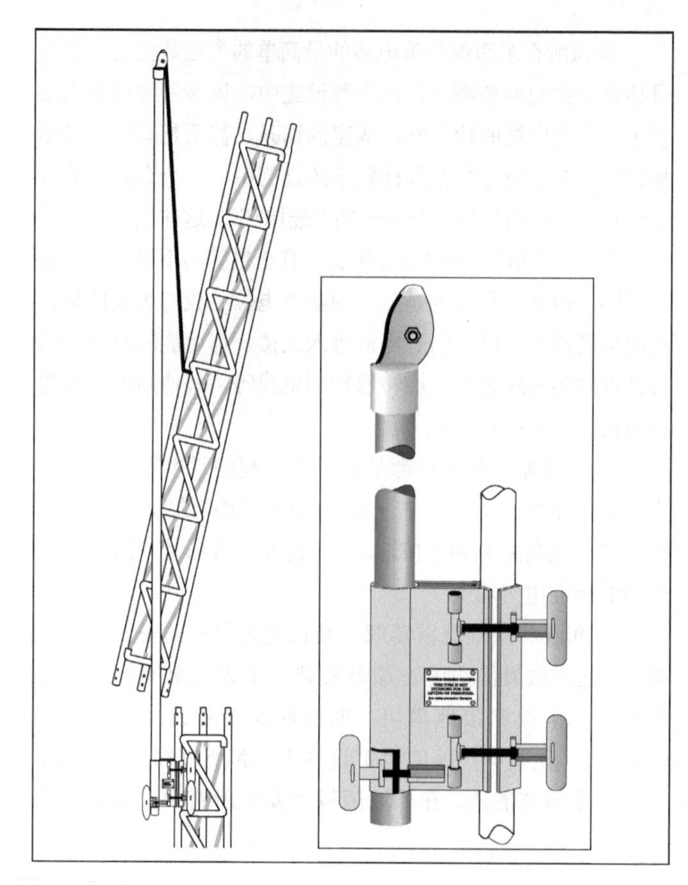

图26-27 Rohn“安装固定设备”EF2545也通常被称为“起重架”。

典型的起重架负载是塔段（10 英尺长）和天线杆（6～22 英尺长）。把这些负载拿到其平衡点上方一点，它们在安装时会自然悬挂在正确的垂直位置上。Rohn 起重架长 12 英尺，正好可以用来举起 10 英尺高的塔段。对于 20 英尺的天线杆，一个 12 英尺的起重架是最低限度，因为起重架几乎有 10 英尺的工作长度是可用的。大型天线杆可能会超过 Rohn 起重架的额定值，其额定值为 70 磅。大型、重型天线杆需要特殊的处理；关于安装大型天线杆请咨询有经验的铁塔工人的指导。

安全扣

安全扣是钢制或铝制带弹簧夹子的扣环，如图 26-28（A）和（B）所示，它们对于许多铁塔工作任务来说是非常重要的。你拉绳末端的安全扣实际上可以与任何需要举起或降低的东西相连接。安全扣可以成为铁塔上的第三只手，你可以用安全扣夹在几乎任何有横挡或对角撑杆的物体上。你可以立即在铁塔横挡上挂一个滑轮。重量很轻，它们可以夹在你的攀登用具上，以方便取用。有经验的铁塔工人在常规工作中可能携带 12～15 个安全扣。它们通常花费 6～10 美元，并且可以使用多年，只需很少或不需要维护。如果扣栓不能顺利地打开和关闭，安全扣应被丢弃。

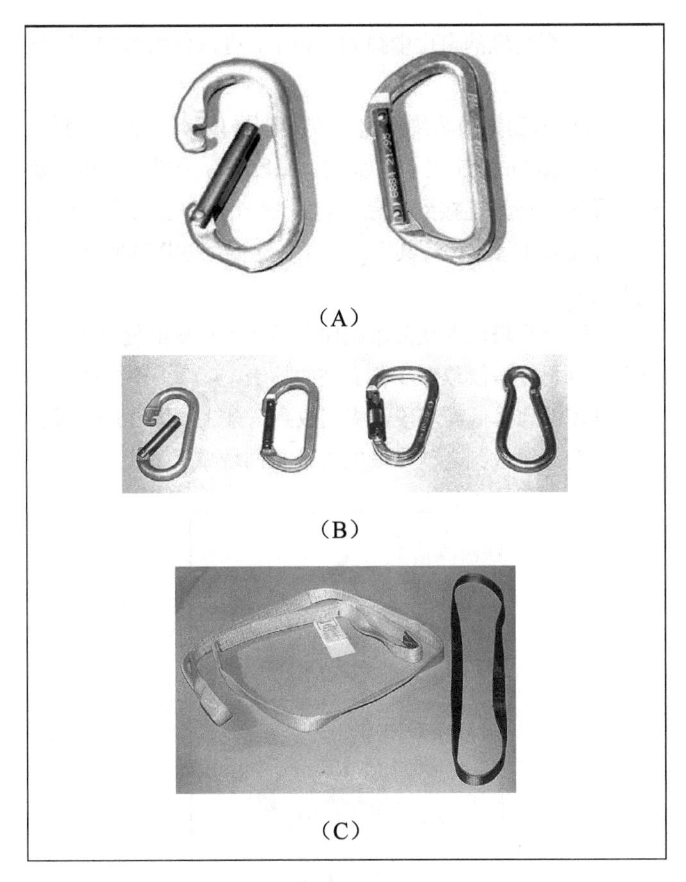

图26-28　图（A）：椭圆登山型安全扣对于铁塔的工作量和连接要求而言是理想的。安全扣闸门是弹簧加载的。图（B）：一个打开的铝制椭圆安全扣，一个闭合的椭圆安全扣，一个铝制的锁定安全扣，一个钢制的弹簧扣环。图（C）：左边的是用于大型工作的重型尼龙吊带，右边的是用于其他任何事的轻型吊带。

提醒一句：登山安全扣仅供私人使用，未通过 OSHA 批准。登山安全扣的额定值通常在扣栓关闭时为 6～10kN（1350～2250 磅）范围，扣栓开启时为 18～25 kN（4050～5625 磅）。一个符合 OSHA 标准的商用安全扣——称为安全钩——其典型额定值为 40kN（9000 磅）。如果你觉得登山安全扣的额定值不够，你可以从安全设备供应商那里选购安全钩。

更大的安全扣有扣栓锁，这会增加你的安全度，特别是如果你为了自我保护而使用它们或者如果你只是想更加安全的话。它们只比标准的无锁类型贵几美元。

大的安全扣用于救援工作和其他应用，此时需要一个更宽的扣栓开度。这些有时被称为大猩猩钩或钢筋钩，用于更大的铁塔横档（Rohn BX 等）和更大的负载。适用 OSHA 的设备由安全设备供应商提供。

使用安全扣

这里有一些铁塔项目中安全扣的常见使用方式：

（1）当拉动拉线时，将吊索与作为紧绳夹连接点的固定锚杆相连。

（2）将安全扣扣在铁塔底部的横挡上，然后将拉绳开口滑轮与它相接。这会使拉绳从垂直方向变为水平方向，使其更容易拉。当它在铁塔上升或下降时，也能让拉线的人看到负载，这可以使他们远离铁塔底部的坠落危险区域。

（3）当组装铁塔时，为了方便提升物体，把吊索和安全扣装在起重架上。

（4）通过常用的工具制成一个环，然后用安全扣把它夹到你的背带上。

（5）一直要将安全扣扣在你拉绳末端的单套结和牵引线上，以便快速进行负载连接。

（6）将安全扣扣在你旋转器的 U 形螺栓上，把它拖上来。

吊索

环形吊索是由 1 英寸的尼龙管状编织物制成。如图 26-28（C）所示。登山吊索是一个连续的编织环。缝织环两端的结构也很有用。吊索能缠绕在大的或不规则形状的物体上，也可以用安全扣连接到绳子或铁塔部件上。吊索与安全扣大约有相同的断裂强度（约 4000 磅，或 18.1kN），对于业余的应用和负载是非常方便的。缠绕在铁塔横档或支柱上，给悬挂工具、零件或滑轮提供了一个便捷的地方。安全扣、吊索未通过 OSHA 批准，但它们可以用于登山保护。符合 OSHA 标准的吊索可从安全设备供应商处购得。

用吊索提升负载

吊索通常用于 3 种锁具结构，如图 26-29 所示。

（1）直拉式——如对塔段一个简单的直接垂直连接。将吊索绕在铁塔部件周围，然后用安全扣将两端夹紧，用于提升。

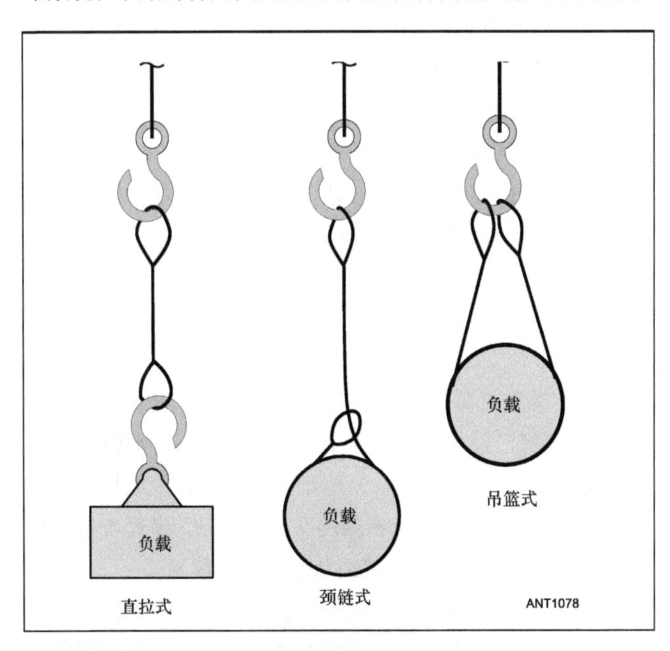

图26-29　使用吊索和绳子的3种基本提升钩。

（2）颈链式——将吊索一圈或多圈缠绕在负载上，确保每次缠绕都将环套在吊索上面，把它拉紧，用安全扣扣起来，然后把它拉上去。你拉吊索时越用力，它就会越紧。颈链式是吊起天线杆最好的方式。

颈链式也可以用于许多其他情况下，如你要吊起一个不规则的负载，不仅仅是天线杆。虽然使用颈链式会降低吊索高达30%的提升能力。如果吊起天线杆时需要更多的保护，可以在吊索上安装一个U型夹具。

（3）吊篮式——吊篮带均匀平分吊索两个支柱之间的负载。两个支柱之间的角度越大，吊索的能力越小。

26.5.3 使用起重架

这一部分由 ARRL《给无线电爱好者的简单有趣的天线》一书中的内容提炼而得。我们在下面的讨论中假设你用的是 Rohn EF2545 来安装 Rohn 45G 的部分，它重约70磅。

起重架的主要工作部分是安装在12英尺长的厚壁铝制管件顶部的滑轮。该滑轮通过铝制管件中心将牵引绳下降至地勤人员处。

铝制管件底部的一个可调的滑动夹具，夹在使用了有两个夹紧螺栓的摆动L型吊篮式夹钳的铁塔上。它们有T型手柄，可以用手拧紧。事实上，该起重架可以不用任何工具就能移动和配置。夹具就紧位于塔段支撑的下方，下节塔段安装的地方。一旦夹在塔顶，你会松开紧夹住滑动铝管的T型手柄，将管件滑动到其最大程度。

在实践中，当一个一个地安装10英尺塔段时，通常采取以下措施。我们在这里假设起重架从地面开始，至少有一人在塔底部安全地穿着护具。我们还假设牵引绳已经通过了铝管和顶轮穿过安全扣，以防止其从管子上掉落下来。

这里有一个绳子技巧——如果有风吹着它，可能很难将绳子的末端降到地面。在绳子的末端加一重物，一个扳手就行。如果增加的重量不够，使用一个安全扣夹在拉绳另一侧的自由端上。安全扣会引导自由端回到拉绳，而不会吹跑。

（1）夹持铝管的夹子放松，这样管子上的滑轮就可以降低到略高于底部夹具的地方。然后将管子夹具的T型手柄拧紧。

（2）攀登者降低标签绳让地勤人员绑到天线杆拉绳上。（这个标签绳已经依次通过一个夹在塔顶的临时滑轮。它也被用来拉工具和其他材料。）地勤人员使用标签绳将天线杆拉上去给攀登者。一旦起重架的头到达塔顶，攀登者将起重架牢牢夹在塔顶，然后标签绳从起重架上移除。

（3）管件夹具的T型手柄松开，铝管延伸到最大高度，如图26-27所示。确保牵引绳的自由端不能穿过顶部滑轮，否则你就要降低起重架，再重复这一步操作。

（4）牵引绳的自由端掉到了地上，可以使用重物，以防止绳子摆来摆去。

（5）地勤人员将绳子自由端接到塔段平衡点的上面一点。对于 Rohn 25G 或 45G 而言，每段有8个横向支撑，地勤人员应将绳子连接到从底部起第 5 个水平支撑上。请记住，塔段悬挂时应保持其底部朝下，这样到达塔顶时朝向才是正确的。

（6）一旦塔段的底部吊起比下面塔段顶部的柱高时，登塔者可以引导塔段放在3条支柱的顶端，并口头指挥地勤人员，以缓慢地降低新塔段，将其放到塔柱上。图26-30所示为引导新塔段放到之前塔段的支柱上的场景。

图26-30 铁塔工人将一节新的塔段放到已组装好的塔段的顶端。当登塔者口头指挥地勤人员拉动牵引绳时，连接到他左腿的起重架承载着所有重量。（Mike Hammer<N2VR>摄）。

（7）一旦新的塔节被引导到支柱顶端上，插入固定螺栓并拧紧螺母。请注意，Rohn 在 25G 和 45G 塔段用了两种不同尺寸的螺栓，底部螺栓的直径更大。

（8）最后，对铁塔下一段要重新定位起重架。夹子上的T型手柄松开，管下降到与夹具持平。然后攀登者把起重架放到刚安装好的塔段的顶部，并把它夹在那里，准备吊起下一节塔段。

26.5.4 绳子和绳子保养

如果你打算从事铁塔和天线工作，你会用到绳索。最常使用的是牵引绳、标签绳和临时拉线。吊索是一种用于吊货的绳子。

白棕绳

白棕绳是最有名的天然纤维绳。白棕绳必须小心地处理和存储，因为任何潮湿都会使它腐烂，破坏其有效性和安全性。

聚丙烯

聚丙烯用于制作轻质结实的浮在水面上的绳子，防腐蚀同时也不受水、油、汽油和大多数化学品影响。聚丙烯绳相对刚性，不好打绳结。

尼龙

尼龙是市售中最强的纤维绳。由于其弹性，尼龙绳可以吸收会使其他纤维绳断裂的突然冲击负载。特别推荐尼龙用于对树木天线的支撑。新尼龙绳的一个缺点是，它有明显比例的伸展。

尼龙具有很好的耐磨性，并且持续时间比天然纤维绳长4～5倍。尼龙绳防腐蚀，同时也不受油、汽油、油脂、海生物或大多数化学品破坏。

涤纶

涤纶绳有3种尺寸（3/32英寸、3/16英寸和5/16英寸），并且可防紫外线。这是任何长期户外使用的绳子（如线天线吊索）的最佳选择。

复绞导线

所有的绳子是扭曲的或拧绞的；绝大多数拧绞绳都是三股构造的，通常你会在当地的五金店中找到。另一种类型的绳被称为编绳，或编织绳。这种绳子有一个覆盖着编织套的拧绞核心，强度大，易于处理。在大多数情况下，材料和直径相同时，编织绳比拧绞绳更强壮。可由多种合成纤维得到。海洋供应商店和登山商店有很多种编织绳的类型以及各种型号和尺寸的编织绳。

用哪种绳

保持跨度达到150英尺或200英尺的线天线绳子，最好的是1/4英寸的尼龙绳。尼龙绳稍微比相同尺寸的普通绳贵一点，但它抗侵蚀能力好得多。抗紫外线涤纶绳也很受欢迎。任何新绳安装后，反复承受由拉伸引起的松弛很有必要。这个过程会持续几个星期，大部分拉伸情况都会发生。然而，即使安装了一年，拉伸引起的松弛仍有可能出现。

对用于铁塔工作的绳子，首先，决定哪种尺寸能满足你的工作负载需求。大多数业余负载小于100磅，很少有超过250磅的。工作负载在100～250磅之间的牵引绳基本上能应对任何情况。表26-3总结了对于不同类型绳子的尺寸和工作负载额定值。

表26-3　绳子尺寸和安全工作负载额定值，单位：磅

3股绞线				
直径	白棕绳	尼龙	涤纶	聚丙烯
1/4	120	180	180	210
3/8	215	405	405	455
1/2	420	700	700	710
5/8	700	1140	1100	1050
双股线				
直径	尼龙	涤纶		
1/4	420	350		
3/8	960	750		
1/2	1630	1400		
5/8	2800	2400		

第二，选择绳子的类型和材料。聚丙烯绳比尼龙硬，且更难打结。尼龙绳和编织绳更柔软，很容易打结。柔软的绳子也更容易盘卷以及更耐弯折。

最后，选择对你最有用的长度。如果把你塔的高度乘以两倍，再增加25%，绳长就足够了。一个100英尺高的塔需要（100×2）+（100×2×0.25）= 200 + 50 = 250英尺。

600英尺长1/4英寸的聚丙烯绳低于20美元，165英尺高质量的攀登编织绳超过100美元，价格在此之间变化。K7LXC有两条长度的9/16英寸的编织绳作为牵引绳。一个大约175英尺长，可用于高80英尺的铁塔。另一种牵引绳大约350英尺长，可用于高165英尺的铁塔。短绳在不使用的时候是盘绕的，长绳只是放在塑料容器中储存。如果你将绳子放入容器中，把它拉出来的时候就不会有扭曲或打结的情况。

确保绳子末端不会解开。大多数商店会用热刀来切割长度，对于密封末端这是最好的做法。你可以在家里做，只要用打火机把绳尾烧一下。另一种做法是在绳尾紧紧裹几层电工胶带。要确保所有绳子的末端都用胶带贴好，以保护它们。

绳子保养

定期检查你的绳子，如果有任何可见的严重磨损或损坏，替换掉它。关于使用绳索，这里有一些额外的技巧：

（1）一定要确保你的绳索尺寸对于工作来说是足够的；不要用一根太细的绳子。

（2）在保存之前把绳索弄干。如果在潮湿情况下存储，天然纤维（白棕绳）绳将会霉烂。

（3）不要把绳子储存在阳光直接照射的地方；紫外线会

明显地使它们变脆弱。

（4）裁剪和丢弃任何严重磨损或磨损部分绳子；你信任两根短绳而非一根长绳，这点是有待商榷的。

（5）保持你的绳索干净。别在泥浆或者一个粗糙、多沙的表面拖拽它，甚至不要踩绳子。

（6）小心扭结，它们可以造成永久性的损害和削弱。

（7）保护绳索，使其远离所有的化学品，如酸、油、汽油、油漆、溶剂等。

（8）避免突然的拉紧，可能会导致其失效。

（9）避免过载。绳子的安全工作负载是其断裂强度的10%～20%。

（10）避免磨损。如果绳子必须划过铁塔支柱或任何有锋利边缘的表面，用一两层帆布或其他材料来保护它。

（11）避免在角落或尖角周围弯曲绳子。

26.5.5 绳结

你可以只用 3 种绳结来完成你的铁塔和天线 98%的工作——并且你已经知道其中一个。记住，任何绳结都会降低绳子的断裂强度——通常是 40%或更多。选择和使用正确的绳子和绳结来完成工作，这样就应该没什么问题。这里没有列出的绳结以及打结技术可以在 Animated Knots(www.animatedknots.com)和 Real Knots (www.realknots.com/knots)在线找到。图 26-31 展示了几种常见的绳结。

反手结

开始打一个反手环，然后将绳端向下再向上穿过环，然后拉紧。在绳子中间打一个反手环，双绳大约 2 英尺长，然后用双绳打一个反手结。

单套结

单套结形成一个圈，不会滑动或卡住，但很容易解开。它用于起重，连接两根绳，还有把绳子与圈或安全扣系紧。拉紧绳头，使绳形成一个圈。将末端穿过绳圈，从直立部分后面，再回来穿过绳圈，拉紧。

八字结

比单套结简单，多数情况下八字结可代替单套结使用。它绑起来像一个双绳反手结，除了在绳结从绳圈里拉出来之前，绳子会多折半圈。少数绳结在加载如坠落塔段的严重冲击负载后，能很容易地解开，它就是其中一种。对铁塔工作来说，它唯一的缺点是体型较大，而且它会比单套结用更多的绳子。

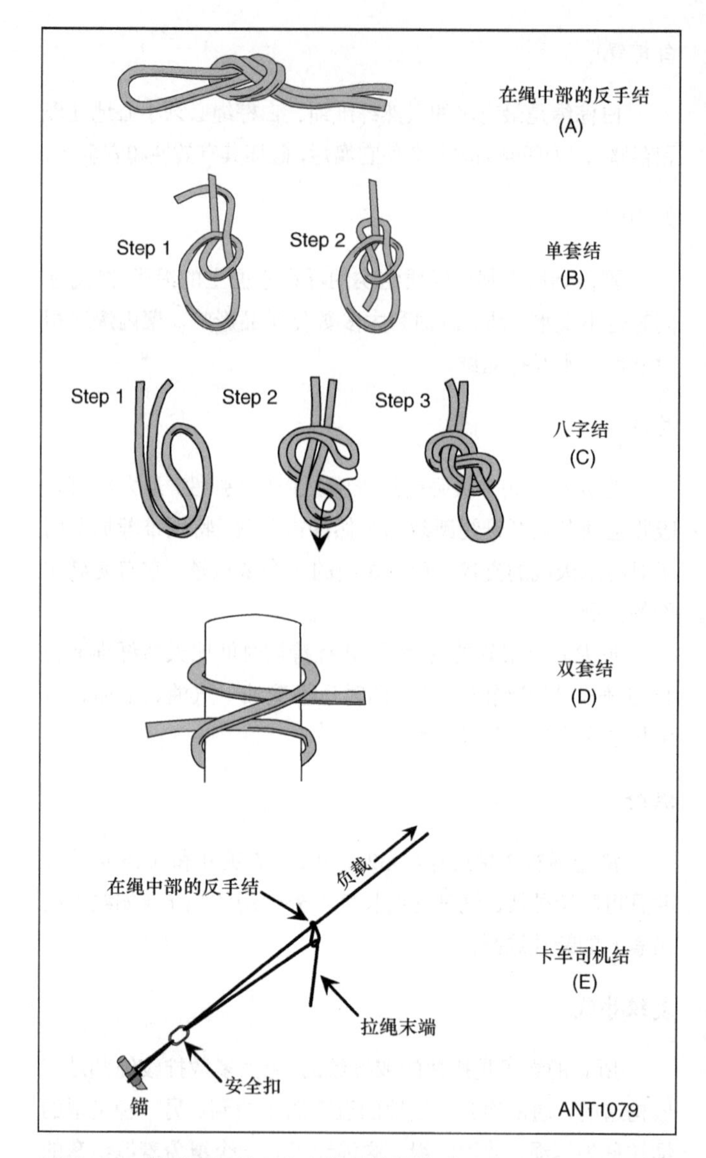

图26-31 铁塔和天线工作中常见的绳结。

双套结

当你与圆形物体打交道时，双套结就变得很重要，并且它能几乎很快地放在任何对象上。

卡车司机结

卡车司机结允许你拉紧尽可能多的绳子，而不需要收紧绳。将反手环（见上文）与负载端绑接，在一个方便的锚点将绳的末端穿过安全扣或钩环，再将末端穿过绳环，然后拉紧绳子。这种技术提供了两次拉单绳的机械优势。

塑料线

对于塑料线，太光滑了，往往不能很好地保持同一个绳结，如图 26-32 所示。不用说，这些线可能不应该用来提升重物或拉住攀登者。

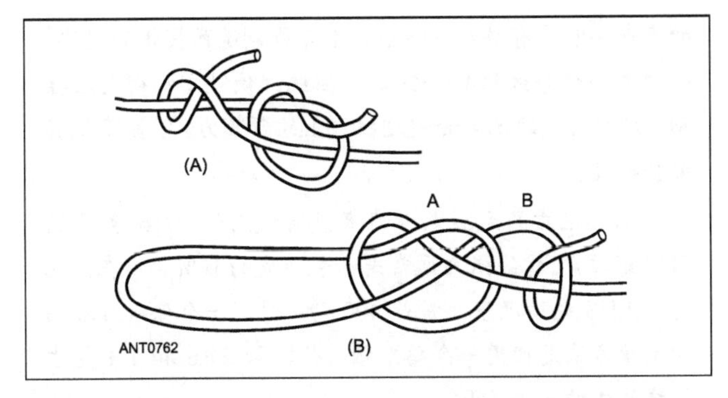

图26-32　这是一种能用光滑类型的线的绳结。对于吊起或安全方面，要避免使用这些类型的线。图（A）展示了拼接两端的绳结。图（B）展示了类似绳结在构成一个环中的使用，可能需要将绝缘体连接到升降绳上。绳结A首先在距绳子的末端10英寸或12英寸处松散形成；然后该末端穿过绝缘体的眼和绳结A，绳结B就形成了，然后将两绳结拉紧。（Richard Carruthers<K7HDB>）。

26.5.6　滑轮

滑轮经常使用于铁塔和天线项目中。它一直被放置在塔顶，使牵引绳能够把材料提上来。钢轮的花费在 25～35 美元，可以在许多五金商店或索具商店找到，但是太重了。K7LXC 建议公共事业公司负责铁塔工作线的人员采用轻质尼龙滑轮。用于“滑轮组”设备及船帆吊装的木套滑轮对于非常沉重的负载来说效果应该不错。

当购买滑轮时，需要考虑两件重要的事情，轮子的尺寸和轮子的间隙。轮子是滑轮的转动轮，里面有一凹槽。2 英寸直径是轮子能使用的最小尺寸，更大尺寸更好。使用一个防卡住滑轮，轮子和滑轮体之间的间隙最小。如果无论如何，你的牵引绳或缆绳肯定能使滑轮跳动然后卡住。

开口滑轮是一个主体可以打开的滑轮，这样不管在哪里，它都可以把绳子直接放上去，而不需要绳子的一端是自由的（见图 26-33）。

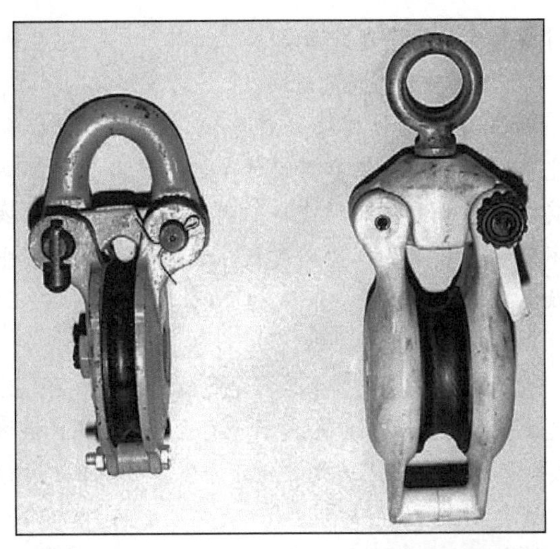

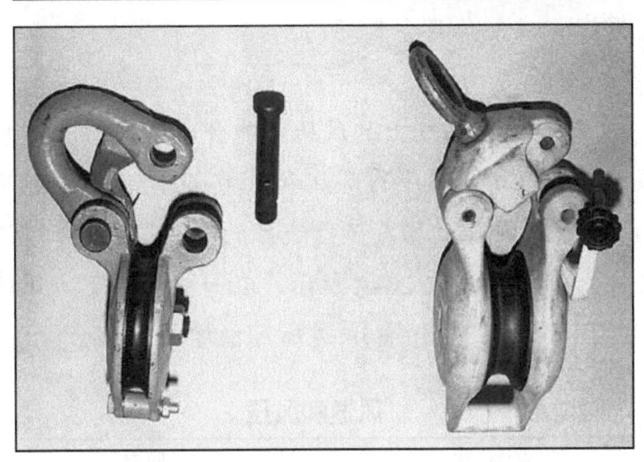

图26-33　图（A）：闭合的开口滑轮　图（B）：打开的开口滑轮。

为了支撑有线天线，给遮阳棚和晾衣绳滑轮设计时要避免小镀锌滑轮。用于室外和海下安装时要使用重的和大型的滑轮，并且轴承质量要好。

不断暴露在空气中的滑轮需要考虑的一个重要因素是耐腐蚀性。使用完全由合金和不易腐蚀的材料制成的优质滑轮。镀锌滑轮很快就会生锈。海底滑轮具有良好的耐候性，因为它们通常由青铜制成，但价格比较昂贵，而且小滑轮也不能承载重的负载。

26.6　铁塔建造

既然你已经做好了所有的计划并购买了材料，是时候开始“建造”你的铁塔了。我们从底部开始！

26.6.1　LXC 最高指导原则

在过去 20 年间，Steve Morris（K7LXC）经历过超过 225 个业余无线电铁塔和天线系统的搭建，他看到了许多可以避免、也应该避免的问题和失败。通过避免这些错误，你的铁塔和天线系统将更加安全可靠。就算大风暴吹过时，你也可以睡得很好。

当谈到铁塔建造时，强烈建议你一直遵守“LXC 最高指导原则”，那就是，“按制造商说的做。”同样，“不要做制造商没说的。”按照材料的规格、混凝土和风力负载的参数来设计，按照装配设备和使用工具及用品的指示去做，你或多或少会减小失败的几率。为了安全长期可靠的使用，专业的工程师在设计时就考虑了这些系统的各个方面，按照他们的规格和指示来做对你最有利。

10 个最常见的铁塔建造错误

1. 不遵照制造商的规格

商业建造的铁塔必须符合现行的风力负载和结构完整性的标准。工程师设计了铁塔并做了计算来保证其安全。如果你不遵照他们的最低规格要求，铁塔就不能承受相应的压力与负载。换句话说，它可能会失败。

2. 过载

对于业余铁塔失败来说，这是最常见的原因。你不能超过风力负载的额定值。这对于自立式和升降式铁塔更重要。尽管你可能因为内在的设计余量而侥幸超过额定值，铁塔系统的任何部分超载都是不明智的。当有疑惑，宁可保守点——你不会后悔的。

3. 低估风力

铁塔和天线系统上的风压可能会非常大。除非你在暴风天气站在塔顶感受过风压和风力，否则你很难领悟到它们有多大。风压的增加不是线性的，风压是随着风速的三次方上升的。如表 26-A 所示，在一些情况下，风速增加 10MPH（英里每小时），风压可能增加 50%。

表 26-A　　风速和风压

平均速度	风压
50.0 MPH	10.0 PSF
60.0 MPH	14.4 PSF
70.7 MPH	20.0 PSF
86.6 MPH	30.0 PSF
100.0 MPH	40.0 PSF
111.8 MPH	50.0 PSF
122.5 MPH	60.0 PSF

4. 你所在县没有建立风速额定值

尽管在美国许多县甚至整个国家额定风速只为 70MPH（最低额定值），许多其他县有更高的额定值。例如，佛罗里达州戴德和布劳沃德县有 140MPH 的额定值。找到你所在县或特定地点的风速额定值，并作为你铁塔和天线系统的最小风速设计参数。ChampionRadio Tech Notes 提供了所有 3076 个县的风速额定值(www.championradio.com/tech.notes.html)。

5. 工作中使用了错误的天线杆

这是一个同样常见的失败。中型至大型的高频波束堆叠会对你的天线杆施加巨大的压力。当塔顶只有一副天线，没有太大的风速或负载，公称管可能对于小型安装还行。碳合金钢结构管的强度足够，是首选材料。

6. 拉线没有适当拉紧

适当的拉线张力是铁塔处理风压能力的一个关键部分。错误的张力就像用充气过多或不足的轮胎来驾驶你的汽车，它具有潜在危险性，也不是制造商提供的规格。张力太小会导致风猛击铁塔和拉线，使铁塔吹得前后摆动。施加太大的张力会超过拉线上的预紧力，明显降低其安全裕度。

90%左右的无线电爱好者铁塔使用的 3/16 英寸的 EHS 钢拉索。拉线张力通常是断裂强度的 10%——在 3/16 英寸 EHS 的情况下，将是 400 磅。唯一一个廉价且准确的测量方法是使用一个路斯张力仪，如 3/16 和 1/4 英寸拉线尺寸的 Loos PT-2。

7. 没有适当的接地系统

一个良好的接地系统很有必要，不仅可以防雷，还会保护你的设备、家庭和你的生命。在本章其他地方以及 ARRL《业余无线电手册》中的安全章节也讨论了适当的接地方法。

8. 没有做年度检查

你的铁塔和天线正在经历一个缓慢但不断恶化的过程。在小问题成为大问题和潜在灾难之前找到并解决它们的最好方法就是做年度检查。

所有都要检查，并推拉一下硬件。你也需要把扳手放在铁塔 10%的或更多的螺母上，以检查其紧密性，以及像天线、底座、U 型螺栓等所有配件的螺母。

9. 在地上没有适配好塔段

新的或旧的塔段不容易适配在一起。建造过程中，在地面上修正对齐问题比在铁塔上容易多了。将塔段聚在一起（或部分）的一个方便的工具是铁塔千斤顶的组合，包括了一个沿着杠杆的塔柱校准器，可以将塔段拉到一起或推开。

10. 使用错误的硬件

为了减缓恶化过程，只使用硬件来减少腐蚀。户外使用中，镀锌钢或不锈钢材料是唯一可以可靠使用的。（参见本章中“腐蚀”部分。）

用错误的硬件来替代，也可能导致失败，例如当制造商需要一个特定 SAE 等级时，我们在塔柱上使用了一般五金店的螺栓。使用完全不适合任务的硬件是常见的，如安装错误类型的“旋入式”锚或锚杆，使用非闭合的有眼螺栓（仅用焊接或锻造的），使用了错误的拉线材料（只用 EHS！），以及更多情况。

26.6.2 基底的挖掘和钢筋

为了避免破坏地下公用电线，请不要在还没有给公用定位服务打电话时就开始挖掘。有一些网站如 www.call811.com 可以帮助你，或者你可以致电当地公用事业部门，以寻求协助。在没有确定地下公用设施掩埋位置时就开始挖掘，这甚至在你那片区域可能是非法的！

给一个大的自立式铁塔基底进行人工挖洞需要做大量的工作！专业承包商会快速有效地开挖必要的洞。你也可以租用挖掘设备自己来做这项工作。无论你怎样挖洞，都必须非常小心因洞壁坍塌而被埋在洞里的危险。许多建筑条例规定，在超过 4 英尺深的洞或沟槽两侧无支撑的，都是非法的。如果你自己做这项工作，不要独自在一个比你腰深的洞内工作。

建筑钢筋笼

一旦洞挖好了，你就要将钢筋笼或钢筋安装进去。铁塔制造商会对混凝土基底中的钢筋"笼子"提供一个推荐设计。图 26-34 展示了一个典型的完成了的笼子。

图 26-34　KS8D 铁塔基底的钢筋笼。(Richard Carruthers <K7HDB>摄)。

钢筋的尺寸是 1/8 英寸。例如，#4 钢筋是 4/8 英寸，或 1/2 英寸，和#6 钢筋 6/8，或 3/4 英寸。钢筋供应商会根据你的订单来切割和弯曲钢筋，这样比你在当地五金商店购买到很长的钢筋然后自己切割它容易多了。

你也可以在地面上或洞里建造钢筋笼。你需要一个铲斗机或其他设备来将造好的笼子提上来，然后降到洞里。在洞里建造钢筋笼更难，因为工作空间受到很大限制。记得要支撑洞，还有不要自己完成。

把钢筋绑在一起形成笼子，每个接头用打包钢丝/扎线绕好。取约 2 英尺长的打包钢丝把它对折。在其中一个 X 型接头用扎线绕两次。然后，在接头的其他轴线上绕两次，把两端放在一起再缠绕几圈。用一个大钳子拧到合适的紧度。要使笼子更坚硬，在每个面上添加两根 X 型交叉的钢筋。

拉线锚很容易使用，因为它们更小，用更少的混凝土，而且你不需要移动那么多的土壤。定位锚的最简单的方法就是暂时在所需位置把塔段立起来，通过塔柱的每个面来定位——会给你提供角度，然后把你的测量胶带拉出到距锚位置的合适距离。

一旦钢筋笼被放置在洞内，任何结构都可以建造和支撑。基底顶部周围的木制结构提供了整洁美观性，同时也抬高了基底，使其高于地面几英寸。这会使水流出基底，不在塔柱或螺栓处形成积水。

安装基底部分

如果你用如 Rohn 25G 或 45G 管形柱来安装拉线式铁塔，一定要在底部放 4 英寸左右的砾石层，用于排水，同时将基底塔柱放到砾石中。水会凝结在塔柱上，如果水没有地方排出的话，在结冰时它会变强，然后使腿裂开。

如果使用的话，把基底部分放入洞内，不要接触钢筋笼，然后用木撑保持它精确地垂直。或者，你可以将一个塔段与基底部分连接起来，用临时的拉线保持其直立。对于更大的铁塔基底，有时用扎线把塔柱和钢筋笼连接起来会很方便。

如果使用锚定螺栓，当浇筑混凝土时，有合理的布孔方式的一块胶合板可以用来安装螺栓。

26.6.3　基底的混凝土

铁塔制造商将给基底指定混凝土的类型，同时你的建筑许可证可能也会施加一些要求。铁塔基地的强度规格一般为 2500～4000 psi，塌陷度（混凝土工作性的测量）为 4。如果你对订购或用混凝土工作不熟悉的话，请咨询工程师。维基百科混凝土条目提供了大量的有用信息。

你可以用袋装预搅拌混凝土和动力混合器来自己搅拌混凝土。需要用大约 45 袋 80 磅的混凝土混合物来形成 1 立方码的混凝土，所以对于大型基底，订购预拌混凝土更实用。送货卡车需要相对接近于安放基底的洞（10～15 英尺内），这样能够恰当地摆放输送滑槽。如果卡车无法足够接近安放基底的洞，你就要自己搬运混凝土。

为了避免用手推车长距离地搬运成吨的混凝土至洞口，可用混凝土管线泵——车载泵，用铺设在地上的 2 英寸软管运输混凝土。它们并不昂贵，泵送距离可达 400 英尺。有大型液压臂泵车，可以越过建筑物和围墙等障碍，但利用它们更贵。不论哪种情况，使用专业的设备来运送成吨的混凝土更容易。

混凝土需要很长的时间来凝固到它的额定强度——至少 3 周达到其 90%的额定强度。关于要等多久，在凝固期间混凝土是否要保持潮湿或做任何其他特别的处理，混凝土供应商可以给你完整的指导。在铁塔工作开始前，你很难坐着等 1 个月，但为了安全起见，只有能支撑住它的时候，才能在基底上放负载。在铁塔工作开始前，你的建筑许可证可能也要求检查基底。

26.6.4 使用拉线工作

拉线是可靠的拉线式铁塔系统的核心。绝大多数业余高塔都是拉线式的。Rohn25G、45G 和 55G 是业余爱好者常用的铁塔，它们都需要拉线。在你开始建铁塔前，要熟悉拉线和相关设备、硬件以及技术。不断练习，直到你有自信能恰当地处理拉线。

拉线的等级

钢拉线分为几个不同的等级。Rohn 规格需要专用 EHS（超高强度）绳。从表 26-4 中可以看到，这是可以得到的最强的钢丝绳。

表 26-4　　拉线规格

典型 3/16 英寸钢丝绳断裂强度	
普通等级	1540 磅
公用等级	2400 磅
Siemens-Martin 等级	2550 磅
高强度等级	2850 磅
不锈钢飞机	3700 磅
超高强度等级	3990 磅
Phillystran HPTG4000	4000 磅
EHS 拉线尺寸和断裂强度	
3/16 英寸	3990 磅
1/4 英寸	6650 磅
5/16 英寸	11 200 磅
3/8 英寸	15 400 磅

拉索的终止

终止拉索最常见的方法是用电缆夹，冲模或卷曲的装置，或预制拉线扎。随着预制拉线扎的出现，电缆夹和冲模装置的使用频率大幅下降。

电缆夹

最便宜和最常见的电缆装置是电缆夹，它由两部分组成：U 型螺栓和鞍。拉索穿过嵌环或隔离体，与折回的一根夹在一起（称为折回），如图 26-35 所示。嵌环是用来防止拉索在交汇点产生尖锐的弯曲而折断。根据已有经验，强烈建议使用至少比缆线大一根线大小的嵌环，以便提供一个更为缓和的拉索弯曲半径。

将铁丝绕在嵌环的周围，会有两个平行的拉索。具有承受拉索张力的线称为“活”端，折回一小段的那部分称为“死”端。它“死”了，因为它不承受负载。

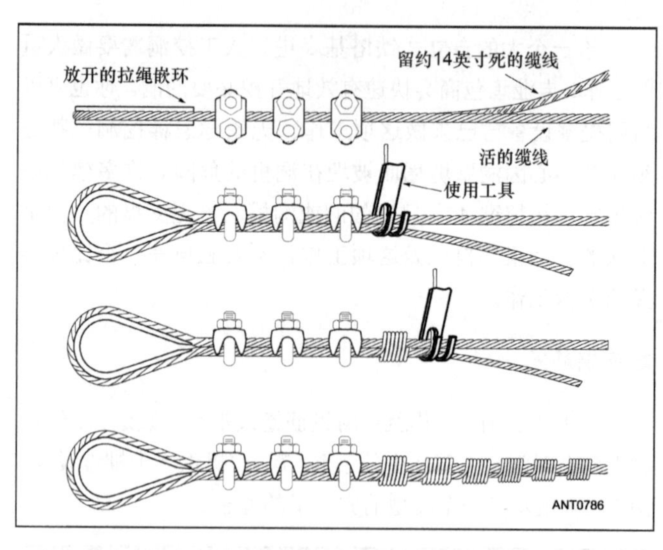

图26-35　固定一根拉线末端的传统方法。这项技术正变得越来越少见，因为预制件替代了电缆夹。

在每个连接处使用 3 个电缆夹，可确保鞍在拉索承重的一侧。鞍的那部分提供了大多数夹具的支撑能力，在缆线“活”的一侧。可以用一句谚语“不要给一匹死马安马鞍”来记住正确的方法。换句话说，不要把鞍装在折回“死”的一侧。安装在折回部分的夹具失去了正确安装夹具 40%的夹持能力。

作为一个最后备用措施，解开自由端的单股线，裹在拉索上。这需要很大工作量，但对确保安全和永久性连接很有必要。

型锻接头

型锻接头可提供强大的、清爽的连接。如果你不喜欢那么多电缆夹的样子，型锻接头可能适合你。最常见的型锻接头是 Nicopress 装置，如图 26-36 所示。尽管装置本身相对便宜，但你必须购买或租用 Nicopress 工具来把它们卷到拉线上。一旦它们卷上去了，就不能被移除了。

图26-36　使用Nicopress装置锻造的拉线末端。

预制拉索扎

预制拉索扎（或 Preformed Line Products 公司的 Big-Grip Dead-Ends—— www.preformed.com）是最易使用且最贵的（见图 26-37）。你仅需要把它们卷到拉索的末端来产生一个永久的终端。事实上，预制拉索扎在电源、电话和通信公司取代了电缆夹。根据工厂规范说明，你可以移除并重新应用扎两次。如果有必要移除安装超过 3 个月的拉索扎，它必须被替换。

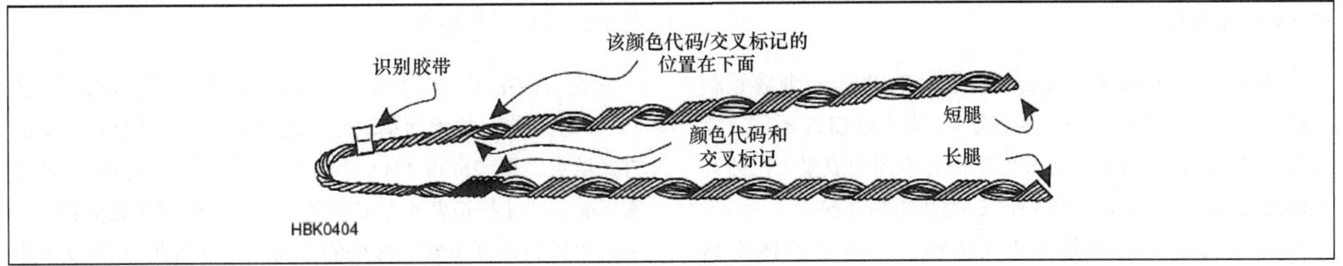

图26-37　预制拉索“死端”夹子。该夹子绕在拉索上，通过摩擦力支撑重物。

拉索预制件的尺寸是用颜色标记的，如下：

1/8 英寸——蓝色

3/16 英寸——红色

1/4 英寸——黄色

9/32 英寸——蓝色

5/16 英寸——黑色

3/8 英寸——橙色

对正在使用的拉线，只能用正确尺寸的预制件。设计用于钢丝绳中拉索和相关硬件，包括电缆夹和预制件，是有一定股数的，而且对于每个缆线尺寸都有特定的放置方法。不要把不同的硬件弄混。请注意，预制夹有两套交叉标志。最接近环形的那套是用于正常的拉索连接。离环形最远的那套是用于拉索穿过隔离体的情况。

安装预制件

预制拉索扎是精密设备，设计为手动安装，不能使用任何工具进行安装。它们应该只安装在重型拉线套环上。

（1）通过附加的硬件（钩环等），将一个重型套环插入到预制件的孔中。

（2）用两根完整的绕线绕在拉线附近的任意一条腿上。只要简单地把它们绕在拉线附近即可。把交叉标记排成一行，然后用两根完整的绕线将第二条腿缠绕起来，收尾与第一条腿相反。

（3）通过同时缠绕两条腿（保持两腿彼此相对），或每次交替两腿间的一对绕线来完成安装。当你用 EHS 拉线缠绕预制件腿时，弯曲拉索，会变得很容易附着。

（4）先完成短腿，然后再完成长腿。

（5）用手把腿的末端放下来或在绞股线末端使用一字螺丝刀。对于 Phillystran 拉线，你可能需要把绞线分开来完成预制件的末端。

（6）最后在扎线周围加上一个黑色绑扎带或端部套筒来确保它的安全。

切割拉索

多年来，许多不同的方法已用来切割拉索。目前，EHS（超高强度）拉索是标准，需要特制刀具来切割这种硬线。与拉线工作时，要一直戴着护目镜。当你切割它们，可能会产生大量的金属屑浮尘，或者拉线很容易来回摆动，击中你的脸或其他身体部位。

要切割拉索，租用或借用一个断线钳，要确保它能切断 EHS，而不仅仅是软金属。另一种方法是使用一个圆形电锯或带有金属切削刀片的手摇砂轮。在你附近的五金店，这些刀片低于 4 美元，也能切割管道类天线杆材料。使用电工胶带不仅能标记你想切割的地方，也能防止拉线在切割后散开。

Phillystran

1973 年，phillystran 提供了 EHS 拉索的强度，额外的好处是它对于射频是非导电和电透明的。它由一个聚氨酯树脂浸渍芳纶绳和一个厚的专门配制的聚氨酯压制外套构成。它的非导电性使其非常适合用铁塔系统，一些天线会在拉索下面或附近。通过使用 Phillystran，可以消除拉索与堆栈和线天线间的相互作用。表 26-5 比较了 EHS、Phillystran 和玻璃纤维杆固定材料。

表 26-5　　拉索的比较

缆线	标称直径	断裂强度	重量	延伸	延伸率
	（英寸）	（磅）	（磅/100 英尺）	（英寸/100 英尺）	（%）
3/16 英寸 1×7 EHS	0.188	3990	7.3	6.77	0.56%
1/4 英寸 1×7 EHS	0.250	6700	12.1	3.81	0.32%
HPTG6700	0.220	6700	3.1	13.20	1.10%
HPTG8000	0.290	8000	3.5	8.90	0.74%
5/16 英寸 1×7 EHS	0.313	11200	20.5	2.44	0.20%
HPTG11200	0.320	11200	5.5	5.45	0.45%
5/16 英寸玻璃纤维棒	0.375	13000	9.7	5.43	0.45%

EHS 钢缆信息取自 ASTM A 475-89，钢丝绳行业标准规范。

HPTG 列表是 Phillystran 芳纶电缆，基于制造商的数据表。延伸（拉伸）值是带 3000 磅负载的电缆每 100 英尺的值。

Phillystran 电缆钳

Preformed Line Products 公司生产 Phillystran 兼容预制拉线钳。这些与那些用 1/4 英寸或 3/8 英寸的 EHS 不同，那些为了与 Phillystran 的特性相匹配而有不同的放置（扭曲）。Phillystran 的拉线钳无法与 EHS 的拉线钳相互换。

拉线钳通常的安装方式大致相同，除了当你安装 Phillystran 时，必须在它们上面保持一定的张力，并且你还得将预制件的末端股线分开，以完成对它们的缠绕。这是因为 Phillystran 非常灵活，尤其是当与 EHS 相比时。除此之外，它们就像钢拉索的预制件一样安装。

将拉线连接到铁塔上

图 26-38 给出了两种将拉索固定到塔上的方法。在图 26-38（A）中，拉索简单地套在塔的支架上，并且以常见的方式结束。图 26-38（B）中，增加了一个带有扭矩臂的拉索支架。即使扭矩臂不是必须的，最好也使用拉索支架，因为它可以将塔到拉索连接处的负荷均匀分布在 3 根支架上而不是其中一根上。就抵抗塔的扭转负荷来说，扭矩支架比简单的装置更有效。Rohn 提供了另一种拉索附属支架，被称为“扭矩臂装置”，它允许在地锚与支架之间有 6 根拉索相连接。这是迄今为止稳定天线塔抵抗大扭矩负荷的最好方法，并且强烈推荐用于大型天线的架设上。

拉索的谐振

如果拉索在天线的工作频率或其附近谐振，那么它们也可以接收并辐射射频能量。由于是寄生二次辐射体，因此拉索可能会改变并扭曲附近天线的辐射方向图。对于使用偶极天线或其他简单天线的低频率段信号来讲，这通常是没有什么影响的。但是对于在单向天线中的更高频段的信号来说，如果可能的话，应该尽量避免方向图失真。拉索寄生辐射通常表现为天线的前后比和前侧向比率要比该天线应该能够达到的值要更低。虽然在天线旋转时有时会注意到驻波比的改变，但天线的增益和馈电点阻抗通常不会被明显地影响到（当然其他导体在天线周围也会产生这些相同的症状）。

单根拉索的寄生再辐射总量取决于两个因素——谐振频率和它与天线的耦合程度。接近天线的谐振拉索比远离天线的拉索对天线性能的影响更大。所以对水平极化阵列来说，较高位置拉索的上面部分操作时要仔细留神。稍低点的拉索通常比较高处的更接近水平方向，但是由于它们离天线越来越远，与天线的耦合也就没有那么紧密了。

为了避免谐振，拉索应该被绝缘子或张力绝缘体分成段。图 26-A 展示了可用于所有高频业余波段而且靠近 λ/2 谐振（或 λ/2 的倍数）的 10%范围内的拉索长度。不幸的是，没有任何超过约 14 英尺的长度能在所有波段上避免谐振。如果你只要工作在少数几个波段上，你可以从图 26-A 中查到更好的长度来避免谐振。例如，如果你只是工作在 14 MHz、21 MHz 和 24 MHz 波段上，拉索的长度选择 27 英尺或 51 英尺会比较合适，当然还可以是比 16 英尺短的任何长度。

当然，你可以通过花一点代价使用 Phillystran 来抵消整个问题。成本最小化的一种方法是仅在最高组或最高两组的拉索上使用 Phillystran。此外，在下到锚时没有必要自始至终使用 Phillystran。甚至最高组天线的 50%使用 phillystran 也能获得好处。

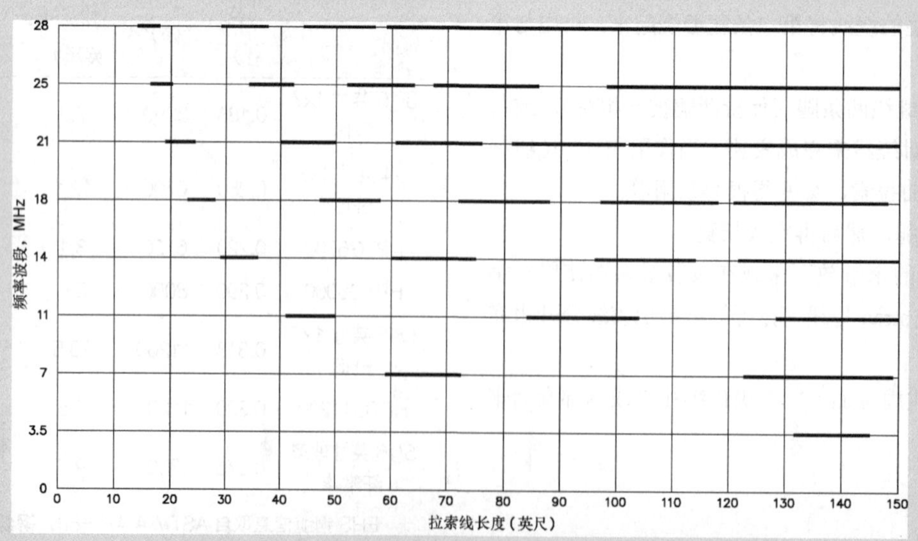

图26-A 黑条表示为避免在8个高频业余频带谐振的未接地拉索长度。图表基于这个频带内任意频率的10%以内的谐振。接地拉索将在l/4的奇数倍上显现出谐振。（由Jerry Hall<K1TD>提供）。

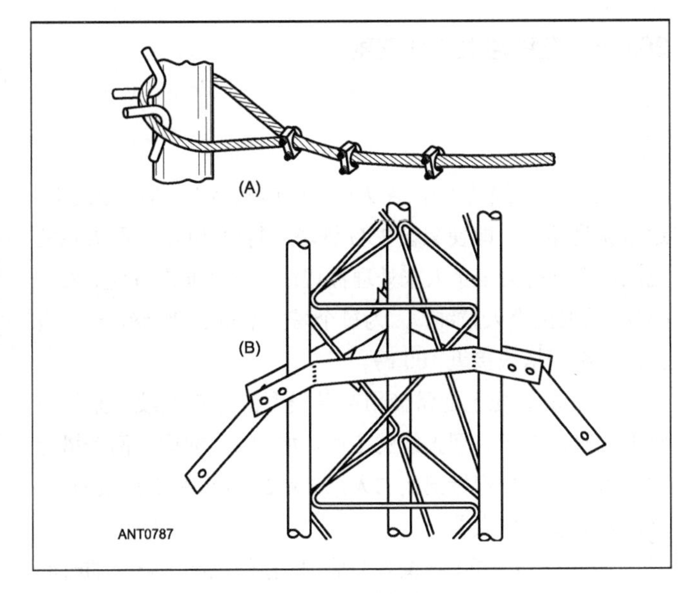

图26-38　将拉线连接到铁塔的两种方法。

拉线连接到锚上

使用螺丝扣和相关的硬件来将拉索连接到锚上，提供了一种调节张力的便捷方法。图 26-39（A）显示的是螺丝扣将一根拉索固定到地桩孔上的方法。螺丝扣通常装有两个眼，或一个眼和一个钳夹。螺眼末端是椭圆形的，钳夹是 U 形的，带有一个可穿过每一部分的螺栓。图 26-39（B）给出了两个螺丝扣固定在地桩孔上的例子。这种桩的安装程序是移开钳夹的螺栓，将钳夹放在地桩的孔上再重新将螺栓穿过钳夹，穿过地桩的眼再穿过钳夹的另一边。

如果两个或更多的拉索线系在同一地桩上，需要安装平衡三角盘（见图 26-39<C>）。除了为安装螺丝扣提供方便的点，平衡盘稍微地沿轴转动就能平衡不同的斜拉负荷，并产生适合于地桩的单一负荷。当安装完成后，安全线需要以数字 8 的式样穿过螺丝扣，来防止因螺丝扣转动而无法调节，见图 26-39（D）。

拉张绳索

一旦拉索切割到适当的长度且连接到铁塔上，你需要拉动它们，将其连接到拉索锚上的螺丝扣。一种方法是通过手用适度的力拉动它们（100～200 磅预张力可以使正在建设中的铁塔稳定），然后把它们固定到锚上。这将使铁塔微微倾斜，但会在上面施加一些初始张力。图 26-40 所示的另一种方法是使用紧绳夹和电缆夹。将尼龙吊带放在锚周围，用于与紧绳夹的另一端连接。

一个单凭经验的方法是拉线的最后张力是其断裂强度的 10%。那个张力的数量对于消除由螺旋线施工引起的电缆内的松动，以及消除在风力负载作用下拉索和铁塔过度的动态运动都很有必要。对于 3/16 英寸的 EHS，那个张力的数量大约是 400 磅。

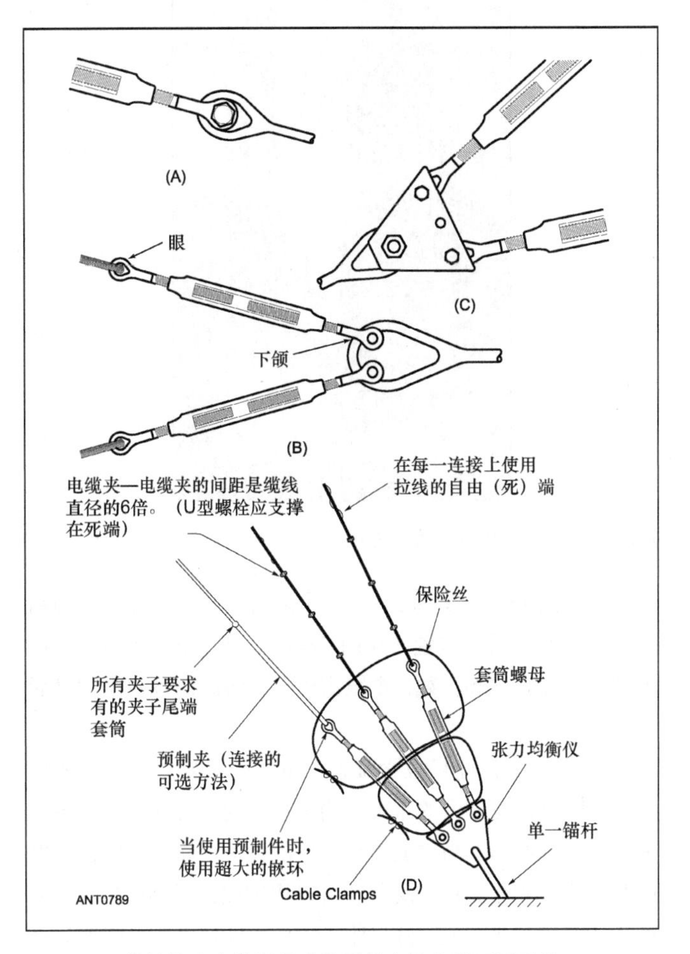

图26-39　将拉线和套筒螺母连接到锚上的多种可用手段。

图26-40　要收紧拉索，尼龙吊索（看照片的右下角）被连接到固定锚和紧绳夹上。然后将紧绳夹钩住拉线上的Klein电缆夹。拉紧紧绳夹直到用路斯张力计或测力计测量的值达到所要求的拉线张力。然后将拉线连接到固定锚，松开Klein紧绳夹。（Dale Boggs/K7MJ摄。）

你怎么知道你得到了适量的张力？可以使用一个校准测力计，但它们很昂贵。图 26-41 中的路斯张力仪是一个测量拉索张力的精确廉价的装置。它通过测量拉索的挠曲度工作，不需要插入到拉索中。（如果你正在使用 Phillystran，在 Phillystran 和地锚之间测量钢制 EHS 推荐部分的张力。）

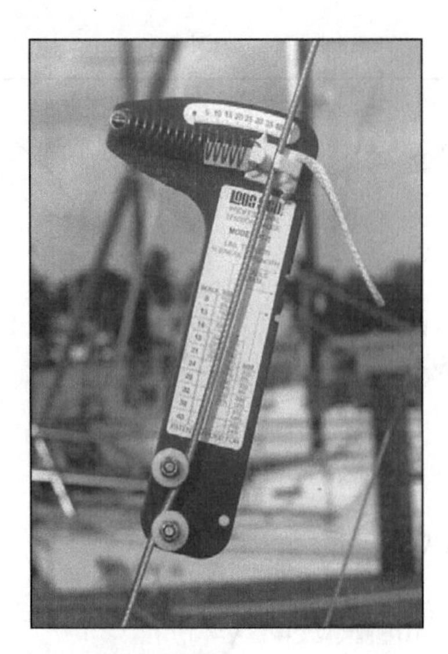

图26-41　路斯PT-2拉线张力仪。

拉索用电缆夹紧握，它用一个障碍物连接到眼下方的锚（或平衡板），滑车装置（见图 26-40）或一个紧绳夹。然后调整螺丝扣，拿起负载，电缆钳松开，然后调整和检测最后的拉索张力。

不管你如何衡量拉索张力，重要的是要拉紧所有的拉索，这样每组拉索内的张力大约是相同的。所有张力相等可避免将铁塔拉歪。当你调整每一层的拉索，你应该检查铁塔的竖向定线和平直度。这往往可以用彼此位于 90° 的两个地面点的经纬仪来做到。另一种方法是垂直悬挂在铁塔上第一组拉线后，从铁塔底部向上看塔相。如果拉线上面的部分不垂直，可以很明显地看出来。

安全接线螺丝扣

安装拉索的最后一步是安全连接它们，如图 26-42 所示。这可以使螺丝扣不会因正常的振动而松动，还能阻止破坏。使用一些剩余的拉索，并将它通过锚接环和螺丝扣形成环，用电缆夹固定末端。

图26-42　使用一段拉索以保证螺丝扣在拧紧后不会松开。本程序在拉线式铁塔系统中是一个绝对的要求，如Jodi Morin（KA1JPA）（左）和Helen Dalton（KB1HLF）所示。

26.6.5　在铁塔上工作之前

工作人员

对于小天线的工作，两人（一人在塔上和一人在地面上）通常就足够了。即使架设 25G 铁塔（每段 40 磅）两人也能完成，不过有第三个人来处理标记线，就会非常方便。对于 45G，需要两个人拉绳，因为每个塔段都重达 70 磅，一支有拉线支架的塔段接近 100 磅。

商业的装配工通常使用某种类型的绞车或绞盘来把重物拖上来。对于大型天线的工作，如 40m 横梁，两个塔上的人和一两个处理标记线的人，加上 2～4 个牵引拉索的人，这需要大量工作人员。

照顾你的组员！隆重欢迎他们。他们放弃了自己的时间来帮助你，这是他们应得的。努力提供大量水和冰茶，运用一切手段给大家吃一顿丰盛的午餐。不要有酒，一直等到工作完成！

前期工作会议

在项目开始时，你应该做的第一件事就是和全体组员开一个会议，重申一下要完成什么，以及接下来怎么做的顺序和方法。覆盖所有的与工作相关的安全问题、命令和设备。识别出工作区中的任何危险，如电源线。解释任何专门的设备或工具，包括安全扣、吊索、紧绳夹以及起重手柄等。如果要使用紧绳夹或其他专用工具，要确保在塔上的人员和地勤人员都知道如何正确使用它。

地勤人员最重要的一项工作就是作为观测者的角色，关注铁塔组员和整个团队的安全。指出电话在哪以及在紧急情况下需要拨打什么电话号码。还要讨论和理解在紧急情况下该做什么。对于小的突发事件，知道最近的医疗设施在哪是很有价值的。因为几乎每个人都有手机，不是出现大的突发事件才能拨打 911。没有那么多的紧急服务人员受过高空救援的训练，如把某人从铁塔上降下来，所以首先至少你可能得靠自己。搜索和救援人员一直用的是绳子和其他救援硬件，所以希望 911 接线员能帮你和他们联系上。即使有防跌落用具，也难以避免身体上的创伤，所以快速行动至关重要。

让你的地勤人员知道不要站在铁塔底部，除非他们必须待在那里。这是掉落工具和硬件的危险区，它们高速下降并且能在铁塔上弹得很远。

原则 1　塔上的工作人员负责。地勤人员应该做塔上的工作人员告诉他们的事，不要做塔上的工作人员没告诉他们的事。在地面的人员通常很乏味，但是他们不应该做会对铁塔有任何影响的事。除了极少数之外，地勤人员不应该做任何未指示的事情。如果他们对某些事情不确定的话，向塔上的工作人员询问。

原则 2　当地勤人员与塔上的工作人员交流时，抬头并大声简洁地说话。虽然在地面上可能会很安静，但是高于 50 英尺的铁塔上的环境噪声水平在空气中总是更高的，你会有很大的沟通障碍。甚高频/超高频手持设备，FRS 手持设备，或者工作在 47 MHz 的 VOX 的耳机全都很有用。确保在工作开始之前，所有的电池都充满了电。

原则 3　真正地交流。地勤人员要让塔上的工作人员真正地了解。如果某物降落到地面上，地面人员应告诉塔上的工作人员物体落到“地面上”了。如果塔上的工作人员正在等待地勤人员做某件事，他们应该使塔上的工作人员了解情况。这防止了“你等我我等你”的问题。

命令

确保使每个人都能理解每条命令——无论是用既定的例子还是你自己偏好的一套命令——要使用相同的一套。下面所有命令涉及“负载”（天线、塔段等），并且应用到“拉绳”（用于负载连接的线）。也有几种常见的手势信号。向上、向下和停止的一些简单手势很有用，特别是在高噪声情况下。确保所有人都知道它们是什么。例如：

- “拉紧”告诉地勤人员在线上施加张力，使线不再松弛。一旦有些拉紧，用“向上”或“向下”的命令来移动负载。用“慢点”来缓慢升降。
- “放松”意思是将负载放松一点。
- “全放松”指地勤人员可以逐渐地轻轻地释放对负载的控制。
- “停止”是显而易见的，“准备”是指当等待下一个命令时，他们应该保持自己的任务。

再次强调，命令由塔上的工作人员负责；在没有他们的指令时不要做任何事情。

如果某物落下或坠落，立即警告地勤人员。大叫“下面小心！”或“头痛！”，这样他们就可以远离螺栓、螺母或工具的下落路径。发生这种事时，他们的头盔只能提供最小的保护。掉落的物品不仅是危险的，也是意味着工作是马虎的。把你的时间和精力放在不掉落任何物品上。

塔上的工作人员

如果你是塔上的工作人员，你应该知道你在做什么或者和谁一起工作。如果你在一个直立的铁塔上工作，在爬上去之前，绕着铁塔走一圈并进行彻底的目视检查。看看基底有没有裂纹或生锈的腿或失踪的硬件。到锚处检查螺丝扣、夹具和其他硬件。寻找蜜蜂或黄蜂巢穴。不要认为攀登任何铁塔都是安全的——在你迈出第一步前，经常要彻底检查它。

在开始行动前，讨论一下你准备怎么做，以及将要用到的顺序。这样，每个人都能理解过程并且很有希望能在正确的时间做正确的事。如果你和以前从来没有合作过的人一起爬上去，这点尤其重要。有时你们会认为另外一个人会做一些明显需要做的事，然后两人都没去做——这是很危险的。仔细检查每件事。这可以训练一个没有经验的人，也会使你们下次一起工作更简单。

保持你的工具在你背带上或绑在塔上的桶或工具袋中。尽量避免放在任何一个平面上，如旋转器平面或推力轴承板，它们可能会滚落。

避免在铁塔上使用交流电工具。电池供电工具更安全，你可以购买、借用或租用它们。如果你必须使用交流电工具，确定它们是绝缘的并且延长线是合适的。拉链式延长线很危险。确保地勤人员知道哪里可以断开延长线以及断路器箱的位置。

管理的 LXC 准则

把所有事情分解成很小的一块，一次只做一步。在同一任务中试图将两个或更多的步骤结合起来是自找麻烦。例如，不要把已经连接到塔段的拉索拉起来；在安装完塔段和拉索支架后再把它们拉起来。试图把太多的步骤结合起来往往导致再做一次你已经做过的事。通过一次只做一步事情，你会更有效率和更安全。

准备材料

许多任务在地面上比在铁塔上容易做多了。在吊装前花点时间准备所有的材料，这样塔上的工作人员的工作会尽可能简单。

对于一个管状腿格构式铁塔来说，当塔段仍在地上时，你可以做几件事使工作更容易。首先，在新塔段上的许多腿部螺栓孔上会有熔融过程中留下时多余的镀锌。这会使螺栓不能穿过孔。除非万不得已不要钻孔，因为这会暴露了钢材。使用一个冲头或锥形钻孔机和锤子来扩大孔，使其只能穿过一个螺栓。下一步，检查底部腿的内部是否有同样多余的镀锌，用一个圆形锉刀小心移除掉。这些步骤在地面上比在铁塔上更容易做到。

检查塔段是否彼此适合。一条腿不能直立并不罕见，特别是新的塔段。用一段管子或另一个塔段为杠杆，轻轻地将不直的腿弯曲直到其回到恰当的位置。这在地面上也是很容易做到的。把塔段按照安装顺序放置好，用胶带或记号笔标记出一对配对的腿，以确保它们可以像在地上一样进行装配。一定要按检查好了的顺序将塔段送到铁塔上。

在每个管状腿塔段的下部分腿的内部放一些润滑脂。它们不仅能在安装过程中更容易地实现滑动，而且润滑脂可以帮助减少塔段间的腐蚀和氧化，方便拆卸。在装配过程中跳过这一步会使拆卸更困难，可能需要千斤顶来使塔段分开！

如果铁塔是导电的，例如如果它用作一个垂直的天线，那么使用导电的抗氧化化合物代替。

检查所有剩余的金属片，以及堵住的孔、损坏的螺纹，弯曲的支撑或手臂的部件——会使其很难在铁塔上装配任何东西。这些在地面维修容易多了。使用锉刀来使所有金属板、台阶、支架或手臂的锋利边缘变圆，这样就不会伤害你了。

如果不止一个天线安装在天线杆上，测量和标记每个天线的安装位置，以及如果有推力轴承的话，它安装在哪里。

把旋转器连接到控制箱上并测试其运行情况。转动旋转器直到它指向北方或另一个已知的方向，然后准备好吊装。旋转器是怎样安装在铁塔上的并不重要，因为把它们安装在天线杆上时，可以调整天线的方向。通过了解旋转器的指示方向，天线可以不用停止工作就能正确对准。

如果你正为一个项目装配天线，把它放在那里一夜，然后第二天重新紧固所有螺母和螺栓。经历了温度从暖到冷再到暖的循环，一些硬件就会因温度引起的膨胀和收缩而松开。要用时间来确定它们都是紧的！

天线单元软管夹总是抓住任何东西——有线天线、拉线、电缆等。为了减少这恼人的特性，当它仍然在地上时，用一层或两个电工胶带缠绕在软管夹上。这是使用铆钉来代替软管夹的另一个很好的理由。

如果你的旋转器没有控制电缆连接器，可以用拖车连接器来添加一个——它们是水平的 4 线极化装置。买两套，把一条软线安装到以一公一母连接器为结尾的旋转器上。在连接电台室的控制电缆的末端，反过来做。这将确保电缆总是正确连接。

当把东西“临时”放在一起时，总是像你不会再来一次一样安装它；“临时”有时意味着它被立起来并使用好几年！

硬件准备

确保所有的硬件是不锈钢或镀锌硬件。不要电镀硬件。

永远不要把负载放在能打开的有眼螺栓上。对于铁塔或天线项目，如果它们要携带负载的话，只能用铸造或焊接封闭的有眼螺栓。

在你上塔时，总要带着额外的硬件、螺母和螺栓，以防止你用完或掉落了什么东西。如果你没有，你会总是需要它们。

26.6.6 组装铁塔

在铁塔底部经由拉绳通过开口滑轮将吊装物体从底部拉至顶部水平位置。垂直拉都是靠手臂的力量，且地勤人员会暴露在高坠物下。通过把绳索缠在臀部周围，倒着走路，从而把吊起的负载拉上去。这会用更多的肌肉群，而且吊起会容易得多。此外，当站在危险区外，吊起的时候可以观看到负载。任何人只要在工作的时候绳索有负载都要戴皮手套。

握住牵引绳，把它缠在臀部，然后把尾端放在身体前面。不要把绳子缠在腰上——因为这样会有潜在的危险性。当牵引绳的尾端和负载绳在同一方向时，用一只或两只手抓住这两个绳子。这是保持或制动绳索负载的最佳方式。不要只依赖于你的手，因为这不太可靠，而且你的手臂会很快疲劳。绳子固定在你周围，这样在相当长的一段时间内会比较舒适。

塔段堆叠

在装配完如图 26-27 中的起重架后（该牵引绳穿在管的中间，穿过滑轮，然后下降到负载），将塔柱支架连接至顶端塔段的顶部，在顶部支撑的下面。当你把起重架的杆推到你准备升起负载的延伸位置之前，确保它是安全的。（地面人员观看时，在底部的第一节塔段上演练一下，这是一个很好的步骤。）

塔段要可以控制，使挂物大致垂直；塔段越重，这件事情就越重要。在塔柱支架上，距顶部 3/4 的地方系一个带子（仔细检查正确的顶部和底部方向），用以建立拾取点。在塔上的工作人员的指挥下，在塔段中点上方一点连接牵引绳，并拉动牵引绳。

一旦清理好塔顶，塔上的工作人员就应喊“停”，然后当准备将塔段降到塔顶时，塔上的工作人员应喊“缓慢下降”。

如果塔柱支架发现有问题，在整个塔段的底端用紧绳夹，然后拉紧，从而将塔柱支架并拢。（在建造斜柱自立式铁塔时，这是常见的做法）。如果没有紧绳夹，棘轮式卡车带的效果也很好。人在铁塔上发挥不了多少杠杆作用，如果这些部分排成一列但是不能滑下来时，可用紧绳夹或铁塔千斤顶来把这些型材放到目标位置。

堆叠适当数量的塔段（通常到下一个拉线点），然后拿出第一组拉线，并把它们连接上去。地勤人员可以通过使用电缆夹和紧绳夹来在它们身上施加初始张力，然后把它们连接到锚上。你可以用塔柱上的一个杠杆，来告诉他们哪些要紧，哪些要松，以使铁塔垂直。一旦这样做了，重复相同的步骤，直到所有的塔段都到位并固定。

使第一套塔段（包括第一套线缆）垂直，这点很重要。一旦该部分是垂直的，你可以向上看塔相，看看它上面的东西是否呈直线——这相当明显。如果没有，调节紧绳夹或螺丝扣使其垂直。

安装天线杆

对于中小型天线杆，利用起重架和一条作为颈圈的吊索将它立起来。那个颈圈应该略高于平衡点，这样天线杆就能垂直地立起来。从高处将天线杆降下来放入铁塔。

超过 20 英尺长的大型和重型天线杆，比一般能恰当控制的起重架要大。建塔时，把杆放在底部塔段内。移除任何旋转器架子和其他障碍物，以确保起重架可以通过铁塔将天线杆吊起来。一旦天线杆在天线塔顶立稳，可以缓缓提高。

一旦天线杆延伸略高于铁塔顶部，并通过推力轴承或夹钳立稳，如果要安装不止一个天线的话，在天线杆上安装最高的天线。一旦安装了第一个天线，用一个紧绳夹把天线杆拉到下一个需要安装天线的位置。重复该顺序，直到所有的天线安装完成。

安装旋转器

将安全扣或牵引绳夹到旋转器夹具上的 U 形螺栓上或用吊桶提起。拿出旋转器，在天线杆下安装它，降低天线杆到旋转器夹具上。拖拉控制电缆，在缆线上系一个反手结，并将其连到安全扣上。

为了尽量减少在旋转器/天线杆/推力轴承系统绑定的可能性，最后拧紧时也会工作。先是推力轴承，然后是旋转器天线杆夹具、旋转器支架螺栓，最后是旋转器基底螺栓。

当连接导体控制电缆时，一种能保持导线颜色直接和一致的方法是使用电阻器颜色代码：黑色，褐色，红色，橙色，黄色，绿色，蓝色，紫色，灰色和白色。

旋转环

有两种方式来将你的缆线做成旋转环。一种方法就是把天线杆上左右的缆线用胶带捆成一束，在该线束绑牢在塔柱之前，额外留 4～5 英尺的余量。线束也会有一定的刚度，将有助于使它远离损伤。确保当系统转动时它没有造成障碍，你可以继续下去。如果你有一个平顶塔，将缆线缠绕在天线杆上，其直径小于顶板 2～3 倍，这样线圈可安放在平坦的表面上。

爬塔防护

铁塔在法律上可以归类为“有吸引力的妨害”，可能造成人身伤害和/或诉讼。应该采取一些预防措施，以确保“未经授权的攀爬者”在塔上不受到伤害。

通常情况下，有吸引力的妨害原则适用于入侵者对于你财产的责任。（该法关于你的责任比不速之客的要严格得多。）你应该期待铁塔吸引的是小孩，无论他们是否在技术上侵入或是否是铁塔本身吸引他们爬上你的财产。对于那些无法意识到危险的儿童尤其危险。（一旦他们看到一个铁塔，哪个孩子不想试图爬塔？）正因为如此危险，你有法律责任采取合理的关注，以消除危险或保护儿童免受吸引力而带来的危险。

Baker Springfield（W4HYY）和 Richard Ely（WA4VHM）写的一篇文章描述了这样的铁塔防护。它已被添加到原版书附加光盘文件中，包括施工图。安装它应该可以消除后顾之忧。

26.7 升高和降低天线

尽管小天线可以简单地直接用牵引绳拉升，工作在高频波束则需要一定的技术。如果处理得当，将天线放入位置的实际工作只要一个人在塔顶就可以很容易地完成。地勤人员通过使用连接到天线天线杆或起重架的大滑轮做所有的升降，滑轮比天线安装的点高一两英尺。因为提高天线经常要求将负载拉到远离铁塔的位置——不使用拉线或电车轨道或 V 型轨道系统——如果滑轮过远，高于它们连接到铁塔的地方，这对天线杆或起重架有明显的弯曲力，并可能会使它们弯曲。

本节中的意见和建议，也同样适用于按照相反的程序来移除天线。天线的移除方式应该和它的安装方式相同。如果安装它需要一个起重机，极有可能需要一个起重机来移除它。

26.7.1 躲避拉索

拉索往往阻碍了天线到塔顶的路径。躲避它们的一个方法是将一个标记线绑在主梁的中部和杠杆的中间单元（在塔上的工作人员可以够到的地方）。当天线升高时，地勤人员将天线拉开，以远离拉索。利用这样的方法，一些工作人员往上拉天线，另一些工作人员往下拉天线，以保持横梁不靠近拉索。显然，反向拉天线的工作人员必须协调动作，以避免损坏天线。

第二种方法是，将牵引绳绑到天线的中心。一名工作人员，穿着攀爬用具，在地勤人员升高天线时沿着铁塔爬。由于牵引绳绑在平衡点，登塔者可以在拉索周围旋转单元。一个标记线可以连接在主梁的下端，这样地勤人员可以帮助在拉索周围移动天线。当天线仍然是垂直时，标记线必须移除。

第三种方法的特点是“摇摆器”系统，在 Tom Schiller（N6BT）在他的书《Array of Light》中介绍的。当其他天线安装到天线的天线杆上去的时候是非常有用的。新的天线被抬起，直到它紧接在天线杆上的最低天线下面并旋转，使得其单元平行于安装天线的主梁。然后新的天线单元被放倒，以清除已安装天线的单元，这样新的天线在已安装天线周围旋转，直到它的主梁在已安装天线的上方。一旦在已安装天线的上方，新天线可以抬起，这样其单元可以被旋转，以清除那些已安装的天线，然后为了安装回到水平位置并降低。如果天线杆上不止安装了一副天线，这就会很困难了。

26.7.2 使用缆车系统

当天线向上拉时，有时顶端拉索可以提供轨道支持天线。然而，拉索中的绝缘体可能会阻碍天线的移动。一种替代方法是用绳子制成更好的轨道。绳的一端被固定在拉索锚外。另一端穿过塔顶再回到靠近第一个锚的锚。这样安排，在拉索外形成了一个狭窄的 V 形轨道。一旦 V 形轨道被固定时，天线可以搁在轨道上被简单地拉起。这就是所谓的空中吊车或 V 形轨道系统。它不是一种简单的使用方法。它要求两个架空缆线分开一段距离，每根缆线上用相同的张力，否则就会翻倒。缆线上的天线重量会给系统增加大量的摩擦力。

一个更简单的系统是缆绳，它的一条线从塔顶穿过，连到在地面上的一个锚，天线悬挂在缆绳的下方。这个系统如图 26-43 所示。

在天线中心安装点的每侧安装一个长的（6 英尺）吊索，将主梁包 2 或 3 层，然后把它们放在一起，形成一个桁架，其拾取点在主梁的金属板连接到天线杆位置的上方。

这保证了天线是平衡的，并可到达正确的安装位置。在金属板上使用两个吊索，使横梁在吊起时保持水平。即使天线机械失去平衡，你可以调整吊索，使它基本保持水平。

你需要 3 个滑轮、一根牵引绳、一段拉线用于缆绳，还有一个地上的锚、各种吊索和安全扣。K7LXC 的偏好是用一段拉线缆绳，天线悬挂在缆绳下面。小直径如 1/8 寸或 3/16 英寸的航空缆绳或拉索，足以承受任何业余天线的静载荷。

搭好了运载线，首先将天线天线杆上的吊索颈圈绑到天线将安装位置上方 3 英尺的地方。绕两三圈，像前面描述的那样将颈圈穿过它本身。

将安全扣或钩环夹到吊索的尾部。然后将一个大的滑轮扣到安全扣上。把缆绳线的一端拉起来并将其穿过相同的安全扣。

把运载线的另一端绑到锚上。你可以使用一颗树、一个栅栏柱、一辆汽车、一个打在地下的桩或任何其他便捷的强力点。使用紧绳夹和电缆夹收紧缆线，直到没有松弛，但也不要过紧，否则可能会损坏你的天线杆。如果天线杆的吊索足够高，以致在你的天线杆（大于四或五英尺）上产生一个明显的弯曲力，那就用另一根线或绳向相反的方向拉它，线和绳都固定在便捷的固定点上。

将牵引索穿过天线天线杆滑轮的后面，然后从地锚方向的前方出来。直接将牵引索的末端降低到地面上或绑到缆绳的安全扣上，让它顺着线往下滑。图 26-43（A）展示了该系统应该怎样看塔顶。

如果天线被安装在接近塔顶的地方，你可能要降低一两根顶部拉索或任何最靠近天线缆车路径的有线天线。拉索应该在地面上分开。

在地面上，将缆车滑轮（见图 26-44）连接到缆车轨道。转动滑轮使其上下颠倒（天线将悬挂在缆车轨道下方），然后在牵引绳末端夹上负载。将形成天线桁架的两个吊索提到缆车滑轮上并将其夹入。主梁应与缆车线呈直角（单元平行于线），朝向天线杆的主梁至天线杆的杆支架准备安装 U 型螺栓。

在这一点上，牵引绳应连接到缆车轨道滑轮上。它向上穿过天线杆上的滑轮，然后沿铁塔向下到地面。使用在塔底的第三个滑轮是为了改变牵引绳的方向，从垂直到水平。在这一点上，系统应该如图 26-43 所示。

有单元安装在主梁上的天线可能会翻转或“倾覆”。通过相反的缠绕（在主梁周围的是一个方向，另一个缠绕在其他方向），将吊索捆绑，尽量减小这种趋势。

另一种有助于抵消这种不必要趋势的方法是使用如图 26-45 所示的“舵柄”。它是一个 4 英尺长角铁或铝制的，用 U 型螺栓连接到主梁的一段，在前面一个小的 U 型螺栓用于连接缆车轨道和作为引导。舵柄的前面可以轮流连接到牵引绳上。舵柄在相对固定的位置保持天线主梁，从而防止其翻覆。一旦天线被抬离地面，在舵柄的 U 型螺栓里，主梁可以转动。

接下来，连接任何标记线。使用一条小线，如 1/4 英寸聚丙烯线，它足够轻并坚硬，可以吊起任何从单元振子中伸出来的夹子或硬件。在便捷点处，把绳子的一头系在主梁上，塔上的工作人员可以够到并解开它。将标记线缠绕在相邻单元振子周围两三次。你可以增加一层或两层电工胶带包裹，以将其固定在单元振子上，使支点在单元振子外并远离主梁。当你完成时，标记线很容易拉过胶带。如果标记线全悬挂在拉索上，降低天线高度以放开它，然后利用轨道再升上去。

当到架射天线的时候，让地勤人员拉动牵引绳而另一个人帮助天线离开地面。一旦天线架上去，当它向上的时候，组员可以持着标记线来引导它。

使用标记线将单元振子向下拉离铁塔，这样他们就可清理拉索。你会反向拉牵引绳，不要太过用力拉标记线。标记线也可用来移动主梁，使天线处在适当的天线杆安装方向。当天线靠近铁塔时，塔上的工作人员可以引导它。一旦天线已经清除了所有的障碍，并且如果一切操作恰当，天线应升到天线杆处。

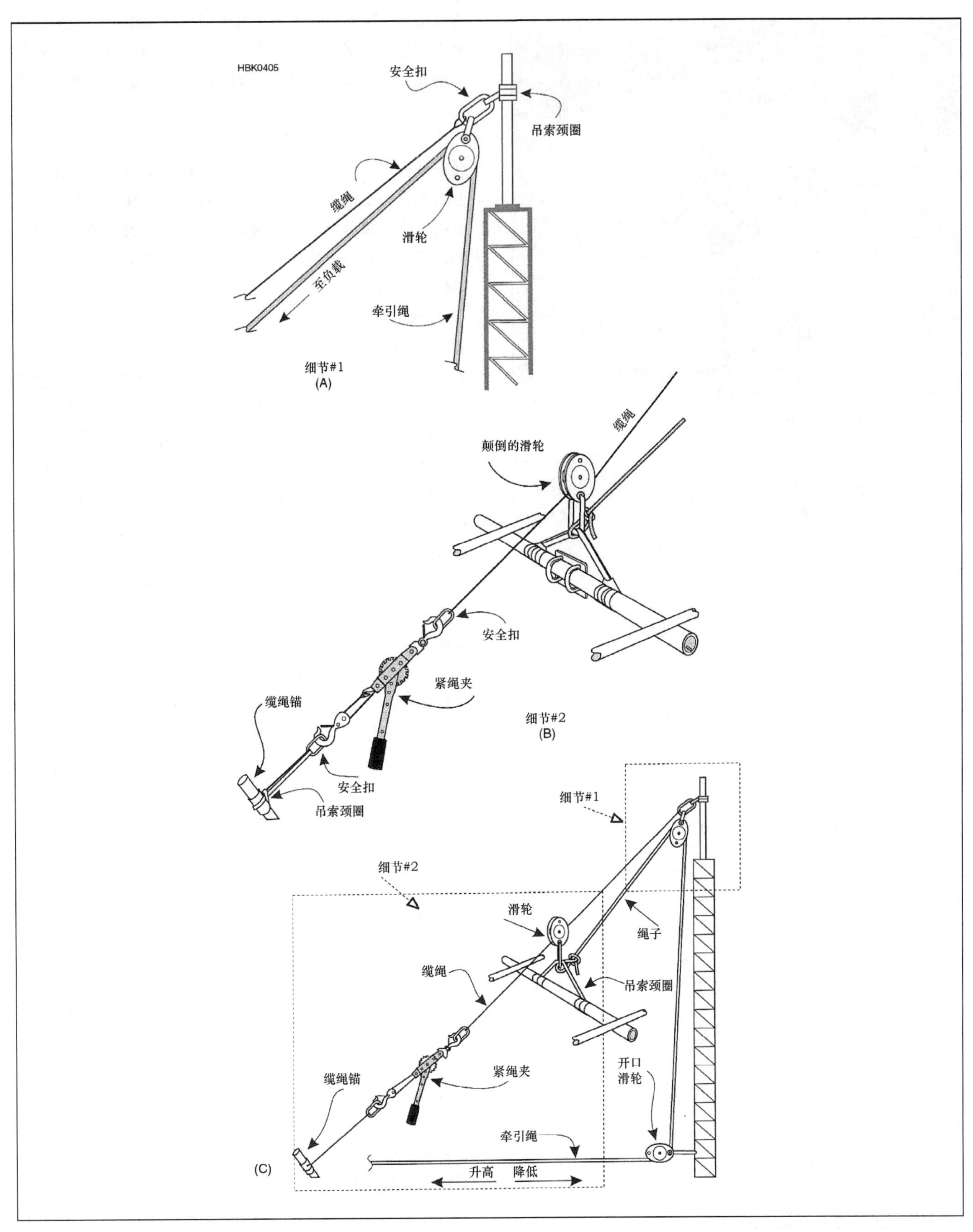

图26-43 缆车系统的示意图。图（A）中，装配塔顶，以运载天线。注意吊索和安全扣的使用。图（B）所示为装配缆车轨道的锚。紧绳夹用于张紧缆车轨道。图（C）所示运载系统用于将天线向上和向下移动。安装前，在缆绳上部分运行该天线，以供测试。一旦缆绳装配好，将天线向上或向下移动只需要几分钟。

图26-44　适用于运载的一个坚固的全金属滑轮。(K4ZA摄)。

图26-45　K7NV使用的缆车系统的照片。请注意，本系统中舵柄是连接到牵引绳上的。天线的主梁可以在将它支撑到舵柄的U型螺栓内旋转，调整单元的倾斜度，以整理拉索。(Kurt Andress/K7NV摄)。

另一个优点是，在缆绳上你可以进行任何你想要的高空试验。只要在你提升天线前连接一个同轴电缆。要进行任何调整的话，降低天线高度、改变一下并再次拉起来即可。如果可能的话，用垂直于电车线的主梁测量（单元平行与缆绳）。

把天线降下来，以同样的方式操作，然后把天线降到缆绳上。要确定它是从地面上来的，在它穿过天线杆滑轮之前，牵引绳应该在主梁的后面。

26.7.3　在铁塔上建造天线

第四种方法是在铁塔上建造天线，然后将其摆动到它的位置上。铁塔上建造的八木天线与在铁塔中间安装的八木天线比，效果特别好，你可以做一个堆叠阵列。当拉线间的垂直间距大于八木天线臂的长度时，这种方法的效果最好。

图 26-46 介绍了有关的步骤。把一段拉索穿过起重架或安装在塔上的滑轮后系在八木天线的最终平衡点上，地面人员在塔上的垂直位置拉起天线。在天线被拉起的时候要用一根绳来临时固定天线的上端。一旦天线被拉到恰当的高度并且被临时固定在塔上的时候，塔上的工作人员就要解走系绳。

然后把振子一个一个地运上去并且安装在八木天线主梁上。如果你有一个可临时安装在天线上的 2 英尺或 3 英尺长的定位杆以形成一个 90° 的参照系的话会更好。这样允许地面人员在下面观察以确保所有的振子都排列在同一平面上。在所有的振子都安装排列好后，松开临时固定主梁及塔的绳子，天线就被吊在拉绳上了。然后在塔上的人将天线主梁旋转 90°，这样振子都成垂直的了。下一步再把振子单元旋转 90°，这样它们就与地面平行了。然后地面人员用拉绳上下移动天线主梁到达它安装在塔上的位置。

这种方法经改进以后也可以用来在塔顶安装中型的八木天线。如果起重架在最大安全范围内的长度足够长的话，就可以使用这种方法，如图 26-47 所示。

通常，起重架的拉绳被固定在主梁的平衡点上，用一个绳子临时把拉绳系到天线的顶端以保持稳定，可以把天线主梁拉到塔上的垂直位置处。在垂直位置上用绳子把天线主梁临时固定到塔上，这样天线的顶端刚刚高过塔的顶部。为了在安装好振子以及主梁被升高后用以安装下一个振子单元的时候能避开起重架，你必须稍微的倾斜天线，这样安装在天线顶端的振子就在天线杆后面了。这是非常重要的一步！

振子一开始安装在主梁的底侧，以此把重心降低来保持稳定。然后把最高端的振子单元装到天线上。塔上的工作人员移走临时固定天线到塔上的绳子，然后地面人员利用拉绳把天线杆垂直上拉到某个位置，在这个位置安装从顶部数的下一个振子。一旦所有的振子都被安装排列在同一平面上了（中间振子可能是最靠近天线杆支撑天线的支架上，而这个支架之后会被留在地面上)，用来临时固定的绳子就要被移走。现在来回摆动天线主梁以调整振子避开顶端拉索。一旦所有振子都水平了，就把八木天线主梁固定到拉绳上，且安装好中心振子单元。

一种特殊的支持塔顶天线工作的主梁到桅杆的安装平台是由 Potomac Valley 无线电俱乐部设计的，在原版书附加光盘文件中的一篇短文《PVRC 力矩》中有介绍。

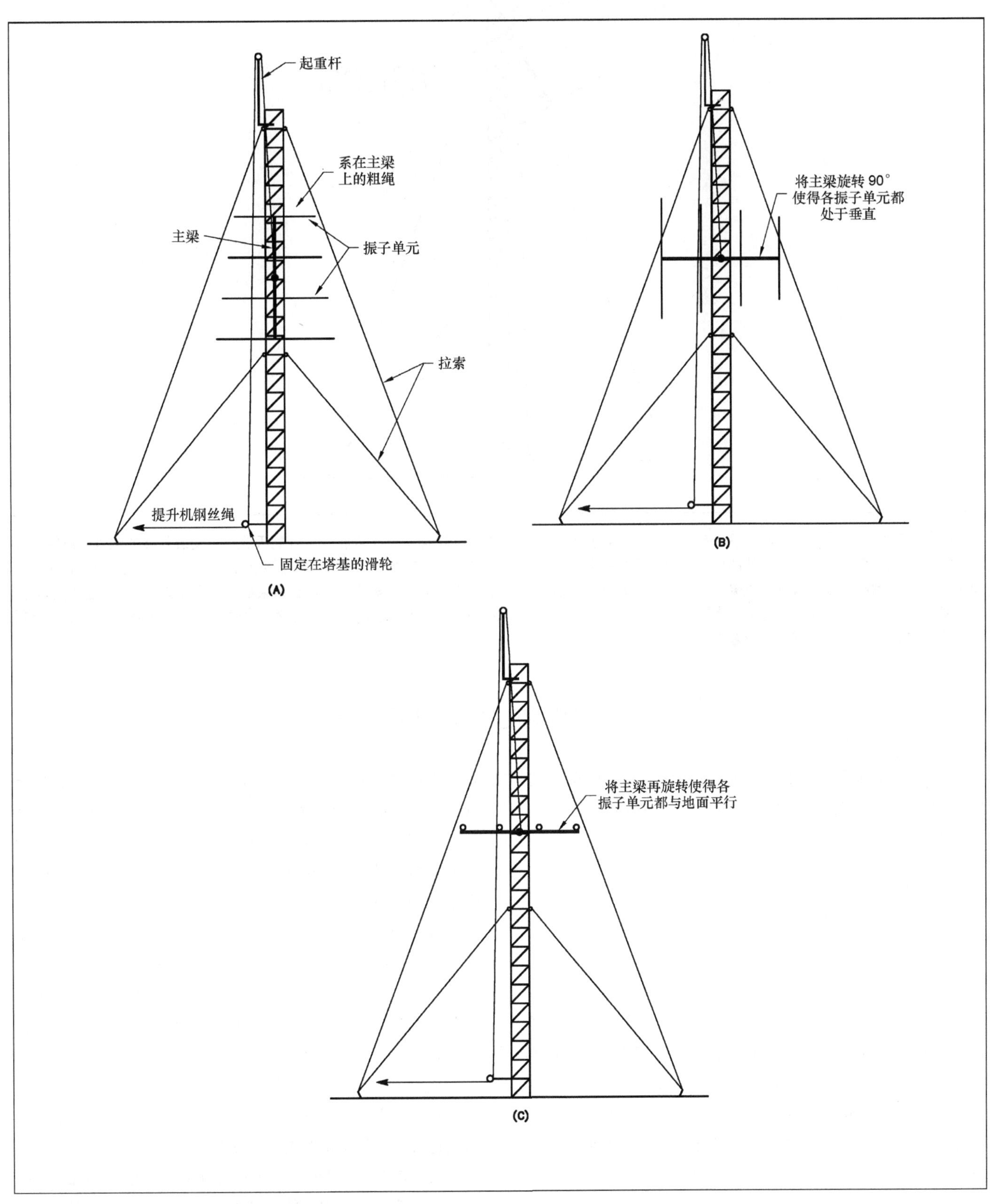

图26-46　在塔底对八木天线进行部分装配。在图（A）中，把横梁临时地捆在塔上，把振子单元装上去，这个过程起始于塔底。在图（B）中，把固定主梁的绳子解下来，再把主梁旋转90°，此时振子垂直于地面。在图（C）中，主梁又旋转了90°，如果需要通过拉索的话，就把振子穿过拉索，直到振子与地面平行为止，然后再把主梁固定到塔上。

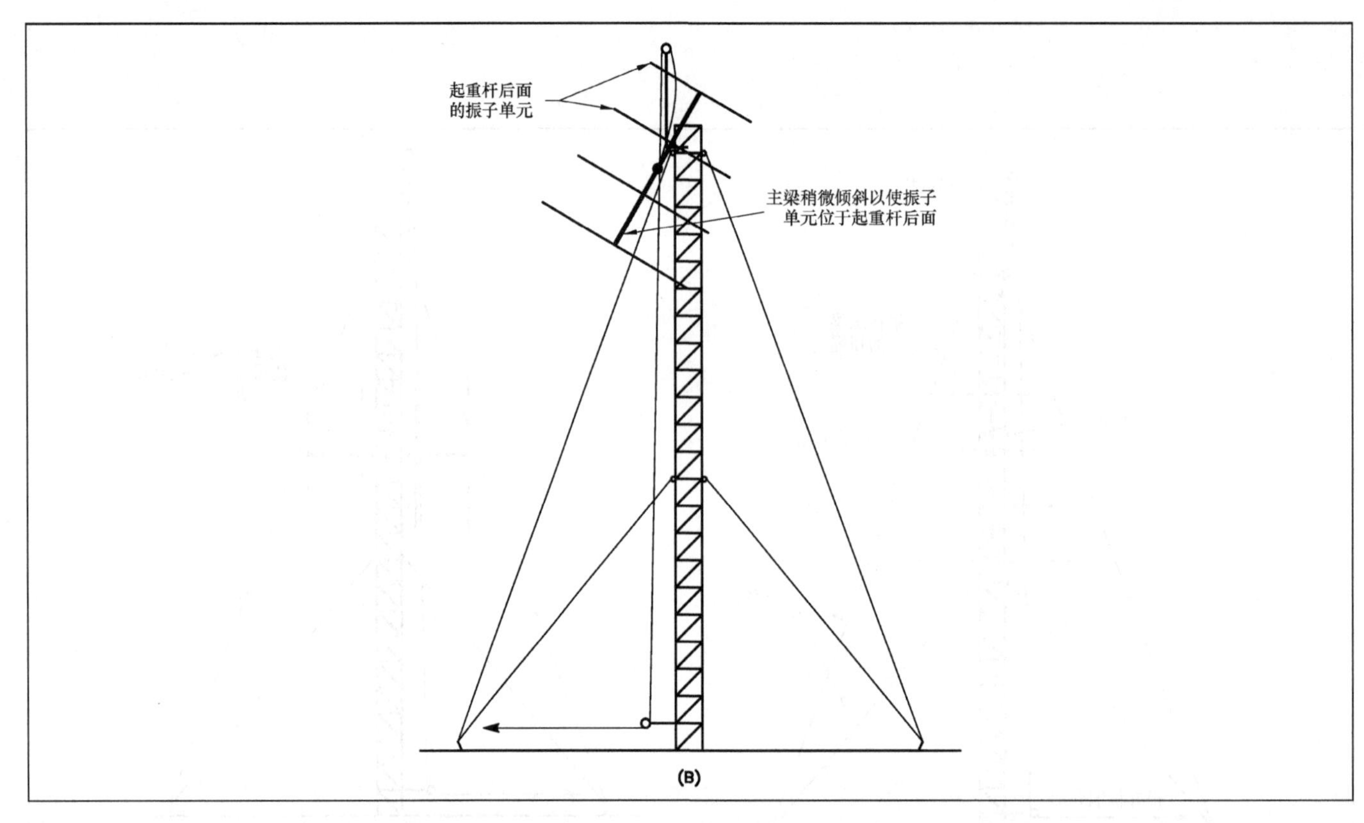

图26-47　在塔顶架设一个八木天线。起重架的长度必须比主梁的1/2要长。这样主梁才可能被拉升到天线杆上安装天线的位置。通常主梁斜着固定到天线塔上，这样最高处的振子才可以刚好在升降索后面。横梁底部最末端的振子要首先提供稳定性。然后把主梁最上面的振子装上，之后再用起重架的拉绳把主梁向上移动，这样就可以安装顶部下面的振子了，安装仍然在起重架后面。重复这个过程，直到所有的振子都装好（一旦把主梁装上去了，就要保护好中间的振子，如果从塔上很轻松就能够到它的话）。然后把主梁倾斜至最终的位置，如果需要的话，使振子穿过拉索间的空位置以避开它们。

26.8　电缆和连接器注意事项

以下各节包含适用于天线和铁塔系统建设的信息。对于同轴电缆和射频连接器特性的更多信息，包括电缆的选择，请参阅“传输线”一章。

26.8.1　同轴电缆

弯曲半径

弯曲的同轴电缆是可以接受的，只要弯曲半径比指定的最小弯曲半径大。例如，常见的 RG-8 同轴电缆最小弯曲半径规格为 4 英寸（电缆直径的 8 倍）。有更严格屏蔽材料的同轴电缆将有更大的弯曲半径。弯曲同轴电缆至比最小弯曲半径还要更小的话，导体几何形状的扭曲会产生线路阻抗“凸点”。它也可能引起中心导体穿过塑料绝缘并最终短路。

掩埋同轴电缆

这里有你可能选择去掩埋同轴电缆的几个原因。其一是，直埋电缆几乎不会受到风暴和紫外线的伤害，而且通常比暴露在外面的电缆维护成本低。另一个原因可能是美观；掩埋电缆将在大多数社区都是可以接受的。此外，埋在地下减少了在屏蔽层外的共模馈线电流，有助于减少站间干扰和 RFI。

虽然任何电缆可以埋，但那是专门为直埋设计的电缆将有更长的寿命。可使用的最佳电缆具有高密度聚乙烯护套，既无孔，又能承受相对高的压缩负载。直埋电缆包含一个在保护套下额外的有非导电润滑脂的保湿屏障，可避免保护套穿透。

这里有一些直埋技巧：

（1）由于外部防护套是电缆防御的第一线，可以采取措施让它长时间保持电缆的内部质量。

（2）在沙子或粉碎的细土中掩埋电缆，没有锋利的石头、煤渣或碎石。如果沟内的土壤不符合这些要求，将 4～6 英寸厚沙填入沟内并夯实，铺设电缆，然后再夯实另外 6～11 英寸厚的沙子在上面。压力处理板置于沟内的沙上，在回填前会提供一些保护，以防止受到可能由被挖掘或堆叠造成的后续伤害。

（3）将电缆松弛地铺设在沟槽内。当填充材料被压实时，紧紧拉伸的电缆更容易被损坏。

（4）当电缆正被安装后，检查电缆，以确保保护套未在储存或被拖过锋利的边缘时而遭到损坏。

（5）你可能要考虑把它埋在塑料管或导管中。在低处的管道底部小心钻孔，让湿气能排出。

（6）直接埋设于霜线之下很重要，这样可以避免由于土壤的膨胀和收缩造成的损坏。

同轴跳线

有许多波束天线，馈电点不在塔上，应连接至一个跳线，其长度刚刚可以达到天线天线杆的馈电点。这样一来，馈线连接和防水可在最便捷的位置来完成。如果在未来你要移除天线，你只需要断开跳线，然后降低天线。

同轴“辫子”

多数制造商使用某种类型的馈电点系统，它可连到一个PL-259或N型连接器。一些天线需要你拆分同轴电缆，将屏蔽和中心导体连接到驱动单元上的连接点。暴露的同轴电缆端部是非常难密封的。除非你花大力气来保证它防风雨，否则水会沿着外屏蔽层进入你的电台室。涂液体绝缘胶带或其他适合的密封剂来给整个软辫线和连接终端提供防护是一个好方法。对于高频波束的另一种方法是使用“Budwig HQ1”式的绝缘体，有完整的SO-239和线缆来连接到终端（见“天线材料和建造”一章。）

26.8.2 控制电缆

除了同轴电缆，大部分铁塔都有带旋转器、天线开关或其他配件的某种控制电缆。制造商有必要提供其尺寸，同样，你应该按照他们的规格来做。

对于有旋转器的电缆，一些旋转器对电压下降很敏感，因此应该使用较大尺寸的。对于真正的长期运行，一些业余爱好者使用 THHN 家电线，可以从当地的五金商店获得。只有电机和电磁导体通常才需要更大型的线。

26.8.3 防风雨的射频连接器

防风雨的主要目的是将水分和杂质拦在你的同轴电缆连接器外部。无论是雨水或冷凝水，连接器中有水分，就会让你落了空。

适当密封的连接器接头在保持电气和机械完整性方面是非常有效和可靠的。如何做到这一点如图26-48所示。

（1）在同轴电缆的末端正确安装连接器。

（2）当将PL-259连接到SO-239或PL-258连接器时，要用钳子。用手拧紧的连接是不够紧的！不要卷曲或使连接器变形。

（3）包两层优质电工胶带，如Scotch 33+ 或88。

（4）应用一层气体包覆层的材料。气体包覆层是一种丁基橡胶材料，呈卷曲状或薄片，能出色完成从单元离接头的任务。一个商业气体包覆层，如从Andrew Solutions或Decibel Products得到的，不会粘到连接器，也不易脱落。首先通过在接头裹上一两层胶带，你的连接器将免受氧化，并且如果你将它拆开，会发现它看起来跟新的一样。要移除的话，只需拿出你的剃须刀，把节点切下来，然后剥去防雨层。

氧化锡型“同轴电缆密封”不建议，因为它的表面可能破裂，并随着时间会变干。如果直接用于连接器，当内部氧化锡粘在一起，连接器将变得不可用。如果你想使用氧化锡型密封胶，首先用一层胶带裹到连接器上。

（5）在气体包覆层上缠2或3层胶带。

（6）当你的同轴电缆接头垂直，总是在向上的方向用最后一层胶带。这样，胶带将以这样的一种方式重叠，水不会进入胶带层（就像你房子上的瓦片）。胶带向下缠绕将形成小口袋，它会存储雨并导流至接头。

（7）当在最后几英寸时，请勿拉伸胶带。如果你用力拉它，它最终将“变成旗子”，意思是松脱并在风中吹动。

（8）用防紫外线保护层来油漆整体接头，例如，丙烯酸喷漆，那个接头永远不会失效。

热缩管

同轴电缆接头最近的一项产品是热缩管，其内壁填充了胶水。当你加热管时，装置和管子之间的胶水融化并渗出，管子收缩了。它不仅能保持滑动，而且它也能填充在接头的空隙中，并提供一个额外的密封保护。这是一个昂贵的替代品（约1美元每英寸），但非常简单易用，如有必要，去除它也很简单。

硅酮密封胶

当固化时不要使用硅酮密封胶，因为它会释放乙酸（酸味），并吸收水。酸和水会迁移到连接处，之后造成问题。为了可靠的连接，只使用水族箱型密封胶或 Dow-Corning 3145。注意，一旦固化，硅酮密封胶是很难从连接器上去掉的。

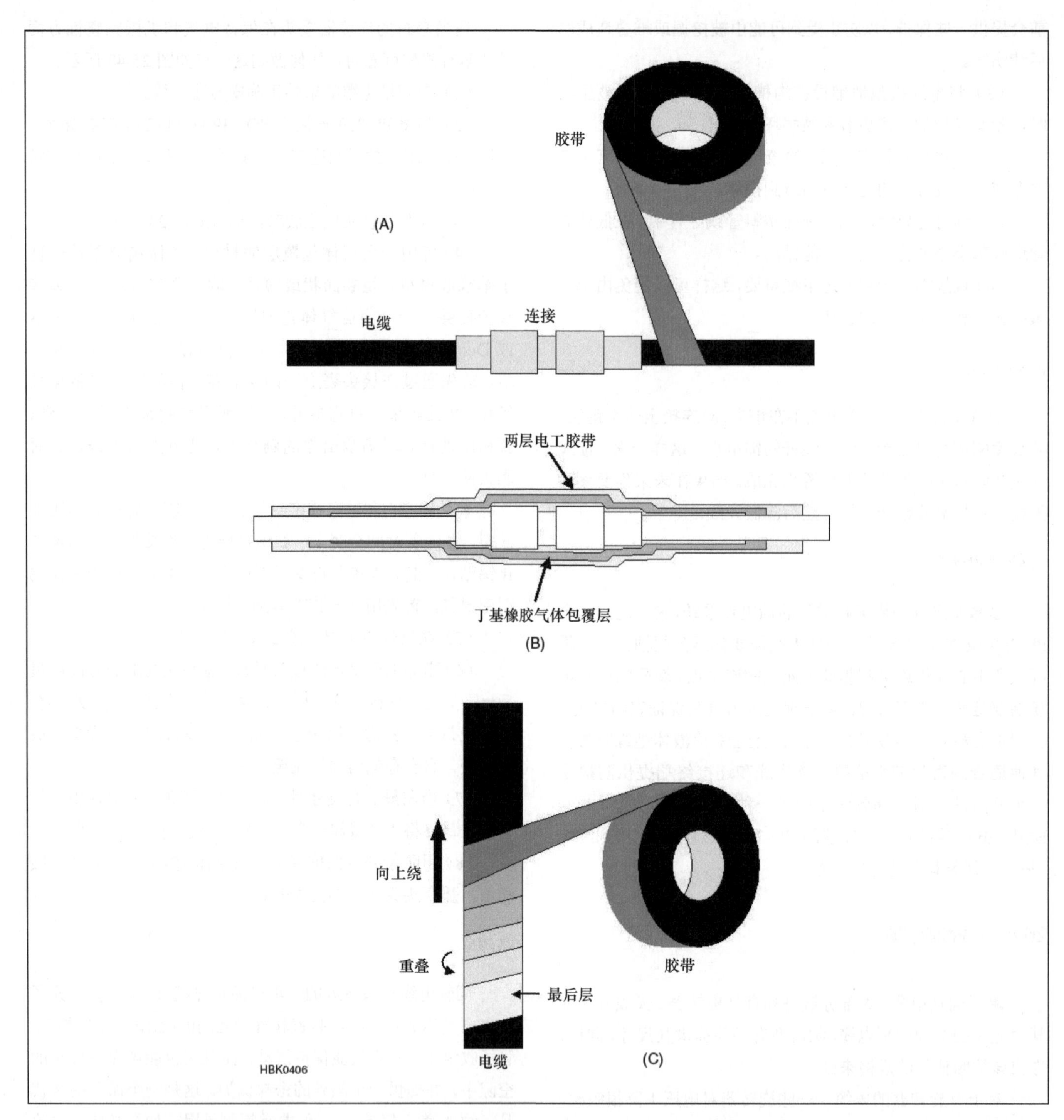

图26-48 连接器防水分三步。图（A）中，用一层质量好的电工胶带包裹连接器。图（B）展示了两层电工胶带之间的一层丁基橡胶包覆层。图（C）展示了如何在垂直电缆上包裹胶带，这样胶带会使水远离连接器。（图<C>经Circuitbuilding for Dummies, Wiley Press同意转载）。

26.8.4 胶带和系带

在各种应用中，每一个业余的安装会在室外留有几英尺的电工胶带。“3 卷 1 美元“那种的便宜的特价胶带并不推荐用于室外，特别是对有防水要求的。Scotch Super88 是用于防水连接器的推荐标准。除了适用于 0°F（–18°C）外，它在达到 220°F（105°C）温度的环境中可持续工作，并且能抗紫外线。数据手册中介绍，该胶带可提供“防潮电气保护”，它的零售价在每卷 4～5 美元。另一种透明胶带，Super33+，是一种优质且具有许多相同的性能和规格的 Super88 全天候乙烯绝缘胶带。唯一不同的是，Super88 比 Super33+稍厚（88：7mils VS 33 +：10mils）。两种胶带很容易适用在较低的温度下，甚至在湿的铝质天线臂上。

另一种特殊的胶带是 Scotch 130c 无衬橡胶胶带。这是一个相当厚的（30mils 与 7mils 的 Super33+）胶带，用于高压接头和防潮密封。3M 就使许多产品按电气要求来使用。

电缆线或束带用来锁定塑料紧固件，紧固件用于捆扎电缆、固定支架和其他支撑，如塔柱。它们有不同的长度、强度。对于室外工作，不要用白色或半透明的束带；经过紫外线的照射，它们会迅速老化，往往只需一年或两年。黑色束带耐紫外线比较好，但它们最终也会老化。一个电工胶带可保护这些束带。

束带也为同轴电缆和控制电缆形成了一个水滴回路。在电缆进入建筑物之前附加一条尾端朝下的中等尺寸的束带。

26.9 腐　蚀

在塔和天线装置中，腐蚀是一个最大的问题。了解更多关于它的信息，将会帮助你使用适合的材料和远离接踵而至的麻烦。关于腐蚀的详细信息，访问相关网站（www.corrosionsource.com），里面有大量的关于腐蚀的免费报告和其他下载的文件。

由于暴露在空气中任何金属本身都将最终氧化。在我们的天线中，你会发现铝与氧结合产生粉状氧化铝，当你把天线分开时，氧化钢（这是铁）会产生锈蚀，你要避免这一现象。

当两个同样性能的金属在电解液中接触的时候，将发生双金属腐蚀。在电池中也产生相同的化学过程。具体地说，是一个金属离子（称为阳极金属）流过节点或与其他金属的接触处（称为阴极金属）。在双金属接触处，阳极金属是失去离子的那一方。

电解液通常是某种盐或其他化合物（如锌）溶解在水中的溶液，可以导电。当雨（特别是酸雨）、雾或冷凝的水珠足够多时就开始腐蚀金属了。

电气不相容的金属是组合金属，这些金属在接触的时候容易腐蚀。在表 26-6 里距离远的金属，当它们接触时腐蚀得更快。当你必须使用不同的材料时，最好使用表 26-6 中接近的金属。你可以看到，在镀锌铁塔中，铝和钢是最兼容的。如果你使用如铜和黄铜的材料，在你安装镀锌塔的塔接地系统中时，你可以看到，立刻会出现腐蚀问题。

一种防止对塔腐蚀的方法是在两个不兼容的金属之间使用一个中间耐蚀材料。例如，给镀锌塔连接一个接地铜导体，在铜、镀锌和不锈钢硬件之间用不锈钢垫圈或垫片把它们紧固住。

另一种方法是使用牺牲阳极方法，去除相关物质来防止主要结构的腐蚀。这种技术的完整介绍超出了本章的范围，但 Tony Brock-Fisher（K1KP）在《QST》上的文章《你的楼塔还安全吗？》涵盖了好的内容（见参考书目或原版书附加光盘文件）。

表 26-6　海水中的相对原子系列

阳极更强
镁
锌
镀锌钢
铝
低碳钢
铁
一半的铅/锡焊料
不锈钢
锡
镍（活泼）
黄铜
铝青铜
铜
镍（被动）
银
金
阴极更强

26.9.1　抗氧化剂

不同的化合物，可用于防止腐蚀。它们是抗氧化剂和最常用的金属如铜、铝和为几种产品专门设计的钢。

对于铝天线，大多数制造商提供一个带有他们产品数据包的抗氧化剂。延缓氧化不仅是一个良好的电气思路，而且复合物也可起到防粘涂层的作用，协助您隔离天线。

抗氧化剂有时被错误地称为“导电糊或润滑脂”。总的来说，这些抗氧化复合物是由一种载有金属碎片材料的悬浮液组成。正是这些导电碎片，提供给复合物导电性能，而不是载体。一旦把接头从空气中隔离出来以防止腐蚀，将发生颗粒刺穿氧化层的现象。还有其他的商业产品可供铜接头使用，这种产品应用于地面系统。不过对工程一定要选择合适的。表 26-7 列出了几种化合物及其制造商。除了在铁塔和天线上使用抗氧化剂，它们应该被用于地面系统接头以及海洋环境中。

表 26-7 抗氧化复合物

产品	制造商	用途
Butter-It's-Not	Bencher,Inc—www.bencher.com	铝-铝
OX-GARD	GB Electrical—www.gardnerbender.com	铝-铝，铝-铜
NOALOX	Ideal Industries, Inc —www.idealindustries.com	铝-铝
NO-OX-ID "A-SPECIAL"	Sanchem, Inc. — www.sanchem.com	不锈钢防锈
Penetrox	FCI — fciconnect.com	铝-铝，铝-铜
DE-OX	ILSCO Corporation — www.ilsco.com	铝-铝，铝-铜

26.9.2 生锈

铁塔和硬件会生锈，除非采取措施来预防。对于塔，采用镀锌钢或铝。硬件，包括U形螺栓、螺母、螺栓或其他的紧固件，应用不锈钢（SS）来做或镀锌。因为热镀锌工艺是在硬件表面涂层薄锌，所以你不能交换SS和镀锌螺母及螺栓。

表面锈可能是锈的沉积，也可能是还没有穿透镀锌层的活性锈。在你年度检验期间，无论情况多严重，你都应该修复这些锈点。使用钢丝刷清除铁锈，然后喷点冷镀锌漆。冷镀锌涂料可用于几乎任何喷漆架。检查含量以确保它含有锌。LPS公司（www.lpslabs.com）生产一种很好的冷镀锌喷雾，相对昂贵，但粘性很好。

26.10 日常维护

现在,你已经花了所有的时间和金钱装备你的理想天线与铁塔系统，你需要做定期的防护性维护（PM）和检查，在任何情况转变成问题之前发现它。

如果你遵循本章中的指令和描述,你已经采取了最重要的措施，确保了你的塔和天线系统的安全和可靠性。根据制造商的规格，使用合适的硬件，使用抗氧化剂和保守的设计都是成功的关键。

26.10.1 年检

年度检验是你的PM计划的一个关键部分。大多数商业公司认真年检；许多保险公司需要它作为保险责任的条件。年度检验需要检验塔和天线系统的任何部分，包括地面系统、混凝土锚和底座，以及塔的结构。除了年度检查，在冰暴和风暴超过60英里/每小时后，应该检查所有的安装。

你应该改正在你检查时发现的任何问题。如果你不确定你所发现的问题的严重性，与一个懂行的朋友交流或联系制造商寻求建议。当你对塔做检验的时候，如果有必要你应该能重做几个同轴电缆接头，以及记录下可能需要采取进一步行动的任何差异。你能注意到很多问题以及知道你可能需要完成修理的地方。我总是推拉天线和附属物（任何连接到塔的物体）看看是否松动。也许看起来没问题，但通过推动，我们可能发现硬件松动或一些其他问题。

在每次登塔的时候，都应养成快速目视检查的习惯。你可以携带钢丝刷、一罐冷镀锌喷涂、导电胶带的辊和一个多用途刀沿途进行小型维修。一本记载检查、异常和维修的日志簿是一个方便的参考项目。以下信息是基于商业和TIA-222塔的检验标准。

铁塔结构

（1）检查损坏或故障的塔柱和支撑。对于焊接塔如Rohn 25G和45G，如果不更换整个部分，这些部件就不能被替换；轻微弯曲或损坏，只要不改变结构的完整性，就通常可以耐受。

（2）检查所有焊缝的完整性。

（3）检查完工和任何腐蚀的条件。找生锈的补丁，使用钢丝刷和冷镀锌油漆进行修复。

（4）此外，以目视确认任何螺栓的连接，你应该同扳手对其中至少有10%的螺栓进行紧密度检查。应重新拧紧任何松动的螺母或螺栓。另外，寻找失踪的硬件，并马上更换。

铁塔对齐方式

（1）应检查铁塔是否垂直。拉线式铁塔的最大偏差是每100英尺3英寸。电子水平仪提供0.1°的准确性，气泡水平仪会显示相对垂直度。更简单的方法是使用一根末端绑上了重物的长绳子，距离塔有一个臂长，沿着塔柱垂下，可快速并相当准确的目测出铁塔是否垂直。自立式铁塔，允许偏差为每100英尺4.8英寸。

（2）检查拉线和牵拉绝缘体，对于那些不接近地面或塔的物体使用双筒望远镜。

（3）检查所有拉线和拉线硬件，包括预制夹、套筒螺母、夹具和U形夹是否有损伤。确保所有的螺丝扣安全装置完好。

（4）使用仪器或其他技术检查拉线张力。

（5）检查铁塔基底和拉线锚。寻找混凝土的任何裂纹。另外，检查在土壤中的锚杆是否有移动的迹象。检查是否有生锈或腐蚀情况存在。挖掘被埋的锚杆 12 英寸，以检查是否有隐藏的腐蚀情况。有人推荐检查锚杆一直到混凝土锚。

天线，电缆和附属物

（1）检查天线、主梁到天线杆支架和主梁桁架硬件、松动或缺失的硬件。测试螺母密封性。

（2）查看每个馈电点的接头和同轴电缆接头，以耐风雨。

（3）检查所有电缆的磨损、捆绑及连接物。

（4）检查所有附属物是否缺少硬件或腐蚀。

移除和翻新铁塔

每个铁塔迟早会降下来，你可能会成为这样的铁塔的骄傲的主人！在原版书附加光盘文件中的的文章《拆除和翻新塔》一文中讨论了一些特殊的关注点和技术。

旋转器

（1）检查所有的固定螺栓是否拧紧，以及它们是否从旋转器支架上滑脱。

（2）检查旋转器天线杆夹具是否牢固地固定在天线杆上。

接地系统

对接地系统进行目视检查。对已经腐蚀的，重新连接。

26.10.2 升降器维护

升降式铁塔是复杂的机械装置。虽然有些是手摇的，也有许多有电机、齿轮箱、电缆、滑轮和限位开关——所有这些都应该被仔细检查，每年两次。

电机和齿轮箱通常是防弹的，唯一的检查方法是检查变速箱中的油位、驱动皮带或链条的状况（某种调节器可能对每个都有用），以及电缆卷筒的操作（有可能是需要注意的一些润滑脂配件）。

滑轮有时由制造商定制生产的，因此您可能无法在当地商店购买。一些滑轮是由制造商制造，然后在中间插入现成的轴承。这可以被替换。

滑轮需要转起来，而不是绑定着。如果它们能被看到，而铁塔正在升高或降低，就可以看看滑轮是否有任何问题了。

升降器缆线

升降式铁塔几乎完全依靠自己的电缆安全可靠地运行。通过一个月运行塔上下几次来锻炼电缆，不要总是把电缆留在同一位置，例如在限位开关。随着时间的推移，如果它总留在相同的地方，就会总磨损一个位置，因此还是不时地变换一下电缆的位置好一些。

该电缆应至少每年润滑一下，每年两次会更好。不要使用沉重的油脂或电机油，它们只会吸附污垢和颗粒。

使用电缆润滑剂，如 PreLube 6，一定要在你做润滑油作业时检查是否有损坏。如果你看到任何以下情况，应更换电缆：

（1）电缆损坏，如显著扭结或压扁。

（2）锈。这意味着严重的生锈，不是那种可以很容易刮掉的表面锈。

（3）过度断股。大多数曲轴使用 7×19 镀锌线，这意味着它里面拥有 133 股线。更换电缆前，可以有 6 条断股，在同一束里可以有 3 条。

26.10.3 旋转器维护

大多数旋转问题首先会被视为天线失调，这与控制箱指示灯的指示有关。使用轻型旋转器，这种情况会经常发生在风将天线吹到一个不同的方向时。没有制动，风力可以移动旋转器的齿轮和电机，而指示器保持固定。这种旋转器系统有一个机械挡块，以防止操作过程中连续旋转，并提供通常包括重新调整电台室内的机械停止指示灯。在安装时，天线必须正确地面向机械停止位置，通常是北方。

在较大的有足够制动能力的旋转系统中，指示灯错位是通过机械的移动天线主梁到天线杆引起的。许多文章提示，主梁被重型螺栓固定在天线杆上，旋转器也同样可以固定在天线杆上。这里有一个权衡。如果有足够的风引起无销联轴器滑动，如果有销，风可以破坏旋转器铸件或传动部件。这种滑动在这里发挥了离合器的作用，它可以防止对旋转器造成严重损坏。另一方面，你可能也不喜欢在每个重风灾后爬上铁塔及重新校准系统吧。

26.10.4 当某物失效

失效可以有许多形式，但由风造成的一般有共同点。锈、金属疲劳和过载通常不是问题，直到风开始吹。失败的其他原因也可能是雷击、冰、故意破坏或发生意外。

找到损坏处

要做的第一件事就是进行目视检查。用望远镜如果可能的话，从地面开始，看看是否有任何弯曲或断裂。如果有在风中摆动的物体，这是一个大问题。如果有明显的损伤，需要确定它是否有坠落的危险。如果是这样，请立即撤离受威胁地区，并通知当地的紧急服务机构。如果它看起来可能落在电力线、人行道或车行道上，那么尤其需要注意。如果这个损害不是对生命或财产迫在眉睫的危险，留意它，直到雨过天晴再处理，以确保它不会变得更糟。如果有可能，拍摄一些关于这些损坏的视频文件存档。

防止进一步的损害

无论对你自己的财产还是他人的财产，你都需要采取谨慎的措施，以防止进一步的损害。这不仅是常识，而且是保险公司的要求。你想避免或减少人身伤害或他人财产损害赔偿责任诉讼的可能性。配合去做任何可能的措施，但不要试图爬塔！

申报保险索赔

雨过天晴后，打电话给你的房主或代理人，通知他们你的损失。先口头描述，然后再写封信。保险公司可能需要“损失的证明”。他们会给你一个索赔数，但你就需要提供所有的书面和口头沟通的文件。

维修的估算

如果你有维修的估算与你的信和照片，那就很容易做你的索赔理算。就算天线调节器可能永远不会造成铁塔的损失，但也请多掌握一个报价。请联系您当地的商业装配工或天线安装公司，他们会给你报价。

保险公司希望专业的人员来专业维修您的损失。请确保您的预算涵盖了所有修复的工作，包括：拆除损坏的部件，运走损坏的零件并处置，清理，重新安装（包括天线装配，重新装塔的人力），更换所有损坏的材料（包括硬件，电缆，旋转器等）。

留在安全区

不用说，除非安全，否则不要轻易去做清除和修复损坏处的工作。如果你还有任何疑问，可以找专业人士并带去一台设备，如起重机或主梁卡车。如果任何地方有不稳定的或危险的情况，不要去碰它——把它送到专业人士那里！

26.11 参考文献

有关本章主题的源材料和进一步讨论可在下面的参考文献和“天线基础”一章末尾列出的书籍中找到。

L. H. Abraham, “Guys for Guys Who Have To Guy,” *QST*, Jun 1955, pp 33-34, 142.

K. Andress, “The K7NV Notebook”, k7nv.com/notebook

R. W. Block, “Lightning Protection for the Amateur Radio Station,” Parts 1-3, *QST*, Jun 2002, pp 56-59; Jul 2002, pp 48-52; Aug 2002, pp 53-55.

G. Brede, “The Care and Feeding of the Amateur’s Favorite Antenna Support — The Tree,” *QST*, Sep 1989, pp 26-28, 40.

T. Brock-Fisher, “Is Your Tower Still Safe?,” *QST*, Oct 2010, p 43-47.

D. Daso, “Antenna Towers for Radio Amateurs” (Newington: ARRL, 2010).

D. Daso, “Workshop Chronicles,” columns in *National Contest Journal.*

W. R. Gary, “Toward Safer Antenna Installations,” *QST*, Jan 1980, p 56.

S. F. Hoerner, “Fluid Dynamic Drag,” (Bricktown, NJ: Hoerner Fluid Dynamics, 1993), pp 1-10.

C. L. Hutchinson, R. D. Straw, *Simple and Fun Antennas for Hams* (Newington: ARRL, 2002).

M. P. Keown and L. L. Lamb, “A Simple Technique for Tower-Section Separation,” *QST*, Sep 1979, pp 37-38.

S. Morris, *Up the Tower*, (Seattle: Champion Radio Products, 2009).

S. Morris, “Up the Tower,” columns in *National Contest Journal.*

P. O’Dell, “The Ups and Downs of Towers,” *QST*, Jul 1981, pp 35-39.

S. Phillabaum, “Installation Techniques for Medium and Large Yagis,” *QST*, Jun 1979, pp 23-25.

PolyPhaser, see www.protectiongroup.com and look for the Knowledge Base for articles on lightning protection.

C. J. Richards, “Mechanical Engineering in Radar and Communications” (London: Van Nostrand Reinhold Co., 1969), pp 162-165.

T. Schiller, *Array of Light*, Third edition, www.n6bt.com.

D. Weber “Determination of Yagi Wind Loads Using the Cross-Flow Principle,” *Communications Quarterly*, Spring 1993.

B. White, E. White and J. White, “Assembling Big Antennas on Fixed Towers,” *QST*, Mar 1982, pp 28-29.

L. Wolfert, “The Tower Alternative,” *QST*, Nov 1980, pp 36-37.

W. C. Young., “Roark’s Formulas for Stress & Strain” (New

York: McGraw-Hill Co., 1989), pp 67, 96.

National Electrical Code, NFPA 70, National Fire Protection Association, Quincy, MA (www.nfpa.org).

Standard for the Installation of Lightning Protection Systems, NFPA 780, National Fire Protection Association, Quincy, MA (www.nfpa.org).

Structural Standards for Steel Antenna Towers and Antenna Supporting Structures, TIA Standard TIA-222-G, Telecommunications Industry Association, Aug 2005 (www.tiaonline.org). May be purchased from IHS/ Global Engineering Documents, 15 Inverness Way East, Englewood, CO, 80112-5704, 1-800-854-7179 (www.global.ihs.com).

附录 A　确定天线的面积和风力负载

确定一个天线的平面投影面积的方法非常简单。我们以八木天线为例。应该考虑两种最坏情形下的面积。第 1 种就是当风沿着八木天线的主梁吹时，所有天线振子的 FPA，即风与天线振子成直角。第 2 种八木天线的 FPA 是当风与天线大梁成直角方向时。这两种方向之一能产生最差情形的暴露天线面积——所有其他风向角表现出较低的暴露面积。选择这两种风向中最高的 FPA，并称之为此天线结构的 FPA，见图 26-49（A）。

振子的 FPA 是通过将每个单元长度与直径相乘计算出的，然后对所有振子的 FPA 进行求和。横梁的 FPA 是通过将其长度乘以直径得到的。

当不同频率的天线以堆叠的形式架设在同一根桅杆或天线塔上的时候，之所以要考虑到两种可能的最大负载方向的原因就很清楚了。一些天线在单元振子侧面受风时会产生最大负荷。这对于单元振子是长铝管的低频八木天线是非常典型的情况。另一方面，在高频的八木天线中主梁在表面面积的估算中占重要地位。

要检验八木天线两种可能的 FPA 的可靠原理涉及风是如何吹过天线的结构并且产生载荷的，即交叉流动原理，Dick Weber（K5IU）于 1993 年将其引入到通信行业的。这个原理基于下面的事实，风吹过天线的每部分时只产生沿着（或垂直于）每部分主轴的力。合成及组成的负荷计算方法如图 26-49（A）所示。

对于八木天线，这意味着风作用在所有振子上的力表现为顺着大梁方向的力，而作用在大梁上的力则表现为顺着振子方向的力。图 26-49（B）展示了一个典型的八木天线受力图。图 26-49（C）展示了八木天线方向角旋转 90° 时的 FPA 的变化。

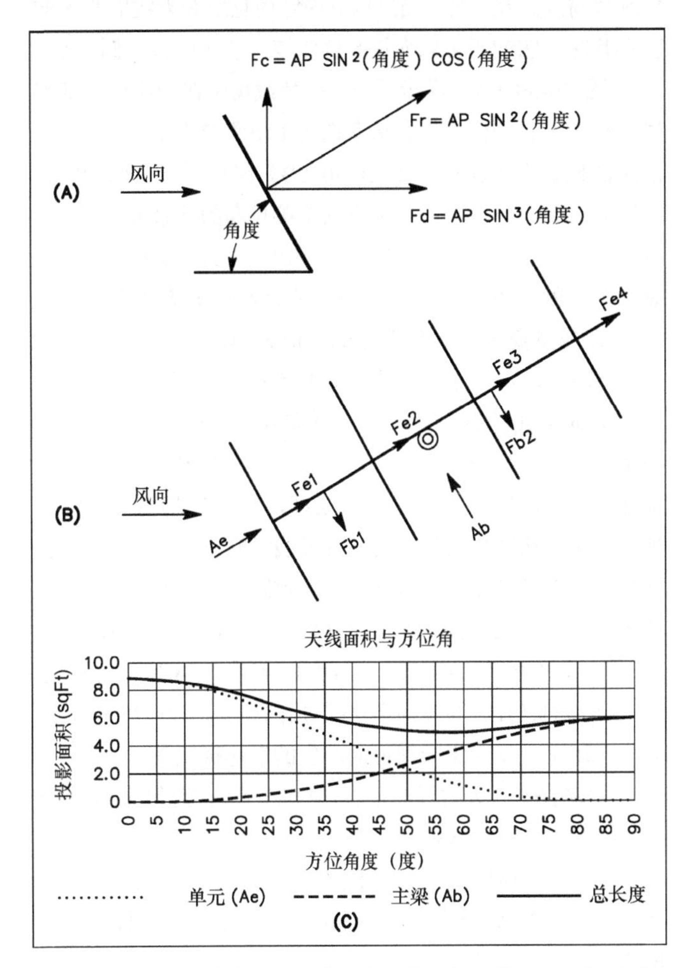

图26-49　描述了负荷是如何作用在八木天线上的。在图（A）中，*Fr*是风作用在各振子上而产生的合力。*Fd*是风产生的力作用在天线塔上的分量。*Fc*是风力的侧向分量，*A*是平面投影面积（FPA），这也是风作用的全面积，*P*是风压。在图（B）中，*Ae*是振子的全部面积，而*Ab*是主梁全部面积。由风产生的所有力均匀地作用在天线各部分——如作用在振子#1上的力（*Fe*1）是沿着大梁的。在图（C）中，画出了有效FPA，作为天线风向方向角的函数的曲线，其中忽略了阻力系数。在本例中，八木天线的振子FPA是9.0平方英尺，主梁的FPA是6.0平方英尺。最差情形的FPA是当波束朝向风吹的方向，而主梁垂直于风向。考虑到实际的天线塔负载，需要用到实际的阻力系数和风压“P”。

天线在天线杆/塔上的放置

另一个重要的问题是天线应安置在天线塔的什么地方。像之前提到的那样，一般的天线塔的规格是假定天线的全部负载被施加在塔的顶端。在多数的业余安装中会有一个管式天线杆从塔顶延伸上去，它依靠固定在塔上的转向器来旋转。多根八木天线经常被安装在天线塔顶的同一天线杆上，并且一定要确保塔和天线杆都能承受作用在天线上的风力。

对于独立式天线塔，可以通过一种“等效力矩”的方法来确定如何将一个建议使用的天线结构与塔制造商给出的评定值相比较。这个方法计算了风作用在正好位于塔顶上的测试天线区域上时在塔基上产生的挠矩，并且将其与如下情形相比照，即当天线固定在伸出塔顶之外的杆子上时的情况。

只要两者的比较结果相同，风压的具体准确值并不重要。风对于塔本身产生的负载可以被忽略，因为它在两者的比较中是相同的，而且如果所有计算都是用我们之前提及的FPA来进行的话，天线的阻力系数同样可以忽略。

记住，这种方法不计算与任何特定的塔设计标准相关的实际负荷及力矩，但是当风压值稳定而且所有天线面积是同种形状时，它的确可以允许等价比较。下面就举个例子吧。

图 26-50（A）显示了一个把负载集中在天线塔顶的普通塔结构。我们假设塔制造商把这个塔测定为 20 平方英尺的平面投影天线面积。图 26-50（B）展示了一个典型的带有转向支架及一个安装在离塔顶 7 英尺高的业余天线装置。为了使计算变得简单，我们选择风的压力为每平方英尺 1 磅。下面就是图 26-50（A）的塔基力矩的计算过程：

天线负载=20 平方英尺×1 psf=20 磅

塔基力矩=70 英尺×20 磅=1 400 英尺·磅

这是对比的目标值。一个等价的结构能产生相同的塔基力矩。对于图 26-50（B）中的结构，我们假定有一根直径 2 英寸、长度为 20 英尺的套管天线杆，其中 5 英尺插在塔中。注意格子结构的塔会让风力遍及天线杆的整个长度上，并且我们可以认为沿天线杆分布的风力都可以集中在它中间的位置上。除去天线的话，天线杆自己的平面投影面积是：

天线杆面积=20 英尺×2 英寸/12 英寸/尺=3.33 平方英尺

天线杆的中间位置位于 75 英尺的高度。同样在 1 psf 的风力作用下，仅由于天线杆而产生的塔基挠矩是：

塔基挠矩（天线杆产生的）=3.33 平方英尺×1 psf×75 英尺=249.75 英尺·磅

天线杆的配置减少了天线的允许负载。那么天线剩余的目标塔基挠矩就是用原始的目标值减去由于天线杆所产生的挠矩值：

新的塔基挠矩值=1 400 英尺·磅－249.75 英尺·磅＝1 150.25 英尺·磅

图 26-50（B）中的天线处于 77 英尺的高度。为了得到在这个高度的允许天线面积，我们用天线高度除新的塔基弯矩值，得到一个允许的天线负载：

1 150.25 英尺·磅/ 77 英尺 ＝14.94 磅

因为我们所选择风力载荷为 1 psf，允许的天线 FPA 也从 20 平方英尺减到 14.94 平方英尺。如果我们在新的结构中计划安装的天线投影面积比这个值小或相等，我们就满足了最初的设计要求。可以用这个等效力矩的方法来计算不同结构的天线，即使是天线杆上架设有多个天线或者在塔顶下面还有附加天线的情形。

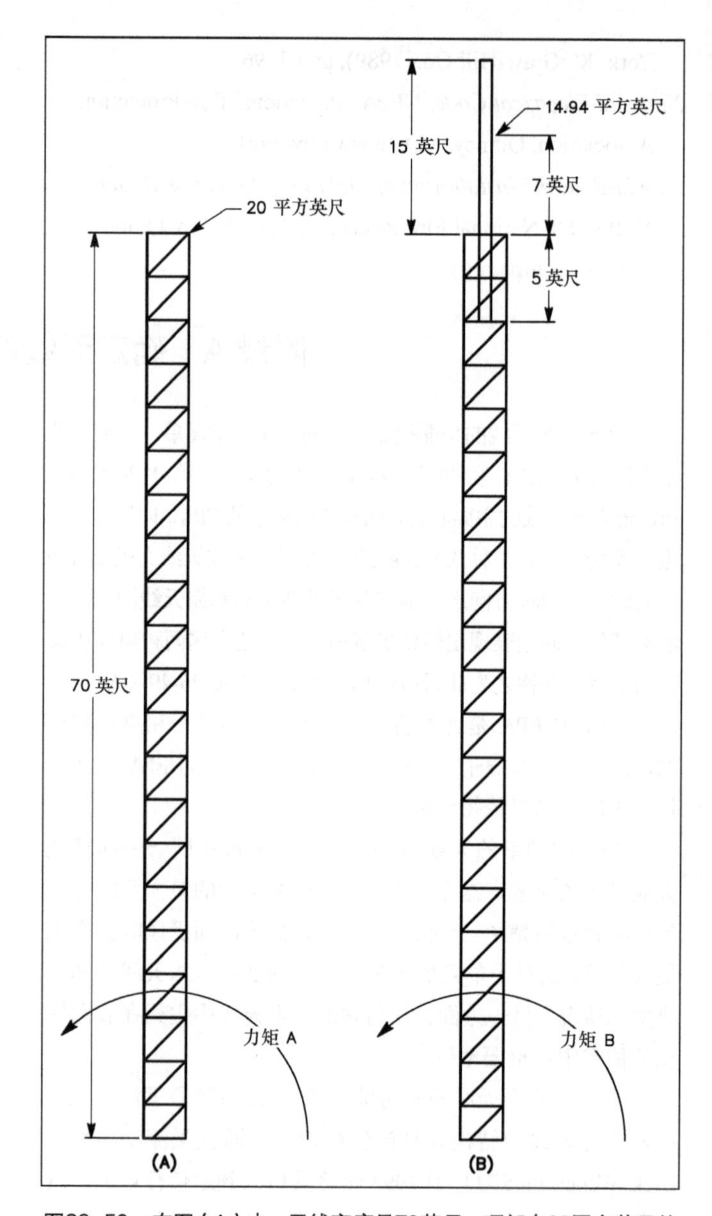

图26-50　在图（A）中，天线高度是70英尺，顶部有20平方英尺的天线负载区。图（B）中的天线与图（A）中的相同，天线杆是2英寸外径×20英尺长，天线架设在离塔顶7英尺的位置上。这两种结构产生相同的天线负载。

对于拉索天线塔，这种分析变得非常严格。因为拉索及其排布表现是塔的支撑机制中非常重要的一部分，这些设计对天线载荷的分布会非常敏感。我们首要注意的就是，拉索式天线塔一般是从不超过原始的额定塔顶负载值的，不管负载沿其长度的分布如何。一旦将天线负载沿拉索天线塔进行了重新分布，你就应当重新做一次分析，但仅仅是为了确认一下。对于安置在拉索塔顶的天线杆上的天线，你可以使用前面所述方法来进行估算。但是对于安装在拉索式天线塔顶的下方的天线，使用等效力矩方法就不一定可行了，因为许多普通塔有许多专门为天线塔下部零负载时而设计的中间拉索。这种情况下，正确的方法就是让一位资深的机械工程师检查这种结构，看看拉索的布置和强度对于塔下部的附加天线是否合适。

如果按图 26-50（B）所示的样子安装天线杆和天线的话，会增加天线杆附近塔的负荷。你应该审查一下这些负荷，以确保塔在这个范围内的支撑力是足够的。

附录 B 计算天线杆的强度

当你将天线安装在塔顶的天线杆上时，你应该检查天线杆的弯曲负荷，以确保它足够坚固。本节会说明在单一稳定风速下如何完成天线杆的应力计算。这个过程并不包括在多数的塔的设计标准中都存在的高度、方向和阵风等因素的影响。

这里有一些基本的公式和数值，它们用来计算安装在塔顶的天线杆的弯曲应力。风压的基本公式见式（26B-1）：

$$P = 0.002\,56\,V^2 \qquad (26B\text{-}1)$$

其中，P 是风压，以每平方英尺磅（psf）为单位。V 是风速，以英里每小时（mph）为单位。

在这里，假定空气密度为在海平面高度以及标准温度和标准大气压力下测得的，风速不是在本章其他小节中所讨论的基本风速，它只是简单的稳定状态的风速。

计算风在一个建筑物上产生的力的公式见式（26B-2）：

$$F = P \times A \times C_d \qquad (26B\text{-}2)$$

这里，P 是式（26B-1）所得的风压，A 是建筑物的平面投影面积（平方英尺），C_d 是建筑物部件形状的阻力系数。

对于应用在天线杆和天线中的管类长圆柱体物件，一般公认的阻力系数是 1.20。而扁平的盘状物的阻力系数是 2.0。

像天线杆这样的简单柱状物的弯曲应力计算公式见式（26B-3）：

$$\sigma = \frac{M \times c}{I} \qquad (26B\text{-}3)$$

这里，σ 以平方英寸磅（psi）为单位应力，M 是天线杆底部的挠矩（英寸-磅），c 是天线杆的半径（英寸），I 是天线杆的惯性矩（英寸^4）。

在这个公式中必须确保所有数值使用相同的单位。为了使得到的天线杆应力值的单位是平方英寸磅（psi），其他数值也需要转化为以英寸和磅为单位。圆管式天线杆的惯性矩的计算公式见式（26B-4）：

$$I = \frac{\pi}{4}(R^4 - r^4) \qquad (26B\text{-}4)$$

这里，I 为部件的惯性矩（英寸^4），R 是管的外径（英寸），r 是管的内径（英寸）。

这个值描述了材料在天线杆质心周围的分布，它决定了在负荷下天线杆的强度。计算天线杆底部（天线塔支撑天线杆的位置）挠矩的公式见式（26B-5）：

$$M = (F_M \times L_M) + (F_A \times L_M) \qquad (26B\text{-}5)$$

这里，F_M 是风作用在天线杆上的力（磅），L_M 是塔顶至天线杆中间的距离（英寸），F_A 是风作用在天线上的力（磅），L_A 是塔顶至天线安装位置的距离（英寸）。

L_M 是到天线延伸出塔顶的那部分的中间位置的距离。附加的天线可以通过它们的 $F \times L$ 而使用这个公式。如图 26-50（B）所示的装置中，风速为 90 mph，天线杆的外径为 2 英寸，壁厚 0.250 英寸，天线杆应力计算步骤是：

（1）利用公式（26B-1），计算 90 mph 风的压力：

$$P = 0.00\,256\,V^2 = 0.00\,256 \times (90)^2 = 20.736 \text{ psf}$$

（2）确定天线杆的平面投影面积。天线杆在塔顶上方部分的长度是 15 英尺，外径是 2 英寸，也即 2/12 英尺。

天线杆的 FPA，A_M=15 英尺×(2 英寸/12 英寸/英尺)= 2.50 平方英尺

（3）利用公式（26B-2），计算风作用在天线杆上的力：

天线杆受力，$F_M = P \times A \times C_d$=20.736 psf×2.50 平方英尺×1.20=62.21 磅

（4）计算风施加在天线上的力，利用公式（26B-2）：

天线受力 $F_A = P \times A \times C_d$=20.736 psf×14.94 平方英尺×1.20=371.76 磅

（5）天线杆的弯矩，利用公式（26B-5）：

$M = (F_M \times L_M) + (F_A \times L_M)$ =（62.21 磅×90 英寸）+（371.76 磅×84 英寸）=36 827 英寸·磅

这里 L_M=7.5 英尺×12 英寸/英尺=英寸，而 L_A=7.0 英尺×12 英寸/英尺=84 英寸。

（6）天线杆的惯性矩，利用公式（26B-4）：

$$I = \frac{\pi}{4}(R^4 - r^4) = \frac{\pi}{4}(1.0^4 - 0.75^4) = 0.536\,9 \text{ 英寸}^4$$

这里，天线杆的外径为 2.0 英寸，壁厚 0.250 英寸，R=10，r=0.75。

（7）计算天线杆的弯曲应力，利用公式（26B-3）：

$$\sigma = \frac{M \times c}{I} = \frac{36\,827\text{英寸}\cdot\text{磅} \times 1.0\text{英寸}}{0.536\,9} = 68\,592\text{psi}$$

如果天线杆材料的屈服强度比所计算的弯曲应力高的话，我们就认为在这个风速下，这种天线杆用在这个结构和风速上是安全的。如果计算的应力比屈服强度高的话，我们就需要选用一种更强的合金的，或规模更大的、壁更厚的天线杆。

当天线杆上架设有多根天线时，进行天线评测时要特别注

意为该系统找到最坏情形条件（风向）。由于天线平面投影面积的组合看上去可能是最差负载情况，可能不总是能观察到的产生了最大弯曲挠矩的情形。应该一直观察架设有多层天线的天线杆，以找到产生最大挠矩时的风的方向。0°和 90°方位角的天线平面投影面积对于这种评测是非常有用的。

为制成多个天线杆，减少其净风转矩的一种方法是在天线杆相反两侧安装天线。这种交替安装方案，可使每个天线的风扭矩至少部分抵消，减少天线杆的总力矩。

第 27 章

天线及传输线测量

在传输线中最主要测量的数据是电压和电流及其相位。通过这些测量，我们可以得到正向和反射的功率以及驻波比（SWR）。对于天线爱好者来说，他们感兴趣的主要测量是磁场强度，以确定天线的辐射方向图和天线的相对性能。要注意的是，对大多数实际应用来说，相对数值的测量就足够了。大多数情况中，可能出现的最大功率值被输入到传输线中时，一个未经校准的指示器可以像那些用来精确测量功率值的仪器一样有效。除非需要对系统总效率进行研究，其他情况下很少有需要知道在传输线上传输的功率其确切值到底是多少瓦的。对于大部分阻抗匹配调节器来说，当仪器显示的驻波比接近于 1∶1 时，这正是你最想要的。

当频率超过几兆赫兹，并且众多误差源变得越来越显著时，幅度或时间（相位）的绝对定量测量变得越来越困难。合理且精确的定量测量需要对测量仪器进行良好的设计和精心的构造，还需要使用智能化设备，这其中包括的知识有仪器使用的限制、仪器测量时的杂散效应以及经常会导致错误结果的测试配置。对使用简易设备开展的业余测量所得到的数据进行一定的怀疑都是合理的，除非你知道测量时的所有测量条件，

例如，只有在对天线的一些特性进行研究（如天线的带宽），或是在设计一些类型的匹配系统（如短截线匹配等）时，才需要对驻波比进行精确测量。如果这种测量是必要的，常用的是高质量、足够好的实验室设备，尽管这些设备可能未经校准。

从另一个方面来讲，纯粹的定量或相对性的测量，比如说对比两种天线，之前和之后，或者最大、最小调整，都是能够轻易得到的而且相对有用的。本章介绍了进行这些测量的方法和仪器设备。

27.1 线路电流和电压

在同轴电缆上所使用的电流指示器和电压指示器是测量设备中非常有用的两件仪器。它们不需要精心制作，同时价格也很便宜。它的主要功能就是在任何给定传输线条件设定（长度、驻波比等）的情况下，显示何时发射机上输出最大的功率。当你调节发射机以最大电流或者最大电压耦合到传输线上时，这种情况就会发生。虽然终端放大器的阳极电流指示器或者集电极电流指示器经常用来达到这个测量目的，但是它并不总是工作在令人信任的状态。在许多情况下，尤其是末级使用束射四极管的情况下，最低负载的阳极电流产生时并不是同时伴随着最大的功率输出的。

27.1.1 射频电压表

你可以把锗二极管和低量程的毫安表以及一些很少的电阻组装在一起，构成一个射频电压表，这种电压表适合于如图 27-1 所示那样，连接穿过同轴电缆的两个导体。它由分压器 R1、R2、二极管检波器和毫安表构成，分压器的总电阻大约是传输线的特性阻抗 Z_0 的 100 倍（所以消耗掉的功率可以忽略不计），毫安表跨接在分压器其中一部分的两端，用来读取相对的射频电压。因为二极管的电阻会随着穿过二极管的电流的振幅变化而变化，所以使用 R3 的目的就是尽可能地通过扩大 D1 的阻抗范围，使毫安表的读数直接与作用电压成正比。

你可以在一个小的金属盒子里组装射频电压表，需要组装的部分为图中虚线所划定的部分，并且配备同轴插座。R1 和 R2 应当使用碳质合成电阻器。如在匹配线上的载波功率为 100W，那么 R1 的额定功率就应当为 1W；单独的额定功率为 1W 和 2W 的电阻器可以用来补偿给定的总电阻所必需

的总额定功率。R3 可以使用任何类型的电阻，总电阻应当可以使大约 10V 的直流电压在通过它时不发生衰减。例如，毫安表（0～1mA）可能需要 10kΩ的电阻，微安表（0～500A）可能需要 20kW 等。但是，仅仅对于比较测量的情况，R3 可以使用一个可变电阻器，这样电流表的灵敏度就可以被调节来适应不同的功率水平。

在组装这样一个电压表的过程中，你应当小心地操作，防止在组装过程中 R1 和由 R2、D1 和 C1 所组成的回路之间发生电感耦合，还有同样的回路和线路导线之间发生的电感耦合。可以使 R1 的下端不与 R2 连接，而是接地到外壳，但是考虑到回路，并没有改变它的位置，这样，当全功率通过传输线时，电流表应该没有显示。

如果 R1 使用不止一个电阻器，那么这些设备应当使用很短的引线首尾相连地排列连接在一起。R1 和 R2 应当保持与电阻器本身平行的金属表面 1/2 英寸或者更远的距离。如果你遵守这些预防方法，电压表在工作频率小于 30MHz 时可以给出可靠的读数。当工作频率更高时，寄生电容和杂散耦合会限制测量的精度，但是不会影响进行相对测量的仪器的效用。

校准

你可以通过和一个标准值进行比较，例如用射频电流表，来对你测量射频电压的仪表进行校准。这个过程需要传输线是非常好地进行了匹配的，测量点的阻抗等于传输线的特性阻抗 Z_0。因此，在这种情况下，$P = I^2Z_0$，功率可以通过电流来进行计算，然后。通过对一系列不同功率水平的电流和电压进行测量，你可以得到足够多的点来做一条对应于你特别设定参数的标准曲线。需要注意的是，杂散效应和简单电路固有的非线性都能够使几兆赫兹频率以上的校准出现问题。

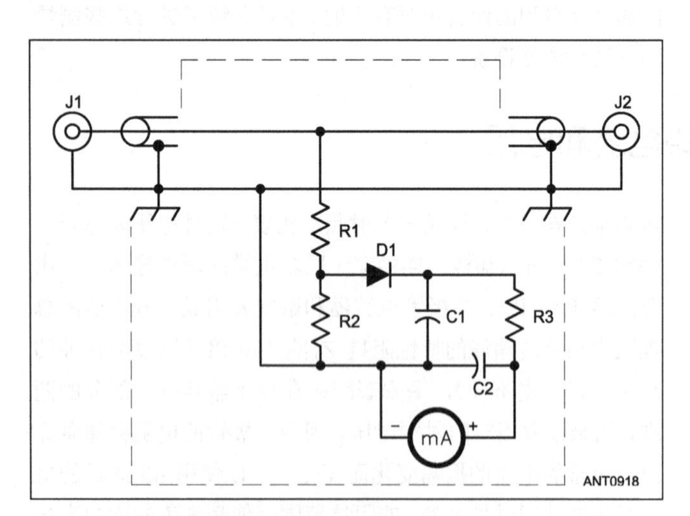

图27-1　同轴电缆使用的射频电压表。
C1，C2——0.005μF或者0.01μF陶瓷电容
D1——锗二极管，1N34A
J1，J2——同轴电缆接头配件，底架安装型
M1——毫安表（如果需要可以使用更灵敏的仪表，见文中）
R1——6.8kΩ，功率为每100W射频功率R1消耗1W
R2——680Ω，功率1/2W或者1W
R3——10kΩ，1/2W（见文中）

27.1.2　射频测流计

下面的项目是由 Tom Rauch （W8JI）设计的（w8ji.com/building_a_current_meter.htm）。图 27-2 所示的电路图是基于一个电流变换器，这个变换器包含一个有 20 匝绕组 T157-2 粉状铁质环形磁芯。该仪器是用插入芯中间的载流导线或天线作为 1 匝初级。当 1A 电流流过单匝初级，次级电流将是 50mA，等同于初级电流通过 20:1 的匝数比进行分流。变压器中的电阻 R1 使频率响应平缓，并且限制了输出电压。这个射频电压继而通过 D1（低阈值肖特基二极管的最小压降）和 C1 进行检测和滤波。R2 与 R3 之和的调节允许在满量程（FS）为 100μA 的仪表下进行校准。C2 提供附加的滤波。环形铁芯以及所有电路都粘在仪表包装盒的背面，只有 R2 可用螺丝刀调节的校准点暴露在外面。

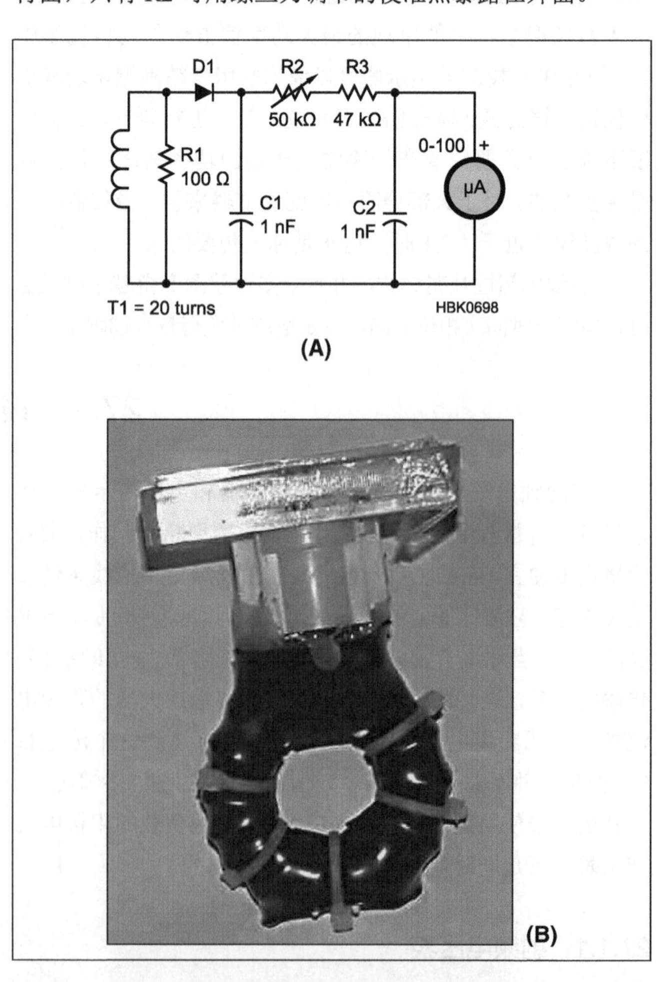

图27-2　射频电流探针原理图（A）和射频电流探针组件（B）。使用一个全塑料仪表，并且将电路和环形线圈直接安装于仪表的背面。

通过使用一个除了电器部件外的全塑料结构的电表来减少寄生电容是非常重要的。图 27-2（B）所示的仪表采用包括表头刻度的全塑料外壳。仪表的可动部位和所含的金属面积都是很小的。由于没有大型金属部件，所以最大限度地减少了仪器的寄生电容。低寄生电容可以确保该仪器对正在进行的测试电路造成的可能影响最小。

100Ω电阻值的 R1 能得到在 1.8～30MHz 区间上最平坦的响应。通过 50mA 的次级电流，R1 两端的电压为 $0.05\times100=5V_{RMS}$。因此，峰值电压为 $1.414\times5=7.1$V。在满流状态下 R1 的功耗为 $50mA\times5V_{RMS}=0.25W$，因此应该使用 1/2W 或更大的电阻。

这里所用的仪表是 10 000Ω/V 的型，因此为从 1A 初级电流产生～7V 次级电压的满刻度偏转，R2 和 R3 总和必须设置为 7×10 000 =70kΩ。带有高电压检测的小电流仪表能提高检测的线性度。

仪表的校准可以通过使用校准功率表，或者含有两个 RF 连接器以及一段在它们之间穿过变压器芯的短导线的测试夹具来进行。随着 50W 施加到 50Ω的负载上，导线将携带 1A 的电流。在比较测量中不要求有满量程精度。

基于变换器的仪表比热电偶射频电流表的可靠性和线性度都更好，而且系统扰动要少得多，由于仪表的近似度和紧凑的布线面积，因此添加到被测试系统的寄生电容非常小。相比实际连接仪表所使用的且与其相关的引线长度和与负载关联的电容，变压器耦合仪表的优点变得显而易见。

夹式射频电流探头

有时候为了感测射频电流而断开连接线的做法是不实际的，如电源线或扬声器的导线。在这种情况下，需要使用夹式探头，如图 27-3 所示。其核心是一个分裂铁芯类型，且任何常见的材料（类型 31、75、61、43 等）都能够满足高频使用。如果外壳是手持大小的，这个仪器就可以作为一个便捷的检测器和“嗅探器”，用于射频干扰的故障排除。因为分裂铁芯每次闭合都是不完全且持续的，所以这不是一个精密的仪器，但相比较来说还是有效的。

27.1.3 射频电流表

射频电流表是衡量输出功率的好方法。你可以将射频电流表安装在传输线输入端上任何舒适的位置处，对于测量而言，最主要的预防措施是应当降低接地、接外壳或者靠近导线所产生的电容。可以在金属板上安装电木装置，这样就不会引入足够的接地旁路电容了，从而避免当工作频率在 30MHz 以下时，引起严重的误差。当在金属板上安装金属壳的仪器时，你应当把仪器安装在分离的使用绝缘材料制作的薄板上，使得在金属壳和金属板的边缘有 1/8 英寸或者更大的隔离距离。

如图 27-4 所示，2 英寸的仪器可以安装在一个 2 英寸×4 英寸×4 英寸的金属盒内。这个盒子对于使用同轴电缆而言，是一件非常方便的装置。按照这种方式来进行组装，

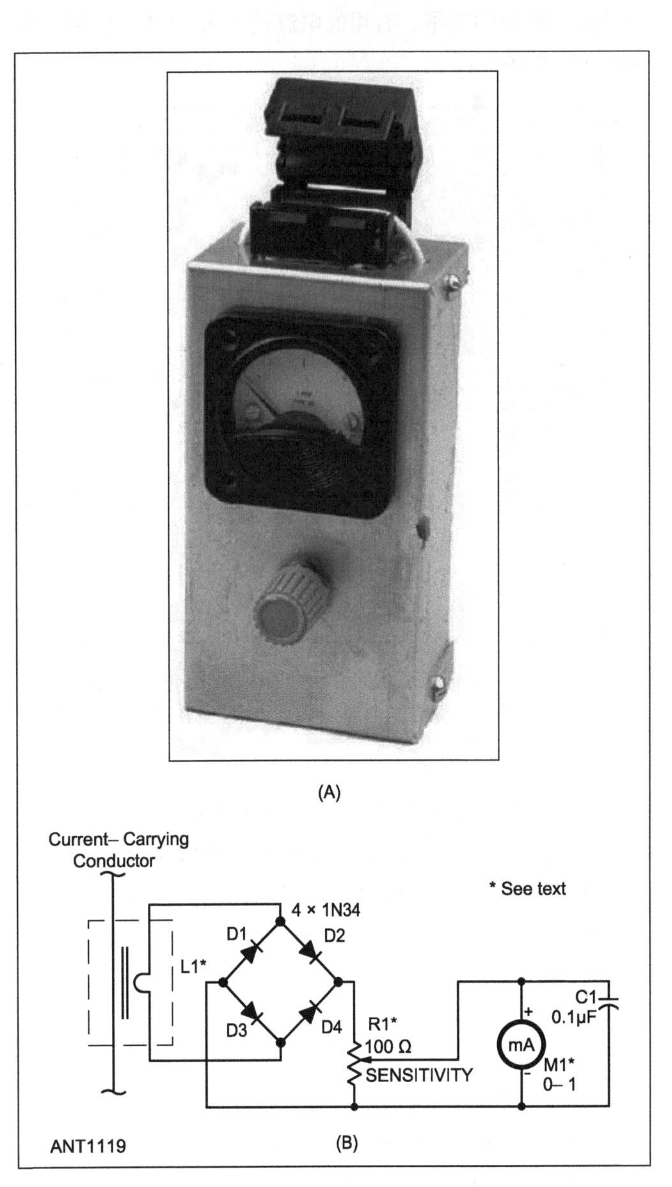

图27-3 图（A）中所示的射频电流探头作为有效的“嗅探器”小到手可以直接握住。图（B）为射频电流探头的原理图。探头使用了金属外壳。

C1——0.01μF陶瓷电容。

D1～D4——锗二极管1N34A或肖特基二极管1N5817。

L1——将#14AWG导线在钳式、分裂铁氧体铁芯上绕一圈，其中，工作性能良好的铁芯可以是31型、43型、61型、73型或75型材料。将铁芯粘在金属外壳的上部。

M1——1mA模拟式仪表。

R1——100~500盘装电位器。

一只高质量的射频电流表就可以用来测量传输线上的电流了，并且完全具有足够高的精度来计算传输线上传输的功率。像上面讨论的那样，在和校准用的射频电压表进行连接的时候，传输线应当非常精密地和其连接的负载进行匹配，因此实际的阻抗应当是电阻性的，并且等于传输线的特性阻抗 Z_0。然而，这样一个测量仪器的刻度范围被限制在读数值较低的区域，这样就限制了通过单一的仪表所能测量的功率值的范围。有用的电流范围在 3～1，相当于功率的范围为 9～1。

图27-4　制作同轴电缆使用的射频电流表的一种简便方法。这是一个安装在薄电气木板上的金属壳仪器，金属中剪掉的部分离仪表的边缘大约1/8英寸。

新的射频电流表是很贵的，甚至在今天的市场上，其价格差别大到从$ 10 到$100。AM 电台是新设备的主要用户。美国联邦通信委员会（FCC）在天线射频电流的基础上定义了 AM 电台的输出功率，所以新的射频电表主要用于该市场。它们是相当精确的，其价格也反映了这一点！

好消息是，二手射频电表通常也是可用的。无线电通信爱好者的跳蚤市场值得一试。在离你最近的存储仓库或在破旧的无线电通信爱好者废料堆里面乱翻一通，也许能够找到你所需要的射频电流表。

在购买二手射频电表时，检查一下以确保它确实是一个射频电表，经常会发现标有“射频放大器”的仪表只是为了与外部射频电流检测单元配合使用的简单电流计。

射频电流表代替物

如果你找不到一个二手的射频电表，请不要绝望，你可以自己制作一个。热电阻线和热电偶单元都是可以自制的。与天线导线串联或者以不同的方式耦合到它们的指示灯，可以指示天线电流，甚至它的正向和反射功率（见参考文献 Sutter 和 Wringt 条目）。

另一种方法是：使用小型低压灯作为热/光单元，并且使用光电检测器作为指示器来驱动仪表（你的眼睛和判断也可以作为仪器的显示部分）。馈线平衡检查器和几个灯泡一样简单，使用正确的额定电流和最低的额定电压，你能够通过眼睛很好地判断哪些灯泡更亮或者它们亮度差不多。您可以使用 60Hz 的交流电源或直流电源对基于灯泡的射频电流表进行校准。

在 QRP 便携设备中，通常采取光学方法，那些设备中 LED 用来代替 SWR 桥中的仪表，这正如 Phil Salas（ADSX）在“传输线耦合和阻抗匹配”一章中涉及到的 Z-匹配天线调谐器所描述的那样。

另一种备选方法就是：你可以建立一个射频电流表，这个射频电流表通过使用直流电表来显示你加在传输线上的电流变换器的整流射频，就如 Zack Lau（WIVT）所描述的那样（见参考文献）。

27.2　驻波比的测量

在平行导体传输线上，有一种比较可行的测量驻波比的方法。你可以通过沿着传输线移动电流（或者电压）指示器，记录最大电流（电压）值和最小电流（电压）值，然后通过对这些测量得到的值进行计算，从而得到驻波比值。这种方法不能在同轴电缆上使用，因为在同轴电缆的内部导体上进行这种方式的测量是不可能的。事实上，这种测量方法很少用于在明线上进行测量，因为这种方法不仅不方便，而且有时候，接触到导线导体部分的任何位置也是不可能的，并且这种方法还受制于在传输线上流动的天线电流所带来的相当可观的误差。

业余无线电爱好者所设计的现代比较流行的驻波比测量方法，事实上是某种形式的定向耦合器或者射频电桥电路。这些指示装置本身从原理上来说是很简单的，但是它们在组装的时候需要相当地小心，以确保在组装完成之后，可以使用它进行精确的测量。相对于进行驻波比的测量，对指示器需求更多的只是用来进行阻抗匹配电路的调节，因为你可以毫不费力地制造一件符合这样目的要求的仪器。

27.2.1　桥式电路

如图 27-5 所示是两种经常使用的电桥电路。其中的电桥本质上是由两个并联式分压器所构成的，同时还使用一只电压表将每只桥臂（电桥的每一个独立的部分称为桥臂）上中间的连接处相连。当两个电路右边所示的等式被满足时，在两个桥臂的连接点之间应该是没有电势差的，这时候在电压表上应该显示电压为零。这个时候电桥就认为处于平衡状态。

我们以图 27-5（A）为例，如果 $R1=R2$，外加电压 E 的一半，看起来就会分别加在这两只电阻的两端。然后如果 $R_S=R_X$，那么 1/2 E 同样也会表现为分别加在这两只电阻的两端，然后电压表的读数就会显示为零。记住，一个匹配传输线在本质上是表现为纯电阻的输入阻抗的。假如这样的一个传输线的输入端用来代替 R_X，如果 R_S 是一个等于传输线特性阻抗 Z_0 的电阻，那么电桥就会处于平衡状态了。

如果传输线并不是处于完全匹配的状态，那么它的输入阻抗就会不等于 Z_0，因此也不会等于你所选择的阻值大小为 Z_0 的电阻 R_S。然后在 X 点和 Y 点之间就会形成一定的电势差，这样在电压表上就会有一个读数显示出来。因此，这样的一个电桥可以用来显示在传输线上有驻波存在，因为只有在传输线的输入阻抗等于 Z_0 的时候，在传输线上才不会有驻波存在。

考虑到入射电压和反射电压成分的性质，它们就像在“传输线”一章中讨论的那样，在传输线的输入端补偿到实际电压中，应当很清楚的是，当 $R_S=Z_0$ 时，电桥会因为入射成分而总是保持平衡。因此，电压表在任何时候都不会对入射成分有反应，但是会有反射成分引起的读数（假如 R2 的阻值和电压表的阻值相比非常小）。如果 R1 与 R2 是相等的电阻，那么入射成分可以通过 R1 或者 R2 两端进行测量。驻波比可以用式（27-1）计算：

$$SWR = \frac{E1 + E2}{E1 - E2} \quad (27\text{-}1)$$

其中，$E1$ 是入射电压，$E2$ 是反射电压。通常情况下，还可以通过将 $E2$ 用 $E1$ 的倍数来表示，将两个电压进行归一化，更加简化上式。这种情况下，上面的公式就变为：

$$SWR = \frac{1 + k}{1 - k} \quad (27\text{-}2)$$

其中，$k=E2/E1$。

尽管桥臂电路中含有类似于电阻那样的电抗，但是图 27-5（B）中所示电路进行的运算，本质上和电阻是相同的。

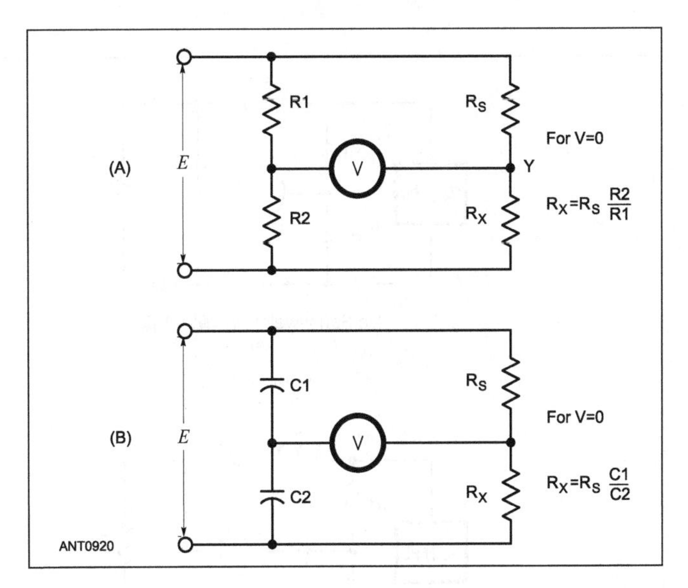

图27-5　适合于驻波比测量的电桥电路。在图（A）中，单臂电桥类型使用电阻桥臂。在图（B）中，电容—电阻电桥。这两种电桥的平衡条件都与频率无关。

在图 27-5（A）中，其实没有必要让 $R1=R2$。理论上，这两个电阻之间的阻值可以为任意比率，只要 R_S 因此进行相应的改变，电桥就可以达到平衡。然而，在实际中，当这两个电阻的阻值相等的时候，测量的精度是最高的，所以这个电路也是最经常使用到的。

在图 27-6 中出现了许多种类的电桥电路，它们中的许多在业余无线电产品或者业余无线电建筑项目中已经使用了。（E）中的桥式电路常用于共用低成本 SWR 测量仪。（见参考文献 Silver 条目中有关这些仪表工作的描述。）除了在图（G）中，所有的电桥电路的发生器和负载有一个共同电位。在图（G）中，发生器和检波器有一个共同电位。你可以在电桥中交换检波器和发射机（发生器）之间的位置，这样在某些应用中会更加便利。

在图（D）、图（E）、图（F）和图（H）所示的电桥中，发生器、检波器和负载可能会共用一个接线端。在图（A）、图（B）、图（E）、图（F）、图（G）和图（H）中所示的电桥在一个很宽的频率范围内都有一个稳定的灵敏度。在图（B）、图（C）、图（D）和图（H）中所示的电桥被设计用来显示匹配传输线上无间断性（阻抗集总）。图（A）、图（E）和图（F）中的不连续性可能会很小。

当检波器像在图（G）中或者图（H）中那样桥接在发生器电压中点位置时，或者像图（B）中那样所有的电阻器的阻值都等于负载电阻时，电桥是最灵敏的。当每条支线中的电流相等时，也会提高电桥的灵敏度。

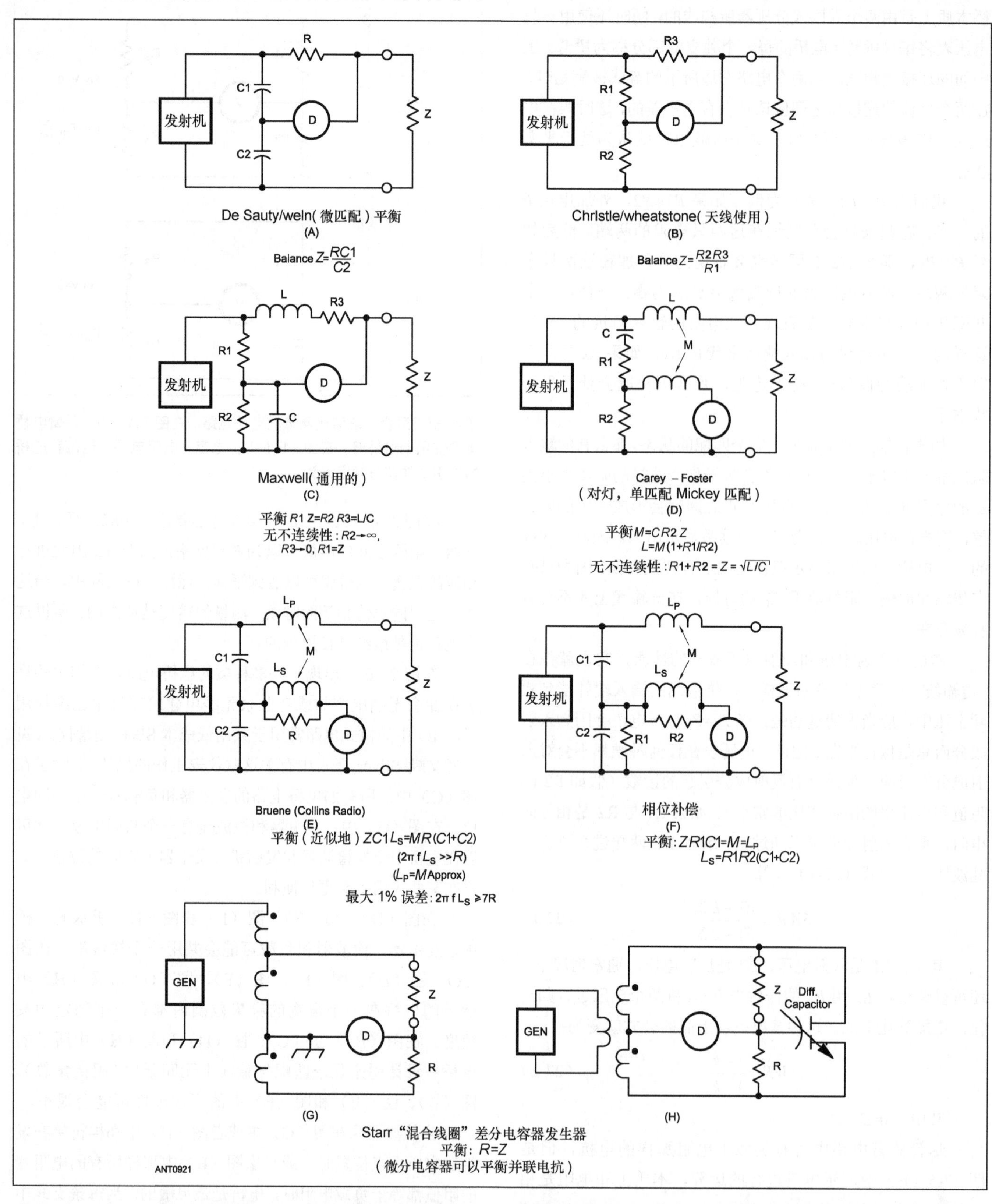

图27-6　不同的驻波比指示器电路和常用电桥电路。检波器(D)通常是半导体二极管加仪表，并且与射频扼流圈和电容相隔离。但是，检波器也可以是一个无线电接收机。在所有的电路中，Z 代表测量得到的阻抗。(这部分信息资料是由David Geiser<WA2ANU>提供的)

27.2.2 驻波比测量桥式电路

如图 27-5（B）所示的基本电桥配置可以在家里制作完成，同时在 HF 频段也会为驻波比测量提供合理的精度。这样的一个电桥在实际中的电路如图 27-7（A）所示，同时图 27-7（B）所示也给出了一个典型的配置。像这样设计的一个电桥可以用来测量驻波比值高至 15:1 的电路，同时还具有很好的精度。

你应当遵守以下这些重要的制作电阻电桥的关键点：

（1）在射频电路中应当保持引入线的长度尽量短，以此来减少杂散电感。

（2）将电阻安装在距离金属部件大概为它们本身直径的 2～3 倍远的位置，以此来减少杂散电容。

（3）使用射频专用元器件，可以尽可能地减少桥臂之间的电感耦合和电容耦合。

在图 27-7（B）所示的仪器中，输入端和导线连接器，J1 和 J2，被安装得合理地靠拢在一起，所以标准电阻器 RS 可以使用短的引入线在连接器的中心端进行支撑。R2 被安装成和 RS 成直角，并且在这两个元器件以及其他的元器件之间都使用了屏蔽隔离物。

如图 27-7（A）所示，R5 和 R6 为 47kΩ电阻，被用来作为指示器的 0～100μA 的电压扩程器。该扩程器提供了足够的电阻，使得电压表的量程线形地增加（仪表的读数直接正比于射频电压），并且不需要使用电压校准曲线。D1 作为反射电压的整流器，D2 是入射电压的整流器。由于电阻器和二极管在制造时所出现的一些误差，仪表的读数可能会稍微有些不同于两个相同的标称电阻值的倍数，所以在这个电路中包含了一个校正电阻 R3。当射频电压加到电桥上且传输线连接开路时，你应该选择一个 R3 的阻值，使得仪表的读数和 S1 在其他的位置一致。在图中所示的仪器中，需要一个 1kΩ的电阻与乘法器相串联来应对反射电压；在其他的情况下，可能需要不同的电阻值，同时 R3 可能也需要串联至乘法器，以此来应对入射电压。你可以通过实验来决定所使用电阻的阻值。

电阻 R1 和 R2 的阻值并不是严格的，但是如果可能的话，你应该匹配这两个电阻的阻值，使它们之间的误差在 1%或者 2%之内。使电阻 R_S 的阻值尽可能地接近于你所使用的传输线的实际特性阻抗 Z_0（通常是 75Ω或者 50Ω）。通过使用精确的电阻电桥测量电阻器的阻值，来选择所要使用的电阻器，当然前提是你手头有这样的电阻电桥可供使用。

R4 是用在下面所描述的测量过程中将入射电压读数值调节至满标的。它的使用不是必须的，但是它为射频输入电压的精确调节提供了一个方便的备选方案。

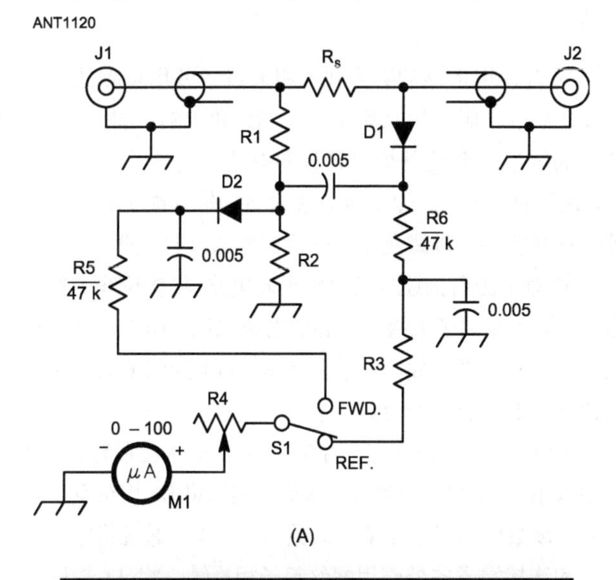

图27-7　图（A）中为驻波比测量用的电阻电桥。电容是盘状陶瓷电容。电阻器除了下面说明的之外功率都是1/2W。

D1，D2——锗二极管，高反向电阻型（1N34A，1N270等）；

J1，J2——同轴电缆接头，底架安装型；

M1——0～100直流微安计；

R1，R2——47Ω，功率1/2W（见文中）；

R3——见文中；

R4——50kΩ音量控制器；

RS——电阻等于传输线的特性阻抗Z_0（功率为1/2W或1W）；

S1——单刀双掷开关。

在图（B）中使用尺寸为2英寸×4英寸×4英寸的铝制金属盒来放置这个驻波比电桥。可变电阻器R4安装在侧部。电桥元器件安装在盒子的侧板上，并且用铝片制成一个次级底架。输入插头在这个视角的顶部。R_S直接连接在两个插头中间的接线柱之间。在它的后面可以看到R2，并且垂直于它。D1的一个末端穿过底座上的孔接出来，这样引线就可以连接到J2了。R1在这个视角被垂直安装在底座的左侧，同时D2连接R1与R2之间的连接处和R5一端的连接点。

测试

可以使用可靠的数字式电阻表或者使用可靠的完成了布线之后的电阻电桥来测量 R1、R2 和 RS。这样可以确保它们的阻值不会随着焊接释放的热量而变化。在这一过程中，断开微安计的一边，并且使设备的输入端子和输出端子处于打开状态，以避免杂散分流回路通过整流器。

校对上面所描述的两个电压表电路，将传输线的终端开路，在输入端端子上接入足够的射频电压（10V），产生一个最大读数。如果需要，试着更换 R3 为不同阻值的电阻，直到读数和 S1 的位置一致。

使 J2 保持开路状态，当 S1 在入射电压位置时，调整射频输入电压和 R4，得到最大读数。然后将 S1 旋至反射电压位置，读数应当仍然是最大读数。下一步，通过将中央的接线端和连接端子的外壳用螺丝起子相接触，将 J2 短路，形成一个低感应系数的短路。如果有需要的话，将开关 S1 拨至入射电压位置，再调整 R4 至仪表有最大读数，然后将 S1 拨至反射电压位置，保持 J2 处于短路状态，仪表的读数应该像之前一样是最大读数。如果这个读数和之前的读数不相同，那么 R1 和 R2 的阻值不相同，或者在电桥的桥臂之间存在着杂散耦合。在所有情况下，当入射电压被设置为全刻度时，你必须在全刻度的情况下读取反射电压的读数，与此同时应该保持 J2 开路或者短路，以此来进行精确的驻波比测量。

电路应该在所有将要可能使用到的工作频率中通过这些测试。在最高的工作频率和最低的工作频率下分别进行一次测试就足够了，这个最低频率通常为 1.8MHz 或者 3.5MHz，最高频率为 28MHz 或者 50MHz。如果 R1 和 R2 匹配得不是很好，但是电桥建造的其他方面很好，那么在所有的测试频率中，读数上的差异实质上应该是相同的。在频率范围的低端和高端会有一些状态上的差异，这些差异可以归因于在桥臂之间的杂散耦合，或者桥臂上的杂散电感或杂散电容。

检查电桥的平衡性能，在电桥上加上射频电压，并且调节 R4，同时保持 J2 开路。然后使用尽可能最短的导线在传输线的终端连接一个阻值等同于 R_S（电阻的匹配范围应该小于 1%或者 2%）的电阻器。这便于在同轴电缆（PL-259）的导体中安装一个测试电阻，这种安装方法同样也可以减小引线电感。当你连接测试电阻的时候，反射电压的读数应该下降到零。如果有需要，入射电压应该通过调节 R4 的方法，重置至最大读数。反射电压的读数在任何将要使用的频率范围内都应当保持读数为零。如果在低频的时候可以得到一个好的零值，但是当工作频率在高频的顶端时显示有一些剩余电流，这个故障可能是由于测试电阻的引入所带来的，尽管这个故障也有可能是由电桥自身的桥臂之间的杂散耦合所引起的。

如果现在在所有的工作频率上都有一个不变的很低的（但是不为零）读数，这个问题可能是由于电阻的值没有很好地匹配的缘故。两个影响还有可能同时出现。你应当确定在你使用电桥之前，你已经在所有的工作频率中得到了很好的零值。

电桥操作

由于电阻器的功率耗散率，你必须限制输入到这种类型电桥的射频功率值最多只有很小的几瓦。如果发射机没有为减少功率输出至一个非常低的值（小于 5W）做好准备，那么可以构造一个简易的功率吸收电路，如图 27-8 所示。随着加热灯 DS1 的阻抗逐渐改变——从冷却状态下几欧姆到全功率状态下的 100 多欧姆。增加的阻抗有助于在一个相当宽的功率范围内保持有恒定的电流穿过电阻器，所以电压通过电阻器所形成的电压降同样也趋向于恒定。这个电压加到电桥上，同时有一个给定的常数，这个常数对于电阻式电桥来说是在一个适当的范围内的。

现在来进行一个测量，将未知的负载连接至 J2，并且将足够的射频电压加到 J1 上，产生一个最大的入射电压读数。使用 R4 来设置指示器正好为满刻度。然后将开关 S1 拨到反射电压的位置上，然后记录仪表的读数。然后驻波比可以通过这些读数使用前面所提到的式（27-1）进行计算得到。

例如，如果直流仪器上的满量程刻度是 100μA，S2 置于反射电压位置时的读数是 40μA，那么驻波比为：

$$SWR = \frac{100+40}{100-40} = \frac{140}{60} = 2.33:1$$

除了计算驻波比的值外，你也可以使用如图 27-9 所示的电压曲线。在本例中，正向电压的反射率是 40/100=0.4，并且从图 27-9 中可以看出驻波比的值大约为 2.3：1。

你可以使用任意随心所欲的装置来校准你的仪表刻度，只要这个刻度是平均分配的。确定驻波比的是电压比值而不是实际电压值。

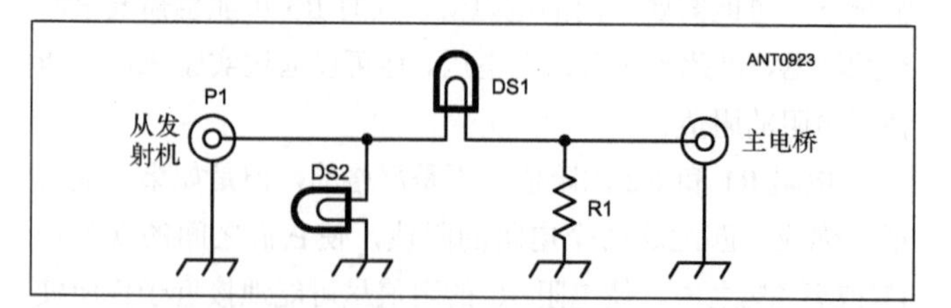

图27-8　当发射机没有特别提供功率衰减时，电阻式驻波比电桥使用的功率吸收电路。对于上至50W的射频功率，DS1是一个117V/40W白炽灯，DS2不使用。对于更高的功率，在DS2处使用足够功率量的额外的白炽灯作为发射机负载，使其输出达到正常值；例如，对于250W的输出功率，DS2可能由两盏100W的白炽灯并联。R1由3个1W/68Ω电阻器并联连接。P1和P2是安装在同轴电缆上的接头。由白炽灯和R1组成的引入电路应当尽量短，但是在这个装置和连接器之间应当使用适当长度的电缆。

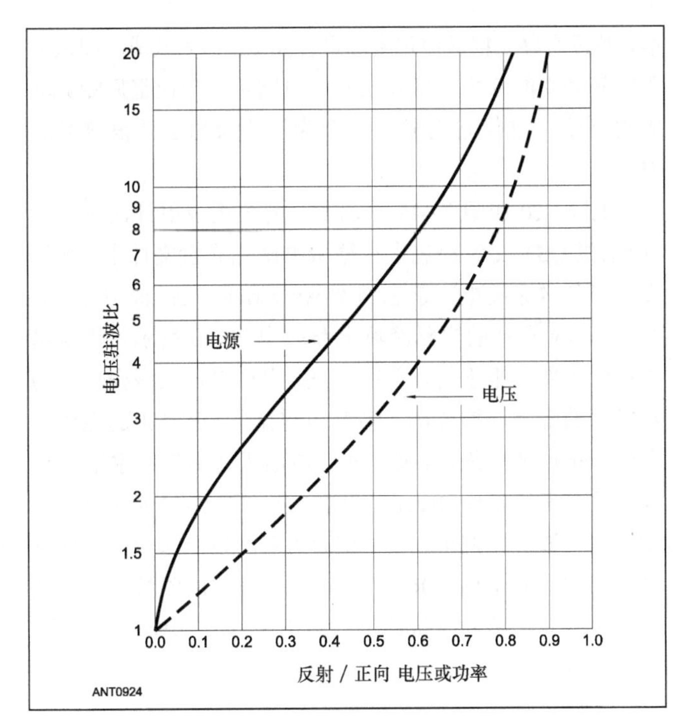

图27-9 当反射-正向电压比或者反射-正向功率比知道后，用来计算电压驻波比的图。

27.2.3 避免驻波比测量中的错误

引起电桥内部不准确的主要原因是电阻 R1 和电阻 R2 在阻值上的差异，电桥桥臂上的杂散电感和杂散电容，以及电桥桥臂之间的杂散耦合。如果上述的检查过程很小心地执行了，如图 27-6 中所示的电桥对于实际应用来讲应该足够精确了。对于低驻波比的情况来说，测量的精度是最高的，这是由驻波比计算的性质所决定的；在高驻波比的情况下，式（27-1）中的分压器代表了两个几乎相等的数量之间的差异，所以在电压测量时，一个很小的误差就意味着在驻波比计算的时候，会有一个相当可观的差异。

检测仪的非线性是另一个错误来源。如果负载阻抗足够大，信号值比正向导通电压也大得多，那么一个二极管峰值检测仪近似是线性的。但是在刻度低端部分仍存在明显的非线性。

标准电阻器 R_S 的值应该等于传输线的实际特性阻抗 Z_0。传输线一段样品的实际特性阻抗 Z_0 可能会与标称的数据有一定百分比的不同，这是由于制造时产生的变化，但这是可以容许的。在 VHF 及以下频率，在 50～75Ω范围内，额定值为 1/2W 或者 1W 的合成电阻器的射频电阻在本质上等同于它们的直流电阻。

共模电流

正如在“传输线耦合和阻抗匹配”一章中所解释的那样，有两种方法可以使不想要的共模（有时候也称为天线）电流在同轴线的外部传输——由于同轴电缆的外导体和天线（通常）的一侧之间的直接连接，且同轴线与天线特殊的空间位置关系，而在导线上感应出电流。这种电流会导致显著的 SWR 测量误差，不过由于各种原因，SWR 随着导线长度的变化而变化。

如果电桥和发射机（或操作电桥而产生的其他 RF 功率源）被屏蔽，从而使任何在导线外部流动的射频电流都无法找到自己的方式进入电桥，那么感应电流通常并不会很麻烦。这一点可以通过插入一个相同阻抗（都为 Z_0）的额外导线（最好是 1/8λ～1/4λ）进行检查。通过电桥指示的 SWR 应该不会改变，除了因为附加线损而导致的轻微下降。如果变化显著，你可能需要更好的屏蔽。

共模电流也能够流至同轴传输线的外侧，如果屏蔽层的外表面直接连接到所述天线的一侧。即使天线本身是平衡的，这个“额外”的导体将导致系统不平衡，并且共模电流将流过线的外侧。在这种情况下，驻波比随着线路长度而各不相同，即使电桥和发射机都有良好的屏蔽，并且通过使用同轴接头来保持整个系统的屏蔽。通常，仅仅移动周围的传输线都将导致所指示的驻波比改变。这是因为在同轴电缆的外部通过连接到所述天线的馈电点，已经成为天线系统的一部分。传输线的外屏蔽层以及由天线本身所提供的适宜负载一起构成了一个负载。在该线上的 SWR 通过同轴电缆的外部以及天线上的组合负载来确定。由于改变线的长度（或位置）可以改变这种组合负载的一个组成部分，所以 SWR 也将变化。这是一个不良的情况，尽管该线工作的 SWR 一般比预期（同轴电缆的外部共模电流被消除）的高。

解决这两种情况最常用的办法就是：使用在“传输线耦合和阻抗匹配”一章中所描述的共模扼流圈巴伦，或者通过适当选择长度使得线的外侧失谐，以此让它在工作频率呈现高阻抗。注意，这不是一个测量误差，因为仪器读出来的正是该传输线的实际驻波比。

寄生频率

当射频电压加到电桥上时，越限频率成分可能会导致相当可观的错误。这种类型的成分主要是谐波和低频次谐波，这些成分通过驱动电桥的发射机的末级来馈给。天线几乎一直是相当具有选择性的电路，尽管天线系统可能运行在所需的频率上，并且具有非常低的驻波比，但是它通常在谐波频率和次谐波频率方面总是失配的。如果这样的寄生频率以一个可观的振幅加载到电桥上，那么驻波比的示数将会错误地离谱。尤其是在电桥上，无论你怎么调节匹配电路的设置，都不可能得到零值。唯一的补救措施是通过增加发射机末级放大器和电桥之间电路的选择性，过滤掉那些不想要的成分。

27.2.4 反射计

反射计包括一对耦合的传输线阻抗桥，该电桥是背靠背工作的（如图 27-6 所示），这使得发电机和负载在电桥上是反相的。电桥之间所产生的不平衡被显示在一个带刻度的校准仪表上，以此将不平衡转换成驻波比。

这种类型的桥通常对频率敏感——对于相同的外加电压，仪表的响应随着频率的增加而增大。因此每次使用时都要使用 CAL（校准）电位器对仪表灵敏度进行设置。

因为这些设计大多数对频率敏感，因此用于功率测量时很难精确地校准它们。同样，如果没有一个有保证的功率校准，就没有办法精确地定量测量驻波比，但其低成本和适用于中等功率的水平，以及在匹配电路经适当调整后能够准确地显示，这使它们成为一个除了业余站之外很值得的选择。

图 27-10 和图 27-11 给出了一对典型反射计的设计。（两篇原 QST 文章都包含在原版书附加光盘文件中，光盘文件可到《无线电》杂志网站 www.radio.com.cn 下载。）由 DeMaw 设计的实际经典电路如图 27-10 所示，该电路图在低功率水平下是非常有用的。它可以通过减少环形初级线圈的圈数、增加电压敏感电容器 C1 和 C2 的电压额定值来扩展使用规模，使之能够应用于在高功率水平。（可以借鉴参考文献中 Bruene 写的文章。）图 27-11 是由 Brown 设计的，该电路图可以与 300Ω的双引线一起使用，并且可以通过改变 R1 和 R2 的值以匹配线路的阻抗，使之能够与具有其他特性阻抗的平行线馈线（如 450W 的窗口线）一起使用。

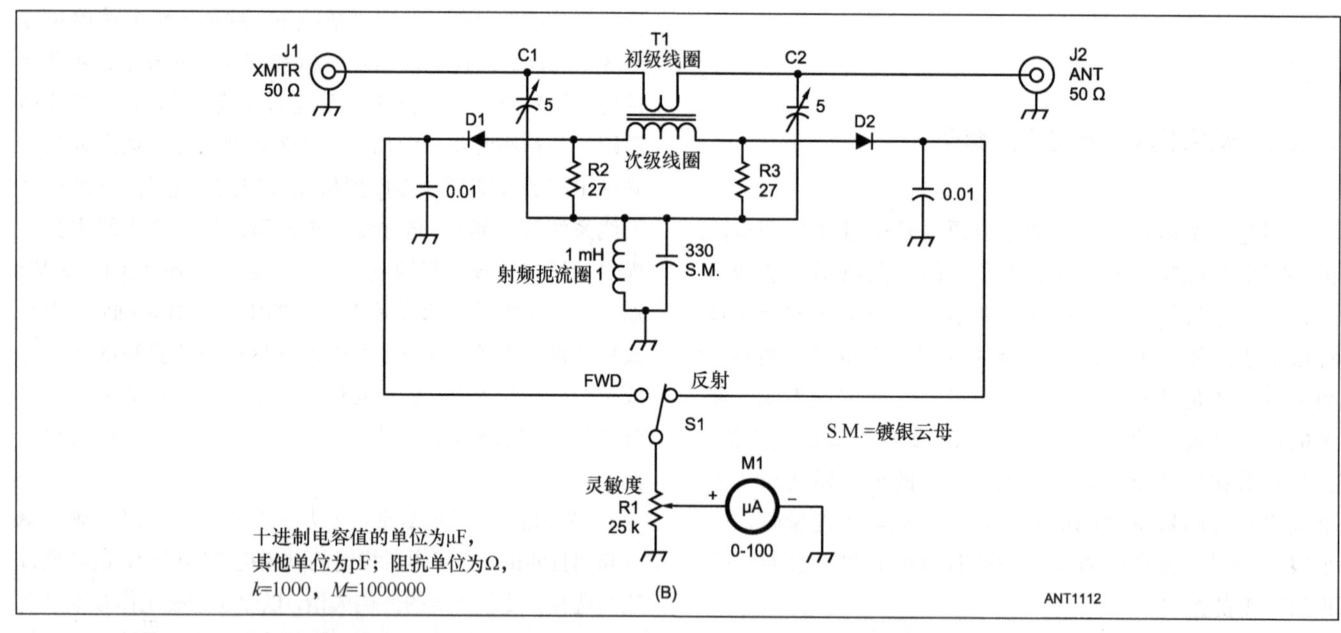

图27-10 QRP VSWR指示仪的原理框图。固定值电容是除了标定“S.M.”以外的圆形陶瓷电容。“S.M.”表示镀银云母。R2、R3是1/4W的碳膜或金属膜电阻。

C1、C2——微型PCB上安装的空气微调电容

D1、D2——硅开关型二极管，1N4148型号，利用欧姆表使其与等效前向电阻匹配

J1、J2——射频连接器插座（拾声插座，BNC，UHF）

M1——微型50μA或100μA的直流计

R1——线性锥化，微型控制，25kΩ

RFC1——微型1mH射频扼流圈

S1——微型SPDT滑动或拨动开关

T1——环芯转换器。次级：60圈#30AWG搪瓷导线，其内部为T68-2铁粉芯；初级：在次级绕组上缠绕两圈（见文中）。

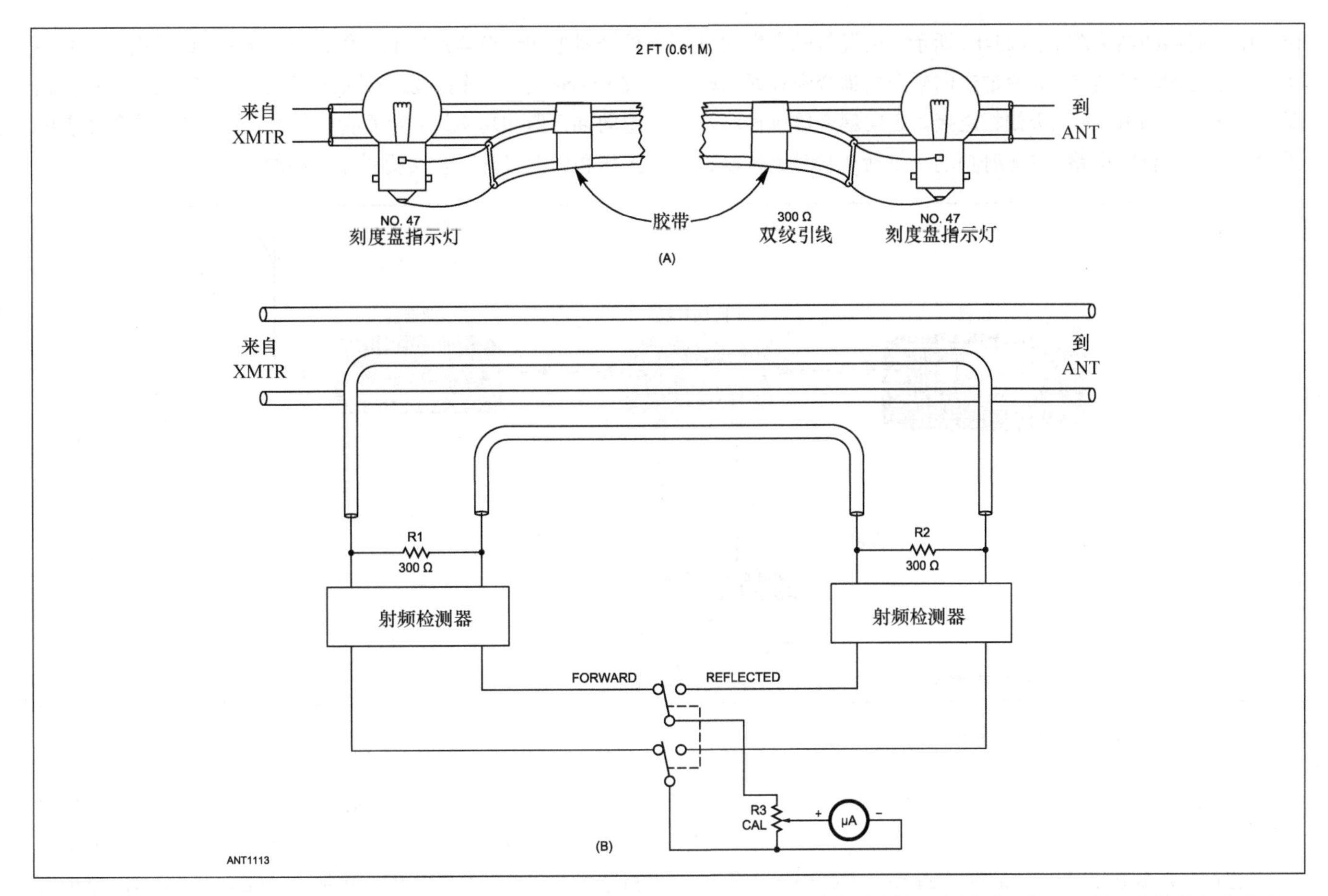

图27-11 图（A）所示的双灯泡SWR指示仪是一个未处理的反射计，高SWR下，两个灯泡具有相同亮度；低SWR下，左边的灯泡会亮。图（B）中反射计电路图在校准之后，可以直接读出更准确的SWR。

27.3 射频功率的测量

非专业人员可以使用标准商业仪器来测量射频功率，其中包括 Bird 电子公司（网址为 www.bird-technologies.com）各种类型的 Thruline 定向功率表，例如流行的 43 型仪表。它包括传输部分，其中内嵌了可选的功率敏感元件，它普遍被称为“塞”。功率计中的传输线被设计成一个嵌入单元，而不破坏流过流量计的正常电流。

该单元由一个拾取器环路和一个形成定向耦合器的终端电阻组成，这个电路耦合到传输线，并提取少量在一个方向流动的电流。（见参考文献条目中 Wade 编写的定向耦合器教程，原版书附加光盘文件中也有相关教程）Bird 公司的传输线和敏感元件如 43 型仪表的操作手册中图 3 所示，以下网址可供下载 www.bird-technologies.com/products/manuals/920-43.pdf。该单元可以转动，从而使定向耦合器可以吸收正向或反射的功率。

单元上定向耦合器的能量流过如本章前面所述 RF 检波器上的整流二极管和滤波电容。RF 检波器的输出可驱动校准仪，它的单位为瓦特。标准单元系列的满刻度所覆盖的频率和功率分别为 2～1000MHz、5～5000W。也可以使用各种专业单元。

为了近距离观看 Bird 公司 Thruline 瓦特表的结构和典型功率传感元件。请参阅中继台制造商网站上的文章《Photo Tour of a Bird Wattmeter Element》，该文章的作者是 Robert Meister，网站地址是 www.repeater-builder.com/projects/bird-element-tour/bird-element-tour.html.。有一些关于使用这些仪器的优秀白皮书和应用笔记，这些资源可在 Bird 公司电子网站“资源”栏目下查看。

27.3.1 直接功率/驻波比测量表

接下来的章节是对 Bill Kaune（W7IEQ）在 2011 年 2 月所写文章《A Modern Directional Power/SWR Meter》的概述。完整的文章，其中包括实物和电路板，在原版书附加光盘文件里可以看到。

这个仪表的首要应用是监测输出功率和收发信机的调

谐。作者提供的结构图如图 27-12 所示。由发射机产生的射频功率通过同轴线传送，并通过定向耦合器耦合到天线调谐器上，发射机与 RG-8 的天线相连接。定向耦合器包含对射频功率进行采样的电路，这些射频功率包括从发射机传输到调谐器上和调谐器反射到发射机上的部分。这些采样信号通过 RG-58 电缆传输到功率计的两个输入端口。这个项目包括定向耦合器和功率计。为了使一个业余人士都能重复作者的工作和修改设计，全文提供了足够的细节。

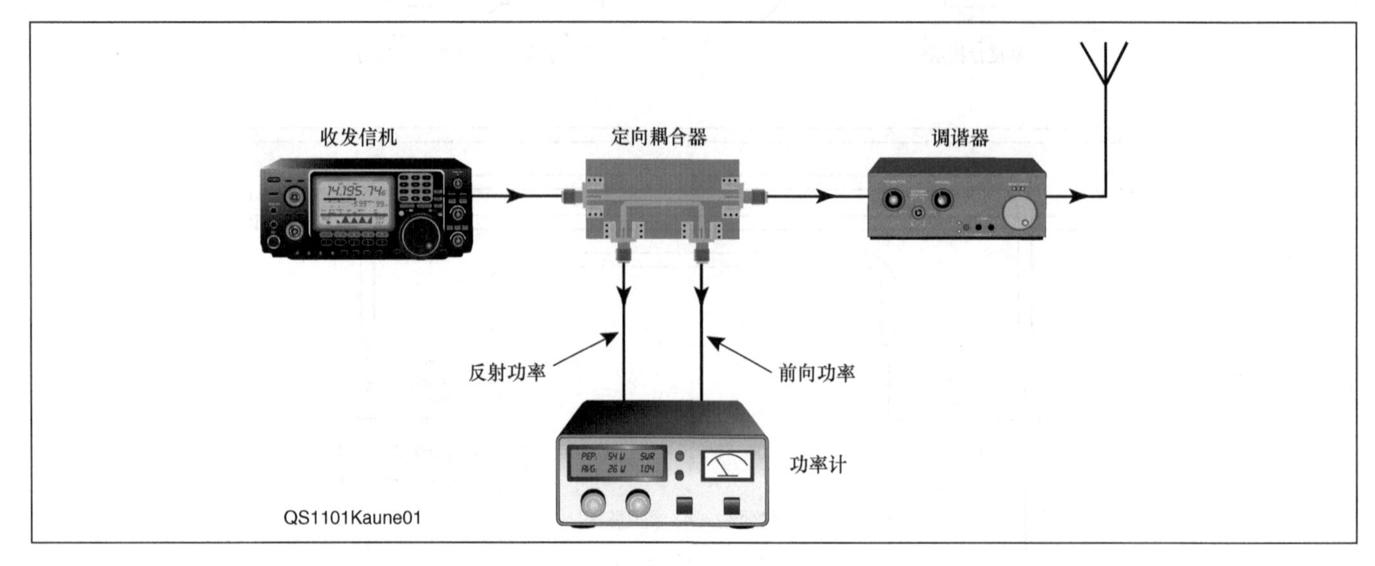

图27-12　W7IEQ电台的设置，这里所述的还包括功率表。

定向耦合器

定向耦合器基于 John Grebenkemper （KI6WX）所写文章《The Tandem Match》中描述的装置，这篇文章在原版书附加光盘文件中可以看到。一个完整的定向耦合器如图 27-13 所示。

由于因素 $1/N^2$ 的影响，耦合的前向和反射的采样功率一起减少，对于上图中的定向耦合器，每个螺线管上的 N=31。因此，前向和反射的采样功率减少了大约 30dB。比如说，如果一个收发器传输了 100W 的功率到 50Ω的纯电阻负载，从定向耦合器过来的正向传输功率采样信号将会为大约 0.1W（20dBm）。

图27-13　完整的定向耦合器。

定向耦合器的方向性指的是当终端负载为 50Ω时反射功率与正向传输功率的比值。对于耦合器，利用网络分析仪测量其方向性，在 3.5MHz 至少为 35dB，在 30MHz 至少为 28dB。

功率/驻波比测量仪——电路描述

图 27-14 显示了一个功率计的前面板。LCD 屏幕显示测量的峰值和平均包络功率以及驻波比。功率计计算了从发射机到负载传输的功率峰值和平均包络功率。平均包络功率代表正向传输功率的平均值或者在 1.6s 或者 4.8s 时间内的负载能力。

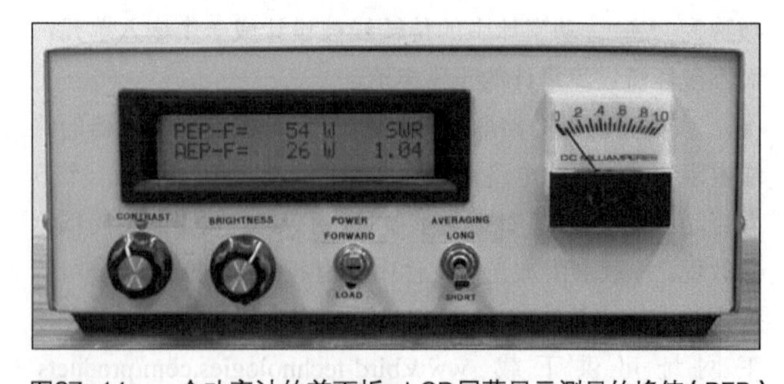

图27-14　一个功率计的前面板，LCD屏幕显示测量的峰值（PEP）和平均包络功率（AEP）以及驻波比（SWR）。两个按钮控制LCD屏幕的背光和对比度。一个拨动开关确定显示的是前向功率还是负载功率。另一个拨动开关设置AEP计算的平均时间。仪表盘显示了所需调谐时使用的SWR。

一个以 1mA 转动的模拟功率计可以很容易实现天线的调谐。这个功率计可以持续显示 1～1/SWR，其中 SWR 表示线路上的驻波比。因此，驻波比为 1 对应读数为 0，即功率计没有偏转。驻波比为 2 时会产生 50%的偏转，驻波比为 5 时会产生 80%的偏转。

将定向耦合器中正向传输功率和反射功率的采样功率应用到一个模拟装置——对波检测器 AD8307。外部 20dB 的衰减使定向耦合器中输出的信号减少到与AD8307兼容的级别。正如前文提到的，定向耦合器有一个大约 30dB 的内部损耗，所以每一个通道的总损耗大约为 50dB。因此，一个功率为 1kW（约为 60dBm）的操作会导致 10dBm 的功率输入（原理图在原版书附加光盘文件中的文章里可以找到。）检测器之所以会被这样设置，是因为我们需要它们输入遵循射频信号的调制包络。

LF398 信号采样和保持电路对波检测器中正向传播功率和反射功率有稳压的作用。用这个方法，电压既可以在准确的时间内被采样，又可以在数模转换和功率计算以及驻波比计算中得以保持。计算是通过微处理器 PIC16F876A（www.microship.com）完成的。这个处理器也包括用于驱动前面板中驻波比的脉宽调制（PWM）输出。

27.3.2 高功率射频采样器

如果想测量发射机或者高功率放大器的特征值，必须通过一些途径将装置的功率减少到 10～20dBm。最直接的方法是用 30dB 或 40dB 的衰减电缆来处理高功率。一个 30dBm 的衰减器能将 100W 的发射机减弱到 20dBm。一个 40dB 的衰减器能将 1000W 的发射机减弱到 20dBm。如果需要更大的衰减，可以在信号衰减至20dBm 后使用一个简单精确的衰减器。

高功率衰减器存在的问题是它们一般都很贵，因为衰减器的前端必须处理发射机或者放大器的输出功率。如果衰减器已经带有虚拟负载，一个射频信号取样器将会在一个减弱的功率水平上被用于产生采样信号的副本。这里讨论的取样器在 2011 年 5 月被 Tom Thompson 的论文首次提到，原版书附加光盘文件里收集了这篇论文。

一个变压采样器穿过导体，通过环形电感从发射机或者放大器到虚拟负载，形成了一个变压器。变压器的次级连接到一个电阻网络，然后连接到如图 27-15 所示的测量装置上。电压源端，无论是一个发射机还是一个放大器，被假设为纯电压源串联上一个 50Ω的电阻。这个模型并不精确，但是对于这里的分析来说绰绰有余。

假设一个电流 I，流向虚拟负载，另一个电流 I/N 流向变压器的次级。图 27-15 给出了等效电路，用于替代变压器中的电流源，这里我们用了一个 40dB 的衰减器，在次级转为 15dB。如果 R_{SHUNT}=15Ω，那么 R_{SERIES}=35Ω，则穿过 50 Ω 负载的电压会变为穿过虚拟负载电压的 1/100，相当于 40dB 的衰减。

电阻通过变压器反射 0.06 Ω，并与 50 Ω虚拟阻抗串联。这是一个微不足道的改变。另外，从初级到次级反射的 100Ω，并与一个 22.5kΩ 的电阻并联，这对性能并没有太大的影响。从测试装备看，采样器可看成一个 50 Ω负载。甚至在低频，次级线圈阻抗小于 15Ω时，回看采样端口的阻抗仍然保持在 50 Ω左右。

这里描述的采样器使用了 FT137-61 铁氧体磁芯，后面接着两个电阻，如上所述。这里的驻波比适用范围高达 200MHz，这个驻波比同样是从采样端看入，并且有效带宽可以从 0.5MHz 扩展到 100MHz。如果你对高频发射机或者放大器的三次谐波的精确度表示有兴趣，那么对于采样器来说，得到准确的衰减（直到 VHF 范围）是很重要的。

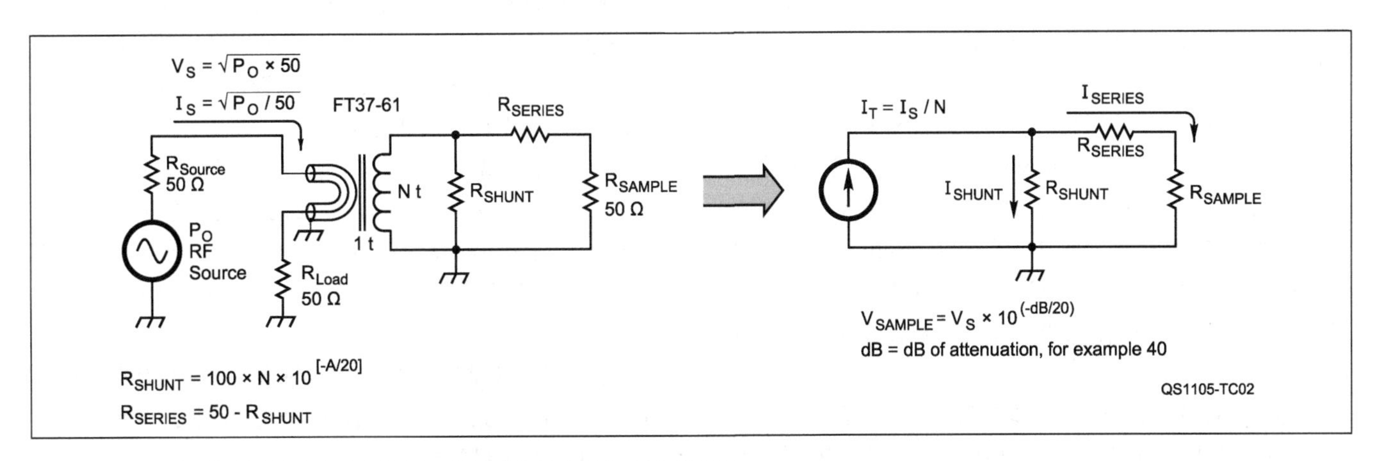

图27-15 射频采样电路原理图和等效图，并且等效图中给出了计算过程。

图 27-16 显示的是一个采样仪的图片，这个采样器由单边电路板材料构成的、尺寸为1.3英尺×1.3英尺×1英尺(内径）的盒子。贯穿线连接是用一根短的且带有一侧接地屏蔽层的 UT-141 半刚性同轴电缆，以提供磁环和同轴电缆的中心导体之间的静电屏蔽（不能两段都接线或者出现短路线圈）。R_{SHUNT} 隐藏在磁环下，R_{SERIES} 显示连接在采样口。这种构造技术看起来像是在较高频率影响 SWR 的贯穿线上的一小段 200Ω传输线。可以通过补偿 3pF 的电容连接到贯穿线的输入/输出端，就如照片所示。在 180MHz 的频率下，通过增加电容，可以将贯穿线的驻波比从 1.43∶1 减少至1.09:1。但是这种补偿会造成衰减，在高频率下这种衰减程度根据不同贯穿线的连接方向而决定。使用盒式技术的采样器能够工作在 1～30MHz。

图 27-17 显示了 9/16 英寸直径、0.014 英寸壁厚、相关黄铜管的不同使用方法。这种方法降低了阻抗，以便不需要再加任何补偿。在 180MHz 下使用管采样器的通线驻波为1.08:1，这种方法和采用盒子采样器的方法一样好，并且降低了通线方向的灵敏度。虽然高频衰减不如盒子取样，但是构造技术提供了更一致的结果。使用管技术构建的采样器能够在 200m 的高频下使用。

图27-16　使用盒式结构的射频采样器。

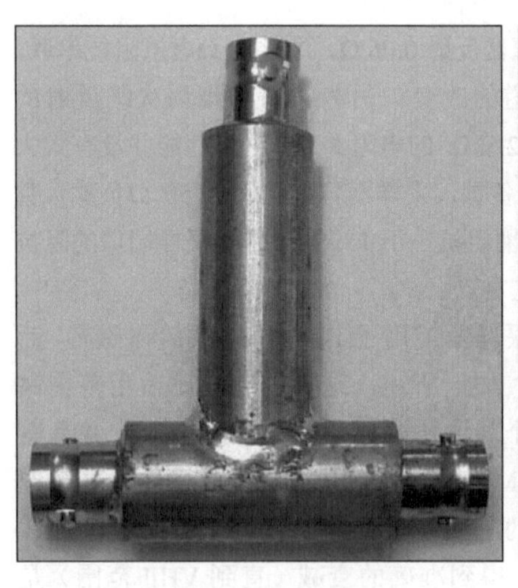

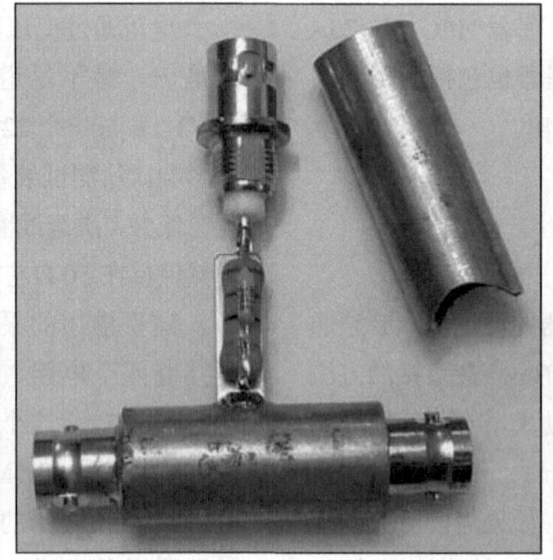

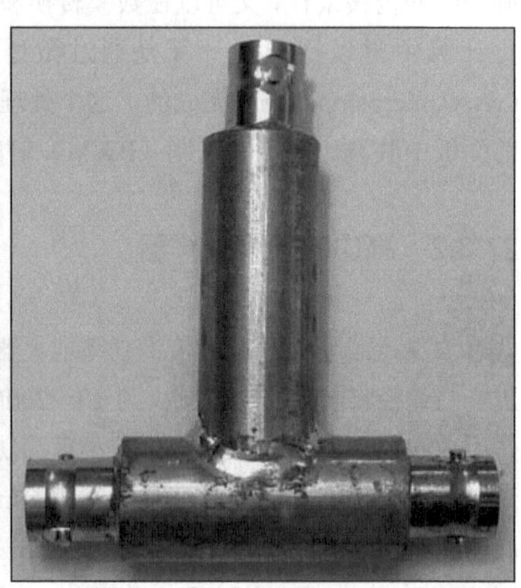

图27-17　使用管道的射频采样器。

27.3.3　廉价的 VHF 定向耦合器

在业余的 VHF 和 UHF 工作中，能够在一定频率范围内读出前向和反射功率精密的能力，对在线测试仪器是非常有效的，但是它们高昂的价格使得想拥有它们的 VHF 爱好者忘而却步。图 27-18 至图 27-20 是适应基本原则的一个廉价物。它可以通过一个仪表、一些小零件以及铜管材和接口制作出来。这些材料在很多五金店里都能找到。

这个采样仪包含一小段自制的双绞线，在这种情况下，具有 50Ω的阻抗，并且带有一个耦合到它上面的双向探针。一个小型的内置于探针的耦合圈的一端接到电阻上，另一端接二极管。此电阻匹配环的阻抗，而不是线路的阻抗，环中的能量通过环路被采集，并通过二极管进行整流，最终电流反馈到一个带有反馈控制的仪表上。

仪器的金属部分有黄铜管、一个管帽、铜管（3/4 英寸内径、5/16 英寸外径），以及两个同轴接头。其他一些 50Ω传输线用的管状组合也是可用的。导体的内径和外径的比值应该是 2.4/1（更详细的全文在原版书附加光盘文件中）。

就算采样仪是没校准好，它在许多工作中也是非常有用的，但是用的时候最好还是通过一个文中所描述的那个带有精确功率值的表进行校准。

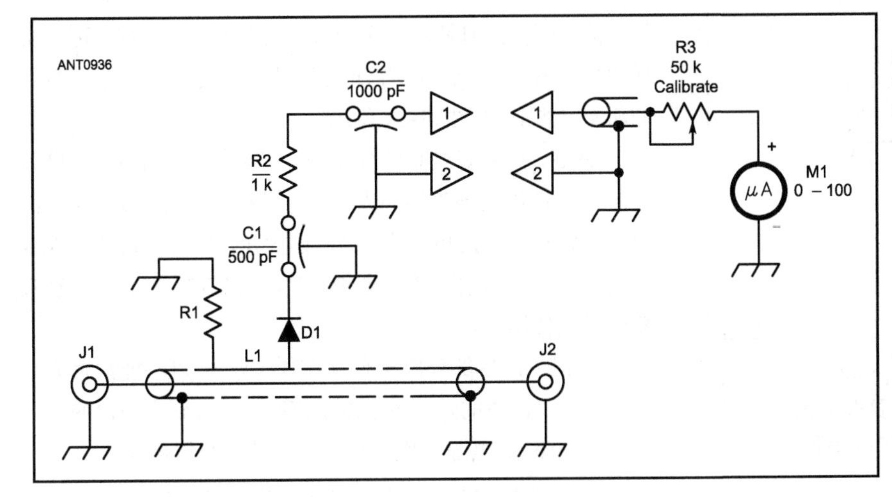

图27-18　线性采样器的原理图。C1——50pF的直通电容；C2——1000pF的直通电容；D1——1N34A锗二极管或1N5817肖特基二极管；J1、J2——同轴接头（N型，UG-58A）；L1——拾取环，其铜带为1英寸长，3/16英寸宽，并且弯成"C"型，直的部分有5/8英寸长；M1——0~100微安表；R1——80~100Ω，碳膜或金属膜；R3——50kΩ组件控制，线性椎体。

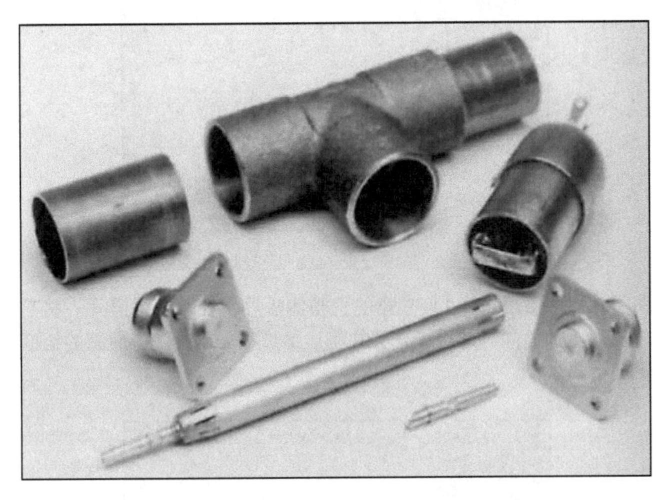

图27-19　线性采样器的主要组件。图中左上角为一个T型和两个末端部分的铜管。右边为一个组装好的探针。N型连接器的中心引脚已被去除了，图中所示引脚一段插入内部导体的左边，一段插入图右前方的部件中。

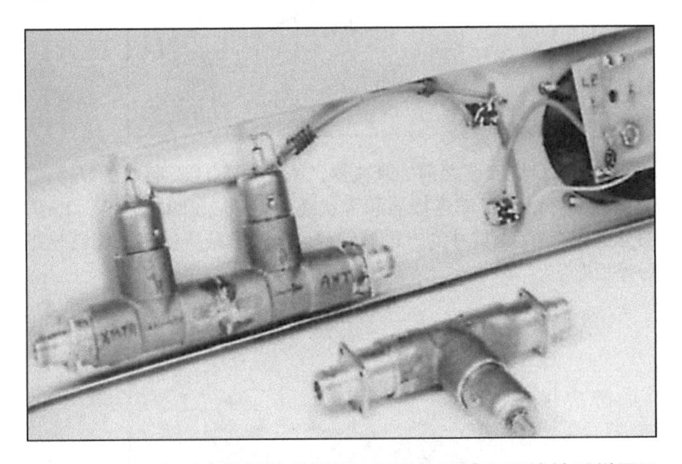

图27-20　两个版本的线性采样器。组装的两单元版线性采样器不需要探头反转就可以监视前向和反射功率。

27.3.4　射频分压器

一个良好的RF步进衰减器是你的工作台中的关键设备之一。这个项目中的衰减器提供良好的性能且还可以用几个基本的工具来构建。该衰减器被设计用在50Ω的系统中，提供了按1dB步进的71dB的总衰减量，在225MHz下提供相当高的准确性和插入损耗，且可用在450MHz上，如表27-1所示。

表27-1　在148MHz、225MHz和25.MHz处步进衰减器的性能测量在ARRL实验室进行

最大衰减（71dB）的衰减数值集		最小衰减（0dB）的衰减数值集	
频率（MHz）	衰减（dB）	频率（MHz）	衰减（dB）
148	72.33	148	0.4
225	73.17	225	0.4
450	75.83	450	0.84

注意：实验室指定的测量容许范围为±1dB

该衰减器有10个如图27-21所示的π型阻抗衰减器部分。每个部分包含1个DPDT滑动开关和3个1/4W、1%公差的金属膜电阻器。完整的单元包含单独1dB、2dB、3dB和5dB的部分以及6个10dB部分，表27-2列出了各部分要求的阻抗值。

表27-2　很接近1%——容许的电阻值

衰减（dB）	*R*1（Ω）	*R*2（Ω）
1.00	866.00	5.60
2.00	436.00	11.50
3.00	294.00	17.40
5.00	178.00	30.10
10.00	94.30	71.50

外壳采用黄铜片原材料，该材料在一些商店里是现成的。通过选择正确的原料，你可避免不必要的弯曲，只需进行最少的切割。

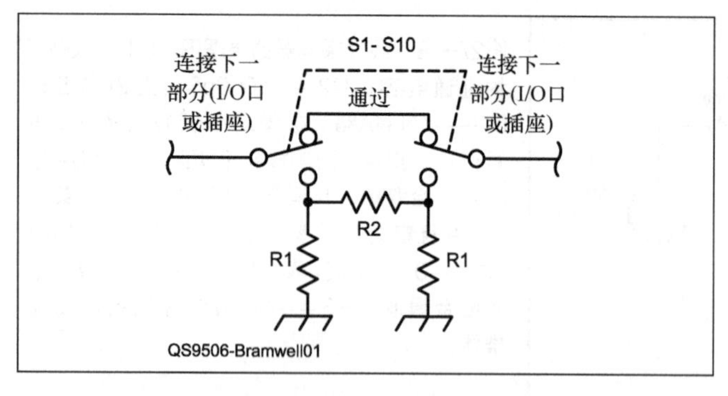

图27-21　衰减器的部分原理图，所以电阻都是1/4W、1%公差的金属膜电阻器，表27-2列出了每一个衰减部分要求的阻抗值。包含单个的1dB、2dB、3dB和5dB的部分以及6个10dB部分。

结构

外壳的建造只需使用冲压工具、钻床、金属剪、焊枪和重型电烙铁就可以完成（开关和电阻用常规的电烙铁）。切割小片的矩形管可使用一台具有小磨割轮的钻床。

黄铜是容易操作和焊接。你需要两片 2 英寸×12 英寸×0.025 英寸的预切片和两个 1 英寸×12 英寸×0.025 英寸的预切片。将 2 英寸宽的用于前面板和背面板，1 英寸宽的用于底部和侧面。对于内部布线，你需要一块 5/32 英寸×5/16 英寸的矩形管、一个 1/4 英寸×0.032 英寸的铜带和一些 0.005 英寸厚的小片来提供级间屏蔽，以在 BNC 连接器和步进衰减器两端的开关之间连接一根 50Ω的传输线。

对于前面板，剪切一块 2 英寸宽、大约 9.5 英寸长的黄铜。开关彼此间隔开来，将一块矩形黄铜管平躺着并紧贴于两者之间，如图 27-22 所示。滑动开关主体包括钻孔的＃4-40 安装螺钉和冲压的矩形孔。

在安装任何部件之前，焊接一个 1 英寸宽的机箱侧板片，使装配更坚固。将侧板片与在顶板的面向“通过”开关的侧边缘焊在一起，这会使得后面的组装更加容易（如图 27-23 所示）。虽然所示的 BNC 输入和输出连接器安装在顶（前）面板，但是由于连接器安装在外壳的两端，可以实现更好的高频性能。所有开关和屏蔽衰减器准备进行最后的机械装配，如图 27-24 所示。

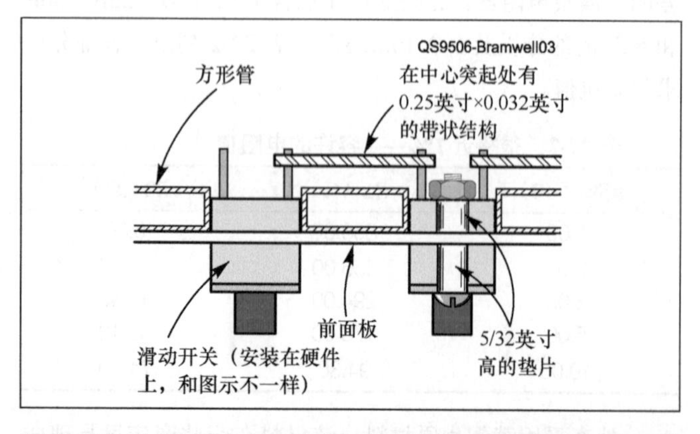

图27-22　在“穿过”位置获得可接受的内置损耗的关键是使得整个设备看起来像50Ω的同轴电缆。矩形管道和1/4英寸×0.032英寸铜带之间形成50Ω的带状线。

最后，焊接好剩余的外侧壳，切割和焊接端片，焊接黄铜＃4-40 螺母到外壳体的内壁上，以稳定住后（或底部）面板。在后面板钻孔和安装，并磨圆尖角，以防划伤任何人或任何东西。添加粘贴式脚垫和标签，图 27-25 中的步进衰减器就可以使用了。

请记住，本部分内置有 1/4Ω电阻，所以不能浪费大量功率。还要记住的是，对于准确衰减，输入到衰减器的必须是一个 50W 的电源，输出终端必须是 50Ω的负载。

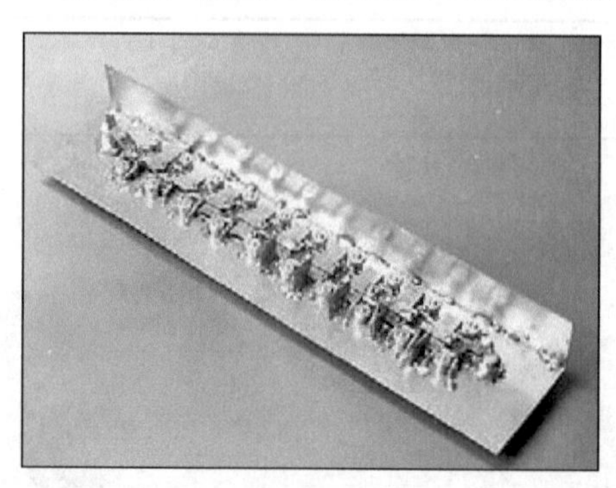

图27-23　使用一个1英寸宽的机箱侧板片，使装配更坚固。将它与在顶板的面向“通过”开关的侧边缘焊在一起，使得后面的组装更加容易。

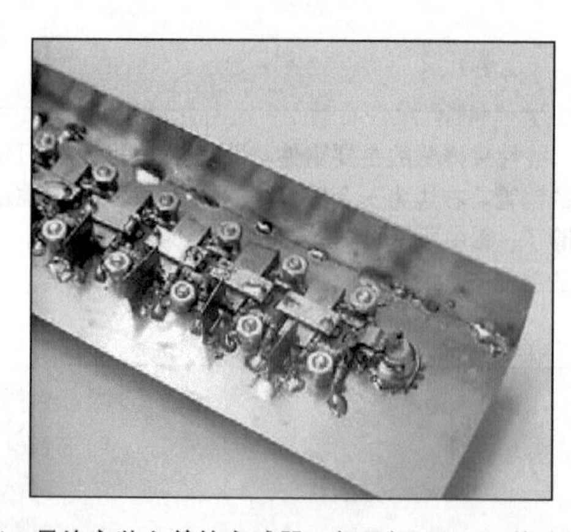

图27-24　最终安装之前的衰减器，相互间隔0.033英寸的1/4英寸的铜带线可以在BNC连接器和带状线之间形成50Ω的连接。10dB部分之间存在0.5英寸的方形屏蔽层。方形屏蔽层的每一脚都与矩形管相对应。

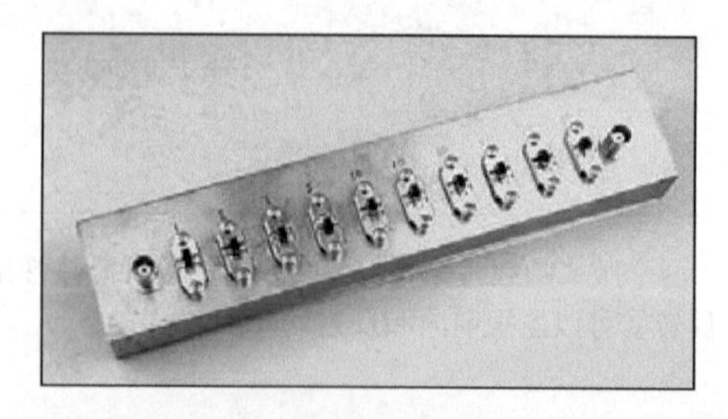

图27-25　铜片外壳上的完整的步进衰减器，BNC连接器可能安装于开关末端的前面板或者后面板。

27.4 场强测量表

很少有业余电台，不管是固定的还是移动的，不需要场强计（FSM）。这种类型的仪器可以为天线实验和天线调整提供多方面的用途。在其最简单的形式中，场强仪表是一个简单的二极管检测器和一个敏感仪表，其通过连接一个电位计来充当电阻分压器，进行灵敏度控制，如图 27-26 所示。这种仪表是常见的，不管新的还是旧的，其成本都很低。（见参考书目和原版书附加光盘文件中描述如何制作这类简单的 FSM 的文章）。

不过，当其工作在远离天线多个波长的情况下，这种简单的仪器就缺乏必要的灵敏度。进一步来说，这种装置存在一个严重的缺陷，这是因为它的线性度极不理想，并且波段很宽，以至其测量时可能受到附近其他任何强大发射机的影响，如 AM 广播站。因此，我们需要一个可以“胜任”该工作的仪器。

便携式场强测量表

这里所描述的场强计主要是解决与简易 FSM 有关的问题。另外，它很小，外部大小只有 4 英寸×5 英寸×8 英寸。电源供应是由两只 9V 的电池组所组成的。灵敏度可以设置为实际中任何需要的量。但是，从高效率的角度来说，电路不应该太灵敏，否则它会对不需要的干扰信号做出响应。同时，这个设备在考虑场强时，还有非常完美的线性特性。（接收到的信号的场强与信号源的距离变化相反，其他条件都相同。）频率范围包括了 3.5～148MHz 的所有业余无线电波段，可以通过波段切换电路使其工作，因此要避免使用插入式电感器。总而言之，它是一件非常有用的仪器。本节中的信息是基于 Lew McCoy（W1ICP）在 QST 杂志发表的文章（见参考文献）。

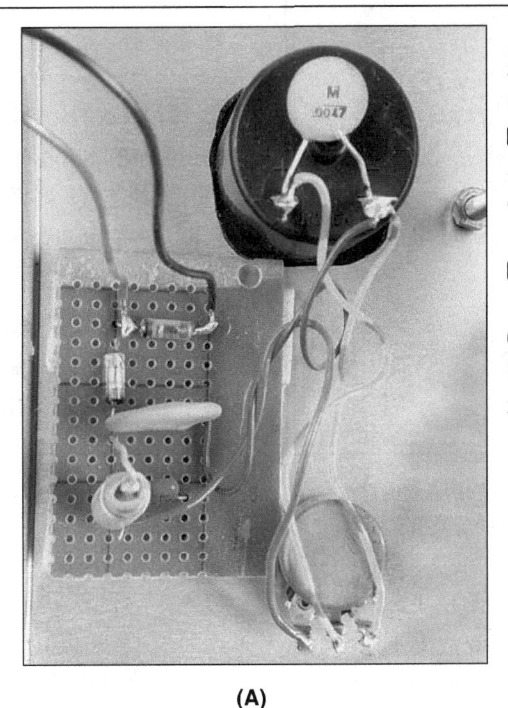

(A)

Antenna
QS0208-Noakes01
C1
0.01 μF
R1
68 k
D1
1N34A
D2
1N34A
L1
100 μH
C2
0.01 μF
C3
0.01 μF
R2
10 k
0 - 50 μA
M1

(B)

图27-26 图（A）所示为一个最简单的场强计，其在中程上可以进行灵敏度控制，能够容易地测出1W、2m的信号。图（B）给出了所列场强计的电路原理图，其外壳强制使用金属材料。C1~C3——0.01μF圆形陶瓷电容；D1、D2——1A34N（锗二极管）或1N2517（肖特基二极管）；L1——100μH电感；M1——50μA的模拟计；R1——68kΩ、0.25W碳膜电阻或金属膜电阻；R2——10kΩ线性或音频抽头电位计；天线——BNC机箱安装式插座。

图27-27　线性场强计。左上方的控制器就是C1，在它右边的是C2。左下方的是波段转换开关，在它右边的是灵敏度转换开关。调零控制器M1直接放在仪表的下方。

图27-28　场强计的内视图。右上方是C1，它的左边是C2。从电路板连接到前面板的深色引线是文中所描述的屏蔽引出线。

这个装置在图27-27和图27-28中给出了，同时原理图也在图27-29中给出了。741型的运算放大器集成电路是整个设备的核心。天线连接到J1处，同时在二极管检波器的前方使用一个调谐电路。检波信号以直流的方式进行耦合，并且在运算放大电路中被放大。运算放大电路的精确度通过开关S2在电路中嵌入电阻器R3～R6来进行控制。

使用图27-29中给出的电路，并且将它设置在最灵敏的工作状态，M1会将会检测到一个来自天线的大约100 μV的信号。在开始大约1/5m的范围内，线性效应是很差的，但是，从那以后直到满刻度的偏转几乎全部都是线性的。在测量读数的起始阶段，测量值表现出线性效应很差的原因是由于二极管在接近第一次导通时候的非线性效应。但是，如果进行增益测量的话，非线性效应就没有现实意义了，因为精确的增益测量可以在读数的线性部分进行。

741型运算放大器需要两个电压源：一个为正电压源，一个为负电压源。可以通过串联两个9V的电池组，并且在电池组的中间接地来实现。这个仪器的另外一个特征是可以通过在J2处连接一根外用线从远处操作它。这是非常方便的，如果你想调节一架天线并且得到结果，那么使用这种方法就可以避免你不得不从天线上下来了。

L1是3.5/7MHz的线圈，并且通过C1来调谐。线圈是以螺线管的形式绕在磁芯上面的。为了得到14MHz、21MHz或者28MHz的频率，L2使用开关以并联的方式与L1连接，来覆盖这3个工作频率。L5和C2覆盖的频率范围是40～60MHz，同时L7和C2可以覆盖的频率范围是从130MHz到大约180MHz。这两个甚高频线圈同样是以螺线管的形式绕在磁芯上面。

建造提示

大多数的元器件可以安装在印制电路板上。在集成电路的引脚4和S2之间应当使用屏蔽的连接线。对于从R3～R6与开关的连接，同样也是如此。否则由于集成电路的高增益特性，在它的里面可能会产生寄生振荡。

为了使设备的工作频率可以覆盖到144MHz的频段，L6和L7应当直接横跨安装在S1合适的末端处，而不要连接到电路板上。额外的导线长度会给电路带来太多的杂散电容。对于50MHz和144MHz的线圈不是必须使用螺线管形式的，可以使用这里所描述的简单的版本，因为它们是很容易获得的。你可以使用适当电感的空气芯线圈来代替。

校准

场强计还可以作为一个给出相对读数的仪器来使用。线性的指示标尺可以很好地满足这种需要。但是，如果它是以dB来校准的，允许用户来检查相对增益和前后比，那么它作为天线工程仪器可能更加有用。如果你有权使用校准信号发生器，将它连接到场强计，并且使用不同的信号水平馈送到仪器上，来制作一个校准图。通过式（27-3）将信号发生器电压比转换为dB的形式，

$$dB = 20\log(V1/V2) \qquad (27\text{-}3)$$

其中，$V1/V2$是两个电压的比值，log是常用对数（以10为底）

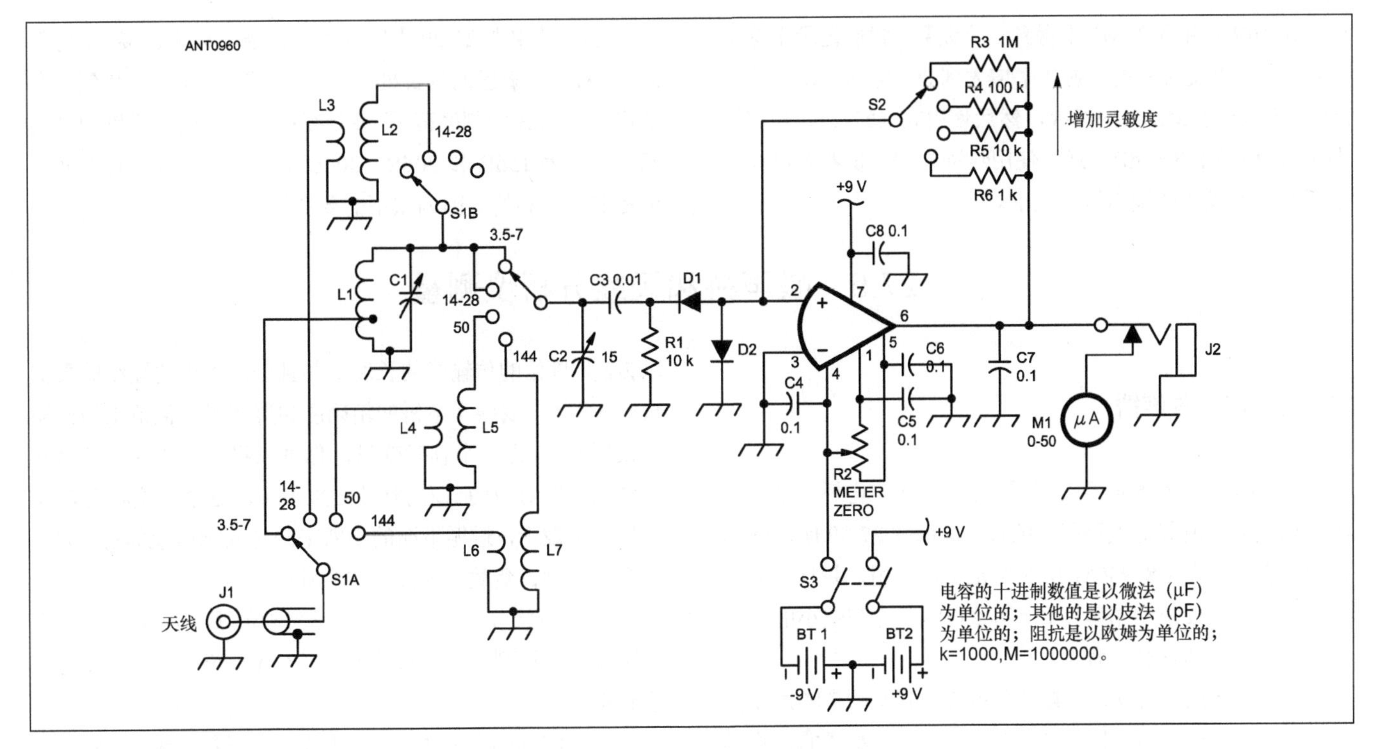

图27-29　线性场强计的电路图。所有的电阻都是合成型的，额定功率是1/4W或者1/2W。

C1——140pF可变电容器

C2——15pF可变电容器

D1，D2——1N914或者等效元器件

L1——34匝#24漆包线，金属线绕在Amidon T-68-2磁芯上，从接地端抽头抽出4匝

L2——12匝#24漆包线，金属线绕在Amidon T-68-2磁芯上

L3——2匝#24漆包线，金属线绕在L2的接地端上

L4——1匝#26漆包线，金属线绕在L5的接地端上

L4——12匝#26漆包线，金属线绕在T-25-12上

L6——1匝#26漆包线，金属线绕在L7的接地端

L7——1匝#18漆包线，金属线绕在T-25-12磁芯上

M1——50 μA或者100 μA直流电流表

R2——10kΩ电阻控制器，线性电阻分布

S1——旋转开关，3端，5挡，3个部分

S1——旋转开关，1端，4挡

S3——双刀单掷拨动式开关

U1——741型运算放大器，显示的引脚数为14-引脚封装

让我们假定M1被校准了，从0～10都是很均匀的。紧接着，假设我们设定信号发生器给M1提供了一个读数为1的信号，实际上就是发生器馈送给仪器一个100 μV的信号。现在我们将发生器的输出增大至200μV，这样就为我们提供了一个2∶1的电压比。同样，让我们假设M1读数为5时输入了200 μV的电压。从式（27-3）中，我们可以发现电压比为2:1时等于6.02dB，并且在仪表刻度的1～5之间。通过调节发生器并且画出电压比图，M1可以在它刻度的1～5之间被校准得更加精确。例如，电压126 μV和100 μV的电压比为1.26∶1，相当于2dB。通过使用这种方法，S2所有的设置都可以被校准。在给出的仪器中，S2最灵敏的设置是使用1MΩ的R3，它可以为M1提供大约6dB的刻度范围。要牢记，对于每一个S1设置所对应的仪表刻度都要同样地在每一个波段进行校准。不同波段调谐电路的耦合度会变化，所以每一个波段都必须单独进行校准。

另外一个校准仪器的方法是使用一个发射机，并且使用射频功率表来测量它的输出功率。在这种情况下我们处理的是功率比而不是电压比，所以使用式（27-4）：

$$dB = 10\log(P1/P2) \qquad (27\text{-}4)$$

其中$P1/P2$是功率比。

由于绝大多数发射机的输出功率是可以变化的，所以这个测试仪器的校准是相当简单的。将一个接收天线连接到场强计（使用大概1英尺或者差不多长的导线），然后将设备放置到发射机天线的场中。让我们假设发射机的输出功率被

设置在 10W，并且在 M1 上得到一个读数。我们记录下这个读数之后，将发射机的发射功率增大到 20W，这时功率比为 2:1。记录此时 M1 上的读数，然后使用式（27-4）。功率比为 2:1，相当于 3.01dB。通过使用这种方法，仪器可以在几乎所有的波段和范围内进行校准。

通过使用图 27-29 中所列举的调谐电路和连接环，对于 S2 上两个最敏感的位置处，仪器在不同的波段上得到一个平均值为 6dB 的刻度范围，并且在接下来的两个设置中刻度范围分别为 15dB 和 30dB。30dB 的刻度对天线进行全面测量是非常便利的，因为它不需要切换 S2。

27.5 噪声桥和天线分析仪测量

27.5.1 使用噪声桥

噪声电桥，有时被称为天线（R-X）噪声电桥，是一种用于测量天线或其他电路阻抗的仪器。如图 27-30 所示的单元中，它可以在 1.8～30MHz 频率范围内使用，并且为大多数测量提供所要求的精确度。使用蓄电池工作和较小的物理尺寸使得本仪器适合远程使用。

为了得到零位显示，音频调制被应用到宽频带噪声发生器上。通过与未知的阻抗相连，在充当电桥探测器的接收器中，调整 R 和 X 控件，使得噪声最小（见参考文献和原版书附加光盘文件中关于使用 R-X 噪声桥的文章，该文章的作者是 Grebenkemper），就可以从 R 和 X 表盘上读出电阻和电抗的值。

利用噪声桥测量同轴电缆的长度

使用噪声电桥或者普遍使用的接收机，你可以很容易地得到所讨论的传输线长度为 $\lambda/2$ 整数倍的频率，因为一根较短的 $\lambda/2$ 传输线的阻抗值为 0Ω（忽略传输线损耗）。通过定位两个相邻的零值频率，你可以在其中的一个频率下求解出以 $\lambda/2$ 为单位的传输线的长度，并且进而求出传输线的真实长度（总精度受限于电桥的精确度和展宽了零值范围的传输线损耗）。作为一个临时变量，你可以将传输线的长度用其工作频率所对应的 1λ的整数倍来表示。这个长度将会以 f_{λ} 的形式来表示，遵循下面的步骤来测定同轴电缆的 f_{λ}。你将需要校准测试负载，如图 27-31 所示。

（1）将接收机调谐到你所感兴趣的那个频率范围。将短路负载连接到噪声电桥的 UNKNOWN 连接器上，使电桥达到零位。

（2）将同轴电缆的远端与其负载（天线）断开，并且连接上一个 0Ω的测试电阻。将同轴电缆的近端连接到电桥的 UNKNOWN 连接器上。

图27-30　噪声桥包括一个噪声源和一个作为检测器的额外接收器。在接收器中可以通过调整使得噪声桥的噪声最小。R和X的值可以从标定的刻度上读出。

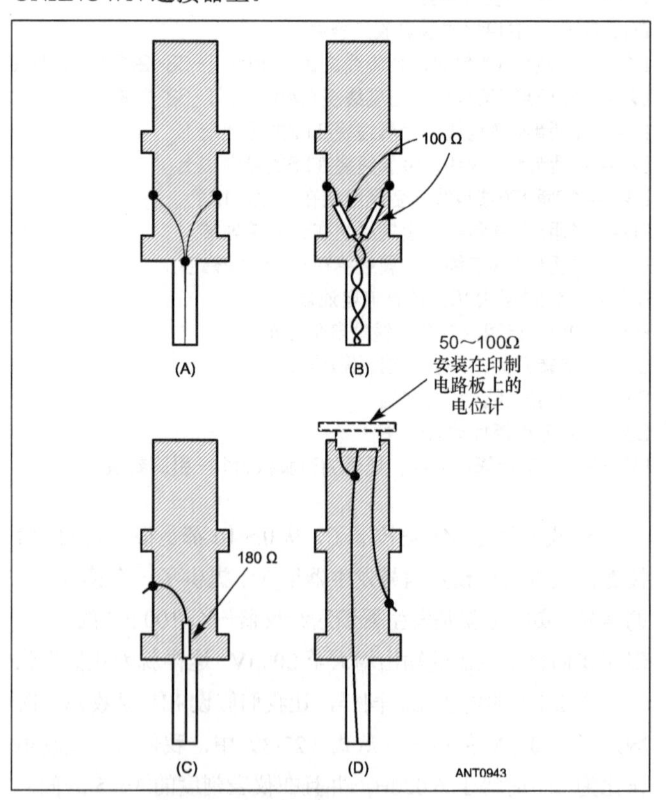

图27-31　用来检查和校准电阻电桥的电阻性负载的施工详图。每一个负载都建造在同轴电缆连接器内部，并且连接器在电桥上匹配这些负载（图中给出的是PL-259本身的截面图，套管并没有显示出来）。引入线应该尽量短，以此来减小寄生电容。图（A）所示为0 Ω负载；图（B）所示是50 Ω负载；图（C）所示是180Ω负载；图（D）所示是可变阻值的负载，它常用来检测同轴电缆的损耗。

（3）调节接收机的频率和噪声电桥的电阻控制器来达到零位。在这一过程中不要改变噪声电桥上的电抗控制器设置。记录下来零位是在什么频率下达到的，将这个频率记为 f_n。阻抗电桥在零位时的电阻应该相对较小（小于 20Ω）。

（4）将接收机的频率往高频方向调谐，直到发现下一个零位。如果需要的话，也可以调节电阻控制器，但是不要调节电抗控制器。当第二个零位出现时，记录此时的频率，这个频率记为 f_{n+2}。

（5）解方程（27-15），得到 n，进而得到同轴电缆的长度。

$$n = \frac{2f_0}{f_{n+2} - f_0} \qquad (27\text{-}5)$$

$$f_\lambda = \frac{4f_n}{n} \qquad (27\text{-}6)$$

$$l = \frac{2f_0}{f_\lambda} \qquad (27\text{-}7)$$

其中：

n=频率为 f_n 时，以 $\lambda/4$ 为单位的同轴电缆线长度

f_λ=同轴电缆的电长度为 1λ 时的频率

f_0=所确定的电气长度处的频率

l=以 λ 为单位的同轴电缆电长度

例如，假设有一个 74 英尺长的 Carol C1188 泡沫塑料介质电缆（速率因子 = 0.78）工作在波长 10m 的波段。基于生产厂家的规格，同轴电缆在 29MHz 下应该为 2.796λ 长。零位出现在 24.412MHz（f_n）和 29.353（f_{n+2}）MHz。解方程（27-5）得到 n=9.88，这个值将会使方程（27-6）得到 9.883MHz，在方程（27-7）中得到 2.934λ。如果生产厂商给出的规格是正确的，那么测量的长度误差应该在 5%之内，这个值是非常合理的。理想情况下，n 将会是一个整数。n 和其最相近整数之间的差显示存在一个误差。

这个过程同样也可以在传输线的末端以开路电路结尾的情况下进行（n 将会接近于一个奇数）。PL-259 的末端效应增加了同轴电缆的有效长度，但是这个会减少计算出的 f_λ 值。

27.5.2 使用天线分析仪

在天线和传输线测量中，使用多频信号源和宽带射频探测器的天线或者 SWR 分析仪是非常流行的，并且在很大程度上取代了用噪声电桥和倾角仪作为天线系统测量的首选工具。仪器用户手册中详细叙述了基本操作原则，并且本章节介绍的几种测量技术可以作为仪器使用说明的补充。

Peter Shuch（WB2UAQ）提供了最初的 3 种常见分析任务。George Badger 和其他一些人发表的文章《SWR 分析仪秘诀诀窍和技巧：SWR 分析仪提示》提供了一些关于 SWR 分析仪的有趣的应用，并且 Frederick Hauff 在《QST》发表的文章《小工具——SWR 分析仪的扩展组件》中，描述了有用的测试附件。（这些文章见原版书附加光盘文件，并且罗列在参考文献中）。

业余天线分析仪并不需要做成十分精确的仪器——阻抗和电抗值存在百分之几的精度即可以。如果需要精确测量时，那么使用校准的、实验室级别的仪器就可以。

在涉及电缆长度的测量中，共模电流和负载阻抗也会引起误差。在测量天线特性时，使用良好的扼流圈巴伦就可以使电缆的外表面不影响测量。如果电缆线长到从发射机拾取的射频显著时，那么就要考虑使用射频扼流技术，例如广播站和寻呼机。

测量线长

除了分析仪之外，你还需要一个同轴的三接头适配器和 50Ω的负载（见图 27-31）。将三通适配器连接到分析仪上，三通的一臂上连接 50Ω的负载。将测试电缆（CUT）连接到另外一臂上。用最小长度的连接来缩短线远端的距离。对于 $\lambda/4$ 长的线，开始的频率很低，慢慢地调整分析仪的频率，直到 SWR 降低到很小的值或达到 1:1（电缆损耗越小，SWR 将变得最低）。在这个频率下，CUT 将是 $\lambda/4$ 长，这是因为不管特性阻抗是多少，一个 $\lambda/4$ 短的线在另外一端是开路的，并且在分析仪测出的阻抗只有 50Ω。

测量速度因素

如上所述，首先确定线长为 $\lambda/4$ 时的频率。为确定速度因子，在线长为 $\lambda/4$ 时的频率处，实际长度除以自由空间波长即可。举个例子，如果频率为 7.58MHz 时，那么 $\lambda/4$ 线长的实际长度为 86 英尺，这时速度因子(VF) = 86 / (984 / 7.58) = (86 × 7.58) /984 = 0.662。

测量特性阻抗

因为特性阻抗会随频率函数而缓慢变化，所以测量必须在相关频率 f_λ 附近。在 1/4 f_λ 切分的两个频率上测量输入阻抗，可以得到同轴电缆的特性阻抗。这必须在同轴电缆线端接一个电阻性负载的条件下完成。

如果你的分析仪能够测量出阻抗值，一个 $\lambda/4$ 线的特性阻抗可以通过下面的公式计算：

$$Z_O = \sqrt{Z_i \times Z_L}$$

其中：Z_i 是传输线的输入阻抗，Z_L 是负载阻抗。

端接一个 50Ω负载的线。在 $\lambda/4$ 线的频率下测量输入阻抗 Z_i，如果输入阻抗是 50Ω，那么线的阻抗也是 50Ω。如果输入阻抗还有一些其他值，可使用下面的公式。比如，如果

$Z_i = 100\Omega$。那么

$$Z_O = \sqrt{100 \times 50} = 70.7\Omega$$

上述过程将只产生特性阻抗的幅度，这实际上包含了部分电抗。测量复杂阻抗的过程如下：

（1）远端接 50Ω的同轴电缆，近端连接分析仪（如果负载阻抗接近电缆的特性阻抗测量，误差将被缩小。这就是使用 50Ω负载的原因）

（2）调整分析仪，使之在相关频率 1/8 f_λ之下，称这个频率为f_1。读出 R_{f1} 和 X_{f1}。记住，电抗值在测量频率下测量。

（3）精确地增加 1/4 f_λ的频率，称这个频率为$f2$，并且将所读出的数标记为 R_{f2} 和 X_{f2}。

（4）用式（27-8）～式（27-13）的公式计算同轴电缆线的特性阻抗，科学计算器和电子表格对你有帮助。

$$R = R_{f1} \times R_{f2} - X_{f1} \times X_{f2} \quad (27\text{-}8)$$

$$X = R_{f1} \times X_{f2} - X_{f1} \times X_{f2} \quad (27\text{-}9)$$

$$Z = \sqrt{R^2 \times X^2} \quad (27\text{-}10)$$

$$R_o = \sqrt{Z} \cos\left[\frac{1}{2}\left(\tan^{-1}\frac{X}{R}\right)\right] \quad (27\text{-}11)$$

$$X_o = \sqrt{Z} \tan\left[\frac{1}{2}\left(\tan^{-1}\frac{X}{R}\right)\right] \quad (27\text{-}12)$$

$$Z_o = R_o + X_o \quad (27\text{-}13)$$

其中 Z_0 是传输线的特性阻抗。

我们继续以前面计算出的电缆长度为例来完成计算。结果如下：

$$f_1 = 29.000 - (9.883/8) = 27.765\text{MHz}$$
$$R_{f1} = 64\Omega$$
$$X_{f1} = -22\Omega \times (10 \div 27.765) = -7.9\Omega$$
$$f_1 = 27.765 + (9.883/4) = 30.236\text{MHz}$$
$$R_{f1} = 50\Omega$$
$$X_{f1} = -24\Omega \times (10 \div 30.236) = -7.9\Omega$$

然后利用式(27-8)到式(27-13)，计算结果为：

$$R = 3137.59\Omega$$
$$X = -900.60\Omega$$
$$Z = 3264.28\Omega$$
$$R_0 = 56.58\Omega$$
$$X_0 = -7.96\Omega$$

使用廉价测试设备时要注意精度的限制，并且要对超过两位有效数字的数据以及计算保持怀疑。这里提到的精度等级仅用于说明目的。

电缆衰减

当同轴电缆的电长度和特性阻抗已知时，同轴电缆衰减就可以被测量出来。这个测量过程必须在使同轴电缆上无电抗存在的频率下进行。当同轴电缆的电长度是λ/4 的整数倍时，电抗值为零。你可以很简单地通过使测量频率为 1/4 f_λ的整数倍来满足这个条件。而在其他频率的衰减则可以通过合理精度的插值来得到。这个过程中使用了电阻器置换的方法，这种方法相比直接获得噪声电桥上的刻度读数，提供了更高的精确度。这个过程使用了电阻置换法，即使用图 27-31 所示的阻抗进行置换。这是因为图 27-31 所示电阻提供的精度比直接从分析仪上读取电阻的精度更高。（你也可以使用瓦特计直接测量传输线流入和流出功率的损耗。）

（1）决定你所想要进行损耗测量的近似频率，这可以通过式（27-14A）计算

$$n = \frac{4f_0}{f_\lambda} \quad (27\text{-}14A)$$

这里f_0为标称频率。

四舍五入 n 到其最接近的整数，然后

$$f_1 = \frac{n}{4} f_\lambda \quad (27\text{-}14B)$$

（2）如果 n 是奇数，将同轴电缆的远端置于开路状态；如果 n 是偶数，则在同轴电缆的远端连接一个 0Ω的负载。将同轴电缆的近端连接至噪声电桥的 UNKNOWN 连接器处。

（3）将噪声电桥设置为零电抗，接收机的工作频率调谐至f_1。细微地调谐接收机的工作频率和噪声电桥的电阻，来定位零位。

（4）将同轴电缆从 UNKNOWN 端子处断开，并且将可变电阻器校准负载连接到适当的位置。不改变电桥上电阻的设置，调节负载电阻器和电桥上的电抗，得到一个零位。

（5）从电桥 UNKNOWN 端子上移除可变电阻器负载，并且使用在低电阻水平的时候很精确的欧姆表来测量负载电阻。将这个阻抗记作 R_i。

（6）使用下式，以分贝为单位来计算同轴电缆损耗，

$$loss = 8.69\frac{R_i}{R_0} \quad (27\text{-}15)$$

继续这个例子，通过式（27-14A）得到 n=11.74，所以在 n=12 的条件下测量同轴电缆衰减。从式（27-14B）中可以得到f_1=29.649MHz。当同轴电缆远端连接的是 0Ω负载时，同轴电缆的输入电阻测得的值为 12.1Ω，这相当于一个 1.86dB 的损耗。

天线阻抗

传输线末端的阻抗使用噪声电桥或驻波比分析仪可以

图27-32 使用天线分析仪测量阻抗数据时，请使用可以用数码显示的非模拟仪器。在该例中，负载阻抗为39Ω(R_S)+j10Ω(X_S)，该仪表未给出电抗符号。

很容易地得到，如图 27-32 所示。但是，在许多情况下，你真正想做的是测量天线的阻抗——这就是在传输线远端的负载阻抗。这里有几种途径可以来实现这个目标。

（1）可以通过在天线上使用电桥来测量。这个通常是不现实的，因为如果要使测量精确的话，就必须将天线放在终点位置。即使可以实现，进行这样的测量当然是不方便的。

（2）测量可以在同轴电缆的源端进行——如果同轴电缆的长度正好精确地是 λ/2 的整数倍。但是实际上这种测量方式只局限在单一频率的情况下。

（3）测量可以在同轴电缆的源端进行，然后使用史密斯圆图来修正。（见原版书附加光盘文件中关于史密斯圆图的文章。）这种图解法可以对天线阻抗进行合理的估值——只要驻波比不是太高以及同轴电缆的损耗不是太大。但是它并不对真实世界中的同轴电缆的复数阻抗进行补偿。同样，对同轴电缆的阻抗进行补偿也是非常棘手的。这些问题同样也可以引起明显的错误。

（4）最后一种测量方法可以通过传输线方程来进行修正。原版书附加光盘文件中包含有 TLW 程序，这个程序可以为你进行复杂的计算。这是从测量得到的参数中计算出天线阻抗的最佳方法，但是需要你事先测量好馈线的特性阻抗——你需要对馈线的两端都进行一次测量。

这个测量天线阻抗的过程将要首先测量连接天线的同轴电缆的电长度、特性阻抗和衰减特性。在进行了这些测量之后，将天线连接至同轴电缆上，在一定的频率下测量同轴电缆的输入阻抗，然后使用这些测量数据代入到传输线方程中，计算出在每一个频率下天线真实的阻抗。

当进行这个转换的时候，一定要小心不要造成测量错误。因为这样的错误会在校正数据中引入更多的错误。当传输线的长度接近于 λ/4 的奇数倍时以及当传输线的驻波比和损耗两者中有一样偏高或者同时偏高时，这个问题就非常明显了。如果传输线的输入阻抗有很小的改变或者传输线的特性阻抗相对于天线阻抗有很大的改变，那么就会发生测量错误。如果这个效应存在，那么可以通过在测量中使用长度大约为 λ/2 整数倍的传输线，来将这个效应最小化。另一个线索就是，有一些缺陷的系统，其最终数据随频率和其他一些方式（在天线和传输线中并不典型）不规则地变化。如果数据看起来“搞笑”，那么在把它们作为实际数据之前进行一次额外的审查。

27.6 时域反射计

时域反射计是一个用来对传输线进行计算的简易并且功能强大的工具。当使用示波器时，时域反射计用来显示传输线上的阻抗“突变”（开路、短路等缺陷）。商业制造的时域反射计从几百美元到几千美元都有，但是你可以添置一个这里所描述的时域反射计，并且花费很少。下面的资料基于 Tom King（KD5HM）发表在《QST》上的文章（详情请见参考资料），并且还添加了一些来源于参考资料的信息。

有时手边“免费”的 TDR 就是具有触发输出脉冲的示波器，该脉冲与扫描开始点同步。输出脉冲一般有一个很快的上升时间，即使不调整，同样可以用作外部 TDR 脉冲发生器。

27.6.1 时域反射计（TDR）如何工作

一个简单的时域反射计是由一个方波发生器和示波器构成的，如图 27-33 所示。方波发生器产生一个直流脉冲序列，并且将它发送至传输线，示波器让你可以观察到脉冲产生的入射波和反射波（当显示器和脉冲同步的时候）。通过对显示器显示内容进行很少的分析，就可以知道沿着传输线上任何阻抗变化的种类和位置。通过将显示内容的式样与图 27-34 所示的式样进行对比，可以辨认出阻抗扰动的种类。这个式样是基于这样一个事实，由扰动产生的反射波是由入射波的大小和扰动的反射系数所决定的。（给出的式样忽略了传输线的损耗，真实的式样可能会和图中给出来的相比有一些改变。）

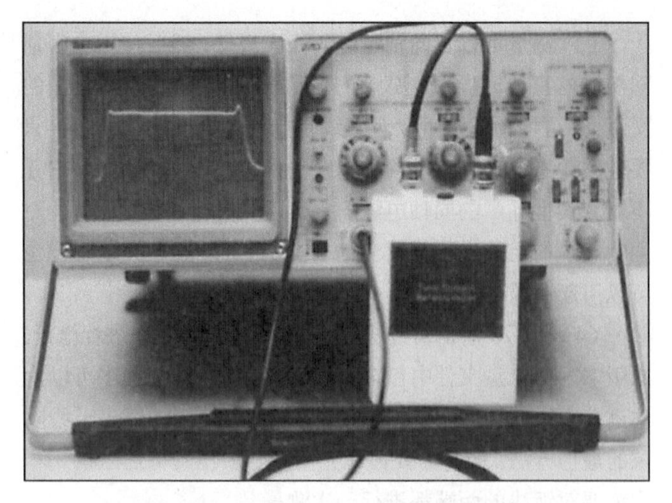

图27-33　时域反射计连接到一个小的便携式示波器上。

扰动的位置可以使用一个简单的比例方法来计算：来回时间（到扰动位置处）可以通过示波器的显示屏（记数网格）读出来。因此，你只需要读出时间来，将它乘上无线电波的速度（光速要通过传输线的速度因子进行调整），然后再除以 2，到扰动处的位置就是：

$$l = \frac{983.6 \times VF \times t}{2} \quad (27\text{-}16)$$

其中：

l=以英尺为单位的传输线长度

VF=传输线的速度因子（从 0～1.0）

t=以微秒（μs）为单位的时间延迟

电路

如图 27-35 所示的时域反射计电路是由一个 CMOS 555 定时器配置成一个非稳态多谐振荡器，后面再跟上一个 MPS3646 晶体管作为一个 15ns 上升沿缓冲器构成。定时器提供了一个 71kHz 的方波。在实验中，这个方波被加到 50Ω传输线上（在 J2 处连接）。示波器在 J1 处连接到电路中。

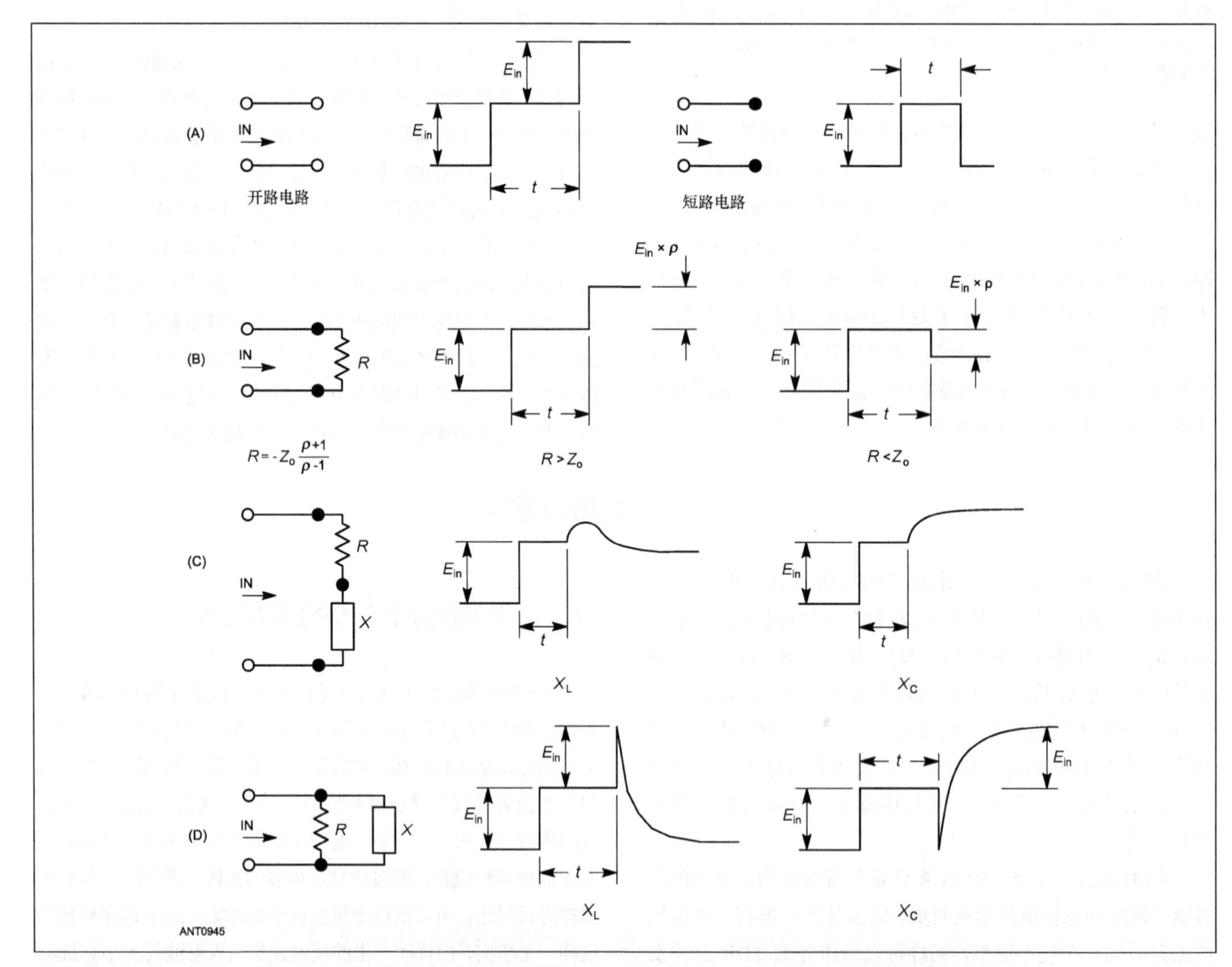

图27-34　不同负载的时域反射计特征图。负载的位置可以通过传递的时间 t 来计算，这个时间 t 可以从示波器上读出（见文中）。R 的值也可以计算（仅仅只是对纯电阻负载而言——ρ<0，当 R<Z_0；ρ<0，当 R> Z_0）。电抗负载的值不能通过简单的计算得到。

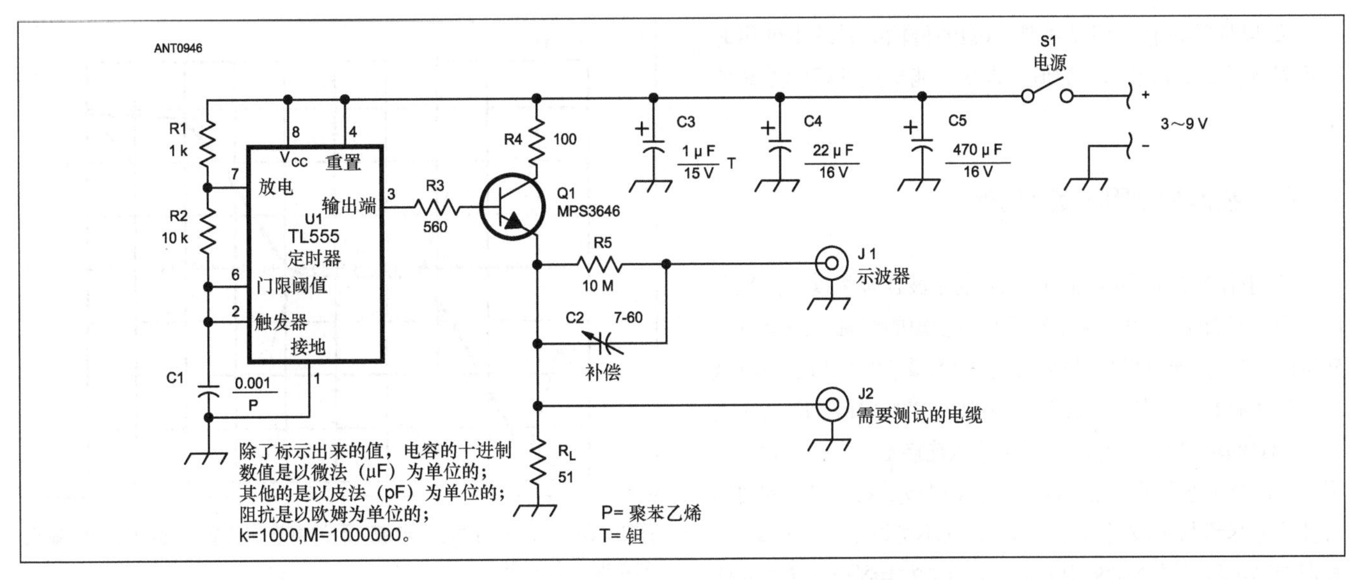

图27-35　时域反射计原理图。所有的电阻器都是1/4W，5%的公差。U1是一个CMOS 555定时器。电路所消耗的电流为10～25mA。当建造一个时域反射计时，要遵守文中所讨论的建造规则和提示。C2可以从Mouser Electronic的no.ME242-8050部分获得。在J1和J2处使用的直角BNC连接器可以从Netwark Electronic的no.89N1578部分获得。S1可以从所有电子仪器中的no.NISW-1部分获得。在S1处同样也可以使用单刀单掷的拨动开关。

构建

时域反射计所使用的电路印制板图如图27-36所示。图27-37则是元器件位置图。专门为时域反射计设计了一个4英寸×3英寸×1英寸的外壳（包括电池在内）。S1、J1和J2是直插安装的元器件。制造过程中有两个方面是关键的。首先，Q1只使用MPS3646。之所以选择这个型号是因为它在电路中有着很好的性能。如果你使用另外其他的晶体管代替它，电路可能就不会运行得很好。

其次，为了使时域反射计能够提供一个精确的测量结果，在将同轴电缆连接到J1（在时域反射计和示波器之间）时，一定不能在电路中产生阻抗失配。不要使用普通的同轴电缆来作为连接电缆。示波器探针使用的电缆对于这里的连接来说是最好的选择（确定示波器探针电缆不是“普通的旧的同轴电缆”花了笔者大约一周的时间和几通电话。探针电缆具有特殊的性质，可以避免不想要的信号和其他一些问题）。

在J1处安装一个接线柱，并且在使用时域反射计来测试同轴电缆时，将一个示波器探针连接到接线柱上。R5和C2组成了一个补偿电路——很像示波器探针网络——来校准探针金属线的影响。

时域反射计是设计在直流3～9V电压下工作的。在这个电路版本中，使用两节C电池（串联，电压为3V）来提供工作电压。这个电路上的电流仅仅为10～25mA，所以电池组可以持续使用很长时间（大概可以供电路工作200小时）。U1可以在电压低至2.25～2.5V时仍然可以运行。

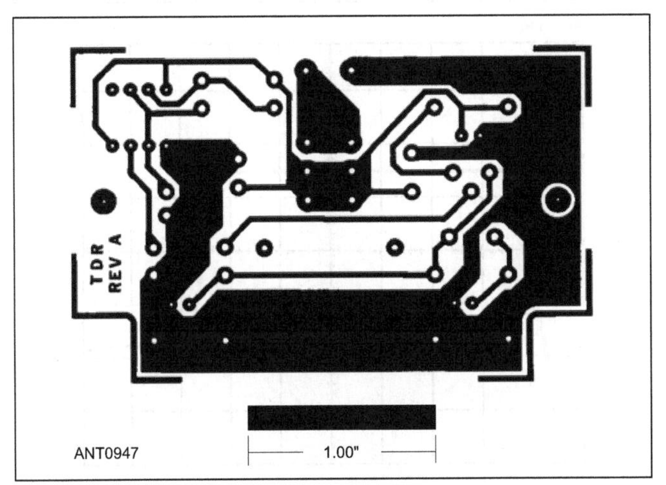

图27-36　时域反射计的全尺寸电路印制板图。黑色的区域代表的是没有蚀刻的铜箔。

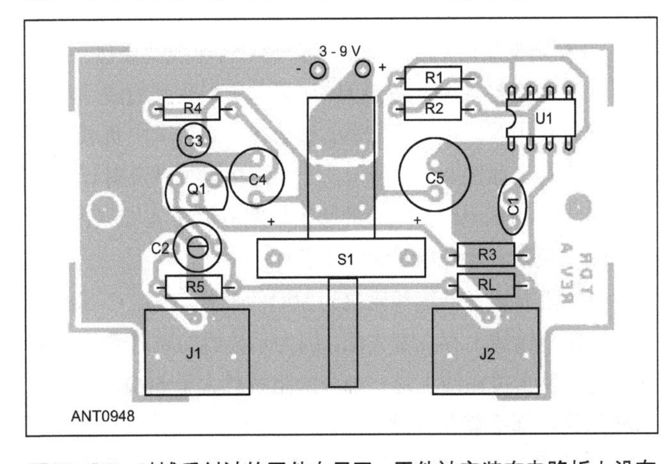

图27-37　时域反射计的零件布局图。零件被安装在电路板上没有贴铜箔的一侧；阴影区域代表的是在X射线下所看到的铜箔电路。确定安装的时候要遵守C3、C4和C5的极性。

如果你想在特性阻抗不是 50Ω的传输线系统中使用时域反射计的话，改变 R_L 的值，来尽可能接近并匹配系统的阻抗。

27.6.2 校准和使用时域反射计

几乎任何带宽至少为 10MHz 的示波器都可以很好地和时域反射计配合使用。但是对于长度较短的同轴电缆测试，50MHz 的示波器可以提供精确得多的测量读数。为了对时域反射计进行校准，在 CABLE UNDER TEST 连接器 J2 处端接一个 51Ω的电阻器。将示波器垂直输入连接至 J1。开启时域反射计，调节示波器的时基，以便一个从时域反射计出来的周期方波信号尽量与示波器所显示的一样（不可以不调整时基）。波形应当类似于图 27-38 中所示。调节 C2 得到一个最大的振幅和观察波形上最锐利的拐角。这便是全部的校准过程。

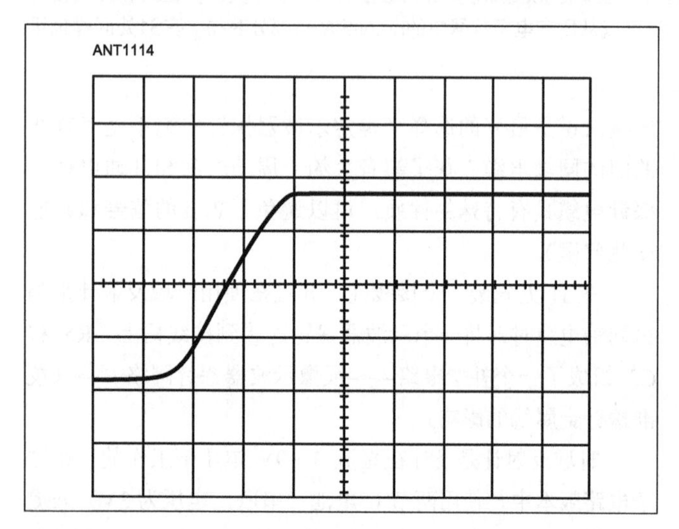

图27-38 在示波器上所显示的时域反射计校准轨迹。在校准的过程中调节C2（见图27-35和图27-37）得到一个最大的偏转和最尖锐的波形拐角。见文中。

现在来使用时域反射计，在实验中将电缆线连接至 J2，将示波器垂直输入端连接至 J1。如果你所观察到的波形与你在校准过程中观察到的不一样，那么在你的测试中负载的阻抗值有变化。如图 27-39 所示，一个连接至时域反射计的无终端接头的测试电缆。电缆的起始如图所示在 A 点（AB 代表了时域反射计输出脉冲的上升沿）。

AC 段显示了传输线阻抗为 50Ω的部分。在点 C 和点 D 之间，在传输线上存在着失配。因为示波器的轨迹高于 50Ω的轨迹，那么传输线上这一部分的阻抗就大于 50Ω，如果是这样的话，那么就是开路。

为了测定这条电缆的长度，读出在示波器上所显示的 50Ω轨迹的时间长度。这个示波器设置为每一格为 0.01μs，所以 50 Ω片段的时间延迟为（0.01μs×4.6 格）=0.046 μs。生

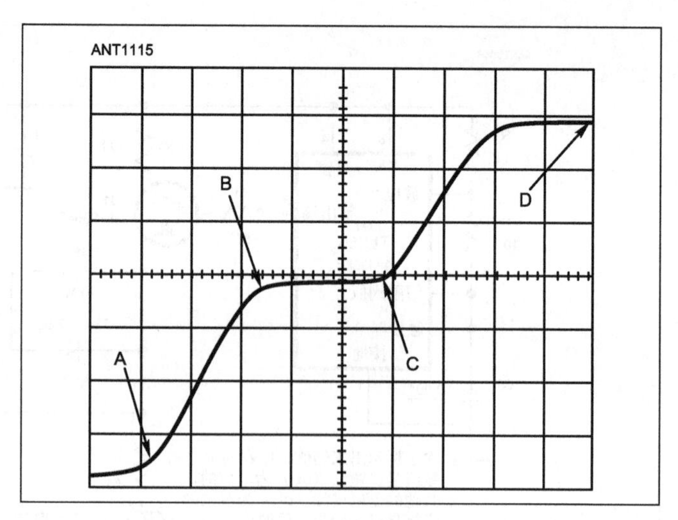

图27-39 开路测试同轴电缆。示波器设置为每一格0.01ms。如何判读波形见文中。

产商所标示的电缆的速度因子（*VF*）为 0.8。通过式（27-16）我们可以计算 50 Ω电缆片段的长度是：

$$l=\frac{983.6\times0.8\times0.046\mu s}{2}=18.1\text{英尺}$$

时域反射计提供了一个与真实电缆长度值合理相似的值——在这种情况下，电缆的真实长度为 16.5 英尺（时域反射计所得到的计算结果与真实电缆长度值之间的差异可以作为电缆速度因子的结果出现，速度因子可在一定程度上不同于公布值。一些电缆的速度因子的变化幅度差不多达到标称值的 10%）。

第二个例子在图 27-40 中给出，测量一个长度为 3/4 英寸的硬线。这条电缆用于对信号塔顶端的 432MHz 垂直天线进行馈电。图 27-40 中显示，50Ω传输线的延迟为（6.6 格×0.05μs）=0.33μs。由于这个轨迹是直的，同时处在 50Ω水平，所以传输线处于很好的状态。在右手端的下降沿显示了天线在什么位置和馈线相连接。

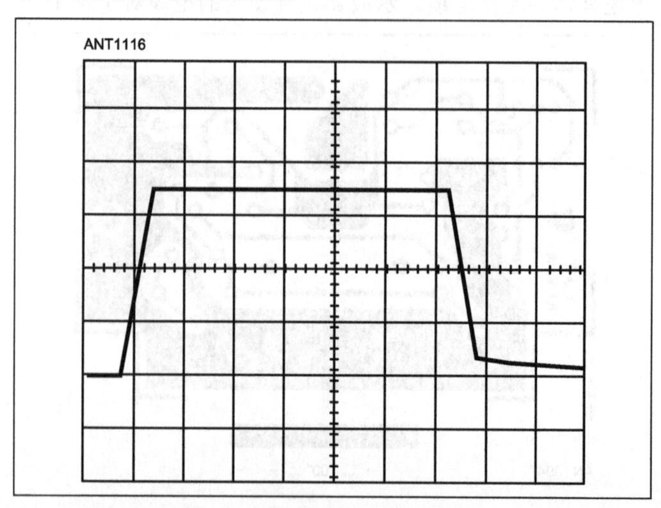

图27-40 时域反射计所显示的KD5HM的142英尺硬线到达432MHz天线的阻抗特性。示波器设置为每一格0.05ms。见文中的讨论。

为了测定传输线的实际长度，使用跟前面相同的步骤：使用前面公布的硬线速度因子（0.88），代入到式（27-16）中，得到传输线的长度为

$$l=\frac{983.6\times0.88\times0.033\mu s}{2}=142.8\text{英尺}$$

同样，通过时域反射计得到的测量值与真实电缆长度（142 英尺）近乎一致。

最后注意事项

这里所描述的时域反射计不是特定用于某个频率的，它的测量读数不是在系统所设计的工作频率下得到的。因此，时域反射计不能用于检验天线的阻抗，同时它也不能用来测量特定频率下传输线的损耗。同样，在几年的使用中，它从来没有在帮助定位传输线的问题中失败过。绝大多数的传输线问题都是由不正确的电缆安装或者连接器风化引起的。

27.6.3 时域反射计的缺陷

确定的限制是时域反射计的特征，因为测试电缆所使用的信号是不同于系统的工作频率的，同时也因为示波器是一个宽频带设备。在这里所描述的仪器中，测量所使用的是一个 71kHz 的方波。这个波包含了 71kHz 成分以及它们的奇次谐波，同时也包含了低频能量的绝大部分。轨迹的上升沿显示了响应很快地下降到 6MHz。（在图 27-40 中的上升沿是 0.042μs，相当于一个 0.168μs 的周期和一个 5.95MHz 的频率。）结果就是持续时间大约为 7 μs 的直流脉冲。示波器的读数结合了所有频率的电路响应。因此，解释任何本质上是窄带的扰动（只在一个很小的频率范围内有效果，因而所有的功率集中在很小的范围）都是很困难的，或者因为行波时间加上显示图形持续时间超过 7μs。图 27-40 所示的 432MHz 垂直天线举例说明了由窄带响应引起的显示误差。

天线表现出作为主要的阻抗扰动，因为在时域反射计占优势的低频的条件下它失配了，然而它在 432MHz 的条件下又匹配了。对于超过了观察窗口的情况，可以考虑在 50 Ω 的传输线两端加上一个 1 μF 的电容器。如图 27-34（C）所示，你可能只会看到显示图形的一部分，因为时间常数（1×10− 6×50=50ms）比 7μs 的窗口要大很多。

另外，时域反射计不适合在所测试的传输线段中有较大的阻抗变化值的情况。这么大变化掩饰了沿着传输线远端的附加变化的反射。

由于这些限制，时域反射计最好用于在从发生器到负载都保持常数阻抗直流连续系统中，测定故障点。幸亏，绝大多数的业余无线电台都是时域反射计分析仪工作的理想场所，时域反射计分析仪可以很方便地在开路和短路的条件下，检查天线电缆和连接器，并且可以以相当好的精确度来定位故障点。

27.7 矢量网络分析仪

专业人员使用矢量网络分析仪（VNA）或稍微简单的反射传输线测试设备（后面将详细讨论），进行传输线的测量。这些仪器可以快速地并且是以很高的精度进行所有必需的测量。但是，在过去，矢量网络分析仪是非常昂贵的，使用它是一般的业余无线电爱好者承担不起的。但是由于现代数字技术的发展，矢量网络分析仪和笔记本电脑配合使用，在价格上已经是业余无线电爱好者可以考虑的了。正如 Paul Kiciak（N2PK）和其他人已经展示的那样，人们甚至可以自制一个与专业网络分析仪性能接近的仪器，另外，在矢量网络分析仪获得的频域数据可以转换为时域反射计类型的数据，这正如在安捷伦应用说明“矢量网络分析仪和 TDR 示波器测量性能的比较”中所描述了的那样。（见参考书目。）

矢量网络分析仪是基于反射和传输的测量的。使用网络分析仪对于对散射参数（S 参数）有一个基本的理解是非常有帮助的。微波工程师将会长期使用它，因为他们得和对波长而言大型电路打交道，而在这样的电路上，测量正向功率和反射功率并不简单。

27.7.1 S 参数

在“传输线”一章，传输线的反射系数 rho（ρ）被解释为是反射电压（V_r）和入射电压（V_i）的比值：

$$\rho=\frac{V_r}{V_i} \tag{27-17}$$

如果我们知道了负载阻抗（Z_L）和传输线的阻抗（Z_0），我们可以计算 ρ：

$$\rho=\frac{Z_L-Z_0}{Z_L+Z_0} \tag{27-18}$$

应当牢记，ρ 是一个复数（矢量），我们可以通过振幅和相位（$|Z|$，θ）来表示它，也可以用实部和虚部（$R\pm jX$）来表示它。这两种表示方式都是一样的。由 ρ 我们可以计算驻波比，这是非常方便的，但是这里我们想利用 ρ 来做一些不同的事情。如果我们有仪器可以测量出 ρ 的值，并且我们

也知道了 Z_0，然后我们就可以计算出 Z_L：

$$Z_L = Z_0\left(\frac{1+\rho}{1-\rho}\right) \tag{27-19}$$

测量 ρ 只是矢量网络分析仪可以完成得很好的诸多任务中的一样。有了矢量网络分析仪，我们就可以在一根很长的传输线的一端连接上矢量网络分析仪进行测量，而另一端是我们要测量的负载。传输线的影响可以计算出来，就像上面提到的那样，所以我们可以对负载进行有效而正确的计算。注意，符号 T（伽马）也可以用来表示反射系数。这两个符号可能交换使用。

这个方法可以直接用来测量单个单元的阻抗和谐振频率。通过在天线阵列中使用开路元器件和短路元器件，我们可以像测量每一个单元的互阻抗以及自阻抗，我们也可以用这个方法来测量元器件值，电感器的 Q 等。

这是一个单端口测量的例子，即在传输线的末端加负载。不过，为了获得最大的矢量网络分析仪输出，需要概括上述步骤。这就是 S 参数发挥作用的地方。

通常情况下，矢量网络分析仪（VNA）至少有两个射频连接口：发送端口（T）及接收端口（R）。专业的矢量分析仪可以有更多的射频连接口。T 端口提供了一个来自 50Ω 信号源的信号，R 端口是一个有 50Ω输入阻抗的探测器。基本上，我们有一个发送器和一个接收器。发送端口使用定向耦合器，以提供前向的测量，并反映在该输出信号上。接收端口测量通过网络传送的信号。

使用入射电压和反射电压，双端口网络的表示形式就发生了改变，如图 27-41 所示，其中：

V_{1i} = 端口 1 的入射电压

V_{1r} = 端口 1 的反射电压

V_{2i} = 端口 2 的入射电压

V_{2r} = 端口 2 的反射电压

我们可以根据入射电压和反射电压写出式（27-20）、式（27-21）：

$$\begin{aligned} b_1 &= S_{11}a_1 + S_{12}a_2 \\ b_2 &= S_{21}a_1 + S_{22}a_2 \end{aligned} \tag{27-20}$$

其中

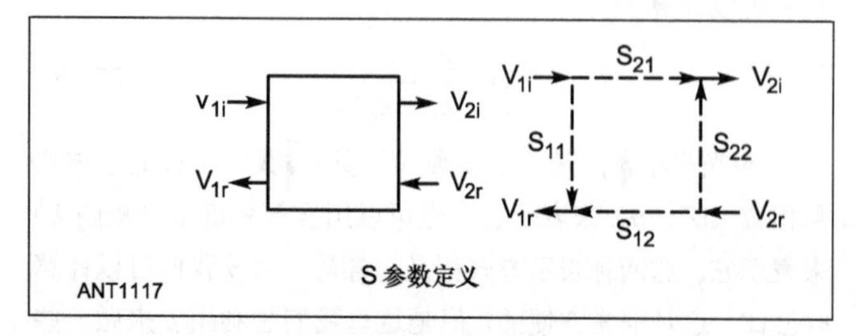

图27-41　入射波和反射波的两端口网络。

$$\begin{aligned} a_1 &= \frac{V_{1_i}}{\sqrt{Z_0}}\ b_1 = \frac{V_{1_r}}{\sqrt{Z_0}} \\ a_2 &= \frac{V_{2_i}}{\sqrt{Z_0}}\ b_1 = \frac{V_{2_r}}{\sqrt{Z_0}} \end{aligned} \tag{27-21}$$

我们看到 a_n 和 b_n 是两个端口的入射电压和反射电压简单地除以 $\sqrt{Z_0}$ 得到的。因为这是一个线性网络，所以 $S_{12} = S_{21}$。

那么 S_{ij} 的量是多少呢？这些又被称为 S 参数，它们是由式（27-22）所定义的：

$$\begin{aligned} S_{11} &= \frac{b_1}{a_1}\bigg|_{a_2=0} = \frac{V_{1_r}}{V_{1_i}}\bigg|_{V_{2_i}=0} \\ S_{21} &= \frac{b_2}{a_1}\bigg|_{a_2=0} = \frac{V_{2_r}}{V_{1_i}}\bigg|_{V_{2_i}=0} \\ S_{12} &= \frac{b_1}{a_2}\bigg|_{a_1=0} = \frac{V_{1_r}}{V_{2_i}}\bigg|_{V_{1_i}=0} \\ S_{22} &= \frac{b_2}{a_2}\bigg|_{a_1=0} = \frac{V_{2_r}}{V_{2_i}}\bigg|_{V_{1_i}=0} \end{aligned} \tag{27-22}$$

注意，S_{ij} 参数都是入射电压和反射电压的比值，并且它们通常都是复数。$a_2 = 0 = V_{2i}$，就是说，端口 2 终端连接的是一个阻抗等于 Z_0 的负载，并且网络是在端口 1 被激励。这就意味着端口 2 所连接的负载没有产生反射，于是 $V_{2i} = 0$。类似地，如果我们在端口 1 连接 Z_0，并且在端口 2 激励网络，则也会有 $V_{1i} = 0 = a_1$。

如果我们对比式（27-17）和式（27-22）的第一个式子，我们会发现 $S_{11} = \rho_1$，即端口 1 的反射系数。现在我们可以根据 S_{11} 来重新定义式（27-19）：

$$Z = Z_0\left(\frac{1+S_{11}}{1-S_{11}}\right) \tag{27-23}$$

其中 Z 是当端口 2 所接负载为 Z_0 时，端口 1 的输入阻抗。在端口 2 并不存在的情况下，换句话说，你测量单一的阻抗或组件（例如，在端口 2 开路的时候，测量端口 1），Z 就只是该端口的阻抗。由于 S_{11} 是矢量网络分析仪的标准参数，所以你可以利用式（27-23）来计算 Z。在许多情况下，矢量网络分析仪自带的软件会自动地为你进行计算。同样你也可以在端口 1 开路的时候测量端口 2，并且由此计算出 Z_{22}。

S_{21} 代表了从端口 2 反射出来的信号（V_{2r}）和在端口 1 的输入信号（V_{1i}）之间的比值，是矢量网络分析仪的另一个标准测量参数。S_{21} 是在两个端口之间通过网络或者在这里是天线阵列的传递还有由于元器件之间的耦合所产生的传递得到的信号读数。另外，端口 2 应当连接阻抗为 Z_0 的负载。

一台全性能矢量网络分析仪可以同时测量出所有的 S_{ij} 参数，但是对绝大多数业余无线电爱好者有意义的低成本设备是我们称为反射-传输测试设备。这就意味着它只能测量 S_{11} 和 S_{21}。为了得到 S_{22} 和 S_{12}，我们得交换天线阵列单元上的测试电缆，并且重新启动设备再测量一次。通常软件会将这个作为第二输入进行处理，这样我们就可以完成 S_{ij} 的全套测量了。

如果我们确实有全套的 S_{ij} 参数，那么我们可以使用式（27-24）将这些参数转换成 Z_{ij}，前提是假设 $S_{12}=S_{21}$

$$Z_{11}=\frac{(1+S_{11})(1-S_{22})+S_{12}^{2}}{(1-S_{11})(1-S_{22})-S_{12}^{2}} \qquad (27\text{-}24)$$

$$Z_{22}=\frac{(1-S_{11})(1+S_{22})+S_{12}^{2}}{(1-S_{11})(1-S_{22})-S_{12}^{2}}$$

$$Z_{11}=\frac{2S_{12}}{(1-S_{11})(1-S_{22})-S_{12}^{2}}$$

27.7.2 回波损耗

回波损耗（RL）是 S_{11} 中的另一个术语，反射电压与入射电压的比值通常以 dB 形式来表示。

$$RL=-20\log\left(\frac{V_{1i}}{V_{1r}}\right)=-10\log\left(\frac{P_{1i}}{P_{1l}}\right)$$

回波损耗是通过矢量网络分析仪测量 S_{11} 得到的。

这个名字源于测量从传输线波遇到终端或者阻抗不匹配而返回的电压。如果线路终止于它的特性阻抗时，整个波都被吸收并且没有返回，因此反射上的“损失”就是入射的总和且回波为无穷大。如果该线是开路或短路的，那么回到源端的波以及回波损耗都为 0。注意，回波损耗是一个从 0（终端没有传输波的能量）到无穷大（所有的波的能量都传输到终端）。负的回波损耗是用来形容电压增益的。

为将回波损耗转换为 SWR，可以使用下列公式：

$$|\rho|=10^{-\frac{RL}{20}} \text{ 和 } SWR=\frac{1+|\rho|}{1-|\rho|}$$

例如，20dB 的回波损耗的反射系数是 0.1，驻波比是 1.22。10dB 的回波损耗的反射系数是 0.316，驻波比是 1.92。

天线的驻波比是天线中最常用的测量变量之一。低驻波比意味着天线的输入阻抗接近于测量的参考阻抗。以下测量来自 McDermott 和 Ireland 2004 年 7 月/8 月在 QEX 论坛上发表的的文章（见参考文献），并显示了 KT34XA 三波段八木天线在 300 英尺硬性电缆末端，回波损耗的幅度随频率的变化情况。

谐振点是清晰可见的。图 27-42 给出了从 1MHz 到 50MHz 的天线回波损耗。20m、15m 和 10m 波段的谐振很容易看到。（回波损耗朝着图表底部表示增加。）图 27-43 显示了从 13.5～14.5MHz 的回波损耗的特写。图 27-44 显示了在史密斯圆图上同样的特写。

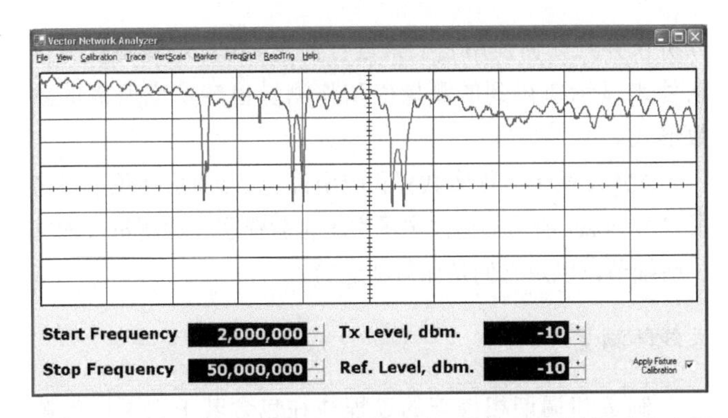

图27-42　KT34XA天线通过300英尺的硬线的回波损耗，垂直坐标刻度为5dB/div。20m、15m和10m的三个谐振点清晰可见。

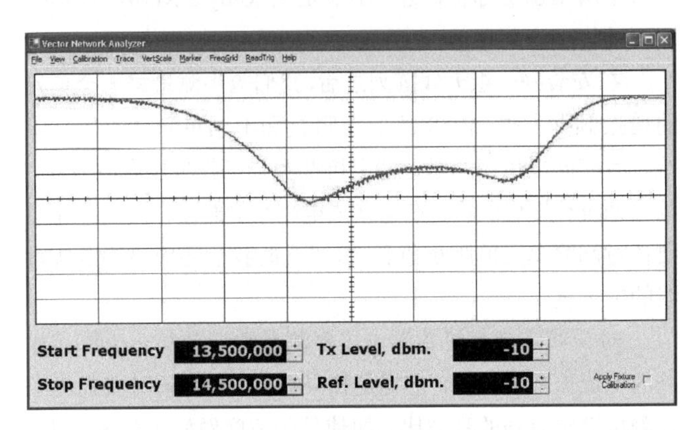

图27-43　从13.5～14.5MHz的回波损耗，驻波比为1.105时（在业余爱好者电台室馈线的末端）其回波损耗为26dB（最好的情况在13.94MHz）。垂直坐标刻度为5dB/div。

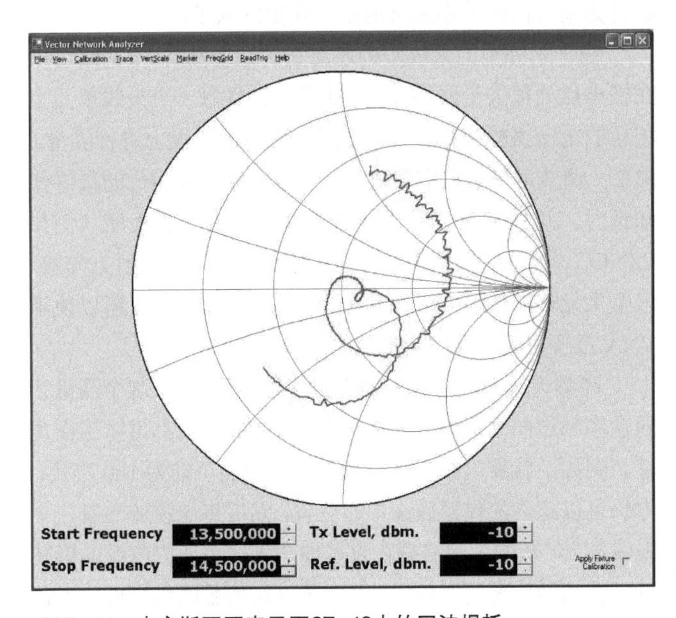

图27-44　史密斯圆图表示图27-43中的回波损耗。

27.7.3 使用矢量网络分析仪

虽然讨论如何使用网络分析仪超出了本章的范围，但矢量网络分析仪的用户手册将解释如何校准特定的网络分析仪并且如何使用它们来进行测量。第二步骤由计算机软件来显示所得到的测量值和将测量值转换成所需的参数形式。

此外，网上有很多教程和应用说明（参见安捷伦的参考书目），Pozar 所写的微波电子文本也解释了各种测量技术的一些细节，以及它们是如何制造的。

天线阵测量示例

制造和调谐相控阵的过程往往包含若干次不同的测量，以达到我们想要的性能水平，就像在“多元天线阵列”一章中所指出的那样。这一小节是由 Rudy Severns（N6LF）编写的。

在安装好一组天线阵列之后，我们应当测量每一个单元的谐振频率，每一个单元的自阻抗和不同单元之间的互阻抗。我们同样也想知道这些阻抗在整个工作频段内的表现，以帮助设计馈电网络。在建立馈电网络的时候，我们可能需要核对网络单元的阻抗值和 Q_S，同时我们还应该确定传输线的电长度。

对天线阵列最终的调谐需要测量和调节每一个单元相关的电流振幅和相位，前提是如果需要的话。同时我们也应当测量馈电点处的驻波比。即使只是适度做好所有这一切，都需要相当多的仪器，而它们中的一些是很重的，同时需要交流电源的。这在测试现场来说可能是件比较麻烦的事，尤其是如果气候条件不配合的话，就更麻烦了。

在一个完整的天线阵列连同它的馈电网络中，网络可以在馈电点处被矢量网络分析仪激励，并且每一个天线单元上相应的电流振幅和相位可以在某个确定的频段上进行测量。然后，调节可以根据需要进行。当电流振幅和相位的最终值知道时，这些值可以被返回到天线阵列的计算程序（例如 EZNEC）中，然后计算天线阵列在整个频段上的辐射方向图。一个多元阵的性能实际上和一个多端口网络一样，所以使用 VNA 是解决测量问题最自然的方式。

高频天线阵列对波长而言同样也是很大的。这个测量正向功率和逆向功率的方法在甚至是 160m 波长都可以工作良好。例如，就算天线阵列单元之间的间隔可能为 100 英尺，你仍可以将你的仪器放在中心位置，然后将电缆伸向每一个天线单元。从矢量网络分析仪里伸向天线单元的电缆的影响可以在初始校准的过程中消除，所以在矢量网络分析仪上得到的读数就是每个单元上的有效值。换句话说，测量基准点在天线单元实际值的基础上进行电移动，而不用管测量仪器和互相之间连接电缆的物理位置。

如果其中一个单元连接到每个端口传输线的末端（见图 27-46），上一节讨论的 S 参数，可以被看作是测量两单元的数组的特性（见图 27-45）。

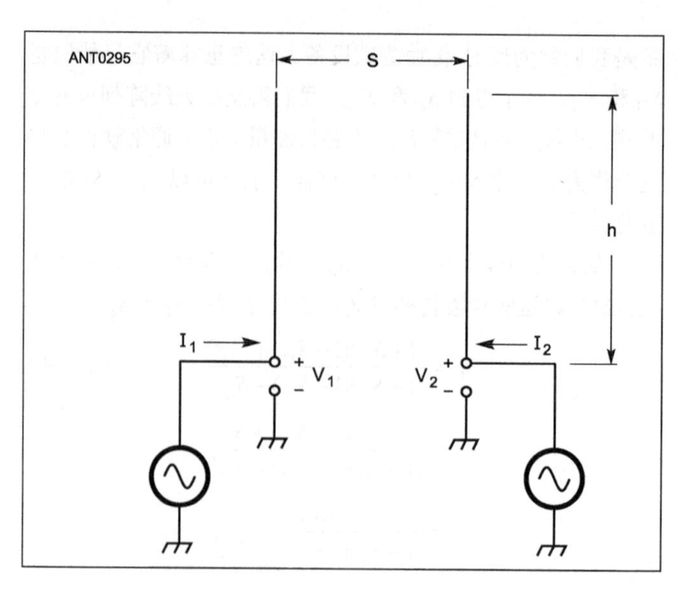

图27-45　双单元天线阵列，其中h是单元的高度，S是单元之间的距离。

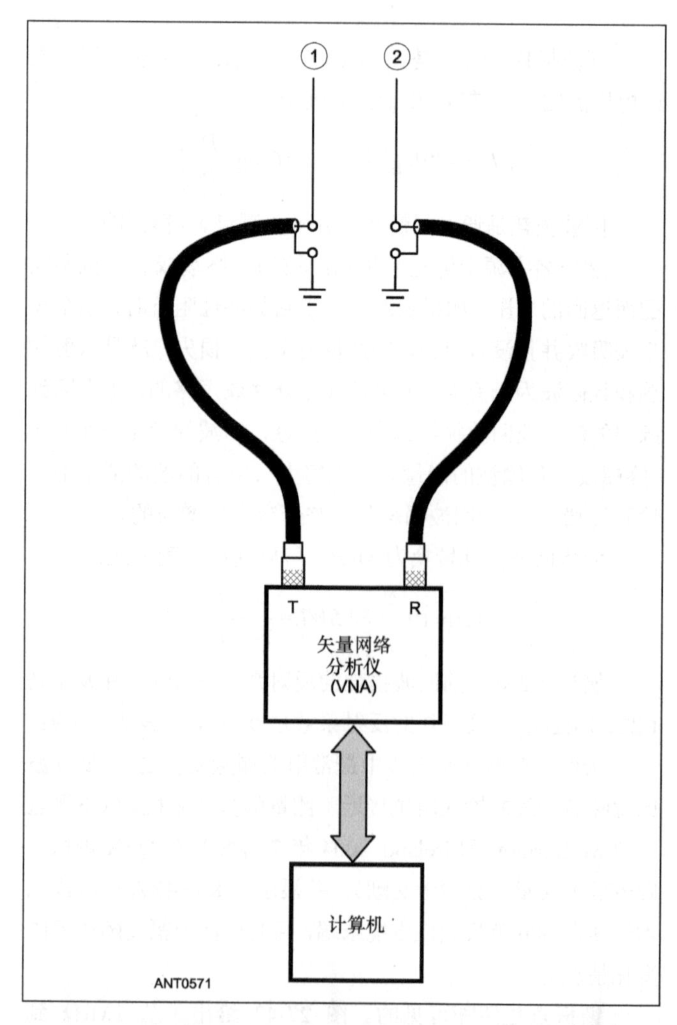

图27-46　使用矢量网络分析仪测量双单元天线阵列的测试装置。

在这样的阵列情况下，S_{21} 表示由于单元之间的耦合产生的信号传输。例如耦合到单元 2 的信号而产生施加到单元 1 的信号。传输线被假设为具有 Z_0= 50Ω的特征阻抗（或整

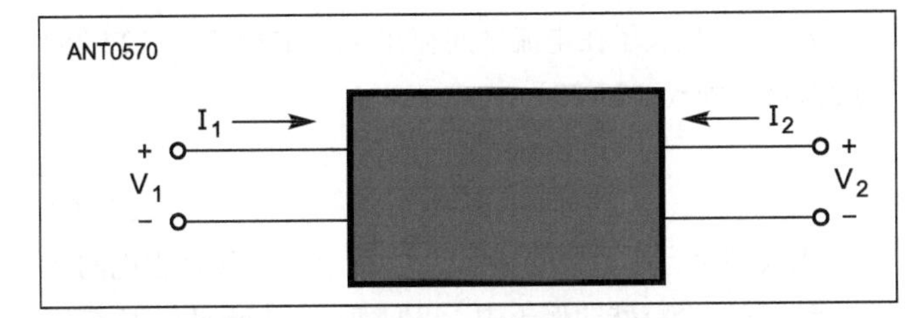

图27-47　双端口电流和电压在图27-45所示的双单元天线阵列中的表示方法。

个系统的特征阻抗），并且可以通过数组的大小决定所需的任何长度。

S 参数可用任意数量的单元的阵列来确定。在一个 N 端口 S 参数测量，所有端口都同时终止于 Z_0。测量一次在 1 组端口之间进行，并且重复进行，直到所有的端口都进行了测量。

为了说明使用矢量网络分析仪的原理，我们将使用类似于图 27-45 所示的简单的 2 个单元的阵列来说明。为了设计一个馈电网络来激励这个天线阵列，我们需要知道每个单元的输入阻抗（Z_1 和 Z_2），并且将它作为激励电流（I_1 和 I_2）的函数。输入阻抗将会决定于每一个单元自身的阻抗、它们之间的耦合情况（互阻抗）和每个单元上的激励电流。为了处理这个问题，我们可以把双单元天线阵列表示成一个双端口网络，如图 27-47 所示。同时我们可以归纳出端口电压，端口电流和端口阻抗之间的关系式为式（27-25）：

$$\begin{aligned} V_1 &= Z_{11}I_1 + Z_{12}I_2 \\ V_2 &= Z_{21}I_1 + Z_{22}I_2 \end{aligned} \tag{27-25}$$

通常，我们从天线阵列的设计中就可以知道 I_1 和 I_2 了，但是我们需要知道由此得到的单元阻抗。这是一个难题。幸亏，天线阵列是一个线性网络，所以 $Z_{12}=Z_{21}$，这就意味着我们只需要求出 3 个变量：单元自身的阻抗 Z_{11} 和 Z_{22}，以及单元之间的耦合阻抗 Z_{12}。

一旦我们知道了 Z_{11}、Z_{12} 和 Z_{22} 以及已经给出的 I_1 和 I_2，我们可以求出每个单元馈电点处的阻抗：

$$\begin{aligned} Z_1 &= Z_{11} + \frac{I_2}{I_1}Z_{12} \\ Z_2 &= Z_{21} + \frac{I_2}{I_1}Z_{12} \end{aligned} \tag{27-26}$$

这个是常规的方法。但是，这里还存在着一些问题。我们不得不需要精确地测量电压和电流，或者在多个单元中存在着的电阻，并且这些单元之间可能还隔着好几个波长的长度。另外，当工作频率升高时，精确地测量电流、电压和电阻的难度也在增大。

不同的是，我们可以更加简单地测量端口处的入射电压和反射电压，然后依靠这些测量值算出馈电点的阻抗。矢量网络分析仪就是用来测量这些电压的。当然测量入射电压和反射电压之间的比率又会比测量它们的绝对值要简单。

图27-48　2单元20m相控阵列。（照片由N7MQ提供）

使用 2 单元的数组矢量网络分析仪的测量装置如图 27-46 所示，实例可以很好地说明矢量网络分析仪可用于测量阵列。图 27-48 是一个由 Mark Perrin（N7MQ）绘制的 2 单元 20m 相控阵列图片。

所有的单元都是 λ/4（自谐振频率为 14.150MHz），并且单元与单元之间隔开 λ/4 的距离（17 英尺 5 英寸）。在理想的情况下，所有的单元都具有相等的电流振幅，并且有 90° 的相位差。这就会产生如“多元阵列”一节所示的心形辐射方向图。对于如何正确地对这样的一个天线阵列进行馈电有很多种方案。在这个例子中使用的是 Roy Lewallen（W7EL）所描述的两个不同的 75W 传输线（电长度一个为 λ/4，另一个为 λ/2）。（见参考文献。）

首要的任务是使每一个单元分别谐振。使用矢量网络分析仪设备来测量 S_{11} 的相位，我们将会得到一个类似于图 27-49 中所示的图。

在 λ/4 谐振频率（f_r）处，我们可以看到一个很尖锐的相位跃迁，从−180°～+180°。这是一个所有串联谐振电路的典型特征。每一个单元的长度都需要进行调节，直到获得我们所需要的 f_r。这是一个非常灵敏的测量设备。你可以看到由于绕组烧毁所引起的 f_r 转移。单元的长度会随着它自身在阳光下或者当你移动馈线时馈线和天线之间的交互作用所引起的发热而变长。事实上，这是在确保每样东西都是机

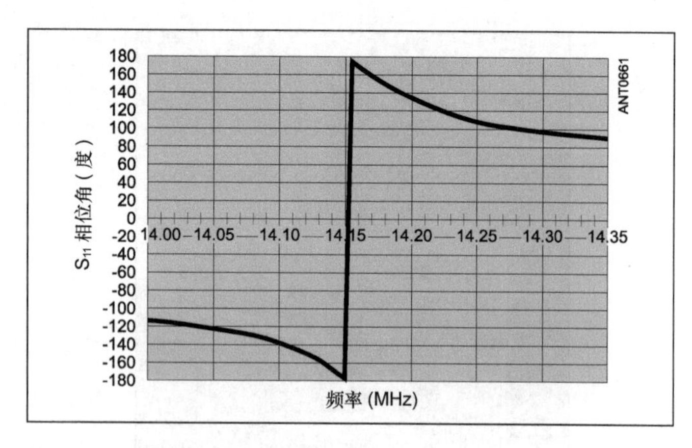

图27-49 单个单元的S_{11}相位图。

械固定的并且没有意料之外耦合的过程中很重要的一点。通常你会发现，将扼流圈巴伦安装到每一个单元上，以此来减少杂散耦合是非常必要的。

下一步就是要确定自阻抗（Z_{11}和Z_{22}）和互阻抗（Z_{12}），当天线阵列被激励时，在实际激励点处出现的阻抗可以被测量，从而再求得自阻抗和互阻抗，见第8章。这里有两种可行的方法。

首先，我们可以将矢量网络分析仪作为阻抗电桥来使用——在一个单元上进行两次S_{11}测量，首先使其他的单元开路（Z_{11}和Z_{22}），然后再使它短路（Z_1或者Z_2）。我们可以使用式（27-38）将S_{11}的测量读数转换成阻抗值。Z_{12}的值可以由式（27-27）求得：

$$Z_{12}=\pm\sqrt{Z_{11}(Z_{11}-Z_1)}$$
$$Z_{12}=\pm\sqrt{Z_{22}(Z_{22}-Z_2)} \qquad (27\text{-}27)$$

第二种方法是将所有的双端口进行全套S参数（S_{11}、S_{21}、S_{12}和S_{22}）的测量，然后使用式（27-23）得到阻抗值。这两种方法都可以使用，但是第二种方法有一定的优势，式（27-27）中的正负多值性可以被消除。

对于这个例子，在14.150MHz频率下测量得到的阻抗值，结果是：

$$Z_{11}=51.4+j0.35$$
$$Z_{22}=50.3+j0.299 \qquad (27\text{-}28)$$
$$Z_{12}=15.06-j19.26$$

通过这些值，我们现在可以用式（27-29）确定馈电点的阻抗：

$$Z_1'=Z_{11}+\frac{I_2}{I_1}Z_{12}$$
$$Z_2'=Z_{21}+\frac{I_2}{I_1}Z_{12} \qquad (27\text{-}29)$$
$$\frac{I_2}{I_1}=-j$$

注意，-j代表了在电流之间存在90°的相移。式(27-28)中的值代入到式（27-29）中：

$$Z_1=32.09-j14.7$$
$$Z_2=69.61+j15.32 \qquad (27\text{-}30)$$

当我们手上有了这些电阻值之后，就可以设计馈电网络了。但是在这个特殊的例子中，我们使用了Lewallen所描述的$\lambda/4$和$\lambda/2$电缆，并且接受了其结果。所以我们现在着手剪切和修整这两根电缆的长度。

此外，还有两种可以使用的方法。首先我们可以根据频率确定每一根电缆电长度为$\lambda/4$的位置。在这一点上，电缆的输入阻抗相当于一个串联谐振电路，并且我们可以很简单地像我们前面在频率f_r时所做的那样，测量S_{11}的相位，然后得到一个如图27-49所示的图。在这个例子中，两根电缆的$\lambda/4$谐振频率是7.075MHz和14.150MHz。

第二种方法是测量每一根电缆在14.150MHz时的S_{21}。S_{21}的相移将会以度数的方式告诉你在给定频率下这根电缆的长度。因为随着频率的变化电缆的特性阻抗也会有很小的变化（色散现象），所以这种方法稍微精确些，因为这个测量是在我们所需要的工作频率下进行的。但是这在高频情况下效果不是很明显。

这使我们不得不进行最后的测量，这一步是用来检查相对电流振幅和两个单元之间的相位是否正确。然后我们可以确定馈电点处的驻波比。通过使用矢量网络分析仪得到S_{12}，进而得到相位和振幅的比值，测量设备的设置如图27-50所示。

矢量网络分析仪的发射端口被连接到标准馈电点处。电流传感器（参见“多元天线阵列”，其中讨论了电流传感器）被嵌入到单元1中，传感器的输出被返回到检波器或者矢量网络分析仪的接收端口。然后对这条通路进行标准化校准，将它作为基准量。

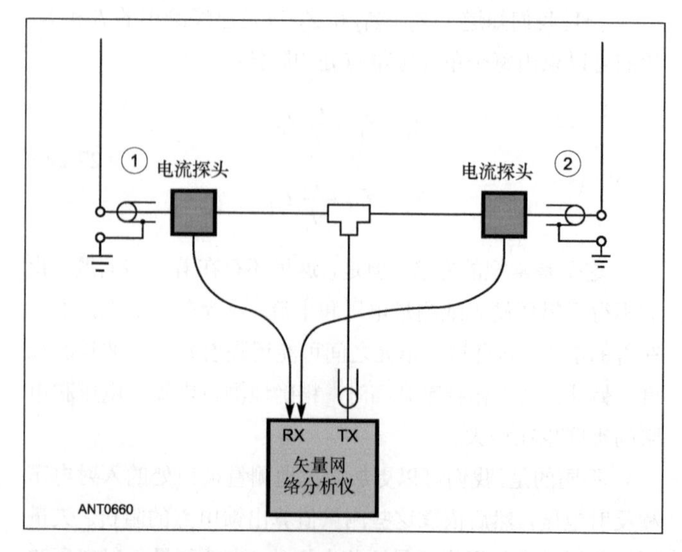

图27-50 电流相位和振幅比测试装置。

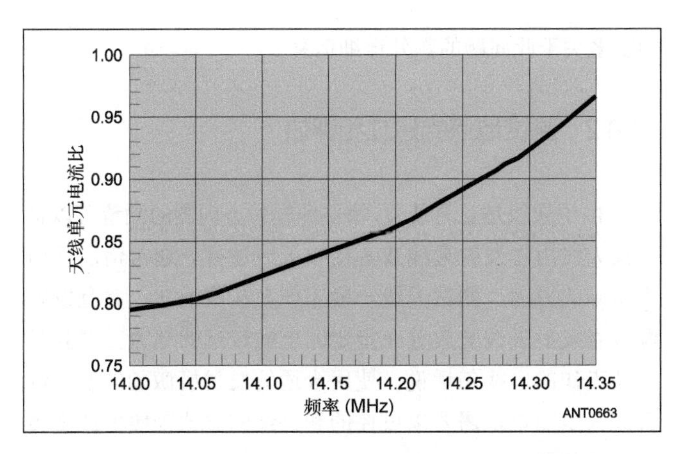

图27-51 在20m的波段范围内测量得到的天线单元电流比。

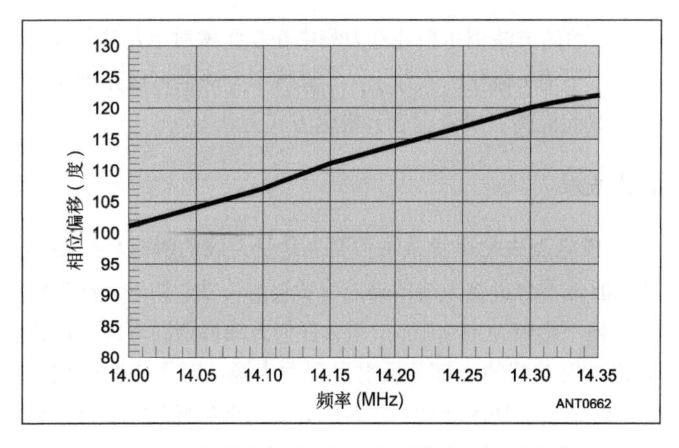

图27-52 在20m的波段范围内测量得到的电流相对位移。

下一步，将电流传感器移入单元 2 中。在这一点得到的 S_{12} 的相位和振幅图将会是，当在标准馈电点处激励天线时，我们需要的天线阵列上的电流之间的相对相移和振幅比。图 27-51 和图 27-52 显示了在 20m 波段下示例天线阵列的特性。我们可以在专门对天线阵列进行计算的 EZNEC 模型中使用这些值，来确定真实的天线辐射方向图。

显然 W7EL 的馈电方案不是完美的，但是它有一个显著的优势就是简易性。如果需要更好的性能，我们可以使用之前已经求得的和的值来设计和制作一个新的馈电网络，然后着手以相同的手段来评估它的性能。

最终的测量是将矢量网络分析仪的发射端口连接到馈电点处，然后测量 S_{11}。由 S_{11} 计算出驻波比：

$$SWR = \frac{1+|S_{11}|}{1-|S_{11}|}$$

在这个例子中，反射损耗$|S_{11}|$在整个 20m 的频段上大约为 19dB，这相当于 SWR=1.25:1。

27.8 天线场测量

对于所有在业余无线电系统中进行的测量，也许最困难的和最难理解的是各种各样的天线测量。例如，测量发射机的连续输出功率和频率、滤波器的响应或者一个放大器的增益是相对简单的。这些都多半被称作平台测量，因为当进行适当操作时，所有影响测量的精度和成功的因素都是受到控制的。但是在进行天线测量的过程中，“平台”很可能就是你家的后院。换句话说，天线周围的环境可以影响到测量的结果。

环境的控制一点也不像平台测量时那样简单。因为现在的工作区域更加广阔。这一小节描述了天线测量技术，它们与天线测量项目或者比赛中所使用的技术密切相关。有了这些步骤你就可以很成功地进行天线测量了，并且可以得到有意义的结果。这些技术应该提供了关于测量问题更好的理解，产生了如何测量得更加精确并且困难更少的目标。本节中的信息由 Dick Turrin（W2IMU）提供，最初发表在 1974 年 11 月的《QST》杂志上。用于业余爱好者绘制的辐射方向图和天线测量惯例涵盖在“天线基本理论”一章中。

27.8.1 天线场测量的基本知识

简单地说，天线是在适当的馈线和它周围的环境之间的一个换能器或者耦合器。除了有效地将功率从馈线转移至它周围的环境中，甚高频或者超高频的天线大多数频繁地需要将辐射功率集中到一个特定的环境区域中。

当对比不同的天线时，为了保持一致，你必须将天线周围的环境标准化。理论上，你想在你所要测量的天线远离任何可能会引起环境效果的物体的情况下进行测量，字面上理解就是在外层空间——一个非常不切实际的情况下进行。因此，这个测量技术的目的就是模拟，在实际的条件下，在一个受控环境中进行。在甚高频和超高频的情况下，使用实用的天线，环境因素就可以被控制，因此成功而精确的测量就可以在合理的环境量下进行了。

最需要从直接测量中获得的天线电气特性是：（1）增益（相对于一个根据定义，有单一增益的各向同性源来说），（2）空间辐射方向图，（3）馈电点阻抗（失配），（4）极化方式。

极化

通常情况下，极化可以通过辐射单元的几何形状来假设。也就是说，如果天线是由大量的线性单元（直线形的金属杆或金属线与馈电点相连并且谐振）组成的，那么电场的极化也是线性的，并且极化平行于单元。如果单元并不是始终相互平行，那么要假设天线的极化就不是件容易的事情了。下面的方法则是把注意力集中在那些本质上是线性（在同一个平面）极化的天线上，尽管这个方法也可以延伸到所有类型的椭圆（或者混合）极化方式上。

馈点失配

馈电点失配尽管某种程度上是受天线的瞬时环境影响的，但是不会影响天线的增益或者辐射特性。如果天线的瞬时环境不影响馈电点阻抗，那么任何天线调谐固有的失配都会将入射功率的一部分反射回到发生源。对于接收天线而言，这个反射功率会被再辐射进天线周围的环境中，然后彻底地耗散掉。

对于发射天线，反射功率将会沿着传输线往回走，然后从传输线进入到发射机内，因而反射功率就会改变在发射机端的负载阻抗。在为了得到最大的功率传递到天线的正常调谐过程中，放大器的输出控制通常会改变。你仍然可以使用一架失配天线的全增益电压，只要失配没有严重到会在系统中，尤其是馈线和匹配设备中，产生热损失。（也请参阅“传输线”一章中有关由驻波比引起的额外损耗的讨论。）

类似的，一副失配的接收天线为了得到最大的传输功率，也有可能被匹配到接收机的前端。无论如何，你应当很清楚地记住馈电点失配不影响天线的辐射特性。它只是会在考虑到热损失时，影响到天线的效率。

为什么我们会将馈电点失配作为天线特性的一部分呢？原因是对于高效率的系统性能来说，绝大多数的天线是一个谐振的能量转换器，并且在一个相对较窄的频率范围内表现出合理的匹配。所以需要对天线进行设计，不管它是简单的偶极天线还是一个八木天线阵，最终的单一馈电点阻抗本质上为电阻性，并且与馈线相匹配。此外，为了进行精确的绝对增益测量，在测试中，天线接收来自匹配源发生器的全部功率，或者测量由于失配引起的反射功率同时对热损失进行适当的错误校正，也应该被包含在增益的计算中，这些都是非常关键的。热损失可以依据“传输线”一章中的一些信息来测定。

当涉及馈电点阻抗时，必须提及在天线中巴伦的使用。巴伦是个很简易的装置，它可以允许在平衡系统的馈线或者天线和不平衡的馈线或者天线系统之间进行无损耗传递。如果天线的馈电点是对称的，例如偶极天线，你希望使用不平衡的馈线（例如同轴电缆），对它进行馈电，你应当在馈线和馈电点之间安装一个巴伦。如果不使用巴伦，电流就会被允许在同轴电缆的外侧流动。而在馈线外侧流动的电流会引起辐射，因而馈线就会成为天线辐射系统的一部分。在天线系统为定向天线的情况下，需要将辐射能量集中到一个特殊的方向上，来自馈线的额外辐射是有害的，会引起预期的天线方向图发生畸变。请参阅“传输线耦合和阻抗匹配”一章中更多关于此问题的额外详细信息。

27.8.2 测试地点的建立和评估

由于天线是互易装置，增益和辐射方向图的测量可以将测试天线用作发射天线或者接收天线进行。通常情况下由于实际的原因，测试天线一般工作在接收模式，并且发射源或者发射天线被放置在指定固定的较远的地方，并且是自动工作的。换句话说，使用合适的发射机激励的发射源天线只是简单地需要以可控的和持续的方式来照射或者覆盖接收位置。

像前面提到的那样，对于天线测量，理想的情况是在自由空间的条件下进行。更进一步的限制是发射源天线的照射强度在测试天线的有效孔径（被捕获区域）上是平面波。根据定义，平面波的场的大小和相位都是均匀分布的，并且在试验天线位置处，在测试天线的有效区域平面内都是均匀的。所有的辐射在远离源点的距离处都是以球面的方式向外扩散的，似乎最需要的是将发射源天线安置在尽可能远的位置。但是，由于实际的原因，测试的位置和发射源的放置毫无疑问又是靠近地面而不是外层空间的，环境必须包含地表的影响和邻近接收和发射两架天线的干扰。这些影响通常始终决定着测试场（发射源和测试天线之间的间距）应当尽可能地短并且维持几乎无误差的平面波照射测试孔径。

几乎无误差的平面波被规定为在测试孔径处照射场从边缘到中心相位和大小各自不会偏离超过 30° 以及 1dB。这些条件会导致增益测量的误差相对于真实的增益只有很小的百分率。基于单独的 30° 相位误差，可以得出最小测试界限距离大约是

$$S_{\min}=2\frac{D^2}{\lambda} \tag{27-31}$$

其中 D 是最大孔径尺寸，λ 是自由空间的波长，并且单位和 D 相同。孔径 D 在这种条件下的相位误差是 1/16。

由于增益和孔径尺寸有如下的关系

$$Gain=\frac{4\pi A_e}{\lambda^2} \tag{27-32}$$

其中 A_e 是有效孔径面积，对于一个结构简单的孔径可以得到尺寸 D。对于正方形的孔径

$$D^2=G\frac{\lambda^2}{4\pi} \tag{27-33}$$

对于正方形孔径，这会产生出一个最小测试场距离，

$$S_{\min}=G\frac{\lambda}{2\pi} \tag{27-34}$$

同时，对于圆形孔径就是

$$S_{min} = G\frac{2\lambda}{\pi^2} \tag{27-35}$$

使用物理面积来表示孔径就不好进行定义了，或者在一个方向上比其他方向上更大，例如在同一平面内具有最大方向性的细长的阵列，*D* 建议使用期望增益或物理孔径尺寸的最大估算值。

到目前为止，在试验场的发展中，只有最小测试界限距离 S_{min} 的条件已经确定了，就好像地面不存在的情况一样。最小值 *S* 是一个必须的条件，甚至在自由空间环境中测量时也需要。地面的存在进一步使测试场的选择变得更加复杂了，不是由 *S* 来限定，而是由在发射源以及测试天线在地面以上精确的位置来确定。

选择一个测试场，在这个测试场内的地形基本上是平坦的，已经被清除了干扰物，并且具有均匀的表面条件，例如全是草或者全是路面。这个测试界限是由发射源天线的照射所决定的，通常是对一架增益不会大于所测试天线最高增益的八木天线进行测量。对于增益测量而言，测试场本质上是由在测试天线波束内的区域组成的。对于辐射方向图的测量，测试场则要大得多，并且是由所有发射源天线所照射的区域，尤其是在测试位置的周围和后面所组成的。理想情况下，你应该将测试天线的位置选择在位于大的开阔区域的中心处，发射源天线应该选择安放在靠近很多干扰物（树木，电杆，围墙等）的边缘。

地面范围内的主要影响是发射源天线的一些能量会经过地面反射进入测试天线，而同时其他一些能量则会直接通过视线路径到达。这种情况如图 27-53 所示。使用平坦均匀的地表会确保产生的反射本质上为镜面反射，虽然反射能量也会有些许被地面材料（地表）减弱（被吸收）。为了完成分析，你应当意识到水平极化波在从地面上反射之后，会经历 180° 的相位翻转。在测试孔径中任意一点的合成照射振幅是从两个方向到达的电场的矢量和。这两个方向分别是直达路径和反射路径。

如果假设从地面而来的反射是完美的镜面反射（对于在甚高频/超高频频率下的真实地表条件来说，几乎可以达到

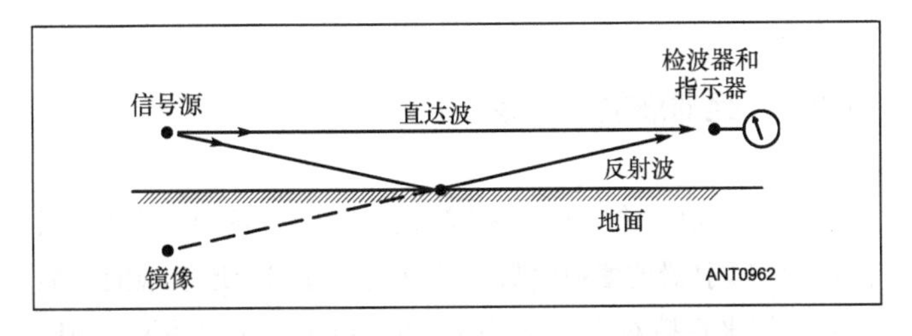

图27-53 在天线测试场上，接收设备通过直接路径接收的能量可能会在被地表反射的能量后面到达。这两个波可能会有互相抵消的趋势，或者也可能会互相加强，这取决于这两个波在接收点处的相位关系。

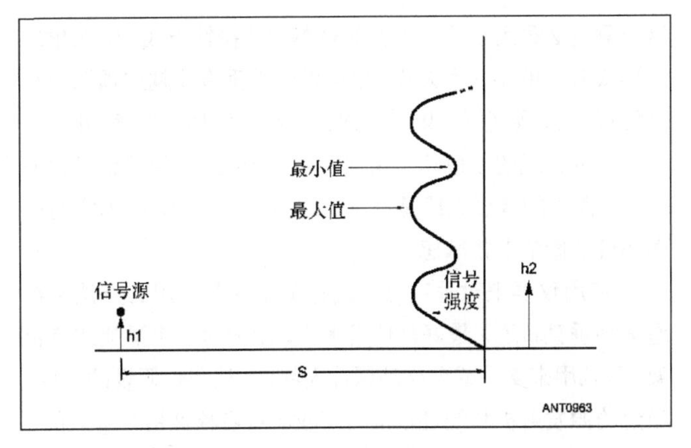

图27-54 垂直轮廓线，或者一个在地面以上固定的高度和固定的距离的信号源，其信号强度随测试天线高度的变化图，见文中关于天线特征的定义。

这样的效果），同时发射源天线是各向同性的，在所有方向上的辐射都相等，然后对这两个路径长度的简单几何分析表明，在试验天线位置处垂直面上的不同点，各种相位关系不同的波会混合在一起。在一些点，到达的波可能是同相的，而在其他一些点也可能会有 180° 的异相。如图 27-54 所示，由于场的振幅几乎相等，由路径长度不同所引起的合成相位改变将会在垂直于试验场地的方向上产生振幅的变化，类似于驻波。

对于双路径和模型的最大值和最小值，有关 *h2* 的简化公式用 *h1* 和 *S* 来表示。

$$h2 = n\frac{\lambda}{4}\times\frac{S}{h1} \tag{27-36}$$

其中 $n = 0$，2，4…是最小值，$n = 1$，3，5…是最大值，并且 *S* 比 *h1* 和 *h2* 中的任何一个都要大许多。

这个简单的地面反射公式的重要性就是它可以允许你决定发射源天线大概的位置，以达到在垂直方向上在特殊的测试孔径尺寸内几乎为平面波的振幅分布。检验高度公式的时候很清楚的是，当 *h1* 减小时在测试位置的信号的垂直分布 *h2* 就扩大。同时也应当注意到 *h2* 的信号电平等于零，并且在地上总是零，不管 *h1* 的高度是多少。

在使用高度公式的时候，给定一个有效天线孔径，这个孔径被照射，最小值 *S*（界限长度）被确定，同时合适的界限位置也被选定，来为 *h1*（发射源天线的高度）寻找合适的值。待定的值是这样，以至于在测试位置垂直分布的第一个最大值 *h2*，是在地面上的一个实际距离，并且同时在孔径处垂直方向上的信号幅度不会变化超过 1dB。这最后的条件不是一定不变的，但是与试验中特殊的天线紧密有关。

在实际中，这些公式仅仅在初始化界限设定时有用。在试验场地处垂直分布的最终校验必须通过直接测量来决定。

这个测量必须用小的低增益但是单向的探针天线，例如角反射器或者 2 单元八木天线，你可以沿着垂直线越过预期的孔径位置。必须要小心，以减少探针天线周围地方环境的影响，并且探针天线的波束总是指向发射源天线，以便得到最大的信号。简单的偶极天线是不合乎这里的需要的，因为它对地面环境的影响非常敏感。

使用仪器来对垂直分布进行测量的最实用的方法是构造某种垂直轨道，最好是使用木头，上面有一个滑架或者台架，可以用来支撑或者移动探针天线。当然我们假设的时候，稳定的源发射机和经过校准的接收机或者检波器是有效的，所以 1/2dB 等级的变化可以被很清楚地辨别出来。

当你能够很成功地处理这些初始距离测量值时，那么这个界限就已经准备好提供给任何尺寸的孔径，当然这个尺寸在垂直范围内还是要小于选择 $S_{\min}$ 和垂直场分布时产生的最大值。将测试天线以 $h2$ 的高度放在孔径的中心部分，因为在高度为 $h2$ 时，天线可以捕获最强的信号。将测试天线倾斜，以便它的主波束指向发射源天线的方向。最终的倾角可以通过观察最大接收信号所对应的接收机的输出。这一最后的过程必须有经验地完成，因为源天线位置是在它的真实位置和它的镜像位置之间，在地表以下。

这里我们举例来说明这一过程。假设我们希望测量一架直径 7 英尺工作在 1296MHz（$\lambda = 0.75$ 英尺）的抛物面反射体天线。最小界限距离 $S_{\min}$ 可以从计算圆形孔径的公式中很容易地计算出来。

$$S_{\min} = \frac{2D^2}{\lambda} = 2 \times \frac{49}{0.75} = 131\text{英尺}$$

现在基于上面给出的定量的讨论，合适的位置就被选择出来了。

下一步，求出发射源的高度 $h1$。这个过程选择一个高度 $h1$ 使得地面以上第一个最小值（在公式中 $n = 2$）至少是孔径尺寸的 2～3 倍，或者大约 20 英尺。

$$h1 = n\frac{\lambda}{4} \times \frac{S}{h2} = 2 \times \frac{0.75}{4} \times \frac{131}{20} = 2.5\text{英尺}$$

将发射源天线放置在这样的一个高度，然后探测 7 英尺孔径位置，也就是大约距离地面 10 英尺的位置处，表面的垂直分布。

$$h2 = n\frac{\lambda}{4} \times \frac{S}{h1} = 1 \times \frac{0.75}{4} \times \frac{131}{2.5} = 9.8\text{英尺}$$

将测量得到的垂直信号水平的剖面随高度的变化画出来。从这个图中，可经验地确定 7 英寸的孔径是否适合这里的剖面，使得 1dB 的变化不会过量。如果这个变化在 7 英寸的孔径上超过 1dB，那么发射源天线的高度就应该降低，同时 $h2$ 的值应该增大。在 $h1$ 处的小变化可以很迅速地改变测试位置的分布。图 27-55 给出了之前讨论的位置。

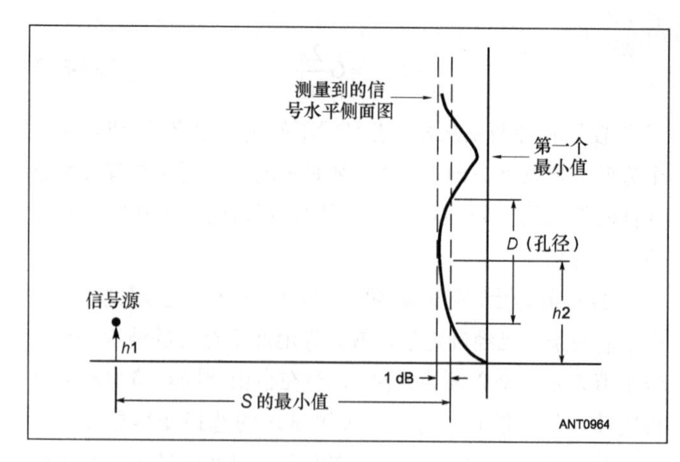

图27-55　实测垂直断面的样图。

无论是水平的还是垂直的线性极化，都需要同样的准备过程。但是，通过在现场直接测量每一种极化来确定垂直分布是令人满意的，这个检验过程是合理的。没必要探讨在水平面上的分布，因为你会发现只有很小或者没有振幅变化，反射的几何形状是不变的。正是由于这一点，天线孔径长而且细，例如叠层式共线垂直天线，所以应当使用长尺寸的平行于地面的仪器来测量。

一个格外棘手的测试场问题发生在测量纵深和孔径截面区域相同的天线中。长的轴向辐射天线，例如长的八木天线、菱形天线、V 波束天线或者由这些天线组成的天线阵都是像“体积天线”一样进行辐射，因此来自发射源天线的照射场是相当均匀的，就像是平面波的横截面一样。为了测量这些类型的天线，进行几个垂直方向的剖面测量是可行的，测量的区域应该覆盖天线阵列的纵深。对长轴向辐射天线的照射完整性进行定量的检查，可以通过轴向地（向前或者向后）移动天线阵列或者天线，并且记录接收到的信号水平变化来实现。如果轴向地移动大约几个波长，信号水平的变化小于 1dB 或者 2dB，那么这个场可以被认为是满足绝大多数的精确度要求的。如果信号电平出现很大的变化，那么就表示照射场在阵列纵深上是严重畸形的，其次也有可能是测量的过程不可靠。我们注意到有一件事是很有趣的，当连接增益测量仪器时，任何照射场的畸变总是会导致测量值低于真实值。

27.8.3　绝对增益的测量

在设置好一个合适的测试场之后，一个各向同性的（点辐射源）辐射器的增益测量通常总是通过和经过校准的标准增益天线来直接对比，进而得出测量结果。换句话说，测试天线在它的最佳位置的信号电平被记录下来。然后你移去测试天线，将标准增益天线放置进来，并且使它的孔径处于刚刚测试天线所在位置的中心。测量在标准增益天线和测试天线之间信号电平的差异，并且增加或者减去标准增益天线的增益，可得到测试天线的绝对增益。在这里，“绝对”根据定义，其意思是与具有单位增益的点辐射源进行比较。使用这个点源参考量而不是使用例如偶极子的原因是它对于系统工程来说更加有用并且便利。我们假设标准天线和测试天线同时都小心地匹配了适当的阻抗并且使用精确的校准和匹配的探测设备。

标准增益天线可以是任何类型的单向的，最好是平面孔径的天线，这架天线可以通过直接测量或者在特殊的依照计算尺寸精确地构建的环境中来校准。标准增益天线是由Richard F. H. Yang 提出的（见参考书目）。如图 27-56 所示，它是由两个同相的偶极天线，分开 $\lambda/2$ 距离，并且安装在一个接地的边长为 1λ 的接地平板上。（建议制作者削减偶极天线长度，以使其接近它们在自由空间的长度，再通过裁剪使之谐振。）

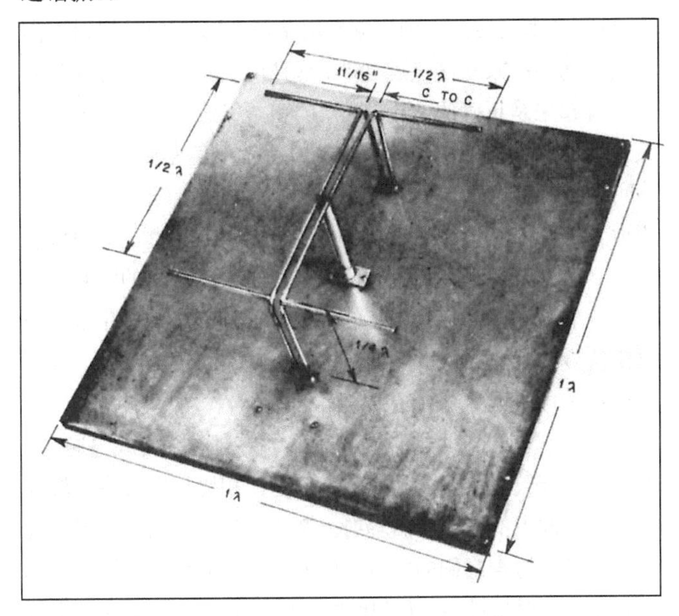

图27-56　标准增益天线。精确地建造一架符合所要求的工作频率的天线，天线的偶极子辐射器将会表现出7.7dB的增益，正负不超过0.25dB。在这个模型中，工作频率为432MHz，天线单元是直径为3/8英寸的管子。进行相位调整和支撑的线路是由直径5/16英寸的管子或杆子构成。

在 Yang 的原始设计中，中央的短截线是一个不平衡变压器，它可以通过在 $\lambda/4$ 的 7/8 英寸的刚性 50Ω同轴电缆片段上，切割两条在直径上对置的纵向 1/8 英寸宽的狭槽而形成。另一种馈电方法是：通过在 3/4 英寸的铜管上开 7/8 英寸（OD）的沟槽来给 RG-8 或 RG-213 馈电。（由于原材料铜管的内径/外径是不同的，要么使用刚性同轴电缆截面，要么用游标卡尺仔细测量，以核对使其适合同轴电缆和巴伦之间的管道。）

确保留下同轴电缆外部的套壳来使它和铜管巴伦段之间绝缘。当在你所感兴趣的频率按照比率精确地建造时，这种标准的类型可以提供的绝对增益为 9.85dBi（在自由空间中偶极子天线的增益为 7.7dBd），同时精度为±0.25dB。

在 1296MHz 频率上，用金属薄片做的基准角可能更实际一点，这正如 Paul Wade（W1GHZ）在他网站（www.w1ghz.com）上所描述的那样，波导部分也可以利用金属薄片来做。

27.8.4　辐射方向图的测量

在所有跟天线有关的测量中，辐射方向图在测量中的要求是最苛刻的，也是最难判读的。任何天线在某种程度上都是向它周围四面八方的环境中辐射的。因此天线的辐射方向图是三维的，并且用振幅、相位和极化来表示。一般而言，在业余无线电通信的实际情况中，极化的意义明确且很好定义，只有辐射的强度是最重要的。

此外，在许多的这些例子中，在一个特殊平面内的辐射是我们主要感兴趣的，通常这个平面相当于地球的表面，不关心极化。由于测试场设置的性质，天线辐射方向图的测量只在一个几乎与地面平行的平面内就可以成功地进行了。对定向天线进行两次天线辐射方向图的测量是合理的，并且通常情况下也是足够的，其中一次是在极化平面内进行，另一次是在与极化平面垂直的平面内进行。这些方向图在与天线有关文献中被提及，分别作为主 E 平面和主 H 平面的方向图。E 平面意思就是平行于电场的平面也就是极化平面，H 平面的意思就是在自由空间中平行于磁场的平面。在平面波中，当波在空间传播时，电场和磁场始终是互相垂直的。

当天线被安放在真实地面上时，术语方位面和俯仰面是经常使用的，这是由于参照系是地球本身，而不是自由空间中的电场或者磁场。对于一架水平极化的天线，例如八木天线，其单元就是被安装在与地表相平行的位置，方位面是 E 面，同时俯仰面是 H 面。

得到这些方向图的技术在过程上是很简单的，但是相比于进行增益测量，辐射方向图测量需要更多的设备和耐心。首先，需要一个适当的支架，这样可以在方位（水平）面上以某种程度的精确度旋转，在术语上我们称为方位角定位。其次，在至少 20dB 的动态范围内校准好的信号电平指示器，是必需的，其读数的分辨率至少为 2dB。动态范围达到大约 40dB 是我们所希望的，但是不会大幅度地提升测量的有效性。

由于有这些大量的设备，这个方法的第一步就是通过小心地调节方位和俯仰定位，定位定向天线的最大辐射区域。然后任意地分配一个方位角为 0° 和一个 0dB 的信号电平。之后，不改变俯仰设置（倾斜旋转轴），天线小心地在方位向一点一点地旋转，使得每一步的信号电平读数为2dB或者3dB。这些信号电平的点以及与之相对应的方位角被记录下来，然后在极坐标的图纸上画出来，图27-57所示的例子就被画在ARRL的坐标纸上了。（见“天线基本理论”一章中更多关于坐标系的信息。）

在这个样本辐射方向图上，测量点用X标出，然后用连续的线连接起来，因为方向图是连续的曲线。辐射方向图应当很完美地画在对数辐射状坐标上，而不是画在电压或者功率刻度上。原因是对数刻度可以将耳朵的响应近似到在音频范围内的信号上。同样，许多接收机也有AGC系统，这种系统在响应上稍微有点对数的。因此对数刻度可以更好地代表实际系统的运行。

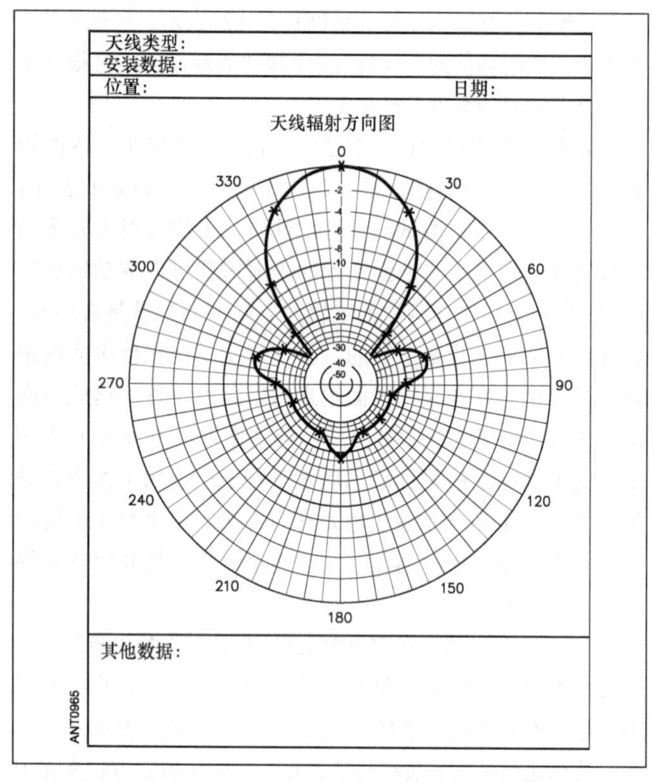

图27-57　使用文中所描述的技术，测量得到的辐射方向图简图。这幅图画在可以从ARRL HQ得到的坐标纸上。这个表格提供了记录重要数据和标记的空间。

在完成了辐射方向图读数的集合后，有人可能会迅速地问“它们有什么作用？”第一个答案是作为一个诊断工具来确定天线是否像它被期望的那样起作用。第二个答案是可以知道天线将会怎样区分出在不同方向上的干扰信号。

考虑到现在辐射方向图在诊断方面的使用。如果辐射波束是轮廓分明的，然后就会在E面和H面的辐射方向图上有一个近似公式将天线增益和测量得到的半功率波束宽度联系起来。半功率波束宽度在极坐标中显示出来了，在这里辐射能级和主波束0dB基准量相比，在两个边上都下降到3dB。这个公式是：

$$Gain(\text{各向同性}) = \frac{41.253}{\theta_E \phi_H} \qquad (27\text{-}37)$$

其中θ_E和ϕ_H是E面和H面方向图上各自代表半功率波束宽度的度数。这个公式假定了一个无损耗的天线系统，而且其任何旁瓣电平都被很好地抑制了。（为了用dBi表示，需要将各向同性增益取对数，然后再乘以10。）

为了说明这个公式的用途，假设我们有一架八木天线，支撑杆的长度为2λ。从已知的关系（如“高频八木天线”一章中所述那样）中，支撑杆长度为2λ的八木天线，预期的自由空间增益是大约13dBi；它的增益G等于20。由式（27-20）可知，$\theta_E \times \phi_H \approx 2062$平方度。因为八木天线会在横截面上产生一个几乎对称的波束形状，同时$\theta_E = \phi_H = 45°$。如果现在θ_E和ϕ_H的测量值比45°要大很多，那么增益将会比我们所期望的13dBi要低很多。

现在举另外一个例子，假如同样的天线（支撑杆的长度为2λ的八木天线）得到的测量增益是9dBi，但是辐射方向图的半功率波束宽度接近45°。这种情况就表明尽管辐射方向图看起来是正确的，但是较低的增益仍然显示了在天线的某些地方效率很低，例如损耗材料或者不良连接。

大的共线边射天线的过量定向线损耗可以通过对比从辐射方向图计算得到的增益和测量得到的实际增益，被检查出来。这个看起来有点荒谬，但是，建立一个大的阵列，同时具有非常窄的波束宽度，的确是可行的，看起来非常窄的波束宽度意味着高增益，但是实际上增益是非常低的，这是由于在馈电分配系统上有损耗。

总之，对于绝大多数的甚高频/超高频业余无线电通信，增益是一架天线最主要的属性。但是，相比于主波束，辐射到其他方向上的称为旁瓣辐射。旁瓣辐射应当通过辐射方向图的测量来检查它们的影响，例如主波束的两边旁瓣不对称或者旁瓣辐射量过多（任何旁瓣相比于主波束的0dB基准量小于10dB，都应当被认为是过量）。这些影响通常可以归因于对辐射单元或者天线其他零件部分不可预期的辐射，不正确的相位调整。这里的零件部分可以是支撑结构或者馈线。

天线方向图的判读与被测量天线的特殊类型是紧密相关的。对于你所感兴趣的天线类型可以参考参照数据，来检验测量的结果是否与期望的结果相符合。

现在我们来总结辐射方向图测量的作用，如果定向天线首先检查它的增益（可以进行相对简单的测量）和它被期望的值，然后辐射方向图测量可能就会更有科学依据。但是，如果增益比预期的要低，那么测量辐射方向图来帮助确定引起低增益可能的原因是可取的。

关于辐射方向图的测量，记住，使用合适量程的设备得到的测量结果并不是必须和同样的天线在室内电台安装时得到的数据一致。考虑到上述的测试场设置、地面反射、垂直场分布剖面图等信息，这个原因现在看来是显而易见的。对于存在许多大干扰物的不平坦地形上的长传播路径，地面反射的影响趋向为变成散射，尽管它们仍然可以引起预想不到的结果。由于这些原因，所以比较长路径传播的甚高频/超高频天线是不恰当的。

27.9 参考文献

有关本章主题的更多内容和进一步讨论可在以下列出的参考资料中找到。

Agilent “RF Back to Basics Network Analysis” — enter “Back to Basics” in the search window at www.agilent.com and select “Electronic Test and Measurement.”

Agilent 5965-7917E, “Network Analyzer Basics.”

Agilent 5990-5446EN, “Comparison of Measurement Performance between Vector Network Analyzer and TDR Oscilloscope.”

G. Badger, et al, “SWR Analyzer Tips, Tricks and Techniques: SWR Analyzer Hints,” *QST*, Sep 1996, p 36-40.

T. Baier, “A Small, Simple USB-Powered Vector Network Analyzer Covering 1 kHz to 1.3 GHz,” *QEX*, Jan/Feb 2009, pp 32-36.

T. Baier, “A Simple S-Parameter Test Set for the VNWA2 Vector Network Analyzer,” *QEX*, May/Jun 2009, pp 29-32.

A. Bailey, “The Antenna Lab, Parts 1 and 2,” *Radio Communication*, Aug and Sep 1983.

J. Belrose, “On Tuning, Matching and Measuring Antenna System Impedance Using a Hand-Held SWR Analyzer,” *QST*, Sep 2006, pp 56-68.

L. Blake, *Transmission Lines and Waveguides* (New York: John Wiley & Sons, 1969), pp 244-251.

J. H. Bowen, “A Calorimeter for VHF and UHF Power Measurements,” *QST*, Dec 1975, pp 11-13.

D. Bramwell, “An RF Step Attenuator,” *QST*, Jun 1995, pp 33-34.

T. Brock-Fisher, “Build a Super-Simple SWR Indicator,” *QST*, Jun 1995, pp 40-41.

F. Brown, “A Reflectometer for Twin-Lead,” *QST*, Oct 1980, p 15-17.

W. Bruene, “An Inside Picture of Directional Wattmeters,” *QST*, Apr 1959, pp 24-28.

CCIR Recommendation 368, Documents of the CCIR XII Plenary assembly, ITU, Geneva, 1967.

J. Carr, “Find Fault with Your Coax,” *73*, Oct 1984, pp 10-14.

S. Cooper, “A Compensated, Modular RF Voltmeter,” *QEX*, Mar/Apr 2001, pp 26-34.

P. Danzer, “A Simple Transformer to Measure Your Antenna Current,” *QST*, Sep 2009, p 35.

D. DeMaw, “In-Line RF Power Metering,” *QST*, Dec 1969, pp 11-16.

D. DeMaw, “A QRP Person’s VSWR Indicator,” *QST*, Aug 1982, p. 45.

D. Fayman, “A Simple Computing SWR Meter,” *QST*, Jul 1973, pp 23-33.

J. Gibbons and H. Horn, “A Circuit With Logarithmic Response Over Nine Decades,” *IEEE Transactions on Circuit Theory*, Vol CT-11, No. 3, Sep 1964, pp 378-384.

J. Grebenkemper, “Calibrating Diode Detectors,” *QEX*, Aug 1990, pp 3-8.

J. Grebenkemper, “The Tandem Match — An Accurate Directional Wattmeter,” *QST*, Jan 1987, pp 18-26. Also see corrections in Technical Correspondence, *QST*, Jan 1988, p 49 and “An Updated Tandem Match” in Technical Correspondence, *QST*, Jul 1993, p 50.

J. Grebenkemper, “Improving and Using R-X Noise Bridges,” *QST*, Aug 1989, pp 27-32, 52; Feedback, *QST*, Jan 1990, p 27.

E. Hare, “A Current Probe for the RF-Survey Meter,” *QST*, Aug 2000, p 43.

F. Hauff, “The Gadget — an SWR Analyzer Add-On,” *QST*, Oct 1996, pp 33-35.

W. Kaune, “A Modern Directional Power/SWR Meter,” *QST*, Jan 2011, pp 39-43.

T. King, “A Practical Time-Domain Reflectometer,” *QST*, May 1989, pp 22-24.

Z. Lau, “A Relative RF Ammeter for Open-Wire Lines,” *QST*, Oct 1988, pp 15-17, 20.

Z. Lau and C. Hutchinson, “Improving the HW-9 Transceiver,” *QST*, Apr 1988, pp 26-29.

V. G. Leenerts, “Automatic VSWR and Power Meter,” *Ham Radio*, May 1980, pp 34-43.

J. Lenk, *Handbook of Oscilloscopes* (Englewood Cliffs, NJ: Prentice-Hall, 1982), pp 288-292.

R. Lewallen, “Notes on Phased Verticals,” Technical Correspondence, *QST*, Aug 1979, pp 42-43.

I. Lindell, E. Alanen, K. Mannerslo, "Exact Image Method for Impedance Computation of Antennas Above the Ground," *IEEE Trans. On Antennas and Propagation*, AP-33, Sep 1985.

R. Littlefield, "A Wide-Range RF-Survey Meter," *QST*, Aug 2000, pp 42-44.

L. McCoy, "A Linear Field-Strength Meter," *QST*, Jan 1973, pp 18-20, 35.

T. McDermott and K. Ireland, "A Low-Cost 100 MHz Vector Network Analyzer with USB Interface," *QEX*, Jul/Aug 2004, pp 3-13.

T. McMullen, "The Line Sampler, an RF Power Monitor for VHF and UHF," *QST*, Apr 1972, pp 21-23, 25.

M. W. Maxwell, *Reflections* (Newington: ARRL, 1990), p 20-3. [Out of print.]

C. Michaels, "Determining Line Lengths," Technical Correspondence, *QST*, Sep 1985, pp 43-44.

J. Noakes, "The "No Fibbin" RF Field Strength Meter," *QST*, Aug 2002, pp 28-29.

Orr and Cowan, *Vertical Antennas*, Radio Amateur Call Book, 1986, pp 148-150.

P. Ostapchuk, "A Rugged, Compact Attenuator," *QST*, May 1998, pp 41-43. Also see Technical Correspondence, *QST*, Dec 1998, p 64.

H. Perras, "Broadband Power-Tracking VSWR Bridge," *Ham Radio*, Aug 1979, pp 72-75.

D. Pozar, *Microwave Engineering* (New York: John Wiley & Sons, 2004).

S. Ramo, J. Whinnery and T. Van Duzer, *Fields and Waves in Communication Electronics* (New York: John Wiley & Sons, 1967), Chap 1.

Reference Data for Radio Engineers, 5th edition (Indianapolis: Howard W. Sams, 1968), Chapter 28.

W. Sabin, "The Lumped-Element Directional Coupler," *QEX*, Mar 1995, pp 3-11.

P. Salas, "A Compact 100-W Z-Match Antenna Tuner," *QST*, Jan 2003, p 28-30.

P. N. Saveskie, *Radio Propagation Handbook* (Blue Ridge Summit, PA: TAB Books, 1960).

P. Schuch, "The SWR Analyzer and Transmission Lines," *QST*, Jul 1997, p 68.

J. Sevick, "Short Ground-Radial Systems for Short Verticals," *QST*, Apr 1978, pp 30-33.

J. Sevick, "Measuring Soil Conductivity," *QST*, Mar 1981, pp 38-39.

W. Silver, "Hands-On Radio: Experiment #52 — SWR Meters," *QST*, May 2007, pp 57-58.

R. Skelton, Ron, "Measuring HF Balun Performance," *QEX*, Nov/Dec 2010, pp 39-41.

S. Sparks, "An RF Current Probe for Amateur Use," *QST*, Feb 1999, p 34.

W. Spaulding, "A Broadband Two-Port S-Parameter Test Set," *Hewlett-Packard Journal*, Nov 1984.

F. Sutter, "What, No Meters?," *QST*, Oct 1938, pp 49-50.

D. Turrin, "Antenna Performance Measurements," *QST*, Nov 1974, pp 35-41.

F. Van Zant, "High-Power Operation with the Tandem Match Directional Coupler," Technical Correspondence, *QST*, Jul 1989, pp 42-43.

P. Wade, "Directional Couplers," Microwavelengths, *QST*, Jan 2007, pp 87-88.

P. Wade, "Microwave System Test," Microwavelengths, *QST*, Aug 2010, pp 96-97.

C. Wright, "The Twin-Lamp," *QST*, Oct 1947, pp 22-23, 110, 112.

R. F. H. Yang, "A Proposed Gain Standard for VHF Antennas," *IEEE Transactions on Antennas and Propagation*, Nov 1966.

第 28 章

天线系统故障排除

即使是商业设备，在安装或使用过程中，其天线系统有时候也会引入一些错误和问题。当然，任何事物都不可能永远不出错。因此，本章的主题就是：找到这些错误和故障。本章的第一部分是针对初学者的，提供了一个寻找和发现问题的结构化流程。该流程改编自澳大利亚业余无线电协会杂志为初学者提供的一系列精彩文章。该流程最开始是由 Ted Thrift（VK2ARA）和 Ross Pittard（VK3CE）编写的。与之相比，本章的第二部分更为详细，从读者的角度提供了更多的技术背景。该部分内容改编自 Tom Schiller（N6BT）所著的《Array of Light》（第 3 版，www.n6bt.com）中的部分内容。

本章的目的不是要提供一个可以依据它对所有天线或天线系统进行故障排除的详尽流程，要给出这样的流程有太多的问题和因素需要考虑，这基本是不可能的。不过，本章给出了一些查找问题的系统方法和一般指导原则。一般而言，一旦找到问题所在，要解决它就很容易了。

任何有维护或构建由多个部分组成的系统经验的人——无论是否与业余无线电相关——都会意识到故障排除系统方法的价值。下面我们将讲解如何一步一步地分析问题，以便节省时间和成本，有效地进行故障排除。该方法适用于天线、收发器、计算机系统——甚至任何技术领域。无论你是初学者还是有丰富的经验的读者，相信都能通过阅读本章而有所收益。本章的最后一部分着重于系统维护而非故障排除，不过由于二者的关系是紧密联系在一起的，因此学习该部分内容也是需要的。该部分内容改编自《WIA Amateur Radio Foundation Corner》的相关卷目，这些卷目由 Ross Pittard（VK3CE）和 Geoff Emery（VK4ZPP）编写。

28.1 针对初学者的天线系统故障排除方法

当你什么也听不到的时候，你会认为你的天线系统出了问题。的确很可能如此，至少天线系统的某些部分可能出了故障。为了修复故障，我们首先要做的是找到故障所在。要做到这一点，我们需要像在电台中查找故障那样对天线系统进行分析。毕竟，天线系统也是一个电子线路，如果不是完全正确，就可能不会按你期望的那样工作。本部分所描述的分析和查找过程适用于与图 28-1 中所示的相类似的大部分简单天线系统。

先从天线系统的构成开始。构成天线系统的任何部分都有可能出问题：

- 支撑杆和支撑绳
- 天线绝缘子
- 天线组件
- 馈点或巴伦
- 馈线
- 电台室入口
- 与电台连接的跨接电缆

跨接电缆（也称为接插电缆）是一段两端有射频（RF）连接头的同轴电缆，可以用来将两件设备连接在一起。下面的讨论中，我们假设你有一根与天线相连的同轴馈线。

首先确定需要排除故障的天线系统的特性：

- 平衡半波偶极天线？
- 偏馈（OCF）偶极天线？
- 多频带天线，例如 G5RV？
- 设计需要的主要频带？

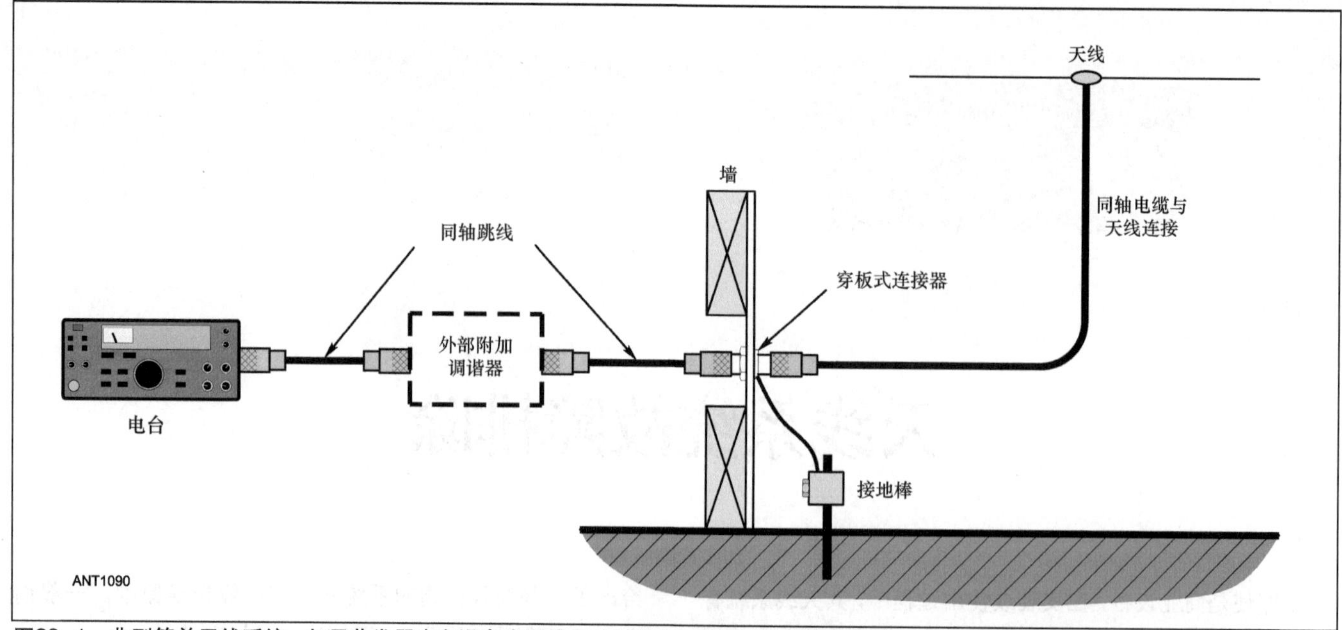

图28-1　典型简单天线系统。如果收发器本身没有内置的自动调谐器，本系统可能还需包含一个外部附加的调谐器。最好将天线电缆通过一个安装在有接地的墙板上的连接器进入电台室。该连接器通常也起着避雷针的作用。设备各部分通过同轴跨接电缆相连。

同时还需要考虑电台的特性：

- 具有内置的天线调谐器，还是需要外部附加天线调谐器？
- 可发射任意频段的载波信号？
- 载波功率电平可调？

在下列测试过程中，注意不要出现连接错误或连接松动，电源和控制线缆连接松动或连接断开、线短接之类都是不应该的。有可能系统的主要元件都没有问题，但是问题就出在连接错误，这是非常普遍的！

如果你还没有开始，那么现在正是时候准备一个记录本来记录你是如何构建自己的电台了。你可以记下你的测试结果、控制电缆的色码、设备改造信息、安装日期等。这些信息在你将来进行故障排除或为电台设计附加部分时将为你节省大量的时间。螺旋装订笔记本或一本作文纸都是做记录本的最佳选择，活页夹也可以。记住，每一页上都写上记录信息的日期。

28.1.1　测试准备

如果你的电台有内置的自动调谐器，它现在已经在尝试匹配你的天线系统了。你也可以试试其他的频段看看能否发现点什么。为了找到问题所在，我们必须针对设计所需要的主要频带对系统进行测试。请牢记这一点。

测试设备

除了你的电台之外，你至少还需要：

- 合适的功率/SWR 表
- 福特-欧姆（V-Ω）表，用于检查电缆和电线的连通性
- 合适的 50Ω假负载
- 至少两根经过测试的 50Ω跨接电缆

28.1.2　测试第一步

为了确保你的电台和测试设备正确工作：

（1）拆除天线同轴电缆并连接测试用跨接电缆。

（2）将跨接电缆另一端的连接头与功率/SWR 表相连。

（3）将假负载与功率/SWR 表相连。

（4）将功率/SWR 表设置在高量程以防止过载。

（5）将电台设置在天线的主频带，并使调谐器调谐到与 50Ω假负载匹配。

（6）将电台设置为 CW、AM 或 FM。.

（7）调整输出功率到最小。

（8）按下 PTT 并调节输出功率为 5～10 W。

（9）检查电台的功率指示是否与功率/SWR 是否一致。

现在你设置好了测试基准，将已知功率的信号输出到 50Ω负载。在整个测试过程中注意不要改变电台的设置，直到完成所有测试并排除故障。

28.1.3　天线系统测试

测试第二步

现在我们开始逐步排除问题原因。首先，简化你的天线

系统。拆除电台和天线之间的所有设备（开关、滤波器等），将你的天线系统简化为图 28-1 中所示的简单连接。

天线电缆进入电台室可能会有某种插座或穿板式连接器（例如 UG-363 适配器或 Amphenol 83-1F），并通过跨接电缆与电台相连。接下来我们对其进行测试。

（1）将测试用的跨接电缆从电台上拆除并连接到功率/SWR 表上。

（2）使用你的跨接电缆将电台与功率/SWR 表相连。

（3）按下 PTT 并观察功率读数。读数应与上面第 8 步中的数值一致。如果不一致，说明你的跨接电缆有问题或者不合适。

测试和修复

首先，检查跨接电缆内部和外部导体各自的连通性。接下来检查电缆的绝缘层——内部和外部导体之间应该是未连通的。检查 PL-259 插头的所有引脚是否被正确焊接，是否牢固地插在 SO-239 插座上。查看电缆的标记确认是否是 50Ω的电缆。过程中，如果发现了任何问题，请对其进行修复，并重复上面的步骤 1～3。

测试第三步

还有一个故障查找步骤。穿板连接器同时也是避雷针的情况是很常见的，它可能会因为雷击或受潮而出问题，当然这并不可笑，即使是非避雷针式的连接器也可能会因为受潮或其他原因而出现问题。因此，我们需要对连接器进行测试。如果你的系统中，天线和收发机之间没有连接器，请直接跳到后面的第四步测试。

（1）断开穿板连接器与天线之间的同轴电缆连接。

（2）使用你已经测试通过的跨接电缆，按以下步骤进行连接器的连通性测试。

（3）将跨接电缆与里侧的连接器相连。

（4）测试内部导体和外部导体之间的绝缘性。如果该连接器同时也是避雷针，需要检查其内部导体是否对地开路，外部导体是否对地短路（或之间阻抗很小）。

（5）测试连接器连通性最简单的办法就是在连接器的外部接一个 50Ω的假负载。内外导体间的阻抗应为 50Ω。

（6）借助两根跨接电缆和功率/SWR 表，从发射器输出功率到连接器外部的假负载上。

（7）输出功率应与测试跨接电缆所用的功率一致。

（8）SWR 不能高于 1.1∶1，否则连接器在 RF 使用中将发生故障。

测试第四步准备工作

我们什么时候开始对天线进行测试？很快，不过现在还不行，我们先要进行目测。假设你的天线是某种线天线，请降低天线的位置，对它进行检查。

- 检查两端的绝缘装置，确保天线和支撑线/绳之间不会短路。
- 如果线单元中有任何接头，请确保连接良好。
- 应确保各线单元之间在中心绝缘装置处不会短路。
- 巴伦或同轴电缆与单元连接处应确保焊线或连接良好。

——如果是中心馈电偶极天线，应该是 1∶1 的电流型巴伦。

——如果是偏心馈电偶极天线，应该是 4∶1 或 6∶1 的巴伦。

去除同轴电缆终端的防水物质，检查是否受潮。如果连接器褪色或被腐蚀，需要对其进行替换或者清理。同样，也需对电缆进行检查。

八木天线或垂直天线也需按类似的步骤进行检查。

测试第四步

现在我们开始测试主要的天线同轴电缆和连接头。首先是一些直流测试，接下来是 RF 测试。

（1）断开天线和穿板连接器（或电台）之间的同轴电缆连接，测试所有内部和外部导体的连通性。测试内部导体和外部导体之间的绝缘性。

（2）连接 50Ω的假负载到主同轴电缆的天线端。测量电缆电台端内外导体间的阻抗，应该接近 50Ω。

（3）将穿板连接器重新连接到主同轴电缆的电台端。请按以下顺序连接：电台，跨接电缆，功率/SWR 表，跨接电缆，穿板式连接器，主同轴电缆，假负载。如图 28-2 所示。

（4）按下 PTT 并注意功率读数，应与你之前的设置值接近：5W 或 10W。查看 SWR：不应高于 1.1∶1。请确认是否有反射功率，如完全没有，说明同轴电缆的损耗很大，以致反射功率极小。请多做几次测试以确定这一点。

（5）将功率/SWR 表连接在主同轴电缆天线端，并位于可见处。请按以下顺序连接：电台，跨接电缆，穿板式连接器/连接器，主同轴电缆，功率/SWR 表，假负载。如图 28-3 所示。

（6）按下 PTT 并注意功率读数：至少达到你之前设置值 5W 或 10W 的 75%。如果太小，说明同轴电缆的损耗太大，应该对其进行替换。

（7）查看 SWR：不应高于 1.1∶1。

（8）如果你对主电缆进行了替换，请重复上面步骤 1～7。

测试差不多快结束了。现在给同轴电缆与巴伦间的连接处涂上防水层，或者至少缠上一些临时的防水胶带。（如果它现在能工作，你之后忙起来将会完全忘记它！）将天线放回原来的位置，注意不要给同轴电缆施加任何压力。接下来我们将在不借助电台调谐器的情况下测试主频带时的 SWR。

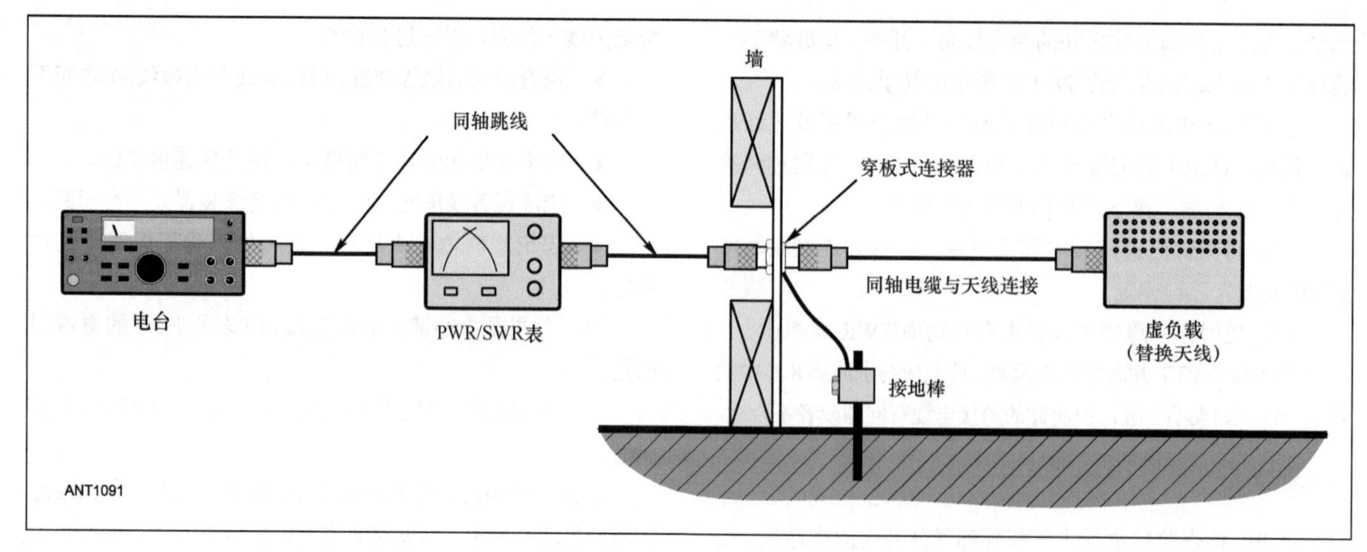

图28-2　检查SWR的测试设置：使用假负载代替天线。

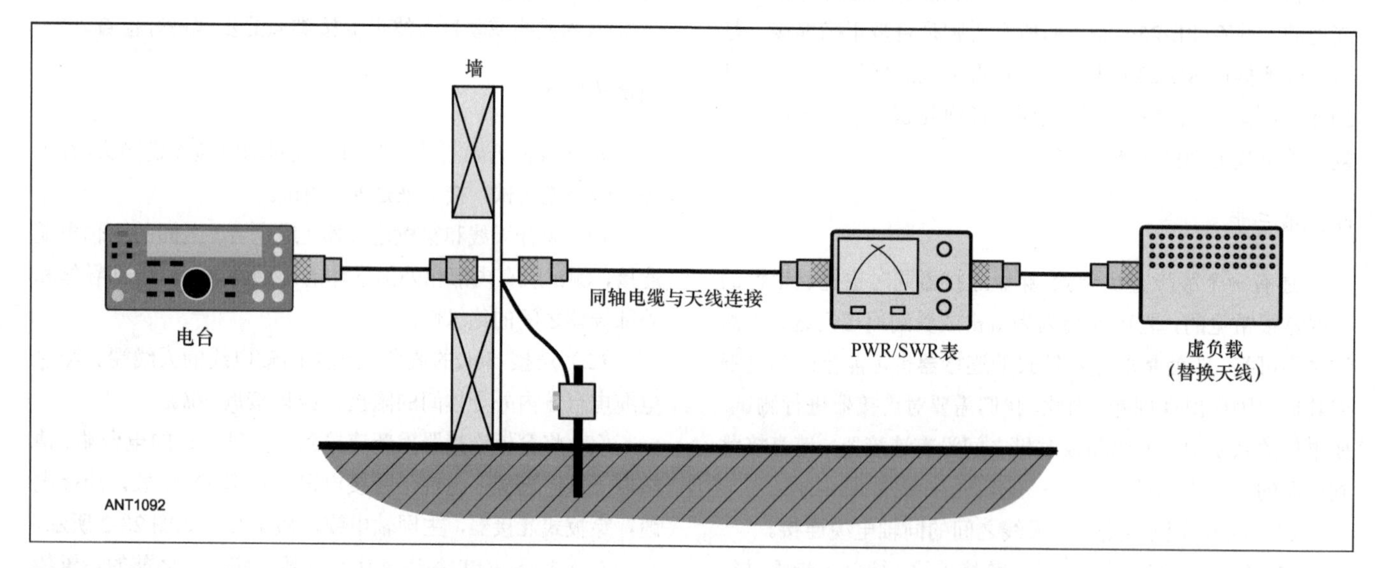

图28-3　检查主同轴电缆是否损耗过大的测试设置。

最后一步测试

我们先进行没有调谐器的测试，以确认天线设计在需要的主频段的工作情况。只有在这个频段上，我们才可以对线单元的长度进行任意调整。在做调整之前，我们需要先知道从哪个方面着手，因此我们先测试天线在主频段两端及中间频点上的工作情况。

将功率/SWR 表连接在电台和穿板连接器之间或者电台和与天线相连的同轴电缆之间。注意，我们在测试时应该考虑到对他人的影响，看看该频率是否在使用中。（也可以使用“天线和传输线测量”一章中描述的 SWR 分析仪。）

假设主频段的波长为 40m，将你的电台调到 7250kHz（接近主频带的最高频率点）并找到一个安静的点。请确认该频率是否在使用中，如果没有，可以开始进行测试了：

- 将载波功率设置为一个较低的值，例如 10W。
- 将驻波表的校准旋钮旋到最大，逐渐增大输入功率直到校准读数满量程。
- 将驻波表拨回到 SWR 读取反射功率，并记下读取的值。

现在将电台调到主频带的中心频点并找到一个安静的点。使用合适的模式重复上述测量步骤。主频带最低频点处的测试也按上述步骤重复进行。

比较前面三次测试中得到的 3 组 SWR 值，以判断天线是长了（最高频点处 SWR 值太高）还是短了（最低频点处 SWR 值太低），或者说不需要进行任何调整。注意，如果各个频点上的 SWR 值都是 1.5∶1 或更小，调整天线的长度将不会有多大帮助。如果主频带的各个频点上的 SWR 值都高，说明天线本身有故障。

如果天线的 SWR 测量结果是可接受的，那么可以使用电台的自动调谐器了。如果你使用的是外部附加的调谐器，请确保电台和调谐器之间的跨接电缆工作良好（如前所述）。调谐器安装在电台和天线之间。下面的内容假设电台内置了自动调谐器。

将功率/SWR 表从天线馈线上拆除，使天线通过穿板连接器和跨接电缆直接与电台相连。打开自动调谐器并调到一个合适的频率上。将输出功率设置为最大值的 75%～80%，然后找到一个清晰的频率。当你确认天线系统的 SWR 值合理时，调谐器应该已经在正常工作了，现在您可以继续操作了！如果调谐器不能正常工作，有可能是因为馈线外表面上的 RF 电流过大。在电台的输出端或者天线调谐器端加一个电流型巴伦，再试一次。（请查看“传输线耦合和阻抗匹配”一章。）如果调谐器仍然不能正常工作，就可能是你的调谐器有问题了。

如果天线 SWR 的测量结果表明天线出现了故障，那么要准确排除故障还依赖于天线的具体类型。记住，把发生的一切都记录下来，你有可能需要联系制造商或者寻求帮助，这些信息将非常有用。故障排除从目测开始，先检查单元和连接处是否有松动或腐蚀。对所有线圈、夹具、电容的连通性进行检查。测量时扭动各连接片，查找连接不好的地方。如果仍然没有找到问题，可以试着拆卸开天线，用思高拭亮摩布一类的合成清洁布清洁金属对接面，然后重新装好（注意尺寸和各部件的方位）再进行测试。如果最后还是没有办法正常工作，你可能需要联系制造商的客户服务部门求助了。

28.2 天线系统故障排除指南

天线是通过某种机械结构来实现的电气设备。因此，只要它被构建得合理，就应该能够“工作”（尤其是对生产单位来说）。下文将从以下 5 个方面进行阐述：

- 测试测量
- 机械
- 邻近效应
- 馈电系统
- 误区

下面将就指南中关于处理和分析各类问题的内容进行讲解。在后文中，采用不同的方法对各种问题进行分析处理时，这些内容都将被用到。可以把它们想成是用于故障排除的工具箱。虽然这些内容大都是基于测试八木天线或波束天线的，但是这些一般性准则也适用于各种类型的天线。

请牢记故障修复和排除的基本原则：从最简单和最基本的开始，一次只做一件事。

进行比较时，注意不要选择“边界”信号，也不要将接收机调到最大强度 S9（这将导致难以测量到几个分贝的差异）。此外，要获得比较好的效果，地形方面也有很多方面需要考虑。如果你在与大型的电台进行比较，电台的位置必须进行恰当的选择，天线也需要安装在能发挥最佳性能的地方。

请牢记能量守恒定律：能量既不能被创造，也不能被破坏。一个系统（天线系统）的能量总和总是恒定的。从传输的角度看，我们消耗的能量，要么从天线发射出去，要么因为损耗转化为热能。

如果你提高了天线的效率，你的系统的作用范围将扩大，能够听到更多的电台，也能被更多的电台听到，而你也将收获更大的乐趣。如果你仅仅增大了你的发射机的功率，你的传输范围将扩大，但收听能力不会得到改善。

28.2.1 测试测量

A．对最低高度在 15～20 英尺的天线（见图 28-4）进行测试。这个高度能够保证天线离地面足够远（其作用等同于在天线上加了电容），从而使测量结果有意义。锯木架仅用于搭建系统，无其他功用。

- 注意，离地最少 15～20 英尺是指离地面 15～20 英尺，中间没有任何其他物品。例如距离 10～15 英尺高的屋顶 5 英尺，这是不行的。
- 天线谐振频率将随天线升高而增大。

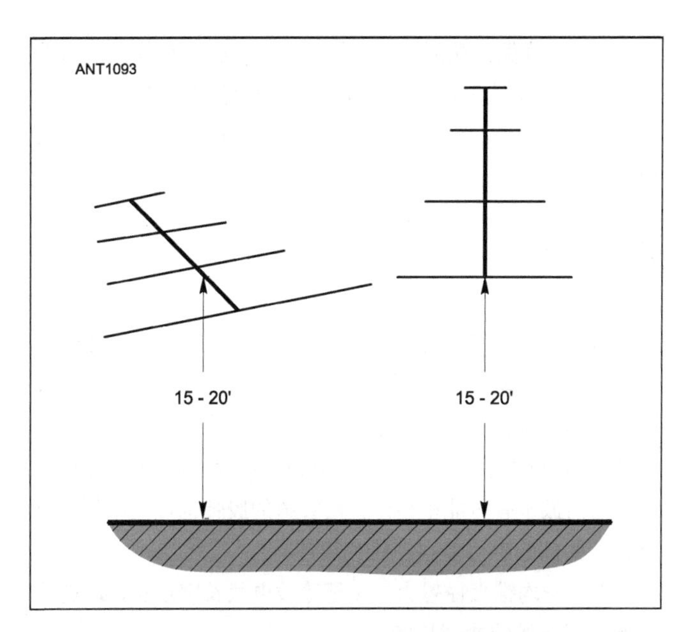

图28-4 测量八木或框形天线时，请确保天线高于地面15～20英尺。如果朝向为垂直方向，请确保反射器在靠近地面一端。随天线高度增加，性能将随之改变。

● 馈点阻抗将随高度变化而变化，这一点适用于水平天线和垂直天线。

● 有些天线受地面的影响相比其他更大。

● 有些天线受其他导电物体（即其他天线）的影响会更大。

B．将天线朝上放在地上（反射器一端放在地面上），在极少数情况下可能会得到相同的测量结果，但最好不要这样做。这样做基本就等同于将反射器与一个大电容（地面）直接接触，驱动单元也离得很近。请保证天线离地至少15～20英尺。

C．注意，使用手持SWR分析仪寻找的是SWR的dip，而非50Ω阻抗处。（“dip”，最低SWR对应的频率，或者仪表的最小摆动）。对于MFJ-259/269系列的SWR分析仪而言，你需要使用的是左侧仪表（SWR），而非右侧仪表（阻抗）。

D．请检查附近是否有广播发射机，小功率的手持仪表与几千瓦的功率不匹配。设备前端接收到这些带外广播功率时将“认为”是反射功率，结果就是SWR值表现为一个天线正确匹配时从未出现的异常值——有时低至1.3∶1，有时高于5∶1。广播发射机会在日落/日出时改变发射功率和方向，这使得白天和晚上的测量结果不同。如果信号来自于AM发射机，你可以看到表的指针随编程音频幅度移动。

E．SWR及最低dip频率的是否随同轴电缆的长度改变？如果是，巴伦可能存在故障：未能将负载与同轴馈线隔离。此外，有了附加长度的同轴电缆及与其相关的能量损耗：

● 附加的同轴电缆的SWR值预计将更低。

● 测量同轴电缆发射机端时SWR曲线的宽度预计将更宽。

F．请确保你观测的dip是正确的，因为有些天线可能还有第二个谐振点（另一个“dip”）。很可能你看到的是八木天线反射器的谐振频率，或者与相邻天线相互作用引起的其他dip。

28.2.2 机械

A．尺寸是否正确？生产单位提供的产品应与文档相符。使用管状单元时，组装过程中需测量每个振子暴露部分，组装完毕后需测量振子半长（单元每一半的总长度）。测量整个长度有时会比较困难，这取决于横梁上的八木天线中心。因为振子有可能呈弓形，沿管道的胶带也可能不平，自行设计的部分也可能存在锥度误差。

B．平均锥直径越大，振子等效电气长度越长，这就像是增加了天线的物理长度。

C．平均锥直径越小，振子等效电气长度越短，这就像是缩短了天线的物理长度。

D．如果振子为单锥形（全部使用相同的管道振子），在相同频点上，直径较大的单锥振子可以以较小的长度获得与较小直径的单锥振子相同的电气性能。

E．将振子安装到横梁上的方式将影响振子的长度。安装的方式可以是直接连接到横梁上，也可以是与横梁相隔离。不正确的安装/安装板配置将破坏天线调谐：

● 4英寸×8英寸的安装板，其等效直径约为2.5英寸，振子等效半长约为4英寸。

● 3英寸×6英寸的安装板，其等效直径约为1.8英寸，振子等效半长约为3英寸。

● 安装板的等效计算是振子半长模型中应首先了解的。

F．八木天线中，如果振子直接与横梁连接，应先确定振子是否连接到横梁的正确位置。

G．八木天线中，如果振子与横梁隔离，应先确定振子是否与横梁在正确的位置上进行了隔离。

H．发夹匹配设备（即八木天线）的中心可以接地到横梁。

I．横梁是“中性的”，但它仍然是一个导体！偶极子振子的中心也是“中性的”，调谐过程中即使碰到也不会影响读数。如果使用了发夹匹配设备，发夹的中心在调谐过程中同样可以被碰到而不会影响读数，甚至碰触整个发夹也不会对读数有太大影响。

J．试验表明，安装在同一根杆上的几副天线，将振子与横梁进行隔离可以减少各个天线之间的相互作用。

K．安装在同一根杆上的八木天线之间必须有足够的空间，以避免增益和F/B损耗。例如，如果一副20m波段的单边带八木天线和一副15m波段的八木天线之间的间距为10英尺，将显著减少15%的增益（甚至有时可达50%），此外，F/B也将损失15%。

L．在多层天线中，频率高的八木天线将受频率低的影响。假设有一多层天线由20m、15m、10m波段的八木天线构成（20m的天线位于杆上最低位置——正确的层序），则15m的将受20m的影响，10m的将受15m的影响，也可能受20m的影响。

28.2.3 邻近效应

A．看看附近有什么（屋顶，电线，拉索，排水沟）？如果它能导电，那么它就有很大可能耦合到天线！

B．先看看SWR是否随天线的旋转发生改变。如果是，说明有其他物体与天线发生了相互作用。注意，对于某些天线组合，即使存在破坏性的相互作用，SWR也不会随天线旋转而发生变化。这时候可以借助计算机建模来进行分析。

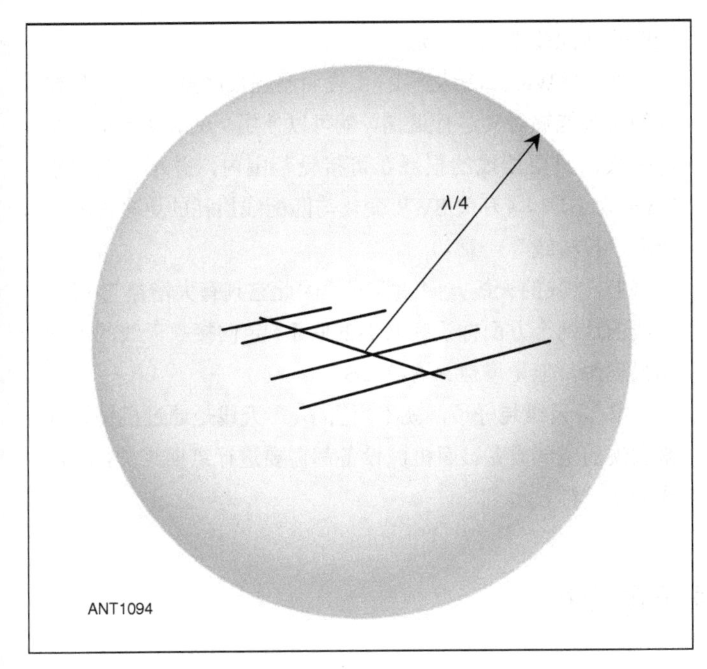

图28-5 1/4波长范围内的中、低阻抗的传导物质在天线的工作频率上都可能与之发生相互作用。

C. 天线 1/4 波长范围内的相互作用如何？我们想象有一个球体，球体的中心就是天线，如图 28-5 所示。根据频率不同，可以得到下面的数据（球半径）：

160m = 半径为 140 英尺（1/4 波长）

80m = 半径为 70 英尺（1/4 波长）

40m = 半径为 35 英尺（1/4 波长）

20m = 半径为 18 英尺（1/4 波长）

15m = 半径为 12 英尺（1/4 波长）

10m = 半径为 9 英尺（1/4 波长）

1/4 波长范围内的中、低阻抗的传导物质在天线的工作频率上都可能与之发生相互作用。

D. 无论邻近的天线是否在发射信号，它都会与你的天线发生相互作用。不过，接收信号时的影响不如发射信号时的影响那么显著。

E. 安装在八木天线下面的线天线（包括倒 V 天线及多频带偶极子天线）将轻易对其产生影响。由于线天线一般工作在较低频段，因此不会受八木天线（工作在较高频段）的影响。

F. 较高频段的天线（八木天线）在多层天线中安装在低频段天线上面吗？不同天线之间的间距足够吗？要回答这些问题，首先需要记住一点，1/4 波长范围内的认可物体都可能带来问题。在实际安装过程中，并不需要通过仔细地建模来分析和避免相互作用带来的影响。保证 VHF 天线和 HF 八木天线之间交叉极化就可以了。

G. 80m 波段的可旋转偶极子天线与附近八木天线的横梁应保持平行，以避免相互影响，其他可能产生干扰的天线应与八木天线的横梁垂直。保持 80m 波段的可旋转偶极子天线与八木天线的横梁平行，这样的安装受风的影响也比较小。大多数八木天线，其单元的风载要比横梁的风载大，增加横梁的面积可以使安装更可控。

28.2.4 馈电系统

馈电系统包括：

- 馈线
- 开关
- 天线上馈点与主馈线或开关之间的电缆
- 电台室内的所有馈线

馈电系统即是电台与天线馈点之间的整个连接。

A. 首先检查馈线（同轴线缆）是否完好。（从最简单的开始。）先确定同轴电缆内是否有水。如果有，将会使读数显得很奇怪，即使是与频率相关的读数。如果证明有问题，换一根电缆并重新检测。

B. 下面这些问题我们需要注意：连接器是否安装正确；是否有连接器被压迫到（拉伸），旋转环是否合理（不会压迫到同轴电缆），旋转环是原来就有的旧环还是是全新的（一般全新的没有问题）。N 型连接器（尤其是较老的型号），其中心导体由于同轴线缆对连接器的拉拽容易被拉出来。

C. 请先确认馈电系统中是否有桶式连接器（PL-258 dual-SO-239 适配器），是否有新的或不同的桶被插入。即使使用的是新的桶式连接器，这些也是常见的故障点，故障范围从微桥、横跨与中心短接的桶体及屏蔽层，一直到桶两端之间的电阻。其次，还需要确认所使用的新的桶式连接器是否已经在一个已知的馈电系统中进行了检测，请确保在安装前对它们进行了检测。只使用高质量的 RF 适配器，因为这些是系统中常见的故障点。

D. 请确认同轴电缆是否完好。如果有破损，可能会导致屏蔽层与其他物体接触。同轴电缆（例如旋转环、伸缩塔的同轴电缆）的屏蔽层与塔接触可能会引起一些间歇性问题。

E. 请确认电台的调谐器是否关闭。这一点常在增加新天线时被忽视。

F. 请确认线路上是否有新的设备。进行故障排除时除了必要的部分其他最好拆除。

G. 有远程天线开关吗？交换到另一个端口。

H. 请确认线路中是否有带通或带阻滤波器。滤波器可能会引入一些问题，导致出现奇怪的 SWR 读数。

28.2.5 误区

天线正常工作时预期读数与实际读数也可能存在误差。实际性能（如 F/B）与标准值也可能存在差异。这种时候，开放的心态将是一笔巨大的财富，它将更好地帮助我们理解和解决问题。开放的心态意味着不要有成见或偏见，要做到这点有时候很难。无论如何，请记住我们的目标是提高性能。常见的误区有：

A．“低 SWR 表明天线有增益。”不，低 SWR 仅仅表明天线与馈线匹配，不要忘记假负载情况下也可获得低 SWR。

B．“高 SWR 表明天线没有增益。”不，高 SWR 仅仅表明不匹配或馈电不合适。

C．“SWR 无法达到 1∶1 说明问题很严重。”不，只要你的装备能够对其进行调谐，就可以使用。反射功率不会全部丢失。只要馈线的损耗在可接受范围内，并不一定要求 SWR 为 1∶1。（有关 SWR 变化与匹配线损耗的更多内容请查看“传输线”一章。）

D．“我的天线方向图很好，因此它具有大增益”。不，天线的这两个方面并没有必然的联系。定向接收天线的方向图很理想，但是增益只有-20dBd。

E．“天线装好了，就不用管了。”天线是通过机械设施来实现的电气设备，而机械设备都需要进行定期维护，就像你的车一样。

28.3 天线问题分析

采取特定顺序的步骤系统地分析问题会使这一过程变得容易一些。它还将提供一个学习环境，使得将来的工作变得更高效，更令人愉悦。

下面的经典调试步骤分成 5 个部分进行讲述。每部分都根据指南解决解析过程的一个具体方面。安装天线的过程中不是所有的步骤都要用到，不过读通它将是有利的。

这份材料和步骤的长度不会给阅读带来任何困难——安装过程中的问题通常比较容易解决。

28.3.1 第一部分——SWR

A. SWR 的常见问题是与预期不符。这是唯一一项大多数人都能够可靠操作的测试。

● 如果 SWR 的值比较高（4∶1 或更高），在确认馈电系统无障碍之前不要对天线做任何调整。

● 如此高的 SWR 值与期望值相差较大，基本上不太可能是因为天线出了故障。

B．将馈电系统中所有可能出故障的设备拆除，例如带通滤波器（尤其当 10m SWR 读数与预期不符时）。这样，我们可以比较直接地对天线（安装位置良好）的问题进行分析。

C．首先隔离馈电系统。

● 在同轴馈线天线端连接一个 50Ω的假负载。

● 测量同轴馈线发射机端（另一端连接假负载）的 SWR。

● 如果 SWR 测量结果不是一个较低的值（1.2∶1 或更低），就应该对同轴电缆进行检测：

➢ 如果发现能量经过同轴电缆后有比较明显的衰减（使用瓦特计），则该电缆应该被替换。

➢ 如果同轴电缆没有问题，请继续下面的步骤。

D．天线距离地面的高度是否合理：

● 距离地面和屋顶 15～20 英尺。

● 如果距离地面的高度不合理，请安装在尽可能高的位置。注意邻近效应。

E．SWR 是否随天线旋转而发生变化：

● 杆上是否有其他物品。

● 附近是否有线天线。

● 天线在什么之上或下旋转引起了测量结果的变化。

F．振子的长度是否正确。

G．振子的位置是否合理。

H．如果有手持测试设备，请看看附近几英里内是否有广播发射机。这一点对 160m、80/75m，或 40m 波段的天线来讲很重要。

28.3.2 第二部分——馈电系统与天线组装

A．保持平静。

B．从最简单的开始。

C．简单的改动（如，将一根振子移动几英寸）后，最常出问题的部分一般是馈电系统。

D．更换同轴电缆，即使比较麻烦。

E．尝试拆除天线系统中的馈电系统，以隔离最容易出问题的部分。

F．确保找到 SWR 的 dip。

G. 制作天线时，可以通过下面的检查发现大多数问题：

● 检查振子的长度和调谐（以及在横梁上的位置，极少情况）。

● 当地的广播发射机将影响读数——使用你的发射

机和它的 SWR 表。

- 天线安装是否正确。应清晰了解附近物体引起的邻近效应，包括可传导的拉索。
- 馈线使用是否正确，匹配系统是否调节到合适状态。

28.3.3 第三部分——记录

A．按顺序记录下每步操作。

- legal pad 或笔记本用于记录非常适合。最好为所有操作步骤和每页纸编号。
- 记下操作步骤和观测结果。
- 给变化量加下划线，使用+/-符号来标记是变大了还是变小了。

B．如果要进行改动，请一次只做一个改动。

- 如果同时进行多处改动，将很难分辨是何改动导致了观测值的变化。
- 如果同时进行了多处改动，而观测值未发生变化，这也可能是因为不同改动引起的变化相互抵消了。
- 同时进行多处改动会使跟踪问题变得困难。

C．记录下初始观测结果和条件，例如高度和周围的环境。

28.3.4 第四部分——自制天线

A．非商业用途的，自制的，或“一次性”天线：

- 采用与生产商相同的制作程序。
- 锥形振子需要进行检测。
- 振子安装可能未能正确说明。
- 匹配技术未按预期工作。拆除匹配设备后直接检查馈点。

➢ 发夹（hairpin）将增大阻抗，可能增大到高于 50Ω，且无法调整到低于 50Ω。

➢ 如果是“前抵”型设计，正向八木天线需要跨馈电点（如，发夹）被短路。否则，驱动部分两端间需要连接一根开路或短路的同轴短线。

B．采取前面描述过的步骤在笔记本上记下尽可能多的设计细节。

28.3.5 第五部分——on-Air 观测

A．F/B 低于预期。

- 天线高度和角度将影响 F/B。可以通过参考典型案例来熟悉这些问题。
- 规范中要求的 F/B 值很难达到。有些规范中给出的值太大，F/B 满足的条件下带宽将很窄（如果调谐不正确，就可能超出频带）。
- 期望值是多少？

➢ 恰当调谐后，双振子全尺寸寄生八木天线的期望值约为 12-16dB，缩短的双振子加载八木天线的期望值则>20dB。

➢ 三振子全尺寸八木天线的期望值约为 20dB。

- 将多层八木天线（例如 20m-15m-10m）安装在同一根桅杆上对 F/B 值的影响很大。
- 旋转夹安全性低，容易在桅杆上滑动。
- 即使夹得很紧天线连接也可能存在问题，天线也有可能在桅杆上滑动（尤其是硬钢型桅杆）。

B．增益（能量重新分配）期望值是多少？表 28-1 中所示为同一高度、同一位置处的全尺寸 20m 天线及全尺寸偶极子天线的增益期望值。

表 28-1 全尺寸天线的增益期望值

增益（dBd）	天线类型	全尺寸天线梁的长度
0	偶极天线	参考值*
4.5	2 单元	10’
5.5	3 单元	20’
6.5	4 单元	30’
7.5	5/6 单元	42’
8.5	7 单元	60’
9.5	8 单元	80’
10.5	9 单元	105’
12.5	12 单元	175’
14.5	20 单元	330’

*参考基准为与八木天线位于同样位置处的偶极子天线，例如位于地面上空

如果是各向同性的，在表中数值的基础上还要增加 2.14dB（4.5dB+2.14dB=6.64dBi）；如果再加上地面反射增益（如，地面上 1 倍波长处），则再增加 5.8dB。无论如何，表中的参考值是一定需要的，否则你对天线将一无所知。

C．下列情况都将引发问题。

- 朝向不正确（30°已经是很大的偏差）。
- 规范中天线系统的增益值或损耗值是错误的。
- 同轴电缆、开关、天线调谐、天线组架，径向系统等存在问题。
- 操作人员操作不当。

28.3.6 八木天线中的高 SWR 故障排除

本节的重点是八木天线的故障排除，当然本节内容对分析其他类型的天线也有帮助。我们将在后面的章节对其他类型的天线进行分析和讨论。

调谐八木天线时要记住一点：在八木天线中，激励振子的主要目的是激发整个阵列。激励振子的调谐与增益和方向图的关系很小，虽然激励振子和相邻振子间的间隔对于八木天线设计来说很重要。在 2 单元八木天线中，激励振子的位置的确会影响天线的增益和方向图，因为它设置了梁的长度；但是，寄生振子（反射器或引向器）才是主要的“控制器”。

要找到八木天线出现高 SWR 的原因，我们需要先确定一个合理的范围。在找哪里有问题，哪里没有问题的时候我们的思想需要更开放一些。假设我们刚刚竖立起了一副商业化生产的八木天线，且该天线在同轴电缆的钻机（rig）端有较高的 SWR。我们想到的第一件事就是，问题出在天线上。也许是，但是我们需要按步骤进行检查确认。

在本例中，假设新天线系统中 rig 处的 SWR 为 3∶1。如果问题出现天线上，则意味着从馈线看过去（天线馈点）的负载不等于同轴电缆的特征阻抗。简单来说，如果同轴电缆的阻抗为 50Ω，3∶1 的 SWR 意味着天线的馈电阻抗为 150Ω或 17Ω。八木天线的馈点阻抗有可能低到 17Ω，但却不可能高到 150Ω。因此，我们需要做一个选择，现在我们选择认为馈点的阻抗为 17Ω。还有一点我们需要考虑，馈点处可能有阻抗变换设备，不过，在馈电阻抗为 50Ω时，该设备不太可能将馈点阻抗变换到 150Ω这么高。

有时候会有意地将馈电阻抗变换到比较高的值。特定波段的 4∶1 同轴巴伦可以减少偶次谐波。这些巴伦要求八木天线的馈点阻抗是同轴电缆阻抗的 4 倍，即 200Ω。这可以通过一个跨接在八木天线馈点处的发夹匹配器来实现。电路连接为：50Ω同轴电缆直接连接到天线塔，桅杆和激励振子上，通过 4∶1 巴伦连接到馈点上，馈点处还跨接有发夹匹配器。现在回到我们 SWR 为 3∶1 的例子。

阻抗变换设备（匹配电路）的作用是增大馈点阻抗，使之与馈线匹配（一些匹配电路的作用是减小馈点阻抗，但绝大多数用在八木天线中的匹配电路其作用都是增大馈点阻抗）。如果八木天线的馈点阻抗为 17Ω，可使用发夹匹配器（跨接在馈点处的感性电抗）增大馈点阻抗，使之与 50Ω馈线匹配。因此，如果八木天线的确有 17Ω的馈点阻抗，且有一个发夹匹配器，我们需要确认发夹匹配器已正确连接和调整（如果有调整）。很重要的一点是需要知道未变换前的馈点阻抗。

八木天线可以设计成具有非常低的馈点阻抗，但是大多数实际天线并不如此。在我们的例子中，我们假设馈点阻抗在 35Ω范围内。现在我们要怎么办？

在没有使用发夹匹配器的八木天线中，其 SWR 约为 1.4∶1，等于同轴电缆特征阻抗与馈点阻抗的比值：50/35=1.4。因此，如果我们去掉阻抗变换设备，直接测量激励振子（在合理的测试高度（距地高度）上），SWR 应该约为 1.4∶1。如果的确如此，我们应该排除八木天线是导致同轴馈线 rig 端 3∶1 的 SWR 的原因所在。这意味着问题可能出在其他地方，所以我们需要继续下面的故障排除步骤。

28.3.7 其他天线（非八木天线）中的高 SWR 故障排除

全尺寸偶极子天线没有匹配设备，因为它们的阻抗一般在 45～90Ω，具体取决于天线的形状和距离地面的高度。对于两端距离地面高度不大的倒 V 偶极子天线，其阻抗取（45～90Ω）较低的值。如果这些天线上你得到的 SWR 较高，问题几乎肯定出在馈电系统中。

你应该检查天线和 rig 之间的所有部件，包括巴伦（一般很少出问题）、连接头、同轴电缆和线路上的所有设备，例如 SWR 表、天线开关等。

可能有几个原因会导致 SWR 的值比预期高。“SWR 的值比预期高”指的是 SWR 的值比预期高很多，例如预期值为 1.3∶1，但是得到的实际值却为 2∶1。零点几的差别不用太在意。我们想处理的是差别比较大的情况。我们继续上面的使用购买的天线的例子。如果该天线已经生产了一段时间，那么我们有理由假设该天线符合规格。如果天线不符合规格，请先尝试以下的步骤，如果仍然没有找到问题，请继续后面更长的步骤：

将激励振子从阵列（八木天线）中移除，放在一架木梯上。对振子进行测量以确定它的尺寸正确。确认此时的 SWR。如果 SWR 仍然为 3∶1，则问题不是出在天线上。问题一定出在传送系统中，因为激励振子是偶极子，它的 SWR 在任何情况下都不可能为 3∶1。偶极子的馈点阻抗在 40～90Ω，具体取决于它的距地高度，将它换算成 SWR，则 SWR 不会超过 1.8∶1。如果 SWR 明显高于此值，则问题可能出在传送系统上，必须对其进行检查。传送系统包括：rig，放大器，调谐器，天线选择器，所有仪表（SWR 表/功率计），所有同轴电缆和连接。

通常，我们可以根据下面的问题逐步进行排查：

（1）线路中是否有调谐器？很多时候，线路中调谐器的设置会导致 rig 的 SWR 指示器的读数不正确。

（2）SWR/功率表是否是电池供电？电池电压太低可能会导致读数不稳定。

（3）同轴电缆连接是否正确？焊点的焊接是否良好？

（4）同轴电缆中是否有水？

（5）是否使用了用于同轴馈线和天线之间去耦合的 RF 扼流圈或巴伦？

如果问题仍未解决，请按下面的步骤继续：

（1）请记住，天线是通过机械结构来实现的电气设计，因此，请确保所有的连接在机械上都是牢固的。

（2）请记住，天线就是一个空中的导体。没有什么“神奇”的。

（3）确保新天线位于合理的测试高度上。位于地面上空几英尺处（例如安装在锯木架上）的八木天线并不能提供太多有用信息。对于工作在 20～10m 波段的天线，其距地高度应该在 12 英尺左右，再高一些更好。对于 40m 波段的偶极子天线或八木天线，距地高度降到 15 英尺时还可以进行有效的测试，但是，当天线升到最终高度时，频率很可能会向上移动。地面贡献了一个很大的电容！

（4）不要将八木天线的反射器放置在地上，整个八木天线指向天空。这样做将导致反射器与地紧密耦合，从而使天线不能正确调谐。如果反射器位于地面上方几英尺处（理想的高度等于 1/4 波长），则整个天线可以精确调谐。当然，将整个天线水平地安装在地面上方 12～15 英尺处可能会容易一些。

（5）检查组装好的天线的尺寸，确保与设计图纸基本一致。除非该设计对尺寸非常敏感，否则对于 20m 的振子来说，1 英寸的误差不会导致严重的 SWR 变化。

（6）检查新天线邻近的其他天线。表 28-2 给出了一些参考。“新天线”指的是刚竖起来的天线，我们假设它是水平天线。“观测这些”指的是那些有可能影响新天线的天线，“耦合距离”指的是在此距离内，新天线能通过空气与另一天线有效耦合。耦合距离说明了到天线之间最近点的距离。

表 28-2　　潜在相互作用

新天线	观测这些	耦合距离（ft）
40 m	80m，160 m	35
20 m	20m，40m，80 m	18
15 m	20m，40 m	12
10 m	15m，20m，80 m	10

（7）如果新天线是水平天线，则邻近的垂直天线一般不会引起任何问题。水平和垂直极化间的预期隔离为 20dB，足以使天线间无法产生有害的干扰，或者无法产生足够的影响以至于在某一天线上引起如此高的 SWR。

（8）现在市面上有一些新型的 SWR 表，借助它们，天线的调整和测试将变得非常简单。这些仪器提供直接 SWR 读出，同时还会给出对应的频率。至少一种可以显示 SWR 曲线图。如果使用了新的 SWR 表，请注意观察。测试时，这些仪器可以向天线发送一个低电压信号，然后感知反射功率，据此计算回波损耗和馈线在那一点处的 SWR。该 SWR 是线路上 SWR 表所在点的值，而不一定是实际馈点处的 SWR。

在 RF 能量除了来自被测天线还来自电源的区域中，使用这些仪表将出现困难。有些仪表太灵敏，以至于要在它上面观察到 1∶1 的 SWR 是不可能的。因为这些仪器的前端基本上是未调谐的，覆盖的频率范围很宽，所以即使杂散 RF 能量的频率不接近正在测试的频率，也很可能会造成影响。

白天，AM 广播电台可能对这些仪器产生极大的影响。黄昏的时候，大多数 AM 电台将降低发射功率，重新设置天线辐射方向。但是，很可能重新设置后，这些电台的能量辐射方向刚好位于被测天线的方向上，而白天的时候，由于辐射方向朝着别的地方，我们并没有注意到。

AM 广播电台的谐波可能是一个问题；高次谐波是工作频率（基础频率）的倍数，例如工作频率为 1200kHz（AM 波段）时，谐波频率为 2400kHz 和 3600kHz。虽然 AM 发射机中的滤波器可以极大地减少谐波，但是仍可能会有问题。例如，发射机功率为 50kW 时，对于来自某一 SWR 设备的 5mW 信号的反射功率，要将谐波功率减小到与之相比不明显的地步，非常困难。

只要意识到了这些可能的问题，所有这些仪器都可以使用。发射机功率为几瓦特时仪器上的值是最准确的，因为来自其他来源的能量比来自发射机的能量小很多。

（9）如果天线的物理连接正确，并且该天线是商业化的产品，那么问题一定源自邻近的其他导体或天线，匹配设备或馈电系统。馈电系统包括巴伦或 RF 扼流圈，以及馈线。馈线还包括连接头。一些馈线使用的是接续连接头，有些业余爱好者认为这些连接头应该被焊接在馈线上。

（10）巴伦的引线应尽可能短，一般约为 2.5 英寸。RF 扼流巴伦应该缠绕在一个圆筒上（螺旋管），以获得最大的效率。（见“传输线耦合和阻抗匹配”一章。）

（11）同轴电缆与馈点连接处撕开的部分应有防水措施，以防止水沿着这部分进入电缆内部。如果使用了拉索，应该使用绝缘子将其分隔成与谐振长度不一致的几段，或者使用不导电的拉索。

（12）旧的同轴电缆可能被污染。同轴电缆的护套会污染它的内部介质。

（13）同轴电缆内部可能有水分。这可能发生在端部有被撕开的场合（例如与 RF 扼流圈或软辫线连接时），在这些场合中，水可能沿着编织网进入同轴电缆内部。水也可能通过内部电介质流入同轴电缆内部。内部电介质为空气的同轴电缆尤其容易受水的影响。甚至有人认为，水分可能凝结在以空气为电介质的同轴电缆内部。空气绝缘电缆指的是，在电缆的屏蔽层和中心导体之间填充的电介质是空气，而非实心材料。

以上信息适用于你设计和建造的天线。当然，除了那些实际 SWR 规格尚无法得知只能预估的天线。记住，绝大多数八木天线在馈点处的阻抗小于 50Ω。很难找到馈点阻抗大于 50Ω的八木天线，甚至 40+范围内的都非常少。一些八木天线的馈点阻抗可低至 10Ω，这意味着如果不使用匹配电路，SWR 可高达 5：1。

28.3.8 八木天线馈点阻抗注意事项

大多数八木天线的馈点阻抗在 20Ω范围内。对于没有匹配设备的八木天线，馈点阻抗为 20Ω时（假设没有电抗），SWR 值为 2.5：1。通常使用的匹配系统（发夹匹配器，γ 匹配器，T 型匹配器），其作用是增大馈点阻抗。馈点阻抗的值可以被变换到 50Ω以上，如果需要，甚至可以通过 4：1 巴伦变换到 200Ω（50Ω同轴电缆×4 = 200Ω）。

请注意，变换得到的阻抗与原本的阻抗不一样。如果天线原本的阻抗为 10Ω，当为了与同轴馈线的 50Ω特征阻抗进行匹配，而将阻抗变换到 50Ω时，馈点阻抗上流过的电流不会发生变化。

“双驱动”双单元激励设计中，激励振子之间使用交叉馈线，这可以将馈点阻抗变换到一个更高的值，例如 200Ω。该天线原本的阻抗与此相比可能低很多，甚至可能低于 50Ω。

28.4 铝天线翻新

无论这些严重磨损的天线是从别的业余爱好者处得到的，从当地废品回收站回收的，从互换交易会上幸运获得的，还是仅仅是需要做保养，一般业余爱好者常常必须对其进行刮擦处理。

对于铝天线来说有两点最容易造成损害：连接头选择不当造成的电解，以及空气的化学作用。海边的盐或者工业/汽车排放的微粒混在水分中时，可能对铝产生腐蚀。严重的话，天线结构的机械完整性将受到损坏，无法简单修复。

铝天线翻新的第一步是检查天线。首先查找连接头和接头处是否有白色氧化物粉末。如果有，这些区域就应该特别注意。接下来，试着移除连接头处的五金件，它们可能已经太紧了，无法移除。使用的五金件的材料是镀镉或镀锌钢时，尤其如此。可以先在上面喷点润滑油，例如 Kroil 或其他现代制剂，然后再用扳手和螺丝刀试试。这些制剂比 WD40 和 CRC-556 之类的老制剂效果要好。

如果能够将这些很紧的连接头五金件松开，你就已经成功了一步。如果不行，你必须找到一个合适的方法来移除它们。有时候，用喷灯给这些区域加热，可能使这些冻结的接头发生膨胀，从而松动。可使用夹具来防止切割砂轮在高速摩擦的过程中发生移动——切割到底层的铝之前，可以试试利用一个小螺丝起子的杠杆作用，我们希望能沿着切口直接将金属折断，从而不使铝发生损伤或变形。即使是老式的细齿钢锯也可以用来制造切口。

因为腐蚀导致的金属螺丝冻结可能会是个大问题。如果这些金属螺丝固定在塑料绝缘子上，将更加困难，因为当你试图磨掉螺丝的头部时，产生的热量可能会将塑料熔化。一个可行的办法是，使用一个比螺丝直径略小的钻头在螺丝的头部钻一个孔。孔的深度只需比螺丝头的深度略深一点。然后使用一个直径比螺丝头部小的钻头将头部移除。这种方法由于摩擦产生的热量比大多数其他方法少。当螺丝的头部为十字槽 Z 型或十字槽 H 型时尤其容易，因为钻头是自动拧在螺丝头中心上的。

天线拆卸完成后，有必要进一步检查它的状况，并对损坏的地方进行修复和处理。氧化的区域需要打磨以去掉氧化层。如果氧化不严重的话，可使用厨房中使用的塑料百洁布来完成。使用塑料布的优点是：不会在天线表面上留下异种金属粒子，这些粒子在将来会造成进一步的腐蚀。

如果腐蚀斑较深，则有必要清除掉破损的部分，并在该处插入一个合适的套筒（PVC 套管或类似的），以恢复机械强度。但是，如果另一端的振子或梁没有被损坏，这样做的时候，注意确保平衡。记住，铝可能会因为不断的振动而出现结晶化，虽然这个教训来自飞机制造工业，但是对于安装在多风处的站点中的天线，该现象也很明显。

如果被腐蚀的金属不得不被切断，必须想办法恢复连接，以保证电气的连续性。特别是在 VHF 和 UHF 波段，必须保持外径不变，以保证调谐特性在规格要求的范围内。因此，插入的套管通常倾向于使用有铝芯的空心铆钉。一些便宜的铆钉用的是钢芯，有时候，可能会固定得不太紧，从而导致该连接处无法导电，使天线上出现噪声。

所有组件都清理和修补好后，就可以进行组装了。用不锈钢件代替原来的五金件，螺母采用尼龙嵌入（耐落防松）螺母，它们在不造成管子变形的前提下仍可以固定得很紧。使用蜗杆传动的不锈钢软管夹，不过要注意这里不是普通的钢蜗杆传动。使用 U 型螺栓的横梁夹具比较贵，可用钢丝刷把原来螺纹上的锈去除，然后喷一层含铝的涂层，用新的钢螺母和垫圈代替原来的，然后也给它们喷上同样的涂层。如果可能，组装好之后，应该为这些组件再喷一层防水涂层。

注意，紫外线会使许多电线的外部保护套老化。因此，给所有软辫线（无论有没有绝缘外层）加热缩管都是有益的。

接触面处的所有压制接头都应该清洁干净，避免留有锈渍等，不要忘记 RF 趋肤效应。在所有金属连接处都喷上抗氧化涂层，具体请参考“天线系统和天线塔建造”一章中有关腐蚀的章节。

对于表面，如果担心会有水分渗入，可以将表面清洁干净后，在上面涂一层中性的硅酮密封剂，或者缠上丁基橡胶自硬化胶带。具体可参考“天线系统和天线塔建造”一章中有关防水的章节。不要在上面弄热熔胶，这种材料在紫外线照射下会迅速失去作用。

如果表面上有腐蚀斑或刮擦，喷上一层含铝的涂层将防止表面受到进一步损坏。但是，喷涂层时要谨慎。关键还在于你的对象没有腐蚀得太厉害，只需要在上面涂一层很薄的保护涂层，从而不至于造成天线部件间的绝缘。

定期对天线系统进行检查和维护是非常明智的。鸟类（筑巢，栖息）、风、水分都可能造成天线的损坏。因此应该至少每隔几年就对天线系统做一次检查和维护。用心对待你的天线，它们才能好好为你服务。

附 录

本附录包括词汇表、常用缩略语、长度单位转换（英尺与英寸）、公制等值变换以及天线增益参考的数据。

词 汇 表

本词汇表给出在业余无线电中有关天线知识交流与文献中经常使用的词汇列表，并对每个词汇简要地定义介绍。这里给出的多数词汇都在本手册里有更详尽的论述，可以通过索引找到。

实际接地点（*Actual ground*）——在大地表层下能够有效接地传导的接地点，该接地点的深度随着频率与土壤状态而变化。

天线（*Antenna*）——能够辐射信号能量（发射）或收集信号能量（接收）的电导体或导体阵列。

天线调谐器（*Antenna tuner*）——一种包含有可变电抗（也可能还有一个巴伦）的装置，连接于发射机与天线系统馈电点之间，可以使系统在工作频率上调节至“调谐”或谐振状态。

有效口径（*Aperture effective*）——天线所包围的区域，以便于场强和天线增益的计算，有时也称为“捕获面积”。

顶端（*Apex*）——指V形天线的馈电点区域。

顶角（*Apex angle*）——指一个V形，或倒V形偶极或类似天线导线之间的夹角，或者指对数周期阵列天线中各振子单元末端点，所连接成的两条虚线夹角。

平衡线（*Balanced line*）——具有沿着长度上电压与电流相同分布特性的两根对称导体所构成的馈线。

巴伦（*Balun*）——不平衡馈线对平衡负载进行馈电时所需要的一种器件，反之亦然。它可以是扼流器形式，或是能够提供特定阻抗变换（包括1∶1）的变压器。常常用于天线系统中同轴传输线与诸如偶极天线等平衡天线的馈电点之间的接口。

底部加载（*Base loading*）——一种串接在垂直天线底部（接地端）使天线发生谐振的集总式电抗。

筒式平衡转接器（*Bazooka*）——一种传输线平衡转换器，采用四分之一波长导体套筒（金属管或柔性屏蔽层）置于一个中心馈电振子单元的馈电点，并且将套筒远离馈电点的末端与同轴馈线的外屏蔽层接地，使用该转换器允许将不平衡馈线连接到平衡馈电天线上。

波束宽度（*Beamwidth*）——与方向性天线相关的参数，是指在主波瓣中辐射功率等于波瓣峰值一半的两个角度方向构成的宽度，单位为度（半功率-3 dB）。

Beta匹配（*Beta match*）——发夹式匹配的一种方式，用两根导体叉开跨在天线梁上进行匹配，并且将匹配段导体靠近的末端绑定到天线梁上。

电桥（*Bridge*）——具有两个或多个端口，用于天线系统中阻抗、电阻或驻波测量的一种电路。电桥调节到平衡状态时，通过读取已校准刻度或指示表的数值来确定未知参数。

电容帽（*Capacitance hat*）——连接到天线高阻抗端上的大面积导体，能够有效增加天线的电气长度。有时直接放置在加载线圈上面，以减少产生谐振所需的电感量。通常采用一系列辐条形状或实体圆盘形状。有时亦成为“加载顶帽”。

捕获面积（*Capture area*）——参见有效口径。

中心馈电（*Center fed*）——传输线连接在天线辐射体的电气中心的馈电方式。

中部加载（*Center loading*）——在天线振子中部或接近中部的位置串接电感电抗（线圈）的方式，目的是降低天线谐振频率，使得采用短于1/4λ的振子也能够工作在所需操作频率上。

同轴线（*Coax*）——参见同轴电缆。

同轴电缆（*Coaxial cable*）——具有与内部或中心导体相同轴线外屏蔽层的任何同轴传输线的统称，绝缘材料可以是空气、氦气或固态介质复合物。

共线阵列（*Collinear array*）——按照轴向排列为直线方式的辐射振子单元（通常为偶极振子）所构成的线阵列。在VHF或以上频段被普遍采用。

导体（*Conductor*）——允许电流沿着长度连续流动的管状、棒状或线状的金属体。

地网（*Counterpoise*）—— 一根或一组靠近地面安装的导线，但与地面隔离，以构成一个对地具有低阻抗和高电容量的通路，用于给 MF 和 HF 波段天线提供 RF 接地。也可以参见接地面。

电流波腹点（*Current loop*）——天线上存在最大电流值的位置点。

电流波节点（*Current node*）——天线上电流值最小的位置点。

十（*Decade*）——系数 10 或具有 10∶1 谐波关系的频率。

分贝（*Decibel*）——功率比率的对数值，缩写为 dB。当在同一阻抗上测量端电压或通过电流时，也可以用来表示电压或电流之间的比值。缩写词的后缀表示参照体：dBi，以全向辐射体为参照；dBic，以圆极化全向辐射体为参照；dBm，以毫瓦单位为参考；dBW，以瓦特单位为参考。

Delta 环天线（*Delta loop*）——一种形状像三角形或 Δ 形的全波环天线。

Delta 匹配（*Delta match*）——不需将辐射振子中间断开的中心馈电技术，馈线在辐射振子中心以扇形展开，并对称地连接到辐射振子上。扇形展开区域呈 Δ 形状。

电介质（*Dielectrics*）——各种用于天线系统的绝缘材料，如在绝缘子和传输线中看到的材料。

衍射（*Diffraction*）——波在介质中传播时遇到障碍物发生弯曲的现象。

偶极天线（*Dipole*）——在中间准确位置断开并接入馈线的一种天线，通常为半波长长度。也称为"对称振子"天线。

直达波（*Directray*）——所发射的信号能量直接到达接收天线，而没有被任何物体或媒质反射。

方向性（*Directivity*）——天线汇聚辐射能量以形成一个或多个主波瓣的特性。

引向器（*Director*）——位于激励振子单元前方的导体，用以产生方向性，通常在八木天线或方框定向天线中使用单根或多根这种导体。

对称振子（*Doublet*）——参见偶极天线。

激励阵列（*Driven array*）——用传输线对天线所有阵子单元进行驱动或激励所构成的阵列，常用来获得方向性。

激励单元（*Driven element*）——天线系统中与传输线连接的辐射振子单元。

哑负载（*Dummy load*）——假天线的同义词，作为无辐射天线的替代物。

E 电离层（*E layer*）——最靠近地球的电离层，可以将无线电信号反射至某个距离位置，通常最远反射距离为 2 000 km (1 250 ml)。

E 平面（*E plane*）——与线极化天线相关的词语，此平面包含天线的电场矢量与最大辐射方向。对于地面天线系统，*E* 平面的天线也作为天线的极化方向。*E* 平面与 *H* 平面成直角。

效率（*Efficiency*）——有用输出功率与输入功率的比值，在天线系统中取决于系统损耗，包括近区物体影响。

有效全向辐射功率（*EIRP*）——有效全向辐射功率的缩略词，指天线在指定方向上辐射的功率，它考虑了相对于全向天线的天线增益参数。

振子单元（*Elements*）——天线系统中的导电部件，它们决定了天线的特性。例如，八木天线中的反射器，激励单元与引向器。

末端效应（*End effect*）——天线振子单元末端电容所引起的一种效应。绝缘子与相关的支撑绳索将影响该电容，使得天线的谐振频率降低。这种效应随着导体直径而增加，当修剪天线单元长度时应该考虑这种效应的影响。

末端馈电（*End fed*）—— 一个末端馈电的天线，只是在其中的一个末端馈入功率，而不是在其中某些末端之间馈入的方式。

F 电离层（*F layer*）——位于 E 电离层之上的电离层，无线电波可以被它折射，提供单跳或双跳长达数千英里的远距离通信。

馈线（*Feed line*）——参见馈电线。

馈电线（*Feeders*）——用于从发射机传递 RF 功率到天线，或从天线到接收机之间的各种类型的传输线统称。

场强（*Field strength*）——在距离天线某些位置点所测量的无线电波强度，该强度测量通常用毫伏/米表示。

前/后比（*Front to back*）——定向天线前面与后面辐射功率之比，例如，偶极天线的前后比为 1，也就是等于 0 dB。

前/背比（*Front to rear*）——与天线主波瓣背面 180°宽范围内中最差后波瓣的比值，单位 dB。

前/旁比（*Front to side*）——方向性天线中主波瓣与偏离前方 90°处的辐射功率的比值。

增益（*Gain*）——主波瓣方向上有效辐射功率的增量。

伽马匹配（*Gamma match*）——一种利用了激励振子单元来实现传输线与天线馈电点之间匹配的匹配系统，它包含了一个串联电容器以及一段放置在馈电点附近与激励振子单元平行靠近的匹配棒。

接地面（*Ground plane*）——铺设在竖立天线下面的导体系统，以充当大地。也可参见地网。

地屏（*Ground screen*）——一种导线网状的地网。

地波（*Ground wave*）——沿着地球表面传播的无线电波。

H 平面（*H plane*）——与线极化天线相关，平面内包含天线磁场矢量及其最大辐射方向。*H* 平面与 *E* 平面成直角。

HAAT——平均地面上高度，是主要用于中继天线中确定覆盖范围相关的术语。

发夹匹配（*Hairpin match*）——连接在断开偶极振子两个内端点的一段U形导体，用于提升与平衡馈电线匹配的阻抗值。

硬线（*Hardline*）——包有刚性或半刚性屏蔽层的一种低损耗同轴馈线。

谐波天线（*Harmonic antenna*）——设计为能够工作在基波频率及其谐波频率上的一种天线，末端馈电的半波天线就是其中一个例子。

螺旋天线（*Helical*）——一种由盘旋导体螺旋方式绕制的天线。如果绕制长度与直径之比很大，则产生边射辐射；如果长度与直径比较小，则将以轴向模工作，并向与馈点相反方向辐射。对于轴向模的极化为左手或右手圆极化，应根据螺旋是顺时钟还是逆时钟方向来确定。

镜像天线（*Image antenna*）——实际天线的对称虚像，用于数学计算目的而假设存的位于地表面下方的天线，它与地面上的天线相互对称。

阻抗（*Impedance*）——指天线馈电点、匹配段或传输线的欧姆值，阻抗也可以包含与电阻分量一样的电抗分量。

阻抗匹配单元（*Impedance Matching Unit*）——见天线调谐器。

倒V（*Inverted V*）——一个比较容易误解的词语，这里指作为不具有V形天线特征的天线。参见倒V偶极天线。

倒V偶极天线（*Inverted-V dipole*）——架设形状为倒过来的V字形半波长偶极天线，馈电点在顶角，其辐射图形与水平偶极天线类似。

全向（*Isotropic*）——一种虚构或假想的点源天线，在所有方向辐射均等的功率，用于作为实际天线方向特性的参考。

梯形线（*Ladder line*）——见明线线路。

Lambda——希腊符号(λ)，天线领域中用于表示与电尺寸相关联的波长。

线损（*Line loss*）——传输线引入的功率损耗，通常用分贝数表示。

视距（*Line of sight*）——电波直接从发射天线传播到接收天线的传输路径。

绞合线（*Litz wire*）——多根独立绝缘导线所绞合在一起的导线，使得细导线能够提供大的表面积供电流通过，降低同一导线规格的损耗。

负载（*Load*）——承载所传递功率的电气实体，对于发射机来说天线系统是一个负载。

加载（*Loading*）——由源向负载传递功率的过程，亦即接在功率源上负载的效应。

波瓣（*Lobe*）——来自定向天线所定义的电场能量。

对数周期天线（*Log periodic antenna*）——一种宽频带定向天线，具有能够使阻抗与辐射特性随着频率对数的变化而周期性重复的结构形式。

长线（*Long wire*）——电长度为一个波长或更多波长的导线天线。当为两个或以上波长长度时，该天线将具有增益并出现多波瓣辐射图形；当在一个末端进行终接时，它将完全呈现出往离开终接末端方向的单向性。

马可尼天线（*Marconi antenna*）——一种并联馈电的单极天线，与地或辐条系统配合工作。用当前行话讲，是泛指任何类型的垂直天线。

天线调谐器（*Matchbox*）——见Antenna Tuner。

匹配（*Matching*）——两个不同阻抗电路之间进行阻抗有效匹配的过程。一个例子是传输线与天线馈电点之间的匹配。当处于匹配状态时，将有最大功率传递到负载（天线系统）。

单极天线（*Monopole*）——按照字面意义，就是单一的一个极子。比如与地或地网工作的垂直辐射体。

零点（*Null*）——一种电参数为最小值时的状态。在天线辐射图形中的零点是指在360° 形状中所观察到场强值最小的点。在阻抗电桥中则称为电桥平衡时的“下陷点”，此时流经电桥臂的电流出现零点。

倍频程（*Octave*）——一个音乐词汇。对于RF来说，指频率之间具有2∶1谐波关系。

明线（*Open-wire line*）——一种类似阶梯形状的传输线类型，有时也称为“格梯馈线”，由平行对称导线用绝缘棒规整地间隔支开，以保持导线间距，介质基本上是空气，成为低损耗类型的馈线。

抛物面反射器（*Parabolic reflector*）——一种天线的反射器，为部分抛物旋转面或抛物曲线形状。主要用于UHF以及更高频率，当各种激励单元之一放置在垂直于抛物线轴线上的平面时，可获得高增益和相对窄的带宽。

平行导体线（*Parallel-conductor line*）——见明线线路。

寄生阵列（*Parasitic array*）——具有一个激励振子单元，以及至少一个独立的引向单元或反射单元，或两者都有的定向天线。引向单元与反射单元与馈线没有连接。除非在长大梁（电气上）的VHF和UHF阵列中，其他的是很少使用超过一个的反射单元。八木天线就是一个寄生阵列的例子。

贴片天线（*Patch antenna*）——悬浮在接地平面上的平片导体材料制作而成的一种微波天线。

相位（*Phase*）——两个信号间的相对时间关系。

相位线（*Phasing lines*）——用于保证在激励阵列中各个振子单元之间，或者在一个天线阵列各部分之间正确相位关系的传输线段。也用于在维持所要求相位下做阻抗转换。

极性（*Polarity*）——信号或系统被赋予的正负状态。

极化（*Polarization*）——天线所辐射波的偏向方式定义，可以定义为水平、垂直、椭圆或圆（左手或右手）极化方式，根据设计与应用实况来确定（参见*H*平面）。

Q匹配段（*Q section*）——有关传输线匹配变换器和相位线中所使用的术语。

框天线（*Quad*）——采用矩形或菱形的全波长导线环单元的寄生阵列，通常称为“方框天线（cubical quad）”。另外一种形式是采用三角形状振子单元，所以也称为三角环（delta loop）定向天线。

辐射方向图（*Radiation pattern*）——天线作为空间坐标函数的辐射特性，通常，方向图所测量的是远场区，并用图形表示。

辐射电阻（*Radiation resistance*）——天线辐射功率与天线均方根电流的平方的比值，与某一指定点相关，并且假设无耗。也指天线馈电点的有效电阻。

辐射体（*Radiator*）——天线系统中辐射RF能量的各独立导体。

任意导线（*Random wire*）——采用任意长度的导线作为天线，并在其一端用天线调谐器馈电。很少作为谐振天线使用，除非长度碰巧准确（能发生谐振）。

反射波（*Reflected ray*）——被地面、电离层或无源反射体如人造媒质所反射回来的无线电波。

反射器（*Reflector*）——一种寄生天线单元，或指放置在激励振子单元后面以增强前向方向性的金属部件。山坡和诸如建筑物与塔体等人造结构也可以作为反射体。

折射（*Refraction*）——无线电波从电离层或进入其他媒质后被弯曲和返回的过程。

谐振体（*Resonator*）——在天线词汇中，是指由线圈和一段短辐射体所组成的负载部件，常用来降低天线的谐振频率，如垂直天线或移动用的鞭状天线。

菱形天线（*Rhombic*）——由各个边长为一个或多个波长长度所构成的菱形或钻石形状的天线，这种天线常常平行地面架设。菱形天线一般呈双向性，除非用电阻进行终接而形成单向性。在倾斜角合适的情况下，其边长的电长度越长，增益就越高。

并联馈电（*Shunt feed*）——天线激励振子单元的一种馈电方式，在邻近辐射体低阻抗点位置上放置一根并行导体，常常用于接地的四分之一波长垂直天线中，以提供对馈电线的阻抗匹配。当垂直天线的底部与地隔离时也可以采用串联馈电方式。

套筒式巴伦（*Sleeve balun*）——由一根套在同轴馈线上的1/4波长金属管或金属套筒构成的一种扼流巴伦，对RF电流表现为开路。

堆叠（*Stacking*）——将多个类似的定向天线并排或并列放置的方式，以形成“堆叠阵列”。堆叠方式可以比单一天线提供更高的增益或方向性。

短截线（*Stub*）——用于将天线振子单元调谐至谐振或辅助获得阻抗匹配的传输线段。

驻波比（*SWR*）——指天线系统中传输线上的驻波比值，更准确地讲，是VSWR，或称电压驻波比。该比值为传输线上前向与反向电压的比值，而不是功率的比值。当天线系统中所有环节都相互正确匹配时，VSWR为1∶1。

T匹配（*T match*）——用于将传输线匹配到不断开的激励振子单元的一种方式，在激励振子单元的电中心接上一个T形匹配，相当于两个伽马匹配。

倾斜角（*Tilt angle*）——这里指菱形天线边长之间导线夹角的一半值。

顶帽（*Top hat*）——参见电容加载帽。

顶部加载（*Top loading*）——用于增加远离馈电点的天线单元末端的电抗（通常为电容帽），以增长辐射体的电气长度。

通过式匹配（*Transmatch*）——这里指天线调谐器。

传输线（*Transmission line*）——在源和负载间传输电能的电缆。

陷波器（*Trap*）——串接在天线振子单元中的并联L-C网络，以提供单一导体的多波段操作。

调谐器（*Tuner*）——见天线调谐器。

双芯线（*Twinlead*）——外部包有塑料绝缘层的一种明线。也可见窗口线。

宇田（*Uda*）——八木天线的共同发明者。

单极天线（*Unipole*）——参见单极天线。

U伦（*Unun*）——不平衡-不平衡阻抗变换器。

速度因子（*Velocity factor*）——指无线电波在介质媒质与自由空间中传播速度的比值。当需要将传输线裁剪到某一指定电长度时，应该考虑计入该传输线的速度因子。

Vivaldi天线（*Vivaldi antenna*）——使用指数型渐变开槽导体作辐射元的一种微波天线，与指数渐变线喇叭天线类似。

VSWR——电压驻波比。参见SWR。

波（*Wave*）——指按照时间或空间或两者的函数关系出现的扰动或变化，能够点对点地传递能量。例如，无线电波。

波角（*Wave angle*）——天线发射或所接收的无线电波与水平方向的角度，也称为仰角。

波阵面（*Wave front*）——在某指定瞬间时刻，所有具备相同相位的点轨迹所构成的表面。

窗口线（*Window line*）——导体间的绝缘介质中有规则

矩形孔或“窗口”的一种双芯线。

八木天线（*Yagi*）——一种采用多个寄生引向器和一个反射器组合而成的高增益定向天线，根据日本的两位发明者命名（Yagi 八木与 Uda 宇田）。

齐柏天线（*Zepp antenna*）——原指一种半波长导线天线，可以工作在基波和谐波频率，采用明线馈线在一端馈电。该天线因在齐柏林飞艇广泛使用而得名，现在已经用来泛指任何水平天线。

缩 略 语

下面列出了贯穿本书所定义的常用缩略语和字母头。折点号并非是缩略语的一部分，除非与该缩略语另可构成常见英文单词。有需要时，给出的这些缩略语可用单数或复数结构。

-A

A——ampere 安培

ac——alternating current 交流电

AF——audio frequency 音频

AFSK——audio frequency-shift keying 音频频移键控

AGC——automatic gain control 自动增益控制

AM——amplitude modulation 调幅

ANT——antenna 天线

ARRL——American Radio Relay League 美国业余无线电转播联盟

ATV——amateur television 业余电视

AWG——American wire gauge 美制线规

az-el——azimuth-elevation 方位-俯仰角

-B

balun——balanced to unbalanced 平衡-不平衡转换

BC——broadcast 广播

BCI——broadcast interference 广播干扰

BW——bandwidth 带宽

-C

c—— 厘(前缀)

ccw——counterclockwise 逆时钟方向

cm——centimeter 厘米

coax——coaxial cable 同轴电缆

CT——center tap 中心抽头

cw——clockwise 顺时钟方向

CW——continuous wave 连续波

-D

D——diode 二极管

dB——decibel 分贝

dBd——decibels referenced to a dipole 相对于半波振子的分贝数

dBi——decibels referenced to isotropic 相对于各向同性源的分贝数

dBic——decibels referenced to isotropic, circular 相对于圆形各向同性源的分贝数

dBm——decibels referenced to one milliwatt 相对于 1 毫瓦的分贝数

dBW——decibels referenced to one watt 相对于 1 瓦特的分贝数

dc——direct current 直流电

deg——degree 度数

DF——direction finding 测向

dia——diameter 直径

DPDT——double pole, double throw 双刀双掷

DPST——double pole, single throw 双刀单掷

DVM——digital voltmeter 数字电压表

DX——long distance communication 远距通信

-E

E——ionospheric layer, electric field 电离层名：电场

ed. ——edition 版本

Ed. ——editor 编辑者

EIRP——effective isotropic radiated power 有效全向辐射功率

ELF——extremely low frequency 极低频率

EMC——electromagnetic compatibility 电磁兼容性

EME——earth-moon-earth 地-月-地通信（月面通信）

EMF——electromotive force 电动势

EMI —— 电磁干扰

ERP——effective radiated power 有效辐射功率

Es——ionospheric layer (sporadic E)电离层名（突发 E 层）

-F

f——frequency 频率

F——ionospheric layer, farad 电离层名：法拉

F/B——front to back (ratio) 前/后比

ff——索引

F/R——worst-case front to rear (ratio) 最差情况前/背比

FM——frequency modulation 调频

FOT——frequency of optimum transmission 最佳发射频率

ft——foot or feet (unit of length) 英尺（长度单位）

F_1——ionospheric layer F_1 电离层

F_2——ionospheric layer F_2 电离层

-G

G——千兆(前缀)

GDO——grid- or gate-dip oscillator 栅陷或门陷振荡器

GHz——gigahertz 吉赫兹 (频率单位)

GND——ground 接地

-H

H——magnetic field, henry 磁场，亨利

HAAT——height above average terrain 平均地面高度

HF——high frequency (3～30 MHz) 高频（3～30 MHz）

Hz——hertz (unit of frequency) 赫兹（频率单位）

-I

I——current 电流

ID——inside diameter 内径

IEEE——Institute of Electrical and Electronic Engineers 电气与电子工程师协会

in.——inch 英寸

IRE——Institute of Radio Engineers (现为 IEEE) 无线电工程师学会

-J

j——vector notation 向量符号

-K

k——千(前缀)

kHz——kilohertz 千赫兹

km——kilometer 千米

kW——kilowatt 千瓦特

kΩ——kilohm 千欧姆

-L

L——inductance 电感量

lb——pound (unit of mass) 磅（质量单位）

LF——low frequency (30～300 kHz) 低频(30～300 kHz)

LHCP——left-hand circular polarization 左手圆极化

ln——natural logarithm 自然对数

log——common logarithm 常用对数

LP——log periodic 对数周期

LPDA——log periodic dipole array 对数周期偶极阵列

LPVA——log periodic V array 对数周期 V 形阵列

LUF——lowest usable frequency 最低可用频率

-M

m——meter (unit of length)米(长度单位)

M——megohm 兆欧姆

m/s——meters per second 米/秒

mA——milliampere 毫安

max——maximum 最大

MF——medium frequency (0.3～3 MHz) 中频(0.3～3 MHz)

mH——millihenry 毫亨

MHz——megahertz 兆赫兹

mi——mile 英里

min——minute 分钟

mm——millimeter 毫米

MPE——最大暴露允许值

ms——millisecond 毫秒

mS——millisiemen 毫西门子

MS——meteor scatter 流星散射

MUF——maximum usable frequency 最高可用频率

mW——milliwatt 毫瓦

MW——兆欧

-N

n——纳(前缀)

NC——no connection, normally closed 未连接，常闭

NiCd——nickel cadmium 镍镉电池

NiMH——镍氢电池

NIST——National Institute of Standards and Technology 国家标准技术局

NO——normally open 常开

no.——number 序号

-O

OD——outside diameter 外径

-P

p——page (bibliography reference) 某页（参考书目）

P-P——peak to peak 峰峰值

PC——printed circuit 印制电路

PDF ——便携文件格式

PEP——peak envelope power 峰包功率

pF——picofarad 皮法

pk-to-pk —— 峰-峰

pot——potentiometer 电位器

pp——pages (bibliography reference) 页数(参考书目)

Proc——Proceedings 处理工艺

-Q

Q——figure of merit 品质因素

-R

R——resistance, resistor 电阻，电阻器

RF——radio frequency 射频

RFC——radio frequency choke 射频扼流器

RFI——radio frequency interference 射频干扰

RHCP——right-hand circular polarization 右手圆极化

RLC——resistance-inductance-capacitance 电阻-电感-电容电路

r/min——revolutions per minute 转速/分钟

RMS——root mean square 均方根

r/s——revolutions per second 转速/秒

RSGB——Radio Society of Great Britain 英国无线电协会

RX——receiver 接收机

-S

s——second 秒

S——siemen 西门子

S/NR——signal-to-noise ratio 信噪比

SASE——self-addressed stamped envelope 带地址回邮信封

SINAD——signal-to-noise and distortion 信纳比(信号与噪声失真之比)

SPDT——single pole, double throw 单刀双掷

SPST——single pole, single throw 单刀单掷

SWR——standing wave ratio 驻波比

sync——synchronous 同步

-T

tpi——turns per inch 每英寸圈数

TR——transmit-receive 收发

TVI——television interference 电视干扰

TVRO ——卫星电视信号单收

TX——transmitter 发射机

-U

UHF——ultra-high frequency (300～3000 MHz) 超高频(300～3000 MHz)

US——United States 合众国

UTC——Universal Time, Coordinated 世界统一协调时间

-V

V——volt 电压

VF——velocity factor 速度因子

VHF——very-high frequency (30～300 MHz) 甚高频(30～300 MHz)

VLF——very-low frequency (3～30 kHz) 甚低频(3～30 kHz)

Vol——volume (bibliography reference) 卷(参考书目)

VOM——volt-ohm meter 电压-欧姆表

VSWR——voltage standing-wave ratio 电压驻波比

VTVM——vacuum-tube voltmeter 电子管电压表

-W

W——watt 瓦特

WPM——words per minute 字/分钟

WRC——World Radio Conference 世界无线电大会

WVDC——working voltage, direct current 工作电压，直流电流

-X

X——reactance 电抗

XCVR——transceiver 收发机

XFMR——transformer 变压器

XMTR——transmitter 发射机

-Z

Z——impedance 阻抗

其他符号与希腊字母

°——degrees 度

λ——wavelength 波长

λ/dia——wavelength to diameter (ratio) 波长/直径

ε—— 介电常数

ε_0—— 自由空间中的介电常数

ε_r—— 相对介电常数

μ——permeability 磁导率

μF——microfarad 微法拉

μH——microhenry 微亨利

μV——microvolt 微伏

Ω——ohm 欧姆

ϕ、θ——angles 角度

π——3.14159

ρ、τ——反射系数

长度变换

贯穿本书，可以发现许多用于天线单元长度与间隔设计的公式，为方便起见，这些公式最后的计算结果都是以英尺为单位（转换为米单位时只需要简单地将结果乘以0.304 8）。不过，如果以英尺为单位的结果不是整数，就需要做从英尺到英寸的小数转换，以及利用普通卷尺测量物理距离前的分数转换。表 1 用于这种转换，给出了以 0.01 英尺为增量的英寸值与分数值。该表格只限于计算在 1 英尺以内的分数值，而整数英尺则保持不变。

例如，通过计算得到一个结果为 11.63 英尺，我们需要将这个结果转换为可用卷尺测量的数值，此时，仅需要考虑该数值的小数部分，即 0.63。在表 1 中找到最左列“0.6”的位置（在表格往下第 7 行），然后沿着这一行，找到其上面标有“0.03”的那一列，可以看到这个位置即为行头与列头数值之和，即 0.6+0.03，等于我们要转换的0.63。那么在这个表格该行与列的交点，我们就可以读到等于 0.63 英尺的等效值，即 7⁹⁄₁₆英寸。对这个转换后数值，加上整个需要转换的整个英尺数，在本例子中为 11，就可以得到总长度为 11.63 英尺的转换值为 11 英尺 7⁹⁄₁₆英寸。

类似地，表 2 也可以用于将英寸和分数转换为小数英尺。该表格主要方便于所测量的距离数据应用于公式。例如，我们要将一个 19 英尺 7¾英寸的长度转换为小数值，只需要考虑分数部分，即 7¾英寸，在行中找到“7-”，在列上头找到“3/4”，我们在交点就可以读到 0.646，这个小数值就等于 7+3/4 =7¾英寸。再将这个小数值加上整个英尺数，在这个例子中为 19，就可以得到最后的转换结果，这样，19 英尺 7¾英寸就转换为 19 + 0.646 = 19.646 英尺。

表 1 小数英尺到英寸的转换（接近 1/16 精度）

小数递增

	0.00	0.01	0.02	0.03	0.04	0.05	0.06	0.07	0.08	0.09
0.0	0–0	0 1/8	0 1/4	0 3/8	0 1/2	0 5/8	0 3/4	0 13/16	0 15/16	1 1/16
0.1	1 3/16	1 5/16	1 7/16	1 9/16	1 11/16	1 13/16	1 15/16	2 1/16	2 3/16	2 1/4
0.2	2 3/8	2 1/2	2 5/8	2 3/4	2 7/8	3–0	3 1/8	3 1/4	3 3/8	3 1/2
0.3	3 5/8	3 3/4	3 13/16	3 15/16	4 1/16	4 3/16	4 5/16	4 7/16	4 9/16	4 11/16
0.4	4 13/16	4 15/16	5 1/16	5 3/16	5 1/4	5 3/8	5 1/2	5 5/8	5 3/4	5 7/8
0.5	6–0	6 1/8	6 1/4	6 3/8	6 1/2	6 5/8	6 3/4	6 13/16	6 15/16	7 1/16
0.6	7 3/16	7 5/16	7 7/16	7 9/16	7 11/16	7 13/16	7 15/16	8 1/16	8 3/16	8 1/4
0.7	8 3/8	8 1/2	8 5/8	8 3/4	8 7/8	9–0	9 1/8	9 1/4	9 3/8	9 1/2
0.8	9 5/8	9 3/4	9 13/16	9 15/16	10 1/16	10 3/16	10 5/16	10 7/16	10 9/16	10 11/16
0.9	10 13/16	10 15/16	11 1/16	11 3/16	11 1/4	11 3/8	11 1/2	11 5/8	11 3/4	11 7/8

表 2 英寸与分数值到小数值英尺的转换

分数递增

	0	1/5	1/4	3/8	1/2	5/8	3/4	7/8
0–	0.000	0.010	0.021	0.031	0.042	0.052	0.063	0.073
1–	0.083	0.094	0.104	0.115	0.125	0.135	0.146	0.156
2–	0.167	0.177	0.188	0.198	0.208	0.219	0.229	0.240
3–	0.250	0.260	0.271	0.281	0.292	0.302	0.313	0.323
4–	0.333	0.344	0.354	0.365	0.375	0.385	0.396	0.406
5–	0.417	0.427	0.438	0.448	0.458	0.469	0.479	0.490
6–	0.500	0.510	0.521	0.531	0.542	0.552	0.563	0.573
7–	0.583	0.594	0.604	0.615	0.625	0.635	0.646	0.656
8–	0.667	0.677	0.688	0.698	0.708	0.719	0.729	0.740
9–	0.750	0.760	0.771	0.781	0.792	0.802	0.813	0.823
10–	0.833	0.844	0.854	0.865	0.875	0.885	0.896	0.906
11–	0.917	0.927	0.938	0.948	0.958	0.969	0.979	0.990

公制等值变换

在本书中，距离与尺寸常用英制单位——英里、英尺与英寸，它们可以用下列方程式变换到公制：

千米（km）=英里× 1.609，米（m）=英尺(′) × 0.3048，毫米（mm）=英寸(″) × 25.4

1 英寸为 1/12 英尺。前面所给出的表格已经提供了将英寸与分数值精确转换为英制的信息，反之亦然，不需要计算器计算。

英制-公制 转换表

	长　度	
1 英寸（in）	=	25.4 毫米（mm）
1 英尺（ft）	=	30.5 厘米（cm）
1 英里	=	1.61 千米（km）
	面　积	
1 平方英寸（in^2）	=	6.45 平方厘米（cm^2）
1 平方英尺（ft^2）	=	929 平方厘米（cm^2）
1 平方英里	=	2.59 平方千米（km^2）

增益参照量

贯穿本书，增益是以各向同性辐射体（dBi）或具有圆极化各向同性辐射体（dBic）作为参照量的。

ARRL——美国业余无线电爱好者的全国性组织

19 世纪 90 年代，古列尔莫·马可尼开始实验无线电报技术，业余无线电的种子就是在那时播下的。先是有几十人，随后有几百人，加入到马可尼的实验队伍中，他们对无线电发送、接收信息充满浓厚兴趣，其中少数人是出于商业目的，多数人仅仅是喜爱这种新型的通信方式。1912 年，美国政府开始颁发业余无线电操作员执照。

截至 1914 年，美国已经有几千名业余无线电操作员，也就是我们今天常说的“火腿”。来自康涅狄格州哈特福德的著名发明家与实业家希拉姆·珀西·马克西姆意识到应当建立一个团体，以便将人数不断增多的业余无线电爱好者组织在一起。1914 年 5 月，马克西姆建立了美国无线电转播联盟（ARRL）。今天，ARRL 有大约 15 万会员，是美国最大的全国性业余无线电组织。ARRL 是一个非营利性组织，它致力于：

- 提高会员对业余无线电通信与实验的兴趣。
- 代表美国业余无线电爱好者，参与立法活动。
- 促进会员之间的友谊，制定会员的行为标准。

ARRL 的总部位于康涅狄格州纽因顿市郊外的哈特福德，总部工作人员为美国各地的会员提供各种服务。此外，ARRL 还是国际业余无线电联盟（IARU）的国际秘书处，这个联盟由全世界 150 个国家的业余无线电组织组成。

ARRL 每月出版一期《QST》月刊，此外，还出版许多出版物，涉及业余无线电的所有领域。ARRL 总部的电台 W1AW 每天发送业余无线电爱好者感兴趣的公告，以及莫尔斯电码练习报文。ARRL 有一个野外通信机构，机构的志愿者为业余无线电爱好者提供与野外通信有关的技术信息与技术支持，为各种公众活动提供通信服务。此外，ARRL 代表美国业余无线电爱好者，与美国联邦通信委员会（FCC）和其他政府机构进行接触。